Springer-Verlag Berlin Heidelberg GmbH

W. Baumann, M. Ismeier

Kautschuk und Gummi

Daten und Fakten zum Umweltschutz

Band 1

Mit 105 Abbildungen und 80 Tabellen

Springer

Dr.-Ing. Werner Baumann

Institut für Umweltforschung·(INFU)
Universität Dortmund
D - 44221 Dortmund

Dipl. Chem. Monika Ismeier

Institut für Umweltforschung (INFU)
Universität Dortmund
D - 44221 Dortmund

ISBN 978-3-642-63788-9 ISBN 978-3-642-58916-4 (eBook)
DOI 10.1007/978-3-642-58916-4

Die Deutsche Bibliothek - CIP-Einheitsaufnahme
Baumann, Werner: Kautschuk und Gummi: Daten und Fakten zum Umweltschutz /
Werner Baumann / Monika Ismeier -
Berlin; Heidelberg; New York; Barcelona; Budapest; Hong Kong; London; Mailand; Paris;
Santa Clara; Singapur; Tokio: Springer, Bd. 1; 1998
ISBN 978-3-642-63788-9

Ursprünglich erschienen bei Springer-Verlag Berlin Heidelberg New York 1998
Softcover reprint of the hardcover 1st edition 1998

Einbandgestaltung: K. Brüning Konzept, Berlin
Satz: Reproduktionsfertige Vorlagen der Autoren
SPIN: 10645739 52/3020 - 5 4 3 2 1 0 - Gedruckt auf säurefreiem Papier

Dieses Buch basiert auf einer Untersuchung, die das **Institut für Umweltforschung (INFU)** der Universität Dortmund im Auftrag des **Umweltbundesamtes (UBA)** durchgeführt hat. Das Vorhaben wurde im Rahmen des Umweltforschungsplanes des **Bundesministerium für Umwelt, Naturschutz und Reaktorsicherheit (BMU)** mit dem Förderkennzeichen 10602081 finanziell unterstützt. Die Autoren möchten sich hierfür bedanken.

Inhaltsverzeichnis

Band 1

Abkürzungsverzeichnis

°C	Grad Celsius
6PPD	N-1,3-Dimethylbutyl-N'-phenyl-p-phenylendiamin
77PD	N,N'-Bis(1,4-dimethylpentyl)-p-phenylendiamin
Σ	Summe
µA	Mikroampere
µg	Mikrogramm
µl	Mikroliter
µm	Mikrometer
a	Jahr
AAS	Atomabsorptionsspektroskopie
AbfAG	Abfallabgabengesetz
AbfBestV	Abfallbestimmungsverordnung
AbfG	Abfallgesetz
AbfRestÜberwV	Abfall- und Reststoffüberwachungsverordnung
ABR	Acrylat-Butadien-Kautschuk
Abs.	Absatz
AbwAG	Abwasserabgabengesetz
AbwHerkV	Abwasserherkunftsverordnung
ACM	Acrylatkautschuk
ACN	Acetonitril
ADC	Azodicarbonamid
ADPA	Diphenylamin-Aceton-Kondensationsprodukt
AFMU	Nitrosokautschuk
A-Kohle	Aktivkohle
ANM	Acrylester-Acrylnitril-Copolymer (Acrylat-Kautschuk)
AOX	adsorbierbares organisch gebundenes Halogen
ArbStättV	Arbeitsstättenverordnung
ASTM	American Society for Testing and Materials
ATP	α-Tocopherol
ATR-FT-IR	abgeschwächte Totalreflexion - Fourier Transformation - Infrarot Spektroskopie
ATV	Abwassertechnische Vereinigung
AU	Urethan-Kautschuk
AU-I	Urethan-Kautschuk, isocyanat vernetzt
AU-P	Urethan-Kautschuk, peroxidisch vernetzt
B-	bromierter Kautschuk
BAA	Butyraldehyd-Anilin-Kondensationsprodukt
BBP	Butylbenzylphthalat
BD	Benzofuran-Derivat
BDMA	1,4-Butandioldimethacrylat
BES	Benzoesäure
BHT	Butylhydroxytoluol (2,6-Di-tert.-butyl-4-methylphenol)
BiDMC	Wismutdimethyldithiocarbamat
BIIR	Brom-Isobuten-Isopren-Kautschuk (Brombutyl-Kautschuk)
BImSchG	Bundesimmissionsschutzgesetz
BImSchV	Bundesimmissionsschutzverordnung
BMA	Bundesminister für Arbeit und Sozialordnung
BPH	2,2'-Methylen-bis(4-methyl-6-tert.-butylphenol)
BR	Butadien-Kautschuk
BSB 5	Biologischer Sauerstoffbedarf nach 5 Tagen
BSH	Benzolsulfonsäurehydrazid

BSWL 202	basisches Bleisilikat
bzw.	beziehungsweise
C-	chlorierter Kautschuk
ca.	circa
CAS	Chemical Abstract System
CBS	Cyclohexyl-2-benzothiazolsulfenamid
CdDMC	Cadmiumdimethyldithiocarbamat
CDO	p-Benzochinondioxim
CEA	Cyclohexylethylamin
CFM	Polychlortrifluorethylen-Vinylidenfluorid-Copolymer (Fluorkautschuk)
ChemG	Chemikaliengesetz
CIIR	Chlor-Isobuten-Isopren-Kautschuk (Chlorbutylkautschuk)
CKW	Chlorkohlenwasserstoff
CLD	Caprolactamdisulfid
CM	chloriertes Polyethylen
CO	Epichlorhydrin-Kautschuk
CP	Chlorparaffin
CPB	chemisch/physikalische und biologische Behandlung
CR	Chloropren-Kautschuk
CSB	Chemischer Sauerstoffbedarf
CSM	chlorsulfoniertes Polyethylen
CSP	chlorsulfoniertes Polyethylen
CTP	N-Cyclohexylthiophthalimid
CuDMC	Kupferdimethyldithiocarbamat
CuIDP	Kupferdiisopropyldithiophosphat
CV	kontinuierliche Vulkanisation
DAP	Diallylphthalat
DAPD	Diaryl-p-phenyldiamin
DAPM	4,4'-Diaminodiphenylmethan
dB(A)	Dezibel
DBA	Dibutylamin
DBD	2,2'-Dibenzamidodiphenyldisulfid
DBEEA	Dibutoxyethoxyethyladipat
DBP	Dibutylphthalat
DBPH	2,5-Di-tert.-butylperoxy-2,5-dimethylhexan
DCBS	Dicyclohexyl-2-benzothiazylsulfenamid
DCHDIS	Bis(dicyclohexyl)thiophosphoryldisulfid
DCP	Dicumylperoxid
DEG	Diethylenglykol
DEHA	Di-2-ethylhexyladipat
DEHP	Di-2-ethylhexylphthalat
DEHS	Di-2-ethylhexylsebacat
DEP	Diethylphthalat
DETU	Diethylthioharnstoff
d.h.	das heißt
DIBDIS	Bis(diisobutyl)thiophosphoryldisulfid
Dibenzo-CDO	Dibenzoyl-p-benzochinondioxim
DIBP	Diisobutylphthalat
DIBS	Diisopropyl-2-benzothiazolsulfenamid
DIN	Deutsche Industrienorm
DINP	Diisononylphthalat
div.	diverse
DM	Deutsche Mark
DMSO	Dimethylsulfatoxid
DMTD	Dimorpholinthiuramdisulfid (2,5-Dimercaptothiadiazol)
DNPD	N,N'-Di-β-naphthyl-p-phenylendiamin
DNPT	N,N'-Dinitrosopentamethylentetramin

DOA	Dioctyladipat
DOP	Dioctylphthalat
DOPD	Dioctyl-p-phenylendiamin (N,N'-Bis(1-ethyl-3-methylpentyl)-p-phenylendiamin)
DOS	Dioctylsebacat
DOTG	Di-o-tolylguanidin
DOZ	Dioctylazelat
DPCF	Diphenylkresylphosphat
DPG	Diphenylguanidin
DPPD	N,N'-Diphenyl-p-phenylendiamin
DPTT	Dipentamethylenthiuramtetrasulfid
DPTU	Diphenylthioharnstoff
DS	substituiertes Phenol
DSC	Differentialleistungskalorimetrie
DTDM	Dithiodimorpholin (Bis-(N-oxydiethylen)disulfid)
DTOS	N-Dimethyldithiocarbamyl-N'-oxydiethylensulfenamid
DTPD	Gemisch aus Phenyl-/Tolyl-p-phenylendiamin
E-	Emulsions-Polymerisat
EAM	Ethylen-Acrylat-Co- und -terpolymere
ECO	Epichlorhydrinkautschuk
EDMA	Ethylenglycolmethacrylat
EE	Enolether
EG	Europäische Gemeinschaft
EM-	Emulsions-Polymerisat
EOT	sauerstoffhaltiger Kautschuk der T-Gruppe
EPDM	Ethylen-Propylen-Dien-Kautschuk
EPM	Ethylen-Propylen-Copolymer
ESO	epoxidiertes Sojaöl
etc.	et cetera
ETER	Epichlorhydrin-Ethylenoxid-Terpolymer
ETMQ	6-Ethoxy-2,2,4-trimethyl-1,2-dihydrochinon
ETU	Ethylthioharnstoff
EU	Polyetherurethan-Kautschuk
eV	Elektronenvolt
EV	Efficient Vulkanisation
EVM	Ethylen-Vinylacetat-Copolymer
EWG	Einwohnergleichwerte
Fa.	Firma
FKM	Kautschuk mit Fluor und Fluoralkyl- oder Fluoralkoxy-Gruppen an der Polymerkette
FMQ	Silikonkautschuk mit Methyl- und Fluor-Gruppen an der Polymerkette
FPM	Kautschuk mit Fluor und Fluoralkyl- oder Fluoralkoxy-Gruppen an der Polymerkette
FT-IR	Fourier Transformation - Infrarot Spektroskopie
FVMQ	Silikonkautschuk mit Methyl-, Vinyl- und Fluor-Gruppen an der Polymerkette
FZ	Polyphophazen-Kautschuk
g	Gramm
GC	Gaschromatographie
GC-MS	Gaschromatographie - Massenspektrometrie
GefStoffV	Gefahrstoffverordnung
ges.	gesamt
Gew.-%	Gewichtsprozent
GGVS	Gefahrgutverordnung Straße
GPO	Polypropylenoxid-Kautschuk
h	Stunde
HALS	Hindered Amine Light Stabilizer

HEXA	Hexamethylentetramin
HFP	Hexafluopropylen-Kautschuk
HMDAC	Hexamethylendiamincarbamat
HRGC/HRMS	hochauflösende Gaschromatographie / hochauflösende Massenspektrometrie
i.d.R.	in der Regel
IIR	Isobuten-Isopren-Kautschuk (Butyl-Kautschuk)
IM	Polyisobuten
INFU	Institut für Umweltforschung, Universität Dortmund
IP 346	Analytische Meßmethode, mit der die Stoffe eines Öles bestimmt werden , die in DMSO (siehe dort) löslich sind
IPPD	N-Isopropyl-N'-phenyl-p-phenylendiamin
IR	Isopren-Kautschuk
ISO	International Standard Organisation
ITC	Isothiocyanate
KFZ	Kraftfahrzeug
kg	Kilogramm
km	Kilometer
kPa	Kilopascal
KrW-/AbfG	Kreislaufwirtschafts-/Abfallgesetz
l	Liter
L-	Lösungs-Polymerisat
LC	Letale Konzentration
LCM	Liquid Curing Method
LD	Letale Dosis
LKW	Lastkraftwagen
LM	Lösemittel
m	Meter
M	Kautschuke mit einer gesättigten Kette vom Polymethylen-Typ
MAK	Maximale Arbeitsplatzkonzentration
mg	Milligramm
m^3	Kubikmeter
MBI	Mercaptobenzimidazol
MBS	2-Morpholinyl-benzothiazolsulfenamid
MBSS	2-Morpholinyl-benzothiazoldisulfid
MBT	2-Mercaptobenzothiazol
MBTS	2-Mercaptobenzothiazoldisulfid
MIBK	Methylisobutylketon (4-Methyl-2-pentanon)
Min	Minute
mm	Millimeter
MMBI	4- bzw. 5-Methylmercaptobenzimidazol
MPQ	Silikonkautschuk mit Methyl- und Phenyl-Gruppen an der Polymerkette
MPTD	Dimethyldiphenylthiuramdisulfid
MQ	Silikonkautschuk mit ausschließlich Methylgruppen an der Polymerkette
Muster-VAwS	Muster-Verordnung über Anlagen zum Umgang mit wassergefährdenden Stoffen
MVFQ	Silikonkautschuk mit Methyl-, Vinyl- und Fluor-Gruppen an der Polymerkette
MVQ	Silikonkautschuk mit Methyl- und Vinyl-Gruppen an der Polymerkette
N	Kautschuk mit Stickstoff in der Polymerkette
NaDMC	Natriumdimethyldithiocarbamat
NaIX	Natriumisopropylxanthogenat
NBR	Acrylnitril-Butadien-Kautschuk (Nitril-Kautschuk)
NCR	Acrylnitril-Chloropren-Kautschuk
NDBA	N-Nitrosodi-n-butylamin

NDEA	N-Nitrosodiethylamin
NDELA	N-Nitrosodiethanolamin
NDIPA	N-Nitrosodi-iso-propylamin
NDMA	N-Nitrosodimethylamin
NDPA	N-Nitrosodiphenylamin
NEPA	N-Nitrosoethylphenylamin
NiDBC	Nickeldibutyldithiocarbamat
NIR	Acrylnitril-Isopren-Kautschuk
nm	Nanometer
NMOR	N-Nitrosomorpholin
NMPA	N-Nitrosomethylphenylamin
NPIP	N-Nitrosopiperidin
NPYR	N-Nitrosopyrrolidin
NR	Naturkautschuk
O	Kautschuk mit Sauerstoff in der Polymerkette
OBSH	p,p'-Oxybis(benzolsulfonsäurehydrazid)
ODPA	octyliertes Diphenylamin-Derivat (4,4'-Dioctyldiphenylamin)
OE-	ölverstreckter Kautschuk
o.g.	oben genannt
OT	sauerstoffhaltiger Kautschuk der T-Gruppe
OTBG	o-Tolylbiguanid
OTOS	N-Oxydiethylendithiocarbamyl-N'-oxydiethylensulfenamid
OTTBS	N-Oxydiethylenthiocarbamyl-N'-tert.-butylsulfenamid
PA	Polyamid
PAC	Poly Aromatic Content
PAH	Polyaromatic Hydrocarbons (siehe auch PAK)
PAK	Polyaromatische Kohlenwasserstoffe (identisch mit PAH)
PAN	N-Phenyl-1-naphthylamin
PbDMC	Bleidimethyldithiocarbamat
PBN	N-Phenyl-2-naphthylamin
PBR	Vinylpyridin-Butadien-Kautschuk
PCD	Polycarbodiimid
PCTP	Pentachlorthiophenol
PEP	Polyethylenpolyamin
PET	Polyester
phr	parts per hundred rubber (Gewichtsteile auf 100 Gewichtsteile Kautschuk)
PKW	Personenkraftwagen
PMQ	Silikonkautschuk mit Methyl- und Phenyl-Gruppen an der Polymerkette
PPC	Piperidyl-ammonium-piperidyl-dithiocarbamat
PPD	p-Phenylendiamin
PSBR	Vinylpyridin-Styrol-Butadien-Kautschuk
PTA	Phthalsäureanhydrid
PTFE	Polytetrafluorethylen
PTS	polymeres Thiocarbamoylsulfenamid
PVC	Polyvinylchlorid
PVMQ	Silikonkautschuk mit Methyl-, Vinyl- und Phenyl-Gruppen an der Polymerkette
PZ	Kautschuk mit -P=N- Kette und Aryloxy-Gruppen an den Phosphoratomen der Kette
Q	Silikon-Kautschuk
R	Kautschuk mit einer ungesättigten Kohlenstoffkette
R_1*	Kettenradikal
Rahmen-AbwasserVwV	Rahmen-Abwasser-Verwaltungsvorschrift
RestBestV	Reststoffbestimmungsverordnung
RFK	Resorcin-Formaldehyd-Kieselsäure

RFL	Resorcin-Formaldehyd-Harz
s	Spur
s.	siehe
S-	Lösungs-Polymerisat
SAPH	styrolisiertes, alkyliertes Phenol
SBR	Styrol-Butadien-Kautschuk
SCR	Styrol-Chloropren-Kautschuk
SDB	Sicherheitsdatenblatt
SDPA	styrolisiertes Diphenylamin
SeDMC	Selendimethyldithiocarbamat
Semi-EV	Semi-Efficient Vulkanisation
SIR	Styrol-Isopren-Kautschuk
sog.	sogenannt
SPH	styrolisiertes Phenol
SR	Synthetischer Kautschuk
s.u.	siehe unten
t	Tonne
T	Kautschuk mit Schwefel in der Polymerkette
TA-Abfall	Technische Anleitung Abfall
TA-Luft	Technische Anleitung Luft
TA-Lärm	Technische Anleitung Lärm
TAC	Triallylcyanurat
TAP	Triallylphosphat
TBBS	N-tert.-Butyl-2-benzothiazolsulfonamid
TBSI	N-tert.-Butyl-2-benzothiazolsulfenimid
TBTD	Tetrabutylthiuramdisulfid
TBzTD	Tetrabenzylthiuramdisulfid
TCP	Trikresylphosphat
TCT	Tricrotonylidentetramin
TDI	Toluoldiisocyanat (2,4-Diisocyanat-toluol)
TeDEC	Tellurdiethyldithiocarbamat
TeDMC	Tellurdimethyldithiocarbamat
TESPT	Bis-(3-triethoxysilylpropyl)tetrasulfid
TETA	Triethylentetramin
TETD	Tetraethylthiuramdisulfid
Tg	Glasübergangstemperatur
TGA	Thermogravimetrische Analyse
TM	Thioplaste
TMCH	Trimethylcyclohexyliden-bis-(tert.-butylperoxid)
TMQ	polymeres 2,2,4-Trimethyl-1,2-dihydrochinon
TMTD	Tetramethylthiuramdisulfid
TMTM	Tetramethylthiurammonosulfid
TMTU	Tetramethylthioharnstoff
TOF	Trioctylphosphat
TOTM	Tri-2-ethylhexyltrimellitat
TPTA	Trimethylolpropantrimethacrylat
TRbF	Technische Regeln für brennbare Flüssigkeiten
TRGS	Technische Regeln für Gefahrstoffe
TriEDMA	Triethylenglykoldimethacrylat
TSE	Technische und sonstige Elastomerprodukte
TSH	p-Toluolsulfonsäurehydrazid
TÜV	Technischer Überwachungsverein
U	Kautschuk mit Kohlenstoff, Sauerstoff und Stickstoff in der Polymerkette
u.a.	unter anderem
u.ä.	und ähnliche
UBA	Umweltbundesamt

UHF	Ultrahochfrequenz
UmweltHG	Umwelthaftungsgesetz
UV	Ultraviolettes Licht
UVV	Unfallverhütungsvorschrift
VbF	Verordnung über brennbare Flüssigkeiten
VMQ	Silikonkautschuk mit Methyl- und Vinyl-Gruppen an der Polymerkette
VOC	volatile organic compounds (flüchtige organische Verbindungen)
VP	Vinylpyridin
WDK	Wirtschaftsverband der Deutschen Kautschukindustrie e.V.
WGK	Wassergefährdungsklasse
WHG	Wasserhaushaltsgesetz
WHO	World Health Organization
WTR	Vereinigung der wichtigsten Kautschukchemikalienerzeuger
X-	carboxylierter Kautschuk
XBR	carboxylgruppenhaltiger Butadien-Kautschuk
XCR	carboxylgruppenhaltiger Chloropren-Kautschuk
XNBR	carboxylgruppenhaltiger Acrylnitril-Butadien-Kautschuk
XSBR	carboxylgruppenhaltiger Styrol-Butadien-Kautschuk
Y-	thermoplastischer Kautschuk
Z	Kautschuk mit Phosphor und Stickstoff in der Polymerkette
Z5MC	Zinkpentamethylendithiocarbamat
z.B.	zum Beispiel
ZBEC	Zinkdibenzyldithiocarbamat
ZBX	Zinkbutylxanthogenat
ZDBC	Zinkdibutyldithiocarbamat
ZDBP	Zinkdibutyldithiophosphat
ZDEC	Zinkdiethyldithiocarbamat
ZDMC	Zinkdimethyldithiocarbamat
ZEH	Zinkethylhexanoat
ZEPC	Zinkethylphenyldithiocarbamat
ZIX	Zinkisopropylxanthogenat
ZMBI	Zinkmercaptobenzimidazol
ZMBT	2-Mercaptobenzothiazol-Zinksalz
ZnBODTP	Zinkisobutyl-isooctyldithiophosphat
ZNS	Zentrales Nervensystem
z.T.	zum Teil

Abbildungsverzeichnis

Tabellenverzeichnis

Vorwort

Als 1525 der Spanier Pietro Martyre d'Anghiera sein „De Orbo Nuovo" verfaßte, beschrieb er ballspielende Maja-Indios, deren Kunst es war das runde Ding durch einen Ring zu werfen. Während die Stoffknäuel der Kinder in der alten Welt allenfalls träge ein, zwei Hüpfer machten, bis sie liegen blieben und auf neue Tritte warteten, spielte der Indionachwuchs mit erstaunlich lebhaften Bällen, die aus dem Milchsaft von Bäumen hergestellt waren. Cahutschu (caa = Holz, O-chu = Tränen), also das „tränende Holz" gab dem Stoff seinen Namen.

Während die Eingeborenen im Amazonasgebiet schon lange Kautschukartikel herstellten, entdeckte man erst 1770 die korrigierende Radierwirkung des Kautschuks - der „Rubber" war geboren.

Die ersten industriell hergestellten Produkte waren wasser- und luftdichte Gewebe, die aber den Nachteil hatten, daß sie bei Wärme am Körper kleben blieben und unterhalb +10°C steif wurden. Immerhin war u.a. damit der weltweite Kautschukmarkt 1836 auf 121 Jahrestonnen angestiegen.

Es sollte bis 1838 dauern, bis Goodyear den ersten stabilen und elastischen Gummi herstellte.

Heute ist Kautschuk die Basis für ungezählte Produkte. 65.000 Beschäftigte stellen Jahr für Jahr alleine in der Bundesrepublik sogenannte Elastomer-Erzeugnisse im Wert von über 16 Milliarden DM her. 700.000 Tonnen Reifen und 400.000 Tonnen Spezialprodukte, von Fußmatten über Infusionsschläuche, Radiergummis, Förderbändern, Sicherheitsschuhen, Taucheranzügen, Autokonsolen, Dichtungen bis hin zu Kondomen wird alles hergestellt, wofür es eine Nachfrage gibt.

Fast jedes dieser Produkte hat je nach Verwendungszweck seine eigene Zusammensetzung. Und selbst bei gleichen Anwendungen wie z.B. Pkw-Reifen sind Rezepturen die Stärken oder Schwächen international agierender Konzerne. Natürlich besteht ein Reifen, neben Stahl und Textil, nicht nur aus „Gummi", sondern aus Lauffläche, Seitenwand, Karkasse, Innenliner, Humpstreifen usw., oder kurz gesagt aus mindestens zehn verschiedenen Kautschukmischungen. In jeder sind spezielle Additive enthalten, die z.B. als Alterungsschutzmittel gewährleisten, daß das Auto auch unter südlicher Sonne geparkt werden darf, ohne daß beim Einsteigen die Reifen zerbröseln.

Was so alles in Kautschukprodukten - insbesondere in Reifen - enthalten ist und ob davon Gefahren für die Umwelt ausgehen, war Thema des Forschungsvorhabens das Basis dieses Buches ist. Für die konstruktive Zusammenarbeit mit Herrn Regelmann im Umweltbundesamt möchten wir uns bedanken.

Die Bewertung sensibler Daten, z.B. Rezepturen, erforderte die Unterstützung der betroffenen Unternehmen. Koordiniert vom Wirtschaftsverband der deutschen Kautschukindustrie (wdk) haben sich 75 % der Reifen- und 30 % der sonstigen Elastomerhersteller an der Untersuchung beteiligt. Hierfür möchten wir uns herzlich bedanken.

Ein großer Teil der analytischen Untersuchungen wurde von Herrn Dr. Giese und Frau Schwerdt, Mitarbeiter unseres Kooperationspartners, dem Deutschen Institut für Kautschuktechnologie (DIK) in Hannover, ausgeführt. Die informativen und kritischen Gespräche haben wesentlich zu den hier vorgestellten Resultaten beigetragen.

Basis der Forschungsergebnisse sind umfangreiche Literaturrecherchen, Datenerhebungen und -verwaltung, Firmengespräche etc., bei denen wir maßgeblich von M. Bartholome, U. Herrmann, B. Isfort, H. Meyer, A. Nickel, L. Ostermann, D. Pollkläsner, T. Rothardt, G. Schmieß, U. Teßmer und B. Venker unterstützt wurden. Vielen Dank!

Dortmund, im März 1998

1 Allgemeines

1.1 Übersicht über die Kautschuk- und Reifenindustrie

Die Kautschukindustrie produziert und verbraucht jährlich etwa 15 Millionen Tonnen Natur- und Synthesekautschuk weltweit [185].

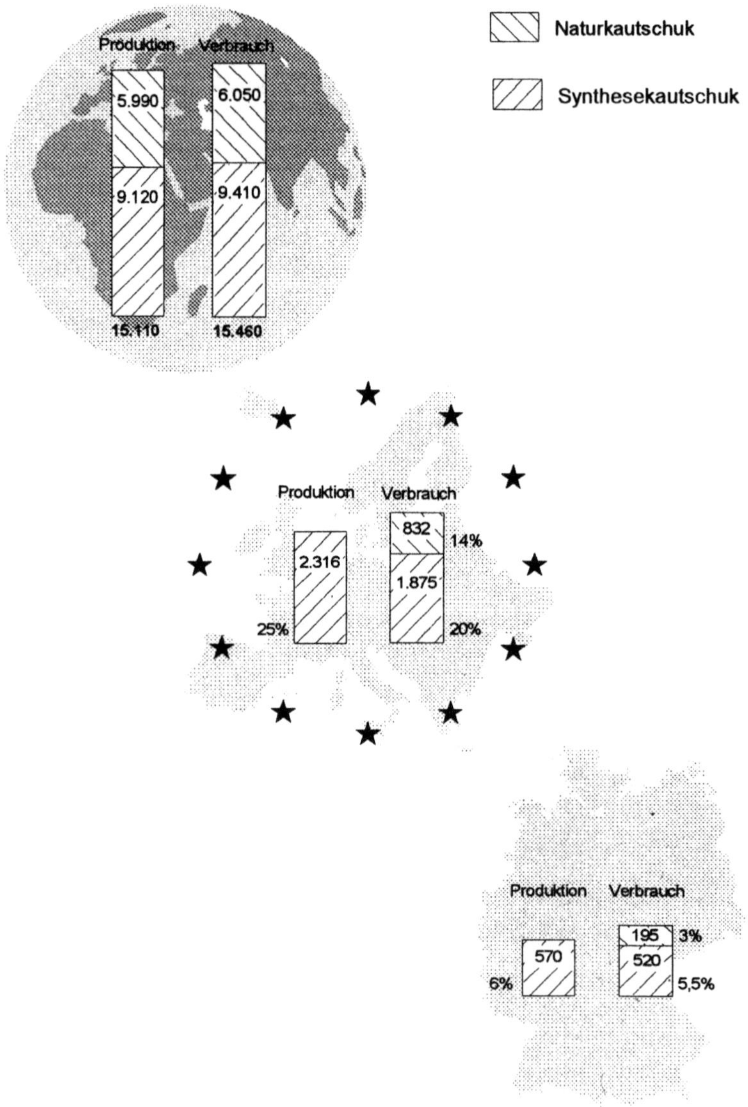

Abbildung 1.1: ***Produktion von Natur- und Synthesekautschuk (1996)***

Mehr als 90 % des Naturkautschuks wird in Asien gewonnen.

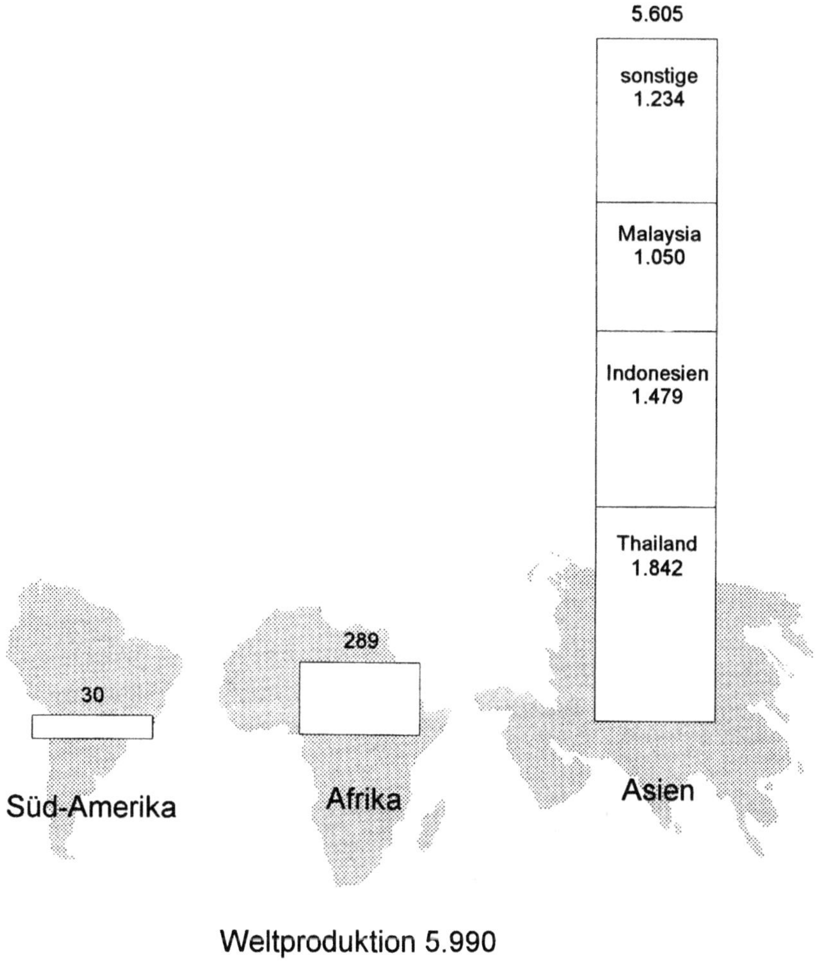

Abbildung 1.2: ***Produktion von Naturkautschuk (1996)***

Synthesekautschuk wird überwiegend in den Industrieländern produziert. Die Bundesrepublik Deutschland ist daran mit 6 % der Weltproduktion beteiligt. Die Anteile der unterschiedlichen Synthesekautschuke, die durch die jeweils bei der Produktion genutzten Monomere charakterisiert werden, sind in den Abbildung 1.3 (weltweit) und Abbildung 1.4 (Bundesrepublik Deutschland) dargestellt [185].

SBR:	**Styrol-Butadien-Kautschuk**
BR:	**Butadien-Kautschuk**
EPDM:	**Ethylen-Propylen-Dien-Kautschuk**
IR:	**Isopren-Kautschuk**
IIR:	**Butyl-Kautschuk**
NBR:	**Acrylnitril-Butadien-Kautschuk**
CR:	**Chloropren-Kautschuk**

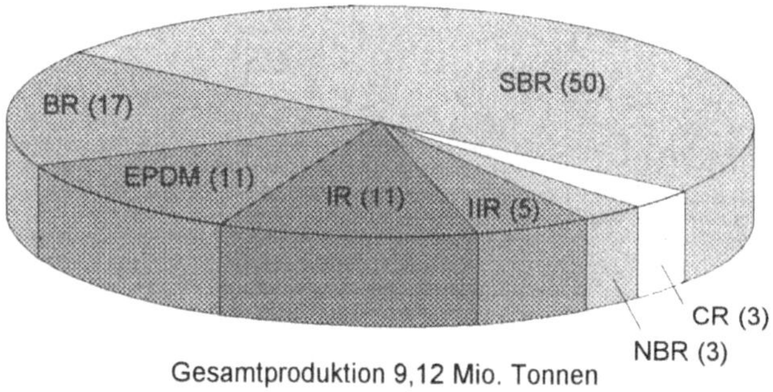

Gesamtproduktion 9,12 Mio. Tonnen

Abbildung 1.3: ***Anteile von Synthesekautschukarten an der Weltproduktion (1996)***

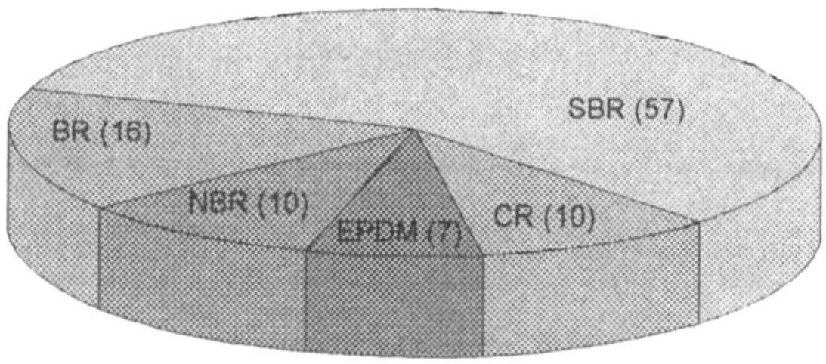

Gesamtproduktion 570.000 Tonnen

Abbildung 1.4: ***Anteile von Synthesekautschukarten an der bundesdeutschen Produktion (1996)***

Es ist dabei keineswegs so, daß der Naturkautschuk von Synthesekautschuken verdrängt würde. Ganz im Gegenteil wuchs der Naturkautschukanteil von ca. 3 Millionen Tonnen (1980) kontinuierlich auf heute 6 Millionen Tonnen heute an, während der Synthesekautschukanteil starken Verbrauchs- und Produktionsschwankungen unterlag.

In der Branche arbeiteten 1995 ca. 65.000 Beschäftigte, die aus den o.g. Rohstoffen ca. 1 Million Tonnen Reifen und ca. 530.000 Tonnen sogenannter „Technischer und sonstiger Elastomererzeugnisse (TSE)“ herstellten. Dies entsprach einem Gesamtumsatz von über 16 Milliarden DM. Die hohen Kapazitätsauslastungen von 97,2 % bei der Reifenherstellung und 81,3 % bei TSE-Produkten verdeutlichen die gute Auftragslage und die wirtschaftliche Bedeutung des Industriezweiges.

In Abbildung 1.5 sind die Produktionsstandorte der Reifenindustrie in der Bundesrepublik Deutschland dargestellt [450].

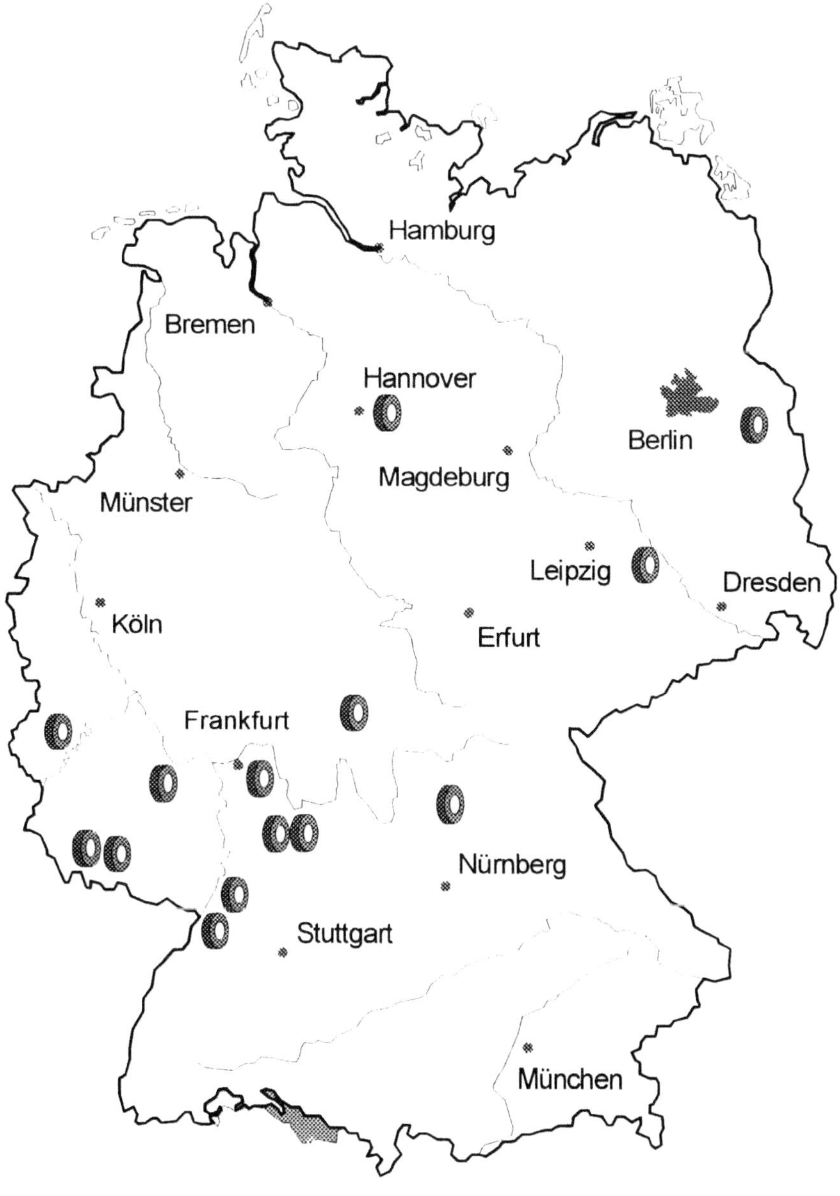

Abbildung 1.5: ***Produktionsstandorte der Reifenindustrie in der Bundesrepublik Deutschland***

Die größte Produktgruppe - Reifen - besteht etwa zur Hälfte aus Natur- und Synthesekautschuk.

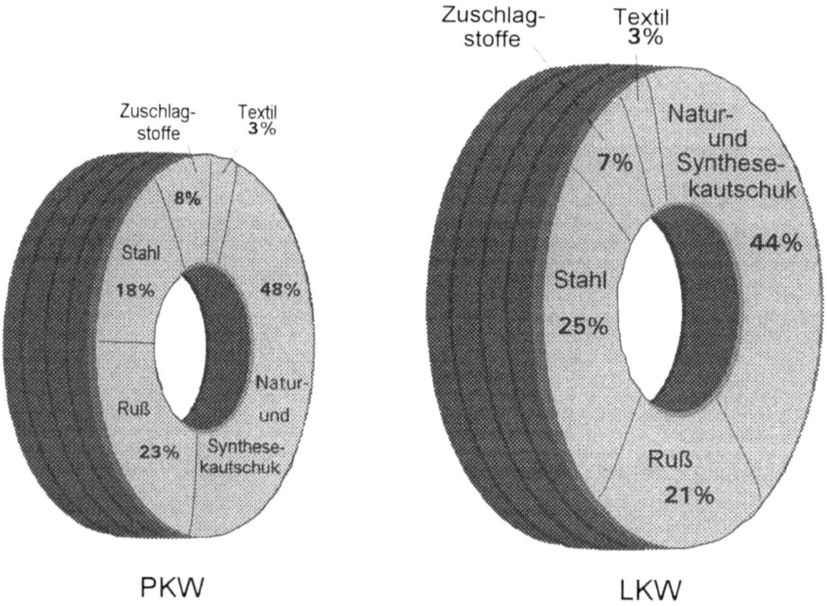

Abbildung 1.6: ***Bestandteile eines PKW-Reifens und eines LKW-Reifens***

Beim Gebrauch verlieren die Reifen an Profil. Der dabei entstehende Abrieb wächst pro Jahr auf eine Gesamtmasse von ca. 60.000 Tonnen an.

Als Altreifen fallen jährlich 600.000 Tonnen zur Verwertung und Beseitigung an. Die größte Menge wird thermisch in der Zementindustrie verwertet. Im Bereich der TSE-Produkte werden jährlich ca. 400.000 Tonnen abgesetzt. Zur Zeit fallen 160.000 Tonnen TSE-Abfälle zur Beseitigung an [352, 458].

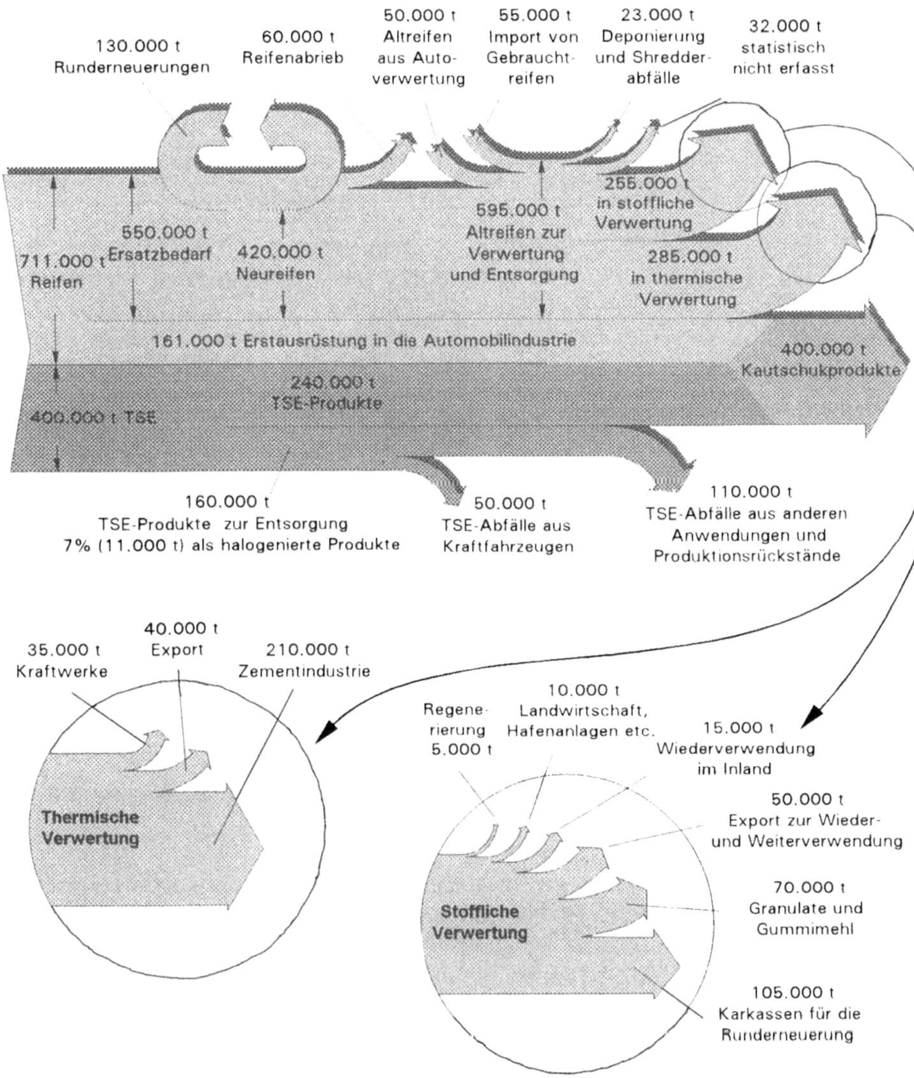

Abbildung 1.7: ***Jährliche Mengenströme in der Reifen- und TSE-Industrie***

2 Gesetzliche Vorschriften

Bei der Herstellung von Kautschukprodukten und deren Entsorgung sind zahlreiche Gesetze, Verordnungen, Vorschriften und Regeln zu beachten. In der Tabelle 2.1 ist eine Zusammenstellung der relevanten gesetzlichen Bestimmungen gegeben.

Wasser / Abwasser	Abfall	Luft	sonstiges Umweltrecht
Wasserhaushaltsgesetz (WHG)	Kreislaufwirtschafts-/ Abfallgesetz (KrW-/AbfG)	Bundesimmissions-schutzgesetz (BImSchG)	Chemikaliengesetz (ChemG)
Abwasserabgabengesetz (AbwAG)	Abfallgesetz (AbfG)	Bundesimmissions-schutzverordnungen (BImSchV) - 2. BImSchV - 4. BImSchV - 12. BImSchV - 17. BImSchV	Umwelthaftungsgesetz (UmweltHG)
Abwasserherkunftsver-ordnung (AbwHerkV)	Abfallabgabengesetz (AbfAG)	TA-Luft	Gefahrstoffverordnung (GefStoffV)
Rahmen-Abwasser-Ver-waltungsvorschrift (Rahmen-AbwasserVwV)	Abfallbestimmungsver-ordnung (AbfBestV)	Lösemittel-Direktive (VOC)	Verordnung über brenn-bare Flüssigkeiten (VbF)
Muster-Verordnung über Anlagen zum Umgang mit wassergefährdenden Stoffen (Muster-VAwS)	Reststoffbestimmungs-verordnung (RestBestV)		Gefahrgutverordnung Straße (GGVS)
Indirekteinleiter-Verord-nung	Abfall- und Reststoff-überwachungsverord-nung (AbfRestÜberwV)		Unfallverhütungsvor-schrift (UVV)
Kommunale Abwasser-satzungen	TA-Abfall		Technische Regeln für Gefahrstoffe (TRGS)
Arbeitsblatt 115 der Abwassertechnischen Vereinigung	EG-Richtlinie 402 (gefährliche Abfälle)		Technische Regeln für brennbare Flüssigkeiten (TRbF)

Tabelle 2.1: Gesetzliche Bestimmungen

In den folgenden Abschnitten werden die wichtigsten gesetzlichen Bestimmungen bezüglich ihrer Bedeutung für die Verarbeitung von Kautschuk und die Entsorgung von Kautschukprodukten kurz erläutert. Die folgenden Ausführungen lehnen sich an die Ausführungen des Berichtes „Untersuchungen zur Erfassung der Umweltexposition von Chemikalien der Farben- und Lackindustrie“ [451] an.

2.1 Wasser / Abwasser

Im Bereich Wasser / Abwasser gelten folgende Gesetze, Rechtsverordnungen und Verwaltungsvorschriften:

Relevante Gesetze

- Wasserhaushaltsgesetz (WHG)
- Abwasserabgabengesetz (AbwAG)

Rechtsverordnungen und Verwaltungsvorschriften zur Umsetzung der Gesetze

- Abwasserherkunftsverordnung (AbwHerkV)

- Rahmen-Abwasser-Verwaltungsvorschrift (Rahmen-AbwasserVwV)
  Anhang 31
- Indirekteinleiter-Verordnung
- Muster-Verordnung über Anlagen zum Lagern, Abfüllen und Umschlagen wassergefährdender Stoffe (MusterVAwS)
- Arbeitsblatt 115 der Abwassertechnischen Vereinigung
- Kommunale Abwassersatzungen

Wasserhaushaltsgesetz (WHG)

Das „Gesetz zur Ordnung des Wasserhaushalts" vom 27.6.1986, zuletzt geändert am 27.6.1994, regelt die Benutzung von oberirdischen Gewässern und des Grundwassers. Es regelt die ordnungsrechtlichen Voraussetzungen der Genehmigungsverfahren und die behördliche Überwachung der Einleitung von Abwässern. Bei der Einleitung von Abwasser soll die Schadstofffracht mindestens so gering gehalten werden, wie es nach den allgemein anerkannten Regeln der Technik möglich ist. Bei „Abwässern bestimmter Herkunft, die Stoffe oder Stoffgruppen enthalten, die wegen der Besorgnis einer Giftigkeit, Langlebigkeit, Anreicherungsfähigkeit oder einer krebserzeugenden, fruchtschädigenden oder erbgutverändernden Wirkung als gefährlich zu bewerten sind (gefährliche Stoffe)" muß eine Abwasserbehandlung nach dem Stand der Technik erfolgen. In der Abwasserherkunftsverordnung werden die Bereiche benannt, in denen Abwässer mit gefährlichen Stoffen anfallen können. Dazu gehört auch die Herstellung und Verarbeitung von Gummi und Kautschuk.
Das Gesetz schreibt vor, daß Anlagen zum Umgang (Lagern, Abfüllen, Behandeln) mit wassergefährdenden Stoffen sowie Rohrleitungen so beschaffen sein müssen, daß von ihnen keine Verunreinigung der Gewässer ausgehen kann.

Abwasserabgabengesetz (AbwAG)

Das „Gesetz über Abgaben für das Einleiten von Abwässern in Gewässer" datiert in seiner neuesten Fassung vom 3.11.1994. Das Gesetz bezieht sich auf Industriebetriebe oder Kommunen, die Abwässer direkt in ein Gewässer einleiten, sogenannte Direkteinleiter. Für das direkte Einleiten ist eine Abgabe zu bezahlen, die sich nach der Schädlichkeit des Abwassers richtet. Die Höhe der Abgabe wird aus Schadenseinheiten berechnet, die in Anlage festgelegt sind. Die Abgabe beträgt seit dem 1.1.1993 pro Schadenseinheit 60,- DM und wird ab dem 1.1.1997 auf 70,- DM pro Schadenseinheit steigen.

Abwasserherkunftsverordnung (AbwHerkV)

In der „Verordnung über die Herkunftsbereiche von Abwasser" vom 3.7.1987, zuletzt geändert am 27.5.1991, werden Bereiche genannt, in denen Abwasser mit gefährlichen Stoffen anfallen kann. In § 1 Absatz 5 ist im Bereich der organischen Chemie auch die „Herstellung und Verarbeitung von Kunststoffen, Gummi und Kautschuk" benannt.

Rahmen-Abwasser-Verwaltungsvorschrift (Rahmen-AbwasserVwV)

Die „Allgemeinen Rahmen-Verwaltungsvorschrift über Mindestanforderungen an das Einleiten von Abwasser in Gewässer" datiert vom 8.9.1986 und wurde zuletzt am 15.4.1996 geändert. In ihr werden die Anwendungsbereiche beschrieben, aus denen Abwässer mit einer Schmutzfracht stammen. Für den Bereich Kautschuk- und Gummiverarbeitung ist besonders der Anhang 31 von Interesse.

Anhang 31 Wasseraufbereitung, Kühlsysteme, Dampferzeugung

Anhang 31 gilt für Abwasser aus Kühlsystemen zur indirekten Kühlung von industriellen Prozessen sowie aus sonstigen Anfallstellen bei der Dampferzeugung. Als allgemeine Anforderung an das Abwasser gilt, daß „Chrom- und Quecksilberverbindungen, Nitrit, metallorganische Verbindungen (Metall-Kohlenstoff-Bindungen) und Mercaptobenzthiazol aus dem Einsatz von Betriebs- und Hilfsstoffen" nicht enthalten sein dürfen. Für Abwasser aus der Abflutung von Kühlkreisläufen gelten zudem folgende Einleitebedingungen:

CSB	40 mg/l
Phosphorverbindungen als Phosphor, gesamt	3 mg/l
Zink	4 mg/l
Adsorbierbare organisch gebundene Halogene (AOX)	0,15 mg/l

Muster-Verordnung über Anlagen zum Lagern, Abfüllen und Umschlagen wassergefährdender Stoffe (MusterVAwS)

Die Muster-Verordnung über Anlagen zum Umgang mit wassergefährdenden Stoffen regelt die Anforderungen an Anlagen zum Lagern, Abfüllen und Umschlagen wassergefährdender Stoffe sowie Anlagen zum Verwerten und Behandeln dieser Stoffe (HBV-Anlagen). Anlagen, in denen wassergefährdende Stoffe verwendet werden, sind von Fachfirmen zu installieren, instandzuhalten und instandzusetzen. Betriebe, die ihre Anlagen selbst warten wollen, müssen entweder über speziell geschultes Personal verfügen oder z.B. einen Überwachungsauftrag vom TÜV haben. Für eventuell auftretende Leckagen sind spezielle Auffangräume vorzusehen.

Das Gefährdungspotential der betroffenen Anlagen wird über das Volumen der eingesetzten Stoffe und mögliche Schadwirkungen auf die unmittelbare Umwelt abgeschätzt. Die Schadwirkung eines Stoffes wird als Wassergefährdungsklasse (WGK) angegeben.

Durch biologische Abbautestverfahren und Toxizitätseigenschaften ist eine Einteilung der wassergefährdenden Stoffe in 4 Klassen möglich:

WGK 0	im allgemeinen nicht wassergefährdend
WGK 1	schwach wassergefährdend
WGK 2	wassergefährdend
WGK 3	stark wassergefährdend

Entsprechend der Einteilung des Gefährdungspotentials werden für die jeweiligen Anlagen und Betreiber Anforderungen an die Schutz- und Überwachungsmaßnahmen sowie Maßnahmen im Schadensfall gestellt.
Die Behörde hat weiterhin die Möglichkeit, die Bestellung eines Wasserschutzbeauftragten anzuordnen.

Indirekteinleiter-Verordnung

Bei den Indirekteinleiter-Verordnungen handelt es sich um Verordnungen der einzelnen Bundesländer. Die Verordnungen regeln die Einleitung von Abwässern in die öffentlichen Abwasseranlagen, von wo aus sie „indirekt" in die Gewässer gelangen.
In Nordrhein-Westfalen beispielsweise darf Abwasser mit gefährlichen Inhaltsstoffen bezugnehmend auf § 7a Abs. 1 des WHG aus den in einer Anlage aufgeführten Herkunftsbereichen nur mit Genehmigung in öffentliche Abwasseranlagen eingeleitet werden.

Kommunale Abwassersatzungen

Die kommunalen Abwassersatzungen sind den Indirekteinleiter-Verordnungen der Länder nachgeordnet. Sie spielen eine wichtige Rolle bei der Festlegung der Einleitebedingungen. Sie lehnen sich an das Arbeitsblatt 115 der Abwassertechnischen Vereinigung oder an die Anhänge der Rahmen-Abwasser-Verwaltungsvorschrift an.

Arbeitsblatt 115 der Abwassertechnischen Vereinigung (ATV)

Das ATV-Arbeitsblatt 115 „Hinweise für das Einleiten von Abwasser in eine öffentliche Abwasseranlage" ist als Grundlage für kommunale Abwassersatzungen gedacht. Die Hinweise gelten für gewerbliches und industriellen Abwasser sowie für ähnlich zusammengesetztes Abwasser aus öffentlichen Einrichtungen. Sie machen Vorgaben zum Schutz der öffentlichen Abwasseranlagen und der darin arbeitenden Menschen.
In der Anlage I sind allgemeine Richtwerte für die wichtigsten Beschaffenheitskriterien von Abwässern angegeben.
Anlage II gibt eine Übersicht über die Eigenschaften und Inhaltsstoffe des Abwassers verschiedener Industrie- und Gewerbebetriebe. Weiterhin enthält die Anlage II Angaben über Gefährdungen der in der Kanalisation tätigen Arbeiter, mögliche Beeinträchtigungen der Kanalisation sowie praktische Hinweise über Maßnahmen der Abwasservorbehandlung.

2.2 Abfall

Für den Bereich Abfall gelten folgende Gesetze, Rechtsverordnungen und Verwaltungsvorschriften:

Relevante Gesetze

- Kreislaufwirtschafts- und Abfallgesetz (KrW-/AbfG)
- Abfallgesetz (AbfG)
- Abfallabgabengesetz (AbfAG)

Rechtsverordnungen und Verwaltungsvorschriften zur Umsetzung der Gesetze

- Abfallbestimmungsverordnung (AbfBestV)
- Reststoffbestimmungsverordnung (RestBestV)
- Abfall- und Reststoffüberwachungsverordnung (AbfRestÜberwV)
- TA-Abfall

EG-Richtlinien

- EG-Richtlinie über gefährliche Abfälle (EG-Richtlinie 402)

Kreislaufwirtschafts- und Abfallgesetz (KrW-/AbfG)

Das „Gesetz zur Förderung der Kreislaufwirtschaft und Sicherung der umweltverträglichen Beseitigung von Abfällen" ist am 7.10.1994 verabschiedet worden, aber erst zwei Jahre später am 8.10.1996 in Kraft getreten und löste das bis dahin geltende AbfG ab. Das KrW-/AbfG erweitert den Anwendungsbereich des AbfG bis hin zur Verantwortung des Produzenten und des Handels für den gesamten Lebenszyklus eines Produktes. Ziel dieses Gesetzes ist, Abfälle nach Möglichkeit zu vermeiden und erst in zweiter Linie eine stoffliche oder energetische Verwertung der Abfälle durchgeführt werden soll. Eine Verwertung der Abfälle ist dann durchzuführen, wenn sie technisch möglich und wirtschaftlich zumutbar ist. Abfälle können stofflich verwertet werden oder zur Gewinnung der Energie genutzt werden, wobei die besser umweltverträgliche Verwertungsart den Vorrang hat. Für die stoffliche und energetische Verwertung sollen folgende Faktoren beurteilt werden:

- technische Realisierbarkeit
- ökonomische Zumutbarkeit
- Absatzmöglichkeiten für Wertprodukte.

Durch Rechtsverordnung kann bestimmt werden, daß bestimmte Erzeugnisse aufgrund ihres Schadstoffgehaltes gekennzeichnet werden müssen, Abfälle mit besonderem Schadstoffgehalt getrennt eingesammelt und entsorgt werden müssen sowie für bestimmte Erzeugnisse eine Rückgabemöglichkeit zu schaffen bzw. ein Pfand zu erheben.

Fallen mehr als 2 t eines überwachungsbedürftigen Abfalls an, so ist ein Abfallwirtschaftskonzept zu erstellen.
Die Hersteller von Erzeugnissen tragen die Produktverantwortung im Sinne der Kreislaufwirtschaft. Die Produkte sind so zu gestalten, daß bei der Herstellung und dem Gebrauch

möglichst Abfälle vermindert werden und eine umweltverträgliche Entsorgung sichergestellt ist.

Abfallgesetz (AbfG)

Das „Gesetz über die Vermeidung und Entsorgung von Abfällen" datiert vom 27.8.1986 und wurde zuletzt am 30.9.1994 geändert. Das AbfG galt bis zum 7.10.1996 und wurde tags darauf vom Kreislaufwirtschafts- und Abfallgesetz (s.o.) abgelöst.

Abfallabgabengesetz (AbfAG)

Das Abfallabgabengesetz liegt bisher nur als Entwurf vor. Mit diesem Gesetz soll die Entsorgung von Sonderabfällen verteuert werden. Durch Vermeidungsabgaben und Deponieabgaben soll ein wirtschaftlicher Anreiz für die Vermeidung und Verwertung von Sonderabfällen geschaffen werden.

Abfallbestimmungsverordnung (AbfBestV)

Die „Verordnung zur Bestimmung von Abfällen nach § 2 Abs. 2 des Abfallgesetzes" ist am 3.4.1990 in Kraft getreten und zuletzt am 27.12.1993 geändert worden. In der Anlage zu dieser Verordnung werden die besonders überwachungsbedürftigen Abfälle (Sonderabfälle) genannt.

Diese Verordnung gilt nicht für Abfallerzeuger, bei denen weniger als 500 kg der genannten Abfälle pro Jahr anfallen. Sie greift erst dann, wenn die Abfälle einem Entsorgungsunternehmen übergeben werden.

In der Tabelle 2.2 sind die Sonderfälle aufgeführt, die bei der Verarbeitung von Gummi und Kautschuk anfallen können.

Abfall-schlüssel	Bezeichnung	Herkunft
31	Abfälle mineralischen Ursprungs	
31435	Verbrauchte Filter- und Aufsaugmassen mit schädlichen Verunreinigungen (Kieselgur, Aktiverden, Aktivkohle)	Chemische Industrie, Chemische Reinigung, Adsorptive Gas- und Flüssigkeitsreinigung
35302	Bleihaltige Abfälle	Bleigewinnung, Verarbeitung von Blei
31640	Füll- und Trennmittelsuspensionen mit mineralischen Feststoffanteilen	Papiererzeugung, Herstellung und Verarbeitung von Gummi
52	Sauren, Laugen und Konzentrate	
52202	Nicht halogenierte organische Säuren	Chemische Industrie, Pharmazeutische Industrie
52402	Laugen, Laugengemische und Beizen (basisch)	Chemische Industrie, Oberflächenbehandlung, Laboratorien
52724	Anorganische Kühlmittellösungen	Kaltetechnik
55	Organische Lösemittel, Farben, Lacke, Klebstoffe, Kitte und Harze	
55315	Methanol und andere flüssige Alkohole	Chemische Industrie, Herstellung von pharmazeutischen Erzeugnissen, Textilindustrie, Herstellung von Anstrichmitteln
55903	Harzrückstande, nicht ausgehärtet	Kunststoffverarbeitung, Herstellung von Anstrichmitteln
57	Kunststoff- und Gummiabfälle	
57201	Weichmacher mit haolgenierten organischen Bestandteilen	Chemische Industrie, Kunststoffverarbeitung
57203	Weichmacher ohne halogenierte organische Bestandteile	Chemische Industrie, Kunststoffverarbeitung
57702	Latex-Schlämme oder -Emulsionen	Textilindustrie, Herstellung von Teppichböden, Gewerbliche Wirtschaft
57704	Kautschuklösungen	Herstellung und Verarbeitung von Gummi
57706	Gummischlamm, losemittelhaltig	Reifenherstellung, -runderneuerung, -verwertung, Herstellung von Gummiwaren
59	Andere Abfälle chemischer Umwandlungs- und Syntheseprodukte	
59702	Destillationsrückstände, lösemittelhaltig (mit halogenierten organischen Lösemitteln)	Chemische Industrie, Redestillation
59703	Destillationsrückstände, lösemittelhaltig (ohne halogenierte organische Lösemittel)	Chemische Industrie, Redestillation

Tabelle 2.2: ***Auszug aus der Anlage zur AbfBestV***

Reststoffbestimmungsverordnung (RestBestV)

Die „Verordnung zur Bestimmung von Reststoffen nach § 2 Abs. 3 des Abfallgesetzes“ datiert vom 3.4.1990 und wurde zuletzt am 27.12.1993 geändert. Sie hat den gleichen Auf-

bau wie die Abfallbestimmungsverordnung. Auch die Anlagen der beiden Gesetze sind identisch. Mit dem Begriff „Reststoff" sind die bei der Energieumwandlung oder der Herstellung und Verarbeitung anfallenden Stoffe gemeint, die verwertet werden können und daher keine Abfälle sind. Mit dieser Verordnung soll verhindert werden, daß die Reststoffe über die Deklaration als sogenannte Wertstoffe der abfallrechtlichen Überwachung entzogen wird.

Abfall- und Reststoffüberwachungsverordnung (AbfRestÜberwV)

Die „Verordnung über das Einsammeln und Befördern sowie die Überwachung von Abfällen und Reststoffen" vom 3.4.1990 wurde zuletzt am 30.9.1994 geändert. Ziel der Verordnung ist die Überwachung der geordneten Entsorgung durch die Behörden. Die zuständige Behörde kann vom Besitzer solcher Abfälle, die nicht mit dem Hausmüll entsorgt werden können, Nachweise über deren Art, Menge und Entsorgung verlangen. Weiterhin kann sie das Führen von Nachweisbüchern sowie das Einbehalten und Aufbewahren von Belegen verlangen. Betreiber von Anlagen, in denen Sonderabfälle anfallen, Betreiber von Anlagen, in denen Sonderabfälle entsorgt werden und Betriebe, die Sonderabfälle einsammeln und transportieren sind auch ohne besonderes Verlangen zur Führung von Nachweisbüchern verpflichtet. Zur Vorabkontrolle dient ein Entsorgungsnachweis, mit dessen Hilfe schon vor Beginn der Entsorgung die Eignung des Entsorgungsweges geprüft wird.

TA-Abfall

Die „Zweite allgemeine Verwaltungsvorschrift zum Abfallgesetz" ist am 12.3.1991 in Kraft getreten. In der TA-Abfall werden die Anforderungen an die Verwertung und sonstige Entsorgung von besonders überwachungsbedürftigen Abfällen nach dem Stand der Technik und die damit zusammenhängenden Regelungen festgelegt. Es werden Anforderungen an die Abfallentsorgungsanlagen und das in diesen Anlagen beschäftigte Personal gestellt. Im Anhang befinden sich Planfeststellungs- und Genehmigungsunterlagen für die unterschiedlichen Entsorgungsanlagen sowie Probenahme- und Analyseverfahren für die Untersuchung der zu entsorgenden Abfälle. Im Anhang C sind die Entsorgungswege für die in der AbfBestV und RestBestV aufgeführten besonders überwachungsbedürftigen Abfälle festgelegt. Für die in der Tabelle 2.2 enthaltenen Abfallarten wird in den meisten Fällen die Sonderabfallverbrennung als einziger Entsorgungsweg angegeben. In einigen Fällen ist als Alternative eine chemisch/physikalische und biologische Behandlung (CPB) bzw. ausschließlich dieser Entsorgungsweg festgelegt.

EG-Richtlinie über gefährliche Abfälle (EG-Richtlinie 402, 91/689/EWG)

Die „Richtlinie des Rates vom 12. Dezember 1991 über gefährliche Abfälle (91/689/EWG)" wurde zuletzt am 2.7.1994 geändert. Sie soll zu einer Vereinheitlichung der relevanten gesetzlichen Vorschriften in den Mitgliedsländern beitragen. Sie beinhaltet u.a. eine Kennzeichnungspflicht und ein Vermischungsverbot gefährlicher Abfälle. Im Anhang I.A der Richtlinie sind charakteristische Gruppen gefährlicher Abfälle aufgelistet. Den Bereich Kautschukverarbeitung und Kautschukentsorgung betreffen die folgenden Gruppen:

Anhang I.A: 5. Lösungsmittelrückstände
11. Teerrückständen aus Raffinations-, Destillations- oder Pyrolysevorgängen (z.B. Bodensätze in Destillationskolben)
13. Harze, Latex, Weichmacher, Klebstoffen

In Anhang I.B sind Abfallgruppen genannt, die dann zu gefährlichen Abfällen werden, wenn sie bestimmte Bestandteile enthalten, die in Anhang II aufgeführt werden.

Anhang I.B: 20. nichthalogenierte organische Stoffe, die nicht als Lösemittel dienen
34. bei der Reinigung von Tanks und/oder Geräten anfallende Rückstände
36. kontaminierte Behälter (z.B. Verpackungsmaterial), die einen oder mehrere in Anhang II genannte Bestandteile enthalten
40. jeden sonstigen Abfall, der einen in Anhang II genannten Bestandteil enthält und eine der in Anhang III genannten Eigenschaften aufweist.

Anhang II: C7 Zinkverbindungen
C18 Blei, Bleiverbindungen
C28 Peroxide
C37 Isocyanate, Thiocyanate
C39 Phenole, Phenolverbindungen
C40 halogenierte Lösungsmittel
C41 organische Lösungsmittel, ausgenommen halogenierte Lösungsmittel
C45 aromatische Amine
C48 schwefelorganische Verbindungen
C51 Kohlenwasserstoffe und ihre Sauerstoff-, Stickstoff- und/oder Schwefelverbindungen, die in diesem Anhang nicht eigens genannt sind.

In Anhang III sind gefahrenrelevante Eigenschaften der Abfälle aufgeführt.

Anhang III: H3-A leicht entzündbar
H3-B entzündbar
H4 reizend
H5 gesundheitsschädlich
H6 giftig
H7 krebserzeugend
H8 ätzend
H10 teratogen
H11 mutagen
H14 ökotoxisch

Verzeichnis der EG über gefährliche Abfälle (94/904/EG)

Die „Entscheidung des Rates vom 24. Dezember 1994 über ein Verzeichnis gefährlicher Abfälle im Sinne von Artikel 1 Absatz 4 der Richtlinie 91/689/EWG über gefährliche Abfälle

(94/904/EG)“ wurde am 31.12.1994 verabschiedet. Im Anhang werden Abfälle aufgelistet, von denen angenommen wird, daß sie einen oder mehrere der in Anhang III der Richtlinie 91/689/EWG aufgeführten Eigenschaften und was die in Anhang III aufgeführten Eigenschaften H 3 bis H 8 angeht, eines oder mehrere der folgenden Merkmale aufweist:

- Flammpunkt ≤ 55 °C,
- Gesamtgehalt von ≥ 0,1 % an einem oder mehreren als sehr giftig eingestuften Stoffen,
- Gesamtgehalt von ≥ 3 % an einem oder mehreren als giftig eingestuften Stoffen,
- Gesamtgehalt von ≥ 25 % an einem oder mehreren als gesundheitsschädlich eingestuften Stoffen,
- Gesamtgehalt von ≥ 1 % an einem oder mehreren nach R 35 als ätzend eingestuften Stoffen,
- Gesamtgehalt von ≥ 5 % an einem oder mehreren nach R 34 als ätzend eingestuften Stoffen,
- Gesamtgehalt von ≥ 10 % an einem oder mehreren nach R 41 als reizend eingestuften Stoffen,
- Gesamtgehalt von ≥ 20 % an einem oder mehreren nach R 36, R 37, R 38 als reizend eingestuften Stoffen,
- Gesamtgehalt von ≥ 0,1 % an einem oder mehreren als Krebserreger eingestuften Stoffen (Kategorie 1 oder 2).

2.3 Luft / Lärm

Für die Bereiche Luft und Lärm gelten folgende Gesetze, Rechtsverordnungen und Verwaltungsvorschriften:

Relevante Gesetze

- Bundesimmissionsschutzgesetz (BImSchG)

Rechtsverordnungen und Verwaltungsvorschriften zur Umsetzung der Gesetze

- Bundesimmissionsschutzverordnungen (BImSchV)
  - 2. BImSchV
  - 4. BImSchV
  - 12. BImSchV
  - 17. BImSchV
- TA-Luft
- TA-Lärm

EG-Richtlinien

- Lösemittel-Direktive (Volatile Organic Compounds, VOC), geplant

Bundesimmissionsschutzgesetz (BImSchG)

Das „Gesetz zum Schutz vor schädlichen Umwelteinwirkungen durch Luftverunreinigungen, Geräusche, Erschütterungen und ähnliche Vorgänge“ ist am 15.4.1990 in Kraft getreten

und wurde zuletzt am 19.7.1995 geändert. Ziel dieses Gesetzes ist es, Menschen, Tiere und Pflanzen, den Boden, das Wasser, die Atmosphäre sowie Kultur- und sonstige Sachgüter vor schädlichen Umwelteinwirkungen zu schützen und dem Entstehen schädlicher Umwelteinflüsse vorzubeugen, soweit sie von genehmigungsbedürftigen Anlagen ausgehen. Es regelt u.a. die Errichtung genehmigungsbedürftiger Anlagen sowie sicherheitstechnische Prüfungen und die Ermittlung von Emissionen und Immissionen.

2. Bundesimmissionsschutzverordnung (2. BImSchV)

Die „Zweite Verordnung zur Durchführung des Bundes-Immissionsschutzgesetzes (Verordnung zur Emissionsbegrenzung von leichtflüchtigen Halogenkohlenwasserstoffen)" datiert vom 10.12.1990 und wurde zuletzt am 5.6.1991 geändert. Sie gilt für die Errichtung, die Beschaffenheit und den Betrieb von Anlagen, in denen leichtflüchtige Halogenkohlenwasserstoffe eingesetzt werden. Es werden u.a. maximale Verarbeitungsverluste für Halogenkohlenwasserstoffe in Anlagen zur Oberflächenbehandlung festgeschrieben. Es dürfen nur noch die folgenden Chlorkohlenwasserstoffe in technisch reiner Form eingesetzt werden:

- Dichlormethan
- Trichlorethen
- Tetrachlorethen

Im Bereich der Kautschukverarbeitung ist die 2. BImSchV für verschiedenen Bereiche der Verarbeitung relevant.

4. Bundesimmissionsschutzverordnung (4. BImSchV)

Die „Vierte Verordnung zur Durchführung des Bundes-Immissionsschutzgesetzes (Verordnung über genehmigungsbedürftige Anlagen)" datiert vom 24.7.1985 und wurde am 26.10.1993 zuletzt geändert.

Die im Anhang der Verordnung genannten Anlagen brauchen eine Genehmigung, sofern sie länger als 12 Monate am selben Ort betrieben werden. Für Anlagen, die in Spalte 1 oder in den Spalten 1 und 2 aufgeführt sind, ist ein Genehmigungsverfahren nach § 10 BImSchG erforderlich. Für Anlagen, die nur in Spalte 2 des Anhangs genannt werden, reicht das vereinfachte Genehmigungsverfahren nach § 19 BImSchG aus. In Tabelle 2.3 ist der Anhang der 4. BImSchV auszugsweise wiedergegeben, soweit er die Verarbeitung und Entsorgung von Kautschuk betrifft.

Nr.	Spalte 1	Nr.	Spalte 2
2.6	Anlagen zur Gewinnung, Bearbeitung oder Verarbeitung von Asbest		
		4.1	Anlagen zur fabrikmäßigen Herstellung von Stoffen durch chemische Umwandlung, insbesondere
		n)	zum Regenerieren von Gummi oder Gummimischprodukten unter Verwendung von Chemikalien
5.1	Anlagen zum Beschichten, Lackieren, Kaschieren, Imprägnieren oder Tränken von Gegenständen, Glas- oder Mineralfasern oder bahnen- oder tafelförmigen Materialien einschließlich der zugehörigen Trocknungsanlgen mit	5.1	Anlagen zum Beschichten, Lackieren, Kaschieren, Imprägnieren oder Tränken von Gegenständen, Glas- oder Mineralfasern oder bahnen- oder tafelförmigen Materialien einschließlich der zugehörigen Trocknungsanlgen mit
c)	Kunststoffen oder Gummi unter Einsatz von 250 Kilogramm organischen Lösemitteln oder mehr je Stunde	c)	Kunststoffen oder Gummi unter Einsatz von 25 Kilogramm bis weniger als 250 Kilogramm organischer Lösemittel je Stunde
		5.5	Anlagen zum Isolieren von Drähten unter Verwendung von Phenol- und Kresolharzen
		5.8	Anlagen zur Herstellung von Gegenständen unter Verwendung von Amino- oder Phenoplasten, wie Furan-, Harnstoff-, Phenol-, Resorcin- oder Xylolharzen mittels Wärmebehandlung, soweit die Menge der Ausgangsstoffe 10 Kilogramm oder mehr je Stunde beträgt
8.1	Anlagen zur teilweisen oder vollständigen Beseitigung von festen, flüssigen oder gasförmigen Stoffen oder Gegenständen durch Verbrennen		
8.2	Anlagen zur thermischen Zersetzung brennbarer fester oder flüssiger Stoffe unter Sauerstoffmangel (Pyrolyseanlagen)		
8.4	Anlagen, in denen feste, flüssige oder gasförmige Abfälle, auf die die Vorschriften des Abfallgesetzes Anwendung finden, aufbereitet werden, mit einer Leistung von 10 Tonnen oder mehr je Stunde, ausgenommen Anlagen, in denen Stoffe aus in Haushaltungen anfallenden oder aus gleichartigen Abfällen durch Sortieren für den Wirtschaftskreislauf zurückgewonnen werden	8.4	Anlagen, in denen feste, flüssige oder gasförmige Abfälle, auf die die Vorschriften des Abfallgesetzes Anwendung finden, aufbereitet werden, mit einer Leistung von 1 Tonne bis weniger als 10 Tonnen je Stunde
		10.7	Anlagen zum Vulkanisieren von Natur- und Synthesekautschuk unter Verwendung von Schwefel oder Schwefelverbindungen, ausgenommen Anlagen, in denen - weniger als 50 Kilogramm Kautschuk je Stunde verarbeitet werden oder - ausschließlich vorvulkanisierter Kautschuk eingesetzt wird

Tabelle 2.3: ***Auszug aus dem Anhang der 4. BImSchV***

12. Bundesimmissionsschutzverordnung (12. BImSchV)

Die „Zwölfte Verordnung zur Durchführung des Bundes-Immissionsschutzgesetzes (Störfall-Verordnung)" datiert von 20.9.1991 und wurde zuletzt an 26.10.1993 geändert. Sie gilt für alle Anlagen der 4. BImSchV. Relevant ist die Menge der genutzen bzw. gelagerten Stoffe, die im Störfall-Katalog verzeichnet sind (z.B. Lösemittel). Wenn ein Betrieb unter die Bestimmungen der Störfall-Verordnung fällt, sind Alarm- und Gefahrenabwehrpläne zu erstellen, Überwachungs-, Warn- und Sicherheitseinrichtungen zu installieren, Störfälle zu melden, aktuelle Lagerlisten zu führen und spezielle Schulungen des Personals durchzuführen.

17. Bundesimmissionsschutzverordnung (17. BImSchV)

Die „Siebzehnte Verordung zur Durchführung des Bundes-Immissionsschutzgesetzes (Verordnung über Verbrennungsanlagen für Abfälle und ähnliche brennbare Stoffe)" datiert vom 23.22.1990. Sie befaßt sich mit der Errichtung, Beschaffenheit und dem Betrieb von Verbrennungsanlagen für feste oder flüssige Abfälle, die nicht im Anhang der 4. BImSchV genannt sind. Sie legt den Betrieb, z.B. die Emissionsgrenzwerte und die Ableitbedingungen für Abgase fest. Daneben enthält sie Vorschriften für die Messung und Überwachung des Betriebes sowie Übergangsregelungen für Altanlagen. Diese müssen spätestens seit dem 1.3.1994 die Anforderungen dieser Verordnung erfüllen. Die Verordnung ist für den Bereich der Entsorgung von Gummiprodukten interessant, da ein großer Teil der Altreifen thermisch in Zementwerken oder Altreifenheizkraftwerken verwertet wird.

Technische Anleitung zur Reinhaltung der Luft (TA-Luft)

Die „Erste Allgemeine Verwaltungsvorschrift zum Bundes-Immissionsschutzgesetz (Technische Anleitung zur Reinhaltung der Luft)" vom 27.2.1986 (berichtigt am 4.4.1986) bezieht sich auf Anlagen nach der 4. BImSchV. In ihr werden u.a. maximale Emissionen dieser Anlagen festgeschrieben. Für den Bereich der Kautschukverarbeitung sind vor allem einige Vulkanisationsanlagen, z.B. die Vulkanisation in Dampf, betroffen. Im Bereich der Verwertung und Entsorgung gibt es Emissionsgrenzwerte für folgende Anlagen:

- Anlagen zur teilweisen oder vollständigen Beseitigung von festen und flüssigen Stoffen durch Verbrennen
- Anlagen zur thermischen Zersetzung brennbarer fester oder flüssiger Stoffe unter Sauerstoffmangel (Pyrolyseanlagen)
- Anlagen zur Herstellung von Zementen

Technische Anleitung zum Schutz gegen Lärm (TA-Lärm)

Die „Allgemeine Verwaltungsvorschrift über genehmigungsbedürftige Anlagen nach § 16 der Gewerbeordnung (GewO) - Technische Anleitung zum Schutz gegen Lärm" stellt die Grundlage für Lärmbekämpfungsmaßnahmen bei genehmigungsbedürftigen Anlagen vor. Sie ist seit 1974 Bestandteil des BImSchG. Mit dieser Vorschrift soll die Nachbarschaft gewerblicher Betriebe vor erheblicher Lärmbelästigung geschützt werden. Ergänzt werden die Vorschriften durch die VDI-Richtlinie 2058, die Ausführungsanweisung der Lärm-

schutz-Richtlinie des Bundesministers für Arbeit und Sozialordnung (BMA), die Unfallverhütungsvorschrift „Lärm“ (UVV Lärm) der gewerblichen Berufsgenossenschaften und die Arbeitsstättenverordnung (ArbStättV). In der UVV-Lärm (VGB 121) sind z.B. folgende Schwellenwerte festgelegt:

85 dB(A)	persönliche Schallschutzmittel müssen zur Verfügung gestellt werden
90 dB(A)	Mitarbeiter werden in einer Gesundheitsdatei geführt, Lärmbereiche werden überwacht und regelmäßige Gehörvorsorgeuntersuchungen sind vorgeschrieben

Die Arbeitsstättenverordnung des BMA unterscheidet die Lärmstufen:

55 dB(A)	bei überwiegend geistigen Tätigkeiten, in Pausen, Bereitschafts- und Liegeräumen
70 dB(A)	bei einfachen und überwiegend mechanischen Bürotätigkeiten
85 dB(A)	bei allen sonstigen Tätigkeiten
90 dB(A)	wenn die Einhaltung von 85 dB(A) für den Betrieb nicht zumutbar ist

Sobald ein Lärmpegel von mehr als 90 dB(A) verursacht wird, muß der Arbeitgeber eine Ausnahmegenehmigung nach § 4 Abs. 1 ArbStättV bei der zuständigen Aufsichtsbehörde einholen. Die berufsgenossenschaftlichen Grundsätze schreiben für Anlagen mit erhöhten Schallpegeln Gehörvorsorgeuntersuchungen vor, wobei die zeitlichen Folgen der Untersuchungen abhängig von der Höhe des Schallpegels sind:

Vorsorgeuntersuchungen im Abstand von 3 Jahren bei $L > 85$ dB(A)
Vorsorgeuntersuchungen im Abstand von 6 Jahren bei $L < 85$ dB(A)

Lösemittel-Direktive (Volatile Organic Compounds - VOC)

Zur Reduzierung der Emission von ozonbildenden flüchtigen Stoffen um 30 % bis 1999 sowie zur Verbesserung des Umwelt- und Gesundheitsschutzes sollen die Emissionen von Lösemitteln bei der Verwendung reduziert werden. Mögliche Maßnahmen für die Reduzierung sind z.B. ein besserer Umgang, eine bessere Rückführung, die Vernichtung durch Verbrennung, der Ersatz durch „bessere“ Stoffe sowie die Vermeidung von Stoffen. Anhang 19 betrifft direkt die Gummiindustrie und sieht mehrere Maßnahmen vor.
Bei einem Verbrauch von mehr als 5 bzw. 15 kg/h und bei mehr als 5 bzw. 15 t/a sind:

- ein Solvent Management Plan aufzustellen,
- Grenzwerte von 20 mg/m^3 bei der Verbrennung oder 150 mg/m^3 bei Rückgewinnung einzuhalten,
- nur maximal 30 bzw. 25 % der Einsatzmenge zu emittieren und
- Emissionsmessungen regelmäßig bzw. kontinuierlich durchzuführen [324].

2.4 Sonstiges Umweltrecht

Relevante Gesetze

- Chemikaliengesetz (ChemG)

- Umwelthaftungsgesetz (UmweltHG)

Rechtsverordnungen und Verwaltungsvorschriften zur Umsetzung der Gesetze

- Gefahrstoffverordnung (GefStoffV)
- Verordnung über brennbare Flüssigkeiten (VbF)
- Gefahrgutverordnung Straße (GGVS)
- Unfallverhütungsvorschriften (UVV)
- Technische Regeln für gefährliche Stoffe (TRGS)
- Technische Regeln für brennbare Flüssigkeiten (TRbF)

Chemikaliengesetz (ChemG)

Das „Gesetz zum Schutz vor gefährlichen Stoffen" in der Fassung der Bekanntgabe vom 25.7.1994 wurde zuletzt am 27.9.1994 geändert. Es bezweckt, den Menschen und die Umwelt vor schädlichen Einwirkungen gefährlicher Stoffe und Zubereitungen zu schützen, insbesondere die schädlichen Einwirkungen erkennbar zu machen, sie abzuwenden und ihrem Entstehen vorzubeugen. Es regelt u.a. die Anmeldepflicht für neue Stoffe, Zubereitungen und Erzeugnisse sowie Mitteilungspflichten. Nach dem ChemG müssen neue Stoffe auf ihre toxikologischen und ökotoxikologischen Eigenschaften geprüft werden und 45 Tage vor dem Inverkehrbringen angemeldet werden. Daneben ermächtigt es die Regierung dazu, bestimmte Altstoffe in die Anmelde- und Prüfpflicht miteinzubeziehen und die Herstellung und Anwendung gefährlicher Stoffe einzuschränken oder zu verbieten.

Umwelthaftungsgesetz (UmweltHG)

Das „Gesetz über die Umwelthaftung" datiert vom 10.12.1990. Nach ihm sind die Inhaber bestimmter Anlagen, die im Anhang 1 aufgelistet sind, zur Leistung von Schadenersatz verpflichtet, sofern durch eine von der Anlage ausgehende Umwelteinwirkung jemand getötet, verletzt oder gesundheitlich beeinträchtigt worden ist oder sofern eine Sache beschädigt wird. Im Anhang 1 sind u.a. folgende Anlagen genannt:

19. Anlagen zur Herstellung von Zementklinker oder Zementen
21. Anlagen zur Gewinnung, Bearbeitung und Verarbeitung von Asbest
45. Anlagen zur fabrikmäßigen Herstellung von Stoffen durch chemische Umwandlung, insbesondere
    n) zum Regenerieren von Gummi oder Gummiprodukten unter Verwendung von Chemikalien
58. Anlagen zum Beschichten, Imprägnieren oder Tränken von Glasfasern, Mineralfasern oder bahnen- oder tafelförmigen Materialien einschließlich der zugehörigen Trocknungsanlagen mit
    b) Kunststoffen oder Gummi unter Einsatz von 25 Kilogramm organischen Lösemitteln je Stunde oder mehr
69. Anlagen zur thermischen Zersetzung brennbarer fester oder flüssiger Stoffe unter Sauerstoffmangel (Pyrolyseanlagen)

Gefahrstoffverordnung (GefStoffV)

Die „Verordnung zum Schutz vor gefährlichen Stoffen (Gefahrstoffverordnung)" datiert vom 26.10.1993 und wurde zuletzt am 19.9.1994 geändert. Sie schreibt umfangreiche Maßnahmen für das Inverkehrbringen und den Umgang mit Gefahrstoffen vor. Inhalte sind u.a. die Einstufung gefährlicher Stoffe, die Kennzeichnung und Verpackung beim Inverkehrbringen, Grenzwerte für krebserzeugende Stoffe, Anzeige- und Erlaubnisvorschriften, Unterrichtung der Arbeitnehmer, ärztliche Vorsorgeuntersuchungen und Ermittlung von Gefahrstoffen durch den Arbeitgeber. In den Anhängen werden einige Aspekte näher erläutert.

Verordnung über brennbare Flüssigkeiten (VbF)

Die „Verordnung über Anlagen zur Lagerung, Abfüllung und Beförderung brennbarer Flüssigkeiten zu Lande" stammt vom 27.2.1980 und wurde zuletzt geändert am 22.7.1995. Sie regelt den Betrieb und die Errichtung von Anlagen, in denen brennbare Flüssigkeiten gelagert, abgefüllt oder zu Lande befördert werden. Sie definiert den Begriff 'brennbare Flüssigkeit' und teilt diese in unterschiedliche Gefahrenklassen ein. Brennbare Flüssigkeiten sind demnach Stoffe mit einem Flammpunkt, die bei 35 °C weder fest noch salbenförmig sind, bei 50 °C einen Dampfdruck von 3 bar oder weniger haben und zu einer der folgenden Gefahrenklassen gehören:

1. Gefahrenklasse A:
   Flüssigkeiten, die einen Flammpunkt nicht über 100 °C haben und hinsichtlich der Wasserlöslichkeit nicht die Eigenschaften der Gefahrenklasse B aufweisen, und zwar
   Gefahrenklasse A I:
   Flüssigkeiten mit einem Flammpunkt unter 21 °C,
   Gefahrenklasse A II:
   Flüssigkeiten mit einem Flammpunkt von 21 °C bis 55 °C,
   Gefahrenklasse A III:
   Flüssigkeiten mit einem Flammpunkt von 55 °C bis 100 °C.

2. Gefahrenklasse B:
   Flüssigkeiten mit einem Flammpunkt unter 21 °C, die sich bei 15 °C in Wasser lösen oder deren brennbare flüssigen Bestandteile sich bei 15 °C in Wasser lösen.

Gefahrgutverordnung Straße (GGVS)

Die „Verordnung über die innerstaatliche und grenzüberschreitende Beförderung gefährlicher Güter auf Straßen" datiert in der derzeit gültigen Fassung vom 18.7.1995. Sie verpflichtet die an der Beförderung gefährlicher Güter Beteiligten dazu, alle Vorkehrungen zur Verhinderung von Schadensfällen zu treffen. Sie regelt die Zumutbarkeit verschiedener Transportwege und enthält weiterhin gesonderte Vorschriften für brennbare Flüssigkeiten. Weitere Inhaltspunkte sind Sonderrechte und Verantwortlichkeiten. Die Anlagen enthalten

Vorschriften über die gefährlichen Stoffe und Gegenstände sowie Vorschriften über Beförderungsmittel und Beförderung.

Unfallverhütungsvorschriften (UVV)

Die Unfallverhütungsvorschriften werden von den Unfallversicherungsträgern, wie beispielsweise Berufsgenossenschaften, erlassen. Sie sind von den Arbeitgebern beim Umgang mit Gefahrstoffen, aber auch beim Umgang mit bestimmten Arbeitsgeräten oder Anlagen heranzuziehen. Im Bereich der Unfallversicherungsträger, die die Unfallverhütungsvorschriften erlassen haben, sind sie unmittelbar geltendes Recht.

Technische Regeln für gefährliche Stoffe (TRGS)

Die Technischen Regeln für Gefahrstoffe geben den Stand der sicherheitstechnischen, arbeitsmedizinischen, hygienischen und arbeitswissenschaftlichen Anforderungen für den Umgang und das Inverkehrbringen von Gefahrstoffen wieder. Sie werden vom Ausschuß für Gefahrstoffe (AGS) aufgestellt und im Bundesarbeitsblatt oder im Bundesgesundheitsblatt bekanntgegeben. Durch sie werden die in § 17 Abs. 1 GefStoffV genannten Regeln, denen die vom Arbeitgeber zu treffenden Maßnahmen zu entnehmen sind, inhaltlich näher bestimmt. Die für den Bereich der Kautschukverarbeitung wichtigen TRGS sind in der Tabelle 2.4 aufgelistet.

TRGS-Nr.	Bezeichnung
	Allgemeine Regeln
TRGS 001	Allgemeines, Aufbau und Wirksamkeit der TRGS (Hinweise des Bundesministeriums für Arbeit und Sozialordnung)
TRGS 002	Übersicht über den Stand der Technischen Regeln für Gefahrstoffe
TRGS 003	Allgemein anerkannte sicherheitstechnische, arbeitsmedizinische und hygienische Regeln
TRGS 102	Technische Richtkonzentrationen (TRK) für gefährliche Stoffe
TRGS 200	Einstufung von Stoffen, Zubereitungen und Erzeugnissen
TRGS 201	Kennzeichnung von Abfällen beim Umgang
TRGS 220	Sicherheitsdatenblatt für gefährliche Stoffe und Zubereitungen
TRGS 222	Verzeichnis der Gefahrstoffe „Gefahrstoffverzeichnis“
TRGS 402	Ermittlung und Beurteilung der Konzentrationen gefährlicher Stoffe in der Luft in Arbeitsbereichen
TRGS 403	Bewertung von Stoffgemischen in der Luft am Arbeitsplatz
TRGS 404	Bewertung von Kohlenwasserstoffdämpfen in der Luft am Arbeitsplatz (nur kohlenstoff- und wasserstoffhaltig)
TRGS 500	Einstufung der krebserzeugenden, erbgutverändernden und fortpflanzungsschädigenden Stoffe
TRGS 555	Betriebsanweisung und Unterweisung nach § 20 GefStoffV
TRGS 900	Grenzwerte in der Luft am Arbeitsplatz (Luftgrenzwerte - MAK und TRK)
TRGS 905	Verzeichnis krebserzeugender, erbgutverändernder oder fortpflanzungsgefährdender Stoffe
	für die Kautschukverarbeitung wichtige Regeln
TRGS 552	Nitrosamine

Tabelle 2.4: ***Technische Regeln für Gefahrstoffe***

Technische Regeln für Gefahrstoffe 552 (TRGS 552)

In der TRGS 552 Grenzwerte für die folgenden N-Nitrosaminverbindungen genannt:

> N-Nitrosodiethanolamin, N-Nitrosodiethylamin, N-Nitrosodi-i-propylamin, N-Nitrosodimethylamin, N-Nitrosodi-n-propylamin, N-Nitrosodi-n-butylamin, N-Nitrosoethylphenylamin, N-Nitrosomethylethylamin, N-Nitrosomethylphenylamin, N-Nitrosomorpholin, N-Nitrosopiperidin, N-Nitrosopyrrolidin

Die Grenzwerte gelten auf für andere krebserzeugenden N-Nitrosamine, soweit sie nach dem Stand der Technik unvermeidbar sind.

Für die Gummiindustrie werden folgende Arbeitsbereiche genannt, in denen die N-Nitrosamine unvermeidbar entstehen oder freigesetzt werden: Kalander, Extrusionsanlagen, Salzbäder, Vulkanisieren in Formen, Kontrolle, Lagerung technischer Gummiartikel sowie Reifen.

Für die genannten Nitrosamine, mit Ausnahme von N-Nitrosomethylphenylamin und N-Nitrosoethylphenylamin, gelten folgende Technische Richtkonzentrationen:

Vulkanisation und nachfolgende Arbeitsverfahren einschließlich Lagerung für technische Gummiartikel, Altlager für Reifen, genutzt vor 1992	2,5 $\mu g/m^3$
im übrigen	1 $\mu g/m^3$

Technische Regeln für brennbare Flüssigkeiten (TRbF)

Hier sind vor allem die TRbF 100 (Allgemeine Sicherheitsanforderungen) und die TRbF 200 (Allgemeine Sicherheitsanforderungen A III) zu nennen.

Die TRbF 100 stammt vom 20.7.1980 und wurde zuletzt am 15.3.1994 geändert. Sie gilt für Anlagen zur Lagerung, Abfüllung und Beförderung brennbarer Flüssigkeiten der Gefahrenklassen A I, A II und B sowie für brennbare Flüssigkeiten der Gefahrenklasse A III, die auf ihren Flammpunkt oder darüber erwärmt werden. Sie enthält u.a. Vorschriften für Bauartzulassungen, Schutzmaßnahmen in explosionsgefährdeten Bereichen, Einrichtungen für den Gefahrenfall, Brandschutz, Vermeidung elektrischer Ausgleichsströme und elektrostatischer Aufladung, Blitzschutz. Im Anhang befindet sich ein Brandschutzkonzept.

Die TRbF 200 datiert in der derzeit gültigen Fassung vom 8.6.1992 und gilt für brennbare Flüssigkeiten der Gefahrenklasse A III. Inhaltspunkte sind die gleichen Punkte wie in der TRbF 100.

3 Grundlagen zu Kautschuk

Früher bezeichnete man als Kautschuk nur den Naturkautschuk, später auch die makromolekularen Stoffe, die sich analog dem Naturkautschuk durch Vulkanisation mit Schwefel aus dem vorwiegend plastischen in den hochelastischen Zustand überführen lassen. Durch die Entwicklung weiterer Vernetzungsprinzipien, die sowohl auf chemischen als auch auf physikalischen Prozessen beruhen (z.B. Vernetzung durch Isocyanate, Peroxide oder Bestrahlung), wurde der Kautschukbegriff wesentlich weiter gefaßt.

„Kautschuk ist ein unvernetztes, aber vernetzbares (vulkanisierbares) Polymer mit gummielastischen Eigenschaften bei Raumtemperatur und in gewissen Grenzen in anschließenden Temperaturbereichen. Bei höherer Temperatur und/oder dem Einfluß deformierender Kräfte zeigt Kautschuk zunehmend viskoses Fließen, so daß er unter geeigneten Bedingungen formgebend verarbeitet werden kann. Kautschuk ist ein Ausgangsprodukt für die Herstellung von Elastomeren (Gummi)" (DIN 53 501).
„Elastomere sind bis zu ihrer Zersetzungstemperatur vernetzte (vulkanisierte) Polymerwerkstoffe, die bei niedrigen Temperaturen glasartig hart sind und selbst bei hohen Temperaturen nicht viskos fließen, sondern sich insbesondere bei Raumtemperatur bis zur Zersetzungstemperatur gummielastisch verhalten.
Gummielastisches Verhalten ist gekennzeichnet durch einen relativ niedrigen Schubmodul mit vergleichsweise geringer Temperaturabhängigkeit" (DIN 53 501).

Polyethylen ist dementsprechend kein Kautschuk, auch wenn es weitmaschig vernetzbar ist. Bei Raumtemperatur ist es kristallin und geht erst bei höheren Temperaturen in die elastomere Phase über. Nach DIN 53 501 ist der Begriff 'Elastomer' mit dem Begriff 'Weichgummi' synonym. Hartgummi ist nach DIN 7724 kein Elastomer, sondern ein Duromer. Dies sind polymere, unvernetzte Werkstoffe, die aufgrund ihres Schmelzbereichs oberhalb der Gebrauchstemperatur wiederholt umformbar- und verarbeitbar sind. Zu den Thermoplasten zählen z.B. Polyethylene, Polyamide und Polycarbonate.

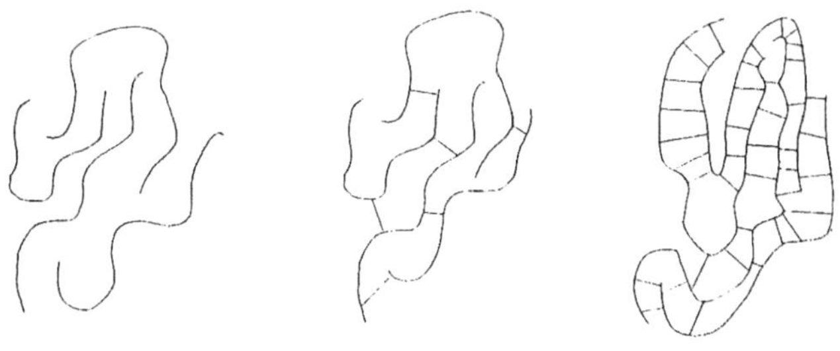

Plastomere keine Querverbindungen	**Elastomere** (Weichgummi) weitmaschige Vernetzung	**Duromere** (Hartgummi, Thermoelaste) engmaschige Vernetzung

Abbildung 3.1: Vernetzung von Kautschuk

3.1 Verarbeitung von Kautschuk

3.1.1 Mastikation

Um in einen Kautschuk als Basismaterial die Kautschukchemikalien, wie Alterungsschutzmittel, Füllstoffe und Weichmacher, leicht einarbeiten und gleichmäßig verteilen zu können, darf er eine nicht zu hohe Viskosität aufweisen. Andernfalls muß die Viskosität erniedrigt werden, was über eine Verkleinerung der Moleküle (Mastikation) erzielt werden kann. Eine optimierte Viskosität ist bei der Herstellung von Mischungen aus Kautschukverschnitten besonders wichtig, weil eine homogene Verteilung der Bestandteile ineinander am leichtesten bei gleicher Viskosität erreicht wird. Auch für den späteren Formgebungsprozeß der Mischungen (Extrudieren, Kalandrieren usw.) ist eine bestimmte Plastizität erforderlich.

Die meisten Synthesekautschuke werden heute in verschiedenen Viskositätseinstellungen angeboten, die eine Verarbeitung ohne vorherige Mastikation ermöglichen. Der Naturkautschuk wird meist als relativ harter und wenig plastischer Rohstoff angeboten, der eine Mastikation erforderlich macht.

Die Mastikation kann auf rein mechanischem, auf mechanisch-thermischen Weg, auf physikalischen Weg durch Zugabe von Weichmachern und/oder Verarbeitungshilfsmitteln sowie auf chemischem Wege erfolgen.

Die rein mechanische Mastikation wurde erstmals 1819 durch Anwendung einer rotierenden Stachelwalze durchgeführt. Sie wurde über 100 Jahre lang angewendet und wurde in den letzten Jahren immer stärker durch die chemische Mastikation abgelöst.

Beim mechanischen Abbau, der bei Temperaturen unter 100 °C durch Bearbeitung auf Walzwerken, im Kneter oder Plastikator durchgeführt wird (s. Kapitel 6.1.1), erfolgt das Aufbrechen der Kautschukkette über starke Scherkräfte. Durch den vorhandenen Sauerstoff wird die Rekombination der Radikale unterbunden.
Der mechanisch-thermische Abbau erfolgt bei Temperaturen über etwa 100 °C und gleichzeitiger Durcharbeitung entsprechend dem des rein mechanischen Abbaus.

Das Aufbrechen der Kautschukkette erfolgt durch einen oxidativen Radikalkettenmechanismus. Die Startradikale entstehen durch spontanen Zerfall gebildeter Peroxide, die durch mechanisches Aufbrechen der Kette oder durch Zerfall zugegebener Abbaumittel gebildet werden. Der Mechanismus des Abbaus ist in der Abbildung 3.2 dargestellt.

Start: $R_1{-}R_n \longrightarrow R_1^{\bullet} + R_n^{\bullet}$ mechanischer Abbau

$R_1{-}H \longrightarrow R_1^{\bullet} + H^{\bullet}$ chemischer Abbau

Reaktions-kette: $R_1^{\bullet} + O_2 \longrightarrow R_1OO^{\bullet}$

$R_1OO^{\bullet} + R_2H \longrightarrow R_1OOH + R_2^{\bullet} \longrightarrow$ Kettenspaltung

$R_2^{\bullet} + O_2 \longrightarrow R_2OO^{\bullet}$

$R_2OO^{\bullet} + R_3H \longrightarrow R_2OOH + R_3^{\bullet} \longrightarrow$ Kettenspaltung (u.s.w.)

Abbruch: $R_1^{\bullet} + AH \longrightarrow R_1H + A^{\bullet}$

R_1, R_2, R_3 = Kautschuk-Kohlenwasserstoff-Rest
A = Abstopperrest
$A^{\bullet}$ = stabiles Radikal

Abbildung 3.2: ***Reaktionsmechanismus der Mastikation***

Einmal gebildete Kettenradikale R_1^* können auch spontan miteinander reagieren und durch Bildung von C-C-Brücken zu einer Art Vernetzung führen. Dieser Prozeß findet vor allem bei Temperaturen über 130 °C statt und wird als Cyclisierung bezeichnet. Durch Zugabe sog. Anticyclisierungsmittel kann diese Reaktion verhindert werden. Sie zugegebenen Stoffe fangen die gebildeten Kettenradikale ab und bilden selbst stabile Produkte [171].

3.1.2 Vulkanisation

„Die Vulkanisation ist ein Verfahren, bei dem der Kautschuk durch Änderung seiner chemischen Struktur - z.B. durch Vernetzung - in einen Zustand überführt wird, der ihm elastische Eigenschaften verleiht, sie wiederherstellt oder über einen Temperaturbereich ausweitet.“ (DIN 53 501)

Die Vulkanisation ist eine Vernetzungsreaktion, bei der die Makromoleküle des Kautschuks über Vernetzungsbrücken miteinander verbunden werden. Die Vernetzung kann durch Vulkanisationsmittel, meist Schwefel, Schwefelspender oder Peroxide, sowie durch energiereiche Strahlen (ultrahochfrequente Wechselfelder) erfolgen.

Im unvulkanisierten Zustand sind die Kautschukmoleküle nicht untereinander fixiert und können sich mehr oder weniger frei gegeneinander bewegen; der Stoff ist plastisch. Durch Vernetzung geht der Kautschuk vom thermoplastischen in den elastischen Zustand über. Je mehr Vernetzungsbrücken sich im Verlaufe der Vulkanisation bilden, umso strammer wird das Vulkanisat.

Die Anzahl der sich bildenden Vernetzungsstellen ist von der Menge der eingesetzten Vernetzungsmittel, ihrer Aktivität und der Reaktionszeit abhängig. Man nennt sie Vulkanisationsgrad oder auch Vernetzungsdichte.

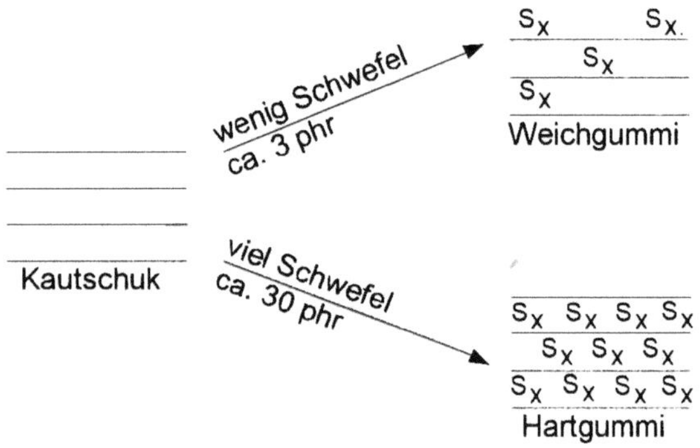

Abbildung 3.3: ***Unvernetzter und vernetzter Kautschuk***

Je nach dem angewandtem Vulkanisationssystem, z.B. je nach der Schwefelmenge, wird eine unterschiedliche Vernetzungsstruktur erhalten. Bei schwefelreichen Systemen (**konventionelle Vulkanisation**) überwiegen polysulfidische (C-S_x-C, x>2), bei schwefelarmen Systemen (**Semi-Efficient-Vulkanisation, Semi-EV)** disulfidische Vernetzungsbrücken (C-S-S-C); bei der sehr schwefelarmen (**Efficient Vulkanisation, EV),** auch in Gegenwart von Schwefelspendern, erhält man bevorzugt monosulfidische bis disulfidische Vernetzungsbrücken (C-S-C, C-S-S-C). Bei der **schwefelfreien Vernetzung**, z.B. mit Peroxiden, entstehen praktisch ausschließlich C-C-Vernetzungsbrücken.

3.1.2.1 Vulkanisation mit Schwefel

Vulkanisationsvorgänge sind im allgemeinen keine einfachen chemischen Reaktionen, sondern komplexe Mechanismen polarer und/oder radikalischer Art. Bei der Vulkanisation nehmen nicht nur Schwefel bzw. Schwefelspender und Beschleuniger, sondern auch weitere Mischungsbestandteile wie Metalloxide (z.B. Zinkoxid), Fettsäuren (zumeist Stearinsäure) und aminische Produkte (Füllstoff-Aktivatoren, basische Zweitbeschleuniger) an der Reaktion teil [90].

Für die Reaktion des Schwefels mit der Kautschukmatrix in einer unbeschleunigten Mischung werden verschiedene Reaktionsmechanismen diskutiert [24]:

- freie radikalische Reaktion
- radikalische Reaktion mit Isomerisierung und Verschiebung der Doppelbindung
- ionische Reaktion mit Protonen- oder Wasserstoff-Transfer

Welcher Reaktionsmechanismus letztendlich stattfindet, hängt u.a. von der verwendeten Kautschukmatrix ab. Abhängig von diesen Reaktionsmechanismen können verschiedene Netzwerkstrukturen gebildet werden, die zusammengefaßt in Abbildung 3.4 dargestellt sind.

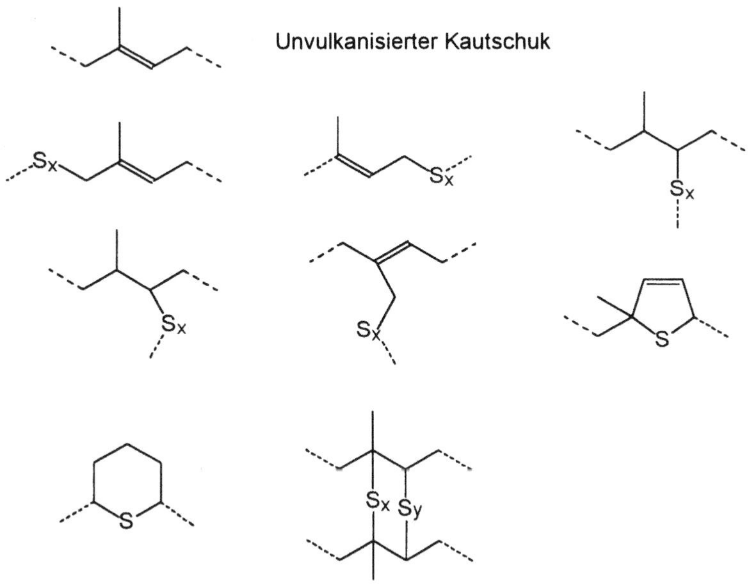

Abbildung 3.4: ***Netzwerkstrukturen in unbeschleunigten Schwefel-NR- und -BR-Vulkanisaten***

Bei der beschleunigten Vulkanisation mit Schwefel werden je nach Dosierung und Aktivität der zusätzlich verwendeten Substanzen, vor allem der Vulkanisationsbeschleuniger, Vernetzungsstellen unterschiedlicher Struktur, die von monosulfidisch bis polysulfidisch reichen können, gebildet.

Der Schwefel kann bei der Vulkanisation als monosulfidische, disulfidische, polysulfidische Schwefelbrücke zwischen zwei Kautschukmolekülen (intermolekular), als cyclisch monosulfidische oder disulfidische Gruppierung bei einer intramolekularen Schwefel-Brücke oder zusammen mit dem Beschleunigerrest als hängende Gruppe (pendent group) in der Polymermatrix eingebaut werden.

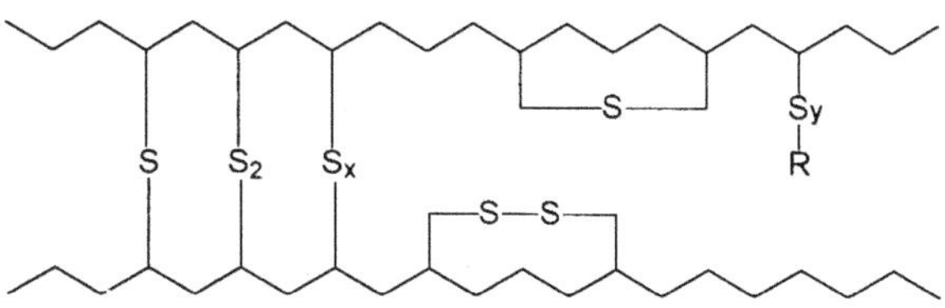

R = Beschleunigerrest

Abbildung 3.5: ***Schwefelstrukturen in der Kautschukmatrix***

Die Ausbildung der Verknüpfung kann man durch folgendes Reaktionsschema erläutern (s. Abbildung 3.6).

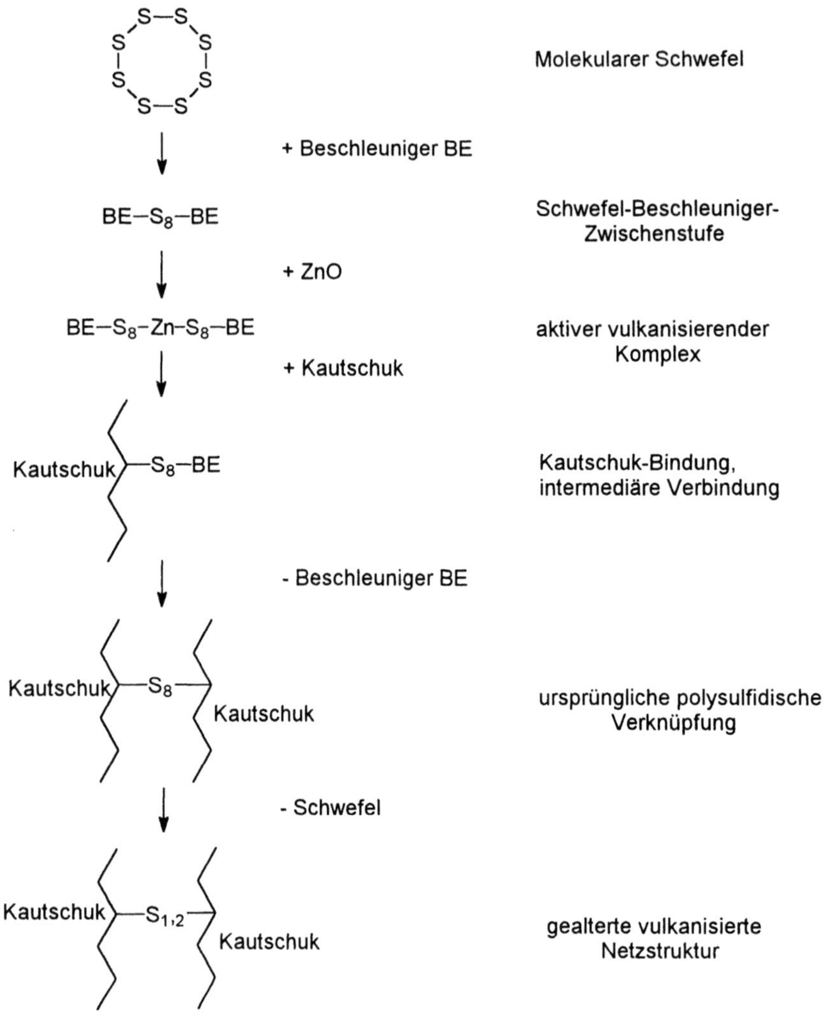

Abbildung 3.6: ***Mechanismus der beschleunigten Schwefel-Vulkanisation***

Der Schwefel reagiert mit den Beschleunigermolekülen unter Öffnung des S_8-Rings und unter Einbeziehung von Zink zu instabilen, intermediären Verbindungen. Bei deren Zerfall wird eine reaktive Schwefelkette freigesetzt, die mit allylständigen, d.h. einer C-C-Doppelbindung benachbarten, Kohlenstoffen reagiert und zwischen zwei benachbarten Polymermolekülen eine Verknüpfung unter Bildung von C - S-Bindungen herstellt (s. Abbildung 3.6). Wegen der relativ geringen Bindungsenergie der polymeren Schwefel-Kette führt weiteres Erhitzen zu ihrer Spaltung und zu anschließender Rekombination oder es findet eine intramolekulare Addition statt. Bei der Rekombination bilden sich neue, kürzere Verknüpfungen. Der freiwerdende Schwefel führt zur Bildung einer neuen Bindung.

Die Aufspaltung der Schwefelbrücken kann während der Vulkanisation oder der Ausvulkanisationszeit stattfinden oder sie tritt als Alterungserscheinung bei den Vulkanisaten auf.

Auch die intramolekularen Schwefel-Brücken sind möglicherweise bevorzugte Zentren für den Angriff von Sauerstoff, d.h. ihre Anwesenheit führt zu einer schnelleren Alterung der Vulkanisate [28].

Sowohl die Anzahl als auch die Art der entstehenden Vernetzungsstellen beeinflußt die Eigenschaften der Vulkanisate. Die Eigenschaften der Vulkanisate werden aber in erheblich stärkerem Maße von der Art und Menge weiterer Stoffe, wie Füllstoffen und Weichmachern, bestimmt als von der Vulkanisationsstruktur.

3.1.2.2 Vulkanisation mit Peroxiden

Die Vulkanisation mit Peroxiden erfolgt nach einem radikalischen Mechanismus. Das Peroxid zerfällt bei Erhöhung der Temperatur, d.h. z.B. bei der Vulkanisation, in zwei Radikale. In ungesättigten Kautschuken spalten diese ein Wasserstoffatom, das α-ständig zur Methylengruppe, ist ab. Das neu gebildete Radikal reagiert mit seinesgleichen, was einer Verknüpfung zweier Kautschukketten entspricht (s. Abbildung 3.7).

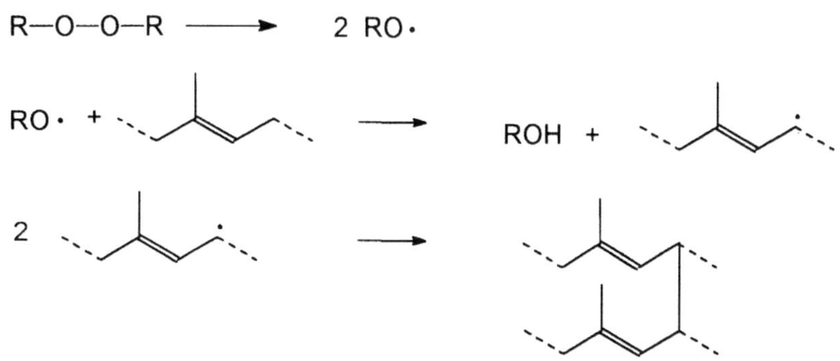

Abbildung 3.7: ***Mechanismus der Peroxid-Vulkanisation***

Bei der peroxidischen Vernetzung werden daher ausschließlich C-C-Bindungen geknüpft.

3.1.2.3 Vulkanisation durch energiereiche Strahlen

Die Vernetzung der Polymerketten kann durch die Bildung freier Radikale an den Ketten ausgelöst werden. Alle chemischen und physikalischen Verfahren, die eine Radikalbildung an der Polymerkette bewirken, können daher zur Vernetzung eingesetzt werden. Die Radikalbildung durch Dehydrierung kann auch durch energiereiche Strahlen erfolgen. Die Energie der Strahlung muß dabei größer sein als die Bindungsenergie der labilsten Kohlenstoff-Wasserstoff-Bindung.

Bei der Bestrahlung mit energiereichen Strahlen werden in der Polymerkette Radikale erzeugt, die durch gegenseitige Absättigung C-C-Vernetzungen bilden. Der Vernetzungsvorgang kann durch folgende Gleichung vereinfacht dargestellt werden.

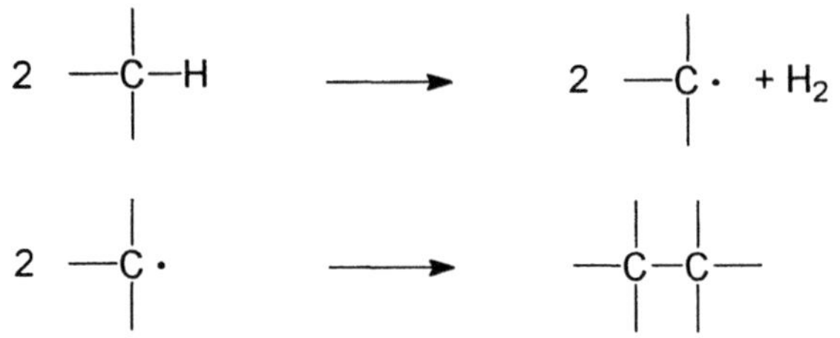

Abbildung 3.8: ***Mechanismus der Vernetzung durch energiereiche Strahlung***

Die Vernetzung selbst verläuft in Wirklichkeit aber viel komplizierter.

3.2 Polymerisation

Grundlage für die Polymerisation ist die Anwesenheit von Doppelbindungen. Bei der Olefinpolymerisation werden aus ungesättigten Molekülen, den Monomeren, unter Öffnung der Kohlenstoffdoppelbindungen und Neubildung von Einfachbindungen Makromoleküle gebildet.

$$n \quad -CH_2 = CHR \quad \rightarrow \quad (-CH_2 - CHR -)_n$$

Besonders wichtig für die Herstellung von Synthesekautschuken ist die Polymerisation von konjugierten Diolefinen. Einige der wichtigsten Ausgangsstoffe (Monomere) für die Homo- oder Mischpolymerisation sind in der Abbildung 3.9 dargestellt [203].

Die Polymerisation verläuft nach dem Mechanismus einer Kettenreaktion. Nach der Art der Auslösung dieser Polyreaktion unterscheidet man die radikalische Polymerisation (Radikalkettenpolymerisation), die ionische Polymerisation (Ionenkettenpolymerisation) und die Koordinationspolymerisation (Metallkomplex-Polymerisation). Die Ionenkettenpolymerisation kann je nach Art des Katalysators als kationische oder anionische Polymerisation ablaufen.

Bei der technischen Polymerisation wird in homogener oder heterogener Phase gearbeitet. Verfahren in homogener Phase sind die Polymerisation in Masse oder in Lösung. Polymerisationen in heterogener Phase können als Fällungs-, Dispersions-, Perl- oder Emulsionspolymerisation durchgeführt werden. Zur technischen Herstellung von Synthesekautschuken werden heute hauptsächlich Lösungs- und Emulsions-Verfahren eingesetzt [1].

Die Radikalkettenpolymerisation wird bevorzugt in heterogener, die Ionenkettenpolymerisation fast ausschließlich in homogener Phase durchgeführt.
Die Polymerisation verläuft stets in drei Stufen: Startreaktion, Wachstumsreaktion und Abbruchreaktion.

Ethen	$H_2C{=}CH_2$
Propen	$H_2C{=}CH{-}CH_3$
Isobuten	$H_2C{=}C(CH_3)_2$
1,3-Butadien	$H_2C{=}CH{-}CH{=}CH_2$
Isopren	$H_2C{=}C(CH_3){-}CH{=}CH_2$
Chloropren	$H_2C{=}C(Cl){-}CH{=}CH_2$
Styrol (Vinylbenzol)	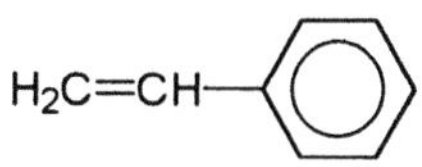
Vinylacetat	$H_2C{=}CH{-}O{-}C({=}O){-}CH_3$
Acrylsäuremethylester	$H_2C{=}CH{-}C({=}O)OCH_3$
Acrylnitril	$H_2C{=}CH{-}C{\equiv}N$

Abbildung 3.9: ***Wichtige Monomere für die Herstellung von synthetischem Kautschuk***

3.2.1 Radikalische Polymerisation

Radikalische Homopolymerisation

Bei der radikalischen Polymerisation wird der Start der Polymerisation durch freie Radikale ausgelöst. Diese Primärradikale werden durch thermische, photochemische oder elektrochemische Einflüsse aus den Monomeren selber oder, weit häufiger, aus sog. Initiatoren, z.B. Peroxiden, Hydroperoxiden oder Azoverbindungen gebildet. Für die Herstellung von Synthesekautschuk haben die sog. Redox-Initiatoren, die durch Reaktion eines Reduktions-

mittels (z.B. Amine, Bisulfite, Mercaptane, Sulfinsäuren) mit einem Oxidationsmittel (z.B. Peroxide, Sauerstoff) besonders intensiv wirken, große Bedeutung. Die Radikale reagieren mit den Monomeren unter Bildung von Monomerradikalen.
Bei der Radikalkettenpolymerisation laufen die in Abbildung 3.10 dargestellten Teilreaktionen nacheinander ab.

Nach der Initiierung der Polymerisation erfolgt die Wachstumsreaktion, bei der die Moleküle durch laufende Anlagerung einer mehr oder weniger großen Zahl von Monomermolekülen wachsen. Die wachsende Polymerkette kann mit anderen im Polymerisationsansatz anwesenden Molekülen, dem Überträger (z.B. Monomer, Polymer, Initiator, Lösemittel), unter Desaktivierung reagieren, wobei ein Überträgerradikal gebildet wird. Es werden auch gezielt Überträgersubstanzen, auch als Regler bezeichnet, zugegeben, z.B. Alkohole, Alkylhalogenide, Mercaptane und Xanthogendisulfide.

Das Wachstum der Polymerkette wird entweder durch eine Übertragungs- oder eine Abbruchreaktion beendet. Zwischen Polymermolekülen kann es infolge von Rekombination oder Disproportionierung zu Abbruchreaktionen kommen.

Die Lebensdauer eines Radikals, d.h. die Zeit zwischen der Radikalbildung und dem Kettenabbruch, unterliegt einem Zufallsprozeß, der durch das Wechselspiel von Kettenstart und -abbruch bzw. -übertragung gesteuert wird. Aus diesem Grunde besteht ein Polymerisat stets aus Makromolekülen unterschiedlichen Polymerisationsgrades, d.h. das Polymerisat weist eine unterschiedlich breite Molekularmassenverteilung auf.
Alle Teilreaktionen der Radikalkettenpolymerisation (Kettenstart, Kettenwachstum, Kettenübertragung, Kettenabbruch) wirken sich auf die Umsatzgeschwindigkeit, den mittleren Polymerisationsgrad und die Molekularmassenverteilung aus. Durch die Rezeptur lassen sich damit die kautschuktechnologischen Eigenschaften steuern.

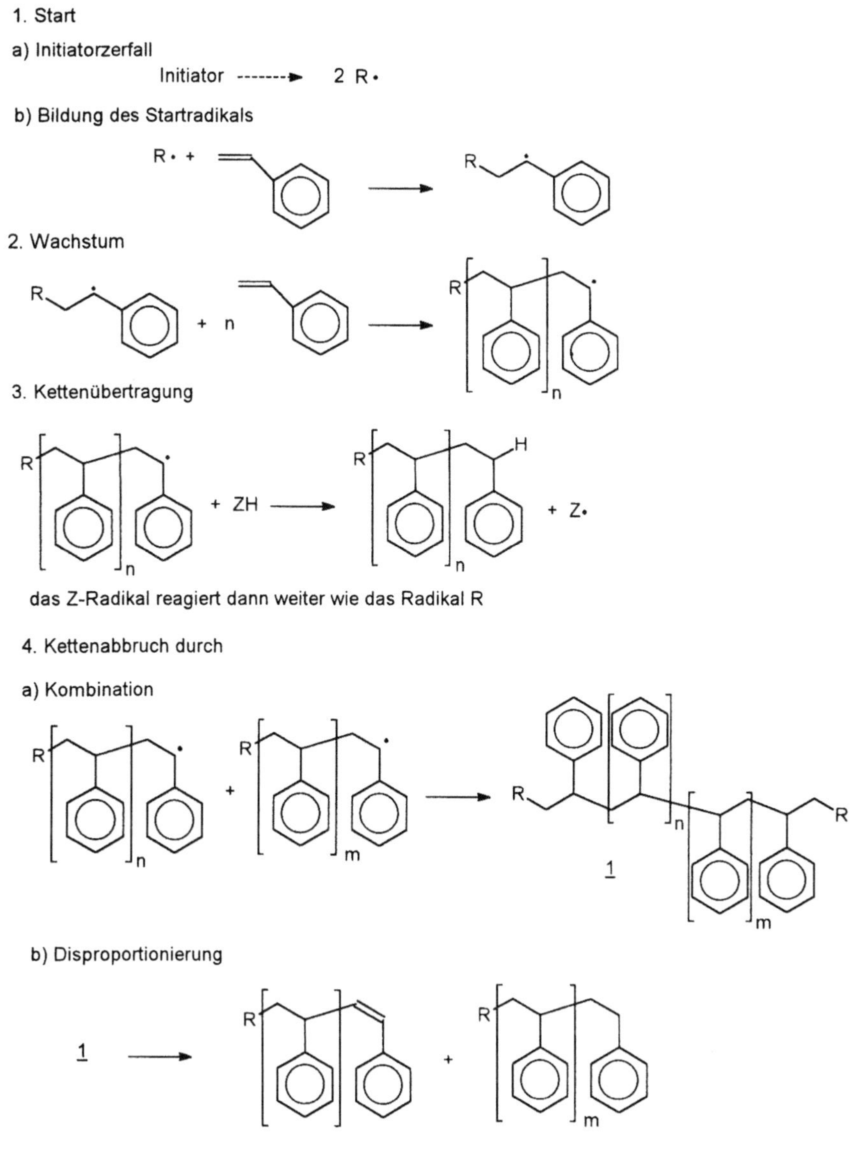

Abbildung 3.10: ***Reaktionsschema der radikalischen Polymerisation***

Radikalische Copolymerisation

Die radikalische Copolymerisation von zwei oder mehr Monomeren verläuft im Prinzip nach dem gleichen Schema wie die Homopolymerisation. Es werden von allen beteiligten Monomeren Radikale gebildet, die mit Monomeren der eigenen Art (Homowachstum) oder einem Fremdmonomeren (Heterowachstum) reagieren können. Die Wahrscheinlichkeit für einen Homo- oder Heterowachstumsschritt hängt außer von der vorhandenen Konzentration beider Monomeren von ihrer individuellen Bereitschaft zur Reaktion mit einem Copoly-

merisationspartner ab. Sind die Copolymerisationsparameter für beide Polymere bekannt, so kann man aus dem Mischungsverhältnis der Monomeren wesentliche Strukturparameter (die mittlere Polymerzusammensetzung und die mittlere Sequenzlänge bzw. Sequenzlängenverteilung) der Polymeren berechnen [1].

Je nach dem Monomer-Mischungsverhältnis und den Copolymerisationspartnern können folgende Grenzfälle eintreten [203]:

- alternierende Copolymerisation, d.h. die Monomerbausteine alternieren je nach der Monomerzusammensetzung bis zum Verbrauch der niedriger dosierten Komponente; abweichend von der Monomerzusammensetzung beträgt der Molenbruch 0,5.
- azeotrope Copolymerisation, d.h. es kommt zu einer statistischen Sequenzlängenverteilung der Monomeren in der Kette; die mittlere Polymerzusammensetzung entspricht der Monomerzusammensetzung.
- Blockcopolymerisation, d.h. die vollständige Vorpolymerisation des einen Monomeren, bevor das zweite Monomere nachpolymerisiert.

Der letzte Grenzfall kommt jedoch bei der radikalischen Copolymerisation praktisch nicht vor.

3.2.2 Ionische Polymerisation

Die ionische Polymerisation läuft analog der radikalischen Polymerisation nach dem Schema einer Kettenreaktion ab. Während bei der radikalischen Polymerisation das Startradikal seinen Radikalzustand an das Monomere weitergibt, so überträgt bei der ionischen Polymerisation das Starterion seine Ladung an das Monomere. Ist das startende Ion positiv geladen, so spricht man von einer kationischen Polymerisation, bei negativ geladenem Ion von anionischer Polymerisation.

Eine kationische Polymerisation kann z.B. mit Brönsted- und Lewis-Säuren, z.B. Schwefelsäure, Perchlorsäure, Aluminiumchlorid, Bortrifluorid, Ethylaluminiumdichlorid, initiiert werden, wobei in der Regel die Anwesenheit kleiner Mengen an Cokatalysatoren, wie Wasser, Alkohol oder Halogenwasserstoff, erforderlich sind [203].

$$AlCl_3 + H_2O \rightarrow H^+[AlCl_3OH]^-$$

Trägt das Starter-Ion eine negative Ladung, so liegt eine anionische Polymerisation vor. Anionische Starter sind starke Basen, wie das Amid-Anion, das Alkoholat-Ion und Alkalimetallalkyle. Besondere Bedeutung für die Herstellung von Synthesekautschuk aus konjugierten Dienen haben Alkylverbindungen des Lithiums, z.B. n-Butyllithium oder sek.-Butyllithium, gewonnen.

In vielen Fällen ist die Aktivierungsenergie der Startreaktion bei der ionischen Polymerisation deutlich niedriger als bei radikalischer Initiierung, weshalb die Ionenkettenpolymerisation oft bei wesentlich niedrigeren Temperaturen durchgeführt werden kann als die radikalische.

Die Dissoziation des Initiators ist abhängig von der Polyrität des Lösemittels. Steigende Polarität verschiebt das Gleichgewicht in Richtung höherer Dissoziationsgrade.

$$R{-}X \rightleftharpoons \overset{(+)}{R}{\cdots}\overset{(-)}{X} \rightleftharpoons \overset{\oplus}{R} + \overset{\ominus}{X}$$

Abbildung 3.11: ***Beispiel für die Dissoziation einer Substanz***

Die Initiatorionen verschieben durch Polarisation das π-Elektronenpaar des Monomeren je nach ihrer Ladung an das eine oder andere C-Atom, und ein Initiatorion wird an das Monomere angelagert. Das Monomerion wirkt nun seinerseits initiierend und kann ein weiteres Monomer anlagern. Durch dieses regelmäßige Anlagern von Monomeren an das Polymerion können stereospezifische Polymere und in besonderen Fällen auch streng lineare Polymere hergestellt werden.

Unterschiede zwischen ionischer und radikalischer Polymerisation bestehen beim Kettenabbruch. Rekombination und Disproportionierung wie bei der radikalischen kommen bei der ionischen Polymerisation infolge der gleichnamigen elektrischen Ladung der Polymerionen nicht vor. Die Wachstumsreaktion kann nur durch Reaktion mit Verunreinigungen, dem Gegenion oder zugesetzten Substanzen, auch Stopper genannt, abgebrochen werden.

Als Abstoppmittel werden Amine, Alkohole oder Carbonsäuren zugegeben. Sie zerstören den Katalysator und beenden damit die Polymerisationsreaktion.

Bei der kationischen Polymerisation können auch Übertragungsreaktionen vorkommen, bei denen die Ladung des Polymerions auf ein Monomermolekül übertragen wird und so eine neue Kettenreaktion gestartet wird. Die Häufigkeit von Übertragungsreaktionen nimmt mit sinkender Temperatur ab, weshalb kationische Polymerisationen häufig bei sehr tiefen Temperaturen durchgeführt werden.
Bei der anionischen Polymerisation kommen bei den entsprechenden Reaktionsbedingungen praktisch keine Übertragungsreaktionen vor. Das gebildete Polymerisat hat daher eine sehr enge Molekularmassenverteilung. Wenn die Monomeren völlig verbraucht sind, erhält man aktive Polymer-Anionen, sogenannte „Living Polymers", die nach Zugabe von neuen Monomeren weiter wachsen. Ist das zugesetzte Monomer nicht identisch mit dem zuerst polymerisierten, so erhält man Blockcopolymerisate, z.B. Polybutadien-Polystyrol-Blockcopolymere [1, 203].

3.2.3 Koordinationspolymerisation

Bei der Koordinationspolymerisation oder Metallkomplexpolymerisation wird die Polymerisation durch ausgewählte Übergangsmetallverbindungen, meistens Ziegler-Natta-Katalysatoren, ausgelöst. Hierunter versteht man Reaktionsprodukte von metallorganischen Verbindungen der Hauptgruppen I-III und Übergangsmetallsalzen der Nebengruppen IV-VIII des Periodensystems. Technisch wichtige Katalysatorsysteme sind Kombinationen von Alumini-

umalkylen mit Halogenverbindungen des Titans, Vanadiums, Kobalts, Nickels und Wolframs.

Im Gegensatz zur radikalischen und ionischen Polymerisation, bei denen der Initiator nur den Kettenstart auslöst, vollzieht sich bei der Koordinationspolymerisation jeder Wachstumsschritt am Metallkomplex [1]. Der wesentliche Grund für die besondere katalytische Aktivität der Übergangsmetallverbindungen ist in der Verfügbarkeit von freien d-Orbitalen zu sehen, die mit den π-Elektronenpaaren von Olefinen und Dienen koordinative Bindungen ausbilden können. Zudem sind sie in der Lage, kovalente Bindungen mit σ-Elektronenpaaren zu bilden. Die Möglichkeit des Übergangs von einem Bindungstyp zum anderen hat eine wesentliche Bedeutung für den am Übergangsmetall stattfindenden Wachstumsschritt (Insertion). In der Abbildung 3.12 wird diese Reaktion an einem Beispiel gezeigt.

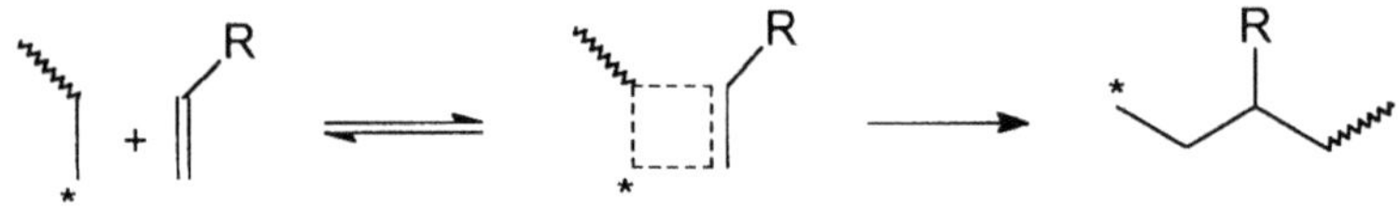

Abbildung 3.12: Reaktionssschema der Koordinationspolymerisation.

Der Wachstumsschritt erfolgt unter sterischer Kontrolle des Übergangsmetalls, wodurch sterisch einheitliche Polymere aufgebaut werden. Je nach verwendetem Katalysatorsystem können aus konjugierten Diolefinen, z.B. Butadien, Polymerisate mit überwiegender cis-1,4-, trans-1,4- oder 1,2-Verknüpfung erhalten werden.

3.2.4 Massepolymerisation

Bei der Massepolymerisation läuft die Polymerisation im reinen flüssigen Monomeren ohne Lösemittel bzw. in der Gasphase ab [203]. Die Reaktion wird durch Zugabe des Initiators gestartet. Die hohe Reaktionsgeschwindigkeit und die Abwesenheit von Hilfsstoffen sind die Vorteile dieses Verfahrens.
Die Reaktionswärme wird durch Außenkühlung abgeführt und gelingt in Polymerisationskesseln nur für kleine Ansätze befriedigend, da die Polymerisationsmasse schon bei geringem Umsatz eine hohe Viskosität erreicht und ein genügender Wärmeaustauch nicht mehr gegeben ist.

Die Massepolymerisation gehörte zu den ersten Polymerisationsverfaren für die Herstellung von Synthesekautschuk, besitzt aber heute keine große technische Bedeutung mehr. Im Rahmen neuerer, auch ökologischer Überlegungen könnte die Massepolymerisation wieder an Bedeutung gewinnen.

3.2.5 Lösungspolymerisation

Bei der Lösungspolymerisation wird das Monomere in einem organischen Lösemittel hoher Reinheit gelöst, wodurch die Viskosität der Reaktionsmasse wesentlich erniedrigt wird. Das Polymere wird nach Zerstörung des Katalysators aus dem Ansatz isoliert.
Die Lösungspolymerisation hat in den letzten Jahrzehnten für die Produktion von Synthesekautschuk, insbesondere Polybutadien, Polyisopren, L-SBR und EPDM, zunehmend Bedeutung gewonnen.

3.2.6 Emulsionspolymerisation

Von den Polymerisationsverfahren in heterogener Phase besitzt nur die Emulsionspolymerisation für die Herstellung von Synthesekautschuk große Bedeutung. Bei diesem Verfahren sind mindestens vier Komponenten erforderlich: Monomere (in Wasser schwer löslich), Wasser, Emulgator und wasserlöslichen Initiator. Bei der Herstellung von Dienpolymeren oder -copolymeren sind zusätzlich Regler, Abstoppmittel und Stabilisatoren erforderlich.

Das Monomere wird durch den Emulgator in Form kleiner Tröpfchen emulgiert. Der Emulgator bildet darüber hinaus durch Zusammenlagerung von mehreren (20-100) Emulgatormolekülen sogenannte Micellen, die teilweise Monomermoleküle einlagern (solubilisieren).

Die von dem wasserlöslichen Initiator gebildeten Radikale regen fast ausschließlich die in den Micellen solubilisierten Monomeren an, so daß die Polymerisation in den Micellen und nicht in der Wasserphase stattfindet. Durch die ständig neue Aufnahme von Monomerteilchen nimmt der Durchmesser der Micellen im Laufe der Polymerisation zu, bis sie schließlich in kugelförmige Latexteilchen übergehen. Durch die Emulgatorhülle der Micellen sind Abbruchreaktionen der Polymerradikalen stark behindert. Es werden bei der Emulsionspolymerisation daher hohe Umsatzgeschwindigkeiten und Polymerisationsgrade erzielt, die höher sind als bei der Lösungspolymerisation.
Die Polymerisation wird bei Erreichen des gewünschten Umsatzes durch Abstoppmittel beendet. Außerdem werden vor der Isolierung aus dem Latex Stabilisierungsmittel zugegeben.

Die Emulsionspolymerisation hat gegenüber der Polymerisation in homogener Phase einige Vorteile [1, 203]:

- Das Flottenverhältnis (Monomeres/Wasser) kann in weiten Grenzen variiert werden.
- Die Wasserphase kann die Polymerisationswärme leicht abführen und gestattet eine einfache Temperaturführung, was wesentlichen Einfluß auf die Konstanz der Eigenschaften des Polymerisates hat.
- Die niedrige Viskosität der Emulsion ist nahezu unabhängig von dem Polymerisationsgrad und ändert sich nur wenig während der Polymerisation. Dadurch lassen sich auch höchstmolekulare Kautschuk-Typen gut herstellen.

- Die Verteilung von Monomeren und den Hilfsmitteln ist infolge der niedrigen Viskosität sehr gleichmäßig. Dadurch kann zu jeder Zeit z.B. ein Abstoppmittel zugegeben werden, das in kurzer Zeit die Polymerisation beendet.
- Aufgrund der niedrigen Viskosität kann die Emulsionspolymerisation in einfachen Apparaturen durchgeführt werden.

Diesen Vorteilen stehen einige Nachteile der Emulsionspolymerisation gegenüber:

- Ein grundsätzlicher Nachteil der Emulsionspolymerisation ist die hohe Salzbelastung des Abwassers durch die bei der Koagulation der Latices verwendeten Elektrolyte (Natriumchlorid, Calciumchlorid, Aluminiumsulfat).
- Emulgatorreste müssen unter Umständen aus dem Polymerisat entfernt werden. Dies kann eine Veränderung der Kautschukeigenschaften (z.B. Hydrophilie, Klebrigkeit, elektrische Leitfähigkeit) zur Folge haben.
- Die Emulsionspolymerisation führt, wie überhaupt die radikalische Polymerisation von Dienen, zu sterisch nicht einheitlich aufgebauten Polymermolekülen, was auf die verschiedenen Reaktionsmöglichkeiten der Diene zurückzuführen ist.

Früher wurde die Emulsionspolymerisation zumeist bei + 45 °C (Warmkautschuk) durchgeführt. Durch die Verwendung von sogenannten Redoxkatalysatoren konnte die Temperatur auf + 5 °C (Kaltkautschuk) abgesenkt werden, wodurch man Polymerisate mit einheitlichem sterischen Aufbau und erheblich besseren kautschuktechnologischen Eigenschaften erhält. Der Kaltkautschuk hat sich gegenüber dem Warmkautschuk weltweit durchgesetzt [203].

3.3 Polyaddition, Polykondensation

Die Polykondensation und die Polyaddition spielen für die Herstellung von Synthetischem Kautschuk im Gegensatz zur Polymerisation eine untergeordnete Rolle. Sie werden beispielsweise für die Herstellung von Thioplasten (TM), Polyesterurethan-Kautschuk (AU) und Silikon-Kautschuk (Q) angewandt.

Bei der Polyaddition und Polykondensation reagieren mehrfunktionelle Monomere miteinander. Lineare Polymere erhält man aus bifunktionellen, verzweigte bzw. vernetzte Polymere aus tri- bzw. mehrfunktionellen Monomeren. Die Vernetzungsdichte hängt von der Menge der trifunktionellen Komponente ab.

Bei der Polyaddition addieren sich lediglich die Ausgangsstoffe. Ein Beispiel ist die Bildung von Polyurethanen aus Diisocyanaten und Diolen, wie es in Abbildung 3.13 dargestellt ist.

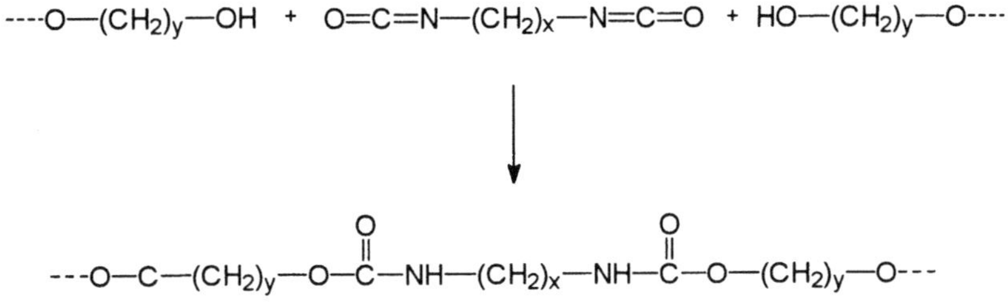

Abbildung 3.13: Beispiel für eine Polyaddition

Bei der Polykondensation wird die Polymerkette aus den Monomeren unter gleichzeitiger Abspaltung von z.B. Wasser, Chlorwasserstoff oder Methanol aufgebaut. Polyester kann man z.B. durch Kondensation von Diolen mit Dicarbonsäuren oder durch Kondensation von Hydroxycarbonsäuren herstellen. Thioplaste werden durch Polykondensation von Alkylenchloriden mit Natriumpolysulfid unter Abspaltung von Natriumchlorid hergestellt (s. Abbildung 3.14).

$$Cl{-}R{-}Cl + n\,Na_2S_x \longrightarrow (RS_x)_n + 2\,n\,NaCl$$

$$R = \text{Alkyl}$$
$$n \geq 2$$

Abbildung 3.14: Beispiel für eine Polykondensation

Bei der Polykondensation muß im Gegensatz zu der Polymerisation jeder einzelne Verknüpfungsschritt, ggf. durch den Katalysator, neu aktiviert werden, wobei der Katalysator von Kette zu Kette wechselt. Eine Polymerkette wird auf diese Weise im Verlaufe der Reaktion mehrfach aktiviert bzw. desaktiviert.
Die Reaktivität der funktionellen Gruppen ist im wesentlichen unabhängig von der Molekülgröße. Die Reaktion findet daher mit der gleichen Wahrscheinlichkeit mit Monomeren, Oligomeren sowie höher molekularen Ketten statt.

Die gebildeten Polymeren tragen kondensationsfähige Endgruppen, die bei der Verarbeitung weiter reagieren könne und zu einer unerwünschten Erhöhung des Polymerisationsgrades führen können. Durch einen geringen Überschuß eines der beiden Polymeren erhält man gleiche, nicht mehr reaktionsfähige Endgruppen. Auch durch Zugabe kondensationsfähiger monofunktioneller Verbindungen erzielt man eine „Blockierung" der Endgruppen.

3.4 Die Alterung

3.4.1 Das Wesen der Alterung

Alterung ist ein Sammelbegriff für Eigenschaftsveränderungen, die an Werkstoffen ohne Einwirkung von Chemikalien im Verlauf längerer Zeiträume eintreten und zur teilweise oder völligen Zerstörung führen können. Solche Veränderungen können in Abbauvorgängen, Versprödungs-, Verrottungs-, Zermürbungs-, und Ermüdungserscheinungen, statischer Rißbildung und dergleichen bestehen [203].
Weichgummi auf Basis von Dienkautschuken enthält ungesättigte, reaktionsfähige Gruppen, die mit Sauerstoff, Ozon und anderen reaktionsfähigen Substanzen reagieren können und damit die beschriebenen Alterungserscheinungen auslösen. Je höher die Temperaturen sind, desto stärker werden die Einflüsse bemerkbar. Oxidationskatalysatoren (Kautschukgifte), wie Kupfer- und Manganverbindungen, beschleunigen die Alterungsvorgänge. Auch bei einer Übervulkanisation machen sich die Alterungserscheinungen besonders deutlich bemerkbar.
Freie Doppelbindungen können mit noch frei vorliegendem Schwefel unter Verhärtung reagieren (Nachvulkanisation). Bei SR hat auch eine Weiterführung der Polymerisation bzw. eine intramolekulare Vernetzung (Cyclisierung) eine Verhärtung und Versprödung des Vulkanisats zur Folge. Vulkanisate mit hydrolisierbaren Bindungen (z.B. Polyester-Kautschuke) können auch durch Einfluß von Feuchtigkeit angegriffen werden.
Die unter dem Sammelbegriff „Alterung" zusammengefaßten Eigenschaftsveränderungen fassen unterschiedliche Alterungsprozesse zusammen, die sich in verschiedenen Erscheinungsbildern äußern.

Grundsächlich kann der Alterungsprozeß durch folgende Einflüsse hervorgerufen werden:

- Sauerstoff und Wärme/Kälte (Alterung im eigentlichen Sinne = Thermooxidation)
- Sauerstoff und mechanische Beanspruchung (Ermüdung)
- Sauerstoff und Licht, vor allem UV-Strahlung (crazing-Effekt)
- Ozon und mechanische Beanspruchung (Ozonrißbildung)
- Ozon ohne mechanische Beanspruchung (reifartige Veränderung der Gummioberfläche, frosting-Phänomen)
- Hitze und Feuchtigkeit (Dampfalterung, Hydrolyse)
- Sauerstoff und Metallverbindungen (Kautschukgiftalterung)
- Einwirkung von Wärme allgemein (Nachvernetzung, Cyclisierung, Reversion)

Alterungsschutzmittel wirken durch die Abspaltung von H-Atomen unter Bildung reaktionsträger Radikale, die die radikalisch ablaufende Oxidation in der Kautschukkette stoppen (kettenabbrechende Produkte) [288]:

(1) R* + A - H → RH + A*
(2) ROO* + A - H → ROOH + A*
(3) A* + Reaktionspartner = inaktive nichtradikalische Reaktionsprodukte

(A - H = Alterungsschutzmittel)

Reaktion 3 ist neben Reaktion 2 wesentlich für den Schutzeffekt. Findet Reaktion 3 mit der Kautschukkette statt, wird das Alterungsschutzmittel chemisch gebunden und kann nicht mehr durch Lösungsmittel extrahiert werden.

Sauerstoffalterung (Thermooxidation)

Vulkanisate aus Dien-Kautschuken nehmen im Verlauf der Lagerung Sauerstoff aus der Luft auf. Dieser wird teilweise im Vulkanisat gebunden und teilweise in Form von Kohlendioxid und Wasser bzw. anderen niedermolekularen Oxidationsprodukten wieder freigesetzt.
Die Reaktion von Sauerstoff mit der Kautschukmatrix verläuft über Radikale. Bei der Oxidation entstehen Peroxide, deren Zerfallsprodukte wieder Radikale sind, die weitere Kettenreaktionen starten können. Die Radikale können auch mit der Doppelbindung des Kautschuks reagieren.

RH + O_2 → R* + HO_2*
C = C + O_2 → -C-C-OO*

Das Radikal R* kann bei Anwesenheit von genügend Sauerstoff eine Kettenreaktion nach folgendem Schema starten:

R* + O_2 → ROO*
ROO* + RH → ROOH + R*

Sind im Verlauf einer Reaktionskette einmal Hydroperoxide gebildet worden, so können diese durch Zerfallsreaktionen startend wirkende Radikale bilden.

ROOH → RO* + *OH
2 ROOH → ROO* + RO* + H_2O

Der aufgenommene Sauerstoff kann im Kautschuk, je nach Kautschuktyp, verschiedene, miteinander konkurierende Reaktionen bewirken: [1]

- Molekülkettenspaltung, wobei das Netzwerk des Kautschuks gelockert wird (Abbau, Erweichung),
- Vernetzung, wobei das Netzwerk des Vulkanisats enger geknüpft wird (Cyclisierung, Verhärtung),
- Chemische Bindung des Sauerstoffs in der Molekülkette, z.B. als Hydroxy- oder Keto-Gruppe, ohne daß es zu einer Spaltung oder Vernetzung der Kette kommt.

Die ersten beiden Reaktionen verursachen eine tiefgreifende Strukturveränderung des Vulkanisats, wobei schon relativ geringe Mengen Sauerstoff ausreichen. Die dritte Reaktion ist

vergleichsweise alterungsindifferent. Bei Naturkautschuk, IR und IIR überwiegt zunächst die Kettenspaltung. Bei fortschreitender Alterung gewinnt jedoch die Cyclisierung größere Bedeutung. Bei anderen Vulkanisaten, z.B. SBR, NBR, BR, CR, EPDM, überwiegen von Beginn an die Cyclisierungsreaktionen mit einer Verhärtung der Produkte.

Diengruppenfreie Kautschuke, z.B. ACM, CM, CSM, CO, ECO, EPM, Q, sind im Vergleich zu den Dienkautschuken weniger oxidationsempfindlich.

Ermüdungsrißbildung

Durch andauernde mechanische Spannungsveränderungen von Gummiartikeln, z.B. durch periodisches hin- und herbiegen, treten an der Oberfläche Risse auf. Diese vergrößern sich mit der Zeit und können zum totalen Bruch des Artikels führen. Die Ermüdungsrißbildung ist von der Kautschukart, der Vernetzungsdichte und -art abhängig. Bei Naturkautschuk treten diese Risse relativ schnell auf, wachsen dann aber nur langsam weiter. Bei SBR-Vulkanisaten setzt die Rißbildung wesentlich später ein, gefolgt von einem schnelleren Wachstum. SBR-Vulkanisate zeigen einen geringeren Widerstand gegen Weiterreißen. Bei Erhöhung der Temperatur und bei Anwesenheit höherer Ozonkonzentrationen erfolgt die Rißbildung beschleunigt [203].

UV-Alterung (Crazing-Effekt)

Bei dem Crazing-Effekt handelt es sich um einen ozonunabhängigen, lichtinduzierten radikalischen Oxidationsprozeß.
Bei der Bewetterung, insbesondere bei länger andauernder Sonneneinstrahlung, von hellen, nicht gespannten Vulkanisaten können auf der Oberfläche netzartig verbundene Rillen ohne ausgeprägte Orientierung entstehen. Die Oberfläche gleicht dann einer runzeligen Apfelsine oder einer Elefantenhaut, woher dieser Effekt den Namen Elefantenhaut-Bildung, auch „crazing"-Effekt genannt, erhalten hat. Der Prozeß schreitet bei weiterer Bestrahlung langsamer fort, eine Zerstörung des Vulkanisats tritt in der Regel nicht ein.

Der Crazing-Effekt wird in der Regel nur bei hellen Vulkanisaten beobachtet. An rußgefüllten oder eingefärbten Artikeln, die energiereiche Strahlen absorbieren, wird er nicht beobachtet.

Ozonrißbildung

Ungesättigte Kautschuke, d.h. Kautschuke mit olefinischen Doppelbindungen, wie z.B. in SBR, BR, NBR, NR, werden sehr leicht von Ozon angegriffen. Der zerstörende Einfluß von Ozon ist an einer charakteristischen Rißbildung an der Oberfläche zu erkennen. Die Rißbildung tritt besonders deutlich auf, wenn der Gummiartikel unter mechanischer Spannung steht.

Der Angriff von Ozon auf den Kautschuk erfolgt vermutlich über leicht aufspaltbare Ozonide. Für die Reaktion von Ozon mit der olefinischen Doppelbindung wird der in Abbildung 3.15 dargestellte Mechanismus angenommen [97].

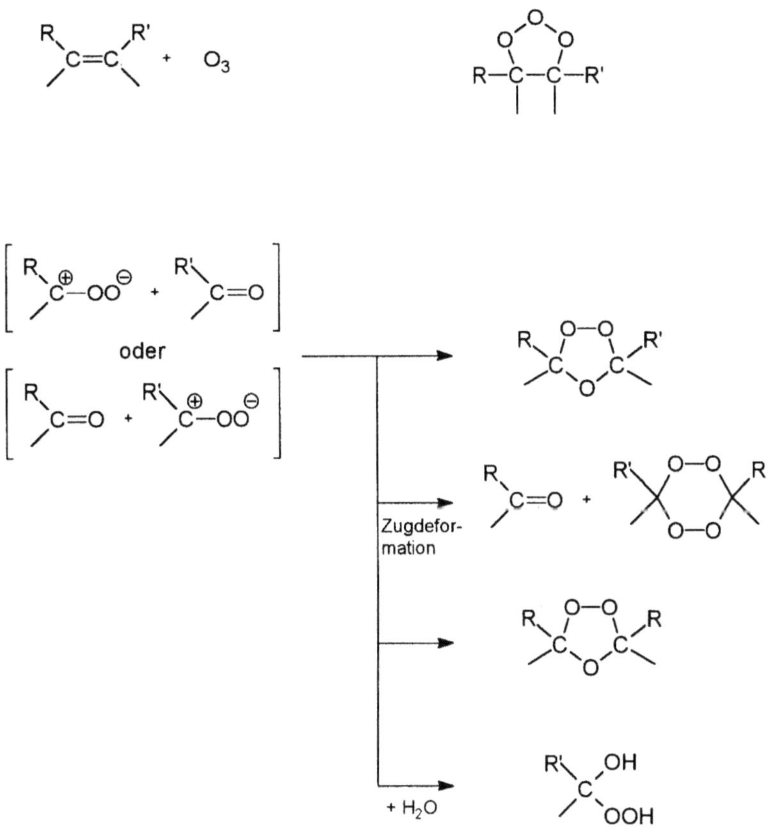

Abbildung 3.15: ***Mechanismus der Reaktion von Kautschuk mit Ozon***

Für die Wirkung der Ozonschutzmittel gibt es mehrere Theorien. Die Wirksamkeit läßt sich aber oft nicht mit einem Mechanismus allein erklären, vielmehr werden mehrere nebeneinander wirken [335]:

- *Scavenger Theorie:*
  Das Ozonschutzmittel wandert zur Oberfläche und reagiert dort mit dem Ozon. Der Kautschuk wird erst angegriffen, wenn das Ozonschutzmittel verbraucht ist.
- *Schutzfilm Theorie (Protective film Theorie):*
  Das Ozonschutzmittel wandert zur Oberfläche und reagiert mit dem Ozon. Die Reaktionsprodukte bilden einen Schutzfilm an der Oberfläche, der das Vulkanisat vor dem weiteren Angriff des Ozon schützt.
- *Relinking Theorie:*
  Das Ozonschutzmittel verhindert die Spaltung der Polymerkette durch Ozon, und es verknüpft gespaltene Polymerketten.

- *Self-healing Theorie:*
  An der Oberfläche des Vulkanisats bildet sich ein inerter Film aus Reaktionsprodukten, Ozonschutzmittel und ozonisiertem Kautschuk.

Von einigen Autoren ist die Wirkung einiger Ozonschutzmittel (DPPD, IPPD) untersucht worden [142, 143]. Sie haben zwei Reaktionswege gefunden, die die besondere Wirksamkeit dieser Verbindungen erklären. Zum einen reagiert das oxidierte Ozonschutzmittel z.B. mit einem Alkylradikal (z.B. der Polymerkette) zu einer instabilen Verbindung. Die Spaltung dieser Verbindung führt zu einer Regeneration des Ozonschutzmittels. Zum anderen kann das Ozonschutzmittel an der Polymerkette gebunden werden bzw. zu einer Vernetzung der Polymerkette während der Alterung des stabilisierten Polymers führen. Die Bindung des Ozonschutzmittels an die Polymerkette ist ein Modell für die Entstehung einer „nicht extrahierbaren Fraktion" des Antiozonants bei der Stabilisierung von Kohlenwasserstoffen.

Bei der Bewetterung von Vulkanisaten im statisch gedehnten Zustand treten senkrecht zur Spannungsrichtung Risse auf, die sich nach und nach vergrößern und schließlich zum Bruch des Vulkanisats führen können. Als Ursache wird das in der Atmosphäre in geringen Mengen enthaltene Ozon angenommen. Mit wachsender Dehnung nimmt die Anzahl der Risse stark zu. Bei gedehnten Vulkanisaten kann es zu Reaktionen mit den Brüchstücken benachbarter Polymerketten kommen, die z.T. zu einem Abbau der Polymerkette führen.

Auch erhöhte Temperatur und Luftfeuchtigkeit wirken beschleunigend auf die Ozonrißbildung.
Bei nicht gedehnten Vulkanisaten tritt keine Rißbildung auf. Hier kommt es überwiegend zu einer intermolekularen Rekombination der Bruchstücke.

Frosting-Phänomen

Das Frosting-Phänomen tritt bei hellgefüllten Vulkanisaten, insbesondere solcher mit Kieselsäure, auf und wird durch Wärme, Feuchtigkeit und eine ozonhaltige Atmosphäre begünstigt. Die vormals glänzende Oberfläche wird matt und es bildet sich ein reifähnlicher Belag.
Diese Alterungserscheinung ist noch nicht restlos geklärt [203].

Dampfalterung, Hydrolyse

Bei der Einwirkung von Hitze können auch unter Sauerstoffausschluß, z.B. in Dampf oder unter Öl, Reaktionen auftreten, die zu einer Eigenschaftsveränderung des Vulkanisats führen. Dies sind:

- thermischer Abbau von Vernetzungsstellen sowie Hydrolyse von wasserempfindlichen Strukturen (Erweichung),
- Fortführung der inter- oder intramolekularen Vernetzung (Verhärtung),
- Umlagerung der Vernetzungsbrücken ohne Veränderung ihrer Anzahl (indifferente Wirkung).

Bei Einwirkung von Dampf kann es bei hydrolisierbaren Kautschuken, z.B. AU, EVM, Q, wegen der zusätzlichen Spaltung von z.B. C-N-, C-O- bzw. Si-C-Bindungen zu einer Dampfalterung kommen.

Alterung durch Kautschukgifte

Zahlreiche Schwermetallverbindungen, insbesondere von Kupfer und Mangan, beschleunigen die Sauerstoff-Alterung von Vulkanisaten und Rohkautschuk, wobei NR und IR wesentlich empfindlicher reagieren als Synthesekautschuke. Bereits 0,001 Massen-% an Kupfer- oder Manganverbindungen führen zu einer starken Beschleunigung der Alterung von NR und IR. Andere Schwermetallverbindungen zeigen ebenfalls einen alterungsbeschleunigenden Effekt, vor allem zweiwertiges Eisen, das insbesondere in SBR ein starkes Kautschukgift ist, sowie Kobalt und Nickel.

Metallionen können eine Startreaktion katalysieren.

$$RH + Me^{2+} \rightarrow R^* + Me^+ + H^+$$

Sie können aber auch den Zerfall der im Verlauf der Oxidation gebildeten Hydroperoxide beschleunigen.

$$ROOH + Me^+ \rightarrow RO^* + Me^{2+} + OH^-$$
$$ROOH + Me^{2+} \rightarrow ROO^* + Me^+ + H^+$$

$$2\ ROOH \rightarrow ROO^* + RO^* + H_2O$$

Wichtig für die Wirkung der Schwermetalle ist, daß sie in einer kautschuklöslichen Form vorliegen. So wirkt z.B. Kupferoleat sehr stark alterungsbeschleunigend, wogegen Kupferoxid und Kupfermetall nur sehr geringe Wirkung zeigen.

Reversion

Reversion ist ein Alterungsprozeß, der durch Wärme allein hervorgerufen wird. Reversion kennzeichnet die mangelnde Stabilität eines Kautschuk-Netzwerkes im Verlauf des Vulkanisationsprozesses bei einer Verlängerung der Reaktionszeit, d.h. der Vulkanisationsdauer, oder Erhöhung der Vulkanisationstemperatur. Das Auftreten der Reversion ist abhängig von der Polymermatrix und tritt vor allem bei der Schwefel-Vulkanisation von NR und dessen Verschnitten, synthetischem Polyisopren, Butylkautschuk und einigen EPDM-Typen auf. Außerdem ist das Auftreten abhängig vom Vernetzungssystem.

Die Struktur eines Schwefel-Vulkanisats ist bereits in der Abbildung 3.5: Schwefelstrukturen in der Kautschukmatrix dargestellt. Bei einer erhöhten Temperatur finden, bei begrenzter Sauerstoffeinwirkung, weitere Reaktionen statt.
Es kann eine Umvulkanisierung stattfinden, d.h. die Schwefelbrücken lösen sich und führen an einer anderen Stelle des Polymermoleküls zu einer erneuten Vernetzung, ohne daß sich die Länge der Schwefel-Brücke ändert.
Aus den polysulfidischen Bindungen kann Schwefel abgespalten werden, ohne daß sich die

Anzahl der Vernetzungstellen verändert. Dabei wird die Schwefelbrücke verkleinert und der Prozeß endet, wenn x = 1 oder 2 ist.
Es kann Schwefel freigesetzt werden unter Reduktion der Vernetzungsdichte, d.h. es werden Vernetzungsstellen abgebaut [173].

Reversion tritt vor allem bei hochgeschwefelten Vulkanisaten auf, d.h. wenn viele polysulfidische Vernetzungsbrücken vorhanden sind. Schwefelarme Vulkanisate enthalten dagegen mehr mono- und disulfidische Brücken und sind daher weniger reversionsanfällig.

Nachvernetzung, Cyclisierung

Bei der Einwirkung von Wärme auf Schwefelvulkanisate erfolgt, wie oben bereits erläutert, ein Abbau der zunächst überwiegend vorliegenden polysulfidischen Schwefelbrücken unter Freisetzung von Schwefel. Dieser Schwefel kann neue Vernetzungsstellen bilden. Dies bedeutet eine Erhöhung der Vernetzungsdichte, auch als Nachvernetzung bezeichnet.

Die folgende Reaktion des freigesetzten Schwefels ist abhängig von dem verwendeten Vernetzungssystem, insbesondere der eingesetzten Vulkanisationsbeschleuniger. Der Schwefel kann als Zinksulfid gebunden werden, in den sog. „pending groups“ oder intramolekular gebunden werden oder weitere Vernetzungsstellen bilden (Nachvernetzung) (zur Vernetzungsreaktion mit Schwefel s. auch Kapitel 3.1.2.1 und Abbildung 3.5: Schwefelstrukturen in der Kautschukmatrix). Der Beschleunigertyp bestimmt auch, ob bei der Nachvernetzung vorzugsweise viele mono- und disulfidische, oder wenige polysulfidische Bindungen entstehen.

3.5 Regeneration

Das Regenerieren der durch chemische und physikalische Einflüsse oder mechanischen Verschleiß unbrauchbar gewordenen Vulkanisate führt zu einem Kautschuk, der erneut vulkanisiert werden kann. Die Regenerierung beruht auf einer thermisch oxidativen und mechanischen Behandlung, mit der die Plastizität des vulkanisierten Kautschuks erhöht wird und er erneut verarbeitet werden kann.

Die Regenerierung beruht auf einer Depolymerisation, wobei die Schwefelbindungen nur geringfügig verändert werden. Bei der Vulkanisation mit Schwefel reagiert nur ein geringer Teil der Doppelbindungen. Daher können die auftretenden Reaktionen bei der Regeneration mit denen der Mastikation verglichen werden. Ebenso wie bei dieser ist die Anwesenheit von Sauerstoff notwendig. Durch Zugabe chemischer Plastiziermittel (in diesem Zusammenhang auch oft Regeneriermittel genannt) kann die Regenerierung beschleunigt werden.

Beim Regenerieren wird die Zahl der Doppelbindungen nur wenig geändert. Dieser Prozeß kann daher an einem Vulkanisat mehrfach durchgeführt werden, wobei das Regenerat wieder vulkanisierbar ist.

4 Kautschukarten

Naturkautschuk besitzt sehr ausgewogene Eigenschaftskombinationen und wurde früher wegen seiner vielfältigen Einsatzgebiete auch als „Allzweck-Kautschuk" bezeichnet. Aufgrund der steigenden Anforderungen für viele Anwendungsbereiche und durch die zunehmende Spezialisierung des Synthesekautschuk-Sortiments wurde er mehr und mehr in die Rolle eines „Spezial-Kautschuks" gedrängt. In einigen Bereichen hat er allerdings seine Bedeutung als wichtiger Rohstoff behalten. Die Rolle von Allzweck-Kautschuken haben heute einige Synthese-Kautschuke übernommen, die auch ein sehr breit gefächertes Anwendungsspektrum möglich machen.

4.1 Naturkautschuk (NR)

4.1.1 Zusammensetzung

Einige hundert Pflanzenarten aus verschiedenen botanischen Familien enthalten einen milchigen Saft, Latex genannt, der eine kolloidale Kautschukdispersion in wäßrigem Medium darstellt. Die wichtigste dieser Pflanzen ist Hevea brasiliensis. Zur Gewinnung des Latex wird die Rinde des Baumes eingeschnitten, und der Latex fließt längs der Kerbe aus.

Der Gehalt an Kautschuk-Trockensubstanz im Latex schwankt zwischen 20 und 45 %, der Wassergehalt beträgt etwa 60 %. Zusätzlich sind in Latex enthalten:

- Proteine (ca. 2 %),
- Fettsäuren (ca. 0,5 %),
- Harze wie Querbrachitol (ca. 1,5 %),
- Asche (ca. 0,5 %),
- Zucker (1,5 %).

Die Proteine stellen ein natürliches Stabilisierungsmittel des Latex dar. Bei den tropischen Temperaturen der Erzeugerländer werden sie durch Bakterien und Enzyme sehr schnell abgebaut. Schon 12 bis 24 Stunden nach der Zapfung fällt der pH-Wert von anfänglich 7 auf ca. 5, wobei eine teilweise Koagulation eintritt. Der Latex muß daher kurz nach der Gewinnung konserviert werden.
Die einfachste Art der Konservierung ist die Zugabe Natronlauge (etwa 0,5 % einer 20 %igen wässrigen Lösung) oder Ammoniak (zwischen 0,3 und 0,8 %). Ammoniak hat gegenüber Natronlauge den Vorteil, daß er sich beim Trocknen der aus dem Latex hergestellten Artikel verflüchtigt.
Latex kann auch durch Zugabe anderer Stoffe, z.B. Natriumpentachlorphenol (0,3 % mit 0,1 % Ammoniak), Borsäure, Zinkdimethyldithiocarbamat oder Thiuramdisulfiden konserviert werden.

Der größte Teil des gezapften Latex wird zu Festkautschuk verarbeitet. Dazu muß der im Latex feinverteilt vorliegende Kautschuk von der wäßrigen Phase getrennt werden. Dies kann durch Verdunsten des Wassers oder durch Koagulation, Trocknen und weitere Bear-

beitung des Koagulats erfolgen, wobei die Koagulation das weitaus wichtigere Verfahren ist.

Der von den Plantagen gelieferte Rohkautschuk enthält neben den Kautschuk-Kohlenwasserstoffen noch Anteile an Kautschukbegleitstoffen, die bei der Koagulation mit ausgefällt werden. Der Rohkautschuk hat etwa folgende Zusammensetzung (in Massen-%):

- reiner Kohlenwasserstoff (93),
- Acetonlösliches (3),
- Proteine (3),
- Feuchtigkeit (0,5),
- Asche (0,5).

Die Menge der Kautschukbegleitstoffe kann bei verschiedenen Aufbereitungsmethoden leicht variieren.

Die Koagulation der Kautschukteilchen kann durch Einwirkung von Enzymen oder Bakterien, durch starke mechanische Kräfte oder durch Abkühlen auf unter -15 °C eintreten. Technisch wird die Koagulation durch Zusatz von Elektrolyten, wie Salzen und Säuren, durchgeführt.
Auf den Plantagen wird die Koagulation bevorzugt durch Zugabe von Säuren, insbesondere Ameisensäure, Essigsäure, oder Natriumsilicofluorid durchgeführt. Die Aufarbeitung des Koagulats wird hauptsächlich nach zwei Standardmethoden durchgeführt, dem Räucherverfahren zur Erzeugung von Smoked Sheets und dem Crepe-Kautschuk-Verfahren. Smoked Sheets sind geräucherte Felle, die noch einen erheblichen Anteil der Kautschukbegleitstoffe enthalten. Die Crepe-Kautschuk-Sorten sind durch Waschen auf Walzwerken weitgehend von Kautschukbegleitstoffen befreit. Der Kautschukkohlenwasserstoff besteht zu über 99,9 % aus linear angeordnetem cis-1,4-Polyisopren (s. Abbildung 4.1).

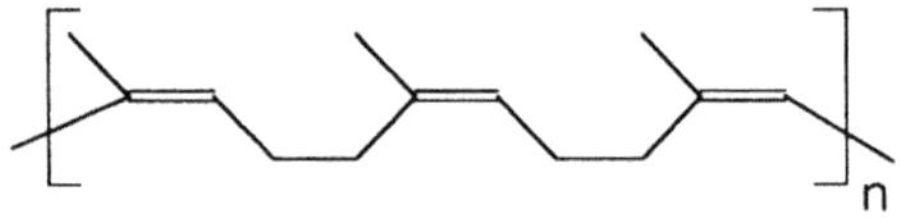

Abbildung 4.1: ***Struktur von cis-1,4-Polyisopren***

Die durchschnittliche Molekularmasse des Polyisopren beträgt 200.000 - 400.000 bei verhältnismäßig breiter Molmassenverteilung. Dies entspricht etwa 3.000 - 5.000 Isopren-Einheiten.

Die besonderen chemischen und physikalischen Eigenschaften machen den Naturkautschuk zu einem vielseitig anwendbaren Rohstoff. Er wird hauptsächlich als Festkautschuk und in geringerer Menge als Latex verarbeitet. Nur ein kleiner Anteil wird direkt zur Herstellung von Klebebändern, Kautschuklösungen, Knetgummi usw. benutzt. Der größte Teil wird vulkanisiert. Je nach dem Vulkanisationsgrad entsteht Weichgummi oder Hartgummi.

4.1.1.1 Mischungsaufbau

Vulkanisationschemikalien

Für die Vulkanisation von Naturkautschuk wird in der Regel fast ausschließlich mit Schwefel und Vulkanisationsbeschleunigern gearbeitet. Es werden meist höhere Schwefel- (2 - 3 phr) und geringere Beschleunigermengen eingesetzt. Anstelle von Schwefel können auch Schwefelspender verwendet werden. Neben der konventionellen Vulkanisation (normale Schwefelgehalte) werden auch die Semi-Efficient-Vulkanisation (niedriger Schwefel- und höherer Beschleunigergehalt) und die Efficient-Vulkanisation (sehr niedriger Schwefelgehalt oder ohne Schwefel und/oder Schwefelspender und hohe Beschleunigermenge) angewandt.
NR kann aber auch mit Peroxiden, anderen Vernetzungsmitteln oder energiereichen Strahlen vernetzt werden.
Die Zugabe von Metalloxiden ist zur vollen Entfaltung der Beschleunigerwirkung notwendig. In der Regel wird Zinkoxid eingesetz, zur Erzielung spezieller Effekte auch Magnesium- oder Bleioxid. Zusätzlich werden Aktivatoren zugegeben, z.B. Stearinsäure, Zinkseifen, Glykole oder Triethanolamin.

Alterungsschutzmittel

Zur Erzielung ausreichender Alterungsbeständigkeit ist in den meisten Fällen die Zugabe von Alterungsschutzmitteln notwendig. Die wirksamsten Alterungsschutzmittel sind aromatische Amine, z.B. verfärbende p-Phenylendiamin-Derivate. Für helle Vulkanisate können Bisphenole oder Phenole eingesetzt werden.

Füllstoffe

In NR ist der Einsatz von Füllstoffen dann notwendig, wenn die in der Technik erforderliche Eigenschaftsvielfalt erzielt werden soll. Aktive Füllstoffe bewirken eine Verbesserung des Abriebverhaltens und der Weiterreißwiderstands. Weniger aktive bzw. inaktive helle Füllstoffe verbessern die Verarbeitungseigenschaften von NR-Mischungen.

Weichmacher

In NR werden eine Vielzahl von Stoffen als Weichmacher eingesetzt, wobei Mineralölweichmacher eine wichtige Rolle spielen. Von den Weichmacherölen können von den paraffinischen bis zu den aromatischen Ölen alle Produkte verwendet werden. Außerdem spielen tierische und pflanzliche Produkte (z.B. Wollfett, Tranöl, Fichtenteer) eine wichtige Rolle sowohl als Weichmacher als auch als Verarbeitungshilfsmittel. Dagegen werden synthetische Weichmacher in NR kaum eingesetzt.
Der Einsatz von Harzen in NR-Mischungen ist nur erforderlich, wenn besonders klebrige Mischungen verarbeitet werden müssen. Es werden dann vor allem Kolophonium, Teere, Peche und andere Klebrigmacher zugegeben.
Faktisse werden oft den NR-Mischungen zugegeben, da sie die Verarbeitbarkeit der Mischung verbessern.

Verarbeitungshilfsmittel

Neben den tierischen und pflanzlichen Produkten (s.o.) werden auch andere Verarbeitungshilfsmittel, wie Stearinsäure, Zinkseifen, Fettalkohlorückstände eingesetzt. Sie sind wichtig für eine gute Verteilung der Zuschlagstoffe und eine einwandfreie Verarbeitung.

Verschnitte mit anderen Kautschuken

NR wird vor allem in Verschnitten mit SBR und BR, in geringem Maße auch mit NBR, genutzt. Bei der Herstellung von Verschnitten muß NR auf etwa die gleiche Viskosität mastiziert werden wie die Verschnittkomponente, um eine gleichmäßige Verteilung der Polymeren zu erzielen.

4.1.1.2 Verwendung

Die besonderen chemischen und physikalischen Eigenschaften machen Naturkautschuk zu einem vielseitig einsetzbaren Rohstoff. Er spielt auf dem Gebiet der Herstellung dünnwandiger weicher Artikel mit hoher Festigkeit, z.B. chirurgische Handschuhe, sanitäre Gummiartikel, Luftballons eine wichtige Rolle. Auch in dem Bereich der Puffer und Federelemente ist der Naturkautschuk aufgrund seiner Elastizität ein bedeutender Rohstoff geblieben [1].
Auf dem PKW-Reifensektor hat der Naturkautschuk bis vor wenigen Jahren kaum noch Bedeutung gehabt. Aber seit der Entwicklung von Radial-PKW-Reifen ist eine ständig steigende Nachfrage auf diesem Sektor zu verzeichnen. Naturkautschuk wird wegen seiner hervorragenden Flexibilität in den Seitenwänden dieser Reifen eingesetzt, die besonders stark dynamisch beansprucht werden.
Auf dem LKW-Reifensektor hat der Naturkautschuk immer eine besondere Bedeutung gehabt. Bei diesen größer dimensionierten Reifen müssen die verwendeten Kautschuke eine hohe Elastizität aufweisen, um eine zu starke Hitzeentwicklung zu vermeiden. Naturkautschuk-Vulkanisate weisen, wie das synthetische Analogon, eine verhältnismäßig geringe Wärmeentwicklung und eine geringe Wärmeleitfähigkeit auf.

4.1.2 Umwandlungsprodukte des Naturkautschuks

Von Naturkautschuk gibt es eine Anzahl von möglichen Umwandlungsprodukten. Technische Bedeutung haben bisher vor allem die Chlorierungs-, Hydrochlorierungs- und Cyclisierungsprodukte erhalten. Im Vergleich zum Naturkautschuk haben die Derivate eine bessere Widerstandsfähigkeit gegen korrodierende Einflüsse und Chemikalien und werden daher vielfach als Anstrichmittel, zur Verpackung von Nahrungsmitteln, als Überzüge für Papier und zur Herstellung von Klebstoffen und Haftmitteln verwendet.

Für die Herstellung der Chlorierungsprodukte des Kautschuks wird z.B. fein zerteilter Crepe in Tetrachlormethan mit einem Zusatz von Kupferoleat unter Rückfluß gelöst. Anschließend wird in die abgekühlte Lösung Chlor eingeleitet. Die Eigenschaften der Chlorierungsprodukte sind abhängig von der Reaktionstemperatur und vom Chlorgehalt. Bei der Aufnahme von etwa 40 % Chlor ist das Produkt gummiartig, weich und dehnbar, wogegen es

bei etwa 65 % Chlor hart und spröde ist. Chlorkautschuk wird für säure-, alkali- und wetterfeste sowie für mechanisch beanspruchte Anstriche verwendet. Durch die Zugabe von unverseifbaren Weichmachern, z.B. chloriertem Diphenyl, erhält man zusätzlich eine sehr gute Beständigkeit gegen Wasser und Wasserdampf. In Aromaten gelöst wird Chlorkautschuk als Haftmittel zum Aufvulkanisieren von Kautschukmischungen auf Metall eingesetzt.

Hydrochlorierter Naturkautschuk wird aus einer Naturkautschuklösung und Chlorwasserstoff hergestellt. Durch Zugabe von Stabilisatoren und Weichmachern werden daraus Folien hergestellt, die u.a. als Verpackungsmaterial für Lebensmittel eingesetzt werden.

Für die Herstellung von Cyclokautschuk wird mastizierter Crepe in Trichlormethan (oder Benzol) gelöst, mit Schwefelsäure und Katalysatoren, z.B. Hexachlorostannat oder Zinntetrachlorid, versetzt und unter Rückfluß erhitzt. Je nach Reaktionszeit und Temperatur entsteht Cyclokautschuk mit unterschiedlichem Gehalt an Doppelbindungen. Derivate mit niedrigem Erweichungspunkt werden als Haftmittel zum Aufvulkanisieren von Kautschuk auf Metalle und andere Oberflächen verwendet. Ansonsten wird cyclisierter Kautschuk als Lackrohstoff, als Überzug für Papier und als Zusatz zu Druckfarben verwendet.
Die Cyclisierung kann auch mit organischen Sulfonsäuren in Phenolen als Lösemittel durchgeführt werden, wobei die entstehenden Derivate Hydroxygruppen enthalten. Sie haben keine Haftmitteleigenschaften mehr und werden vorwiegend in der Anstrichtechnik eingesetzt.

4.1.3 Latex

Ein kleiner Teil (ca. 8 %) des Naturkautschuks wird in Latexform verarbeitet. Der frischgezapfte Latex ist nicht zum Versand geeignet und muß zunächst gegen Koagulation, Abbau und Vernetzung stabilisiert werden. Das geschieht in der Regel durch Zusatz geringer Mengen Ammoniak, die den Latex auch gegen Bakterienbefall schützen. Der Kautschukgehalt des frisch gezapften Latex beträgt durchschnittlich 32 - 38 %. Zur Senkung der Transportkosten wird der Latex vor dem Versand durch Zentrifugieren, Aufrahmen, Eindampfen oder Elektrodekantation konzentriert. Technisch werden vor allem die beiden zuerst genannten Verfahren angewendet. Daran können sich noch andere Nachbehandlungsmethoden anschließen.

Für die Aufkonzentrierung durch Zentrifugieren werden kontinuierliche Spezialzentrifugen eingesetzt, die im Prinzip die gleichen sind, wie sie auch für die Rahmherstellung aus Milch eingesetzt werden. Beim Zentrifugieren wird der Latex mit Ammoniak stabilisiert. Man erhält einen sehr reinen Kautschuk, der von Verunreinigungen und von Nicht-Kautschukanteilen weitgehend befreit ist.
Das Aufrahmen hat nach dem Zentrifugieren die größte Bedeutung gewonnen. Durch Zugabe wasserlöslicher, höhermolekularer Substanzen wird eine reversible Agglomeration der Kautschukteilchen hervorgerufen. Dem frischen, mit Ammoniak stabilisierten Latex wird eine Lösung von 0,25 % Ammoniumalginat und 0,5 % Ammoniumoleat zugesetzt. Nach ca. 2-3 Wochen langem Stehen ist die Aufrahmung beendet und das Agglomerat schwimmt wegen des geringeren spezifischen Gewichtes auf.
Bei der Aufkonzentrierung durch Eindampfen ist zu berücksichtigen, daß der Latex gegen

höhere Temperaturen empfindlich ist. Ihm muß daher vor dem Erwärmen Stabilisierungsmittel (0,02 % Kalilauge, 2 % eines mit Kalilauge verseiften Kokosnußöls) zugegeben werden.
Die Elektrodekantation ist ein relativ neues Konzentrierungsverfahren, das jedoch keine technische Bedeutung hat. Dieses Verfahren beruht auf der Wanderung der negativ geladenen Kautschukteilchen im elektrischen Feld zur Anode. Vor der Anode wird eine permeable Membran angebracht, durch die die Kautschukteilchen nicht durchtreten können. Sie sammeln sich an der Membran, bilden reversible Agglomerate und steigen aufgrund ihres geringeren spezifischen Gewichtes an die Oberfläche auf.

Neben der Aufkonzentrierung des Latex werden auch spezielle Latices hergestellt.
Zur Vorvulkanisation wird der Latex aufkonzentriert und Vulkanisationschemikalien (Schwefel, Zinkoxid, Vulkanisationsbeschleuniger) sowie Stabilisierungsmittel, die eine Koagulation bei der anschließenden Vulkanisation verhindern, zugegeben. Nach 60 minütigem Erhitzen unter Druck werden die Vulkanisationschemikalien abzentrifugiert. Vorvulkanisierter Latex eignet sich zur Herstellung von Tauchartikeln, z.B. Spielballons, als Bindemittel sowie für Imprägnier- und Streichzwecke. Die aus vorvulkanisiertem Kautschuk hergestellten Artikel brauchen nur noch getrocknet und nicht noch zusätzlich vulkanisiert werden.
Spezielle Latices werden auch durch Umladung, d.h. durch eine Umwandlung der ursprünglich negativen in positive Ladungen, hergestellt. Dies erfolgt durch Zugabe von kationenaktiven Seifen. Das langkettige, positiv geladene Ion wird von den Kautschukteilchen adsorbiert, wobei über die Neutralisation eine Umladung zum positiv geladenen Teilchen erfolgt. Als kationenaktive Seifen werden z.B. Cetylpyridiniumchlorid und Laurylpyridiniumchlorid eingesetzt. Diese Latices werden besonders für die Imprägnierung von Textilien und Textilfasern eingesetzt, da diese normalerweise eine negative Ladung besitzen.
Naturlatex wird insbesondere zur Herstellung dünnwandiger Tauchartikel, z.B. Operationshandschuhe, Ballone, Präservative, sowie von Spieltieren, Schaumgummi u.a.

4.2 Synthetischer Kautschuk (SR)

Unter dem Begriff Synthesekautschuk (SR) versteht man nicht nur das synthetisch hergestellte Analogon des Naturkautschuks, also cis-1,4-Polyisopren, sondern auch eine große Vielzahl anderer synthetisch hergestellter Elastomere [203].
Nahezu 2/3 des heutigen Gesamt-Kautschukbedarfs entfallen auf Synthesekautschuke. Synthesekautschuke werden aus einer Vielzahl unterschiedlicher Monomere hergestellt, z.B. Butadien, Styrol, Acrylnitril, Isobutylen. Neben Homopolymeren (z.B. Polybutadien, Polystyrol) befinden sich auch Co- und Terpolymere unter den Synthesekautschuken, z.B. Poly-Butadien-Acrylnitril oder Poly-Butadien-Styrol.

Die Zahl der SR-Typen ist inzwischen sehr groß geworden, so daß es zweckmäßig ist, sie zu klassifizieren.
Je nach Herstellungsverfahren unterscheidet man zwischen Polymerisaten, Polykondensaten und Polyadditionsprodukten.
Bei der Polymerisation einheitlicher Monomerer erhält man Homopolymerisate und bei Einsatz verschiedener Monomerer Copolymerisate. Werden drei Monomere copolymerisiert,

spricht man von Terpolymeren. Bei der Allein- oder Mitverwendung von konjugierten Dienen als Ausgangsstoff erhält man die sogenannten Dienkautschuke, die im Makromolekül noch Doppelbindungen aufweisen und dadurch analog wie NR schwefelvernetzbar sind. Sie stellen SR im engeren Sinne dar.

Durch die Polymerisation einfach ungesättigter Monomerer sowie durch Polykondensation oder durch Polyaddition gesättigter Reaktionspartner erhält man gesättigte, nicht mit Schwefel vernetzbare makromolekulare Stoffe. Die weitaus größte Anzahl dieser gehört in die Gruppe der Kunststoffe. Eine Reihe dieser Produkte lassen sich jedoch durch besondere Methoden weitmaschig vernetzen. Aufgrund dieser Tatsache können diese Produkte als Kautschuk verwendet werden und daher ebenfalls als synthetischer Kautschuk angesprochen werden.

Während die Polymerisation für die SR-Herstellung von ausschlaggebender Bedeutung ist, sind die Polykondensation und die Polyaddition hierfür von untergeordneter Bedeutung.

In DIN ISO 1629 werden Kautschuke in Form von Festkautschuk und Latex aufgrund der chemischen Zusammensetzung der Polymerkette in Gruppen eingeteilt (s. Tabelle 4.1).

Die nach diesem System gebildeten Kurzzeichen bestehen z.Zt. aus 2 bis 5 Buchstaben, wovon der letzte Buchstabe die chemische Zusammensetzung der Polymerkette charakterisiert und als Gruppenkennzeichen gilt. Der bzw. die ihm vorangestellte(n) Buchstabe(n) bezeichnen das bzw. die Monomere(n), auf denen der betreffende Kautschuk basiert. Es kann ein weiterer Buchstabe davorgesetzt werden, der Hinweise auf Besonderheiten des Polymers gibt. In der Tabelle 4.2 sind die zu den Gruppen gehörigen Kautschuke mit ihren international verwendeten Abkürzungen zusammengestellt. Kursiv gedruckte Bezeichnungen sind üblicherweise verwendete Namen. Die mit ++ gekennzeichneten sind wirtschaftlich bedeutende Kautschuke mit einem Marktanteil von zusammen ca. 95 %. Kautschuke mit + spielen im Markt als Spezialitäten ebenfalls eine wichtige Rolle, wogegen die nicht gekennzeichneten Kautschuke von untergeordneter Bedeutung sind oder nur akademisches Interesse besitzen. Für die mit - gekennzeichneten Kautschuke liegen z.Z. keine Informationen über die wirtschaftliche Bedeutung vor.

M	Kautschuke mit einer gesättigten Kette vom Polymethylen-Typ
N	Kautschuke mit Stickstoff in der Polymerkette
O	Kautschuke mit Sauerstoff in der Polymerkette
Q	Kautschuke mit Siloxangruppen in der Polymerkette
R	Kautschuke mit einer ungesättigten Kohlenstoffkette, z.B. Naturkautschuk, und synthetische Kautschuke, die sich zumindest teilweise von konjugierten Dienen ableiten
T	Kautschuke mit Schwefel in der Polymerkette
U	Kautschuke mit Kohlenstoff, Sauerstoff und Stickstoff in der Polymerkette
Z	Kautschuke mit Phosphor und Stickstoff in der Polymerkette

Tabelle 4.1: ***Klassifizierung der Kautschuke***

M-Gruppe		
ACM	+	Copolymer aus Ethylacrylat (oder anderen Acrylaten) mit einem geringen Anteil eines Monomers, welches die Vulkanisation erleichtert, z.B Acrylester-2-Chlorethylvinylether-Copolymere (*Acrylat-Kautschuk*)
ANM		Acrylester-Acrylnitril-Copolymere *(Acrylat-Kautschuk)*
CM		chloriertes Polyethylen (frühere Bezeichnung CPE)
CFM	+	Polychlortrifluorethylen-Vinylidenfluorid-Copolymere *(Fluorkautschuk)*
CSM (CSP)	+	chlorsulfoniertes Polyethylen
EAM		Ethylen-Acrylat-Co- und Terpolymere
EVM	+	Ethylen-Vinylacetat-Copolymer (frühere Bezeichnungen EVA, EVAC, EAM)
EPDM	++	Terpolymer aus Ethylen, Propylen und einem Dien mit dem ungesättigten Teil des Diens in der Seitenkette
EPM	+	Ethylen-Propylen-Copolymer
FPM (FKM)	+	Kautschuk mit Fluor und Fluoralkyl- oder Fluoralkoxy-Gruppen an der Polymerkette
IM	-	Polyisobuten
N-Gruppe		
N	-	Polyetheramide (Typ „Pebax")
O-Gruppe		
CO	+	Polychlormethyloxiran (*Epichlorhydrin-Kautschuk*)
ECO	+	Copolymer aus Ethylenoxid (Oxiran) und Chlormethyloxiran (*Epichlorhydrin-Copolymer oder -Kautschuk*)
GPO		Copolymer aus Propylenoxid und Allylglycidether (*Polypropylenoxid-Kautschuk, Epoxid-Kautschuk*)
Q-Gruppe		
MQ	+	Silikonkautschuk mit ausschließlich Methylgruppen an der Polymerkette, frühere Bezeichnung SI (z.B. Polydimethyl-Siloxan)
FMQ		Silikonkautschuk mit Methyl- und Fluor-Gruppen an der Polymerkette, frühere Bezeichnung FSI
FVMQ (MVFQ)	-	Silikonkautschuk mit Methyl-, Vinyl- und Fluor-Gruppen an der Polymerkette
PMQ (MPQ)		Silikonkautschuk mit Methyl- und Phenyl-Gruppen an der Polymerkette, frühere Bezeichnung PS
PVMQ	+	Silikonkautschuk mit Methyl-, Vinyl- und Phenyl-Gruppen an der Polymerkette
VMQ (MVQ)	+	Silikonkautschuk mit Methyl- und Vinyl-Gruppen an der Polymerkette

Tabelle 4.2: ***Synthetische Kautschuke und ihre Kurzzeichen***

R-Gruppe		
ABR		Acrylat-Butadien-Kautschuk
BR	++	Butadien-Kautschuk *(Polybutadien-Kautschuk)* (frühere Bezeichnung PB)
CR	++	Chloropren-Kautschuk *(Chlor-Butadien-Kautschuk)* (frühere Bezeichnung CP)
ETER		Epichlorhydrin-Ethylenoxid-Terpolymer
IIR	+	Isobuten-Isopren-Kautschuk (*Butyl-Kautschuk*)
IR	++	Isopren-Kautschuk, synthetisch
NIR	-	Acrylnitril-Isopren-Kautschuk
NR	++	Isoprenkautschuk *(Naturkautschuk)* (frühere Bezeichnung NK)
NBR	++	Acrylnitril-Butadien-Kautschuk (*Nitril-Kautschuk*)
NCR		Acrylnitril-Chloropren-Kautschuk
PBR		Vinylpyridin-Butadien-Kautschuk
PSBR		Vinylpyridin-Styrol-Butadien-Kautschuk
SBR	++	Styrol-Butadien-Kautschuk (frühere Bezeichnung SBK)
SCR		Styrol-Chloropren-Kautschuk
SIR		Styrol-Isopren-Kautschuk
		Kautschuke mit Carboxylgruppen (COOH) an der Polymerkette
XBR	-	Carboxylgruppenhaltiger Butadien-Kautschuk
XCR	-	Carboxylgruppenhaltiger Chloropren-Kautschuk
XNBR	-	Carboxylgruppenhaltiger Acrylnitril-Butadien-Kautschuk
XSBR	-	Carboxylgruppenhaltiger Styrol-Butadien-Kautschuk
		Kautschuke mit Halogen an der Polymerkette
BIIR	+	Brom-Isobuten-Isopren-Kautschuk (*Brombutyl-Kautschuk*)
CIIR	+	Chlor-Isobuten-Isopren-Kautschuk (*Chlorbutyl-Kautschuk*)
T-Gruppe		
OT	-	Kautschuk, der entweder die folgende Gruppe $-CH_2-CH_2-O-CH_2-O-CH_2-CH_2-$ oder gelegentlich eine R-Gruppe enthalt, wobei R ein aliphatischer Kohlenwasserstoff (aber üblicherweise kein $-CH_2-CH_2-$) zwischen den Polysulfid-Verbindungsstellen ist
EOT	-	Kautschuk, der folgende Gruppe $-CH_2-CH_2-O-CH_2-O-CH_2-CH_2-$ und R-Gruppen enthält; die R-Gruppen sind üblicherweise $-CH_2-CH_2-$, können aber gelegentlich auch andere aliphatische Gruppen zwischen den Polysulfid-Verbindungsstellen sein

Tabelle 4.2: Synthetische Kautschuke und ihre Kurzzeichen (Fortsetzung)

U-Gruppe		
AFMU		Terpolymer aus Tetrafluorethylen, Trifluornitrosomethan und Nitroso-perfluorbuttersäure *(Nitrosokautschuk)*
AU	+	Polyesterurethan-Kautschuk
EU		Polyetherurethan-Kautschuk
Z-Gruppe		
FZ	-	Ein Kautschuk mit einer - P = N - Kette und Fluoralkoxy-Gruppen an den Phosphoratomen der Kette *(Polyphosphazen-Kautschuk)*
PZ	-	Ein Kautschuk mit einer - P = N - Kette und Aryloxy- (Phenoxy- und substituierten Phenoxy-) Gruppen an den Phosphoratomen der Kette

Tabelle 4.2: ***Synthetische Kautschuke und ihre Kurzzeichen (Fortsetzung)***

Zusätzlich werden folgende Indices vor die Kurzzeichen gesetzt:

L- (S-)	Lösungs-Polymerisat
EM- (E-)	Emulsions-Polymerisat
OE-	ölverstreckter Kautschuk
B-	bromierter Kautschuk
C-	chlorierter Kautschuk
X-	carboxylierter Kautschuk
Y-	thermoplastischer Kautschuk

Die Bedeutung der Synthesekautschuke untereinander für den westeuropäischen Markt geht aus der Abbildung 4.2 hervor. Sie zeigt, daß die Allzweck-Synthesekautschuke (SBR, BR, IR) einen Mengenanteil von etwa 64 % ausmachen, während die Spezialkautschuke (EPDM, IIR, CR, NBR) auf ca. 33 % und die Spezialitäten (CSM, CM, EVM, ACM, CO/ECO, FPM, EAM, MFQ, MVQ) auf knapp 3 % kommen [92].

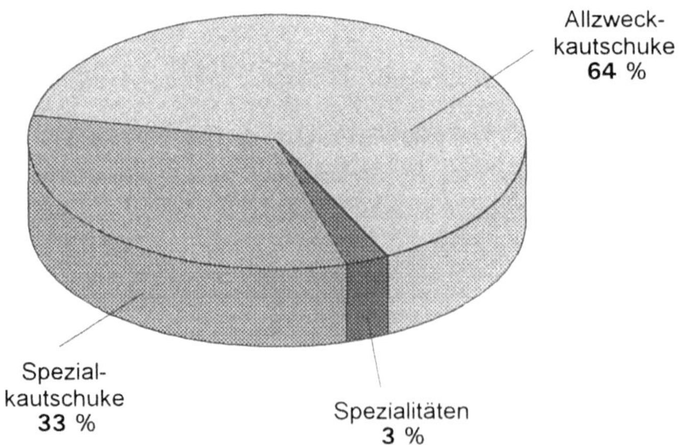

Abbildung 4.2: ***Marktanteile der Synthese-Kautschuke***

4.2.1 Butadien-Kautschuk (BR)

Butadien-Kautschuk ist nach Styrol-Butadien-Kautschuk der mengenmäßig wichtigste Synthese-Kautschuk. Die Produktionskapazität von BR liegt bei über 1 Millionen Tonnen. Er ist aus Butadien-Einheiten aufgebaut, die sowohl in linearen 1,4- als auch in 1,2-Verknüpfungen eingebaut sein können (s. Abbildung 4.3).

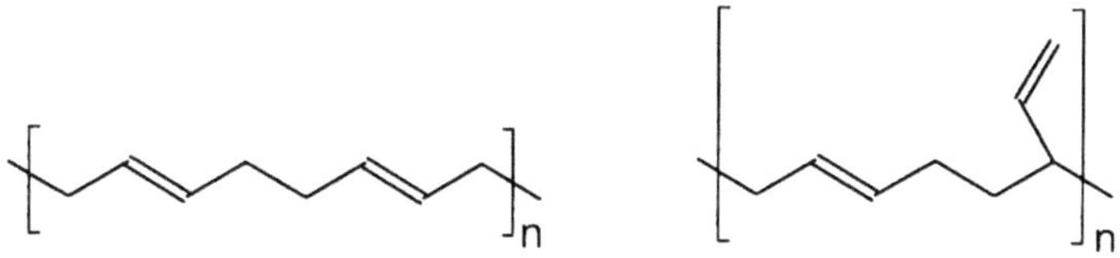

1,4-Polybutadien 1,2-Polybutadien

Abbildung 4.3: Struktur von Butadien-Kautschuk (BR)

4.2.1.1 Herstellung

Das Ausgangsprodukt für die Herstellung von Butadien-Kautschuk (Polybutadien) ist 1,3-Butadien. Der weitaus größte Teil des in der Welt erzeugten Polybutadiens wird heute durch Koordinationspolymerisation in Lösung hergestellt. Als Initiatoren kommen insbesondere Koordinationskatalysatoren, die Neodym-, Titan-, Kobalt- oder Nickelverbindungen enthalten, Lithiumalkyle oder Alfin-Katalysatoren in Betracht. Je nach eingesetztem Katalysatorsystem wird z.B. zwischen Nd-, Ti-, Co-, Ni- oder Li-Polybutadien-Kautschuken unterschieden. Die Art des verwendeten Katalysators wirkt sich in jeweils spezifischer Weise auf das Eigenschaftsbild der Polymerisate aus. Sie unterscheiden sich hinsichtlich ihrer Mikrostruktur (cis-1,4-Gehalt bzw. cis-1,2-Gehalt) wie auch hinsichtlich ihrer Makrostruktur (Molgewicht, Molgewichtsverteilung, Verzweigungsgrad). Die Anwendung der Koordinationskatalysatoren führt zu Polybutadien-Typen, die über 90 % cis-1,4-Verknüpfungen ergibt, während das Verfahren mit Lithiumalkylen ein BR mit mittlerem Gehalt an cis-1,4-Einheiten liefert.

Beim Einsatz der radikalischen Polymerisation in Emulsion wird ein wenig einheitliches BR (E-BR) erhalten, das aufgrund seiner ungünstigen kautschuktechnologischen Eigenschaften nur ein sehr begrenztes Marktinteresse besitzt.

4.2.1.2 Mischungsaufbau

Vulkanisationschemikalien

Der Schwefel-Bedarf von BR bzw. BR-Verschnitten ist geringer als z.B. der des Naturkautschuks und vergleichbar mit dem von Styrol-Butadien-Kautschuk. Der Einsatz von Schwefel liegt im Bereich von 1,4 - 2 phr.

Als Vulkanisationsbeschleuniger werden vor allem Sulfenamide eingesetzt. Als Zweitbeschleuniger für die Sulfenamide werden Thiurame, insbesondere TMTM, verwendet. Anstelle von Sulfenamiden wird auch OTOS in Kombination mit Benzothiazylsulfenamiden eingesetzt.

Alterungsschutzmittel

Produkte, die hohen dynamischen Beanspruchungen oder starker Wärmeeinwirkung ausgesetzt sind, erhalten zur Erhöhung der Oxidationsbeständigkeit einen Zusatz von Antioxidantien auf Basis von p-Phenylendiaminen (IPPD, 6PPD, DTPD) oder anderen aromatischen Aminen. Bei der zusätzlichen Verwendung von Wachsen wird die Ozonbeständigkeit verbessert. Auch zur Steigerung der Ermüdungsbeständigkeit werden p-Phenylendiamine und hier besonders IPPD eingesetzt. Eine verbesserte Wärmebeständigkeit erhält man durch Zugabe von TMQ oder ODPA, die teilweise in Kombination mit MBI eingesetzt werden. Der Einsatz aminischer Alterungsschutzmittel führt zu einer starken Verfärbung der Artikel. Für nichtverfärbende Artikel werden Alterungsschutzmittel auf Basis von Bisphenol-, Phenol- oder MBI-Basis eingesetzt. Einen besonders guten Ozonschutz für helle Artikel erhält man durch den Einsatz von Enolethern in Kombination mit mikrokristallinen Wachsen. Die Dosierung der Alterungsschutzmittel beträgt bis zu 3 phr.

Füllstoffe und Weichmacher

BR-Mischungen erreichen ihre optimalen Eigenschaften nur bei hohen Füllstoff- und Weichmacher-Dosierungen.
Durch Verwendung von aktiven Rußen oder hellen Verstärkerfüllstoffen lassen sich mit NR- oder CR-Vulkanisaten vergleichbare Eigenschaften erreichen. Als Ruße kommen bevorzugt Furnace-Ruße zum Einsatz. Inaktive Ruße und inaktive helle Füllstoffe können, ähnlich wie bei anderen Kautschuken, zur Verbilligung oder zur Härteeinstellung in höheren Dosierungen eingesetzt werden.

Mischungen von BR zeichnen sich durch eine gute Aufnahme von Weichmacherölen aus. Es werden aromatische und naphthenische Mineralöl-Weichmacher bevorzugt. Durch den Einsatz von aromatischen Weichmachern wird z.B. die Konfektionsklebrigkeit der Mischung günstig beeinflußt.

Die eingesetzten Füllstoff- und Weichmachermengen sind abhängig von den jeweiligen Verschnitten und betragen von 55 Gew.-% Ruß und 10 Gew.-% Weichmacher bis zu 75 Gew.-% Ruß und darüber und 20 Gew.-% Weichmacher.

Verarbeitungshilfsmittel

Verarbeitungshilfsmittel, wie Stearinsäure, Zinkseifen, Fettalkohol-Rückstände, Emulsionsweichmacher u.a., sind für eine einwandfreie Mischungsherstellung und Weiterverarbeitung, zur Verminderung des Klebens an den Walzen sowie zur Verbesserung der Füllstoffverteilung von großer Bedeutung [203].

Verschnitte mit anderen Kautschuken

Polybutadien wird sehr häufig mit anderen Kautschuken verschnitten, insbesondere mit NR, SBR, NBR und CR. Im Reifensektor wird BR überwiegend in Verschnitten mit NR und SBR bei Anteilen von 40 - 70 Gew.-% BR eingesetzt. Im Nichtreifenbereich und in Verschitten mit anderen Kautschuken beträgt der Anteil BR von 5 - 20 Gew. % [117].

BR wird auch wegen seiner schwierigen Verarbeitbarkeit auf der Walze fast ausschließlich in Verschnitten eingesetzt. Die Verschnitte lassen zum einen eine höhere Füllstoffzugabe (Ruß oder Öl) und höhere Spritzgeschwindigkeiten zu, und zum anderen besitzen die Mischungen höhere Standfestigkeit und besseres Fließverhalten bei Verformungsprozessen.

4.2.1.3 Verwendung

Polybutadien wird wegen seiner Eigenschaften zu mehr als 90 % im Reifensektor eingesetzt. Anfänglich wurde BR wegen seines hohen Abriebwiderstandes bevorzugt in LKW- und PKW-Laufflächen verwendet. In Radialreifen, die aufgrund ihrer Konstruktion ein günstigeres Abriebverhalten zeigen, wurde BR aus der Lauffläche teilweise durch NR und SBR verdrängt. BR wird heute im Innenbau, in der Seitenwand und im Reifenfuß verwendet. In Winterreifenlaufflächen werden wegen der besseren Kälteflexibilität und daher günstigeren Eishaftung BR-Anteile von 25 - 40 % eingesetzt.
Ein geringer Anteil an Polybutadien wird für technische Gummiartikel verwendet, wenn eine hohe Abriebfestigkeit gefordert ist, z.B. in Transportbändern und Schuhsohlen. Zur Verbesserung des Fließverhaltens von Mischungen wird ein Zusatz von BR vorgenommen. Bewährt hat sich der Einsatz von BR in Sohlen, Puffern, Walzenbezügen, Fördergurten, Keilriemen, Gleiskettenpolstern, Prallplatten und anderen reversionsbeständigen Artikeln.

Li-Polybutadien (Li-BR) wird zur Herstellung bzw. Modifizierung von schlagfesten Thermoplasten eingesetzt. Li-BR mit einem erhöhten Anteil an 1,2-Doppelbindungen konkurrieren mit E-SBR bzw. mit E-SBR/BR-Verschnitten.

4.2.2 Styrol-Butadien-Kautschuk (SBR)

Die Copolymerisation von Butadien und Styrol in Emulsion gelang erstmals 1929. SBR enthält zumeist einen Styrolanteil von ca. 23 - 40 % und hat die in Abbildung 4.4 dargestellte Zusammensetzung.

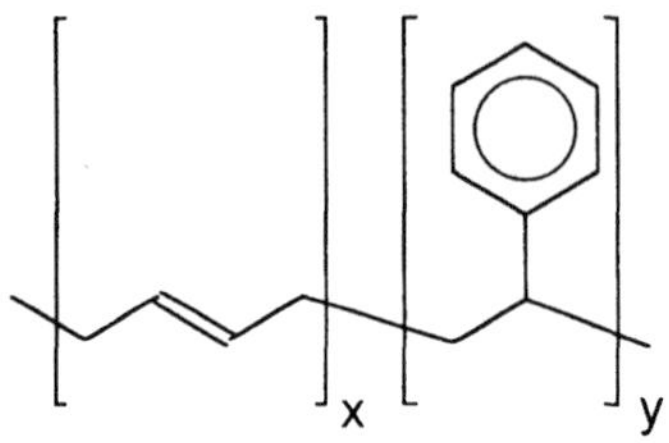

Abbildung 4.4: ***Struktur von Styrol-Butadien-Kautschuk (SBR)***

SBR besitzt ein besseres Alterungsverhalten, eine bessere Wärme- und Ermüdungsbeständigkeit als NR, ist aber ohne entsprechende Schutzmittel nicht so wetter- und ozonbeständig.

4.2.2.1 Herstellung

Der weitaus größte Anteil von SBR wird durch Polymerisation in Emulsion (E-SBR) mit Redoxinitiatoren hergestellt. Die Polymerisation in wäßriger Phase hat gegenüber anderen Verfahrensweisen den Vorteil, daß das Polymere in feinteiliger Dispersion (Latex) anfällt, die ohne einen zusätzlichen Verfahrensschritt Ausgangsprodukt für konzentrierte Latices oder Ruß-Kautschuk-Masterbatches ist. Der Nachteil der Emulsionspolymerisation liegt in der Vielzahl der Polymerisationshilfsmittel und in der mangelnden Steuerungsmöglichkeit der Polymerstruktur. Die Kautschuklösung enthält neben Butadien und Styrol (Massenverhältnis zumeist 76,5/23,5 %) noch Emulgatoren, radikalbildende Stoffe, Aktivatoren und Molekularmassenregler.

E-SBR fällt zunächst als Latex an, das z.T. als solches verarbeitet, zumeist jedoch als Festkautschuk aufbereitet wird. Man unterscheidet zwischen Kaltkautschuk (Cold-Rubber), der bei Temperaturen von etwa 5 °C, und Warmkautschuk (Hot-Rubber), der bei etwa 50 °C hergestellt wird. Kaltkautschuk besitzt dabei bessere Verarbeitungseigenschaften.
Bei der Kaltkautschukherstellung wird die Polymerisation bei einem Monomer-Umsatz von etwa 60 % abgebrochen. Butadien und Styrol werden in statistisch unregelmäßiger Verteilung in die Makromolekülkette eingebaut. Vor dem Koagulieren werden dem Ansatz je nach der später gewünschten Stabilität nicht verfärbende (bevorzugt phenolische) oder verfärbende Stabilisatoren (z.B. Kondensationsprodukt aus Aceton und Diphenylamin, p-Phenylendiamine) in Dosierungen bis zu 1,3 phr zugesetzt.
Einem Teil des E-SBR wird bereits bei der Herstellung Mineralöl (OE-E-SBR) bzw. Ruß (Ruß-Batch) zugegeben. Das als Verarbeitungsweichmacher wirkende Öl wird dem Kautschuk über die Latexphase zugegeben und gemeinsam mit dem Kautschuk koaguliert. Auch der Ruß wird in der Latexphase eingearbeitet und liegt in feinster Verteilung im Kautschuk verteilt vor.
Warmkautschuk wird ähnlich hergestellt wie Kaltkautschuk.

Daneben gewinnt die Polymerisation in Lösung steigende Bedeutung. Die Copolymerisation ist analog der BR-Herstellung mit Lithiumalkylen möglich. Je nach der Polymerisations-

führung entstehen dabei unterschiedliche Produkte. Aufgrund unterschiedlicher Polymerisationsparameter polymerisiert zunächst Butadien und anschließend Styrol. Es kommt zur Block- oder Segment-Copolymerbildung. Die Polymerisationsparameter lassen sich durch Zusatz einiger Stoffe so angleichen, daß eine statistische Copolymerisation eintritt. Blockcopolymere und statistische Copolymere gleicher Bruttozusammensetzung haben sehr unterschiedliche Eigenschaften.

Einige bei der Polymerisation eingesetzte Stabilisatoren führen zu einer Verfärbung des Kautschuks bei Lichteinfluß und andere nicht. Man spricht daher auch von verfärbenden und nicht verfärbenden SBR-Typen.
Bei einigen Produkten wird in der Latexphase Öl und/oder Ruß zugemischt. Sie sind als Öl- oder Ruß/Öl-Batches im Handel, wobei die ölverstreckten Typen technologisch eine sehr wichtige Klasse darstellen.

4.2.2.2 Mischungsaufbau

Vulkanisationschemikalien

Zur Vulkanisation werden eine geringere Schwefelmenge und eine höhere Beschleunigermenge eingesetzt als bei Naturkautschuk. In EV- und Semi-EV-Systemen werden auch Schwefelspender eingesetzt.
Als Beschleuniger werden Sulfenamide und MBTS verwendet, die ggf. durch Zugabe von OTOS, Dithiocarbamaten, Thiuramen oder Guanidinen aktiviert werden.
Bei der Gefahr einer vorzeitigen Anvulkanisation kann durch richtige Kombination von Beschleunigern oder durch Einsatz saurer Mischungsbestandteile ein verzögernder Effekt erzielt werden. Reicht dies nicht aus, können spezielle Vulkanisationsverzögerer, z.B. auf Basis von Phthalimidsulfenamiden, eingesetzt werden.

Alterungsschutzmittel

SBR wird schon bei der Herstellung mit wirksamen Stabilisatoren versetzt, die den Polymerisaten eine gute Lagerstabilität verleihen und den daraus hergestellten Vulkanisaten einen Schutz gegen oxidative Einflüsse verleihen. In vielen Fällen ist es zweckmäßig, den Vulkanisaten spezielle Alterungsschutzmittel zuzugeben, besonders dann, wenn die Produkte einer starken dynamischen Beanspruchung oder starker Wärmeeinwirkung ausgesetzt sind. Für die Auswahl der Alterungsschutzmittel gelten die gleichen Richtlinien wie für BR.

Füllstoffe

In SBR werden die gleichen Füllstoffe wie in BR eingesetzt.

Weichmacher

Da SBR nicht mastiziert wird, spielen die Weichmacher eine wichtige Rolle bei der Einstellung der Mischungsviskosität. Die wichtigsten Weichmacher für SBR sind die gesamte

Palette der Mineralölweichmacher, von den paraffinischen bis zu den aromatischen Produkten. Auch tierische und pflanzliche Produkte sind wichtige Weichmacher und Verarbeitungshilfsmittel für SBR. Die Weichmacherdosierungen liegen meistens erheblich höher als in Naturkautschuk. Synthetische Weichmacher spielen für SBR kaum eine Rolle.

Faktisse

Faktisse werden zur Verbesserung des Verarbeitungsverhaltens und zur Erhöhung der Standfestigkeit eingesetzt. Die für SBR eingesetzten Faktistypen entsprechen denen, die in Naturkautschuk eingesetzt werden.

Harze

Harze dienen zur Erzielung einer guten Konfektionierbarkeit. Als Harze kommen Xylolformaldehydsalze, Koresin, Kolophonium, Peche, Teere u.a. zur Anwendung [203].

Verarbeitungshilfsmittel

Verarbeitungshilfsmittel, z.B. Stearinsäure, Zinkseifen, Emulsionsweichmacher u.a., sind für eine einwandfreie Mischungsherstellung, Weiterverarbeitung und zur Verbesserung der Füllstoffverteilung von großer Bedeutung.

Verschnitte mit anderen Kautschuken

SBR läßt sich als wenig polarer Kautschuk mit praktisch allen nicht polaren Dienkautschuken in jedem Mischungsverhältnis verschneiden. Im Reifensektor spielt ein Verschnitt mit BR eine große Rolle.

4.2.2.3 Verwendung

SBR kann als Allzweckkautschuk bezeichnet werden, da er in einer Vielzahl von Anwendungsgebieten zum Einsatz kommt.

E-SBR unverstreckt und ölextendiert wird etwa zu 50 %, zumeist in Kombination mit BR, für die Herstellung von PKW- und kleinen LKW-Reifen verwendet. E-SBR, rußgefüllt oder auch gleichzeitig mit Öl verschnitten, eignet sich besonders als Runderneuerungsmaterial, in Rohlaufstreifen, als vorvulkanisierte Laufstreifen und für viele technische Artikel.
Weitere Einsatzgebiete für E-SBR sind Transportbänder, Fördergurte, Brems- und Kupplungsbeläge, Keilriemen, technische Formartikel, Schuhwerk, Besohlungsmaterial, Kabelisolierungen und -ummantelungen, Kleber, Schläuche, Profile, Bodenbeläge, Walzenbezüge, pharmazeutische, chirurgische und sanitäre Artikel sowie Lebensmittelbedarfsgegenstände und vieles andere mehr [203].

Etwa 10 % der SBR-Gesamtproduktion kommt in Latexform auf den Markt. Die Latextypen haben einen Feststoffgehalt zwischen 30 und 70 Massen-% und werden vor allem für die Textilimprägnierung, zur Herstellung von Schaumformteilen, Anstrichfarben, gestrichenen

Papieren (Tapeten, Verpackungen), Bindern, zur Kaugummiherstellung und zur Teppichrückenbeschichtung eingesetzt.

L-SBR mit Blockanordnung kommt bevorzugt für harte Schuhsohlen, Walzenbezüge, Kabelisolierungen und -ummantelungen, Fußbodenbeläge und technische Spezialartikel zum Einsatz.
L-SBR mit statistischer Anordnung wird z.B. zur Verbesserung der Spritzbarkeit E-SBR zugegeben.

4.2.3 Acrylnitril-Butadien-Kautschuk (NBR)

NBR, häufig auch Nitrilkautschuk genannt, besitzt den großen technologischen Vorteil, daß die Vulkanisate im Gegensatz zu solchen aus NR oder SBR beständig gegen Kraftstoffe, Öle und Fette sind sowie im Vergleich zu Naturkautschuk bessere Alterungseigenschaften und Chemikalienbeständigkeit besitzen.

NBR wird in einer Vielzahl von Einstellungen mit einem Acrylnitrilgehalt zwischen 18 und 51 Massen-% in den Handel gebracht. Seine Zusammensetzung ist in Abbildung 4.5 dargestellt.

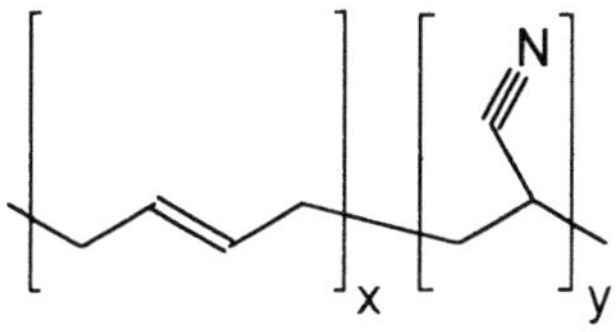

Abbildung 4.5: ***Struktur von Acrylnitril-Butadien-Kautschuk (NBR)***

Aufgrund seiner hervorragenden Öl-, Fett- und Kraftstoffbeständigkeit verbunden mit guter Wärme-, Alterungs- und Abriebbeständigkeit gehört NBR zu den wichtigsten Spezialkautschuken.

4.2.3.1 Herstellung

NBR wird analog zur Herstellung von SBR fast ausschließlich durch Copolymerisation von Butadien und Acrylnitril in wäßriger Emulsion (E-NBR) hergestellt. Eine begrenzte Menge ist Warmkautschuk, der größte Anteil wird jedoch als Kaltkautschuk hergestellt.

Die Copolymerisation von Butadien mit Acrylnitril erfolgt ähnlich wie die von Butadien mit Styrol in Emulsion mit ähnlichen Polymerisationsansätzen.

Die Eigenschaften des Kautschuks und z.T. der daraus hergestellten Vulkanisate können durch Veränderung der Herstellungsbedingungen beeinflußt werden. Die wesentlichen Parameter sind [203]:

- Acrylnitril- bzw Butadiengehalt des Copolymeren (Mischungsverhältnis der Monomeren)
- Polymerisationstemperatur (Cold- oder Hot-Rubber)
- Reglerkonzentration (Molekularmasse des Copolymeren)
- Stabilisator (unterschiedliche Verfärbung und Lagerstabilität)
- Vorvernetzung
- Einarbeitung reaktiver Gruppen (z.B. Carboxylgruppen)
- Weichmacher
- Verschnitt mit PVC

Dem NBR wird vor der Koagulation die wäßrige Dispersion eines Stabilisators zugegeben, um eine gute Lagerbeständigkeit zu erreichen und als Schutz vor Cyclisierung bei der Verarbeitung. Einen guten Schutz bieten die verfärbenden Amin-Stabilisatoren (PAN, PBN). Sie bieten einen besseren Schutz als schwach verfärbende Oxidationsschutzmittel (Diphenylamin-Derivate) bzw. nicht verfärbende Stabilisatoren (sterisch gehinderte Phenole).

4.2.3.2 Mischungsaufbau

Beim Mischungsaufbau für die Herstellung von NBR-Artikeln bestehen prinzipielle Analogien zu NR und SBR, wenngleich aufgrund der hohen Polarität des NBR einige Abweichungen festzustellen sind.

Vulkanisationschemikalien

Für die Vulkanisation gelten weitgehend die gleichen Kriterien wie bei BR (s. Kapitel 4.2.1.2). Es werden hauptsächlich Schwefel, organische Beschleuniger und Zinkoxid verwendet. Für NBR spielen außerdem Schwefelspender, vor allem in Semi-EV- und EV-Systemen eine besondere Rolle. Die traditionellen Beschleuniger (MBTS, Sulfenamide, Thiurame, Dithiocarbamate, Guanidine) haben sich besonders bewährt. Bei der Verwendung von TMTD und in Gegenwart von Cadmiumoxid erhält man eine sehr gute Wärmebeständigkeit.
Zur Erzielung besonders wärmebeständiger Vulkanisate wird die Vernetzung mit organischen Peroxiden in Gegenwart von Peroxidaktivatoren (Ethylendiamin-dimethacrylat, EDMA) durchgeführt.

Alterungsschutzmittel

Die bei der Aufarbeitung der Polymeren eingesetzten Stabilisatoren (s.o.) reichen in der Regel nicht aus, um die Vulkanisate gegen oxidativen Angriff zu schützen. Für die Auswahl der Alterungsschutzmittel gelten die bei BR aufgeführten Auswahlkriterien (s. Kapitel 4.2.1.2).
Zur Stabilisierung von Vulkanisaten, die bei höheren Temperaturen mit Lösemitteln oder Öl in Kontakt kommen, können polymergebundene Antioxidantien eingesetzt werden. Diese sind aufgrund der Bindung an das Polymer nicht extrahierbar und nicht flüchtig.

Füllstoffe

NBR-Vulkanisate erhalten bei Verwendung von Verstärkerfüllstoffen gute Festigkeitseigenschaften. Für die Auswahl gelten die gleichen Prinzipien wie bei BR (s. Kapitel 4.2.1.2).

Weichmacher

Durch die Zugabe von Weichmachern können Viskosität, Klebrigkeit und Verarbeitungseigenschaften von NBR-Mischungen verändert werden. Die in NR und SBR häufig eingesetzten Weichmacheröle besitzen für NBR-Mischungen aufgrund der begrenzten Verträglichkeit nur geringe Bedeutung.
Als Verarbeitungsweichmacher, z.B. zur Verbesserung der Kalandrier- und Spritzbarkeit, werden u.a. mittelviskose Alkyd-, Xylolformaldehyd- oder Aldolharze, Kolophonium, Koresin, Cumaronharz, Wollfett, quellbeständige und flüssige Faktisse (Rüböl, Tallöl) sowie in begrenzter Menge aromatische Mineralöle eingesetzt.
Synthetische Weichmacher auf Ether- oder Ester-Basis (z.B. Thioglykolsäureester, Adipate, Phthalate, Alkylsulfonsäureester, Arylphosphate, Polyglykolether, Polythioether) werden in NBR-Vulkanisaten bis zu 30 phr eingesetzt.

Faktis

Bei hohen Weichmacherdosierungen werden zur Verbesserung des Mischverhaltens, der Spritz- und Kalandrierbarkeit Faktisse zugegeben. Faktisse besitzen ein hohes Weichmacherhaltevermögen und werden insbesondere in weichen Vulkanisaten eingesetzt, die ausreichende mechanische Eigenschaften besitzen sollen. Es kommen vor allem spezielle quellbeständige Faktisse, z.B. auf Ricinusölbasis, zum Einsatz.

Verarbeitungshilfsmittel

Analog wie bei SBR und NR werden für NBR-Mischungen Verarbeitungshilfsmittel wie Emulsionsweichmacher, Zinkseifen und Fettalkohol-Rückstände eingesetzt. Ihre Verträglichkeit ist bei polaren Hilfsmitteln, z.B. auf Basis von Glykol und Glycerin, besser als bei unpolaren.

Verschnitte mit anderen Kautschuken

Die Verträglichkeit von NBR mit anderen Kautschuken wird vor allem von der Polarität des Kautschuks bestimmt. NBR ist mit unpolaren oder sehr wenig polaren Kautschuke wie NR, IR, SBR, IIR, BR oder EPDM nicht mischbar.
NBR-Typen mit niedrigem Acrylnitrilgehalt können in SBR in allen Verhältnissen eingesetzt werden, wobei der Aspekt der Mischungsverbilligung im Vordergrund steht. Das Verschneiden von NBR mit Polychloropren (CR) wird genutzt, um die Wetter- und Ozonbeständigkeit von NBR zu verbessern. Verschnitte von NBR mit Epichlorhydrin-Terpolymerisat (ETER) weisen eine verbesserte Quell- und Wärmebeständigkeit und eine niedrigere Tieftemperaturflexibilität auf. NBR und PVC sind in allen Mischungsverhältnissen verträglich, sofern die NBR-Typen einen genügend hohen Acrylnitrilgehalt besitzen. Diese Verschnitte weisen eine gute Ozonbeständigkeit auf. Phenoplaste sind mit NBR gut verträglich und

üben in gefüllten und ungefüllten NBR-Mischungen eine härtende und verstärkende Wirkung aus. Die Vulkanisate haben einen hohen Abrieb- und Quellwiderstand, große Härte und Zugfestigkeit, sind allerdings wenig elastisch.

4.2.3.3 Verwendung

NBR-Kautschuk wird hauptsächlich dort eingesetzt, wo neben guten mechanischen Eigenschaften Kraftstoff- und Ölbeständigkeit, gute Alterungsbeständigkeit bei erhöhten Temperaturen und gute Abbriebbeständigkeit gefordert werden. Typische Haupteinsatzgebiete sind: gegen Öl und Kraftstoff beständige Dichtungen und Schläuche, Manschetten, statische Dichtungen einschließlich IT-Platten, O-Ringe, Wellendichtungen, Packungen, Ventile, Membranen, Bälge, Kupplungs- und Bremsbeläge, Schläuche (einschließlich Hochdruckschläuchen) für hydraulische und pneumatische Anlagen, Walzenbeläge und Rollen, Fördergurte, Transportbänder, Korrosionsschutzauskleidungen, Arbeitsschuhe und Stiefel, Spezialschuhsohlen und Absätze, Auskleidungen, Drucktücher und Klischees für den Buchdruck sowie die Herstellung von Moos- und Zellgummi. NBR wird auch in erheblichem Maße für Lebensmittelbedarfsgegenstände eingesetzt.

4.2.3.4 Acrylnitril-Butadien-Latex

Acrylnitril-Butadien-Latex (NBR-Latex) ist die wäßrige, kolloidale Dispersion von Copolymerisaten aus Butadien und Acrylnitril, die zusätzlich noch reaktive Gruppen, z.B. Carboxylatgruppen (durch Copolymerisation mit z.B. Methacrylsäure), enthalten können. Die Eigenschaften der Latexvulkanisate werden wie beim Festkautschuk primär vom Acrylnitril-Gehalt, der zwischen 25 und 40 % variieren kann, bestimmt. Die Vulkanisate besitzen die vom Festkautschuk bekannten Eigenschaften, d.h. gute Wärme- und Verschleißfestigkeit sowie eine gute Beständigkeit gegen Lösemittel.
Die Vulkanisation erfolgt überwiegend durch schwefelhaltige Vernetzungssysteme. NBR-Latices ohne reaktive Gruppen werden mit Dispersionen von Kautschuk-Chemikalien, wie Schwefel und Ultrabeschleuniger, Alterungsschutzmitteln, Füllstoffen, Weichmachern, Farbstoffen u.a., abgemischt und nach dem Ausfällen und Trocknen vulkanisiert. Enthält der Latex reaktive Gruppen, kann die Vernetzung auch durch Metalloxide, insbesondere Zinkoxid, durchgeführt werden.
NBR-Latex-Vulkanisate werden dort eingesetzt, wo eine hohe Quellbeständigkeit gegen Treibstoffe, Mineralöle, Fette sowie Wärme-, Alterungs- und Reinigungsbeständigkeit erforderlich sind. NBR-Latices sind für die Imprägnierung und Saturierung von Vliesstoffen und Geweben besonders geeignet. Weitere Anwendungsgebiete: Herstellung von Tauchartikeln (z.B. Gummihandschuhe) und Gummifäden (z.B. für Miederwaren und Hosenträger), als Schaumgummi für Kaschierungen, als Binder für textile Fasern (Einlegevliese in Kleider, Kunstleder und technische Vliese, z.B. Luft- und Ölfilter), als Binder für Asbestfasern (Kupplungs-, Bremsbeläge, Dichtungen), zur Gewebeimprägnierung (Schuhkappen, Schmirgelscheiben), zur Gewebebeschichtung und -kaschierung, zur Papierveredelung sowie zur Modifizierung von Bitumen und Teer.

4.2.4 Chloropren-Kautschuk (CR)

Chloropren-Kautschuk, auch Polychloropren oder Poly-2-chlorbutadien, ist ein in wäßriger Emulsion hergestelltes Polymerisat des Chloroprens. Die Zusammensetzung ist in Abbildung 4.6 dargestellt.

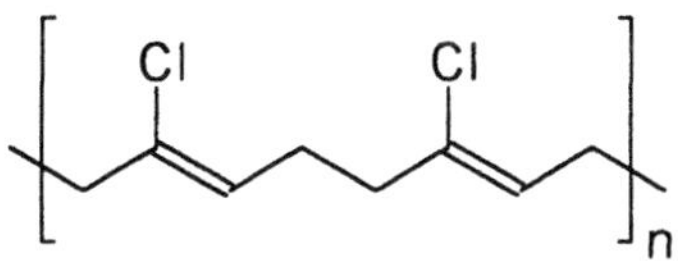

Abbildung 4.6: Struktur von Chloropren-Kautschuk (CR)

Durch die Variation des Herstellungsverfahrens erhält man ein breites Spektrum von Polymertypen mit unterschiedlichen Eigenschaften.

4.2.4.1 Herstellung

Chloropren-Kautschuk wird durch die Polymerisation von 2-Chlorbutadien hergestellt. Die Polymerisation erfolgt im wesentlichen durch trans-1,4-Addition.

Chloropren-Kautschuk wird ausschließlich in Emulsion mit radikalischer Initiierung polymerisiert. Zur Initiierung eignen sich Redoxsysteme z.B. aus Sulfinsäuren in Gegenwart von Sauerstoff sowie Persulfate. Zur Verringerung der Umsetzungsgeschwindigkeit werden geringe Mengen von Inhibitoren (z.B. tert.-Butylbrenzkatechin) zugegeben. Die Molekularmasse wird durch die Zugabe von sog. Reglern eingestellt. Werden als Regler Schwefel oder schwefelabspaltende Verbindungen (z.B. Thiuramdisulfide) eingesetzt, so erhält man schwefelmodifizierte Polymere. Wird mit langkettigen Thiolen, beispielsweise n-Dodecylmercaptan, geregelt, so erhält man die Mercaptan-Typen. Außerdem kann als Regler Xanthogendisulfid eingesetzt werden. Der schwefelmodifizierte Chloropren-Kautschuk wird mit Thiuramen (z.B. TETD) stabilisiert.

Bei der Herstellung von CR kommen ähnlich viele Parameter in Betracht wie bei der SBR-Herstellung. Daraus ergeben sich zahlreiche im Handel befindliche Typen. Die wesentlichen Parameter sind:

- Schwefelmodifikation
- Mercaptanmodifikation
- Polymerisationstemperatur (Kristallisationsneigung)
- Reglerkonzentration
- Stabilisator (Verfärbung und Lagerstabilität)
- Copolymerisation mit anderen Monomeren
- Vorvernetzung
- reaktionsfähige Gruppen

Die Eigenschaften der CR-Typen werden durch Kristallisationsneigung und Polymerviskosität beeinflußt. Eine geringe Kristallisationsneigung erzielt man durch höhere Polymerisationstemperatur oder durch Copolymerisation mit 2,3-Dichlorbutadien, Acrylnitril oder Styrol.

4.2.4.2 Mischungsaufbau

Vulkanisationschemikalien

Die Vulkanisation erfolgt nicht wie bei den Dien-Kautschuken mit Schwefel, sondern mit Metalloxiden. Häufig werden Kombinationen von Magnesiumoxid (4 phr) und Zinkoxid (5 phr) eingesetzt. Zur Erzielung niedriger Wasserabsorption werden Bleioxide (Blei(II)oxid und Blei(II,IV)oxid bis 20 phr) verwendet. Bei den Mercaptan-Typen führt ein Zusatz von Schwefel zu einer Erhöhung des Vulkanisationsgrades.

Bei den Thiuram-Typen wird in den meisten Fällen kein Vulkanisationsbeschleuniger zugegeben, da die Anwesenheit der Metalloxide alleine ausreicht. Bei den Mercaptan-Typen ist dagegen der Zusatz von Vulkanisationsbeschleunigern grundsätzlich erforderlich. Die wichtigsten Beschleuniger sind Thioharnstoffe. Das früher meistens eingesetzte ETU ist aus toxikologischen Gründen durch Ersatzprodukte, z.B. DETU und neu entwickelte Stoffe auf Thioketon-, Thiadiazin- und Thiadiazol-Basis, weitgehend ersetzt worden. Ein neu entwickeltes Thioketon ist z.B. das 3-Methyl-thiazolidin-thion-2. Es werden häufig auch Kombinationen, z.B. geringe Mengen ETU oder eines anderen Beschleunigers mit Thiuram/Guanidinbeschleunigern, eingesetzt. Für extrem schnelle Vulkanisation, z.B. für Selbstvulkanisation, wird DPTU mit Aldehydaminen angewendet.

Für CR-Mischungen gibt es keine typischen Vulkanisationsverzögerer. Die Verwendung von Verzögerern, z.B. MBTS oder Thiuramen, bewirkt vielfach einen geringeren Vulkanisationsgrad.

Alterungsschutzmittel

Obwohl sich CR-Mischungen schon durch eine gute Oxidationsbeständigkeit auszeichnen, müssen für bestimmte Verwendungszwecke Alterungsschutzmittel zur Erhöhung der Sauerstoff- und Ozonbeständigkeit zugegeben werden (etwa 0,5 - 3 phr). Die wichtigsten Stoffe sind aromatische Amine, z.B. IPPD, Diphenylamin-Derivate, z.B. ODPA und SDPA, und für helle Mischungen sterisch gehinderte Phenole. Wegen seiner beschleunigenden Wirkung auf CR-Mischungen wird MBI selten verwendet. Für die zusätzliche Verbesserung der Ozonbeständigkeit sind für dunkle Mischungen insbesondere unsymmetrisch substituierte p-Phenylendiamine und für helle Mischungen bestimmte Enolether und Benzofuranderivate im Einsatz. In beiden Fällen ergeben Ozonschutzwachse eine deutliche Verbesserung.

Füllstoffe

CR-Vulkanisate besitzen schon eine relativ hohe Reißfestigkeit und einen hohen Abriebwiderstand. Eine zusätzliche Verstärkung durch relativ teure, aktive Füllstoffe ist daher sehr häufig nicht mehr notwendig. Man gibt statt dessen nicht verstärkende Ruße sowie Kreide, Kaolin und Talkum zu, um den Preis des Kautschuks zu reduzieren, ohne die mechanischen Eigenschaften entscheidend zu verschlechtern. Zur Erzielung besonders guter mechanischer Eigenschaften verwendet man aktive, d.h. verstärkende Füllstoffe, wie feinverteilten Ruß oder sogenannte aktive Kieselsäure.

Weichmacher

In CR-Mischungen werden zur Verbilligung des Mischungspreises und zur Verbesserung der Verarbeitbarkeit Weichmacher auf Mineralöl-Basis verwendet. Wegen ihrer leichten Einarbeitbarkeit werden naphthenische Öle mit relativ niedriger Molekularmasse ('light process oils') bevorzugt eingesetzt. Sie sind jedoch relativ teuer, neigen in hohen Dosierungen zum Ausschwitzen und besitzen eine verhältnismäßig hohe Flüchtigkeit bei der Heißluftalterung. Die meist billigeren aromatischen Mineralöle können selbst in hohen Dosierungen zum Einsatz kommen, ergeben aber ein etwas ungünstigeres Bild der Allgemeineigenschaften und verfärben helle Mischungen. Paraffinische Mineralöle sind in Abhängigkeit von der mittleren Molekularmasse nur in geringen Dosierungen verträglich und werden meistens lediglich als Verarbeitungshilfsmittel eingesetzt.

Für Spezialanwendungen müssen die Mineralöle durch synthetische Weichmacher ersetzt werden. So werden z.B. zur Erhöhung des Brandschutzverhaltens die Mineralöle durch Phosphorsäureester ersetzt. Eine weitere Verbesserung erreicht man mit chlorierten Kohlenwasserstoffen in Gegenwart von Aluminiumoxyhydrat. Für die Verbesserung anderer Eigenschaften (Stoßelastizität, Tieftemperaturflexibilität) werden Ester- und Etherweichmacher eingesetzt, wie sie auch in NBR verwendet werden (s. Kapitel 4.2.3.2).

Zur Verbesserung der Füllstoffverteilung oder Erhöhung der Konfektionsklebrigkeit können verschiedene Harze, z.B. Xylolformaldehydharz, aromatische Polyether, Koresin, Kolophonium oder Cumaronharz-Typen, eingesetzt werden.

Faktis

CR-Vulkanisate besitzen in ungefüllten oder schwach gefüllten Mischungen gute Festigkeitseigenschaften. Durch die Zugabe von Faktis und Weichmachern lassen sich sehr weiche Vulkanisate mit ausreichenden mechanischen Eigenschaften herstellen. Durch die Zumischung von Faktis wird die Verarbeitbarkeit, wie Spritzbarkeit oder Kalandrierbarkeit, verbessert. Besonders bewährt haben sich die für CR entwickelten Spezialfaktisse.

Verarbeitungshilfsmittel

In CR werden zur Verminderung des Klebens und zur Verbesserung der Füllstoffverteilung Verarbeitungshilfsmittel, z.B. Stearinsäure, Zinkseifen und Fettalkoholrückstände, eingesetzt.

Verschnitte mit anderen Kautschuken

Die typischen Eigenschaften von CR können durch Verschnitte mit anderen Kautschuktypen, vor allem NR, BR und NBR, modifiziert werden. Das Vulkanisationssystem muß so gewählt werden, daß es beiden Verschnittmaterialien gerecht wird.

4.2.4.3 Verwendung

CR ist heute neben Butyl-Kautschuk der mengenmäßig größte Spezialkautschuktyp. Er wird sowohl als Festkautschuk als auch als Latex verwendet.

CR-Mischungen mit geringer und mittlerer Kristallisationsneigung werden für die Herstellung vieler technischer Gummiwaren, die öl-, fett-, wetter- und ozonbeständig und schwer entflammbar sein sollen, verwendet. Sie werden z.B. für Form- und Spritzartikel, Dichtungen, Schläuche (für die chemische und Mineralölindustrie sowie für den Fahrzeug- und Maschinenbau), Manschetten und Faltenbälge für Maschinen und Fahrzeuge, Profile, Walzen, Fördergurte, Antriebsriemen (Keilriemen), Auflager für Brücken und Hochbauten, Auskleidungen, Gewebegummierungen, Schuhwerk und für viele Anwendungen in der Bauindustrie, z.B. Fenster- und Bauprofile, Dacheindeckungen und Kabelummantelungen, eingesetzt. Bei manchen Einsatzgebieten im Automobilbau ist die Verwendung von CR aus gleichen Gründen wie bei NBR rückläufig [203]. Im Profilsektor hat ein starker Verdrängungsprozeß durch ETER stattgefunden.

CR mit starker Kristallisationsneigung werden für die Herstellung von Kontaktklebstoffen verwendet.

4.2.4.4 Chloropren-Latex

Polychloroprenlatex, d.h. die wäßrige Emulsion von Polychloropren, wird heute in großem Umfang auch als Latex verarbeitet. Die heute hauptsächlich verwendeten Latices werden durch Emulsionspolymerisation hergestellt. Die meisten verwendete Latices sind alkalische Dispersionen, d.h. sie werden mit anionischen Emulgatoren, wie dem Natriumsalz von Harzsäuren, hergestellt. Außerdem werden für spezielle Anwendungen neutrale, saure bzw. kationische (z.B. mit Tetraalkylammoniumsalzen als Emulgatoren) oder amphotere sowie nicht ionisch stabilisierte Latices benutzt.
Das Polychloropren kann auch mit reaktiven Gruppen, z.B. Carboxylatgruppen, modifiziert werden und kann dann mittels Metalloxiden, z.B. Zinkoxid, allein vulkanisiert werden. Die Vulkanisateigenschaften sind ähnlich denen des Festkautschuks.
Polychloroprenlatex wird für die Herstellung von Tauchartikeln, für Beschichtungen, zur Bitumenmodifikation, Papier- und Gewebeveredelung, im Bergbau für Branddämme, in der Konservenindustrie als Verschlußmasse, in Klebstoffen (Schuh-, Bau-, Textil-, Verbundklebstoffe), als Binder (für Asbestfasern, Papier, Gummihaar, Glasfasern), zur Zementvergütung (elastischer Beton), zur Cordfadenimprägnierung, für Sportbahnbeläge und für Faserleder eingesetzt.

4.2.5 Isopren-Kautschuk (IR)

Schon seit Beginn der Entwicklung von synthetischem Kautschuk versuchte man, das synthetische Analogon von Naturkautschuk, ausgehend von Isopren (2-Methyl-1,3-butadien), herzustellen. 1954 gelang Goodrich erstmals die Herstellung des sogenannten „Synthetischen Naturkautschuk", des cis-1,4-Polyisopren. Großtechnisch wurde IR erstmals 1960 hergestellt.

Die Zusammensetzung ist in Abbildung 4.7 dargestellt.

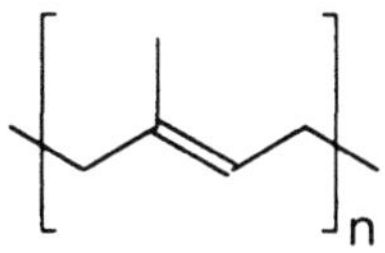

Abbildung 4.7: ***Struktur von Isopren-Kautschuk (IR)***

4.2.5.1 Herstellung

Die Polymerisation von Isopren wird in niedrig siedenden aliphatischen Kohlenwasserstoffen (Pentan, Hexan) mit Hilfe eines Katalysators durchgeführt. Je nach verwendetem Katalysator unterscheidet man zwischen Ti- und Li-IR.

Als Katalysatoren werden Titanchlorid ($TiCl_4$) und Aluminiumtrialkyle im Verhältnis 1:1 eingesetzt. Durch Auswahl der aluminiumorganischen Katalysatorkomponente und durch Modifizierung mit aliphatischen oder aromatischen Ethern wird eine hohe Katalysatoraktivität eingestellt. Die notwendige Desaktivierung des Katalysators hat einen wesentlichen Einfluß auf die Eigenschaften des hergestellten Ti-IR, da im Polymerisat verbleibende Katalysator-Umwandlungsprodukte während der Aufarbeitung und Trocknung u.a. die Polymerstabilität verschlechtern. Als Desaktivatoren werden z.B. Natriummethoxid und bestimmte Amine eingesetzt. Der IR wird nach Zugabe von Stabilisatoren (z.B. BHT, 2,6-Di-tert.-butyl-4-methylphenol) wie üblich aufgearbeitet.
Ti-IR ist in seinem Verarbeitungsverhalten und in der Mikrostruktur dem NR sehr ähnlich. Im Gegensatz zu NR, der zu über 99 % aus cis-1,4-Strukturen besteht, enthält Ti-IR noch ca. 2 % 3,4-Strukturen, die die reine Linearität der Struktur unterbrechen.

Für die Herstellung von Li-IR wird Lithium-n-butyl als Initiator verwendet. Sie erfolgt weitgehend analog der Herstellung von Li-BR.
Li-IR hat im Gegensatz zu Ti-IR eine wesentlich höhere Molekularmasse (1.500.000 - 2.500.000 im Gegensatz zu 1.000.000 - 1.500.000) und läßt sich daher wesentlich schwerer verarbeiten. Auch die Mikrostruktur ist deutlich unterschiedlich. Li-IR enthält neben 90 - 92 % cis-1,4-Strukturen noch ca. 2 - 3 % trans-1,4- und 6 - 7 % 3,4-Strukturen.

4.2.5.2 Mischungsaufbau

Der Mischungsaufbau für Ti-IR ist mit dem von NR zu vergleichen. Wegen der geringeren Selbstverstärkung spielt die Füllstoffaktivierung eine stärkere Rolle als bei NR.

Der Mischungsaufbau bei Li-IR entspricht weitgehend dem bei SBR üblichen.

4.2.5.3 Verwendung

Die nahe chemische Verwandschaft mit Naturkautschuk macht Ti-IR zu einem Allzweckkautschuk. Er hat vielfache Verwendungsmöglichkeiten im Bereich der Autoreifen und auf dem Gebiet der technischen Gummiartikel.

Li-IR kann NR nur partiell ersetzen. Er wird bevorzugt zur Verbesserung des Verarbeitungsverhaltens anderer Kautschuke, z.B. BR, SBR, im Verschnitt mit diesen eingesetzt [203].

4.2.6 Butylkautschuk (IIR)

Butylkautschuk (auch Isopren-Isobutylen-Copolymer) IIR gehört zu den ältesten Spezialkautschuk-Typen, der zeitweilig eine besondere Bedeutung besaß. Durch die Entwicklung von EPDM (s. Kapitel 4.2.7) hat IIR stark an Bedeutung verloren.
IIR besteht zu 95 - 99,5 Mol-% aus Isobutylen und 0,5 - 5 Mol-% aus Isopren und hat die in Abbildung 4.8 gezeigte Struktur. Durch das Isopren enthält es eine entsprechende Anzahl Doppelbindungen, die für die Schwefelvernetzung maßgeblich sind.

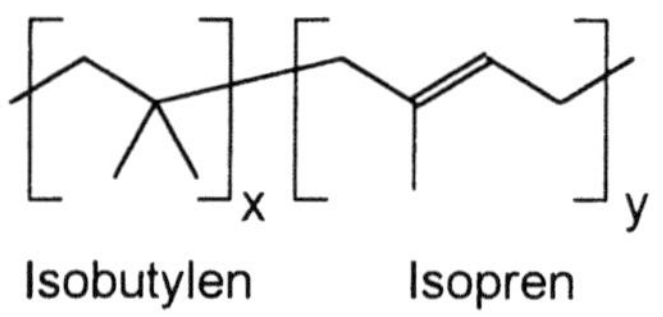

Abbildung 4.8: ***Struktur von Butylkautschuk (IIR)***

Butylkautschuk zeichnet sich durch gute Beständigkeit gegen Heißluft, Bewitterung und Ozoneinfluß aus und besitzt eine gute Chemikalienbeständigkeit.

4.2.6.1 Herstellung

Die Herstellung von IIR ist sehr aufwendig und erfordert einen hohen Aufwand. Sie erfolgt in Lösung bei etwa -100 °C durch kationische Polymerisation von Isobutylen und Isopren in Methylenchlorid. Als Katalysator wird Aluminiumtrichlorid eingesetzt. Während der sehr rasch verlaufenden Polymerisation fallen die Copolymerisatanteile aus (Fällungspolymerisation).
Bei der Verwendung von Aluminiumalkylchlorid als Katalysator kann die Polymerisation z.B.

in Hexan bei höheren Temperaturen (-40 - -50 °C) als Lösungspolymerisation durchgeführt werden.

Die mittlere Molekularmasse von IIR liegt im Bereich von 300.000 - 500.000. Die im wesentlichen gesättigte Struktur bestimmt die besonderen Eigenschaften wie Sauerstoff- und Ozonbeständigkeit, Gasundurchlässigkeit sowie chemische Beständigkeit. Bei steigendem Anteil von Isopren-Einheiten in IIR wird die Ungesättigtheit größer und die genannten Eigenschaften werden etwas ungünstiger. Durch die enhaltene Doppelbindung kann IIR mit Schwefel vulkanisiert werden.

Die Verarbeitung von IIR erfolgt analog der anderen Kautschuke auf den üblichen Misch- und Verarbeitungsmaschinen. IIR kann zur Erzielung eines hohen Vernetzungsgrades durch N-4-Dinitrosoanilin oder Poly-p-dinitrodobenzol vorvernetzt werden. Die Vorvernetzung erfolgt im Innenmischer bei höheren Temperaturen (150 - 175 °C) durch ca. 5 Minuten langes Kneten mit den Chemikalien.

4.2.6.2 Mischungsaufbau

Vulkanisationschemikalien

Die Vernetzung von IIR erfolgt im wesentlichen mit Schwefel, mit Chinondioxim oder mit Harzen. Peroxide können nicht ohne weiteres eingesetzt werden, da sie einen abbauenden Effekt auf IIR haben. Chinondioxime werden auch für selbstvulkanisierende Mischungen oder für kontinuierlich geheizte Hochspannungskabel angewendet. Harzsysteme finden für hochtemperaturbeanspruchte Artikel, z.B. Heizbälge, Verwendung.

Für die Vulkanisation mit Schwefel müssen besonders aktive Beschleuniger, z.B. Thiuramdisulfide oder Dithiocarbamate in Kombination mit Thiazolen, eingesetzt werden. Häufig werden Kombinationen von TMTD und MBT verwendet. Besonders wärmebeständige Vulkanisate erhält man durch Verwendung von Chinondioxim (CDO) oder Dibenzo-CDO als Vernetzungsmittel bei Anwesenheit von Oxidationsmitteln (Bleidioxid oder Bleimennige) und/oder MBTS. Diese Vernetzungsreaktion verläuft über die intermediare Bildung von p-Dinitrosobenzol. Der Einsatz von Harzen hat für die Vernetzung von IIR eine größere Bedeutung erlangt. Als Harze werden Phenol-Formaldehyd-Harze mit reaktiven Methylolgruppen oder halogenierte Phenolharze eingesetzt. Bei Verwendung ersterer müssen zusätzlich Aktivatoren, z.B. Zinn(II)chlorid, Eisen(III)chlorid oder geringe Mengen chlorierter Polymerer (z.B. CR) eingesetzt werden.

Alterungsschutzmittel

Obwohl das Alterungsverhalten von IIR sehr gut ist, müssen für die Erzielung von besonderen Ansprüchen, z.B. Wärme- und Ozonbeständigkeit, hochwertige Alterungsschutzmittel, z.B. aus der Klasse der aromatischen Amine, eingesetzt werden.

Füllstoffe

Für IIR-Vulkanisate werden Füllstoffe unterschiedlicher Art und Menge verwendet. Im wesentlichen gelten die gleichen Auswahlkriterien wie für andere Kautschuk-Typen.

Weichmacher

In IIR werden insbesondere paraffinische und naphthenische Mineralöle als Weichmacher eingesetzt. Es können sehr hohe Anteile an Mineralölen eingesetzt werden. Schwerflüchtige höhere Ester werden verwendet, um das Kälteverhalten der Vulkanisate zu verbessern.
Zusätze von Cumaron-Inden-Harzen (bis zu 10 phr) verbessern die Verarbeitung bei höheren Temperaturen, da sie oberhalb 100 °C schmelzen und dann als Weichmacher wirken.

Verarbeitungshilfsmittel

In IIR-Kautschuken werden für eine gute Verarbeitung Stearinsäure, Zinkseifen, Fettalkohol-Rückstände, Faktisse und andere Verarbeitungshilfsmittel eingesetzt.

Verschnitte mit anderen Kautschuken

IIR läßt sich aufgrund seiner trägen Vulkanisation nur schwer mit anderen Dienkautschuken covulkanisieren. Gelegentlich werden CIIR und CSM bis zu 25 Massen-% mitverwendet [203].

4.2.6.3 Verwendung

Wegen seiner geringen Gasdurchlässigkeit ist IIR zur Herstellung von Autoschläuchen und Innenlagen schlauchloser Reifen besonders geeignet. Außerdem wird IIR für Kabelisolationen und -mäntel (Hochspannungsleitungen), Behälterauskleidungen, Heizbälge, Dampfschläuche, Membranen, Pharmastopfen, Lackauftragswalzen, Dämpfungselemente und Folien, z.B. in der Bauindustrie (Dachfolien), eingesetzt. Für die Herstellung von Autoreifen hat sich IIR nicht bewährt.

4.2.7 Ethylen-Propylen-Kautschuk (EPM bzw. EPDM)

Durch die Copolymerisation von Ethylen mit Propylen erhält man polymere kautschukartige Produkte (EPM). Diese Produkte enthalten keine Doppelbindungen und können nur mit Peroxiden vernetzt werden. Die meisten EPM-Typen enthalten etwa 40 - 80 Massen-% (entsprechend ca. 45 - 85 Mol-%) Ethylen, wobei der wichtigste Bereich zwischen 50 - 70 Mol-% liegt.

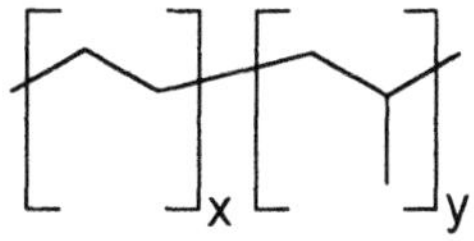

Abbildung 4.9: Struktur von Ethylen-Propylen-Kautschuk

Terpolymerisate aus Ethylen, Propylen und einem Dien, sogenannte EPDM-Typen, enthalten Doppelbindungen und sind sowohl mit Peroxiden als auch mit Schwefel vernetzbar. Für die wichtigsten Handelsprodukte werden als Terkomponenten drei Diene mit nicht konjugierten Doppelbindungen verwendet, bei denen die verbleibende Doppelbindung in der Seitenkette steht.

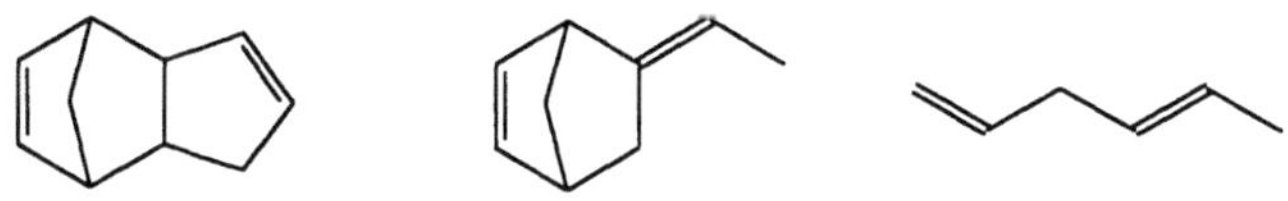

Dicyclopentadien DCP — Ethylidennorbonen EN — trans-Hexadien-1,4

Abbildung 4.10: Terkomponenten für die Herstellung von EPDM

EPM- und EPDM-Vulkanisate zeichnen sich durch sehr gute Ozon- und Wetterbeständigkeit sowie durch gute Chemikalien-, Hitze- und Dampfbeständigkeit aus.

4.2.7.1 Herstellung

Die Herstellung von EPM bzw. EPDM kann sowohl durch Lösungs- als auch durch Fällungspolymerisation erfolgen.

Die Herstellung erfolgt fast ausschließlich durch Copolymerisation von Ethylen und Propylen mit Katalysatorsystemen, die vanadiumhaltige Koordinationskatalysatoren und Ziegler-Natta-Katalysatoren enthalten. Geeignete Katalysatorsysteme sind z.B. Vanadium(IV)chlorid, Vanadium(V)oxidchlorid mit Alkylaluminiumhalogeniden, wie $(Ethyl)_3Al$, $(Ethyl)_3Al_2Cl_3$, $(Ethyl)_2AlCl$ oder $(Ethyl)AlCl_2$ [163]. Auch die Verwendung von Titantetrachlorid mit Aluminiumtrialkylsystemen wird beschrieben [269]. Bei der Lösungspolymerisation werden aliphatische Kohlenwasserstoffe, z.B. Pentan oder Hexan als Lösemittel verwendet. Bei der Fällungspolymerisation wird ohne Lösemittel gearbeitet, wobei überschüssiges Propylen als Polymerisationsmedium dient.
Die Molekularmassen der meisten Handelsprodukte liegen etwa zwischen 200.000 und 300.000.
Besonders hochmolekulare EPDM-Typen, die als solche nicht verarbeitbar wären, kommen in ölgestreckter Form mit paraffinischen und naphthenischen Mineralölen in den Handel. Es kommt fast ausschließlich nicht verfärbend stabilisiert in den Handel.

Da in EPDM die Doppelbindungen in der Seitenkette stehen, ist die Hauptkette gesättigt. Die aus EPDM hergestellten Artikel zeichnen sich daher durch sehr gute Oxidations-, Ozon- und chemische Beständigkeit aus.

Bei der Verwendung von Dicyclopentadien (DCP) als Terpolymer zur Herstellung von EPDM lassen sich nur 3 - 6 Doppelbindungen auf je 1000 Kohlenstoffatome einführen. Mit Ethylidennorbornen (EN) lassen sich etwa 4 - 15, mit Hexadien etwa 4 - 8 Doppelbindungen einführen.
Je nach Art und Menge der durch die Terkomponenten eingebauten Doppelbindungen unterscheiden sich die EPDM-Typen im Vulkanisationsverhalten und den Vernetzungsgraden.

4.2.7.2 Mischungsaufbau

Vulkanisationschemikalien

EPDM kann sowohl mit Peroxiden als auch mit Schwefel und Beschleunigern vulkanisiert werden, wogegen EPM nur peroxidisch vernetzbar ist.
Bei der Vulkanisation von EPDM richtet sich die Menge Schwefel und Beschleuniger nach der Art der Terkomponente. Bei EN-Typen werden in der Regel 0,5 - 2 phr Schwefel oder entsprechende Mengen Schwefelspender eingesetzt. In der Regel genügt ein einzelner Beschleuniger nicht zur Vulkanisation von EPDM. Es werden Beschleunigerkombinationen eingesetzt, um ausreichende Vulkanisationsgeschwindigkeiten zu erreichen. Da sehr viele Produkte sich gegenseitig beeinflussen und schon in geringen Dosierungen zum Ausblühen neigen, haben sich vorgefertigte und optimierte Beschleunigerkombinationen auf dem Markt durchgesetzt. Ein allgemeines Schema für den Aufbau eines Vulkanisationssystems ist z.B. folgende Kombination:

mittlere Schwefelmenge (1,0 - 1,5 phr)
\+ Schwefelspender (0 - 0,5 phr)
\+ Thiazolbeschleuniger (0,5 - 1,5 phr)
\+ Dithiocarbamylsulfenamid (1,2 - 1,8 phr)
\+ Thiurambeschleuniger (0,4 - 0,9 phr)
\+ Dithiocarbamate oder Dithiophosphate (0,3 - 3,0 phr)
\+ ggf. Thioharnstoffderivate [203].

Zur weiteren Aktivierung ist die Zugabe von Zinkoxid (5 phr oder mehr) erforderlich.

Alterungsschutzmittel

In EPM-Mischungen werden keine Alterungsschutzmittel eingesetzt.
Obwohl EPDM-Typen schon über sehr gute Alterungseigenschaften verfügen, können für besondere Anwendungen Alterungsschutzmittel zugegeben werden. Es kommen vor allem aromatische Amine, insbesondere p-Phenylendiamine zum Einsatz.
Helle EPDM-Mischungen sind UV-anfällig. Durch Zugabe von Titandioxid, Paraffin, Alterungsschutzmitel vom Typ Phthalocyanin oder Kombinationen von Mercaptobenzimidazol und Chinolinderivaten kann die UV-Beständigkeit verbessert werden.

Ozonschutzmittel sind sowohl für EPM- als auch für EPDM-Vulkanisate nicht erforderlich.

Füllstoffe

EPM- und EPDM-Vulkanisate besitzen eine hohe Füllbarkeit mit Füllstoffen und Weichmachern, wodurch neben einer Verbesserung der Eigenschaften die Kosten deutlich reduziert werden können.

Bei der Verwendung von Rußen und hellen Verstärkerfüllstoffen gelten im wesentlichen die gleichen Aktivitätsabstufungen wie für Vulkanisate aus anderen Kautschuken. In hellen Mischungen und zur Verbilligung von Rußmischungen werden gebrannte Kaoline oder feinverteilte Kreide eingesetzt. Weichkaoline und gewöhnliche Kreide sind lediglich inaktive Füllstoffe und werden z.B. für poröse Artikel verwendet.

Weichmacher

Sehr oft werden naphthenische Mineralöle als Verarbeitungsweichmacher eingesetzt. Für Artikel, die hohen Temperaturen ausgesetzt sind, oder bei peroxidischer Vernetzung, werden schwerflüchtige paraffinische Mineralöle verwendet.
Wegen der geringen Eigenklebrigkeit von EPDM-Mischungen ist der Einsatz von Harzen (Cumaronharze, Koresin und Xylolformaldehydharze) erforderlich.
Phosphorsäureester und chlorierte Kohlenwasserstoffe können in geringen Mengen (kleiner als 10 phr) auch zugegeben werden, wobei sie gleichzeitig die Flammwidrigkeit verbessern.

Verarbeitungshilfsmittel

Bei der Verarbeitung von EPM bzw. EPDM werden zur besseren Verteilung der Füllstoffe u.a. Stearinsäure, Zinkseifen, Fettalkohol-Rückstände verwendet.

Verschnitte mit anderen Kautschuken

Verschnitte mit EPM bzw. EPDM mit anderen Kautschuken haben eine große Bedeutung. Im Verschnitt mit anderen Dien-Kautschuken (z.B. NR, SBR) verleiht EPDM diesen eine gute Ozonbeständigkeit. Verschnitte von EPDM mit NBR sind ein preiswerter und chlorfreier Erstatz für Chloropren-Kautschuk (CR) zur Herstellung wetter- und ölbeständiger Artikel.

4.2.7.3 Verwendung

Die Haupteinsatzgebiete von EPM und EPDM sind Dichtungen für den Automobil- (u.a. Fenster-, Tür- und Kofferraumdichtungen, Aufleger, Bodenplatten, Auspuffaufhängungen, Stoßstangenteile) und Bausektor (Dachabdeckungen, Fensterdichtungen, Profile), Spezialschläuche für Kühlmittel, Heißwasser und Heißluft, für besonders wärmebeständige, wetterbeständige bzw. seewasserbeständige technische Artikel, Behälterauskleidungen für die chemische Industrie, Fördergurte, Kabelfüllmassen und Kabelummantelungen. Es ist auch der Einsatz für weiße Seitenwände von Autoreifen möglich.

4.2.8 Ethylen-Vinylacetat-Kautschuk (EVM)

Bei der Copolymerisation von Ethen mit Vinylacetat erhält man einen Spezialkautschuk, EVM, der im wesentlichen nach drei verschiedenen Verfahren hergestellt werden kann, wobei Produkte mit unterschiedlichem Gehalt an Vinylacetat entstehen. Bei einem Vinylacetatgehalt von 30 - 75 Massen-% ist das Copolymere kautschukartig, bis zu 30 Massen-% hat es plastomere Eigenschaften. Der für die Kautschuktechnologie wichtigste Bereich liegt bei 40 - 50 Massen-%.

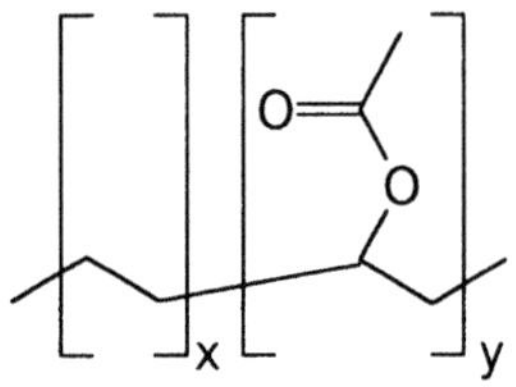

Abbildung 4.11: Struktur von Ethylen-Vinylacetat-Copolymeren (EVM)

EVM-Copolymere zeigen sehr gute Hitze-, Wetter-, Ozon- und UV-Beständigkeit. Mit zunehmendem Vinylacetatgehalt werden die Produkte quellbeständiger gegen Öle.

4.2.8.1 Herstellung

Ethylen-Vinylacetat-Copolymere mit kautschukartigen Eigenschaften werden durch Lösungspolymerisation bei einem Ethylendruck von 200 - 400 bar hergestellt. Als Lösemittel verwendet man tert.-Butanol. Die radikalische Initiierung erfolgt mit Azoverbindungen oder mit Peroxiden, z.B. Lauroylperoxid. Man erhält hochpolymere Produkte mit 40 - 50 Massen-% Vinylacetat · und erzielt mittlere Molekularmassen von 200.000 bis 400.000.
EAM-Typen mit 70 Massen-% Vinylacetat werden ebenfalls nach diesem Mitteldruck-Lösungsverfahren hergestellt. Diese Kautschuke besitzen eine sehr gute Öl- und Alterungsbeständigkeit.
Durch Emulsionspolymerisation erhält man Copolymere mit etwa 60 Massen-% Vinylacetat. Diese Produkte werden als Klebstoffe oder Pigmentbindemittel eingesetzt, als Kautschuke sind sie nicht besonders geeignet.

4.2.8.2 Mischungsaufbau

Vulkanisationschemikalien

EVM wird mit Peroxiden vernetzt, da es als gesättigtes Polymer nicht mit Schwefel vernetzbar ist. Um den Vernetzungsgrad zu erhöhen, werden in der Regel Coaktivatoren, wie Triallylcyanurat oder Triallylphosphat, zugegeben. Die Zugabe von Metalloxiden ist nicht

notwendig.
Die Vernetzung kann auch durch energiereiche Strahlen erfolgen.

Alterungsschutzmittel

EVM-Vulkanisate zeichen sich durch eine absolute Wetter- und Ozonbeständigkeit sowie durch eine ausgezeichnete Heißluftbeständigkeit aus.
In der Regel werden keine Alterungsschutzmittel eingesetzt, da EVM als gesättigtes Polymer sehr oxidationsstabil ist. Durch Zugabe von styrolisiertem Diphenylamin kann die Hitzebeständigkeit weiter verbessert werden. Zur Erzielung einer guten Wärmebeständigkeit ist zum Schutz der Estergruppe die Verwendung eines Hydrolyseschutzmittels, z.B. Polycarbodiimid, angebracht [203].

Füllstoffe

EVM benötigt den Zusatz aktiver Füllstoffe, wobei es nicht so hoch füllbar ist wie EPM bzw. EPDM. Es werden entweder Ruße oder helle Füllstoffe eingesetzt, wobei sich bei letzteren besonders Talkum, Kieselerden und neutrale Kaolin-Typen bewährt haben.

Zur Herstellung flammfester Vulkanisate werden der Mischung Aluminiumhydroxid, Zinkborat, Magnesiumcarbonat zugegeben.

Weichmacher

Aufgrund der geringen Konfektionsklebrigkeit ist die Zugabe von Weichmachern erforderlich. Der Auswahl der Weichmacher sind enge Grenzen gesetzt, da sie nicht die Peroxid-Vulkanisation stören dürfen. Es kommen in erster Linie paraffinische Mineralöle in Frage, wobei extrem gesättigte Produkte besonders geeignet sind. Für die Verbesserung der Tieftemperaturflexibilität können z.B. Dibutylphthalat, Adipinsäureester oder Alkylsulfonsäureester des Phenols eingesetz werden, da diese Verbindungen nicht mit Peroxiden reagieren.

Verarbeitungshilfsmittel

Der Mischung werden Verarbeitungshilfsmittel zur Verbesserung der Füllstoff-Dispersion, der Spritz- und Kalandrierbarkeit zugegeben. Es können nur solche Verarbeitungshilfsmittel eingesetzt werden, die die Peroxid-Vulkanisation nicht stören, dazu gehören z.B. Stearinsäure, Zinkseifen und Fettalkoholrückstände.

Verschnitte mit anderen Kautschuken

EVM wird mit Dien-Polymeren, z.B. NR oder SBR, verschnitten, um deren Wetter- und Ozonbeständigkeit zu verbessern. In diesen Verschnitten wirkt es bei der Schwefel-Vulkanisation wie ein Polymer-Weichmacher, da es nicht mit vernetzt wird. EVM enthaltende Kautschukverschnitte können auch peroxidisch vernetzt werden, wobei eine Co-Vernetzung stattfindet.

4.2.8.3 Verwendung

Aufgrund seiner besonderen Alterungseigenschaften wird EVM zur Herstellung wärme- und witterungsbeständiger technischer Gummiartikel, z.B. Dichtungen, Profile für die Automobilindustrie sowie im Hoch- und Tiefbau, für Schuhkappenbeschichtungen, Binder für Druckfarben sowie Heizleitungen verwendet. Außerdem werden für die Bauindustrie Abdichtungsfolien gegen Grund- und Regenwasser hergestellt.

Die größte Menge EVM wird im Kabel- und Leitungsbereich eingesetzt. Der Schwerpunkt sind halogenierte, flammwidrige Kautschuke in Kabelmänteln, Fußbodenbelägen, Matten, Schallschutzbelägen und Fördergurten. Weitere Anwendungen sind Bluttransfusionsschläuche, sterilisierbare Artikel, Sport- und Zeltausrüstungen, hitzebeständige Walzenbeläge, Formartikel, Schläuche und Moosgummi.

Zur Verbesserung der Hitze- und Ozonbeständigkeit von NR- und SBR-Vulkanisaten wird den Mischungen EVM zugegeben. Es wird außerdem als Schmelz- und Lösungskleber eingesetzt.

In Gegenwart von Peroxiden können auf EVM verschiedene Vinylverbindungen aufgepfropft werden. Eine gewisse Bedeutung haben Pfropfprodukte mit Vinylchlorid.

4.2.9 Acrylatkautschuk (ACM)

Acrylatkautschuke werden durch Copolymerisation von Acrylsäureestern mit Vinylverbindungen hergestellt.

Bei der Herstellung von Acrylatkautschuken werden als Acrylsäureester in erster Linie Ethylacrylat, Butylacrylat, Ethylmethoxy- bzw. Ethylethoxyacrylat eingesetzt. Als Vinylverbindungen werden reaktive chlorhaltige oder chlorfreie Monomere verwendet. Als Vinylkomponente können beispielsweise eingesetzt werden: 2-Chlorethylvinylether, Vinylchloracetat, Allylchloracetat, Acrylsäurechlormethyl- oder -ethylester, Glycidverbindungen, z.B. Methacrylsäureglycidester, Methylolverbindungen, wie N-Methylolacrylamid, oder Iminderivate. Außerdem können Hydroxylacrylate, z.B. β-Hydroxyethylacrylat, Carboxylverbindungen, z.B. Methacrylsäure, sowie Alkyliden-Norbornen in Kombination mit Epoxyverbindungen eingesetzt werden.

Acrylsäureester

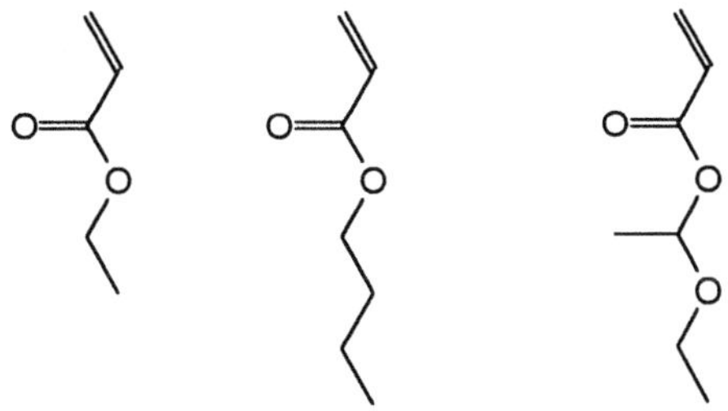

Ethylacrylat Butylacrylat Ethylethoxyethylacrylat

Vinylverbindungen

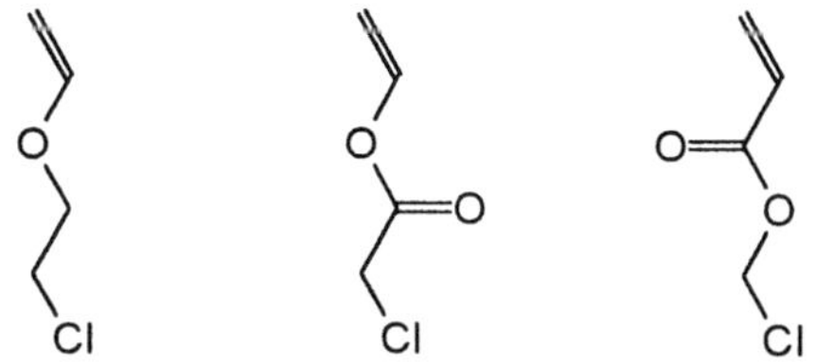

2-Chlorethyl-vinylether Vinylchlor-acetat Acrylsäurechlor-methylester

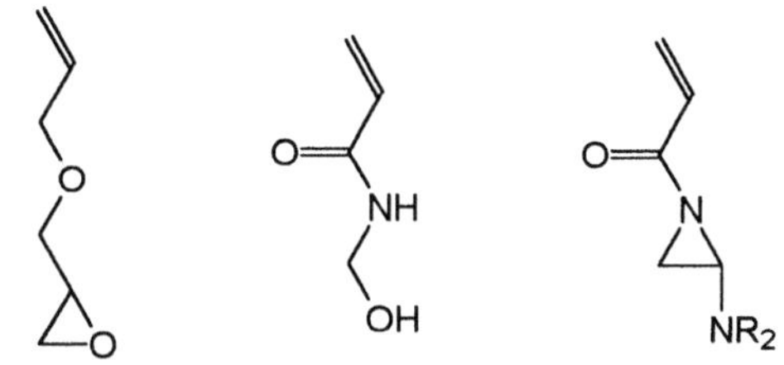

Allylglycidether N-Methylol-acrylamid Acrylimid-derivate

Abbildung 4.12: Monomere für die Herstellung von Acrylatkautschuk (ACM)

Diese Kautschuke weisen eine hervorragende Öl-, Hitze-, Alterungs- und Ozonbeständigkeit auf.

4.2.9.1 Herstellung

Acrylatkautschuk wird überwiegend durch Emulsions-Polymerisation hergestellt. Die Polymerisation wird aufgrund der Hydrolyseanfälligkeit der Monomeren bei pH-Werten kleiner oder gleich 7 durchgeführt. Deshalb werden als Emulgatoren langkettige Alkylsulfate bzw. -sulfonate verwendet. Die Initiierung kann mit Azoverbindungen, organischen Peroxiden, meist jedoch anorganischen Peroxiden, wie Kaliumpersulfat oder Redoxsystemen (z.B.

Persulfat/Bisulfit) erfolgen. Die Molekularmasse wird ausschließlich über das Verhältnis Monomer/Initiator eingestellt. Der größte Teil des hergestellten ACM wird als Latex verarbeitet.
Ein geringerer Teil des ACM wird durch Suspensionspolymerisation hergestellt. Dazu werden nicht-ionogene wasserlösliche Dispersionsstabilisatoren und Peroxide oder Azoverbindungen eingesetzt, die in den Monomeren löslich sind.

Ein neuerer Acrylatkautschuk-Typ wird aus Ethen, Methylacrylat und Carboxylverbindungen hergestellt. Dieser wird im Gegensatz zu den anderen Typen in Lösung hergestellt.

4.2.9.2 Mischungsaufbau

Vulkanisationschemikalien

Früher wurden Acrylatkautschuke mit Systemen aus Diaminen und Natriummetasilikat vernetzt. Dieses Verfahren wird aber heute nicht mehr empfohlen.
Chlorethylvinyl-ACM-Typen werden mit Thioharnstoff-, Di- und Polyaminsystemen vernetzt. Beispiele dafür sind z.B. Ethylenthioharnstoff/Blei(II,IV)oxid/Hexamethylendiamincarbamat/ basisches Bleiphosphit, Triethylentetramin bzw. Polyethylenpolyamine/Mercaptobenzothiazyldisulfid/Schwefel.
Für Vinylchloracetat-Typen werden vor allem Metallseifen und Schwefel bzw. Schwefelspender verwendet. Dieses Vernetzungssystem wird durch Säuren, z.B. Stearinsäure verzögert und durch Basen, z.B. Magnesiumoxid beschleunigt. Dies sind die heute am häufigsten verwendeten ACM-Vernetzungssysteme, obwohl für diese ACM-Typen gelegentlich auch Diamine eingesetzt werden.
ACM-Typen mit Glycidgruppen können mit ammoniumabspaltenden Verbindungen, z.B. mit Ammoniumbenzoat oder Ammoniumadipat, sowie mit Carbonsäuren vernetzt werden, obwohl auch die Metallseife/Schwefelvernetzung angewendet wird.
Für die neueren ACM-Typen werden neben den Metallseife/Schwefel- und Diamin-Systemen Vulkanisationssysteme aus Seifen/tertiärem Amin- bzw. Seifen/quarternärem Ammonium eingesetzt. So geben beispielsweise Kalium- oder Natriumstearat/Diuron oder DOTG/TMTM bzw. DOTG/OTOS gute Ergebnisse.
Für Ethen-Acrylat-Typen kommen bevorzugt Diamine, z.B. Hexamethylendiamincarbamat und DPG zum Einsatz.

Alterungsschutzmittel

ACM-Vulkanisate benötigen normalerweise keine Alterungsschutzmittel. Bei besonderen Ansprüchen an die Wärmebeständigkeit werden aromatische Amine, z.B. p-Phenylendiamine oder ODPA, sowie organische Phosphite, wie Monobutyldiphenylphosphit oder Tris(laurylphenyl)phosphit, zugesetzt.

Stabilisatoren

Chlorhaltigen ACM-Typen, die nicht mit basischen Vulkanisationssystemen vernetzt werden, müssen salzsäureadsorbierende Stabilisatoren zugegeben werden. Als solche

können beispielsweise basisches Bleiphosphit, Bleiphthalat oder Blei(II,IV)oxid (Mennige) eingesetzt werden.

Füllstoffe

ACM-Vulkanisaten werden zur Erzielung ausreichender Festigkeiten und guter mechanischer Eigenschaften aktive Füllstoffe beigemischt. Häufig werden aktive Ruße oder Silikate verwendet. Es werden aber auch Kieselsäure in Kombination mit Aluminiumsilikaten oder silanmodifizierte Kaoline empfohlen.

Weichmacher

In ACM werden normalerweise keine Weichmacher eingesetzt. Für spezielle Anforderungen können 5 - 10 phr wenig flüchtige Stoffe wie Adipate, Polyetherester, Alkylacrylpolyetheralkohole, polyoxethyliertes Nonylphenol, Polyester, Cumaron-Inden-Harze, Koresin zugegeben werden.

Verarbeitungshilfsmittel

ACM ist verhältnismäßig schwierig zu verarbeiten. Es werden daher häufig Verarbeitungshilfsmittel wie Stearinsäure, Zinkseifen, Fettalkohol-Rückstände, Verarbeitungswachse verwendet.

Verschnitte mit anderen Kautschuken

Acrylatkautschuk wird kaum in Verschnitten mit anderen Kautschuken eingesetzt.

4.2.9.3 Verwendung

Vulkanisate aus Acrylatkautschuken werden hauptsächlich für Anwendungen im Fahrzeug- oder Maschinenbausektor eingesetzt. Es wird zur Herstellung von Wellendichtungen, Kurbelwellendichtungen, Differentialdichtungen, Ventilschaftdichtungen, Dichtungen für automatische Getriebe und Ölschläuche verwendet. ACM wird darüber hinaus für die Herstellung von O-Ringen für spezielle Abdichtungen im Maschinenbau und für die Herstellung spezieller Walzenbeläge eingesetzt. Wegen seines hohen Preises bleibt ACM aber solchen Spezialanwendungen vorbehalten.

Polyacrylat-Latices werden als selbstvernetzende Dispersionen für folgende Anwendungen eingesetzt: zur Saturierung und Imprägnierung von Faservlies, zur Rückenbeschichtung von Nadelvlies-Teppichen, zur Herstellung wasserbeständiger und öl- und abriebfester Papiere, als Pigmentbinder beim Zeugdruck, bei der Zurichtung von Leder als Pigmentbinder und zur Erhöhung der Abriebfestigkeit.

4.2.10 Epichlorhydrin-Kautschuk (CO, ECO, ETER)

Aus Epichlorhydrin (1-Chlor-2,3-epoxypropan, Chlormethyloxiran) können durch ringöffnende Polymerisation Homopolymere (CO) mit einer Polyethylenether-Struktur und seitenständigen Chlormethylgruppen gebildet werden. Durch Copolymerisation äquimolarar Mengen Epichlorhydrin mit Ethylenoxid werden Copolymerisate (ECO) hergestellt. Durch Terpolymerisation gelang es, eine Dien-Komponente mit seitenständiger Doppelbindung, deren Zusammensetzung nicht bekannt ist, in das ECO einzubauen [203]. Das Terpolymerisat ist unter der Kurzzeichnung ETER bekannt.

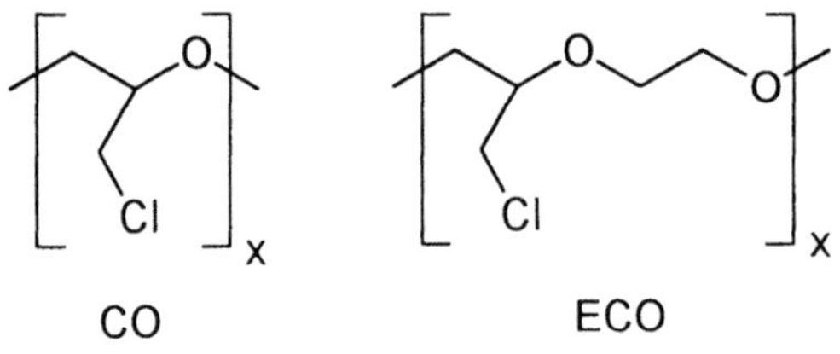

Abbildung 4.13: Struktur von Epichlorhydrin-Kautschuk (CO und ECO)

Epichlorhydrin-Kautschuke weisen eine ungewöhnliche und eigenständige Kombination von Eigenschaften auf. Sie haben gleichzeitig höchste Quellbeständigkeit gegen Öle und Kraftstoffe, hohe Wärmebeständigkeit, beste Ozonbeständigkeit, geringste Gas- und Treibstoffbeständigkeit, sehr gutes Dämpfungsverhalten, gutes Brandschutzverhalten und gute Kälteflexibilität [203].

Aufgrund der gesättigten Struktur und dem Ether-Sauerstoff in der Polymerkette sind CO und ECO wetter-, alterungs- und ozonbeständig. Außerdem zeichnet sie eine gute Quellbeständigkeit gegen Öle und Kraftstoffe sowie die Flammwidrigkeit aus. Bei dem Terpolymerisat ETER steht die Doppelbindung in der Seitenkette, wodurch die gesättigte Struktur der Hauptkette nicht unterbrochen wird.

4.2.10.1 Herstellung

Für die Homopolymerisation von Epichlorhydrin werden die für die Ringöffnung bekannten Katalysatorsysteme, z.B. Aluminiumtrialkyle/Wasser, eingesetzt. Durch Zugabe von Chelatbildnern, z.B. Acetylaceton, kann die Katalysatoraktivität gesteigert werden. Als Polymerisationsmedium dienen aliphatische, aromatische oder chlorierte Kohlenwasserstoffe oder Ether.

4.2.10.2 Mischungsaufbau

Vulkanisationschemikalien

Für die Vernetzung von CO und ECO wird sehr häufig ETU eingesetzt. Durch Zusatz von Schwefel oder Schwefelspendern (z.B. DTDM) kann der Vernetzungsgrad erhöht werden, wobei sich aber gleichzeitig einige Eigenschaften verschlechtern. Die Vulkanisation kann auch mit Aminen, Metalloxiden, Thioharnstoffderivaten, 2-Mercaptobenzimidazolin oder Ammoniumsalzen durchgeführt werden.
Für ETER können die Vernetzungssysteme ETU, Schwefel und Beschleuniger sowie Peroxide verwendet werden, wobei Vulkanisate mit unterschiedlichen Eigenschaften entstehen. Bevorzugt wird die peroxidische Vernetzung in Gegenwart von Coagentien.

Alterungsschutzmittel

Chlorhaltige Polymere erfordern die Zugabe von Stabilisatoren zur Salzsäure-Absorption. Es werden u.a. Magnesiumoxid, Magnesiumstearate, dibasisches Bleiphosphit, dibasisches Bleiphthalat, Bleioxide, Stearate oder Zinkoxid eingesetzt. Eine sehr gute Hitzebeständigkeit erhält man durch größere Mengen dibasischen Bleiphthalats und -phosphits.

Als Alterungsschutzmittel werden in ETU-vernetzten Mischungen bevorzugt Nickeldithiocarbamate, insbesondere Nickeldimethyldithiocarbamat und Kombinationen mit Nickeldibutyldithiocarbamat eingesetzt. Bei der Schwefel/Beschleuniger- und Peroxidvernetzung in ETER wirken diese Verbindungen nicht. In ETER werden andere Schutzmittel, z.B. p-Phenylendiamine (insbesondere Di-β-naphthyl-p-phenylendiamin), MBI, UV-Stabilisatoren (Irganox 1098) und Blei(II,IV)oxid verwendet.

Füllstoffe

Als Füllstoffe werden hauptsächlich Ruße eingesetzt. Zur Verbesserung der Gasohol-Beständigkeit sind relativ hohe Füllungen mit Mikrotalkum zu empfehlen. Gasohol ist ein Gemisch aus Kraftstoffen und Alkoholen, das zur Streckung von Kraftstoffen diskutiert wird.

Weichmacher

In Epichlorhydrin-Kautschuken kommen in der Regel nur kleine Mengen Weichmacher zum Einsatz. Es werden hochmolekulare Verbindungen, z.B. Adipate, Dioctylphthalat (DOP) sowie Polyester eingesetzt.

Verarbeitungshilfsmittel

Zur Verbesserung der Verarbeitungseigenschaften und der Füllstoffverteilung werden Verarbeitungshilfsmittel wie z.B. Zinkseifen, Fettalkohol-Rückstände, Verarbeitungswachse, Polyethylenpulver zugegeben. Phthalsäureanhydrid und Nitrosodiphenylamin wirken zugleich als Chlorakzeptoren und verringern damit die sonst mögliche Formenkorrosion.

Verschnitte mit anderen Kautschuken

CO, ECO und ETER werden miteinander verschnitten, um ein Optimum der Eigenschaften zu erzielen. Da die drei Komponenten nach gleichen Kriterien vernetzt werden, kann man auch von Covulkanisation sprechen.
CO und ECO sind mit den meisten Kautschuken nicht oder nur schwer covulkanisierbar. ETER zeichnet sich dagegen durch eine breite Covulkanisierbarkeit mit anderen schwefel- und peroxidvernetzbaren Kautschuken aus. Er wird vor allem in Verschnitten mit NR, NBR, SBR und anderen Dienkautschuken zur Verbesserung der Eigenschaften eingesetzt.

4.2.10.3 Verwendung

Epichlorhydrin-Kautschuke haben aufgrund ihrer besonderen Eigenschaftskombination sehr stark an Bedeutung gewonnen. Sie werden bevorzugt in der Kraftfahrzeugindustrie, z.B. für zahlreiche Dichtungen, Diaphragmen, Membranen, Schläuche (Kraftstoff-, Heißluftschläuche), Dämpfungselemente und außerdem für Walzenbeläge (Papier- und Druckwalzen), viele Formartikel, Gurte, Textilgummierungen eingesetzt.

4.2.11 Fluorkautschuke

Die ersten Fluor-Kautschuke, die auf dem Markt kamen, sogenannte CFM-Typen, wurden aus Vinylidenfluorid und Chlortrifluorethylen hergestellt. Sie sind später durch die Entwicklung noch hitzebeständigerer, sogenannter Hydrofluorkautschuke (FKM), ersetzt worden, die durch Co- und Terpolymerisation von Vinylidenfluorid mit Hexafluorpropylen (HFP), Tetrafluorethen (TFE), Perfluor(methylvinylether) (FMVE) oder 1-Hydropentafluorpropylen (HFPE) hergestellt werden.

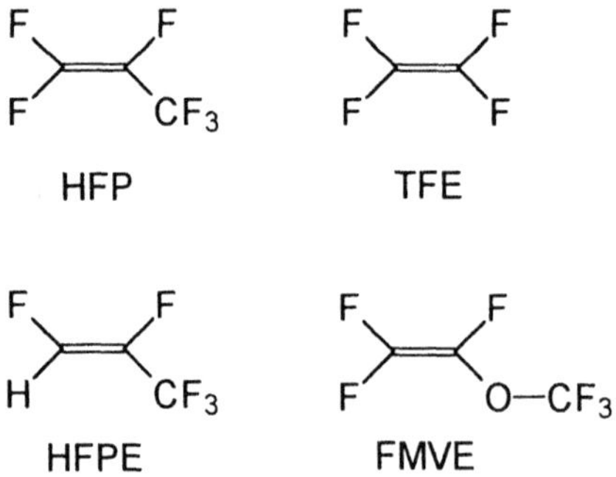

Abbildung 4.14: Monomere für die Herstellung von Fluorkautschuk (FKM)

Im FKM ist die Polymerkette vollkommen gesättigt. Deshalb ist FKM völlig oxidations- und ozonbeständig. Er zeichnet sich außerdem durch eine besonders starke Hitze- und Chemikalienresistenz aus.

FKM hat trotz des hohen Preises durch die stark gestiegenen Anforderungen der Automobil-Industrie einen erheblichen technologischen Aufschwung erhalten und andere Polymere, wie NBR oder Q, in bestimmten Einsatzgebieten partiell vom Markt verdrängt [203].

4.2.11.1 Herstellung

Fluorkautschuke werden durch Emulsionspolymerisation mit peroxidischer Initiierung bei erhöhter Temperatur und unter Druck hergestellt. Ammoniumsalze von perfluorierten C5-C20-Carbonsäuren können als Emulgatoren verwendet werden. Als Initiatoren können organische und anorganische Peroxide sowie Redoxsysteme, z.B. Persulfat/Bisulfit, verwendet werden. Die Molekularmasse wird mit Hilfe von Reglern (Chlorkohlenwasserstoffe, Alkylmercaptane, Alkylester, Halogene) oder durch das Verhältnis Monomer/Initiator eingestellt.

4.2.11.2 Mischungsaufbau

Vulkanisationschemikalien

Für die Vernetzung mit FKM können z.B. Diamine und deren Derivate (insbesondere Hexamethylendiamincarbamat), Dithiole, Peroxide, Hydrochinon, Pentaalkylhydrochinon, Bisphenol A, Triphenylbenzylphosphoniumchlorid sowie aromatische Dihydroxyverbindungen in Kombination Metalloxiden (Magnesiumoxid, Calciumoxid, Bleiooxid oder anderen Bleiverbindungen) eingesetzt werden.

Alterungsschutzmittel

Fluorkautschuke benötigen die Zugabe von Fluorwasserstoffakzeptoren, z.B. basische Verbindungen oder Metalloxide (Blei(II,IV)oxid, dibasischen Bleiphosphit, Magnesiumoxid, Calciumoxid).

Füllstoffe

In Fluorkautschuk können nur verhältnismäßig kleine Füllstoff-Mengen (10 - 30 phr) eingesetzt werden. Inaktive Ruße und mineralische Füllstoffe, insbesondere Zinksulfid und Eisen(III)oxid), werden zur Verbesserung der Festigkeitseigenschaften, der Verarbeitbarkeit und vor allem zur Senkung des Preises zugegeben.

Weichmacher

In FKM kommen die übliche Weichmacher nicht in Betracht. Statt dessen werden niedermolekulare Vinylidenfluorid/Hexafluorpropylen-Copolymere eingesetzt.

4.2.11.3 Verwendung

FKM wird vor allem dort eingesetzt, wo eine außerordentliche Lebensdauer und Betriebssicherheit oder Dauerbeständigkeit gegen hohe Temperaturen und korrosive Medien gefordert sind.

FKM wird für einige Spezialartikel, z.B. Wellendichtungen für hochtourige Maschinen und Teile im Flugzeug-, Raketenbau, Schiffs- und Kraftfahrzeug-Motorenbau.

4.2.12 Silikonkautschuke (Q)

Silikonkautschuk wird durch Polykondensation hergestellt.
Die Hauptpolymerkette besteht beim Silikonkautschuk aus Silicium- und Sauerstoffatomen und nicht wie bei den bisher beschriebenen Polymeren aus Kohlenstoffatomen. Die höhere Bindungsenergie der Silicium-Sauerstoff-Bindung bedingt eine höhere Stabilität gegen thermische und oxidative Einflüsse. Die wichtigsten Kautschuktypen sind Dimethylpolysiloxan (MQ) und Methylphenyl-Polysiloxan (PMQ), die auch geringe Mengen einer vinylgruppenhaltigen Terkomponente enthalten können (VMQ, PMVQ). Außerdem gehören Polytrifluormethylsiloxan und Fluorsilikonkautschuk (FMQ) dazu (s. Abbildung 4.15).

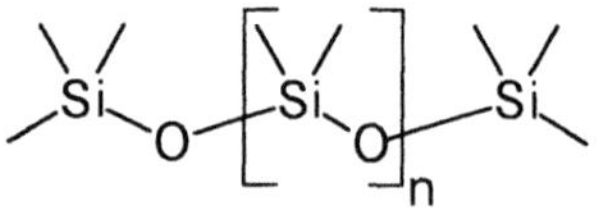

MQ

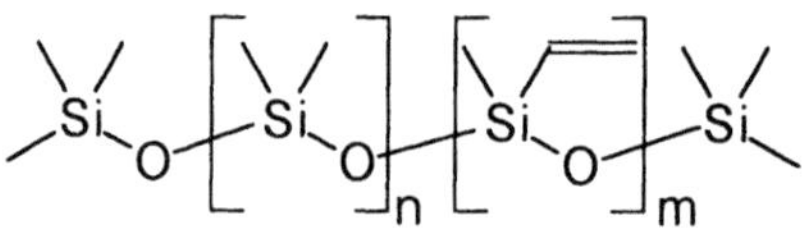

VMQ

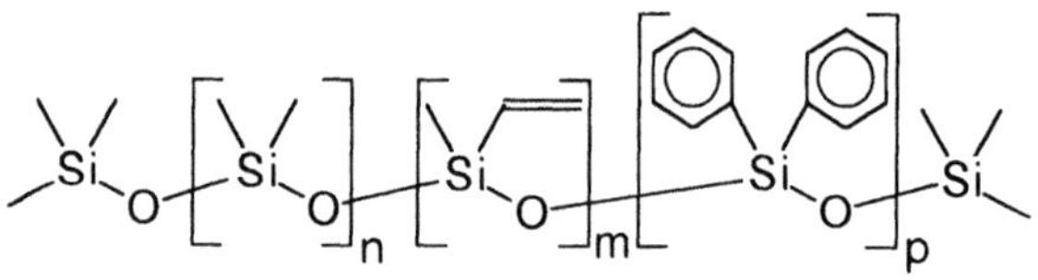

PVMQ

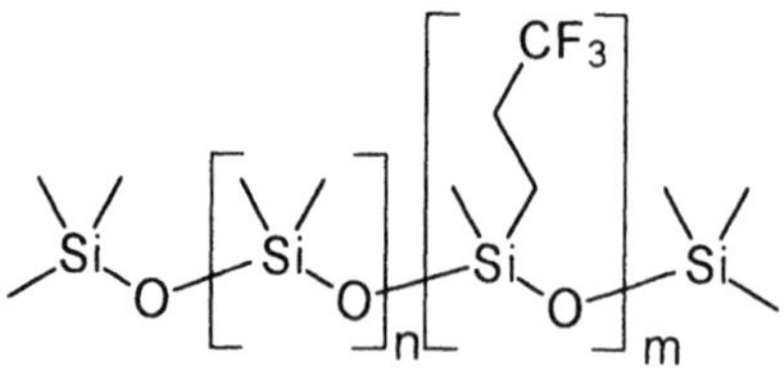

FMQ

Abbildung 4.15: Struktur einiger Silikonkautschuke (Q)

Silikonkautschuk zeichnet sich durch seine hervorragende Hitze-, Wetter-, Ozon- und Alterungsbeständigkeit, sehr guten Widerstand gegen UV- und Höhenstrahlung und gute elektrische Isoliereigenschaften aus.

4.2.12.1 Herstellung

Für die Herstellung von Silikonkautschuk (z.B. Dimethylpolysiloxan, MQ) wird Chlorsilan (z.B. Dimethyldichlorsilan) zunächst sauer hydrolysiert. Im zweiten Schritt werden mit Hilfe saurer und basischer Katalysatoren die Zwischenprodukte zu hochmolekularen Produkten weiter kondensiert.
Moderne Herstellungsverfahren gehen von niedermolekularen cyclischen Polysiloxanen hoher Reinheit (z.B. Cyclotetrasiloxan) aus, die entweder mit starken Protonen- oder Lewis-Säuren (Schwefelsäure, Salzsäure, Chlorsulfonsäure, Borsäure, Phosphornitriltrichlorid, Eisen(III)chlorid, Bortrifluorid, Zinntetrachlorid, Zinkchlorid) in Gegenwart kleiner Mengen Wasser oder mit basischen wasserfreien Katalysatoren (Kaliumhydroxid, Alkalisilanoate, -siloxanolate, -alkoholate, quartäre Ammonium- oder Phosphoniumhydroxide) kondensiert werden.
Bei einem anderen Herstellungsverfahren von Silikonkautschuk geht man von destillativ gereinigtem Chlorsilan aus, das zu kettenförmigen Siloxanen hydrolysiert wird. Anschließend wird mit Phosphornitrilchlorid als Katalysator polymerisiert.
Zur Herstellung von Spezial-Silikonkautschuk-Typen werden Vinyl-Methyldichlorsilan bzw. Phenyl-Methyldichlorsilan als Co- bzw. Terkomponente eingesetzt.

Die Molekularmasse kann durch Zugabe von Reglern (z.B. Hexamethyldisiloxan) eingestellt werden. Zum Abstoppen der Reaktion werden Monochlorsilane zugegeben.
Man unterschiedet je nach Molekularmasse festen hochtemperaturvernetzbaren (HTV-) Kautschuk, flüssigen (LSR-) und pastösen raumtemperaturvernetzbaren (RTV-) Kautschuk. Zu den HTV-Typen gehören z.B. MQ, VMQ, PVMQ.
Der Flüssigkautschuk (LSR) besteht aus zwei Komponenten (Komponente A und B), die vor der Vulkanisation kalt im Verhältnis 1 : 1 gemischt und in die heiße Form gespritzt werden. Beide Komponenten enthalten als Mischungsbestandteile Silopren-Polymere, Komponente A zusätzlich einen Platin-Katalysator und Komponente B den Vernetzer und einen Inhibitor.

4.2.12.2 Mischungsaufbau

Vulkanisationschemikalien

Dimethylpolysiloxan (MQ) hat eine vollkommen gesättigte Struktur. Als Vernetzer bei der Heißvulkanisation kommen daher nur Peroxide zur Anwendung. Da bei der Verarbeitung keine höheren Temperaturen erreicht werden, können Peroxide mit einer niedrigen Spaltungstemperatur, z.B. Dibenzoylperoxid, Bis-(2,4-dichlorbenzoyl)-peroxid, tert.-Butylperbenzoat, verwendet werden.
VMQ besitzt eine geringe Anzahl von Doppelbindungen, die aber im Normalfall für eine Schwefelvulkanisation nicht ausreichen. Es wird daher auch mit Peroxiden (z.B. 2,5-Dimethyl-2,5-bis(tert.-butylperoxy)hexan) vernetzt.

Die Zugabe von Coagentien zur Erhöhung der Vernetzungsdichte ist nicht erforderlich. Um die Peroxid-Spaltprodukte zu entfernen, muß das Vulkanisat nachgetempert werden.

Kaltvernetzbare Silikonkautschuke, z.B. Dihydroxypolysiloxane, werden durch Kondensationsreaktion über endständige Silanolgruppen mit mehrfunktionellen Alkoxysilanen oder Alkoxysiloxanen vernetzt. Als Katalysatoren werden Amine oder organische Metallverbindungen (z.B. Dibutylzinndiacetat, Dibutylzinndilaurat, Dioctylzinnmaleinat, Zinn(II)-octoat) eingesetzt [203].
Bei den Zweikomponentensystemen enthalten beide Komponenten als wesentliche Mischungsbestandteile Silopren-Polymere.

Beim Einkomponentensystem sind die Reaktionspartner (Polymer und Vernetzer) bereits in der Mischung enthalten. Als Vernetzer wird Trisacetoxymethylsiloxan eingesetzt. Die Vernetzungsreaktion wird durch Luftfeuchtigkeit oder Wasser gestartet. Es findet eine Kondensationsreaktion unter Abspaltung von Essigsäure statt.

Neuartige Vernetzungssysteme nutzen die durch Platinverbindungen katalysierte Additionsvernetzung. Diese Reaktion führt zu einer Addition von polyfunktionellen Hydridsilanen an die ungesättigten Gruppen in einer Polydimethylsiloxankette. Als Katalysator wird Hexaplatinsäure eingesetzt. Da die Reaktion schon bei Raumtemperatur sehr schnell verläuft, müssen der Mischung Hydroperoxide als Verzögerer zugegeben werden [43].

Alterungsschutzmittel

In der Regel ist es nicht notwendig, Silikonkautschuken Alterungsschutzmittel zuzugeben. Um die Hitzebeständigkeit zu optimieren, werden vielfach anorganische Pigmente, wie Eisen(III)oxid, Titandioxid, Cadmiumoxid, eingesetzt.

Füllstoffe

Silikonkautschuk besitzt praktisch keinerlei Zugfestigkeit und benötigt daher die Zugabe höchst aktiver Füllstoffe. Es werden vor allem Füllstoffe auf Basis von Kieselsäuren eingesetzt. Bevorzugt werden pyrogene Kieselsäure in Kombination mit Diatomeenerden, Quarze, Zirkonsilikat, calcinierte Kaoline, mit der sehr gute Festigkeiten erzielt werden, eingesetzt.

Weichmacher

Als Weichmacher kommen hochviskose Silikonöle oder füllstofffreie Silikonkautschuke zur Anwendung.

4.2.12.3 Verwendung

Da Silikonkautschuk ein teurer Spezialkautschuk ist, wird er nur dort eingesetzt, wo die anderen Kautschuktypen infolge gestiegener Anforderungen nicht mehr eingesetzt werden können. Anwendung findet der Silikonkautschuk vom Typ HTV in der Elektrotechnik und Elektronik (Isolationen für Kabel und Leitungen), im Fahrzeug-, Flugzeug- und Maschinen-

bau (Wellen-, Manschetten-, Ventildichtungen, Faltenbälge), in der Beleuchtungstechnik, Textilindustrie, Kühltechnik, Kabelindustrie, Pharmazie (Stopfen für Verpackungen, Schutzkappen für Spritzen, Bluttransfusionsschläuche), Medizin sowie in der Lebensmittelbranche. Silikonkautschuk vom Typ RTV wird als Verguß-, Dichtungs- und Formabdruckmasse sowie als Fugenfüllmasse verwendet.

4.2.13 Thioplaste (TM)

Thioplaste sind die ältesten Polykondensations-Produkte mit kautschukähnlichen Eigenschaften. Im Gegensatz zu den rein organischen Kohlenwasserstoffketten bestehen die Thioplaste aus Kohlenstoff-Schwefel-Ketten.

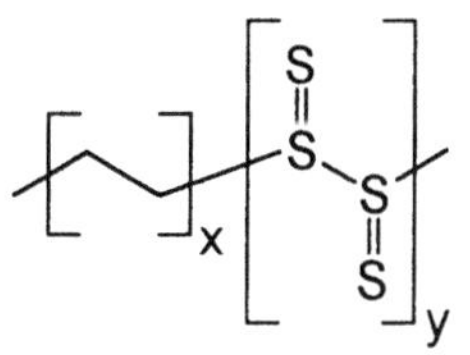

Abbildung 4.16: Struktur von Thioplasten (TM)

Die Thioplaste tragen, je nach Herstellungsverfahren, unterschiedliche Endgruppen. Die Art der Endgruppen bestimmt weitgehend das Verhalten und die Eigenschaften der Thioplaste.

Thioplaste zeichnen sich durch ihre Beständigkeit gegen organische Lösemittel (aromatische Kohlenwasserstoffe, Ketone und Chlorkohlenwasserstoffe) aus. Außerdem sind sie wetter- und ozonbeständig.

4.2.13.1 Herstellung

Thioplaste werden durch Polykondensation von difunktionellen organischen aliphatischen Halogeniden, z.B. 1,2-Dichlorethan, und Alkalipolysulfiden, z.B. Natriumtetrasulfid, hergestellt. Die Reaktion findet in wäßriger Lösung in Gegenwart eines Dispergiermittels (z.B. Magnesiumhydroxid, Bariumhydroxid) statt. Die Teilchen sedimentieren schnell. Es bilden sich hochmolekulare Produkte mit endständigen Hydroxylgruppen (Typ A, FA). Diese bilden sich im basischen Reaktionsmedium durch Hydrolyse der Alkylhaligenidgruppe.
Zur Herstellung von niedermolekularen, flüssigen Thioplasten werden die Polysulfidgruppen durch Reduktionsmittel (z.B. Natriumsulfit, Natriumhydrogensulfid) gespalten, und es entstehen Thioplaste mit endständigen Thiol-Gruppen (Typ ST).

Durch Variation der Reaktionspartner (organisches Halogenid und Polysulfid) kann eine Vielzahl von Thioplasten hergestellt werden. Durch die Auswahl der Reaktionspartner kann das Eigenschaftsbild der Thioplaste an die Anforderungen angepaßt werden.

4.2.13.2 Mischungsaufbau

Vulkanisationschemikalien

Die Vulkanisation der Thioplaste mit endständigen Hydroxyl- und Chlorgruppen erfolgt oft allein durch Zugabe von Zinkoxid, wobei steigende Zinkoxid-Mengen bis 10 phr einen steigenden Vernetzungsgrad bewirken. U.U. kann zur zusätzlichen Beschleunigung Schwefel zugegeben werden.

Thioplaste mit endständigen SH-Gruppen können durch Oxidationsmittel, wie molekularen Sauerstoff in Gegenwart von Blei(IV)oxid, p-Chinondioxim, Cobaltsalzen oder Peroxiden vernetzt werden. Diese Thioplaste können bei entsprechender Mischungszusammensetzung auch im pastösen oder flüssigen Zustand selbstvernetzend sein.

Füllstoffe

Als Füllstoffe kommen sowohl Ruße als auch helle Füllstoffe (Zinkoxid, Titandioxid, Bariumsulfat, Lithopone) zum Einsatz.

Weichmacher

Als Weichmacher wird z.B. MBTS, z.T. in Kombination mit DPG, eingesetzt, das bei der Mischungsherstellung einen abbauenden mastizierenden Effekt hat und damit zu einer besseren Verarbeitbarkeit beiträgt. Cumaron-Harze können zur Verbesserung der Konfektionsklebrigkeit zugegeben werden.

Verarbeitungshilfsmittel

Als Verarbeitungshilfsmittel kann Stearinsäure zugegeben werden, um z.B. eine bessere Füllstoffverteilung zu erreichen.

4.2.13.3 Verwendung

Die Thioplaste werden entsprechend ihres Eigenschaftsbildes für die Herstellung von lösungs-, aromaten- und ölbeständigen Dichtungen, Formartikeln, Walzen und Schläuchen, als Binder für Kork, Beschichtungen sowie Klebstoffe auf Harzbasis eingesetzt.
Pastöse und flüssige Thioplast-Typen werden im Bausektor als Fugendichtungsmasse verwendet.

4.2.14 Urethan-Kautschuk (AU)

Urethankautschuke (AU) sind Polyester-Polyisocyanat-Präpolymere. Durch Veränderung der Ausgangsprodukte läßt sich eine große Palette von Urethankautschuken herstellen, die sich in ihrem Verarbeitungs- und Vulkanisationsverhalten und den technologischen Eigenschaften der Vulkanisate erheblich voneinander unterscheiden können.

4.2.14.1 Herstellung

Urethankautschuke werden aus Estern und Isocyanaten durch Polyaddition hergestellt. In das Polymer-Molekül können reaktive Verbindungen, z.B. Diphenylmethandiisocyanat oder Glycerinmonoallylether, eingebaut werden.

AU-Vulkanisate besitzen eine ausgezeichnete Beständigkeit gegen Alterungs- und Wettereinflüsse sowie gegen Ozon. Sie sind aber hydrolyseanfällig, d.h. sie werden in heißem Wasser oder Dampf sowie von Säuren oder Basen angegriffen.

4.2.14.2 Mischungsaufbau

Die verschiedenen Urethan-Kautschuke unterscheiden sich z.T. wesentlich bezüglich der Mischungszusammensetzung, des Verarbeitungsverhaltens sowie der Vulkanisateigenschaften.

Vulkanisationschemikalien

Die Angriffspunkte für die Vernetzung sind die aktiven Wasserstoffatome der Urethan-Gruppe, eingebaute aktive Methylengruppen oder eingebaute Doppelbindungen, die mit Schwefel vernetzt werden können.

Die wichtigsten Vernetzungschemikalien für Urethan-Kautschuke sind Peroxide (AU-P-Typen) und Isocyanate (AU-I-Typen).
Für die Vernetzung mit Isocyanaten wird in der Regel TDI mit organischen Bleisalzen als Beschleuniger eingesetzt. Zur Erzielung großer Härten wird Hydrochinondioxyethylether zugegeben.
Für die peroxidische Vernetzung können nur entsprechend stabile Peroxide (Dicumylperoxid, 1,4-Bis(tert.-butylperoxiisopropyl)benzol) eingesetzt werden, da bei der Mischungsherstellung und Verarbeitung eine deutliche Temperaturerhöhung auftritt. Der Mischung kann als Coaktivator z.B. Triallylcyanurat zugegeben werden.
Bei der Schwefel-Vernetzung wird Schwefel in Kombination mit Mercapto-Beschleunigern eingesetzt.

Alterungsschutzmittel

Urethan-Kautschuke benötigen in der Regel keine Zugabe von Alterungsschutzmitteln. Es ist aber der Einsatz von Hydrolyseschutzmitteln notwendig, insbesondere für hydolyseanfällige Urethan-Typen. Bewährt hat sich der Einsatz von Polycarbodiimid (PCD).

Füllstoffe

In AU-I-Typen können aktive, halbaktive und inaktive Füllstoffe eingearbeitet werden. Sie werden aber häufig ohne Füllstoffe verarbeitet. Halbaktive und inaktive Füllstoffe können den Mischungen zugegeben werden, um das Verarbeitungsverhalten zu modifizieren und den Preis des Kautschuks zu erniedrigen.

In AU-P-Typen werden aktive und halbaktive Füllstoffe eingesetzt, um die Eigenschaften der Vulkanisate zu verbessern. Es wird vor allem Ruß, aber auch Kieselsäure eingesetzt.

Weichmacher

AU-I-Typen haben eine geringe Verträglichkeit mit Weichmachern. Deshalb werden Weichmacher nur sehr begrenzt eingesetzt. Gelegentlich werden der Mischung geringe Mengen Dibenzylether zugegeben.
In AU-P-Kautschuken werden für eine bessere Verarbeitbarkeit geringe Mengen Phthalsäureester und Polyadipate eingesetzt.

4.2.14.3 Verwendung

Urethan-Kautschuke werden in vielen Industriezweigen eingesetzt, so z.B. im Fahrzeug-, Apparate- und Maschinenbau, in der Textil-, Nahrungsmittel-, Elektro- und Erdölindustrie und im Transportwesen. Es werden u.a. Dichtungen, Rollenbeläge, Membranen, elastische, schwingungs- und stoßdämpfende Verbindungen und Aufhängungen, Abstreifer, Schleifteller, Schutzschläuche, Antriebsriemen und Matrizen hergestellt.

5 Chemikalien bei der Kautschukverarbeitung

Kautschuk verdankt seine große Anwendungsbreite u.a. der Tatsache, daß er mit zahlreichen Chemikalien und Zuschlagstoffen vielfältig compoundierbar ist. Die Chemikalien und Zuschlagstoffe beeinflussen dabei einerseits das Misch- und Verarbeitungsverhalten der Kautschukmischungen und ermöglichen erst deren Vulkanisation, andererseits ermöglichen sie eine weitgehende Modifikation der Grundeigenschaften der Vulkanisate. Dieses breite Aufgabenspektrum erklärt die Vielzahl der Produkte und der eingesetzten Chemikalien.

Die organischen Vulkanisationschemikalien (Beschleuniger, Schwefelspender, Aktivatoren, Alterungsschutzmittel, Treibmittel u.a.) tragen vielfach lange und komplizierte chemische Bezeichnungen. Die Vereinigung der wichtigsten Kautschukchemikalienerzeuger (WTR) hat ein Abkürzungssystem vorgeschlagen, das aber bei weitem nicht alle Substanzen umfaßt. Es werden, wenn sie vorliegen, die vom WTR vorgeschlagenen Kurzzeichen oder allgemein gebräuchliche Kurzzeichen verwendet [203].

5.1 Mastikationsmittel

Die Mastikation ist die Plastifizierung des Kautschuks vor der Verarbeitung durch Molekülkettenspaltung (s. Kapitel 3.1.1). Dies wird durch oxidativen Abbau mittels Mastiziermittel, auch Peptisatoren genannt, die die Bildung der zur Kettenspaltung führenden Primärradikale fördern, erreicht. Bei den Mastiziermitteln handelt es sich meist um aromatische oder heterocyclische Mercaptane, deren Zinksalze oder deren Disulfide, die Schwefelradikale bilden.

Der katalytische Einfluß von Substanzen auf die Mastikation wurde bereits in den 30er Jahren entdeckt. Bis heute wurden zahlreiche Substanzen entwickelt, wie z.B. Xylylmercaptan, 9-Mercaptoanthracen, 2,3,5-Trichlorthiophenol, die in verschiedener Hinsicht nicht voll befriedigten (Toxikologie, Preis, Verteilung im Kautschuk). Von der relativ großen Zahl früher auf dem Markt befindlicher Produkte sind heute fast nur noch Mastiziermittel auf Basis von Pentachlorthiophenol (PCTP), dessen Zink-Salz und 2,2'-Dibenzamidodiphenyldisulfid (DBD) von Bedeutung [249].

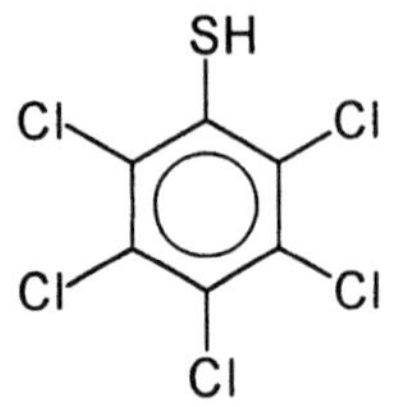

PCTP

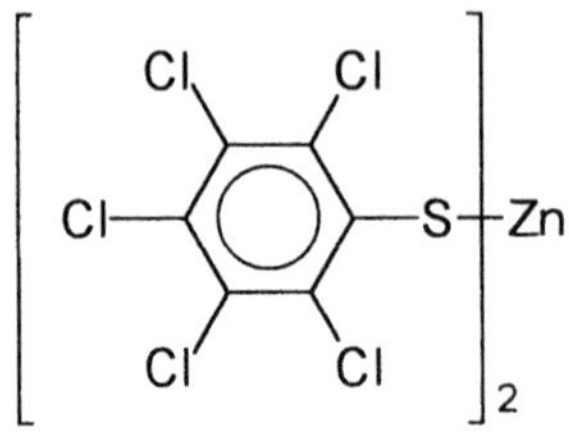

PCTP Zinksalz

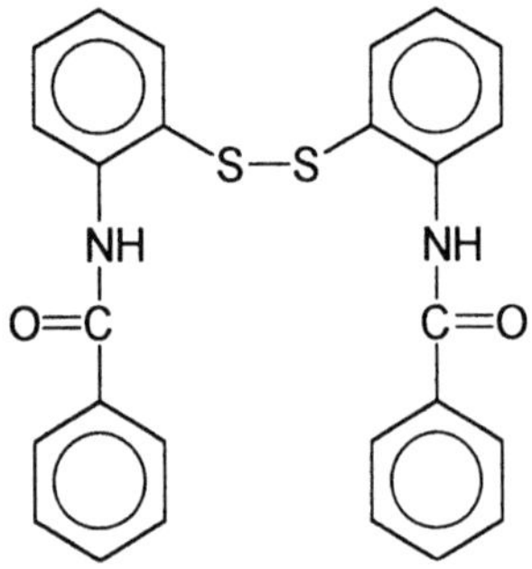

DBD

Abbildung 5.1: ***Struktur einiger Mastikationsmittel***

Durch Mitverwendung neuartiger, hochwirksamer **Aktivatoren** (Booster) kann die oxidative Mastikation auf einen niedrigeren Temperaturbereich verschoben werden. Die Aktivatoren sind innerkomplexe Salze von z.B. Tetraazoporphinen oder Phthalocyaninen mit Metallen wie Kobalt, Kupfer, Mangan und Eisen sowie Eisen- und Vanadinacetylacetonat [171]. Ihre Wirkungsweise ist noch ungeklärt. Sie wirken jedoch wie die Mastiziermittel.

Für Naturkautschuk liegen die benötigten Mengen an Mastikationschemikalien bei 0,1 - 0,5 %. Wegen der Schwierigkeit, diese kleinen Mengen schnell und gleichmäßig zu verteilen, werden sie oft in Form einer Vormischung von Kautschuk mit ca. 10 % des Mastiziermittels verwendet. Für Synthesekautschuk sind höhere Mengen an Mastiziermittel (ca. 1 - 3 %) erforderlich.

5.2 Vulkanisationschemikalien

5.2.1 Vulkanisiermittel

Für die Vulkanisation, d.h. die Vernetzung der Kautschukmoleküle und die Bildung von Vernetzungsbrücken werden häufig Vulkanisiermittel eingesetzt. Als solche kommen

zumeist Schwefel, Schwefelspender und Peroxide sowie in geringem Maße andere spezielle Vulkanisiermittel zum Einsatz. Z.T. ist die Zugabe weiterer Hilfsstoffe, wie Vulkanisationsbeschleuniger und/oder Aktivatoren, erforderlich. Die Abgrenzung zwischen Vulkanisiermittel und Vulkanisationsbeschleuniger ist oftmals schwierig, weil es Stoffe gibt, die beiden Kategorien angehören, wie z.B. Metalloxide und Tetramethylthiuramdisulfid (TMTD). Auch Selen und Tellur können anstelle von Schwefel für die Vulkanisation von Kautschuk verwendet werden; die Wirkung ist jedoch schwächer als die des Schwefels. Aus Preis- und Toxizitätsgründen spielen sie praktisch keine Rolle [1].

5.2.1.1 Schwefel

Das mit Abstand am häufigsten verwendete Vulkanisiermittel ist Schwefel. Damit lassen sich alle Dienkautschuke vernetzen, d.h. Kautschuke, in deren Polymermolekülen Doppelbindungen vorhanden sind, wie Natur-, Butadien-, Styrol-Butadien-, Butadien-Acrylnitril-Kautschuk. Wegen der Reaktionsträgheit des Schwefels und der Polymeren verwendet man zusätzlich zum Schwefel Vulkanisationsbeschleuniger (s. Kapitel 5.2.2) und Aktivatoren (s. Kapitel 5.2.3). Der Reaktionsmechanismus zwischen Schwefel und den Kautschukmolekülen ist in Kapitel 3.1.2.1 dargestellt.
Gesättigte Polymere, wie Ethylen-Propylen-Kautschuk, können nicht mit Schwefel vulkanisiert werden. Für sie müssen andere Vernetzungsmittel herangezogen werden.

Zur Herstellung von Weichgummiwaren verwendet man Dosierungen von etwa 0,25 - 5,0 phr, bei Hartgummimischungen erhöht man den Schwefelanteil auf 25 - 40 phr (phr = Gewichtsteile auf 100 Gewichtsteile Kautschuk).

Für ein gutes Eigenschaftsbild von Gummi ist eine gleichmäßige Verteilung des Schwefels im Vulkanisat Voraussetzung. Bei Kautschuken, in denen sich der Schwefel nicht leicht homogen verteilen läßt oder bei kleinen Schwefelmengen verwendet man daher oft Schwefelpasten oder mit Dispergatoren behandelten Schwefel.

Beim Lagern von Kautschukmischungen neigt der normale Schwefel zum Ausblühen an der Oberfläche, was bei der Weiterverarbeitung das Verkleben oder Verschweißen erschwert. Das Ausblühen läßt sich durch Verwendung von unlöslichem Schwefel vermeiden. Unlöslicher Schwefel enthält 60 - 95 % hochpolymere Anteile, die in Schwefelkohlenstoff unlöslich sind. Da diese Form des Schwefels nicht stabil ist und wieder in die normale, lösliche Form übergeht, enthält er häufig geringe Zusätze von Halogenen (Chlor, Brom, Jod) oder anderen Substanzen (z.B. Schwefelchlorid, Terpene) zur Stabilisierung.

Für die Vulkanisation von Latexmischungen ist die Verwendung besonders feinen Kolloidschwefels erforderlich, um eine Sedimentation oder örtliche Übervulkanisation, wie sie bei der Verwendung von gröberen Schwefelteilchen auftreten, zu vermeiden.

In den letzten Jahren wurden Versuche unternommen, Alternativen zur Schwefel-Vulkanisation zu finden, die gleichzeitig reversionsstabile und alterungsbeständige Naturkautschukvulkanisate ergeben. Bei der neuen Verbindungsklasse handelt es sich um Dithioalkane mit Dithiocarbamat- oder Bisdiphenyl-Endgruppen [28]. Ein neues Produkt, das

Dinatrium-hexamethylen-1,6-bis-thiosulfat-dihydrat, bringt eine oder mehrere Hexamethylen-1,6-dithiyl-Gruppen in polysulfidische Vernetzungsbrücken ein [443]. Geringe Zusätze von Schwefel oder Zweitbeschleuniger führen bei sehr rascher Vulkanisation zu sehr stabilen Vulkanisaten.

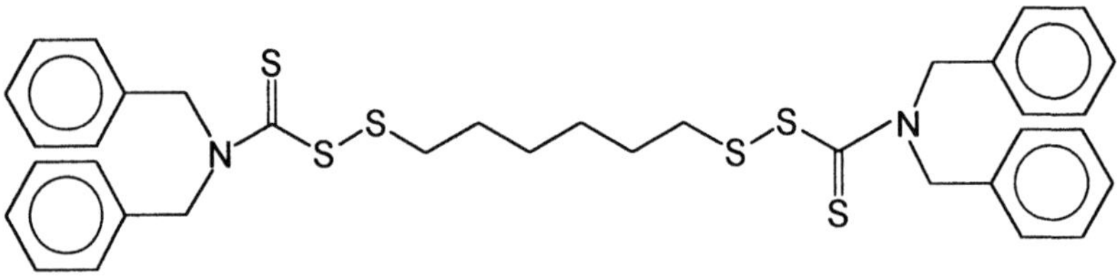

1,6 - Bis - (dibenzyl - thiocarbamoyl - disulfid) hexan

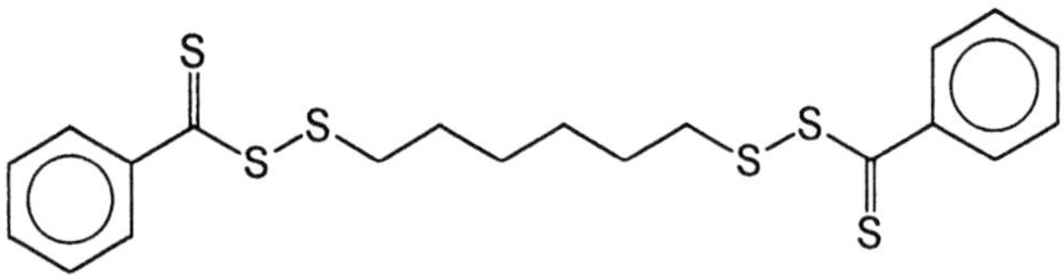

1,6 - Bis - (thiobenzoyl - disulfid) hexan

Abbildung 5.2: ***Struktur einiger Dithioalkane***

Wie in Abbildung 5.3 gezeigt wird, erfolgt die Verknüpfung der Kautschukmoleküle ausschließlich über Dithioalkan-Gruppen. Diese Gruppen sind stabiler als die bei der normalen Schwefelvulkanisation gebildeten S_x-Brücken (s. Abbildung 3.5). Sie können nicht wie die Schwefelbrücken gespalten werden und ergeben somit alterungsbeständige Vulkanisate.

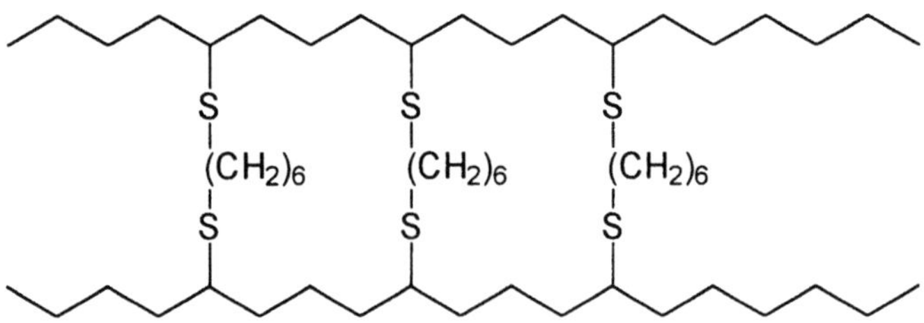

Abbildung 5.3: ***Verknüpfung von Kautschukmolekülen mit Dithioalkan-Gruppen***

5.2.1.2 Schwefelspender

Als Vulkanisiermittel können neben elementarem Schwefel auch organische Verbindungen, die den Schwefel in einer thermisch labilen Form enthalten, verwendet werden. Schwe-

felspender werden auch bei stark reduzierter Schwefelmenge, z.B. kleiner als 0,3 phr eingesetzt. Sie setzten den Schwefel erst bei erhöhter Temperatur in Freiheit und ergeben daher eine bessere Verarbeitungssicherheit als elementarer Schwefel. Außerdem zeigen sie keine Ausblühtendenz und keine Verfärbung bei Kontakt mit Schwermetallen.

Eines der ältesten Vulkanisiermittel ist Chlorschwefel, der die Vulkanisation von dünnwandigen Naturkautschukartikeln, wie Badehauben, bei Raumtemperatur oder geringfügig erhöhter Temperatur ermöglicht (Kaltvulkanisation). Wegen der ungünstigen Alterungseigenschaften der Vulkanisate hat er nur noch recht geringe Bedeutung.

Heute häufig eingesetzte Produkte sind z.B. Dimorpholyldisulfid (DTDM), 2-Morpholinodithiobenzothiazol (MBSS), Dipentamethylenthiuramtetrasulfid (DPTT), Caprolactamdisulfid (CLD), N-Oxydiethylendithiocarbamyl-N'-oxydiethylensulfenamid (OTOS), Tetramethylthiuramdisulfid (TMTD).

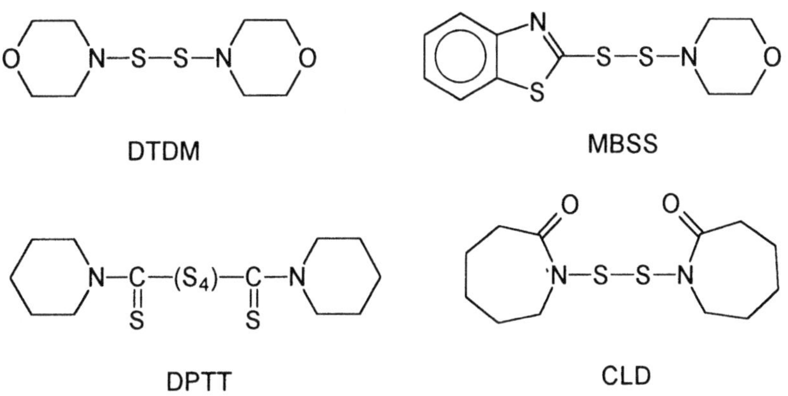

Abbildung 5.4: ***Struktur einiger Schwefelspender***

Von den genannten Produkten ist DPTT das schwefelhaltigste Produkt. Theoretisch können vier Schwefelatome abgespalten werden; meistens werden aber nur zwei aktiviert und mono- oder disulfidisch eingebaut. Die Substanzen DTDM, MBSS, CLD und TMTD verfügen nur über zwei vernetzungsaktivierbare Schwefelatome, die mono- oder disulfidisch zur Vernetzung dienen. OTOS verfügt dagegen nur über ein aktivierbares Schwefelatom, so daß bei Anwendung dieser Substanz in EV-Systemen streng monosulfidische Vernetzungen zustandekommen.

Manche Schwefelspender (z.B. MBSS, OTOS, TMTD) sind gleichzeitig Vulkanisationsbeschleuniger und werden als solche in wesentlich höheren Dosierungen als reine Schwefeldonatoren, z.B. DTDM, gemeinsam mit einer kleinen Menge Schwefel eingesetzt.

Die Schwefelspender werden in der Regel mit Vulkanisationsbeschleunigern und vielfach zusätzlich kleinen Schwefelmengen kombiniert. Ihre Wirkung kann daher nicht singulär gesehen werden, sondern ergibt sich in den eingesetzten Kombinationen aus synergisti-

schen Effekten, durch die erst die potentiellen Vernetzungsmöglichkeiten dieser Substanzen ausgeschöpft werden. Der stärkste Synergist aus der Reihe der Schwefelspender dürfte OTOS sein.

Eine neue Gruppe von Vernetzungsmitteln stellen die Thiophosphoryldisulfide dar, die zur Vernetzung von carboxyliertem Nitrilkautschuk (XNBR) eingesetzt werden können. Zwei Beispiele dieser Stoffgruppe sind Bis(dicyclohexyl)thiophosphoryldisulfid (DCHDIS) und Bis(diisobutyl)thiophosphoryldisulfid (DIBDIS).

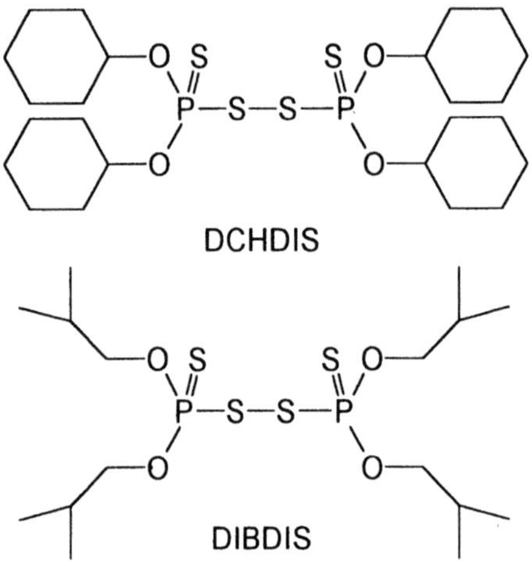

Abbildung 5.5: ***Struktur einiger Thiophosphoryldisulfide***

Zu den Schwefelspendern müssen auch das Bis-(3-triethoxysilylpropyl)-tetrasulfid, das als Füllstoffaktivator verwendet wird, sowie Thioplaste gerechnet werden. Sie können anstelle von Schwefel in kleinen Mengen zur Vulkanisation von NR oder SR verwendet werden. Ein Teil des in Thioplasten locker gebundenen Schwefels wird bei der Erwärmung abgespalten und für die Vulkanisation des Kautschuks verfügbar gemacht. Auch Faktisse mit hohem Schwefelgehalt müssen bei der Schwefelbilanz berücksichtigt werden. Faktisse sind kautschukähnliche Stoffe, die durch Einwirkung von Chlorschwefel oder Schwefel auf fette Öle (z.B. Rüböl, Tallöl, Trane) entstehen.

5.2.1.3 Schwefelfreie Vernetzungsmittel

Peroxide

Die Vernetzung mit Peroxiden ist seit langem bekannt, aber erst mit der Entwicklung gesättigter synthetischer Kautschuktypen, wie Silikonkautschuk, EVM, EPM und CM gewannen sie in der Praxis an Bedeutung. Diese Kautschuke, die keine Doppelbindungen enthalten, können nur mit Peroxiden vulkanisiert werden [1]. Peroxide werden aber auch für die Vernetzung von NR und den klassischen Dienkautschuken, SBR und NBR, eingesetzt.

IIR läßt sich nicht mit Peroxiden vernetzen, sondern wird im Gegenteil durch den Einfluß der Peroxide abgebaut. Ebenso lassen sich Epichlorhydrinkautschuk (ECO) (Ausnahme ETER), Polypropylenoxid-Kautschuk (GPO) und Chlorbutylkautschuk (CIIR) nicht mit Peroxiden vernetzen [288].

Die bei der Kautschukverarbeitung eingesetzten organischen Peroxide lassen sich in zwei Gruppen einteilen,

- Peroxide mit Carbonsäuregruppen (z.B. Dibenzoylperoxid),
- Peroxide ohne Carbonsäuregruppen (z.B. Di-tert.-butylperoxid).

Peroxide mit Carbonsäuregruppen, z.B. Acylperoxide, Perester, zeichnen sich durch eine niedrige Zersetzungstemperatur und eine geringe Säureempfindlichkeit aus, wogegen Peroxide ohne Carbonsäuregruppen, z.B. Alkylperoxide, Ketalperoxide, eine geringere Sauerstoffempfindlichkeit besitzen.

Von diesen Gruppen lassen sich nahezu alle verwendeten Peroxide ableiten, z.B. Peroxide mit mehr als einer Peroxi-Gruppe, sogenannte polymere Peroxide (z.B. 2,5-Bis-(tert.-butylperoxi)-2,5-dimethylhexan). Neben den symmetrisch aufgebauten Peroxiden werden auch gemischt aufgebaute Peroxide, z.B. tert.-Butyl-cumylperoxid, und gemischt aufgebaute polymere Peroxide (z.B. 1,4-Bis-(tert.-butylperoxiisopropyl)-benzol) angewendet.

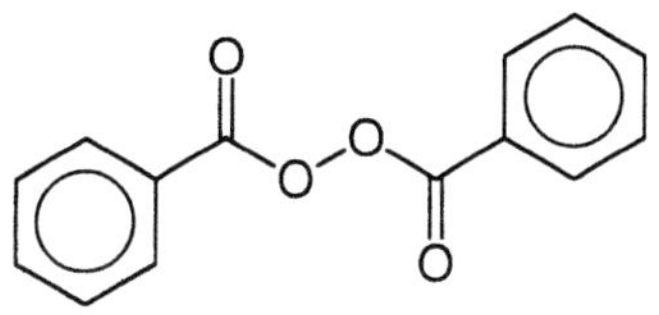

Dibenzoylperoxid

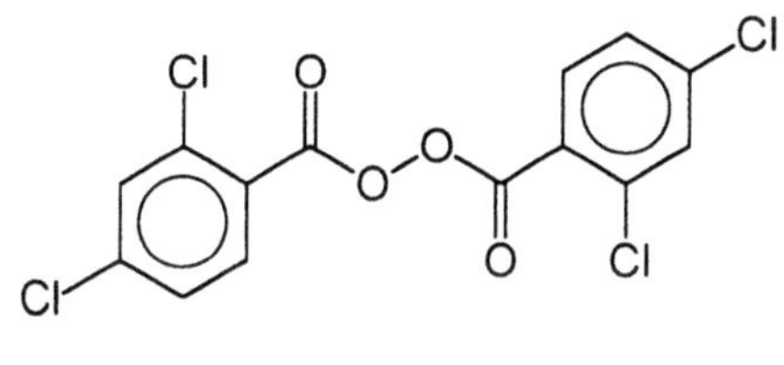

Bis-(2,4-dichlorbenzoylperoxid)

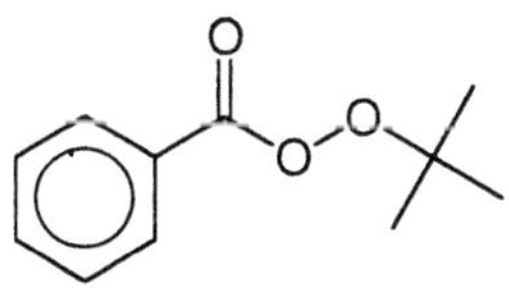

tert.-Butylperbenzoat

Abbildung 5.6: ***Struktur einiger Peroxide mit Carbonsäuregruppen***

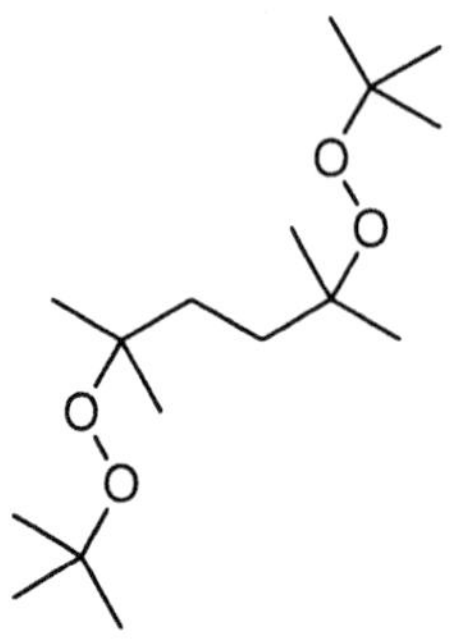

2,5-Bis-(tert.-butylperoxi)-
2,5-dimethylhexan

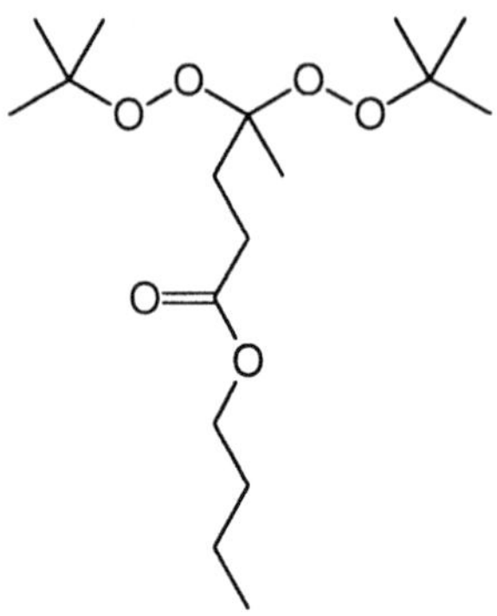

4,4-Di-tert.-butyl-peroxi-n-butyl-valerat

Abbildung 5.7: ***Struktur einiger Peroxide ohne Carbonsäuregruppen***

Die Zersetzung der Peroxide kann durch Hitze, Licht bzw. Energiestrahlen oder durch Reaktion mit anderen Stoffen erfolgen. Die Vernetzung setzt mit der Zersetzung der Peroxide ein, weshalb die Zersetzungstemperatur nicht schon während der Verarbeitung der Mischungen erreicht werden darf. Beim Einsatz der meisten Peroxide ist Luftsauerstoff auszuschließen. Auf diesem Gebiet sind in letzter Zeit durch die Entwicklung stabiler Verbindungen Fortschritte erzielt worden [203]. Der Mechanismus der Vernetzung mit Peroxiden ist in Kapitel 3.1.2.2 beschrieben.

Ein Nachteil einer Reihe von Peroxiden, vor allem Dicumylperoxid oder tert.-Butylcumylperoxid, ist eine starke Geruchsbelästigung durch die Zersetzungsprodukte. Durch eine Nachvulkanisation in Heißluft bei erhöhter Temperatur können die Zersetzungsprodukte zum Verdunsten gebracht werden (Nachtemperung).

Eine Beschleunigung der Vulkanisation durch Zuschlagstoffe ist nicht bekannt; sie kann nur über eine Temperaturerhöhung erreicht werden. Eine Aktivierung durch Metalloxide, wie Zinkoxid, sowie Stearinsäure analog der Schwefelvulkanisation ist nicht möglich.

Die Vernetzung mit Peroxiden läßt sich durch Mitverwendung sogenannter **Coaktivatoren** oder Coagentien wesentlich steigern. Dies sind polyvalente Verbindungen (z.B. Di- oder Triallylverbindungen, Maleinsäure- bzw. reaktive Acrylatderivate), die z.T. bei einer einzigen peroxidischen Anregung mehrere Folgereaktionen ermöglichen. Die Coaktivatoren greifen in die Vernetzungsreaktion ein und beeinflussen somit auch die Eigenschaften der Vulkanisate. Für Silikonkautschuke müssen keine, bei EVM und CM müssen hochwirksame Coaktivatoren verwendet werden. Einige wichtige Verbindungen sind u.a. Triallylcyanurat (TAC), Triallylphosphat (TAP), Diallylphthalat (DAP), Ethylenglycolmethacrylat (EDMA). Einige Verbindungen wirken gleichzeitig weichmachend auf unvulkanisierte Kautschukmischungen.

Für die Verzögerung der Peroxidvernetzung kann N-Nitrosodiphenylamin eingesetzt werden.

In geringem Maße wird 2,6-Di-tert.-butyl-p-kresol (BHT) als Inhibitor eingesetzt. Neuere Entwicklungen haben zu sogenannten 'Scorch Retarded' Peroxidformulierungen geführt. Diese enthalten Inhibitoren, d.h. Radikalfänger, die zugleich auch als Vernetzungsverstärker wirken. Es handelt sich bei diesen Verbindungen vor allem um Hydrochinonderivate, z.B. 2,5-Di-tert.-amyl-hydrochinon und Mono-tert.-butyl-hydrochinon [44].

Peroxide kommen bevorzugt für die Vernetzung gesättigter Kautschuke, wie AU, CM, EVM, EPM, ETER und Silikonkautschuk zum Einsatz. Sie kommen vor allem für die Herstellung von Artikeln zum Einsatz, die eine hohe Wärmebeständigkeit aufweisen müssen, z.B. Kabelmäntel, Dichtungen, Bauprofile, wärmebeständige Federelemente wie Motorauflager.

Chinondioxime

p-Benzochinondioxim (CDO) und das Dibenzoylderivat (Dibenzo-CDO) werden aufgrund ihrer radikalischen Reaktion ebenfalls für die Vernetzung von Kautschuk, insbesondere IIR eingesetzt. Zur Erzielung eines optimalen Vulkanisationsgrades sowie zur Verhinderung einer Reversion müssen oxidierend wirkende Mittel, wie Mercaptobenzothiazoldisulfid (MBTS), Bleidioxid oder Bleimennige, zugesetzt werden.
Zur Aktivierung benötigen die Chinondioxime einen Zusatz von Zinkoxid. Auch der Zusatz von Stearinsäure kann sich auf manche Mischungen aktivierend auswirken.

Eine Anwendung der Vernetzung mit Chinondioximen ist die Herstellung von Heizschläuchen für Reifenpressen.

Polymethylolphenolharze

Die 'Harzvulkanisation' ist in ihrer praktischen Anwendung im wesentlichen auf die Vernetzung von IIR beschränkt. Es werden z.B. nicht ausreagierte Polymethylolphenolharze oder halogenierte Harze eingesetzt, die im Verlaufe der Vulkanisation ausreagieren und dabei als Brückenglieder zwischen die Polymermoleküle eingebaut werden.
Zur Aktivierung der Harze werden spezielle Aktivatoren, z.B. Zinn(II)-chlorid, verwendet.

Der mögliche Einsatz von Harzen in Dienkautschuken und EPDM ist in der Praxis bisher nicht erfolgt. Bestimmte Phenoplaste werden jedoch bei Syntheselatices mit reaktiven Gruppen (z.B. freien Carboxylgruppen) eingesetzt [203].

Di- und Triisocyanate

Polyurethanvoraddukte lassen sich außer mit Peroxiden auch mit Diisocyanaten vernetzen. Für die Vernetzung von Polyestern wird vor allem 2,4-Toluylendiisocyanat eingesetzt. Die Reaktionsgeschwindigkeit kann durch Mitverwendung organischer Bleisalze gesteigert werden.
Auch die Vernetzung von Dienkautschuken ist mit Isocyanaten, z.B. Triphenylmethantriisocyanat, möglich. Sie wird im Bereich der Kautschuk-Klebstoffe sowie gelegentlich für Textilgummierungen und Metallhaftungen genutzt.

Eine neue Substanzklasse basiert auf Urethan-Reagentien, die mit NR und SR Urethanvernetzungen bilden. Das Vernetzungsmittel ist ein verkapptes Diphenylmethandiisocyanat, das thermisch in zwei Chinondioxim-Moleküle und ein Molekül Diphenylmethandiisocyanat dissoziiert. Die Chinondioxim-Moleküle werden über die Nitrosogruppe an die Kautschukkette gebunden. An diese wird nun die diisocyanathaltige Verbindung unter Vernetzung gebunden [203].

Sonstige Vernetzungsmittel

Halogenhaltige Polymere, wie Polychloropren und chlorsulfoniertes Polyethylen, können mit Metalloxiden (z.B. Zinkoxid) vernetzt werden. Fluorierte Kautschuke, wie FKM, und ACM werden mit polyvalenten Aminen, die z.T. verkappt sind, vernetzt. Einige wichtige Verbindungen sind Hexamethylendiamincarbamat, Ethylendiamincarbamat und Di-cinnamylidenhexan-diamin.

Außer den genannten sind eine Reihe weiterer Vernetzungsmittel bekannt, die aber kaum eine Rolle in der Gummiindustrie spielen, z.B. Trinitrobenzol, m-Dinitrobenzol, Epoxidharze, Azoverbindungen und metallorganische Verbindungen.

Strahlenvernetzung

Kautschuke können auch ohne Zusatz von Vernetzungsmitteln durch energiereiche Strahlen, wie Gammastrahlen aus z.B. ^{60}Kobalt-Quellen, oder energiereiche Elektronen über Kohlenstoff-Kohlenstoff-Bindungen vernetzt werden. Der Vorteil der Strahlenvernetzung ist, daß keine toxikologisch unerwünschten Vernetzungsmittel bzw. deren Reaktionsprodukte in den Artikeln vorhanden sind. Die Strahlenvernetzung wird daher zunehmend zur Herstellung medizinischer Einwegartikel eingesetzt [1].

5.2.2 Vulkanisationsbeschleuniger

Schwefel ist ein recht träges Vulkanisiermittel. Man benötigt zur Vulkanisation mit Schwefel allein große Schwefelmengen, hohe Vulkanisationstemperaturen und lange Vulkanisationszeiten und erhält nur eine ungenügende Vernetzungsausbeute. Damit verbunden sind unzulängliche Festigkeits- und Alterungseigenschaften der Vulkanisate. Erst durch die Verwendung von Vulkanisationsbeschleunigern werden Qualitäten erhalten, wie sie dem heutigen Stand der Technik entsprechen.

Die sehr vielfältigen Anforderungen an die Vulkanisate können nicht mit einem einzigen Beschleuniger erfüllt werden. In der Praxis wird daher eine Fülle unterschiedlicher Stoffe verwendet.

Über die chemische Wirkung der Beschleuniger bei der Vulkanisation bestehen zahlreiche Theorien, die in der Literatur ausführlich diskutiert und beschrieben werden [z.B. 24]. Es handelt sich jedenfalls nicht um einen rein katalytischen Effekt, sondern sie greifen in die Reaktionen ein, insbesondere bei der Aktivierung des ringförmigen S_8-Schwefelmoleküls [1]. Die Vulkanisationsbeschleuniger werden dabei selbst chemisch verändert, können aber

auch wieder zurückgebildet werden, wie das beispielsweise beim Zinksalz des 2-Mercaptobenzothiazols (ZMBT) erfolgt. Fast alle Vulkanisationsbeschleuniger benötigen zur Entfaltung ihrer vollen Wirksamkeit den Zusatz von Aktivatoren (s. Kap. 5.2.3).

Unstrittig ist, daß sich zu Beginn der Vulkanisation reaktive Beschleuniger-Komplexe bilden, die die in Abbildung 5.8 gezeigte Struktur haben.

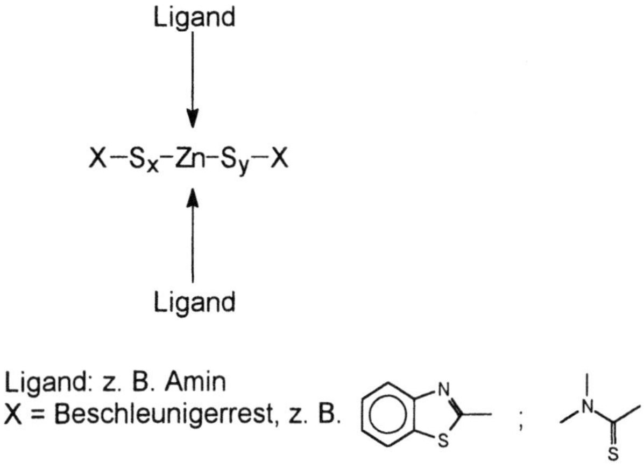

Abbildung 5.8: ***Intermediäre Beschleuniger-Komplexe***

Auch bei der Verwendung von Zweitbeschleunigern, die die Anvulkanisation verlangsamen, findet ggf. zur Aktivierung eine Reaktion zwischen den Beschleunigern statt, wie es am Beispiel von Mercaptobenzothiazol (MBT) und Cyclohexylthiophthalimid (CTP) festgestellt wurde.

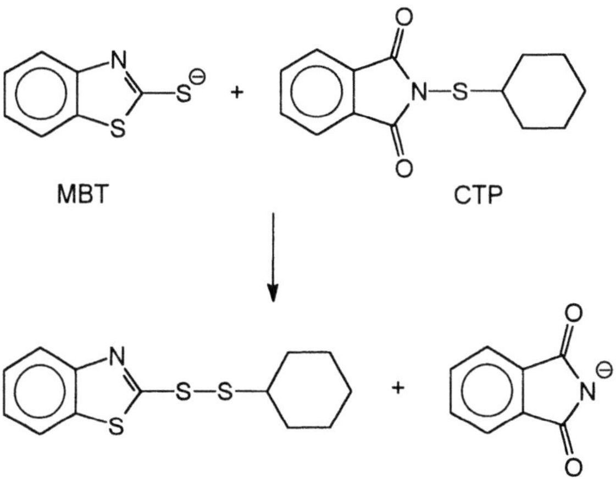

Abbildung 5.9: ***Reaktion zwischen MBT und CTP***

Die Vulkanisationsbeschleuniger werden am zweckmäßigsten nach ihrer chemischen Klassifizierung eingeteilt. Dabei gibt es aber eine Reihe nur schwer einzuordnender Spezialprodukte. Hinzu kommen zahlreiche unterschiedliche Präparationsformen (z.B. gecoatete Pulver, Pasten, Granulate), die eine staubfreie Verarbeitung möglich machen [1].

5.2.2.1 Anorganische Vulkanisationsbeschleuniger

Zur Vulkanisation wurden früher anorganische Zusätze verwendet, um die Vulkanisationszeit zu verkürzen. Es wurden u.a. Magnesiumoxid, Calciumhydroxid, Bleiglätte und Antimontri- und -pentasulfide eingesetzt. Gleichzeitig konnte die bis dahin notwendige hohe Schwefelmenge reduziert werden bei gleichzeitiger Verbesserung der Vulkanisateigenschaften.

Seit der Einführung der organischen Vulkanisationsbeschleuniger werden die anorganischen Beschleuniger nur noch selten für sich alleine eingesetzt. Als zusätzliche Aktivatoren für organische Beschleuniger werden sie neben Zinkoxid noch gelegentlich verwendet. Für dickwandige, voluminöse Artikel, z.B. große Papierwalzenbezüge, werden auch heute noch anorganische Beschleuniger und hohe Schwefelmengen eingesetzt [203].

5.2.2.2 Organische Vulkanisationsbeschleuniger

Die organischen Beschleuniger haben aus verschiedenen Gründen eine große Bedeutung erhalten:

- Die Geschwindigkeit der Vernetzungsreaktion mit Schwefel wird enorm gesteigert;
- Sie ermöglichen eine Reduzierung der zur Erzielung von optimalen Vulkanisateigenschaften benötigten Schwefelmenge;
- Sie erlauben die Anwendung von verhältnismäßig niedrigen Vulkanisationstemperaturen, womit eine wesentliche Verbesserung der Alterungsbeständigkeit der Vulkanisate einhergeht;
- Durch die Herabsetzung der Vulkanisationstemperatur können organische Farbstoffe anstelle der früher ausschließlich verwendeten anorganischen Farbstoffe eingesetzt werden, wodurch eine vielfältigere Farbgebung möglich ist.

Die wichtigsten organischen Vulkanisationsbeschleuniger lassen sich in folgende Substanzklassen zusammenfassen:

- Thiazole (Mercapto-Verbindungen)
- Sulfenamide
- Triazine
- Dithiocarbamate
- Dithiocarbamylsulfenamide
- Thiurame
- Xanthogenate
- Guanidine
- Thioharnstoffe

- Aldehyd-Amin-Kondensationsprodukte
- Amine
- Dithiophosphate
- sonstige Verbindungen

Binäre Beschleunigersysteme werden seit vielen Jahren eingesetzt. Mit ihnen kann die Vulkanisationsgeschwindigkeit weiter erhöht werden (Zweitbeschleunigereffekt). Es werden Amine, z.B. Diphenylguanidin (DPG), in Kombination mit Mercaptobeschleunigern oder Sulfenamiden eingesetzt. In der Praxis werden häufig binäre Beschleunigersysteme auf Basis von Benzothiazol- und Thiocarbamat-Derivaten eingesetzt. Die Aktivierung beruht wahrscheinlich auf der intermediären Bildung von Komplexen, wie es in Abbildung 5.10 am Beispiel Benzothiazyl-2-sulfenmorpholid (MBS)/OTOS gezeigt ist [24].

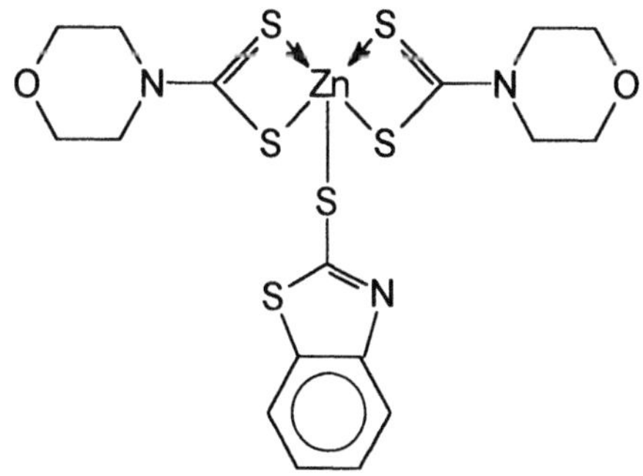

Abbildung 5.10: Intermediäre Komplexe bei der Aktivierung von Beschleunigern

Thiazole

Von allen Beschleunigerklassen haben die Thiazole die größte wirtschaftliche Bedeutung, weil mit ihnen die Vielfalt der erreichbaren Vulkanisateigenschaften am größten ist. Etwa 80 % der eingesetzten Beschleuniger sind Thiazole.

Unter dem Begriff Thiazol-Beschleuniger werden das 2-Mercaptobenzothiazol und dessen Derivate zusammengefaßt. Die Hauptprodukte dieser Beschleunigerklasse sind 2-Mercaptobenzothiazol (MBT) und Mercaptobenzothiazyldisulfid (MBTS).

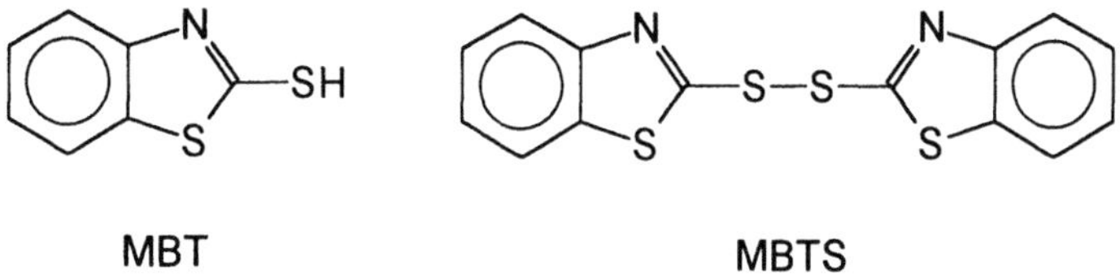

Abbildung 5.11: Struktur der Thiazol-Beschleuniger

Diese zwei Substanzen haben ein sehr breites Anwendungsspektrum und werden in vielen Kautschuksorten eingesetzt, so daß sie häufig als Allzweckbeschleuniger bezeichnet werden. Das Zinksalz des 2-Mercaptobenzothiazols (ZMBT) wird hauptsächlich in Latexmischungen eingesetzt.

Die Thiazole sind sehr wirksam und bewirken u.a. eine relativ große Verarbeitungssicherheit und eine gute Alterungsbeständigkeit der Vulkanisate. Sie werden entweder allein oder vorzugsweise mit anderen Beschleunigern, z.B. Guanidinen, Thiuramen, Thioharnstoffen, Thioamiden oder Dithiocarbamaten eingesetzt, wobei Kombinationen mit insbesondere basischen Beschleunigern synergistisch wirken. Kombinationen von z.B. MBTS/Diphenylguanidin (DPG) oder MBT/Hexamethylentetramin (HEXA) sind von großer technischer und wirtschaftlicher Bedeutung.

Zur vollen Entfaltung der Wirksamkeit ist ein Zusatz von Zinkoxid und bei Verwendung von basischen Zweitbeschleunigern auch von Stearinsäure erforderlich. Statt dessen können auch Zinkseifen oder Fettsäuren eingesetzt werden.

Die Thiazole und die Kombinationen mit anderen Beschleunigern werden bei der Herstellung von technischen Gummiartikeln, wie Bereifung, Transportbändern, Keilriemen, Dichtungen und Gummifäden verwendet. Sie sind nicht für Artikel, die mit Lebensmitteln in Berührung kommen, geeignet, da die Vulkanisate einen bitteren Geschmack besitzen.

Sulfenamide

Die Sulfenamide leiten sich von dem 2-Mercaptobenzothiazol ab. Durch Reaktion von MBT mit primären oder sekundären Aminen erhält man unterschiedliche Sulfenamide, z.B. Benzothiazyl-2-cyclohexylsulfenamid (CBS), Benzothiazyl-2-tert.-butylsulfenamid (TBBS), Benzothiazyl-2-sulfenmorpholid (MBS), Benzothiazyl-2-dicyclohexylsulfenamid (DCBS).

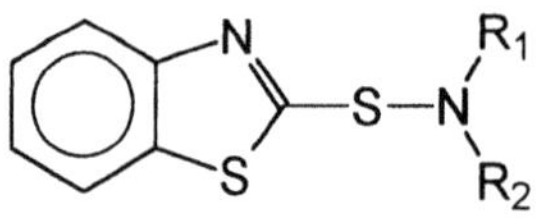

	R_1	R_2
CBS	H	Cyclohexyl
TBBS	H	tert. - Butyl
MBS	$-CH_2-CH_2-O-CH_2-CH_2-$	
DCBS	Cyclohexyl	Cyclohexyl

Abbildung 5.12: ***Struktur der Sulfenamid-Beschleuniger***

Bei diesen Substanzen handelt es sich quasi um eine Kombination von MBT und Basen. Während der Vulkanisation werden die Basen abgespalten und aktivieren das sich bildende MBT, so daß die Vulkanisation nach einem verzögerten Beginn sehr rasch verläuft. Die Vulkanisationsgeschwindigkeit kann durch Zusatz von Zweitbeschleunigern, insbesondere Thiuramen (z.B. Tetramethylthiurammonosulfid (TMTM), TMTD, TBBS), synergistisch gesteigert werden.

Im Verlauf der Diskussion über die Nitrosaminbildung bei der Vulkanisation wurden Ersatzstoffe für Beschleuniger auf Basis sekundärer Amine, z.B. MBS gesucht. Vielfach wurden TBBS- und CTP-Mischungen eingesetzt, wobei diese Alternativen nicht so universell verwendbar sind wie MBS. Ein neuer Beschleuniger, das N-tert.-Butyl-2-benzothiazolsulfenamid (TBSI) kann in vielen Fällen als gleichwertiger Ersatz für MBS angesehen werden.

Zur Aktivierung der Sulfenamide ist der Zusatz von Zinkoxid und häufig auch von Stearinsäure erforderlich. Anstelle dieser Verbindungen können auch Zinkseifen eingesetzt werden.

In vielen Fällen werden den Mischungen auch Vulkanisationsverzögerer zugesetzt. Als besonders wirksam haben sich Verzögerer vom Typ des Cyclohexylthiophthalimids erwiesen. Sulfenamidbeschleuniger, insbesondere MBS und CBS, können aber ihrerseits als Vulkanisationsverzögerer für raschere Vulkanisationsbeschleuniger eingesetzt werden.

Die Sulfenamide haben wie die Thiazole ein breites Anwendungsgebiet. Sie werden bei der Herstellung von Reifen, dynamisch hoch beanspruchten technischen Artikeln (Fördergurte, Puffer) und anderen technischen Artikeln (Dichtungen, Schläuche) eingesetzt.

Die Sulfenamide sind sehr gut für die Niedrig-Schwefel-Vulkanisation geeignet (EV-Systeme, Semi-EV-Systeme).

Triazine

Die Triazine stehen den Thiazolen technisch sehr nahe. Die Wirkgruppe sitzt an einem Triazinyl-Rest. Beispiele dafür sind die Aminomercaptotriazine, die entsprechenden Disulfide und Sulfenamide.
Die Triazine haben eine höhere Effektivität als die Thiazolbeschleuniger und werden als Alleinbeschleuniger oder in Kombination mit Thiazolen eingesetzt.

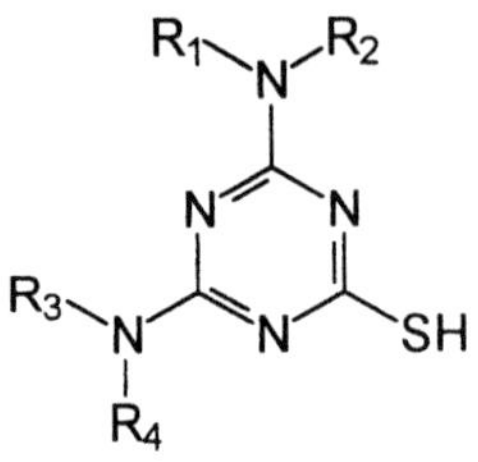

Mercaptan

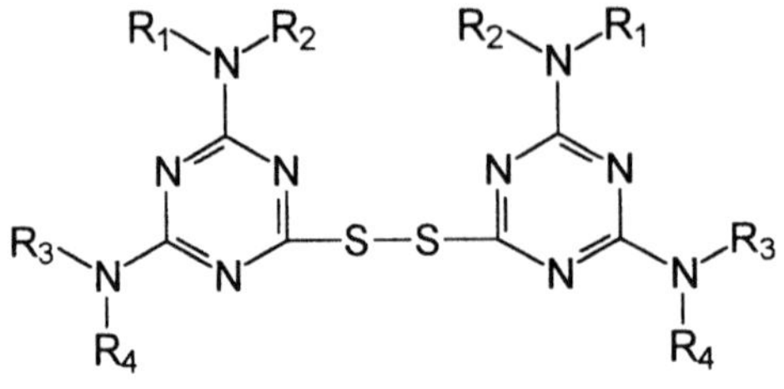

Disulfid

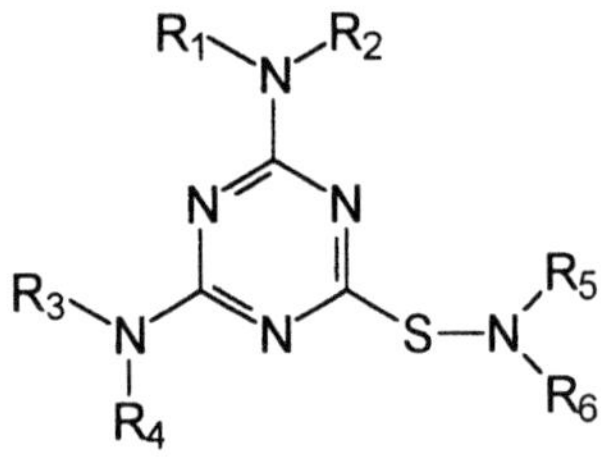

Sulfenamid

Abbildung 5.13: Struktur der Aminomercaptotriazine

Dithiocarbamate

Die Dithiocarbamate gehörten zu den ersten organischen Vulkanisationsbeschleunigern und zählen zu den stärksten Vulkanisationsbeschleunigern, weshalb sie auch als Ultrabeschleuniger bezeichnet werden. Sie haben auch heute noch eine erhebliche technologische Bedeutung. Man unterscheidet zwischen Metall- und Ammoniumdithiocarbamaten, wobei die Metalldithiocarbamate für Festkautschuke und Latex und die Ammoniumdithiocarbamate vorzugsweise für Lösungen und Latex eingesetzt werden.
Neben diesen Salzen werden die Dialkyl- und Alkylcycloalkylaminsalze der Dithiocarbaminsäuren mit gleichen N-Substituenten, z.B. das Piperidinsalz der Pentamethylendithiocarbaminsäure, verwendet.

Von den Metalldithiocarbamaten haben die Zinksalze die technologisch größte Bedeutung. Selen-, Tellur-, Cadmium-, Blei-, Wismut-, Kupfer- und Erdalkali-Dithiocarbamate sind ausgesprochene Spezialprodukte und werden nur in seltenen Fällen eingesetzt.

Der Grundkörper der **Zinkdithiocarbamate** ist das Zinkdimethyldithiocarbamat (ZDMC) (s. Abbildung 5.14), von dem sich durch Substitution der Methylgruppen durch andere Gruppen weitere Dithiocarbamate ableiten.

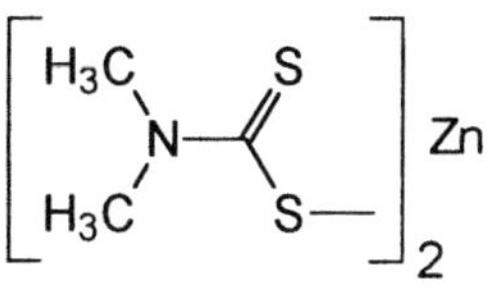

ZDMC

Abbildung 5.14: Struktur von Zinkdimethyldithiocarbamat

Die wichtigsten Verbindungen sind: Zinkdiethyldithiocarbamat (ZDEC), Zinkdibutyldithiocarbamat (ZDBC), Zinkpentamethylendithiocarbamat (Z5MC) und Zinkethylphenyldithiocarbamat (ZEPC).

Ammoniumdithiocarbamate sind wasserlösliche Beschleuniger und werden daher vorzugsweise in Latex eingesetzt. Ein typischer Beschleuniger dieser Klasse ist Piperidylammoniumpiperidyldithiocarbamat (PPC).

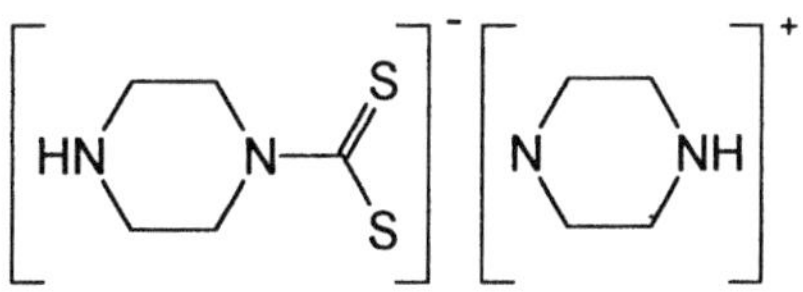

Abbildung 5.15: Struktur von Piperidyl-ammonium-piperidyl-dithiocarbamat (PPC)

Verbindungen dieser Klasse gehören mit den Xanthogenaten zu den raschesten Vulkanisationsbeschleunigern überhaupt. Sie werden daher bevorzugt im Latexsektor eingesetzt, in dem die Mischungen selten einer Wärmebehandlung unterzogen werden. Es werden auch Kombinationen mit Zinkdithiocarbamaten verwendet.

Bei den Dithiocarbamaten ergibt ein Zusatz von Basen eine starke Aktivierung; es resultieren u.a. Einstellungen für selbstvulkanisierende Mischungen [288]. Meist werden die Dithiocarbamate zur Aktivierung von Mercaptobeschleunigern oder Sulfenamiden eingesetzt. ZDEC zeigt als Zusatzbeschleuniger z.B. ausgeprägten Synergismus. Außerdem finden die Dithiocarbamate breite Anwendung in Beschleunigerkombinationen für Kautschuke mit geringer Doppelbindungsanzahl (EPDM, IIR). Sie sind auch für die efficient-Vulkanisation einsetzbar.

Zur Aktivierung ist bei den meisten Dithiocarbamaten ein Zusatz an Zinkoxid notwendig. Häufig wird außerdem Stearinsäure zugegeben. Anstelle beider können auch Zinkseifen eingesetzt werden.
Eine Verzögerung des Vulkanisationsbeginns wird meist durch Kombination mit anderen Beschleunigern, aber auch durch Einsatz saurer Stoffe, z.B. Benzoesäure, Salicylsäure oder Phthalsäureanhydrid, erreicht.

Die Dithiocarbamate können in Kombination mit langsameren Beschleunigern bei allen Vulkanisationsverfahren (Pressen-, Dampf- und Heißluftvulkanisation) eingesetzt werden und sind für die meisten Kautschuktypen, insbesondere alle Dien-Kautschuke einschließlich IIR und EPDM, geeignet.

Sie kommen für die Herstellung einer Vielfalt von Gummiartikeln zum Einsatz. Im Festkautschuk werden sie als Alleinbeschleuniger oder in Kombination mit anderen Beschleunigern für technische Artikel verschiedenster Art, z.B. auf dem Schuh- und Kabelsektor, für chirurgische und hygienische Artikel, für Lebensmittelbedarfsgegenstände, Tauchartikel und selbstvulkanisierende Lösungen, verwendet.

Auf dem Latexsektor werden die nicht wasserlöslichen Dithiocarbamate vielfach in Kombination mit wasserlöslichen Produkten zur Herstellung praktisch aller Artikel verwendet, u.a. auch für Gummifäden und Schaumgummi.

Natrium-, Selen- und Tellurdithiocarbamate haben eine analoge Struktur wie die Zinkverbindungen. Die Natriumverbindungen, z.B. das Natriumdimethyldithiocarbamat (NaDMC), sind auch wasserlöslich und werden gelegentlich als Beschleuniger für Latex eingesetzt. Selen- und Tellurdimethyldithiocarbamat (SeDMC, TeDMC) kommen aufgrund des hohen Preises und aus toxikologischen Gründen praktisch nur für spezielle Anwendungen in Frage. Sie werden vor allem als Beschleuniger oder Zusatzbeschleuniger in IIR-Mischungen, in CSM oder EPDM zur Herstellung von Kabeln und wärmebeständigen Artikeln eingesetzt.

Blei-, Cadmium-, Kupfer- und Wismutdithiocarbamate haben ebenfalls eine analoge Struktur wie die Zinkverbindungen. Von den möglichen Verbindungen werden vorwiegend die Dimethyldithiocarbamate eingesetzt (PbDMC, CdDMC, CuDMC, BiDMC). Auch Cadmiumpentamethylendithiocarbamat (Cd5MC) hat technisch eine gewisse Rolle.

Diese Dithiocarbamate benötigen zur vollen Entfaltung ihrer Aktivität den Zusatz von Zink- oder Cadmiumoxid. Die Zugabe von Fettsäuren und Zinkseifen wirkt sich günstig auf die Vulkanisation aus.
Diese Verbindungen werden als aktivierender Zweitbeschleuniger bei der Verwendung von Mercapto-Beschleunigern eingesetzt.
Zudem werden sie in gewissem Maße für Kabel und Formartikel aus SBR, IIR und z.T. aus NR angewendet. Zur Erzielung hoch wärmebeständiger NBR-Vulkanisate wird z.B. CdDMC mit Cadmiumoxid als Aktivator empfohlen.

Nickeldithiocarbamate sind im Gegensatz zu den genannten Verbindungen keine Vulkanisationsbeschleuniger, sondern Licht- und Alterungsschutzmittel für CR, CSM, CO, ECO und ETER gegen Wärmeeinflüsse [203].

Dithiocarbamylsulfenamide

Dithiocarbamylsulfenamide sind eine relativ neue Beschleunigerklasse die seit Ende der 1970er Jahre auf dem Markt sind. Sie stellen eine molekulare Kombination von Dithiocarbamat- und Sulfenamid-Beschleuniger dar und haben die in Abbildung 5.16 dargestellte Grundstruktur.

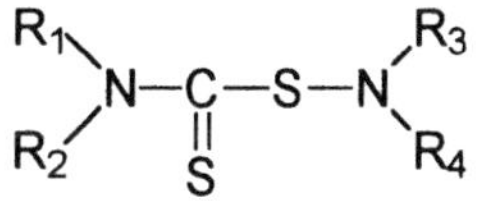

Abbildung 5.16: ***Struktur der Dithiocarbamylsulfenamide***

Das erste Handelsprodukt aus dieser Klasse ist das N-Oxydiethylendithiocarbamyl-N'-oxydiethylensulfenamid (OTOS).

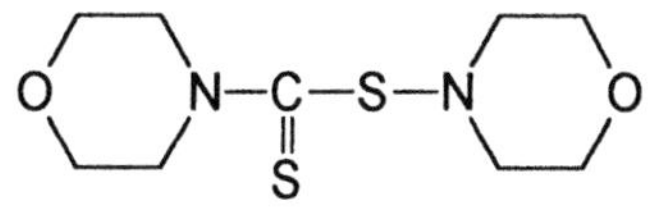

Abbildung 5.17: ***Struktur von N-Oxydiethylendithiocarbamyl-N'-oxydiethylensulfenamid (OTOS)***

Zwei weitere, neu entwickelte Produkte sind das N-Dimethyldithiocarbamyl-N'-oxydiethylensulfenamid (DTOS) [203] sowie das N-Oxydiethylenthiocarbamyl-N'-tert.-butylsulfenamid (OTTBS) [225]. Letzteres ist vor allem unter dem Gesichtspunkt einer geringen Toxizität, speziell im Zusammenhang mit der Diskussion um Nitrosamine Ende der 1980er Jahre entwickelt worden.

OTOS gehört zu den stärksten Synergisten im Bereich der Vulkanisationsbeschleuniger. Vor allem für NR werden Kombinationen mit Thiazolbeschleunigern, hauptsächlich MBT und MBTS, empfohlen. In einigen SR, z.B. SBR, wird OTOS auch als Alleinbeschleuniger eingesetzt. OTOS kann wie TMTD als Beschleuniger und Schwefelspender wirken und kann analog den Thiuramen (s.u.) in breiten Schwefel/Beschleuniger-Verhältnissen eingesetzt werden.

Zur Aktivierung von OTOS ist der Zusatz von Zinkoxid erforderlich. Die Zugabe von Fettsäuren (z.B. Stearinsäure) wirkt sich günstig aus. Anstelle beider können Zinkseifen zugegeben werden.

OTOS wirkt besonders vorteilhaft in NR, SBR, BR, NBR, EPDM und BIIR. Er wird hauptsächlich für die Herstellung von Reifen, vor allem Radial-PKW-Reifen und Innenliner, für

Runderneuerungs- und Reparaturmaterialien, Fördergurte und wärmebeständige Artikel (Motorauflager, Dichtungen, Fensterprofile) verwendet.

Thiurame

Die Thiurambeschleuniger leiten sich von den Dithiocarbamaten ab. Thiuram ist eine Kurzbezeichnung für Thiuramsulfide mit der allgemeinen Formel

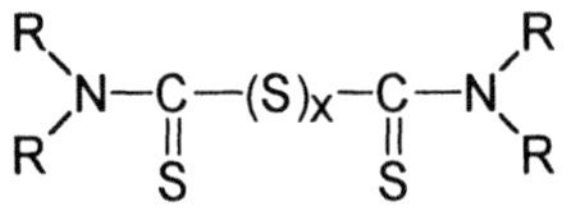

Abbildung 5.18: Struktur der Thiurambeschleuniger

Der Grundkörper dieser Substanzklasse ist das Tetramethylthiuramdisulfid (TMTD) (R = Methyl, x = 2) von dem sich durch Variation der Alkylgruppe und des Schwefelgehaltes die anderen Verbindungen ableiten. Weitere wichtige Verbindungen dieser Reihe sind Tetramethylthiurammonosulfid (TMTM), Tetraethylthiuramdisulfid (TETD), Dimethyldiphenylthiuramdisulfid (MPTD) und Dipentamethylenthiuramtetrasulfid (DPTT).

Die Thiurame werden bei der Vulkanisation thermisch in die entsprechenden Dithiocarbamate gespalten, der Vulkanisationsbeginn ist daher grundsätzlich später als bei Verwendung der entsprechenden Dithiocarbamate. Sie dienen bei der Vulkanisation als Schwefelspender (s. Kapitel 5.2.1.2).
Thiurame können wie keine andere Beschleunigerklasse in weiten Beschleuniger/Schwefel-Relationen eingesetzt werden. Daher und durch die vielfältigen Kombinationsmöglichkeiten mit anderen Beschleunigerklassen haben die Thiurame eine besondere Bedeutung.

Thiurame werden insbesondere als Zweitbeschleuniger für Mercapto- und Sulfenamidbeschleuniger eingesetzt. In Kombination mit raschen Beschleunigern, z.B. Dithiocarbamaten und Xanthogenaten, haben die Thiurame eine verzögernde Wirkung. Thiuram/Sulfenamid-Kombinationen können durch Zugabe von basischen Beschleunigern (z.B. DPG, HEXA, Di-o-toluylguanidin (DOTG)) oder Thioharnstoffe (z.B. Ethylenthioharnstoff, ETU; Diethylenthioharnstoff, DETU) weiter aktiviert werden.

Thiuramen werden zur Aktivierung Zinkoxid und Fettsäuren (z.B. Stearinsäure) oder anstelle derer Zinkseifen zugesetzt. Zur Verzögerung werden, je nach verwendetem Vulkanisationssystem, Thiazolbeschleuniger, Sulfenamide oder klassische Vulkanisationsverzögerer eingesetzt.

Thiurame sind für alle herkömmlichen Vulkanisationsverfahren (Presse, Dampf, Heißluft) geeignet. Sie eignen sich vor allem für die Vulkanisation von NR, IR, BR, SBR und NBR. Außerdem werden sie für Kautschuke mit einem niedrigen Gehalt an Doppelbindungen, wie EPDM, ETER und IIR, eingesetzt.

Die Hauptanwendungsgebiete sind wärmebeständige Artikel (Fördergurte, Schläuche, Dichtungen, Manschetten), sich nicht verfärbende Artikel (z.B. Badeartikel), Lebensmittelbedarfsgegenstände und chirurgische Gummiwaren. Als Sekundärbeschleuniger werden Thiurame häufig für Kabel, technische Artikel und z.T. für Reifen eingesetzt.

Xanthogenate

Die Xanthogenatbeschleuniger leiten sich von der Xanthogensäure ab und haben folgende Struktur:

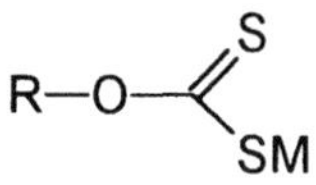

Abbildung 5.19: Stuktur der Xanthogenatbeschleuniger

Als Vulkanisationsbeschleuniger werden in der Regel Alkali- oder Zinksalze eingesetzt. Technologisch wichtige Verbindungen sind Zinkbutylxanthogenat (ZBX), Zinkisopropylxanthogenat (ZIX) und das wasserlösliche Natriumisopropylxanthogenat (NaIX).

Die Xanthogenate stehen technologisch den Dithiocarbamaten sehr nahe und gehören wie diese zu den Ultrabeschleunigern. Aus diesem Grund werden sie nur in Ausnahmefällen in Festkautschuk eingesetzt. In benzinischen Lösungen haben sie eine gewisse Bedeutung erlangt.
Das Haupteinsatzgebiet der Xanthogenatbeschleuniger liegt auf dem Latexsektor und ist die Herstellung von Schaumgummi.

Guanidine

Die wichtigsten Guanidinbeschleuniger sind Diphenylguanidin (DPG), Di-o-tolylguanidin (DOTG) und o-Tolylbiguanid (OTBG).

Guanidine spielen als Alleinbeschleuniger nur eine geringe Rolle. Sie werden unkombiniert nur zur Vulkanisation großvolumiger Artikel eingesetzt. Durch eine starke synergistische Wirkung insbesondere mit Mercaptobeschleunigern, Sulfenamiden, Thiuramen und Dithiocarbamaten haben sie eine große Bedeutung als Zweitbeschleuniger.

Eine Aktivierung mit Zinkoxid ist notwendig, wenn Guanidine als Alleinbeschleuniger eingesetzt werden. Beim Einsatz als Zweitbeschleuniger gelten die Aktivierungsregeln der Primärbeschleuniger.
Als basische Beschleuniger werden Guanidine in erster Linie von Säuren verzögert.

Guanidine und insbesondere ihre vielfältigen Kombinationen können für alle Vulkanisationsverfahren eingesetzt werden. Guanidine werden bevorzugt für die Vulkanisation von NR, IR, BR, SBR und NBR eingesetzt, in besonderen Fällen auch in CR und ACM.

Als Alleinbeschleuniger kommen Guanidine nur für die Herstellung großvolumiger Artikel, z.B. Walzen zum Einsatz.

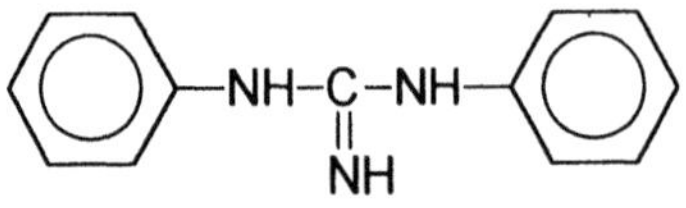

DPG

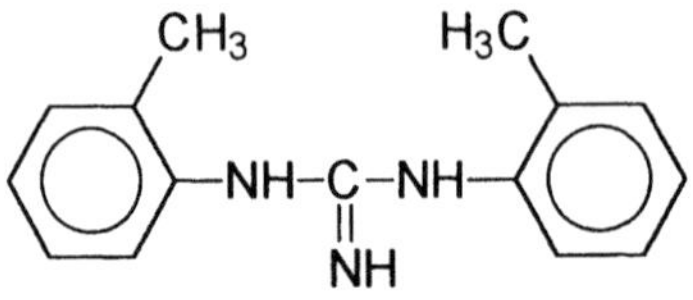

DOTG

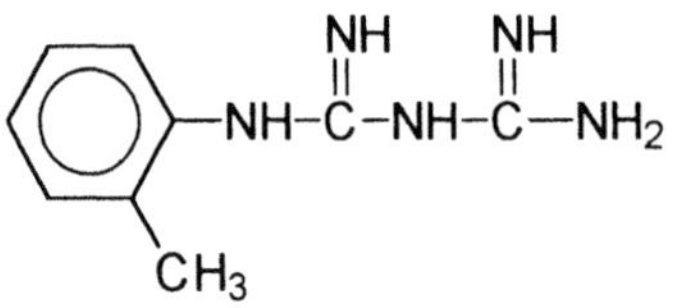

DTBG

Abbildung 5.20: Struktur einiger Guanidinbeschleuniger

In Kombination mit anderen Beschleunigern werden sie für die Herstellung einer großen Anzahl technischer Gummiwaren, wie Bereifung, Kabelmäntel und -isolationen, Gummischuhwerk, Sohlen und gummierte Stoffe, verwendet.

Thioharnstoffe

Thioharnstoffe sind Spezialprodukte und werden fast ausschließlich als Beschleuniger für die Vulkanisation von CR und Epichlorhydrinen (CO, ECO) verwendet. Darüber hinaus ist ihr Gebrauch als Zweitbeschleuniger für Schwefelsysteme besonders bei EPDM und IIR üblich [288]. Die wichtigsten Verbindungen dieser Klasse sind Diphenylthioharnstoff (DPTU), Ethylthioharnstoff (ETU), auch als 2-Mercaptoimidazolin bezeichnet, und Diethylthioharnstoff (DETU).

ETU und DETU sind für alle Vulkanisationsverfahren geeignet, die für die Herstellung von CR und Epichlorhydrinen eingesetzt werden, z.B. Pressen-, Heißdampf-, Salzbad- und UHF-Vulkanisation. DPTU wird hauptsächlich in Kombination mit basischen Produkten, wie Polyethylenpolyamine (PEP) und Kondensationsprodukt von Butyraldehyd mit Anilin (BAA), für die Selbstvulkanisation und für eine rasche Vulkanisation von CR eingesetzt.

Thioharnstoffderivate kommen für die Herstellung technischer Gummiartikel, Kabel, Folien, Gummierungen und ähnlicher Artikel in Frage.

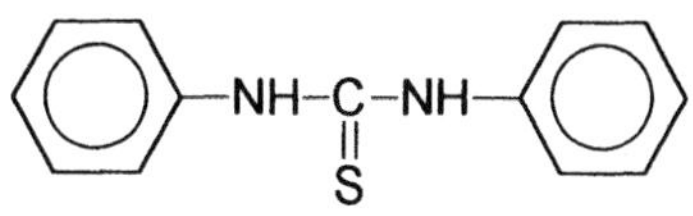

DPTU

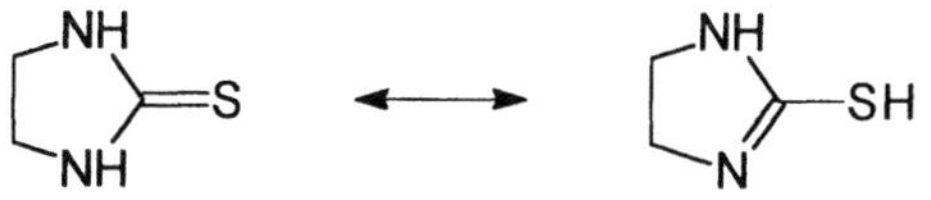

ETU 2-Mercaptoimidazolin

Abbildung 5.21: Struktur einiger Thioharnstoffbeschleuniger

Aldehyd-Amin-Kondensationsprodukte

Die in dieser Gruppe zusammengefaßten Produkte sind in ihrer Wirksamkeit sehr unterschiedlich und spielen im Vergleich zu den bisher behandelten Beschleunigern eine untergeordnete Rolle.

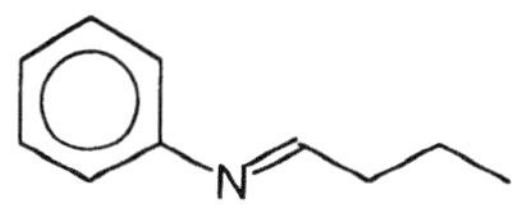

BAA

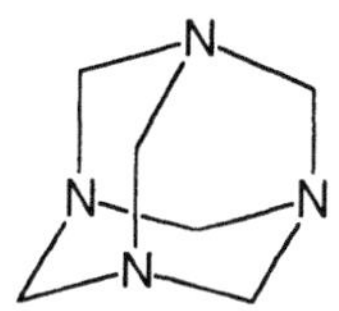

HEXA

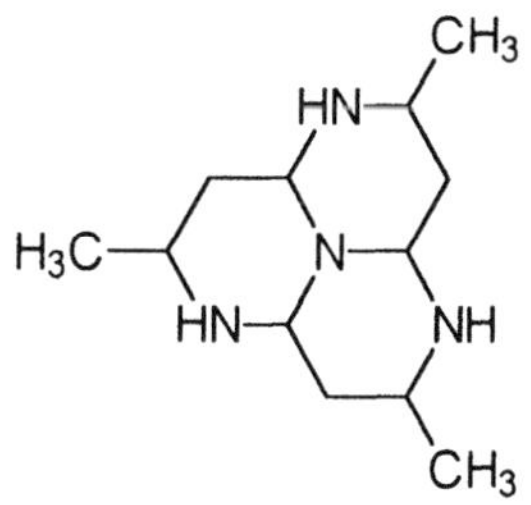

TCT

Abbildung 5.22: Struktur einiger Aldehyd-Aminbeschleuniger

Das Kondensationsprodukt von Butyraldehyd mit Anilin (BAA) ist ein rasch wirkender Beschleuniger, der gelegentlich zur Herstellung hochelastischer Artikel, z.B. Vollgummireifen, Gummipuffer und Federelemente, eingesetzt wird. Hexamethylentetramin (HEXA)

wird gelegentlich als billiger nicht verfärbender Zweitbeschleuniger eingesetzt, z.B. Schuhwerk, helle Mischungen. Tricrotonylidentetramin (TCT) wird für die Vulkanisation von Hartgummimischungen eingesetzt.

Amine

Sekundäre Amine, wie Dibutylamin (DBA), Dibenzylamin oder Cyclohexylethylamin (CEA), sind schwache Alleinbeschleuniger, wirken aber stark zweitbeschleunigend auf Dithiocarbamate und haben als solche eine begrenzte wirtschaftliche Bedeutung. CEA und DBA werden als Zweitbeschleuniger z.B. bei der sogenannten Dunstvulkanisation eingesetzt. Polyethylenpolyamine (PEP) sind verhältnismäßig rasch wirkende Beschleuniger und spielen für Spezialanwendungen eine gewisse Rolle.

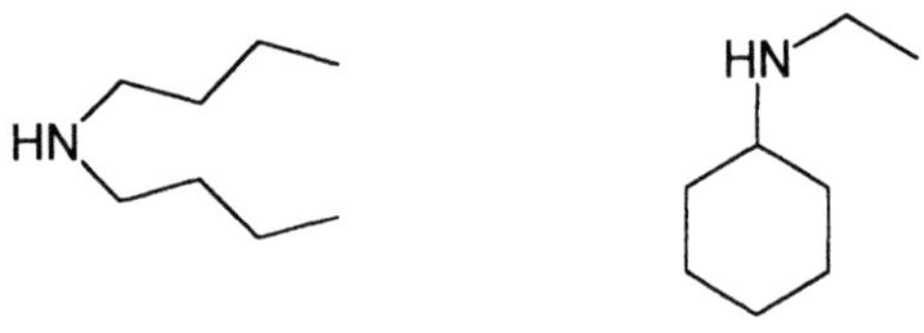

DBA CEA

Abbildung 5.23: Struktur einiger Aminbeschleuniger

Dithiophosphate

Organische Phosphor-Schwefel-Verbindungen sind hochwirksame Beschleuniger für Dien-Kautschuke, insbesondere NR, IR, SBR und IIR. Sie stehen den Dithiocarbamaten chemisch sehr nahe und werden z.B. in EPDM-Mischungen als Ersatz für diese eingesetzt. Sie werden in verschiedenen Beschleunigerkombinationen, z.B. mit Thiazol-, Mercapto-, Thiurambeschleuniger, Dithiocarbamaten oder Sulfenamiden, eingesetzt. In Kombination mit geringen Schwefel-Dosierungen und einem Thiazolbeschleuniger erhält man hitze- und reversionsbeständige Vulkanisate [91]. Die Thiophosphatbeschleuniger können in drei Gruppen eingeteilt werden:

Metall-, Schwefel- oder Carbonylverbindungen disubstituierter Dithiophosphorsäuren,
Aminsalze von Dithiophosphorsäuren,
Metall-Amin-Komplexe der Dithiophosphorsäuren.

Die Strukturen dieser Verbindungen sind in Abbildung 5.24 dargestellt.

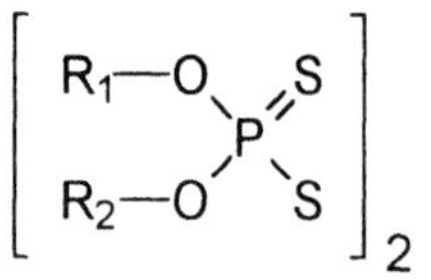

Me Me = Zn, Cu, NH_4^+

Abbildung 5.24: Struktur von Dithiophosphor-Verbindungen

Einige im Einsatz befindliche sind Zink-dibutyldithiophosphat (ZDBP), Zink-isobutyl-isooctyl-dithiophosphat (ZnBODTP), Kupfer-diisopropyldithiophosphat (CuIDP) und Ammonium-dithiophosphate.

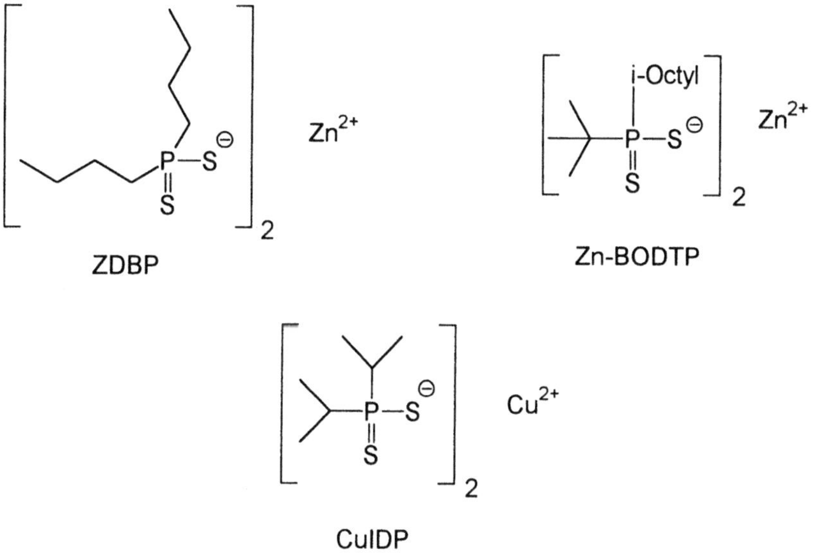

Abbildung 5.25: ***Struktur einiger Dithiophosphate***

Zur Aktivierung werden Zinkoxid, Stearinsäure oder Zinkseifen verwendet. Eine Verzögerung wird in der Regel nicht durchgeführt, da die Dithiophosphate langsamer reagieren als die Dithiocarbamate.

Dithiophosphate können z.B. bei der Herstellung von Reifenlaufflächen und in Seitenwandmischungen von Reifen eingesetzt werden [145].

Sonstige Verbindungen

In jüngster Zeit wurden neuere Beschleuniger vor allem als Ersatzprodukte für ETU entwickelt. Es handelt sich hierbei vor allem um Oxadiazin-, Thiadiazin-, Thiadiazol- und Thiazolidin-Derivate [203].

Eine relativ neue Klasse von Vulkanisationsbeschleunigern sind polymere Thiocarbamoylsulfenamide (PTS). Verbindungen auf der Basis von Hexamethylendiamin, 1,3-Diaminopropan, 4,4'-Diamindiphenylmethan, 1,3-Di-4-piperidylpropan wurden auf die Einsatzmöglichkeit bei der Schwefelvulkanisation von NR untersucht [122, 148].

Viele Handelsprodukte sind besondere Kombinationen von verschiedenen Beschleunigern oder leiten sich von den beschriebenen Beschleunigerklassen durch eine Veränderung der Substituenten ab [203].

5.2.3 Beschleunigeraktivatoren

Organische Vulkanisationsbeschleuniger benötigen zur vollen Entfaltung ihrer Wirksamkeit den Zusatz von anorganischen oder organischen Aktivatoren. Am häufigsten wird Zinkoxid in Dosierungen von 3 - 5 % eingesetzt. In speziellen Fällen wird Calciumhydroxid, Magnesiumoxid (in CR) und in einer Reihe von Spezialkautschuken (ACM, CSM, CO, CR, ECO, ETER u.a.) Bleioxid und Bleimennige verwendet.

Das System Kautschuk-Schwefel-Beschleuniger-Zinkoxid wird durch die Erniedrigung des pH-Wertes zusätzlich aktiviert. Dies erfolgt häufig durch Zugabe von Fettsäuren (Stearinsäure) oder fettsaurer Salze (Zinkstearat, Zinklaurat u.a.). Gleichzeitig wird eine Verbesserung der Verarbeitbarkeit und der Füllstoffverteilung erreicht. Auch die Zugabe von basischen Substanzen, z.B. Cyclohexylethylamin, Dibenzylamin, Mono- und Dibutylamin, führt zu einer Aktivierung der Vulkanisationsbeschleuniger.

5.2.4 Vulkanisationsverzögerer

Bei kurzen Vulkanisationszeiten und/oder hohen Mischungstemperaturen muß man oft den Vulkanisationsbeginn (Anvulkanisation) verzögern, um eine ausreichende Verarbeitungssicherheit zu gewährleisten. Man kann dies durch eine geeignete Auswahl von Vulkanisationsbeschleunigern erreichen, da mit einer Reihe von Beschleunigern, z.B. MBTS und Sulfenamid-Beschleunigern, die Vulkanisation verzögert wird.
Auch das Alterungsschutzmittel 2-Mercaptobenzimidazol (MBI) wirkt verzögernd auf die meisten Beschleuniger.
Fettsäuren und fettsaure Salze sowie Zinkstearat und Zinklaurat können ebenfalls verzögernd auf die Anvulkanisation wirken. Diese Verbindungen wirken gleichzeitig als Aktivatoren für die Vulkanisation.

Es können auch Verbindungen mit vulkanisationsverzögernden Eigenschaften, z.B. N-Nitrosoverbindungen von sekundären aromatischen Aminen (z.B. N-Nitrosodiphenylamin, NDPA), schwer flüchtige organische Säuren bzw. deren Anhydride (z.B. Benzoesäure, BES oder Phthalsäureanhydrid, PTA) und Sulfensäure- bzw. Sulfonsäure-Derivate eingesetzt werden.

NDPA wird hauptsächlich in dunklen Kautschukartikel verwendet, da es helle Artikel verfärbt. Es kann sowohl bei der Vulkanisation mit Schwefel als auch mit Peroxiden eingesetzt werden. NPDA das als Nitrosamin in toxikologischer Hinsicht verhältnismäßig harmlos ist [51], kann in Gegenwart von Beschleunigern mit sekundären Aminen als Nitrosogruppenüberträger fungieren, z.B. bei Thiuramen, Dithiocarbamaten, manchen Sulfenamiden, wobei aliphatische bzw. heterocyclische Nitrosamine mit z.T. hoher Toxizität entstehen können [203].

Die verzögernde Wirkung von Säuren bzw. deren Anhydriden ist in der Regel geringer als die von NDPA. Sie werden häufig in hellen Artikeln eingesetzt, da sie diese nicht verfärben. Sie wirken verzögernd in Gegenwart fast aller Vulkanisationsbeschleuniger. Für die peroxidische Vernetzung und für die EV-Vulkanisation mit TMTD sind sie nicht anwendbar.

Neuere, wesentlich wirksamere Verbindungen enthalten - S - N = -Gruppen, wie Phthalimidsulfenamide (z.B. N-Cyclohexylthiophthalimid, CTP) bzw. Sulfonamid-Derivate. Langfristig werden diese 'N-S-Verzögerer' die bisherigen Produkte ersetzen, da sie wirkungsvoller und universeller einsetzbar sind. Eine ebenfalls neue Substanzklasse sind die Thioketale, die für viele Beschleuniger als Vulkanisationsverzögerer eingesetzt werden können [246].

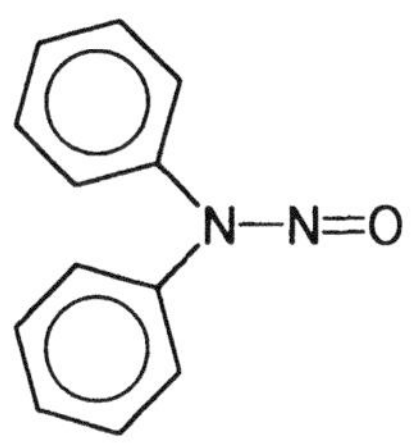

NDPA

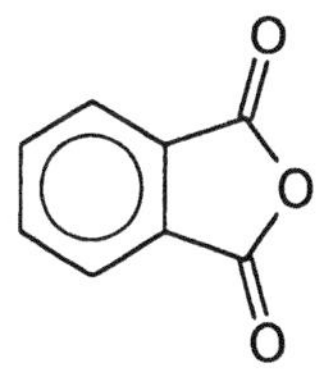

PTA

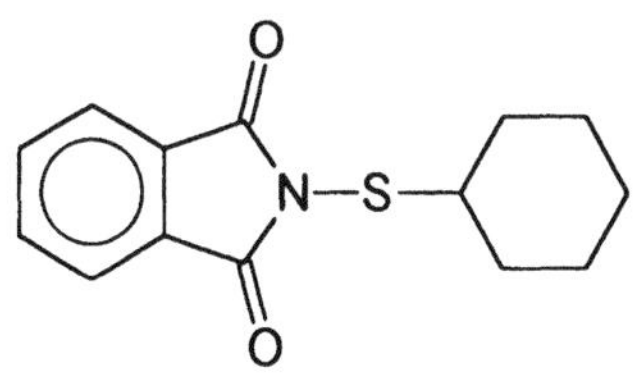

CTP

Abbildung 5.26: ***Struktur einiger Vulkanisationsverzögerer***

5.3 Alterungsschutzmittel

Die Beständigkeit von Vulkanisaten gegen die in Kap. 3.4 beschriebenen Einflüsse, die einzeln oder gleichzeitig einwirken können, wird primär durch die chemische Struktur des zugrunde liegenden Kautschuks bestimmt. Ungesättigte Kautschuke werden wesentlich stärker von Sauerstoff und Ozon angegriffen als gesättigte Kautschuke. Bei den Dienen sind insbesondere Isoprenstrukturen labiler als z.B. solche auf Basis von Butadien [203]. Weiter hat das Vernetzungssystem und der daraus resultierende Vernetzungsgrad einen Einfluß auf die Alterungs- und Wärmebeständigkeit von Vulkanisaten. EV-Systeme und schwefelfreie Vernetzungsmittel geben in der Regel beständigere Vulkanisate als z.B. konventionelle Schwefelvulkanisation. Auch die Art und die Menge der eingesetzten Füllstoffe hat einen erheblichen Einfluß auf die Beständigkeit der Vulkanisate.

Die resultierenden Zerstörungsprozesse können durch Zugabe von Chemikalien, den sogenannten Alterungsschutzmitteln, verzögert werden. Sie werden den Kautschukmischungen in Dosierungen von 1 - 3 phr, in Ausnahmefällen auch bis 5 phr und mehr, zugesetzt. Sie geben dem fertigen Artikel einen mehr oder weniger ausgeprägten Schutz gegen die schä-

digenden Einflüsse, die im wesentlichen von der chemischen Konstitution des Alterungsschutzmittels abhängt.

Es gibt kein Alterungsschutzmittel, das gegen alle in Kap. 3.4 genannten Alterungsprozesse gleichzeitig maximalen Schutz gewährt und dabei keine Verfärbung hervorruft. Vielmehr hat jedes Alterungsschutzmittel ein bestimmtes „Wirkungsspektrum“, d.h. unterschiedliche Schutzwirkung gegen die Alterung hervorrufenden Einflüsse. Häufig werden daher die Alterungsschutzmittel nach ihrer Schutzfunktion in folgende Gruppen eingeteilt:

- Oxidationsschutzmittel
- Ermüdungsschutzmittel
- Lichtschutzmittel (UV-Absorber, Crazingschutzmittel, Quencher, Lichtstabilisatoren)
- Ozonschutzmittel
- Hydrolyseschutzmittel
- Schutzmittel gegen Metallvergiftung
- Desaktivatoren
- Reversionsschutzmittel (Anticyclisierungsmittel)

Die sogenannten Ermüdungsschutzmittel werden oft zur Kategorie der Antioxidantien zugeordnet, da die Alterungsprozesse außer einer mechanischen Beanspruchung auch stets eine Sauerstoffaufnahme involvieren [38]. Umgekehrt sind nicht alle Antioxidantien auch gleichzeitig Ermüdungsschutzmittel.

Werden die Schutzmittel nicht allein, sondern in Kombination eingesetzt, so können sich Synergismen ergeben, die technisch von großer Bedeutung sind. Kombinationen aus Antioxidantien und UV-Stabilisatoren, aus Desaktivatoren (wie Mercaptobenzimidazol) und Phenolen oder Aminen sind Beispiele für eine synergistische Beeinflussung.
Die Wirksamkeit der Alterungsschutzmittel kann durch Zugabe von sogenannten Peroxidzersetzern, z.B. organische Sulfide, Zinkdithiocarbamate, Zinkdithiophosphate, Zinkxanthogenate, ergänzt oder synergistisch verstärkt werden [288].

Auch andere Kautschukchemikalien, wie Weichmacher, können zum Alterungsschutz beitragen. SH-gruppenhaltige Weichmacher, wie Thioether, Thioester, erhöhen die Heißluftbeständigkeit von Vulkanisaten. Sie wirken auch als Peroxidzersetzer und steigern damit die Wirkung der Antioxidantien [335].

Für den technischen Gebrauch hat sich die Einteilung der Alterungsschutzmittel auch nach ihrer Verfärbungstendenz bewährt. Jedes Mittel zeigt ein bestimmtes Verfärbungsverhalten bei Lichteinwirkung, das von aufhellend über nichtverfärbend und schwach verfärbend bis zu stark schwarzbraun verfärbend reichen kann.
Stark verfärbende Alterungsschutzmittel sind fast immer wirksamer als nicht verfärbende, wobei diese Regel nur eine grobe Richtlinie darstellt.
Die meisten Alterungsschutzmittel sind Derivate von aromatischen Aminen, insbesondere Phenylendiaminen, und von Phenolen. Die Amine zählen im wesentlichen zu den verfärbenden und die Phenole zu den nicht verfärbenden Produkten.

5.3.1 Oxidationsschutzmittel (Antioxidantien)

Die Reaktion der Polymermatrix mit Sauerstoff verläuft ebenso wie die mit Ozon über einen radikalischen Mechanismus. Viele Oxidationsschutzmittel sind daher oft auch gute Ozonschutzmittel. Sie werden in Kapitel 5.3.3 beschrieben.

5.3.1.1 Verfärbende Produkte

Einen sehr guten Schutz gegen Oxidation gibt das N,N'-Di-β-naphthyl-p-phenylendiamin (DNPD) und das polymere 2,2,4-Trimethyl-1,2-dihydrochinon (TMQ). Das DNPD ist das stärkste bisher bekannte Oxidationsschutzmittel, das aus toxikologischen Gründen aber nicht mehr hergestellt wird.

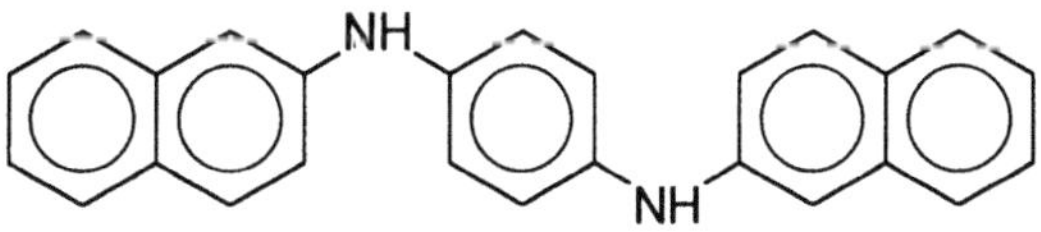

DNPD

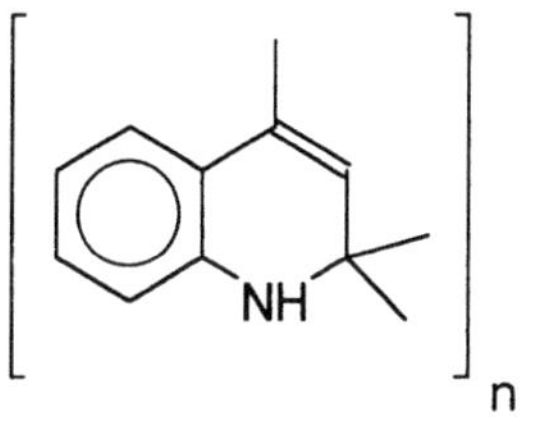

n = ca. 3

TMQ

Abbildung 5.27: Struktur einiger Oxidationsschutzmittel

Das TMQ ist sehr schwer flüchtig, weshalb seine Wirkung lange anhält und es sich auch als Hitzeschutzmittel bewährt hat.

5.3.1.2 Nicht verfärbende Produkte

Die nicht verfärbenden Alterungsschutzmittel sind den verfärbenden Produkten generell unterlegen [1].

Zu den nicht verfärbenden Oxidationsschutzmitteln gehören aralkylierte Phenole, z.B. styrolisierte Phenole (SPH), und einige Benzofuran-Derivate (BD).

Bezüglich des Ermüdungsschutzes ist die Wirkung von SPH und BD vergleichbar mit der von oktyliertem Diphenylamin (ODPA), aber geringer als z.B. von p-Phenylendiaminen. Bezüglich der Schutzwirkung gegen Autoxidation verhält sich BD günstiger als die aralkylierten Phenole.
BD hat eine ausgeprägte Wirkung gegen Ozonrißbildung. Diese Schutzwirkung zeigt es aber nur in CR, in CR-Verschnitten mit NR und in SBR.

5.3.1.3 Sonstige Produkte

Alterungsschutzmittel dieser Gruppe zeigen eine Schutzwirkung gegen Sauerstoff und Wärme, gegen Bewitterungsrißbildung (crazing) sowie teilweise gegen Schwermetallvergiftung. Sie zeigen keinen Schutz gegen Ermüdungs- oder Ozonrißbildung. Die verwendeten Schutzmittel sind vorwiegend Phenole, es gehören aber auch heterocyclische Mercaptoverbindungen und deren Derivate dazu.

Aus der Gruppe der Phenole werden vielfach 2,4,6-substituierte Phenole verwendet. Das 2,6-Di-tert.-butyl-p-kresol (BHT) wird vielfach eingesetzt, gewährt aber wegen seiner hohen Flüchtigkeit nur bei niedrigen Temperaturen Schutz gegen Oxidation. Stärker alkylierte Phenole (z.B. 2,4-Dimethyl-6-(α-methyl-cyclohexyl)-phenol) besitzen eine bessere Wärmestabilität und damit eine bessere Schutzwirkung.
Bifunktionelle Phenole, z.B. 2,2'-Methylen-bis(4-methyl-6-tert.-butylphenol) (BPH), geben einen sehr guten Schutz gegen die Einwirkung von Sauerstoff. Einige dieser Substanzen führen bei längerer Belichtung zu einer leichten Verfärbung der Vulkanisate nach rosa.

Trifunktionelle Phenole, z.B. 1,3,5-Trimethyl-2,4,6-tris(3',5'-di-tert.-butyl-4'-hydroxybenzyl)-benzol (Ionox 330), zeichnen sich durch eine äußerst geringe Flüchtigkeit aus. Sie werden daher bevorzugt in Kautschuken eingesetzt, die bei hoher Temperatur verarbeitet werden.

Heterocyclische Mercaptoverbindungen, wie das Mercaptobenzimidazol (MBI), sein Zinksalz (ZMBI) sowie die 4- bzw. 5-Methylverbindung (MMBI) besitzen nur mittlere Wirksamkeit. Ihre große Bedeutung liegt darin, daß sie mit fast allen anderen Alterungsschutzmittel als Synergisten wirken, d.h. die Kombination wirksamer ist als die Wirksumme der einzelnen Produkte [1].

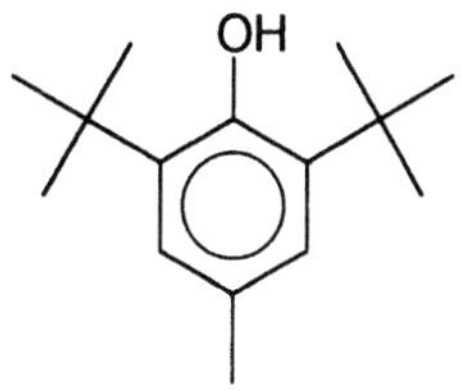

BHT

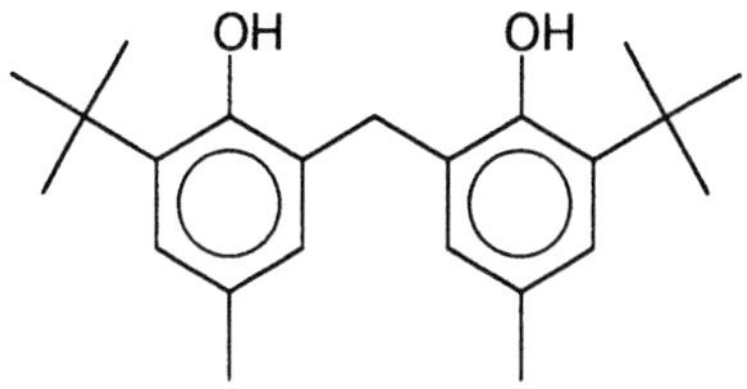

BPH

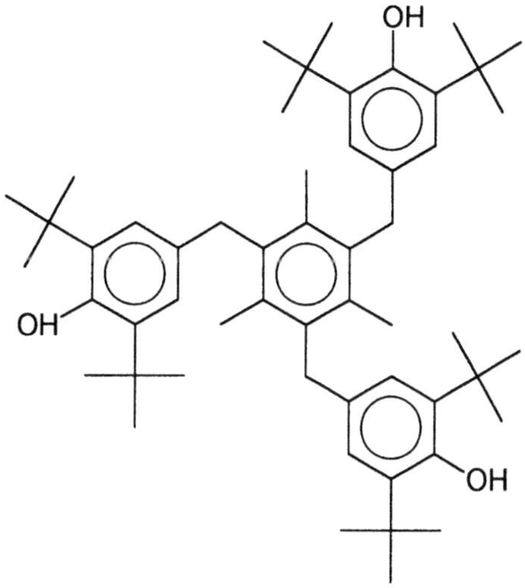

Ionox 330

Abbildung 5.28: Struktur einiger phenolischer Alterungsschutzmittel

Die phenolischen Alterungsschutzmittel geben einen gewissen Schutzeffekt gegen Schwermetallvergiftung, der Wirkungsgrad der p-Phenylendiamine wird aber nicht erreicht. Die Wirkung von MBI und MMBI ist noch geringer als die der Phenole; in Kombination mit Bisphenolen, z.B. BPH, zeigen sie aufgrund der synergistischen Wirkung einen sehr guten Schutz bei gleichzeitiger Nichtverfärbung der Produkte.
Gegen den durch Licht und Sauerstoff induzierten crazing Effekt wirken vor allem die phenolischen Alterungsschutzmittel, von denen vor allem BHT und BPH zu nennen sind [203].

5.3.2 Ermüdungsschutzmittel

Die wichtigsten Produkte dieser Gruppe sind N-Phenyl-1-naphthylamin (PAN), N-Phenyl-2-naphthylamin (PBN) und substituierte Diphenylamine. Die Bedeutung von PAN und PBN ist aus toxikologischen Gründen stark zurückgegangen.

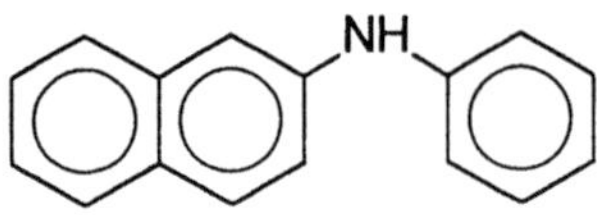

PBN

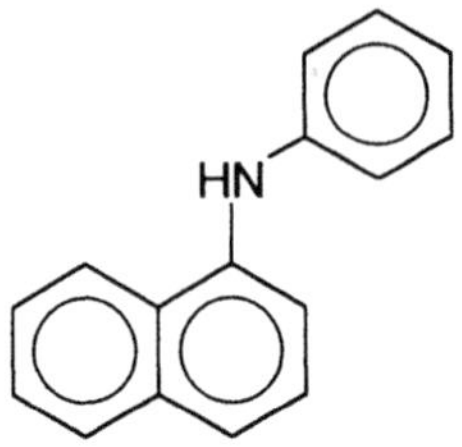

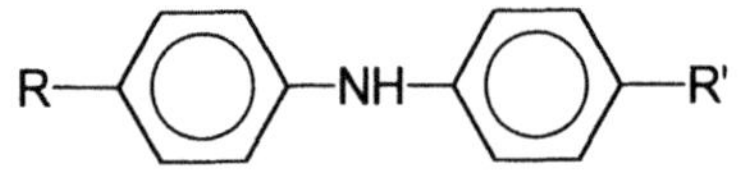

PAN

Diphenylamin-Derivate

Abbildung 5.29: ***Struktur einiger Ermüdungsschutzmittel***

Als Diphenylamin-Derivate werden vor allem octylierte (ODPA), styrolisierte (SDPA) und acetonierte Diphenylamine (ADPA) eingesetzt, die eine gute Antioxidations- und Wärmeschutzwirkung besitzen. In Reifenkautschuken (NR, IR, SBR, BR, IIR) ist die Wirksamkeit der drei Verbindungen etwa gleich, wogegen in CR-Vulkanisaten ODPA ein besonders gutes Wärmeschutzmittel ist.

5.3.3 Ozonschutzmittel (Antiozonantien)

Alle als Antiozonantien bekannten Substanzen enthalten funktionelle Gruppen, die mit dem Ozon reagieren können. Sie wandern zur Oberfläche des Kautschuks, reagieren dort mit dem Ozon und bewirken dadurch eine chemische Barriere gegen Ozon [97].

5.3.3.1 Verfärbende Produkte

Die wirksamsten Ozonschutzmittel, die gleichzeitige Alterungs- und Ermüdungsschutzwirkung zeigen, sind am Stickstoff substituierte p-Phenylendiamine (PPD). Sie besitzen auch die größte Marktbedeutung. Die Wirksamkeit dieser Verbindungen ist abhängig von der Art und der Größe der Substituenten an den Stickstoff-Atomen.

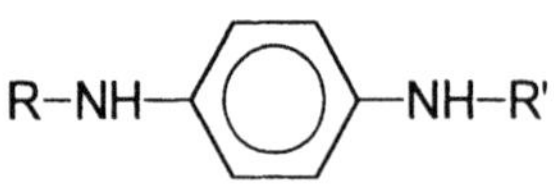

Abbildung 5.30: ***Struktur von p-Phenylendiamin-Derivaten (PPD)***

Es gibt vier mögliche Arten der Substitution:

- symmetrische Substitution durch aromatische Kohlenwasserstoffreste
- symmetrische Substitution durch aliphatische Kohlenwasserstoffreste
- asymmetrische Substitution durch Kohlenwasserstoffreste
- sonstige Substituenten, z.B. Substituenten mit Heteroatomen

Symmetrische N,N'-Diaryl-p-phenylendiamine sind sehr gute Alterungsschutzmittel und oft auch gute Ozonschutzmittel. Beim DNPD (s.o.) ist die Wanderungsgeschwindigkeit im Kautschuk wegen der Größe der Substituenten jedoch sehr gering, weshalb seine Migration an die Gummioberfläche, wo es als Ozonschutzmittel wirken soll, sehr gering ist. Als Antiozonant ist es daher wirkungslos [172]. Verkleinert man die Substituenten, so wird die Beweglichkeit größer und damit die Ermüdungs- und Ozonschutzwirkung besser, wogegen die Alterungsschutzwirkung etwas nachläßt. Ein wichtiger Vertreter dieser Gruppe ist ein Gemisch aus Phenyl-/Tolyl-p-phenylendiamin (DTPD).

Symmetrische Dialkyl-Derivate, d.h. eine weitere Verkleinerung der Substituenten, wandern sehr stark an die Oberfläche, so daß sie als statische Ozonschutzmittel anzusehen sind. Beispiele sind N,N'-Bis(1,4-dimethylpentyl)-p-phenylendiamin (77PD) oder N,N'-Bis(1-ethyl-3-methylpentyl)-p-phenylendiamin (DOPD). Bei noch kleineren Substituenten, z.B. bei N,N'-Diisopropyl- und N,N'-Di-sek.-butyl-p-phenylendiamin, stehen die große Flüchtigkeit und die hautreizende Wirkung, bei sehr gutem Ozonschutz, einer Anwendung entgegen.

Unsymmetrisch substituierte N-Alkyl-N'-aryl-p-phenylendiamine weisen optimale Eigenschaften auf, wenn der Arylrest ein Phenyl-Rest und der Alkylrest ein Isopropyl- oder ein sek.-Butyl-Rest ist. Die derzeit technologisch bedeutendsten Alterungsschutzmittel sind N-Isopropyl-N'-phenyl-p-phenylendiamin (IPPD) und N-1,3-Dimethylbutyl-N'-phenyl-p-phenylendiamin (6PPD). Letzteres wandert aufgrund der größeren Alkylgruppe etwas langsamer im Kautschuk und hat daher eine etwas verringerte Ermüdungsschutzwirkung. Es hat aber gegenüber IPPD den Vorteil einer geringeren Flüchtigkeit und geringeren Wasserelution, was eine längere Wirksamkeit bedingt.
Es ist beobachtet worden, daß die Wirksamkeit von IPPD durch Zugabe von 2,6-Dialkylphenolen verbessert werden kann. Durch Reaktion des bei der Oxidation von IPPD gebildeten Zwischenproduktes mit dem Phenol wird IPPD permanent regeneriert [140].
Durch Veränderung der Substituenten sind zwei weitere Ozonschutzmittel hergestellt worden, deren Wirksamkeit über der von IPPD und 6PPD liegt, und zwar N-1,2-Dimethylpropyl-PPD und N-Isopropyl-N'-tolyl-PPD. Diese Verbindungen konnten sich aufgrund des deutlich höheren Preises aber technisch nicht durchsetzen [172].

Bei einer Substitution mit Heteroatomen, z.B. die Einführung einer Methoxygruppe in den äußeren Phenylkern von IPPD, erhält man eine Verbindung mit einem guten Ozonschutz. Diese Verbindung ist aber teurer als IPPD und hat sich daher auf dem Markt nicht durchgesetzt.
Derivate von PPD mit vier Alkylsubstituenten, z.B. N,N'-Dimethyl-N-N'-di-sek.-butyl-PPD, besitzen auch eine gute Schutzwirkung als Antiozonant [172].

Der Schutzeffekt der PPDs ist auch abhängig von dem Polymer, in dem sie eingesetzt werden. IPPD, d.h. die unsymmetrisch substituierte Verbindung, zeigt in vielen Kautschuktypen sehr gute Wirkung. In BR-Vulkanisaten dagegen sind Dialkyl-PPDs die generell besseren Schutzmittel [172].
Die Migration der Alterungsschutzmittel an die Gummioberfläche ist außer von den Verbindungen selbst auch vom Kautschuktyp abhängig. In polaren Kautschuktypen, z.B. NBR, migrieren die p-Phenylendiamin-Derivate weniger als in unpolaren (z.B. SBR, NR).

Aufgrund ihrer Verfärbungstendenz beschränkt sich der Einsatz der Ozonschutzmittel vom Typ PPD auf rußgefüllte Mischungen.

Neben den p-Phenylendiaminen gehört auch das 6-Ethoxy-2,2,4-trimethyl-1,2-dihydrochinon (ETMQ) zu dieser Gruppe der Alterungsschutzmittel. Es hat jedoch gegenüber den p-Phenylendiaminen eine deutlich schwächere Wirkung als Ermüdungs- und Ozonschutzmittel.

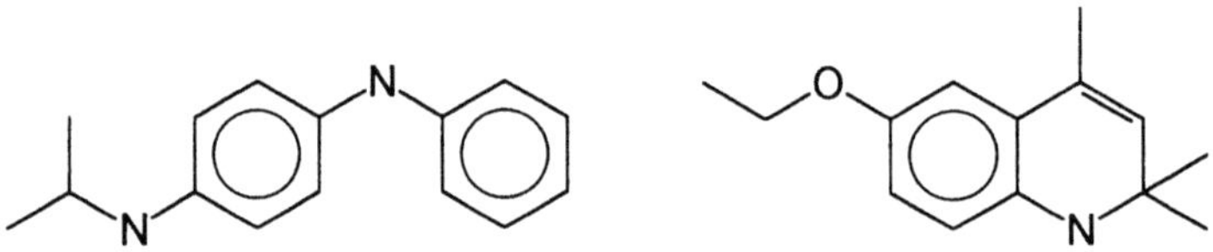

IPPD ETMQ

***Abbildung 5.31:* Struktur einiger verfärbender Ozonschutzmittel**

Die Ozonbeständigkeit kann in Kautschuken auch durch physikalische Methoden verbessert werden. Ziel dieser Methoden ist es, durch Beschichtung oder Abmischung des Dien-Kautschuks mit einem ozonresistenten Material, z.B. einem ozonbeständigen Polymer, die Diffusion des Ozons im Kautschuk zu unterbinden. So kann die Ozonbeständigkeit von SBR, BR oder NR durch Abmischen mit EPM oder EPDM verbessert werden. Durch Beschichtung des Vulkanisats mit einem inerten Polymer oder mit einem Wachsfilm kann das Eindringen von Ozon in die Oberfläche verhindert werden [97].

5.3.3.2 Nicht verfärbende Produkte

Die Herstellung ozonbeständiger heller Gummiartikel ist nur bedingt möglich.
In erster Linie werden physikalisch wirkende mikrokristalline Wachse im Vulkanisat eingesetzt, die durch Ausblühen einen oberflächlichen Wachsfilm bilden und somit den Gummiartikeln einen Schutz gegen Ozon verleihen. Wird dieser Film verletzt, geht die Schutzwirkung an dieser Stelle verloren. Wachse allein sind daher nicht gegen dynamische Rißbildung wirksam. Die Art des Wachses (Migrationsverhalten, Elastizität u.a.) spielt eine große Rolle für die Schutzwirkung. Es werden u.a. Paraffin-Wachse, die hauptsächlich n-Alkane enthalten, mikrokristalline Wachse, die verzweigte Ketten und naphthenische

Kohlenwasserstoffe enthalten, oder Mischungen von beiden eingesetzt. Die Dosierungen für Ozonschutzwachse liegen zwischen 1 und 3,5 phr.
Wachse werden häufig in Kombination mit einem Antiozonant im Vulkanisat eingesetzt [97].

Einige Benzofuran-Derivate (BD) und Enolether (EE) sind chemisch wirkende Ozonschutzmittel. Die Benzofuran-Derivate wirken allerdings nur in CR und in CR-Verschnitten als Ozon- und Alterungsschutzmittel. Enolether können auch in anderen Dienkautschuken, wie NR, IR, BR, SBR, und in abgeschwächtem Maße auch in NBR eingesetzt werden. Enolether wirken im Gegensatz zu den Benzofuran-Derivaten nur als Ozonschutzmittel. Sie werden vor allem in Kombination mit Wachsen verwendet, die eine synergistische Wirkung geben.

Eine relativ neue Klasse nicht verfärbender Ozonschutzmittel sind 1,1,4-Derivate von Thiosemicarbaziden [216]. Neben diesen Verbindungen gibt es einige Substanzen (s. Abbildung 5.32), die in Kombination mit Wachsen eine gute Ozonschutzwirkung in NR, BR und SBR zeigen.

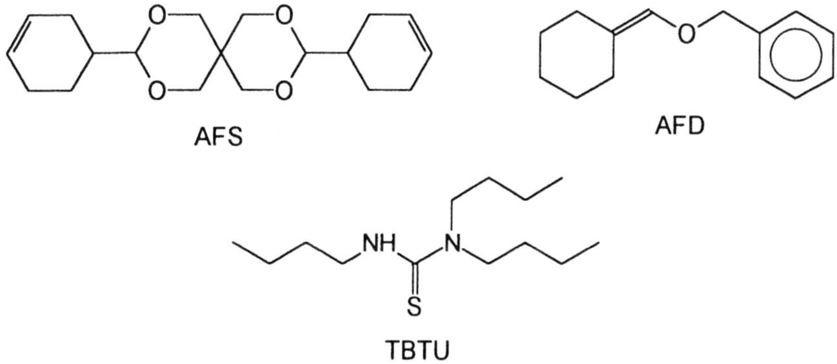

Abbildung 5.32: Struktur einiger nicht verfärbender Ozonschutzmittel

In der Literatur (Zusammenfassung s. [97]) werden zahlreiche Verbindungsklassen als nicht verfärbende Antiozonantien beschrieben. Es haben sich hiervon aber nur sehr wenige Verbindungen technisch durchgesetzt.

5.3.4 Lichtschutzmittel

Licht, insbesondere UV-Licht führt zu einer Schädigung der Kautschukoberfläche. Dies zeigt sich in Verfärbung, Versprödung, Verlackung und Rissigwerden des Materials. Diesen Prozeß nennt man auch „crazing-effect“, „Apfelsinenhautbildung“ oder „Elefantenhautbildung“. Beim Crazing handelt es sich um einen lichtinduzierten Oxidationsprozeß. Sowohl SPH als auch BD zeigen eine gute Wirkung gegen den Crazing-Effekt, sind aber in dieser Hinsicht den phenolischen Alterungsschutzmitteln unterlegen.

Die Elefantenhautbildung (Crazing Effekt) ist nur bei hellen Artikeln eine gefürchtete Erscheinung, da Ruß das beste Schutzmittel dagegen ist. In hellen Artikeln wird dieses Phänomen durch Zugabe von Lichtschutzmitteln wirksam bekämpft. Die Lichtschutzmittel können auf drei Arten gegen diese Alterungserscheinung wirken:

- als UV-Absorber,
- als Quencher,
- als Lichtstabilisatoren.

Wirksame Lichtschutzmittel (UV-Absorber) müssen in dem „gefährdenden“ Wellenlängengebiet (290 - 400 nm) eine starke Absorption zeigen und die absorbierte Lichtmenge in für das Polymer unschädlicher Weise wieder abgeben. Zu diesen Verbindungen gehören z.B. 2-Hydroxybenzophenone, 2-Hydroxyphenylbenzotriazole, Phenylsalicylate, 2,4-Dibenzoylresorcin und Derivate des 2-Cyano-1,1'-diphenylethylens. Viele UV-Absorber enthalten eine phenolische OH-Gruppe, so daß sie gleichzeitig als Oxidationsschutzmittel wirken. Die UV-Absorber zeigen oft eine gute synergistische Wirkung mit Oxidationsschutzmitteln. Bei sehr dünnen Folien bieten die UV-Absorber keine ausreichende Lichtschutzwirkung mehr. Es werden dann sog. „Quencher“ (Löschsubstanzen) eingesetzt, die zwar kein UV-Licht absorbieren können, aber die vom Polymer aufgenommene Lichtenergie in Wärmeenergie umwandeln. Als Quencher können u.a. folgene Substanzen eingesetzt werden: Nickeldithiocarbamate, 2,2'-Thio-bis-(4-octylphenol), Nickelsalz oder dessen Addukte mit Aminen.

Die dritte Gruppe von Lichtschutzmitteln sind die sogenannten Lichtstabilisatoren oder auch „Hindered Amine Light Stabilizers“ (HALS). Zu dieser Gruppe gehören sterisch gehinderte Tetrahydrochinoline, Tetramethylpiperidine sowie sterisch gehinderte Hydroxybenzoesäureester. Die HALS absorbieren im Gegensatz zu den anderen Lichtschutzmitteln kein UV-Licht. Für ihre Wirkung nimmt man ein Abfangen von freien Radikalen als einen wichtigen Schritt an [351].

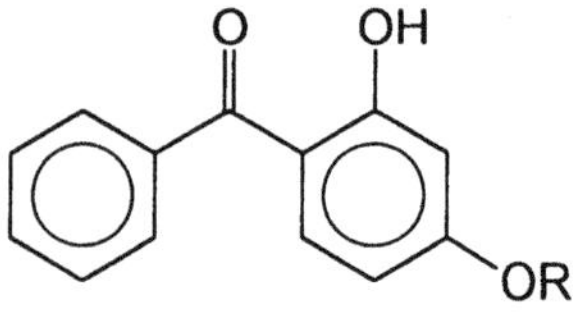

2 - Hydroxybenzophenone

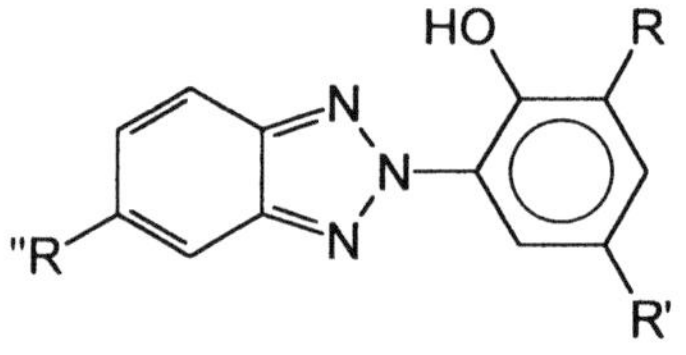

2 - Hydroxyphenylbenzotriazole

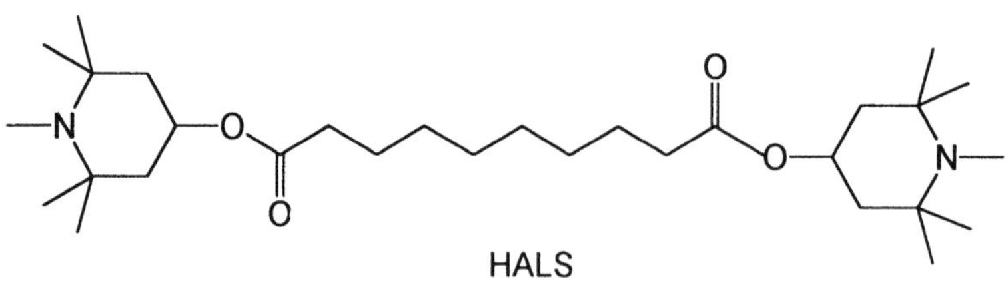

HALS

Abbildung 5.33: Struktur einiger Lichtschutzmittel

5.3.5 Hydrolyseschutzmittel

Elastomere, die hydrolisierbare Gruppen tragen, z.B. Urethan- oder Estergruppen, können durch Feuchtigkeit, Säuren, Basen und evtl. durch erhöhte Temperatur abgebaut oder verändert werden. Durch Zugabe von z.B. Polycarbodiimiden (PCD) kann man diese Einflüsse zurückdrängen und die Haltbarkeit der Polymere steigern.

5.3.6 Schutzmittel gegen Metallvergiftung (Kautschukgiftalterung)

Diese Schutzmittel haben die Aufgabe, die störenden Metallionen zu inaktivieren. Die gegen die Kautschukgiftalterung eingesetzten Verbindungen wirken, indem sie das Metallion in eine innerkomplexe Verbindung überführen [38]. Als Komplexbildner werden z.B. 2,2'-Dihydroxyazobenzol, Salicylaldoxim, N,N'-Disalicyliden-ethylendiamin eingesetzt. Neben diesen bekannten Komplexbildnern sind aber auch Verbindungen wirksam, die aufgrund ihrer Formel nicht als Komplexbildner zu erkennen sind und die zudem als Antioxidantien eingesetzt werden. Zu diesen Stoffen zählen PAN, IPPD, 6PPD, 2,2'-Methylen-bis-(4-methyl-6-tert.-butylphenol) und 2,2'-Isobutyliden-bis-(4,6-dimethylphenol). Diese Verbindungen, insbesondere die PPAs, sind als Schutzmittel gegen Kautschukgifte alleine wirksam. 2-Mercaptobenzimidazol, 4-Methyl-2-mercaptobenzimidazol sowie deren Zinksalze wirken für sich auch als Metalldesaktivatoren, jedoch besonders ausgeprägt nur in Kombination mit den o.g. Aminen und Phenolen [38]. Dies Verhalten ist ein weiteres Beispiel für einen starken Synergismus.

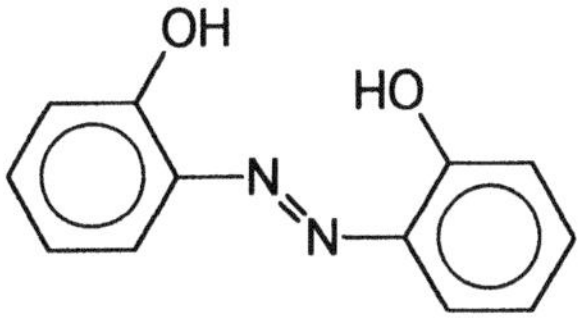

2,2' - Dihydroxyazobenzol

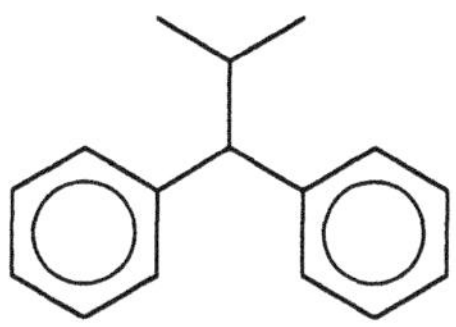

2,2' - Isobutyliden-bis-(4,6-dimethylphenol)

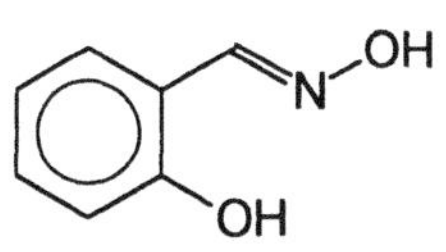

Salicylaldoxim

Abbildung 5.34: Struktur einiger Schutzmittel gegen Metallvergiftung

5.3.7 Desaktivatoren

Die Desaktivatoren bewirken in Schwefelvulkanisaten eine Nachvernetzung und kompensieren damit den durch die oxidative Kettenspaltung verursachten Kettenabbau. Die als Desaktivatoren eingesetzten Verbindungen besitzen eine Beschleunigerwirkung, die aber nur unter den Bedingungen der Sauerstoffalterung wirksam ist. Wirksame Verbindungen sind vor allem Mercaptobenzimidazol (MBI) und Methylmercaptobenzimidazol sowie deren Zinksalze. Die Desaktivatoren zeigen mit phenolischen und aminischen Antioxidantien

synergistische Effekte, die bei gleichzeitiger Schwermetallvergiftung besonders ausgeprägt sind [38].

5.3.8 Schutzmittel gegen Reversion und Nachvernetzung (Reversionsschutzmittel, Anticyclisierungsmittel)

Das Phänomen der Reversion ist in Kapitel 3.4.1 beschrieben. Die Reversionsbeständigkeit von Vulkanisaten ist abhängig von den eingesetzten Vulkanisiermitteln und -beschleunigern. So ergeben z.B. Kombinationen von OTOS mit MBS/MBTS bei niedriger Schwefeldosierung gute Ergebnisse ebenso wie DTDM als Schwefelspender mit Thiuramen und Sulfenamiden.
Es gibt Substanzen, die durch eine langsame Nachvernetzung für den Ersatz der durch Reversion verlorengegangene Vernetzungsstellen sorgen. Einige Beispiele sind in Abbildung 5.35 gezeigt [173].

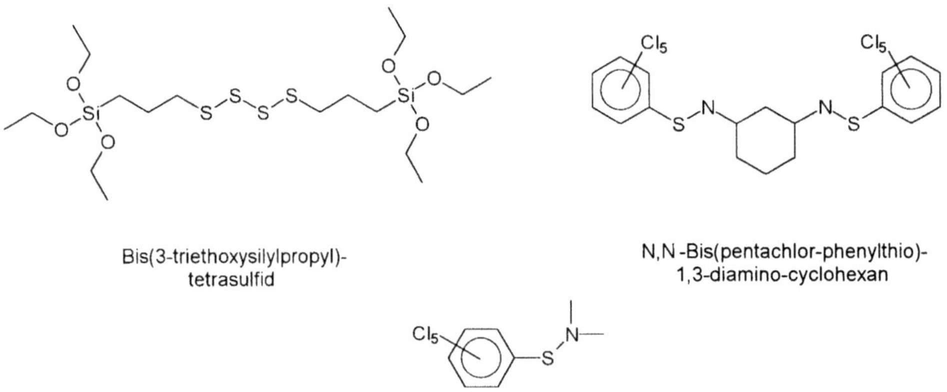

Abbildung 5.35: Struktur einiger Reversionsschutzmittel

Eine Verbesserung der Reversionsbeständigkeit kann auch durch den Einsatz von phosphorhaltigen Verbindungen erzielt werden. Diese Verbindungen werden z.T. auch als Vulkanisationsbeschleuniger eingesetzt [261].

5.4 Füllstoffe

Als Füllstoffe bezeichnet man Substanzen, die in der Kautschukmatrix praktisch unlöslich, nichtflüchtig und gegenüber dem Polymer inert sind.
Die Füllstoffe können nach verschiedenen Gesichtspunkten eingeteilt werden. Nach der Herkunft der Füllstoffe kann man sie in anorganische und organische Füllstoffe einteilen, die man jeweils noch in natürliche und synthetische Stoffe unterscheiden kann. In Elastomeren werden, bis auf wenige spezielle Anwendungen, anorganische Füllstoffe eingesetzt.

Die Eigenschaften eines Vulkanisats werden außer von den Vernetzungschemikalien und den Weichmachern auch entscheidend von den Füllstoffen bestimmt. In Kautschukprodukten spielen Füllstoffe nicht ausschließlich die Rolle eines Streckmittels zur Verbilligung der Produkte sondern haben häufig qualitätsverbessernde Eigenschaften, d.h. sie wirken verstärkend auf das Vulkanisat.

Die meisten Füllstoffe wirken mehr oder weniger ausgeprägt verstärkend auf den Kautschuk, d.h. eine Reihe von Eigenschaften, wie Festigkeit und Elastizitätsmodul werden erhöht und andere Eigenschaften, wie Bruchdehnung, werden erniedrigt. Diese Füllstoffe beeinflussen aktiv die Kautschukeigenschaften und werden oft auch als **aktive Füllstoffe** bezeichnet. Sie werden nach dem Grad ihrer Aktivität, die abhängig ist von der Teilchengröße, der geometrischen Gestalt und der chemischen Zusammensetzung, eingeteilt. Die Änderung des Eigenschaftsbildes in Abhängigkeit vom Grad der Füllung durchläuft ein Maximum bzw. ein Minimum, während sie bei **inaktiven Füllstoffen** eine stetige Änderung zeigt. Die Lage und die Höhe der Kurve sind für den einzelnen Füllstoff spezifisch und können bei verschiedenen Kautschuken recht unterschiedlich sein.
Inaktive Füllstoffe ohne Verstärkerwirkung dienen nur als Streckmittel.

5.4.1 Anorganische Füllstoffe

Die anorganischen Füllstoffe werden eingeteilt in Ruße und helle Füllstoffe. Die hellen Füllstoffe werden nach ihrer chemischen Zusammensetzung eingeteilt. Innerhalb einer Füllstoffkategorie sind Aktivitätsabstufungen zu beobachten.

Ruße

Ruße sind synthetisch hergestellte Füllstoffe. Sie werden durch Verbrennung oder thermische Zersetzung organischer Stoffe (Gas oder Öl) erzeugt. Sie zählen zu den aktiven Füllstoffen. Früher wurden die Ruße nach ihrem Herstellungsprozeß in folgende Klassen eingeteilt:

F = Furnace Blacks (Ofenruß)
C = Channel Blacks (Kanalruß, Gasruß)
T = Thermal Blacks (Thermalruß).

Von diesen Klassen spielt heute der Furnace-Ruß die weitaus bedeutendste Rolle.

Vor einigen Jahren wurde die ASTM-Klassifikation für Ruße eingeführt. Die Typenbezeichnung besteht aus einem Buchstaben, der die Vulkanisationsgeschwindigkeit charakterisiert (N für normal, S für langsam) und drei Ziffern, von denen die erste ein Index für die Teilchengröße ist.

Neben den genannten Hauptgruppen von Rußen unterscheidet man Acetylenruße, Flammruße und Lichtbogenruße. **Acetylenruße** werden durch thermische Zersetzung von Acetylen hergestellt und zeichnen sich durch eine besonders hohe Leitfähigkeit aus. Sie werden deshalb in Produkten eingesetzt, wo eine hohe Leitfähigkeit benötigt wird bzw. elektrostatische Aufladung verhindert werden soll, z.B. in Walzen, Tankschläuchen, Container für pulverförmige Güter. **Flammruße** entstehen bei der Verbrennung von flüssigen Brenn-

stoffen und ergeben bei hohen Füllungsgraden sehr gute Verarbeitungseigenschaften. Beide Rußsorten sind heute weitgehend durch Furnace-Ruße ersetzt.
Lichtbogenruße entstehen als Nebenprodukt bei Acetylenherstellung im Lichtbogen. Auch sie besitzen für die Kautschukverarbeitung nur eine untergeordnete Rolle.

Helle Füllstoffe

Als helle Füllstoffe werden vorwiegend natürliche, aber auch einige synthetische Füllstoffe eingesetzt. Synthetische Stoffe sind Kieselsäure (amorphes Siliciumdioxid) und Silikate. Zu den natürlichen hellen Füllstoffen zählen Kieselerde, Kreide, Kaolin, Talkum. Man unterscheidet aktive und inaktive Füllstoffe.

Kieselsäuren sind hochaktive helle Verstärkerfüllstoffe. Sie werden nach dem Herstellungsverfahren unterschieden in pyrogene und gefällte Kieselsäuren. Die pyrogene Kieselsäure ist äußerst fein und aktiv, wird aber wegen ihres hohen Preises fast nur für Silikonkautschuk eingesetzt. Gefällte Kieselsäure und Silikate werden aus Lösungen von Alkalisilikaten, vorzugsweise Natronwasserglas, ausgefällt. Je nach Herstellungsbedingungen erhält man mehr oder weniger aktive Füllstoffe.

Kieselsäure und Silikate weisen eine polare und hydrophile Oberfläche auf, die bewirkt, daß Fremdsubstanzen meist bis zur Sättigung der Füllstoffoberfläche adsorbiert werden. Die Wechselwirkung kann mit Fremdsubstanzen, wie Wasser oder Beschleunigern, aber auch mit Polymeren gebildet werden, wodurch die Verarbeitbarkeit der Kautschukmischung erschwert wird. Um die Füllstoff-Polymer-Wechselwirkungen zu vermindern, werden zusätzliche Verbindungen zugemischt. Diese werden oft als Füllstoffaktivatoren oder Haftvermittler bezeichnet. Sie werden in Kapitel 5.7.4 beschrieben.

Reine Kieselsäure ist ein sehr aktiver Füllstoff, die bei vergleichbarer spezifischer Oberfläche wie entsprechende Ruße auch vergleichbare Eigenschaften der Vulkanisate erreicht. Nur beim Abrieb und bei der Härte erhält man mit Ruß bessere Werte.

Kieselsäure wird in technischen Artikeln, Kabelmänteln, Laufflächen von Reifen für Erdbewegungsfahrzeuge, Silikon-Kautschuk und in transparenten, hellfarbigen Artikeln eingesetzt.

Von den synthetischen **Silikaten** werden vor allem Calciumsilikate und Aluminiumsilikate als halbaktive Füllstoffe eingesetzt.

Bei den natürlichen Füllstoffen handelt es sich hauptsächlich um Silikate, Carbonate oder Oxide. Von den Silikaten sind die Kaoline (China Clays) die bedeutenste Klasse von weißen, teilverstärkenden Füllstoffen.

Hauptmineralogischer Bestandteil der Kaoline ist das **Kaolinit,** ein hydratisiertes Aluminiumsilikat ($Al_4(OH)_8[Si_4O_{10}]$), zusammen mit anderen, wechselnden Anteilen an Verunreinigungen, vorwiegend anderen Silikaten (Glimmer, Feldspat Quarz) oder Metalloxiden ((Hematit, Rutil) [433]. Kaolin wird als billiger mineralischer Füllstoff in Kautschukmischungen eingesetzt. Je nach Herkunft und Aufbereitungsverfahren entstehen unter-

schiedliche Produkte, die verschiedene technologische Elastomereigenschaften ergeben [288]. Die häufig verwendeten Bezeichnungen Hartkaolin und Weichkaolin beziehen sich nicht auf die eigene Härte, sondern auf ihre Verstärkungswirkung. So sind Weichkaoline inaktive Füllstoffe wogegen Hartkaoline (z.B. Dixie Clay und Suprex Clay) eine gewisse Verstärkerwirkung zeigen. Zur Verbesserung physikalisch kautschuktechnologischer Eigenschaften können Kaoline mit Aktivatoren oberflächenbehandelt werden (z.B. Guanidine, Amine, Silane) [288].
In der Kabelindustrie werden calcinierte Kaoline eingesetzt. Durch den Calcinierungsprozeß (Erhitzen auf 700 - 1000 °C) wird das Kristallwasser entfernt und die Kristallstruktur verändert. Es entstehen Kaoline mit guten Isolationseigenschaften, die im Hochspannungsbereich eingesetzt werden. Das calcinierte Kaolin reagiert sehr stark mit bifunktionellen Silanen und dabei werden sehr starke Verbindungen zwischen silanbehandeltem calciniertem Kaolin und Kautschuk hergestellt.

Talkum ist ein Magnesiumsilikat ($Mg_6(OH)_4[Si_8O_{20}]$), kommt natürlich in kristallinen Schiefern vor und ist ein inaktiver Füllstoff. Talkum ist gut verarbeitbar und wird auch häufig zum Pudern sehr klebriger Mischungen eingesetzt.

Quarzmehle sind reine Siliciumdioxid-Füllstoffe und werden durch Mahlung von Quarzsanden hergestellt. Sie sind inaktive Füllstoffe.

Die **Neuburger Kieselerde** ist eine natürlich vorkommende Mischung aus 70 - 75 % Quarz und Kaolinit. Die Besonderheit dieser Kieselerde ist die Teilchengröße, die Struktur des Quarzes sowie die natürliche feste Verbindung mit dem Kaolin. Sie wird als billiger Füllstoff mit leicht verstärkenden Eigenschaften vornehmlich für Extrudate eingesetzt.

Wollastonit, ein Calciumsilikat ($CaSiO_3$), wird seit einiger Zeit bevorzugt in Fluorkautschuk eingesetzt.

Der wichtigste Vertreter der Carbonate ist das natürliche Calciumcarbonat (**Kreide**). Kreide ist ein inaktiver heller Füllstoff, der insbesondere zur Verbilligung von hellen und auch von rußgefüllten Kautschuken eingesetzt wird. Kreide wird in den Sorten gemahlene, geschlämmte und gefällte Kreide eingesetzt. Gefällte Kreide wird synthetisch durch Ausfällen hergestellt. Sie wird auch in einer sehr geringen Teilchengröße eingesetzt und besitzt verstärkende Eigenschaften, besitzt aber keine große technologische Bedeutung.

Dolomit, ein weiteres natürliches Carbonat, ist ein Gemisch aus Calcium- und Magnesiumcarbonat. Es besitzt eine gewisse Bedeutung und ist ebenso wie Kreide inaktiv.

Neben den beschriebenen Füllstoffen werden noch andere Stoffe verwendet. Sie werden wie Füllstoffe eingesetzt, erfüllen aber aufgrund ihrer speziellen Eigenschaften noch weitere Funktionen.
Zinkoxid wird außer als Vulkanisationsaktivator auch als Füllstoff eingesetzt. Die Zinkoxid-Typen unterscheiden sich hinsichtlich ihrer Aktivität sehr stark voneinander. Pyrogen hergestelltes Zinkoxid (Oxidation von Zinkdampf) hat eine geringe Aktivität, wogegen naßchemisch hergestelltes eine sehr hoher Aktivität hat. Letzteres wird gelegentlich als Füllstoff

für hochelastische Vulkanisate mit höherer Härte, z.B. Federelemente, eingesetzt.
Aluminiumhydroxid, Aluminiumoxihydrat, Magnesiumhydroxid, Magnesiumcarbonat und Alkaliborate werden auch als Flammschutzmittel verwendet.
Bariumsulfat wird zur Dichteerhöhung von Kautschukmischungen eingesetzt.
Magnesiumoxid dient auch zur Abpufferung saurer Reaktionsprodukte.
Calciumoxid wird zur Bindung von Feuchtigkeit verwendet.

5.4.2 Organische Füllstoffe

Styrolharze

Butadien-Styrol-Copolymerisate mit Styrolanteilen von 50 - 90 Massen-%, vorzugsweise 85 Massen-% (Styrol-Harze), haben auf Kautschukmischungen eine härtende Wirkung, die um so höher ist, je höher der Styrol-Anteil ist. Bei hohem Styrolanteil erhält man bei Raumtemperatur hartgummiähnliche, schlagfeste Vulkanisate. Styrolharze werden vor allem in NR und SBR eingesetzt, z.B. für harte und leichte Sohlen. Die Zusatzmenge der Styrolharze beträgt 5 - 60 phr und mehr, in Sohlenmischungen meist zwischen 10 und 30 phr [203].

Phenoplaste

Nicht auskondensierte Phenoplaste vom Novolake-Typ bewirken vor allem in Vulkanisaten auf Basis NBR eine Verbesserung der physikalischen Eigenschaften, die um so höher ist, je höher der Acrylnitril-Gehalt des NBR ist. Phenoplaste können allein oder in Kombination mit Ruß oder mineralischen Füllstoffen für öl- und benzinfeste Dichtungen, Schläuche, Bremsbeläge und alle Gummiartikel zum Einsatz kommen, die eine hohe Härte, Zugfestigkeit und Quellbeständigkeit aufweisen sollen. Die Gummi-Metall-Bindung wird durch Zusatz von Phenoplasten deutlich verbessert.

Polyvinylchlorid (PVC)

PVC wird als Verschnittkomponente für NBR eingesetzt, wobei es härtend wirkt und die Witterungsbeständigkeit verbessert. PVC und NBR können unbegrenzt miteinander gemischt werden, wobei bei einem PVC-Anteil von über 50 % NBR als PVC-Weichmacher zu betrachten ist [203].

5.5 Weichmacher

Den Weichmachern kommt neben den Füllstoffen beim Mischungsaufbau mengenmäßig die größte Bedeutung zu. Die Weichmacher übernehmen verschiedene Funktionen in Kautschukmischungen:

- Verwendung hoher Ruß- und Weichmacherdosierungen und damit Erniedrigung des Mischungspreises, d.h. Strecken des Polymers (Extenderöle oder „extender oils").; Grenzen werden dabei durch die Weichmacher/Polymer-Verträglichkeit gesetzt.

- Verbesserung der Fließfähigkeit der Kautschukmischung und Energieersparnis bei der Verarbeitung; insbesondere Vermeidung von Energiespitzenwerten;
- Verbesserung der Füllstoffverteilung in der Kautschukmischung;
- Verbesserung der Verarbeitbarkeit und Klebrigkeit der Kautschukmischung;
- Beeinflussung der physikalischen Eigenschaften des Vulkanisats, insbesondere der Dehnbarkeit und Elastizität u.a. [203].

Weichmacher, die sowohl die Verarbeitungs- als auch die physikalischen Eigenschaften einer Kautschukmischung bzw. des Vulkanisats beeinflussen, bezeichnet man als Plastikatoren oder „processing oils" [1]. Weichmacher, die des weiteren eine erhöhte Elastizität infolge Solubilisierung durch Wechselwirkung des Polymers mit polaren Weichmachergruppen herbeiführen, werden vielfach noch heute Elastifikatoren genannt [203].

Synthesekautschuk ist meist schwieriger verarbeitbar und weniger klebrig als Naturkautschuk und erfordert daher höhere Zugaben an Weichmachern.

Die Weichmacher kann man aufgrund ihrer Wechselwirkungen mit dem Kautschuk in *primäre* und *sekundäre* Weichmacher einteilen. Primäre Weichmacher üben eine lösende Wirkung auf den Kautschuk aus, sie fördern die Bewegung der Kautschukmoleküle und erniedrigen die Viskosität unvulkanisierter Kautschukmischungen. In verschiedenen Kautschukarten können unterschiedliche Weichmacher als primäre Weichmacher fungieren, z.B. polare Weichmacher in polaren und unpolare in unpolaren Kautschuken.
Sekundäre Weichmacher üben nur sehr geringe oder gar keine lösende Wirkung auf den Kautschuk aus. Sie wirken wie Gleitmittel zwischen den Kautschukmolekülen und verbessern damit die Verformbarkeit des Kautschuk, haben aber keinen Einfluß auf die Viskosität der Kautschukmischung. Sie stellen vorwiegend Streck- und Verarbeitungshilfsmittel dar. Zusätze, die in geringen Dosierungen (einige phr) die Verarbeitbarkeit und Füllstoffdispergierung der Mischung verbessern, werden im engeren Sinn zu den Verarbeitungshilfsmitteln gezählt.

Zwischen den beiden Gruppen der primären und sekundären Weichmacher sind die Übergänge fließend, eine klare Grenze kann nicht gezogen werden. Die Wirksamkeit der Weichmacher innerhalb der Gruppen ist abhängig von der chemischen Struktur und den physikalischen Eigenschaften sowie von der Art des Kautschuks. Einige Stoffe, z.B. hochsiedende Petroleumdestillate, sind für NR und SBR primäre Weichmacher, in Mischungen mit NBR hingegen typische sekundäre Weichmacher. In der Praxis werden daher oft Gemische mit verschiedenen Weichmachern angewandt.

Weiterhin können die Weichmacher unterschieden werden in die Gruppen der Mineralöle, Naturstoffe und synthetischen Weichmacher.

5.5.1 Mineralölweichmacher

Die Mineralölweichmacher, häufig auch als Prozeßöle bezeichnet, besitzen die mengenmäßig größte Bedeutung, da die relativ billigen Mineralöle auch als Streckmittel eingesetzt werden und mit vielen Kautschuktypen verträglich sind. Die Eigenschaften der

Prozeßöle sind abhängig von dem Gehalt an aromatischen, naphthenischen und paraffinischen Kohlenwasserstoffen. Für die kautschukverarbeitende Industrie werden eine Vielzahl von Produkten verschiedenster Herkunft und Zusammensetzung angeboten. Eine Charakterisierung und Klassifizierung erfolgt nach den aus der Mineralölanalyse bekannten Methoden.

Die Mineralöle werden nach ihrer Zusammensetzung eingeteilt in [15]:

Prozeßöltyp	**VDK-Bereich***
paraffinisch	0,79 - 0,819
relativ naphthenisch	0,82 - 0,842
naphthenisch	0,85 - 0,899
relativ aromatisch	0,9 - 0,939
aromatisch	0,94 - 0,999
sehr aromatisch	1 - 1,05
hocharomatisch	> 1,05

* VDK: Viskostitäts-Dichte-Konstante

Aus der Konstitution der Mineralölweichmacher kann man auf die allgemeinen Eigenschaften schließen und die Verträglichkeit mit verschiedenen Kautschuktypen ableiten. Die Verträglichkeit der Mineralölweichmacher ist abhängig von der Kautschukpolarität und der chemischen Zusammensetzung des Öls. Aromatische Mineralöle wirken störend bei der Peroxidvernetzung und sollten daher nicht, oder nur in geringen Dosierungen zugegeben werden. Für peroxidische Vulkanisationen sollten hochausraffinierte, hochviskose Prozeßöle Verwendung finden, um den Peroxid-Bedarf zu minimieren und niedrige Kohlenwasserstoff-Emissionen zu erreichen.

In ölextendierten Kautschuken (oil extended rubber) ist der Zusatz von Mineralöl unerläßlich, um diese aufgrund ihres hohen Molekulargewichtes verarbeitbar zu machen. Das Öl wird in der Latex-Phase zugesetzt. Dadurch erreicht man u.a. eine ideale Verarbeitung in Kautschuken, die ihrerseits wegen ihrer hohen Molmasse hochwertige mechanisch-technologische Eigenschaften einbringen. Insbesondere verbessern Mineralölzusätze z.B. bei BR/SBR die Rutschfestigkeit in Laufflächenmischungen. Öle mit höherem Aromatengehalt verbessern die Rißdispersion und ergeben somit höhere Festigkeiten [203].

Den Kautschukmischungen werden in der Regel zwischen 5 und 60 phr Mineralölweichmacher zugesetzt. In Einzelfällen können größere Mengen bis ca. 100 phr und mehr zugegeben werden.

Paraffine und Ceresine

Paraffin ist ein Gemisch gesättigter aliphatischer Kohlenwasserstoffe, das bevorzugt aus Erdöl gewonnen wird. Bei der fraktionierten Destillation von Erdöl gewinnt man u.a. auch

die Fraktionen Spindel- und Zylinderöl. Höher molekulare Paraffine mit Kettenlängen von 40 bis 70 Kohlenstoffatomen werden z.T. synthetisch gewonnen und als Hartparaffine bezeichnet. Ceresine, auch Ozokerite genannt, sind Mineralwachse, die noch cycloaliphatische Verbindungen enthalten. Paraffine und Ceresine, die verzweigte Verbindungen enthalten, werden auch als Isoparaffine oder als Isoceresine bezeichnet.
Aus der Fraktion des Spindelöls scheidet sich das Paraffingatsch ab, das als solches in Kautschukmischungen eingesetzt werden kann. Das Zylinderöl enthält Petrolate, die früher und in amerikanischen Rezepten auch heute noch häufig anzutreffen waren bzw. sind.

Während Paraffine und Ceresine mit niedrigen Erstarrungspunkten gelegentlich als Weichmacher oder Verarbeitunghilfen verwendet werden, werden Produkte mit hohen Erstarrungspunkten als Ozonschutzwachs eingesetzt [203].

Cumaron- und Indenharze

Cumaron- und Indenharze werden aus der Leichtölfraktion des Mineralöls hergestellt. Zunächst werden aus dem Leichtöl Phenol, Kresol und die Pyridinbasen durch Behandeln mit verdünnter Lauge und verdünnter Schwefelsäure entfernt. Durch konzentrierte Schwefelsäure werden die noch im Öl enthaltenen verharzbaren Verbindungen polykondensiert, wobei Cumaron- und Indenharze entstehen. Je nach Herstellungsbedingungen und Kondensationsgraden gibt es unterschiedliche Cumaron- und Indenharzsorten.

Diese Harze werden als Weichmacher und Klebrigmacher für NR und für SR in Dosierungen von 1 bis 5 phr eingesetzt.

Mineralöldestillationsrückstände

Mineralöle enthalten hochsiedende und feste schmelzbare Kohlenwasserstoffe (bituminöse Bestandteile), die bei der Destillation zurückbleiben. Diese enthalten in der Regel nur unbedeutende Mengen an mineralischen Verunreinigungen.

Die Produktionsanlagen für Bitumina werden zur Herstellung von Bindemittel für den Asphalt-Straßenbau betrieben. Daneben werden in diesen Anlagen „weiche" - also niedrig viskose und niedrig schmelzende Destillationsrückstände - „verblasen". Dabei wird das Bitumen bei Temperaturen von 200 bis 280 °C in Blastürmen von feinverteilter Luft durchströmt. Durch den Sauerstoff kommt es zu chemischen Reaktionen, die zu besonders hochschmelzenden, aber bei Raumtemperatur dennoch plastischen Produkten führen. Diese Sonder-Bitumina mit Erweichungspunkten zwischen 60 und 150 °C finden auch als Verarbeitungsmittel in Dosierungen von 5 phr und mehr im Bereich technischer Gummiartikel ihre Verwendung. Die größte Bedeutung haben sie im Bereich elastomermodifizierter Dachbahnen.

5.5.2 Weichmacher aus Naturprodukten

Neben den Mineralölen können eine Vielzahl von Naturstoffen wie Fettsäuren, Fettsäurederivate und tierische und pflanzliche Öle, Fette und Harze zur Verbesserung der Verar-

beitungseigenschaften oder der Klebrigkeit der Kautschukmischungen und der Füllstoffverteilung eingesetzt werden.

Fettsäuren

Fettsäuren werden in kleinen Mengen als Vulkanisations-Chemikalien eingesetzt. Erst größere Mengen ergeben einen Weichmachereffekt, beeinflussen aber die Klebrigkeit der Kautschukmischung negativ und haben einen verzögernden Einfluß auf die Vulkanisationsgeschwindigkeit. In den meisten Fällen wird Stearinsäure, seltener Palmitinsäure eingesetzt [1].

Tierische und pflanzliche Fette, Öle und Harze

Rohwollfett (Lanolin) ist ein geschätzter Weichmacher, der das Verarbeiten von Kautschukmischungen, insbesondere das Mischen, Extrudieren und Kalandrieren sehr erleichtert.

Auch **Fettemulsionen**, insbesondere Tranfettemulsionen, haben sich in der Praxis bewährt. Sie wirken als Dispergator für Ruße und helle Füllstoffe und als Gleitmittel, weshalb sie das Extrudieren und Spritzen der Kautschukmischung erleichtern.

Einige **pflanzliche Öle**, z.B. Palmöl oder Sojaöl, erniedrigen die Verarbeitungsviskosität der Kautschukmischungen und verbessern die Füllstoffaufnahme. Tallöl wird gelegentlich als Weichmacher, insbesondere beim Regenerieren, verwendet.
Bei der Verarbeitung der Sojabohne wird Rubberine Gel, ein gelblich-braunes, pastenförmiges Gel, gewonnen. Dies ist ein Gemisch fettsaurer Ester, die Lecithine enthalten. Es wird als Ersatz für Stearinsäure eingesetzt.

Tierischer Leim wirkt in Kautschukmischungen als Plastikator und erleichtert die Formgebung. Im Vulkanisat wirkt Leim wie ein schwach verstärkender Füllstoff.

Auch einige **Harze** werden als Weichmacher in der Kautschukindustrie eingesetzt. Fichtenteer (pine tar) wird gerne als Weichmacher für Naturkautschuk verwendet, wobei der Anteil an leichtflüchtigen Verbindungen und die Säurezahl nicht zu hoch sein dürfen.
Abietinsäure-Abkömmlinge werden bei der Herstellung von Emulsions-SR als Emulgator eingesetzt. Bei Kautschuktypen, die in Lösung hergestellt werden, werden Harzsäuren zur Zerstörung der Aktivatoren eingesetzt. Die Harzsäuren werden beim Auswaschen und Aufarbeiten des Kautschuks nur teilweise entfernt, weshalb immer Reste von 2 - 7 phr in den Gummiartikeln enthalten sind.
Kolophonium-Derivate spielen als Klebrigmacher für Naturkautschuk eine große Rolle.
Auch Steinkohlenteerpech und geblasene Bitumenrückstände (Mineralrubber) wurden früher eingesetzt, spielen heute aber keine Rolle mehr.
Zewa-Harz erhärtet das Vulkanisat und verbessert dessen Festigkeit, besonders in hochgefüllten Mischungen und ist deshalb geeignet für Sohlen, Absatz- und Fußbodenbelagsmischungen. In Nitrilkautschuk dient Zewa-Harz als Verarbeitungshilfe.

5.5.3 Synthetische Weichmacher

Synthetische Weichmacher haben aufgrund des wesentlich höheren Preises mengenmäßig eine geringere Bedeutung als die Mineralölweichmacher. Die Anzahl an synthetischen Weichmachern ist wegen der Variationsmöglichkeiten in der Zusammensetzung sehr hoch. Die Verwendung dieser Weichmacher nimmt mit den Anforderungen an die Gummiteile in der modernen Technik immer mehr zu. Außerdem werden sie eingesetzt, wenn Kautschuktypen, z.B. Nitril- und Chloroprenkautschuk, nicht mit Mineralöl verträglich sind. Synthetische Weichmacher sind meist 'primäre' Weichmacher.
Synthetische Weichmacher wirken dispergierend für Füllstoffe und erleichtern die Verarbeitung der Mischung durch das Erweichen. Sie können mit den üblichen Mischaggregaten eingearbeitet werden. Sie werden zur Verbesserung der Tieftemperaturflexibilität und des elastischen Verhaltens von Vulkanisaten eingesetzt. Spezielle Verbindungen ergeben eine Verbesserung der Klebrigkeit, eine geringe Beeinträchtigung der Heißluftbeständigkeit sowie eine geringe Extraktion durch Lösemittel.

Etherweichmacher

Ether und Thioether sind besonders für NBR geeignet. Sie können nicht in Mischungen eingesetzt werden, die peroxidisch vernetzt werden.
Dibenzylether wurde früher häufig in Synthesekautschuken verwendet, hat aber aufgrund seiner Flüchtigkeit seine Bedeutung verloren.

Polyether und Polyetherthioether sind je nach Typ außerordentlich wirksame Weichmacher und werden insbesondere in NBR und CR zur Erzielung höchster Elastizität und Tieftemperaturflexibilität eingesetzt.

Thioetherester, z.B. Methylen-bis-thioglykolsäurebutylester oder Thiobuttersäurebutylester, sind ebenso wie die Polyether sehr gute Weichmacher und haben vor allem für Gummiartikel aus NBR und CR sehr große Bedeutung.

Esterweichmacher

Phthalsäureester sind relativ billige Weichmacher und verbessern die Elastizität und die Tieftemperaturbeständigkeit der Gummiartikel. Sie werden häufig für NBR- und CR-Vulkanisate verwendet. Hauptsächlich werden Dibutyl- und Dioctylphthalat (DOP) in Dosierungen von 5 bis 30 phr verwendet.

Adipinsäureester werden aufgrund des höheren Preises nur dann eingesetzt, wenn damit extreme Verbesserungen im elastischen Verhalten erzielt werden.

Sebacinsäureester und **Acelainsäureester** spielen aus preislichen und technologischen Gründen nur eine geringe Bedeutung. Zur Erzielung spezieller Eigenschaften werden sie gelegentlich eingesetzt, z.B. Dioctylsebacat für hohe Kälteflexibilität von CR.

Phosphorsäureester werden wegen ihrer geringen Brennbarkeit dem Kautschuk als Weichmacher zugesetzt. Es werden vor allem Trikresyl und Diphenylkresylphosphat, seltener Trioctylphosphat eingesetzt. Die Dosierungen der Phosphorsäureester liegen zwischen 5 und 15 phr.

5.6 Pigmente

Pigmente sind in Lösungs- und Bindemitteln praktisch unlösliche organische oder anorganische bunte oder weiße Farbmittel (DIN 55943). Für das Einfärben von Kautschukmischungen werden sowohl anorganische als auch organische Pigmente eingesetzt. Die organischen Pigmente zeichnen sich durch eine hohe Brillanz und Leuchtkraft sowie hohe Farbstärke aus, sind aber in ihren Alterungseigenschaften den anorganischen Pigmenten unterlegen. Die anorganischen Pigmente sind in der Regel hitzebeständiger als organische und naturgemäß resistenter gegen chemische Einflüsse [1]. Anorganische Pigmente zeichnen sich durch Temperaturbeständigkeit, Lichtechtheit und Migrationsbeständigkeit aus, sind aber relativ farbschwach.

Beim Einsatz von Pigmenten in Kautschukmischungen müssen einige Punkte berücksichtigt werden. Die zugesetzten Pigmente dürfen die Verarbeitungseigenschaften der Kautschukmischungen nicht ungünstig beeinflussen und die Eigenschaften, insbesondere die Alterungseigenschaften, des Vulkanisats nicht verschlechtern. Sie müssen im Kautschuk gut verteilbar sein und unempfindlich gegen alle Vulkanisationsbedingungen, Vulkanisiermittel und andere Zusätze. Sie müssen im Kautschuk unlöslich sein, damit sie nicht ausblühen oder ausbluten, sie müssen licht- und wetterbeständig sein und Farbtöne ergeben, die vom pH-Wert der Mischung unabhängig sind. Die Pigmente dürfen keine Kautschukgifte, z.B. Kupfer- und Mangan-Verbindungen enthalten.

5.6.1 Anorganische Pigmente

Weißpigmente

Kautschukmischungen werden Weißpigmente zugesetzt, um die Eigenfarbe des Kautschuks und anderer Bestandteile zu überdecken. Da Weißpigmente aufgrund der Teilchengröße inaktive Füllstoffe sind, müssen sie ein gutes Aufhellungsvermögen und hohe Deckkraft besitzen, um in geringen Dosierungen ausreichend wirken zu können.

Zu den Weißpigmenten mit relativ geringem Aufhellungsvermögen zählen **Lithopone** (Gemisch aus Zinksulfid und Bariumsulfat). Sie müssen in relativ hohen Dosierungen eingesetzt werden, was einen Qualitätsrückgang bedingen kann. Aus diesem Grunde wird bevorzugt das teurere, aber wesentlich effektivere Titandioxid eingesetzt.
Titandioxid-Pigmente kommen in zwei Modifikationen, Rutil und Anatas, vor, die sich in der Kristallgitterstruktur voneinander unterscheiden. Die Rutil-Typen besitzen ein höheres Aufhell- und Deckvermögen, weswegen sie in den meisten Fällen bevorzugt werden. Titandioxid-Pigmente werden in Dosierungen bis über 20 phr eingesetzt, weshalb hier die Inaktivität der Füllstoffe durchaus eine Rolle spielt.

Buntpigmente

Für die Herstellung bunter Gummiartikel werden eine Reihe anorganischer Pigmente eingesetzt. Sie besitzen zwar nicht die Brillanz organischer Pigmente, weisen aber hervor-

ragende Echtheitseigenschaften und gute Beständigkeit auf. Zum Teil zeichnen sie sich durch einen niedrigen Preis aus. Auch die anorganischen Buntpigmente zählen aufgrund ihrer spezifischen Oberfläche zu den inaktiven Füllstoffen. Sie werden aber auch stets nur in geringen Dosierungen eingesetzt.

Eisenoxid-Pigmente eignen sich zur Erzielung von gedämpften roten, braunen, beigen und gelben Farbtönen. Sie sind oft mit Kautschukgiften, insbesondere Mangan-Verbindungen, verunreinigt. Es werden daher spezielle Pigmente für die Gummiindustrie angeboten, bei denen der Gehalt an Kautschukgiften geprüft und limitiert ist.
Chromoxid-Pigmente werden zur Erzielung gedämpfter grüner und gelb-grüner Farbtöne verwendet. Auch hier werden für die Gummiindustrie nahezu kautschukgiftfreie Typen angeboten.
Zur Blaueinfärbung von Gummimischungen hat sich in besonderem Maße **Ultramarin** bewährt.

5.6.2 Organische Pigmente

Die organischen Pigmente sind im Vergleich zu den anorganischen Pigmenten ergiebiger, geben brillante Farben, sind weniger lichtecht, haben eine geringere Deckkraft und sind teurer.

Der überwiegende Teil der geeigneten organischen Pigmente sind Azo-Pigmente, z.B. das Kupplungsprodukt aus diazotiertem o-Chloranilin mit p-Nitrophenyl-3-methyl-5-pyrazolon, das für orangefarbige Töne verwendet wird. Außerdem werden Alizarin-Pigmente und für blaue und grüne Farbtöne Phthalocyanin-Pigmente eingesetzt. Weitere eingesetzte organische Pigmente sind Naphthalintetracarbonsäure, Indanthrenfarbstoffe, Anthrachinoide und Indigoide.

5.7 Verarbeitungshilfsmittel

Verarbeitungshilfsmittel sind in der heutigen kautschukverarbeitenden Industrie ein oft unverzichtbarer Mischungsbestandteil. Sie kommen in vielen Teilschritten der Produktion zum Einsatz, wobei sie die Verarbeitung von Kautschukmischungen erleichtern.

5.7.1 Gleitmittel

Gleitmittel verbessern die Fließfähigkeit von Kautschukmischungen in Verarbeitungsmaschinen, insbesondere bei der Extrusion und den Spritzgießverfahren. Durch den Einsatz von Gleitmitteln wird die Fließfähigkeit erhöht und die Viskosität erniedrigt. Die Verarbeitbarkeit wird dadurch erleichtert und die Produktqualität verbessert. Gleitmittel werden in geringen Dosierungen (1 - 5 phr) eingesetzt und beeinflussen das Eigenschaftsbild der Vulkanisate nicht. Zu den Gleitmitteln zählen im wesentlichen Metallseifen, Fettsäuren / Fettalkohole, Fettsäureester und Fettsäureamidester [439].

Metallseifen

Fettsaure Metallseifen, insbesondere die Zink-Seifen, spielen als Gleitmittel eine große Rolle. Sie haben eine hervorragende Gleitmittelwirkung, wodurch die Mischungsherstellung und Weiterverarbeitung erleichtert wird, die Verteilung der Mischungsbestandteile verbessert und die Füllbarkeit erhöht wird. Zudem wirken sie häufig aktivierend auf die Vulkanisation und zeigen einen Mastikationseffekt.

Calcium-Seifen haben eine wesentlich geringere Bedeutung als die Zink-Seifen, da sie keinen Mastikations- und nur einen schwachen Vulkanisationsaktivatoreffekt zeigen. Aufgrund ihrer schwach alkalischen Reaktion verschieben sie den pH-Wert der Mischung geringfügig nach höheren Werten.

Natrium- und Kalium-Seifen zeigen eine wesentlich stärkere alkalische Reaktion und werden bevorzugt in Alkalimischungen, z.B. bei der Vulkanisation von ACM, verwendet.

Fettsäuren und Fettsäureester

Gemische aus Fettsäureestern und Fettalkohole (Fettalkohol-Rückstände) haben eine hervorragende Wirkung auf die Verarbeitung der Kautschukmischungen, ohne einen Mastikations- oder Vulkanisationsaktivatoreffekt zu zeigen. Sie sind zink- und wasserfrei und werden bevorzugt dort eingesetzt, wo das Vorhandensein von Zink und Wasser zu Störungen führt, z.B. bei der CR-Vulkanisation oder der drucklosen Vulkanisation.

5.7.2 Klebrigmacher

Klebrigmacher werden der Kautschukmischung, insbesondere bei Synthesekautschuken, zur Erhöhung der Konfektionsklebrigkeit zugegeben. Sie werden aber auch in Produkten, z.B. Kontaktklebern (Klebebänder), eingesetzt. Als Klebrigmacher werden u.a. Naturprodukte, wie Teer, Teerharze, Kolophoniumharze und Syntheseprodukte, sowie modifizierte Naturstoffe, z.B. synthetisch modifizierte Cumaronharze, Cumaron-Indenharze oder Bitumen angewandt. Weiterhin werden als Klebrigmacher Polyether, Dibenzoylether oder Pentaerythritester eingesetzt.

Verschiedene Harze werden vor allem im Synthesekautschuk eingesetzt, um die Klebrigkeit der unvulkanisierten Kautschukmischung zu verbessern und gleichzeitig die Viskosität zu verringern. Die Harze haben im Gegensatz zu den anderen Weichmachern keine Auswirkungen auf die Eigenschaften der Vulkanisate. Klebrigmacher werden vor allem für NBR und CR eingesetzt. Häufig verwendete Stoffe sind Cumaron-Inden-, Alkylphenol-Acetylen-, Xylol-Formaldehyd-Harze oder sonstige Kohlenwasserstoffharze und synthetisch hergestellte Alkydharze.

Als Klebrigmacherharze für Klebebänder kommen vor allem Harzsäurederivate, Terpenharze (Oligomere von α- und β-Pinen) und Petroleumharze (Oligomere von ungesättigten Erdölfraktionen) zum Einsatz [442].

Polykondensations- und Polymerisationsprodukte

Polyester aus Adipin- oder Sebacinsäure und 1,2-Propylenglykol sind nicht flüchtige und nicht wandernde Weichmacher, die hauptsächlich in NBR-Kautschuk eingesetzt werden.

Alkydharze verbessern die Spritzbarkeit von NBR-Mischungen.
Polymerisationsprodukte des Crotonaldehyds verbessern die Verteilung der Füllstoffe im Kautschuk.
Flüssiger SBR bzw. NBR können in den entsprechenden Festkautschuken als nicht flüchtige Weichmacher eingesetzt werden.

5.7.3 Faktis

Faktis ist ein Verarbeitungshilfsmittel und wird auch als Streckmittel der Kautschukmischung zugegeben. Faktis ist ein Umsetzungs- und Vernetzungsprodukt ungesättigte tierischer, pflanzlicher oder synthetischer Öle, z.B. Rüböl, Ricinusöl, mit Schwefel oder anderen vernetzend wirkenden Stoffen, wie Dischwefeldichlorid, Siliciumtetrachlorid oder Diisocyanat. Man unterscheidet die Faktisse entweder nach ihrer Farbe (brauner, gelber und weißer Faktis) oder nach der Art des eingesetzten Vernetzungsmittels (Schwefelfaktis, Chlorschwefelfaktis, schwefelfreies Faktis).

Schwefelfaktis wird durch Reaktion von Öl mit etwa 10 - 25 % Schwefel hergestellt. Als Öle werden u.a. Rüböl, Leinöl oder Standöl eingesetzt. Neben den trocknenden Ölen werden der Mischung noch weitere Stoffe zugegeben, um Produkte mit bestimmten Eigenschaften zu erhalten. Es werden z.B. Mineralöl, Bitumen oder Paraffin verwendet. Wird die Reaktion bei Temperaturen von 130 - 160 °C durchgeführt, erhält man braunen Faktis. Mit raffinierten Ölen, Zugabe von Aktivatoren (z.B. Triethanolamin) und bei niedrigerer Reaktionstemperatur erhält man hellgelben Faktis.

Für die Herstellung von **Chlorschwefel-Faktis**, oder weißem Faktis, werden nur pflanzliche Öle eingesetzt. Die Chlorschwefelmenge beträgt je nach Art des Öls, der verwendeten Zuschlagstoffe sowie der gewünschten Beschaffenheit des Endproduktes 15 - 25 %. Da bei der Lagerung mit der Abspaltung geringer Mengen Chlorwasserstoff gerechnet werden muß, wird Chlorschwefel-Faktis durch Zugabe basich reagierender Stoffe, z.B. Magnesia oder gebrannter Kalk, stabilisiert.

Schwefelfreie Faktisse werden durch Blasen von fetten Ölen mit Luft in der Hitze oder durch Reaktion mit Peroxiden (Sauerstoff-Faktis), durch Umsetzung mit Siliciumtetrachlorid (Silicium-Faktis) oder durch Reaktion mit Diisocyanaten (Isocyanat-Faktis) hergestellt. Diese Faktisse besitzen aber keine große technische Bedeutung.

Als spezifisch leichtes Material besitzt Faktis viele Vorzüge gegenüber anderen Streckmitteln, z.B. Mineralölprodukten. Der Einsatz von Faktis bringt einige Vorteile bei der Herstellung und Weiterverarbeitung von Kautschukmischungen. Faktis hat z.B. ein starkes Bindevermögen für Weichmacher und wirkt sich daher günstig auf die Verarbeitung hoch weichmachergefüllter Kautschukmischungen aus.

Faktis ist ein allgemeines Verarbeitungshilfsmittel. Er verbessert die Standfestigkeit, die Spritz- und Kalandrierbarkeit sowie das Treibverhalten von Mischungen, verbessert das Aussehen und den Griff, die Schleifbarkeit, den Widerstand gegen Ermüdungsrißbildung und erleichtert die Herstellung porenfreier Mischungen. Bei der Herstellung gestrichener Gewebe erreicht man eine bessere Abdeckung der Gewebestruktur. Die Dosierung von Faktis kann zwischen 5 und 400 phr betragen.

Faktis wird u.a. bei der Herstellung von Profilen, Schläuchen, Kalander- und Formartikeln, Walzen- und Stoffgummierungen, Moosgummi, Badehauben, Hartgummi, Radiergummi und Schuhoberflächen verwendet.

5.7.4 Füllstoffaktivatoren / Haftvermittler

Kieselsäure und Silikate weisen eine polare und hydrophile Oberfläche auf, die bewirkt, daß Fremdsubstanzen meist bis zur Sättigung der Füllstoffoberfläche adsorbiert werden. Die Wechselwirkung kann mit Fremdsubstanzen wie Wasser oder Beschleunigern, aber auch mit Polymeren erfolgen, wodurch die Verarbeitbarkeit der Kautschukmischung erschwert wird. Zur Verbesserung der Verteilbarkeit und zum Ausgleich von vulkanisationsverzögernden Einflüssen sind verschiedene Verfahren zur Oberflächenbehandlung entwickelt worden. Um die Füllstoff-Polymer-Wechselwirkungen zu vermindern, werden zusätzliche Verbindungen zugemischt, die vom Füllstoff stärker adsorbiert werden als der Kautschuk. Zusätze dieser Art sind z.B. bestimmte Beschleuniger wie DPG oder DOTG, Hydrophobierungsmittel, d.h. Verbindungen mit polaren und unpolaren Molekülgruppen, wie Glykole (z.B. Diethylenglykol) oder Glycerin, Verbindungen mit basischem Stickstoff wie Triethanolamin oder sekundäre Amine, Silane, Stearate und Titanate. Beispielsweise werden Calciumcarbonat, Kalkum und Zinkoxid mit Stearinsäure, Kieselsäure und Silikate mit aliphatischen Aminen behandelt. Die Stoffe lagern sich bei der Mischungsherstellung mit ihren polaren Gruppen an die Füllstoffoberfläche an und erhöhen mit den unpolaren Gruppen die Verträglichkeit zum Kautschuk. Durch Mitverwendung dieser Stoffe kann die Aktivität der Füllstoffe gesteigert werden (**Füllstoffaktivatoren**).

Besonders große Verbesserung in der „Ankopplung" der mineralischen Füllstoffe an den Kautschuk sind in den letzten Jahren durch spezielle Silane (**Haftvermittler**) erzielt worden. Durch Reaktion von Kieselsäure mit Alkylsilanen, z.B. mit Bis-(3-triethoxysilylpropyl)tetrasulfid (TESPT), oder durch Veresterung der Silanolgruppen mit Alkoholen lassen sich hydrophobe Kieselsäuren herstellen. Während des Mischprozesses reagiert das Silan mit der Kieselsäure unter Abspaltung von Alkohol. In einem zweiten Reaktionsschritt wird bei der Vulkanisation die Sulfidbrücke in dem Silanrest thermisch gespalten und bewirkt eine Ankopplung an den Kautschuk [393].

Kaoline werden für einige Anwendungen mit bifunktionellen Organosilanen der allgemeinen Formel $R'Si(OR'')_3$ behandelt. OR" steht für eine Alkoxygruppe, die mit der OH-gruppenhaltigen Füllstoffoberfläche reagiert. Dabei wird das Silan an der Füllstoffoberfläche gebunden. Als funktionelle Gruppe R' werden häufig Vinyl-, Mercapto- oder Amino-Gruppen verwendet. Diese Gruppen bestimmen die Reaktionsfähigkeit des Kaolins mit bestimmten Polymeren [433].

5.8 Treibmittel

Treibmittel sind bei Raumtemperatur stabile Verbindungen, die bei höheren Temperaturen vor oder während der Vulkanisation unter Gasabspaltung zerfallen. Vorzugsweise werden stickstoff- oder kohlendioxidabspaltende Verbindungen verwendet. Sie werden für die Herstellung von porösen Gummiartikeln (Schwamm-, Moos-, Zellgummi) eingesetzt. Treibmittel können sowohl anorganische als auch organische Verbindungen sein.

Die anorganischen Treibmittel lassen sich schlecht in den Kautschuk einarbeiten. Durch eine schlechte Verteilung im Kautschuk wird die Porenstruktur sehr unregelmäßig. Durch eine vorzeitige Zersetzung ist die Lagerfähigkeit der anorganischen Treibmittel nicht sehr groß. Es wurden daher organische Treibmittel entwickelt, die bessere Eigenschaften haben. Trotz des höheren Preises haben sie die anorganischen Stoffe weitgehend verdrängt.

5.8.1 Anorganische Treibmittel

Für die Herstellung von Schwamm- und Moosgummi wurde früher Ammoniumcarbonat, Ammonium- und Natriumhydrogencarbonat eingesetzt. Nur das Natriumhydrogencarbonat hat noch eine geringe Bedeutung und wird als Paste, z.B. mit Mineral- oder Paraffinöl verwendet. Eine Sonderstellung nimmt Natriumnitrit ein, das als Gemisch mit Ammoniumchlorid zur Herstellung von Gummihohlkörpern, z.B. Bällen, verwendet wird.

5.8.2 Organische Treibmittel

Heute werden überwiegend organische Treibmittel eingesetzt. Es werden Verbindungen bevorzugt, die bei der thermischen Spaltung Stickstoff abspalten, da dieses bedeutend langsamer durch die Kautschuk-Zellwände diffundiert als beispielsweise Kohlendioxid oder Ammoniak.

Azoverbindungen

Diazoamino-Verbindungen gehören zu den ältesten Treibmitteln. Die bekannteste Verbindung dieser Gruppe ist das Diazoaminobenzol. Es zeichnet sich durch eine gute Wirksamkeit aus. Seine Verwendbarkeit ist aber beschränkt, da bei der Spaltung neben Stickstoff ein intensiv gefärbtes Gemisch entsteht, das u.a. Anilin enthält. Helle Materialien verfärben sich bei Kontakt mit Vulkanisaten, die mit Diazoaminobenzol geschäumt wurden. Außerdem können Hautreizungen auftreten.

Azonitrile wurden während des 2. Weltkriegs als Treibmittel für Kautschukmischungen entwickelt. Die wichtigsten Verbindungen sind das α,α'-Azo-bis-(isobuttersäurenitril) und das α,α'-Azo-bis-(hexahydrobenzonitril). Das Isobuttersäurenitril-Derivat ist von diesen beiden Verbindungen das stärkere Treibmittel. Mit ihm lassen sich weiche Schwammgummimischungen und sehr leichtes Porenhartgummi herstellen. Bei der Zersetzung entsteht u.a. Tetrabutylbernsteinsäure-dinitril, das toxische Eigenschaften aufweist. Bei der Verarbeitung und der Verwendung der daraus hergestellten Gummiartikel sind daher

besondere Vorsichtsmaßnahmen zu beachten. Das Hexahydronitril-Derivat bietet den Vorteil geringerer Giftigkeit der Zersetzungsprodukte, zersetzt sich aber langsamer und besitzt eine geringere Treibwirkung. Aus diesen Gründen werden beide Verbindungen praktisch nicht mehr angewandt.

Derivate der Azodicarbonsäure gehören heute zu den wichtigsten Treibmitteln. Die wichtigste Verbindung, das Azodicarbonamid (ADC), besitzt große Verarbeitungs- und Lagersicherheit und ist zur Herstellung geruchloser, zelliger Vulkanisate geeignet.
Die Stickstoffabspaltung beginnt in Kautschukmischungen bei etwa 140 °C. Durch Zugabe von sogenannten Kickern kann die Zersetzungstemperatur um 20-30 °C gesenkt werden bei gleichzeitiger Erhöhung der Zersetzungsgeschwindigkeit. Als Kicker können Zinkoxid, Zinksalze, Glykole (z.B. Diethylenglykol), Harnstoff, Bariumstearat, Calsiumstearat, Zitronensäure, Triethanolamin, Sulfinsäuren und andere organische Treibmittel, insbesondere Benzolsulfohydrazid, eingesetzt werden. Eine Reihe von Handelsprodukten enthalten fertige Treibmittel/Kicker-Gemische.

Hydrazinverbindungen

Hydrazin-Derivate der organischen Sulfonsäuren gehören zu den modernsten stickstoffabspaltenden Treibmitteln. Die unten beschriebenen Verbindungen beeinflussen weder Geruch noch Geschmack der Vulkanisate. Beim Öffnen der Vulkanisationspressen tritt keine Geruchsbelästigung auf, und die Vulkanisate werden in physiologischer Hinsicht nicht ungünstig beeinflußt [203].

Benzolsulfonsäurehydrazid (BSH) gehört zu einem der wichtigsten Treibmittel. Es ist ein farb- und geruchloses Pulver, das unter üblichen Bedingungen unbegrenzt lagerfähig ist. Es wird bevorzugt in Pastenform, d.h. mit Mineralöl angerieben, verarbeitet. Die Vorzüge von Benzolsulfonsäurehydrazid sind gute Verarbeitbarkeit, sichere Verarbeitungseigenschaften, ausgezeichnete Treibwirkung, Geruchlosigkeit der hergestellten Artikel und keine Verfärbung heller Farbtöne. Der Grad der Treibwirkung hängt von der Zusammensetzung der Mischung ab. Das Treibmittel und das Vulkanisationssystem können sich gegenseitig beeinflussen. So wird die Zersetzungstemperatur von etwa 100 °C durch basische Beschleuniger stark erniedrigt.
Die Zersetzung des Benzolsulfohydrazids verläuft unter Stickstoff- und Wasserabspaltung über die entsprechende Sulfinsäure, die dann unter Disproportionierung in Diphenyldisulfid und Diphenylsulfoxid übergeht. Zur Herstellung von besonders feinporigem Schwammgummi können den Mischungen noch verteilende Zusätze, z.B. Fettsäureaminderivate oder waschaktive Substanzen, zugegeben werden [1].

Benzol-1,3-disulfonsäurehydrazid kann in harten, stark gefüllten Mischungen verwendet werden, die bei der Verarbeitung höhere Temperaturen erreichen, da die Gasabspaltung erst bei etwa 115 °C beginnt. Die Zersetzungstemperatur wird durch basisch reagierende Stoffe herabgesetzt. Reines Benzol-1,3-disulfonsäurehydrazid ist außerordentlich energiereich und neigt zur Explosion. Es wird daher nur in phlegmatisierter Form, z.B. als Paste mit 50% Chlorparaffin, in den Handel gebracht. Wegen der höheren Zersetzungstemperatur eignet es sich besonders zur Herstellung von Porensohlen.

Bei **Diphenyloxid-4,4'-disulfonsäurehydrazid** beginnt die Zersetzung bei ca. 120 °C. Es wird meist mit ca. 3% Mineralöl gecoatet.

p-Toluolsulfonsäurehydrazid (TSH) steht dem Benzolsulfohydrazid anwendungstechnisch sehr nahe. Der Zersetzungspunkt liegt bei ca. 105 °C. Die Substanz kommt wie die meisten anderen Verbindungen als Pulver oder Paste in den Handel.
p,p'-Oxybis(benzolsulfonsäurehydrazid) (OBSH) ist ein sehr effektives Treibmittel, das sowohl in NR als auch in SR eingesetzt werden kann. Die Zersetzung von OBSH kann wie die von ADC durch Zugabe von Kickern beschleunigt und die Zersetzungstemperatur gesenkt werden. Zu diesem Zweck werden Harnstoff, TEA, PPG, Calciumoxid, Blei-, Zink-, Calciumstearat, Stearinsäure, Zitronensäure, Adipinsäure, Salicylsäure oder Benzoesäure zugegeben.

N-Nitrosoverbindungen

Eine weitere wichtige, Stickstoff abspaltende Verbindungsklasse leitet sich von N-Nitroso-Derivaten von sekundären Aminen und N-substituierten Amiden ab.

N,N'-Dinitrosopentamethylentetramin (DNPT) ist ein feinkristallines Pulver; die Gasabspaltung beginnt bei etwa 120 °C. Wegen seines hohen Energieinhaltes muß es zur gefahrlosen Handhabung in phlegmatisierter Form verwendet werden. Dazu wird Kreide mit Mineralöl oder flüssiges Polyisobutylen verwendet. Es zeichnet sich durch die Abspaltung einer sehr großen Gasmenge aus. DNPT ist im Gegensatz zu den Sulfonsäurehydraziden säureempfindlich.
DNPT kann nur dann angewendet werden, wenn der charakteristische Geruch (fischiger Geruch) der Zersetzungsprodukte (Amine, Formaldehyd) nicht stört. Der Geruch kann durch Zugabe von Harnstoff oder Melamin teilweise vermindert werden.
Wegen der hohen abspaltbaren Gasmenge ist es ein besonders preiswertes, weltweit benutztes Treibmittel vor allem für die Herstellung von Porensohlen und Zellgummi.

N,N'-Dimethyl-N,N'-dinitrosoterephthalamid ist ein kristallines, gelbes, geruchloses Pulver. Die Zersetzung beginnt bei ca. 80 °C und verläuft zumeist mit hoher Geschwindigkeit, so daß Explosionsgefahr besteht. Da auch die phlegmatisierte Form nicht sicher genug war, wurde die Herstellung dieser Substanz wieder eingestellt.

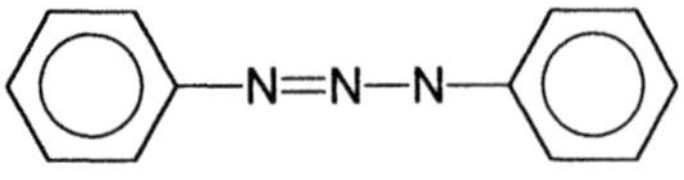

Diazoaminobenzol

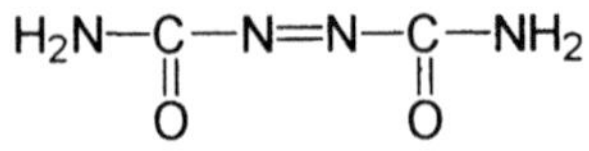

ADC

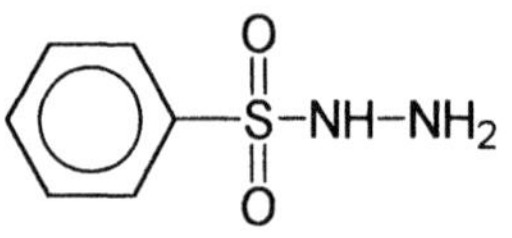

BSH

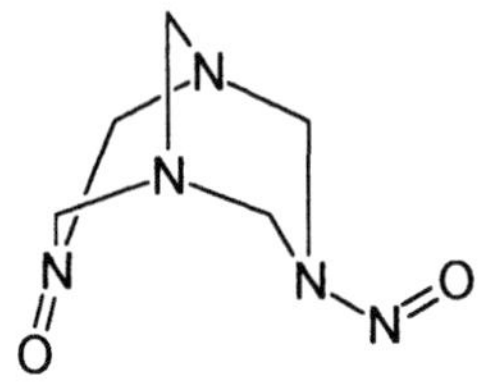

DNPT

Abbildung 5.36: ***Struktur einiger organischer Treibmittel***

5.9 Haftmittel

Viele Erzeugnisse der Gummiindustrie, z.B. Reifen, Keilriemen, Fördergurte, Schläuche, enthalten textile oder andere Verstärkungsmaterialien, die die Dehnung des Gummis begrenzen und den Artikeln Stabilität geben sollen. Als textile Verstärkungsmaterialien stehen heute neben der früher ausschließlich verwendeten Baumwolle verschiedene halb- und vollsynthetische Fasern, z.B. Rayon, Nylon, Polyester, Aramid-Fasern (Kevlar), Polyvinvlalkohol-Fasern zur Auswahl. Neben den organischen Fasern werden Stahlcord und seit den 60er Jahren auch Glasfasercord eingesetzt.

Für eine einwandfreie Funktion und lange Lebensdauer der Gummiartikel, die textile Verstärkungsmaterialien enthalten, ist eine gute Haftung des Gummis am Textilmaterial unabdingbare Voraussetzung [1]. Das gilt insbesondere bei dynamischer Beanspruchung der Artikel. Bei der Verwendung von Baumwolle entsteht aufgrund der Struktur eine ausreichende mechanische Verankerung im Gummi. Im Gegensatz dazu weisen die halb- und vollsynthetischen bzw. anorganischen Fasern keine Verankerungsmöglichkeit in Kautschukmischungen auf. Nur durch die Anwendung spezieller Haftmittel läßt sich eine ausreichende Haftfestigkeit erzielen.

Bei der Haftung von Gummi auf anderen Materialien kommt der Zusammensetzung der Kautschukmischung oft eine entscheidende Bedeutung zu [203].

- Weiche Kautschukmischungen sind wesentlich schwerer zu binden als harte.
- Die Kautschukart hat einen mitentscheidenden Einfluß auf die Bindung. Die Kautschuke nehmen in der folgenden Reihenfolge in ihrer Haftungstendenz ab:
  NBR > CR > NR > SBR > BR > EPDM > IIR.
- Ein eventuelles Ausschwitzen von Weichmachern oder Ausblühen von Schwefel, Wachsen oder anderen Produkten kann zum völligen Verlust der Haftung führen.

- Der Vulkanisationsverlauf ist für das Erzielen guter Bindungen oft mitentscheidend. Die Anvulkanisationszeit muß genügend lang sein, damit sich die Bindungen ausbilden können. Bei starker Unter- oder Übervulkanisation wird oft keine gute Bindung erhalten.
- Bestimmte Alterungsschutzmittel, z.B. MBI, können die Bindung stark mindern oder ganz aufheben.
- Auch Füllstoffe können die Bindung beeinflussen.

5.9.1 Gummi-Gewebe-Haftmittel

Für die Herstellung vieler Artikel, wie Bekleidung, wasserdichte, aufblasbare Produkte, z.B. Bootskörper, Rettungsflöße, Lufthallen, muß die Kautschukmischung auf Gewebebahnen aufgebracht werden. Dies geschieht im Trocken- oder Naßverfahren mittels Kalander, Streich-, Walzenauftrags- oder Tränkverfahren (s. Kapitel 6.2). Zur Verbesserung der Gummi-Gewebe-Haftung werden häufig Haftvermittler, z.B. auf Isocyanat-, Resorcin/Formaldehydbasis, Bindemittel u.a. eingesetzt. Das Haftmittel wird entweder vor der Beschichtung direkt auf das Gewebe aufgetragen oder als Zusatz zur Streichlösung dazugegeben.

Resorcin-Formaldehyd-Harze

Seit 1935 ist eine **Vorimprägnierung** mit Resorcin-Formaldehyd-Harze in Kombination mit Latices (RFL-Dip) als Haftvermittler für Textilimprägnierungen in Gebrauch und hat weite Verbreitung gefunden. Mit der Einführung neuer Fasern und neuer SR-Typen wurden die RFL-Präparationen verändert und verbessert. Für Polyamid-Fasern wurde beispielsweise ein spezieller Latex auf der Basis von Butadien-Styrol-2-Vinylpyridin (70:15:15 Massen-%), der sogenannte Vinylpyridin-Latex (VP-Latex), entwickelt. Als Verschnitt mit NR- und SBR-Latex spielt er auch für Rayon-Imprägnierungen eine Rolle.
Die RFL-Dips werden in den Gummifabriken oft selber aus den Einzelkomponenten, Resorcin, Formaldehyd und NR-, SBR- oder VP-Latex, hergestellt. Die Herstellung beinhaltet einen recht empfindlichen Reifeprozeß bei einer konstanten Temperatur, von dem die Qualität und der Kondensationsgrad des Harzes abhängt. Um diese Probleme zu vermeiden, sind vorkondensierte Resorcin-Formaldehyd-Harze mit konstanter Qualität im Handel. Vor der Verarbeitung wird nur noch Formaldehyd zugegeben. Der Trockengehalt der RFL-Dips richtet sich nach den zu imprägnierenden Textilmaterialien und beträgt zwischen 10 und 20 Massen-%. Der Imprägnierauftrag beträgt etwa 4-8 % des Gewebegewichtes, bei schweren Geweben bis zu 15 % und bei Glasfasercords 25-30 %.
Durch Zugabe weiterer haftvermittelnder Substanzen, z.B. Reaktionsprodukte von Triallylcyanurat bzw. p-Chlorphenol mit Resorcin und Formaldehyd, kann das Haftvermögen noch gesteigert werden.
Polyester werden im Zweibadverfahren imprägniert. Zunächst wird mit einer Kombination aus geblocktem Diisocyanat mit Polyepoxid und anschließend mit einem RFL-Dip imprägniert.

Die Vorimprägnierung der Verstärkertextilien erfordert Spezialapparaturen für die Herstellung der Dips und aufwendige Maschinen für die Imprägnierung und Trocknung. Sie

wird heute daher nur noch in Gummifabriken angewendet, die über entsprechende Einrichtungen verfügen.

1965 wurde das sogenannte **Direkt-Haftverfahren** mit Haftmischungen entwickelt, mit dem die aufgezählten Probleme und der aufwendige Imprägnierprozeß entfallen. Der Kautschukmischung werden die folgenden drei Komponenten zugegeben (RFK-System):

- Resorcin,
- Formaldehyd-Spender,
- Kieselsäure-Verstärkerfüllstoff.

Als Formaldehyd-Spender werden insbesondere Hexamethylolmelamin, Hexamethylolmelamin-ethylether oder Hexamethylentetramin verwendet [203]. Im Verlauf der Vulkanisation bildet sich das für die Haftung wirksame Resorcin-Formaldehyd-Harz.

Dieses Verfahren kann mit praktisch allen Kautschuktypen und mit allen gebräuchlichen Textilien, einschließlich Glascord oder Glasgewebe sowie mit Metallen, insbesondere Stahlcord, angewendet werden.

Isocyanate als Haftvermittler

Werden besonders hohe Haftfestigkeiten gefordert, können die Gewebe mit Triisocyanaten, z.B. Triphenylmethantriisocyanat oder Thionophosphorsäure-tris-(p-isocyanatophenyl)ester imprägniert werden.

Die Anwendung der Triisocyanate ist stark zurückgegangen, da bei diesem Verfahren in organischen Lösemitteln anstelle von Wasser gearbeitet werden muß. Das Verfahren hat nur noch für spezielle Anwendungen eine gewisse Bedeutung, z.B. für die Herstellung flankenoffener Keilriemen.

Sonstige Haftmittel

Polyester werden beim Faserhersteller vorimprägniert, z.B. mit phenylgeblocktem MBI in Kombination mit Peroxiden oder Epoxid-Harzen. Solche vorimprägnierten Fasern lassen sich mit RFL-Dips oder mit dem RKL-Systemen imprägnieren.
Auf Glasfasercords wird als Haftvermittler ein Silan-Finish aufgebracht.

5.9.2 Gummi-Metall-Haftmittel

Früher wurde eine Verbesserung der Gummi-Metall-Haftung durch eine Hartgummischicht erreicht. Durch den vermehrten Gebrauch von Gummi in Konstruktionselementen der Automobil-, Flugzeug- und Maschinen-Industrie werden hochwertige Verbindungen benötigt, die mit diesen alten Verfahren nicht erreicht werden konnten.

Heute werden im wesentlichen lösemittelhaltige, vorkonfektionierte, polare Haftmittel (z.B. speziell compoundierte halogenhaltige Polymere: Chlorkautschuk, Chloropren-Polymerisate, Kautschukhydrochlorid gegebenenfalls in Kombination mit Vernetzern, Füllstoffen, Stabilisatoren) eingesetzt.

Der Trend geht aus Gründen des Umweltschutzes mehr und mehr zu lösemittelfreien Haftungssystemen auf Basis wäßriger Dispersionen. Seltener werden bei der Formteileherstellung noch Verfahren auf Basis von Hartgummi-Zwischenplatten, Phenolharzen oder Messing-Verfahren angewendet.

Für eine einwandfreie Gummi-Metall-Bindung muß die Metalloberfläche vorbereitet, d.h. gereinigt, entfettet und/oder ggf. chemisch vorbehandelt werden. Die Vorbehandlungs- und Entfettungsverfahren werden in Kapitel 6.3 beschrieben. Die chemischen Vorbehandlungsverfahren, u.a. Phosphatierung und Chromatierung, werden nur in geringem Umfang eingesetzt.

Für die Beschichtung von Metallen werden, wie für die Beschichtung von Geweben, Resorcin-Formaldehyd-Harze eingesetzt (s. Kapitel 5.9.1).

Messing-Verfahren

Eine Möglichkeit der Verbesserung der Gummi-Metall-Haftung ist das galvanische Aufbringen einer Messingschicht. Dieses Verfahren ist vorteilhaft, wenn die schwefelhaltige Kautschukmischung unter hohem Druck auf die in Formen eingebauten Metallteile aufgepreßt wird (z.B. Injection-Moulding-Verfahren, s. Kapitel 6.1.3.3). Chemische Haftvermittler können unter diesen Bedingungen verschoben werden, wodurch die Haftung teilweise vermindert wird. Der Messingüberzug hat sich auch bei der Herstellung von Autoreifen mit Stahlcord bewährt [203].

Zur Bindung an vermessingtem Stahlcord im 'Direktverfahren' werden sogenannte Haftmischungen eingesetzt, d.h. Haftmittel enthaltende Kautschukmischungen. Die Kautschukmischung enthält zusätzlich organische Kobaltsalze (z.B. Kobaltnaphthenat, -octoat, -adipat, -stearat) und Resorcin, Formaldehyd und Kieselsäure, wobei als Formaldehydspender verschiedene Verbindungen eingesetzt werden, z.B. Hexamethylentetramin, Hexamethylolmelaminmethylether. Die Haftung wird offensichtlich durch eine sich vor der Vernetzung ausbildenden Kupferpolysulfid-Zwischenschicht bewirkt [288].

Chemische Haftmittel

Eine Verbesserung der Haftung zwischen Kautschukmischung und Metall kann durch chemische Haftmittel, wie Isocyanate, Chlorkautschuk, cyclisierter Kautschuk, Epoxide u.a., erreicht werden. Dazu ist eine saubere Vorbereitung der Metalloberfläche, und zwar eine mechanische (z.B. Sandstrahlen) und/oder chemische Behandlung unerläßlich.

Mit **Isocyanaten** (s. Kapitel 5.9.1) erhält man sehr gute Gummi-Metall-Bindungen. Es können fast alle gebräuchlichen Kautschuk-Typen auf fast alle Leicht- und Schwermetalle, ausgenommen Bronze, aufgebracht werden. Die Verwendung von Isocyanaten ist nicht ganz problemlos, da es u.a. durch die sehr reaktionsfähigen Isocyanate zu störenden Nachreaktionen kommen kann.

In den letzten Jahren haben sich **halogenierte Haftmittel** durchgesetzt. Diese Haftmittel bestehen aus halogenierten Polymeren, z.B. Chlorkautschuk, Kautschukhydrochlorid, Poly-

merisate des 2-Chlorbutadiens bzw. des 2,3-Dichlorbutadiens, die z.T. nach der Polymerisation weiter halogeniert werden sowie Vernetzern (Dinitrosobenzol bzw. p-Chinondioxim mit Oxidationsmitteln), Stabilisatoren, Füllstoffen und Lösemitteln. Mit ihnen werden wegen der geringeren Nebenwirkungen konstantere Werte erzielt als mit Isocyanaten.

Stahlcord kann zur Haftverbesserung auch verzinkt werden. Die Haftung kann auch durch Zugabe von Bleioxid zur Kautschukmischung verbessert werden. Dieses Verfahren wird vor allem zur Herstellung von Stahlcord-Förderbändern eingesetzt.
Reaktionshaftmittel auf Epoxid- oder Polyurethanbasis kommen für polare Kautschuke, z.B. NBR und CR, zur Anwendung. Sie haben aber nur eine sehr geringe Bedeutung.

Für die Herstellung von Gummi-Metallteilen ist es wichtig, daß die Formteilung so angebracht ist, daß das Haftmittel von der fließenden Kautschukmischung nicht verschoben wird.

Eine weitere Möglichkeit ist die Verwendung von metallischen Coagentien bei der peroxidischen Vulkanisation. Die Kautschukmischung wird mit dem Coagens als Zusatzstoff gemischt und direkt gegen die Metalloberfläche vulkanisiert. Ein separater Auftrag des Haftmittels ist nicht notwendig. Als metallische Coagentien werden z.B. Zinkdiacrylat und Zinkdimethacrylat verwendet [383].

Vernetzer für Kautschuk-Klebelösungen

In Kautschuk-Klebelösungen wird die Adhäsions- und Kohäsionsfestigkeit des Klebefilms durch Zugabe von Vernetzern erheblich verbessert. Als Vernetzer hat man früher raschwirkende Vulkanisationssysteme (Selbstvulkanisation) verwendet. Diese sind durch den Einsatz von Isocyanaten stark zurückgedrängt worden, da diese wesentlich bessere Klebeverbindungen erzielen. Klebelösungen mit Isocyanaten müssen als Zwei-Komponenten-Kleber angewendet werden. Sie haben sich bewährt für die Klebung von Gummi, Leder, Textilien, Holz, Metall und Kunststoffen.

5.10 Sonstige Hilfsmittel

5.10.1 Anticyclisierungsmittel

Bei der Mastikation kann bei erhöhter Temperatur eine nicht erwünschte Cyclisierung auftreten. Durch Zugabe von Anticyclisierungsmitteln wird eine Reaktion zweier Kettenradikale miteinander verhindert. Ans Anticyclisierungsmittel werden z.B. Dihydroxydiphenylmethane, Aralkylhydrochinone und andere Phenole eingesetzt.

5.10.2 Replastiziermittel

Replastiziermittel werden eingesetzt, um schwach anvulkanisierte Mischungen wiederverarbeitbar zu machen. Durch das Replastiziermittel findet wahrscheinlich eine Entschwefelung der Kautschukmischung statt. Als Replastiziermittel werden die als Vulkanisations-

verzögerer bekannten Substanzen, z.B. Diphenylnitrosamin (NDDA), eingesetzt. Sie können also nicht nur die Vulkanisation verzögern, sondern sie auch bis zu einem gewissen Grad rückgängig machen [171].

5.10.3 Emulgatoren

Bei der Herstellung von synthetischem Kautschuk werden fettsaure Salze als Emulgatoren verwendet.

5.10.4 Flammschutzmittel

Flammschutzmittel sind Chemikalien, die flammhemmend wirken bzw. die Entflammbarkeit des Kautschuks herabsetzen. Flammwidrige Zusätze können prinzipiell auf verschiedene Arten wirken [288]:

- Abspaltung von Wasser (z.B. Aluminiumoxihydrat);
- verbesserte Wärmeleitfähigkeit (spezielle Füllstoffe);
- Bildung von Schutzfilmen als Sperre gegen entflammbare, flüchtige Spaltprodukte;
- Bildung flammhemmender Zersetzungprodukte in der Gasphase (z.B. Phosphorverbindungen);
- Erstickung bzw. Abbruch des Brennvorgangs durch Bildung spezieller gasförmiger Verbindungen zur Sauerstoffverdrängung;
- Inhibierung gestarteter radikalischer Ketten (z.B. Chlorverbindungen).

Chlorierte Paraffine werden zur Verminderung der Entflammbarkeit in Kautschukmischungen eingesetzt. Die Dosierung beträgt in der Regel bis zu 20 phr, in CR meistens nur bis 10 phr. Die Chlorkohlenwasserstoffe werden häufig in Kombination mit Antimontrioxid, aber auch Aluminiumoxidhydrat, Zinkborat, Magnesiumcarbonat oder Selen eingesetzt. Außer den Chlorkohlenwasserstoffen ist die Verwendung von chloriertem Diphenyl, chloriertem Naphthalin und Chlorkautschuk als Flammschutzmittel möglich.

5.10.5 Lösemittel

Bei einigen Herstellungsprozessen von Kautschukprodukten (s. Kapitel 6.1.3) und z.T. noch zur Herstellung von Gummifäden werden Kautschukmischungen in Form von Lösungen mit organischen Lösemitteln eingesetzt. Es werden Lösemittel verwendet, die ein Auflösevermögen für Kautschuk besitzen. Neben Benzin werden auch aromatische und chlorierte Kohlenwasserstoffe sowie Ester eingesetzt. Vielfach werden auch Lösungen in Lösemittelkombinationen hergestellt, wobei lösende und stark quellende Lösemittel kombiniert werden. Die Kombinationen besitzen z.T. besser lösende Eigenschaften als die einzelnen Komponenten. Mit diesen Lösemittel-Kombinationen können höher konzentrierte Kautschuklösungen hergestellt werden als mit den einzelnen Lösemitteln. Dies spielt bei der Klebstoffherstellung eine entscheidende Rolle.

Lösungen aus NR-Mischungen, bei denen das Lösemittel möglichst rasch verdunsten soll, werden häufig mit Benzin bzw. mit Leichtbenzin angesetzt. Für Lösungen, die eine hohe Klebekraft besitzen sollen, werden dagegen wegen des guten Quellvermögens vor allem aromatische oder chlorierte Kohlenwasserstoffe eingesetzt.

Neben dem guten Lösevermögen für Kautschuk und dessen Mischungen sind günstige toxikologische Eigenschaften, Möglichkeiten der Rückgewinnung, die Einhaltung bestimmter Siedegrenzen und Schwerbrennbarkeit verlangt.

5.10.6 Trennmittel / Formentrennmittel

Unter dem Begriff Trennmittel wird eine ganze Produktgruppe zusammengefaßt, die man unterteilen kann in

- Trennmittel für unvulkanisierte Kautschukmischungen,
- Formentrennmittel und
- Dornentrennmittel.

Erstere sollen das Zusammenkleben unvulkanisierter Gummimischungen in Form von Fellen (Batchen), Streifen, Granulaten oder Rohlingen während der Lagerzeit verhindern. Es können feste, flüssige oder pastöse Trennmittel eingesetzt werden. Als feste Trennmittel kommen z.B. Kreide, Talkum, Metallseifen, v.a. Zink-, Calcium- und Magnesiumstearat, zum Einsatz. Nachteilig ist dabei die Staubbelästigung. Flüssige Trennmittel sind in der einfachsten Form flüssige Seifen oder Lösungen von verschiedenen Detergentien. Pastöse Trennmittel sind meistens Metallseifendispersionen (Zink-, Calcium-, Magnesiumstearat), die zusätzlich Talkum, Kreide, Bentonit, andere Mineralien oder pyrogene Kieselsäure enthalten können.
Durch das Einarbeiten von hochmolekularen Stoffen, z.B. Cellulosederivate, in die Seifenlösung, kann man auch für mittelharte und weiche Mischungen ein Zusammenbacken verhindern. Oft können auch die unten beschriebenen Formentrennmittel als 0,5 - 1 %ige Lösung in Benzin, Tetrachlormethan oder Ethylacetat eingesetzt werden.

Formentrennmittel sollen das Anhaften von Gummi an Formenwerkzeugen verhindern, was beim Entformen zur Beschädigung der Vulkanisierform und des vulkanisierten Artikels führen kann. Mit dem Einsatz dieser Hilfsmittel werden auch die Formenreinigungskosten verringert.
Als Trennmittel werden verschiedene organische Trennmittel (z.B. Seifenlösung, fluorhaltige Verbindungen), Silicon-Trennmittel oder Einbrennlacke verwendet. Die früher und z.T. noch heute verwendeten Seifenlösungen führen zu Verkrustungen in der Form, da sie diese Stoffe bei der Vulkanisationstemperatur zersetzen. Die Formen müssen daher öfter gereinigt werden, was bei komplizierten Formen sehr zeitaufwendig ist. Diesen Nachteil vermeidet man, wenn man Silikon-Trennmittel verwendet. Diese Mittel zersetzen sich nicht und führen bei den Artikeln zu einem hohen Glanz, was bei einem nachträglichen Lackieren, Verkleben oder Verschweißen nachteilig sein kann.
Zudem gibt es sog. innere Trennmittel, z.B. Wachse oder Seifen. Sie werden in die Kaut-

schukmischung eingemischt, migrieren an die Oberfläche und verbessern die Entformbarkeit des Vulkanisats.

5.10.7 Oberflächenbehandlungsmittel

Bei der Verwendung polierter Formen oder durch Formeneinstreichmittel kann man Oberflächeneffekte erzielen. Bei freigeheizten Artikeln muß man eine Oberflächenbehandlung durchführen, um ihnen z.B. eine glänzende Oberfläche zu verleihen.
Bei einigen Gummiartikeln wird die Oberfläche mit reaktiven Lösungen behandelt. Es werden z.B. Lösungen von Brom oder Chlor in Wasser oder einem organischen Lösemittel (Tetrachlormethan oder Trichlorethen) verwendet, die einige Minuten auf die Oberfläche einwirken. Nach einigen Minuten Einwirkzeit muß die Lösung mit Wasser wieder abgewaschen werden. Mit dieser Behandlung wird eine Verringerung des Reibungskoeffizienten und / oder eine Erhöhung des Glanzes bewirkt.
Die Oberflächenbehandlung kann auch durch eine Lackierung erfolgen, wobei geeignete Lacke z.B. trocknende Öle sind. Es können auch Lacke auf der Basis von Polyacrylaten, Polyvinylacetat sowie plastifizierte Harnstoff-Formaldehyd-Harze verwendet werden. Der Lack wird entweder auf den Vulkanisierten Artikel aufgetragen und an der Luft getrocknet oder er wird auf die zu vulkanisierende Kautschukmischung aufgebracht und trocknet bei der Vulkanisation. Es können auch Lacke auf Polyurethanbasis angewendet werden. Eine Beschichtung mit PTFE erfolgt z.B. bei der Herstellung von Scheibenwischern.
Soll als Oberflächenbehandlung eine Lackierung erfolgen, müssen Kautschukmischung und Lack aufeinander abgestimmt sein, da ansonsten u.a. eine schlechte Haftung des Lackes resultieren kann.

5.10.8 Regeneriermittel

Regeneriermittel werden bei der Regenerierung von Kautschuk (s. Kapitel 3.5 und 6.4.2.3) zugegeben. Sie sollen die oxidative Kettenspaltung, die dem Regenerierprozeß zugrunde liegt, beschleunigen oder ein Anquellen des Regenerats bewirken, wodurch sie Sauerstoffaufnahme erleichtert wird. Ersteres erreicht man durch Zugabe von Stoffen, die auch als Mastikationsmittel verwendet werden z.B. von Disulfiden (Toluyldisulfiden, Dixylyldisulfiden), Thiophenolen oder alkylierten Phenolsulfiden.
Das Anquellen wird durch das Einarbeiten von sog. Regenerierölen, wie Tallöl, Harzöl, Mineralöl oder deren Verschnitte mit Harzen bewirkt. Die Regenerieröle werden sowohl allein als auch in Kombination mit Regeneriermitteln eingesetzt.
Die Art der eingesetzten Chemikalien ist abhängig vom Kautschuktyp. In NR können fast alle Regeneriermittel angewendet werden. Bei der Regenerierung von NBR oder SBR werden substituierte Thiophenole sowie o,o'-Dibenzamidodiphenyldisulfid oder isomere Xylylmerkaptane verwendet.

Die bei der Regenerierung von Fabrikationsabfällen oder Fehlchargen eingesetzten Stoffe wie Schwefelsäure oder Natriumhydroxid sind keine Regeneriermittel im eigentlichen Sinn, sondern dienen nur zur Zerstörung der enthaltenen Gewebe.

5.10.9 Härter

Bei der Herstellung bestimmter Gummiwaren, z.B. Sohlen, Porensohlen, Absätzen, Fußbodenbeläge, werden neben inaktiven und aktiven Füllstoffen Substanzen zugegeben, um die Härte der Vulkanisate zu erhöhen. Früher wurden u.a. Leim, Schellack oder Wasserglas eingesetzt. Es können aber auch Benzoesäure, Styrolharze, Maleinatharze oder Phenoplaste verwendet werden.

5.10.10 Geruchsverbessernde Stoffe

Kautschuk besitzt einen typischen Gummigeruch, der durch die Vulkanisation noch verstärkt werden kann. Er kann auch durch längeres Lagern, Tempern oder Dämpfen nicht vollständig beseitigt werden.
Geruchsverbessernde Stoffe werden der Kautschukmischung zugegeben, um den Geruch zu nuancieren, zu neutralisieren oder zu überdecken. Sie können sowohl dem Latex als auch dem Festkautschuk zugegeben werden.

5.10.11 Antistatika

Antistatika sind Zuschlagstoffe, die die elektrische Leitfähigkeit von Vulkanisaten verbessern und damit eine elektrische Aufladung verhindern. Als Antistatika wirken Sickstoff-, Phosphor- und Sschwefelhaltige Stoffe, z.B. Alkylphosphate, Sulfonate oder quarternäre Basen sowie nicht-ionogene, amorphe Verbindungen und Neutralsalze wie Polyethylenglykole, Betaine, Pfropfpolymere, Ruße oder Metallsalze [288].

5.10.12 Termitenschutzmittel

Mit dem zunehmenden Einsatz von Kautschukartikeln, z.B. Kabeln, Dichtungen, Transportbändern, in tropischen und subtropischen Ländern, wird ein wirksamer Schutz vor Termitenfraß immer wichtiger. Wirksame Schutzmittel sind bestimmte Phosphorsäureester.

5.10.13 Antimikrobiell wirkende Substanzen

Bei der Herstellung von Gummischuhen, Handschuhen, hygienischen Gummiartikeln werden zur Verhinderung der Verbreitung von Krankheitserregern antimikrobiell wirksame Substanzen zugegeben. Als solche sind z.B Salicylaldehyd, Dihydroxychlor-diphenylmethanderivate, sowie in abgeschwächter Form auch Zinkdithiocarbamate und Thiurame geeignet. Das früher ebenfalls verwendete Furylbenzimidazol wird wegen seiner allergisierenden Wirkung nicht oder kaum noch eingesetzt.

5.11 Latex-Chemikalien

Latex ist die wäßrige kolloide Lösung mit den Kautschukteilchen. Um pulverförmige, wasserunlösliche Stoffe darin einarbeiten zu können, müssen diese in Form von Dispersionen vorliegen. Flüssige, wasserunlösliche Stoffe werden in Form von Emulsionen in Latex eingearbeitet. Neben den üblichen Kautschukchemikalien, wie z.B. Schwefel, Vulkanisationsbeschleunigern, Alterungsschutzmittel, spielen für die Latexverarbeitung weitere Chemikalien, wie Dispergatoren oder Emulgatoren sowie Stabilisierungsmittel, Verdickungsmittel, Netz- und Schaummittel, Schaumstabilisatoren, Entschäumungsmittel, Koagulationsmittel, Konservierungsmittel eine wichtige Rolle.

5.11.1 Dispergiermittel

Dispergiermittel sind oberflächenaktive Substanzen, die die Grenzflächenspannung zwischen zwei Medien herabsetzen. Sie werden für die Einarbeitung von pulverförmigen, nicht wasserlöslichen Stoffen in die Latexmischung eingesetzt. Als Dispergiermittel wirken Seifen, Triethanolamin, Ammoniumoleat, Natrium-Kaliumphosphate, Alkylsulfonate oder Laurylpyridinchlorid. Bewährt haben sich vor allem methylen-bis-naphthalinsulfonsaures Natrium in einer 2,5 - 10 %igen wäßrigen Lösung oder eine 1 - 2,5 %ige ammoniakalische Lösung des Caseins.

5.11.2 Emulgatoren

Emulgatoren werden eingesetzt, um flüssige, wasserunlösliche Chamikalien in Emulsion zu überführen und diese dann dem Latex bzw. der Mischung zuzugeben. Die bei der Latex-Verarbeitung eingesetzten Emulgatoren lassen sich in folgende Gruppen einteilen:

- anionische Emulgatoren
- kationische Emulgatoren
- nichtionogene Emulgatoren
- ampholytische (amphotere) Emulgatoren

Anionische Emulgatoren sind z.B. die Alkalisalze von langkettigen Fettsäuren und Alkyl-Arylsulfonsäuren. Sie werden nur in anionischen Latices eingesetzt und spielen vor allem als Netz- und Schaummittel eine wichtige Rolle.

Kationische Emulgatoren, z.B. Hydrochloride langkettiger Fettamine, Reaktionsprodukte von Fettsäuren mit Dialkylaminoalkanalen, Esteramine, haben nur eine geringe Bedeutung, denn sie können nur für die wenigen im Handel befindlichen kationischen Latices verwendet werden.

Nichtionogene Emulgatoren sind Kondensationsprodukte von langkettigen Alkoholen, Phenolen, Fettsäuren mit Alkylenoxiden oder Polyethern, z.B. Polyglykolether oder Polyetherpolythioether. Sie spielen bei der Latexverarbeitung eine große Rolle, da sie die Ladung der Latexteilchen nicht beeinflussen.

Ampholytische Emulgatoren sind Substanzen, die in wäßriger Lösung ionisieren und pH-abhängig als Säuren oder Basen wirken, z.B. Betaine.

5.11.3 Stabilisierungsmittel

Stabilisierungsmittel verleihen der Latexmischung gute Stabilität gegen mechanische, chemische sowie Temperatureinflüsse. Die meisten Emulgatoren sind auch gleichzeitig gute Stabilisierungsmittel, besonders die nichtionogenen Emulgatoren.
Als schwächere Stabilisierungsmittel wird gelegentlich eine 5 - 10 %ige ammoniakalische Lösung von Casein oder auch Methylen-bis-naphthalinsulfonsaures Natrium eingesetzt.

Als Stabilisierungsmittel gegen Metallionen, wie sie z.B. auch bei Anwesenheit von Zinkoxid auftreten können, haben sich polymere Phosphate, speziell Natriumhexametaphosphat, gut bewährt [429].

5.11.4 Netz- und Schaummittel

Netzmittel reduzieren die Oberflächenspannung von Latices, so daß sie andere Materialien ausreichend benetzen können. Dies ist z.B. bei der Imprägnierung von Materialien notwendig. Als Netzmittel werden vor allem anionische Emulgatoren, wie z.B. isobutyl-naphthalinsulfonsaures Natrium oder Alkylsulfonate eingesetzt. Bei vielen synthetischen Latices ist, je nach verwendetem Emulgatorsystem, die Zugabe von Netzmitteln nicht mehr erforderlich.

Schaummittel werden dem Latex für die Herstellung von Latexschaum (Schaumgummi) zugegeben. Als Schaummittel wirken natürliche und synthetische Seifen, z.B. Natrium- und Kaliumseifen der Öl- und der Stearinsäure, Alkylsulfonate und andere ionogene und nicht ionogene Tenside. Eine ausgezeichnete Schaumbildung erhält man z.B. mit Alkylsulfonat in Kombination mit Seifen, z.B. Natriumoleat.

Antischaummittel werden bei einigen Imprägnierprozessen zugegeben, um eine Schaumbildung und damit Oberflächenschäden durch Schaumblasen zu verhindern. Bestimmte Silikonöle haben eine sehr gute Wirkung, wogegen langkettige Alkohole eine geringere Wirkung zeigen.

5.11.5 Schaumstabilisatoren

Schaumstabilisatoren sind oberflächenaktive Substanzen und werden bei der Verarbeitung von Latexschaum zugegeben. Durch die Herabsetzung der Oberflächenspannung wird verhindert, daß der Latexschaum vor Eintritt der Gelierung und Koagulation zusammenfällt. Dies trifft sowohl bei der Herstellung von Formartikeln als auch bei der Fertigumg schaumgummigestrichener Gewebe, z.B. Teppichrückenbeschichtung zu. Als Schaumstabilisator werden Sulfosuccinate, Polyether, Thioether und Diphenylguanidin eingesetzt. Besonders bewährt hat sich vor allem Polyetherpolythioether.

5.11.6 Verdickungsmittel

Bei einigen Verarbeitungsverfahren von Latex ist es vorteilhafter, Mischungen mit höherer Viskosität zu verwenden, z.B. beim Beschichten von Textilien oder bei der Herstellung von Tauchartikeln, um in einem Tauchvorgang die gewünschte Wandstärke zu erreichen. Als Verdickungsmittel werden z.B. Pflanzengummis, Polysaccharide, Albumine, Casein, Tragant, Pektin, Leim, Gelatine oder Agar-Agar als 5 - 20 %ige wäßrige Lösung eingesetzt. Verwendete synthetische Verdickungsmittel sind z.B. Polyvinylalkohol und Polyacrylate.

Manche Verdickungsmittel sind gleichzeitig Aufrahmungsmitel und bewirken, insbesondere bei nicht so konzentrierten Latexmischungen, eine Aufrahmung. Dies ist von der zugegebenen Menge Verdickungsmittel abhängig. Aus diesem Grund gibt man gelegentlich andere Stoffe zu, die auch zu einer Verdickung der Latexmischung führen, z.B. Elektrolyte, Wärmesensibilisierungsmittel, Säuren oder den mineralischen Füllstoff Bentonit.

5.11.7 Koaguliermittel

Koaguliermittel oder Flockungshilfsmittel sind Substanzen, die mit dem Emulgator reagieren, wodurch dieser seine Emulgatorwirkung verliert und damit eine Koagulation der Latexmischung bewirkt.
Koaguliermittel werden der Latexmischung z.B. bei der Herstellung von Tauch- und Schaumartikeln zugegeben. Man unterscheidet zwischen stark, spontan wirkenden und schwachen, allmählich und bei Erwärmung wirkenden Koaguliermittel.
Zu den spontan wirkenden Mitteln gehören Elektrolyte, z.B. Carbonsäuren (Ameisen-, Essig-, Milchsäure), Salze mehrwertiger Metalle (Calcium-, Aluminiumchloride und - nitrate), organische Salze (Cyclohexylaminacetat).
Zu der Gruppe der schwachen Koaguliermittel gehören Ammoniumsalze, Zinkoxid, Natrium- und Kaliumsilicofluorid sowie die Vulkanisationsbeschleuniger MBI, ZMBI und ZMBT.
Bei Erwärmung wirkende Substanzen sind z.B. Polyvinylmethylether, Organopolysiloxane und Polyoxypropylenglykol.

Koaguliermittel werden u.a. bei technischen Verfahren der Latexindustrie eingesetzt, z.B. bei der Vliesbildung und -verfestigung sowie bei der Herstellung von Tauchartikeln.

5.11.8 Konservierungsmittel

Latexmischungen enthalten oft Casein- oder Hämoglobin-Lösungen, wodurch sie bei längerer Lagerung zur Fäulnis neigen. Als Konservierungsmittel wird häufig Natrium-o-phenylphenolat verwendet.

5.11.9 Vulkanisationschemikalien

Bei der Vulkanisation von Latex können im Prinzip die gleichen Chemikalien wie bei der Kautschukverarbeitung eingesetzt werden. Sie müssen nur in Emulsions- oder Disper-

sionsform oder, wenn sie wasserlöslich sind, in wäßriger Lösung zugegeben werden.
Bei dem Einsatz von Schwefel ist eine möglichst gleichmäßige Verteilung in der Latexmischung notwendig, um eine einwandfreie Vulkanisation zu erzielen. Man setzt dazu möglichst sehr feinen Schwefel ein, wodurch auch ein Sedimentieren in der Latexmischung vermieden wird.
Als Vulkanisationschemikalien werden bevorzugt die sehr rasch wirkenden Substanzen eingesetzt, z.B. die Dithiocarbamatbeschleuniger. Wegen der geringen Verarbeitungstemperatur besteht bei diesen Verbindungen nicht die Gefahr einer zu frühen Anvulkanisation.

5.11.10 Alterungsschutzmittel

Als Alterungsschutzmittel werden vor allem nichtverfärbende phenolische oder schwach verfärbende aminische Verbindungen eingesetzt.

5.11.11 Füllstoffe

Im Gegensatz zu Kautschukmischungen beobachtet man bei Latex keinen Verstärkungseffekt bei der Zugabe von Füllstoffen. Es werden daher insbesondere inaktive, helle Füllstoffe verwendet.

5.11.12 Weichmacher

In der Regel ist eine Zugabe von Weichmachern nicht erforderlich. Ggf. werden Paraffinöl, pflanzliche Öle oder Etherweichmacher in Emulsionsform zugegeben. Zur Verbesserung des Brandschutzverhaltens werden chlorierte Paraffine verwendet [203].

6 Verarbeitungstechnologie

Der weitaus größte Teil der Gummiwaren wird aus Festkautschuk hergestellt. Die drei wichtigsten Arbeitsvorgänge bei der Verarbeitung sind die Mischungsherstellung, die Verformung der fertigen Mischung zu Halbzeug oder den sogenannten Rohlingen und die anschließende Heißvulkanisation zum fertigen Gummiartikel.
Bei der Mischungsherstellung werden dem Kautschuk Zusatzstoffe wie Ruße, helle Füllstoffe, Weichmacher, Alterungsschutzmittel und andere Substanzen zugegeben. Die Einarbeitung dieser Stoffe erfolgt meist auf Walzwerken oder im Innenmischer (Kneter). Die fertigen, plastischen Mischungen enthalten schon alle Vernetzungsmittel. Sie werden als Walzfelle ausgezogen oder fallen als Streifen oder Pellets an. Für die Verarbeitung zu Halbzeug oder Fertigartikeln kann eine Vielzahl von Maschinen wie Pressen, Spritzmaschinen oder Kalandern eingesetzt werden. Die anschließend notwendige Heißluftvulkanisation kann entweder direkt mit der Formgebung verbunden sein, z.B. beim Formpressen oder beim Spritzgießen, oder aber als getrennter Prozeß bei bereits konfektionierten Artikeln, z.B. Autoreifen, durchgeführt werden. Das Vernetzungssystem muß so eingestellt sein, daß weder bei der Mischungsherstellung noch bei der Formgebung eine Vorvernetzung (Anvulkanisation) eintritt.

6.1 Verarbeitung von Festkautschuk

Naturkautschuk und die meisten Synthesekautschuke werden meistens in Ballen von 25 - 100 kg angeliefert, die vor der Verarbeitung auf sogenannten Kautschukspaltern vorzerkleinert werden.
NR ist bei Zimmertemperatur hart, er ist „eingefroren" und zum Schneiden zu hart. Er wird vor der Verarbeitung in Wärmekammern bei etwa 50 °C „aufgetaut". Bei Synthesekautschuk ist dies normalerweise nicht notwendig.

6.1.1 Mastikation und Mischungsherstellung

6.1.1.1 Mastikation

NR besitzt für den Mischvorgang eine zu geringe Plastizität und muß daher durch eine Vorbehandlung (Mastikation) erst abgebaut werden (vgl. Kapitel 3.1.1). Die Mastikation kann durch mechanische Beanspruchung in Gegenwart von Sauerstoff oder heute bevorzugt unter Zusatz von Mastikationschemikalien durchgeführt werden. Hierdurch wird der oxidative Abbau des Kautschuks stark beschleunigt. Die Mastikation erfolgt auf Walzwerken oder im Innenmischer.

Mastikation auf dem Walzwerk

Das Walzwerk besteht aus zwei horizontal hintereinander angeordneten Walzen aus Kokillenhartguß. Die Walzen sind innen hohl und durch Beschickung mit Wasser oder Dampf kühl- oder heizbar. Sie laufen mit unterschiedlichen Umdrehungszahlen (Friktion)

gegeneinander, wodurch ein Zerreißen, Kneten und Mischen der Kautschukmasse und der Mischungsbestandteile hervorgerufen wird. Die beiden Walzen lassen sich gegeneinander verstellen, so daß sich der Zwischenraum zwischen den Walzen (Walzenspalt) verändern läßt.

Auf den Walzwerken werden außer dem Mastizieren noch weitere Verarbeitungsvorgänge durchgeführt:

- Mastizieren,
- Mischen,
- Abkühlen,
- Fertigmischen halbfertiger Kautschukmischungen,
- Vorwärmen fertiger Kautschukmischungen.

Außer zur Mischungsherstellung haben Walzwerke als Folgemaschinen hinter Innenmischern oder als Vorwärmaggregate vor Kalandern oder Spritzmaschinen eine große Bedeutung.

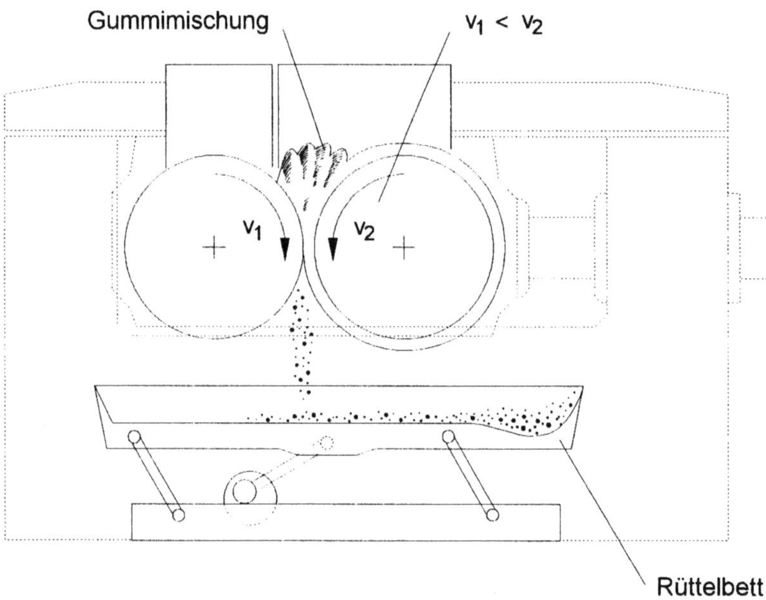

Abbildung 6.1: ***Walzenwerk, Prinzipskizze***

Bei der Mastikation ohne Mastiziermittel wird der zerkleinerte Rohkautschuk auf die gekühlten Walzen gegeben. Das durchgelassene Material ist zu Beginn noch nicht zusammenhängend und fällt in die unter dem Walzwerk befindliche Bodenwanne, wird dort gesammelt und vom Bedienungspersonal mittels Schaufeln wieder in den Walzenspalt gegeben. Nach dem zweiten Durchgang bildet sich meist schon ein zusammenhängendes Fell, das um die Vorderwalze herumgeführt und erneut in den Walzenspalt eingezogen wird.

Der mechanische Abbau von Naturkautschuk in Gegenwart von Luft wird zur Erzielung hoher Scherkräfte bei möglichst niedriger Temperatur und engem Walzenspalt durchgeführt. Der erzielbare Mastikationsgrad ist von der Temperatur der Walzen, der Spaltdicke und der Anzahl der Durchgänge abhängig.
Bei der Anwendung von Mastiziermittel werden der Kautschuk und das Mastiziermittel zusammen auf den Walzenspalt gegeben. Der Abbau erfolgt um so schneller, je höher die Temperatur ist. Es werden Kautschuktemperaturen von 120 - 130 °C erreicht. Die benötigte Menge an Mastiziermittel ist sehr gering (0,1 - 0,5 Gew.-%) und wird in Form von Vormischungen (Masterbatches) zugegeben. Der Mastikationsgrad wird durch die Dosierung des Mastiziermittels bestimmt.

Ein zu weitgehender Abbau des Kautschuks (Übermastizieren) sollte vermieden werden, da dadurch die Vulkanisateigenschaften, insbesondere die Alterungsbeständigkeit, wesentlich verschlechtert werden. Abhängig von dem Verwendungszweck des Kautschuks werden verschiedene Mastikationsgrade angestrebt. Für eine Schwammgummimischung ist z.B. ein stark plastizierter Kautschuk erforderlich, damit der Gasentwicklung durch das Treibmittel kein zu großer Widerstand entgegengesetzt wird. Kautschukmischungen für die Herstellung von Profilen werden dagegen nur so weit mastiziert, daß die Füllstoffe eingearbeitet werden können und sie sich glatt verspritzen lassen.

Der Mischungsvorgang auf dem Walzwerk ist ein diskontinuierlicher Prozeß, und die Qualität des Produktes ist stark von der Sorgfalt des Bedienpersonals abhängig. Die Wirksamkeit des Mischvorgangs kann man verbessern, wenn das Walzwerk mit einer Mischvorrichtung, dem Stockblender, ausgerüstet ist. Der Stockblender besteht im wesentlichen aus zwei Umlenkrollen, die nebeneinander über dem Walzenspalt angeordnet sind. Das zusammenhängende Walzenfell wird über die Umlenkrollen als endloses Band zur Kühlung durch die Luft geführt, ehe es zum Walzenspalt zurückgeführt wird. Das Anblasen von Preßluft kann die Kühlwirkung noch unterstützen.

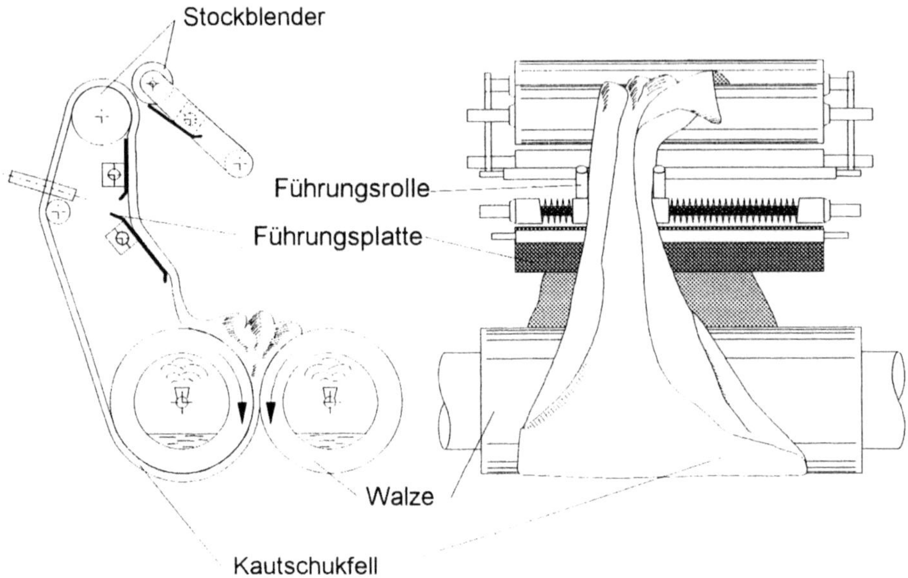

Abbildung 6.2: ***Stockblender, Prinzipskizze***

Mastikation im Innenmischer

Die Mastikation im Innenmischer kann aufgrund der hohen Kautschuktemperatur nur mit Mastikationschemikalien durchgeführt werden.

Der Innenmischer (s. Abbildung 6.3) besteht aus einer geschlossenen Mischkammer, die auf der Außenseite mit Kühlrippen versehen ist. In den beiden zylindrisch ausgebildeten Teilen der Kammer bewegen sich zwei kühlbare Knetschaufeln mit verschiedener Geschwindigkeit gegeneinander. Das Kneten des Kautschuks erfolgt im Spalt zwischen den Knetschaufeln und zwischen Knetschaufel und Innenwand des Kneters. Über den Knetschaufeln liegt der Einfüllschacht, der während des Mischvorgangs durch einen Stempel verschlossen ist. Nach Beendigung des Mischvorgangs wird die Mischung durch Rückzug des Sattels, der die Mischkammer am Boden verschließt, ausgestoßen.

Die Größe des Innenmischers wird in Litern Fassungsvermögen (Nutzinhalt) angegeben. Das Fassungsvermögen ist kleiner als das Mischkammervolumen, damit die Mischungsbestandteile auch in axialer Richtung vermischt werden können. Innenmischer haben ein Fassungsvermögen von 15 bis 650 Liter. Das günstigste Füllvolumen eines Innenmischers sind etwa 70 % des Mischkammervolumens [203].

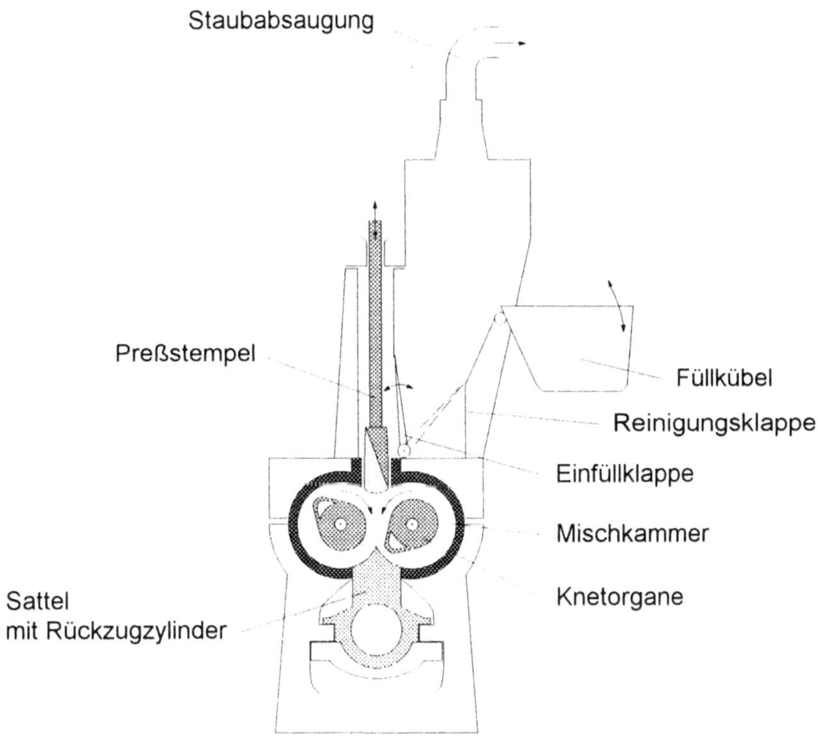

Abbildung 6.3: ***Innenmischer, Prinzipskizze***

Bei der Mastikation im Innenmischer werden die Arbeitsbedingungen (Zeit, Drehzahl) so gewählt, daß die Temperatur des Kautschuks 180 °C nicht überschreitet. Die Mastikation dauert, je nach erwünschtem Mastikationsgrad, der von der Menge an Mastikationschemikalien und der Kautschuktemperatur abhängt, ca. 3 - 5 Minuten.
Der im Innenmischer mastizierte NR wird auf ca. 80 °C heruntergekühlt, auf Walzwerken, Extrudern, Strainer, 'Pelletizer' verformt und talkumiert bzw. mit Trennmittel behandelt.

Weitere Mastikationsverfahren

Für Großproduktionen wird der Gordon-Plastikator eingesetzt. Er ist der Bauart nach ein großer Extruder mit einer zylindrischen Büchse und einer am Kopf konisch zulaufenden Schnecke. Der Rohkautschuk wird im zylindrischen Schneckenteil erwärmt und vorplastiziert. Im konischen Schneckenteil wird der Kautschuk dann durch starke mechanische Kräfte abgebaut [9]. Die Maschine ist außerordentlich robust und kann mit ganzen Kautschukballen von 100 kg beschickt werden.

6.1.1.2 Mischen

Für die Mischungsherstellung, die früher ausschließlich auf Walzwerken vorgenommen wurde, werden heute im allgemeinen Innenmischer eingesetzt. Walzwerke haben aber für spezielle Zwecke immer noch eine erhebliche Bedeutung. Die Mischungsherstellung auf Walzwerken wird bevorzugt in kleineren Betrieben durchgeführt. Sie werden auch zur Herstellung von farbigen, klebrigen oder sehr harten Mischungen eingesetzt.
In modernen Großbetrieben ist der Materialfluß bereits in erheblichem Maße automatisiert. Der Kautschuk (NR oder SR) wird zerkleinert und nach einer Puderung oder Kühlung in den Bunker überführt. Von hier aus gelangt er in den Innenmischer, wo er computergesteuert mit den ebenfalls gebunkerten, automatisch geförderten und verwogenen Mischungsbestandteilen vermischt wird.

Mischungsherstellung auf dem Walzwerk

Der Mischungsprozeß kann sich unmittelbar an die Mastikation anschließen. Bei der Mischungsherstellung auf Walzwerken kommt es darauf an, alle Mischungsbestandteile, die in Pulverform oder als Flüssigkeit vorliegen, möglichst homogen zu verteilen. Zunächst wird der Kautschuk auf die Walze gegeben und so lange gewalzt, bis sich ein glattes Walzfell gebildet hat. Ist das Fell geschlossen, werden die Zuschlagstoffe, zunächst die Beschleuniger, Alterungs- und Lichtschutzmittel, Füllstoffe, Weichmacher, Farbstoffe usw. zugegeben. Die Vulkanisationsmittel werden möglichst getrennt eingemischt. Der Mischprozeß beruht auf dem Kneten der Mischung im Walzenspalt, wobei die schneller laufende hintere Walze den Mischungswulst in rollender Bewegung hält. Zum Schluß des Mischvorgangs wird der Schwefel zugegeben. Die Mischung wird als Walzfell abgenommen, durch Eintauchen in mit Trennmittel versehenes Wasser gekühlt und anschließend gelagert.
Der gesamte Mischprozeß dauert im allgemeinen 20 - 30 Minuten; in Ausnahmefällen kann er bis zu 60 Minuten und länger dauern.

Wenn fertige Mischungen einige Zeit gelagert werden müssen, ist vor der Weiterverarbeitung eine Vorwärmung erforderlich, die in der Regel auf Walzwerken durchgeführt wird. Dabei wird häufig der restliche Bestandteil des Vulkanisationssystems eingearbeitet, der aus Gründen der Anvulkanisationsbeständigkeit bei der Mischungsherstellung noch nicht zugegeben wurde. Für die Weiterverarbeitung auf Kalandern oder Spritzmaschinen muß die Mischung auf jeden Fall noch einmal vorgewärmt werden. Häufig werden mehrere Vorwärmwalzwerke nebeneinander installiert, die über Kopf mit Transportbändern verbunden sind.

Mischungsherstellung im Innenmischer

In großen Gummifabriken, insbesondere Reifenfabriken, hat der Innenmischer für die Mischungsherstellung das Walzwerk fast vollständig abgelöst. Im Vergleich zu Walzwerken ist der Mischungsvorgang wesentlich kürzer und intensiver, die Füllmenge ist größer. Aus Rationalisierungsgründen werden aber auch in kleineren Gummifabriken immer häufiger Innenmischer für die Mischungsherstellung eingesetzt [203].

Moderne Innenmischer sind meist mit automatischen Dosier- und Verwiegeeinrichtungen ausgestattet. Der gespaltene oder pelletisierte und gewogene Kautschuk wird dem Innenmischer zugeführt. Nach kurzer Plastizierung des Kautschuks werden Füllstoffe, Weichmacher und Chemikalien eingefüllt. Wegen der bei der Mischungsherstellung auftretenden Temperatur werden die Vernetzungsmittel häufig erst in einem zweiten Mischprozeß im Kneter oder auf einem Walzwerk zugemischt.
Die Mischzeiten liegen bei automatisch gesteuerten Innenmischern bei 90 - 180 Sekunden. Gegenüber dem Walzwerk lassen sich im Innenmischer einheitlichere Mischungen und größere Chargen herstellen. Weitere Vorteile sind durch die geschlossene Kammer die Staubfreiheit, vor allem bei der Verarbeitung von Rußmischungen, und durch den vollkommen abgeschlossenen Arbeitsraum eine Herabsetzung der Unfallgefahr.

Homogenisieren in nachgeschalteten Vorrichtungen

Die Kautschukmischung verläßt den Innenmischer in unregelmäßigen Stücken und muß auf nachgeschalteten Maschinen homogenisiert, gekühlt und zu Fellen verarbeitet werden. Sehr häufig werden dafür Walzwerke eingesetzt, wobei die Walzen intensiv gekühlt werden. Nach Bildung eines Felles wird ggf. ein Stockblender eingeschaltet, der die Mischungsoberfläche vergrößert und damit die Wärmeabfuhr verbessert. Nach genügender Abkühlung und Homogenisierung wird die Kautschukmischung fellweise von den Walzen abgeschnitten.
In modernen Anlagen übernimmt eine „Fellabnahmemaschine“ (allgemein „Batch-Off“ genannt) die Fellabnahme, das Tauchen in ein Wasser- oder Trennmittelbad, das Trockenblasen sowie das Ablegen.

Nach dem Verlassen des Innenmischers kann die Kautschukmischung auch in Extrudern homogenisiert werden. Die Kautschukstücke werden auf das Schneckenende gegeben und durch die Schnecke zum Spritzkopf gefördert. Die Schnecke und der Förderzylinder sind intensiv gekühlt. Über eine Spritzleiste wird ein Fell oder über ein Mundstück ein starkwandiger Schlauch gespritzt, der direkt aufgeschnitten wird und als Fell austritt.
In einigen Anlagen wird die aus einer Breitschlitzdüse austretende Mischung direkt auf den Spalt eines Zweiwalzenkalanders („Rollerdie“) gegeben. Der Kalander erzeugt entweder ein endloses Mischungsfell, oder er granuliert die Mischung, d.h. er teilt das Fell in Längsstreifen und zerhackt diese. Eine weitere Möglichkeit ist das Pelletieren der Mischung. Im Pelletizer, ebenfalls ein Extruder, wird die Mischung durch eine Lochplatte in fingerdicke Schnüre extrudiert, die durch rotierende Messer in Stücke geschnitten werden.

6.1.2 Verarbeitung von Pulverkautschuk

Wegen der hohen Investitionskosten und des hohen Energiebedarfs bei der Verarbeitung von Kautschukballen gehen neuerdings die Überlegungen hin zum Einsatz von Pulverkautschuk. Verschiedene Kautschuk-Typen werden schon in Pulverform angeboten.

Der Einsatz von Pulverkautschuk wird vermutlich zunächst für die folgenden Produktionsbereiche Bedeutung erlangen:

- Technische Formartikel für Spritzgußverfahren,
- Profile und Schläuche,
- Kabelummantelungen,
- Kalandrierte Plattenware,
- Gewebebeschichtungen.

Der kontinuierliche Mischungsprozeß beim Einsatz von Pulverkautschuk besteht aus folgenden Schritten:

- Dosierung des Pulvers,
- Automatische Verwiegung,
- Herstellung eines pulverförmigen Gemenges in einem Trocken-Schnellmischer,
- ggf. Kompaktieren des pulverförmigen Gemenges.

In dem Trocken-Schnellmischer werden Kautschukpulver und Kautschukchemikalien intensiv gemischt. Das pulverförmige und rieselfähige Gemisch wird Spritzmaschinen oder Vakuumextrudern mit speziellen Schnecken- und Zylinderkonstruktionen zugeführt, zu Artikeln geformt und diese direkt vulkanisiert. Für die Weiterverarbeitung der Pulvermischung auf Kalandern oder herkömmlichen Extrudern wird die Mischung verdichtet (kompaktiert). Hierfür werden bevorzugt spezielle Extruder eingesetzt.

6.1.3 Formgebung

Kautschukmischungen werden nach der Mischungsherstellung in der Regel nicht sofort weiterverarbeitet, sondern kühl und trocken gelagert. Für die anschließende Formgebung werden zahlreiche Verfahren, wie Extrudieren, Kalandrieren, Formpressen und Spritzgießen eingesetzt.

6.1.3.1 Spritzen (Extrudieren)

Mit Spritzmaschinen (Extruder) werden Kautschukmischungen zu Strängen, Schläuchen, Profilen, Laufflächen von Reifen und Platten geformt. Sie werden auch zum Umspritzen von Kabeln und Drähten eingesetzt. Je nach Förderung in der Maschine unterscheidet man zwischen Kolben- und Schneckenspritzmaschinen.

Schneckenspritzmaschinen arbeiten nach dem Prinzip eines großen Fleischwolfes. Die Schnecke hat zusammen mit dem Zylinder die Aufgabe, die Kautschukmischung vom Einfülltrichter zum Spritzwerkzeug zu fördern, sie dabei zu mastizieren und durchzuwärmen, damit sie die erforderliche Viskosität erhält. Man unterscheidet Warmfüttermaschinen und Kaltfüttermaschinen. In Warmfüttermaschinen werden auf Walzwerken vorgewärmte und plastizierte Mischungen in Streifen eingefüttert, wogegen in Kaltfüttermaschinen das Vorwärmen und Plastizieren im ersten Teil der Schnecke passiert. Die Schneckenlänge ist bei letzteren Maschinen daher wesentlich größer.

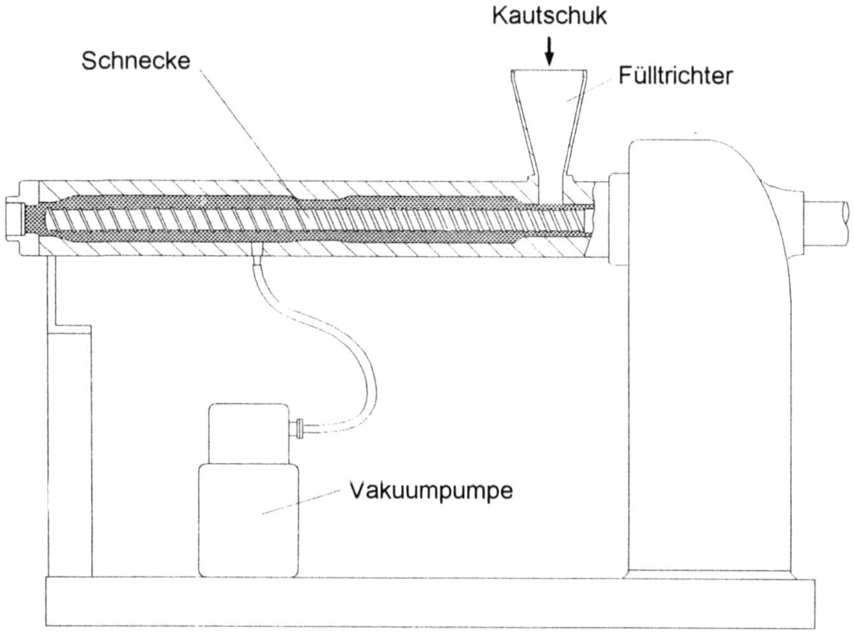

Abbildung 6.4: ***Spritzmaschine, Prinzipskizze***

Bis vor einigen Jahren ging der Trend in der Gummiindustrie deutlich zu Kaltfüttermaschinen. In der Reifenindustrie hat man aber bei der Verarbeitung von Naturkautschuk die Vorteile der Warmfüttermaschine im Zusammenhang mit kontinuierlichen Verarbeitungsprozessen, d.h. Füttern des Extruders direkt von der Mischanlage, erkannt [203]. Für die Herstellung von Laufflächen werden demgemäß häufig Warmfüttermaschinen eingesetzt, wogegen für die Herstellung technischer Spritzartikel vielfach Kaltfüttermaschinen eingesetzt werden.

Es wird eine Vielzahl verschiedenster Spritzartikel hergestellt. Dementsprechend ist auch die Ausführung der Spritzköpfe sehr unterschiedlich. Häufig eingesetzt werden folgende Ausführungen:

- der *Profilspritzkopf* für Profilschnüre,
- der *Schlauchspritzkopf* mit Dorn und Dornhalter zur Herstellung von Hohlprofilen,
- der *Breitspritzkopf* für Laufflächen, Bänder u.ä. sowie
- *Quer- und Schrägspritzköpfe* zum Umspritzen von Kabeln, Drähten, Gewebeschläuchen u.ä.

Bei **Kolbenspritzmaschinen** wird die vorgewärmte Kautschukmischung durch Kolben transportiert. Man erhält einen gleichmäßigeren Druckaufbau und dadurch besonders maßgenaue Spritzlinge. Die Kolbenspritzmaschine wird aus diesem Grund für die Herstellung von Rohlingen für die Weiterverarbeitung zu Formartikeln bevorzugt. Der Nachteil dieses Maschinentyps ist die grundsätzlich diskontinuierliche Arbeitsweise, weshalb sie sich trotz der beschriebenen Vorteile nicht allgemein durchgesetzt hat.

Beim Spritz-Prozeß muß darauf geachtet werden, daß die Kautschukmischung keine Fremdstoffe, Füllstoffnester, Kautschukknoten u.ä. enthält. Derartige Verunreinigungen stören den Produktionsfluß, da sie sich am Spritzmundstück festsetzen können und Riefen im Artikel erzeugen, der dann zum Ausschuß wird.
Bei der Herstellung der Spritzmischungen werden daher alle einzumischenden Füllstoffe und Chemikalien vorher gesiebt. Vor dem Extruder wird häufig ein Mill-Strainer eingesetzt, der die Kautschukmischung vorwärmt und durch das Strainer-Sieb von allen möglichen Fremdstoffen befreit.

Bei kontinuierlicher Arbeitsweise werden die Kautschukmischungen direkt nach dem Extrudieren vulkanisiert. Die Vulkanisation erfolgt meistens drucklos, wobei die in den Kautschukmischungen enthaltenen Gas(Luft)- oder Feuchtigkeitsmengen zu Porosität des Vulkanisates führen können. Seit den 60er Jahren werden daher Extruder mit Entgasungsteilen (Vakuumzonen) zum Entgasen der Kautschukmischungen für die direkt folgende kontinuierliche Vulkanisation gebaut.

An das Extrudieren schließen sich zumeist kontinuierliche Vulkanisationsprozesse an. Wird das Spritzgut als Halbzeug weiterverarbeitet, so wird es nach dem Extrudieren gepudert oder durch ein Trennmittelbad gezogen und aufgewickelt. Die Vulkanisation erfogt dann in einem getrennten Verarbeitungsschritt, z.B. in Dampf oder unter Blei.

6.1.3.2 Kalandrieren

Das Kalandrieren dient zur Herstellung von Platten verschiedener Stärke, zum Gummieren technischer Gewebe (Friktionieren) und zum Belegen von Geweben mit einer dünnen Gummiplatte (Skimmen). Der Kalander besteht aus zwei bis vier Walzen aus Kokillenhartguß in Längen bis zu 2,3 m. Ebenso wie bei den Walzwerken sind die Walzen heiz- und kühlbar.
Man unterscheidet nach der Anzahl der Walzen zwischen Zwei-, Drei- und Vierwalzenkalandern und nach Anordnung der Walzen nach I-, F-, L-, S- und Z-Kalandern.

Dreiwalzenkalander Vierwalzenkalander

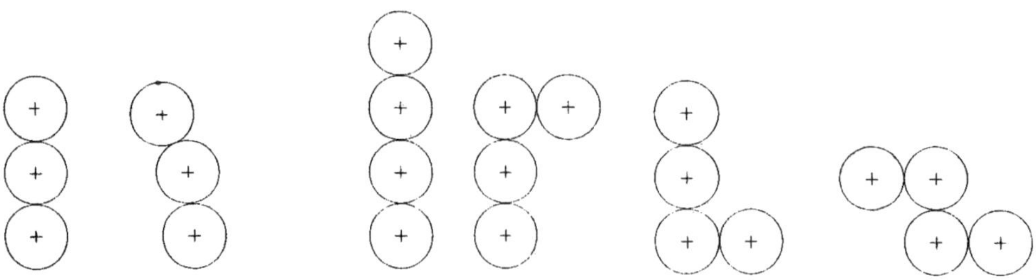

I-Form Schrägform I-Form F-Form L-Form Z-Form

Abbildung 6.5: Anordnung verschiedener Kalanderarten

Zweiwalzenkalander eignen sich zum Auswalzen von Kautschukplatten großer Dicke und können zur Herstellung von Schuhsohlenplatten und Fußbodenbelägen verwendet werden. Dreiwalzenkalander können für alle vorkommenden Kalandrierarbeiten, ausgenommen beidseitiges Belegen in einem Arbeitsgang, eingesetzt werden. Zum doppelseitigen Belegen von Geweben in einem Arbeitsgang werden Vierwalzen-Kalander verwendet. Sie werden heute in der Gummiindustrie am meisten eingesetzt, da sie eine universelle Anwendung erlauben.

Beim Kalandrieren werden die Mischungen auf Vorwärmwalzen plastiziert und auf die richtige Temperatur vorgewärmt. Über ein Ausschneidewalzwerk wird der Kautschuk in Streifen geschnitten und über ein Transportband dem Kalander zugeführt. Hinter dem Kalander ist eine Abzugvorrichtung mit mehreren Kühlwalzen, einem Abzugsband und einem Wickelblock vorgesehen. Kalander, die ausschließlich zum Cordbelegen eingesetzt werden, bilden vielfach mit den vor- und nachgeschalteten Einrichtungen sogenannte Kalanderstrecken.

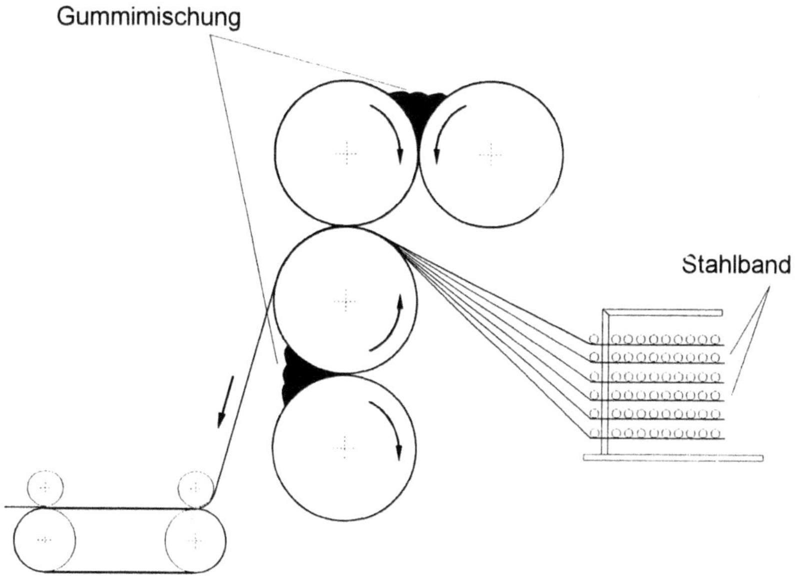

Abbildung 6.6: ***Kalander, Prinzipskizze***

Ein sehr wichtiger Arbeitsprozeß auf dem Kalander ist das Gummieren (Friktionieren) von Geweben, da ein großer Teil der Gummierzeugnisse aus der Kombination von Gummi und Gewebe besteht. Für diesen Zweck ist eine sehr weiche Mischung erforderlich, die unter Friktion auf das im Kalander einlaufende Gewebe eingedrückt wird.

Beim Belegen von Geweben mit dünnen Platten werden dagegen härter eingestellte Mischungen in Form einer dünnen Schicht auf ein vorher durch Friktionieren oder Imprägnieren vorbehandeltes Gewebe aufgetragen. Die bekanntesten Beispiele für die Anwendung sind das Belegen von Reifencord oder von Fördergurtgeweben.

Für das Ziehen von flachen Profilen, z.B. Laufstreifen von Fahrradreifen oder Sohlen von Gummischuhen, werden Kalander eingesetzt, von denen eine Walze profiliert ist.

Das kalandrierte Material dient in den meisten Fällen als Halbzeug und wird unvulkanisiert mit der Abzugsvorrichtung entnommen, weiterverarbeitet und anschließend vulkanisiert. In einzelnen Fällen werden kalandrierte Erzeugnisse als Fertigartikel eingesetzt. Dann schließt sich an den Kalander ein kontinuierlicher Vulkanisationsprozeß an (s. Kapitel 6.1.4.1).

Vorbehandlung mit Lösungen von Kautschukmischungen

Für die Belegung von Cord- und Kreuzgeweben mit Kautschukmischungen können selbsthaftende Mischungen eingesetzt werden, die in den meisten Fällen direkt auf unbehandeltes Gewebe kalandriert werden.

Werden keine selbsthaftenden Kautschukmischungen eingesetzt werden, muß das Gewebe zur Verbesserung der Haftung 'gummifreundlich' gemacht werden. Dies erreicht man durch Imprägnieren, Streichen oder mittels anderer Beschichtungsverfahren vor dem Kalanderprozeß.
Zur Imprägnierung wird entweder eine wäßrige Latex- und Harzmischung oder eine benzidinische Isocyanatlösung eingesetzt. Die Imprägnierung erfolgt, indem man das Gewebe in die Flüssigkeit eintaucht (dipt) und anschließend gegebenenfalls unter Vor- und Nachschaltung eines Streckenprozesses trocknet [203]. Die Anlagen zum Imprägnieren sind oft so angelegt, daß das fertig imprägnierte Gewebe direkt dem Kalander zugeführt wird.
Feinere Gewebe, z.B. Mantelstoffe oder Gummitücher, werden nicht im Kalander, sondern durch Streichen oder Beschichten gummiert. Dabei wird eine pastöse Lösung der Kautschukmischung in organischen Lösemitteln auf das Gewebe gestrichen. Als Lösemittel wird meistens Benzin verwendet. Die Lösungen werden nach 8 - 24 Stunden Ausquellen des Kautschuks im Lösemittel in Lösemittelknetern hergestellt.

Die Herstellung gummierter Gewebe kann außerdem mittels Tränk- oder Sprühverfahren erfolgen.

Lösungsherstellung

Bei den Imprägnier-, Streich- und Sprühprozessen werden von Kautschukmischungen Lösungen mit organischen Lösemitteln, die Kautschuk lösen können, hergestellt. Als Lösemittel werden Benzin, aromatische und chlorierte Kohlenwasserstoffe sowie Ester eingesetzt (s. Kapitel 5.10.5).

Organische Lösemittel riechen zumeist unangenehm, sind gesundheitsschädich oder z.T. explosionsgefährlich. Die Lösungen von Kautschukmischungen werden in Zweiwellenlösungsknetern, Kreiselmischern, Planetenrührern und Rührwerken hergestellt.

Nachbehandlung

Nach jedem Auftrag wird das Gewebe in einer Trockenvorrichtung (Heiztisch, Trockentrommel, Heizkessel, Infrarotheizung) getrocknet. Nach der letzten Beschichtung und nach der Trocknung schließt sich die Vulkanisation auf Rotationsvulkanisationsmaschinen oder auch in Heißluft an.

6.1.3.3 Herstellung von Formartikeln

Zu den Formartikeln gehören typische Massenartikel, wie z.b. Stopfen, Sauger, Flaschenverschlüsse, Sohlen, Haushaltsgegenstände sowie zahlreiche in der Industrie verwendete Artikel, wie z.B. Dichtungsringe, Manschetten, Membranen, Ventilkugeln, Puffer und Reifen. Formartikel lassen sich nach verschiedenen Fertigungsverfahren herstellen:

- Kompressionsverfahren (Preßverfahren)
- Spritzpressverfahren (Transfer-Moulding- und Flashless-Verfahren)
- Spritzgußverfahren (Injection-Moulding-Verfahren)

Die Verfahren unterscheiden sich durch die bisher beschriebenen dadurch, daß im gleichen Arbeitsgang mit der Formgebung die Vulkanisation erfolgt. Zahlreiche Artikel müssen vor der Vulkanisation aus mehreren Mischungen zusammengesetzt werden, wobei die Konfektionierung eine wichtige Rolle spielt.

Konfektionierung

Unter Konfektionierung versteht man die Herstellung von Artikeln, die aus mehreren Teilen oder Lagen bzw. aus verschiedenen Materialien zusammengesetzt werden. Sie ist für die Herstellung verschiedener Gummiwaren, z.B. Autoreifen, Schläuchen mit Einlagen, Fördergurten, Keilriemen, Gummischuhen, Bällen und vielen anderen Artikeln notwendig. Die früher fast ausschließlich in kostspieliger Handarbeit durchgeführte Konfektionierung konnte z.T. auf eine maschinelle Verarbeitung umgestellt werden. Trotzdem ist noch bei vielen Artikeln eine erhebliche Handarbeit notwendig. Beim Zusammensetzen mehrerer Kautschuklagen wird zur besseren Haftung häufig Kautschuklösung aufgestrichen.
Die verschiedenen Konfektionierungsverfahren werden bei der Herstellung der einzelnen Gummiartikel beschrieben.

Bei der Konfektionierung kann die Oberfläche der Kalanderplatten durch Verschmutzung, durch Anoxidation oder durch das Ausblühen von Schwefel stumpf werden. Sie muß zunächst durch Abreiben mit Lösemitteln, wie z.B. Benzin oder Methylethylketon (bei NBR), gereinigt werden.

Kompressionsverfahren

Beim Kompressionsverfahren wird durch Schneiden oder Stanzen aus unvulkanisierten Kautschukplatten ein Rohling erstellt, der in einer hydraulischen Presse durch Druck und bei erhöhter Temperatur in Form gebracht wird. Mit der Formgebung ist gleichzeitig die Vulkanisation verbunden.
Als Pressen werden Etagenpressen, Kniehebelpressen und Spezialpressen, z.B. Reifenpressen, Maulpressen, Fördergurtpressen u.a., eingesetzt.

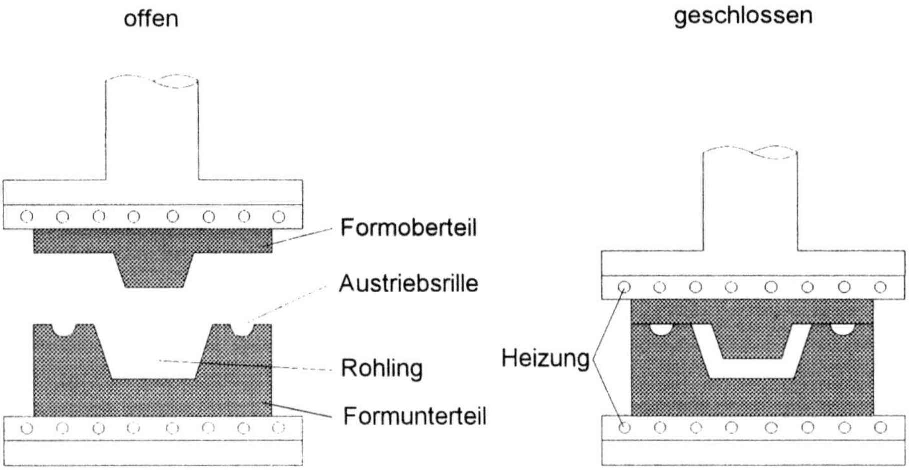

Abbildung 6.7: ***Beispiel einer Presse, Prinzipskizze***

Mit dem Kompressionsverfahren werden eine Reihe von Gummiartikeln wie Formartikel, Transportbänder, Reifen u.a. hergestellt.

Spritzpreßverfahren

Eine Variante des Kompressionsverfahrens ist das Spritzpreßverfahren, das auch als transfer-moulding bezeichnet wird. Die Kautschukmischung wird durch einen Preßkolben aus dem Füllraum in eine meist dreiteilige Form gespritzt.

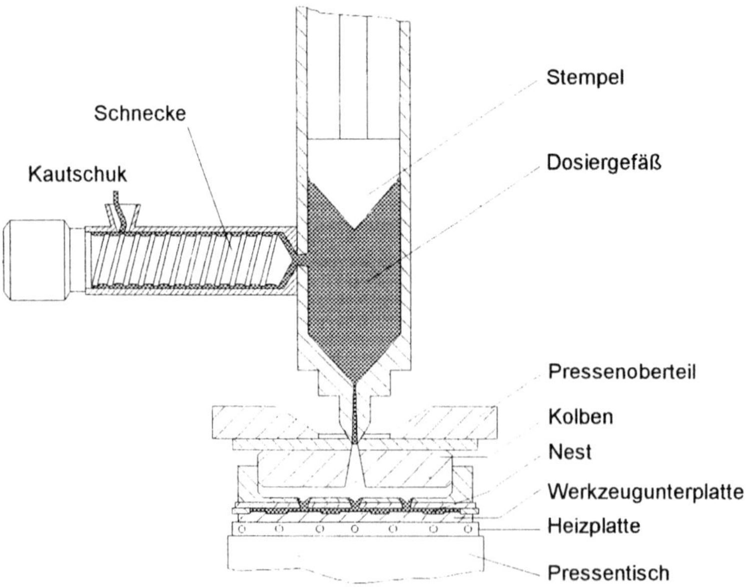

Abbildung 6.8: ***Spritzpresse, Prinzipskizze***

Die Beschickung der Form ist einfacher als beim Preßverfahren. Bei den Spritzpressen handelt es sich um Spezialpressen für die Großserienherstellung eines Artikels.

Eine Weiterentwicklung des Transfer-Moulding-Verfahrens ist das sogenannte Flashless-Verfahren.

Spritzgußverfahren

Ein weiteres wichtiges Verfahren in der Gummiindustrie ist das Spritzguß- oder Injection-Moulding-Verfahren. Bei diesem Verfahren unterscheidet man zwischen der Kolben- und Schneckenmaschine. Bei der Schneckenmaschine wird die Kautschukmischung von der Schnecke vorgewärmt und genau dosiert. Bei der Kolbenspritzgießmaschine wird eine vorgewärmte und plastizierte Kautschukmischung verarbeitet.

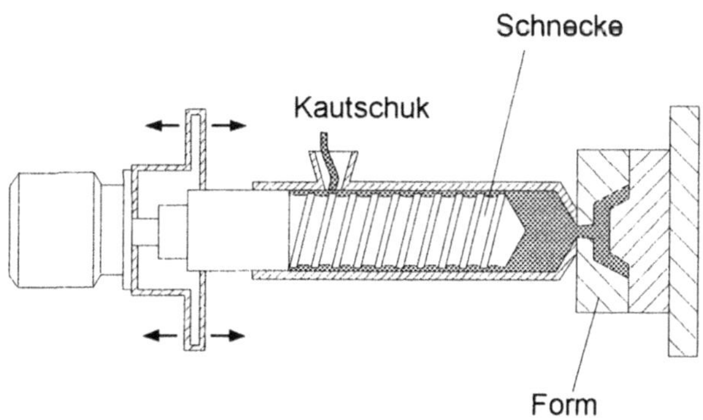

Abbildung 6.9: ***Spritzgießmaschine, Prinzipskizze***

Das Spritzgußverfahren besitzt im Vergleich zu den anderen Verfahren die Vorteile, daß nur geringe Vorbereitungsarbeit anfällt, kürzere Vulkanisationszeiten und eine gleichmäßigere Durchvulkanisation erreicht werden, das Entgraten der Formteile entfällt und eine sehr geringe Abfall- und Ausschußquote erzielt wird. Dagegen stehen wesentlich höhere Investitionskosten für die Maschinen. Neben der Herstellung von Formartikeln aller Art hat sich dieses Verfahren für die Anfertigung von Schuhsohlen und Absätzen sowie zur Anspritzung von Sohlen auf Schuhoberteilen eingeführt [203].

Formenreinigung

Bei der Benutzung der Formen setzen sich nach längerem Gebrauch organische Anteile von den Kautschukmischungen oder den Formentrennmitteln in Form von Verkrustungen oder Verkohlungen in den Formen ab. Die Formen müssen daher von Zeit zu Zeit gereinigt werden. Dazu werden sie zunächst in ein auf ca. 60 °C erwärmtes Chromschwefelsäurebad gelegt, um die Schmutzschicht aufzuweichen. Die Reinigung erfolgt anschließend in der sogenannten 'Läppanlage' mittels aufgeschlammtem Quarzmehl, dem zur Vermeidung der Rostbildung noch Natriumcarbonat zugegeben wird. Die Form wird anschließend mit

Wasser gespült und mit Preßluft getrocknet. Wird sie nicht direkt wieder verwendet, muß sie zur Vermeidung der Rostbildung in Korrosionsschutzöl getaucht werden.

6.1.3.4 Herstellung von Freihandartikeln

In der Gummiindustrie werden auch sogenannte Freihandartikel durch Handkonfektion hergestellt. Handkonfektion führt man bei Artikeln durch, die aus finanziellen Gründen wegen ihrer Form oder ihrer Größe in keiner Form, sondern von Hand auf Schablonen konfektioniert oder von Hand zusammensetzt und dann vulkanisiert werden. Freihandartikel sind z.B. Manschetten, Flach- und Profilringe, gestanzte Artikel und Rahmen. Zu den Artikeln, die früher von Hand konfektioniert wurden, deren Herstellung aber heute teilautomatisiert wurde, gehören z.B. Walzenbezüge und Druckschläuche sowie Riemen, Gurte und Reifen. Im Gegensatz zu den anderen Artikeln werden die Reifen nach ihrer Konfektionierung jedoch als Formartikel vulkanisiert.

6.1.3.5 Herstellung von Tauchgummiwaren

Tauchgummiwaren werden durch Eintauchen von Formkörpern in Lösungen von Kautschukmischungen und anschließende Weiterbehandlung hergestellt. Sie werden oft auch als nahtlose Gummiwaren bezeichnet, da sie im Gegensatz zu gepreßten oder handkonfektionierten Artikeln keine Naht aufweisen. Zu den Tauchartikeln zählen z.B. Sauger, Präservative, Operationshandschuhe, Fingerlinge, Industrie- und Elektrikerhandschuhe, Ballone und Spezialgummiwaren für medizinische Zwecke.

Es werden Formen aus Glas, glasiertem Porzellan, Leichtmetall und Kunststoff eingesetzt. Die Kautschuklösung befindet sich in einem Lösungsbehälter, der zum Ein- und Austauchen der Formen gehoben und gesenkt werden kann. Nach dem Tauchen wird die Form getrocknet und das Tauchen so oft wiederholt, bis die gewünschte Wandstärke erreicht ist. Die Vulkanisation erfolgt anschließend zumeist in Heizschränken (s. Kapitel 6.1.4.4).

Die Herstellung von Tauchartikeln aus benzinösen Kautschuklösungen ist sehr zeit- und arbeitsintensiv. Sie wird daher nur noch zu Herstellung von Elektronikerhandschuhen herangezogen.

6.1.4 Vulkanisation

Bei der Vulkanisation findet die Vernetzung der Polymerkette statt. Die plastische Kautschukmischung geht in den elastischen Zusand über. Die Vulkanisation wird diskontinuierlich und z.T. auch kontinuierlich durchgeführt. In Autoklaven und Pressen wird diskontinuierlich vulkanisiert. Die kontinuierliche Vulkanisation wird bei extrudierten Artikeln und bei kalandrierten Bändern verwendet.

6.1.4.1 Vulkanisation extrudierter Erzeugnisse

Früher wurden extrudierte Erzeugnisse fast ausschließlich in Autoklaven in Heißluft oder in Dampf vulkanisiert. Heute wird ein Teil der Extrudate als Halbzeug weiterverarbeitet (z.B. Reifenlaufflächen), bevor sie vulkanisiert werden, und ein anderer Teil wird wegen zu kleiner Chargen einem separaten Vulkanisationsprozeß, meistens der Vulkanisation im Autoklaven, zugeführt. Aus Gründen der Wirtschaftlichkeit werden heute aber sehr viele Extrudate unmittelbar nach Verlassen des Spritzmundstücks vulkanisiert. Es können dafür verschiedene Vulkanisationsverfahren eingesetzt werden. Häufig eingesetzte Verfahren sind die Vulkanisation im Flüssigkeitsbad, im Fließbett, in Heißluft nach einer UHF-Vorwärmung, in hochgespanntem Dampf und unter Blei.

Bei der Vulkanisation von Extrudaten in nicht kontinuierlichen Verfahren besitzt die Heizung in Heißluft- oder Dampfautoklaven unter Druck große Bedeutung (s. Kapitel 6.1.4.4). Diese diskontinuierliche Vulkanisation wird nur angewendet, wenn kontinuierliche Prozesse ausscheiden oder sich nicht lohnen.

Vulkanisation in Flüssigkeitsbädern (LCM-Vulkanisation)

Für extrudierte Profile, Schläuche u.a. hat sich die kontinuierliche Vulkanisation in Flüssigkeitsbädern, das sogenannte LCM-Verfahren (von liquid curing method), durchgesetzt.

Die Profile werden unmittelbar nach Verlassen des Extruders in ein langgestrecktes Bad mit heißer Flüssigkeit gebracht. Am Ende des Bades wird es fertig vulkanisiert entnommen. Es können so endlose Profillängen hergestellt werden. Die Länge des Flüssigkeitsbades ist u.a. von der Vulkanisationsgeschwindigkeit, der Heizbadtemperatur und der Spritzleistung des Extruders abhängig. Die Vulkanisationstemperatur beträgt in der Regel etwa 210 - 240 °C.
Als Heizmedium für Vulkanisierbäder werden vor allem eutektische Salzgemische sowie gelegentlich Metallgemische, Polyalkylenglykole, Glycerin oder Silikonöle eingesetzt. Wegen der zumeist verwendeten Salzgemische spricht man häufig auch von 'Salzbadvulkanisation'. Als Salzgemisch wird häufig ein Gemisch aus

53 Massen-% Kaliumnitrat,
40 Massen-% Natriumnitrit und
7 Massen-% Natriumnitrat

in geschmolzener Form eingesetzt. Aus ökologischen und toxikologischen Gründen wird vermehrt Lithium- und Kaliumnitrat als Salzgemisch eingesetzt [31].
Polyalkylenglykole oder Silikonöl werden z.B. bei sehr weichen Kautschukmischungen mit geringer Dichte oder bei komplizierten Profilquerschnitten eingesetzt. In diesen Fällen ist der Auftrieb in der Salzmischung zu groß und das Hinunterdrücken mit dem Stahlband würde zu Deformationen am Profil führen.

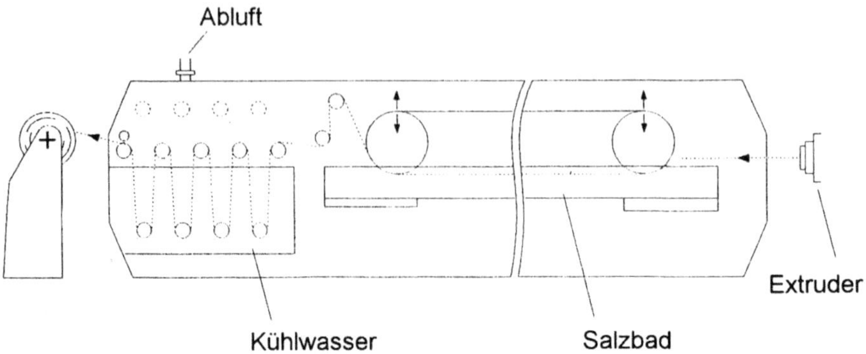

Abbildung 6.10: ***LCM-Vulkanisieranlage, Prinzipskizze***

Mit der Salzbadvulkanisation können auch peroxidhaltige Mischungen sowie Moosgummi (poröse Profile mit feinen Poren) und oxidationsempfindliche Kautschuke, z.B. NBR, vulkanisiert werden.

Da zwar im Salzbad eine gute Wärmeübertragung gegeben ist, die Kautschukmischung aber ein schlechter Wärmeleiter ist, findet nur eine langsame Durchwärmung und damit Vulkanisation der Profile statt. Besonders bei starkwandigen Profilen führt das zu einer Verlängerung der Verweilzeit im Flüssigkeitsbad, was bei hohen Badtemperaturen zu Übervulkanisation an der Oberfläche führen kann.

Bei der Salzbadvulkanisation spielt die Mischungszusammensetzung eine wesentliche Rolle. Bei entsprechender Einstellung können alle Kautschuktypen ohne Schwierigkeiten drucklos vulkanisiert werden.

Fließbettvulkanisation

Neben der Salzbadvolkanisation wird auch die sogenannte Fließbettvulkanisation (fluid bed vulcanisation) für das kontinuierliche Herstellen von Profilen und Schläuchen eingesetzt. Bei diesem Verfahren besteht das Bett z.B. aus kleinen Glaskugeln von 0,13 bis 0,25 mm Durchmesser, auch Ballotint genannt. Man läßt ein Gas aufwärts durch das Bett strömen, wodurch die Glaskügelchen angehoben werden. Bei genügender Strömungsgeschwindigkeit wird jedes Glaskügelchen von dem Gas in der Schwebe gehalten und besitzt durch sein Gaspolster eine erhebliche Beweglichkeit. Dieser Zustand wird als Fließbett bezeichnet; es handelt sich um eine scheinbare Newton'sche Flüssigkeit. Durch dieses Fließbett kann das zu vulkanisierende Profil wie durch ein Salzbad gezogen werden. Die Wärmeübertragung im Fließbett ist vergleichbar mit der in Flüssigkeiten und wird von der Stärke der Fluidisierung und der spezifischen Wärme des Trägergases, z.B. Dampf, bestimmt. Die Dichte des Bades läßt sich durch den Grad der Fluidisierung verändern, wodurch sich auch komplizierte Profile, die empfindlich gegen Deformationen sind, gut vulkanisieren lassen.

Vulkanisation in Heißluft (UHF-Vulkanisation)

Die Vulkanisation in Heißluft ist eines der ältesten Vulkanisationsverfahren, wobei die kontinuierliche Durchführung drucklos angewendet wird. Das Extrudat wird in Wärmeschränke geleitet, die bis zu 150 m lang sein können. Die Länge der Wärmeschränke läßt sich verkürzen, wenn die Extrudate vorgewärmt werden, wobei sich die Vorwärmung in Ultrahochfrequenzstrecken bewährt hat. Nach dieser Vorwärmung wird das Verfahren auch UHF- oder Mikrowellen-Vulkanisation genannt.
Das Extrudat wird nach Verlassen des Spritzkopfes in einen Mikrowellenhohlleiter mit einem ultrahochfrequenten Wechselfeld geführt. Die nichtleitende Kautschukmatrix wird unter dem Einfluß des Wechselfeldes einer Polarisation unterworfen, wobei in der Matrix dielektrische Verluste entstehen, und dadurch der Stoff erwärmt wird. Im Gegensatz zu anderen Vulkanisationsverfahren wird bei diesem die Wärme nicht von außen zugeführt, sondern entsteht gleichzeitig innen im Körper und an der Oberfläche. Man erreicht dadurch eine gute und gleichmäßige Durchwärmung und damit auch Durchvulkanisation stärker dimensionierter Profile. Die anschließende Heißluftstrecke dient nur zum Halten der bei der UHF-Vorwärmung erzielten Temperatur. Sie hat eine Länge von 6 bis 22 m, wozu noch etwa 4 m Vorheizstrecke kommen.

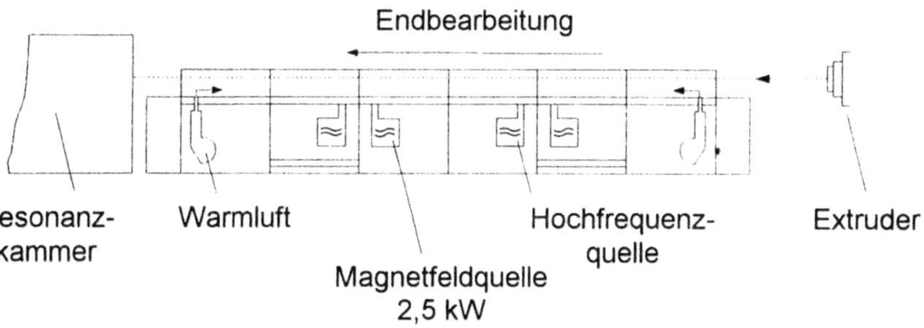

Abbildung 6.11: ***UHF-Vulkanisationsanlage, Prinzipskizze***

Die Erwärmbarkeit einer Kautschukmischung hängt u.a. von dem Kautschuktyp ab. Polare Kautschuke lassen sich wesentlich besser im UHF-Feld erwärmen als unpolare. Auch andere polare Mischungsbestandteile, z.B. Füllstoffe oder Weichmacher, haben einen Einfluß auf das Erwärmen der Mischung. Die Stärke des UHF-Feldes muß auf die jeweilige Mischungszusammensetzung abgestimmt werden.

Vulkanisation im Dampfrohr

Die kontinuierliche Vulkanisation in hochgespanntem Dampf im Dampfrohr kann nur bei extrudierten Erzeugnissen durchgeführt werden, die einen Festigkeitsträger zum Durchziehen des Profils besitzen. Dieses Vulkanisationsverfahren wird daher fast ausschließlich in der Kabelindustrie eingesetzt. Das Kabel wird nach dem Aufspritzen des Mantels direkt in ein Rohr geleitet, in dem der Dampfdruck in der Regel 5 bis 12 bar und maximal bis zu 20 bar beträgt.

Auch die kontinuierliche Vulkanisation im Dampfrohr ist aufgrund der geringen Wärmeleitfähigkeit der Kautschukmischung nur bis zu bestimmten Wandstärken möglich.

Vulkanisation unter Blei

Einige gespritzte Artikel, z.B. Kabel und Schläuche mit großem Querschnitt und weichen Einstellungen, umgibt man vor der Vulkanisation mit einem Bleimantel, um Deformationen zu vermeiden. Der Bleimantel schützt z.B. auch vor der hydrolytischen Wirkung des Dampfes. Die Bleimäntel werden entweder diskontinuierlich mittels Pressen oder kontinuierlich mittels Schneckenpressen um die zu vulkanisierenden Artikeln aufgebracht. Die Rohlinge werden zumeist auf Trommeln aufgerollt und diskontinuierlich in Dampf vulkanisiert. Nach dem raschen Abkühlen mit Wasser wird der Bleimantel wieder entfernt.

6.1.4.2 Vulkanisation kalandrierter Erzeugnisse

In manchen Fällen sind kalandrierte Erzeugnisse, z.B. Beschichtungen zum Korrosionsschutz sehr großer Behälter, so stark beschleunigt, daß sie in der Umgebungstemperatur vulkanisieren (Selbstvulkanisation). Die meisten Plattenerzeugnisse, z.B. Dachfolien, Betteinlegeplatten, Regenmantelstoffe, werden drucklos in Heißluft vulkanisiert. Früher wurde die Vulkanisation kalandrierter Erzeugnisse ausschließlich diskontinuierlich durchgeführt, d.h. der Herstellungsprozeß und die anschließende Vernetzung waren zwei getrennte Verfahrensschritte. Mit dem Einsatz von Rotationsvulkanisationsmaschinen kann in einigen Fällen eine kontinuierliche Arbeitsweise erfolgen.

Rotationsvulkanisationsverfahren

In Rotationsvulkanisationsmaschinen können dünne Kalanderfolien und -platten, beschichtete Gewebe, Bänder, Riemen und auch vorgeformte Artikel, z.B. Keilriemen, direkt im Anschluß an den Kalander- und Beschichtungsprozeß vulkanisiert werden.

Die Rotationsvulkanisationsmaschine besteht aus einer dampfbeheizten, langsam rotierenden Stahltrommel und einem endlos geschweißten Stahlblechband, das durch zwei Umlenkrollen und eine Spannwalze an die Trommel gepreßt wird (vgl. Abbildung 6.12). Die zu vulkanisierende Platte läuft zwischen der Trommel und dem Stahlband ein und wird mit einem Druck von ca. 6 bar fest an die Trommel gepreßt. Die Platte wird infolge der Rotation der Stahlwalze kontinuierlich weiterbefördert. Die Vulkanisation erfolgt durch die Temperatur der Trommel auf der dieser zugekehrten Seite der Platte. Wegen der einseitigen Wärmezufuhr sollte die Stärke der zu vulkanisierenden Platte nicht mehr als 5 mm betragen, wobei eine Durchvulkanisation bei 130 bis 190 °C in etwa 10 Minuten erreicht wird.

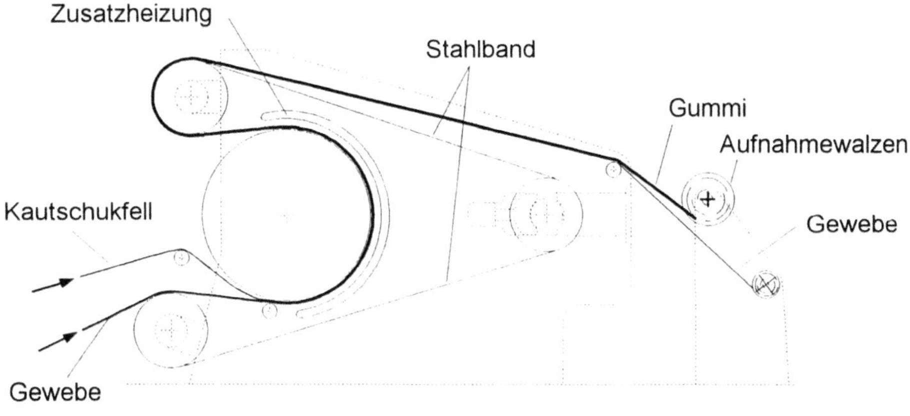

Abbildung 6.12: ***Rotationsvulkanisation, Prinzipskizze***

6.1.4.3 Vulkanisation in Vulkanisierpressen

Bei der Vulkanisation in Pressen strebt man an, die Vulkanisationstemperatur möglichst hoch zu wählen, um die Vulkanisationszeit gering zu halten. Diesem Bestreben ist allerdings bei großdimensionierten Artikeln Grenzen gesetzt, denn große Artikel, die ggf. zudem noch dynamisch beansprucht werden, müssen möglichst gleichmäßig und gut durchvulkanisiert sein, da es ansonsten bei einer Beanspruchung zu einer Zerstörung von innen kommt. Um eine gute Durchvulkanisation zu erreichen, kann bei niedriger Temperatur vulkanisiert werden, wodurch aber die Kapazität der Pressen und Autoklaven deutlich sinkt und die Herstellung solcher Artikel verhältnismäßig teuer wird. Sehr große Formartikel werden vorzugsweise in Kesselpressen vulkanisiert, bei der die direkt beheizten Preßplatten von einem Vulkanisationskessel umgeben sind, in dem zusätzlich mit Dampf geheizt wird. Um eine gleichmäßige Durchvulkanisation großvolumiger Artikel zu erzielen, gibt es z.B. die Möglichkeit einer Vorwärmung im Heizschrank oder einer Hochfrequenzvorwärmung.

Hochfrequenzvorwärmung

Das Prinzip der UHF-Vorwärmung entspricht im wesentlichen dem für die UHF-Vulkanisation. Eine elektrisch nicht leitende Substanz, die in das elektrische Hochfrequenzfeld zwischen zwei Kondensatorplatten eines Hochfrequenzsenders gebracht wird, wird unter dem Einfluß des Wechselfeldes einer Polarisation unterworfen, wodurch in dem Artikel dielektrische Verluste entstehen, durch die der Körper erwärmt wird. Mit Hilfe der dielektrischen Erwärmung erzielt man eine rasche und gleichmäßige Durchwärmung selbst großvolumiger Artikel, da die Wärme gleichmäßig im ganzen Körper gebildet wird. Mit Hilfe dieses Verfahrens können Rohlinge ohne Druck auf etwa 110 °C vorgewärmt werden. Anschließend werden sie in der Form vulkanisiert.

6.1.4.4 Vulkanisation von konfektionierten Gummiartikeln

Freiheizung

Die meisten konfektionierten Gummiwaren und einige extrudierte Artikel werden nicht in Formen, sondern frei vulkanisiert. Die Freiheizung ist neben der Vulkanisation in Formen die am meisten angewandte Vulkanisationsmethode [203]. Am häufigsten erfolgt dies mit Heißluft im Autoklaven unter Druck. Weitere angewendete Verfahren sind die drucklose Heißluftvulkanisation, die Vulkanisation in Dampf und die Vulkanisation in Wasser.

Die Heißluftvulkanisation im Autoklaven kann bei jedem gewünschten Kesselinnendruck stattfinden. In der Praxis ist auch bei starkwandigen Artikeln ein Kesselinnendruck von maximal 8 bis 10 bar ausreichend, um eine gute Durchvulkanisation zu erreichen.
Durch den Sauerstoffgehalt der Heißluft können Kautschukmischungen bei zu hohen Temperaturen infolge Oxidation gefährdet werden. Als Obergrenze für die Heißluftvulkanisation von NR wird eine Temperatur von etwa 150 °C angesehen.
Die Vulkanisation im Autoklaven ist stets ein diskontinuierlicher Prozeß, so daß er nur angewendet wird, wenn kontinuierliche Prozesse nicht eingesetzt werden können oder sich nicht lohnen. Bei genügend hohen Temperaturen oder angemessen langen Zeiten kann die Heißluftvulkanisation auch kontinuierlich durchgeführt werden. Die kontinuierliche Heißluftvulkanisation wird in der Regel drucklos durchgeführt und eignet sich daher vor allem für dünnwandige Artikel, z.B. Profile, gummierte Gewebe, Tauchartikel.
Beim Einsatz neuerer Polymere, z.B. ACM, EVM, FKM, Q, ist die Vulkanisation in den üblichen Pressen nur eine formgebende Vorvulkanisation. Die Entvernetzung erfolgt als drucklose Nachvulkanisation (auch Temperung genannt) mit Heißluft in speziellen Temperungsschränken. Bei der Nachheizung entweichen vielfach Spaltprodukte von Kautschukchemikalien, die sich ansonsten negativ auf das Alterungsverhalten auswirken können [203].

Für die drucklose Heißluftvulkanisation werden Schränke, die bis zu 150 m lang sein können, Heißluftschächte und -tunnel eingesetzt. Die drucklose Heizung kommt vor allem für sehr dünnwandige Artikel in Betracht.

Dampfheizung

Im Gegensatz zur Heißluftvulkanisation kann man bei der Verwendung von Dampf kürzere Vulkanisationszeiten erzielen, da bei Dampf eine bessere Wärmeübertragung gegeben ist. Bei der Verwendung von Sattdampf, bei dem sich Wasser und Dampf im Gleichgewicht befinden, ist die Temperaturübertragung sehr gleichmäßig. Wegen des Fehlens von Sauerstoff bei der Dampfheizung kann man hiermit bei wesentlich höheren Temperaturen, z.B. bis zu 200 °C und darüber, vulkanisieren als bei Heizung mit Heißluft. Bei den hohen Dampftemperaturen kann man Vulkanisationszeiten von unter einer Minute erhalten. Diesen Vorteil nutzt man bei der kontinuierlichen Vulkanisation (CV-Vulkanisation), z.B. bei der Herstellung von Kabeln im Dampfrohr.

Bei der Dampfvulkanisation kann es durch die Kondensatwasserbildung zur Bildung von Kondensatwasserflecken kommen, die nicht nur das Aussehen der Artikel beeinflussen,

sondern auch oberflächlich zur partiellen Untervulkanisation führen. Dies kann z.T. durch die Vorbehandlung mit einem Netzmittel vermieden werden.

Um die jeweiligen Vorteile der Heißluft- und der Dampfheizung zu kombinieren, werden bei einigen Verfahren Luft/Dampf-Gemische angewendet.

Vulkanisation in Wasser

Die Wärmeübertragung von Wasser ist noch besser als die von Luft oder Dampf, wodurch noch größere Vulkanisationsgeschwindigkeiten erreicht werden. Außerdem kann die Wasservulkanisation noch bei großen Teilen angewendet werden, für die andere Vulkanisationsaggregate zu klein sind. Die Vulkanisation in Wasser kann drucklos oder unter Druck erfolgen.

Bei der drucklosen Vulkanisation beträgt die maximale Wassertemperatur 100 °C. Trotz der guten Wärmeübertragung von Wasser ist aufgrund der recht niedrigen Temperatur die Vulkanisationszeit sehr lang. Für die Hartgummiauskleidung sehr großer Behälter werden diese mit Wasser von Raumtemperatur gefüllt, das dann durch Dampf erhitzt wird. Die Aufheizzeit kann bis zu 6 Stunden betragen und die anschließende Kochzeit nochmals bis zu 48 Stunden, bis gute Vulkanisateigenschaften erreicht sind. Für Weichgummiauskleidung geht man deshalb zum Einsatz von selbstvulkanisierenden Mischungen über.

Die Vulkanisation in Wasser unter Druck wird im Autoklaven durchgeführt. Für dieses Verfahren sind verhältnismäßig aufwendige Anlagen erforderlich, so daß es nur noch selten, z.B. für die Vulkanisation weicher Druckwalzen, eingesetzt wird.

Kaltvulkanisation

Die Kaltvulkanisation kann sowohl durch aufeinanderfolgende Einwirkung von Schwefeldioxid und Schwefelwasserstoff als auch durch Einwirkung von Chlorschwefel erfolgen. Das erste Verfahren ist ohne technische Bedeutung, wogegen das zweite in den zwanziger Jahren sehr weit verbreitet war und heute noch in geringem Umfang, z.B. zur Herstellung von Badehauben eingesetzt wird.
Als Kaltvulkanisation kann auch die Selbstvulkanisation angesehen werden, die z.B. zur Weichgummiauskleidung großer Behälter eingesetzt wird. In diesem Fall werden sehr schnell wirkende Beschleuniger (Ultrabeschleuniger) eingesetzt.

Die Chlorschwefelvulkanisation kann nur bei sehr dünnwandigen Artikeln durchgeführt werden. Es kommen zwei Verfahren zur Anwendung, wobei in beiden Fällen der Kontakt der Kautschukmischung, die keine Vulkanisationschemikalien enthält, mit dem Chlorschwefel für eine Vulkanisation bei Raumtemperatur ausreicht. Zum einen werden die fertig konfektionierten Platten oder Tauchartikel in Schränke eingebracht, in denen in Blei- oder Eisenpfannen Chlorschwefel verdunstet wird, oder es wird zur Herstellung von Stoffgummierungen eine benzinische Chlorschwefellösung mittels Walzen auf die gummierten Gewebe aufgetragen.
Zur Neutralisation der bei der Reaktion eventuell entstehenden Salzsäure wird der Kaut-

schukmischung Magnesiumoxid zugegeben. Häufig werden auch die fertigen Artikel zur Neutralisation in Ammoniak getaucht.

Vulkanisation durch energiereiche Strahlen

Als Strahlenquellen können Kobaltquellen (Co^{60}), Van-de-Graaff-Generatoren, Resonanztransformatoren, Kaskaden- und Linearbeschleuniger oder Betatrone verwendet werden [203]. Die schwächste Strahlenquelle ist die Kobalt-60-Quelle, die stets eine diffuse Stahlung abgiebt und deren Energie mit der Dauer der Strahlung abnimmt. Bei den Elektronenbeschleunigern kann der Elektronenstrahl so gesteuert werden, daß er entweder als punktförmige Strahlenquelle oder aber als breites Band erhalten wird.
Für die Vernetzung durch energiereiche Strahlen wird der zu vernetzende Artikel auf einem Transportband durch das Strahlenband eines Elektronenbeschleunigers geführt. Zur Ausbildung von Polymerradikalen bedarf es einer bestimmten Mindestaktivierungsenergie. Mit zunehmender Eindringtiefe der Strahlung nimmt aber die Strahlungsenergie ab, so daß ab einer bestimmten Dicke der Artikel eine gleichmäßige Vernetzung nicht mehr gewährleistet ist. Von bestimmten Wandstärken an kann das Innere von bestrahlten Artikeln stark unter- oder sogar völlig unvernetzt bleiben. Bei neueren Anlagen mit hoher Strahlenleistung ist aufgrund der Eindringtiefe eine wesentlich gleichmäßigere Durchvulkanisation möglich.

Für die Vernetzung mit energiereichen Strahlen sind keine Vulkanisationschemikalien erforderlich. Um eine größere und gleichmäßigere Vernetzungsdichte zu erhalten, können Aktivatoren zugegeben werden, die auch bei der Peroxidvernetzung als Coaktivatoren eingesetzt werden. Bei der Strahlenvernetzung entstehen daher keinerlei Spaltprodukte von Vulkanisationschemikalien, die das Eigenschaftsbild der Vulkanisate beeinflussen können.

6.1.4.5 Endbearbeitung von Gummiartikeln

Nach der Vulkanisation sind viele Gummiartikel noch nicht verkaufsfertig. Dichtungen werden aus Plattenware ausgestanzt bzw. mit Schablonen ausgeschnitten. Andere Formartikel müssen entgratet werden, was bei einigen Artikeln noch in aufwendiger Handarbeit, bei Massenartikeln aber voll- bzw. halbautomatisch erfolgt. Ein modernes Verfahren ist die sogenannte Gefrierentgratung, bei der Kohlensäureschnee oder flüssiger Stickstoff eingesetzt werden. Entgratete Formartikel werden häufig noch an den Nahtstellen nachgeschliffen, wozu spezielle Schleifmaschinen eingesetzt werden.

6.2 Verarbeitung von Latex

Die Verarbeitung von Latex macht nur einen geringen Teil der gesamten Kautschukverarbeitung aus. Es wird hierfür eine vollkommen andere Verarbeitungstechnologie eingesetzt als für die von Festkautschuk. Einige Prozesse entsprechen aber der Verarbeitung von Festkautschuk, wie der Tauch-Imprägnier- und Streichprozeß.

Neben natürlichem Latex werden synthetische Latices, wie sie bei der Emulsionspolymerisation anfallen, verarbeitet. Latex wird in der Regel zu dünnwandigen Artikeln verarbeitet.

6.2.1 Mischungsherstellung

Die flüssigen Latexmischungen lassen sich mit weniger kostspieligen Maschinen und mit geringerem Energieaufwand herstellen als Festkautschukmischungen. Die Vulkanisationschemikalien und andere Substanzen (s. Kapitel 5.11) werden durch Dispergieren und Emulgieren in eine flüssige, wäßrige Phase überführt, so daß sie in den Latex gut eingerührt werden können.
Die festen oder pulverförmigen Mischungsbestandteile werden zusammen mit einem Dispergiermittel und Wasser gemahlen und zu einer Paste verarbeitet. Aus wasserunlöslichen Flüssigkeiten (Weichmacher, Alterungsschutzmittel, Vulkanisationsbeschleuniger, Wachse u.a.) werden nach Zugabe von Emulgatoren wäßrige Emulsionen durch intensives Rühren hergestellt.
Die Mischungsherstellung erfolgt durch das Einrühren der vorbereiteten Chemikalien in die Latexlösung.

6.2.2 Verfahren der Latexverarbeitung

Tauchverfahren

Die meisten Tauchartikel werden heute aus Latex hergestellt und nicht mehr aus Lösungen von Kautschukmischungen. Es werden Tauchformen aus Glas, Porzellan oder Leichtmetall verwendet.
Bei den einfachen Tauchverfahren werden die Formen langsam in die Latexmischung eingetaucht und langsam wieder herausgezogen. Nach dem Trocknen wird der Vorgang so lange wiederholt, bis die gewünschte Wandstärke erreicht ist.
Für die Herstellung von stärkerwandigen Artikeln, z.B. Haushaltshandschuhen, Badehauben, Saugern, wird das Koagulatverfahren eingesetzt, da bei den einfachen Tauchverfahren zu häufig der Tauchprozeß wiederholt werden müßte. Bei diesem Verfahren wird die Form zunächst in eine alkoholische Lösung eines Koaguliermittels getaucht, kurz getrocknet und dann in die Latexlösung getaucht. Durch das Koaguliermittel bildet sich ein stärkeres Koagulum auf der Form als bei dem einfachen Tauchprozeß. Der Tauchprozeß kann nach dem Trocknen ggf. wiederholt werden. Zur Entfernung des Koaguliermittels müssen die Artikel nach der Vulkanisation sorgfältig in Wasser gewaschen werden.
Durch Zugabe von Wärmesensibilisierungsmitteln zu der Latexmischung koaguliert diese bei höherer Temperatur. Die erwärmten Formen werden in die Latexmischung getaucht. Der Latex koaguliert an der Oberfläche des warmen Formkörpers. Die Stärke des sich bildenden Latexfilm ist abhängig von der Verweildauer der Formen in der Latexlösung und der Formentemperatur.

Die Tauchartikel werden auf der Tauchform vorwiegend in Heißluftschränken ohne Druck vulkanisiert.

Gießverfahren

Bei der Verwendung von Formen aus porösem Material, z.B. unglasiertem Porzellan oder Gips, ist die Form zweiteilig und besitzt eine trichterförmige Öffnung. Die Latexmischung wird eingegossen, das Serum wird von dem porösen Material aufgesaugt, und an der Innenwand der Form scheidet sich ein Latexfilm ab. Wenn dieser die gewünschte Wandstärke erreicht hat, wird die restliche Latexlösung zurückgegossen. Die Form wird zunächst getrocknet und anschließend der Formkörper vulkanisiert. Die Formen verlieren nach wenigen Gießprozessen (ca. 15 - 20) ihre Saugfähigkeit und müssen ausgetauscht werden. Nach diesem Verfahren werden hauptsächlich Hohlkörper, wie Spielsachen und Figuren, hergestellt

Auch bei Gießverfahren können wärmesensibilisierte Latexmischungen eingesetzt werden. Diese Mischungen werden in metallische Hohlkörper gegossen und durch Rotation gleichmäßig an der Formwandung verteilt. Durch Erwärmung der Formen tritt die Koagulation ein. Die Hohlkörper werden den Formen entnommen, gewaschen, getrocknet und vulkanisiert.

Schaumgummiverfahren

Die mit einem Schaummittel versetzte Latexmischung wird zu einem stabilen Schaum geschlagen. Nach Zugabe von Sensibilisierungsmitteln wird er in verschließbare Formen gefüllt. Die Vulkanisation erfolgt in der Form in Dampf oder in heißem Wasser.
Bei einem anderen Verfahren wird der Schlagprozeß umgangen. Dabei setzt man der fertigen Latexmischung eine Wasserstoffperoxidlösung zu und spaltet dieses durch Zugabe eines Katalysators. Der sich bildende Sauerstoff bläht den Latex auf, den man in eine doppelwandige Form gießt. Zunächst wird eine Kühlflüssigkeit durch die doppelte Wandung gegeben, und der Latex gefriert bei -10 bis -15 °C. Das Durchleiten von Kohlendioxid durch den erstarrten Schaum bewirkt eine Koagulation des Schaums. Anschließend wird heißes Wasser oder Dampf durch die doppelte Wandung geleitet, wodurch der Schaum vulkanisiert.

Imprägnier-, Streich- und Sprühverfahren

Beim Imprägnieren von Textilien wird das Gewebe vollig von dem Latex durchdrungen. Es verleiht den Textilien u.a. eine verbesserte Elastizität und Festigkeit und eine hohe Wasserdichtigkeit. Die Gewebebahnen werden mit der Latexmischung bestrichen und diese in hängenden Schleifen durch Wärmeschränke zur Trocknung und Vulkanisation geführt. Für die verschiedensten Anwendungen werden Latices vor allem aus Naturkautschuk, NBR- und CR-Latex verwendet.
Bei dem Imprägnieren von Papier wird das mit Latex getränkte Papier durch Quetschwalzen geleitet und dann einem Bandtrockner zugeführt. Es wird vor allem Latex aus NBR und CR eingesetzt. Imprägnierte Papiere werden für Schuhvorder- und -hinterkappen, Schuhinnen- und -zwischensohlen, Schleif- und Schmirgelpapier, Bänder, Treibriemen, Dichtungen und anderen Sachen eingesetzt.

Beim Beschichten von Textilien mit einer Latexmischung darf diese, im Gegensatz zur Imprägnierung, nicht durchschlagen. Man verwendet daher möglichst konzentrierte Latices mit hoher Viskosität, meistens unter Zusatz von Verdickungsmitteln. Die Beschichtung kann mit Luftrakel, Bürsten- oder Walzenauftrag durchgeführt werden. Die Trocknung und Vulkanisation erfolgt analog der von imprägnierten Geweben (s.o.). Um den gummierten Stoffen eine glatte Oberfläche zu verleihen wird oft eine Nachbehandlung mit Oberflächenbehandlungsmitteln (s. Kapitel 5.10.7) durchgeführt.
Beschichtete Gewebe werden z.B. zur Herstellung von Wagen-, Verdeck-, Waggon- und Zeltplanen, Häuten von Schlauch- und Paddelbooten und für Regenschutzkleidung verwendet.

Die Oberflächenbeschichtung mittels Sprühverfahren wird vor allem für Gegenstände mit einer komplizierten Oberfläche durchgeführt. Die wärmesensibilisierte Latexmischung wird auf den erwärmten Gegenstand bis zur gewünschten Wandstärke mittels Sprühpistole aufgesprüht.

Spinnverfahren

Für die Herstellung von Latexfäden läßt man die Latexmischung durch eine Kapillare der gewünschten Fadenstärke in ein Koagulierbad einlaufen, wo der Latex koaguliert. Anschließend wird in einem Wasserbad das Koaguliermittel ausgewaschen und der Faden in einen Trockenkanal geleitet. Nach dem Aufspulen wird er vulkanisiert.

Elektrophoretische Abscheidung

Die Kautschukteilchen besitzen meistens eine negative Ladung. Beim Anlagen einer Spannung wandern die Teilchen zur Anode, werden dort entladen und koagulieren zu einem Film. Es werden fertige, vulkanisationsfähig eingestellte Mischungen eingesetzt, da die im Latex dispergierten Vulkanisationschemikalien und Füllstoffe ebenfalls eine negative Ladung besitzen und an der Anode abgeschieden werden. Den Latexfilm kann man direkt auf der metallischen Anode abscheiden. Dies wird z.B. bei kompliziert gebauten Metallteilen, z.B. Drahtsieben, Lochblenden, angewendet, die mit Gummi beschichtet werden sollen. Man kann die Anode auch mit einem mikroporösen Diaphragma überziehen, wobei sich der Latexfilm auf dem Diaphragma abscheidet. Dieses Verfahren wird zur Herstellung von Gummiartikeln aller Art, z.B. Handschuhen, Schuhen und Spielwaren, eingesetzt.
Die beschichteten Teile werden nach der Trocknung in Heißluft vulkanisiert.

Hartgummi aus Latex

Wie aus Festkautschuk kann auch aus Latex durch Erhöhung des Schwefel-Gehalts Hartgummi hergestellt werden. Dies wird vor allem zum Beschichten von Eisenteilen als Korrosionsschutz benutzt. Die Latexmischung wird entweder durch Tauch- oder Spritzverfahren oder durch elektrophoretische Abscheidung aufgebracht.

Latex als Bindemittel für flächige Gebilde

Für die Herstellung von Artikeln aus nicht gewebten Textilien wird das Faservlies mit einer Latexmischung aus Synthesekautschuk imprägniert. Der Überschuß an Bindemittel wird abgequetscht und das feuchte Vlies getrocknet und vulkanisiert. Durch Waschen werden überschüssige Chemikalien, wie Emulgatoren und Stabilisatoren, entfernt. Die Textilvliese werden vor allem zur Herstellung von Bekleidung (Steifleinen), Fenster- und Autoledern, Gläser- und Geschirrtüchern sowie Filtereinsätzen eingesetzt. Das Syntheseleder wird auch häufig für Schuhinnenfutter und Schlupfleder verwendet.
Bei der Herstellung von kautschukgebundenem Papier wird dem Papierbrei eine vulkanisationsfähige Latexmischung zugegeben. Die Kautschukteilchen ziehen auf die Papierfaser auf; die endgültige Fällung erfolgt durch Zugabe von Alaun- oder Aluminiumsulfat-Lösung. Die Weiterverarbeitung erfolgt auf den üblichen Papiermaschinen. Je nach Menge der zugegebenen Latexmischung erhält man Papiere mit unterschiedlicher Festigkeit und Elastizität. Es werden hauptsächlich Artikel zur einmaligen Verwendung hergestellt, z.B. schweißbeständige Bettwäschen für Krankenhäuser, Damenbinden, Kittel und andere Berufsbekleidung, sowie öl- und benzinfeste Dichtungen für die Automobilindustrie, Schuhinnensohlen und wasserfeste Papiere und Pappen für Verpackungszwecke.
Für die Herstellung kautschukgebundener Faserleder werden vegetabilische oder chromgegerbte Lederabfälle eingesetzt. Die Lederabfälle werden zu Fasern vermahlen, gut durchfeuchtet und intensiv gerührt, bis sich ein homogener Faserbrei gebildet hat. Die Latexmischung, meistens CR, wird zugegeben und der Kautschuk durch Zugabe von Alaunlösung auf der Faser koaguliert. Die Masse wird auf einem Metallsieb unter Vakuum zu einer Platte verdichtet und von Wasser befreit. Trocknung und Vulkanisation der Platten erfolgt bei Raumtemperatur. Faserleder werden u.a. für Schuhinnensohlen (Brandsohlen), Schuhvorder- und -hinterkappen, Zwischenwände von Aktentaschen sowie für billige Täschnerartikel (Lederimitationen) eingesetzt.
Gummihaar wird aus vegetabilen Fasern, z.B. Kokosfasern, und / oder tierischen Haaren, z.B. Roßhaar, Kuhschwanzhaar, Schweineborsten, hergestellt. Die Fasern oder Haare werden mit einer Spritzpistole mit wärmesensibel eingestellter Latexmischung, bevorzugt CR, eingesprüht. Das nasse Material wird in Blech- oder Holzformen zu Platten oder Formartikeln verformt und in einem Dampfkessel unter Druck vulkanisiert. Gummihaar wird in der Polsterindustrie als Konstruktionsmaterial und in der Technik, z.B. für Luftfilter, verwendet.

Für die Herstellung von Kork- oder Holzplatten werden die entsprechenden Abfälle geschrotet und mit einer vulkanisationsfähigen CR- oder NBR-Latexmischung befeuchtet. Die Mischung wird bei Raumtemperatur getrocknet und anschließend in Formen gepreßt. Aus kautschukgebundenem Kork werden z.B. Kronkorken, Preßkorken, Korkenscheiben, Einlege- und Brandsohlen und Dichtungen hergestellt. Holzspäne oder Holzmehl werden mit Kautschuk gebunden z.B. zu Spanplatten verarbeitet.
Weitere Anwendungen sind z.B. die Herstellung von Schmirgelscheiben (CR-Latex und Korund) und die Herstellung von Brems- und Kupplungsbelägen (NBR-Latex).

6.3 Vorbehandlung, Endbearbeitung und Reinigung von Gummiartikeln

Ein Teil der hergestellten Kautschukprodukte, z.B. Reifen, Förderbänder, enthalten zur Erhöhung der Festigkeit Metalleinlagen. In anderen Fällen werden metallische Gegenstände aus Gründen des Korrosions- und Verschleißschutzes mit Elastomeren beschichtet. In beiden Fällen ist eine feste und dauerhafte Verbindung von Gummi und Metall notwendig, was durch den Einsatz von Haftmittel (s. Kapitel 5.9) erzielt wird. Vor dem Auftrag der Haftvermittler muß der metallische Untergrund vorbereitet und von Verunreinigungen gereinigt werden. Verunreinigungen können z.B. Fette und Öle sein, die aus Gründen des Korrosionsschutzes aufgebracht worden sind oder die aus vorangegangenen Bearbeitungsschritten stammen. Verunreinigungen können aber auch Oxid- und Hydroxidschichten auf der Metalloberfläche sein.

Die Metallentfettung erfolgt am einfachsten durch die Verwendung organischer Lösemittel, wobei die an der Oberfläche haftenden Fettschichten von den organischen Medien gelöst werden. Man unterscheidet zwischen der Tauch- und der Dampfentfettung. Bei der Dampfentfettung befinden sich die kalten Metallteile im gesättigten Dampfraum oberhalb der siedenden Flüssigkeit. Der Dampf kondensiert auf der Metalloberfläche, läuft ab und nimmt dabei den Schmutz mit. Es werden auch Kombinationen aus Tauch- und Dampfentfettung eingesetzt, die besonders gründlich reinigen. Als Lösemittel werden vorwiegend chlorierte Verbindungen (Tri- und Tetrachlorethen) eingesetzt.
Um in einem Arbeitsgang die organischen und die anorganischen Verschmutzungen zu entfernen, werden Lösemittel-Wasser-Gemische eingesetzt. Durch Zugabe von Emulgatoren werden die Schmutzpartikel emulgiert und eine Rückverschmutzung des Werkstücks verhindert.

Ein weiteres wichtiges Entfettungsverfahren ist die Reinigung mit wäßrigen Lösungen. Sie kann durchgeführt werden als alkalische oder als saure Entfettung. Die alkalische Entettung wird hauptsächlich bei Eisenwerkstoffen angewendet. Als alkalisch reagierende Verbindungen werden außer Alkalien auch Silikate, Polyphosphate und Metaborate eingesetzt. Die Entfettung erfolgt durch Tauchen in erhitzte Bäder (ca. 90 °C), durch Spritzentfettung oder durch Dampfstrahlreinigung.
Die Reinigung mit sauren Mitteln (meistens Schwefelsäure und emulgierte Fettlöser) verbindet die Entfettung mit einer Entrostung, wobei aber nur schwache Befettung und dünne Oxidschichten entfernt werden. Die saure Entfettung kann im Wisch- oder Streichverfahren, durch Tauchen oder durch Spritzen durchgeführt werden. Im Anschluß an die wäßrigen Entfettungsverfahren müssen die Werkstücke gespült und getrocknet werden.

Die Anwendung von Ultraschall verstärkt die Reinigung durch einen intensiven mechanischen Effekt. Die Ultraschalltechnik kann in Verbindung mit der Lösemittel-, der alkalischen und der sauren Entfettung angewendet werden.

Für die Entfernung stärkerer Rost- und Zunderschichten werden Beizverfahren eingesetzt, wobei die störenden Schichten durch Säuren (vor allem Salz-, Schwefel-, Phosphorsäure) aufgelöst werden.

Mit mechanischen Reinigungsmethoden wie Schleifen, Bürsten und Strahlen werden hauptsächlich feste Schichten, wie Rost, Lackreste oder Bindemittel entfernt. Schleifen und Bürsten wird als Handreinigung in der Regel nur bei sehr großen Werkstücken eingesetzt. Bei den Strahlverfahren wird ein Strahlmittel mittels Druckluft, einer Druckflüssigkeit oder Zentrifugalkraft auf die zu reinigende Oberfläche geschleudert.

6.4 Möglichkeiten und Verfahren der Wiederverwendung, Wiederverwertung und des Recyclings von Gummiprodukten

Im Jahr 1995 wurden in Deutschland etwa 420.000 t PKW- und LKW-Neureifen und etwa 130.000 t runderneuerte Reifen verkauft. Hinzu kommen etwa 55.000 t importierte Gebrauchtreifen. Die entsprechende Menge der abgefahrenen Reifen ist wegen des Reifenabriebs um etwa 10 % geringer, so daß die Menge der anfallenden Altreifen etwa 550.000 t entspricht. Diese Altreifen kann man in die drei Kategorien weiternutzbare Gebrauchtreifen, runderneuerungsfähige Karkassen und abgefahrene oder beschädigte Reifen aufteilen.

Weiternutzbare PKW-Reifen sind nicht bis zur gesetzlichen Mindestprofiltiefe von 1,6 mm abgefahren. Hohe Stückzahlen werden in Länder exportiert, in denen es nicht die Forderung nach einer Mindestprofiltiefe gibt. Nach brancheninternen Schätzungen beläuft sich die jährlich exportierte Menge auf etwa 50.000 t [458].

Sind die Reifen nicht beschädigt oder einseitig abgefahren, können sie runderneuert werden. Der Anteil der runderneuerten Reifen beträgt in Deutschland für PKW etwa 13 %, für Nutzfahrzeuge etwa 42 % und bei schweren LKW etwa 50 % [352]. Die Aufarbeitung gebrauchter Reifen verlängert die Gebrauchsdauer und vermindert die Menge der zu entsorgenden Reifen um jährlich etwa 105.000 t [458].

Aus der Altautodemontage fallen etwa 50.000 t Altreifen an, so daß in Deutschland insgesamt etwa 600.000 t Altreifen zur Entsorgung anstehen. In Abbildung 6.13 sind die Entsorgungswege und -mengen der Altreifen dargestellt.

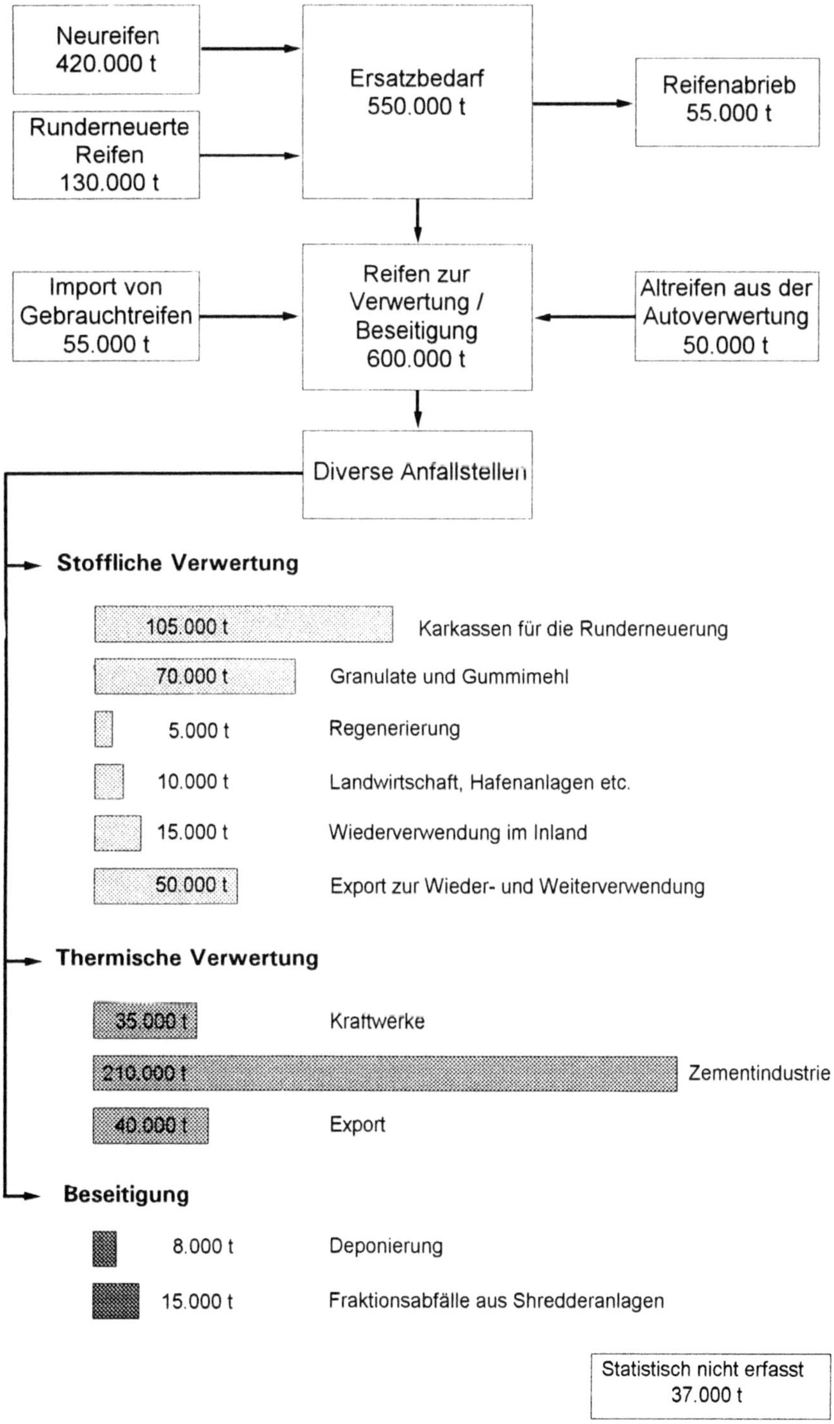

Abbildung 6.13: ***Entsorgungswege und -mengen von Altreifen [458]***

Neben den Altreifen fallen sowohl im Automobil- wie in anderen Bereichen Gummiprodukte als Abfälle an, die zu entsorgen sind. Nach Schätzungen beträgt die Gesamtmenge an technischen und sonstigen Elastomerprodukten (TSE) etwa 160.000 t [352].

6.4.1 Beseitigung

Die Ablagerung auf Deponien hatte bis in die 1980er Jahre einen großen Anteil an der Altreifenbeseitigung.
Bei der Ablagerung gibt es verschiedene Möglichkeiten: die Ablagerung von unzerkleinerten oder von zerkleinerten Reifen auf geordneten Deponien, auf speziellen Altreifendeponien, die gelegentlich in alten Steinbrüchen angelegt wurden, oder auf Hausmülldeponien. In der Bundesrepublik ist es nicht mehr erlaubt, unzerkleinerte Altreifen auf Hausmülldeponien abzulagern [203].

6.4.2 Stoffliche Verwertung

Die stofflichen Verwertungsverfahren können unterschieden werden zwischen werkstofflichen und rohstofflichen Verfahren. Bei der werkstofflichen Verwertung wird die Vernetzung der Polymermoleküle nicht oder nur geringfügig verändert. Das Gummi wird mechanisch zerkleinert und als gereinigtes Gummimehl wieder bei der Herstellung neuer Gummimischungen verwendet. Auch die Regenerierung von Gummi zählt zu den werkstofflichen Verwertungsverfahren, da hier die Vernetzung der Polymeren nicht wesentlich verändert wird. Unter 'Rohstoffliche Verwertungsverfahren' werden die Verfahren zusammengefaßt, die die thermische Spaltung der Polymere mit der Wiedergewinnugn von Ölen, Gas und Ruß zum Ziel haben.

6.4.2.1 Runderneuerung

Das Runderneuern von Altreifen entspricht den im Abfallgesetz formulierten Begriff des Vermeidens. Dies gilt in zweifacher Hinsicht, und zwar durch Substitution von Neureifen durch Altreifen und durch den verminderten Einsatz von Rohstoffen bei der Runderneuerung.
Der Anteil der Runderneuerung im Ersatzgeschäft für Reifen beträgt für PKW etwa 13 %, für Nutzfahrzeuge 42 % und für schwere LKW 50 % [352].

Bei der Herstellung von runderneuerten Reifen haben sich zwei Verfahren durchgesetzt, die Heiß- und die Kalterneuerung. Bei beiden Verfahren wird zunächst die Lauffläche entfernt. Bei der Heißerneuerung wird auf die abgerauhte Karkasse ein nicht vulkanisierter profilierter Rohlaufstreifen unter Hinzufügung eines Bindestreifens und der Seitenstreifen vollautomatisch aufgebracht. Die Materialbindung sowie die Profilierung des Reifens erfolgt in Heißpressen. In diesen Heißpressen wird zur Vulkanisation der Rohlaufmischung außen eine Temperatur von etwa 160 °C und innen, zur Schonung der Karkasse, etwa 125 °C angelegt.
Bei der Kalterneuerung wird ein vorbereiteter vulkanisierter und profilierter Laufstreifen ein-

schließlich einer Bindeplatte auf die abgerauhte Karkasse aufgebracht. Der Bindungsprozeß wird in einem Autoklaven bei ca. 100 - 120 °C durchgeführt. Die Kaltrunderneuerung wird vor allem für Einzelfertigung bzw. seltene Reifengrößen eingesetzt und hat sich vor allem bei der LKW-Reifenerneuerung durchgesetzt.
Die Häufigkeit der Runderneuerung beträgt für PKW-Reifen etwa 1 mal, für LKW-Reifen mindestens 1 mal und für Flugzeugreifen bis zu 7 mal [347].

6.4.2.2 Nutzung ganzer oder zerkleinerter Gummiartikel

Die stoffliche Verwertung von Altreifen kann in nicht zerkleinerter Form erfolgen. Nicht zerkleinerte Altreifen werden zu einem geringen Teil für die Anlage von Fischriffen, als Wellenbrecher zum Schutz vor Küstenerosion, als Fender zum Schutz der Schiffsaußenseite, im Deichbau, als Unterbau für Pipelines, als Abdeckmaterial für Silagen in der Landwirtschaft, für Spielplatzuntergrund, zur Verfestigung von frisch aufgeschütteten Straßenböschungen und von Geländehängen oder Lärmschutzwallen verwendet. Aus alten Förderbändern lassen sich u.a. Lärmdämmplatten, Unterlagsplatten, Dichtungsplatten herstellen.

Nach einer Zerkleinerung der Altreifen können dieses als Gummistücke, -granulat und -mehl in originären oder alternativen Produkten eingesetzt werden.
Die Zerkleinerung von Altreifen oder anderen Gummiprodukten erfolgt in mehrstufigen Shredderanlagen. Sie kann auf kaltem oder warmen Weg erfolgen. Zunächst werden auf einer sog. Reifenzerkleinerungsmaschine die Kerne entfernt und nachfolgend durch Längs- und Querschneidung Reifenchips hergestellt. Bei der Kalt-Zerkleinerung (cryogener Prozeß) wird das Gummi bei -30 bis -100 °C mittels flüssigem Stickstoff versprödet und zerkleinert. In den nachgeschalteten Siebeinrichtungen wird die Separierung von Stahlcord- und Textilanteilen erleichtert. Man erhält ein relativ glattes Gummigranulat oder -mehl.
Bei der Warm-Zerkleinerung werden die Reifenchips auf einen Mahlkalander gegeben, vorzerkleinert und anschließend von Trägermaterialien (Stahl- und Textilcord) separiert. Das Gummigranulat wird in einem Mahlextruder zu Gummimehl aufbereitet. Das Gummimehl wird gesiebt und in verschiedene Kornfraktionen geteilt. Ggf. kann sich eine Nachbehandlung des Gummimehls anschließen, z.B. eine Oberflächenaktivierung, um die Wiederverwendung des Gummimehls zu verbessern [347].

Die zerkleinerten Altreifen können als Gummistücke, als -granulat oder als -mehl verwendet werden. Gummistücke können zur Isolierung von Kühlanlagen oder mit Polyurethan vergossen zu Unterbauplatten für Reitsportanlagen eingesetzt werden.
Aus Gummigranulat können Schallisolationsmaterialien hergestellt werden, die z.B. in Untergrundschächten oder als Innenauskleidungen für Glascontainer eingesetzt werden können.
Gummimehl kann z.B. zu Bodenbelägen, Fußmatten, Kuhstallmatten, Blumenkübeln, elastischen Straßenpollern, Baumscheiben- oder Raseneinfassungen, Sportgeräteabdeckungen, Schuhsohlen, Geräuschdämmaterialien verarbeitet werden, mit PVC/PU vergossen als Laufbahn auf Sportplätzen oder bei der Herstellung von Gummimischungen zugegeben werden. Grobes, polyurethangebundenes Gummigranulat eignet sich zur Herstellung von

Lärmdämmplatten und Unterlagsplatten zur Schwingungsdämpfung. Gummimehl wird in der Asphalt- und Bitumenindustrie zur Elastifizierung von Brücken-, Gehweg- und Straßenbelägen eingesetzt. So hergestellter Asphalt zeigt verbesserte Eigenschaften hinsichtlich der Elastizität, der Kälteeigenschaften (Frostschadenbekämpfung), eine höhere Ermüdungsfestigkeit (Widerstand gegen Spurrillen) sowie eine Verringerung der Lärmentwicklung. Gummigranulate können beim Spiel- und Sportplatzbau zur Verbilligung von Polyurethanbelägen, als Ersatz für Polyurethan sowie als Ersatz für herkömmliche Bahnen (Aschebahnen) eingesetzt werden. In der Chemischen Industie kann Gummimehl zur Elastifizierung von Klebstoffen, als Füllmaterial zur Beimischung von Kunststoffen, zur Verbilligung von verschiedenen Endprodukten verwendet werden.

Der Einsatz von Gummimehl bei der Herstellung neuer Produkte ist durch die irreversible Netzwerkstruktur in vulkanisiertem Gummi nur begrenzt möglich.
In dynamisch beanspruchten Produkten, z.B. in Neureifenlaufmischungen, kann nur eine geringe Menge (je nach Reifen bis zu 8 %) Gummimehl eingesetzt werden, da eine Minderung der Eigenschaften eintritt. Das Mehl ist mit der neuen Gummimatrix nur teilweise covulkanisierbar und kann nur als inaktiver Füllstoff angesehen werden. In Neureifenlaufmischungen kann daher nur eine geringe Menge von Gummimehl zugegeben werden.
In anderen Produkten, z.B. Fahrbahnschwellen, Pollern, Fußboden- und Sportplatzmatten, kann Gummimehl und -granulat in größeren Mengen eingesetzt werden.

Bei sehr teuren Spezialkautschuken ist die Herstellung und der Wiedereinsatz von Granulat wirtschaftlich bzw. kann wirtschaftlich sein [34].

Eine weitere Einsatzmöglichkeit von mechanisch behandeltem, d.h. geschliffenem, Gummimehl ist die Verwendung als Bindemittel für Schadstoffe, wie Öl (z.B. Heizöl, Altöl, Hydrauliköl) und Chemikalien (z.B. Benzin, Diesel, Alkohole, Chlorkohlenwasserstoffe, organische und anorganische Säuren). Das Gummimehl besitzt eine sehr große Oberfläche und kann ein mehrfaches seines Gewichtes an Öl oder anderen Chemikalien aufnehmen. Es wird in verschiedenen Formen im Handel angeboten. Als Pulver kann es zum Streuen auf verunreinigten Böden oder Verkehrswegen eingesetzt werden. In Schläuchen abgefüllt kann es als Ölsperren für Gewässer oder in Kanalschächten dienen. Als Matten gepreßt ist es für permanent ölverschmierte Wege, bei Tropfleckagen an Maschinen, bei mobilen Tankstellen auf Baustellen sowie auch auf Gewässern geeignet [336].

Für den Einsatz von Gummimehl gibt es technische Neuentwickungen. Die Oberfläche der Altgummiteilchen kann modifiziert werden, z.B. durch die Umhüllung mit einer Latexschicht. Sie sind somit mit Gummi covulkanisierbar, was zu einer deutlich besseren Anbindung an die Gummimatrix führt. Dieses modifizierte Gummimehl ergibt zwar bessere Ergebnisse als das nicht modifizierte, aber es führt auch zu einer Verschlechterung der Eigenschaften der Gummimischungen im Vergleich zu Neugummimischungen [347].
Durch Beschichtung in einem speziellen Coatingverfahren mit einem ungesättigten Polymer und einem Vulkanisationssystem erhält man im Vergleich zu unbehandeltem Gummimehl eines mit einer wesentlich höheren Vulkanisationsaktivität. Dieses kann z.B. zur Herstellung von Endlosbahnen, die u.a. für Wärme-, Schall- und Stoßschutz eingesetzt werden können, verwendet werden [315].

Eine andere Modifizierung der Oberfläche der Gummipartikel wurde in einem Forschungsvorhaben getestet. Bei schwefelvernetzem Altgummi wurde eine mikrobiologische Behandlung zur partiellen Depolymerisation der Gummipartikeloberfläche durchgeführt. Die Entschwefelungsgeschwindigkeit ist von verschiedenen Faktoren abhängig, z.B. Partikelgröße und Gummimehltyp. Für das Erreichen des maximal möglichen Entschwefelungsgrades beträgt die Verweilzeit in dem Bioreaktor 10 - 15 Tagen. Bei den anschließend durchgeführten Vulkanisationsversuchen führte das behandelte Gummimehl zu besseren Ergebnissen als nicht behandeltes Mehl [322, 448].

Cryogene Vermahlung

Ein Verfahren zur Herstellung von Gummimehl ist die cryogene Vermahlung.

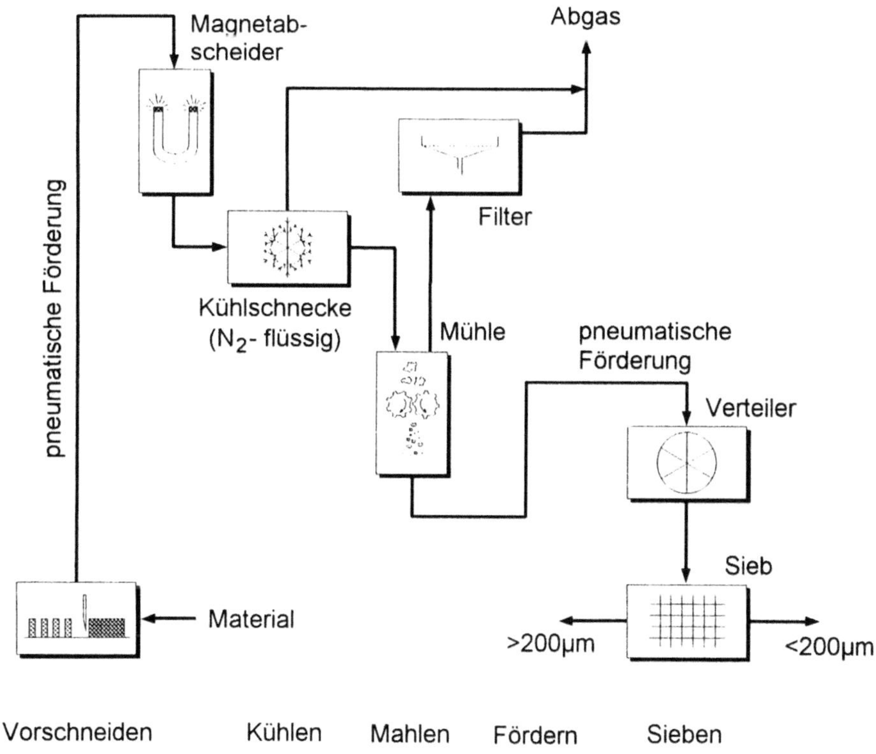

Abbildung 6.14: Cryogene Vermahlung

Für die cryogene Vermahlung wird der Gummiabfall vorzerkleinert. Anschließend wird das Material durch flüssigen Stickstoff bis in den Versprödungsbereich abgekühlt und mittels einer Prallmühle zerkleinert. In nachgeschalteten Siebeinrichtungen wird das Material nach Korngröße klassifiziert. Das erhaltene Material ist glatter und weniger porig als bei einer Warmzerkleinerung. Bei dem Einsatz dieses Gummimehls müssen der Mischung Additive zugegeben werden, die das Gummimehl besser in die Kautschukmatrix einbinden.

6.4.2.3 Regenerierung

Die Regenerierung (s. Kapitel 3.6) ist die älteste Art der stofflichen Verwertung von Altgummi. Sie stellt eine Möglichkeit dar, das Altgummi in die Kautschukmatrix einer Mischung wieder einzubinden. Es stehen dafür folgende Rohstoffe zur Verfügung:

- gewebefreie Vulkanisate, z.B. Luftschläuche, Heizschläuche, Vollgummireifen, technische Gummiwaren;
- gewebehaltige Vulkanisate, z.B. Reifen, Gummischläuche, Fördergurte, Schuhe, technische Gummiwaren.

Besonders innerbetrieblich anfallende Abfälle eignen sich für den Einsatz bei der Regeneration. Ihre Zusammensetzung ist bekannt, und sie sind homogen, so daß aufwendige Vorbereitungsverfahren i.d.R. entfallen. Bei einer engen Zusammenarbeit zwischen Gummiverarbeitern und Recyclingunternehmen erhält der Gummiverarbeiter das eigene Material bekannter Herkunft und Zusammensetzung zurück und kann es wieder einsetzen.

Im wesentlichen werden folgende Regenerierverfahren eingesetzt:

- Säure-Verfahren
- Alkali-Verfahren
- Neutralsalz-Verfahren
- Heißdampf-Verfahren
- Hochdruck-Sattdampf-Verfahren
- Mechanisches Plastizier-Verfahren
- Reclaimator-Prozeß

Der größte Teil der eingesetzten Abfälle sind Autoreifen (ca. 80 %). Diese müssen i.d.R. zunächst einige Zerkleinerungsschritte durchlaufen, bevor sie der Regenerierung zugeführt werden.
Der Einsatz von Regenerat ist in den letzten Jahren u.a. aufgrund der Energiepreise (hoher Energieaufwand für Zerkleinerung und thermischer Behandlung) und der Aufwendungen für Abluft-/Abwasserbehandlungsanlagen zurückgegangen [314]. Die Regeneratverbrauch lag 1959 bei etwa 20 % der Neukautschukmenge bei der Reifenherstellung und betrug 1992 nur noch ca. 1 % bzw. 4000 t/a [347].
Früher wurden die Regenerate fast ausschließlich als Streckmittel eingesetzt, um den Preis der Gummiwaren zu reduzieren. Heute werden standardisierter Regenerate hergestellt, die in der Kautschukindustrie eingesetzt werden. Es werden vor allem technische Gummiwaren wie Batteriekästen, Schläuche, Fußbodenbeläge, Schaumgummi, Fahrrad-Bereifung, Gummischuhe, Fensterdichtungen u.a. daraus hergestellt.

Säure-Verfahren

Beim Säure-Verfahren werden die Abfälle zunächst fein zermahlen und eisenhaltige Teile über einen Magnetabscheider entfernt. Sie werden in einem mit Blei ausgekleideten Behälter mit 8 - 10 %iger Schwefelsäure versetzt und auf 75 - 80 °C so lange erhitzt, bis die Fasern zerstört sind. Nach der Hydrolyse der Fasern werden die Abfälle sorgfältig gewaschen und anschließend 24 Stunden auf 150 °C erhitzt.
In einem Innenmischer wird das Material dann mit Füllstoffen, Weichmachern u.a. Chemikalien gemischt. Die Mischung wird auf einem kurzen, schnellaufenden Walzwerk, dem sog. Refiner, homogenisiert und das Fell zum Strainer befördert. Das Regenerat wird durch ein eingmaschiges Stahldrahtnetz gepreßt. Die austretenden Stränge werden kontinuierlich zerschnitten. Beim anschließenden refinern ist der Walzenspalt so eng, daß die gröberen Teile den Spalt nicht passieren können, an die Außenseite des Felles befördert und dort abgetrennt werden. Die Felle werden zu Platten geschichtet und vor dem Lagern eingestäubt.

Alkali-Verfahren

Durch die Einführung des Alkali-Verfahrens hat das Säureverfahren stark an Bedeutung verloren. Wie beim Säure-Verfahren werden die Abfälle fein gemahlen und die eisenhaltigen Teile entfernt.
Die Abfälle werden in einem mit einem Rührer ausgestatteten Autoklaven mit einer auf 50 °C vorgewärmten 4 - 6 %igen Natronlauge versetzt. Es wird ein Druck von etwa 13 bar eingestellt. Nach 9 - 12 Stunden sind die Gewebeteile zerstört, und das Regenerat wird in ein Wasserbad abgelassen. Dort werden die wasserlöslichen Teile ausgewaschen. In einem Zyklon werden die festen Fremdstoffe entfernt. Auf einem Schwingsieb wird nochmals mit Wasser gewaschen. In einer wringerähnlichen Preßwalze wird der Wassergehalt reduziert, bevor das Regenerat in einem Trockner mit vorgewärmter Luft getrocknet wird. Die weiteren Arbeitsschritte der Regenerierung sind die gleichen wie beim Säure-Verfahren.

Neutralsalz-Verfahren

NR / SR-Verschnittmischungen können nicht mit dem Alkali-Verfahren regeneriert werden, da das SR durch Alkali verhärtet. In diesem Fall wird anstelle der Natronlauge eine wäßrige Lösung von Calcium- oder Zinkchlorid zur Gewebezerstörung eingesetzt. Die Arbeitsweise der Regenerierung entspricht ansonsten der beim Alkali-Verfahren.

Heißdampf-Verfahren

Beim Heißdampf-Verfahren wird der Abfall durch Hacken oder Zerschneiden nur grob zerkleinert in den Regenerierkessel eingebracht. Es wird Heißdampf eingeleitet und die Temperatur durch elektrische Heizung auf etwa 250 °C gebracht. Die im Abfall enthaltenen Fasern werden derart umgewandelt, daß sie beim anschließenden Walzen und Refinern als feines Pulver zurückbleiben. Da das Regenerat plastischer ist als bei den anderen Verfahren, müssen keine Weichmacher zugegeben werden. Da keine Regeneriermittel eingesetzt werden, muß das Regenerat nicht gewaschen werden, und der gesamte Regenerierprozeß dauert nicht so lange.

Hochdruck-Sattdampf-Verfahren

Beim Hochdruck-Sattdampf-Verfahren wird das Altgummi auch nur grob zerkleinert und bei einem Betriebsdruck von 45 bar behandelt. Die Fasern werden verändert, und sind als braunes Pulver im Regenerat enthalten.

Das Dampfverfahren kann in Gegenwart von Regeneriermitteln sehr rationell durchgeführt werden, wobei die Anwesenheit von Luft notwendig ist.

Mechanisches Plastizier-Verfahren

Auch durch mechanisches Plastizieren auf einem Banbury können Kautschukabfälle regeneriert werden, wobei allerdings ein hoher Energieaufwand notwendig ist. Dieses Verfahren kann aber z.B. für das Regenerieren anvulkanisierter Mischungen eingesetzt werden.

Altgummiverwertung im Prozeß der Erdölverarbeitung

In einer Versuchsanlage, die einer petrochemischen Fabrik angeschlossen ist, wird Altgummi mittels Schweröl thermisch depolymerisiert. Das Schweröl wird aus dem Sumpf einer Destillationskolonne entnommen und für die Regeneration eingesetzt. Durch das Ausnutzen vorhandener Prozeßwärme und die Einsparung von Rohöl soll das Verfahren wirtschaftlich gestaltet werden. Eine Aussage über die Realisierbarkeit des Verfahren kann noch nicht gemacht werden, da es sich noch in der Entwicklung befindet [347].

Behandlung durch Mikrowellen

Dieses Verfahren nutzt die Energie der Mikrowellen, um die Bindungen von Kautschuk zu brechen. Bei einem Temperaturverlauf von unter 350 °C soll bewirkt werden, daß die Moleküle ihre Polarität umkehren, in Resonanz treten und Wärme erzeugen. Die molekulare Resonanz wirkt auf die Bindungen zwischen den Molekülen bis zum Bruchpunkt. Endprodukte dieses Verfahrens sind Ruß, Metall, Schwefel und Öl [347].

Dieses Verfahren befindet sich noch in der Entwicklung. Es können daher noch keine Aussagen über einen Termin der großtechnischen Realisierung und über die Wirtschaftlichkeit des Verfahrens gemacht werden.

Reclaimator-Prozeß

Der Reclaimator-Prozeß ist ein kontinuierlich arbeitendes Verfahren. Das zerkrümelte Altgummi wird mechanisch von den Fasern getrennt und einem Spezialmischwerk mit einer Doppelschnecke zugeführt, in das auch die Regeneriermittel gepreßt werden. Die homogenisierte Mischung wird dann in die Regenerier-Apparatur, den sog. „Reclaimator“, eingeführt. Dies ist im wesentlichen eine lange Spritzmaschine mit einer zonenweise heiz- und kühlbaren Schnecke. Durch die Beanspruchung steigt die Temperatur im Reclaimator auf über 180 °C. Nach dem Verlassen des Reclaimators wird das Regenerat auf einem Refiner zu einem Fell ausgewalzt, das zu Platten zerschnitten wird.

6.4.2.4 Rohstoffliche Verwertungsverfahren

Reifen bestehen zum großen Teil aus Kohlenstoff (Ruß) und Kohlenwasserstoffen. Rohstoffliche Verwertung umfaßt die Verfahren zum thermischen Abbau der Makromoleküle zu niedermolekularen Bruchstücken. Diese können entsprechen ihrer Molekülgröße gasförmig oder flüssig sein. Die Zersetzungsprodukte können nach den bekannten Verfahren der Ölraffination aufgearbeitet werden. Bei den verschiedene Behandlungsverfahren wird versucht, diese Stoffe als Öle, Gas und Ruß wiederzugewinnen.

Pyrolyse

Die Pyrolyse ist eine thermische Zersetzung von organischen Materialien bei Energiezufuhr unter Ausschluß oxidativer Medien, d.h. unter Sauerstoffausschluß [382]. Die Pyrolyse ist für die Verwertung chlorarmer Einsatzstoffe (Chlorgehalt < 2 %) geeignet. Die Pyrolyse kann auch im Vakuum durchgeführt werden [440].
Das zerkleinerte Material wird im Pyrolyseofen (Drehrohrofen oder Wirbelschicht) bis auf einen Pyrolyserückstand verschwelt. Die bei der Pyrolysetemperatur flüchtigen Stoffe werden mit dem Rohgas ausgetragen und auskondensiert; das nichtkondensierbare Gas wird weiterverarbeitet oder zur Beheizung des Ofens verwendet. Die nicht flüchtigen Stoffe verbleiben im Pyrolysekoks.

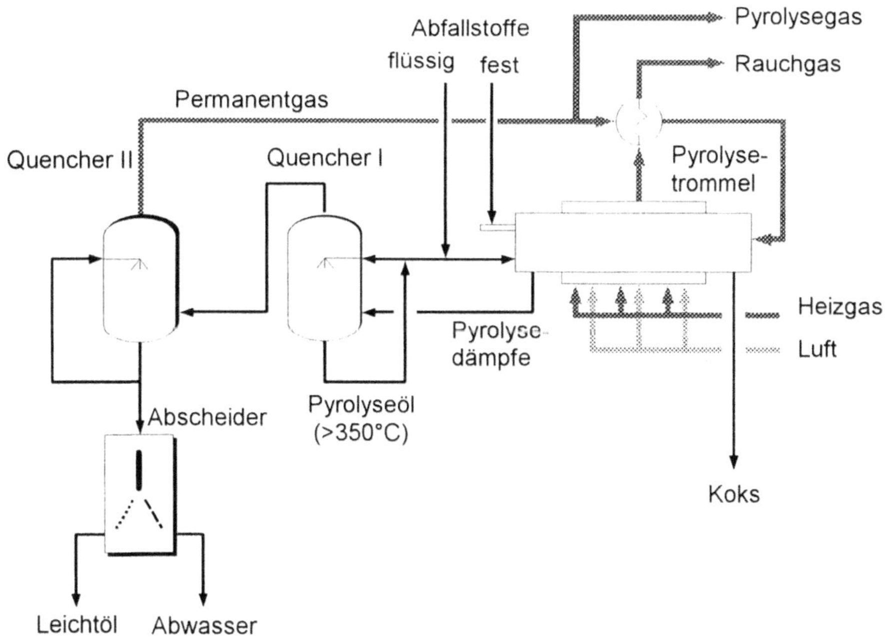

Abbildung 6.15: ***Pyrolyseanlage, Prinzipskizze***

Bei der Pyrolyse erhält man daher im wesentlichen drei Fraktionen: Pyrolyseöl, Pyrolysegas und Pyrolysekoks. Die Pyrolyseprodukte lassen sich in der Zusammensetzung durch die Zusammensetzung des Einsatzmaterials, der Pyrolysetemperatur und der Verweilzeit beeinflussen. Die Vakuumpyrolyse befähigt zur Herstellung großer Mengen Pyrolyseöl. Sie minimiert die Bildung von sekundären Zersetzungsprodukten [440].

Das durch Pyrolyse gewonnene Öl kann eingesetzt werden als Brennstoff für Beheizungszwecke, für die Herstellung von Asphalt oder als Weichmacher. Das Öl kann mittels Destillation in verschiedene Fraktionen getrennt werden. Das destillierte Schweröl zeigt in Kautschukmischungen gute mechanische und Schmiereigenschaften, die vergleichbar mit konventionellen Ölen sind [440].
Der Pyrolysekoks setzt sich vor allem aus den im Reifen enthaltenen Ruß zusammen. Die Wiedergewinnung des Rußes und die Wiederverwendung in der Reifenindustrie bereitet aber große Schwierigkeiten. Im Neureifen werden verschiedene Ruße mit sehr unterschiedlichen Spezifikationen verwendet. Zudem enthält der Ruß viele Schwefel- und Stickstoffverbindungen, die bei der Verwendung des Rußes stören. Bisher konnten die geforderten Spezifikationen für eine Wiederverwendung in der Reifenindustrie nicht erreicht werden. [352]
Pyrolyseöl enthält viel Schwefel, so daß eine Raffination oder eine Verbrennung des Öls zu Umweltbelästigungen führen kann. Als Reststoffe fallen Salze aus der Abwasserbehandlung und der Pyrolyserückstand an [314].

Vergasung

Die Vergasung ist eine unterstöchiometrische Oxidation von organischen Materialien durch Vergasungsmittel zu gasförmigen Produkten. Als Vergasugnsmitteln können Wasserdampf, Sauerstoff und Luft sowie Gemische dieser Komponenten verwendet werden.
Bei der Festbettdruckvergasung werden Gummistücke zusammen mit anderen festen Vergasungsstoffen eingesetzt und thermisch/chemisch behandelt. Als Vergasungsmittel dienen Dampf und Sauerstoff. Bei Temperaturen von bis zu 1.300 °C werden die organischen Bestandteile des Einsatzmaterials zu Nutzgas umgesetzt.

Bei der Hochtemperaturvergasung wird das Material stufenweise auf 1.300 °C erhitzt und dann schockartig abgekühlt. Das Altgummi wird lediglich als Zusatz (bis zu 25 %) zur Braunkohle für die Vergasung eingesetzt [352].
Die Emissionen bewegen sich bei diesem Verfahren unterhalb der Grenzwerte der TA-Luft. Die Schadstoffe werden in der Schlacke als nicht eluierbare Stoffe eingebunden [314].

Depolymerisation im Trägerfluid

Bei der Depolymerisation können Abfallstoffe mit einem Chlorgehalt größer 2 % eingesetzt werden. Als Trägerfluid können z.B. Altöl oder die Sumpfphase einer Destillationskolonne eingesetzt werden.

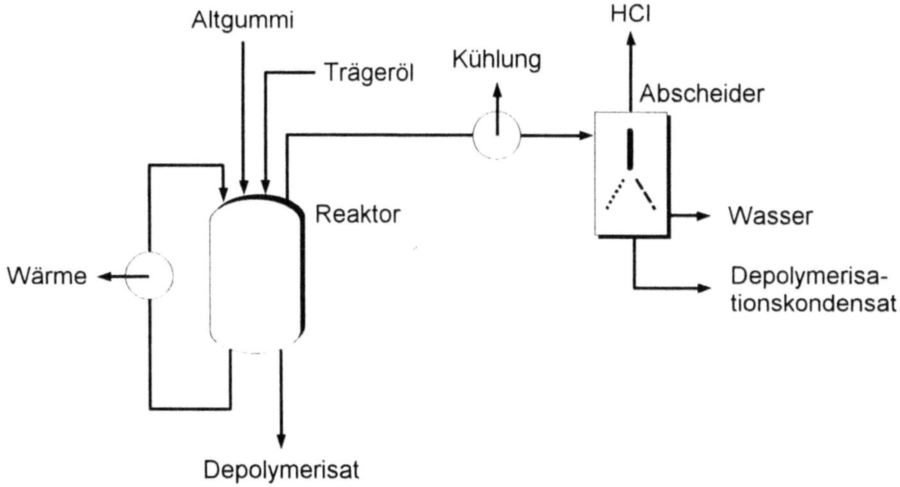

Abbildung 6.16: Depolymerisationsanlage, Prinzipskizze

Die zu behandelnden Abfälle gelangen mit dem Trägerfluid in den Depolymerisationsreaktor, wo sie bei Temperaturen von 250 - 350 °C thermisch gespalten werden. In Abhängigkeit von der Siedetemperatur der Stoffkomponenten bildet sich eine Dampfphase, die in einer Kondensationsstufe niedergeschlagen wird. Die Chloranteile verbleiben zunächst in der Gasphase und werden einer nachgeschalteten Salzsäuregewinnungsanlage zugeführt. Das chlorarme Depolymerisat kann in anschließenden Verfahrensschritten (Vergasung, Hydrierung) weiterverarbeitet werden [314]. Bei diesem Verfahren handelt es sich daher nur um ein Vorbehandlungsverfahren.

Hydrierung

Die Hydrierung ist eine Reaktion von Wasserstoff mit organischen Materialien und findet vor allem in der petrochemischen Industrie Anwendung. Die bei der thermischen Spaltung von Kohlenwasserstoffen entstehenden Verbindungen werden durch die Anlagerung von Wasserstoff abgesättigt. Die Hochdruckhydrierung ist vor allem für den Einsatz von polymeren Stoffen geeignet, da auch die Heteroatome hydriert werden und als Hydride abgetrennt werden. Beim Einsatz von Altreifenmaterial im Hydrierprozeß muß eine Vorbehandlung (Zerkleinerung, Auflösung) vorausgehen.
Die bei der Hydrierung gewonnenen Produkte Gas und Öl können als Rohstoffe in den petrochemischen Prozeß einfließen.

In einer Versuchsanlage wurden 25 t Reifengranulat und 25 t TSE-Granulat hydriert. Aus dem gewonnenen Rohöl können in einem Raffinerieprozeß Benzin, Heizöl oder Schmierstoffe hergestellt werden. Nachteil dieses Verfahrens ist, daß die Abfallstoffe vorab feingemahlen und von Metallteilen befreit werden müssen. Dieses Vorbehandlung ist derzeit noch sehr teuer. Seit 1992 wurden in umfangreichen Versuchen etwa 500 t chlorhaltiger TSE-Abfälle in brennbares Gas überführt.

Reifenverflüssigung

Ein neueres Verfahren, das sich noch in der Erprobungsphase befindet, ist die Verflüssigung von Reifen. Dabei werden kleingeschnittene Reifen in einem flüssigen Wärmemedium behandelt, um das Gummi in ein flüssiges Kohlenwasserstoffgemisch umzuwandeln. Die Verflüssigung erfolgt bei Atmosphärendruck und Temperaturen bis 400 °C. Als Heizflüssigkeit können billige Öle, z.B. Schwerölrückstände, eingesetzt werden. Während der Aufheizphase und der Reaktionszeit spaltet sich ein Kohlenwasserstoffreiches Gas ab, das abgezogen und gekühlt wird. Dabei fällt eine Fraktion von leichten flüssigen Kohlenwasserstoffen und ein nicht kondensierbares Gas, das als Brennstoff für die Heizanlage dienen kann, an. Der Ruß und andere Mischungsbestandteile des Reifens verbleiben im Schweröl und werden mit ihm aus dem Reaktor entfernt.
Nach der Reaktionszeit wird das Öl aus dem Reaktor abgezogen. Es enthält die bei den Temperaturen nicht flüchtigen Kohlenwasserstoffe, den Ruß und andere Mischungsbestandteile. Der Stahlanteil des Reifens wird aus dem Reaktor entfernt, nachbehandelt und kann anschließend als Schrott beseitigt werden [384].

Verfahrenskombinationen

Die beschriebenen Verfahren zur stofflichen Verwertung von Altgummi können als Glieder einer Verfahrenskette angesehen werden. Die Zusammensetzung des Einsatzmaterials und die angestrebten Produkteigenschaften bestimmen die Kombinationen der einzelnen Verfahren. So ist z.B. bei chlorreichen Materialien als Vorbehandlung eine Depolymerisation mit Chlorabspaltung erforderlich [314].

<u>Pyrolyse und Vergasung</u>

Bei der Pyrolyse werden die organischen Bestandteile in Pyrolyseöl und Pyrolyserückstand umgewandelt. Der Rückstand kann zerkleinert und von metallischem Material befreit werden. Er kann anschließend direkt oder nach Zusatz von kondensierten Pyrolyseölen der Vergasung zugeführt werden. Im Vergasungsreaktor wird er zu Nutzgas umgesetzt, das in nachgeschalteten Arbeitsstufen gereinigt wird und als Energieträger oder als Synthesegas eingesetzt werden kann.
Diese Verfahrenskombination kann bis zur Methanolsynthese ausgebaut werden, wobei als Produkte letztendlich Methanol, Metalle und Schwefel erhalten werden.

<u>Depolymerisation und Vergasung</u>

Für die Verwertung von Rückständen mit einem hohen Chlorgehalt wird als erste Stufe eine Depolymerisation mit Chlorabspaltung mit einer anschließenden Vergasung durchgeführt. Diese Verfahrenskombination ist für Altgummi noch nicht erprobt werden.
Als Reststoffe fallen aus dem Vergasungsverfahren Schlacke und Salze an.

<u>Pyrolyse/Depolymerisation und Hydrierung</u>

Als eine zweite Stufe kann nach der Pyrolyse/Depolymerisation eine Hydrierung erfolgen. Als Reststoffe fallen Salze aus der Abwasserbehandlung und Hydrierrückstand, der die

Restgehalte des Einsatzmaterials an Chlor und Schwefel enthält. Der Hydrolyserückstand kann in einer Kokerei verwertet werden.

6.4.2.5 Zusammenfassung

Das Ergebnis aller Bemühungen, aus Altreifen wieder Syntheserohstoffe zu gewinnen, kann folgendermaßen zusammengefaßt werden [203]:

- Das Ausgangsprodukt für den Crackprozeß ist teurer als die bisher benutzten Ausgangsprodukte, vor allem Naphtha.
- Die Zusammensetzung der Crackprodukte aus Altreifen ist komplexer als bei Einsatz von Naphtha. Daraus folgt, daß die Gewinnung der Petro-Chemikalien durch Destillation der Crackprodukte aufwendiger und teurer ist.
- Die Rückstandsmenge wie Ruß, Bitumen sowie Stahl, Zink u.a. ist größer als bei der Verwendung von Naphtha.
- Die Wiederverwendung der Rückstände aus der Altreifenaufarbeitung ist noch nicht geregelt.
- Der Schwefelgehalt der Abgase und damit das Emissionsproblem ist größer als beim Cracken von Naphtha.

6.4.3 Thermische Verwertung

Der Wärmeinhalt von Altreifen beträgt ca. 8,3 kWh/kg (mit Stahl), der von Kohle etwa 8,0 - 8,5 kWh/kg. Der hohe Energieinhalt macht den Einsatz in der Zementindustrie und in Kraftwerken sinnvoll.

6.4.3.1 Verbrennung in Kraftwerken (Altreifenheizkraftwerke - ARHKW)

Die energetische Nutzung von Altreifen kann in Kraftwerken in Form ausschließlicher Altgummiverwertung oder anteilig zu festen Brennstoffen erfolgen. Die Altreifenverbrennung basiert auf der bekannten Verbrennungstechnologie der Rostfeuerung. In Deutschland sind zwei Altreifenheizkraftwerke (ARHKW) in Betrieb, die eine Jahreskapazität von insgesamt 38.000 t haben [352]. Durch Kraft-Wärme-Kopplung können hohe Wirkungsgrade und damit gute Nutzung der Wärmeinhalte erreicht werden.

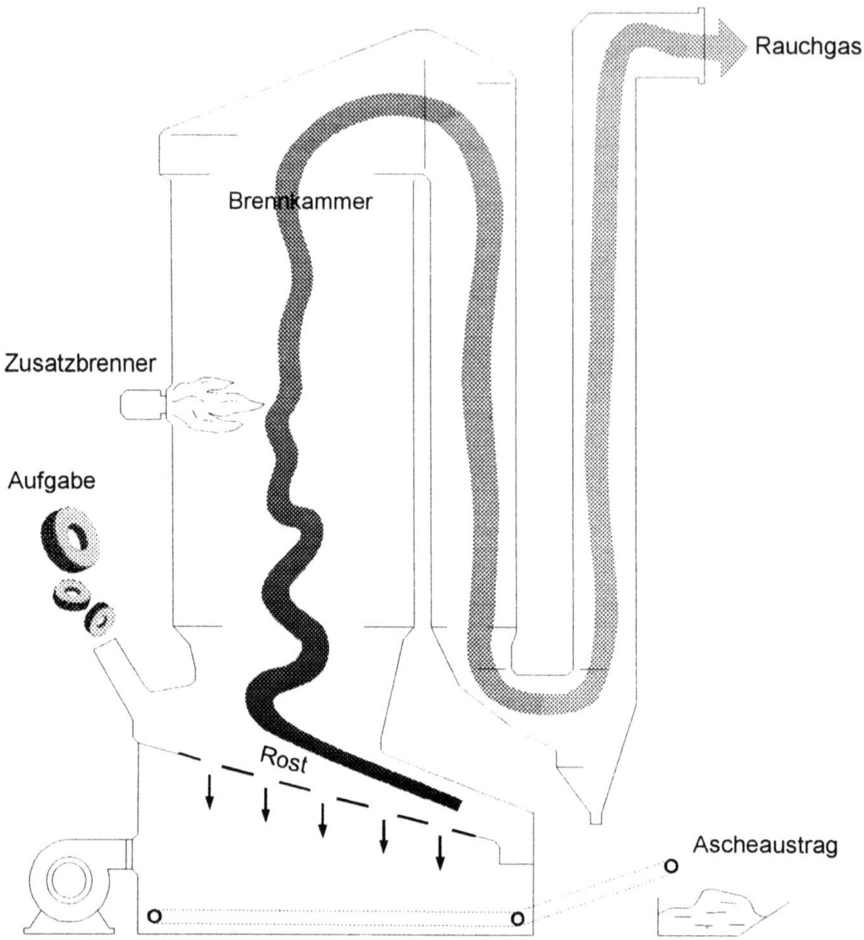

Abbildung 6.17: ***Altreifen-Heizkraftwerk, Prinzipskizze***

Die Metallbestandteile des Reifens fallen als Rückstände an, Schwefel und Schwermetalle werden nicht wie bei Zementherstellung im Produkt gebunden. Ansonsten fallen als Reststoffe eisenhaltige Rostschlacke, zinkhaltige Kessel- und Flugasche sowie Gips und Salz aus der Rauchgaswäsche an. Die Grenzwerte der 17. BImSchV werden hinsichtlich der Emissionen eingehalten bzw. deutlich unterschritten [314].
Bei der Altreifenverbrennung sollen im Vergleich zu der Primärbrennstoffenverbrennung weniger umweltschädliche Substanzen emittiert werden. Ein Vergleich der Schwermetallgehalte in Kohle und Altreifen zeigt, daß im Hinblick auf umweltrelevante Stoffe Altreifen weniger kritisch sind als Kohle [352].

In den USA werden seit längerer Zeit mehrere Heizkraftwerke ausschließlich mit Altreifen betrieben. Die dort eingesetzte Technologie ist von deutschen Ingenieurbüros entwickelt worden. In England ist ein ARHKW in Betrieb, ein weiteres ist in Planung.

Der Einsatz von Altgummi als Zusatzbrennstoff wurde in einem Kraftwerk mit Wirbelschichtfeuerung erprobt, wobei der Altreifenanteil etwa 20 % betrug. Das vorzerkleinerte Altgummi wird im unteren Teil der Brennkammer eingebracht und zusammen mit dem Brennstoff verbrannt. Der Einsatz von Altgummi wirkt sich durch die Erhöhung des Heizwertes bei gleichzeitiger Reduzierung des Aschevolumens vorteilhaft aus. Die Emissionsgrenzwerte werden auch beim Einsatz von Altgummi nicht überschritten.

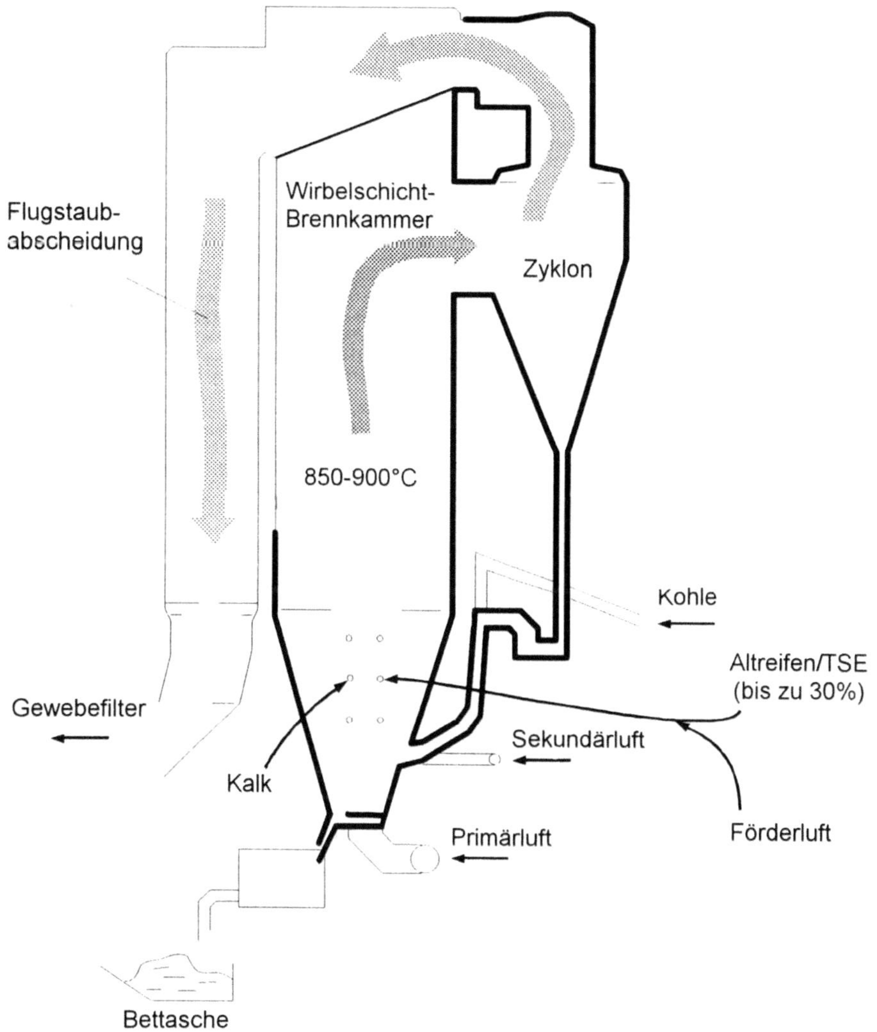

Abbildung 6.18: ***Wirbelschichtfeuerung mit anteiliger Zugabe von Altreifen, Prinzipskizze***

6.4.3.2 Zementindustrie

Für das Brennen des Klinkers dient als Brenngut ein Gemisch aus Calciumoxid, Silicium-, Aluminium- und Eisenoxid. Es werden i.d.R. Drehrohröfen mit Gegenstromprinzip eingesetzt, wobei die Gastemperaturen bis zu 2.000 °C betragen. Nur ein Teil der Anlagen (ca. 30 %) sind für den Einsatz von Sekundärbrennstoffen umgerüstet. Sie werden derzeit in grob- oder unzerkleinerter Form eingetragen.

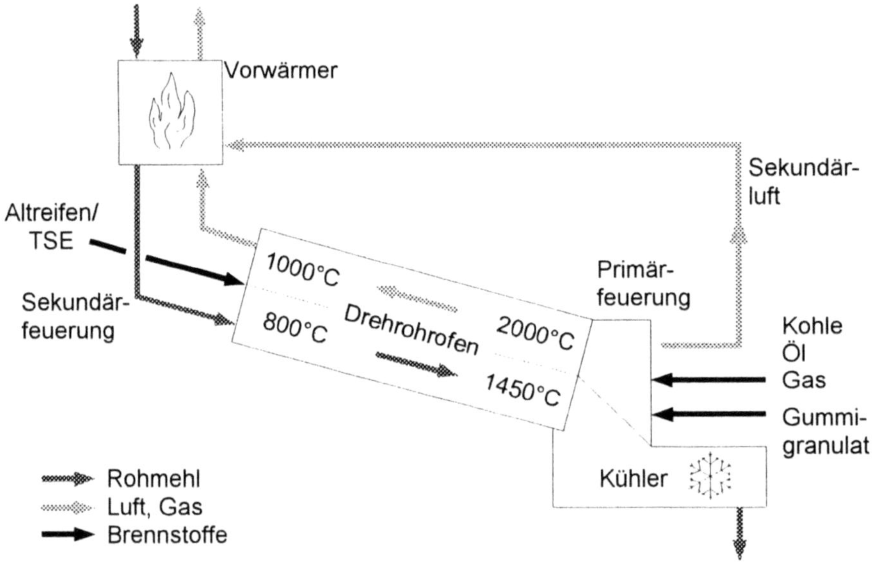

Abbildung 6.19: Zement-Drehrohrofen, Prinzipskizze

Bei dem Einsatz von Altreifen in der Zementindustrie verbrennt der Reifen restlos und die Bestandteile Schwefel und Stahl werden im Rohzement gebunden. Durch die Einbindung von Stahl kann die Dosierung von Zuschlagstoffen (Eisenoxid) verringert werden.
Bei dem Einsatz von Altreifen als Sekundärrohstoff treten keine anderen oder höheren Emissionen auf als beim Einsatz fossiler Brennstoffe [347].
In 18 deutschen Zementwerken werden derzeit jährlich etwa 200.000 t Altreifen als Sekundärbrennstoff eingesetzt [352].

6.4.3.3 Schwelbrennverfahren

Eine weitere Möglichkeit der Verwertung von Altgummi ist das Schwelbrennverfahren, das eine Kombination von Pyrolyse mit einer nachgeschalteten Hochtemperaturverbrennung darstellt. Das Schwelbrennverfahren wird für die Behandlung von Hausmüll erprobt. Bei einer Reduzierung des Kunststoffanteils im Müll wäre eine Anhebung des Heizwertes durch die Zugabe von Altgummi möglich.

Die Einsatzstoffe werden in der Pyrolysetrommel verschwelt. Die festen Reststoffe werden ausgetragen und separiert. Der Pyrolysekoks wird aufbereitet und zusammen mit dem Pyrolysegas in einer Hochtemperaturverbrennung bei ca. 1.300 °C verbrannt. Die Asche fließt ab und wird granuliert, die Rauchgase werden zur Dampferzeugung genutzt.
Als Reststoffe fallen aus der Pyrolyse Metalle und Inertien, aus der Hochtemperaturverbrennung Schmelzgranulat und aus der Rauchgasreinigung Salze an. Lediglich die Salze müssen auf einer Deponie entsorgt werden [314].

6.4.4 Zusammenfassung

	Pyrolyse	Vergasung	Vergasung mit Vorstufe		Hydrierung mit Vorstufe Pyrolyse		Hochtemperaturverbrennung mit Vorstufe Pyrolyse	Verbrennung in der Zementindustrie	Verbrennung in Kraftwerken		Müllverbrennung
			Pyrolyse	Depolymerisation	Pyrolyse	Depolymerisation			Reifenkraftwerke	Wirbelschicht	
Einsatzmaterial	Mischfraktion mit ca 20 % Altreifenanteil	Braunkohlebriketts mit ca. 20 % Altgummigemisch	Altreifen (theoretisch ermittelt)	TSE, Trägeröl	Altreifen Vakuumrückstände, Additive, Wasserstoff (theoretisch ermittelt)	TSE	Hausmüll, (Altgummizugabe möglich)	Rohmehl, fossile Brennstoffe, Altreifen, TSE	Altreifen	Steinkohle, Altreifen	Hausmüll
Produkte	Pyrolysegas, Pyrolyseöl	Synthesegas, Schwefel, (Dampf)	Synthesegas, Schwefel, (Dampf)	Salzsäure	Syncrude	Salzsäure	Dampf (Elektrische Energie)	(Zement)	Dampf (Elektrische Energie)		Dampf (El Energie)
Thermischer Wirkungsgrad (%)	70	76	77	84	79	86	75	85	84	92	70 - 80
Emissionen gemäß	17. BImSchV	(TA-Luft)	17. BImSchV		17. BImSchV		17. BImSchV	17. BImSchV außer C_{ges}, CO, NO_x, SO_2	17. BImSchV	13. BImSchV (GFAVO)	17. BImSchV
spez. Emissionen (kg/kg Einsatzmaterial)	**1 - 2**	**< 1**	**2 - 3**		**1 - 3**		**4 - 5**	**1 - 1,5**	**18 - 19**	**15 - 16**	**8 - 10**
Reststoffe	Pyrolyserückstand*, Metalle*, Salze	Schlacke*, Salze	Schlacke*, Stahl*, Salze		Hydrierbitumen*, Salze		Schlacke*, Metalle*, Inertien*, Salze	—	Schlacke*, Filterstaub* Gips, Salze	Asche*, Filterstaub* Salze	Schlacke/ Asche*, Filterstaub, Salze
Anteil vom Einsatzmaterial (Gew.%)											
Verwertbar (*)	<13	< 4	k A		k. A		< 29	—	< 27	k A.	< 25
Nicht verwertbar	<15	< 3	< 3		< 3		< 1		< 3	< 8	< 10
Insgesamt	~ 28	~ 7					~ 30		~ 30		~ 35

Tabelle 6.1: ***Verfahren zur thermischen Behandlung von Altgummi und Altreifen [352]***

Situation heute (1995) Angaben in 1.000t)

Verfügbare TSE	160
Verfügbare Altreifenmenge	355 - 380
Gesamt	515 - 540

Vorhandene Verwertungskapazitäten:

Zementindustrie	200
Altreifenheizkraftwerke	38
Gummigranulat-Produkte	90
Gesamt	328

Situation bis 1999

Zusätzliches Aufkommen an Altreifen	ca. 30
Zusätzliches Aufkommen an TSE	ca. 10
Gesamt	ca. 40

z.Zt. in Planung befindliche und bis 1999 realisierte Projekte:

Zementindustrie	70
Altreifenheizkraftwerke	125
Gummigranulat-Produkte	30
Vergasung	50
gesamte zusätzliche Verwertungskapazitäten	275

Bei einem PKW beträgt die Elastomermenge etwa 6,5 % bzw. 70 kg des Gesamtgewichtes. 85 % davon können leicht demontiert werden, wobei dieser Anteil sich zusammensetzt aus 65 % Reifen und 20 % sonstigen Elastomererzeugnissen [347].

7 Produkte

Die aus Kautschuk hergestellten Produkte werden unterteilt in Reifen und in Technische und Sonstige Elastomer-Erzeugnisse (TSE). Etwa 59 % der verarbeiteten Kautschukmischungen werden für die Herstellung von Reifen eingesetzt, 41 % gehen in die Herstellung von TSE-Erzeugnissen [6]. Zu diesen zählen u.a. technische Schläuche, Profile, Formartikel, Fördergurte und Keilriemen. Abbildung 7.1 gibt eine Übersicht über die wichtigsten TSE-Erzeugnisse und ihre Anteile bei der Herstellung [6].

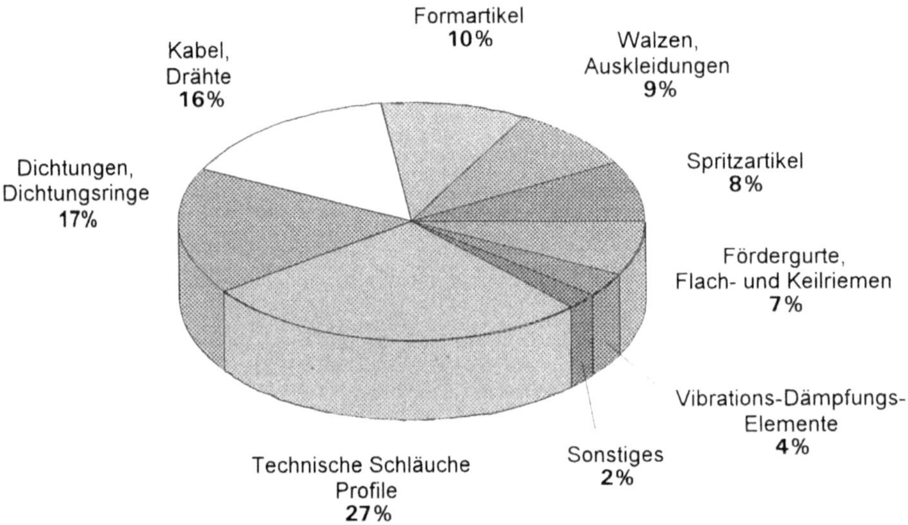

Abbildung 7.1: Mengenmäßige Verteilung der TSE-Erzeugnisse

Die Automobilindustrie ist der größte Einsatzbereich für Spezialkautschuke. In Westeuropa werden ca. 60 - 70 % aller Dichtungen aus öl- und hitzebeständigen Elastomeren in Autos eingesetzt [92].

Im Kabel- und Leitungssektor sind die Spezialkautschuke CR, CM, CSM und NBR/PVC seit langem etabliert und aufgrund ihrer typischen Eigenschaftskombinationen von Alterungs- und Ölbeständigkeit sowie Flammwidrigkeit bei hoher mechanischer Belastbarkeit unverzichtbar. Dominiert wird der Bereich der thermoplastischen Leitungen derzeit von PVC als klassischem Mantelstoff [92].

7.1 Reifen

Der Fahrzeugreifen ist der wichtigste Gummiartikel. Mehr als die Hälfte des weltweit erzeugten NR und SR geht in die Reifenindustrie [203].
Der Reifen besitzt einen sehr komplizierten Aufbau, wobei die Konstruktion und die Aus-

wahl des Materials das Ergebnis jahrelanger Entwicklung und Erfahrung ist.
Entsprechend der unterschiedlichen Funktion und Anforderung von Fahrzeugen ist auch die Anzahl der verschiedenen Reifentypen, bezüglich Größe, Profilgestaltung und innerem Aufbau unterschiedlich. Ein wesentliches Unterscheidungsmerkmal der Reifen ist die Art des Fahrzeugtypes, z.B. Zweirad (Fahrrad, Moped, Moterrad), PKW, leichter LKW, LKW, Karren, landwirtschaftliches Fahrzeug, Erdbewegungsmaschine, Flugzeug und Militärfahrzeug.

Der Reifen ist für die verschiedenen Reifenkategorien (PKW-, Nutzfahrzeug-, Flugzeugreifen) im wesentlichen aus den gleichen Bauteilen aufgebaut. Unterschiedlich ist z.B. der Anteil Stahl, der im LKW-Reifen ca. 25 % und im PKW-Reifen etwa 18 % beträgt [352].

Ein durchschnittlicher PKW-Reifen setzt sich aus den folgenden Bestandteilen zusammen (Angaben in Gewichtsprozent):

Natur- und Synthesekautschuk	48 %
Ruß	23 %
Stahl	18 %
Textilgewebe	3 %
Zuschlagstoffe	8 %

In der Abbildung 7.2 ist der Aufbau eines PKW-Reifens schematisch dargestellt.

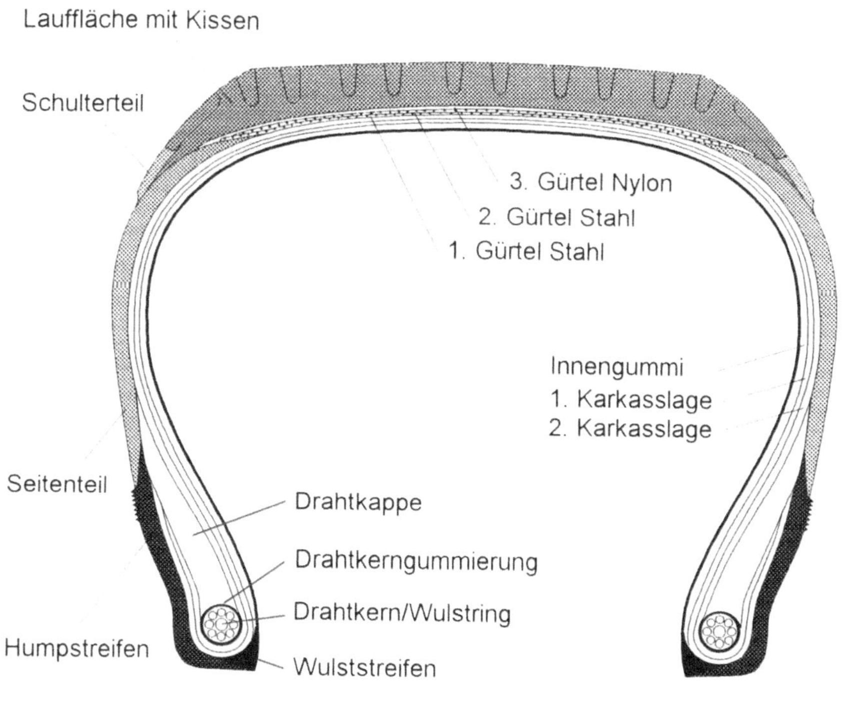

Abbildung 7.2: Aufbau eines PKW-Reifens

Das innere Gerüst des Reifens bildet die **Karkasse**. Zur Verstärkung werden Textilgewebe, insbesondere Reyon, eingearbeitet. Bei schlauchlosen Reifen wird die Karkasse auf der Innenseite vom **Innenliner** umgeben. Dieser übernimmt die Funktion des Schlauches und verhindert die Permeation der eingepumpten Luft. Er wird in der Regel aus Chlorbutyl- oder Brombutylkautschuk hergestellt, die gelegentlich mit NR verschnitten werden. Die Karkasse ist an den Enden um einen gummierten **Drahtkern** geschlungen. Dieser Drahtkern befindet sich bei einem aufgezogenen Reifen in der Felge und verhindert durch seine Festigkeit ein Abrutschen von der Felge. Oberhalb der umgeschlagenen Karkassenlage wird der **Humpstreifen** aufgebracht. Er soll verhindern, daß Schäden durch Reibung zwischen Felge und Reifenfuß auftreten. Er besteht aus einer hochabriebfesten, harten Mischung, meistens ein NR/BR-Verschnitt. Oberhalb des Humpstreifens befindet sich das **Seitenteil**, das bis unter die Lauffläche reicht. Schließlich befindet sich auf der Karkasse die **Lauffläche**. Zwischen Lauffläche und Karkasse befindet sich die **Stahlcordeinlage**, die vor dem Einbau in den Reifen auch gummiert wird. Als Ersatzprodukt für Stahlcord könnte in Zukunft Aramid, eine synthetische Faser, an Bedeutung gewinnen. Durch die Verwendung dieser Faser kann eine Gewichtsreduzierung der Reifen erzielt werden. Gleichzeitig werden die Reifencharakteristik verbessert, der Rollwiderstand verringert und die Entsorgung vereinfacht [317].

Die verwendeten Kautschukmischungen haben aufgrund ihrer unterschiedlichen Funktionen auch unterschiedliche Zusammensetzungen, so daß ein Reifen aus mindestens 10 verschiedenen Kautschukmischungen besteht. In Tabelle 7.1 ist für einige wichtige Reifenbauteile die Zusammensetzung angegeben [Mitteilung der Fa. Bayer].

	PKW-Lauffläche	LKW-Lauffläche	Seitenwand	Karkasse	Innenliner	Humpstreifen
NR		80	60	80	40	25
E-SBR	137,5					
BR		20	40	20		75
CIIR					60	
Ruß	80	55	55	45	50	80
Kreide					45	
Mineralölweichmacher	12	3	6	6	8	
Klebrigmacherharz (Koresin)				3		4
Cumaronharz					2	
Stearinsäure	2	2	2	2	2	2
Zinkoxid	3	5	5	5	3	5
Schwefel	1,9	1,5	2	3	1	2,5
Beschleuniger (CBS, TBBS, MBTS)	1,5	1,2	1	1,3	1,5	2
Alterungsschutzmittel (IPPD, 6PPD, 77PD, TMQ)	2	4	4	1	1	3
Ozonschutzwachs	1	1	2			1

Tabelle 7.1: ***Zusammensetzung der Kautschukmischung einiger Reifenbauteile (in phr)***

Für Winterreifen werden speziell compoundierte Laufflächen eingesetzt. Die verwendeten Kautschukmischungen müssen kälteflexibel und weich sein. Es werden häufig Verschnitte von NR / BR oder SBR / BR eingesetzt.
Die Laufflächen der neuen, sog. „Eco-Reifen" haben ebenfalls eine andere Zusammensetzung. Als Kautschuk werden Verschnitte von L-SBR / BR und als Füllstoff synthetische Kieselsäure eingesetzt. Die Kieselsäure führt zu einem herabsetzen des Rollwiederstands und zu einer optimierten Haftung [438].

Je nach Konstruktion und Herstellungsweise können die Fahrzeugreifen unterschieden werden nach Diagonal-, Radial- und Belted-Bias-Reifen. Der Belted-Bias-Reifen oder Glasfiberreifen besteht aus zwei gekreuzten Cordlagen und einem Glas-Cord-Gürtel. Dieser Reifentyp konnte sich auf dem Markt aber nicht durchsetzen.

Diagonalreifen

Diagonalreifen werden aus einer hochabriebfesten Laufflächenmischung, einer dynamisch beanspruchbaren Seitenwandmischung, der Karkasse und einem Stahlkern hergestellt. Der Diagonalreifen hat in Deutschland heute keine Bedeutung mehr.

Bei PKW-Reifen besteht die Karkasse aus 2 - 4 Textilcordlagen, deren Cordfäden zweier aufeinander folgender Lagen sich unter einem bestimmten Winkel, gemessen zur Laufrichtung, kreuzen (s. Abbildung 7.3). Ein LKW-Reifen enthält je nach Größe 6 bis 20 Cordlagen.

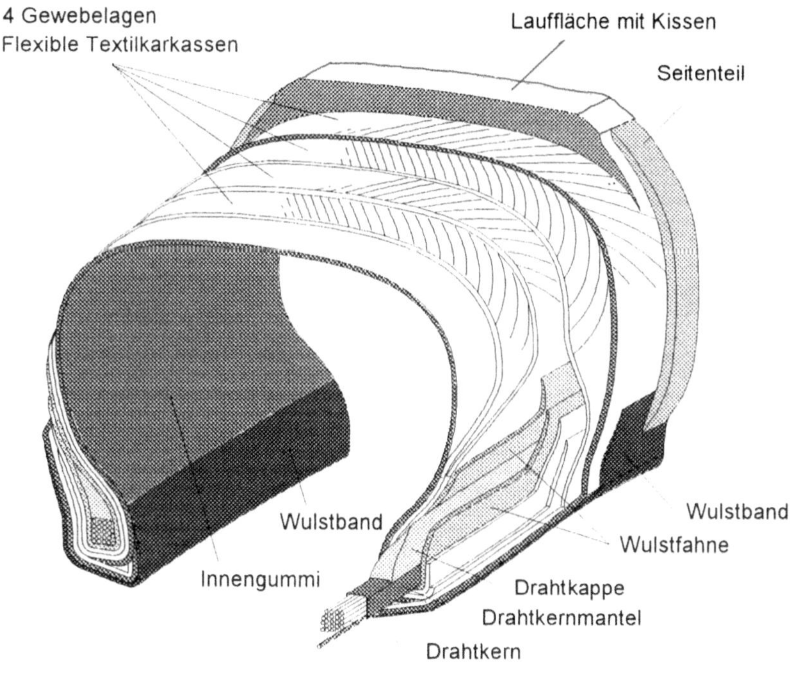

Abbildung 7.3: ***Aufbau eines PKW-Diagonalreifens***

Der Reifen wird auf sogenannten Reifenaufbaumaschinen, die in der Regel halbautomatisch arbeiten, aus den einzelnen Halbfabrikaten (Gewebelage, Lauffläche, Abdeckstreifen, Humpstreifen, Wulstringe) zusammengesetzt. In der Aufbautrommel werden zunächst die Karkassenlagen eingebracht und in einem festgelegten Winkel aufeinandergelegt. In den freien Enden der Karkassenlagen werden die Wulstringe (Drahtkerne) eingeschlagen und fixiert. Zuletzt werden die Laufflächen und Seitenteile aufgelegt. Die einzelnen Lagen müssen gut aneinander haften, und die Konfektion muß blasenfrei erfolgen. Die Trommel wird zusammengeklappt und der Reifenrohling, der eine zylindrische Form besitzt, entnommen. Früher erhielt der Rohling seine Form durch einen separaten Bombiervorgang, heute erfolgt dies bei der Vulkanisation in Reifenpressen.

Radialreifen

Die Radial- oder Gürtelreifen sind nach einem anderen Prinzip aufgebaut. Bei PKW-Reifen werden unter die Lauffläche vier Lagen Textil- oder ein bis zwei Lagen Stahlcordgürtel gelegt. Zur weiteren Verstärkung kann zusätzlich eine Gürtellage aus Polyamid eingebaut werden. Die einzelnen Lagen werden auch unter einem Winkel aufgebracht, der aber wesentlich kleiner ist als bei Diagonalreifen. Diese Gürtel befinden sich unter der Lauffläche und stabilisieren sie dadurch (s. Abbildung 7.4). Die Karkasse des Reifens besteht aus einer oder mehrerer Karkassenlagen, die bei Einlagenkarkassen im Winkel von 90°, also radial von Wulst zu Wulst verlaufen.

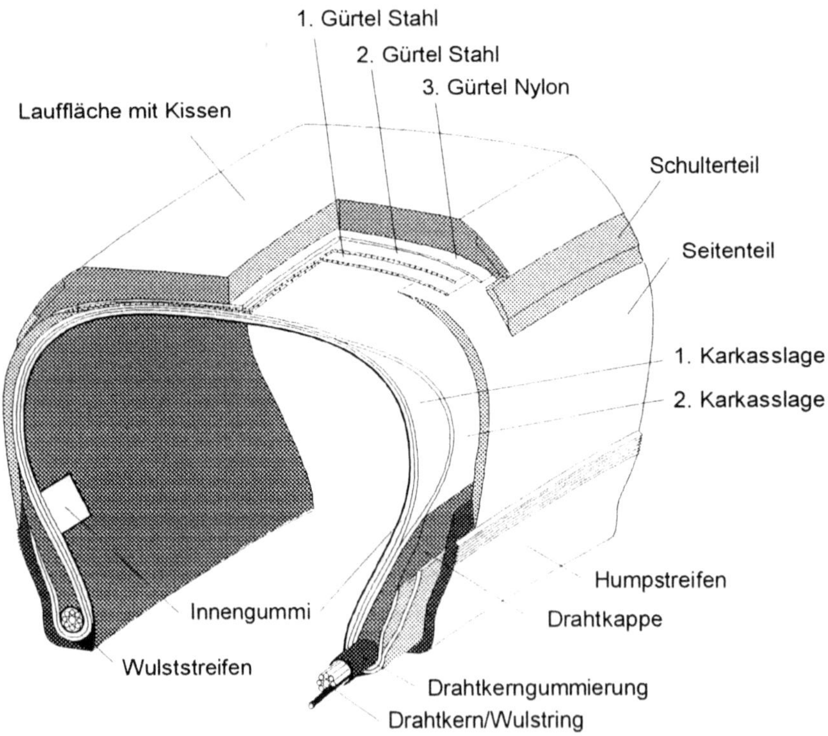

Abbildung 7.4: Aufbau eines PKW-Radialreifens

Der Reifen ist aus 12 - 15 Reifenbauteilen oder Halbfabrikaten zusammengesetzt (s.o.), die zunächst auf speziellen Maschinen angefertigt werden. Zu den Bauteilen zählt z.B. der Stahlcord, der aus den einzelnen Drähten zusammengesetzt und gummiert wird. Ebenso wird der Drahtkern aus einzelnen Drähten hergestellt und gummiert. Für die Karkasse wird das Textilvlies mit Kautschuk belegt.

Der Reifen wird auf sogenannten Reifenaufbaumaschinen aus den einzelnen Bauteilen zusammengesetzt. Zunächst wird auf einer zylindrischen Trommel der Unterbaurohling aus Karkasse, Innenliner, Seitenteil, Drahtkappe und Humpstreifen zusammengebaut. Die Wulstringe (Drahtkerne) werden dabei in die freien Enden der Karkassenlagen eingeschlagen und fixiert. Der Reifenrohling wird mittels Druckluft in eine zylindrische Form gebracht (Bombage) und dann mit Stahlgürtel und Lauffläche versehen.

Die Vulkanisation der Reifen erfolgt in speziellen Reifenvulkanisierpressen, die einen hohen Automationsgrad haben. Die Reifenpressen haben eine eingebaute Heizmembran aus Gummi, die sich nach dem Einlegen des Reifens aufpumpt und den Reifenrohling in das Profilbett der Form preßt.

Die Beheizung der Pressen erfolgt mit Dampf von etwa 180 °C. Bei der Vulkanisation von Reifen wird nicht nur von außen, sondern auch von innen über die Membran geheizt. Hier erfolgt die Heizung durch Wasser von etwa 200 °C. Die Vulkanisation eines PKW-Reifens beträgt etwa 8 - 16 Minuten.

Der gesamte Fertigungsprozeß für die Herstellung eines Autoreifens ist in der folgenden Abbildung schematisch dargestellt.

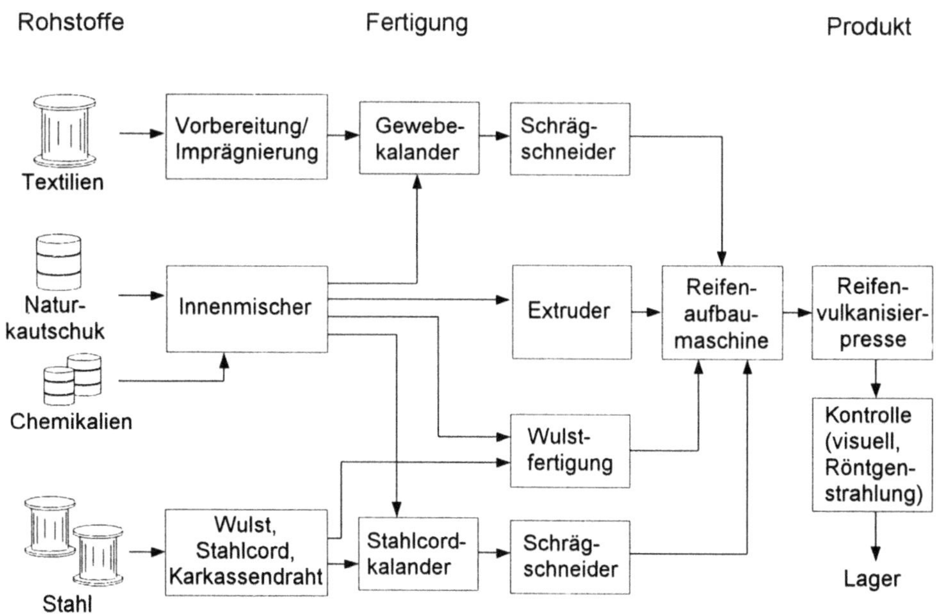

Abbildung 7.5: ***Herstellung eines Autoreifens***

7.2 Spritzartikel

Die wichtigsten Spritzartikel sind Schläuche mit und ohne Einlagen, Dichtungsschnüre, Profile aller Art, Kabelisolationen und -ummantelungen, verschiedene Ringe (u.a. Schlauchringe, Konservenringe) sowie hygienische Schlauchwaren.

Spritzartikel werden auf dem Extruder als laufende Meterware hergestellt. Vulkanisiert werden die Spritzartikel in der Regel kontinuierlich in LCM- oder in UHF-Anlagen (s. Kapitel 6.1.4.1). In seltenen Fällen werden Spritzartikel in dampfbeheizten Vulkanisationskesseln vulkanisiert, wobei das Spritzgut gerollt oder geradlinig in die Vulkanisationskessel eingelegt wird. Zur Verhinderung eines Zusammenklebens des Spritzguts wird es in Talkum eingelagert, wenn es in gerollter Form vulkanisiert wird. Wird das Spritzgut in gerader Form vulkanisiert, so wird es durch eine meist seifenartige Trennlösung durchgeleitet und auf Blechen gelagert.
Einige Artikel, z.B. Couponringe, Schlauchringe, Flaschenscheiben, Konservenringe, werden als Strang gespritzt, auf einen Dorn aufgezogen und vulkanisiert. Nach dem Vukanisieren werden auf einem Automaten die Ringe und Scheiben mit einem Messer abgestochen.

Schläuche

Schläuche lassen sich unterscheiden in verstärkte und nicht verstärkte Schläuche, wobei ein großer Teil der Schläuche (z.B. Preßluftschläuche, Spiralschläuche) mit einer Einlage hergestellt wird. Diese verstärkten Schläuche bestehen aus einem Innenschlauch, dem Verstärkungs- oder Karkassenmaterial und einer Decke zum Schutz nach außen.
Zunächst wird die Schlauchseele auf einen Metalldorn aufgezogen und mit den entsprechenden Einlagen versehen. Als Einlagen werden unterschiedliche Materialien und Verfahren verwendet: umwickeln mit mehreren Lagen gummierten Gewebes, umklöppeln auf einer Flechtmaschine, mit Drahtspiralen oder gegenläufig mit Cordfäden umwickeln. Die äußere Umhüllung erfolgt auf einer Spritzmaschine durch Konfektion oder Umspritzen.

Der Schlauch wird mit nassen Gewebestreifen umwickelt und in bis zu 40 m langen Kesseln in freiem Dampf vulkanisiert. Die Vulkanisation ohne Dorn wird immer häufiger angewandt, wobei der Schlauch unter einem gewissen Luftdruck stehen muß. Die Schläuche können auch in einer Bleipresse mit einem Bleimantel versehen werden und dann auf Trommeln vulkanisiert werden.

Für die Seelen- und Deckenmischung werden im allgemeinen NR, SBR, CR, NBR und EPDM eingesetzt. Als Verstärkungsmaterial werden je nach Druckbedingungen Baumwolle, Leinen, Reyon, Polyester, Nylon, Aramid oder Stahldraht verwendet.

Kabel

Als Kabel werden fest verlegte Stromleiter bezeichnet. Das Kabel besteht aus einer Anzahl von Kupferleitern, die jeweils mit einer inneren Leitschicht zum Abfangen von Spannungsspitzen beschichtet sind. Jeder Leiter ist dann mit einer Isolierschicht umgeben, die wiederum von einer äußeren Leitschicht umgeben ist. Mehrere einzelne Leiter werden zu

einem Kabel zusammengefügt. Die Zwischenräume zwischen den einzelnen Leitern werden mit einer Kabelfüllmasse ausgefüllt und das Kabel von einem Mantel umgeben.

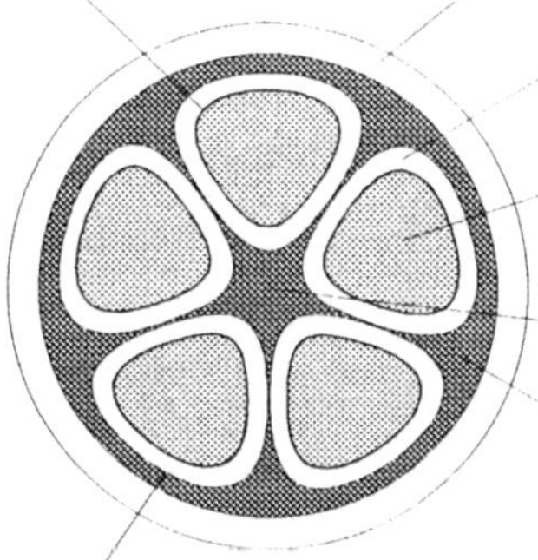

Abbildung 7.6: ***Aufbau eines Kabels***

Für die Isolierung der einzelnen Kupferleitern werden EPM, peroxidisch vernetztes EPDM und Q ein gesetzt. Für hitzebeständige Niederspannungsisolation wird auch EVM, im Mittelspannungsbereich IIR eingesetzt. Gelegentlich wird noch SBR eingesetzt.
Für den Kabelmantel werden z.B. CR, CSM, CM, EVM, NBR/PVC und EAM eingesetzt. Müssen die Kabelmäntel eine starke mechanischen Beanspruchung aushalten, z.B. bei Versorgungskabeln für Erdölindustrie oder für Steuerungskabel im Bergbau, so werden thermoplastische Polyurethanelastomere verwendet.
Die Kabelfüllmasse dient dem Fixieren der Adern im Kabelmantel und der Glättung des Mantels. Sie besteht aus einer hochgefüllten Kautschukmischung auf Basis von z.B. EPDM, die bis zu 1000 phr Kreide enthalten kann.

Die Extrusion und Vulkanisation erfolgt in zwei Schritten. Im ersten Schritt werden auf den Kupferleiter die innere Leitschucht, die Isolation und die äußere Leitschicht hintereinander aufgebracht und anschließend vulkanisiert. Im zweiten Schritt werden mehrere isolierte Kupferleiter zunächst mit der Ausfüllmasse und dann mit dem Kabelmantel umspritzt und dann vulkanisiert. Die Vulkanisation erfolgt im Dampfrohr, durch Heißdampf, Strahlvernetzung, Bleimantel- oder Fließbettvulkanisation. Besonders schwere Kabel werdem im Salzbad unter Druck vulkanisiert. Bei der Verwendung von Q wird auch die IR-Vulkanisation eingesetzt.

Profile

Profile aus Gummi dienen zur Abdichtung von Metall zu Metall, Glas zu Metall, Glas zu Kunststoff, Beton zu Metall oder Beton zu Beton. Die wichtigsten Anwendungen von Profilen liegen im KFZ- und im Bau-Bereich. Im KFZ-Bereich werden sie z.B. als Rahmen-

profil für feststehende Scheiben, als Führungsprofil für bewegliche Scheiben, als Dichtungen für Türen, Motorhaube und Kofferraum eingesetzt. Im Baubereich werden sie z.B. als Dichtungen für Fenster und Türen, als Dehnungsfugen, als Handlauf von Rolltreppen oder als Stoßkanten auf Treppen eingesetzt. Im Baubereich werden über 90 % der Profile aus EPDM und ein geringer Teil aus Q hergestellt. Im KFZ-Bereich werden neben EPDM auch SBR und CR verwendet [31].

Die Vulkanisation der Profile erfolgt in der Regel kontinuierlich nach der Extrusion. Sehr oft werden die Profile in kombibnierten UHF/Heißluftanlagen vulkanisiert. In der UHF-Strecke wird das Profil auf die Vulkanisationstemperatur erwärmt, die dann im Heißluftkanal gehalten wird. Die Vulkanisation in Heißluft wird nur noch vereinzelt bei stark auftreibenden Profilen eingesetzt. Gelegentlich wird auch die Vulkanisation im Salzbad angewendet.

7.3 Formartikel

Zu den Formartikeln gehören alle Gummiwaren, die nach dem Transfer- oder Injection-Moulding-Verfahren (s. Kap. 6.1.3.3) hergestellt werden. Dazu gehören u.a. Absätze, Formsohlen, Manschetten, Membranen, Faltenbälge, Dichtungen, Flaschenverschlüsse, Puffer und viele andere Artikel.

7.4 Bänder und Fördergurte

Für die Herstellung von Fördergurten werden schwere Gewebe oder Stahlcordeinlagen friktioniert oder mit einer dünnen Lage einer Kautschukmischung versehen (aufgeskimmt). Diese Einlage wird mit zwei als Decklage dienenden Gummiplatten und einen seitlichen Kantenschutz konfektioniert. Dabei werden Gummi-Gewebe-Haftmittel eingesetzt.

Die Vulkanisation der Bänder und Fördergurte erfolgt entweder in bis zu 20 m langen Spezialpressen (Fördergurtpressen) oder in automatischen Vulkanisiermaschinen.

7.5 Antriebsriemen

Riemen werden entweder aus einem breiten Band auf die entsprechende Breite geschnitten oder durch Umlegen der einzelnen Lagen in der gewünschten Breite hergestellt. Sie werden aus nicht so schwerem Gewebe wie die Fördergurte und Treibriemen hergestellt

Für die Herstellung von Keilriemen wird eine bestimmte Anzahl gummierter Cordlagen aufeinandergegeben, diese mit einem Keilriemenkissen belegt und mehrfach mit friktioniertem Kreuzgewebe umwickelt.

7.6 Plattenmaterial

Zu den Plattenmaterialien werden z.B. Dichtungsplatten mit und ohne Einlagen, Sohlenplatten, Matten und Fußbodenbeläge gerechnet. Auf dem Kalander werden zunächst

Platten gefertigt, die im nächsten Schritt doubliert werden. Bei Platten mit Einlagen werden friktioniertes Gewebe und Kautschukplatten abwechselnd konfektioniert. Die Vulkanisation der Platten wird im freien Dampf, unter der Presse oder auf Rotations-Vulkanisiermaschinen durchgeführt.
Aus dünnen kalandrierten Platten werden folienartige Artikel wie Schweißblätter, Gummischürzen, Fußballblasen hergestellt und in Heißluft oder Dampf vulkanisiert.

7.7 Walzenbeläge

Die Herstellung gummierter Walzen erfolgt meistens auf einem Metallkern. Dieser Walzenkern wird vor dem Auftragen der Kautschukschicht durch Sandstrahlen oder durch Abdrehen auf der Drehbank gesäubert. Anschließend wird die Haftmittelschicht aufgetragen. Das Aufbringen der Kautschukschicht erfolgt entweder von Hand oder wird maschinell von Spezialmaschinen durchgeführt. Die Gummierung wird mit nassen Gewebestreifen umwickelt und in Dampf vulkanisiert. Bei sehr großen Walzen beträgt die Vulkanisationszeit bis zu 12 Stunden. Nach der Vulkanisation wird die Walze auf das gewünschte Maß auf der Schleifbank geschliffen.

7.8 Hartgummiwaren und Apparateauskleidung

Rohrleitungen, Reaktionsgefäße, Lagerbehälter und andere Apparate werden zum Schutz gegen korridierende Einflüsse mit Hartgummi ausgekleidet. Hartgummi wird aus Dienkautschuken durch Vulkanisation mit mehr als 25 phr Schwefel hergestellt. Die Vulkanisationszeit von Hartgummi ist wesentlich länger als die von Weichgummi.

Die zu gummierenden Metalloberflächen werden zunächst durch Strahlen mit Quarz- oder Stahlsand von Rost oder Zunder gereinigt. Anschließend werden sie mit einer Hartgummilösung eingestrichen. Nach dem Verdampfen des Lösemittels wird die Oberfläche mit einer 3 bis 5 mm starken Hartgummischicht belegt. Diese Belegung erfolgt zumeist durch Handkonfektion. Die anschließende Vulkanisation wird in großen Autoklaven, zumeist in Heißluft durchgeführt. Es entsteht dabei eine lackartige, dichte Oberfläche.
Bei sehr großen Behältern, die nicht mehr in einen Autoklaven passen und an Ort und Stelle vulkanisiert werden, setzt man speziell beschleunigte Hartgummimischungen ein, die dann in kochendem Wasser vulkanisiert werden.

Hartgummi wird auch zur Herstellung von Formartikeln eingesetzt, wobei diese durch den Einsatz von Kunststoffen stark zurückgedrängt worden sind. Einige typische Artikel sind z.B. Batteriekästen, Pfeifenspitzen, hochwertige Kämme und Artikel für die Elektroindustrie.

7.9 Hohlkörper

Zu den Hohlkörpern gehören u.a. Spielbälle, Spielfiguren, Wärmflaschen, Fußballblasen, Sitzkissen. Die Kalanderplatten werden nach dem Zuschneiden zum Teil maschinell mit sogenannten Knipsmaschinen zu einem geschlossenen Körper konfektioniert. In das Innere

bestimmter Hohlkörper, z.B. Bällen, wird vorher ein Treibmittel, z.B. ein Gemisch aus Ammoniumchlorid, Natriumnitrit und Wasser oder ein organisches Treibmittel eingegeben. Das Treibmittel wird eingegeben, damit die Kautschukmischung mit genügendem Anpreßdruck gegen die Form gepreßt wird und der fertige Artikel einen genügenden Gasdruck aufweist.

7.10 Gummischuhe

Gummischuhe wurden früher aus vorgestanzten Einzelteilen aus gummierten Geweben und Platten aufgebaut und auf Metalleisten konfektioniert. Nach dem Lackieren mit Leinöllacken wurden sie im Heißluftkessel vulkanisiert.

Heute werden sie in speziellen Schuh- bzw. Stiefelpressen vulkanisiert. Das eingelegte Innenfutter der Schuhe wird mit Kautschukplatten belegt und die Form geschlossen. Die Kautschukmischung kann auch nach dem Injection-Moulding-Verfahren auf das Innenfutter aufgespritzt werden.

Bei Pantoffeln oder Lederschuhen werden die unvulkanisierte Sohle und der Absatz auf Spezialpressen auf das vorbereitete Oberteil vulkanisiert oder auch nach dem Injection-Moulding-Verfahren aufgespritzt und dabei gleichzeitig vulkanisiert.

7.11 Schwamm-, Moos- und Zellgummierzeugnisse

Schwamm- und Zellgummi wird mit einer Kautschukmischung hergestellt, der ein Treibmittel zugegeben wurde. Dieses Treibmittel spaltet vor oder während der Vulkanisation Gas ab und treibt die Mischung dadurch auf. Die Unterscheidung zwischen Schwamm- und Zellgummi erfolgt aufgrund der Porenstruktur. Schwammgummi, bei dem die Zellmembranen aufgerissen sind, besitzt eine offene Porenstruktur und Zellgummi besitzt ein geschlossenes Porensystem. Moosgummi besitzt kleine Poren, die nicht durchweg geschlossen sind, und eine feste Vulkanisationshaut.
Schwammgummi wird durch Auftreiben und Zellgummi nach dem Expansionsverfahren in der Presse hergestellt. Moosgummi wird zumeist nach Extrusion in einem kontinuierlichen Vulkanisationsprozeß produziert.

Schwammgummi wird nach einem Treibverfahren hergestellt. Bei der Herstellung muß der Kautschuk zur Erzielung einer möglichst großen Volumenzunahme ein gutes Fließvermögen besitzen, was durch eine starke Mastikation oder durch Zugabe abbauender Mittel erreicht wird. Die Formen werden mit Gewebe und Papier bedeckt und zu etwa 10 - 50% mit der Kautschukmischung gefüllt. Die Mischung muß soviel Treibmittel enthalten, daß die Form nach dem Auftreiben ganz ausgefüllt ist. Treibmittel und Vulkanisationsbeschleuniger müssen so gewählt werden, daß das Treibmittel weitgehend zersetzt und die Mischung aufgetrieben ist, bevor die Vulkanisation beginnt.
Bei der Herstellung von Pantoffelsohlen wird die Schwammgummimischung in die Sohlenform einer Schuhpresse gegeben, aufgetrieben und vulkanisiert, wobei sich die Mischung gleichzeitig mit dem Stoffoberteil verbindet.

Die **Moosgummi**herstellung erfolgt nach der Extrusion bei kontinuierlicher, druckloser Vulkanisation im Salzbad oder in der UHF-Strecke.

Zellgummi wird nach dem Expansionsverfahren hergestellt. Die Kautschukmischung mit dem Treibmittel wird in die Form eingelegt, wobei die Form ganz ausgefüllt ist. Bei dem Vulkanisationsprozeß zersetzt sich das Treibmittel und der freiwerdende Stickstoff löst sich z.T. unter dem hohen Pressendruck im Kautschuk. Noch vor Beendigung des Vulkanisationsprozesses wird die Form geöffnet, und der anvulkanisierte Kautschuk expandiert aufgrund des hohen Gasdrucks im Innern. In einer größeren Form wird der Kautschuk dann ausvulkanisiert. Die Volumenvergrößerung ist bei diesem Verfahren abhängig von dem Zeitpunkt, an dem man die Presse öffnet. Je kürzer die Vorvulkanisationszeit ist, desto größer ist die Volumenvergrößerung.
Zellgummi mit besonders feinen und völlig geschlossenen Poren erhält man nach dem sogenannten Pfleumer-Verfahren. Die Kautschukmischung wird in einer Stickstoffatmosphäre vulkanisiert, wobei sich eine bestimmte Menge Stickstoff im Kautschuk löst. Bei Erreichen eines bestimmten Vulkanisationsgrades wird der Druck abgelassen, und der gelöste Stickstoff bläht die Kautschukmischung beim Entspannen auf. Dieses Verfahren wird z.B. zur Herstellung von Taucheranzügen eingesetzt.

7.12 Latexartikel

Naturlatex

Naturlatex wird überwiegend zur Herstellung dünnwandiger Tauchartikel verwendet, da er ein einwandfreies Koagulationsvermögen hat und die Tauchwaren sich durch eine hervorragende Festigkeit auszeichnen. Aus Naturlatex werden z.B. Operationshandschuhe, Präservative, Ballone und Spieltiere hergestellt.

Syntheselatices

Es werden Produkte aus verschiedene Syntheselatices hergestellt.
SBR-Latex besitzt gute Alterungsbeständigkeit und gutes elastisches Verhalten. Es wird eingesetzt zur Herstellung von Tufting-Teppichen, zur Teppichrückenbeschichtung, zur Imprägnierung von Faservlies (für Putz- und Wischtücher) und Textilien (Reifencord), zur Beschichtung und Saturierung von Papier und zur Herstellung von Schaumgummipolstern, Matratzen und Anstrichfarben .
NBR-Latex weist eine hohe Quellbeständigkeit gegen Treibstoffe, Mineralöle, Fette und Schweiß auf und zeichet sich durch Alterungs- und Reinigungsbeständigkeit sowie Verschleißfestigkeit aus. Es wird zur Herstellung von Tauchartikeln (z.B. Handschuhe), Fäden (z.B. für Miederwaren, Hosenträger), Schaumgummi (z.B. für Kaschierungen), Lederdeckfarben, veredelten Papieren (z.B. für Dichtungen, Verpackungsmaterialien), zur Textilveredelung (Imprägnierung, Beschichtung und Kaschierung von Geweben aller Art), als Dosenverschlußmassen sowie zur Modifizierung von Bitumen und Teer eingesetzt. Es wird außerdem in vielen Bereichen als Bindemittel, u.a. für textile Fasern zur Herstellung von Vliesmaterialien (z.B. Einlegevliese im Bekleidungssektor, Luft- und Ölfilter), für mine-

ralische Fasern zur Herstellung von Bremsbelägen und Dichtungen, für grobe pflanzliche und tierische Fasern (Kokos, Sisal, Hanf, Roßhaar) zur Herstellung von Gummihaar für Filtermaterialien und für Korkschrott zur Herstellung von Dichtungen.

CR-Latices werden dort eingesetzt, wo Wetter-, Ozon- und Alterungsbeständigkeit, Brandschutzverhalten, Chemikalien- und Ölresistenz sowie Gasdurchlässigkeit neben sehr guten mechanischen Eigenschaften gefordert werden. Aus CR-Latex werden Tauchartikel (Handschuhe, meteorologische Ballone) hergestellt. Es wird zur Papierveredelung (Schuhinnen- und -zwischensohlen, Dichtungen, Verpackungsmaterial), zur Modifizierung von Bitumenemulsionen (für Hydroisolation im Hoch-, Tief- und Wasserbau), zur Vergütung bituminöser Massen (Asphaltbeton, Gußasphalt) z.B. für Straßenbeläge, zur Gewebeveredlung (Imprägnierung, Beschichtung, Kaschierung; für Textilvliese für Spezialanwendungen), als Dispersionsklebstoffe, als Bindemittel für pflanzliche und tierische Fasern (zur Herstellung von Gummihaar für Polsterzwecke oder Filtermaterialien) und Korkschrot (z.B. für Einlege- und Brandsohlen, Dichtungen) sowie im Bergbau (z.B. zur Errichtung von Branddämmen, für wettertechnische Arbeiten) eingesetzt.

ACM-Latex weist hohe Alterungs-, Wetter- und Ozonbeständigkeit zusammen mit sehr guter Fett-, Öl- und Schweiß- sowie Reinigungsbeständigkeit, Verschleißfestigkeit und Nichtverfärbung auf. Es wird hauptsächlich als Bindemittel für textile Fasern, zur Textil- und Papierveredelung sowie zur Teppichrückenbeschichtung verwendet.

8 Toxikologie und Umweltrelevanz

8.1 Eingesetzte Stoffe

Bei der Herstellung von Kautschukprodukten wird eine Vielzahl von Stoffen eingesetzt, von denen einige unter toxikologischen Gesichtspunkten kritisch sind. Neben den eingesetzten Stoffen müssen auch die Reaktionsprodukte, die im Verlauf der Vulkanisation gebildet werden, bei der toxikologischen Beurteilung berücksichtigt werden.
Ein Teil möglicher gesundheitlicher Beeinträchtigungen ist auf die eingesetzten Vernetzungssysteme und Alterungsschutzmittel zurückzuführen. Daneben spielt bei einigen Herstellungsverfahren auch der Einsatz von Lösemitteln eine Rolle. Weitere toxikologisch relevante Stoffe sind flüchtige Mischungsbestandteile, z.B. Anteile der verwendeten Mineralölweichmacher, einige synthetische Weichmacher sowie einige Verarbeitungshilfsmittel, Formentrennmittel, Pudermittel, anorganische Pigmente und Füllstoffe.

Die häufigsten Gesundheitsgefahren bei der Herstellung von Kautschukartikeln treten auf durch:

- Inhalation von schädlichen Dämpfen und Stäuben, die akute oder chronische Effekte auslösen können,
- Hautkontakt, der zu chronischen Hautbeschwerden, Sensibilisierung, Aufnahme von schädlichen Stoffen in den Körper oder zu Verätzungen führen kann.

Die eingesetzten Chemikalien und Kautschuke können aus ihrer Herstellung Verunreinigungen enthalten, die während der Verarbeitung bei erhöhter Temperatur ausdampfen können. Bei der Vulkanisation erfolgt die Vernetzung der Polymere durch chemische Reaktion. Durch Zersetzung und Umsetzungsreaktionen der verwendeten Chemikalien und Kautschuke entstehen neue Substanzen. Die Art und die Anzahl der auftretenden einzelnen Komponenten sowie deren Konzentration ist abhängig von den einzelnen Stoffen, deren Konzentration, der Verarbeitungstemperatur und dem Vulkanisationsprozeß. Die Reaktionsmechanismen, die zur Bildung neuer Verbindungen führen, sind nur zum Teil aufgeklärt, so daß man nicht in allen Fällen die Herkunft der Reaktionsprodukte bestimmen kann.

Zur Erfassung der in der Kautschukindustrie eingesetzten Stoffe und der eingesetzten Stoffmenge wurde eine Umfrage bei der kautschukverarbeitenden Industrie durchgeführt. Es wurden 19 Hersteller von Reifen- und TSE-Produkten angefragt, von denen fünf Reifenhersteller und acht TSE-Produzenten Daten zur Verfügung gestellt haben. Die Produzenten repräsentieren 75 % (Reifen) bzw. 29,1 % (TSE-Produkte) der insgesamt in den Teilbranchen hergestellten Produktmenge. Die erhobenen Stoffmengen werden auf jeweils 100 % hochgerechnet. Fehler können dort auftreten, wo Einzelstoffe nur in einem Betrieb eingesetzt werden - hier wären die angegebenen Mengen zu hoch - oder dort, wo Stoffe deshalb in der Liste nicht erfaßt sind, weil sie nur in Betrieben verwendet werden, die nicht an der Befragung teilgenommen haben - hier würden in der Liste zu wenige Stoffe erfaßt sein. In der nachfolgenden Tabelle sind die bei der Umfrage ermittelten Stoffe und Stoffmengen, differenziert nach Reifen- und TSE-Herstellung, zusammengestellt.

In der Kautschukindustrie sind über 450 Stoffe und Stoffgruppen mit einer Gesamttonnage von 1.7 Mio. t/a ermittelt worden. Bei der Reifenherstellung (ca. 1,1 Mio. t/a) werden etwa 200 Zuschlagsstoffe mit einer Tonnage von ca. 280.000 t eingesetzt; davon entfallen auf Ruß 160.000 t. Bei der Herstellung von TSE-Produkten werden fast 400 Substanzen (ca. 380.000 t) mit denen ca. 540.000 Tonnen TSE-Produkte hergestellt werden (Gesamtproduktion incl. Export). 81.000 t davon entfallen auf Ruß und schätzungsweise 200.000 Tonnen auf Kaolin. Die Differenz zur Gesamttonnage entsteht durch die eingesetzten Natur- und Synthesekautschuke, sowie Trägermaterialien. Die wesentlichen Komponenten sind (1996):

Naturkautschuk:

• Naturkautschuk	193.000 Tonnen

Synthesekautschuk:

• Styrol-Butadien-Kautschuk (SBR)	105.000 Tonnen
• Butadien-Kautschuk (BR)	50.000 Tonnen
• Ethylen-Propylen-Kautschuk (EPM/EPDM)	46.000 Tonnen
• Butyl-Kautschuk (IIR)	17.000 Tonnen
• Chloropren-Kautschuk (CR)	11.000 Tonnen
• Acrylnitril-Butadien-Kautschuk (NBR)	9.500 Tonnen
• Isopren-Kautschuk (IR)	6.500 Tonnen
• Chlorbutyl-Kautschuk	3.400 Tonnen
• Silikon-Kautschuk	3.000 Tonnen
• sonstige	ca. 10.000 Tonnen

Kunststoffe (Trägermaterial)

• Polyester, -ether, Di-Isocyanate	5.700 Tonnen
• Polyurethane	3.600 Tonnen
• Polyvinylchlorid	3.400 Tonnen
• sonstige	ca. 9.000 Tonnen

Substanz	CAS-Nr.	ges. Reifen (in t/a)	ges. TSE (in t/a)	Summe TSE und Reifen (in t/a)
Aceton-Diphenylamin-Kondensationsprodukt (ADPA)	6267-02-3	-	55	55
Adipatpolyester		-	2,1	2,1
Aktiplast-Typen		29	9,3	38
aktiviertes Dibenzamidodiphenyl-disulfid		27	-	27
alicyclische Amin-Salze		-	1,7	1,7
aliphatische hydrophile Fettsäureester		-	8,9	8,9
aliphatische Kohlenwasserstoffe (Vaseline u.ä.)		-	79	79
aliphatisches Kohlenwasserstoff-Harz		-	6,9	6,9
Alkohol, hochsiedend		-	2	2
Alkohol-Trimellitat-Ester		-	64	64
Alkyl-orthophosphat		-	2,6	2,6
Alkylamine		-	50	50
Alkylbenzol		-	6,9	6,9
alkyliertes Diphenylamin		-	10	10
alkyliertes und arylsubstituiertes Phenol		-	3,4	3,4
Alkylphosphat		-	2,4	2,4
Alkylsulfonsäureester des Phenols (ASE)	91082-17-6	-	475	475
Aluminiumhydroxid	21645-51-2	-	940	940
Aluminiumoxidhydrat	24623-77-6	-	4,1	4,1
Aluminiumsilikat	12141-46-7	-	170	170
Ammoniumhydroxid	1336-21-6	-	1.200	1.200
Antimontrioxid	1309-64-4	93	350	440
APDS		73	-	73
Azo-Farbstoffe		1,7	-	1,7
Azodicarbonimid		-	41	41
Azodicarbonsäurediamid (ADC)	123-77-3	-	71	71
Balsamharz		13	-	13
Bariumsulfat	7727-43-7	-	120	120
Bariumsulfat (Schwerspat)	13462-86-7	5,3	2.680	2.690
Bariumverbindungen, organische	10196-68-6	-	1,6	1,6
Bentanone 38	71011-27-3	2,4		2,4
Benzoesäure (BES)	65-85-0	1,3	66	67

x: keine Aufteilung möglich

Tabelle 8.1: ***Reifen- und TSE-Inhaltsstoffe und ihre Einsatzmengen in der Bundesrepublik Deutschland (1996)***

Quelle: Industrieangaben WDK / INFU-Umfrage

Substanz	CAS-Nr.	ges. Reifen (in t/a)	ges. TSE (in t/a)	Summe TSE und Reifen (in t/a)
Benzoesäure, Natriumsalz	532-32-1	-	2	2
Benzolsulfonylhydrazid (BSH)	80-17-1	-	17	17
1,2,4-Benzotricarbonsäure-decycloctylester	67989-23-5	x	x	21
Benzyl-2-ethylhexyl-adipinsäureester (BEHA)	58394-64-2	91	200	290
Bis(N-methyl-piperazino)-thiuramdisulfid (MPTD)	20231-01-0	-	1	1
Bis-(2,4-dichlorbenzoyl)-peroxid	133-14-2	-	1	1
4,4'-Bis-(a,a-dimethylbenzyl)-diphenylamin	10081-67-1	-	2,3	2,3
Bisphenol-A-Epoxidharz	25068-38-6	-	3	3
4,4'-Bis(2,6-tert.-butylphenol)	128-38-1	-	21	21
1,4-Bis(tert.-butylperoxid-isopropyl)-benzol	2781-00-2	-	93	93
Bis(3-triethoxysilylpropyl)-tetrasulfid (Si69) Mischung aus Bis(3-triethoxysilylpropyl)tetrasulfan und Ruß	40372-72-3	590 253	61 -	650 253
Bitumen	8052-42-2	-	1.750	1.750
Blei(II)oxid	1317-36-8	-	140	140
Blei(II,IV)oxid	1314-41-6	16	190	210
dibasisches Bleiphosphit	24824-71-3	-	110	110
dibasisches Bleiphthalat	57142-78-6	-	120	120
Bleisalze, organische		-	0,1	0,1
Bleisilikat, basisches (BSWL 202)	10099-76-0	-	5,8	5,8
Butandioldimethacrylat (BDMA)	2082-81-7	-	13	13
N-tert -Butyl-benzothiazolsulfenamid (TBBS)	95-31-8	700	270	970
N-tert -Butyl-benzothiazolsulfenimid (TBSI)	3741-80-8	27	-	27
Butylbenzylphthalat (BBP)	85-68-7	-	34	34
2-Butoxyethanol	111-76-2	2,2	-	2,2
Butylhydroxytoluol (BHT)	128-37-0	-	8,8	8,8
Butylphenol-Acetylen-Kondensationsprodukt		x	x	61
Butylphenolharz	25085-50-1	5,3	-	5,3
Butylpolyether	9038-95-3	-	135	135
i-Butyloleat		4,3	-	4,3
C.I. Pigment blue, yellow, orange (Hostasin)		-	2,3	2,3
C.I. Pigment red		-	11	11
CA-Lignosulphonate	8061-52-7	-	37	37
Calciumcarbonat	471-34-1	820	7.240	8.060
Calciumhydroxid	1305-62-0	19	25	44
Calciumoxid	1305-78-8	13	1.260	1.270
Calciumseifen		-	90	90
Calciumsilikat	1344-95-2	-	55	55

x: keine Aufteilung möglich

Tabelle 8.1: ***Reifen- und TSE-Inhaltsstoffe und ihre Einsatzmengen in der Bundesrepublik Deutschland (1996) (Fortsetzung)***

Quelle. Industrieangaben WDK / INFU-Umfrage

Substanz	CAS-Nr.	ges. Reifen (in t/a)	ges. TSE (in t/a)	Summe TSE und Reifen (in t/a)
Calciumstearat	1592-23-0	1.330	28.620	29.950
Caprolactamdisulfid (CLD)	23847-08-7	0,7	99	100
Caprylsäure, Natriumsalz	1984-06-1	-	0,8	0,8
Carboxylhaltiges Polybutadienöl		-	47	47
Carnaubawachs	8015-86-9	x	x	1
Cellulose	9004-34-6	-	108	108
Chemosil X 8533		-	3,3	3,3
Chlorkautschuk	9006-03-5	-	2.770	2.770
3-Chlorpropyltriethoxysilan (Cl-PTES)	5089-70-3	-	15,3	15,3
Chlorschwefelfaktisse, weiß		-	23	23
Chromoxid (Dichromtrioxid)	1308-38-9	-	10	10
Chromoxid-Pigmente		-	6,8	6,8
Carboxymethylcellulose (CMC)	9000-11-7	2,7	-	2,7
Cobalt/Bor-Caboxylat		x	x	10
Cobaltsalze, organisch Cobaltnaphthenat Cobaltstearat	 1002-88-6	870 20 198	- 7,0 -	870 27 198
Coplolymerisat aus Propen, Ethen u. Ethylidennorbornen	25038-36-2	x	x	2.570
Cyclohexanon	108-94-1	-	18	18
Cyclohexylbenzothiazolsulfenamid (CBS)	95-33-0	1.580	450	2.030
Cyclohexylethylamin (CEA)	5459-93-8	-	3,4	3,4
N-Cyclohexylthiophthalimid (CTP)	17796-82-6	230	71	300
Cycloocten, Polymer	25267-51-0	x	x	77
Destillate (Erdöl)	64741-88-4	x	x	1.320
Di-2-ethylhexyladipat (DEHA)	103-23-1	-	76	76
Di-2-ethylhexylsebacat (DOS)	2432-87-3	-	620	620
Di-Alkyl-Arylphosphit	1254-78-0	-	1,6	1,6
Di-o-tolylguanidin (DOTG)	97-39-2	14	30	44
1,3-Diacetoxybenzol	108-58-7	-	66	66
Diallylphthalat (DAP)	131-17-9	-	0,8	0,8
Gemisch aus Diaryl-p-phenyldiamin (DAPD)	68953-84-4	530	130	660
Dibenzylether	103-50-4	-	3,4	3,4
Dibutoxyethoxyethyladipat (DBEEA)	141-17-3	-	3,4	3,4
Dibutylphthalat (DBP)	84-74-2	1,1	55	56
Dichlormethan	75-09-2	-	180	180
3,4-Dichlorphenyl-1,1-dimethylharnstoff (Diuron)	330-54-1	-	1,7	1,7
N,N'-Dicinnamyliden-1,6-hexandiamin	140-73-8	-	1,5	1,5
Dicumylperoxid (DCP)	80-43-3	17	11	28

x: keine Aufteilung möglich

Tabelle 8.1: ***Reifen- und TSE-Inhaltsstoffe und ihre Einsatzmengen in der Bundesrepublik Deutschland (1996) (Fortsetzung)***

Quelle: Industrieangaben WDK / INFU-Umfrage

Substanz	CAS-Nr.	ges. Reifen (in t/a)	ges. TSE (in t/a)	Summe TSE und Reifen (in t/a)
Dicumyliphenylamin	9003-53-6	-	55	55
Dicyclohexylbenzothiazolsulfenamid (DCBS)	4979-32-2	550	0,8	550
N,N'-Di-(1,4-dimethylpentyl)-p-phenylendiamin (77PD)	3081-14-9	200	9,3	210
Diethanolamin (DEA)	111-42-2	1,9	-	1,9
Diethylthioharnstoff (DETU)	105-55-5	-	31	31
1,3-Dihydroxybenzol (Resorcin)	108-46-3	570	280	850
2,2-Dihydroxydiethylether (Diethylenglykol) (DEG)	111-46-6	-	78	78
Diisobutylphthalat (DIBP)	84-69-5	-	13	13
Diisononylphthalat (DINP)	28553-12-0	-	17	17
Dimercaptothiadiazol (DMTD)	1072-71-5	-	2,5	2,5
Dimersäure		-	3,4	3,4
2-[2-(1,1-Dimethoxy-pentyloxy)ethoxy]ethanol	143-29-3	-	21	21
N-(1,3-Dimethylbutyl)-N'-phenyl-p-phenylendiamin (6PPD)	793-24-8	3.530	14	3.540
N-N'-Dimethyldiphenylthiuramdisulfid (MPTD)	10591-84-1	2,7	89	91,7
Dimethylformamid	68-12-3	-	2	2
N,N'-Dinaphthyl-p-phenylendiamin (DNPD)	93-46-9	-	3,8	3,8
Dinitrosodiphenylguanidin		-	3	3
Dioctylazelat (DOZ)	103-24-2	-	1	1
Dioctyldiphenylamin (ODPA)	101-67-7	35	150	190
N,N'-Dioctyl-p-phenylendiamin (N,N'-Di-(1-ethyl-3-methylpentyl)-p-phenylendiamin) (DOPD)	139-60-6	-	3,4	3,4
Dioctylsebacat	122-62-3	x	x	95
Dipentamethylenthiuramtetrasulfid (DPTT)	120-54-7	- x	71 x	71 8
Diphenylamine, octylierte	15721-78-5 4175-37-5	-	294	294
Diphenylamin, styrolisiert (SDPA)	68442-68-2	17	110	130
Diphenylamin, substituiert		-	8,3	8,3
Diphenylguanidin (DPG)	102-06-7	420	52	470
Diphenylkresylphosphat (DPCF)	26444-49-5	-	3,4	3,4
N,N'-Diphenyl-p-phenylendiamin (DPPD)	74-31-7	-	22	22
Diphenylpropan (Bisphenol A)	80-05-7	270	3,4	270
Diphenylthioharnstoff (DPTU)	102-08-9	-	1,7	1,7
Dispergum-Typen		-	3,6	3,6
2,5-Di-tert.-butylperoxy-2,5-dimethylhexan (DBPH)	78-63-7	1,5	98	100
4,4-Di-tert.-butylperoxy-n-butyl-valerat	995-33-5	2,6	0,3	2,9
2',2'''-Dithiobis(benzanilid)	135-57-9	110	6,9	120
Dithiocarbamat 80 % auf Polymerbinder		-	10	10

x: keine Aufteilung möglich

Tabelle 8.1: Reifen- und TSE-Inhaltsstoffe und ihre Einsatzmengen in der Bundesrepublik Deutschland (1996) (Fortsetzung)

Quelle: Industrieangaben WDK / INFU-Umfrage

Substanz	CAS-Nr.	ges. Reifen (in t/a)	ges. TSE (in t/a)	Summe TSE und Reifen (in t/a)
Dithiodimorpholin (DTDM)	103-34-4	-	120	120
N,N'-Ditolyl-p-phenylendiamin (DTPD)	620-91-7	140	5,5	150
Eisen(II,III)oxid (Eisenoxid)	1317-61-9	-	28	28
Eisen(III)oxid (Eisenglimmer)	1309-37-1	-	46	46
Eisenoxidhydroxid	20344-49-4	-	17	17
Erucasäureamid		-	10	10
(Div.) Esterweichmacher		-	150	150
Ethandiol	107-21-1	-	218	218
Ethandioldimethacrylat (EDMA)	97-90-5	-	0,2	0,2
Ethanol	64-17-5	32	39	71
2-Ethoxyethanol	110-80-2	0,54	-	0,54
Ethylacetat	141-78-6	3,5	900	900
Ethylen-Methylacrylat-Copolymer		279	-	279
Ethylen/Propylen-Kautschuk	9010-79-1	-	466	466
Ethylenthioharnstoff (ETU)	96-45-7	8	130	140
Faktis (geschwefelte, pflanzliche, fette Öle)		x	x	61
Faktis (schwefel- und chlorfrei)		-	20	20
Faktis, braun, Schwefel-		-	290	290
Faktis, gelb, Schwefel-		-	76	76
Fettalkohol/Fettsäureester/Seife		-	110	110
Fettalkoholalkoxylat		3,2	-	3,2
Fettalkoholester		-	340	340
Fettalkoholpolyglykolether		109	-	109
fettsaure Zinksalze		110	23	130
Fettsäureamide/Seife		-	7,9	7,9
Fettsäurederivate u. Silikone		61	1.204	1.265
Fettsäuremethyltaurid, Natriumsalz		-	6,4	6,4
Fettsäuretriglykolester		-	35	35
Fichtenteer		-	34	34
Fluorcarbonpolymere		-	17	17
Formaldehyd	50-00-0	2,1	-	2,1
Gemisch aus Silikaten, Stearaten, Tensiden und Carbonaten		x	x	180
Glycerin	56-81-5	2,7	29	32
Glykole		-	10	10
Granulat G 274 (PVC)		-	21	21
Granulat G 591 (PVC)		-	38	38
Hartwachs (synthetisch)		-	99	99

x: keine Aufteilung möglich

Tabelle 8.1: ***Reifen- und TSE-Inhaltsstoffe und ihre Einsatzmengen in der Bundesrepublik Deutschland (1996) (Fortsetzung)***

Quelle. Industrieangaben WDK / INFU-Umfrage

Substanz	CAS-Nr.	ges. Reifen (in t/a)	ges. TSE (in t/a)	Summe TSE und Reifen (in t/a)
Harz, aliphatisches KW-		x	x	280
Harz, aromatisches KW-		155	9,6	165
Harz, Cumaron-		-	0,8	0,8
Harz, Cumaron-Inden-	63393-89-5	x 770	x 330	170 1.100
Harz, Keton-		0,5	-	0,5
Harz, Kohlenwasserstoff-		-	100	100
Harz, Resorcin/Formaldehyd- (vorkondensiert)		4,7	-	4,7
Harz, Xylol-Formaldehyd-	9006-24-0	x	x	69
Hexamethoxymethylamin (65%), hydroxyl. Siliciumdioxid (35%)		263	-	263
Hexamethoxymethylmelamin		-	0,8	0,8
Hexamethylendiamincarbamat (HMDAC)	143-06-0	4	8,8	13
Hexamethylentetramin (HEXA)	100-97-0	300	140	440
Hexamethylolmelaminethylether		400	3,4	400
5,8,11,13,16,19-Hexaoxatricosan	112-34-5	x	x	36
Hexylenglykol	107-41-5	-	2,4	2,4
Holzderivat (Harz- u. Fett- (säuren, öle)), Fettalkohole		x	x	40
Holzharz/Kolophonium	8050-09-7	2.220	110	2.330
Hydrazin	302-01-2	-	4,1	4,1
Hydrocarbon, fluoriert		-	36	36
Hydroxyethylcellulose		-	2,7	2,7
Hydroxylammoniumchlorid	5470-11-1	13	-	13
Isocyanat, Polymer		-	5,8	5,8
Isopropanol	67-63-0	120	21	140
N-Isopropyl-N'-phenyl-p-phenylendiamin (IPPD)	101-72-4	460	580	1.040
Kaliumseifen		-	0,7	0,7
Kaolin	1332-58-7	-	ca 200.000	ca 200.000
Kaolinit	1318-74-7	220	920	1.140
Kautschuk, Butadien (BR)	9003-17-2	x	x	50.000
Kautschuk, Butyl- (IIR)	9010-85-9	x	x	17.000
Kautschuk, Chlorbutyl-		x	x	3.380
Kautschuk, Chloropren (CR)	9010-98-4	x	x	11.000
Kautschuk, Epichlorhydrin-		x	x	460
Kautschuk, Ethylen-Propylen (EPM/EPDM)		x	x	46.000
Kautschuk, hydriert. Acrylnitril-Butadien- (HNBR) bzw. NBR (nicht hydrierte Form)	88254-10-8	x	x	9.500
Kautschuk, Isopren- (IR)	9003-31-0	x	x	6.500

x: keine Aufteilung möglich

Tabelle 8.1: ***Reifen- und TSE-Inhaltsstoffe und ihre Einsatzmengen in der Bundesrepublik Deutschland (1996) (Fortsetzung)***

Quelle: Industrieangaben WDK / INFU-Umfrage

Substanz	CAS-Nr.	ges. Reifen (in t/a)	ges. TSE (in t/a)	Summe TSE und Reifen (in t/a)
Kautschuk, Silikon		x	x	3.000
Kautschuk, Styrol-Butadien (SBR)	9003-55-8	x	x-	105.000
Kautschuk, SBR-Öl-Russ-Batches (volles Gewicht)		x	x	430
Kautschuk, sonstiger Synthese-		x	x	10.000
geglühte Kieselgur	91053-39-3	-	1,5	1,5
Kieselsäure Kieselsäure, amorph; Kieselerde Kieselsäure (Silicagel, Diatomeenerde) Siliciumdioxid	11120-22-2 7631-86-9 1343-98-2 112926-00-8	- 10.052 2.870 2.000	2,2 2.656 270 180	2,2 12.708 3.140 2.180
Kohlenwasserstoffe, chloriert aliphatisch	63449-39-6	x	x	2.870
Kohlenwasserstoffe, naphthenisch	92062-15-2	-	59	59
Kohlenwasserstoffe, C9-ungesättigt, polymer		x	x	100
Kohlenwasserstoffwachs		310	98	410
Kondensationsprodukt aus Butyraldehyd u. Anilin (BAA)	9003-37-6	-	2,3	2,3
Koresin	28514-92-3	53	-	53
Kunststoffe, sonstige		x	x	9.000
Kupferdialkyldithiophosphat		-	1,2	1,2
Kupferdimethyldithiocarbamat (CuDMC)	137-29-1	-	2,7	2,7
Kupferphthalocyanin	147-14-8	-	6,9	6,9
Latex (Natur-Latex)		267	-	267
Laurinsäure	143-07-7	1,3	-	1,3
Leinöl, epoxidiert (ELO)	8016-11-3	-	21	21
Leinölfirnis	68649-95-6	x	x	1,3
Lichtschutzwachs		453	-	453
Magnesiumaluminiumsilikat	12199-37-0	-	55	55
Magnesiumcarbonat	546-93-0	-	65	65
Magnesiumoxid	1309-48-4	210	1.050	1.260
Magnesiumsilikat	10034-94-3	-	52	52
Magnesiumstearat	557-04-0	-	57	57
p-Mentha-1,8-dienlimonen	138-86-3	1	-	1
2-Mercaptobenzimidazol (MBI)	583-39-1	-	19	19
2-Mercaptobenzothiazol (MBT)	149-30-4	22	220	240
2-Mercaptobenzothiazoldisulfid (MBTS)	120-78-5	540	240	780
γ-Mercaptopropyltrimethoxysilan	4420-74-0	-	4,2	4,2
Methanol	67-56-1	-	36	36
4- oder 5-Methyl-2-benzimidazolthiol (MMBI)	53988-10-6	7,6	120	130
Methyl-12-Hydroxystearat		-	2,8	2,8
2,2'-Methylen-bis(4-ethyl-6-tert.-butylphenol)	88-24-4	-	0,1	0,1

x: keine Aufteilung möglich

Tabelle 8.1: Reifen- und TSE-Inhaltsstoffe und ihre Einsatzmengen in der Bundesrepublik Deutschland (1996) (Fortsetzung)

Quelle: Industrieangaben WDK / INFU-Umfrage

Substanz	CAS-Nr.	ges. Reifen (in t/a)	ges. TSE (in t/a)	Summe TSE und Reifen (in t/a)
2,2'-Methylen-bis-(4-methyl-6-tert-butylphenol) (BPH)	119-47-1	0,6	23	23,6
Methylen-bis-thioglykolsäurebutylester	14338-82-0	31	140	170
Methylethylketon	78-93-3	2,7	590	590
N-(1-Methyl-heptyl)-N'-phenyl-p-phenylendiamin (8PPD)	15233-47-3	-	3,4	3,4
Methylmercaptobenzimidazol (MMBI)	105377-24-0	-	17	17
5-Methyl-2-mercaptobenzimidazol (MMBI)	27231-36-3	13	110	120
Methylolmelamin, verethert (50%),		2,7	90	92,7
4-Methyl-2-pentanon (MIBK)	108-10-1	-	48	48
α-Methylstyrolharz	9011-11-4	59	-	59
3-Methyl-2-thiazolidinthion (CRV)	1908-87-8	-	0,3	0,3
Mikrowachs	63231-60-7	-	3,4	3,4
Mineralkautschuk	64742-93-4	1,9	31	33
Mineralöl	64742-30-9 64741-88-4 64741-96-4	2.930	-	2.930
Mineralöl, hochraffiniert	64742-52-5	x	x	1.240
Mineralölweichmacher, aromatisch	64742-04-7 64742-11-6	20.090	5.644	25.734
Mineralölweichmacher, naphthenisch	64741-96-4	80	800	880
Mineralölweichmacher, paraffinisch	64741-88-4 (8012-95-1)	-	12.740	12.740
N-Morpholinyl-benzothiazoldisulfid (MBSS)	95-32-9	-	2,7	2,7
N-Morpholinyl-benzothiazolsulfenamid (MBS)	102-77-2	-	67	67
Natiumstearat	822-16-2	-	4,9	4,9
Natrium-Aluminium-Silikat	1344-00-9	-	93	93
Natrium-Carboxymethylcellulose		17	-	17
Natriumdodecylsulfat (Natriumlaurylsulfat)	151-21-3	-	0,3	0,3
Natrium-Hexamethylenbisthiosulfat		10,7	-	10,7
Natriumhydroxid (50 % wässrig Lösung)	1310-73-2	x	x	14
Natriumseifen		-	2,7	2,7
Neuburger Kieselerde		-	1.640	1.640
Nickeldibutyldithiocarbamat (NiDBC)	13927-77-0	5,3	67	72
Nickeldimethyldithiocarbamat	15521-65-0	-	18	18
Nickeldithiocarbamate		-	5,6	5,6
n-Octadecylamin	124-30-1	1,3	5,5	6,8
Octadecyl-3-(3,5-di-tert.-butyl-4-hydroxylphenyl)propionat		-	27	27
octylendständiges Poly(1,3-Butandiol-1,2-Propandiol-Adiphat)	63149-79-1	x	x	52
octylierte Phenole	75975-86-9	-	25	25
Octylphenolharz	26678-93-3	60	-	60
Oleamid	301-02-0	x	x	4,4

x: keine Aufteilung möglich

Tabelle 8.1: ***Reifen- und TSE-Inhaltsstoffe und ihre Einsatzmengen in der Bundesrepublik Deutschland (1996) (Fortsetzung)***

Quelle. Industrieangaben WDK / INFU-Umfrage

Substanz	CAS-Nr.	ges. Reifen (in t/a)	ges. TSE (in t/a)	Summe TSE und Reifen (in t/a)
Oleinsulfonat, Natriumsalz		2	-	2
Ölsäureamid		-	1,2	1,2
Oxalsäure (Ethandisäure)	144-62-7	9,3	-	9,3
p,p-Oxybis(benzolsulfonsäurehydrazid) (OBSH)	80-51-3	-	9,1	9,1
N-Oxydiethylendithiocarbamyl-N'-oxydiethylensulfenamid (OTOS)	13752-51-7	-	27	27
Paraffin-Kohlenwasserstoffe	64742-43-4	x	x	930
Paraffin (Chlorparaffin)	8002-74-2	570	4.020	4.590
Paraffinöl		547	-	547
Pentachlorthiophenol	133-49-3	-	0,7	0,7
Pentaerythrit	115-77-5	3,6	2,8	6,4
Pentaerythrit-bis-tetrahydro-benzaldehydacetat		-	34	34
Pentaerythritester		-	2,4	2,4
Petroleum	8009-03-8	6,7	-	6,7
Phenol-Aldehydharz		1.134	-	1.134
Phenol, Polymer mit Formaldehyd	9003-35-4	590	150	740
Phenol-Formaldehyd-Novolake		150	-	150
Phenolharz		-	16	16
Phenol, sterisch gehindert		-	3,4	3,4
Phenol, styrolisiert (SPH)	61788-44-1	220	-	220
Phenol, styrolisiert, alkyliert (SAPH)		-	3,4	3,4
Phenol, substituiert (DS)		-	0,6	0,6
m-Phenylendimaleindiimid	3006-93-7	-	43	43
Phenylendiisopropyliden-bis-(tert.-butylperoxid)	25155-25-3	-	32	32
Phthalocyanin-Farbstoffe		2,4	-	2,4
Phthalsäure-(2-ethylhexyl)-diester (DEHP)	117-81-7	110	1.640	1.750
Phthalsäureanhydrid (PTA)	85-44-9	2,7	35	38
Polyalkylbenzol		-	8,4	8,4
Polyalkylenglykol		-	410	410
Polyamid		0,8	-	0,8
Polyamid, -Co-Kondensat		-	2,5	2,5
Polyester	25038-59-9	-	336	336
Polyesterpolyether		-	1	1
Polyether		-	279	279
Polyether-Emulsion		3,2	-	3,2
Polyetherthioether		8	493	501
Polyethylen, chlorsulfonierte	68037-39-8	x	x	270
Niederdruck-Polyethylen, chloriert	64754-90-1	x	x	62

x: keine Aufteilung möglich

Tabelle 8.1: ***Reifen- und TSE-Inhaltsstoffe und ihre Einsatzmengen in der Bundesrepublik Deutschland (1996) (Fortsetzung)***

Quelle: Industrieangaben WDK / INFU-Umfrage

Substanz	CAS-Nr.	ges. Reifen (in t/a)	ges. TSE (in t/a)	Summe TSE und Reifen (in t/a)
Polyethylenglycol	25322-68-3	34	230	260
Polyisobuten		-	5,9	5,9
cis-1,4-Polyisopren (Naturkautschuk)	9006-04-6	x	x	193.000
Polyolefin		-	28	28
Polysiloxan (polyethermodifiziert)		4,9	-	4,9
Polysulfid, polymer		-	31	31
Polytetrafluorethen (PTFE)	9002-84-0	-	0,1	0,1
Polyurethan-Rohstoffe		x	x	3.600
Polyvinylalkohole, teilverseift		3,2	-	3,2
Polyvinylchlorid (PVC)	9002-86-2	x	x	3.400
Promol PD		-	0,6	0,6
Propanon (Aceton)	67-64-1	-	2,4	2,4
1,2-Propylenglykol	57-55-6	-	470	470
Quarz	14808-60-7	x	x	764
Rapsöl	8002-13-9	-	11	11
Reaktionsprodukt aus Aceton und Anilin	20132-13-2	400	-	400
Reaktionsprodukt aus Diphenylamin und Aceton	9003-79-6	-	34	34
Reaktionsprodukt von Butyraldehyd mit Anilin	68411-20-1	-	2,3	2,3
Resorcin-Formaldehyd-Harze		-	20	20
Rizinusöl	8001-79-4	100	21	120
Ruß Carbonschwarz Graphit	7440-44-0 1333-86-4 7782-42-5	106.760 53.330 7,2	48 270 32.780 24	155.030 86.110 31
Schmierseife		x	x	11
Schutzwachs		-	570	570
Schwefel Schwefelpräparationen (unlösl. S)	7704-34-9 9035-99-8	4.290 670	1.500 -	5.790 670
fl. Seifen und Detergentien		-	6,4	6,4
Siedegrenzenbenzin (siehe auch Spezialbenzin)	64742-49-0	x	x	2.677
siliciumorganische Verbindungen		-	1	1
Silikonöle oder Silikonöldispersionen		x	x	79
epoxidiertes Sojaöl (ESO)	8013-07-8	0,5	-	0,5
Sorbitanfettsäureester		-	0,7	0,7
Spezialbenzin, entaromatisiert 100/140 (siehe auch Siedegrenzenbenzin)		2.133	-	2.133
Spezialbenzin, entaromatisiert 80/110 (siehe auch Siedegrenzenbenzin)		200	-	200
Stearinsäure	57-11-4	4 550	1.400	5.950

x: keine Aufteilung möglich

Tabelle 8.1: ***Reifen- und TSE-Inhaltsstoffe und ihre Einsatzmengen in der Bundesrepublik Deutschland (1996) (Fortsetzung)***

Quelle: Industrieangaben WDK / INFU-Umfrage

Substanz	CAS-Nr.	ges. Reifen (in t/a)	ges. TSE (in t/a)	Summe TSE und Reifen (in t/a)
Structol-Typen		2,4	31	33
Struktol MR 161		-	100	100
Struktol WB 16		-	27	27
4,4'-Sulphonyldiphenol	80-09-1	-	2,3	2,3
Talgamin, hydriert		16	-	16
Talkum	14807-96-6	2.670	1.890	4.560
Tellurdiethyldithiocarbamat (TeDEC)	20941-65-5	-	24	24
Tetrabenzylthiuramdisulfid (TBzTD)	10591-85-2	4,4	19	23
Tetrabutylthiurammonosulfid	93-73-2	-	0,3	0,3
Tetrachlorethen	127-18-4	26	140	170
Tetramethylthiuramdisulfid (TMTD)	137-26-8	48	390	440
Tetramethylthiurammonosulfid (TMTM)	97-74-5	-	73	73
Thiadiazol-Derivat, Weichmacher u. chloriert. Polyethylen		-	3,5	3,5
Thiodiglycolsäure-di-2-ethyl-hexylester	24293-43-4	-	3,4	3,4
Thionophosphorsäure-tris-[p-isocyanatophenyl]-ester	4151-51-3	-	4,9	4,9
Titandioxid	1317-80-2	16	650	670
α-Tocopherol (ATP)	59-02-9	-	6,9	6,9
Toluol	108-88-3	130	2.710	2.840
1-o-Toluolbiguanidin	27550-75-0	-	1,4	1,4
p-Toluolsulfonsäurehydrazid (TSH)	1576-35-8	-	0,7	0,7
o-Tolylbiguanidin (OTBG)	93-69-6	-	15	15
Trennmittel auf Basis oberflächenaktiver Substanzen		25		25
1,1,2-Trichlorethen	79-01-6	-	280	280
Tri-2-ethylhexyltrimellitat (TOTM)	3319-31-1	-	14	14
Triallylcyanurat (TAC)	101-37-1	0,4	10	10
Triallylisocyanurat (TAIC)		6,3	0,1	6,4
Triarylphosphat, isopropyliert	68937-41-7	1,5	34	35,5
Trichlormethylthiosulfanilid	2280-49-1	-	15	15
Tricresylphosphat (TCP)	1330-78-5	-	0,9	0,9
Triethanolamin (TEA)	102-71-6	-	6,7	6,7
Triethylenglycolester aus C5-C9-Säuren	84988-81-8	-	159	159
Trimellithsäureester		-	17	17
Trimethylcyclohexyliden-bis-(tert.-butylperoxid) (TMCH)	6731-36-8	-	9,4	9,4
2,2,4-Trimethyl-1,2-dihydrochinolin, Polymer (TMQ)	26780-96-1	970	410	1.380
Trimethylolpropantrimethacrylat (TMPT)	3290-92-4	5,3	35	40
Trioctylphosphat (TOF)	1806-54-8	4	14	18
Triphenylmethantriisocyanat	2422-91-5	-	16	16

x: keine Aufteilung möglich

Tabelle 8.1: ***Reifen- und TSE-Inhaltsstoffe und ihre Einsatzmengen in der Bundesrepublik Deutschland (1996) (Fortsetzung)***

Quelle: Industrieangaben WDK / INFU-Umfrage

Substanz	CAS-Nr.	ges. Reifen (in t/a)	ges. TSE (in t/a)	Summe TSE und Reifen (in t/a)
Tris(2-ethylhexyl)-phosphat	78-42-2		4,2	4,2
Ultramarinblau	57455-37-5	-	6,9	6,9
Vanilin	121-33-5	-	0,1	0,1
Vaseline		1,3	-	1,3
Vinylchlorid/Vinylacetat-Copolymer		1,1	-	1,1
Vinylpyridin-Latex (VP-Latex)		220	-	220
Wachs- und Paraffinprodukte		-	0,2	0,2
wässr. Dispersion von Metallstearaten (Mg, Ca), Wachsen u. Tensiden		x	x	7,6
wässr. Dispersion von Polymeren, Wachsen u. Silikonen		7,1	-	7,1
wässr. Suspensium von Füllstoffen u Tensiden		x	x	48
wässr. Suspensium von Polydimethylsiloxan und Emulgatoren		245	-	245
Weißöle auf Mineralölbasis	8042-47-5	-	115	115
Wollastonit	13983-17-0	-	6,4	6,4
Xylol, Isomerengemisch	1330-20-7	19	530	550
Zellulosefasern		-	1,2	1,2
Zink-2-mercaptobenzothiazol (ZMBT)	155-04-4	-	3,4	3,4
Zink-bis[4(oder5)-]-methyl-2-benzimidazolthiolat (ZMMBI)	61617-00-3	2,1	17	19
Zink-di-2-ethylhexanoat	136-53-8	-	6,6	6,6
Zink-O,O-di-n-butylphosphordithioat	6990-43-8	1,3	49	50
Zinkaminodithiophosphat		-	3,4	3,4
Zinkborat	138265-88-0	-	10	10
Zinkcarbonat	3486-35-9	5,8	4,3	10
Zinkdibenzyldithiocarbamat (ZBEC)	14726-36-4	13	26	39
Zinkdibutyldithiocarbamat (ZDBC)	136-23-2	-	160	160
Zinkdibutyldithiophosphat (ZDBP)	42583-00-6	-	50	50
Zinkdiethyldithiocarbamat (ZDEC)	14324-55-1	2,7	18	21
Zinkdimethyldithiocarbamat (ZDMC)	137-30-4	0,9	70	71
Zinkethylhexanoat (ZEH)		-	3,2	3,2
Zinkethylphenyldithiocarbamat (ZEPC)	14634-93-6	-	36	36
Zinkmethacrylat	13189-00-9	-	3,1	3,1
Zinkoxid	1314-13-2	13.070	5.430	18.500
Zinkpentachlorthiophenat	117-97-5	-	0,1	0,1
Zinkperoxid	1314-22-3	1 600	15	1.620
Zinkseifen		620	140	760
Zinkstearat	557-05-1	160	240	400
zweibasisches Bleiphosphit	12141-20-7	10,6	-	10,6

x: keine Aufteilung möglich

Tabelle 8.1: ***Reifen- und TSE-Inhaltsstoffe und ihre Einsatzmengen in der Bundesrepublik Deutschland (1996) (Fortsetzung)***

Quelle: Industrieangaben WDK / INFU-Umfrage

8.2 Kennzeichnungen

In den Tabellen 8.2 bis 8.16 werden die von den bei der Herstellung von Reifen verwendeten Substanzen, den enthaltenen Verunreinigungen und den Umsetzungs- und Zersetzungsprodukten ausgehenden Gesundheitsgefährdungen und Umweltauswirkungen dargestellt.
Es werden die gesundheitlichen Auswirkungen auf den Menschen kurz beschrieben. Diese Schädigungspotentiale sind u.a. der MAK- und BAT-Werte-Liste der Deutschen Forschungsgemeinschaft, dem Hommel (Handbuch der gefährlichen Güter) und den BUA-Stoffberichten (Beratergremium für umweltrelevante Altstoffe) entnommen. Außerdem werden die Gefährlichkeitsmerkmale nach der Gefahrstoffverordnung durch den oder die Kennbuchstaben sowie die Hinweise auf besondere Gefahren (R-Sätze) angegeben. Sind die Stoffe nicht in der Gefahrstoffverordnung beurteilt, so werden die Einstufungen anderer Autoren oder von Sicherheitsdatenblätter angegeben.

Die Kennbuchstaben haben folgende Bedeutung:

T+	sehr giftig	E	explosionsgefährlich
T	giftig	O	brandfördernd
Xn	mindergiftig	F+	hochentzündlich
C	ätzend	F	leichtentzündlich
Xi	reizend	N	umweltgefährlich

Für die Auswirkungen auf die Umwelt wird u.a. die Wassergefährdungsklasse (WGK) angegeben. Die Einstufung eines Stoffes in die Wassergefährdungsklasse erfolgt aufgrund seiner physikalischen, chemischen und biologischen Stoffeigenschaften. Dabei werden die akute Toxizität bei Ratten (LD 50 oral), die akute Bakterientoxizität und die akute Fischtoxizität (LC 0) berücksichtigt. Die Einteilung erfolgt in vier Klassen:

WGK 0	im allgemeinen nicht wassergefährdend
WGK 1	schwach wassergefährdend
WGK 2	wassergefährdend
WGK 3	stark wassergefährdend

Bei der Beschreibung der Auswirkungen auf die Umwelt werden Angaben zur direkten Schadwirkung auf Fische (LC-Werte) sowie auf andere Wasserorganismen, z.B. Wasserflöhe (Daphnien), Algen und Bakterien (EC-Werte), gemacht.
Es werden Angaben zum biologischen Abbau der Substanzen gemacht. Oft sind das qualitative bis halbquantitative Angaben, z.B. biologisch leicht abbaubar. Durch die Angabe des CSB-Wertes (chemischer Sauerstoffbedarf) und des BSB 5-Wertes (biologischer Sauerstoffbedarf nach 5 Tagen) kann der aerobe Bioabbau abgeschätzt werden.

8.3 Polymere

Im Bereich der Polymere können Gesundheitsgefahren durch die in den reinen Polymeren evtl. noch in geringen Mengen enthalten Monomeren entstehen, die aufgrund ihrer Flüch-

tigkeit bei der Mischungsherstellung und Vulkanisation ausdünsten können. Die Menge der in Festkautschuken enthaltenen Restmonomeren ist in den letzten Jahren deutlich verringert worden und liegt im allgemeinen im Spurenbereich.
Außer den Monomeren sind die bei der Polymerisation zugegebenen Regler, Emulgatorsysteme und Stabilisatoren in den Polymeren enthalten, die zu Emissionen führen können bzw. aus denen bei der Vulkanisation Zersetzungsprodukte entstehen können. In Tabelle 8.2 sind einige wichtige Monomere mit ihren Gesundheitsgefahren aufgeführt, die bei der Herstellung von synthetischem Kautschuk eingesetzt werden.

Monomer (CAS-Nr.)	**Kautschukart**	**Gefahr nach GefStoffV**	**andere Einstufungen / WGK**	**Schädigungspotential**
Acrylnitril (107-13-1)	NBR	T, F R 45-11-23/24/25-38	WGK 3	krebserregend, mutagen, Hautresorption, wirkt reizend auf Augen, Atemwege, Lunge und Haut; Schädigung des Nerven-, Atmungs- und Verdauungssystems
1,3-Butadien (106-99-0)	BR, SBR, NBR	T, F+ R 45-12	WGK 2	krebserregend, wirkt reizend auf Augen, Atemwege, Schleimhäute und Haut
Chloropren (2-Chlor-1,3-butadien) (126-99-8)	CR	Xn, F R 11-20/22-36		krebserregend, mutagen, Verdacht auf fruchtschädigende Wirkung
Chlortrifluorethen (79-38-9)	CFM	-		wirkt betäubend
Dicyclopentadien (77-73-6)	EPDM	Xn, F R 11-20/ 22-36/37/38	WGK 2	Staub wirkt reizend auf Haut, Augen und Atemwege, Schädigung des Zentralnervensystems
Epichlorhydrin (106-89-8)	CO, ECO	T R 45-10-23/24/25-34-43	WGK 3	krebserregend, Dämpfe wirken reizen auf Augen und Atemwege, Lungenödem möglich, Resorption über die Haut möglich, fischtoxisch
Ethylacrylat (140-88-5)	ACM	Xn, F R 11-20/21/22-36/37/38-43	WGK 2	wirkt reizend auf Augen, Atemwege, Lunge und Haut, Lungenödem möglich, Hautresorption, Schädigung des Zentralnervensystems, Leber- und Nierenschäden möglich
Ethen (74-85-1)	EPM, EPDM, EVM	F+ R 12	WGK 1	krebserregend, Dämpfe wirken reizend auf Augen und Atemwege, toxisch für Wasserorganismen
Ethylenoxid (75-21-8)	ECO	T, F+ R 45-46-12-23-36/37/38	WGK 2	krebserregend, mutagen, Gefahr der Hautresorption, Dämpfe wirken stark reizend und atzend auf Augen, Atemwege und Haut, Lungenödem und Leber- und Nierenschäden möglich

Tabelle 8.2: ***Schädigungspotential von Monomeren für die Herstellung von SR***

Monomer	Kautschukart	Gefahr nach GefStoffV	andere Einstu-fungen / WGK	Schädigungspotential
1,4-Hexadien (592-45-9)	EPDM		F, Xi R 11-36/37	
Hexafluorpropen (116-15-4)	HFP	Xn R 20-37		
Isobuten (115-11-7)	IIR	R 13	WGK 1	
Isopren (78-79-5)	IR, IIR	F+ R 12	WGK 1	mutagen, Dämpfe wirken reizend auf Augen und Atemwege, Lähmung des Zentralnervensystems
Methylendiphenyl-diisocyanat (101-68-8)	AU	Xn R 20-36/ 37/38-42	WGK 1	Sensibilisierung möglich, Staub- und Dampf/Luftgemische wirken reizend und schädigend auf Augen, Atemwege, Lunge und Haut
Methylmethacrylat (80-62-6)	ACM	F, Xi R 11-36/ 37/38-43	WGK 1	Dämpfe wirken reizend auf Augen und Atemwege, Lungenödem möglich, Flüssigkeit wirkt reizend auf Augen und Haut
Propen (115-07-1)	EPM, EPDM	F+ R 12	WGK 0	Gas wirkt betäubend
Propylenoxid (75-56-9)	PPO	F+, T R 45-12-20/ 21/22-36/37/38	WGK 3	möglicherweise krebserregend, Dampf wirkt reizend auf Augen und Atemwege und wirkt narkotisch, Flüssigkeit wirkt reizend auf Augen und Haut
Styrol (100-42-5)	SBR	Xn R 10-20-36/38	WGK 2	im Tierversuch krebserregend, evtl. mutagen, Dämpfe wirken reizend auf Augen und Atemwege, Flüssigkeit wirkt reizend auf Augen und Haut
Vinylacetat (108-05-4)	EVM		F R 11 WGK 2	krebserregend, evtl. mutagen, Dämpfe wirken reizend auf Augen, Flüssigkeit wirkt reizend auf Augen und Haut
Vinylchlorid (75-01-4)		F+, T R 45-12	WGK 2	krebserregend, Nervengift, erbgutverändernd, wirkt reizend auf Augen und Atemwege, Gas wirkt narkotisch, Kontakt mit der Flüssigkeit verursacht Erfrierungen; Umweltgift
Vinylidenchlorid (1,1-Dichlorethen) (75-35-4)		F+, Xn R 12-20-40	WGK <2	krebserregend, Flüssigkeit wirkt reizend auf Augen und Haut, Dampf wirkt in hohen Konzentrationen betäubend und reizend auf Augen und Atemwege, bei schweren Vergiftungen Leber- und Nierenschäden möglich
Vinylidenfluorid (75-38-7)	CFM, FKM		WGK 1	möglicherweise krebserregend, wirkt reizend auf Augen und Atemwege

Tabelle 8.2: ***Schädigungspotential von Monomeren für die Herstellung von SR (Fortsetzung)***

Die wichtigsten Monomere, die bei der Herstellung von Synthesekautschuk verwendet werden und die toxikologisch relevant sind, sind Butadien, Acrylnitril, Styrol, Vinylchlorid, Chloropren und Ethylenoxid. Besonders zu beachten sind auch die Terpolymere des EPDM, Dicyclopentadien, Ethylidennorbornen und 1,4-Hexadien.
Bei der Herstellung der Kautschuke CO und ECO wird das toxische Monomer Epichlorhydrin eingesetzt, das auch bei der Vulkanisation und im Brandfall entstehen kann. Bei Fluorpolymere können unter starker thermischer Beanspruchung Fluorwasserstoff und z.T. auch die fluorhaltigen Monomere freigesetzt werden.

Bei hohen Temperaturen in der Vulkanisation können durch den Abbau der Polymere bzw. durch Depolymerisation Zersetzungsprodukte entstehen, die mit den Vulkanisationsdämpfen oder bei der Mischungsverarbeitung, z.B. der Extrusion, entweichen oder im Kautschuk verbleiben und dann später im Produkt enthalten sind. In Tabelle 8.3 sind einige dieser Verbindungen aufgelistet, die auch in den Vulkanisationsdämpfen nachgewiesen wurden [256].

Zersetzungsprodukt	**Polymer**	**Gefahr nach GefStoffV**	**andere Einstufungen / WGK**	**Schädigungspotential**
Cyclohexen (110-83-8)	NR, SBR, BR		Xi R 11-12-36/37/38 WGK 1	Dämpfe wirken reizend auf Augen und Atemorgane, Flüssigkeit wirkt leicht reizend auf Augen und Haut
4-Vinylcyclohexen (100-40-3)	NR, SBR, BR		F, Xi R 45-11-20/21/22-36/37/38 WGK 1	
Farnesol (4602-84-0)	NR			
Cyclohexen-5-methyl-3-(1-methyl-vinyl) (65816-08-1)	NR			
Cyclohexen-1-methyl-4-(1-methyl-vinyl)	NR		Xi WGK 1	Dämpfe wirken reizend auf Augen, Atemwege und Haut, Flüssigkeit wirkt reizend auf Augen und Haut, Hautresorption mit Störung des Zentralnervensystems, allergisierend, Sensibilisierung möglich
4-tert.-Butylcyclohexen (2228-98-0)	NR			
1,4-Cyclohexadien-1-isopropyl-4-methyl (99-85-4)	NR		Xn R 10-36/37/38	

Tabelle 8.3: ***Schädigungspotential einiger Zersetzungsprodukte von Polymeren***

Zersetzungsprodukt	Polymer	Gefahr nach GefStoffV	andere Einstu- fungen / WGK	Schädigungspotential
Cyclohexen-1-methyl-3-(1-methyl-vinyl) (499-03-6)	NR			
Benzaldehyd (100-52-7)	SBR	Xn R 22	WGK 1	Dämpfe wirken betäubend und führen zur Lähmung der Atmung, Flüssigkeit wirkt reizend auf Augen und Haut, Kontaktdermatitis
α-Methylstyrol (611-15-4)	SBR	Xn R 20	-	Dämpfe wirken reizend auf Augen, Atemwege und Haut, Leber- und Nierenschäden möglich, Flüssigkeit reizend auf Augen und Haut
Dimethylstyrol	SBR			
2-(3-Cyclohexyl-)-acetaldehyd	SBR			
p-tert.-Butylstyrol	SBR			
1,2-Ditolylethan	SBR			
4-Vinylcyclohexen (100-40-3)	SBR		F, Xi R 45-11-20/21/22-36/37/38 WGK 1	
4-Phenylcyclohexen (4994-16-5)	SBR	-	-	
Isododecen	SBR (Kettenregler: Dodecyl-mercaptan)			
Triisobutylen	SBR, BR			
Tertaisobutylen	SBR, BR			
1,5-Cyclooctadien (111-78-4)	BR	-	Xi R 10-36/38 WGK 1	
1,5,9-Cyclooctatrien	BR			
Cyclododecatrien (4904-61-4)	BR	-	WGK 1	
1,3-Butadien, trimer	BR			

Tabelle 8.3: ***Schädigungspotential einiger Zersetzungsprodukte von Polymeren (Fortsetzung)***

Zersetzungsprodukt	Polymer	Gefahr nach GefStoffV	andere Einstufungen / WGK	Schädigungspotential
Toluol (108-88-3)	BR	F, Xn R 11-20	WGK 2	Nerven- und Blutgift, Hautresorption, wirkt reizend auf Augen und Atemwege, Dämpfe wirken in hohen Konzentrationen narkotisch und reizend auf Augen und Atemwege, Schädigung des Zentralnervensystems und der Leber, biologisch abbaubar; LC 50 (Daphnia magna): 470 mg/l, Schädlichkeitsgrenze für Scenedesmus quadricauda: 120 mg/l
Ethylbenzen (100-41-4)	BR	F, Xn R 11-20	WGK 1	Hautresorption, Dämpfe wirken reizend auf Augen, Atemwege und Haut, Flüssigkeit wirkt reizend auf Augen, Haut und Schleimhäute
Cyclohexen-1-chlor-5-(1-chlorvinyl)	CR			
Cyclohexen-1-chlor-4-(1-chlorvinyl)	CR			
1,5-Cyclooctadien-1,6-dichlor (29480-42-0)	CR			
3-Methyl-thiazolidin-2-on	CR			
2-Methyl-thiazolidin-2-on	CR			
2-Chlor-1,3-butadien (126-99-8)	CR	F, Xn R 11-20/ 22-36	-	Krebserzeugend, mutagen, Verdacht auf fruchtschädigende Wirkung.
Cyanocyclohexen (13048-17-4)	NBR	-	-	

Tabelle 8.3: ***Schädigungspotential einiger Zersetzungsprodukte von Polymeren (Fortsetzung)***

8.4 Vulkanisationschemikalien

Als **Vulkanisationsbeschleuniger** werden sehr unterschiedliche Stoffgruppen mit oder ohne Schwefel und in verschiedenen Kombinationen eingesetzt. Sehr häufig eingesetzte Beschleunigerklassen sind Mercaptobenzothiazole, Sulfenamide, Thiurame, Thiocarbamate, Dithiocarbamylsulfide und Thioharnstoffe. Einige Verbindungen, die in der Vergangenheit wegen ihrer Toxizität bzw. der ihrer Spalt- und Reaktionsprodukte, z.B. Morpholinsulfenamid, in der Diskussion standen, sind in weiten Bereichen durch andere Stoffe ersetzt worden.

Von den Dithiocarbamylsulfenamiden befindet sich das OTOS derzeit wegen seiner möglichen Carzinogenität in der Untersuchung [53]. Gleiches gilt für das ETU, wobei hier auch die Zersetzungsprodukte toxikologisch nicht unbedenklich sind. Neuere Untersuchungen haben bei mehreren Thiuram-, Dithiocarbamat-, Sulfenamidbeschleunigern und Schwefelspendern mutagene Verdachtsmomente ergeben [203]. Bei einem neuen Beschleunigertyp, einem Zinkdiisocyanat-Diamin-Komplex (Geniplex), können allergische Reaktionen auftreten.

Von den **Vulkanisationsverzögerern** ist das früher weit verbreitete NDPA aus toxikologischen Gründen fast vollständig eliminiert worden.

Substanz	Gefahr nach GefStoffV	andere Einstufungen / WGK	Schädigungspotential
Mastikationsmittel			
Eisenacetylacetonat (Aktiplast F) (14024-18-1)	-	Xi	
2,2'-Dithiobis-(benzanilid) (135-57-9)	-	WGK 1	
Pentachlorthiophenol (117-97-5)	-	-	
Vulkanisiermittel			
Schwefel (7704-34-9)	Xn R 36/37/ 38	WGK 0	Staub kann reizend auf Augen wirken
1,6-Bis-(dibenzyl-thiocabamoyl-disulfid)hexan			
1,6-Bis-(thiobenzoyl-disulfid)hexan			
Schwefelspender			
Dithiomorpholin (DTDM) (103-34-4)	-	Xi (SDB) R 36/38-43 (SDB) WGK 2 (SDB)	wirkt reizend auf Augen und Haut, Sensibilisierung duch Hautkontakt möglich, LC 50 (Daphnia magna): 4,5 mg/l/48h, LC 50 (Algen): 29 mg/l/96h
Caprolactamdisulfid (CLD) (23847-08-7)	-	-	-
Bis-(3-triethoxysilyl-propyl)-tetrasulfid (40372-72-3)	-	-	-
Dipentamethylen-thiuramtetrasulfid (DPTT) (120-54-7)	-	WGK 0 (SDB)	-

Tabelle 8.4: ***Schädigungspotential einiger Vulkanisationschemikalien***

Substanz	Gefahr nach GefStoffV	andere Einstufungen / WGK	Schädigungspotential
schwefelfreie Vernetzungsmittel			
Dicumylperoxid (DCP) (80-43-3)	Xi, O R 7-36/38	WGK 2	wirkt reizend auf Augen
Bis-(2,4-dichlorbenzoyl)-peroxid (133-14-2)	-	WGK 2	-
1,4-Bis(tert.-butylperoxy-isopropyl)-benzol (2781-00-2)	-	-	-
4,4-Di-tert.-butylperoxy-n-butylvalerat (995-33-5)	-	-	-
Dicinnamyliden-1,6-hexandiamin (140-73-8)	-	Xi (SDB) R 36/37/ 38 (SDB) WGK 0 (SDB)	-
2,5-Di-tert.-butylperoxy-2,5-dimethylhexan (DBPH) (78-63-7)	-	Xi, E (SDB) R 2-36/37/ 38 (SDB) WGK 2	wirkt stark reizend auf Augen und Haut
Trimethylcyclohexyliden-bis-(tert.-butylperoxid) (TMCH) (6731-36-8)		O (SDB) R 8-41 WGK 1 (SDB)	wirkt schwach reizend auf Augen und Haut
Vulkanisations-beschleuniger			
Thiazole			
2-Mercaptobenzothiazol (MBT) (149-30-4)	-	T N, Xi (SDB) R 23/24/25-42/43-40 WGK 3	moglicherweise krebserregend, stark sensibilisierend, allergisierend, Stäube und Dämpfe wirken reizend auf Augen, obere Atemwege, Lunge und Haut, Lungenödem möglich, besitzt eine unspezifische, narkotische Wirkung auf Bakterien; EC 50 (Leuchtbakterientest): 2,8 µmol/l, EC 10 (Leuchtbakterientest): 0,17 µmol/l, EC 50 (Einzeller): 10 mg/l/24 h, EC 50 (Daphnien): 3,3 mg/l, LC 50 (Fische): 3,3 mg/l/96 h, 3,8 mg/l/96 h;

Tabelle 8.4: ***Schädigungspotential einiger Vulkanisationschemikalien (Fortsetzung)***

Substanz	Gefahr nach GefStoffV	andere Einstufungen / WGK	Schädigungspotential
2-Mercaptobenzothiazol-disulfid (MBTS) (120-78-5)	-	Xi R 20/21/22-36/37/38 WGK 2	möglicherweise krebserregend, möglicherweise sensibilisierend, biologisch nicht abbaubar EC 50 (Algen, Selenastrum capicornutum): 0,6 mg/l/96 h, EC 50 (Daphnia magna): 82 mg/l/48 h
Zink-2-mercapto-benzothiazol (ZMBT) (155-04-4)	-	Xi (SDB) R 43 (SDB)	sensibilisierend, wirkt schwach reizend auf Augen und Haut
Sulfenamide			
Cyclohexylbenzothiazol-sulfenamid (CBS) (95-33-0)	-	Xi (SDB) R 43 (SDB) WGK 1	wirkt sensibilisierend
N-tert.-Butyl-benzo-thiazolsulfenamid (TBBS) (95-31-8)	-	Xi (SDB) R 43 (SDB)	wirkt leicht reizend auf Augen und Haut, nicht gut biologisch abbaubar, LC 50 (blauer Sonnenbarsch): 1,2 mg/l/ 96h, LC 50 (Regenbogenforelle): 1,6 mg/l/96 h, LC 50 (Elritze): 21 mg/l/96 h, EC 50 (Daphnia magna): >100 mg/l/48 h
Dicyclohexylbenzo-thiazolsulfenamid (DCBS) (4979-32-2)	-	R 53 (SDB)	-
N-tert.-Butyl-benzo-thiazolsulfenimid (TBSI) (3741-80-8)	-	-	-
Dithiocarbamate			
Zinkdiethyldithio-carbamat (ZDEC) (14324-55-1)	-	Xi (SDB) R 20/21/22-41 WGK 1 (SDB)	LC 50 (P.Reticulata): 0,49 mg/l/96 h; LC 50 (P.Phosphoreum): 1,7 mg/l/15 min.
Zinkdibutyldithio-carbamat (ZDBC) (136-23-2)	-	-	-
Zinkethylphenyldithio-carbamat (ZEPC) (14634-93-6)	-	Xi (SDB) R 36 (SDB) WGK 2 (SDB)	-
Zinkdibenzyldithio-carbamat (ZBEC) (14726-36-4)	-	R 53 (SDB) WGK 0 (SDB)	kann in Gewässern längerfristig schädliche Wirkung haben
Zinkdimethyldithio-carbamat (ZDMC) (137-30-4)	Xn R 22-36/ 37/38-40	-	kann zu Atemlähmung und Schock führen LC 50 (Daphnia magna): 0,14 g/l/48 h

Tabelle 8.4: ***Schädigungspotential einiger Vulkanisationschemikalien (Fortsetzung)***

Substanz	**Gefahr nach GefStoffV**	**andere Einstufungen / WGK**	**Schädigungspotential**
Tellurdiethyldithio-carbamat (TeDEC) (20941-65-5)	-	-	-
Cadmiumpenta-methylendithiocarbamat (Cd5MC)			
Nickel-dibutyldithio-carbamat (NiDBC) (13927-77-0)	-	Xi (SDB) R 36 (SDB) WGK 2 (SDB)	-
Dithiocarbamyl-sulfenamide			
N-Oxydiethylendithio-carbamyl-N'-oxydi-ethylensulfenamid (OTOS) (13752-51-7)			
Thiurame			
Tetramethylthiuramdi-sulfid (TMTD) (137-26-8)	Xn R 20/22-36/37-40-43	WGK 2	möglicherweise mutagen, ggf. allergisierend, schädigend beim Einatmen, Verschlucken und Aufnahme über die Haut, wirkt reizend auf Augen, Haut, Schleimhäute und Atemwege EC 50 (Daphnia magna): <1 mg/l/48 h, LC 50 (P.Reticula): 0,27 mg/l/96 h
Dimethyldiphenyl-thiuramdisulfid (MPTD) (10591-84-1)	-	-	-
Bis(N-methyl-piperazino)-thiuramdisulfid (MPTD) (20231-01-0)			
Guanidine			
Diphenylguanidin (DPG) (102-06-7)	-	Xn R 20/21/22-36 WGK 2	Stäube wirken reizend auf Augen, obere Atemwege und Haut, wirkt reizend auf Augen und Haut, Aufnahme des Stoffes kann Vergiftungen hervorrufen EC 0 (Daphnia magna): 22 mg/l/24h, EC 50 (Daphnia magna): 62,4 mg/l/24h, EC 100 (Daphnia magna): 177 mg/l/24h [569], LC 0 (Fisch, Goldorfe): 1 mg /l/72h biologisch schwer abbaubar
Di-o-tolylguanidin (DOTG) (97-39-2)	-	T R 23/24/25 WGK 2	-

Tabelle 8.4: ***Schädigungspotential einiger Vulkanisationschemikalien (Fortsetzung)***

Substanz	Gefahr nach GefStoffV	andere Einstufungen / WGK	Schädigungspotential
Thioharnstoffe			
Ethylenthioharnstoff (ETU) (96-45-7)	T R 61-22	-	karzinogen, begründeter Verdacht der Beeinträchtigung der Fortpflanzungsfähigkeit und auf fruchtschädigende Wirkung, schädigend beim Einatmen, Verschlucken und Aufnahme über die Haut, kann reizend wirken
Aldehyd-Amin-Kondensationsprodukte			
Kondensationsprodukt aus Butyraldehyd und Anilin (BAA) (9003-37-6)	-	-	-
Hexamethylentetramin (HEXA) (100-97-0)	F, Xn R 11-42/43	WGK 1	möglicherweise sensibilisierend, Staub und Dämpfe wirken stark reizend auf Augen, Haut, Atmungsorgane und Atemwege, Substanz wirkt reizend auf Augen und Haut, durch pH-Verschiebung schädigend auf Wasserorganismen (Bakterien, Algen)
Amine			
Cyclohexylethylamin (CEA) (5459-93-8)	-	R 10-34-20/21/22	-
Dithiophosphate			
Zinkdibutyldithiophosphat (ZDBP) (42583-00-6)	-	-	-
sonstige Vulkanisationsbeschleuniger			
Piperidincarbodithiosäure, Kaliumsalz (98-77-1)		Xn R 22	
Phenylsemicarbazid (103-03-7)			
Mercaptobenzimidazol (MBI) (583-39-1)		Xn R 20/21/22-36/37/38	wirkt schädigend beim Einatmen, Verschlucken oder Aufnahme über Haut, wirkt reizend auf Augen, Haut, Schleimhäute und Atemwege
5-Methyl-2-mercaptobenzimidazol (MMBI) (27231-36-3)	-	-	-

Tabelle 8.4: ***Schädigungspotential einiger Vulkanisationschemikalien (Fortsetzung)***

Substanz	**Gefahr nach GefStoffV**	**andere Einstufungen / WGK**	**Schädigungspotential**
Dimercaptothiadiazol (DMTD) (1072-71-5)		Xi R 36/37/38	
3,4-Dichlorphenyl-1,1-dimethylharnstoff (330-54-1)	Xn R 48/22	WGK 2	Gefahr ernster Gesundheitsschäden bei längerer Exposition durch Verschlucken LC 50 (Cyprinus carpio): 3,2 mg/l/48 h
Vulkanisations-aktivatoren			
Blei(II,IV)oxid (Bleimennige) (1314-41-6)	-	Xn R 20/22-33	wirkt reizend auf Augen, Haut, Schleimhäute und Atemwege, kann schädigend wirken beim Einatmen, Verschlucken oder Aufnahme über Haut
Blei(II)oxid (1317-36-8)	-	Xn R 20/22-33-61	wirkt schädigend beim Einatmen, Verschlucken oder Aufnahme über Haut, wirkt reizend auf Augen, Haut Schleimhaute und Atemwege
Triallylcyanurat (TAC) (101-37-1)		Xn R 22	
Diethanolamin (DEA) (111-42-2)	Xi R 36/38	WGK 1	wirkt sehr stark ätzend auf Haut LC 50 (Daphnia magna): 1,4 mg/l, LC 50 (Fisch, Goldorfe): 1430/1850 mg/l, LC 100 (Fisch, Goldorfe): 1650/2180 mg/l Biologisch abbaubar, CSB: 1,52 g/g; BSB 5: 0,03 g/g
Stearinsäure (57-11-4)		R 36/37/38 WGK 0	wirkt schädigend beim Einatmen oder Verschlucken; wirkt reizend auf Augen, Haut, Schleimhäute und Atemwege
Coagentien für schwefelfreie Vernetzungsmittel			
Diethylenglykol (DEG) (111-46-6)	-	Xn R 22 WGK 1	ist bei oraler Aufnahme sehr giftig (tödliche Dosen 40-50 g), Lähmung des Zentralnervensystems, schwere Nierenschäden bis hin zu Nierenversagen, Leberschäden möglich, Dämpfe und Flüssigkeit wirkt reizend auf Augen, Haut, Atemwege und Lunge, Dämpfe wirken in hohen Konzentrationen narkotisch und führen zu schweren Leber- und Nierenschäden LC 50 (Daphnia magna): 4700 mg/l, LC 50 (Fisch, Goldorfe): 9630/8450 mg/l, LC 50 (Goldfisch): >5000 mg/l biologische Abbaubarkeit gut (>90 %)

Tabelle 8.4: ***Schädigungspotential einiger Vulkanisationschemikalien (Fortsetzung)***

Substanz	Gefahr nach GefStoffV	andere Einstufungen / WGK	Schädigungspotential
m-Phenylendimalein-diimid (3006-93-7)	-	Xn (SDB) R 23/24/25 WGK 1	
Pentaerythrit (115-77-5)	-	WGK 1	kann reizend wirken auf Augen und Haut, kann schädigend wirken beim Einatmen, Verschlucken oder Aufnahme über Haut EC 0 (Daphnia magna): 24840 mg/l, EC 50 (Daphnia magna): 38900 mg/l, EC 100 (Daphnia magna): > 44000 mg/l
Trimethylolpropan-trimethacrylat (TMPT) (3290-92-4)	-	Xi R 36/37/38 WGK 1	
Zinkperoxid (1314-22-3)	-	WGK 1	-
Vulkanisationsver-zögerer			
N-Cyclohexylthio-phthalimid (CTP) (17796-82-6)	-	Xi (SDB) R 38-43(SDB) WGK 1 (SDB)	
Benzoesäure (BES) (65-85-0)	-	R 20/21/22-42/43-36/37/38 WGK 1	wirkt reizend auf Haut, Augen, Atemwege und Schleimhäute, kann schädigend wirken beim Einatmen, Verschlucken oder Aufnahme über die Haut toxische Grenzkonzentration für Daphnia magna 146 mg/l, LC 50 (Fisch, Goldorfe): 560 mg/l, BSB 5: 1,25-1,65, CSB. 1,88-1,95, biologisch abbaubar
Phthalsäureanhydrid (PTA) (85-44-9)	Xi R 36/37/38	WGK 0	wirkt sensibilisierend, Dämpfe wirken stark reizend auf Augen, Atemwege und Schleimhäute, LC 50 (Wasserorganismen): 100-10 mg/l/96 h, biologisch abbaubar

Tabelle 8.4: ***Schädigungspotential einiger Vulkanisationschemikalien (Fortsetzung)***

Die Vulkanisationschemikalien reagieren im Verlaufe der Vulkanisation und führen zur Vernetzung der Polymermoleküle. Die entstehenden Spaltprodukte sind z.T. flüchtig und gehen unter den Vulkanisationsbedingungen in die Gasphase über. Der Gewichtsverlust während der Vulkanisation beträgt etwa 0,04 bis 0,08 %.
In der Dampfphase sind bei der Schwefelvulkanisation Stickstoff- und Schwefelverbindungen und bei der Peroxidvulkanisation Alkohole, Ketone, Aldehyde zusammen mit aliphatischen und aromatischen Kohlenwasserstoffen die wichtigsten Verbindungen [316, 421].

Die bei der Vulkanisation gebildeten Reaktions- und Folgeprodukte sind z.T. als toxiko-

logisch bedenklich einzustufen, wobei viele der Abbauprodukte noch nicht bekannt sind. Einege Vulkanisationsbeschleuniger bilden als Reaktionsprodukte u.a. sekundäre Amine, die zu N-Nitrosaminen weiterreagieren können (s. Seite xxx).
Ebenso können von den in den Substanzen enthaltenen Verunreinigungen Gesundheitsgefahren ausgehen. Das Handelsprodukt auf Basis von MBTS enthält neben 95 - 98 MBTS auch 2-Mercaptobenzothiazol, anorganische Verunreinigungen, Emulgator, Mineralöl und organische Verunreinigungen, hauptsächlich Dimercaptobenzthiazolderivate [424].

Als Spaltprodukte treten bei dem Einsatz von Sulfenamiden vor allem Benzothiazol, 2-Methylbenzothiazol, 2-Benzothiazolon und Mercaptobenzothiazol auf. N-tert.-Butyl-2-benzothiazolsulfenamid (TBBS) kann tert.-Butylisothiocyanat bilden [256].
Bei der Verwendung von TBBS wurde im Vulkanisationsdampf tert.-Butylisothiocyanat nachgewiesen, bei der Verwendung von CBS entsprechend Cyclohexylamin, Cyclohexylisothiocyanat, Cyclohexanon, Anilin, Methylbenzothiazol und Schwefelkohlenstoff [403, 423].

Beim Einsatz von Thioharnstoffen bilden sich u.a. die entsprechenden Isothiocyanate, z.B. bildet sich aus Diethylthioharnstoff das Ethylisothiocyanat [158].

Guanidine sind relativ instabil, zersetzen sich leicht und spalten dabei primäre aromatische Amine, z.B. Anilin und o-Toluidin ab. Aus den Substanzen DPG und DOTG werden bei der Vulkanisation diese Amine freigesetzt. Durch Reaktion mit Schwefelkohlenstoff wird auch Phenylisocyanat gebildet.
Aus dem Beschleuniger N,N'-Diphenylguanidin (DPG) entstehen bei der Vulkanisation u.a. Anilin, Thioharnstoff, Phenylguanidin, Phenyl- und Diphenylharnstoff. In geringem Umfang konnten Diphenylthioharnstoff (DPTU), Phenylisothiocyanat, Tri- und Tetraphenylmelamin sowie Triphenyldicarbid nachgewiesen werden [452, 436].

Bei der Vulkanisation mit Tetramethylthiuramdisulfid (TMTD) wird Tetramethylthioharnstoff (TMTU) und in sehr geringer Menge das Tetramethylthiurammonosulfid (TMTM) gebildet. Als Hauptreaktionsprodukt entsteht Zinkdimethyldithiocarbamat (ZnDMC) [436].

Bei der Vulkanisation von Kautschukmischungen entstehen auch Isothiocyanate (ITC) (R-N=C=S). Sie entehen bei der Reaktion von primären Aminen mit Schwefelkohlenstoff (CS_2) oder Kohlenoxidsulfid (COS) oder durch Spaltung von Substanzen, die die Gruppierung R-NH-C(S)-R' enthalten. Schwefelkohlenstoff und COS werden z.B. bei der Vulkanisation aus Thiuramen, Dithiocarbamate gebildet. Verwendet man Sulfenamide, die aus primären Aminen dargestellt wurden, z.B. CBS, so werden diese wieder frei. Aus dem freien Amin und Schwefelkohlenstoff bildet sich Cyclohexylisothiocyanat [262].
Der Vulkanisazionsverzögerer CTP bildet während der Vulkanisation Phthalimid [256].
Bei der Vulkanisation mit morpholinhaltigen Beschleunigern (z.B. CBS) entsteht Morpholin und N-Nitrosomorpholin [50, 453].

Bei der Vulkanisation von Silikon-Kautschuk mit 2,4-Dichlorbenzoylperoxid entstehen Polychlorierte Biphenyle (PCB). In der Kautschukmatrix wurden 1 - 10 ppm Summe PCB bestimmt. Aufgrund der Struktur des eingesetzten Peroxids entstehen fast ausschließlich

Tetrachlorbiphenyle. Ein nachgewiesenes Isomeres ist das 2,2',4,4'-Tetrachlorbiphenyl [276].

In Tabelle 8.5 sind einige Zersetzungsprodukte mit ihren Schädigungspotentialen aufgezeigt.

Zersetzungsprodukt	**Herkunft**	**Gefahr nach GefStoffV**	**andere Einstufungen / WGK**	**Schädigungspotential**
Acetophenon (98-86-2)	Dicumylperoxid (DCP)	Xn R 22-36	WGK 1	Dämpfe und Nebel wirken reizend auf Augen, obere Atemwege und Haut, Kontakt mit dem Stoff führt zu Reizung der Augen und der Haut; Gewässerverunreinigung 5 mg/l für Kaltblütler ohne Befund
2-Phenyliso-propanol	Dicumylperoxid (DCP)			
2-Butanol-4-isopropoxy	Dicumylperoxid (DCP)			
Ether-isopropyl-2-phenylisopropyl	Dicumylperoxid (DCP)			
Benzophenon (119-61-9)	Dicumylperoxid (DCP)			Kann schädigend wirken beim Einatmen, Verschlucken oder Aufnahme über Haut; Dämpfe wirken reizend auf Augen, Schleimhäute und Atemwege
Cumylhydro-peroxid (80-15-9)	Dicumylperoxid (DCP)	O, C R 7-20/ 22-34	WGK 2	Dämpfe wirken reizend auf Atemwege und u. U. die Lunge. Lungenödem möglich, Kontakt mit der Flüssigkeit wirkt reizend auf Augen und Haut, Hautresorption, der Stoff kann allergische Erscheinungen auslösen; toxisch für Wasserorganismen
α,α-Dimethyl-benzyl-alkohol	Dicumylperoxid (DCP)			

Tabelle 8.5: ***Schädigungspotential einiger Zersetzungsprodukte von Vulkanisationschemikalien***

Zersetzungsprodukt	Herkunft	Gefahr nach GefStoffV	andere Einstufungen / WGK	Schädigungspotential
α-Methylstyrol (611-15-4)	Dicumylperoxid (DCP)	Xn R 20		Kann schädigend wirken beim Einatmen, Verschlucken oder Aufnahme über Haut; Dämpfe reizen Augen, Schleimhäute und Atemwege; wirkt in hoher Konzentration narkotisch; in stehenden Gewässern sehr hohe, in fließenden Gewässern mittlere bis hohe toxische Wirkung
2,2',4,4'-Tetrachlorbiphenyl	2,4-Dichlorbenzoyl-peroxid			
Anilin (62-53-3)	u.a. CBS, Guanidine (z.B. DPG, DOTG)	T, N R 20/21/ 22-40-48/ 23/24/25- 50	WGK 2	begründeter Verdacht eines krebserregenden Potentials, Dämpfe und Flüssigkeit sind giftig; sie werden auch über die Haut aufgenommen; Anilin ist ein starkes Blut- und Nervengift, Nieren- und Leberschäden möglich, wirkt reizend auf Augen, Haut und Schleimhäute; toxische Grenzkonzentration für Pseudomonas putida 130 mg/l, Scenedesmus quadricauda 8,3 mg/l, Daphnia magna 279 mg/l; LC 50 (Fisch, Regenbogenforelle): 20-41 mg/l/96 h, LC 0 (Fisch, Goldorfe): 49 mg/l, Grundwasser kann geschädigt werden
N-Methylanilin (100-61-8)	Guanidine	T R 23/24/ 25-33		Dämpfe und Flüssigkeit sind giftig, Hautresorption, starkes Blutgift; verändert den Blutfarbstoff und zerstört die roten Blutkörperchen; nachfolgend Nieren- und Leberschäden möglich; biologisch schwer abbaubar

Tabelle 8.5: ***Schädigungspotential einiger Zersetzungsprodukte von Vulkanisationschemikalien (Fortsetzung)***

Zersetzungsprodukt	Herkunft	Gefahr nach GefStoffV	andere Einstufungen / WGK	Schädigungspotential
o-Toluidin (95-53-4)	Guanidine	T R 45-23/ 25-36	WGK 3	krebserregend, starkes Blutgift; Blutfarbstoff wird verändert, Dampf und Flüssigkeit werden über die Haut aufgenommen, sie bewirken Nieren- und Leberschäden, Flüssigkeit wirkt reizend auf Augen; LC 50 (Fisch, Goldorfe): 117 mg/l; LC Lo (Fisch, Goldorfe): 30 mg/l; toxische Grenzkonzentration für Pseudomonas putida 16 mg/l, . Scenedesmus quadricauda: 6,3 mg/l; LC Lo (Daphnia magna): 2,5 mg/l; LC 50 (Daphnia magna): 26 mg/l; biologisch abbaubar
Schwefelwasserstoff (7783-06-4)		F+, T+ R 12-26	WGK 2	Nerven- und Zellgift, Gas wirkt reizend auf Schleimhäute, lähmt die Zellatmung und führt zur Nervenschädigung; in hoheren Konzentrationen Krämpfe und Bewußtlosigkeit, Grundwassergefährdung
Schwefelkohlenstoff (75-15-0)		F, T R 11-36/ 38-48/23- 62-63	WGK 2	Dämpfe wirken narkotisch und können zu Schäden am ZNS (z.B. Sehstörungen) führen, Flüssigkeit wirkt ätzend auf Auge, nach anhaltender Einwirkung auch auf Haut, die wie Verbrennungen 2. Grades aussehen, Aufnahme über die Haut möglich
N,N-Dimethyl-formamid (68-12-2)	-	T R 61- 20/21-36	WGK 1	Dämpfe wirken stark reizend auf Augen und Atemwege, Flüssigkeit reizend auf Augen und Haut; Flüssigkeit wird über die Haut aufgenommen (Hautresorption), Leber- und Nierenschäden möglich
N,N-Dimethyl-acetamid (127-19-5)		Xn R 20/21- 36	WGK 1	teratogen, Flüssigkeit wirkt sehr stark reizend auf Augen und Haut; Dämpfe wirken reizend auf Augen, Atemwege und Haut, Hautresorption, beeinflußt das ZNS, Leber- und Nierenschäden möglich konzentrierte wäßrige Losung hat ätzende Wirkung

Tabelle 8.5: ***Schädigungspotential einiger Zersetzungsprodukte von Vulkanisationschemikalien (Fortsetzung)***

Zersetzungsprodukt	Herkunft	Gefahr nach GefStoffV	andere Einstu-fungen / WGK	Schädigungspotential
Thioharnstoff (62-56-6)	DPG	Xn, N R 22-40-51/53	WGK 2	krebserregend, wirkt schädigend beim Einatmen, Verschlucken oder Aufnahme über Haut; kann Augenreizungen verursachen und allergische Hautreaktionen auslösen, LC 50 (Fisch, Pimephales promelas): > 100 mg/l; LC 50 (Daphnia magna): 1,8 mg/l, CSB: 0,84 g/g; BSB 5: 0,013 g/g, biologischer Einfluß: nicht adaptiertes System: 100 mg/l bewirken keinen Effekt, 1.000 mg/l wirken hemmend, adaptiertes System. 276 mg/l biologisch abbaubar
Diethylamin (109-89-7)	TETD	F, Xi R 11-36/37	WGK 1	Dämpfe reizen extrem stark Augen, Atemwege, Lunge, unter Umständen bis hin zum Lungenödem; Kehlkopfödem möglich; Kontakt mit der Flüssigkeit bewirkt schwere Verätzung der Augen und der Haut; Stoff kann allergische Erscheinungen auslösen;
Tetramethylthio-harnstoff (TMTU) (2782-91-4)	TMTD, TBTD		Xn R 20/21/ 22	
Tetramethylthiuram-monosulfid (TMTM) (97-74-5)	TMTD		Xn, N (SDB) R 22-43-51/53 (SDB) WGK 2 (SDB)	LC 50 (Poecilia reticulata): 5,3 mg/l/96h; LC 50 (Daphnia magna): 2,9 mg/l/48;
Zinkdimethyldithio-carbamat (ZnDMC) (137-30-4)	TMTD	Xn R 22-36/37/38-40		kann zu Vergiftungserscheinung, Miosis, Schweißausbruch, Krämpfe (tonisch-klonisch), Durchfall, Erbrechen, bronchiale Sekretflut, Atemlähmung und Schock führen
tert.-Butylisothio-cyanat (590-42-1)	TBBS, Sulfenamide		R 10-23/24/25-36/37/38	

Tabelle 8.5: ***Schädigungspotential einiger Zersetzungsprodukte von Vulkanisationschemikalien (Fortsetzung)***

Zersetzungsprodukt	Herkunft	Gefahr nach GefStoffV	andere Einstu-fungen / WGK	Schädigungspotential
Benzothiazol (95-16-9)	Sulfenamide		R 23/24/25-36/37/38 WGK 2	Dermatitis auslösend; Gesundheitsschädlich beim Einatmen oder bei Aufnahme über die Haut; bei Kontakt mit Flüssigkeit Augen- und Hautreizung möglich, EC 50 (Einzeller): 116 mg/l/24 h; LC 50 (Fische): 110 mg/l;
2-Methylbenzothiazol (120-75-2)	Sulfenamide		R 20/21-33	
2-Benzothiazolon	Sulfenamide			
Mercaptobenzo-thiazol (4162-43-0)	Sulfenamide		-	
N-Cyclohexyl-mercaptobenz-imidazol	MBI, MBT, CBS			
Heneicosane	MBI, MBT, CBS			
Cyclohexylamin (108-91-8)	CBS	C R 10-21/ 22-34	WGK 1	Dämpfe üben stark reizende und ätzende Wirkung auf Augen, Atmungsorgane und Haut aus; Lungenödem möglich; Kontakt mit der Flüssigkeit bewirkt starke Verätzung der Augen und Haut; erbgutschädigend; LC 50 (Fisch, Goldorfe): 58/195 mg/l; LC 100 (Fisch, Goldorfe): 82/217 mg/l; Toxische Grenzkonzentration für Entosiphon sulcatum 0,69 mg/l.

Tabelle 8.5: ***Schädigungspotential einiger Zersetzungsprodukte von Vulkanisationschemikalien (Fortsetzung)***

Zersetzungsprodukt	Herkunft	Gefahr nach GefStoffV	andere Einstufungen / WGK	Schädigungspotential
Cyclohexanon (108-94-1)	CBS	Xn R 10-20	WGK 1	Dämpfe reizen Augen und Atemwege; geringgradige betäubende Wirkung; Kontakt der Flüssigkeit mit den Augen kann Trübung der Hornhaut und Reizung der Augen hervorrufen; Toxische Grenzkonzentration für Pseudomonas putida 180 mg/l, Scenedesmus quadricauda 370 mg/l; LC 50 (Fisch, Goldorfe): 752/536 mg/l/96h; LC 100 (Fisch, Goldorfe): 940/564 mg/l/96h; EC 50/LC 50 (Daphnia magna): 526/540 mg/l/24h; EC 50/LC 50 (Daphnia magna): 820/800 mg/l/24h; EC 100/LC 100 (Daphnia magna): 1240/1540 mg/l/24h; biologisch abbaubar (>85 %);
Cyclohexylisocyanat (4098-71-9)	CBS	T R 23-36/ 37/38-42/ 43	WGK 2	Dämpfe reizen und schädigen stark Atemwege, Lunge, Augen sowie die Haut; Lungenödem möglich, Kontakt mit der Flüssigkeit ruft sehr starke Reizung der Augen und der Haut hervor; allergisierend; Nervengift; Sensibilisierung möglich;
N-Cyclohexylformamid (766-93-8)	CBS		-	
N-Cyclohexylacetamid	CBS			
Cyclohexanonoxim (100-64-1)	CBS		Xn, F R 11-22	gesundheitsschädlich beim Verschlucken
Cyclohexylhydrazon	CBS			
2-Methylthiobenzothiazol (615-22-5)	CBS			kann toxische Wirkungen auf aquatische Organismen haben
Cyclohexanthiol	CTP			

Tabelle 8.5: ***Schädigungspotential einiger Zersetzungsprodukte von Vulkanisationschemikalien (Fortsetzung)***

Zersetzungsprodukt	Herkunft	Gefahr nach GefStoffV	andere Einstu-fungen / WGK	Schädigungspotential
Phthalimid (85-41-6)	CTP		R 20/21/22-36/37/38-40 WGK 1	wirkt schädigend beim Einatmen, Verschlucken oder Aufnahme über Haut, wirkt reizend auf Augen, Haut, Schleimhäute und Atemwege, biologisch abbaubar
Ethylisothiocyanat (542-85-8)	DETU		R 10-23/24/25 WGK 2	mutagen
Cyclohexylisothio-cyanat (1122-82-3)	CTP, CBS/TMTD		R20/21/22-32	
N,N'-Bis(oxydi-ethylen)thioharnstoff (1013-93-0)	OTOS + MBT + S		-	
N-Oxydiethylen-dithiocarbamyl-2-benzothiazylsulfid (10225-09-9)	OTOS + MBT + S		-	
Morpholin (110-91-8)	morpholinhalti-ge Beschleuni-ger (MBS, DTBM, OTOS, CBS)	C R 10-20/ 21/22-34	WGK 2	Dämpfe wirken starke reizend auf Augen und Atemwege, Flüssigkeit wirkt ätzend auf Augen und Haut, Hautresorption, bei langanhaltender Einwirkung sind Lungenödem, später Leber- und Nierenschäden möglich
N-Nitrosomorpholin (59-89-2)	morpholinhalti-ge Beschleuni-ger (MBS, DTBM, OTOS, CBS)		-	mutagen; tumorigen
Phenylguanidin	DPG			
Phenylharnstoff (64-10-8)	DPG		Xn R 20/21/22 WGK 2	
Diphenylharnstoff (102-07-8)	DPG		-	
Diphenylthioharnstoff (102-08-9)	DPG		Xi, T R 20/21/22-32	
Triphenylmelamin (1973-05-3)	DPG			
N-Phenylformamid (103-70-8)	DPG			Reizungen der Haut, Augen Schleimhäute, Atemwege und Atmungsorgane; Hautresorption möglich.

Tabelle 8.5: ***Schädigungspotential einiger Zersetzungsprodukte von Vulkanisationschemikalien (Fortsetzung)***

Zersetzungsprodukt	Herkunft	Gefahr nach GefStoffV	andere Einstufungen / WGK	Schädigungspotential
Tetraphenylmelamin	DPG			
Phenylisocyanat (103-71-9)	DPG		T+ R 22-23/24/ 25-26-34-36/ 37/38-42 WGK 2	Dämpfe reizen sehr stark Augen, Haut und Atemwege; Lungenödem möglich; Flüssigkeit bewirkt sehr starke Reizung und Verätzung der Augen und Haut; Allergisierung möglich
Phenylisothiocyanat	DPG + TMTD			
2-(4-Morpholinyl)-benzothiazol (4225-26-7)	MBS		-	
Dibutylamin (111-92-2)	TBTD	Xn R 10-20/ 21/22	WGK 1	Nervengift; Hautresorption 0,04 - 2 mg/l tödlich für Fische; 0,325 mg/l tödlich für Wasserschnecken (Limnaea); Toleranzgrenze für Daphnia magna: 0,8 mg/l; Toxische Grenzkonzentration für Pseudomonas putida > 1mg/l, Scenedesmus quadricauda 0,39 mg/l, Starkes Bienengift;
Dibutylformamid (761-65-9)	TBTD		R 36/37/38 WGK 2	
Dibutyldithiocarbaminsäuremethylester	TBTD			

Tabelle 8.5: ***Schädigungspotential einiger Zersetzungsprodukte von Vulkanisationschemikalien (Fortsetzung)***

Bildung von Nitrosaminen bei der Vulkanisation

N-Nitrosamine entstehen als sekundäre Reaktionsprodukte bei der Vulkanisation und bei der Lagerung von Gummiprodukten. Sie bilden sich aus freigesetzten Aminen mit nitrosierend wirkenden Stoffen, wie Stickoxiden (N_2O_3, NO_2, N_2O_4), Nitritionen aus dem Salzbad, Salpetriger Säure und Nitrosoverbindungen. Hauptquelle für nitrosierbare Amine sind Schwefelspender und Beschleuniger der Stoffgruppen Thiurame, Dithiocarbamate, Thiocarbamylsulfenamide und Sulfenamide, die während der Vulkanisation sekundäre Amine freisetzen. Nitrosamine können auch in den Kautschukchemikalien (z.B. ZDBC, ZDEC, TMTD, TETD) als geringe Verunreinigungen enthalten sein [27].

Der Mechanismus der Nitrosaminbildung in der Kautschukphase ist bisher wenig geklärt, wohingegen umfangreiche Untersuchungen zur Bildung in der Gasphase durchgeführt worden sind. Die Reaktion in der Gasphase läuft spontan nach einem mehrstufigen Mechanismus ab, wobei die eigentliche Nitrosaminbildung radikalisch erfolgt. Der Nitro-

sierungsreaktion sind Dimerisierungsgleichgewichte zwischen NO_2 und N_2O_4. Für die N-Nitrosaminbildung wird folgender Mechanismus vorgeschlagen [459]:

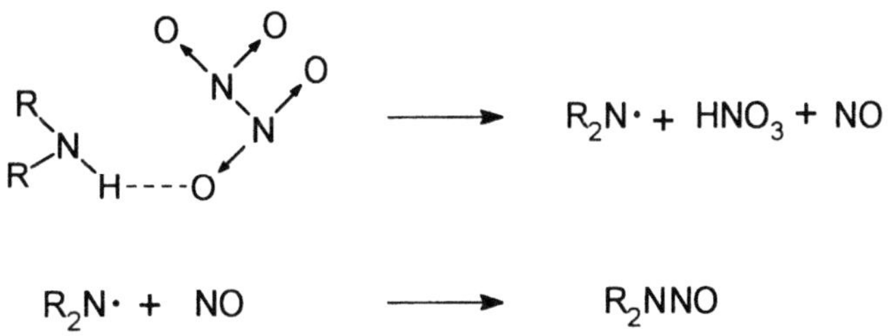

Abbildung 8.1: ***Vorgeschlagener radikalischer Reaktionsmechanismus zur Bildung von N-Nitrosaminen***

Substanzen, die primäre Amine freisetzen, bilden keine Nitrosamine, da die Zwischenprodukte nicht stabil sind. Tertiäre Amine und quarternäre Ammoniumverbindungen sind dagegen nicht direkt nitrosierbar. N-Nitrosamine können auch aus anderen Quellen, dem Kautschuk oder aus den Füllstoffen stammen [42]. Zum Beispiel werden bei der Herstellung von E-SBR als Abstopper der Polymerisation Alkali-dialkyldithiocarbamate verwendet, die als Zerfallsprodukte sekundäre Amine bilden, die zu Nitrosaminen weiterreagieren können [229]. In der EG werden neuere E-SBR Produkte überwiegend mit nitrosaminfreien Ersatzstoffen hergestellt.

Bis heute sind etwa 300 verschiedene N-Nitrosamine an ca. 70 verschiedenen Tierspezies auf ihre cancerogene Wirkung hin untersucht. Über 90 % dieser Verbindungen haben im Tierexperiment zu bösartigen Tumoren geführt [42]. In der TRGS 552 sind zwölf Nitrosamine aufgezählt, die als cancerogen gelten und die z.T. auch in der Gummiindustrie auftreten können.
Um die Bildung von N-Nitrosaminen zu eliminieren können Vulkanisationssysteme eingesetzt werden, die keine sekundären Amine freisetzen, z.B. Thiophosphate (z.B. ZDBP), Xanthogenate (z.B. ZIX), Thiazole (z.B. MBT, ZMBT, MBTS), Benzothiazylsulfenamide auf Basis primärer Amine (z.B. CBS, TBBS), Guanidine (z.B. DPG, DOTG, OTBG) oder Caprolactamdisulfid (CLD).
Für den Bereich nicht sonderlich wärmebeständiger technischer Gummiartikel ist in vielen Fällen durch Rezepturumstellung ein Ersatz der Vulkanisationssysteme erfolgt. In vielen Fällen ist dieses technisch möglich. So kann z.B. MBS in vielen Fällen problemlos durch TBBS ersetzt werden [56].
In der deutschen Reifenindustrie sind die nitrosaminbildenden Stoffe weitgehend durch Ersatzstoffe ersetzt worden.
Bei der Herstellung wärmebeständiger Schwefelvulkaniste nach dem EV-Verfahren sind auch heute noch Thiuramdisulfide notwendig. Für vulkanisationsträge Kautschuktypen, z.B. EPDM, werden sehr aktiver Beschleuniger, häufig Kombinationen von Dithiocarbamaten,

Thiuramen, Sulfenamiden, eingesetzt. Hier Ersatzstoffe mit gleichwertigen Eigenschaften zu finden ist wesentlich schwieriger [42].
In diesem Bereich ist z.B. das Zinkdibenzyldithiocarbamat bzw. das entsprechend benzylsubstituierte Thiuramals Ersatzprodukt erfolgreich eingeführt worden. Neue entwicklungen basieren auf Beschleunigern aus der Klasse der Thiurame und Dithiocarbamate, die unsymmetrisch substituierte sekundäre Amine freisetzen, welche nach heutigem Kenntnisstand nicht zu cancerogenen Nitrosaminen führen [321].
Ersatzprodukte müssen sowohl von den Vulkanisationseigenschaften als auch in den Produkteigenschaften zu zufriedenstellenden Ergebnissen führen. Dies ist in i.d.R nicht einfach, weshalb kritische Beschleuniger noch nicht vollständig durch weniger gefährliche Stoffe ersetzt werden können.
Eine kurzfristig anwendbare Lösung zur Verminderung der Nitrosaminbildung in der Kautschukmatrix ist der Einsatz von Verbindungen, die mit den nitrosierenden Agentien reagieren und damit der Nitrosaminbildung vorbeugen. Beispiele für solche Inhibitoren sind: Ascorbinsäure, Vanilin, Hydrochinon, Vitamin E und andere [123]. Bei der Verwendung dieser Nitrosamin-Inhibitoren kann die Bildung der Nitrosaminen in der Kautschukmatrix wesentlich gesenkt werden. Die Nitrosaminbildung in der Gasphase aus nitrosierbaren Stoffen kann damit allerdings nicht verhindert werden.

Die Einwirkung der Nitrosamine auf den Menschen kann über die Atmung, den Verdauungstrakt und über die Haut erfolgen.

Nitrosamin	Herkunft	Gefahr nach GefStoffV	andere Einstu-fungen / WGK	Schädigungspotential
cancerogene Nitrosamine, die in der TRGS 552 genannt sind				
N-Nitrosodimethyl-amin (NDMA) (62-75-9)	TMTM, TMTD, ZDMC u.ä., Hexa	T+ R 45-25-26-48/25		begründeter Verdacht auf krebserregendes Potential, mutagen, tumorigen, III A 2
N-Nitrosodiethylamin (NDEA) (55-18-5)	ZDEC, TETD, PEP		T R 22-45 WGK 3	begründeter Verdacht auf krebserregendes Potential, mutagen, tumorigen, III A 2
N-Nitrosodi-iso-propylamin (NDIPA) (601-77-4)	DIPS			begründeter Verdacht auf krebserregendes Potential, mutagen, III A 2
N-Nitrosodi-n-butyl-amin (NDBA) (924-16-3)	ZDBC, TBTD, DBA u.a.			begründeter Verdacht auf krebserregendes Potential, III A 2
N-Nitrosomethyl-phenylamin (NMPA) (614-00-6)	Dimethyldiphenyl-thiuramdisulfid, MPTD			begründeter Verdacht auf krebserregendes Potential, mutagen, III A 2
N-Nitrosoethyl-phenylamin (NEPA) (612-64-6)	ZEPC			begründeter Verdacht auf krebserregendes Potential, III A 2
N-Nitrosomorpholin (NMOR) (59-89-2)	morpholinhaltige Beschleuniger, z.B. MBS, DTDM, OTOS, OTTBS			begründeter Verdacht auf krebserregendes Potential, mutagen, tumorigen, III A 2
N-Nitrosopiperidin (NPIP) (100-75-4)	N-Pentamethylen-dithiocarbamat-piperidinsalz, Z5MC, DPTT, PPC			begründeter Verdacht auf krebserregendes Potential, mutagen, tumorigen, III A 2
N-Nitrosopyrrolidin (NPYR) (930-55-2)			R 45-46-23/24/25	begründeter Verdacht auf krebserregendes Potential, mutagen, tumorigen
N-Nitrosodiethanol-amin (NDELA) (1116-54-7)		T R 45		begründeter Verdacht auf krebserregendes Potential, III A 2
N-Nitrosodi-n-propyl-amin (NDPA) (621-64-7)		T R 45-22		begründeter Verdacht auf krebserregendes Potential
N-Nitrosomethyl-ethylamin (10595-95-6)				begründeter Verdacht auf krebserregendes Potential

Tabelle 8.6: ***Schädigungspotential der in der TRGS 552 genannten Nitrosamine***

Nitrosamin	Herkunft	Gefahr nach GefStoffV	andere Einstufungen / WGK	Schädigungspotential
N-Nitroso-methyl-tert.-butylamin				
N-Nitrosodibenzylamin (5336-53-8)	ZBEC			krebserzeugend
N-Nitrosodicyclohexylamin (947-92-2)	DCBS			
N-Nitroso-ethyl-tert.-butylamin				
N-Nitroso-n-butyl-tert.-butylamin				
N-Nitrosodiallylamin				
N-Nitrosoprolin				
N-Nitroso-N-methyl-3-aminopyridin				
N-Nitroso-N-methyl-4-aminopyridin				
Dinitrosopentamethylentetramin (101-25-7)				kann lokale Reizung bzw. Verätzung der Haut, der Augen und der Schleimhäute bewirken, Leberschädigung und krebserzeugende Wirkung möglich

Tabelle 8.7: ***Schädigungspotential einiger nicht krebserregender Nitrosamine***

Die Nitrosamine sind nicht nur in den Vulkanisationsdämpfen enthalten, sondern verbleiben entsprechend ihrer Löslichkeit und Flüchtigkeit in der Elastomermatrix. Darin wurden u.a. die Verbindungen N-Nitrosopiperidin, N-Nitrosodimethylamin, N-Nitrosodiethylamin, N-Nitrosodibutylamin und N-Nitrosomorpholin nachgewiesen.

8.5 Alterungsschutzmittel

Von den Alterungsschutzmitteln werden die Naphthylaminderivate praktisch nicht mehr eingesetzt, da sie Verunreinigungen enthielten, die carcinogen sind. Die heute sehr oft verwendeten PPDs können bei Hautkontakt allergische Reaktionen auslösen. Einige dieser Stoffe, z.B. IPPD, sind zudem stark wassergefährdend.

Substanz	Gefahr nach GefStoffV	andere Einstufungen / WGK	Schädigungspotential
N-Isopropyl-N'-phenyl-p-phenylen-diamin (IPPD) (101-72-4)		Xn (SDB) R 22-36-43 (SDB) WGK 3 (SDB)	sensibilisierend stark wassergefährdend EC 50 (Daphnia magna): 1,1 mg/l/48 h, EC 50 (Algen): 0,5 mg/l/96 h LC 50 (Regenbogenforelle): 0,34 mg/l/96 h
N-(1,3-Dimethyl-butyl)-N'-phenyl-p-phenylen-diamin (6PPD) (793-24-8)		Xi (SDB) R 38-43-50-53 (SDB) WGK 2 (SDB)	kann sensibilisierend wirken
N,N'-Dinaphthyl-p-phenylendiamin (DNPD) (93-46-9)		-	-
N,N'-Ditolyl-p-phenylendiamin (DTPD) (620-91-7)	-	-	-
N,N'-Dioctyl-p-phenylendiamin (DOPD) (139-60-6)		-	-
N,N'-Di-(1,4-di-methylpentyl)-p-phenylendiamin (77PD) (3081-14-9)		Xn, N (SDB) R 22-43-50-53 (SDB) WGK 2 (SDB)	LC 50 (blauer Sonnenbarsch): 182 mg/l/96h, LC 50 (Regenbogenforelle): 32 mg/l/96h, LC 50 (Elritze): 0,28 mg/l/96h, EC 50 (Daphnia magna): 0,37 mg/l/48h, EC 50 (Algen): 52 mg/l/96h, LC 50 (Mücke): 1,7 mg/l/96h
N,N'-Diphenyl-p-phenylendiamin (DPPD) (74-31-7)		Xi R 36/37/38 WGK 2	wirkt reizend auf Augen, Haut, Schleimhäute und Atemwege, kann schädigend wirken beim Einatmen, Verschlucken oder Aufnahme über die Haut
1,3-Dihydroxybenzen (Resorcinol) (108-46-3)	Xn, N R 22-36/ 38-50		Staub und Dämpfe wirken schwach reizend auf Augen, Atemwege und Haut, festen Stoff und wäßig Lösung wirkt reizend auf Augen und Haut, kann über die Haut aufgenommen werden, verändert den Blutfarbstoff, kann zu Leber-, Nieren - und Herzschädigungen führen LC 50 (Fisch, Pimephales promelas): 53,4 mg/l/96 h
2,2,4-Trimethyl-1,2-dihydrochinolin, Polymer (TMQ) (26780-96-1)		WGK 2	-
styrolisiertes Di-phenylamin (SDPA) (68442-68-2)		-	-

Tabelle 8.8: ***Schädigungspotential einiger Alterungsschutzmittel***

Substanz	Gefahr nach GefStoffV	andere Einstufungen / WGK	Schädigungspotential
Aceton-Diphenyl-amin-Konden-sationsprodukt (ADPA) (6267-02-3)		-	-
Reaktionsprodukt aus Diphenylamin mit Propanon (9003-79-6)		WGK 2	-
Reaktionsprodukt aus Aceton und Anilin (20132-13-2)	-	-	-
Dioctyldiphenylamin (ODPA) (101-67-7)		WGK 2 (SDB)	-
Gemisch aus Diaryl-p-phenylendiamin (DAPD) (68953-84-4)	-	-	Gemische aus Diaryl-p-phenylendiaminen sind in einigen Ländern, z.B. Japan wegen Wassergefährdung unter Beschuß und werden daher nur noch begrenzt eingesetzt.
Butylhydroxytoluol (BHT) (128-37-0)		Xn R 22 WGK 1	kann schädigend wirken beim Einatmen, Verschlucken oder Aufnahme über Haut; wirkt reizend auf Augen, Haut, Schleimhäute und Atemwege, verursacht Funktionsstörungen und Veränderungen an Lunge, Leber, Nieren und Schilddrüse und Störungen der Blutgerinnung LC 0 (Fisch, Brachydanio rerio): >0,5 mg/l/96 h, Abbau mit Belebtschlamm: unter 10 %, Halbwertzeit: 100 mg/l/7 Tage
Methylenbis-(4-methyl-6-tert.-butyl-phenol) (BPH) (119-47-1)		R 22 WGK 2	wirkt schwach reizend auf Augen
4- oder 5-Methyl-2-benzinimidazolthiol (MMBI) (53988-10-6)	-	-	-
styrolisiertes Phenol (61788-44-1)	-	-	leich reizend auf Augen und Haut
4,4'-Bis-(α,α-di-methylbenzyl)-diphenylamin (10081-67-1)		WGK 2	

Tabelle 8.8: Schädigungspotential einiger Alterungsschutzmittel (Fortsetzung)

Substanz	Gefahr nach GefStoffV	andere Einstufungen / WGK	Schädigungspotential
2,4-Dibenzoyl-resorcin			
2,2'-Thiobis-(4-octyl-phenol)			
4,4'-Bis-(2,6-di-tert.-butylphenol) (128-38-1)		-	-
Diphenylpropan (Bisphenol A) (80-05-7)	Xi R 36/37/ 38-43 WGK 2		kann zu schweren Schäden an Augen und Haut führen, Hautresorption, Stäube und Dämpfe wirken reizend auf Augen, obere Atemwege und Haut, bei hohen Konzentrationen oder längerer Einwirkung bis hin zu schwerer Gewebsschädigung, Schädigung des ZNS und der Nieren möglich, toxisch für Wasserorganismen

Tabelle 8.8: Schädigungspotential einiger Alterungsschutzmittel (Fortsetzung)

Die Alterungsschutzmittel N-1,3-Dimethyl-butyl-N'-phenyl-p-phenylendiamin (6PPD) und N-Iso-propyl-N'-phenyl-p-phenylendiamin (IPPD) werden aus 4-Aminodiphenylamin hergestellt. Der Gehalt der Produkte an dieser Verbindung beträgt ca. 0,1 Gew-% [403]. Es wird diskutiert, ob aus diesen Verbindungen bei der Oxidation mit Ozon 4-Aminodiphenylamin entsteht [427]. 4-Aminodiphenylamin ist sowohl toxisch als auch Umweltgefährlich.
Als Verunreinigung im IPPD wurde die Verbindung 1-Phenylamino-4-isopropylamino-3,6-bis(4-phenylaminophenylimino)-1,4-cyclohexadien nachgewiesen. Eine analoge Verbindung wurde in der Substanz 6PPD nachgewiesen [121]. IPPD und 6PPD enthalten als Verunreinigung außerdem Anilin [421].
Das Oxidationsschutzmittel DPPD reagiert mit Radikalen zu N,N'-Diphenyl-1,4-benzochinondiimin [142].

Zersetzungsprodukt	Herkunft	Gefahr nach GefStoffV	andere Einstu-fungen / WGK	Schädigungspotential
2-Isopropyl-5-methylphenol (89-83-8)	Alkylphenole	C R 22-34	WGK 2	kann schädigend wirken beim Einatmen, Verschlucken oder Aufnahme über die Haut, wirkt reizend auf Augen, Haut, Schleimhäute und Atemwege,; kann Störungen des Nervensystems hervorrufen LC 50 (Fische): 10 mg/l
2-Isopropyl-6-methylphenol				
Heptylphenol (1987-50-4)	Alkylphenole		Xi R 36/37/38	
Octylphenol				
p-Octylphenol (1806-26-4)	Alkylphenole		-	
2,6-Di-tert.-butyl-4-ethylphenyl (4130-42-1)	Alkylphenole			
Dodecylphenol (27193-86-8)	Alkylphenole		-	-
Heptadecylphenol	Alkylphenole		-	
Methylisobutylketon (108-10-1)	IPPD, 6PPD	F R 11	WGK 1	Dämpfe wirken reizend auf Augen und Atemwege, Flüssigkeit wirkt leicht reizend auf Haut und Augen Toxische Grenzkonzentration für Pseudomonas putida 275 mg/l, Scenedesmus quadricauda 725 mg/l LC 50 (Daphnia magna): 4280 mg/l LC 100 (Daphnia magna): 5000 mg/l LC 50 (Goldfisch): 460 mg/l/24 Std. LC 50 (Fisch, Goldorfe): 672/744 mg/l LC 100 (Fisch, Goldorfe):800/786 mg/l
Propanon (67-64-1)	IPPD	F R 11	WGK 0	Nervengift, Flüssigkeit und Dämpfe wirken reizend auf Augen und Haut, Einatmen der Dämpfe in hohen Konzentrationen oder über einen längeren Zeitraum führt zur Narkose, Toxische Grenzkonzentration für Daphnia magna 9,28 g/l, für Pseudomonas putida 1700 mg/l, Scenedesmus quadricauda 7500 mg/l, LC 50 (Goldorfe): 5000 mg/l/24h LC 50 (Fisch, Blauer Sonnenbarsch): 8300 mg/l/96h, biologisch leicht abbaubar

Tabelle 8.9: ***Schädigungspotential einiger Zersetzungsprodukte von Alterungsschutzmitteln***

Zersetzungsprodukt	Herkunft	Gefahr nach GefStoffV	andere Einstu-fungen / WGK	Schädigungspotential
Isopropylamin (75-31-0)	IPPD, 6PPD	F+, Xi R 12-36/ 37/38	WGK 2	Flüssigkeit verursacht schwere Verätzung der Augen und Haut, Hautresorption möglich, möglicherweise allergen, Gefahr des Lungenödems, narkotische Wirkung und Nierenschäden möglich, durch den hohen Dampfdruck kommt es besonders leicht zu sehr starker Reizung bis hin zu Verätzung der Augen (Hornhauttrübung), der Atemwege und der Haut
1-Phenylamino-4-isopropylamino-3,6-bis(4-phenylamino-phenylimino)-1,4-cyclohexadien	IPPD			
Diphenylamin (122-39-4)	IPPD, 6PPD u.a.	T R 23/24/ 25-33	WGK 3	Hautresorption, Veränderung des Blut-farbstoffes und Zerstörung der roten Blutkörperchen, Nieren- und Leber-schäden möglich biologisch nicht abbaubar EC 50 (Daphnia magna): 2,3 mg/l, EC 100 (Daphnia magna): 7,0 mg/l, LC Lo (Fisch, Goldorfe): 20 mg/l/48 h
Isobutan (75-28-5)	6PPD		F R 13 WGK 0	wenig giftig, in hohen Konzentrationen betäubend
Anilin (62-53-3)	PPDs	T, N R 20/21/ 22-40-48/ 23/24/25-50	WGK 2	s. Tabelle 8.5
4-Aminodiphenyl-amin (101-54-2)	IPPD, 6PPD		T+ R 20/21/ 22-26/27/ 28-36/37/ 38 WGK 2	wirkt reizend auf Augen und Haut, Staub wirkt stark reizend auf Augen, obere Atemwege und Haut, Hautresorption möglich, Veränderugen des Blutfarbstoffes und nachfolgend Zerstörung der roten Blutkörperchen sowie Nieren- und Leberschäden möglich, LC 0 (Fisch, Brachydanio rerio): 1,1 mg/l/96 h, LC 50 (Fisch, Brachydanio rerio): 1,9 mg/l, LC 100 (Fisch, Brachydanio rerio): 4,4 mg/l/96 h

Tabelle 8.9: ***Schädigungspotential einiger Zersetzungsprodukte von Alterungs-schutzmitteln (Fortsetzung)***

Zersetzungsprodukt	Herkunft	Gefahr nach GefStoffV	andere Einstu-fungen / WGK	Schädigungspotential
n-sek.-Butylanilin (6068-69-5)	Di-sek.-Butyl-PPD			
Methylphenylketon (98-86-2)	77PD	Xn R 22-36	WGK 1	Dämpfe und Nebel wirken reizend auf Augen, obere Atemwege und Haut, Stoff wirkt reizend auf Augen und Haut, hohe Dampfkonzentrationen haben betäubende Wirkung; Gewässerverunreinigung: 5 mg/l für Kaltblütler ohne Befund
1,4-Dimethylpentyl-amin (28292-43-5)	77PD			
N,N'-Diphenyl-1,4-benzochinondiimin	DPPD			
Trimethyldihydro-quinolin (monomeres TMQ) (147-47-7)	TMQ			möglicherweise tumorbildend
2-tert.-Butyl-4-methyl-phenol (2409-55-4)	BPH		Xi R 36/37/ 38 WGK 2	krebserregend, mutagen, reizend

Tabelle 8.9: ***Schädigungspotential einiger Zersetzungsprodukte von Alterungs-schutzmitteln (Fortsetzung)***

8.6 Weichmacher

Als Weichmacher werden sowohl Weichmacheröle als auch synthetische Weichmacher eingesetzt. Letztere bestehen aus Verbindungen der Stoffgruppen Ester, Ether und Thio-ether.
Die Weichmacheröle werden i.d.R aus Erdöl hergestellt. In der Gummiindustrie werden die Weichmacheröle klassifiziert nach paraffinisch, naphthenisch und aromatisch. Sie enthalten teilweise unterschiedliche Mengen polycyclische aromatische Kohlenwasserstoffe (PAKs), die z.T. stark carcinogen sind. Ihre Konzentration im Öl ist abhängig von dem Aromaten-gehalt.
Außerdem kann nicht ausgeschlossen werden, daß bei der Vulkanisation PAKs entstehen.

Die europäische Kennzeichnung für „Aromatenextrakte aus Erdöldestillaten“ basiert auf den „Richtlinien der Kommission vom 22. Juli 1988 zur 10. Anpassung an den technischen Fort-schritt der Richtlinie 67/548/EWG“ des Rates zur Angleichung der Rechts- und Ver-waltungs-Vorschriften für die Einstufung, Verpackung und Kennzeichnung gefährlicher Stoffe“. Die Umsetzung in nationales deutsches Recht führte zur „Zweiten Verordnung zur

Änderung der Gefahrstoffverordnung von 23.4.1990" zur Kennzeichnung der meisten handelsüblichen aromatischen Mineralölweichmacher. Diese müssen mit dem Gefahrensymbol T („toxisch"), dem Gefahrenhinweis R 45 („kann Krebs erzeugen") und den Sicherheitshinweisen S 53 und S 44 gekennzeichnet sein [208]. Als aktiv wirkende Substanzen werden die in den aromatischen Extrakten enthaltenen polycyclischen aromatischen Kohlenwasserstoffe (PAK) angesehen [57].
Nach der TRGS 200 sind nach Abschnitt 3 „Kennzeichnung von Zubereitungen" diese kennzeichnungspflichtig, wenn sie einen krebserzeugenden Stoff enthalten [208]. Dies kann der Fall sein, wenn bei der Herstellung PAK-haltige aromatische Mineralölweichmacher eingesetzt wurden. Es besteht eine Kennzeichnungspflicht von Zubereitungen mit aromatischen Polymerweichmachern. Es soll der Einsatz von Mineralölprodukten gefordert werden, die frei von Polycyclen sind. Solche Öle weisen jedoch auch generell einen verringerten Aromatengehalt auf, was einen, in der Regel negativen Einfluß auf die hergestellten Produkte hat.

Durch die „Erste Allgemeine Verwaltungsvorschrift zum Bundesimmissionsschutzgesetz, Technische Anleitung zur Reinhaltung der Luft, TA-Luft" wird auch der Gehalt an PAK in Vulkanisationsdämpfen ein Diskussionspunkt werden. [208]
Eine deutliche PAK-Reduzierung in den Vulkanisationsdämpfen ist durch Verwendung PAK-armer Mineralölweichmacher sehr wohl möglich, wobei die Mischung selbst auch Einflüsse zeigt. Die verwendeten Füllstoffe und Polymere haben einen Einfluß auf die PAK-Emissionen, wobei insbesondere Ruß und Polymere mit aromatischen Strukturen zu einer Reduzierung von PAK-Emissionen führen [57].

Substanz / Inhaltsstoff	**Gefahr nach GefStoffV**	**andere Einstufungen / WGK**	**Schädigungspotential**
Weichmacher aus Naturprodukten			
Bitumen (8052-42-4)		WGK 0	begründeter Verdacht auf krebserregendes Potential
Kolophonium (8050-09-7)	Xi R 43	WGK 1	
Glycerin (56-81-5)		WGK 0	unverdünnte Flüssigkeit kann leicht reizend wirken auf Haut, toxische Grenzkonzentration für Pseudomonas putida und Scenedesmus quadricauda >10 g/l, biologisch abbaubar
Weichmacheröle			
paraffinischer Mineralölweichmacher (8012-95-1)		R 41 WGK 1	
paraffinischer Mineralölweichmacher 64741-88-4	T R 45	WGK 1*	begründeter Verdacht auf krebserregendes Potential (Carc. Cat. II, Nota N) * für den hier relevanten Siedebereich
naphthenische Mineralölweichmacher 64741-96-4	T R 45	WGK 1*	begründeter Verdacht auf krebserregendes Potential (Carc. Cat. II, Nota N) * für den hier relevanten Siedebereich
aromatischer Mineralölweichmacher (64742-04-7, 64742-11-6)	T R 45	WGK 1*	begründeter Verdacht auf krebserregendes Potential (Carc Cat II, Nota N) * höhere Einstufung wird z.Z. diskutiert
Mineralöl (64742-30-9)	T R 45	WGK 1*	begründeter Verdacht auf krebserregendes Potential (Carc. Cat. II, Nota N) * für den hier relevanten Siedebereich
Moneralöl, hochraffiniert (64742-52-5)	T R 45	WGK 1*	begründeter Verdacht auf krebserregendes Potential (Carc. Cat. II, Nota N), mutagen, tumorigen * für den hier relevanten Siedebereich
Erdöldestillat, paraffinisch, aliphatisch (64741-88-4)	T R 45	WGK 1*	begründeter Verdacht auf krebserregendes Potential (Carc. Cat. II, Nota N) * für den hier relevanten Siedebereich
Inhaltsstoffe			
Naphthalin (91-20-3)		Xn R 45-11-20/ 21/22/22-36/ 37/38-43 WGK 2	Dämpfe wirken reizend auf Augen, Schädigung der Atemwege nach Einatmen der Dämpfe in hohen Konzentrationen, Hautresorption möglich
Acenaphthylen (208-96-8)		R 36/37/38	-
Acenaphthen (83-32-9)		T R 26/27-36/ 37/38/39	Stäube wirken reizend auf Augen, die oberen Atemwege und Haut; Kontakt mit Augen und Haut führt zu Reizung, Leber- und Nierenschäden möglich

Tabelle 8.10: Schädigungspotential von Weichmacherölen und einiger Inhaltsstoffe

Substanz / Inhaltsstoff	Gefahr nach GefStoffV	andere Einstufungen / WGK	Schädigungspotential
Fluoren (86-73-7)			wirkt schädigend beim Einatmen oder Verschlucken, kann Augen- und Hautreizungen verursachen; biologisch abbaubar
Phenanthren (85-01-8)		Xi R 22-38	kann schädigend wirken beim Einatmen, Verschlucken oder Aufnahme über die Haut, wirkt reizend auf Augen, Haut, Schleimhäute und Atemwege, verursacht allergische Reaktionen, kann zu Lichtempfindlichkeit der Haut führen; biologisch abbaubar
Anthracen (120-12-7)		Xn	Stäube wirken reizend auf Augen, obere Atemwege und Haut, wirkt reizend auf Augen, Atemwege und Haut, Hautresorption möglich, allergisierende Wirkung
Fluoranthen (206-44-0)		T R 23/24-39	biologisch abbaubar
Pyren (129-00-0)		T, Xn R 20/21/22-33	möglicherweise krebserregend, kann schädigend wirken beim Einatmen, Verschlucken oder Aufnahme über Haut, kann Reizungen verursachen
Benzo[a]anthracen (56-55-3)	T R 45		krebserregend, kann Reizungen verursachen
Chrysen (218-01-9)		T R 45-46-20/ 21/22	krebserregend, wirkt schädigend beim Einatmen, Verschlucken oder Aufnahme über Haut, kann Reizungen verursachen
Benzo[k]fluoranthen (207-08-9)	T R 45		krebserregend, schädlich beim Einatmen, Verschlucken oder Aufnahme über die Haut, kann Reizungen verursachen
Benzo[b]fluoranthen (205-99-2)	T R 45		krebserregend, schädlich beim Einatmen, Verschlucken oder Aufnahme über die Haut, kann Reizungen verursachen
Benzo[a]pyren (50-32-8)	T R 45-46-60-61		krebserregend, Bioakkumulation LC 50 (Daphnia pulex): 0,005 mg/l/96 h
Dibenzo[a,h]-anthracen (53-70-3)	T R 45		krebserregend, schädlich beim Einatmen, Verschlucken oder Aufnahme über die Haut, kann Reizungen verursachen
Benzo[g,h,i]perylen (191-24-2)		T R 23/24-39	-
Indeno[1,2,3-cd]-pyren (193-39-5)			-

Tabelle 8.10: Schädigungspotential von Weichmacherölen und einiger Inhaltsstoffe (Fortsetzung)

Einige der bei der Vulkanisation gebildeten und freigesetzten Substanzen stammen aus den eingesetzten aliphatischen, aromatischen und naphthenischen Weichmacherölen. Der Anteil dieser Substanzen im Vulkanisationsdampf hängt natürlich stark von der Flüchtigkeit und Zusammensetzung der Mineralölweichmacher ab.

Zersetzungsprodukt	**Herkunft**	**Gefahr nach GefStoffV**	**andere Einstu-fungen / WGK**	**Schädigungspotential**
Heptan (142-82-5)	aliphatisches Öl	F R 11	WGK 1	wirkt reizend auf Augen und Haut bis zur Blasenbildung, Dämpfe wirken reizend auf Augen und Atemwege, sie wirken in hohen Konzentrationen betäubend Orale Aufnahme (1,5 - 2%) in wenigen Minuten tödlich toxische Grenzkonzentration für Scenedesmus quadricauda:200 mg/l, LC 50 (Fisch, Goldorfe): 2940 (220-270) mg/l, LC 50 (Daphnia magna): 50 mg/l
Oktan (111-65-9)	aliphatisches Öl	F R 11	WGK 1	Dämpfe wirken in hohen Konzentrationen narkotisch und führen zu Herzrhythmusstörungen; Bioakkumulation möglich
Nonan (111-84-2)	aliphatisches Öl		R 10 WGK 1	wirkt reizend auf Augen und Haut, Dämpfe wirken in hohen Konzentrationen narkotisch und führen zu Herzrhythmusstörungen
Dekan (124-18-5)	aliphatisches Öl		R 10-36/ 37/38	Dämpfe wirken reizend auf Atemwege, in hohen Konzentrationen narkotisch und führen zu Herzrhythmusstörungen, Lungenödem möglich
Undekan (1120-21-4)	aliphatisches Öl		R 10	Dämpfe wirken reizend auf Atemwege und Lunge, Kehlkopfödem oder Lungenödem möglich, in hohen Konzentrationen wirken die Dämpfe narkotisch und führen zu Herzrhythmusstörungen
Dodekan (112-40-3)	aliphatisches Öl			wirkt reizend auf Augen und Haut, Dämpfe wirken in hohen Konzentrationen reizend auf Augen, Atemwege sowie die Haut und wirken narkotisch

Tabelle 8.11: ***Schädigungspotential einiger flüchtiger Bestandteile und Zersetzungsprodukte von Weichmacherölen***

Zersetzungsprodukt	Herkunft	Gefahr nach GefStoffV	andere Einstu-fungen / WGK	Schädigungspotential
Tridekan (629-50-5)	aliphatisches Öl		Xi R 36/37/ 38	
Tetradekan (629-59-4)	aliphatisches Öl		R 36/37	
Pentadekan (629-62-9)	aliphatisches Öl			
Hexadekan (544-76-3)	aliphatisches Öl		-	kann schädigend wirken beim Einatmen, Verschlucken oder Aufnahme über Haut, kann reizend auf Augen wirken
Heptadekan (629-78-7)	aliphatisches Öl			
Oktadekan (593-45-3)	aliphatisches Öl			
Nonadekan (629-92-5)	aliphatisches Öl			
Eikosan (112-95-8)	aliphatisches Öl			
Docosan (629-97-0)	aliphatisches Öl			
2,2,4,6,6-Penta-methylheptan (13457-82-6)	aliphatisches Öl			
Cyclohexan (110-82-7)		F R 11	WGK 1	anhaltender Kontakt wirkt reizend auf Haut, Dämpfe wirken reizend auf Augen und Atemwege, nachfolgend Leber- und Nieren-schäden möglich LC 50 (Daphnia magna): 340 mg/l LC 50 (Goldorfe): 763/55 mg/l toxische Grenzkonzentration für Pseudonomas putida >400 mg/l, Scenedesmus quadric. >400 mg/l
Cyclohexen (110-83-8)			Xi R 11-12-36/37/38 WGK 1	wirkt schwach reizend auf Augen und Haut, Dämpfe wirken schwach reizend auf Augen und Atmungsorgane, in hohen Konzentrationen betäubend toxische Grenzkonzentration für Pseudomonas putida 17 mg/l, Scenedesmus quadricauda > 400 mg/l

Tabelle 8.11: ***Schädigungspotential einiger flüchtiger Bestandteile und Zersetzungsprodukte von Weichmacherölen (Fortsetzung)***

Zersetzungsprodukt	Herkunft	Gefahr nach GefStoffV	andere Einstu-fungen / WGK	Schädigungspotential
Ethylcyclopentan (1640-89-7)	naphthenisches Öl			
Methylcyclohexan (108-87-2)	naphthenisches Öl			
Ethylcyclohexan (1678-91-7)	naphthenisches Öl			
1-Ethyl-4-methyl-cyclohexan (3728-56-1)	naphthenisches Öl			
Isopropylcyclohexan (696-29-7)	naphthenisches Öl			
α-Pinen (8006-64-2)	naphthenisches Öl	Xn R 10-20/ 21/22	WGK 1	Hautresorption, verursacht Hautentzündungen und Augen-schäden, Dämpfe wirken stark reizend und führen zu Entzündung-en an Augen, Atemwegen, in der Lunge sowie an der Haut, Lungen-ödem und Nierenschäden möglich
1-Isopropyl-4-methylcyclohexan (trans) (696-29-7)	naphthenisches Öl			
1-Isopropyl-4-methylcyclohexan (cis) (6069-98-3)	naphthenisches Öl			
1-Isopropyl-3-methylcyclohexan (16580-24-8)	naphthenisches Öl			
Triisobutylen (7756-94-7)	naphthenisches Öl			
1,2,3,4-Tetrahydro-naphthalin (119-64-2)	naphthenisches Öl	Xi R 19-36/ 38	WGK 1	wirkt reizend auf Augen und Haut, Dämpfe wirken reizend auf Augen, Atemwege, Lunge und Haut, bei hohen Konzentrationen betäuben-de Wirkung, Lungenödem möglich
Tetraisobutylen (15220-85-6)	naphthenisches Öl			
Dimethylpropylhexa-hydronaphthalin	naphthenisches Öl			
Indan (496-11-7)	naphthenisches Öl		R 10	kann reizend wirken auf Augen und Haut kann schädigend wirken beim Einatmen, Verschlucken oder Aufnahme über Haut

Tabelle 8.11: ***Schädigungspotential einiger flüchtiger Bestandteile und Zersetzungsprodukte von Weichmacherölen (Fortsetzung)***

Zersetzungsprodukt	Herkunft	Gefahr nach GefStoffV	andere Einstu-fungen / WGK	Schädigungspotential
Benzol (71-43-2)	aromatisches Öl	T, F R 45-11-48/23/24/25	WGK 3	krebserregend, erbgutverändernd, Hautresorption und verursacht auch auf diesem Wege schwere Vergiftungen, Tod durch Atemlähmung LC 50 (Fisch, Goldorfe): 31 mg/l/96h, EC 50 (Daphnia magna): 18,7 mg/l/24h Gefährdung von Grund- und Trinkwasser, leicht biologisch abbaubar
Toluol (108-88-3)	aromatisches Öl	F, Xn R 11-20	WGK 2	s. Tabelle 8.3
p-Xylol (1330-20-7)	aromatisches Öl	Xn R 10-20/21-38	WGK 2	s. Tabelle 8.15
Ethylbenzol (104-41-4)	aromatisches Öl	F, Xn R11-20 WGK 2		Gefahr der Hautresorption, Schwangerschaftsgruppe D
Styrol (100-42-5)	aromatisches Öl	Xn R 10-20-36/38	WGK 2	S. Tabelle 8.2
Dimethylnaphthalin (28804-88-8)	aromatisches Öl		-	-
2-Methylstyrol (611-15-4)		Xn R 20		kann schädigend wirken beim Einatmen, Verschlucken oder Aufnahme über Haut; Dämpfe wirken reizend auf Augen, Haut, Schleimhäute und Atemwege, wirkt in hoher Konzentration narkotisch, in stehenden Gewässern sehr hohe, in fließenden Gewässern je nach Vermischung mittlere bis hohe toxische Wirkung
1,4-Diethylbenzol (105-05-5)	aromatisches Öl		F R 10 WGK 2	Dämpfe wirken narkotisch
Propylbenzol (103-65-1)	aromatisches Öl	Xi R 10-37	WGK 2	Hautresorption, wirkt stark reizend auf Augen und Haut, Dämpfe wirken reizend auf Augen, Atemwege und Lunge

Tabelle 8.11: ***Schädigungspotential einiger flüchtiger Bestandteile und Zersetzungsprodukte von Weichmacherölen (Fortsetzung)***

Zersetzungsprodukt	Herkunft	Gefahr nach GefStoffV	andere Einstufungen / WGK	Schädigungspotential
Isopropylbenzol (98-82-8)	aromatisches Öl	Xi R 10-37	WGK 1	wirkt reizend auf Augen und Haut, Dämpfe wirken in hohen Konzentrationen betäubend und reizend auf Atemwege, Hautresorption möglich, Nieren- und Leberschäden möglich LC 50 (Fisch, Goldorfe): 207/47 mg/l LC 100 (Fisch, Goldorfe): 345/52 mg/l
1-Isopropyl-4-methylbenzol (99-87-6)	aromatisches Öl		R 10-20/ 21/22-36/ 37/38	Hautresorption, wirkt reizend auf Haut, hohe Dampfkonzentrationen wirken narkotisch und reizend auf Atemwege
1-Isopropyl-2-methylbenzo (527-84-4)	aromatisches Öl		R 10-36/37/38 WGK 1	
1,2,4,5-Tetramethylbenzol (95-93-2)	aromatisches Öl		F R 11 WGK 1	
1,2-Diisopropylbenzol (577-55-9)	aromatisches Öl			
1,3-Diisopropylbenzol (99-62-7)	aromatisches Öl			
1,4-Diisopropylbenzol (100-18-5)	aromatisches Öl			
Oktylbenzol	aromatisches Öl			möglicherweise schädlich beim Einatmen, Verschlucken oder Kontakt mit der Haut; kann reizend wirken auf Augen und Haut
Nonylbenzol	aromatisches Öl			
Decylbenzol	aromatisches Öl			
Dodecylbenzol (123-01-3)	aromatisches Öl		WGK 1	Dämpfe wirken in hohen Konzentrationen schwach betäubend, reizt die Augen, die oberen Atemwege und die Haut, toxisch für Wasserorganismen

Tabelle 8.11: ***Schädigungspotential einiger flüchtiger Bestandteile und Zersetzungsprodukte von Weichmacherölen (Fortsetzung)***

Zersetzungsprodukt	**Herkunft**	**Gefahr nach GefStoffV**	**andere Einstufungen / WGK**	**Schädigungspotential**
Tridecylbenzol (87969-78-6)	aromatisches Öl			
Tetradecylbenzol	aromatisches Öl			
Di-tert.-butylthiophen	aromatisches Öl			
1,1-Dimethyl-5-tert.-butylindan (38393-97-4)	aromatisches Öl			
1-Phenyl-1,3,3-trimethylindan (3910-35-8)	aromatisches Öl			
Biphenyl (92-52-4)		Xi, N R 36/37/ 38-50/53	WGK 2	Mutagen, tumorauslösend, wirkt reizend auf Augen und Haut, Dämpfe wirken reizend auf Augen und Atemwege
1-Phenylnaphthalin (605-02-7)	aromatisches Öl			
Diphenylbenzol (26140-60-3)	aromatisches Öl		-	-
Chlorbenzol (108-90-7)		Xn R 10-20	WGK 2	Nerven- und Organgift, Dämpfe haben stark narkotische Wirkung und wirken schwach reizend auf Augen und Atemwege toxische Grenzkonzentration für Pseudomonas putida 17 mg/l, Scenedesmus quadricauda > 390 mg/l, LC 50 (Daphnia magna): 310 mg/l EC 50 (Daphnia magna): 195 mg/l LC 50 (Goldorfe): 24/0,02 mg/l LC 50 (Fisch, Regenbogenforelle): 6,69 mg/l/96h biologisch nicht leicht abbaubar
1,2-Dimethylbenzol (95-47-6)	aromatisches Öl		F, Xn R 10-11-20/21-38 WGK 2	wirkt reizend auf Augen und Haut, Dämpfe wirken in hohen Konzentrationen betäubend und reizen Augen und Atemwege, toxische Grenzkonzentration für Pseudomonas putida, Scenedesmus quadricaude, Uronema parduczi, Entosiphon sulcatum >160 mg/l LC 50 (Goldorfe): 308/86 mg/l LC 100 (Goldorfe): 352/103 mg/l

Tabelle 8.11: ***Schädigungspotential einiger flüchtiger Bestandteile und Zersetzungsprodukte von Weichmacherölen (Fortsetzung)***

Zersetzungsprodukt	Herkunft	Gefahr nach GefStoffV	andere Einstufungen / WGK	Schädigungspotential
1,3-Dimethylbenzol (108-38-3)	aromatisches Öl		Xn R 10-20/ 21-38 WGK 2	wirkt reizend auf Augen und Haut, Dämpfe wirken in hohen Konzentrationen betäubend und reizend auf Augen und Atemwege, toxische Grenzkonzentration für Pseudomonas putida, Scenedesmus quadricaude, Uronema parduczi, Entosiphon sulcatum > 160 mg/l LC 50 (Fisch; Goldorfe): 308/86 mg/l LC 100 (Fisch; Goldorfe): 352/103 mg/l LC 50 (Goldfisch): 13 mg/l/24 Std.
1,4-Dimethylbenzol (106-42-3)	aromatisches Öl		Xn R 10-20/ 21-38 WGK 2	wirkt reizend auf Augen und Haut, Dämpfe wirken in hohen Konzentrationen betäubend und reizend auf Augen und Atemwege, Hautentzündung sowie Leber- und Nierenschäden möglich, LC 50 (Fisch, Goldorfe): 308/86 mg/l LC 50 (Goldfisch): 15 mg/l/24h EC 50 (Daphnia magna): 8,4 mg/l/48h biologisch mäßig abbaubar
1,4-Dibenzylphenol				
Methylnaphthalin (1321-94-4)	aromatisches Öl		-	reizend
Ethylnaphthalin (27138-19-8)	aromatisches Öl		-	-
Dimethylnaphthalin	aromatisches Öl			
Cyclohexen-1-methyl-4-(1-methyl-vinyl)				

Tabelle 8.11: ***Schädigungspotential einiger flüchtiger Bestandteile und Zersetzungsprodukte von Weichmacherölen (Fortsetzung)***

Substanz	**Gefahr nach GefStoffV**	**andere Einstufungen / WGK**	**Schädigungspotential**
Phthalsäureester			
Di-tert.-butylphthalat (30448-43-2)	-	N WGK 2	möglicherweise teratogen (im Tierversuch (Ratten) schädigende Wirkung auf embryonale Entwicklung), Dämpfe wirken reizend auf Schleimhäute und Atemwege leicht biologisch abbaubar (94 %), EC 10 (Pseudomonas putida): 1,8 g/l/6h, EC 50 (Daphnia magna): 7,4 mg/l/24h
Dibutylphthalat (84-74-2)	-	R 20/21/ 22-36/37/ 38-40 WGK 2	krebserzeugend, mutagen
Di-2-ethylhexylphthalat (DEHP) (117-81-7)	-	Xn R 53-62 WGK 1	krebserregend, teratogen, im Tierversuch mutagene Effekte, wirkt reizend auf Augen, Dämpfe wirken reizend auf Augen und obere Atemwege LC 50 (Daphnia magna): >0,156 mg/l/48h LC 50 (Daphnia pulex): 0,133 mg/l/48h LC 50 (Fisch, Goldorfe): >500 mg/l/96h EC 0 (Daphnien): >100 mg/l biologische Abbaubarkeit gut >65 %
Diisononylphthalat (DINP) (28553-12-0)		WGK 1	im Tierversuch krebserregend, Dämpfe wirken reizend auf Schleimhäute und Atemwege
Diallylphthalat (DAP) (131-17-9)	Xn R 22	WGK 2	krebserregend, wirkt schädigend beim Einatmen, Verschlucken oder Aufnahme über Haut, wirkt reizend auf Haut und Schleimhäute, Dämpfe wirken reizend auf Augen, Schleimhäute und Atemwege
Butylbenzylphthalat (BBP) (85-68-7)		R 20/21/22-36/37/38-40 WGK 2	

Tabelle 8.12: Schädigungspotential einiger synthetischer Weichmacher

Substanz	Gefahr nach GefStoffV	andere Einstufungen / WGK	Schädigungspotential
Adipinsäureester			
Benzyl-2-ethylhexyl-adipat (BEHA) (58394-64-2)	-	WGK 1	-
Dibutoxyethoxyethyl-adipat (DBEEA) (141-17-3)		WGK 1 (SDB)	wirkt reizend auf Haut und Augen
Di-2-ethylhexyladipat (103-23-1)		C, O R 45-46-20/ 21/22 WGK 1	möglicherweise krebserzeugend, kann schädigend wirken beim Einatmen, Verschlucken oder Aufnahme über Haut; kann Reizungen verursachen biologische Abbaubarkeit 82 %
Phosphorsäureester			
Tricresylphosphat (TCP) (1330-78-5)		T R 23/24/25-39 WGK 2	Isomere unterschiedlich giftig, ätzend, Nervengift, toxisch bei Inhalation, Hautresorption möglich letale Dosis für Wasserorganismen: 10-11 mg/l
Diphenylkresylphosphat (DPCF) (26444-49-5)		WGK 2	-
Trioctylphosphat (1806-54-8)		-	-
sonstige synthetische Weichmacher			
1,2,4-Benzoltricarbon-säuredecyloctylester (67989-23-5)	-	WGK 1	LC 50 (Brachydanio rerio): >4,1 mg/l/96 h, EC 10 (Pseudomonas putida): >1,7 g/l/5 h, EC 50 (Daphnia magna). >4,4 mg/l/48 h
Dibenzylether (103-50-4)		R 36/37/38 WGK 2	
Di-(2-ethylhexyl)-azelat (DEHA) (103-23-1)	-	O, C R 45-46-20/21/22 WGK 1	Verdacht auf krebserregendes Potential, mutagen, kann schädigend wirken beim Einatmen, Verschlucken oder Aufnahme über Haut, kann reizend wirken biologische Abbaubarkeit 82 %

Tabelle 8.12: Schädigungspotential einiger synthetischer Weichmacher (Fortsetzung)

Substanz	Gefahr nach GefStoffV	andere Einstufungen / WGK	Schädigungspotential
Di-2-ethylhexylsebacat (DEHS) (122-62-3)	-	Xn R 22 WGK 1	-
Butandioldimethacrylat (BDMA) (2082-81-7)		Xi R 20/21/22-36/37/38 WGK 2	wirkt schädigend beim Einatmen, Verschlucken oder Aufnahme über Haut, Dämpfe wirken reizend auf Augen, Schleimhäute und Atemwege
Ethandioldimethacrylat (EDMA) (97-90-5)	Xi R 36/37	WGK 2	mutagen
Laurinsäure (143-07-7)		Xi R 36/37/38 WGK 1	Dämpfe wirken reizend auf Augen und Atemwege
Methylen-bis-thioglykol-säurebutylester (14338-82-0)	-	-	-
Chlorparaffin (8002-74-2) (61788-76-9) (63449-39-8)		WGK 2	möglicherweise krebserregend, wirkt schwach reizend auf Haut LC 0 (Fisch, Goldorfe): 500 mg/l/48 h EC 0 (Bakterien): 600 mg/l Gärröhrchentest
Phenol, Polymer mit Formaldehyd (9003-35-4)	-	-	-
Cumaron-Inden-Harz (63393-89-5)		WGK 1	
Leinöl, epoxidiert (ELO) (8016-11-3)		WGK 0	
Sojaöl, epoxidiert (ESO) (8013-07-8)		WGK 0	kann leicht reizend wirken auf Augen und bei wiederholtem und langandauerndem Hautkontakt

Tabelle 8.12: ***Schädigungspotential einiger synthetischer Weichmacher (Fortsetzung)***

Zersetzungsprodukt	Herkunft	Gefahr nach GefStoffV	andere Einstu-fungen / WGK	Schädigungspotential
Cyclohexanon (108-94-1)	Cumaron-Inden-Harz	Xn R 10-20	WGK 1	Kontakt der Flüssigkeit mit den Augen kann Trübung der Hornhaut und Reizung der Augen hervorrufen
Ethylendiacetat (111-55-7)	EDMA			wirkt reizend auf Augen, Dämpfe wirken reizend auf Augen und Atemwege, Lungenödem möglich, Nieren- und Leberschäden, narkotische Wirkung
Diethylphthalat (DEP) (84-66-2)	DEHP		R 20/21/ 22-36/37/ 38-40 WGK 2	teratogen; im Tierversuch schädigende Wirkung auf embryonale Entwicklung, wirkt schädigend beim Einatmen, Verschlucken oder Aufnahme über Haut, wirkt reizend auf Augen und Haut, u.U. Zerstörung der Hornhaut, Dämpfe wirken reizend auf Augen, Schleimhäute und Atemwege, in schweren Fällen Lähmung des Zentralnervensystems möglich, Toxische Grenzkonzentration für Scenedesmus quadricauda 10 mg/l, Pseudomonas putida >400 mg/l, CSB: 2,1 g Sauerstoff/g BSB 5. 2,0 g Sauerstoff/g
Diisobutylphthalat (84-69-5)	DEHP		WGK 2	

Tabelle 8.13: ***Schädigungspotential einiger Zersetzungsprodukte synthetischer Weichmacher***

8.7 Füllstoffe

Als Füllstoffe werden Ruße und helle Füllstoffe eingesetzt. Bei den hellen Füllstoffen ist zwischen den synthetisch hergestellten (z.B. gefällte oder pyrogene Kieselsäure) und den aus der Natur gewonnenen Füllstoffen (z.B. einige Silikate, Schwerspat) zu unterscheiden. Natürlich gewonnene Stoffe, z.B. Silikate, können bestimmte Gehalte an Quarz enthalten, der als lungengängige Fraktion zu Silikose führen kann. Für gefällte und pyrogene Kieselsäuren und Silikate sind MAK-Staubgrenzwerte festgelegt worden.
Andere Naturprodukte, z.B. Schwerspat (Bariumsulfat), können als Verunreinigungen Schwermetalle enthalten.
Beim Abwiegen und Einarbeiten der Füllstoffe kann es zu staubförmigen Emissionen

kommen. Viele Füllstoffe werden daher schon in Form von polymer- oder ölgebundenen Präparationen angeboten.

Substanz	**Gefahr nach GefStoffV**	**andere Einstufungen / WGK**	**Schädigungspotential**
Aluminiumhydroxid (21645-51-2)		R 36/37/38 WGK 0	wirkt reizend auf Augen, Haut, Schleimhäute und Atemwege, kann schädigend wirken beim Einatmen, Verschlucken oder Aufnahme über Haut
Aluminiumoxidhydrat (21645-51-2)		-	-
Aluminiumsilikat (12141-46-7)		-	-
Bariumsulfat (7727-43-7)		WGK 0	kann schädigend wirken beim Einatmen, Verschlucken oder Aufnahme über Haut; kann reizend wirken auf Augen
Schwerspat (Bariumsulfat) (13462-86-7)	-	-	-
Calciumhydroxid (1305-62-0)		Xi, C R 34-38-41 WGK 1	wirkt schädigend beim Einatmen, Verschlucken oder Aufnahme über Haut, wirkt extrem zerstörerisch auf das Gewebe der Schleimhäute und Atemwege, Augen und Haut, Inhalation kann tödliche Folgen haben toxisch für Fische: tödlich nach 7 Min. 300 mg/l (Forelle)
Calciumoxid (1305-78-8)		C R 34 WGK 1	Staub wirkt ätzend und stark reizend auf Haut, Augen und Atemwege, Kontakt mit Haut in Verbindung mit Feuchtigkeit kann Verbrennungen hervorrufen toxisch für Fische: Schädlichkeitsgrenze 20 mg/l, tödlich nach 26 Min. 70 mg/l
Calciumsilikat (1344-95-2)		R 36/37	wirkt reizend auf Haut und Schleimhäute
Dolomit (7000-29-5)		-	-
Graphit (7782-42-5)		R 36/37/38 WGK 0	wirkt reizend auf Augen, Haut, Schleimhäute und Atemwege, kann schädigend wirken beim Einatmen, Verschlucken oder Aufnahme über Haut
Kaolin (1332-58-7)		R 20/21/22 WGK 0	kann schädigend wirken beim Einatmen, Verschlucken oder Aufnahme über Haut, kann Reizungen verursachen
Kaolinit (1318-74-7)		WGK 0 (SDB)	

Tabelle 8.14: Schädigungspotential einiger Füllstoffe

Substanz	Gefahr nach GefStoffV	andere Einstufungen / WGK	Schädigungspotential
Kieselsäure (Silicagel, Diatomeerde) (1343-98-2)	-	WGK 0	-
Kieselsäure, amorph (7631-86-9)	-	R 20 WGK 0	wirkt schädlich beim Inhalieren und Verschlucken, kann reizend wirken
Siliciumdioxid (112926-00-8)		R 20-36/37 WGK 0	wirkt schädigend beim Einatmen oder Verschlucken, wirkt reizend, EC 50 (Daphnia magna): >10000 mg/l/24 h, LC 50 (Brachydanio rerio): >10000 mg/l/96 h
Magnesiumoxid (1309-48-4)		WGK 1	
Quarzmehle (14808-60-7)		Xn R 20-40-48 WGK 0	wirkt schädigend beim Einatmen oder Verschlucken; verursacht Reizungen
Ruß (1333-86-4) (7440-44-0)		WGK 0	
Polyvinylchlorid (PVC) (9002-86-2)		Xi R 36/37/38	als Staub karzinogen verdächtig, wirkt reizend auf Augen, Haut, Schleimhäute und Atemwege, wirkt schädigend beim Einatmen, Verschlucken oder Aufnahme über Haut
Polytetrafluorethen (PTFE) (9002-84-0)			als Staub karzinogen verdächtig, kann reizend wirken auf Augen und Haut, wirkt schädigend beim Einatmen, Verschlucken oder Aufnahme über Haut
Talkum (14807-96-6)		WGK 0 R 20	kann schädigend wirken beim Einatmen, Verschlucken oder Aufnahme über Haut; kann reizend wirken auf Augen und Haut
Wollastonit (13983-17-0)			wirkt reizend auf Haut und Schleimhäute
Zinkoxid (1314-13-2)		WGK 1 (SDB)	kann schädigend wirken beim Einatmen, Verschlucken oder Aufnahme über Haut, wirkt reizend auf Augen, Haut, Schleimhäute und Atemwege

Tabelle 8.14: Schädigungspotential einiger Füllstoffe (Fortsetzung)

8.8 Lösemittel

Bei einigen Verarbeitungsstufen werden Lösemittel eingesetzt, z.B. bei der Herstellung von Gummilösungen, der Reinigung von Oberflächen und der Konfektion. Für alle gängigen Lösemittel sind MAK-Werte festgelegt, die gemäß der Gefahrstoffverordnung regelmäßig im Betrieb kontrolliert werden müssen. Man hat herausgefunden, daß z.B. n-Hexan als Bestandteil des Benzins ein gefährliches Nervengift ist [53].

Bei einigen der leichtflüchtigen chlorierten Kohlenwasserstoffen (CKW) besteht der begründete Verdacht auf krebserzeugendes Potential, z.B. Dichlormethan und Tetrachlorethen.

Substanz	**Gefahr nach GefStoffV**	**andere Einstufungen / WGK**	**Schädigungspotential**
aromatische Kohlenwasserstoffe			
Toluol (108-88-3)	F, Xn R 11-20	WGK 2	s. Tabelle 8.3
Xylol, Isomerengemisch (1330-20-7)	Xn R 10-20/ 21-38	WGK 2	Hirn- und Nervenschäden, Leberschäden, Blutgift, wirkt reizend auf Atemwege sowie Magen- und Darmtrakt Trinkwassergefährdung bei Eindringen größerer Mengen in Erdreich und Gewässer LC 50 (Fisch, Goldorfe): 308/86 mg/l biologisch mäßig abbaubar
chlorierte Kohlenwasserstoffe			
Dichlormethan (75-09-2)	Xn R 40	WGK 2	begründeter Verdacht auf krebserregendes Potential, Hirn- und Nervenschäden, Schlafstörungen, wirkt reizend, narkotische Wirkung, wird durch die Haut aufgenommen LC 50 (Daphnia magna): 2270 mg/l, 13 mg/l/24 h
1,1,2-Trichlorethen (79-01-6)	Xn R 40	WGK 3	Organgift, Nervengift, Dämpfe haben narkotische Wirkung und können Schadigung der Leber und Nieren verursachenwirkt reizend auf Augen und Haut, Schädigung des ZNS Fototoxizität und Kanzerogenität ist teilweise auf die verwendeten Stabilisatoren zurückzuführen LC 50 (Fisch, Goldorfe): 136-200 mg/l/48 h, EC 50 (Daphnia magna): 17,6 mg/l/24 h, toxische Grenzkonzentration für Pseudomonas putida 6 mg/l, Scenedesmus quadricauda >1000 mg/l Verdacht auf Bioakkumulation
Tetrachlorethen (127-18-4)	Xn R 40	WGK 3	begründeter Verdacht auf krebserregendes Potential, wirkt reizend auf Augen und Haut, Dämpfe wirken betäubend und reizend auf Augen und Atemwege, Hautresorption LC 50 (Fisch, Goldorfe): 130 mg/l/48 h, LC 50 (Daphnia magna): 9,09/18 mg/l/48 h, aerob nicht biologisch abbaubar

Tabelle 8.15: Schädigungspotential von Lösemitteln

Substanz	Gefahr nach GefStoffV	andere Einstufungen / WGK	Schädigungspotential
Alkohole			
Methanol (67-56-1)	F, T R 11-23/ 25	WGK 1	Hirn- und Nervenschäden, Erblindung, wird durch die Haut aufgenommen, sensibilisierend, Schädigung von Nieren, Leber und Herz, narkotische Wirkung toxische Grenzkonzentration für Pseudomonas putida 6600 mg/l, Scenedesmus quadricauda 8000 mg/l, Daphnia magna 32 g/l, LC 0 (Fisch, Goldorfe): 7900 mg/l
Ethanol (64-17-5)	F R 11	WGK 0	Hirn-, Nerven- und Leberschäden, wirkt reizend auf Augen, Atem- und Verdauungswege LC 50 (Fisch, Goldorfe): 10000/8140 mg/l, LC 100 (Fisch, Goldorfe): 10000/8690 mg/l, toxische Grenzkonzentration für Pseudomonas putida 6500 mg/l, Scenedesmus quadricauda 5000 mg/l, Daphnia magna 18,4 g/l, biologisch abbaubar
Isopropanol (67-63-0)	F R 11	WGK 1	Hirn- und Nervenschäden, Leberschäden, wirkt reizend auf Haut und Schleimhäute, narkotische Wirkung toxische Grenzkonzentration für Pseudomonas putida 1050 mg/l, Scenedesmus quadricauda 1800 mg/l, LC 50 (Fisch, Goldorfe): 9280/8970 mg/l, LC 100 (Fisch, Golorfe): 9750/10920 mg/l, EC 50 (Daphnia magna): 9714 mg/l, biologisch abbaubar
Ketone			
Propanon (Aceton) (67-64-1)		F WGK 0	Hirn- und Nervenschäden, Ekzeme, in schweren Fällen auch Anämie, wirkt reizend auf Augen und Haut, narkotische Wirkung, LD 50 (Daphnia magna): 10 mg/l, LC 50 (Fisch; Goldorfe): 5000 mg/l/24 h toxische Grenzkonzentration für Daphnia magna 9,28 g/l, für Pseudomonas putida 1700 mg/l, Scenedesmus quadricauda 7500 mg/l, biologisch leicht abbaubar
Methylethylketon (78-93-3)	F, Xi R 11-36/ 37	WGK 1	Hirn- und Nervenschäden, Lungenödem, Leber- und Nierenschäden, wirkt reizend auf Augen, Haut und Schleimhäute, narkotische Wirkung toxische Grenzkonzentration für Pseudomonas putida 1150 mg/l, Scenedesmus quadricauda 4300 mg/l, 53 mg/l, LC 50 (Fisch, Goldorfe) 4880/4600 mg/l LC 50 (Daphnia magna): 8890 mg/l EC 50 (Daphnia magna): 7060 mg/l

Tabelle 8.15: Schädigungspotential von Lösemitteln (Fortsetzung)

Substanz	Gefahr nach GefStoffV	andere Einstufungen / WGK	Schädigungspotential
4-Methyl-2-pentanon (MIBK) (108-10-1)	F R 11	WGK 1	Hirn- und Nervenschäden, wirkt leicht reizend auf Haut und Augen, Dämpfe wirken reizend auf Augen und Atemwege, narkotische Wirkung möglich toxische Grenzkonzentration für Pseudomonas putida 275 mg/l, Scenedesmus quadricauda 725 mg/l, LC 50 (Daphnia magna): 4280 mg/l, LC 100 (Daphnia magna): 5000 mg/l biologisch leicht abbaubar
Cyclohexanon (108-94-1)	Xn R 10-20	WGK 1	Hirn- und Nervenschäden, wirkt reizend auf Augen und Atemwege, geringe narkotische Wirkung LC 50 (Fisch; Goldorfe): 752/538 mg/l/96 h, LC 100 (Fisch; Goldorfe): 940/564 mg/l/96 h, EC 0/LC 50 (Daphnia magna): 526/540 mg/l/24 h
sonstige Lösemittel			
Benzine (Solventbenzin 80/110, 100/140) (z.B. 8030-30-6)	T R 45-22	WGK 2	
Siedegrenzenbenzin (64742-49-0)	T R 45-22		
Ethylacetat (141-78-6)	F R 11	WGK 1	Dämpfe und Flüssigkeit wirken reizend auf Atemwege und Augen, in höherer Konzentration narkotische Wirkung mit evtl. tödlichen Folgen toxische Grenzkonzentration für Pseudomonas putida 650 mg/l, Scenedesmus quadricauda 15 mg/l, LC 50 (Daphnia magna). 2500 mg/l, LC 0 (Fisch, Goldorfe): 100-1000 mg/l, LC 50 (Fisch, Goldorfe): 270/333 mg/l, LC 100 (Fisch, Goldorfe): 360/360 mg/l, biologische Abbaubarkeit > 70 %
p-Mentha-1,8-dienlimonen (138-86-3)	Xi R 10-38	WGK 1	wirkt stark reizend auf Augen, Dämpfe wirken reizend auf Augen, Atemwege und Haut, Hautresorption, Störungen des ZNS, Herz- und Kreislaufstörungen
Dimethylformamid (68-12-2)	T R 61-20/ 1-36	WGK 1	wirkt reizend auf Augen und Haut, Dämpfe wirken stark reizend auf Augen und Atemwege, Hautresorption, Leber- und Nierenschäden möglich

Tabelle 8.15: Schädigungspotential von Lösemitteln (Fortsetzung)

8.9 Sonstige Hilfsmittel

Pigmente

Als Pigmente werden sehr oft anorganische Pigmente eingesetzt. Als Weißpigmente werden Lithopone und Titandioxid verwendet. Als Buntpigmente werden Eisenoxid, Chromoxid und Ultramarin eingesetzt.
Organische Farbstoffe sind vor allem Azo-Farbstoffe, Alizarin-Farbstoffe und Phthalocyanine, Naphthalintetracarbonsäure, Indanthrenfarbstoffe, Anthrachinone und Indigoide.

Haftmittel

Als Haftmittel bei der Herstellung von Gummi-Metall-Verbunden werden oft Resorcin-Formaldehyd-Harze oder Formaldehydspender eingesetzt. Unter den Vulkanisationsbedingungen kann aus diesen Stoffen Formaldehyd in höheren Konzentration freigesetzt werden. Bei der Verwendung von Harzen ist der Restphenolgehalt sowie der Gehalt an PAKs zu beachten.
Es werden der Kautschukmischung auch organische Kobaltsalze zur Verbesserung der Gummi-Metall-Bindung zugegeben.

Treibmittel

Bei der Herstellung von Zell- und Moosgummi werden Treibmittel eingesetzt. Diese Mittel zerfallen bei der Vulkanisation und führen durch Gasabspaltung zu den porösen Gummiartikeln. Die meisten Treibmittel setzen Stickstoff frei.

Flammschutzmittel

Einige der eingesetzten flammhemmenden Stoffe, insbesondere organische Halogenderivate und Antimontrioxid, sind toxikologisch nicht unbedenklich.
Als Ersatz dafür können Flammschutzmittel/Molekularsieb-Addukte (z.B. Ethylbromid/Molekularsieb 13 X) verwendet werden.

Substanz	Gefahr nach GefStoffV	andere Einstufungen / WGK	Schädigungspotential
Treibmittel			
Azodicarbonsäurediamid (ADC) (123-77-3)		R 11-42/43 WGK 1	Staub wirkt reizend auf Atmungsorgane und Augen, Sensibilisierung durch Einatmen möglich, Lösungen können infolge Zersetzung zu Lungenverätzungen führen
Benzolsulfonylhydrazid (BSH) (80-17-1)		-	Lokale z.T. starke Reizwirkung durch Staub und Pulver an Haut und Schleimhäuten, kann bei empfindlichen Personen Allergien hervorrufen
p,p'-Oxybis(benzol-sulfonsäurehydrazid) (OBSH) (80-51-3)		R36/37/38 WGK 2	Staub und fester Stoff wirken reizend auf Augen und die Haut, Hautresorption möglich, Hautkontakt kann zu schwer heilenden Exemen führen, Allergisierung möglich, zentralnervöse Störungen möglich
Oxalsäure (Ethandisäure) (144-62-7)	Xi R 21/22	WGK 1	wirkt schädigend beim Einatmen, Verschlucken oder Aufnahme über Haut, wirkt extrem zerstörerisch auf das Gewebe der Schleimhäute, Atemwege, Augen und Haut, Einatmen kann tödliche Folgen haben, tödliche Dosis: 2,5 - 7 g toxische Grenzkonzentration für Daphnia magna 95 mg/l, für Scenedesmus quadricauda 790 mg/l
Hydrazin (302-01-2)	T R 45-10-23/24/25-34-43	WGK 3	krebserregend, Hautresorption, wirkt ätzend auf der Augen (Hornhauttrübung) und Haut, Dämpfe wirken stark reizend auf Augen und Atmungsorgane, Lungenödem möglich, Schädigung der Leber, des Zentralnervensystems, des Herzens, des Blutes und der Niere wirkt auf Bakterien und Algen wachstumshemmend, toxische Grenzkonzentration für Pseudomonas putida 0,019 mg/l, Scenedesmus quadricauda 0,005 mg/l, LC 50 (Daphnia magna): 0,81 mg/l, LC 50 (Fisch, Goldorfe): 0,75 mg/l, kann starke Schäden im Oberflächenwasser und in biologischen Kläranlagen bewirken
p-Toluolsulfonsäure-hydrazid (TSH) (1576-35-8)		WGK 2	
Haftmittel			
organische Cobaltsalze, z.B. Cobaltnaphthenat, Cobaltstearat			im Tierversuch eindeutig krebserregend

Tabelle 8.16: ***Schädigungspotential von sonstigen Hilfsmitteln***

Substanz	Gefahr nach GefStoffV	andere Einstufungen / WGK	Schädigungspotential
Klebrigmacher			
Cumaron-Inden-Harz (63393-89-5)	-	WGK 1	-
Koresin (28514-92-3)			
Flammschutzmittel			
Antimontrioxid (1309-64-4)	Xn R 40	WGK 2	im Tierversuch eindeutig krebserregend, wirkt reizend auf Augen und Haut, ständiger Kontakt verursacht Dermatitis, Stäube verursachen Schleimhautreizungen, Husten und Atemnot, nach Aufnahme toxischer Mengen Blutdruckabfall, Herzrhythmusstörungen, toxische Wirkung auf Leber und Nieren
Chlorkautschuk (9006-03-5)		WGK 0	verursacht Augen- und Hautirritation
Chlorparaffin (8002-74-2) (61788-76-9) (63449-39-8)		WGK 3	begründeter Verdacht auf krebserregendes Potential LC 0 (Fisch, Goldorfe): 500 mg/l/48 h EC 0 (Bakterien): 600 mg/l Gärröhrchentest
Magnesiumcarbonat (546-93-0)		-	-
Pigmente			
C.I. Pigment red			
Kupferphthalocyanin (147-14-8)		WGK 0	kann schädigend wirken beim Einatmen, Verschlucken oder Aufnahme über Haut, wirkt reizend auf Schleimhäute, Atemwege, Augen und Haut
Pyrazolonorange (15793-73-4)		-	-
Ultramarinblau (1317-97-1) (57455-37-5)		WGK 0	-
basisches Bleisilikat (BSWL 202) (10099-76-0)		T R 20/22-33-61 WGK 1	
Chromoxid (Dichromtrioxid) (1308-38-9)		R 20/21/22-36/37/38-43 WGK 0	wirkt ätzend, nach oraler Aufnahme schwere Reizerscheinungen und Verätzungen im Magen- und Darmkanal, Stäube wirken stark reizend auf Augen, Atemwege und Haut, Nierenschäden bis zum Nierenversagen und Leberschäden möglich

Tabelle 8.16: Schädigungspotential von sonstigen Hilfsmitteln (Fortsetzung)

Substanz	**Gefahr nach GefStoffV**	**andere Einstufungen / WGK**	**Schädigungspotential**
Eisen(III)oxid (Eisenglimmer) (1309-37-1)		R 36/37/38 WGK 0	kann reizend wirken auf Schleimhäute der Atemwege und des Magens
Eisen(II,III)oxid (Eisenoxid) (1317-61-9)		WGK 0	kann reizend wirken auf Schleimhäute der Atemwege und des Magens
Titandioxid (1317-80-2)		R 20 WGK 0	kann schädigend wirken bei Einatmung, Verschlucken oder Aufnahme über Haut; kann Reizungen verursachen LC 0 (Leuciscus idus): >1 g/l/48h EC 0 (Daphnia magna): >3 mg/l/30 Tage EC 0 (Pseudomonas flourescens): >10 g/l/24h
Oberflächenbehandlungsmittel			
Zinkstearat (557-05-1)		R 20 WGK 1	schwach schleimhautreizend im Tierversuch
Trennmittel			
Magnesiumstearat (557-04-0)			schwach krebserregend im Tierversuch (Mäuse)
Calciumstearat (1592-23-0)	-	-	-
Calciumcarbonat (471-34-1)	36/37/38	WGK 0	-
Haftvermittler			
Mercaptopropyltri-methoxysilan (4420-74-0)		Xn, F R 10-36/37/38 WGK 3	kann schädigend wirken beim Einatmen, Verschlucken oder Aufnahme über Haut, wirkt reizend auf Haut, Dämpfe wirken reizend auf Augen, Schleimhäute und Atemwege
4,4'-Bis-(2,6-di-tert - butylphenol) (SI69) (128-38-1)		-	-
Emulgator			
Natriumdodecylsulfat (Natriumlaurylsulfat) (151-21-3)		Xn R 20/22-42-36/37/38-44 WGK 2	wirkt schädigend bei Einatmung; kann schädigend wirken bei Verschlucken und Aufnahme über Haut, wirkt reizend auf Augen, Haut, Schleimhäute und Atemwege
Sonstige Chemikalien			
Zinkcarbonat (3486-35-9)	-	WGK 1	im Tierversuch tumorogen

Tabelle 8.16: Schädigungspotential von sonstigen Hilfsmitteln (Fortsetzung)

Substanz	Gefahr nach GefStoffV	andere Einstufungen / WGK	Schädigungspotential
Formaldehyd (50-00-0)	T R 23/24/ 25-34-40- 43	WGK 2	krebserregend, Sensibilisierung möglich, Dämpfe wirken stark reizend auf Augen und Atemwege, Kontakt mit der Flüssigkeit führt zu Verhärtung und Verätzung der Haut sowie Verätzung der Augen, bei Aufnahme durch den Mund schwere innere Verätzungen, toxische Grenzkonzentration für Pseudomonas putida 14 mg/l, für Scenedesmus quadricauda 2,5 mg/l, EC 50 (Daphnia magna): 52 mg/l, EC 50 (Leuchtbakterientest): 8,6 mg/l, LC 50 (Fisch, Goldorfe). 50/108 mg/l, LC 100 (Fisch, Goldorfe): 76/130 mg/l
Kerosin (8002-05-9) (8008-20-6)	T R 45	WGK 2	mutagen, tumorbildend, Blut- und Nervengift, Einatmen der Dämpfe in niedrigen Konzentrationen führt zu Zuständen wie bei Trunkenheit, in hohen Konzentrationen zu Bewußtlosigkeit, Dämpfe und Flüssigkeit wirken reizend auf Augen, LC 50 (Fisch, Goldorfe): 159 mg/l giftig fur Wasserorganismen, kann in Gewässern längerfristig schädliche Wirkung haben
n-Octadecylamin (124-30-1)	-	Xi R 38-40 WGK 2	wirkt reizend
Oxalsäure (144-62-7)	Xn R 21-22	WGK 1	wirkt schädigend beim Einatmen, Verschlucken oder Aufnahme über die Haut, wirkt extrem zerstörerisch auf das Gewebe der Schleimhäute und Atemwege, Augen und Haut; Einatmung kann tödliche Folgen haben; toxische Grenzkonzentration für Daphnia magna 95 mg/l, für Scenedesmus quadricauda 790 mg/l
Natriumstearat (822-16-2)		Xn WGK 2	Hautresorption, wirkt schwach reizend auf Schleimhäute im Tierversuch
Triethanolamin (TEA) (102-71-6)		Xi R 36/37/38 WGK 1	wirkt reizend auf Augen, Dämpfe wirken reizend auf Augen und Atemwege, LC Lo (Daphnia magna): 875 mg/l LC 50 (Daphnia magna): 1390 mg/l LC 50 (Carassius auratus): >5000 mg/l/24 h, toxische Grenzkonzentration für Daphnia magna 2,5 mg/l, Scenedesmus quadricauda 100 mg/l, Scenedesmus quadricauda neutral 1,8 mg/l, nicht neutral 715 mg/l, Biologisch abbaubar

Tabelle 8.16: Schädigungspotential von sonstigen Hilfsmitteln (Fortsetzung)

Zersetzungsprodukt	**Herkunft**	**Gefahr nach GefStoffV**	**andere Einstu-fungen / WGK**	**Schädigungspotential**
Diphenyldisulfid	Benzolsulfonyl-hydrazid			
Phenylbenzolthio-sulfonat	Benzolsulfonyl-hydrazid			
Formaldehyd	Harze			s. Tabelle 8.16
Resorcin (108-46-3)		Xn, N R 22-36/38-50		sensibilisierend, fester Stoff und wäßige Lösung wirkt reizend auf Augen und Haut, Substanz kann auch über die Haut aufgenommen werden (Hautresorption), verändert den Blutfarbstoff (Methämoglobin-bildung), führt zur Zerstörung der roten Blutkörperchen (Hämolyse); Schädigung von Leber, Nieren und Herz
Cobalt (7440-48-4)	Cobaltsalze	Xn R 42/43	WGK 0	krebserregend, Gefahr der Sensibilisierung, wirkt schädigend beim Einatmen oder Verschlucken, wirkt reizend auf Augen, Haut, Schleimhäute und Atemwege

Tabelle 8.17: ***Schädigungspotential von Zersetzungsprodukten sonstiger Hilfsmittel***

Substanz	Gefahr nach GefStoffV	andere Einstufungen / WGK	Schädigungspotential
Latex-Chemikalien			
Ammoniumchlorid (12125-02-9)	Xi R 22-36	WGK 1	kann schadigend wirken beim Einatmen, Verschlucken oder Aufnahme über Haut, verursacht schwere Augen- und Hautreizungen toxische Grenzkonzentration für Daphnia magna < 134 mg/l
Ammoniak (7664-41-7)	T R 10-23	WGK 2	ätzend, schleimhautreizend, Gas erzeugt starke Reizwirkung und verursacht schwere Verätzungen der Augen, der Atmungsorgane und der Haut, Einatmen von hochkonzentriertem Gas kann plötzlichen Tod zur Folge haben, Kontakt mit der Flüssigkeit ruft schwere Erfrierungen hervor Störungsschwelle fur Forellen: 0,3 mg/l, LC 50 (Daphnia magna): 60 mg/l in 25 Std., 32 mg/l in 50 Std.
Ammoniumhydroxid (1336-21-6)	Xi, C R 34-37	WGK 2	wirkt ätzend, Dämpfe wirken stark reizend auf Augen und Atmungsorgane, Lungenödem möglich Störungsschwelle für Forellen: 0,3 mg/l, Tödlichkeitsgrenze für Forellen: 1,25-5 mg/l, LD 50 (Daphina magna): 60 mg/l/25 Std., 32 mg/l/50 Std.
Ammoniumsulfat (7783-20-2)		Xn R 20/21/22-36/37/38 WGK 1	toxische Grenzkonzentration für Daphnia magna < 106 mg/l
Ammoniumcarbonat (506-87-6)		R 36/37/38 WGK 0	
Ammoniumhydrogen-carbonat (1066-33-7)		R 36/37/38	kann schädigend wirken beim Einatmen, Verschlucken oder Aufnahme über Haut, wirkt reizend auf Augen, Haut, Schleimhäute und Atemwege
Natriumhydrogen-carbonat (144-55-8)		WGK 0	kann schädigend wirken beim Einatmen, Verschlucken oder Aufnahme über Haut; reizend toxische Grenzkonzentration für Daphnia magna 4,2 g/l, 2350 mg/l
Natriumnitrit (7632-00-0)	T, O R 8-25	WGK 2	wirkt schädigend beim Einatmen, Verschlucken oder Aufnahme über Haut, wirkt reizend auf Augen, Haut, Schleimhäute und Atemwege; bei Eindringen in Grundwasser Gefahr für Trinkwasser, toxische Grenzkonzentration für Pseudomonas putida 123 mg/l, Scenedesmus quadricauda 1233 mg/l, Daphnia magna < 20 mg/l, LC 50 (Daphnia magna) 215 mg/l, LC 50 (Fisch, Regenbogenforelle): 0,2 - 0,4 mg/l

Tabelle 8.18: Schädigungspotential von Latexchemikalien

9 Umweltexposition

9.1 Umweltexposition bei der Kautschukverarbeitung

Rohmaterialien, Halbzeuge und Fertigprodukte durchlaufen eine Reihe von Verfahrensschritten, die im einzelnen bezüglich ihrer jeweiligen Emissionen zu charakterisieren sind.

Die hier auftretenden Emissionen verursachen vor allem Arbeitsschutzprobleme. Mögliche Umweltexpositionen können durch geeignete Abluftführung und -reinigung weitgehend reduziert werden.

9.1.1 Lagerung, Abwiegen, Mischen

Im Rohstofflager und beim Abwiegen können Stoffe in Form von Gasen oder Stäuben freigesetzt werden. Beim Mischen treten erstmals Temperaturerhöhungen auf, die zu normalen Verdampfungen bzw. Ausdunstungen von niedermolekularen Stoffen führen können.
Die reinen Polymere enthalten evtl. noch geringe Gehalte an Monomeren, die aufgrund ihrer Flüchtigkeit ausdünsten können. Besonders zu beachten sind dabei z.B. die Terpolymere des EPDM. Bei den Kautschuken CO und ECO ist auf das toxische Monomere Epichlorhydrin zu achten, das bei der Vulkanisation und im Brandfall entstehen kann.

9.1.2 Halbzeugherstellung

Bei der Herstellung des Halbzeugs (Platten, Felle) wird die Kautschukmischung auf 80 bis max. 120 °C erwärmt, wodurch es zu Ausdünstungen kommen kann, die im wesentlichen auf den flüchtigen Mischungsbestandteilen beruhen. Es sind aber auch chemische Reaktionen mit Folgeprodukten möglich.
Bei der Lagerung der Halbzeuge treten die gleichen Ausdünstungen auf, allerdings in geringerem Ausmaß.

Für einige Verfahren, z.B. Tauch- und Streichverfahren, oder bei Klebevorgängen werden die Rohmischungen mit Lösemittel gelöst. In diesem Bereich kann es zu Belastungen mit Lösemitteldämpfen kommen.

9.1.3 Lösemittelrückgewinnung

Bei einigen Verarbeitungsschritten werden Lösemittel, z.T. auch chlorierte Lösemittel, eingesetzt. Leichtflüchtige chlorierte Kohlenwasserstoffe (CKW) können zu erheblichen Umweltbelastungen führen. Sie sind biologisch nur schwer oder gar nicht abbaubar, besitzen eine hohe Wassergefährdungsklasse, sind an der Zerstörung der Ozonschicht beteiligt und bilden bei der Verbrennung Sekundärschadstoffe (u.a. Phosgen, Chlorwasserstoff). CKWs durchfließen bzw. diffundieren durch Straßen- und Fußbodenbeläge, wodurch Boden- und Grundwasserverunreinigungen resultieren.

Aus ökologischen Gründen wird in der Regel eine Wiedergewinnung der Lösemittel durchgeführt. Dabei kommen das Kondensationsverfahren und das Adsorptionsverfahren zur Anwendung. Beim Kondensationsverfahren werden die Lösemitteldämpfe durch wassergekühlte Kondensatoren geleitet und darin niedergeschlagen. Beim Adsorptionsverfahren werden sie durch verschiedene Adsorber, z.B. Aktivkohle geleitet und durch Dampfdestillation zurückgewonnen. Beim Adsorptionsverfahren beträgt die Wiedergewinnungsrate ca. 90 %, wogegen sie beim Kondensationsverfahren wesentlich geringer ist.

Bei der Trocknung müssen die zum Teil schädlichen Lösemitteldämpfe auch aus Gründen des Explosionsschutzes abgesaugt werden. Es muß dafür gesorgt werden, daß die Lösemittelkonzentration unter der Explosionsgrenze bleibt, die für ein Benzin-Luftgemisch zwischen 35 - 320 g Benzin pro m^3 Luft liegt.

9.1.4 Vulkanisation, Nachbehandlung

Bei der Vulkanisation erfolgt die Vernetzung der Polymere durch chemische Reaktion bei Temperaturen von 150 - 200 °C und teilweise unter erhöhtem Druck. Die dabei entstehenden Reaktionsprodukte aus dem Vernetzungssystem und die durch den Abbau von Polymeren oder durch Depolymerisation gebildeten flüchtigen Verbindungen entweichen mit den Vulkanisationsdämpfen. Die bei diesen Temperaturen flüchtigen Mischungsbestandteile, z.B. von Mineralölweichmachern, können ebenfalls ausgasen. Aromatische Mineralölweichmacher enthalten polyaromatische Kohlenwasserstoffe, die auch als Bestandteile der Vulkanisationsdämpfe auftreten können. Bisher sind nur sehr wenige Untersuchungen über PAK-Konzentrationen an Kautschukarbeitsplätzen veröffentlicht worden [189, 165]. Die älteren Luft-Untersuchungen von partikelgebundenen PAK (Benzo(a)pyren) in verschiedenen Arbeitsbereichen in Reifenfabriken ergaben die in Tabelle 9.1 dargestellten Ergebnisse [189]. Andere Untersuchungen [165] ergaben wesentlich geringere Belastungen. In diesem Fall sind allerdings ausschließlich naphthenische bzw. paraffinische Mineralölweichmacher mit nur sehr geringen PAK-Gehalten eingesetzt worden. Es ist daher nicht verwunderlich, daß bei diesen Untersuchungen keine nennenswerten Belastungen der Vulkanisatdämpfe mit PAK nachgewiesen werden konnten. Der TRK-Wert für Benz(a)pyren beträgt 2 µg/m3.

Arbeitsbereich	**Benz(a)pyren** **[189]** **[µg/m³]**	**Benz(a)pyren / Summe 15 PAK** **[165]** **[µg/m³]**
Mischen	2,9 - 32,3	-
Vulkanisieren	0,8 - 8,8	0,0002 - 0,0037 / 0,0295 - 0,1049
Reparieren / Kontrolle	1,0 - 15,3	-

Tabelle 9.1: Luftbelastungen mit PAKs an Gummi-Arbeitsplätzen

In Abhängigkeit der verwendeten Rezeptur, des Vulkanisationsverfahrens und der Vulkanisationstemperatur unterscheiden sich die Emissionen in ihrer Zusammensetzung. Beim Einsatz von Formentrennmittel sind diese bei der Emission ggf. mit zu berücksichtigen.

Die bei dem Vulkanisationsprozeß austretenden Dämpfe enthalten eine Vielzahl unterschiedlicher Verbindungen. Mittlerweile sind mehrere hundert Stoffe identifiziert worden, von denen etwa fünfzig im Sinne der Gefahrstoffverordnung und der TRGS 900 toxikologisch bewertet sind, d.h. daß für diese Stoffe ein Grenzwert aufgestellt wurde.
Die freigesetzten Verbindungen lassen sich in die Substanzklassen Amine, leichtflüchtige chlorierte Verbindungen, Kohlenwasserstoffe u.a. zusammenfassen [190].

Beispielhafte Zusammensetzung eines Vulkanisationsdampfes:

Alkane	7,3 %
Cycloalkane	11,6 %
Cycloalkene	18,6 %
Aromaten	31,1 %
Phenole	6,8 %
Ester	20,9 %

Die insgesamt gemessene Konzentration dieser Stoffe betrug 2,1 mg/m^3 [53].

Bei der Vulkanisation treten Zersetzungsprodukte auf, die in Kapitel 8.3 beschrieben wurden.

An den Vulkanisationsprozeß schließen sich eine Reihe weiterer typischer Verfahrensstufen an, die man unter dem Begriff Endbearbeitung zusammenfaßt. Dazu gehören z.B. das Entfernen von Austrieb, das Beschneiden und das Kontrollieren. Bei diesen Bearbeitungsprozessen treten vor allem leichtflüchtige Stoffe aus, die auch die Reaktionsprodukte der Vulkanisation umfassen. Durch die z.T. starke Anhäufung von Gummiartikeln ist eine Kontrolle der Luftbelastung erforderlich.

Auch bei der Lagerung der fertigen Gummiprodukte gasen die bei der Vulkanisation entstandenen leichtflüchtigen Reaktionsprodukte langsam aus.

9.1.5 Abwasser aus dem Produktionsprozeß

In der Gummiindustrie treten folgende Abwässer mit schädlichen Inhaltsstoffen auf [115]:

- nitrat-/nitrithaltiges Abwasser aus Salzbadanlagen
- CKWs bzw. Komplexbildner (z.B. EDTA) aus Entfettungsanlagen
- Schwermetalle aus der Galvanik

Über das Kühlwasser aus den Salzbadanlagen werden verhältnismäßig große Frachten an Nitrit und Nitrat ausgetragen. Nitrit ist schon in geringen Konzentrationen für Fische und andere Wasserorganismen toxisch. Nitrat leistet einen erheblichen Beitrag bei der Eutrophierung der Gewässer.

Als Alternative bieten sich an:

- Vermeidung von Abwasser durch abwasserfreie Herstellungsverfahren (z.B. indirekte Kühlung, Kreislaufsystem, trockene Reinigung)
- Reduktion oder Vermeidung von gefährlichen Stoffen (z.B. Entfettung auf wäßriger Basis)

Der Salzaustrag kann durch Einbau von Rüttelaggregaten und Ablaßeinrichtungen reduziert werden. Auch durch Anordnung der Spülbäder in Kaskaden und eine optimierte Wasserführung kann das Abwasservolumen reduziert und die Schadstoffe aufkonzentriert werden. Das Restvolumen des Abwassers muß dann behandelt werden.

Für das Abwasser bieten sich als Reinigungsverfahren chemische, physikalische und biologische Verfahren bzw. deren Kombinationen an. Je nach den Randbedingungen, z.B. Direkt- oder Indirekteinleiter, kommen unterschiedliche Reinigungsmethoden zum Einsatz.

Eine Behandlungsmethode, die aber sehr energieintensiv ist, ist das Eindampfen des belasteten Wasch- und Kühlwassers. Um den Energiebedarf gering zu halten, wird ein möglichst geringer Wasservolumenstrom mit einer hohen Salzfracht angestrebt . Das rückgewonnene Salz muß evtl. als Abfall entsorgt werden, wenn es nicht wieder im Prozeß eingesetzt werden kann.
Liegen keine Begrenzungen zum Nitratgehalt vor, z.B. bei Indirekteinleitung, kann das Nitrit chemisch zu Nitrat oxidiert werden. Als Oxidationsmittel wird Wasserstoffperoxid eingesetzt. Dieses Verfahren läßt sich nur in Chargenanlagen nutzen.
Eine weitere Möglichkeit ist die biologische Denitrifikation zusammen mit organisch belastetem Abwasser aus anderen Produktionsprozessen. Dabei erfolgt der Abbau des organischen Kohlenstoffs unter sauerstofffreien Verhältnissen, wobei als Sauerstoffquelle der im Nitrat und Nitrit gebundene Sauerstoff dient [115].

9.1.6 Abluft aus dem Produktionsprozeß

In den Betrieben der Gummiindustrie sind vor allem folgende Luft-Emissionen für die Umwelt relevant [115]:

• Staub	Mischerei
• krebserregende organische Stoffe	Vulkanisation
• organische Stoffe	Vulkanisation
• organische Lösemittel	Streicherei, Kleberverwendung
• chlorierte Kohlenwasserstoffe	Entfettung, Kaltreinigung
• Geruch	Vulkanisation, Tempern

Für krebserregende Stoffe, z.B. Nitrosamine, 1,3-Butadien oder chlorierte Kohlenwasserstoffe, schreibt die TA-Luft das Minimierungsgebot vor. Aufgrund der geforderten sehr niedrigen Konzentrationen in der Abluft können sehr aufwendige Abluftreinigungsanlagen erforderlich sein.

Voraussetzung für eine optimale Abluftreinigungsanlage ist die möglichst vollständige Erfassung der entstehenden Abgase mit einem geringen Volumenstrom. Dies erfordert eine

gute Kapselung der Anlagen. Je nach Vulkanisationsverfahren, Kapselung und Durchsatz der Anlage liegen die Konzentrationen in der Abluft bei 20 - 150 mgC/cm^3. Für eine bessere Vergleichbarkeit ist die Angabe von spezifischen Schadstofffrachten, d.h. bezogen auf Menge des vulkanisierten Gummis, vorteilhaft. In Tabelle 9.2 sind diese für einige Vulkanisationsverfahren aufgelistet [82].

Verfahren	**Rohgas gC/kg Gummi**	**Reingas gC/kg Gummi**	**Abluftreinigung**
Pressenvulkanisation	0,9 - 21	-	
Dampfvulkanisation	0,8 - 1,8	-	
Heißluftvulkanisation	-	1,0	Elektrofilter
Kontinuierliche Vulkanisation: UHF / LCM	-	3,9 - 5,6	Metallfilter
Schrankvulkanisation Temperschrank	3,3	0,5	Elektro-/ Aktivkohlefilter

Tabelle 9.2: ***Spezifische Schadstofffrachten unterschiedlicher Vulkanisationsanlagen***

Für die Abluftreinigung können folgende Verfahren bzw. Verfahrenskombinationen eingesetzt werden [82]:

- thermische Nachverbrennung
- Ionisationsfilter
- Adsorptionsverfahren
- Biofilter
- Wäscher

Die **thermische Nachverbrennung** kann in vorhandenen Dampfkesseln oder in separaten Kesselanlagen ausgeführt werden. Die gesammelte Abluft ersetzt einen Teil der erforderlichen Verbrennungsluft. Zur Abschätzung der notwendigen Volumenströme kann je 1.000 m^3 Abluft 1 t Dampf angesetzt werden.

In einem **Ionisationsfilter** können kondensierbare Kohlenwasserstoffe bei Temperaturen unter 60 °C aus dem Abgasstrom an Elektroden abgeschieden werden. Öle und Öl-Wasser-Gemische müssen fast immer entsorgt werden.

Adsorptionsverfahren bieten in einer vorgeschalteten Stufe die Abscheidung von Weichmacherölen und in nachgeschalteten Verfahrensschritten die Elimination von Geruchsstoffen in Aktivkohlefiltern. In Vulkanisationsanlagen, die große Mengen organischer Lösemittel emittieren, sind Adsorptionsanlagen mit Lösemittelrückgewinnung einsetzbar.

Kostengünstig ist der Einsatz von **Biofiltern**, in dem - im Gegensatz zu Aktivkohlefiltern - neben der adsorptiven Wirkung auch ein biologischer Abbau organischer Komponenten erfolgt. Geruchsstoffe werden wirksam zurückgehalten, die Standzeit ist länger als die der Aktivkohlefilter, allerdings ist hier eine Abkühlung des Abgasstromes auf 40 °C erforderlich.

In **Wäschern** werden Schadstoffe bei gleichzeitiger Abkühlung aus dem Abgasstrom ausgewaschen und anschließend in einer biologischen Kläranlage gereinigt. In vielen Fällen erfolgt eine Kombination mit physikalischen Verfahren (Membranfiltration). Durch Kreislaufführung des Wassers können Betriebskosten gemindert werden.

9.2 Umweltexposition beim bestimmungsgemäßen Gebrauch von Kautschukprodukten

9.2.1 Umweltexposition beim Gebrauch von TSE-Produkten

9.2.1.1 Gasförmige Emissionen aus TSE-Produkten

Beim Abnehmer der Gummiartikel werden die Produkte zunächst zwischengelagert. Bei der Montage gelten die gleichen Gesichtspunkte wie bei der Herstellung (vgl. Kapitel 9.1).

Auswirkungen während des Gebrauchs bzw. des Einsatzes der Gummiartikel hängt von den jeweils spezifischen Bedingungen und Beanspruchungen ab. Da es sich i.d.R. um einzelne Teile handelt, sind in diesen Fällen die Ausdünstungen zu vernachlässigen. In speziellen Fällen, z.B. im Fahrgastraum von Autos, kann es zu einer Ansammlung der Ausdünstungen und zu einer spürbaren Wirkung (z.B. Geruchsbelästigung, Allergien) kommen [53].

9.2.1.2 Feste und flüssige Emissionen aus TSE-Produkten

Die Beurteilung fester und flüssiger Emissionen aus TSE-Produkten, z.B. bei der Verbrennung oder Deponierung, waren nicht Gegenstand der Untersuchung.

9.2.2 Umweltexposition beim Gebrauch von Reifen

9.2.2.1 Untersuchung von Reifenproben

Als Grundlage für die Beurteilung umweltrelevanter Emissionen während des bestimmungsgemäßen Gebrauchs sind die Zusammensetzungen von PKW- und LKW-Reifenlaufflächen von Bedeutung. Hinsichtlich einer Bilanzierung emittierter Anteile bzw. an die Umwelt abgegebener Stoffe in Form von Abrieb werden Neu- und zugehörige Altreifenlaufflächen untersucht. Insgesamt liegen folgende Reifen bzw. deren Laufflächen zur Analyse vor:

Lfd. Nr.	Reifentyp	Herstellungsjahr		Profiltiefe in mm		Sonstige Informationen
		neu	alt	neu	alt	
1	PKW 155 R13 79T	1995	1992	8	3	Stadtverkehr ~ 50.000 km
2	PKW 165/70 R14 81T	1995	1991	8	5	Zweitwagen gemischter Betrieb
3	PKW 195/95 R15 91V	1995	1993	8	2,5	1)
4	PKW 195/65 R15 91H	1995	1992	8	4	gemischter Betrieb ~ 50.000 km
5	LKW 215/75 R17,5	1995	1993	12,5	5	Stadt-, Nah-, Fernverkehr ~ 80.000 km
6	LKW 215/75 R17,5	1995	1993	12	6	Stadt-, Nah-, Fernverkehr ~ 80.000 km
9	PKW 175/70 R13	1995		8		Neureifen
10	PKW 175/70 R13	1995		8		Neureifen
11	LKW XZA 11R 22.5	1995		15		Neureifen
12	LKW XZA 295/80 R 22.5		1991		4	Fernverkehr 255.000 km
13	Rennreifen Formel 3 21.0 x 7.5 - 13					1)

1) keine Angaben vorhanden

Tabelle 9.3: ***Untersuchte Reifen***

Im Rahmen der Analysen werden die folgenden Bestandteile der Reifenlaufflächen qualitativ und quantitativ bestimmt:

- Polymer
- Weichmacher
- Alterungsschutzmittel
- Füllstoffe
- Schwefelgehalt (gebunden, frei)
- Anteile an Zink
- Vernetzungssystem, Reaktionsprodukte der Beschleuniger
- Reste von Verarbeitungshilfsmitteln

Die Bestimmung von Reaktionsprodukten der Beschleuniger und der Reste von Verarbeitungshilfsmitteln ist davon abhängig, ob trotz Alter und Gebrauch der Reifen noch ausreichende Konzentrationen der Stoffe vorhanden sind.

Für die chemisch-analytischen Untersuchungen werden folgende Methoden eingesetzt:

- ATR-FT-IR-Spektroskopie Polymer, Füllstoff

• Differentialleistungskalorimetrie (DSC)	Polymer
• Thermogravimetrische Analyse (TGA)	Polymer, Füllstoffe, niedermolekulare Anteile
• Extraktion, Extraktanalyse mittels Flüssig-chromatographie (LC)	niedermolekulare Inhaltsstoffe als Summe
• FT-IR-Spektroskopie	Füllstoffe, niedermolekulare Inhaltsstoffe
• Gaschromatographie-Massenspektrometrie (GC-MS)	Extraktanalyse auf Inhaltsstoffe
• Head-Space-GC-MS	Beschleunigersystem
• Konduktometrie	Schwefelbestimmung
• Atomabsorptionsspektroskopie (AAS)	Elementaranalyse

Die bei der Analyse der Reifenlaufflächen in der qualitativen Übersichtsanalyse identifizierten niedermolekularen Komponenten, welche überwiegend aus der Gruppe der Lösemittel stammen, liegen nur in Spuren vor. Die Nachweisgrenze dieser Komponenten wird für die eingesetzte headspace-gaschromatographische Methode im Mittel auf ca. 100 µg/kg Gummi (=0,01 Gew.-%) geschätzt.

Die Analysenmethoden sind in Anhang IX detailliert aufgeführt.

9.2.2.2 Ergebnisse der Untersuchungen

Untersuchung exemplarischer Einzelstoffe in Reifen und Reifenabrieb

Die Ergebnisse der Laufflächenanalysen sind nachfolgend zusammengefaßt.

In den Tabellen werden folgende Abkürzungen verwendet:

6PPD	N-(1,3-dimethylbutyl)-N'-phenyl-p-phenylendiamin
BHT	2,6-Ditert.-butyl-p-kresol
DPPD	N,N'-Diphenyl-p-phenylendiamin
DTPD	N,N'-Ditolyl-p-phenylendiamin
IPPD	N-(1-Methylethyl)-N'-phenyl-benzen-1,4-diamin
MBI	Mercaptobenzimidazol
NR	Naturkautschuk
OP	Oxidationsprodukt
PPD	p-Phenylendiaminderivat
s	Spur (< 0,01)
SBR	Styrolbutadienkautschuk
Tg	Glasübergangstemperatur
TMQ	2,2,4-Trimethyl-1,2-dihydrochinolin, polymerisiert

Rezepturbestandteil	Komponente	Gew.-% Neu	Gew.-% Alt	Methode
Polymer	SBR (Tg = -47,7°C)	45,1	46,2	ATR-FT-IR, TGA, DSC
Füllstoff	Ruß	36,0	36,1	TGA
niedermol. Stoffe **extrahierbare Stoffe**		17,7 22,3	15,8 17,5	TGA Extraktion
Weichmacher	Mineralöl paraff./napht. aromatisch	 5,4 3,1	 4,7 3,2	FT-IR, LC, Gravimetrie
Alterungsschutzmittel	IPPD 6PPD DPPD/DTPD	0,2 0,1 0,2	s 0,1 0,1	GC-MS, GC, FT-IR, LC
Mineralien	Oxidasche ZnO	1,4 0,9	1,8 1,2	TGA, AAS
Vernetzungssystem	Schwefel gesamt S gebunden S frei	1,3 0,8 0,5	1,4 1,2 0,2	Konduktometrie
Reaktionsprodukte Vernetzungssystem	tert.-Butylamin Cyclohexanon Anilin Benzthiazol Mercaptobenzthiazol	 0,03	 0,01	GC-MS, LC, Head-Space GC-MS
Sonstige (Hilfsmittel, Klebrigmacher, etc.)	Zn-Stearat paraff. Wachse unvern. SBR			Extraktion, FT-IR, LC, GC-MS

Tabelle 9.4: Ergebnisse der Laufflächenanalyse Reifen 1 (PKW, 155 R13 79T)

Komponente	Mögliche Herkunft
Acetaldehyd	OP
Aceton	--
Methylfuran	--
Essigsäure	OP
Benzol	--
Cyclohexan	--
4-Methyl-2-pentanon	--
5-Methyl-2-hexanon	--
Xylol	--
Styrol	SBR
Triisobutylen	SBR
subst. Aromat[1)]	--
subst. Aromat[1)]	--

[1)] nicht identifiziert

Tabelle 9.5: Sonstige niedermolekulare Bestandteile der Lauffläche Reifen 1

Rezepturbestandteil	Komponente	Gew.-% Neu	Gew.-% Alt	Methode
Polymer	SBR	39,4	43,7	ATR-FT-IR, TGA, DSC
Füllstoff	Ruß	36,9	40,2	TGA
niedermol. Stoffe **extrahierbare Stoffe**		22,4 24,2	14,6 18,0	TGA Extraktion
Weichmacher	Mineralöl paraff./napht. aromatisch	 7,3 3,0	 6,2 2,8	FT-IR, LC, Gravimetrie
Alterungsschutzmittel	6PPD	0,9	0,1	GC-MS, GC, FT-IR, LC
Mineralien	Oxidasche ZnO	1,3 0,9	1,6 1,0	TGA AAS
Vernetzungssystem	Schwefel gesamt S gebunden S frei	1,5 1,0 0,5	1,4 1,0 0,4	Konduktometrie
Reaktionsprodukte Vernetzungssystem	Cyclohexanon Anilin Benzthiazol	 0,02	 0,01	GC-MS, Head-Space GC-MS
Sonstige (Hilfsmittel, Klebrigmacher etc.)	Lösemittelgemisch Zn-Stearat			Extraktion, LC, GC-MS

Tabelle 9.6: ***Ergebnisse der Laufflächenanalyse Reifen 2 (PKW, 165/70 R14 81T)***

Komponente	Mögliche Herkunft
Aceton	OP
tert. Butanol	OP
Cyclohexen	--
Benzol	--
Methylcyclohexan	--
4-Methyl-2-pentanon	--
Toluol	--
Xylol	--
Styrol	SBR
Triisobutylen	SBR

Tabelle 9.7: ***Sonstige niedermolekulare Bestandteile der Lauffläche Reifen 2***

Rezepturbestandteil	Komponente	Gew.-% Neu	Gew.-% Alt	Methode
Polymer	SBR	38,8	42,1	ATR-FT-IR, TGA, DSC
Füllstoff	Ruß Quarzmehl	37,1 0,5	39,0 2,6	TGA ATR-FT-IR
niedermol. Stoffe **extrahierbare Stoffe**		22,7 22,3	15,2 17,4	TGA Extraktion
Weichmacher	Mineralöl paraff./napht. aromatisch	 6,4 2,3	 5,8 3,5	FT-IR, LC, Gravimetrie
Alterungsschutzmittel	6PPD IPPD DPPD/DTPD	0,1 0,2 0,2	0,1 0,1 0,1	GC-MS, GC, FT-IR, LC
Mineralien	Oxidasche ZnO	1,5 1,0	3,9 1,3	TGA AAS
Vernetzungssystem	Schwefel gesamt S gebunden S frei	1,9 1,1 0,8	1,4 1,1 0,3	Konduktometrie
Reaktionsprodukte Vernetzungssystem	Cyclohexanon Anilin Benzthiazol	 0,01	 0,01	GC-MS, Head-Space GC-MS
Sonstige (Hilfsmittel, Klebrigmacher etc.)	Zn-Stearat paraff. Wachse Lösemittelgemisch			Extraktion, FT-IR, LC

Tabelle 9.8: ***Ergebnisse der Laufflächenanalyse Reifen 3 (PKW, 195/95 R 15 91V)***

Komponente	Mögliche Herkunft
Aceton	OP
tert. Butylalkohol	OP
Benzol	--
Methylcyclohexan	--
4-Methyl-2-pentanon	--
5-Methyl-2-pentanon	--
Dimethylcyclohexan-Isomere	--
Xylol	--
Styrol	SBR
Triisobutylen	SBR
Ethylcyclohexan	--
Trimethylcyclohexan	--
Dimethylheptan-Isomere	--
Methylheptan	--

Tabelle 9.9: ***Sonstige niedermolekulare Bestandteile der Lauffläche Reifen 3***

Rezepturbestandteil	Komponente	Gew.-% Neu	Gew.-% Alt	Methode
Polymer	SBR (Tg = -45,8°C)	49,2	50,2	ATR-FT-IR, TGA, DSC
Füllstoff	Ruß Kieselsäure/Silikate	35,3 1,7	37,1 1,9	TGA
niedermol. Stoffe **extrahierbare Stoffe**		12,5 21,8	9,6 17,7	TGA Extraktion
Weichmacher	Mineralöl paraff./napht. aromatisch	 3,8 2,4	 3,3 1,2	FT-IR, LC, Gravimetrie GC-MS, LC
Alterungsschutzmittel	6PPD BHT[1)]	0,8	0,1	GC-MS, GC, FT-IR, LC
Mineralien	Oxidasche ZnO	3,0 1,3	3,2 1,3	TGA AAS
Vernetzungssystem	Schwefel gesamt S gebunden S frei	1,2 0,8 0,4	1,0 0,8 0,2	Konduktometrie
Reaktionsprodukte Vernetzungssystem	tert.-Butylamin Cyclohexanon Cyclohexylamin Anilin Benzthiazol Mercaptobenzthiazol	 0,03	 0,01	GC-MS, LC, Head-Space GC-MS
Sonstige (Hilfsmittel, Klebrigmacher, etc.)	Zn-Stearat Stearinsäure paraff Wachse unvern. SBR/Harze			Extraktion, FT-IR, LC

1) Stabilisator aus SBR

Tabelle 9.10: Ergebnisse der Laufflächenanalyse Reifen 4 (PKW, 195/65 R15 91H)

Komponente	Mögliche Herkunft
Acetaldehyd	OP
Aceton	OP
Benzol	--
Cyclohexan	--
4-Methyl-2-pentanon	--
Xylol	--
Styrol	SBR
Triisobutylen	SBR

Tabelle 9.11: Sonstige niedermolekulare Bestandteile der Lauffläche Reifen 4

Rezepturbestandteil	Komponente	Gew.-% Neu	Gew.-% Alt	Methode
Polymer	NR (Tg = -59,3)	27,9	27,0	ATR-FT-IR, TGA, DSC
	SBR	27,0	28,1	
Füllstoff	Ruß	34,0	34,7	TGA
	Kreide	s	s	ATR-FT-IR
	Kieselsäure			
niedermol. Stoffe		7,6	6,7	TGA
extrahierbare Stoffe		11,9	10,9	Extraktion
Weichmacher	Mineralöl			FT-IR, LC,
	paraff./napht.	3,5	3,8	Gravimetrie
	aromatisch	1,7	1,9	
Alterungsschutzmittel	6PPD	0,9	0,1	GC-MS, GC, FT-IR, LC
	DPPD/DTPD	0,6	0,2	
Mineralien	Oxidasche	3,6	3,7	TGA
	ZnO	2,5	2,4	AAS
Vernetzungssystem	Schwefel gesamt	1,2	1,1	Konduktometrie
	S gebunden	1,0	0,9	
	S frei	0,2	0,2	
Reaktionsprodukte Vernetzungssystem	tert.-Butylamin			GC-MS,
	tert.-Butylisothio-cyanat			Head-Space GC-MS
	Cyclohexanon			
	Anilin			
	Benzthiazol	0,02	< 0,01	
Sonstige (Hilfsmittel, Klebrigmacher, etc.)	Zn-Stearat			Extraktion,
	paraff. Wachse			FT-IR, LC
	Lösemittelgemisch			

Tabelle 9.12: ***Ergebnisse der Laufflächenanalyse Reifen 5 (LKW, 215/75 R 17,5)***

Komponente	Mögliche Herkunft
Acetaldehyd	OP
Aceton	OP
Methylfuran	--
Dimethylpentan	--
Methylhexan	--
Heptan	--
Methylcyclohexan	--
Benzol	--
4-Methyl-2-pentanon	--
Toluol	--
Xylol	--
Di-(2-ethylhexyl)-phthalat	--

Tabelle 9.13: ***Sonstige niedermolekulare Bestandteile der Lauffläche Reifen 5***

Rezepturbestandteil	Komponente	Gew.-% Neu	Gew.-% Alt	Methode
Polymer	NR SBR	27,1 28,0	57,3 --	ATR-FT-IR, TGA, DSC
Füllstoff	Ruß	35,1	34,0	TGA
niedermol. Stoffe **extrahierbare Stoffe**		6,6 12,5	5,5 6,1	TGA Extraktion
Weichmacher	Mineralöl paraff./napht. aromatisch	 3,2 2,7	 3,0 1,0	FT-IR, LC, Gravimetrie
Alterungsschutzmittel	6PPD DPPD/DTPD	0,9 0,7	0,1 0,1	GC-MS, GC, FT-IR, LC
Mineralien	Oxidasche ZnO	3,3 2,4	3,4 1,9	TGA AAS
Vernetzungssystem	Schwefel gesamt S gebunden S frei	1,4 1,0 0,4	1,4 1,2 0,2	Konduktometrie
Reaktionsprodukte Vernetzungssystem	Cyclohexanon Anilin Benzthiazol Benzthiazolderivat	 0,01	 0,01	GC-MS, Head-Space GC-MS
Sonstige (Hilfsmittel, Klebrigmacher etc.)	Zn-Stearat Lösemittelgemisch			Extraktion, FT-IR, LC

Auf Basis der Analysenergebnisse ist davon auszugehen, daß die Rezeptur zwischen "Neu" und "Alt" geändert worden ist.

Tabelle 9.14: Ergebnisse der Laufflächenanalyse Reifen 6 (LKW, 215/75 R 17,5)

Komponente	Mögliche Herkunft
tert. Butanol	OP
Aceton	OP
Methylfuran	--
Pentanol	--
Benzol	--
2-Methylbutanal	--
Methylcyclohexan	--
Cyclohexen	--
Trimethylpentan	--
4-Methyl-2-pentanon	--
Toluol	--
Xylol	--
Styrol	SBR

Tabelle 9.15: Sonstige niedermolekulare Bestandteile der Lauffläche Reifen 6

Rezepturbestandteil	Komponente	Gew.-%		Methode
		Neu	Alt	
Polymer	SBR (Tg = -48 °C)	45,3		ATR-FT-IR, TGA, DSC
Füllstoff	Ruß (keine weiteren Füllstoffe)	36,9		TGA ATR-FT-IR
niedermol. Stoffe **extrahierbare Stoffe**		15,8 23,5		TGA Extraktion
Weichmacher	Mineralöl paraff./napht. aromatisch	 4,5 4,8		FT-IR, LC, Gravimetrie
Alterungsschutzmittel	6PPD	0,6		GC-MS, GC, FT-IR, LC
Mineralien	Oxidasche ZnO	2,2 1,6		TGA AAS
Vernetzungssystem	Schwefel gesamt S gebunden S frei	2,0 1,1 0,9		Konduktometrie
Reaktionsprodukte Vernetzungssystem	Cyclohexanon Methylmercaptobenz-thiazol Anilin Benzthiazol	 0,03 0,11		GC-MS, Head-Space GC-MS
Sonstige (Hilfsmittel, Klebrigmacher, etc.)	Lösemittelgemisch			Head-Space-GC-MS

Tabelle 9.16: ***Ergebnisse der Laufflächenanalyse Reifen 9 (PKW, 175/70 R13)***

Komponente	Mögliche Herkunft
Aceton	OP
Benzol	--
Toluol	--
Styrol	SBR

Tabelle 9.17: ***Sonstige niedermolekulare Bestandteile der Lauffläche Reifen 9***

Rezepturbestandteil	Komponente	Gew.-% Neu	Gew.-% Alt	Methode
Polymer	SBR (Tg = -45 °C)	43,0		ATR-FT-IR, TGA, DSC
Füllstoff	Ruß (keine weiteren Füllstoffe)	33,5		TGA ATR-FT-IR
niedermol. Stoffe **extrahierbare Stoffe**		20,7 24,9		TGA Extraktion
Weichmacher	Mineralöl paraff./napht. aromatisch	 5,8 5,6		FT-IR, LC, Gravimetrie
Alterungsschutzmittel	6PPD	0,3		GC-MS, GC, FT-IR, LC
Mineralien	Oxidasche ZnO	2,8 2,0		TGA AAS
Vernetzungssystem	Schwefel gesamt S gebunden S frei	2,4 1,6 0,8		Konduktometrie
Reaktionsprodukte Vernetzungssystem	Cyclohexanon Methylmercaptobenz-thiazol Anilin Benzthiazol Cyclohexylamin	 0,04 0,07 		GC-MS, Head-Space GC-MS
Sonstige (Hilfsmittel, Klebrigmacher, etc.)	Lösemittelgemisch			Head-Space-GC-MS

Tabelle 9.18: ***Ergebnisse der Laufflächenanalyse Reifen 10 (PKW, 175/70 R13)***

Komponente	Mögliche Herkunft
Aceton	OP
Benzol	--
Toluol	--
Styrol	SBR

Tabelle 9.19: ***Sonstige niedermolekulare Bestandteile der Lauffläche Reifen 10***

Rezepturbestandteil	Komponente	Gew.-% Neu	Gew.-% Alt	Methode
Polymer	NR (Tg = -59 °C)	56,6		ATR-FT-IR, TGA, DSC
Füllstoff	Ruß (keine weiteren Füllstoffe)	35,6		TGA ATR-FT-IR
niedermol. Stoffe **extrahierbare Stoffe**		5,1 4,2		TGA Extraktion
Weichmacher	Mineralöl paraff./napht. aromatisch	 0,6 1,4		FT-IR, LC, Gravimetrie
Alterungsschutzmittel	6PPD TMQ	0,5 0,9		GC-MS, GC, FT-IR, LC UV-Spektrometrie
Mineralien	Oxidasche ZnO	2,7 2,1		TGA AAS
Vernetzungssystem	Schwefel gesamt S gebunden S frei	1,3 1,2 0,1		Konduktometrie
Reaktionsprodukte Vernetzungssystem	Cyclohexanon Methylmercaptobenz-thiazol Anilin Benzthiazol Cyclohexylamin	 0,04 0,08		GC-MS, Head-Space GC-MS
Sonstige (Hilfsmittel, Klebrigmacher, etc.)	Lösemittelgemisch			Head-Space-GC-MS

Tabelle 9.20: Ergebnisse der Laufflächenanalyse Reifen 11 (LKW, 11R 22.5)

Komponente	Mögliche Herkunft
Aceton	OP
Ethanol	mod. Kieselsäure
Benzol	--
Toluol	--
Xylol	--
Styrol	SBR

Tabelle 9.21: Sonstige niedermolekulare Bestandteile der Lauffläche Reifen 11

Rezepturbestandteil	Komponente	Gew.-% Neu	Gew.-% Alt	Methode
Polymer	SBR (Tg = -26 °C)	28,8		ATR-FT-IR, TGA, DSC
Füllstoff	Ruß (keine weiteren Füllstoffe)	39,0		TGA ATR-FT-IR
niedermol. Stoffe **extrahierbare Stoffe**		29,8 34,7		TGA Extraktion
Weichmacher	Mineralöl paraff./napht. aromatisch	 12,7 ca 20		FT-IR, LC, Gravimetrie
Alterungsschutzmittel	DPPD/DTPD TMQ Σ	 0,7		GC-MS, GC, FT-IR, LC UV-Spektrometrie
Mineralien	Oxidasche ZnO	3,0 2,5		TGA AAS
Vernetzungssystem	Schwefel gesamt S gebunden S frei	1,7 0,9 0,8		Konduktometrie
Reaktionsprodukte Vernetzungssystem	Kohlendisulfid Benzthiazolthion Methylmercaptobenz-thiazol Morpholin 2-Morpholinothio-benzthiazol Benzthiazol Methylbenzthiazol	 0,01 0,01 < 0,01		GC-MS, Head-Space GC-MS
Sonstige (Hilfsmittel, Klebrigmacher, etc.)	Zinkstearat, Stearinsäureester Ethylenglykolderivat			Head-Space-GC-MS

Tabelle 9.22: ***Ergebnisse der Laufflächenanalyse Reifen 13 (Rennreifen, Formel 3, 21.0 x 7.5 - 13)***

Komponente	Mögliche Herkunft
Aceton	OP
tert. Butanol	OP
Chloroform	--
Butanol	OP
4-Methyl-2-pentanon	--
2-Pentylfuran	--
2-Ethylhexanol	--

Tabelle 9.23: ***Sonstige niedermolekulare Bestandteile der Lauffläche Reifen 13***

Zu den vorliegenden Ergebnissen der PKW-Reifenlaufflächen (Reifen 1 - 4, 9, 10) ist zu bemerken, daß sich die Reifen trotz unterschiedlicher Hersteller in der Zusammensetzung nur unwesentlich unterscheiden. Die ermittelten Tg-Werte weisen als Polymer auf einen SBR mit ca. 23 % Styrolgehalt (z.B. SBR 1.500) hin. Auffällig ist die Rennreifenprobe (Reifen 13). Der hier eingesetzte SBR hat einen sehr viel höheren Styrol-Gehalt als alle anderen Reifen.
Die Zusammensetzung der LKW-Reifenlauffläche unterscheidet sich u.a. in der Polymerbasis von den PKW-Laufflächen. Bis auf eine Ausnahme (Reifen 11) bestehen alle LKW-Laufflächen aus einem SBR/NR-Verschnitt.
Bei einem LKW-Reifen (Reifen 6) weist das Ergebnis der Polymerbestimmung in Neu- und Altreifen darauf hin, daß das Rezept der Lauffläche in der Zwischenzeit geändert worden ist (Tabelle 9.14).
In den Extrakten aller Reifenlaufflächen, mit Ausnahme des Reifens 5 und des Rennreifens, wurden Hinweise auf geringe Anteile von extrahierbarem SBR gefunden. Dieses ist auf unvernetzte Kautschukanteile oder eventuell auf die Verwendung entsprechender Harze zurückzuführen.

Die eingesetzten Alterungsschutzsysteme basieren ausnahmslos auf p-Phenylendiaminen. Hinsichtlich der identifizierten Alterungsschutzmittel ist zu bemerken, daß auch Isomeren-Gemische bzw. Gemische mit entsprechenden Derivaten eingesetzt werden. Bei den LKW-Reifenlaufflächen tritt zusätzlich noch TMQ auf.

Als Weichmacher sind in allen Reifenlaufflächen erwartungsgemäß nur Mineralöle eingesetzt worden, deren Anteile und Zusammensetzungen hinsichtlich aromatischen und paraffinisch/naphthenischen Anteilen für die PKW-Reifen nur wenig, für die LKW-Reifen deutlich differieren. Im Rennreifen (Reifen 13) wurden Weichmacher, bestehend aus Mineralölen mit einem hohen Anteil an Kohlenwasserstoffharzen, eingesetzt.

Die identifizierten Beschleunigerbruchstücke sind typisch für die Reifenherstellung und lassen auf die Verwendung von Mercaptobenzthiazolsulfenamiden, wie z.B. Cyclohexylbenzthiazolsulfenamid (CBS) und tert.-Butylbenzthiazolsulfenamid (TBBS) schließen. Das Anilin hingegen ist ein typisches Reaktionsprodukt von Diphenylguanidinbeschleunigern (DPG).

Neben den Hauptmischungsbestandteilen wurden 'sonstige niedermolekulare Bestandteile' bestimmt. Bei diesen Substanzen handelt es sich z.T. um Oxidationsprodukte, die während der Vulkanisation entstehen.

Der Vergleich von Altreifen und Neureifen zeigt erwartungsgemäß für gelaufene Reifen geringere Anteile niedermolekularer Substanzen als in Neureifen. Unterschiede zeigen sich hier insbesondere im Bereich der Mineralölweichmacher, der Alterungsschutzmittel und der übrigen Komponenten mit Herkunft Vernetzungssystem und Verarbeitungshilfsmittel.

PAK-Gehalte in Reifen und Reifenabrieb

Am Beispiel von drei Reifen wurden die PAK-Gehalte in der Gummimatrix und im Reifenabrieb bestimmt.

Lfd.-Nr.	Reifentyp
10	PKW, Neureifen, 175/70 R13
11	LKW, Neureifen, XZA 11 R22,5
13	Rennreifen, Formel 3, 21.0 x 7,5 - 13

Tabelle 9.24: ***Zur Untersuchung der PAK-Gehalte verwendete Reifen***

Zur Untersuchung der Gummimatrix wurden die Reifenproben zerkleinert. Diesen Proben bzw. den Abriebproben wurden vor der Extraktion folgende Interne Standards zugesetzt:

Naphthalin-d_8
Phenanthren-d_{10}
Pyren-d_{10}
Perylen-d_{12}

Die Proben wurden mit Toluol zwölf Stunden im Soxhlet extrahiert, über Kieselgel (10 % Wasser) aufgereinigt und nach Einengen mittels HRGC/HRMS untersucht.

- Analysengerät: GC Fisons (Carlo Erba)/ Mega mit split-/splitless Injektor, CTC 200 Autosampler
- Kapillarsäule: DB 5, 60 m Länge, Innendurchmesser 0,25 mm
- Temperaturprogramm: 80 °C isotherm 2 Min.
  20 °C/Min. bis 140 °C
  4 °C/Min. bis 300 °C
- Injektortemperatur: 260 °C
- Transferlinientemperatur: 260 °C
- Trägergas: Helium, Qualität 5.0 zusätzlich nachgereinigt (Supelco Omi-Trap), Säulenvordruck 1,9 kPa
- Analysegerät: Massenspektrometer, VG Autospec (hochauflösend)
- Ionenquelle: Elektronenstoßionisation, Temp. 260 °C
- Ionenstrom: 500 - 700 µA
- Ionisierungsenergie: ca. 35 eV
- Auflösung: 8.000 - 10.000 (5 % Tal)
- Referenzsubstanz: Perfluorkerosin

In der folgenden Tabelle sind die Ergebnisse der Untersuchungen zusammengestellt.

PAK-Komponente	Reifen 10 [mg/kg]	Reifen 11 [mg/kg]	Reifen 13 [mg/kg]	Reifen 10 Abrieb L24[1)] [mg/kg]	Reifen 11 Abrieb L24[1)] [mg/kg]	Reifen 11 Abrieb Reibe [mg/kg]
Naphthalin	2,7	11	4,5	1,0	2,9	0,9
Acenaphthen	0,081	0,09	1,0	0,045	0,1	0,26
Acenaphthylen	0,37	1,8	0,31	0,081	1,5	2,2
Fluoren	0,14	0,077	4,4	0,1	0,11	1,9
Phenanthren	4,2	1,4	2,3	2,6	1,4	4,9
Anthracen	0,7	0,14	< 0,1	0,4	< 0,2	1,0
Fluoranthen	7,4	2,4	3,8	3,0	0,59	30
Pyren	14	17	3,5	10	3,4	90
Benzo[a]anthracen	< 1	< 0,5	0,7	2	< 2	2,8
Chrysen + Triphenylen	7	0,48	2,3	12	< 2	5,5
Benzo[b]fluoranthen + Benzo[k]fluoranthen	3,8	< 0,5	1,9	4,2	< 1	4,4
Benzo[a]pyren	< 3	0,2	0,4	< 1	< 1	3,3
Indeno[1,2,3-c,d]pyren	< 0,1	< 0,1	< 0,4	< 1	< 0,2	< 0,5
Dibenzo[a,h]anthracen	< 0,1	< 0,1	< 0,2	< 1	< 0,2	< 0,5
Benzo[g,h,i]perylen	0,45	0,9	2,4	3,2	1,4	< 2
Summe (EPA)	**40,8**	**35,5**	**28,2**	**38,6**	**11,4**	**147,2**

1) L24: Abrieb von der Lauffläche, hergestellt durch Schleifen mit Körnung 24

Tabelle 9.25: Analyseergebnisse für PAKs in Reifenlaufflächen und Reifenabrieb

In die Umwelt gelangen in der BRD jährlich 60.000 t Reifenabrieb. Nach den Analysen sind darin durchschnittlich 100 mg/kg PAKs enthalten, das heißt, daß jährlich ca. 6 Tonnen PAK über Reifenabrieb in die Umwelt abgegeben werden.
Angaben aus Schweden (Reifenmarkt 60.000 Tonnen/Jahr) gehen dort von Jahresemissionen von bis zu 14 Tonnen PAKs aus. Nach unseren Untersuchungen spricht viel dafür, daß der Wert wesentlich niedriger liegt (vgl. hierzu Abschnitt 9.2.5).

9.2.2.3 Emissionen beim Gebrauch von Reifen

Gasförmige Emissionen

Beim bestimmungsgemäßen Gebrauch von Reifen emittieren gasförmige Bestandteile in die Umgebungsluft. Dieser Vorgang ist stark temperaturabhängig und wird vom Migrationsverhalten der Stoffe von der Reifenmasse zur Reifenwandung beeinflußt.

Zur Abschätzung der Menge flüchtiger Reifeninhaltsstoffe im Reifenabrieb wird Reifenabriebmaterial auf eine Prüftemperatur von 80 °C erwärmt und über Headspace gaschromatographisch untersucht. Die Wahl der Prüftemperatur beruht auf Untersuchungen, bei denen in einem PKW-Reifen bei Normalbetrieb (Normdruck, Normradlast, Geschwindigkeit: 120 km/h) Maximaltemperaturen im Kern von 71 °C ermittelt worden sind [207]. Für die Untersuchung wird das Abriebmaterial in einem Headspace-Probenfläschchen über 24

Stunden auf 80 °C temperiert. Die Analyse des überstehenden Gasraumes erfolgt mittels Headspace-GC-MS unter folgenden Bedingungen:

•	GC-MS:	HP MSD 5971
•	Probenaufgabe:	automatischer Headspace-Sampler, HP
•	Säule:	DB 5, 60 m Länge
•	Temperaturprogramm:	80 °C isotherm 4 min. 10 °C/Min bis 280 °C 280 °C isotherm
•	Injektortemperatur:	280 °C
•	Probenaufgabe:	1ml, gasförmig

Das Totalionenstromchromatogramm zeigt nur die Signale für Luft und einen Blindwert, der dem Septum zuzuordnen ist. Im Abriebmaterial selbst sind bei den gewählten Parametern keine flüchtigen Substanzen nachweisbar. Dieses Ergebnis ist durchaus plausibel, wenn man berücksichtigt, daß der Abreibprozeß schon mit einer Temperaturerhöhung verbunden ist.

Genauere Untersuchungen konnten im Rahmen des Forschungsvorhabens nicht ausgeführt werden, da hierzu Lauf- bzw. Abriebversuche an Reifen in gekapselten Anlagen durchgeführt werden müssen. Wie groß der Einfluß z.B. der Umgebungstemperatur auf verschiedene Emittenten sein kann, zeigen auch die Ergebnisse der Auslaugversuche über den Zeitraum eines Jahres. Diese Untersuchungen und deren Resultate sind in Kapitel 9.2.3 aufgeführt.

Reifenabrieb

Reifenabrieb kann in drei Gruppen eingeteilt werden: Partikel, feine Partikel und Gase. Tabelle 9.26 gibt einen Überblick über die von einem PKW pro Kilometer freigesetzte Abriebmenge und Emissionen aus den Reifen. Als Gase entweichen hauptsächlich CO, CO_2, CS_2, COS, SO_2, Kohlenwasserstoffe [319].

Material	Menge von vier Reifen pro km
Partikel (30 - 70 µm)	60 - 80 mg
feine Partikel (< 30 µm)	1 - 5 mg
Gase	1 - 5 mg

Tabelle 9.26: Materialabrieb und Emissionen

Diese Literaturangaben wurden im Laufe der vorliegenden Untersuchung für verschiedene Reifentypen und für den festen Abrieb modifiziert und genauer bestimmt (vgl. Tabelle 9.27).

Bei der Benutzung von Reifen nimmt dessen Profiltiefe ab, der „Verlust" geht als Abrieb in die Umwelt. Die pro gefahrenen Kilometer abgegebene Abriebmenge ist von vielen As-

pekten abhängig, so natürlich auch vom Fahrverhalten. Setzt man durchschnittliches Fahrverhalten voraus, so schwanken die vom Reifen abgeriebenen Elastomeranteile bei verschiedenen Fahrzeugtypen um bis zu 100 % (Tabelle 9.27).

Fahrzeugart	Laufleistung in km/Jahr[1)]	Reifen pro Fahrzeug	Fahrzeugbestand in 1.000		Reifenabrieb in g/Reifen/km	Abriebmenge in g/Reifen/Jahr[2)]	Abrieb in Tonnen pro Jahr	
			1995	2000			1995	2000
PKW	14.200	4	40.500	43.600	0,02	310	46.000	50.000
LKW mit Normal- u. Spezial-aufbau davon:	26.400		2.215					
< 7,5 t	25.000	5	1.961		0,036	900	8.825	
> 7,5 t	70.000	9	254		0,021	1.480	3.360	
Sattelzug-maschine	82.000	15 (Mittel aus 12-18)	124,1		0,018	1.480	2.750	
Kraftomni-busse	46.900	6	46,9		0,032	1.480	425	
Gesamtabriebmenge von Reifen in Tonnen pro Jahr							61.360	65.000

1) Quelle: Verkehr in Zahlen 1996 (bei LKW hochgerechnet) [366]

2) Quelle: Abriebversuche des INFU

Tabelle 9.27: ***Grundlagendaten und Berechnung der Gesamtabriebmenge von Reifen in der Bundesrepublik Deutschland (Basis 1995)***

Auf Grund der großen Fahrzeugzahl wird die größte Abriebmenge (ca. 75 %) von PKW-, gefolgt von leichten und schweren LKW- und schließlich von Sattelzugmaschinen- und Omnibusreifen erzeugt. Weitere Fahrzeugtypen (z.B. Motorräder, landwirtschaftliche Maschinen, Sonderfahrzeuge etc.) liefern nur einen geringen Beitrag zum Gesamt-Reifenabrieb und können vernachlässigt werden.

Straßennetz	km	Abriebmenge [t]	Abrieb pro km [kg]	Abrieb pro Straßenseite [kg]	Abrieb pro Straßenseite und Straßenmeter [kg]
Ortsdurchfahrten	327.000	20.000	55	27	0,03
Ortsdurchfahrten durch Straßen des überörtlichen Verkehrs	35.700				
überörtliche Straßen	228.900	40.000	175	87	0,09
Summe / Durchschnitt	591.600	60.000	100	50	0,05

Tabelle 9.28: ***Abriebmengen pro Straßenlänge (überörtliche Straßen 1996, Gemeindestraßen 1991) [366]***

Postuliert man also, daß der Abrieb nicht über das Straßenablaufwasser ausgetragen wird und daß es zu keinen weitreichenden Verwehungen des Abriebs abseits der Straße kommt, würden sich jährlich an jeder Straßenseite durchschnittlich 50 g Abrieb pro Straßenmeter ablagern. Berücksichtigt man, daß rund 35 % der Fahrleistung auf innerörtlichen Straßen und 65 % auf überörtlichen Straßen absolviert werden, wird die Hauptmenge des Abriebs (etwa 90 g pro Straßenmeter und Straßenseite) an Autobahnen, Bundes-, Landes- und Kreisstraßen abgelagert. Unabhängig davon, ob man dem Postulat folgt oder nicht, können Aussagen zur Zusammensetzung des Abriebs gemacht werden (Tabelle 9.29).

Reifenart	Bestandteile	Anteile [%]	Auf Summe der Bestandteile = 100 % normierte Anteile [%]
PKW-Reifen	Zuschlagstoffe	8	10
	Ruß	23	29
	Natur- und Synthese-kautschuk	48	61
	Summe	**79**	**100**
LKW-Reifen	Zuschlagstoffe	7	9,7
	Ruß	21	29,3
	Natur- und Synthese-kautschuk	44	61
	Summe	**72**	**100**

Tabelle 9.29: ***Normierte Bestandteile von Stoffgruppen im Reifenabrieb***

Andere Reifenbestandteile, wie z.B. Textilien oder Stahl werden bei bestimmungsgemäßer Verwendung der Reifen nicht im Abrieb enthalten sein. Die Normierung führt zu einer Vereinheitlichung der Anteile in PKW- und LKW-Reifen, d.h. die hier relevanten Reifenbe-

standteile (Zuschlagstoffe, Ruß, Natur- und Synthesekautschuk) sind in der Gummimatrix beider Reifentypen (PKW und LKW) in etwa gleichen Mengenverhältnissen vertreten.

Stoffgruppe	**Anteil im Abrieb [%]**	**Menge [t/Jahr]**	**Menge [kg/Jahr/km]**
Zuschlagsstoffe	10	6.000	**10**
Ruß	29	17.400	**30**
Natur- und Synthesekautschuk	61	36.600	**62**

Tabelle 9.30: ***Abriebmengen nach Stoffgruppen bzw. Reifenbestandteilen***

Auf Basis von Herstellerangaben und den pro Jahr in der Reifenindustrie verwendeten Zuschlagstoffmengen ist es möglich, z.B. den Anteil eines ökologisch relevanten Zuschlagstoffes im Reifenabrieb zu ermitteln. Die Ergebnisse dieser Berechnungen sind in Tabelle 9.31 dargestellt. Um die über die prozentualen Anteile überschlägig ausgerechneten Mengen (Tabelle 9.30) zu validieren, enthält Tabelle 9.31 Vergleichszahlen, die ausschließlich auf Herstellerangaben beruhen. Die Übereinstimmung ist gut.

Name	CAS-Nr.	Einsatzmenge in Reifen [t/Jahr]	Anteil des Stoffes im Reifenabrieb [t/Jahr]
IPPD	101-72-4	460	46
6PPD	793-24-8	3.500	350
DTPD	620-91-7	140	14
77PD	3081-14-9	200	20
CBS	95-33-0	1.600	160
TBBS	95-31-8	700	70
MBTS	120-78-5	540	54
Stearinsäure	57-11-4	4.600	460
Schwefel	7704-34-9	4.300	430
Zinkoxid	1314-13-2	13.100	1.310
TMQ	26780-96-1	1.000	100
Harz/Kolophonium	8050-09-7	2.200	220
arom. Mineralölweichm., Mineralöl	64742-30-9	23 100	2.310
Kieselsäure Siliciumdioxid Kieselsäure, amorph	1343-98-2 112926-00-8 7631-86-9	15.000	1.500
Summe der hier aufgeführten Zusatz-stoffe in Laufstreifen (ökologisch relevant und > 1.000 t/a)			**7.040**
Summe aller Zuschlagstoffe ohne Ruß/Carbonschwarz (nach Herstellerangaben)		78.000	**7.800**
Ruß/Carbonschwarz (Kontrollrechnung nach Herstellerangaben im Vergleich zu 17.400 t aus der Abriebrechnung Tab. 9.20)		160.000	**16.000**
Summe aller Zuschlagstoffe insgesamt ca. 200 Stoffe, incl. Ruß (Kontrollrechnung nach Herstellerangaben im Vergleich zu 23.400 t aus der Abriebrechnung Tab.9.20)		238.000	**23.800**

* Die Angaben berücksichtigen nicht die Umsetzung der Einzelstoffe während der Vulkanisation, Lagerung und Gebrauch und sind deshalb z.B. für MBT zu hoch, für andere Stoffe (z.B. MBTS) zu niedrig. Es liegen keine gesicherten Kenntnisse darüber vor, wie hoch die jeweiligen Umsetzungsmengen sind

Tabelle 9.31: Inhaltsstoffe im Reifenabrieb ohne Kautschukanteile (nur Zuschlagstoffe und Ruß)

Verschiedene Studien haben gezeigt, daß der Reifenabrieb biologisch durch Bakterien und Pilze und chemisch durch Sauerstoff und Licht abgebaut wird. Die Zersetzungsgeschwindigkeit wird angegeben mit 0,7 % am Tag oder ca. 5 Monate bis zum vollständigen Abbau (gemessen in Kalifornien) oder mit einer Halbwertszeit von 16 Monaten (Laborexperimente).
Die in den Reifen enthaltenen anorganischen Stoffe, insbesondere Zink, werden natürlich nicht abgebaut, sondern lagern sich im Boden ab und reichern sich dort an. Die jährliche Eintragsquote von Zink über den Reifenabrieb berechnet sich zu etwa 1.300 t (vgl. Tabelle 9.31, umgerechnet auf Zink). Diese Menge ist im Vergleich zu Emissionen z.B. aus Müllverbrennungsanlagen, hoch. 35.000 t Zink gelangen jährlich in den Hausmüll, etwa 1/3 davon wird verbrannt (ca. 11.000 t Zink). 2 % dieser Zinkmenge verläßt die Anlage über das Rauchgas - also rund 200 t.
Die im Zink enthaltenen Verunreinigungen, Cadmium und Blei (Gehalte etwa 0,001 % oder jeweils 12 kg) gelangen auf diesem Weg auch in die Umwelt [319].
1 bis 3 g Zink werden so pro Straßenmeter über den Reifenabrieb in den straßennahen Boden jährlich eingetragen. Bodenanalysen und Kontrollrechnungen bestätigen diese Werte und liefern Zinkbelastungen zwischen 400 mg/kg TS direkt neben der Straße und 100 mg/kg im Abstand von 10 Metern neben einer Autobahn.

Verschiedene p-Phenylendiamine werden durch strömendes Wasser, z.B. Regenwasser, aus dem Vulkanisat extrahiert, wobei nach Literaturangaben die spezifische Oberfläche des Gummipartikels ein wichtiger Faktor für die Geschwindigkeit der Extraktion ist. Aus gemahlenen Vulkanisaten werden sie sehr schnell extrahiert, aus dickeren Gummiartikeln nur sehr langsam. Die Geschwindigkeit ist u.a. auch abhängig von der Struktur der Verbindungen. Relativ schnell ausgewaschen werden z.B. IPPD und Dialkyl-PPD mit niedrigem Alkylrest wogegen z.B. 6PPD und vor allem Diaryl-PPDs relativ langsam ausgewaschen werden [172]. Eigene Untersuchungsergebnisse (vgl. Kapitel 9.2.3.4) bestätigen diese Befunde nur teilweise, vielmehr wird die Art des Eluates als maßgeblicher Faktor für die auswaschbare Menge vieler Substanzen ermittelt.

Verhalten von Reifeninhaltsstoffen in der Gummimatrix

Der Beschleuniger Mercaptobenzothiazol (MBT) oxidiert in der ersten Stufe zu 2,2'-Dithiobisbenzothiazol (MBTS). MBTS kann weiter reagieren zu Benzothiazol-2-sulfinsäure. Diese zerfällt zu Benzothiazol und Schwefeldioxid oder oxidiert zu Benzothiazol-2-sulfonsäure, die zu 2(3H)-Benzothiazolon weiterreagieren kann. Im Reifen wurde 2-Methylthiobenzothiazol (einem Reaktionsprodukt aus MBT) gefunden. Ebenso wurde 2-Methylbenzothiazol, das bei der Vulkanisation entsteht, gefunden [403]. Benzthiazol wurde in allen von uns untersuchten Laufflächen in Konzentrationen bis zu 0,11 Gew.-% gefunden.

Aus dem Sulfenamid 2-(4-Morpholinylthio)-benzothiazol, das bei der Vulkanisation aus 2-Benzothiazolyl-N-morpholinyl-disulfid gebildet wird, entsteht in wäßriger Lösung 2-(4-Morpholinyl)-benzothiazol. Diese Verbindung wurde in straßennahen Böden und in Sedimenten nachgewiesen [403]. Diese Stoffgruppe wurde in den Analysen des hier vorliegenden Forschungsvorhabens in der Gummimatrix der Laufflächen eines sehr weichen Rennreifens gefunden (vgl. Tabelle 9.22).

IPPD und 6PPD werden sowohl in fester Form als auch in wäßriger Lösung von Luftsauerstoff leicht zu Benzochinondiimin-Derivaten oxidiert. In saurer Lösung hydrolysieren die Chinodiiminderivate teilweise zu p-Benzochinon [427].
Die chemischen Prozesse führen nicht nur zu einer Strukturänderung des Produktes, sondern können gleichzeitig eine Bindung des Alterungsschutzmittels (IPPD, 6PPD) oder dessen Umwandlungsprodukte an die Kautschukmoleküle bewirken [427].
Bei der Untersuchung der Auslaugbarkeit einer Naturkautschukmischung nach der Vulkanisation mit destilliertem Wasser (bei pH 4) wurden nach 15 Tagen 80 % der eingesetzten Menge IPPD nachgewiesen [427].

Es wurden Auswaschversuche mit verschiedenen Alterungsschutzmitteln durchgeführt. Sie ergaben, daß 6PPD wesentlich weniger ausgewaschen wurde als IPPD und daß eine saure Atmosphäre zu höheren Auswaschungen führt [335]. Die von uns durchgeführten Untersuchungen bestätigen diesen Befund tendenziell, verdeutlichen jedoch auch, daß die Ergebnisse bei Reifen verschiedener Hersteller extrem variieren (vgl. Abbildung 9.3 und Abbildung 9.4)

Verhalten von Reifeninhaltsstoffen in der Umwelt

Mercaptobenzothiazol (MBT) kann biologisch zu 2-Methylthiobenzothiazol methyliert werden. MBT ist hydrolysestabil. Durch Photolyse entsteht aus MBT Benzothiazol, 2-Benzothiazolon u.a. Benzothiazol-Derivate. MBT bildet schwerlösliche Komplexe mit Al, Cu, Zn. Die Adsorption an organischer Substanz in Böden ist nur gering, an Tonminerale ist sie etwas größer. Die Mobilität in Böden ist sehr gering. Die Eliminierung in Kläranlagen beruht auf einer Adsorption an den Klärschlamm (dies gilt auch für MBTS). Mit dem Klärschlamm gelangt der Stoff in den Boden [403].
MBTS besitzt wahrscheinlich ein hohes Geoakkumulationspotential. Im wäßrigen Medium wird aus MBTS MBT gebildet [403].
Bei der in wäßriger Lösung nur träge verlaufenden Hydrolyse von MBTS werden 2-Mercaptobenzothiazol (MBT) und 2-Benzothiazolsulfensäure gebildet, wobei letztere sofort in MBTS, 2-Benzothiazolsulfinsäure und 2-Benzothiazolsulfonsäure disproportioniert [424].
N,N'-Diphenylguanidin (DPG) hydrolisiert langsam, es entsteht u.a. Anilin [403].

Es wurde eine Umwandlung von 4-Amino-diphenylamin (einer Verunreinigung in 6PPD und IPPD) zum p-Hydroxydiphenylamin beobachtet [403].

In Mineralölen sind PAK enthalten, wobei der vom Gesetzgeber genannte Grenzwert von 50 ppm Benzo(a)pyren für fast alle Typen deutlich unterschritten wird [15]. Tierversuche in verschiedenen Labors der internationalen Mineralölwirtschaft haben jedoch gezeigt, daß ein cancerogenes Potential bei Ölen des aromatischen Typs besteht. Diese Öle müssen deshalb mit dem Gefahrensymbol T (giftig) und dem Gefahrenhinweis R 45 (kann Krebs erzeugen) gekennzeichnet werden. Auf diesen Aspekt und seine Folgen wird später in Abschnitt 9.2.5 näher eingegangen.

Bei Anwesenheit von Wasser setzen sich Sulfenamide zu MBTS, Mercaptobenzothiazol-sulfinsäure/-sulfonsäure (Benzothiazol-SO_xH) und freiem Amin um.
In Gummiartikeln, in Sickerwässern von Mülldeponien und im Trinkwasser wurde 2-Benzothiazolon nachgewiesen [403].

Nur wenige Untersuchungen beschäftigen sich mit dem Nachweis von Benzthiazolen in Böden und Sedimenten. Die Mehrzahl der technisch eingesetzten Benzthiazolderivate wird ausgehend vom MBT hergestellt. Durch einfache chemische Reaktion ist es möglich, daß diese Verbindungen wieder in MBT übergehen können. Aus den Sulfenamiden entsteht dabei neben dem MBT das jeweils korrespondierende Amin.
Häufig wird in Wasser- und Bodenproben Methylthiobenzothiazol (MeSBT) gefunden. Es ist ein sehr persistentes Derivat und besitzt ein hohes Bioakkumulationspotential. Es kann über Methyltransferasen aus MBT transformiert werden. Es kann aber auch bereits bei der Herstellung von Gummiartikeln, insbesondere bei der Vulkanisation, gebildet werden und durch den Reifenabrieb in die Umwelt gelangen.
Beim MBT bedingt die Protolyse eine Abhängigkeit der Wasserlöslichkeit und der Lipophilie (pH 5: 51 mg/l, pH 9: 905 mg/l in Wasser löslich). Die Derivate des MBT sind z.T. schlechter wasserlöslich, wobei die Angaben für BT sehr unterschiedlich sind (BT: 100 und 3000 mg/l, MeSBT: 110 und 125 mg/l, MBTS: < 1 mg/l).
In [398] ist eine Berechnung der prozentualen Gesamtverteilung der Benzthiazole durchgeführt worden mit dem Ergebnis, daß BT und MeBT die Tendenz besitzen, sich eher in der Luft und im Wasser anzureichern. MBT und MBTS werden dagegen eher im Wasser und Sediment auftreten, wobei die Verteilung von MBT pH-abhängig ist. Es zeigt sich, daß BT in der Luft und in der aquatischen Biomasse in hohen Konzentrationen zu erwarten ist und Boden und Sedimente vor allem MBT und MBTS enthalten.
Bisher wurde meist BT, dagegen seltener MBT und nie MBTS in der Umwelt analysiert.

9.2.3 Untersuchung von Wasserproben (Eluate, Langzeit-Auslaugeversuche, Straßenablaufwasser, Schneeproben)

Der Reifenabrieb wird z.T. von Regenwasser von der Straße abgespült und gelangt so in das Abwassersystem und damit in die Kläranlagen.
Es wurden die Belastungen von Straßenablaufwässern mit Reifeninhaltsstoffen infolge von Abrieb- und Elutionsvorgängen untersucht. Um einen Überblick zu einem maximalen Potential zu erhalten, wurden parallel Wässer aus Lagerversuchen von Neureifen bei verschiedenen pH-Werten geprüft. Weiterhin werden Abrieb-Eluate aus Laborversuchen analysiert.

Auf dem Schnee sammeln sich im Laufe der Zeit u.a. die Abriebpartikel an. Er wirkt daher wie ein Adsorptionsmittel.

Die Proben werden auf folgende Stoffe quantitativ analysiert:

- p-Phenylendiamine (PPD)
- Benzthiazol
- 2-Methylbenzthiazol
- 2-Methylthiobenzthiazol
- Benzthiazolon
- Merkaptobenzthiazol
- Anilin
- Dicyclohexylamin
- Cyclohexylamin

Die Analyse auf Benzthiazolon konnte leider nicht durchgeführt werden, da für die Bestimmung der übrigen Benzthiazolgehalte das Probenmaterial aufgebraucht worden ist. Ein Vergleich mit einem analog analysierten Standard von Benzthiazolon sowie mit einer aufgestockten Probe hat gezeigt, daß aufgrund eines sehr schlechten Responseverhaltens in der gaschromatographischen Analyse, auch unter Einsatz eines stickstoffselektiven Detektors, keine Analyse im interessierenden Bereich möglich ist.

9.2.3.1 Beschreibung der Eluatherstellung von Abriebproben

Um die aus Reifenabrieb eluierbaren Stoffe zu bestimmen, werden von PKW- und LKW-Reifen mit einem Bandschleifer Reifenabrieb hergestellt. Um das Elutionsverhalten bei unterschiedlichen Teilchengrößen zu untersuchen, wurden Abriebe mit verschiedenen Körnungen hergestellt. Es wurde Schmirgelpapier der Körnungen 24, 40, 100 und 240 verwendet. Zusätzlich wurde ein relativ grober Abrieb mittels einer Reibe erzeugt. Ziel der Verwendung unterschiedlicher Körnung war es, den Einfluß der Abriebpartikelgröße auf das Elutionsverhalten unterschiedlicher Reifeninhaltsstoffe zu ermitteln.
Neben dem selbst hergestellten Reifenabrieb wurden zwei Abriebproben untersucht, die bei der Runderneuerung von LKW-Reifen anfallen. Dieses Material wird als Raumehl bezeichnet.

Lfd.-Nr.	Reifentyp
7	PKW, Altreifen, 175/70 SR14
8	PKW, Altreifen, 175/70 R13
9	PKW, Neureifen, 175/70 R13
10	PKW, Neureifen, 175/70 R13
11	LKW, Neureifen, XZA 11 R22,5
12	LKW, Altreifen, XZA 295/80 R22,5

Tabelle 9.32: Zur Abriebherstellung genutzte Reifen

Die Eluate werden in Anlehnung an die DEV S4 hergestellt. Es werden 7,5 g Abrieb mit 1 l destilliertem Wasser bzw. 1 l saurem Regen (s.o.) angesetzt und 24 Stunden über Kopf geschüttelt. Der pH-Wert des Eluates mit saurem Regen wird mehrfach kontrolliert und mit Salpetersäure erneut eingestellt. Nach 24 Stunden werden die Eluate über Membranfilter filtriert und bis zur Analyse bei 4 °C aufbewahrt.

9.2.3.2 Beschreibung der Langzeit-Auslaugeversuche

Für die Nachstellversuche werden PKW-Neureifen 155 R13 79T auf Felge eingesetzt (vgl. Tabelle 9.3, Reifen Nr. 1). Als Behälter kommen runde Edelstahlbehälter (V4A-Stahl) mit Deckel und folgenden Maßen zur Anwendung:

Höhe	300 mm
Durchmesser	700 mm
Volumen	115,45 l.

Die Reifen werden horizontal einige Zentimeter über dem Boden fixiert und die Behälter mit Wasser soweit aufgefüllt, daß der Reifen zur Hälfte eintaucht. Das eingesetzte Wasservolumen beträgt 49 l. Um Informationen über den Einfluß des pH-Wertes auf die Elution von Reifeninhaltsstoffen zu bekommen, werden in einem Fall destilliertes Wasser pH 7, im anderen Wasser pH 4 eingesetzt. Die Einstellung des leicht sauren pH-Wertes erfolgt gemäß folgendem Rezept (künstlicher saurer Regen):

Zu 10 l dest. H_2O werden je 0,1 ml der folgenden Lösungen gegeben:

9,6 g	Ammoniumnitrat / 100 ml H_2O
6,1 g	Magnesiumsulfat x 7 H_2O / 100 ml H_2O
6,1 g	Calciumchlorid / 100 ml H_2O
2 g	Kaliumhydrogencarbonat / 100 ml H_2O
8,05 g	Natriumsulfat x 10 H_2O / 100 ml H_2O.

Mit Salpetersäure wird ein pH-Wert von 4,0 eingestellt.

Die Stabilität des pH-Wertes wird wöchentlich kontrolliert und bei Abweichungen neu eingestellt. Zur Vermeidung von Konzentrationsgradienten, welche die Diffusion von Reifeninhaltsstoffen zur Gummioberfläche und damit Elution nachteilig beeinflussen, wird das Wasser von Hand täglich durchgerührt. Verdampfungsverluste werden durch Zugabe von Wasser (pH 7 bzw. pH 4) ausgeglichen.

Die Lagerzeit eines Ansatzes beträgt zwei Monate. Danach erfolgt ein kompletter Austausch des Wassers gegen frisches. Nach mehreren Zyklen ergibt sich eine Information zur Zeitabhängigkeit der Elution von Reifeninhaltsstoffen.

9.2.3.3 Probenaufbereitung und Analyseverfahren

Probenaufarbeitung und Analyse für die Bestimmung von Mercaptobenzthiazol (MBT)

Zur Bestimmung von Mercaptobenzthiazol (MBT) wird ein Aliquot von 500 ml bzw. 250 ml des wäßrigen Eluates einer Festphasenextraktion an Reversed Phase-Material (Baker, 1000 mg, RP-18) unterzogen. Das beaufschlagte RP-18-Material wird gefriergetrocknet (-70 °C, im Vakuum) und anschließend mit 5 ml Methanol eluiert. Die aufgearbeiteten Eluate und Wasserproben werden mittels HPLC analysiert.

• HPLC:	TSP P2000	
• Detektor:	UV, 320 nm	
• Säule:	RP18, 250 mm x 4,6 mm	
• Eluentenprogramm:	Flußrate:	1ml/Min.
	Gradient:	10 Min. 30 % ACN / 70 % H_2O
		15 Min. 90 % ACN / 10 % H_2O
		5 Min. 30 % ACN / 70 % H_2O
• Probenaufgabe:	20 µl	

Die Identifizierung und Quantifizierung erfolgte mit Hilfe des „externen Standards".

Probenaufarbeitung und Analyse für die Bestimmung von Benzthiazol, Methylbenzthiazol und Methylmercaptobenzthiazol

Zur Bestimmung von Benzthiazol und dessen Derivaten wird ein Aliquot von 500 ml bzw. 250 ml der auf pH 7 eingestellten Wasserproben einer Festphasenextraktion an Reversed Phase-Material (Baker, 1000 mg, RP-18) unterzogen. Das beaufschlagte RP-18-Material wird nach Absaugen von Wasserresten gefriergetrocknet (-70 °C, im Vakuum), anschließend mit 5 ml Methanol eluiert und auf 1 ml am Rotationsverdampfer aufkonzentriert. Der Methanolextrakt wird unter folgenden Bedingungen mittels GC-NPD analysiert.

• GC:	GC 6.000
• Detektor:	NPD
• Säule:	60 m Kapillarsäule DB-WAX, amindesaktiviert
• Temperaturprogramm:	100 °C 2 Min. isotherm
	10 °C / Min. bis 220 °C
	220 °C isotherm
• Injektortemperatur:	220°C
• Trägergas:	Helium, 1,5 bar Vordruck
• Probenaufgabe:	1 µl, Split 1:10

Die Identifizierung und Quantifizierung der Stoffe erfolgt mit Hilfe der Methode des „externen Standards".

Probenaufarbeitung und Analyse für die Bestimmung von Anilin

Zur Bestimmung von Anilin wird ein Aliquot von 250 ml Probe mit 87 g Natriumchlorid versetzt, mit Natronlauge auf pH 9 eingestellt und an Reversed Phase-Material (Baker, 3.000 mg, RP18) angereichert. Das beaufschlagte RP-18-Material wird gefriergetrocknet (-70 °C, in Vakuum), anschließend mit 8 ml Ethylacetat eluiert, mit Stickstoff auf 1 ml eingeengt und mittels GC-NPD (s.o.) analysiert.
Die Identifizierung und Quantifizierung der Stoffe erfolgt mit Hilfe der Methode des „externen Standards".

Probenaufarbeitung und Analyse für die Bestimmung von Dicyclohexylamin

Zur Bestimmung von Dicyclohexylamin wird ein Aliquot von 100 ml Probe mit ca. 1,5 ml 1 m Salzsäure versetzt und anschließend im Vakuumrotationsverdampfer bis zur Trockne eingeengt. Der Rückstand wird mit 5 ml dest. Wasser aufgenommen und mit Natronlauge auf pH 9 eingestellt. Nach Flüssig-Flüssig-Extraktion mit Dichlormethan und Trocknen über Natriumsulfat wird der Extrakt auf 1 ml eingeengt und mittels GC-NPD (s.o.) analysiert.

Probenaufarbeitung und Analyse für die Bestimmung von Cyclohexylamin

Die Bestimmung von Cyclohexylamin erfolgt in Anlahnung an die VDI-Richtlinie 2467 („Messen der Konzentration primärer und sekundärer aliphatischer Amine mit der Hochleistungs-Flüssigkeits-Chromatographie").
Die Aufarbeitung erfolgt analog der für die Bestimmung von Dicyclohexylamin. Abweichend wird ein wässriges Aliquot mit Salzsäure angesäuert und anschließend der Derivatisierung gemäß der o.a. VDI-Richtlinie zu Dinitrophenylcyclohexylamin unterworfen. Die Analyse erfolgt mittels HPLC.

•	HPLC:	TSP P2000	
•	Detektor:	UV, 370 nm	
•	Säule:	RP 18, 250 mm x 4,6 mm	
•	Eluentenprogramm:	Flußrate:	1 ml/Min.
		Gradient:	10 Min. 50 % ACN / 50 % H2O
			20 Min. 100 % ACN
			5 Min. 50 % ACN / 50 % H2O
•	Probenaufgabe:	20 μl	

Probenaufarbeitung und Analyse für die Bestimmung von p-Phenylendiaminderivaten

Zur Bestimmung von Phenylendiaminderivaten wird ein Aliquot von 500 ml bzw. 250 ml der auf pH 7 eingestellten Wasserproben werden einer Festphasenextraktion an Reverse Phase-Material (Baker, 1000 mg, RP-18) unterzogen. Das beaufschlagte RP-18-Material wird gefriergetrocknet (-70 °C, im Vakuum), anschließend mit 5 ml Methanol eluiert und auf 1 ml am Rotationsverdampfer aufkonzentriert. Das Methanolextrakt wird unter folgenden Bedingungen mittels GC-FID analysiert.

- GC: GC 6.000
- Detektor: FID

- Säule: 30 m Kapillarsäule DB-5
- Temperaturprogramm: 60 °C 2 Min. isotherm,
  10 °C / Min. bis 280 °C
  280 °C isotherm
- Injektortemperatur: 250°C
- Trägergas: Helium, 1,0 bar Vordruck
- Probenaufgabe: 1 µl, Split 1:10

Die Identifizierung und Quantifizierung der Stoffe erfolgt mit Hilfe der Methode des „externen Standards".

Probenaufarbeitung und Analyse für die Bestimmung von PAKs

Die Bestimmung von PAK aus Wasserproben erfolgt in Anlehnung an DIN 38407 F8 mittels HPLC und UV- bzw. Fluoreszenzdetektion. Abweichend von dieser Methode werden die 16 PAK nach EPA bestimmt. Bei der Überführung der Analyten von dem Lösemittel Cyclohexan in Acetonitril wird das Cyclohexan nicht vollständig abgeblasen, um Verluste an leichtflüchtige PAK wie Naphthalin gering zu halten.

Wiederfindungsaten

Die Ergebnisse der Analysen von Straßenablaufwässern, Eluaten aus Langzeitversuchen und aus Abrieb sind um die Wiederfindungsraten korrigiert, die nachfolgend aufgeführt sind.

Substanz	Eluate Wiederfindungsrate in %
Mercaptobenzthiazol (MBT)	80
Benzthiazol	75
Methylbenzthiazol	75
Methylmercaptobenzthiazol	75
Anilin	78
Dicyclohexylamin	100
Cyclohexylamin	[1)]
PPDs	95

1) Derivatisierungsmethode, Umsatzrate ist in der Kalibrierung enthalten

Tabelle 9.33: ***Wiederfindungsraten der Einzelstoffe in Eluaten und Wasserproben***

9.2.3.4 Untersuchungsergebnisse

Ergebnisse der Eluat-Analysen

In der folgenden Tabelle sind die Ergebnisse von Benzthiazol und den Derivaten in den Eluate von Abriebmaterial zusammengestellt.

Reifen Nr. (Körnung)	Probe Nr.	Eluat	MBT [µg/l]	Benzthiazol [µg/l]	Methyl-benzthiazol [µg/l]	Methyl-mercapto-benzthiazol [µg/l]
7 (L - 24er)	1	dest. Wasser	< 0,5	294	< 2	263
	1	saurer Regen	< 0,5	298	< 2	116
7 (L - 100er)	2	dest. Wasser		186	< 2	172
	2	saurer Regen	514,5	47,6	< 2	61,2
7 (L -Reibe)	5	dest. Wasser	522,0	781	< 2	36,2
	5	saurer Regen	224,5	406	< 2	59,2
8 (L - 24er)	7	dest. Wasser	5,0	379	< 2	104
	7	saurer Regen	< 0,5	344	< 2	29,5
8 (L - 100er)	8	dest. Wasser	< 0,5	354	< 2	63,3
	8	saurer Regen	< 0,5	294	< 2	27,0
9 (L - 100er)	14	dest. Wasser	< 0,5	326	254	16,2
	14	saurer Regen	< 0,5	451	< 2	35,6
9 (L - 240er)	15	dest. Wasser	884,0	1345	< 2	126
	15	saurer Regen	50,0	1338	< 2	55,5
11 (L - 24er)	25	dest. Wasser	597,0	1313	< 2	95,6
	25	saurer Regen	-	23,1	< 2	22,3
11 (S - 24er)	28	dest. Wasser	< 0,5	537	< 2	30,6
	28	saurer Regen	20,0	806	< 2	7,69
11 (L - Reibe)	29	dest. Wasser	< 0,5	638	< 2	144
	29	saurer Regen	-*	-*	-[1)]	-[1)]
12 (L - 24er)	31	dest. Wasser	< 0,5	608	< 2	125
	31	saurer Regen	42,5	560	< 2	24,1
12 (L - 240er)	33	dest. Wasser	< 0,5	197	< 2	8,42
	33	saurer Regen	< 0,5	153	82,7	22,7
Raumehl 1		dest. Wasser	< 0,5	420	< 2	11,5
		saurer Regen	12,5	229	< 2	15,7
Raumehl 2		dest. Wasser	60,0	323	< 2	24,3
		saurer Regen	< 0,5	279	< 2	9,58

[1)] keine Analyse möglich wegen Transportschaden
L: Lauffläche, S: Seitenwand

Tabelle 9.34: ***Analysen für Benzthiazole in Eluaten von Reifenabrieb und Raumehlen***

In Abbildung 9.1 sind die Konzentrationen verschiedener Benzthiazole in Reifen dargestellt.

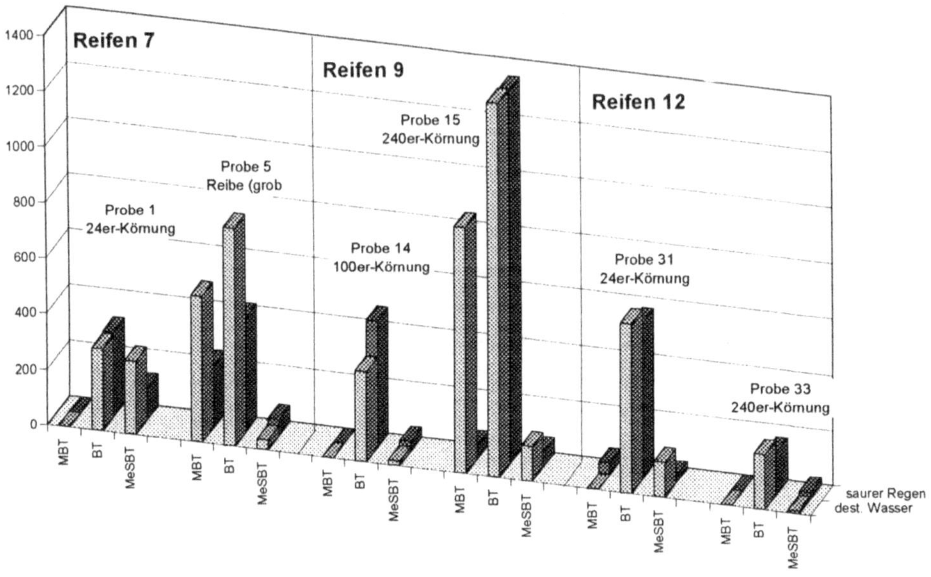

Abbildung 9.1: ***Gehalte an Benzthiazol und Benzthiazolderivaten in Eluaten von Reifen-Abriebmaterial (unterschiedliche Abriebkörnungen) (in µg/l)***

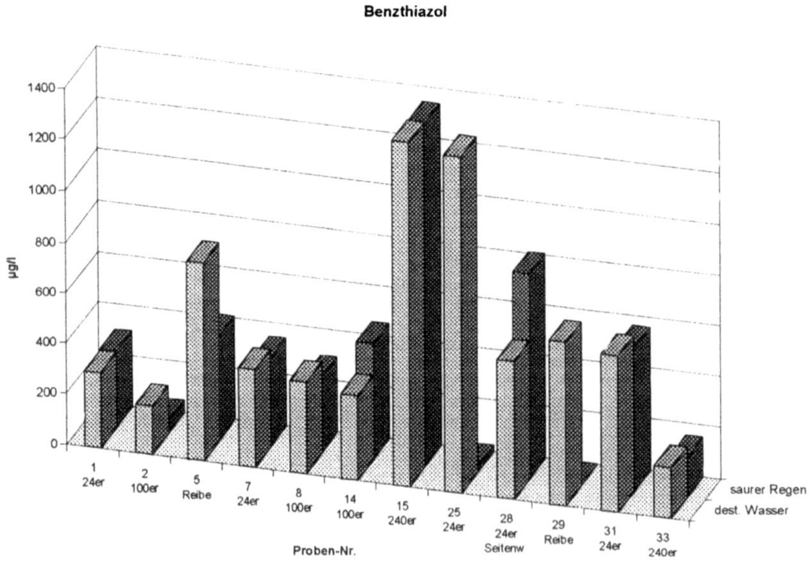

Abbildung 9.2: ***Benzthiazolgehalte in Eluaten von Reifen-Abriebmaterial (unterschiedliche Abriebkörnungen) (in µg/l)***

Die Abbildung 9.1 verdeutlicht, daß sich die postulierte Zunahme der Benzthiazolkonzentrationen im Eluat von Abriebproben sinkender Korngröße nicht belegen läßt. Möglicherweise spielt hier der Abriebprozeß, der bei den verschiedenen Korngrößen des Reibematerials eine unterschiedliche Temperaturbelastung des Probenmaterials bewirken kann, eine Rolle.

Die Abhängigkeit der eluierten Substanzmengen ist bei verschiedenen Analyten vom Eluent (dest. Wasser oder saurer Regen) abhängig. Während der pH-Wert-Einfluß bei Benzthiazol (vgl. Abbildung 9.2) kaum die eluierbare Menge beeinflußt, wird IPPD und 6PPD bevorzugt im sauren Milieu aus der Gummimatrix ausgewaschen (Abbildung 9.3 und Abbildung 9.4). Interessant ist hierbei das Elutionsverhalten im Abrieb von Reifen unterschiedlicher Hersteller. So sind die Proben 25 und 28 von der Lauffläche bzw. Seitenwand eines Reifens genommen. Die 6PPD-Gehalte im Eluat übersteigen die aller anderer Proben um das 12- bis 30-fache. Im destillierten Wasser gelöst, zeigen sie jedoch keinerlei Auffälligkeit (Abbildung 9.4).

In der folgenden Tabelle sind die Ergebnisse von drei p-Phenylendiaminen, Anilin, Dicyclohexylamin, Cyclohexylamin und PAK in den Eluate von Abriebmaterial zusammengestellt.

Reifen (Körnung)	Nr.	Eluat	IPPD [µg/l]	6PPD [µg/l]	DPPD/ DTPD [µg/l]	Anilin [µg/l]	Dicyclo-hexyl-amin [µg/l]	Cyclo-hexyl-amin [µg/l]	Summe PAK [µg/l]
7 (L - 24er)	1	dest. Wasser	< 15	< 10	< 80	4,01	38,2	< 1	6,4
	1	saurer Regen	< 15	< 10	< 80	< 2	39,6	< 1	4,3
7 (L - 100er)	2	dest Wasser	35,7	35,7	< 80	4,07	53,5	83,4	
	2	saurer Regen	< 15	< 10	< 80	5,88	77,6	7,95	
7 (L -Reibe)	5	dest. Wasser	< 15	< 10	< 80	41,1	47,0	3,3	
	5	saurer Regen	16,0	< 10	< 80	4,58	43,7	< 1	
8 (L - 24er)	7	dest. Wasser	18,9	< 10	< 80	30,7	641	10,3	
	7	saurer Regen	26,9	< 10	< 80	28,7	584	236	
8 (L - 100er)	8	dest. Wasser	26,9	< 10	< 80	45,3	446	67,4	
	8	saurer Regen	144	16,0	< 80	47,9	712	219	0,92
9 (L - 100er)	14	dest. Wasser	< 15	101	< 80	3,26	62,9	2327	
	14	saurer Regen	218	218	< 80	5,50	58,5	20,2	
9 (L - 240er)	15	dest. Wasser	< 15	77,7	< 80	< 2	61,1	2245	
	15	saurer Regen	53,3	247	< 80	6,76	55,7	12,3	
11 (L - 24er)	25	dest. Wasser	< 15	13,9	< 80	6,64	55,8	< 1	
	25	saurer Regen	< 15	4607	< 80	12,7	49,8	3301	
11 (S - 24er)	28	dest. Wasser	< 15	23,1	< 80	7,12	42,7	324	
	28	saurer Regen	80,6	9660	< 80	13,8	343	< 1	
11 (L - Reibe)	29	dest. Wasser	47,9	47,9	< 80	3,62	135	248	
	29	saurer Regen	-*	-*	-*	-*	-*	-*	
12 (L - 24er)	31	dest. Wasser	< 15	17,2	< 80	10,4	107	87	
	31	saurer Regen	< 15	124	< 80	3,10	252	81	
12 (L - 240er)	33	dest. Wasser	34,0	34,0	< 80	2,54	83,2	32,1	
	33	saurer Regen	133	133	< 80	< 2	98,6	24,9	
Raumehl 1		dest. Wasser	< 15	< 10	< 80	7,64	51,4	< 1	
		saurer Regen	78,1	78,1	< 80	4,85	45,4	< 1	
Raumehl 2		dest. Wasser	< 15	10,9	< 80	10,5	45,5	< 1	
		saurer Regen	< 15	81,9	< 80	< 2	44,8	5,67	

* keine Analyse möglich wegen Transportschaden

L: Lauffläche, S: Seitenwand

Tabelle 9.35: ***Analysen für PPDs, Amine, Anilin und PAKs in Eluaten von Reifenabrieb und Raumehlen***

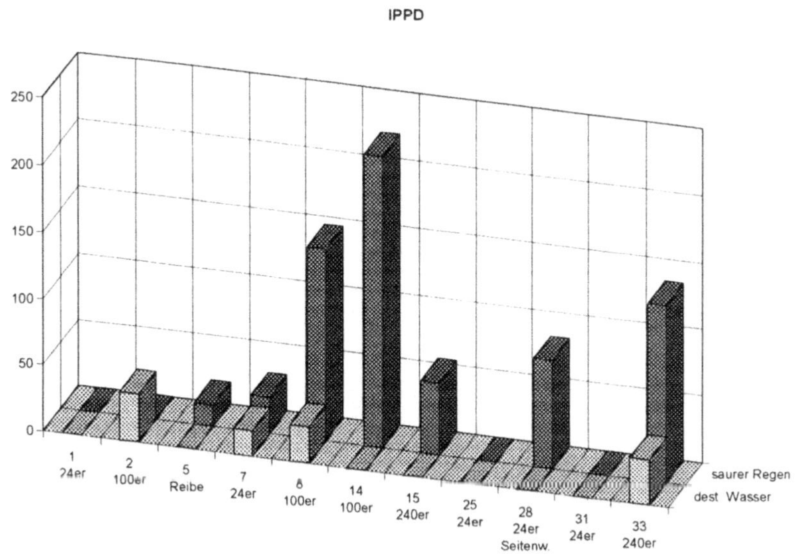

Abbildung 9.3: ***IPPD-Gehalte in Elutaten von Reifen-Abriebmaterial (unterschiedliche Abriebkörnungen) (in µg/l)***

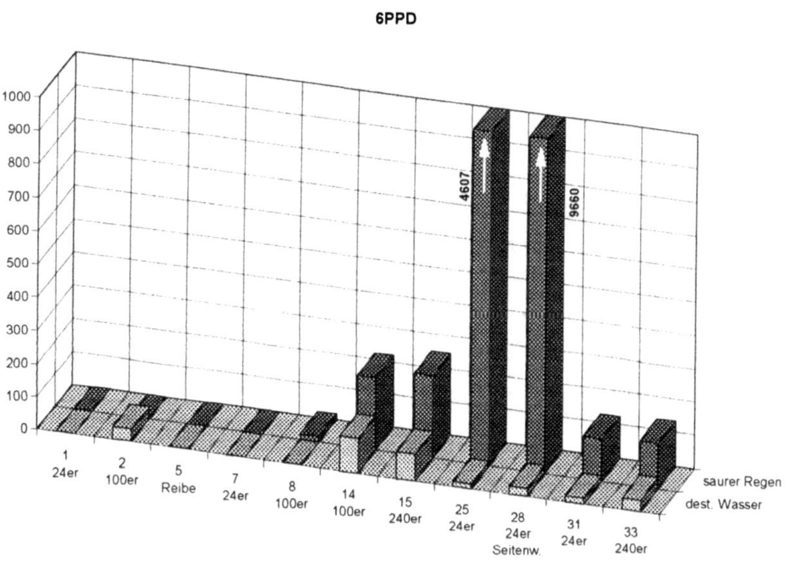

Abbildung 9.4: ***6PPD-Gehalte in Eluaten von Reifen-Abriebmaterial (unterschiedliche Abriebkörnung) (in µg/l)***

Ergebnisse der Langzeitauslaugversuche

In den folgenden Tabellen sind die Ergebnisse von Benzthiazol, Benzthiazolderivaten, p-Phenylendiaminen, Aminen und Anilin der Langzeitauslaugversuche zusammengestellt.

Eluat	Zeitpunkt der Probenahme	MBT [µg/l]	Benzthiazol [µg/l]	Benz-thiazolon [µg/l]	Methyl-benzthiazol [µg/l]	Methyl-mercapto-benzthiazol [µg/l]
dest. Wasser	Okt. 95	< 0,5	413		< 2	< 2
dest. Wasser	Dez. 95	< 0,5	367		< 2	< 2
dest Wasser	Feb. 96	< 0,5	972		< 2	< 2
dest. Wasser	Mai 96	< 0,5	1972		< 2	< 2
dest. Wasser	Aug. 96	< 0,5	670		< 2	< 2
saurer Regen	Okt. 95	< 0,5	129		< 2	< 2
saurer Regen	Dez. 95	< 0,5	14,6		< 2	< 2
saurer Regen	Feb. 96	< 0,5	42,7		< 2	< 2
saurer Regen	Mai 96	< 0,5	402		< 2	< 2
saurer Regen	Aug. 96	< 0,5	805		< 2	< 2

Tabelle 9.36: ***Langzeit-Auslaugeversuche für Benzthiazole in Reifen***

Eluat	Zeitpunkt der Probe-nahme	IPPD [µg/l]	6PPD [µg/l]	DPPD/ DTPD [µg/l]	Anilin [µg/l]	Dicyclo-hexylamin [µg/l]	Cyclo-hexylamin [µg/l]
dest. Wasser	Oktober 95	69,3	6,3	< 80	86,4	40,6	423
dest Wasser	Dezember 95	< 15	< 10	< 80	7,48	44,0	413
dest. Wasser	Februar 96	36,5	< 10	< 80	61,6	47,8	100
dest. Wasser	Mai 96	18,9	55,4	< 80	61,6	89,7	133
dest. Wasser	August 96	21,8	30,7	< 80	3,99	< 35	104
saurer Regen	Oktober 95	22,7	22,7	< 80	828	< 35	< 1
saurer Regen	Dezember 95	< 15	< 10	< 80	5,91	218	2,2
saurer Regen	Februar 96	< 15	< 10	< 80	6,54	< 35	8,37
saurer Regen	Mai 96	< 15	< 10	< 80	294	51,5	< 1
saurer Regen	August 96	2543*	26,5	< 80	116	37,9	153

* Ausreißer

Tabelle 9.37: ***Langzeit-Auslaugeversuche für PPDs, Amine und Anilin in Reifen***

Tabelle 9.36 zeigt, daß die Konzentrationen von Benzthiazol in Abhängigkeit von der Lagerzeit sowohl bei pH 4 als auch bei pH 7 einen zunehmenden Trend aufweisen. Die Konzentrationen liegen bei pH 7 insgesamt etwas höher. Offensichtlich ist die Migration des Benzthiazols relativ langsam, so daß der erwartete Abfall auf Grund einer Verarmung im Reifen in dem betrachteten Zeitraum nicht eintritt.
Bei Anilin (s. Tabelle 9.37) liegen dagegen andere Verhältnisse vor. Hier ist bei beiden pH-Werten ein deutlicher Trend zur Abnahme der migrierten Menge zu verzeichnen. Aufgrund der schwachen Basizität von Anilin liegen die Werte in den pH 4-Eluaten (saurer Regen) erwartungsgemäß höher als in den Eluaten mit destilliertem Wasser.
Bei der Bestimmung der Alterungsschutzmittel IPPD, 6PPD und dem Gemisch aus DPPD/DTPD konnten nur IPPD und 6PPD nachgewiesen werden; die Konzentrationen von DPPD/DTPD liegen unterhalb der Bestimmungsgrenze (s. Tabelle 9.4). Vergleicht man die gefundenen Konzentrationen in Abhängigkeit des pH-Wertes, so zeigen IPPD und 6PPD eine geringfügige Tendenz zu höheren Werten im neutralen Medium (dest. Wasser).

Insgesamt ist für alle untersuchten Parameter eine deutliche Abnahme der Konzentration in Anhängigkeit von der Zeit aufgrund der recht hohen Streuung der Werte nicht zu erkennen. Möglicherweise ist die Streuung einerseits auf Temperaturunterschiede bei der Lagerung zurückzuführen, die einen Einfluß auf die Diffusion, Migration und Löslichkeit der Stoffe hat, und andererseits auf negative Effekte durch Komplexbildung, Querreaktionen und Wandeffekte.

Bei der Interpretation der Ergebnisse muß weiterhin berücksichtigt werden, daß bei dem Lagerversuch auch die Felge mit dem Elutionsmedium in Kontakt gestanden hat. Stickstoffhaltige Substanzen, insbesondere die p-Phenylendiamine, können mit Metallionen Komplexe bilden, was sich auch an der intensiven Färbung der Eluate gezeigt hat. Die in Komplexen gebundenen Anteile können mit der eingesetzten Analytik nicht oder nur unvollständig erfaßt werden.

Ergebnisse von Straßenablaufwasser

Die Straßenablaufwasserproben wurde auf einer vielbefahrenen Autobahn genommen. Auf Autobahnbrücken wird das Regenwasser über Gullis und Fallrohre direkt der Kanalisation zugeführt. Die Probenahme erfolgt unter der Autobahnbrücke in einem Kanalschacht, in dem die Fallrohre enden. Damit ist sichergestellt, daß kein Wasser unbekannter Herkunft bei der Probenahme gewonnen wird und daß der gesamte, sich auf der Fahrbahn befindliche Reifenabrieb mit dem beprobten Wasser von der Straße abgespült wird.
Um die maximale Belastung des Ablaufwassers mit Reifenabrieb zu bestimmen, wurde die Probenahme nach Perioden längerer Trockenheit durchgeführt. Es wurde jeweils direkt bei Beginn des Regens eine Probe genommen und in einem zeitlichen Abstand von 15 bzw. 30 Minuten. Insgesamt wurden drei Probenahmen durchgeführt.

Proben-nummer	Zeitpunkt nach Regenbeginn	MBT [µg/l]	Benzthiazol [µg/l]	Benzthia-zolon [µg/l]	Methylbenz-thiazol [µg/l]	Methyl-mercapto-benzthiazol [µg/l]
W 1	Beginn	< 0,2	< 2		< 2	< 2
W 2	nach 15 Min.	< 0,2	< 2		< 2	< 2
W 3	nach 30 Min.	< 0,2	< 2		< 2	< 2
W 4	Beginn	< 0,2	5,68		< 2	4,34
W 5	nach 30 Min.	< 0,2	6,37		< 2	7,90
W 6	Beginn	< 0,2	7,70		< 2	2,57
W 7	nach 30 Min.	< 0,2	11,8		< 2	5,13
W 8	Regenrück-haltebecken	< 0,2	5,17		< 2	2,69

Tabelle 9.38: ***Analysen von Straßenablaufwasser auf Benzthiazole***

Das Straßenablaufwasser zeigt Belastungen mit Benzthiazol und Methylmercaptobenzthiazol, deren Umfang mit der Regendauer anwächst.

Proben-nummer	Zeitpunkt nach Regen-beginn	IPPD [µg/l]	6PPD [µg/l]	DPPD/ DTPD [µg/l]	Anilin [µg/l]	Dicyclo-hexyl-amin [µg/l]	Cyclo-hexyl-amin [µg/l]	Summe PAK [µg/l]
W 1	Beginn	< 8	< 5	< 40	< 8			
W 2	nach 15 Min.	< 8	< 5	< 40	< 8			
W 3	nach 30 Min.	< 8	< 5	< 40	< 8			
W 4	Beginn	< 8	< 5	< 40	< 2	< 35	< 1	6,0
W 5	nach 30 Min.	< 8	< 5	< 40	< 2	< 35	< 1	
W 6	Beginn	< 8	< 5	< 40	< 2	< 35	< 1	
W 7	nach 30 Min.	< 8	< 5	< 40	< 2	< 35	< 1	
W 8	Regenrück-haltebecken	< 8	< 5	< 40	< 2	< 35	< 1	

Tabelle 9.39: ***Analysen von Straßenablaufwasser auf PPDs, Amine, Anilin und PAKs***

Tabelle 9.39 zeigt, daß die Konzentrationen von PPDs, Anilin und den Aminen alle unterhalb der Bestimmungsgrenze liegen. Eine Straßenablaufwasserprobe wurde auf PAKs untersucht und ergab eine leichte Belastung mit diesen Stoffen.

Ergebnisse der Schneeproben

Die Probenahme erfolgte neben der Autobahn und einer vielbefahrenen Landstraße genommen, 14 Tage nachdem es geschneit hatte.

Proben-nummer	MBT [µg/l]	Benzthiazol [µg/l]	Benzthia-zolon [µg/l]	Methylbenz-thiazol [µg/l]	Methyl-mercapto-benzthiazol [µg/l]
W 9	< 0,2	71,2		14,2	15,9
W 10	< 0,2	9,9		< 2	< 2
W 11	< 0,2	34,9		8,7	< 2

Tabelle 9.40: Analysen für Benzthiazole in Schneeproben

Proben-nummer	IPPD [µg/l]	6PPD [µg/l]	DPPD/ DTPD [µg/l]	Anilin [µg/l]	Dicyclo-hexylamin [µg/l]	Cyclo-hexylamin [µg/l]	Summe PAK [µg/l]
W 9	< 8	< 5	< 40	33,9	53,6	< 1	0,48
W 10	< 8	< 5	< 40	4,01	43,5	< 1	1,1
W 11	< 8	< 5	< 40	19,9	50,2	< 1	

Tabelle 9.41: Analysen für PPDs, Amine, Anilin und PAKs in Schneeproben

Um Anreicherungseffekte reifenspezifischer Stoffe über einen längeren Expositionszeitraum zu ermitteln, wurden Schneeproben untersucht. 14 Tage nach dem Schneefall zeigt sich dabei eine deutliche Anreicherung z.B. von Benzthiazol auf über 70 µg/l, oder von Methylmercaptobenzthiazol auf 16 µg/l. Dies entspricht dem zwei- bis sechsfachen der Straßenablaufwasserkonzentration.

Untersuchung polyaromatischer Kohlenwasserstoffe (PAK) in Eluaten, Wasserproben und Sedimenten

Einige Wasser- und Eluatproben wurden auf polyaromatische Kohlenwasserstoffe untersucht. Es wurden die 16 Einzelverbindungen der US-EPA bestimmt und daraus die Summe gebildet. Die Einzelergebnisse sind in der folgenden Tabelle zusammengestellt.

	Eluat 1 (dest. Wasser) [µg/l]	Eluat 1 (saurer Regen) [µg/l]	Eluat 8 (saurer Regen) [µg/l]	W 4 [µg/l]	W 9 [µg/l]	W 10 [µg/l]
Naphthalin	0,27	0,27	0,46	0,60	0,04	0,04
Acenaphthylen	n.b.	n.b.	n.b.	n.b	n.b.	n.b.
Acenaphthen	0,97	0,17	0,068	< 0,02	0,026	0,024
Fluoren	1,65	0,13	0,36	0,13	0,05	0,05
Phenanthren	3,4	3,9	0,032	0,99	0,07	0,06
Anthracen	< 0,02	< 0,02	< 0,02	< 0,02	< 0,02	<0,02
Fluoranthen	0,036	0,027	< 0,02	1,4	0,07	0,15
Pyren	0,059	0,077	< 0,02	1,3	0,08	0,18
Benzo(a)anthracen	< 0,02	< 0,02	< 0,02	0,19	<0,02	0,089
Chrysen	< 0,02	< 0,02	< 0,02	0,061	0,02	0,12
Benzo(b)fluoranthen	< 0,02	< 0,02	< 0,02	0,41	<0,02	0,12
Benzo(k)fluoranthen	< 0,02	< 0,02	< 0,02	0,16	0,02	0,06
Benzo(a)pyren	< 0,02	< 0,02	< 0,02	0,19	<0,02	0,07
Dibenz(a,h)-anthracen	< 0,02	< 0,02	< 0,02	0,038	0,02	0,02
Indeno(1,2,3-cd)pyren	< 0,02	< 0,02	< 0,02	0,23	0,04	0,04
Benzo(ghi)perylen	< 0,02	< 0,02	< 0,02	0,40	< 0,02	0,064
Summe PAK (US-EPA)	**6,4**	**4,3**	**0,92**	**6,0**	**0,48**	**1,1**

n.b. nicht bestimmbar

Tabelle 9.42: ***Untersuchung von Eluaten und einer Straßenablaufwasserprobe auf polyaromatische Kohlenwasserstoffe (PAK)***

Bisher sind nur sehr wenige Untersuchungen durchgeführt worden, in denen auch organische Schadstoffe in Straßenablaufwasser untersucht worden sind.

Die PAK-Gehalte, z.B. im Regenwasser Düsseldorfs, liegen bei etwa 15 µg/l (Summe aus 16 PAK nach EPA) [161]. Die in den Eluaten ermittelten Werte betragen z.B. 6 µg/l, so daß ein möglicher Einfluß der PAK-Konzentration im Reifenabrieb nicht quantifizierbar ist.

In der Literatur wurden bisher nur wenige Untersuchungsergebnisse von Straßenablaufwasser auf PAKs veröffentlicht. In den Veröffentlichungen [294] und [377] werden nur PAK-Summen angegeben und nicht welche bzw. wieviel PAKs bestimmt wurden. Durch Zentrifugieren der Probe wurde festgestellt, daß nur 11 - 17 % der PAKs in Wasser gelöst sind, der Rest ist an Feststoffteilchen gebunden [377].

Parameter	in Wasser [µg/l]	in Wasser [µg/l]	in Wasser [µg/l]
PAK	2,51	2,61	2,97

Tabelle 9.43: PAK-Konzentrationen in Straßenablaufwasser [294]

In einer weiteren Veröffentlichung [399] sind verschiedene Sedimentproben von Bächen untersucht worden, in denen Ablaufwasser von Straßen eingeleitet werden. Es werden jeweils 400 m oberhalb und 100 m unterhalb der Einleitungsstelle Proben untersucht und die Unterschiede dargestellt. Die Ergebnisse sind in der folgenden Tabelle wiedergegeben.

Parameter	Mittelwert oberhalb [µg/g]	Mittelwert unterhalb [µg/g]	maximale Belastung [µg/g]
Naphthalin	0,017	0,52	
Fluoranthen	0,27	3,2	3,2
Acenaphthylen	0,24	1,35	
Pyren			10,16
Phenanthren			5,6
Benzo(b und k)-fluoranthen			2,45
Benzo(a)pyren			4,63

Tabelle 9.44: PAK-Konzentrationen in Bachsedimenten oberhalb und unterhalb eines Straßenablaufwasserzuflusses

In [309] wurden neben einigen Schwermetallen auch 5 PAK-Einzelsubstanzen untersucht. Es konnte gezeigt werden, daß ein Großteil der PAKs an Feststoffteilchen gebunden ist. Der PAK-Gehalt der Gesamtprobe liegt um den Faktor 10 über der Trinkwasserverordnung (TVO). In [296] wurde neben anorganischen Stoffen und einigen Summenparametern 3 Substanzen aus der Gruppe der PAK und zwei Nitrophenole untersucht (Tabelle 9.45).

Parameter	unbehandelte Probe [µg/l]	zentrifugierte Probe [µg/l]	Feststoff [µg/g]	Gesamt [µg/l]	Quelle
Fluoranthen	0,74	0,04	3,19	0,82	[309]
Fluoranthen	2,05	1,57	1,48		[296]
Benz (B,J,R)-Fluoranthen	1,07	0,04	4,59	1,16	[309]
Benzo(a)pyren	0,40	0,01	1,38	0,35	[309]
Benzo(a)pyren	0,47	0,40	0,30		[296]
Indeno(1,2,3,cd)pyren	0,31	0,01	1,24	0,31	[309]
Benzo(ghi)perylen	0,42	0,01	1,81	0,45	[309]
Benzo(ghi)perylen	0,84	0,92	0,81		[296]
gesamt PAK	**2,9**	**0,11**	**12,21**	**3,09**	**[309]**

Tabelle 9.45: ***PAK-Konzentrationen im Straßenablaufwasser***

In [349] wurde die Toxizität von Reifeneluaten untersucht. Verschiedene ganze Reifen (aus Wellenbrechern, gebrauchte und neue Reifen) wurden in Wasser für 5, 10, 20 und 40 Tage gelagert. Mit den Eluaten wurden Toxizitätstests (Fische, Daphnien, Bakterien) durchgeführt. Für Regenbogenforellen waren die Eluate toxisch, wobei die Eluate von gebrauchten Reifen höhere Toxizität aufwiesen, als die von neuen Reifen. Die Inhibierung der enzymatischen Aktivität in mehreren Bioassay-Sreenings zeigt an, daß einige biologische Prozesse sensibel auf Reifeninhaltsstoffe reagieren.

9.2.4 Untersuchung von Bodenproben

Der Reifenabrieb wird z.T. durch die Luft transportiert und neben der Straße abgelagert.

Die Böden werden zunächst qualitativ auf Reifeninhaltsstoffe analysiert. Falls diese identifiziert werden können, insbesondere die o. a. Einzelkomponenten, werden diese quantitativ bestimmt.

9.2.4.1 Probenaufarbeitung und Analyseverfahren

Probenaufarbeitung und Analyse für die Bestimmung von Benzthiazol und Benzthiazolderivaten

Zur Bestimmung der Parameter Benzthiazol, Methylbenzthiazol und Methylmercaptobenzthiazol werden 2 g einer Probe mit 12 g Natriumsulfat (wasserfrei) verrieben und 16 Stunden mit Dichlormethan extrahiert. Der Extrakt wird im Rotationsverdampfer auf 2 ml eingeengt. Die aufgearbeiteten Extrakte der Bodenproben werden mittels GC-NPD analysiert (s. Kapitel 9.2.3.3).

Probenaufarbeitung und Analyse für die Bestimmung von Anilin

Zur Bestimmung von Anilin werden 10 g Probenmaterial mit Natriumsulfat (wasserfrei) verrieben und mit 3 mal 20 ml Propanon / Dichlormethan-Gemisch (1:1) je 30 Minuten im Ultraschallbad extrahiert. Die vereinigten Extrakte werden am Rotationsverdampfer auf 1 ml eingeengt und mittels GC-NPD analysiert (s. Kapitel 9.2.3.3).

Probenaufarbeitung und Analyse für die Bestimmung von Dicyclohexylamin

Zur Bestimmung von Dicyclohexylamin werden 5 g Probe mit 2 mal 25 ml 0,1 m Salzsäure 15 Minuten im Ultraschallbad extrahiert und anschließend filtriert. Die vereinigten Filtrate werden am Rotationsverdampfer auf 5 ml eingeengt und mit Natriumhydroxid-Lösung auf pH 9 eingestellt. Anschließend wird eine Flüssig-Flüssig-Extraktion mit 2 mal 10 ml Dichlormethan durchgeführt, über Natriumsulfat filtriert und bis auf 1 ml eingeengt. Der eingeengte Extrakt wird mittels GC-NPD analysiert (s. Kapitel 9.2.3.3).

Probenaufarbeitung und Analyse für die Bestimmung von PAKs

Die Bestimmung von PAKs in Bodenproben erfolgt in Anlehnung an die Vorschrift vom Umweltministerium Baden-Württemberg (Bestimmung von polycyclischen Kohlenwasserstoffen (PAK) in Boden-, Abfall- und Altlastenproben). Abweichungen bestehen in den eingesetzten Proben- und Lösemittelmengen. Die Methode beruht auf einer Extraktion der Probe mit einem Aceton/Cyclohexan-Gemisch. Das Aceton wird durch Ausschütteln mit Wasser entfernt, danach wird die organische Phase mit Natriumsulfat getrocknet. 25 g einer homogenisierten Probe werdenmit je 62,5 ml Aceton und Cyclohexan aufgeschlämmt. Das Gemisch wird 30 Minuten geschüttelt und die flüssige Phase abgetrennt. 15 der 16 PAK`s werden mittels HPLC und Fluoreszenzdetektion bei Anregungswellenlängen zwischen 250 und 300 nm und Fluoreszenzwellenlängen zwischen 320 und 500 nm bestimmt. Das nicht fluoreszenzaktive Acenaphthylen wird mittels UV-Detektion bei 254 nm bestimmt. Starke chemische Interferenzen führen hierbei zu deutlichen Mehrbefunden die eine Auswertung des Acenaphthylensignals erheblich behindern und häufig unmöglich machen.

Wiederfindungsraten

Die Wiederfindungsraten wurden durch Dotieren der angelieferten Nullprobe mit anschließender Analyse gemäß der o.g. Methoden ermittelt. Die nachfolgende Tabelle gibt die ermittelten Wiederfindungsraten wieder.

Substanz	Bodenproben Wiederfindungsrate in %
Mercaptobenzthiazol (MBT)	[1]
Benzthiazol	93
Methylbenzthiazol	90
Methylmercaptobenzthiazol	100
Anilin	90
Dicyclohexylamin	23
Cyclohexylamin	[1]
p-Phenylendiamine	[1]

[1] keine Wiederfindungsrate bestimmbar

Tabelle 9.46: ***Wiederfindungsraten der Einzelstoffe in Bodenproben***

9.2.4.2 Untersuchungsergebnisse

Die Substanzen Mercaptobenzthiazol (MBT), IPPD, 6PPD, DPPD/DTPD und Cyclohexylamin erwiesen sich bei der Bestimmung der Wiederfindungsraten als nicht quantitativ extrahierbar. Sie sind entweder zu großen Anteilen irreversibel an die Bodenmatrix gebunden oder werden chemisch zersetzt. Letzteres ist insbesondere für MBT anzunehmen [422].

Für die p-Phenylendiaminderivate IPPD und 6PPD sowie für MBT und Cyclohexylamin wurden unterschiedliche Extraktionsverfahren angewendet, die aber an dotierten Originalproben und an Sand negative Ergebnisse lieferten. Es wurden bei hohen Dotierungen Wiederfindungsraten von maximal 5 % (IPPD) erzielt.

Für die Bestimmung der o.g. Stoffe bzw. zu ihrem Verhalten im Boden sind weiterführende Untersuchungen notwendig.

Die Ergebnisse der quantitativen Analysen der Bodenproben für die Benzthiazolderivate außer MBT, für Dicyclohexylamin und für ausgewählter Proben für Anilin und PAKs sind in der folgenden Tabelle zusammengefaßt.

Bezeichnung der Boden-probe*	Benzthiazol [mg/kg TS]	Methylbenz-thiazol [mg/kg TS]	Methyl-mercapto-benzthiazol [mg/kg TS]	Anilin [mg/kg TS]	Dicyclo-hexylamin [mg/kg TS]	Summe PAK [µg/kg TS]
10/0	17,4	4,63	9,15	< 0,1	4,14	55.300
10/5						590
10/10						730
11/0	0,87	< 0,5	1,00		3,98	4.000
11/5						
11/10						
12/0	16,51	< 0,5	2,21	< 0,1	3,94	
12/5						
12/10						
12/S	< 0,5	< 0,5	< 0,5		10,0	
13/5						
13/10						
13/S	5,63	< 0,5	< 0,5		10,1	
14/0	< 0,5	< 0,5	< 0,5		4,40	
15/0	< 0,5	< 0,5	1,42		4,22	2,05
16/0	1,04	< 0,5	< 0,5		3,51	
17/0	0,5	< 0,5	2,27		< 3,0	236.000
18/0	1,62	< 0,5	0,5		< 3,0	13,7
Rückhalte-becken	< 0,5	< 0,5	0,56		< 3,0	

*Probenbezeichnung: fortlaufende Probennummer / Entfernung in m vom Straßenrand
S: Sonderproben z.B. Schlammprobe aus Kanalschacht
TS Trockensubstanz

Tabelle 9.47: ***Analyseergebnisse in Bodenproben neben Straßen***

Auffallend ist insbesondere der extrem hohe PAK-Gehalt einer Bodenprobe direkt neben einer innerörtlichen Straße (17/0). Ursache hierfür können nur spezifische Belastungen sein, die auf hier nicht zu klärende Quellen zurückzuführen sind. Andererseits sind einige Proben (z.B. 10/0 oder 12/0) stark mit Benzthiazol und Methylmercaptobenzthiazol verunreinigt. Insbesondere bei 10/0 zeigt sich dies auch in der PAK-Summe. Bei dieser Probe (10) handelt es sich um einen Boden an einer Autobahn, bei der z.B. industriebedingte Fremdeinflüsse zu vernachlässigen waren. Die gemessenen Werte sind also verkehrsbedingt entstanden. Welcher Anteil davon auf den Reifenabrieb und welcher z.B. auf Dieselruß zurückzuführen ist, konnte nicht geklärt werden, da hierfür Reifen-Abriebversuche in einer gekapselten Versuchsanlage notwendig wären.

Bezeichnung der Boden-probe*	Benzthiazol [mg/kg TS]	Methylbenz-thiazol [mg/kg TS]	Methyl-mercapto-benzthiazol [mg/kg TS]	Anilin [mg/kg TS]	Dicyclo-hexylamin [mg/kg TS]	Summe PAK [µg/kg TS]
19/0	< 0,5	< 0,5	< 0,5		< 3,0	0,82
19/5						
19/S						
20/0	< 0,5	< 0,5	< 0,5		< 3,0	1,7
20/5						
20/10						
21/0	0,74	< 0,5	< 0,5		< 3,0	1,3
22/0	< 0,5	< 0,5	< 0,5		< 3,0	2,16
22/10						
22/S						
23/0	1,41	< 0,5	< 0,5		< 3,0	2,04
24/0	< 0,5	< 0,5	< 0,5		< 3,0	0,26
25/0	1,56	1,36	1,38	0,42	< 3,0	0,12
26/10						
26/25						
27/0	< 0,5	3,83	< 0,5		< 3,0	

*Probenbezeichnung: fortlaufende Probennummer / Entfernung in m vom Straßenrand
S: Sonderproben z.B. Schlammprobe aus Kanalschacht
TR: Trockenrückstand

Tabelle 9.48: Analyseergebnisse für Benzthiazole in Bodenproben, die an einer internationalen Rennstrecke gezogen worden sind

Die Rennstreckenproben zeigen keinerlei Auffälligkeiten bzw. überraschen durch ihre geringe Belastung. Die Begründung hierfür liegt wahrscheinlich in der insgesamt doch geringen Fahrzeugzahl pro Tag, die über die Rennstrecke fahren. Der dabei pro Fahrzeug abgegebene Abrieb ist zwar sicher um ein Vielfaches höher als bei Durchschnittsfahrzeugen, insgesamt liegt der „Gesamtabrieb" aber z.B. im Vergleich zu einer Autobahn wahrscheinlich niedriger. Hinzu kommt, daß die Entwässerung der Strecke optimiert ist, so daß abgetragene Gummiteile schnell in die Kanalisation abgeführt werden. Schließlich - und das dürfte für die guten Bodenergebnisse ausschlaggebend sein - wird die Rennstrecke täglich gekehrt, um Schmutzpartikel zu entfernen. Ein großer Teil dieses Schmutzes ist Abrieb, der den straßennahen Boden nicht mehr verunreinigen kann.

Die Auswertung der Chromatogramme der Proben ergibt nur im Bereich höherer Retentionszeiten folgende Stoffe bzw. Hinweise:

- Propandicarbonsäure-disilyester
- aliphatischer Kohlenwasserstoff (> C_{10})
- Siloxan
- 2-Propenylbenzoesäureester
- 2-Ethylhexyl-3-(4-methoxyphenyl)-2-propensäureester
- aromatische, stickstoffhaltige Verbindung
  (Hinweis: N-Propyl-benzamid)
- Phthalat
- Oktadecen

Da weder die o.a. Einzelstoffe noch andere Reifeninhaltsstoffe gefunden wurden, erübrigt sich eine quantitative Analyse bzw. deren Validierung.

9.2.5 Bestimmung von PAK in Weichmacherölen

Die PAK-Gehalte in Reifen rühren z.T. aus den verwendeten Weichmacherölen. Es wurden einige Weichmacheröle, die nach Angaben von Reifenherstellern in Laufflächen eingesetzt werden, auf ihre PAK-Gehalt untersucht. In Laufflächen werden nach Angaben der Mineralölindustrie bisher ausschließlich aromatische Öle eingesetzt.

	Öl 1 [mg/kg]	**Öl 2 [mg/kg]**	**Öl 3 [mg/kg]**	**Öl 4 [mg/kg]**	**Öl 5 [mg/kg]**
Naphthalin	0,09	1,9	0,06	0,02	0,26
Acenaphthen	< 0,5	< 0,5	< 0,5	< 0,5	< 0,5
Acenaphthylen	< 0,5	< 0,5	< 0,5	< 0,5	< 0,5
Fluoren	0,89	0,72	0,29	0,61	1,9
Phenanthren	14	4,3	6,4	40	26,4
Anthracen	< 1	< 1	< 1	4,5	4,8
Fluoranthen	< 1	< 1	< 1	4,6	2,2
Pyren	6,9	3,6	3,1	40	9,8
Benzo[a]anthracen	16,6	2,1	7,9	31	32,6
Chrysen + Triphenylen	203	47	110	1070	620
Benzo[b]fluoranthen + Benzo[k]fluoranthen	29	11	17,3	32	42,4
Benzo[a]pyren	14	5,1	8,7	15	13,9
Indeno[1,2,3-c,d]pyren	5,5	2,8	3,8	8,0	0,61
Dibenzo[a,h]anthracen	16	6,4	12,3	5,5	3,0
Benzo[g,h,i]perylen	24	12,6	19,8	102	6,6
Summe PAK (EPA)	**330**	**98**	**190**	**1350**	**760**

Tabelle 9.49: PAKs in Weichmacherölen, die in Reifen eingesetzt werden

Die Ergebnisse in Tabelle 9.49 zeigen deutlich, daß die PAK-Gehalte in unterschiedlichen Weichmachern um bis zu 1.400 % variieren. Unter den von uns untersuchten Ölen gehört Öl 4 und 5 sicher, Öl 1 möglicherweise zu den aromatischen Ölen. Aus anderen Quellen, z.B. [553], sind PAK-Belastungen hocharomatischer Öle zwischen 2.000 und 2.500 mg/kg bekannt. Die PAK-Konzentration hängt z.B. stark vom eingesetzten Rohöl (crude) und dem Destillat-Schnitt ab.

In der folgenden Tabelle sind einige weitere in der Literatur veröffentlichte Untersuchungen von PAK-Gehalten in Weichmacherölen zusammengestellt und durch Firmenangaben ergänzt. Die Vergleichbarkeit der Werte leidet häufig durch ungenaue Angabe der untersuchten „PAK-Spezies“. So werden z.B. auch DMSO-Extrakte (Dimethylsulfoxid) (IP 346) als Synonyme für die PAK-Belastungen ausgewertet. Mit dieser Methode werden die DMSO-löslichen Stoffmengen ermittelt und damit über die Kennzeichnungspflicht der EU entschieden (z.B. < 3 %). In DSMO werden polare Substanzen gelöst. Organische Moleküle werden durch aromatische und naphthenische Ringe sowie durch Heteroatome (S-, N-, O-) polarisiert. Je mehr Ringe und/oder Heteroatome desto polarer die Moleküle. DSMO löst also alle Polyaromaten und einige einfache Aromaten und Naphthene, wenn diese Heteroatome tragen [366]. Der DMSO-Extrakt gibt Auskunft über die Schärfe der Raffination und ist damit ein prozeßkontrollierender Parameter. Er korreliert mit biologischen Daten.

	Enerthene 1849 [463] [mg/kg]	naphth. Öl [208] [mg/kg]	rel. Naph. Öl [208] [mg/kg]	naphth. Öl [255] [mg/kg]	Nytex (naphth.) [464] [mg/kg]	Nytene (naphth.) [464] [mg/kg]	Enerdex 65 (arom.) [208] [mg/kg]	Medium-Extr. [463] [mg/kg]	Enerdex 75 (arom.) [463] [mg/kg]	Aromaten extrakt [464] [mg/kg]	arom. Öl [255] [mg/kg]	Spindelöl-Extr. [463] [mg/kg]	Neutralöl-Extr. [463] [mg/kg]
Naphthalin	n.b.	n.b.	n.b.	n b.	n.b.	n.b.	n.b.	n.b.	n.b.	n.b.	n.b.	n.b.	n.b.
Acenaphthen	n.b.	n.b.	n.b.	n.b.	n.b.	n.b.	n.b.	n.b.	n.b.	n.b.	n.b.	n.b.	n.b.
Acenaphthylen	n.b.	n.b.	n.b.	n.b.	n.b.	n.b.	n.b	n.b.	n.b.	n.b.	n.b.	n.b.	n.b.
Fluoren	n.b.	n.b.	n.b.	n.b.	n.b.	n.b.	n.b.	n.b.	n.b.	n.b.	n.b.	n.b.	n.b.
Phenanthren	n.b.	n.b	n.b.	n.b.	< 0,9	8,5	n.b.	n.b.	n.b.	58	n.b.	n.b.	n.b.
Anthracen	n.b.	n.b.	n.b.	n.b.	< 0,9	1,6	n.b.	n.b.	n.b.	1,6	n.b.	n.b.	n.b.
Fluoranthen	0,1	0,3	< 0,1	0,4	< 0,5	< 2	0,6	0,5	1	19	0,4	14,2	4,1
Pyren	0,1	1,7	< 0,1	0,5	< 0,3	7,9	1,7	1,6	3	41	4,2	63,8	23,7
Benzo[a]anthracen	< 0,1	0	< 0,1	2,1	< 0,5	8,3	3,4	2,6	11	29	86,6	9,2	44,1
Chrysen + Triphenylen	0,1	2,0	0,1	16,5	< 0,5	< 4	32	23,3	300	290		629,3	450,3
Benzo[b]fluoranthen + Benzo[k]fluoranthen	< 0,1 < 0,1	1,5 0,2	0,2 < 0,1	10,8 9,1	n.b. n.b.	n.b. n.b.	31	27,9 3,7	82 9	n.b. n.b.	22,0 9,9	5	197,8
Benzo[a]pyren	0,1	0,2	< 0,1	2,9	< 0,6	6	17,6	18,5	19	2	4,6	2,5	54,7
Indeno[1,2,3-c,d]pyren	< 0,1	1,0	1,3	n.b.	< 0,9	< 1	20,7	23,2	8	< 0,5	n.b.	0,5	6,4
Dibenzo[a,h]anthracen	< 0,1	0,5	0,1	n.b.	< 1	< 1	18,2	20,3	3	7,6	n.b.	<0,1	1,5
Benzo[g,h,i]perylen	0,1	2,6	3,1	-	< 0,9	< 1	76,3	85,7	25	< 0,5	1,2	0,4	29
Summe PAK (EPA) *	**1**	**9,7**	**4,8**	**42,3**	**7**	**38,3**	**201,5**	**207,3**	**461**	**449,2**	**128,9**	**725**	**811,6**
sonstige nachgewiesene PAKs		**3,8**	**5,0**	**27,9**			**111,9**	**117,2**	**163**	**400**	**117,7**	**714,3**	**397,8**
Summe gesamt PAK				**323,2**	**< 10**	**100**		**324,5**	**624**	**850**	**1500**	**1.439,3**	**1209,4**

*: Es wurden nicht alle der 16 Einzelverbindungen bestimmt.

n.b.: nicht bestimmt

Spindelöl:-Extrakt Dichte 30 - 70 mm^2/s (40 °C)

Neutralöl-Extrakt: Dichte: 130 - 230 mm^2/s (40 °C)

Medium-Extrakt: Dichte: 800 - 2.500 mm^2/s (40 °C)

Tabelle 9.50: ***PAKs in Weichmacherölen und Ölextrakten***

Gründe für den Einsatz aromatischer Weichmacheröle:

- Aromatische Weichmacheröle verleihen, gegenüber den naphthenischen Ölen, dem Reifen ein besseres Naßrutschverhalten.
- Die Verträglichkeit verschiedener Weichmachertypen mit Polymersystemen ist sehr unterschiedlich. So sind für NBR und CR-Kautschuktypen aromatische oder hocharomatische Prozeßöltypen notwendig, während bei BR, SBR oder z.B. NR-Kautschuken auch paraffinische oder naphthenische Öle eingesetzt werden können [15].
- Beim Einsatz von Mineralölweichmachern mit hohen Viskositäts-Dichte-Konstanten (VDK) - also aromatischen Ölen - erreicht man im Kneter schneller eine homogene Mischung, wobei die Leistungsaufnahme des Kneters ebenfalls geringer ist, als bei Ölen mit niederem VDK-Verhältnis.
- Hocharomatische Mineralöle werden unter Vulkanisationsbedingungen langsamer im Elastomer wandern und schließlich teilweise als niedermolekulare Weichmacher ausgasen.
- Wird bei hohen Vulkanisationstemperaturen gearbeitet - z.B. im Salzbad - neigen Öle mit geringem Aromatengehalt zur Nebelbildung, was spezielle Absaugungen erforderlich macht.
- Der Flammpunkt von Ölen mit geringem Aromatengehalt ist geringer als der hocharomatischer, wodurch weniger Sicherheitsprobleme am Arbeitsplatz entstehen.

Gründe gegen den Einsatz aromatischer Weichmacheröle:

- Hocharomatische Weichmacheröle sind meist teurer als niedermolekulare.
- Hocharomatische Weichmacheröle sind mit PAKs belastet. In Hautkrebstests wurde ermittelt, daß schwachraffinierte Öle krebserregend sind, hochraffinierte Öle sind es nicht. Entsprechende Untersuchungen im modifizierten Ames-Test machen deutlich, daß z.B. schwachraffinierte Öle mutagen sind [465].
- Aromatische Öle besitzen ein cancerogenes Potential [15]. Diese Öle müssen deshalb mit dem Gefahrensymbol T (giftig) und dem Gefahrenhinweis R 45 (kann Krebs erzeugen) gekennzeichnet werden. Z.B. hartraffinierte naphthenische Öle sind nicht krebserregend [382].

Einige Hersteller haben als Alternative Weichmacheröle auf den Markt gebracht, die geringe PAK-Verunreinigungen aufweisen. Je nach Hersteller und Raffinationsverfahren variieren die Aromaten-Gehalte (nach DMSO-Extrakt) dieser Öle zwischen 1 und 3 %. Die PAK-Gehalte liegen zwischen 1 ppm und mehreren hundert ppm, je nach Herstellungsweg und Rohöl. Vordergründig nachteilig wirkt sich der höhere Preis dieser Öle aus. Er liegt z.Z. etwa doppelt so hoch, wie der von aromatischen Basisölen. Rechnet man die doppelten Kosten allerdings auf die Gesamtreifenrezeptur hoch, so wird jeder Reifen mit 10 bis 15 Pfennig zusätzlich belastet. Hier bietet sich die Chance eines besseren Umweltschutzes fast zum Nulltarif.

Die Untersuchungsergebnisse (Tabelle 9.49) zeigen, daß bereits durch die richtige Wahl der einzusetzenden Weichmacheröle eine deutliche Reduzierung der PAK-Belastung möglich ist, ohne dabei auf die Vorteile des hochviskosen, von der Industrie gewünschten Weichmachers verzichten zu müssen.

Die Analysen in der Laufflächenmatrix ergaben Werte zwischen 30 und 150 mg/kg PAK (Summe EPA). In die Umwelt gelangen jährlich 60.000 t Reifenabrieb. Nach den Analysen sind darin durchschnittlich 100 mg/kg PAK s enthalten (EPA), d.h. daß jährlich ca. 6 t PAK über Reifenabrieb in die Umwelt abgegeben werden. Angaben aus Schweden (Reifenmarkt 60.000 t/Jahr) gehen dort von Jahresemissionen bis zu 14 t PAK aus. Nach unseren Untersuchungen spricht viel dafür, daß der reale Wert wesentlich niedriger liegt. Für schwedische Verhältnisse entsprechen 10 % Abrieb 6.000 t Abrieb/Jahr. Bei einem durchschnittlichen PAK-Gehalt von 100 mg/kg Abrieb ergibt sich eine PAK-Emission im Abrieb von 600 kg/Jahr. Als Alternativrechnung: Eine PAK-Belastung der Weichmacheröle von 1.400 mg/kg - wie er von uns beispielhaft gemessen wurde - ergibt eine rechnerisch maximale PAK-Belastung im Abrieb von ca. 1 t/Jahr. Selbst wenn für alle Öle ein hoher - aus der Literatur stammender wert von 2.500 mg/kg PAK angenommen wird, ist für die Umwelt Schwedens eine Maximalbelastung von 1,8 t PAK/Jahr zu befürchten (vgl Abbildung 9.5). Für bundesdeutsche Verhältnisse sind die Werte jeweils eine Zehnerpotenz höher. Entweder fährt man in Schweden mit anderen Reifen, oder die den Berechnungen zugrunde liegenden PAK-Gehalte in Weichmacherölen sind entschieden zu hoch.

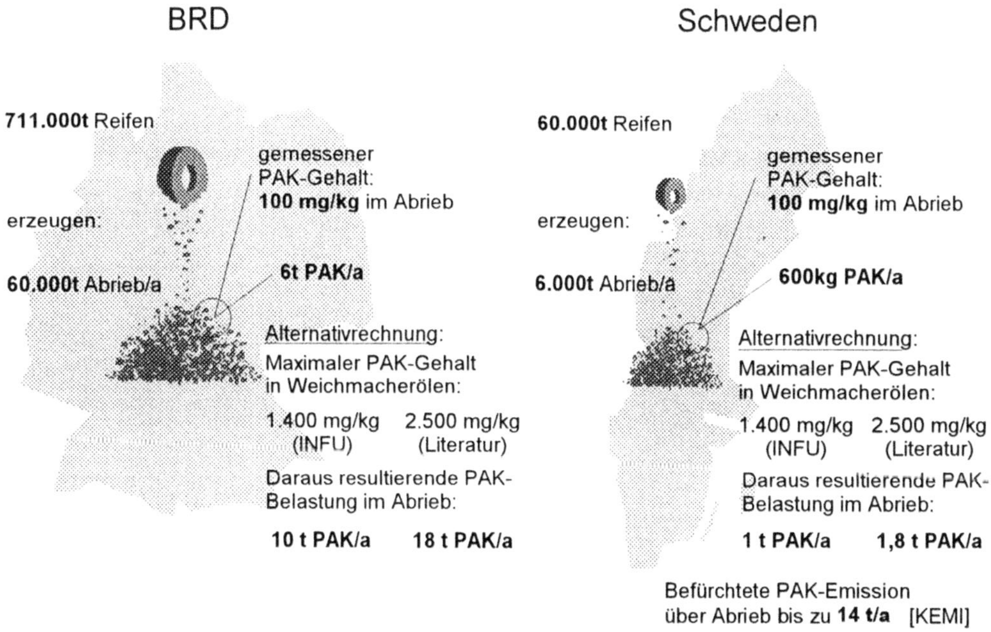

Abbildung 9.5: ***Vergleich der zu erwartenden PAK-Belastungen in Deutschland und Schweden (gerechnet nach drei Varianten)***

Es wäre ein vertrauensbildender Schritt, wenn sich z.B. europäische und namhafte international tätige Mineralöllieferanten und Reifenhersteller über eine Art Selbstverpflichtungserklärung verständigen könnten, in der sie erklären, kein Weichmacheröl mehr zu verwenden, das z.B. mehr als 100 mg PAH/kg Öl enthält (Summe der 16 PAHs

nach EPA; der „Grenzwert" ist ein Vorschlag und orientiert sich an vorliegenden Analyseergebnissen). Bezieht man diesen Vorschlag nur auf die sechs unbestritten als krebserregend eingestuften PAHs - Benzo(a)pyren, Benzo(a)anthracen, Benz(b)fluoranthen, Benzo(j)fluoranthen, Benzo(k)fluoranthen und Dibenzo(a,h)anthracen - so ergibt sich ein „Grenzwert-Vorschlag" für die Summe dieser Stoffe zwischen 20 und maximal 30 ppm. Durch geeignete Rohstoffauswahl und Raffinationsverfahren dürften solche „Grenzwerte" einzuhalten sein. Diese Öle sind im allgemeinen nicht kennzeichnungspflichtig. 5 - 10 Gew.% Mineralölweichmacher sind in einer Reifenlauffläche enthalten.

Auf Grund der laufenden Diskussion und zur logistischen Vereinfachung (einfachere Lagerhaltung, Austauschbarkeit der Öle) hat die BLIC (Büro der europäischen Kautschukindustrie) Mitte 1997 einen Vorschlag ausgearbeitet, der künftig europaweit nur noch die Verwendung kennzeichnungsfreier Mineralölweichmacher vorsieht. Die Lieferanten der Reifenindustrie verpflichten sich demnach nur noch Öle mit einem Aromatengehalt von weniger als 3 % (DMSO-Extrakt) anzuliefern. Es ist vorgesehen, die Belastung mit gesundheitsgefährlichen Stoffen durch die Analyse von sechs PAKs festzustellen, die als krebserregend eingestuft werden. Die Einzelwerte dürfen 10 ppm, die Summe 50 ppm nicht übersteigen. Die Analyse erfolgt mittels GC/MS. Die Verbrauchsmenge solcher Öle liegt in Europa bei 200.000 bis 250.000 t/Jahr. BLIC beabsichtigt für potentielle Lieferfirmen Mindestproduktionsmengen vorzugeben. Für die einzelnen Ölarten muß es mindestens zwei Anbieter auf dem Markt geben.

9.2.6 Untersuchung von Luftfilterproben

Um eine erste Abschätzung möglicher Luftbelastungen durch den Gebrauch von Reifen durchführen zu können, wurde Zink als Parameter gewählt, da es wesentlicher Bestandteil von Reifen ist und im Gegensatz zu vielen organischen Reifenkomponenten keiner Umsetzung bei thermischer Beanspruchung unterworfen ist.

Die in der Reifenindustrie jährlich eingesetzte Zinkmenge beträgt ca. 12.000 Tonnen (Zink aus Zinkoxid, Zinkperoxid, fettsauren Zinksalzen, Zinkseifen, Zinkstearat, ZBEC, ZDEC, ZDMC etc.). Über Abrieb der Reifen gelangen damit jährlich 1.200 Tonnen Zink in die Umwelt. Hinzu kommen die Zinkanteile, die über die Altreifenverbrennung in die Umwelt gelangen. 285.000 Tonne Altreifen werden thermisch verwertet. Das sind 40 % aller Reifen mit einem Zinkanteil von 4.800 t/a. 2 % davon (neueste Verbrennungstechnologie vorausgesetzt) gehen über das Rauchgas in die Umwelt, also weitere ca. 100 Tonnen. Diese Menge ist im Vergleich zu Emissionen z.B. aus Hausmüllverbrennungsanlagen, hoch.

35.000 Tonnen Zink gelangen jedes Jahr in den Hausmüll, etwa 1/3 davon wird in Müllverbrennungsanlagen verbrannt (ca. 11.000 t). 2 % des so behandelten Zinks verläßt die Anlage über das Rauchgas - also rund 200 t. Für Schweden wurde ein Anteil von 10 % des antropogen vorhandenen Zinks auf Emissionen aus Reifen zurückgeführt [329].
Um den Einfluß der Zinkbelastung der Luft durch Reifenabrieb zu verifizieren, wurden Pollenfilter von PKWs auf ihre Zinkbelastung untersucht. Es wurde zunächst die Zink-

belastung eines Filters berechnet, die aufgrund der Hintergrundbelastung der Luft zu erwarten ist.

Lebensdauer eines Filters [h]	Durchsatz pro Stunde [m^3]	Hintergrund-belastung für Zink [$\mu g/m^3$]	Zinkbelastung im Filter am Lebensende [mg Zn/Filter]	Zinkbelastung im Filter am Lebensende [mg/kg]
4.000	Stufe I. 100	0,2	80	610
4.000	Stufe III: 500	0,2	400	3.000

Tabelle 9.51: ***Berechnung der Zink-Hintergrundbelastung in PKW-Pollenfiltern***

Zur Bestimmung des Zinkgehaltes wurden Proben der Luftfilter zwei Stunden mit 10%iger Salzsäure am Rückflußkühler aufgeschlossen. Die Bestimmung des Zinks erfolgte mit der ICP.

Luftfilterprobe Nr.	Daten zum Luftfilter [km]	Zinkgehalt [mg/kg]	Hintergrund-belastung bei Lüftungsstufe I [mg/kg]
0	0	0,89	
1	Audi 15.000 km	58,6	610
2	VW 15.000 km	62	610
3	VW 37.000 km	236,4	610

Tabelle 9.52: ***Belastungen von Luftfiltern***

Die Analyseergebnisse zeigen eine starke Zunahme des Zinkgehaltes im Filter während dessen Betrieb. Berücksichtigt man jedoch die Hintergrundbelastung durch Zink in der Umgebungsluft, ist ein „reifenspezifischer" Anteil nicht mehr feststellbar. Der Grund kann einerseits in effektiv geringen Zinkzuwächsen durch Reifenabrieb in der Umgebungsluft liegen, andererseits seine Ursache in ineffektiven Filtern haben, durch die Zink nicht zurückgehalten wird.

10 Zusammenfassung

Thermische und mechanische Vorgänge beim Reifenabrieb führen zu diffusen Stoffeinträgen in die Umwelt. Neben gasförmigen Emissionen (flüchtige Stoffe, pyrolisierte Bestandteile der Lauffläche) stellt partikelförmiger Abrieb den Hauptanteil der Umweltbelastungen durch Reifen dar. Durch Exposition gegenüber Natureinflüssen, insbesondere Regen ist mit der Auslaugung wasserlöslicher Inhaltsstoffe zu rechnen, deren Spektrum sich aus originär zugesetzten Einsatzstoffen sowie Reaktionsprodukten primärer und sekundärer Art ergibt. Anhand chemisch-analytischer Untersuchungen von Neu- und Altreifen, Abriebmaterial sowie von Straßenablaufwässern und Boden wurden die Lebenswege relevanter Stoffe nachvollzogen und die Umweltexpositionen qualitativ und quantitativ erfaßt.

Auslöser der Untersuchung waren einerseits Veröffentlichungen aus Schweden (KEMI, 1994), insbesondere zur PAH-Problematik (Polyaromatische Halogenverbindungen) und andererseits eine unbefriedigende Datenlage zu den Emissionswegen beim Gebrauch von Reifen und anderen Kautschukartikeln.

Ziel der Untersuchung war es einerseits einen Überblick über die in der Kautschukindustrie eingesetzten Chemikalien zu gewinnen und andererseits die von ihnen ausgehenden möglichen Umweltbelastungen abzuschätzen und zu untersuchen.

Aufgaben und Fragen

Aus den Zielen der Untersuchung leiten sich Aufgaben und Fragen ab.

1. Welche Stoffe werden zur Produktion von Kautschukprodukten eingesetzt?
2. In welchen Mengen werden diese Stoffe jährlich für die Produktion verwendet?
3. Welche Eigenschaften (Funktion im Herstellungsprozeß, Anwendungsbereich, chemische/physikalische/biologische Daten, ökologische, toxikologische Daten etc.) haben diese Substanzen?
4. Bei der Herstellung und Verwendung z.B. von Reifen werden einige dieser Inhaltsstoffe verändert (Verhalten der Substanzen bei der Vulkanisation und in der Gummimatrix). Lassen sich Aussagen zu diesen Veränderungen machen?
5. Welche Mengen an Reifenabrieb entstehen jährlich durch den Gebrauch von Reifen und welche Stoffe sind in ihnen enthalten?
6. Welche Stoffe und Stoffmengen treten beim bestimmungsgemäßen Gebrauch von Kautschukprodukten
   - in die Umgebungsluft
   - in das Straßenablaufwasser
   - in den straßennahen Boden

   aus?
7. Welche Rolle spielen PAK-Gehalte in Reifenzusatzstoffen bei der Umweltbelastung durch Reifen?

Die Untersuchungen wurden in Kooperation mit dem Deutschen Institut für Kautschuktechnologie (DIK) durchgeführt, das die meisten der im Rahmen der Studie notwendigen chemischen Analysen ausgeführt hat. Von Zwischen- und Teilergebnissen wurden über den Wirtschaftsverband der deutschen Kautschukindustrie (wdk) Mitgliedsfirmen informiert, die das Vorhaben mit Daten und kritischen Anmerkungen unterstützten. 75 % der Reifenhersteller (Marktanteil) und 30 % der TSE-Produzenten haben auf diese Weise zur Untersuchung beigetragen (jeweils Marktanteile).

Reifen bestehen fast zur Hälfte aus Natur- und Synthesekautschuk, zu je ¼ aus Stahl und Ruß und zu 7 - 8 % aus den hier besonders interessierenden Zuschlagsstoffen.

Beim Gebrauch verlieren die Reifen an Profil. Der dabei entstehende Abrieb wächst pro Jahr auf eine Gesamtmasse von ca. 62.000 Tonnen an.

Als Altreifen fallen jährlich 600.000 Tonnen zur Verwertung und Beseitigung an. Die größte Menge wird thermisch in der Zementindustrie verwertet. Im Bereich der TSE-Produkte (Technische und Sonstige Elastomer-Erzeugnisse) werden jährlich ca. 400.000 Tonnen abgesetzt. Zur Zeit fallen 160.000 Tonnen TSE-Abfälle zur Beseitigung an.

Um abzuschätzen, welche Mengen unterschiedlicher Reifenbestandteile jährlich in die Umwelt gelangen, war zunächst eine Erhebung der Stoffe notwendig, die zur Herstellung von Reifen benötigt werden. Es gab hierzu bisher keine zugänglichen Daten, so daß eine Umfrage bei der kautschukverarbeitenden Industrie notwendig wurde.

Ermittelt wurden über 450 Stoffe und Stoffgruppen mit einer Gesamttonnage von 1,7 Mio. t/a. Bei der Reifenherstellung werden etwa 200 Zuschlagsstoffe mit einer Tonnage von ca. 280.000 t eingesetzt; davon entfallen auf Ruß 160.000 t. Bei der Herstellung von TSE-Produkten werden fast 400 Substanzen mit einer Tonnage von ca. 900.000 t, davon 690.000 t Kaolin, eingesetzt. Hinzu kommen 193.000 t Naturkautschuk, ca. 260.000 t Synthesekautschuke und Trägermaterialien (ca. 20.000 t).

10.1.1.1 Untersuchte Reifen

Der Schwerpunkt des Forschungsvorhabens lag im Bereich der Beurteilung umweltrelevanter Emissionen während des bestimmungsgemäßen Gebrauchs von Reifen. Hinsichtlich einer Bilanzierung emittierter Anteile bzw. an die Umwelt abgegebener Stoffe in Form von Abrieb werden Neu- und zugehörige Altreifenlaufflächen untersucht. Laufleistungen und Betriebsart der Fahrzeuge waren bekannt.

10.1.1.2 Reifeninhaltsstoffe

Im Rahmen der Analysen werden die folgenden Bestandteile der Reifenlaufflächen qualitativ und quantitativ bestimmt:

- Polymer
- Weichmacher
- Alterungsschutzmittel
- Füllstoffe
- Schwefelgehalt (gebunden, frei)
- Anteile an Zink

- Vernetzungssystem, Reaktionsprodukte der Beschleuniger
- Reste von Verarbeitungshilfsmitteln

Neben den Hauptmischungsbestandteilen wurden 'sonstige niedermolekulare Bestandteile' bestimmt. Bei diesen Substanzen handelt es sich überwiegend um Lösemittel, die im Bereich der Konfektionierung als Gemische eingesetzt werden, oder um Oxidationsprodukte, die während der Vulkanisation entstehen.

Der Vergleich von Altreifen und Neureifen zeigt erwartungsgemäß für gelaufene Reifen geringere Anteile niedermolekularer Substanzen als in Neureifen. Unterschiede zeigen sich hier insbesondere im Bereich der Mineralölweichmacher, der Alterungsschutzmittel und der übrigen Komponenten mit Herkunft Vernetzungssystem und Verarbeitungshilfsmittel.

Gasförmige Emissionen

Beim bestimmungsgemäßen Gebrauch von Reifen emittieren gasförmige Bestandteile in die Umgebungsluft. Dieser Vorgang ist stark temperaturabhängig und wird vom Migrationsverhalten der Stoffe von der Reifenmasse zur Reifenwandung beeinflußt.

Zur Abschätzung der Menge flüchtiger Reifeninhaltsstoffe im Reifenabrieb wird Reifenabrieb-Material über 24 Stunden auf eine Prüftemperatur von 80 °C erwärmt und über Headspace gaschromatographisch untersucht.

Ergebnis: Bei 80 °C treten keine nachweisbaren Mengen flüchtiger organischer Substanzen im Abrieb auf. Der Grund liegt wahrscheinlich darin, daß leichtflüchtige Stoffe bereits beim Abriebprozeß austreten.

Um eine erste Abschätzung möglicher Luftbelastungen durch den Gebrauch von Reifen durchführen zu können, wurde Zink als Parameter gewählt, da es wesentlicher Bestandteil von Reifen ist und im Gegensatz zu vielen organischen Reifenkomponenten keiner Umsetzung bei thermischer Beanspruchung unterworfen ist.

Die Analyseergebnisse zeigen eine starke Zunahme des Zinkgehaltes im Filter während dessen Betrieb von weniger als 1 mg/kg auf mehrere hundert mg. Berücksichtigt man jedoch die Hintergrundbelastung durch Zink in der Umgebungsluft, ist ein „reifenspezifischer" Anteil nicht mehr feststellbar. Der Grund kann einerseits in effektiv geringen Zinkzuwächsen durch Reifenabrieb in der Umgebungsluft liegen, andererseits seine Ursache in ineffektiven Filtern haben, durch die Zink nicht zurückgehalten wird. Wirklich schlüssige Ergebnisse sind nur in einer gekapselten Reifen-Laufanlage zu erhalten, deren Abluft kontrolliert analysiert werden kann.

Partikelförmige Emissionen

Zur Zeit gelangen jährlich ca. 62.000 t Reifenabrieb in die Umwelt, im Jahr 2000 werden es 65.000 t sein. Auf Grund der großen Fahrzeugzahl wird die größte Abriebmenge (ca. 75 %) von PKW-, gefolgt von leichten und schweren LKW- und schließlich von Sattelzugmaschinen- und Omnibusreifen erzeugt. Weitere Fahrzeugtypen (z.B. Motorräder, landwirtschaftliche Maschinen, Sonderfahrzeuge etc.) liefern nur einen geringen Beitrag zum Gesamt-Reifenabrieb und können vernachlässigt werden.

Nimmt man an, daß der Abrieb nicht über das Straßenablaufwasser ausgetragen wird und daß es zu keinen weitreichenden Verwehungen des Abriebs abseits der Straße kommt, würden sich jährlich an jeder Straßenseite durchschnittlich 50 g Abrieb pro Straßenmeter ablagern. Berücksichtigt man, daß rund 35 % der Fahrleistung auf innerörtlichen Straßen und 65 % auf überörtlichen Straßen absolviert werden, wird die Hauptmenge des Abriebs (etwa 90 g pro Straßenmeter und Straßenseite) an Autobahnen, Bundes-, Landes- und Kreisstraßen abgelagert. Unabhängig davon, ob man dem Postulat folgt oder nicht, können Aussagen zur Zusammensetzung des Abriebs gemacht werden.

Einige Reifenbestandteile, wie z.B. Textil oder Stahl werden bei bestimmungsgemäßer Verwendung der Reifen nicht im Abrieb enthalten sein. Er besteht zu 61 % aus Natur- und Synthesekautschuk, zu 29 % aus Ruß und zu 10 % aus Zuschlagsstoffen.

Verschiedene Studien haben gezeigt, daß der Reifenabrieb biologisch durch Bakterien und Pilze und chemisch durch Sauerstoff und Licht abgebaut wird. Die Zersetzungsgeschwindigkeit wird angegeben mit 0,7 % am Tag oder ca. 5 Monate bis zum vollständigen Abbau (gemessen in Kalifornien) oder mit einer Halbwertszeit von 16 Monaten (Laborexperimente).
Die in den Reifen enthaltenen anorganischen Stoffe, insbesondere Zink, werden natürlich nicht abgebaut sondern lagern sich im Boden ab und reichern sich dort an. Die jährliche Eintragsquote von Zink über den Reifenabrieb und die Reifenverbrennung (neueste Technologie vorausgesetzt) berechnet sich zu etwa 1.300 t (als Zn berechnet aus den Zn-Verbindungen). Diese Menge ist, im Vergleich zu Emissionen z.B. aus Müllverbrennungsanlagen, hoch. 35.000 t Zink gelangen jährlich in den Hausmüll, etwa 1/3 davon wird verbrannt (ca. 11.000 t Zink). 2 % dieser Zinkmenge verläßt die Anlage über das Rauchgas - also rund 200 t. Die im Zink der Reifen enthaltenen Verunreinigungen, Cadmium und Blei (Gehalte etwa 0,001 % oder jeweils 12 kg) gelangen auf diesem Weg auch in die Umwelt. 1 bis 3 g Zink werden so pro Straßenmeter über den Reifenabrieb in den straßennahen Boden jährlich eingetragen. Bodenanalysen und Kontrollrechnungen bestätigen diese Werte und liefern Zinkbelastungen zwischen 400 mg/kg TS direkt neben der Straße und 100 mg/kg im Abstand von 10 Metern neben einer Autobahn.

Verschiedene p-Phenylendiamine werden durch strömendes Wasser, z.B. Regenwasser, aus dem Vulkanisat extrahiert, wobei nach Literaturangaben die spezifische Oberfläche des Gummiartikels ein wichtiger Faktor für die Geschwindigkeit der Extraktion ist. Aus gemahlenen Vulkanisaten werden sie sehr schnell extrahiert, aus dickeren Gummiartikeln nur sehr langsam. Die Geschwindigkeit ist u.a. auch abhängig von der Struktur der Verbindungen. Relativ schnell ausgewaschen werden z.B. IPPD und Dialkyl-PPD mit niedrigem Alkylrest wogegen z.B. 6PPD und vor allem Diaryl-PPD's relativ langsam ausgewaschen werden. Eigene Untersuchungsergebnisse bestätigen diese Befunde nur teilweise, vielmehr wird die Art des Eluates als maßgeblicher Faktor für die auswaschbare Menge vieler Substanzen ermittelt.

Emissionen ins Wasser (Straßenablaufwasser, Eluate, Langzeit-Auslaugeversuche)

Der Reifenabrieb wird z.T. von Regenwasser von der Straße abgespült und gelangt so in das Abwassersystem und damit in die Kläranlagen.
Es werden die Belastungen von Straßenablaufwässern mit Reifeninhaltsstoffen infolge von

Abrieb- und Elutionsvorgängen untersucht. Um einen Überblick zu einem maximalen Potential zu erhalten, werden parallel Wässer aus Lagerversuchen von Neureifen bei verschiedenen pH-Werten geprüft. Weiterhin werden Abrieb-Eluate aus Laborversuchen analysiert.

Die Proben werden auf folgende Stoffe quantitativ analysiert:

- p-Phenylendiamine (PPD)
- Benzthiazol
- 2-Methylbenzthiazol
- 2-Methylthiobenzthiazol
- Benzthiazolon
- Merkaptobenzthiazol
- Anilin
- Dicyclohexylamin
- Cyclohexylamin

Langzeit-Auslaugeversuche

Um Informationen über den Einfluß des pH-Wertes auf die Elution von Reifeninhaltsstoffen zu bekommen, wurden Reifen in destilliertem Wasser (pH 7) und in saurem Wasser bei pH 4 (künstlicher saurer Regen) gelagert.

Die Ergebnisse zeigen, daß die Konzentrationen von Benzthiazol in Abhängigkeit von der Lagerzeit sowohl bei pH 4 als auch bei pH 7 einen zunehmenden Trend aufweisen. Offensichtlich ist die Migration des Benzthiazols relativ langsam, so daß der erwartete Abfall auf Grund einer Verarmung im Reifen in dem betrachteten Zeitraum nicht eintritt.
Bei Anilin ist bei beiden pH-Werten ein deutlicher Trend zur Abnahme der migrierten Menge zu verzeichnen. Aufgrund der schwachen Basizität von Anilin liegen die Werte in den pH 4-Eluaten (saurer Regen) erwartungsgemäß höher als in den Eluaten mit destilliertem Wasser.
Bei der Bestimmung der Alterungsschutzmittel IPPD, 6PPD und dem Gemisch aus DPPD/DTPD konnten nur IPPD und 6PPD nachgewiesen werden; die Konzentrationen von DPPD/DTPD liegen unterhalb der Bestimmungsgrenze. Vergleicht man die gefundenen Konzentrationen in Abhängigkeit des pH-Wertes, so zeigen IPPD und 6PPD eine geringfügige Tendenz zu höheren Werten im neutralen Medium (dest. Wasser).

Eluate von Abriebproben

Um das Elutionsverhalten bei unterschiedlichen Teilchengrößen zu untersuchen, wurden Abriebe mit verschiedenen Körnungen (24, 40, 100 und 240 und grober Reibe) hergestellt. Die Ergebnisse verdeutlichen, daß sich die postulierte Zunahme der Benzthiazolkonzentrationen im Eluat von Abriebproben sinkender Korngröße nicht belegen läßt. Möglicherweise spielt hier der Abriebprozeß, der bei den verschiedenen Korngrößen des Reibematerials eine unterschiedliche Temperaturbelastung des Probenmaterials bewirken kann, eine Rolle.

Die Abhängigkeit der eluierten Substanzmengen ist bei verschiedenen Analyten vom Eluat (dest. Wasser oder saurer Regen) abhängig. Während der pH-Wert-Einfluß bei Benzthiazol kaum die eluierbare Menge beeinflußt, wird IPPD und 6PPD bevorzugt im sauren Milieu aus der Gummimatrix ausgewaschen. Interessant ist hierbei das Elutionsverhalten im Abrieb von Reifen unterschiedlicher Hersteller. So zeigen die Eluate z.B. für 6PPD-Gehalte extreme Konzentrationsunterschiede (12- bis 30-fache Werte). Mit destilliertem Wasser eluiert, zeigen sie jedoch keinerlei Auffälligkeit.

Straßenablaufwasser

Die Straßenablaufwasserproben wurde auf einer viel befahrenen Autobahn genommen. Um die maximale Belastung des Ablaufwassers mit Reifenabrieb zu bestimmen, wurde die Probenahme nach Perioden längerer Trockenheit durchgeführt. Es wurde jeweils direkt bei Beginn des Regens eine Probe genommen und in einem zeitlichen Abstand von 15 bzw. 30 Minuten. Insgesamt wurden drei Probenahmen durchgeführt.

Das Straßenablaufwasser zeigt Belastungen mit Benzthiazol (5 bis 12 µg/l) und Methylmercaptobenzthiazol (2,7 bis 7,9 µg/l), deren Umfang mit der Regendauer anwächst. Der PAK-Gehalt im Straßenablaufwasser liegt bei 6 µg/l. Entsprechende Messungen im Regenwasser Düsseldorfs liefern Werte von etwa 15 µg/l (16 EPA-PAK`s). Der mögliche Einfluß der PAK-Konzentration in Reifenabrieb auf das Ablaufwasser ist damit nicht quantifizierbar.

Bisher sind nur sehr wenige Untersuchungen durchgeführt worden, in denen auch organische Schadstoffe in Straßenablaufwasser untersucht worden sind. Die auf der Basis der US-EPA-Vorgaben durchgeführten PAK-Analysen (16 Einzelwerte) ergeben Belastungen von 6 µg/l in Straßenablaufproben und 1 bis 6,4 µg/l in Eluaten.

Nach Literaturangaben zeigen Toxizitätstests an Eluaten neuer und gebrauchter Reifen (Fische, Daphnien, Bakterien) toxische Wirkungen für Regenbogenforellen, wobei die Eluate von gebrauchten Reifen höhere Toxizität aufwiesen, als die von neuen Reifen. Die Inhibierung der enzymatischen Aktivität in mehreren Bioassay-Sreenings zeigt an, daß einige biologische Prozesse sensibel auf Reifeninhaltsstoffe reagieren.

Emissionen in den Boden

Die gemessenen Belastungen schwanken extrem, wie zu erwarten war. Die reifenspezifischen Belastungen erreichen Werte von 17,4 mg/kg TS (Benzthiazol) bzw. 9,15 mg/kg (Methylmercaptobenzthiazol). Eine Analyse auf PAK-Gehalte in Bodenproben ergab Schwankungsbreiten um viele tausend Prozent, deren Ursache in Einflüssen aus anderen, als den hier zu betrachtenden Emissionsquellen liegen.

Bei Autobahnproben ergab sich ein eindeutiger Zusammenhang von PAK-Belastungen im straßennahen Boden und dem Verkehr. Die Konzentrationen nehmen jedoch nach wenigen Metern Abstand zum Straßenhand sehr deutlich ab.

Bei der Untersuchung der Bodenproben auf MBT und p-Phenylendiamine erwiesen sich diese Stoffe als nicht quantitativ extrahierbar. Sie sind entweder irreversibel an der Bodenmatrix gebunden oder werden chemisch zersetzt. Letzteres ist insbesondere für MBT anzunehmen.

PAK-Gehalte in Weichmacherölen

In Mineralölen sind PAK enthalten, wobei der vom Gesetzgeber genannt Grenzwert von 50 ppm Benzo(a)pyren für alle Typen deutlich unterschritten wird. Tierversuche in verschiedenen Labors der internationalen Mineralölwirtschaft haben jedoch gezeigt, daß ein cancerogenes Potential bei Ölen des aromatischen Typs besteht. Die Produkte müssen entsprechend mit dem Gefahrensymbol T (giftig) und dem Gefahrenhinweis R 45 (kann Krebs erzeugen) gekennzeichnet werden.

Die Ergebnisse zeigen deutlich, daß die PAK-Gehalte (EPA-Auswahl) in unterschiedlichen Weichmachern in extrem großen Bereichen variieren (zwischen 100 und 1.400 mg/kg PAK nach eigenen Messungen und bis zu 2.500 mg/kg nach Literaturangaben).

Einige Hersteller haben als Alternative Weichmacheröle auf den Markt gebracht, die geringe keine PAK-Verunreinigungen aufweisen. Je nach Hersteller und Raffinationsverfahren variieren die PAK-Gehalte dieser Öle zwischen einigen ppm (mehrfache Destillation) und 300 ppm (z.B. naphthenische und paraffinische Öle mit spezieller Nachbehandlung, z.B. Hydrotreating). Vordergründig nachteilig wirkt sich der höhere Preis dieser Öle aus. Er liegt z.Z. etwa doppelt so hoch, wie der von hocharomatischen Basisölen. Rechnet man die doppelten Kosten allerdings auf die Gesamtreifenrezeptur hoch, so wird jeder Reifen mit 10 bis 15 Pfennig zusätzlich belastet. Hier bietet sich die Chance eines besseren Umweltschutzes fast zum Nulltarif.

Die Untersuchungsergebnisse zeigen, daß bereits durch die richtige Wahl aromatischer Weichmacheröle eine deutliche Reduzierung der PAK-Belastung möglich ist, ohne dabei auf die Vorteile des hochviskosen Weichmachers verzichten zu müssen.

Es wäre ein vertrauensbildender Schritt, wenn sich z.B. europäische und namhafte international tätige Mineralöllieferanten und Reifenhersteller über eine Art Selbstverpflichtungserklärung verständigen könnten, in der sie erklären, kein Weichmacheröl mehr zu verwenden, das z.B. weniger als 100 mg PAH/kg Öl enthält (Summe der 16 PAHs nach EPA; der „Grenzwert" ist ein Vorschlag und orientiert sich an durchschnittlichen Ölqualitäten). Bezieht man diesen Vorschlag nur auf die sechs unbestritten als krebserregend eingestuften PAHs - Benzo(a)pyren, Benzo(a)anthracen, Benz(b)fluoranthen, Benzo(j)fluoranthen, Benzo(k)fluoranthen und Dibenzo(a,h)anthracen - so ergibt sich ein „Grenzwert-Vorschlag" für die Summe dieser Stoffe zwischen 20 und maximal 30 ppm. Durch geeignete Rohstoffauswahl und Raffinationsverfahren dürften solche „Grenzwerte" einzuhalten sein. Diese Öle sind im allgemeinen nicht kennzeichnungspflichtig. 5 - 10 Gew.% Mineralölweichmacher sind in einer Reifenlauffläche enthalten.

Auf Grund der laufenden Diskussion und zur logistischen Vereinfachung hat die BLIC (Büro der europäischen Kautschukindustrie) Mitte 1997 einen Vorschlag ausgearbeitet, der künftig europaweit nur noch die Verwendung kennzeichnungsfreier Mineralölweichmacher vorsieht. Die Lieferanten der Reifenindustrie verpflichten sich demnach nur noch Öle mit einem Aromaten-Gehalt von weniger als 3 % (DMSO-Extrakt) anzuliefern.

PAK-Gehalte in Reifen und Reifenabrieb

Am Beispiel von drei Reifen (PKW, LKW und Rennreifen) wurden die PAK-Gehalte in der Gummimatrix und im Reifenabrieb bestimmt. Der Einfluß des Abriebprozesses konnte nicht genau geklärt werden. Wesentliche Unterschiede zwischen den verschiedenen Reifentypen waren nicht festzustellen.

Die Analysen in der Laufflächenmatrix ergaben Werte zwischen 30 und 150 mg/kg PAK (Summe EPA). In die Umwelt gelangen jährlich 60.000 t Reifenabrieb. Nach den Analysen sind darin durchschnittlich 100 mg/kg PAK`s enthalten (EPA), d.h. daß jährlich ca. 6 t PAK über Reifenabrieb in die Umwelt abgegeben werden. Angaben aus Schweden (Reifenmarkt 60.000 t/Jahr) gehen dort von Jahresemissionen bis zu 14 t PAK aus. Nach unseren Untersuchungen spricht viel dafür, daß der reale Wert wesentlich niedriger liegt. Für schwedische Verhältnisse entsprechen 10 % Abrieb 6.000 t Abrieb/Jahr. Bei einem durchschnittlichen PAK-Gehalt von 100 mg/kg Abrieb ergibt sich eine PAK-Emission im Abrieb von 600 kg/Jahr. Als Alternativrechnung: Eine PAK-Belastung der Weichmacheröle von durchschnittlich 1.400 mg/kg ergibt eine rechnerisch maximale PAK-Belastung im Abrieb von ca. 1 t/Jahr, legt man den höchsten Literaturwert von 2.500 mg/kg PAK zugrunde, steigt die zu erwartende PAK-Belastung in Schweden auf 1,8 t/Jahr. Für bundesdeutsche Verhältnisse sind die Werte jeweils eine Zehnerpotenz höher. Entweder fährt man in Schweden mit anderen Reifen, oder die den KEMI-Berechnungen [329] zugrunde liegenden PAK-Gehalte in Weichmacherölen sind entschieden zu hoch.

In der folgenden Tabelle werden die Ergebnisse der durchgeführten Untersuchungen zusammenfassend dargestellt, wobei die Maximalbelastung der Proben angegeben wird.

	Boden [µg/kg TS]	**Straßenablaufwasser** [µg/l]	**Eluat dest. Wasser** [µg/l]	**Eluat saurer Regen** [µg/l]	**Schneeproben** [µg/l]
Mercaptobenzthiazol (MBT)	nn	nn	bis 884	bis 515	nn
Benzthiazol	bis 17,4	bis 11,8	bis 1.345	bis 1.338	bis 71,2
Methylbenzthiazol	bis 4,63	nn	bis 254	bis 83	bis 14,2
Methylmercaptobenzthiazol	bis 9,15	bis 7,9	bis 263	bis 116	bis 15,9
IPPD	nn	nn	bis 48	bis 218	nn
6PPD	nn	nn	bis 101	bis 9.660	nn
DPPD/DTPD	nn	nn	nn	nn	nn
Anilin	nn	nn	bis 45	bis 48	bis 33,9
Dicyclohexylamin	bis 10,1	nn	bis 641	bis 712	bis 53,6
Cyclohexylamin	nn	nn	bis 2.327	bis 3.301	nn
Zink	bis 121.000				
PAK	bis 236.000	6	bis 6,4		bis 1,1

Tabelle 10.1: ***Zusammenfassung aller Analyseergebnisse***

	Emissionen in die Umwelt [t/a]	g/Reifen/a	mg/Reifen/gefahrenen km	mg/m/Straßenseite	mg/kg Abrieb	Belastung des Bodens neben Straßen aus Abrieb [mg/kg TS] [1)]
Abriebmenge aus Reifen	61.000 (1995) 65.000 (2000)	310 (PKW) 900 (LLKW) 1.480 (LKW)	20 (PKW) 36 (LLKW) 21 (LKW) 18 (Sattel) 32 (Bus)	30.000 (innerörtlich) 90.000 (überörtlich) 50.000(durchschnittlich)	-	4.400 (innerörtlich) 20.000 (überörtlich) 11.000 (durchschn.)
Zink	1.200	6,1 (PKW) 17,7 (LLKW) 29,1 (LKW)	0,43 (PKW) 0,71 (LLKW) 0,42 (LKW) 0,35 (Sattel) 0,62 (Bus)	590 (innerörtlich) 1.770 (überörtlich)	19.700	400 (überörtlich) gemessen: 121
Mercaptobenzthiazol (MBT)	24,4	0,12 (PKW) 0,36 (LLKW) 0,6 (LKW)		12 (innerörtlich) 36 (überörtlich)	400	7,8 (überörtlich)
Benzthiazol	30,5	0,16 (PKW) 0,45 (LLKW) 0,74 (LKW)		15 (innerörtlich) 45 (überörtlich)	500	10 (überörtlich) gemessen: bis zu 17,4
Methylbenzthiazol					nn	gemessen: bis zu 4,63
Methylmercaptobenzthiazol	18,3	0,1 (PKW) 0,28 (LLKW) 0,44 (LKW)		9 (innerörtlich) 27 (überörtlich)	300	5,8 (überörtlich) gemessen: bis zu 9,15
Dicyclohexylamin					nn	gemessen
Anilin					nn	
PAK	6	0,031 (PKW) 0,09 (LLKW) 0,148 (LKW)		3 (innerörtlich) 9 (überörtlich)	100 (Analyse 11-150)	2 (überörtlich) gemessen: bis zu 236

1) Annahme: Bodenprobemenge bei einem Probenvolumen von 10*100*3 cm = 4,5 kg Boden (TS)/m Straße

Tabelle 10.2: Umweltexpositionsdaten (berechnet)

Fazit

1. Die aus Schweden vorliegenden Literaturdaten zur Belastung der Umwelt mit PAK`s aus Reifen sind falsch oder treffen zumindest auf bundesdeutsche Verhältnisse nicht zu. Ursache der differierenden Ergebnisse liegen im wesentlichen in den in der schwedischen Quelle angenommenen hohen PAK-Gehalte in Reifen bzw. Reifenlaufflächen. Diese Gehalte werden durch unsere Untersuchungsergebnisse weder in der Reifenmatrix noch in den von uns untersuchten Weichmacherölen bestätigt.

2. Der Eintrag von Reifenabrieb in die Umwelt mit jährlich 65.000 Tonnen (Bundesrepublik) ist sehr hoch. Eine Belastung der Umweltkompartimente Boden und Wasser durch den Reifenabrieb und seine Inhaltsstoffe ist gegeben und nachweisbar. Die Belastungshöhe mit spezifischen, ökologisch relevanten und von uns untersuchten Stoffen ist jedoch überraschend gering und häufig im Vergleich zu den Immissionen aus anderen Quellen

vernachlässigbar. In fast allen Fällen beschränkten sich besorgniserregende Belastungen auf den straßennahen Bereich, d.h. sie treten innerhalb einer Entfernung von fünf Metern rechts und links der Straße auf. Bezüglich der PAK-Belastung durch Reifen zeichnet sich durch die europaweit vorgeschlagene Verwendung PAK-armer Weichmacheröle eine positive Entwicklung ab.

3. Wir nehmen an, daß der photolytische Degradationseffekt auf kleine Abriebpartikel so groß ist, daß es zu keiner Anreicherung von organischen Reifeninhaltsstoffen im Boden kommt.

Anhang I

Schlagwortregister

Q

R

S

T

U

V

W

X

Z

Anhang II

Glossar

Abbau, Mastikation

Abbau ist die Plastifizierung des Kautschuks vor der Verarbeitung durch Spaltung der Molekülketten. Der Abbau kann thermisch, thermisch-mechanisch oder mechanisch erfolgen. Abbau wird auch Mastikation genannt.

Abstoppmittel

Abstoppmittel sind Chemikalien zum Abbrechen von Polymerisationsreaktionen bei einem bestimmten Polymerisationsgrad.

Acrylatkautschuk

Acrylatkautschuk ist ein Copolymerisat aus Acrylsäureestern (z.B. Ethylacrylat, Ethylmethoxyacrylat) und Vinylverbindungen (z.B. Vinylchloracetat, Methacrylsäureglycidester). Der Anteil der Vinylverbindungen beträgt 1 - 5 %. Acrylatkautschuk wird sowohl als Festkautschuk als auch als Latex eingesetzt.

Acrylnitril-Butadien-Kautschuk

Acrylnitril-Butadien-Kautschuk (NBR) ist ein Copolymerisat aus Acrylnitril und Butadien. NBR wird in einer Vielzahl von Einstellungen mit einem Acrylnitrilgehalt zwischen 18 und 51 Massen-% eingesetzt. Acrylnitril-Butadien-Kautschuk wird auch Nitrilkautschuk genannt.

Acrylnitril-Butadien-Latex

Acrylnitril-Butadien-Latex (NBR-Latex) ist die wässrige, kolloidale Dispersion von Copolymerisaten aus Butadien und Acrylnitril, die noch zusätzlich reaktive Gruppen (z.B. Carboxylatgruppen) enthalten können. Der Acrylnitrilgehalt kann zwischen 25 und 40 Massen-% variieren.

Aktivatoren

Aktivatoren sind Substanzen, die die Wirksamkeit von Mischungsbestandteilen steigern. Aktivatoren werden für Vulkanisationsbeschleuniger (Verbesserung der Dispergierung), Füllstoffe (Verhinderung der Adsorption von Beschleunigern an der Füllstoffoberfläche), Treibmittel (Beeinflussung der Zersetzungstemperatur) oder Polymerisationskatalysatoren eingesetzt.

Alterung

Alterung ist ein Begriff für Eigenschaftsänderungen an Werkstoffen, die nicht durch Einwirkung von Chemikalien hervorgerufen werden. Die Alterung wird hervorgerufen durch die Einwirkung von Sauerstoff, Wärme, Ozon, Licht, Schwermetallsalze, heißes Wasser oder Dampf sowie mechanische Beanspruchung. Die Alterung kann zur teilweise oder völligen Zerstörung des Werkstoffes führen.

Alterungsschutzmittel

Alterungsschutzmittel werden dem Kautschuk zugegeben, um ihn vor den Einflüssen der Alterung zu schützen. Bestimmend für die Beständigkeit ist die chemische Struktur des Kautschuks. So werden Diene wesentlich schneller durch Sauerstoff oder Ozon angegriffen als z.B. gesättigte Kautschuke. Alterungsschutzmittel werden meist in Mengen von 1 - 3 phr der Mischung zugegeben. Phenylendiamine (z.B. IPPD, 6PPD, 77PD) und Phenole (z.B. IBPH, SAPH) bilden die größte Gruppe der Alterungsschutzmittel

Anilinpunkt

Mit ansteigendem Anilinpunkt nimmt die Löslichkeit von Weichmacherölen ab. Die Löslichkeit steigt normalerweise von den paraffinischen über die naphthenischen zu den aromatischen Ölen hin an.

Anticyclisierungsmittel

Vulkanisate aus Dien-Kautschuken nehmen im Verlauf der Lagerung Sauerstoff aus der Luft auf, wodurch chemische Reaktionen ausgelöst werden. Dabei können ungewollte Vernetzungen auftreten, wodurch das Netzwerk des Vulkanisates enger wird. Um diesem Vorgang vorzubeugen, setzt man Anticyclisierungsmittel ein.

Antioxidantien → Alterungsschutzmittel

Antiozonantien

Antiozonantien sind am Stickstoff substituierte p-Phenylendiamine. Sie erhöhen die kritische Energie, die zur Bildung von Ozonrissen unter statischen Bedingungen notwendig ist (siehe auch Alterungsschutzmittel).

Antischaummittel

Antischaummittel werden Latexmischungen zugegeben und verhindern die Schaumbildung durch Erhöhung der Oberflächenspannung.

Antistatika

Antistatika verbessern die elektrische Leitfähigkeit von Kautschuk. Damit wird eine elektrostatische Aufladung verhindert.

Apfelsinenhaut-Bildung → Crazing-Effekt

Ausblühen

Ausblühen ist das Wandern von Kautschukhilfsmitteln in der Kautschukmatrix an die Artikeloberfläche aufgrund der geringen Löslichkeit der Substanzen. Ausblühungen sind bekannt von Schwefeln, einigen Beschleunigern, Wachsen und Weichmachern.

Beschleunigeraktivatoren, → Aktivatoren

Bleimantelvulkanisation

In der Kabel- und Schlauchindustrie angewendetes Verfahren, wobei geschmolzenes Blei auf den zu vulkanisierenden gespritzten Rohling aufgebracht wird, um Deformatioen während der Vulkanisation zu vermeiden. Nach der Vulkanisation im Dampf wird der Bleimantel wieder entfernt.

Buna S → Styrol-Butadien-Kautschuk

Butadien-Kautschuk

Butadien-Kautschuk (BR) ist ein Polymerisat aus 1,3-Butadien.

Butylkautschuk

Butylkautschuk (IIR) ist ein Copolymerisat aus Isopren (2-Methyl-1,3-Butadien) und Isobutylen. Das Polymerisat besteht zu 95 - 99 Mol-% aus Isobutylen und 0,5 - 5 Mol-% aus Isopren.

Chlorkautschuk

Chlorkautschuk ist das Chlorierungsprodukt von Naturkautschuk oder von synthetischen cis-Polyisopren. Der Chlorgehalt kann zwischen 61 und 68 % schwanken.

Chloropren-Kautschuk

Chloropren-Kautschuk (CR) ist ein Polymerisat aus 2-Chlorbutadien. Die Polymerisation erfolgt im wesentlichen durch trans-1,4-Addition.

Chloropren-Latex

Chloropren-Latex ist die wässrige Emulsion von Chloropren-Kautschuk.

Chlorschwefelvulkanisation

Dieses Vulkanisationsverfahren wird bei der Herstellung dünnwandiger Produkte eingesetzt. Dabei werden die Kautschukartikel z.B. mit Chlorschwefeldunst oder Chlorschwefellösung behandelt.

Coaktivatoren

Coaktivatoren sind polyvalente Verbindungen (z.B. Ethylenglycoldimethacrylat), mit denen man das Verarbeitungsverhalten verbessert. Mit ihrer Hilfe läßt sich der Vernetzungsgrad erheblich steigern, der Spannungsgrad und die Härte werden beeinflußt.

Copolymerisation

Copolymerisation ist die gemeinsame Polymerisation von zwei oder mehr unterschiedlichen Monomeren.

Crazing-Effekt

Das Crazing ist ein Alterungseffekt, der auf einen lichtinduzierten Oxidationsprozeß beruht. Die Kautschukoberfläche reißt auf und zeigt ein unorientiertes Rißmuster. Der Crazing-Effekt ist auch unter den Begriffen Apfelsinen- oder Elefantenhautbildung bekannt.

Cyclisierung

Vernetzung, Verhärtung (siehe auch Anticyclisierungsmittel).

Dampfalterung

Alterung bei Hitze in Gegenwart von Feuchtigkeit. Dabei wird das Vulkanisat z.B. durch den thermischen Abbau von Vernetzungsstellen sowie durch Hydrolyse wasserempfindlicher Strukturen verändert. Ebenso können Umlagerungen von Vernetzungsbrücken oder die Fortführung inter- und intramolekularer Vernetzungen (Verhärtungen) die Folge der Dampfalterung sein.

Dampfrohrvulkanisation

Die Dampfrohrvulkanisation ist ein kontinuierliches Vulkanisationsverfahren, das bei der Kabelherstellung angewendet wird. An den Extruder schließt sich direkt das mit Dampf gefüllte Rohr an. Die Dampfrohrvulkanisation wird auch CV-Vulkanisation genannt.

Dampfvulkanisation

Die Dampfvulkanisation ist ein diskontinuierliches Verfahren, wobei die Vulkanisation in Heißdampf, Sattdampf oder im Luft-Dampf-Gemisch im Kessel erfolgt.

Depolymerisation

Depolymerisation ist die Umkehrung der Polymerisation, d.h. eine Zerlegung von polymerer Stoffen bis hin zum Monomeren.

Desaktivatoren

Desaktivatoren sind Alterungsschutzmittel, die durch eine Nachvernetzung den durch Alterungsprozesse verursachten Kettenabbau kompensieren.

Dienkautschuk

Dien-Kautschuke sind synthetische Kautschuke, die durch Homo- oder Copolymerisation von konjugierten Dienen hergestellt werden.

Dispergiermittel

Dispergiermittel sind oberflächenaktive Substanzen, die die Grenzflächenspannung zwischen zwei Medien herabsetzen. Dispergiermittel werden in Form einer wässrigen Lösung z.B. für die Einarbeitung von pulverförmigen Stoffen in Latexmischungen eingesetzt.

Efficient-Vulkanisation → EV-Systeme

Emulgatoren

Emulgatoren sind wasserlösliche, niedermolekulare organische Verbindungen. Sie werden eingesetzt, um flüssige, wasserunlösliche Chemikalien in eine Emulsion zu überführen und diese dann dem Latex zuzugeben.

Emulsions-Polymerisation

Die Emulsions-Polymerisation ist ein Polymerisationsverfahren, bei dem ein nicht in Wasser lösliches Monomer durch einen Emulgator in Wasser fein verteilt und polymerisiert wird.

Epichlorhydrin-Kautschuk

Epichlorhydrin-Kautschuk ist die Bezeichnung von Kautschuken, die aus dem Monomer Epichlorhydrin (1-Chlor-2,3-epoxypropan) hergestellt werden. Durch ringöffnenede Polymerisation entstehen Homopolymere (CO). Copolymerisate (ECO) werden durch Polymerisation äquimolarer Mengen Epichlorhydrin und Ethylenoxid hergestellt. Durch Terpolymerisation kann eine Dien-Komponenten mit seitenständiger Doppelbindung in das ECO eingebaut werden (ETER).

Ermüdungsrißbildung

Ermüdungsrißbildung tritt unter periodisch wechselnder dynamischer Beanspruchung auf. Sie kann u.a. durch chemischen Angriff, schlechter Verteilung von Mischungskomponenten, falschem Mischungsaufbau hervorgerufen werden und zur Zerstörung des Werkstücks führen.

Ermüdungsschutzmittel → Antiozonantien

Ethylen-Propylen-Kautschuk

Ethylen-Propylen-Kautschuk (EPM) wird durch Copolymerisation von Ethylen und Propylen hergestellt. Die wichtigsten EPM-Typen enthalten zwischen 55 und 75 Mol-% Ethylen.

Ethylen-Propylen-Dien-Kautschuk

Ethylen-Propylen-Dien-Kautschuk (EPDM) ist ein Terpolymerisat aus Ethylen, Propylen und einem Dien. Als Terkomponente werden vor allem Diene mit nicht konjugierten Doppelbindungen eingesetzt, vor allem Dicyclopentadien, Ethylidennorbonen und trans-Hexadien-1,4. Der Terkomponentenanteil beträgt 2 - 10 Gew.-%.

Ethylen-Vinylacetat-Kautschuk

Die Copolymerisation von Ethen mit Vinylacetat kann nach drei verschiedenen Verfahren erfolgen, wobei man Produkte mit unterschiedlichem Gehalt an Vinylacetet erhält. Der für die Kautschuktechnologie wichtigste Bereich liegt bei 40 - 50 Massen-%.

EV-System

Efficient-Vulkanisation. Es gibt die Semi-Efficient Vulkanisation mit niedrigem Schwefel- und erhöhtem Beschleunigergehalt und die Efficient-Vulkanisation mit sehr niedrigem Schwefel- (0,25 phr) und sehr hohem Beschleunigergehalt (3 phr). Letztere führt zu einer besseren Wärme und Reversionsbeständigkeit.

Faktis

Faktis ist ein Umsetzungs-oder Vernetzungsprodukt ungesättigter tierischer, pflanzlicher oder synthetischer Öle mit Schwefel, Schwefelwasserstoff, Dischwefeldichlorid, Siliciumtetrachlorid oder Diisocyanat. Faktis wird als Verarbeitungshilfsmittel eingesetzt und verbessert u.a. die Kalandrier- und Spritzbarkeit.

Flammschutzmittel

Flammschutzmittel setzen die Entflammbarkeit des Kautschuks herab oder wirken flammhemmend.

Flashless-Verfahren

Vulkanisationsverfahren, mit dem Formartikel hergestellt werden können, deren Nachbearbeitungsgrad (z.B. Entgraten) sehr gering ist.

Fließbettvulkanisation

Vulkanisationsverfahren zur Herstellung von Schläuchen und Profilen.

Fluorkautschuk

Polychlortrifluorethylen-Vinylidenfluorid-Copolymer (CFM)

Formentrennmittel

Sie dienen zum Trennen von Form und Produkt. Beispiele sind Seifenlösungen und Silikonformentrennmittel.

Frosting Phänomen

Veränderung des Oberflächenglanzes durch Alterungsprozesse.

Füllstoff

Man unterscheidet zwischen aktiven und inaktiven Füllstoffen. Erstere verändern die Eigenschaften des Kautschuks durch Teilchengröße, geometrische Gestalt und chemische Zusammensetzung. Beim Einsatz inaktiver Füllstoffe verändern sich die Kautschukeigenschaften kontinuierlich mit deren eingesetzter Menge.

Füllstoffaktivator

Mit Füllstoffaktivatoren, z.B. Diethylenglykol oder Triethanolamin kann eine deutliche Steigerung der Erwärmbarkeit des Kautschuks erreicht werden.

Gießverfahren

Mit den traditionellen Gießverfahren werden z.B. Spielsachen und Figuren gegossen. Die Form ist zweiteilig, hohl und aus porösem Material, z.B. Gips oder unglasiertem Porzellan. Durch eine Öffnung wird Latex eingegossen, das sich als Film an der Innenwand der Form absetzt.

Haftmittel

Haftmittel verbessern die Bindung zwischen Gummi und den eingearbeiteten Festigkeitsträgern, z.B. Geweben (Fördergurte, Reifen etc.). Beispiele sind Resorcin-Formaldehyd-Harze und Isocyanate

Haftvermittler → Haftmittel

Härter

Für bestimmte Anwendungen (z.B. Schuhsohlen, Fußböden) werden Härter (PVC, Bezoesäure, Phenoplaste, Styrolharze) eingesetzt.

Heißdampf-Verfahren

Vulkanisation unter Anwendung von Heißdampf im Gegensatz zum → Hochdruck-Sattdampf-Verfahren. Die Anwendung ist sehr problematisch, weshalb das Verfahren nur selten genutzt wird.

Hochdruck-Sattdampf-Verfahren

Vulkanisationsverfahren, bei dem sich Wasser und Dampf im Gleichgewicht befinden. Die große freiwerdende Kondensationswärme läßt eine gleichmäßige Temperaturübertragung zu.

Homopolymerisation

Polymerisation durch Entkopplung der π-Elektronen in einer Doppelbindung als Startreaktion. Die entkopplung erfolgt durch thermische Anregung, fotochemische und elektrochemische Einflüsse oder durch Initiatoren.

Hydrolysealterung

Alterung auf Grund von Dampfeinwirkung. Bei hydrolysierbaren Gruppen sind Schutzmittel (Polycarbodiimide) geeignet, die rascher mit Dampf oder Feuchtigkeit reagieren als der Kautschuk selbst. So kann eine Ketten- oder Seitengruppenabspaltung vermieden werden.

Hydrolyseschutzmittel → Hydrolysealterung

ionische Polymerisation, Ionenkettenpolymerisation

Polymerisationsverfahren zur Herstellung synthetischer Kautschuke.

Kaltvulkanisation

Heute weniger bedeutendes Vulkanisationsverfahren, das bevorzugt nach der → Chlorschwefelvulkanisation arbeitet. das Verfahren wird z.B. zur Herstellung von Badehauben eingesetzt

Kautschukgiftalterung

Zahlreiche Schwermetalle, wie z.B. Kupfer oder Mangan haben einen oxidations-katalytischen Einfluß in Kautschukmischungen und Vulkanisaten. Sie beschleunigen die Autooxidation des Kautschuks.

Klebrigmacher

Durch Klebrigmacher wird beim Konfektionieren ein besseres Haften und Verschweißen der Berührungsstellen erzielt. Sie wirken nur in der unvulkanisierten Kautschukmischung, so daß die Vulkanisate nichtmehr klebrig sind.

Koagulation

Latex wird gesammelt, mit Wasser auf 15 - 20 % verdünnt und dann mit Säuren (Ameisensäure, Essigsäure) koaguliert.

Koaguliermittel → Koagulation

Konfektionierung

Vor der Vulkanisation müssen viele Artikel aus mehreren Mischungen zusammengesetzt werden.

Koordinationspolymerisation

Bei der koordinationspolymerisation liegen die Initiatoren in Komplexform vor und das Monomere wird zwischen der wachsenden Kette und dem Initiatorfragment eingelagert, was auch Insertion genannt wird.

Latex

Naturkautschuke und durch Emulsionspolymerisation hergestellte synthetische Kautschuke fallen zunächst in Form von Dispersionen des Kautschuks in Wasser, Latex genannt, an.

LCM-Vulkanisation

Die Liquid-Curing-Methode ist ein kontinuierliches Vulkanisationsverfahren für extrudierte Profile, Schläuche etc.

Lösungspolymerisation

Hier wird das Monomere in einem organischen Lösemittel hoher Reinheit gelöst.

Massepolymerisation

Bei der Massepolymerisation läuft die Polymerisation im reinen flüssigen Monomeren ohne Lösemittel bzw. in der Gasphase ab.

Mastikation

Da der Naturkautschuk für den Mischvorgang eine zu geringe Plastizität aufweist, muß er durch eine Vorbehandlung (Mastikation) erst abgebaut werden. Mastikation kann mit und ohne → Mastiziermittel erfolgen.

Mastiziermittel, Peptisiermittel

Mastiziermittel (z.B. Thionaphthol, Phthalocyanine) werden in Mengen von 0,1 - 0,5 Gew.% zugegeben.

Messing-Verfahren

Durch galvanisches Aufbringen einer Messingschicht kann die Haftfestigkeit zwischen Gummi und Metall erheblich verbessert werden (z.B. Stahlcord bei Autoreifen).

Metallkomplexpolymerisation → Koordinationspolymerisation

Nachvernetzung

Meist drucklose Nachvulkanisation in Heißluft nach einer formgebenden Vorvulkanisation bei einigen Polymertypen.

Nachvulkanisation → Nachvernetzung

Netzmittel

Um die Oberflächenspannung von Latices so zu reduzieren, daß sie für Imprägnierzwecke geeignet sind, werden Netzmittel zugesetzt. Meist sind dies anionische Emulgatoren.

Neutralsalz-Verfahren

Verfahren zur Regenerierung z.B. von Altreifen. Hierzu wird mit einer wässrigen Lösung von Ca- oder Zn-chlorid als gewebezerstörende Verbindung gearbeitet.

Oberflächenbehandlungsmittel

Trocknende Öle, um die Oberfläche zu polieren, Polyurethanlacke

Oxidationsschutzmittel → Antioxidantien

Ozonschutzmittel → Antiozidantien

Peroxid-Vulkanisation

Vernetzung mit peroxiden als Alternative zur Schwefelvernetzung.

Polyaddition

Hier addieren sich die Ausgangsstoffe aneinander, so daß Makromoleküle entstehen.

Polykondensation

Hier werden die funktionellen Gruppen durch Abspaltung von Wasser, Chlorwasserstoff oder anderen Substanzen gebildet.

Polymerisation

Grundlegendes Verfahren zur Herstellung synthetischer Kautschuke.

Regeneration → Neutralsalz-Verfahren

Regeneriermittel

Zur Regenerierung von Gummiabfällen und Fehlchargen werden z. B. die in der → Mastikation eingesetzten Mittel in Frage (z.B. Thiophenole, Disulfide).

Replastiziermittel

Replastiziermittel werden eingesetzt, um schwach anvulkanisierte Mischungen wiederverarbeitbar zu machen. Durch das Replastiziermittel findet wahrscheinlich eine Entschwefelung der Kautschukmischung statt. Als Replastiziermittel werden die als Vulkanisationsverzögerer bekannten Substanzen, z.B. Diphenylnitrosamin (NDDA), eingesetzt.

Reversion

Rückgang des Spannungswertes bei Übervulkanisation.

Reversionsschutzmittel

Es gibt Substanzen, die durch eine langsame Nachvernetzung für den Ersatz der durch Reversion verlorengegangene Vernetzungsstellen sorgen. Eine Verbesserung der Reversionsbeständigkeit kann auch durch den Einsatz von phosphorhaltigen Verbindungen erzielt werden. Diese Verbindungen werden z.T. auch als Vulkanisationsbeschleuniger eingesetzt.

Sattdampfverfahren → Hochdruck-Sattdampf-Verfahren

Sauerstoffalterung → Alterung

Schaummittel

Als Schaumbildner werden Alkylsufonate eingesetzt. → Antischaummittel

Schaumstabilisatoren

Schaumstabilisatoren (Polyether-polythioether) verhindern das Zusammenfallen von in Formen abgefülltem oder aufgestrichenem Latexschaum.

Schwefelspender

Elementarer Schwefel, Dimorpholyldisulfid, Morpholinodithiobenzothiazol sind Stoffe, die den Schwefel bei Vulkanisationstemperaturen freisetzen.

Semi-Efficient-Vulkanisation → EV-Systeme

Stabilisatoren

Stabilisatoren sind zur HCl-Absorption bei chlorhaltigen Polymeren erforderlich. Eingesetzt werden Magnesium-, Blei- und Zink-Verbindungen.

Stabilisierungsmittel → Stabilisatoren

Strahlenvernetzung

Kautschuke können auch ohne Zusatz von Vernetzungsmitteln durch energiereiche Strahlen, wie Gammastrahlen aus z.B. ^{60}Kobalt-Quellen, oder energiereiche Elektronen über Kohlenstoff-Kohlenstoff-Bindungen vernetzt werden. Der Vorteil der Strahlenvernetzung ist, daß keine toxikologisch unerwünschten Vernetzungsmittel bzw. deren Reaktionsprodukte in den Artikeln vorhanden sind. Die Strahlenvernetzung wird daher zunehmend zur Herstellung medizinischer Einwegartikel eingesetzt.

Styrol-Butadien-Kautschuk (SBR)

Gemisch aus Butadien und Styrol, mit einem Styrolanteil von 23 - 40 %. Seit 1937 großtechnisch hergestellt , auch als Buna S bezeichnet.

Termitenschutzmittel

Mit dem zunehmenden Einsatz von Kautschukartikeln, z.B. Kabeln, Dichtungen, Transportbändern, in tropischen und subtropischen Ländern, wird ein wirksamer Schutz vor Termitenfraß immer wichtiger. Wirksame Schutzmittel sind bestimmte Phosphorsäureester.

Treibmittel

Treibmittel sind bei Raumtemperatur stabile Verbindungen, die bei höheren Temperaturen vor oder während der Vulkanisation unter Gasabspaltung zerfallen. Vorzugsweise werden stickstoff- oder kohlendioxidabspaltende Verbindungen verwendet. Sie werden für die Herstellung von porösen Gummiartikeln (Schwamm-, Moos-, Zellgummi) eingesetzt. Treibmittel können sowohl anorganische als auch organische Verbindungen sein.

TSE

Technische und sonstige Elastomere

UHF-Vulkanisation

Die Heißluftvulkanisation ist eines der ältesten Vulkanisationsverfahren. Um die Länge der Heißluftkanäle drastisch zu reduzieren, wird das Extrudat in einer Ultrahochfrequenzstrecke vorgewärmt. Diese Kombination nennt man UHF-Vulkanisation.

UV-Alterung → Alterung

Verarbeitungshilfsmittel

Zur Verbesserung der Laufeigenschaften auf den Walzen oder der Füllstoffverteilung ist der Einsatz von Verarbeitungshilfsmitteln erforderlich. Dies sind z.B. Zn-Seifen, Fettalkohole, Wachse etc.

Verdickungsmittel

Latexmischungen, die z.B. auf Textilien aufgestrichen werden sollen, sollen eine höhere Viskosität haben. Als Verdickungsmittel verwendet man Pflanzengummis, Polysaccharide, Albumine, Casein, Pektin, Leim etc.

Vernetzungsmittel → Vulkanisationsmittel

Verzögerer, Retarder

Bei kurzen Vulkanisationszeiten und/oder hohen Mischungstemperaturen muß man oft den Vulkanisationsbeginn (Anvulkanisation) verzögern, um eine ausreichende Verarbeitungssicherheit zu gewährleisten. Man kann dies durch eine geeignete Auswahl von Vulkanisationsbeschleunigern erreichen, da mit einer Reihe von Beschleunigern, z.B. MBTS und Sulfenamid-Beschleunigern, die Vulkanisation verzögert wird.

Vulkanisation

Vernetzung von Kautschukmolekülen

Vulkanisationsbeschleuniger → Vulkanisationsmittel

Vulkanisationschemikalien → Vulkanisationsmittel

Vulkanisationsmittel, Vulkanisiermittel

Für die Vulkanisation, d.h. die Vernetzung der Kautschukmoleküle und die Bildung von Vernetzungsbrücken werden häufig Vulkanisiermittel eingesetzt. Als solche kommen zumeist Schwefel, Schwefelspender und Peroxide sowie in geringem Maße andere spezielle Vulkanisiermittel zum Einsatz. Z.T. ist die Zugabe weiterer Hilfsstoffe, wie Vulkanisationsbeschleuniger und/oder Aktivatoren, erforderlich. Die Abgrenzung zwischen Vulkanisiermittel und Vulkanisationsbeschleuniger ist oftmals schwierig, weil es Stoffe gibt, die beiden Kategorien angehören, wie z.B. Metalloxide und Tetramethylthiuramdisulfid (TMTD).

Vulkanisationsverzögerer → Vulkanisationsmittel

Weichmacher

Den Weichmachern kommt neben den Füllstoffen beim Mischungsaufbau mengenmäßig die größte Bedeutung zu. Sie setzen den Elastomergehalt durch hohe Ruß- und Weichmacherdosierung herab, d.h. sie strecken den Kautschuk. Sie verbessern die Fließfähigkeit der Kautschukmischung und führen zur Energieersparnis bei der Verarbeitung. Sie verbessern die Füllstoffverteilung und die Verarbeitbarkeit und Klebrigkeit der Kautschukmischung

Zweitbeschleuniger

Binäre Beschleunigersysteme werden seit vielen Jahren eingesetzt. Mit ihnen kann die Vulkanisationsgeschwindigkeit weiter erhöht werden (Zweitbeschleunigereffekt). Es werden Amine, z.B. Diphenylguanidin (DPG), in Kombination mit Mercaptobeschleunigern oder Sulfenamiden eingesetzt.

Anhang III

Literaturverzeichnis

[1] Kautschuk
Ullmanns Encyklopädie der technischen Chemie, 4. Auflage, Band 13, VCH, Weinheim (1977), S. 581-709

[2] Dithiocarbaminsäuren und Umwandlungsprodukte
Ullmanns Encyklopädie der technischen Chemie, 4. Auflage, Band 10, VCH, Weinheim (1975), S. 167-180

[3] Antioxidantien
Ullmanns Encyklopädie der technischen Chemie, 4. Auflage, Band 8, VCH, Weinheim (1974), S. 19-45

[4] Xanthogenate
Ullmanns Encyklopädie der technischen Chemie, 4. Auflage, Band 24, VCH, Weinheim (1983), S. 511-517

[5] Thiole, Sulfide, Polysulfide und Thioglykolsäure
Ullmanns Encyklopädie der technischen Chemie, 4. Auflage, Band 23, VCH, Weinheim (1983), S. 175-215

[6] Rubber
Ullmanns encyclopedia of industrial chemistry, 5th, completely rev. ed., Volume A 23, VCH, Weinheim (1993), S. 221-472

[7] Kirk-Othmer
Rubber Chemicals, Rubber Compounding
Encyclopedia of chemical technology, 3. Auflage, Band 20, J. Wiley and Sons, New York (1982), S. 337-468

[8] Kirk-Othmer
Antioxidants, Antiozonants
Encyclopedia of chemical technology, 4. Auflage, Band 3, J. Wiley and Sons, New York (1992), S. 424-456

[9] Elastomere
Winnacker, Küchler: Chemische Technologie, Band 6: Organische Technologie II, 4. Auflage, Carl Hanser Verlag München (1982), S. 514-610

[10] K.-H. Reutel, J. Gmehling und E. Lehmann
Stoffbelastungen in der Gummiindustrie
Schriftenreihe der Bundesanstalt für Arbeitsschutz: Gefährliche Arbeitsstoffe GA 39; Dortmund, 1991

[11] W. Hofmann
Kautschuk-Chemikalien
Kunststoffe, 77 (1987), S. 347-348

[12] Hydrazin
Ullmanns Encyklopädie der technischen Chemie, 4. Auflage, Band 13, VCH, Weinheim (1975), S. 95-107

[13] H.G. Drössler
Neuere Materialien - eine Bestandsaufnahme
Kautschuk und Gummi, Kunststoffe, 40 (1987), S. 23-32

[14] W. Schunk, G. Merkmann, C. Gießmann, H.-P. Klöcking, M. Knoll und S. Borgmann
Der Einsatz von trägergebundenen Flammschutzmitteln und Haftsystemen in Kautschukmischungen unter Beachtung des Gesundheitsschutzes
Kautschuk und Gummi, Kunststoffe, 45 (1992), S. 474-476

[15] R. Wommelsdorff
Prozeßöle als Mineralölweichmacher in Kautschukmischungen
Kautschuk und Gummi, Kunststoffe, 41 (1988), S. 248-253

[16] R. Mushack, R. Lüttich und W. Bachmann
Helle Füllstoffe in Polymeren
Gummi, Fasern, Kunststoffe (früher: Gummi, Asbest, Kunststoffe), 42 (1989), S. 584-592

[17] E.M. Dannenberg
Füllstoffe für Kautschuk - ein Überblick
Gummi, Fasern, Kunststoffe (früher: Gummi, Asbest, Kunststoffe), 41 (1988), S. 211-218

[18] R.S. Frenkel und S.M. Meshikowski
Einige technologische Aspekte der Modifizierung von Kautschuken mit Oligoesteracrylaten
Plaste und Kautschuk, 27 (1980), S. 544-548

[19] J.R. Martinez
Developments in Inorganic Fillers for Rubber Compounds
22. Meeting of International Institute of Synthetic Rubber Producers (1981)

[20] D.C. Edwards
Review: Polymer-filler interactions in rubber reinforcement
Journal of Materials Science, 25 (1990), S. 4175-4185

[21] W. Hofmann
Kautschuk-Zusatzstoffe in Elastomeren für technische Anwendungen
Kunststoffe, 74 (1984), S. 640-644

[22] D. Skudelny
Silanisierte Füllstoffe und ihre Einsatzgebiete
Kunststoffe, 77 (1987), S. 1153-1156

[23] G. Scott
A Review of Recent Developments in the Mechanisms of Antifatigue Agents
Rubber, Chemistry and Technology, 58 (1985), S. 269-283

[24] M.R. Krejsa
A Review of Sulfur Crosslinking Fundamentals for Accelerated and Unaccelerated Vulcanization
Rubber, Chemistry and Technology, 66 (1993), S. 376-410

[25] H.-G. Haag, C. Herrmann, W. Kampf, K.-H. Nordsiek, R. Streck und D. Zerpner
Functionalized Polybutadiene Oils as Adhesion Promotors for Mineral Fillers in Rubber Compounds
Die Angewandte Makromolekulare Chemie, 171 (1989), S. 1-19

[26] J.P. Kennedy
Recent Developments in Living Carbocationic Polymerization of Alkenes
Makromolekulare Chemie; Macromoleculare Symposium, 32 (1990), S. 119-129

[27] L. Fishbein
Chemicals Used in the Rubber Industry
The Science of the Total Environment, 101 (1991), S. 33-43

[28] K.H. Nordsiek und J. Wolpers
Stable Crosslinks by Dithioalkane Vulcanization - a Route to Heat-resistant Diene Elastomers
Kautschuk und Gummi, Kunststoffe, 47 (1994), S. 319-327

[29] n.n.
Verstärkung von Elastomeren durch Ruß und Kieselsäuren
Gummi, Fasern, Kunststoffe (früher: Gummi, Asbest, Kunststoffe), 47 (1994), S. 460-461

[30] R. Sattelmeyer
Studie zur Optimierung von Laufflächenmischungen
Kautschuk und Gummi, Kunststoffe, 47 (1994), S. 111-116

[31] G. Matenar
Gummi-Profile und ihre Herstellung
Kautschuk und Gummi, Kunststoffe, 47 (1994), S. 191-195

[32] T. Biswas, S.K. Mandal und D.K. Basu
Some Investigations on the Cure Behaviour of Carboxylated Nitrile Rubberin the Presence of Thiophosphoryl Disulfides
Kautschuk und Gummi, Kunststoffe, 47 (1994), S. 508-512

[33] S.C. Debnath und D.K. Basu
Studies on the Structural Characterization of NR Vulcanizates
Kautschuk und Gummi, Kunststoffe, 47 (1994), S. 279-281

[34] H. Schnecko
Rubber Recycling
Kautschuk und Gummi, Kunststoffe, 47 (1994), S.885-890

[35] M. Schulz und Seiffarth K.
Oxidationsstabilisatoren für Polyolefine
Mitteilungsblatt - Chem. Gesellschaft DDR, 34 (1987), S. 3-9

[36] C.J. Hann, A.B. Sullivan, B.C. Host und G.H. Kuhls
Vulcanization Chemistry: Comparison of the new Accelerator N-t-Butyl-2-Benzothiazole Sulfenimide (TBSI) with N-t-Butyl-2-Benzothialole Sulfenamide (TBSS)
Rubber, Chemistry and Technology, 67 (1994), S. 76-87

[37] P. Thavamani und A.K. Bhowmick
Universal Relationship between Abradability and Breaking Energy, Shear Loss Modulus, and Ridge Spacing
Rubber, Chemistry and Technology, 67 (1994), S. 129-137

[38] Th. Kempermann
Alterung von Polymeren und Wirkungsweise von Alterungsschutzmitteln
Gummi, Asbest, Kunststoffe, 35 (1982), S. 238-244, 402-407

[39] R.W. Layer und D.W. Chasar
Minimizing Nitrosamines Using Sterically Hindered Thiuram Disulfides / Dithiocarbamates
Rubber, Chemistry and Technology, 67 (1994), S. 299-313

[40] M.R. Krejsa und J.L. Koenig
Analysis of the Mechanism of N-t-Butyl-2-benzothiazole Sulfenamide Accelerated Sulfur Vulcanization of cis-Polyisoprene
Rubber, Chemistry and Technology, 67 (1994), S. 348-358

[41] B. Costemalle, J.V. Fusco und D.F. Kruse
Ein neues Elastomer für Anwendungen im Bergbau
Gummi, Fasern, Kunststoffe (früher: Gummi, Asbest, Kunststoffe), 47 (1994), S. 656-663

[42] W. Hofmann und J. Diedrichsen
Nitrosaminfreie Vulkanisationssysteme für EPDM: Theoretischer Teil und Experimenteller Teil
Gummi, Fasern, Kunststoffe (früher: Gummi, Asbest, Kunststoffe), 47 (1994), S. 399-404, 437-448

[43] J.C. Caprino
Ein neuartiges Vulkanisationssystem für Silicongummi mit hoher mechanischer Festigkeit
Gummi, Asbest, Kunststoffe, 35 (1982), S. 118-120, 125

[44] J. Groepper
Scorch-verzögernde Peroxide für die Vernetzung von Elastomerenund Polyolefinen
Gummi, Fasern, Kunststoffe (früher: Gummi, Asbest, Kunststoffe), 47 (1994), S. 83-88

[45] J. Hoppe
" Trennmittel " Ungeliebtes Produktionshilfsmittel
Gummi, Fasern, Kunststoffe (früher: Gummi, Asbest, Kunststoffe), 47 (1994), S. 99-104

[46] U.I. Vaidya
Neue Entwicklungen bei peroxidvulkanisierten Mischungen auf CSM-Basis
Gummi, Fasern, Kunststoffe (früher: Gummi, Asbest, Kunststoffe), 38 (1985), S. 308-317

[47] H. Fries
Entwicklung des Einsatzes von Harzen in der Gummiindustrie
Gummi, Fasern, Kunststoffe (früher: Gummi, Asbest, Kunststoffe), 38 (1985), S. 454-460

[48] A. Voet
Reinforcement of Elastomers by Fillers: Review of Period 1967-1976
Macromolecular Reviews, 15 (1980), S. 327-373

[49] N.F. Cardarelli
Controlled Release Organotins
Reviews on Silicon, Germanium, Tin and Lead Compounds, 8 (1985), S. 169-189

[50] A.J. Aarts, G.B. Benson, N.L. Duchateau und K.M. Davies
Modern Analytical Techniques for the Detection of Rubber Chemicals and their Decomposition Products in the Environment
International Journal Environment Analytik Chemistry, 38 (1990), S. 85-95

[51] W. Hofmann
Zum Problem der Herstellung N-Nitrosaminfreier Gummiartikel
Gummi, Fasern, Kunststoffe (früher: Gummi, Asbest, Kunststoffe), 43 (1990), S. 562-575

[52] W. Endstra und D. Seeberger
Vernetzung von Polymeren mit Schwefel/Beschleunigern oder Peroxiden?
Kautschuk und Gummi, Kunststoffe, 39 (1986), S. 929-935

[53] S. Lüpfert
Umweltschutz und Rezeptur
Kautschuk und Gummi, Kunststoffe, 44 (1991), S. 771-779

[54] S.C. Debnath und D.K. Basu
Studies on Cure Synergism: I. Effect of Safe Zinc Dithiocarbamates on NR Vulcanization Accelerated by Thiazole-Based Accelerators
Journal of Applied Polymer Science, 52 (1994), S. 597-603

[55] D. Brück und H.-W. Engels
Correlation of the Structural Elements of p-Phenylene Diamine Derivatives with their Antidegradant Activity
Kautschuk und Gummi, Kunststoffe, 44 (1991), S. 1014-1018

[56] K.M. Davies und A. Fitch
Environmental Aspects in the Use of Rubber Chemicals
Kautschuk und Gummi, Kunststoffe, 44 (1991), S. 838-841

[57] R. Wommelsdorff, U. Giese, Ch. Thomas und A. Hill
Einfluß von Mineralölweichmacher-Charakteristik, Füllstoff und Polymer auf die Konzentration von PAH in Vulkanisationsdämpfen
Kautschuk und Gummi, Kunststoffe, 47 (1994), S. 549-555

[58] A.I. Medalia
Effects of Carbon Black on Abrasion and Treadwear
Kautschuk und Gummi, Kunststoffe, 47 (1994), S. 364-366

[59] J. Ambrus, W. Hahnenstein und G. Seydel
Wischleiste und Verfahren zu deren Herstellung
Ger. Offen., 4 pp; DE 39 20 950 A1, (03.01.91)

[60] D. Braun
Kunststoff-Analyse als Instrument der Qualitätssicherung
Kautschuk und Gummi, Kunststoffe, 47 (1994), S. 196-201

[61] H. Pasch und R. Disselhoff
FT-IR-Spektroskopische Untersuchungen an Gummioberflächen
Kautschuk und Gummi, Kunststoffe, 47 (1994), S. 90-96

[62] R.P. Lattimer und R.E. Harris
Analysis of Components in Rubber Compounds Using Mass Spectrometry
Rubber, Chemistry and Technology, 62 (1989), S. 548-567

[63] H. Schnecko und G. Angerer
Entwicklungstendenzen und Probleme bei der Analyse von Kautschuk und Gummi
Kautschuk und Gummi, Kunststoffe, 41 (1988), S. 149-153

[64] R.L. Zeyen
Thermal Analysis: Practical Applications for Chemical Reconstruction of Rubber Compounds
Kautschuk und Gummi, Kunststoffe, 41 (1988), S. 974-982

[65] S. Affolter
Bestimmung von Elementen in polymeren Werkstoffen - eine Übersicht
Kautschuk und Gummi, Kunststoffe, 44 (1991), S. 739-743

[66] V. Cocheo, M.L Bellomo und G.G. Bombi
Rubber Manufacture: Sampling and Identification of Volatile Pollutants
American Industrial Hygiene Association Journal, 44 (1983), S. 521-527

[67] G.A. Jungclaus, L.M. Games und R.A. Hites
Identification of Trace Organic Compounds in Tire Manufacturing Plant Wastewaters
Analytical Chemistry, 13 (1976), S. 1894-1896

[68] L.M. Khananashvili, D.Sh. Akhobadze, L.K. Janiashvili, G.G. Andronikashvili und A.Sh. Varadashvili
Heterofunctional Condensation of 4,6-bis(n-aminophenyl)pyrimidine with a,w-bis(diethylamino- and a,w-bis(ß-carboxylethyl)diorganosiloxanes
International Journal of Polymeric Materials, 27 (1995), S. 243-251

[69] J. Chih-An Hu
Pyrolysis Gas Chromatography Analysis of Rubber and Other High Polymers
Analytical Chemistry, 49 (1977), S. 539-540

[70] J.B. Pausch
Analysis of Rubber and Plastic Chemicals by LC/Spectroscopy
Analytical Chemistry, 54 (1982), S. 89A-96A

[71] A. Krishen
Rubber
American Chemical Society, 53 (1981), S. 159R-162R

[72] E.M. Abdel-Bary
Modified Epoxidized Linseed Oil as a Plasticizer-Antioxidant in NR
Elastomerics, 110 (1978), S. 38-41

[73] G. Carlucci, L. Airoldi, R. Fanelli und B. Laguzzi
Quantitative analysis of aromatic amines in human urine by gaschromatography-mass spectrometry-selected-ion monitoring
Journal of Chromatography, 311 (1984), S. 141-147

[74] S. Chaveau, M. Hamon und E. Leleu
Separation and Identification of Various Vulcanization agents and Antioxidants in two types of Rubber by Chromatographic and Spectrometric Methods
Talanta, 38 (1991), S. 1279-1283

[75] D. Pal, A. Khamrai, B. Adhikari, T. Dutta, M. Maiti und S. Maiti
New Accelerators for Vulcanization of Rubber. Part II. Mono and Disubstituted Benzimidazole-2-thiols as Accelerator CUM Antioxidant
Journal of Polymer Materials, 1 (1984), S. 235-239

[76] N.P. Sen, S.W. Seaman und S.C. Kushwaha
Prevention of Artifactual Formation of Nitrosamines During the Analysis of Baby Bottle Rubber Nipples
Analyst, 111 (1986), S. 139-144

[77] H.P. Gysin
Moderne Textilausrüstung mit Silikonelastomeren
Textilveredlung, 16 (1981), S. 475-479

[78] G. Morris
Plasticisers
Developments in Rubber Technology, 1 (1979), S. 207-225

[79] S.M. Rappaport und D.A. Fraser
Gas Chromatographic-Mass Spectrometric Identification of Volatiles Released from a Rubber Stock during Simulated Vulcanization
Analytical Chemistry, 48 (1976), S. 476-481

[80] S.K. Singha Roy und C.K. Das
Polyblends of the Carboxylated Nitrile Rubber and Fluoroelastomers
International Journal of Polymeric Materials, 27 (1995), S. 209-222

[81] S.M. Rappaport und D.A. Fraser
Air sampling and analysis in a rubber vulcanization area
American Industrial Hygiene Association Journal, 38 (1977), S. 205-209

[82] H.-H. Spendlin
Methoden der Abluft- und Abwasserreinigung bei Vulkanisationsanlagen
Kautschuk und Gummi, Kunststoffe, 45 (1992), S. 32-34

[83] O. Lorenz, F. Haulena und B. Braun
Verbrauch von p-Phenylendiaminen bei der Alterung
Kautschuk und Gummi, Kunststoffe, 38 (1985), S. 255-260

[84] Th. Kempermann, Redetzky W. und H.W. Engels
Weitere Untersuchungen zum Langzeiteffekt von Alterungsschutzmitteln
Kautschuk und Gummi, Kunststoffe, 40 (1987), S. 1168-1176

[85] C.K. Das
Dipentamethylene Thiuram Tetrasulfide (DPTS) Vulcanization of Natural Rubber at Elevated Temperature
Kautschuk und Gummi, Kunststoffe, 40 (1987), S. 826-828

[86] D. Brück
Analysis of Unvulcanized and Vulcanized Rubber by Physikal Methods, with Particular Reference to IR Spectroscopy and Thin-Layer Chromatography
Kautschuk und Gummi, Kunststoffe, 39 (1986), S. 1165-1174

[87] R.J. Hopper
2-(Isopropylsulfinyl)-Benzothiazole as a delayed action Thiazole Accelerator
Rubber, Chemistry and Technology , 66 (1993), S. 623-633

[88] H.G. Dikland, T. Ruardy, L. Van der Does und A. Bantjes
New Coagents in Peroxide Vulcanization of EPM
Rubber, Chemistry and Technology, 66 (1993), S. 693-711

[89] R.W. Layer
A Study of Thiocarbamyl Sulfenamide/Zinc Oxide and TMTD/Zinc Oxide Sulfurless Cure Systems
Rubber, Chemistry and Technology, 66 (1993), S. 510-526

[90] U. Eholzer und Th. Kempermann
Reaktions- und Folgeprodukte beim Einsatz von Beschleunigern
Gummi, Asbest, Kunststoffe, 36 (1983), S. 470-480

[91] H. Ehrend
Über die Wirkung von Thiophosphaten in Vernetzungssystemen für Dienkautschuke
Gummi, Asbest, Kunststoffe, 30 (1977), S. 68-71

[92] R. Casper und E. Rohde
Zunehmende Bedeutung der Spezialkautschuke in Westeuropa
Kautschuk und Gummi, Kunststoffe, 41 (1988), S. 541-548

[93] L. Jose und R. Joseph
Study of the Effect of Polyethylene Glycols and Glycerol in Filled Natural Rubber Latex Vulcanizates
International Journal of Polymeric Materials, 27 (1995), S. 189-208

[94] W. Jeblick, E. Roos, L. Ruetz, R. Schubart, D. Bück und H. Königshofen
Verfahren zur Stabilisierung von Kautschuk gegen Ozonangriff
Ger. Offen., 21 pp; DE 31 27 102 A1, (27.01.83)

[95] D.W. Chasar und P.D. Matheny
Some Factors Affecting Nitrosamine Formation from Accelerators in Styrene-Butadiene Rubber
Kautschuk und Gummi, Kunststoffe, 44 (1991), S. 435-438

[96] W. Hamann und R. Wommelsdorff
Mineralölweichmacher und ihre mögliche Einklassifizierung in der Bundesrepublik Deutschland nach Gesundheitskriterien
Kautschuk und Gummi, Kunststoffe, 42 (1989), S. 494-498

[97] D. Brück
Ozonolyse von ungesättigten Kautschuken und Vulkanisaten - ein Überblick
Kautschuk und Gummi, Kunststoffe, 42 (1989), S. 760-770

[98] K.M. Baker, G. Chantrey und D. Mauer
Analyse von Beschleunigern und Alterungsschutzmitteln im Kautschuk - ein Überblick über vorhandene Bestimmungsmethoden
Kautschuk und Gummi, Kunststoffe, 33 (1980), S. 175-181

[99] D.O. Hummel, H.-J. Düssel und P. Manshausen
Pyrolysis mass spectrometry of multicomponent polymeric system
Teubner-Texte Physik, 9 (Progress in Polymer Spectroscopy), Leibzig (1986), S. 9-21

[100] S.N. Chakravarty und R.R. Pandit
Effect of Rubber Compounding Ingredients on the Peptization Efficiency of Activated Pentachlorothiophenol
Kautschuk und Gummi, Kunststoffe, 29 (1976), S. 676-680

[101] E. Spirk, P. Stefanik, I. Orlik und J. Collonge
Beständigkeit gegen Auslaugen von p-Phenylendiamin-Derivaten
Gummi, Asbest, Kunststoffe, 34 (1981), S. 734-735

[102] W.A. Preston und N.R. Anderson
An Introduction to Phenol Formaldehyde Resin Vulcanizing Agents
Journal of Parenteral Science and Technology, 38 (1984), S. 237-246

[103] L.G. Angert, A.I. Zenchenko und A.S. Kuzminski
Volatilization of Phenyl-2-Naphthylamine from Rubber
Rubber, Chemistry and Technology, 34 (1961), S. 807-815

[104] Th. Kempermann und G. Lahousse
Kritische Betrachtung zur Qualitätsbewertung und -kontrolle von Kautschuk-Chemikalien
Kautschuk und Gummi, Kunststoffe, 39 (1986), S. 697-710

[105] A.Y. Coran
The art of sulfur vulcanization
Chemtech, 13 (1983), S. 106-116

[106] G.D. Mendenhall
Analytische Anwendungen der Chemilumineszenz
Angewandte Chemie, 89 (1977), S. 220-228

[107] E. Kühle
Zweiwertige Organoschwefelverbindungen und ihre praktische Anwendung
Chemie für Labor und Betrieb, 30 (1979), S. 373-377

[108] A.S. Luyt
A Differential Scanning Calorimetric Study of the Interaction of Zinc Benzothiazole-2-Thiolate, Sulfur, Stearic Acid, and Zinc Stearate in the Absence and Presence of Polyisoprene
Journal of Applied Polymer Science, 47 (1993), S. 2177-2185

[109] M.A. Keller und C.S. Saba
Chromatographic Analysis of Phenyl-1-Naphthylamine and 4,4'- Dioctyldi-phenylamine and their Intermediate Oxidation Products in Oxidized Lubricants
Journal of Chromatography, 409 (1987), S. 325-335

[110] M.D. Van Ert, E.W. Arp, R.L. Harris, M.J. Symons und T.M. Williams
Worker exposures to chemical agents in the manufacture of rubber tires: Solvent vapor studies
American Industrial Hygiene Association, 41 (1980), S. 212-219

[111] D.G. Lloyd
Additives in Rubber Processing
Progress in Rubber and Plastics Technology, 4 (1988), S. 21-38

[112] L.A. Walker und V.G. Torsekar
Dynamic Properties of Tire Compounds
Rubber News, 20 (1981), S. 32-41

[113] K. Srenivasan und P. Gnanasundaram
Vulcanization Accelerators
Chemical and Petro-Chemicals Journal, 12 (1981), S. 3-4

[114]
Nitrosoverbindungen
Ullmanns Encyklopädie der technischen Chemie, 4. Auflage, Band 17, VCH, Weinheim (1979), S. 365-371

[115] H.-H. Spendlin
Umweltschutz in der Gummiindustrie - Ökologie contra Ökonomie?
Kautschuk und Gummi, Kunststoffe, 44 (1991), S. 463-466

[116] W. Hellermann
Produktion von Synthesekautschuk
Praxis der Naturwissenschaften, 41 (5) (1992), S. 10-16

[117] Bayer AG (Hrsg.)
Handbuch für die Gummi-Industrie, 2. Auflage, Leverkusen (1991)

[118] B.G. Crowther
Process Aids And Plasticizers
Developments in Rubber Technology, 4 (1987), S. 119-157

[119] G. Eisenbrand, Preussmann R. und B. Spiegelhalder
Vulkanisationsbeschleuniger
Ger. Offen., 19 pp; DE 32 43 141 A1, (24.05.84)

[120] R.H. Schuster, H. Linde und G. Wünsch
Untersuchung von Vulkanisationsdämpfen, Teil 1: Zielsetzung und Methoden
Kautschuk und Gummi, Kunststoffe, 44 (1991). S. 222-231

[121] L. Taimr und J. Pospisil
Antioxidants and Stabilizers, 103
Die Angewandte Makromolekulare Chemie, 149 (1987), S. 119-127

[122] A.K. Khamrai, B. Adhikari, S. Maiti und M.M. Maiti
New Accelerators for Vulcanization of Rubber, Part 5
Kautschuk und Gummi, Kunststoffe, 40 (1987), S. 752-755

[123] R.H Schuster, F. Nabholz und M. Gmünder
Inhibierung der Bildung von N-Nitrosaminen, Teil 1: Ausgangssituation und Wirkung von a-Tocopherol
Kautschuk und Gummi, Kunststoffe, 43 (1990), S. 95-106

[124] P. Versloot, J.G. Haasnoot, J. Reedijk, M. Van Duin, E.F.J. Duynstee und J. Put
Sulfur Vulcanization of Simple Model Olefins, Part II: Characterization and Reactivity of Intermediate Vulcanization Products of 2,3-Dimethyl-2-butene
Rubber, Chemistry and Technology, 67 (1993), S. 252-262

[125] P. Versloot, J.G. Haasnoot, J. Reedijk, M. Van Duin und J. Put
Sulfur Vulcanization Of Simple Model Olefins, Part III: Vulcanization of 2,3-Dimethyl-2-Butene in the Presence of Different Metal Complexes
Rubber, Chemistry and Technology, 67 (1993), S. 263-279

[126] W. Hofmann
Kautschuke und thermoplastische Elastomere
Kunststoffe, 77 (1987), S. 340-344

[127] S. Borgmann, H. Knoll, G. Merkmann, R. Sourisseau und Fürtig H.
Anwendung von mit Chemikalien beladenen Molekularsieben in der Gummiindustrie I: Molekularsiebe und Herstellung von mit Chemikalien beladenen Molekularsieben
Plaste und Kautschuk, 30 (1983), S. 20-23

[128] Antiozonants
Encyclopedia of Polymer Science and Engineering, 2. Auflage, Band 2, J. Wiley and Sons, New York (1985), S. 91-99

[129] Carbon
Encyclopedia of Polymer Science and Engineering, 2. Auflage, Band 2, J. Wiley and Sons, New York (1985), S. 623-640

[130] Isoprene polymers
Encyclopedia of Polymer Science and Engineering, 2. Auflage, Band 8, J. Wiley and Sons, New York (1987), S. 487-564

[131] Fillers
Encyclopedia of Polymer Science and Engineering, 2. Auflage, Band 7, J. Wiley and Sons, New York (1987), S. 53-73

[132] Rubber chemicals
Encyclopedia of Polymer Science and Engineering, 2. Auflage, Band 14, J. Wiley and Sons, New York (1988), S. 716-762

[133] W. R. McWhinnie, J.E. Stuckey und K.G.K De Silva
Selenium and Tellurium in Rubber
Proceedings International Symposium on Industrial Uses of Selenium-Tellurium, 3rd, 1984, S. 206-245

[134] W. Hofmann
OTOS - Ein neuer hochwirksamer Vulkanisationsbeschleuniger
Gummi, Asbest, Kunststoffe, 32 (1979), S. 158-165, 318-328, 392-400

[135] J.P. Lehnen
Gummi-Mischtechnik
Gummi, Fasern, Kunststoffe (früher: Gummi, Asbest, Kunststoffe), 45 (1992), S. 388-374, 460-469

[136] Iarc Monographs on the Evaluation of the Carcinogenic Risk of Chemicals to Humans
International Agency for Research on Cancer, Volume 28: Rubber Industry (1982)

[137] D.F. Graves
Benzofuroxans as Rubber Additives
Rubber, Chemistry and Technology, 66 (1992), S. 61-72

[138] D.G. Rowland
Practical Chemical Blowing Agents for Expanding Rubber
Rubber, Chemistry and Technology, 66 (1992), S. 463-475

[139] L. Taimr und J. Pospisil
Antioxidants and Stabilizers, 84
Die Angewandte Makromolekulare Chemie, 102 (1982), S. 2-8

[140] L. Taimr und J. Pospisil
Antioxidants and Stabilizers, 98
Die Angewandte Makromolekulare Chemie, 128 (1984), S. 181-188

[141] P. Oberle, M. Longuet und D. Walker
Verfahren zur Herstellung eines gelierten Schaums
Ger. Offen., 10 pp; DE 33 16 151 A1, (24.11.93)

[142] L. Taimr, M. Prusikova und J. Pospisil
Antioxidants and Stabilizers, 109
Die Angewandte Makromolekulare Chemie, 169 (1989), S. 37-48

[143] L. Taimr, M. Prusikova und J. Pospisil
Antioxidants and Stabilizers, 111
Die Angewandte Makromolekulare Chemie, 175 (1990), S. 169-180

[144] B. Adhikari, D. Pal, S. Maiti und M.M. Maiti
Polymeric Accelerator for Vulcanization of Rubbers
Journal of Polymer Materials, 1 (1984), S. 110-115

[145] V. Ovcarov, R. Peter und H. Michael
Zur Modifizierung von Naturkautschukmischungen durch geringe Zusätze von Zink-isobutyl-isooctyl-dithiophosphat
Plaste und Kautschuk, 40 (1993), S. 14-18

[146] B.G. Willoughby
5. Vulcanisation Fume - its Natur, Origin and the Options for its Control
Progress of Rubber Technology, 57 (1984), S. 143-179

[147] L. Taimr, M. Prusikova und J. Pospisil
Antioxidants and Stabilizers, 113
Die Angewandte Makromolekulare Chemie, 190 (1991), S. 53-65

[148] A.K. Khamrai, B. Adhikari, M.M. Maiti und S. Maiti
New Accelerators for Vulcanization of Rubber, Part 4
Die Angewandte Makromolekulare Chemie, 143 (1986), S. 39-47

[149] U. Eholzer und Th. Kempermann
Ein neuer Polychloroprenbeschleuniger als Ersatzpunkt für Ethylenthioharnstoff
Kautschuk und Gummi, Kunststoffe, 33 (1980), S. 696-699

[150] E. Rohde
Bayer CM - Eigenschaften, Grundzüge des Mischungsaufbaues und Anwendungen
Kautschuk und Gummi, Kunststoffe, 32 (1979), S. 304-312

[151] M.A. Fath und J. De Rudder
Die jüngste Entwicklung in den Vulkanisationssystemen für NBR, EPDM und CR
Kautschuk und Gummi, Kunststoffe, 32 (1979), S. 582-588

[152] W. Hofmann
Neuere Entwicklung auf dem Gebiet der Nitrilkautschuktechnologie - ein Überblick
Kautschuk und Gummi, Kunststoffe, 37 (1984), S. 753-769

[153] M.W. Ranney, G.M. Cameron und B.W. Lipinski
Verbesserung der statischen und dynamischen Eigenschaften von gefüllten Elastomeren durch Silan-Haftvermittler
Kautschuk und Gummi, Kunststoffe, 26 (1973), S. 409-416

[154] R. Sklenarz
Neuer Vulkanisationsbeschleuniger für CR
Gummi, Asbest, Kunststoffe, 33 (1980), S. 224-226

[155] W. Hofmann
Erweiterte Einsatzgrenzen von Elastomeren unter der Motorhaube
Gummi, Fasern, Kunststoffe (früher: Gummi, Asbest, Kunststoffe), 37 (1984), S. 278-289

[156] Th. Kempermann
Trends im Einsatz von Kautschuk-Chemikalien in der Gummi-Industrie
Kautschuk und Gummi, Kunststoffe, 31 (1978), S. 234-246

[157] F. Rabitsch
Herstellung und Verarbeitung von Mischungen für Autoreifen - Stand der Verfahrenstechnik heute und morgen
Kautschuk und Gummi, Kunststoffe, 31 (1978)

[158] L. Fishbein
Core problems in chemical industries: additives used in the plastics, polymer, and rubber industries
Carcinogens and Mutagens in the Environment, 5 (1985), S. 75-93

[159] E. Roos, G. Langner, T. Kempermann und W. Redetzky
Verwendung von cyclischen Acetalen der Polyole bei der Herstellung von gegen Ozonangriff geschützten Kautschuken
Ger. Offen., 7 pp; DE 25 48 911 B2, (12.05.77)

[160] R.E. Singler, M.S. Sennett und R.A. Willingham
Phosphazene polymers: synthesis, structure and porperties
American Chemical Society Symposium Series, Inorganic and Organometallic Polymers, 360 (1988), S. 268-276

[162] M.D. Burford, S.B. Hawthorne und D.J. Miller
Extraction Rates of Spiked versus Native PAHs from Heterogeneous Environmental Samples Using Supercritical Fluid Extraction and Sonication in Methylene Chloride
Analytical Chemistry, 65 (1993), S. 1497-1505

[163] W. Hofmann
Crosslinking Agents in Ethylene-Propylene Rubbers
Progress in Rubber and Plastics Technology, 1 (1985), S. 18-50

[164] M. Sugimoto, M. Ichikawa, K. Terashima, H. Enyo, S. Iwanaga und E. Okuya
Kautschuklaminat
Ger. Offen., 20 pp; DE 33 37 519 A1, (10.05.84)

[166] H.G. Dikland, L. Van Der Does und A. Bantjes
FT-IR Spectroscopy, a Major Tool for the Analysis of Peroxide Vulcanization Processes in the Presence of Coagents. I. Mechanism of EPM Peroxide Vulcanization with Aromatic Bis(allyl)esters as Coagents
Rubber, Chemistry and Technology, 66 (1993), S. 196-212

[167] M.R. Kresja und J.L. Koenig
Solid State Carbon-13 NMR Studies of Elastomers. XI. N-t-Butyl Benzothiazole Sulfenimide Accelerated Sulfur Vulcanization of Cis-Polyisoprene at 75 MHz
Rubber, Chemistry and Technology, 66 (1993), S. 73-82

[168] T.K. Khanra, B. Adhikari und S. Maiti
Multifunctional Activities of Benzazole Derivatives in Rubber Vulcanization
Rubber, Chemistry and Technology, 66 (1993), S. 30-37

[169] J.B. Class und R.P. Grasso
The Efficiency of Peroxides for Curing Silicone Elastomers
Rubber, Chemistry and Technology, 66 (1993), S. 605-622

[170] G. Bloscyk
Determination of 2-Mercaptobenzothiazole and Zn-2-Mercaptobenzothiazole in Aqueous Migration Liquids of Teats and Soothers
Deutsche Lebensmittel-Runschau, 88 (1992), S. 392

[171] Th. Kempermann
Mechanischer und thermischer Abbau von Kautschuken
Gummi, Asbest, Kunststoffe, 27 (1974), S. 566-570

[172] Th. Kempermann
Über den Zusammenhang zwischen Konstitution und Wirkung bei Rißschutzmitteln vom Typ p-Phenylendiamin
Gummi, Asbest, Kunststoffe, 26 (1973), S. 90-102

[173] Th. Kempermann und U. Eholzer
Physikalische und chemische Aspekte der Reversion
Kautschuk und Gummi, Kunststoffe, 34 (1981), S. 722-734

[174] K.A. Grosch
Abrasion of Rubber and its Relation to Tire Wear
Rubber, Chemistry and Technology, 65 (1992), S. 78-106

[175] H. Khalil und O.N. Chick
Verfahren zum Hemmen des Wachstums von Mikroorganismen in einem wäßrigen Latex
Ger. Offen., 36 pp; DE 34 45 180 A1, (13.06.85)

[176] D.K. Parker und R.F. Roberts
A new Process for the Preparation of Highly Saturated Nitrile Rubber in Latex Form
Rubber, Chemistry and Technology, 65 (1992), S. 245-258

[177] G. Mathew
Studies on a new Binary Accelerator System for the Sulfur Vulcanization of Styrene-Butadiene Rubber
Rubber, Chemistry and Technology, 65 (1992), S. 277-292

[178] J. Butler und P.K. Freakley
Effect of Humidity and Water Content on the Cure Behavior of a Natural-Rubber Accelerated Sulfur Compound
Rubber, Chemistry and Technology, 65 (1992), S. 374-384

[179] K.L. Chasey
Rubber Process Oils for Peroxide Curing of Ethylene-Propylene Elastomers
Rubber, Chemistry and Technology, 65 (1992), S. 385-395

[180] W.H. Waddell, K.A. Benzing und L.R. Evans
Direct Characterization of Rubber-Surface Chemistry Using Laser Desorption Mass Spectrometry
Rubber, Chemistry and Technology, 65 (1992), S. 411-426

[181] P.S. Pillai und G.S. Fielding-Russell
Tire Rolling Resistance from Whole-Tire Hysteresis Ratio
Rubber, Chemistry and Technology, 65 (1992), S. 444-452

[182] J.L. White
Development of Internal-Mixer Technology for the Rubber Industry
Rubber, Chemistry and Technology, 65 (1992), S. 527-579

[183] W. J. Brittain
A Review of Group-Transfer Polymerization
Rubber, Chemistry and Technology, 65 (1992), S. 580-600

[184] M.-J. Wang und S. Wolff
Filler-Elastomer Interactions. Part V: Investigation of the Surface Energies of Silane-Modified Silicas
Rubber, Chemistry and Technology, 65 (1992), S. 715-735

[185] H. Seifert
Der Weltkautschukmarkt an der Jahreswende
Gummi, Faser, Kunststoffe (früher: Gummi, Asphalt, Kunststoffe), 49 (1996), S. 37-49

[186] R.W. Layer
Recuring Vulcanizates. II. Effect of Added Accelerators
Rubber, Chemistry and Technology, 65 (1992), S. 822-835

[187] n.n.
Reifen richtig recyclieren
Umwelt Magazin, (1995), S. 74-76

[188] R. Sixt, B. Bake, G. Abrahamsson und G. Thiringer
Lung function of sheet metal workers exposed to fiber glass
Scandinavian Journal of Work Environment and Health, 9 (1983), S. 9-14

[189] T.M. Williams, R.L. Harris, E.W. Arp, M.J. Symons und M.D. Van Ert
Worker exposure to chemical agents in the manufacture of rubber tires and tubes: Particulates
American Industrial Hygiene Association, 41 (1980), S. 204-211

[190] T. Will
Probenahmeverfahren für Luftschadstoffen in der Gummiindustrie unter den Bedingungen von Luftfeuchte und Ölnebeln
Dissertation, Hannover 1994

[191] Antioxidants
Encyclopedia of Polymer Science and Engineering, 2. Auflage, Band 2, J. Wiley and Sons, New York (1985), S. 73-91

[192] Tires
Encyclopedia of Polymer Science and Engineering, 2. Auflage, Band 16, J. Wiley and Sons, New York (1989), S. 834-861

[193] Plasticizers
Encyclopedia of Polymer Science and Engineering, 2. Auflage, Supplement, J. Wiley and Sons, New York (1989), S. 631-647

[194] Ethylene-Propylene Elastomers
Encyclopedia of Polymer Science and Engineering, 2. Auflage, Band 6, J. Wiley and Sons, New York (1986), S. 522-564

[195] Vulcanization
Encyclopedia of Polymer Science and Engineering, 2. Auflage, Band 17, J. Wiley and Sons, New York (1989), S. 666-698

[196] Rubber Hard
Encyclopedia of Polymer Science and Engineering, 2. Auflage, Band 14, J. Wiley and Sons, New York (1988), S. 670-686

[197] Rubber Derivatives
Encyclopedia of Polymer Science and Engineering, 2. Auflage, Band 14, J. Wiley and Sons, New York (1988), S. 762-786

[198] Rubber Natural
Encyclopedia of Polymer Science and Engineering, 2. Auflage, Band 14, J. Wiley and Sons, New York (1988), S. 687-716

[199] Rubber Reclaiming
Encyclopedia of Polymer Science and Engineering, 2. Auflage, Band 14, J. Wiley and Sons, New York (1988), S. 787-804

[200] B.G. Willoughby
Health and Safety
In: A. Whelan, K.S. Lee. Developments in Rubber Technology, Band 4, Elsevier Applied Science Ltd., London, 1987

[201] DIN 53501: Kautschuk und Elastomere - Begriffe
Deutsches Institut für Normung e.V., 1980

[202] ISO 1629: Kautschuk und Latices - Einteilung, Kurzzeichen
Deutsches Institut für Normung e.V., 1992

[203] W. Hofmann
Kautschuk-Technologie
Genter Verlag, Stuttgart, 1980

[204] S.N. Chakravarty, S.K. Mustafi, R.R. Pandit, P. Sridharan und P.K. Pansare
Loss of Antioxidants in Truck Tyres
Kautschuk und Gummi, Kunststoffe, 36 (1983), S. 22-26, 363-372; 37 (1984), S. 115-123; 38 (1985), S. 787-793

[205] H. Schnecko
Gegendarstellung zu dem Beitrag "Recycling-Strategien für die Reifenindustrie aus ganzheitlicher Sicht"
Kautschuk und Gummi, Kunststoffe, 45 (1992), S. 124-126

[206] H.F. Ramm und E. Seidler
Zusammenführen von kalandrierten und extrudierten Reifenkomponenten im On-Line-Betrieb
Kautschuk und Gummi, Kunststoffe, 45 (1992), S. 225-231

[207] J. Dehnert und H. Volk
Berechnung der Temperaturverteilung im rollenden Reifen mittels der Methode der Finiten Elemente
Kautschuk und Gummi, Kunststoffe, 45 (1992), S. 47-51

[208] R. Wommelsdorff und W. Hamann
Ein Beitrag zur Reduzierung der polycyklischen Aromaten aus aromatischen Mineralölweichmachern
Kautschuk und Gummi, Kunststoffe, 45 (1992), S. 24-29

[209] P.E. Cassidy und B.J. Yager
Coupling Agents as Adhesion Promoters
Journal of macromolecular science, Reviews in polymer technology, D1 (1971), S. 1-49

[210] G. Bertrand und E. Leleu
The development of new antiozonants
Rubber World, 185 (1985), S. 32-35

[211] F. Jowett
The protection of rubber from ozone attack by use of petroleum waxes
Rubber World, 188 (1983), S. 24-27, 39

[212] E. Hosenfeld
Altreifen - Entsorgen mit Nutzen
Gummi, Asbest, Kunststoffe, 29 (1976), S. 686-689

[213] L. Klein und H. Lau
Reinigung und Vorbehandlung von Metalloberflächen und Gummi
Gummi, Fasern, Kunststoffe, (früher: Gummi, Asbest, Kunststoffe), 48 (1995), S. 298-305

[214] J.C. Ambelang, R.H. Kline, O.M. Lorenz, C.R. Parks und C. Wadelin
Antioxidants and Antiozonants for General Purpose Elastomers
Rubber, Chemistry and Technology, 36 (1963), S. 1497-1541

[215] P.O. Powers
Resins Used in Rubber
Rubber, Chemistry and Technology, 36 (1963), S. 1542-1570

[216] L.K. Zolotarevskaya, A.M. Lipkin, A.E. Grinberg und L.G. Angert
1,1,4-Derivatives of Thiosemicarbazide - new non-staining Antiozonants
Rubber, Chemistry and Technology, 46 (1973), S. 517-523

[217] R.P. Lattimer, J. Gianelos, H.E. Diem, R.W. Layer und C.K. Rhee
Mechanisms of Antiozonant Protection: Unextractable Nitrogen in Aged Cis-Polybutadiene Vulcanizates
Rubber, Chemistry and Technology, 59 (1986), S. 263-273

[218] L.R. Barker und G.M. Bristow
A Curing System for Rubber Bonded to Brass-Plated Tire Cord
Rubber, Chemistry and Technology, 54 (1981), S. 797-809

[219] V. Münch, G. Wassmuth, K. Mitulla und A. Echte
Selbstverlöschende halogenhaltige thermoplastische Formmasse
Ger. Offen., 23 pp; DE 35 14 872 A1, (06.11.85)

[220] D.J. Schuring und S. Futamura
Rolling Loss of Pneumatic Highway Tires in the Eighties
Rubber, Chemistry and Technology, 63 (1990), S. 315-367

[221] W. Schwarze, S. Wolff und H. Lambertz
Verwendung von substituierten N-Trichlormethylthiohydantoinen in Kombination mit Bis-(2,4-diamino-s-triazin-6-yl)-oligosulfiden in vulkanisierbaren Kautschukmischungen und derartige Kautschukmischungen
Ger. Offen., 13 pp; DE 36 10 796 A1, (08.10.87)

[222] S. Lüpfert
Nitrosamine in der Kautschukindustrie
Kautschuk und Gummi, Kunststoffe, 42 (1989), S. 16-21

[223] H. Lohwasser
Der Einfluß neuerer gesetzlicher Rahmenbedingungen auf Produktentwicklungen in der chemischen Industrie
Kautschuk und Gummi, Kunststoffe, 42 (1989), S. 22-26

[224] D. Seeberger und G. Raabe
Entstehung von Nitrosaminen in Vulkanisaten
Kautschuk und Gummi, Kunststoffe, 42 (1989), S. 27-30

[225] D.W. Chasar
A new Thiocarbamyl Sulfenamide Accelerator
Kautschuk und Gummi, Kunststoffe, 42 (1989), S. 31-33

[226] K.M. Davies, D.G. Lloyd und A. Orband
The Impact of N-Nitrosamine Regulations on Sulphenamide Selection
Kautschuk und Gummi, Kunststoffe, 42 (1989), S. 120-123

[227] M.J.R. Loadman
Nitrosamines and Natural Rubber Formulations: the Current Position
Kautschuk und Gummi, Kunststoffe, 42 (1989), S. 201-204

[228] M. Lheureux, Th. Kuhlmann und V. Siekermann
Nitrosamines in Rubber Vucanizate: An Evaluation of Specific Inhibitors
Kautschuk und Gummi, Kunststoffe, 43 (1990), S. 107-113

[229] H.G. Haag und K.-H. Nordsiek
Entwicklungstrends beim Emulsions-SBR
Kautschuk und Gummi, Kunststoffe, 43 (1990), S. 135-138

[230] L. Steger
Is it necessary to use Processing Promotors in Tyre Compounds?
Kautschuk und Gummi, Kunststoffe, 43 (1990), S. 197-201

[231] H.-J. Schwenke
Recycling-Strategien für die Reifenindustrie aus ganzheitlicher Sicht
Kautschuk und Gummi, Kunststoffe, 45 (1992), S. 60-67

[232] R. Sattelmeyer
Verstärkte Kautschukmischungen, Verfahren zu ihrer Herstellung und ihrer Verwendung
Ger. Offen., 28 pp; DE 36 04 744 A1, (09.10.86)

[233] R.P Quirk, J. Yin, S.-H. Guo, X.-W. Hu, G.J. Summers, J. Kim, J.-J. Ma, T. Takizawa und T. Lynch
Recent Advances in Anionic Synthesis of Functionalized Polymers
Rubber, Chemistry and Technology, 64 (1991), S. 648-660

[234] P.S. Pillai und G.S. Fielding-Russell
Effect of Aspect Ratio on Tire Rolling Resistance
Rubber, Chemistry and Technology, 64 (1991), S. 641-647

[235] R.P. Quirk und J. Kim
Recent Advances in Thermoplastic Elastomer Synthesis
Rubber, Chemistry and Technology, 64 (1991), S. 450-468

[236] G.R. Hamed und J. Huang
Combining Cobalt and Resorcinolic Bonding Agents in Brass-Rubber Adhesion
Rubber, Chemistry and Technology, 64 (1991), S. 285-295

[237] G. Xue, J.L. Koenig und H. Ishida
Chemical Reactions of Resorcinol-Formaldehyde Latex and Coupling Agent
Rubber, Chemistry and Technology, 64 (1991), S. 172-180

[238] R. Costin, W. Nagel und R. Ekwall
New Metallic Coagents for Curing Elastomers
Rubber, Chemistry and Technology, 64 (1991), S. 152-161

[239] F.L. Magnus und G.R. Hamed
Role of Phenolic Tackifiers in Polyisoprene Rubber
Rubber, Chemistry and Technology, 64 (1991), S. 65-73

[240] H. Westlinning
Vulcanization of Rubber with Aminomercaptotriazines
Rubber, Chemistry and Technology, 43 (1970), S. 1194-1214

[241] J.A. Kuczkowski und J.G. Gillick
Polymer-Bound Antioxidants
Rubber, Chemistry and Technology, 57 (1984), S. 621-651

[242] H.S. Dweik und G. Scott
Mechanisms of Antioxidant Action: The Antifatigue Mechanism of Nitrosamines
Rubber, Chemistry and Technology, 57 (1984), S. 908-917

[243] D. Pal, A. Khamrai, B. Adhikari, T. Dutta, M.M. Maiti und S. Maiti
New Accelerators for Vulcanization of Rubber, Part III: Synthesis, Characterization, and Evaluation of some 2-Mercaptobenzimidazole Derivatives
Rubber, Chemistry and Technology, 58 (1985), S. 713-727

[244] P.K. Pal und S.K. De
Effect of Reinforcing Silica on Vulcanization, Network Structure, and Technical Properties of Natural Rubber
Rubber, Chemistry and Technology, 55 (1982), S. 1370-1388

[245] N.D. Ghatge und N.N. Maldar
Vulcanization of Butyl Rubber: Curative Effects of 2-Pentadecylbenzoquinonedioxime
Rubber, Chemistry and Technology, 54 (1981), S. 692-697

[246] E. Morita und A.B. Sullivan
Thioketals as Prevulcanization Inhibitors
Rubber, Chemistry and Technology, 54 (1981), S. 1132-1148

[247] J.A. Douglas, G.G. Maher, C.R. Russell und C.E. Rist
Rubber Reinforcement by Starch Poly(ethylenimino Thiourethane)
Journal of Applied Polymer Science, 16 (1972), S. 1937-1946

[248] R.W. Keller
Oxidation and Ozonation of Rubber
Rubber, Chemistry and Technology, 58 (1985), S. 637-652

[249] H. Bartels und G. Scholz
Das Abbauverhalten von Naturkautschuk bei der Mastikation mit Pentachlorthiophenol
Kautschuk und Gummi, Kunststoffe, 46 (1993), S. 361-368

[250] P. Eemans
TBSI - eine neue Komponente für Dienelastomer-Vulkanisationssysteme
Kautschuk und Gummi, Kunststoffe, 46 (1993), S. 371-373

[251] F. Sommer
Ansatzpunkte für die umweltfreundliche Anwendung und Verwertung von Gummi-Festigkeitsträger-Verbunden
Kautschuk und Gummi, Kunststoffe, 46 (1993), S. 395-402

[252] A. Pfitzmann und M. Fedtke
Zur Reaktion von Dicyandiamid mit Glycidethern
Kautschuk und Gummi, Kunststoffe, 46 (1993), S. 596-607

[253] H.G. Dikland, R.J.M. Hulskotte, L. van der Does und A. Bantjes
The Mechanism of EPDM Peroxide Vulcanisations in the Presence of Triallylcyanurate as a Coagent
Kautschuk und Gummi, Kunststoffe, 46 (1993), S. 608-613

[254] D.W. Chasar
Alkaline Earth Oxides/Hydroxides as Nitrosamine Inhibitors in Rubber Vulcanization
Kautschuk und Gummi, Kunststoffe, 45 (1992), S. 18-20

[255] W. Hamann, H.G. Schmidt und R. Wommelsdorff
Gesundheitsrisiken beim Umgang mit Mineralölweichmachern
Kautschuk und Gummi, Kunststoffe, 34 (1981), S. 126-129

[256] L. Fishbein
Chemicals Used in the Rubber Industry
The Handbook of Environmental Chemistry, Vol. 3 Part E, Springer-Verlag, Berlin, 1990, S. 45-95

[257] S. Wolff
Füllstoffentwicklung heute und morgen
Kautschuk und Gummi, Kunststoffe, 32 (1979), S. 312-324

[258] K.H. Nordsiek
Polymerstruktur und Reversion
Kautschuk und Gummi, Kunststoffe, 41 (1988), S. 327-333

[259] D. Brück, H. Königshofen und L. Ruetz
Wirkungsmechanismus von Ozonschutzmitteln in Kautschuk
Kautschuk und Gummi, Kunststoffe, 38 (1985), S. 372-376

[260] H. Ehrend und K. Morche
Polymergebundene Kautschukchemikalien - ein Beitrag zur Auswahl optimaler Bindersysteme
Kautschuk und Gummi, Kunststoffe, 38 (1985), S. 499-504

[261] U. Eholzer und Th. Kempermann
Verbesserung der Reversionsbeständigkeit durch nachvernetzende Beschleunigungssysteme
Kautschuk und Gummi, Kunststoffe, 38 (1985), S. 710-720

[262] H. Weigel und D. Groß
Isothiocyanate als Vulkanisationsprodukte
Kautschuk und Gummi, Kunststoffe, 46 (1993), S. 647-650

[263] F.P. Baldwin und G. Ver Strate
Polyolefin Elastomers Based on Ethylene and Propylene
Rubber, Chemistry and Technology, 45 (1972), S. 709-856

[264] R.P. Lattimer und K.R. Welch
Direct Analysis of Polymer Chemical Mixtures by Field Desorption Mass Spectroscopy
Rubber, Chemistry and Technology, 53 (1980), S. 151-159

[265] R.P. Lattimer, E.R. Hooser, H.E. Diem, R.W. Layer und C.K. Rhee
Mechanism of Ozonation of N,N'-Di-(1-Methylheptyl)-p-Phenylendiamine
Rubber, Chemistry and Technology, 53 (1980), S. 1170-1190

[266] R.J. Hopper
N-Sulfonyl-Sulfilimines as Premature Vulcanization Inhibitors
Rubber, Chemistry and Technology, 53 (1980), S. 1106-1116

[267] R.W. Layer und R.P. Lattimer
Protection of Rubber against Ozone
Rubber, Chemistry and Technology, 63 (1990), S. 426-450

[268] R.P. Lattimer, E.R. Hooser, R.W. Layer und C.K. Rhee
Mechanisms of Ozonation of N-(1,3-Dimethylbutyl)-N-Phenyl-p-Phenylenediamine
Rubber, Chemistry and Technology, 56 (1983), S. 431-439

[269] K. Makino, I. Hattori und M. Watanabe
Polymerization of Ethylene with Propylene by Soluble Titanium(III)Catalyst
Rubber, Chemistry and Technology, 63 (1990), S. 713-721

[270] A. Ahagon, M. Kida und H. Kaidou
Aging of Tire Parts During Service
Rubber, Chemistry and Technology, 63 (1990), S. 683-697, 698-712

[271] R.P. Lattimer, R.W. Layer, E.R. Hooser und C.K. Rhee
The Ozonation of N,N'-Di-n-Octyl-p-Phenylenediamine and N,N'-Di-(1,1-Dimethylethyl)-p-Phenylenediamine
Rubber, Chemistry and Technology, 64 (1991), S. 780-798

[272] J.P. Lehnen
Technologischer und wirtschaftlicher Stand der Kautschuk-Mischtechnik und Aspekte für die Zukunft
Kautschuk und Gummi, Kunststoffe, 38 (1985), S. 621-627

[273] L. Jose und R. Joseph
Study of the Effect of Polyethylene Glycol in Filled Natural Rubber Latex Vulcanizates
Kautschuk und Gummi, Kunststoffe, 46 (1993), S. 220-222

[274] J.C. Johnson
Antioxidants for Elastomers: Antioxidants - Syntheses and Applications
Chemical Technology Reviews, 44 (1975), S. 222-242, Noyes Data Corporation, New York

[275] M.W. Ranney
Elastomers
Chemical Technology Reviews, 127 (1979), S. 193-257, Noyes Data Corporation, New York

[276] J.D. van Drumpt
Products and Mechanism of the Thermal Reaction between 2,4-Dichlorobenzoylperoxide and n-Pentadecane, an Approximation of the Crosslinking of Silicone Rubbers
Rubber, Chemistry and Technology, 63 (1990), S. 92-97

[277] W. Obrecht und Z. Szentivanyi
Vulkanisierbare Kautschukmassen
Ger. Offen., 6 pp; DE 37 36 090, (03.05.89)

[278] W. Scheele
Chemismus und Mechanismus der Vulkanisation
Kautschuk und Gummi, Kunststoffe, 15 (1962), S. WT 482-WT 491

[279] A.Y. Coran
Vulcanization, Teil III-VI
Rubber, Chemistry and Technology, 37 (1964), S. 668-697

[280] S. Behr und E. Rohde
Vernetzungssysteme für die Hochtemperatur-Vulkanisation von Polychloropren
Kautschuk und Gummi, Kunststoffe, 23 (1979), S. 492-506

[281] H. Bartl und J. Peter
Über Äthylen/Vinylacetat-Copolymerisate und ihre Vernetzung
Kautschuk und Gummi, 14 (1961), S. WT 23 - WT 32

[282] P.K. Bandyopadhyay und S. Banerjee
Effect of Diphenylguanidine on 2-(morpholinodithio)-benzothiazole Accelerated Sulphur Vulcanization of NR both in Presence and Absence of Dicumyl Peroxide
Kautschuk und Gummi, Kunststoffe, 32 (1979), S. 588-594

[283] P.K. Bandyopadhyay und S. Banerjee
Effect of Tetramethyl thiuram disulfide on 2-(morpholinodithio)benzothiazole Accelerated Sulphur Vulcanization of Natural Rubber both in Presence and Absence of Dicumyl Peroxide
Kautschuk und Gummi, Kunststoffe, 32 (1979), S. 961-967

[284] O. Bayer und E. Müller
Das Aufbauprinzip der Urethan-Elastomeren "Vulkollan"
Angewandte Chemie, 72 (1969), S. 934-939

[285] A.N. Shapkin, Z.N. Tarasova, F.S. Tolstukhina und V.Ya. Katsobashvili
Influence of the type of blocking agent on the vulcanising activity of diurethanes
International Polymer Science and Technology, 5 (1978), S. T 11- T12

[286] E. Heitz
Füllstoffe als qualitätsverbessernde Modifikatoren
Gummi, Asbest, Kunststoffe, 28 (1975), S. 286-294

[287] M.W. Ranney, G.M. Cameron und B.W. Lipinski
Einfluß der Silan-Haftvermittler auf hell-gefüllte Kautschukmischungen
Gummi, Asbest, Kunststoffe, 8 (1974), S. 600-604, 632

[288] J. Schnetger
Lexikon der Kautschuk-Technik
2. Auflage, Hüthing Verlag, Heidelberg (1991)

[289] E. Rohde
Chlorinated Polyethylene - Advantages of its Application in the Elastomer Sector
International Rubber Conference IRC: Proceedings of the Intenational Rubber Conference (1979), S. 254-261

[290] A.L. Bull und K. van Henten
Thermoplastic Elastomers, the Utilisation of Structural Parameters in Application Developments
International Rubber Conference IRC: Proceedings of the International Rubber Conference (1979), S. 262-271

[291] G.M. Cameron
Silane coupling agents - a review of their use and effects in compounding
European Rubber Journal, 156 (1974), S. 37-46

[292] P. Liebl und D. Wewerka
Die energetische Verwertung von Altreifen bei der Gmunder Zementwerke Hans Hatschek AG
Müll und Abfall, (1983), S. 54-56, 137-138

[293] J. Wehlmann
Alternative zur Membrantechnik
Chemische Industrie, 12 (1991), S. 20-23

[294] W. Muschak
Pollution of Street Run-Off by Traffic and Local Conditions
The Science of the Total Environment, 93 (1990), S. 419-431

[295] W. Dannecker, M. Dau und H. Stechmann
Substance load in rainwater runoff from different street in Hamburg
The Science of the Total Environment, 93 (1990), S. 385-392

[296] W. Wüst, U. Kern und R. Herrmann
Street wash-off behaviour of heavy metals, polyaromatic hydrocarbons and nitrophenols
The Science of the Total Environment 146/147 (1994), S. 457-463

[297] M.T. Bomboi, A. Hernandez, F. Marino und E. Hontoria
Distribution of hydrocarbon concentrations from Urban Runoff
The Science of the Total Environment, 93 (1990), S. 465-480

[298] B.A. Hunter
Chemical Blowing Agents
Rubber Age, 108 (1976), S. 19-25

[299] S. Zalipsky, J.L. Chang, F. Albericio und G. Barany
Preparation and applications of polyethylene glycol-polystyrene graft resin supports for solid-phase peptide synthesis
Reactive Polymers, 22 (1994), S. 243-258

[300] Plasticizers
Ullmanns Encyclopedia of Industrial Chemistry, 5th, completely rev. ed., Volume A 20, VCH, Weinheim (1992), S. 439-448

[301] G. Stotz
Decontamination of highway surface runoff in the FRG
The Science of the Total Environment, 93 (1990), S. 507-514

[302] E.W. Strecker, E.D. Driscoll, P.E. Shelley, D.R. Gaboury und J.D. Sartor
The U.S. Federal highway administrations receiving water impact methodology
The Science of the Total Environment, 93 (1990), S. 489-498

[303] K. Czech-Scharif-Afschar
Hazardous substances in the tyre factory
Tyretech (1994), paper 14, S. 1-6

[304] S. Lüpfert
Rohstoffe in der Gummiindustrie mit Blick auf die deutsche und die europäische Gesetzgebung
Kautschuk und Gummi, Kunststoffe, 43 (1990), S. 780-789

[305] Van der Vaet
Environmental challenges in the rubber world - EU rubber industry and environmental questions
Rubbercon 1995, Gothenburg, Schweden, 9. - 12. Mai 1995

[306] K. Jones und K. Lawson
Environmental challenges in the rubber world: What to do with old tyres?
Rubbercon 1995, Gothenburg, Schweden, 9. - 12. Mai 1995

[307] A. Reinikki
Energy balance in life-cycle assessment of a tyre
Rubbercon 1995, Gothenburg, Schweden, 9. - 12. Mai 1995

[308] G. Allen
Reincarnation of Incineration?
Rubbercon 1995, Gothenburg, Schweden, 9. - 12. Mai 1995

[309] C. Xanthopoulos und H.H. Hahn
Pollutants attached to particles from drainage areas
The Science of the Total Environment, 93 (1990), S. 441-448

[310] H.-W. Engels, H. Hammer, D. Brück und W. Redetzky
Effectiveness of new alkyl-aryl-p-phenylenediamines which can be chemically bound to polymers - model study
Rubber, Chemistry and Technology, 62 (1989), S. 609-622

[311] W Schwarze, S. Wolff und H. Lambertz
Verwendung von substituierten N-Trichlormethylthiodicarboximiden in Kombination mit N,N'-substituierten Bis-(2,4-diamino-s-triazin-6-yl)-Oligosulfiden in vulkanisierbaren Kautschukmischungen und derartige Kautschukmischungen
Ger. Offen., 15 pp; DE 36 10 811 A1, (08.10.87)

[312] D.L. Hertz, H. Bussem und T.W. Ray
Nitrile rubber - past, present and future
Rubber, Chemistry and Technology, 68 (1995), S. 540-546

[313] K.D. Hesse
Desinvestitionen in der westeuropäischen Chemieindustrie am Beispiel des Hülser E-SBR (ökonomisch notendig/ökologisch unsinnig)
Kautschuk und Gummi, Kunststoffe, 48 (1995), S. 376-380

[314] U. Schmidt und E. Kreipe
Möglichkeiten zur thermischen Verwertung von Altgummi
Kautschuk und Gummi, Kunststoffe, 48 (1995), S. 244-253

[315] H. Schaarschmidt und W. Dierkes
Kontinuierliche Herstellung von Gummibahnen aus modifiziertem Altgummipulver
Kautschuk und Gummi, Kunststoffe, 48 (1995), S. 198-200

[316] J. Asplund
Curing fumes - a large-scale study
Kautschuk und Gummi, Kunststoffe, 48 (1995), S. 276-280

[317] B. Jelsma
Aramid - die wirtschaftliche Faser für Reifen
Kautschuk und Gummi, Kunststoffe, 48 (1995), S. 527-530

[318] P. Roch
Compounding for wet grip
Kautschuk und Gummi, Kunststoffe, 48 (1995), S. 430-434

[319] R. Stark
Environmental impact of a tire
Kautschuk und Gummi, Kunststoffe, 48 (1995), S. 448-453

[320] Ph. Cochet, D. Butcher und Y. Bomal
Formula optimization for a steel belt cord insulation compound
Kautschuk und Gummi, Kunststoffe, 48 (1995), S. 353-358

[321] D. Seeberger und G. Raabe
Die Nitrosamin-Problematik - Herausforderung und theoretische sowie praktische Lösungsansätze
Kautschuk und Gummi, Kunststoffe, 48 (1995), S. 364-369

[322] M. Löffler, W., Straube, E. Neumann und G. Straube
Mikrobielle Oberflächenentschwefelung von Altgummigranulat - ein Beitrag zur stofflichen Wiederverwertung von Altgummi
Kautschuk und Gummi, Kunststoffe, 48 (1995), S. 454-457

[323] H.-J. Graf und H.-M. Issel
Neue Beurteilung der Dithiophosphate im Zusammenhang mit Beschleunigern, die keine N-Nitrosamine bilden
Kautschuk und Gummi, Kunststoffe, 48 (1995), S. 600-605

[324] U. Geffarth
Europäische Umweltschutz-Gesetzgebung - Was kommt auf die Kautschuk-Industrie zu?
Kautschuk und Gummi, Kunststoffe, 48 (1995), S. 644-646

[325] E. Rohbock, U. Strohecker und M. Steiger
Konzeption von Reinigungsanlagen für Gummiabluft
Kautschuk und Gummi, Kunststoffe, 48 (1995), S. 539-544

[326] G.J. Arsenault, T.A. Brown und I.R. Jobe
In search of hydrogentated nitrile-butadiene rubber (HNBR) with improved performance at low temperatures
Kautschuk und Gummi, Kunststoffe, 48 (1995), S. 418-422

[327] S.Ch. Debnath und D.K. Basu
Effect of dithiodiamines and dibenzothiazyl disulfide as synergistic pairs of safe accelerators in the vulcanization of NR
Kautschuk und Gummi, Kunststoffe, 48 (1995), S. 111-117

[328] M. Dröscher
Ökonomische und ökologische Aspekte des Rohstoff-Recyclings
Kautschuk und Gummi, Kunststoffe, 48 (1995), S. 126-129

[329] J. Ahlbom und U. Duus
Nya hjulspar - en produktstudie av gummidäck
Rapport fran kemikalieinspektionen, 6 (1994), S. 1-5, 15-22

[330] n.n.
Toxische Öle in Schwedens Gummireifen
Kautschuk und Gummi, Kunststoffe, 48 (1995), S. 237-238

[331] O. Nuyken und R. Bayer
Herstellung und Anwendung reaktiver Füllstoffe
Kautschuk und Gummi, Kunststoffe, 48 (1995), S. 704-708

[332] L. Marinelli und H. Magg
A new acrylonitrile-butadiene rubber for moulded articles
Kautschuk und Gummi, Kunststoffe, 48 (1995), S. 724-728

[333] R. Wefringhaus und W. Gruber
Wäßrige Gummi-Metall-Bindemittel
Kautschuk und Gummi, Kunststoffe, 48 (1995), S. 729-734

[334] M. Levy
The activity of phenolic antioxidants in rubber applications - Theorie and practice
Kautschuk und Gummi, Kunststoffe, 40 (1987), S. 1043-1052

[335] H. Fries
Schutzmittel für Langzeitwirkung in Kautschuk
Gummi, Fasern, Kunststoffe (früher: Gummi, Asbest, Kunststoffe), 40 (1987), S. 238-258

[336] n.n.
BINTEC 2001 - Der Schadstoffbinder
Druckschrift der Firma Raiffeisen Vertriebsgesellschaft mbH, Neu Durenstedt

[337] n.n.
Trendwende in der Kautschukindustrie
Gummi, Fasern, Kunststoffe (früher: Gummi, Asbest, Kunststoffe), 48 (1995), S. 396-397

[338] W. Dierkes
Die Wiederverarbeitung von Gummiabfällen - ein Recycling-Konzept
Gummi, Fasern, Kunststoffe (früher: Gummi, Asbest, Kunststoffe), 48 (1995), S. 398-404

[339] M.S. Jones und C.T. Smith
Carboxylierter, hydrierter Nitrilkautschuk: ein neuartiges Elastomer mit überlegenen Gebrauchseigenschaften
Gummi, Fasern, Kunststoffe (früher: Gummi, Asbest, Kunststoffe), 48 (1995), S. 405-412

[340] E. Begemann
Anlagen und Verfahren für die Reifenvulkanisation
Gummi, Asbest, Kunststoffe, 31 (1978), S. 140-148, 320-326

[341] J. Walker und S.E. Horne
Specialty elastomers in tires
Elastomerics, 117 (1985), S. 22-29

[342] R.W. Yeager
Tires of the nineties and beyond
Elastomerics, 119 (1987), S. 12-19

[343] K.P. Jones, P.M. Lewis, P.McL. Swift und I.R. Wallace
Comounding for tyres
Natural Rubber Science and Technology, Hrsg.: Roberts, A.D. Oxford University Press 1988, S. 283-326

[344] R. Schubart, M. Pieroth und T. Kempermann
Verfahren zur Herstellung von Gummi/Metall-Verbundmaterialien mit hoher Gummi/Metall-Haftung
Ger. Offen., 6 pp; DE 38 07 096, (14.09.89)

[345] W.R. Pierson und W.W. Brachaczek
Airborne particulate debris from rubber tires
Rubber, Chemistry and Technology, 47 (1974), S. 1275-1299

[346] J.C. Bament und J.G. Pillow
Developments with polychlorpropene
Developments in rubber technology 2; Application Science Publistic, 1981; Hrsg.: Whelan, A.; Lee, K.S.; London, S. 131-154

[347] U. Schmidt und D. Reinke
Wiederverwertung von Altgummi - Status und Tendenzen in der Gummiindustrie
Kautschuk und Gummi, Kunststoffe, 45 (1992), S. 660-666

[348] E. Rohde, H. Bechen und M. Mezger
Polychloroprentypen und Mischungsaufbau für Langzeit-Kälteflexibilität
Kautschuk und Gummi, Kunststoffe, 42 (1989), S. 1121-1129

[349] K.E. Day, K.E. Holtze, J.L. Metcalfe-Smith, C.T. Bishop und B.J. Dutka
Toxicity of leachate from automobile tires to aquatic biota
Chemosphere, 27 (1993), S. 665-675

[350] J. Kramer
Klebstoff auf der Basis von Phenolharzen und Nitrilkautschuken
Ger. Offen., 6 pp; DE 38 34 879 A1, (19.04.90)

[351] R.W. Thomas
UV-Stabilisierung von elastomeren Werkstoffen
Gummi, Fasern, Kunststoffe (früher: Gummi, Asbest, Kunststoffe), 48 (1995), S. 864-872

[352] H.-P. Uder
Altgummi-Verwertung
Kautschuk und Gummi, Kunststoffe, 48 (1995), S. 909-912

[353] R.E. Drake, J.J. Holliday und M.S. Costello
Polybutadien-Coagenzien in peroxidvulkanisierten Elastomermischungen fü die Kabel- und Elektroindustrie
Gummi, Fasern, Kunststoffe (früher: Gummi, Asbest, Kunststoffe), 48 (1995), S. 719-728

[354] B. Singh und J.A. Sedlak
Neue Haftvermittler aus vinylterminierten Carbamylmethyl-Melaminharzen
Gummi, Fasern, Kunststoffe (früher: Gummi, Asbest, Kunststoffe), 48 (1995), S. 536-549

[355] n.n.
Der Reifen im Spannungsfeld zwischen Ökologie und Ökonomie
Gummi, Fasern, Kunststoffe (früher: Gummi, Asbest, Kunststoffe), 48 (1995), S. 545-549

[356] A.I. Isayev, J. Chen und A. Tukachinsky
Eine neue Ultraschall-Technologie für die Devulkanisation von Altgummi
Gummi, Fasern, Kunststoffe (früher: Gummi, Asbest, Kunststoffe), 48 (1995), S. 550-559

[357] n.n.
Blue Book 1995
Rubber World Magazine, Lippincott & Peto Inc., Akron, Ohio

[358] N.K. Singha und S. Sivaram
A new method to hydrogenate nitrile rubber in the latex form
Rubber, Chemistry and Technology, 68 (1995), S. 281-286

[359] n.n.
Altgummiverwertung in Deutschland - Statusbericht
Gesellschaft für Altgummi-Verwertungs-Systemwe m.b.H., 1995

[360] R. Musch und R. Schubart
Verfahren zur Vulkanisation von Polychloropren
Ger. Offen., 9 pp; DE 39 42 463 A1, (27.06.91)

[361] B. Löwenhaupt
Pro Jahr warten 550.000 Tonnen Reifen auf Verwertung
Gummibereifung, 70 (1994), S. 40-43

[362] T.M. Kenny und R.A. Stechschulte
Applications of finite element analysis in tire design
Tire, Science and Technology, 16 (1988), S. 96-117

[363] K.H. Nordsiek
Spezialkautschuke auf Basis von 1,2- und 3,4-Polydienen
Kautschuk und Gummi, Kunststoffe, 35 (1982), S. 1032-1038

[364] K.H. Nordsiek
The "integral rubber" concept - an approach to an ideal tire tread rubber
Kautschuk und Gummi, Kunststoffe, 38 (1985), S. 178-185

[365] S.L. Simonich und R.A. Hites
Importance of vegetation in removing polycyclic aromatic hydrocarbons from the atmosphere
Nature, 370 (1994), S. 49-51

[366] Nynas
PAC-Werte variieren je nach Meßmethode
Nynas Market Magazine Naphthenics, Nr.2, 1995

[367] F. Maass
Kybernetische Reifen derzeit noch eine Utopie
Gummibereifung, 69 (1993), S. 146-153

[368] F. Maass
Kumho erwägt Entwicklungszentren in Übersee
Gummibereifung, 69 (1993), S. 66-72

[369] F. Maass
Wettbewerb macht Entwicklungszyklen immer kürzer
Gummibereifung, 69 (1993), S. 83-85

[370] B. Löwenhaupt
Die organischen Kreisläufe von Stoffen und Energie
Gummibereifung, 70 (1994), S. 45-58

[371] B. Löwenhaupt
Gummigranulat findet Verwendung im Straßenbau
Gummibereifung, 70 (1994), S. 94-97

[372] B. Löwenhaupt
Altreifenverbrennung kann Stromversorgung unterstützen
Gummibereifung, 70 (1994), S. 88-92

[373] F. Maass
Es gibt noch Spielraum für die Molekülarchitektur
Gummibereifung, 69 (1993), S. 35-38

[374] S. Wolff und E.-H. Tan
Reversionsfreie Vulkanisate ergebende Kautschukmischungen und Verfahren zur Vulkanisation
Ger. Offen., 40 pp; DE 28 48 559 A1, (14.05.80)

[375] E. Gerlach
Additive zur Modifikation von Silikonkautschuk
Kautschuk und Gummi, Kunststoffe, 48 (1995), S. 793-798

[376] H.H. Hahn und R. Pfeifer
The contribution of parked vehicle emmissions to the pollution of urban run-off
The Science of the Total Environment, 146/147 (1994), S. 525-533

[377] G. Stotz
Investigation of the properties of the surface water run-off from federal highways in the FRG
The Science of the Total Environmental, 59 (1987), S. 329-337

[378] S. Wolff und E.H. Tan
Vulkanisierbare Kautschuk-Mischung auf Basis von halogenfreien Kautschuken, Verfahren zum Vulkanisieren dieser Kautschukmischungen und Verwendung der Kautschuk-Mischungen
Ger. Offen., 57 pp, DE 29 33 345 A1, (26.02.81)

[379] A.J. Aarts, G.B. Benson, N.L. Duchateau und K.M. Davies
Modern analytical techniques for the detection of rubber chemicals and their decomposition products in the environment
International Journal Environmental Analytical Chemistry, 38 (1990), S. 85-95

[380] R. Schubart und U. Eholzer
Vulkanisationsbeschleuniger auf Basis von Melaminderivaten, Melaminderivate enthaltende Kautschukmassen sowie ein Verfahren zur Vulkanisation von Kautschuken
Ger. Offen., 23 pp; DE 30 06 803 A1, (03.09.81)

[381] n.n.
4-Aminodiphenylamin
Hrsg.: Beratergremium für Umweltrelevante Altstoffe (BUA) der Gesellschaft Deutscher Chemiker, VCH, Weinheim (1993)

[382] Nynas
Verschiedene Meßmethoden für den PAC-Gehalt
Nynas Market Magazine Naphthenics, Nr.2, 1993

[383] A. Costin und W. Nagel
Metallische Coagenzien für die Gummi-Metall-Bindung
Gummi, Fasern, Kunststoffe (früher: Gummi, Asbest, Kunststoffe), 48 (1995), S. 796-799

[384] W.P. Volk
Der Texaco-Reifenverflüssigungsprozeß
Gummi, Fasern, Kunststoffe (früher: Gummi, Asbest, Kunststoffe), 48 (1995), S. 807-810

[385] H.-J. Graf und K. Knörr
Beschleunigersysteme für Spritzgießmischungen
Gummi, Fasern, Kunststoffe (früher: Gummi, Asbest, Kunststoffe), 48 (1995), S. 783-790

[386] N.L. Hewitt
Verbesserung der Verstärkerwirkung von Kieselsäuren
Gummi, Fasern, Kunststoffe (früher: Gummi, Asbest, Kunststoffe), 48 (1995), S. 708-718

[387] P. Ferrandez und S. Bowers
Viton IRP - Fluorkautschuktypen mit verbesserten Verarbeitungseigenschaften
Gummi, Fasern, Kunststoffe (früher: Gummi, Asbest, Kunststoffe), 48 (1995), S. 626-633

[388] D. Rebhan
Anwendung technischer Gase in der Gummiindustrie
Kautschuk und Gummi, Kunststoffe, 48 (1995), S. 34-37

[389] A. Schröter
Urepan - a new generation of polyurethane rubbers
Kautschuk und Gummi, Kunststoffe, 48 (1995), S. 44-50

[390] G. Leumer und A. Rötgers
High Modulus Low Shrinkage-Polyester Multifilamente als Verstärkungsmaterial in der Reifenklasse
Kautschuk und Gummi, Kunststoffe, 48 (1995), S. 22-29

[391] I. Bouloubassi und A. Saliot
Investigation of anthropogenic and natural organic inputs in estuarine sediments using hydrocarbon markers (NAH, LAB, PAH)
Oceanologica Acta, 16 (1993), S. 145-161

[392] n.n.
Rubber Doc
Sablowski Datacon GmbH, K arlsruhe (1996)

[393] E. Rohde und M. Werner
Die Rohstoffpalette in der Gummi-Industrie und ihre technologischen Konsequenzen für den Mischbetrieb
Der Mischbetrieb in der Gummi-Industrie, Hrsg.: Verein Deutscher Ingenieure, VDI Verlag, Düsseldorf (1984), S. 25-47

[394] W. Krambrock
Fördern und Dosieren von Kautschuk, Füllstoffen und Weichmachern
Der Mischbetrieb in der Gummi-Industrie, Hrsg.: Verein Deutscher Ingenieure, VDI Verlag, Düsseldorf (1984), S. 83-116

[395] H.-P. Lachmann
Entwicklungstendenzen in der Mischtechnik
Der Mischbetrieb in der Gummi-Industrie, Hrsg.: Verein Deutscher Ingenieure, VDI Verlag, Düsseldorf (1984), S. 145-159

[396] D. Barnard und P.M. Lewis
Oxidative ageing
Natural Rubber Science and Technology, Hrsg.: Roberts, A.D., Oxfort University Press (1988), S. 621-678

[397] G.A. Blokh
Organic accelerators and curing systems for elastomers
International Polymer Science and Technology Monograph 3; Rubber and Plastics Research Association of Great Britain, Shawbury (1981)

[398] C. Schmegel
Struktur - Wirkungsuntersuchungen in der prospektiven Analyse von Umweltgefährdungen am Beispiel der Substanzklasse der Benzothiazole
Dissertation, Universität Bremen, 1995

[399] L. Maltby, D.M. Forrow, A.B.A. Boxall, P. Calow und C.I. Betton
The effects of motorway runoff on freshwater ecosystems: 1. field study
Enviromental Toxicology an Chemistry, 14 (1995), S. 1079-1092

[400] L. Maltby, A.B.A. Boxall, D.M. Forrow, P. Calow und C.I. Betton
The effects of motorway runoff on freshwater ecosystems: 2. Identifying major toxicants
Environmental Toxicology and Chemistry, 14 (1995), S. 1093-1101

[401] n.n.
Toxicity and safe handling of rubber chemicals - B.R.M.A. code of practice 1985
Hrsg.: British Rubber Manufacturers' Association, 2. Auflage, White and Farrell Ltd., 1985

[402] G. Fu, A.T. Kan und M. Tomson
Adsorption and desorption hysteresis of PAH's in surface sediment
Environmental Toxicology and Chemistry, 13 (1994), S. 1559-1567

[403] J. Ahlers, T. Beulshausen, R. Diderich, D. Maletzki, J. Regelmann, C. Riedhammer, B. Schwarz-Schulz und C. Weber
Bewertung der Umweltgefährlichkeit ausgewählter Altstoffe durch das Umweltbundesamt, Teil II
Texte des Umweltbundesamtes 95/38

[404] R. Schubart, H. Fries und E. Esch
Mastiziermittel
Ger. Offen., 14 pp; DE 31 18 142 A1, (02.12.82)

[405] R. Schubart, H. Fries und E. Esch
Mastiziermittel
Ger. Offen., 7 pp; DE 31 18 144 A1, (02.12.82)

[406] T. Kotani, H. Enyo, M. Tanaka und T. Miyabayashi
Gegen thermische Alterung beständige Kautschukzusammensetzungen
Ger. Offen., 22 pp; DE 31 44 848 A1, (19.05.83)

[407] D. Brück, W. Jeblick und L. Ruetz
Verwendung von Enolethern als nichtverfärbende Ozonschutzmittel
Ger. Offen., 16 pp; DE 32 28 864 A1, (09.02.84)

[408] F.-W. Gräbner und E. Fabienke
Nicht-nitrosamintoxische Vulkanisate für setzungsarme Gummiqualitäten
Ger. Offen., 5 pp; DE 40 36 420 A1, (23.05.91)

[409] F.-W. Gräbner und E. Fabienke
Vulkanisate mit geschmacksneutralen Eigenschaften, die keine Nitrosaminkontaminationen verursachen
Ger. Offen., 4 pp; DE 40 37 756 A1, (06.06.91)

[410] F.-W. Gräbner und E. Fabienke
Nicht-ntrosamintoxisches Gummimaterial mit gegenüber konventionellem (nitrosamintoxischem) Gummimaterial verbesserter Hitzealterungsbeständigkeit
Ger. Offen., 7 pp; DE 42 07 028 A1, (10.09.92)

[411] J Wolpers und K.-H. Nordsiek
Verfahren zur Herstellung von Dienkautschuk-Vulkanisaten
Ger. Offen., 32 pp; DE 42 25 684 A1, (10.02.94)

[412] T. Scholl, H.-J. Weidenhaupt, S. Kelbch und H.-W. Engels
Neue, zur Einführung von polaren Substituenten geeignete Vulkanisationsbeschleuniger
Ger. Offen., 16 pp; DE 42 33 197 A1, (07.04.94)

[413] L. Steger, H. Syrowatka und W. Schütte
Mastiziermittel für Kautschuk
Ger. Offen., 6 pp, DE 42 42 499 A1, (23.06.94)

[414] M. Nakajima, K. Isida und K. Takeda
Hitzebeständige Kautschuk-Zusammensetzung und daraus hergestellte Treibriemen
Ger. Offen., 15 pp, DE 43 03 937 A1, (12.08.93)

[415] F.-W. Gärbner, E. Fabienke und M. Klerk
Vulkanisate mit verbesserten Wärmealterungs- und Warmfestigkeitseigenschaften, insbesondere für dämpfungsarme Lager
Ger. Offen., 7 pp; DE 44 10 262 A1, (29.09.94)

[416] K.L. Rollick, J.G. Gillick und J.A. Kuczkowski
Non-staining and slighty-staining antiozonants
Eur. Pat. Appl., 25 pp; EP 0 278 890 A2, (17.08.88)

[417] J. Groepper und H. Hofmann
Zur Vernetzung von Polymeren geeignete Mischung und Verfahren zum Vernetzen von Polymeren unter Verlängerung der Scorchzeit
Eur. Pat. Appl., 14 pp; EP 0 346 863 A1, (20.12.89)

[418] D.W. Brück, W. Jeblick, H. Königshofen, E. Roos und L. Ruetz
Verwendung von offenkettigen Acetalen oder Ketalen als nichtverfärbende Ozonschutzmittel
Eur. Pat. Appl., 8 pp; EP 0 062 809 B1, (20.10.82)

[419] Highway pollution
Studies in Environmental Science 44, Hrsg.: Hamilton, R.S.; Harrison, R.M.; Elsevier Verlag, Amsterdam, 1991

[420] M. und I. Ash
Handbook of plstic compounds, elastomers and resins
VCH, Weinheim, 1992

[421] J. Zietlow
Emissionen bei der Vulkanisation - Analytische Methoden zur praxisnahen Erfassung ihrer Art und Ursache
Dissertation, Universität Hannover, 1993

[422] R. Miksch und I. Obermeier
Vergleichende Prüfungen verschiedener Alterungsschutzmittel
Gummi und Asbest, 11 (1958), S. 682-694

[423] n.n.
2-Mercaptobenzothiazol und Salze
Hrsg.: Beratergremium für Umweltrelevante Altstoffe (BUA) der Gesellschaft Deutscher Chemiker, VCH, Weinheim, 1991

[424] n.n.
2,2-Dithiobisbenzothiazol
Hrsg.: Beratergremium für Umweltrelevante Altstoffe (BUA) der Gesellschaft Deutscher Chemiker, VCH, Weinheim, 1993

[425] n.n.
N-Phenyl-1-naphthylamin
Hrsg.: Breatergremium für Umweltrelevante Altstoffe (BUA) der Gesellschaft Deutscher Chemiker, VCH, Weinheim, 1993

[426] n.n.
Chlortoluole (Methylchlorbenzole)
Hrsg.: Beratergremium für Umweltrelevante Altstoffe (BUA) der Gesellschaft Deutscher Chemiker, VCH, Weinheim, 1989

[427] Persönliche Mitteilung des Umweltbundesamtes Berlin

[428] Persönliche Mitteilung der Continental AG, Hannover (1996)

[429] H. Esser und G. Sinn
Chemikalien für die Latex-Verarbeitung
Kautschuk und Gummi, Kunststoffe, 27 (1974), S. 367-371

[430] G. Streit und S. Reggentin
Zur Kinetik der Peroxid-Vulkanisation
Gummi, Fasern, Kunststoffe (früher: Gummi, Asbest, Kunststoffe), 49 (1996), S. 134-145

[431] L.R. Evans, J.C. Hope, T.A. Okel und W.H. Waddell
Die Einwirkung gefällter Kieselsäure auf die Messing/Gummi-Haftung
Gummi, Fasern, Kunststoffe (früher: Gummi, Asbest, Kunststoffe), 49 (1996), S. 128-133

[432] D.R. Schulz
Flammschutzmittel und Spezialfüllstoffe
Gummi, Fasern, Kunststoffe (früher: Gummi, Asbest, Kunststoffe), 49 (1996), S. 489-493

[433] D. Vink
Einfluß der Oberflächenbehandlung bei Füllstoffen auf die Eigenschaften von verstärkten Kautschuk-Produkten
Kautschuk und Gummi, Kunststoffe, 49 (1996), S. 131-135

[434] A.K. Chandra, N.R. Kumar, R. Mukhopadhyay, A.K. Bhattacharya und A.K. Bhowmik
Influnce of metal salt adhesion promoters on the processability of steel cord skim compounds
Kautschuk und Gummi, Kunststoffe, 49 (1996), S. 125-130

[435] M. Hillenbrand
Ökologie und Reifenproduktion
Kautschuk und Gummi, Kunststoffe, 49 (1996), S. 449-451

[436] K. Czech-Scharif-Afschar
Hazardous substances in the tyre factory
Kautschuk und Gummi, Kunststoffe, 49 (1996), S. 375-378

[437] L. von Meyerinck, D. King, A. Riley und R. Wommelsdorff
Process oils for the rubber industry - legal basis and assessment of potential carcinogenicity
Kautschuk und Gummi, Kunststoffe, 49 (1996), S. 514-520

[438] G. Herrmann, F. Nimtz und H. Faulhaber
Hochleistungsfähige Kautschukmischungen durch Verstärkung mit Silica-Aerogelen
Kautschuk und Gummi, Kunststoffe, 49 (1996), S. 289-292

[439] H.-J. Graf, H.-M. Issel und A. Kühnberger
Einsatz, Leistungsspektrum und Wirkungsmechanismus von Verarbeitungswirkstoffen in Kautschukmischungen
Kautschuk und Gummi, Kunststoffe, 49 (1996), S. 210-218

[440] J.L. Leblanc, C. Roy, S. Mirmiran, B. Benallal und A.E. Schwerdfeger
Plasticizing properties of heavy oils obtained from vacuum pyrolisis of used tires
Kautschuk und Gummi, Kunststoffe, 49 (1996), S. 194-199

[441] E.R. Rodger
Vulkanisationssysteme
Gummi, Asbest, Kunststoffe, 34 (1981), S. 124-128, S. 300-312

[442] D.W. Aubrey
Natur und Wirkungsweise von Klebrigmacherharzen
Gummi, Fasern, Kunststoffe (früher: Gummi, Asbest, Kunststoffe), 42 (1989), S. 258-262, S. 593-600

[443] D.G. Lloyd
Neues Kautschukadditiv für die Nachvulkanisationsstabilisierung und verbesserte Gummi/Messing-Haftung
Gummi, Fasern, Kunststoffe (früher: Gummi, Asbest, Kunststoffe), 41 (1988), S. 284-292

[444] H. Esser
Die Herstellung von Tauchartikeln aus synthetischen Latices
Gummi, Asbest, Kunststoffe, 31 (1978), S. 302-305, S. 443-450

[445] M. Abele und Th. Kempermann
Neue Erkenntnisse auf dem Gebiet der chemisch beschleunigten Mastikation
Kautschuk und Gummi, Kunststoffe, 42 (1989), S. 209-216

[446] Th. Kempermann
Schwefelfreie Vulkanisationssysteme für Dienkautschuke - eine Übersicht
Kautschuk und Gummi, Kunststoffe, 40 (1987), S. 741-751

[447] R. Costin und W. Nagel
Auswahl von Coagenzien für Kautschukanwendungen
Gummi, Fasern, Kunststoffe (früher: Gummi, Asbest, Kunststoffe), 49 (1996), S. 50-53

[448] n.n.
Mikrobiologische Aufarbeitung von Altgummi
Druckschrift der Firma Hölzemann System- und Umwelttechnik GmbH, Rain/Lech

[449] C.W. Evans
Schläuche - Vergangenheit, Gegenwart, Zukunft
Gummi, Asbest, Kunststoffe, 32 (1979), S. 508-516

[450] Persönliche Mitteilung des WdK

[451] W. Baumann und A. Muth
Untersuchungen zur Erfassung der Umweltexposition von Chemikalien der Farben- und Lackindustrie
Forschungsprojekt des Umweltbundesamtes, unveröffentlicht (1995)

[452] n.n.
N,N'-Diphenylguanidin
Hrsg.: Beratergremium für Umweltrelevante Altstoffe (BUA) der Gesellschaft Deutscher Chemiker, VCH, Weinheim (1992)

[453] n.n.
Morpholin
Hrsg.: Beratergremium für Umweltrelevante Altstsoffe (BUA) der Gesellschaft Deutscher Chemiker, VCH, Weinheim (1990)

[454] D.J. Ball, R.S. Hamilton und R.M. Harrison
The influence of highway-related pollutants on environmental quality
Studies in Environmental Science 44: Highway Pollution, Hrsg.: R.S. Hamilton, R.M. Harrison, Elsevier Verlag, Amsterdam, 1991

[455] T. Hvived-Jacobson und Y.A. Yousef
Highway runoff quality, environmental impacts and control
Studies in Environmental Science **44**: Highway Pollution, Hrsg.: R.S Hamilton, R.M. Harrison, Elsevier Verlag, Amsterdam, 1991

[456] P.F. Scanlon
Effects of highway pollutants upon terrestrial ecosystems
Studies in Environmental Science **44**: Highway Pollution, Hrsg.: R.S. Hamilton, R.M. Harrison, Elsevier Verlag, Amsterdam, 1991

[457] G. Both
Fexible Antworten
Müllmagazin, (1994), S. 11-16

[458] n.n.
Entsorgung der Altreifenmengen, Deutschland 1995
persönliche Mitteilung der Continental AG, Hannover

[459] J.A. Cardina
Particle Size Determination of Tire-Tread Rubber in Athmospheric Dusts
Rubber Chemistry and Technology, 1974

[460] R.L. Williams; S.H. Cadle
Characterization of Tire Emissions using an Indoor Test Facility
Rubber Chemistry and Technology, Vol. 51, 1977

[461] S.H. Cadle; R.L. Williams
Environmental Degradation of Tire-Wear Particles
Rubber Chemistry and Technology, Vol. 53, 1980

[462] S.H. Cadle; R.L. Williams
Gas and Particle Emissions from Automobile Tires in Laboratory and Field Studies
Rubber Chemistry and Techniology, Vol. 52, 1979

Anhang IV

Substanzliste

Acenaphthylen
6-Acetamido-4-hydroxy-3-[(p-sulfoamid-phenyl)-azo)]-2,7-naphthalindisulfonsäure, Dinatriumsalz
Acrylnitril-Butadien-Kautschuk, hydriert
Acrylnitril-Vinylchlorid-Copolymer
Acrylsäure-Acrylonitril-Butadien-Copolymer
Adipinsäurebenzyl-2-ethylhexylester
Adipinsäure-diallylester
Adipinsäure-(di-iso-decyl)-ester
Aktivkohle
Albumin
Alfol 1218
Alkylsulfonsäureester des Phenols
3-Allyloxycarbonyl-3-hydroxy-pentandisäure-diallylester
3-Octyloxy-propen
Aluminiumchlorid (wasserfrei)
Aluminiumhydroxid-hydrat
Aluminium(III)-nitrat-9-hydrat
Aluminiumoxid
Aluminiumoxidhydrat
Aluminiumsilikat
Aluminiumsilikathydrat
Aluminiumtrihydrat
Aminobenzen
2-Aminoethanol
(2-Aminoethyl)carbamidsäure
6-Aminohexylcarbaminsäure
4-Aminohydroxybenzen
2-Amino-2-methyl-1-propanol
4-Aminophenyl
2-Aminopropan
3-Aminopropyltriethoxysilan
4-Aminopyridin
Ammoniaklösung
Ammoniak (wasserfrei)
Ammoniumacetat
Ammoniumcarbonat
Ammoniumchlorid
Ammoniumhydrogencarbonat
Ammoniumnitrat
Ammoniumpersulfat
Ammoniumsulfat
4-Anilinphenol
Anthracen
9-Anthrazenthiol
Antimon(III)-oxid
Antimon(III)-sulfid
Antimon(V)-sulfid
Arsensäuretriphenylester
Asbest
Ascorbinsäure
L-(+)-Ascorbinsäure
Azacycloheptan
2,2'-Azo-bis-(2-acetoxypropan)
4,4'-Azo-bis-(hexyhydrobenzonitril)
2,2'-Azobis-(2-methylpropannitril)
Azodicarbonsäurediethylester
Bariumhydroxid
Bariumoxid
Bariumpetroleumsulfonat
Bariumsulfat
Baumwollsamenöl
Bentone 38
Bentonit
Benzaldehyd
1,2-Benzanthracen
Benzen
Benzencarbonsäure
Benzencarbothiosäure, Zinksalz
1,4-Benzendiamin, Gemisch aus N,N'-Dimethylphenyl-Derivaten
1,4-Benzendiamin, Gemisch aus N,N'-Phenyl- und Methylphenyl-Derivaten
1,4-Benzendicarbolsäure-bis[2-[(2-methyl-1-oxo-2-propenyl)oxy]-1-[[(2-methyl-1-oxo-2-propenyl)oxy]methyl]-ethyl]-ester
Benzen-1,2-dicarbonsäureanhydrid
Benzen-1,2-dicarbonsäurebenzyl-n-butylester
Benzen-1,2-dicarbonsäure-bis(2-(2-[2-(2-methylacryloyloxy)ethoxy]-ethoxy)ethyl)ester
Benzen-1,2-dicarbonsäure-di-(C6-C8)-alkylester, verzweigt
Benzen-1,2-dicarbonsäure-di-(C8-C10)-alkylester, verzweigt
Benzen-1,2-dicarbonsäuredicyclohexylester
Benzen-1,2-dicarbonsäuredidecylester
Benzen-1,2-dicarbonsäurediethylester
Benzen-1,2-dicarbonsäuredi-2-ethylhexylester
Benzen-1,2-dicarbonsäuredi-iso-decylester
Benzen-1,2-dicarbonsäurediisoheptylester
Benzen-1,2-dicarbonsäuredi-iso-nonylester (Isomerengemisch)
Benzen-1,2-dicarbonsäuredi-iso-octylester
Benzen-1,2-dicarbonsäuredimethylester
Benzen-1,2-dicarbonsäure-di-(2-methylpropen)ester
Benzen-1,2-dicarbonsäuredi-n-butylester
Benzen-1,2-dicarbonsäure-di-n-octylester
1,2-Benzendicarbonsäuredinonylester
Benzen-1,3-dicarbonsäure-di-2-propenylester
1,2-Benzendicarbonsäure-di-2-propenyl-ester
Benzen-1,2-dicarbonsäuredipropylester
Benzen-1,2-dicarbonsäure-di-tert.-butylester
1,4-Benzendicarbonsäure-(2-ethylhexyl)-diester
Benzen-1,2-dicarbonsäureimid
Benzen-1,2-dicarbonsäure-n-octyl-n-decylester
1,2-Benzendicarboxylato(2-)-oxodiblei
1,4-Benzendicarboxylsäure-di-2-propenylester
1,4-Benzendicarboxylsäure, Polymer mit 1,4-Butendiol
1,3-Benzendicarboxylsäure zusammengesetzt mit N-Methyl-methanamin (1:1)
Benzen-1,3-disulfonsäuredihydrazid
Benzenoctanamin
Benzensulfonsäuredecylester, Natriumsalz
Benzensulfonsäurehydrazid
1,2,4-Benzentricarbonsäuredecyloctylester
1,2,4-Benzentricarbonsäure-tris-(2-ethylhexylester)

1,2,4-Benzentricarboxylsäure-tri-2-propenylester
2-Benzimidazolthiol
Benzin 140 - 300
1,2-Benzisothiazol-3(2H)-on
Benzo[a]pyren
Benzo[b]fluoranthen
1,4-Benzochinondioxim
Benzo[def]phenanthren
Benzo[e]pyren
Benzoesäurechlormethylester
Benzo[g,h,i]perylen
Benzo[k]fluoranthen
Benzo-(1,2,5)-oxadiazol
9,10-Benzophenanthren
1,2-Benzophenanthren
Benzothiazol
4-(Benzothiazol-2-sulfonyl)-morpholin
2-Benzothiazolthiol
2-Benzothiazolthiol, Natriumsalz
3-(Benzothiazol-2-yldisulfanyl)-propionsäuremethylester
5-Benzothiazol-2-yl-N-(1,1-dimethylpropyl)-thiohydroxylamin
S-Benzothiazol-2-yl-N-isopropyl-thiohydroxylamin
N-(2-Benzothiazolythio)-N-(1,1-dimethylethyl)-2-benzothiazolsulfenamid
2-(2H-Benzotriazol-2-yl)-4,6-bis-(1,1-dimethylethyl)-hydroxybenzen
2-Benzotriazol-2-yl-4,6-bis-(2,2-dimethylpropyl)-hydroxybenzen
2-(2H-Benzotriazol-2-yl)-4-methylhydroxybenzen
2-Benzotriazol-2-yl-6-tert.-butyl-4-methylhydroxybenzen
2-(2H-Benzotriazol-2-yl)-4-(1,1,3,3-tetramethylbutyl)-hydroxy-benzen
2-Benzyl-4,5-dihydro-1H-imidazol
Benzyl-dimethyl-octyl-ammoniumchlorid
1,1'-Benzylidenbis-(6-tert.-butyl-2-naphthol)
Benzylpentachlorphenyldisulfid
Bicyclo-[2.2.1]-hepta-2,5-dien, Homopolymer
(1,1'-Biphenyl)-4,4'-diamin
(1,1'-Biphenyl)-2-ol, Natriumsalz
1,4-Bis-allyloxy-butan
1,2-Bis-allyloxyethan
4,4'-Bis-(alpha,alpha-dimethylbenzyl)-diphenylamin
Bis-(4-aminocylohexyl)methylcarbamat
2,2'-Bis-(2-aminoethylamino)-diethylamin
N,N'-Bis-(2-aminoethyl)-ethylendiamin
Bis-(4,4'-aminophenyl)-methan
Bis(2-benzaminophenyl)-disulfan
1,3-Bis-[(2-benzothiazolylthio)-methyl]-harnstoff
1,4-Bis-(benzoyloxyimino)-cyclohex-2,5-dien
Bis-butoxythiocarbonyl-disulfid
1,4-Bis-cyclohexylsulfanyl-piperazin
Bis-(2,4-dichlorbenzoyl)-peroxid
Bis(di-cyclohexyl)thiophosphoryldisulfid
4,4'-Bis-(2,6-di-(1,1-dimethylethyl)hydroxybenzen)
Bis-(3,5-di-(1,1-dimethylethyl)-4-hydroxyphenyl)-methan
4,6-Bis-diethylamino-1H-[1,3,5]triazin-2-thion
Bis(diethyl)thiophosphoryldisulfid
Bis-(di-isopropyl)thiophosphoryldisulfid
2,6-Bis-(1,1-dimethylethyl)-2,5-cyclohexadien-1,4-dion
4,4-Bis-[(1,1-dimethylethyl)dioxyl]-pentansäurebutylester
2,6-Bis(1,1-dimethylethyl)4-ethyl-hydroxybenzen
3,5-Bis-(1,1-dimethylethyl)-4-hydroxybenzenmethanol
3,5-Bis-(1,1-dimethylethyl)-4-hydroxy-benzenpropansäure-1,6-hexandiylester
3,5-Bis-(1,1-dimethylethyl)-4-hydroxy-2,2-bis((3-(3,5-bis(1,1-dimethylethyl)-4-hydroxyphenyl)-1-oxopropoxy)methyl)-1,3-propandiyl-benzenpropansäureester
1,1-Bis-(5-(1,1-dimethylethyl)-4-hydroxy-2-methyl-phenyl)-butan
Bis-(5-(1,1-dimethylethyl)-4-hydroxy-2-methylphenyl)-sulfid
((3,5-Bis(1,1-dimethylethyl)-4-hydroxyphenyl)methyl)-phosphorsäure-monoethylester, Nickelsalz (2:1)
Bis-(1,1-dimethylethyl)peroxid
2,2-Bis-(1,1-dimethylethyl-peroxy)butan
1,1-Bis-(1,1-dimethylethyl-peroxy)cyclohexan
1,4-Bis-((1,1-dimethylethyl)peroxyisopropyl)benzen
Bis(2-(1,1-dimethylethyl)-peroxypropyl-(2))-benzen
Bis-(2,6-di-(1-methylethyl)phenyl)carbodiimid
N,N'-Bis-(1,4-dimethylpentyl)-benzen-1,4-diamin
Bis-(dimethylphenyl)-disulfid
Bis-(dimethylthiocarbamoyl)-disulfid
Bis-(dimethyl)-thiophosphoryldisulfid
Bis(di-n-butyl)thiophosphoryl-disulfid
Bis(di-2-propenyl)thiophosphoryl-disulfid
1,1-Bis(dithiosäure-dibutylamid)-sulfid
1,4-Bis(ethenyloxy)butan
4,6-Bis-ethylamino-1H-[1,3,5]-triazin-2-thiol
N,N'-Bis-(1-ethyl-3-methylpentyl)-1,4-benzendiamin
1,2-Bis(2-hydroxybenzaldehydimin)-ethan
1,1-Bis(2-hydroxy-3,5-di-(1,1-dimethylethyl)-phenyl)-ethan
1,1-Bis-(4-hydroxyphenyl)cyclohexan
2,2-Bis-(4-hydroxyphenyl)-propan
1,10-Bis-methacryloxyloxydecan
1,2-Bis-[2-methacryloyl-oxy-ethoxy]-ethan
Bis-[2-(2-methacryloyloxy-ethoxy)-ethyl]-ether
Bis-(1,4-methylbenzoyl)-peroxid
1,2-Bis(1-methylethyl)-benzen
1,4-Bis-(1-methylethyl)-benzen
1,3-Bis(1-methylethyl)benzen
N,N'-Bis-(1-methylethyl)-1,4-benzoldiamin

4,4'-[(5-Chlor-2-hydroxy-1,3-phenylen)bis-(methylen)]-bis(1,3-benzendiol)
chlorierte aliphatische Kohlenwasserstoffe
Chlor(IV)-oxid
Chlorkautschuk
1-Chlor-4-methylbenzen
1-Chlor-3-methylbenzen
1-Chlor-2-methylbenzen
5-Chlor-2-methyl-4-isothiazolin-3-on
(3-Chlor-2-methyl-propyl)-trimethoxysilan
5-Chlor-n-pentyl-tri-ethoxysilan
Chloromethyloxiran, Polymer mit Oxiran
Chlorparaffin
Chlorparaffin
(3-Chlor-propyl)-trimethoxysilan
1-Chlor-2,5-pyrrolidindion
Chlortrifluorethylen
Chrom(III)-oxid
Chromoxidhydrat
Cobaltdichlorid
Cobalt-(III)-acetat
Cobaltphthalocyanin
Cristobalit
Cumaron-Inden-Harz
2-Cyano-3,3-diphenylacrylat-ethyl-2-cyano-3,3-diphenylacrylat
Cyclododeca-1,5,9-trien
Cyclohexan
Cyclohexanon
Cyclohexanonoxim
Cyclohexanthiol
Cyclohexen
Cyclohex-2-encarbonitril
Cyclohexen-1-chlor-4-(1-chlorvinyl)
Cyclohexen-1-chlor-5-(1-chlorvinyl)
Cyclohexen-1-methyl-3-(1-methylvinyl)
Cyclohexen-5-methyl-3-(1-methylvinyl)
2-(3-Cyclohexenyl)-acetaldehyd
Cyclohexen-3-yl-benzylketon
[(Cyclohexen-1-ylidenmethoxy)methyl]benzen
1-Cyclohex-3-enylpropan-1-on
N-Cyclohexylacetamid
1-Cyclohexyl-3-alpha-naphthyl-harnstoff
Cyclohexylamin
N-Cyclohexyl-6-(2-amino-4-ethylaminotriazin)sulfenamid
N-Cyclohexyl-2-benzothiazolsulfenamid
N-Cyclohexyl-6-(2,4-bis-diethylaminotriazin)sulfenamid
N- Cyclohexyl-6-(2,4-bis-ethylamino-triazin)sulfenamid
1-Cyclohexyl-4,4-diethyl-thiosemicarbazid
Cyclohexyldithiobenzothiazol
Cyclohexyldithiopiperidin
Cyclohexylethylamin
N-Cyclohexyl-6-(2-ethylamino-4-diethylaminotriazin)sulfenamid
N-Cyclohexylformamid
Cyclohexylhydrazin
N-Cyclohexylmercaptobenzimidazol
N-Cyclohexyl-N'-phenyl-1,4-benzendiamin
Cyclohexylthiodi-(1-methylethyl)amin
Cyclohexylthiodiphenylamin
Cyclohexylthiomorpholin
N-(Cyclohexylthio)-phthalimid
Cyclohexylthiopyrrolidin
Cycloocta-1,5-dien
Cycloocten, Polymer
N-Cyclopentamethylen-2-benzothiazol-sulfenamid
N-Cyclopentamethylenthiocarbamyl-N'-cyclopentamethylensulfenamid
Cycolhexylthiodiethylamin
n-Decan
Decandicarbonsäure-di-(1,2,2,6,6-pentamethyl-4-piperidinyl)-ester
Decandicarbonsäure-di-(2,2,6,6-tetramethyl-4-piperidinyl)-ester
Decandisäuredibutylester
Decandisäurediisooctylester
Decandisäuredi-n-octylester
Decansäure-1,1-dimethylethylester
3-Decyl-2,5-bis-(1-methylpropyl)-1,4-dihydroxybenzen
Diaminbis(cyanato-N)-zink
4,4'-Diaminodiphenylamin
1,2-Diaminoethan
Di-(2-aminoethyl)-amin
2,4-Diaminomethylbenzen
4,6-Diamino-[1,3,5]-triazin-2(1H)-thion
Diazendicarboxamid
Dibenzo[a,h]anthracen
Dibenzothiazyldisulfid
Dibenzoyldisulfan
Dibenzoylmonosulfid
Dibenzoylperoxid
Dibenzylamin
Dibenzyldithiocarbaminsäure, Natriumsalz
Dibenzylether
1,2-Dibrom-2,4-dicyanobutan
N,N-Dibutylacetamid
N,N'-Dibutyl-diamino-thiomethanon
Dibutyldithiocarbaminsäure, Cadmiumsalz
Dibutyldithiocarbaminsäure, Kaliumsalz
Dibutyldithiocarbaminsäure, Kupfersalz
Dibutyldithiocarbaminsäuremethylester
Dibutyldithiocarbaminsäure, Mischung mit N,N-Dimethylcyclohexylamin (1:1)
Dibutyldithiocarbaminsäure, Natriumsalz
N,N-Dibutyldithiocarbaminsäure, Nickelsalz
Dibutyldithiocarbaminsäure, Zinksalz
N,N-Dibutylformamid
Dibutylnitrosoamin
1,1-Dibutyl-4-phenylthiosemicarbazid
1,2-Dichlorbenzen
4,4'-Dichlorbenzoylperoxid
4,4'-[(3,3'-Dichlor[1,1'-biphenyl]-4,4'-diyl)bis(azo)]-bis[2,4-dihydro-5-methyl-2-(4-methylphenyl)]-3H-pyrazol-3-on
1,6-Dichlor-1,5-cyclooctadien
4,4'-Dichlordiphenylsulfon
1,2-Dichlorethan
1,1-Dichlorethen
(2,2-Dichlorethyl)-triethoxysilan

Dichlormethan
(Dichlormethyl)triethoxysilan
3-(3,4-Dichlorphenyl)-1,1-dimethylharnstoff
1,2-Dichlorpropan
N,N'-Dicinnamyliden-1,6-hexandiamin
N,N'-Dicyclohexyl-benzen-1,4-diamin
N,N'-Dicyclohexyl-2-benzolthiazolsulfenamid
Dicyclohexylnitrosamin
1,1-Dicyclohexyl-3-phenyl-harnstoff
Didecyl-phenylphosphit
Di-(2,4-dihydroxyphenyl)-methanon
Di-[2-(dimethylamino)ethyl]-methylbenzen-2,4-dicarbamat
N,N'-Di-(1,1-dimethylethyl)-benzen-1,4-diamin
2,5-Di-(1,1-dimethylethyl)-1,4-dihydroxybenzen
2,6-Di-(1,1-dimethylethyl)-1,4-dihydroxybenzen
6,6'-Di-(1,1-dimethylethyl)-4,4'-dimethyl-2,2'-sulfandiyl-di-hydroxybenzen
2,6-Di-(1,1-dimethylethyl)-4-methoxymethyl-hydroxybenzen
2,6-Di-(1,1-dimethylethyl)-4-methylhydroxybenzen
2,6-Di-(1,1-dimethylethyl)-4-(1-methylpropyl)-hydroxybenzen
2,5-Di-(1,1-dimethylethylperoxy)-2,5-dimethylhexan
2,5-Di-(1,1-dimethylpropyl)-1,4-benzendiol
2,5-Di-(2,2-dimethylpropyl)-1,4-benzendiol
Diethanolamin
1,4-Diethoxybenzen
4-Diethylamino-6-ethylamino-14-(1,3,5)triazin-2-thiol
1,4-Diethylbenzen
Diethyldithiocarbamatsäure, Natriumsalz
N,N-Diethyldithiocarbaminsäure, Ammoniumsalz
Diethyl-dithiocarbaminsäurebenzothiazol-2-ylester
N,N-Diethyldithiocarbaminsäure, Bismutsalz
N,N-Diethyldithiocarbaminsäure, Bleisalz
Diethyldithiocarbaminsäure, Cadmiumsalz
N,N'-Diethyldithiocarbaminsäure, Kupfer(II)salz
N,N-Diethyldithiocarbaminsäure (Mischung mit Diethylamin)
Diethyldithiocarbaminsäure, Nickelsalz
N,N-Diethyldithiocarbaminsäure, Selensalz
Diethyldithiocarbaminsäure, Selensalz
Diethyldithiocarbaminsäure, Tellursalz
Diethyldithiocarbaminsäure, Zinksalz
N,N-Diethyldithiocarbaminsäure, Zinksalz
Diethylenethandiolmonobutylether
N,N'-Diethylenthioharnstoff
Di-2-ethylhexylperoxiddicarbonat
N,N'-Diethyl-N,N'-di-(methylpropyl)-p-phenylendiamin
3,5-Diethyl-1-phenyl-2-propyl-1,2-dihydro-pyridin
1,3-Diethyl-2-thioharnstoff
1,2-Dihydroacenaphthylen
6,15-Dihydro-5,9,14,18-antrazintetron
1,2-Dihydro-6-dodecyl-2,2,4-trimethylchinolin
1,3-Dihydro-2H-benzimidazol-2-thion, Zinksalz
1,3-Dihydro-4(oder 5)-methyl-2H-benzimidazol-2-thion-Zinksalz
(2R-(2R*(4R*,8R*)))-3,4-Dihydro-2,5,7,8-tetramethyl-2-(4,8,12-trimethyltridecyl)-2H-1-benzopyran-6-ol
4,5-Dihydrothiazol-2-thiol
1,2-Dihydro-2,2,4-trimethyl-chinolin
1,2-Dihydro-2,2,4-trimethylchinolin-Harz
2,2'-Dihydroxyazobenzen
1,3-Dihydroxybenzen
1,4-Dihydroxybenzen
2,4-Dihydroxybenzophenon
2,2-Dihydroxy-4,4'-dimethoxybenzophenon
2,2-Di-hydroxymethyl-propan-1,3-diol
Diisobutyl-dithiocarbaminsäure, Nickelsalz
2,4-Diisocyanat-1-methylbenzen
Diisotridecylphthalat
2,5-Dimercapto-1,3,4-thiadiazol
Dimethicone
2-[2-(1,1-Dimethoxy-pentyloxy)-ethoxy]-ethanol
6,7-Dimethoxy-3-(5,6,7,8-tetrahydro-4-methoxy-6-methyl-1,3-dioxolo[4,5-g]isochinolin-5yl)-1(3H)-isobenzofuranon
4-[(Dimethylamino)methyl]-2,6-bis-(1,1-dimethylethyl)hydroxybenzen
4-[((Dimethylamino)-thioxomethyl)thio]-morpholin
N-[[(Dimethylamin)-thioxomethyl]thio]-2-methyl-2-propanamin
1,4-Dimethylbenzen
N,N'-Di-(2-methylbenzen)-benzen-1,4-diamin
Dimethylbenzen (Isomerengemisch)
Dimethylbenzenthiol
Dimethylbenzenthiol, Zinksalz
N,N-Dimethyl-2-benzothiazolcarbothioamid
Di-(methylbenzyl)phenol, butyliert
4,4'-Dimethyl-6,6'-bis-(1-methylcyclohexyl)-2,2'-methandiyl-bis-hydroxybenzen
N-(1,3-Dimethylbutyl)-N'-phenyl-benzen-1,4-diamin
N-(1,3-Dimethylbutyl)-N'-phenyl-1,4-benzendiamin
Dimethylcarbamodithionsäure-2,4-dinitrophenylester
2,5-Dimethyl-2,5-di(benzoylperoxy)hexan
9,9-Dimethyl-9,10-dihydroaridin
Dimethyldi(methylbenzyl)thiuramdisulfid
2,4-Dimethyl-6-(1,1-dimethylethyl)phenol
N,N'-Dimethyldiphenylthiuramdisulfid
4,4'-Dimethyl-1,1'-disulfandiyl-bis-piperazin
Dimethyldithiocarbaminsäure, Bismutsalz
Dimethyldithiocarbaminsäure, Cadmiumsalz
Dimethyldithiocarbaminsäure, Kaliumsalz
Dimethyldithiocarbaminsäure, Kupfersalz
Dimethyldithiocarbaminsäure (Mischung mit Dimethylamin (1:1))
Dimethyldithiocarbaminsäure, Natriumsalz
Dimethyldithiocarbaminsäure, Nickelsalz

Dimethyldithiocarbaminsäure, Selensalz
Dimethyldithiocarbaminsäure, Tellursalz
N,N-Dimethyldithiocarbaminsäure, Zinksalz
2-(1,1-Dimethylethyl)-1,4-benzendiol
4-(1,1-Dimethylethyl)-benzenthiol, Zinksalz
N,N-Di-(1-methylethyl)-2-benzothiazolsulfenamid
N-(1,1'-Dimethylethyl)-2-benzothiazolsulfonamid
4-(1,1-Dimethylethyl)-cyclohexen
1-(1,1-Dimethylethyl)-4-ethenyl-benzen
4-(1,1-Dimethylethyl)-hydroxybenzen
(1,1-Dimethylethyl)isothiocyanat
N-(1,1-Dimethylethyl)-methyl-amin
4-(1,1-Dimethylethyl)-2-methylthio(hydroxybenzen)
2-(1,1-Dimethylethyl)-1-naphthol
1,6-Dimethyl-4-isopropyl-1,2,3,4-tetrahydronaphthalen
N,N-Dimethylmethanamid
2,4-Dimethyl-6-(1-methylcyclohexyl)-phenol
2-(1,1-Dimethyl)-4-methylhydroxybenzen
2-(2,6-Dimethyl-4-morpholinothio)-benzothiazol
Dimethylnaphthalen (Isomerengemisch)
N,N-Dimethyl-4-nitrosoanilin
N,N'-Dimethyl-N,N'-di-(1-methylheptyl)-benzen-1,4-diamin
N,N'-Dimethyl-N,N'-dinitroso-1,4-benzendicarbonsäurediamid
1,4-Dimethylpentylamin
N-(1,4-Dimethylpentyl)-N'-phenyl-benzen-1,4-diamin
Dimethylphenolphosphat (3:1)
1,2-Di-[(2-methylphenyl)-amino]-ethan
Di-(4-methyl-1-piperazindithiocarbansäure), Zinksalz
2,6-Dimethylpiperidin
Dimethylpolysiloxan
1,1-Dimethylpropylamin
2-(1,1-Dimethylpropyl)benzen-1,4-diol
Di-(2-methylpropyl)-dithiocarbaminsäure, Zinksalz
N-(1,2-Dimethylpropyl-N'-phenyl-benzen-1,4-diamin
N,N-Dimethyl-S-(morpholin-4-carbothioyl)-thiohydroxylamin
1,1-Dimethyl-5-tert.-butylindan
3,5-Dimethyl-tetrahydro-2(H)-1,3,5-thiadiazin-2-thion
2,2'-Dimethylthiocarbanilid
S-Dimethylthiocarbomyl-N,N-dimethyl-thiohydroxylamin
N,N'-Dinaphthalen-1-yl-benzen-1,4-diamin
N,N-Di-2-naphthyl-benzen-1,4-diamin
Dinatrium-1,3,4-thiadiazol-2,5-di-thiolat
Di-n-butylammoniumolat-[Z]-9-octadecensäure, Mischung mit N-Butyl-1-butenamin (1:1)
Di-n-butyldithiocarbaminsäure, Molybdänsalz
1,3-Dinitrobenzen
2-(2,4-Dinitrophenylthio)-benzothiazol
1,4-Dinitroso-benzen
3,7-Dinitroso-1,3,5,7-tetraazabicyclo[3,3,1]nonan
N, N'- Dioctyl-1,4-benzendiamin
4,4'-Dioctyldiphenylamin
3,7-Dioctylphenothiazin
Di-(O-(1methylethyl)-dithiocarbaminsäure, Nickelsalz
Di(O-(1-methylethyl)-dithiocarbaminsäure, Zinksalz
1,4-Dioxan
Dipentyldithiocarbaminsäure, Bleisalz
Dipentyldithiocarbaminsäure, Cadmiumsalz
Dipentyldithiocarbaminsäure, Zinksalz
Diphenylamin
Diphenylamin, octyliert
Diphenylamin, styrolisiertes
1,4-Diphenylbenzen
N,N'-Diphenyl-benzen-1,4-diamin
1,5-Diphenyl-2,4-dithiobiuret
Diphenylenimin
N,N'-Diphenyl-1,2-ethandiamin
N,N'-Diphenylguanidin
1,3-Diphenylharnstoff
N,N'-Diphenylmethandiamin
Diphenylmethan-4,4'-diisocyanat
Diphenylmethanon
Di(phenylmethyl)dithiocarbaminsäure, Zinksalz
Diphenyloxid-4,4'-disulfonsäuredihydrazid
N,N'-Diphenyl-1,3-propandiamin
N,N'-Diphenylthiokohlensäurediamid
1,3-Diphenyltriazen
Dipiperidinmethan
1,6-Di(2-propenyl)oxy-hexan
Dischwefeldichlorid
3-(3,5-Di-tert.-butyl-4-hydroxyphenyl)-propionsäure-2,2',2"-(2,4,6-trioxo-[1,3,5]triazin-1,3,5-triyl)-triethylester
2,2'-Dithio-bis-benzimidazol
Dithio-bis-(dibenzylamin)
N,N'-Dithio-bis-hexahydro-2H-azepion-2
Dithiobis(N-beta-hydroxyethyl-piperazin)
1,1'-Dithiobis-(N,N-dibutylmethanthioamid)
6,6'-Dithiobis(N,N,N'-triethyl)-1,3,5-triazin-2,4-diamin
Dithiokohlensäure-O-ethylester, Kaliumsalz
Dithiophosphorsäure-O,O'-diethylester
N,N'-Di-4-tolyl-benzen-1,4-diamin
Divinylbenzen
Docosan
n-Dodecan
Dodecansäure
Dodecansäure-(4-hydroxy)-anilid
Dodecansäurezinksalz
tert.-Dodecanthiol
1-Dodecanthiol
Dodecylbenzen
4-Dodecylphenol
Dolomit
Duromer
Eicosan
Eisenacetylacetonat

Eisen(II,III)-oxid
Eisen(III)-oxid
Eisenoxidhydroxid
Eisenphthalocyanin
Epoxychlorpropan
Epoxyethan
[3-(2,3-Epoxypropoxy)propyl]-trimethoxysilan
Erdöldestillat, paraffinisch
Erdöldestillat, paraffinisch, aliphatisch
Ethanal
Ethandiol
1,2-Ethandioldiacetat
Ethandisäure
1,2-Ethandithioldiacetat
1,2-Ethandiylbiscarbamodithionsäure, Dinatriumsalz
1,1'-(1,2-Ethandiyl)-bis-(4-methyl)-benzen
Ethanol
Ethansäure
Ethansäurebutylester
Ethansäureethenylester
Ethansäureethylester
Ethansäuremethylester
Ethen
4'-Ethenyl-[1,1'-biphenyl]-4-ol
4-Ethenylcyclohexen
6-Ethenyl-6-(2-methoxy-ethoxy)-2,5,7,10-tetraoxa-6-silaundecan
1-Ethenyl-2-methylbenzen
Ethenylmethylbenzen
Ethenylsilan
2-Ethoxyethanol
6-Ethoxyl-1,2-dihydro-2,2,4-trimethy-chinolin
2-Ethylamino-4-diethylamino-6-mercaptotriazin
Ethylbenzen
N-Ethylbenzylamin
Ethylcellulose
Ethylcyclohexan
Ethylcyclopentan
3-Ethyl-1,1-dimethyl-2-thioharnstoff
Ethylendiamintetraessigsäure
Ethylenglykoldimethacrylat
Ethylen-Propylen-Copolymer
Ethylen-Propylen-Dicyclopentadien-Terpolymer
Ethylen-Propylen-Ethyliden-Norbornen
Ethylen-Propylen Terpolymer (maleic modifiziert)
Ethylen-Vinylacetat-Copolymer
2-Ethylhexylester von Tallölfettsäuren, epoxidiert
2-Ethylhexylmercaptoacetat
2-Ethyl-2-hydroxymethyl-1,3-propandiol
Ethylisothiocyanat
1-Ethyl-4-methylcyclohexan
Ethylnaphthalen
N-Ethyl-N-hydroxyethanamin
N-Ethyl-N-nitrosoanilin
N-Ethyl-N-nitrosoethylamin
N-Ethyl-N-(phenylmethyl)-benzolmethanamin
N,N-Ethyl-phenyldithiocarbaminsäure, Zinksalz
Farnsol
Fluoranthen
Fluoren
Formaldehyd, Polymer mit 1,3-Benzendiol und 4-Chlorphenol
2-Furancarboxamid
Gelatine
Graphit
Guargummi
Heneicosane
Heptadecan
Heptan
Heptandisäurebis(phenylmethyl)-ester
2-Heptanon
Heptyliden-phenyl-amin
4-Heptylphenol
n-Hexadecan
Hexadecansäure
tert.-Hexadecanthiol
1-Hexadecanthiol
Hexadecylsäure-sorbitylester
Hexadecyltrimethoxysilan
1,4-Hexadien
4,4'-(Hexafluorisopropyliden)-diphenol
Hexafluoropropen-Vinylidenfluorid-Copolymer
Hexafluorpropen
Hexahydro-N-nitrosopyridin
Hexamethoxymethylmelamin
1,1,1,3,3,3-Hexamethyldisilazan
Hexamethylendiamincarbamat
1,6-Hexamethylendiisocyanat
Hexan
Hexandicarbonsäure-bis-[2-(2-butoxy-ethoxy)-ethyl]ester
Hexandicarbonsäurebis(2-butoxy-ethyl)ester
Hexandicarbonsäure-bis-2-ethylhexylester
Hexandicarbonsäure-bis-nonylester
Hexandicarbonsäure-diisononylester
Hexandicarbonsäure-di-isooctylester
Hexandicarbonsäure-di-n-octylester
Hexandisäurediisononylester
Hexansäure-w-lactam
1-Hexanthiol
5-Hexyloxymethylen-bicyclo-[2,2,1]-hept-2-en
Hydrazin, wasserfrei, 98 %
hydriertes Aluminiumsilikat Pyrophyllit
Hydrinden
Hydrochinon-bis(2-hydroxyethyl)-ether
ß-Hydroperoxybenzenethanol
alpha-Hydro-w-hydroxypoly-(oxy-1,2-ethandiyl)
2-Hydroxybenzaldehyd
2-Hydroxybenzaldehydoxim
2-Hydroxybenzencarbonsäure
2-Hydroxybenzencarbonsäurephenylester
Hydroxybenzen, styrolisiertes
Hydroxybenzoesäure
2-Hydroxybenzothiazol
3-Hydroxy-butan-1-on-[1]-naphthylimin
12-Hydroxy-cis-9-octadecensäure
2-(2-Hydroxyethyl)-ethanol

Hydroxylaminhydrochlorid
4-Hydroxy-3-methoxybenzaldehyd
1-Hydroxy-4-nitrosobenzen
4-Hydroxyphenylbenzylether
(±)2-Hydroxypropansäure
D-(-)-2-Hydroxypropansäure
L-(+)-2-Hydroxypropansäure
2-Hydroxy-1,2,3-propantricarbonsäure
2-Imidazolidinthion
Indeno[1,2,3-cd]pyren
2,2'-Isobutyliden-bis(4,6-dimethylphenol)
3-Isocyanatmethyl-3,5,5-trimethylcyclohexylisocyanat
Isocyanatobenzen
4-Isocyanatophenolphosphorothioatester
Isooctyl-Tallat
4-Isopropoxy-2-butanol
4,4'-Isopropylidenbis-(o-1,1-dimethylethylhydroxybenzen)
Isothiocyanatbenzen
Isothiocyanato-cyclohexan
Kaliumperoxodisulfat
Kaolin
Kautschuk
Kiefer(holz)teer
Kieselgur, geglüht
Kieselsäure
Kieselsäure, Bleisalz
Kieselsäure, pyrogen
Kieselsäure (pyrogen, hydrophob)
Kobalt
Kohlensäurediamid
Kohlenstoff (amorph)
Kohlenwasserstoff, C9 ungesättigt, polymerisiert
Kohlenwasserstoff, naphthenisch
Kohle Teer Öl
Kolophonium
Kondensationsprodukt aus Butylphenol und Ethin
Kondensationsprodukt von Ethylenoxid und Polypropylenglycol
Kupferdi(1-methylethyl)dithiophosphat
Kupfer(I)-chlorid
Kupfer(II)-chlorid
Kupferphthalocyanin
Kupferphthalocyanin, chloriert
Lanolin
Lehm
Leinöl, epoxidiert
Leinölfirnis
Ligninsulfonsäure, Calciumsalz
Magnesiumaluminiumsilkat
Magnesiumcarbonat
Magnesiumhydroxid
Magnesiumoxid
Magnesiumsilikat
Magnesiumsilikathydrat
Magnesiumsilikat, wasserhaltig
Maleinsäurediisooctylester
Melamin-Formaldehyd-Copolymer
2-Mercaptobenzimidazol, Zinksalz
2-Mercaptobenzothiazol, Kupfersalz
2-Mercaptobenzoxazol
2-Mercaptoimidazolin
2-Mercaptooxazol
N-(2-Mercaptophenyl)benzamid
3-Mercaptopropyl-tri-n-butoxy-silan
2-Mercaptotoluimidazol
Methacrylsäuremethylester
Methanal
Methanol
Methansäure
Methansäureamid
Methansäureanilid
4,4'-Methoxydiphenylamin
N-(4-Methoxyphenyl)-N'-isopropyl-benzen-1,4-diamin
(4-Methoxyphenyl)phenylamin
(4-Methoxyphenyl)phenylmethanon
1-(4-Methoxyphenyl)-3-phenyl-thioharnstoff
2-Methyl-acrylsäure-1-methyl-3-(2-methyl-acryloxy)-propylester
2-Methylaminobenzen
Methylbenzen
2-Methyl-1,3-benzendiamin
1,4-Methylbenzensulfonsäurehydrazid
4-Methylbenzensulfonsäure, Zinksalz
4-Methylbenzenthiol
4-Methyl-2-benzimidazolthiol
2-Methyl-benzoepersäure-ethylester
4-Methylbenzolsulfonsäure-carbamidsäure-hydrazid
2-Methylbenzothiazol
Methylbis(phenylmethyl)benzen
2-Methyl-1,3-butadien
2-Methyl-1,3-butadien, Polymer mit 1,3-Butadien
2-Methyl-1,3-butadien, Polymer mit Ethen
2-Methyl-1,3-butadien, Polymer mit 2-Methyl-1-propen, bromiert
2-Methyl-1,3-butadien, Polymer mit 2-Methyl-1-propen, chloriert
2-Methyl-1,3-butandien, Polymer mit Ethen
Methylcellulose
Methylcyclohexan
N-[1-Methyldecyl]-N'-phenyl-benzen-1,4-diamin
2-Methyl-4,6-dinonylphenol
4,4'-Methylenbis(2-chloranilin)
2,2'-Methylenbis(4-chlorophenol)
2,2'-Methylen-bis[6-(1,1-dimethylethyl)-4-methylphenol]
4,4'-Methylenbis-(2,6-dimethylphenol)
2,2'-Methylen-bis-(4,6-dimethylphenol)
2,2'-Methylen-bis-[4-methyl-(6-alpha-methylbenzyl)-hydroxybenzen]
2,2'-Methylen-bis-(6-methylcyclohexyl-4-methylphenol)
2,2'-Methylen-bis-(4-methyl-6-cyclohexylphenol)
4,4'-Methylenbis(N-(1-methylpropyl)benzolamin)
2,2'-Methylenbis-(6-nonyl-4-methylphenol)

2,2'-[Methylenbis(thio)]bis-essigsäuredibutylester
4,4'-Methylendicarbanilinsäurediphenylester
2,2'-Methylen-di-(6-(1,1-dimethylethyl)-4-ethyl-phenol
4,7-Methylen-4,7,8,9-tetrahydroinden
N-(1-Methylethenyl)-benzenamin
4-(1-Methyl)ethoxy-diphenylamin
(1-Methylethyl)benzen
1-Methylethylcyclohexan
1-(Methylethyl)-2,2-dimethyltrimethylen-(2-methylpropyl)säureester
1-Methylethyl-3-methylcyclohexan
(1-Methylethyl)nitrosamin
N-(1-Methylethyl)-N-methyl-N'-phenyl-benzen-1,4-diamin
N-(1-Methylethyl)-N'-methyl-N'-phenyl-benzen-1,4-diamin
N-(1-Methylethyl)-N'-(4-methylphenyl)-benzen-1,4-diamin
N-(1-Methylethyl)-N'-phenyl-benzen-1,4-diamin
2-[(1-Methylethyl)sulfinyl]-benzenthiazol
2-[(1-Methylheptyl)amino]-ethanol
N-(1-Methylheptyl)-N'-phenyl-benzen-1,4-diamin
5-Methylhexan-2-on
1-Methyl-4-isopropylbenzen
Methylmercaptobenzimidazol
5-Methyl-2-mercaptobenzimidazol
1-Methyl-4-(1-methylethenyl)-cyclohexen
1-Methyl-2-(1-methylethyl)-benzen
1-Methyl-4-(1-methylethyl)-cis-cyclohexan
1-Methyl-4-(1-methylethyl)-1,4-cyclohexadien
2-Methyl-5-(1-methylethyl)hydroxybenzen
1-Methyl-4-(1-methylethyl)-trans-cyclohexan
Methylnaphthalen
N-Methyl-N,4-dinitrosobenzenamin
N-(2-Methyl-2-nitropropyl)-4-nitroso-benzenamin
N-Methyl-N-nitrosoanilin
4-Methyl-N-[4-phenylamino-phenyl]-benzensulfonamid
4-Methyl-pentan-2-on
N-(1-Methylpentyl)-N'-phenyl-1,4-benzendiamin
1-Methyl-1-phenylethylhydroperoxid
N-(4-Methylphenyl)formamid
N-(2-Methylphenyl)-1,2-hydrazindicarboximidamid
2-(4-Methylphenyl)-hydrazinsulfonsäure
N-(2-Methylphenyl)-imidodicarbonimiddiamid
N-(4-Methylphenyl)-N'-phenyl-1,4-benzendiamin
1-Methylpiperazin
2-Methylpropan
2-Methyl-1-propen
2-Methylpropen-1-säure-3-butylester
2-Methyl-2-propensäure-oxydi-2,1-ethandiylester
2-Methyl-2-propensäure-(3-trimethoxysilylpropyl)-ester
2-Methyl-2-propensäure, Zinksalz
N-(1-Methylpropyl)-benzenamin
1-Methylpropylethanoat
2-Methylpropyl-[1-methyl-1-phenyl-ethyl]-peroxid
N-(1-Methylpropyl)-N'-phenylbenzen-1,4-diamin
Methylstyrol-Acrylat-Copolymer
Methylstyrol-Acrylat-Copolymer (unvernetzt)
alpha-Methylstyrolharz
2-Methylsulfinylbenzothiazol
2-Methylsulfonylbenzothiazol
2-Methyl-1,4,5,6-tetrahydropyrimidin
1-Methyltetrahydro-1,3,5-triazinthion-4
3-Methyl-thiazolidin-2-on
3-Methylthiazolidin-thion-2
2-Methylthiobenzothiazol
Methyltrimethoxysilan
Mikrowachs
Mineralöl, hochraffiniert
Mineralöl, Petroleumextrakte, leichte naphthenische Destillatlösung
Mineralöl, Petroleumextrakte, schwere paraffinische Destillatlösung
Mineralöl, Petroleumextrakt, leichte paraffinische Destillatlösung
Mineralöl, Petroleumextrakt, schwere naphthenische Destillatlösung
Molekularsieb 4A
Molekularsieb 13X
Monothiobenzoesäure
Morpholin-4-carbodithiosäure-benzothiazol-2-ylester
2-(4-Morpholinyl)benzothiazol
2-(4-Morpholinyl-dithio)benzothiazol
Naphtha
Naphthalen
Naphthalen-2-thiol
N-(1-Naphthyl)-anilin
N-(2-Naphthyl)anilin
1-(2-Naphthyl)-3-phenyl-harnstoff
Natrium-Aluminium-Silikat
Natriumalumiumsilikat
Natriumcarbonat
Natriumchlorat
Natriumchlorid
Natriumchlorit
Natriumethyldithiocarbamat
Natriumhexafluorosilikat
Natriumhydrogencarbonat
Natriumhydroxid
Natriumnitrit
Natriumpentachlorphenolat
Natriumperoxid
Natriumpersulfat
Natriumpolyphosphat, glasige Struktur
Natriumpolysulfid
Natriumxanthogenat
Nickelthiobenzoat
Niederdruck Polyethylen, chloriert
2-Nitropropan
N-Nitrosodimethylamin

N-Nitrosodi-n-propylamin
N-Nitrosodiphenylmethylamin
2,2'-(Nitrosoimino)-bisethanol
N-Nitrosomethylethylamin
4-Nitrosomorpholin
1-Nitroso-2-naphthol
1-Nitroso-2-naphthol, Eisenkomplex
4-Nitroso-N-phenylbenzenamin
N-Nitroso-N-phenylbenzenamin
1-Nitrosopyrrolidin
Nonadecan
Nonan
Nonandisäure-bis-[2-ethylhexylester]
4-Nonyl-N-(4-nonylphenyl)-benzolamin
4-Nonylphenol
Octadecan
Octadecansäure
Octadecansäure, Calciumsalz
Octadecansäure-(4-hydroxy)-anilid
Octadecansäure, Magnesiumsalz
Octadecansäure, Natriumsalz
Octadecansäure, Zinksalz
1-Octadecanthiol
(Z)-9-Octadecenamid
cis-Octadec-9-ensäure
(Z)9-Octadecensäurepropylenglykolester, epoxidiert
n-Octadecylamin
Octan
1,8-Octandicarbonsäure-bis-(2-ethylhexylester)
Octansäure, Natriumsalz
1-Octanthiol
Octylbenzen
Octyldiphenylamin
octylenständiges Poly(1,3-butandiol-1,2-propandiol-adipat)
4-Octyl-N-(4-octylphenyl)benzenamin
(4-Octyloxy-phenyl)-phenylmethanon
4-Octylphenol
Octylphenolharz
Organische Bariumverbindung
Oxalsäuredihydrazid
Oxidierter Asphalt
N-(Oxiranylmethyl)-N-phenyl, Polymer mit 2,2'-(1-methylethyliden)bis(oxiran)
3-Oxobutansäureethylester
3-(3-Oxo-pentadecylsulfanyl)-propionsäuredidodecylester
N-Oxydiethylen-2-benzimidiazol-sulfenamid
N-Oxydiethylendithiocarbamyl-N'-oxydiethylensulfenamid
N-Oxydiethylenthiocarbamyl-1-benzothiyzyldisulfid
N-Oxydiethylenthiocarbamylcyclohexyldisulfid
Ozon
Palmöl
Paraffin
Paraffin, C10-C13
Paraffin-Kohlenwasserstoffe
Paraffinöl
Pech
Pektin
Pentachlorphenyl-N,N'-dimethylsulfenamid
Pentachlorthiophenol
Pentadecan
Pentamethylendithiocarbaminsäure, Bleisalz
Pentamethylendithiocarbaminsäure, Kupfersalz
Pentamethylendithiocarbaminsäure, Zinksalz
2,2,4,6,6-Pentamethylheptan
Pentan
Pentylmercaptoacetat
Perbenzoesäure-1,1-dimethylethylester
Petrolatum
Phenanthren
Phenol, octyliert
Phenol, Polymer mit Formaldehyd
Phenylbenzen
N-Phenyl-1,4-benzendiamin
Phenylcarbamid
Phenylcyclohexan
4-Phenylcyclohexen
1-Phenyldecan
1,1'-(1,3-Phenylen)-bis-[1H-pyrrol-2,5-dion]
N,N'-Phenylendimaleimid
1-Phenylethanon
Phenylethen
Phenylethen-Butadien-Copolymer
4-(1-Phenylethyl)-N-[4-(1-phenylethyl)phenyl]-benzenamin
Phenylguanidin
Phenylhydrazin
2-Phenyl-2-imidazolin
3-Phenyl-5-mercapto-1,3,4-thiadiazol-2-thion
1-Phenylnaphthalin
1-Phenyl-nonan
N-Phenyl-N'-1,2-tolyl-guanidin
N-Phenyl-N-[(trichlormethyl)thiol]-benzensulfonamid
Phenylpentachlorphenyldisulfid
1-Phenylpropan
2-Phenyl-propan-2-ol
1-Phenyl-1 tert.-butylperoxy-phthalid
1-Phenyl-2,4-thiobiuret
1-Phenyl-1,3,3-trimethylindan
Phosphonsäure, Bleisalz
Phosphonsäure-tetrakis(2,6-bis(1,1-dimethylethyl)-phenylester)
Phosphor
Phosphorige Säure-decylesterdiphenylester
Phosphorige Säure-dinonylphenyl-di(nonylphenyl)triester
Phosphorige Säure-tri(nonylphenyl)ester
Phosphorsäure-diphenyl-4-methyl-phenyl-ester
Phosphorsäure-(2-ethylhexyl)-diphenylester
Phosphorsäurehexylesterdiphenylester
Phosphorsäure-n-octyl-diphenyltriester
Phosphorsäure-2,2,2-trichlorethylester
Phosphorsäure-tri-(2-ethylhexyl)-ester
Phosphorsäuretrikresylester
Phosphorsäuretrioctylester
Phosphorsäuretriphenylester
Phosphorsäuretri-2-propenylester

Phthalsäure-bis-[2-methacryloyloxy-ethylester]
Phthalsäure-bis-(2-[2-(2-methyl-
  acryloyloxy)ethoxy]ethyl)ester
Phthalsäurebutyldecylester
Phthalsäuredi-iso-tridecylester
Phthalsäuredi-(1methylheptyl)ester
Pigment Blau 29 (C.I. 77007)
Pigment Gelb 13 (C.I. 21100)
Pigment Gelb 14 (C.I. 21095)
Pigment Gelb 35 (C.I. 77205)
Pigment Grün 36 (C.I. 74265)
Pigment Orange 13 (C.I. 21110)
C.I. Pigment Red 38
C.I. Pigment Red 37
C.I. Pigment Red 111
Pigment Rot 53:1 (C.I. 15585:1)
Pigment Rot 48:1 (C.I. 15865:1)
Pigment Rot 57:1 (C.I. 15850:1)
Pigment Rot 108 (C.I. 77202)
Pigment Rot 48:2 (C.I. 15865:2)
Pigment Weiß 19 (C.I. 77004)
Pigment Weiß 20 (C.I. 77019)
1,1'-(1,4-Piperazindiyldimethylen)-di(2-
  imidazolinthion)
Piperidincarbothiosäure, Verbindung mit
  Piperidin (1:1)
Piperidin-1-disulfidcarbothionsäure-S-S-
  benzenthiazol-2-yl-ester
Piperidindithiocarbaminsäure, Bleisalz
Piperidinodithiocarbaminsäure, Cadmiumsalz
2-(Piperidinthio)-benzimidazol
[5-(1-Piperidinyl)pentyl]-dithiocarbaminsäure
Polybicyclo-[2.2.1]-hept-2-en
Polybutadien
Poly-1-chlorbutadien
Polychlorethen
Poly(1,3-cyclopentandiyl-1,2-ethendiyl)
Poly(4-cyclopenten-1,3-diyl-1,2-ethendiyl)
Polydimethylsiloxan-Kautschuk
Poly-1,4-dinitrobenzen
Polyethenylmethylether
Polyethylen
Polyethylen, chlorsulfoniert
Poly(imino(1-oxo-1,6-hexandiyl))
Polyisobutylen
cis-1,4-Polyisopren
Polymethacrylsäuremethylester
Poly-2-methyl-1,3-butadien
(Z)-Poly(1-octen-1,8-diyl)
Polyorthokieselsäure
Poly(oxy-1,4-butandiyloxycarbonyl-1,4-
  phenylencarbonyl)
Poly(oxy-1,2-ethyandiyloxycarbonyl-1,4-
  phenylencarbonyl)
Polypropylen, isotaktisch
Polysulfid-Natrium-Aluminium-Silikat
Polytetrafluorethen
Polyvinylalkohol
Propan-1,2-epoxid
Propan-2-ol
2-Propanon
Propantriol
Propen
2-Propennitril, Polymer mit 1,3 Butadien
3-[2-(2-(2-Propen-1-oxy)-ethoxy)-ethoxy]-
  propen
2-Propensäureethylester
Propensäurenitril
2-Propensäure, Polymer mit 1,3-Butadien und
  2-Propennitril
3-(2-(2-[2-(2-(2-Propenyl)oxy)-ethoxy)-ethoxy]-
  ethoxy)-ethoxy)-propen
Pumic
Pyridin
2-Pyrimidinthiol
Rapsöl
Reaktionsprodukt aus Butanal und Anilin
Reaktionsprodukt aus Butanal und Butylamin
Reaktionsprodukt aus Diphenylamin mit
  Propanon
Reaktionsprodukt aus Diphenylamin und 2-
  Propanon
Reaktionsprodukt von 1,4-Kresol,
  Dicyclopentadien, 2-Methylpropen, butyliert
Rizinusöl
Rüböl, vernetzt mit Schwefel und Wasser
Rutil
Salicylsäure-4-tert.-butylphenylester
Schwefel
Schwefelkohlenstoff
Schwefelsäuredodecylester, Natriumsalz
Schwefel, ungelöst
Schwefelwasserstoff
Schwerspat
Selen
Selenoxid
Selensulfid
Siedegrenzenbenzin
Silicium(IV)-oxid
Silicium(IV)-oxid, amorph
Siliconöl
Sojabohnenöl, epoxidiert
Sojaöl
Stearinsäure, Cobaltsalz
Steinkohlenteerpech
Strontiumoxid
Styren-Isopren-Copolymer
4-Sulfo-heptandisäuredidodecylester
Tallöl
Tellur
Terpentin
1,3,5,7-Tetraazatricyclo-(3.3.1.1(3,7))-decan
Tetrabenzylthiuramdisulfid
2,2',4,4'-Tetrachlorbiphenyl
Tetrachlorethen
Tetrachlormethan
Tetradecan
1-Tetradecanthiol
4,4,13,13-Tetraethoxy-3,14-dioxa-8,9-dithia-
  4,13-disilahexadecan
4,4,15,15-Tetraethoxy-3,16-dioxa-8,9,10,11-
  tetrathia-4,15-disilaoctadecan
Tetrahydrofuran
1,2,3,4-Tetrahydronaphthalin

Tetrahydro-1,4-oxazin
Tetrahydrothiophen-1,1-dioxid
Tetraisobutylen
N,N,N',N'-Tetraisobutylthiuramdisulfid
N,N,N',N',-Tetraisopropylthiuramdisulfid
3,3,12,12-Tetramethoxy-2,13-dioxa-7,8-dithia-3,12-disilatetradecan
3,3,14,14-Tetramethoxy-2,15-dioxa-7,8,9,10-tetrathia-3,14-disilahexadecan
3,3,11,11-Tetramethoxy-2,12-dioxa-7-thia-3,11-disilatridecan
3,3,13,13-Tetramethoxy-2,14-dioxa-7,8,9-trithia-3,13-disilapentadecan
1,1,4,4-Tetramethylbutandiyldiamin
(1,1,4,4-Tetramethyl-2-butin-1,4-diyl)bis[1,1-dimethylethylethyperoxid]
4-(1,1,3,3-Tetramethylbutyl)-phenol
Tetramethylsuccinonitril
N,N,N',N'-Tetramethylthioharnstoff
Tetraphenylphosphoniumchlorid
N,N,N',N"-Tetraphenyl-(1,3,5)-triazin-2,4,6-triamin
6,6'-Tetrathiobis(N,N,N'-triethyl)-1,3,5-triazin-2,4-diamin
Thiazol
4,4'-Thio-bis-(6-1,1-dimethylethyl-2-methylhydroxybenzen)
1,1'-Thiobis-(6-(1,1-dimethylethyl)-2-naphthol)
2,2'-Thiobis[4-(1,1-dimethylpropyl)-1-hydroxybenzen
2,2'-Thio-bis-(6-methyl-hydroxybenzen)
1,1'-Thiobis(N,N-dimethylthio)formamid
4,4'-Thiocarbonyldimorpholin
Thiodiglycolsäure-di-2-ethyl-hexylester
4,4'-Thiodiphenol
Thiokohlensäurediamid
Thioperoxidiphosphorsäure-tetrakis(1,1-dimethylethyl)ester
Thioperoxidiphosphorsäuretetra-(2-methylpropyl)ester
Thioperoxydicarbonsäurebis(1-methylethyl)ester
Thioperoxydiphosphorsäuretetrapropylester
Thiopropionsäure-S-butylester
Thio-(prop-1-yl-3-säure-tetradecylester)-propan-3-säure-tetradecylester
2,3,5-Tichlorbenzenthiol
Titandioxid
Titandioxid
2,4,6-Triallyloxy-1,3,5-triazin
1,3,5-Triallyl-1,3,5-triazin-2,4,6-trion
Triarylphosphat, isopropyliert
N,N,N'-Tributyl-S-methyl-thioharnstoff
1,1,3-Tributyl-2-thioharnstoff
1,1,4-Tributylthiosemicarbazid
1,1,1-Trichlorethan
1,1,2-Trichlorethen
N,N',N"-Trichlormelamin
Trichlormethan
N- Trichlormethansulfenylsuccinimid
N-(Trichlormethylsulfunyl)-phthalimid
N-(Trichlormethylthio)-4-cyclohexen-1,2-dicarboximid
n-Tridecan
1-Tridecanthiol
Trideca-oxyethylen-alpha,omega-dimethacrylat
Triethoxy-chlormethylsilan
Triethoxy-(3-chlorpropyl)-silan
Triethoxyhexadecylsilan
Triethoxypentylsilan
4-(Triethoxysilyl)-butanthiol
2-(Triethoxysilyl)-ethanthiol
Triethoxysilylmethanthiol
3-(Triethoxysilyl)-propanthiol
3-(Triethoxysilyl)propylthiocyanat
Triethylenglykolester aus C5-C8 Säuren
1,3,5-Triethylhexahydro-1,3,5-triazin
2,4,6-Trihydrazino-1,3,5-triazin
3,4,5-Trihydroxybenzencarbonsäure, Monohydrat
1,3,5-Trihydroxybenzen-2-hydrat
2,2',2"-Trihydroxytriethylamin
Triisobuten
Tri-mellitsäure-tri-(iso-oktyl)-ester
2,4,6-Trimercapto-S-triazin
Trimethoxychlormethylsilan
Trimethoxy[(oxiranylmethoxy)-proyl]-silan
2-(Trimethoxysilyl)-ethanthiol
Trimethoxysilylmethanthiol
1-(Trimethoxysilyl)-octadecan
3-(Trimethoxysilyl)-1-propanthiol
N-[3-(Trimethoxysilyl)propyl]-1,2-ethandiamin
Trimethoxyvinylsilan
Trimethylallylisocyanurat
[(2,4,6-Trimethyl-1,3,5-benzentriyl)tris(methylen)]-4,4',4"-tris[2,6-di(1,1-dimethylethyl]-hydroxybenzen
2,6,6-Trimethylbicyclo-[3,1,1]-hept-2-en
(3,3,5-Trimethylcyclohexyliden)-bis-(tert.-butylperoxid)
N,N,N'-Trimethyl-diamino-thiomethanon
2,4,4-Trimethyl-2-(2,5-di-hydroxybenzen)-pentan
3,5,5-Trimethylhexanperoxidsäure-1,1-dimethylethylester
2,2,4-Trimethylpentan
2,2,4-Trimethyl-2-pentanthiol
2,2,4-Trimethyl-6-phenyl-1,2-dihydrochinolin
Trimethylsilan
1,3,5-Trinitrobenzen
1,11-(3,6,9-Trioxandecyl)bis-3-(dodecylthio)propionat
1,1,3-Triphenylguanidin
1,2,3-Triphenylguanidin
Triphenylmethan-4,4',4"-triisocyanat
N,N',N"-Triphenyl-(1,3,5)-triazin-2,4,6-triamin
1,3,5-Tris[(3,5-bis-(1,1-dimethylethyl)-4hydroxyphenyl)-methyl]-1,3,5-triazin-2,4,6-(1H,3H,5H)-trion
1,3,5-Trisdecylbenzol
Tris-(2,3-dibromopropyl)-phosphat
2,4,6-Tris(1,1-dimethylethyl)hydroxybenzen

1,1,1-Tris-(hydroxymethyl)-propan
Tris(nonylphenyl)phosphit
Tris-(2,4-pentandionato)vanadium
1,1,3-Tris(5-tert.-butyl-4-hydroxy-2-methylphenyl)-butan
2,4,6-Tri-tert.-butylphenyl-brenzcatechinphosphit
Vismirnovit
Wasserstoffperoxid
L(+)-Weinsäure
Xylol-Formaldehyd-Harz
Zinkborat
Zinkcarbonat
Zinkchlorid
Zinkchromat
Zinkdibutyl-dithiophosphat
Zink-di-2-ethylhexanoat
Zink-2-mercaptobenzothiazol
Zink-(1-methylethyl)xanthat
Zinknitrat
Zink-O,O-di-isopropylphoshordithioat-bicyclohexylamin-komplex
Zink-O,O-di-n-butylphosphordithioat
Zinkoxid
Zinkperoxid
Zinkstannat
Zinksulfid
Zinn(II)-chlorid
zweibasisches Bleiphosphit

Anhang V

Liste gebräuchlicher Namen und Handelsnamen/ Substanznamen

Gebräuchlicher Name Handelsname	Substanzname
A1	N,N'-Diphenylthiokohlensäurediamid
A 172	6-Ethenyl-6-(2-methoxy-ethoxy)-2,5,7,10-tetraoxa-6-silaundecan
A 1582	Antimon(III)-oxid
A0700	N-[3-(Trimethoxysilyl)propyl]-1,2-ethandiamin
A 1893	2-(Triethoxysilyl)-ethanthiol
A 1030	Poly(imino(1-oxo-1,6-hexandiyl))
A171	Trimethoxyvinylsilan
8000A	Phenylethen-Butadien-Copolymer
A 1100	3-Aminopropyltriethoxysilan
Aab-O-Ti	Titandioxid
Aacaptan	N-(Trichlormethylthio)-4-cyclohexen-1,2-dicarboximid
Aaprotect	N,N-Dimethyldithiocarbaminsäure, Zinksalz
Aarasan	Bis-(dimethylthiocarbamoyl)-disulfid
Aas-M	N-[3-(Trimethoxysilyl)propyl]-1,2-ethandiamin
Aatack	Bis-(dimethylthiocarbamoyl)-disulfid
Aavolex	N,N-Dimethyldithiocarbaminsäure, Zinksalz
Aazira	N,N-Dimethyldithiocarbaminsäure, Zinksalz
Abhrak	Pigment Weiß 20 (C.I. 77019)
Abiflex	6-Ethoxyl-1,2-dihydro-2,2,4-trimethy-chinolin
Abil 10-100000	Dimethylpolysiloxan
Abiquin	6-Ethoxyl-1,2-dihydro-2,2,4-trimethy-chinolin
ABL	Dodecansäure
Abramant	Aluminiumoxid
Abramax	Aluminiumoxid
Abrarex	Aluminiumoxid
Abrasit	Aluminiumoxid
absoluter Alkohol	Ethanol
Abstaril	Bis(thiomethansäurediethylamid)-disulfid
Abstensil	Bis(thiomethansäurediethylamid)-disulfid
Abstinil	Bis(thiomethansäurediethylamid)-disulfid
Abstinyl	Bis(thiomethansäurediethylamid)-disulfid
ABUGA	1,4-Bis-allyloxy-butan
AC 1220	Polyethylen
AC 394	Polyethylen
AC 680	Polyethylen
AC 8	Polyethylen
AC 8 (Polymer)	Polyethylen
AC GA	Polyethylen
(ACGIH	Aktivkohle
ACP 6	Polyethylen
Accel BZ	Dibutyldithiocarbaminsäure, Zinksalz
Accel DS	2-(4-Morpholinyl-dithio)benzothiazol
Accelerate 832	Reaktionsprodukt aus Butanal und Anilin
Accelerator 552	[5-(1-Piperidinyl)pentyl]-dithiocarbaminsäure
Accelerator 52-0	Bis-(dimethylthiocarbamoyl)-disulfid
808 Accelerator	Reaktionsprodukt aus Butanal und Anilin
808 Accelerator	Butanal, Polymer mit Benzenamin
Accelerator Bismet	Dimethyldithiocarbaminsäure, Bismutsalz
Accelerator CZ	N-Cyclohexyl-2-benzothiazolsulfenamid
Accelerator EFK	N,N-Ethyl-phenyldithiocarbaminsäure, Zinksalz
Accelerator L	N,N-Dimethyldithiocarbaminsäure, Zinksalz
Accelerator M	2-Benzothiazolthiol
Accelerator Thiuram	Bis-(dimethylthiocarbamoyl)-disulfid

Gebräuchlicher Name Handelsname	Substanzname
Accelerator Thiuram Cyuram DS	Bis(thiomethansäurediethylamid)-disulfid
Accelevator HX	Cyclohexylethylamin
Accel-R	Bis-(N-oxydiethylen)disulfid
Accel TM	Dibenzothiazyldisulfid
Accel TP	Dibutyldithiocarbaminsäure, Natriumsalz
Accosperse Cyan Green G	Kupferphthalocyanin, chloriert
Acellerine	N,N-Dimethyl-4-nitrosoanilin
Acenaphthen	1,2-Dihydroacenaphthylen
Acepan-2-on	Hexansäure-w-lactam
Acetaldehyd	Ethanal
Acetamidocyclohexan	N-Cyclohexylacetamid
Aceten	Ethen
Acetessigester	3-Oxobutansäureethylester
Acetessigsäureethylester	3-Oxobutansäureethylester
Acetethansäureethylester	3-Oxobutansäureethylester
Acetidin	Ethansäureethylester
Aceto AD	Diazendicarboxamid
Aceto AZIB	2,2'-Azobis-(2-methylpropannitril)
Aceto DIPP	N,N-Di-2-naphthyl-benzen-1,4-diamin N,N'-Di-2-naphthyl-benzen-1,4-diamin
Aceto DNPT 100	3,7-Dinitroso-1,3,5,7-tetraazabicyclo[3,3,1]nonan
Aceto DNPT 40	3,7-Dinitroso-1,3,5,7-tetraazabicyclo[3,3,1]nonan
Aceto DNPT 80	3,7-Dinitroso-1,3,5,7-tetraazabicyclo[3,3,1]nonan
Acetogen-Ruß, BLE 50 (50 %)	Kohlenstoff (amorph)
Aceto HMT	1,3,5,7-Tetraazatricyclo-(3.3.1.1(3,7))-decan
Aceton	2-Propanon
Aceton anil	1,2-Dihydro-2,2,4-trimethyl-chinolin
Acetonanil	1,2-Dihydro-2,2,4-trimethylchinolin-Harz
Acetonersatz	Butan-2-on
Aceto PAN	N-(1-Naphthyl)-anilin
Acetophenon	1-Phenylethanon
Acetor D	1,4-Benzochinondioxim
Aceto SDD 40	Dimethyldithiocarbaminsäure, Natriumsalz
Aceto TETD	Bis-(dimethylthiocarbamoyl)-disulfid
1-Acetoxy-butan	Ethansäurebutylester
Acetoxyethan	Ethansäureethylester
Acetoxylsäure	Ethansäure
Aceto ZDBD	Dibutyldithiocarbaminsäure, Zinksalz
Aceto ZDED	N,N-Dimethyldithiocarbaminsäure, Zinksalz
Acetylaldehyd	Ethanal
6-(Acetylamino)-3-((4-(aminosulfonyl)phenyl)azo)-4-hydroxy-2,7-naphthalindisulfonsäure, Dinatriumsalz	6-Acetamido-4-hydroxy-3-[(p-sulfoamidphenyl)-azo)]-2,7-naphthalindisulfonsäure, Dinatriumsalz
Acetylbenzol	1-Phenylethanon
N-Acetylcyclohexylamin	N-Cyclohexylacetamid
Acetylene black	Aktivkohle
Acetylenruß P 1250	Aktivkohle
Acetylentrichlorid	1,1,2-Trichlorethen
Acetylessigsäureetyhlester	3-Oxobutansäureethylester
Acetylphenyldithiocarbamat-zinksalz	N,N-Ethyl-phenyldithiocarbaminsäure, Zinksalz
Acetylsäure	Ethansäure
Achat	Silicium(IV)-oxid

Gebräuchlicher Name Handelsname	Substanzname
Acintene DP	1-Methyl-4-(1-methylethenyl)-cyclohexen
Acintol C	Tallöl
Acintol D 29 LR	Tallöl
Acna Black DF Base	N-Phenyl-1,4-benzendiamin
Acroart	Polyethylen
Acronal S 320 D	Polymethacrylsäuremethylester
Acropor	Acrylnitril-Vinylchlorid-Copolymer
Acropor AN	Acrylnitril-Vinylchlorid-Copolymer
Acrylethylester	2-Propensäureethylester
Acrylite	Polymethacrylsäuremethylester
Acrylnitril	Propensäurenitril
Acryloid A-15	Polymethacrylsäuremethylester
Acryloit F-10	2-Methylpropen-1-säure-3-butylester
Acryloit F-10T	2-Methylpropen-1-säure-3-butylester
Acrylon	Propensäurenitril
Acrylonitril	Propensäurenitril
Acrylonitril/Butadien Copolymer	2-Propennitril, Polymer mit 1,3 Butadien
Acrylsäure-Acrylnitril-Butadien-Copolymer	2-Propensäure, Polymer mit 1,3-Butadien und 2-Propennitril
Acrylsäureethylester	2-Propensäureethylester
Acrylsäure-2-methyl-methylester	Methacrylsäuremethylester
Acrylsäurenitril	Propensäurenitril
Acrypet	Polymethacrylsäuremethylester
Acrypet M 001	Polymethacrylsäuremethylester
Acrypet V	Polymethacrylsäuremethylester
Acrypet VH	Polymethacrylsäuremethylester
Acrysol ase	Polymethacrylsäuremethylester
Actamaster	Ammoniumsulfat
Acticel	Kieselsäure, pyrogen
Actigran 70	2-Ethyl-2-hydroxymethyl-1,3-propandiol
Activin	N-Butyl-1-butanamin
Activol	4-Aminohydroxybenzen
Acto PBN	N-(2-Naphthyl)anilin
Actor a	1,4-Benzochinondioxim
Actor PQD	1,4-Benzochinondioxim
Actor Q	1,4-Benzochinondioxim
Actox	Zinkoxid
Actox 14	Zinkoxid
Actox 16	Zinkoxid
Actox 216	Zinkoxid
Actybaryte	Bariumsulfat
Adakan	n-Dodecan
ADC	Diazendicarboxamid
ADC	N,N-Diethyldithiocarbaminsäure, Ammoniumsalz
ADCK	Diazendicarboxamid
Add-F	Methansäure
Additin 30	N-(1-Naphthyl)-anilin
ADEC	N,N-Diethyldithiocarbaminsäure, Ammoniumsalz
ADEGA	3-[2-(2-(2-Propen-1-oxy)-ethoxy)-ethoxy]-propen
Adeka	Chlorkautschuk
Adelfornite	Calciummetasilikat
Adenex	L-(+)-Ascorbinsäure
Adepsine Oil	Paraffin, C10-C13
ADGA	Bis-(2-propenyl)-1,10-decandiol

Gebräuchlicher Name Handelsname	Substanzname
Adimol BO	Adipinsäurebenzyl-2-ethylhexylester
Adimol DO	Hexandicarbonsäure-di-n-octylester
Adimoll-DN	Hexandicarbonsäure-bis-nonylester
Adipic-Säure	Hexandicarbonsäure-bis-nonylester
Adipinsäure-bis-[2-(2-butoxy)-ethylester]	Hexandicarbonsäure-bis-[2-(2-butoxy-ethoxy)-ethyl]ester
Adipinsäure-bis-2-ethylhexylester	Hexandicarbonsäure-bis-2-ethylhexylester
Adipinsäuredibutoxyethoxyethylester	Hexandicarbonsäure-bis-[2-(2-butoxy-ethoxy)-ethyl]ester
Adipinsäuredibutoxyethylester	Hexandicarbonsäurebis(2-butoxy-ethyl)ester
Adipinsäure-di-2-ethylhexylester	Hexandicarbonsäure-bis-2-ethylhexylester
Adipinsäurediisobutylester	Bis-(2-methylpropyl)-ester-hexandisäure
Adipinsäure-diisononylester	Hexandicarbonsäure-diisononylester
Adipinsäure-di-(isooctyl)-ester	Hexandicarbonsäure-di-isooctylester
Adipinsäure-di-octyl-ester	Hexandicarbonsäure-bis-2-ethylhexylester
Adipinsäure-di-oktyl-ester	Hexandicarbonsäure-di-n-octylester
Adipol BCA	Hexandicarbonsäurebis(2-butoxy-ethyl)ester
Adipol 2 EH	Hexandicarbonsäure-bis-2-ethylhexylester
Adler-Pichler	Zinkoxid
Admer PB 02	Polypropylen, isotaktisch
Adogenen 142	n-Octadecylamin
ADPA	9,9-Dimethyl-9,10-dihydroaridin
Advastab 405	2,2'-Methylen-bis[6-(1,1-dimethylethyl)-4-methylphenol]
Advastab 800	4-Sulfo-heptandisäuredidodecylester
Advastab 401	2,6-Di-(1,1-dimethylethyl)-4-methylhydroxybenzen
AEGA	1,2-Bis-allyloxyethan
Aerodag G	Graphit
Aeromatt	Calciumcarbonat
Aeropax	Dimethylpolysiloxan
Aerosil	Kieselsäure, pyrogen
Aerosil	Silicium(IV)-oxid
Aerosil R 972	Kieselsäure (pyrogen, hydrophob)
Aerotex Accelerator No. 5	Zinknitrat
Aerothene MM	Dichlormethan
Aerothene TT	1,1,1-Trichlorethan
Aethylcellulose	Ethylcellulose
Aethyliumaceticoaceticum	3-Oxobutansäureethylester
Aethyltuads	Bis(thiomethansäurediethylamid)-disulfid
Aethyltuex	Bis(thiomethansäurediethylamid)-disulfid
Aethylzimate	N,N-Diethyldithiocarbaminsäure, Zinksalz
AF 260	Aluminiumhydroxid-hydrat
AF 101	3-(3,4-Dichlorphenyl)-1,1-dimethylharnstoff
AF 60	Dimethylpolysiloxan
AF 9020	Dimethylpolysiloxan
AF-10 FG	Dimethylpolysiloxan
AFS	Bis-(1,2,3,6-tetrahydrobenzaldehyd)-pentaerythrit-acetal
Afcolac B 101	Phenylethen-Butadien-Copolymer
Afton	Aluminiumsilikat
Afwillit	Calciumsilikat
AG 1500	Graphit
Agalite	Magnesiumsilikathydrat
Agalmatholith	Magnesiumsilikathydrat

Gebräuchlicher Name Handelsname	Substanzname
Ageflex EGDM	Ethylenglykoldimethacrylat
Agerite150	4-(1-Methyl)ethoxy-diphenylamin
AgeRite	N-(2-Naphthyl)anilin
Agerite	N-(1-Naphthyl)-anilin
Age Rite Alba	4-Hydroxyphenylbenzylether
Age Rite DPPD	N,N'-Diphenyl-benzen-1,4-diamin
Agerite DPPD	N,N'-Diphenyl-benzen-1,4-diamin
Agerite Gel (25 %)	Polyethylen
Agerite ISO	4-(1-Methyl)ethoxy-diphenylamin
Agerite MA	1,2-Dihydro-2,2,4-trimethylchinolin-Harz
Age-Rite Powder	N-(2-Naphthyl)anilin
Agerite Resin	3-Hydroxy-butan-1-on-[1]-naphthylimin
Agerite Resin D	1,2-Dihydro-2,2,4-trimethylchinolin-Harz
Agerite Resin MA	1,2-Dihydro-2,2,4-trimethylchinolin-Harz
Agerite Stalite	4-Octyl-N-(4-octylphenyl)benzenamin
Agerite Stalite	Diphenylamin, octyliert
Agerite Stalite S	4-Octyl-N-(4-octylphenyl)benzenamin
Age Rite Stalite S	Octyldiphenylamin
Agerite Superflex	9,9-Dimethyl-9,10-dihydroaridin
Agerite Superflex	Reaktionsprodukt aus Diphenylamin und 2-Propanon
Agerite Superlite	Bisphenol A, polybutyliert
Agerite Superlite	4,4'-Isopropylidenbis-(o-1,1-dimethylethylhydroxybenzen)
Agerite White	N,N-Di-2-naphthyl-benzen-1,4-diamin
	N,N'-Di-2-naphthyl-benzen-1,4-diamin
Agidol	2,6-Di-(1,1-dimethylethyl)-4-methylhydroxybenzen
Agidol 1	2,6-Di-(1,1-dimethylethyl)-4-methylhydroxybenzen
Agidol 40	[(2,4,6-Trimethyl-1,3,5-benzentriyl)tris(methylen)]-4,4',4''-tris[2,6-di(1,1-dimethylethyl]-hydroxybenzen
Agidol 42	2,6-Di-(1,1-dimethylethyl)-4-methoxymethyl-hydroxybenzen
Agilene	Polyethylen
AGM-9	3-Aminopropyltriethoxysilan
Agnolin	Lanolin
Agrosol S	N-(Trichlormethylthio)-4-cyclohexen-1,2-dicarboximid
Agrox 2-way	N-(Trichlormethylthio)-4-cyclohexen-1,2-dicarboximid
Agrox 3-way	N-(Trichlormethylthio)-4-cyclohexen-1,2-dicarboximid
AHDA	1,6-Di(2-propenyl)oxy-hexan
Ahrochem BBTS	N-(1,1'-Dimethylethyl)-2-benzothiazolsulfonamid
Ahydol	[(2,4,6-Trimethyl-1,3,5-benzentriyl)tris(methylen)]-4,4',4''-tris[2,6-di(1,1-dimethylethyl]-hydroxybenzen
AI3-00277	Zinkoxid
AI3-26109	Diethyldithiocarbaminsäure, Cadmiumsalz
AI3-00356	Schwefelsäuredodecylester, Natriumsalz
AI3-00515	Benzen-1,2-dicarbonsäuredicyclohexylester
AIBN	2,2'-Azobis-(2-methylpropannitril)

Gebräuchlicher Name Handelsname	Substanzname
Akadama	Calciumcarbonat
Akermanit	Calciumsilikat
Akrochem 49	Phenol, Polymer mit Formaldehyd
Akrochem 220	2-Imidazolidinthion
Akrochem 227	2-Imidazolidinthion
Akrochem Antioxidant DQ	1,2-Dihydro-2,2,4-trimethylchinolin-Harz
Akrochem Antioxidant S	Octyldiphenylamin
Akrochem CBTS	N-Cyclohexyl-2-benzothiazolsulfenamid
Akrochem DPTT	Bis-(piperidin-1-thiocarbonyl)hexasulfan
Akrochem ETU	2-Imidazolidinthion
Akrochem ETU-2	2-Imidazolidinthion
Akrochem ETU-22	2-Imidazolidinthion
Akrochem MBTS	Dibenzothiazyldisulfid
Akrochem NA-22	2-Imidazolidinthion
Akrochem OBTS	4-(Benzothiazol-2-sulfonyl)-morpholin
Akrochem P-37	Phenol, Polymer mit Formaldehyd
Akrochem PA-52	Phenol, Polymer mit Formaldehyd
Akrochem SP-0601-6001	Phenol, Polymer mit Formaldehyd
Akrochem SP-0601-6700	Phenol, Polymer mit Formaldehyd
Akrochem SP-0601-6710	Phenol, Polymer mit Formaldehyd
Akrochem SWS-201	Dimethylpolysiloxan
Akrochem TMTM	1,1'-Thiobis(N,N-dimethylthio)formamid
Akrochem ZMBT	Zink-2-mercaptobenzothiazol
Akro-mag	Magnesiumoxid
Akro-zinc bar 85	Zinkoxid
Akro-zinc bar 90	Zinkoxid
Akrylsäureethylester	2-Propensäureethylester
Aktar	Kiefer(holz)teer
Aktinolith	Asbest
Aktiplast F	Eisenacetylacetonat
Aktisol	Ethandisäure
Aktivator OC	2,4,6-Triallyloxy-1,3,5-triazin
Aktivator OP	Phosphorsäuretri-2-propenylester
Aktivator S	2,4,6-Triallyloxy-1,3,5-triazin
Aktivator TAC	2,4,6-Triallyloxy-1,3,5-triazin
Aktivkohle	Kohlenstoff (amorph)
Aktivkohle Darco	Aktivkohle
Aktivkohle Darco	Kohlenstoff (amorph)
Akulon	Hexansäure-w-lactam
Akulon	Poly(imino(1-oxo-1,6-hexandiyl))
Akulon M 2W	Poly(imino(1-oxo-1,6-hexandiyl))
Akuripetto VH	Polymethacrylsäuremethylester
Akyposal SDS	Schwefelsäuredodecylester, Natriumsalz
AL 30	Polychlorethen
AL 31	Polychlorethen
Al-3945 E 1/16"	Aluminiumoxid
Al-4126 E 1/16"	Aluminiumoxid
Alabaster	Calciumsulfat
Alamin 7	n-Octadecylamin
Alamin 7D	n-Octadecylamin
Alathon	Poly(oxy-1,2-ethyandiyloxycarbonyl-1,4-phenylencarbonyl)
Alathon	Polyethylen
Alathon 14	Polyethylen
Alathon 15	Polyethylen

Gebräuchlicher Name Handelsname	Substanzname
Alathon 1560	Polyethylen
Alathon 6600	Polyethylen
Alathon 7026	Polyethylen
Alathon 7040	Polyethylen
Alathon 7050	Polyethylen
Alathon 7140	Polyethylen
Alathon 7511	Polyethylen
Alathon 5B	Polyethylen
Alathone	Polyethylen
Alathon 71XHN	Polyethylen
Alaunerde	Aluminiumoxid
Albacar	Calciumcarbonat
Albacar 5970	Calciumcarbonat
Albafil	Calciumcarbonat
Albagel Premium USP 4444	Bentonit
Albaglos	Calciumcarbonat
Albaglos SF	Calciumcarbonat
Alboline	Paraffin, C10-C13
Albone 35	Wasserstoffperoxid
Albone 50	Wasserstoffperoxid
Albone 70	Wasserstoffperoxid
Albone DS	Wasserstoffperoxid
Albone 35 LG	Wasserstoffperoxid
Albulith	Zinksulfid
Alcoa 331	Aluminiumhydroxid-hydrat
Alcoa C 330	Aluminiumhydroxid-hydrat
Alcoa C 333	Aluminiumhydroxid-hydrat
Alcobam NM	Dimethyldithiocarbaminsäure, Natriumsalz
Alcobam ZM	N,N-Dimethyldithiocarbaminsäure, Zinksalz
Alco C 30 BF	Aluminiumhydroxid-hydrat
Alco F 1	Aluminiumoxid
Alcojel	Propan-2-ol
Alcophobin	Bis(thiomethansäurediethylamid)-disulfid
Alcosolve 2	Propan-2-ol
Alcotex 88/05	Polyvinylalkohol
Alcotex 88/10	Polyvinylalkohol
Alcowax 6	Polyethylen
Alcox E 160	alpha-Hydro-w-hydroxypoly-(oxy-1,2-ethandiyl)
Alcox E 30	alpha-Hydro-w-hydroxypoly-(oxy-1,2-ethandiyl)
Aldehydammoniak	Methansäureamid
Aldehyd C-2	Ethanal
Aldehydwasserstoff	Ethen
Aldol-(Gemisch aus alpha- und beta-)-Naphthylamin- Kondensat	3-Hydroxy-butan-1-on-[1]-naphthylimin
Aldyl A	Polyethylen
Alfax	Dibenzothiazyldisulfid
Alfrimal-Typen	Aluminiumhydroxid-hydrat
Algrain	Ethanol
Algylen	1,1,2-Trichlorethen
Aliant	N-(2-Methylphenyl)-imidodicarbonimiddiamid
aliphatischer Mineralölweichmacher	Paraffin, C10-C13
Aliphat No. 4	Dodecansäure
Alithon 7050	Polyethylen
Alkamid	Hexansäure-w-lactam
Alkamid	Poly(imino(1-oxo-1,6-hexandiyl))

Gebräuchlicher Name Handelsname	Substanzname
Alkan C-16	n-Hexadecan
Alkanolamin 244	2,2',2"-Trihydroxytriethylamin
Alkathene	Polyethylen
Alkathene 17/04/00	Polyethylen
Alkathene 200	Polyethylen
Alkathene 22 300	Polyethylen
Alkathene ARN 60	Polyethylen
Alkathene WJG 11	Polyethylen
Alkathene WNG 14	Polyethylen
Alkathene XDG 33	Polyethylen
Alkathene XJK 25	Polyethylen
Alkofane DIP	N,N'-Diphenyl-benzen-1,4-diamin
Alkofen B	2,4,6-Tris(1,1-dimethylethyl)hydroxybenzen
Alkofen BP	2,6-Di-(1,1-dimethylethyl)-4-methylhydroxybenzen
Alkotex	Polyvinylalkohol
Alk-tri	1,1,2-Trichlorethen
Allen R	Aluminiumsilikat
Allercorb	L-(+)-Ascorbinsäure
Allied PE 617	Polyethylen
Allied whiting	Calciumcarbonat
Alloprene	Chlorkautschuk
Allylenoxid	Propan-1,2-epoxid
Allylmaleat	cis-2-Butendisäure-di-2-propylenylester
3-(10-Allyloxy-decyloxy)-propen	Bis-(2-propenyl)-1,10-decandiol
3-(2-(2-[2-(2-allyloxy-ethoxy)-ethoxy]-ethoxy)-ethoxy)-propen	3-(2-(2-[2-(2-(2-Propenyl)oxy)-ethoxy)-ethoxy]-ethoxy)-ethoxy)-propen
3-[2-(2-allyloxy-ethoxy)-ethoxy]-propen	3-[2-(2-(2-Propen-1-oxy)-ethoxy)-ethoxy]-propen
3-(2-Allyloxy-ethoxy)-propen	1,2-Bis-allyloxyethan
3-(6-Allyloxy-hexyloxy)-propen	1,6-Di(2-propenyl)oxy-hexan
Almefrol	(2R-(2R*(4R*,8R*)))-3,4-Dihydro-2,5,7,8-tetramethyl-2-(4,8,12-trimethyltridecyl)-2H-1-benzopyran-6-ol
Almite	Aluminiumoxid
Alolt 1	Aluminiumhydroxid-hydrat
Alolt 2	Aluminiumhydroxid-hydrat
Alolt 30	Aluminiumhydroxid-hydrat
Alolt 50	Aluminiumhydroxid-hydrat
Alolt 8	Aluminiumhydroxid-hydrat
Alolt 1 AF	Aluminiumhydroxid-hydrat
Alolt 2F	Aluminiumhydroxid-hydrat
Alolt 30F	Aluminiumhydroxid-hydrat
Alolt 50F	Aluminiumhydroxid-hydrat
Alolt 8F	Aluminiumhydroxid-hydrat
Alon	Aluminiumoxid
Alon C	Aluminiumoxid
Aloxite	Aluminiumoxid
Al-0109 P	Aluminiumoxid
Al-3916 P	Aluminiumoxid
Al-3970 P	Aluminiumoxid
Alphex FIT 221	Polyethylen
Al-1401 P (MS)	Aluminiumoxid
Al-0104 T 3/16"	Aluminiumoxid
Al-1404 T 3/16"	Aluminiumoxid

Gebräuchlicher Name Handelsname	Substanzname
Al-3438 T 1/8"	Aluminiumoxid
Al-3980 T 5/32"	Aluminiumoxid
Al-4028 T 3/16"	Aluminiumoxid
Altax	Dibenzothiazyldisulfid
Alterungsschutzmittel 4010	N-Cyclohexyl-N'-phenyl-1,4-benzendiamin
Alterungsschutzmittel 4030	N,N'-Bis-(1,4-dimethylpentyl)-benzen-1,4-diamin
Alterungsschutzmittel 4020	N-(1,3-Dimethylbutyl)-N'-phenyl-1,4-benzendiamin
Alterungsschutzmittel AP	3-Hydroxy-butan-1-on-[1]-naphthylimin
Alterungsschutzmittel BKF	2,2'-Methylen-bis[6-(1,1-dimethylethyl)-4-methylphenol]
Alterungsschutzmittel DNP	N,N-Di-2-naphthyl-benzen-1,4-diamin N,N'-Di-2-naphthyl-benzen-1,4-diamin
Alterungsschutzmittel DPPD	N,N'-Diphenyl-benzen-1,4-diamin
Alterungsschutzmittel EC	6-Ethoxyl-1,2-dihydro-2,2,4-trimethy-chinolin
Alterungsschutzmittel HS	1,2-Dihydro-2,2,4-trimethylchinolin-Harz
Alterungsschutzmittel KB	2,6-Di-(1,1-dimethylethyl)-4-methylhydroxybenzen
Alterungsschutzmittel MB	2-Benzimidazolthiol
Alterungsschutzmittel 4010 NA	N-(1-Methylethyl)-N'-phenyl-benzen-1,4-diamin
Alterungsschutzmittel PAN	N-(1-Naphthyl)-anilin
Alterungsschutzmittel PBN	N-(2-Naphthyl)anilin
Alterungsschutzmittel TMB	2-Mercaptobenzimidazol, Zinksalz
Alterungsschutzmittel ZKF	2,2'-Methylen-bis-(4-methyl-6-cyclohexylphenol)
Altowhites	Kaolin
Altulor M 70	Polymethacrylsäuremethylester
Alugel	Aluminiumhydroxid-hydrat
Alumigel	Aluminiumhydroxid-hydrat
alpha-Alumina	Aluminiumoxid
Alumina	Aluminiumoxid
F 360 (Alumina)	Aluminiumoxid
gamma-Alumina	Aluminiumoxid
alpha-Alumina trihydrat	Aluminiumhydroxid-hydrat
Aluminite 37	Aluminiumoxid
Aluminium chloratum	Aluminiumchlorid (wasserfrei)
Aluminiumhydrat	Aluminiumhydroxid-hydrat
Aluminiumhydroxid	Aluminiumhydroxid-hydrat
Aluminiumhydroxidgel	Aluminiumhydroxid-hydrat
Aluminiumhydroxidhydrat	Aluminiumoxidhydrat
Aluminiumhydroxidoxid	Aluminiumoxidhydrat
Aluminium(III)hydroxid	Aluminiumhydroxid-hydrat
Aluminium(III)-nitrat Nonahydrat	Aluminium(III)-nitrat-9-hydrat
Aluminiumnatriumsilikat	Natrium-Aluminium-Silikat
alpha-Aluminiumoxid	Aluminiumoxid
gamma-Aluminiumoxid	Aluminiumoxid
Aluminiumoxidhydrat	Aluminiumhydroxid-hydrat
Aluminiumoxidsilicat	Aluminiumsilikat
Aluminiumoxidsilikat	Aluminiumsilikat
Aluminiumoxidtrihydrat	Aluminiumhydroxid-hydrat
Aluminiumsäure	Aluminiumhydroxid-hydrat
Aluminium sesquioxide	Aluminiumoxid
Aluminiumsilicat	Aluminiumsilikat
Aluminiumsilikat P 820 A	Natrium-Aluminium-Silikat

Gebräuchlicher Name Handelsname	Substanzname
Aluminium-Silikat-Pigmente ASP's	Aluminiumsilikathydrat
Aluminiumtrichlorid	Aluminiumchlorid (wasserfrei)
Aluminiumtrichlorid, wasserfrei	Aluminiumchlorid (wasserfrei)
Aluminiumtrihydrat	Aluminiumhydroxid-hydrat
Aluminiumtrihydroxid	Aluminiumhydroxid-hydrat
Aluminiumtrinirat	Aluminium(III)-nitrat-9-hydrat
Aluminiumtrioxid	Aluminiumoxid
Aluminumsilikat, hydratisiert	Kaolin
Alumite	Aluminiumoxid
Alumite (oxide)	Aluminiumoxid
Alumolgel AI	Aluminiumoxid
Alundum 600	Aluminiumoxid
Alundum (OSHA)	Aluminiumoxid
Alusal	Aluminiumhydroxid-hydrat
Alusil ET	Natrium-Aluminium-Silikat
Alveofer BSJ	Benzensulfonsäurehydrazid
Alvyl	Polyvinylalkohol
Amalox	Zinkoxid
Amasil	Methansäure
Amax	4-(Benzothiazol-2-sulfonyl)-morpholin
Amberol ST 140 F	Aluminiumhydroxid-hydrat
Ambythene	Polyethylen
Amchlor	Ammoniumchlorid
AMCO	Polypropylen, isotaktisch
Amea 100	6-Ethoxyl-1,2-dihydro-2,2,4-trimethy-chinolin
Ameisenaldehyd	Methanal
Ameisensäure	Methansäure
Ameisensäurealdehyd	Methanal
Ameisensäureamid	Methansäureamid
Ameisensäuredimethylamid	N,N-Dimethylmethanamid
Amercide	N-(Trichlormethylthio)-4-cyclohexen-1,2-dicarboximid
Amerfil	Polypropylen, isotaktisch
Ameripol	Polyethylen
Ameripol Synpol E BR 8405	Polybutadien
Ameripol Synpol E-BR 8407	Polybutadien
Ameripol Synpol E-BR 8411	Polybutadien
Ameripol Synpol E-BR 8418	Polybutadien
Ameripol Synpol E-BR 8419	Polybutadien
Amethyst	Silicium(IV)-oxid
Amid C(1)	Methansäureamid
Amidobenzol	Aminobenzen
Amil an	Poly(imino(1-oxo-1,6-hexandiyl))
Amilan CM 1001	Poly(imino(1-oxo-1,6-hexandiyl))
Amilan CM 1011	Poly(imino(1-oxo-1,6-hexandiyl))
Amilan CM 1031	Poly(imino(1-oxo-1,6-hexandiyl))
Amilan CM 1001C	Poly(imino(1-oxo-1,6-hexandiyl))
Amilan CM 1001G	Poly(imino(1-oxo-1,6-hexandiyl))
Amilar	Poly(oxy-1,2-ethyandiyloxycarbonyl-1,4-phenylencarbonyl)
Amin AB	n-Octadecylamin
4-Amino-alpha-(4-aminocyclohexyl)cyclohexanmethanolcarbamat-(ester)	Bis-(4-aminocylohexyl)methylcarbamat

Gebräuchlicher Name Handelsname	Substanzname
4-Aminoanilin	N,N'-Bis-(1,4-dimethylpentyl)-benzen-1,4-diamin
Aminobenzol	Aminobenzen
4-(4-Aminobenzyl)anilin	Bis-(4,4'-aminophenyl)-methan
p-Aminobiphenyl	4-Aminophenyl
1-Aminobutan	1-Butylamin
3-Aminobutan	3-Butylamin
6-Aminocapronsäurelactam	Hexansäure-w-lactam
Aminocyclohexan	Cyclohexylamin
2-Aminodimethylethanol	2-Amino-2-methyl-1-propanol
4-Aminodiphenylamin	N-Phenyl-1,4-benzendiamin
p-Aminodiphenylamin	N-Phenyl-1,4-benzendiamin
ß-Aminoethanol	2-Aminoethanol
3-(2-Aminoethylamino)propyl-trimethoxysilan	N-[3-(Trimethoxysilyl)propyl]-1,2-ethandiamin
N-ß-Aminoethyl-aminopropyl-trimethoxysilan	N-[3-(Trimethoxysilyl)propyl]-1,2-ethandiamin
S-(4-Amino-6-ethylamino-(1,3,5)-triazin-2-yl)-N-cyclohexyl-thiohydroxylamin	N-Cyclohexyl-6-(2-amino-4-ethylaminotriazin)sulfenamid
N-(2-Aminoethyl)-1,2-ethandiamin	Di-(2-aminoethyl)-amin
Aminohexahydrobenzen	Cyclohexylamin
Aminohexahydrobenzol	Cyclohexylamin
6-Aminohexansäure, Homopolymer	Poly(imino(1-oxo-1,6-hexandiyl))
4-Aminohydroxybenzen	4-Aminohydroxybenzen
4-Amino-1-Hydroxybenzol	4-Aminohydroxybenzen
2-Amino-iso-butanol	2-Amino-2-methyl-1-propanol
2-Aminoisobutanol	2-Amino-2-methyl-1-propanol
1-Amino-2-methylbenzol	2-Methylaminobenzen
2-Amino-1-methylbenzol	2-Methylaminobenzen
2-Amino-2-methylbutan	1,1-Dimethylpropylamin
2-Amino-2-methylpropan	3-Butylamin
2-Aminomethylpropanol	2-Amino-2-methyl-1-propanol
1-Aminonaphthalin-Aldol-Kondensat	3-Hydroxy-butan-1-on-[1]-naphthylimin
1-Aminooctadecan	n-Octadecylamin
5-Amino-o-toluidin	2,4-Diaminomethylbenzen
Aminophen	Aminobenzen
4-Aminophenol	4-Aminohydroxybenzen
p-Aminophenol	4-Aminohydroxybenzen
N-4-Aminophenyl-1,4-benzoldiamin	4,4'-Diaminodiphenylamin
(gamma-Aminopropyl)-triethoxysilan	3-Aminopropyltriethoxysilan
3-Aminopropyl-triethoxysilan	3-Aminopropyltriethoxysilan
gamma-Aminopropyltriethoxysilan	3-Aminopropyltriethoxysilan
3-Amino-p-tolouidin	2,4-Diaminomethylbenzen
Aminosilan DL-PTEO	3-Aminopropyltriethoxysilan
2-Aminotoluol	2-Methylaminobenzen
Aminox	9,9-Dimethyl-9,10-dihydroaridin
Ammonia	Ammoniak (wasserfrei)
Ammoniak	Ammoniak (wasserfrei)
Ammoniakflüssigkeit	Ammoniaklösung
Ammoniak, Lösungen	Ammoniaklösung
Ammoniaksalpeter	Ammoniumnitrat
Ammoniakwasser	Ammoniaklösung
Ammonium	Ammoniak (wasserfrei)
Ammoniumacetatsalz	Ammoniumacetat
Ammoniumbicarbonat	Ammoniumhydrogencarbonat
Ammonium-diethyldithiocarbamat	N,N-Diethyldithiocarbaminsäure, Ammoniumsalz
Ammoniumhydroxid	Ammoniaklösung

Gebräuchlicher Name Handelsname	Substanzname
Ammoniumperoxodisulfat	Ammoniumpersulfat
Ammoniumperoxysulfat	Ammoniumpersulfat
Ammoniumsalz	Ammoniumchlorid
Ammonnitrat	Ammoniumnitrat
Ammonsalpeter	Ammoniumnitrat
Amoco 1010	Polypropylen, isotaktisch
Amoco-600	Polyisobutylen
Amoco 610A4	Polyethylen
amorphe Kieselsäure	Silicium(IV)-oxid, amorph
Amosit	Asbest
AMP	2-Amino-2-methyl-1-propanol
AMP-95	2-Amino-2-methyl-1-propanol
AMP Cosmetic Grade	2-Amino-2-methyl-1-propanol
Amphibol	Asbest
Amphojel	Aluminiumhydroxid-hydrat
Ampol C 60	Polypropylen, isotaktisch
Amsco H-J	Naphtha
Amsco H-SB	Naphtha
Amyl Cadmate	Dipentyldithiocarbaminsäure, Cadmiumsalz
Amyl Ledate	Dipentyldithiocarbaminsäure, Bleisalz
Amyl-mercaptoacetat	Pentylmercaptoacetat
Amyl-methyl-keton	2-Heptanon
Amylmethylketon	2-Heptanon
n-Amylmethylketon	2-Heptanon
p-t-Amylphenol-sulfid	2,2'-Thiobis[4-(1,1-dimethylpropyl)-1-hydroxybenzen
Amyltriethoxisilan	Triethoxypentylsilan
Amyl Zimate	Dipentyldithiocarbaminsäure, Zinksalz
A 1030N0	Poly(imino(1-oxo-1,6-hexandiyl))
AN	Ammoniumnitrat
Anadonis grün	Chrom(III)-oxid
Anamenth	1,1,2-Trichlorethen
Anatas	Titandioxid
Ancamine TL	Bis-(4,4'-aminophenyl)-methan
Andalusit	Aluminiumsilikat
P and G emulsifier 104	Schwefelsäuredodecylester, Natriumsalz
Andrez	Phenylethen-Butadien-Copolymer
Anfram 3 PB	Tris-(2,3-dibromopropyl)-phosphat
Anfram 3PB	Tris-(2,3-dibromopropyl)-phosphat
Anglesit	Blei(II)-sulfat
Anhydricum	Aluminiumchlorid (wasserfrei)
Anhydrol	Ethanol
Anhydrolalkohol	Ethanol
Anilin	Aminobenzen
Anilinazobenzol	1,3-Diphenyltriazen
Anilin-Butyraldehyd-Kondensationsprodukt	Butanal, Polymer mit Benzenamin
Anilinobenzen	Diphenylamin
Anilin Öl	Aminobenzen
Anilinöl	Aminobenzen
2-Anilinonaphthalen	N-(2-Naphthyl)anilin
2-Anilinonaphthalin	N-(2-Naphthyl)anilin
1-Anilinonaphthalin	N-(1-Naphthyl)-anilin
4'-Anilino-p-toluolsulfonanilid	4-Methyl-N-[4-phenylamino-phenyl]-benzensulfonamid
p-Anilinphenol	4-Anilinphenol

Gebräuchlicher Name Handelsname	Substanzname
Animag	Magnesiumoxid
Anisen	Methylbenzen
Ankilostin	Tetrachlorethen
Annulen	Benzen
Annullen	Benzen
Anon	Cyclohexanon
Anonsextone	Cyclohexanon
ANOX 20	3,5-Bis-(1,1-dimethylethyl)-4-hydroxy-2,2-bis((3-(3,5-bis(1,1-dimethylethyl)-4-hydroxyphenyl)-1-oxopropoxy)methyl)-1,3-propandiyl-benzenpropansäureester
Anozol	Benzen-1,2-dicarbonsäurediethylester
Anrached, standard	Eisen(III)-oxid
Anscar P	Magnesiumoxid
Antabus	Bis(thiomethansäurediethylamid)-disulfid
Antabuse	Bis(thiomethansäurediethylamid)-disulfid
Antaenyl	Bis(thiomethansäurediethylamid)-disulfid
Antaethyl	Bis(thiomethansäurediethylamid)-disulfid
Antagen W400	2,2'-Methylen-bis[6-(1,1-dimethylethyl)-4-methylphenol]
Antalcol	Bis(thiomethansäurediethylamid)-disulfid
Antene	N,N-Dimethyldithiocarbaminsäure, Zinksalz
Antetan	Bis(thiomethansäurediethylamid)-disulfid
Antetil	Bis(thiomethansäurediethylamid)-disulfid
Anthion	Kaliumperoxodisulfat
Anthiphen	2,2'-Methylenbis(4-chlorophenol)
Anthophyllit	Asbest
Anthrachinon-Blau	6,15-Dihydro-5,9,14,18-antrazintetron
Anthracine 8	2,6-Di-(1,1-dimethylethyl)-4-methylhydroxybenzen
Anthraquinone Blue	6,15-Dihydro-5,9,14,18-antrazintetron
Anthraquinone Deep Blue	6,15-Dihydro-5,9,14,18-antrazintetron
Anthrazen	Anthracen
Anti-ethyl	Bis(thiomethansäurediethylamid)-disulfid
Antietil	Bis(thiomethansäurediethylamid)-disulfid
Antifoam A	Dimethylpolysiloxan
Antigen 36	N-(1-Methylethyl)-N'-phenyl-benzen-1,4-diamin
Antigene F	N,N-Di-2-naphthyl-benzen-1,4-diamin N,N'-Di-2-naphthyl-benzen-1,4-diamin
Antigene MB	2-Benzimidazolthiol
Antigen RDF	1,2-Dihydro-2,2,4-trimethylchinolin-Harz
Antihydral	1,3,5,7-Tetraazatricyclo-(3.3.1.1(3,7))-decan
Antiinvecchiate DNP	N,N-Di-2-naphthyl-benzen-1,4-diamin N,N'-Di-2-naphthyl-benzen-1,4-diamin
Antiinvecchiate MB	2-Benzimidazolthiol
Antikol	Bis(thiomethansäurediethylamid)-disulfid
Antilux	Polyethylen
Antilux 540	Polyethylen
Antilux 600	Polyethylen
Antilux 654	Polyethylen
Antilux AO	Polyethylen
Antilux AOL	Polyethylen
Antilux L	Polyethylen
Antimonblüte	Antimon(III)-oxid
Antimonglanz	Antimon(III)-sulfid

Gebräuchlicher Name Handelsname	Substanzname
Antimonorange	Antimon(III)-sulfid
Antimonpentasulfid	Antimon(V)-sulfid
Antimonpersulfid	Antimon(V)-sulfid
Antimon Rot	Antimon(V)-sulfid
Antimonsulfid	Antimon(III)-sulfid
Antimontrioxid	Antimon(III)-oxid
Antimontrisulfid	Antimon(III)-sulfid
Antimon Weiß	Antimon(III)-oxid
Antimonweiß	Antimon(III)-oxid
Antimonytrioxid	Antimon(III)-oxid
Antiomonschwarz	Antimon(III)-sulfid
Antiossidante 234	2,6-Di-(1,1-dimethylethyl)-4-methylhydroxybenzen
Antioxidans 425	2,2'-Methylen-di-(6-(1,1-dimethylethyl)-4-ethylphenol
Antioxidans Hoechst CAO-15	2,4,6-Tris(1,1-dimethylethyl)hydroxybenzen
Antioxidans Hoechst TM 02	2,4,6-Tris(1,1-dimethylethyl)hydroxybenzen
Antioxidant 4010	N-(1-Methylethyl)-N'-phenyl-benzen-1,4-diamin
Antioxidant 4010	N-Cyclohexyl-N'-phenyl-1,4-benzendiamin
Antioxidant 22	N,N'-Bis-(1-methylpropyl)-1,4-phenylendiamin
Antioxidant 1	2,2'-Methylen-bis[6-(1,1-dimethylethyl)-4-methylphenol]
Antioxidant 2246	2,2'-Methylen-bis[6-(1,1-dimethylethyl)-4-methylphenol]
Antioxidant 30	2,6-Di-(1,1-dimethylethyl)-4-methylhydroxybenzen
Antioxidant 4	2,6-Di-(1,1-dimethylethyl)-4-methylhydroxybenzen
Antioxidant 116	N-(2-Naphthyl)anilin
Antioxidant 330	[(2,4,6-Trimethyl-1,3,5-benzentriyl)tris(methylen)]-4,4',4''-tris[2,6-di(1,1-dimethylethyl]-hydroxybenzen
Antioxidant 40	[(2,4,6-Trimethyl-1,3,5-benzentriyl)tris(methylen)]-4,4',4''-tris[2,6-di(1,1-dimethylethyl]-hydroxybenzen
Antioxidant 4030	N,N'-Bis-(1,4-dimethylpentyl)-benzen-1,4-diamin
Antioxidant 425	2,2'-Methylen-di-(6-(1,1-dimethylethyl)-4-ethylphenol
Antioxidant 123	N,N-Di-2-naphthyl-benzen-1,4-diamin N,N'-Di-2-naphthyl-benzen-1,4-diamin
Antioxidant AS	4-Sulfo-heptandisäuredidodecylester
Antioxidant DBPC/BHT	2,6-Di-(1,1-dimethylethyl)-4-methylhydroxybenzen
Antioxidant DBPC/BHT/AB2	2,6-Di-(1,1-dimethylethyl)-4-methylhydroxybenzen
Antioxidant DBPC/BHT/AC3	2,6-Di-(1,1-dimethylethyl)-4-methylhydroxybenzen
Antioxidant DBPC/BHT/AP4	2,6-Di-(1,1-dimethylethyl)-4-methylhydroxybenzen
Antioxidant DBPC/BHT/AT1	2,6-Di-(1,1-dimethylethyl)-4-methylhydroxybenzen
Antioxidant DNP	N,N-Di-2-naphthyl-benzen-1,4-diamin N,N'-Di-2-naphthyl-benzen-1,4-diamin

Gebräuchlicher Name Handelsname	Substanzname
Antioxidant E 702	Bis-(3,5-di-(1,1-dimethylethyl)-4-hydroxyphenyl)-methan
Antioxidant E 736	4,4'-Thio-bis-(6-1,1-dimethylethyl-2-methylhydroxybenzen)
Antioxidant Hoechst TM 0 4	2,2'-Methylen-bis[6-(1,1-dimethylethyl)-4-methylphenol]
Antioxidant HS	1,2-Dihydro-2,2,4-trimethylchinolin-Harz
Antioxidant HSL	1,2-Dihydro-2,2,4-trimethylchinolin-Harz
Antioxidant 4 K	2,6-Di-(1,1-dimethylethyl)-4-methylhydroxybenzen
Antioxidant KB	2,6-Di-(1,1-dimethylethyl)-4-methylhydroxybenzen
Antioxidant LT	2,2'-Methylen-bis[6-(1,1-dimethylethyl)-4-methylphenol]
Antioxidant LT pellets	2,2'-Methylen-bis[6-(1,1-dimethylethyl)-4-methylphenol]
Antioxidant MB	2-Benzimidazolthiol
Antioxidant MBP5	2,2'-Methylen-bis[6-(1,1-dimethylethyl)-4-methylphenol]
Anti-Oxidant MBP-5P	2,2'-Methylen-di-(6-(1,1-dimethylethyl)-4-ethyl-phenol
Antioxidant No. 29	2,6-Di-(1,1-dimethylethyl)-4-methylhydroxybenzen
Antioxidant OCD	Octyldiphenylamin
Antioxidant P	2,2'-Methylen-bis[6-(1,1-dimethylethyl)-4-methylphenol]
Antioxidant PAN	N-(1-Naphthyl)-anilin
Antioxidant PBN	N-(2-Naphthyl)anilin
Antioxidant PM	2,2'-Methylen-bis[6-(1,1-dimethylethyl)-4-methylphenol]
Antioxidant ZMB	1,3-Dihydro-2H-benzimidazol-2-thion, Zinksalz
Antioxydans Hoechst TM OS 1	Bis-(5-(1,1-dimethylethyl)-4-hydroxy-2-methylphenyl)-sulfid
Antioxydans P	Bis-(5-(1,1-dimethylethyl)-4-hydroxy-2-methylphenyl)-sulfid
Antioxydans T	Bis-(5-(1,1-dimethylethyl)-4-hydroxy-2-methylphenyl)-sulfid
Antioxydans TBM6	Bis-(5-(1,1-dimethylethyl)-4-hydroxy-2-methylphenyl)-sulfid
Anti-rust	Natriumnitrit
Antisal	Tetrachlorethen
Antisal 1 a	Methylbenzen
Antiscorbic vitamin	L-(+)-Ascorbinsäure
Antiscorbutic vitamin	L-(+)-Ascorbinsäure
Antiscorbut Vitamin	L-(+)-Ascorbinsäure
Antisterility vitamin	(2R-(2R*(4R*,8R*)))-3,4-Dihydro-2,5,7,8-tetramethyl-2-(4,8,12-trimethyltridecyl)-2H-1-benzopyran-6-ol
Anti UVK	Salicylsäure-4-tert.-butylphenylester
Antivitium	Bis(thiomethansäurediethylamid)-disulfid
Antox	Antimon(III)-oxid
Antox Special	Butanal, Polymer mit Benzenamin
Antox Spezial	Reaktionsprodukt aus Butanal und Anilin
Antozite 1	N,N'-Bis-(1-methylheptyl)-1,4-phenylendiamin

Gebräuchlicher Name Handelsname	Substanzname
Antozite 2	N,N'-Bis-(1-ethyl-3-methylpentyl)-1,4-benzendiamin
Antozite 67	N-(1,3-Dimethylbutyl)-N'-phenyl-1,4-benzendiamin
Antozite 675	N-(1,3-Dimethylbutyl)-N'-phenyl-1,4-benzendiamin
Antozite MPD	N-(1,3-Dimethylbutyl)-N'-phenyl-1,4-benzendiamin
Antozite 67 P	N-(1,3-Dimethylbutyl)-N'-phenyl-benzen-1,4-diamin
Antrancine 8	2,6-Di-(1,1-dimethylethyl)-4-methylhydroxybenzen
AO-3161	4-(1-Methyl)ethoxy-diphenylamin
AO-1	2,2'-Methylen-bis[6-(1,1-dimethylethyl)-4-methylphenol]
AO-2	4-Sulfo-heptandisäuredidodecylester
AO 29	2,6-Di-(1,1-dimethylethyl)-4-methylhydroxybenzen
AO-40	[(2,4,6-Trimethyl-1,3,5-benzentriyl)tris(methylen)]-4,4',4''-tris[2,6-di(1,1-dimethylethyl]-hydroxybenzen
AO3	3,5-Bis-(1,1-dimethylethyl)-4-hydroxy-2,2-bis((3-(3,5-bis(1,1-dimethylethyl)-4-hydroxyphenyl)-1-oxopropoxy)methyl)-1,3-propandiyl-benzenpropansäureester
AO 10	Polymethacrylsäuremethylester
AO 4 K	2,6-Di-(1,1-dimethylethyl)-4-methylhydroxybenzen
AOMB	2-Benzimidazolthiol
AP 132	N-[3-(Trimethoxysilyl)propyl]-1,2-ethandiamin
Apex 462-5	Tris-(2,3-dibromopropyl)-phosphat
Apex	Aluminiumsilikat
Apiezonwachs	Paraffin
Apyral 60	Aluminiumhydroxid-hydrat
Aqua Ammonia	Ammoniaklösung
Aquacal	Octadecansäure, Calciumsalz
Aquacare	Kohlensäurediamid
Aquadag	Graphit
Aquadrate	Kohlensäurediamid
Aquaffin	alpha-Hydro-w-hydroxypoly-(oxy-1,2-ethandiyl)
Aquafil	Kieselsäure, pyrogen
Aquarex ME	Schwefelsäuredodecylester, Natriumsalz
Aquarex methyl	Schwefelsäuredodecylester, Natriumsalz
Aracet APV	Polyvinylalkohol
Aragonit	Calciumcarbonat
Araldite hardeur 972	Bis-(4,4'-aminophenyl)-methan
Araldite HY 951	N,N'-Bis-(2-aminoethyl)-ethylendiamin
Aranox	4-Methyl-N-[4-phenylamino-phenyl]-benzensulfonamid
Arasan	Bis-(dimethylthiocarbamoyl)-disulfid
Arasan 70	Bis-(dimethylthiocarbamoyl)-disulfid
Arasan 75	Bis-(dimethylthiocarbamoyl)-disulfid
Arasan-M	Bis-(dimethylthiocarbamoyl)-disulfid
Arasan 42-S	Bis-(dimethylthiocarbamoyl)-disulfid
Arasan-SF	Bis-(dimethylthiocarbamoyl)-disulfid

Gebräuchlicher Name Handelsname	Substanzname
Arasan SF-X	Bis-(dimethylthiocarbamoyl)-disulfid
Arazate	Di(phenylmethyl)dithiocarbaminsäure, Zinksalz
Arcardite	1,3-Diphenylharnstoff
Arco-cee	L-(+)-Ascorbinsäure
Arcturin	1,4-Dihydroxybenzen
Argilla	Kaolin
Arkofix NM	Melamin-Formaldehyd-Copolymer
Arlacel 40	Hexadecylsäure-sorbitylester
Arlatex 43 DA	Phenylethen-Butadien-Copolymer
Armeen 18D	n-Octadecylamin
Armenian bole	Eisen(III)-oxid
Armodour	Polychlorethen
Armofilm	n-Octadecylamin
Armospheres	Silicium(IV)-oxid
Arnite A	Poly(oxy-1,2-ethyandiyloxycarbonyl-1,4-phenylencarbonyl)
Arnite A 200	Poly(oxy-1,2-ethyandiyloxycarbonyl-1,4-phenylencarbonyl)
Arnite A-049000	Poly(oxy-1,2-ethyandiyloxycarbonyl-1,4-phenylencarbonyl)
Arnite FP	Poly(oxy-1,2-ethyandiyloxycarbonyl-1,4-phenylencarbonyl)
Arnite G	Poly(oxy-1,2-ethyandiyloxycarbonyl-1,4-phenylencarbonyl)
Arnite G 600	Poly(oxy-1,2-ethyandiyloxycarbonyl-1,4-phenylencarbonyl)
ARO	Aktivkohle
Aroflow	Aktivkohle
Arogen	Aktivkohle
Aromatenextrakt aus Erdöldestillation	Mineralöl, Petroleumextrakte, leichte naphthenische Destillatlösung
Aromatenextrakt aus Erdöldestillation	Mineralöl, Petroleumextrakte, schwere paraffinische Destillatlösung
Aromatenextrakt aus Erdöldestillation	Mineralöl, Petroleumextrakt, leichte paraffinische Destillatlösung
Aromatenextrakt aus Erdöldestillation	Mineralöl, Petroleumextrakt, schwere naphthenische Destillatlösung
aromatischer Mineralölweichmacher	Mineralöl, Petroleumextrakte, schwere paraffinische Destillatlösung
aromatischer Mineralölweichmacher	Mineralöl, Petroleumextrakt, schwere naphthenische Destillatlösung
Aromex	Aktivkohle
ARON compound HW	Polychlorethen
Arotone	Aktivkohle
Arovel	Aktivkohle
Arrow	Aktivkohle
Artonil	2-Benzyl-4,5-dihydro-1H-imidazol
Arullex PBA 15	1,1-Bis-(5-(1,1-dimethylethyl)-4-hydroxy-2-methyl-phenyl)-butan
Arvest-Aid	Natriumchlorat
Arzneimittelsprit	Ethanol
AS 1	Graphit
ASAF EK-1803	1,3-Diethyl-2-thioharnstoff
Asbestine	Magnesiumsilikathydrat
Asbury 505	Graphit

Gebräuchlicher Name Handelsname	Substanzname
Ascoltin	L-(+)-Ascorbinsäure
Ascorbajen	L-(+)-Ascorbinsäure
Ascorbate	L-(+)-Ascorbinsäure
Ascorbic acid	L-(+)-Ascorbinsäure
Ascorbicap	L-(+)-Ascorbinsäure
Ascor-B.I.D.	L-(+)-Ascorbinsäure
L-Ascorbinsäure	L-(+)-Ascorbinsäure
Ascorbutina	L-(+)-Ascorbinsäure
Ascorin	L-(+)-Ascorbinsäure
Ascorteal	L-(+)-Ascorbinsäure
Ascorvit	L-(+)-Ascorbinsäure
Asex	Natriumchlorat
ASM-DNT	N,N-Di-2-naphthyl-benzen-1,4-diamin N,N'-Di-2-naphthyl-benzen-1,4-diamin
ASM MB	2-Benzimidazolthiol
ASM-MB	2-Benzimidazolthiol
Asphalt	Bitumen
Astralon	Polychlorethen
Astro Orange	Pigment Rot 53:1 (C.I. 15585:1)
Asulfasupra	Schwefel
asym.-Dichlorethen	1,1-Dichlorethen
asym.-Dichlorethylen	1,1-Dichlorethen
asym.-Dimethylethylen	2-Methyl-1-propen
asym.-m-Toluylendiamin	2,4-Diaminomethylbenzen
AT 20	Graphit
AT 36	Polypropylen, isotaktisch
Atactic poly(vinyl chloride)	Polychlorethen
AT-Cellulose	Ethylcellulose
ATetraEGA	3-(2-(2-[2-(2-(2-Propenyl)oxy)-ethoxy)-ethoxy]-ethoxy)-ethoxy)-propen
3a.4.7.7aTetrahydro-N-(trichloromethansulphenyl)phthalimid	N-(Trichlormethylthio)-4-cyclohexen-1,2-dicarboximid
Äthanal	Ethanal
Ätherin	Ethen
Äthoxylsäure	Ethansäure
Äthylen	Ethen
Atic Vat Blue XRN	6,15-Dihydro-5,9,14,18-antrazintetron
ATJ-S	Graphit
ATJ-S Graphit	Graphit
Atlacide	Natriumchlorat
Atlantic	Aktivkohle
Atlasspat	Calciumcarbonat
ATM 2 (nylon)	Poly(imino(1-oxo-1,6-hexandiyl))
Atomic Red	Pigment Rot 53:1 (C.I. 15585:1)
Atomite	Calciumcarbonat
ATP	(2R-(2R*(4R*,8R*)))-3,4-Dihydro-2,5,7,8-tetramethyl-2-(4,8,12-trimethyltridecyl)-2H-1-benzopyran-6-ol
Atratol	Natriumchlorat
Attagel	Silicium(IV)-oxid
Attapulgus 150	Silicium(IV)-oxid
Ätzammoniak	Ammoniaklösung
Ätzendes Ammoniak	Ammoniaklösung
Ätzkalk	Calciumoxid
Ätznatron	Natriumhydroxid

Gebräuchlicher Name Handelsname	Substanzname
Ätzsoda	Natriumhydroxid
Aules	Bis-(dimethylthiocarbamoyl)-disulfid
Austiox	Titandioxid
Austiox R-CR	Rutil
Avantine	Propan-2-ol
Aversan	Bis(thiomethansäurediethylamid)-disulfid
Averzan	Bis(thiomethansäurediethylamid)-disulfid
Aviamide-6	Poly(imino(1-oxo-1,6-hexandiyl))
Avirol 101	Schwefelsäuredodecylester, Natriumsalz
Avirol 118 conc	Schwefelsäuredodecylester, Natriumsalz
Avisun	Polypropylen, isotaktisch
Avisun 101	Polypropylen, isotaktisch
Avisun 12-270A	Polypropylen, isotaktisch
Avisun 12-407A	Polypropylen, isotaktisch
Avokal	Schwefel
Avokal Benzoesäure	Benzencarbonsäure
Avorator CBS	N-Cyclohexyl-2-benzothiazolsulfenamid
Avorator MBT	2-Benzothiazolthiol
Avorator MBTS	Dibenzothiazyldisulfid
Avorator TMTD	Bis-(dimethylthiocarbamoyl)-disulfid
Avoxid Aktiv	Zinkoxid
Avoxid Transaktiv	Zinkoxid
AX 363	Calciumcarbonat
Ayuisal	Ethandisäure
Azabenzol	Pyridin
1-Aza-2-cycloheptanon	Hexansäure-w-lactam
Aza-2-cycloheptanon	Hexansäure-w-lactam
9-Azafluoren	Diphenylenimin
2,2',2"-Azanetriyltris-ethanol	2,2',2"-Trihydroxytriethylamin
3-Azapentan-1,5-diamin	Di-(2-aminoethyl)-amin
Azdel	Polypropylen, isotaktisch
AZDN	2,2'-Azobis-(2-methylpropannitril)
Azelainsäure-di-(2-ethylhexyl)-ester	Nonandisäure-bis-[2-ethylhexylester]
Azepan	Azacycloheptan
Azetaldehyd	Ethanal
Azeton	2-Propanon
Azetylentrichlorid	1,1,2-Trichlorethen
Azin	Pyridin
Azine	Pyridin
Azo 11	Zinkoxid
Azo-33	Zinkoxid
Azo-55	Zinkoxid
Azo-66	Zinkoxid
Azo-77	Zinkoxid
1,1'-Azobiscarbamid	Diazendicarboxamid
Azobiscarbamid	Diazendicarboxamid
Azobiscarbenamid	Diazendicarboxamid
1,1'-Azobis(formamid)	Diazendicarboxamid
1,1'-Azobisformamid	Diazendicarboxamid
Azo-bis-(hexyhydrobenzonitril)	4,4'-Azo-bis-(hexyhydrobenzonitril)
Azobisisobuttersäuredinitril	2,2'-Azobis-(2-methylpropannitril)
2,2'-Azobisisobutyronitril	2,2'-Azobis-(2-methylpropannitril)
Azobisisobutyronitril	2,2'-Azobis-(2-methylpropannitril)
2,2'-Azobis(2-methylpropionitril)	2,2'-Azobis-(2-methylpropannitril)
Azobis-(2-methylpropionitril)	2,2'-Azobis-(2-methylpropannitril)

Gebräuchlicher Name Handelsname	Substanzname
2,2'-Azo-bis-(2-methyl-propionsäurenitril)	2,2'-Azobis-(2-methylpropannitril)
2,2'-Azobisphenol	2,2'-Dihydroxyazobenzen
4,4'-Azo-di-benzonitril	4,4'-Azo-bis-(hexyhydrobenzonitril)
Azodicarbonamid	Diazendicarboxamid
Azodicarbonsäurediamid	Diazendicarboxamid
Azodicarboxamid	Diazendicarboxamid
Azo-diisobuttersäurenitril	2,2'-Azobis-(2-methylpropannitril)
Azodiisobutyronitril	2,2'-Azobis-(2-methylpropannitril)
2,2'-Azodiphenol	2,2'-Dihydroxyazobenzen
Azodox	Zinkoxid
Azodox-55	Zinkoxid
Azodox-55TT	Zinkoxid
Azogen developer H	2,4-Diaminomethylbenzen
2,2'-Azoisobuttersäuredinitril	2,2'-Azobis-(2-methylpropannitril)
2,2'-Azoisobuttersäurenitril	2,2'-Azobis-(2-methylpropannitril)
Azoisobuttersäurenitril	2,2'-Azobis-(2-methylpropannitril)
alpha,alpha'-Azoisobutyronitril	2,2'-Azobis-(2-methylpropannitril)
Azosa HR	N-Phenyl-1,4-benzendiamin
Azosulfamid	6-Acetamido-4-hydroxy-3-[(p-sulfoamidphenyl)-azo)]-2,7-naphthalindisulfonsäure, Dinatriumsalz
Azo-55TT	Zinkoxid
Azo-66TT	Zinkoxid
Azo-77TT	Zinkoxid
Azul	4-Aminohydroxybenzen
Azurblau	Pigment Blau 29 (C.I. 77007)
B 13	Magnesiumsilikathydrat
B 9	Magnesiumsilikathydrat
B-203	Poly(imino(1-oxo-1,6-hexandiyl))
B-216	Poly(imino(1-oxo-1,6-hexandiyl))
B-300	Poly(imino(1-oxo-1,6-hexandiyl))
B-35	Poly(imino(1-oxo-1,6-hexandiyl))
B-350	Poly(imino(1-oxo-1,6-hexandiyl))
B-124	Polydimethylsiloxan-Kautschuk
B-143	Polydimethylsiloxan-Kautschuk
B-150	Polydimethylsiloxan-Kautschuk
B-182	Polydimethylsiloxan-Kautschuk
B-2	Polydimethylsiloxan-Kautschuk
B-210	Polydimethylsiloxan-Kautschuk
P 2010B	Polyethylen
BA	Butanal, Polymer mit Benzenamin
BAA	Butanal, Polymer mit Benzenamin
Backsoda	Natriumhydrogencarbonat
BACO AF 260	Aluminiumhydroxid-hydrat
Bactrol	(1,1'-Biphenyl)-2-ol, Natriumsalz
Bakelite	Polychlorethen
Bakelite DFD 330	Polyethylen
Bakelite DHDA 4080	Polyethylen
Bakelite DYNH	Polyethylen
Bakelite QSAH 7	Polychlorethen
Bakelite QYAC 10	Polychlorethen
Bakelite QYJV 1	Polychlorethen
Bakelite qyoh-1	Polychlorethen
Bakelite QYSL 7	Polychlorethen
Bakelite QYTO 7	Polychlorethen
Bakelite UCA 3310	Polychlorethen

Gebräuchlicher Name Handelsname	Substanzname
Bakontal	Bariumsulfat
Balsamöl	Terpentin
Balsamterpentinöl "P"	Terpentin
Banderlube-235	Octadecansäure, Natriumsalz
Bangton	N-(Trichlormethylthio)-4-cyclohexen-1,2-dicarboximid
Bantex	Zink-2-mercaptobenzothiazol
BaP	Benzo[a]pyren
Barco B	Bariumsulfat
Barden R	Aluminiumsilikat
Bareco polywax 2000	Polyethylen
Bareco wax C 7500	Polyethylen
Baridol	Bariumsulfat
Barit	Schwerspat
Baritop	Bariumsulfat
Bariummonoxid	Bariumoxid
Bariumsulfat	Schwerspat
Bariwite	Bariumsulfat
Barosperse	Bariumsulfat
Barotrast	Bariumsulfat
Barus	Dimethylpolysiloxan
Barytweiß	Bariumsulfat
Basamid	3,5-Dimethyl-tetrahydro-2(H)-1,3,5-thiadiazin-2-thion
Basamid G	3,5-Dimethyl-tetrahydro-2(H)-1,3,5-thiadiazin-2-thion
Basamid-granular	3,5-Dimethyl-tetrahydro-2(H)-1,3,5-thiadiazin-2-thion
Basamid P	3,5-Dimethyl-tetrahydro-2(H)-1,3,5-thiadiazin-2-thion
Basamid - Puder	3,5-Dimethyl-tetrahydro-2(H)-1,3,5-thiadiazin-2-thion
Baschem 12	Magnesiumhydroxid
BASE 661	Phenylethen-Butadien-Copolymer
Basil-Wachs	Carnauba-Wachs
Basodexan	Kohlensäurediamid
Basoflex Grün 8730	Kupferphthalocyanin, chloriert
Basthioryl	N,N,N',N'-Tetramethylthioharnstoff
Baumwollsaatöl	Baumwollsamenöl
Bauxit	Aluminiumoxid
Bauxite residue	Eisen(III)-oxid
Bauxitrückstand	Eisen(III)-oxid
Bayer Hydrazin 51	Hydrazin, wasserfrei, 98 %
Bayer Hydrazin 64	Hydrazin, wasserfrei, 98 %
Bayerit	Aluminiumoxid
Bayer SII	Eisen(III)-oxid
Bayertitan-2	Rutil
Bayertitan-3	Rutil
Bayertitan-4	Rutil
Bayertitan-5	Rutil
Bayertitan-50	Rutil
Bayertitan-56	Rutil
Bayertitan-6	Rutil
Bayertitan-60	Rutil
Bayertitan	Titandioxid

Gebräuchlicher Name Handelsname	Substanzname
Bayertitan R-FD-I	Rutil
Bayertitan R-KB-2	Rutil
Bayertitan R-KB-I	Rutil
Bayertitan R-PL-1	Rutil
Bayertitan R-SE-49	Rutil
Bayertitan-2S	Rutil
Bayferrox 110	Eisen(III)-oxid
Bayferrox 120	Eisen(III)-oxid
Bayferrox 130	Eisen(III)-oxid
Bayferrox 130/1	Eisen(III)-oxid
Bayferrox 140	Eisen(III)-oxid
Bayferrox 306	Eisen(II,III)-oxid
Bayferrox 316	Eisen(II,III)-oxid
Bayferrox 318	Eisen(II,III)-oxid
Bayferrox 320	Eisen(II,III)-oxid
Bayferrox 130 B	Eisen(III)-oxid
Bayferrox 318 M	Eisen(II,III)-oxid
Bayferrox 120 N	Eisen(III)-oxid
Bayferrox Schwarz	Eisen(II,III)-oxid
Bayol 55	Paraffin, C10-C13
Bayol I	Paraffin, C10-C13
BBP	Benzen-1,2-dicarbonsäurebenzyl-n-butylester
BBTS	N-(1,1'-Dimethylethyl)-2-benzothiazolsulfonamid
BCUP	2-Methylpropyl-[1-methyl-1-phenyl-ethyl]-peroxid
BDG	Diethylenethandiolmonobutylether
BDITP	Bis-(di-isopropyl)thiophosphoryldisulfid
BDMA	Bis-(2-methyl-2-propensäure)-1,4-butandiylester
BDMA DL 75	Bis-(2-methyl-2-propensäure)-1,4-butandiylester
BDMA/GR 70	Bis-(2-methyl-2-propensäure)-1,4-butandiylester
BDMTS	N-[[(Dimethylamin)-thioxomethyl]thio]-2-methyl-2-propanamin
BDP	Phthalsäurebutyldecylester
BDTM	2-(4-Morpholinyl-dithio)benzothiazol
Beamette	Polypropylen, Isotaktisch
Bean Seed Protectant	N-(Trichlormethylthio)-4-cyclohexen-1,2-dicarboximid
Beaver White 200	Magnesiumsilikathydrat
BEHA	Hexandicarbonsäure-bis-2-ethylhexylester
BEHA	Adipinsäurebenzyl-2-ethylhexylester
Benazol P	2-(2H-Benzotriazol-2-yl)-4-methylhydroxybenzen
Benecel M	Methylcellulose
Benoxyl	Dibenzoylperoxid
Bensulfoid	Schwefel
Bentene	Butanal, Polymer mit Benzenamin
Bentone	Kaolin
Bentonit	Pigment Weiß 19 (C.I. 77004)
Bentonite 2073	Bentonit
Bentonite Magna	Bentonit
Benural 70	Kohlensäurediamid
Benz[a]anthracen	1,2-Benzanthracen
1,2-Benzacenaphthen	Fluoranthen
Benzadone Blue RS	6,15-Dihydro-5,9,14,18-antrazintetron

Gebräuchlicher Name Handelsname	Substanzname
Benzalkoniumchlorid	Benzyl-dimethyl-octyl-ammoniumchlorid
1,2,5,6-Benzanthracen	Dibenzo[a,h]anthracen
Benzazolin	2-Benzyl-4,5-dihydro-1H-imidazol
Benz[e]acephenanthrylen	Benzo[b]fluoranthen
Benzenamin	Aminobenzen
Benzencarbothiosäure	Monothiobenzoesäure
1,4-Benzendiamin, N,N'-gemischte Phenyl- und Tolylderivate	1,4-Benzendiamin, Gemisch aus N,N'-Phenyl- und Methylphenyl-Derivaten
1,2-Benzendicarbonsäure-diethyl-ester	Benzen-1,2-dicarbonsäurediethylester
1,2-Benzendicarbonsäure-di-n-butylester	Benzen-1,2-dicarbonsäuredi-n-butylester
1,2-Benzendicarboximid	Benzen-1,2-dicarbonsäureimid
1,2-Benzendicarboxylsäure-bis-(2-ethylhexyl)ester	Benzen-1,2-dicarbonsäuredi-2-ethylhexylester
1,2-Benzendicarboxylsäure-diisononylester	Benzen-1,2-dicarbonsäuredi-iso-nonylester (Isomerengemisch)
1,2-Benzendicarboxylsäuredi-2-propenylester	1,2-Benzendicarbonsäure-di-2-propenyl-ester
Benzen-1,3-disulfohydrazid, als Paste, mit einer Konzentration von höchstens 52 %	Benzen-1,3-disulfonsäuredihydrazid
Benzen-1,3-disulfohydrazid, nicht mehr als 52 % als Paste	Benzen-1,3-disulfonsäuredihydrazid
Benzen gereinigt	Benzen
Benzen-m-bis(sulfonohydrazid)	Benzen-1,3-disulfonsäuredihydrazid
Benzenmonochlorid	Chlorbenzen
Benzensulfohydrazid	Benzensulfonsäurehydrazid
Benzensulfonohydrazid	Benzensulfonsäurehydrazid
Benzensulfonsäurebutylamid	N-Butylbenzensulfonamid
Benzensulfonsäurehydrazid	Benzensulfonsäurehydrazid
Benzensulfonylhydrazid	Benzensulfonsäurehydrazid
Benzensulfonylhydrazin	Benzensulfonsäurehydrazid
Benzentetrapropylen	Dodecylbenzen
Benzidam	Aminobenzen
Benzidin	(1,1'-Biphenyl)-4,4'-diamin
Benzidine Yellow 20544	Pigment Gelb 13 (C.I. 21100)
Benzidine Yellow GE	Pigment Gelb 13 (C.I. 21100)
Benzidine Yellow GR	Pigment Gelb 13 (C.I. 21100)
Benzidine Yellow Lemon 12221	Pigment Gelb 13 (C.I. 21100)
2-Benzimidazolthiol-zinksalz	1,3-Dihydro-2H-benzimidazol-2-thion, Zinksalz
Benzin	Naphtha
Benzin B70	Naphtha
Benzinoform	Tetrachlormethan
Benzinol	1,1,2-Trichlorethen
1,2-Benzisothiazolin-3-on	1,2-Benzisothiazol-3(2H)-on
1,2-Benzisothiazolon	1,2-Benzisothiazol-3(2H)-on
Benzo[a]anthracen	1,2-Benzanthracen
Benzoanthracen	1,2-Benzanthracen
Benzo[a]phenanthren	1,2-Benzophenanthren
p-Benzochinon-bis(o-benzoyloxim)	1,4-Bis-(benzoyloxyimino)-cyclohex-2,5-dien
p-Benzochinondioxim	1,4-Benzochinondioxim
[1,4]Benzochinonmonooxim	1-Hydroxy-4-nitrosobenzen
Benzo[d,e,f]chrysen	Benzo[a]pyren
Benzoen	Methylbenzen
Benzoesäure	Benzencarbonsäure
Benzoesäureanhydrosulfid	Dibenzoylmonosulfid
Benzoesäure GK	Benzencarbonsäure
Benzoesäure-thioanhydrid	Dibenzoylmonosulfid

Gebräuchlicher Name Handelsname	Substanzname
3,4-Benzofluoranthen	Benzo[b]fluoranthen
11,12-Benzofluoranthen	Benzo[k]fluoranthen
Benzofurazan	Benzo-(1,2,5)-oxadiazol
Benzofur MT	2,4-Diaminomethylbenzen
Benzohydrochinon	1,4-Dihydroxybenzen
Benzoimid	Benzen-1,2-dicarbonsäureimid
S-(1H-Benzoimidazol-2-yl)-N-cyclohexylthiohydroxylamin	N-Cyclohexylmercaptobenzimidazol
Benzol	Benzen
Benzolamin	Aminobenzen
Benzolazoanilin	1,3-Diphenyltriazen
Benzolcarbonsäure	Benzencarbonsäure
Benzolchlorid	Chlorbenzen
Benzol-1,2-dicarbonsäurebenzylbutylester	Benzen-1,2-dicarbonsäurebenzyl-n-butylester
Benzol-1,2-dicarbonsäuredibutylester	Benzen-1,2-dicarbonsäuredi-n-butylester
Benzol-1,2-dicarbonsäuredicyclohexylester	Benzen-1,2-dicarbonsäuredicyclohexylester
Benzol-1,2-dicarbonsäuredi-2-ethylhexylester	Benzen-1,2-dicarbonsäuredi-2-ethylhexylester
1,2-Benzoldicarboxylsäureanhydrid	Benzen-1,2-dicarbonsäureanhydrid
1,3-Benzoldiol	1,3-Dihydroxybenzen
1,4-Benzoldiol	1,4-Dihydroxybenzen
Benzol-1,4-diol	1,4-Dihydroxybenzen
Benzol-1,3-disulfohydrazid, als Paste, mit einer Konzentration von höchstens 52 %	Benzen-1,3-disulfonsäuredihydrazid
Benzolhexacarbonsäure-(2-ethylhexy)-ester	1,2,4-Benzentricarbonsäure-tris-(2-ethylhexylester)
Benzolin	2-Benzyl-4,5-dihydro-1H-imidazol
Benzol-m-bis(sulfonohydrazid)	Benzen-1,3-disulfonsäuredihydrazid
N-Benzolsufonyl-N-trichlormethan-sulfenyl-anilin	N-Phenyl-N-[(trichlormethyl)thiol]-benzensulfonamid
Benzolsulfohydrazid	Benzensulfonsäurehydrazid
Benzolsulfonsäurehydrazid	Benzensulfonsäurehydrazid
N-Benzolsulfonyl-1-butylamin	N-Butylbenzensulfonamid
Benzolsulfonyl-hydrazid	Benzensulfonsäurehydrazid
Benzolsulfonylhydrazin	Benzensulfonsäurehydrazid
Benzoltetrapropylen	Dodecylbenzen
2-(3H)-Benzolthiazolthion, Natriumsalz	2-Benzothiazolthiol, Natriumsalz
1,2,4-Benzoltricarbonsäuredecyloctylester	1,2,4-Benzentricarbonsäuredecyloctylester
1,2,4-Benzoltricarbonsäure-tris-(2-ethylhexylester)	1,2,4-Benzentricarbonsäure-tris-(2-ethylhexylester)
3H-Benzooxazol-2-thion	2-Mercaptobenzoxazol
1,12-Benzoperylen	Benzo[g,h,i]perylen
Benzophenon	Diphenylmethanon
Benzophenon-6	2,2-Dihydroxy-4,4'-dimethoxybenzophenon
4,5-Benzopyren	Benzo[e]pyren
3,4-Benzopyren	Benzo[a]pyren
6,7-Benzopyren	Benzo[a]pyren
Benzoquin	4-Hydroxyphenylbenzylether
Benzosulfohydrazid	Benzensulfonsäurehydrazid
2-Benzothiazolethiol	2-Benzothiazolthiol
Benzothiazol-2-ol	2-Hydroxybenzothiazol
2-(3H)-Benzothiazolon	2-Hydroxybenzothiazol
Benzothiazol-2-sulfenicsäure-dicyclohexylamid	N,N'-Dicyclohexyl-2-benzolthiazolsulfenamid
Benzothiazol-2-sulfensäurediisopropylamid	N,N-Bis-(1-methylethyl)-2-benzothiazolsulfonamid

Gebräuchlicher Name Handelsname	Substanzname
1-[Benzothiazol-2-sulfenyl]-piperidin	N-Cyclopentamethylen-2-benzothiazol-sulfenamid
Benzothiazol-2-sulfonsäure-tert.-butylamid	N-(1,1'-Dimethylethyl)-2-benzothiazolsulfonamid
4-(Benzothiazol-2-sulfonyl)-morpholin	4-(Benzothiazol-2-sulfonyl)-morpholin
2-Benzothiazolthiol	2-Benzothiazolthiol
2(3H)-Benzothiazolthion	2-Benzothiazolthiol
2(3H)-Benzothiazolthion-Kupfer(2+)salz	2-Mercaptobenzothiazol, Kupfersalz
3H-Benzothiazol-2-thion, Natriumsalz	2-Benzothiazolthiol, Natriumsalz
2-(3H)-Benzothiazolthion, Zinksalz	Zink-2-mercaptobenzothiazol
3H-Benzothiazol-2-thion, Zinksalz	Zink-2-mercaptobenzothiazol
2-Benzothiazolyl-diethyldithiocarbamat	Diethyl-dithiocarbaminsäurebenzothiazol-2-ylester
2-Benzothiazolylmorpholino-disulfid	2-(4-Morpholinyl-dithio)benzothiazol
2-Benzothiazolylnatrium	2-Benzothiazolthiol, Natriumsalz
2-Benzothiazolyl-N-morpholyl-disulfid	2-(4-Morpholinyl-dithio)benzothiazol
S-Benzothiazol-2yl-N,N'-dicyclohexyl-thiohydroxylamin	N,N'-Dicyclohexyl-2-benzolthiazolsulfenamid
2-Benzothiazolyl-N,N-diethylthio-carbamylsulfid	Diethyl-dithiocarbaminsäurebenzothiazol-2-ylester
5-Benzothiazol-2-yl-N,N-diisopropyl-thiohydroxylamin	N,N-Bis-(1-methylethyl)-2-benzothiazolsulfonamid
S-Benzothiazol-2-yl-N-tert.-butyl-thiohydroxylamin	N-(1,1'-Dimethylethyl)-2-benzothiazolsulfonamid
4-(2-Benzothiazolylthio)-morpholin	4-(Benzothiazol-2-sulfonyl)-morpholin
S-Benzothiazol-2-y-N-tert.-butyl-thiohydroxylamin	N-(1,1'-Dimethylethyl)-2-benzothiazolsulfonamid
2-Benzothiazoyl-(N-morpholinosulfid)	4-(Benzothiazol-2-sulfonyl)-morpholin
Benzothiazyl-2-cyclohexylsulfenamid	N-Cyclohexyl-2-benzothiazolsulfenamid
Benzothiazyl-2-dicyclohexylsulfenamid	N,N'-Dicyclohexyl-2-benzolthiazolsulfenamid
Benzothiazyl-dicyclohexylsulfenamid	N,N'-Dicyclohexyl-2-benzolthiazolsulfenamid
Benzothiazyldisulfid	Dibenzothiazyldisulfid
Benzothiazyl-dithiomorpholid	2-(4-Morpholinyl-dithio)benzothiazol
2-Benzothiazyl-N,N-diethylthio-carbamoylsulfid	Diethyl-dithiocarbaminsäurebenzothiazol-2-ylester
Benzothiazyl-2-sulfenmorpholid	4-(Benzothiazol-2-sulfonyl)-morpholin
Benzothiazyl-2-tert.-butylsufenamid	N-(1,1'-Dimethylethyl)-2-benzothiazolsulfonamid
Benzothiyzolyldisulfid	Dibenzothiazyldisulfid
2-(2H-Benzotriazol-2-yl)-4,6-bis-(1,1-dimethylethyl)-phenol	2-(2H-Benzotriazol-2-yl)-4,6-bis-(1,1-dimethylethyl)-hydroxybenzen
2-Benzotriazol-2-yl-4,6-di-tert-butylphenol	2-(2H-Benzotriazol-2-yl)-4,6-bis-(1,1-dimethylethyl)-hydroxybenzen
2-(2H-Benzotriazol-2-yl)-p-cresol	2-(2H-Benzotriazol-2-yl)-4-methylhydroxybenzen
2-(2H-Benzotriazol-2-yl)-4-(1,1,3,3-tetramethylbutyl)phenol	2-(2H-Benzotriazol-2-yl)-4-(1,1,3,3-tetramethylbutyl)-hydroxy-benzen
2,1,3- Benzoxadiazol	Benzo-(1,2,5)-oxadiazol
2(3H)-Benzoxazolethion	2-Mercaptobenzoxazol
2-Benzoxazolthiol	2-Mercaptobenzoxazol
Benzoylbenzen	Diphenylmethanon
Benzoyl Methide	1-Phenylethanon
Benzoyloxy-chlormethan	Benzoesäurechlormethylester
Benzoylperoxid	Dibenzoylperoxid
4-Benzoylresorcin	2,4-Dihydroxybenzophenon

Gebräuchlicher Name Handelsname	Substanzname
4-Benzoylresorcinol	2,4-Dihydroxybenzophenon
Benzoylsuperoxid	Dibenzoylperoxid
Benzoylthiol	Monothiobenzoesäure
1,12-Benzperylen	Benzo[g,h,i]perylen
1,2-Benzphenanthren	1,2-Benzophenanthren
4,5-Benzpyren	Benzo[e]pyren
Benzthiazoyl-N,N-dimethyl-dithiocarbaminsäureester	N,N-Dimethyl-2-benzothiazolcarbothioamid
N-Benzylbenzylamin	Dibenzylamin
Benzylbutylphthalat	Benzen-1,2-dicarbonsäurebenzyl-n-butylester
Benzylether	Dibenzylether
Benzylethylamin	N-Ethylbenzylamin
Benzyl-2-ethylhexyl-adipat	Adipinsäurebenzyl-2-ethylhexylester
Benzyl-2-ethylhexyl-adipinsäureester	Adipinsäurebenzyl-2-ethylhexylester
Benzylhydroquinon	4-Hydroxyphenylbenzylether
2-Benzylimidazolin	2-Benzyl-4,5-dihydro-1H-imidazol
Benzyloctyladipat	Adipinsäurebenzyl-2-ethylhexylester
Benzyloxid	Dibenzylether
p-(Benzyloxy)-phenol	4-Hydroxyphenylbenzylether
Benzylwasserstoff	Methylbenzen
Benzylzimat	Di(phenylmethyl)dithiocarbaminsäure, Zinksalz
Bergmehl	Calciumcarbonat
Bergpech	Bitumen
Berhflam B	Bis-pentabromphenylether
Bernsteinsäure	Butandisäure
Berol 452	Schwefelsäuredodecylester, Natriumsalz
BES	Benzencarbonsäure
Beschleuniger 80	N-(2-Methylphenyl)-imidodicarbonimiddiamid
Beschleuniger 552	Piperidincarbothiosäure, Verbindung mit Piperidin (1:1)
beta-Alumina	Aluminiumoxid
beta-Aluminiumoxid	Aluminiumoxid
beta-Aminoisobutanol	2-Amino-2-methyl-1-propanol
Beta-Chloropren	2-Chlor-buta-1,3-dien
alpha,beta-Dichlorpropan	1,2-Dichlorpropan
alpha, beta-D-p-tolyethan	1,1'-(1,2-Ethandiyl)-bis-(4-methyl)-benzen
beta-Ketopropan	2-Propanon
beta-Nitropropan	2-Nitropropan
Betaprene H	Poly-2-methyl-1,3-butadien
Betaprene-H-2-methylpolyisopren	Poly-2-methyl-1,3-butadien
beta-Propylendichlorid	1,2-Dichlorpropan
beta-Thionaphthol	Naphthalen-2-thiol
Bexthene	Polyethylen
P 30 BF	Aluminiumhydroxid-hydrat
BF 200	Calciumcarbonat
BFV	Methanal
BFZ	Benzo-(1,2,5)-oxadiazol
BHT	2,6-Di-(1,1-dimethylethyl)-4-methylhydroxybenzen
BHT-Bayer	2,6-Di-(1,1-dimethylethyl)-4-methylhydroxybenzen
BHT-P Swanox	2,6-Di-(1,1-dimethylethyl)-4-methylhydroxybenzen
BHT-Raschig	2,6-Di-(1,1-dimethylethyl)-4-methylhydroxybenzen

Gebräuchlicher Name Handelsname	Substanzname
BHT-Swanox	2,6-Di-(1,1-dimethylethyl)-4-methylhydroxybenzen
4,4'-Bianilin	(1,1'-Biphenyl)-4,4'-diamin
p,p'-Bianilin	(1,1'-Biphenyl)-4,4'-diamin
Bibenzen	Phenylbenzen
Bicalciumsilikat	Calciumsilikat
Bicolene C	Polyethylen
Bicolene P	Polypropylen, isotaktisch
Bicolon	Dimethylpolysiloxan
BiDMC	Dimethyldithiocarbaminsäure, Bismutsalz
Biethylen	1,3-Butadien
Big Dipper	Diphenylamin
Bihexyl	n-Dodecan
BIK	Kohlensäurediamid
Bildstein	Magnesiumsilikathydrat
Bilorin	Methansäure
Bilt-Plates 156	Kaolin
Bimox M	Bis-(3,5-di-(1,1-dimethylethyl)-4-hydroxyphenyl)-methan
Bioflex 51	1,2-Benzendicarbonsäuredinonylester
Bio-Sil	Silicium(IV)-oxid, amorph
Bio-Sil	Kieselsäure
Biphenyl	Phenylbenzen
(1,1'-Biphenyl)-4-amin	4-Aminophenyl
4-Biphenylamin	4-Aminophenyl
4,4'-Biphenyldiamin	(1,1'-Biphenyl)-4,4'-diamin
Biphenylen	Phenylbenzen
o-Biphenylenmethan	Fluoren
2-Biphenylol, Natriumsalz	(1,1'-Biphenyl)-2-ol, Natriumsalz
Biphenyl-2-ol-Natriumsalz	(1,1'-Biphenyl)-2-ol, Natriumsalz
(2-Biphenylyloxy)-Natrium	(1,1'-Biphenyl)-2-ol, Natriumsalz
Bisalhofen BP	2,2'-Methylen-bis[6-(1,1-dimethylethyl)-4-methylphenol]
Bisalkofen MTSP	4,4'-Dimethyl-6,6'-bis-(1-methylcyclohexyl)-2,2'-methandiyl-bis-hydroxybenzen
Bis-[2-(2-alloxy-ethoxy)-ethyl]-ether	3-(2-(2-[2-(2-(2-Propenyl)oxy)-ethoxy)-ethoxy]-ethoxy)-ethoxy)-propen
Bis-[2-Alloxy-ethyl]-ether	3-[2-(2-(2-Propen-1-oxy)-ethoxy)-ethoxy]-propen
Bis(allyl)-1,4-butandiol	1,4-Bis-allyloxy-butan
Bis(allyl)-1,10-decandiol	Bis-(2-propenyl)-1,10-decandiol
Bis(allyl)-1,6-hexandiol	1,6-Di(2-propenyl)oxy-hexan
Bis(-alpha,alpha-diallylthiophospon)-disulfid	Bis(di-2-propenyl)thiophosphoryl-disulfid
Bis(alpha,alpha-dimethylbenzyl)-peroxid	Bis-(1-methyl-1-phenyl-ethyl)-peroxid
4,4'-Bis-(alpha-methyl-alpha-phenethyl)-diphenylamin	4,4'-Bis-(alpha,alpha-dimethylbenzyl)-diphenylamin
2,4-Bis(alpha-methylbenzyl)-phenol	2,4-Bis-(1-phenylethyl)-phenol
Bisamim S	4,4'-Methylenbis(2-chloranilin)
Bisamin	4,4'-Methylenbis(2-chloranilin)
Bisamin A	4,4'-Methylenbis(2-chloranilin)
Bis(4-amin-3-chlorphenyl)methan	4,4'-Methylenbis(2-chloranilin)
Bis-(4-aminocylohexyl)methancarbamat	Bis-(4-aminocylohexyl)methylcarbamat
Bis-ß-aminoethylamin	Di-(2-aminoethyl)-amin
1,2-Bis-(2-aminoethylamino)-ethan	N,N'-Bis-(2-aminoethyl)-ethylendiamin
N,N'-Bis-(2-aminoethyl)-1,2-ethandiamin	N,N'-Bis-(2-aminoethyl)-ethylendiamin

Gebräuchlicher Name Handelsname	Substanzname
2,4-Bis-amino-6-mercaptotriazin	4,6-Diamino-[1,3,5]-triazin-2(1H)-thion
Bisamyldithiocarbamin-säure-bleisalz	Dipentyldithiocarbaminsäure, Bleisalz
Bis(2-benzimidazolethilato)-zink	2-Mercaptobenzimidazol, Zinksalz
Bis-[benzothiazol-2sulfenyl]-tert.-butyl-amin	N-(2-Benzothiazolythio)-N-(1,1-dimethylethyl)-2-benzothiazolsulfenamid
Bis-(2,2'-benzothiazolyl)-disulfid	Dibenzothiazyldisulfid
1,3-Bis-(2-benzothiazolylmercaptomethyl)-harnstoff	1,3-Bis-[(2-benzothiazolylthio)-methyl]-harnstoff
Bis-benzothiazol-2-ylsulfanyl-tert.-butylamin	N-(2-Benzothiazolythio)-N-(1,1-dimethylethyl)-2-benzothiazolsulfenamid
N,N'-Bis-[(2-benzothiazolylthio)-methyl]-harnstoff	1,3-Bis-[(2-benzothiazolylthio)-methyl]-harnstoff
Bis(benzothiyzolyl)disulfid	Dibenzothiazyldisulfid
Bis(2-benzoylamino-phenyl)-disulfan	Bis(2-benzaminophenyl)-disulfan
2,5-Bis-benzoylperoxy-2,5-dimethylhexan	2,5-Dimethyl-2,5-di(benzoylperoxy)hexan
Bis-[bis(2-methylpropyl)-carbamodithioato-S,S']-nickel	Diisobutyl-dithiocarbaminsäure, Nickelsalz
Bis-[bis(phenylmethyl)-carbamodithioato-S,S']zink	Di(phenylmethyl)dithiocarbaminsäure, Zinksalz
Bis-(2-(2-butoxyethoxy)ethoxy)methan	2-[2-(1,1-Dimethoxy-pentyloxy)-ethoxy]-ethanol
Bis-(2-(2-butoxyethoxy)ethyl)adipat	Hexandicarbonsäure-bis-[2-(2-butoxy-ethoxy)-ethyl]ester
Bis-(2-(2-butoxyethoxy)ethylester)	Hexandicarbonsäure-bis-[2-(2-butoxy-ethoxy)-ethyl]ester
Bis(2-butoxyethyladipat)	Hexandicarbonsäurebis(2-butoxy-ethyl)ester
Bis(3-chlor-4-aminphenyl)methan	4,4'-Methylenbis(2-chloranilin)
Bis(4-chlorbenzoyl)peroxid	4,4'-Dichlorbenzoylperoxid
Bis(5-Chlor-2-hydroxyphenyl)-methan	2,2'-Methylenbis(4-chlorophenol)
Bis(4-chlor-phenyl)sulfon	4,4'-Dichlordiphenylsulfon
Bis-(cinnamyliden)hexamethyldiamin	N,N'-Dicinnamyliden-1,6-hexandiamin
N,N'-Bis-(cyclohexyl)-p-phenylendiamin	N,N'-Dicyclohexyl-benzen-1,4-diamin
Bis(di-allyl)thiophosphoryl-disulfid	Bis(di-2-propenyl)thiophosphoryl-disulfid
Bis-dibenzylamino-disulfan	Dithio-bis-(dibenzylamin)
Bis-(dibenzyldithiocarbamato)-zink	Di(phenylmethyl)dithiocarbaminsäure, Zinksalz
Bis(dibutylcarbamodithioato)di-μ-oxodioxodimolybdän-sulfuriert	Di-n-butyldithiocarbaminsäure, Molybdänsalz
Bis-(dibutylcarbamodithioato-S,S')-cadmium	Dibutyldithiocarbaminsäure, Cadmiumsalz
Bis-(dibutylcarbamodithioato-S,S')-kalium	Dibutyldithiocarbaminsäure, Kaliumsalz
Bis-(dibutylcarbamodithioato-S,S')-natrium	Dibutyldithiocarbaminsäure, Natriumsalz
Bis-(dibutylcarbamodithioato-S,S')-nickel	N,N-Dibutyldithiocarbaminsäure, Nickelsalz
Bis-(dibutylcarbamodithioato-S,S')-zink	Dibutyldithiocarbaminsäure, Zinksalz
Bis(dibutyldithiocarbamat), Kaliumsalz	Dibutyldithiocarbaminsäure, Kaliumsalz
Bis(dibutyldithiocarbamat), Natriumsalz	Dibutyldithiocarbaminsäure, Natriumsalz
Bis(dibutyldithiocarbamato)-cadmium	Dibutyldithiocarbaminsäure, Cadmiumsalz
Bis-(dibutyldithiocarbamato)-di-μ-oxodioxodimolybdän, sulfuriert	Di-n-butyldithiocarbaminsäure, Molybdänsalz
Bis-(dibutyldithiocarbamato)-nickel	N,N-Dibutyldithiocarbaminsäure, Nickelsalz
Bis(dibutyldithiocarbamat), Zinksalz	Dibutyldithiocarbaminsäure, Zinksalz
Bis(dibutylphosphinodithiato-S,S')-zink	Zinkdibutyl-dithiophosphat
Bis-(dibutylthiocarbamoyl)-disulfid	1,1'-Dithiobis-(N,N-dibutylmethanthioamid)
Bis-diethoxythiophosphonyl-disulfan	Bis(diethyl)thiophosphoryldisulfid
4,6-Bis-diethylamino-1H-[1,3,5]triazin-thiol	4,6-Bis-diethylamino-1H-[1,3,5]triazin-2-thion
2,4-Bis-(diethylamino)-6-mercapto-triazin	4,6-Bis-diethylamino-1H-[1,3,5]triazin-2-thion
Bis(diethylamino)thioxomethyl)disulfid	Bis(thiomethansäurediethylamid)-disulfid

Gebräuchlicher Name Handelsname	Substanzname
4,6-Bis-diethylamino-(1,3,5)-triazin-2-sulfensäurecyclohexylamid	N-Cyclohexyl-6-(2,4-bis-diethylaminotriazin)sulfenamid
Bis-(diethylcarbamodithioato-S,S')cadmium	Diethyldithiocarbaminsäure, Cadmiumsalz
Bis-(diethylcarbamodithioato-S,S')-nickel	Diethyldithiocarbaminsäure, Nickelsalz
Bis-(diethylcarbamodithioato-S,S')-zink	N,N-Diethyldithiocarbaminsäure, Zinksalz
Bis(-diethyldithiocarbamato)-nickel	Diethyldithiocarbaminsäure, Nickelsalz
Bis-(diethyldithiocarbamato)-zink	N,N-Diethyldithiocarbaminsäure, Zinksalz
Bis(diethylthiocarbamoyl)-disulfid	Bis(thiomethansäurediethylamid)-disulfid
Bis-(2,4-dihydroxyphenyl)-methanon	Di-(2,4-dihydroxyphenyl)-methanon
Bis-(diisobutyldithiocarbamato)-nickel	Diisobutyl-dithiocarbaminsäure, Nickelsalz
Bis(di-isobutyl)thiophosphoryl-disulfid	Thioperoxidiphosphorsäuretetra-(2-methylpropyl)ester
Bis-diisopropoxythiophosphoryl-disulfen	Bis-(di-isopropyl)thiophosphoryldisulfid
Bis-(2,6-diisopropylphenyl)carbodiimid	Bis-(2,6-di-(1-methylethyl)phenyl)carbodiimid
Bis-(diisopropylthiocarbamoyl)-disulfid	N,N,N',N',-Tetraisopropylthiuramdisulfid
Bis-dimethoxythiophosphoryldisulfid	Bis-(dimethyl)-thiophosphoryldisulfid
Bis(dimethylamino)carbonothioyldisulfid	Bis-(dimethylthiocarbamoyl)-disulfid
Bis[2-(dimethylamino)ethyl](4-methyl-1,3-phenylen)-bis[carbamat]	Di-[2-(dimethylamino)ethyl]-methylbenzen-2,4-dicarbamat
Bis[2-(dimethylamino)ethyl]-toluol-2,4-dicarbamat	Di-[2-(dimethylamino)ethyl]-methylbenzen-2,4-dicarbamat
Bis((dimethylamino)-thioxomethyl)-tetrasulfid	Bis(thiomethansäuredimethylamid)-tetrasulfid
Bis(-dimethylcarbamodithiato-S,S')-cadmium	Dimethyldithiocarbaminsäure, Cadmiumsalz
Bis-(dimethylcarbamodithioato-S,S')-blei	Bleidimethyldithiocarbamat
Bis(dimethylcarbamodithioato-S,S´)-kupfer	Dimethyldithiocarbaminsäure, Kupfersalz
Bis(dimethylcarbamodithioato-S,S')zink	N,N-Dimethyldithiocarbaminsäure, Zinksalz
Bis(dimethyldithiocarbamat), Kupfersalz	Dimethyldithiocarbaminsäure, Kupfersalz
Bis(dimethyldithiocarbamato)-blei	Bleidimethyldithiocarbamat
Bis(dimethyldithiocarbamato)-kupfer	Dimethyldithiocarbaminsäure, Kupfersalz
Bis(dimethyldithiocarbamato)nickel	Dimethyldithiocarbaminsäure, Nickelsalz
Bis(dimethyldithiocarbamato)zink	N,N-Dimethyldithiocarbaminsäure, Zinksalz
2,6-Bis[(3-(1,1-dimethylethyl)-2-hydroxy-5-methylphenyl]octahydro-4,7-methano-1-H-indenyl]-4-methylphenol	2,2'-Methylen-bis-[4-methyl-(6-alpha-methylbenzyl)-hydroxybenzen]
2,6-Bis-(1,1-dimethylethyl)-4-methylphenol	2,6-Di-(1,1-dimethylethyl)-4-methylhydroxybenzen
Bis(1,1-dimethylethyl)-(phenylen(1-methylethyliden)-peroxid	Bis(2-(1,1-dimethylethyl)-peroxypropyl-(2))-benzen
N,N'-Bis-(1,4-dimethylpentyl)-1,4-benzoldiamin	N,N'-Bis-(1,4-dimethylpentyl)-benzen-1,4-diamin
N,N'-Bis-(1,4-dimethylpentyl)-p-phenylendiamin	N,N'-Bis-(1,4-dimethylpentyl)-benzen-1,4-diamin
2,5-Bis-(2,2-dimethyl-propyl)-benzen-1,4-diol	2,5-Di-(2,2-dimethylpropyl)-1,4-benzendiol
2,5-Bis-(1,1-dimethylpropyl)-1,4-benzendiol	2,5-Di-(1,1-dimethylpropyl)-1,4-benzendiol
2,5-Bis-(1,1-dimethyl-propyl)-hydrochinon	2,5-Di-(1,1-dimethylethyl)-1,4-dihydroxybenzen
Bis(dimethylthiocarbamoyl)sulfid	1,1'-Thiobis(N,N-dimethylthio)formamid
Bis(dimethylthiocarbamoyl)-tetrasulfid	Bis(thiomethansäuredimethylamid)-tetrasulfid
Bis(dimethylthiocarbamyl)disulfid	Bis-(dimethylthiocarbamoyl)-disulfid
Bis(di-n-propyl)thiophosphoryl-disulfid	Thioperoxydiphosphorsäuretetrapropylester
Bis-(dipentylcarbamodithioato-SS')-blei	Dipentyldithiocarbaminsäure, Bleisalz
Bis-(dipentylcarbamodithioato-S,S')zink	Dipentyldithiocarbaminsäure, Zinksalz
Bis(dipentyldithiocarbamato)-zink	Dipentyldithiocarbaminsäure, Zinksalz
Bis-(diphenyldithiocarbamato)-blei	Dipentyldithiocarbaminsäure, Bleisalz
1,1-Bis(3,5-di-tert.-butyl-2-hydroxyphenyl)ethan	1,1-Bis(2-hydroxy-3,5-di-(1,1-dimethylethyl)-phenyl)-ethan

Gebräuchlicher Name Handelsname	Substanzname
Bis(di-tert.-butyl)thiophosphoryl-disulfid	Thioperoxidiphosphorsäure-tetrakis(1,1-dimethylethyl)ester
Bis-(2-ethyhexyl)-adipinat	Hexandicarbonsäure-bis-2-ethylhexylester
Bis(ethylaminodiethylaminotriazin)disulfid	6,6'-Dithiobis(N,N,N'-triethyl)-1,3,5-triazin-2,4-diamin
2,4-Bis-(ethylamino)-6-mercaptotriazin	4,6-Bis-ethylamino-1H-[1,3,5]-triazin-2-thiol
4,6-Bis-ethylamino-(1,3,5)-triazin-2-sulfensäure-cyclohexylamid	N- Cyclohexyl-6-(2,4-bis-ethylamino-triazin)sulfenamid
Bis-(2-ethylhexl)ester-nonandisäure	Nonandisäure-bis-[2-ethylhexylester]
Bis-(2-ethylhexyl)-adipat	Hexandicarbonsäure-bis-2-ethylhexylester
Bis-(2-ethylhexyl)-1,2-benzoldicarbonsäure	Benzen-1,2-dicarbonsäuredi-2-ethylhexylester
Bis-(2-ethylhexyl)-1,2-benzoldicarboxylat	Benzen-1,2-dicarbonsäuredi-2-ethylhexylester
Bis-(2-ethylhexyl)ester	Benzen-1,2-dicarbonsäuredi-2-ethylhexylester
Bis-(2-ethylhexyl)fumarat	trans-Butensäure-(2-ethylhexyl)-diester
Bis-(2-ethylhexyl)-hexandioat	Hexandicarbonsäure-bis-2-ethylhexylester
Bis-(2-ethylhexyl)-hexandisäureester	Hexandicarbonsäure-bis-2-ethylhexylester
Bis-(2-ethylhexyl)maleat	(Z)-2-Butendicarbonsäure-di-(2-ethylhexyl)-ester
Bis-(2-ethylhexyl)maleinsäureester	(Z)-2-Butendicarbonsäure-di-(2-ethylhexyl)-ester
Bis(2-ethylhexyl)peroxydicarbonat	Di-2-ethylhexylperoxiddicarbonat
Bis(2-ethylhexyl)phthalat	Benzen-1,2-dicarbonsäuredi-2-ethylhexylester
Bis-(2-ethylhexyl)-phthalat	Benzen-1,2-dicarbonsäuredi-2-ethylhexylester
Bis(2-ethylhexyl)sebacat	1,8-Octandicarbonsäure-bis-(2-ethylhexylester)
N,N'-Bis-(1-ethyl-3-methylpentyl)-4-phenylendiamin	N,N'-Bis-(1-ethyl-3-methylpentyl)-1,4-benzendiamin
N,N'-Bis-(1-ethyl-3-methylpentyl)-p-phenylendiamin	N,N'-Bis-(1-ethyl-3-methylpentyl)-1,4-benzendiamin
Bis-(1H-benzoimidazol-2-yl)-disulfan	2,2'-Dithio-bis-benzimidazol
Bis-(4-hydrazinosulfonylphenyl)ether	Diphenyloxid-4,4'-disulfonsäuredihydrazid
Bis(2-Hydroxy-5-chlorophenyl)methan	2,2'-Methylenbis(4-chlorophenol)
Bis-(4-hydroxy-3,5-dimethylphenyl)-methan	4,4'-Methylenbis-(2,6-dimethylphenol)
1,4-Bis(ß-hydroxyethoxy)benzol	Hydrochinon-bis(2-hydroxyethyl)-ether
Bis-[2-hydroxy-ethyl]-amin	Diethanolamin
Bis-(2-hydroxyethyl)-ether	2-(2-Hydroxyethyl)-ethanol
Bis-ß-hydroxyethylnitrosamin	2,2'-(Nitrosoimino)-bisethanol
Bis-(2-hydroxy-4-methoxyphenyl)methanon	2,2-Dihydroxy-4,4'-dimethoxybenzophenon
2,2-Bis-(hydroxymethyl)-1,3-propandiol	2,2-Di-hydroxymethyl-propan-1,3-diol
2,2'-Bis(4-hydroxyphenyl)perfluorpropan	4,4'-(Hexafluorisopropyliden)-diphenol
2,2-Bis-4'-hydroxyphenylpropan	2,2-Bis-(4-hydroxyphenyl)-propan
Bis-(4-hydroxyphenyl)-sulfid	4,4'-Thiodiphenol
Bis-(2-hydroxy-6-tert.-butyl-naphthyl)-(1)sulfid	1,1'-Thiobis-(6-(1,1-dimethylethyl)-2-naphthol)
1,1-Bis-(2-hydroxy-6-tert.-butylnaphthyl-(1))-toluol	1,1'-Benzylidenbis-(6-tert.-butyl-2-naphthol)
Bis-(4-isocyanato-phenyl)-methan	Diphenylmethan-4,4'-diisocyanat
Bisisopropoxythiocarbonyl-disulfan	Thioperoxydicarbonsäurebis(1-methylethyl)ester
N,N'-Bis-(isopropyl)-1,4-benzoldiamin	N,N'-Bis-(1-methylethyl)-1,4-benzoldiamin
Bis-(Isopropyloctadecylthiocarbamoyl)-disulfid	N,N'-Bis-(1-methylethyl)-N,N'-dioctadecylthioperoxidicarbonsäure-diamid
1,2-Bis-(maleimido)-benzen	N,N'-Phenylendimaleimid
1,3-Bismaleimidobenzen	1,1'-(1,3-Phenylen)-bis-[1H-pyrrol-2,5-dion]
Bismate	N,N-Diethyldithiocarbaminsäure, Bismutsalz
Bismate	Dimethyldithiocarbaminsäure, Bismutsalz
Bis(2-mercaptobenzaldehydato-0,S)-nickel	Nickelthiobenzoat
Bis(methacrylat)poly-(ethylenglycol)	2-Methyl-2-propensäure-oxydi-2,1-ethandiylester
1,2-Bis-methacryloxy-ethan	Ethylenglykoldimethacrylat

Gebräuchlicher Name Handelsname	Substanzname
1,2-Bis-((2-methacryloxy)ethoxy)ethan	1,2-Bis-[2-methacryloyl-oxy-ethoxy]-ethan
1,4-Bis-methacryloxyloxy-butan	Bis-(2-methyl-2-propensäure)-1,4-butandiylester
Bis-[2-methacryloyloxy-ethyl]-ether	2-Methyl-2-propensäure-oxydi-2,1-ethandiylester
Bis-(4-methoxy-phenyl)-amin	4,4'-Methoxydiphenylamin
1,4-Bis-(1-methylethyl)-benzen	1,4-Bis-(1-methylethyl)-benzen
Bis-(1-methylethyl)-thioperoxydicarbonat	Thioperoxydicarbonsäurebis(1-methylethyl)ester
N,N'-Bis-(1-methylheptyl)-1,4-benzoldiamin	N,N'-Bis-(1-methylheptyl)-1,4-phenylendiamin
N,N'-Bis-(1-methylheptyl)-p-phenylendiamin	N,N'-Bis-(1-methylheptyl)-1,4-phenylendiamin
N,N'-Bis(2-methylphenyl)-1,2-ethandiamin	1,2-Di-[(2-methylphenyl)-amino]-ethan
Bis-[4-(1-methyl-1-phenylethyl)-phenyl]-amin	4,4'-Bis-(alpha,alpha-dimethylbenzyl)-diphenylamin
N,N'-Bis-(2-methylphenyl)-thioharnstoff	2,2'-Dimethylthiocarbanilid
Bis(4-methyl-1-piperazincarbodithioato-S,S')-zink	Di-(4-methyl-1-piperazindithiocarbansäure), Zinksalz
Bis-[2-methyl-2-propensäure]-1,4-butandiylester	Bis-(2-methyl-2-propensäure)-1,4-butandiylester
Bis-[4-(methyl-propylamino)-phenyl]-methan	4,4'-Methylenbis(N-(1-methylpropyl)benzolamin)
N,N'-Bis-(1-methylpropyl)-1,4-benzoldiamin	N,N'-Bis-(1-methylpropyl)-1,4-phenylendiamin
N,N'-Bis-(1-methylpropyl)-o-phenylendiamin	N,N'-Bis-(1-methylpropyl)benzol-1,2-diamin
N,N'-Bis(1-methylpropyl)-o-phenylendiamin	N,N'-Bis-(1-methylpropyl)-1,2-benzendiamin
N,N'-Bis-(1-methylpropyl)-p-phenylendiamin	N,N'-Bis-(1-methylpropyl)-1,4-phenylendiamin
Bis(morpholin-4-carbonyl)-disulfan	Bis(morpholin-4-carbonyl)-disulfan
Bis-(morpholin-4-carbothioyl)disulfan	Bis-(morpholin-4-thiocarbonyl)disulfid
Bis-(morpholin-4-carbothioyl)disulfid	Bis-(morpholin-4-thiocarbonyl)disulfid
N,N'-Bis-morpholindisulfid	Bis-(N-oxydiethylen)disulfid
Bis-(morpholin-4-thiocarbonyl)disulfan	Bis-(morpholin-4-thiocarbonyl)disulfid
Bis-(morpholinthiocarbonyl)disulfid	Bis-(morpholin-4-thiocarbonyl)disulfid
Bismutdiethyldithiocarbamat	N,N-Diethyldithiocarbaminsäure, Bismutsalz
Bismuthdimethyldithiocarbamat	Dimethyldithiocarbaminsäure, Bismutsalz
Bismuthiol I	2,5-Dimercapto-1,3,4-thiadiazol
N,N'-Bis-2-naphthyl-p-phenylendiamin	N,N'-Di-2-naphthyl-benzen-1,4-diamin
Bis-(N-cyclopentamethylenthiuram)-disulfid	Bis-(piperidin-1-thiocarbonyl)-disulfid
Bis(N-methyl-piperazino)-thiuramdisulfid	Bis-(4-methyl-piperazin-1-carbothioyl)-disulfan
Bis(N,N-diethylthiocarbomyl)disulfid	Bis(thiomethansäurediethylamid)-disulfid
4,4'-Bis(o-chloranilin)methylen	4,4'-Methylenbis(2-chloranilin)
Bis(4-octylphenyl)amin	4-Octyl-N-(4-octylphenyl)benzenamin
Bis(2-octyl)phthyalat	Phthalsäuredi-(1methylheptyl)ester
Bisoflex 81	Benzen-1,2-dicarbonsäuredi-2-ethylhexylester
Bisoflex DOA	Hexandicarbonsäure-bis-2-ethylhexylester
Bis-[O-(1-methylethyl)-carbonodithiato-S,S']-nickel	Di-(O-(1methylethyl)-dithiocarbaminsäure, Nickelsalz
Bis-(O,O-dimethylthiophosphoryl)disulfid	Bis-(dimethyl)-thiophosphoryldisulfid
1,3-Bis-(o-tolyl)-2-thioharnstoff	2,2'-Dimethylthiocarbanilid
N,N'-Bis(oxydiethylen)-thiocarbamoylsulfonamid	N-Oxydiethylendithiocarbamyl-N'-oxydiethylensulfenamid
N,N'-Bis(oxydiethylen)thioharnstoff	4,4'-Thiocarbonyldimorpholin
Bis-(oxydiethylen)thiuramdisulfid	Bis-(morpholin-4-thiocarbonyl)disulfid
Bis-(p-chlorbenzoyl)peroxid	4,4'-Dichlorbenzoylperoxid
4,4'-Bisphenol A	2,2-Bis-(4-hydroxyphenyl)-propan
Bisphenol A	2,2-Bis-(4-hydroxyphenyl)-propan
p,p'-Bisphenol A	2,2-Bis-(4-hydroxyphenyl)-propan
Bisphenylbenzol	1,4-Diphenylbenzen
2,4-Bis-(phênylethyliden)-phenol	2,4-Bis-(1-phenylethyl)-phenol

Gebräuchlicher Name Handelsname	Substanzname
Bis-(phenylmethyl)carbamodithioicsäure-natriumsalz	Dibenzyldithiocarbaminsäure, Natriumsalz
Bis(phenylmethylen)-p-phenylendiamin	N,N'-Bis(phenylmethylen)-benzen-1,4-diamin
N,N'-Bis(3-phenyl-2-propenyliden)-1,6-hexandiamin	N,N'-Dicinnamyliden-1,6-hexandiamin
2,2-Bis-(p-hydroxyphenyl)-propan	2,2-Bis-(4-hydroxyphenyl)-propan
Bis-(1-piperidincarbodithioato)-blei	Pentamethylendithiocarbaminsäure, Bleisalz
Bis(1-piperidincarbodithioato)-cadmium	Piperidinodithiocarbaminsäure, Cadmiumsalz
Bis-(1-piperidincarbodithioato)-kupfer	Pentamethylendithiocarbaminsäure, Kupfersalz
Bis-(1-piperidincarbodithioato-S,S')blei	Pentamethylendithiocarbaminsäure, Bleisalz
Bis-(1-piperidincarbodithioato-S,S')-kupfer	Pentamethylendithiocarbaminsäure, Kupfersalz
(T-4)-Bis(1-piperidincarbodithioato-S,S')-zink	Pentamethylendithiocarbaminsäure, Zinksalz
Bis(1-piperidincarbodithioato-S,S')-zink	Pentamethylendithiocarbaminsäure, Zinksalz
Bis(1-piperidincarbodithioato) zink	Pentamethylendithiocarbaminsäure, Zinksalz
Bis-(piperidino)-methan	Dipiperidinmethan
Bis-(piperidinothiocarbonyl)-disulfid	Bis-(piperidin-1-thiocarbonyl)-disulfid
Bis-(piperidin-1-thiocarbonyl)-disulfan	Bis-(piperidin-1-thiocarbonyl)-disulfid
Bis-(piperidinthiocarbonyl)-tetrasulfid	Bis-(piperidin-1-thiocarbonyl)-tetrasulfan
Bis(p-isocyanophenyl)-methan	Diphenylmethan-4,4'-diisocyanat
Bis-(p-methylbenzoyl)-peroxid	Bis-(1,4-methylbenzoyl)-peroxid
Bis(p-octylphenyl)amin	4-Octyl-N-(4-octylphenyl)benzenamin
1,2-Bis-(salicylidenamino)-ethan	1,2-Bis(2-hydroxybenzaldehydimin)-ethan
4,4'-Bis(sek.-butylamino)diphenylmethan	4,4'-Methylenbis(N-(1-methylpropyl)benzolamin)
Bissolvant APV	2-(2-Hydroxyethyl)-ethanol
Bis(2-tert.-buthylperoxypropyl-(2))-benzen	Bis(2-(1,1-dimethylethyl)-peroxypropyl-(2))-benzen
Bis-(3-tert.-butyl-5-ethyl-2-hydroxyphenyl)-methan	2,2'-Methylen-di-(6-(1,1-dimethylethyl)-4-ethyl-phenol
Bis-(3-tert.-butyl-2-hydroxy-5-methylphenyl)-methan	2,2'-Methylen-bis[6-(1,1-dimethylethyl)-4-methylphenol]
Bis-(3-tert.-butyl-4-hydroxy-5-methylphenyl)sulfid	4,4'-Thio-bis-(6-1,1-dimethylethyl-2-methylhydroxybenzen)
Bis-(3-tert.-butyl-5-methyl-2-oxyphenyl)-methan	2,2'-Methylen-bis[6-(1,1-dimethylethyl)-4-methylphenol]
2,2'-Bis-6-tert.-butyl-p-cresylmethan	2,2'-Methylen-bis[6-(1,1-dimethylethyl)-4-methylphenol]
2,2-Bis(tert.-butylperoxy)butan	2,2-Bis-(1,1-dimethylethyl-peroxy)butan
1,1-Bis(tert.-butylperoxy)cyclohexan	1,1-Bis-(1,1-dimethylethyl-peroxy)cyclohexan
alpha,alpha'-Bis-(tert.-butylperoxy)-diisopropylbenzol	1,4-Bis-((1,1-dimethylethyl)peroxyisopropyl)benzen
2,5-Bis(tert.-butylperoxy)-2,5-dimethylhexan	2,5-Di-(1,1-dimethylethylperoxy)-2,5-dimethylhexan
2,5-Bis-tert.-butylperoxy-2,5-di-methyl-hex-3-in	(1,1,4,4-Tetramethyl-2-butin-1,4-diyl)bis[1,1-dimethylethylethyperoxid]
alpha, alpha'-Bis-(tert.-butylperoxyisopropyl)-benzen	Bis(2-(1,1-dimethylethyl)-peroxypropyl-(2))-benzen
1,4-Bis(tert.-butylperoxy-isopropyl)-benzol	1,4-Bis-((1,1-dimethylethyl)peroxyisopropyl)benzen
1,4-Bis-(1-tert.-butylperoxy-1-methyl-ethyl)benzol	1,4-Bis-((1,1-dimethylethyl)peroxyisopropyl)benzen
1,1-Bis-(tert.-butylperoxy)-3,3,5-trimethylcyclohexan	(3,3,5-Trimethylcyclohexyliden)-bis-(tert.-butylperoxid)
2,2'-Bis-(6-tert.-butyl-p-kresyl)-methan	2,2'-Methylen-bis[6-(1,1-dimethylethyl)-4-methylphenol]

Gebräuchlicher Name Handelsname	Substanzname
Bis-(1,2,3,6-tetrahydrobenzaldehyd)-pentaerytrit-acetal	[(Cyclohexen-1-ylidenmethoxy)methyl]benzen
2,5-Bis-(1,1,3,3-tetramethylbutyl)-hydrochinon	2,5-Bis-(1,1,3,3-tetramethylbutyl)-benzen-1,4-diol
3,3-Bis-(tri-ethoxysilylpropyl)-tetrasulfid	4,4,15,15-Tetraethoxy-3,16-dioxa-8,9,10,11-tetrathia-4,15-disilaoctadecan
Bis-(3-[triethoxysilyl]propyl)-tetrasulfid	4,4,15,15-Tetraethoxy-3,16-dioxa-8,9,10,11-tetrathia-4,15-disilaoctadecan
Bis(3-trimethoxysilylpropyl)sulfid	3,3,11,11-Tetramethoxy-2,12-dioxa-7-thia-3,11-disilatridecan
Bis(3-trimethoxysilylpropyl)tetrasulfan	3,3,14,14-Tetramethoxy-2,15-dioxa-7,8,9,10-tetrathia-3,14-disilahexadecan
Bis-(trimethylsilyl)amin	1,1,1,3,3,3-Hexamethyldisilazan
1,4-Bis-vinyloxy-butan	1,4-Bis(ethenyloxy)butan
BIT	1,2-Benzisothiazol-3(2H)-on
Bittermandelöl (künstl.)	Benzaldehyd
Bitterspat	Magnesiumcarbonat
Bitumen	Oxidierter Asphalt
Bivinyl	1,3-Butadien
BKF Calco 2246	2,2'-Methylen-bis[6-(1,1-dimethylethyl)-4-methylphenol]
BL 353	N,N'-Dimethyl-N,N'-dinitroso-1,4-benzendicarbonsäurediamid
Blacar 1716	Polychlorethen
Black lead	Graphit
Black perls	Aktivkohle
Blacosolv	1,1,2-Trichlorethen
Blanc fixe	Bariumsulfat
Blanc fixe micro	Bariumsulfat
Blancosolv	1,1,2-Trichlorethen
Blandlube	Paraffin, C10-C13
Blascosoly	1,1,2-Trichlorethen
L-Blau 1	6,15-Dihydro-5,9,14,18-antrazintetron
Blauöl	Aminobenzen
BLE	9,9-Dimethyl-9,10-dihydroaridin
BLE 25	9,9-Dimethyl-9,10-dihydroaridin
BLE 50 (50 %)	9,9-Dimethyl-9,10-dihydroaridin
BLE 25	Reaktionsprodukt aus Diphenylamin mit Propanon
BLE 75	Reaktionsprodukt aus Diphenylamin mit Propanon
Bleicarbonat	Blei(II)-carbonat basisch
Bleicherde	Bentonit
Bleichromat	Blei(II)-chromat
Bleichromat(VI)	Blei(II)-chromat
Bleidiamyldithiocarbamat	Dipentyldithiocarbaminsäure, Bleisalz
Bleidiethyldithiocarbamat	N,N-Diethyldithiocarbaminsäure, Bleisalz
Bleidioxid	Blei(IV)-oxid
Blei-diphenyldithiocarbamat	Dipentyldithiocarbaminsäure, Bleisalz
Bleifarben fest o. flüssig	Blei(II)-carbonat basisch
Bleiglätte	Blei(II)-oxid
Blei(II)-hydroxidcarbonat	Blei(II)-carbonat basisch
Blei(II)-orthoplumbat	Blei(II,IV)-oxid
Bleimennige	Blei(II,IV)-oxid
Bleimonoxid	Blei(II)-oxid

Gebräuchlicher Name Handelsname	Substanzname
Bleiorthoplumbat, Bleitetraoxid	Blei(II,IV)-oxid
Bleioxid	Blei(II)-oxid
Bleioxid Gelb	Blei(II)-oxid
Blei-pentamethylendithiocarbamat	Pentamethylendithiocarbaminsäure, Bleisalz
Blei-pentamethylendithiocarbamat	Piperidindithiocarbaminsäure, Bleisalz
Bleiperoxid	Blei(IV)-oxid
Bleiprotoxid	Blei(II)-oxid
Bleisubcarbonat	Blei(II)-carbonat basisch
Bleisulfat	Blei(II)-sulfat
Bleitetraoxid	Blei(II,IV)-oxid
Blende	Zinksulfid
Blensil:44, 88	Polydimethylsiloxan-Kautschuk
Blue EVA	Ethylen-Vinylacetat-Copolymer
Blue O	6,15-Dihydro-5,9,14,18-antrazintetron
BNPD	2-Brom-2-nitropropan-1,3-diol
Boehmit	Aluminiumoxid
Bolatron 6200	Polychlorethen
Boltaron	Polychlorethen
Bolus	Kaolin
Bonamid	Hexansäure-w-lactam
Bonamid	Poly(imino(1-oxo-1,6-hexandiyl))
Bonideblue Death Rat Killer	Phosphor
Bonloid	Polychlorethen
Bon Red Yellow Shade	Pigment Rot 48:1 (C.I. 15865:1)
BON Rot	Pigment Rot 48:2 (C.I. 15865:2)
BON-Rot	Pigment Rot 48:1 (C.I. 15865:1)
Borax-2335	Zinkborat
Borersoluble	1,2-Dichlorethan
Bovine Albumine	Albumin
BPA	2,2-Bis-(4-hydroxyphenyl)-propan
BPE-I	Polyethylen
BP Enerdex 65	Mineralöl, Petroleumextrakt, schwere naphthenische Destillatlösung
BP Enerpar 1903	Paraffin, C10-C13
BPH	2,2'-Methylen-bis[6-(1,1-dimethylethyl)-4-methylphenol]
BR	Polybutadien
Bradsyn PEG	alpha-Hydro-w-hydroxypoly-(oxy-1,2-ethandiyl)
Bralen KB 2-11	Polyethylen
Bralen RB 03-23	Polyethylen
Branntweinersatzstoff	Ethanol
Branntweinfeindestillat	Ethanol
Branntwein (genußunbrauchbar gemacht)	Ethanol
Branntwein (unvergällt)	Ethanol
Branntwein (vergällt)	Ethanol
Brasilwachs	Carnauba-Wachs
Brecolane NDG	2-(2-Hydroxyethyl)-ethanol
brennbarer Salpeter	Ammoniumnitrat
Brennpetroleum DIN 51636/I.59	Benzin 140 - 300
Brennspiritus	Ethanol
Brennsprit	Ethanol
Brenzessiggeist	2-Propanon
Brenzlicher Essigether	2-Propanon
Brenzlicher Essiggeist	2-Propanon
Breon	Polychlorethen

Gebräuchlicher Name Handelsname	Substanzname
Breon 107	Polychlorethen
Breon 113	Polychlorethen
Breon 121	Polychlorethen
Breon 125/10	Polychlorethen
Breon 151	Polychlorethen
Breon 111EP	Polychlorethen
Breon 112EP	Polychlorethen
Breon P 130/1	Polychlorethen
Breon S 110/10	Polychlorethen
Breon S 125/12	Polychlorethen
Bright Red G Toner	Pigment Rot 48:1 (C.I. 15865:1)
Bright Red Toner	Pigment Rot 48:1 (C.I. 15865:1)
Brilliant 15	Calciumcarbonat
Brilliant 1500	Calciumcarbonat
Brilliant Green Phthalocyanine	Kupferphthalocyanin, chloriert
Brilliant Red	Pigment Rot 53:1 (C.I. 15585:1)
Brilliant Scarlet CA	Pigment Rot 53:1 (C.I. 15585:1)
Brilliant Scarlet CBA	Pigment Rot 53:1 (C.I. 15585:1)
Brilliant Scarlet CTA	Pigment Rot 53:1 (C.I. 15585:1)
Brilliant Toner Z	Pigment Rot 53:1 (C.I. 15585:1)
Brimstone	Schwefel
Bristri	Bis(trichlorphenyl)-disulfid
British aluminium AF 260	Aluminiumhydroxid-hydrat
Britomya M	Calciumcarbonat
Britomya S	Calciumcarbonat
BR 55 N	Bis-pentabromphenylether
Brocide	1,2-Dichlorethan
Brockman, aluminium oxide	Aluminiumoxid
Brogdex 555	Dimethyldithiocarbaminsäure, Natriumsalz
2-Brom-2-(brommethyl)-glutaronitril	1,2-Dibrom-2,4-dicyanobutan
2-Brom-2-(brommethyl)-pentandinitril	1,2-Dibrom-2,4-dicyanobutan
Brombutylkautschuk	2-Methyl-1,3-butadien, Polymer mit 2-Methyl-1-propen, bromiert
Bromethyl	Bromethan
Bromhal 83-10 DE	Bis-pentabromphenylether
Bromhal 82-ode	Bis-pentabromphenylether
Bromkal P67	Tris-(2,3-dibromopropyl)-phosphat
2-Brom-2-nitropropandiol	2-Brom-2-nitropropan-1,3-diol
ß-Brom-ß-nitrostyrol	(2-Brom-2-nitro-ethenyl)benzen
Brom-ß-nitrotrimethylenglycol	2-Brom-2-nitropropan-1,3-diol
2-Brom-ß-nitrotrimethylenglykol	2-Brom-2-nitropropan-1,3-diol
Bronocot	2-Brom-2-nitropropan-1,3-diol
Bronopol	2-Brom-2-nitropropan-1,3-diol
Bronosol	2-Brom-2-nitropropan-1,3-diol
Bronze Red RO	Pigment Rot 53:1 (C.I. 15585:1)
Bronze Red 16913 Yellowish	Pigment Rot 53:1 (C.I. 15585:1)
Bronze Scarlet	Pigment Rot 53:1 (C.I. 15585:1)
Bronze Scarlet C	Pigment Rot 53:1 (C.I. 15585:1)
Bronze Scarlet CA	Pigment Rot 53:1 (C.I. 15585:1)
Bronze Scarlet CBA	Pigment Rot 53:1 (C.I. 15585:1)
Bronze Scarlet CT	Pigment Rot 53:1 (C.I. 15585:1)
Bronze Scarlet CTA	Pigment Rot 53:1 (C.I. 15585:1)
Bronze Scarlet Toner	Pigment Rot 53:1 (C.I. 15585:1)
Brookit	Titandioxid
Brucit	Magnesiumhydroxid

Gebräuchlicher Name Handelsname	Substanzname
BSH	Benzensulfonsäurehydrazid
BSWL 202	Bleisilikat, basisch
BT 300	Melamin-Formaldehyd-Copolymer
BT	Benzothiazol
BTon	2-Hydroxybenzothiazol
Buca	Aluminiumsilikathydrat
BUCS	2-Butoxyethanol
Budene 1207	Polybutadien
Budene 1208	Polybutadien
Budene 1209	Polybutadien
Budene 1254	Polybutadien
Budene 1290	Polybutadien
Budium-Rk-622	Polybutadien
BUKS	2,6-Di-(1,1-dimethylethyl)-4-methylhydroxybenzen
Bulen A	Polyethylen
Bulen A 30	Polyethylen
Bulkacit DZ/C	N,N'-Dicyclohexyl-2-benzolthiazolsulfenamid
Bullrich Salz	Natriumhydrogencarbonat
Buna AP 147	Ethylen-Propylen-Ethyliden-Norbornen
Buna AP 241	Ethylen-Propylen-Ethyliden-Norbornen
Buna AP 248	Ethylen-Propylen-Ethyliden-Norbornen
Buna AP 251	Ethylen-Propylen-Ethyliden-Norbornen
Buna AP 258	Ethylen-Propylen-Ethyliden-Norbornen
Buna AP 341	Ethylen-Propylen-Ethyliden-Norbornen
Buna AP 344	Ethylen-Propylen-Ethyliden-Norbornen
Buna AP 348	Ethylen-Propylen-Ethyliden-Norbornen
Buna AP 358	Ethylen-Propylen-Ethyliden-Norbornen
Buna AP 437	Ethylen-Propylen-Ethyliden-Norbornen
Buna AP 447	Ethylen-Propylen-Ethyliden-Norbornen
Buna AP 451	Ethylen-Propylen-Ethyliden-Norbornen
Buna AP 454	Ethylen-Propylen-Ethyliden-Norbornen
Buna AP 541	Ethylen-Propylen-Ethyliden-Norbornen
Buna AP 547	Ethylen-Propylen-Ethyliden-Norbornen
Buna AP 641	Ethylen-Propylen-Ethyliden-Norbornen
Buna AP 644	Ethylen-Propylen-Ethyliden-Norbornen
Buna AP 905	Ethylen-Propylen-Ethyliden-Norbornen
Buna AP 906	Ethylen-Propylen-Ethyliden-Norbornen
Buna AP 341-F	Ethylen-Propylen-Ethyliden-Norbornen
Buna AP 451-H	Ethylen-Propylen-Ethyliden-Norbornen
Buna AP 451HF	Ethylen-Propylen-Ethyliden-Norbornen
Buna AP 437-K	Ethylen-Propylen-Ethyliden-Norbornen
Buna AP 447-K	Ethylen-Propylen-Ethyliden-Norbornen
Buna AP 437-M	Ethylen-Propylen-Ethyliden-Norbornen
Buna AP 447-M	Ethylen-Propylen-Ethyliden-Norbornen
Buna AP 447MC	Ethylen-Propylen-Ethyliden-Norbornen
Buna AP 259-P	Ethylen-Propylen-Ethyliden-Norbornen
Buna CB	Polybutadien
Buna CB HX	Polybutadien
Buna VI 1945, 1949, 1969, 1970, 1979	1,3-Butadien
Bundene	Polybutadien
Burtonite V-7-E	Guargummi
Busan 85	Dimethyldithiocarbaminsäure, Kaliumsalz
Buta-1,3-dien	1,3-Butadien
Butadien	1,3-Butadien

Gebräuchlicher Name Handelsname	Substanzname
1,3-Butadien, Homopolymer	Poly-2-methyl-1,3-butadien
1,3-Butadien-Isopren-Copolymer	2-Methyl-1,3-butadien, Polymer mit 1,3-Butadien
Butadien-Kautschuk	Polybutadien
1,3-Butadien-Styrol Copolymer	Phenylethen-Butadien-Copolymer
1,3-Butadien-Styrol Polymer	Phenylethen-Butadien-Copolymer
Butadien-Styrol Polymer	Phenylethen-Butadien-Copolymer
Butadien-Styrol Resin	Phenylethen-Butadien-Copolymer
Butakon 85-71	Phenylethen-Butadien-Copolymer
i-Butan	2-Methylpropan
1,3-Butandioldimethacrylat	2-Methyl-acrylsäure-1-methyl-3-(2-methyl-acryloxy)-propylester
1,4-Butandioldimethacrylat	Bis-(2-methyl-2-propensäure)-1,4-butandiylester
1,4-Butandiol-Terephthalsäure-Copolymer	Poly(oxy-1,4-butandiyloxycarbonyl-1,4-phenylencarbonyl)
Butandiol-Terephthalsäure-Copolymer	1,4-Benzendicarboxylsäure, Polymer mit 1,4-Butendiol
1-Butanol	Butan-1-ol
Butanol	Butan-1-ol
n-Butanol	Butan-1-ol
2-Butanolacetat	1-Methylpropylethanoat
1-Butanolacetat	Ethansäurebutylester
Butanolacetat	Ethansäurebutylester
2-Butanol-4-isopropoxy	4-Isopropoxy-2-butanol
Butanol, normal	Butan-1-ol
2-Butanon	Butan-2-on
Butanon-2	Butan-2-on
Butazate	Dibutyldithiocarbaminsäure, Zinksalz
Butazate 50-D	Dibutyldithiocarbaminsäure, Zinksalz
Butazin	Dibutyldithiocarbaminsäure, Zinksalz
Buten	Reaktionsprodukt aus Butanal und Anilin
1,4-Butendicarbonsäure-diisononylester	Hexandicarbonsäure-diisononylester
2-Butendisäure (E)	trans-Butendisäure
Butidone	Dibutyldithiocarbaminsäure, Natriumsalz
Butoxycarbonylmethylsulfanylmethylsulfanyl-essigsäurebutylester	2,2'-[Methylenbis(thio)]bis-essigsäuredibutylester
Butoxydiethylenglycol	Diethylenethandiolmonobutylether
Butoxydiethylenglykol	Diethylenethandiolmonobutylether
2-(2-Butoxy-ethoxy)-ethanol	Diethylenethandiolmonobutylether
2-(2-Butoxyethoxy)-ethanol	Diethylenethandiolmonobutylether
1-(2-(2-(2-Butoxy-ethoxy)-ethoxymethoxy)ethoxy)ethoxy-butan	2-[2-(1,1-Dimethoxy-pentyloxy)-ethoxy]-ethanol
Butoxypolyethylen/-propylenglycol	Butylpolyether
Buttercup yellow	Zinkchromat
2-Butylacetat	1-Methylpropylethanoat
sek.-Butylacetat	1-Methylpropylethanoat
1-Butylacetat	Ethansäurebutylester
Butylacetat	Ethansäurebutylester
n-Butylacetat	Ethansäurebutylester
Butylalkohol	Butan-1-ol
n-Butylalkohol	Butan-1-ol
Butylamin	1-Butylamin
n-Butylamin	1-Butylamin
N-tert.-Butylamin	N-(1,1-Dimethylethyl)-methyl-amin
2-tert.-Butyl-benzen-1,4-diol	2-(1,1-Dimethylethyl)-1,4-benzendiol

Gebräuchlicher Name Handelsname	Substanzname
N-Butylbenzolsulfonamid	N-Butylbenzensulfonamid
N-t-Butyl-2-benzothiazolsulfonamid	N-(1,1'-Dimethylethyl)-2-benzothiazolsulfonamid
Butylbenzylphthalat	Benzen-1,2-dicarbonsäurebenzyl-n-butylester
Butyl Carbitol	Diethylenethandiolmonobutylether
Butylcarbitol	Diethylenethandiolmonobutylether
Butylcarbitolformal	2-[2-(1,1-Dimethoxy-pentyloxy)-ethoxy]-ethanol
Butyl Cellosolve	2-Butoxyethanol
4-tert.-Butylcyclohexen	4-(1,1-Dimethylethyl)-cyclohexen
Butyldecylphthalat	Phthalsäurebutyldecylester
Butyldiglycol	Diethylenethandiolmonobutylether
Butyldiglykol	Diethylenethandiolmonobutylether
2-tert.-Butyl-1,4-dihydroxybenzen	2-(1,1-Dimethylethyl)-1,4-benzendiol
2-tert.-Butyl-1,4-dihydyroxybenzol	2-(1,1-Dimethylethyl)-1,4-benzendiol
5-tert.-Butyl-1,1-dimethyl-indan	1,1-Dimethyl-5-tert.-butylindan
Butyl Dioxytol	Diethylenethandiolmonobutylether
2-tert.-Butyl-1,4-diphenol	2-(1,1-Dimethylethyl)-1,4-benzendiol
n-Butyl-4,4-di-(tert.-butylperoxy)valerat	4,4-Bis-[(1,1-dimethylethyl)dioxyl]-pentansäurebutylester
4-sek.-Butyl-2,6-di-tert.-butyl-phenol	2,6-Di-(1,1-dimethylethyl)-4-(1-methylpropyl)-hydroxybenzen
alpha-Butylen	2-Methyl-1-propen
gamma-Butylen	2-Methyl-1-propen
i-Butylen	2-Methyl-1-propen
1,3-Butylenglycoldi(meth)acrylat	2-Methyl-acrylsäure-1-methyl-3-(2-methyl-acryloxy)-propylester
Butylenglycoldimethacrylat	Bis-(2-methyl-2-propensäure)-1,4-butandiylester
1,4-Butylenglykol-dimethacrylat	Bis-(2-methyl-2-propensäure)-1,4-butandiylester
n-Butylethanoat	Ethansäurebutylester
Butylglycol-Cellosolve	2-Butoxyethanol
Butylgummi	2-Methyl-1,3-butandien, Polymer mit Ethen
tert.-Butylhydrochinon	2-(1,1-Dimethylethyl)-1,4-benzendiol
Butylhydroxytoluol	2,6-Di-(1,1-dimethylethyl)-4-methylhydroxybenzen
4,4'-Butylidenbis-(2-(1,1-dimethylethyl)-5-methylphenol)	1,1-Bis-(5-(1,1-dimethylethyl)-4-hydroxy-2-methyl-phenyl)-butan
4,4'-Butylidenbis-(3-methyl-6-tert.-butylphenol)	1,1-Bis-(5-(1,1-dimethylethyl)-4-hydroxy-2-methyl-phenyl)-butan
4,4'-Butylidenbis-(6-tert.-butyl-m-cresol)	1,1-Bis-(5-(1,1-dimethylethyl)-4-hydroxy-2-methyl-phenyl)-butan
4,4'-Butylidenbis-(2-tert.-butyl-5-methylphenol)	1,1-Bis-(5-(1,1-dimethylethyl)-4-hydroxy-2-methyl-phenyl)-butan
4,4'-Butylidenbis-(6-tert.-butyl-3-methylphenol)	1,1-Bis-(5-(1,1-dimethylethyl)-4-hydroxy-2-methyl-phenyl)-butan
4,4'-Butylidenbis-(6-tert.-butyl-m-kresol)	1,1-Bis-(5-(1,1-dimethylethyl)-4-hydroxy-2-methyl-phenyl)-butan
butyliertes Hydroxytoluol	2,6-Di-(1,1-dimethylethyl)-4-methylhydroxybenzen
Butyliertes Reaktionsprodukt aus p-Kresol und Dicyclopentadien	Reaktionsprodukt von 1,4-Kresol, Dicyclopentadien, 2-Methylpropen, butyliert
Butylium aceticum	Ethansäurebutylester
Butyl-Kautschuk	2-Methyl-1,3-butandien, Polymer mit Ethen
Butylkautschuk	2-Methyl-1,3-butandien, Polymer mit Ethen
1-Butylmethacrylat	2-Methylpropen-1-säure-3-butylester
Butylmethacrylat	2-Methylpropen-1-säure-3-butylester

Gebräuchlicher Name Handelsname	Substanzname
n-Butylmethacrylat	2-Methylpropen-1-säure-3-butylester
Butylmethakrylat	2-Methylpropen-1-säure-3-butylester
Butyl-2-methyl-acrylat	2-Methylpropen-1-säure-3-butylester
tert.-Butyl-methyl-amin	N-(1,1-Dimethylethyl)-methyl-amin
2-tert.-Butyl-4-methylphenol	2-(1,1-Dimethyl)-4-methylhydroxybenzen
Butyl-2-methyl-2-propenoat	2-Methylpropen-1-säure-3-butylester
4-tert.-Butyl-2-methylthiophenol	2-(1,1-Dimethylethyl)-1-naphthol
Butyl Namate	Dibutyldithiocarbaminsäure, Natriumsalz
2-t-Butylnaphthohydrochinon	2-tert.-Butyl-1-naphthol
N-Butyl-N-nitroso-1-butanamin	Dibutylnitrosoamin
Butyloxidhydrat	Butan-1-ol
Butyl Oxitol	2-Butoxyethanol
N-Butyl-p-aminophenol	4-Butylamino-1-hydroxybenzen
tert.-Butylperbenzoat	Perbenzoesäure-1,1-dimethylethylester
tert.-Butylperneodecanoat	Decansäure-1,1-dimethylethylester
tert.-Butylperoxybenzoat	Perbenzoesäure-1,1-dimethylethylester
t-Butyl-peroxy-o-methyl-benzoat	2-Methyl-benzoepersäure-ethylester
3-tert.-Butylperoxy-3-phenyl-3H-isobenzofuran-1-on	1-Phenyl-1-tert.-butylperoxy-phthalid
4-tert.-Butylphenol	4-(1,1-Dimethylethyl)-hydroxybenzen
Butylphenol	4-(1,1-Dimethylethyl)-hydroxybenzen
p-t-Butylphenol	4-(1,1-Dimethylethyl)-hydroxybenzen
p-tert.-Butylphenol	4-(1,1-Dimethylethyl)-hydroxybenzen
Butylphenol-Acetylen-Kondensationsprodukt	Kondensationsprodukt aus Butylphenol und Ethin
4-tert.-Butylphenyl-salicylat	Salicylsäure-4-tert.-butylphenylester
n-Butylphthalat	Benzen-1,2-dicarbonsäuredi-n-butylester
2- tert.-Butyl-p-kresol	2-(1,1-Dimethyl)-4-methylhydroxybenzen
4-tert.-Butylstyren	1-(1,1-Dimethylethyl)-4-ethenyl-benzen
p-tert.-Butylstyren	1-(1,1-Dimethylethyl)-4-ethenyl-benzen
Butyl-tert.-2-methyl-4-phenol	2-(1,1-Dimethyl)-4-methylhydroxybenzen
Butyl Tuads	1,1'-Dithiobis-(N,N-dibutylmethanthioamid)
1-tert.-Butyl-4-vinylbenzen	1-(1,1-Dimethylethyl)-4-ethenyl-benzen
Butyl Zimate	Dibutyldithiocarbaminsäure, Zinksalz
Butyl Ziram	Dibutyldithiocarbaminsäure, Zinksalz
Butyralaldehyd-Anilin-Reaktionsprodukt	Reaktionsprodukt aus Butanal und Anilin
Butyraldehydanilin	Butanal, Polymer mit Benzenamin
n-Butyraldehyd-Anilin-Kondensat	Butanal, Polymer mit Benzenamin
Butyraldehyd-Anilin-Kondensationsprodukt	3,5-Diethyl-1-phenyl-2-propyl-1,2-dihydropyridin
Butyraldehyd-Anilin-Kondensationsprodukt	Butanal, Polymer mit Benzenamin
Butyraldehyd-Monobutylamin-Reaktionsprodukt	Reaktionsprodukt aus Butanal und Butylamin
4-Butyramidophenol	Butansäure-(4'-hydroxy)anilid
p-Butyramidophenol	Butansäure-(4'-hydroxy)anilid
p-(Butyroylamino)-phenol	Butansäure-(4'-hydroxy)anilid
N-Butyroyl-p-aminophenol	Butansäure-(4'-hydroxy)anilid
N-Butyryl-p-aminophenol	Butansäure-(4'-hydroxy)anilid
C 1000	Pigment Weiß 20 (C.I. 77019)
C 31	Aluminiumhydroxid-hydrat
C 31C	Aluminiumhydroxid-hydrat
C 33	Aluminiumhydroxid-hydrat
C-1016	Polydimethylsiloxan-Kautschuk
C-501	Polydimethylsiloxan-Kautschuk
C-525	Polydimethylsiloxan-Kautschuk
C 78	Kohlenstoff (amorph)

Gebräuchlicher Name Handelsname	Substanzname
C 65	Polychlorethen
Cab-O-grip	Aluminiumoxid
Cab-o-grip II	Kieselsäure, pyrogen
Cab-O-lite	Calciummetasilikat
Cab-O-lite 71	Calciummetasilikat
Cab-o-sil	Kieselsäure, pyrogen
Cab-o-sperse	Kieselsäure, pyrogen
Caciflux	Calciummetasilikat
CAD 1,3	2,6-Di-(1,1-dimethylethyl)-4-methylhydroxybenzen
Cadamate	Diethyldithiocarbaminsäure, Cadmiumsalz
Cadmium-bis-(diethyldithiocarbamat)	Diethyldithiocarbaminsäure, Cadmiumsalz
Cadmium-bis-(dimethylcarbamodithioat)	Dimethyldithiocarbaminsäure, Cadmiumsalz
Cadmium-bis-(dimethyldithio)carbamat	Dimethyldithiocarbaminsäure, Cadmiumsalz
Cadmiumblende	Cadmiumsulfid
Cadmiumdiamyldithiocarbamat	Dipentyldithiocarbaminsäure, Cadmiumsalz
Cadmiumdibutyldithiocarbamat	Dibutyldithiocarbaminsäure, Cadmiumsalz
Cadmiumdiethyldithiocarbamat	Diethyldithiocarbaminsäure, Cadmiumsalz
Cadmium-dimethyldithiocarbamat	Dimethyldithiocarbaminsäure, Cadmiumsalz
Cadmiumdimethyldithiocarbamat	Dimethyldithiocarbaminsäure, Cadmiumsalz
Cadmiumgelb	Cadmiumsulfid
Cadmiumgelb 000	Cadmiumsulfid
Cadmiumgelb 106	Cadmiumsulfid
Cadmiumgelb 892	Cadmiumsulfid
Cadmiumgelb Golden	Cadmiumsulfid
Cadmiumgelb OZ dunkel	Cadmiumsulfid
Cadmiumgelb Primrose	Cadmiumsulfid
Cadmiumgelb Primrose 47-4100	Cadmiumsulfid
Cadmiumgelb tief	Cadmiumsulfid
Cadmiumgelb Zitrone	Cadmiumsulfid
Cadmium Golden 366	Cadmiumsulfid
Cadmium Primrose 819	Cadmiumsulfid
Cadmiumrot, rein	Pigment Rot 108 (C.I. 77202)
Cadmiumsulfid-Gelb	Cadmiumsulfid
Cadmium sulfid/selenid	Pigment Rot 108 (C.I. 77202)
Cadmium-Sulfoselenid-Rot	Pigment Rot 108 (C.I. 77202)
Cadmium-Zinkgelb	Pigment Gelb 35 (C.I. 77205)
Cadmium-Zink-Sulfid	Pigment Gelb 35 (C.I. 77205)
Cadmium Zitronengelb 527	Cadmiumsulfid
Cadmopur gelb	Cadmiumsulfid
Cadmopur Golden Gelb N	Cadmiumsulfid
Cadmopur Orange 5 RS	Pigment Rot 108 (C.I. 77202)
CADOX	Bis-(1,1-dimethylethyl)peroxid
Cadox	Zinkoxid
Cadox BS	Dibenzoylperoxid
Cadox TBP	Bis-(1,1-dimethylethyl)peroxid
Cadox TS	Bis-(2,4-dichlorbenzoyl)-peroxid
Cadox TS40	Bis-(2,4-dichlorbenzoyl)-peroxid
Cadox TS50	Bis-(2,4-dichlorbenzoyl)-peroxid
Cadox XX 78	Zinkoxid
Caflo E	Calciumsilikat
Caflo E	Calciumsilikat
Cajeputene	1-Methyl-4-(1-methylethenyl)-cyclohexen
Calamine	Zinkoxid
Calamine (spray)	Zinkoxid

Gebräuchlicher Name Handelsname	Substanzname
Calcene CO	Calciumcarbonat
Calcene NC	Calciumcarbonat
Calcene TM	Calciumcarbonat
Calcichew	Calciumcarbonat
Calcicoll	Calciumcarbonat
Calcidar 40	Calciumcarbonat
Calcidia	Calciumcarbonat
Calcilit 100	Calciumcarbonat
Calcilit 8	Calciumcarbonat
calciniertes Kieselgur	Kieselgur, geglüht
Calciniertes Magnesia	Magnesiumoxid
Alpha Calcit	Calciumcarbonat
Calcit	Calciumcarbonat
Calciumcarbonat (1:1)	Calciumcarbonat
Calciumcarbonat, gefällt-PCC	Calciumcarbonat
Calciumcarbonat M/1	Calciumcarbonat
Calciumcarbonat M/2	Calciumcarbonat
Calciumcarbonat M/3	Calciumcarbonat
Calciumcarbonat M/30	Calciumcarbonat
Calciumcarbonat M/5	Calciumcarbonat
Calciumcarbonat M/ALPHA	Calciumcarbonat
Calciumcarbonat Master	Calciumcarbonat
Calciumcarbonat M/1-R	Calciumcarbonat
Calciumcarbonat M/1-ST	Calciumcarbonat
Calciumcarbonat V/100	Calciumcarbonat
Calciumcarbonat V/40	Calciumcarbonat
Calciumcarbonat V/60	Calciumcarbonat
Calciumcarbonat V/40-S	Calciumcarbonat
Calciumchlorid	Calciumchlorid
Calciumdichlorid	Calciumchlorid
Calciumdinitrat	Calciumnitrat
Calciumhydrat	Calciumhydroxid
Calciumhydrosilikat	Calciumsilikat
Calciumligninsulfonat	Ligninsulfonsäure, Calciumsalz
Calcium-Lignosulphonat	Ligninsulfonsäure, Calciumsalz
Calciummetasilikat	Calciumsilikat
Calciummonocarbonat	Calciumcarbonat
Calciummonosilikat	Calciumsilikat
Calciummonosilikat	Calciumsilikat
Calciummonoxid	Calciumoxid
Calciumnitrat	Calciumnitrat
Calciumpectolith	Calciumsilikat
Calcium Salpeter	Calciumnitrat
Calciumstearat	Octadecansäure, Calciumsalz
Calciumstearat S	Octadecansäure, Calciumsalz
Calcoloid Blue RS	6,15-Dihydro-5,9,14,18-antrazintetron
Calcosan	Calciumchlorid
Calcotone Green G	Kupferphthalocyanin, chloriert
Calcotone White T	Titandioxid
Caledon Blue RN	6,15-Dihydro-5,9,14,18-antrazintetron
Caledon Blue XRN	6,15-Dihydro-5,9,14,18-antrazintetron
Caledon Brilliant Blue RN	6,15-Dihydro-5,9,14,18-antrazintetron
Caledon Paper Blue RN	6,15-Dihydro-5,9,14,18-antrazintetron
Caledon Printing Blue RN	6,15-Dihydro-5,9,14,18-antrazintetron
Caledon Printing Blue XRN	6,15-Dihydro-5,9,14,18-antrazintetron

Gebräuchlicher Name Handelsname	Substanzname
Calgon 322 Neu	Natriumpolyphosphat, glasige Struktur
Calgon PL	Natriumpolyphosphat, glasige Struktur
Calgon PT	Natriumpolyphosphat, glasige Struktur
Calgon R	Natriumpolyphosphat, glasige Struktur
Calgon S	Natriumpolyphosphat, glasige Struktur
Calibrit	Calciumcarbonat
Calidria Asbest	Asbest
Calk	Calciumoxid
Cal-light SA	Calciumcarbonat
Calmogastrin	Aluminiumhydroxid-hydrat
Calmos	Calciumcarbonat
Calmote	Calciumcarbonat
Calofil A 4	Calciumcarbonat
Calofil B 1	Calciumcarbonat
Calofil E 2	Calciumcarbonat
Calofort S	Calciumcarbonat
Calofort U	Calciumcarbonat
Calofor U 50	Calciumcarbonat
Calopake F	Calciumcarbonat
Calopake FS	Calciumcarbonat
Calopake high opacity	Calciumcarbonat
Calopake PC	Calciumcarbonat
Calopakte H	Calciumcarbonat
Caloxol CP2	Calciumoxid
Caloxol W 3	Calciumoxid
Calseeds	Calciumcarbonat
Calsie	Calciumsilikat
Calsil	Calciumsilikat
Calstar	Octadecansäure, Calciumsalz
Caltec	Calciumcarbonat
Calxyl	Calciumoxid
Calziumnitrat	Calciumnitrat
Camel-carb	Calciumcarbonat
Camel-tex	Calciumcarbonat
Camel-wite	Calciumcarbonat
Canary chrome gelb 40-2250	Blei(II)-chromat
Canary chrome yellow 40-2250	Blei(II)-chromat
Cancarb	Aktivkohle
Canlub	Graphit
Cantan	L-(+)-Ascorbinsäure
Cantaxin	L-(+)-Ascorbinsäure
CAO-14	2,2'-Methylen-bis[6-(1,1-dimethylethyl)-4-methylphenol]
CAO-5	2,2'-Methylen-bis[6-(1,1-dimethylethyl)-4-methylphenol]
CAO-1	2,6-Di-(1,1-dimethylethyl)-4-methylhydroxybenzen
CAO-3	2,6-Di-(1,1-dimethylethyl)-4-methylhydroxybenzen
CAO-4	6,6'-Di-(1,1-dimethylethyl)-4,4'-dimethyl-2,2'-sulfandiyl-di-hydroxybenzen
CAO-6	6,6'-Di-(1,1-dimethylethyl)-4,4'-dimethyl-2,2'-sulfandiyl-di-hydroxybenzen
Capran 80	Poly(imino(1-oxo-1,6-hexandiyl))
Capran 77C	Poly(imino(1-oxo-1,6-hexandiyl))

Gebräuchlicher Name Handelsname	Substanzname
Caproamid- Polymer	Poly(imino(1-oxo-1,6-hexandiyl))
3-Caprolactam	Hexansäure-w-lactam
6-Caprolactam	Hexansäure-w-lactam
Caprolactam	Hexansäure-w-lactam
w-Caprolactam	Hexansäure-w-lactam
N,N'-Caprolactamdisulfid	N,N'-Dithio-bis-hexahydro-2H-azepion-2
Caprolactamindisulfid	N,N'-Dithio-bis-hexahydro-2H-azepion-2
Caprolactam-Oligomer	Poly(imino(1-oxo-1,6-hexandiyl))
Caprolactam-Polymer	Poly(imino(1-oxo-1,6-hexandiyl))
Caprolan	Poly(imino(1-oxo-1,6-hexandiyl))
Caprolon B	Poly(imino(1-oxo-1,6-hexandiyl))
Caprolon V	Poly(imino(1-oxo-1,6-hexandiyl))
Capron	Hexansäure-w-lactam
Capron	Poly(imino(1-oxo-1,6-hexandiyl))
Capron 8250	Poly(imino(1-oxo-1,6-hexandiyl))
Capron 8252	Poly(imino(1-oxo-1,6-hexandiyl))
Capron 8253	Poly(imino(1-oxo-1,6-hexandiyl))
Capron 8256	Poly(imino(1-oxo-1,6-hexandiyl))
Capron B	Poly(imino(1-oxo-1,6-hexandiyl))
Capron GR 8256	Poly(imino(1-oxo-1,6-hexandiyl))
Capron GR 8257	Poly(imino(1-oxo-1,6-hexandiyl))
Capron GR 8258	Poly(imino(1-oxo-1,6-hexandiyl))
Capron PK 4	Poly(imino(1-oxo-1,6-hexandiyl))
n-Caproylhydrid	Hexan
Caprylsäure, Natriumsalz	Octansäure, Natriumsalz
Capsebon	Cadmiumsulfid
Captab	N-(Trichlormethylthio)-4-cyclohexen-1,2-dicarboximid
Captaf	N-(Trichlormethylthio)-4-cyclohexen-1,2-dicarboximid
Captaf 85W	N-(Trichlormethylthio)-4-cyclohexen-1,2-dicarboximid
Captan	N-(Trichlormethylthio)-4-cyclohexen-1,2-dicarboximid
Captancapteneet 26,538	N-(Trichlormethylthio)-4-cyclohexen-1,2-dicarboximid
Captan-Streptomycin	N-(Trichlormethylthio)-4-cyclohexen-1,2-dicarboximid
Captan 50W	N-(Trichlormethylthio)-4-cyclohexen-1,2-dicarboximid
Captax	2-Benzothiazolthiol
Captex	N-(Trichlormethylthio)-4-cyclohexen-1,2-dicarboximid
Caput Mortuum	Eisen(III)-oxid
Capval	6,7-Dimethoxy-3-(5,6,7,8-tetrahydro-4-methoxy-6-methyl-1,3-dioxolo[4,5-g]isochinolin-5yl)-1(3H)-isobenzofuranon
Carbacryl	Propensäurenitril
Carbamaldehyd	Methansäureamid
Carbamid	Kohlensäurediamid
Carbamidsäure (Mischung mit 1,6-Hexandiamin)	Hexamethylendiamincarbamat
1-Carbamoyl-2-phenylhydrazin	1-Carbamyl-2-phenylhydrazin
Carbam S	Dimethyldithiocarbaminsäure, Natriumsalz
Carbanil	Isocyanatobenzen

Gebräuchlicher Name Handelsname	Substanzname
Carbanilaldehyd	Methansäureanilid
Carbanilid	1,3-Diphenylharnstoff
Carbanthrene Blue 2R	6,15-Dihydro-5,9,14,18-antrazintetron
Carbanthrene Blue RS	6,15-Dihydro-5,9,14,18-antrazintetron
Carbanthrene Blue RSP	6,15-Dihydro-5,9,14,18-antrazintetron
Carbazinc	N,N-Dimethyldithiocarbaminsäure, Zinksalz
Carbazol	Diphenylenimin
Carbidsprit	Ethanol
Carbinol	Methanol
Carbital 90	Calciumcarbonat
Carbitol	1,1,1-Tris-(hydroxymethyl)-propan
Carbium	Calciumcarbonat
Carbium MM	Calciumcarbonat
Carbobol M	Kohlenstoff (amorph)
Carbodis	Aktivkohle
Carbolac	Aktivkohle
Carbolac 1	Aktivkohle
Carbomet	Aktivkohle
Carbon-bisulfid	Schwefelkohlenstoff
Carbon black	Aktivkohle
Carbon black	Kohlenstoff (amorph)
Carbon Black BV	Aktivkohle
Carbon black, channel	Aktivkohle
Carbon black, furnac	Aktivkohle
Carbon black, lamp	Aktivkohle
Carbon Black, non-activated, mineral origin	Aktivkohle
Carbon black, thermal	Aktivkohle
Carbon Black V	Aktivkohle
Carbonchlorid	Tetrachlormethan
Carbonodithionatriumsalz	Natriumxanthogenat
Carbon S	Dimethyldithiocarbaminsäure, Natriumsalz
Carbonsäure C(12)	Dodecansäure
Carbonsäure C-16	Hexadecansäure
Carbonsäure C-18	Octadecansäure
Carbonsäurecalciumsalz	Calciumcarbonat
Carbonsäure C-18 Calciumsalz	Octadecansäure, Calciumsalz
Carbonsäure C-18 Magnesiumsalz	Octadecansäure, Magnesiumsalz
Carbonsäure C-18 Natriumsalz	Octadecansäure, Natriumsalz
Carbonsäure C-18 Zinksalz	Octadecansäure, Zinksalz
Carbonsäure, Zinksalz 1:1	Zinkcarbonat
Carbonschwarz	Aktivkohle
Carbon-tet	Tetrachlormethan
Carbontetrachlorid	Tetrachlormethan
Carbonyldiamid	Kohlensäurediamid
Carbopol	Kohlenstoff (amorph)
Carborex 2	Calciumcarbonat
Carbose D	Carboxymethylcellulose
Carbosils	Silicium(IV)-oxid
Carbothialdin	3,5-Dimethyl-tetrahydro-2(H)-1,3,5-thiadiazin-2-thion
Carbothialdino	3,5-Dimethyl-tetrahydro-2(H)-1,3,5-thiadiazin-2-thion
Carbowax	alpha-Hydro-w-hydroxypoly-(oxy-1,2-ethandiyl)
Carbowax 4600	alpha-Hydro-w-hydroxypoly-(oxy-1,2-ethandiyl)
Carboxymethylethercellulose	Carboxymethylcellulose

Gebräuchlicher Name Handelsname	Substanzname
Carboxymethyletherzellulose	Carboxymethylcellulose
Carboxymethylzellulose	Carboxymethylcellulose
Cariflex BR 1220	Polybutadien
Cariflex BR 1202 B	Polybutadien
Cariflex BR 1202 D	Polybutadien
Cariflex BR 1202 E	Polybutadien
Cariflex BR 1202 G	Polybutadien
Cariflex BR 1202 M	Polybutadien
Carina	Polychlorethen
Carina S 70-71	Polychlorethen
Carlona 58-030	Polyethylen
Carlona 900	Polyethylen
Carlona 18020 FA	Polyethylen
Carlona K 571	Polypropylen, isotaktisch
Carlona KM 61	Polypropylen, isotaktisch
Carlona P	Polypropylen, isotaktisch
Carlona PM 61 naturel	Polypropylen, isotaktisch
Carlona PPLZ 074	Polypropylen, isotaktisch
Carlona PXB	Polyethylen
Carmethose	Carboxymethylcellulose
Carmifal	4-Hydroxyphenylbenzylether
Carnation Red	Pigment Rot 53:1 (C.I. 15585:1)
Carnaubawachs	Carnauba-Wachs
Carsonol SLS	Schwefelsäuredodecylester, Natriumsalz
Carsonol SLS Paste B	Schwefelsäuredodecylester, Natriumsalz
Carsonol SLS Special	Schwefelsäuredodecylester, Natriumsalz
Carstab DMTDP	Thio-(prop-1-yl-3-säure-tetradecylester)-propan-3-säure-tetradecylester
Carusis P	Calciumcarbonat
Carven	1-Methyl-4-(1-methylethenyl)-cyclohexen
Casalisgrün	Chrom(III)-oxid
Cassappret SR	Poly(oxy-1,2-ethyandiyloxycarbonyl-1,4-phenylencarbonyl)
Castor-oil	Rizinusöl
Catalin cao-3	2,6-Di-(1,1-dimethylethyl)-4-methylhydroxybenzen
Cataloid	Kieselsäure, pyrogen
Cataloid	Silicium(IV)-oxid
Catalpo	Aluminiumsilikathydrat
Catapal S	Aluminiumoxid
Catapal SB alumina	Aluminiumoxid
Catavin C	L-(+)-Ascorbinsäure
Catolin 14	2,2'-Methylen-bis[6-(1,1-dimethylethyl)-4-methylphenol]
Caytur 4	2-Benzothiazolthiol
CB 50	Graphit
CB-10	Polybutadien
CBS	N-Cyclohexyl-2-benzothiazolsulfenamid
CBTS	N-Cyclohexyl-2-benzothiazolsulfenamid
CCC G-white	Calciumcarbonat
CCC No. AA oolitic	Calciumcarbonat
CCR	Calciumcarbonat
CCS 203	Butan-1-ol
CCW	Calciumcarbonat
CD 419	Polypropylen, isotaktisch

Gebräuchlicher Name Handelsname	Substanzname
CDB	Cyclohexyldithiobenzothiazol
CDBC	Dibutyldithiocarbaminsäure, Kupfersalz
CdDMC	Dimethyldithiocarbaminsäure, Cadmiumsalz
CDEA	Cycolhexylthiodiethylamin
CDIPA	Cyclohexylthiodi-(1-methylethyl)amin
CDO	1,4-Benzochinondioxim
CDP	Phosphorsäure-diphenyl-4-methyl-phenyl-ester
CDPA	Cyclohexylthiodiphenylamin
CEA	Cyclohexylethylamin
Cebicure	L-(+)-Ascorbinsäure
Cebid	L-(+)-Ascorbinsäure
Cebion	L-(+)-Ascorbinsäure
Cebione	L-(+)-Ascorbinsäure
Cecarbon	Kohlenstoff (amorph)
Cecolene	1,1,2-Trichlorethen
Cecolin Nr. 1	1,1,2-Trichlorethen
Cecon	L-(+)-Ascorbinsäure
Cee-caps TD	L-(+)-Ascorbinsäure
Cee-vite	L-(+)-Ascorbinsäure
Cegiolan	L-(+)-Ascorbinsäure
Ceglion	L-(+)-Ascorbinsäure
Celanar	Poly(oxy-1,2-ethyandiyloxycarbonyl-1,4-phenylencarbonyl)
Celaskon	L-(+)-Ascorbinsäure
ce lent	L-(+)-Ascorbinsäure
Celgard 2500	Polypropylen, isotaktisch
Celgard 3501	Polypropylen, isotaktisch
Celgard KKX 2	Polypropylen, isotaktisch
Celgard 2400W	Polypropylen, isotaktisch
Celin	L-(+)-Ascorbinsäure
Celkiuron	3-(3,4-Dichlorphenyl)-1,1-dimethylharnstoff
Celliton Blue RN	6,15-Dihydro-5,9,14,18-antrazintetron
Cellmia S	Benzensulfonsäurehydrazid
Cellmic AZ	Diazendicarboxamid
Cellofor	1,3-Diphenyltriazen
Cellolax	Carboxymethylcellulose
Cellosolve	2-Ethoxyethanol
Cellosolvesolvent	2-Ethoxyethanol
Celloxan	Zinknitrat
Celluflex 179 C	Phosphorsäuretrikresylester
Celluflex DOP	Benzen-1,2-dicarbonsäure-di-n-octylester
Celluflex DPB	Benzen-1,2-dicarbonsäuredi-n-butylester
Celluflex TPP	Phosphorsäuretriphenylester
Cellulon H	1,4-Methylbenzensulfonsäurehydrazid
Cellulose, Ethylether	Ethylcellulose
Cellulosemethylether	Methylcellulose
Cellulosetriethylether	Ethylcellulose
Celnike S	Diphenyloxid-4,4'-disulfonsäuredihydrazid
Cel-O-Brandt	Carboxymethylcellulose
Celogen-AZ	Diazendicarboxamid
Celogen BSH	Benzensulfonsäurehydrazid
Celogen C	Diazendicarboxamid
Celogen OT	Diphenyloxid-4,4'-disulfonsäuredihydrazid
Celogen RA	4-Methylbenzolsulfonsäure-carbamidsäure-hydrazid

Gebräuchlicher Name Handelsname	Substanzname
Celogen TSH	1,4-Methylbenzensulfonsäurehydrazid
Celosen	Diazendicarboxamid
Celtone	Natriumhydrogencarbonat
Cemagyl	L-(+)-Ascorbinsäure
CE-MI-Lin	L-(+)-Ascorbinsäure
Cemill	L-(+)-Ascorbinsäure
Cenetone	L-(+)-Ascorbinsäure
Cenolate	L-(+)-Ascorbinsäure
Century 1220	Octadecansäure
Ceolat	Dimethylpolysiloxan
Cerechler	Chlorparaffin
Cerechlor 54	Chlorparaffin
Cereclor	Chlorparaffin
Cereon	L-(+)-Ascorbinsäure
Ceres Green 3B	Kupferphthalocyanin, chloriert
Cergona	L-(+)-Ascorbinsäure
Ceridust 3615	Polyethylen
Ceridust 3620	Polyethylen
Ceridust 3715	Polyethylen
Ceridust 9612 A	Polyethylen
Ceridust 9615 A	Polyethylen
Ceridust 9610 F	Polyethylen
Ceridust 9630 F	Polyethylen
Certinal	4-Aminohydroxybenzen
Cerussa	Blei(II)-carbonat basisch
Cerven H	Eisen(III)-oxid
Cescorbat	L-(+)-Ascorbinsäure
Cetamid	L-(+)-Ascorbinsäure
Cetamoll BMB	N-Butylbenzensulfonamid
Cetan	n-Hexadecan
Cetane	L-(+)-Ascorbinsäure
Cetane-caps TD	L-(+)-Ascorbinsäure
Cetemican	L-(+)-Ascorbinsäure
Cethylose	Carboxymethylcellulose
Cetrallasit	Calciumsilikat
Cetylmercaptan	1-Hexadecanthiol
Cetylsäure	Hexadecansäure
Cetyl-stearyl-mercaptan	1-Octadecanthiol
Cetyl-stearyl-mercaptan	1-Hexadecanthiol
Cevalin	L-(+)-Ascorbinsäure
Cevatine	L-(+)-Ascorbinsäure
Cevex	L-(+)-Ascorbinsäure
Cevi-bid	L-(+)-Ascorbinsäure
Cevimin	L-(+)-Ascorbinsäure
CE-VI-Sol	L-(+)-Ascorbinsäure
Cevital	L-(+)-Ascorbinsäure
Cevitamic acid	L-(+)-Ascorbinsäure
Cevitamin	L-(+)-Ascorbinsäure
Cevitan	L-(+)-Ascorbinsäure
Cevitex	L-(+)-Ascorbinsäure
Cewin	L-(+)-Ascorbinsäure
Ceylon Black Lead	Graphit
CHA	Cyclohexylamin
Chaloxyd TBPB	Perbenzoesäure-1,1-dimethylethylester
Channel black	Aktivkohle

Gebräuchlicher Name Handelsname	Substanzname
Chelaplex II	Ethylendiamintetraessigsäure
Chemanox 21	2,2'-Methylen-bis[6-(1,1-dimethylethyl)-4-methylphenol]
Chemanox 11	2,6-Di-(1,1-dimethylethyl)-4-methylhydroxybenzen
Chemanox 22	2,2'-Methylen-di-(6-(1,1-dimethylethyl)-4-ethylphenol
Chem Bam	1,2-Ethandiylbiscarbamodithionsäure, Dinatriumsalz
Chemcarb	Calciumcarbonat
Chemcor	Polyethylen
Chemetron Feüershield	Antimon(III)-oxid
Chemicals	2-Ethyl-2-hydroxymethyl-1,3-propandiol
Chemicals	Ethylenglykoldimethacrylat
Chemiox E 1000	alpha-Hydro-w-hydroxypoly-(oxy-1,2-ethandiyl)
Chemiox E 20	alpha-Hydro-w-hydroxypoly-(oxy-1,2-ethandiyl)
Chemisches Öl (Kohle)	Kohle Teer Öl
Chem I Sorb-BLT-06-90	Bleioxid
Chemling 30	2-Ethyl-2-hydroxymethyl-1,3-propandiol
Chemling 20	Ethylenglykoldimethacrylat
Chemlon	Poly(imino(1-oxo-1,6-hexandiyl))
Chemplex 3006	Polyethylen
China Clay	Kaolin
China clay	Pigment Weiß 19 (C.I. 77004)
China-Ton	Pigment Weiß 19 (C.I. 77004)
Chinese White	Zinkoxid
chinesisches Weiß	Zinkoxid
Chinol	1,4-Dihydroxybenzen
p-Chinon-bis(benzyloxim)	1,4-Bis-(benzoyloxyimino)-cyclohex-2,5-dien
p-Chinondioxim	1,4-Benzochinondioxim
Chinondioximdibenzoat	1,4-Bis-(benzoyloxyimino)-cyclohex-2,5-dien
p-Chinonmonoxim	1-Hydroxy-4-nitrosobenzen
Chipco thiram 75	Bis-(dimethylthiocarbamoyl)-disulfid
Chisso 507B	Polypropylen, isotaktisch
Chisso polypro 1014	Polypropylen, isotaktisch
ChKhz 21	Diazendicarboxamid
ChKhz 21R	Diazendicarboxamid
Chloraluminium	Aluminiumchlorid (wasserfrei)
Chloraluminium, wasserfrei	Aluminiumchlorid (wasserfrei)
Chlorammonium	Ammoniumchlorid
Chlorbenzol	Chlorbenzen
4-Chlor-2,6-bis(2,4-dihydroxybenzyl)phenol	4,4'-[(5-Chlor-2-hydroxy-1,3-phenylen)bis-(methylen)]-bis(1,3-benzendiol)
2-Chlor-1,3-butadien	2-Chlor-buta-1,3-dien
Chlorbutadien	2-Chlor-buta-1,3-dien
Chlorcalcium	Calciumchlorid
1-Chlor-3-chlortoluen	1-Chlor-3-methylbenzen
1-Chlor-4-(1-chlorvinyl)-cyclohexen	Cyclohexen-1-chlor-4-(1-chlorvinyl)
Chlorcosane	Chlorparaffin
Chlordioxid	Chlor(IV)-oxid
1-Chlor-2,3-epoxypropan	Epoxychlorpropan
Chlorethen Homopolymer (9CI)	Polychlorethen
Chloretherid	Trichlormethan
Chlorethylen	Chlorethen
Chlorez 700	Chlorparaffin

Gebräuchlicher Name Handelsname	Substanzname
Chlorez 700 HMP	Chlorparaffin
4,4'-[(5-Chlor-2-hydroxy-m-phenylen)dimethylen)-diresorcinol	4,4'-[(5-Chlor-2-hydroxy-1,3-phenylen)bis-(methylen)]-bis(1,3-benzendiol)
chlorierte aliphatische Kohlenwasserstoffe	Chlorparaffin
Chlorilen	1,1,2-Trichlorethen
Chlorkohlenstoff	Tetrachlormethan
Chlorkohlenstoff Katharine	Tetrachlormethan
Chlorkohlenwasserstoff, aliphatisch	Chlorparaffin
1-Chlor-4-methylbenzen	1-Chlor-4-methylbenzen
4-Chlor-1-methylbenzen	1-Chlor-4-methylbenzen
3-Chlor-1-methylbenzen	1-Chlor-3-methylbenzen
2-Chlor-1-methylbenzen	1-Chlor-2-methylbenzen
Chlormethylbenzoat	Benzoesäurechlormethylester
1-Chlor-3-methylbenzol	1-Chlor-3-methylbenzen
1-Chlor-2-methylbenzol	1-Chlor-2-methylbenzen
Chlormethylchlorid	Dichlormethan
5-Chlor-2-methyl-2,3-dihydro-isothiazol-3-on	5-Chlor-2-methyl-4-isothiazolin-3-on
Chlormethylen	Dichlormethan
(Chlormethyl)ethylenoxid	Epoxychlorpropan
5-Chlor-2-methyl-4-isothiazolin-3(2H)-on	5-Chlor-2-methyl-4-isothiazolin-3-on
5-Chlor-2-methyl-4-isothiazolin-3-on	5-Chlor-2-methyl-4-isothiazolin-3-on
5-Chlor-2-methyl-3-isothiazolon	5-Chlor-2-methyl-4-isothiazolin-3-on
(Chlormethyl)oxiran	Epoxychlorpropan
Chlormethyloxiran	Epoxychlorpropan
Chlormethyltriethoxysilan	Triethoxy-chlormethylsilan
Chlornatrium	Natriumchlorid
Chloroben	1,2-Dichlorbenzen
Chlorobutylkautschuk	2-Methyl-1,3-butadien, Polymer mit 2-Methyl-1-propen, chloriert
1-Chloro-2,2-dichloroethylen	1,1,2-Trichlorethen
Chloroethylen Polymer	Polychlorethen
Chloroform	Trichlormethan
Chloroform DAB 8	Trichlormethan
5-Chloro-2-((2-hydroxy-1-naphthalenyl)azo)-4-methylbenzensulfonsäure, Bariumsalz	Pigment Rot 53:1 (C.I. 15585:1)
5-Chloro-2-((2-hydroxy-1-naphthalenyl)azo)-4-methylbenzensulfonsäure, Bariumsalz (2:1)	Pigment Rot 53:1 (C.I. 15585:1)
5-Chloro-2-((2-hydroxy-1-naphthyl)azo)-p-toluenesulfonsäure, Bariumsalz	Pigment Rot 53:1 (C.I. 15585:1)
5-Chloro-2-methyl-3(2H)-isothiazolon	5-Chlor-2-methyl-4-isothiazolin-3-on
1-(4-Chloro-o-sulfo-5-tolylazo)-2-naphthol, Bariumsalz	Pigment Rot 53:1 (C.I. 15585:1)
1-(4-Chloro-o-sulpho-5-tolylazo)-2-naphthol, Bariumsalz	Pigment Rot 53:1 (C.I. 15585:1)
2-Chloropren	2-Chlor-buta-1,3-dien
Chloropren	2-Chlor-buta-1,3-dien
Chloroprenkautschuk	Poly-1-chlorbutadien
Chlorostop	Polychlorethen
Chlorothene NCI	1,1,1-Trichlorethan
Chlorothene NU	1,1,1-Trichlorethan
Chlorowax	Chlorparaffin
Chlorparaffin Hoechst 40 flüssig	Chlorparaffin
Chlorparaffin Hoechst 50 flüssig	Chlorparaffin
3-Chlorphenol	3-Chlorhydroxybenzen
m-Chlorphenol	3-Chlorhydroxybenzen

Gebräuchlicher Name Handelsname	Substanzname
4-Chlorphenylsulfan	4,4'-Dichlordiphenylsulfon
p-Chlorphenylsulfon	4,4'-Dichlordiphenylsulfon
2-Chlorpropylenoxid	Epoxychlorpropan
3-Chlor-1,2-propylenoxid	Epoxychlorpropan
3-Chlorpropyltriethoxysilan	Triethoxy-(3-chlorpropyl)-silan
1-Chlor-2,5-pyrrolidinon	1-Chlor-2,5-pyrrolidindion
Chlorsäure Natriumsalz	Natriumchlorat
Chlorschwefel	Dischwefeldichlorid
N-Chlorsuccinimid	1-Chlor-2,5-pyrrolidindion
Chlorten	1,1,1-Trichlorethan
Chlortex	Chlorkautschuk
4-Chlortoluen	1-Chlor-4-methylbenzen
p-Chlortoluen	1-Chlor-4-methylbenzen
3-Chlortoluen	1-Chlor-3-methylbenzen
m-Chlortoluen	1-Chlor-3-methylbenzen
2-Chlortoluen	1-Chlor-2-methylbenzen
o-Chlortoluen	1-Chlor-2-methylbenzen
Chlortoluen, para	1-Chlor-4-methylbenzen
4-Chlortoluol	1-Chlor-4-methylbenzen
p-Chlortoluol	1-Chlor-4-methylbenzen
m-Chlortoluol	1-Chlor-3-methylbenzen
2-Chlortoluol	1-Chlor-2-methylbenzen
Chlortoluol	1-Chlor-2-methylbenzen
o-Chlortoluol	1-Chlor-2-methylbenzen
Chlortoluol-para	1-Chlor-4-methylbenzen
Chlortrifluorethen	Chlortrifluorethylen
Chlortrifluorethen, stabilisiert	Chlortrifluorethylen
Chlortrifluorethylen, stabilisiert	Chlortrifluorethylen
1-Chlor-5-(1-vinyl)cyclohexan	Cyclohexen-1-chlor-5-(1-chlorvinyl)
Chlorwax	Chlorparaffin
Chlorylen	1,1,2-Trichlorethen
Chlorzink	Zinkchlorid
CHPD	N-Cyclohexyl-N'-phenyl-1,4-benzendiamin
Chream-Weiß	Petrolatum
Chromar	1,4-Dimethylbenzen
Chromastral Grün	Bleisulfochromat
Chromatex Green G	Kupferphthalocyanin, chloriert
Chrome Green	Blei(II)-chromat
Chrome Green UC61	Blei(II)-chromat
Chrome Green UC74	Blei(II)-chromat
Chrome Green UC76	Blei(II)-chromat
Chrome lemon	Blei(II)-chromat
Chrome yellow	Blei(II)-chromat
Chrome yellow 5G	Blei(II)-chromat
Chrome yellow G	Blei(II)-chromat
Chrome yellow LF	Blei(II)-chromat
C.P. Chrome Yellow light	Blei(II)-chromat
Chrome yellow light 1066	Blei(II)-chromat
Chrome yellow light 1075	Blei(II)-chromat
C.P. Chrome Yellow medium	Blei(II)-chromat
Chrome yellow medium 1074	Blei(II)-chromat
Chrome yellow medium 1085	Blei(II)-chromat
Chrome yellow medium 1295	Blei(II)-chromat
Chrome yellow medium 1298	Blei(II)-chromat
C.P. Chrome Yellow primose	Blei(II)-chromat

Gebräuchlicher Name Handelsname	Substanzname
Chrome yellow primrose 1010	Blei(II)-chromat
Chrome yellow primrose 1015	Blei(II)-chromat
Chrome Zitrone	Blei(II)-chromat
Chrom-Gelb	Bleisulfochromat
Chromgelbe Primel	Bleisulfochromat
Chromgelb 5G	Blei(II)-chromat
Chromgelb GF	Blei(II)-chromat
Chromgelb LF	Blei(II)-chromat
+ Chromgrau	Blei(II)-chromat
Chromgrau UC 61	Blei(II)-chromat
Chromgrau UC 74	Blei(II)-chromat
Chromgrau UC 76	Blei(II)-chromat
Chromgrün	Chrom(III)-oxid
Chromia	Chrom(III)-oxid
Chromium yellow	Blei(II)-chromat
Chromorange	Bleisulfochromat
Chromoxid	Chrom(III)-oxid
Chromoxid Grün 9996	Chrom(III)-oxid
Chromoxidgrün	Chrom(III)-oxid
Chromoxidgrün FO 430	Chrom(III)-oxid
Chromoxidgrün FO 431	Chrom(III)-oxid
Chromoxidgrün FO 434	Chrom(III)-oxid
Chromoxidgrün GN	Chrom(III)-oxid
Chromoxidgrün GN-M	Chrom(III)-oxid
Chromoxidgrün GX	Chrom(III)-oxid
Chromsäureblei(2 +)salz (1:1)	Blei(II)-chromat
Chromzinkoxid	Zinkchromat
Chromzitronengelb	Bleisulfochromat
Chrysen	1,2-Benzophenanthren
Chrysotil	Asbest
Chrysotilasbest	Asbest
Chrystosol	Paraffin, C10-C13
CHS-P1	Di-(2-aminoethyl)-amin
ChS-PI	Di-(2-aminoethyl)-amin
C.I. 1106	6,15-Dihydro-5,9,14,18-antrazintetron
C.I. 7600	Aminobenzen
C.I. 10355	Diphenylamin
C.I. 15585:1	Pigment Rot 53:1 (C.I. 15585:1)
C.I. 15850:1	Pigment Rot 57:1 (C.I. 15850:1)
C.I. 15865:2	Pigment Rot 48:2 (C.I. 15865:2)
C.I. 15865:1	Pigment Rot 48:1 (C.I. 15865:1)
C.I. 21095	Pigment Gelb 14 (C.I. 21095)
C.I. 21100	Pigment Gelb 13 (C.I. 21100)
C.I. 21110	Pigment Orange 13 (C.I. 21110)
C.I. 21115	4,4'-[(3,3'-Dichlor[1,1'-biphenyl]-4,4'-diyl)bis(azo)]-bis[2,4-dihydro-5-methyl-2-(4-methylphenyl)]-3H-pyrazol-3-on
C.I. 37077	2-Methylaminobenzen
C.I. 37240	N-Phenyl-1,4-benzendiamin
C.I. 69800	6,15-Dihydro-5,9,14,18-antrazintetron
C.I. 74160	Kupferphthalocyanin
C.I. 74260	Kupferphthalocyanin, chloriert
C.I. 74265	Pigment Grün 36 (C.I. 74265)
C.I. 76035	2,4-Diaminomethylbenzen
C.I. 76085	N-Phenyl-1,4-benzendiamin

Gebräuchlicher Name Handelsname	Substanzname
C.I. 76505	1,3-Dihydroxybenzen
C.I. 77002	Aluminiumhydroxid-hydrat
C.I. 77004	Pigment Weiß 19 (C.I. 77004)
C.I. 77007	Polysulfid-Natrium-Aluminium-Silikat
C.I. 77007	Pigment Blau 29 (C.I. 77007)
C.I. 77019	Pigment Weiß 20 (C.I. 77019)
C.I. 77052	Antimon(III)-oxid
C.I. 77061	Antimon(V)-sulfid
C.I. 77120	Bariumsulfat
C.I. 77199	Cadmiumsulfid
C.I. 77202	Pigment Rot 108 (C.I. 77202)
C.I. 77205	Pigment Gelb 35 (C.I. 77205)
C.I. 77220	Calciumcarbonat
C.I. 77231	Calciumsulfat
C.I. 77265	Graphit
C.I. 77266	Aktivkohle
C.I. 77288	Chrom(III)-oxid
C.I. 77491	Eisen(III)-oxid
C.I. 77499	Eisen(II,III)-oxid
C.I. 77578	Blei(II,IV)-oxid
C.I. 77580	Blei(IV)-oxid
C.I. 77600	Blei(II)-chromat
C.I. 77600	Bleisulfochromat
C.I. 77603	Bleisulfochromat
C.I. 77711	Magnesiumoxid
C.I. 77713	Magnesiumcarbonat
C.I. 77891	Titandioxid
C.I. 77947	Zinkoxid
C.I. 77950	Zinkcarbonat
C.I. 77955	Zinkchromat
C.I. 77975	Zinksulfid
Ciamin	L-(+)-Ascorbinsäure
Ciba 3259	2-Benzyl-4,5-dihydro-1H-imidazol
Cibanone Blue FRS	6,15-Dihydro-5,9,14,18-antrazintetron
Cibanone Blue FRSN	6,15-Dihydro-5,9,14,18-antrazintetron
Cibanone Blue RS	6,15-Dihydro-5,9,14,18-antrazintetron
Cibanone Brilliant Blue FR	6,15-Dihydro-5,9,14,18-antrazintetron
Cinene	1-Methyl-4-(1-methylethenyl)-cyclohexen
Cinnamen	Phenylethen
Cinnamol	Phenylethen
Cinylchlorid Homopolymer	Polychlorethen
Cipca	L-(+)-Ascorbinsäure
CIPE	Polyethylen
Cipoviol W 72	Polyvinylalkohol
Cl-PTES	Triethoxy-(3-chlorpropyl)-silan
Ciram	N,N-Dimethyldithiocarbaminsäure, Zinksalz
Cirame	N,N-Dimethyldithiocarbaminsäure, Zinksalz
Circosolv	1,1,2-Trichlorethen
cis-Butendisäureanhydrid	cis-Butendisäureanhydrid
cis,cis-1,5-Cyclooctadien	Cycloocta-1,5-dien
Cisdene 1203	Polybutadien
cis-9-Octadecensäure	cis-Octadec-9-ensäure
cis-Ölsäure	cis-Octadec-9-ensäure
cis-Polybutadien	Polybutadien
cis-1,4-Polyisopren	Poly-2-methyl-1,3-butadien

Gebräuchlicher Name Handelsname	Substanzname
CITC	Isothiocyanato-cyclohexan
Citobaryum	Bariumsulfat
Citol	4-Aminohydroxybenzen
Citrical	Calciumcarbonat
Citriscorb	L-(+)-Ascorbinsäure
Citronensäure	2-Hydroxy-1,2,3-propantricarbonsäure
Citron yellow	Zinkchromat
Citrusterpene	1-Methyl-4-(1-methylethenyl)-cyclohexen
CK 3	Aktivkohle
CK3	Aktivkohle
Clarocarbon	Aktivkohle
Clarocarbon	Kohlenstoff (amorph)
Claytur 4	Zinkchlorid
CLD	N,N'-Dithio-bis-hexahydro-2H-azepion-2
Cleartran	Zinksulfid
Cleartuf	Poly(oxy-1,2-ethyandiyloxycarbonyl-1,4-phenylencarbonyl)
Clefnon	Calciumcarbonat
Clerrtuf	Poly(oxy-1,2-ethyandiyloxycarbonyl-1,4-phenylencarbonyl)
CL-Mda	4,4'-Methylenbis(2-chloranilin)
Clorafin	Chlorparaffin
Clysar	Polypropylen, isotaktisch
CM 1001	Poly(imino(1-oxo-1,6-hexandiyl))
CM 1011	Poly(imino(1-oxo-1,6-hexandiyl))
CM 1031	Poly(imino(1-oxo-1,6-hexandiyl))
CM 1041	Poly(imino(1-oxo-1,6-hexandiyl))
CM	Cyclohexylthiomorpholin
CMBT	2-Mercaptobenzothiazol, Kupfersalz
CMC	Carboxymethylcellulose
CMF	1,4-Benzochinondioxim
CML 21	Calciumoxid
Cmw bone cement	Polymethacrylsäuremethylester
Coalite NPT	Dimethylphenolphosphat (3:1)
Coal-Tar	Steinkohlenteerpech
COATHYLENE	Polyethylen
Coathylene HA 1671	Polyethylen
Coathylene PF 0548	Polypropylen, isotaktisch
Cobalt	Kobalt
Cobaltstearat	Stearinsäure, Cobaltsalz
Cobex (polymer)	Polychlorethen
Cohedur A	Melamin-Formaldehyd-Copolymer
Cohedur H30	1,3,5,7-Tetraazatricyclo-(3.3.1.1(3,7))-decan
COHRlastic: 300, 400, 500,1867, 9030, 9235, 9655U, F12, R10460, TC100	Polydimethylsiloxan-Kautschuk
Colamin	2-Aminoethanol
Colanyl Green GG	Kupferphthalocyanin, chloriert
Colascor	L-(+)-Ascorbinsäure
Colliron	Eisen(III)-oxid
Collo-Bueglatt	Methansäure
Collocarb	Aktivkohle
Collo-Didax	Methansäure
Colloidal-S	Schwefel
Colloidal silica	Kieselsäure, pyrogen
Colloidal sulfur	Schwefel

Gebräuchlicher Name Handelsname	Substanzname
Collokit	Schwefel
Colocother	Eisen(III)-oxid
Cologne Yellow	Blei(II)-chromat
Colophonium	Kolophonium
Colsul	Schwefel
Columbia carbon	Aktivkohle
Columbia LCK	Kohlenstoff (amorph)
Colyerpectin	Pektin
Combi-Schutz	Propan-2-ol
Combustrol 500	Magnesiumhydroxid
Comedol	1,1,2-Trichlorethen
alpha,co-Methacryl-bis-2-(oxyethylen)-phthalat	Phthalsäure-bis-(2-[2-(2-methyl-acryloyloxy)ethoxy]ethyl)ester
Compalox	Aluminiumoxid
Conac A,S	N-Cyclohexyl-2-benzothiazolsulfonamid
Concemin	L-(+)-Ascorbinsäure
Conco sulfate WA	Schwefelsäuredodecylester, Natriumsalz
Conco sulfate WA-1200	Schwefelsäuredodecylester, Natriumsalz
Conco sulfate WA-1245	Schwefelsäuredodecylester, Natriumsalz
Conco Sulfate WAG	Schwefelsäuredodecylester, Natriumsalz
Conco Sulfate WAN	Schwefelsäuredodecylester, Natriumsalz
Conco Sulfate WAS	Schwefelsäuredodecylester, Natriumsalz
Conco sulfate WN	Schwefelsäuredodecylester, Natriumsalz
Conductex	Aktivkohle
Conductex	Kohlenstoff (amorph)
Conopal	Aluminiumoxid
Continental	Kaolin
Continental	Aktivkohle
Continex	Aktivkohle
Contizell	Polychlorethen
Contralin	Bis(thiomethansäurediethylamid)-disulfid
Contramine	N,N-Diethyldithiocarbaminsäure (Mischung mit Diethylamin)
Controzon	Paraffin
Controzon Plus	Paraffin
Controzon Plus Neu	Paraffin
Controzon W	Paraffin
A-C Copolymer 400A	Ethylen-Vinylacetat-Copolymer
Copper Phthalocyanine Green	Kupferphthalocyanin, chloriert
Corax	Aktivkohle
Corax N 115	Aktivkohle
Corax N 121	Aktivkohle
Corax N 125	Aktivkohle
Corax N 134	Aktivkohle
Corax N 220	Aktivkohle
Corax N 234	Aktivkohle
Corax N 326	Aktivkohle
Corax N 330	Aktivkohle
Corax N 335	Aktivkohle
Corax N 339	Aktivkohle
Corax N 347	Aktivkohle
Corax N 356	Aktivkohle
Corax N 375	Aktivkohle
Corax N 539	Aktivkohle
Corax N 550	Aktivkohle

Gebräuchlicher Name Handelsname	Substanzname
Corax N 650	Aktivkohle
Corax N 660	Aktivkohle
Corax N 683	Aktivkohle
Corax N 765	Aktivkohle
Corax N 772	Aktivkohle
Corax N 550 MP off Spec	Aktivkohle
Corax P	Aktivkohle
Corflex 880	Benzen-1,2-dicarbonsäuredi-iso-octylester
Corona corozate	N,N-Dimethyldithiocarbaminsäure, Zinksalz
Corosul D	Schwefel
Corosul S	Schwefel
Corozate	N,N-Dimethyldithiocarbaminsäure, Zinksalz
Corvic	Polychlorethen
Corvic 20560600	Polychlorethen
Corvic 20650600	Polychlorethen
Corvic 55/9	Polychlorethen
Corvic 65/50	Polychlorethen
Corvic C 65/02	Polychlorethen
Corvic D 57/17	Polychlorethen
Corvic D 60/11	Polychlorethen
Corvic D 65/02	Polychlorethen
Corvic D 6518	Polychlorethen
Corvic D 75/10	Polychlorethen
Corvic H 55/34	Polychlorethen
Corvic P 65/50	Polychlorethen
Corvic P 65/54	Polychlorethen
Corvic P 65/55	Polychlorethen
Corvic R 65/81	Polychlorethen
Cosan	Schwefel
Cosan 80	Schwefel
Cosan S	3,5-Dimethyl-tetrahydro-2(H)-1,3,5-thiadiazin-2-thion
Coscopin	6,7-Dimethoxy-3-(5,6,7,8-tetrahydro-4-methoxy-6-methyl-1,3-dioxolo[4,5-g]isochinolin-5yl)-1(3H)-isobenzofuranon
Coscotabs	6,7-Dimethoxy-3-(5,6,7,8-tetrahydro-4-methoxy-6-methyl-1,3-dioxolo[4,5-g]isochinolin-5yl)-1(3H)-isobenzofuranon
Cosmetic Coral Red KO Bluish	Pigment Rot 53:1 (C.I. 15585:1)
Cosmetic DVR	Pigment Rot 53:1 (C.I. 15585:1)
Cosmetic Pigment Yellow Red DVR	Pigment Rot 53:1 (C.I. 15585:1)
Cosmetio White C47-5175	Titandioxid
Cosmoline	Petrolatum
Courlene PY	Polypropylen, isotaktisch
Courlene-X3	Polyethylen
Covi-Ox	(2R-(2R*(4R*,8R*)))-3,4-Dihydro-2,5,7,8-tetramethyl-2-(4,8,12-trimethyltridecyl)-2H-1-benzopyran-6-ol
Covitol F 1000	(2R-(2R*(4R*,8R*)))-3,4-Dihydro-2,5,7,8-tetramethyl-2-(4,8,12-trimethyltridecyl)-2H-1-benzopyran-6-ol
Covol	Polyvinylalkohol
Covol 971	Polyvinylalkohol
CP 10-40	Magnesiumsilikathydrat
CP 38-33	Magnesiumsilikathydrat

Gebräuchlicher Name Handelsname	Substanzname
CP	Cyclohexyldithiopiperidin
CPB	Bis-butoxythiocarbonyl-disulfid
CPB 5000	Graphit
CPBS	N-Cyclopentamethylen-2-benzothiazol-sulfenamid
CPE	Polyethylen
CPE 16	Polyethylen
CPE 25	Polyethylen
CPPD	N-Cyclohexyl-N'-phenyl-1,4-benzendiamin
CPP 25S	Polypropylen, isotaktisch
CP-Sil	Silicium(IV)-oxid, amorph
CPTD	Bis-(piperidin-1-thiocarbonyl)-disulfid
CPy	Cyclohexylthiopyrrolidin
CR	Poly-1-chlorbutadien
Crag 974	3,5-Dimethyl-tetrahydro-2(H)-1,3,5-thiadiazin-2-thion
Crag fungicide 974	3,5-Dimethyl-tetrahydro-2(H)-1,3,5-thiadiazin-2-thion
Crag 85W	3,5-Dimethyl-tetrahydro-2(H)-1,3,5-thiadiazin-2-thion
Crastin S 330	Poly(oxy-1,2-ethyandiyloxycarbonyl-1,4-phenylencarbonyl)
Crastin S 350	Poly(oxy-1,2-ethyandiyloxycarbonyl-1,4-phenylencarbonyl)
Crastin S 440	Poly(oxy-1,2-ethyandiyloxycarbonyl-1,4-phenylencarbonyl)
Crawhaspol	1,1,2-Trichlorethen
Crechlor S 45	Chlorparaffin
p-Cresol	2,6-Di-(1,1-dimethylethyl)-4-methoxymethyl-hydroxybenzen
Crestmoreit	Calciumsilikat
Crill 2	Hexadecylsäure-sorbitylester
Crinothene	Polymethacrylsäuremethylester
Cristobalit	Silicium(IV)-oxid, amorph
Cristobalit	Silicium(IV)-oxid
Crisuron	3-(3,4-Dichlorphenyl)-1,1-dimethylharnstoff
CR-Kautschuk	Poly-1-chlorbutadien
Crocoit	Blei(II)-chromat
Crocoite	Blei(II)-chromat
Crocus	Eisen(III)-oxid
Crodamin 1.18D	n-Octadecylamin
Croflex	Aktivkohle
Crolac	Aktivkohle
Cromophtal Blue A 3R	6,15-Dihydro-5,9,14,18-antrazintetron
Cromophtal Blue A3R	6,15-Dihydro-5,9,14,18-antrazintetron
Cromophtal Green GF	Kupferphthalocyanin, chloriert
Cronetal	Bis(thiomethansäurediethylamid)-disulfid
CRV	3-Methylthiazolidin-thion-2
Cryoflex	2-[2-(1,1-Dimethoxy-pentyloxy)-ethoxy]-ethanol
Cryopolythene	Polyethylen
Cry-o-vac L	Polyethylen
Crysalba	Calciumsulfat
Crystal-free	Silicium(IV)-oxid, amorph
Crystalite CRS 6002	Magnesiumsilikathydrat
R-2 Crystals	Schwefelkohlenstoff

Gebräuchlicher Name Handelsname	Substanzname
R-2 Crystals	Dipiperidinmethan
Crystex	Schwefel
Crystex N	Schwefel, ungelöst
Crystic prefil S	Calciumcarbonat
Crystol 325	Paraffin, C10-C13
CS	Kohlensäurediamid
CSD-8095	Bleioxid
CSP-8080	Bleioxid
CTBD	Piperidin-1-disulfidcarbothionsäure-S-S-benzenthiazol-2-yl-ester
CTC	Tetrachlormethan
CTCS	N-Cyclopentamethylenthiocarbamyl-N'-cyclopentamethylensulfenamid
CTFE	Chlortrifluorethylen
CTP	N-(Cyclohexylthio)-phthalimid
Cuamine M	4,4'-Methylenbis(2-chloranilin)
Cuamine MT	4,4'-Methylenbis(2-chloranilin)
Cubosic	Polyorthokieselsäure
Cucenit	3-(3,4-Dichlorphenyl)-1,1-dimethylharnstoff
CuDMC	Dimethyldithiocarbaminsäure, Kupfersalz
CuIDP	Kupferdi(1-methylethyl)dithiophosphat
Cuman	N,N-Dimethyldithiocarbaminsäure, Zinksalz
Cuman L	N,N-Dimethyldithiocarbaminsäure, Zinksalz
Cumar	Cumaron-Inden-Harz
Cumate	N,N'-Diethyldithiocarbaminsäure, Kupfer(II)salz
CuMBT	2-Mercaptobenzothiazol, Kupfersalz
Cumen	(1-Methylethyl)benzen
Cumen Hydroperoxid (DOT)	1-Methyl-1-phenylethylhydroperoxid
Cumenylwasserstoff	(1-Methylethyl)benzen
Cumidwasserstoff	(1-Methylethyl)benzen
Cumin	(1-Methylethyl)benzen
Cumol	(1-Methylethyl)benzen
Cumolhydroperoxid	1-Methyl-1-phenylethylhydroperoxid
Cumrone	Cumaron-Inden-Harz
alpha-Cumylalkohol	2-Phenyl-propan-2-ol
Cumylhydroperoxid, Konzentration < 90%, mit Verdünnungsmittel Typ A	1-Methyl-1-phenylethylhydroperoxid
Cu-Phthalocyan. Alpha Stab.	Kupferphthalocyanin, chloriert
Cu-Phthalocyan, chloriert	Kupferphthalocyanin, chloriert
Cu-Phthalocyanin, halogeniert	Pigment Grün 36 (C.I. 74265)
Cuprichlorid	Kupfer(II)-chlorid
Curalin M	4,4'-Methylenbis(2-chloranilin)
Curax	N-Cyclohexyl-2-benzothiazolsulfenamid
Curene 442	4,4'-Methylenbis(2-chloranilin)
Cure Rite 18	N-Oxydiethylendithiocarbamyl-N'-oxydiethylensulfenamid
Cure-rite 18	N-Oxydiethylendithiocarbamyl-N'-oxydiethylensulfenamid
Curetard A	N-Nitroso-N-phenylbenzenamin
Curithane	Bis-(4,4'-aminophenyl)-methan
Cyamopisgum	Guargummi
Cyanaflex 100	9,9-Dimethyl-9,10-dihydroaridin
Cyanaflex 50	9,9-Dimethyl-9,10-dihydroaridin
Cyanaset	4,4'-Methylenbis(2-chloranilin)
Cyan Green 15-3100	Kupferphthalocyanin, chloriert

Gebräuchlicher Name Handelsname	Substanzname
Cyanine Green GP	Kupferphthalocyanin, chloriert
Cyanine Green NB	Kupferphthalocyanin, chloriert
Cyanine Green T	Kupferphthalocyanin, chloriert
Cyanine Green Toner	Kupferphthalocyanin, chloriert
Cyanit	Aluminiumsilikat
Cyanocyclohexen	Cyclohex-2-encarbonitril
2-Cyano-3,3-diphenylacrysäureethylester	2-Cyano-3,3-diphenylacrylat-ethyl-2-cyano-3,3-diphenylacrylat
Cyanol	Aminobenzen
2-(1-Cyano-1-methyl-ethylazo)-2-methyl-propionitril	2,2'-Azobis-(2-methylpropannitril)
Cyanox 8	Octyldiphenylamin
Cyanox LTDP	4-Sulfo-heptandisäuredidodecylester
Cyanursäuretriallylester	2,4,6-Triallyloxy-1,3,5-triazin
Cyasorb UV 12	2,2-Dihydroxy-4,4'-dimethoxybenzophenon
Cyasorb UV 5411	2-(2H-Benzotriazol-2-yl)-4-(1,1,3,3-tetramethylbutyl)-hydroxy-benzen
1,5,9-Cyclododecatrien	Cyclododeca-1,5,9-trien
2,5-Cyclohexadien-1,4-dion-bis-(o-benzyloxim)	1,4-Bis-(benzoyloxyimino)-cyclohex-2,5-dien
2,5-Cyclohexadien-1,4-dion-dioxim	1,4-Benzochinondioxim
1,4-Cyclohexadien-1-isopropyl-4-methyl	1-Methyl-4-(1-methylethyl)-1,4-cyclohexadien
Cyclohexamethylenimin	Azacycloheptan
Cyclohexanamin	Cyclohexylamin
N,N'-1,3-Cyclohexandiylbis-(2,3,4,5,6-pentachlor)-benzensulfenamid	N,N'-Bis(pentachlor-phenylthio)-1,3-diamino-cyclohexan
Cyclohexanon-iso-oxim	Hexansäure-w-lactam
Cyclohexatrien	Benzen
Cyclohex-3-enyl-acetaldehyd	2-(3-Cyclohexenyl)-acetaldehyd
3-Cyclohexen-1-ylbenzen	4-Phenylcyclohexen
Cyclohexenylethenyl	4-Ethenylcyclohexen
[(Cyclohexen-1-ylidenmethoxy)methyl]benzol	[(Cyclohexen-1-ylidenmethoxy)methyl]benzen
Cyclohexylaminatacetat	N-Cyclohexylacetamid
N-Cyclohexylaminodiphenylamin	N-Cyclohexyl-N'-phenyl-1,4-benzendiamin
N-Cyclohexylaminothio-2-benzthiazol	N-Cyclohexyl-2-benzothiazolsulfenamid
4-Cyclohexylbenzen	Phenylcyclohexan
Cyclohexylbenzen	Phenylcyclohexan
Cyclohexylbenzol	Phenylcyclohexan
N-Cyclohexyl-2-benzothiazolsulfenamid	N-Cyclohexyl-2-benzothiazolsulfenamid
N-Cyclohexyl-2-benzothiazolsulfonamid	N-Cyclohexyl-2-benzothiazolsulfenamid
N-Cyclohexyl-2-benzothiazolylsulfonamid	N-Cyclohexyl-2-benzothiazolsulfenamid
N-Cyclohexyl-1,3-benzothiazyl-2-sulfenamid	N-Cyclohexyl-2-benzothiazolsulfenamid
2-Cyclohexyldisulfanyl-benzothiazol	Cyclohexyldithiobenzothiazol
N-Cyclohexyl-ethylamin	Cyclohexylethylamin
N-Cyclohexylformamid	N-Cyclohexylformamid
4,4'-Cyclohexyliden-diphenol	1,1-Bis-(4-hydroxyphenyl)cyclohexan
Cyclohexylisocyanat	3-Isocyanatmethyl-3,5,5-trimethylcyclohexylisocyanat
Cyclohexylisothiocyanat	Isothiocyanato-cyclohexan
Cyclohexylmercaptan	Cyclohexanthiol
Cyclohexylmethan	Methylcyclohexan
Cyclohexyl-(morpholin-4-carbothioyl-)disulfid	N-Oxydiethylenthiocarbamylcyclohexyldisulfid
1-Cyclohexyl-3-naphthalen-1-yl-harnstoff	1-Cyclohexyl-3-alpha-naphthyl-harnstoff
N-Cyclohexyl-N'-(1-naphthyl)-harnstoff	1-Cyclohexyl-3-alpha-naphthyl-harnstoff
N-Cyclohexyl-N'-phenyl-1,4-benzoldiamin	N-Cyclohexyl-N'-phenyl-1,4-benzendiamin
N-Cyclohexyl-N'-phenyl-p-phenylendiamin	N-Cyclohexyl-N'-phenyl-1,4-benzendiamin

Gebräuchlicher Name Handelsname	Substanzname
N-Cyclohexyl-S-(4-diethylamino-6-ethylamino-[1,3,5]-triazin-2-yl)-thiohydroxylamin	N-Cyclohexyl-6-(2-ethylamino-4-diethylaminotriazin)sulfenamid
2-Cyclohexylsulfanyl-isoindol-1,3-dion	N-(Cyclohexylthio)-phthalimid
4-Cyclohexylsulfanyl-morpholin	Cyclohexylthiomorpholin
N-Cyclohexylsulfanyl-phthalimid	N-(Cyclohexylthio)-phthalimid
1-Cyclohexylsulfanyl-piperidin	Cyclohexyldithiopiperidin
Cyclohexylthiodiisopropylamin	Cyclohexylthiodi-(1-methylethyl)amin
2-(Cyclohexylthio)-1H-isoindol-1,3(2H)-dion	N-(Cyclohexylthio)-phthalimid
1,5-Cyclooctadien	Cycloocta-1,5-dien
Cyclopentadiendimer	4,7-Methylen-4,7,8,9-tetrahydroinden
2-(N-Cyclopentamethylenthio)-benzimidazolsulfenamid	2-(Piperidinthio)-benzimidazol
N-Cyclopentamethylen-thio-carbamyl-2-benzothiazyldisulfid	Piperidin-1-disulfidcarbothionsäure-S-S-benzenthiazol-2-yl-ester
Cycloryl 21	Schwefelsäuredodecylester, Natriumsalz
Cycloryl 31	Schwefelsäuredodecylester, Natriumsalz
Cycloryl 580	Schwefelsäuredodecylester, Natriumsalz
Cycloryl 585N	Schwefelsäuredodecylester, Natriumsalz
Cyclotetramethylenoxid	Tetrahydrofuran
Cydac	N-Cyclohexyl-2-benzothiazolsulfenamid
Cymate	N,N-Dimethyldithiocarbaminsäure, Zinksalz
Cymel 1133	Melamin-Formaldehyd-Copolymer
Cymel 1141	Melamin-Formaldehyd-Copolymer
Cymel 370	Melamin-Formaldehyd-Copolymer
Cymel 373	Melamin-Formaldehyd-Copolymer
Cymel 380	Melamin-Formaldehyd-Copolymer
o-Cymen	1-Methyl-2-(1-methylethyl)-benzen
p-Cymen	1-Methyl-4-isopropylbenzen
3-p-Cymenol	2-Methyl-5-(1-methylethyl)hydroxybenzen
p-Cymen-3-ol	2-Methyl-5-(1-methylethyl)hydroxybenzen
o-Cymol	1-Methyl-2-(1-methylethyl)-benzen
p-Cymol	1-Methyl-4-isopropylbenzen
Cynku tlenek (Polish)	Zinkoxid
Cystamin	1,3,5,7-Tetraazatricyclo-(3.3.1.1(3,7))-decan
Cystogen	1,3,5,7-Tetraazatricyclo-(3.3.1.1(3,7))-decan
Cyuram DS	Bis-(dimethylthiocarbamoyl)-disulfid
Cyuram MS	1,1'-Thiobis(N,N-dimethylthio)formamid
Cyzone H	N,N'-Bis-(1,4-dimethylpentyl)-benzen-1,4-diamin
Cyzone IP	N-(1-Methylethyl)-N'-phenyl-benzen-1,4-diamin
D45	1,2-Benzendicarbonsäure-di-2-propenyl-ester
C 4D	Aluminiumhydroxid-hydrat
D 75	4,4'-Thiodiphenol
D 151	Polypropylen, isotaktisch
DAAB	1,3-Diphenyltriazen
Dab-O-lite P4	Calciummetasilikat
Dacote	Calciumcarbonat
Dacovin	Polychlorethen
Dacovin 2082	Polychlorethen
Dacpm	4,4'-Methylenbis(2-chloranilin)
DADIS	Bis(di-2-propenyl)thiophosphoryl-disulfid
DADPM	Bis-(4,4'-aminophenyl)-methan
DAF 68	Benzen-1,2-dicarbonsäuredi-2-ethylhexylester
DAF 98	Benzen-1,2-dicarbonsäuredi-2-ethylhexylester
DAHQ	2,5-Di-(1,1-dimethylethyl)-1,4-dihydroxybenzen

Gebräuchlicher Name Handelsname	Substanzname
Dailon	3-(3,4-Dichlorphenyl)-1,1-dimethylharnstoff
Dainichi Benzidine Yellow 2GR	Pigment Gelb 13 (C.I. 21100)
Dainichi chrome yellow G	Blei(II)-chromat
Dainichi Cyanine Green FG	Kupferphthalocyanin, chloriert
Dainichi Cyanine Green FGH	Kupferphthalocyanin, chloriert
Dainichi Lake Red C	Pigment Rot 53:1 (C.I. 15585:1)
DAIP	Benzen-1,3-dicarbonsäure-di-2-propenylester
Daisolac	Polyethylen
Daiya foil	Poly(oxy-1,2-ethyandiyloxycarbonyl-1,4-phenylencarbonyl)
Dalpac	2,6-Di-(1,1-dimethylethyl)-4-methylhydroxybenzen
Daltogen	2,2',2"-Trihydroxytriethylamin
Daltolite Fast Green GN	Kupferphthalocyanin, chloriert
DANA	N-Ethyl-N-nitrosoethylamin
Danamid	Hexansäure-w-lactam
Danamid	Poly(imino(1-oxo-1,6-hexandiyl))
Danuvil 70	Polychlorethen
DAP	1,2-Benzendicarbonsäure-di-2-propenyl-ester
DAPD	1,4-Benzendiamin, Gemisch aus N,N'-Phenyl- und Methylphenyl-Derivaten
Daplen	Polyethylen
Daplen AD	Polypropylen, isotaktisch
Daplen APP	Polypropylen, isotaktisch
Daplen AS 50	Polypropylen, isotaktisch
Daplen AT 10	Polypropylen, isotaktisch
Daplen ATK 92	Polypropylen, isotaktisch
Daplen DM 55U	Polypropylen, isotaktisch
Daplen 1810 H	Polyethylen
DAPM	Bis-(4,4'-aminophenyl)-methan
Dapon 35	1,2-Benzendicarbonsäure-di-2-propenyl-ester
Dapon R	1,2-Benzendicarbonsäure-di-2-propenyl-ester
Darammon	Ammoniumchlorid
Darco	Kohlenstoff (amorph)
Darvic 110	Polychlorethen
Darvis clear 025	Polychlorethen
DATP	1,4-Benzendicarboxylsäure-di-2-propenylester
Davenite	Pigment Weiß 20 (C.I. 77019)
Dave's Nitrigard	6-Ethoxyl-1,2-dihydro-2,2,4-trimethy-chinolin
Davison SG-67	Kieselsäure, pyrogen
Davitamon C	L-(+)-Ascorbinsäure
Dazomet	3,5-Dimethyl-tetrahydro-2(H)-1,3,5-thiadiazin-2-thion
Dazomet-powder Basf	3,5-Dimethyl-tetrahydro-2(H)-1,3,5-thiadiazin-2-thion
DBA	N-Butyl-1-butanamin
1,2,5,6-DBA	Dibenzo[a,h]anthracen
DBA	Dibenzo[a,h]anthracen
DBDPO	Bis-pentabromphenylether
DBEEA	Hexandicarbonsäure-bis-[2-(2-butoxy-ethoxy)-ethyl]ester
DBHP	2,6-Di-(1,1-dimethylethyl)-4-methylhydroxybenzen
DBMP	2,6-Di-(1,1-dimethylethyl)-4-methylhydroxybenzen

Gebräuchlicher Name Handelsname	Substanzname
DBN	Dibutylnitrosoamin
DBNA	Dibutylnitrosoamin
DBP	Benzen-1,2-dicarbonsäuredi-n-butylester
DBP	Diphenylenimin
DBPC	2,6-Di-(1,1-dimethylethyl)-4-methylhydroxybenzen
DBPH	2,6-Di-(1,1-dimethylethyl)-4-methylhydroxybenzen
DBPH	2,5-Di-(1,1-dimethylethylperoxy)-2,5-dimethylhexan
DBPIB	Bis(2-(1,1-dimethylethyl)-peroxypropyl-(2))-benzen
DBPO	Dibenzoylperoxid
DBPTS	1,1-Dibutyl-4-phenylthiosemicarbazid
DBQ	2,6-Bis-(1,1-dimethylethyl)-2,5-cyclohexadien-1,4-dion
DBTU	N,N'-Dibutyl-diamino-thiomethanon
DC 2	Graphit
1,2-DCB	1,2-Dichlorbenzen
DCBS	N,N'-Dicyclohexyl-2-benzolthiazolsulfenamid
DCDPz	1,4-Bis-cyclohexylsulfanyl-piperazin
1,2-DCE	1,2-Dichlorethan
1,1-DCE	1,1-Dichlorethen
DCHDIS	Bis(di-cyclohexyl)thiophosphoryldisulfid
DCHP	Benzen-1,2-dicarbonsäuredicyclohexylester
DCHPD	N,N'-Dicyclohexyl-benzen-1,4-diamin
DCI Licht Magnesiumcarbonat	Magnesiumcarbonat
DCMU	3-(3,4-Dichlorphenyl)-1,1-dimethylharnstoff
DCP	Phthalsäuredi-(1methylheptyl)ester
DCP	Bis-(1-methyl-1-phenyl-ethyl)-peroxid
DCPD	4,7-Methylen-4,7,8,9-tetrahydroinden
DCUP	Bis-(1-methyl-1-phenyl-ethyl)-peroxid
DDC	Dimethyldithiocarbaminsäure, Natriumsalz
DDC, DEDC	Diethyldithiocarbamatsäure, Natriumsalz
DDDM	2,2'-Methylenbis(4-chlorophenol)
DDM 100	1-Dodecanthiol
DDM	2,2'-Methylenbis(4-chlorophenol)
DDTC	Diethyldithiocarbamatsäure, Natriumsalz
DEA	Diethanolamin
Deactivator E	2-(2-Hydroxyethyl)-ethanol
Deactivator H	2-(2-Hydroxyethyl)-ethanol
Dealca-TP1	Guargummi
Dealca-TP2	Guargummi
Deanox	Eisen(III)-oxid
DEBTS	1-Butyl-4,4-diethylthiosemicarbazid
Decabrom	Bis-pentabromphenylether
Decabromdiphenylether	Bis-pentabromphenylether
Decabromdiphenyloxid	Bis-pentabromphenylether
Decan	n-Decan
Decandisäure-bis-[2-ethyl-hexyl-ester]	1,8-Octandicarbonsäure-bis-(2-ethylhexylester)
Decandisäure-di-(2,2,6,6-tetramethyl-4-piperidinyl)-ester	Decandicarbonsäure-di-(2,2,6,6-tetramethyl-4-piperidinyl)-ester
Decansäure-1,1-dimethylethylester	Decansäure-1,1-dimethylethylester
Decansäure-tert.buthylester	Decansäure-1,1-dimethylethylester
Deccoscald 282	Diphenylamin

Gebräuchlicher Name Handelsname	Substanzname
Decelith	Polychlorethen
Decelith H	Polychlorethen
Decorpa	Guargummi
Decylbenzen	1-Phenyldecan
Decyl-diphenyl-phosphit	Phosphorige Säure-decylesterdiphenylester
Decylhydrid	n-Decan
DEDIS	Bis(diethyl)thiophosphoryldisulfid
DEDMA	2-Methyl-2-propensäure-oxydi-2,1-ethandiylester
DeDTC	Diethyldithiocarbamatsäure, Natriumsalz
Deenax	2,6-Di-(1,1-dimethylethyl)-4-methylhydroxybenzen
Dee-solv	Tetrachlorethen
DEG	2-(2-Hydroxyethyl)-ethanol
Degalan LP 59/03	Polymethacrylsäuremethylester
Degalan S 85	Polymethacrylsäuremethylester
DEG Normal Grade	2-(2-Hydroxyethyl)-ethanol
Degussa	Aktivkohle
Degussa BDMA	Bis-(2-methyl-2-propensäure)-1,4-butandiylester
Degussa TAC	2,4,6-Triallyloxy-1,3,5-triazin
Degussa TRIM	2-Ethyl-2-hydroxymethyl-1,3-propandiol
DEH 24	N,N'-Bis-(2-aminoethyl)-ethylendiamin
DEHA	Hexandicarbonsäure-bis-2-ethylhexylester
DEHP	Benzen-1,2-dicarbonsäuredi-2-ethylhexylester
DEHS	1,8-Octandicarbonsäure-bis-(2-ethylhexylester)
DEHTS	1-Cyclohexyl-4,4-diethyl-thiosemicarbazid
Dehydag sulfate GL emulsion	Schwefelsäuredodecylester, Natriumsalz
Dehydag sulphate GL emulsion	Schwefelsäuredodecylester, Natriumsalz
DEHZ	Nonandisäure-bis-[2-ethylhexylester]
Dekan	n-Decan
Dekandisäuredibutylester	Decandisäuredibutylester
Dekapier 1	1,1,2-Trichlorethen
Delac J	N-Nitroso-N-phenylbenzenamin
Delac MOR	4-(Benzothiazol-2-sulfonyl)-morpholin
Delac NS	N-(1,1'-Dimethylethyl)-2-benzothiazolsulfonamid
Delac S	N-Cyclohexyl-2-benzothiazolsulfenamid
Delesan	Dimethylpolysiloxan
Delowax OM	1,4-Diphenylbenzen
Delowax S	1,4-Diphenylbenzen
Delpet 50M	Polymethacrylsäuremethylester
Delpet 60N	Polymethacrylsäuremethylester
Delpet 80N	Polymethacrylsäuremethylester
delta(1,1')-Biurea	Diazendicarboxamid
Delussa black FW	Aktivkohle
Delussa Schwarz FW	Aktivkohle
Demacid	2-Benzothiazolthiol
DEMPD	N,N'-Bis-(1-ethyl-3-methylpentyl)-1,4-benzendiamin
DEN	N-Ethyl-N-nitrosoethylamin
DENA	N-Ethyl-N-nitrosoethylamin
Denamone	(2R-(2R*(4R*,8R*)))-3,4 Dihydro 2,5,7,8-tetramethyl-2-(4,8,12-trimethyltridecyl)-2H-1-benzopyran-6-ol
Denaturierungsmittel P.	Pyridin

Gebräuchlicher Name Handelsname	Substanzname
Denka vinyl SS 80	Polychlorethen
Denka vinyl SS-Y	Polychlorethen
Densinfluat	1,1,2-Trichlorethen
Deovulc M	Bis-(N-oxydiethylen)disulfid
DEP	Benzen-1,2-dicarbonsäurediethylester
Depigman	4-Hydroxyphenylbenzylether
De 83 R	Bis-pentabromphenylether
Dermarone	Octadecansäure, Zinksalz
Dermochinona	4-Hydroxyphenylbenzylether
Desertalc 57	Magnesiumsilikathydrat
Desert Red	Pigment Rot 53:1 (C.I. 15585:1)
Desical	Calciumoxid
Desical P	Calciumoxid
Desmodur H	1,6-Hexamethylendiisocyanat
Desmodur N	1,6-Hexamethylendiisocyanat
Desmodur R	Triphenylmethan-4,4',4"-triisocyanat
Desmodur RE	Triphenylmethan-4,4',4"-triisocyanat
Desmodur RF	4-Isocyanatophenolphosphorothioatester
Desmodur RFE	4-Isocyanatophenolphosphorothioatester
Desmodur T 65	2,4-Diisocyanat-1-methylbenzen
Desmodur T 80	2,4-Diisocyanat-1-methylbenzen
Desmodur TT	Triphenylmethan-4,4',4"-triisocyanat
Destillationsbitumen	Bitumen
Destruxol	Natriumhexafluorosilikat
Destruxol applex	Natriumhexafluorosilikat
Destruxol borer-sol	1,2-Dichlorethan
DETA	Di-(2-aminoethyl)-amin
Detergent 66	Schwefelsäuredodecylester, Natriumsalz
Detergent alkylate	Dodecylbenzen
DETU	N,N'-Diethylenthioharnstoff
C.I. Developa-15	N-Phenyl-1,4-benzendiamin
Developber T	2,4-Diaminomethylbenzen
Developer B	2,4-Diaminomethylbenzen
Developer C	1,3-Dihydroxybenzen
Developer DB	2,4-Diaminomethylbenzen
Developer DBJ	2,4-Diaminomethylbenzen
Developer H	2,4-Diaminomethylbenzen
Developer MC	2,4-Diaminomethylbenzen
Developer MT	2,4-Diaminomethylbenzen
Developer MT-CF	2,4-Diaminomethylbenzen
Developer MTD	2,4-Diaminomethylbenzen
Developer R	1,3-Dihydroxybenzen
Developer RS	1,3-Dihydroxybenzen
Dexon E 117	Polypropylen, isotaktisch
DFA	Diphenylamin
DFD 0173	Polyethylen
DFD 0188	Polyethylen
DFD 2005	Polyethylen
DFD 6005	Polyethylen
DFD 6032	Polyethylen
DFD 6040	Polyethylen
DFDJ 5505	Polyethylen
DGNB 3825	Polyethylen
DHBP	2,4-Dihydroxybenzophenon

Gebräuchlicher Name Handelsname	Substanzname
Diacetcholborat-di-o-toluolguanidinsalz	N,N-Bis-(2-methylphenyl)guanidinium-biscatecholborat
2,2'-Diacetoxy-[2,2']azopropan	2,2'-Azo-bis-(2-acetoxypropan)
1,2-Diacetoxyethan	1,2-Ethandioldiacetat
Diadur	Aluminiumoxid
Diaethylammoniumdiaethyldithiocarbamat	N,N-Diethyldithiocarbaminsäure (Mischung mit Diethylamin)
Diafen 13	N-(1,3-Dimethylbutyl)-N'-phenyl-1,4-benzendiamin
Diafen FF	N,N'-Diphenyl-benzen-1,4-diamin
Diafen FP	N-(1-Methylethyl)-N'-phenyl-benzen-1,4-diamin
Diafen NN	N,N'-Di-2-naphthyl-benzen-1,4-diamin
DIAK 7	1,3,5-Triallyl-1,3,5-triazin-2,4,6-trion
DIAK 2	(2-Aminoethyl)carbamidsäure
Diak 5	1,4 Dihydroxybenzen
DIAK 3	N,N'-Dicinnamyliden-1,6-hexandiamin
Diak No.1	6-Aminohexylcarbaminsäure
Diak No. 4	Bis-(4-aminocylohexyl)methylcarbamat
Diak Nr 8	Trimethylallylisocyanurat
Diakon	Polymethacrylsäuremethylester
Diakon LO 951	Polymethacrylsäuremethylester
Diakon MG	Polymethacrylsäuremethylester
Diakon MG 101	Polymethacrylsäuremethylester
Di-Alkyl-Arylphosphit	Didecyl-phenylphosphit
Diallylisophthalat	Benzen-1,3-dicarbonsäure-di-2-propenylester
Diallylmaleat	cis-2-Butendisäure-di-2-propylenylester
Diallylmaleinat	cis-2-Butendisäure-di-2-propylenylester
1,10-Diallyloxydecan	Bis-(2-propenyl)-1,10-decandiol
1,6-Diallyloxy-hexan	1,6-Di(2-propenyl)oxy-hexan
Diallylphthalat	1,2-Benzendicarbonsäure-di-2-propenyl-ester
Diallylphthalat monomer	1,2-Benzendicarbonsäure-di-2-propenyl-ester
Diallylterephthalat	1,4-Benzendicarboxylsäure-di-2-propenylester
2,4-Di(alpha-methylbenzyl)-phenol	2,4-Bis-(1-phenylethyl)-phenol
Diamet KH	4,4'-Methylenbis(2-chloranilin)
Diamid	Hydrazin, wasserfrei, 98 %
Diamin	Hydrazin, wasserfrei, 98 %
4,4'-Diamin-3,3'-chlordiphenylmethan	4,4'-Methylenbis(2-chloranilin)
Di-(4-amin-3-chlorphenyl)methan	4,4'-Methylenbis(2-chloranilin)
Diamin-diisocyanat-zinkkomplex	Diaminbis(cyanato-N)-zink
4,4'-Diaminobiphenyl	(1,1'-Biphenyl)-4,4'-diamin
p,p'-Diaminobiphenyl	(1,1'-Biphenyl)-4,4'-diamin
1,8-Diamino-3,6-diaza-octan	N,N'-Bis-(2-aminoethyl)-ethylendiamin
4,4-Diaminodiphenyl	(1,1'-Biphenyl)-4,4'-diamin
4,4'-Diaminodiphenylamin	Bis-(4,4'-aminophenyl)-methan
p-p'-Diaminodiphenylamin	4,4'-Diaminodiphenylamin
4,4'-Diaminodiphenylmethan	Bis-(4,4'-aminophenyl)-methan
Diaminoethantetraethansäure	Ethylendiamintetraessigsäure
1,2-Di-(aminoethylamino)-ethan	N,N'-Bis-(2-aminoethyl)-ethylendiamin
1,3-Diamino-4-methylbenzen	2,4-Diaminomethylbenzen
2,4-Diamino-1-methylbenzen	2,4-Diaminomethylbenzen
2,4-Diamino-1-toluol	2,4-Diaminomethylbenzen
2,4 Diaminotoluol	2,4-Diaminomethylbenzen
Diaminotoluol	2,4-Diaminomethylbenzen
4,6-Diamino-[1,3,5]-triazin-2-thiol	4,6-Diamino-[1,3,5]-triazin-2(1H)-thion
2,6-Diamintoluol	2-Methyl-1,3-benzendiamin

Gebräuchlicher Name Handelsname	Substanzname
Diammoniumcarbonat	Ammoniumcarbonat
Diammoniumsulfat	Ammoniumsulfat
Diamond shamrock 40	Polychlorethen
Diamond shamrock 71	Polychlorethen
Diamond shamrock 7602	Polychlorethen
Diamyldithiocarbaminsäurezinksalz	Dipentyldithiocarbaminsäure, Zinksalz
DIAN	2,2-Bis-(4-hydroxyphenyl)-propan
1,2-Dianilinethan	N,N'-Diphenyl-1,2-ethandiamin
Dianilinomethan	Bis-(4,4'-aminophenyl)-methan
Diantimonpentasulfid	Antimon(V)-sulfid
Diantimontrioxid	Antimon(III)-oxid
Diantimontrisulfid	Antimon(III)-sulfid
Diarex 600	Phenylethen-Butadien-Copolymer
Diarex HF 77	Phenylethen
Diarylide Yellow	Pigment Gelb 13 (C.I. 21100)
Diarylid Gelb AAMX	Pigment Gelb 13 (C.I. 21100)
Diarylid Gelb AAOT	Pigment Gelb 14 (C.I. 21095)
Diarylid-Orange	4,4'-[(3,3'-Dichlor[1,1'-biphenyl]-4,4'-diyl)bis(azo)]-bis[2,4-dihydro-5-methyl-2-(4-methylphenyl)]-3H-pyrazol-3-on
N,N'-Diaryl-p-phenylendiamin	N,N'-Di-4-tolyl-benzen-1,4-diamin
Diaspore	Aluminiumoxid
Diater	3-(3,4-Dichlorphenyl)-1,1-dimethylharnstoff
Diatomeenerde	Polyorthokieselsäure
Diatomit	Silicium(IV)-oxid
2,2'-(2,5-Diaza-hexa-1,5-dien-1,6-diyl)-bis-hydroxybenzen	1,2-Bis(2-hydroxybenzaldehydimin)-ethan
Diazan	Hydrazin, wasserfrei, 98 %
3,6-Diaza-1,8-octandiamin	N,N'-Bis-(2-aminoethyl)-ethylendiamin
3,6-Diazaoctan-1,8-diamin	N,N'-Bis-(2-aminoethyl)-ethylendiamin
Diazendicarbonsäureamid	Diazendicarboxamid
Diazendicarboxylsäureamid	Diazendicarboxamid
Diazenedicarboxamid	Diazendicarboxamid
Diazoaminobenzol	1,3-Diphenyltriazen
DIBA	Bis-(2-methylpropyl)-ester-hexandisäure
Dibam	Dimethyldithiocarbaminsäure, Natriumsalz
Dibam A	Dimethyldithiocarbaminsäure, Natriumsalz
Dibasisches Bleiphoshit	Phosphonsäure, Bleisalz
Dibasisches Bleiphthalat	1,2-Benzendicarboxylato(2-)-oxodiblei
DIBDIS	Thioperoxidiphosphorsäuretetra-(2-methylpropyl)ester
o,o'-Dibenzamidophenyldisulfid	Bis(2-benzaminophenyl)-disulfan
1,2,5,6-Dibenzanthracen	Dibenzo[a,h]anthracen
1,2-Dibenzencarbonsäure-di-n-octylester	Benzen-1,2-dicarbonsäure-di-n-octylester
9H-Dibenzo(b,d)pyrrol	Diphenylenimin
Dibenzo-CDO	1,4-Bis-(benzoyloxyimino)-cyclohex-2,5-dien
Dibenzo GMF	1,4-Bis-(benzoyloxyimino)-cyclohex-2,5-dien
Dibenzo PQD	1,4-Benzochinondioxim
Dibenzo PQD	1,4-Bis-(benzoyloxyimino)-cyclohex-2,5-dien
Dibenzopyrrol	Diphenylenimin
Dibenzo QDO	1,4-Benzochinondioxim
Dibenzothiazoldisulfid	Dibenzothiazyldisulfid
Di-2-benzothiazolyldisulfid	Dibenzothiazyldisulfid
2,2'-Dibenzothiazyldisulfid	Dibenzothiazyldisulfid
Dibenzothiazyldisulfid	Dibenzothiazyldisulfid

Gebräuchlicher Name Handelsname	Substanzname
Dibenzoyl-4-chinondioxim	1,4-Bis-(benzoyloxyimino)-cyclohex-2,5-dien
Dibenzoyldisulfid	Dibenzoyldisulfan
Dibenzoyl-p-benzochinondioxim	1,4-Bis-(benzoyloxyimino)-cyclohex-2,5-dien
Dibenzthiazyldisulfid	Dibenzothiazyldisulfid
Dibenzyladipate	Heptandisäurebis(phenylmethyl)-ester
N,N-Dibenzyldithiocarbamidsäure-Natriumsalz	Dibenzyldithiocarbaminsäure, Natriumsalz
Dibenzyliden-4-phenylendiamin	N,N'-Bis(phenylmethylen)-benzen-1,4-diamin
Dibenzyliden-p-phenylendiamin	N,N'-Bis(phenylmethylen)-benzen-1,4-diamin
Dibenzylnitrosamin	N-Nitrosodiphenylmethylamin
N,N-Dibenzylnitrosamin	N-Nitrosodiphenylmethylamin
Dibenzyltoluol	Methylbis(phenylmethyl)benzen
N,N'-Di-beta-naphthyl-1,4-phenylendiamin	N,N'-Di-2-naphthyl-benzen-1,4-diamin
Di-beta-naphthyl-p-phenylendiamin	N,N'-Di-2-naphthyl-benzen-1,4-diamin
DIBP	Benzen-1,2-dicarbonsäure-di-(2-methylpropen)ester
2,3-Dibromo-1-propanol-phosphat (3:1)	Tris-(2,3-dibromopropyl)-phosphat
2,3-Dibrom-1-propanolphosphat	Tris-(2,3-dibromopropyl)-phosphat
DIBS	N,N-Di-(1-methylethyl)-2-benzothiazolsulfenamid
DIBS	N,N-Bis-(1-methylethyl)-2-benzothiazolsulfonamid
Dibunol	2,6-Di-(1,1-dimethylethyl)-4-methylhydroxybenzen
Dibutoxyethoxyethyladipat	Hexandicarbonsäure-bis-[2-(2-butoxy-ethoxy)-ethyl]ester
Dibutylacetamid	N,N-Dibutylacetamid
Dibutylamin	N-Butyl-1-butanamin
Dibutyl-1,2-benzendicarboxylat	Benzen-1,2-dicarbonsäuredi-n-butylester
Dibutylcarbamodithiosäure, Kaliumsalz	Dibutyldithiocarbaminsäure, Kaliumsalz
Dibutylcarbitolformal	2-[2-(1,1-Dimethoxy-pentyloxy)-ethoxy]-ethanol
o,o-Dibutyl-dithiobis-(thio-format)	Bis-butoxythiocarbonyl-disulfid
N,N'-Dibutyldithiocarbaminsäure, Kaliumsalz	Dibutyldithiocarbaminsäure, Kaliumsalz
N,N'-Dibutyldithiocarbaminsäure, Natriumsalz	Dibutyldithiocarbaminsäure, Natriumsalz
Dibutyldithiocarbaminsäure-N,N-dimethylcyclohexylaminsalz	Dibutyldithiocarbaminsäure, Mischung mit N,N-Dimethylcyclohexylamin (1:1)
N,N'-Dibutyldithiocarbaminsäure, Zinksalz	Dibutyldithiocarbaminsäure, Zinksalz
Dibutyl-dixanthogen	Bis-butoxythiocarbonyl-disulfid
Dibutylformamid	N,N-Dibutylformamid
Dibutylphthalat	Benzen-1,2-dicarbonsäuredi-n-butylester
Dibutylsebacat	Decandisäuredibutylester
1,3-Dibutyl-2-thioharnstoff	N,N'-Dibutyl-diamino-thiomethanon
1,3-Dibutylthioharnstoff	N,N'-Dibutyl-diamino-thiomethanon
Dibutylthioharnstoff	N,N'-Dibutyl-diamino-thiomethanon
N,N'-Dibutylthioharnstoff	N,N'-Dibutyl-diamino-thiomethanon
Dibutyl-thioperoxydicarbonat	Bis-butoxythiocarbonyl-disulfid
Dibutylxanthogen	Bis-butoxythiocarbonyl-disulfid
Dibutylxanthogenat	Bis-butoxythiocarbonyl-disulfid
Dicalciumsilikat	Calciumsilikat
Dicalite	Kieselsäure, pyrogen
Dicapryl-1,2-benzendicarboxylat	Phthalsäuredi-(1methylheptyl)ester
Dicaprylphthalat	Phthalsäuredi-(1methylheptyl)ester
Dicarbamoyldiimid	Diazendicarboxamid
Dicarbocalm	Magnesiumsilikat
1,4-Dicchlorcycloocta-4,8-dien	1,6-Dichlor-1,5-cyclooctadien
Dicestal	2,2'-Methylenbis(4-chlorophenol)

Gebräuchlicher Name Handelsname	Substanzname
1,2-Dichlorbenzol	1,2-Dichlorbenzen
o-Dichlorbenzol	1,2-Dichlorbenzen
2,2'-(3,3'-Dichlor-(1,1'biphenyl)-4,4'-diyl)bis(azo)bis(N-(2-methylphenyl)-3-oxobutanamid	Pigment Gelb 14 (C.I. 21095)
1,6-Dichlor-cycloocta-1,5-dien	1,6-Dichlor-1,5-cyclooctadien
3,3'-Dichlor-4,4'-diamin-diphenylmethan	4,4'-Methylenbis(2-chloranilin)
1,1-Dichlorethylen	1,1-Dichlorethen
Dichlorfemidin	3-(3,4-Dichlorphenyl)-1,1-dimethylharnstoff
2,2'-Dichlor-4,4'-methylendianilin	4,4'-Methylenbis(2-chloranilin)
Dichlor-Mulsion	1,2-Dichlorethan
1,1-Dichloro-2-chloroethylen	1,1,2-Trichlorethen
5,5'-Dichloro-2,2'-dihydroxydiphenylmethan	2,2'-Methylenbis(4-chlorophenol)
Dichlorophen	2,2'-Methylenbis(4-chlorophenol)
Dichlorophen B	2,2'-Methylenbis(4-chlorophenol)
N'-(3,4-Dichlorphenyl)-1,1-di-methylharnstoff	3-(3,4-Dichlorphenyl)-1,1-dimethylharnstoff
N'-(3,4-Dichlorphenyl)-N,N-dimethylharnstoff	3-(3,4-Dichlorphenyl)-1,1-dimethylharnstoff
p,p'-Dichlorphenylsulfon	4,4'-Dichlordiphenylsulfon
Dichromtrioxid	Chrom(III)-oxid
Dicol	2-(2-Hydroxyethyl)-ethanol
8,8'-Dicumenylperoxid	Bis-(1-methyl-1-phenyl-ethyl)-peroxid
Dicumylperoxid	Bis-(1-methyl-1-phenyl-ethyl)-peroxid
Di-Cup	Bis-(1-methyl-1-phenyl-ethyl)-peroxid
Dicupral	Bis(thiomethansäurediethylamid)-disulfid
N,N'-Dicyclo-2-benzothiazolsulfenamid	N,N'-Dicyclohexyl-2-benzolthiazolsulfenamid
3,9-Dicyclohex-3-enyl-2,4,8,10-tetraoxa-spiro-[5,5]-undecan	Bis-(1,2,3,6-tetrahydrobenzaldehyd)-pentaerythrit-acetal
N,N'-Dicyclohexyl-1,4-benzoldiamin	N,N'-Dicyclohexyl-benzen-1,4-diamin
N-Dicyclohexylbenzothiazol-2-sulfenamid	N,N'-Dicyclohexyl-2-benzolthiazolsulfenamid
N,N'-Dicyclohexyl-2-benzothiazolsulfonamid	N,N'-Dicyclohexyl-2-benzolthiazolsulfenamid
N,N'-Dicyclohexyl-2-benzothiazolylsulfonamid	N,N'-Dicyclohexyl-2-benzolthiazolsulfenamid
Dicyclohexyl-2-benzthiazylsulfenamid	N,N'-Dicyclohexyl-2-benzolthiazolsulfenamid
6,6'-Dicyclohexyl-4,4'-dimethyl-2,2'-methandiyl-di-phenol	2,2'-Methylen-bis-(4-methyl-6-cyclohexylphenol)
Dicyclohexyldithiopiperazin	1,4-Bis-cyclohexylsulfanyl-piperazin
N,N-Dicyclohexyl-N-phenyl-harnstoff	1,1-Dicyclohexyl-3-phenyl-harnstoff
Dicyclohexylphthalat	Benzen-1,2-dicarbonsäuredicyclohexylester
N,N'-Dicyclohexyl-p-phenyldiamin	N,N'-Dicyclohexyl-benzen-1,4-diamin
Dicyclopentadien	4,7-Methylen-4,7,8,9-tetrahydroinden
Dicyclopentamethylenthiuram-disulfid	Bis-(piperidin-1-thiocarbonyl)-disulfid
DIDA	Adipinsäure-(di-iso-decyl)-ester
Didakene	Tetrachlorethen
Didecylphthalat	Benzen-1,2-dicarbonsäuredidecylester
Di-(dibutyldithiocarbamato-S,S')-Nickel	N,N-Dibutyldithiocarbaminsäure, Nickelsalz
N,N'-Di-(1,4-dimethylpentyl)-p-phenylendiamin	N,N'-Bis-(1,4-dimethylpentyl)-benzen-1,4-diamin
Didoceyl-3,3'-sulfinylbispropionat	3-(3-Oxo-pentadecylsulfanyl)-propionsäuredidodecylester
Didodecyl-3,3'-thiodipropionat	4-Sulfo-heptandisäuredidodecylester
DIDP	Benzen-1,2-dicarbonsäuredi-iso-decylester
Didroxan	2,2'-Methylenbis(4-chlorophenol)
Dieisentrioxid	Eisen(III)-oxid
4-(1,1-Diemethylethyl)phenylester	Salicylsäure-4-tert.-butylphenylester
Diene 35AC	Polybutadien
Diene 55AC	Polybutadien

Gebräuchlicher Name Handelsname	Substanzname
Diene 35NF	Polybutadien
Diene 55NF	Polybutadien
Dienite 556	Polybutadien
Dienol S	Phenylethen-Butadien-Copolymer
2,2-Diethanolamin	Diethanolamin
N,N-Diethanolamin	Diethanolamin
Diethanolnitrosamin	2,2'-(Nitrosoimino)-bisethanol
Diether des Glykols	1,4-Dioxan
1,4-Diethoxybenzol	1,4-Diethoxybenzen
Diethycarbamodithiosäure-ammoniumsalz	N,N-Diethyldithiocarbaminsäure, Ammoniumsalz
4-Diethylamino-6-ethylamino-1H-(1,3,5)-triazin-2-thion	2-Ethylamino-4-diethylamino-6-mercaptotriazin
4-Diethylamino-6-ethylamino-[1,3,5]triazin-2-thiol	2-Ethylamino-4-diethylamino-6-mercaptotriazin
Diethyl-azodicarboxylat	Azodicarbonsäurediethylester
p-Diethylbenzen	1,4-Diethylbenzen
1,4-Diethylbenzol	1,4-Diethylbenzen
p-Diethylbenzol	1,4-Diethylbenzen
1,1-Diethyl-4-butylthiosemicarbazid	1-Butyl-4,4-diethylthiosemicarbazid
Diethylcarbamodithionsäure-2-benzothiazolylester	Diethyl-dithiocarbaminsäurebenzothiazol-2-ylester
Diethylcarbamodithiosäure, Natriumsalz	Diethyldithiocarbamatsäure, Natriumsalz
N,N-Diethylcyclohexansulfenamid	Cycolhexylthiodiethylamin
1,1-Diethyl-4-cyclohexylthiosemicarbazid	1-Cyclohexyl-4,4-diethyl-thiosemicarbazid
4,4'-Diethyl-6,6-'di-tert.-butyl-2,2'-methandiyl-di-phenol	2,2'-Methylen-di-(6-(1,1-dimethylethyl)-4-ethyl-phenol
N,N-Diethyldithiocarbaminsäure-Kupfersalz	N,N'-Diethyldithiocarbaminsäure, Kupfer(II)salz
N,N-Diethyldithiocarbaminsäure-selensalz	N,N-Diethyldithiocarbaminsäure, Selensalz
N,N-Diethyldithiocarbaminsäure-tellursalz	Diethyldithiocarbaminsäure, Tellursalz
Diethyldithiocarbaminsäure Zinksalz	N,N-Diethyldithiocarbaminsäure, Zinksalz
O,O'-Diethyldithiophosphat	Dithiophosphorsäure-O,O'-diethylester
Diethyldithiophosphorsäure	Dithiophosphorsäure-O,O'-diethylester
1,4-Diethylendioxid	1,4-Dioxan
Diethylendioxid	1,4-Dioxan
Diethylene Glycol-E	2-(2-Hydroxyethyl)-ethanol
Diethylenethandiol	2-(2-Hydroxyethyl)-ethanol
1,4-Diethylenether	1,4-Dioxan
Diethylenether	1,4-Dioxan
Diethylenglycol	2-(2-Hydroxyethyl)-ethanol
Diethylenglycolmonobutylether	Diethylenethandiolmonobutylether
Diethylenglycol-n-butylether	Diethylenethandiolmonobutylether
Diethylenglykol	2-(2-Hydroxyethyl)-ethanol
Diethylenglykol-dimethacrylat	2-Methyl-2-propensäure-oxydi-2,1-ethandiylester
Diethylenglykol-mono-n-butylether	Diethylenethandiolmonobutylether
Diethylenglykol-n-butylether	Diethylenethandiolmonobutylether
Diethylenimidoxid	Tetrahydro-1,4-oxazin
Diethylenmonoxid	Tetrahydrofuran
Diethylenoxid	Tetrahydrofuran
Diethylenoximid	Tetrahydro-1,4-oxazin
1,3-Diethylenthioharnstoff	N,N'-Diethylenthioharnstoff
Diethylentriamin	Di-(2-aminoethyl)-amin
Diethylglykol-mono-n-butylether	Diethylenethandiolmonobutylether
Diethylglykolmono-n-butylether	Diethylenethandiolmonobutylether
Di-(2-ethylhexyl)-adipat	Hexandicarbonsäure-bis-2-ethylhexylester

Gebräuchlicher Name Handelsname	Substanzname
Di-2-ethylhexyl-adipinat	Hexandicarbonsäure-bis-2-ethylhexylester
Di-(2-ethylhexyl)-azelat	Nonandisäure-bis-[2-ethylhexylester]
Di-2-ethylhexylfumarat	trans-Butensäure-(2-ethylhexyl)-diester
Di-2-ethylhexyl-isophthalat	Benzen-1,2-dicarbonsäuredi-2-ethylhexylester
Di-(2-ethylhexyl)maleat	(Z)-2-Butendicarbonsäure-di-(2-ethylhexyl)-ester
Di-(2-ethylhexyl)-phthalat	Benzen-1,2-dicarbonsäuredi-2-ethylhexylester
Di-2-ethylhexylphthalat	Benzen-1,2-dicarbonsäuredi-2-ethylhexylester
Di-2-ethylhexylsebacat	1,8-Octandicarbonsäure-bis-(2-ethylhexylester)
Di-2-ethylhexylterephthalat	1,4-Benzendicarbonsäure-(2-ethylhexyl)-diester
O,O'-Diethylhydrogendithiophosphat	Dithiophosphorsäure-O,O'-diethylester
Diethylhydrogen-phosphordithioat	Dithiophosphorsäure-O,O'-diethylester
Diethylhydroxylamin	N-Ethyl-N-hydroxyethanamin
N,N-Diethylhydroxylamin	N-Ethyl-N-hydroxyethanamin
Diethylnitrosamin	N-Ethyl-N-nitrosoethylamin
N,N-Diethylnitrosoamin	N-Ethyl-N-nitrosoethylamin
O,O'-Diethylphosphorodithioat	Dithiophosphorsäure-O,O'-diethylester
Diethylphthalat	Benzen-1,2-dicarbonsäurediethylester
Diethyl Tellurac	Diethyldithiocarbaminsäure, Tellursalz
Diethylthioharnstoff	N,N'-Diethylenthioharnstoff
1,3-Diethylthioharnstoff	1,3-Diethyl-2-thioharnstoff
Diethylthiophosphat	Dithiophosphorsäure-O,O'-diethylester
Diethylthiourea	1,3-Diethyl-2-thioharnstoff
Diglycol	2-(2-Hydroxyethyl)-ethanol
Diglykol	2-(2-Hydroxyethyl)-ethanol
Digol	2-(2-Hydroxyethyl)-ethanol
N,N'-Diheptyl-p-phenylendiamin	N,N'-Bis-(1,4-dimethylpentyl)-benzen-1,4-diamin
Dihexyl	n-Dodecan
DIHP	Benzen-1,2-dicarbonsäurediisoheptylester
Dihydrazidethandisäure	Oxalsäuredihydrazid
N,N'-Dihydro-1,2,1',2'-anthraquinonazin	6,15-Dihydro-5,9,14,18-antrazintetron
N,N-Dihydro-1,1,1',2'-anthraquinone-azine	6,15-Dihydro-5,9,14,18-antrazintetron
1,3-Dihydro-benzoimidazol-2-thion	2-Benzimidazolthiol
1,3-Dihydro-1,3-dioxo-isobenzofuran	Benzen-1,2-dicarbonsäureanhydrid
1,2-Dihydro-6-ethoxy-2,2,4-trimethyl-chinolin	6-Ethoxyl-1,2-dihydro-2,2,4-trimethy-chinolin
Dihydrogenmonosulfid	Schwefelwasserstoff
1,3-Dihydro-4-2H-benzimidazol-2-thion	4-Methyl-2-benzimidazolthiol
1,3-Dihydro-2H-benzimidazol-2-thion	2-Benzimidazolthiol
4,5-Dihydroimidazol-2(3H)-thion	2-Imidazolidinthion
1,3-Dihydroimidazol-2-thion	2-Mercaptoimidazolin
2,3-Dihydroinden	Hydrinden
4,5-Dihydro-2-mercaptoimidazol	2-Imidazolidinthion
1,3-Dihydro-5-methyl-2H-benimidazol-2-thion	5-Methyl-2-mercaptobenzimidazol
1,3-Dihydro-4(oder 5)-methyl-2H-benzimidazol-2-thion	2-Mercaptotoluimidazol
4,5-Dihydro-2-phenyl-1H-imidazol	2-Phenyl-2-imidazolin
4,5-Dihydro-2-(phenylmethyl)-1H-Imidazol	2-Benzyl-4,5-dihydro-1H-imidazol
2,5- Dihydro-1,1,3-trimethyl-3-phenyl-1H-inden	1-Phenyl-1,3,3-trimethylindan
1,2-Dihydro-2,2,4-trimethylquinolin	1,2-Dihydro-2,2,4-trimethyl-chinolin
2,2'-Dihydroxyazobenzol	2,2'-Dihydroxyazobenzen
1,3-Dihydroxybenzol	1,3-Dihydroxybenzen
m-Dihydroxybenzol	1,3-Dihydroxybenzen
1,4-Dihydroxybenzol	1,4-Dihydroxybenzen
p-Dihydroxybenzol	1,4-Dihydroxybenzen
L-2,3-Dihydroxy-butandisäure	L(+)-Weinsäure

Gebräuchlicher Name Handelsname	Substanzname
2,2'-Dihydroxy-5,5'-dichlorodiphenylmethan	2,2'-Methylenbis(4-chlorophenol)
2,2-Dihydroxydiethylamin	Diethanolamin
2,2-Dihydroxydiethylether	2-(2-Hydroxyethyl)-ethanol
2,2'-(4,4'-Dihydroxydiphenyl)propan	2,2-Bis-(4-hydroxyphenyl)-propan
p,p'-Dihydroxydiphenyl-sulfid	4,4'-Thiodiphenol
2,2'-Dihydroxy-3,3'-di-tert.-butyl-5,5'-di-methyl-diphenylmethan	2,2'-Methylen-bis[6-(1,1-dimethylethyl)-4-methylphenol]
1,2-Dihydroxyethan	Ethandiol
Di-(2-hydroxyethyl)-amin	Diethanolamin
5-[1,2-Dihydroxyethyl]-3,4-dihydroxy-5H-furan-2-on	Ascorbinsäure
5-(1,2-Dihydroxyethyl)-3,4-dihydroxy-5-H-furan-2-on	L-(+)-Ascorbinsäure
2,2-Dihydroxyethylether	2-(2-Hydroxyethyl)-ethanol
Di-(2-Hydroxyethyl)-nirosamin	2,2'-(Nitrosoimino)-bisethanol
(2,4-Dihydroxyphenyl)-phenylmethanon	2,4-Dihydroxybenzophenon
2,3-Dihydroxysuccinsäure	L(+)-Weinsäure
1,2-Dihydr-2,2,4-trimethyl, Homopolymer	1,2-Dihydro-2,2,4-trimethylchinolin-Harz
Diisobutyladipat	Bis-(2-methylpropyl)-ester-hexandisäure
Di-iso-butylphthalat	Benzen-1,2-dicarbonsäure-di-(2-methylpropen)ester
Diisobutylphthalat	Benzen-1,2-dicarbonsäure-di-(2-methylpropen)ester
2,4-Diisocyanat-1-methylbenzol	2,4-Diisocyanat-1-methylbenzen
Diisocyanatodiphenylmethan	Diphenylmethan-4,4'-diisocyanat
1,6-Diisocyanatohexan	1,6-Hexamethylendiisocyanat
2,4-Diisocyanato-1-methylbenzen	2,4-Diisocyanat-1-methylbenzen
2,4-Diisocyanattoluen	2,4-Diisocyanat-1-methylbenzen
2,4-Diisocyanattoluol	2,4-Diisocyanat-1-methylbenzen
Di-iso-decyladipat	Adipinsäure-(di-iso-decyl)-ester
Di-iso-decylphthalat	Benzen-1,2-dicarbonsäuredi-iso-decylester
Di-iso-dekylphthalat	Benzen-1,2-dicarbonsäuredi-iso-decylester
Di-iso-heptylphthalat	Benzen-1,2-dicarbonsäurediisoheptylester
Diisononyladipat	Hexandisäurediisononylester
Di-iso-nonyladipat	Hexandicarbonsäure-diisononylester
Di-iso-nonylphthalat	Benzen-1,2-dicarbonsäuredi-iso-nonylester (Isomerengemisch)
Di-iso-octyladipat	Hexandicarbonsäure-di-isooctylester
Diisooctylester, Hexandisäure	Hexandicarbonsäure-di-isooctylester
Diisooctylester, Maleinsäure	Maleinsäurediisooctylester
Diisooctylmaleat	Maleinsäurediisooctylester
Di-iso-octylphthalat	Benzen-1,2-dicarbonsäuredi-iso-octylester
Diisooctylsebacat	Decandisäurediisooctylester
Di-iso-oktyladipat	Hexandicarbonsäure-di-isooctylester
1,4-Diisopropylbenzen	1,4-Bis-(1-methylethyl)-benzen
p-Diisopropylbenzen	1,4-Bis-(1-methylethyl)-benzen
1,2-Diisopropylbenzen	1,2-Bis(1-methylethyl)-benzen
o-Diisopropylbenzen	1,2-Bis(1-methylethyl)-benzen
1,3-Diisopropylbenzen	1,3-Bis(1-methylethyl)benzen
m-Diisopropylbenzen	1,3-Bis(1-methylethyl)benzen
p-Diisopropylbenzol	1,4-Bis-(1-methylethyl)-benzen
1,3 Diisopropylbenzol	1,3-Bis(1-methylethyl)benzen
N,N-Diisopropyl-2-benzothiazol-sufenamid	N,N-Di-(1-methylethyl)-2-benzothiazolsulfenamid
N,N-Diisopropyl-2-benzothiazolsulfonamid	N,N-Bis-(1-methylethyl)-2-

Gebräuchlicher Name Handelsname	Substanzname
	benzothiazolsulfonamid
o,o-Diisopropyl-dithiobis-(thioformat)	Thioperoxydicarbonsäurebis(1-methylethyl)ester
Diisopropylnitrosamin	(1-Methylethyl)nitrosamin
N,N'-Diisopropyl-p-phenylendiamin	N,N'-Bis-(1-methylethyl)-1,4-benzoldiamin
Diisopropyxantho-disulfid	Thioperoxydicarbonsäurebis(1-methylethyl)ester
Di-iso-tridecylphthalat	Phthalsäuredi-iso-tridecylester
Dilan	Dimethylbenzen (Isomerengemisch)
Dilatin DB	1,2-Dichlorbenzen
Dilaurylthiodipropionat	4-Sulfo-heptandisäuredidodecylester
1,3-Dimaleimidobenzen	1,1'-(1,3-Phenylen)-bis-[1H-pyrrol-2,5-dion]
1,1-Dimehtylethyl-1-methyl-1-phenylethylperoxid	2-Methylpropyl-[1-methyl-1-phenyl-ethyl]-peroxid
2,5-Dimercaptothiadiazol	2,5-Dimercapto-1,3,4-thiadiazol
Dimethicon	Dimethylpolysiloxan
Dimethicon	Dimethylpolysiloxan
1,1-Dimethl-3-(3,4-dichlorphenyl)-urea	3-(3,4-Dichlorphenyl)-1,1-dimethylharnstoff
4,4'-Dimethoxydiphenylamin	4,4'-Methoxydiphenylamin
p,p'-Dimethoxydiphenylamin	4,4'-Methoxydiphenylamin
Di-(4-methoxy-phenyl)-amin	4,4'-Methoxydiphenylamin
O,O'-Dimethylacryloyltriethylenethandiol	1,2-Bis-[2-methacryloyl-oxy-ethoxy]-ethan
O,O'-Dimethylacryloyltriethylenglycol	1,2-Bis-[2-methacryloyl-oxy-ethoxy]-ethan
O,O'-Dimethylacryloyl-triethylenglykol	1,2-Bis-[2-methacryloyl-oxy-ethoxy]-ethan
2,4-Dimethyl-6-(alpha-methylcyclohexyl)-phenol	2,4-Dimethyl-6-(1-methylcyclohexyl)-phenol
N,N-Dimethylameisensäureamid	N,N-Dimethylmethanamid
Dimethylamin-dimethyldithiocarbamat	Dimethyldithiocarbaminsäure (Mischung mit Dimethylamin (1:1))
4-[(Dimethylamino)methyl]-2,6-bis-(1,1-dimethylethyl)phenol	4-[(Dimethylamino)methyl]-2,6-bis-(1,1-dimethylethyl)hydroxybenzen
p-(Dimethylamino)nitrosobenzol	N,N-Dimethyl-4-nitrosoanilin
[3-(2-Dimethylamio-ethoxycarbonylamino)-4-methyl-phenyl]-carbonsäure-2-dimethylamino-ethylester	Di-[2-(dimethylamino)ethyl]-methylbenzen-2,4-dicarbamat
Dimethylammoniumdithiocarbamat	S-Dimethylthiocarbomyl-N,N-dimethyl-thiohydroxylamin
Dimethylammonium-hydrogen-isophthalat	1,3-Benzendicarboxylsäure zusammengesetzt mit N-Methyl-methanamin (1:1)
N-(1,4-Dimethylamyl)-N'-phenyl-p-phenylendiamin	N-(1,4-Dimethylpentyl)-N'-phenyl-benzen-1,4-diamin
5,5-Dimethyl-arican	9,9-Dimethyl-9,10-dihydroaridin
2,2'-Dimethyl-2,2'-azodipropionitril	2,2'-Azobis-(2-methylpropannitril)
1,4-Dimethylbenzol	1,4-Dimethylbenzen
Dimethylbenzol	Dimethylbenzen (Isomerengemisch)
alpha-alpha-Dimethylbenzylalkohol	2-Phenyl-propan-2-ol
alpha,alpha-Dimethylbenzylhydroperoxid	1-Methyl-1-phenylethylhydroperoxid
alpha,alpha-Dimethylbenzylperoxid	Bis-(1-methyl-1-phenyl-ethyl)-peroxid
4,4'-Dimethylbibenzyl	1,1'-(1,2-Ethandiyl)-bis-(4-methyl)-benzen
4,4'-Dimethyl-6,6'-bis-(1-methylcyclohexyl)-2,2'-methandiyl-diphenol	4,4'-Dimethyl-6,6'-bis-(1-methylcyclohexyl)-2,2'-methandiyl-bis-hydroxybenzen
2,5-Dimethyl-2,5-bis-tert.-butylperoxy-hexin-(3)	(1,1,4,4-Tetramethyl-2-butin-1,4-diyl)bis[1,1-dimethylethylethyperoxid]
4-(Dimethylbutylamino)diphenylamin	N-(1,3-Dimethylbutyl)-N'-phenyl-1,4-benzendiamin
N-(1,3-Dimethylbutyl)-N'-phenyl-1,4-phenylendiamin	N-(1,3-Dimethylbutyl)-N'-phenyl-1,4-benzendiamin

Gebräuchlicher Name Handelsname	Substanzname
N-(1,3-Dimethylbutyl)-N'-phenyl-p-phenylendiamin	N-(1,3-Dimethylbutyl)-N'-phenyl-1,4-benzendiamin
Dimethylcarbamodithionsäure, Natriumsalz	Dimethyldithiocarbaminsäure, Natriumsalz
Dimethylcarbamodithiosäure, Kaliumsalz	Dimethyldithiocarbaminsäure, Kaliumsalz
Dimethylcarbamodithiosäure (Mischung mit N-Methylmethanamin (1:1))	Dimethyldithiocarbaminsäure (Mischung mit Dimethylamin (1:1))
Dimethylcarbinol	Propan-2-ol
2,2'-Dimethyl-2,2'-diazendiyl-bis-propionitril	2,2'-Azobis-(2-methylpropannitril)
N,N-Dimethylcyclohexylammoniumdibutyldithiocarbamat	Dibutyldithiocarbaminsäure, Mischung mit N,N-Dimethylcyclohexylamin (1:1)
Dimethyldiphenylthiuramdisulfid	N,N'-Dimethyldiphenylthiuramdisulfid
Dimethyldiphenylthiuramdisulfid	Dimethyldi(methylbenzyl)thiuramdisulfid
2,5-Dimethyl-(2,5-di-tert.-butyl-peroxy)hexan	2,5-Di-(1,1-dimethylethylperoxy)-2,5-dimethylhexan
2,5-Dimethyl-2,5-di-(tert.-butylperoxy)-3-hexin	(1,1,4,4 Tetramethyl 2 butin-1,4-diyl)bis[1,1-dimethylethylethyperoxid]
4,4'-Dimethyl-1,1'-(2,3-dithia-butandithioyl)-bis-piperazin	Bis-(4-methyl-piperazin-1-carbothioyl)-disulfan
Dimethyldithiocarbamat Zinksalz	N,N-Dimethyldithiocarbaminsäure, Zinksalz
Dimethyldithiocarbaminäure, Natriumsalz	Dimethyldithiocarbaminsäure, Natriumsalz
Dimethyldithiocarbaminsäure, Bleisalz	Bleidimethyldithiocarbamat
Dimethyldithiocarbamin-säure-dimethyl, Ammoniumsalz	Dimethyldithiocarbaminsäure (Mischung mit Dimethylamin (1:1))
N,N'-Dimethyldithiocarbaminsäure, Kupfersalz	Dimethyldithiocarbaminsäure, Kupfersalz
Dimethyl-dithiocarbaminsäure-morpholin-4-yl-ester	4-[((Dimethylamino)-thioxomethyl)thio]-morpholin
Dimethyldithiocarbaminsäure Zinksalz (2:1)	N,N-Dimethyldithiocarbaminsäure, Zinksalz
N,N-Dimethyldithiocarbaminsäure Zinksalz	N,N-Dimethyldithiocarbaminsäure, Zinksalz
Dimethyl-dithiocarbonsäure-benzothiazol-2-yl-ester	N,N-Dimethyl-2-benzothiazolcarbothioamid
Dimethylendiamin	1,2-Diaminoethan
Dimethylenoxid	Epoxyethan
Dimethylethanolamin-Toluol-2,4-diisocyanat-Addukt	Di-[2-(dimethylamino)ethyl]-methylbenzen-2,4-dicarbamat
1,1-Dimethylethylamin	3-Butylamin
1,1-Dimethylethylbenzencarboperoxosäure	Perbenzoesäure-1,1-dimethylethylester
1,1-Dimethylethyl-benzenperoxoat	Perbenzoesäure-1,1-dimethylethylester
1,1-Dimethylethylbenzolcarboperoxoat	Perbenzoesäure-1,1-dimethylethylester
1,1-Dimethylethylcumenylperoxid	2-Methylpropyl-[1-methyl-1-phenyl-ethyl]-peroxid
2-(1,1-Dimethylethyl)-4,6-dimethylphenol	2,4-Dimethyl-6-(1,1-dimethylethyl)phenol
1,1-Dimethylethylen	Tetraisobutylen
4-(1,1-Dimethylethyl)phenol	4-(1,1-Dimethylethyl)-hydroxybenzen
4-(1,1-Dimethylethyl)-phenol, Polymer mit Ethin und Acetylen	Kondensationsprodukt aus Butylphenol und Ethin
Dimethylformamid	N,N-Dimethylmethanamid
N,N-Dimethylformamid	N,N-Dimethylmethanamid
Dimethylformocarbothialdin	3,5-Dimethyl-tetrahydro-2(H)-1,3,5-thiadiazin-2-thion
Dimethylformylcarbothialdin	3,5-Dimethyl-tetrahydro-2(H)-1,3,5-thiadiazin-2-thion
2,5-Dimethyl-2,5-hexandiamin	1,1,4,4 Tetramethylbutandiyldiamin
2,5-Dimethylhexin-3-2,5-di-tert.-butylperoxid	(1,1,4,4-Tetramethyl-2-butin-1,4-diyl)bis[1,1-dimethylethylethyperoxid]

Gebräuchlicher Name Handelsname	Substanzname
3,5-Dimethyl-1,3,5-2H-tetrahydrothiadiazin-2-thion	3,5-Dimethyl-tetrahydro-2(H)-1,3,5-thiadiazin-2-thion
Dimethylketon	2-Propanon
2-(1,1-Dimethyl)-4-methylphenol	2-(1,1-Dimethyl)-4-methylhydroxybenzen
N-(2,6-Dimethyl-4-morpholino)-2-benzothiazolsulfonamid	2-(2,6-Dimethyl-4-morpholinothio)-benzothiazol
N-(2,6-Dimethyl-4-morpholinyl)-2-benzothiazolsulfonamid	2-(2,6-Dimethyl-4-morpholinothio)-benzothiazol
Dimethylnitromethan	2-Nitropropan
Dimethylnitrosamin	N-Nitrosodimethylamin
N,N-Dimethyl-4-nitrosobenzolanilin	N,N-Dimethyl-4-nitrosoanilin
N,N'-Dimethyl-N,N'-bis-(1-methylheptyl)-p-phenylendiamin	N,N'-Dimethyl-N,N'-di-(1-methylheptyl)-benzen-1,4-diamin
N,N'-Dimethyl-N,N'-di-(1-methylheptyl)-p-phenylendiamin	N,N'-Dimethyl-N,N'-di-(1-methylheptyl)-benzen-1,4-diamin
N,N'-Dimethyl-N,N'-dinitroso-1,4-benzodicarbonsäureamid	N,N'-Dimethyl-N,N'-dinitroso-1,4-benzendicarbonsäurediamid
N,N'-Dimethyl-N,N'-dinitroso-1,4-benzodicarboxamid	N,N'-Dimethyl-N,N'-dinitroso-1,4-benzendicarbonsäurediamid
N,N'-Dimethyl-N,N'-dinitroso-terephthalamid	N,N'-Dimethyl-N,N'-dinitroso-1,4-benzendicarbonsäurediamid
N,N'-Dimethyl-N,N'-dinitrosoterephthalamid	N,N'-Dimethyl-N,N'-dinitroso-1,4-benzendicarbonsäurediamid
N,N'-Dimethyl-N,N'diphenylthioperoxydicarbonsäurediamid	N,N'-Dimethyldiphenylthiuramdisulfid
N,N-Dimethyl-N-octylbenzenmethanaminiumchlorid	Benzyl-dimethyl-octyl-ammoniumchlorid
N-(1,4-Dimethylpentyl)-N'-phenyl-1,4-benzoldiamin	N-(1,4-Dimethylpentyl)-N'-phenyl-benzen-1,4-diamin
N-(1,4-Dimethylpentyl)-N'-phenyl-p-phenylendiamin	N-(1,4-Dimethylpentyl)-N'-phenyl-benzen-1,4-diamin
3,5-Dimethylperhydro-1,3,5-thiadiazin-2-thion	3,5-Dimethyl-tetrahydro-2(H)-1,3,5-thiadiazin-2-thion
Dimethylphenylcarbinol	2-Phenyl-propan-2-ol
Dimethylphenylmethanol	2-Phenyl-propan-2-ol
Dimethylphthalat	Benzen-1,2-dicarbonsäuredimethylester
N,N'-Di-(4-methyl)-piperazino-disulfid	4,4'-Dimethyl-1,1'-disulfandiyl-bis-piperazin
N,N-Dimethyl-p-nitrosoanilin	N,N-Dimethyl-4-nitrosoanilin
Dimethyl-(p-nitrosophenyl)amin	N,N-Dimethyl-4-nitrosoanilin
Dimethylpolysiloxan	Dimethylpolysiloxan
N-(1,2-Dimethylpropyl)-N'-phenyl-phenylendiamin	N-(1,2-Dimethylpropyl-N'-phenyl-benzen-1,4-diamin
Dimethylsiloxan	Dimethylpolysiloxan
N,N-Dimethyl-S-(2,3,4,5,6-pentachlor-phenyl)-thiohydroxylamin	Pentachlorphenyl-N,N'-dimethylsulfenamid
6,6'-Dimethyl-2,2'-sulfandiyl-di-phenol	2,2'-Thio-bis-(6-methyl-hydroxybenzen)
2,4-Dimethyl-6-tert.-butylphenol	2,4-Dimethyl-6-(1,1-dimethylethyl)phenol
3,5-Dimethyltetrahydro-1,3,5-2H-thiadiazin-2-thion	3,5-Dimethyl-tetrahydro-2(H)-1,3,5-thiadiazin-2-thion
3,5-Dimethyltetrahydro-2H-1,3,5-thiadiazin-2-thion	3,5-Dimethyl-tetrahydro-2(H)-1,3,5-thiadiazin-2-thion
3,5-Dimethyl-1,2,3,5-tetrahydro-1,3,5-thiadiazinethion-2	3,5-Dimethyl-tetrahydro-2(H)-1,3,5-thiadiazin-2-thion
3,5-Dimethyltetrahydro-1,3,5-thiadiazin-2-thion	3,5-Dimethyl-tetrahydro-2(H)-1,3,5-thiadiazin-2-thion

Gebräuchlicher Name Handelsname	Substanzname
4-(Dimethyl-thiocarbamoylsulfanyl)-morpholin	4-[((Dimethylamino)-thioxomethyl)thio]-morpholin
3,5-Dimethyl-2-thionotetrahydro-1,3,5-thiadiazin	3,5-Dimethyl-tetrahydro-2(H)-1,3,5-thiadiazin-2-thion
Dimethylthiuramdisulfid	Bis-(dimethylthiocarbamoyl)-disulfid
Dimeticon	Dimethylpolysiloxan
Dimorpholindisulfid	Bis-(N-oxydiethylen)disulfid
Di-(morpholin-4-yl)-disulfid	Bis-(N-oxydiethylen)disulfid
Dimorpholyldisulfid	Bis-(N-oxydiethylen)disulfid
Dimyristylthiodipropionat	Thio-(prop-1-yl-3-säure-tetradecylester)-propan-3-säure-tetradecylester
DINA	Hexandisäurediisononylester
DINA	Hexandicarbonsäure-diisononylester
N,N'-Di-2-naphthalenyl-1,4-bezoldiamin	N,N'-Di-2-naphthyl-benzen-1,4-diamin
N,N'-Dinaphthyl-p-phenylendiamin	N,N'-Dinaphthalen-1-yl-benzen-1,4-diamin
N,N'-Di-2-naphthyl-p-phenylendiamin	N,N'-Di-2-naphthyl-benzen-1,4-diamin
Dinatriumcarbonat	Natriumcarbonat
Dinatrium-2,5-dimercapto-1,3,4-thiadiazol	Dinatrium-1,3,4-thiadiazol-2,5-di-thiolat
Dinatriumdioxid	Natriumperoxid
Dinatrium-ethylenbis(dithiocarbamat)	1,2-Ethandiylbiscarbamodithionsäure, Dinatriumsalz
Dinatriumhexafluorsilikat	Natriumhexafluorosilikat
Dinatriumhexafluorsilikat (2-)	Natriumhexafluorosilikat
Dinatriumperoxid	Natriumperoxid
Dinatrium-1,3,4-thiadiazolidin-2,5-dithion	Dinatrium-1,3,4-thiadiazol-2,5-di-thiolat
Di-n-butylamin	N-Butyl-1-butanamin
N,N-Di-N-butylformamid	N,N-Dibutylformamid
Di-n-butylnitrosoamin	Dibutylnitrosoamin
N,N-Di-n-butylnitrosoamin	Dibutylnitrosoamin
1,3-Di-n-butyl-2-thioharnstoff	N,N'-Dibutyl-diamino-thiomethanon
Di-n-butylxantho-disulfid	Bis-butoxythiocarbonyl-disulfid
Di-n-decylphthalat	Benzen-1,2-dicarbonsäuredidecylester
p-Dinitrobenzen	1,4-Dinitroso-benzen
1,3-Dinitrobenzol	1,3-Dinitrobenzen
m-Dinitrobenzol	1,3-Dinitrobenzen
2,4-Dinitrophenyl-dimethyl-dithiocarbamat	Dimethylcarbamodithionsäure-2,4-dinitrophenylester
1,4-Dinitrosobenzolhomopolymer	Poly-1,4-dinitrobenzen
N,N'-Dinitroso-N,N'-dimethylterephthalamid, nicht mehr als 72 % als Paste	N,N'-Dimethyl-N,N'-dinitroso-1,4-benzendicarbonsäurediamid
N,N'-Dinitroso-N,N'-dimethylterephthalsäureamid	N,N'-Dimethyl-N,N'-dinitroso-1,4-benzendicarbonsäurediamid
Dinitrosopentamethylentetramin	3,7-Dinitroso-1,3,5,7-tetraazabicyclo[3,3,1]nonan
3,7-Di-N-nitrosopentamethylentetramin	3,7-Dinitroso-1,3,5,7-tetraazabicyclo[3,3,1]nonan
Di-N,N'-pentamethylenthiuramhexasulfid	Bis-(piperidin-1-thiocarbonyl)hexasulfan
Di-N,N'-pentamethylenthiuramtetrasulfid	Bis-(piperidin-1-thiocarbonyl)-tetrasulfan
N,N'-Di-n-octyl-p-phenylendiamin	N, N'- Dioctyl-1,4-benzendiamin
Dinonyladipat	Hexandicarbonsäure-bis-nonylester
Dinonyl-1,2-benzendicarboxylat	1,2-Benzendicarbonsäuredinonylester
4,4'-Dinonyldiphenylamin	4-Nonyl-N-(4-nonylphenyl)-benzolamin
4,6-Dinonyl-o-Kresol	2-Methyl-4,6-dinonylphenol
Dinonylphenyl-di(nonylphenyl)phosphit	Phosphorigesäure-dinonylphenyl-di(nonylphenyl)triester

Gebräuchlicher Name Handelsname	Substanzname
Dinonylphthalat	1,2-Benzendicarbonsäuredinonylester
Dinopol 235	Benzen-1,2-dicarbonsäure-n-octyl-n-decylester
Dinopol NOP	Benzen-1,2-dicarbonsäure-di-n-octylester
DINP	Benzen-1,2-dicarbonsäuredi-iso-nonylester (Isomerengemisch)
Di-n-propylnitrosamin	N-Nitrosodi-n-propylamin
Di-n-propylphthalat	Benzen-1,2-dicarbonsäuredipropylester
DIOA	Hexandicarbonsäure-di-isooctylester
O,O'-Dioctadecylpentaerythritol-bis-(phosphit)	3,9-Bis-octadecycloxy-2,4,8,10-tetraoxa-3,9-diphospha-spiro-[5,5]-undecan
N,N'-Dioctadecyl-N,N'-diisopropylthiuram-disulfid	N,N'-Bis-(1-methylethyl)-N,N'-dioctadecylthioperoxidicarbonsäure-diamid
Dioctyladipat	Hexandicarbonsäure-bis-2-ethylhexylester
Dioctyladipat	Hexandicarbonsäure-di-n-octylester
Dioctyladipinat	Hexandicarbonsäure-bis-2-ethylhexylester
Dioctylazelat	Nonandisäure-bis-[2-ethylhexylester]
4,4'-Dioctyldiphenylamin	4-Octyl-N-(4-octylphenyl)benzenamin
p,p'-Dioctyldiphenylamin	4-Octyl-N-(4-octylphenyl)benzenamin
p,p'-Dioctyldiphenylamin	4,4'-Dioctyldiphenylamin
Dioctylmaleat	(Z)-2-Butendicarbonsäure-di-(2-ethylhexyl)-ester
Dioctylphthalat	Benzen-1,2-dicarbonsäure-di-n-octylester
N,N'-Di-(2-octyl)-p-phenylendiamin	N,N'-Bis-(1-methylheptyl)-1,4-phenylendiamin
Dioctylsebacat	Decandisäuredi-n-octylester
3,7-Diocyl-10H-phenothiazin	3,7-Dioctylphenothiazin
Di-o-kresol-monosulfid	2,2'-Thio-bis-(6-methyl-hydroxybenzen)
Dioktyladipat	Hexandicarbonsäure-di-n-octylester
DIOM	Maleinsäurediisooctylester
Di-on	3-(3,4-Dichlorphenyl)-1,1-dimethylharnstoff
DIOP	Benzen-1,2-dicarbonsäuredi-iso-octylester
Diorthotolylguanidin	N,N'-Bis-(2-methylphenyl)guanidin
Diothene	Polyethylen
N,N'-Di-o-toluolethylendiamin	1,2-Di-[(2-methylphenyl)-amino]-ethan
Di-o-toluolthioharnstoff	2,2'-Dimethylthiocarbanilid
N,N'-Di-o-toluylguanidin	N,N'-Bis-(2-methylphenyl)guanidin
N,N'-Di-o-tolyl-benzen-1,4-diamin	N,N'-Di-(2-methylbenzen)-benzen-1,4-diamin
1,3-Di-o-tolylguanidin	N,N'-Bis-(2-methylphenyl)guanidin
Di-o-tolylguanidin	N,N'-Bis-(2-methylphenyl)guanidin
N,N'-Di-o-tolyl-p-phenylendiamin	N,N'-Di-(2-methylbenzen)-benzen-1,4-diamin
N,N'-Di-o-tolylthioharnstoff	2,2'-Dimethylthiocarbanilid
1,4-Dioxacyclohexan	1,4-Dioxan
[1,4]-Dioxan	1,4-Dioxan
Dioxan	1,4-Dioxan
p-Dioxan	1,4-Dioxan
2,5-Dioxo-dihydrofuran	cis-Butendisäureanhydrid
1,3-DIOXO-Phthalan	Benzen-1,2-dicarbonsäureanhydrid
1,3-Dioxophthalan	Benzen-1,2-dicarbonsäureanhydrid
p-Dioxybenzen	1,4-Dihydroxybenzen
1,4-Dioxybenzol	1,4-Dihydroxybenzen
Dioxydiphenylpropan	2,2-Bis-(4-hydroxyphenyl)-propan
Dioxyethylenether	1,4-Dioxan
Dipac	N,N-Di-(1-methylethyl)-2-benzothiazolsulfenamid
Dipac	N,N-Bis-(1-methylethyl)-2-benzothiazolsulfonamid

Gebräuchlicher Name Handelsname	Substanzname
Dipak	N,N-Bis-(1-methylethyl)-2-benzothiazolsulfonamid
Dipanol	1-Methyl-4-(1-methylethenyl)-cyclohexen
DIPDIS	Bis-(di-isopropyl)thiophosphoryldisulfid
Dipentamethylen-thiuram-disulfid	Bis-(piperidin-1-thiocarbonyl)-disulfid
Dipentamethylen-1-thiuram-hexasulfid	Bis-(piperidin-1-thiocarbonyl)hexasulfan
Dipentamethylenthiuramhexasulfid	Bis-(piperidin-1-thiocarbonyl)hexasulfan
Dipentamethylenthiurammonosulfid	Bis-(piperidin-1-carbothiosäure)-thioanhydrid
Dipentamethylenthiuramsulfid	Bis-(piperidin-1-carbothiosäure)-thioanhydrid
Dipentamethylenthiuramtetrasulfid	Bis-(piperidin-1-thiocarbonyl)-tetrasulfan
Di(1,2,2,6,6-pentamethyl-4-piperidyl)sebacat	Decandicarbonsäure-di-(1,2,2,6,6-pentamethyl-4-piperidinyl)-ester
Diphenane 70	2,2'-Methylenbis(4-chlorophenol)
Diphenol-di-(3-tert.-butyl-5-ethyl-2-hydroxyphenyl)methan	2,2'-Methylen-di-(6-(1,1-dimethylethyl)-4-ethyl-phenol
Diphenylamin	Diphenylamin
N,N-Diphenylamin	Diphenylamin
Diphenylamin-Aceton-Kondensationsprodukt	9,9-Dimethyl-9,10-dihydroaridin
Diphenylamin-Aceton-Kondensationsprodukt	Reaktionsprodukt aus Diphenylamin mit Propanon
Diphenylamin-Derivat	4-(1-Phenylethyl)-N-[4-(1-phenylethyl)phenyl]-benzenamin
1,4-Diphenylbenzol	1,4-Diphenylbenzen
N,N'-Diphenyl-1,4-benzoldiamin	N,N'-Diphenyl-benzen-1,4-diamin
N,N'-Diphenyl-benzol-1,4-diamin	N,N'-Diphenyl-benzen-1,4-diamin
1,3-Diphenylcarbamid	1,3-Diphenylharnstoff
Diphenyl-decyl-phosphit	Phosphorige Säure-decylesterdiphenylester
Diphenyl-diphenylmethan-p,p'-di-carbamat	4,4'-Methylendicarbanilinsäurediphenylester
1,5-Diphenyl-dithiobiuret	1,5-Diphenyl-2,4-dithiobiuret
Diphenylenimid	Diphenylenimin
Diphenylenmethan	Fluoren
N,N'-Diphenylethan-1,2-diamin	N,N'-Diphenyl-1,2-ethandiamin
N,N'-Diphenylethylendiamin	N,N'-Diphenyl-1,2-ethandiamin
1,3-Diphenylguanidin	N,N'-Diphenylguanidin
Diphenylguanidin	N,N'-Diphenylguanidin
1,3-Diphenylguanidin, sym.	N,N'-Diphenylguanidin
N,N-Diphenylharnstoff	1,3-Diphenylharnstoff
Diphenylketon	Diphenylmethanon
Diphenylkresylphosphat	Phosphorsäure-diphenyl-4-methyl-phenyl-ester
4,4'-Diphenylmethandiamin	Bis-(4,4'-aminophenyl)-methan
4,4'-Diphenylmethandiisocyanat	Diphenylmethan-4,4'-diisocyanat
Diphenylmethan-4,4'-diisocyanat	Diphenylmethan-4,4'-diisocyanat
Diphenylmethandiisocyanat	Diphenylmethan-4,4'-diisocyanat
Diphenylmethyldiisocyanat	Diphenylmethan-4,4'-diisocyanat
Diphenyl-4,4'-methylendicarbanilat	4,4'-Methylendicarbanilinsäurediphenylester
Diphenyl(methylen-di-4-phenylen)bis[carbamat]	4,4'-Methylendicarbanilinsäurediphenylester
Diphenyl(methylen-di-p-phenylen)dicarbamat	4,4'-Methylendicarbanilinsäurediphenylester
Diphenylnitrosamin	N-Nitroso-N-phenylbenzenamin
N,N-Diphenylnitrosamin	N-Nitroso-N-phenylbenzenamin
Diphenyl-N,N'-(methylen-bis-4-phenylen)di[carbamat]	4,4'-Methylendicarbanilinsäurediphenylester
Diphenyloctylphosphat	Phosphorsäure-n-octyl-diphenyltriester
Diphenyloxid-4,4'-disulfohydrazid	Diphenyloxid-4,4'-disulfonsäuredihydrazid
N,N'-Diphenyl-1,4-phenylendiamin	N,N'-Diphenyl-benzen-1,4-diamin
N,N'-Diphenyl-p-phenylendiamin	N,N'-Diphenyl-benzen-1,4-diamin

Gebräuchlicher Name Handelsname	Substanzname
Diphenylpropan	2,2-Bis-(4-hydroxyphenyl)-propan
N,N'-Diphenyl-1,3-propylendiamin	N,N'-Diphenyl-1,3-propandiamin
N,N'-Diphenylpropylendiamin	N,N'-Diphenyl-1,3-propandiamin
Diphenyl Schwarz	N-Phenyl-1,4-benzendiamin
Diphenylschwarz	N-Phenyl-1,4-benzendiamin
N,N'-Diphenylthiocarbamid	N,N'-Diphenylthiokohlensäurediamid
1,3-Diphenyl-2-thioharnstoff	N,N'-Diphenylthiokohlensäurediamid
Diphenylthioharnstoff	N,N'-Diphenylthiokohlensäurediamid
N,N'-Diphenyl-2-thioharnstoff	N,N'-Diphenylthiokohlensäurediamid
N,N'-Diphenylthioharnstoff	N,N'-Diphenylthiokohlensäurediamid
1,3-Diphenyl-2-thiourea	N,N'-Diphenylthiokohlensäurediamid
Diphenylthiourea	N,N'-Diphenylthiokohlensäurediamid
N,N'-Diphenylthiourea	N,N'-Diphenylthiokohlensäurediamid
s-Diphenylurea	1,3-Diphenylharnstoff
Dipiperidinthiuramtetrasulfid	Bis-(piperidin-1-thiocarbonyl)-tetrasulfan
Diporpylester-1,2-benzen-dicarboxylsäure	Benzen-1,2-dicarbonsäuredipropylester
DIPP-2	Bis(2-(1,1-dimethylethyl)-peroxypropyl-(2))-benzen
Di-2-propenyl-1,3-benzoldicarbonsäureester	Benzen-1,3-dicarbonsäure-di-2-propenylester
n-Dipropylmethan	Heptan
Dipropylnitrosamin	N-Nitrosodi-n-propylamin
Dipropylphthalat	Benzen-1,2-dicarbonsäuredipropylester
Diproxid	Thioperoxydicarbonsäurebis(1-methylethyl)ester
Di-p-toluoylperoxid	Bis-(1,4-methylbenzoyl)-peroxid
N,N'-Di-p-tolyl-p-phenylendiamin	N,N'-Di-4-tolyl-benzen-1,4-diamin
Diram	Dimethyldithiocarbaminsäure, Natriumsalz
Direx	3-(3,4-Dichlorphenyl)-1,1-dimethylharnstoff
N,N'-Disalicyliden-ethylen-diamin	1,2-Bis(2-hydroxybenzaldehydimin)-ethan
Disapol M	Polymethacrylsäuremethylester
N,N'-Di-sec.-butyl-benzen-1,4-diamin	N,N'-Bis-(1-methylpropyl)-1,4-phenylendiamin
N,N'-Di-sec-butyl-N,N'-dimethylbenzen-1,4-diamin	N,N'-Diethyl-N,N'-di-(methylpropyl)-p-phenylendiamin
N,N'-Di-sec.-butyl-p-phenylen-diamin	N,N'-Bis-(1-methylpropyl)-1,4-phenylendiamin
2,5-Di-sek.-butyl-3-decylhydrochinon	3-Decyl-2,5-bis-(1-methylpropyl)-1,4-dihydroxybenzen
2,5-Di-sek.-butyl-3-decyl-1,4-hydroxybenzen	3-Decyl-2,5-bis-(1-methylpropyl)-1,4-dihydroxybenzen
N,N'-Di-sek.-butyl-o-phenylendiamin	N,N'-Bis-(1-methylpropyl)benzol-1,2-diamin
N,N'-Di-sek.-butyl-o-phenylendiamin	N,N'-Bis-(1-methylpropyl)-1,2-benzendiamin
Di-sek.-octylphthalat	Benzen-1,2-dicarbonsäuredi-2-ethylhexylester
N,N'-Di-sek.-octyl-p-phenylendiamin	N,N'-Bis-(1-methylheptyl)-1,4-phenylendiamin
Disetil	Bis(thiomethansäurediethylamid)-disulfid
Disflammol TP	Phosphorsäuretriphenylester
Disflamoll DPK	Phosphorsäure-diphenyl-4-methyl-phenyl-ester
Disflamoll TKP	Phosphorsäuretrikresylester
Disflamoll TOF	Phosphorsäuretrioctylester
Disflamoll TOF	Phosphorsäure-tri-(2-ethylhexyl)-ester
Disflamoll TP	Phosphorsäuretriphenylester
Dispal	Aluminiumoxid
Dispal alumina	Aluminiumoxid
Dispal M	Aluminiumoxid
Disparit B	1,1,2-Trichlorethen
Disperol MB-61	Bis-(5-(1,1-dimethylethyl)-4-hydroxy-2-methylphenyl)-sulfid
Dispers Grün 87-3007	Kupferphthalocyanin, chloriert

Gebräuchlicher Name Handelsname	Substanzname
Dissolvand APU	2-(2-Hydroxyethyl)-ethanol
Disulfan	Bis(thiomethansäurediethylamid)-disulfid
2,2'-Disulfandiyl-bis-benzothiazol	Dibenzothiazyldisulfid
4,4'-Disulfandiyl-bis-morpholin	Bis-(N-oxydiethylen)disulfid
2,2'-(4,4'-Disulfandiyl-di-piperazin-1-yl)-bis-ethanol	Dithiobis(N-beta-hydroxyethyl-piperazin)
m-Disulfido-1,2-dithio-dicarbondsäurebis-dibutylamid	1,1'-Dithiobis-(N,N-dibutylmethanthioamid)
m-Disulfido-1,2-dithio-dicarbonsäure-bis-diethylamid	Bis(thiomethansäurediethylamid)-disulfid
m-Disulfido-1,2-dithio-dicarbonsäurebis-diethylamin	Bis(thiomethansäurediethylamid)-disulfid
Disulfido-1,2-dithiodicarbonsäure-bis-(N-methyl-anilid)	N,N'-Dimethyldiphenylthiuramdisulfid
m-Disulfido-1,2-dithio-diphosphorsäure-tetra-O-cyclohexylester	Bis(di-cyclohexyl)thiophosphoryldisulfid
Disulfiram	Bis(thiomethansäurediethylamid)-disulfid
Disulfuram	Bis(thiomethansäurediethylamid)-disulfid
Disulphiram	Bis(thiomethansäurediethylamid)-disulfid
2,5-Di-(tert.-amyl)hydrochinon	2,5-Di-(2,2-dimethylpropyl)-1,4-benzendiol
2,5-Di-tert.-amylhydrochinon	2,5-Di-(1,1-dimethylpropyl)-1,4-benzendiol
2,6-Di-tert.-butyl-alpha-dimethylamino-4-methylphenol	4-[(Dimethylamino)methyl]-2,6-bis-(1,1-dimethylethyl)hydroxybenzen
2,6-Di-tert.-butyl-alpha-dimethylamino-p-kresol	4-[(Dimethylamino)methyl]-2,6-bis-(1,1-dimethylethyl)hydroxybenzen
2,6-Di-tert.-butyl-alpha-methoxy-4-methylphenol	2,6-Di-(1,1-dimethylethyl)-4-methoxymethyl-hydroxybenzen
2,6-Di-tert.-butyl-alpha-methoxy-p-kresol	2,6-Di-(1,1-dimethylethyl)-4-methoxymethyl-hydroxybenzen
N,N'-Di-tert.-butyl-benzen-1,4-diamin	N,N'-Di-(1,1-dimethylethyl)-benzen-1,4-diamin
2,5-Di-tert.-butyl-benzen-1,4-diol	2,5-Di-(1,1-dimethylethyl)-1,4-dihydroxybenzen
6,6'-Di-tert.-butyl-4,4'-diethyl-2,2'-methylen	2,2'-Methylen-di-(6-(1,1-dimethylethyl)-4-ethyl-phenol
2,5-Di-tert.-butyl-1,4-dihydroxybenzen	2,5-Di-(1,1-dimethylethyl)-1,4-dihydroxybenzen
2,6-Di-tert.-butyl-4-dimethylamino-methylphenol	4-[(Dimethylamino)methyl]-2,6-bis-(1,1-dimethylethyl)hydroxybenzen
2,2'-Di-tert.-butyl-5,5-'dimethyl-4,4'-butyliden-di-phenol	1,1-Bis-(5-(1,1-dimethylethyl)-4-hydroxy-2-methyl-phenyl)-butan
6,6'-Di-tert.-butyl-4,4'-dimethyl-2,2'-methandiyl-di-phenol	2,2'-Methylen-bis[6-(1,1-dimethylethyl)-4-methylphenol]
6,6'-Di-tert.-butyl-4,4'-dimethyl-methandiyl-di-phenol	2,2'-Methylen-bis[6-(1,1-dimethylethyl)-4-methylphenol]
2,2'-Di-tert.-butyl-6,6'-dimethyl-4,4'-methandiyl-di-phenol	Bis-(3-methyl-4-hydroxy-5-(1,1-dimethylethyl)-phenyl)-methan
6,6'-Di-tert.-butyl-4,4'-dimethyl-2,2'-sulfandiyl-di-phenol	6,6'-Di-(1,1-dimethylethyl)-4,4'-dimethyl-2,2'-sulfandiyl-di-hydroxybenzen
2,2'-Di-tert.-butyl-5,5'-dimethyl-4,4'-sulfandiyl-di-phenol	Bis-(5-(1,1-dimethylethyl)-4-hydroxy-2-methylphenyl)-sulfid
2,6-Di-tert.-butyl-4-ethyl-phenyl	2,6-Bis(1,1-dimethylethyl)4-ethyl-hydroxybenzen
2,6-Di-tert.-butyl-hydrochinon	2,6-Di-(1,1-dimethylethyl)-1,4-dihydroxybenzen
2,5-Di-tert.-butylhydrochinon	2,5-Di-(1,1-dimethylethyl)-1,4-dihydroxybenzen
3,5-Di-tert.-butyl-4-hydroxy-benzylalkohol	3,5-Bis-(1,1-dimethylethyl)-4-hydroxybenzenmethanol

Gebräuchlicher Name Handelsname	Substanzname
3,5-Di-tert.-butyl-4-hydroxybenzylphosphorsäure-monoethylester, Nickelsalz	((3,5-Bis(1,1-dimethylethyl)-4-hydroxyphenyl)methyl)-phosphorsäure-monoethylester, Nickelsalz (2:1)
3,5-Di-tert.-butyl-4-hydroxyhydrozimtsäuretriester des 1,3,5-Tris(2-hydroxyethyl)-triazin-2,4,6-(1H,3H,5H)-trion	3-(3,5-Di-tert.-butyl-4-hydroxyphenyl)-propionsäure-2,2',2''-(2,4,6-trioxo-[1,3,5]triazin-1,3,5-triyl)-triethylester
2,6-Di-tert.-butyl-1-hydroxy-4-methylbenzen	2,6-Di-(1,1-dimethylethyl)-4-methylhydroxybenzen
3,5-Di-tert.-butyl-4-hydroxy-neopentantetraylhydrozimtsäureester	3,5-Bis-(1,1-dimethylethyl)-4-hydroxy-2,2-bis((3-(3,5-bis(1,1-dimethylethyl)-4-hydroxyphenyl)-1-oxopropoxy)methyl)-1,3-propandiyl-benzenpropansäureester
3-(3,5-Di-tert.-butyl-4-hydroxy-phenyl)-propionsäure-6-[3-(3,5-di-tert.-butyl-4-hydroxyphenyl)-propionyloxy]hexylester	3,5-Bis-(1,1-dimethylethyl)-4-hydroxy-benzenpropansäure-1,6-hexandiylester
3,5-Di-tert.-butyl-4-hydroxy, Tetraester mit Pentaerythritol	3,5-Bis-(1,1-dimethylethyl)-4-hydroxy-2,2-bis((3-(3,5-bis(1,1-dimethylethyl)-4-hydroxyphenyl)-1-oxopropoxy)methyl)-1,3-propandiyl-benzenpropansäureester
3,5-Di-tert.-butyl-4-hydroxytoluol	2,6-Di-(1,1-dimethylethyl)-4-methylhydroxybenzen
2,6-Di-tert.-butyl-4-methoxymethyl-phenol	2,6-Di-(1,1-dimethylethyl)-4-methoxymethyl-hydroxybenzen
6,6'-Di-tert.-butyl-2,2'-methylen-di-p-kresol	2,2'-Methylen-bis[6-(1,1-dimethylethyl)-4-methylphenol]
2,6-Di-tert.-butyl-4-methylhydroxybenzen	2,6-Di-(1,1-dimethylethyl)-4-methylhydroxybenzen
2,6-Di-tert.-butyl-4-methylphenol	2,6-Di-(1,1-dimethylethyl)-4-methylhydroxybenzen
2,6-Di-tert.-butyl-p-cresol	2,6-Di-(1,1-dimethylethyl)-4-methylhydroxybenzen
Di-(tert.-butyl)-peroxid	Bis-(1,1-dimethylethyl)peroxid
Di-tert.-butylperoxid	Bis-(1,1-dimethylethyl)peroxid
1,4-Di-tert.-butylperoxi-isopropyl-benzol	1,4-Bis-((1,1-dimethylethyl)peroxyisopropyl)benzen
2,5-Di-tert.-butylperoxy-2,5-dimethylhexan	2,5-Di-(1,1-dimethylethylperoxy)-2,5-dimethylhexan
Di-(2-tert.-butylperoxyisopropyl)-benzen	Bis(2-(1,1-dimethylethyl)-peroxypropyl-(2))-benzen
1,3-Di-(2-tert.-butylperoxy-isopropyl)benzol	Bis(2-(1,1-dimethylethyl)-peroxypropyl-(2))-benzen
Di-(2-tert.-butylperoxyisopropyl)-benzol	1,4-Bis-((1,1-dimethylethyl)peroxyisopropyl)benzen
4,4-Di-tert.-butylperoxy-n-butylvalerat	4,4-Bis-[(1,1-dimethylethyl)dioxyl]-pentansäurebutylester
1,1-Di-tert.-butylperoxy-3,3,5-trimethylcyclohexan	(3,3,5-Trimethylcyclohexyliden)-bis-(tert.-butylperoxid)
Di-tert.-butylphthalat	Benzen-1,2-dicarbonsäure-di-tert.-butylester
2,6-Di-tert.-butyl-p-kresol	2,6-Di-(1,1-dimethylethyl)-4-methylhydroxybenzen
2,6-Di-tert.-butyl-p-methylphenol	2,6-Di-(1,1-dimethylethyl)-4-methylhydroxybenzen
N,N'-Di-tert.-butyl-p-phenylendiamin	N,N'-Di-(1,1-dimethylethyl)-benzen-1,4-diamin
2,6-Di-tert.-butyl-p-quinon	2,6-Bis-(1,1-dimethylethyl)-2,5-cyclohexadien-1,4-dion

Gebräuchlicher Name Handelsname	Substanzname
Ditertiäres Butylperoxid, Konzentration <100 %	Bis-(1,1-dimethylethyl)peroxid
2,5-Di-tert.-pentylhydrochinon	2,5-Di-(1,1-dimethylpropyl)-1,4-benzendiol
4,4'-Di-tert.-pentyl-2,2'-sulfandiyl-di-phenol	2,2'-Thiobis[4-(1,1-dimethylpropyl)-1-hydroxybenzen
Ditetradecyl-3,3'-thiobispropionate	Thio-(prop-1-yl-3-säure-tetradecylester)-propan-3-säure-tetradecylester
Di-(2,2,6,6-tetramethyl-4-piperidyl)-sebacat	Decandicarbonsäure-di-(2,2,6,6-tetramethyl-4-piperidinyl)-ester
Dithiane A40	1,2-Ethandiylbiscarbamodithionsäure, Dinatriumsalz
Dithiane D14	1,2-Ethandiylbiscarbamodithionsäure, Dinatriumsalz
Dithincarb	Diethyldithiocarbamatsäure, Natriumsalz
Dithioazyldisulfid	Dibenzothiazyldisulfid
2,2'-Dithiobis(benzanilid)	Bis(2-benzaminophenyl)-disulfan
2,2'-Dithio-bis-(benzothiazol)	Dibenzothiazyldisulfid
2,2'-Dithiobisbenzothiazol	Dibenzothiazyldisulfid
alpha,alpha'-Dithiobis(dimethylthio)formamid	Bis-(dimethylthiocarbamoyl)-disulfid
1,1'-Dithiobis(4-methylpiperazin)	4,4'-Dimethyl-1,1'-disulfandiyl-bis-piperazin
4,4'-Dithiobismorpholin	Bis-(N-oxydiethylen)disulfid
Dithiobismorpholin	Bis-(N-oxydiethylen)disulfid
N,N'-Dithiobismorpholin	Bis-(N-oxydiethylen)disulfid
Dithiobis-(N-methylpiperazin)	4,4'-Dimethyl-1,1'-disulfandiyl-bis-piperazin
1,1'-Dithiobis(N,N-diethylthioformamid)	Bis(thiomethansäurediethylamid)-disulfid
4,4'-(Dithiocarbanothioyl)-bis(morpholin)	Bis(morpholin-4-carbonyl)-disulfan
Dithiocarbonsäure-O-ethylester, Kaliumsalz	Dithiokohlensäure-O-ethylester, Kaliumsalz
Dithiodicaprolactam	N,N'-Dithio-bis-hexahydro-2H-azepion-2
1,1'-Dithiodicarbaonthioylbis(4-methylpiperazin)	Bis-(4-methyl-piperazin-1-carbothioyl)-disulfan
N,N'-(Dithiodicarbonothioyl)bis(N-methylmethanamin)	Bis-(dimethylthiocarbamoyl)-disulfid
1,1'-(Dithiodicarbonothioyl)-bis(piperidin)	Bis-(piperidin-1-thiocarbonyl)-disulfid
1,1'-Dithiodi(4-methyl)-piperazin	4,4'-Dimethyl-1,1'-disulfandiyl-bis-piperazin
4,4'-Dithiodimorpholin	Bis-(N-oxydiethylen)disulfid
N,N'-(Dithiodi-2,1-phenylen)-bis-benzamid	Bis(2-benzaminophenyl)-disulfan
3,5-Dithio-heptandisäure-dibutylester	2,2'-[Methylenbis(thio)]bis-essigsäuredibutylester
4,4'-Dithiomorpholin	Bis-(N-oxydiethylen)disulfid
Dithiomorpholin	Bis-(N-oxydiethylen)disulfid
N,N'-Dithiomorpholin	Bis-(N-oxydiethylen)disulfid
2,5-Dithion-1,3,4-thiadiazolidin	2,5-Dimercapto-1,3,4-thiadiazol
1,3-Di-1-toluol-2-thioharnstoff	2,2'-Dimethylthiocarbanilid
Di-1,4-toluoylperoxid	Bis-(1,4-methylbenzoyl)-peroxid
1,2,-Ditolyethan	1,1'-(1,2-Ethandiyl)-bis-(4-methyl)-benzen
N,N'- Ditolyl-4-phenylendiamin	N,N'-Di-4-tolyl-benzen-1,4-diamin
DITP	Phthalsäuredi-iso-tridecylester
2,5-Di-t.-pentylhydrochinon	2,5-Di-(1,1-dimethylpropyl)-1,4-benzendiol
Diureax	3-(3,4-Dichlorphenyl)-1,1-dimethylharnstoff
Diuron	3-(3,4-Dichlorphenyl)-1,1-dimethylharnstoff
Divascol	2-Benzyl-4,5-dihydro-1H-imidazol
Divinyl	1,3-Butadien
1,3-Divinylbenzen, stabilisiert	Divinylbenzen
Divinylbenzen, stabilisiert	Divinylbenzen
1,3-Divinylbenzol, stabilisiert	Divinylbenzen
Divinylbutadien	1,3-Butadien

Gebräuchlicher Name Handelsname	Substanzname
Dixie	Kaolin
Dixie	Aktivkohle
Dixiecell	Aktivkohle
Dixie Clay	Kaolin
Dixiedensed	Aktivkohle
Dixitherm	Aktivkohle
Dixopak	Polyethylen
Dixylyl-disulfid	Bis-(dimethylphenyl)-disulfid
DL-alpha-Tocopherol	(2R-(2R*(4R*,8R*)))-3,4-Dihydro-2,5,7,8-tetramethyl-2-(4,8,12-trimethyltridecyl)-2H-1-benzopyran-6-ol
DL-Ethansäure-sec.-butylester	1-Methylpropylethanoat
DL-Ethansäure-sek.-butylester	1-Methylpropylethanoat
DL-4-Isopropenyl-1-methyl-1-cyclohexen	1-Methyl-4-(1-methylethenyl)-cyclohexen
dl-Limonen	1-Methyl-4-(1-methylethenyl)-cyclohexen
DLP	Polypropylen, isotaktisch
DLPDS	3-(3-Oxo-pentadecylsulfanyl)-propionsäuredidodecylester
dl-p-Menthal-8-dien	1-Methyl-4-(1-methylethenyl)-cyclohexen
DLSP	3-(3-Oxo-pentadecylsulfanyl)-propionsäuredidodecylester
DLT	4-Sulfo-heptandisäuredidodecylester
DLTDP	4-Sulfo-heptandisäuredidodecylester
DLTP	4-Sulfo-heptandisäuredidodecylester
DMBK	Dimethyldithiocarbaminsäure, Natriumsalz
DMDIS	Bis-(dimethyl)-thiophosphoryldisulfid
DMDJ 4309	Polyethylen
DMDJ 5140	Polyethylen
DMDJ 7008	Polyethylen
DMDS	Bis-(N-oxydiethylen)disulfid
DMEPD	N,N'-Di-(1,1-dimethylethyl)-benzen-1,4-diamin
DMF	N,N-Dimethylmethanamid
DMMTS	N,N-Dimethyl-S-(morpholin-4-carbothioyl)-thiohydroxylamin
DMN	N-Nitrosodimethylamin
DMNA	N-Nitrosodimethylamin
DMP	Benzen-1,2-dicarbonsäuredimethylester
DMPPD	N,N'-Bis-(1,4-dimethylpentyl)-benzen-1,4-diamin
DMTD	2,5-Dimercapto-1,3,4-thiadiazol
DMTD	Bis-(morpholin-4-thiocarbonyl)disulfid
DMTDP	Thio-(prop-1-yl-3-säure-tetradecylester)-propan-3-säure-tetradecylester
DMTT	3,5-Dimethyl-tetrahydro-2(H)-1,3,5-thiadiazin-2-thion
DN 4	Polychlorethen
DN 5	Polychlorethen
DNA	Hexandicarbonsäure-bis-nonylester
DNB	1,3-Dinitrobenzen
DNBDIS	Bis(di-n-butyl)thiophosphoryl-disulfid
DNODP	Benzen-1,2-dicarbonsäure-n-octyl-n-decylester
DNP	1,2-Benzendicarbonsäuredinonylester
DNP	N,N'-Di-2-naphthyl-benzen-1,4-diamin
DNPD	N,N'-Dinaphthalen-1-yl-benzen-1,4-diamin
DNPD	N,N'-Di-2-naphthyl-benzen-1,4-diamin

Gebräuchlicher Name Handelsname	Substanzname
DNPDIS	Thioperoxydiphosphorsäuretetrapropylester
DNPT	3,7-Dinitroso-1,3,5,7-tetraazabicyclo[3,3,1]nonan
DOA	Hexandicarbonsäure-bis-2-ethylhexylester
DOA	Hexandicarbonsäure-di-n-octylester
Dodecan	n-Dodecan
Dodecylbenzol	Dodecylbenzen
6-Dodecyl-1,2-dihydro-2,2,4-trimethylchinolin	1,2-Dihydro-6-dodecyl-2,2,4-trimethylchinolin
6-Dodecyl-1,2-dihydro-2,2,4-trimethylquinolin	1,2-Dihydro-6-dodecyl-2,2,4-trimethylchinolin
Dodecylhydrogensulfat, Natriumsalz	Schwefelsäuredodecylester, Natriumsalz
1-Dodecylmercaptan	1-Dodecanthiol
n-Dodecyl-mercaptan	1-Dodecanthiol
Dodecylnatriumsulfat	Schwefelsäuredodecylester, Natriumsalz
3-(2-Dodecyloxycarbonyl-ethansulfinyl)-propionsäuredodecylester	3-(3-Oxo-pentadecylsulfanyl)-propionsäuredidodecylester
3-(2-Dodecyloxycarbonyl-ethylsulfanyl)-propionsäuredodecylester	4-Sulfo-heptandisäuredidodecylester
Dodecylsäure	Dodecansäure
Dodecylschwefelsäure, Natriumsalz	Schwefelsäuredodecylester, Natriumsalz
Dodecylsulfat, Natriumsalz	Schwefelsäuredodecylester, Natriumsalz
n-Dodecylsulfatnatriumsalz	Schwefelsäuredodecylester, Natriumsalz
Dodekan	n-Dodecan
Doesulf L 95	Schwefel
DOF	trans-Butensäure-(2-ethylhexyl)-diester
Dolcymen	1-Methyl-4-isopropylbenzen
Dolumin	Ammoniumsulfat
DOM	(Z)-2-Butendicarbonsäure-di-(2-ethylhexyl)-ester
Domar	Calciumcarbonat
DOP	Benzen-1,2-dicarbonsäuredi-2-ethylhexylester
DOP	Benzen-1,2-dicarbonsäure-di-n-octylester
DOPD	N,N'-Bis-(1-ethyl-3-methylpentyl)-1,4-benzendiamin
DOPPD	N,N'-Bis-(1-methylheptyl)-1,4-phenylendiamin
doppelt kohlensaures Natron	Natriumhydrogencarbonat
Dora-C-500	L-(+)-Ascorbinsäure
Dorlyl	Polychlorethen
Dorvicide A	(1,1'-Biphenyl)-2-ol, Natriumsalz
DOS	Decandisäuredi-n-octylester
DOTG	N,N'-Bis-(2-methylphenyl)guanidin
Dotment 324	Aluminiumoxid
Dotment 358	Aluminiumoxid
DOTP	1,4-Benzendicarbonsäure-(2-ethylhexyl)-diester
Dow 209	Phenylethen-Butadien-Copolymer
Dow 234	Phenylethen-Butadien-Copolymer
Dow 460	Phenylethen-Butadien-Copolymer
Dow 620	Phenylethen-Butadien-Copolymer
Dow 680	Phenylethen-Butadien-Copolymer
Dow 816	Phenylethen-Butadien-Copolymer
Dowanol DB	Diethylenethandiolmonobutylether
Dowanol EB	2-Butoxyethanol
Dowanol EE	2-Ethoxyethanol
DOW Corning 200	Dimethylpolysiloxan
Dow corning Z-6020 silane	N-[3-(Trimethoxysilyl)propyl]-1,2-ethandiamin
Dow Dormant	Natriumpentachlorphenolat
Dowicide	(1,1'-Biphenyl)-2-ol, Natriumsalz

Gebräuchlicher Name Handelsname	Substanzname
Dowicide A	(1,1'-Biphenyl)-2-ol, Natriumsalz
Dowicide A & A flakes	(1,1'-Biphenyl)-2-ol, Natriumsalz
Dowicide GST	Natriumpentachlorphenolat
Dowizid A	(1,1'-Biphenyl)-2-ol, Natriumsalz
Dow latex 612	Phenylethen-Butadien-Copolymer
Dowlex	Poly(oxy-1,2-ethyandiyloxycarbonyl-1,4-phenylencarbonyl)
Dowlex film	Polyethylen
Dow-per	Tetrachlorethen
Dowtex TL 612	Phenylethen-Butadien-Copolymer
Dowtherm E	1,2-Dichlorbenzen
Dowtherm SR 1	Ethandiol
Dow-tri	1,1,2-Trichlorethen
DOZ	Nonandisäure-bis-[2-ethylhexylester]
DPA	Diphenylamin
DPCP	Phosphorsäure-diphenyl-4-methyl-phenyl-ester
DPG	N,N'-Diphenylguanidin
DPP	2,2-Bis-(4-hydroxyphenyl)-propan
DPPD	N,N'-Diphenyl-benzen-1,4-diamin
DPTS	Bis-(piperidin-1-thiocarbonyl)-tetrasulfan
DPTT	Bis-(piperidin-1-thiocarbonyl)-tetrasulfan
DPTT-40	Bis-(piperidin-1-thiocarbonyl)-tetrasulfan
DPTT	Bis-(piperidin-1-thiocarbonyl)hexasulfan
DPTU	N,N'-Diphenylthiokohlensäurediamid
DQDA 1868	Polyethylen
DQWA 0355	Polyethylen
"Dracyl"	Methylbenzen
Drawinol	1,1,2-Trichlorethen
Dreft	Schwefelsäuredodecylester, Natriumsalz
Drewplus T-4201	Erdöldestillat, paraffinisch, aliphatisch
Drewplus T-4500	Erdöldestillat, paraffinisch, aliphatisch
Drierite	Calciumsulfat
Drimix SR 206	Ethylenglykoldimethacrylat
Drometil	6-Acetamido-4-hydroxy-3-[(p-sulfoamidphenyl)-azo)]-2,7-naphthalindisulfonsäure, Dinatriumsalz
Drometrizol	2-(2H-Benzotriazol-2-yl)-4-methylhydroxybenzen
Drosel	Tetrachlorethen
Druckweiß	Bariumsulfat
Drupina 90	N,N-Dimethyldithiocarbaminsäure, Zinksalz
K 320 DS	Polyorthokieselsäure
DS 8620	Polypropylen, isotaktisch
DST 50	Phenylethen-Butadien-Copolymer
DST 75	Phenylethen-Butadien-Copolymer
DTBDIS	Thioperoxidiphosphorsäure-tetrakis(1,1-dimethylethyl)ester
DTBM	Bis-(N-oxydiethylen)disulfid
DTBP	Bis-(1,1-dimethylethyl)peroxid
DTBP	2,6-Di-(1,1-dimethylethyl)-4-methylhydroxybenzen
DTC	Diethyldithiocarbamatsäure, Natriumsalz
DTDB	Dithio-bis-(dibenzylamin)
DTDC	N,N'-Dithio-bis-hexahydro-2H-azepion-2
DTDM	Bis-(N-oxydiethylen)disulfid
DTEP	Dithiobis(N-beta-hydroxyethyl-piperazin)

Gebräuchlicher Name Handelsname	Substanzname
DTMP	4,4'-Dimethyl-1,1'-disulfandiyl-bis-piperazin
DTPD	N,N'-Di-4-tolyl-benzen-1,4-diamin
Duivexol	1,3,5,7-Tetraazatricyclo-(3.3.1.1(3,7))-decan
Dukeron	1,1,2-Trichlorethen
DULL 704	Poly(imino(1-oxo-1,6-hexandiyl))
Duodex	2-Benzothiazolthiol, Natriumsalz
Duoscorb	L-(+)-Ascorbinsäure
Duplex Red Lake C20-5925	Pigment Rot 53:1 (C.I. 15585:1)
Dupon 4472	Bis(thiomethansäurediethylamid)-disulfid
Duponal	Schwefelsäuredodecylester, Natriumsalz
Duponal WAQE	Schwefelsäuredodecylester, Natriumsalz
Duponol	Schwefelsäuredodecylester, Natriumsalz
Duponol C	Schwefelsäuredodecylester, Natriumsalz
Duponol ME	Schwefelsäuredodecylester, Natriumsalz
Duponol methyl	Schwefelsäuredodecylester, Natriumsalz
Duponol QX	Schwefelsäuredodecylester, Natriumsalz
Duponol WA	Schwefelsäuredodecylester, Natriumsalz
Duponol WA Dry	Schwefelsäuredodecylester, Natriumsalz
Duponol WAQ	Schwefelsäuredodecylester, Natriumsalz
Duponol WAQA	Schwefelsäuredodecylester, Natriumsalz
Duponol WAQE	Schwefelsäuredodecylester, Natriumsalz
Duponol WAQM	Schwefelsäuredodecylester, Natriumsalz
Dupont fungicide 4472	Bis(thiomethansäurediethylamid)-disulfid
Du Pont Gasoline Antioxidant 22	N,N'-Bis-(1-methylpropyl)-1,4-phenylendiamin
Duprene	Poly-1-chlorbutadien
Durad	Phosphorsäuretrikresylester
Duradene	Phenylethen-Butadien-Copolymer
Durad MP 280	Triarylphosphat, isopropyliert
Dural	Aluminiumoxid
Duramite	Calciumcarbonat
Duran	3-(3,4-Dichlorphenyl)-1,1-dimethylharnstoff
Duranit	Phenylethen-Butadien-Copolymer
Duranit 40	Phenylethen-Butadien-Copolymer
Duran MP 280	Triarylphosphat, isopropyliert
Duratint Green 1001	Kupferphthalocyanin, chloriert
Durax	N-Cyclohexyl-2-benzothiazolsulfenamid
Durcal 10	Calciumcarbonat
Durcal 40	Calciumcarbonat
Durcal C 640305	Calciumcarbonat
Durcal 2 NH	Calciumcarbonat
Durethan	Hexansäure-w-lactam
Durethan BK	Poly(imino(1-oxo-1,6-hexandiyl))
Durethan BK 30S	Poly(imino(1-oxo-1,6-hexandiyl))
Durethan BKV 30H	Poly(imino(1-oxo-1,6-hexandiyl))
Durethan BKV 55H	Poly(imino(1-oxo-1,6-hexandiyl))
Durex	Aktivkohle
Durex O	Aktivkohle
Durex O powder	Aktivkohle
Durex O Pulver	Aktivkohle
Durez 22761	1,2-Benzendicarbonsäure-di-2-propenyl-ester
Durez 24776	1,2-Benzendicarbonsäure-di-2-propenyl-ester
Durez SI-75	1,2-Benzendicarbonsäure-di-2-propenyl-ester
Durofol P	Polychlorethen
Durosil	Silicium(IV)-oxid
Dusantox IPPD	N-(1-Methylethyl)-N'-phenyl-benzen-1,4-diamin

Gebräuchlicher Name Handelsname	Substanzname
Dusantox 6PPD	N-(1,3-Dimethylbutyl)-N'-phenyl-1,4-benzendiamin
Duslin P	N-(Cyclohexylthio)-phthalimid
Dutch liquid	1,2-Dichlorethan
Dutrex 729	Mineralöl, Petroleumextrakt, schwere naphthenische Destillatlösung
DV 400	Polymethacrylsäuremethylester
DVB	Divinylbenzen
DVB 100	Divinylbenzen
DVB 22	Divinylbenzen
DVB 27	Divinylbenzen
DVB 55	Divinylbenzen
DVB 80	Divinylbenzen
DXM 100	Polyethylen
Dyall	Polyethylen
Dylan	Polyethylen
Dylan super	Polyethylen
Dylan WPD 205	Polyethylen
DYMEX	1-Phenylethanon
Dynadur	Polychlorethen
Dynasylan MEMD	2-Methyl-2-propensäure-(3-trimethoxysilylpropyl)-ester
Dynatri	1,1,2-Trichlorethen
DYNH	Polyethylen
DYNK 2	Polyethylen
Dyphene 8318	Octylphenolharz
Dyphos	Phosphonsäure, Bleisalz
Dythal	1,2-Benzendicarboxylato(2-)-oxodiblei
E 270	D-(-)-2-Hydroxypropansäure
E 321	2,6-Di-(1,1-dimethylethyl)-4-methylhydroxybenzen
E 172	Eisen(II,III)-oxid
E 153	Aktivkohle
E 171	Titandioxid
E 470	Octadecansäure, Calciumsalz
E 170	Calciumcarbonat
E 572	Octadecansäure, Magnesiumsalz
E 570	Octadecansäure
E 270	(±)2-Hydroxypropansäure
J-Z-E	N,N'-Diphenyl-benzen-1,4-diamin
E 330	2-Hydroxy-1,2,3-propantricarbonsäure
E 130	6,15-Dihydro-5,9,14,18-antrazintetron
E 62	Polychlorethen
E 66	Polychlorethen
K 55E	Phenylethen-Butadien-Copolymer
E 440 a	Pektin
E 461	Methylcellulose
E 736	4,4'-Thio-bis-(6-1,1-dimethylethyl-2-methylhydroxybenzen)
Eagle germantown	Aktivkohle
Eaklite	Calciumsilikat
Eastman TXIB	1-(Methylethyl)-2,2-dimethyltrimethylen-(2-methylpropyl)säureester
Eastobond L 8080-270A	Polypropylen, isotaktisch
Eastobond M 3	Polypropylen, isotaktisch

Gebräuchlicher Name Handelsname	Substanzname
Eastobond M 5	Polypropylen, isotaktisch
Eastobond M 5H	Polypropylen, isotaktisch
Eastozone 34	N-(1-Methylethyl)-N'-phenyl-benzen-1,4-diamin
Eastozone 31	N,N'-Bis-(1-ethyl-3-methylpentyl)-1,4-benzendiamin
Eastozone 32	N,N'-Diethyl-N,N'-di-(methylpropyl)-p-phenylendiamin
EB	Ethylbenzen
EC	6-Ethoxyl-1,2-dihydro-2,2,4-trimethy-chinolin
Ecepolen	Polyethylen
echtes Zitronenchrom	Bleisulfochromat
Echt-Orange F2G	4,4'-[(3,3'-Dichlor[1,1'-biphenyl]-4,4'-diyl)bis(azo)]-bis[2,4-dihydro-5-methyl-2-(4-methylphenyl)]-3H-pyrazol-3-on
EDA	1,2-Diaminoethan
1,2-EDC	1,2-Dichlorethan
Edenox	Octadecansäure
Edetinsäure	Ethylendiamintetraessigsäure
Edistir RB 268	Phenylethen-Butadien-Copolymer
EDMA	Ethylenglykoldimethacrylat
EDMA DL 75	Ethylenglykoldimethacrylat
EDTA	Ethylendiamintetraessigsäure
Effemoll DOA	Hexandicarbonsäure-bis-2-ethylhexylester
EFK	N,N-Ethyl-phenyldithiocarbaminsäure, Zinksalz
EG	Ethandiol
EG 0	Graphit
Egg Albumin	Albumin
EGRI M 5	Calciumcarbonat
Ehagam H	1,3,5,7-Tetraazatricyclo-(3.3.1.1(3,7))-decan
Eisenglimmer	Eisen(III)-oxid
Eisen-(III)-oxidhydrat	Eisenoxidhydroxid
Eisen(III)oxid, hydriert	Eisenoxidhydroxid
Eisen(III)-oxid, rot	Eisen(III)-oxid
Eisen(III)-oxid, transparent	Eisen(III)-oxid
Eisenmanganbraun	Eisen(III)-oxid
Eisen-Orangegelb	Cadmiumsulfid
Eisenoxid	Eisen(II,III)-oxid
Eisenoxidbraun	Eisen(III)-oxid
Eisenoxid, colloidol	Eisen(III)-oxid
Eisenoxid Rot 2996	Eisen(III)-oxid
Eisenoxidrot	Eisen(III)-oxid
Eisenoxid, wasserfrei	Eisen(III)-oxid
Eisentriacetylacetonat	Eisenacetylacetonat
Eisen-Zitronengelb	Cadmiumsulfid
Eisessig	Ethansäure
Eiweiß	Bariumsulfat
Ekadur	Polychlorethen
Ekagam	N-Cyclohexyl-2-benzothiazolsulfenamid
Ekagom TB	Bis-(dimethylthiocarbamoyl)-disulfid
Ekagom TEDS	Bis(thiomethansäurediethylamid)-disulfid
Ekaland CBS-c (98 %)	N-Cyclohexyl-2-benzothiazolsulfenamid
Ekaland CDBC	Dibutyldithiocarbaminsäure, Kupfersalz
Ekaland DOTG-c	N,N'-Bis-(2-methylphenyl)guanidin
Ekaland DPG	N,N'-Diphenylguanidin
Ekaland DPPD	N,N'-Diphenyl-benzen-1,4-diamin

Gebräuchlicher Name Handelsname	Substanzname
Ekaland DTDM PD	Bis-(N-oxydiethylen)disulfid
Ekaland MBS	4-(Benzothiazol-2-sulfonyl)-morpholin
Ekaland NDBC-c	N,N-Dibutyldithiocarbaminsäure, Nickelsalz
Ekaland ZDBC-c	Dibutyldithiocarbaminsäure, Zinksalz
Ekaland ZDEC-c	N,N-Diethyldithiocarbaminsäure, Zinksalz
Ekaland ZEPC	N,N-Ethyl-phenyldithiocarbaminsäure, Zinksalz
Ekalant MBTS-c	Dibenzothiazyldisulfid
Ekalit	Polychlorethen
Ekavyl SD 2	Polychlorethen
Ekavyl SDF 58	Polychlorethen
Ekavyl SK64	Polychlorethen
Ekavyl SK66	Polychlorethen
Ekogam C	2-Benzothiazolthiol
Ektasolve DB	Diethylenethandiolmonobutylether
EL 60	1,3-Bis-[(2-benzothiazolylthio)-methyl]-harnstoff
Elainsäure	cis-Octadec-9-ensäure
Elaldehyd	Ethanal
Elaol	Benzen-1,2-dicarbonsäuredi-n-butylester
Elastomag	Magnesiumoxid
Elastopar	N-Methyl-N,4-dinitrosobenzenamin
Elastopax	N-Methyl-N,4-dinitrosobenzenamin
Elastozone	N,N'-Bis-(1-methylheptyl)-1,4-phenylendiamin
Elastozone 30	N,N'-Bis-(1-methylheptyl)-1,4-phenylendiamin
Elastozone 33	N,N'-Bis-(1,4-dimethylpentyl)-benzen-1,4-diamin
Elayl	Ethen
Elaylchlorid	1,2-Dichlorethan
Elaylgas	Ethen
Eldopaque	1,4-Dihydroxybenzen
Eldoquin	1,4-Dihydroxybenzen
Eledtrox 2500	Zinkoxid
Elektrographit	Graphit
ELF	Aktivkohle
Elftex	Aktivkohle
Eljon Lake Red C	Pigment Rot 53:1 (C.I. 15585:1)
Eljon rubine BS	Pigment Rot 48:1 (C.I. 15865:1)
Elkon Fast Yellow GR	Pigment Gelb 13 (C.I. 21100)
ELO	Leinöl, epoxidiert
Elosal	Schwefel
Elpon	Polypropylen, isotaktisch
EL Rexene PP 115	Polypropylen, isotaktisch
Eltex	Polyethylen
Eltex 6037	Polyethylen
Eltex A 1050	Polyethylen
Elvacite	Polymethacrylsäuremethylester
Elvacite 2008	Polymethacrylsäuremethylester
Elvacite 2009	Polymethacrylsäuremethylester
Elvacite 2010	Polymethacrylsäuremethylester
Elvacite 2021	Polymethacrylsäuremethylester
Elvacite 2041	Polymethacrylsäuremethylester
Elvacite 6011	Polymethacrylsäuremethylester
Elvacite 6012	Polymethacrylsäuremethylester
Elvacite 2044	2-Methylpropen-1-säure-3-butylester
Elvacite 2045	2-Methylpropen-1-säure-3-butylester
Elvacite 2046	2-Methylpropen-1-säure-3-butylester

Gebräuchlicher Name Handelsname	Substanzname
Elvanol	Polyvinylalkohol
Elvanol 50-42	Polyvinylalkohol
Elvanol 52-22	Polyvinylalkohol
Elvanol 522-22	Polyvinylalkohol
Elvanol 70-05	Polyvinylalkohol
Elvanol 71-30	Polyvinylalkohol
Elvanol 90-50	Polyvinylalkohol
Elvanol 73125G	Polyvinylalkohol
Elvax	Ethylen-Vinylacetat-Copolymer
EM 490	Polypropylen, isotaktisch
EMAL 10	Schwefelsäuredodecylester, Natriumsalz
EMAL O	Schwefelsäuredodecylester, Natriumsalz
Emanay zinc oxide	Zinkoxid
EMAR	Zinkoxid
Emarweiß	Zinkoxid
Emathlite	Kaolin
Embal Talc	Magnesiumsilikat
Embanox BHT BP	2,6-Di-(1,1-dimethylethyl)-4-methylhydroxybenzen
Emersal 6400	Schwefelsäuredodecylester, Natriumsalz
Emersol 210	cis-Octadec-9-ensäure
Emersol 213	cis-Octadec-9-ensäure
Emersol 140	Hexadecansäure
Emersol 143	Hexadecansäure
Emersol 120	Octadecansäure
Emersol 132	Octadecansäure
Emery 400	Octadecansäure
Emery 786	Pech
Emipherol	(2R-(2R*(4R*,8R*)))-3,4-Dihydro-2,5,7,8-tetramethyl-2-(4,8,12-trimethyltridecyl)-2H-1-benzopyran-6-ol
Emkapol 150	alpha-Hydro-w-hydroxypoly-(oxy-1,2-ethandiyl)
Emkapol 200	alpha-Hydro-w-hydroxypoly-(oxy-1,2-ethandiyl)
Emkapol 4200	alpha-Hydro-w-hydroxypoly-(oxy-1,2-ethandiyl)
Empicol LPZ	Schwefelsäuredodecylester, Natriumsalz
Empicol LS 30	Schwefelsäuredodecylester, Natriumsalz
Empicol LX 28	Schwefelsäuredodecylester, Natriumsalz
EMQ	6-Ethoxyl-1,2-dihydro-2,2,4-trimethy-chinolin
Emsorb 2510	Hexadecylsäure-sorbitylester
Emtal	Magnesiumsilikathydrat
Emtal 500	Magnesiumsilikathydrat
Emtal 549	Magnesiumsilikathydrat
Emtal 596	Magnesiumsilikathydrat
Emtal 599	Magnesiumsilikathydrat
Emulsifier No. 104	Schwefelsäuredodecylester, Natriumsalz
Enamel Weiß	Bariumsulfat
ENB EPDM	Ethylen-Propylen-Ethyliden-Norbornen
Encelac A Rot 2817	Eisen(III)-oxid
Encelac Gelb 1523	Bleisulfochromat
Encelac Grün 8680	Kupferphthalocyanin, chloriert
Encelack Schwarz 0059	Aktivkohle
Encelac Rot 3396	Eisen(III)-oxid
Encelac Schwarz 0054	Aktivkohle
Enceprint Gelb 1351	Pigment Gelb 13 (C.I. 21100)
Enceprint Rubin 4565	Pigment Rot 57:1 (C.I. 15850:1)

Gebräuchlicher Name Handelsname	Substanzname
Enceprint Scharlach 3700	Pigment Rot 48:1 (C.I. 15865:1)
Endo	Bis-pentachlorthiophenol, Zinksalz
Endo E	(2R-(2R*(4R*,8R*)))-3,4-Dihydro-2,5,7,8-tetramethyl-2-(4,8,12-trimethyltridecyl)-2H-1-benzopyran-6-ol
(2,5-Endomethylen-cyclohexen-(3)-ylidenmethyl)-4-hexylether	5-Hexyloxymethylen-bicyclo-[2,2,1]-hept-2-en
Endo-Paractol	Dimethylpolysiloxan
Enerflex 84	Mineralöl, Petroleumextrakt, schwere naphthenische Destillatlösung
Enerpar 20	Paraffin, C10-C13
Enjay CD 392	Polypropylen, isotaktisch
Enjay CD 460	Polypropylen, isotaktisch
Enjay CD 490	Polypropylen, isotaktisch
Enjay E 117	Polypropylen, isotaktisch
Enjay E 11S	Polypropylen, isotaktisch
Enkalon	Poly(imino(1-oxo-1,6-hexandiyl))
ENT 25	Kieselsäure, pyrogen
ENT 550	Kieselsäure, pyrogen
ENT 1860	Tetrachlorethen
ENT 26,538	N-(Trichlormethylthio)-4-cyclohexen-1,2-dicarboximid
ENT 987	Bis-(dimethylthiocarbamoyl)-disulfid
ENT 988	N,N-Dimethyldithiocarbaminsäure, Zinksalz
ENT 1	Natriumhexafluorosilikat
ENT 1000	alpha-Hydro-w-hydroxypoly-(oxy-1,2-ethandiyl)
ENT 27,340	Bis(thiomethansäurediethylamid)-disulfid
EO	Epoxyethan
EO/PO-butylether	Butylpolyether
EO/PO-Copolymermonobutylether	Butylpolyether
103EP8	Polychlorethen
EP 160	Polyvinylalkohol
Epcar EPM	Ethylen-Propylen-Copolymer
EPDM	Ethylen-Propylen-Dicyclopentadien-Terpolymer
EPDM	Ethylen-Propylen-Ethyliden-Norbornen
EPDM	Ethylen-Propylen Terpolymer (maleic modifiziert)
EPDM	Ethylen-Propylen-Copolymer
Ephorran	Bis(thiomethansäurediethylamid)-disulfid
Epichlorhydrin	Epoxychlorpropan
Epichlorhydrin-Ethylenoxid-Copolymer	Chloromethyloxiran, Polymer mit Oxiran
Epicure DDM	Bis-(4,4'-aminophenyl)-methan
Epikure DDM	Bis-(4,4'-aminophenyl)-methan
EPJ	Epoxychlorpropan
EPM	Ethylen-Propylen-Copolymer
Epolene C	Polyethylen
Epolene C 10	Polyethylen
Epolene C 11	Polyethylen
Epolene E	Polyethylen
Epolene E 10	Polyethylen
Epolene E 12	Polyethylen
Epolene M 5H	Polypropylen, isotaktisch
Epolene M 5K	Polypropylen, isotaktisch
Epolene M 5W	Polypropylen, isotaktisch
Epolene N	Polyethylen

Gebräuchlicher Name Handelsname	Substanzname
Eponoc B	N-(2-Methylphenyl)-imidodicarbonimiddiamid
epoxidiertes Propylglykoldioleat	(Z)9-Octadecensäurepropylenglykolester, epoxidiert
1,2-Epoxy-3-chlorpropan	Epoxychlorpropan
1,2-Epoxyethan	Epoxyethan
1,2-Epoxypropan	Propan-1,2-epoxid
1,2-Epoxypropan, stabilisiert	Propan-1,2-epoxid
EPR	Ethylen-Propylen-Copolymer
Eprolin	(2R-(2R*(4R*,8R*)))-3,4-Dihydro-2,5,7,8-tetramethyl-2-(4,8,12-trimethyltridecyl)-2H-1-benzopyran-6-ol
Epsilan	(2R-(2R*(4R*,8R*)))-3,4-Dihydro-2,5,7,8-tetramethyl-2-(4,8,12-trimethyltridecyl)-2H-1-benzopyran-6-ol
epsilon-Caprolactam	Hexansäure-w-lactam
epsilon-Caprolactam polymer	Poly(imino(1-oxo-1,6-hexandiyl))
epsilon-Caprolactam-Polymer	Poly(imino(1-oxo-1,6-hexandiyl))
Eptac 1	N,N-Dimethyldithiocarbaminsäure, Zinksalz
EQ	6-Ethoxyl-1,2-dihydro-2,2,4-trimethy-chinolin
Erdharz	Bitumen
Erdöl	Benzin 140 - 300
Erdpech	Bitumen
Ergoplast ADDO	Hexandicarbonsäure-bis-2-ethylhexylester
Ergoplast.fdc	Benzen-1,2-dicarbonsäuredicyclohexylester
Ergoplast FDO: Eviplast 80	Benzen-1,2-dicarbonsäuredi-2-ethylhexylester
Ertalon	Hexansäure-w-lactam
Ertalon 6SA	Poly(imino(1-oxo-1,6-hexandiyl))
Erythrene	1,3-Butadien
ES 685	Tris-(2,3-dibromopropyl)-phosphat
Escambia 2160	Polychlorethen
Escambia 2200	Polychlorethen
Escon 622	Polypropylen, isotaktisch
Escon CD 44A	Polypropylen, isotaktisch
Escon EX 375	Polypropylen, isotaktisch
Escothen	1,1,1-Trichlorethan
ESEN	Benzen-1,2 dicarbonsäureanhydrid
Eskalon 100	Calciumcarbonat
Eskalon 1500	Calciumcarbonat
Eskalon 200	Calciumcarbonat
Eskalon 400	Calciumcarbonat
Eskalon 800	Calciumcarbonat
ESO	Sojabohnenöl, epoxidiert
Esorb	(2R-(2R*(4R*,8R*)))-3,4-Dihydro-2,5,7,8-tetramethyl-2-(4,8,12-trimethyltridecyl)-2H-1-benzopyran-6-ol
Espenal	Bis(thiomethansäurediethylamid)-disulfid
Esperal	Bis(thiomethansäurediethylamid)-disulfid
Esperox 10	Perbenzoesäure-1,1-dimethylethylester
Espiritin	L-(+)-2-Hydroxypropansäure
Essex	Aktivkohle
Essigessenz	Ethansäure
Essigester	Ethansäureethylester
Essigether	Ethansäureethylester
Essiggeist	2-Propanon
Essignaphtha	Ethansäureethylester

Gebräuchlicher Name Handelsname	Substanzname
Essigsäure	Ethansäure
Essigsäurealdehyd	Ethanal
Essigsäureammoniumsalz	Ammoniumacetat
Essigsäure-1-butoxyester	Ethansäurebutylester
Essigsäure-1-butylester	Ethansäurebutylester
Essigsäurebutylester	Ethansäurebutylester
Essigsäureethenylester, Polymer mit Ethen	Ethylen-Vinylacetat-Copolymer
Essigsäureether	Ethansäureethylester
Essigsäureethylester	Ethansäureethylester
Essigsäuremethylester	Ethansäuremethylester
Essigsäure-n-butylester	Ethansäurebutylester
Essigsaures Butyl	Ethansäurebutylester
Essigsäure-sec.-butylester	1-Methylpropylethanoat
essigsaures Ethyl	Ethansäureethylester
essigsaures Ethyloxid	Ethansäureethylester
Essigsäurevinylester	Ethansäureethenylester
Essofungicide 406	N-(Trichlormethylthio)-4-cyclohexen-1,2-dicarboximid
Estar	Poly(oxy-1,2-ethyandiyloxycarbonyl-1,4-phenylencarbonyl)
Estol 1550	Benzen-1,2-dicarbonsäurediethylester
Estrofol	Poly(oxy-1,2-ethyandiyloxycarbonyl-1,4-phenylencarbonyl)
Estrofol B	Poly(oxy-1,2-ethyandiyloxycarbonyl-1,4-phenylencarbonyl)
Estrofol Ow	Poly(oxy-1,2-ethyandiyloxycarbonyl-1,4-phenylencarbonyl)
Etabus	Bis(thiomethansäurediethylamid)-disulfid
Etamican	(2R-(2R*(4R*,8R*)))-3,4-Dihydro-2,5,7,8-tetramethyl-2-(4,8,12-trimethyltridecyl)-2H-1-benzopyran-6-ol
Etavit	(2R-(2R*(4R*,8R*)))-3,4-Dihydro-2,5,7,8-tetramethyl-2-(4,8,12-trimethyltridecyl)-2H-1-benzopyran-6-ol
Etazin	N,N-Diethyldithiocarbaminsäure, Zinksalz
ETBP	Bis(diethyl)thiophosphoryldisulfid
Ethaldiamin	1,2-Diaminoethan
Ethanal	Ethanal
1,2-Ethandiamin	1,2-Diaminoethan
Ethan-1,2-dicarbonsäure	Butandisäure
1,2-Ethandichlorid	1,2-Dichlorethan
1,2-Ethandiol	Ethandiol
Ethandiol-1,2	Ethandiol
1,2-Ethandioldimethacrylat	Ethylenglykoldimethacrylat
1,2-Ethandiol-Homopolymer	alpha-Hydro-w-hydroxypoly-(oxy-1,2-ethandiyl)
N,N'-1,2-Ethandiyl-bis(N-(carboxymethyl)-glycin	Ethylendiamintetraessigsäure
2,2'-[1,2-Ethandiylbis(nitrilomethylidyn)]bisphenol	1,2-Bis(2-hydroxybenzaldehydimin)-ethan
2,2'-(Ethandiylbis(oxy))-bis-ethanol	1,2-Bis-[2-methacryloyl-oxy-ethoxy]-ethan
1,2-Ethandiylbis(oxy-2,1-ethandiyl)ester	1,2-Bis-[2-methacryloyl-oxy-ethoxy]-ethan
Ethanepoxid	Epoxyethan
Ethanolamin	2-Aminoethanol
ß-Ethanolamin	2-Aminoethanol

Gebräuchlicher Name Handelsname	Substanzname
Ethanox 330	[(2,4,6-Trimethyl-1,3,5-benzentriyl)tris(methylen)]-4,4',4''-tris[2,6-di(1,1-dimethylethyl]-hydroxybenzen
Ethanox 736	4,4'-Thio-bis-(6-1,1-dimethylethyl-2-methylhydroxybenzen)
Ethansäure-n-butylester	Ethansäurebutylester
Ethasan	N,N-Diethyldithiocarbaminsäure, Zinksalz
Ethazate	N,N-Diethyldithiocarbaminsäure, Zinksalz
Ethazate 50-D	N,N-Diethyldithiocarbaminsäure, Zinksalz
Ethenglycol-Homopolymer	alpha-Hydro-w-hydroxypoly-(oxy-1,2-ethandiyl)
Ethenol, Homopolymer (9Cl)	Polyvinylalkohol
Ethenoxid	Epoxyethan
Ethenpolymer	Polyethylen
Ethenylacetat	Ethansäureethenylester
Ethenylbenzen	Phenylethen
Ethenylbenzen, Polymer mit 1,3-Butadien (9Cl)	Phenylethen-Butadien-Copolymer
Ethenylbenzol	Phenylethen
Ethenylmethylbenzen	Ethenylmethylbenzen
1-Ethenyl-2-methyl-benzen	1-Ethenyl-2-methylbenzen
Ethenyltrimethoxysilan	Trimethoxyvinylsilan
Etherin	Ethen
Etherin	Polyethylen
Etherinchlorid	1,2-Dichlorethan
Etherol E	Polyethylen
Ethex	N,N-Diethyldithiocarbaminsäure, Zinksalz
Ethinyltrichlorid	1,1,2-Trichlorethen
Ethiurac	Bis(thiomethansäurediethylamid)-disulfid
Ethocel	Ethylcellulose
Ethoxychin	6-Ethoxyl-1,2-dihydro-2,2,4-trimethy-chinolin
Ethoxyethanol	2-Ethoxyethanol
2-Ethoxyethylalkohol	2-Ethoxyethanol
1-Ethoxy-2-hydroxy-ethan	2-Ethoxyethanol
Ethoxylsäure	Ethansäure
Ethoxyquin	6-Ethoxyl-1,2-dihydro-2,2,4-trimethy-chinolin
6-Ethoxy-2,2,4-trimethyl-1,2-dihydro-chinolin	6-Ethoxyl-1,2-dihydro-2,2,4-trimethy-chinolin
Ethyl 702	Bis-(3,5-di-(1,1-dimethylethyl)-4-hydroxyphenyl)-methan
Ethyl 330	[(2,4,6-Trimethyl-1,3,5-benzentriyl)tris(methylen)]-4,4',4''-tris[2,6-di(1,1-dimethylethyl]-hydroxybenzen
Ethyl 736	4,4'-Thio-bis-(6-1,1-dimethylethyl-2-methylhydroxybenzen)
Ethylac	N,N-Dimethyl-2-benzothiazolcarbothioamid
Ethylac	Diethyl-dithiocarbaminsäurebenzothiazol-2-yl-ester
Ethylacetat	Ethansäureethylester
Ethylacetoacetat	3-Oxobutansäureethylester
Ethylacetylactat	3-Oxobutansäureethylester
Ethylacrylat	2-Propensäureethylester
Ethylaldehyd	Ethanal
Ethylalkohol	Ethanol
2-Ethylamino-4-diethylamino-6-mercapto-5-triazin	4-Diethylamino-6-ethylamino-14-(1,3,5)triazin-2-thiol
Ethyl Antinox 702	Bis-(3,5-di-(1,1-dimethylethyl)-4-hydroxyphenyl)-methan

Gebräuchlicher Name Handelsname	Substanzname
Ethyl Antioxidans 754	3,5-Bis-(1,1-dimethylethyl)-4-hydroxybenzenmethanol
Ethyl Antioxidans 720	Bis-(3-methyl-4-hydroxy-5-(1,1-dimethylethyl)-phenyl)-methan
Ethyl Antioxidant 330	[(2,4,6-Trimethyl-1,3,5-benzentriyl)tris(methylen)]-4,4',4''-tris[2,6-di(1,1-dimethylethyl]-hydroxybenzen
Ethylantioxidant 736	4,4'-Thio-bis-(6-1,1-dimethylethyl-2-methylhydroxybenzen)
Ethyl Antioxydans 703	4-[(Dimethylamino)methyl]-2,6-bis-(1,1-dimethylethyl)hydroxybenzen
Ethyl Antioxydans 73 b	Bis-(5-(1,1-dimethylethyl)-4-hydroxy-2-methylphenyl)-sulfid
Ethyl Antioxydant 762	2,6-Di-(1,1-dimethylethyl)-4-methoxymethyl-hydroxybenzen
Ethylbenzol	Ethylbenzen
N-Ethylbenzolmethanamin	N-Ethylbenzylamin
Ethylbromid	Bromethan
Ethyl Cadmate	Diethyldithiocarbaminsäure, Cadmiumsalz
Ethyl Cadmate Dustless	Diethyldithiocarbaminsäure, Cadmiumsalz
Ethylcarbamodithio-säure-mononatriumsalz	Natriumethyldithiocarbamat
Ethyl-Cellosolve	2-Ethoxyethanol
Ethylcellosolve	2-Ethoxyethanol
N-Ethylcyclohexanamin	Cyclohexylethylamin
N-Ethyl-(cyclohexyl)-amin	Cyclohexylethylamin
Ethyl Cymate	N,N-Diethyldithiocarbaminsäure, Zinksalz
N-Ethyldibenzylamin	N-Ethyl-N-(phenylmethyl)-benzolmethanamin
1-Ethyl-3,3-dimethylthioharnstoff	3-Ethyl-1,1-dimethyl-2-thioharnstoff
Ethyldiolmethacrylat	Ethylenglykoldimethacrylat
4-Ethyl-2,6-di-tert.-butylphenol	2,6-Bis(1,1-dimethylethyl)4-ethyl-hydroxybenzen
Ethyldithiuram	Bis(thiomethansäurediethylamid)-disulfid
Ethylen	Ethen
Ethylenalkohol	Ethandiol
Ethylenbis-(dithiocarbaminsäure), Natriumsalz	1,2-Ethandiylbiscarbamodithionsäure, Dinatriumsalz
Ethylen-bis(mercaptoacatat)	1,2-Ethandithioldiacetat
Ethylenbis(oxyethylen)methacrylate	1,2-Bis-[2-methacryloyl-oxy-ethoxy]-ethan
Ethylen-bis-(salicylimin)	1,2-Bis(2-hydroxybenzaldehydimin)-ethan
Ethylenchlorid	1,2-Dichlorethan
Ethylendiacetat	1,2-Ethandioldiacetat
Ethylendiamin	1,2-Diaminoethan
Ethylendiamincarbamat	(2-Aminoethyl)carbamidsäure
N,N'-Ethylendianilin	N,N'-Diphenyl-1,2-ethandiamin
Ethylendichlorid	1,2-Dichlorethan
Ethylendiglykol	2-(2-Hydroxyethyl)-ethanol
Ethylendihydrat	Ethandiol
Ethylendimethacrylat	Ethylenglykoldimethacrylat
Ethylendinitrilotetraessigsäure	Ethylendiamintetraessigsäure
Ethylene Glycol Fiber Grade - E	Ethandiol
Ethylene Glycol (Regular)	Ethandiol
Ethylenglycol	Ethandiol
Ethylenglycol-bis(thioglycolat)	1,2-Ethandithioldiacetat
Ethylenglycoldiacetat	1,2-Ethandioldiacetat
Ethylenglycoldimercaptoacetat	1,2-Ethandithioldiacetat

Gebräuchlicher Name Handelsname	Substanzname
Ethylenglycol-mono-butylether	2-Butoxyethanol
Ethylenglycolmonoethylether	2-Ethoxyethanol
Ethylenglycol-n-butylether	2-Butoxyethanol
Ethylenglykol	Ethandiol
Ethylenglykol-bis-mercaptoacetat	1,2-Ethandithioldiacetat
Ethylenglykolbismethacrylat	Ethylenglykoldimethacrylat
Ethylenglykolbutylether	2-Butoxyethanol
Ethylenglykoldiacetat	1,2-Ethandioldiacetat
Ethylenglykoldithioacetat	1,2-Ethandithioldiacetat
Ethylenglykolmonoethylether	2-Ethoxyethanol
Ethylenglykol-n-butylether	2-Butoxyethanol
Ethylen-Isopren-Copoylmer	2-Methyl-1,3-butadien, Polymer mit Ethen
1,8-Ethylennaphthalen	1,2-Dihydroacenaphthylen
Ethylenoxid	Epoxyethan
Ethylenoxidhydrat	Ethandiol
Ethylen-Propylen-Dien-Terpolymer	Ethylen-Propylen-Ethyliden-Norbornen
Ethylen-Propylen-Kautschuk	Ethylen-Propylen-Ethyliden-Norbornen
Ethylenpropylen-Kautschuk	Ethylen-Propylen-Ethyliden-Norbornen
Ethylen-Propylen-Rubber	Ethylen-Propylen-Ethyliden-Norbornen
Ethylen Terephthalat Polymer	Poly(oxy-1,2-ethyandiyloxycarbonyl-1,4-phenylencarbonyl)
Ethylentetrachlorid	Tetrachlorethen
Ethylenthiocarbamat	2-Imidazolidinthion
1,3-Ethylen-2-thioharnstoff	2-Imidazolidinthion
1,3-Ethylenthioharnstoff	2-Imidazolidinthion
Ethylenthioharnstoff	2-Imidazolidinthion
N,N'-Ethylenthioharnstoff	2-Imidazolidinthion
1,3-Ethylen-2-thionharnstoff	2-Imidazolidinthion
Ethylglycol	2-Ethoxyethanol
Ethylglykol	2-Ethoxyethanol
2-Ethylhexanol-1	2,2,4-Trimethylpentan
2-Ethylhexanol, Phosphattriester	Phosphorsäure-tri-(2-ethylhexyl)-ester
2-Ethylhexyl-epoxytallat	2-Ethylhexylester von Tallölfettsäuren, epoxidiert
2-Ethylhexylepoxytallat	2-Ethylhexylester von Tallölfettsäuren, epoxidiert
(2-Ethyl-hexyloxycarbonylmethylsulfanyl]-essigsäure-2-ethylhexyl-ester	Thiodiglycolsäure-di-2-ethyl-hexylester
2-Ethylhexyl-thioglykolat	2-Ethylhexylmercaptoacetat
Ethylhydrat	Ethanol
2-Ethyl-2-(hydroxymethyl)-1,3-propandiol	1,1,1-Tris-(hydroxymethyl)-propan
2-Ethyl-2-(hydroxymethyl)-1,3-propandioltrimethacrylat	2-Ethyl-2-hydroxymethyl-1,3-propandiol
2,2'-Ethyliden-bis(4,6-di-tert.-butyl-hydroxybenzen)	1,1-Bis(2-hydroxy-3,5-di-(1,1-dimethylethyl)-phenyl)-ethan
Ethylidenchlorid	1,1-Dichlorethen
Ethylidenoxid	Ethanal
1-Ethyl-2-methylbenzol	1-Ethenyl-2-methylbenzen
Ethylmethylketon	Butan-2-on
Ethylmethylnitrosamin	N-Nitrosomethylethylamin
Ethylnitrosoanilin	N-Ethyl-N-nitrosoanilin
N'-Ethyl-N,N-dimethylthioharnstoff	3-Ethyl-1,1-dimethyl-2-thioharnstoff
N-Ethyl-N-nitroso-benzenamin	N-Ethyl-N-nitrosoanilin
N-Ethyl-N-nitroso-ethanamin	N-Ethyl-N-nitrosoethylamin
Ethyloxihydrat	Ethanol

Gebräuchlicher Name Handelsname	Substanzname
N,N-Ethyl-phenyldithiocarbaminsäure-zinksalz	N,N-Ethyl-phenyldithiocarbaminsäure, Zinksalz
Ethylphenyldithiocarbaminsäure-zinksalz, Bis-(ethylphenylcarbamodithioato-S,S')-zink	N,N-Ethyl-phenyldithiocarbaminsäure, Zinksalz
Ethyl-phenyl-nitroso-amin	N-Ethyl-N-nitrosoanilin
Ethylphthalat	Benzen-1,2-dicarbonsäurediethylester
Ethyl-2-propenoat	2-Propensäureethylester
Ethylsäure	Ethansäure
Ethyl Selenac	Diethyldithiocarbaminsäure, Selensalz
Ethyl-Tellurac	Diethyldithiocarbaminsäure, Tellursalz
N,N'-Ethylthiokohlensäurediamid	2-Imidazolidinthion
Ethylthiurad	Bis(thiomethansäurediethylamid)-disulfid
Ethyltrimethylol	1,1,1-Tris-(hydroxymethyl)-propan
Ethyl Tuads	Bis(thiomethansäurediethylamid)-disulfid
Ethyl Tuex	Bis(thiomethansäurediethylamid)-disulfid
Ethylxanthogensäure, Kaliumsalz	Dithiokohlensäure-O-ethylester, Kaliumsalz
Ethylzimat	Diethyldithiocarbaminsäure, Zinksalz
Ethyl Zimate	N,N-Diethyldithiocarbaminsäure, Zinksalz
Ethyl Ziram	N,N-Diethyldithiocarbaminsäure, Zinksalz
Etiline	Tetrachlorethen
ETMQ	6-Ethoxyl-1,2-dihydro-2,2,4-trimethy-chinolin
ETO	Epoxyethan
Etriol	1,1,1-Tris-(hydroxymethyl)-propan
ETU	2-Imidazolidinthion
P 4007EU	Polyethylen
Eucanin CB	2-Methyl-1,3-benzendiamin
Eucanine GB	2,4-Diaminomethylbenzen
Eulimen	1-Methyl-4-(1-methylethenyl)-cyclohexen
Eupolen Rot 45-6001	Pigment Rot 57:1 (C.I. 15850:1)
Eupolen Scharlach 44-6101	Pigment Rot 48:2 (C.I. 15865:2)
Eupolen Scharlach 37-0001	Pigment Rot 48:1 (C.I. 15865:1)
Europhan	Polychlorethen
Euthylen Scharlach 37-0005	Pigment Rot 48:1 (C.I. 15865:1)
Euthylen Scharlach 44-4105 C4	Pigment Rot 48:2 (C.I. 15865:2)
EVA	Ethylen-Vinylacetat-Copolymer
Eveite 101	Butanal, Polymer mit Benzenamin
Eveite DOTG	N,N'-Bis-(2-methylphenyl)guanidin
Eveite L	Diethyldithiocarbamatsäure, Natriumsalz
Eveite MST	1,1'-Thiobis(N,N-dimethylthio)formamid
Eveite 4 MT	Bis-(dimethylthiocarbamoyl)-disulfid
Eveite P	N,N-Ethyl-phenyldithiocarbaminsäure, Zinksalz
Eveite Z	N,N-Diethyldithiocarbaminsäure, Zinksalz
Evion	(2R-(2R*(4R*,8R*)))-3,4-Dihydro-2,5,7,8-tetramethyl-2-(4,8,12-trimethyltridecyl)-2H-1-benzopyran-6-ol
Eviplast 81	Benzen-1,2-dicarbonsäuredi-2-ethylhexylester
Evitaminum	(2R-(2R*(4R*,8R*)))-3,4-Dihydro-2,5,7,8-tetramethyl-2-(4,8,12-trimethyltridecyl)-2H-1-benzopyran-6-ol
EVM	Ethylen-Vinylacetat-Copolymer
Excelsior	Aktivkohle
Exhoran	Bis(thiomethansäurediethylamid)-disulfid
EX-IT	Magnesiumsilikathydrat
Exitelit	Antimon(III)-oxid
Exolon	Aluminiumoxid
Exolon XW 60	Aluminiumoxid

Gebräuchlicher Name Handelsname	Substanzname
Exon	Polychlorethen
Exon 605	Polychlorethen
Exon 654	Polychlorethen
Exon 9269	Polychlorethen
Exon 9290	Polychlorethen
Exon 965	Polychlorethen
EXP-F	Graphit
Explosion acetylene black	Aktivkohle
Explosion black	Aktivkohle
Extra Amber	Petrolatum
Ex-tri	1,1,2-Trichlorethen
Extron 6N	Poly(imino(1-oxo-1,6-hexandiyl))
Extrusil	Calciumsilikat
Exxon	2-Methyl-1,3-butandien, Polymer mit Ethen
Exxsol DSP 100/140	Benzin 140 - 300
Exxsol DSP 145/160	Benzin 140 - 300
O-X-A-F	Zink-2-mercaptobenzothiazol
C 31F	Aluminiumhydroxid-hydrat
C-31-F	Aluminiumhydroxid-hydrat
F-1000	Aluminiumhydroxid-hydrat
23F203	Polyethylen
Fabritone PE	Polyethylen
Faktis Corma R	Rüböl, vernetzt mit Schwefel und Wasser
Falitiram	Bis-(dimethylthiocarbamoyl)-disulfid
Fannoform	Methanal
Farbruß	Aktivkohle
Farbruss	Aktivkohle
Farmin 80	n-Octadecylamin
Fasciolin	Tetrachlormethan
Faserton	Aluminiumoxid
Fasertonerde	Aluminiumoxid
Fastogen Green 5005	Kupferphthalocyanin, chloriert
Fastogen Green B	Kupferphthalocyanin, chloriert
Fastolux Green	Kupferphthalocyanin, chloriert
Fast White	Blei(II)-sulfat
A-Fax	Polypropylen, isotaktisch
FB 217	Polyethylen
FC-100	Polydimethylsiloxan-Kautschuk
FC 4648	Polychlorethen
FCR 126	Polybutadien
Febrimin	1-Carbamyl-2-phenylhydrazin
Fecto	Aktivkohle
Federweiß	Magnesiumsilikathydrat
fein (filtrieter) Sprit	Ethanol
Felac	Eisen(III)-oxid
Felling zinc oxide	Zinkoxid
Femasan	Bis-(dimethylthiocarbamoyl)-disulfid
Fenalac Green G	Kupferphthalocyanin, chloriert
Fenalac Green G disp	Kupferphthalocyanin, chloriert
Fenan Blue RSN	6,15-Dihydro-5,9,14,18-antrazintetron
Fenanthren Blue RS	6,15-Dihydro-5,9,14,18-antrazintetron
Fennosan B 100	3,5-Dimethyl-tetrahydro-2(H)-1,3,5-thiadiazin-2-thion

Gebräuchlicher Name Handelsname	Substanzname
Fenozan 22	3,5-Bis-(1,1-dimethylethyl)-4-hydroxy-2,2-bis((3-(3,5-bis(1,1-dimethylethyl)-4-hydroxyphenyl)-1-oxopropoxy)methyl)-1,3-propandiyl-benzenpropansäureester
Fenozan 23	3,5-Bis-(1,1-dimethylethyl)-4-hydroxy-2,2-bis((3-(3,5-bis(1,1-dimethylethyl)-4-hydroxyphenyl)-1-oxopropoxy)methyl)-1,3-propandiyl-benzenpropansäureester
Fermide	Bis-(dimethylthiocarbamoyl)-disulfid
Fernacol	Bis-(dimethylthiocarbamoyl)-disulfid
Fernasan	Bis-(dimethylthiocarbamoyl)-disulfid
Fernide	Bis-(dimethylthiocarbamoyl)-disulfid
Ferrioxid	Eisen(III)-oxid
Ferrugo	Eisen(III)-oxid
Fertene	Polyethylen
Fester Schwefel	Schwefel
FF Holzharz	Kolophonium
Fiberfrax	Aluminiumsilikat
Fiberglas	Silicium(IV)-oxid
Fiber V	Poly(oxy-1,2-ethyandiyloxycarbonyl-1,4-phenylencarbonyl)
Fibrene C 400	Magnesiumsilikathydrat
A-Fil	Titandioxid
Filmerine	Natriumnitrit
Filtex White Base	Calciumcarbonat
Filtrasorp	Kohlenstoff (amorph)
Fina 2069	Paraffin, C10-C13
Finasol osr(sub 2)	Schwefelsäuredodecylester, Natriumsalz
Finemeal	Bariumsulfat
Finncarb 6002	Calciumcarbonat
Finntalc C10	Magnesiumsilikathydrat
Finntalc M05	Magnesiumsilikathydrat
Finntalc M15	Magnesiumsilikathydrat
Finntalc P40	Magnesiumsilikathydrat
Finntalc PF	Magnesiumsilikathydrat
Firemaster LV-T 23 P	Tris-(2,3-dibromopropyl)-phosphat
Firemaster T 23P	Tris-(2,3-dibromopropyl)-phosphat
Fitrol	Kaolin
Fitrol desiccite 25	Kaolin
Fixer M	Melamin-Formaldehyd-Copolymer
Flaflex DIBA	Bis-(2-methylpropyl)-ester-hexandisäure
Flakes	1,2-Dihydro-2,2,4-trimethylchinolin-Harz
Flamenco	Titandioxid
Flammex AP	Tris-(2,3-dibromopropyl)-phosphat
Flammex LV-T 23P	Tris-(2,3-dibromopropyl)-phosphat
Flammex T 23P	Tris-(2,3-dibromopropyl)-phosphat
Flamolin MF 15711	Polyethylen
Flamruss	Aktivkohle
Flatosil 421 T	Silicium(IV)-oxid, amorph
Flavacon R	Tris-(2,3-dibromopropyl)-phosphat
Fleck-flip	1,1,2-Trichlorethen
Flectol B	1,2-Dihydro-2,2,4-trimethylchinolin-Harz
Flectol H	1,2-Dihydro-2,2,4-trimethylchinolin-Harz
Flectol H, Polymer	1,2-Dihydro-2,2,4-trimethylchinolin-Harz
Flexamine G	N,N'-Diphenyl-benzen-1,4-diamin

Gebräuchlicher Name Handelsname	Substanzname
Flexan 845	Paraffin, C10-C13
Flexchlor	Chlorparaffin
Flexichem-B	Octadecansäure, Natriumsalz
Flexichem CS	Octadecansäure, Calciumsalz
Flexichem G 339 S	Octadecansäure, Calciumsalz
Fleximel	Benzen-1,2-dicarbonsäuredi-2-ethylhexylester
Flexol A 26	Hexandicarbonsäure-bis-2-ethylhexylester
Flexol DOP	Benzen-1,2-dicarbonsäuredi-2-ethylhexylester
Flexol EP-8	2-Ethylhexylester von Tallölfettsäuren, epoxidiert
Flexol Plasticizer DIOP	Benzen-1,2-dicarbonsäuredi-iso-octylester
Flexol Plastilizer TCP	Phosphorsäuretrikresylester
Flexol TOF	Phosphorsäure-tri-(2-ethylhexyl)-ester
Flexone 6-H	N-Cyclohexyl-N'-phenyl-1,4-benzendiamin
Flexone 7-S (50 %)	Kohlenstoff (amorph)
Flexone UOP 36	N-Cyclohexyl-N'-phenyl-1,4-benzendiamin
Flexzone 3-C	N-(1-Methylethyl)-N'-phenyl-benzen-1,4-diamin
Flexzone 8-L	N,N'-Bis-(1-ethyl-3-methylpentyl)-1,4-benzendiamin
Flexzone 4-L	N,N'-Bis-(1,4-dimethylpentyl)-benzen-1,4-diamin
Flexzone 5 L	N-(1-Methylpropyl)-N'-phenylbenzen-1,4-diamin
Flexzone 7-L	N-(1,3-Dimethylbutyl)-N'-phenyl-1,4-benzendiamin
Flexzone 3P	N-(1-Methylethyl)-N'-phenyl-benzen-1,4-diamin
Flexzone 7P	N-(1,3-Dimethylbutyl)-N'-phenyl-1,4-benzendiamin
FLIT 605	N-(Trichlormethylthio)-4-cyclohexen-1,2-dicarboximid
Flock FLIP	1,1,2-Trichlorethen
Flocool 180	Natriumperoxid
Flocor	Polychlorethen
Flo Pro T Seed Protectant	Bis-(dimethylthiocarbamoyl)-disulfid
Florisil TLC	Magnesiumsilikat
Florite R	Calciumsilikat
Florite R	Calciumsilikat
Florol HB 32	Tris-(2,3-dibromopropyl)-phosphat
Flothene	Polyethylen
Flour sulphur	Schwefel
Flowers of sulfphur	Schwefel
Flowers of zinc	Zinkoxid
Fluate	1,1,2-Trichlorethen
Fluhoids	Tetrachlormethan
Fluoral FC 2181	Hexafluoropropen-Vinylidenfluorid-Copolymer
FM 510	Polyethylen
FMC 2070	Bis-(dimethylthiocarbamoyl)-disulfid
F.O. 178	1,1,1-Trichlorethan
Foamkill 810F	Dimethylpolysiloxan
Foamkill 830F	Dimethylpolysiloxan
Folpan	N-(Trichlormethylsulfunyl)-phthalimid
Folpel	N-(Trichlormethylsulfunyl)-phthalimid
Folpet	N-(Trichlormethylsulfunyl)-phthalimid
Food Blue 4	6,15-Dihydro-5,9,14,18-antrazintetron
Formaldehyd	Methanal
Formaldehyd-anilin	Methansäureanilid

Gebräuchlicher Name Handelsname	Substanzname
Formaldehyd-Melamin-Copolymer	Melamin-Formaldehyd-Copolymer
Formaldehyd-phenol Harz	Phenol, Polymer mit Formaldehyd
Formaldehyd-p-toluidin	N-(4-Methylphenyl)formamid
Formalin	Methanal
Formamid	Methansäureamid
Formamidobenzol	Methansäureanilid
Formanilid	Methansäureanilid
Formin	1,3,5,7-Tetraazatricyclo-(3.3.1.1(3,7))-decan
Formira	Methansäure
Formisoton	Methansäure
Formol	Methanal
Formula 300	Octadecansäure
N-Formylanilin	Methansäureanilid
Formylbenzol	Benzaldehyd
Formylchlorid	Trichlormethan
N-Formylcyclohexylamin	N-Cyclohexylformamid
Formyldimethylamid	N,N-Dimethylmethanamid
N-Formyldimethylamin	N,N-Dimethylmethanamid
Formylhydrat	Methanal
2-Formylphenol	2-Hydroxybenzaldehyd
o-Formylphenol	2-Hydroxybenzaldehyd
Formylsäure	Methansäure
Fortafil 5Y	Graphit
Fortiflex 6015	Polyethylen
Fortiflex A 60/500	Polyethylen
Foshagite	Calciumsilikat
Foshallasit	Calciumsilikat
Fossil flour	Kieselsäure, pyrogen
Fouramine	2,4-Diaminomethylbenzen
Fouramine J	2,4-Diaminomethylbenzen
Fouramine RS	1,3-Dihydroxybenzen
Fourrin 94	2-Methyl-1,3-benzendiamin
Fourrine 94	2,4-Diaminomethylbenzen
Fourrine M	2,4-Diaminomethylbenzen
Fourrin M	2-Methyl-1,3-benzendiamin
J-2FP	Guargummi
FP 4	Polyethylen
FR 300	Bis-pentabromphenylether
Frai Reheis F 1000	Aluminiumhydroxid-hydrat
FR 300 BA	Bis-pentabromphenylether
Freemans White	Blei(II)-sulfat
Freon 150	1,2-Dichlorethan
Freon 1113	Chlortrifluorethylen
FRP 53	Bis-pentabromphenylether
Ftalan	N-(Trichlormethylsulfunyl)-phthalimid
Fuclasin	N,N-Dimethyldithiocarbaminsäure, Zinksalz
Fuclasin ultra	N,N-Dimethyldithiocarbaminsäure, Zinksalz
Fuklasin	N,N-Dimethyldithiocarbaminsäure, Zinksalz
Fumarsäure	trans-Butendisäure
Fumed silica	Kieselsäure, pyrogen
Fumigrain	Propensäurenitril
Functional V-157 Q	Ethylen-Propylen-Copolymer
Fungicide	Natriumpentachlorphenolat
Fungicide FX	2,2'-Methylenbis(4-chlorophenol)
Fungitrol	N-(Trichlormethylsulfunyl)-phthalimid

Gebräuchlicher Name Handelsname	Substanzname
Fungostop	N,N-Dimethyldithiocarbaminsäure, Zinksalz
Fungus ban type II	N-(Trichlormethylthio)-4-cyclohexen-1,2-dicarboximid
2,5-Furandion	cis-Butendisäureanhydrid
Furanidine	Tetrahydrofuran
Furantetrahydrid	Tetrahydrofuran
Furfuramid	2-Furancarboxamid
Furnal	Aktivkohle
Furnex	Aktivkohle
Furnex N 765	Aktivkohle
Furro P Base	4-Aminohydroxybenzen
FW325	Calciummetasilikat
FW50	Calciummetasilikat
FW-XO	Magnesiumsilikathydrat
Fyde	Methanal
Fyrol HB-32	Tris-(2,3-dibromopropyl)-phosphat
Fyrquel 150	Phosphorsäuretrikresylester
G 952	Polyorthokieselsäure
G 7360	Bleisulfochromat
G 7364	Bleisulfochromat
G 7365	Bleisulfochromat
G 7370	Bleisulfochromat
G 7371	Bleisulfochromat
G 7380	Bleisulfochromat
G 7417	Bleisulfochromat
G 7429	Bleisulfochromat
G7362	Bleisulfochromat
G4	2,2'-Methylenbis(4-chlorophenol)
Gafanol E 200	alpha-Hydro-w-hydroxypoly-(oxy-1,2-ethandiyl)
Gafanol E 300	alpha-Hydro-w-hydroxypoly-(oxy-1,2-ethandiyl)
Gafcol EB	2-Butoxyethanol
Gafcote	Polychlorethen
Galactasol	Guargummi
Galazamine M	Melamin-Formaldehyd-Copolymer
Gallussäure Monohydrat	3,4,5-Trihydroxybenzencarbonsäure, Monohydrat
Galvatol 1-60	Polyvinylalkohol
Gardinol	Schwefelsäuredodecylester, Natriumsalz
Garolite SA	Calciumcarbonat
T-Gas	Epoxyethan
Gas-1113	Chlortrifluorethylen
Gas-furnace black	Aktivkohle
Gas, ölbildend	Ethen
Gasruß CK 3 geperlt	Aktivkohle
Gastex	Aktivkohle
geblasene Bitumen	Bitumen
geblasener Asphalt	Oxidierter Asphalt
gebrannter Kalk	Calciumoxid
gelber Phosphor	Phosphor
Gelb, Leipzig	Bleisulfochromat
Gelb, Paris	Bleisulfochromat
Gelfoam	Gelatine
gelöschter Kalk	Calciumhydroxid
Gelvatol	Polyvinylalkohol
Gelvatol 1-30	Polyvinylalkohol

Gebräuchlicher Name Handelsname	Substanzname
Gelvatol 1-90	Polyvinylalkohol
Gelvatol 20-30	Polyvinylalkohol
Gelvatol 2090	Polyvinylalkohol
Gelvatol 3-91	Polyvinylalkohol
Gemisch aus Diaryl-1,4-phenylendiamin	1,4-Benzendiamin, Gemisch aus N,N'-Phenyl- und Methylphenyl-Derivaten
Gemisch aus Diaryl-p-phenyenldiamin	1,4-Benzendiamin, Gemisch aus N,N'-Phenyl- und Methylphenyl-Derivaten
Gemisch aus Diaryl-p-phenylendiaminen	1,4-Benzendiamin, Gemisch aus N,N'-Dimethylphenyl-Derivaten
Gendriv-162	Guargummi
Genitron	2,2'-Azobis-(2-methylpropannitril)
Genitron AC	Diazendicarboxamid
Genitron AC 2	Diazendicarboxamid
Genitron AC 4	Diazendicarboxamid
Genitron AZDN	2,2'-Azobis-(2-methylpropannitril)
Genitron BSH	Benzensulfonsäurehydrazid
Genitron OB	Diphenyloxid-4,4'-disulfonsäuredihydrazid
Genklene	1,1,1-Trichlorethan
Genomoll 100	Benzen-1,2-dicarbonsäuredi-2-ethylhexylester
Genomoll 180	Benzen-1,2-dicarbonsäuredi-iso-decylester
Genotherm	Polychlorethen
Genotherm N	Polychlorethen
Genu Pectin L200	Pektin
GEON	Polychlorethen
GEON 101	Polychlorethen
GEON 103	Polychlorethen
GEON 121	Polychlorethen
GEON 124	Polychlorethen
GEON 126	Polychlorethen
GEON 128	Polychlorethen
GEON 131	Polychlorethen
GEON 151	Polychlorethen
GEON 51	Polychlorethen
GEON 59	Polychlorethen
GEON 72	Polychlorethen
GEON 85542	Polychlorethen
GEON 101EP	Polychlorethen
GEON 102EP	Polychlorethen
GEON 103EP	Polychlorethen
GEON 103EP8	Polychlorethen
GEON 103EPF7	Polychlorethen
GEON 135J	Polychlorethen
GEON 121L	Polychlorethen
GEON latex 151	Polychlorethen
GEON 110X233	Polychlorethen
GEON 120X241	Polychlorethen
Gerfil	Polypropylen, isotaktisch
Germalgene	1,1,2-Trichlorethen
GF 58	6-Ethenyl-6-(2-methoxy-ethoxy)-2,5,7,10-tetraoxa-6-silaundecan
GF 91	N-[3-(Trimethoxysilyl)propyl]-1,2-ethandiamin
GH 20	Polyvinylalkohol
GHA 331	Aluminiumhydroxid-hydrat
GHA 332	Aluminiumhydroxid-hydrat

Gebräuchlicher Name Handelsname	Substanzname
GH, Hyosan	2,2'-Methylenbis(4-chlorophenol)
GIAP 10	Zinkoxid
Gibbsit	Aluminiumoxid
Gießformengips Standard 78-70	Calciumsulfat
Gilder's whiting	Calciumcarbonat
Gillebachite	Calciummetasilikat
Gilotherm OM2	1,4-Diphenylbenzen
Gips	Calciumsulfat
Giv-gard	(2-Brom-2-nitro-ethenyl)benzen
GK 2	Graphit
GK 3	Graphit
GK (Oxide)	Aluminiumoxid
GL 02	Polyvinylalkohol
GL 03	Polyvinylalkohol
Glacier 325	Magnesiumsilikathydrat
Glacier 325	Magnesiumsilikat
Glimmer	Pigment Weiß 20 (C.I. 77019)
GLO 5	Polyvinylalkohol
Glomax	Kaolin
Glutin	Gelatine
Glutofix	Methylcellulose
Glycerin	Propantriol
Glycerol	Propantriol
Glycerolepichlorhydrin	Epoxychlorpropan
3-Glycidoxypropyltrimethoxysilan	[3-(2,3-Epoxypropoxy)propyl]-trimethoxysilan
gamma-Glycidoxypropyltrimethoxysilan	[3-(2,3-Epoxypropoxy)propyl]-trimethoxysilan
gamma-Glycidoxypropyltrimethoxysilan	Trimethoxy[(oxiranylmethoxy)-proyl]-silan
(3-Glycidyloxypropyl)-trimethoxysilan	[3-(2,3-Epoxypropoxy)propyl]-trimethoxysilan
Glycol	Ethandiol
Glycoldiacetat	1,2-Ethandioldiacetat
Glycolmonoethylether	2-Ethoxyethanol
Glycols	Butylpolyether
Glycomul P	Hexadecylsäure-sorbitylester
Glycon DP	Octadecansäure
Glycon RO	cis-Octadec-9-ensäure
Glycon S-70	Octadecansäurc
Glycon S-80	Octadecansäure
Glycon S-90	Octadecansäure
Glycon TP	Octadecansäure
Glycylalkohol	Propantriol
Glykocellon	Carboxymethylcellulose
Glykol	Ethandiol
Glykol-bis(mercaptoacetat)	1,2-Ethandithioldiacetat
Glykoldiacetat	1,2-Ethandioldiacetat
Glykoldimercaptoacetat	1,2-Ethandithioldiacetat
Glykolether	2-(2-Hydroxyethyl)-ethanol
Glykolethylether	2-(2-Hydroxyethyl)-ethanol
Glykolethylether	1,4-Dioxan
Glykolmonoethylether	2-Ethoxyethanol
Glymol	Paraffin, C10-C13
Glyodex 3722	N-(Trichlormethylthio)-4-cyclohexen-1,2-dicarboximid
Glyrol	Propantriol
Glysanin	Propantriol
Glysantin	Ethandiol

Gebräuchlicher Name Handelsname	Substanzname
Glyzerin	Propantriol
G-M-7	1,4-Benzochinondioxim
GM 14	Polyvinylalkohol
Goethit	Eisenoxidhydroxid
Gohsenol	Polyvinylalkohol
Gohsenol AH 22	Polyvinylalkohol
Gohsenol GH	Polyvinylalkohol
Gohsenol GH 17	Polyvinylalkohol
Gohsenol GH 20	Polyvinylalkohol
Gohsenol GH 23	Polyvinylalkohol
Gohsenol GL 03	Polyvinylalkohol
Gohsenol GL 05	Polyvinylalkohol
Gohsenol GL 08	Polyvinylalkohol
Gohsenol GM 14	Polyvinylalkohol
Gohsenol GM 94	Polyvinylalkohol
Gohsenol GM 14L	Polyvinylalkohol
Gohsenol KH 17	Polyvinylalkohol
Gohsenol NH 05	Polyvinylalkohol
Gohsenol NH 17	Polyvinylalkohol
Gohsenol NH 18	Polyvinylalkohol
Gohsenol NH 20	Polyvinylalkohol
Gohsenol NH 26	Polyvinylalkohol
Gohsenol NK 114	Polyvinylalkohol
Gohsenol NL 05	Polyvinylalkohol
Gohsenol NM 14	Polyvinylalkohol
goldenes Antimonsulfid	Antimon(V)-sulfid
Goldenes Gelb	Pigment Gelb 35 (C.I. 77205)
C.P. Golden gelb 55	Cadmiumsulfid
Goldsatinobre	Blei(II,IV)-oxid
Goldschwefel	Antimon(V)-sulfid
Good-Rite GP 264	Benzen-1,2-dicarbonsäuredi-2-ethylhexylester
Goodrite 1800X73	Phenylethen-Butadien-Copolymer
Gore-Tex	Polytetrafluorethen
GP 60	Graphit
GP 63	Graphit
2100 GP	Polyethylen
GPCD 398	Polypropylen, isotaktisch
GP 60S	Graphit
Grafit	Kohlenstoff (amorph)
Grafit	Graphit
Grafoil	Graphit
Grafoil GTA	Graphit
Grammit	Calciumsilikat
Granada Green Lake GL	Kupferphthalocyanin, chloriert
Granmak	Magnesiumoxid
Granosan	1,2-Dichlorethan
Granox PFM	N-(Trichlormethylthio)-4-cyclohexen-1,2-dicarboximid
Graphit	Kohlenstoff (amorph)
S 1 (Graphite)	Graphit
Graphite, natural (ACGIH:OSHA)	Graphit
Graphnol N 3M	Graphit
Graphtol Blue RL	6,15-Dihydro-5,9,14,18-antrazintetron
Graphtol Green 2GLS	Kupferphthalocyanin, chloriert
Graphtol Yellow RGS	Pigment Gelb 13 (C.I. 21100)

Gebräuchlicher Name Handelsname	Substanzname
Grau J	2-Methyl-1,3-benzendiamin
Grauspießglanz	Antimon(III)-sulfid
Greenockit	Cadmiumsulfid
Green seal-8	Zinkoxid
Grex	Polyethylen
Grex PP 60-002	Polyethylen
Grilon	Hexansäure-w-lactam
Grilon	Poly(imino(1-oxo-1,6-hexandiyl))
Grisolen	Polyethylen
GR-M	Poly-1-chlorbutadien
Groco 2	cis-Octadec-9-ensäure
Groco 4	cis-Octadec-9-ensäure
Groco 54	Octadecansäure
Grosufe	Kohlenstoff (amorph)
Ground vocle sulphur	Schwefel
GR 48-11 PS	Natriumpentachlorphenolat
Grünchromoxid	Chrom(III)-oxid
Grün Cinnabar	Chrom(III)-oxid
GS 2	Graphit
GT	Gelatine
Guar	Guargummi
Guaran	Guargummi
Guar flour	Guargummi
Guarina	Guargummi
Gum	Kolophonium
Gum Guar	Guargummi
Gummi, chloriert	Chlorkautschuk
Guoscopin	6,7-Dimethoxy-3-(5,6,7,8-tetrahydro-4-methoxy-6-methyl-1,3-dioxolo[4,5-g]isochinolin-5yl)-1(3H)-isobenzofuranon
Gustafson captan 30-DD	N-(Trichlormethylthio)-4-cyclohexen-1,2-dicarboximid
Gustavson captan 30-DD	N-(Trichlormethylthio)-4-cyclohexen-1,2-dicarboximid
Guttagena	Polychlorethen
GY 70	Graphit
Gyrolit	Calciumsilikat
H 142	1,4-Dihydroxybenzen
H 46	Aluminiumhydroxid-hydrat
H 451	Graphit
HA 1591	Polyethylen
HA 1681	Polyethylen
HA 1684	Polyethylen
HA 1931	Polyethylen
HA 2454	Polyethylen
HA 2477	Polyethylen
HA 2578	Polyethylen
HA 3545	Polyethylen
Hactol DBP	Benzen-1,2-dicarbonsäuredi-n-butylester
Hactol DIBP	Benzen-1,2-dicarbonsäure-di-(2-methylpropen)ester
Hakuenka CC	Calciumcarbonat
Hakuenka CCR	Calciumcarbonat
Hakuenka DD	Calciumcarbonat
Hakuenka O	Calciumcarbonat

Gebräuchlicher Name Handelsname	Substanzname
Hakuenka PX	Calciumcarbonat
Hakuenka PZ	Calciumcarbonat
Hakuenka R 06	Calciumcarbonat
Hakuenka T-DD	Calciumcarbonat
Halby DM-TDP	Thio-(prop-1-yl-3-säure-tetradecylester)-propan-3-säure-tetradecylester
Halon 2001	Bromethan
Halvic 223	Polychlorethen
Halvic 229	Polychlorethen
Hämatit	Eisen(III)-oxid
Hamilton Red	Pigment Rot 53:1 (C.I. 15585:1)
Hamp-ene Acid	Ethylendiamintetraessigsäure
Hardaflex	Chlorparaffin
Harnstoff	Kohlensäurediamid
Härter T	N,N'-Bis-(2-aminoethyl)-ethylendiamin
Harthydrierte, naphthenische Mineralöle	Mineralöl, hochraffiniert
hart Hydrocarbon	Oxidierter Asphalt
Hartosol	Propan-2-ol
Harz	Kolophonium
Hatcol 200	1,2,4-Benzentricarbonsäure-tris-(2-ethylhexylester)
Hatcol DBP	Benzen-1,2-dicarbonsäuredi-n-butylester
Hatcol DOP	Benzen-1,2-dicarbonsäuredi-2-ethylhexylester
HA 1681-Z	Polyethylen
HC 825	Polychlorethen
HD 1591	Polyethylen
HD 1681	Polyethylen
HDI	1,6-Hexamethylendiisocyanat
HDPE	Polyethylen
Heat Pre	N-Methyl-N,4-dinitrosobenzenamin
Heavyspar	Schwerspat
Hedolin	1,1,2-Trichlorethen
Helianthrene Blue RS	6,15-Dihydro-5,9,14,18-antrazintetron
Helio Fast Yellow GRF	Pigment Gelb 13 (C.I. 21100)
Helio Fast Yellow GRN	Pigment Gelb 13 (C.I. 21100)
Heliogenblau B	Kupferphthalocyanin
Heliogen Blue 6470	6,15-Dihydro-5,9,14,18-antrazintetron
Heliogen Green 8680	Kupferphthalocyanin, chloriert
Heliogen Green 8730	Kupferphthalocyanin, chloriert
Heliogen Green A	Kupferphthalocyanin, chloriert
Heliogen Green G	Kupferphthalocyanin, chloriert
Heliogen Green GA	Kupferphthalocyanin, chloriert
Heliogen Green GN	Kupferphthalocyanin, chloriert
Heliogen Green GNA	Kupferphthalocyanin, chloriert
Heliogen Green GTA	Kupferphthalocyanin, chloriert
Heliogen Green GV	Kupferphthalocyanin, chloriert
Heliogen Green GWS	Kupferphthalocyanin, chloriert
Heliogen Green 8681K	Kupferphthalocyanin, chloriert
Heliogen Green 8682T	Kupferphthalocyanin, chloriert
Heliogen Grün D 9360	Pigment Grün 36 (C.I. 74265)
Heliogen Grün L 8730	Kupferphthalocyanin, chloriert
Heliogen Grün L 9140	Pigment Grün 36 (C.I. 74265)
Heliogen Grün L 9361	Pigment Grün 36 (C.I. 74265)
Helio Red Toner LCLL	Pigment Rot 53:1 (C.I. 15585:1)
Heliozone	Polyethylen

Gebräuchlicher Name Handelsname	Substanzname
Helles-Chrom	Bleisulfochromat
Hematit	Eisen(III)-oxid
Hemiterpen	2-Methyl-1,3-butadien
Hemostyp	Butan-1-ol
n-Heptadecan	Heptadecan
Heptadecan-alpha-carbonsäure	Octadecansäure
1-Heptadecancarboxylsäure	Octadecansäure
n-Heptan	Heptan
Heptanaphthen	Methylcyclohexan
Heptan-2-on	2-Heptanon
Heptanon-2	2-Heptanon
n-Heptylhydrid	Heptan
Heptyliden-anilin	Heptyliden-phenyl-amin
Herax UTS	1,3,5,7-Tetraazatricyclo-(3.3.1.1(3,7))-decan
Herbatox	3-(3,4-Dichlorphenyl)-1,1-dimethylharnstoff
Hercoflat 135	Polypropylen, isotaktisch
Hercotuf 110A	Polypropylen, isotaktisch
Hercotuf PB 681	Polypropylen, isotaktisch
Hercules 6523	Polypropylen, isotaktisch
Hercules P 6	2,2-Di-hydroxymethyl-propan-1,3-diol
Herculon	Polypropylen, isotaktisch
Hermal TMT	Bis-(dimethylthiocarbamoyl)-disulfid
Hermat Cu	Dimethyldithiocarbaminsäure, Kupfersalz
Hermat FEDK	N,N-Ethyl-phenyldithiocarbaminsäure, Zinksalz
Hermat ZDK	N,N-Diethyldithiocarbaminsäure, Zinksalz
Hermat ZDM	N,N-Dimethyldithiocarbaminsäure, Zinksalz
Hermat Zn-mbt	Zink-2-mercaptobenzothiazol
Heryl tuads	Bis-(dimethylthiocarbamoyl)-disulfid
HES	1,4-Dihydroxybenzen
Heuco Blau 501510	Kupferphthalocyanin
Heucoflow-Bleisilikat 75 %ig in Wasser	Bleisilikat, basisch
Heuco Grün 600700	Kupferphthalocyanin, chloriert
Heuco Grün 600701	Kupferphthalocyanin, chloriert
Heuco Rot 304820	Pigment Rot 48:2 (C.I. 15865:2)
Heucorox A	Eisen(III)-oxid
Heucorox F	Eisen(III)-oxid
Heucorox FG	Eisen(III)-oxid
Heucorox FL	Eisen(III)-oxid
Heucorox M	Eisen(III)-oxid
Heucorox UF	Eisen(III)-oxid
Heucosin 61	Kupferphthalocyanin, chloriert
Heucosin 64	Kupferphthalocyanin, chloriert
Heucosin 68	Kupferphthalocyanin, chloriert
Heucosin 5000	Kupferphthalocyanin
Heucosin 5007	Kupferphthalocyanin
Heucotron 1055	Bleisulfochromat
Heucotron 1060	Bleisulfochromat
Heucotron 1064	Bleisulfochromat
Heucotron 1070	Bleisulfochromat
Heucotron 1080	Bleisulfochromat
Heucotron 11	Bleisulfochromat
Heucotron 117	Bleisulfochromat
Heucotron 120	Bleisulfochromat
Heucotron 123	Bleisulfochromat
Heucotron 13	Bleisulfochromat

Gebräuchlicher Name Handelsname	Substanzname
Heucotron 5	Bleisulfochromat
Heucotron126	Bleisulfochromat
HEXA	1,3,5,7-Tetraazatricyclo-(3.3.1.1(3,7))-decan
Hexabis-(methoxymethyl)-s-triazin-2,4,6-triamin	Hexamethoxymethylmelamin
N,N,N',N',N",N"-Hexabis-(methoxymethyl)-1,3,5-triazin-2,4,6-triamin	Hexamethoxymethylmelamin
Hexacap	N-(Trichlormethylthio)-4-cyclohexen-1,2-dicarboximid
Hexadecylmercaptan	1-Hexadecanthiol
Hexadekan	n-Hexadecan
Hexadekansäure	Hexadecansäure
Hexafluorbisphenol	4,4'-(Hexafluorisopropyliden)-diphenol
Hexaform	1,3,5,7-Tetraazatricyclo-(3.3.1.1(3,7))-decan
Hexaglycerin	1,1,1-Tris-(hydroxymethyl)-propan
Hexaglycerine	1,1,1-Tris-(hydroxymethyl)-propan
Hexahydroanilin	Cyclohexylamin
Hexahydro-2-azepinon	Hexansäure-w-lactam
Hexahydrobenzamin	Cyclohexylamin
Hexahydrobenzol	Cyclohexan
Hexahydrocumen	1-Methylethylcyclohexan
Hexahydro-1H-azepin	Azacycloheptan
Hexahydro-2H-azepin-2-on	Hexansäure-w-lactam
Hexahydro-2H-azepin-2-one, Homopolymer	Poly(imino(1-oxo-1,6-hexandiyl))
Hexahydrotoluen	Methylcyclohexan
Hexahydro-1,3,5-triethyl-s-triazin	1,3,5-Triethylhexahydro-1,3,5-triazin
Hexamethoxymethylamin	Melamin-Formaldehyd-Copolymer
Hexamethyldisilazan	1,1,1,3,3,3-Hexamethyldisilazan
Hexamethylen	Cyclohexan
Hexamethylenamin	1,3,5,7-Tetraazatricyclo-(3.3.1.1(3,7))-decan
N,N-Hexamethylenbis(cinnamylidenamin)	N,N'-Dicinnamyliden-1,6-hexandiamin
Hexamethylen-bis-(3,5-di-tert.-butyl-4-hydroxyhydrocinnamat)	3,5-Bis-(1,1-dimethylethyl)-4-hydroxy-benzenpropansäure-1,6-hexandiylester
Hexamethylen-bis[3-(3,5-di-tert-butyl-4-hydroxyphenyl)propionat]	3,5-Bis-(1,1-dimethylethyl)-4-hydroxy-benzenpropansäure-1,6-hexandiylester
Hexamethylendiamincarbamat	6-Aminohexylcarbaminsäure
Hexamethylen-1,6-diisocyanat	1,6-Hexamethylendiisocyanat
2-(1-Hexamethylenimin)	Azacycloheptan
Hexamethylenimin	Azacycloheptan
Hexamethylentetramin	1,3,5,7-Tetraazatricyclo-(3.3.1.1(3,7))-decan
Hexamethyl-methylolmelaman	Hexamethoxymethylmelamin
Hexamethylol-melamin-hexamethylether	Hexamethoxymethylmelamin
Hexamin	1,3,5,7-Tetraazatricyclo-(3.3.1.1(3,7))-decan
Hexamol SLS	Schwefelsäuredodecylester, Natriumsalz
n-Hexan	Hexan
1,6-Hexandiol-bis[3-(3,5-di-tert.-butyl-4-hydroxyphenyl)-propionat]	3,5-Bis-(1,1-dimethylethyl)-4-hydroxy-benzenpropansäure-1,6-hexandiylester
1,6-Hexandioldiisocyanat	1,6-Hexamethylendiisocyanat
Hexandiolsäuredioctylester	Hexandicarbonsäure-di-n-octylester
Hexandisäuredibutoxyethoxyethylester	Hexandicarbonsäure-bis-[2-(2-butoxy-ethoxy)-ethyl]ester
Hexandisäurediisobutylester	Bis-(2-methylpropyl)-ester-hexandisäure
Hexandisäure- diisodecylester	Adipinsäure-(di-iso-decyl)-ester
Hexandisäuredioctylester	Hexandicarbonsäure-bis-2-ethylhexylester
1,6-Hexandiyl-bis-[3,5-bis(1,1-dimethylethyl)-4-hydroxybenzolpropanoat]	3,5-Bis-(1,1-dimethylethyl)-4-hydroxy-benzenpropansäure-1,6-hexandiylester

Gebräuchlicher Name Handelsname	Substanzname
Hexanolactam	Hexansäure-w-lactam
Hexanon	4-Methyl-pentan-2-on
Hexanon	Cyclohexanon
Hexanonisooxim	Hexansäure-w-lactam
Hexanon-isoxim	Hexansäure-w-lactam
Hexansäure-o-lactam	Hexansäure-w-lactam
Hexaplas M/B	Benzen-1,2-dicarbonsäuredi-n-butylester
Hexaplas M/O	Benzen-1,2-dicarbonsäuredi-iso-octylester
Hexasul	Schwefel
3,3',3'',5,5',5''-Hexa-tert.-butyl-alpha,alpha',alpha''-(mesitylen-2,4,6-triyl)tri-p-cresol	[(2,4,6-Trimethyl-1,3,5-benzentriyl)tris(methylen)]-4,4',4''-tris[2,6-di(1,1-dimethylethyl]-hydroxybenzen
1,1'-Hexathiocarbonothioyl-bis-piperidin	Bis-(piperidin-1-thiocarbonyl)hexasulfan
Hexazir	N,N-Dimethyldithiocarbaminsäure, Zinksalz
1,6-Hexolactam	Hexansäure-w-lactam
Hexon	4-Methyl-pentan-2-on
Hexylendiisocyanat	1,6-Hexamethylendiisocyanat
Hexylhydrid	Hexan
n-Hexylmercaptan	1-Hexanthiol
HF 191	Benzen-1,2-dicarbonsäuredicyclohexylester
HF 20	Polypropylen, isotaktisch
HFDB 4201	Polyethylen
Hi-Black 20	Aktivkohle
Hi-Black 150B	Aktivkohle
Hi-Black 160B	Aktivkohle
Hi-Black 20B	Aktivkohle
Hi-Black 30B	Aktivkohle
Hi-Black 40 B1	Aktivkohle
Hi-Black 40 B2	Aktivkohle
Hi-Black 10, Hi-lack 10B	Aktivkohle
Hi-Black 20L	Aktivkohle
Hi-Black 30L	Aktivkohle
Hi-Black 40L	Aktivkohle
Hi-Black 5L	Aktivkohle
Hi-Black 30LB	Aktivkohle
Hi-Black 50LB	Aktivkohle
Hi-Black 45LB, Hi-Black 50L	Aktivkohle
Hicee	L-(+)-Ascorbinsäure
HI-Fax	Polyethylen
HI-Fax 1900	Polyethylen
HI-Fax 4401	Polyethylen
HI-Fax 4601	Polyethylen
HI-Flash naphtha	Naphtha
Highrorin	Kolophonium
Higilite	Aluminiumhydroxid-hydrat
Higilite H 32	Aluminiumhydroxid-hydrat
Higilite H 42	Aluminiumhydroxid-hydrat
Higilite H 31S	Aluminiumhydroxid-hydrat
HI-JEL	Bentonit
Hi-lack 30	Aktivkohle
Hi-lack 40	Aktivkohle
Hi-lack 00L	Aktivkohle
Hillebrandit	Calciumsilikat
Hirschhorngeist	Ammoniaklösung
Hirschhornsalz	Ammoniumcarbonat

Gebräuchlicher Name Handelsname	Substanzname
Hishirex 502	Polychlorethen
Hishirex 502Z	Polychlorethen
HI-Sil	Silicium(IV)-oxid, amorph
Hi-Sol 1915	Naphtha
Hispavic 229	Polychlorethen
Histron Frosti	Magnesiumsilikat
S6F histyrene resin	Phenylethen-Butadien-Copolymer
Histyrene S 6F	Phenylethen-Butadien-Copolymer
Hitco HMG 50	Graphit
Hi-tri	1,1,2-Trichlorethen
Hizex	Polyethylen
Hizex 5000	Polyethylen
Hizex 5100	Polyethylen
Hizex 3000B	Polyethylen
Hizex 3300F	Polyethylen
Hizex 7000F	Polyethylen
Hizex 7300F	Polyethylen
Hizex 1091J	Polyethylen
Hizex 1291J	Polyethylen
Hizex 1300J	Polyethylen
Hizex 2100J	Polyethylen
Hizex 2200J	Polyethylen
Hizex 2100LP	Polyethylen
Hizex 5100LP	Polyethylen
Hizex 6100P	Polyethylen
Hizex 3000S	Polyethylen
Hizex 3300S	Polyethylen
Hizex 5000S	Polyethylen
HMDAC	6-Aminohexylcarbaminsäure
HMDI	1,6-Hexamethylendiisocyanat
HMDSN	1,1,1,3,3,3-Hexamethyldisilazan
HMMM	Hexamethoxymethylmelamin
HMT	1,3,5,7-Tetraazatricyclo-(3.3.1.1(3,7))-decan
HMTA	1,3,5,7-Tetraazatricyclo-(3.3.1.1(3,7))-decan
HNBR	Acrylnitril-Butadien-Kautschuk, hydriert
HO 50	Polypropylen, isotaktisch
HOCA	Bis(thiomethansäurediethylamid)-disulfid
Hoechst PA 190	Polyethylen
Hoechst-Wachs PE 520 Feinkorn	Polyethylen
Hoechst-Wachs PE 130 Pulver	Polyethylen
Hoechst-Wachs PE 520 Pulver	Polyethylen
Hoechst Wax PA 520	Polyethylen
Holländische Flüssigkeit	1,2-Dichlorethan
Holländisches Öl	1,2-Dichlorethan
Holzalkohol	Methanol
Holzgeist	Methanol
Holzharz	Kolophonium
N Holzharz	Kolophonium
Holzkohle	Aktivkohle
Holzkohle	Kohlenstoff (amorph)
Holzkohle, aktiviert	Kohlenstoff (amorph)
Holzöl	Terpentin
Holzsäure	Ethansäure
Holzspiritus	Methanol
Holzterpentin	Terpentin

Gebräuchlicher Name Handelsname	Substanzname
Hombitan	Titandioxid
Homocal D	Calciumcarbonat
Homopiperidin	Azacycloheptan
Hordaresin NK 70	Chlorparaffin
Horna Green 33694	1-Nitroso-2-naphthol, Eisenkomplex
Hornblendeasbest	Asbest
Horse Head R-710	Titandioxid
Hostadur	Poly(oxy-1,2-ethyandiyloxycarbonyl-1,4-phenylencarbonyl)
Hostadur A	Poly(oxy-1,2-ethyandiyloxycarbonyl-1,4-phenylencarbonyl)
Hostadur K	Poly(oxy-1,2-ethyandiyloxycarbonyl-1,4-phenylencarbonyl)
Hostadur K-VP 4022	Poly(oxy-1,2-ethyandiyloxycarbonyl-1,4-phenylencarbonyl)
Hostalen	Polyethylen
Hostalen GD 620	Polyethylen
Hostalen GD 6250	Polyethylen
Hostalen GF 4760	Polyethylen
Hostalen GF 5750	Polyethylen
Hostalen GM 5010	Polyethylen
Hostalen GUR	Polyethylen
Hostalen HDPE	Polyethylen
Hostalen N 1060	Polypropylen, isotaktisch
Hostalen PP	Polypropylen, isotaktisch
Hostalen PPH 1050	Polypropylen, isotaktisch
Hostalen PPN	Polypropylen, isotaktisch
Hostalen PPN 1060	Polypropylen, isotaktisch
Hostalen PPN 1075 F	Polypropylen, isotaktisch
Hostalen PPN 1076 F	Polypropylen, isotaktisch
Hostalen PPR 1042	Polypropylen, isotaktisch
Hostalen PPT VP 7090A	Polypropylen, isotaktisch
Hostalen PP-U	Polypropylen, isotaktisch
Hostalit	Polychlorethen
Hostalit E	Polychlorethen
Hostalit P 7078	Polychlorethen
Hostalit PVP 3475	Polychlorethen
Hostalit PVP 5470	Polychlorethen
Hostalit S	Polychlorethen
Hostalit S 4070	Polychlorethen
Hostaperm Green 8G	Pigment Grün 36 (C.I. 74265)
Hostaperm Green GG	Kupferphthalocyanin, chloriert
Hostaperm Yellow GR	Pigment Gelb 13 (C.I. 21100)
Hostaphan	Poly(oxy-1,2-ethyandiyloxycarbonyl-1,4-phenylencarbonyl)
Hostaphan BNH	Poly(oxy-1,2-ethyandiyloxycarbonyl-1,4-phenylencarbonyl)
Hostaphan RN	Poly(oxy-1,2-ethyandiyloxycarbonyl-1,4-phenylencarbonyl)
Howflex CP	Benzen-1,2-dicarbonsäuredicyclohexylester
6HP	Tris-(2,3-dibromopropyl)-phosphat
HPPD	N-(1,3-Dimethylbutyl)-N'-phenyl-benzen-1,4-diamin
HPPD	N-(1,3-Dimethylbutyl)-N'-phenyl-1,4-benzendiamin

Gebräuchlicher Name Handelsname	Substanzname
HP-Sil	Silicium(IV)-oxid, amorph
HQ	1,4-Dihydroxybenzen
Hubbuck's White	Zinkoxid
Huber	Aktivkohle
Huber MT N 990	Aktivkohle
Huber N 990 MT	Aktivkohle
HULS P 6500	Polypropylen, isotaktisch
Humenegro	Aktivkohle
HVA 2	N,N'-Phenylendimaleimid
HVA 2	1,1'-(1,3-Phenylen)-bis-[1H-pyrrol-2,5-dion]
Hva-2 curing agent	1,1'-(1,3-Phenylen)-bis-[1H-pyrrol-2,5-dion]
HW 920	3-(3,4-Dichlorphenyl)-1,1-dimethylharnstoff
HX 610	Pigment Weiß 20 (C.I. 77019)
HX 1681	Polyethylen
HX 2578	Polyethylen
HX-M	Polychlorethen
HY 951	N,N'-Bis-(2-aminoethyl)-ethylendiamin
Hyanit	Kohlensäurediamid
Hybrin	L-(+)-Ascorbinsäure
Hycar LX 407	Phenylethen-Butadien-Copolymer
Hychol 705	Aluminiumhydroxid-hydrat
Hydense	Octadecansäure, Zinksalz
Hydrafil	Aluminiumhydroxid-hydrat
Hydral 705	Aluminiumhydroxid-hydrat
Hydral 710	Aluminiumhydroxid-hydrat
Hydrargilit	Aluminiumhydroxid-hydrat
Hydrazide BSG	Benzensulfonsäurehydrazid
Hydrazin	Hydrazin, wasserfrei, 98 %
Hydrazinbenzol	Phenylhydrazin
Hydrazinium	Hydrazin, wasserfrei, 98 %
1,2-Hydrinden	Hydrinden
Hydrindonaphthen	Hydrinden
Hydrite	Kaolin
Hydrocarb 60	Calciumcarbonat
Hydrocarb 65	Calciumcarbonat
Hydrocarbonsäure	Methansäure
Hydrocerussit	Blei(II)-carbonat basisch
Hydrochinon	1,4-Dihydroxybenzen
Hydrochinon-benzylether	4-Hydroxyphenylbenzylether
Hydrochinondioxyethylether	ß-Hydroperoxybenzenethanol
Hydrochinon-mono-benzylether	4-Hydroxyphenylbenzylether
Hydrocumol (cis)	1-Methylethylcyclohexan
Hydrofol acid 1255	Dodecansäure
Hydrofolsäure 150	Octadecansäure
Hydrofuran	Tetrahydrofuran
Hydrogen-bis-[1,2-benzoldiolato(2-)-0,0']borat (1-) zusammengetzt mit N,N'-bis-(2-methylphenyl)guanidin (1:1)	N,N-Bis-(2-methylphenyl)guanidiniumbiscatecholborat
Hydro-mag MA	Magnesiumhydroxid
Hydromaguesit	Magnesiumcarbonat
Hydroperoxid	Wasserstoffperoxid
Hydroquinol	1,4-Dihydroxybenzen
m-Hydroquinon	1,3-Dihydroxybenzen
Hydroschwefelsäure	Schwefelwasserstoff
Hydrothionsäure	Schwefelwasserstoff

Gebräuchlicher Name Handelsname	Substanzname
4-Hydroxyanilin	4-Aminohydroxybenzen
p-Hydroxyanilin	4-Aminohydroxybenzen
o-Hydroxybenzaldehyd	2-Hydroxybenzaldehyd
2-Hydroxybenzoesäure	2-Hydroxybenzencarbonsäure
o-Hydroxybenzoesäure	2-Hydroxybenzencarbonsäure
2-Hydroxy-benzoesäurephenylester	2-Hydroxybenzencarbonsäurephenylester
2-Hydroxybenzolcarbonsäure	2-Hydroxybenzencarbonsäure
2-Hydroxybiphenyl, Natriumsalz	(1,1'-Biphenyl)-2-ol, Natriumsalz
2-Hydroxy-2'-butoxy-diethylether	Diethylenethandiolmonobutylether
4-Hydroxybutyranilid	Butansäure-(4'-hydroxy)anilid
ß-Hydroxy-crotonsäureethylester	3-Oxobutansäureethylester
1-Hydroxycumen	2-Phenyl-propan-2-ol
2-Hydroxy-di-ethylether	2-Ethoxyethanol
p-Hydroxydiphenylamin	4-Anilinphenol
p-Hydroxydiphenylaminisopropylether	4-(1-Methyl)ethoxy-diphenylamin
4-Hydroxy-3,5-di-tert.-butyltoluol	2,6-Di-(1,1-dimethylethyl)-4-methylhydroxybenzen
4'-Hydroxydodecananilid	Dodecansäure-(4-hydroxy)-anilid
2-Hydroxyethylamin	2-Aminoethanol
ß-Hydroxyethylamin	2-Aminoethanol
2-Hydroxyethylether	2-(2-Hydroxyethyl)-ethanol
4-Hydroxy-ß-hydroperoxybenzenethanol	ß-Hydroperoxybenzenethanol
Hydroxylaminchlorid	Hydroxylaminhydrochlorid
Hydroxylammoniumchlorid	Hydroxylaminhydrochlorid
4-Hydroxy-m-anisaldehyd	4-Hydroxy-3-methoxybenzaldehyd
2-(2'-Hydroxy-5'-methylphenyl)-benzotriazol	2-(2H-Benzotriazol-2-yl)-4-methylhydroxybenzen
p-Hydroxy-m-methoxybenzaldehyd	4-Hydroxy-3-methoxybenzaldehyd
2-Hydroxy-1-nitrosonaphthalin	1-Nitroso-2-naphthol
4'-Hydroxyoctadecananilid	Octadecansäure-(4-hydroxy)-anilid
[R-(z)]-12-Hydroxy-9-octadecensäure	12-Hydroxy-cis-9-octadecensäure
3-Hydroxy-p-cymen	2-Methyl-5-(1-methylethyl)hydroxybenzen
2-Hydroxyperoxy-2-phenylethanol	ß-Hydroperoxybenzenethanol
3-Hydroxyphenol	1,3-Dihydroxybenzen
m-Hydroxyphenol	1,3-Dihydroxybenzen
N-(4-Hydroxyphenyl)-butanamid	Butansäure-(4'-hydroxy)anilid
N-(4-Hydroxyphenyl)-dodecanamid	Dodecansäure-(4-hydroxy)-anilid
N-(4-Hydroxyphenyl)-octadecanamid	Octadecansäure-(4-hydroxy)-anilid
2-Hydroxypropan	Propan-2-ol
2-Hydroxy-1,2,3-propantricarboxylsäure	2-Hydroxy-1,2,3-propantricarbonsäure
2-Hydroxypropionsäure	(±)2-Hydroxypropansäure
L-(+)-2-Hydroxypropionsäure	L-(+)-2-Hydroxypropansäure
2-Hydroxy (R)-propansäure	D-(-)-2-Hydroxypropansäure
1-Hydroxy-4-tert.-butylbenzen	4-(1,1-Dimethylethyl)-hydroxybenzen
1-Hydroxy-4-tert.-butylbenzol	4-(1,1-Dimethylethyl)-hydroxybenzen
2-[2-Hydroxy-5-(1,1,3,3-tetramethylbutyl)-phenyl]2H-benzotriazol	2-(2H-Benzotriazol-2-yl)-4-(1,1,3,3-tetramethylbutyl)-hydroxy-benzen
2-Hydroxy-tri-2-propenylester-1,2,3-propantricarbonsäure	3-Allyloxycarbonyl-3-hydroxy-pentandisäure-diallylester
alpha-Hydroxy-w-hydroxypoly(oxy-1,2-ethandiyl)	alpha-Hydro-w-hydroxypoly-(oxy-1,2-ethandiyl)
Hylene M 50	Diphenylmethan-4,4'-diisocyanat
Hylene TCPA	2,4-Diisocyanat-1-methylbenzen
Hylene TM	2,4-Diisocyanat-1-methylbenzen
Hylene TM-65	2,4-Diisocyanat-1-methylbenzen

Gebräuchlicher Name Handelsname	Substanzname
HyleneTRF	2,4-Diisocyanat-1-methylbenzen
Hypalox II	Aluminiumoxid
HY-Phi 1055	cis-Octadec-9-ensäure
HY-Phi 2066	cis-Octadec-9-ensäure
Hypnon	1-Phenylethanon
Hysterene 4516	Octadecansäure
Hysterene S-97	Octadecansäure
Hysterene T-5016	Octadecansäure
Hysterene T-70	Octadecansäure
Hysterene T-80	Octadecansäure
HYSTL-B-1000	Polybutadien
Hystrene 8016	Hexadecansäure
Hyteck	Octadecansäure, Zinksalz
Hytemp SO-40	Octansäure, Natriumsalz
Hytemp WS-70	Octadecansäure, Natriumsalz
Hytrol D	Cyclohexanon
Hytrol O	Cyclohexanon
Hyvis-200	Polyisobutylen
Hyvis-2000	Polyisobutylen
Hyvis-30	Polyisobutylen
Iambolen	Poly(oxy-1,2-ethyandiyloxycarbonyl-1,4-phenylencarbonyl)
ICI 543	Polypropylen, isotaktisch
Icosan	Eicosan
Ido-C	L-(+)-Ascorbinsäure
Idranal II	Ethylendiamintetraessigsäure
IFP	Propantriol
IG 11	Graphit
Igelite F	Polychlorethen
Igelite P	Polychlorethen
Igrafos TNPP	Phosphorigesäure-tri(nonylphenyl)ester
IIR	2-Methyl-1,3-butandien, Polymer mit Ethen
H-Ilerit	Polyorthokieselsäure
Ilitia	(2R-(2R*(4R*,8R*)))-3,4-Dihydro-2,5,7,8-tetramethyl-2-(4,8,12-trimethyltridecyl)-2H-1-benzopyran-6-ol
IMBK	2,2'-Isobutyliden-bis(4,6-dimethylphenol)
Imbutol	2,6-Di-(1,1-dimethylethyl)-4-methylhydroxybenzen
Imbutol E	2,6-Di-(1,1-dimethylethyl)-4-methylhydroxybenzen
2-Imidazolidinethion	2-Imidazolidinthion
Imidazolidin-2-thion	2-Imidazolidinthion
2-Imidazolin-2-thiol	2-Imidazolidinthion
Imidazolin-2-thiol	2-Imidazolidinthion
Imidazolin-2(3)-thion	2-Imidazolidinthion
Imidazol-2-thiol	2-Mercaptoimidazolin
2,2'-Iminobis-ethanol	Diethanolamin
2,2'-Iminodiethanol	Diethanolamin
Iminodiethanolamin	Diethanolamin
2,2'-Iminoethanol	Diethanolamin
IMOL S 140	Phosphorsäuretrikresylester
Impingement black	Aktivkohle
Imprimus Lithol Rot 35-QV-2382	Pigment Rot 53:1 (C.I. 15585:1)
Imprimus Lithol Rubin 45-QV-2342	Pigment Rot 57:1 (C.I. 15850:1)

Gebräuchlicher Name Handelsname	Substanzname
Improved wilt pruf	Polychlorethen
Impruvol	2,6-Di-(1,1-dimethylethyl)-4-methylhydroxybenzen
Imsol A	Propan-2-ol
Imuthiol	Diethyldithiocarbamatsäure, Natriumsalz
Incronol SLS	Schwefelsäuredodecylester, Natriumsalz
Indalca-AG	Guargummi
Indalca AG-BV	Guargummi
Indalca AG-HV	Guargummi
Indamin	4,4'-Diaminodiphenylamin
Indan	Hydrinden
Indanthren	6,15-Dihydro-5,9,14,18-antrazintetron
Indanthren Blue	6,15-Dihydro-5,9,14,18-antrazintetron
Indanthren Blue GP	6,15-Dihydro-5,9,14,18-antrazintetron
Indanthren Blue GPT	6,15-Dihydro-5,9,14,18-antrazintetron
Indanthren Blue RPT	6,15-Dihydro-5,9,14,18-antrazintetron
Indanthren Blue RS	6,15-Dihydro-5,9,14,18-antrazintetron
Indanthren Blue RSN	6,15-Dihydro-5,9,14,18-antrazintetron
Indanthren Blue RSP	6,15-Dihydro-5,9,14,18-antrazintetron
Indanthren Brilliant Blue R	6,15-Dihydro-5,9,14,18-antrazintetron
Indanthrene	6,15-Dihydro-5,9,14,18-antrazintetron
Indanthrene Blue	6,15-Dihydro-5,9,14,18-antrazintetron
Indanthrene Blue GP	6,15-Dihydro-5,9,14,18-antrazintetron
Indanthrene Blue RP	6,15-Dihydro-5,9,14,18-antrazintetron
Indanthrene Blue RS	6,15-Dihydro-5,9,14,18-antrazintetron
Indanthrene Blue RSA	6,15-Dihydro-5,9,14,18-antrazintetron
Indanthrene Blue RSN	6,15-Dihydro-5,9,14,18-antrazintetron
Indanthren Printing Blue FRS	6,15-Dihydro-5,9,14,18-antrazintetron
Indanthren Printing Blue KRS	6,15-Dihydro-5,9,14,18-antrazintetron
Indanthron-Blau	6,15-Dihydro-5,9,14,18-antrazintetron
Indanthrone	6,15-Dihydro-5,9,14,18-antrazintetron
Indanthron-Pigment	6,15-Dihydro-5,9,14,18-antrazintetron
Indopol-H-1900	Polyisobutylen
Indunal T 112/521	Methacrylsäuremethylester
Industrene 206	cis-Octadec-9-ensäure
Industrene 9018	Octadecansäure
Industrene 451 L	Hexadecansäure
Inhibine	Wasserstoffperoxid
Inhibisol	1,1,1-Trichlorethan
Inhibitore OA	N-(1-Naphthyl)-anilin
Inhibitore OB	N,N'-Diphenyl-benzen-1,4-diamin
Inhibitore OD	N-(2-Naphthyl)anilin
Interflo	Polyethylen
Interox	Wasserstoffperoxid
Interox CLBP-50-PS1	4,4'-Dichlorbenzoylperoxid
Interox DHBP-30-IC, 30%ig	2,5-Di-(1,1-dimethylethylperoxy)-2,5-dimethylhexan
Interox DIPP-2	1,4-Bis-((1,1-dimethylethyl)peroxyisopropyl)benzen
Interox DYBP	(1,1,4,4-Tetramethyl-2-butin-1,4-diyl)bis[1,1-dimethylethylethyperoxid]
Interrox	Decansäure-1,1-dimethylethylester
Ionol	2,6-Di-(1,1-dimethylethyl)-4-methylhydroxybenzen

Gebräuchlicher Name Handelsname	Substanzname
Ionol 1	2,6-Di-(1,1-dimethylethyl)-4-methylhydroxybenzen
Ionol 4	2,6-Di-(1,1-dimethylethyl)-4-methoxymethyl-hydroxybenzen
Ionol (antioxidant)	2,6-Di-(1,1-dimethylethyl)-4-methylhydroxybenzen
Ionol CP	2,6-Di-(1,1-dimethylethyl)-4-methylhydroxybenzen
Ionole	2,6-Di-(1,1-dimethylethyl)-4-methylhydroxybenzen
Ionox 220	Bis-(3,5-di-(1,1-dimethylethyl)-4-hydroxyphenyl)-methan
Ionox 330	[(2,4,6-Trimethyl-1,3,5-benzentriyl)tris(methylen)]-4,4',4''-tris[2,6-di(1,1-dimethylethyl]-hydroxybenzen
Ionox 220 Antioxidans	Bis-(3,5-di-(1,1-dimethylethyl)-4-hydroxyphenyl)-methan
Ionox 100 Antioxidans	3,5-Bis-(1,1-dimethylethyl)-4-hydroxybenzenmethanol
Ionox WSP	4,4'-Dimethyl-6,6'-bis-(1-methylcyclohexyl)-2,2'-methandiyl-bis-hydroxybenzen
IPA	Propan-2-ol
IPDI	3-Isocyanatmethyl-3,5,5-trimethylcyclohexylisocyanat
Ipognox 89	4-Sulfo-heptandisäuredidodecylester
Ipogrox	N-(1-Methylethyl)-N'-phenyl-benzen-1,4-diamin
IPPD	N-(1-Methylethyl)-N'-phenyl-benzen-1,4-diamin
IR	Poly-2-methyl-1,3-butadien
Irax	Polyethylen
Irgalite 1104	Kohlenstoff (amorph)
Irgalite Fast Brilliant Green 3GL	Kupferphthalocyanin, chloriert
Irgalite Fast Brilliant Green GL	Kupferphthalocyanin, chloriert
Irgalite Green 6G	Pigment Grün 36 (C.I. 74265)
Irgalite Green GLN	Kupferphthalocyanin, chloriert
Irgalite Green GLNP	Kupferphthalocyanin, chloriert
Irgalite Orange F 22 G	4,4'-[(3,3'-Dichlor[1,1'-biphenyl]-4,4'-diyl)bis(azo)]-bis[2,4-dihydro-5-methyl-2-(4-methylphenyl)]-3H-pyrazol-3-on
Irgalite Orange P	Pigment Orange 13 (C.I. 21110)
Irgalite Red CBN	Pigment Rot 53:1 (C.I. 15585:1)
Irgalite Red CBR	Pigment Rot 53:1 (C.I. 15585:1)
Irgalite Red CBT	Pigment Rot 53:1 (C.I. 15585:1)
Irgalite Red MBC	Pigment Rot 53:1 (C.I. 15585:1)
Irgalite Red NBSP	Pigment Rot 48:1 (C.I. 15865:1)
Irgalite Red PYE	C.I. Pigment Red 38
Irgalite Red RC	Pigment Rot 48:2 (C.I. 15865:2)
Irgalite Rubine 4BP	Pigment Rot 57:1 (C.I. 15850:1)
Irgalite Yellow BAW	Pigment Gelb 13 (C.I. 21100)
Irgalite Yellow BAWP	Pigment Gelb 13 (C.I. 21100)
Irgalite Yellow BAWX	Pigment Gelb 13 (C.I. 21100)
Irgalite Yellow BRM	Pigment Gelb 14 (C.I. 21095)
Irgamax 361	Paraffin, C10-C13
Irganox 259	3,5-Bis-(1,1-dimethylethyl)-4-hydroxy-benzenpropansäure-1,6-hexandiylester

Gebräuchlicher Name Handelsname	Substanzname
Irganox 1010	3,5-Bis-(1,1-dimethylethyl)-4-hydroxy-2,2-bis((3-(3,5-bis(1,1-dimethylethyl)-4-hydroxyphenyl)-1-oxopropoxy)methyl)-1,3-propandiyl-benzenpropansäureester
Irganox 1040	3,5-Bis-(1,1-dimethylethyl)-4-hydroxy-2,2-bis((3-(3,5-bis(1,1-dimethylethyl)-4-hydroxyphenyl)-1-oxopropoxy)methyl)-1,3-propandiyl-benzenpropansäureester
Irganox 414	1,1-Bis-(5-(1,1-dimethylethyl)-4-hydroxy-2-methyl-phenyl)-butan
Irganox 415	Bis-(5-(1,1-dimethylethyl)-4-hydroxy-2-methylphenyl)-sulfid
Irganox P S 800	4-Sulfo-heptandisäuredidodecylester
Irganox PS801	Thio-(prop-1-yl-3-säure-tetradecylester)-propan-3-säure-tetradecylester
Irgaphor Green DBN chips	1-Nitroso-2-naphthol, Eisenkomplex
Irgaphor Orange R 2 G chips	4,4'-[(3,3'-Dichlor[1,1'-biphenyl]-4,4'-diyl)bis(azo)]-bis[2,4-dihydro-5-methyl-2-(4-methylphenyl)]-3H-pyrazol-3-on
Irgaphor Red NBS Chips	Pigment Rot 48:1 (C.I. 15865:1)
Irgaphor Red RC Chips	Pigment Rot 48:2 (C.I. 15865:2)
Irgaphor Res NBS Chips	Pigment Rot 48:1 (C.I. 15865:1)
Irgaphor Yellow BR chips	Pigment Gelb 14 (C.I. 21095)
Irgaplast-CH-30	Didecyl-phenylphosphit
Irgaplast Yellow IRS	Pigment Gelb 13 (C.I. 21100)
Irgastab 2002	((3,5-Bis(1,1-dimethylethyl)-4-hydroxyphenyl)methyl)-phosphorsäure-monoethylester, Nickelsalz (2:1)
Irgawax 330	Octadecansäure
Irgranox 330	[(2,4,6-Trimethyl-1,3,5-benzentriyl)tris(methylen)]-4,4',4''-tris[2,6-di(1,1-dimethylethyl]-hydroxybenzen
Irium	Schwefelsäuredodecylester, Natriumsalz
Irrathene R	Polyethylen
Irtran 2	Zinksulfid
ISB	2-[(1-Methylethyl)sulfinyl]-benzenthiazol
Isoamylbenzothiazolsulfenamid	5-Benzothiazol-2-yl-N-(1,1-dimethylpropyl)-thiohydroxylamin
Isoamylmethylketon	5-Methylhexan-2-on
1,3-iso-Benzofurandion	Benzen-1,2-dicarbonsäureanhydrid
1,3-Isobenzofurandion	Benzen-1,2-dicarbonsäureanhydrid
iso-Butan	2-Methylpropan
Isobutan	2-Methylpropan
Isobutanolamin	2-Amino-2-methyl-1-propanol
Isobuten	2-Methyl-1-propen
Isobuten, trimer	Triisobuten
Isobuthyl Zimate	Di-(2-methylpropyl)-dithiocarbaminsäure, Zinksalz
iso-Butylaceton	5-Methylhexan-2-on
Isobutylaceton	5-Methylhexan-2-on
Isobutyladipat	Bis-(2-methylpropyl)-ester-hexandisäure
Isobutylen	2-Methyl-1-propen
Isobutylen-Isopren-Copolymer	2-Methyl-1,3-butandien, Polymer mit Ethen
iso-Butylmethylketon	4-Methyl-pentan-2-on
Isobutylmethylketon	4-Methyl-pentan-2-on

Gebräuchlicher Name Handelsname	Substanzname
Isobutyl Niclate	Diisobutyl-dithiocarbaminsäure, Nickelsalz
Isobutyl-Resin	Polyisobutylen
Isobutyl Tuads	N,N,N',N'-Tetraisobutylthiuramdisulfid
Isochrysen	9,10-Benzophenanthren
Isocumol	1-Phenylpropan
3-Isocyanatmethyl-3,5,5-trimethyl-cyclohexyl-iso-cyanat	3-Isocyanatmethyl-3,5,5-trimethylcyclohexylisocyanat
Isocyanatobenzol	Isocyanatobenzen
5-Isocyanato-1-(iso-cyanatomethyl)-1,3,3-trimethylcyclohexan	3-Isocyanatmethyl-3,5,5-trimethylcyclohexylisocyanat
4-Isocyanato-phenyl-phosphoro-thioatester (3:1)	4-Isocyanatophenolphosphorothioatester
Isocyansäure, Diester mit 1,6-Hexandiol	1,6-Hexamethylendiisocyanat
Isocyansäure, Hexamethylenester	1,6-Hexamethylendiisocyanat
Isocyansäure-phenylester	Isocyanatobenzen
Isogrip, Vestogrip	cis-1,4-Polyisopren
Isohol	Propan-2-ol
1H-Isoindol-1,3-(2H)-dion	Benzen-1,2-dicarbonsäureimid
Isol Benzidine Fast Yellow GRX	Pigment Gelb 13 (C.I. 21100)
Isol Benzidine Yellow GRX 2548	Pigment Gelb 13 (C.I. 21100)
Isol Bona Red N 5R barium salt	Pigment Rot 48:1 (C.I. 15865:1)
Isol Bona Red NR barium salt	Pigment Rot 48:1 (C.I. 15865:1)
Isol Diaryl Yellow GRF	Pigment Gelb 13 (C.I. 21100)
Isol Lake Red LCS 12527	Pigment Rot 53:1 (C.I. 15585:1)
Isol Red LCR 2517	Pigment Rot 53:1 (C.I. 15585:1)
Isonate	Diphenylmethan-4,4'-diisocyanat
Isonate 125 M	Diphenylmethan-4,4'-diisocyanat
Isonitropropan	2-Nitropropan
iso-Octan	2,2,4-Trimethylpentan
Isooctan	2,2,4-Trimethylpentan
iso-Pentylmethylketon	5-Methylhexan-2-on
Isopentylmethylketon	5-Methylhexan-2-on
Isophorondiamin-diisocyanat	3-Isocyanatmethyl-3,5,5-trimethylcyclohexylisocyanat
Isophorondiisocyanat	3-Isocyanatmethyl-3,5,5-trimethylcyclohexylisocyanat
Isophthalsäurediallylester	Benzen-1,3-dicarbonsäure-di-2-propenylester
Isophthalsäure zusammengesetzt mit Dimethylamin (1:1)	1,3-Benzendicarboxylsäure zusammengesetzt mit N-Methyl-methanamin (1:1)
Isopren	2-Methyl-1,3-butadien
Isopren-Isobutylen-Kautschuk	2-Methyl-1,3-butandien, Polymer mit Ethen
Isopren-Kautschuk	Poly-2-methyl-1,3-butadien
Isopren-oligomer-isopren-D	Poly-2-methyl-1,3-butadien
Isopren-Styren-Copolymer	Styren-Isopren-Copolymer
iso-Propanol	Propan-2-ol
Isopropanol	Propan-2-ol
4-Isopropenyl-1-methyl-1-cyclohexen	1-Methyl-4-(1-methylethenyl)-cyclohexen
3-Isopropenyl-1-methylcyclohexen	Cyclohexen-1-methyl-3-(1-methylvinyl)
Isopropenyl-phenyl-amin	N-(1-Methylethenyl)-benzenamin
p-Isopropoxydiphenylamin	4-(1-Methyl)ethoxy-diphenylamin
4-(Isopropoxy-phenyl)-phenyl-amin	4-(1-Methyl)ethoxy-diphenylamin
iso-Propylaceton	4-Methyl-pentan-2-on
Isopropylaceton	4-Methyl-pentan-2-on
iso-Propylalkohol	Propan-2-ol
Isopropylalkohol	Propan-2-ol

Gebräuchlicher Name Handelsname	Substanzname
iso-Propylamin	2-Aminopropan
Isopropylamin	2-Aminopropan
4-(Isopropylamino)diphenylamin	N-(1-Methylethyl)-N'-phenyl-benzen-1,4-diamin
p-(Isopropylamino)diphenylamin	N-(1-Methylethyl)-N'-phenyl-benzen-1,4-diamin
4-Isopropylamino-4'-methyldiphenylamin	N-(1-Methylethyl)-N'-(4-methylphenyl)-benzen-1,4-diamin
iso-Propylbenzol	(1-Methylethyl)benzen
Isopropylbenzol	(1-Methylethyl)benzen
Isopropylbenzolhydroperoxid	1-Methyl-1-phenylethylhydroperoxid
Isopropylbenzothiazolsulfenamid	S-Benzothiazol-2-yl-N-isopropyl-thiohydroxylamin
Isopropylcyclohexan	1-Methylethylcyclohexan
4-Isopropyl-1,6-dimethyl-1,2,3,4-tetrahydronaphthalen	1,6-Dimethyl-4-isopropyl-1,2,3,4-tetrahydronaphthalen
1-Isopropyl-2,2-dimethyltrimethylenisobutylsäureester	1-(Methylethyl)-2,2-dimethyltrimethylen-(2-methylpropyl)säureester
4,4'-Isopropylidenbis-(o-tert-butylphenol)	4,4'-Isopropylidenbis-(o-1,1-dimethylethylhydroxybenzen)
4,4-Isopropylidenbisphenol	2,2-Bis-(4-hydroxyphenyl)-propan
4,4'-iso-Propylidendiphenol	2,2-Bis-(4-hydroxyphenyl)-propan
4,4'-Isopropylidendiphenol	2,2-Bis-(4-hydroxyphenyl)-propan
Isopropylidenmethylen	Tetraisobutylen
1-Isopropyl-2-methylbenzen	1-Methyl-2-(1-methylethyl)-benzen
1-Isopropyl-4-methylbenzol	1-Methyl-4-isopropylbenzen
1-Isopropyl-4-methyl-1,4-cyclohexadien	1-Methyl-4-(1-methylethyl)-1,4-cyclohexadien
1-Isopropyl-3-methylcyclohexan	1-Methylethyl-3-methylcyclohexan
1-Isopropyl-4-methylcyclohexan (cis)	1-Methyl-4-(1-methylethyl)-cis-cyclohexan
1-Isopropyl-4-methylcyclohexan (trans)	1-Methyl-4-(1-methylethyl)-trans-cyclohexan
2-Isopropyl-5-methylphenol	2-Methyl-5-(1-methylethyl)hydroxybenzen
N-Isopropyl-N'-(4-methoxyphenyl)benzen-1,4-diamin	N-(4-Methoxyphenyl)-N'-isopropyl-benzen-1,4-diamin
N-Isopropyl-N-methyl-N'-phenyl-benzen-1,4-diamin	N-(1-Methylethyl)-N-methyl-N'-phenyl-benzen-1,4-diamin
N-Isopropyl-N'-methyl-N'-phenyl-benzen-1,4-diamin	N-(1-Methylethyl)-N'-methyl-N'-phenyl-benzen-1,4-diamin
N-Isopropyl-N'-methyl-N'-phenyl-p-phenylendiamin	N-(1-Methylethyl)-N' methyl-N'-phenyl-benzen-1,4-diamin
N-Isopropyl-N'-phenyl-benzol-1,4-diamin	N-(1-Methylethyl)-N'-phenyl-benzen-1,4-diamin
N-Isopropyl-N'-phenyl-p-phenylendiamin	N-(1-Methylethyl)-N'-phenyl-benzen-1,4-diamin
N-Isopropyl-N'-p-tolyl-benzen-1,4-diamin	N-(1-Methylethyl)-N'-(4-methylphenyl)-benzen-1,4-diamin
4-Isopropyloxy-butan-2-ol	4-Isopropoxy-2-butanol
(1R)-4c-Isopropyl-1r,6-dimethyl-1,2,3,4-tetrahydro-naphthalen	1,6-Dimethyl-4-isopropyl-1,2,3,4-tetrahydronaphthalen
2-(Isopropylsulfinyl)-benzenthiazol	2-[(1-Methylethyl)sulfinyl]-benzenthiazol
o-Isopropyltoluol	1-Methyl-2-(1-methylethyl)-benzen
4-Isopropyltoluol	1-Methyl-4-isopropylbenzen
Isopropyltoluol	1-Methyl-4-isopropylbenzen
Isopropylxanthogen-tetrasulfid	Bis[2-propoxy(thiocarbonyl)]tetrasulfan
N-Isoproyl-N'-p-tolyl-p-phenylendiamin	N-(1-Methylethyl)-N'-(4-methylphenyl)-benzen-1,4-diamin
Isotactic polypropylene	Polypropylen, isotaktisch
Isothiocyanatethan	Ethylisothiocyanat
Isothiocyanatocyclohexan	Isothiocyanato-cyclohexan
2-Isothiocyanato-2-methyl-propan	(1,1-Dimethylethyl)isothiocyanat

Gebräuchlicher Name Handelsname	Substanzname
Isothiocyansäure-cyclohexylester	Isothiocyanato-cyclohexan
I.T.	Magnesiumsilikathydrat
Itamid	Poly(imino(1-oxo-1,6-hexandiyl))
Itamid 250	Poly(imino(1-oxo-1,6-hexandiyl))
Itamide	Hexansäure-w-lactam
Itamide 25	Poly(imino(1-oxo-1,6-hexandiyl))
Itamide 250	Poly(imino(1-oxo-1,6-hexandiyl))
Itamide 35	Poly(imino(1-oxo-1,6-hexandiyl))
Itamide 350	Poly(imino(1-oxo-1,6-hexandiyl))
Itamide 250G	Poly(imino(1-oxo-1,6-hexandiyl))
Itamide S	Poly(imino(1-oxo-1,6-hexandiyl))
IT extra	Magnesiumsilikathydrat
ITX	Magnesiumsilikathydrat
Ivalon	Methanal
Ivalon	Polyvinylalkohol
Ivegran VP 51.203	N-(1-Methylethyl)-N'-phenyl-benzen-1,4-diamin
Ivegran VP 60.102	Zinkoxid
Ivegran VP 50.203	Dibutyldithiocarbaminsäure, Zinksalz
Ivegran VP 50.202	N,N-Diethyldithiocarbaminsäure, Zinksalz
Ivegran VP 50.602	Di(phenylmethyl)dithiocarbaminsäure, Zinksalz
Ivegran VP 60.101	2-Ethyl-2-hydroxymethyl-1,3-propandiol
Ivegran VP 50.402	Diphenylamin, styrolisiertes
Ivegran VP 50.501	Diphenylamin, styrolisiertes
Ivegran VP 60.103	Schwefel
Iynel	Acrylnitril-Vinylchlorid-Copolymer
J 400	Polypropylen, isotaktisch
J 700	Polypropylen, isotaktisch
Jado	Kohlenstoff (amorph)
Jaguar	Guargummi
Jaguar-6000	Guargummi
Jaguar-A-20-B	Guargummi
Jaguar-A-20D	Guargummi
Jaguar-A-40F	Guargummi
Jaguar Gum A-20-D	Guargummi
Jaguar -NO-124	Guargummi
Jaguar-Plus	Guargummi
Jayflex 77	Benzen-1,2-dicarbonsäure-di-(C6-C8)-alkylester, verzweigt
Jayflex DIDA	Adipinsäure-(di-iso-decyl)-ester
Jayflex DIDP	Benzen-1,2-dicarbonsäuredi-iso-decylester
Jayflex DIDP	Benzen-1,2-dicarbonsäure-di-(C8-C10)-alkylester, verzweigt
Jayflex DINA	Hexandicarbonsäure-diisononylester
Jayflex DINP	Benzen-1,2-dicarbonsäuredi-iso-nonylester (Isomerengemisch)
Jayflex DINP	Benzen-1,2-dicarbonsäure-di-(C8-C10)-alkylester, verzweigt
Jayflex DIOP	Benzen-1,2-dicarbonsäuredi-iso-octylester
Jayflex DOP	Benzen-1,2-dicarbonsäuredi-2-ethylhexylester
Jayflex DTDP-Z	Diisotridecylphthalat
Jaysol S	Ethanol
Jeaune Brilliant	Cadmiumsulfid
Jeffamine AA-20	Bis-(4,4'-aminophenyl)-methan
Jeffox	alpha-Hydro-w-hydroxypoly-(oxy-1,2-ethandiyl)
JGD 1800	Polypropylen, isotaktisch

Gebräuchlicher Name Handelsname	Substanzname
JMD 4500	Polypropylen, isotaktisch
Jonol	2,6-Di-(1,1-dimethylethyl)-4-methylhydroxybenzen
Jonol CP	2,6-Di-(1,1-dimethylethyl)-4-methylhydroxybenzen
Jordanol SL-300	Schwefelsäuredodecylester, Natriumsalz
JR 600 A	Rutil
Jubenon R	Aluminiumoxid
Juralweis S	Calciumcarbonat
R Jutan	Calciumcarbonat
Juvinil	Polychlorethen
K 60	Polyorthokieselsäure
K 250	Calciumcarbonat
K 31	1,1,1-Trichlorethan
K 257	Kohlenstoff (amorph)
K 300	Polypropylen, isotaktisch
KA 101	Aluminiumoxid
KAC 8367	N,N'-Bis(pentachlor-phenylthio)-1,3-diamino-cyclohexan
Kadmiumsulfid	Cadmiumsulfid
Kadox 15	Zinkoxid
Kadox 72	Zinkoxid
Kadox-25	Zinkoxid
Kaiseröl	Benzin 140 - 300
Kaliumdibutyldithiocarbamat	Dibutyldithiocarbaminsäure, Kaliumsalz
Kaliumdimethyldithiocarbamat	Dimethyldithiocarbaminsäure, Kaliumsalz
Kaliumdimethyldithiocarbamid	Dimethyldithiocarbaminsäure, Kaliumsalz
Kaliumdi-n-butyldithiocarbamat	Dibutyldithiocarbaminsäure, Kaliumsalz
Kaliumethylxanthat	Dithiokohlensäure-O-ethylester, Kaliumsalz
Kalium-N,N'-dibutyldithiocarbamat	Dibutyldithiocarbaminsäure, Kaliumsalz
Kaliumperoxodisulfat	Kaliumperoxodisulfat
Kaliumpersulfat	Kaliumperoxodisulfat
Kalkerde	Calciumoxid
Kalkhydrat	Calciumhydroxid
Kalksalpeter	Calciumnitrat
Kalkweiß	Calciumcarbonat
Kallocryl K	Polymethacrylsäuremethylester
Kallodent 222	Polymethacrylsäuremethylester
Kallodent clear	Polymethacrylsäuremethylester
Kalziumhydroxid	Calciumhydroxid
Kalziumkarbonat	Calciumcarbonat
Kalziumsilikat	Calciumsilikat
Kalziumsulfat	Calciumsulfat
Kam 1000	Octadecansäure
Kam 2000	Octadecansäure
Kam 3000	Octadecansäure
Kaneace PA 20	Polymethacrylsäuremethylester
Kanelkaton	Acrylnitril-Vinylchlorid-Copolymer
Kanevinyl PSH 10	Polychlorethen
Kanevinyl PSL 81	Polychlorethen
Kanevinyl S 1001	Polychlorethen
Kanevinyl S 1007	Polychlorethen
Kaolin, calciniert	Kaolin
Kaolin FKB	Aluminiumsilikathydrat
Kaolin H	Aluminiumsilikathydrat

Gebräuchlicher Name Handelsname	Substanzname
Kaolinit	Aluminiumsilikathydrat
Kaolin TEC 1	Aluminiumsilikathydrat
Kaolin TEC 2	Aluminiumsilikathydrat
Kaolin TEC 820	Aluminiumsilikathydrat
Kaolin TEC OF	Aluminiumsilikathydrat
Kaolin-Ton	Pigment Weiß 19 (C.I. 77004)
Kaolloid	Aluminiumsilikat
Kaopaons	Kaolin
Kaophills-2	Kaolin
Kaprolit	Hexansäure-w-lactam
Kaprolit	Poly(imino(1-oxo-1,6-hexandiyl))
Kaprolit B	Poly(imino(1-oxo-1,6-hexandiyl))
Kaprolon	Hexansäure-w-lactam
Kaprolon	Poly(imino(1-oxo-1,6-hexandiyl))
Kaprolon B	Poly(imino(1-oxo-1,6-hexandiyl))
Kapromin	Poly(imino(1-oxo-1,6-hexandiyl))
Kapron	Hexansäure-w-lactam
Kapron	Poly(imino(1-oxo-1,6-hexandiyl))
Kapron A	Poly(imino(1-oxo-1,6-hexandiyl))
Kapron B	Poly(imino(1-oxo-1,6-hexandiyl))
Kaptan	N-(Trichlormethylthio)-4-cyclohexen-1,2-dicarboximid
Karbamid	Kohlensäurediamid
Karbam White	N,N-Dimethyldithiocarbaminsäure, Zinksalz
Karbidsprit	Ethanol
Karbinol	Methanol
Karmex	3-(3,4-Dichlorphenyl)-1,1-dimethylharnstoff
Kartoffelsprit	Ethanol
Kasein	Casein
Kasimid	2-Benzyl-4,5-dihydro-1H-imidazol
Kastone	Wasserstoffperoxid
Kastor-öl	Rizinusöl
Kastoröl	Rizinusöl
Kaustisches Ammoniak	Ammoniaklösung
kaustisches Soda	Natriumhydroxid
Kautschin	1-Methyl-4-(1-methylethenyl)-cyclohexen
Kayabutyl B	Perbenzoesäure-1,1-dimethylethylester
Kayacumyl D	Bis-(1-methyl-1-phenyl-ethyl)-peroxid
Kaylite	Polychlorethen
KBM 603	N-[3-(Trimethoxysilyl)propyl]-1,2-ethandiamin
KBM 503	2-Methyl-2-propensäure-(3-trimethoxysilylpropyl)-ester
KBM 1003	Trimethoxyvinylsilan
KE 709	Kolophonium
Keltan 740	Ethylen-Propylen-Copolymer
Kemamin P990	n-Octadecylamin
Kemester 5652	Hexandicarbonsäure-bis-2-ethylhexylester
Kemolit A60	Calciummetasilikat
Kemolit-N	Calciummetasilikat
Kempore	Diazendicarboxamid
Kempore 125	Diazendicarboxamid
Kempore 125 R 125	Diazendicarboxamid
Kenmix	Magnesiumoxid
KEP 110	Ethylen-Propylen-Copolymer
KEP 010P	Ethylen-Propylen-Copolymer

Gebräuchlicher Name Handelsname	Substanzname
KEP 020P	Ethylen-Propylen-Copolymer
KEP 070P	Ethylen-Propylen-Copolymer
Kerabit	2,6-Di-(1,1-dimethylethyl)-4-methylhydroxybenzen
Keralyt	2-Hydroxybenzencarbonsäure
Keratinamin	Kohlensäurediamid
Kerobit BPD	N,N'-Bis-(1-methylpropyl)-1,4-phenylendiamin
Kerogen	Benzin 140 - 300
Kerosin	Benzin 140 - 300
H Kerosin	Naphtha
Ketjen B	Aluminiumoxid
Ketjenblack EC	Aktivkohle
ß-Ketobutan	Butan-2-on
3-Ketobuttersäureethylester	3-Oxobutansäureethylester
ß-Ketobuttersäureethylester	3-Oxobutansäureethylester
Ketohexamethylen	Cyclohexanon
2-Ketohexamethylenimin	Hexansäure-w-lactam
3-Keto-L-gulofuranolactone	L-(+)-Ascorbinsäure
Ketopropan	2-Propanon
L-3-Ketothreohexuronic acid lactone	L-(+)-Ascorbinsäure
Key-tusscapine	6,7-Dimethoxy-3-(5,6,7,8-tetrahydro-4-methoxy-6-methyl-1,3-dioxolo[4,5-g]isochinolin-5yl)-1(3H)-isobenzofuranon
Kezadol GR	Calciumoxid
Kezadol GR/DAB	Calciumoxid
Kezadol PC	Calciumoxid
KH 570	2-Methyl-2-propensäure-(3-trimethoxysilylpropyl)-ester
KHP 2	Aluminiumoxid
KHS 010	Polychlorethen
KHSE 3	Polychlorethen
Ki 22-5B	Magnesiumhydroxid
Kienöl	Terpentin
Kieselerde	Silicium(IV)-oxid
Kieselgur, gebrannt	Kieselsäure
Kieselgut	Kieselsäure
Kieselrauch	Kieselsäure
Kieselsäure Aluminiumnatriumsalz	Natrium-Aluminium-Silikat
Kieselsäure, Aluminiumsalz (3:2)	Aluminiumsilikat
Kieselsäureanhydrid	Silicium(IV)-oxid, amorph
Kieselsäureanhydrid	Silicium(IV)-oxid
Kieselsäurecalciumsalz (1:2)	Calciumsilikat
Kieselsäure, Calciumsalz	Calciumsilikat
Kieselsäure, gefällt	Silicium(IV)-oxid, amorph
Kieselsäure Kalziumsalz	Calciumsilikat
Kieselsäure, Magnesiumsalz (1:2)	Magnesiumsilikat
Kieselsäuremagnesiumsalz (1:2)	Magnesiumsilikat
Kieselsäure wasserfrei	Silicium(IV)-oxid, amorph
King's Yellow	Blei(II)-chromat
Kisuma 5	Magnesiumhydroxid
Kisuma 78	Magnesiumhydroxid
Kisuma 5-B-N	Magnesiumhydroxid
Kisum S 4	Magnesiumhydroxid
Kleesäure	Ethandisäure
Klegecell	Polychlorethen

Gebräuchlicher Name Handelsname	Substanzname
Klondike yellow X-2261	Kupferphthalocyanin, chloriert
Klorex	Natriumchlorat
KLT 40	Poly(oxy-1,2-ethyandiyloxycarbonyl-1,4-phenylencarbonyl)
KM 40	Magnesiumoxid
KMZ	Carboxymethylcellulose
Knochenleim	Gelatine
Kobaltchlorid II (wasserfrei)	Cobaltdichlorid
Kobalt-II-chlorid	Cobaltdichlorid
Kochsalz	Natriumchlorid
Kocide	Schwefel
Kodaflex 410	Nonandisäure-bis-[2-ethylhexylester]
Kodaflex DBP	Benzen-1,2-dicarbonsäuredi-n-butylester
Kodaflex DBS	Decandisäuredibutylester
Kodaflex DIBP	Benzen-1,2-dicarbonsäure-di-(2-methylpropen)ester
Kodaflex DMP	Benzen-1,2-dicarbonsäuredimethylester
Kodaflex DOA	Hexandicarbonsäure-bis-2-ethylhexylester
Kodaflex DOP	Benzen-1,2-dicarbonsäuredi-2-ethylhexylester
Kodaflex DOTP	1,4-Benzendicarbonsäure-(2-ethylhexyl)-diester
Kodaflex TOTM	1,2,4-Benzentricarbonsäure-tris-(2-ethylhexylester)
Kodaflex TXIB	1-(Methylethyl)-2,2-dimethyltrimethylen-(2-methylpropyl)säureester
Kohiner R 687	Polychlorethen
Kohle, aktiviert	Kohlenstoff (amorph)
Kohlenaphtha	Benzen
Kohlendisulfid	Schwefelkohlenstoff
Kohlensäuremonoamid	Ammoniumhydrogencarbonat
kohlensaurer Kalk	Calciumcarbonat
kohlensaures Ammonium	Ammoniumcarbonat
kohlensaures Natrium	Natriumcarbonat
Kohlensäurezinksalz	Zinkcarbonat
Kohlenschwarz	Aktivkohle
Kohlenstoffdichlorid	Tetrachlorethen
Kohlenstoffdisulfid	Schwefelkohlenstoff
Kohlenstoffsäureammoniumsalz	Ammoniumhydrogencarbonat
Kohlenstoffsuperchlorid	Tetrachlormethan
Kohlenstoffsupersulfid	Schwefelkohlenstoff
Kohlenstofftetrachlorid	Tetrachlormethan
Kohlensulfid	Schwefelkohlenstoff
Kohlenteer	Steinkohlenteerpech
Kohlenwasserstoffwachs	Polyethylen
Kohlenwasserstoffwachs chloriert	Chlorparaffin
500-KOKE	Bis-(1-methyl-1-phenyl-ethyl)-peroxid
Kolamin	2-Aminoethanol
Kolloidschwefel	Schwefel
Kolo 100	Schwefel
Kolofog	Schwefel
Kolospray	Schwefel
Komplexon II	Ethylendiamintetraessigsäure
Kondensationsprodukt aus Anilin und Butyraldehyd	Butanal, Polymer mit Benzenamin
Kondensationsprodukt aus Butylaldehyd und Butylamin	Butyl-butylidenamin

Gebräuchlicher Name Handelsname	Substanzname
Kondensationsprodukt aus Butylphenol und Acetylen	Kondensationsprodukt aus Butylphenol und Ethin
Kondensationsprodukt aus Butyraldehyd und Anilin	3,5-Diethyl-1-phenyl-2-propyl-1,2-dihydropyridin
Kondensationsprodukt aus Diphenylamin und Aceton	9,9-Dimethyl-9,10-dihydroaridin
Kondensationsprodukt aus Diphenylamin und Aceton	Reaktionsprodukt aus Diphenylamin mit Propanon
Kondensationsprodukt aus Heptaldehyd und Anilin	Heptyliden-phenyl-amin
Kondensationsprodukt aus Phenol und Styrol	4'-Ethenyl-[1,1'-biphenyl]-4-ol
kondensiertes Asphalt	Oxidierter Asphalt
Kondremul	Paraffin, C10-C13
Königs Gelb	Bleisulfochromat
Königsgelb	Bleisulfochromat
Korad	Polymethacrylsäuremethylester
Koresin	Kondensationsprodukt aus Butylphenol und Ethin
Korium	2,2'-Methylenbis(4-chlorophenol)
Kornfeindestillat	Ethanol
Korobon	Graphit
Koroseal	Polychlorethen
Korund	Aluminiumoxid
Kosmink	Aktivkohle
Kosmobil	Aktivkohle
Kosmolak	Aktivkohle
Kosmos	Aktivkohle
Kosmotherm	Aktivkohle
Kosmovar	Aktivkohle
Kotamite	Calciumcarbonat
Koyahexa AD	2,5-Di-(1,1-dimethylethylperoxy)-2,5-dimethylhexan
Kp 201	Benzen-1,2-dicarbonsäuredicyclohexylester
KP-5	Polyisobutylen
KR 800	Polychlorethen
KR01	Phenylethen-Butadien-Copolymer
KR02	Phenylethen-Butadien-Copolymer
KR03	Phenylethen-Butadien-Copolymer
KR04	Phenylethen-Butadien-Copolymer
KR05	Phenylethen-Butadien-Copolymer
Kraton D 116	Phenylethen-Butadien-Copolymer
Kraton D 1185	Phenylethen-Butadien-Copolymer
Kraton D 4158	Phenylethen-Butadien-Copolymer
Kraton D 4230	Phenylethen-Butadien-Copolymer
Kraton D 4240	Phenylethen-Butadien-Copolymer
Kredafil 150 extra	Calciumcarbonat
Kredafil RM 5	Calciumcarbonat
Kreide	Calciumcarbonat
Kremserweiß	Blei(II)-carbonat basisch
Kresyldiphenylphosphat	Phosphorsäure-diphenyl-4-methyl-phenyl-ester
Kristall-Quarzsand, feuergetrocknet	Silicium(IV)-oxid
KR10 K-Resin Polymer	Phenylethen-Butadien-Copolymer
Krokus	Eisen(III)-oxid
Krokydolith	Asbest
Kromo	Titandioxid

Gebräuchlicher Name Handelsname	Substanzname
Kromon Yellow GXR	Pigment Gelb 13 (C.I. 21100)
Kronitex	Phosphorsäure-diphenyl-4-methyl-phenyl-ester
Kronitex, Lindol	Phosphorsäuretrikresylester
Kronitex TOF	Phosphorsäure-tri-(2-ethylhexyl)-ester
Kronos	Titandioxid
Kronos Titandioxid	Titandioxid
Krotenal	Bis(thiomethansäurediethylamid)-disulfid
Kryogenin	1-Carbamyl-2-phenylhydrazin
Krystallbenzol	Benzen
Krystallin	Aminobenzen
KS 1300	Calciumcarbonat
KS 1500	Calciumcarbonat
KS 1800	Calciumcarbonat
KS 2100	Calciumcarbonat
KS 500	Calciumcarbonat
KS-10	Graphit
KS 30P	Poly(imino(1-oxo-1,6-hexandiyl))
KULU 40	Calciumcarbonat
Kumol	(1-Methylethyl)benzen
Kumulus	Schwefel
Kumulus S	Schwefel
Kupfer(2+)-bis-2-benzothiazol-thiolat	2-Mercaptobenzothiazol, Kupfersalz
Kupferchlorid	Kupfer(I)-chlorid
Kupferchloruer	Kupfer(I)-chlorid
Kupfer-dibutyl-dithiocarbamat	Dibutyldithiocarbaminsäure, Kupfersalz
Kupferdiethyldithiocarbamat	N,N'-Diethyldithiocarbaminsäure, Kupfer(II)salz
Kupferdiisopropyldithiophosphat	Kupferdi(1-methylethyl)dithiophosphat
Kupferdimethyldithiocarbamat	Dimethyldithiocarbaminsäure, Kupfersalz
Kupfer-2-mercaptobenzothiazol	2-Mercaptobenzothiazol, Kupfersalz
Kupfermercaptobenzothiazol	2-Mercaptobenzothiazol, Kupfersalz
Kupfer-mercaptobenzothiazolat	2-Mercaptobenzothiazol, Kupfersalz
Kupfer-N,N'-dimethyldithiocarbamat	Dimethyldithiocarbaminsäure, Kupfersalz
Kupfer-O,O-di-isopropylphosphorodithioat	Kupferdi(1-methylethyl)dithiophosphat
Kupfer-pentametyhlendithiocarbamat	Pentamethylendithiocarbaminsäure, Kupfersalz
Kupfer-Phthalocyanin chloriert	Kupferphthalocyanin, chloriert
Kuralon VP	Polyvinylalkohol
Kurare poval 1700	Polyvinylalkohol
Kurare PVA 205	Polyvinylalkohol
Kurate poval 120	Polyvinylalkohol
Kureha S 901	Polychlorethen
Kyanol	Aminobenzen
Kyowamag 100	Magnesiumoxid
Kyowamag F	Magnesiumhydroxid
X 74175 L	Kohlenstoff (amorph)
L 5	Polychlorethen
P 4070L	Polyethylen
LA 6	Aluminiumoxid
Lackbenzin	Naphtha
Lacqten 1020	Polyethylen
Lactobaryt	Bariumsulfat
Lake Fast Blue BS	6,15-Dihydro-5,9,14,18-antrazintetron
Lake Fast Blue GGS	6,15-Dihydro-5,9,14,18-antrazintetron
Lake Red 1520	Pigment Rot 53:1 (C.I. 15585:1)
Lake Red C	Pigment Rot 53:1 (C.I. 15585:1)
Lake Red C 18287	Pigment Rot 53:1 (C.I. 15585:1)

Gebräuchlicher Name Handelsname	Substanzname
Lake Red C 21245	Pigment Rot 53:1 (C.I. 15585:1)
Lake Red C 27200	Pigment Rot 53:1 (C.I. 15585:1)
Lake Red C 27217	Pigment Rot 53:1 (C.I. 15585:1)
Lake Red C 27218	Pigment Rot 53:1 (C.I. 15585:1)
Lake Red C Barium Toner	Pigment Rot 53:1 (C.I. 15585:1)
Lake Red CC	Pigment Rot 53:1 (C.I. 15585:1)
Lake Red CCT	Pigment Rot 53:1 (C.I. 15585:1)
Lake Red CR	Pigment Rot 53:1 (C.I. 15585:1)
Lake Red CRLC-232 (Barium)	Pigment Rot 53:1 (C.I. 15585:1)
Lake Red C Toner 8195	Pigment Rot 53:1 (C.I. 15585:1)
Lake Red C Toner 8366	Pigment Rot 53:1 (C.I. 15585:1)
Lake Red GB Bariumsalz	Pigment Rot 53:1 (C.I. 15585:1)
Lake Red RRG	Pigment Rot 53:1 (C.I. 15585:1)
Lake Red 2R-RU	Pigment Rot 53:1 (C.I. 15585:1)
Lake Red Toner C	Pigment Rot 53:1 (C.I. 15585:1)
Lake Red Toner LCLL	Pigment Rot 53:1 (C.I. 15585:1)
LAK KH SL	Polychlorethen
Lambeth	Polypropylen, isotaktisch
Lambril	2-Benzyl-4,5-dihydro-1H-imidazol
Lanadin	1,1,2-Trichlorethen
Lanain	Lanolin
Lanco-Antiskin P	Cyclohexanonoxim
Lanco Wax PP 1362D	Polypropylen, isotaktisch
Lanette wax-S	Schwefelsäuredodecylester, Natriumsalz
Langford	Kaolin
Langford Clay	Kaolin
Lanichol	Lanolin
Laniol	Lanolin
Lankarite	Blei(II)-sulfat
Laprol 402	alpha-Hydro-w-hydroxypoly-(oxy-1,2-ethandiyl)
Larnit	Calciumsilikat
Laroscorbine	L-(+)-Ascorbinsäure
Lasurblau	Pigment Blau 29 (C.I. 77007)
Lasurit	Pigment Blau 29 (C.I. 77007)
Latexol Fast Blue SD	6,15-Dihydro-5,9,14,18-antrazintetron
Latexol Fast Yellow JR	Pigment Gelb 13 (C.I. 21100)
Latexol Scarlet R	Pigment Rot 53:1 (C.I. 15585:1)
Latexol Scarlet R Solupowder	Pigment Rot 53:1 (C.I. 15585:1)
Laurinsäure	Dodecansäure
N-Lauroyl-4-aminophenol	Dodecansäure-(4-hydroxy)-anilid
N-Lauroyl-p-aminophenol	Dodecansäure-(4-hydroxy)-anilid
Laurylmercaptan	1-Dodecanthiol
Laurylschwefelsäure Natriumsalz	Schwefelsäuredodecylester, Natriumsalz
Lauryl sodium sulfate	Schwefelsäuredodecylester, Natriumsalz
Lavezstein	Magnesiumsilikathydrat
Lavsan	Poly(oxy-1,2-ethyandiyloxycarbonyl-1,4-phenylencarbonyl)
Lawsonite	Poly(oxy-1,2-ethyandiyloxycarbonyl-1,4-phenylencarbonyl)
LD 813	4,4'-Methylenbis(2-chloranilin)
LD 400	Polyethylen
LD 600	Polyethylen
LDPE 4	Polyethylen
Ld Rubber Red 16913	Pigment Rot 53:1 (C.I. 15585:1)
Lead Bottoms	Blei(II)-sulfat

Gebräuchlicher Name Handelsname	Substanzname
Lead chromate	Blei(II)-chromat
Lead chromate (ACGIH)	Blei(II)-chromat
Lead Chromate (VI)	Blei(II)-chromat
Lead chromium oxid	Blei(II)-chromat
Lechatelierit	Silicium(IV)-oxid
Ledate	N,N-Diethyldithiocarbaminsäure, Bleisalz
Ledate	Bleidimethyldithiocarbamat
Lederle 2246	2,2'-Methylen-bis[6-(1,1-dimethylethyl)-4-methylphenol]
Lefox	Dimethylpolysiloxan
Leipzig Gelb	Bleisulfochromat
Leipzig yellow	Blei(II)-chromat
Lemascorb	L-(+)-Ascorbinsäure
Lemol	Polyvinylalkohol
Lemol 12-88	Polyvinylalkohol
Lemol 16-98	Polyvinylalkohol
Lemol 24-98	Polyvinylalkohol
Lemol 30-98	Polyvinylalkohol
Lemol 5-88	Polyvinylalkohol
Lemol 5-98	Polyvinylalkohol
Lemol 51-98	Polyvinylalkohol
Lemol 60-98	Polyvinylalkohol
Lemol 75-98	Polyvinylalkohol
Lemol GF-60	Polyvinylalkohol
Lemon yellow	Blei(II)-chromat
Lethurin	1,1,2-Trichlorethen
Leuchtöl	Benzin 140 - 300
Leuchtpetroleum DIN 51636/I.59	Benzin 140 - 300
Leucodinin	4-Hydroxyphenylbenzylether
Leuconeprontosil	6-Acetamido-4-hydroxy-3-[(p-sulfoamidphenyl)-azo)]-2,7-naphthalindisulfonsäure, Dinatriumsalz
Levanox Green GA	Chrom(III)-oxid
Levanox Grün GA	Chrom(III)-oxid
Levapren	Ethylen-Vinylacetat-Copolymer
Levapren 450	Ethylen-Vinylacetat-Copolymer
Levapren 452	Ethylen-Vinylacetat-Copolymer
Levapren 456	Ethylen-Vinylacetat-Copolymer
Levapren 450 HV	Ethylen-Vinylacetat-Copolymer
Levapren 700HV	Ethylen-Vinylacetat-Copolymer
C-Level	L-(+)-Ascorbinsäure
Levigated chalk	Calciumcarbonat
Levoxin 51	Hydrazin, wasserfrei, 98 %
Levoxin 64	Hydrazin, wasserfrei, 98 %
Light Yellow JBR	Pigment Gelb 13 (C.I. 21100)
Ligninsulfonat, Calciumsalz	Ligninsulfonsäure, Calciumsalz
Ligroin	Naphtha
Limonen	1-Methyl-4-(1-methylethenyl)-cyclohexen
linear Butadien Trimer	1,3-Butadien, Trimer
Lineartop P	alpha-Hydro-w-hydroxypoly-(oxy-1,2-ethandiyl)
Lionogen Blue R	6,15-Dihydro-5,9,14,18-antrazintetron
Lionol Yellow FG 1310	Pigment Gelb 13 (C.I. 21100)
Liposorb P	Hexadecylsäure-sorbitylester
Liqui-cee	L-(+)-Ascorbinsäure
Liquidow	Calciumchlorid
Liquid rosin	Tallöl

Gebräuchlicher Name Handelsname	Substanzname
Liquigel	Aluminiumhydroxid-hydrat
P-Lite 500	Calciumcarbonat
P-Lite 700	Calciumcarbonat
Litex CA	Phenylethen-Butadien-Copolymer
Litharge	Blei(II)-oxid
Litharge Pur	Blei(II)-oxid
Lithene AH	Polybutadien
Lithene AL	Polybutadien
Lithol Rot NB D 3560	Pigment Rot 53:1 (C.I. 15585:1)
Lithol-Rubin (Calcium)	Pigment Rot 57:1 (C.I. 15850:1)
Lithol Rubin K 4566	Pigment Rot 57:1 (C.I. 15850:1)
Lithol Scarlet K 3700	Pigment Rot 48:1 (C.I. 15865:1)
Lithol Scharlach D 3700	Pigment Rot 48:2 (C.I. 15865:2)
Lithopone	Zinksulfid
Lithopone	Bariumsulfat
Liyuibarine	Bariumsulfat
LK36	Hexamethoxymethylmelamin
LMR 100	Magnesiumsilikathydrat
Q-Loid A 30	Aluminiumoxid
S-Lon	Polychlorethen
C-Long	L-(+)-Ascorbinsäure
Longutin	6,7-Dimethoxy-3-(5,6,7,8-tetrahydro-4-methoxy-6-methyl-1,3-dioxolo[4,5-g]isochinolin-5yl)-1(3H)-isobenzofuranon
Lonza 380 ES	Polychlorethen
Lonza G	Polychlorethen
Loomite	Magnesiumsilikathydrat
Loomite	Magnesiumsilikat
Lösemittel G. A.	2-Ethoxyethanol
Lösungsbenzol gereinigt L	Benzen
Lösungsmittel G.A.	2-Ethoxyethanol
Lösungspetroleum DIN 51636/I.59	Benzin 140 - 300
Loxiol G 20	Octadecansäure
LPT	Polymethacrylsäuremethylester
LPT 1	Polymethacrylsäuremethylester
LSO-M	Polymethacrylsäuremethylester
LSO-M 4B	Polymethacrylsäuremethylester
LTD	4-Sulfo-heptandisäuredidodecylester
Lucalox	Aluminiumoxid
Lucel ADA	Diazendicarboxamid
Lucidol	Dibenzoylperoxid
Lucidol B 50	Dibenzoylperoxid
Lucidol G 20	Dibenzoylperoxid
Lucidol 50 P	Dibenzoylperoxid
Lucite	Polymethacrylsäuremethylester
Lucite 120	Polymethacrylsäuremethylester
Lucite 129	Polymethacrylsäuremethylester
Lucite 130	Polymethacrylsäuremethylester
Lucite 140	Polymethacrylsäuremethylester
Lucite 147	Polymethacrylsäuremethylester
Lucite 180	Polymethacrylsäuremethylester
Lucite 30	Polymethacrylsäuremethylester
Lucite 47	Polymethacrylsäuremethylester
Lucoflex	Polychlorethen
Luconyl Braun 2915	Eisen(III)-oxid

Gebräuchlicher Name Handelsname	Substanzname
Luconyl G Grün 8730	Kupferphthalocyanin, chloriert
Luconyl G Rot 2817	Eisen(III)-oxid
Luconyl Grün 8730	Kupferphthalocyanin, chloriert
Luconyl Grün 9360	Pigment Grün 36 (C.I. 74265)
Luconyl G Weiss 0022	Titandioxid
Luconyl Rot 2817	Eisen(III)-oxid
Luconyl Rot 3396	Eisen(III)-oxid
Luconyl Rot 3397	Eisen(III)-oxid
Luconyl Schwarz 0060	Aktivkohle
Luconyl Schwarz 0066	Aktivkohle
Luconyl Weiss 0022	Titandioxid
Lucovyl BB 800	Polychlorethen
Lucovyl BB 8010	Polychlorethen
Lucovyl GB 1150	Polychlorethen
Lucovyl GB 9550	Polychlorethen
Lucovyl GS 1200	Polychlorethen
Lucovyl GS 8001	Polychlorethen
Lucovyl PB 1302	Polychlorethen
Lucovyl PE	Polychlorethen
Lucovyl PE 1100	Polychlorethen
Lucovyl PE 1290	Polychlorethen
Lucovyl PE 1311	Polychlorethen
Lucovyl PE 1355	Polychlorethen
Lucovyl RB 8010	Polychlorethen
Ludox	Kieselsäure, pyrogen
Ludox	Silicium(IV)-oxid
Ludox CL	Aluminiumoxid
Lufilen Blau 64-7005	6,15-Dihydro-5,9,14,18-antrazintetron
Lumilar 100	Poly(oxy-1,2-ethyandiyloxycarbonyl-1,4-phenylencarbonyl)
Lumirror	Poly(oxy-1,2-ethyandiyloxycarbonyl-1,4-phenylencarbonyl)
Lumirror 38S	Poly(oxy-1,2-ethyandiyloxycarbonyl-1,4-phenylencarbonyl)
Lupareen	Polypropylen, isotaktisch
Luperco 101	2,5-Di-(1,1-dimethylethylperoxy)-2,5-dimethylhexan
Luperco	Dibenzoylperoxid
Luperco AST	Dibenzoylperoxid
Luperco 500-40C	Bis-(1-methyl-1-phenyl-ethyl)-peroxid
Luperco 231 CI	(3,3,5-Trimethylcyclohexyliden)-bis-(tert.-butylperoxid)
Luperco CST	Bis-(2,4-dichlorbenzoyl)-peroxid
Luperco 231 XLP	(3,3,5-Trimethylcyclohexyliden)-bis-(tert.-butylperoxid)
Luperox 801	2-Methylpropyl-[1-methyl-1-phenyl-ethyl]-peroxid
Luperox	(3,3,5-Trimethylcyclohexyliden)-bis-(tert.-butylperoxid)
Luperox 101	2,5-Di-(1,1-dimethylethylperoxy)-2,5-dimethylhexan
Luperox 500	Bis-(1-methyl-1-phenyl-ethyl)-peroxid
Luperox DI	Bis-(1,1-dimethylethyl)peroxid
Luperox DIOP-31	Bis-(1,1-dimethylethyl)peroxid
Luperox DI-WO-50	Bis-(1,1-dimethylethyl)peroxid

Gebräuchlicher Name Handelsname	Substanzname
Luperox 101-EVA-25	2,5-Di-(1,1-dimethylethylperoxy)-2,5-dimethylhexan
Luperox 231-G-40	(3,3,5-Trimethylcyclohexyliden)-bis-(tert.-butylperoxid)
Luperox 101-G-45	2,5-Di-(1,1-dimethylethylperoxy)-2,5-dimethylhexan
Luperox 231-KEX-40	(3,3,5-Trimethylcyclohexyliden)-bis-(tert.-butylperoxid)
Luperox MF-40	(3,3,5-Trimethylcyclohexyliden)-bis-(tert.-butylperoxid)
Luperox 101-MF-45	2,5-Di-(1,1-dimethylethylperoxy)-2,5-dimethylhexan
Luperox 231-MG-40	(3,3,5-Trimethylcyclohexyliden)-bis-(tert.-butylperoxid)
Luperox 101-MG-45	2,5-Di-(1,1-dimethylethylperoxy)-2,5-dimethylhexan
Luperox P	Perbenzoesäure-1,1-dimethylethylester
Luperox 101-PP-7,5	2,5-Di-(1,1-dimethylethylperoxy)-2,5-dimethylhexan
Luperox 231-SRG-40	(3,3,5-Trimethylcyclohexyliden)-bis-(tert.-butylperoxid)
Luperox 101-SRG-45	2,5-Di-(1,1-dimethylethylperoxy)-2,5-dimethylhexan
Luperox 231-XL-40	(3,3,5-Trimethylcyclohexyliden)-bis-(tert.-butylperoxid)
Luperox 101-XL-45	2,5-Di-(1,1-dimethylethylperoxy)-2,5-dimethylhexan
Lupersol 231	(3,3,5-Trimethylcyclohexyliden)-bis-(tert.-butylperoxid)
Lupersol 101	2,5-Di-(1,1-dimethylethylperoxy)-2,5-dimethylhexan
Lupetidine	2,6-Dimethylpiperidin
Lupolen	Polyethylen
Lupolen 4261A	Polyethylen
Lupolen 6042D	Polyethylen
Lupolen 1010H	Polyethylen
Lupolen 1800H	Polyethylen
Lupolen 1810H	Polyethylen
Lupolen 6011H	Polyethylen
Lupolen KR 1032	Polyethylen
Lupolen KR 1051	Polyethylen
Lupolen KR 1257	Polyethylen
Lupolen 6011L	Polyethylen
Lupolen L 6041D	Polyethylen
Lupolen N	Polyethylen
Lupolen 1800S	Polyethylen
Lupranat T 80	2,4-Diisocyanat-1-methylbenzen
Luprofil Blau 64-7005 C3	6,15-Dihydro-5,9,14,18-antrazintetron
Lusurit	4-Sulfo-heptandisäuredidodecylester
Lutetia Fast Blue RS	6,15-Dihydro-5,9,14,18-antrazintetron
Lutetia fast emerald J	Kupferphthalocyanin, chloriert
Lutetia Red CLN	Pigment Rot 53:1 (C.I. 15585:1)
Lutetia Red CLN-ST	Pigment Rot 53:1 (C.I. 15585:1)
Lutetia Red RLD PV NE	Pigment Rot 48:2 (C.I. 15865:2)
Lutetia Red 6R NE	Pigment Rot 57:1 (C.I. 15850:1)

Gebräuchlicher Name Handelsname	Substanzname
Lutetia Yellow JR NE	Pigment Gelb 13 (C.I. 21100)
Lutetia Yellow 3JR PV NE	Pigment Gelb 14 (C.I. 21095)
Lutofan	Polychlorethen
Lutosol	Propan-2-ol
Lutrol 9	alpha-Hydro-w-hydroxypoly-(oxy-1,2-ethandiyl)
Luvocarb -75	Aktivkohle
Luvocarb GP	Aktivkohle
Luvocarb MPC	Aktivkohle
Luvocarb MT-LS	Aktivkohle
Luvocarb MT N-990	Aktivkohle
Luvocarb N-220	Aktivkohle
Luvocarb N-330	Aktivkohle
Luvocarb N-339	Aktivkohle
Luvocarb N-539	Aktivkohle
Luvocarb N-550	Aktivkohle
Luvocarb N-660	Aktivkohle
Luvocarb PM 15	Aktivkohle
Luvocarb PM 6-E	Aktivkohle
Luvocarb S	Aktivkohle
Luvocarb SRF	Aktivkohle
Luvocarb T-S ulver	Aktivkohle
Luvocure K-CDO	1,4-Benzochinondioxim
Luvomag	Magnesiumoxid
Luwipal	Melamin-Formaldehyd-Copolymer
Luxan Black R	N-Phenyl-1,4-benzendiamin
Luxan Schwarz R	N-Phenyl-1,4-benzendiamin
A 21LV	Polymethacrylsäuremethylester
LVancide 51 Z Dispersion	N,N-Dimethyldithiocarbaminsäure, Zinksalz
Lycal 96 HSE	Magnesiumhydroxid
Lycoid-Dr.	Guargummi
LYM 42	Polypropylen, isotaktisch
Lymphoscan	Antimon(III)-sulfid
Lyobex	6,7-Dimethoxy-3-(5,6,7,8-tetrahydro-4-methoxy-6-methyl-1,3-dioxolo[4,5-g]isochinolin-5yl)-1(3H)-isobenzofuranon
Lysoform	Methanal
Lytron 5202	Phenylethen-Butadien-Copolymer
L-Lyxoascorbic acid	L-(+)-Ascorbinsäure
M 29	Ethylendiamintetraessigsäure
M 100	Kohlenstoff (amorph)
M 13/20	Polyvinylalkohol
Macrogol 300	alpha-Hydro-w-hydroxypoly-(oxy-1,2-ethandiyl)
Macrogol 400	alpha-Hydro-w-hydroxypoly-(oxy-1,2-ethandiyl)
Macrogol 6000	alpha-Hydro-w-hydroxypoly-(oxy-1,2-ethandiyl)
Magbond	Bentonit
Magcal	Magnesiumoxid
Magcarb L	Magnesiumcarbonat
Magchem 100	Magnesiumoxid
Magecol	Aktivkohle
Maglit	Magnesiumoxid
Magmaster	Magnesiumcarbonat
Magnesia	Magnesiumoxid
Magnesit	Magnesiumcarbonat
Magnesium-meta-silicat	Magnesiumsilikat
Magnesiumsalz, Octadecansäure	Octadecansäure, Magnesiumsalz

Gebräuchlicher Name Handelsname	Substanzname
Magnesiumsilicat	Magnesiumsilikat
Magnesiumstearat	Octadecansäure, Magnesiumsalz
Magnesiumstearat Pharma	Octadecansäure, Magnesiumsalz
Magnesiumstearat S	Octadecansäure, Magnesiumsalz
Magnesiumtrisilikat	Magnesiumsilikat
Magneteisenstein	Eisen(II,III)-oxid
Magnetic 70	Schwefel
Magnetic 90	Schwefel
Magnetic 95	Schwefel
Magnetit	Eisen(II,III)-oxid
Magnetitoxid	Eisen(II,III)-oxid
Magnifin	Magnesiumhydroxid
Magnosil	Magnesiumsilikat
Magox	Magnesiumhydroxid
Magox	Magnesiumoxid
Magox 85	Magnesiumoxid
Magox 90	Magnesiumoxid
Magox 95	Magnesiumoxid
Magox 98	Magnesiumoxid
Magox OP	Magnesiumoxid
Mahlschwefel	Schwefel
Makrogol 400 BPC	Ethandiol
Maleinanhydrid	cis-Butendisäureanhydrid
Maleinsäure	cis-Butendisäure
Maleinsäureanhydrid	cis-Butendisäureanhydrid
Maleinsäure-bis[2-ethyl-hexyl-ester]	trans-Butensäure-(2-ethylhexyl)-diester
Maleinsäurediallylester	cis-2-Butendisäure-di-2-propylenylester
Maleinsäure-di-(2-ethylhexyl)-ester	(Z)-2-Butendicarbonsäure-di-(2-ethylhexyl)-ester
Maleinsäure-(2-ethylhexyl)diester	(Z)-2-Butendicarbonsäure-di-(2-ethylhexyl)-ester
Malipur	N-(Trichlormethylthio)-4-cyclohexen-1,2-dicarboximid
Manolene 6050	Polyethylen
Manolène	Polyethylen
Mapico rot R220-3	Eisen(III)-oxid
Maprenal MF 920	Melamin-Formaldehyd-Copolymer
Maprofix 563	Schwefelsäuredodecylester, Natriumsalz
Maprofix LK	Schwefelsäuredodecylester, Natriumsalz
Maprofix NEU	Schwefelsäuredodecylester, Natriumsalz
Maprofix WAC	Schwefelsäuredodecylester, Natriumsalz
Maprofix wac-LA	Schwefelsäuredodecylester, Natriumsalz
Maranyl F 114	Poly(imino(1-oxo-1,6-hexandiyl))
Maranyl F 124	Poly(imino(1-oxo-1,6-hexandiyl))
Maranyl F 500	Poly(imino(1-oxo-1,6-hexandiyl))
Marblewhite 325	Calciumcarbonat
Marbon 9200	Phenylethen-Butadien-Copolymer
Marbon 8000A	Phenylethen-Butadien-Copolymer
Marfil	Calciumcarbonat
Marimet 45	Calciumsilikat
Marinco H	Magnesiumhydroxid
Marinet 45	Calciumsilikat
Marinutril	2,2-Di-hydroxymethyl-propan-1,3-diol
MARK A 030	1,1,3-Tris(5-tert.-butyl-4-hydroxy-2-methylphenyl)-butan

Gebräuchlicher Name Handelsname	Substanzname
Mark AO 60	3,5-Bis-(1,1-dimethylethyl)-4-hydroxy-2,2-bis((3-(3,5-bis(1,1-dimethylethyl)-4-hydroxyphenyl)-1-oxopropoxy)methyl)-1,3-propandiyl-benzenpropansäureester
Marlex 50	Polyethylen
Marlex 60	Polyethylen
Marlex 6003	Polyethylen
Marlex 6009	Polyethylen
Marlex 6015	Polyethylen
Marlex 6050	Polyethylen
Marlex 6060	Polyethylen
Marlex 9	Polyethylen
Marlex 960	Polyethylen
Marlex 9400	Polypropylen, isotaktisch
Marlex EHM 6001	Polyethylen
Marlex HGH 050-01	Polypropylen, isotaktisch
Marlex M 309	Polyethylen
Marlex TR 704	Polyethylen
Marlex TR 880	Polyethylen
Marlex TR 885	Polyethylen
Marlex TR 906	Polyethylen
Marlotherms	Methylbis(phenylmethyl)benzen
Marmag	Magnesiumoxid
Marmor	Calciumcarbonat
Marmorkalkhydrat	Calciumhydroxid
Marpee NL (OM)	Pektin
Mars Braun	Eisen(III)-oxid
Martinal	Aluminiumhydroxid-hydrat
Martinal A	Aluminiumhydroxid-hydrat
Martinal A1S	Aluminiumhydroxid-hydrat
Martinal VPF 8812	Magnesiumhydroxid
Martoxin	Aluminiumoxid
Marvinal	Polychlorethen
Marvinol	Polychlorethen
Marvinol 14	Polychlorethen
Marvinol 53	Polychlorethen
Marvinol 57	Polychlorethen
Marvinol 7000	Polychlorethen
Marvinol VR 50	Polychlorethen
Marvinol VR 53	Polychlorethen
Mascagnite	Ammoniumsulfat
Masil EM	Dimethylpolysiloxan
Massicot	Bleioxid
Matoflex- TMQ	1,2-Dihydro-2,2,4-trimethylchinolin-Harz
Mattierungsmittel OK 412	Silicium(IV)-oxid, amorph
Maurylene	Polypropylen, isotaktisch
Maxvis-2000	Polyisobutylen
MB	Bis-(2-methyl-2-propensäure)-1,4-butandiylester
MB	1,10-Bis-methacryloxyloxydecan
MB	Ethylenglykoldimethacrylat
MBDS	2,2'-Dithio-bis-benzimidazol
MBDS	2-(4-Morpholinyl-dithio)benzothiazol
MBI	2-Benzimidazolthiol
MBI	2-Mercaptoimidazolin
MBIS	N-Oxydiethylen-2-benzimidiazol-sulfenamid

Gebräuchlicher Name Handelsname	Substanzname
MBIS	Dibenzothiazyldisulfid
MBO	2-Mercaptobenzoxazol
Mboca	4,4'-Methylenbis(2-chloranilin)
MBPPD	N-(1,3-Dimethylbutyl)-N'-phenyl-1,4-benzendiamin
MBS	4-(Benzothiazol-2-sulfonyl)-morpholin
MBS	2-(Piperidinthio)-benzimidazol
MBSS	2-(4-Morpholinyl-dithio)benzothiazol
MBT	2-Benzothiazolthiol
MBTS	Dibenzothiazyldisulfid
Z5MC	Pentamethylendithiocarbaminsäure, Zinksalz
MC	Methylcellulose
MCB	Chlorbenzen
McNamee Clay	Kaolin
MC-T	Calciumcarbonat
MDA	Bis-(4,4'-aminophenyl)-methan
MDA-Monomer	Bis-(4,4'-aminophenyl)-methan
MDI	Diphenylmethan-4,4'-diisocyanat
MDMTS	4-[((Dimethylamino)-thioxomethyl)thio]-morpholin
MEA	2-Aminoethanol
MeBT	2-Methylbenzothiazol
MEC	Butan-2-on
Mecloran	1,1,1-Trichlorethan
Mecrothene F	Polyethylen
Mediaplast NB-4	Hexandicarbonsäure-bis-2-ethylhexylester
Mediaplast NB-4/P	Hexandicarbonsäure-bis-2-ethylhexylester
Mediaplast TR	Methylbis(phenylmethyl)benzen
Medium Blue	6,15-Dihydro-5,9,14,18-antrazintetron
Medium-Chrom	Bleisulfochromat
Meetco	Butan-2-on
MEG	Ethandiol
Meglon	Natriumhydrogencarbonat
4,4'-Mehtylenbis-(2,6-dimethylphenol)	4,4'-Methylenbis-(2,6-dimethylphenol)
MEK	Butan-2-on
Melamin-Formaldehyd-Hharz	Melamin-Formaldehyd-Copolymer
Melanilin	N,N'-Diphenylguanidin
Melaniline	N,N'-Diphenylguanidin
Melanol CL	Schwefelsäuredodecylester, Natriumsalz
Melanol CL 30	Schwefelsäuredodecylester, Natriumsalz
Melassesprit	Ethanol
Meliform	Poly(oxy-1,2-ethyandiyloxycarbonyl-1,4-phenylencarbonyl)
Melinex	Poly(oxy-1,2-ethyandiyloxycarbonyl-1,4-phenylencarbonyl)
Melinex O Mylar	Poly(oxy-1,2-ethyandiyloxycarbonyl-1,4-phenylencarbonyl)
Melolam 285	Melamin-Formaldehyd-Copolymer
Melonil DOA	Hexandicarbonsäure-bis-2-ethylhexylester
Melonil DOS	Decandisäurediisooctylester
Mennige	Blei(II,IV)-oxid
1,8(9)-p-Menthadien	1-Methyl-4-(1-methylethenyl)-cyclohexen
p-Mentha-1,8-dien	1-Methyl-4-(1-methylethenyl)-cyclohexen
p-Mentha-1,4-dien	1-Methyl-4-(1-methylethyl)-1,4-cyclohexadien
p-Mentha-1,8-dienlimonen	1-Methyl-4-(1-methylethenyl)-cyclohexen

Gebräuchlicher Name Handelsname	Substanzname
Meo-Fat 12	Dodecansäure
Meo-Fat 12-43	Dodecansäure
Meraklon	Polypropylen, isotaktisch
4-P Mercaptan	tert.-Dodecanthiol
9-Mercaptoanthrazen	9-Anthrazenthiol
2-Mercaptobenzimidazol	2-Benzimidazolthiol
2-Mercaptobenzimidazol-zinksalz	1,3-Dihydro-2H-benzimidazol-2-thion, Zinksalz
2-Mercaptobenzothiazol	2-Benzothiazolthiol
2-Mercaptobenzothiazoldisulfid	Dibenzothiazyldisulfid
Mercaptobenzothiazoldisulfid	Dibenzothiazyldisulfid
Mercaptobenzothiazol, Kupfersalz	2-Mercaptobenzothiazol, Kupfersalz
2-Mercapto-benzothiazol, Natriumsalz	2-Benzothiazolthiol, Natriumsalz
2-Mercaptobenzothiazol-S-methylether	2-Methylthiobenzothiazol
2-Mercaptobenzothiazol-Zinksalz	Zink-2-mercaptobenzothiazol
Mercaptobenzothiazol, Zinksalz	Zink-2-mercaptobenzothiazol
2-Mercaptobenzthiazol	2-Benzothiazolthiol
Mercaptobenzthiazol	2-Benzothiazolthiol
1-Mercaptododecan	1-Dodecanthiol
Mercaptododecan	1-Dodecanthiol
Mercaptoessigsäure-1,2-ethandiyester	1,2-Ethandithioldiacetat
Mercaptoessigsäure-2-ethylhexylester	2-Ethylhexylmercaptoacetat
Mercaptoessigsäure-2-mercaptoacetoxyethylester	1,2-Ethandithioldiacetat
(2-Mercaptoethyl)triethoxysilan	2-(Triethoxysilyl)-ethanthiol
2-Mercaptoethyltrimethoxysilan	2-(Trimethoxysilyl)-ethanthiol
2-Mercapto-5-methylbenzimidazol	5-Methyl-2-mercaptobenzimidazol
1-Mercapto-4-methylbenzol	4-Methylbenzenthiol
2-Mercaptonaphthalen	Naphthalen-2-thiol
1-Mercaptooctan	1-Octanthiol
Mercaptooxazol	2-Mercaptooxazol
5-Mercapto-3-phenyl-2H-1,3,4-thiadiazol-2-thion	3-Phenyl-5-mercapto-1,3,4-thiadiazol-2-thion
(3-Mercaptopropyl)triethoxysilan	3-(Triethoxysilyl)-propanthiol
(3-Mercaptopropyl)-trimethoxysilan	3-(Trimethoxysilyl)-1-propanthiol
gamma-Mercaptopropyltrimethoxysilan	3-(Trimethoxysilyl)-1-propanthiol
4-Mercaptopyrimidin, 2-Mercaptopyrimidin	2-Pyrimidinthiol
2-Mercaptothiazolin	4,5-Dihydrothiazol-2-thiol
2-Mercaptotoluimidazol-zinksalz	1,3-Dihydro-4(oder 5)-methyl-2H-benzimidazol-2-thion-Zinksalz
4-Mercaptotoluol	4-Methylbenzenthiol
Mercazin 1 NA 22	2-Imidazolidinthion
Meri-C	L-(+)-Ascorbinsäure
Merpan	N-(Trichlormethylthio)-4-cyclohexen-1,2-dicarboximid
Merpol 02	alpha-Hydro-w-hydroxypoly-(oxy-1,2-ethandiyl)
Mertax	2-Benzothiazolthiol
MeSBT	2-Methylthiobenzothiazol
MeSOBT	2-Methylsulfinylbenzothiazol
Metabasal	4,5-Dihydrothiazol-2-thiol
meta-Dihydroxybenzol	1,3-Dihydroxybenzen
meta-Dioxybenzol	1,3-Dihydroxybenzen
m-(meta)-Divinylbenzen, stabilisiert	Divinylbenzen
m-(meta)Divinylbenzol, stabilisiert	Divinylbenzen
Metakieselsäure	Kieselsäure
Metallac	Octadecansäure, Zinksalz

Gebräuchlicher Name Handelsname	Substanzname
Metallic Braun	Eisen(III)-oxid
Metamid	Poly(imino(1-oxo-1,6-hexandiyl))
Metanex	Aktivkohle
Metanpon	cis-Octadec-9-ensäure
Metaplex NO	Polymethacrylsäuremethylester
Metaplex 4002T	Polymethacrylsäuremethylester
Metaquest A	Ethylendiamintetraessigsäure
Metasap 576	Octadecansäure, Zinksalz
Metasiliziumsäure	Kieselsäure
meta-Toluylendiamin	2,4-Diaminomethylbenzen
Metazin	N,N-Dimethyldithiocarbaminsäure, Zinksalz
Metazin	Hexamethoxymethylmelamin
Meteorex	Dimethylpolysiloxan
alpha-w-Methacryl-bis-3-(oxyethylen)-phthalat	Benzen-1,2-dicarbonsäure-bis(2-(2-[2-(2-methylacryloyloxy)ethoxy]ethoxy)ethyl)ester
gamma-Methacryloxipropyl-trimethoxysilan	2-Methyl-2-propensäure-(3-trimethoxysilylpropyl)-ester
[3-(Methacryloyloxy)-propyl]-trimethoxysilan	2-Methyl-2-propensäure-(3-trimethoxysilylpropyl)-ester
2-Methacrylsäurebutylester	2-Methylpropen-1-säure-3-butylester
Methacrylsäurebutylester	2-Methylpropen-1-säure-3-butylester
Methacrylsäuremethylester-Polymer	Polymethacrylsäuremethylester
Methacrylsäure-(3-trimethoxysilylpropyl)-ester	2-Methyl-2-propensäure-(3-trimethoxysilylpropyl)-ester
Methacrylsäure, Zinksalz	2-Methyl-2-propensäure, Zinksalz
Methakrylsäurebutylester	2-Methylpropen-1-säure-3-butylester
Methanal-p-toluidin	N-(4-Methylphenyl)formamid
Methanamid	Methansäureamid
Methancarbonsäure	Ethansäure
Methancarboxylsäure	Ethansäure
4,4'-Methandiyl-bis-anilin	Bis-(4,4'-aminophenyl)-methan
4,4'-Methandiyl-bis-phenylisocyanat	Diphenylmethan-4,4'-diisocyanat
4,7-Methano-3a,4,7,7a-tetrahydroinden	4,7-Methylen-4,7,8,9-tetrahydroinden
Methasan	N,N-Dimethyldithiocarbaminsäure, Zinksalz
Methazate	N,N-Dimethyldithiocarbaminsäure, Zinksalz
Methenamin	1,3,5,7-Tetraazatricyclo-(3.3.1.1(3,7))-decan
Methinchlorid	Trichlormethan
Methocel A	Methylcellulose
Methocel A4C	Methylcellulose
Methocel A15-LV	Methylcellulose
Methocel A4M	Methylcellulose
Methol	Methanol
4-Methoxybenzophenon	(4-Methoxyphenyl)phenylmethanon
2-(Methoxycarbonyl)-1-propan	Methacrylsäuremethylester
Methoxyhydrastin	6,7-Dimethoxy-3-(5,6,7,8-tetrahydro-4-methoxy-6-methyl-1,3-dioxolo[4,5-g]isochinolin-5yl)-1(3H)-isobenzofuranon
3-Methoxy-4-hydroxybenzaldehyd	4-Hydroxy-3-methoxybenzaldehyd
4-Methoxymethyl-2,6-di-tert.-butylphenol	2,6-Di-(1,1-dimethylethyl)-4-methoxymethyl-hydroxybenzen
4-Methoxy-N-(4-methoxyphenyl)-benzenamin	4,4'-Methoxydiphenylamin
4-Methoxy-N-phenylbenzenamin	(4-Methoxyphenyl)phenylamin
Methoxypectin	Pektin
N-(p-methoxyphenyl)-N'-isopropyl-p-phenylendiamin	N-(4-Methoxyphenyl)-N'-isopropyl-benzen-1,4-diamin

Gebräuchlicher Name Handelsname	Substanzname
N-[4-Methoxy-phenyl]-N'-phenyl-thioharnstoff	1-(4-Methoxyphenyl)-3-phenyl-thioharnstoff
1-p-Methoxyphenyl-3-phenyl-thioharnstoff	1-(4-Methoxyphenyl)-3-phenyl-thioharnstoff
Methylacetat	Ethansäuremethylester
Methylacetyl	2-Propanon
2-Methyl-acrylsäure-2,2-bis(2-methyl-acryloyloxymethyl)-butylester	2-Ethyl-2-hydroxymethyl-1,3-propandiol
2-Methyl-acrylsäure-4-(2-methyl-acryloxy)-butylester	Bis-(2-methyl-2-propensäure)-1,4-butandiylester
2-Methyl-acrylsäure-10-(2-methyl-acryl-oxyloxy)-decylester	1,10-Bis-methacryloxyloxydecan
2-Methyl-acrylsäure-2-[2-(2-methyl-acryloyloxy)-ethoxy]-ethylester	2-Methyl-2-propensäure-oxydi-2,1-ethandiylester
2-Methylacrylsäure-2-(2-methyl-acryloyloxy)-ethylester	Ethylenglykoldimethacrylat
Methylaldehyd	Methanal
Methylalkohol	Methanol
Methyl-alpha-methylacrylat	Methacrylsäuremethylester
Methylameisensäure	Ethansäure
2-Methylaminobenzol	2-Methylaminobenzen
Methyl-amyl-keton	2-Heptanon
Methylamylketon	2-Heptanon
2-Methylanilin	2-Methylaminobenzen
4-Methyl-1,3-benzendiamin	2,4-Diaminomethylbenzen
Methylbenzenethiol	4-Methylbenzenthiol
5-Methyl-2-benzimidazolthiol	5-Methyl-2-mercaptobenzimidazol
Methyl-2-benzimidazolthiol	2-Mercaptotoluimidazol
Methylbenzol	Methylbenzen
2-Methyl-1,3-benzoldiamin	2-Methyl-1,3-benzendiamin
4-Methylbenzolsulfonsäure-2-(aminocarbonyl)-hydrazid	4-Methylbenzolsulfonsäure-carbamidsäure-hydrazid
4-Methylbenzolsulfonsäurehydrazid	1,4-Methylbenzensulfonsäurehydrazid
4-Methylbenzolsulfonsäure-zinksalz	4-Methylbenzensulfonsäure, Zinksalz
2-Methylbenzthiazol	2-Methylbenzothiazol
Methylbenzthiazol	2-Methylbenzothiazol
1,1'-Methylbis-(4-isocyano)-benzol	Diphenylmethan-4,4'-diisocyanat
ß-Methylbivinyl	2-Methyl-1,3-butadien
2-Methyl-butadien-1,3-isopren	cis-1,4-Polyisopren
2-Methyl-1,4-butandiylester	Bis-(2-methyl-2-propensäure)-1,4-butandiylester
2-Methyl-butylacrylat	2-Methylpropen-1-säure-3-butylester
2-Methyl-2-butylamin	1,1-Dimethylpropylamin
Methylcarbinol	Ethanol
Methylcarbonsäure	Ethansäure
Methylchloroform	1,1,1-Trichlorethan
Methyl Cumate	Dimethyldithiocarbaminsäure, Kupfersalz
4-Methylcumol	1-Methyl-4-isopropylbenzen
1-Methyl-1-cyclohexen	1-Methyl-4-(1-methylethenyl)-cyclohexen
Methylcymat	N,N-Dimethyldithiocarbaminsäure, Zinksalz
N-(1-Methyldecyl)-N'-phenyl-p-phenylendiamin	N-[1-Methyldecyl]-N'-phenyl-benzen-1,4-diamin
Methyldianilin	N,N'-Diphenylmethandiamin
4-Methyl-1,3-dihydro-benzoimidazol-2-thion	4-Methyl-2-benzimidazolthiol
4-Methyl-2,6-di-tert.-butylphenol	2,6-Di-(1,1-dimethylethyl)-4-methylhydroxybenzen
Methyldi-tert.-butylphenol	2,6-Di-(1,1-dimethylethyl)-4-methylhydroxybenzen
Methylenacetat	Ethansäuremethylester

Gebräuchlicher Name Handelsname	Substanzname
4-Methylen-alpha-w-dimethacrylat	Bis-(2-methyl-2-propensäure)-1,4-butandiylester
10-Methylen-alpha-w-dimethacrylat	1,10-Bis-methacryloxyloxydecan
2-Methylen-alpha,w-dimethacrylat	Ethylenglykoldimethacrylat
Methylenbichlorid	Dichlormethan
2,2'-Methylenbiphenyl	Fluoren
p,p'-Methylenbis(alpha-chloranilin)	4,4'-Methylenbis(2-chloranilin)
Methylenbisanilin	Bis-(4,4'-aminophenyl)-methan
4,4'-Methylenbis-(benzolamin)	Bis-(4,4'-aminophenyl)-methan
4,4'-Methylen-bis[2,6-bis(1,1-dimethylethyl)phenol]	Bis-(3,5-di-(1,1-dimethylethyl)-4-hydroxyphenyl)-methan
4,4'-Methylenbis-2-chlorbenzenamin	4,4'-Methylenbis(2-chloranilin)
4,4'-Methylenbis-(2-chlorbenzolamin)	4,4'-Methylenbis(2-chloranilin)
4,4'-Methylen-bis(cyclohexylamin)-carbonat	Bis-(4-aminocylohexyl)methylcarbamat
2,2'-Methylenbis[6-(1,1-dimethylethyl)-4-ethylphenol]	2,2'-Methylen-di-(6-(1,1-dimethylethyl)-4-ethylphenol
2,2'-Methylenbis-[6-(1,1-dimethylethyl)-4-methylphenol]	2,2'-Methylen-bis[6-(1,1-dimethylethyl)-4-methylphenol]
4,4'-Methylen-bis(2,6-di-tert.-butylphenol)	Bis-(3,5-di-(1,1-dimethylethyl)-4-hydroxyphenyl)-methan
2,2'-Methylen-bis-(4-ethyl-6-tert.-butylphenol)	2,2'-Methylen-di-(6-(1,1-dimethylethyl)-4-ethylphenol
2,2'-Methylen-bis-[4-methyl-(6-alpha-methylbenzyl)-phenol]	2,2'-Methylen-bis-[4-methyl-(6-alpha-methylbenzyl)-hydroxybenzen]
2,2'-Methylenbis-[6-(1-methylcyclohexyl)-p-kresol]	4,4'-Dimethyl-6,6'-bis-(1-methylcyclohexyl)-2,2'-methandiyl-bis-hydroxybenzen
2,2'-Methylenbis-[4-methyl-6-(1-methylcyclohexyl)-phenol	4,4'-Dimethyl-6,6'-bis-(1-methylcyclohexyl)-2,2'-methandiyl-bis-hydroxybenzen
2,2'-Methylenbis-(4-methyl-6-nonyl-phenol)	2,2'-Methylenbis-(6-nonyl-4-methylphenol)
2,2'-Methylen-bis-(4-methyl-6-tert.-butylphenol)	2,2'-Methylen-bis[6-(1,1-dimethylethyl)-4-methylphenol]
2,2'-Methylenbis-(6-nonyl-p-cresol)	2,2'-Methylenbis-(6-nonyl-4-methylphenol)
4,4'-Methylenbis(N-sek.-butylanilin)	4,4'-Methylenbis(N-(1-methylpropyl)benzolamin)
4,4'-Methylen-bis-(phenylisocyanat)	Diphenylmethan-4,4'-diisocyanat
Methylenbisphenylisocyanat	Diphenylmethan-4,4'-diisocyanat
1,1'-Methylenbispiperidin	Schwefelkohlenstoff
1,1-Methylenbispiperidin	Dipiperidinmethan
N,N'-Methylen-bis-piperidin	Dipiperidinmethan
2,2'-Methylen-bis-(6-tert.-butyl-4-ethylphenol)	2,2'-Methylen-di-(6-(1,1-dimethylethyl)-4-ethylphenol
2,2'-Methylenbis[6-tert.-butyl-4-ethylphenol]	2,2'-Methylen-di-(6-(1,1-dimethylethyl)-4-ethylphenol
2,2'-Methylen-bis-(6-tert.-butyl-4-methylphenol)	2,2'-Methylen-bis[6-(1,1-dimethylethyl)-4-methylphenol]
2,2'-Methylenbis-(6-tert.-butyl-4-methylphenol)	2,2'-Methylen-bis[6-(1,1-dimethylethyl)-4-methylphenol]
4,4'-Methylen-bis-(2-tert.-butyl-6-methylphenol)	Bis-(3-methyl-4-hydroxy-5-(1,1-dimethylethyl)-phenyl)-methan
2,2'-Methylenbis-(6-tert.-butyl-p-cresol)	2,2'-Methylen-bis[6-(1,1-dimethylethyl)-4-methylphenol]
2,2'-Methylenbis-(6-tert.-butyl-p-kresol)	2,2'-Methylen-bis[6-(1,1-dimethylethyl)-4-methylphenol]
2,2'-[Methylenbis(thio)]bisessigsäuredibuthylester	2,2'-[Methylenbis(thio)]bis-essigsäuredibutylester
Methylen-bis-thioglykolsäurebutylester	2,2'-[Methylenbis(thio)]bis-

Gebräuchlicher Name Handelsname	Substanzname
	essigsäuredibutylester
Methylenchlorid	Dichlormethan
4,4'-Methylendianilin	Bis-(4,4'-aminophenyl)-methan
p,p'-Methylendianilin	Bis-(4,4'-aminophenyl)-methan
Methylendichlorid	Dichlormethan
Methylendiphenyldiisocyanat	Diphenylmethan-4,4'-diisocyanat
N,N'-Methylendipiperidin	Dipiperidinmethan
4,4'-Methylendi-2,6-xylenol	4,4'-Methylenbis-(2,6-dimethylphenol)
Methylessigsäureester	Ethansäuremethylester
2-Methyl-1,2-ethandiylester	Ethylenglykoldimethacrylat
Methylethen	Propen
4-(1-Methylethoxy)-N-phenylbenzolamin	4-(1-Methyl)ethoxy-diphenylamin
Methylethylen	Propen
Methylethylenoxid	Propan-1,2-epoxid
4,4'-(1-Methylethyliden)-bisphenol	2,2-Bis-(4-hydroxyphenyl)-propan
Methylethylketon	Butan-2-on
2-Methyl-2-ethyl-[[(2-methyl-1-oxo-2-propenyl)oxy]methyl]-1,3-prpandiylester-2-propensäure	2-Ethyl-2-hydroxymethyl-1,3-propandiol
Methylethylnitrosamin	N-Nitrosomethylethylamin
N,N-Methylethylnitrosamin	N-Nitrosomethylethylamin
N-(1-Methylethyl)-N'-phenyl-1,4-benzendiamin	N-(1-Methylethyl)-N'-phenyl-benzen-1,4-diamin
N-(1-Methylethyl)-N'-phenyl-1,4-benzoldiamin	N-(1-Methylethyl)-N'-phenyl-benzen-1,4-diamin
2-Methylheptanthiol-2	2,2,4-Trimethyl-2-pentanthiol
N-(1-Methylheptyl)ethanolamin	2-[(1-Methylheptyl)amino]-ethanol
N-(1-Methylheptyl)-N'-phenylbenzen-1,4-diamin	N-(1-Methylheptyl)-N'-phenyl-benzen-1,4-diamin
N-Methylheptyl-N'-phenyl-p-phenylendiamin	N-(1-Methylheptyl)-N'-phenyl-benzen-1,4-diamin
5-Methyl-2-hexanon	5-Methylhexan-2-on
5-Methyl-2-hexylamin	1,4-Dimethylpentylamin
Methylhydroxid	Methanol
1-Methyl-3-hydroxy-4-isopropylbenzen	2-Methyl-5-(1-methylethyl)hydroxybenzen
1,1',1"-Methylidentris-(4-isocyanatobenzol)	Triphenylmethan-4,4',4"-triisocyanat
Methylierter Aldehyd	2-Propanon
Methylisoamylketon	5-Methylhexan-2-on
Methyl-iso-butylketon	4-Methyl-pentan-2-on
Methylisobutylketon	4-Methyl-pentan-2-on
1-Methyl-4-isopropylbenzol	1-Methyl-4-isopropylbenzen
5-Methyl-2-isopropyl-1-phenol	2-Methyl-5-(1-methylethyl)hydroxybenzen
Methyl Ledate	Bleidimethyldithiocarbamat
Methyl Ledate Dustless	Bleidimethyldithiocarbamat
4-Methyl-2-mercaptobenzimidazol	4-Methyl-2-benzimidazolthiol
Methyl-methacrylat	Methacrylsäuremethylester
Methylmethacrylat	Methacrylsäuremethylester
Methylmethacrylat- Homopolymer	Polymethacrylsäuremethylester
Methylmethacrylat-Polymer	Polymethacrylsäuremethylester
Methylmethacrylat-Resin	Polymethacrylsäuremethylester
Methylmethylacrylat	Methacrylsäuremethylester
Methyl-(3-methylbutyl)-keton	5-Methylhexan-2-on
1-Methyl-4-(1-methylethenyl)cyclohexen	1-Methyl-4-(1-methylethenyl)-cyclohexen
5-Methyl-2-(1-methylethyl)phenol	2-Methyl-5-(1-methylethyl)hydroxybenzen
Methyl-2-methyl-2-propenoat	Methacrylsäuremethylester
N,N'-[4-methyl-m-phenylen]-bis-carbonsäure-bis[2-dimethylamino-ethylester]	Di-[2-(dimethylamino)ethyl]-methylbenzen-2,4-dicarbamat

Gebräuchlicher Name Handelsname	Substanzname
4-Methyl-m-phenylendiamin	2,4-Diaminomethylbenzen
Methylnamate	Dimethyldithiocarbaminsäure, Natriumsalz
Methylnaphthalin	Methylnaphthalen
Methyl-n-butylmethan	Hexan
N-Methyl-N,4-dinitrosoanilin	N-Methyl-N,4-dinitrosobenzenamin
Methyl Niclate	Dimethyldithiocarbaminsäure, Nickelsalz
N-methyl-N-isopropyl-N'-phenyl-p-phenylendiamin	N-(1-Methylethyl)-N-methyl-N'-phenyl-benzen-1,4-diamin
N-(2-Methyl-2-nitropropyl)-4-nitrosoanilin	N-(2-Methyl-2-nitropropyl)-4-nitrosobenzenamin
(2-Methyl-2-nitro-propyl)-(4-nitroso-phenyl)-amin	N-(2-Methyl-2-nitropropyl)-4-nitrosobenzenamin
N'-Methyl-N-(1-methylethyl)-N'-phenyl-1,4-benzendiamin	N-(1-Methylethyl)-N'-methyl-N'-phenyl-benzen-1,4-diamin
5-Methyl-N,N-di-n-butyldithiocarbonat	Dibutyldithiocarbaminsäuremethylester
N-Methyl-N-nitrosobenzenamin	N-Methyl-N-nitrosoanilin
N-Methyl-N-nitrosoethylamin	N-Nitrosomethylethylamin
N-Methyl-N-nitrosomethanamin	N-Nitrosodimethylamin
N-Methyl-N,p-dinitrosoanilin	N-Methyl-N,4-dinitrosobenzenamin
Methyloxidhydrat	Methanol
Methyloxiran	Propan-1,2-epoxid
Methyloxirane	Butylpolyether
Methyl Oxiran, stabilisiert	Propan-1,2-epoxid
alpha-(2-Methyl-1-oxo-2-propenyl)-omega-[(2-methyl-1-oxo-2-propenyl)oxy]-poly(oxy-1,2-ethandiyl)	Trideca-oxyethylen-alpha,omega-dimethacrylat
Methylpectin	Pektin
2-Methyl-pentan-4-on	4-Methyl-pentan-2-on
4-Methyl-2-pentanon	4-Methyl-pentan-2-on
4-Methylpentan-2-on	4-Methyl-pentan-2-on
4-Methylpentanon-2	4-Methyl-pentan-2-on
Methylpentylketon	2-Heptanon
N-(1-Methylpentyl)-N'-phenyl-1,4-benzoldiamin	N-(1-Methylpentyl)-N'-phenyl-1,4-benzendiamin
N-(1-Methylpentyl)-N'-phenyl-p-phenylendiamin	N-(1-Methylpentyl)-N'-phenyl-1,4-benzendiamin
4-Methyl-3-phenylendiisocyanat	2,4-Diisocyanat-1-methylbenzen
2-Methylphenylethen	1-Ethenyl-2-methylbenzen
4-(1-Methyl-1-phenylethyl)-N-[4-(1-methyl-1-phenylethyl)phenyl]benzolamin	4,4'-Bis-(alpha,alpha-dimethylbenzyl)-diphenylamin
Methylphenylketon	1-Phenylethanon
N-(2-Methylphenyl)-N'-phenylguanidin	N-Phenyl-N'-1,2-tolyl-guanidin
N-Methylpiperazin	1-Methylpiperazin
Methylpropan	2-Methylpropan
2-Methyl-2-propanamin	3-Butylamin
Methylpropanon	Butan-2-on
4,4',4''-(1-Methyl-1-propanyl-3-yliden)tris(2-(1,1-dimethylethyl)-5-methylphenol	1,1,3-Tris(5-tert.-butyl-4-hydroxy-2-methylphenyl)-butan
4,4',4''-(1-Methylpropanyl-3-yliden)tris-[6-tert.-butyl-m-cresol]	1,1,3-Tris(5-tert.-butyl-4-hydroxy-2-methylphenyl)-butan
4,4',4''-1-Methyl-1-propanyl-3-yliden)-tris-[6-tert.-butyl-m-kresol]	1,1,3-Tris(5-tert.-butyl-4-hydroxy-2-methylphenyl)-butan
2-Methylpropen	2-Methyl-1-propen
2-Methyl-1-propen-gamma-butylen	Tetraisobutylen
2-Methylpropen, Polymer	Polyisobutylen
2-Methyl-2-propensäurebutylester	2-Methylpropen-1-säure-3-butylester
2-Methylpropensäurebutylester	2-Methylpropen-1-säure-3-butylester

Gebräuchlicher Name Handelsname	Substanzname
2-Methyl-2-propensäure-1,2-ethandiylester	Ethylenglykoldimethacrylat
2-Methyl-2-propensäuremethylester	Methacrylsäuremethylester
2-Methyl-2-propensäuremethylester-Homopolymer (9CI)	Polymethacrylsäuremethylester
2-Methyl-1-propen, trimer	Triisobuten
N-(1-Methylpropyl)-N'-phenyl-1,4-benzoldiamin	N-(1-Methylpropyl)-N'-phenylbenzen-1,4-diamin
N-(1-Methylpropyl)-N'-phenyl-p-phenylendiamin	N-(1-Methylpropyl)-N'-phenylbenzen-1,4-diamin
Methyl Selenac	Dimethyldithiocarbaminsäure, Selensalz
o-(2)-Methylstyren	1-Ethenyl-2-methylbenzen
Methylstyrol	Ethenylmethylbenzen
2-Methylstyrol	1-Ethenyl-2-methylbenzen
alpha-Methylstyrol	1-Ethenyl-2-methylbenzen
o-Methylstyrol	1-Ethenyl-2-methylbenzen
2-Methylsulfanyl-benzothiazol	2-Methylthiobenzothiazol
N-Methyl-tert.-butylamin	N-(1,1-Dimethylethyl)-methyl-amin
5-Methyl-tetrahydro-1,3,5-triazin-2-thion	1-Methyltetrahydro-1,3,5-triazinthion-4
3-Methyl-2-thiazolidinthion	3-Methylthiazolidin-thion-2
3-Methyl-thiazolidin-thion-2	3-Methylthiazolidin-thion-2
4-Methylthiophenol	4-Methylbenzenthiol
p-Methylthiophenol	4-Methylbenzenthiol
Methyl-Thirami	Bis-(dimethylthiocarbamoyl)-disulfid
Methyltoluen	Dimethylbenzen (Isomerengemisch)
Methyltoluol	Dimethylbenzen (Isomerengemisch)
5-Methyl-[1,3,5]-triazin-2-thion	1-Methyltetrahydro-1,3,5-triazinthion-4
1-Methyltrimethylendimethacrylat	2-Methyl-acrylsäure-1-methyl-3-(2-methyl-acryloxy)-propylester
Methyl-Tuads	Bis-(dimethylthiocarbamoyl)-disulfid
Methyl Tuads	1,1'-Thiobis(N,N-dimethylthio)formamid
1-Methyl-2-vinylbenzol	1-Ethenyl-2-methylbenzen
Methylzimat	N,N-Dimethyldithiocarbaminsäure, Zinksalz
Methyl zimate	N,N-Dimethyldithiocarbaminsäure, Zinksalz
Methyl zineb	N,N-Dimethyldithiocarbaminsäure, Zinksalz
Methyl ziram	N,N-Dimethyldithiocarbaminsäure, Zinksalz
Methynol	Methanol
Metiarac	Bis-(dimethylthiocarbamoyl)-disulfid
Mexpectin	Pektin
Mezene	N,N-Dimethyldithiocarbaminsäure, Zinksalz
MFR 4	Polypropylen, isotaktisch
MG 1	Graphit
MH 4	Polypropylen, isotaktisch
MH 101-2	Polymethacrylsäuremethylester
MIAK	5-Methylhexan-2-on
MIBK	4-Methyl-pentan-2-on
Micatex	Pigment Weiß 20 (C.I. 77019)
Micothene EVA	Ethylen-Vinylacetat-Copolymer
Micothene FE 532-00	Ethylen-Vinylacetat-Copolymer
Micowetsulf	Schwefel
Micro Ace K1	Magnesiumsilikathydrat
Micro Ace L1	Magnesiumsilikathydrat
Microcal 160	Calciumsilikat
Microcal 160	Calciumsilikat
Microcal ET	Calciumsilikat
Microcal ET	Calciumsilikat
Microcarb 60 T	Calciumcarbonat
Microcel A	Calciumsilikat

Gebräuchlicher Name Handelsname	Substanzname
Microcel B	Calciumsilikat
Microcel C	Calciumsilikat
Microcel E	Calciumsilikat
Microcel T	Calciumsilikat
Micro-check 12	N-(Trichlormethylthio)-4-cyclohexen-1,2-dicarboximid
Microflotox	Schwefel
Microgrit WCA	Aluminiumoxid
Microlith Green G-FP	Kupferphthalocyanin, chloriert
Micromia	Pigment Weiß 20 (C.I. 77019)
Micromic CR 16	Calciumcarbonat
Micromya	Calciumcarbonat
Micronex	Aktivkohle
Micron White 5000A	Magnesiumsilikathydrat
Micron White 5000P	Magnesiumsilikathydrat
Micron White 5000S	Magnesiumsilikathydrat
Micropaque	Bariumsulfat
Micropearls	Bis-(dimethylthiocarbamoyl)-disulfid
Microsil ED	Silicium(IV)-oxid, amorph
Microtalco IT extra	Magnesiumsilikathydrat
Microtex Lake Red CR	Pigment Rot 53:1 (C.I. 15585:1)
Microthene	Polyethylen
Microthene 510	Polyethylen
Microthene 704	Polyethylen
Microthene 710	Polyethylen
Microthene FN 500	Polyethylen
Microthene FN 510	Polyethylen
Microthene MN 754-18	Polyethylen
Microthiol	Schwefel
Microwhite 25	Calciumcarbonat
Miike 20	Aktivkohle
Mika	Pigment Weiß 20 (C.I. 77019)
Mikethrene Blue RSN	6,15-Dihydro-5,9,14,18-antrazintetron
Mikethrene Brilliant Blue R	6,15-Dihydro-5,9,14,18-antrazintetron
Mikro-Cell Silene	Calciumsilikat
mikrokristallines Paraffin und Hydrocarbonwachs	Mikrowachs
Mikrolour	Polyethylen
Mikrolour	Polypropylen, isotaktisch
Mikronisil	Polyorthokieselsäure
Mikrosöhl 40	Calciumcarbonat
Milbam	N,N-Dimethyldithiocarbaminsäure, Zinksalz
Milban	4-Sulfo-heptandisäuredidodecylester
(±)-Milchsäure	(±)2-Hydroxypropansäure
2-Milchsäure	L-(+)-2-Hydroxypropansäure
L-(+)-Milchsäure	L-(+)-2-Hydroxypropansäure
Milchsäure (linksdrehende)	D-(-)-2-Hydroxypropansäure
Mil-Du-Rid	(1,1'-Biphenyl)-2-ol, Natriumsalz
Milk White	Blei(II)-sulfat
Millionate M	4,4'-Methylenbis(2-chloranilin)
Milmag	Magnesiumhydroxid
R 830 (mineral)	Rutil
B 13 (mineral)	Magnesiumsilikathydrat
P 3 (Mineral)	Magnesiumsilikathydrat
Mineral carbon	Graphit

Gebräuchlicher Name Handelsname	Substanzname
Mineralcarbon	Graphit
Mineral-Fat	Petrolatum
Mineral-Jelly	Petrolatum
Mineralkautschuk	Oxidierter Asphalt
Mineralöl	Erdöldestillat, paraffinisch
Mineralöl	Benzin 140 - 300
Mineralöl	Paraffin, C10-C13
Mineralölweichmacher, aromatisch	Mineralöl, Petroleumextrakte, schwere paraffinische Destillatlösung
Mineralölweichmacher, aromatisch	Mineralöl, Petroleumextrakt, schwere naphthenische Destillatlösung
Mineralorange	Blei(II,IV)-oxid
Mineralpech	Bitumen
Mineralrot	Blei(II,IV)-oxid
Mineral-Wax	Petrolatum
Minimum	Blei(II,IV)-oxid
Minusil	Silicium(IV)-oxid
Miramid H 2	Poly(imino(1-oxo-1,6-hexandiyl))
Miramid WM 55	Poly(imino(1-oxo-1,6-hexandiyl))
Mirason 16	Polyethylen
Mirason 9	Polyethylen
Mirason M 15	Polyethylen
Mirason M 50	Polyethylen
Mirason M 68	Polyethylen
Mirason Neo 23H	Polyethylen
Mirathen	Polyethylen
Mirathen 1313	Polyethylen
Mirathen 1350	Polyethylen
Mirco-cel	Calciumsilikat
Mirlon	Poly(imino(1-oxo-1,6-hexandiyl))
Mirrex MCFD 1025	Polychlorethen
Mischung aus alkylierten Phenolen	Di-(methylbenzyl)phenol, butyliert
Mistron 139	Magnesiumsilikathydrat
Mistron frost P	Magnesiumsilikathydrat
Mistron RCS	Magnesiumsilikathydrat
Mistron 2SC	Magnesiumsilikathydrat
Mistron Star	Magnesiumsilikathydrat
Mistron super frost	Magnesiumsilikathydrat
Mistron vapor	Magnesiumsilikathydrat
Mitsui polypro B 220	Polypropylen, isotaktisch
mittleres Chromgelb	Bleisulfochromat
MMA	Methacrylsäuremethylester
MM2A	Polypropylen, isotaktisch
MMBI	Methylmercaptobenzimidazol
MMBI	5-Methyl-2-mercaptobenzimidazol
MMBI	2-Mercaptotoluimidazol
MMBK	2,2'-Methylen-bis[6-(1,1-dimethylethyl)-4-methylphenol]
MNA	N-Methyl-N-nitrosoanilin
MNNA	N-(2-Methyl-2-nitropropyl)-4-nitroso-benzenamin
MoBT	2-(4-Morpholinyl)benzothiazol
MOCA	4,4'-Methylenbis(2-chloranilin)
Modepy 4000	alpha-Hydro-w-hydroxypoly-(oxy-1,2-ethandiyl)
Modic	Ethylen-Vinylacetat-Copolymer

Gebräuchlicher Name Handelsname	Substanzname
Modulex	Aktivkohle
Mogul	Aktivkohle
Mogul L	Aktivkohle
Mohican Red A-8008	Pigment Rot 53:1 (C.I. 15585:1)
Molacco	Aktivkohle
Mollan	Benzen-1,2-dicarbonsäuredi-2-ethylhexylester
Molurame	N,N-Dimethyldithiocarbaminsäure, Zinksalz
Molyvan A	Di-n-butyldithiocarbaminsäure, Molybdänsalz
Monarch	Aktivkohle
Monarch Green WD	Kupferphthalocyanin, chloriert
Monastral Fast Green BGNA	Kupferphthalocyanin, chloriert
Monastral Fast Green G	Kupferphthalocyanin, chloriert
Monastral Fast Green GD	Kupferphthalocyanin, chloriert
Monastral Fast Green GF	Kupferphthalocyanin, chloriert
Monastral Fast Green GFNP	Kupferphthalocyanin, chloriert
Monastral Fast Green GN	Kupferphthalocyanin, chloriert
Monastral Fast Green GNA	Kupferphthalocyanin, chloriert
Monastral Fast Green GTP	Kupferphthalocyanin, chloriert
Monastral Fast Green GV	Kupferphthalocyanin, chloriert
Monastral Fast Green 2GWD	Kupferphthalocyanin, chloriert
Monastral Fast Green GWD	Kupferphthalocyanin, chloriert
Monastral Fast Green GX	Kupferphthalocyanin, chloriert
Monastral Fast Green GXB	Kupferphthalocyanin, chloriert
Monastral Fast Green GYH	Kupferphthalocyanin, chloriert
Monastral Fast Green LGNA	Kupferphthalocyanin, chloriert
Monastral Green B	Kupferphthalocyanin, chloriert
Monastral Green B Pigment	Kupferphthalocyanin, chloriert
Monastral Green G	Kupferphthalocyanin, chloriert
Monastral Green GFN	Kupferphthalocyanin, chloriert
Monastral Green GH	Kupferphthalocyanin, chloriert
Monastral Green GN	Kupferphthalocyanin, chloriert
Mondane	Hexadecylsäure-sorbitylester
Mondur P	Isocyanatobenzen
Mondur TD	2,4-Diisocyanat-1-methylbenzen
Mondur TD-80	2,4-Diisocyanat-1-methylbenzen
Mondur TDS	2,4-Diisocyanat-1-methylbenzen
Monex	1,1'-Thiobis(N,N-dimethylthio)formamid
Monoammoniumcarbonat	Ammoniumhydrogencarbonat
Monobenzon	4-Hydroxyphenylbenzylether
Monobenzyletherhydrochinon	4-Hydroxyphenylbenzylether
mono-Bromethan	Bromethan
Monobromethan	Bromethan
Monobutylether	Butylpolyether
Monocalcium carbonate	Calciumcarbonat
mono-Chlorbenzen	Chlorbenzen
Monochlorbenzen	Chlorbenzen
Monochlorbenzol	Chlorbenzen
Monochlorethen	Chlorethen
Monochlorethylen	Chlorethen
Monochlortrifluorethylen, stabilisiert	Chlortrifluorethylen
Monoethanolamin	2-Aminoethanol
Monoethyl-dithiocarbaminsäure, Natriumsalz	Natriumethyldithiocarbamat
Monoethylenglykol	Ethandiol
Monoflex DDA	Adipinsäure-(di-iso-decyl)-ester
Monoflex DOA	Hexandicarbonsäure-bis-2-ethylhexylester

Gebräuchlicher Name Handelsname	Substanzname
Monogen Y 100	Schwefelsäuredodecylester, Natriumsalz
Monolite Blue 3RN	6,15-Dihydro-5,9,14,18-antrazintetron
Monolite Fast Blue 3R	6,15-Dihydro-5,9,14,18-antrazintetron
Monolite Fast Blue 3RD	6,15-Dihydro-5,9,14,18-antrazintetron
Monolite Fast Blue RV	6,15-Dihydro-5,9,14,18-antrazintetron
Monolite Fast Blue SRS	6,15-Dihydro-5,9,14,18-antrazintetron
Monolite Fast Green GVSA	Kupferphthalocyanin, chloriert
Monolite Fast Yellow GLV	Pigment Gelb 13 (C.I. 21100)
Monolite Yellow GL	Pigment Gelb 13 (C.I. 21100)
Monolite Yellow GLA	Pigment Gelb 13 (C.I. 21100)
monomeres TMQ	1,2-Dihydro-2,2,4-trimethyl-chinolin
Mononatriumcarbonat	Natriumhydrogencarbonat
Mono-n-butylamin	1-Butylamin
Monophenylhydrazin	Phenylhydrazin
Monoplex DBS	Decandisäuredibutylester
Monoplex DOS	1,8-Octandicarbonsäure-bis-(2-ethylhexylester)
Monoplex S-73	2-Ethylhexylester von Tallölfettsäuren, epoxidiert
Monoplex S-75	(Z)9-Octadecensäurepropylenglykolester, epoxidiert
Monopolsprit	Ethanol
Monosizer W 710L	1,2,4-Benzentricarbonsäure-tris-(2-ethylhexylester)
Monostyrol	Phenylethen
Monosulfan	Schwefelwasserstoff
Mono-Thiurad	1,1'-Thiobis(N,N-dimethylthio)formamid
Monothiuram	1,1'-Thiobis(N,N-dimethylthio)formamid
Montaclere	Hydroxybenzen, styrolisiertes
Montaclere SPH liq	Hydroxybenzen, styrolisiertes
Montopol LA paste	Schwefelsäuredodecylester, Natriumsalz
Moplen	Polypropylen, isotaktisch
Moplen AD 50N	Polypropylen, isotaktisch
Moplen AS 50	Polypropylen, isotaktisch
Moplen Q 51C	Polypropylen, isotaktisch
Moplen RO-QG 6015	Polyethylen
Moplen T 30G	Polypropylen, isotaktisch
Mops M	2-Methyl-2-propensäure-(3-trimethoxysilylpropyl)-ester
Morbicid	Methanal
Morfax	2-(4-Morpholinyl-dithio)benzothiazol
Morflex 310	Hexandicarbonsäure-bis-2-ethylhexylester
Morflex 330	Adipinsäure-(di-iso-decyl)-ester
Morflex 500	Tri-mellitsäure-tri-(iso-oktyl)-ester
Morflex 510	1,2,4-Benzentricarbonsäure-tris-(2-ethylhexylester)
Morflex 150	Benzen-1,2-dicarbonsäuredicyclohexylester
Morpholin	Tetrahydro-1,4-oxazin
N-Morpholin-2-benzothiazol-sulfenamid	4-(Benzothiazol-2-sulfonyl)-morpholin
4-Morpholincarba(dithioperoxo)thiosäure-2-benzothiazolylester	N-Oxydiethylenthiocarbamyl-1-benzothiyzyldisulfid
Morpholin-4-carbo(disulfido)-thiosäure-cyclohexylester	N-Oxydiethylenthiocarbamylcyclohexyldisulfid
Morpholin-4-carbodithiosäuremorpholin-4-yl-ester	N-Oxydiethylendithiocarbamyl-N'-oxydiethylensulfenamid

Gebräuchlicher Name Handelsname	Substanzname
4-(Morpholin-4-carbothioylsufonyl)-morpholin	N-Oxydiethylendithiocarbamyl-N'-oxydiethylensulfenamid
Morpholindisulfid	Bis-(N-oxydiethylen)disulfid
2-(Morpholinodisulfanyl-benzothiazol	2-(4-Morpholinyl-dithio)benzothiazol
2-(Morpholinodithio)-benzothiazol	2-(4-Morpholinyl-dithio)benzothiazol
2-(Morpholinothio)-benzothiazol	4-(Benzothiazol-2-sulfonyl)-morpholin
Morpholinothiobenzothiazol	2-(4-Morpholinyl)benzothiazol
4-(Morpholinothiocarbonyl)thio-morpholin	N-Oxydiethylendithiocarbamyl-N'-oxydiethylensulfenamid
2-Morpholin-4-yl-benzothiazol	2-(4-Morpholinyl)benzothiazol
4-Morpholinyl-2-benzothiazyl-disulfid	2-(4-Morpholinyl-dithio)benzothiazol
2-Morpholin-4-yldisulfanyl-benzothiazol	2-(4-Morpholinyl-dithio)benzothiazol
2-(N-Morpholinyl)-mercaptobenzothiazol	4-(Benzothiazol-2-sulfonyl)-morpholin
2-Morpholin-4-ylsulfanyl-benzothiazol	4-(Benzothiazol-2-sulfonyl)-morpholin
2-Morpholin-4-ylsulfunyl-1H-benzoimidazol	N-Oxydiethylen-2-benzimidiazol-sulfenamid
2-(4-Morpholinylthio)-benzothiazol	4-(Benzothiazol-2-sulfonyl)-morpholin
2-Morpholinylthiobenzothiazol	4-(Benzothiazol-2-sulfonyl)-morpholin
4-[(4-Morpholinylthio)-thioxomethyl]-morpholin	N-Oxydiethylendithiocarbamyl-N'-oxydiethylensulfenamid
Mosten	Polypropylen, isotaktisch
Motorenbenzol	Benzen
Movinyl 100	Polychlorethen
Mowilith F	Polychlorethen
Mowiol	Polyvinylalkohol
Mowiol N 30-88	Polyvinylalkohol
Mowiol N 50-98	Polyvinylalkohol
Mowiol N 70-98	Polyvinylalkohol
MP 12-50	Magnesiumsilikathydrat
MP 25-38	Magnesiumsilikathydrat
MP 40-27	Magnesiumsilikathydrat
MP 45-26	Magnesiumsilikathydrat
MPG 6	Graphit
MPTD	N,N'-Dimethyldiphenylthiuramdisulfid
MPTD	Bis-(4-methyl-piperazin-1-carbothioyl)-disulfan
MQ	Dimethylpolysiloxan
MSA	cis-Butendisäureanhydrid
Msk-C	Calciumcarbonat
Msk-K	Calciumcarbonat
Msk-P	Calciumcarbonat
Msk PO	Calciumcarbonat
Msk-V	Calciumcarbonat
MSL	Dimethyldithiocarbaminsäure, Natriumsalz
MST	Magnesiumsilikathydrat
MTB	4-(Benzothiazol-2-sulfonyl)-morpholin
MTBHQ	2-(1,1-Dimethylethyl)-1,4-benzendiol
MTD	2,4-Diaminomethylbenzen
MT Meteor	Aktivkohle
MT Thermax N 990	Aktivkohle
MT Thermax N 991	Aktivkohle
MT Thermax N 907 stainless	Aktivkohle
MT Thermax N 908 stainless	Aktivkohle
MT Thermax N 990 Ultra Pure	Aktivkohle
MT Thermax N 991 Ultra Pure	Aktivkohle
MT Thermax 08 Stainless Ultra Pure	Aktivkohle
Mulhouse Withe	Blei(II)-sulfat

Gebräuchlicher Name Handelsname	Substanzname
Multiflex MM	Calciumcarbonat
Multiflex SC	Calciumcarbonat
Mussolinite	Magnesiumsilikathydrat
Myacide AS	2-Brom-2-nitropropan-1,3-diol
Myacide BT	2-Brom-2-nitropropan-1,3-diol
Mycronil	N,N-Dimethyldithiocarbaminsäure, Zinksalz
Mylar A	Poly(oxy-1,2-ethyandiyloxycarbonyl-1,4-phenylencarbonyl)
Mylar C	Poly(oxy-1,2-ethyandiyloxycarbonyl-1,4-phenylencarbonyl)
Mylar C-25	Poly(oxy-1,2-ethyandiyloxycarbonyl-1,4-phenylencarbonyl)
Mylar Hs	Poly(oxy-1,2-ethyandiyloxycarbonyl-1,4-phenylencarbonyl)
Mylar T	Poly(oxy-1,2-ethyandiyloxycarbonyl-1,4-phenylencarbonyl)
Mylene MP	4,4'-Methylendicarbanilinsäurediphenylester
Mylicon	Dimethylpolysiloxan
Mylocon	Dimethylpolysiloxan
Mylone	3,5-Dimethyl-tetrahydro-2(H)-1,3,5-thiadiazin-2-thion
Mylone 85	3,5-Dimethyl-tetrahydro-2(H)-1,3,5-thiadiazin-2-thion
Myraform	Polychlorethen
Myrmicyl	Methansäure
Mystox D	Natriumpentachlorphenolat
Mystox WFA	(1,1'-Biphenyl)-2-ol, Natriumsalz
N	2-Benzotriazol-2-yl-6-tert.-butyl-4-methylhydroxybenzen
N 34	Calciumcarbonat
N 43	Calciumcarbonat
N 521	3,5-Dimethyl-tetrahydro-2(H)-1,3,5-thiadiazin-2-thion
50N	Polymethacrylsäuremethylester
K 120 N	Polymethacrylsäuremethylester
NA-101	N,N,N',N'-Tetramethylthioharnstoff
Na 9084	Ammoniumcarbonat
NA 22	2-Imidazolidinthion
Nabam	1,2-Ethandiylbiscarbamodithionsäure, Dinatriumsalz
Nablen S 50	Polypropylen, isotaktisch
Nacconate IOO	2,4-Diisocyanat-1-methylbenzen
Nacconte 300	Diphenylmethan-4,4'-diisocyanat
NA 22 D	2-Imidazolidinthion
NaDBC	Dibutyldithiocarbaminsäure, Natriumsalz
NaDMC	Dimethyldithiocarbaminsäure, Natriumsalz
Nadone	Cyclohexanon
NA1350 (DOT)	Schwefel
NA2448 (DOT)	Schwefel
Naftam 2	N-(2-Naphthyl)anilin
Naftozin N	Octadecansäure
Nafun IPO	1,2-Ethandiylbiscarbamodithionsäure, Dinatriumsalz
Nairit	Poly-1-chlorbutadien
Nako Brown R	4-Aminohydroxybenzen

Gebräuchlicher Name Handelsname	Substanzname
Nako TGG	1,3-Dihydroxybenzen
Nako TMT	2-Methyl-1,3-benzendiamin
Nako TMT	2,4-Diaminomethylbenzen
Nalcoag	Kieselsäure, pyrogen
Nalcon 243	3,5-Dimethyl-tetrahydro-2(H)-1,3,5-thiadiazin-2-thion
NaMBT	2-Benzothiazolthiol, Natriumsalz
Nanofin	2,6-Dimethylpiperidin
Nanophyn	2,6-Dimethylpiperidin
Napclor-G	Natriumpentachlorphenolat
Naphtanthracen	1,2-Benzanthracen
Naphthalen-2-yl-phenylamin	N-(2-Naphthyl)anilin
1-Naphthalen-2-yl-3-phenyl-harnstoff	1-(2-Naphthyl)-3-phenyl-harnstoff
Naphthalin	Naphthalen
2-Naphthalinthiol	Naphthalen-2-thiol
[1,2]-Naphthoquinon-1-oxim	1-Nitroso-2-naphthol
Naphthovin T80	1,2-Benzendicarboxylato(2-)-oxodiblei
Naphthovin T3	Blei(II)-sulfat
N-(1-Naphthyl)-anilin	N-(1-Naphthyl)-anilin
2-Naphthylmercaptan	Naphthalen-2-thiol
N-(2)-Naphthyl-N'-phenyl-harnstoff	1-(2-Naphthyl)-3-phenyl-harnstoff
2-Naphthyl-phenyl-amin	N-(2-Naphthyl)anilin
2-Naphthylphenylamin	N-(2-Naphthyl)anilin
Naphthylwasserstoff	Naphthalen
ß-Naphtylphenylamin	N-(2-Naphthyl)anilin
Nappar 6	Kohlenwasserstoff, naphthenisch
Naptha coal tar	Naphtha
Napvis-30	Polyisobutylen
Narcogen	1,1,2-Trichlorethen
Narcomprene	6,7-Dimethoxy-3-(5,6,7,8-tetrahydro-4-methoxy-6-methyl-1,3-dioxolo[4,5-g]isochinolin-5yl)-1(3H)-isobenzofuranon
Narcosine	6,7-Dimethoxy-3-(5,6,7,8-tetrahydro-4-methoxy-6-methyl-1,3-dioxolo[4,5-g]isochinolin-5yl)-1(3H)-isobenzofuranon
1-alpha-Narcotine	6,7-Dimethoxy-3-(5,6,7,8-tetrahydro-4-methoxy-6-methyl-1,3-dioxolo[4,5-g]isochinolin-5yl)-1(3H)-isobenzofuranon
Narkosoid	1,1,2-Trichlorethen
Narkotel	Dichlormethan
Narkotin	6,7-Dimethoxy-3-(5,6,7,8-tetrahydro-4-methoxy-6-methyl-1,3-dioxolo[4,5-g]isochinolin-5yl)-1(3H)-isobenzofuranon
Na-Stearat 80	Octadecansäure, Natriumsalz
Natrascorb	L-(+)-Ascorbinsäure
Natrascorb injectable	L-(+)-Ascorbinsäure
Natriphene	(1,1'-Biphenyl)-2-ol, Natriumsalz
Natriumaluminiumsilikat, hochdispers, amorph	Natrium-Aluminium-Silikat
Natriumalumiumsilikat, hydratisiert, amorph, synthetisch	Natrium-Aluminium-Silikat
Natriumasche	Natriumcarbonat
Natrium, Benzothiazol-2-thiolat	2-Benzothiazolthiol, Natriumsalz
Natrium-2-benzothiazolthiolat	2-Benzothiazolthiol, Natriumsalz
Natriumbicarbonat	Natriumhydrogencarbonat
Natrium-(1,1'-biphenyl)-2-olat	(1,1'-Biphenyl)-2-ol, Natriumsalz

Gebräuchlicher Name Handelsname	Substanzname
Natrium-2-biphenylolat	(1,1'-Biphenyl)-2-ol, Natriumsalz
Natriumbiphenyl-2-yloxid	(1,1'-Biphenyl)-2-ol, Natriumsalz
Natriumcaprylat	Octansäure, Natriumsalz
Natriumdecylbenzensulfonat	Benzensulfonsäuredecylester, Natriumsalz
Natriumdibenzyldithiocarbamat	Dibenzyldithiocarbaminsäure, Natriumsalz
Natriumdibutylthiocarbamat	Dibutyldithiocarbaminsäure, Natriumsalz
Natriumdiethyldithiocarbamat	Diethyldithiocarbamatsäure, Natriumsalz
Natriumdimethylcarbamodithioat	Dimethyldithiocarbaminsäure, Natriumsalz
Natriumdimethyldithiocarbamat	Dimethyldithiocarbaminsäure, Natriumsalz
Natriumdi-n-butyldithiocarbamat	Dibutyldithiocarbaminsäure, Natriumsalz
Natriumdioxid	Natriumperoxid
Natriumdodecylsulfat	Schwefelsäuredodecylester, Natriumsalz
Natriumdodecylsulfonat	Schwefelsäuredodecylester, Natriumsalz
Natrium-ethyldithiocarbamat	Natriumethyldithiocarbamat
Natriumfluorsilicat	Natriumhexafluorosilikat
Natriumhydrat	Natriumhydroxid
Natriumhydrocarbonat	Natriumhydrogencarbonat
Natrium-2-hydroxybiphenyl	(1,1'-Biphenyl)-2-ol, Natriumsalz
Natrium-2-hydroxydiphenyl	(1,1'-Biphenyl)-2-ol, Natriumsalz
Natriumhyperoxid	Natriumperoxid
Natriumlaurylsulfat	Schwefelsäuredodecylester, Natriumsalz
Natrium-2-mercaptobenzothiazol	2-Benzothiazolthiol, Natriumsalz
Natriummonolaurylsulfat	Schwefelsäuredodecylester, Natriumsalz
Natrium-22 neopren accelerator	2-Imidazolidinthion
Natrium-N,N'-dibutyldithiocarbamat	Dibutyldithiocarbaminsäure, Natriumsalz
Natrium-o-biphenylol	(1,1'-Biphenyl)-2-ol, Natriumsalz
Natriumoctanat	Octansäure, Natriumsalz
Natriumoctanoat	Octansäure, Natriumsalz
Natriumoctoat	Octansäure, Natriumsalz
Natrium-o-phenylphenolat	(1,1'-Biphenyl)-2-ol, Natriumsalz
Natriumpentachlorophenat	Natriumpentachlorphenolat
Natriumpentachlorophenol	Natriumpentachlorphenolat
Natriumpentachlorphenoxid	Natriumpentachlorphenolat
Natriumperoxodisulfat	Natriumpersulfat
Natrium-2-phenylphenolat	(1,1'-Biphenyl)-2-ol, Natriumsalz
Natriumsilicat	Natrium-Aluminium-Silikat
Natriumsilicofluorid	Natriumhexafluorosilikat
Natriumsilikonfluorid	Natriumhexafluorosilikat
Natriumstearat	Octadecansäure, Natriumsalz
Natriumsuperoxid	Natriumperoxid
Natron	Natriumhydroxid
Natron	Natriumhydrogencarbonat
Natronhydrat	Natriumhydroxid
Natronwasserglas	Natrium-Aluminium-Silikat
Natro-Rez 50-D	Cumaron-Inden-Harz
Natsyn	Poly-2-methyl-1,3-butadien
Naturalsprit	Ethanol
Natur Braun	Eisen(III)-oxid
Naturkautschuk	cis-1,4-Polyisopren
Naturkautschuk	Kautschuk
natürlicher Kautschuk	Kautschuk
Natürliches Gummi	Guargummi
natürliches Gummi	Kautschuk

Gebräuchlicher Name Handelsname	Substanzname
Naugard 10	3,5-Bis-(1,1-dimethylethyl)-4-hydroxy-2,2-bis((3-(3,5-bis(1,1-dimethylethyl)-4-hydroxyphenyl)-1-oxopropoxy)methyl)-1,3-propandiyl-benzenpropansäureester
Naugard BHT	2,6-Di-(1,1-dimethylethyl)-4-methylhydroxybenzen
Naugard Q	1,2-Dihydro-2,2,4-trimethylchinolin-Harz
Naugard TJB	N-Nitroso-N-phenylbenzenamin
Naugard TKB	4-Nitroso-N-phenylbenzenamin
Naugard TNPP	Phosphorigesäure-tri(nonylphenyl)ester
Naugaweiß	2,2'-Methylenbis-(6-nonyl-4-methylphenol)
Naugawhite	2,2'-Methylenbis-(6-nonyl-4-methylphenol)
Naugawhite Powder	2,2'-Methylenbis-(6-nonyl-4-methylphenol)
Naugex MBT	Dibenzothiazyldisulfid
Naugex SD-1	Bis-(N-oxydiethylen)disulfid
Navinon Blue RSN	6,15-Dihydro-5,9,14,18-antrazintetron
Navinon Blue RSN Reddish Special	6,15-Dihydro-5,9,14,18-antrazintetron
Na-X	Natriumcarbonat
Nayper DO	Dibenzoylperoxid
NBA	Butan-1-ol
NBC	N,N-Dibutyldithiocarbaminsäure, Nickelsalz
NBR (in nicht hydrierter Form)	Acrylnitril-Butadien-Kautschuk, hydriert
NBV	4,4-Bis-[(1,1-dimethylethyl)dioxyl]-pentansäurebutylester
NC	Kohlensäurediamid
Ncc-P	Calciumcarbonat
NCI-C54999	4-Ethenylcyclohexen
NCI-C56393	Ethylbenzen
NCI-C50668	Diphenylmethan-4,4'-diisocyanat
NCI-C54386	Hexandicarbonsäure-bis-2-ethylhexylester
NCI-C03816	N,N'-Diethylenthioharnstoff
NCI-C50646	Hexansäure-w-lactam
NCI-C05970	1,3-Dihydroxybenzen
NCI-C 54886	Chlorbenzen
NCI-C 55005	Cyclohexanon
NCI-C 55287	Bis-pentabromphenylether
NCI-C52733	Benzen-1,2-dicarbonsäuredi-2-ethylhexylester
NCI-C 55981	Diazendicarboxamid
NCI-C03598	2,6-Di-(1,1-dimethylethyl)-4-methylhydroxybenzen
NCI-C02711	Cadmiumsulfid
NCI-C50659	1,2-Benzendicarbonsäure-di-2-propenyl-ester
NCI-C54637	Kupferphthalocyanin, chloriert
NCI-C00077	N-(Trichlormethylthio)-4-cyclohexen-1,2-dicarboximid
NCI-C50442	N,N-Dimethyldithiocarbaminsäure, Zinksalz
NCI-C01821	N,N-Dimethyl-4-nitrosoanilin
NCI-C55470	Calciummetasilikat
NCI-C50191	Schwefelsäuredodecylester, Natriumsalz
NCI-C02244	4-Nitroso-N-phenylbenzenamin
NCI-C 02891	Bleidimethyldithiocarbamat
NCI-C02857	Diethyldithiocarbaminsäure, Tellursalz
NCI-C03816	1,3-Diethyl-2-thioharnstoff
NCI-C54375	Benzen-1,2-dicarbonsäure-di-tert.-butylester
NCI-C56337	N,N'-Bis-(1,4-dimethylpentyl)-benzen-1,4-

Gebräuchlicher Name Handelsname	Substanzname
	diamin
NCI-C54808	L-(+)-Ascorbinsäure
NCI-C53792	Pigment Rot 53:1 (C.I. 15585:1)
NCI-C 02119	Kohlensäurediamid
NCI-C60980	2-Benzimidazolthiol
NCI-C50533	2,4-Diisocyanat-1-methylbenzen
NCI-C03736	Aminobenzen
NCI-C53587	Chlorparaffin
NCI-C 60913	N,N-Dimethylmethanamid
NCI-C55276	Benzen
NCI-C54751	Phosphorsäure-tri-(2-ethylhexyl)-ester
NCI-C04546	1,1,2-Trichlorethen
NCI-C56315	N-(1,3-Dimethylbutyl)-N'-phenyl-1,4-benzendiamin
NCI-C50680	Methacrylsäuremethylester
NCI-C50168	Baumwollsamenöl
NCI-C60048	Benzen-1,2-dicarbonsäurediethylester
NCI-C50395	Guargummi
NCI-C60797	Polychlorethen
NCI-C02302	2,4-Diaminomethylbenzen
NCI-C03372	2-Imidazolidinthion
NCI-C02959	Bis(thiomethansäurediethylamid)-disulfid
NCI-CO3850	1,4-Benzochinondioxim
NCI CO 8991	Asbest
NCI-CO 3601	Benzen-1,2-dicarbonsäureanhydrid
NCS	1-Chlor-2,5-pyrrolidindion
NDBA	Dibutylnitrosoamin
NDEA	N-Ethyl-N-nitrosoethylamin
NDELA	2,2'-(Nitrosoimino)-bisethanol
NDIPA	(1-Methylethyl)nitrosamin
NDMA	N,N-Dimethyl-4-nitrosoanilin
NDMA	N-Nitrosodimethylamin
NDPA	N-Nitrosodi-n-propylamin
NDPA	N-Nitroso-N-phenylbenzenamin
NEA	N-Ethyl-N-nitrosoanilin
Neantine	Benzen-1,2-dicarbonsäurediethylester
Necatorina	Tetrachlormethan
Necatorine	Tetrachlormethan
Nectadon	6,7-Dimethoxy-3-(5,6,7,8-tetrahydro-4-methoxy-6-methyl-1,3-dioxolo[4,5-g]isochinolin-5yl)-1(3H)-isobenzofuranon
Nefusan	3,5-Dimethyl-tetrahydro-2(H)-1,3,5-thiadiazin-2-thion
Neganox	4-Sulfo-heptandisäuredidodecylester
NEMA	N-Nitrosomethylethylamin
Nema	Tetrachlorethen
Neoantricid	Calciumcarbonat
Neobar	Bariumsulfat
Neobead C	Aluminiumoxid
Neocellborn	Diphenyloxid-4,4'-disulfonsäuredihydrazid
NeoCryl	2-Methylpropen-1-säure-3-butylester
Neo-cultol	Paraffin, C10-C13
Neofat 90-04	cis-Octadec-9-ensäure
Neo-Fat 18	Octadecansäure
Neolite F	Calciumcarbonat

Gebräuchlicher Name Handelsname	Substanzname
Neolite SP	Calciumcarbonat
Neolite TPS	Calciumcarbonat
Neopolen	Polyethylen
Neopolen 30N	Polyethylen
Neopren	2-Chlor-buta-1,3-dien
Neoprene	Poly-1-chlorbutadien
Neoprontosil Dinatriumsalz	6-Acetamido-4-hydroxy-3-[(p-sulfoamidphenyl)-azo)]-2,7-naphthalindisulfonsäure, Dinatriumsalz
Neoquin	6-Ethoxyl-1,2-dihydro-2,2,4-trimethy-chinolin
Neospectra	Aktivkohle
Neo Spectra II	Aktivkohle
Neosyl	Silicium(IV)-oxid
Neotex	Aktivkohle
Neoxyl ET	Polyorthokieselsäure
Neozex 45150	Polyethylen
Neozex 4010B	Polyethylen
Neozone	N-(1-Naphthyl)-anilin
Neozone A	N-(1-Naphthyl)-anilin
Neozone D	N-(2-Naphthyl)anilin
NEPA	N-Ethyl-N-nitrosoanilin
Neracid	N-(Trichlormethylthio)-4-cyclohexen-1,2-dicarboximid
Nervanaid B Acid	Ethylendiamintetraessigsäure
Nesol	1-Methyl-4-(1-methylethenyl)-cyclohexen
Nettolin	1,1,2-Trichlorethen
Netzschwefel	Schwefel
Neutrazyme	Schwefelsäuredodecylester, Natriumsalz
Neu-tri	1,1,2-Trichlorethen
Nevillac	Cumaron-Inden-Harz
Nevindene	Cumaron-Inden-Harz
NG 2246	2,2'-Methylen-bis[6-(1,1-dimethylethyl)-4-methylphenol]
NH 18	Polyvinylalkohol
NHUMO N-20	Aktivkohle
NHUMO N-234	Aktivkohle
NHUMO N-326	Aktivkohle
NHUMO N-330	Aktivkohle
NHUMO N-339	Aktivkohle
NHUMO N-375	Aktivkohle
NHUMO N-550	Aktivkohle
NHUMO N-650	Aktivkohle
NHUMO N-660	Aktivkohle
Nialk	1,1,2-Trichlorethen
Niax TDI	2,4-Diisocyanat-1-methylbenzen
Niax TDI-P	2,4-Diisocyanat-1-methylbenzen
NIBS	S-Benzothiazol-2-yl-N-isopropyl-thiohydroxylamin
Nickelbis(dibutyldithiocarbamat)	N,N-Dibutyldithiocarbaminsäure, Nickelsalz
Nickel-bis(dimethyldithiocarbamat)	Dimethyldithiocarbaminsäure, Nickelsalz
Nickel-bis[ethyl(-3,5-di-tert.-butyl-4-hydroxybenzyl)-phosphonat]	((3,5-Bis(1,1-dimethylethyl)-4-hydroxyphenyl)methyl)-phosphorsäure-monoethylester, Nickelsalz (2:1)
Nickel-dibutyldithiocarbamat	N,N-Dibutyldithiocarbaminsäure, Nickelsalz
Nickel-diethyldithiocarbamat	Diethyldithiocarbaminsäure, Nickelsalz
Nickel-di-n-butyldithiocarbamat	N,N-Dibutyldithiocarbaminsäure, Nickelsalz

Gebräuchlicher Name Handelsname	Substanzname
Nickelisopropylxanthogenat	Di-(O-(1methylethyl)-dithiocarbaminsäure, Nickelsalz
Nickel-(N,N'-dibutyl-dithio-carbamat)	N,N-Dibutyldithiocarbaminsäure, Nickelsalz
Nicolane	6,7-Dimethoxy-3-(5,6,7,8-tetrahydro-4-methoxy-6-methyl-1,3-dioxolo[4,5-g]isochinolin-5yl)-1(3H)-isobenzofuranon
NiDBC	N,N-Dibutyldithiocarbaminsäure, Nickelsalz
Niflex	6-Ethoxyl-1,2-dihydro-2,2,4-trimethy-chinolin
Nihonthrene Blue RSN	6,15-Dihydro-5,9,14,18-antrazintetron
Nihonthrene Brilliant Blue RP	6,15-Dihydro-5,9,14,18-antrazintetron
Nika-Temp	Polychlorethen
Nikavinyl SG 700	Polychlorethen
Nikkol SLS	Schwefelsäuredodecylester, Natriumsalz
Nikkol SP10	Hexadecylsäure-sorbitylester
Nilox PENA	N-(2-Naphthyl)anilin
Ninol AA 62 extra	Dodecansäure
Nipar S20	2-Nitropropan
Nipar S30	2-Nitropropan
Nipaxon	6,7-Dimethoxy-3-(5,6,7,8-tetrahydro-4-methoxy-6-methyl-1,3-dioxolo[4,5-g]isochinolin-5yl)-1(3H)-isobenzofuranon
Nipeon A 21	Polychlorethen
Nipol 576	Polychlorethen
Nipol 407	Phenylethen-Butadien-Copolymer
Nipol HS 785	Phenylethen-Butadien-Copolymer
Nipol HS 860	Phenylethen-Butadien-Copolymer
Nipol HS 870	Phenylethen-Butadien-Copolymer
Nipolit CM 081	Polychlorethen
Nipolite SL 081	Polychlorethen
Nipolit SK	Polychlorethen
Nipolit SK 081	Polychlorethen
Nipolit SM 092	Polychlorethen
Nipolit SV 13081	Polychlorethen
Nissan Amin AB	n-Octadecylamin
Nissannonion PP40	Hexadecylsäure-sorbitylester
Nisso PB-B 4000	Polybutadien
Nitrilotriethanol	2,2',2"-Trihydroxytriethylamin
2,2',2''-Nitrilotrisethanol	2,2',2"-Trihydroxytriethylamin
Nitroisopropan	2-Nitropropan
Nitrol	N-(2-Methyl-2-nitropropyl)-4-nitroso-benzenamin
Nitron lavsan	Poly(oxy-1,2-ethyandiyloxycarbonyl-1,4-phenylencarbonyl)
Nitron (polyester)	Poly(oxy-1,2-ethyandiyloxycarbonyl-1,4-phenylencarbonyl)
Nitropore	Diazendicarboxamid
Nitropore OBSH	Diphenyloxid-4,4'-disulfonsäuredihydrazid
Nitroporo OBSH	Benzensulfonsäurehydrazid
Nitrosan	N,N'-Dimethyl-N,N'-dinitroso-1,4-benzendicarbonsäurediamid
Nitrosan K	N-Methyl-N,4-dinitrosobenzenamin
Nitro-Sil	Ammoniak (wasserfrei)
2,2'-Nitrosiminodiethanol	2,2'-(Nitrosoimino)-bisethanol
N-Nitroso-bis-(2-hydroxyethyl)amin	2,2'-(Nitrosoimino)-bisethanol
N-Nitrosodibenzylamin	N-Nitrosodiphenylmethylamin

Gebräuchlicher Name Handelsname	Substanzname
N-Nitrosodibutylamin	Dibutylnitrosoamin
Nitrosodibutylamin	Dibutylnitrosoamin
N-Nitrosodicyclohexylamin	Dicyclohexylnitrosamin
N-Nitrosodiethanolamin	2,2'-(Nitrosoimino)-bisethanol
N-Nitrosodiethylamin	N-Ethyl-N-nitrosoethylamin
N-Nitrosodi-iso-propylamin	(1-Methylethyl)nitrosamin
N-Nitroso-di-N-butylamin	Dibutylnitrosoamin
4-Nitrosodiphenylamin	4-Nitroso-N-phenylbenzenamin
p-Nitrosodiphenylamin	4-Nitroso-N-phenylbenzenamin
N-Nitrosodiphenylamin	N-Nitroso-N-phenylbenzenamin
Nitrosoethylanilin	N-Ethyl-N-nitrosoanilin
N-Nitrosoethylphenylamin	N-Ethyl-N-nitrosoanilin
Nitrosomethylanilin	N-Methyl-N-nitrosoanilin
N-Nitrosomethylphenylamin	N-Methyl-N-nitrosoanilin
4-Nitrosomorpholin	4-Nitrosomorpholin
N-Nitrosomorpholin	4-Nitrosomorpholin
N-nitroso-N-anilin	N-Ethyl-N-nitrosoanilin
1-Nitroso-naphthalen-2-ol	1-Nitroso-2-naphthol
Nitroso-N,N-diethylamin	N-Ethyl-N-nitrosoethylamin
N-Nitroso-N,N-dimethylamin	N-Nitrosodimethylamin
4-Nitroso-N,N-dimethylanilin	N,N-Dimethyl-4-nitrosoanilin
4-Nitroso-N-phenylbenzenamin	4-Nitroso-N-phenylbenzenamin
N-Nitroso-n-propyl-1-propanamin	N-Nitrosodi-n-propylamin
N,N'-Nitrosopentamethylentetramin	3,7-Dinitroso-1,3,5,7-tetraazabicyclo[3,3,1]nonan
4-Nitrosophenol	1-Hydroxy-4-nitrosobenzen
p-Nitrosophenol	1-Hydroxy-4-nitrosobenzen
(4-Nitrosophenyl)-phenylamin	4-Nitroso-N-phenylbenzenamin
1-Nitrosopiperidin	Hexahydro-N-nitrosopyridin
N-Nitrosopiperidin	Hexahydro-N-nitrosopyridin
N-Nitrosopyrrolidin	1-Nitrosopyrrolidin
N-Nitroso-1-pyrrolidinamin	1-Nitrosopyrrolidin
NM 11	Polyvinylalkohol
NM 14	Polyvinylalkohol
NMA	N-Methyl-N-nitrosoanilin
NMOR	4-Nitrosomorpholin
NMPA	N-Methyl-N-nitrosoanilin
Nobecutan	Bis-(dimethylthiocarbamoyl)-disulfid
Noblen	Polypropylen, isotaktisch
Noblen BC 8	Polypropylen, isotaktisch
Noblen D 101	Polypropylen, isotaktisch
Noblen D 501	Polypropylen, isotaktisch
Noblen EBG	Polypropylen, isotaktisch
Noblen FA 3	Polypropylen, isotaktisch
Noblen FL	Polypropylen, isotaktisch
Noblen FL 4	Polypropylen, isotaktisch
Noblen FP	Polypropylen, isotaktisch
Noblen FS 101	Polypropylen, isotaktisch
Noblen FS 2011	Polypropylen, isotaktisch
Noblen H	Polypropylen, isotaktisch
Noblen H 101	Polypropylen, isotaktisch
Noblen H 501	Polypropylen, isotaktisch
Noblen HS	Polypropylen, isotaktisch
Noblen JHHG	Polypropylen, isotaktisch
Noblen JK-M	Polypropylen, isotaktisch

Gebräuchlicher Name Handelsname	Substanzname
Noblen MA 4	Polypropylen, isotaktisch
Noblen MH 6	Polypropylen, isotaktisch
Noblen MM 2A	Polypropylen, isotaktisch
Noblen S 101	Polypropylen, isotaktisch
Noblen SHG	Polypropylen, isotaktisch
Noblen 2VH501	Polypropylen, isotaktisch
Noblen W 101	Polypropylen, isotaktisch
Noblen W 501	Polypropylen, isotaktisch
Noblen W 502	Polypropylen, isotaktisch
Noblen WF 464	Polypropylen, isotaktisch
Nocbin	Bis(thiomethansäurediethylamid)-disulfid
Nocceler 64	Diethyl-dithiocarbaminsäurebenzothiazol-2-ylester
Nocceler BG	N-(2-Methylphenyl)-imidodicarbonimiddiamid
Nocceler BZ	Dibutyldithiocarbaminsäure, Zinksalz
Nocceler C	N,N'-Diphenylthiokohlensäurediamid
Nocceler CZ	N-Cyclohexyl-2-benzothiazolsulfenamid
Nocceler D	N,N'-Diphenylguanidin
Nocceler DM	Dibenzothiazyldisulfid
Nocceler DZ	N,N'-Dicyclohexyl-2-benzolthiazolsulfenamid
Nocceler EZ	N,N-Diethyldithiocarbaminsäure, Zinksalz
Nocceler MDB	2-(4-Morpholinyl-dithio)benzothiazol
Nocceler MSA	4-(Benzothiazol-2-sulfonyl)-morpholin
Nocceler MZ	Zink-2-mercaptobenzothiazol
Nocceler PPD	Piperidincarbothiosäure, Verbindung mit Piperidin (1:1)
Nocceler PR	N,N-Bis-(2-methylphenyl)guanidiniumbiscatecholborat
Nocceler PZ	N,N-Dimethyldithiocarbaminsäure, Zinksalz
Nocceler S	Dimethyldithiocarbaminsäure, Natriumsalz
Nocceler TBT	1,1'-Dithiobis-(N,N-dibutylmethanthioamid)
Nocceler TET	Bis(thiomethansäurediethylamid)-disulfid
Nocceler TRA	Bis-(piperidin-1-thiocarbonyl)-tetrasulfan
Nocceler TTTE	Diethyldithiocarbaminsäure, Tellursalz
No.3 Conc. Bronze Scarlet	Pigment Rot 53:1 (C.I. 15585:1)
No.3 Conc. Scarlet	Pigment Rot 53:1 (C.I. 15585:1)
Nocrac 200	2,6-Di-(1,1-dimethylethyl)-4-methylhydroxybenzen
Nocrac 224	1,2-Dihydro-2,2,4-trimethylchinolin-Harz
Nocrac AW	6-Ethoxyl-1,2-dihydro-2,2,4-trimethy-chinolin
Nocrac 810 30 i	N-(1-Methylethyl)-N'-phenyl-benzen-1,4-diamin
Nocrac N 56	2,2'-Methylen-bis[6-(1,1-dimethylethyl)-4-methylphenol]
Noctizer SZ	(T-4)-Bis(N-(2-mercaptophenyl)-benzamidato-N,S)-zink
NODX	N,N'-Diphenyl-1,2-ethandiamin
Noksera TRA	Bis-(piperidin-1-thiocarbonyl)-tetrasulfan
Nomersan	Bis-(dimethylthiocarbamoyl)-disulfid
M. R. No. 38 Mineralkautschuk	Oxidierter Asphalt
n-Nonan	Nonan
Nonax CI	N,N'-Di-2-naphthyl-benzen-1,4-diamin
Non-fer-AL	Calciumcarbonat
Nonflex H	N,N'-Diphenyl-benzen-1,4-diamin
Nonflex RD	1,2-Dihydro-2,2,4-trimethylchinolin-Harz
Non-flocculating Green G 25	Kupferphthalocyanin, chloriert

Gebräuchlicher Name Handelsname	Substanzname
Nongard PAN	N-(1-Naphthyl)-anilin
Nonion PP40	Hexadecylsäure-sorbitylester
Nonox A	N-(1-Naphthyl)-anilin
Nonox AN	N-(1-Naphthyl)-anilin
Nonox B	9,9-Dimethyl-9,10-dihydroaridin
Nonox BL	9,9-Dimethyl-9,10-dihydroaridin
Nonox CNu, ZA	N-(1-Methylethyl)-N'-phenyl-benzen-1,4-diamin
Nonox D	N-(2-Naphthyl)anilin
Nonox DED	N,N'-Diphenyl-1,2-ethandiamin
Nonox DN	N-(2-Naphthyl)anilin
Nonox DPPD	N,N'-Diphenyl-benzen-1,4-diamin
Nonox HFN (50 %)	N-(1-Naphthyl)-anilin
Nonox S	3-Hydroxy-butan-1-on-[1]-naphthylimin
Nonox TBC	2,6-Di-(1,1-dimethylethyl)-4-methylhydroxybenzen
Nonox WSL	2,4-Dimethyl-6-(1-methylcyclohexyl)-phenol
Nonox WSP	4,4'-Dimethyl-6,6'-bis-(1-methylcyclohexyl)-2,2'-methandiyl-bis-hydroxybenzen
Nonylbenzen	1-Phenyl-nonan
p-Nonylphenol	4-Nonylphenol
Nopcote C 104	Octadecansäure, Calciumsalz
No-Pip	Hexahydro-N-nitrosopyridin
Noplen FL 6314	Polypropylen, isotaktisch
Nopol (polymer)	Polyethylen
NOPS Spezial	4-(Benzothiazol-2-sulfonyl)-morpholin
2,5-Norbornadien, Homopolymer	Bicyclo-[2.2.1]-hepta-2,5-dien, Homopolymer
Norceler NS	N-(1,1'-Dimethylethyl)-2-benzothiazolsulfonamid
Nordkrone 40	Calciumcarbonat
Nordweiss	Calciumcarbonat
Norit A Supra	Aktivkohle
Norit A Supra	Kohlenstoff (amorph)
normal-Butyl-methacrylat, stabilisiert	2-Methylpropen-1-säure-3-butylester
Normales Butylacetat	Ethansäurebutylester
Normenthan	1-Methylethylcyclohexan
Normersan	Bis-(dimethylthiocarbamoyl)-disulfid
Norsil: 800, 7000, 8127, RTV 815, RTV 828	Polydimethylsiloxan-Kautschuk
Norvinyl	Polychlorethen
Norvinyl P 2	Polychlorethen
Norvinyl P10	Polychlorethen
Norvinyl S 1-70	Polychlorethen
Norvinyl S 1-80	Polychlorethen
Norvinyl S 3-68	Polychlorethen
Norwegischer Salpeter	Calciumnitrat
No Scald	Diphenylamin
No scald DPA 283	Diphenylamin
Noscapal	6,7-Dimethoxy-3-(5,6,7,8-tetrahydro-4-methoxy-6-methyl-1,3-dioxolo[4,5-g]isochinolin-5yl)-1(3H)-isobenzofuranon
(S,R)-Noscapin	6,7-Dimethoxy-3-(5,6,7,8-tetrahydro-4-methoxy-6-methyl-1,3-dioxolo[4,5-g]isochinolin-5yl)-1(3H)-isobenzofuranon
Noscaplin	6,7-Dimethoxy-3-(5,6,7,8-tetrahydro-4-methoxy-6-methyl-1,3-dioxolo[4,5-g]isochinolin-5yl)-1(3H)-isobenzofuranon

Gebräuchlicher Name Handelsname	Substanzname
Nosilin	alpha-Hydro-w-hydroxypoly-(oxy-1,2-ethandiyl)
Nourinox	Dibenzoylperoxid
Novamont 2030	Polypropylen, isotaktisch
Novares TR 10-30	Kohlenwasserstoff, C9 ungesättigt, polymerisiert
Novares TR 100-120	Kohlenwasserstoff, C9 ungesättigt, polymerisiert
Novares TR 90-150	Kohlenwasserstoff, C9 ungesättigt, polymerisiert
Novatec	Ethylen-Vinylacetat-Copolymer
Novatec JUO 80	Polyethylen
Novatec JVO 80	Polyethylen
Novazone AS	N,N'-Diphenyl-benzen-1,4-diamin
Novolen	Polypropylen, isotaktisch
Novolen KR 1300P	Polypropylen, isotaktisch
Novolen 1300ZX	Polypropylen, isotaktisch
Novon 712	Polychlorethen
Nowares C	Cumaron-Inden-Harz
Nowox	Perbenzoesäure-1,1-dimethylethylester
Noxal	Bis(thiomethansäurediethylamid)-disulfid
2-NP	2-Nitropropan
NPIP	Hexahydro-N-nitrosopyridin
NR	Kautschuk
NS	Calciumcarbonat
NS 200	Calciumcarbonat
NS 2500	Calciumcarbonat
NS 400	Calciumcarbonat
NSC 5366	6,7-Dimethoxy-3-(5,6,7,8-tetrahydro-4-methoxy-6-methyl-1,3-dioxolo[4,5-g]isochinolin-5yl)-1(3H)-isobenzofuranon
NSC-154470	Diethyldithiocarbaminsäure, Cadmiumsalz
NSC 33832	L-(+)-Ascorbinsäure
NSC190940	Bis(thiomethansäurediethylamid)-disulfid
NS (carbonate)	Calciumcarbonat
NS 100 (carbonate)	Calciumcarbonat
NS 200 (filler)	Calciumcarbonat
NSL-2752	trans-Butendisäure
NSL	Dimethyldithiocarbaminsäure, Natriumsalz
NSL 5356	N,N-Dimethylmethanamid
NUCA 1120	N-[3-(Trimethoxysilyl)propyl]-1,2-ethandiamin
Nuca 174	2-Methyl-2-propensäure-(3-trimethoxysilylpropyl)-ester
Nujol	Paraffin, C10-C13
Nutroplus	Kohlensäurediamid
NVC 9025	Polyethylen
Nyacol	Silicium(IV)-oxid, amorph
Nyacol	Kieselsäure, pyrogen
Nyacol 1430	Kieselsäure, pyrogen
Nyacol 830	Kieselsäure, pyrogen
NYAD	Calciummetasilikat
NYAD 10	Calciummetasilikat
Nycoline	alpha-Hydro-w-hydroxypoly-(oxy-1,2-ethandiyl)
Nycor	Calciummetasilikat
Nycor 200	Calciummetasilikat
Nylon 6	Poly(imino(1-oxo-1,6-hexandiyl))

Gebräuchlicher Name Handelsname	Substanzname
Nylon-6	Poly(imino(1-oxo-1,6-hexandiyl))
Nylon A1035SF	Poly(imino(1-oxo-1,6-hexandiyl))
Nylon CM 1031	Poly(imino(1-oxo-1,6-hexandiyl))
Nylon X 1051	Poly(imino(1-oxo-1,6-hexandiyl))
Nyoline	alpha-Hydro-w-hydroxypoly-(oxy-1,2-ethandiyl)
Nytal	Magnesiumsilikathydrat
Nytal 200	Magnesiumsilikathydrat
Nytal 400	Magnesiumsilikathydrat
Nytex 340	Mineralöl, hochraffiniert
Nytex 341	Mineralöl, hochraffiniert
Nytex 345	Mineralöl, hochraffiniert
Nytex 810	Mineralöl, hochraffiniert
Nytex 820	Mineralöl, hochraffiniert
Nytex 831	Mineralöl, hochraffiniert
Nytex 451	Oxidierter Asphalt
Nytex 461	Oxidierter Asphalt
NZ	Calciumcarbonat
O-2857	Benzothiazol
OA-A 1102	Calciumcarbonat
OBSH	Diphenyloxid-4,4'-disulfonsäuredihydrazid
OBTS	4-(Benzothiazol-2-sulfonyl)-morpholin
n-Octadecansäure	Octadecansäure
Octadecansäure-(4-hydroxy-phenyl)-amid	Octadecansäure-(4-hydroxy)-anilid
Octadecylmercaptan	1-Octadecanthiol
Octadecyltrimethoxysilan	1-(Trimethoxysilyl)-octadecan
n-Octalmercaptan	1-Octanthiol
Octamine	4-Octyl-N-(4-octylphenyl)benzenamin
n-Octan	Octan
Octoate Z	Zink-di-2-ethylhexanoat
Octoil	Benzen-1,2-dicarbonsäuredi-2-ethylhexylester
Octrizol	2-(2H-Benzotriazol-2-yl)-4-(1,1,3,3-tetramethylbutyl)-hydroxy-benzen
Octyladipat	Hexandicarbonsäure-bis-2-ethylhexylester
n-Octylbenzen	Octylbenzen
n-Octyl-(2-ethylhexyl)-adipat	Hexandicarbonsäure-di-isooctylester
octyliertes Diphenylamin	4-Octyl-N-(4-octylphenyl)benzenamin
Octyliertes Diphenylamin	Octyldiphenylamin
4-Octyl-N-(4-octylphenyl)benzolamin	4-Octyl-N-(4-octylphenyl)benzenamin
p-Octylphenol	4-Octylphenol
Octylthiol	1-Octanthiol
ODDS	Bis-(N-oxydiethylen)disulfid
1-(oder 2-)Ethylnaphthalen	Ethylnaphthalen
1-(oder 2-)Ethylnaphthalin	Ethylnaphthalen
4- oder 5-Methyl-2-benzinimidazolthiol	2-Mercaptotoluimidazol
ODMS	Bis(N-oxydiethylen)monosulfid
Odoripon AL 95	Schwefelsäuredodecylester, Natriumsalz
ODP	Octyldiphenylamin
ODPA	4-Octyl-N-(4-octylphenyl)benzenamin
ODTMS	1-(Trimethoxysilyl)-octadecan
Ofenschwarz	Graphit
Oil-furnace black	Aktivkohle
Okenit	Calciumsilikat
Okenite	Calciummetasilikat
Okiten G 23	Polyethylen
Oktadekansäure	Octadecansäure

Gebräuchlicher Name Handelsname	Substanzname
n-Oktadezensäure	cis-Octadec-9-ensäure
n-Oktan	Octan
Oktan	Octan
Oktol	Polyisobutylen
Ölbildendes Gas	Ethen
Oleamid	(Z)-9-Octadecenamid
Olein	cis-Octadec-9-ensäure
Oleinsäure	cis-Octadec-9-ensäure
Oletac 100	Polypropylen, isotaktisch
oleum terebinthinae	Terpentin
Olitensol	2-Benzyl-4,5-dihydro-1H-imidazol
Ölsäure	cis-Octadec-9-ensäure
Ölsäureamid	(Z)-9-Octadecenamid
Ölsäure, Mischung mit Dibutylamin (1:1)	Di-n-butylammoniumolat-[Z]-9-octadecensäure, Mischung mit N-Butyl-1-butenamin (1:1)
Ölsüß	Propantriol
alpha,omega-Dimethyacryl-1,3-(bis-glycerin)-2-phthalat	1,4-Benzendicarbolsäure-bis[2-[(2-methyl-1-oxo-2-propenyl)oxy]-1-[[(2-methyl-1-oxo-2-propenyl)oxy]methyl]-ethyl]-ester
alpha,omega-Methacryl-bis-1-(oxyethylen)-phthalat	Phthalsäure-bis-[2-methacryloyloxy-ethylester]
OMYA	Calciumcarbonat
Omya bBSH	Calciumcarbonat
Omya BLH	Calciumcarbonat
Omya BLP 2	Calciumcarbonat
Omya BLP 3	Calciumcarbonat
Omya BLRZ	Calciumcarbonat
Omyacarb F	Calciumcarbonat
Omya D 40	Calciumcarbonat
Omya EXH 1	Calciumcarbonat
Omyalene G 200	Calciumcarbonat
Omyalite 90	Calciumcarbonat
Omyalite BL	Calciumcarbonat
Ongrofol	Polychlorethen
Ongrovil S 165	Polychlorethen
Ongrovil S 470	Polychlorethen
Onychomal	Kohlensäurediamid
Onyxide 500	2-Brom-2-nitropropan-1,3-diol
Opaline Green G 1	Kupferphthalocyanin, chloriert
Opalon	Polychlorethen
Opalon 410	Polychlorethen
Opalon 440	Polychlorethen
Opalon 610	Polychlorethen
Opalon 630	Polychlorethen
Opalon 650	Polychlorethen
Opalon 660	Polychlorethen
Opalon R 7611	Polychlorethen
Opex 141	3,7-Dinitroso-1,3,5,7-tetraazabicyclo[3,3,1]nonan
Opex 93	3,7-Dinitroso-1,3,5,7-tetraazabicyclo[3,3,1]nonan
Ophthalgan	Propantriol
Opian	6,7-Dimethoxy-3-(5,6,7,8-tetrahydro-4-methoxy-6-methyl-1,3-dioxolo[4,5-g]isochinolin-5yl)-1(3H)-isobenzofuranon

Gebräuchlicher Name Handelsname	Substanzname
Oppanaol B-100	Polyisobutylen
Oppanol	Polyisobutylen
Oppanol B-15	Polyisobutylen
Oppanol B-150	Polyisobutylen
Oppanol B-200	Polyisobutylen
Oppanol B-3	Polyisobutylen
Oppanol-B	Polyisobutylen
Oppanol P-118	Polyisobutylen
Oppanol P-20	Polyisobutylen
Oppanol P-200	Polyisobutylen
Oppanol P-85	Polyisobutylen
Oppasin Blau 6470	6,15-Dihydro-5,9,14,18-antrazintetron
Oppasin Gelb 1351	Pigment Gelb 13 (C.I. 21100)
Oppasin Orange 3050	Pigment Orange 13 (C.I. 21110)
Oppasin Scharlach 3700	Pigment Rot 48:2 (C.I. 15865:2)
Oppasin Scharlach 3700	Pigment Rot 48:1 (C.I. 15865:1)
OPPD	N, N'- Dioctyl-1,4-benzendiamin
OPP-Sodium	(1,1'-Biphenyl)-2-ol, Natriumsalz
Optigel CF	Bentonit
Optigel CG	Bentonit
Optigel CK	Bentonit
Optigel CL	Bentonit
Optiweiß	Aluminiumsilikat
Oranges Blei	Blei(II,IV)-oxid
Orchard brand ziram	N,N-Dimethyldithiocarbaminsäure, Zinksalz
Orgamide	Poly(imino(1-oxo-1,6-hexandiyl))
Orgamid rmnocd	Poly(imino(1-oxo-1,6-hexandiyl))
Organic glass E 2	Polymethacrylsäuremethylester
Orizon	Polyethylen
Orizon 805	Polyethylen
Orphenol	(1,1'-Biphenyl)-2-ol, Natriumsalz
Orthocid 50	N-(Trichlormethylthio)-4-cyclohexen-1,2-dicarboximid
Orthocide 406	N-(Trichlormethylthio)-4-cyclohexen-1,2-dicarboximid
Orthocide 7.5	N-(Trichlormethylthio)-4-cyclohexen-1,2-dicarboximid
ortho-Dichlorbenzol	1,2-Dichlorbenzen
Ortho-oxybenzoesäure	2-Hydroxybenzencarbonsäure
Orthophaltan	N-(Trichlormethylsulfunyl)-phthalimid
Ortodur	Polychlorethen
Orvus WA paste	Schwefelsäuredodecylester, Natriumsalz
OS-Cal	Calciumcarbonat
OSHA)	Aktivkohle
Osmoglyn	Propantriol
Osocide	N-(Trichlormethylthio)-4-cyclohexen-1,2-dicarboximid
Ostanthren Blue RS	6,15-Dihydro-5,9,14,18-antrazintetron
Ostanthren Blue RSN	6,15-Dihydro-5,9,14,18-antrazintetron
Ostanthren Blue RSZ	6,15-Dihydro-5,9,14,18-antrazintetron
Ostanthrene Blue RS	6,15-Dihydro-5,9,14,18-antrazintetron
Osteobond	Polymethacrylsäuremethylester
Osteobond surgical bone cement	Polymethacrylsäuremethylester
OTBD	N-Oxydiethylenthiocarbamyl-1-benzothiyzyldisulfid

Gebräuchlicher Name Handelsname	Substanzname
OTBG	N-(2-Methylphenyl)-imidodicarbonimiddiamid
OTCD	N-Oxydiethylenthiocarbamylcyclohexyldisulfid
OTD	Bis-(morpholin-4-thiocarbonyl)disulfid
OTOS	N-Oxydiethylendithiocarbamyl-N'-oxydiethylensulfenamid
Outmine	Zinkoxid
Ovalbumin	Albumin
Ovol Phasil	Dimethylpolysiloxan
OXAF	Zink-2-mercaptobenzothiazol
Oxalsäure	Ethandisäure
Oxalyldihydrazid	Oxalsäuredihydrazid
Oxalylhydratin	Oxalsäuredihydrazid
Oxammoniumhydrochlorid	Hydroxylaminhydrochlorid
Oxane	Epoxyethan
3-Oxapentan-1,5-diol	2-(2-Hydroxyethyl)-ethanol
1,4-Oxazinan	Tetrahydro-1,4-oxazin
2-(3H)-Oxazolthion	2-Mercaptooxazol
C.I. Oxidation Base 20	2,4-Diaminomethylbenzen
C.I. Oxidation Base 200	2,4-Diaminomethylbenzen
C.I. Oxidation Base 35	2,4-Diaminomethylbenzen
Oxidation Base	2,4-Diaminomethylbenzen
C.I. Oxidations Base 4 Fourrine	1,3-Dihydroxybenzen
Oxidationsbitumen	Bitumen
G 0 (Oxide)	Aluminiumoxid
G 2 (Oxide)	Aluminiumoxid
1,4-Oxidobutan	Tetrahydrofuran
Oxid Wax A	alpha-Hydro-w-hydroxypoly-(oxy-1,2-ethandiyl)
Oxid Wax An	alpha-Hydro-w-hydroxypoly-(oxy-1,2-ethandiyl)
Oxiran	Epoxyethan
Oxiran-polymer	alpha-Hydro-w-hydroxypoly-(oxy-1,2-ethandiyl)
Oxitol	2-Ethoxyethanol
Oxitreat 35	Hydrazin, wasserfrei, 98 %
3-Oxo-1,2-benzisothiazolin	1,2-Benzisothiazol-3(2H)-on
3-Oxobutanoat	3-Oxobutansäureethylester
alpha-Oxodiphenylmethan, alpha-Oxoditane	Diphenylmethanon
2-Oxohexamethylenimin	Hexansäure-w-lactam
Oxolane	Tetrahydrofuran
3-Oxo-L-gulofuranlacton	L-(+)-Ascorbinsäure
Oxomethan	Methanal
4,4'-Oxybisbenzensulfonsäuredihydrazid	Diphenyloxid-4,4'-disulfonsäuredihydrazid
p,p'-Oxybisbenzensulfonylhydrazid	Diphenyloxid-4,4'-disulfonsäuredihydrazid
1,1'-(Oxybismethyl)bis(benzol)	Dibenzylether
1,1'-Oxybis-(2,3,4,5,6-pentabrom)-benzen	Bis-pentabromphenylether
Oxycil	Natriumchlorat
4,4'-Oxydibenzolsulfonsäuredihydrazid	Diphenyloxid-4,4'-disulfonsäuredihydrazid
2,2'-Oxydiethanol	2-(2-Hydroxyethyl)-ethanol
N-Oxydiethylen-2-benzothiazol-sulfenamid	4-(Benzothiazol-2-sulfonyl)-morpholin
N-Oxydiethylen-2-benzothiazolsulfonamid	4-(Benzothiazol-2-sulfonyl)-morpholin
N-Oxydiethylen-dithiocarbamyl-2-benzothiazylsulfid	Morpholin-4-carbodithiosäure-benzothiazol-2-ylester
N-Oxydiethylenthiocarbamoyl-N'-oxydiethylensulfanamid	N-Oxydiethylendithiocarbamyl-N'-oxydiethylensulfenamid
p-Oxydiphenylamin	4-Anilinphenol
3-Oxyethylen-alpha-w-dimethacrylat	1,2-Bis-[2-methacryloyl-oxy-ethoxy]-ethan
4-Oxyethylen-alpha-w-dimethacrylat	Bis-[2-(2-methacryloyloxy-ethoxy)-ethyl]-ether

Gebräuchlicher Name Handelsname	Substanzname
2-Oxyethylen-alpha-w-dimethacrylat	2-Methyl-2-propensäure-oxydi-2,1-ethandiylester
1-Oxyethylen-alpha,w-dimethacrylat	Ethylenglykoldimethacrylat
Oxyl	Tetrahydrofuran
Oxylite	Dibenzoylperoxid
Oxymag	Magnesiumoxid
Oxymethylen	Methanal
Oxytreat 35	Hydrazin, wasserfrei, 98 %
Ozide	Zinkoxid
Ozlo	Zinkoxid
Ozo 88	N,N'-Bis-(1-methylheptyl)-1,4-phenylendiamin
Ozo 8835	N,N'-Bis-(1-ethyl-3-methylpentyl)-1,4-benzendiamin
Ozonschutzmittel	N-(1-Methylethyl)-N'-phenyl-benzen-1,4-diamin
Ozonschutzwachs 110	Polyethylen
Ozonschutzwachs 111	Polyethylen
P 80 P	Pigment Weiß 20 (C.I. 77019)
T 23P	Tris-(2,3-dibromopropyl)-phosphat
P 21	2,6-Di-(1,1-dimethylethyl)-4-methylhydroxybenzen
P-33	Aktivkohle
P1250	Aktivkohle
P68	Aktivkohle
P 3	Magnesiumsilikathydrat
P 23	2,4,6-Tris(1,1-dimethylethyl)hydroxybenzen
E 66P	Polychlorethen
6020P	Polyethylen
P 2070P	Polyethylen
P 6500	Polypropylen, isotaktisch
PA 6	Hexansäure-w-lactam
PA 6	Poly(imino(1-oxo-1,6-hexandiyl))
PA	N-(1-Naphthyl)-anilin
PA 130	Polyethylen
PA 190	Polyethylen
PA 520	Polyethylen
PA 560	Polyethylen
PAD 522	Polyethylen
PAH	Steinkohlenteerpech
Paisley 750	Polypropylen, isotaktisch
Paisley polymer	Polypropylen, isotaktisch
Palacos	Polymethacrylsäuremethylester
Palanthrene Blue GPT	6,15-Dihydro-5,9,14,18-antrazintetron
Palanthrene Blue GPZ	6,15-Dihydro-5,9,14,18-antrazintetron
Palanthrene Blue RPT	6,15-Dihydro-5,9,14,18-antrazintetron
Palanthrene Blue RPZ	6,15-Dihydro-5,9,14,18-antrazintetron
Palanthrene Blue RSN	6,15-Dihydro-5,9,14,18-antrazintetron
Palanthrene Brilliant Blue R	6,15-Dihydro-5,9,14,18-antrazintetron
Palanthrene Printing Blue KRS	6,15-Dihydro-5,9,14,18-antrazintetron
Palatinol A	Benzen-1,2-dicarbonsäurediethylester
Palatinol AH	Benzen-1,2-dicarbonsäuredi-2-ethylhexylester
Palatinol BB	Benzen-1,2-dicarbonsäure-di-tert.-butylester
Palatinol C	Benzen-1,2-dicarbonsäuredi-n-butylester
Palatinol M	Benzen-1,2-dicarbonsäuredimethylester
Palationol Z	Benzen-1,2-dicarbonsäuredi-iso-decylester
Palidol	Kaliumperoxodisulfat

Gebräuchlicher Name Handelsname	Substanzname
Paliogen Blau L 6385	6,15-Dihydro-5,9,14,18-antrazintetron
Paliogen Blau L 6480	6,15-Dihydro-5,9,14,18-antrazintetron
Palm-Butter	Palmöl
Palm-Fett	Palmöl
Palmitinsäure	Hexadecansäure
PAN	N-(1-Naphthyl)-anilin
PANA	N-(1-Naphthyl)-anilin
Panacide	2,2'-Methylenbis(4-chlorophenol)
Panaclean	2,2'-Methylenbis(4-chlorophenol)
Pangel FF	Magnesiumsilikat, wasserhaltig
Pangel HV	Magnesiumsilikat, wasserhaltig
Pangel S-15	Magnesiumsilikat, wasserhaltig
Pangel S-9	Magnesiumsilikat, wasserhaltig
Pangel SC	Magnesiumsilikat, wasserhaltig
Pangels SCP	Magnesiumsilikat, wasserhaltig
Panoram 75	Bis-(dimethylthiocarbamoyl)-disulfid
Panoxyl	Dibenzoylperoxid
Pansil	Magnesiumsilikat, wasserhaltig
Pantasote R 873	Polychlorethen
PAP	4-Aminohydroxybenzen
PA 6 (Polymer)	Poly(imino(1-oxo-1,6-hexandiyl))
Papyex	Graphit
E-Z-Paque	Bariumsulfat
para-Amidophenol	4-Aminohydroxybenzen
Parabar 441	2,6-Di-(1,1-dimethylethyl)-4-methylhydroxybenzen
Parabis	2,2'-Methylenbis(4-chlorophenol)
Paracymol	1-Methyl-4-isopropylbenzen
Paradiaminodiphenyl	(1,1'-Biphenyl)-4,4'-diamin
Paradiphenol	1,4-Dihydroxybenzen
Paradone Blue RS	6,15-Dihydro-5,9,14,18-antrazintetron
Paradone Brilliant Blue R	6,15-Dihydro-5,9,14,18-antrazintetron
Paradone Printing Blue FRS	6,15-Dihydro-5,9,14,18-antrazintetron
Paraffin (chloriert)	Paraffin
Paraffin-Jelly	Petrolatum
Paraffinöl	Paraffin, C10-C13
paraffinscher Mineralölweichmacher	Paraffin, C10-C13
Paraffinwachs	Paraffin
Paraffinwachs chloriert	Chlorparaffin
Paraform	Methanal
Paraglas	Polymethacrylsäuremethylester
Paranol	4-Aminohydroxybenzen
para-Nonylphenol	4-Nonylphenol
Paranox 441	2,6-Di-(1,1-dimethylethyl)-4-methylhydroxybenzen
para-Oxyanilin	4-Aminohydroxybenzen
para,para-Oxybis(benzolsulfonsäurehydrazid)	Diphenyloxid-4,4'-disulfonsäuredihydrazid
Parapet 60N	Polymethacrylsäuremethylester
Paraplex G-62	Sojabohnenöl, epoxidiert
Paraplex P 543	Polymethacrylsäuremethylester
Paraplex P 681	Polymethacrylsäuremethylester
Paraquinondioxim	1,4-Benzochinondioxim
Paratac	Polyisobutylen
para-tert. Butylphenol	4-(1,1-Dimethylethyl)-hydroxybenzen
Parawollastonit	Calciumsilikat

Gebräuchlicher Name Handelsname	Substanzname
Par Clay	Kaolin
Parcloid	Polychlorethen
Paridine Red LCL	Pigment Rot 53:1 (C.I. 15585:1)
Paris Gelb	Bleisulfochromat
Parisgelb	Calciumcarbonat
Parisrot	Blei(II,IV)-oxid
Paris yellow	Blei(II)-chromat
Parlons	Chlorkautschuk
Paroilchlorez	Chlorparaffin
Paroline	Paraffin, C10-C13
Parzate	1,2-Ethandiylbiscarbamodithionsäure, Dinatriumsalz
Pasco	Zinkoxid
Pastaron	Kohlensäurediamid
Patox	Antimon(III)-oxid
Pattina V 82	Polychlorethen
Paxon-B204	Polyisobutylen
PB-150	Polyisobutylen
PBD	Polybutadien
PBN	N-(2-Naphthyl)anilin
3PBR	Tris-(2,3-dibromopropyl)-phosphat
PCB 47	2,2',4,4'-Tetrachlorbiphenyl
PCP-Natrium	Natriumpentachlorphenolat
PCTP	Pentachlorthiophenol
77PD	N,N'-Bis-(1,4-dimethylpentyl)-benzen-1,4-diamin
66 PD	N,N'-Dicyclohexyl-benzen-1,4-diamin
PDMS	Dimethylpolysiloxan
PE	Polyethylen
PE 512	Polyethylen
PE 617	Polyethylen
Pearsall	Aluminiumchlorid (wasserfrei)
Pech aus Steinkohlenteer	Steinkohlenteerpech
Pech aus Teer	Pech
Pectin	Pektin
Peerless	Kaolin
Peerless	Aktivkohle
PEG	alpha-Hydro-w-hydroxypoly-(oxy-1,2-ethandiyl)
Pegalan	Methacrylsäuremethylester
Pegoterate	Poly(oxy-1,2-ethyandiyloxycarbonyl-1,4-phenylencarbonyl)
PE hart	Polyethylen
Pektin A	Pektin
Pelagol Grey J	2,4-Diaminomethylbenzen
Pelagol J	2-Methyl-1,3-benzendiamin
Pelagol J	2,4-Diaminomethylbenzen
Pelagol RS	1,3-Dihydroxybenzen
Pelletex	Aktivkohle
Pellon 2505	Polypropylen, isotaktisch
Pellon 2506	Polypropylen, isotaktisch
Pellon FT 2140	Polypropylen, isotaktisch
Pelogal Grau R	1,3-Dihydroxybenzen
Peltol BR	N-Phenyl-1,4-benzendiamin
Peltol BRII	N-Phenyl-1,4-benzendiamin
PEN 100	Polyethylen

Gebräuchlicher Name Handelsname	Substanzname
Penbro	Kolophonium
Pennac	2-Benzothiazolthiol
Pennac	N-(1,1'-Dimethylethyl)-2-benzothiazolsulfonamid
Pennac CBS	N-Cyclohexyl-2-benzothiazolsulfenamid
Pennac CRA	2-Imidazolidinthion
Pennac MBT	2-Benzothiazolthiol
Pennac MBTS	Dibenzothiazyldisulfid
Pennac MS	1,1'-Thiobis(N,N-dimethylthio)formamid
Pennac SDB	Dibutyldithiocarbaminsäure, Natriumsalz
Pennac TBBC	N-(1,1'-Dimethylethyl)-2-benzothiazolsulfonamid
Pennac TM	Bis-(dimethylthiocarbamoyl)-disulfid
Pennac TM	Bis(thiomethansäurediethylamid)-disulfid
Pennac ZT	Zink-2-mercaptobenzothiazol
Pennfloat	1-Dodecanthiol
Pennox A	4-Octyl-N-(4-octylphenyl)benzenamin
Pennox A	Octyldiphenylamin
Pennox HR	1,2-Dihydro-2,2,4-trimethylchinolin-Harz
Pennox HR in Perflectol	1,2-Dihydro-2,2,4-trimethylchinolin-Harz
Pennsoline Soft Gelb	Petrolatum
Pennsoline-Soft-Yellow	Petrolatum
Pennzone E	N,N'-Diethylenthioharnstoff
Penreco weiß	Petrolatum
Pentachlorbenzenthiol	Pentachlorthiophenol
Pentachlor-N,N-dimethylbenzolsulfenamid	Pentachlorphenyl-N,N'-dimethylsulfenamid
Pentachlorobenzenthiol	Pentachlorthiophenol
Pentachlorothiophenol	Pentachlorthiophenol
Pentachlorphenatnatrium	Natriumpentachlorphenolat
Pentachlorthiophenol, Zinksalz	Bis-pentachlorthiophenol, Zinksalz
n-Pentadecan	Pentadecan
Pentaerythrit	2,2-Di-hydroxymethyl-propan-1,3-diol
Pentaerythritol	2,2-Di-hydroxymethyl-propan-1,3-diol
Pentaerythritoltetrakis-(3-(3,5-di-tert.-butyl-4-hydroxyphenyl)propionat)	3,5-Bis-(1,1-dimethylethyl)-4-hydroxy-2,2-bis((3-(3,5-bis(1,1-dimethylethyl)-4-hydroxyphenyl)-1-oxopropoxy)methyl)-1,3-propandiyl-benzenpropansäureester
Pentaerythrit-tetra(3,5-di-tert.-butyl-4-hydroxyhydrocinnamat)	3,5-Bis-(1,1-dimethylethyl)-4-hydroxy-2,2-bis((3-(3,5-bis(1,1-dimethylethyl)-4-hydroxyphenyl)-1-oxopropoxy)methyl)-1,3-propandiyl-benzenpropansäureester
N-Pentamethylendithiocarbamat-piperidinsalz	Piperidincarbothiosäure, Verbindung mit Piperidin (1:1)
Pentamethylendithiocarbaminsäure, Piperidinsalz	Piperidincarbothiosäure, Verbindung mit Piperidin (1:1)
Pentamethylendithiocarbaminsäuretetrasulfid	Bis-(piperidin-1-thiocarbonyl)-tetrasulfan
Pentamethylen-piperidin-dithio-carbamat	Piperidincarbothiosäure, Verbindung mit Piperidin (1:1)
n-Pentan	Pentan
Pentane, flüssig	Pentan
Pentazin BAFD	Bis(2-benzaminophenyl)-disulfan
Pentex	1,1-Bis(dithiosäure-dibutylamid)-sulfid
Pentisant 10	Bis(2-benzaminophenyl)-disulfan
Penzone B	N,N'-Dibutyl-diamino-thiomethanon
PEO 10	alpha-Hydro-w-hydroxypoly-(oxy-1,2-ethandiyl)

Gebräuchlicher Name Handelsname	Substanzname
PEO 100	alpha-Hydro-w-hydroxypoly-(oxy-1,2-ethandiyl)
PEO 16	alpha-Hydro-w-hydroxypoly-(oxy-1,2-ethandiyl)
PEO 18	alpha-Hydro-w-hydroxypoly-(oxy-1,2-ethandiyl)
PEP 211	Polyethylen
Pepton 22	Bis(2-benzaminophenyl)-disulfan
Pepton 65	(T-4)-Bis(N-(2-mercaptophenyl)-benzamidato-N,S)-zink
PER	Tetrachlorethen
Perawin	Tetrachlorethen
Perbenzoesäure-tert.-butylester	Perbenzoesäure-1,1-dimethylethylester
Perbunan C	Poly-1-chlorbutadien
Perbutyl Z	Perbenzoesäure-1,1-dimethylethylester
Perc	Tetrachlorethen
Perchlor	Tetrachlorethen
Perchlorethylen	Tetrachlorethen
Perchloromethan	Tetrachlormethan
Perclene	Tetrachlorethen
Percumy D40	Bis-(1-methyl-1-phenyl-ethyl)-peroxid
Percumyl D	Bis-(1-methyl-1-phenyl-ethyl)-peroxid
Perdrogen	Wasserstoffperoxid
Perfecta	Petrolatum
Perfluorpropen	Hexafluorpropen
Pergut	Chlorkautschuk
Perhexa	(3,3,5-Trimethylcyclohexyliden)-bis-(tert.-butylperoxid)
Perhexa 2.58	2,5-Di-(1,1-dimethylethylperoxy)-2,5-dimethylhexan
Perhexa 40	2,5-Di-(1,1-dimethylethylperoxy)-2,5-dimethylhexan
Perhexa 3M	2,5-Di-(1,1-dimethylethylperoxy)-2,5-dimethylhexan
Perhydroazepin	Azacycloheptan
Perhydrol	Wasserstoffperoxid
Pericluse	Magnesiumoxid
Periethylennaphthalen	1,2-Dihydroacenaphthylen
Periklas	Magnesiumoxid
Peripherin	2-Benzyl-4,5-dihydro-1H-imidazol
Perkacit TBBS	N-(1,1'-Dimethylethyl)-2-benzothiazolsulfonamid
Perkados 145	(1,1,4,4-Tetramethyl-2-butin-1,4-diyl)bis[1,1-dimethylethylethyperoxid]
Perkadox 14/40	1,4-Bis-((1,1-dimethylethyl)peroxyisopropyl)benzen
Perkadox BC 40	Bis-(1-methyl-1-phenyl-ethyl)-peroxid
Perkadox PC-50S	4,4'-Dichlorbenzoylperoxid
Perkadox PD-505	Bis-(2,4-dichlorbenzoyl)-peroxid
Perkadox-U-14/40	1,4-Bis-((1,1-dimethylethyl)peroxyisopropyl)benzen
Perkalink 300	2,4,6-Triallyloxy-1,3,5-triazin
Perkalink 301	1,3,5-Triallyl-1,3,5-triazin-2,4,6-trion
Perlandrol L	Schwefelsäuredodecylester, Natriumsalz
Perlhydroazeptin	Azacycloheptan
Perlon	Poly(imino(1-oxo-1,6-hexandiyl))
Perm-A-chlor	1,1,2-Trichlorethen
Perma-Flex: Blu-Sil, Green-Sil	Polydimethylsiloxan-Kautschuk

Gebräuchlicher Name Handelsname	Substanzname
Permalax	N,N-Bis-(2-methylphenyl)guanidiniumbiscatecholborat
Permalux	N,N-Bis-(2-methylphenyl)guanidiniumbiscatecholborat
Permanax 115	N-(1-Methylethyl)-N'-phenyl-benzen-1,4-diamin
Permanax 45	1,2-Dihydro-2,2,4-trimethylchinolin-Harz
Permanax 21	2-Benzimidazolthiol
Permanax 18	N,N'-Diphenyl-benzen-1,4-diamin
Permanax 103	6-Ethoxyl-1,2-dihydro-2,2,4-trimethy-chinolin
Permanax CD	Octyldiphenylamin
Permanax 49 HV	4,4'-Bis-(alpha,alpha-dimethylbenzyl)-diphenylamin
Permanax 28 HV	2,2'-Methylen-bis-(4,6-dimethylphenol)
Permanax IPPD	N-(1-Methylethyl)-N'-phenyl-benzen-1,4-diamin
Permanax TQ	1,2-Dihydro-2,2,4-trimethylchinolin-Harz
Permanax WSP	4,4'-Dimethyl-6,6'-bis-(1-methylcyclohexyl)-2,2'-methandiyl-bis-hydroxybenzen
Permanent Green Toner GT-376	Kupferphthalocyanin, chloriert
Permanent-Orange G	Pigment Orange 13 (C.I. 21110)
Permanent Orange RL	4,4'-[(3,3'-Dichlor[1,1'-biphenyl]-4,4'-diyl)bis(azo)]-bis[2,4-dihydro-5-methyl-2-(4-methylphenyl)]-3H-pyrazol-3-on
Permanent Red BB	Pigment Rot 48:1 (C.I. 15865:1)
Permanent Red BBa	Pigment Rot 48:1 (C.I. 15865:1)
Permanent-Rot 2B (Barium)	Pigment Rot 48:1 (C.I. 15865:1)
Permanent-Rot 2B (Calcium)	Pigment Rot 48:2 (C.I. 15865:2)
Permanent Rubine L6B	Pigment Rot 57:1 (C.I. 15850:1)
Permanentweiß	Bariumsulfat
Permanent White	Zinkoxid
Permanent Yellow G	Pigment Gelb 14 (C.I. 21095)
Permanent Yellow GR	Pigment Gelb 13 (C.I. 21100)
Permanent Yellow GR01	Pigment Gelb 13 (C.I. 21100)
Permanox Z 21	2-Mercaptobenzimidazol, Zinksalz
Pernithrene Blue RS	6,15-Dihydro-5,9,14,18-antrazintetron
Perone 30	Wasserstoffperoxid
Perone 35	Wasserstoffperoxid
Perone 50	Wasserstoffperoxid
Peroxaan	Wasserstoffperoxid
Peroxan BIB	Bis(2-(1,1-dimethylethyl)-peroxypropyl-(2))-benzen
Peroxan BIB 40GS	Bis(2-(1,1-dimethylethyl)-peroxypropyl-(2))-benzen
Peroxan BIB 40 MB	Bis(2-(1,1-dimethylethyl)-peroxypropyl-(2))-benzen
Peroxan BIB 40 P	Bis(2-(1,1-dimethylethyl)-peroxypropyl-(2))-benzen
Peroxan BIB 80 P	Bis(2-(1,1-dimethylethyl)-peroxypropyl-(2))-benzen
Peroxan BIB PK	Bis(2-(1,1-dimethylethyl)-peroxypropyl-(2))-benzen
Peroxan DB	Bis-(1,1-dimethylethyl)peroxid
Peroxan DC	Bis-(1-methyl-1-phenyl-ethyl)-peroxid
Peroxan DC40 GS	Bis-(1-methyl-1-phenyl-ethyl)-peroxid
Peroxan DC 40 MB	Bis-(1-methyl-1-phenyl-ethyl)-peroxid
Peroxan DC 40 P	Bis-(1-methyl-1-phenyl-ethyl)-peroxid

Gebräuchlicher Name Handelsname	Substanzname
Peroxan DC 80 P	Bis-(1-methyl-1-phenyl-ethyl)-peroxid
Peroxan DC 40 PE	Bis-(1-methyl-1-phenyl-ethyl)-peroxid
Peroxan DC 40 PK	Bis-(1-methyl-1-phenyl-ethyl)-peroxid
Peroxan HX	2,5-Di-(1,1-dimethylethylperoxy)-2,5-dimethylhexan
Peroxan HX 45 P	2,5-Di-(1,1-dimethylethylperoxy)-2,5-dimethylhexan
Peroxan HX 50 PS	2,5-Di-(1,1-dimethylethylperoxy)-2,5-dimethylhexan
Peroxan PK 295 GS	(3,3,5-Trimethylcyclohexyliden)-bis-(tert.-butylperoxid)
Peroxan PK 295 MB	(3,3,5-Trimethylcyclohexyliden)-bis-(tert.-butylperoxid)
Peroxan PK 295 P	(3,3,5-Trimethylcyclohexyliden)-bis-(tert.-butylperoxid)
Peroxidbleiche	Wasserstoffperoxid
Peroxide	(3,3,5-Trimethylcyclohexyliden)-bis-(tert.-butylperoxid)
Peroximon-7-100	1,4-Bis-((1,1-dimethylethyl)peroxyisopropyl)benzen
Peroximon-7-40	1,4-Bis-((1,1-dimethylethyl)peroxyisopropyl)benzen
Peroximon DB	Bis-(1,1-dimethylethyl)peroxid
Peroximon DC	Bis-(1-methyl-1-phenyl-ethyl)-peroxid
Peroximon DC 40	Bis-(1-methyl-1-phenyl-ethyl)-peroxid
Peroximon DC 60	Bis-(1-methyl-1-phenyl-ethyl)-peroxid
Peroximon DC 40 KE	Bis-(1-methyl-1-phenyl-ethyl)-peroxid
Peroximon DC 40 KEP	Bis-(1-methyl-1-phenyl-ethyl)-peroxid
Peroximon DC 40 MF	Bis-(1-methyl-1-phenyl-ethyl)-peroxid
Peroximon DC 40 MG	Bis-(1-methyl-1-phenyl-ethyl)-peroxid
Peroximon DC 40 P	Bis-(1-methyl-1-phenyl-ethyl)-peroxid
Peroximon DC 40 PE	Bis-(1-methyl-1-phenyl-ethyl)-peroxid
Peroximon DC SC	Bis-(1-methyl-1-phenyl-ethyl)-peroxid
Peroximon DÇ 40 SRG	Bis-(1-methyl-1-phenyl-ethyl)-peroxid
Peroximon F 40	Bis(2-(1,1-dimethylethyl)-peroxypropyl-(2))-benzen
Peroximon F 40 FT	Bis(2-(1,1-dimethylethyl)-peroxypropyl-(2))-benzen
Peroximon F40 KE	Bis(2-(1,1-dimethylethyl)-peroxypropyl-(2))-benzen
Peroximon F 40 KEP	Bis(2-(1,1-dimethylethyl)-peroxypropyl-(2))-benzen
Peroximon F 40 MF	Bis(2-(1,1-dimethylethyl)-peroxypropyl-(2))-benzen
Peroximon F 40 MG	Bis(2-(1,1-dimethylethyl)-peroxypropyl-(2))-benzen
Peroximon F 40 P	Bis(2-(1,1-dimethylethyl)-peroxypropyl-(2))-benzen
Peroximon F 40 S	Bis(2-(1,1-dimethylethyl)-peroxypropyl-(2))-benzen
Peroximon F 40 SRG	Bis(2-(1,1-dimethylethyl)-peroxypropyl-(2))-benzen
Peroxybenzoesäure-tert.-butylester	Perbenzoesäure-1,1-dimethylethylester
Peroxydicarbonsäurebis(2-ethylhexyl)-ester	Di-2-ethylhexylperoxiddicarbonat
Persadox	Dibenzoylperoxid

Gebräuchlicher Name Handelsname	Substanzname
perschwefelsaures Kalium	Kaliumperoxodisulfat
Persec	Tetrachlorethen
Perspex	Polymethacrylsäuremethylester
Persprit	Propan-2-ol
Pertanol	Tetrachlorethen
PES 100	Polyethylen
PES 200	Polyethylen
Petrac ZN-41	Octadecansäure, Zinksalz
Petrohol	Propan-2-ol
Petrolatum	Paraffin, C10-C13
Petroleum	Benzin 140 - 300
Petroleum Benzin	Naphtha
Petroleum DIN 51636/I.59	Benzin 140 - 300
Petroleumether	Naphtha
Petroleumnaphtha	Naphtha
Petroleum Roherdöl	Benzin 140 - 300
Petroleumrohöl	Benzin 140 - 300
Petroleum Selly	Petrolatum
Petroleumwachs	Paraffin
Petrosol	Propan-2-ol
Petrothene	Polyethylen
Petrothene LB 861	Polyethylen
Petrothene LC 731	Polyethylen
Petrothene LC 941	Polyethylen
Petrothene NA 219	Polyethylen
Petrothene NA 227	Polyethylen
Petrothene XL 6301	Polyethylen
Petzinol	1,1,2-Trichlorethen
Pevikon D 61	Polychlorethen
Pevikon KL 2	Polychlorethen
Pevikon PE 709	Polychlorethen
Pevikon PE 712	Polychlorethen
Pevikon PS 690	Polychlorethen
Pevikon R 23	Polychlorethen
Pevikon R 25	Polychlorethen
Pevikon R 341	Polychlorethen
Pevikon R 45	Polychlorethen
Pevikon S 602	Polychlorethen
Pflanzengummi	Guargummi
Pflanzenwachs	Carnauba-Wachs
PG 50	Graphit
PGA	Aluminiumhydroxid-hydrat
Phaltan	N-(Trichlormethylsulfunyl)-phthalimid
Pharmagel A	Gelatine
Pharmagel AdB	Gelatine
Pharmagel B	Gelatine
Pharmasorb Colloidal	Silicium(IV)-oxid
Pharos 100.1	Phenylethen-Butadien-Copolymer
M-Phdm	1,1'-(1,3-Phenylen)-bis-[1H-pyrrol-2,5-dion]
Phenicarbazid	1-Carbamyl-2-phenylhydrazin
Phenol, octyliert und butyliert	Di-(methylbenzyl)phenol, butyliert
Phenosane 23	3,5-Bis-(1,1-dimethylethyl)-4-hydroxy-2,2-bis((3-(3,5-bis(1,1-dimethylethyl)-4-hydroxyphenyl)-1-oxopropoxy)methyl)-1,3-propandiyl-benzenpropansäureester

Gebräuchlicher Name Handelsname	Substanzname
Phenygenine	1-Carbamyl-2-phenylhydrazin
N-Phenyl-alpha-naphthylamin	N-(1-Naphthyl)-anilin
Phenylameisensäure	Benzencarbonsäure
Phenylamin	Aminobenzen
Phenylaminobenzen	Diphenylamin
2-Phenylaminonaphthalen	N-(2-Naphthyl)anilin
1-Phenylamino-naphthalin	N-(1-Naphthyl)-anilin
4-(Phenylamino)phenol	4-Anilinphenol
N-Phenylanilin	Diphenylamin
4-Phenylanilin	4-Aminophenyl
N-(Phenylazo)-anilin	1,3-Diphenyltriazen
N-Phenylbenzenamin	Diphenylamin
N-Phenyl-benzen-1,4-diamin	N-Phenyl-1,4-benzendiamin
Phenylbenzol	Phenylbenzen
N-Phenyl-1,4-benzolamin	N-Phenyl-1,4-benzendiamin
N-Phenyl-benzolamin	Diphenylamin
N-Phenyl-1,4-benzoldiamin	N-Phenyl-1,4-benzendiamin
Phenylcarbamid	Isocyanatobenzen
Phenylcarbimid	Isocyanatobenzen
Phenylcarbonimid	Isocyanatobenzen
Phenylchlorid	Chlorbenzen
t-Phenylcyclohexen	4-Phenylcyclohexen
1-Phenyl-2,4-dithiobiuret	1-Phenyl-2,4-thiobiuret
1-Phenyldithiobiuret	1-Phenyl-2,4-thiobiuret
1-Phenyldodecan	Dodecylbenzen
1,1'-(m-Phenylen-bis-1H-pyrrol-2,5-dion)	1,1'-(1,3-Phenylen)-bis-[1H-pyrrol-2,5-dion]
m-Phenylenbismaleimid	1,1'-(1,3-Phenylen)-bis-[1H-pyrrol-2,5-dion]
Phenylendiisopropyliden-bis-(tert.-butylperoxid)	Bis(2-(1,1-dimethylethyl)-peroxypropyl-(2))-benzen
m-Phenylendimaleimid	1,1'-(1,3-Phenylen)-bis-[1H-pyrrol-2,5-dion]
N,N'-m-Phenylendimaleimid	1,1'-(1,3-Phenylen)-bis-[1H-pyrrol-2,5-dion]
N,N'-m-Phenylendimaleindiimid	1,1'-(1,3-Phenylen)-bis-[1H-pyrrol-2,5-dion]
N,N'-m-Phenylen-di-maleinsäureimid	1,1'-(1,3-Phenylen)-bis-[1H-pyrrol-2,5-dion]
2,2'-(1,4-Phenylendioxy)diethanol	Hydrochinon-bis(2-hydroxyethyl)-ether
1,8-(o-Phenylen)-naphthalin	Fluoranthen
Phenylethan	Ethylbenzen
1-Phenylethanol	1-Phenylethanon
Phenylethylen	Phenylethen
N-Phenylformamid	Methansäureanilid
Phenylharnstoff	Phenylcarbamid
2-Phenyl-4H-imidazolin	2-Phenyl-2-imidazolin
Phenylhydrazinbenzol	Phenylhydrazin
2-Phenylhydrazincarboxamid	1-Carbamyl-2-phenylhydrazin
Phenylimid	Benzen-1,2-dicarbonsäureimid
Phenylimidazolin	2-Phenyl-2-imidazolin
Phenylisocyanat	Isocyanatobenzen
Phenylisothiocyanat	Isothiocyanatbenzen
Phenylmethan	Methylbenzen
Phenylmethanal	Benzaldehyd
Phenylmethandiisocyanat	Diphenylmethan-4,4'-diisocyanat
4-(Phenylmethoxy)-phenol	4-Hydroxyphenylbenzylether
N-(Phenylmethyl)-benzenmethanamin	Dibenzylamin
N-(Phenylmethyl)-benzolmethanamin	Dibenzylamin
Phenylmethyl-2-ethylhexyl-adipinsäureester	Adipinsäurebenzyl-2-ethylhexylester
Phenylmethylketon	1-Phenylethanon

Gebräuchlicher Name Handelsname	Substanzname
Phenylmethylnitrosoamin	N-Methyl-N-nitrosoanilin
Phenylnaphthalen	1-Phenylnaphthalin
2-Phenylnaphthylamin	N-(2-Naphthyl)anilin
N-Phenyl-2-naphthylamin	N-(2-Naphthyl)anilin
N-Phenyl-1-naphthylamin	N-(1-Naphthyl)-anilin
Phenyl-1-naphthylamin	N-(1-Naphthyl)-anilin
N-Phenyl-ß-naphtylamin	N-(2-Naphthyl)anilin
Phenyl-ß-naphtylamin	N-(2-Naphthyl)anilin
Phenyl-[naphtyl-(1)]amin	N-(1-Naphthyl)-anilin
N'-Phenyl-N'-isopropyl-1,4-phenylendiamin	N-(1-Methylethyl)-N'-phenyl-benzen-1,4-diamin
N-Phenyl-N'-o-tolyl-guanidin	N-Phenyl-N'-1,2-tolyl-guanidin
N-Phenyl-N'-p-tolyl-benzen-1,4-diamin	N-(4-Methylphenyl)-N'-phenyl-1,4-benzendiamin
N-Phenyl-N'-tolyl-p-phenylendiamin	N-(4-Methylphenyl)-N'-phenyl-1,4-benzendiamin
N-Phenyl-N-trichloromethylsulfanyl-benzolsulfonamid	N-Phenyl-N-[(trichlormethyl)thiol]-benzensulfonamid
1-Phenyloctan	Octylbenzen
8-Phenyloctylamin	Benzenoctanamin
Phenyl-ortho-tolyl-guanidin	N-Phenyl-N'-1,2-tolyl-guanidin
N-Phenyl-p-aminoanilin	N-Phenyl-1,4-benzendiamin
N-Phenyl-p-aminophenol	4-Anilinphenol
Phenyl-p-anisyl-keton	(4-Methoxyphenyl)phenylmethanon
2-Phenylphenol Natrium	(1,1'-Biphenyl)-2-ol, Natriumsalz
o-Phenylphenol Natrium	(1,1'-Biphenyl)-2-ol, Natriumsalz
2-Phenylphenol, Natriumsalz	(1,1'-Biphenyl)-2-ol, Natriumsalz
o-Phenylphenol, Natriumsalz	(1,1'-Biphenyl)-2-ol, Natriumsalz
N-Phenyl-p-phenylendiamin	N-Phenyl-1,4-benzendiamin
2-Phenylpropan	(1-Methylethyl)benzen
1-Phenyl-1-propen	Ethenylmethylbenzen
Phenylsalicylat	2-Hydroxybenzencarbonsäurephenylester
1-Phenylsemicarbazid	1-Carbamyl-2-phenylhydrazin
Phenylsenföl	Isothiocyanatbenzen
Phenylsulfohydrazid	Benzensulfonsäurehydrazid
Phenylsulfonylhydrazin	Benzensulfonsäurehydrazid
3-Phenyl-[1,3,4]-thiadiazolidin-2,5-dithion	3-Phenyl-5-mercapto-1,3,4-thiadiazol-2-thion
o-Phenylthioharnstoff	2-Benzimidazolthiol
6-Phenyl-2,2,4-trimethyldihydrochinolin	2,2,4-Trimethyl-6-phenyl-1,2-dihydrochinolin
Phenylurea	Phenylcarbamid
Phenylwasserstoff	Benzen
Phiaquin	1,4-Dihydroxybenzen
Philblack	Aktivkohle
Philblack N 550	Aktivkohle
Philblack N 765	Aktivkohle
Philblack O	Aktivkohle
Philex	1,1,2-Trichlorethen
Philosopher's wool	Zinkoxid
Philschwarz N550	Aktivkohle
Phloroglucin	1,3,5-Trihydroxybenzen-2-hydrat
Phloroglucin Dihydrat	1,3,5-Trihydroxybenzen-2-hydrat
Phloroglucinol Dihydrat	1,3,5-Trihydroxybenzen-2-hydrat
Phoenicochroit	Blei(II)-chromat
Phoenicochroite	Blei(II)-chromat
Phönixin	Tetrachlormethan
Phorbyol	Rizinusöl

Gebräuchlicher Name Handelsname	Substanzname
Phoschere 315	Phosphorigesäure-tri(nonylphenyl)ester
Phoscon PE60	Tris-(2,3-dibromopropyl)-phosphat
Phosflex 179	Dimethylphenolphosphat (3:1)
Phosflex 112	Phosphorsäure-diphenyl-4-methyl-phenyl-ester
Phosflex 197 A	Phosphorsäuretrikresylester
Phosflex TPP	Phosphorsäuretriphenylester
Phosphatxylenol (3:1)	Dimethylphenolphosphat (3:1)
Phosphonsäurebleisalz	Phosphonsäure, Bleisalz
Phosphordithiosäure-O,O'-diethylester	Dithiophosphorsäure-O,O'-diethylester
Phosphorsäurekresyldiphenylester	Phosphorsäure-diphenyl-4-methyl-phenyl-ester
Phosphorsäure-(1,4-kresyl)ester	Phosphorsäuretrikresylester
Phosphorsäuretriallylester	Phosphorsäuretri-2-propenylester
Phosphorsäure-(tri-brompropyl)-ester	Tris-(2,3-dibromopropyl)-phosphat
Phosphorsäure-tris-2,3-dibromopropylester	Tris-(2,3-dibromopropyl)-phosphat
Phosphorsäuretris(2-ethylhexylester)	Phosphorsäure-tri-(2-ethylhexyl)-ester
Phosphorsäure-tris(methylphenyl)ester	Phosphorsäuretrikresylester
Phosphorsäure-tris-(methylphenyl)-ester	Phosphorsäuretrikresylester
Phosphorsäuretritolylester	Phosphorsäuretrikresylester
Phrilon	Poly(imino(1-oxo-1,6-hexandiyl))
1,3-Phthalandion	Benzen-1,2-dicarbonsäureanhydrid
Phthalandion	Benzen-1,2-dicarbonsäureanhydrid
Phthalimid	Benzen-1,2-dicarbonsäureimid
Phthaloblau	Kupferphthalocyanin
Phthalocyanine blue	Kupferphthalocyanin
Phthalocyanine Brilliant Green	Kupferphthalocyanin, chloriert
Phthalocyanine Green	Kupferphthalocyanin, chloriert
Phthalocyanine Green LX	Kupferphthalocyanin, chloriert
Phthalocyanine Green V	Kupferphthalocyanin, chloriert
Phthalocyanine Green VFT 1080	Kupferphthalocyanin, chloriert
Phthalocyanine Green WDG 47	Kupferphthalocyanin, chloriert
Phthalocyanin Grün	Kupferphthalocyanin, chloriert
Phthalocyanin Kupfer(II)-Komplex	Kupferphthalocyanin
Phthalo-Grün	Kupferphthalocyanin, chloriert
Phthalo-Grün (Cl, Br)	Pigment Grün 36 (C.I. 74265)
Phthalol	Benzen-1,2-dicarbonsäurediethylester
Phthalsäureanhydrid	Benzen-1,2-dicarbonsäureanhydrid
Phthalsäurebenzylbutylester	Benzen-1,2-dicarbonsäurebenzyl-n-butylester
Phthalsäure-bis-(2-(2-[e-methyl-acryloyloxy)-ethoxy]-ethoxy)-ethyl)ester	Benzen-1,2-dicarbonsäure-bis(2-(2-[2-(2-methylacryloyloxy)ethoxy]ethoxy)ethyl)ester
Phthalsäure-bis-2-ethylhexylester	Benzen-1,2-dicarbonsäuredi-2-ethylhexylester
Phthalsäurebis(2-ethylhexylester)	Benzen-1,2-dicarbonsäuredi-2-ethylhexylester
Phthalsäure-bis[8-methacryloyloxy-3,6-dioxa-octyl-ester]	Benzen-1,2-dicarbonsäure-bis(2-(2-[2-(2-methylacryloyloxy)ethoxy]ethoxy)ethyl)ester
Phthalsäure-bis-[2-(2-methyl-acryloyloxy)-ethyl]-ester	Phthalsäure-bis-[2-methacryloyloxy-ethylester]
Phthalsäurebis(2-octyl)ester	Phthalsäuredi-(1methylheptyl)ester
Phthalsäurebutylbenzylester	Benzen-1,2-dicarbonsäurebenzyl-n-butylester
Phthalsäurediallylester	1,2-Benzendicarbonsäure-di-2-propenyl-ester
Phthalsäuredibutylester	Benzen-1,2-dicarbonsäuredi-n-butylester
Phthalsäuredicaprylester	Phthalsäuredi-(1methylheptyl)ester
Phthalsäuredicyclohexylester	Benzen-1,2-dicarbonsäuredicyclohexylester
Phthalsäuredidecylester	Benzen-1,2-dicarbonsäuredidecylester
Phthalsäurediethylester	Benzen-1,2-dicarbonsäurediethylester
Phthalsäurediisobutylester	Benzen-1,2-dicarbonsäure-di-(2-methylpropen)ester

Gebräuchlicher Name Handelsname	Substanzname
Phthalsäuredi-iso-decylester	Benzen-1,2-dicarbonsäuredi-iso-decylester
Phthalsäurediisoheptylester	Benzen-1,2-dicarbonsäurediisoheptylester
Phthalsäuredi-iso-nonylester	Benzen-1,2-dicarbonsäuredi-iso-nonylester (Isomerengemisch)
Phthalsäuredi-iso-octylester	Benzen-1,2-dicarbonsäuredi-iso-octylester
Phthalsäuredimethylester	Benzen-1,2-dicarbonsäuredimethylester
Phthalsäuredi-n-butylester	Benzen-1,2-dicarbonsäuredi-n-butylester
Phthalsäuredinonylester	1,2-Benzendicarbonsäuredinonylester
Phthalsäuredioctylester	Benzen-1,2-dicarbonsäure-di-n-octylester
Phthalsäuredi-2-octylester	Phthalsäuredi-(1methylheptyl)ester
Phthalsäuredipropylester	Benzen-1,2-dicarbonsäuredipropylester
Phthalsäuredi-tert.-butylester	Benzen-1,2-dicarbonsäure-di-tert.-butylester
Phthalsäureester	Benzen-1,2-dicarbonsäure-di-(C6-C8)-alkylester, verzweigt
Phthalsäure-(2-ethylhexyl)diester	Benzen-1,2-dicarbonsäuredi-2-ethylhexylester
Phthalsäureimid	Benzen-1,2-dicarbonsäureimid
Phuriol E 400	alpha-Hydro-w-hydroxypoly-(oxy-1,2-ethandiyl)
Phytogermine	(2R-(2R*(4R*,8R*)))-3,4-Dihydro-2,5,7,8-tetramethyl-2-(4,8,12-trimethyltridecyl)-2H-1-benzopyran-6-ol
Pianofor AN	2,2'-Azobis-(2-methylpropannitril)
PIB-100	Polyisobutylen
Piccoumaron	Cumaron-Inden-Harz
Piccovar	Cumaron-Inden-Harz
Piflex 100	1,4-Benzendiamin, Gemisch aus N,N'-Phenyl- und Methylphenyl-Derivaten
Piflex 13	N-(1,3-Dimethylbutyl)-N'-phenyl-1,4-benzendiamin
Pigdex 100	Eisen(III)-oxid
Pigment Anthraquinone Deep Blue	6,15-Dihydro-5,9,14,18-antrazintetron
Pigment Black 11	Eisen(II,III)-oxid
Pigment Black 7	Aktivkohle
C.I. Pigment Black 10	Graphit
Pigment Black 10, Pigment Schwarz 10	Graphit
Pigment Blau 15	Kupferphthalocyanin
Pigment Blau 60 (C.I. 69800)	6,15-Dihydro-5,9,14,18-antrazintetron
Pigment Blue 15	Kupferphthalocyanin
C.I. Pigment Blue 29	Pigment Blau 29 (C.I. 77007)
C.I. Pigment Blue 60	6,15-Dihydro-5,9,14,18-antrazintetron
Pigment Blue 60	6,15-Dihydro-5,9,14,18-antrazintetron
Pigment Blue Anthraquinone	6,15-Dihydro-5,9,14,18-antrazintetron
Pigment Blue Anthraquinone V	6,15-Dihydro-5,9,14,18-antrazintetron
Pigment Braun 6 (C.I. 77491)	Eisen(III)-oxid
Pigment Brown 6	Eisen(III)-oxid
Pigment Deep Blue Anthraquinone	6,15-Dihydro-5,9,14,18-antrazintetron
Pigment Fast Green G	Kupferphthalocyanin, chloriert
Pigment Fast Green GN	Kupferphthalocyanin, chloriert
Pigment gelb 36	Zinkchromat
Pigment Gelb 34	Blei(II)-chromat
Pigment Gelb 37 (C.I. 77199)	Cadmiumsulfid
Pigment Gelb 34 (C.I. 77603/C.I. 77600)	Bleisulfochromat
Pigment Grau 15	Blei(II)-chromat
Pigment Green 17	Chrom(III)-oxid
C.I. Pigment Green 42	Kupferphthalocyanin, chloriert
Pigment Green 7	Kupferphthalocyanin, chloriert

Gebräuchlicher Name Handelsname	Substanzname
Pigment Green 36	Pigment Grün 36 (C.I. 74265)
Pigment Green 15	Blei(II)-chromat
Pigment Green Phthalocyanine	Kupferphthalocyanin, chloriert
Pigment Green Phthalocyanine V	Kupferphthalocyanin, chloriert
C.I Pigment Grün 8	1-Nitroso-2-naphthol, Eisenkomplex
Pigment Grün 15	Blei(II)-chromat
Pigment Grün B	1-Nitroso-2-naphthol, Eisenkomplex
Pigment Grün 17 (C.I. 77288)	Chrom(III)-oxid
Pigment Grün 7 (C.I. 74260)	Kupferphthalocyanin, chloriert
Pigment Lake Red BFC	Pigment Rot 53:1 (C.I. 15585:1)
Pigment Lake Red CD	Pigment Rot 53:1 (C.I. 15585:1)
Pigment Lake Red LC	Pigment Rot 53:1 (C.I. 15585:1)
Pigment Orange 34	4,4'-[(3,3'-Dichlor[1,1'-biphenyl]-4,4'-diyl)bis(azo)]-bis[2,4-dihydro-5-methyl-2-(4-methylphenyl)]-3H-pyrazol-3-on
Pigment Red 101	Eisen(III)-oxid
Pigment Red 102	Eisen(III)-oxid
Pigment Red 107	Antimon(III)-sulfid
C.I. Pigment Red 53:1	Pigment Rot 53:1 (C.I. 15585:1)
Pigment Red 53:1	Pigment Rot 53:1 (C.I. 15585:1)
Pigment Red 57:1	Pigment Rot 57:1 (C.I. 15850:1)
Pigment Red 108	Pigment Rot 108 (C.I. 77202)
Pigment Red 48:2	Pigment Rot 48:2 (C.I. 15865:2)
C.I. Pigment Red 48:1	Pigment Rot 48:1 (C.I. 15865:1)
Pigment Red 48:1	Pigment Rot 48:1 (C.I. 15865:1)
C.I. Pigment Red 48, barium salt (1:1) (8CI)	Pigment Rot 48:1 (C.I. 15865:1)
C.I. Pigment Red 53, Bariumsalz	Pigment Rot 53:1 (C.I. 15585:1)
C.I. Pigment Red 48, Bariumsalz (1:1) (8CI)	Pigment Rot 48:1 (C.I. 15865:1)
Pigment Red CD	Pigment Rot 53:1 (C.I. 15585:1)
Pigment Rot 101	Eisen(III)-oxid
C.I. Pigmentrot 105	Blei(II,IV)-oxid
Pigment Rot 105	Blei(II,IV)-oxid
Pigment Rot 107	Antimon(III)-sulfid
Pigment Rot 102 (C.I. 77491)	Eisen(III)-oxid
Pigmentruß	Aktivkohle
C.I. Pigment Schwarz 10	Graphit
Pigment Schwarz 11 (C. I. 77499)	Eisen(II,III)-oxid
Pigment Schwarz 7 (C.I. 77266)	Aktivkohle
Pigment Violet 15	Polysulfid-Natrium-Aluminium-Silikat
Pigment Violett 15 (C.I. 77007)	Polysulfid-Natrium-Aluminium-Silikat
Pigment Weiß 16	Bleisilikat, basisch
C.I. Pigment Weiß 6	Titandioxid
Pigment Weiß 21	Bariumsulfat
Pigment Weiß 22	Bariumsulfat
Pigment Weiß 23	Bariumsulfat
Pigment Weiß 11 (C.I. 77052)	Antimon(III)-oxid
Pigment Weiß 4 C.I. 77947	Zinkoxid
Pigment Weiß 7 (C.I. 77975)	Zinksulfid
Pigment Weiß 6 (C.I. 77891)	Titandioxid
Pigment Weiß 18 (C.I. 77220)	Calciumcarbonat
Pigment Weiß 25 (C.I. 77231)	Calciumsulfat
Pigment White 16	Bleisilikat, basisch
Pigment White 20	Pigment Weiß 20 (C.I. 77019)
Pigment White 11	Antimon(III)-oxid
Pigment White 4	Zinkoxid

Gebräuchlicher Name Handelsname	Substanzname
Pigment White 7	Zinksulfid
Pigment White 6	Titandioxid
Pigment White 18	Calciumcarbonat
Pigment White 3	Blei(II)-sulfat
Pigment White 25	Calciumsulfat
Pigment White19	Pigment Weiß 19 (C.I. 77004)
Pigment Yellow 35	Pigment Gelb 35 (C.I. 77205)
Pigment Yellow 37	Cadmiumsulfid
Pigment Yellow 46	Blei(II)-oxid
Pigment Yellow 34	Bleisulfochromat
Pigment Yellow 36	Zinkchromat
C.I. Pigment Yellow 42	Eisenoxidhydroxid
Pigment Yellow 42	Eisenoxidhydroxid
Pigment Yellow 13	Pigment Gelb 13 (C.I. 21100)
Pigment Yellow 14	Pigment Gelb 14 (C.I. 21095)
Pigment Yellow 34 (C.I. 77600)	Blei(II)-chromat
C.I. Pigment Yellow 13 (7CI,8CI)	Pigment Gelb 13 (C.I. 21100)
Pigment Yellow MH	Pigment Gelb 13 (C.I. 21100)
Pigmex	4-Hydroxyphenylbenzylether
Pilgard PVI	N-(Cyclohexylthio)-phthalimid
Pimelic Keton	Cyclohexanon
Pimelin Keton	Cyclohexanon
(±)-alpha-Pinen	2,6,6-Trimethylbicyclo-[3,1,1]-hept-2-en
2-Pinen	2,6,6-Trimethylbicyclo-[3,1,1]-hept-2-en
D,L-alpha-Pinen	2,6,6-Trimethylbicyclo-[3,1,1]-hept-2-en
Pinen	Terpentin
Pinhole AK 2	Diazendicarboxamid
N-N-Pip	Hexahydro-N-nitrosopyridin
Piperidincarbodithioic-säure-bleisalz	Pentamethylendithiocarbaminsäure, Bleisalz
1-Piperidincarbodithionsäure, zusammengesetzt (1:1) mit Piperidin und Kalium-1-piperidin-carbodithioat	Piperidincarbothiosäure, Verbindung mit Piperidin (1:1)
Piperidin-1-carbodithiosäurepiperidin-1-yl-ester	N-Cyclopentamethylenthiocarbamyl-N'-cyclopentamethylensulfenamid
Piperidincarbothioic-säure-kupfersalz	Pentamethylendithiocarbaminsäure, Kupfersalz
1-Piperidincarbothiosäureanhydrosulfid	Bis-(piperidin-1-carbothiosäure)-thioanhydrid
Piperidin-pentamethylen-dithio-carbamat	Piperidincarbothiosäure, Verbindung mit Piperidin (1:1)
1-[Piperidin-1-thiocarbonylsulfanyl]-piperidin	N-Cyclopentamethylenthiocarbamyl-N'-cyclopentamethylensulfenamid
2-(Piperidin-1-ylsulfanyl)-benzothiazol	N-Cyclopentamethylen-2-benzothiazol-sulfenamid
2-Piperidin-1-ylsulfanyl-benzothiazol	N-Cyclopentamethylen-2-benzothiazol-sulfenamid
2-Piperidin-1-ylsulfanyl-1H-benzoimidazol	2-(Piperidinthio)-benzimidazol
PIPPD	N-(1-Methylethyl)-N'-phenyl-benzen-1,4-diamin
Pip-Pip	Piperidincarbothiosäure, Verbindung mit Piperidin (1:1)
Pistac CC	Polypropylen, isotaktisch
Pistac L	Polypropylen, isotaktisch
PITC	Isothiocyanatbenzen
Pitch	Steinkohlenteerpech
Pitt Consol 646	4-(1,1-Dimethylethyl)-2-methylthio(hydroxybenzen)
Pitt Consol 651	4-(1,1-Dimethylethyl)-benzenthiol, Zinksalz

Gebräuchlicher Name Handelsname	Substanzname
Pitt Cousol 646	2-(1,1-Dimethylethyl)-1-naphthol
Pittsburgh PX-138	Benzen-1,2-dicarbonsäuredi-2-ethylhexylester
PK 4	Poly(imino(1-oxo-1,6-hexandiyl))
PKA	Poly(imino(1-oxo-1,6-hexandiyl))
PK-C	Magnesiumsilikathydrat
PkhFN	Natriumpentachlorphenolat
PK-N	Magnesiumsilikathydrat
Placidol E	Benzen-1,2-dicarbonsäurediethylester
Planavit C	L-(+)-Ascorbinsäure
Planium	Polyethylen
Plaskin 8200	Poly(imino(1-oxo-1,6-hexandiyl))
Plaskon 201	Poly(imino(1-oxo-1,6-hexandiyl))
Plaskon 8201	Poly(imino(1-oxo-1,6-hexandiyl))
Plaskon 8205	Poly(imino(1-oxo-1,6-hexandiyl))
Plaskon 8207	Poly(imino(1-oxo-1,6-hexandiyl))
Plaskon 8252	Poly(imino(1-oxo-1,6-hexandiyl))
Plaskon 8202C	Poly(imino(1-oxo-1,6-hexandiyl))
Plaskon 8201HS	Poly(imino(1-oxo-1,6-hexandiyl))
Plaskon PP 60-002	Polyethylen
Plaskon XP 607	Poly(imino(1-oxo-1,6-hexandiyl))
Plastanox 2246	2,2'-Methylen-bis[6-(1,1-dimethylethyl)-4-methylphenol]
Plastanox	4-Sulfo-heptandisäuredidodecylester
Plastanox 425	2,2'-Methylen-di-(6-(1,1-dimethylethyl)-4-ethylphenol
Plastanox Antioxid 425	2,2'-Methylen-di-(6-(1,1-dimethylethyl)-4-ethylphenol
Plastazote X 1016	Polyethylen
Plasthall 226	Hexandicarbonsäure-bis-[2-(2-butoxy-ethoxy)-ethyl]ester
Plasthall 203	Hexandicarbonsäurebis(2-butoxy-ethyl)ester
Plasthall 503	n-Butyl-Tallat
Plasthall 100	Isooctyl-Tallat
Plasthall DBS	Decandisäuredibutylester
Plasthall DEP	Benzen-1,2-dicarbonsäurediethylester
Plasthall DIBA	Bis-(2-methylpropyl)-ester-hexandisäure
Plasthall ESO	Sojabohnenöl, epoxidiert
Plastigen PR 8086	alpha-Hydro-w-hydroxypoly-(oxy-1,2-ethandiyl)
Plastikator 88	2,2'-[Methylenbis(thio)]bis-essigsäuredibutylester
Plastin	Polyethylen
Plastmoll-NA	Hexandicarbonsäure-bis-nonylester
Plastolein 9058 DOZ	Nonandisäure-bis-[2-ethylhexylester]
Plastomoll BMB	N-Butylbenzensulfonamid
Plastomoll DOA	Hexandicarbonsäure-bis-2-ethylhexylester
Plastronga	Polyethylen
Plastylene MA 2003	Polyethylen
Plastylene MA 7007	Polyethylen
Plath-Lyse	2,2'-Methylenbis(4-chlorophenol)
Plationol	Benzen-1,2-dicarbonsäuredi-2-ethylhexylester
PLEX 8572-F	Polymethacrylsäuremethylester
Plexiglas	Polymethacrylsäuremethylester
Plexigum M 920	Polymethacrylsäuremethylester
Plioflex	Phenylethen-Butadien-Copolymer
Pliolite	Phenylethen-Butadien-Copolymer

Gebräuchlicher Name Handelsname	Substanzname
Pliolite 151	Phenylethen-Butadien-Copolymer
Pliolite 160	Phenylethen-Butadien-Copolymer
Pliolite 491	Phenylethen-Butadien-Copolymer
Pliolite 55B	Phenylethen-Butadien-Copolymer
Pliolite S 50	Phenylethen-Butadien-Copolymer
Pliolite S5	Phenylethen-Butadien-Copolymer
Pliolite S 5A	Phenylethen-Butadien-Copolymer
Pliolite S-5B	Phenylethen-Butadien-Copolymer
Pliolite S-6B	Phenylethen-Butadien-Copolymer
Pliolite S-5C	Phenylethen-Butadien-Copolymer
Pliolite S 5D	Phenylethen-Butadien-Copolymer
Pliolite S-5E	Phenylethen-Butadien-Copolymer
Pliolite S-6F	Phenylethen-Butadien-Copolymer
Pliovic	Polychlorethen
Pliovic DB 80V	Polychlorethen
Pliovic D 100X	Polychlorethen
Pliovic K 906	Polychlorethen
Pliovic K 90E	Polychlorethen
Pliovic S 50	Polychlorethen
Plioway EC 1	Methylstyrol-Acrylat-Copolymer
Plioway EC-T	Methylstyrol-Acrylat-Copolymer (unvernetzt)
Plumbago	Graphit
Plumbago (graphite)	Graphit
Plumbous chromate	Blei(II)-chromat
Plumbum subcarbonicum	Blei(II)-carbonat basisch
Pluracol E	alpha-Hydro-w-hydroxypoly-(oxy-1,2-ethandiyl)
Pluriol	alpha-Hydro-w-hydroxypoly-(oxy-1,2-ethandiyl)
Pluronic L61	Kondensationsprodukt von Ethylenoxid und Polypropylenglycol
PMMA	Polymethacrylsäuremethylester
PMMA-A	Polymethacrylsäuremethylester
PMP (accelerator)	Piperidincarbothiosäure, Verbindung mit Piperidin (1:1)
PMTT	3-Phenyl-5-mercapto-1,3,4-thiadiazol-2-thion
PN	Polybicyclo-[2.2.1]-hept-2-en
PNA	N-(1-Naphthyl)-anilin
PNR	Polybicyclo-[2.2.1]-hept-2-en
POK 60	Polychlorethen
Polcarb	Calciumcarbonat
Policapran	Poly(imino(1-oxo-1,6-hexandiyl))
Poliersprit	Ethanol
Polikol	alpha-Hydro-w-hydroxypoly-(oxy-1,2-ethandiyl)
Politen	Polyethylen
Politen I 020	Polyethylen
Polivinit	Polychlorethen
Polnoks R	1,2-Dihydro-2,2,4-trimethylchinolin-Harz
Polsulkol Extra	Schwefel
Polwinit	Polychlorethen
Poly-6	alpha-Hydro-w-hydroxypoly-(oxy-1,2-ethandiyl)
Polyac	Poly-1,4-dinitrobenzen
Polyamid-6	Poly(imino(1-oxo-1,6-hexandiyl))
P 6 (Polyamide)	Poly(imino(1-oxo-1,6-hexandiyl))
Polyamide PK 4	Poly(imino(1-oxo-1,6-hexandiyl))
Poly-(arylsäurenitril-co-butadien)	2-Propennitril, Polymer mit 1,3 Butadien
Polybicyclo-[2.2.1]-hepta-2,5-dien	Bicyclo-[2.2.1]-hepta-2,5-dien, Homopolymer

Gebräuchlicher Name Handelsname	Substanzname
1,3-Polybutadien, Homopolymer	Polybutadien
Polybutadien-polystyrol Copolymer	Phenylethen-Butadien-Copolymer
Poly-(1,4-butylenglykol-terephthalat)	1,4-Benzendicarboxylsäure, Polymer mit 1,4-Butendiol
Polycaproamid	Poly(imino(1-oxo-1,6-hexandiyl))
Poly-(caprolactam)	Poly(imino(1-oxo-1,6-hexandiyl))
Polycaprolactam	Poly(imino(1-oxo-1,6-hexandiyl))
Polycell	Carboxymethylcellulose
Polychlorbutadien	Poly-1-chlorbutadien
Poly(1-chlor-1-butenylen)	Poly-1-chlorbutadien
Polychloro copper phthalocyanine	Kupferphthalocyanin, chloriert
Poly(chloroethylene)	Polychlorethen
Polychloropren	Poly-1-chlorbutadien
Polycizer 162	Benzen-1,2-dicarbonsäure-di-n-octylester
Polycizer 532	Benzen-1,2-dicarbonsäure-n-octyl-n-decylester
Polycizer 562	Benzen-1,2-dicarbonsäure-n-octyl-n-decylester
Polycizer DBP	Benzen-1,2-dicarbonsäuredi-n-butylester
Polycizer DBS	Decandisäuredibutylester
Polyco 2622	Polychlorethen
Polyco 2410	Phenylethen-Butadien-Copolymer
Polyco 2415	Phenylethen-Butadien-Copolymer
Polydesis	Polyvinylalkohol
Polydimethylsiloxan	Dimethylpolysiloxan
Poly-(1,4-dinitrosobenzen)	Poly-1,4-dinitrobenzen
Poly-Dispersion DCP-60P	Bis-(1-methyl-1-phenyl-ethyl)-peroxid
Poly-Dispersion E(DIC)D-40	Bis-(1-methyl-1-phenyl-ethyl)-peroxid
Poly-Dispersion E(VC)D-40	1,4-Bis-((1,1-dimethylethyl)peroxyisopropyl)benzen
Poly-Dispersion OBSH-75	Diphenyloxid-4,4'-disulfonsäuredihydrazid
Poly-Dispersion T(DIC)D-40P	Bis-(1-methyl-1-phenyl-ethyl)-peroxid
Poly-Dispersion T (HVA2) D-70	1,1'-(1,3-Phenylen)-bis-[1H-pyrrol-2,5-dion]
Poly-Dispersion T (HVA2) D-70P	1,1'-(1,3-Phenylen)-bis-[1H-pyrrol-2,5-dion]
Poly-Dispersion TMC-50	(3,3,5-Trimethylcyclohexyliden)-bis-(tert.-butylperoxid)
Poly-Dispersion T(VC)D-40P	1,4-Bis-((1,1-dimethylethyl)peroxyisopropyl)benzen
Poly-Dispersion VC-60P	1,4-Bis-((1,1-dimethylethyl)peroxyisopropyl)benzen
Poly-Em 12	Polyethylen
Poly-Em 40	Polyethylen
Poly-Em 41	Polyethylen
Poly(epsilon-aminocaprosäure)	Poly(imino(1-oxo-1,6-hexandiyl))
Poly(epsilon-caproamide)	Poly(imino(1-oxo-1,6-hexandiyl))
Poly(epsilon-caprolactam)	Poly(imino(1-oxo-1,6-hexandiyl))
Polyester	Poly(oxy-1,2-ethyandiyloxycarbonyl-1,4-phenylencarbonyl)
Polyester TGM-3	1,2-Bis-[2-methacryloyl-oxy-ethoxy]-ethan
Poly-ethylen-co-propylen-co-methylen-2-norbornen	Ethylen-Propylen-Ethyliden-Norbornen
A-C Polyethylene 400	Ethylen-Vinylacetat-Copolymer
Polyethylene AS	Polyethylen
Polyethylene resins	Polyethylen
Polyethylenglykol	alpha-Hydro-w-hydroxypoly-(oxy-1,2-ethandiyl)
Polyethylenglykol-400-dimethacrylat	Trideca-oxyethylen-alpha,omega-dimethacrylat
Polyethylenoxid	alpha-Hydro-w-hydroxypoly-(oxy-1,2-ethandiyl)

Gebräuchlicher Name Handelsname	Substanzname
Polyethylen Terephatalat	Poly(oxy-1,2-ethyandiyloxycarbonyl-1,4-phenylencarbonyl)
Poly-(ethylen-terephthalat)	Poly(oxy-1,2-ethyandiyloxycarbonyl-1,4-phenylencarbonyl)
Polyethylen Terephthalat Film	Poly(oxy-1,2-ethyandiyloxycarbonyl-1,4-phenylencarbonyl)
Polyethylenwachs	Polyethylen
Polyethylenwachs, modifiziert	Polyethylen
Polyflex	6-Ethoxyl-1,2-dihydro-2,2,4-trimethy-chinolin
Polygalactomannan	Guargummi
Polygard	Phosphorigesäure-tri(nonylphenyl)ester
Polygard	Phosphorigesäure-dinonylphenyl-di(nonylphenyl)triester
Polygard HR	Phosphorigesäure-tri(nonylphenyl)ester
Poly Gel	1,3,5,7-Tetraazatricyclo-(3.3.1.1(3,7))-decan
Polyglycol	alpha-Hydro-w-hydroxypoly-(oxy-1,2-ethandiyl)
Polyglycol E	alpha-Hydro-w-hydroxypoly-(oxy-1,2-ethandiyl)
Poly(iminocarbonylpentamethylen)	Poly(imino(1-oxo-1,6-hexandiyl))
Poly(imino(1-oxo-1,6-hexanediyl)) (9CI)	Poly(imino(1-oxo-1,6-hexandiyl))
Polyisopren	Poly-2-methyl-1,3-butadien
S 65 (Polymer)	Polychlorethen
U 1 (Polymer)	Polychlorethen
50N (Polymer)	Polymethacrylsäuremethylester
Polymerisiertes 1,2-Dihydro-2,2,4-trimethylquinolin	1,2-Dihydro-2,2,4-trimethylchinolin-Harz
Polymer mit Oxiranen	Butylpolyether
Poly-1-methylbutenylen	Poly-2-methyl-1,3-butadien
Poly(methylmethacrylat)	Polymethacrylsäuremethylester
Polymethylvinylether	Polyethenylmethylether
Polymist A12	Polyethylen
Polymo Green FBH	Kupferphthalocyanin, chloriert
Polymo Green FGH	Kupferphthalocyanin, chloriert
Polymon Blue 3R	6,15-Dihydro-5,9,14,18-antrazintetron
Polymon Green 6G	Kupferphthalocyanin, chloriert
Polymon Green G	Kupferphthalocyanin, chloriert
Polymon Green GN	Kupferphthalocyanin, chloriert
Polymo Yellow GR	Pigment Gelb 13 (C.I. 21100)
Polymul CS 81	Polyethylen
Polynorbornen	Polybicyclo-[2.2.1]-hept-2-en
Polyox	alpha-Hydro-w-hydroxypoly-(oxy-1,2-ethandiyl)
alpha-Poly(oxy-1,2-ethandiyl)	alpha-Hydro-w-hydroxypoly-(oxy-1,2-ethandiyl)
Poly(oxy-1,2-ethyandiyloxycarbonyl-1,4-phenylencarbonyl)	Poly(oxy-1,2-ethyandiyloxycarbonyl-1,4-phenylencarbonyl)
Poly-p-dinitrosobenzen	Poly-1,4-dinitrobenzen
Polypro 1014	Polypropylen, isotaktisch
Polypro B 220	Polypropylen, isotaktisch
Polypro G 400P	Polypropylen, isotaktisch
Polypro J 600	Polypropylen, isotaktisch
Polypro J 400P	Polypropylen, isotaktisch
Polypropene	Polypropylen, isotaktisch
Polypropylene	Polypropylen, isotaktisch
Polyram ultra	Bis-(dimethylthiocarbamoyl)-disulfid
Polysaccharid	Guargummi
Polysar EPDM 227	Ethylen-Propylen-Ethyliden-Norbornen
Polysar EPDM 345	Ethylen-Propylen-Ethyliden-Norbornen

Gebräuchlicher Name Handelsname	Substanzname
Polysar EPDM 346	Ethylen-Propylen-Ethyliden-Norbornen
Polysar EPDM 5465	Ethylen-Propylen-Ethyliden-Norbornen
Polysar EPDM 585	Ethylen-Propylen-Ethyliden-Norbornen
Polysar EPDM 5875	Ethylen-Propylen-Ethyliden-Norbornen
Polysar EPDM 6463	Ethylen-Propylen-Ethyliden-Norbornen
Polysar EPDM 865	Ethylen-Propylen-Ethyliden-Norbornen
Polysar EPDM 965	Ethylen-Propylen-Ethyliden-Norbornen
Polysar EPDM 5672X	Ethylen-Propylen-Ethyliden-Norbornen
Polysar EPDM 847X	Ethylen-Propylen-Ethyliden-Norbornen
Polysar EPM 306	Ethylen-Propylen-Ethyliden-Norbornen
Polysar EPM 306	Ethylen-Propylen-Copolymer
Polysar EPM 405	Ethylen-Propylen-Copolymer
Polysilon	Dimethylpolysiloxan
Polysion N 22	Polyethylen
Polysizer 173	Polyvinylalkohol
Poly Slab	1,3,5,7-Tetraazatricyclo-(3.3.1.1(3,7))-decan
Poly-Solo EE	2-Ethoxyethanol
Poly-solv EB	2-Butoxyethanol
Poly-(styrol-b-butadien) (mit 28-30 Gew.-% Styrol)	Phenylethen-Butadien-Copolymer
Poly-(styrol-co-butadien) (mit 45 Gew.-% Styrol)	Phenylethen-Butadien-Copolymer
Polytac	Polypropylen, isotaktisch
Polytal 4641	Magnesiumsilikathydrat
Polytal 4725	Magnesiumsilikathydrat
Poly-(terephthalsäure-1,4-butylenglykolester)	1,4-Benzendicarboxylsäure, Polymer mit 1,4-Butendiol
Polytetrafluorethylen	Polytetrafluorethen
Polythene	Polyethylen
Polytherm	Polychlorethen
Polytrifluorchlorethylen	Chlortrifluorethylen
Poly(2,2,4-trimethyl-1,2-dihydrochinolin)	1,2-Dihydro-2,2,4-trimethylchinolin-Harz
Polyvinol	Polyvinylalkohol
Polyvinylalkylether	Polyethenylmethylether
Polyvinylchlorid	Polychlorethen
Polyvinylmethylether	Polyethenylmethylether
Polyviol	Polyvinylalkohol
Polyviol M 13/140	Polyvinylalkohol
Polyviol MO 5/140	Polyvinylalkohol
Polyviol W 25/140	Polyvinylalkohol
Polyviol W 40/140	Polyvinylalkohol
Polyvis-15 OSH	Polyisobutylen
Polyvis-sH30	Polyisobutylen
Polywax 600	alpha-Hydro-w-hydroxypoly-(oxy-1,2-ethandiyl)
Polywax 1000	Polyethylen
Polyzol AZDN	2,2'-Azobis-(2-methylpropannitril)
Poly-Zole AZDN	2,2'-Azobis-(2-methylpropannitril)
Pomarsol	Bis-(dimethylthiocarbamoyl)-disulfid
Pomarsol forte	Bis-(dimethylthiocarbamoyl)-disulfid
Pomarsol Z forte	N,N-Dimethyldithiocarbaminsäure, Zinksalz
Pomasol	Bis-(dimethylthiocarbamoyl)-disulfid
Ponsol Blue GZ	6,15-Dihydro-5,9,14,18-antrazintetron
Ponsol Blue RCL	6,15-Dihydro-5,9,14,18-antrazintetron
Ponsol Blue RPC	6,15-Dihydro-5,9,14,18-antrazintetron
Ponsol Brilliant Blue R	6,15-Dihydro-5,9,14,18-antrazintetron

Gebräuchlicher Name Handelsname	Substanzname
Ponsol RP	6,15-Dihydro-5,9,14,18-antrazintetron
Pontalite	Polymethacrylsäuremethylester
Pontamin Developer TN	2-Methyl-1,3-benzendiamin
Pontamine developer TN	2,4-Diaminomethylbenzen
Poprolin	Polypropylen, isotaktisch
Poraminar	Aluminiumoxid
Porodur	Polychlorethen
Porofor 505	Diazendicarboxamid
Porofor ADC	Diazendicarboxamid
Porofor adc/R	Diazendicarboxamid
Porofor B 13	Benzen-1,3-disulfonsäuredihydrazid
Porofor BSH	Benzensulfonsäurehydrazid
Porofor-bsh-pulver	Benzensulfonsäurehydrazid
Porofor Chkhz 21	Diazendicarboxamid
Porofor Chkhz 9	Benzensulfonsäurehydrazid
Porofor Chkhz 21R	Diazendicarboxamid
Porofor CP 50	Benzen-1,3-disulfonsäuredihydrazid
Porofor N	2,2'-Azobis-(2-methylpropannitril)
Porolen	Polyethylen
Porophor B	3,7-Dinitroso-1,3,5,7-tetraazabicyclo[3,3,1]nonan
PorophorDNO	3,7-Dinitroso-1,3,5,7-tetraazabicyclo[3,3,1]nonan
Porzellanerde	Kaolin
Positive Sol	Silicium(IV)-oxid
Postanol	alpha-Hydro-w-hydroxypoly-(oxy-1,2-ethandiyl)
7.5-0.1 potato seed piece protectant	N-(Trichlormethylthio)-4-cyclohexen-1,2-dicarboximid
Potomac Red	Pigment Rot 53:1 (C.I. 15585:1)
Poval 117	Polyvinylalkohol
Poval 120	Polyvinylalkohol
Poval 1700	Polyvinylalkohol
Poval 203	Polyvinylalkohol
Poval 205	Polyvinylalkohol
Poval 217	Polyvinylalkohol
Poval C 17	Polyvinylalkohol
Powder base 900	Zinkoxid
F 080PP	Polypropylen, isotaktisch
PP	Polypropylen, isotaktisch
PP 1	Polypropylen, isotaktisch
PP 1151	Polypropylen, isotaktisch
PP 2	Polypropylen, isotaktisch
PP 4	Polypropylen, isotaktisch
PPAH	Steinkohlenteerpech
11PPD	N-[1-Methyldecyl]-N'-phenyl-benzen-1,4-diamin
8PPD	N-(1-Methylheptyl)-N'-phenyl-benzen-1,4-diamin
77PPD	N,N'-Bis-(1,4-dimethylpentyl)-benzen-1,4-diamin
6PPD	N-(1,3-Dimethylbutyl)-N'-phenyl-1,4-benzendiamin
PPDN	1,4-Dinitroso-benzen
PPE 2	Polyethylen
PP 1 (Polymer)	Polypropylen, isotaktisch
PPSD 30	Polypropylen, isotaktisch

Gebräuchlicher Name Handelsname	Substanzname
PQD	1,4-Benzochinondioxim
PR 144	Polypropylen, isotaktisch
Precipitated sulfur	Schwefel
Prefaxil	2-Benzyl-4,5-dihydro-1H-imidazol
Prepared chalk	Calciumcarbonat
Preumax MBT	2-Benzothiazolthiol
Prevental	2,2'-Methylenbis(4-chlorophenol)
Preventol GD	2,2'-Methylenbis(4-chlorophenol)
Preventol GDC	2,2'-Methylenbis(4-chlorophenol)
Preventol-ON	(1,1'-Biphenyl)-2-ol, Natriumsalz
Preventol-ON & ON extra	(1,1'-Biphenyl)-2-ol, Natriumsalz
Prezervit	3,5-Dimethyl-tetrahydro-2(H)-1,3,5-thiadiazin-2-thion
primäres Natriumcarbonat	Natriumhydrogencarbonat
Primasprit	Ethanol
Primel-Chrom	Bleisulfochromat
Primelgelb	Pigment Gelb 35 (C.I. 77205)
Primix TAC	2,4,6-Triallyloxy-1,3,5-triazin
Primol	Paraffin, C10-C13
Primol 355	Paraffin, C10-C13
Primol D	Paraffin, C10-C13
Primrose chrome yellow	Blei(II)-chromat
Primrose yellow	Zinkchromat
Printex	Aktivkohle
Printex 60	Aktivkohle
Printex L	Aktivkohle
Printex L 29	Aktivkohle
Printex L 6	Aktivkohle
Printex P	Aktivkohle
Printex XE 2	Aktivkohle
Printex XE-2	Aktivkohle
Priscol	2-Benzyl-4,5-dihydro-1H-imidazol
Priscolin	2-Benzyl-4,5-dihydro-1H-imidazol
Pristerene 4931	Octadecansäure
Pristerene 4963	Octadecansäure
PRO	Propan-2-ol
Procene UF 1.5	Polyethylen
Prodan	Natriumhexafluorosilikat
Prodaram	N,N-Dimethyldithiocarbaminsäure, Zinksalz
Prodhygine	Octadecansäure, Natriumsalz
Product No. 161	Schwefelsäuredodecylester, Natriumsalz
Product No. 75	Schwefelsäuredodecylester, Natriumsalz
Profax	Polypropylen, isotaktisch
Profax 6301	Polypropylen, isotaktisch
Profax 6401	Polypropylen, isotaktisch
Profax 6423	Polypropylen, isotaktisch
Profax 6501	Polypropylen, isotaktisch
Profax 6523	Polypropylen, isotaktisch
Profax 6601	Polypropylen, isotaktisch
Profax 6723	Polypropylen, isotaktisch
Profax 6823	Polypropylen, isotaktisch
Profax A 60-008	Polyethylen
Profax 6523F	Polypropylen, isotaktisch
Profax PCO 72	Polypropylen, isotaktisch

Gebräuchlicher Name Handelsname	Substanzname
Profecundin	(2R-(2R*(4R*,8R*)))-3,4-Dihydro-2,5,7,8-tetramethyl-2-(4,8,12-trimethyltridecyl)-2H-1-benzopyran-6-ol
Profor 57	2,2'-Azobis-(2-methylpropannitril)
Promaxon	Calciumsilikat
Promaxon P60	Calciumsilikat
Promulsin	Octadecansäure
Prontosil S	6-Acetamido-4-hydroxy-3-[(p-sulfoamidphenyl)-azo)]-2,7-naphthalindisulfonsäure, Dinatriumsalz
Propafilm	Polypropylen, isotaktisch
2-Propanamin	2-Aminopropan
2-Propanol	Propan-2-ol
i-Propanol	Propan-2-ol
Propanol-2	Propan-2-ol
2-Propanon	2-Propanon
Propan-2-on	2-Propanon
1,2,3-Propantriol	Propantriol
Propathene	Polypropylen, isotaktisch
Propathene 101/24	Polypropylen, isotaktisch
Propathene 22/44	Polypropylen, isotaktisch
Propathene 112/00/grey 9897	Polypropylen, isotaktisch
Propathene GSE 108	Polypropylen, isotaktisch
Propathene GSE 180	Polypropylen, isotaktisch
Propathene GWE 21	Polypropylen, isotaktisch
Propathene GW 522 M	Polypropylen, isotaktisch
Propathene GW 601M	Polypropylen, isotaktisch
Propathene GY 702M	Polypropylen, isotaktisch
Propathene HF 20	Polypropylen, isotaktisch
Propathene HW 70GR	Polypropylen, isotaktisch
Propathene HWM 25	Polypropylen, isotaktisch
Propathene LWF 31	Polypropylen, isotaktisch
Propathene LY 542M	Polypropylen, isotaktisch
Propathene O	Polypropylen, isotaktisch
Propathene PXC 3830	Polypropylen, isotaktisch
Propathene PXC 4515	Polypropylen, isotaktisch
Propathene PXC 8639	Polypropylen, isotaktisch
Propathene PXC 9617	Polypropylen, isotaktisch
1-Propen-Homopolymer (9Cl)	Polypropylen, isotaktisch
1-Propen-2-methyl, trimer	Triisobuten
2-Propennitril	Propensäurenitril
Propenoxid	Propan-1,2-epoxid
1-Propen, Polymer mit Ethen	Ethylen-Propylen-Copolymer
Propensäure-3-(dodecylthio)-oxybis-(2,1-ethandiyloxy-2,1-ethandiyl)ester	1,11-(3,6,9-Trioxandecyl)bis-3-(dodecylthio)propionat
Propensäureethylester	2-Propensäureethylester
2-Propensäure-2-methyl-oxybis-(2,1-ethandiyl)ester	Bis-[2-(2-methacryloyloxy-ethoxy)-ethyl]-ether
Propol	Propan-2-ol
Propolin	Polypropylen, isotaktisch
Propophane	Polypropylen, isotaktisch
n-Propylbenzen	1-Phenylpropan
(1-Propyl)-benzol	1-Phenylpropan
n-Propylbenzol	1-Phenylpropan
Propylbenzol	1-Phenylpropan
(2-Propyl)-Benzol	(1-Methylethyl)benzen

Gebräuchlicher Name Handelsname	Substanzname
Propylcarbinol	Butan-1-ol
Propylen	Propen
Propylenchlorid	1,2-Dichlorpropan
1,2-Propylendichlorid	1,2-Dichlorpropan
alpha-Propylendichlorid	1,2-Dichlorpropan
Propylendichlorid	1,2-Dichlorpropan
Propylene Dichloride	1,2-Dichlorpropan
Propylenether	Propan-1,2-epoxid
Propylenether, stabilisiert	Propan-1,2-epoxid
Propylenoxid	Propan-1,2-epoxid
1,2-Propylenoxid, stabilisiert	Propan-1,2-epoxid
Propylenoxid, stabilisiert	Propan-1,2-epoxid
Propylidintris(methanol)	1,1,1-Tris-(hydroxymethyl)-propan
Propylmethanol	Butan-1-ol
Propyl Zithate	Zink-(1-methylethyl)xanthat
Proscorbin	L-(+)-Ascorbinsäure
Prosil 248	6-Ethenyl-6-(2-methoxy-ethoxy)-2,5,7,10-tetraoxa-6-silaundecan
Prosil 3128	N-[3-(Trimethoxysilyl)propyl]-1,2-ethandiamin
Protachem SMP	Hexadecylsäure-sorbitylester
Protaflex	Casein
Protoflex	Casein
Protol	Propantriol
Protopet	Petrolatum
Prototype III soft	Polychlorethen
Protox	Zinkoxid
Protox 166	6-Ethoxyl-1,2-dihydro-2,2,4-trimethy-chinolin
Protox type 166	Zinkoxid
Protox type 167	Zinkoxid
Protox type 168	Zinkoxid
Protox type 169	Zinkoxid
Protox type 267	Zinkoxid
Protox type 268	Zinkoxid
Provisol Wax	Octadecansäure
Proxel DM Teig 7	1,2-Benzisothiazol-3(2H)-on
Prussian rot	Eisen(III)-oxid
PS 1	Aluminiumoxid
PS 100	Calciumcarbonat
PS 2011	Polypropylen, isotaktisch
PSA	Benzen-1,2-dicarbonsäureanhydrid
PS 1 (Alumina)	Aluminiumoxid
PSB	Polyisobutylen
PS 100 (carbonate)	Calciumcarbonat
PSE-780	Polydimethylsiloxan-Kautschuk
PSE-785	Polydimethylsiloxan-Kautschuk
Pseudourea, Isourea	Kohlensäurediamid
Pseudo-wollastonit	Calciumsilikat
Pseudowollastonit	Calciummetasilikat
Psoriacid-S-Stift	2-Hydroxybenzencarbonsäure
PS-SU2	Phenylethen-Butadien-Copolymer
PTA	Benzen-1,2-dicarbonsäureanhydrid
PTBP	4-(1,1-Dimethylethyl)-hydroxybenzen
PTC	Isothiocyanatbenzen
PTFE	Polytetrafluorethen
PTM	1-Tridecanthiol

Gebräuchlicher Name Handelsname	Substanzname
PTPD	N-(4-Methylphenyl)-N'-phenyl-1,4-benzendiamin
PTS 2	Polyethylen
Puragel	Gelatine
Puralin	Bis-(dimethylthiocarbamoyl)-disulfid
Purcapolymel	Kohlensäurediamid
Purecal	Calciumcarbonat
Purecalo	Calciumearbonat
Purecal SC	Calciumcarbonat
Purecal T	Calciumcarbonat
Purecal U	Calciumcarbonat
Pure lemon chrome L3GS	Blei(II)-chromat
Pure Zinc Chrome A	Zinkchromat
Pure Zinc Yellow	Zinkchromat
PVA	Polyvinylalkohol
PVA 008	Polyvinylalkohol
E-Pvc	Polychlorethen
PVC	Polychlorethen
Pv-Fast Green G	Kupferphthalocyanin, chloriert
Pvkhl 4	Polychlorethen
Pvkhs 60	Polychlorethen
Pvkh-S 63ZH	Polychlorethen
PVM	Polyethenylmethylether
PVP 8T	Polyethylen
PVS 4	Polyvinylalkohol
PX-238	Hexandicarbonsäure-bis-2-ethylhexylester
PX-404	Decandisäuredibutylester
PX-138	Benzen-1,2-dicarbonsäuredi-2-ethylhexylester
PX 138	Benzen-1,2-dicarbonsäure-di-n-octylester
PX-438	1,8-Octandicarbonsäure-bis-(2-ethylhexylester)
PX-238	Hexandicarbonsäure-di-n-octylester
PX-208	Hexandicarbonsäure-di-isooctylester
PX-120	Benzen-1,2-dicarbonsäuredi-iso-decylester
PX-220	Adipinsäure-(di-iso-decyl)-ester
PX-108	Benzen-1,2-dicarbonsäuredi-iso-octylester
PX-800	Sojabohnenöl, epoxidiert
PX 104	Benzen-1,2-dicarbonsäuredi-n-butylester
PX 114	Phthalsäurebutyldecylester
PXC 3391	Polypropylen, isotaktisch
PXC 8639	Polypropylen, isotaktisch
PY 100	Polyethylen
PY 61 H	2,5-Dimercapto-1,3,4-thiadiazol
Pyrax A	hydriertes Aluminiumsilikat Pyrophyllit
Pyrax B	hydriertes Aluminiumsilikat Pyrophyllit
Pyrax WA	hydriertes Aluminiumsilikat Pyrophyllit
Pyrazolinderivat	Pigment Orange 13 (C.I. 21110)
Pyrazolonorange	4,4'-[(3,3'-Dichlor[1,1'-biphenyl]-4,4'-diyl)bis(azo)]-bis[2,4-dihydro-5-methyl-2-(4-methylphenyl)]-3H-pyrazol-3-on
Pyrazolon-Orange	Pigment Orange 13 (C.I. 21110)
Pyren	Benzo[def]phenanthren
Pyridina	Pyridin
4-Pyridinamin	4-Aminopyridin
Pyridinbasen	Pyridin
Pyridinum	Pyridin

Gebräuchlicher Name Handelsname	Substanzname
4-Pyridylamin	4-Aminopyridin
Pyrobenzol	Benzen
Pyro-Carb 406	Graphit
Pyroessigsäure	2-Propanon
Pyroessigsäureether	2-Propanon
Pyroholzether	Methanol
Pyrolysebenzin	Benzen
1H-Pyrrole-2,5-dion	1,1'-(1,3-Phenylen)-bis-[1H-pyrrol-2,5-dion]
Pyrrolylene	1,3-Butadien
PZ	Calciumcarbonat
PZ (carbonate)	Calciumcarbonat
QDO	1,4-Benzochinondioxim
QSAH 7	Polychlorethen
QSAN 7	Polychlorethen
Quarz	Silicium(IV)-oxid, amorph
Quarz	Cristobalit
Quarz, corpuscular	Silicium(IV)-oxid
Quarzmehl	Silicium(IV)-oxid
Quarz, Pulver	Silicium(IV)-oxid
Quarzsand	Silicium(IV)-oxid
Queensgate whiting	Calciumcarbonat
Quellton	Bentonit
Questex 4 H	Ethylendiamintetraessigsäure
Quicksperse Litho Rot 34-PP-0122	Pigment Rot 53:1 (C.I. 15585:1)
C-Quin	L-(+)-Ascorbinsäure
Quinol	1,4-Dihydroxybenzen
Quinol ED	6-Ethoxyl-1,2-dihydro-2,2,4-trimethy-chinolin
Quinoline, Vulkanox HS/LG	1,2-Dihydro-2,2,4-trimethylchinolin-Harz
Quinone monoxim	1-Hydroxy-4-nitrosobenzen
Quinsorb 010	2,4-Dihydroxybenzophenon
Quintol-B-1000	Polybutadien
Quirvil	Polychlorethen
Quirvil 278	Polychlorethen
Quodorole	4,4'-Methylenbis(2-chloranilin)
Quolac EX-UB	Schwefelsäuredodecylester, Natriumsalz
Quso	Silicium(IV)-oxid
QYSA	Polychlorethen
R 1270	Propen
R 10	Tetrachlormethan
R 20	Trichlormethan
R 1150	Ethen
R 30	Dichlormethan
R 717	Ammoniak (wasserfrei)
R-1113	Chlortrifluorethylen
A 60-20R	Polyethylen
A 60-70R	Polyethylen
R-104	Phenylethen-Butadien-Copolymer
RA 1010	3,5-Bis-(1,1-dimethylethyl)-4-hydroxy-2,2-bis((3-(3,5-bis(1,1-dimethylethyl)-4-hydroxyphenyl)-1-oxopropoxy)methyl)-1,3-propandiyl-benzenpropansäureester
RA-4	Zinn(II)-chlorid
RA-061	Ethylen-Propylen-Copolymer
Radiacid 424	Octadecansäure
Radothiram	Bis-(dimethylthiocarbamoyl)-disulfid

Gebräuchlicher Name Handelsname	Substanzname
Rakusol Gelb 10-0107	Pigment Gelb 35 (C.I. 77205)
Ralox 02	Bis-(3,5-di-(1,1-dimethylethyl)-4-hydroxyphenyl)-methan
Ralox 46	2,2'-Methylen-bis[6-(1,1-dimethylethyl)-4-methylphenol]
Ralox 630	3,5-Bis-(1,1-dimethylethyl)-4-hydroxy-2,2-bis((3-(3,5-bis(1,1-dimethylethyl)-4-hydroxyphenyl)-1-oxopropoxy)methyl)-1,3-propandiyl-benzenpropansäureester
Ralox BHT food grade	2,6-Di-(1,1-dimethylethyl)-4-methylhydroxybenzen
Ralox LC Pulver	Reaktionsprodukt von 1,4-Kresol, Dicyclopentadien, 2-Methylpropen, butyliert
Ralox TMQ-G	1,2-Dihydro-2,2,4-trimethylchinolin-Harz
Ralox TMQ-H	1,2-Dihydro-2,2,4-trimethylchinolin-Harz
Ralox TMQ-T	1,2-Dihydro-2,2,4-trimethylchinolin-Harz
Raluquin	6-Ethoxyl-1,2-dihydro-2,2,4-trimethy-chinolin
Raluquin flüssig	6-Ethoxyl-1,2-dihydro-2,2,4-trimethy-chinolin
Ramapo	Kupferphthalocyanin, chloriert
Rapidbeschleuniger 300 A	Butanal, Polymer mit Benzenamin
Raven	Aktivkohle
Raven 30	Aktivkohle
Raven 420	Aktivkohle
Raven 500	Aktivkohle
Raven 8000	Aktivkohle
Ravinil R 100/65D	Polychlorethen
Ravinyl	Polychlorethen
Rayox	Titandioxid
RC Comonomer	(Z)-2-Butendicarbonsäure-di-(2-ethylhexyl)-ester
RC 172 DBM	Aluminiumoxid
RCH 1000	Polyethylen
RCRA waste number U244	Bis-(dimethylthiocarbamoyl)-disulfid
RCRA waste number U088	Benzen-1,2-dicarbonsäurediethylester
RCRA waste number U221	2,4-Diaminomethylbenzen
RCRA waste number U 116	2-Imidazolidinthion
RD 1501	1-Phenyl-2,4-thiobiuret
Reachim	Magnesiumhydroxid
Reaktionsprodukt aus Aceton und Anilin	N-(1-Methylethenyl)-benzenamin
Reaktionsprodukt aus Anilin und Butyraldehyd	Reaktionsprodukt aus Butanal und Anilin
Reaktionsprodukt aus Diphenylamin und Aceton	Reaktionsprodukt aus Diphenylamin und 2-Propanon
Reaktionsprodukt aus N-Butyraldehyd und Butylamin	Reaktionsprodukt aus Butanal und Butylamin
Reaktionsprodukt mit Carbondisulfid	Schwefelkohlenstoff
Reaktionsprodukt von Carbondisulfid mit 1,1'-Methylendipiperidin	Schwefelkohlenstoff
Reaktionsprodukt von 3-Hydroxybutyraldehyd mit 1-und 2-Naphthylamin	3-Hydroxy-butan-1-on-[1]-naphthylimin
Reaktionsprodukt von n-Butanal mit Anilin	Butanal, Polymer mit Benzenamin
Reaktionsprodukt von n-Butyraldehyd mit Anilin	Butanal, Polymer mit Benzenamin
Rebonex	Aktivkohle
Recolite Fast Yellow BLF	Pigment Gelb 13 (C.I. 21100)
Recolite Fast Yellow BLT	Pigment Gelb 13 (C.I. 21100)
Recolite Red Lake C	Pigment Rot 53:1 (C.I. 15585:1)
Recolite Red Lake CR	Pigment Rot 53:1 (C.I. 15585:1)

Gebräuchlicher Name Handelsname	Substanzname
1860 Red	Pigment Rot 53:1 (C.I. 15585:1)
Red 11938	Pigment Rot 53:1 (C.I. 15585:1)
Red 1860	Pigment Rot 53:1 (C.I. 15585:1)
Redax	N-Nitroso-N-phenylbenzenamin
Red ball	Calciumcarbonat
Red For Lake C	Pigment Rot 53:1 (C.I. 15585:1)
Red For Lake C Toner RA-5190	Pigment Rot 53:1 (C.I. 15585:1)
Red For Lake Toner RA-5190	Pigment Rot 53:1 (C.I. 15585:1)
Red 16913H	Pigment Rot 53:1 (C.I. 15585:1)
Red Lake C	Pigment Rot 53:1 (C.I. 15585:1)
Red Lake CM 20-5650	Pigment Rot 53:1 (C.I. 15585:1)
Red Lake CR-1	Pigment Rot 53:1 (C.I. 15585:1)
Red Lake C Toner	Pigment Rot 53:1 (C.I. 15585:1)
Red Lake C Toner 20-5650	Pigment Rot 53:1 (C.I. 15585:1)
Red Lake C Toner RA-5190	Pigment Rot 53:1 (C.I. 15585:1)
Red Lake R-91	Pigment Rot 53:1 (C.I. 15585:1)
D&C Red No. 9	Pigment Rot 53:1 (C.I. 15585:1)
Redoxaid	Eisen(III)-oxid
Redoxon	L-(+)-Ascorbinsäure
Red Scarlet	Pigment Rot 53:1 (C.I. 15585:1)
Red Seal 9	Zinkoxid
Red Toner Z	Pigment Rot 53:1 (C.I. 15585:1)
Refusal	Bis(thiomethansäurediethylamid)-disulfid
Regal	Aktivkohle
Regal 300	Aktivkohle
Regal 330	Aktivkohle
Regal 600	Aktivkohle
Regal 99	Aktivkohle
Regal SRF	Aktivkohle
Regent	Aktivkohle
Regonal	Guargummi
Reinbenzol	Benzen
reiner Alkohol	Ethanol
Reines Cadmium-Gelb	Cadmiumsulfid
reines Cadmiumrot	Pigment Rot 108 (C.I. 77202)
Reines Cadmium-Zink Gelb	Pigment Gelb 35 (C.I. 77205)
Rein-Guarin	Guargummi
Reintoluen	Methylbenzen
Reintoluol	Methylbenzen
Reinxylen	Dimethylbenzen (Isomerengemisch)
Reinxylol	Dimethylbenzen (Isomerengemisch)
Relon P	Poly(imino(1-oxo-1,6-hexandiyl))
Remazol	1,3-Dihydroxybenzen
Renacit 1	Naphthalen-2-thiol
Renacit IV	Bis-pentachlorthiophenol, Zinksalz
Renacit VIII	Bis-pentachlorthiophenol, Zinksalz
Renal AC	4-Aminohydroxybenzen
Renal MD	2-Methyl-1,3-benzendiamin
Renal MD	2,4-Diaminomethylbenzen
Renyl MV	Poly(imino(1-oxo-1,6-hexandiyl))
Reofos 95	Dimethylphenolphosphat (3:1)
Reomol DBP	Benzen-1,2-dicarbonsäuredi-n-butylester
Reomol DOA	Hexandicarbonsäure-bis-2-ethylhexylester
Reomol D 79 P	Benzen-1,2-dicarbonsäuredi-2-ethylhexylester

Gebräuchlicher Name Handelsname	Substanzname
Reomol LTM	1,2,4-Benzentricarboxylsäure-tri-2-propenylester
Reomol TXP	Dimethylphenolphosphat (3:1)
Repairsin	Polymethacrylsäuremethylester
Repoc	Polyethylen
Reptazin Zn	Bis-pentachlorthiophenol, Zinksalz
Resarit 4000	Polymethacrylsäuremethylester
Resbenzophenon	2,4-Dihydroxybenzophenon
Resin D	1,2-Dihydro-2,2,4-trimethylchinolin-Harz
Resino Red K	Pigment Rot 48:1 (C.I. 15865:1)
G-Resins	Polyethylen
Resistoflex	Polyvinylalkohol
Reso	1,3-Dihydroxybenzen
Resorcin	1,3-Dihydroxybenzen
Resorcinol	1,3-Dihydroxybenzen
Resorcinum	1,3-Dihydroxybenzen
Retarder AK	Benzen-1,2-dicarbonsäureanhydrid
Retarder BA	Benzencarbonsäure
Retarder BAX	Benzencarbonsäure
Retarder ESEN	Benzen-1,2-dicarbonsäureanhydrid
Retarder J	N-Nitroso-N-phenylbenzenamin
Retarder PD	Benzen-1,2-dicarbonsäureanhydrid
Retarder W	2-Hydroxybenzencarbonsäure
Retinnaphtha	Methylbenzen
Retinyl	(1-Methylethyl)benzen
Rewopol NLS 30	Schwefelsäuredodecylester, Natriumsalz
Rexall 413S	Polypropylen, isotaktisch
Rexene	Polypropylen, isotaktisch
Rexoquin	6-Ethoxyl-1,2-dihydro-2,2,4-trimethy-chinolin
Rezifilm	Bis-(dimethylthiocarbamoyl)-disulfid
Rhegran IPPD-80	N-(1-Methylethyl)-N'-phenyl-benzen-1,4-diamin
Rhegran MBI-80	2-Benzimidazolthiol
Rhenocure CA	N,N'-Diphenylthiokohlensäurediamid
Rhenocure CUT	Kupferdi(1-methylethyl)dithiophosphat
Rhenocure Diuron	3-(3,4-Dichlorphenyl)-1,1-dimethylharnstoff
Rhenocure IS-60/G	Schwefel
Rhenocure IS-90/G	Schwefel
Rhenocure S	N,N'-Dithio-bis-hexahydro-2H-azepion-2
Rhenocure S/G	N,N'-Dithio-bis-hexahydro-2H-azepion-2
Rhenocure TP/G	Zink-O,O-di-n-butylphosphordithioat
Rhenocure TP/S	Zink-O,O-di-n-butylphosphordithioat
Rhenocur ZAT	Zink-O,O-di-isopropylphoshordithioat-bicyclohexylamin-komplex
Rhenocur ZAT-70/G	Zink-O,O-di-isopropylphoshordithioat-bicyclohexylamin-komplex
Rhenofit 2060	Magnesiumoxid
Rhenofit 2120	Magnesiumoxid
Rhenofit	Octadecansäure, Natriumsalz
Rhenofit BDMA/S	Bis-(2-methyl-2-propensäure)-1,4-butandiylester
Rhenofit 2120 C-90	Magnesiumoxid
Rhenofit DIA	Magnesiumoxid
Rhenofit EDMA/S	Ethylenglykoldimethacrylat
Rhenofit TAC/S	2,4,6-Triallyloxy-1,3,5-triazin
Rhenofit TRIM/S	2-Ethyl-2-hydroxymethyl-1,3-propandiol
Rhenogran ADC/R 50	Diazendicarboxamid

Gebräuchlicher Name Handelsname	Substanzname
Rhenogran Benzoesäure-80	Benzencarbonsäure
Rhenogran CaO-80	Calciumoxid
Rhenogran CBS-80	N-Cyclohexyl-2-benzothiazolsulfenamid
Rhenogran CTP-80	N-(Cyclohexylthio)-phthalimid
Rhenogran DETU-80	1,3-Diethyl-2-thioharnstoff
Rhenogran DOTG-80	N,N'-Bis-(2-methylphenyl)guanidin
Rhenogran DPTT-70	Bis-(piperidin-1-thiocarbonyl)-tetrasulfan
Rhenogran DPTU-80	N,N'-Diphenylthiokohlensäurediamid
Rhenogran ETU	2-Imidazolidinthion
Rhenogran ETU-80	2-Imidazolidinthion
Rhenogran ETU-70/ECO	2-Imidazolidinthion
Rhenogran Fe-rot-70	Eisen(III)-oxid
Rhenogran Geniplex 80	Diaminbis(cyanato-N)-zink
Rhenogran Hexa-80	1,3,5,7-Tetraazatricyclo-(3.3.1.1(3,7))-decan
Rhenogran MBS-80	4-(Benzothiazol-2-sulfonyl)-morpholin
Rhenogran MBT-80	2-Benzothiazolthiol, Natriumsalz
Rhenogran MBTS-80	Dibenzothiazyldisulfid
Rhenogran MGO-2060-G75	Magnesiumoxid
Rhenogran MMBI-70	Methylmercaptobenzimidazol
Rhenogran MPTD-80	N,N'-Dimethyldiphenylthiuramdisulfid
Rhenogran MTT-80	3-Methylthiazolidin-thion-2
Rhenogran NDBC-70/ECO	N,N-Dibutyldithiocarbaminsäure, Nickelsalz
Rhenogran OTBG-50	N-(2-Methylphenyl)-imidodicarbonimiddiamid
Rhenogran Pb-80	Blei(II)-oxid
Rhenogran Pb3O4-80	Blei(II,IV)-oxid
Rhenogran PbO-90	Blei(II)-oxid
Rhenogran Pb3O4-80/ECO	Blei(II,IV)-oxid
Rhenogran Pb-phosphit-80/ECO	zweibasisches Bleiphosphit
Rhenogran Pb-phthalat-80/ECO	zweibasisches Bleiphosphit
Rhenogran Ronotec-50	(2R-(2R*(4R*,8R*)))-3,4-Dihydro-2,5,7,8-tetramethyl-2-(4,8,12-trimethyltridecyl)-2H-1-benzopyran-6-ol
Rhenogran S-80	Schwefel
Rhenogran Sb2O3	Antimon(III)-oxid
Rhenogran TAC-50	2,4,6-Triallyloxy-1,3,5-triazin
Rhenogran TBBS-80	N-(1,1'-Dimethylethyl)-2-benzothiazolsulfonamid
Rhenogran TBzTD-70	Tetrabenzylthiuramdisulfid
Rhenogran TDEC-75	Diethyldithiocarbaminsäure, Tellursalz
Rhenogran TETD-75	Bis(thiomethansäurediethylamid)-disulfid
Rhenogran TMTD-80	Bis-(dimethylthiocarbamoyl)-disulfid
Rhenogran TMTM-80	1,1'-Thiobis(N,N-dimethylthio)formamid
Rhenogran ZBEC-70	Di(phenylmethyl)dithiocarbaminsäure, Zinksalz
Rhenogran ZDBC-80	Dibutyldithiocarbaminsäure, Zinksalz
Rhenogran ZDMC-80	N,N-Dimethyldithiocarbaminsäure, Zinksalz
Rhenogran ZEPC-80	N,N-Ethyl-phenyldithiocarbaminsäure, Zinksalz
Rhenogran ZMBT-80	Zink-2-mercaptobenzothiazol
Rhenogran ZMMBI-50	1,3-Dihydro-4(oder 5)-methyl-2H-benzimidazol-2-thion-Zinksalz
Rhenogran ZnO-80	Zinkoxid
Rhenomag	Magnesiumoxid
Rhenosol CBS-50	N-Cyclohexyl-2-benzothiazolsulfenamid
Rhenosol CLD-40	N,N'-Dithio-bis-hexahydro-2H-azepion-2
Rhenosol DTDM-45	Bis-(N-oxydiethylen)disulfid
Rhenosol ETU-50	2-Imidazolidinthion

Gebräuchlicher Name Handelsname	Substanzname
Rhenosol MBTS-50	Dibenzothiazyldisulfid
Rhenosol S-45	Schwefel
Rhenosol TBBS-50	N-(1,1'-Dimethylethyl)-2-benzothiazolsulfonamid
Rhenosol TDEC-40	Diethyldithiocarbaminsäure, Tellursalz
Rhenosol TMTD-45	Bis-(dimethylthiocarbamoyl)-disulfid
Rhenosol TMTM-45	1,1'-Thiobis(N,N-dimethylthio)formamid
Rhenosol ZBEC-45	Di(phenylmethyl)dithiocarbaminsäure, Zinksalz
Rhenosol ZDBC-45	N,N-Diethyldithiocarbaminsäure, Zinksalz
Rhenosol ZDEC-50	N,N-Diethyldithiocarbaminsäure, Zinksalz
Rhenosol ZDMC-50	N,N-Dimethyldithiocarbaminsäure, Zinksalz
Rhenosol ZMBT-50	Zink-2-mercaptobenzothiazol
Rhenosol ZnO-50	Zinkoxid
Rhenosorb	Calciumoxid
Rhenosorb C	Calciumoxid
Rhenosorb F	Calciumoxid
Rheodol SP-P10	Hexadecylsäure-sorbitylester
Rheofos 95	Dimethylphenolphosphat (3:1)
Rheogran BPH-80/L	2,2'-Methylen-bis[6-(1,1-dimethylethyl)-4-methylphenol]
Rhodanin S 62	2-Imidazolidinthion
Rhodiacid	N,N-Dimethyldithiocarbaminsäure, Zinksalz
Rhodifax 16	N-Cyclohexyl-2-benzothiazolsulfenamid
Rhodorsil RS: 40, 333, 1203, 1375, 1516, 1622, 1725, 1915, 7715, 7717	Polydimethylsiloxan-Kautschuk
Rhodoviol	Polyvinylalkohol
Rhodoviol 16/200	Polyvinylalkohol
Rhodoviol 4/125	Polyvinylalkohol
Rhodoviol 4-125P	Polyvinylalkohol
Rhodoviol R 16/20	Polyvinylalkohol
Rhoplex B 85	Polymethacrylsäuremethylester
RIA	Kohlensäurediamid
Ribena	L-(+)-Ascorbinsäure
Richonol A	Schwefelsäuredodecylester, Natriumsalz
Richonol AF	Schwefelsäuredodecylester, Natriumsalz
Richonol C	Schwefelsäuredodecylester, Natriumsalz
Ricinolsäure	12-Hydroxy-cis-9-octadecensäure
Ricinusöl	Rizinusöl
Ricon 100	Phenylethen-Butadien-Copolymer
Ricon 109	Phenylethen-Butadien-Copolymer
Ricon 181	Phenylethen-Butadien-Copolymer
Ricon 182	Phenylethen-Butadien-Copolymer
Ricon 183	Phenylethen-Butadien-Copolymer
Ricon 500	Phenylethen-Butadien-Copolymer
Ricon A-84	Phenylethen-Butadien-Copolymer
Rigidex	Polyethylen
Rigidex 35	Polyethylen
Rigidex 50	Polyethylen
Rigidex Type 2	Polyethylen
Rinderserumalbumin	Albumin
Riston	Polymethacrylsäuremethylester
Rivaite	Calciummetasilikat
Riversideit	Calciumsilikat
Rizinusölsäure	12-Hydroxy-cis-9-octadecensäure
RK-Trichlorethylen	1,1,2-Trichlorethen

Gebräuchlicher Name Handelsname	Substanzname
RL Comonomer DOF	trans-Butensäure-(2-ethylhexyl)-diester
Robac 22	2-Imidazolidinthion
Robac BiDD	Dimethyldithiocarbaminsäure, Bismutsalz
Robac CPD	Piperidinodithiocarbaminsäure, Cadmiumsalz
Robac CuDD	Dimethyldithiocarbaminsäure, Kupfersalz
Robac DBTU	N,N'-Dibutyl-diamino-thiomethanon
Robac DETU	N,N'-Diethylenthioharnstoff
Robac LMD	Bleidimethyldithiocarbamat
Robac LPD	Piperidindithiocarbaminsäure, Bleisalz
Robac NiBUD	N,N-Dibutyldithiocarbaminsäure, Nickelsalz
Robac P25	Bis-(piperidin-1-thiocarbonyl)-tetrasulfan
Robac PPD	[5-(1-Piperidinyl)pentyl]-dithiocarbaminsäure
Robac PPD	Piperidincarbothiosäure, Verbindung mit Piperidin (1:1)
Robac PTD	Bis-(piperidin-1-thiocarbonyl)-disulfid
Robac PTM	Bis-(piperidin-1-carbothiosäure)-thioanhydrid
Robac TBUT	1,1'-Dithiobis-(N,N-dibutylmethanthioamid)
Robac TBZ	Benzencarbothiosäure, Zinksalz
Robac TET	Bis(thiomethansäurediethylamid)-disulfid
Robac TETD	Bis(thiomethansäurediethylamid)-disulfid
Robac TMS	1,1'-Thiobis(N,N-dimethylthio)formamid
Robac TMT	Bis-(dimethylthiocarbamoyl)-disulfid
Robac TRIBTU	1,1,3-Tributyl-2-thioharnstoff
Robac ZBED	Di(phenylmethyl)dithiocarbaminsäure, Zinksalz
Robac ZBUD	Dibutyldithiocarbaminsäure, Zinksalz
Robac ZDBC OTD	Dibutyldithiocarbaminsäure, Zinksalz
Robac ZDC	N,N-Diethyldithiocarbaminsäure, Zinksalz
Robac ZDEC	N,N-Diethyldithiocarbaminsäure, Zinksalz
Robac ZDMC OT	N,N-Dimethyldithiocarbaminsäure, Zinksalz
Robac ZIX	Zink-(1-methylethyl)xanthat
Robac ZIX OTD	Zink-(1-methylethyl)xanthat
Robac ZMD	N,N-Dimethyldithiocarbaminsäure, Zinksalz
Rocol X 7119	Graphit
Rodinal	4-Aminohydroxybenzen
Rohbranntwein	Ethanol
Roherdöl	Benzin 140 - 300
Rohöl	Benzin 140 - 300
Rohspiritus	Ethanol
Rohsprit	Ethanol
Romacryl	Polymethacrylsäuremethylester
Romanthrene Blue FRS	6,15-Dihydro-5,9,14,18-antrazintetron
Romantrene Blue FRS	6,15-Dihydro-5,9,14,18-antrazintetron
Romantrene Blue GGSL	6,15-Dihydro-5,9,14,18-antrazintetron
Romantrene Blue RSZ	6,15-Dihydro-5,9,14,18-antrazintetron
Romantrene Brilliant Blue FR	6,15-Dihydro-5,9,14,18-antrazintetron
Romantrene Brilliant Blue R	6,15-Dihydro-5,9,14,18-antrazintetron
Ropol	Polyethylen
Ropothene OB.03-110	Polyethylen
Roscorbic	L-(+)-Ascorbinsäure
Rosin	Kolophonium
Ro-Sulfiram	Bis(thiomethansäurediethylamid)-disulfid
2B Rot	Pigment Rot 48:1 (C.I. 15865:1)
Rotax	2-Benzothiazolthiol
Rotbleierz	Blei(II)-chromat
Roteisenerz	Eisen(III)-oxid

Gebräuchlicher Name Handelsname	Substanzname
Rot-Eisen-Oxid	Eisen(III)-oxid
Roteisenoxid	Eisen(III)-oxid
roter Phosphor (*)	Phosphor
rotes Blei	Blei(II,IV)-oxid
rotes Bleioxid	Blei(II,IV)-oxid
Rotes Farbpigment C (Barium)	Pigment Rot 53:1 (C.I. 15585:1)
Rotöl	Aminobenzen
Rotzinkerz	Zinkoxid
Rouge	Eisen(III)-oxid
Royalac 136	Zink-O,O-di-n-butylphosphordithioat
Royal CBTS	N-Cyclohexyl-2-benzothiazolsulfenamid
Royal MBTS	Dibenzothiazyldisulfid
Royal spectra	Aktivkohle
Royal TMTD	Bis-(dimethylthiocarbamoyl)-disulfid
Royaltuf 465 A	Ethylen-Propylen Terpolymer (maleic modifiziert)
Royal White Ligth	Calciumcarbonat
RPA 6	Pentachlorthiophenol
RPA 3	Dimethylbenzenthiol
RPA 5	Dimethylbenzenthiol, Zinksalz
RTF: 762, 615, 6166, 6424	Polydimethylsiloxan-Kautschuk
Ruß	Aktivkohle
Ruß	Kohlenstoff (amorph)
Rubator DBZ	Dibutyldithiocarbaminsäure, Zinksalz
Rubator DTMT	Bis-(dimethylthiocarbamoyl)-disulfid
Rubator ETZ	N,N-Diethyldithiocarbaminsäure, Zinksalz
Rubator H-7	1,3,5,7-Tetraazatricyclo-(3.3.1.1(3,7))-decan
Rubator MBT	2-Benzothiazolthiol
Rubator MBTS	Dibenzothiazyldisulfid
Rubator MTZ (ZDMC)	N,N-Dimethyldithiocarbaminsäure, Zinksalz
Rubator ZMBT	Zink-2-mercaptobenzothiazol
Rubber Antiocidant	Reaktionsprodukt aus Butanal und Anilin
Rubber Fast Yellow GRA	Pigment Gelb 13 (C.I. 21100)
Rubber Red 16913R	Pigment Rot 53:1 (C.I. 15585:1)
Rubbersil RS-120	Silicium(IV)-oxid, amorph
Rubbersil RS-150	Silicium(IV)-oxid, amorph
Rubbersil RS-200	Silicium(IV)-oxid, amorph
Rubenamid C	N-Cyclohexyl-2-benzothiazolsulfenamid
Rubenamid M	4-(Benzothiazol-2-sulfonyl)-morpholin
Rubenamid T	N-(1,1'-Dimethylethyl)-2-benzothiazolsulfonamid
Rubersul 10	Schwefel
Rubersul 100	Schwefel
Rubersul 400	Schwefel
Rubersul 700	Schwefel
Rubersul 800	Schwefel
Rübfettsäure	Octadecansäure
Rubigo	Eisen(III)-oxid
Rubin	Aluminiumoxid
Rubinate 44	Diphenylmethan-4,4'-diisocyanat
Rubinate TDI 80/20	2,4-Diisocyanat-1-methylbenzen
Rubin 2B	Pigment Rot 48:2 (C.I. 15865:2)
Rubin 2B	Pigment Rot 48:1 (C.I. 15865:1)
Rubine Toner B	Pigment Rot 48:1 (C.I. 15865:1)
Rubine Toner BA	Pigment Rot 48:1 (C.I. 15865:1)

Gebräuchlicher Name Handelsname	Substanzname
Rubine Toner BT	Pigment Rot 48:1 (C.I. 15865:1)
Rubin 4G (Calcium)	Pigment Rot 57:1 (C.I. 15850:1)
RUC	Chlorkautschuk
Rucoflex Plasticizer DOA	Hexandicarbonsäure-bis-2-ethylhexylester
Rucon B 20	Polychlorethen
Runa RH20	Titandioxid
Rütenol	Bis-(5-(1,1-dimethylethyl)-4-hydroxy-2-methylphenyl)-sulfid
Rutil	Titandioxid
Rutiox	Titandioxid
Rutranex	2-Hydroxybenzencarbonsäure
RX 2557	Calciumcarbonat
RX 2558	Calciumcarbonat
RX 2559	Calciumcarbonat
Rylex	N,N-Dibutyldithiocarbaminsäure, Nickelsalz
Ryurene S 800B	Polychlorethen
RZ 100	Dibutyldithiocarbaminsäure, Mischung mit N,N-Dimethylcyclohexylamin (1:1)
RZ 50 B	Dibutyldithiocarbaminsäure, Mischung mit N,N-Dimethylcyclohexylamin (1:1)
C2S	Calciumsilikat
S 1	Graphit
S 61	Polychlorethen
S 70	Polychlorethen
S 901	Polychlorethen
413S	Polypropylen, isotaktisch
Sab Simplex	Dimethylpolysiloxan
Sachtolith	Zinksulfid
Sadoplon	Bis-(dimethylthiocarbamoyl)-disulfid
Safsan	Natriumhexafluorosilikat
Sagenit	Rutil
Saginol	Bis-pentachlorthiophenol, Zinksalz
SAH	2-Hydroxybenzaldehyd
Saldox	2-Hydroxybenzaldehydoxim
Salicinrot	Bleioxid
Salicylal	2-Hydroxybenzaldehyd
Salicylaldehyd	2-Hydroxybenzaldehyd
Salicylaldehydsyn-oxim	2-Hydroxybenzaldehydoxim
Salicylaldoxim	2-Hydroxybenzaldehydoxim
Salicylsäure	2-Hydroxybenzencarbonsäure
Salicylsäurephenylester	2-Hydroxybenzencarbonsäurephenylester
Salizylsäure	2-Hydroxybenzencarbonsäure
Salizylsäurephenylester	2-Hydroxybenzencarbonsäurephenylester
Salmiak	Ammoniumchlorid
Salmiakgeist	Ammoniaklösung
Salmiakspiritus	Ammoniaklösung
Salol	2-Hydroxybenzencarbonsäurephenylester
Salonil	2-Hydroxybenzencarbonsäure
Salpetersäure Aluminiumsalz	Aluminium(III)-nitrat-9-hydrat
Salpetersäure-calciumsalz	Calciumnitrat
salpetersaures Ammonium	Ammoniumnitrat
salpetrigsaures Natrium	Natriumnitrit
Salufor	Natriumhexafluorosilikat
Salz	Natriumchlorid
Salzsaures Aluminium, wasserfrei	Aluminiumchlorid (wasserfrei)

Gebräuchlicher Name Handelsname	Substanzname
Salzsaures Zink	Zinkchlorid
Salzsaures Zinkoxid	Zinkchlorid
Sanceler D	N,N'-Diphenylguanidin
Sanceler DM	Dibenzothiazyldisulfid
Sanceler PZ	N,N-Dimethyldithiocarbaminsäure, Zinksalz
Sanceler S	Dimethyldithiocarbaminsäure, Natriumsalz
Sanceler TET	Bis(thiomethansäurediethylamid)-disulfid
Sancelex EZ	N,N-Diethyldithiocarbaminsäure, Zinksalz
Sanceller 22	2-Imidazolidinthion
Sanceller BZ	Dibutyldithiocarbaminsäure, Zinksalz
Sanceller CM	N-Cyclohexyl-2-benzothiazolsulfenamid
Sanceller EUR	N,N'-Diethylenthioharnstoff
Sanceller NOB	4-(Benzothiazol-2-sulfonyl)-morpholin
Sanceller TRA	Bis-(piperidin-1-thiocarbonyl)-tetrasulfan
Sand	Silicium(IV)-oxid
Sandothrene Blue NRSC	6,15-Dihydro-5,9,14,18-antrazintetron
Sandothrene Blue NRSN	6,15-Dihydro-5,9,14,18-antrazintetron
Sanfel R	Bis-(N-oxydiethylen)disulfid
Sankel	Dimethyldithiocarbaminsäure, Nickelsalz
Santaquin	[(2,4,6-Trimethyl-1,3,5-benzentriyl)tris(methylen)]-4,4',4''-tris[2,6-di(1,1-dimethylethyl]-hydroxybenzen
Santicizer 140	Phosphorsäure-diphenyl-4-methyl-phenyl-ester
Santicizer 79	1,2,4-Benzentricarboxylsäure-tri-2-propenylester
Santicizer 160	Benzen-1,2-dicarbonsäurebenzyl-n-butylester
Santicizer DINP	Benzen-1,2-dicarbonsäuredi-iso-nonylester (Isomerengemisch)
Santicizier 160	Benzen-1,2-dicarbonsäure-di-tert.-butylester
Santobrite	Natriumpentachlorphenolat
Santocel	Kieselsäure, pyrogen
Santocel	Silicium(IV)-oxid
Santocure 26	2-(2,6-Dimethyl-4-morpholinothio)-benzothiazol
Santocure	N-Cyclohexyl-2-benzothiazolsulfenamid
Santocure DCBS	N,N'-Dicyclohexyl-2-benzolthiazolsulfenamid
Santocure MOR	4-(Benzothiazol-2-sulfonyl)-morpholin
Santocure NIBS	S-Benzothiazol-2-yl-N-isopropyl-thiohydroxylamin
Santocure NS	N-(1,1'-Dimethylethyl)-2-benzothiazolsulfonamid
Santocure TBBS	N-(1,1'-Dimethylethyl)-2-benzothiazolsulfonamid
Santocure TBSI	N-(2-Benzothiazolythio)-N-(1,1-dimethylethyl)-2-benzothiazolsulfenamid
Santoflex 36	N-(1-Methylethyl)-N'-phenyl-benzen-1,4-diamin
Santoflex 66	N-Cyclohexyl-N'-phenyl-1,4-benzendiamin
Santoflex 217	N,N'-Bis-(1-methylheptyl)-1,4-phenylendiamin
Santoflex 17	N,N'-Bis-(1-ethyl-3-methylpentyl)-1,4-benzendiamin
Santoflex 14	N-(1,4-Dimethylpentyl)-N'-phenyl-benzen-1,4-diamin
Santoflex 77	N,N'-Bis-(1,4-dimethylpentyl)-benzen-1,4-diamin
Santoflex 13	N-(1,3-Dimethylbutyl)-N'-phenyl-1,4-benzendiamin

Gebräuchlicher Name Handelsname	Substanzname
Santoflex A	6-Ethoxyl-1,2-dihydro-2,2,4-trimethy-chinolin
Santoflex 14 antiozonant	N-(1,4-Dimethylpentyl)-N'-phenyl-benzen-1,4-diamin
Santoflex AW	6-Ethoxyl-1,2-dihydro-2,2,4-trimethy-chinolin
Santoflex B	2,2,4-Trimethyl-6-phenyl-1,2-dihydrochinolin
Santoflex DD	1,2-Dihydro-6-dodecyl-2,2,4-trimethylchinolin
Santoflex DPA	9,9-Dimethyl-9,10-dihydroaridin
Santoflex GP	N-Cyclohexyl-N'-phenyl-1,4-benzendiamin
Santoflex IP	N-(1-Methylethyl)-N'-phenyl-benzen-1,4-diamin
Santoflex IPPD	N-(1-Methylethyl)-N'-phenyl-benzen-1,4-diamin
Santoflex 77PD	N,N'-Bis-(1,4-dimethylpentyl)-benzen-1,4-diamin
Santoflex 6PPD	N-(1,3-Dimethylbutyl)-N'-phenyl-1,4-benzendiamin
Santoflex R	1,2-Dihydro-2,2,4-trimethylchinolin-Harz
Santogard PVI	N-(Cyclohexylthio)-phthalimid
Santomerse D	Benzensulfonsäuredecylester, Natriumsalz
Santonox	Bis-(5-(1,1-dimethylethyl)-4-hydroxy-2-methylphenyl)-sulfid
Santonox R	Bis-(5-(1,1-dimethylethyl)-4-hydroxy-2-methylphenyl)-sulfid
Santonox TBMC	Bis-(5-(1,1-dimethylethyl)-4-hydroxy-2-methylphenyl)-sulfid
Santoquin	6-Ethoxyl-1,2-dihydro-2,2,4-trimethy-chinolin
Santovar	2,5-Di-(1,1-dimethylpropyl)-1,4-benzendiol
Santovar A	2,5-Di-(1,1-dimethylpropyl)-1,4-benzendiol
Santovar A	2,5-Di-(1,1-dimethylethyl)-1,4-dihydroxybenzen
Santovar TAHQ	2,5-Di-(1,1-dimethylpropyl)-1,4-benzendiol
Santowax OM	1,4-Diphenylbenzen
Santowax R	1,4-Diphenylbenzen
Santoweiß Puder	1,1-Bis-(5-(1,1-dimethylethyl)-4-hydroxy-2-methyl-phenyl)-butan
Santowhite BBMC	1,1-Bis-(5-(1,1-dimethylethyl)-4-hydroxy-2-methyl-phenyl)-butan
Santowhite CI	N,N'-Di-2-naphthyl-benzen-1,4-diamin
Santowhite CM	2,2'-Thio-bis-(6-methyl-hydroxybenzen)
Santowhite Crystals	Bis-(5-(1,1-dimethylethyl)-4-hydroxy-2-methylphenyl)-sulfid
Santowhite MK (Rohprodukt)	Bis-(5-(1,1-dimethylethyl)-4-hydroxy-2-methylphenyl)-sulfid
Santowhite Powder	1,1-Bis-(5-(1,1-dimethylethyl)-4-hydroxy-2-methyl-phenyl)-butan
Santowhite Powder refined	1,1-Bis-(5-(1,1-dimethylethyl)-4-hydroxy-2-methyl-phenyl)-butan
Santowlite ML	Reaktionsprodukt von 1,4-Kresol, Dicyclopentadien, 2-Methylpropen, butyliert
Sanwax 161P	Polyethylen
Sanyo Cyanine Green	Kupferphthalocyanin, chloriert
Sanyo Fast Red 2B	Pigment Rot 48:1 (C.I. 15865:1)
Sanyo Fast Red 2BE	Pigment Rot 48:1 (C.I. 15865:1)
Sanyo Lake Red C	Pigment Rot 53:1 (C.I. 15585:1)
Sanyo Phthalocyanine Green FB Pure	Kupferphthalocyanin, chloriert
Sanyo Phthalocyanine Green F6G	Kupferphthalocyanin, chloriert
Sanyo Threne Blue IRN	6,15-Dihydro-5,9,14,18-antrazintetron
Saphir	Aluminiumoxid

Gebräuchlicher Name Handelsname	Substanzname
Saranac Yellow X 2838	Pigment Gelb 13 (C.I. 21100)
Sarcolactic acid	L-(+)-2-Hydroxypropansäure
Sartomer 350	2-Ethyl-2-hydroxymethyl-1,3-propandiol
Sartomer 206	Ethylenglykoldimethacrylat
Sartomer SR 206	Ethylenglykoldimethacrylat
Satinton	Aluminiumsilikathydrat
saures Natriumcarbonat	Natriumhydrogencarbonat
Saxol	Paraffin, C10-C13
Saxoline	Petrolatum
Saytex 102,	Bis-pentabromphenylether
Saytex 102 E	Bis-pentabromphenylether
SBR	Phenylethen-Butadien-Copolymer
SBS	Phenylethen-Butadien-Copolymer
SBS (block polymer)	Phenylethen-Butadien-Copolymer
SBS copolymer	Phenylethen-Butadien-Copolymer
Scaldip	Diphenylamin
Scarlet Toner Y	Pigment Rot 53:1 (C.I. 15585:1)
Schalstein	Calciummetasilikat
Schneetex	Silicium(IV)-oxid
Schneeweiß	Petrolatum
Schultz No. 1228	6,15-Dihydro-5,9,14,18-antrazintetron
Schungite	Graphit
schwarzes Blei	Graphit
schwarzes Eisenoxid	Eisen(II,III)-oxid
Schwefelalkohol	Schwefelkohlenstoff
Schwefelantimon	Antimon(III)-sulfid
Schwefelblume	Schwefel
Schwefelblüte	Schwefel
Schwefelchlorid	Dischwefeldichlorid
Schwefeldihydrid	Schwefelwasserstoff
Schwefelmonochlorid	Dischwefeldichlorid
Schwefelsäure, Bariumsalz	Bariumsulfat
Schwefelsäure, Monododecylester, Natriumsalz	Schwefelsäuredodecylester, Natriumsalz
schwefelsaurer Kalk	Calciumsulfat
schwefelsaures Baryt	Bariumsulfat
Schwefelwasserstoffsäure	Schwefelwasserstoff
Schwerbenzol	Benzen
schweres Kohlenwasserstoffgas	Ethen
Scintillar	1,4-Dimethylbenzen
Sclair 2911	Polyethylen
Sclair 59	Polyethylen
Sclair 19A	Polyethylen
Sclair 96A	Polyethylen
Sclair 59C	Polyethylen
Sclair 79D	Polyethylen
Sclair 11K	Polyethylen
Sclair 19X6	Polyethylen
SCON 5300	Polychlorethen
Scorbacid	L-(+)-Ascorbinsäure
Scorbu-C	L-(+)-Ascorbinsäure
Scorchguard	Magnesiumoxid
Scot par	Poly(oxy-1,2-ethyandiyloxycarbonyl-1,4-phenylencarbonyl)
SD 5220	Polypropylen, isotaktisch
SD 354	Phenylethen-Butadien-Copolymer

Gebräuchlicher Name Handelsname	Substanzname
SD Alkohol 23-Hydrogen	Ethanol
SDDC	Dimethyldithiocarbaminsäure, Natriumsalz
SDEC	N,N-Diethyldithiocarbaminsäure, Selensalz
SDP 640	Polyethylen
SDPA	Diphenylamin, styrolisiertes
SD 345 (Polymer)	Phenylethen-Butadien-Copolymer
SDS	Schwefelsäuredodecylester, Natriumsalz
SE: -436, -725, -3724, -4404, -5211, -7501, -9011	Polydimethylsiloxan-Kautschuk
Seast 50	Graphit
Sebacinsäure-bis-(2-ethylhexylester)	1,8-Octandicarbonsäure-bis-(2-ethylhexylester)
Sebacinsäuredibutylester	Decandisäuredibutylester
Sebacinsäuredi-n-octylester	Decandisäuredi-n-octylester
sec.-Butylacetat	1-Methylpropylethanoat
N-sec.-Butylanilin	N-(1-Methylpropyl)-benzenamin
N-sec.-Butyl-N'-phenyl-p-phenylendiamin	N-(1-Methylpropyl)-N'-phenylbenzen-1,4-diamin
sec-Oktylepoxytallat	2-Ethylhexylester von Tallölfettsäuren, epoxidiert
Secorbate	L-(+)-Ascorbinsäure
sec.-Propylalkohol	Propan-2-ol
SeDMC	Dimethyldithiocarbaminsäure, Selensalz
Seesand	Silicium(IV)-oxid
Seesorb	Magnesiumoxid
Segnale Light Green G	Kupferphthalocyanin, chloriert
Segnale Light Yellow GRX	Pigment Gelb 13 (C.I. 21100)
Segnale Red GS	Pigment Rot 48:1 (C.I. 15865:1)
Segnale Red LC	Pigment Rot 53:1 (C.I. 15585:1)
Segnale Red LCG	Pigment Rot 53:1 (C.I. 15585:1)
Segnale Red LCL	Pigment Rot 53:1 (C.I. 15585:1)
Seifenstein	Natriumhydroxid
SeikaFast Red 8040	Pigment Rot 48:1 (C.I. 15865:1)
N-sek.-Butyl-N'-phenylbenzen-1,4-diamin	N-(1-Methylpropyl)-N'-phenylbenzen-1,4-diamin
sek.-Propylalkohol	Propan-2-ol
Sekundasprit	Ethanol
Selenac	N,N-Diethyldithiocarbaminsäure, Selensalz
Selendiethyldithiocarbamat	N,N-Diethyldithiocarbaminsäure, Selensalz
Selen-diethyldithiocarbamat	Diethyldithiocarbaminsäure, Selensalz
Selendimethyldithiocarbamat	Dimethyldithiocarbaminsäure, Selensalz
Selenium	Selen
Seleniumoxid	Selenoxid
Selen(IV)-oxid	Selenoxid
p-Semidin	N-Phenyl-1,4-benzendiamin
Semidin	N-Phenyl-1,4-benzendiamin
Senarmontit	Antimon(III)-oxid
Sepuestrene AA 200	Ethylendiamintetraessigsäure
Serogen	Diphenyloxid-4,4'-disulfonsäuredihydrazid
Serpentin	Asbest
Serpentinasbest	Asbest
Sevacarb	Aktivkohle
Seval	Aktivkohle
Sextone	Cyclohexanon
Sextone B	Methylcyclohexan
SF	Dimethylpolysiloxan
SG-67	Kieselsäure, pyrogen

Gebräuchlicher Name Handelsname	Substanzname
SH 6030	6-Ethenyl-6-(2-methoxy-ethoxy)-2,5,7,10-tetraoxa-6-silaundecan
SH 6020	N-[3-(Trimethoxysilyl)propyl]-1,2-ethandiamin
Shannel Schwarz	Aktivkohle
Sharstop 204	Dimethyldithiocarbaminsäure, Natriumsalz
Shawinigan acetylene black	Aktivkohle
Shell 5520	Polypropylen, isotaktisch
SHELL Antioxidans 220	Bis-(3,5-di-(1,1-dimethylethyl)-4-hydroxyphenyl)-methan
SHELL Antioxidans 330	[(2,4,6-Trimethyl-1,3,5-benzentriyl)tris(methylen)]-4,4',4''-tris[2,6-di(1,1-dimethylethyl]-hydroxybenzen
Shell Antioxidans 100	3,5-Bis-(1,1-dimethylethyl)-4-hydroxybenzenmethanol
Shell carbon	Aktivkohle
Shellfelx-371 N	Paraffin, C10-C13
Shelllflex 371 N	Paraffin, C10-C13
Shell MIBK	4-Methyl-pentan-2-on
Shellsol 140	Nonan
Shell Sol B	Naphtha
Shell Sol B-8	Naphtha
Shell Sol BT 67 EC	Naphtha
Sherwood Green A 4436	Kupferphthalocyanin, chloriert
Shield DPA	Diphenylamin
Shieldex AC3	Silicium(IV)-oxid, amorph
Shieldex AC5	Silicium(IV)-oxid, amorph
Shinkolite	Polymethacrylsäuremethylester
Shipron A	Calciumcarbonat
Shoallomer	Polypropylen, isotaktisch
Shoallomer FA 120	Polypropylen, isotaktisch
Shoallomer FA 530	Polypropylen, isotaktisch
Shoallomer MA 210	Polypropylen, isotaktisch
Sholex 5003	Polyethylen
Sholex 5100	Polyethylen
Sholex 6000	Polyethylen
Sholex 6002	Polyethylen
Sholex F 171	Polyethylen
Sholex F 6050C	Polyethylen
Sholex F 6080C	Polyethylen
Sholex 4250HM	Polyethylen
Sholex L 131	Polyethylen
Sholex S 6008	Polyethylen
Sholex super	Polyethylen
Sholex XMO 314	Polyethylen
Shreesul	Schwefel
Shungite	Graphit
Si 69	4,4,15,15-Tetraethoxy-3,16-dioxa-8,9,10,11-tetrathia-4,15-disilaoctadecan
Sicochip Grün 8730	Kupferphthalocyanin, chloriert
Sico Echtgelb D 1351	Pigment Gelb 13 (C.I. 21100)
Sico Echtgelb D 1355 DD	Pigment Gelb 13 (C.I. 21100)
Sico Echtorange K 2850	4,4'-[(3,3'-Dichlor[1,1'-biphenyl]-4,4'-diyl)bis(azo)]-bis[2,4-dihydro-5-methyl-2-(4-methylphenyl)]-3H-pyrazol-3-on
Sico Echtorange L 3050	Pigment Orange 13 (C.I. 21110)

Gebräuchlicher Name Handelsname	Substanzname
Sico Echtschwarz L 0062	Aktivkohle
Sico Fast Yellow D 1355	Pigment Gelb 13 (C.I. 21100)
Sicoflush A Grün 8730	Kupferphthalocyanin, chloriert
Sicoflush L Rot 2817 C 4	Eisen(III)-oxid
Sicoflush L Scharz 0063	Aktivkohle
Sicoflush L Schwarz 0054	Aktivkohle
Sicoflush L Schwarz 0055	Aktivkohle
Sicoflush P Gelb 1635	Bleisulfochromat
Sicoflush P Gelb 1835	Bleisulfochromat
Sicoflush P Gelb 2135	Bleisulfochromat
Sicoflush P Grün 8730	Kupferphthalocyanin, chloriert
Sicoflush P Rot 2817	Eisen(III)-oxid
Sicoflush P Rot 3395	Eisen(III)-oxid
Sicoflush P Schwarz 0054	Aktivkohle
Sicoflush P Schwarz 0059	Aktivkohle
Sicoflush P Weiß 0022	Titandioxid
Sicol 250	Hexandicarbonsäure-bis-2-ethylhexylester
Sicol	Benzen-1,2-dicarbonsäuredi-2-ethylhexylester
Sicol 150	Benzen-1,2-dicarbonsäuredi-2-ethylhexylester
Sicol 184	Benzen-1,2-dicarbonsäuredi-iso-decylester
Sicol 160	Benzen-1,2-dicarbonsäure-di-tert.-butylester
Sico Lake Red 2L	Pigment Rot 53:1 (C.I. 15585:1)
Sicolen Blau 64-7005	6,15-Dihydro-5,9,14,18-antrazintetron
Sicolen Gelb 10-0105	Pigment Gelb 35 (C.I. 77205)
Sicomin Gelb L 1425	Bleisulfochromat
Sicomin Gelb L 1522	Bleisulfochromat
Sicomin Gelb L 1622	Bleisulfochromat
Sicomin Gelb L 1625	Bleisulfochromat
Sicomin Gelb L 1922	Bleisulfochromat
Sicomin Gelb L 1925	Bleisulfochromat
Sicomin Gelb L 2122	Bleisulfochromat
Sicomin Gelb L 1630 S	Bleisulfochromat
Sicomin Gelb L 1635 S	Bleisulfochromat
Sicomin Gelb L 1835 S	Bleisulfochromat
Sicomin Gelb L 1930 S	Bleisulfochromat
Sicomin Gelb L 2135 S	Bleisulfochromat
Sicomin Orange L 2422	Bleisulfochromat
Sicomin Orange L 2822	Bleisulfochromat
Sicotherm Gelb K 100 1	Pigment Gelb 35 (C.I. 77205)
Sicotherm Rot K 3001	Pigment Rot 108 (C.I. 77202)
Sicotherm Rot K 3206	Pigment Rot 108 (C.I. 77202)
Sicotherm Rot K 3601	Pigment Rot 108 (C.I. 77202)
Sicotrans Rot L 2815	Eisen(III)-oxid
Sicotrans Rot L 2816	Eisen(III)-oxid
Sicotrans Rot L 2817	Eisen(III)-oxid
Sicotrans Rot L 2715 D	Eisen(III)-oxid
Sicotrans Rot L 2915 D	Eisen(III)-oxid
Sicoversal Gelb 10-0105	Pigment Gelb 35 (C.I. 77205)
Sicron	Polychlorethen
Sicron 530	Polychlorethen
Sicron 540	Polychlorethen
Sicron 548	Polychlorethen
Sicron 548FM	Polychlorethen
Sid 299	Aktivkohle
Sid N110	Aktivkohle

Gebräuchlicher Name Handelsname	Substanzname
Sid N121	Aktivkohle
Sid N220	Aktivkohle
Sid N231	Aktivkohle
Sid N234	Aktivkohle
Sid N326	Aktivkohle
Sid N330	Aktivkohle
Sid N339	Aktivkohle
Sid N343	Aktivkohle
Sid N347	Aktivkohle
Sid N351	Aktivkohle
Sid N358	Aktivkohle
Sid N375	Aktivkohle
Sid N539	Aktivkohle
Sid N550	Aktivkohle
Sid N650	Aktivkohle
Sid N660	Aktivkohle
Sid N765	Aktivkohle
Sid N772	Aktivkohle
Sid N774	Aktivkohle
Sid N787	Aktivkohle
Siegle Fast Green G	Kupferphthalocyanin, chloriert
Silain	Dimethylpolysiloxan
Silane A-163	Methyltrimethoxysilan
Silane-Y-4087	[3-(2,3-Epoxypropoxy)propyl]-trimethoxysilan
Silanogran M	3-(Trimethoxysilyl)-1-propanthiol
Silanogran V	6-Ethenyl-6-(2-methoxy-ethoxy)-2,5,7,10-tetraoxa-6-silaundecan
Silan Si 216	Triethoxyhexadecylsilan
Silan Si 264	3-(Triethoxysilyl)propylthiocyanat
Silastic: 21145, GP-30, GP-437, GP-935, HE-26, HGS-70, HS-30, HS-50, HS-70, HS-935, LCS-740, LCS-755, LT-40, LT-50, NPC-40, NPC-80, NPC-770, NPC-940, SPG-30, TR-55	Polydimethylsiloxan-Kautschuk
Silene EF	Calciumsilikat
Silica Gel	Silicium(IV)-oxid, amorph
Silicagel	Silicium(IV)-oxid, amorph
Silicenöl	Dimethylpolysiloxan
Siliciagel	Polyorthokieselsäure
Siliciumdioxid	Silicium(IV)-oxid
Siliciumdioxid	Silicium(IV)-oxid
Siliciumdioxid, amorph	Silicium(IV)-oxid, amorph
Silicium(IV)-oxid	Silicium(IV)-oxid, amorph
Silicon	Siliconöl
Silicon A-174	2-Methyl-2-propensäure-(3-trimethoxysilylpropyl)-ester
Silicon A 189	3-(Trimethoxysilyl)-1-propanthiol
Silicone A-172	6-Ethenyl-6-(2-methoxy-ethoxy)-2,5,7,10-tetraoxa-6-silaundecan
Silicone A-1120	N-[3-(Trimethoxysilyl)propyl]-1,2-ethandiamin
Silicone A-1100	3-Aminopropyltriethoxysilan
Silicon elastomer	Polydimethylsiloxan-Kautschuk
Silicone Release Agent #5038	Dimethylpolysiloxan
Siliconflüssigkeit	Siliconöl
Silicon-Gummi	Dimethylpolysiloxan
Siliconöl	Dimethylpolysiloxan

Gebräuchlicher Name Handelsname	Substanzname
Siligaz	Dimethylpolysiloxan
Silikill	Kieselsäure, pyrogen
Silikon Fluid	Dimethylpolysiloxan
Silikon-Kautschuk	Dimethylpolysiloxan
Silikonkautschuk	Dimethylpolysiloxan
Silikonöl	Dimethylpolysiloxan
Silikonoxid	Silicium(IV)-oxid
Silikonsäure Calciumsalz	Calciumsilikat
Siliton TF 06	Polyorthokieselsäure
Sillimanit	Aluminiumsilikat
Silmos T	Calciumsilikat
Silogran Si-69/GR	4,4,15,15-Tetraethoxy-3,16-dioxa-8,9,10,11-tetrathia-4,15-disilaoctadecan
Siloprenvernetzea CL40	Bis-(2,4-dichlorbenzoyl)-peroxid
Siloxan	Siliconöl
Silteg AS 7	Kaolin
Silver graphite	Graphit
Silver W	Calciumcarbonat
Simethicon	Dimethylpolysiloxan
Sinnopon LS 100	Schwefelsäuredodecylester, Natriumsalz
Sinnopon LS 95	Schwefelsäuredodecylester, Natriumsalz
Sintapon L	Schwefelsäuredodecylester, Natriumsalz
Sipas 60	Poly(imino(1-oxo-1,6-hexandiyl))
Sipernat 17	Polyorthokieselsäure
Sipernat 50	Polyorthokieselsäure
Sipernat D 10	Polyorthokieselsäure
Sipernat 50 S	Polyorthokieselsäure
Sipernat S	Polyorthokieselsäure
Sipex OP	Schwefelsäuredodecylester, Natriumsalz
Sipex SB	Schwefelsäuredodecylester, Natriumsalz
Sipex SD	Schwefelsäuredodecylester, Natriumsalz
Sipex SP	Schwefelsäuredodecylester, Natriumsalz
Sipex UB	Schwefelsäuredodecylester, Natriumsalz
Sipomen DAM	cis-2-Butendisäure-di-2-propylenylester
Sipon LS	Schwefelsäuredodecylester, Natriumsalz
Sipon LS 100	Schwefelsäuredodecylester, Natriumsalz
Sipon LSB	Schwefelsäuredodecylester, Natriumsalz
Sipon PD	Schwefelsäuredodecylester, Natriumsalz
Sipon WD	Schwefelsäuredodecylester, Natriumsalz
Sirius 2	Tetrachlorethen
Sirius 1	1,1,2-Trichlorethen
Sitol 030	Polyorthokieselsäure
Skellysolve A	Pentan
Skellysolve B	Hexan
Skellysolve C	Heptan
SKHV 71	Polychlorethen
SKI-3 Rubber	Poly-2-methyl-1,3-butadien
SKI-3S Rubber	Poly-2-methyl-1,3-butadien
SKLN 1	Graphit
SKS 85	Phenylethen-Butadien-Copolymer
SL 700	Calciumcarbonat
SLO 368	Magnesiumoxid
SLO 469	Magnesiumoxid
SLS	Schwefelsäuredodecylester, Natriumsalz
SM 200	Polychlorethen

Gebräuchlicher Name Handelsname	Substanzname
SM	Dimethylpolysiloxan
Smithko kalkarb whiting	Calciumcarbonat
Snobrite	Aluminiumsilikat
Snowcal	Calciumcarbonat
Snowcal 70	Calciumcarbonat
Snowcal 6ML	Calciumcarbonat
Snowcal 7ML	Calciumcarbonat
Snowflake White	Calciumcarbonat
Snow top	Calciumcarbonat
Snow White	Zinkoxid
SO 120	Polymethacrylsäuremethylester
SO 140	Polymethacrylsäuremethylester
SO 95	Polymethacrylsäuremethylester
Socal	Calciumcarbonat
Socal D	Calciumcarbonat
Socal E 2	Calciumcarbonat
Socal N 2	Calciumcarbonat
Socal N 2S1	Calciumcarbonat
Socal P 2	Calciumcarbonat
Socal U 1	Calciumcarbonat
Socal U 3	Calciumcarbonat
Socal U 1S2	Calciumcarbonat
Socarex	Polyethylen
Soda	Natriumcarbonat
Sodam	Dimethyldithiocarbaminsäure, Natriumsalz
Sodium DBDT	Dibutyldithiocarbaminsäure, Natriumsalz
Sodiumdodecylsulfat	Schwefelsäuredodecylester, Natriumsalz
Sodium-22 neoprene accelerator	2-Imidazolidinthion
Sodium PCP	Natriumpentachlorphenolat
Sofril	Schwefel
Softon 1000	Calciumcarbonat
Softon 1200	Calciumcarbonat
Softon 1500	Calciumcarbonat
Softon H	Calciumcarbonat
Softon 1800, Softon 2200	Calciumcarbonat
Soil stabilizer 661	Phenylethen-Butadien-Copolymer
Sojaölepoxid	Sojabohnenöl, epoxidiert
Sol	Polymethacrylsäuremethylester
Sol 90	Polymethacrylsäuremethylester
Sol 95	Polymethacrylsäuremethylester
Solaesthin	Dichlormethan
Solana DWU	1,1,2-Trichlorethen
Solanthrene Blue RS	6,15-Dihydro-5,9,14,18-antrazintetron
Solanthrene Blue RSN	6,15-Dihydro-5,9,14,18-antrazintetron
Solanthrene R for sugar	6,15-Dihydro-5,9,14,18-antrazintetron
Solbar	Bariumsulfat
Solbase	alpha-Hydro-w-hydroxypoly-(oxy-1,2-ethandiyl)
Solem SB-632	Aluminiumhydroxid-hydrat
Solex	Calciumsilikat
SolFast Green	Kupferphthalocyanin, chloriert
SolFast Green 63102	Kupferphthalocyanin, chloriert
Solmethine	Dichlormethan
Solozone	Natriumperoxid
Solprene 200	Polybutadien
Solprene 233	Polybutadien

Gebräuchlicher Name Handelsname	Substanzname
Solprene 300	Phenylethen-Butadien-Copolymer
Solprene 303	Phenylethen-Butadien-Copolymer
Solprene 225P	Polybutadien
Solprene 233P	Polybutadien
Solsol needles	Schwefelsäuredodecylester, Natriumsalz
Soltene	Tetrachlorethen
Soludal	Natriumhydrogencarbonat
Solvanol	Benzen-1,2-dicarbonsäurediethylester
Solvar	Polyvinylalkohol
Solvent G.A. Jeffersol EE	2-Ethoxyethanol
Solventnaphtha	Benzen
Solvent Toluene	Methylbenzen
Solvent Xylene	Dimethylbenzen (Isomerengemisch)
Solvic	Polychlorethen
Solvic 223	Polychlorethen
Solvic 229	Polychlorethen
Solvic 239	Polychlorethen
Solvic 334	Polychlorethen
Solvic 340	Polychlorethen
Solvic 406	Polychlorethen
Somentor	Erdöldestillat, paraffinisch
Somentor 43	Erdöldestillat, paraffinisch
Sopanox	N-(2-Methylphenyl)-imidodicarbonimiddiamid
SOPP	(1,1'-Biphenyl)-2-ol, Natriumsalz
Sorbitanhexadecylsäureester	Hexadecylsäure-sorbitylester
Sorbitanmonopalmitat	Hexadecylsäure-sorbitylester
Sorbitanpalmitat	Hexadecylsäure-sorbitylester
Soxinal PZ	N,N-Dimethyldithiocarbaminsäure, Zinksalz
Soxinol 22	2-Imidazolidinthion
Soxinol BZ	Dibutyldithiocarbaminsäure, Zinksalz
Soxinol CZ-G	N-Cyclohexyl-2-benzothiazolsulfenamid
Soxinol D	N,N'-Diphenylguanidin
Soxinol DM-G	Dibenzothiazyldisulfid
Soxinol DT	N,N'-Bis-(2-methylphenyl)guanidin
Soxinol EZ	N,N-Diethyldithiocarbaminsäure, Zinksalz
Soxinol MZ	Zink-2-mercaptobenzothiazol
Soxinol NBS-G	4-(Benzothiazol-2-sulfonyl)-morpholin
Soxinol PZ	N,N-Dimethyldithiocarbaminsäure, Zinksalz
Soxinol TBT	1,1'-Dithiobis-(N,N-dibutylmethanthioamid)
Soxinol Te-G	Diethyldithiocarbaminsäure, Tellursalz
Soxinol TET	Bis(thiomethansäurediethylamid)-disulfid
Soxinol TRA	Bis-(piperidin-1-thiocarbonyl)-tetrasulfan
Soybean Oil	Sojaöl
SP 60	Polychlorethen
SP	4'-Ethenyl-[1,1'-biphenyl]-4-ol
Span 40	Hexadecylsäure-sorbitylester
C-Span	L-(+)-Ascorbinsäure
Spavit E	(2R-(2R*(4R*,8R*)))-3,4-Dihydro-2,5,7,8-tetramethyl-2-(4,8,12-trimethyltridecyl)-2H-1-benzopyran-6-ol
SP 60 (Chlorocarbon)	Polychlorethen
Special black IV	Aktivkohle
Special black V	Aktivkohle
Special schwarz	Aktivkohle
Speckstein	Magnesiumsilikathydrat

Gebräuchlicher Name Handelsname	Substanzname
Spectratech	Ethylen-Vinylacetat-Copolymer
Spencer 401	Poly(imino(1-oxo-1,6-hexandiyl))
Spencer 601	Poly(imino(1-oxo-1,6-hexandiyl))
Sperlox-s	Schwefel
Spersul	Schwefel
Spersul thiovit	Schwefel
Sphalerit	Zinksulfid
Spheron	Aktivkohle
Spheron 6	Aktivkohle
Spirasäure	2-Hydroxybenzencarbonsäure
Spiritus	Ethanol
Spiroylsäure	2-Hydroxybenzencarbonsäure
(SP-4-1)-Nickel-bis(dibutylcarbamothioato-S,S')	N,N-Dibutyldithiocarbaminsäure, Nickelsalz
Spongiofort	Gelatine
Spotrete	Bis-(dimethylthiocarbamoyl)-disulfid
Spotrete-F	Bis-(dimethylthiocarbamoyl)-disulfid
Z-C spray	N,N-Dimethyldithiocarbaminsäure, Zinksalz
Sprit	Ethanol
SQ 1489	Bis-(dimethylthiocarbamoyl)-disulfid
SR406	N-(Trichlormethylthio)-4-cyclohexen-1,2-dicarboximid
SR11	Polychlorethen
SR-7475	Phenylethen-Butadien-Copolymer
SR206	Ethylenglykoldimethacrylat
SRM 1475	Polyethylen
SRM 1476	Polyethylen
SS 30	Calciumcarbonat
SS 50	Calciumcarbonat
SSB 100	Calciumcarbonat
SS 30 (carbonate)	Calciumcarbonat
SS 50 (carbonate)	Calciumcarbonat
ST 1	Polymethacrylsäuremethylester
Stabilisator 7000	Bis-(2,6-di-(1-methylethyl)phenyl)carbodiimid
Stabilisator C	N,N'-Diphenylthiokohlensäurediamid
Stabilite	N,N'-Diphenyl-1,2-ethandiamin
Stabilite 49-456	Hydroxybenzen, styrolisiertes
Stabilite Alba	1,2-Di-[(2-methylphenyl)-amino]-ethan
Stabilite 464-SP	Hydroxybenzen, styrolisiertes
Stabilizer C	N,N'-Diphenylthiokohlensäurediamid
Stabilizer DPPD	N,N'-Diphenyl-benzen-1,4-diamin
Stabinex NW 7 PS	Calciumsilikat
Stablex DOA	Hexandicarbonsäure-bis-2-ethylhexylester
Staflen E 650	Polyethylen
Staflex 500	Benzen-1,2-dicarbonsäure-n-octyl-n-decylester
Staflex DBEA	Hexandicarbonsäurebis(2-butoxy-ethyl)ester
Staflex DBP	Benzen-1,2-dicarbonsäuredi-n-butylester
Staflex DBS	Decandisäuredibutylester
Staflex DOP	Benzen-1,2-dicarbonsäuredi-2-ethylhexylester
Staflex DOX	Nonandisäure-bis-[2-ethylhexylester]
Staflex TOTM	1,2,4-Benzentricarbonsäure-tris-(2-ethylhexylester)
Sta-fresh 615	Dimethyldithiocarbaminsäure, Natriumsalz
Stamylan 1000	Polyethylen
Stamylan 1700	Polyethylen
Stamylan 8200	Polyethylen

Gebräuchlicher Name Handelsname	Substanzname
Stamylan 8400	Polyethylen
Stamylan 900	Polyethylen
Standapol 112 conc	Schwefelsäuredodecylester, Natriumsalz
Standapol WA-AC	Schwefelsäuredodecylester, Natriumsalz
Standapol WAQ	Schwefelsäuredodecylester, Natriumsalz
Standapol WAQ Special	Schwefelsäuredodecylester, Natriumsalz
Standapol WAS 100	Schwefelsäuredodecylester, Natriumsalz
Stangenschwefel	Schwefel
Stanmagbars	Magnesiumoxid
Stan-Mag Magnesiumcarbonat	Magnesiumcarbonat
Stannochlor	Zinn(II)-chlorid
Stannochlorid	Zinn(II)-chlorid
Stanwhite 500	Calciumcarbonat
Star 200	Magnesiumhydroxid
Starinor ZN-E	Octadecansäure, Zinksalz
Starlex L	Calciumsilikat
Statex	Aktivkohle
Statex N 550	Aktivkohle
Stauffer captan	N-(Trichlormethylthio)-4-cyclohexen-1,2-dicarboximid
Stauffer N 521	3,5-Dimethyl-tetrahydro-2(H)-1,3,5-thiadiazin-2-thion
Stavinor 30	Octadecansäure, Calciumsalz
Stavox	2,6-Di-(1,1-dimethylethyl)-4-methylhydroxybenzen
Stearamin	n-Octadecylamin
Stearex Beads	Octadecansäure
Stearinsäure	Octadecansäure
Stearinsäure, Calciumsalz	Octadecansäure, Calciumsalz
Stearinsäure Calziumsalz	Octadecansäure, Calciumsalz
Stearinsäure-(4-hydroxy-anilid)	Octadecansäure-(4-hydroxy)-anilid
Stearinsäure Magnesiumsalz	Octadecansäure, Magnesiumsalz
Stearinsäure Natriumsalz	Octadecansäure, Natriumsalz
Stearinsäure Zinksalz	Octadecansäure, Zinksalz
N-Stearoyl-p-aminophenol	Octadecansäure-(4-hydroxy)-anilid
Stearylamin	n-Octadecylamin
Stearylmercaptan	1-Octadecanthiol
Steatit	Magnesiumsilikathydrat
Steawhite	Magnesiumsilikathydrat
Stee:PM	Poly(imino(1-oxo-1,6-hexandiyl))
Steinapol NLS 90	Schwefelsäuredodecylester, Natriumsalz
Steinkohlenkampfer	Naphthalen
Steinkohlenteerkampfer	Naphthalen
Steinkohlenteeröl	Kohle Teer Öl
Steinsalz	Natriumchlorid
Stellon Pink	Polymethacrylsäuremethylester
Stepanol ME	Schwefelsäuredodecylester, Natriumsalz
Stepanol ME Dry	Schwefelsäuredodecylester, Natriumsalz
Stepanol ME Dry AW	Schwefelsäuredodecylester, Natriumsalz
Stepanol methyl	Schwefelsäuredodecylester, Natriumsalz
Stepanol methyl dry AW	Schwefelsäuredodecylester, Natriumsalz
Stepanol T 28	Schwefelsäuredodecylester, Natriumsalz
Stepanol WA	Schwefelsäuredodecylester, Natriumsalz
Stepanol WA-100	Schwefelsäuredodecylester, Natriumsalz
Stepanol WAC	Schwefelsäuredodecylester, Natriumsalz

Gebräuchlicher Name Handelsname	Substanzname
Stepanol WA paste	Schwefelsäuredodecylester, Natriumsalz
Stepanol WAQ	Schwefelsäuredodecylester, Natriumsalz
Stereon 881	Phenylethen-Butadien-Copolymer
Stereon 900	Phenylethen-Butadien-Copolymer
Sterical #40	Dimethyldithiocarbaminsäure, Natriumsalz
Sterling	Aktivkohle
Sterling NS	Aktivkohle
Sterling WA paste	Schwefelsäuredodecylester, Natriumsalz
Sterling waq-CH	Schwefelsäuredodecylester, Natriumsalz
Sterling waq-cosmetic	Schwefelsäuredodecylester, Natriumsalz
Sterlin N 765	Aktivkohle
Sterlin SO 1	Aktivkohle
Sterolamide	2,2',2"-Trihydroxytriethylamin
Stibuit	Antimon(III)-sulfid
Stilon	Poly(imino(1-oxo-1,6-hexandiyl))
Stime-trol	(2-Brom-2-nitro-ethenyl)benzen
Sting kill	2,2',2"-Trihydroxytriethylamin
St. Joe	Zinkoxid
Stopetyl	Bis(thiomethansäurediethylamid)-disulfid
Stopmold B	(1,1'-Biphenyl)-2-ol, Natriumsalz
Stove black	Graphit
ST 1 (Polymer)	Polymethacrylsäuremethylester
Straßenasphalt (flüssig)	Bitumen
Streptocid Rubrim	6-Acetamido-4-hydroxy-3-[(p-sulfoamidphenyl)-azo)]-2,7-naphthalindisulfonsäure, Dinatriumsalz
Streptozon II	6-Acetamido-4-hydroxy-3-[(p-sulfoamidphenyl)-azo)]-2,7-naphthalindisulfonsäure, Dinatriumsalz
Streptozon S	6-Acetamido-4-hydroxy-3-[(p-sulfoamidphenyl)-azo)]-2,7-naphthalindisulfonsäure, Dinatriumsalz
Structol	Magnesiumoxid
Strudex	Mineralöl, Petroleumextrakt, schwere naphthenische Destillatlösung
Struktol 109	Schwefel
Struktol MR 161	Magnesiumoxid
Struktol SU 105	Schwefel
Struktol SU 120	Schwefel
Struktol SU 135	Schwefel
Struktol SU 50	Schwefel
Struktol SU 95	Schwefel
Struktol WB 16	Magnesiumoxid
Struktol ZP 1014	Zinkoxid
T-Stuff	Wasserstoffperoxid
Sturcal D	Calciumcarbonat
Sturcal H	Calciumcarbonat
Sturcal L	Calciumcarbonat
Sturcal LS	Calciumcarbonat
Sturcal M	Calciumcarbonat
Sturcal X	Calciumcarbonat
Stylon	Poly(imino(1-oxo-1,6-hexandiyl))
Styrene monomer, stabilisiert	Phenylethen
Styrenisiertes Phenol	Hydroxybenzen, styrolisiertes
Styrol	Phenylethen
Styrol-1,3-butadien Copolymer	Phenylethen-Butadien-Copolymer
Styrol-Butadien-Kautschuk	Phenylethen-Butadien-Copolymer
Styrol-Butadien-Kopolymer	Phenylethen-Butadien-Copolymer

Gebräuchlicher Name Handelsname	Substanzname
Styrol-Butadien-Polymer	Phenylethen-Butadien-Copolymer
styrolisiertes Diphenylamin	Diphenylamin, styrolisiertes
Styrolisiertes Phenol	Hydroxybenzen, styrolisiertes
Styrol Polymer mit 1,3-Butadien	Phenylethen-Butadien-Copolymer
Styrolux	Phenylethen-Butadien-Copolymer
Styron	Phenylethen
Styropol SO	Phenylethen
SU 2000	Kohlenstoff (amorph)
Sublimed sulfur	Schwefel
Succinchlorimid	1-Chlor-2,5-pyrrolidindion
Succinimid	1-Chlor-2,5-pyrrolidindion
Succinsäure	Butandisäure
Suchar 681	Kohlenstoff (amorph)
Suconox-4	Butansäure-(4'-hydroxy)anilid
Suconox 112	Dodecansäure-(4-hydroxy)-anilid
Suconox-12	Dodecansäure-(4-hydroxy)-anilid
Suconox 18	Octadecansäure-(4-hydroxy)-anilid
Sulfads	Bis-(piperidin-1-thiocarbonyl)hexasulfan
4,4'-Sulfandiyl-bis-morpholin	Bis(N-oxydiethylen)monosulfid
4,4'-Sulfandiyl-bis-phenol	4,4'-Thiodiphenol
Sulfasan	Bis-(N-oxydiethylen)disulfid
Sulfasan R	Bis-(N-oxydiethylen)disulfid
Sulfenax CB	N-Cyclohexyl-2-benzothiazolsulfenamid
Sulfenax CB MG	N-Cyclohexyl-2-benzothiazolsulfenamid
Sulfenax MODR	4-(Benzothiazol-2-sulfonyl)-morpholin
Sulfetal L 95	Schwefelsäuredodecylester, Natriumsalz
Sulfex	Schwefel
Sulfidal	Schwefel
3,3'-Sulfinylbisdidoceylesterpropansäure	3-(3-Oxo-pentadecylsulfanyl)-propionsäuredidodecylester
Sulfocarbanilid	N,N'-Diphenylthiokohlensäurediamid
Sulfoharnstoff	Thiokohlensäurediamid
Sulfolan	Tetrahydrothiophen-1,1-dioxid
Sulfonamid M	4-(Benzothiazol-2-sulfonyl)-morpholin
Sulfopon WA 1	Schwefelsäuredodecylester, Natriumsalz
Sulfopon WA 2	Schwefelsäuredodecylester, Natriumsalz
Sulfopon WA 3	Schwefelsäuredodecylester, Natriumsalz
Sulfopon WA 1 special	Schwefelsäuredodecylester, Natriumsalz
Sulforon	Schwefel
Sulfosacure	1,3-Dihydroxybenzen
Sulfotex WA	Schwefelsäuredodecylester, Natriumsalz
Sulfotex WALA	Schwefelsäuredodecylester, Natriumsalz
Sulfran	Schwefel
Sulfur	Schwefel
Sulfurchlorid	Dischwefeldichlorid
Sulfurit	Schwefelkohlenstoff
Sulfur molten (UN 2448, NA 2448) (DOT)	Schwefel
Sulfur (UN 1340, NA 1350) (DOT)	Schwefel
Sulkol	Schwefel
Sulourea	Thiokohlensäurediamid
Sulphur	Schwefel
Sulsol	Schwefel
Sultaf	Schwefel
Sultole 120	tert.-Dodecanthiol
Sulvenax CB 30	N-Cyclohexyl-2-benzothiazolsulfenamid

Gebräuchlicher Name Handelsname	Substanzname
Sulvenax TSB	N-Cyclohexyl-2-benzothiazolsulfenamid
Sumicare M	Bis-(4,4'-aminophenyl)-methan
Sumikathene	Polyethylen
Sumikathene F 101-1	Polyethylen
Sumikathene F 210-3	Polyethylen
Sumikathene F 702	Polyethylen
Sumikathene G 201	Polyethylen
Sumikathene G 202	Polyethylen
Sumikathene G 701	Polyethylen
Sumikathene G 801	Polyethylen
Sumikathene G 806	Polyethylen
Sumikathene hard 2052	Polyethylen
Sumikon	Polychlorethen
Sumilit BBM	1,1-Bis-(5-(1,1-dimethylethyl)-4-hydroxy-2-methyl-phenyl)-butan
Sumilit EXA 13	Polychlorethen
Sumilit PX-A	Polychlorethen
Sumilit PXA 13	Polychlorethen
Sumilit PX-N	Polychlorethen
Sumilit PXNH	Polychlorethen
Sumilit PX-NL	Polychlorethen
Sumilit S chi-D	Polychlorethen
Sumilit SX 11	Polychlorethen
Sumilit SX 13	Polychlorethen
Sumilit SX 7G	Polychlorethen
Sumilit VS 9200	Polychlorethen
Sumilizer BBM	1,1-Bis-(5-(1,1-dimethylethyl)-4-hydroxy-2-methyl-phenyl)-butan
Sumilizer BHT	2,6-Di-(1,1-dimethylethyl)-4-methylhydroxybenzen
Sumipex B-LG	Polymethacrylsäuremethylester
Sumipex B-MH	Polymethacrylsäuremethylester
Sumipex-B MHD	Polymethacrylsäuremethylester
Sumipex LG	Polymethacrylsäuremethylester
Sumipex LO	Polymethacrylsäuremethylester
Sumipex MHO	Polymethacrylsäuremethylester
Sumitex H 10	Polyvinylalkohol
Sumitomo PX 11	Polychlorethen
Sunapur	Paraffin, C10-C13
Sundex 795	Mineralöl, Petroleumextrakt, schwere naphthenische Destillatlösung
Sunlight 700	Calciumcarbonat
Sunlight 800	Calciumcarbonat
Sunpar 110	Paraffin, C10-C13
Sunpar 150	Paraffin, C10-C13
Sunpar 2280	Paraffin, C10-C13
Sunwax 151	Polyethylen
Super 1500	Calciumcarbonat
Super 1700	Calciumcarbonat
Super 2000	Calciumcarbonat
Superac 501	Bis-(dimethylthiocarbamoyl)-disulfid
Superacryl AE	Polymethacrylsäuremethylester
Superacryl O	Polymethacrylsäuremethylester
Superba	Aktivkohle
Super-carbovar	Aktivkohle

Gebräuchlicher Name Handelsname	Substanzname
Supercoat	Calciumcarbonat
Supercol-GF	Guargummi
Supercol-U-Poweder	Guargummi
Super cosan	Schwefel
Super dylan	Polyethylen
Superfloc	Poly(oxy-1,2-ethyandiyloxycarbonyl-1,4-phenylencarbonyl)
Superlit	4-Hydroxyphenylbenzylether
Superlysofam	Methanal
Supermite	Calciumcarbonat
Super multifex	Calciumcarbonat
Superol Red C RT-265	Pigment Rot 53:1 (C.I. 15585:1)
Superox	alpha-Hydro-w-hydroxypoly-(oxy-1,2-ethandiyl)
Superoxol	Wasserstoffperoxid
Super-pflex	Calciumcarbonat
Super 3S	Calciumcarbonat
Super 5S	Calciumcarbonat
Super-spectra	Aktivkohle
Super SSS	Calciumcarbonat
Super VMP	Naphtha
Supraflex	Polyethylen
Supramikre	Bariumsulfat
Suprathen	Polyethylen
Suprathen C 100	Polyethylen
Supra Zitronenchrom	Bleisulfochromat
Supreme	Magnesiumsilikathydrat
Supreme dense	Magnesiumsilikathydrat
Surfex MM	Calciumcarbonat
Surfil S	Calciumcarbonat
Surgical simplex	Polymethacrylsäuremethylester
Surgical simplex P	Polymethacrylsäuremethylester
Suspenso	Calciumcarbonat
Sustan BHT	2,6-Di-(1,1-dimethylethyl)-4-methylhydroxybenzen
Sustane	2,6-Di-(1,1-dimethylethyl)-4-methylhydroxybenzen
Sustane	2-(1,1-Dimethylethyl)-1,4-benzendiol
Sustane BHT	2,6-Di-(1,1-dimethylethyl)-4-methylhydroxybenzen
Sustane 1-F	2,6-Di-(1,1-dimethylethyl)-4-methylhydroxybenzen
Suzorite	Pigment Weiß 20 (C.I. 77019)
SV 55	Polychlorethen
Svovl	Schwefel
SW 400	Calciumsilikat
Swanox BHT	2,6-Di-(1,1-dimethylethyl)-4-methylhydroxybenzen
Swascol 3L	Schwefelsäuredodecylester, Natriumsalz
Swascol 4L	Schwefelsäuredodecylester, Natriumsalz
Swascol 1P	Schwefelsäuredodecylester, Natriumsalz
Swasconol D-60	alpha-Hydro-w-hydroxypoly-(oxy-1,2-ethandiyl)
Swasconol D 80	alpha-Hydro-w-hydroxypoly-(oxy-1,2-ethandiyl)
Swedish Black Lead	Graphit
SWP	1,1-Bis-(5-(1,1-dimethylethyl)-4-hydroxy-2-methyl-phenyl)-butan

Gebräuchlicher Name Handelsname	Substanzname
SX 11	Polychlorethen
SX 7G	Polychlorethen
SX 8T	Polychlorethen
Sylacauga 88B	Calciumcarbonat
Syloid 161	Silicium(IV)-oxid, amorph
Syloid 244	Silicium(IV)-oxid, amorph
Syloid 621	Silicium(IV)-oxid, amorph
Syloid 622	Silicium(IV)-oxid, amorph
Syloid 72	Silicium(IV)-oxid, amorph
Syloid 74	Silicium(IV)-oxid, amorph
Syloid A1-1	Silicium(IV)-oxid, amorph
Syloid 162C	Silicium(IV)-oxid, amorph
Syloid 74 C	Silicium(IV)-oxid, amorph
Syloid ED 2	Silicium(IV)-oxid, amorph
Syloid ED 20	Silicium(IV)-oxid, amorph
Syloid ED 3	Silicium(IV)-oxid, amorph
Syloid ED 30	Silicium(IV)-oxid, amorph
Syloid ED 40	Silicium(IV)-oxid, amorph
Syloid ED 44	Silicium(IV)-oxid, amorph
Syloid ED 5	Silicium(IV)-oxid, amorph
Syloid ED 50	Silicium(IV)-oxid, amorph
Syloid ED 52	Silicium(IV)-oxid, amorph
Syloid ED 80	Silicium(IV)-oxid, amorph
SYLOSIV A10	Natriumalumiumsilikat
SYLOSIV A3	Natriumalumiumsilikat
Syltherm 800	Dimethylpolysiloxan
sym-Dichlorethan	1,2-Dichlorethan
Symuler Fast Blue 6011	6,15-Dihydro-5,9,14,18-antrazintetron
Symuler Fast Yellow GRF	Pigment Gelb 13 (C.I. 21100)
Symuler Fast Yellow GRTF	Pigment Gelb 13 (C.I. 21100)
Symuler Lake Red C	Pigment Rot 53:1 (C.I. 15585:1)
Symuler Red 3023	Pigment Rot 48:1 (C.I. 15865:1)
Symuler Red NRY	Pigment Rot 48:1 (C.I. 15865:1)
Syndiotactic polypropylene	Polypropylen, isotaktisch
Synfat 1006	Calciumnitrat
Syngum-D-46D	Guargummi
Synox 5LT	2,2'-Methylen-bis[6-(1,1-dimethylethyl)-4-methylphenol]
Synpol 1500	Phenylethen-Butadien-Copolymer
Syntapon	Schwefelsäuredodecylester, Natriumsalz
Syntapon L	Schwefelsäuredodecylester, Natriumsalz
Syntase 100	2,4-Dihydroxybenzophenon
Synthaline Green	Kupferphthalocyanin, chloriert
Synthesekautschuk	Poly-1-chlorbutadien
Synthetisches Polyisopren	Poly-2-methyl-1,3-butadien
Syntopherol	(2R-(2R*(4R*,8R*)))-3,4-Dihydro-2,5,7,8-tetramethyl-2-(4,8,12-trimethyltridecyl)-2H-1-benzopyran-6-ol
SZ6300	Trimethoxyvinylsilan
T238	Tris-(2,3-dibromopropyl)-phosphat
T 130-2500	Calciumcarbonat
P 2020T	Polyethylen
P 2050T	Polyethylen
P 4007T	Polyethylen
TA 3	Polypropylen, isotaktisch

Gebräuchlicher Name Handelsname	Substanzname
Tablespat	Calciumsilikat
TABS	5-Benzothiazol-2-yl-N-(1,1-dimethylpropyl)-thiohydroxylamin
TAC	2,4,6-Triallyloxy-1,3,5-triazin
TAC DL 70	2,4,6-Triallyloxy-1,3,5-triazin
TAC/GR	2,4,6-Triallyloxy-1,3,5-triazin
TAC/GR 70	2,4,6-Triallyloxy-1,3,5-triazin
Tafelsalz	Natriumchlorid
TAIC DL 70	2,4,6-Triallyloxy-1,3,5-triazin
Taipol BR 0150	Polybutadien
Taipol BR 0153	Polybutadien
Taipol BR 015H	Polybutadien
Takathene	Polyethylen
Takathene P 12	Polyethylen
Takathene P 3	Polyethylen
Takilon	Polychlorethen
Takinocol	Propan-2-ol
Taktene	Polybutadien
Tálc (ACGIH)	Magnesiumsilikathydrat
Talcalin Z	Octadecansäure, Zinksalz
Talcan PK-P	Magnesiumsilikathydrat
Alpha Talc CT 40 P	Magnesiumsilikathydrat
Alpha Talc M Micro 6	Magnesiumsilikathydrat
Talcron CP 44-31	Magnesiumsilikathydrat
Talcum	Magnesiumsilikathydrat
Talk	Magnesiumsilikathydrat
Talkum	Magnesiumsilikathydrat
TAM	1,2,4-Benzentricarboxylsäure-tri-2-propenylester
Tama pearl TP 121	Calciumcarbonat
Tama pearl TP 262	Calciumcarbonat
Tancal 100	Calciumcarbonat
Tancal 200	Calciumcarbonat
Tancal PC	Calciumcarbonat
TAP	Phosphorsäuretri-2-propenylester
Tarapon K 12	Schwefelsäuredodecylester, Natriumsalz
Tardex 100	Bis-pentabromphenylether
Tarene	Kiefer(holz)teer
Tarlon X-A	Poly(imino(1-oxo-1,6-hexandiyl))
Tarlon XB	Poly(imino(1-oxo-1,6-hexandiyl))
Tarnamid T	Poly(imino(1-oxo-1,6-hexandiyl))
Tarnamid T 2	Poly(imino(1-oxo-1,6-hexandiyl))
Tarpamid T 27	Poly(imino(1-oxo-1,6-hexandiyl))
Tartac	Kiefer(holz)teer
TATD	Bis(thiomethansäurediethylamid)-disulfid
Tatren 141	Polypropylen, isotaktisch
Tatren EB 111	Polypropylen, isotaktisch
TB 2	4,4'-Thio-bis-(6-1,1-dimethylethyl-2-methylhydroxybenzen)
TB90B	2-[2-(1,1-Dimethoxy-pentyloxy)-ethoxy]-ethanol
TBBS	N-(1,1'-Dimethylethyl)-2-benzothiazolsulfonamid
TBHQ	2-(1,1-Dimethylethyl)-1,4-benzendiol
TBPND	Decansäure-1,1-dimethylethylester

Gebräuchlicher Name Handelsname	Substanzname
TBSI	N-(2-Benzothiazolythio)-N-(1,1-dimethylethyl)-2-benzothiazolsulfenamid
TBTD	1,1'-Dithiobis-(N,N-dibutylmethanthioamid)
TBTS	1,1,4-Tributylthiosemicarbazid
TBTU	1,1,3-Tributyl-2-thioharnstoff
TBzTD	Tetrabenzylthiuramdisulfid
TCD	4,7-Methylen-4,7,8,9-tetrahydroinden
TCE	1,1,2-Trichlorethen
TCEF	Phosphorsäure-2,2,2-trichlorethylester
TCM	N,N',N"-Trichlormelamin
TCM 25	N,N',N"-Trichlormelamin
TCMTTHP	N-(Trichlormethylthio)-4-cyclohexen-1,2-dicarboximid
TCP	Phosphorsäuretrikresylester
TCP-05	Ethylendiamintetraessigsäure
TCPTES	3-(Triethoxysilyl)propylthiocyanat
TDA	2,4-Diaminomethylbenzen
TDEC	Diethyldithiocarbaminsäure, Tellursalz
2,4-TDI	2,4-Diisocyanat-1-methylbenzen
TDI	2,4-Diisocyanat-1-methylbenzen
TDI-80	2,4-Diisocyanat-1-methylbenzen
TDPP	Tris-(2,3-dibromopropyl)-phosphat
TEA	2,2',2"-Trihydroxytriethylamin
Technetium Tc 99M sulfur colloid	Schwefel
technischer Sprit	Ethanol
Technopor	Polychlorethen
Tecquinol	1,4-Dihydroxybenzen
Tecsol	Ethanol
Tedal-un	Tetrachlorethen
TeDEC	Diethyldithiocarbaminsäure, Tellursalz
TEDMA	1,2-Bis-[2-methacryloyl-oxy-ethoxy]-ethan
TeDMC	Dimethyldithiocarbaminsäure, Tellursalz
Teer ex	1,1,1-Trichlorethan
Teersäureöl (Kohle)	Kohle Teer Öl
Teflon	Polytetrafluorethen
TEGO AIREX 930	Cyclohexanon
TEHP	Phosphorsäure-tri-(2-ethylhexyl)-ester
Tektamer 38	1,2-Dibrom-2,4-dicyanobutan
Telclair X 31	1,1,1-Trichlorethan
Telcotene	Polyethylen
Telecothene	Polyethylen
Telloy	Tellur
Tellurac	Diethyldithiocarbaminsäure, Tellursalz
Tellur-diethyldithiocarbamat	Diethyldithiocarbaminsäure, Tellursalz
Tellur-dimethyldithiocarbamat	Dimethyldithiocarbaminsäure, Tellursalz
Tellurium	Tellur
Tellur-tetrakisdiethylcarbamat	Diethyldithiocarbaminsäure, Tellursalz
Telvar	3-(3,4-Dichlorphenyl)-1,1-dimethylharnstoff
Temitex	Bis(thiomethansäurediethylamid)-disulfid
Temsil	Silicium(IV)-oxid
Tenamen 1	4-Butylamino-1-hydroxybenzen
Tenamene 2	N,N'-Bis-(1-methylpropyl)-1,4-phenylendiamin
Tenamene 3	2,6-Di-(1,1-dimethylethyl)-4-methylhydroxybenzen

Gebräuchlicher Name Handelsname	Substanzname
Tenamene 31	N,N'-Bis-(1-ethyl-3-methylpentyl)-1,4-benzendiamin
Tenamene	N,N'-Bis-(1,4-dimethylpentyl)-benzen-1,4-diamin
Tenaplas	Polyethylen
Teneme 30	N,N'-Bis-(1-methylheptyl)-1,4-phenylendiamin
Tenemene 4	N,N'-Bis-(1,4-dimethylpentyl)-benzen-1,4-diamin
Teniathane	2,2'-Methylenbis(4-chlorophenol)
Teniatol	2,2'-Methylenbis(4-chlorophenol)
Tenite 1811	Polyethylen
Tenite 2910	Polyethylen
Tenite 2918	Polyethylen
Tenite 3300	Polyethylen
Tenite 3340	Polyethylen
Tenite 800	Polyethylen
Tenite 423	Polypropylen, isotaktisch
Tenite 4231	Polypropylen, isotaktisch
Tenite 423DF	Polypropylen, isotaktisch
Tenite P 7673-079F	Polypropylen, isotaktisch
Tenneco 1742	Polychlorethen
Tenox BHT	2,6-Di-(1,1-dimethylethyl)-4-methylhydroxybenzen
Tenox HQ	1,4-Dihydroxybenzen
Tenox TBHQ	2-(1,1-Dimethylethyl)-1,4-benzendiol
Tensol 7	Polymethacrylsäuremethylester
Tenurid	Bis(thiomethansäurediethylamid)-disulfid
Tenutex	Bis(thiomethansäurediethylamid)-disulfid
TEOA	2,2',2"-Trihydroxytriethylamin
TEPA	2,2'-Bis-(2-aminoethylamino)-diethylamin
Tepidone	Dibutyldithiocarbaminsäure, Natriumsalz
Terasulfidtriazin	6,6'-Tetrathiobis(N,N,N'-triethyl)-1,3,5-triazin-2,4-diamin
Terbenol	6,7-Dimethoxy-3-(5,6,7,8-tetrahydro-4-methoxy-6-methyl-1,3-dioxolo[4,5-g]isochinolin-5yl)-1(3H)-isobenzofuranon
Terbenzen	1,4-Diphenylbenzen
Terephtahlsäureethylenglycolpolyester	Poly(oxy-1,2-ethyandiyloxycarbonyl-1,4-phenylencarbonyl)
Terephthalsäure-bis(2-ethylhexylester)	1,4-Benzendicarbonsäure-(2-ethylhexyl)-diester
Terephthalsäurediallylester	1,4-Benzendicarboxylsäure-di-2-propenylester
Terfan	Poly(oxy-1,2-ethyandiyloxycarbonyl-1,4-phenylencarbonyl)
Tergal	Poly(oxy-1,2-ethyandiyloxycarbonyl-1,4-phenylencarbonyl)
Tergitol#XD	Butylpolyether
Terisan Z 75	alpha-Hydro-w-hydroxypoly-(oxy-1,2-ethandiyl)
Termolit	Asbest
Termosolido Green FG Supra	Kupferphthalocyanin, chloriert
Termosolido Red LCG	Pigment Rot 53:1 (C.I. 15585:1)
Terom	Poly(oxy-1,2-ethyandiyloxycarbonyl-1,4-phenylencarbonyl)
Terpentinersatz	1,2,3,4-Tetrahydronaphthalin
Terpentinöl	Terpentin
Terpentinspiritus	Terpentin

Gebräuchlicher Name Handelsname	Substanzname
Terphan	Poly(oxy-1,2-ethyandiyloxycarbonyl-1,4-phenylencarbonyl)
Terphenyl	1,4-Diphenylbenzen
gamma-Terpinen	1-Methyl-4-(1-methylethyl)-1,4-cyclohexadien
Tersen	Bis-(dimethylthiocarbamoyl)-disulfid
tert.-Amylamin	1,1-Dimethylpropylamin
tert.-Butylamin	3-Butylamin
N-tert.-Butyl-benzenthiazolsulfenimid	N-(2-Benzothiazolythio)-N-(1,1-dimethylethyl)-2-benzothiazolsulfenamid
N-tert.-Butyl-2-benzothiazolsulfenamid	N-(1,1'-Dimethylethyl)-2-benzothiazolsulfonamid
N-tert.-Butyl-benzothiazol-2-sulfenamid	N-(1,1'-Dimethylethyl)-2-benzothiazolsulfonamid
N-tert.-Butyl-2-benzothiazolsulfonamid	N-(1,1'-Dimethylethyl)-2-benzothiazolsulfonamid
N-tert.-Butyl-2-benzothiazylsulfenamid	N-(1,1'-Dimethylethyl)-2-benzothiazolsulfonamid
tert.-Butyl-cumenyl-peroxid	2-Methylpropyl-[1-methyl-1-phenyl-ethyl]-peroxid
tert.-Butyl-cumyl-peroxid	2-Methylpropyl-[1-methyl-1-phenyl-ethyl]-peroxid
2-tert.-Butyl-4,6-dimethyl-phenol	2,4-Dimethyl-6-(1,1-dimethylethyl)phenol
3-tert.-Butyl-4-hydroxy-5-methylphenylsulfid	4,4'-Thio-bis-(6-1,1-dimethylethyl-2-methylhydroxybenzen)
tert.-butylierte 2,2'-Bis-(4-hydroxy-phenyl)-propan, Mischung	4,4'-Isopropylidenbis-(o-1,1-dimethylethylhydroxybenzen)
Tert.-butyl-isothiocyanat	(1,1-Dimethylethyl)isothiocyanat
tert.-Butyl-[1-methyl-1-phenyl-ethyl]-peroxid	2-Methylpropyl-[1-methyl-1-phenyl-ethyl]-peroxid
4-tert.-Butyl-2-methylthiophenol	4-(1,1-Dimethylethyl)-2-methylthio(hydroxybenzen)
tert.-Butylperoxid	Bis-(1,1-dimethylethyl)peroxid
tert.-Butylperoxy-3,5,5-trimethyl-hexanoat	3,5,5-Trimethylhexanperoxidsäure-1,1-dimethylethylester
tert.- Butylsenföl	(1,1-Dimethylethyl)isothiocyanat
2-tert.-Butyl-5-tert.-octyl-hydrochinon	2-tert.-Butyl-5-(1,1,3,3-tetramethylbutyl)-benzen-1,4-diol
tert.-Dodecylmercaptan	tert.-Dodecanthiol
tert.-Dodecylmercaptan, Isomerengemisch	tert.-Dodecanthiol
tert.-Dodecylthiol	tert.-Dodecanthiol
tert.-Hexadecyl-mercaptan	tert.-Hexadecanthiol
tert.-Laurylmercaptan	tert.-Dodecanthiol
tert.-Octanthiol	2,2,4-Trimethyl-2-pentanthiol
tert.-Octylmercaptan	2,2,4-Trimethyl-2-pentanthiol
p-tert.-Octylphenol	4-(1,1,3,3-Tetramethylbutyl)-phenol
tert.-Octylthiol	2,2,4-Trimethyl-2-pentanthiol
tert.-Pentylamin	1,1-Dimethylpropylamin
N-tert.-Pentyl-2-benzothiazolsulfenamid	5-Benzothiazol-2-yl-N-(1,1-dimethylpropyl)-thiohydroxylamin
2-tert.-Pentylhydrochinon	2-(1,1-Dimethylpropyl)benzen-1,4-diol
Tertral G	2,4-Diaminomethylbenzen
Tertropigment Fast Yellow VGR	Pigment Gelb 13 (C.I. 21100)
Tertropigment PGR	Pigment Gelb 13 (C.I. 21100)
Tescol	Ethandiol

Gebräuchlicher Name Handelsname	Substanzname
TESPT	4,4,15,15-Tetraethoxy-3,16-dioxa-8,9,10,11-tetrathia-4,15-disilaoctadecan
Testascorbic	L-(+)-Ascorbinsäure
Tesuloid	Schwefel
TETA	N,N'-Bis-(2-aminoethyl)-ethylendiamin
TETD	Bis(thiomethansäurediethylamid)-disulfid
Tetidis	Bis(thiomethansäurediethylamid)-disulfid
Tetlen	Tetrachlorethen
Tetra	Tetrachlormethan
Tetraalkofen BPE	3,5-Bis-(1,1-dimethylethyl)-4-hydroxy-2,2-bis((3-(3,5-bis(1,1-dimethylethyl)-4-hydroxyphenyl)-1-oxopropoxy)methyl)-1,3-propandiyl-benzenpropansäureester
1,3,5,7-Tetraazaadamantan	1,3,5,7-Tetraazatricyclo-(3.3.1.1(3,7))-decan
1,4,7,10-Tetraazadecan	N,N'-Bis-(2-aminoethyl)-ethylendiamin
N,N,N',N'-Tetrabenzylthiuramdisulfid	Tetrabenzylthiuramdisulfid
Tetrabutylthioperoxydicarbonsäure-diamid	1,1'-Dithiobis-(N,N-dibutylmethanthioamid)
N,N,N',N'-Tetrabutylthiuramdisulfid	1,1'-Dithiobis-(N,N-dibutylmethanthioamid)
Tetrabutylthiuram-disulfid	1,1'-Dithiobis-(N,N-dibutylmethanthioamid)
Tetrabutylthiuramdisulfid	1,1'-Dithiobis-(N,N-dibutylmethanthioamid)
Tetrabutylthiurammonosulfid	1,1-Bis(dithiosäure-dibutylamid)-sulfid
Tetracap	Tetrachlorethen
Tetrachlorethen perc	Tetrachlorethen
1,1,2,2-Tetrachlorethylen	Tetrachlorethen
Tetrachlorethylen	Tetrachlorethen
Tetrachlorkohlenstoff	Tetrachlormethan
Tetracol	Tetrachlormethan
n-Tetradecyl-mercaptan	1-Tetradecanthiol
Tetradekan	Tetradecan
Tetradine	Bis(thiomethansäurediethylamid)-disulfid
Tetra EDMA	Bis-[2-(2-methacryloyloxy-ethoxy)-ethyl]-ether
Tetraethylenglycol-dimethacrylat	Bis-[2-(2-methacryloyloxy-ethoxy)-ethyl]-ether
Tetraethylenpentamin	2,2'-Bis-(2-aminoethylamino)-diethylamin
Tetraethylthioperoxydicarbondiamid	Bis(thiomethansäurediethylamid)-disulfid
Tetraethylthioperoxydicarbonsäurediamid	Bis(thiomethansäurediethylamid)-disulfid
N,N,N',N'-Tetraethylthiuramdisulfid	Bis(thiomethansäurediethylamid)-disulfid
Tetraethylthiuramdisulfid	Bis(thiomethansäurediethylamid)-disulfid
Tetraetil	Bis(thiomethansäurediethylamid)-disulfid
Tetrafinol	Tetrachlormethan
Tetrafluorethen, Homopolymer	Polytetrafluorethen
Tetraform	Tetrachlormethan
Tetraguer	Tetrachlorethen
1,2,3,4-Tetrahydrobenzol	Cyclohexen
Tetrahydro-3,5-dimethyl-2H-1,3,5-thiadiazin-2-thion	3,5-Dimethyl-tetrahydro-2(H)-1,3,5-thiadiazin-2-thion
Tetrahydro-1,4-dioxin	1,4-Dioxan
Tetrahydro-2H-3,5-dimethyl-1,3,5-thiadiazin-2-thion	3,5-Dimethyl-tetrahydro-2(H)-1,3,5-thiadiazin-2-thion
3a,4,7,7a-Tetrahydro-4,7-methanoinden	4,7-Methylen-4,7,8,9-tetrahydroinden
Tetrahydronaphthalin	1,2,3,4-Tetrahydronaphthalin
1,2,3,6-Tetrahydro-N-(trichloromethylthio)phthalimid	N-(Trichlormethylthio)-4-cyclohexen-1,2-dicarboximid
Tetrahydro-p-dioxin	1,4-Dioxan
Tetrahydro-p-isoxazin	Tetrahydro-1,4-oxazin
1,2,3,4-Tetrahydrostyren	4-Ethenylcyclohexen

Gebräuchlicher Name Handelsname	Substanzname
1,2,5,6-Tetrahydrostyrol	4-Ethenylcyclohexen
3a,4,7,7a-Tetrahydro-2-((-trichloromethyl)thio)-1(H)-isoindol-1,3(2H)-dion	N-(Trichlormethylthio)-4-cyclohexen-1,2-dicarboximid
2,2',4,4'-Tetrahydroxybenzophenon	Di-(2,4-dihydroxyphenyl)-methanon
Tetraisobutylthiuramdisulfid	N,N,N',N'-Tetraisobutylthiuramdisulfid
Tetraisopropylthiuramdisulfid	N,N,N',N',-Tetraisopropylthiuramdisulfid
Tetrakis-[diethylamino-thioxo-methansulfenyl]-selan	N,N-Diethyldithiocarbaminsäure, Selensalz
Tetrakis(diethylcarbamato)-Tellur	Diethyldithiocarbaminsäure, Tellursalz
Tetrakis-(diethylcarbamodithioato-S,S')-selen	Diethyldithiocarbaminsäure, Selensalz
Tetrakis(diethylcarbamodithioato-S,S')tellur	Diethyldithiocarbaminsäure, Tellursalz
Tetrakis-(diethyldithiocarbamato)-selen	Diethyldithiocarbaminsäure, Selensalz
Tetrakis-(dimethylcarbamodithioato-S,S')-selen	Dimethyldithiocarbaminsäure, Selensalz
Tetrakis(dimethylcarbamodithioato-S)-tellur	Dimethyldithiocarbaminsäure, Tellursalz
Tetrakis-(dimethyldithiocarbamato)-selen	Dimethyldithiocarbaminsäure, Selensalz
Tetrakis-(hydroxymethyl)-methan	2,2-Di-hydroxymethyl-propan-1,3-diol
Tetraleno	Tetrachlorethen
Tetralex	Tetrachlorethen
Teträlin	1,2,3,4-Tetrahydronaphthalin
Tetralina	Tetrachlorethen
Tetralino	Tetrachlorethen
Tetralinterpentinölersatz	1,2,3,4-Tetrahydronaphthalin
1,1,4,4-Tetramethyl-1,4-butandiyl-bis-1,1-dimethylperoxid	2,5-Di-(1,1-dimethylethylperoxy)-2,5-dimethylhexan
1,1,3,3-Tetramethyl-1-butanthiol	2,2,4-Trimethyl-2-pentanthiol
2-(1,1,3,3-Tetramethyl-butyl)-hydrochinon	2,4,4-Trimethyl-2-(2,5-di-hydroxybenzen)-pentan
Tetramethyldiphenyl-disulfid	Bis-(dimethylphenyl)-disulfid
Tetramethylenglykoldimethacrylat	Bis-(2-methyl-2-propensäure)-1,4-butandiylester
Tetramethylenoxid	Tetrahydrofuran
Tetramethylensulfon	Tetrahydrothiophen-1,1-dioxid
Tetramethylenthiuramdisulfid	Bis-(dimethylthiocarbamoyl)-disulfid
4,6,4',6'-Tetramethyl-2,2'-isobutylidendiphenol	2,2'-Isobutyliden-bis(4,6-dimethylphenol)
2,6,2',6'-Tetramethyl-4-,4'-methandiyl-di-phenol	4,4'-Methylenbis-(2,6-dimethylphenol)
4,4',6,6'-Tetramethyl-2,2'-methandiyl-di-phenol	2,2'-Methylen-bis-(4,6-dimethylphenol)
Tetramethylolmethan	2,2-Di-hydroxymethyl-propan-1,3-diol
Tetramethylsuccinonitril	Tetramethylsuccinonitril
(1,1,4,4-Tetramethyltetramethylen)-bis-(tert.-butyl)peroxid	2,5-Di-(1,1-dimethylethylperoxy)-2,5-dimethylhexan
Tetramethylthiocarbamoyldisulfid	Bis-(dimethylthiocarbamoyl)-disulfid
1,1,3,3-Tetramethylthioharnstoff	N,N,N',N'-Tetramethylthioharnstoff
Tetramethylthioharnstoff	N,N,N',N'-Tetramethylthioharnstoff
Tetramethylthiokohlensäurediamid	1,1'-Thiobis(N,N-dimethylthio)formamid
Tetramethylthioperoxydicarbondiamid	Bis-(dimethylthiocarbamoyl)-disulfid
Tetramethylthiurambisulfid	Bis-(dimethylthiocarbamoyl)-disulfid
N,N,N',N'-Tetramethylthiuramdisulfid	Bis-(dimethylthiocarbamoyl)-disulfid
N,N-Tetramethylthiuramdisulfid	Bis-(dimethylthiocarbamoyl)-disulfid
Tetramethylthiuramdisulfid	Bis-(dimethylthiocarbamoyl)-disulfid
Tetramethylthiurammonosulfid	1,1'-Thiobis(N,N-dimethylthio)formamid
Tetramethylthiuram-sulfid	1,1'-Thiobis(N,N-dimethylthio)formamid
Tetramethylthiuramsulfid	1,1'-Thiobis(N,N-dimethylthio)formamid
Tetramethylthiuramtetrasulfid	Bis(thiomethansäuredimethylamid)-tetrasulfid
Tetranap	1,2,3,4-Tetrahydronaphthalin
Tetraphen	1,2-Benzanthracen

Gebräuchlicher Name Handelsname	Substanzname
Tetraphenylmelamin	N,N,N',N"-Tetraphenyl-(1,3,5)-triazin-2,4,6-triamin
Tetraphosphor	Phosphor
Tetrapom	Bis-(dimethylthiocarbamoyl)-disulfid
Tetrapropylenbenzen	Dodecylbenzen
Tetrapropylenbenzol	Dodecylbenzen
Tetrasipton	Bis-(dimethylthiocarbamoyl)-disulfid
Tetrasol	Tetrachlormethan
Tetrasulfid-1,2-dithiodicarbonsäure-bis-dimethylamid	Bis(thiomethansäuredimethylamid)-tetrasulfid
3,3',5,5'-Tetra-tert.-butyl-biphenyl-4,4'-diol	4,4'-Bis-(2,6-di-(1,1-dimethylethyl)hydroxybenzen)
2,6,2',6'-Tetra-tert,-butyl-4,4'-methandiyl-di-phenol	Bis-(3,5-di-(1,1-dimethylethyl)-4-hydroxyphenyl)-methan
1,1'-(Tetrathiocarbonothionyl)-bis-piperidin	Bis-(piperidin-1-thiocarbonyl)-tetrasulfan
Tetrathiuramdisulfid	Bis-(dimethylthiocarbamoyl)-disulfid
Tetravec	Tetrachlorethen
Tetren	2,2'-Bis-(2-aminoethylamino)-diethylamin
Tetron A	Bis-(piperidin-1-thiocarbonyl)hexasulfan
Tetrone A	Bis-(piperidin-1-thiocarbonyl)-tetrasulfan
Tetropil	Tetrachlorethen
Teturam	Bis(thiomethansäurediethylamid)-disulfid
Teturamin	Bis(thiomethansäurediethylamid)-disulfid
Texan Red Toner D	Pigment Rot 53:1 (C.I. 15585:1)
Texapon	Schwefelsäuredodecylester, Natriumsalz
Texapon DL conc.	Schwefelsäuredodecylester, Natriumsalz
Texapon K-1296	Schwefelsäuredodecylester, Natriumsalz
Texapon K12	Schwefelsäuredodecylester, Natriumsalz
Texapon L 100	Schwefelsäuredodecylester, Natriumsalz
Texapon V HC	Schwefelsäuredodecylester, Natriumsalz
Texapon V HC powder	Schwefelsäuredodecylester, Natriumsalz
Texapon ZHC	Schwefelsäuredodecylester, Natriumsalz
Texapon Z high conc. needles	Schwefelsäuredodecylester, Natriumsalz
Texas	Aktivkohle
TGL 6525	Benzen-1,2-dicarbonsäureanhydrid
TGM 3	1,2-Bis-[2-methacryloyl-oxy-ethoxy]-ethan
TGM-4	Bis-[2-(2-methacryloyloxy-ethoxy)-ethyl]-ether
TGM-2	2-Methyl-2-propensäure-oxydi-2,1-ethandiylester
TGM-13	Trideca-oxyethylen-alpha,omega-dimethacrylat
TGM 1	Ethylenglykoldimethacrylat
TGM 3 PL	1,2-Bis-[2-methacryloyl-oxy-ethoxy]-ethan
Thalo Green No.1	Kupferphthalocyanin, chloriert
THBP	Di-(2,4-dihydroxyphenyl)-methanon
Thermaatomic black	Aktivkohle
Thermal acetylene black	Aktivkohle
Thermatomic	Aktivkohle
Thermax	Aktivkohle
Thermax	Carbonschwarz
Thermax Stainless	Carbonschwarz
Thermax Ultra Pure	Carbonschwarz
Thermblack	Aktivkohle
Thermoguard B	Antimon(III)-oxid
Thermoguard S	Antimon(III)-oxid
Thermoplastic 125	Phenylethen-Butadien-Copolymer

Gebräuchlicher Name Handelsname	Substanzname
THF	Tetrahydrofuran
THFA	Tetrahydrofuran
1-Thia-3-azainden	Benzothiazol
1,3,4-Thiadiazol-2,5-dithiol	2,5-Dimercapto-1,3,4-thiadiazol
3-Thia-glutarinsäure-bis-(2-ethyl-hexyl-ester)	Thiodiglycolsäure-di-2-ethyl-hexylester
4-Thia-heptandisäure-didodecyl-ester	4-Sulfo-heptandisäuredidodecylester
Thialkofen	Bis-(5-(1,1-dimethylethyl)-4-hydroxy-2-methylphenyl)-sulfid
Thialkophen	Bis-(5-(1,1-dimethylethyl)-4-hydroxy-2-methylphenyl)-sulfid
Thiallate	Bis-(dimethylthiocarbamoyl)-disulfid
Thiat E	N,N,N'-Trimethyl-diamino-thiomethanon
Thiate EF-2	N,N,N'-Trimethyl-diamino-thiomethanon
Thiate H	N,N'-Diethylenthioharnstoff
Thiate U	N,N'-Dibutyl-diamino-thiomethanon
2-Thiazolidinthion	4,5-Dihydrothiazol-2-thiol
2-Thiazolin-2-thiol	4,5-Dihydrothiazol-2-thiol
Thiazon	3,5-Dimethyl-tetrahydro-2(H)-1,3,5-thiadiazin-2-thion
Thiazone	3,5-Dimethyl-tetrahydro-2(H)-1,3,5-thiadiazin-2-thion
Thimer	Bis-(dimethylthiocarbamoyl)-disulfid
Thioalkofen BM	4,4'-Thio-bis-(6-1,1-dimethylethyl-2-methylhydroxybenzen)
Thioanmelin	4,6-Diamino-[1,3,5]-triazin-2(1H)-thion
2-Thiobenzimidazol	2-Benzimidazolthiol
Thiobenzoesäure	Monothiobenzoesäure
2,2'-Thiobis[4-(1,1-dimethylpropyl)-1-phenol	2,2'-Thiobis[4-(1,1-dimethylpropyl)-1-hydroxybenzen
2,2'-Thiobis-essigsäure-bis(2-ethylhexyl)-ester	Thiodiglycolsäure-di-2-ethyl-hexylester
2,2'-Thio-bis-(6-methyl-phenol)	2,2'-Thio-bis-(6-methyl-hydroxybenzen)
2,2'-Thio-bis-(4-methyl-6-tert.-butylphenol)	6,6'-Di-(1,1-dimethylethyl)-4,4'-dimethyl-2,2'-sulfandiyl-di-hydroxybenzen
4,4'-Thio-bis-(2-methyl-6-tert.-butyl-phenol)	Bis-(5-(1,1-dimethylethyl)-4-hydroxy-2-methylphenyl)-sulfid
4,4'-Thiobis-[phenol]	4,4'-Thiodiphenol
Thiobisphenol	4,4'-Thiodiphenol
3,3'-Thiobispropansäuredidodecylester	4-Sulfo-heptandisäuredidodecylester
3,3'-Thiobis-propansäure-ditetradecylester	Thio-(prop-1-yl-3-säure-tetradecylester)-propan-3-säure-tetradecylester
3,3'-Thio-bis-(propionsäure-tetradecylester)	Thio-(prop-1-yl-3-säure-tetradecylester)-propan-3-säure-tetradecylester
4,4'-Thio-bis-(6-tert.-butyl-m-cresol)	Bis-(5-(1,1-dimethylethyl)-4-hydroxy-2-methylphenyl)-sulfid
4,4'-Thio-bis-(6-tert.-butyl-2-methylphenol)	4,4'-Thio-bis-(6-1,1-dimethylethyl-2-methylhydroxybenzen)
4,4'-Thiobis-(2-tert.-butyl-6-methylphenol)	4,4'-Thio-bis-(6-1,1-dimethylethyl-2-methylhydroxybenzen)
4,4'-Thio-bis-(2-tert.-butyl-5-methyl-phenol)	Bis-(5-(1,1-dimethylethyl)-4-hydroxy-2-methylphenyl)-sulfid
4,4'-Thio-bis-(6-tert.-butyl-2-methylphenol)	Bis-(5-(1,1-dimethylethyl)-4-hydroxy-2-methylphenyl)-sulfid
1,1'-Thiobis-(6-tert.-butyl-2-naphthol)	1,1'-Thiobis-(6-(1,1-dimethylethyl)-2-naphthol)
4,4'-Thio-bis-(6-tert.-butyl-o-kresol)	4,4'-Thio-bis-(6-1,1-dimethylethyl-2-methylhydroxybenzen)

Gebräuchlicher Name Handelsname	Substanzname
2,2'-Thiobis(4-tert.-pentylphenol)	2,2'-Thiobis[4-(1,1-dimethylpropyl)-1-hydroxybenzen
Thiocarb	Diethyldithiocarbamatsäure, Natriumsalz
Thiocarbamat	Bis-(dimethylthiocarbamoyl)-disulfid
Thiocarbamid	Thiokohlensäurediamid
Thiocarbamoyl	Bis-(dimethylthiocarbamoyl)-disulfid
Thiocarbanil	Isothiocyanatbenzen
Thiocarbanilid	N,N'-Diphenylthiokohlensäurediamid
1-1-Thiocarbanilide	N,N'-Diphenylthiokohlensäurediamid
p-Thiocresol	4-Methylbenzenthiol
(3-Thiocyanatpropyl)triethoxysilan	3-(Triethoxysilyl)propylthiocyanat
3,3'-Thiodi(dodecylpropionat)	4-Sulfo-heptandisäuredidodecylester
Thiodimethylenbis(trimethoxy)silan	Bis-(trimethoxysilyl-methyl)sulfid
2-Thio-3,5-dimethyltetrahydro-1,3,5-thiadiazin	3,5-Dimethyl-tetrahydro-2(H)-1,3,5-thiadiazin-2-thion
3,3'-Thiodipropionsäureditetradecylester, techn.	Thio-(prop-1-yl-3-säure-tetradecylester)-propan-3-säure-tetradecylester
Thiofaco M-50	2-Aminoethanol
Thiofaco T 35	2,2',2"-Trihydroxytriethylamin
Thiofid	Dibenzothiazyldisulfid
Thiofide	Dibenzothiazyldisulfid
Thioglykolsäure-2-ethylhexylester	2-Ethylhexylmercaptoacetat
Thioharnstoff	Thiokohlensäurediamid
2-Thioimidazolin	2-Imidazolidinthion
Thioknock	Bis-(dimethylthiocarbamoyl)-disulfid
4-Thiokresol	4-Methylbenzenthiol
p-Thiokresol	4-Methylbenzenthiol
Thiolite	Calciumsulfat
Thiolux	Schwefel
Thionex	1,1'-Thiobis(N,N-dimethylthio)formamid
Thionophosphorsäure-tris-[p-isocyanatophenyl]-ester	4-Isocyanatophenolphosphorothioatester
Thioperoxydicarbondiamid	1,1'-Dithiobis-(N,N-dibutylmethanthioamid)
Thioperoxydiphosphoräuretetra(2-propenyl)ester	Bis(di-2-propenyl)thiophosphoryl-disulfid
Thioperoxydiphosphorsäuretetrabutyl-ester	Bis(di-n-butyl)thiophosphoryl-disulfid
Thioperoxydiphosphorsäuretetracyclohexylester	Bis(di-cyclohexyl)thiophosphoryldisulfid
Thioperoxydiphosphorsäuretetramethylester	Bis-(dimethyl)-thiophosphoryldisulfid
Thiophal	N-(Trichlormethylsulfunyl)-phthalimid
Thiophosphorsäure-O,O',O"-tris-(4-isocyanato-phenyl)ester	4-Isocyanatophenolphosphorothioatester
Thiophosphorsäure-tris-(p-iso-cyanatophenyl)-ester	4-Isocyanatophenolphosphorothioatester
Thiosan	Bis-(dimethylthiocarbamoyl)-disulfid
Thiostop N	Dimethyldithiocarbaminsäure, Natriumsalz
Thiotax	2-Benzothiazolthiol
Thiotex	Bis-(dimethylthiocarbamoyl)-disulfid
4,4'-[Thio(thiocarbonyl)]dimorpholin	N-Oxydiethylendithiocarbamyl-N'-oxydiethylensulfenamid
Thiotox	Bis-(dimethylthiocarbamoyl)-disulfid
2-Thio-1,3,3-tributylharnstoff	1,1,3-Tributyl-2-thioharnstoff
Thiourea	Thiokohlensäurediamid
Thiovit	Schwefel
Thiram	Bis-(dimethylthiocarbamoyl)-disulfid
Thiram 75	Bis-(dimethylthiocarbamoyl)-disulfid
Thiram 80	Bis-(dimethylthiocarbamoyl)-disulfid

Gebräuchlicher Name Handelsname	Substanzname
Thiramad	Bis-(dimethylthiocarbamoyl)-disulfid
Thiram B	Bis-(dimethylthiocarbamoyl)-disulfid
Thirasan	Bis-(dimethylthiocarbamoyl)-disulfid
Thiulix	Bis-(dimethylthiocarbamoyl)-disulfid
Thiurad	Bis-(dimethylthiocarbamoyl)-disulfid
Thiuram	Bis-(dimethylthiocarbamoyl)-disulfid
Thiuram D	Bis-(dimethylthiocarbamoyl)-disulfid
Thiuram E	Bis(thiomethansäurediethylamid)-disulfid
Thiuramin	Bis-(dimethylthiocarbamoyl)-disulfid
Thiuram M	Bis-(dimethylthiocarbamoyl)-disulfid
Thiuram MM	1,1'-Thiobis(N,N-dimethylthio)formamid
Thiuram Ms/C	1,1'-Thiobis(N,N-dimethylthio)formamid
Thiuram MT	Bis-(piperidin-1-thiocarbonyl)-tetrasulfan
Thiuramyl	Bis-(dimethylthiocarbamoyl)-disulfid
Thiuranide	Bis(thiomethansäurediethylamid)-disulfid
Thornel 40	Graphit
THQ	N-(1-Methylethenyl)-benzenamin
L-threo-Hex-2-enonic acid, gamma-lactone	L-(+)-Ascorbinsäure
Threthylen	1,1,2-Trichlorethen
Threthylene	1,1,2-Trichlorethen
THU	Thiokohlensäurediamid
Thyalate	Bis-(dimethylthiocarbamoyl)-disulfid
Thylose	Carboxymethylcellulose
Thymiankampfer	2-Methyl-5-(1-methylethyl)hydroxybenzen
m-Thymol	2-Methyl-5-(1-methylethyl)hydroxybenzen
Thymol	2-Methyl-5-(1-methylethyl)hydroxybenzen
Thymylwasserstoff	1-Methyl-4-isopropylbenzen
Thyroidan	4,5-Dihydrothiazol-2-thiol
TIBTD	N,N,N',N'-Tetraisobutylthiuramdisulfid
Tigam	Bis-(dimethylthiocarbamoyl)-disulfid
Timonox	Antimon(III)-oxid
Tinolite	Aktivkohle
Tinon Blue RS	6,15-Dihydro-5,9,14,18-antrazintetron
Tinon Blue RSN	6,15-Dihydro-5,9,14,18-antrazintetron
Tin P	2-(2H-Benzotriazol-2-yl)-4-methylhydroxybenzen
Tinuvin 328	2-Benzotriazol-2-yl-4,6-bis-(2,2-dimethylpropyl)-hydroxybenzen
Tinuvin 320	2-(2H-Benzotriazol-2-yl)-4,6-bis-(1,1-dimethylethyl)-hydroxybenzen
Tinuvin 292	Decandicarbonsäure-di-(1,2,2,6,6-pentamethyl-4-piperidinyl)-ester
Tinuvin 765	Decandicarbonsäure-di-(1,2,2,6,6-pentamethyl-4-piperidinyl)-ester
Tinuvin P	2-(2H-Benzotriazol-2-yl)-4-methylhydroxybenzen
Tiofine	Titandioxid
Tione T.D.	Titandioxid
TIOTM	Tri-mellitsäure-tri-(iso-oktyl)-ester
Tipaque	Titandioxid
TIPTD	N,N,N',N',-Tetraisopropylthiuramdisulfid
Ti-Purei	Titandioxid
Tirampe	Bis-(dimethylthiocarbamoyl)-disulfid
Tisperse MB-58	Zink-2-mercaptobenzothiazol
Tisperse MB-2X	N,N'-Di-2-naphthyl-benzen-1,4-diamin

Gebräuchlicher Name Handelsname	Substanzname
Tisulac	L-(+)-2-Hydroxypropansäure
Titan	Titandioxid
Titandioxid Typ R2 (DIN 55912)	Rutil
Titania	Titandioxid
Titan(IV)-oxid	Rutil
Titan(IV)-oxid	Titandioxid
Titanox	Titandioxid
Titansäureanhydrid	Titandioxid
Titansäureanhydrid	Rutil
Titansäureanhydrid	Titandioxid
Titanweiß	Titandioxid
Titriplex II	Ethylendiamintetraessigsäure
Tiuram (Polish)	Bis-(dimethylthiocarbamoyl)-disulfid
Tiuramyl	Bis-(dimethylthiocarbamoyl)-disulfid
Tixoton	Bentonit
TK 1000	Polychlorethen
TKB	4-Nitroso-N-phenylbenzenamin
TKP	Phosphorsäuretrikresylester
TL 266	Hexahydro-N-nitrosopyridin
TL 78	1,6-Hexamethylendiisocyanat
TLF-3617	Hexamethoxymethylmelamin
TL4N	2-(2-Hydroxyethyl)-ethanol
TM 30	Aktivkohle
TM	1,2,4-Benzentricarboxylsäure-tri-2-propenylester
TMCH	(3,3,5-Trimethylcyclohexyliden)-bis-(tert.-butylperoxid)
TMCH-40-G	(3,3,5-Trimethylcyclohexyliden)-bis-(tert.-butylperoxid)
TMCH-40-IC	(3,3,5-Trimethylcyclohexyliden)-bis-(tert.-butylperoxid)
TMETD	Bis-(dimethylthiocarbamoyl)-disulfid
TM 1 (filler)	Calciumcarbonat
TMGF-II	1,4-Benzendicarbolsäure-bis[2-[(2-methyl-1-oxo-2-propenyl)oxy]-1-[[(2-methyl-1-oxo-2-propenyl)oxy]methyl]-ethyl]-ester
TMO2	2,4,6-Tris(1,1-dimethylethyl)hydroxybenzen
TMP	1,1,1-Tris-(hydroxymethyl)-propan
TMPT	2-Ethyl-2-hydroxymethyl-1,3-propandiol
TMPT DL 75	2-Ethyl-2-hydroxymethyl-1,3-propandiol
TMPTMA	2-Ethyl-2-hydroxymethyl-1,3-propandiol
TMQ	1,2-Dihydro-2,2,4-trimethylchinolin-Harz
TMSPT	3,3,14,14-Tetramethoxy-2,15-dioxa-7,8,9,10-tetrathia-3,14-disilahexadecan
TMTD	Bis-(dimethylthiocarbamoyl)-disulfid
Tmtds	Bis-(dimethylthiocarbamoyl)-disulfid
TMTM	1,1'-Thiobis(N,N-dimethylthio)formamid
TM 1, TM 1 (filler)	Calciumcarbonat
TMTS	S-Dimethylthiocarbomyl-N,N-dimethyl-thiohydroxylamin
TMTT	Bis(thiomethansäuredimethylamid)-tetrasulfid
TMTU	N,N,N',N'-Tetramethylthioharnstoff
TNB	1,3,5-Trinitrobenzen
TNK 2G5	Poly(imino(1-oxo-1,6-hexandiyl))
Tobermorit	Calciumsilikat

Gebräuchlicher Name Handelsname	Substanzname
(2R,4'R,8'R)-alpha-Tocopherol	(2R-(2R*(4R*,8R*)))-3,4-Dihydro-2,5,7,8-tetramethyl-2-(4,8,12-trimethyltridecyl)-2H-1-benzopyran-6-ol
(R,R,R)-alpha-Tocopherol	(2R-(2R*(4R*,8R*)))-3,4-Dihydro-2,5,7,8-tetramethyl-2-(4,8,12-trimethyltridecyl)-2H-1-benzopyran-6-ol
alpha-Tocopherol	(2R-(2R*(4R*,8R*)))-3,4-Dihydro-2,5,7,8-tetramethyl-2-(4,8,12-trimethyltridecyl)-2H-1-benzopyran-6-ol
Tocryl C 440	Polychlorethen
TOF	Phosphorsäuretrioctylester
TOF	Phosphorsäure-tri-(2-ethylhexyl)-ester
Tokopharm	(2R-(2R*(4R*,8R*)))-3,4-Dihydro-2,5,7,8-tetramethyl-2-(4,8,12-trimethyltridecyl)-2H-1-benzopyran-6-ol
2,4-Tolamin	2,4-Diaminomethylbenzen
Tolazolin	2-Benzyl-4,5-dihydro-1H-imidazol
Tolin	Methylbenzen
Tolpet	N-(Trichlormethylsulfunyl)-phthalimid
Tolpit 35	Pech
Toluen	Methylbenzen
2,4-Toluendiisocyanat	2,4-Diisocyanat-1-methylbenzen
o-Toluidin	2-Methylaminobenzen
Toluin	Methylbenzen
Toluol	Methylbenzen
1-o-Toluolbiguanidin	N-(2-Methylphenyl)-1,2-hydrazindicarboximidamid
o-Toluolbiguanidin	N-(2-Methylphenyl)-1,2-hydrazindicarboximidamid
Toluol-2,6,diamin	2-Methyl-1,3-benzendiamin
2,4-Toluoldiamin	2,4-Diaminomethylbenzen
2,4-Toluoldiisocyanat	2,4-Diisocyanat-1-methylbenzen
Toluol-2,4-diisocyanat	2,4-Diisocyanat-1-methylbenzen
p-Toluolsulfhydrazid	1,4-Methylbenzensulfonsäurehydrazid
p-Toluolsulfohydrazid	2-(4-Methylphenyl)-hydrazinsulfonsäure
4-(p-Toluolsulfonamido)diphenylamin	4-Methyl-N-[4-phenylamino-phenyl]-benzensulfonamid
Toluol-4-sulfonsäure-(4-anilinoanilid)	4-Methyl-N-[4-phenylamino-phenyl]-benzensulfonamid
p-Toluolsulfonsäurehydrazid	1,4-Methylbenzensulfonsäurehydrazid
p-Toluolsulfonsäurehydrazid	2-(4-Methylphenyl)-hydrazinsulfonsäure
p-Toluolsulfonsäure-zinksalz	4-Methylbenzensulfonsäure, Zinksalz
4-Toluolsulfonylhydrazin	1,4-Methylbenzensulfonsäurehydrazid
1-(p-Toluolsulfonyl)-semicarbazid	4-Methylbenzolsulfonsäure-carbamidsäure-hydrazid
4-Toluolthiol	4-Methylbenzenthiol
p-Toluolthiol	4-Methylbenzenthiol
Toluol-4-thiol	4-Methylbenzenthiol
2,4-Toluylendiamin	2,4-Diaminomethylbenzen
2,4-Toluylendiisocyanat	2,4-Diisocyanat-1-methylbenzen
Toluylen-2,4-diisocyanat	2,4-Diisocyanat-1-methylbenzen
Toluylendiisocyanat	2,4-Diisocyanat-1-methylbenzen
Tolyet	Ethenylmethylbenzen
o-Tolylamin	2-Methylaminobenzen
o-Tolylbiguanid	N-(2-Methylphenyl)-imidodicarbonimiddiamid

Gebräuchlicher Name Handelsname	Substanzname
o-Tolylbiguanidin	N-(2-Methylphenyl)-imidodicarbonimiddiamid
m-Tolylendiisocyanat	2,4-Diisocyanat-1-methylbenzen
4-Tolylmercaptan	4-Methylbenzenthiol
p-Tolyl-mercaptan	4-Methylbenzenthiol
Tolylwasserstoff	Methylbenzen
TOM	2,2,4-Trimethyl-2-pentanthiol
Tonaso	Calciumcarbonat
4B-Toner	Pigment Rot 57:1 (C.I. 15850:1)
Tonerde	Aluminiumoxid
Tonerde	Aluminiumtrihydrat
Toner Lake Red C	Pigment Rot 53:1 (C.I. 15585:1)
Tonmineral	Bentonit
Tonox	Bis-(4,4'-aminophenyl)-methan
Topane	(1,1'-Biphenyl)-2-ol, Natriumsalz
Topanol	2,6-Di-(1,1-dimethylethyl)-4-methylhydroxybenzen
Topanol AN	2,6-Di-(1,1-dimethylethyl)-4-methylhydroxybenzen
Topanol CA	1,1,3-Tris(5-tert.-butyl-4-hydroxy-2-methylphenyl)-butan
Topanol KA	1,1,3-Tris(5-tert.-butyl-4-hydroxy-2-methylphenyl)-butan
Topanol M	N,N'-Bis-(1-methylpropyl)-1,4-phenylendiamin
Topanol O	2,6-Di-(1,1-dimethylethyl)-4-methylhydroxybenzen
Topanol OC	2,6-Di-(1,1-dimethylethyl)-4-methylhydroxybenzen
Topfstein	Magnesiumsilikathydrat
Torayca N 6	Poly(imino(1-oxo-1,6-hexandiyl))
Torch brand	Aktivkohle
Torex G	Polymethacrylsäuremethylester
Tosylhydrazin	1,4-Methylbenzensulfonsäurehydrazid
TOTM	1,2,4-Benzentricarbonsäure-tris-(2-ethylhexylester)
Toxilsäure	cis-Butendisäure
Toyofine A	Calciumsilikat
Toyofine TF-X	Calciumcarbonat
TP-95	Hexandicarbonsäure-bis-[2-(2-butoxy-ethoxy)-ethyl]ester
TP 1	Calciumcarbonat
TP 121	Calciumcarbonat
TP 222	Calciumcarbonat
TPB	Dodecylbenzen
TP 121 (filler)	Calciumcarbonat
TP 121 H	Calciumcarbonat
TP 222 HS	Calciumcarbonat
TPNL	1,1,3-Tris(5-tert.-butyl-4-hydroxy-2-methylphenyl)-butan
TPP	Phosphorsäuretriphenylester
TPTA	2-Ethyl-2-hydroxymethyl-1,3-propandiol
TR-700	Rutil
TR 201	Phenylethen-Butadien-Copolymer
Trametan	Bis-(dimethylthiocarbamoyl)-disulfid
trans-Butendisäure	trans-Butendisäure
Translink	Aluminiumsilikathydrat

Gebräuchlicher Name Handelsname	Substanzname
Transparent Bronze Scarlet	Pigment Rot 53:1 (C.I. 15585:1)
Trans-1,4-polyisopren	Poly-2-methyl-1,3-butadien
Travex	Natriumchlorat
Treibmittel BSH	Benzensulfonsäurehydrazid
Tremin	Calciummetasilikat
Trepenol WA	Schwefelsäuredodecylester, Natriumsalz
Trespaphan	Polypropylen, isotaktisch
Trespaphan CEA	Polypropylen, isotaktisch
Trespaphan N 12	Polypropylen, isotaktisch
Trethylen	1,1,2-Trichlorethen
Trethylene	1,1,2-Trichlorethen
1,1,3,3-Tretramethyl-2-thioharnstoff	N,N,N',N'-Tetramethylthioharnstoff
Tri	1,1,2-Trichlorethen
Triacit 20	6,6'-Dithiobis(N,N,N'-triethyl)-1,3,5-triazin-2,4-diamin
Triad	1,1,2-Trichlorethen
Trial	1,1,2-Trichlorethen
Triallylcitrat	3-Allyloxycarbonyl-3-hydroxy-pentandisäure-diallylester
Triallylcyanurat	2,4,6-Triallyloxy-1,3,5-triazin
Triallylisocyansäure	1,3,5-Triallyl-1,3,5-triazin-2,4,6-trion
Triallylisocyanurat	1,3,5-Triallyl-1,3,5-triazin-2,4,6-trion
2,4,6-Triallyloxy-s-triazin	2,4,6-Triallyloxy-1,3,5-triazin
Triallylphosphat	Phosphorsäuretri-2-propenylester
Triallyl-s-triazin-2,4,6(1H,3H,5H)-trion	1,3,5-Triallyl-1,3,5-triazin-2,4,6-trion
Triallyltrimelliat	1,2,4-Benzentricarboxylsäure-tri-2-propenylester
Triam 705	1,2,4-Benzentricarboxylsäure-tri-2-propenylester
Triangle	Aktivkohle
Triaquaaluminium	Aluminiumtrihydrat
Triasol	1,1,2-Trichlorethen
1,3,5-Triazin-2,4,6(1H,3H,3H)-trithion	2,4,6-Trimercapto-S-triazin
1,3,5-Triazin-2,4,6-triamin, Polymer mit Formaldehyd	Melamin-Formaldehyd-Copolymer
Tribleitetroxid	Blei(II,IV)-oxid
1,1,3-Tributyl-S-methyl-isothioharnstoff	N,N,N'-Tributyl-S-methyl-thioharnstoff
1,1,3-Tributylthioharnstoff	1,1,3-Tributyl-2-thioharnstoff
N,N,N'-Tributylthioharnstoff	1,1,3-Tributyl-2-thioharnstoff
Tributylthioharnstoff	1,1,3-Tributyl-2-thioharnstoff
Tricarbamix Z	N,N-Dimethyldithiocarbaminsäure, Zinksalz
Trichloorethyleen	1,1,2-Trichlorethen
Trichloran	1,1,2-Trichlorethen
Trichloren	1,1,2-Trichlorethen
alpha-Trichlorethan	1,1,1-Trichlorethan
2,2,2-Trichlorethanoldihydrogenphosphat	Phosphorsäure-2,2,2-trichlorethylester
Trichlorethylen	1,1,2-Trichlorethen
2,2,2-Trichlorethylphosphat	Phosphorsäure-2,2,2-trichlorethylester
Trichlorethylphosphat	Phosphorsäure-2,2,2-trichlorethylester
Trichlormethan	Trichlormethan
2-Trichlormethylsulfanyl-3a,4,7,7a-tetrahydroisoindol-1,3-dion	N-(Trichlormethylthio)-4-cyclohexen-1,2-dicarboximid
N-Trichlormethylthio-3a,4,7,7a-tetrahydrophthalimid	N-(Trichlormethylthio)-4-cyclohexen-1,2-dicarboximid
N-((Trichlormethyl)thio)-4-cyclohexen-1,2-	N-(Trichlormethylthio)-4-cyclohexen-1,2-

Gebräuchlicher Name Handelsname	Substanzname
dicarboximid	dicarboximid
N-Trichlormethylthio)cyclohex-4-en-1,2-dicarboximid	N-(Trichlormethylthio)-4-cyclohexen-1,2-dicarboximid
2-((Trichlormethyl)thio)-1H-isoindol-1,3(2H)-dion	N-(Trichlormethylsulfunyl)-phthalimid
N-(Trichlor-methylthiol)-phthalimid	N-(Trichlormethylthio)-4-cyclohexen-1,2-dicarboximid
N-(Trichlormethylthio)phthalimid	N-(Trichlormethylsulfunyl)-phthalimid
Trichlormethylthiosulfanilid	N-Phenyl-N-[(trichlormethyl)thiol]-benzensulfonamid
Trichlormethylthio-1,2,5,6-tetrahydrophthalamid	N-(Trichlormethylthio)-4-cyclohexen-1,2-dicarboximid
N-((Trichlormethyl)thio)tetrahydrophthalimid	N-(Trichlormethylthio)-4-cyclohexen-1,2-dicarboximid
Trichloroethen	1,1,2-Trichlorethen
1,1,2-Trichloroethylen	1,1,2-Trichlorethen
1,2,2-Trichloroethylen	1,1,2-Trichlorethen
Trichloroethylen	1,1,2-Trichlorethen
N-Trichloromethylmercapto-4-cyclohexen-1,2-dicarboximid	N-(Trichlormethylthio)-4-cyclohexen-1,2-dicarboximid
N-(Trichloromethylmercapto)-delta(sup4)-tetrahydrophthalimid	N-(Trichlormethylthio)-4-cyclohexen-1,2-dicarboximid
N-Trichloromethylthio-cis-delta(sup4)-cyclohexen-1,2-dicarboximid	N-(Trichlormethylthio)-4-cyclohexen-1,2-dicarboximid
N-Trichloromethylthiocyclohex-4-en-1,2-dicarboximid	N-(Trichlormethylthio)-4-cyclohexen-1,2-dicarboximid
2,3,5-Trichlorthiophenol	2,3,5-Tichlorbenzenthiol
Tri-clene	1,1,2-Trichlorethen
Triclene	1,1,2-Trichlorethen
Triclofos	Phosphorsäure-2,2,2-trichlorethylester
Tricolamin	2,2',2"-Trihydroxytriethylamin
Tricresylphosphat	Phosphorsäuretrikresylester
Tricyclo-[5.2.1.0(2,6)]deca-3,8-dien	4,7-Methylen-4,7,8,9-tetrahydroinden
Tridecyl-mercaptan	1-Tridecanthiol
Tridekan	n-Tridecan
Tridymit	Silicium(IV)-oxid, amorph
Tridymit	Silicium(IV)-oxid
TriEDMA	1,2-Bis-[2-methacryloyl-oxy-ethoxy]-ethan
Trielene	1,1,2-Trichlorethen
Trieline	1,1,2-Trichlorethen
Triester mit Triethylene-Glykol	1,2-Bis-[2-methacryloyl-oxy-ethoxy]-ethan
Triethanolamin	2,2',2"-Trihydroxytriethylamin
Triethoxy-(3-aminopropyl)silan	3-Aminopropyltriethoxysilan
3-Triethoxysilanyl-propylamin	3-Aminopropyltriethoxysilan
Triethoxysilyl-methylchlorid	Triethoxy-chlormethylsilan
3-(Triethoxysilyl)-propylamin	3-Aminopropyltriethoxysilan
Triethylamin	2,2',2"-Trihydroxytriethylamin
N,N',N''-Triethyl-cyclotrimethylentriamin	1,3,5-Triethylhexahydro-1,3,5-triazin
Triethylene-dimethacrylat	1,2-Bis-[2-methacryloyl-oxy-ethoxy]-ethan
Triethylenglykoldimethacrylat	1,2-Bis-[2-methacryloyl-oxy-ethoxy]-ethan
Triethylentetramin	N,N'-Bis-(2-aminoethyl)-ethylendiamin
1,3,5-Triethylhexahydro-s-triazin	1,3,5-Triethylhexahydro-1,3,5-triazin
Tri-(2-ethylhexyl)-phosphat	Phosphorsäure-tri-(2-ethylhexyl)-ester
Tri-(2-ethylhexyl)-trimelliat	1,2,4-Benzentricarbonsäure-tris-(2-ethylhexylester)

Gebräuchlicher Name Handelsname	Substanzname
Triethyloamin	2,2',2"-Trihydroxytriethylamin
Triethyltrimethylentriamin	1,3,5-Triethylhexahydro-1,3,5-triazin
Trifluorchlorethylen, stabilisiert	Chlortrifluorethylen
Trifluorvinylchlorid	Chlortrifluorethylen
Triganox XQ8	2,5-Di-(1,1-dimethylethylperoxy)-2,5-dimethylhexan
Trigonox 29/40	(3,3,5-Trimethylcyclohexyliden)-bis-(tert.-butylperoxid)
Trigonox 29140	(3,3,5-Trimethylcyclohexyliden)-bis-(tert.-butylperoxid)
Trigonox 17/40	4,4-Bis-[(1,1-dimethylethyl)dioxyl]-pentansäurebutylester
Trigonox B	Bis-(1,1-dimethylethyl)peroxid
Trigonox 29B50	(3,3,5-Trimethylcyclohexyliden)-bis-(tert.-butylperoxid)
Trigonox 29B75	(3,3,5-Trimethylcyclohexyliden)-bis-(tert.-butylperoxid)
Trigonox C	Perbenzoesäure-1,1-dimethylethylester
Trigonox C-U 50	Perbenzoesäure-1,1-dimethylethylester
Trigonox 22-E75	1,1-Bis-(1,1-dimethylethyl-peroxy)cyclohexan
Trihyde	Aluminiumhydroxid-hydrat
Trihydrazino-1,3,5-triazin	2,4,6-Trihydrazino-1,3,5-triazin
Trihydroxyaluminium	Aluminiumhydroxid-hydrat
3,4,5-Trihydroxybenzoesäure Monohydrat	3,4,5-Trihydroxybenzencarbonsäure, Monohydrat
1,3,5-Trihydroxybenzol	1,3,5-Trihydroxybenzen-2-hydrat
1,3,5-Trihydroxybenzol Dihydrat	1,3,5-Trihydroxybenzen-2-hydrat
Trihydroxypropan	Propantriol
Trihydroxytriethylamin	2,2',2"-Trihydroxytriethylamin
Tri-iso-oktyl-tri-melliat	Tri-mellitsäure-tri-(iso-oktyl)-ester
Tri-iso-oktyltrimelliat	Tri-mellitsäure-tri-(iso-oktyl)-ester
Triklone	1,1,2-Trichlorethen
Trikresylphosphat	Phosphorsäuretrikresylester
Trilene 66	Ethylen-Propylen-Ethyliden-Norbornen
Trilene 67	Ethylen-Propylen-Ethyliden-Norbornen
Trilene 68	Ethylen-Propylen-Ethyliden-Norbornen
Trilene	1,1,2-Trichlorethen
Trilene CP80	Ethylen-Propylen-Copolymer
Trilene M-201	Ethylen-Propylen Terpolymer (maleic modifiziert)
Trilene 55, Trilene 65	Ethylen-Propylen-Dicyclopentadien-Terpolymer
Trilon B	Ethylendiamintetraessigsäure
Trilon BS	Ethylendiamintetraessigsäure
TRIM	2-Ethyl-2-hydroxymethyl-1,3-propandiol
Trimar	1,1,2-Trichlorethen
L810 Trimellitate	1,2,4-Benzentricarbonsäuredecyloctylester
Trimellitsäure-(2-ethylhexyl)-ester	1,2,4-Benzentricarbonsäure-tris-(2-ethylhexylester)
Trimellitsäuretri-"octyl"-ester	1,2,4-Benzentricarbonsäure-tris-(2-ethylhexylester)
Trimethoxymethylsilan	Methyltrimethoxysilan
Trimethoxy-[3-(oxiranylmethoxy)propyl]silan	[3-(2,3-Epoxypropoxy)propyl]-trimethoxysilan
Trimethoxysilylpropanthiol	3-(Trimethoxysilyl)-1-propanthiol
N-[3-(Trimethoxysilyl)-propyl-ethylendiamin	N-[3-(Trimethoxysilyl)propyl]-1,2-ethandiamin
3-(Trimethoxysilyl)-propylmercaptan	3-(Trimethoxysilyl)-1-propanthiol

Gebräuchlicher Name Handelsname	Substanzname
3-(Trimethoxysilyl)-propylmethacrylat	2-Methyl-2-propensäure-(3-trimethoxysilylpropyl)-ester
Trimethylaminomethan	3-Butylamin
4,4',4"-[(2,4,6-Trimethyl-1,3,5-benzoltriyl)tris-(methylen)]-tris[2,6-bis(1,1-dimethylethyl)-phenol]	[(2,4,6-Trimethyl-1,3,5-benzentriyl)tris(methylen)]-4,4',4''-tris[2,6-di(1,1-dimethylethyl]-hydroxybenzen
2,6,6-Trimethylbicyclo-[3,1,1]-2-hepten	2,6,6-Trimethylbicyclo-[3,1,1]-hept-2-en
[3,3,5-Trimethylcyclohexyliden)-bis-[1,1-dimethylethyl)-peroxid]	(3,3,5-Trimethylcyclohexyliden)-bis-(tert.-butylperoxid)
2,2,4-Trimethyl-1,2-dihydro-chinolin	1,2-Dihydro-2,2,4-trimethyl-chinolin
2,2,4-Trimethyl-1,2-dihydrochinolin Polymer	1,2-Dihydro-2,2,4-trimethylchinolin-Harz
Trimethyldihydrochinolin Polymer	1,2-Dihydro-2,2,4-trimethylchinolin-Harz
Trimethyldihydrochinolin-Polymer	1,2-Dihydro-2,2,4-trimethylchinolin-Harz
2,2,4-Trimethyl-1,2-dihydro-6-ethoxychinolin	6-Ethoxyl-1,2-dihydro-2,2,4-trimethy-chinolin
2,2,4-Trimethyl-1,2-dihydro-quinolin	1,2-Dihydro-2,2,4-trimethyl-chinolin
1,1,3-Tri-(2-methyl-4-hydroxy-5-tert.-butyl-phenylbutan)	1,1,3-Tris(5-tert.-butyl-4-hydroxy-2-methylphenyl)-butan
Trimethylmethan	2-Methylpropan
1,1,1-Trimethyl-N-(trimethylsilyl)-silanamin	1,1,1,3,3,3-Hexamethyldisilazan
Trimethylolethylmethan	1,1,1-Tris-(hydroxymethyl)-propan
Trimethylolpropan	1,1,1-Tris-(hydroxymethyl)-propan
1,1,1-Trimethylolpropan-trimethacrylat	2-Ethyl-2-hydroxymethyl-1,3-propandiol
Trimethylolpropan-tri(meth)acrylat	2-Ethyl-2-hydroxymethyl-1,3-propandiol
2,2,4-Trimethyl-1,3-pentadiol-di-iso-butyrat	1-(Methylethyl)-2,2-dimethyltrimethylen-(2-methylpropyl)säureester
2,2,4-Trimethylpentandiol-1,3-diisobutyrat	1-(Methylethyl)-2,2-dimethyltrimethylen-(2-methylpropyl)säureester
2,4,4-Trimethylpentan-2-thiol	2,2,4-Trimethyl-2-pentanthiol
1,1,3-Trimethyl-3-phenyl-indan	1-Phenyl-1,3,3-trimethylindan
alpha-(Trimethylsily)-omega-methyl-poly-[oxy(dimethylsilylen)]	Dimethylpolysiloxan
alpha,alpha',alpha"-(2,4,6-Trimethyl-s-phenenyl)-tris-(2,6-di-tert.-butyl-p-cresol)	[(2,4,6-Trimethyl-1,3,5-benzentriyl)tris(methylen)]-4,4',4''-tris[2,6-di(1,1-dimethylethyl]-hydroxybenzen
1,1,3-Trimethyl-2-thioharnstoff	N,N,N'-Trimethyl-diamino-thiomethanon
Trimethylthioharnstoff	N,N,N'-Trimethyl-diamino-thiomethanon
N-(Trimethylthio)succinimid	N- Trichlormethansulfenylsuccinimid
5,7,8-Trimethyl-tocol	(2R-(2R*(4R*,8R*)))-3,4-Dihydro-2,5,7,8-tetramethyl-2-(4,8,12-trimethyltridecyl)-2H-1-benzopyran-6-ol
5,7,8-Trimethyltocol	(2R-(2R*(4R*,8R*)))-3,4-Dihydro-2,5,7,8-tetramethyl-2-(4,8,12-trimethyltridecyl)-2H-1-benzopyran-6-ol
1,3,5-Trimethyl-2,4,6-tris-(3,5-di-tert.-butyl-4-hydroxybenzyl)-benzol	[(2,4,6-Trimethyl-1,3,5-benzentriyl)tris(methylen)]-4,4',4''-tris[2,6-di(1,1-dimethylethyl]-hydroxybenzen
Trimex T08	1,2,4-Benzentricarbonsäure-tris-(2-ethylhexylester)
Trinitrobenzol	1,3,5-Trinitrobenzen
Trinitrobenzol angefeuchtet mit 30 oder mehr Gew.-% Wasser	1,3,5-Trinitrobenzen
Trinksprit	Ethanol
Tri(nonylphenyl)phosphit	Phosphorigesäure-tri(nonylphenyl)ester
Trioctylphosphat	Phosphorsäuretrioctylester
Trioctylphosphat	Phosphorsäure-tri-(2-ethylhexyl)-ester

Gebräuchlicher Name Handelsname	Substanzname
Trioctyltrimelliat	1,2,4-Benzentricarbonsäure-tris-(2-ethylhexylester)
Trioktylphosphat	Phosphorsäure-tri-(2-ethylhexyl)-ester
Triol	1,1,2-Trichlorethen
Trioxid	Titandioxid
s-Trioxybenzol Dihydrat	1,3,5-Trihydroxybenzen-2-hydrat
"Trioxyl"-phosphat	Phosphorsäure-tri-(2-ethylhexyl)-ester
Trioxypropan	Propantriol
Trioxytriethylamin	2,2',2"-Trihydroxytriethylamin
Tripdipam	Bis-(dimethylthiocarbamoyl)-disulfid
Triphenyl	1,4-Diphenylbenzen
Triphenylarsenit	Arsensäuretriphenylester
Triphenylen	9,10-Benzophenanthren
N,N',N''-Triphenylguanidin	1,2,3-Triphenylguanidin
N,N,N'-Triphenylguanidin	1,1,3-Triphenylguanidin
Triphenylguanidin	1,1,3-Triphenylguanidin
Triphenylmelamin	N,N',N"-Triphenyl-(1,3,5)-triazin-2,4,6-triamin
Triphenylmethantriisocyanat	Triphenylmethan-4,4',4"-triisocyanat
Triphenylphosphat	Phosphorsäuretriphenylester
Tri-p-kresylphosphat	Phosphorsäuretrikresylester
Tri-plus	1,1,2-Trichlorethen
Tri-plus M	1,1,2-Trichlorethen
Tripomol	Bis-(dimethylthiocarbamoyl)-disulfid
Tripropargylcyanurat	2,4,6-Triallyloxy-1,3,5-triazin
1,3,5-Tri-2-propenyl-1,3,5-triazin-2,4,6 (1H,3H,5H)-trion	1,3,5-Triallyl-1,3,5-triazin-2,4,6-trion
2,4,6-Triprop-2-ynyloxy-s-triazin	2,4,6-Triallyloxy-1,3,5-triazin
TRIS	Tris-(2,3-dibromopropyl)-phosphat
Trisalkofen BMB	1,1,3-Tris(5-tert.-butyl-4-hydroxy-2-methylphenyl)-butan
2,4,6-Tris(allyloxy)-1,3,5-triazin	2,4,6-Triallyloxy-1,3,5-triazin
2,4,6-Tris(allyloxy)triazin	2,4,6-Triallyloxy-1,3,5-triazin
Tris-BP	Tris-(2,3-dibromopropyl)-phosphat
Triscabol	N,N-Dimethyldithiocarbaminsäure, Zinksalz
Tris(diethylcarbamodithioato-S,S')-bismut	N,N-Diethyldithiocarbaminsäure, Bismutsalz
Tris-(dimethylcarbamodithioato-S,S')-bismut	Dimethyldithiocarbaminsäure, Bismutsalz
2,4,6-Tris-(1,1-dimethylethyl)-phenol	2,4,6-Tris(1,1-dimethylethyl)hydroxybenzen
Tris(3,5-di-t-butyl-4-hydroxybenzyl)isocyanurat	1,3,5-Tris[(3,5-bis-(1,1-dimethylethyl)-4hydroxyphenyl)-methyl]-1,3,5-triazin-2,4,6-(1H,3H,5H)-trion
2,4,6-Tris-(1,3,5-di-tert.-butyl-4-hydroxybenzyl)-benzen	[(2,4,6-Trimethyl-1,3,5-benzentriyl)tris(methylen)]-4,4',4''-tris[2,6-di(1,1-dimethylethyl]-hydroxybenzen
1,3,5-Tris(3,5-di-tert.-butyl-4-hydroxybenzyl)-s-triazin-2,4,6-(1H,3H,5H)-trion	1,3,5-Tris[(3,5-bis-(1,1-dimethylethyl)-4hydroxyphenyl)-methyl]-1,3,5-triazin-2,4,6-(1H,3H,5H)-trion
1,3,5-Tris-(3,5-di-tert.-butyl-4-hydroxy-benzyl)-[1,3,5]-triazin-2,4,6-trion	1,3,5-Tris[(3,5-bis-(1,1-dimethylethyl)-4hydroxyphenyl)-methyl]-1,3,5-triazin-2,4,6-(1H,3H,5H)-trion
1,3,5-Tris(ethyl)-hexahydro-s-triazin	1,3,5-Triethylhexahydro-1,3,5-triazin
Tris-(2-ethylhexyl)-phosphat	Phosphorsäure-tri-(2-ethylhexyl)-ester
Tris-(2-hydroxyethyl)-amin	2,2',2"-Trihydroxytriethylamin
Tris-[2-hydroxy-ethyl]-amin	2,2',2"-Trihydroxytriethylamin
1,1,1-Tris-(hydroxymethyl)-propan-trimethacrylat	2-Ethyl-2-hydroxymethyl-1,3-propandiol

Gebräuchlicher Name Handelsname	Substanzname
Trisilicalm	Magnesiumsilikat
Tris-[4-isocyanato-phenyl]-methan	Triphenylmethan-4,4',4"-triisocyanat
Tris(2-methoxyethoxy)vinylsilan	6-Ethenyl-6-(2-methoxy-ethoxy)-2,5,7,10-tetraoxa-6-silaundecan
1,1,3-Tris-(2-methyl-4-hydroxy-5-t-butylphenyl)-butan	1,1,3-Tris(5-tert.-butyl-4-hydroxy-2-methylphenyl)-butan
Tris-1,1,3-(2'-methyl-4'-hydroxy-5'-tert.-butylphenyl)-butan	1,1,3-Tris(5-tert.-butyl-4-hydroxy-2-methylphenyl)-butan
Tris(2,4)-pentandionato-eisen	Eisenacetylacetonat
Tris(2,4-pentandionato-O,O)-(OC-6-II)-eisen	Eisenacetylacetonat
Trisphenylphosphit, di-nonyliert	Phosphorigesäure-tri(nonylphenyl)ester
Trisphenylphosphit, mono-nonyliert	Phosphorigesäure-dinonylphenyl-di(nonylphenyl)triester
Tris-(p-isocyanatophenyl)thiophosphat	4-Isocyanatophenolphosphorothioatester
2,4,6-Tri-tert.-butylphenol	2,4,6-Tris(1,1-dimethylethyl)hydroxybenzen
Trithiocyanursäure	2,4,6-Trimercapto-S-triazin
1,2-Trithio-dicarbonsäure-bis-dibutylamid	1,1-Bis(dithiosäure-dibutylamid)-sulfid
Trithio-peroxy-4-morpholincarboxylsäure-2-benzothiazolylester	N-Oxydiethylenthiocarbamyl-1-benzothiyzyldisulfid
Tritylen	Propen
Trixylenylphosphat	Dimethylphenolphosphat (3:1)
Trixylylphosphat	Dimethylphenolphosphat (3:1)
Trolamine	2,2',2"-Trihydroxytriethylamin
Trolen	Polyethylen
Trolit	Ethylcellulose
Tronex	Titandioxid
Trovidur	Polychlorethen
Trovidur N	Polychlorethen
Trovidur PE	Polyethylen
Trovithern HTL	Polychlorethen
Troysan 142	3,5-Dimethyl-tetrahydro-2(H)-1,3,5-thiadiazin-2-thion
Truflex DOA	Hexandicarbonsäure-bis-2-ethylhexylester
Truflex DOP	Benzen-1,2-dicarbonsäuredi-2-ethylhexylester
Truflex DOX	Nonandisäure-bis-[2-ethylhexylester]
TS 1100	Polychlorethen
TSH	1,4-Methylbenzensulfonsäurehydrazid
Tsimat	N,N-Dimethyldithiocarbaminsäure, Zinksalz
Tsizp 34	Thiokohlensäurediamid
TTD	Bis(thiomethansäurediethylamid)-disulfid
TTS	Bis(thiomethansäurediethylamid)-disulfid
TU	Thiokohlensäurediamid
Tuads	Bis-(dimethylthiocarbamoyl)-disulfid
Tuex	Bis-(dimethylthiocarbamoyl)-disulfid
Tuff-lite	Polypropylen, isotaktisch
Tulisan	Bis-(dimethylthiocarbamoyl)-disulfid
2,6-Tulylendiamin	2-Methyl-1,3-benzendiamin
Tum bleat	Natriumchlorat
Türkisches Rot	Eisen(III)-oxid
TVM 474	Schwefelsäuredodecylester, Natriumsalz
TXIB	1-(Methylethyl)-2,2-dimethyltrimethylen-(2-methylpropyl)säureester
TXP	Dimethylphenolphosphat (3:1)
TY 80	Magnesiumsilikathydrat
Tylac 68-322	Phenylethen-Butadien-Copolymer

Gebräuchlicher Name Handelsname	Substanzname
Tylac 68-522	Phenylethen-Butadien-Copolymer
Tyox B	4-Sulfo-heptandisäuredidodecylester
Tyrian Blue I-RSN	6,15-Dihydro-5,9,14,18-antrazintetron
Tyrian Brilliant Blue I-R	6,15-Dihydro-5,9,14,18-antrazintetron
Tyrin	Polyethylen
Tyvek	Polyethylen
U-1149	trans-Butendisäure
C-1010u	Polydimethylsiloxan-Kautschuk
C-1018u	Polydimethylsiloxan-Kautschuk
C-780U	Polydimethylsiloxan-Kautschuk
U-4224	N,N-Dimethylmethanamid
U 1	Polychlorethen
UBE 1022B	Poly(imino(1-oxo-1,6-hexandiyl))
überschwefelsaures Kalium	Kaliumperoxodisulfat
Ucar 17	Ethandiol
Ucar 38	Graphit
UCARA-174	2-Methyl-2-propensäure-(3-trimethoxysilylpropyl)-ester
UCARA-189	3-(Trimethoxysilyl)-1-propanthiol
Ucar butylphenol 4-T	4-(1,1-Dimethylethyl)-hydroxybenzen
Ucar butylphenol 4-T flake	4-(1,1-Dimethylethyl)-hydroxybenzen
Ucar 4 C	alpha-Hydro-w-hydroxypoly-(oxy-1,2-ethandiyl)
UCC 974	3,5-Dimethyl-tetrahydro-2(H)-1,3,5-thiadiazin-2-thion
Ucet	Aktivkohle
UF1	2,4-Dihydroxybenzophenon
Uformite 27-801	Melamin-Formaldehyd-Copolymer
Uformite 27-803	Melamin-Formaldehyd-Copolymer
Uformite 27-804	Melamin-Formaldehyd-Copolymer
Ukarb	Aktivkohle
Ulstron	Polypropylen, isotaktisch
Ultimaweiß	Petrolatum
Ultra-Brillant Blue P	N,N-Dimethyl-4-nitrosoanilin
Ultral 7	Paraffin, C10-C13
Ultramarin	Pigment Blau 29 (C.I. 77007)
Ultramarinblau	Pigment Blau 29 (C.I. 77007)
Ultramarin Blau L 6398	Pigment Blau 29 (C.I. 77007)
Ultramaringrün	Chrom(III)-oxid
Ultramarin-Rosa	Polysulfid-Natrium-Aluminium-Silikat
Ultramarin Violett 5791	Polysulfid-Natrium-Aluminium-Silikat
Ultramarin-Violett	Polysulfid-Natrium-Aluminium-Silikat
Ultramid B 3	Poly(imino(1-oxo-1,6-hexandiyl))
Ultramid B 4	Poly(imino(1-oxo-1,6-hexandiyl))
Ultramid B 5	Poly(imino(1-oxo-1,6-hexandiyl))
Ultramid BMK	Poly(imino(1-oxo-1,6-hexandiyl))
Ultra-pflex	Calciumcarbonat
Ultrasil	Silicium(IV)-oxid
Ultrasil VN2	Silicium(IV)-oxid, amorph
Ultrasil VN3	Silicium(IV)-oxid, amorph
Ultrasil VN2 GR	Silicium(IV)-oxid, amorph
Ultrasil VN3 GR	Silicium(IV)-oxid, amorph
Ultra sulfate SL-1	Schwefelsäuredodecylester, Natriumsalz
Ultrathene	Ethylen-Vinylacetat-Copolymer
Ultrawet DS	Benzensulfonsäuredecylester, Natriumsalz
Ultron	Polychlorethen

Gebräuchlicher Name Handelsname	Substanzname
UN 1454	Calciumnitrat
UN1504	Natriumperoxid
UN 1369	N,N-Dimethyl-4-nitrosoanilin
UN 3023	2,2,4-Trimethyl-2-pentanthiol
Unads	1,1'-Thiobis(N,N-dimethylthio)formamid
Unal	4-Aminohydroxybenzen
1-Undecancarbonsäure	Dodecansäure
ungelöschter Kalk	Calciumoxid
Unibaryt	Bariumsulfat
Unibur 70	Calciumcarbonat
Unicel 100	3,7-Dinitroso-1,3,5,7-tetraazabicyclo[3,3,1]nonan
Unicel ND	3,7-Dinitroso-1,3,5,7-tetraazabicyclo[3,3,1]nonan
Unicel NDX	3,7-Dinitroso-1,3,5,7-tetraazabicyclo[3,3,1]nonan
Unichem	Polychlorethen
Unichem ZO	Zinkoxid
Unichlor	Chlorparaffin
Unichlor 50	Chlorparaffin
Uniflex	Benzen-1,2-dicarbonsäurediethylester
Uniflex DOA	Hexandicarbonsäure-bis-2-ethylhexylester
Unifoam AZ	Diazendicarboxamid
Unifor H	1,4-Methylbenzensulfonsäurehydrazid
Uniform AZ	Diazendicarboxamid
Unifos DYOB S	Polyethylen
Unifos EFD 0118	Polyethylen
Uni-Guar	Guargummi
Unimoll 66	Benzen-1,2-dicarbonsäuredicyclohexylester
Unimoll BB	Benzen-1,2-dicarbonsäure-di-tert.-butylester
Unimoll DA	Benzen-1,2-dicarbonsäurediethylester
Union Carbide	Dimethylpolysiloxan
Union-Carbide A-163	Methyltrimethoxysilan
Union Carbide A-187	[3-(2,3-Epoxypropoxy)propyl]-trimethoxysilan
Union Carbide A-174	2-Methyl-2-propensäure-(3-trimethoxysilylpropyl)-ester
Union carbide A-189	3-(Trimethoxysilyl)-1-propanthiol
Unitana	Titandioxid
Unitan OR	Rutil
United	Aktivkohle
Unitol CX	Tallöl
Unitol DT 40	Tallöl
Univerm	Tetrachlormethan
Univol U-314	Dodecansäure
UNO 214	1,3,5-Trinitrobenzen
UO 28	Benzen-1,2-dicarbonsäuredi-2-ethylhexylester
UOP 288	N,N'-Bis-(1-methylheptyl)-1,4-phenylendiamin
UOP-19	2,6-Di-(1,1-dimethylethyl)-4-methylhydroxybenzen
UOP 88	N,N'-Bis-(1-ethyl-3-methylpentyl)-1,4-benzendiamin
UOP 688	N-(1-Methylheptyl)-N'-phenyl-benzen-1,4-diamin
UOP 788	N,N'-Bis-(1,4-dimethylpentyl)-benzen-1,4-diamin

Gebräuchlicher Name Handelsname	Substanzname
UOP 26	N,N'-Dicyclohexyl-benzen-1,4-diamin
UOP 588	N-(1,3-Dimethylbutyl)-N'-phenyl-1,4-benzendiamin
UOP No. 7	2,6-Di-(1,1-dimethylethyl)-4-methylhydroxybenzen
UP 1E	Phenylethen-Butadien-Copolymer
Urads	1,1'-Thiobis(N,N-dimethylthio)formamid
Uramin	1,3,5,7-Tetraazatricyclo-(3.3.1.1(3,7))-decan
Uramine MC	Calciumchlorid
Urania 2	Tetrachlorethen
Uratun	1,3,5,7-Tetraazatricyclo-(3.3.1.1(3,7))-decan
Urea	N,N'-Diphenylthiokohlensäurediamid
UREA	1,3-Diethyl-2-thioharnstoff
Urea	Kohlensäurediamid
Urea	Thiokohlensäurediamid
Ureaphil	Kohlensäurediamid
Ureophil	Kohlensäurediamid
Urepearl	Kohlensäurediamid
Ureum	Kohlensäurediamid
Urevert	Kohlensäurediamid
Uriton	1,3,5,7-Tetraazatricyclo-(3.3.1.1(3,7))-decan
Urodein	1,3,5,7-Tetraazatricyclo-(3.3.1.1(3,7))-decan
Urotovet	1,3,5,7-Tetraazatricyclo-(3.3.1.1(3,7))-decan
Urotropin	1,3,5,7-Tetraazatricyclo-(3.3.1.1(3,7))-decan
Urotropin Aminoform	1,3,5,7-Tetraazatricyclo-(3.3.1.1(3,7))-decan
Urox D	3-(3,4-Dichlorphenyl)-1,1-dimethylharnstoff
Ursol P	4-Aminohydroxybenzen
USA 7 Ek-P-583	trans-Butendisäure
USAF A-8354	2,5-Dimercapto-1,3,4-thiadiazol
USAFA-6598	N,N'-Bis-(2-methylphenyl)guanidin
USAF B-17	Bis-(N-oxydiethylen)disulfid
USAF B-31	Bis-(piperidin-1-thiocarbonyl)-tetrasulfan
USAF B-33	Dibenzothiazyldisulfid
USAF B-51	Pentachlorthiophenol
USAF B-35	Dibutyldithiocarbaminsäure, Natriumsalz
USAF B-30	Bis-(dimethylthiocarbamoyl)-disulfid
USAF B-29	2,2,4-Trimethyl-6-phenyl-1,2-dihydrochinolin
USAF B-33	Bis(thiomethansäurediethylamid)-disulfid
USAF CY-5	Dibenzothiazyldisulfid
USAF DO-28	2,4-Dihydroxybenzophenon
USAF EK 245	N,N'-Diphenylthiokohlensäurediamid
USAF Ek-2138	N,N'-Dibutyl-diamino-thiomethanon
USAF EK-4628	1-Hexanthiol
USAF EK-5432	Dibenzothiazyldisulfid
USAF EK-2089	Bis-(dimethylthiocarbamoyl)-disulfid
USAF EK-1651	2,2'-Dimethylthiocarbanilid
USAF Ek-1597	2-Aminoethanol
USAF Ek-2635	N,N-Diethyldithiocarbaminsäure (Mischung mit Diethylamin)
USAF Ek-497	Thiokohlensäurediamid
USAF Ek-600	Diphenylenimin
USAF Ek-T-6645	Bis-(N-oxydiethylen)disulfid
USAF EL-57	2-Mercaptoimidazolin
USAF EL-62	2-Imidazolidinthion
USAFGY-1	N,N'-Di-(2-methylbenzen)-benzen-1,4-diamin

Gebräuchlicher Name Handelsname	Substanzname
USAF GY2	Zink-2-mercaptobenzothiazol
USAF GY-2	N,N'-Diphenyl-benzen-1,4-diamin
USA F N-19	N,N'-Diphenylguanidin
USAF ND-54	2,4-Dihydroxybenzophenon
USAF P-5	Bis-(dimethylthiocarbamoyl)-disulfid
USAF P-2	N,N-Dimethyldithiocarbaminsäure, Zinksalz
USAF TH-3	2,4,6-Trimercapto-S-triazin
USAF TH-5	Benzencarbothiosäure, Zinksalz
USAF T-7M	N,N-Dimethyl-2-benzothiazolcarbothioamid
USA 7 P-7	3-(3,4-Dichlorphenyl)-1,1-dimethylharnstoff
USAT Ek-6540	2-Benzimidazolthiol
USB	Polyisobutylen
USI 11-4-0047	Polypropylen, isotaktisch
USP mineraloil	Paraffin, C10-C13
UV-Absorber-1	2-(2H-Benzotriazol-2-yl)-4-methylhydroxybenzen
UV-Absorber DHB	2,4-Dihydroxybenzophenon
Uvasol	Paraffin, C10-C13
Uvinal N-35	2-Cyano-3,3-diphenylacrylat-ethyl-2-cyano-3,3-diphenylacrylat
Uvinol D-50	Di-(2,4-dihydroxyphenyl)-methanon
Uvinul 400	2,4-Dihydroxybenzophenon
Uvinul D 49	2,2-Dihydroxy-4,4'-dimethoxybenzophenon
V4917	Trimethoxyvinylsilan
VA 15	Polychlorethen
Vadebex	6,7-Dimethoxy-3-(5,6,7,8-tetrahydro-4-methoxy-6-methyl-1,3-dioxolo[4,5-g]isochinolin-5yl)-1(3H)-isobenzofuranon
Valentinit	Antimon(III)-oxid
Valeron	Polyethylen
Valkacit ZM	Zink-2-mercaptobenzothiazol
Valkacit ZM-5	Zink-2-mercaptobenzothiazol
Valspex 155-53	Polyethylen
Vanadiumacetylacetonat	Tris-(2,4-pentandionato)vanadium
Vanax 808	3,5-Diethyl-1-phenyl-2-propyl-1,2-dihydro-pyridin
Vanax 552	N-Cyclopentamethylenthiocarbamyl-N'-cyclopentamethylensulfenamid
Vanax 808	Reaktionsprodukt aus Butanal und Anilin
Vanax 552	Piperidincarbothiosäure, Verbindung mit Piperidin (1:1)
Vanax A	Bis-(N-oxydiethylen)disulfid
Vanax DOTG	N,N'-Bis-(2-methylphenyl)guanidin
Vanax DPG	N,N'-Diphenylguanidin
Vanax MBM	1,1'-(1,3-Phenylen)-bis-[1H-pyrrol-2,5-dion]
Vanax NS	N-(1,1'-Dimethylethyl)-2-benzothiazolsulfonamid
Vanax P4	Poly-1,4-dinitrobenzen
Vanax PML	N,N-Bis-(2-methylphenyl)guanidiniumbiscatecholborat
Vanax TBSI	N-(2-Benzothiazolythio)-N-(1,1-dimethylethyl)-2-benzothiazolsulfenamid
Vanchem HM-4346	Methylbenzen
Vanchem HM-50	Chlorbenzen
Vancida TM-95	Bis-(dimethylthiocarbamoyl)-disulfid

Gebräuchlicher Name Handelsname	Substanzname
Vancide 51	Dimethyldithiocarbaminsäure, Natriumsalz
Vancide 89	N-(Trichlormethylthio)-4-cyclohexen-1,2-dicarboximid
Vancide 51	2-Benzothiazolthiol, Natriumsalz
Vancide MZ-96	N,N-Dimethyldithiocarbaminsäure, Zinksalz
Vancide P-75	N-(Trichlormethylthio)-4-cyclohexen-1,2-dicarboximid
Vancide 89RE	N-(Trichlormethylthio)-4-cyclohexen-1,2-dicarboximid
Vancide TH	1,3,5-Triethylhexahydro-1,3,5-triazin
Vancide TH (37)	1,3,5-Triethylhexahydro-1,3,5-triazin
Vancide TM	Bis-(dimethylthiocarbamoyl)-disulfid
Vancide TP	1,3,5-Triethylhexahydro-1,3,5-triazin
Vancide 51Z Dispersion	Zink-2-mercaptobenzothiazol
Vandem VAC	Zinkoxid
Vandem VOC	Zinkoxid
Vandern	Zinkoxid
Vandex	Selen
Vanfre IL-2	Calciumsilikat
Vanfre IL-2	Alfol 1218
Vanfre M	Mikrowachs
Vangard BT	Benzothiazol
Vangard K	N-(Trichlormethylthio)-4-cyclohexen-1,2-dicarboximid
Van Gel B	Magnesiumaluminiumsilkat
Vanguard K	N-(Trichlormethylthio)-4-cyclohexen-1,2-dicarboximid
Vanicide	N-(Trichlormethylthio)-4-cyclohexen-1,2-dicarboximid
Vanicol	Octadecansäure
p-Vanilin	4-Hydroxy-3-methoxybenzaldehyd
Vanilin	4-Hydroxy-3-methoxybenzaldehyd
Vanillin	4-Hydroxy-3-methoxybenzaldehyd
Vanlube 81	4-Octyl-N-(4-octylphenyl)benzenamin
Vanlube	2,6-Di-(1,1-dimethylethyl)-4-methylhydroxybenzen
Vanlube PC	2,6-Di-(1,1-dimethylethyl)-4-methylhydroxybenzen
Vanlube PCX	2,6-Di-(1,1-dimethylethyl)-4-methylhydroxybenzen
Vanox 1320	2,6-Di-(1,1-dimethylethyl)-4-(1-methylpropyl)-hydroxybenzen
Vanox 1290	1,1-Bis(2-hydroxy-3,5-di-(1,1-dimethylethyl)-phenyl)-ethan
Vanox 12	4,4'-Dioctyldiphenylamin
Vanox AM	Reaktionsprodukt aus Diphenylamin mit Propanon
Vanox AT	Reaktionsprodukt aus Butanal und Anilin
Vanox 3C	N-(1-Methylethyl)-N'-phenyl-benzen-1,4-diamin
Vanox CPA	1,3-Benzendicarboxylsäure zusammengesetzt mit N-Methyl-methanamin (1:1)
Vanox GT	1,3,5-Tris[(3,5-bis-(1,1-dimethylethyl)-4hydroxyphenyl)-methyl]-1,3,5-triazin-2,4,6-(1H,3H,5H)-trion
Vanox 6 H	N-Cyclohexyl-N'-phenyl-1,4-benzendiamin

Gebräuchlicher Name Handelsname	Substanzname
Vanox MBPC	2,2'-Methylen-bis[6-(1,1-dimethylethyl)-4-methylphenol]
Vanox MTI	2-Mercaptotoluimidazol
Vanox NBC	N,N-Dibutyldithiocarbaminsäure, Nickelsalz
Vanox SKT	3-(3,5-Di-tert.-butyl-4-hydroxyphenyl)-propionsäure-2,2',2''-(2,4,6-trioxo-[1,3,5]triazin-1,3,5-triyl)-triethylester
Vanox SWP	1,1-Bis-(5-(1,1-dimethylethyl)-4-hydroxy-2-methyl-phenyl)-butan
Vanox ZMT I	1,3-Dihydro-4(oder 5)-methyl-2H-benzimidazol-2-thion-Zinksalz
Vanplast 202	Bariumpetroleumsulfonat
Vansil W 10	Calciummetasilikat
Vantalx 6H	Magnesiumsilikathydrat
Vantard PVI	N-(Cyclohexylthio)-phthalimid
Vanulic PC	2,6-Di-(1,1-dimethylethyl)-4-methylhydroxybenzen
Vanulic PCX	2,6-Di-(1,1-dimethylethyl)-4-methylhydroxybenzen
Vapor	Magnesiumsilikat
Variamin Blau R 5	N-Phenyl-1,4-benzendiamin
Varioform I	Ammoniumnitrat
Varioform II	Kohlensäurediamid
Varox 130	(1,1,4,4-Tetramethyl-2-butin-1,4-diyl)bis[1,1-dimethylethylethyperoxid]
Varox 802	Bis(2-(1,1-dimethylethyl)-peroxypropyl-(2))-benzen
Varox 118	2,5-Dimethyl-2,5-di(benzoylperoxy)hexan
Varox	(3,3,5-Trimethylcyclohexyliden)-bis-(tert.-butylperoxid)
Varox 50	2,5-Di-(1,1-dimethylethylperoxy)-2,5-dimethylhexan
Varox 230	4,4-Bis-[(1,1-dimethylethyl)dioxyl]-pentansäurebutylester
Varox Asn	Dibenzoylperoxid
Varox DBPH	2,5-Di-(1,1-dimethylethylperoxy)-2,5-dimethylhexan
Varox DBPH-50	2,5-Di-(1,1-dimethylethylperoxy)-2,5-dimethylhexan
Varox DCP	Bis-(1-methyl-1-phenyl-ethyl)-peroxid
Varox DCP-40C	Bis-(1-methyl-1-phenyl-ethyl)-peroxid
Varox DCP-40KE	Bis-(1-methyl-1-phenyl-ethyl)-peroxid
Varox DCP-T	Bis-(1-methyl-1-phenyl-ethyl)-peroxid
Varox 802-40KE	Bis(2-(1,1-dimethylethyl)-peroxypropyl-(2))-benzen
Varox Liquid	2,5-Di-(1,1-dimethylethylperoxy)-2,5-dimethylhexan
Varox TBPB	Perbenzoesäure-1,1-dimethylethylester
Varox 130-XL	(1,1,4,4-Tetramethyl-2-butin-1,4-diyl)bis[1,1-dimethylethylethyperoxid]
Varox 231-XL	(3,3,5-Trimethylcyclohexyliden)-bis-(tert.-butylperoxid)
Varox 230-XL	4,4-Bis-[(1,1-dimethylethyl)dioxyl]-pentansäurebutylester

Gebräuchlicher Name Handelsname	Substanzname
Vascuals	(2R-(2R*(4R*,8R*)))-3,4-Dihydro-2,5,7,8-tetramethyl-2-(4,8,12-trimethyltridecyl)-2H-1-benzopyran-6-ol
Vaseline	Petrolatum
Vasimid	2-Benzyl-4,5-dihydro-1H-imidazol
Vasodil	2-Benzyl-4,5-dihydro-1H-imidazol
Vasoliment	Petrolatum
C.I. Vat Blue 4	6,15-Dihydro-5,9,14,18-antrazintetron
Vat Blue 4	6,15-Dihydro-5,9,14,18-antrazintetron
Vat Blue O	6,15-Dihydro-5,9,14,18-antrazintetron
Vat Blue OD	6,15-Dihydro-5,9,14,18-antrazintetron
Vat Fast Blue R	6,15-Dihydro-5,9,14,18-antrazintetron
Vazo	2,2'-Azobis-(2-methylpropannitril)
VC 100	Polychlorethen
VC 410	Polychlorethen
VCN	Propensäurenitril
Vedril	Polymethacrylsäuremethylester
Vedril 5	Polymethacrylsäuremethylester
Vedril 8	Polymethacrylsäuremethylester
Vee gee Gelatin	Gelatine
Velustral KPA	Polyethylen
Velvetex	Aktivkohle
Ventox	Propensäurenitril
Veracur	Methanal
Verbindung 889	Benzen-1,2-dicarbonsäuredi-2-ethylhexylester
verflüssigtes Ammoniakgas	Ammoniak (wasserfrei)
Vermoestricid	Tetrachlormethan
Vernetzer 30/10	Hydrochinon-bis(2-hydroxyethyl)-ether
Vernetzer 30/20	ß-Hydroperoxybenzenethanol
Veron P 130/1	Polychlorethen
Verrol	(2R-(2R*(4R*,8R*)))-3,4-Dihydro-2,5,7,8-tetramethyl-2-(4,8,12-trimethyltridecyl)-2H-1-benzopyran-6-ol
Verrugon	2-Hydroxybenzencarbonsäure
Versal Blue GGSL	6,15-Dihydro-5,9,14,18-antrazintetron
Versal Green G	Kupferphthalocyanin, chloriert
Verschnittbitumen	Bitumen
Versene Acid	Ethylendiamintetraessigsäure
Verstärkungsadditiv Si 69	4,4,15,15-Tetraethoxy-3,16-dioxa-8,9,10,11-tetrathia-4,15-disilaoctadecan
Versumag	Magnesiumhydroxid
Vestinol 9	Benzen-1,2-dicarbonsäuredi-iso-nonylester (Isomerengemisch)
Vestinol AH	Benzen-1,2-dicarbonsäuredi-2-ethylhexylester
Vestinol AH spezial	Benzen-1,2-dicarbonsäure-di-n-octylester
Vestinol DIDA	Adipinsäure-(di-iso-decyl)-ester
Vestinol DZ	Benzen-1,2-dicarbonsäuredi-iso-decylester
Vestinol IB	Benzen-1,2-dicarbonsäure-di-tert.-butylester
Vestinol OA	Hexandicarbonsäure-bis-2-ethylhexylester
Vestinol TD	Diisotridecylphthalat
Vestolen	Polyethylen
Vestolen 5200	Polypropylen, isotaktisch
Vestolen A 616	Polyethylen
Vestolen P 5500	Polypropylen, isotaktisch
Vestolit	Polychlorethen

Gebräuchlicher Name Handelsname	Substanzname
Vestolit B 7021	Polychlorethen
Vestolit GH	Polychlorethen
Vestolit S 60	Polychlorethen
Vestolit S 6554	Polychlorethen
Vestolit S 6857	Polychlorethen
Vestolit S 7054	Polychlorethen
Vestolit S 7554	Polychlorethen
Vestolit S 8054	Polychlorethen
Vestrol	1,1,2-Trichlorethen
Vestrosol	1,1,2-Trichlorethen
Vestyron HI	Phenylethen-Butadien-Copolymer
Vevetone	Calciumcarbonat
VFR 3801	Poly(oxy-1,2-ethyandiyloxycarbonyl-1,4-phenylencarbonyl)
Vianol	2,6-Di-(1,1-dimethylethyl)-4-methylhydroxybenzen
Vibatex S	Polyvinylalkohol
Vicelat	L-(+)-Ascorbinsäure
Vicin	L-(+)-Ascorbinsäure
Vicomin C	L-(+)-Ascorbinsäure
Vicron	Calciumcarbonat
Vicron 15-15	Calciumcarbonat
Vicron 25-11	Calciumcarbonat
Vicron 31-6	Calciumcarbonat
Vicron 41-8	Calciumcarbonat
Vidlon	Poly(imino(1-oxo-1,6-hexandiyl))
Vienna White	Calciumcarbonat
Vieramin J	2-Methyl-1,3-benzendiamin
Vieramin RS	1,3-Dihydroxybenzen
Vierrin 79	1,3-Dihydroxybenzen
Vierrin EW	1,3-Dihydroxybenzen
Viforcit	L-(+)-Ascorbinsäure
Vigot 15	Calciumcarbonat
Vihoflex 4964	(Z)9-Octadecensäurepropylenglykolester, epoxidiert
C-Vimin	L-(+)-Ascorbinsäure
Vinacol MH	Polyvinylalkohol
Vinalak	Polyvinylalkohol
Vinarol	Polyvinylalkohol
Vinarol DT	Polyvinylalkohol
Vinarole	Polyvinylalkohol
Vinarol ST	Polyvinylalkohol
Vinavilol 2-98	Polyvinylalkohol
Vinicizer 80	Benzen-1,2-dicarbonsäuredi-2-ethylhexylester
Vinicizer 85	Benzen-1,2-dicarbonsäure-di-n-octylester
Vinicol	N-(Trichlormethylsulfunyl)-phthalimid
Vinika KR 600	Polychlorethen
Vinika KR 800	Polychlorethen
Vinika 37M	Polychlorethen
Vinika 35R	Polychlorethen
Vinikulon	Polychlorethen
Viniplast	Polychlorethen
Viniplen P 73	Polychlorethen
Viniplen P 74	Polychlorethen
Viniplen P 73E	Polychlorethen

Gebräuchlicher Name Handelsname	Substanzname
Viniplen P 73EM	Polychlorethen
Vinitat	Dimethyldithiocarbaminsäure, Natriumsalz
Vinkeil 100	Ethylendiamintetraessigsäure
Vinnarol	Polyvinylalkohol
Vinnol E 75	Polychlorethen
Vinnol H 100/65	Polychlorethen
Vinnol H 100/70	Polychlorethen
Vinnol H 100/70D	Polychlorethen
Vinnol H 60D	Polychlorethen
Vinnol H 70D	Polychlorethen
Vinnol H 75F	Polychlorethen
Vinnol P 70	Polychlorethen
Vinnol P 100/70E	Polychlorethen
Vinnol P 70E	Polychlorethen
Vinnol Y	Polychlorethen
Vinoflex	Polychlorethen
Vinoflex P 313	Polychlorethen
Vinol	Polyvinylalkohol
Vinol 125	Polyvinylalkohol
Vinol 205	Polyvinylalkohol
Vinol 351	Polyvinylalkohol
Vinol 523	Polyvinylalkohol
Vinol unisize	Polyvinylalkohol
Vinstop	Dimethyldithiocarbaminsäure, Natriumsalz
Vinyfor AC	Diazendicarboxamid
Vinylacetat	Ethansäureethenylester
Vinylalkohol Polymer	Polyvinylalkohol
Vinylbenzen	Phenylethen
Vinylbenzol	Phenylethen
Vinylchlon 4000LL	Polychlorethen
Vinylchlorid	Chlorethen
Vinylchlorid Polymer	Polychlorethen
Vinylcyanid	Propensäurenitril
1-Vinyl-3-cyclohexen	4-Ethenylcyclohexen
1-Vinylcyclohex-3-en	4-Ethenylcyclohexen
4-Vinylcyclohexen	4-Ethenylcyclohexen
Vinylethylen	1,3-Butadien
Vinylidenchlorid	1,1-Dichlorethen
Vinylite QYJV	Polychlorethen
Vinylon film 2000	Polyvinylalkohol
Vinylsilan	Ethenylsilan
Vinylsilan DL 70	6-Ethenyl-6-(2-methoxy-ethoxy)-2,5,7,10-tetraoxa-6-silaundecan
1,3 Vinylstyren, stabilisiert	Divinylbenzen
Vinylstyren, stabilisiert	Divinylbenzen
Vinylstyrol	Divinylbenzen
1,3-Vinylstyrol, stabilisiert	Divinylbenzen
Vinyltoluen	Ethenylmethylbenzen
o-(2)-Vinyltoluen	1-Ethenyl-2-methylbenzen
Vinyltoluol	Ethenylmethylbenzen
2-Vinyltoluol	1-Ethenyl-2-methylbenzen
o-Vinyltoluol	1-Ethenyl-2-methylbenzen
Vinyltoluol	1-Ethenyl-2-methylbenzen
Vinyltrimethoxysilan	Trimethoxyvinylsilan

Gebräuchlicher Name Handelsname	Substanzname
Vinyltris-(2-methoxyethoxy)silan	6-Ethenyl-6-(2-methoxy-ethoxy)-2,5,7,10-tetraoxa-6-silaundecan
Vinylwasserstoff	Ethen
Vinyon N	Acrylnitril-Vinylchlorid-Copolymer
Vinystyrol stabilisiert	Divinylbenzen
Violet 3	Dimethylbenzen (Isomerengemisch)
Viplast RA/F	Polychlorethen
Viscasil	Dimethylpolysiloxan
Viscol 350P	Polypropylen, isotaktisch
Viscol 550P	Polypropylen, isotaktisch
Viscol 660 P	Polypropylen, isotaktisch
Viscorin	L-(+)-Ascorbinsäure
Vistalon 404	Ethylen-Propylen-Copolymer
Vistalon 503	Ethylen-Propylen-Copolymer
Vistalon 707	Ethylen-Propylen-Copolymer
Vistalon 719	Ethylen-Propylen-Copolymer
Vistanex	Polyisobutylen
Vitace	L-(+)-Ascorbinsäure
Vitacee	L-(+)-Ascorbinsäure
Vitacimin	L-(+)-Ascorbinsäure
Vitacin	L-(+)-Ascorbinsäure
Vitamin C	Ascorbinsäure
Vitamin C	L-(+)-Ascorbinsäure
Vitamin E 300	L-(+)-Ascorbinsäure
Vitamin E	(2R-(2R*(4R*,8R*)))-3,4-Dihydro-2,5,7,8-tetramethyl-2-(4,8,12-trimethyltridecyl)-2H-1-benzopyran-6-ol
Vitamin E alpha	(2R-(2R*(4R*,8R*)))-3,4-Dihydro-2,5,7,8-tetramethyl-2-(4,8,12-trimethyltridecyl)-2H-1-benzopyran-6-ol
Vitamisin	L-(+)-Ascorbinsäure
Vitaplex E	(2R-(2R*(4R*,8R*)))-3,4-Dihydro-2,5,7,8-tetramethyl-2-(4,8,12-trimethyltridecyl)-2H-1-benzopyran-6-ol
Vitascorbol	L-(+)-Ascorbinsäure
Vitayonon	(2R-(2R*(4R*,8R*)))-3,4-Dihydro-2,5,7,8-tetramethyl-2-(4,8,12-trimethyltridecyl)-2H-1-benzopyran-6-ol
Viteolin	(2R-(2R*(4R*,8R*)))-3,4-Dihydro-2,5,7,8-tetramethyl-2-(4,8,12-trimethyltridecyl)-2H-1-benzopyran-6-ol
Viterra 2 Hydrogen	alpha-Hydro-w-hydroxypoly-(oxy-1,2-ethandiyl)
Viton VPA Nr 1	4,4'-Dichlordiphenylsulfon
Vitran	1,1,2-Trichlorethen
Vitriol Red	Eisen(III)-oxid
Vituf	Poly(oxy-1,2-ethyandiyloxycarbonyl-1,4-phenylencarbonyl)
Vocol	Zink-O,O-di-n-butylphosphordithioat
Volcafor ZDEC	N,N-Diethyldithiocarbaminsäure, Zinksalz
Volcalay	Bentonit
Volgovinyl E 62	Polychlorethen
Volgovinyl E 62P	Polychlorethen
Volgovinyl E 66P	Polychlorethen
Volupol NM	Dimethyldithiocarbaminsäure, Natriumsalz

Gebräuchlicher Name Handelsname	Substanzname
Vondcaptan	N-(Trichlormethylthio)-4-cyclohexen-1,2-dicarboximid
Vonduron	3-(3,4-Dichlorphenyl)-1,1-dimethylharnstoff
Vopcolene 27	cis-Octadec-9-ensäure
Voranate T-80 Type I	2,4-Diisocyanat-1-methylbenzen
Voranate T-80 Typ II	2,4-Diisocyanat-1-methylbenzen
VPKA 87 (Buna APPA 908)	Ethylen-Propylen-Ethyliden-Norbornen
VSA 7 CY-7	4-(Benzothiazol-2-sulfonyl)-morpholin
VSKH-S	Polychlorethen
VTI 1	4-Anilinphenol
VTMO	Trimethoxyvinylsilan
VTS-M	Trimethoxyvinylsilan
Vuagt-I-4	Bis-(dimethylthiocarbamoyl)-disulfid
Vukanol 88	2,2'-[Methylenbis(thio)]bis-essigsäuredibutylester
Vukasil	Kieselsäure, pyrogen
Vulcabond E	Formaldehyd, Polymer mit 1,3-Benzendiol und 4-Chlorphenol
Vulcacel B-40	3,7-Dinitroso-1,3,5,7-tetraazabicyclo[3,3,1]nonan
Vulcacel BN	3,7-Dinitroso-1,3,5,7-tetraazabicyclo[3,3,1]nonan
Vulcacel BN-94	3,7-Dinitroso-1,3,5,7-tetraazabicyclo[3,3,1]nonan
Vulcacit D/C	N,N'-Diphenylguanidin
Vulcacit npv/C	2-Imidazolidinthion
Vulcacit npv/C2	2-Imidazolidinthion
Vulcacure NB-25	Dibutyldithiocarbaminsäure, Natriumsalz
Vulcacure ZB	Dibutyldithiocarbaminsäure, Zinksalz
Vulcacure ZE	N,N-Diethyldithiocarbaminsäure, Zinksalz
Vulcacure ZM	N,N-Dimethyldithiocarbaminsäure, Zinksalz
Vulcacur NB	Dibutyldithiocarbaminsäure, Natriumsalz
Vulcafix Fast Blue SD	6,15-Dihydro-5,9,14,18-antrazintetron
Vulcafix Scarlet R	Pigment Rot 53:1 (C.I. 15585:1)
Vulcafix Scarlet R-D masse	Pigment Rot 53:1 (C.I. 15585:1)
Vulcafor BA	Butanal, Polymer mit Benzenamin
Vulcafor BSM	4-(Benzothiazol-2-sulfonyl)-morpholin
Vulcafor CBS	N-Cyclohexyl-2-benzothiazolsulfenamid
Vulcafor DCBS	N,N'-Dicyclohexyl-2-benzolthiazolsulfenamid
Vulcafor DDCN	N,N-Diethyldithiocarbaminsäure (Mischung mit Diethylamin)
Vulcafor DPG	N,N'-Diphenylguanidin
Vulcafor Fast Blue 3R	6,15-Dihydro-5,9,14,18-antrazintetron
Vulcafor MBS	4-(Benzothiazol-2-sulfonyl)-morpholin
Vulcafor MBTS	Dibenzothiazyldisulfid
Vulcafor MS	1,1'-Thiobis(N,N-dimethylthio)formamid
Vulcafor Red 2R	Pigment Rot 53:1 (C.I. 15585:1)
Vulcafor SDC	Diethyldithiocarbamatsäure, Natriumsalz
Vulcafor TMT	Bis-(dimethylthiocarbamoyl)-disulfid
Vulcafor TMTD	Bis-(dimethylthiocarbamoyl)-disulfid
Vulcafor ZDBC	Dibutyldithiocarbaminsäure, Zinksalz
Vulcafor ZDMC	N,N-Dimethyldithiocarbaminsäure, Zinksalz
Vulcafor ZMBT	Zink-2-mercaptobenzothiazol
Vulcafor ZNBC	Dibutyldithiocarbaminsäure, Zinksalz
Vulcal Fast Green F2G	Kupferphthalocyanin, chloriert

Gebräuchlicher Name Handelsname	Substanzname
Vulcamel TBN	Naphthalen-2-thiol
Vulcan	Aktivkohle
Vulcan Fast Orange G	Pigment Orange 13 (C.I. 21110)
Vulcan fast Red B	C.I. Pigment Red 38
Vulcan Fast Red G01	C.I. Pigment Red 37
Vulcan Fast Yellow G	Pigment Gelb 14 (C.I. 21095)
Vulcan Fast Yellow GR	Pigment Gelb 13 (C.I. 21100)
Vulcan Fast Yellow GRA	Pigment Gelb 13 (C.I. 21100)
Vulcan Fast Yellow GRN	Pigment Gelb 13 (C.I. 21100)
Vulcanosine Fast Blue GG	6,15-Dihydro-5,9,14,18-antrazintetron
Vulcanosine Fast Green G	Kupferphthalocyanin, chloriert
Vulcan Red LC	Pigment Rot 53:1 (C.I. 15585:1)
Vulcasil S/GR	Polyorthokieselsäure
Vulcatard A	N-Nitroso-N-phenylbenzenamin
Vulcator 322	1,1'-(1,4-Piperazindiyldimethylen)-di(2-imidazolinthion)
Vulcator DOTG	N,N'-Bis-(2-methylphenyl)guanidin
Vulcator TET	Bis(thiomethansäurediethylamid)-disulfid
Vulc-Cup 40 KE	Bis(2-(1,1-dimethylethyl)-peroxypropyl-(2))-benzen
Vulcol Fast Blue S	6,15-Dihydro-5,9,14,18-antrazintetron
Vulcol Fast Green F2G	Kupferphthalocyanin, chloriert
Vulcol Fast Red L	Pigment Rot 53:1 (C.I. 15585:1)
Vul-cup R	Bis(2-(1,1-dimethylethyl)-peroxypropyl-(2))-benzen
Vulcuren 2	2-(4-Morpholinyl-dithio)benzothiazol
Vulkaat ZM	Zink-2-mercaptobenzothiazol
Vulkacit 4010	N-Cyclohexyl-N'-phenyl-1,4-benzendiamin
Vulkacit	Bis-(dimethylthiocarbamoyl)-disulfid
Vulkacit 576	3,5-Diethyl-1-phenyl-2-propyl-1,2-dihydropyridin
Vulkacit 1000	N-(2-Methylphenyl)-imidodicarbonimiddiamid
Vulkacit	1,1'-Thiobis(N,N-dimethylthio)formamid
Vulkacit AMZ	5-Benzothiazol-2-yl-N-(1,1-dimethylpropyl)-thiohydroxylamin
Vulkacit C	N-Cyclohexyl-2-benzothiazolsulfenamid
Vulkacit CA	N,N'-Diphenylthiokohlensäurediamid
Vulkacit CZ	N-Cyclohexyl-2-benzothiazolsulfenamid
Vulkacit CZ/C	N-Cyclohexyl-2-benzothiazolsulfenamid
Vulkacit CZ/EG	N-Cyclohexyl-2-benzothiazolsulfenamid
Vulkacit CZ/EGC	N-Cyclohexyl-2-benzothiazolsulfenamid
Vulkacit D 2	N,N'-Dicyclohexyl-2-benzolthiazolsulfenamid
Vulkacit DM	Dibenzothiazyldisulfid
Vulkacit DM/C	Dibenzothiazyldisulfid
Vulkacit DM/MG	Dibenzothiazyldisulfid
Vulkacit DM/mgc	Dibenzothiazyldisulfid
Vulkacit DOTG/C	N,N'-Bis-(2-methylphenyl)guanidin
Vulkacit DZ	N,N'-Dicyclohexyl-2-benzolthiazolsulfenamid
Vulkacit DZ/EGC	N,N'-Dicyclohexyl-2-benzolthiazolsulfenamid
Vulkacit HX	Cyclohexylethylamin
Vulkacit I	Dimethyldi(methylbenzyl)thiuramdisulfid
Vulkacit J	N,N'-Dimethyldiphenylthiuramdisulfid
Vulkacit L	N,N-Dimethyldithiocarbaminsäure, Zinksalz
Vulkacit LDA	N,N-Diethyldithiocarbaminsäure, Zinksalz
Vulkacit LDB	Dibutyldithiocarbaminsäure, Zinksalz

Gebräuchlicher Name Handelsname	Substanzname
Vulkacit M	2-Benzothiazolthiol
Vulkacit Mercapto C	2-Benzothiazolthiol
Vulkacit Mercapto MG	2-Benzothiazolthiol
Vulkacit Mercapto MGC	2-Benzothiazolthiol
Vulkacit MOZ	4-(Benzothiazol-2-sulfonyl)-morpholin
Vulkacit MOZ/LG	4-(Benzothiazol-2-sulfonyl)-morpholin
Vulkacit MOZ/SG	4-(Benzothiazol-2-sulfonyl)-morpholin
Vulkacit MTIC	Bis-(dimethylthiocarbamoyl)-disulfid
Vulkacit NZ	N-(1,1'-Dimethylethyl)-2-benzothiazolsulfonamid
Vulkacit NZ/EG	N-(1,1'-Dimethylethyl)-2-benzothiazolsulfonamid
Vulkacit P	Piperidincarbothiosäure, Verbindung mit Piperidin (1:1)
Vulkacit P extra N	N,N-Ethyl-phenyldithiocarbaminsäure, Zinksalz
Vulkacit Thiuram	Bis-(dimethylthiocarbamoyl)-disulfid
Vulkacit thiuram/C	Bis-(dimethylthiocarbamoyl)-disulfid
Vulkacit Thiuram MS	1,1'-Thiobis(N,N-dimethylthio)formamid
Vulkacit ZBCE/C	Di(phenylmethyl)dithiocarbaminsäure, Zinksalz
Vulkacit ZBEC	Di(phenylmethyl)dithiocarbaminsäure, Zinksalz
Vulkacit ZDK	N,N-Diethyldithiocarbaminsäure, Zinksalz
Vulkacit ZP	Pentamethylendithiocarbaminsäure, Zinksalz
Vulkalent A	N-Nitroso-N-phenylbenzenamin
Vulkalent B/C	Benzen-1,2-dicarbonsäureanhydrid
Vulkalent E	N-Phenyl-N-[(trichlormethyl)thiol]-benzensulfonamid
Vulkalent E/C	N-Phenyl-N-[(trichlormethyl)thiol]-benzensulfonamid
Vulkalent G	N-(Cyclohexylthio)-phthalimid
Vulkanol 90	Thiodiglycolsäure-di-2-ethyl-hexylester
Vulkanol 3100	1,4-Benzendiamin, Gemisch aus N,N'-Phenyl- und Methylphenyl-Derivaten
Vulkanox 4030	N,N'-Bis-(1,4-dimethylpentyl)-benzen-1,4-diamin
Vulkanox 4020	N-(1,3-Dimethylbutyl)-N'-phenyl-1,4-benzendiamin
Vulkanox BHT	2,6-Di-(1,1-dimethylethyl)-4-methylhydroxybenzen
Vulkanox BKF	2,2'-Methylen-bis[6-(1,1-dimethylethyl)-4-methylphenol]
Vulkanox DDA	4-(1-Phenylethyl)-N-[4-(1-phenylethyl)phenyl]-benzenamin
Vulkanox DDA	Diphenylamin, styrolisiertes
Vulkanox DPPD	N,N'-Diphenyl-benzen-1,4-diamin
Vulkanox HS	1,2-Dihydro-2,2,4-trimethylchinolin-Harz
Vulkanox KB	2,6-Di-(1,1-dimethylethyl)-4-methylhydroxybenzen
Vulkanox 4020/LG	N-(1,3-Dimethylbutyl)-N'-phenyl-1,4-benzendiamin
Vulkanox MB	2-Benzimidazolthiol
Vulkanox MB 2/MG	2-Mercaptotoluimidazol
Vulkanox MB/MG	2-Benzimidazolthiol
Vulkanox MB 2/MGC	2-Mercaptotoluimidazol
Vulkanox 4010 NA/LG	N-(1-Methylethyl)-N'-phenyl-benzen-1,4-diamin
Vulkanox NKF	2,2'-Isobutyliden-bis(4,6-dimethylphenol)

Gebräuchlicher Name Handelsname	Substanzname
Vulkanox OCD	Diphenylamin, octyliert
Vulkanox OCD/SG	4-Octyl-N-(4-octylphenyl)benzenamin
Vulkanox PAN	N-(1-Naphthyl)-anilin
Vulkanox PBN	N-(2-Naphthyl)anilin
Vulkanox ZKF	2,2'-Methylen-bis-(4-methyl-6-cyclohexylphenol)
Vulkanox ZMB 2	1,3-Dihydro-4(oder 5)-methyl-2H-benzimidazol-2-thion-Zinksalz
Vulkanox ZMB 2 /C5	1,3-Dihydro-4(oder 5)-methyl-2H-benzimidazol-2-thion-Zinksalz
Vulkasil	Silicium(IV)-oxid
Vulkasil A1	Natrium-Aluminium-Silikat
Vulkasil C	Silicium(IV)-oxid
Vulkasil N	Silicium(IV)-oxid
Vulkasil N/KG	Silicium(IV)-oxid
Vulkasil S	Silicium(IV)-oxid
Vulkasil S/KG	Silicium(IV)-oxid
Vulkazit	N,N'-Diphenylguanidin
Vulkazit 1000	N-(2-Methylphenyl)-imidodicarbonimiddiamid
Vulkazit CRV	3-Methylthiazolidin-thion-2
Vulkazit Merkapto	2-Benzothiazolthiol
Vulkazit P	[5-(1-Piperidinyl)pentyl]-dithiocarbaminsäure
Vulkazon AFD	[(Cyclohexen-1-ylidenmethoxy)methyl]benzen
Vulkazon AFS	Bis-(1,2,3,6-tetrahydrobenzaldehyd)-pentaerythrit-acetal
Vulkazon AFS/LG	Bis-(1,2,3,6-tetrahydrobenzaldehyd)-pentaerythrit-acetal
Vulnoc DGM	1,4-Bis-(benzoyloxyimino)-cyclohex-2,5-dien
Vulnoc 6M	1,4-Benzochinondioxim
Vulnoc SR	Bis-(N-oxydiethylen)disulfid
Vulnopol KM	Dimethyldithiocarbaminsäure, Kaliumsalz
Vulnopol NM	Dimethyldithiocarbaminsäure, Natriumsalz
Vultrol	N-Nitroso-N-phenylbenzenamin
VVP 66-95	Graphit
VYAC	Ethansäureethenylester
Vygen 110	Polychlorethen
Vygen 120	Polychlorethen
Vygen 313	Polychlorethen
Vygen 85	Polychlorethen
Vynamon Bleu 3R FW	6,15-Dihydro-5,9,14,18-antrazintetron
Vynamon Blue 3R	6,15-Dihydro-5,9,14,18-antrazintetron
Vynamon Gelb	Bleisulfochromat
Vynamon Green BE	Kupferphthalocyanin, chloriert
Vynamon Green BES	Kupferphthalocyanin, chloriert
Vynamon Green 2G FW	Kupferphthalocyanin, chloriert
Vynamon Green GNA	Kupferphthalocyanin, chloriert
Vynamon Green 6Y FW	Pigment Grün 36 (C.I. 74265)
Vynamon Orange G FW	Pigment Orange 13 (C.I. 21110)
Vynamon Orange RE FW	4,4'-[(3,3'-Dichlor[1,1'-biphenyl]-4,4'-diyl)bis(azo)]-bis[2,4-dihydro-5-methyl-2-(4-methylphenyl)]-3H-pyrazol-3-on
Vynamon Red GE	C.I. Pigment Red 111
Vynamon Yellow GE FW	Pigment Gelb 13 (C.I. 21100)
Vynamon Yellow 2GE FW	Pigment Gelb 14 (C.I. 21095)
Vynamon Yellow GRE	Pigment Gelb 13 (C.I. 21100)

Gebräuchlicher Name Handelsname	Substanzname
Vynamon Yellow Gres	Pigment Gelb 13 (C.I. 21100)
Vyram	Polychlorethen
W 101	Polypropylen, isotaktisch
Wacap	2-Benzothiazolthiol, Natriumsalz
Wacker Per	Tetrachlorethen
Wacker Tri	1,1,2-Trichlorethen
Wacker 3X1 Chlorothene VG	1,1,1-Trichlorethan
Wanzlick's-Reagenz	N,N'-Diphenyl-1,2-ethandiamin
WAQE	Schwefelsäuredodecylester, Natriumsalz
Warcoat GFC	N,N'-Diphenyl-1,3-propandiamin
Warecure C	2-Imidazolidinthion
Wareflex	Hexandicarbonsäure-bis-[2-(2-butoxy-ethoxy)-ethyl]ester
Waschblau	Pigment Blau 29 (C.I. 77007)
wasserfreies Ammoniak	Ammoniak (wasserfrei)
Wasserstoffbioxid	Wasserstoffperoxid
Wasserstoffhyperoxid	Wasserstoffperoxid
Wasserstoffperoxid	Wasserstoffperoxid
Wasserstoffsulfid	Schwefelwasserstoff
Wasserstoffsuperoxid	Wasserstoffperoxid
Watchung Red Y	Pigment Rot 48:1 (C.I. 15865:1)
Wax LE	Polyethylen
Wayne Red X-2486	Pigment Rot 53:1 (C.I. 15585:1)
Wecoline 00	cis-Octadec-9-ensäure
Wecoline 1295	Dodecansäure
Weedbeads	Natriumpentachlorphenolat
Weißbleierz	Blei(II)-carbonat basisch
weißer Phosphor	Phosphor
Weißkalkhydrat	Calciumhydroxid
Weingeist	Ethanol
Weiß Protopet	Petrolatum
Weißspießglanz	Antimon(III)-oxid
Weisser Ton	Kaolin
Welvic G 2/5	Polychlorethen
Welvic Prio 953	Polychlorethen
Welvic Pro 686	Polychlorethen
Welvic R 7/622	Polychlorethen
Welvic RI 7/316	Polychlorethen
Welvic Rio 715	Polychlorethen
Weosyl TS	Silicium(IV)-oxid, amorph
Wespuril	2,2'-Methylenbis(4-chlorophenol)
Wessalith P (80 %)	Natriumalumiumsilikat
Westrosol	1,1,2-Trichlorethen
Wettasul	Schwefel
WEX 1242	Polypropylen, isotaktisch
WG Holzharz	Kolophonium
Whica BA	Calciumcarbonat
Whitcarb W	Calciumcarbonat
White Petrolatum	Petrolatum
White Petrolatum-Jelly	Petrolatum
White Petrolatum-USP	Petrolatum
White-powder	Calciumcarbonat
White seal-7	Zinkoxid
White Star	Antimon(III)-oxid
Whiting	Calciumcarbonat

Gebräuchlicher Name Handelsname	Substanzname
Whiton 1500	Calciumcarbonat
Whiton 450	Calciumcarbonat
Whiton B	Calciumcarbonat
Whiton H	Calciumcarbonat
Whiton P 10	Calciumcarbonat
Whiton P 30	Calciumcarbonat
Whiton P 50	Calciumcarbonat
Whiton S	Calciumcarbonat
Whiton SB	Calciumcarbonat
Whiton SO	Calciumcarbonat
Whiton SS	Calciumcarbonat
Whiton SSB	Calciumcarbonat
Wickenol 158	Hexandicarbonsäure-bis-2-ethylhexylester
Widlon	Poly(imino(1-oxo-1,6-hexandiyl))
Wilkinite	Bentonit
Wilt Pruf	Polychlorethen
Wingstay 29	Diphenylamin, styrolisiertes
Wingstay 300	N-(1,3-Dimethylbutyl)-N'-phenyl-1,4-benzendiamin
Wingstay 100 AZ	1,4-Benzendiamin, Gemisch aus N,N'-Phenyl- und Methylphenyl-Derivaten
Wingstay C	Di-(methylbenzyl)phenol, butyliert
Wingstay HLS	Reaktionsprodukt von 1,4-Kresol, Dicyclopentadien, 2-Methylpropen, butyliert
Wingstay L	2,2'-Methylen-bis-[4-methyl-(6-alpha-methylbenzyl)-hydroxybenzen]
Wingstay L	Reaktionsprodukt von 1,4-Kresol, Dicyclopentadien, 2-Methylpropen, butyliert
Wingstay S	Hydroxybenzen, styrolisiertes
Wingstay SN-1	1,11-(3,6,9-Trioxandecyl)bis-3-(dodecylthio)propionat
Wingstay T	Di-(methylbenzyl)phenol, butyliert
Wingstay V	Hydroxybenzen, styrolisiertes
Wing Stop B	Dimethyldithiocarbaminsäure, Natriumsalz
Winidur	Polychlorethen
Winnofil S	Calciumcarbonat
Wismutthiol	2,5-Dimercapto-1,3,4-thiadiazol
Witachler	Chlorparaffin
Witamol 320	Hexandicarbonsäure-bis-2-ethylhexylester
Witamol 500	Decandisäuredi-n-octylester
Witamol 150	Benzen-1,2-dicarbonsäuredi-iso-nonylester (Isomerengemisch)
Witamol 218, stabilisiert	1,2,4-Benzentricarbonsäuredecyloctylester
Witcarb	Calciumcarbonat
Witcarb 940	Kohlenstoff (amorph)
Witcarb P	Calciumcarbonat
Witcarb R	Calciumcarbonat
Witcarb RC	Calciumcarbonat
Witcarb regular	Calciumcarbonat
Witcizer 300	Benzen-1,2-dicarbonsäuredi-n-butylester
Witco	Aktivkohle
Witcoblak No. 100	Aktivkohle
Witco G 339 S	Octadecansäure, Calciumsalz
Witcolate A	Schwefelsäuredodecylester, Natriumsalz
Witcolate A powder	Schwefelsäuredodecylester, Natriumsalz

Gebräuchlicher Name Handelsname	Substanzname
Witcolate C	Schwefelsäuredodecylester, Natriumsalz
Witcoschwarz No. 100	Aktivkohle
Witizer 312	Benzen-1,2-dicarbonsäuredi-2-ethylhexylester
WJG 11	Polyethylen
WNF 15	Polyethylen
Wolfen	Dimethyldithiocarbaminsäure, Kupfersalz
Wollastokup	Calciummetasilikat
Wollastonit	Calciummetasilikat
Wollfett	Lanolin
Wollwachs	Lanolin
Worceler TRA	Bis-(piperidin-1-thiocarbonyl)-tetrasulfan
WSP	4,4'-Dimethyl-6,6'-bis-(1-methylcyclohexyl)-2,2'-methandiyl-bis-hydroxybenzen
WSR 205	alpha-Hydro-w-hydroxypoly-(oxy-1,2-ethandiyl)
WSR 301	alpha-Hydro-w-hydroxypoly-(oxy-1,2-ethandiyl)
WSR 35	alpha-Hydro-w-hydroxypoly-(oxy-1,2-ethandiyl)
WSR N-10	alpha-Hydro-w-hydroxypoly-(oxy-1,2-ethandiyl)
WSR N-3000	alpha-Hydro-w-hydroxypoly-(oxy-1,2-ethandiyl)
WSR N-750	alpha-Hydro-w-hydroxypoly-(oxy-1,2-ethandiyl)
WSR N-Coag	alpha-Hydro-w-hydroxypoly-(oxy-1,2-ethandiyl)
Wurtzit	Zinksulfid
WVG 23	Polyethylen
WW Holzharz	Kolophonium
WYEX	Aktivkohle
Wylox ADPF	Octyldiphenylamin
Wytox 312	Phosphorigesäure-tri(nonylphenyl)ester
Wytox BHT	2,6-Di-(1,1-dimethylethyl)-4-methylhydroxybenzen
X-970	Bis-(2-methyl-2-propensäure)-1,4-butandiylester
X 4	Zinknitrat
X-AB	Polychlorethen
Xametrin	1,3,5,7-Tetraazatricyclo-(3.3.1.1(3,7))-decan
Xanthogensäure, Kaliumsalz	Dithiokohlensäure-O-ethylester, Kaliumsalz
Xantogen-disulfid	Thioperoxydicarbonsäurebis(1-methylethyl)ester
XE 340	Kohlenstoff (amorph)
Xenol	Phenylbenzen
p-Xenylamin	4-Aminophenyl
Xenylamin	4-Aminophenyl
Xexamin	1,3,5,7-Tetraazatricyclo-(3.3.1.1(3,7))-decan
Xitix	L-(+)-Ascorbinsäure
XL 1246	Polyethylen
XL 335-1	Polyethylen
XNM 68	Polyethylen
XO 440	Polyethylen
Xonaltit	Calciumsilikat
Xonotlit	Calciumsilikathydrat
Xonotlit	Calciumsilikat
XX 203	Zinkoxid
XX 601	Zinkoxid
XX 78	Zinkoxid
Xylen	Dimethylbenzen (Isomerengemisch)
Xylen, Gemisch aus den Isomeren o-, m- und p-Xylen	Dimethylbenzen (Isomerengemisch)
Xylenolphosphat	Dimethylphenolphosphat (3:1)
L-Xyloascorbic acid	L-(+)-Ascorbinsäure

Gebräuchlicher Name Handelsname	Substanzname
p-Xylol	1,4-Dimethylbenzen
Xylol	Dimethylbenzen (Isomerengemisch)
Xylol, Gemisch aus den Isomeren o-, m- und p-Xylol	Dimethylbenzen (Isomerengemisch)
Xylolthiol	Dimethylbenzenthiol
Xylo-Mucine	Carboxymethylcellulose
Xylophen	Natriumpentachlorphenolat
Xylyl-mercaptan	Dimethylbenzenthiol
Xylylphosphat	Dimethylphenolphosphat (3:1)
Y4302	Trimethoxyvinylsilan
Yatall MA	Tallöl
YDE	2-Hydroxybenzaldehyd
Yellow AAMX	Pigment Gelb 13 (C.I. 21100)
Yellow Lead Ocher	Blei(II)-oxid
Yellow-Petrolatum	Petrolatum
Yellow Toner YB5	Pigment Gelb 13 (C.I. 21100)
York White	Calciumcarbonat
Yoshinox 425	2,2'-Methylen-di-(6-(1,1-dimethylethyl)-4-ethylphenol
Yoshinox S	Bis-(5-(1,1-dimethylethyl)-4-hydroxy-2-methylphenyl)-sulfid
Yoshinox SR	Bis-(5-(1,1-dimethylethyl)-4-hydroxy-2-methylphenyl)-sulfid
Yugovinyl	Polychlorethen
Yukalon EH 30	Polyethylen
Yukalon HE 60	Polyethylen
Yukalon K 3212	Polyethylen
Yukalon LK 30	Polyethylen
Yukalon MS 30	Polyethylen
Yukalon PS 30	Polyethylen
Yukalon YK 30	Polyethylen
Yunihomu AZ	Diazendicarboxamid
Z 6030	6-Ethenyl-6-(2-methoxy-ethoxy)-2,5,7,10-tetraoxa-6-silaundecan
Z 75	N,N-Dimethyldithiocarbaminsäure, Zinksalz
Z 6020	N-[3-(Trimethoxysilyl)propyl]-1,2-ethandiamin
Zarlate	N,N-Dimethyldithiocarbaminsäure, Zinksalz
ZB 113	Zinkborat
ZBEC	Di(phenylmethyl)dithiocarbaminsäure, Zinksalz
ZBPD	Zinkdibutyl-dithiophosphat
ZBX	Bis(O-butylcarbonodithiato-S,S')zink
ZDBC	Dibutyldithiocarbaminsäure, Zinksalz
ZDBDTC	Dibutyldithiocarbaminsäure, Zinksalz
ZDBP	Zinkdibutyl-dithiophosphat
ZDEC	N,N-Diethyldithiocarbaminsäure, Zinksalz
ZDMC	N,N-Dimethyldithiocarbaminsäure, Zinksalz
ZDMDC	N,N-Dimethyldithiocarbaminsäure, Zinksalz
ZDP	Bis-[O,O-bis-(1-methylethyl)phosphorodithioato-S,S']zink
Zellin	Carboxymethylcellulose
Zeofree	Silicium(IV)-oxid
Zeolex	Natrium-Aluminium-Silikat
Zeolite	Natriumalumiumsilikat
Zeonet U	1,3-Diphenylharnstoff
Zeosil 45	Polyorthokieselsäure

Gebräuchlicher Name Handelsname	Substanzname
Zeosyl	Silicium(IV)-oxid
Zeotex	Silicium(IV)-oxid
ZEPC	N,N-Ethyl-phenyldithiocarbaminsäure, Zinksalz
Zephirol	Benzyl-dimethyl-octyl-ammoniumchlorid
Zerlate	N,N-Dimethyldithiocarbaminsäure, Zinksalz
Zerussit	Blei(II)-carbonat basisch
ZESET T	Ethansäureethenylester
Zetax	Zink-2-mercaptobenzothiazol
Zetoflex ZN	Tris-(2,3-dibromopropyl)-phosphat
Zetylsäure	Hexadecansäure
ZF 36	Polyethylen
ZG 301	Calciumcarbonat
Zimate	N,N-Dimethyldithiocarbaminsäure, Zinksalz
Zimco	4-Hydroxy-3-methoxybenzaldehyd
K-Zinc	Zinkoxid
Zinca 20	Zinkoxid
Zinc chromate (ACGIH:OSHA)	Zinkchromat
Zinc chromate AM	Zinkchromat
Zinc chromate C	Zinkchromat
Zinc chromate O	Zinkchromat
Zinc chromate T	Zinkchromat
Zinc chromate(VI) hydroxide	Zinkchromat
Zinc chromate Z	Zinkchromat
Zinc chrome	Zinkchromat
Zinc chrome (anti-corrosion)	Zinkchromat
Zinc chrome yellow	Zinkchromat
Zinc hydroxychromate	Zinkchromat
Zincite	Zinkoxid
Zincoid	Zinkoxid
Zinc oxide (ACGIH:OSHA)	Zinkoxid
Zinc oxide fume (OSHA)	Zinkoxid
Zinc tetraoxychromate	Zinkchromat
Zinc tetraoxychromate 76A	Zinkchromat
Zinc tetraoxychromate 780B	Zinkchromat
Zinc tetroxychromate	Zinkchromat
Zinc White	Zinkoxid
Zinc yellow	Zinkchromat
Zinc yellow 1	Zinkchromat
Zinc yellow 1425	Zinkchromat
Zinc yellow 40-9015	Zinkchromat
Zinc yellow AZ-16	Zinkchromat
Zinc yellow AZ-18	Zinkchromat
Zinc Yellow KSH	Zinkchromat
Zinc yellow 386N	Zinkchromat
Zinc yellows	Zinkchromat
C.P. Zinc Yellow X-2127	Zinkchromat
C.P. Zinc Yellow X-883	Zinkchromat
Zink-bis-(2-benzimidazolthiolat)	1,3-Dihydro-2H-benzimidazol-2-thion, Zinksalz
Zink-bis-(2-benzothiazol-thiolat)	Zink-2-mercaptobenzothiazol
Zink-bis(dimethyldithiocarbamat)	N,N-Dimethyldithiocarbaminsäure, Zinksalz
Zink-bis(dimethylthiocarbamoyl)disulfid	N,N-Dimethyldithiocarbaminsäure, Zinksalz
Zink-bis(N,N-dimethyl-dithiocarbamat)	N,N-Dimethyldithiocarbaminsäure, Zinksalz
Zink-bis-4(oder 5)-methyl-2-benzimidazolthiolat	1,3-Dihydro-4(oder 5)-methyl-2H-benzimidazol-2-thion-Zinksalz

Gebräuchlicher Name Handelsname	Substanzname
Zink-bis-[O-(1-methylethyl)carbonodithioat]	Di(O-(1-methylethyl)-dithiocarbaminsäure, Zinksalz
Zink-bis-pentachlorthiophenolat	Bis-pentachlorthiophenol, Zinksalz
Zinkblende	Zinksulfid
Zinkbutter	Zinkchlorid
Zinkbutylxanthogenat	Bis(O-butylcarbonodithiato-S,S')zink
Zinkchromat, basisch X-2259	Zinkchromat
Zinkchromat, rein	Zinkchromat
Zinkchromoxid	Zinkchromat
Zinkdiamyldithiocarbamat	Dipentyldithiocarbaminsäure, Zinksalz
Zinkdibenzyldithiocarbamat	Di(phenylmethyl)dithiocarbaminsäure, Zinksalz
Zinkdibutyldithiocarbamat	Dibutyldithiocarbaminsäure, Zinksalz
Zink-diethyldithiocarbamat	N,N-Diethyldithiocarbaminsäure, Zinksalz
Zinkdiethyldithiocarbamat	N,N-Diethyldithiocarbaminsäure, Zinksalz
Zink-di-iso-butyl-dithiocarbamat	Di-(2-methylpropyl)-dithiocarbaminsäure, Zinksalz
Zink-diisopropyldithiophosphat	Bis-[O,O-bis-(1-methylethyl)phosphorodithioato-S,S']zink
Zink-diisopropyl-xanthat	Di(O-(1-methylethyl)-dithiocarbaminsäure, Zinksalz
Zinkdilaurat	Dodecansäurezinksalz
Zinkdimethyldithiocarbamat	N,N-Dimethyldithiocarbaminsäure, Zinksalz
Zinkdi-n-butyldithiocarbamat	Dibutyldithiocarbaminsäure, Zinksalz
Zinkdinitrat	Zinknitrat
Zinkdipentyldithiocarbamat	Dipentyldithiocarbaminsäure, Zinksalz
Zink-di(p-toluolsulfonat)	4-Methylbenzensulfonsäure, Zinksalz
Zink-di(toluen-4-sulfonat)	4-Methylbenzensulfonsäure, Zinksalz
Zinkdodecanosäuresalz	Dodecansäurezinksalz
Zinkethylphenyldithiocarbamat	N,N-Ethyl-phenyldithiocarbaminsäure, Zinksalz
Zinkisopropylxanthat	Zink-(1-methylethyl)xanthat
Zinkisopropylxanthogenat	Di(O-(1-methylethyl)-dithiocarbaminsäure, Zinksalz
Zinkit	Zinkoxid
Zinklaurat	Dodecansäurezinksalz
Zink-2-mercaptobenzimidazol	2-Mercaptobenzimidazol, Zinksalz
Zink mercaptobenzimidazolat	1,3-Dihydro-2H-benzimidazol-2-thion, Zinksalz
Zink-mercaptobenzothiazolat	Zink-2-mercaptobenzothiazol
Zink-methacrylat	2-Methyl-2-propensäure, Zinksalz
Zinkmethylmercaptobenzimidazol	1,3-Dihydro-4(oder 5)-methyl-2H-benzimidazol-2-thion-Zinksalz
Zink-(N-methylpiperazin)di-thiocarbamat	Di-(4-methyl-1-piperazindithiocarbansäure), Zinksalz
Zink-N,N'-dibutyldithiocarbamat	Dibutyldithiocarbaminsäure, Zinksalz
Zink-N,N-dimethyl-dithiocarbamat	N,N-Dimethyldithiocarbaminsäure, Zinksalz
Zink-N-pentametyhlendithiocarbamat	Pentamethylendithiocarbaminsäure, Zinksalz
Zink-4(oder 5)-methyl-2-mercaptobenzimidazol	1,3-Dihydro-4(oder 5)-methyl-2H-benzimidazol-2-thion-Zinksalz
Zink-O,O-diisopropylbis(dithiocarbonat)	Zink-(1-methylethyl)xanthat
Zinkoxid 2011	Zinkoxid
Zinkoxid AA	Zinkoxid
Zinkoxid aktiv	Zinkoxid
Zinkoxid AM	Zinkoxid
Zinkoxid Grünsiegel	Zinkoxid
Zinkoxid Rotsiegel	Zinkoxid
Zinkoxid Silox 3C	Zinkoxid

Gebräuchlicher Name Handelsname	Substanzname
Zinkoxid transparent	Zinkoxid
Zinkoxid Weißsiegel	Zinkoxid
Zinkpentachlorthiophenat	Bis-pentachlorthiophenol, Zinksalz
Zink-pentamethylendithiocarbamat	Pentamethylendithiocarbaminsäure, Zinksalz
Zinksalz	Zinkborat
Zinkspat	Zinkcarbonat
Zinkstearat	Octadecansäure, Zinksalz
Zinkstearat TM	Octadecansäure, Zinksalz
Zinksuperoxid	Zinkperoxid
Zinkthiobenzoat	Benzencarbothiosäure, Zinksalz
Zinkweiß	Zinkoxid
Zinkweiss CF	Zinkoxid
ZinkweissCF/GR	Zinkoxid
Zinkweiss F	Zinkoxid
Zinkweiss GR	Zinkoxid
Zinkweiss Harzsiegel CF	Zinkoxid
Zinkweiss Harzsiegel CF/GR	Zinkoxid
Zinkweiss Harzsiegel F	Zinkoxid
Zinkweiss Harzsiegel GR	Zinkoxid
Zinkweiss Harzsiegel Stand.	Zinkoxid
Zinkweiss Harzsiegel Standard	Zinkoxid
Zinkweiss Harzsiegel UF	Zinkoxid
Zinkweiss Rotsiegel	Zinkoxid
ZinkweissUF	Zinkoxid
Zinndichlorid	Zinn(II)-chlorid
Zinpol	Polyethylen
Ziradin	N,N-Dimethyldithiocarbaminsäure, Zinksalz
Ziram	N,N-Dimethyldithiocarbaminsäure, Zinksalz
Ziram technical	N,N-Dimethyldithiocarbaminsäure, Zinksalz
Ziramvis	N,N-Dimethyldithiocarbaminsäure, Zinksalz
Zirasan	N,N-Dimethyldithiocarbaminsäure, Zinksalz
Zirasan 90	N,N-Dimethyldithiocarbaminsäure, Zinksalz
Zirberk	N,N-Dimethyldithiocarbaminsäure, Zinksalz
Zirex 90	N,N-Dimethyldithiocarbaminsäure, Zinksalz
Ziride	N,N-Dimethyldithiocarbaminsäure, Zinksalz
Zirthane	N,N-Dimethyldithiocarbaminsäure, Zinksalz
Zisnet F-PT	2,4,6-Trimercapto-S-triazin
Zitox	N,N-Dimethyldithiocarbaminsäure, Zinksalz
Zitronen-Chrom	Bleisulfochromat
Zitronengelb	Pigment Gelb 35 (C.I. 77205)
Zitronensäure	2-Hydroxy-1,2,3-propantricarbonsäure
ZIX	Zink-(1-methylethyl)xanthat
ZIX	Di(O-(1-methylethyl)-dithiocarbaminsäure, Zinksalz
ZMBI	2-Mercaptobenzimidazol, Zinksalz
ZMBT	Zink-2-mercaptobenzothiazol
ZMMBI	1,3-Dihydro-4(oder 5)-methyl-2H-benzimidazol-2-thion-Zinksalz
ZnDBDTC	Dibutyldithiocarbaminsäure, Zinksalz
ZnDMDTC	N,N-Dimethyldithiocarbaminsäure, Zinksalz
ZN-0401 E 3/16"	Zinkoxid
ZnMB	Zink-2-mercaptobenzothiazol
ZnMBT	Zink-2-mercaptobenzothiazol
Zn 0701T	Zinkoxid
Zoba GKE	2-Methyl-1,3-benzendiamin

Gebräuchlicher Name Handelsname	Substanzname
Zoba GKE	2,4-Diaminomethylbenzen
Zobra Brown P Base	4-Aminohydroxybenzen
Zogen developer HRE	2,4-Diaminomethylbenzen
Zopaque	Titandioxid
Zorbax	Silicium(IV)-oxid
ZPDC	Di-(4-methyl-1-piperazindithiocarbansäure), Zinksalz
ZPO	Zinkperoxid
ZUPA S 80	Bis-(dimethylthiocarbamoyl)-disulfid
Zyklohexan	Cyclohexan
Zyklohexanon	Cyclohexanon
Zyklotetramethylenoxid	Tetrahydrofuran
p-Zymen	1-Methyl-4-isopropylbenzen
p-Zymol	1-Methyl-4-isopropylbenzen
Zytel 211	Poly(imino(1-oxo-1,6-hexandiyl))

Anhang VI

Liste von Substanzen ohne CAS-Nummer

Name	Gebr. Namen-/ Handelsnamen	Funktion	Anwendung	Summenformel	Sonstiges	Literatur
Abietinsäure-Cobaltsalz		Haftmittel		$C_{20}H_{28}O_2Co$		344
o-Acetoacetylacetonoxim-Cobaltkomplex		Haftmittel				344
6-Aceton-2,4-dimethyl-1,3-dioxan		Antimikrobielles Mittel für Latex				175
Acetylacetan-Cobaltkomplex		Haftmittel				344
Acrylnitril-Butadien-Kautschuk	Nitrilgummi, Rubber, nitrile; NBR	Polymer				357
Adipatpolyester		Weichmacher, synthetisch	TSE			450
Agar-Agar		Verdickungsmittel für Latex			Kaut.-Art: Latex	1
	Aktiol	Vulkanisationsaktivatoren/Beschleunigeraktivatoren				392
aliphatische hydrophile Fettsäureester		Verarbeitungshilfsmittel	TSE			450
aliphatisches Kohlenwasserstoff-Harz		Klebrigmacher	TSE			450
Alkohol-Trimellitat-Ester		Weichmacher, synthetisch	TSE			450
6-Alkyl-2-methylphenol-keton-kondensat		Oxidationsschutzmittel				214
alkyliertes und arylsubstituiertes Phenol		Oxidationsschutzmittel	TSE			450
Alkyliertes-aryliertes Bisphenolphosphit	Agerite Geltrol	Oxidationsschutzmittel			Kaut.-Art: NR; SR	357
Alkylphenoldisulphid	Vulfac 7; Vulfac 5	Vulkanisiermittel/Schwefelspender				607
Alkylphenolharz		Vernetzungsmittel, schwefelfrei	TSE			450
Alkylphosphat		Weichmacher, synthetisch	TSE			450
Alkylpolyglykolphosphorsäurepartialester	Acmosil 10 - 501 (10% haltig)		Bestandteil von Trennmitteln		zu 5-10% enthalten in Acmosil 0-501	Sdb ACMOS
Aluminiumnitrat		agulliermittel für Latex		$Al(NO_3)_3$	Kaut.-Art: Latex	1

Name	Gebr. Namen-/ Handelsnamen	Funktion	Anwen-dung	Summen-formel	Sonstiges	Litera-tur
Aminditihiophosphat	Rhenocure ADT/G	Vulkanisationsbeschleuniger, organisch				392
2-Amino-4-ethylamino-6-mercaptotriazin		Vulkanisationsbeschleuniger, organisch				240
Aminoguanidinbicarbonat		Treibmittel, organisch		$C_3H_6N_4O_6$		156
Aminoguanylharnstoff		Treibmittel, organisch				156
Aminoplastharz		Oberflächenbehandlungsmittel	Kaolin			17
6-Amino-2,2,4-trimethyl-1,2-dihydrochinolin		Ozonschutzmittel				214
2-t-Amyl-naphtohydrochinon		Vernetzungsmittel, schwefelfrei				417
tert-Amylbenzothiazylsulfenamid	TABS	Vulkanisationsbeschleuniger, organisch				288
2,2'-Ano-bis-(2-acetoxypropan)	Luperox AP	Vernetzungsmittel, schwefelfrei				392
Antimoncatecholat		Oxidationsschutzmittel				214
Antimonoxibromid		Flammschutzmittel				432
Antimonoxichlorid		Flammschutzmittel				432
Antimonphenylcatecholat		Oxidationsschutzmittel				214
antioxidatives Gemisch von unbekannter Zusammensetzung	Permanax CR	Oxidationsschutzmittel				607
	APDS		Reifen			450
aromatisches Kohlenwasserstoff-Harz		Klebrigmacher	TSE			450
p-Azido-benzoesäure		Oberflächenbehandlungsmittel	Calcium-carbonat	$C_7H_4N_3O_2$		17
Azo-bis-formamid		Treibmittel, organisch		$C_2H_4N_2O_2$		27
Azodicarbonimid		Treibmittel, organisch		$C_2H_5N_3O_2$		10
Balsamharz		Klebrigmacher	Reifen			450
Bariumperoxid		Vulkanisationsaktivatoren/Be-schleunigeraktivatoren		BaO_2		277
Baumwollfaser		Füllstoff, organisch				136
Benzin (Kp 80-110°C)		Lösemittel				203
Benzofurazan-1-oxid; Benzofuroxan; BFO		Verarbeitungshilfsmittel				137

Name	Gebr. Namen-/ Handelsnamen	Funktion	Anwendung	Summenformel	Sonstiges	Literatur
Benzol-1,3-disulfohydrazid	Benzol-1,3-disulfonsäurehydrazid; Benzol-1,3-disulfonylhydrazid	Treibmittel, organisch		$C_6H_6N_2O_6S_2$		1, 10
S-Benzothiazol-2-yl-N-(1,-dimethylhexyl)-thiohydroxylamin	Isooctylaminbenzothiazolsulfenamid; TOBS; Santocure TOBS	Vulkanisationsbeschleuniger, organisch		$C_6H_{22}N_2S_2$		51
Benzothiazolsulfen-tert.-octylamid		Vulkanisationsbeschleuniger, organisch				374
Benzothiazyl-2-tert-octylsulfenamid	TOBS	Vulkanisationsbeschleuniger, organisch				288
1,1'-Benzylidenbis(6-tt-octyl-2-naphthol)		Oxidationsschutzmittel				214
Bis(2,4-bis-(ethylamino)6-triazinyl)disulfid		Vulkanisationsbeschleuniger, organisch				240
1,4-Bis(2-t-butyl-hydrochinonyl-(5)-Buten(2)		Vernetzungsmittel, schwefelfrei				417
α,α'-Bis(2-t-butylhydrodinonyl-(5))diisopropylbenzol		Vernetzungsmittel, schwefelfrei				417
Bis(2-tert-butylperoxypropyl-(2)-)-benzol	Luperox 802-PP-10 Luperox 802-PP-40 Fluidox PP	Vernetzungsmittel, schwefelfrei				392
Bis(3-triethoxysilylpropyl)tetrasulfan	X 50-S; Si 96	Haftvermittler für Füllstoffe			X 50-S enthält 50% Ruß	392
Bis(allyl)-1,6-hexandithiol	AHTA 3-(6-Allylsulfanylhexylsulfanyl)propen	Coagentien für schwefelfreie Vernetzungsmittel		$C_{12}H_{22}S_2$	Kautschukart: EPM, EPDM	88
Bis(allyl)-1,9-nmonandithiol	ANTA	Coagentien für schwefelfreie Vernetzungsmittel		$C_{15}H_{28}S_2$	Kautschukart: EPM, EPDM	88

Name	Gebr. Namen Handelsname	Funktion	Anwendung	Summenformel	Sonstiges	Literatur
Bis(allyl)-1,8-octandiol	AODA	›agentien für schwefelfreie ›rnetzungsmittel		$C_{14}H_{26}O_2$	Kautschukart: EPM, EPDM	88
Bis(allyl)triethylenglycol	ATriEGA 3-[2-[2-(2-Allyloxy-ethoxy)-ethoxy]-ethoxy]-propen	Coagentien für schwefelfreie Vernetzungsmittel		$C_{12}H_{22}O_4$	Kautschukart: EPM, EPDM	88
Bis(diethylthiophosphoryl)-trisulfid	Vulcadone 3N	Vulkanisiermittel/Schwefelspender				173
Bis(diisopropylthiophopharyl)-disulfid	BDITD	Vulkanisationsbeschleuniger, organisch				288
Bis(ethoxyallyl)disulfid	BEADS	Coagentien für schwefelfreie Vernetzungsmittel		$C_{10}H_8O_2S_2$	Kautschukart: EPM, EPDM	88
Bis(nitro-piperidincarbodithioat)-zink	Nitro-pentamethylendithiocarbamin-säure-zinksalz; Bis-(nitro—piperidincarbodithicat-5,5')-zink	Vulkanisationsbeschleuniger, organisch		$C_{12}H_{18}N_4O_4S_4Zn$		136
2,2-Bis(tert.-butyperoxy)butane	Interox BU-50-AL Trigonax D-B50 und D-E50	Vernetzungsmittel, schwefelfrei				607
α,α'-bis(tut-butylperoxy)-diisopropylbenzol		Vernetzungsmittel, schwefelfrei				417
Bis-(1,2,3,6-tetrahydrobenzaldehyd)		Ozonschutzmittel			Kaut.-Art: CR	267
Bis-(2,4-bis-(diethylamino)-6-triazinyl)-disulfid		Vulkanisationsbeschleuniger, organisch				240
Bis-(2,4-bis-amino-6-triazinyl)-disulfid		Vulkanisationsbeschleuniger, organisch				240
Bis-(2-amino-4-ethylamino-6-triazinyl)-disulfid		Vulkanisationsbeschleuniger, organisch				240

Name	Gebr. Namen-/ Handelsnamen	Funktion	Anwendung	Summenformel	Sonstiges	Literatur
Bis-(2-ethylamino-4-diethylamino-6-triazinyl)disulfid		Vulkanisationsbeschleuniger, organisch				240; 374
1,6-Bis-(4-hydroxy-3,5-di-tert.-butyl-thiobenzoyl-disulfido)hexan		Vulkanisiermittel/Schwefelspender		$C_{36}H_{64}O_2S_6$		28
Bis-(3-triethoxy-silyl)-propyltetrasulfan	Aktisil PF 216	Füllstoff, organisch	[1]		[2]	392
1,6-Bis-(dibenzyl-thio-carbamoyl-disulfido) hexan		Vulkanisiermittel/Schwefelspender		$C_{36}H_{40}N_2S_6$		28
Bis-(diethyl-thiocarbamoyl-disulfido)-hexan		Vulkanisiermittel/Schwefel-.spender		$C_{16}H_{32}N_2S_6$		28
Bis-(ethylamino-4-diethylamino-s-triazin-6-yl)-tetrasulfan	V 480	Vulkanisationsbeschleuniger, organisch				51
α-α'Bis-(t-butylperoxi)diisopropylbenzol	Di-(2-tert-butyl-peroxyisopropyl)-benzen Poly-Dispersion - E(VC)D-40; T(VC)D-40P; VC-60P	Vernetzungsmittel, schwefelfrei			Kaut.-Art: EPDM / ACM	392
1,6-Bis-(thiobenzoyl-disulfido) hexan		Vulkanisiermittel/Schwefelspender		$C_{20}H_{22}S_6$		28
1,'-Bis-N-cyclopentamethylen-thiocarbamyl-2,2'-dithio-bis-benzimidazol	MBDSPT	Vulkanisationsbeschleuniger, organisch				243
Bitumenkohle		Füllstoff, anorganisch				17
zweibasisches Bleiphthalat		Zusätze für schwefelfrei Vernetzungsmittel	Kabelummantelung		Verfahren: CSM	46
Bleithiobenzoat		Mastikationshilfsmittel		$C_{14}H_{10}O_2PbS_2$		171
Bodenglas	Imsil; Fortgeschrittene Mineralfaser	Füllstoff, organisch				136

[1] Schläuche, Kabelmäntel-u. isolationen, Moosgummiartikel, Formartikel, Reifenbauteile / Vollgummireifen, Walzenbeläge, Fördergutplatten, Schwingungsdämpfer
[2] NR, IR, BR, CR, SBR, NBR, teilhydriertes HNBR, IIR, BIIR, CIIR, EPDM

Name	Gebr. Namen-/ Handelsnamen	Funktion	Anwen-dung	Summen-formel	Sonstiges	Litera-tur
Bruzin		Vulkanisationsbeschleuniger, organisch				113
n-Butyl-4,4'-bis(butylperoxy)-valerat		Vernetzungsmittel, schwefelfrei		$C_{17}H_{34}O_6$		44
Butadien-Acrylnitril-Copolymerisat	Perbunan NT 845, 2830, 2845, 2865, 2895, 3430, 3445, 3465, 3480, 3945, 3965	Polymer				392
n-Butyl-4,4-bis-(butylperoxy)valerat	Poly-Dispersion KCPK-175D-30; TVP-50	Vernetzungsmittel, schwefelfrei			Kaut. Art: CM	392
n-Butyl-4;4'-bis(tert-butylperoxy)-valerat	Luperox 230-G-40 Luper. 230-SGR-40 Luperox 230-XL-40 Luperco 230-MB	Vernetzungsmittel, schwefelfrei		$C_{17}H_{34}O_6$		392
1,3-Butylenglycoldimethacrylat		Coagentien für schwefelfreie Vernetzungsmittel		$C_{12}H_{19}O_6$		203
Butyliden-bis(dimethylphenol)		Oxidationsschutzmittel				214
butyliertes Butyliden-bis-phenol		Oxidationsschutzmittel				214
butyliertes Hydroxyanisol		Oxidationsschutzmittel				214
tert.-Butylperoxy-isopropylcarbonat		Vernetzungsmittel, schwefelfrei		$C_8H_{16}O_4$	Kaut.-Art: Q	117
tert-Butylperoxy-3,5,5-trimethylhexanoat	Luperox 270	Vernetzungsmittel, schwefelfrei				392
4,4-di-tert. Butylperoxy-n-butyl valerate	Luperox 230-LMB Trigonox 17-40B, 17-40MB	Vernetzungsmittel, schwefelfrei				607
Cadmium-pentamethylendithio-carbamat	Cd5MC	Vulkanisationsbeschleuniger, organisch		$C_{14}H_{26}S_4Cd$		203
Cadmiumthiobenzoat		Mastikationshilfsmittel		$C_{14}H_{10}CdO_2S_2$		171
Calciumcarbonat		Pigment, anorganisch				256
Calciumthiobenzoat		Mastikationshilfsmittel		$C_{14}H_{10}CaO_2S_2$		171
Cellulosefasern		Füllstoff, organisch	TSE			450
	Chemosil 2	Haftmittel				333

Name	Gebr. Namen-/ Handelsnamen	Funktion	Anwen-dung	Summen-formel	Sonstiges	Litera-tur
	Chemosil 222	Haftmittel				333
	Chemosil X 8533	Haftmittel	TSE			450
	Chemosil XW 7484	Haftmittel				333
	Chemosil XW 80	Haftmittel				333
Chinoidin		Vulkanisationsbeschleuniger, organisch				113
1-(3-Chlorallyl)-2,5,7-triaza-1-azonitadamantanchlorit		Antimikrobielles Mittel für Latex				175
3-Chloropropyl-triethoxysilan	Si 230	Haftvermittler für Füllstoffe				392
3-chlorpropyl-triethoxysilan	X 230-S	Haftvermittler für Füllstoffe			X 230-S enthält 50% Ruß	392
Cobalt (2+)-naphthenat		Pigment, organisch	TSE			450
Cobaltabietat		Aktivator	Reifen			450
Cobaltlaureat	Laurinsäure, Cobaltsalz, Dodecansäure	Haftmittel		$(C_{12}H_{23}O_2)_2Co$		344
Cobaltlinolat	Linolsäure, Cobaltsalz	Haftmittel		$(C_{18}H_{31}O_2)_2Co$		344
Cobaltnaphthenat	Monobond CN10	Zusätze für schwefelfrei Vernetzungsmittel				1, 344, 163
Cobaltneodecanoat		Haftmittel				431
Cobaltpalmitat	Palmitinsäure, Cobaltsalz, Hexadecansäure, Cetylsäure	Haftmittel		$(C_{16}H_{31}O_2)_2Co$		344
Cobaltsalz, organisch			Reifen			450
Cobalttetraazoporphin		Aktivator				1
β-Conidenodrol(katechol-struktur)		Oxidationsschutzmittel				214
N-Cyclohexyl-2-benzothiazolsulfenamid		Vulkanisationsbeschleuniger, organisch				374
Cyclohexancarbonsäure-Cobaltsalz		Haftmittel		$[C_7H_6O_2]_2$ Co		344
Cyclohexen-(3)-yliden-methyl-butylether		Ozonschutzmittel			Kaut.-Art: CR	274

Name	Gebr. Namen-/ Handelsnamen	Funktion	Anwen-dung	Summen-formel	Sonstiges	Litera-tur
Cyclohexen-(3)-yliden-methylenzylether		Ozonschutzmittel		$C_{14}H_{16}O$		288
Cyclohexylaminacetat		Koagulliermittel für Latex			Kaut.-Art: Latex	
1-(N-Cyclopentamethylen-thiocarbamyl)-2-(N'-cyclopentamethylenthio)benzimidazol	MBSPT	Oxidationsschutzmittel, Vulkanisationsbeschleuniger, organisch				175
N-Cyclophenyl-2-benzothiazolsulfenamid		Vulkanisationsbeschleuniger, organisch				256
Cyclohexylthiodibenzopyrrol	CDBP	Vulkanisationsbeschleuniger, organisch		$C_{18}H_{19}NS$		214
Decandisäuredihexylester; Dihexylsebacat; Sebacinsäuredihexylester	DHS	Weichmacher, synthetisch				288
Di-(3,5,5-trimethylhexyl)sebacat	DNS	Weichmacher, synthetisch				288
1,2-Di-(3,5-di-tert.-butyl-4-hydroxy)-(hydrocinnamoyl)-hydrazin		Alterungsschutzmittel		$C_{34}H_{48}N_2O_4$	Kautschuk art: NBR, ECO	21
Di-(nonylphenyl)-phosphit		Alterungsschutzmittel		$C_{30}H_{47}O_3P$		136
2-Di-n-propylamino-4,6-bis-(N-tut-butyl-sulfenamido)-s-triazin		Vulkanisationsbeschleuniger, organisch				374
N,N'-Di-sek.-butyl-duren-diamin		Ozonschutzmittel				214
2,5-Di-t-amyl-hydrochinon		Vernetzungsmittel, schwefelfrei		$C_{16}H_{26}O_2$		417
Di-t-amyl-peroxid						417
3-(3,5-Di-tert.-butyl-4-hydroxy-phenyl)-propionsäure-octadecylester		Oxidationsschutzmittel		$C_{41}H_{62}O_3$		351
2,6-Di-tert.butyl-α-methoxy-4-methylphenol		Oxidationsschutzmittel				214
Dialkyl(mono-nonyl)phenylphosphit		Oxidationsschutzmittel				214

Name	Gebr. Namen-/ Handelsnamen	Funktion	Anwen-dung	Summen-formel	Sonstiges	Litera-tur
Diamyldithiocarbaminsäure-diamyl-ammoniumsalz	Dipentyldithiocar-baminsäure zusammengesetzt mit Dipentylamin; Dipentylcarba-modithioinsäure zusammengesetzt mit N-Pentyl-1-pentamin	Vulkanisationsbeschleuniger, organisch		$C_{20}H_{48}N_2S_2$		136
2-Diäthylamino-4,6-bis-(cycloheryl-sulfenamido)-s-triazin		Vulkanisationsbeschleuniger, organisch				374
aktiviertes Dibenzamidodiphenyl-disulfid	Pepton 44	Mastikationshilfsmittel				118
2,2'-Dibenzamidodiphenyl-disulfid	DBD	Mastikationshilfsmittel				171
o,o'-Dibenzamidodiphenyldisulfid		Mastikationshilfsmittel		$C_{26}H_{20}N_2O_2S_2$		1
Dibenzoyl-p-chinondioxim	DPQD	Vernetzungsmittel, schwefelfrei				288
Dibenzoylmethan-Cobaltkomplex		Haftmittel				344
2,4-Dibenzoylresorcin		Lichtschutzmittel		$C_{20}H_{14}O_6$		38
Dibutylaminoleat		Vulkanisationsaktivatoren/Be-schleunigeraktivatoren		$C_{26}H_{54}N_2$		203
Dibutyldithiocarbaminsäure mit Bis(N-phenyl)-1,1 carbamid	Ultex	Vulkanisationsbeschleuniger, organische		$C_9H_{19}NS_2$* $C_{13}H_{13}N_3$		2
p-Dicumyl-diphenylamin		Alterungsschutzmittel		$C_{30}H_{31}N$		21
2,2'-Dicyclopentadienyl-bis(4-methyl-6-tert.-butylphenol)	SKF	Oxidationsschutzmittel		$C_{32}H_{46}O_2$		288
N,N'-Dicylohexylthioharnstoff	DCTU	Vulkanisationsbeschleuniger, organisch				288
2-Diethanol-amino-4,6-bis-mercaptotriazin		Vulkanisationsbeschleuniger, organisch				374
N,N'-Diethyl-N'-cyclohexyl-thioharnstoff	DECTU	Vulkanisationsbeschleuniger, organisch				288
6-Diethylamino-2,2,4-trimethyl-1,2-dihydrochinolin		Ozonschutzmittel				214

Name	Gebr. Namen-/ Handelsnamen	Funktion	Anwendung	Summenformel	Sonstiges	Literatur
Diethyldiphenylthiuramidisulfid	EPTD	Vulkanisationsbeschleuniger, organisch				288
Diethyldiphenylthiurammonosulfid	EPTM	Vulkanisationsbeschleuniger, organisch				288
N,N'-Diethylthiocarbamyl-N'-cyclohexylsulfenamid	DETCS	Vulkanisationsbeschleuniger, organisch				288
N,N'-Diethylthiocarbamylbenzothiazolyl-sulfid	DETBS	Vulkanisationsbeschleuniger, organisch				288
4,4'-Diheptyldiphenylamin	HDPA, Permanax HD und HDSE	Oxidationsschutzmittel				607
N,N'-Dihexamethylenthiuramdisulfid	HMITD	Vulkanisationsbeschleuniger, organisch		$C_{14}H_{28}N_2S_4$		39
2-Dihydro-3,3,5-trimethylchinolin,polymer	THQ	Ozonschutzmittel				173
Dihydroxidichlor-diphenylmethan-Derivate		Konservierungsmittel			Kaut.-Art: Latex	203
Diisooctylazelat	DIOZ	Weichmacher, synthetisch		$C_{15}H_{28}O_4$		288
2,5-Dimercapto-1,3,4-thio-diazoldisulfid	DMTDS	Vulkanisationsbeschleuniger, organisch				288
Dimersäure		Weichmacher, synthetisch	TSE			450
2,3-Dimethyl-1,2,3,4-tetrahydro-chinoxaline		Ozonschutzmittel				274
2,5-Dimethyl-2,5-bis(tert-butylperoxy)-hexan	Luper. 101-EVA-25 Luperox 101-G-45; Luperox 101-MF-45; Luperox 101-MG-45; Luperox 101-PP-7,5; Luper. 101-SRG-45; Luperox 101-XL-45	Vernetzungsmittel, schwefelfrei				392
Dimethylbenzothiazylsulfenamid	DMBS	Vulkanisationsbeschleuniger, organisch				288

Name	Gebr. Namen-/ Handelsnamen	Funktion	Anwen-dung	Summen-formel	Sonstiges	Litera-tur
N-Dimethyldithiocarbamyl-N'-oxydiethylensulfenamid	DTOS	Vulkanisationsbeschleuniger, organisch		$C_7H_{16}NOS_3$		203
Dimethylpropylhexahydronaphthalen					[3]	256
Dimethylstyren					[4]	256
2-(2,4-Dinitrophenylthio)-benzothiazol		Vulkanisationsbeschleuniger, organisch				158
2-(2',4'-Dinitrophenylthio)benzothiazole	Ureka Base	Vulkanisationsbeschleuniger, organisch				607
Dinitrosodiphenylguanidin		Mastikationshilfsmittel		$C_{13}H_{11}N_5O_2$		171
65% diocytyliertes Diphenylamin, 35% Diphenyl-p-phenylendiamin	Agerite HP-S	Oxidationsschutzmittel			Kaut.-Art: NR, SR	357
Diphenylamine / α-methylstyren Reaktionsprodukt	Naugard 445	Oxidationsschutzmittel				607
Diphenylenoxid-(2,2')-disulfohydrazid		Treibmittel, organisch		$C_{12}H_{14}O_7S_2$		156
1,3-Diphenylguanidinphthalat	Guantal	Vulkanisationsaktivatoren/Beschleunigeraktivatoren		$C_{34}H_{30}N_6O_4$		203
Diphenylolmethan		Härter				232
Diphenylolpropan		Härter				232
Diphenyloxid-4,4'-disulfohydrazid	Diphenyloxid-4,4'-disulfonsäurehydrazid OBSH	Treibmittel, organisch				1
Diphenylsulfon-3,3'-disulfohydrazid		Treibmittel, organisch		$C_{12}H_{14}N_4O_8$		156
Direct Black 38		Pigment, organisch				158
Direct Blue 6		Pigment, organisch				158
Direct Brown 95 (Kupfer-Komplex)		Pigment, organisch				158
Distyrenisiertes Hydroxytoluen	Naugard 431	Oxidationsschutzmittel				607
Distyryl-hydrochinon	enthalten in Stabilisator YN	Anticyclisierungsmittel		$C_{22}H_{18}O_2$		171
Dithiocarbamat (80% auf Polymerbinder)		Vulkanisiermittel/Schwefel-spender	TSE			450

[3] Reaktionsprodukt von naphterischen Ölen [Weichmacher]
[4] Reaktionsprodukt von 9003-55-8 [Polymer]

Name	Gebr. Namen-/ Handelsnamen	Funktion	Anwen-dung	Summen-formel	Sonstiges	Litera-tur
Aktiviertes Dithiocarbamat		Vulkanisationsbeschleuniger, organisch				136
Eisentetraazoporphin		Aktivator				1
Elastomere Dispersion	Blackout	Füllstoff, anorganisch	[5]			357
Enolether [6]	EE; Vulkazon AFD	Ozonschutzmittel				203; 392
β-(3,4-Epoxycyclohexyl)ethyl-trimethoxysilan		Haftvermittler für Füllstoffe		$C_{11}H_{22}O_4Si$		25
aktiviertes Ester-Alkohol-Gemisch	Polyplastol 2, Struktol W33	Vulkanisationsaktivatoren/Beschleunigeraktivatoren				40
Etherisopropyl-2-phenylisopropyl					[7]	256
Etherthioether	Vulkanol 85 Vulkanol OT	Weichmacher				392
(p-Ethoxyphenyl)-3phenyl-harnstoff		Ozonschutzmittel				214
Ethyl-3,3-bis(t-butylperoxy)butyrat		Vernetzungsmittel, schwefelfrei				417
Ethyl-3,3-bis(tert-butylperoxy)butyrat	Luperox 233-G-40 Luperox 233-XL-40 Luper. 233-XLP-25	Vernetzungsmittel, schwefelfrei				392
Ethyl-3,3-bis-(tert.-butylperoxy)-butyrat		Vernetzungsmittel, schwefelfrei				44
6-Ethylamine-2,2,4-trimethyl-1,2-dihydrochinolin		Ozonschutzmittel				214
Ethylen-Propylen-Hexadien-Terpolymerisat	EPDM	Polymer				357
2-Ethylhexansäure-Cobaltsalz		Haftmittel		$(C_8H_{15}O_2)_2Co$		344
Ethylidennorbornen		Monomer für die Herstellung von SR				256

[5] Eintauchen, überstreichen, besprühen von sauberen Gummioberflächen
[6] Stoffklasse, kein Substanzname
[7] Reaktionsprodukt von 80-43-3 (Vulkanisierungsmittel)

Name	Gebr. Namen-/ Handelsnamen	Funktion	Anwendung	Summenformel	Sonstiges	Literatur
fettiges Alkohol / Ethylenoxid Kondensat	Vulkastab LW				helle cremefarbende Flocken	40
Fettsäureamide		Verarbeitungshilfsmittel	TSE			450
Fettsäurederivate		Verarbeitungshilfsmittel	TSE			450
Fettsäureester		Verarbeitungshilfsmittel	TSE			450
aktivierte Fettsäureester-Gemisch	Polyplastol 4, Struktol WB212, WBVernetzungsmittel, schwefelfrei, WB16	Vulkanisationsaktivatoren/Beschleunigeraktivatoren			Granulat	40
Fichtenteer		Weichmacher aus Naturprodukten			Kaut.-Art: NR	1
Formaldehyd-ammonia-athylchloride Kondensationsprodukt	Trimene base- Uniroyal Vulcastab EFA-Vulnax	Vulkanisationsbeschleuniger, organisch				607
funktionelle Polysiloxane		Wärmesensibilisierungsmittel für Latex				203
Gemisch Alkyl- u. arylsubstituierter Phenole	Vulkanox DS	Alterungsschutzmittel				392
Gemisch aus Alkyl-u. arylsubstituierter Phenole	Vulkanox DS/F	Alterungsschutzmittel				392
Gemisch aus Isopropylphenyl phosphaten	Refos 95,65,50	Treibmittel, organisch				607
Gemisch aus Thio-u. Carbonsäureester	Vulkanal 8	Weichmacher				392
Gemisch styrolisierter Phenole	Vulkanox SP	Alterungsschutzmittel				392
Gemisch v. Diaryl-p-phenylendiamin	Vulkanol 3100	Alterungsschutzmittel				392
Gemisch von Dixylyldisulfid		Mastikationshilfsmittel				607
Glimmer-Calciumstearat-Gemisch	Avomical, Avomical LI	Füllstoff, anorganisch		$KAl_2(AlSi_3O_{10})(OH,F)_2$ $Ca(C_{18}H_{35}O_2)_2$		392

Name	Gebr. Namen-/ Handelsnamen	Funktion	Anwendung	Summenformel	Sonstiges	Literatur
	Granulat G274	Ozonschutzmittel	TSE			450
	Granulat G591	Ozonschutzmittel	TSE			450
Heptadecylphenol					[8]	256
Heptaldehyde-anilis Kondensat	None	Vulkanisationsbeschleuniger, organisch				607
Hexafluoropropylen / Tetrafluoroethylen		Monomer für die Herstellung von SR				256
Hexamethoxymethylmelamin		Härter			[9]	232
Hexamethoxymethylmelamin		Vernetzungsmittel, schwefelfrei	TSE			450
Hexamethyl-3,3,6,6,9,9-tetra-oxo-cyclohexanon		Vernetzungsmittel, schwefelfrei				44
3,3,6,6,9,9-Hexamethyl-1,2,4,5-tetraoxanonan		Vernetzungsmittel, schwefelfrei				417
Hexamethylentetramin mit 3% Zusatz von amorpher Kieselsäure	Cohedur H30	Haftmittel				392
N-Hexamethylenthiocarbanyl-N'-heramethylensulfenamid	HMIS	Vulkanisationsbeschleuniger, organisch				39
Hexamethylolmelaminether	Cohedur A100 Cohedur A300	Haftmittel				392
Hexamethylolmelaminethylether		Haftmittel				203
Hindered bis phenol (unbekannter Zusammensetzung)	Naugard K	Oxidationsschutzmittel				607
Holzmehl		Füllstoff, organisch		komplexes Gemisch		136
β-(4-Hydoxy-3,5-di-tert.-butyl-phenyl)-propionsäure-u-octadecylester		Oxidationsschutzmittel				203
3-Hydroxy-3-(naphthalen-1-ylamino)-propionaldehyd	Aldol-1-naphthylamin	Alterungsschutzmittel		$C_{13}H_{13}NO_2$		27
	Hypalon	Polymer				357

[8] Reaktionsprodukt von Alkylphenol [Antioxidant]
[9] Römpp, S. 2677

Name	Gebr. Namen-/ Handelsnamen	Funktion	Anwen-dung	Summen-formel	Sonstiges	Litera-tur
ISO-Cyanarsäure	Zeonet A	Vernetzungsmittel, schwefelfrei			Kaut.-Art: ECO / ACM	392
Isobutyl-naphthalinsulfonsaures Natrium		Netzmittel für Latex			Kaut.-Art: Latex	1
2,2'-Isobutyliden-bis(4-methyl-6-tert.-butylphenol	IBPH	Oxidationsschutzmittel				203
Isobutyloleat	Melonil IBO	Weichmacher, synthetisch				392
Isodecancarbonsäure-Cobaltsalz		Haftmittel		$(C_{10}H_{19}O_2)_2Co$		344
Isododecen	Propylentetramer, Tetrapropylen			$(C_3H_6)_n$	[10]	421
Isopropoxy-diphenylamin		Oxidationsschutzmittel				214
4,4'-Isopropyliden-bis-(2-tert.-butyl-phenol)		Oxidationsschutzmittel				334
Isopropyloleat	IPO	Weichmacher, synthetisch				288
	Ivegran VP 5.202	Vulkanisationsbeschleuniger, organisch	[11]		Kaut.-Art: NR; SR	392
	Ivegran VP 50.20	Vulkanisationsbeschleuniger, organisch			Kaut.-Art: NR; SR	392
	Ivegran VP 50.60	Vulkanisationsbeschleuniger, organisch	[12]		Kaut.-Art: NR; SR	392
	Ivegran VP 50.0 (ACD-50)	Hydrolyseschutzmittel	Formartikel, Extrudate, Kabelmäntel, Kabelsolatoren, Gewebegummierung			392
Kaliumpiperidindithiocarbamat	Accelerator 89	Vulkanisationsbeschleuniger, organische		$C_6H_{10}KNS_2$		2

[10] Zersetzungsprodukt von Dodecylmercaptan das als Kettenregler bei der Polymerisation von SBR eingesetzt wird
[11] helle u. farbige Gummiartikel, Formartikel, Dachfolien, Kabelmäntel / Isolatoren
[12] Gummiartikel, Formartikel, Dachfolien, Kabelmäntel, Kabelisolatoren

Name	Gebr. Namen-/ Handelsnamen	Funktion	Anwen-dung	Summen-formel	Sonstiges	Litera-tur
Kaliumsilicofluorid		Koaguliermittel für Latex		$K_2[SiF_6]$	Kaut.-Art: Latex	1
Kautschukhydrochlorid		Haftmittel				203
Kohlenoxidsulfid				COS	[13]	262
Kohlenwasserstoff-Harze		Klebrigmacher	TSE			450
Kondensationsprodukt aus N-Phenyl-2-naphtylamin und Aceton		Ermüdungsschutzmittel				214
Kondensationsprodukt von Aldol und -Naphtylamin		Oxidationsschutzmittel				214
Kupferdialkyldithiophosphat		Vulkanisationsbeschleuniger, organisch	TSE			450
Kupfertetraazoporphur		Aktivator				1
	Leim	Verdickungsmittel für Latex			Kaut.-Art: Latex	1
Leinöl		Weichmacher aus Naturprodukten				1
	Lichtschutzwachs		Reifen			450
Lignin		Oberflächenbehandlungsmittel	Calcium-carbonat			17
Magnesiumthiobenzoat		Mastikationshilfsmittel		$C_4H_{10}MgO_2S_2$		171
2-Mercapto-5-nitrobenzimidazol	NMBI	Vulkanisationsbeschleuniger, organisch				168
2-[(Mercaptoacetyl)-oxy]-ethyl-3-[[4-(phenylamino)-phenyl]-amino]-butanoat		Oxidationsschutzmittel				30
6-[(Mercaptoacetyl)-oxy]-hexyl-3-[[4-(phenylamino)-phenyl]-amino]-butanoat		Oxidationsschutzmittel				30
Mercaptomethylbenzimidazol, Isomerengemisch		Alterungsschutzmittel		$C_8H_8N_2S$		5
4 und 5-Methyl-2 mercaptabenzimidazole	Altofane DES Vulkanox MB2	Oxidationsschutzmittel				607

[13] Reaktionsprodukt aus Thiuramen sowie Dialkyldithiocarbamaten (Vulcanisationsbeschleuniger)

Name	Gebr. Namen-/ Handelsnamen	Funktion	Anwendung	Summenformel	Sonstiges	Literatur
Methyl-2-hydroxystearat		Verarbeitungshilfsmittel	TSE			450
N-Methyl-2-pentyl-N'-phenyl-p-phenylendiamin	MPPPD	Oxidationsschutzmittel				288
2-Methyl-thiazolidin-2-on					Zers.Prod. von CR	421
p-Methylbenzolperoxid	Interoxy PMBP-50-PSI, 50%ig	Vernetzungsmittel, schwefelfrei				11
(4-methylcyclohexan-(3)-yliden-methyl)-u-butylether		Ozonschutzmittel			Kaut.-Art: CR	274
(3-methylcydohexen-(3)-ylidenmethyl)-u-butylether		Ozonschutzmittel			Kaut.-Art: CR	274
5-Methylen-α,ω-dimethacrylat	2-Methyl-arylsäure-5-(2-methylacryl-oxyloxy)-pentyl-ester	Weichmacher, synthetisch		$C_{13}H_{20}O_4$		18
8-Methylen-α,ω-dimethacrylat	2-Methyl-acrylsäure-8-(2methyl-acryloxyloxy)-octylester; MB	Weichmacher, synthetisch		$C_{16}H_{26}O_4$		18
2,2'-Methylen-bis(6-α-methyl-cyclohexyl-4-methylphenol		Oxidationsschutzmittel		$C_{29}H_{40}O_2$		214
2,2'-Methylen-bis(6-α-methyl-cyclohexylphenol)		Oxidationsschutzmittel		$C_{27}H_{34}O_2$		1
Methylen-bis(3-isopropylphenol)		Oxidationsschutzmittel				214
Methylen-bis-naphthalinsaures Natrium	Kondensationsprodukt von naphthalinsulfosaurem Natrium und Formaldehyd	Antimikrobielles Mittel für Latex, Latexstabilisierungsmittel			Kaut.-Art: Latex	1
Methylenbisdiisocyanat	Chloranilin; MOKA; Moka	Vernetzungsmittel, schwefelfrei				203
2,2'-methylene-bis(4-ethyl-tert.-butylphenol)	Antioxidant P-BPH	Oxidationsschutzmittel				607

Name	Gebr. Namen-/ Handelsnamen	Funktion	Anwen- dung	Summen- formel	Sonstiges	Litera- tur
Methylethylhetonperoxid	HEKP	Vernetzungsmittel, schwefelfrei				288
Methylolmelamin		Haftmittel	TSE			450
N-Methylpiperazino-thiocarbamyl-N'-methylpiperazinosulfenamid	MPTS	Vulkanisationsbeschleuniger, organisch		$CH_{22}N_4S_2$		33
2-(2-Methylpiperidindithio)benzo-thiazol		Vulkanisationsbeschleuniger, organisch				397
2-(3-Methylpiperidindithio)benzo-thiazol		Vulkanisationsbeschleuniger, organisch				397
2-(4-Methylpiperidindithio)benzo-thiazol		Vulkanisationsbeschleuniger, organisch				397
α-Methylstyren-butadien	SKMS 30; ARKM 15 Rubber; SKMS 30; ARKM Rubber	Polymer	Reifen, Gummi-Schuhware			392
6-[[(Methylthio)-acetyl]-oxy]-3-[[4-(phenylamino)-phenyl]-amino]-butanoat		Oxidationsschutzmittel				30
2-[[(Methylthio)-acetyl]-oxy]-ethyl-3-[[4-(phenylamino)-phenyl]-amino]-butanoat		Oxidationsschutzmittel				30
Mischung aus Resorcinol, Formaldehyd donator und Dibutylphthalat	Cohedur R2					40
mixed tert.-Butyl- und tt-Octyl-phenol		Oxidationsschutzmittel			Stoffgr.	214
mixed tert.-Butylphenol		Oxidationsschutzmittel			Stoffgr.	1
Mono-nonylphenyl-phosphit		Oxidationsschutzmittel				214
Mono-t-amyl-hydrochinon		Vernetzungsmittel, schwefelfrei				417
4-Morpholinyl-tert.-butyl-estercarbamodithiosäure	OTTBS	Vulkanisationsbeschleuniger, organisch		$C_9H_{18}N_2OS_2$		95
1-Morpholyl-4-butylthiosemicarbazid		Ozonschutzmittel				216
1-Morpholyl-4-cydohexylthio-semicarbazid MHTS		Ozonschutzmittel				216
4-Morpholyl-thiatriazol-(1,2,3,4)		Treibmittel, organisch		$C_5H_{10}N_4OS$		156
Na-Hexamethylenbisthiosulfat			Reifen			450

Name	Gebr. Namen-/ Handelsnamen	Funktion	Anwendung	Summenformel	Sonstiges	Literatur
Natriumisopropylxanthogenat		Vulkanisationsbeschleuniger, organisch		$C_4H_7NaOS_2$		6
Natriumperoxycarbonat		Antimikrobielles Mittel für Latex			[14]	175
Natriumpiperidindithiocarbamat	Robac SPD	Vulkanisationsbeschleuniger, organische		$C_6H_{10}NNaS_2$		2
Nickel-2,2'-thio-bis-(4-octylphenol)		Quencher		$C_{28}H_{42}NiO_2S_2$		38
Nickelbutyldithiocarbamat	Rhenogran NDBC-70/ECO	Alterungsschutzmittel				392
Nierenbaum-Nußschalenöl	Cashew-Nußschalenöl	Härter				232
6-Nitro-2-(isopropyldithio)-benzothiazol		Vulkanisationsbeschleuniger, organisch				397
2,2'-nonylene-bis(4,6-dimethyl-phenol)	Permanax WSO	Oxidationsschutzmittel				607
nonyliertes Diphenylamin		Oxidationsschutzmittel				214
nonyliertes Diphenylamin		Oxidationsschutzmittel				214
N-octyl-2-benzothiazolsulfenamid		Vulkanisationsbeschleuniger, organisch				397
organische Phosphatester	Vanfre VAM	Verarbeitungshilfsmittel				357
Oxalsäure-di(2-phenylhydrazid)		Schutzmittel gegen Metallvergiftung		$C_{14}H_{14}N_4O_4$		38
2,2'-Oxamido-bis-(ethyl-3-(3,5-di-tert.-butyl-4-hydroxyphenyl-)propionat		Alterungsschutzmittel		$C_{23}H_{34}N_4O_7$		21
Oxanilide	Sanduvor EPU	Lichtschutzmittel				351
p,p'oxi-bis(benzylsulfonyl)hydrazid	Poly-Dispersion OBSH-75	Treibmittel, organisch			Kaut.-Art: EPDM / EVA	392
N-Oxidiethylenthiocarbamyl-N'-cyclopentamethylensulfenamid	OTCS	Vulkanisationsbeschleuniger, organisch				288

[14] Römpp S. 3300 kein echtes Peroxycarbonat, sondern H_2O_2-Addukt

Name	Gebr. Namen-/ Handelsnamen	Funktion	Anwen-dung	Summen-formel	Sonstiges	Litera-tur
2-(N-oxydiethylen)-5-methyl-benzimidazolsulfenamid	MMBIS	Vulkanisationsbeschleuniger, organisch				168
2-(N-Oxydiethylen)-5-nitrobenz-imidazolsulfenamid	NMBIS	Vulkanisationsbeschleuniger, organisch				168
N-Oxydiethylen-2-benzoxazol-sulfenamid	MBOS	Vulkanisationsbeschleuniger, organisch				168
N-Oxydiethylen-benzthiazyl-2-sulfenamid	Rubenamid M	Vulkanisationsbeschleuniger, organisch				392
N-Oxydiethylenbenzothiazol-2-sulfenamid	OBS	Vulkanisationsbeschleuniger, organisch		CH_4N_2OS		118
N-Oxydiethylenthiocarbamyl-N'-tert.-butylsulfenamid	OTBS	Vulkanisationsbeschleuniger, organisch		$C_9H_{20}N_2O$		39
(2,3,4,5,6-Pentachlorosophenyldisulfangel)-essigsäuremethylester		Mastikationshilfsmittel		$C_9H_5Cl_5O_2S_2$	Beilst. Nr.: 260302	404
2-Pentadecylbenzochinondioxim; PBQD		Vernetzungsmittel, schwefelfrei			Kaut.-Art: BR	245
Pentaerythrit-bis-tetrahydro-benzaldehydacetat		Ozonschutzmittel		$C_{19}H_{28}O_4$		288
Pentaerythrittetrastearat	Aflux 54	Verarbeitungshilfsmittel	Techn. Form-u. Spritzartikel			392
3,6,6,9,9-Pentamethyl-3-carbethoxy-1,2,4,5-tetraoxnonan		Vernetzungsmittel, schwefelfrei				417
Pentamethylenammonium-N-pentamethylendithiocarbamat	PAPDC	Vulkanisationsbeschleuniger, organisch				288
	Pertac/GR	Vulkanisationsaktivatoren/Beschleunigeraktivatoren	[15]			392
Phenol-Aldehydharz			Reifen			450
Phenol-Formaldehyd-Novolake		Haftmittel	Reifen			450
Phenolharz Phenolresin		Füllstoff, organisch				10

[15] peroxidisch o. schwefelvernetzte Gummimischungen, Gummiwalzen, Kabel-Isoliermischungen, Spritzmischungen, Formartikel, Schläuche

Name	Gebr. Namen-/ Handelsnamen	Funktion	Anwen-dung	Summen-formel	Sonstiges	Litera-tur
Phenolnovolate		Härter				232
1-Phenylamino-4-Isopropylamino-3,6-bis(4-phenylamino-phenylimino)-1,4-cydohexadien		Verunreinigung im IPPD				121
N,N'-Phenylendimaleimid	Poly-Dispersion T(HVA2)D-70; Poly-Dispersion T(HVA2)D-70P	Vulkanisationsaktivatoren/Beschleunigeraktivatoren				392
Phenylhydrazin-Zinkchlorid-Komplexsalz	RPA1	Mastikationshilfsmittel		$C_6H_8N_2$*$ZnCl_2$		171
Piperidincarbodithioicsäure zusammengesetzt mit Piperidin (1:1) u. Kalium-piperidin-carbodithioat	Piperidincarbodithioicsäure, Piperidinium-kaliumsalz, PMP (accelerator)	Vulkanisationsbeschleuniger, organisch		?		136
Platin-Verbindungen		Flammschutzmittel			Kaut.-Art: Q	375
Poly(2-chlorbutadien-1,3), vorvernetzter XD-Typ	Baypren 115, 215, 226, 235	Polymer				392
Poly(2-chlorbutadien-1,3) Mercaptan-Typ	Baypren 111, 121, 130, 211, 214; 230	Polymer				392
Poly(pentabrombenzylacrylat)		Flammschutzmittel				219
Poly-(isobutylen-co-p-Brommethylstyrol)	Brom XP-50	Polymer				41
Poly-N-nitroso-2,2,4-trimethyl-1,2-dihydrochinolin		Vulkanisationsverzögerer				158, 256
Polyacrylate		Verdickungsmittel für Latex			Kaut.-Art: Latex	1
Polyalkylenglykol		Trennmittel für unvulkanisierten Kautschuk	TSE			450
polybutyliertes Bisphenol A		Oxidationsschutzmittel				214

Name	Gebr. Namen-/ Handelsnamen	Funktion	Anwen-dung	Summen-formel	Sonstiges	Litera-tur
polybutyliertes p,p'-Isopropylidenphenol		Oxidationsschutzmittel				214
Polycarbodiimid	Rhenogran 50, PCD [16]	Alterungsschutzmittel, Oxidationsschutzmittel, Hydrolyseschutzmittel				392, 288
polycyclisches Hydrochinon		Oxidationsschutzmittel				214
Polyetherpolythioether		Emulgator für Latex, Latexstabilisierungsmittel, Latexschaumstabilisierungs-mittel			Kaut.-Art: Latex	1
Polyethylenglykolester	Struktol KW 460	Weichmacher			Kaut.-Art: NBR / PVC	392
Polyglycolether		Emulgator für Latex, Latexstabilisierungsmittel			Kaut.-Art: Latex	1
Polymerisat von 2,3-Dichlorbutadien		Haftmittel				203
Polymerisat von 2-Chlorbutadien		Haftmittel				203
Polymethylolphenolharze	Arrcovez; Synphorn C000	Vernetzungsmittel, schwefelfrei			Kaut.-Art: IIR	203
aktivierte Polydimethylsiloxanemulsion	PDMS; Silcolapse 5000				weiße, wässrige Emulsion	40
Polynitroso-2,2,4-trimethyl-1,2-dihydrochinolin		Vulkanisationsverzögerer				374
Polyoxypropylenglycol		Koagulliermittel für Latex			Kaut.-Art: Latex	1
Polypropylenadipat	PPA	Weichmacher, synthetisch				288
	Promol PD	Trennmittel für unvulkanisierten Kautschuk	TSE			450
2-(4-Propylpiperidinodithio) benzothiazol		Vulkanisationsbeschleuniger, organisch				397

[16] PCD 12417, 12413 in chemdat: CAS 25-645-779 ebenso PCD 12415, 12410 CAS: 25646-71-3

Name	Gebr. Namen-/ Handelsnamen	Funktion	Anwendung	Summenformel	Sonstiges	Literatur
pyrogenes Aluminiumoxid		Füllstoff, anorganisch			weißes, kristallines Pulver	17
	RAP-393	Haftmittel				354
Reaktionsprodukt aus 50% dioctyliertes Diphenylamin, 25% Diphenyl-p-phenylendiamin u. 25% Diphenylamin-acetat	Agerite Hipar T	Oxidationsschutzmittel			Kautschukart: NR; SR	357
	Rodo	Reodorants	bleichen von wichtigen Ölen			357
Rubberine Gel		Weichmacher aus Naturprodukten				1
Saccharosepalmitat		260				123
Saccharosestearat		260				123
Salicylsäure-Cobaltsalz	2-hydroxybenzoesäure, Cobaltsalz, Spirsäure, Cobaltsalz	Vulkanisationsverzögerer		$(C_7H_6O_3)_2Co$		344
Schmelze von Resorcinol und Stearinsäure	Cohedur RS (67%Res.) Okerin 886 (60%Res.)				grau / braune Tabletten oder Flocken	40
Schutzwachs	Vanwax H	Ozonschutzmittel				357
Schwefelpräparationen (unlöslicher Schwefel)		Vulkanisiermittel/Schwefelspender	Reifen			450
Seifen		Verarbeitungshilfsmittel	TSE			450
Selenethylxanthat		Vulkanisationsbeschleuniger, organisch				12
Silikone		Verarbeitungshilfsmittel	TSE			450
Spezialbenzin entaromatisiert 100/140			Reifen			450

Name	Gebr. Namen-/ Handelsnamen	Funktion	Anwendung	Summenformel	Sonstiges	Literatur
Spezialbenzin entaromatisiert 80/110			Reifen			450
Stearyl-β-(3,5-di-tert.-butyl-4-hydroxyphenyl)-propionat		Oxidationsschutzmittel				334
	Struktol LZ 67	Metalloxide				392
	Struktol WB 700	Metalloxide				392
	Struktol WB 900	Metalloxide				392
	Struktol ZIMAG 2s/43	Metalloxide			Kaut. Art: CR	392
Styrolharze		Füllstoff, organisch				10
Styrolisiertes Diphenylamin	Ivegran VP 50.402 Ivegran VP 50.501	Alterungsschutzmittel				392
styrolisiertes(α-phenyl-ethyliertes)phenol		Oxidationsschutzmittel				214
substituiertes Thiouren	Vulcafor 322	Vulkanisationsbeschleuniger, organisch				607
Sulfoniertes hochmolekulares Paraffinöl	Vanplast R	Verarbeitungshilfsmittel; Weichmacher, synthetisch	Weichmacher u. Prozeßhilfe in allen Elastomeren			357
sulfoniertes Petroleumprodukt u. Mineralöl	Leegen	Verarbeitungshilfsmittel			Kautschuk art: NRI; SBR; IR; IIR	357
Synth. Amorphes Siliciumdioxid	Microsil ED, Neosyl TS	Füllstoff, anorganisch				392
3-tert.-Butylperoxi-3-phenyl-phthalimid		Vernetzungsmittel, schwefelfrei	UHV-Vulkanisation			2

Name	Gebr. Namen-/ Handelsnamen	Funktion	Anwendung	Summenformel	Sonstiges	Literatur
Tetra(2 ethylhexylester-1,2,4,5 Benzenetetracarboxylsäure	TOPM Tetra-2-ethylhexyl-pyromellitat	Weichmacher, synthetisch		$C_{38}H_{70}O_8$		288
Tetradecylbenzen					[17]	256
1,2,3,4-Tetrahydrochinoxaline		Ozonschutzmittel				274
Tetraisobutylthiurammonosulfid	TIBTM; N,N,N',N'-Tetra-isobuthylthiuram-monosulfid	Vulkanisationsbeschleuniger, organisch		$C_{18}H_{36}N_2S_3$		39
Tetrakis(3,5-di-sek.-butyl-4-hydroxybenzyl)phosphoniumchlorid		Oxidationsschutzmittel				274
Tetrakis(3,5-dicyclohexyl-4-hydroxybenzyl)phosphoniumchlorid		Oxidationsschutzmittel				274
Tetrakis(2-methyl-5-tert.-butyl-4-hydroxybenzyl)phosphoniumchlorid		Oxidationsschutzmittel				274
Tetrakis(3-sek.-dodecyl-5-methyl-2-hydroxybenzyl)phosphoniumchlorid		Oxidationsschutzmittel				274
Tetrakis(3-tert.-butyl-2-hydroxybenzyl)phosphoniumchlorid		Oxidationsschutzmittel				274
Thio-bis-(di-sek-amylphenol)		Oxidationsschutzmittel				214
2,2'-Thiobis(6-tt-octyl-4-methylphenol		Ozonschutzmittel				214
4,4'-Thiobis(di-sek.amylphenol)		Oxidationsschutzmittel				214
Thiobuttersäurebutylester		Weichmacher, synthetisch		$C_8H_{16}O_2$	Kaut.-Art: CR, NBR	1
1-(Thiocarbamyl-N-cyclopentamethylen)-2-(N'-cyclopentamethylenthio)-benzimidazol	MBSTP	Vulkanisationsbeschleuniger, organisch				243
Thiocarbanylsulfenamid		Vulkanisationsbeschleuniger, organischb		$CH_4N_2S_2$		10

[17] Reaktionsprodukt von aromatischen Ölen [Weichmacher]

Name	Gebr. Namen-/ Handelsnamen	Funktion	Anwen-dung	Summen-formel	Sonstiges	Litera-tur
Tierischer Leim		Weichmacher aus Naturprodukten				203
	Tinuvin 23	Lichtschutzmittel				351
Tolylendiisocyanat dimerisiert	TDID	Vernetzungsmittel, schwefelfrei				288
Tonerdetrihydrat		Flammschutzmittel				432
Tragant		Verdickungsmittel für Latex			Kaut.-Art: Latex	1
Tri(mono- und di-nonyl)phenyl-phosphit		Oxidationsschutzmittel				214
Triallylisocyanat	poly-Dispersion TAIC-50	Coagentien für schwefelfreie Vernetzungsmittel			Wirkstoff-gehalt 60%	392
Triallyltrimellithat	Poly-Dispersion TATM-60	Coagentien für schwefelfreie Vernetzungsmittel			Wirkstoff-gehalt 60%	392
Triethylenglycoldicaphylat		Weichmacher, synthetisch				256
Triethylenglycolmono(methyl)-mono(allyl)ether	ATriEGM	Coagentien für schwefelfreie Vernetzungsmittel		$C_{10}H_{20}O_4$	Kaut.-Art: EPM, EPDM	88
Triethyltrimethylentriamin	TTT	Vulkanisationsbeschleuniger, organisch				288
Trimellithsäureester		Weichmacher, synthetisch	TSE			450
trimeres Alkylphenol-Formaldehyd-kondensat		Oxidationsschutzmittel				214
α-Trimethacryl-ω-methacryl-pentaerythrit-2-(dimethacryl-pentaerythrit)-adipat		Weichmacher, synthetisch		$C_{56}H_{76}O_{24}$		18
Trimethyl-octadecyl-ammoniumbremid	Zeonet B	Vernetzungsmittel, schwefelfrei			Kaut.-Art: ECO / ACM	392
Trimethylpropantrimethacrylat		Coagentien für schwefelfreie Vernetzungsmittel				417
Tris(-methoxypropyl-2-oxy)vinglsilan	Silanogran P	Weichmacher				1

Name	Gebr. Namen-/ Handelsnamen	Funktion	Anwen-dung	Summen-formel	Sonstiges	Litera-tur
1,3,5-Tris(2-t-butylperoxy-isopropyl)benzol						417
N,N',N''-tris(isopropylthio) N,N',N''-triphenylphashorige Triamide	Vulcafard PRS	Vulkanisiermittel/Schwefel-spender				607
	Urimil N-539	Lichtschutzmittel				351
Vanadinacetylacetonat		Aktivator				171
	Vanax 829	Vernetzungsmittel, schwefelfrei				357
	Vanfre AP-2	Verarbeitungshilfsmittel				357
	Vanfre DFL	Verarbeitungshilfsmittel				357
	Vanfre HYP	Verarbeitungshilfsmittel				357
	Vanfre UN	Verarbeitungshilfsmittel				357
	Vanox 3	Oxidationsschutzmittel	Draht, Kabel		Kaut.-Art: NR; SR	357
	Vanox HAT	Oxidationsschutzmittel				357
	Vanox ZS	Oxidationsschutzmittel			Kaut.-Art: NR; SR	357
	Vanwax OZ	Ozonschutzmittel				357
Vinylpyridin-Latex	[18]	Haftmittel				203
Vinyltriethoxysilan	Aktisil VM56	Füllstoff, organisch	[19]		[20]	392
Vulkanisiertes Gemüseöl	Factice	Weichmacher aus Naturprodukten				136
Wachs u. Paraffinprodukte		Weichmacher, synthetisch		komplexes Gemisch		136
	Wingstay K	Oxidationsschutzmittel			Kaut.-Art: NBR; ABS	357
Xylenol-aldehyde Kondensationsprodukt	Permanax EXP	Oxidationsschutzmittel				607
Xylolformaldehydharz		Weichmacher, synthetisch				10

[18] VP-Latex; Bunatex VP; Gen-Tac-Latex; Hycar VP-Latex; ISR 0650; Nipol 5218FS; Pliocord Latex VP; Polysar Latex 781; Pyratex
[19] Schläuche, Kabelmäntel-u. isolat., Mossgummiartikel, Formartikel
[20] Kaut.-Art: CM, CSM, EPM, EPDM, EVM, HNBR, vorvernetzte IIR

Name	Gebr. Namen-/ Handelsnamen	Funktion	Anwendung	Summenformel	Sonstiges	Literatur
Xylylmercaptan	Dimethylbenzenthiol	Mastikationshilfsmittel		C_8H_2S		
Zewa-Harz		Weichmacher aus Naturprodukten				203
Zinc metaborate dihydrat	Zincborate, SBT, Promindsa, Garozinc, Garoflam			$ZnOB_2O_32H_2O$		401
Zink-2-benzamido-thiophenat		Vulkanisationsbeschleuniger, organisch				256
Zink-2-ethylhexanoat	Kieselsäure; Struktol ZEH	Vulkanisationsaktivatoren/Beschleunigeraktivatoren			Kaut.-Art: NR	392
Zink-amin-dithiophosphat	Rhenocure ZADT/G	Vulkanisationsbeschleuniger, organisch				392
Zink-isobutyl-isooctyl-dithiophosphat	Zi-BODTP	Vulkanisationsaktivatoren/Beschleunigeraktivatoren		$C_{24}H_{52}P_2S_4Zn$		145
Zink-mercaptobenzthiazol	Rubator ZMBT	Vulkanisationsbeschleuniger, organisch	Badehauben u. Artikeln			392
Zinkaminodithiophosphat		Vulkanisationsbeschleuniger, organisch	TSE			450
Zinkdiacrylat	Saret 633, ZDA	Haftmittel, Coagentien für schwefelfreie Vernetzungsmittel			Kaut.-Art: HNBR	238, 383
Zinkdialkyldithiophosphat	Rhenocure ZDT/G	Vulkanisationsbeschleuniger, organisch				392
Zinkdiamindithiophosphat; ZADT		Vulkanisationsbeschleuniger, organisch				323
Zinkdiammonium-diisocyanat	Zinkdiammino-diisocyanat ZDADI, Genimplex A	Vulkanisationsaktivatoren/Beschleunigeraktivatoren, Vulkanisationsbeschleuniger, organisch		$C_2H_8N_4O_2Zn$		42, 87
Zinkdibutylphosphordithioat	ZBDT	Vulkanisationsbeschleuniger, organisch		$C_{16}H_{36}P_2S_4Zn$		87
Zinkdiisobutyldithiocarbamat	ZDIBDTC	Vulkanisationsbeschleuniger, organisch		$C_{18}H_{36}O_4Zn$		39

Name	Gebr. Namen-/ Handelsnamen	Funktion	Anwendung	Summenformel	Sonstiges	Literatur
Zinkdiisopropyldithiocarbamat	ZDIPDTC	Vulkanisationsbeschleuniger, organisch		$C_{14}H_{28}O_4Zn$		39
Zinkdimethacrylat	Saret 634, ZDMA	Haftmittel, Coagentien für schwefelfreie Vernetzungsmittel			Kaut.-Art: HNBR	238, 383
Zinkethylhexanoat	ZEH	Vulkanisationsbeschleuniger, organisch				288
Zinkethylxanthogenat		Vulkanisationsbeschleuniger, organisch				374
Zinkhexamethylendithiocarbamat	ZHMIDTC	Vulkanisationsbeschleuniger, organisch		$C_{16}H_{32}O_4Zn$		39
Zinksalz mit hohem Molekulargewicht ungesättigter Fettsäuren	Aktiplast T, Laurex, Polyplastol 6, Struktol A50, A60	Vulkanisationsaktivatoren/Beschleunigeraktivatoren			leicht gelbfarbene Flocken oder braune Pastillen	401
Zinkxylylmercaptan		Mastikationshilfsmittel		$C_{16}H_{18}S_2Zn$		1
Zinncatecholat	Stannouscatecholat	Oxidationsschutzmittel				214
Zinnphenyleatecholat	Stannousphenyl-catecholat	Oxidationsschutzmittel				214

Kautschuk und Gummi 2

Springer-Verlag Berlin Heidelberg GmbH

W. Baumann, M. Ismeier

Kautschuk und Gummi

Daten und Fakten zum Umweltschutz

Band 2

Springer

Dr.-Ing. Werner Baumann

Institut für Umweltforschung·(INFU)
Universität Dortmund
D - 44221 Dortmund

Dipl. Chem. Monika Ismeier

Institut für Umweltforschung (INFU)
Universität Dortmund
D - 44221 Dortmund

ISBN 978-3-642-63788-9 ISBN 978-3-642-58916-4 (eBook)
DOI 10.1007/978-3-642-58916-4

Die Deutsche Bibliothek - CIP-Einheitsaufnahme
Baumann, Werner: Kautschuk und Gummi: Daten und Fakten zum Umweltschutz /
Werner Baumann / Monika Ismeier -
Berlin; Heidelberg; New York; Barcelona; Budapest; Hong Kong; London; Mailand; Paris;
Santa Clara; Singapur; Tokio: Springer, Bd. 1; 1998
ISBN 978-3-642-63788-9

Ursprünglich erschienen bei Springer-Verlag Berlin Heidelberg NewYork 1998
Softcover reprint of the hardcover 1st edition 1998

Einbandgestaltung: K. Brüning Konzept, Berlin
Satz: Reproduktionsfertige Vorlagen der Autoren
SPIN: 10645739 52/3020 - 5 4 3 2 1 0 - Gedruckt auf säurefreiem Papier

Dieses Buch basiert auf einer Untersuchung, die das **Institut für Umweltforschung (INFU)** der Universität Dortmund im Auftrag des **Umweltbundesamtes (UBA)** durchgeführt hat. Das Vorhaben wurde im Rahmen des Umweltforschungsplanes des **Bundesministerium für Umwelt, Naturschutz und Reaktorsicherheit (BMU)** mit dem Förderkennzeichen 10602081 finanziell unterstützt. Die Autoren möchten sich hierfür bedanken.

Inhaltsverzeichnis

Band 1

Abkürzungsverzeichnis

°C	Grad Celsius
6PPD	N-1,3-Dimethylbutyl-N'-phenyl-p-phenylendiamin
77PD	N,N'-Bis(1,4-dimethylpentyl)-p-phenylendiamin
Σ	Summe
μA	Mikroampere
μg	Mikrogramm
μl	Mikroliter
μm	Mikrometer
a	Jahr
AAS	Atomabsorptionsspektroskopie
AbfAG	Abfallabgabengesetz
AbfBestV	Abfallbestimmungsverordnung
AbfG	Abfallgesetz
AbfRestÜberwV	Abfall- und Reststoffüberwachungsverordnung
ABR	Acrylat-Butadien-Kautschuk
Abs.	Absatz
AbwAG	Abwasserabgabengesetz
AbwHerkV	Abwasserherkunftsverordnung
ACM	Acrylatkautschuk
ACN	Acetonitril
ADC	Azodicarbonamid
ADPA	Diphenylamin-Aceton-Kondensationsprodukt
AFMU	Nitrosokautschuk
A-Kohle	Aktivkohle
ANM	Acrylester-Acrylnitril-Copolymer (Acrylat-Kautschuk)
AOX	adsorbierbares organisch gebundenes Halogen
ArbStättV	Arbeitsstättenverordnung
ASTM	American Society for Testing and Materials
ATP	α-Tocopherol
ATR-FT-IR	abgeschwächte Totalreflexion - Fourier Transformation - Infrarot Spektroskopie
ATV	Abwassertechnische Vereinigung
AU	Urethan-Kautschuk
AU-I	Urethan-Kautschuk, isocyanat vernetzt
AU-P	Urethan-Kautschuk, peroxidisch vernetzt
B-	bromierter Kautschuk
BAA	Butyraldehyd-Anilin-Kondensationsprodukt
BBP	Butylbenzylphthalat
BD	Benzofuran-Derivat
BDMA	1,4-Butandioldimethacrylat
BES	Benzoesäure
BHT	Butylhydroxytoluol (2,6-Di-tert.-butyl-4-methylphenol)
BiDMC	Wismutdimethyldithiocarbamat
BIIR	Brom-Isobuten-Isopren-Kautschuk (Brombutyl-Kautschuk)
BImSchG	Bundesimmissionsschutzgesetz
BImSchV	Bundesimmissionsschutzverordnung
BMA	Bundesminister für Arbeit und Sozialordnung
BPH	2,2'-Methylen-bis(4-methyl-6-tert.-butylphenol)
BR	Butadien-Kautschuk
BSB 5	Biologischer Sauerstoffbedarf nach 5 Tagen
BSH	Benzolsulfonsäurehydrazid

BSWL 202	basisches Bleisilikat
bzw.	beziehungsweise
C-	chlorierter Kautschuk
ca.	circa
CAS	Chemical Abstract System
CBS	Cyclohexyl-2-benzothiazolsulfenamid
CdDMC	Cadmiumdimethyldithiocarbamat
CDO	p-Benzochinondioxim
CEA	Cyclohexylethylamin
CFM	Polychlortrifluorethylen-Vinylidenfluorid-Copolymer (Fluorkautschuk)
ChemG	Chemikaliengesetz
CIIR	Chlor-Isobuten-Isopren-Kautschuk (Chlorbutylkautschuk)
CKW	Chlorkohlenwasserstoff
CLD	Caprolactamdisulfid
CM	chloriertes Polyethylen
CO	Epichlorhydrin-Kautschuk
CP	Chlorparaffin
CPB	chemisch/physikalische und biologische Behandlung
CR	Chloropren-Kautschuk
CSB	Chemischer Sauerstoffbedarf
CSM	chlorsulfoniertes Polyethylen
CSP	chlorsulfoniertes Polyethylen
CTP	N-Cyclohexylthiophthalimid
CuDMC	Kupferdimethyldithiocarbamat
CuIDP	Kupferdiisopropyldithiophosphat
CV	kontinuierliche Vulkanisation
DAP	Diallylphthalat
DAPD	Diaryl-p-phenyldiamin
DAPM	4,4'-Diaminodiphenylmethan
dB(A)	Dezibel
DBA	Dibutylamin
DBD	2,2'-Dibenzamidodiphenyldisulfid
DBEEA	Dibutoxyethoxyethyladipat
DBP	Dibutylphthalat
DBPH	2,5-Di-tert.-butylperoxy-2,5-dimethylhexan
DCBS	Dicyclohexyl-2-benzothiazylsulfenamid
DCHDIS	Bis(dicyclohexyl)thiophosphoryldisulfid
DCP	Dicumylperoxid
DEG	Diethylenglykol
DEHA	Di-2-ethylhexyladipat
DEHP	Di-2-ethylhexylphthalat
DEHS	Di-2-ethylhexylsebacat
DEP	Diethylphthalat
DETU	Diethylthioharnstoff
d.h.	das heißt
DIBDIS	Bis(diisobutyl)thiophosphoryldisulfid
Dibenzo-CDO	Dibenzoyl-p-benzochinondioxim
DIBP	Diisobutylphthalat
DIBS	Diisopropyl-2-benzothiazolsulfenamid
DIN	Deutsche Industrienorm
DINP	Diisononylphthalat
div.	diverse
DM	Deutsche Mark
DMSO	Dimethylsulfatoxid
DMTD	Dimorpholinthiuramdisulfid (2,5-Dimercaptothiadiazol)
DNPD	N,N'-Di-β-naphthyl-p-phenylendiamin
DNPT	N,N'-Dinitrosopentamethylentetramin

DOA	Dioctyladipat
DOP	Dioctylphthalat
DOPD	Dioctyl-p-phenylendiamin (N,N'-Bis(1-ethyl-3-methylpentyl)-p-phenylendiamin)
DOS	Dioctylsebacat
DOTG	Di-o-tolylguanidin
DOZ	Dioctylazelat
DPCF	Diphenylkresylphosphat
DPG	Diphenylguanidin
DPPD	N,N'-Diphenyl-p-phenylendiamin
DPTT	Dipentamethylenthiuramtetrasulfid
DPTU	Diphenylthioharnstoff
DS	substituiertes Phenol
DSC	Differentialleistungskalorimetrie
DTDM	Dithiodimorpholin (Bis-(N-oxydiethylen)disulfid)
DTOS	N-Dimethyldithiocarbamyl-N'-oxydiethylensulfenamid
DTPD	Gemisch aus Phenyl-/Tolyl-p-phenylendiamin
E-	Emulsions-Polymerisat
EAM	Ethylen-Acrylat-Co- und -terpolymere
ECO	Epichlorhydrinkautschuk
EDMA	Ethylenglycolmethacrylat
EE	Enolether
EG	Europäische Gemeinschaft
EM-	Emulsions-Polymerisat
EOT	sauerstoffhaltiger Kautschuk der T-Gruppe
EPDM	Ethylen-Propylen-Dien-Kautschuk
EPM	Ethylen-Propylen-Copolymer
ESO	epoxidiertes Sojaöl
etc.	et cetera
ETER	Epichlorhydrin-Ethylenoxid-Terpolymer
ETMQ	6-Ethoxy-2,2,4-trimethyl-1,2-dihydrochinon
ETU	Ethylthioharnstoff
EU	Polyetherurethan-Kautschuk
eV	Elektronenvolt
EV	Efficient Vulkanisation
EVM	Ethylen-Vinylacetat-Copolymer
EWG	Einwohnergleichwerte
Fa.	Firma
FKM	Kautschuk mit Fluor und Fluoralkyl- oder Fluoralkoxy-Gruppen an der Polymerkette
FMQ	Silikonkautschuk mit Methyl- und Fluor-Gruppen an der Polymerkette
FPM	Kautschuk mit Fluor und Fluoralkyl- oder Fluoralkoxy-Gruppen an der Polymerkette
FT-IR	Fourier Transformation - Infrarot Spektroskopie
FVMQ	Silikonkautschuk mit Methyl-, Vinyl- und Fluor-Gruppen an der Polymerkette
FZ	Polyphophazen-Kautschuk
g	Gramm
GC	Gaschromatographie
GC-MS	Gaschromatographie - Massenspektrometrie
GefStoffV	Gefahrstoffverordnung
ges.	gesamt
Gew.-%	Gewichtsprozent
GGVS	Gefahrgutverordnung Straße
GPO	Polypropylenoxid-Kautschuk
h	Stunde
HALS	Hindered Amine Light Stabilizer

HEXA	Hexamethylentetramin
HFP	Hexafluopropylen-Kautschuk
HMDAC	Hexamethylendiamincarbamat
HRGC/HRMS	hochauflösende Gaschromatographie / hochauflösende Massenspektrometrie
i.d.R.	in der Regel
IIR	Isobuten-Isopren-Kautschuk (Butyl-Kautschuk)
IM	Polyisobuten
INFU	Institut für Umweltforschung, Universität Dortmund
IP 346	Analytische Meßmethode, mit der die Stoffe eines Öles bestimmt werden , die in DMSO (siehe dort) löslich sind
IPPD	N-Isopropyl-N'-phenyl-p-phenylendiamin
IR	Isopren-Kautschuk
ISO	International Standard Organisation
ITC	Isothiocyanate
KFZ	Kraftfahrzeug
kg	Kilogramm
km	Kilometer
kPa	Kilopascal
KrW-/AbfG	Kreislaufwirtschafts-/Abfallgesetz
l	Liter
L-	Lösungs-Polymerisat
LC	Letale Konzentration
LCM	Liquid Curing Method
LD	Letale Dosis
LKW	Lastkraftwagen
LM	Lösemittel
m	Meter
M	Kautschuke mit einer gesättigten Kette vom Polymethylen-Typ
MAK	Maximale Arbeitsplatzkonzentration
mg	Milligramm
m^3	Kubikmeter
MBI	Mercaptobenzimidazol
MBS	2-Morpholinyl-benzothiazolsulfenamid
MBSS	2-Morpholinyl-benzothiazoldisulfid
MBT	2-Mercaptobenzothiazol
MBTS	2-Mercaptobenzothiazoldisulfid
MIBK	Methylisobutylketon (4-Methyl-2-pentanon)
Min	Minute
mm	Millimeter
MMBI	4- bzw. 5-Methylmercaptobenzimidazol
MPQ	Silikonkautschuk mit Methyl- und Phenyl-Gruppen an der Polymerkette
MPTD	Dimethyldiphenylthiuramdisulfid
MQ	Silikonkautschuk mit ausschließlich Methylgruppen an der Polymerkette
Muster-VAwS	Muster-Verordnung über Anlagen zum Umgang mit wassergefährdenden Stoffen
MVFQ	Silikonkautschuk mit Methyl-, Vinyl- und Fluor-Gruppen an der Polymerkette
MVQ	Silikonkautschuk mit Methyl- und Vinyl-Gruppen an der Polymerkette
N	Kautschuk mit Stickstoff in der Polymerkette
NaDMC	Natriumdimethyldithiocarbamat
NaIX	Natriumisopropylxanthogenat
NBR	Acrylnitril-Butadien-Kautschuk (Nitril-Kautschuk)
NCR	Acrylnitril-Chloropren-Kautschuk
NDBA	N-Nitrosodi-n-butylamin

NDEA	N-Nitrosodiethylamin
NDELA	N-Nitrosodiethanolamin
NDIPA	N-Nitrosodi-iso-propylamin
NDMA	N-Nitrosodimethylamin
NDPA	N-Nitrosodiphenylamin
NEPA	N-Nitrosoethylphenylamin
NiDBC	Nickeldibutyldithiocarbamat
NIR	Acrylnitril-Isopren-Kautschuk
nm	Nanometer
NMOR	N-Nitrosomorpholin
NMPA	N-Nitrosomethylphenylamin
NPIP	N-Nitrosopiperidin
NPYR	N-Nitrosopyrrolidin
NR	Naturkautschuk
O	Kautschuk mit Sauerstoff in der Polymerkette
OBSH	p,p'-Oxybis(benzolsulfonsäurehydrazid)
ODPA	octyliertes Diphenylamin-Derivat (4,4'-Dioctyldiphenylamin)
OE-	ölverstreckter Kautschuk
o.g.	oben genannt
OT	sauerstoffhaltiger Kautschuk der T-Gruppe
OTBG	o-Tolylbiguanid
OTOS	N-Oxydiethylendithiocarbamyl-N'-oxydiethylensulfenamid
OTTBS	N-Oxydiethylenthiocarbamyl-N'-tert.-butylsulfenamid
PA	Polyamid
PAC	Poly Aromatic Content
PAH	Polyaromatic Hydrocarbons (siehe auch PAK)
PAK	Polyaromatische Kohlenwasserstoffe (identisch mit PAH)
PAN	N-Phenyl-1-naphthylamin
PbDMC	Bleidimethyldithiocarbamat
PBN	N-Phenyl-2-naphthylamin
PBR	Vinylpyridin-Butadien-Kautschuk
PCD	Polycarbodiimid
PCTP	Pentachlorthiophenol
PEP	Polyethylenpolyamin
PET	Polyester
phr	parts per hundred rubber (Gewichtsteile auf 100 Gewichtsteile Kautschuk)
PKW	Personenkraftwagen
PMQ	Silikonkautschuk mit Methyl- und Phenyl-Gruppen an der Polymerkette
PPC	Piperidyl-ammonium-piperidyl-dithiocarbamat
PPD	p-Phenylendiamin
PSBR	Vinylpyridin-Styrol-Butadien-Kautschuk
PTA	Phthalsäureanhydrid
PTFE	Polytetrafluorethylen
PTS	polymeres Thiocarbamoylsulfenamid
PVC	Polyvinylchlorid
PVMQ	Silikonkautschuk mit Methyl-, Vinyl- und Phenyl-Gruppen an der Polymerkette
PZ	Kautschuk mit -P=N- Kette und Aryloxy-Gruppen an den Phosphoratomen der Kette
Q	Silikon-Kautschuk
R	Kautschuk mit einer ungesättigten Kohlenstoffkette
R_1*	Kettenradikal
Rahmen-AbwasserVwV	Rahmen-Abwasser-Verwaltungsvorschrift
RestBestV	Reststoffbestimmungsverordnung
RFK	Resorcin-Formaldehyd-Kieselsäure

RFL	Resorcin-Formaldehyd-Harz
s	Spur
s.	siehe
S-	Lösungs-Polymerisat
SAPH	styrolisiertes, alkyliertes Phenol
SBR	Styrol-Butadien-Kautschuk
SCR	Styrol-Chloropren-Kautschuk
SDB	Sicherheitsdatenblatt
SDPA	styrolisiertes Diphenylamin
SeDMC	Selendimethyldithiocarbamat
Semi-EV	Semi-Efficient Vulkanisation
SIR	Styrol-Isopren-Kautschuk
sog.	sogenannt
SPH	styrolisiertes Phenol
SR	Synthetischer Kautschuk
s.u.	siehe unten
t	Tonne
T	Kautschuk mit Schwefel in der Polymerkette
TA-Abfall	Technische Anleitung Abfall
TA-Luft	Technische Anleitung Luft
TA-Lärm	Technische Anleitung Lärm
TAC	Triallylcyanurat
TAP	Triallylphosphat
TBBS	N-tert.-Butyl-2-benzothiazolsulfonamid
TBSI	N-tert.-Butyl-2-benzothiazolsulfenimid
TBTD	Tetrabutylthiuramdisulfid
TBzTD	Tetrabenzylthiuramdisulfid
TCP	Trikresylphosphat
TCT	Tricrotonylidentetramin
TDI	Toluoldiisocyanat (2,4-Diisocyanat-toluol)
TeDEC	Tellurdiethyldithiocarbamat
TeDMC	Tellurdimethyldithiocarbamat
TESPT	Bis-(3-triethoxysilylpropyl)tetrasulfid
TETA	Triethylentetramin
TETD	Tetraethylthiuramdisulfid
Tg	Glasübergangstemperatur
TGA	Thermogravimetrische Analyse
TM	Thioplastc
TMCH	Trimethylcyclohexyliden-bis-(tert.-butylperoxid)
TMQ	polymeres 2,2,4-Trimethyl-1,2-dihydrochinon
TMTD	Tetramethylthiuramdisulfid
TMTM	Tetramethylthiurammonosulfid
TMTU	Tetramethylthioharnstoff
TOF	Trioctylphosphat
TOTM	Tri-2-ethylhexyltrimellitat
TPTA	Trimethylolpropantrimethacrylat
TRbF	Technische Regeln für brennbare Flüssigkeiten
TRGS	Technische Regeln für Gefahrstoffe
TriEDMA	Triethylenglykoldimethacrylat
TSE	Technische und sonstige Elastomerprodukte
TSH	p-Toluolsulfonsäurehydrazid
TÜV	Technischer Überwachungsverein
U	Kautschuk mit Kohlenstoff, Sauerstoff und Stickstoff in der Polymerkette
u.a.	unter anderem
u.ä.	und ähnliche
UBA	Umweltbundesamt

UHF	Ultrahochfrequenz
UmweltHG	Umwelthaftungsgesetz
UV	Ultraviolettes Licht
UVV	Unfallverhütungsvorschrift
VbF	Verordnung über brennbare Flüssigkeiten
VMQ	Silikonkautschuk mit Methyl- und Vinyl-Gruppen an der Polymerkette
VOC	volatile organic compounds (flüchtige organische Verbindungen)
VP	Vinylpyridin
WDK	Wirtschaftsverband der Deutschen Kautschukindustrie e.V.
WGK	Wassergefährdungsklasse
WHG	Wasserhaushaltsgesetz
WHO	World Health Organization
WTR	Vereinigung der wichtigsten Kautschukchemikalienerzeuger
X-	carboxylierter Kautschuk
XBR	carboxylgruppenhaltiger Butadien-Kautschuk
XCR	carboxylgruppenhaltiger Chloropren-Kautschuk
XNBR	carboxylgruppenhaltiger Acrylnitril-Butadien-Kautschuk
XSBR	carboxylgruppenhaltiger Styrol-Butadien-Kautschuk
Y-	thermoplastischer Kautschuk
Z	Kautschuk mit Phosphor und Stickstoff in der Polymerkette
Z5MC	Zinkpentamethylendithiocarbamat
z.B.	zum Beispiel
ZBEC	Zinkdibenzyldithiocarbamat
ZBX	Zinkbutylxanthogenat
ZDBC	Zinkdibutyldithiocarbamat
ZDBP	Zinkdibutyldithiophosphat
ZDEC	Zinkdiethyldithiocarbamat
ZDMC	Zinkdimethyldithiocarbamat
ZEH	Zinkethylhexanoat
ZEPC	Zinkethylphenyldithiocarbamat
ZIX	Zinkisopropylxanthogenat
ZMBI	Zinkmercaptobenzimidazol
ZMBT	2-Mercaptobenzothiazol-Zinksalz
ZnBODTP	Zinkisobutyl-isooctyldithiophosphat
ZNS	Zentrales Nervensystem
z.T.	zum Teil

Anhang VII

Datenblätter

Bezeichnungen, Handelsnamen, Anwendungsbereiche und Eigenschaften von Kautschukchemikalien

Aufbau des Datenblattes

Um die über Chemikalien in Kautschukprodukten verfügbaren und zusammengestellten Informationen abrufen und sortieren zu können, wurde das Datenbankprogramm OEKOPRO erstellt, das einerseits den Ausdruck eines substanzspezifischen Formblattes steuert, andererseits Substanzgruppen anhand vorwählbarer Suchkriterien selektiert und ausdruckt. Damit ist es möglich, nicht nur Informationen zu Einzelsubstanzen überschaubar darzustellen, sondern auch mit geringem Zeitaufwand eine Liste auszudrucken, die z.B. alle als Alterungsschutzmittel in Kautschukprodukten eingesetzten Chemikalien enthält. Um vor allem organische Substanzen eindeutig zu beschreiben, können mit Hilfe eines Grafikprogrammes Strukturformeln in die Datenblätter eingebunden werden.
Die Datenbank enthält nicht nur Stoffe, die zur Zeit in Kautschukprodukten eingesetzt werden, sondern auch solche, die bereits nicht mehr oder noch nicht in Anwendung sind. Zu allen Stoffen, die zur Zeit von den Herstellern eingesetzt werden, liegen Verbrauchszahlen vor, die im jeweiligen Datenblatt aufgeführt sind.

Das Datenblatt jeder Substanz besteht aus zwei Teilen: Der erste Teil faßt die Identitätsmerkmale des chemischen Stoffes (Name, Formel) sowie Angaben über die spezifischen Anwendungsbereiche zusammen, der zweite Teil enthält die wesentlichen umweltrelevanten Eigenschaften, wie Toxizität, physikalisch-chemische Parameter und Abwasserbelastung.
Jedes Suchverfahren setzt eine eindeutige Festlegung der verwendeten Suchkategorien voraus. Diese werden daher im folgenden aufgeführt und erläutert. Mit Ausnahme des Feldes *Strukturformel* sind alle Begriffsfelder als Suchkategorie einsetzbar.

Substanz

Die definierte Einzelsubstanz wird mit weitestgehend systematisch-chemischer Benennung aufgeführt. Für große Moleküle ist der systematische Name jedoch häufig unpraktisch oder ungebräuchlich. In solchen Fällen sind hier auch Halbtrivial- und Trivialnamen zu finden.

CAS-Nummer

Die im Chemical-Abstract-System (CAS) verwendeten Kennziffern erleichtern die eindeutige Identifizierung einer Substanz.

UN-Nummer

Die UN-Nummer befindet sich auf orangefarbene Warntafeln und dient der Kennzeichnung von Tanks oder Behältern, in denen ein Gefahrstoff transportiert wird (Beispiel: Dieselkraftstoff UN-Nr.:1203).

Gebräuchliche Namen

Alle weiteren Halbtrivial- und Trivialnamen, die für die oben genannte Substanz benutzt werden, sind hier angegeben.

Handelsnamen

Die von den Herstellern geprägten Namen finden sich in dieser Rubrik.

Summenformel

Summenformel für organische Substanzen in der nach IUPAC vorgegebenen Reihenfolge, für anorganische Stoffe in der allgemein gebräuchlichen, nicht alphabetischen Reihenfolge.

Strukturformel

Strukturformel der betreffenden Chemikalie.

Funktion

Die Aufgabe dieser Rubrik ist die Unterscheidung der Substanzen nach den Funktionen, die sie in den unterschiedlichen Kautschukprodukten übernehmen. Die folgenden Stichworte sind in der Datenbank zu finden:

Mastikationsmittel
Aktivator
Anticyclisierungsmittel
Replastizierungsmittel
Vulkanisiermittel/Schwefelspender
Vulkanisationsbeschleuniger, anorganisch
Vulkanisationsbeschleuniger, organisch
Reversionsschutzmittel
Vulkanisationsaktivatoren/Beschleunigeraktivatoren
Vulkanisationsverzögerer
Nitrosamin-Inhibitor
Vernetzungsmittel, schwefelfrei
Coagentien für schwefelfreie Vernetzungsmittel
Zusätze für schwefelfreie Vernetzungsmittel
Verzögerer für schwefelf. Vernetzungsmittel
Scorchinhibitoren
Alterungsschutzmittel
Ermüdungsschutzmittel
Ozonschutzmittel
Oxidationsschutzmittel
Hydrolyseschutzmittel
Hitzeschutzmittel
Lichtschutzmittel
Schutzmittel gegen Metallvergiftung
Quencher
Desaktivatoren
Trägermaterial
Füllstoff, anorganisch
Füllstoff, organisch
Oberflächenbehandlungsmittel
Pigment, anorganisch
Pigment, organisch
Flammschutzmittel
Weichmacher aus Naturprodukten
Weichmacher, synthetisch
Klebrigmacher
Stabilisatoren
Faktis
Treibmittel, anorganisch
Treibmittel, organisch
Haftmittel
Trennmittel
Trennmittel für unvulkanisierten Kautschuk
Emulgator
Regeneriermittel
Lösemittel
Haftvermittler für Füllstoffe
Verarbeitungshilfsmittel
Klebemittel
Konditioniermittel
Polymerisationsregler
Härter
Geruchsverbesserer
Termitenschutzmittel
Konservierungsmittel (antimikrobiell, -kotisch)
Fungizid
Latexchemikalien
Latexstabilisiermittel
Latexschaumstabilisiermittel
Emulgator f. Latex
Netzmittel f. Latex
Schaumbildner f. Latex
Antischaummittel f. Latex
Koaguliermittel f. Latex
Konservierungsmittel f. Latex
Verdickungsmittel f. Latex
Antimikrobielle Mittel f. Latex
Polymer
Monomer für die Herstellung von SR
Sonstige Chemikalien

Die Stichwörter „Ausgangsstoff", „Bestandteil" und. „Produktionshilfsmittel" können auch in Kombination mit den anderen in dieser Liste aufgeführten Begriffen in der Datenbank vorhanden sein. Sie tauchen aber in jedem Fall auch dann auf, wenn nach „Ausgangsstoff", „Bestandteil" oder „Produktionshilfsmittel" gesucht wird. Beispiele für weitere Suchmöglichkeiten sind in diesem Fall:

- Ausgangsstoff **für** Stabilisator, Ausgangsstoff **für** Weichmacher, ...
- Bestandteil **von** Entschäumer, Bestandteil **von** Haftvermittler, ...
- Produktionshilfsmittel **für** Vulkanisationsmittel, Produktionshilfsmittel **für** Ozonschutzmittel, ...

Kautschukart

Hier werden die Kautschuktypen angegeben, in denen die Substanz bevorzugt eingesetz wird. In der Datenbank sind die im folgenden aufgeführten Stichwörter zu finden:

ACM	Acrylat-Kautschuk
CM	Chlorethylen-Kautschuk
CSM	Chlorsulfonylethylen-Kautschuk
EAM	Ethylen-Vinylacetat-Copolymer
EPDM	Ethylen-Propylen-Terpolymer
EPM	Ethylen-Propylen-Copolymer
FPM/FKM	Fluor-Kautschuk
IM	Polyisobuten, Polyisobutylen
N	Polyetheramide
CO	Epichlorhydrin-Kautschuk
ECO	Ethylenoxid-Chlormethyloxiran-Copolymer
GPO	Epoxid-Kautschuk
MQ, FMQ, FVMQ, PMQ, PVMQ, VMQ	Silikon-Kautschuk
ABR	Acrylat-Butadien-Kautschuk
BR	Butadien-Kautschuk
CR	Chloropren-Kautschuk
ETER	Epichlorhydrin-Ethylenoxid-Terpolymer
HNBR	hydrierter Acrylnitril-Butadien-Kautschuk
IIR	Isobuten-Isopren-Kautschuk

IR	Isopren-Kautschuk, synthetisch
NIR	Acrylnitril-Isopren-Kautschuk
NR	Naturkautschuk
NBR	Acrylnitril-Butadien-Kautschuk
NCR	Acrylnitril-Chloropren-Kautschuk
PBR	Vinylpyriden-Butadien-Kautschuk
PSBR	Vinylpyridin-Styrol-Butadien-Kautschuk
SBR	Styrol-Butadien-Kautschuk
SCR	Styrol-Chloropren-Kautschuk
SIR	Styrol-Isopren-Kautschuk
XBR	carboxylgruppenhaltiger Butadien-Kautschuk
XCR	carboxylgruppenhaltiger Chloropren-Kautschuk
XNBR	carboxylgruppenhaltiger Acrylnitril-Butadien-Kautschuk
XSBR	carboxylgruppenhaltiger Styrol-Butadien-Kautschuk
BIIR	Brom-Isobuten-Isopren-Kautschuk
CIIR	Chlor-Isobuten-Isopren-Kautschuk
OT	Thioplaste
AFMU	Nitrosokautschuk (Polyesterurethan-Kautschuk)
AU	Urethan-Kautschuk (Polyetherurethan-Kautschuk)
Z	Polyphosphazen-Kautschuk

Anwendung

Hier wird der Einsatzbereich der Substanz beschrieben (z.B. Herstellung von Reifen).

Branchenspezifische Bemerkungen zur Substanz

An dieser Stelle findet der Leser z.B. Angaben zur Einsatzmenge des Stoffes in der Bundesrepublik Deutschland (Angaben in t/Jahr).

Eigenschaften

Diese Datenblattrubrik ist in zwei Bereiche eingeteilt:

- toxikologisch-ökotoxikologische Eigenschaften
- physikalisch-chemische Eigenschaften

Auf die Bedeutung einiger angegebener Werte wird im folgenden kurz eingegangen.

Toxikologisch-ökotoxikologisch

- RTECS-Werte (Registry of Toxic Effects of Chemical Substances)
In einem von Richard J. Lewis, Sr. und Doris V. Sweet herausgegebenen Grundlagenwerk sind toxische Effekte chemischer Substanzen zusammengestellt.

- MAK (Maximale Arbeitsplatzkonzentration)
Dies ist die höchst zulässige Konzentration eines Arbeitsstoffes als Gas, Dampf oder Schwebstoff in der Luft am Arbeitsplatz. In der Regel wird der MAK-Wert als Durchschnittswert über Zeiträume bis zu einem Arbeitstag oder einer Arbeitsschicht integriert.

- Schweizer Giftliste
Die Giftliste ist Kernstück der schweizerischen Giftgesetzgebung. Sie wird vom Bundesamt für Gesundheitswesen (BAG) erstellt und mindestens einmal pro Jahr ergänzt. Es gibt fünf Giftklassen:

Giftklasse 1		-	5 mg/kg
Giftklasse 2	5	-	50 mg/kg
Giftklasse 3	50	-	500 mg/kg
Giftklasse 4	500	-	2000 mg/kg
Giftklasse 5	2000	-	5000 mg/kg

Neben der akut-oralen Letaldosis werden die Wirkungen auf Haut, Schleimhaut und Atemwege sowie die subchronische und chronische Toxizität berücksichtigt. Krebserzeugende, mutagene und weitere sehr problematische Stoffe (besondere chronische Schädigung, hohe Inhalationstoxizität) werden grundsätzlich in Giftklasse 1 eingestuft.

- WGK (Wassergefährdungsklasse)
In der Rubrik toxikologisch-ökotoxikologische Eigenschaften wird die Wassergefährdungsklasse angeführt. Diese ist dem Katalog wassergefährdender Stoffe entnommen, welcher in der allgemeinen Verwaltungsvorschrift wassergefährdende Stoffe (VwVwS) nach dem Wasserhaushaltsgesetz (§ 19 g Abs. 5 Satz 2) vom Oktober 1986 definiert ist.
Es wird eine Einteilung in vier Wassergefährdungsklassen vorgenommen.

- WGK 3: stark wassergefährdende Stoffe
- WGK 2: wassergefährdende Stoffe
- WGK 1: schwach wassergefährdende Stoffe
- WGK 0: im allgemeinen nicht wassergefährdende Stoffe

In die Bewertung des Wassergefährdungspotentials gehen ausschließlich Stoffeigenschaften ein, wie die akute Toxizität gegenüber Säugetieren, Bakterien und Fischen, die durch die Angabe von Bewertungszahlen klassifiziert wird. Weitere Kriterien für die Bewertung sind physikalisch-chemische Daten, abiotische Abbaubarkeit u.a., die jedoch nicht einzeln aufgegliedert werden.

- R-Sätze
R-Sätze weisen auf besondere Gefahren bei Handhabung und Verwendung von Stoffen und Zubereitungen hin. Die R-Sätze sind im Anhang I der GefStoffV im Wortlaut aufgeführt.

- S-Sätze
Hinweise auf notwendige Vorsichtsmaßnahmen werden durch Sicherheitsratschläge (S-Sätze) gegeben (siehe Anhang I, GefStoffV).

- Gefahrensymbole

Verweis auf die Gefahrensymbole gemäß der Gefahrstoffverordnung, der Schweizer Giftliste sowie Industrieangaben (Chemikaliendaten der Firmen Merck, Fluka, Sigma Aldrich etc.).

- Sonstiges
In diesem Abschnitt erhält die Datenbank ergänzende/erläuternede Informationen zur Toxikologie. Dies sind z.B. LD_{50}-Werte, Ergebnisse von Untersuchungen mit Literaturhinweisen oder ökologische Hinweise z.B. zur Bioakkumulation.

- Biologische Abbaubarkeit
Die biologische Abbaubarkeit von chemischen Substanzen ist eines der wichtigsten Kriterien zur Beurteilung ihres Verhaltens im Ökosystem. Es liegen zahlreiche Vorschläge für Testverfahren vor. Die wichtigsten sind der geschlossene Flaschentest und der sogenannte OECD-Test. Daneben gibt es andere, die für spezielle Fragestellungen entwickelt wurden, sowie Modifikationen der o.g. grundlegenden Testmethoden. Auf Einzelheiten kann an dieser Stelle nicht näher eingegangen werden. Die in dieser Rubrik des Datenblattes gemachten Angaben beziehen sich auf Literaturwerte.

- LD_{50} (mittlere letale Dosis)
Dies ist die Dosis in mg/kg Körpergewicht, die nach einmaliger Verabreichung zum Tode von 50 % der Testpopulation führt. Die Schadstoffaufnahme erfolgt über den Verdauungstrakt. Eine Angabe ist immer nur in Verbindung mit einer Spezies sinnvoll.

- LC_{50} (mittlere letale Konzentration)
Konzentration einer Substanz in mg/l, die innerhalb einer festgelegten Zeit zum Tode führt. In der vorliegenden Studie beträgt die berücksichtigte Zeitspanne fast immer 96 Stunden - also LC_{50} (96 h). Es ist hier die Konzentration relevant, die bei 50 % der Testpopulation zum Tode führt. Eine Angabe ist immer nur in Verbindung mit einer Spezies sinnvoll.

Physikalisch-chemisch

- log pOW
Der pOW ist der Verteilungskoeffizient einer Substanz zwischen einer wäßrigen Phase und einer n-Octanol-Phase. Angegeben wird der dekadische Logarithmus (log pOW) als Maß für den Transfer einer Substanz aus einem wäßrigen Medium in ein lipides Medium. Der log pOW-Wert gibt also Auskunft über Einfluß und Verbleib einer Substanz in Organismen. Grob vereinfacht kann man sagen: Organische Verbindungen sind toxisch entsprechend ihrem lipophilen Charakter, und je höher log pOW ist, um so größer ist die Toxizität. Die Beziehungen sind in Wirklichkeit komplexer, dieser Wert sollte nur in Kombination mit anderen toxikologischen Werten gesehen werden.

Verbleib nach Gebrauch

Mögliche Pfade der geregelten und nicht geregelten Entsorgung der Substanz nach Verwendung in einem Prozeß. Die unter dieser Rubrik gemachten Angaben zur

Abfallbeseitigung sind den von der Sigma Aldrich Corporation erstellten Sicherheitsdaten entnommen.

Bemerkungen

Hinweise zur Sensorik, weiteren Anwendungsbereichen, besonderen Gefährdungen, im betreffenden Prozeß eingesetzten Stoffmenge etc.

Acenaphthylen

- CAS-Nummer:
  208-96-8
- **Summenformel:**
  $C_{12}H_8$

- **Strukturformel:**

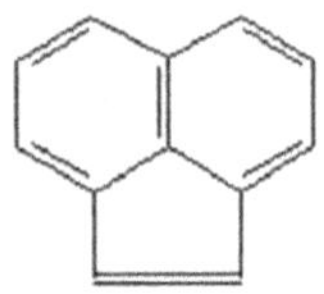

Funktion:
Zersetzungsprodukt;

branchenspezifische Bemerkung zur Substanz:
Die Substanz ist u.a. in aromatischen Weichmacherölen enthalten; bildet sich bei der Vulkanisation als Zersetzungsprodukt aus Kohlenwasserstoffen;

Eigenschaften:
- **toxikologisch/ökotoxikologisch:**
  RTECS # AB 1254000
  R-Satz: 36/37/38
  S-Satz: 26-36

- **physikalisch/chemisch:**
  Schmelzpunkt: 90-92 °C
  Siedepunkt: 280 °C
  Dichte: 898 kg/m3 (16 °C)
  Molmasse: 152,2 g/mol

Verbleib nach Gebrauch:
Verbrennung nach Mischung mit brennbarem Lösemittel;

6-Acetamido-4-hydroxy-3-[(p-sulfoamidphenyl)-azo)]-2,7-naphthalindisulfonsäure, Dinatriumsalz

- **CAS-Nummer:**
  133-60-8
- **gebräuchliche Namen:**
  Azosulfamid; 6-(Acetylamino)-3-((4-(aminosulfonyl)phenyl)azo)-4-hydroxy-2,7-naphthalindisulfonsäure, Dinatriumsalz;
- **Handelsnamen:**
  Drometil; Leuconeprontosil; Neoprontosil Dinatriumsalz; Prontosil S; Streptocid Rubrim; Streptozon S; Streptozon II;
- **Summenformel:**
  $C_{18}H_{14}N_4Na_2O_{10}S_3$

- **Strukturformel:**

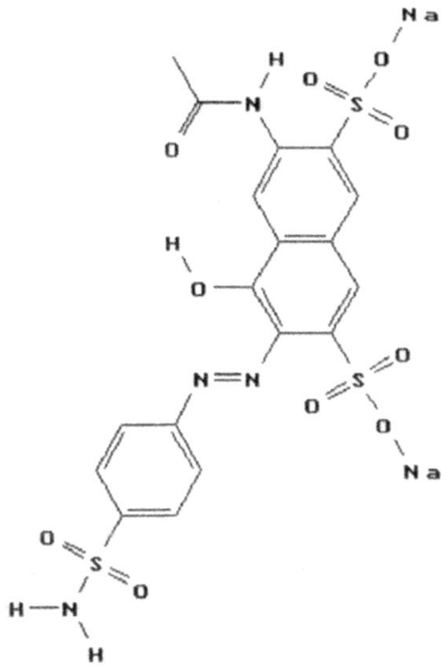

Funktion:
sonstige Chemikalien;

Eigenschaften:

- **physikalisch/chemisch:**

Löslichkeit:
in Wasser: 66 g/l (15 °C), 115 g/l (20 °C), 181g/l (40 °C); unlöslich in Ethanol, Diethylether, Propanon, Trichlormethan, Benzen;

Acrylnitril-Butadien-Kautschuk, hydriert

- **CAS-Nummer:**
88254-10-8
- **gebräuchliche Namen:**
HNBR; NBR (in nicht hydrierter Form);

Funktion:
Polymer;

branchenspezifische Bemerkung zur Substanz:
Einsatzmenge Kautschukindustrie: 9.500 t (1996)

Acrylnitril-Vinylchlorid-Copolymer

- **CAS-Nummer:**
9003-00-3
- **Handelsnamen:**
Acropor; Acropor AN; lynel; Kanelkaton; Vinyon N;
- **Summenformel:**
$(C_3H_3N * C_2H_3Cl)_x$

Funktion:
Polymer;

Eigenschaften:
- **toxikologisch/ökotoxikologisch:**
RTECS # AT 6976000

- **physikalisch/chemisch:**
Molmasse: 115,56 *x g/mol

Acrylsäure-Acrylonitril-Butadien-Copolymer

- **CAS-Nummer:**
25265-18-4

Funktion:
Polymer;

Eigenschaften:
- **toxikologisch/ökotoxikologisch:**
RTECS # RW 9085000
Sonstiges:
LD 50 (intraperitoneal, Maus): 316 mg/kg [428];

Adipinsäurebenzyl-2-ethylhexylester

- **CAS-Nummer:**
58394-64-2
- **gebräuchliche Namen:**
BEHA; Benzyl-2-ethylhexyl-adipinsäureester; Benzyloctyladipat; Benzyl-2-ethylhexyl-adipat;Phenylmethyl-2-ethylhexyl-adipinsäureester;
- **Handelsnamen:**
Adimol BO;
- **Summenformel:**
$C_{21}H_{32}O_4$

- **Strukturformel:**

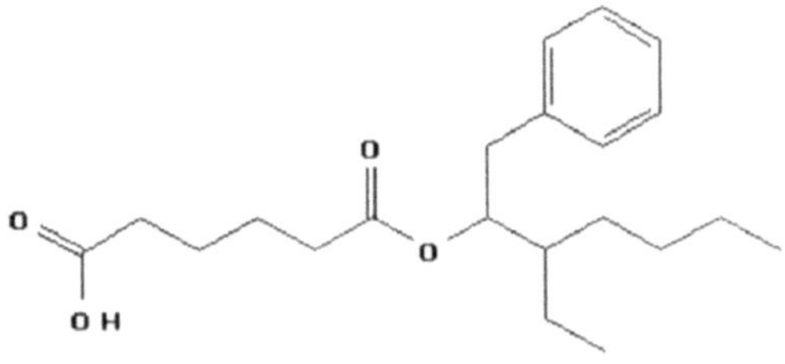

Funktion:
Weichmacher, synthetisch;

branchenspezifische Bemerkung zur Substanz:
Einsatzmenge: 290 t/a (Reifenindustrie: 91 t/a, TSE-Industrie: 200 t/a) (1996)

Eigenschaften:
- **toxikologisch/ökotoxikologisch:**
  WGK: 1

- **physikalisch/chemisch:**
  Molmasse: 348,48 g/mol

Adipinsäure-diallylester

- **CAS-Nummer:**
  2998-04-1
- **gebräuchliche Namen:**
  Diallyladipat; Hexandisäuredi-2-propenylester;
- **Summenformel:**
  $C_{12}H_{18}O_4$

- **Strukturformel:**

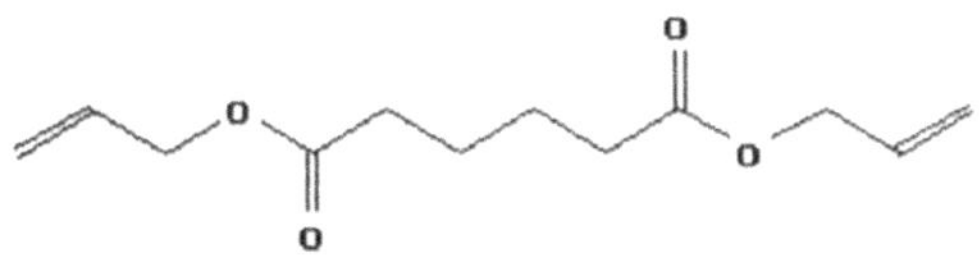

Funktion:
Coagentien für schwefelfreie Vernetzungsmittel;

Eigenschaften:
- **toxikologisch/ökotoxikologisch:**
  RTECS # AV 0350000
  Sonstiges:
  LD Lo (oral, Ratte): 420 mg/kg [428];
  LD 50 (oral, Maus): 180 mg/kg [428];
  LD Lo (Haut; Kaninchen): 1000 mg/kg [428];

- **physikalisch/chemisch:**
  Siedepunkt: 117-120 °C (4 hPa)
  Brechungsindex: 1,023 (4 °C)
  Molmasse: 226,27 g/mol

Adipinsäure-(di-iso-decyl)-ester

- **CAS-Nummer:**
  27178-16-1
- **gebräuchliche Namen:**
  Di-iso-decyladipat; DIDA; Hexandisäure- diisodecylester;
- **Handelsnamen:**
  Monoflex DDA; Morflex 330; PX-220; Jayflex DIDA; Vestinol DIDA;
- **Summenformel:**
  $C_{26}H_{50}O_4$

Funktion:
Weichmacher, synthetisch;

Eigenschaften:
- **toxikologisch/ökotoxikologisch:**
  RTECS # AV 1485000
  WGK: 1
  Sonstiges:
  [Sdb Deutsche Exxon Chemical GmbH]:
  Geringes Gesundheitsrisiko bei üblichen Umgebungstemperaturen (-18 - 38 °C); geringe Giftwirkung; häufiger oder länger andauernder Hautkontakt kann die Haut entfetten und austrocknen, was zu Hautbeschwerden und Hautentzündungen (Dermatitis) führen kann. Verursacht leichte Augenbeschwerden, jedoch keine Schädigung des Augengewebes.

  [EG-Sdb Hüls AG]:
  LD 50 (oral, Ratte): 21000 mg/kg

- **physikalisch/chemisch:**
  Schmelzpunkt: -60 °C
  Siedepunkt: 241 °C
  Flammpunkt: 218 °C
  Dichte: 916 kg/m3 (25°C)
  Molmasse: 426 g/mol

  Löslichkeit:
  < 0,01 g/100 g Wasser;

  Bemerkung zu physikalisch/chemischen Daten:
  [Sdb Deutsche Exxon Chemical GmbH]:
  Siedepunkt: >235 °C (6,67 hPa); Flammpunkt: 208 °C; Dampfdruck: 6,67 hPa (235 °C) (geschätzt); unlöslich in Wasser;

  [EG-Sdb Hüls AG]:
  Klare geruchlose Flüssigkeit;
  Schmelztemperatur: ca. -60 °C; Siedetemperatur: 240-250 °C (4 hPa); Flammpunkt: ca. 210 °C; Zündtemperatur: ca. 360 °C; Dampfdruck: <0,01 hPa (20 °C); Dichte: ca. 918 kg/m3 (20 °C); Löslichkeit in Wasser: <0,1 g/l (20 °C); logPow: >9,99; beginnende Zersetzung bei ca. 270 °C;

Bemerkung:
[Sdb Deutsche Exxon Chemical GmbH]:
Farblose Flüssigkeit mit einem leichten Geruch;
unverträglich mit Oxidationsmitteln, starken Mineralsäuren;

Aktivkohle

- **CAS-Nummer:**
  1333-86-4
- **gebräuchliche Namen:**
  E 153; Carbon black; Kohlenschwarz; Holzkohle; Pigment Black 7; Pigment Schwarz 7 (C.I. 77266); C.I. 77266; Farbruß; Pigmentruß; Ruß; Carbonschwarz;
- **Handelsnamen:**
  Aktivkohle Darco; ARO; Acetylene black; Acetylenruß P 1250; Aroflow; Arogen; Aromex; Arotone; Arovel; Arrow; Atlantic; Black perls; Cancarb; Carbodis; Carbolac; Carbolac 1; Carbomet; Carbon black; (ACGIH; OSHA); Carbon Black BV; Carbon Black V; Carbon black, channel; Carbon black, furnac; Carbon black, lamp; Carbon black, thermal; Carbon Black, non-activated, mineral origin; Channel black; Shannel Schwarz; CK3; Clarocarbon; Collocarb; Columbia carbon; Conductex; Continental; Continex; Corax; Corax P; Corax N 550 MP off Spec; Corax N 121; Corax N 356; Croflex; Crolac; Degussa; Delussa black FW; Delussa Schwarz FW; Dixie; Dixiecell; Dixiedensed; Dixitherm; Durex; Durex 0 Pulver; Eagle germantown; Encelac Schwarz 0054; Encelack Schwarz 0059; ELF; Elftex; Essex; Excelsior; Explosion black; Explosion acetylene black; Farbruss; Fecto; Flamruss; Furnal; Furnex; Furnex N 765; Gas-furnace black; Gasruß CK 3 geperlt; Gastex; Huber; Huber N 990 MT; Humenegro; Impingement black; Ketjenblack EC; Kosmink; Kosmobil; Kosmolak; Kosmos; Kosmotherm; Kosmovar; Luconyl Schwarz 0060; Luconyl Schwarz 0066; Magecol; Metanex; Micronex; Miike 20; Modulex; Mogul; Mogul L; Molacco; Monarch; Neospectra; Neo Spectra II; Neotex; Norit A Supra; Oil-furnace black; P-33; P68; P1250; Peerless;

Pelletex; Philblack; Philblack N 550; Philblack N 765; Philblack O; Philschwarz N550; Printex; Printex 60; Printex L; Printex XE 2; Raven; Raven 30; Raven 420; Raven 500; Raven 8000; Rebonex; Regal; Regal 99; Regal 300; Regal 330; Regal 600; Regal SRF; Regent; Royal spectra; Sevacarb; Seval; Shawinigan acetylene black; Shell carbon; Sicoflush L Schwarz 0054; Sicoflush L Schwarz 0055; Sicoflush L Scharz 0063; Sicoflush P Schwarz 0054; Sicoflush P Schwarz 0059; Sico Echtschwarz L 0062; Special black IV; Special black V; Special schwarz; Spheron; Spheron 6; Statex; Statex N 550; Sterling; Sterlin N 765; Sterling NS; Sterlin SO 1; Superba; Super-carbovar; Super-spectra; Texas; Thermaatomic black; Thermal acetylene black; Thermatomic; Thermax; Thermblack; Tinolite; TM 30; Torch brand; Triangle; Ucet; Ukarb; United; Velvetex; Vulcan; Witco; Witcoblak No. 100; Witcoschwarz No. 100; WYEX; Acetylenruß P 1250; CK 3; Corax N 115; Corax N 121; Corax N 125; Corax N 134; Corax N 220; Corax N 234; Corax N 326; Corax N 330; Corax N 335; Corax N 339; Corax N 347; Corax N 375; Corax N 539; Corax N 550; Corax N 650; Corax N 660; Corax N 683; Corax N 765; Corax N 772; Durex O powder; Durex O; Hi-Black 10, Hi-lack 10B; Hi-Black 150B; Hi-Black 160B; Hi-Black 20; Hi-Black 20B; Hi-Black 20L; Hi-lack 30; Hi-Black 30B; Hi-Black 30L; Hi-Black 30LB; Hi-Black 40 B1; Hi-Black 40 B2; Hi-lack 40; Hi-Black 40L; Hi-Black 45LB, Hi-Black 50L; Hi-Black 50LB; Hi-Black 5L; Hi-lack 00L; Huber MT N 990; Luvocarb GP; Luvocarb MPC; Luvocarb MT N-990; Luvocarb T-S ulver; Luvocarb MT-LS; Luvocarb N-220; Luvocarb N-330; Luvocarb N-339; Luvocarb -75; Luvocarb N-539; Luvocarb N-550; Luvocarb N-660; Luvocarb PM 15; Luvocarb PM 6-E; Luvocarb S; Luvocarb SRF; MT Meteor; MT Thermax N 907 stainless; MT Thermax 08 Stainless Ultra Pure; MT Thermax N 908 stainless, MT Thermax N 990 Ultra Pure; MT Thermax N 990; MT Thermax N 991 Ultra Pure; MT Thermax N 991; NHUMO N-20; NHUMO N-234; NHUMO N-326; NHUMO N-330; NHUMO N-339; NHUMO N-375; NHUMO N-550; NHUMO N-650; NHUMO N-660; Printex L 29; Printex L 6; Printex L; Printex P; Printex XE-2; Sid N110; Sid N121; Sid N220; Sid N231; Sid N234; Sid 299; Sid N326; Sid N330; Sid N339; Sid N343; Sid N347; Sid N351; Sid N358; Sid N375; Sid N539; Sid N550; Sid N650; Sid N660; Sid N765; Sid N772; Sid N774; Sid N787;

- **Summenformel:**

  C_n

Funktion:

Füllstoff, anorganisch;

Anwendung:

Reifen, Schläuche; chirurgische und medizinishe Artikel; Spritzartikel; Sportartikel; Spielsachen; technische Gummiartikel; Krümmer; Kabel; Produkte für Industrie, inkl. Druckplattentücher; Klebstoffe; Dichtungen; Latex Tauchartikel; Latex Schaumartikel;

branchenspezifische Bemerkung zur Substanz:

Einsatzmenge: 86.110 t/a (Reifenindustrie: 53.330 t/a, TSE-Industrie: 32.780 t/a) (1996);
Einsatzmenge insgesamt (Ruß, Carbonschwarz, Grafit): 231.000 t (1996) vgl. auch CAS Nr.: 7440-44-0:;

Eigenschaften:

- **toxikologisch/ökotoxikologisch:**

  RTECS # FF 5250100
  WGK: 0
  Sonstiges:
  vgl. Abschn. V f) und g); Schwangerschaftsgruppe G;
  Literaturübersicht zur Toxizität siehe [169];
  LD 50 (oral, Ratte): >5000 mg/kg [Sdb BASF];
  LC 50 (Brachydanio rerio): >1000 mg/l/96 h [Sdb BASF];

  zu Huber N 990 MT, Printex XE 2, Corax N 550 MP off Spec, Corax N 121, Corax N 356, Printex L, Gasruß CK 3 geperlt, Durex 0 Pulver, [Sdb Degussa]:
  MAK-Wert: 6 mg/m3 A; LD 50 (oral, Ratte): >8000 mg/kg;
  LC 50 (Brachydanio rerio): >1000 mg/l/96 h; EC 50 (Daphnia magna): >5600 mg/l 24 h;

  zu Acetylenruß P 1250 [Sdb Lehmann & Voss]:
  Mak-Werte: 6 mg/m3; WGK: 0;

- **physikalisch/chemisch:**

  Schmelzpunkt: 3652-3697 °C
  Siedepunkt: 4827 °C; >3000 °C
  Dichte: 1800-2100 kg/m3 (20 °C); 1700-1900 kg/m3 (20°C)
  Molmasse: 12,011 g/mol

Löslichkeit:
unlöslich in Wasser, Ethanol, Säuren, Laugen, pflanzlichen Ölen;
mischbar mit Wasser (20 °C): <0,001 g/l [Sdb Lehmann & Voss];

Bemerkung zu physikalisch/chemischen Daten:
Zündtemperatur: >300 °C [Sdb]; Selbstentzündlichkeit: >140 °C [Sdb];

zu Huber N 990 MT, Printex XE 2, Corax N 550 MP off Spec, Corax N 121, Corax N 356, Printex L, Gasruß CK 3 geperlt, Durex 0 Pulver, [Sdb Degussa]:
Zündtemperatur: >300 °C; untere Explosionsgrenze: 50 g/m3;

zu Acetylenruß P 1250 [Sdb Lehmann & Voss]:
Smp: >3000 °C; Dichte: 1700-1900 kg/m3 (20 °C); Zündtemp: 315 °C;

Verbleib nach Gebrauch:
Sondermüll-Deponie für chemischen Abfall, besonders gefährliche Stoffe;

Bemerkung:
Schwarzes geruchloses Pulver, staubexplosionsfähig [Sdb BASF];
Entzündbarer Feststoff;
CAS-Nr. für Kohlenstoff (amorph): 7440-44-0;
Verwendung: als Tonerbestandteil; als Adsorbens; als Schwarzpigment für Lebensmittel und Kosmetika;

zu Huber N 990 MT, Printex XE 2, Corax N 550 MP off Spec, Corax N 121, Corax N 356, Printex L, Gasruß CK 3 geperlt, Durex 0 Pulver, [Sdb Degussa]:
Schmelzpunkt: >3000 °C; Siedepunkt: >3000 °C; Dichte: 1700-1900 kg/m3; unlöslich in Wasser; Zersetzung ab 250 °C; Gefährliche Zersetzungsprodukte: Kohlenmonoxid, organische Zersetzungsprodukte, Sulfoxide; in speziellen Untersuchungen wurde ein Industrieruß/Luft-Gemisch zum Explodieren gebracht, Industrieruß ist bei praxisrelevanten Bedingungen nicht explosionsfähig.

zu Acetylenruß P 1250 [Sdb Lehmann & Voss]:
geruchslos;
zuvermeidene Stoffe: starke Säuren und Oxidantien, Chlorate, Bromate, Nitrate, Fettsäuren und Natriumionen;
Gefährliche Zersetzungsprodukte: Kohlenmonoxid;

Albumin

- **CAS-Nummer:**
  9048-46-8
- **gebräuchliche Namen:**
  Egg Albumin; Ovalbumin; Rinderserumalbumin; Bovine Albumine;

Funktion:
Verdickungsmittel für Latex;

Eigenschaften:
- **toxikologisch/ökotoxikologisch:**
  WGK: 0

- **physikalisch/chemisch:**
  Molmasse: 45 kg/mol (aus Eiern gewonnen), 67 kg/mol (aus Rinderserum)

Bemerkung:
Gemisch unreiner Eiweißstoffe aus Hühnereiweiß und Blutserum von Rindern;
Verwendung: Klebmittel im Kattundruck; zum Leimen von Papier und Strohhüten; zur Herstellung von Kitt; zur Herstellung von fotografischen Albuminpapieren; als Farbbindemittel;

[573]:
Gruppe von Proteinen, die v.a. in tierischen Flüssigkeiten u. Geweben vorkommen (z.B. Lactalbumin in Milch, Ovalbumin in Ei, Serumalbumin in Blut), in geringerem Maß auch in Pflanzensamen (Leucosin in

Weizen, Legumelin in Erbsen, Ricin in Rizinussamen), u. die sich durch ihre Löslichkeit in salzfreiem Wasser von den sie begleitenden Globulinen u. den Prolaminen mancher Getreidearten unterscheiden. Im Vergleich zu den erwähnten Globulinen besitzen Albumine niedrigere Molmassen und sind erst durch relativ hohe Salzkonzentrationen ausfällbar. Albumine sind reich an negativ geladenen Aminosäuren (Glutamin- u. Asparaginsäure) sowie an Leucin und Isoleucin, dagegen ist Glycin schwach vertreten. Sie enthalten öfters noch kleine Mengen (bis zu 2 %) von Kohlehydraten (nicht so Serumalbumin), Ovalbumin trägt eine Phosphorsäureester-Gruppierung. Albumin-Lösungen werden medizinisch bei Schockzuständen, Eiweiß- und Blutverlusten etc. infundiert. Radioaktiv markiertes Albumin wird in der Radiodiagnostik eingesetzt.
Verwendung finden Albumine auch in der biochemischen Analytik als Standard-Proteine u. in Immunoassays zur Verhinderung unerwünschter Adsorption anderer Proteine.

Alfol 1218

- **CAS-Nummer:**
  39433-03-9
- **Handelsnamen:**
  Vanfre IL-2;

Funktion:
Weichmacher, synthetisch;

Alkylsulfonsäureester des Phenols

- **CAS-Nummer:**
  91082-17-6

branchenspezifische Bemerkung zur Substanz:
Einsatzmenge in der TSE-Industrie: 475 t/a (1996);

Eigenschaften:
- **toxikologisch/ökotoxikologisch:**
  WGK: 1

3-Allyloxycarbonyl-3-hydroxy-pentandisäure-diallylester

- **CAS-Nummer:**
  6299-73-6
- **gebräuchliche Namen:**
  Triallylcitrat; 2-Hydroxy-tri-2-propenylester-1,2,3-propantricarbonsäure;
- **Summenformel:**
  $C_{15}H_{20}O_7$
- **Strukturformel:**

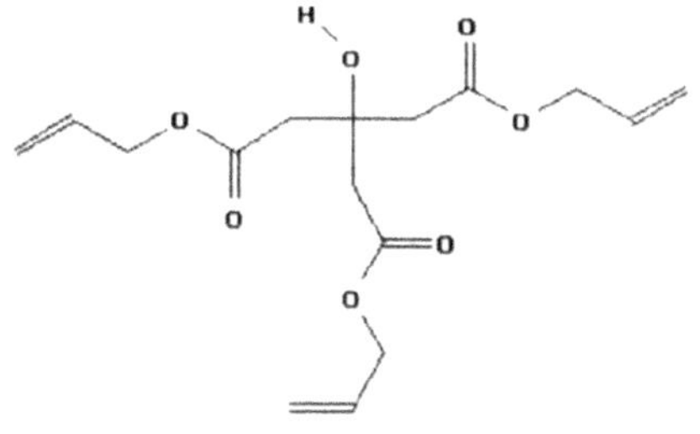

Funktion:
Coagentien für schwefelfreie Vernetzungsmittel;

Eigenschaften:

- **physikalisch/chemisch:**
  Siedepunkt: 207-208 °C (16 hPa); 175-180 °C (5,33 hPa)
  Dichte: 1135,5 kg/m3 (28 °C); 1135,8 kg/m3 (17,4 °C)
  Molmasse: 312,32 g/mol

3-Octyloxy-propen

- **CAS-Nummer:**
  3295-97-4
- **gebräuchliche Namen:**
  AOD; Allyl-ocyl-ether; 1-Allyloxyoctan;
- **Summenformel:**
  $C_{11}H_{22}O$

- **Strukturformel:**

Funktion:
Coagentien für schwefelfreie Vernetzungsmittel;
Kautschukart:
Ethylen-Propylen-Copolymer; Ethylen-Propylen-Terpolymer;

Eigenschaften:

- **physikalisch/chemisch:**
  Molmasse: 170,29 g/mol

Aluminiumchlorid (wasserfrei)

- **CAS-Nummer:**
  7446-70-0
- **UN Nummer:**
  1726; 2581
- **gebräuchliche Namen:**
  Chloraluminium; Salzsaures Aluminium, wasserfrei; Aluminiumtrichlorid; Aluminium chloratum; Anhydricum; Chloraluminium, wasserfrei; Aluminiumtrichlorid, wasserfrei;
- **Handelsnamen:**
  Pearsall;
- **Summenformel:**
  $AlCl_3$

Funktion:
Koaguliermittel;
Kautschukart:
Latex;

Eigenschaften:

- **toxikologisch/ökotoxikologisch:**

RTECS # BD 0525000
Schweizer Giftliste: 3
WGK: 1
R-Satz: 34
S-Satz: (1/2)-7/8-28-45
Sonstiges:
Staub bzw. Dämpfe reizen stark Augen und Atmungsorgane; Kontakt mit dem festen Stoff bewirkt Verätzung der Augen und Haut; bei Reaktion mit Wasser entstehen giftige und ätzende Dämpfe von ⇒ Chlorwasserstoff bzw. Salzsäure; Verschlucken von wäßrigen Lösungen führt zu schwersten Schädigungen im Magen-und Darmkanal [163];
Symptome: Brennen und Schmerzen der Augen, der Nasen- und Rachenschleimhäute sowie der Haut; Husten; bei Verschlucken aluminiumchloridhaltiger Lösungen Erbrechen sowie Durchfälle, starke Schmerzen im Magen- und Darmkanal [484];
LD 50 (oral, Ratte): 3730 mg/kg [187], 3450 mg/kg [428];
TD Lo (oral, Ratte (trächtig)): 900 mg/kg/15 D [428];
TD Lo (intraperitoneal, Ratte (trächtig)): 375 mg/kg/9-13 D, 500 mg/kg/14-18 D [428];
LD 50 (oral, Maus): 1130 mg/kg [428];
TD Lo (oral, Maus). 425 mg/kg [428];
LD 50 (Haus, Kaninchen): >2000 mg/kg [428];

Nach Hydrolyse toxisch für Wasserorganismen: 132 mg/l für Fische; 1,5 mg/l für Algen; 136 mg/l für Kleinkrebse (Daphnia) [484];

Gefahren-Symbol:

- **physikalisch/chemisch:**

Schmelzpunkt: 192,5 °C (unter Druckanwendung); 194 °C (2,5 hPa) [484];
Siedepunkt: 180 °C (Subl.)
Flammpunkt: 87 °C
Dampfdruck: 1,3 hPa (100 °C) [187]; 1 hPa (20 °C) [484]
Dichte: 2440 kg/m3 (20 °C); 1249 kg/m3
Molmasse: 133,341 g/mol

Löslichkeit:
Wasser 450 g/l (20 °C); Ethanol 1000 g/l (12,5 °C); Trichlormethan 0,72 g/l (25 °C); löslich in Diethylether, Benzen; leicht löslich in vielen organischen Lösemitteln (Benzophenon, Tetrachlormethan, Trichlormethan);

Verbleib nach Gebrauch:
Sondermüll-Deponie, wasserunlösliche Feststoffe und Flüssigkeiten nach Neutralisation (nur für Kleinmengen);

Bemerkung:
Orange-gelbes bis weiß-graues Pulver, Staub oder Granulat; sehr wasseranziehend; raucht an der Luft; Geruch nach Chlorwasserstoff; Bei Hitzeeinwirkung durch Umgebungsbrände können die Gebinde aufplatzen und Aluminiumchlorid-Dämpfe ausbrechen; bei Anwesenheit von Feuchtigkeit werden die meisten Metalle angegriffen; reagiert heftig unter Erhitzung und Bildung von Chlorwasserstoff bzw. Salzsäuredämpfen, die als weiße Nebel sichtbar werden [484];
Verwendung: in der Fotoindustrie in Härtefixierbädern; als 6 - 7 %ige Lösung zum Gerben von Gelatine, wenn diese über 28 °C getrocknet werden soll (z.B. Trockenplatten im graphischen Gewerbe); als Säurekatalysator (z.B. bei Friedel-Crafts-Reaktionen); zur Herstellung von Gummi und Schmiermitteln;

Aluminiumhydroxid-hydrat

- **CAS-Nummer:**
  21645-51-2
- **gebräuchliche Namen:**
  Aluminiumhydrat; Aluminiumtrihydrat; Aluminiumoxidhydrat; Aluminiumsäure; Aluminiumtrihydroxid; Aluminium(III)hydroxid; Trihydroxyaluminium; alpha-Alumina trihydrat; Aluminiumhydroxid; Aluminiumoxidtrihydrat; Hydrargilit;
- **Handelsnamen:**
  AF 260; Alcoa 331; Alco C 30 BF; Alcoa C 330; Alcoa C 333; Alolt 1; Alolt 1 AF; Alolt 2; Alolt 2F; Alolt 30; Alolt 30F; Alolt 50; Alolt 50F; Alolt 8; Alolt 8F; Alfrimal-Typen; Alumigel; Alugel; Aluminiumhydroxidgel; Alusal; Amberol ST 140 F; Amphojel; Apyral 60; BACO AF 260; British aluminium AF 260; Calmogastrin; C 31; C 33; C 31C; C 4D; C 31F; C-31-F; C.I. 77002; F-1000; Frai Reheis F 1000; GHA 331; GHA 332; H 46; Higilite; Higilite H 32; Higilite H 42; Higilite H 31S; Hychol 705; Hydrafil; Hydral 705; Hydral 710; Liquigel; Martinal; Martinal A; Martinal A1S; P 30 BF; PGA; Solem SB-632; Trihyde;
- **Summenformel:**
  $Al(OH)_3 * x H_2O$

Funktion:
(1) Trägermaterial;
(2) Zusatz für schwefelfreie Vernetzungsmittel;
(3) Füllstoff, anorganisch;
(4) Flammschutzmittel;

Kautschukart:
(2) Chlorsulfonylethylen-Kautschuk;

Anwendung:
(2) Kabelummantelung;
(3) Reifen, Schläuche; chirurgische und medizinische Artikel; Sportartikel; Spielsachen; technische Gummiartikel; Produkte für Industrie, inkl. Druckplattentücher; Klebstoffe; Dichtungen; Latex Tauchartikel; Latex Schaumartikel;

branchenspezifische Bemerkung zur Substanz:
Einsatzmenge: 940 t/a (TSE-Industrie, 1996)

Eigenschaften:
- **toxikologisch/ökotoxikologisch:**
  RTECS # BD 0940000
  WGK: 0
  MAK Wert: 6 mg/m3 A
  R-Satz: 36/37/38
  S-Satz: 26-36
  Sonstiges:
  vgl. Abschn. V f) u. g) und VIII; [481];
  Hautreizend; Kann schädigend wirken bei Einatmung, Verschlucken oder Aufnahme über Haut; verursacht Augen- und Hautreizungen; reizt Schleimhäute und Atemwege [187];
  Gesundheitsgefahren bei Überschreitung des MAK-Wertes: Beim Einatmen oder Verschlucken kann es zu Hustenanfällen, Kurzatmigkeit und Entzündungen der Atemwege kommen [464];
  LD Lo (oral, Kind): 122 mg/kg [428];
  TD Lo (oral, Kind): 79 mg/kg [428];
  LD Lo (intraperitoneal, Ratte): 150 mg/kg [428];

  zu Apyral 60 [Sdb Nabaltec]:
  LD 50 (oral, Ratte): 5000 mg/kg;

- **physikalisch/chemisch:**
  Schmelzpunkt: 300 °C (Dehydratisierung)
  Dichte: 2420 kg/m3 (20 °C)
  Molmasse: 78,0036 g/mol

  Löslichkeit:
  Wasser: 0,0015 g/l [Sdb Martinswerk]; unlöslich in Ethanol; löslich in Säuren, Laugen;

Bemerkung zu physikalisch/chemischen Daten:
Beginnende thermische Zersetzung bei Temperaturen oberhalb ca. 150 °C in Aluminiumoxid und Wasser [Sdb];

zu Alfrimal-Typen [SdbAlpha Calcit]:
ab ca. 200 °C thermische Zersetzung;

Verbleib nach Gebrauch:
Sondermüll-Deponie für chemischen Abfall, besonders gefährliche Stoffe;

Bemerkung:
Weißes, amorphes Pulver; monokline Kristalle;
Verwendung: als Filtermedium; zur Herstellung von Glas, Papier, Druckfarben, Schmiermittelbestandteilen; in der Pharmazie als Gel oder trocknendes Gel;

Aluminium(III)-nitrat-9-hydrat

- **CAS-Nummer:**
  7784-27-2
- **gebräuchliche Namen:**
  Aluminium(III)-nitrat Nonahydrat;Aluminiumtrinirat; Salpetersäure Aluminiumsalz;
- **Summenformel:**
  $AlN_3O_9 * 9\,H_2O$

Funktion:
Koaguliermittel für Latex;
Kautschukart:
Latex;

Eigenschaften:
- **toxikologisch/ökotoxikologisch:**
  RTECS # BD 1050000;
  Schweizer Giftliste: 4
  R-Satz: 8
  S-Satz: 17
  Sonstiges:
  Wirkt schädigend bei Einatmung, Verschlucken oder Aufnahme über Haut;
  verursacht schwere Augenreizungen [187];
  LD 50 (oral, Ratte): 264 mg/kg [187];

  Gefahren-Symbol:

O

- **physikalisch/chemisch:**
  Schmelzpunkt: 73,5 °C
  Siedepunkt: 150 °C (Zers.)
  Molmasse: 375,14 g/mol

  Löslichkeit:
  Wasser 637 g/l (25 °C); löslich in Ethanol, Propanon (Aceton), Laugen;

Verbleib nach Gebrauch:
Sondermüll-Deponie, wasserunlösliche Feststoffe und Flüssigkeiten nach Neutralisation (nur für Kleinmengen);

Bemerkung:

Weiße Kristalle und Klumpen;
Unverträglich mit starken Reduktionsmitteln, feinpulverigen Metallen und starken Säuren;
Verwendung: als Oxidationsmittel;

Aluminiumoxid

- **CAS-Nummer:**
  1344-28-1
- **gebräuchliche Namen:**
  Alaunerde; Korund; Rubin; Saphir; Tonerde; Alúmina; Bauxit; Aluminiumtrioxid; Alumite; alpha-Aluminiumoxid; beta-Aluminiumoxid; gamma-Aluminiumoxid;
- **Handelsnamen:**
  Abramant; Abramax; Abrarex; Abrasit; Al-3945 E 1/16"; Al-4126 E 1/16"; Alco F 1; Almite; Alon; Alon C; Aloxite; Alumina; alpha-Alumina; gamma-Alumina; beta-Alumina; Aluminite 37; Aluminium sesquioxide; Alumite; Alumite (oxide); Alumolgel Al; Alundum (OSHA); Alundum 600; Al-0109 P; Al-3916 P; Al-3970 P; Al-1401 P (MS); Al-0104 T 3/16"; Al-1404 T 3/16"; Al-3438 T 1/8"; Al-3980 T 5/32"; Al-4028 T 3/16"; Bayerit; Boehmit; Brockman, aluminium oxide; Cab-O-grip; Catapal S; Catapal SB alumina; Compalox; Conopal; Diadur; Diaspore; Gibbsit; Dispal; Dispal alumina; Dispal M; Dotment 324; Dotment 358; Dural; Exolon; Exolon XW 60; F 360 (Alumina); Faserton; Fasertonerde; G 0 (Oxide); G 2 (Oxide); GK (Oxide); Hypalox II; Jubenon R; KA 101; Ketjen B; KHP 2; LA 6; Lucalox; Ludox CL; Martoxin; Microgrit WCA; Neobead C; Poraminar; PS 1; PS 1 (Alumina); Q-Loid A 30; RC 172 DBM;
- **Summenformel:**
  Al_2O_3

Funktion:

Füllstoff, anorganisch;

Eigenschaften:

- **toxikologisch/ökotoxikologisch:**

RTECS # BD 1200000
WGK: 0
MAK Wert: 6 mg/m3 (Rauch bzw. Feinstaub)
R-Satz: 20-37
S-Satz: 22-28-36
Sonstiges:
vgl. Abschn. III (Faserstaub); Spitzenbegrenzung II,2 [481];
Reizt Schleimhäute und Atemwege [187];
Gesundheitsgefahren bei Überschreitung des MAK-Wertes: Beim Einatmen oder Verschlucken kann es zu Hustenanfällen, Kurzatmigkeit und Entzündungen der Atemwege kommen [464];
TD Lo (intrapleural, Ratte) 90 mg/kg [428];
TD Lo (implantiert, Ratte) 200 mg/kg [428];
TD (implantiert, Ratte) 200 mg/kg [428];

Gefahren-Symbol:

- **physikalisch/chemisch:**

Schmelzpunkt: 2030-2072 °C
Siedepunkt: 2980 °C
Dampfdruck: 1,33 hPa (2158 °C)
Dichte: 3965 kg/m3 (25 °C)
Molmasse: 101,96 g/mol

Löslichkeit:
unlöslich in Wasser; sehr wenig löslich in Säuren, Laugen;

Verbleib nach Gebrauch:
Sondermüll-Deponie für chemischen Abfall, besonders gefährliche Stoffe;

Bemerkung:
Weißes, kristallines Pulver;
Unverträglich mit starken Oxidationsmitteln; vor Feuchtigkeit schützen;
Verwendung: als Adsorbens; als Füllstoff; zur Herstellung keramischer Materialen, Zahnzement, Glas, Stahl; als Lagersteine, z.B. für Uhren und elektrische Meßinstrumente; Schleifmittel;
Bestandteil von Paliocrom Kupfer L 3000;

Aluminiumoxidhydrat

- **CAS-Nummer:**
  24623-77-6
- **gebräuchliche Namen:**
  Aluminiumhydroxidoxid; Aluminiumhydroxidhydrat;
- **Summenformel:**
  Al(OH)O

Funktion:
Flammschutzmittel;
Füllstoff, anorganisch;

branchenspezifische Bemerkung zur Substanz:
Einsatzmenge: 4,1 t/a (TSE-Industrie, 1996)

Eigenschaften:
- **toxikologisch/ökotoxikologisch:**
  RTECS # BD 0940000
  R-Satz: 36/37/38
  S-Satz: 26-36
  Sonstiges:
  LD Lo (intraperitoneal, Ratte): 90 mg/kg [428];

- **physikalisch/chemisch:**
  Molmasse: 59,99 g/mol

Aluminiumsilikat

- **CAS-Nummer:**
  12141-46-7
- **gebräuchliche Namen:**
  Aluminiumsilicat; Andalusit; Cyanit; Sillimanit; Aluminiumoxidsilicat; Aluminiumoxidsilikat;
- **Handelsnamen:**
  Fiberfrax;
- **Summenformel:**
  Al_2O_3* SiO_2

Funktion:
Füllstoff, anorganisch;

branchenspezifische Bemerkung zur Substanz:
Einsatzmenge: 170 t/a (TSE-Industrie, 1996)

Eigenschaften:

- **toxikologisch/ökotoxikologisch:**

Sonstiges:

Zur biologischen Aktivität und zum karzinogenen Potential siehe [341], [342];

- **physikalisch/chemisch:**

Schmelzpunkt: 1545 °C - 1920 °C

Siedepunkt: >1545 °C

Dichte: 3247 kg/m3 (20 °C)

Molmasse: 162,04 g/mol

Löslichkeit:

unlöslich in Wasser, Salzsäure; zersetzt sich in Fluorwasserstoff;

Bemerkung:

Zu der trimorphen Gruppe gehören die Minerale Andalusit, Sillimanit und Cyanit. Frisch gefällte Aluminumsilikate sind feindispers mit großer Oberfläche und hohem Adsorptionsvermögen, weshalb man sie als Aluminiumsilikat-Pigmente (ASP), als Füllstoff und Verdichungsmittel in der Lack-, Farben-, Gummi , Kunststoff-, Papier- u. kosmetischen Industrie verwendet werden. Natürliche und synthetische Aluminiumsilikate finden Einsatzmöglichkeiten als Katalysatoren; Fasern bzw. Hohlkugeln aus Aluminiumsilikat dienen als Isoliermaterial [573];

Verwendung: in Zahnzement; in der Glasindustrie; zur Herstellung von Halbedelsteinen, Emaille, Keramiken, Pigmentfarben; als Füllmittel in Farben; in Waschmitteln;

Aluminiumsilikat

- **CAS-Nummer:**

14504-95-1

- **gebräuchliche Namen:**

Kieselsäure, Aluminiumsalz (3:2);

- **Handelsnamen:**

Afton; Allen R; Apex; Barden R; Kaolloid; Optiweiß; Snobrite;

- **Summenformel:**

$Al_2(SiO_3)_3$

Funktion:

Füllstoff, anorganisch;

Anwendung:

Reifen, Schläuche; chirurgische und medizinische Artikel; Sportartikel; Spielsachen; technische Gummiartikel; Produkte für Industrie, inkl. Druckplattentücher; Klebstoffe; Dichtungen; Latex Tauchartikel; Latex Schaumartikel;

Eigenschaften:

- **physikalisch/chemisch:**

Molmasse: 226,04 g/mol

Aluminiumsilikathydrat

- **CAS-Nummer:**

1318-74-7

- **gebräuchliche Namen:**

Kaolinit;

- **Handelsnamen:**
  Kaolin FKB; Kaolin TEC OF; Kaolin TEC 820; Kaolin TEC 1; Kaolin TEC 2; Aluminium-Silikat-Pigmente ASP's; Buca; Catalpo; Kaolin H; Translink; Satinton;
- **Summenformel:**
  $Al_2(OH)_4[Si_2O_5]$

Funktion:
Füllstoff, anorganisch;

branchenspezifische Bemerkung zur Substanz:
Einsatzmenge: 1.140 t/a (Reifenindustrie: 220 t/a, TSE-Industrie: 920 t/a) (1996)

Eigenschaften:
- **toxikologisch/ökotoxikologisch:**
  Sonstiges:
  zu Kaolin FKB, Kaolin TEC OF, Kaolin TEC 820, Kaolin TEC 1, Kaolin TEC 2 [Sdb akw]:
  MAK-Wert: 6 mg/m3 (allg. Staubgrenzwert);

  zu Aluminium-Silikat-Pigmente ASP's, Buca; Catalpo, Kaolin H, Translink, Satinton [Sdb Chemie-Mineralien AG]: WGK: 0;

- **physikalisch/chemisch:**

  Bemerkung zu physikalisch/chemischen Daten:
  zu Kaolin FKB, Kaolin TEC OF, Kaolin TEC 820, Kaolin TEC 1, Kaolin TEC 2 [Sdb akw]:
  Dichte: 2650 kg/m3 (22 °C);
  Zustadsänderung: ab ca. 600 °C Kristallwasserabspaltung;
  Schmelzpunkt: >1700 °C;

  zu Aluminium-Silikat-Pigmente ASP's, Buca; Catalpo, Kaolin H, Translink, Satinton [Sdb Chemie-Mineralien AG]:
  Dichte: 2580 kg/m3;

Bemerkung:
weißes Pulver;

Aluminiumtrihydrat

- **CAS-Nummer:**
  76566-01-3
- **gebräuchliche Namen:**
  Tonerde; Triaquaaluminium;
- **Summenformel:**
  $Al3+ * 3(H_2O)$

Funktion:
Füllstoff, anorganisch;

Eigenschaften:

- **physikalisch/chemisch:**
  Molmasse: 81,03 g/mol

Aminobenzen

- **CAS-Nummer:**
  62-53-3
- **UN Nummer:**
  1547
- **gebräuchliche Namen:**
  Anilin; Amidobenzol; Kyanol; Phenylamin; Benzidam; Krystallin; Benzolamin; Anilinöl; Benzenamin; Aminophen; Aminobenzol; Anilin Öl; Benzenamin;
- **Handelsnamen:**
  Blauöl; C.I. 7600; Rotöl; Cyanol; NCI-C03736;
- **Summenformel:**
  C_6H_7N
- **Strukturformel:**

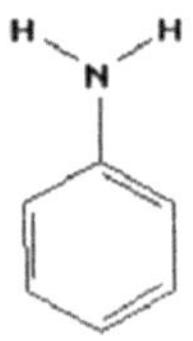

branchenspezifische Bemerkung zur Substanz:
Zersetzungsprodukt von Diphenylguanidin (DPG) und N-Cyclohexyl-2-benzothiazolsulfenamid (CBS); Verunreinigung in 6 PPD;

Eigenschaften:
- **toxikologisch/ökotoxikologisch:**
  RTECS # BW 6650000
  Schweizer Giftliste: 3
  WGK: 2
  MAK Wert: 8 mg/m3 bzw. 2 ml/m3
  R-Satz: 20/21/22-40-48/23/24/25-50
  S-Satz: (1/2)-28-36/37-45-61
  Sonstiges:
  Einstufung und Kennzeichnung von Zubereitungen, in denen diese Substanz enthalten ist:
  1%<=C ⇒ T; R20/21/22-40-48/23/24/25
  0.2%<=C<1% ⇒ Xn; R48/20/21/22

  Spitzenbegrenzung: II,2 [481]; Gefahr der Hautresorption [481]; IMK: I; Krebserzeugend IIIB [481]; Schwangerschaftsgruppe D [481];
  Karzinogen [187]; Carc.Cat. 3 [505];
  Blut- und Nervengift; reizt Augen, Haut und Schleimhäute; chronischer Hautkontakt kann zu Dermatiden führen; Schwindel, Erbrechen, Bewußtlosigkeit, blaue Gesichtsfarbe, Blasenreizung, dunkler Harn; Resorption (auch über Haut) führt zu Methämoglobinbildung;
  Dämpfe und Flüssigkeit sind giftig; sie werden auch über die Haut aufgenommen; Anilin ist ein starkes Blutgift, es verändert den Blutfarbstoff (Methämoglobinbildung) und zerstört die roten Blutkörperchen (Hämolyse); nachfolgend Nieren- und Leberschäden; anfängliches Wohlbefinden ("Anilin-Pips") verleitet zur Verharmlosung der Situation; Alkohol lebensgefährlich; bei starkem Erhitzen oder bei Brand tritt Zersetzung unter Bildung hochgiftiger Dämpfe ein, die z.T. aus nitrosen Gasen bestehen [163];
  50-100 ml/m3 können möglicherweise ohne schwere Symptome bis zu 60 min. vertragen werden [163];
  Eingeatmet 0,1 - 0,2 mg/l Luft 6 Stunden ohne wesentliche Symptome erträglich; innerlich 1 - 3 g tödlich; äußerlich auch wirksam [30];
  Geruchsschwelle: 0,5 ml/m3 [163];
  LD (oral, Mensch): 4 - 25 ml [140];
  LD Lo (Säugetier): 350 mg/kg [428];
  LD Lo (Säugetier): 150 mg/kg [428];
  LD 50 (oral, Säugetier): 500 mg/kg [428];
  LD 50 (inhalativ, Säugetier): 2500 mg/m3 [428];

LD 50 (Haut, Kaninchen): 820 mg/kg [140];
LD Lo (inhalativ, Ratte): 250 ml/m3/4 h [140];
LD 50 (Haut, Ratte): 1400 mg/kg [428];
LD 50 (intraperitoneal, Ratte): 420 mg/kg [428];
LD 50 (oral, Ratte): 250 mg/kg [32], [428], 440 mg/kg [10], [289];
LC Lo (inhalativ, Ratte): 250 ml/m3/4 h [428];
TD Lo (oral, Ratte): 11000 mg/kg/29 Wochen kontinuierlich [428];
TD (oral, Ratte): 72800 mg/kg/2 a kontinuierlich [428];
TD Lo (oral, Ratte): 3125 mg/kg [428];
LD 50 (oral, Maus): 464 mg/kg [428];
LC 50 (inhalativ, Maus, 7 h): 175 ml/m3 [428];
LD 50 (intraperitoneal, Maus): 492 mg/kg [428];
LD 50 (subcutan, Maus): 200 mg/kg [428];
LD 50 (oral, Hund): 195 mg/kg [428];
LD Lo (Haut, Hund): 1540 mg/kg [428];
LD Lo (intraveös, Hund): 200 mg/kg [428];
LD Lo (oral, Katze): 100 mg/kg [428];
LC Lo (inhalativ, Katze): 180 ml/m3/8 h [428];
LD 50 (Haut, Katze): 254 mg/kg [428];
LD Lo (subcutan, Katze): 100 mg/kg [428];
LD Lo (oral, Kaninchen): 500 mg/kg [428];
LD 50 (Haut, Kaninchen): 820 mg/kg [428];
LD Lo (subcutan, Kaninchen): 1000 mg/kg [428];
LD 50 (intravenös, Kaninchen): 64 mg/kg [428];
LD 50 (oral, Meerschweinchen): 400 mg/kg [428];
LD 50 (Haut, Meerschweinchen): 1290 mg/kg [428];
LD 50 (intraperitoneal, Meerschweinchen): 100 mg/kg [428];
LD 50 (oral, Wachtel): 750 mg/kg [428];
LD 50 (oral, Wildvogel): 562 mg/kg [428];

Toxische Grenzkonzentration für Pseudomonas putida 130 mg/l, Scenedesmus quadricauda 8,3 mg/l [36], Daphnia magna 279 mg/l [389];
LC 50 (Daphnia magna): 0,5 mg/l [6], 0,17 mg/l [16];
LC 50 (Fisch, Regenbogenforelle): 20 - 41 mg/l/96 h [59];
LC 0 (Fisch, Goldorfe): 49 ± 18 mg/l [60];
Grundwasser kann geschädigt werden [29];

Gefahren-Symbol:

- **physikalisch/chemisch:**

Schmelzpunkt: - 6,2 °C
Siedepunkt: 184,4 °C (Thermische Zersetzung bei ca 190°C)
Flammpunkt: 76 °C
Dampfdruck: 0,5 hPa (20 °C) [163]; 0,4 hPa (20 °C) [57]; 0,49 hPa (20 °C) [132]*
Verdampfungswärme: 435,43 kJ/kg
Log pOW: 0,90; 0,98 [4]; 1,3 [140]
Brechungsindex: 1,58629 (20 °C)
Dichte: 1021,7 kg/m3 (20,7 °C), 1013,0 kg/m3 (30 °C)
Molmasse: 93,128 g/mol
Verdunstungszahl: 440 (Diethylether = 1) [132]

Löslichkeit:
Wasser 36,1 g/l (18 °C); mischbar mit Ethanol, Diethylether, Benzen, Propanon, Trichlormethan;

Bemerkung zu physikalisch/chemischen Daten:
Thermische Zersetzung bei ca. 190 °C;
(*): weitere Dampfdruckangabe: 0,35 mbar (20 °C) [140];

Verbleib nach Gebrauch:
Verbrennung;
Trinkwassergrenzwert: 0,1 mg/l [140];

Bemerkung:
Ölige, farblose bis leicht bräunliche Flüssigkeit; charakteristischer, jedoch nicht unangenehmer Geruch; dunkelt durch Licht nach, wird bräunlich; giftig;
Bei starker Erhitzung bilden sich giftige und explosionsfähige Gemische mit Luft;
Reagiert heftig bei Berührung mit sauerstoffreichem Material (starken Oxidationsmitteln) und Säuren;
Explosionsgrenzen: 1,2 - 11 Vol% ; Zündtemp.: ca. 530 °C [32];
Rotöl ist eine Mischung aus Anilin, ortho- und para-Toluidin;
Umweltrelevante Aminobenzen-Reaktionen siehe [140];
Verwendung: Ausgangsstoff für Synthese von Farbstoffen, Pharmazeutika, Isocyanatkunststoffen, Kautschukchemikalien, Fotochemikalien;

2-Aminoethanol

- **CAS-Nummer:**
141-43-5
- **UN Nummer:**
2491
- **gebräuchliche Namen:**
Ethanolamin; MEA; Monoethanolamin; ß-Aminoethanol; 2-Hydroxyethylamin; ß-Hydroxyethylamin; ß-Ethanolamin;
- **Handelsnamen:**
Colamin; Thiofaco M-50; USAF Ek-1597; Kolamin;
- **Summenformel:**
C_2H_7NO

- **Strukturformel:**

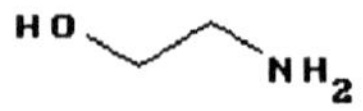

Funktion:
Vulkanisationsaktivator / Beschleunigeraktivator;
Bestandteil von Trennmittel;

Eigenschaften:
- **toxikologisch/ökotoxikologisch:**
RTECS # KJ 5775000
Schweizer Giftliste: 4
WGK: 1
MAK Wert: 8 mg/m3 bzw. 3 ml/m3
R-Satz: 20-36/37/38
S-Satz: (2)
Sonstiges:
Spitzenbegrenzung II,2 [481]; Schwangerschaftsgruppe IIc [481];
Dämpfe reizen Atmungsorgane, Haut und Augen, vor allem wenn durch Hitzeentwicklung die Verdampfung zunimmt; hohe Konzentrationen und längere Einwirkung sowie Kontakt mit der Flüssigkeit können Verätzung bewirken [163];
LD 50 (oral, Ratte): 2050 mg/kg [187], 2140 mg/kg [9]; 1720 mg/kg [428];
LD 50 (intraperitoneal, Ratte): 67 mg/kg [428];
LD 50 (subcutan Ratte): 1 ml/kg [428];
LD 50 (Haut, Ratte): 1500 mg/kg [428];
LD 50 (intravenös, Ratte): 50 mg/kg;
LD 50 (intramuscular, Rattte): 1750 mg/kg [428];
LD 50 (Haut, Kaninchen): 1000 mg/kg [187], 1020 mg/kg [9];
LD 50 (oral, Meerschwein): 820 mg/kg [428];
LD 50 (oral, Maus): 700 mg/kg [428];
LD 50 (subcutan, Maus): 1500 mg/kg [428];

LD 50 (intraperitoneal, Maus): 50 mg/kg [428];

LD 50 (Fisch, Goldorfe): 224/525 mg/l [33];
LD 100 (Fisch, Goldorfe): 510/576 mg/l [33];
Toxische Grenzkonzentration für Scenedesmus quadricauda (neutrale Lsg.): 0,75 mg/l [404];

Gefahren-Symbol:

Xn

- **physikalisch/chemisch:**
  Schmelzpunkt: 10,5 °C
  Siedepunkt: 171 °C
  Flammpunkt: 84 °C
  Dampfdruck: 0,267 hPa (20 °C) [187]; 0,53 hPa (20 °C) [9]; 0,64 (0,5) hPa (20 °C) [484];
  Log pOW: -1,31 [4]
  Brechungsindex: 1,4539 (20 °C)
  Dichte: 1022 kg/m3 (20 °C); 999,8 kg/m3 (40 °C); 984,4 kg/m3 (60 °C);
  Molmasse: 61,083 g/mol
  Verdunstungszahl: 0,05 (BuAc = 1) [9]

  Löslichkeit:
  Diethylether 12 g/l (20 °C); mischbar mit Wasser, Methanol, Propanonon und Ethanol; wenig löslich in Benzen, Ligroin; löslich in Trichlormethan; Diethylether 1,4 %, Tetrachlormethan 2,1 %;

Verbleib nach Gebrauch:
Verbrennung nach Behandlung mit Soda und gelöschtem Kalk und Mischung mit Alkali;

Bemerkung:
Farblose, hygroskopische Flüssigkeit mit ammoniakähnlichem Geruch; viskos; zieht Kohlendioxid an; brennbar; bei starker Erhitzung bilden sich explosionsfähige Gemische mit Luft;
Explosionsgrenzen: 5,5 - 16,6 Vol.% ; Zündtemp.: 780 °C [9];
Zündtemp.: 420 °C [484]; 385 °C [BASF; Hüls];
Stoff reagiert sehr heftig bei Kontakt mit starken Säuren; absorbiert Kohlensäure aus der Luft und reagiert mit Säuren, Säurechloriden, Säureanhydriden, sauerstoffreichem Material (Oxidationsmitteln), Epichlorhydrin und Monomeren;
Bei Brand erfolgt Zersetzung unter Bildung von giftigen → nitrose Gasen;
Verwendung: technisches Lösemittel; in der Synthese von oberflächenaktiven Agentien; in Polituren; in Dauerwellen-Lösungen; in Emulgatoren;
Enthalten in: Acmosil 10-501, Priem Biokorr 1 (60%);

(2-Aminoethyl)carbamidsäure

- **CAS-Nummer:**
  109-58-0
- **gebräuchliche Namen:**
  Ethylendiamincarbamat;
- **Handelsnamen:**
  DIAK 2;
- **Summenformel:**
  $C_3H_8N_2O_2$

- **Strukturformel:**

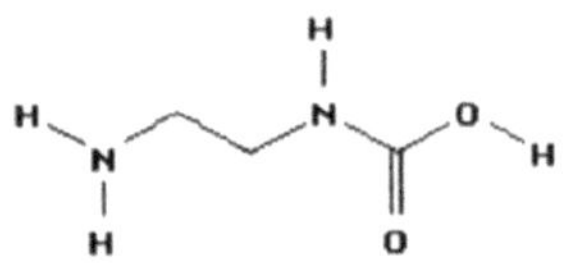

Funktion:
Vulkanisationsbeschleuniger, organisch;

Eigenschaften:

- **physikalisch/chemisch:**
Molmasse: 104,4 g/mol

6-Aminohexylcarbaminsäure

- **CAS-Nummer:**
143-06-0
- **gebräuchliche Namen:**
HMDAC; Hexamethylendiamincarbamat;
- **Handelsnamen:**
Diak No.1;
- **Summenformel:**
$C_7H_{16}N_2O_2$

Funktion:
(1) Vulkanisiermittel / Schwefelspender;
(2) Vulkanisationsbeschleuniger, organisch;
(3) Vernetzungsmittel, schwefelfrei;
Kautschukart:
(3) Fluor-Kautschuk; Acrylat-Kautschuk;

branchenspezifische Bemerkung zur Substanz:
Einsatzmenge: 13 t/a (Reifenindustrie: 4 t/a, TSE-Industrie: 8,7 t/a) (1996)

Eigenschaften:

- **physikalisch/chemisch:**
Molmasse: 160 g/mol

4-Aminohydroxybenzen

- **CAS-Nummer:**
123-30-8
- **UN Nummer:**
2512
- **gebräuchliche Namen:**
p-Aminophenol; 4-Aminophenol; 4-Hydroxyanilin; 4-Aminohydroxybenzen; p-Hydroxyanilin; para-Amidophenol; 4-Amino-1-Hydroxybenzol; para-Oxyanilin;
- **Handelsnamen:**
Rodinal; Activol; Azul; Certinal; Citol; Paranol; Unal; Ursol P; Furro P Base; PAP; Nako Brown R; Renal AC; Zobra Brown P Base;
- **Summenformel:**
C_6H_7NO

- **Strukturformel:**

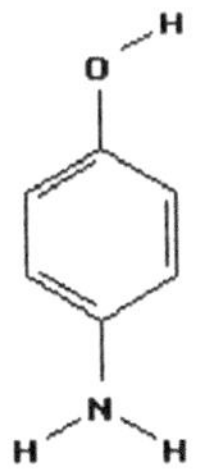

Funktion:
Ozonschutzmittel;

Eigenschaften:
- **toxikologisch/ökotoxikologisch:**

RTECS # SJ 5075000
Schweizer Giftliste: 3
R-Satz: 20/21/22
S-Satz: 28
Sonstiges:
Allergische Reaktionen, toxisch bei Inhalation; Wirkt schädigend beim Einatmen, Verschlucken oder Aufnahme über Haut; verursacht Augen- und Hautreizungen; reizt Schleimhäute und Atemwege; Aufnahme in den Körper führt zur Bildung von Methämoglobin, das in hinreichenden Konzentrationen Cyanose (Blausucht) verursacht [187];

Der Stoff schädigt des Zentralnervensystem (insbesondere erregende Wirkung) und verändert den Blutfarbstoff (Methämoglobinbildung); Leber und Nierenschäden möglich; wirkt allergisierend; bei Erhitzung bis zur Zersetzung bilden sich nitrose Gase; Symptome: Brennen der Augen, der Nasen- und Rachenschleimhäute sowie der Haut; Husten, Kopfschmerzen, Unwohlsein, Kurzatmigkeit, Erregung bis hin zu Krämpfen; blaugraue Verfärbung der Haut, insbesondere der Schleimhäute beginnend an den Lippen und Fingernägeln [484];
CSB: 1802 mg/g;

LD 50 (oral, Ratte): 375 mg/kg [187];
LC 50 (inhalativ, Ratte): >5 mg/kg/1 h [428];
LD Lo (intraperitoneal, Maus): 100 mg/kg [428];
LD Lo (subcutan, Maus): 470 mg/kg [428];
LD Lo (subcutan, Katze): 37 mg/kg [428];
LD 50 (oral, Kaninchen): 10000 mg/kg [428];
LD 50 (Haut, Kaninchen): >10000 mg/kg [428];
LD Lo (subcutan, Meerschweinchen): 1500 mg/kg [428];
LD 50 (oral, Säugetier): 1530 mg/kg [428];
LD 50 (Haut, Säugetier): 6400 mg/kg [428];
LD 50 (oral, Wildvogel): 56200 µg/kg [428];

Hohe bis sehr hohe (extrem hohe) toxische Wirkung unabhängig von der Turbulenz des Gewässer [484];

Gefahren-Symbol:

- **physikalisch/chemisch:**

Schmelzpunkt: 188-190,2 °C
Siedepunkt: 284 °C (Zers.)
Flammpunkt: 195 °C
Dampfdruck: 0,4 hPa (110 °C) [484];
Log pOW: 0,04 [4]

Molmasse: 109,127 g/mol

Löslichkeit:
Wasser 11 g/l (0 °C), 6,4 g/l (24 °C), 15 g/l (20 °C); Ethanol 56 g/l (0 °C); wenig löslich in Diethylether, Trichlormethan, Benzen;

Bemerkung zu physikalisch/chemischen Daten:
Zündtemperatur: >250 °C;

Verbleib nach Gebrauch:
Verbrennung nach Mischung mit brennbarem Lösemittel;

Bemerkung:
Weiße bis graue, orthorombische Kristalle, die bei Einwirkung von Luft, Feuchtigkeit oder Licht dunkelgrau werden;
Verwendung: als Entwickler in fotografischen Prozessen; Zwischenprodukt bei der Herstellung von Azo-Farbstoffen; zum Färben von Federn und Pelzen;

2-Amino-2-methyl-1-propanol

- **CAS-Nummer:**
  124-68-5
- **UN Nummer:**
  1719
- **gebräuchliche Namen:**
  2-Amino-iso-butanol; AMP; Isobutanolamin; 2-Aminoisobutanol; 2-Aminodimethylethanol; beta-Aminoisobutanol; 2-Aminomethylpropanol;
- **Handelsnamen:**
  AMP Cosmetic Grade; AMP-95;
- **Summenformel:**
  $C_4H_{11}NO$
- **Strukturformel:**

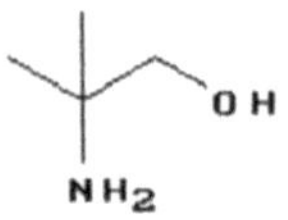

Eigenschaften:
- **toxikologisch/ökotoxikologisch:**
  RTECS # UA 5950000
  Schweizer Giftliste: 4
  WGK: 1
  R-Satz: 36/38
  S-Satz: (2)
  Sonstiges:
  Einstufung und Kennzeichnung von Zubereitungen, in denen diese Substanz enthalten ist:
  10%<=C ⇒ Xi; R36/38

  vgl. Abschn. II b;
  Wirkt schädigend beim Einatmen, Verschlucken oder Aufnahme über die Haut; verursacht schwere Reizungen; Inhalation kann schwere Folgen haben: Spasmen, Entzündungen und Ödeme des Kehlkopfes und der Bronchien;
  Symptome der Exposition: Verbrennungserscheinungen, Husten, Keuchen, Laryngitis, Kurzer Atem; Kopfschmerzen, Übelkeit und Erbrechen [187];
  LD 50 (oral, Ratte): 2900 mg/kg [428];
  TC Lo (inhalativ, Ratte): 230 µg/m3/4h/13w (intermittierend) [428];
  LD 50 (oral, Maus): 2150 mg/kg [428];

LD Lo (oral, Kaninchen): 1000 mg/kg [428]; [Sdb Angus]
LD 50 (dermal, Kaninchen): >2000 mg/kg;
TD Lo (oral, Kaninchen): 44800 mg/kg/8w (kontinuierlich) [428];
TD Lo (oral, Hund): 11340 mg/kg/28d (kontinuierlich) [428];
TC Lo (inhalativ, Affe): 6 mg/m3/89d (intermittierend) [428];
TC Lo (inhalativ, Hamster): 100 mg/m3/4h/13w (intermittierend) [428];
wirkt reizend auf Haut und Schleimhaut beim Kaninchen;

LC 50 (Sonnenbarsch): 190 mg/l/96 h;
LC 50 (Fisch, Goldorfe): 331 mg/l/48 h;
LC 50 (Daphnia magna) 65 mg/l/24 h, 193 mg/l/48 h;
EC 50 (Scenedesmus): ca. 520 mg/l/72 h;
EC 10 (Pseudomonas putida): 50 mg/l;
mäßig biologisch abbaubar (statischer Test nach DIN 38412 Teil 25, CSB-Eliminierung ca. 50 %);
nicht leicht biologisch abbaubar (geschlossener Flaschentest nach OECD 301 D BSB des ThSB ca. 40 %);

Gefahren-Symbol:

Xi

- **physikalisch/chemisch:**
  Schmelzpunkt: 24-32 °C; 30-31 °C; 26 °C; 25,5 °C; 22 °C
  Siedepunkt: 165 °C; 100-103 °C
  Flammpunkt: 67 °C; 81 °C
  Dampfdruck: <1 hPa (25 °C) [Sdb Angus]; 79 hPa (100 °C) [Sdb Angus]
  Brechungsindex: 1,4480 (20 °C); 1,449 (20 °C)
  Dichte: 934 kg/m3 (20 °C); 928 kg/m3 (40 °C);
  Molmasse: 89,14 g/mol

  Löslichkeit:
  mischbar mit Wasser [Sdb Angus];

  Bemerkung zu physikalisch/chemischen Daten:
  Zündtemperatur: 438 °C [Sdb Angus];

Verbleib nach Gebrauch:
Verbrennung;

Bemerkung:
Halbfest, farblos, arminartiger Geruch; reagiert mit starken Säuren unter Hitzeentwicklung [Sdb Angus];
Vikose farblose Flüssigkeit;
Unverträglich mit Oxidationsmitteln, starken Säuren; Absorbiert Kohlendioxid aus der Luft;
Enthalten in AMP-90, AMP-95;

4-Aminophenyl

- **CAS-Nummer:**
  92-67-1
- **gebräuchliche Namen:**
  4-Biphenylamin; (1,1'-Biphenyl)-4-amin; p-Aminobiphenyl; 4-Phenylanilin; Xenylamin; p-Xenylamin;
- **Summenformel:**
  $C_{12}H_{11}N$

- **Strukturformel:**

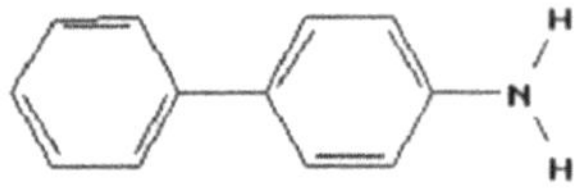

Funktion:
sonstige Chemikalien;

Eigenschaften:
- **toxikologisch/ökotoxikologisch:**
RTECS # DU 8925000
Schweizer Giftliste: 1k
R-Satz: 45-22
S-Satz: 53-45
Sonstiges:
Krebserzeugend; Mutagen; Tumorigen;
LD 50 (oral, Ratte): 500 mg/kg [187], [428];
LD 50 (oral, Maus): 205 mg/kg [428];
LD 50 (oral, Kaninchen): 690 mg/kg [428];
LD Lo (oral, Hund): 25 mg/kg [428];

Gefahren-Symbol:

- **physikalisch/chemisch:**
Schmelzpunkt: 52-54 °C
Siedepunkt: 191 °C
Flammpunkt: >110 °C
Molmasse: 169,23 g/mol

Verbleib nach Gebrauch:
Verbrennung nach Mischung mit brennbarem Lösemittel;

Bemerkung:
Pestizid;

2-Aminopropan

- **CAS-Nummer:**
75-31-0
- **UN Nummer:**
1221
- **gebräuchliche Namen:**
Isopropylamin; iso-Propylamin; 2-Propanamin;
- **Summenformel:**
C_3H_9N

- **Strukturformel:**

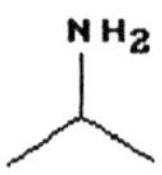

branchenspezifische Bemerkung zur Substanz:
Zersetzungsprodukt von IPPD, 6PPD;

Eigenschaften:
- toxikologisch/ökotoxikologisch:
RTECS # NT 8400000
Schweizer Giftliste: 3
WGK: 2
MAK Wert: 5 ml/m3 bzw. 12 mg/m3
R-Satz: 12-36/37/38
S-Satz: (2)-16-26-29
Sonstiges:
Spitzenbegrenzung II,1 [481]; Schwangerschaftsgruppe II C;
Durch den hohen Dampfdruck kommt es besonders leicht zu sehr starker Reizung bis hin zu Verätzung der Augen (Hornhauttrübung), der Atemwege und der Haut; Gefahr des Lungenödems! Stoff kann auch über die Haut aufgenommen werden; narkotische Wirkung und Nierenschäden möglich; Kontakt mit der Flüssigkeit verursacht schwere Verätzung der Augen und Haut; Stoff kann allergische Erscheinungen auslösen wie z.B. Gesichtsschwellungen und Hautentzündung [163]; Tränenreizend;
LD 50 (oral, Ratte): 820 mg/kg [193], [428],
LD Lo (intraperitoneal, Ratte): 50 mg/kg [428];
LC 50 (inhalativ, Ratte): 4000 ppm/4h [428];
LD 50 (oral, Maus): 2200 mg/kg [428];
LC Lo (inhalativ, Maus): 7000 ppm/40M [428];
LD 50 (oral, Kaninchen): 3200 mg/kg [428];
LD 50 (Haut, Kaninchen): 380 mg/kg [187], [428];
LD 50 (subcutan, Kaninchen): 550 mg/kg [428];
LD 50 (oral, Meerschweinchen): 2700 mg/kg [428];
LC 50 (inhalativ, Säugetiere): 1800 mg/m3 [428];

Gefahren-Symbol:

- physikalisch/chemisch:
Schmelzpunkt: -101 °C
Siedepunkt: 32 °C
Flammpunkt: -26 °C; -37 °C; -50 °C
Dampfdruck: 632 hPa (20 °C) [163]
Log pOW: -0,03 [4]
Brechungsindex: 1,37698 (15,4 °C)
Dichte: 694 kg/m3 (20 °C)
Molmasse: 59,111 g/mol

Löslichkeit:
mischbar mit Wasser, Ethanol und Diethylether;

Verbleib nach Gebrauch:
Verbrennung, hochentzündliche Stoffe;

Bemerkung:
Klare, farblose Flüssigkeit; ammoniakalischer Geruch;
Bildet im dampf-/gasförmigen Zustand mit Luft explosionsfähige Gemische;
Explosionsgrenzen: 6,5 - 15 Vol% ; Zündtemp.: 330 °C [163];
Stoff reagiert heftig mit Säuren; bei Kontakt oder Mischung mit Nitroparaffinen oder Halogenkohlenwasserstoffen, Anhydriden, Alkoholen, Aldehyden, Ketonen, Estern, Glykolethern, Nitrilen und Phenolen können gefährliche Reaktionen eintreten; mit starken Oxidationsmitteln sind explosionsartige Reaktionen mit Entzündung zu erwarten; bei Kontakt mit Quecksilber kann explosionsartige Reaktion erfolgen;

3-Aminopropyltriethoxysilan

- **CAS-Nummer:**
  919-30-2
- **UN Nummer:**
  2735
- **gebräuchliche Namen:**
  3-Aminopropyl-triethoxysilan; 3-(Triethoxysilyl)-propylamin; (gamma-Aminopropyl)-triethoxysilan; 3-Triethoxysilanyl-propylamin; Triethoxy-(3-aminopropyl)silan; gamma-Aminopropyltriethoxysilan;
- **Handelsnamen:**
  A 1100; AGM-9; Aminosilan DL-PTEO; Silicone A-1100;
- **Summenformel:**
  $C_9H_{23}NO_3Si$

- **Strukturformel:**

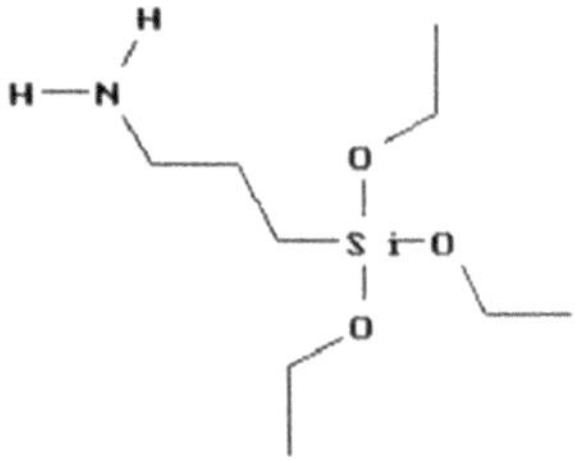

Funktion:
1) Haftvermittler für Füllstoffe;
2) Füllstoffaktivatoren;

Kautschukart:
Ethylen-Propylen-Terpolymer;

Anwendung:
1) Kabelisolierung; Profilgummi; Räder und Rollen; Dichtungsmassen und verschiedene technische Formartikel;

Eigenschaften:
- **toxikologisch/ökotoxikologisch:**
  RTECS # TX 2100000
  WGK: 2
  R-Satz: 22-34
  S-Satz: (1/2)-26-36/37/39-45
  Sonstiges:
  LD 50 (oral, Ratte): 1780 mg/kg [428];
  LD 50 (intraperitoneal, Maus): 260 mg/kg [428];
  LD 50 (oral, Maus): 4000 mg/kg [428];
  LD 50 (Haut, Kaninchen): 4 ml/kg [428];
  LD 50 (oral, Säugetier): 4000 mg/kg [428];

  Gefahren-Symbol:

C

- **physikalisch/chemisch:**
  Schmelzpunkt: 211 °C
  Siedepunkt: 217 °C
  Flammpunkt: 104 °C; 93 °C; 96 °C

Brechungsindex: 1,4210 (20 °C); 1,4220 (25 °C)
Dichte: 942 kg/m3
Molmasse: 221,37 g/mol

Verbleib nach Gebrauch:
Verbrennung nach Mischung mit brennbarem Lösemittel;

Bemerkung:
Flüssigkeit; reagiert mit Glas zu Aminopropylderivaten von Glas [187];
hydrolisiert; zu vermeidende Stoffe: Wasser, führt zu exothermer Hydrolyse unter Abspaltung von Ethanol. Gefährliche Zersetzungsprodukte: Ethanol;
Aminosilan DL-PTEO: 70 % Wirkstoff auf Calciumsilikat;

4-Aminopyridin

- **CAS-Nummer:**
  504-24-5
- **UN Nummer:**
  2671
- **gebräuchliche Namen:**
  4-Pyridylamin; 4-Pyridinamin;
- **Summenformel:**
  $C_5H_6N_2$
- **Strukturformel:**

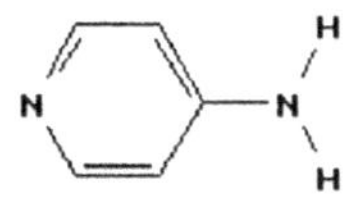

Funktion:
Vulkanisationsbeschleuniger, organisch;

Eigenschaften:
- **toxikologisch/ökotoxikologisch:**

RTECS # US 1750000
Schweizer Giftliste: 2
MAK Wert: 0,5 ml/m3
R-Satz: 26/27/28
S-Satz: 23-24/25
Sonstiges:
Staub und Dämpfe führen zu Reizung der Augen, Atemwege, Lunge und Haut; Lungenödem möglich, welches mit einer Verzögerung bis zu zwei Tagen auftreten kann; Kontakt mit dem festen Stoff führt zu starker Reizung der Augen und Haut; Stoff kann auch über die Haut aufgenommen werden; Beeinflussung des ZNS; Leber- und Nierenschäden möglich; bei Brand oder starker Erhitzung erfolgt Zersetzung unter Bildung hochgiftiger Dämpfe [484];
LD Lo (oral, Mann): 590 µg/kg [428], [187];
TD Lo (oral, Frau): 120 µg/kg [428];
LD 50 (oral, Ratte): 20 mg/kg [187], 21 mg/kg [428];
LD 50 (intraperitoneal, Ratte). 6500 µg/kg [428];
LD 50 (subcutan, Ratte): 19 mg/kg [428];
LD 50 (oral, Maus): 19 mg/kg [428];
LD 50 (intraperitoneal, Maus): 10 mg/kg [428];
LD Lo (subcutan, Maus): 5 mg/kg [428];
LD 50 (intravenös, Maus): 7 mg/kg [428];
LD 50 (oral, Hund): 3700 mg/kg [428];
LD 50 (intravenös, Kaninchen): 5500 µg/kg [428];
LD 50 (oral, Meerschweinchen): 6 mg/kg [428];
LD 50 (oral, Wachtel): 7650 µg/kg [428];
LD 50 (oral, Ente): 4200 mg/kg [428];

LD 50 (oral, Vogel): 2370 µg/kg [428];

Gefahren-Symbol:

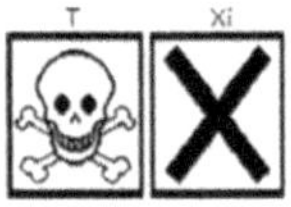

- **physikalisch/chemisch:**
  Schmelzpunkt: 158 °C; 154-155 °C
  Siedepunkt: 274 °C; 287 °C [119]
  Log pOW: 0,28 [4]
  Dichte: 1250 kg/m3 [119]
  Molmasse: 94,12 g/mol

  Löslichkeit:
  leicht löslich in Wasser, Ethanol; wenig löslich in Diethylether, Benzen;

Verbleib nach Gebrauch:
Verbrennung nach Mischung mit brennbarem Lösemittel;

Bemerkung:
Farblose Kristalle oder kristallines Pulver; eigenartiger, aromatischer, pyridinähnlicher Geruch; brennbar; stark basisch; reaktionsfähig;

Ammoniaklösung

- **CAS-Nummer:**
  1336-21-6
- **UN Nummer:**
  1005; 2672
- **gebräuchliche Namen:**
  Ammoniumhydroxid; Ammoniakwasser; Salmiakgeist; Hirschhorngeist; Ätzammoniak; Aqua Ammonia; Ammoniak, Lösungen; Ammoniakflüssigkeit; Kaustisches Ammoniak; Salmiakspiritus; Ätzendes Ammoniak;
- **Summenformel:**
  $NH_3 * x H_2O$

Funktion:
Vulkanisationsbeschleuniger, anorganisch;

branchenspezifische Bemerkung zur Substanz:
Einsatzmenge: 1200 t/a (TSE-Industrie, 1996)

Eigenschaften:
- **toxikologisch/ökotoxikologisch:**
  RTECS # BQ 9625000
  Schweizer Giftliste: 3
  WGK: 2
  MAK Wert: 35 mg NH3/m3; 50 ml/m3
  R-Satz: 34-37
  S-Satz: (1/2)-7-26-45
  Sonstiges:
  Einstufung und Kennzeichnung von Zubereitungen, in denen diese Substanz enthalten ist:
  10% < = C ⇒C; R34-37
  5% < = C < 10% ⇒ Xi; R36/37/38

  Schwangerschaft Gruppe C;

Dämpfe bewirken starke Reizung der Augen und Atmungsorgane; Kontakt mit der Flüssigkeit verursacht Verätzungen, Augenlicht gefährdet! Glottiskrampf oder -ödem kann zur Erstickung führen! Lungenödem möglich Kurzeinwirkung: 400 ppm bewirkten Reizung der Nasen- und Rachenschleimhäute, 700 ppm verursachten zusätzlich Reizung der Augen, in beiden Fällen ohne schwere Dauerfolgen bei Einwirkung von weniger als 1 Stunde; 1720 ppm führten bei Einwirkung von weniger als 1/2 Stunde zu krampfartigem Husten [484];
LD Lo (oral, Mensch): 42 mg/kg [187];
LC Lo (inhalativ, Mensch): 5000 ml/m3 [428];
TC Lo (inhalativ, Mensch): 408 ml/m3 [428];
LD 50 (oral, Ratte): 350 mg/kg [187];
LD/LC 50 (inhalativ, Ratte): 2000 mg/l/4 h [Sdb Fa. Bieserfeld];
LD Lo (subcutan, Maus): 160 mg/kg [428];
LD 50 (intravenös, Maus): 91 mg/kg [428];
LD Lo (oral, Katze): 750 mg/kg [428];
LD Lo (intravenös, Hase): 10 mg/kg [428];

Störungsschwelle für Forellen: 0,3 mg/l [296];
Tödlichkeitsgrenze für Forellen: 1,25-5 mg/l [297,298];
LD 50 (Daphina magna): 60 mg/l/25 Std. [139]; 32 mg/l/50 Std.; 20 mg/l/100 Std. [484];

Gefahren-Symbol:

C

- **physikalisch/chemisch:**

Schmelzpunkt: -57,5 °C
Siedepunkt: 37,7 °C (variiert mit Zusammensetzung)
Dampfdruck: 483 hPa (20 °C) 25% Ammoniaklösung [Sdb]; 837 hPa (20 °C) 32% Ammoniaklösung
Dichte: 910 kg/m3 (20 °C, 25%ige Lösung)
Molmasse: 35,0456 g/mol (für NH4OH)
Verdunstungszahl: 1,3 (BuAc = 1) [9] (für NH4OH)

Löslichkeit:
vollständig mischbar mit Wasser;

Bemerkung zu physikalisch/chemischen Daten:
Zersetzungstemperatur: >36 °C [Sdb Fa. Biesterfeld];

Verbleib nach Gebrauch:
Sondermüll-Deponie, wasserunlösliche Feststoffe und Flüssigkeiten nach Neutralisation (nur für Kleinmengen);

Bemerkung:
Klare, farblose Flüssigkeit mit stechendem, stark reizendem Geruch; nicht brennbar; Dämpfe können mit Luft explosives Gemisch bilden; Entzündung nur bei hoher Konzentration, hoher Temperatur und starker Energiequelle;
Explosionsgrenzen: 15,5-26,6 Vol% ; Zündtemp.: 650 °C [9];
Verwendung: als Entwicklerlösung (Rottönung); technisches Lösemittel; als Reinigungs- und Harzlösemittel; Herstellung von Ammoniumsalzen, Anilin-Farbstoffen;
Das Produkt ist nicht explosionsgefährlich, jedoch ist die Bildung explosionsgefährlicher Dampf-/Luftgemische möglich. Reagiert bei Konstakt mit starken Oxidationsmitteln, starken Säuren und Alkalien. Bei Einwirkung von Laugen entwickelt sich Ammoniak. Bildung explosiver Gasgemische mit Luft. Reaktionen mit verschiedenen Metallen [Sdb Fa. Bieserfeld];
Explosionsgrenzen: 15-28 Vol.-%; Zündtemperatur: 651 °C [Sdb Fa. Biesterfeld];

Ammoniak (wasserfrei)

- **CAS-Nummer:**
  7664-41-7
- **UN Nummer:**
  1005
- **gebräuchliche Namen:**
  verflüssigtes Ammoniakgas; wasserfreies Ammoniak; Ammonium; Ammoniak; Ammonia;
- **Handelsnamen:**
  R 717; Nitro-Sil;
- **Summenformel:**
  NH_3

Funktion:
(1) Latexchemikalie;
(2) Vulkanisationsbeschleuniger, anorganisch;

Anwendung:
(1) Latex Tauchartikel; Latex Schaumartikel;
(2) chirurgische und medizinische Artikel; Sportartikel; Spielsachen; technische Gummiartikel;

Eigenschaften:

- **toxikologisch/ökotoxikologisch:**

RTECS # BO 0875000
Schweizer Giftliste: 2
WGK: 2
MAK Wert: 50 ml/m3 bzw. 35 mg/m3
R-Satz: 10-23
S-Satz: (1/2)-7/9-16-38-45
Sonstiges:
Spitzenbegrenzung I [481]; Schwangerschaft C [148];
Geruchsschwelle: 5-50 ml/m3 [484];
Ätzend, schleimhautreizend; Gas erzeugt starke Reizwirkung und verursacht schwere Verätzungen der Augen, der Atmungsorgane und der Haut; Einatmen von hochkonzentriertem Gas kann plötzlichen Tod zur Folge haben [163];
Glottiskrampf oder -ödem kann zu Erstickung führen; Kontakt mit der Flüssigkeit ruft schwere Erfrierungen hervor:
Kurzeinwirkung: 2500 ml/m3 (0,25%) Dampfkonzentration in der Luft 30 min eingeatmet erwiesen sich als gefährlich [484];
LC Lo (inhalativ, Mensch): 5000 ml/m3/5 min. [187];
TD Lo (oral, Mann): 15 ml/kg [428];
LD 50 (oral, Ratte): 350 mg/kg [187];
LC 50 (inhalativ, Ratte): 2000 ml/m3/4 h [187];
LC (inhalativ, Maus): 4230 ml/m3/1 h [428];
LC 50 (inhalativ, Katze): 7000 mg/m3/1 h [428];
LC Lo (inhalativ, Hase): 7000 mg/m3/1 h [428];

Störungsschwelle für Forellen: 0,3 mg/l [296];
LD 50 (Daphnia magna): 60 mg/l in 25 Std.; 32 mg/l in 50 Std.; 20 mg/l in 100 Std. [484]

Gefahren-Symbol:

T

- **physikalisch/chemisch:**

Schmelzpunkt: -77,7 °C
Siedepunkt: -33,35 °C
Dampfdruck: 8570 hPa (20 °C) [484]
Verdampfungswärme: 1368 kJ/kg (1 bar)

Dichte: 771,0 kg/m3 (20 °C, 1013 hPa)
Molmasse: 17,03 g/mol

Löslichkeit:
Wasser 895 g/l (0 °C), 531 g/l (20 °C); Ethanol 132 g/l (20 °C); löslich in Diethylether, 16 % in Methanol (25 °C);

Bemerkung zu physikalisch/chemischen Daten:
Kritische Temperatur: -132 °C;

Verbleib nach Gebrauch:
Sondermüll-Deponie, wasserunlösliche Feststoffe und Flüssigkeiten nach Neutralisation (nur für Kleinmengen);

Bemerkung:
Farbloses Gas; stechender Geruch mit starker Reizwirkung; brennbar;
Bildet im dampf-/gasförmigen Zustand mit Luft explosionsfähige Gemische;
Explosionsgrenzen: 15-28 Vol.-%; Zündtemp.: 630 °C [29];
Explosionsgrenzen: 16-27 Vol.-%; Zündtemp.: 651 °C [484];
Bei Kontakt oder Mischung mit Säuren, Oxidationsmitteln und Jod (Jodlösungen) erfolgt sehr heftige Neutralisaitonsreaktion. Mit Wasser entsteht Lösungswärme bis ca. 36 kJ/mol Ammoniak [484];

Verwendung als Kältemittel: Kälteanlagen für mittlere und große Leistungen mit Kolben-, Schrauben- und Turboverdichtern (Temperaturbereich: - 60 °C bis + 10 °C); zur Herstellung von Explosionstoffen, synthetischen Fasern, Düngemittel;
Wahrnehmungsschwelle: 0,04 g/m3 bzw. 53 ml/m3 [201];
Zugelassen als Lebensmittelzusatzstoff nach LMBG;

Obwohl bei Ammoniak das Risiko einer Entflammung vorhanden ist, besteht diese Gefahr nur bei besonderen Zündbedingungen in begrenzten Bereichen. Ammoniak ist schwer brennbar, Flamme erlischt ohne Wärmezufuhr sofort; Ab 450 °C beginnt Zersetzung unter Bildung von leichtbrennbarem Wasserstoff(gas) [484];

Enthalten in CAB-O-SPERSE A 1695 (1%);

Ammoniumacetat

- **CAS-Nummer:**
  631-61-8
- **gebräuchliche Namen:**
  Essigsäureammoniumsalz; Ammoniumacetatsalz;
- **Summenformel:**
  $C_2H_7NO_2$

- **Strukturformel:**

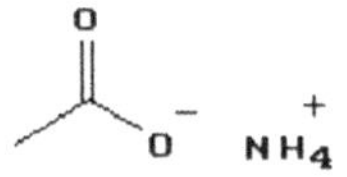

Funktion:
Sensibilisierungsmittel für Latex;
Anwendung:
Latex Tauchartikel; Latex Schaumartikel;

Eigenschaften:
- **toxikologisch/ökotoxikologisch:**
  RTECS # AF 3675000
  Schweizer Giftliste: 3
  R-Satz: 36/37/38

S-Satz: 26-37/39
Sonstiges:
Kann schädigend wirken beim Einatmen, Verschlucken oder Aufnahme über Haut; verursacht Augen- und Hautreizungen; reizt Schleimhäute und Atemwege [187];
LD 50 (intraperitoneal, Ratte): 632 mg/kg [428];
LD Lo (intravenös, Maus): 386 mg/kg [428];
LD Lo (intravenös, Huhn): 1735 mg/kg [428];

- **physikalisch/chemisch:**
Schmelzpunkt: 110-112 °C
Dichte: 1171 kg/m3 (25 °C)
Molmasse: 77,08 g/mol

Löslichkeit:
löslich in Wasser; schwach löslich in Propanon; Methanal 789 mg/1 ml (15 °C) [428];

Verbleib nach Gebrauch:
Verbrennung nach Mischung mit brennbarem Lösemittel;

Bemerkung:
Zerfließliche Kristalle oder kristalline Masse; schwach essigartiger Geruch;
Verwendung: in der Fleischkonservierung; als Reagens in der analytischen Chemie (z.B. um Blei und Eisen zu bestimmen); in der Medizin als harntreibendes Mittel;

Ammoniumcarbonat

- **CAS-Nummer:**
506-87-6
- **gebräuchliche Namen:**
kohlensaures Ammonium; Hirschhornsalz; Diammoniumcarbonat;
- **Handelsnamen:**
Na 9084;
- **Summenformel:**
$(NH_4)_2CO_3$

Funktion:
Treibmittel, organisch;
Anwendung:
Schwamm- und Moosgummi;

Eigenschaften:
- **toxikologisch/ökotoxikologisch:**
RTECS # BP 1925000
Schweizer Giftliste: 4
WGK: 0
R-Satz: 36/37/38
S-Satz: 26-37/39
Sonstiges:
LD Lo (intravenös, Hund): 200 mg/kg [428];
LD 50 (intravenös, Maus): 96 mg/kg [428];
LD Lo (subcutan, Frosch): 250 mg/kg [428];
LD Lo (parenteral, Frosch): 758 mg/kg [428];
LD Lo (Haut, Frosch): 250 mg/kg [428];
LD Lo (rectal, Kaninchen): 800 mg/kg [428];
LD Lo (intravenös, Kaninchen): 200 mg/kg [428];
LD Lo (subcutan, Kaninchen): 900 mg/kg [428];

- **physikalisch/chemisch:**
Schmelzpunkt: 58 °C (Zers.)

Dichte: 1500 kg/m3 (20 °C)
Molmasse: 96,0865 g/mol

Löslichkeit:
unlöslich in Ethanol, Schwefelkohlenstoff, Ammoniak; löslich in Wasser;

Verbleib nach Gebrauch:
Sondermüll-Deponie, wasserunlösliche Feststoffe und Flüssigkeiten nach Neutralisation (nur für Kleinmengen);

Bemerkung:
Weißes, nach Ammoniak riechendes Pulver; zersetzlich in heißem Wasser;
Verwendung: in der Fotoindustrie als Entwicklerzusatz zur Erzielung brauner Bildtöne, zur Erhöhung der Empfindlichkeit von Bromsilberemulsionen; in Backpulvern; zum Wachsen und Entfetten von Wollsachen; als Beizmittel; zur Herstellung von Gummi-Artikeln, Casein-Farben; in Feuerlöschern; zum Trennen von Kakao-Bestandteilen;

Ammoniumchlorid

- **CAS-Nummer:**
  12125-02-9
- **UN Nummer:**
  9510
- **gebräuchliche Namen:**
  Chlorammonium; Salmiak; Ammoniumsalz;
- **Handelsnamen:**
  Amchlor; Darammon;
- **Summenformel:**
  NH_4Cl

Funktion:
(1) Treibmittel, anorganisch;
(2) Sensibilisierungsmittel für Latex;
Anwendung:
(1) Gummihohlkörper;

Eigenschaften:
- **toxikologisch/ökotoxikologisch:**
  RTECS # BP 4550000
  Schweizer Giftliste: 4
  WGK: 1
  R-Satz: 22-36
  S-Satz: (2)-22
  Sonstiges:
  Kann schädigend wirken bei Einatmung, Verschlucken oder Aufnahme über Haut; verursacht schwere Augenreizungen; verursacht Hautreizungen [187];
  LD Lo (oral, Säugling): 2000 mg/kg [428];
  LD 50 (oral, Ratte): 1700 mg/kg [39]; 1650 mg/kg [428];
  LD 50 (intramuskulär, Ratte): 30 mg/kg [428];
  LD 50 (oral, Maus): 750 mg/kg [39]; 1300 mg/kg [428];
  LD 50 (intraperitoneal, Maus): 1439 mg/kg [428];
  LD Lo (subcutan, Maus): 500 mg/kg [428];
  LD 50 (intravenös, Maus): 358 mg/kg [428];
  LD Lo (oral, Hund): 600 mg/kg [428];
  LD Lo (oral, Kaninchen): 1000 mg/kg [428];
  LD Lo (subcutan, Kaninchen): 200 mg/kg [428];
  LD Lo (intravenös, Kaninchen): 78 mg/kg [428];
  LD Lo (subcutan Meerschweinchen): 72 mg/kg [428];
  LD Lo (intravenös, Meerschweinchen): 220 mg/kg [428];
  Toxische Grenzkonzentration für Daphnia magna < 134 mg/l [389];

Gefahren-Symbol:

- **physikalisch/chemisch:**
  Schmelzpunkt: 340 °C (Subl.)
  Dampfdruck: 1,3 hPa (160,4 °C) [187]
  Dichte: 1527 kg/m3 (20 °C)
  Molmasse: 53,492 g/mol

  Löslichkeit:
  Wasser 297 g/l (0 °C), 375,6 g/l (20 °C), 758 g/l (100 °C); Ethanol 6 g/l (19 °C); löslich in flüssigem Ammoniak; unlöslich in Diethylether, Propanon; nahezu unlöslich in Ethylacetat;

Verbleib nach Gebrauch:
Sondermüll-Deponie, wasserunlösliche Feststoffe und Flüssigkeiten nach Neutralisation (nur für Kleinmengen);

Bemerkung:
Weißes, kristallines Pulver; geruchlos; nicht entflammbar;
zugelassen als Lebensmittelzusatzstoff nach LMBG;
Verwendung: in der Fotoindustrie als Bestandteil von Schnellfixierern, zur Emulsionsbereitung, zur Herstellung von Chlorsilberschichten, Bildtonbeeinflusser zur Erzielung feinkörniger Negative; als Flußmittel beim Überziehen von Eisenstücken mit Zink; in Kühlmitteln; in Waschmitteln; zur Herstellung von Farbstoffen; zur Behandlung von Schnee (verlangsamt das Schmelzen auf Ski-Pisten);

Ammoniumhydrogencarbonat

- **CAS-Nummer:**
  1066-33-7
- **gebräuchliche Namen:**
  Kohlenstoffsäureammoniumsalz; Ammoniumbicarbonat; Kohlensäuremonoamid; Monoammoniumcarbonat;
- **Summenformel:**
  NH_4HCO_3

Funktion:
(1) Füllstoff, anorganisch;
(2) Treibmittel, anorganisch;
Anwendung:
(2) Schwamm- und Moosgummi;

Eigenschaften:
- **toxikologisch/ökotoxikologisch:**
  RTECS # BO 8600000
  R-Satz: 36/37/38
  S-Satz: 26-36
  Sonstiges:
  Kann schädigend wirken bei Einatmung, Verschlucken oder Aufnahme über Haut; verursacht Augen- und Hautreizungen; reizt Schleimhäute und Atemwege [187];
  LD 50 (intravenös, Maus): 245 mg/kg [428];

- **physikalisch/chemisch:**
  Schmelzpunkt: 107,5 °C (Zers.)
  Dichte: 1580 kg/m3 (20 °C)
  Molmasse: 79,06 g/mol

Löslichkeit:
unlöslich in Ethanol, Propanon;

Bemerkung zu physikalisch/chemischen Daten:
Zersetzung beginnt zwischen 36 °C und 60 °C;

Verbleib nach Gebrauch:
Sondermüll-Deponie, wasserunlösliche Feststoffe und Flüssigkeiten nach Neutralisation (nur für Kleinmengen);

Bemerkung:
Glänzende, harte, farblose oder weiße Kristalle oder Prismen; rhombisch oder monoklin; schwacher Geruch nach Ammoniak;
Unverträglich mit starken Oxidationsmitteln und starken Säuren;
Verwendung: zur Beschleunigung der Zersetzung beim Kompostieren; als Düngemittel; zum Entfetten von Textilien; in Backpulver; bei der Herstellung von porösen Kunstoffen, Keramiken, Farben; für Kühlbäder (1 kg in 5 l H2O führt dazu, daß die Temperatur von 17 °C auf 7 °C in Feuerlöschern fällt);

Ammoniumnitrat

- **CAS-Nummer:**
  6484-52-2
- **UN Nummer:**
  222; 223; 2426
- **gebräuchliche Namen:**
  Ammoniaksalpeter; Ammonsalpeter; salpetersaures Ammonium; brennbarer Salpeter; Ammonnitrat; Ammonnitrat; AN;
- **Handelsnamen:**
  Varioform I;
- **Summenformel:**
  NH_4NO_3

Funktion:
Sensibilisierungsmittel für Latex;

Eigenschaften:
- **toxikologisch/ökotoxikologisch:**
  RTECS # BR 9050000
  Schweizer Giftliste: 4
  WGK: 1
  R-Satz: 8-9
  S-Satz: 15-16-17-41
  Sonstiges:
  Kann schädigend wirken bei Einatmung, Verschlucken oder Hautaufnahme; verursacht Haut- und Augenreizung; reizt Schleimhäute und Atemwege; eine längere Exposition kann Blutveränderungen verursachen [187];
  Verursacht Lungenödeme (nitrose Gase) [29];
  LD 50 (oral, Ratte): 4820 mg/kg [187], [415];
  800 mg/l tödlich für Fische in 3,9 Stunden [385];
  Im Tierversuch akut sehr wenig toxisch [415];

  Gefahren-Symbol:

- **physikalisch/chemisch:**
  Schmelzpunkt: 169,6 °C

Siedepunkt: 210 °C (14,66 hPa)
Dichte: 1725 kg/m3 (25 °C)
Molmasse: 80,04 g/mol

Löslichkeit:
Wasser 1183 g/l (0 °C), 8710 g/l (100 °C); Ethanol 38 g/l (20 °C); Methanol 171 g/l (20 °C); löslich in Propanon;

Verbleib nach Gebrauch:
Sondermüll-Deponie, wasserunlösliche Feststoffe und Flüssigkeiten nach Neutralisation (nur für Kleinmengen);

Bemerkung:
Durchsichtige farblose Kristalle oder Granulat bis zum Durchmesser von ca. 3 mm; Farbe grau bis weiß; Es existieren umfangreiche Sonderbestimmungen der Gewerbeaufsichtsämter; Bei Eindringen in Grundwasser kann dieses als Trinkwasser unbrauchbar werden; durch Abspalten von Ammonium Giftwirkung auf Wasserorganismen;
Verwendung: früher als rauchloses Blitzlichtpulver; als Stickstoffdünger (mit Zuschlägen aufgrund seiner Hygroskopizität, Explosivität und Erhärtbarkeit); zur Herstellung von Sicherheitssprengstoffen; Ausgangsprodukt zur Herstellung von Lachgas; Bestandteil von Kältemischungen;

Zersetzung ab 170 °C, bei höheren Temperaturen brandartig mit schnell steigender Reaktionsgeschwindigkeit [484];

Ammoniumpersulfat

- **CAS-Nummer:**
  7727-54-0
- **gebräuchliche Namen:**
  Ammoniumperoxysulfat; Ammoniumperoxodisulfat;
- **Summenformel:**
  $NH_4S_2O_8$

Funktion:
Antimikrobielle Mittel für Latex;

Eigenschaften:
- **toxikologisch/ökotoxikologisch:**
  RTECS # SE 0350000
  Schweizer Giftliste: 4
  WGK: 1
  R-Satz: 9-22
  S-Satz: 24/25-27
  Sonstiges:
  Wirkt schädigend beim Einatmen, Verschlucken oder Hautaufnahme; zerstört das Gewebe der Schleimhäute, Atmungsorgane, Augen und Haut [187];
  LD 50 (oral, Ratte): 820 mg/kg [39];

  Gefahren-Symbol:

- **physikalisch/chemisch:**
  Dichte: 1980 kg/m3 (20 °C)
  Molmasse: 228,200 g/mol

Löslichkeit:
Wasser 559 g/l (20 °C);

Verbleib nach Gebrauch:
Sondermüll-Deponie, ausgefällte Sulfide von Mangan, Chrom oder Molybdän aus der Behandlung der Lösung mit Schwefelsäure und Natriumbisulfit und Neutralisation, lösliches Sulfid wird mit Hypochlorit zersetzt, neutralisiert ins Abwasser gegeben;

Bemerkung:
Leicht zersetzliche farblose Kristalle;
Verwendung: Fotoindustrie (Negativabschwächer, Fixierbadzerstörer, Entfernung von Gelbschleiern (2 %ige Lösung), Regenerierung von Bleichbädern; Wirkung der Substanz beruht auf starker Oxidationsfähigkeit: Ammoniumpersulfat + Silber ⇒ Silbersulfat + Ammoniumsulfat);

Ammoniumsulfat

- **CAS-Nummer:**
  7783-20-2
- **gebräuchliche Namen:**
  Diammoniumsulfat;
- **Handelsnamen:**
  Actamaster; Dolumin; Mascagnite;
- **Summenformel:**
  $(NH_4)_2SO_4$

Funktion:
Sensiblisierungsmittel für Latex;
Anwendung:
Latex Tauchartikel; Latex Schaumartikel;

Eigenschaften:
- **toxikologisch/ökotoxikologisch:**
  RTECS # BS 4500000
  Schweizer Giftliste: 4
  WGK: 1
  R-Satz: 20/21/22-36/37/38
  S-Satz: 26-36
  Sonstiges:
  TD Lo (oral, Mann): 1500 mg/kg [428];
  LD 50 (oral, Maus): 640 mg/kg [428];
  LD 50 (intraperitoneal, Maus): 610 mg/kg [428];
  LD 50 (oral, Ratte): 3000 mg/kg;
  Toxische Grenzkonzentration für Daphnia magna < 106 mg/l [389];

  Gefahren-Symbol:

- **physikalisch/chemisch:**
  Schmelzpunkt: 513 °C
  Dampfdruck: 18,9 hPa (20 °C, gesättigte Lsg.) [1]
  Dichte: 1770 kg/m3 (20 °C)
  Molmasse: 132,139 g/mol

  Löslichkeit:
  Wasser 754,4 g/l (20 °C); unlöslich in Ethanol, Propanon;

Verbleib nach Gebrauch:
Sondermüll-Deponie, wasserunlösliche Feststoffe und Flüssigkeiten nach Neutralisation (nur für Kleinmengen);

Bemerkung:
Farblose oder weiße rhombische Kristalle; an feuchter Luft zerfließlich; geruchlos;
Verwendung: in der Fotoindustrie für Schnellfixierbäder;

4-Anilinphenol

- **CAS-Nummer:**
  122-37-2
- **gebräuchliche Namen:**
  p-Anilinphenol; p-Hydroxydiphenylamin; 4-(Phenylamino)phenol; p-Oxydiphenylamin; N-Phenyl-p-aminophenol;
- **Handelsnamen:**
  VTI 1;
- **Summenformel:**
  $C_{12}H_{11}NO$
- **Strukturformel:**

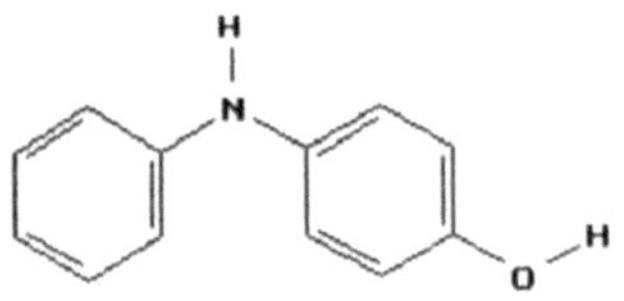

Funktion:
sonstige Chemikalien;

Eigenschaften:
- **toxikologisch/ökotoxikologisch:**
  RTECS # SJ 6950000
  R-Satz: 22
  Sonstiges:
  LD50 (oral, Ratte): 3300 mg/kg [428];
  LD50 (oral, Maus): 2120 mg/kg [428];
  LD50 (intravenös, Maus): 60 mg/kg [428];

  Gefahren-Symbol:

- **physikalisch/chemisch:**
  Schmelzpunkt: 73 °C
  Siedepunkt: 330 °C
  Molmasse: 185,23 g/mol

Anthracen

- **CAS-Nummer:**
  120-12-7
- **gebräuchliche Namen:**
  Anthrazen;
- **Summenformel:**
  $C_{14}H_{10}$
- **Strukturformel:**

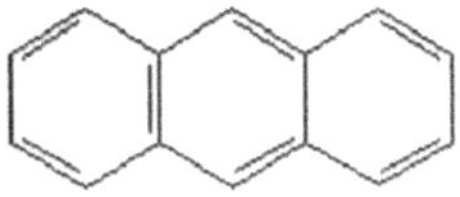

branchenspezifische Bemerkung zur Substanz:
ist u.a. enthalten in aromatischen Weichmacherölen; bildet sich bei der Vulkanisation als Zersetzungsprodukt von Kohlenwasserstoffen;

Eigenschaften:
- **toxikologisch/ökotoxikologisch:**
  RTECS # CA 9350000
  Sonstiges:
  Stäube reizen Augen, die oberen Atemwege und Haut; mit der Entwicklung gesundheitsschädlicher Dämpfe ist erst bei starker Erhitzung des Stoffes zu rechnen; Kontakt mit dem Stoff führt zu Reizung der Augen, Atemwege und Haut; Stoff wird auch über die Haut aufgenommen und hat allergisierende Eigenschaften; es sind besonders die Verunreinigungen des Stoffes, die für die Haut schädlich sein können [484];
  Bioakkumulation; Verbreitung: Luftpfad;
  TD Lo (oral, Ratte): 20000 mg/kg/79W (intermittierend) [428];
  TD Lo (subcutan, Ratte): 3300 mg/kg/33W (intermittierend) [428];
  LD (oral, Maus): >17000 mg/kg [428];
  LD 50 (intraperitoneal, Maus): 430 mg/kg [428];

  Gefahren-Symbol:

- **physikalisch/chemisch:**
  Schmelzpunkt: 217 °C
  Siedepunkt: 342 °C
  Flammpunkt: 121 °C
  Dampfdruck: 1,33 hPa (20 °C) [484]
  Log pOW: 4,45 [4]
  Brechungsindex: 1,6231 (218 - 220 °C)
  Dichte: 1242 kg/m3 (20 °C)
  Molmasse: 178,233 g/mol

  Löslichkeit:
  Ethanol 0,76 g/l (16 °C), 8,3 g/l (sied.); Diethylether 9,7 g/l (15 °C); Benzen 11,8 g/l (15 °C); löslich in Trichlormethan, Schwefelkohlenstoff, Tetrachlormethan, Toluol; unlöslich in Wasser;

Verbleib nach Gebrauch:
Verbrennung nach Mischung mit brennbarem Lösemittel;
Troposphärische Lebensdauer 0,02 h; zurückgelegte Entfernung von der Quelle (für Europa im Sommer): 0,3 km [410];

Bemerkung:
Weiße kristalline Flocken mit violetter Fluorszenz; brennbar;
Bildet im dampf-/gasförmigen Zustand mit Luft explosionsfähige Gemische;
Explosionsgrenzen: 0,6 - ? Vol.% ; Zündtemp.: 472 °C [484];
Stoff reagiert bei Kontakt oder Mischung mit starken Oxidationsmitteln und Chromsäure;
Gehört zu der Gruppe der z.T. toxischen polyaromatischen Kohlenwasserstoffen (PAH);

9-Anthrazenthiol

- **CAS-Nummer:**
  17534-14-4
- **gebräuchliche Namen:**
  9-Mercaptoanthrazen;
- **Summenformel:**
  $C_{14}H_{10}S$

- **Strukturformel:**

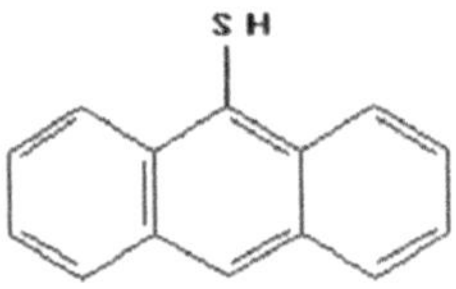

Funktion:
Mastikationsmittel;

Eigenschaften:

- **physikalisch/chemisch:**
  Siedepunkt: 91,5 °C
  Molmasse: 210,29 g/mol

Antimon(III)-oxid

- **CAS-Nummer:**
  1309-64-4
- **gebräuchliche Namen:**
  Antimonblüte; Antimontrioxid; Antimonweiß; Diantimontrioxid; C.I. 77052; Pigment White 11; Pigment Weiß 11 (C.I. 77052); Antimonytrioxid;
- **Handelsnamen:**
  Antimon Weiß; Antox; A 1582; Exitelit; Chemetron Feuershield; Patox; Rhenogran Sb2O3; Senarmontit; Timonox; Thermoguard B; Thermoguard S; Timonox; Valentinit; Weißspießglanz; White Star;
- **Summenformel:**
  Sb_2O_3

Funktion:
(1) Flammschutzmittel;
(2) Zusatz für schwefelfreie Vernetzungsmittel;
(3) Füllstoff, anorganisch;
Kautschukart:
(2) Chlorsulfonylethylen-Kautschuk;

Anwendung:

(2) Reifen, Schläuche; Kabelummantelung; chirurgische und medizinische Artikel; Sportartikel; Spielsachen; technische Gummiartikel; Produkte für Industrie, inkl. Druckplattentücher; Klebstoffe; Dichtungen; Latex Tauchartikel; Latex Schaumartikel;

branchenspezifische Bemerkung zur Substanz:

Einsatzmenge: 440 t/a (Reifenindustrie: 93 t/a, TSE-Industrie 350 t/a) (1996)

Eigenschaften:

- **toxikologisch/ökotoxikologisch:**

RTECS # CC 5650000
Schweizer Giftliste: 4
WGK: 2
R-Satz: 40
S-Satz: (2)-22-36/37
Sonstiges:
Krebserzeugend IIIA2 [481]; Carc.Cat.3 [505];
Kontakt mit festem Stoff führt zu Augen- und Hautreizungen; ständiger Kontakt verursacht Dermatitis; Schleimhautreizungen nach Verschlucken im Mund, Rachen, Speiseröhre und Magen-Darm-Trakt; Einatmen von Stäuben verursacht Schleimhautreizungen, Husten und Atemnot; nach Aufnahme toxischer Mengen Blutdruckabfall, Herzrhythmusstörungen, Muskelschmerzen möglich; toxische Wirkung auf Leber und Nieren [415];
Im Tierversuch eindeutig krebserzeugend [415];
LD 50 (oral, Ratte): > 20 g/kg [195];
LD 50 (intraperitoneal, Ratte): 3250 mg/kg [415];
LD Lo (subcutan, Kaninchen): 2,5 mg/kg [415];
LD Lo (intravenös, Hund): 3 mg/kg [415];
LD 50 (intraperitoneal, Maus): 172 mg/kg [428];

Minimale LD (Fisch, amerik. Elritze): 80 mg/l/96 h [195];

Gefahren-Symbol:

- **physikalisch/chemisch:**

Schmelzpunkt: 656 °C
Siedepunkt: 1425; 1456 °C, 1550 °C (Subl.); 870 °C (279,91 hPa) [201]
Dichte: 5670 kg/m3 (20 °C)
Molmasse: 291,50 g/mol

Löslichkeit:
sehr wenig löslich in Wasser; löslich in Kaliumhydroxid-Lösung, Ethansäure (Essigsäure); verd. Schwefelsäure, Salpetersäure, verd. Salzsäure;

Verbleib nach Gebrauch:

Sondermüll-Deponie für chemischen Abfall, besonders gefährliche Stoffe;

Bemerkung:

Weißes Pulver; geruchlos;
Kommt in der Natur in zwei enantiotropen Modifikationen vor: Senarmontit (regulär kubisch) und Valentinit (rhombisch) (Weißspießglanz, Antimonblüte);
Verwendung: als Weißpigment mit einer Deckkraft, die nahe an ⇒ Titandioxid heranreicht (selten in Druckfarben);

Antimon(III)-sulfid

- **CAS-Nummer:**
  1345-04-6
- **UN Nummer:**
  1549*
- **gebräuchliche Namen:**
  Antiomonschwarz; Antimontrisulfid; Antimonsulfid; Pigment Red 107; Pigment Rot 107; Antimonglanz; Antimonorange; Diantimontrisulfid; Grauspießglanz; Schwefelantimon;
- **Handelsnamen:**
  Lymphoscan; Stibuit;
- **Summenformel:**
  Sb_2S_3

Funktion:
Vulkanisationsaktivator / Beschleunigeraktivator;
Vulkanisationsbeschleuniger, anorganisch;
Pigment, anorganisch;

Eigenschaften:
- **toxikologisch/ökotoxikologisch:**
  RTECS # CC 9450000
  Schweizer Giftliste: 2
  R-Satz: 20/22
  S-Satz: 22
  Sonstiges:
  Wirkt schädigend bei Einatmung oder Verschlucken; kann Augen- und Hautreizungen verursachen [187]; Giftige Substanz, deren Staub und Dämpfe zu starker Reizung der Augen, der Atemwege, der Lunge sowie der Haut führen. Kontakt mit dem festen Stoff bewirkt sehr starke Reizung der Augen (Vorsicht, Verätzung möglich!) und der Haut. Schädigung von Leber und Herz mit Verzögerung möglich. Bei Erhitzung des Stoffes bis zur Zersetzung und bei Brand bilden sich giftiges Schwefeldioxid(-gas) und antimonhaltige Rauchschwaden. Bei Kontakt der Substanz mit starken Säuren erfolgt Reaktion unter Bildung hochgiftigem Schwefelwasserstoff.
  Symptome: Brennen und Rötung der Augen, Brennen der Nasen- und Rachenschleimhäute sowie der Haut; auf der Haut nach einigen Stunden kleine eitrige Blasen und Verätzungen, Reizhusten, Schmerzen in der Brust, Atemnot, Übelkeit, Erbrechen, Fieber. [484];
  Toxisch für Wasserorganismen; Bioakkumulation [484];
  TC Lo (inhalativ, Mensch): 580 mg/m3/35 Wochen [428];
  LD Lo (intraperitoneal, Ratte): 1390 mg/kg [428];
  LD 50 (intraperitoneal, Maus): 209 mg/kg [428];

  Gefahren-Symbol:

- **physikalisch/chemisch:**
  Schmelzpunkt: 546 °C; 550 °C
  Siedepunkt: ca. 1150 °C
  Dichte: 4640 kg/m3 (20 °C)
  Molmasse: 339,69 g/mol

  Löslichkeit:
  Wasser 0,175 mg/100 ml (18 °C); löslich in Ethanol, Salzsäure, Alkalilaugen; unlöslich in Ethansäure;

Verbleib nach Gebrauch:
Sondermüll-Deponie für chemischen Abfall, besonders gefährliche Stoffe;

Bemerkung:

Grau-schwarzes glänzendes Pulver; rhombisch; existiert auch in einer roten Modifikation [428];
1. Orangerotes, amorphes instabiles Pulver. 2. Schwarzgraues, kristallines stabiles Pulver (Grauspießglanz) [484];
Bei Kontakt mit starken Säuren (wie z.B. Salzsäure) erfolgt Reaktion unter Bildung von giftigem Schwefelwasserstoff. Bei Kontakt oder Mischung mit sauerstoffreichem Material (starken Oxidationsmitteln) erfolgt heftige Reaktion. Bei Kontakt mit Chloraten und Perchloraten kann explosionsartige Reaktion eintreten. [484];

*: In der UN-Liste klassifiziert unter Antimonverbindungen, anorganisch n.a.g. (n.o.s.) [484]

Antimon(V)-sulfid

- **CAS-Nummer:**
  1315-04-4
- **UN Nummer:**
  1549*
- **gebräuchliche Namen:**
  Antimonpentasulfid; goldenes Antimonsulfid; Antimonpersulfid; Antimon Rot; Goldschwefel; C.I. 77061; Diantimonpentasulfid;
- **Summenformel:**
  Sb_2S_5

Funktion:

Vulkanisationsbeschleuniger, anorganisch;
Vulkanisationsaktivator / Beschleunigeraktivator;

Eigenschaften:

- **toxikologisch/ökotoxikologisch:**

RTECS # CC 6125000
Schweizer Giftliste: 2
MAK Wert: 0,5 mg Sb/m3
R-Satz: 11-31
S-Satz: 22-24/25
Sonstiges:
Stäube der unzersetzten Substanz sind ungiftig; bei Brand entstehen neben ⇒ Schwefeldioxid Antimonoxide, die sehr starke Reizung der Augen und der Atemwege hervorrufen. Bei Kontakt mit Säuren oder Säuredämpfen bildet sich hochgiftiger Schwefelwasserstoff. Bei Verschlucken bildet sich im Magen giftiger Schwefelwasserstoff.
Symptome bei Brand: Husten, Tränen der Augen. Bei sehr starker Aufnahme der Brandnebel: Fieber und Entwicklung von Bronchitis und Pneumonie, Kollaps [484];
LD (oral, Ratte): >10000 mg/kg [428];
LD 50 (intraperitoneal, Ratte): 1500 mg/kg [428];
LD 50 (intraperitoneal, Maus): 458 mg/kg [428];

Gefahren-Symbol:

- **physikalisch/chemisch:**

Schmelzpunkt: 75 °C (Zers.)
Dichte: 4120 kg/m3 (20 °C)
Molmasse: 403,82 g/mol

Löslichkeit:
unlöslich in Wasser, Ethanol; löslich in Säuren, Laugen;

Verbleib nach Gebrauch:
Beseitigung

Bemerkung:
Orange bis gelblicher Puder; brennbarer fester Stoff;
kann heftig reagieren bei Kontakt mit sauerstoffabgebenden Stoffen (starken Oxidationsmitteln) [484];

*: In der UN-Liste klassifiziert unter Antimonverbindungen, anorganisch, fest, n.a.g. (n.o.s.) [484];

Arsensäuretriphenylester

- **CAS-Nummer:**
  1529-86-8
- **gebräuchliche Namen:**
  Triphenylarsenit;
- **Summenformel:**
  $C_{18}H_{15}AsO_3$

- **Strukturformel:**

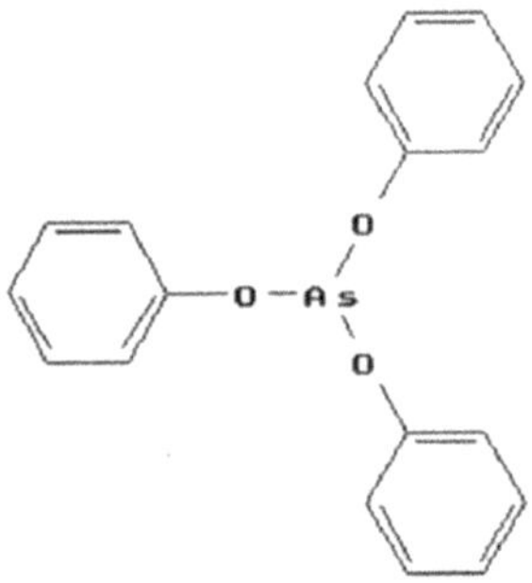

Funktion:
Oxidationsschutzmittel;

Eigenschaften:

- **physikalisch/chemisch:**
  Schmelzpunkt: 31 °C; 34-35 °C
  Siedepunkt: 275 °C (75,98 hPa); 279 °C (46,65 hPa); 305 °C (40 hPa)*
  Molmasse: 354,24 g/mol

  Bemerkung zu physikalisch/chemischen Daten:
  *: 156 °C (0,27 hPa); 160 °C (0,07 hPa); 212 °C (5,33 hPa);

Asbest

- **CAS-Nummer:**
  1332-21-4
- **gebräuchliche Namen:**
  Serpentinasbest; Chrysotilasbest; Amosit; Chrysotil; Serpentin; Amphibol; Hornblendeasbest; Aktinolith; Krokydolith; Termolit; Anthophyllit;
- **Handelsnamen:**
  Calidria Asbest; NCI CO 8991;
- **Summenformel:**
  $Mg_3[Si_4O_{11}]$ * 3 $Mg(OH)_2$* H_2O

Funktion:
Füllstoff, anorganisch;

Eigenschaften:
- **toxikologisch/ökotoxikologisch:**
RTECS # CI 6475000
R-Satz: 20/21-33-45
S-Satz: 22-38-53
Sonstiges:
vgl. Abschn. V e); Krebserzeugend IIIA1; TRK: 0,1 mg/m3 bzw. 2 Fasern/cm3;
Asbeststaub kann nach längerer Einwirkung zu der in schweren Fällen tödlichen Lungenkrankheit Asbestose führen; Krebserzeugend nach Arb. Stoff V, Anh. II Nr. 1.1.1 ⇒ Kap. II - 4.3; Zur Umweltbelastung durch Asbest siehe [143];
Zur biologischen Aktivität und zum karzinogenen Potential siehe [341], [342];
In der Umwelt nur sehr schwer abbaubar [405];

Gefahren-Symbol:

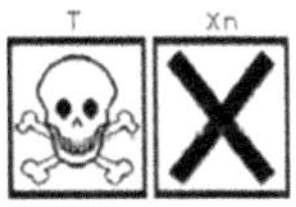

- **physikalisch/chemisch:**
Schmelzpunkt: 1500 °C
Molmasse: 554,224 g/mol

Verbleib nach Gebrauch:
Asbestexposition der Bevölkerung: 0,05 - 01 µg/Tag über Luft, 0,02 µg/l/Tag über Trinkwasser [140];

Bemerkung:
Natürliche Silicat-Magnesium-Verbindung; der am häufigsten verwendete bzw. abgebaute Asbest ist der sog. Serpentin- bzw. Chrysotilasbest (über 90 % der Weltasbestproduktion); angegebene Summen- bzw. Strukturformel bezieht sich auf diesen Asbest;
Verwendung: wird zu feuerfesten Garnen und Geweben verarbeitet, die als Wärmeisolierung, Hitzeschutz und Dichtungsmaterial verwendet werden; ferner in Bremsbelägen von Kraftfahrzeugen; zur Herstellung von Asbestzement, Asbestgummi, Asbestbitumen; Muß bei Sanierungsarbeiten berücksichtigt werden;

* Asbest wird mit mindestens sechs verschiedenen Summenformeln beschrieben, die auch alle unterschiedliche CAS-Nummern tragen.
(z.B. 12001-29-5; 12172-73-5; 77536-66-4; 77536-67-5; 77536-68-6)

Ascorbinsäure

- **CAS-Nummer:**
10504-35-6
- **gebräuchliche Namen:**
5-[1,2-Dihydroxyethyl]-3,4-dihydroxy-5H-furan-2-on; Vitamin C;
- **Summenformel:**
$C_6H_8O_6$

- **Strukturformel:**

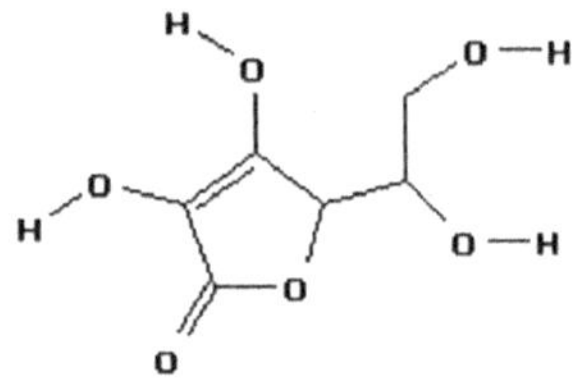

Funktion:
Nitrosamin-Inhibitor;

L-(+)-Ascorbinsäure

- **CAS-Nummer:**
50-81-7
- **gebräuchliche Namen:**
L-Ascorbinsäure; Vitamin C; Vitamin E 300; 3-Oxo-L-gulofuranlacton; Antiscorbut Vitamin; 5-(1,2-Dihydroxyethyl)-3,4-dihydroxy-5-H-furan-2-on;
- **Handelsnamen:**
Adenex; Allercorb; Antiscorbic vitamin; Antiscorbutic vitamin; Arco-cee; Ascoltin; Ascorbajen; Ascorbate; Ascorbic acid; Ascor-B.I.D.; Ascorbicap; Ascorbutina; Ascorin; Ascorteal; Ascorvit; Cantan; Cantaxin; Catavin C; Cebicure; Cebid; Cebion; Cebione; Cecon; Cee-caps TD; Cee-vite; Cegiolan; Ceglion; Celaskon; ce lent; Celin; Cemagyl; CE-MI-Lin; Cemill; Cenetone; Cenolate; Cereon; Cergona; Cescorbat; Cetamid; Cetane; Cetane-caps TD; Cetemican; Cevalin; Cevatine; Cevex; Cevi-bid; Cevimin; CE-VI-Sol; Cevital; Cevitamic acid; Cevitamin; Cevitan; Cevitex; Cewin; Ciamin; Cipca; Citriscorb; C-Level; C-Long; Colascor; Concemin; C-Quin; C-Span; C-Vimin; Dora-C-500; Davitamon C; Duoscorb; L-threo-Hex-2-enonic acid, gamma-lactone; Hicee; Hybrin; Ido-C; 3-Keto-L-gulofuranolactone; L-3-Ketothreohexuronic acid lactone; Laroscorbine; Lemascorb; Liqui-cee; L-Lyxoascorbic acid; Meri-C; Natrascorb; Natrascorb injectable; NCI-C54808; NSC 33832; Planavit C; Proscorbin; Redoxon; Ribena; Roscorbic; Scorbacid; Scorbu-C; Secorbate; Testascorbic; Vicelat; Vicin; Vicomin C; Viforcit; Viscorin; Vitace; Vitacee; Vitacimin; Vitacin; Vitamin C; Vitamisin; Vitascorbol; Xitix; L-Xyloascorbic acid;
- **Summenformel:**
$C_6H_8O_6$

- **Strukturformel:**

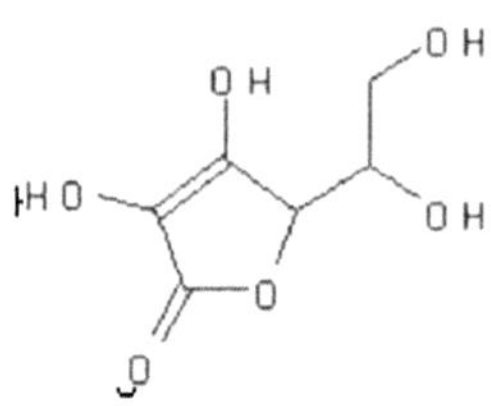

Funktion:
1) Nitrosamin-Inhibitor;
2) Oberflächenbehandlungsittel;

Eigenschaften:
- **toxikologisch/ökotoxikologisch:**
RTECS # CI 7650000
WGK: 0
Sonstiges:
Kann Reizungen verursachen [187];
In Augen und Magen-Darm-Trakt mehr oder minder starke Reizung; Brechreiz, Brechdurchfall;
LD 50 (oral, Ratte): 11900 mg/kg [187], [428];
TD Lo (oral, Ratte (trächtig)): 2500 mg/kg/1-22 D [428];

LD 50 (subcutan, Ratte): >10000 mg/kg [428];
LD 50 (intravenös, Ratte): >4000 mg/kg [428];
TD Lo (intraperitoneal, Maus (trächtig)): 6680 mg/kg/11 D [428];
TD Lo (intravenös, Maus (trächtig)): 800 mg/kg/8 D [428];
LD 50 (intravenös, Maus): 518 mg/kg [428];
LD 50 (oral, Maus): 3367 mg/kg [428];
LD 50 (intraperitoneal, Maus): 643 mg/kg [428];
TD Lo (oral, Maus): 546000 mg/kg/13 W (intermittierend) [428];

- **physikalisch/chemisch:**
Schmelzpunkt: 193 °C (Zers.); 190-192 °C
Brechungsindex: 1,5611 (120-122 °C)
Dichte: 1696 kg/m3 (20 °C); 1652,5 kg/m3 (20 °C)
Molmasse: 176,126 g/mol

Löslichkeit:
leicht löslich in Wasser, Ethanol; unlöslich in Petrolether, Diethylether, Benzen, Trichlormethan;

Verbleib nach Gebrauch:
Verbrennung nach Mischung mit brennbarem Lösemittel;

Bemerkung:
Kristalle (nach Umkristallisation aus Wasser);
Verhindert Bräunung von unbehandelten Früchten;
Verwendung: in der Lebensmittelindustrie als Vitamin C, Antioxidationsmittel in Emulsionen von Fetten und Ölen und in eisenhaltigen Mischungen; zur Verbesserung von Mehl; Konservierung der Fleischfarbe; in der Druckindustrie bei der Herstellung von Flachdruckformen;
Inhibitor der ß-N-Acetylhexasaninidase;

Azacycloheptan

- **CAS-Nummer:**
111-49-9
- **UN Nummer:**
2493
- **gebräuchliche Namen:**
Hexamethylenimin; Hexahydro-1H-azepin; Homopiperidin; Perhydroazepin; Azepan; Cyclohexamethylenimin; 2-(1-Hexamethylenimin); Perlhydroazeptin;
- **Summenformel:**
$C_6H_{13}N$

- **Strukturformel:**

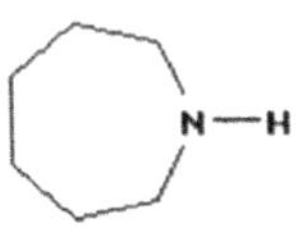

Funktion:
sonstige Chemikalien;

Eigenschaften:
- **toxikologisch/ökotoxikologisch:**
RTECS # LM 3150000
R-Satz: 11-34-23/24/25
S-Satz: 16-26-36/37/39-23
Sonstiges:
Dämpfe reizen stark die Augen, die Atemwege und die Haut. Bei hohen Dampfkonzentrationen auch Lungenödem möglich. Vorsicht, dieses kann mit einer Verzögerung bis zu zwei Tagen auftreten. Nach

Einatmen der Dämpfe ist daher eine ärztliche Untersuchung in jedem Fall erforderlich. Kontakt mit der Flüssigkeit bewirkt Verätzung der Augen und der Haut. Betäubende Wirkung.
Symptome: Brennen der Augen, der Haut, der Nasen- und Rachenschleimhäute, Blasenbildung auf der haut. Reizhusten, Übelkeit, Atemnot, Bewußtlosigkeit, Atemstillstand [484];
LD 50 (oral, Ratte): 410 mg/kg [187]; 32 mg/kg [428];
LC Lo (inhalativ, Ratte): 4800 ml/m3/4h [428];
LC 50 (inhalativ, Maus): 10800 mg/kg [428];
LC 50 (subcutan, Hase): > 50 mg/kg [428];

Gefahren-Symbol:

- **physikalisch/chemisch:**
  Schmelzpunkt: -37 °C
  Siedepunkt: 138 °C (998,34 hPa); 135,5-138 °C
  Flammpunkt: 18 °C; 30 °C*
  Dampfdruck: 6,1 hPa (20 °C) [484]
  Brechungsindex: 1,4650 (20 °C)
  Dichte: 880,0 kg/m3
  Molmasse: 99,18 g/mol

  Löslichkeit:
  vollständig mischbar mit Wasser [484];

  Bemerkung zu physikalisch/chemischen Daten:
  *: Technisches Produkt lt. BASF AG 28 °C [484];

Verbleib nach Gebrauch:
Verbrennung, hochentzündliche Stoffe;

Bemerkung:
farblose Flüssigkeit, ammoniakähnlicher Geruch;
der Stoff ist mit den gebräuchlichen organischen Lösungsmitteln in jedem Verhältnis mischbar;
bildet im dampf-/gasförmigen Zustand mit Luft explosionsfähige Gemische:
Explosionsgrenzen: 1,6-9,9 Vol.-%; Zündtemperatur: 255 °C [484];

2,2'-Azo-bis-(2-acetoxypropan)

- **CAS-Nummer:**
  40888-97-9
- **gebräuchliche Namen:**
  2,2'-Diacetoxy-[2,2']azopropan;
- **Summenformel:**
  $C_8H_{18}N_2O_2$

- **Strukturformel:**

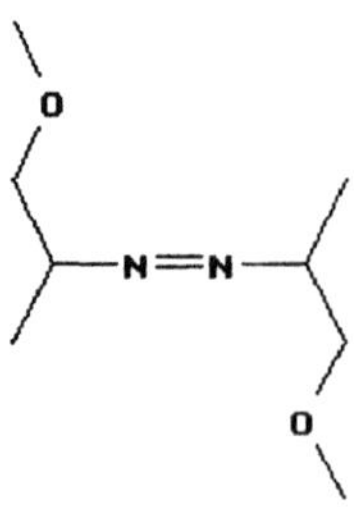

Funktion:
Vernetzungsmittel, schwefelfrei;

Eigenschaften:

- **physikalisch/chemisch:**
Molmasse: 230,26 g/mol

4,4'-Azo-bis-(hexyhydrobenzonitril)

- **CAS-Nummer:**
21190-28-3
- **gebräuchliche Namen:**
4,4'-Azo-di-benzonitril; Azo-bis-(hexyhydrobenzonitril);
- **Summenformel:**
$C_{14}H_8N_4$

- **Strukturformel:**

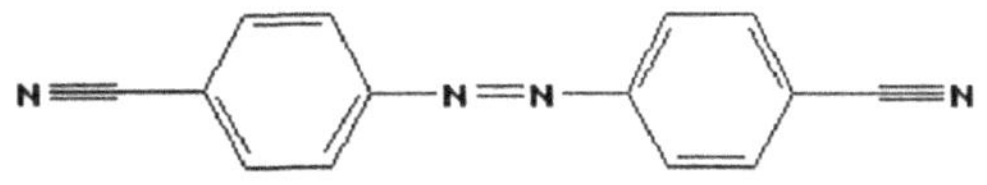

Funktion:
Treibmittel, organisch;

Eigenschaften:

- **physikalisch/chemisch:**
Molmasse: 232,24 g/mol

2,2'-Azobis-(2-methylpropannitril)

- **CAS-Nummer:**
78-67-1
- **UN Nummer:**
2952
- **gebräuchliche Namen:**
AIBN; AZDN; 2,2'-Azoisobuttersäuredinitril; Azobisisobutyronitril; alpha,alpha'-Azoisobutyronitril; Azobis-(2-methylpropionitril); 2,2'-Azoisobuttersäurenitril; 2,2'-Azo-bis-(2-methyl-propionsäurenitril); 2,2'-Dimethyl-2,2'-diazendiyl-bis-propionitril; 2,2'-Azobisisobutyronitril; 2,2'-Azobis(2-methylpropionitril); 2-(1-Cyano-1-methyl-ethylazo)-2-methyl-propionitril; Azodiisobutyronitril; Azobisisobuttersäuredinitril; 2,2'-Dimethyl-2,2'-azodipropionitril; Azoisobuttersäurenitril;
Azo-diisobuttersäurenitril;
- **Handelsnamen:**
Aceto AZIB; Polyzol AZDN; Profor 57; Genitron AZDN; Porofor N; Genitron; Pianofor AN; Poly-Zole AZDN; Vazo; AIBN;
- **Summenformel:**
$C_8H_{12}N_4$

- **Strukturformel:**

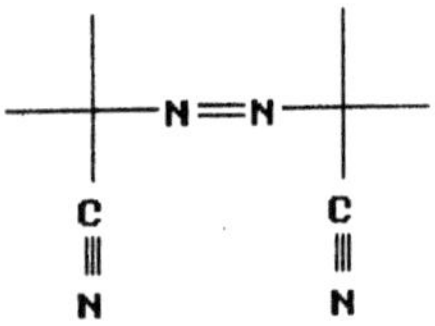

Funktion:
Treibmittel, organisch;
Mastikationsmittel;

Eigenschaften:
- **toxikologisch/ökotoxikologisch:**

RTECS # UG 0800000
Schweizer Giftliste: 1
R-Satz: 2-11-20/22
S-Satz: (2)-39-41-47
Sonstiges:
Resorption über Magen-Darm-Trakt und Atemtrakt, gesundheitsschädlich beim Verschlucken. Substanz führt zu Augenreizung, Entstehung von Tetramethylbernsteinsäuredinitril: starkes Krampfgift! Symptome: Tränen der Augen, Verschwimmen, lokale Reizwirkung Kopfschmerzen, Übelkeit, Schwäche, zentralnervöse Effekte mit Zittern und Krämpfen, Reizbarkeit, Lebervergrößerung, Tod kann bei intensivem Kontakt eintreten. Nach Einatmen oder Hautkontakt in jedem Fall - auch bei Ausbleiben der Symptome - den Arzt aufsuchen [484];
LD Lo (oral, Ratte): 670 mg/kg [428];
LD Lo (subcutan, Ratte): 30 mg/kg [428];
LD 50 (intraperitoneal, Maus): 25 mg/kg [428];
LD 50 (oral, Maus): 700 mg/kg [428];
LD Lo (subcutan, Maus): 40 mg/kg [428];
LD Lo (subcutan, Meerschweinchen): 50 mg/kg [428];
LD Lo (subcutan, Kaninchen): 50 mg/kg [428];

Gefahren-Symbol:

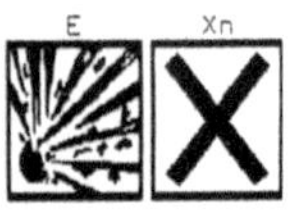

- **physikalisch/chemisch:**

Schmelzpunkt: 102-103 °C (Zers.); 105 °C
Dichte: 1110 kg/m3
Molmasse: 164,21 g/mol

Löslichkeit:
in Methanol: 1,8 g/100 ml (0 °C); 4,69 g/100 ml (20 °C), 16,06 g/100 ml (40 °C); in Ethanol: 0,58 g/100 ml (0 °C), 2,04 g/100 ml (20 °C), 7,15 g/100 ml (40 °C); in Wasser: 20,4 g/l (20 °C);

Bemerkung zu physikalisch/chemischen Daten:
Selbstbeschleunigende Zersetzung ab 50 °C oder bei Feuereinwirkung; volle thermische Zersetzung ab 102 °C [484];

Verbleib nach Gebrauch:
Verbrennung nach Mischung mit brennbarem Lösemittel;

Bemerkung:
Weißes oder graues Pulver oder Kristalle; geruchlos;
Bildet im dampf-/gasförmigen Zustand mit Luft explosionsfähige Gemische;
Explosionsgrenzen: 0,02-? Vol.-%; Zündtemperatur: 80 °C;
Kontrolltemperatur: 40 °C; Notfalltemperatur: 45 °C;

Bei Kontakt mit Alkalien oder Säuren, insbesondere solchen, die oxidierend wirken (z.B. Salpetersäure) kann heftige Reaktion und Zersetzung unter schneller Bildung von gasförmigem Stickstoff erfolgen. In geschlossenen Behältern entsteht dann rasche Drucksteigerung mit der Gefahr eines explosionsartigen Zerfalls [484];

Azodicarbonsäurediethylester

- **CAS-Nummer:**
  1972-28-7
- **gebräuchliche Namen:**
  Diethyl-azodicarboxylat;
- **Summenformel:**
  $C_6H_{10}N_2O_4$

- **Strukturformel:**

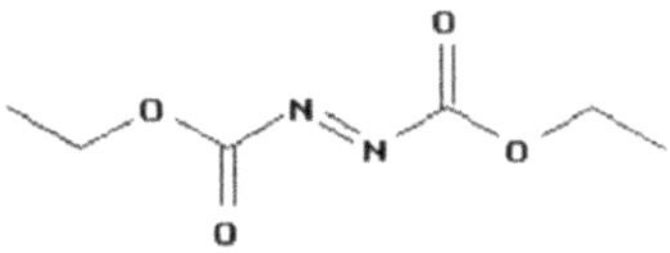

Funktion:
Treibmittel, organisch;

Eigenschaften:
- **toxikologisch/ökotoxikologisch:**
  R-Satz: 44
  S-Satz: 15

- **physikalisch/chemisch:**
  Siedepunkt: 106 °C (17,33 hPa)
  Flammpunkt: >110 °C
  Brechungsindex: 1,4200 (20 °C)
  Dichte: 1106 kg/m3
  Molmasse: 174,16 g/mol

Verbleib nach Gebrauch:
Verbrennung nach Mischung mit brennbarem Lösemittel;

Bariumhydroxid

- **CAS-Nummer:**
  17194-00-2
- **UN Nummer:**
  1884
- **Summenformel:**
  $Ba(OH)_2$

Funktion:
Füllstoff, anorganisch;
Nitrosamin-Inhibitor;

Eigenschaften:
- **toxikologisch/ökotoxikologisch:**
  RTECS # CQ 9800000

WGK: 1
MAK Wert: 0,1 g/m3 (UdSSR) bzw. 0,5 mg/m3
Sonstiges:
Führt zu Darmblutungen, Entwässerung des Körpers, Kreislaufschäden, Atemnot, Bewegungsunfähigkeit, u. U. Tod;
Staub und Dämpfe der stark giftigen Substanz führen zu starker Reizung und Verätzung der Augen, der Atemwege, der Atmungsorgane sowie der Haut. Kontakt mit dem festen Stoff bewirkt starke Reizung der Augen und der Haut. Die wäßrigen Lösungen sind starke Laugen und wirken stark ätzend auf Augen und Haut. Bei Aufnahme führt Barium zu Störungen des Darmes, des Herzens, der Nieren, des Gehirns und des Nervensystems. Symptome: Brennen und Schmerzen der Augen, der Nasen- und Rachenschleimhäute sowie der Haut; Reizhusten, Atemnot, Übelkeit, Muskelschwäche und -lähmung, Herzrhytmusstörungen, Darmkoliken, Atemlähmung [484];
LD 50 (intraperitoneal, Maus): 255 mg/kg [428];
LD 50 (oral, Säugetier): 308 mg/kg [428];

Gefahren-Symbol:

- **physikalisch/chemisch:**
Siedepunkt: 408 °C
Dampfdruck: 302,57 hPa (77,9 °C)
Dichte: 4500 kg/m3 (20 °C)
Molmasse: 171,36 g/mol

Löslichkeit:
löslich in Wasser 56 g/1 ml (15 °C), 947 mg/1 ml (76 °C) [484]; unlöslich in Propanon [428]; löslich in Alkohol [484];

Verbleib nach Gebrauch:
Sondermüll-Deponie nach Ausfällen mit Schwefelsäure;

Bemerkung:
Geruchloses weißes, gelbliches Puder; alkalisch; giftig; feuchtigkeitsempfindlich;
Absorbiert Feuchtigkeit und Kohlendioxid aus der Luft;
Verwendung: Bei der Herstellung von Schmieröl, Maschinenöl, Detergenzien;

Bei Kontakt mit Säuren erfolgt heftige Reaktion. Bei Mischung mit Schwefelsäure bildet sich das weitgehend unlösliche Bariumsulfat. Gemische mit Chlorkautschuk können bei Erwärmung explosionsartig reagieren. Die Substanz greift Aluminium und viele Leichtmetalle und ihre Legierungen an. Rostfreier Stahl, Glas, Keramik und viele Kunststoffe sind beständig [484];

Bariumoxid

- **CAS-Nummer:**
1304-28-5
- **UN Nummer:**
1884
- **gebräuchliche Namen:**
Bariummonoxid;
- **Summenformel:**
BaO

Funktion:
Füllstoff, anorganisch;

Eigenschaften:

- **toxikologisch/ökotoxikologisch:**

  RTECS # LQ 9800000
  WGK: 1
  MAK Wert: 0,5 mg/m3 als Ba.
  R-Satz: 20/22
  S-Satz: 28
  Sonstiges:
  Das Einatmen oder Kontakt mit dem Staub führt zu Reizung und Verätzung der Augen, der Atemwege, der Lunge sowie der Haut, weil das sich unter heftiger Reaktion mit Feuchtigkeit bildende Bariumhydroxid stark ätzend wirkt. Kontakt mit dem festen Stoff bewirkt starke Reizung der Augen und der Haut. Bei Kontakt mit Feuchtigkeit, Wassernebel, Wasserdampf oder Wasser erfolgt Reaktion unter starker Wärmeentwicklung und Bildung von giftiger und ätzender Bariumhydroxidlösung, einer stark ätzenden Lauge. Gelangt Barium in den Körper, kann es zu Störungen des Darmes, des Herzens, der Niere, des Gehirns und des Nervensystems mit Auswirkungen auf die Muskelfunktion kommen.
  Symptome: Brennen der Augen, der Nasen- und Rachenschleimhäute sowie der Haut, Reizhusten, Übelkeit, Schwindel, asthmaähnliche Zustände, Darmkoliken, Speichelfluß, Herzrhytmusstörungen, Muskelzuckungen, Blutdruckabfall, Atemlähmung [484];
  LD 50 (subcutan, Maus): 50 mg/kg [428];

  Gefahren-Symbol:

  Xn

- **physikalisch/chemisch:**

  Schmelzpunkt: 1920 °C; 1923 °C
  Siedepunkt: ca. 2000 °C
  Dichte: 5720 kg/m3
  Molmasse: 153,34 g/mol

  Löslichkeit:
  löslich in: Wasser*: 34,8 mg/l (kalt), 908 mg/l (warm); Ammoniak;

  Bemerkung zu physikalisch/chemischen Daten:
  *: Reagiert mit Wasser unter lebhafter Wärmeentwicklung zu Bariumhydroxid [484];

Verbleib nach Gebrauch:
Sondermüll-Deponie nach Ausfällen mit Schwefelsäure;

Bemerkung:
Weiß-gelbes Puder; feuchtigkeitsempfindlich; technisch 90 %;

Weißes kristallines Pulver, geruchlos, nicht brennbar.
Bariumoxid ist sehr reaktionsfähig. Es zählt zu den stärksten alkalischen Trocknungsmitteln. Bei Kontakt mit Schwefeltrioxid tritt sehr heftige Reaktion unter Aufglühen ein. Bei Kontakt oder Mischung von Bariumoxid mit Stickstoffoxid erfolgt spontane Reaktion, die zu Rotglut und zum Schmelzen führt. Bei Kontakt mit Schwefelwasserstoff erfolgt explosionsartige Reaktion. Gemische aus Quecksilberoxid oder Nickeloxid mit Bariumoxid reagieren bei Einwirkung von Luft sehr heftig. Bei Kontakt von Bariumoxid mit Hydroxylamin tritt spontane Entzündung ein [484];

Bariumpetroleumsulfonat

- **CAS-Nummer:**
  61790-48-5
- **Handelsnamen:**
  Vanplast 202;

Funktion:
Weichmacher, synthetisch;
Anwendung:
Weichmacher und Korrosionshemmer in halogenierten Polymeren;

Eigenschaften:

- **physikalisch/chemisch:**
Dichte: 1000 ± 20 kg/3

Bariumsulfat

- **CAS-Nummer:**
7727-43-7
- **UN Nummer:**
1564
- **gebräuchliche Namen:**
schwefelsaures Baryt; Pigment Weiß 21; Pigment Weiß 22; Pigment Weiß 23; C.I. 77120; Schwefelsäure, Bariumsalz;
- **Handelsnamen:**
Actybaryte; Bakontal; Barco B; Baridol; Bariwite; Baritop; Barosperse; Barotrast; Barytweiß; Blanc fixe; Blanc fixe micro; Citobaryum; Druckweiß; Enamel Weiß; Eiweiß; E-Z-Paque; Finemeal; Lactobaryt; Lithopone; Liyuibarine; Micropaque; Neobar; Permanentweiß; Solbar; Supramikre; Unibaryt;
- **Summenformel:**
$BaSO_4$

Funktion:
(1) Füllstoff, anorganisch;
(2) Pigment, anorganisch;
Anwendung:
(1) Reifen, Schläuche; chirurgische und medizinische Artikel; Sportartikel; Spielsachen; technische Gummiartikel; Produkte für Industrie, inkl. Druckplattentücher; Klebstoffe; Dichtungen; Latex Tauchartikel; Latex Schaumartikel;

branchenspezifische Bemerkung zur Substanz:
Einsatzmenge: 120 t/a (TSE-Industrie, 1996)

Eigenschaften:
- **toxikologisch/ökotoxikologisch:**
RTECS # CR 0600000
WGK: 0
Sonstiges:
Kann schädigend wirken bei Einatmung, Verschlucken oder Aufnahme über Haut; kann Augenreizungen verursachen [187];
LD 50 (oral, Ratte): 364000 mg/kg [235];
TD Lo (intrapleural, Ratte): 200 mg/kg [428];

- **physikalisch/chemisch:**
Schmelzpunkt: 1350 °C; >1400 °C (Zers.)
Dichte: 4500 kg/m3 (20 °C)
Molmasse: 233,40 g/mol

Löslichkeit:
Wasser 2,22 mg/l (16 °C), 2,46 mg/l (25 °C), 3,36 mg/l (50 °C), 4,13 mg/l (100 °C); Chlorwasserstoff (3 %) 0,06 g/l (20 °C); wenig löslich in Schwefelsäure;

Verbleib nach Gebrauch:
Sondermüll-Deponie für chemischen Abfall, besonders gefährliche Stoffe;

Bemerkung:
Weißes, kristallines Pulver;
natürlich verkommendes Bariumsulfat wird Schwerspat (CAS-Nr. 13462-86-7) genannt. Schwerspat ist die Tieftemperaturform von Bariumsulfat;
Verwendung: als Pigment und Verschnittmittel; als Füllstoff bei der Herstellung von Kunstdruck- und Fotopapieren, Gummi und Plasten; als Bindemittel beim Bau von Atomenergieanlagen; in der Medizin als Kontrastmittel bei Magen- und Darmuntersuchungen; zur Herstellung von Druckfarben; zur Herstellung von Schutzplatten gegen Röntgenstrahlen;

Baumwollsamenöl

- **CAS-Nummer:**
8001-29-4
- **gebräuchliche Namen:**
Baumwollsaatöl;
- **Handelsnamen:**
NCI-C50168;

Funktion:
Weichmacher aus Naturprodukten;
Anwendung:
Reifen, Schläuche; chirurgische und medizinische Artikel; Sportartikel; Spielsachen; technische Gummiartikel; Produkte für Industrie, inkl. Druckplattentücher; Klebstoffe; Dichtungen; Latex Tauchartikel; Latex Schaumartikel;

Eigenschaften:
- **toxikologisch/ökotoxikologisch:**
RTECS # GN 2815000
Sonstiges:
LD 50 (oral, Ratte): >90 ml/kg [428];

- **physikalisch/chemisch:**
Schmelzpunkt: 0 °C
Flammpunkt: >110 °C
Brechungsindex: 1,4725 (20 °C)
Dichte: 918 kg/m3 (20 °C)

Löslichkeit:
löslich in Benzen [428];
wenig löslich in Ethanol; mischbar mit Trichlormethan, Diethylether, Schwefelkohlenstoff, Petrolether;

Bemerkung zu physikalisch/chemischen Daten:
Verfestigt sich bei 0 °C bis -5 °C;

Verbleib nach Gebrauch:
Verbrennung nach Mischung mit brennbarem Lösemittel;

Bemerkung:
Blaß-gelbes, geruchloses Öl; Verwendung: bei der Herstellung von Seifen, Margarine, hydrogenierten Fetten, Lederbekleidung, Schmiermitteln, Kosmetika; Emulgator, als Salat- und Kochöl, in der Pharmazie als Lösemittel;

Bentone 38

- **CAS-Nummer:**
  71011-27-3

branchenspezifische Bemerkung zur Substanz:
Einsatzmenge: 3 t/a (Reifenindustrie, 1996)

Bentonit

- **CAS-Nummer:**
  1302-78-9
- **gebräuchliche Namen:**
  Tonmineral; Bleicherde; Quellton;
- **Handelsnamen:**
  Tixoton; Wilkinite; Volcalay; Magbond; HI-JEL; Bentonite 2073; Bentonite Magna; Optigel CF; Optigel CG; Optigel CK; Optigel CL; Albagel Premium USP 4444;
- **Summenformel:**
  $Al_2O_3 * 4 SiO_2 * H_2O$

Funktion:
(1) Füllstoff, anorganisch;
(2) Trennmittel für unvulkanisierten Kautschuk;

Eigenschaften:
- **toxikologisch/ökotoxikologisch:**
  RTECS # CT 9450000
  R-Satz: 36/37/38
  S-Satz: 26-36-22
  Sonstiges:
  Karzinogen (Lebertumore);
  LD Lo (oral, Maus): 12 g/kg [428];
  LD 50 (intravenös, Ratte): 35 mg/kg [428];

- **physikalisch/chemisch:**

Verbleib nach Gebrauch:
Sondermüll-Deponie für chemischen Abfall, besonders gefährliche Stoffe;

Bemerkung:
Blaß-braunes Puder; geruchlos; geschmacklos;
Hohe Quell- und Adsorptionsfähigkeit;
Enthalten in EFAPUR 1650;

Benzaldehyd

- **CAS-Nummer:**
  100-52-7
- **UN Nummer:**
  1989 n.o.s.
- **gebräuchliche Namen:**
  Bittermandelöl (künstl.); Formylbenzol; Phenylmethanal
- **Summenformel:**
  C_7H_6O

- Strukturformel:

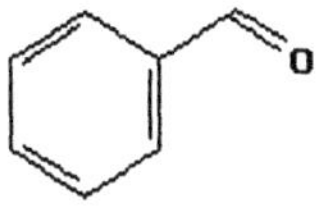

branchenspezifische Bemerkung zur Substanz:
Reaktionsprodukt von Phenylethen-Butadien-Copolymer (CAS-Nr. 9003-55-8) [Polymer];

Eigenschaften:
- toxikologisch/ökotoxikologisch:
RTECS # CU 4375000
Schweizer Giftliste: 4
WGK: 2
R-Satz: 22
S-Satz: (2)-24
Sonstiges:
Dämpfe wirken betäubend und verursachen in höheren Konzentrationen Lähmung der Atmung;
Kontakt mit Flüssigkeit bewirkt Reizung der Augen sowie Entfettung, Rissigwerden und Reizung der Haut;verursacht Kontaktdermatitis;
die Aufstellung eines MAK-Wertes steht noch zur Diskussion (1995);
LD 50 (oral, Ratte): 1000 mg/kg [194], 1300 mg/kg [187], [428];
LC (inhalativ, Ratte): >500 mg/m3 [428];
LD Lo (subcutan, Ratte): 5000 mg/kg [428];
TD Lo (oral, Ratte): 9600 mg/kg/16 Tage mit Unterbrechungen [428];
TD Lo (oral, Ratte): 52000 mg/kg/13 Wochen mit Unterbrechungen [428];
TC Lo (inhalativ, Ratte): 500 ml/m3/14 Tage kontinuierlich [428];
TC Lo (inhalativ, Ratte): 26 mg/m3/5 h/17 Wochen mit Unterberechungen [428];
TC Lo (oral, Ratte): 78000 mg/kg/13 Wochen mit Unterberechungen [428];
LD 50 (intraperitoneal, Maus): 9 mg/kg [428];
LD 50 (oral, Maus): 28 mg/kg [428];
LC (inhalativ, Maus): >500 mg/m3 [428];
TC Lo (oral, Maus): 9600 mg/kg/16 Tage mit Unterberechungen [428];
LD 50 (oral, Meerschweinchen): 1000 mg/kg [428];
LD 50 (subcutan, Kaninchen): 5000 mg/kg [428];
LD 50 (oral, Säugetier): 2020 mg/kg [428];

Fische werden ab 17 mg/l geschädigt.
LC 50 (Fisch; Goldorfe): 62/16 mg/l [33];
LC 50 (Daphnia magna): 50 mg/l [6];
Toxische Grenzkonzentration für Scenedesmus quadricauda 34 mg/l [404];

Gefahren-Symbol:

- physikalisch/chemisch:
Schmelzpunkt: -26 °C
Siedepunkt: 178,1 °C
Flammpunkt: 64 °C
Dampfdruck: 1,3 hPa (26,1 °C) [187]
Log pOW: 1,43 [4]; 1,45 [4]; 1,48 [428]
Brechungsindex: 1,54638 (20 °C)
Dichte: 1049,8 kg/m3 (20 °C)
Molmasse: 106,124 g/mol

Löslichkeit:
Wasser 3g/l (20 °C); mischbar mit Ethanol, Diethylether; gut löslich in Ether, Propanon, Benzen, Petroleum, Ether;

Verbleib nach Gebrauch:
Verbrennung;

Bemerkung:
Farblose nach Bittermandelöl riechende Flüssigkeit;
Brennbare Flüssigkeit; bei starker Erwärmung bilden sich explosive Gemische, die schwerer als Luft sind;
Zündfähiges Gemisch: 1,4 - 8,5 Vol% ; Zündtemperatur 190 °C [163];

1,2-Benzanthracen

- **CAS-Nummer:**
  56-55-3
- **gebräuchliche Namen:**
  Benz[a]anthracen; Tetraphen; Naphtanthracen; Benzoanthracen; Benzo[a]anthracen;
- **Summenformel:**
  $C_{18}H_{12}$
- **Strukturformel:**

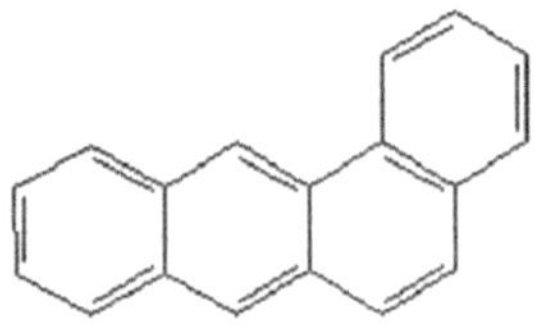

branchenspezifische Bemerkung zur Substanz:
Ist u.a. enthalten in aromatischen Weichmacherölen; bildet sich bei der Vulkanisation als Zersetzungsprodukt aus Kohlenwasserstoffen;

Eigenschaften:
- **toxikologisch/ökotoxikologisch:**
  RTECS # CV 9275000
  Schweizer Giftliste: 1
  R-Satz: 45
  S-Satz: 53-45
  Sonstiges:
  Carc. Cat 2; Karzinogen [187];
  Ergebnis des Ames-Test: positiv [392];
  Kann letal wirken beim einatmen, Verschlucken oder Aufnahme über Haut; kann Reizungen verursachen [187];
  TD Lo (Haut, Maus): 18 mg/kg [428];
  TD Lo (subcutan, Maus): 2 mg/kg [428];
  TD Lo (implantiert, Maus): 80 mg/kg [428];
  LD 50 (intravenös, Ratte): >200 mg/kg [428];
  LD Lo (intravenös, Maus): 10 mg/kg [428];

  Gefahren-Symbol:

- **physikalisch/chemisch:**
  Schmelzpunkt: 160,5 °C
  Siedepunkt: 435 °C (Subl.)
  Molmasse: 228,29 g/mol

  Löslichkeit:
  löslich in Ethanol, Diethylether, Propanon, Benzen;

Verbleib nach Gebrauch:
Verbrennung nach Mischung mit brennbarem Lösemittel;

Bemerkung:
Feststoff;
Gehört zu der Gruppe der z.T. toxischen polyaromatischen Kohlenwasserstoffe (PAH);

Benzen

- **CAS-Nummer:**
  71-43-2
- **UN Nummer:**
  1114
- **gebräuchliche Namen:**
  Annulen; Annullen; Benzol; Cyclohexatrien; Pyrobenzol; Solventnaphtha; Krystallbenzol; Lösungsbenzol gereinigt L; Motorenbenzol; Phenylwasserstoff; Reinbenzol; Pyrolysebenzin; Schwerbenzol; Benzen gereinigt; Kohlenaphtha;
- **Handelsnamen:**
  NCI-C55276;
- **Summenformel:**
  C_6H_6

- **Strukturformel:**

Funktion:
(1) Lösemittel;

branchenspezifische Bemerkung zur Substanz:
(2) Reaktionsprodukt von aromatischen Weichmacherölen;

Eigenschaften:
- **toxikologisch/ökotoxikologisch:**
  RTECS # CY 1400000
  Schweizer Giftliste: 1
  WGK: 3
  R-Satz: 45-11-48/23/24/25
  S-Satz: 53-45
  Sonstiges:
  vgl. Abschn. IX; Geruchsschwelle: ca. 5 ml/m3 [163];
  Zu diesem Stoff liegt ein BUA-Stoffbericht Nr. 24 vor.
  Gefahr der Hautresorption [481]; Krebserzeugend H Gruppe III A1 [481], [484]; Erbgutverändernd: 3 [481]; IMK: I; Carc.Cat.1 [505]; Karzinogen [187]; möglicherweise erbgutverändernd [187]; Einatmen von hohen Dampfkonzentrationen reizt Atemwege sowie Augen und kann rasch zu tödlicher Lähmung des ZNS führen;
  Flüssigkeit wird auch über die Haut aufgenommen und verursacht auch auf diesem Wege schwere Vergiftungen; Tod durch Atemlähmung [163]; Dampfkonzentrationen von 7500 ml/m3 für 30-60 Min. erwiesen sich als toxisch (Einzelerfahrung); 3000 ml/m3 für 30-60 Min. als erträglich (Einzelerfahrung); 20000 ml/m3 für 5-10 Min. als tödlich [163]; Eingeatmet 65 mg/l Luft in 5-10 Minuten tödlich; 5-10 mg/l

Luft in mehreren Stunden giftig; Giftwirkung kann auch nach Resorption durch die Haut auftreten; innerlich 20 g tödlich [30];
LD Lo (oral, Mann); 50 mg/kg [428];
TC Lo (inhalativ, Mann): 150 ml/m3/1 a intermittierend [428];
LC Lo (inhalativ, Mensch): 100 ml/m3, 65 mg/m3/5 a [428];
LD (inhalativ, Mensch): 7500 ml/m3/30 min [140],
LD 50 (oral, Ratte): 3400 mg/kg [9], 4894 mg/kg [32], 930 mg/kg [428];
LC 50 (inhalativ, Ratte): 1000 ml/m3/7 h [428];
LD 50 (oral, Maus): 4700 mg/kg [10], [428];
LC 50 (inhalativ, Maus): 9980 ml/m3 [428];
LD 50 (Haut, Maus): 48 mg/kg [428];
LD 50 (intraperitoneal, Maus): 340 mg/kg [428];
LD Lo (oral, Hund): 2000 mg/kg [428];
LC Lo (inhalativ, Hund): 14600 mg/m3 [428];
LC Lo (inhalativ, Katze): 17000 mg/m3 [428];
LC Lo (inhalativ, Kaninchen): 45000 ml/m3/30 min. [428];
LD 50 (Haut, Kaninchen): >9400 mg/kg [428];
LD Lo (intravenös, Kaninchen): 88 mg/kg [428];
LD 50 (Haut, Meerschweinchen): >9400 mg/kg [428];
LD Lo (intraperitoneal, Meerschweinchen): 527 mg/kg [428];

LD Lo (subuctan, Frosch): 1400 mg/kg [428];
LC 50 (Fisch, Goldfisch, 24 h): 46 mg/l [57];
LC 0 (Fisch, Goldorfe, 96 h): 31 ± 25 mg/l [60];
LC 50 (Fisch, Goldorfe): 33/62 mg/l [33]
LC 100 (Fisch, Goldorfe): 35/267 mg/l [33]
EC 50 (Daphnia magna, 24 h): 18,7 mg/l [45], 38 mg/l [61];
Bei Eindringen in Grundwasser Gefahr für Trinkwasser [484];
leicht biologisch abbaubar [594];

Gefahren-Symbol:

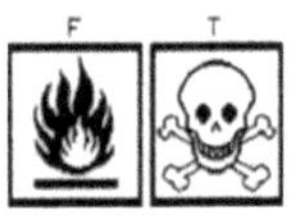

- **physikalisch/chemisch:**
  Schmelzpunkt: 5,49 °C
  Siedepunkt: 80,12 °C
  Flammpunkt: -11 °C
  Dampfdruck: 99,9 hPa (20 °C) [132]; 102 hPa (20 °C) [61]; 106,6 hPa (20 °C) [367]
  Verdampfungswärme: 394,82 kJ/kg
  Log pOW: 2,13 [4]; 1,56 [4]; 2,15 [4]; 2,10 [594]
  Brechungsindex: 1,50144 (20 °C)
  Dichte: 879,1 kg/m3 (20 °C); 878,65 kg/m3 (20 °C)
  Molmasse: 78,113 g/mol
  Verdunstungszahl: 6,0 (BuAc = 1) [9]; 3,0 (Diethylether = 1) [18], [132];

  Löslichkeit:
  Wasser 1,53 g/l (0 °C), 1,81 g/l (22 °C), 1,85 g/l (30 °C); mischbar mit Ethanol, Diethylether, Propanon, Methylbenzol;

Verbleib nach Gebrauch:
Verbrennung, hochentzündliche Stoffe;
Trinkwassergrenzwert: 10 µg/l (WHO) [140];
< 0,1 µg/l im Rhein (1984) [51];
Halbwertszeit in der Atmosphäre: etwa 4, es wird in der Atmosphäre wahrscheinlich in -> Hydroxybenzen umgewandelt [405];
Mikrobiologischer Abbau von Benzol siehe [404];
Nach 12 h zu 33 % aerob in Kläranlagen abgebaut [57];

Bemerkung:

Farblose, aromatisch riechende Flüssigkeit; bei Temperaturen unter 6 °C wird reines Benzol (Reinbenzol) fest (Kristallbenzol); brennbar;
Bildet im dampf-/gasförmigen Zustand mit Luft explosionsfähige Gemische;
Explosionsgrenzen: 1,2-8 Vol.-% ; Zündtemp.: 555 °C [32], 550 °C [594];
Vorkommen im Steinkohlenteer;
Verboten in kosmetischen Mitteln;
Einwirkung von gefährlichen Dampfkonzentrationen ist meist schon eingetreten, bevor Stoff durch Geruch wahrgenommen werden kann; Stoff reagiert bei Kontakt mit sauerstoffreichem Material (starken Oxidationsmitteln), konzentrierten Mineralsäuren, Halogenen, geschmolzenem Schwefel und reinem Sauerstoff;
Verwendung: als Extraktions- und Lösemittel [594]; als Motortreibstoff und techn. Lösemittel;
Enthalten in Gantrez AN-149 (2%);

Benzencarbonsäure

- **CAS-Nummer:**
  65-85-0
- **gebräuchliche Namen:**
  BES; Benzoesäure; Benzolcarbonsäure; Phenylameisensäure;
- **Handelsnamen:**
  Avokal Benzoesäure; Benzoesäure GK; Retarder BAX; Retarder BA; Rhenogran Benzoesäure-80;
- **Summenformel:**
  $C_7H_6O_2$

- **Strukturformel:**

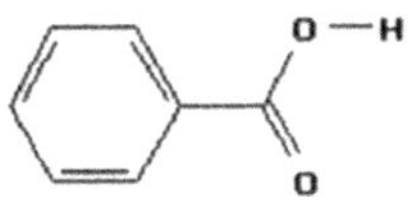

Funktion:

(1) Vulkanisationsverzögerer;
(2) Weichmacher, synthetisch;

Anwendung:

(1) technische Gummiartikel;
(2) Reifen, Schläuche; chirurgische und medizinische Artikel; Sportartikel; Spielsachen; technische Gummiartikel; Produkte für Industrie, inkl. Druckplattentücher; Klebstoffe; Dichtungen; Latex Tauchartikel; Latex Schaumartikel;

branchenspezifische Bemerkung zur Substanz:

Einsatzmenge: 67 t/a (Reifenindustrie: 1,3 t/a, TSE-Industrie: 66 t/a) (1996)

Eigenschaften:

- **toxikologisch/ökotoxikologisch:**

RTECS # DG 0875000
Schweizer Giftliste: 4
WGK: 1
R-Satz: 20/21/22-42/43-36/37/38
S-Satz: 26-36
Sonstiges:
vgl. Abschn. II b); S;
Für diese Substanz liegt ein BUA-Stoffbericht Nr. 145 vor.
Kann schädigend wirken beim Einatmen, Verschlucken oder Aufnahme über Haut; verursacht Haut- und Augenreizungen; reizt Schleimhäute und Atemwege [187]; Bei schwerer Vergiftung wird möglicherweise das Zentralnervensystem beeinflußt [484];
Symptome: Brennen und Rötung der Augen, der Nasen- und Rachenschleimhäute sowie der Haut, Husten. Nach Verschlucken: Leibschmerzen, Übelkeit, Erbrechen, Durchfall [484];
Im Tierversuch akut sehr wenig toxisch [418];
LD 50 (oral, Mann): 500 mg/kg [187], [418];

TD Lo (Haut, Mensch): 6 mg/kg [428];
LD 50 (oral, Ratte): 2530 mg/kg [187], [418];
LC 50 (inhalativ, Ratte): >26 mg/m3/h [428];
LC 50 (intraperitoneal, Ratte): 1600 mg/kg [428];
LD Lo (subcutan, Frosch): 100 ml/kg [428];
LD 50 (oral, Maus): 1940 mg/kg [428];
LD 50 (intraperitoneal, Maus): 1460 mg/kg [428];
LD Lo (oral, Kaninchen): 2000 mg/kg [428];
LD Lo (subcutan, Kaninchen): 2000 mg/kg [428];

Toxische Grenzkonzentration für Microcystis aeruginosa 55 mg/l, für Chilomonas paramaecium 356 mg/l, für Pseudomonas putida 480 mg/l, für Scenedesmus quadricauda 1630 mg/l [484], für Daphnia magna 146 mg/l [389];
LC 50 (Fisch, Goldorfe): 560 mg/l [33]
Biologisch abbaubar [262];
BSB(5): 1,25-1,65 [418]; CSB: 1,88-1,95 [418];

- **physikalisch/chemisch:**
  Schmelzpunkt: 121-123 °C
  Siedepunkt: 250 °C (Subl. ab >100 °C)
  Flammpunkt: 121 °C
  Dampfdruck: 1,3 hPa (96 °C) [163]
  Log pOW: 1,80 [150]; 1,87 [418]; 2,03 [4];
  Brechungsindex: 1,5000 (134-135 °C)
  Dichte: 1265,9 kg/m3 (15 °C)
  Molmasse: 122,123 g/mol

  Löslichkeit:
  löslich in: Hexan 0,94 g/100 g; Tetrachlormethan 4,14 g/100 g; Ether 1 g/3 ml; Schwefelkohlenstoff 1 g/30 ml; Ethanol (kalt) 1 g/2,3 ml; leicht löslich in: Petrolether; Benzen 12,17 g/100 g; Trichlormethan 15,02 g/100 g; Propanon 55,6 g/100 g [428];
  Wasser 1,6 g/l (0 °C), 2,7 g/l (17 °C), 2,9 (20 °C), 21,9 g/l (75 °C), 50 g/l (100°C); Ethanol 467,1 g/l (15 °C); Diethylether 3134 g/l (15 °C);

  Bemerkung zu physikalisch/chemischen Daten:
  Zündtemperatur: 570 °C [484];
  T(krit.): 479 °C; P(krit.): 45585 hPa [428];

Verbleib nach Gebrauch:
Verbrennung nach Mischung mit brennbarem Lösemittel;

Bemerkung:
Weißes, kristallines Pulver; geruchlos; monokline Kristalle, leichter Geruch nach Benzaldehyd;
Der Stoff reagiert bei Kontakt oder Mischung mit starken Oxidationsmitteln, starken Basen und starken Reduktionsstoffen [484];
Zugelassen als Lebensmittelzusatzstoff nach LMBG;
Verwendung: als Konservierungsmittel; als Hilfsmittel in der Kautschukindustrie;

Benzencarbothiosäure, Zinksalz

- **CAS-Nummer:**
  7459-67-8
- **gebräuchliche Namen:**
  Zinkthiobenzoat;
- **Handelsnamen:**
  Robac TBZ; USAF TH-5;
- **Summenformel:**
  $C_{14}H_{10}O_2S_2Zn$

- **Strukturformel:**

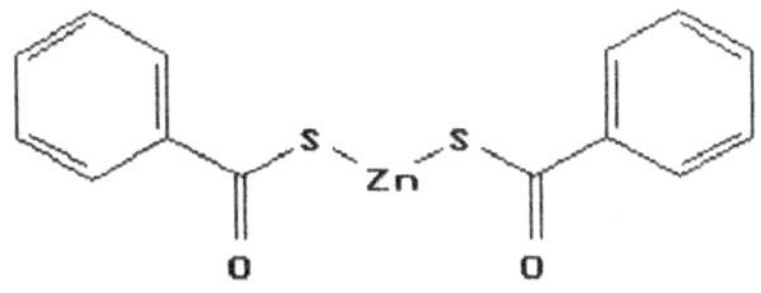

Funktion:
Mastikationsmittel;

Eigenschaften:
- **toxikologisch/ökotoxikologisch:**
RTECS # DH 6930000
Sonstiges:
LD 50 (intraperitoneal, Maus): 50 mg/kg [428];

- **physikalisch/chemisch:**
Molmasse: 339,73 g/mol

1,4-Benzendiamin, Gemisch aus N,N'-Dimethylphenyl-Derivaten

- **CAS-Nummer:**
68478-45-5
- **gebräuchliche Namen:**
Gemisch aus Diaryl-p-phenylendiaminen;
- **Summenformel:**
$C_{20}H_{20}N_2$

- **Strukturformel:**

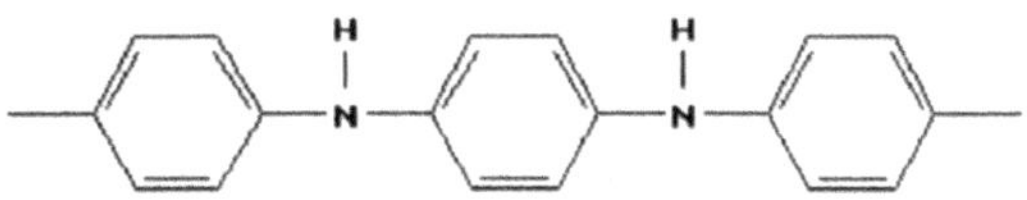

Funktion:
Ozonschutzmittel;

Eigenschaften:

- **physikalisch/chemisch:**
Molmasse: 288.39 g/mol

1,4-Benzendiamin, Gemisch aus N,N'-Phenyl- und Methylphenyl-Derivaten

- **CAS-Nummer:**
68953-84-4
- **gebräuchliche Namen:**
DAPD; 1,4-Benzendiamin, N,N'-gemischte Phenyl- und Tolylderivate; Gemisch aus Diaryl-p-phenyenldiamin; Gemisch aus Diaryl-1,4-phenylendiamin;
- **Handelsnamen:**
Piflex 100; Vulkanol 3100; Wingstay 100 AZ;
- **Summenformel:**
$C_{19}H_{32}N_2$

- **Strukturformel:**

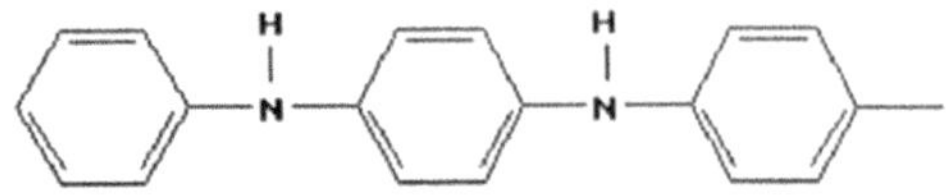

Funktion:
Alterungsschutzmittel; Ozonschutzmittel;
Kautschukart:
Naturkautschuk;
Anwendung:
Reifen, Schläuche; Riemen; Gummiteile;

branchenspezifische Bemerkung zur Substanz:
Einsatzmenge: 660 t/a (Reifenindustrie: 530 t/a, TSE-Industrie: 130 t/a) (1996)

Eigenschaften:
- **toxikologisch/ökotoxikologisch:**
Sonstiges:
Gemische aus Diaryl-p-phenylendiaminen sind in einigen Ländern, z.B. Japan wegen Wassergefährdung unter Beschuß und werden daher nur noch begrenzt eingesetzt.

- **physikalisch/chemisch:**
Schmelzpunkt: 86-100 °C
Dichte: 1200 kg/m3 (25 °C)
Molmasse: 288,48 g/mol

Löslichkeit:
löslich in Propanon; teillöslich in Benzen, Tetrachlormethan [610];

1,4-Benzendicarbolsäure-bis[2-[(2-methyl-1-oxo-2-propenyl)oxy]-1-[[(2-methyl-1-oxo-2-propenyl)oxy]methyl]-ethyl]-ester

- **CAS-Nummer:**
81336-04-1
- **gebräuchliche Namen:**
alpha,omega-Dimethyacryl-1,3-(bis-glycerin)-2-phthalat;
- **Handelsnamen:**
TMGF-II;
- **Summenformel:**
$C_{30}H_{34}O_{12}$

- **Strukturformel:**

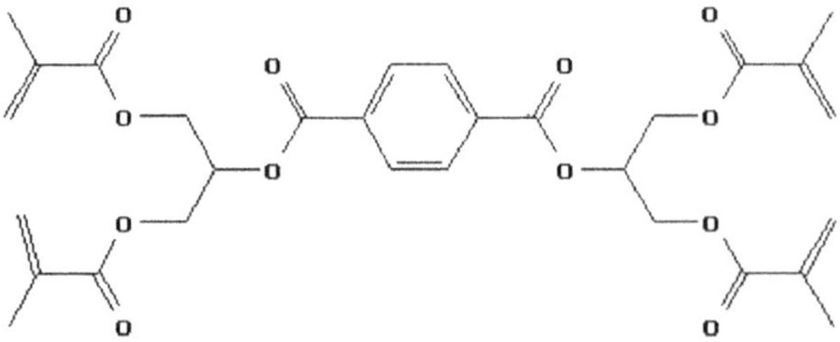

Funktion:
Weichmacher, synthetisch;

Eigenschaften:

- **physikalisch/chemisch:**
  Molmasse: 586,59 g/mol

Benzen-1,2-dicarbonsäureanhydrid

- **CAS-Nummer:**
  85-44-9
- **UN Nummer:**
  2214
- **gebräuchliche Namen:**
  PTA; PSA; Phthalsäureanhydrid; 1,3-Dioxophthalan; 1,3-Isobenzofurandion; 1,3-iso-Benzofurandion; 1,3-Dihydro-1,3-dioxo-isobenzofuran; 1,3-Phthalandion; 1,2-Benzoldicarboxylsäureanhydrid;
- **Handelsnamen:**
  1,3-DIOXO-Phthalan; ESEN; Phthalandion; Retarder AK; Retarder ESEN; Retarder PD; TGL 6525; Vulkalent B/C; NCI-CO 3601;
- **Summenformel:**
  $C_8H_4O_3$

- **Strukturformel:**

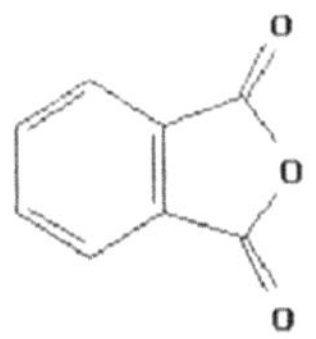

Funktion:
  Vulkanisationsverzögerer;
Anwendung:
  Reifen, Schläuche; chirurgische und medizinische Artikel; Sportartikel; Spielsachen; technische Gummiartikel; Produkte für Industrie, inkl. Druckplattentücher; Klebstoffe; Dichtungen;

branchenspezifische Bemerkung zur Substanz:
  Einsatzmenge: 38 t/a (Reifenindustrie: 2,7 t/a, TSE-Industrie: 35 t/a) (1996)

Eigenschaften:
- **toxikologisch/ökotoxikologisch:**
  RTECS # TI 3150000
  Schweizer Giftliste: 4
  WGK: 0
  MAK Wert: 1 mg/m3 bzw. 5 mg/m3 E
  R-Satz: 36/37/38
  S-Satz: (2)
  Sonstiges:
  Einstufung und Kennzeichnung von Zubereitungen, in denen diese Substanz enthalten ist:
  5%<=C ⇒ Xi; R36/37/38

  Spitzenbegrenzung I [481]; Gefahr der Sensibilisierung [481]; Schwangerschaftsgruppe D [481]; Dämpfe wirken stark reizend auf die Schleimhäute der Augen und Atemwege; Substanz kann bei Zutritt von Feuchtigkeit auf der Haut oberflächliche Verätzungen hervorrufen, die schlecht heilen; das technische Produkt kann wegen seiner Verunreinigung mit Naphthochinonen zu Allergien führen. Bei Kontakt mit der Schmelze Verbrennungsgefahr! [484];
  LD 50 (oral, Ratte): 4020 mg/kg [187];
  LD 50 (inhalativ, Ratte): >210 mg/m3/h [428];
  LD 50 (oral, Maus): 1500 mg/kg [428];
  LD 50 (oral, Katze): 800 mg/kg [428];

LD 50 (Haut, Hase): >10 g/kg [428];
LD 50 (intraperitoneal, Meerschweinchen): 100 mg/kg [428];

LD 50 (Wasserorganismen): 100-10 mg/l/96 h [484];
Biologisch abbaubar [262];

Gefahren-Symbol:

Xi

- **physikalisch/chemisch:**
  Schmelzpunkt: 131,6 °C; 131-134 °C; 128 °C
  Siedepunkt: 285,1 °C; 284,5 °C
  Flammpunkt: 152 °C
  Dampfdruck: 1 hPa (95 °C) [29]; <0,01 hPa (20 °C)* [484]; 26 hPa (150 °C)** [484];
  Log pOW: - 0,62 [4]
  Dichte: 1527 kg/m3 (20 °C); 1510 kg/m3; 1530 kg/m3*; 1190 kg/m3 (150 °C)**
  Molmasse: 148,118 g/mol

  Löslichkeit:
  wenig löslich in Wasser; löslich in Ethanol, Diethylether, Benzen; leicht löslich in Pyridin;

Verbleib nach Gebrauch:
Verbrennung nach Mischung mit brennbarem Lösemittel;

Bemerkung:
Als Schuppen in Säcken verpackt oder farblose Flüssigkeit als Schmelze von mehr als 135 °C. Die heißen Schmelzen sind mit Stickstoff (Inertgas N2) gegen Luftzutritt geschützt. Bei Anwesenheit von Feuchtigkeit oder Wasser werden die meisten Metalle leicht angegriffen. Rostfreier Stahl und Aluminium sind beständig. Kohlenstoffstahl nur, wenn Feuchtigkeit ausgeschlossen ist. Der Stoff reagiert bei Kontakt mit Alkalien und Alkoholen [484];
Nadeln (nach Umkristallisation aus Ethanol oder Benzen); brennbar; farblos bis schwach gelb;
Kristalle: monoklin oder rhombisch;
Bei starker Erhitzung bilden sich mit Luft explosionsfähige Gemische;
Explosionsgrenzen:
1,7 - 10,5 Vol% ; Zündtemp.: 580 °C [29]; 580 °C Dampf, 605 °C Staub [484];
Bildet mit Wasserdampf der Luft ätzende Benzol-1,2-dicarbonsäure;

*: Angaben beziehen sich auf Phthalsäureanhydrid mit mehr als 0,05 % Maleinanhydrid [484];
**: Angaben beziehen sich auf Phthalsäureanhydrid mit mehr als 0,05 % Maleinanhydrid geschmolzen [484];

Benzen-1,2-dicarbonsäurebenzyl-n-butylester

- **CAS-Nummer:**
  85-68-7
- **UN Nummer:**
  3082
- **gebräuchliche Namen:**
  Phthalsäurebutylbenzylester; Phthalsäurebenzylbutylester; BBP; Benzylbutylphthalat; Butylbenzylphthalat; Benzol-1,2-dicarbonsäurebenzylbutylester;
- **Handelsnamen:**
  Santicizer 160;
- **Summenformel:**
  $C_{19}H_{20}O_4$

- **Strukturformel:**

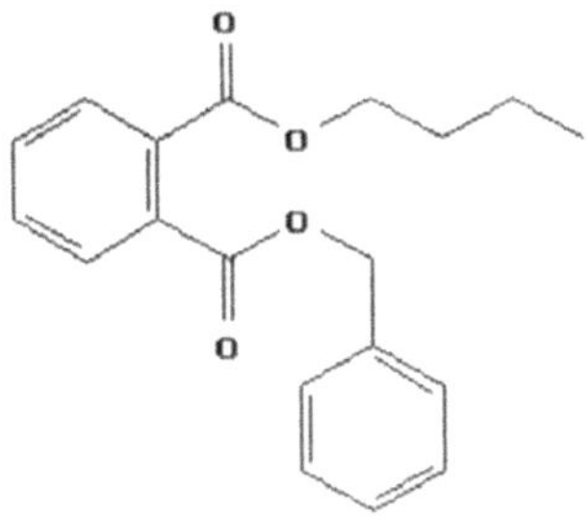

Funktion:
Weichmacher, synthetisch;

branchenspezifische Bemerkung zur Substanz:
Einsatzmenge: 34 t/a (TSE-Industrie, 1996)

Eigenschaften:
- **toxikologisch/ökotoxikologisch:**
RTECS # TH 9990000
WGK: 2
R-Satz: 20/21/22-36/37/38-40
S-Satz: 45-26-37/39

- **physikalisch/chemisch:**
Schmelzpunkt: -35 °C
Siedepunkt: 370 °C
Flammpunkt: >110 °C; 199 °C
Dampfdruck: 2,5 hPa (200 °C) [338]; 13 hPa (370 °C) [Sdb]
Log pOW: 4,91 [313];
Brechungsindex: 1,540 (20 °C)
Dichte: 1120 kg/m3 (25 °C)
Molmasse: 312,37 g/mol
Verdunstungszahl: 0 (BuAc = 1) [338]

Löslichkeit:
Wasser 2,7 mg/l (25 °C);

Verbleib nach Gebrauch:
Verbrennung nach Mischung mit brennbarem Lösemittel;

Bemerkung:
Farblose, viskose Flüssigkeit; brennbar;
Klare, helle, ölige, geruchlose Flüssigkeit; kann bei sehr starkem Erhitzen (über 300 °C) gesundheitsschädlichen Rauch abgeben [Sdb Monsanto];

Benzen-1,2-dicarbonsäure-bis(2-(2-[2-(2-methylacryloyloxy)ethoxy]ethoxy)ethyl)ester

- **CAS-Nummer:**
2387-65-7
- **gebräuchliche Namen:**
alpha-w-Methacryl-bis-3-(oxyethylen)-phthalat; Phthalsäure-bis[8-methacryloyloxy-3,6-dioxa-octyl-ester]; Phthalsäure-bis-(2-(2-[e-methyl-acryloyloxy)-ethoxy]-ethoxy)-ethyl)ester;
- **Summenformel:**
$C_{28}H_{38}O_{12}$

- **Strukturformel:**

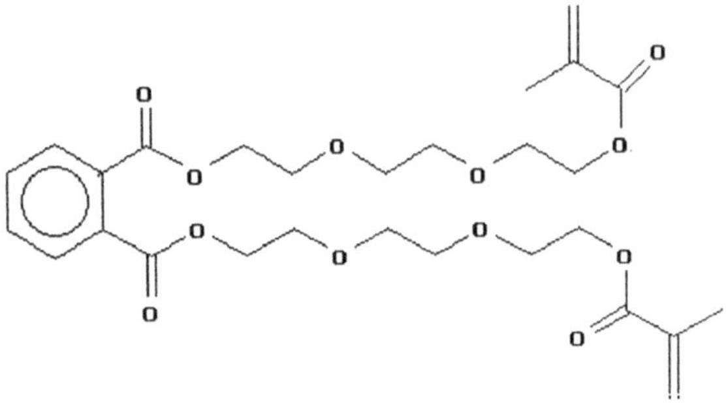

Funktion:
Weichmacher, synthetisch;

Eigenschaften:

- **physikalisch/chemisch:**
Molmasse: 566,60 g/mol

Benzen-1,2-dicarbonsäure-di-(C6-C8)-alkylester, verzweigt

- **CAS-Nummer:**
71888-89-6
- **gebräuchliche Namen:**
Phthalsäureester;
- **Handelsnamen:**
Jayflex 77;

Funktion:
Weichmacher, synthetisch;

Eigenschaften:
- **toxikologisch/ökotoxikologisch:**
WGK: 1
Sonstiges:
[Sdb Deutsche Exxon Chemical GmbH]:
Nach Einatmen: Geringes Gesundheitsrisiko bei üblichen Umgebungstemperaturen (-18 bis 38 °C); geringe Giftwirkung.
Häufiger oder länger andauernder Hautkontakt kann leichte Hautbeschwerden verursachen; geringe Giftwirkung. Verursacht leichte Augenbeschwerden, jedoch keine Schädigung des Augengewebes. Sehr geringe Giftwirkung nach verschlucken;

- **physikalisch/chemisch:**
Schmelzpunkt: -40 °C
Siedepunkt: >300 °C
Flammpunkt: 199 °C
Dampfdruck: 2,9 hPa (200 °C) [Sdb]
Log pOW: >7,0 [Sdb]
Dichte: 990 kg/m3
Molmasse: 362 g/mol

Löslichkeit:
unlöslich in Wasser [Sdb];

Bemerkung zu physikalisch/chemischen Daten:
Zündtemperatur: >260 °C [Sdb];

Bemerkung:
[Sdb Deutsche Exxon Chemicals GmbH]:
Farblose Flüssigkeit mit mildem Geruch;
Unverträglichkeiten: Oxidierende Substanzen, Salpetersäure;

Benzen-1,2-dicarbonsäure-di-(C8-C10)-alkylester, verzweigt

- **CAS-Nummer:**
  68515-49-1
- **Handelsnamen:**
  Jayflex DIDP;

Funktion:
Weichmacher, synthetisch;

Eigenschaften:

- **physikalisch/chemisch:**
  Schmelzpunkt: -50 °C
  Siedepunkt: >250 °C
  Flammpunkt: 200 °C
  Dampfdruck: <0,1 hPa (20 °C) [Sdb EXXON]
  Dichte: 968 kg/m3 (20 °C)
  Molmasse: 446 g/mol

  Löslichkeit:
  löslich in Wasser <0,10 Gehalt (20 °C) [Sdb EXXON];

  Bemerkung zu physikalisch/chemischen Daten:
  Zündtemperatur: >260 °C [Sdb EXXON];

Bemerkung:
Klare, farblose Flüssigkeit mit mildem Geruch;
Unverträglich mit starken Oxidationsmitteln [Sdb EXXON];

Benzen-1,2-dicarbonsäure-di-(C8-C10)-alkylester, verzweigt

- **CAS-Nummer:**
  68515-48-0
- **Handelsnamen:**
  Jayflex DINP;

Funktion:
Weichmacher, synthetisch;

Eigenschaften:
- **toxikologisch/ökotoxikologisch:**
  WGK: 1
  R-Satz: 20/21/22-40-45
  S-Satz: 3/7-36/37/39-45-53
  Sonstiges:
  Nach Einatmen: geringes Gesundheitsrisiko bei üblichen Umgebungstemperaturen (-18 bis 38 °C); nach Hautkontakt: Geringe Giftwirkung; verursacht leichte Augenbeschwerden, jedoch keine Schädigung des Augengewebes; nach verschlucken: sehr geringe Giftwirkung [Sdb EXXON];

- **physikalisch/chemisch:**
  Siedepunkt: 252 °C (6,66 hPa)
  Flammpunkt: 213°C
  Dampfdruck: 0,01 hPa (38 °C); 0,67 hPa (200 °C); 53,33 hPa (300 °C) [Sdb];
  Brechungsindex: 1,4850 (20°C)
  Dichte: 970 kg/m3
  Molmasse: 419 g/mol

  Löslichkeit:
  unlöslich in Wasser [Sdb EXXON];

  Bemerkung zu physikalisch/chemischen Daten:
  Zündtemperatur: >260 °C [Sdb EXXON];

Verbleib nach Gebrauch:
Verbrennung nach Mischung mit brennbarem Lösemittel;

Bemerkung:
Klare ölige, farblose bis hellgelbe Flüssigkeit mit einem schwachen Geruch;
unverträglich mit starken Oxidationsmitteln [Sdb EXXON];

Benzen-1,2-dicarbonsäuredicyclohexylester

- **CAS-Nummer:**
  84-61-7
- **gebräuchliche Namen:**
  Phthalsäuredicyclohexylester; Dicyclohexylphthalat; DCHP; Benzol-1,2-dicarbonsäuredicyclohexylester;
- **Handelsnamen:**
  Morflex 150; HF 191; Kp 201; Unimoll 66; Ergoplast.fdc; AI3-00515; Howflex CP
- **Summenformel:**
  $C_{20}H_{26}O_4$

- **Strukturformel:**

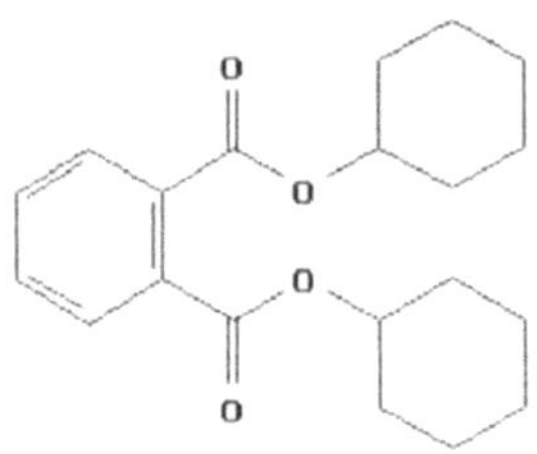

Funktion:
Weichmacher, synthetisch;

Eigenschaften:
- **toxikologisch/ökotoxikologisch:**
  RTECS # TI 0889000
  R-Satz: 36/37/38
  S-Satz: 26-37/39
  Sonstiges:
  Gesundheitsgefährdend bei Inhalation, Verschlucken, Resorption über die Haut; verursacht Augen- und Hautreizungen; reizt Schleimhäute und Atemwege [187];
  LD 50 (oral, Ratte): 30 mg/kg [187];

- **physikalisch/chemisch:**
  Schmelzpunkt: 62 °C; 64-66 °C

Siedepunkt: 212 °C
Flammpunkt: 215 °C
Dampfdruck: 0,6 hPa (140 °C) [305], 0,1 hPa (150 °C) [187], 1,5 hPa (200 °C) [338];
Dichte: 1290 kg/m3 (25 °C); 1383 kg/m3 (20 °C)
Molmasse: 330,43 g/mol
Verdunstungszahl: 0 (BuAc = 1) [338]

Löslichkeit:
sehr wenig löslich in Wasser;

Verbleib nach Gebrauch:
Verbrennung nach Mischung mit brennbarem Lösemittel;

Bemerkung:
Weißes Pulver;

Benzen-1,2-dicarbonsäuredidecylester

- **CAS-Nummer:**
84-77-5
- **gebräuchliche Namen:**
Phthalsäuredidecylester; Didecylphthalat; Di-n-decylphthalat;
- **Summenformel:**
$C_{28}H_{46}O_4$

- **Strukturformel:**

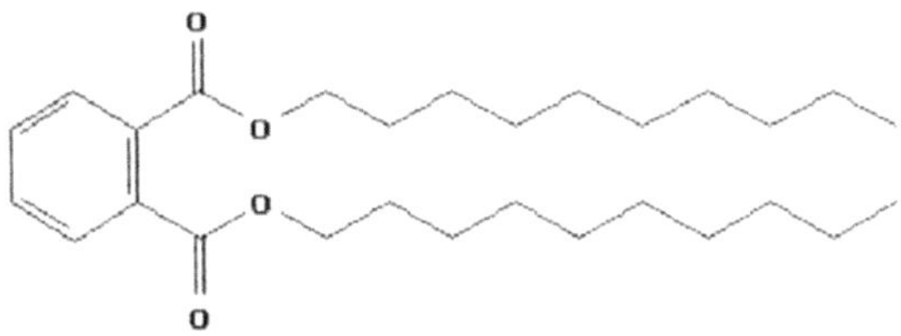

Funktion:
Weichmacher, synthetisch;

Eigenschaften:
- **toxikologisch/ökotoxikologisch:**
RTECS # TI 900000
WGK: 0
Sonstiges:
LD 50 (intraperitoneal, Maus): 2233 mg/kg [428];
LD 50 (dermal, Hase): 168000 mg/kg [428];

- **physikalisch/chemisch:**
Siedepunkt: 261°C (6,66 hPa)
Flammpunkt: 445 °F
Dichte: 967,5 kg/m3
Molmasse: 446,74 g/mol

Löslichkeit:
unlöslich in Wasser

Benzen-1,2-dicarbonsäurediethylester

- **CAS-Nummer:**
  84-66-2
- **gebräuchliche Namen:**
  DEP; 1,2-Benzendicarbonsäure-diethyl-ester; Diethylphthalat; Ethylphthalat; Phthalsäurediethylester;
- **Handelsnamen:**
  Anozol; Estol 1550; Neantine; NCI-C60048; Palatinol A; Phthalol; Placidol E; Plasthall DEP; RCRA waste number U088; Solvanol; Uniflex; Unimoll DA;
- **Summenformel:**
  $C_{12}H_{14}O_4$
- **Strukturformel:**

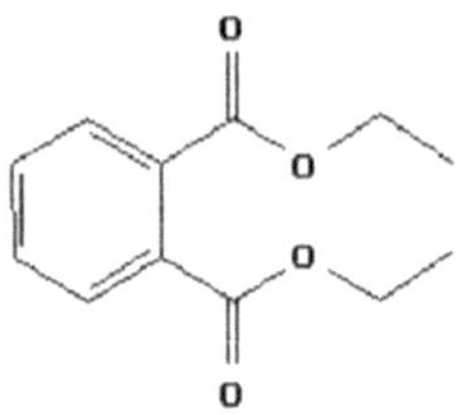

Funktion:
(1) Weichmacher, synthetisch;

branchenspezifische Bemerkung zur Substanz:
(2) Reaktionsprodukt von Benzen-1,2-dicarbonsäuredi-2-ethylhexylester (CAS-Nr. 117-81-7) [Weichmacher];

Eigenschaften:
- **toxikologisch/ökotoxikologisch:**

RTECS # TL 1050000
Schweizer Giftliste: 4
WGK: 2
R-Satz: 20/21/22-36/37/38-40
S-Satz: 26-36-23
Sonstiges:
Für diese Substanz liegt ein BUA-Stoffbericht Nr. 104 vor.
Wirkt schädigend beim Einatmen, Verschlucken oder Aufnahme über Haut;
Dämpfe reizen Augen, Schleimhäute und Atemwege; verursacht Augen- und Hautreizungen [187];
Unter Umständen schwere Schäden (Zerstörung der Hornhaut) an den Augen durch Kontakt mit der Flüssigkeit. Nach Aufnahme des Stoffes in den Körper durch Verschlucken oder durch Einatmen konzentrierter Dämpfe Lähmung des Zentralnervensystems (Narkose) in schweren Fällen möglich.
Symptome: Rötung, Schmerzen und Brennen der Augen, der Nasen- und Rachenschleimhäute sowie der Haut. Husten, Atembeschwerden. Übelkeit, Schwindel, Kopfschmerzen, Schläfrigkeit, Bewußtlosigkeit [484];
Teratogen; im Tierversuch (Ratten) schädigende Wirkung auf embryonale Entwicklung [248];
wird nach oraler bzw. dermaler Verabreichung rasch resorbiert, Ausscheidung über Urin als Phtalsäure [582];
TC Lo (inhalativ, Mensch): 1000 mg/m3 [428];
LD 50 (oral, Ratte): 8600 mg/kg [187], [428];
TD Lo (oral, Ratte): 44240 mg/kg/14 D, 25200 mg/kg/3 W, 133000 mg/kg/6 W, 354000 mg/kg/16 W (kontinuierlich) [428];
LD 50 (intraperitoneal, Ratte): 5,05 ml/kg [248], 5058 µl/kg [428];
TD Lo (oral, Ratte (trächtig)): 25000 mg/kg/6-15 D [428];
TD Lo (intraperitoneal, Ratte (trächtig)): 506 mg/kg/5-15 D [428];
TD Lo (oral, Maus (männlich): 171000 mg/kg/7 D [428];
LD 50 (oral, Maus): 6172 mg/kg [428], 6178 mg/kg [582];;
LD 50 (intraperitoneal, Maus): 2749 mg/kg [428], [582];
TD Lo (Haut, Maus (trächtig)): 101000 mg/kg/1-17 D [428];
LD 50 (oral, Kaninchen): 1000 mg/kg [428], [582];
LD Lo (intravenös, Kaninchen): 100 mg/kg [428];

LD 50 (oral, Meerschweinchen): 8600 mg/kg [428];
LD 50 (subcutan, Meerschweinchen): 3000 mg/kg [428];
LD 50 (dermal, Meerschweinchen): 20 ml/kg [Sdb Krahn-Chemie];
LC 50 (inhalativ, Meerschweinchen): 511 ml/m3 [Sdb Krahn-Chemie];

LC 50 (Fisch, Goldorfe): 53/61 mg/l [33];
LC 100 (Fisch, Goldorfe): 67/112 mg/l [33];
LC 50 (Daphnia magna): 75 mg/l [484];
LC 100 (Daphnia magna): 200 mg/l [484];
Toxische Grenzkonzentration für Scenedesmus quadricauda 10 mg/l [404];
Pseudomonas putida >400 mg/l [484];
Biol. Abbaubarkeit:
CSB: 2,1 g Sauerstoff / g [Sdb Krahn-Chemie];
BSB5: 2,0 g Sauerstoff / g [Sdb Krahn-Chemie];

- **physikalisch/chemisch:**
Schmelzpunkt: -40,5 °C
Siedepunkt: 295 °C; 298-299 °C
Flammpunkt: 150 °C; 156 °C; 160 °C
Dampfdruck: 1,3 hPa (100 °C) [187]; 0,00044 hPa (20 °) [484];
Log pOW: 2,24 [205]
Brechungsindex: 1,5019 (20 °C)
Dichte: 1117 kg/m3 (20 °C)
Molmasse: 222,240 g/mol

Löslichkeit:
löslich in allen gängigen organischen Lösemitteln [582];
sehr geringfügig mischbar mit Wasser (<1 mg/ml bei 20 °C); löslich in Alkoholen, Ketonen, Estern und aromatischen Kohlenwasserstoffen [484];

Bemerkung zu physikalisch/chemischen Daten:
zu Plasthall DEP [Sdb Krahn-Chemie]:
133 hPa (220 °C)

Verbleib nach Gebrauch:
Verbrennung nach Mischung mit brennbarem Lösemittel;

Bemerkung:
Farblose, geruchlose, ölige Flüssigkeit, mit unangenehmen bitteren Geschmack;
der Stoff reagiert bei Kontakt mit Oxidationsmitteln und Säuren Bei Erhitzung bis zur Zersetzung bilden sich säurehaltige Dämpfe und Nebel.
Bildet im dampf/-gasförmigen Zustand mit Luft explosionsfähige Gemische;
Explosionsgrenzen: 0,7-? Vol.-%; Zündtemperatur: 457 °C [484], 430 °C [582]; Gefährliche Zersetzungsprodukte : Kohlenmonoxid [Krahn-Chemie];
Verwendung: als Lösemittel für Cellulosenitratlacke, Celluloseacetat; Fixiermittel in Duftstoffen; als Kampherersatz bei der Celloidherstellung; zum Denaturieren von Alkohol;
Formulierungshilfsmittel für Pflanzenschutzmittel; lichtbeständiger Weichmacher für Celluloseester; Weichmacher für Lackbindemittel; Sprengstoffzusatz [582];
Im Boden zu 99 % nach 28 Tagen abgebaut [206];
Weiter Angaben zu Umwelt-Exposition siehe [202];

Benzen-1,2-dicarbonsäuredi-2-ethylhexylester

- **CAS-Nummer:**
117-81-7
- **gebräuchliche Namen:**
DEHP; DOP; Di-2-ethylhexylphthalat; Benzol-1,2-dicarbonsäuredi-2-ethylhexylester; 1,2-Benzendicarboxylsäure-bis-(2-ethylhexyl)ester; Bis-(2-ethylhexyl)-1,2-benzoldicarbonsäure; Bis-(2-ethylhexyl)-1,2-benzoldicarboxylat; Bis-(2-ethylhexyl)ester; Bis(2-ethylhexyl)phthalat; Bis-(2-ethylhexyl)-phthalat; Di-(2-ethylhexyl)-phthalat; Di-2-ethylhexyl-isophthalat; Di-sek.-octylphthalat; Phthalsäure-bis-2-ethylhexylester; Phthalsäurebis(2-ethylhexylester); Phthalsäure-(2-ethylhexyl)diester;

- **Handelsnamen:**
  Bisoflex 81; DAF 68; DAF 98; Ergoplast FDO: Eviplast 80; Eviplast 81; Fleximel; Flexol DOP; Genomoll 100; Good-Rite GP 264; Hatcol DOP; Jayflex DOP; Kodaflex DOP; Mollan; NCI-C52733; Octoil; Palatinol AH; Pittsburgh PX-138; Plationol; PX-138; Reomol D 79 P; Sicol; Sicol 150; Staflex DOP; Truflex DOP; UO 28; Verbindung 889; Vestinol AH; Vinicizer 80; Witizer 312;
- **Summenformel:**
  $C_{24}H_{38}O_4$

- **Strukturformel:**

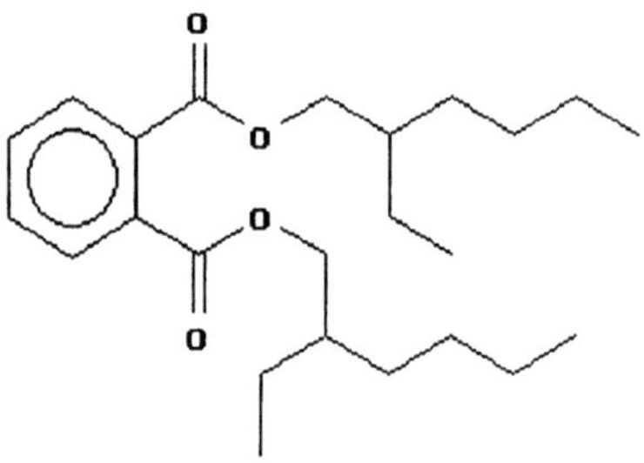

Funktion:
Weichmacher, synthetisch;
Kautschukart:
Chloropren-Kautschuk; Acrylnitril-Butadien-Kautschuk;
Anwendung:
chirurgische und medizinische Artikel; Sportartikel; Spielsachen; technische Gummiartikel;

branchenspezifische Bemerkung zur Substanz:
Einsatzmenge: 1.750 t/a (Reifenindustrie: 110 t/a, TSE-Industrie: 1.640 t/a) (1996)

Eigenschaften:
- **toxikologisch/ökotoxikologisch:**
  RTECS # TI 0350000
  Schweizer Giftliste: 4
  WGK: 1
  MAK Wert: 10 mg/m3
  R-Satz: 62-53
  S-Satz: 36/37
  Sonstiges:
  Zu DEHP liegt ein BUA-Stoffbericht Nr. 4 vor;
  Das Umweltbundesamt schlägt die Einstufung Gefahrensymbol N ("Umweltgefährlich") vor.
  Spitzenbegrenzung: III [481]; Schwangerschaftsgruppe C [481]; kein Allergen [338];
  Dämpfe reizen Augen und die oberen Atemwege; Kontakt mit der Flüssigkeit führt zu Reizung der Augen; wenig giftige Flüssigkeit; Aufnahme durch Verschlucken von etwa 10 ml verursacht milde Leibbeschwerden; nach deutlich höheren Mengen narkoseähnlicher Zustand möglich; Symptome: Brennen der Augen, der Nasen- und Rachenschleimhäute, Husten; nach Verschlucken: Übelkeit, Leibkrämpfe, Durchfälle; in schweren Fällen Bewußtlosigkeit, Krämpfe, Koma [484];
  mutagene Effekte sind in der überwiegenden Anzahl der standardiesierten Tests nicht nachgewiesen worden [585];
  Menschliches Blut löst bei 4 °C aus PVC mit DEHP als Weichmacher 0,25 ± 0,03 mg/100 ml und Tag DEHP aus der Folie [340];
  Migration von DEHP aus Nitrilkautschuk in Milch: 2 ml/m3 (60 min, 38 °C) [378];
  Im Tierversuch (Mäuse, Ratten) krebserzeugend [412];
  Krebserzeugendes Potential bei männlichen Mäusen 2-5 mal größer als bei Ratten [413];
  Teratogen; im Tierversuch (Ratten) schädigende Wirkung auf embryonale Entwicklung [248];
  Im Tierversuch (Mäuse) mutagen [310];
  TD Lo (oral, Mann): 143 mg/kg [428];
  LD 50 (oral, Ratte): 30600 mg/kg [187], 30000 mg/kg [338], [428];
  LD 50 (intraperitoneal, Ratte): > 50 ml/kg [248]; 30700 mg/kg [428];
  LD Lo (Haut, Ratte): 4000 mg/kg [428];
  LD 50 (intravenös, Ratte): 250 mg/kg [428];
  LD Lo (intratracheal, Ratte): 30 mg/kg [428];

LD 50 (oral, Maus): 1500 mg/kg [428];
LD Lo (Haut, Maus): 4000 mg/kg [428];
LD 50 (intraperitoneal, Maus): 14000 mg/kg [428];
LD 50 (intravenös, Maus): 1060 mg/kg [428];
LD 50 (intraperitoneal, weibl. Maus): 38,35 ml/kg [310];
LD 50 (oral, Kaninchen): 34000 mg/kg [428];
LD 50 (Haut, Kaninchen): 25000 mg/kg [187], [428];
LD (intraperitoneal, Kaninchen): >31 ml/kg [428];
LD 50 (oral, Meerschweinchen): 26000 mg/kg [428];
LD 50 (Haut, Meerschweinchen): 10000 mg/kg [428];

LC 50 (erwachsene Pimephales promelas): >0,33 mg/l/96 h [608];
LC 50 (Daphnia magna): >0,156 mg/l/48 h [608];
LC 50 (Daphnia pulex): 0,133 mg/l/48 h [608];

zu Phthalsäuredioctylester [Sdb Neste Chemicals]:
R62-63;
Ratte, Maus: nach oraler Zufuhr, nur nach Verabreichung sehr hoher Substanzmengen fruchtschädigende Wirkung, fortpflanzungsgefährdende Wirkung, Leberschäden, reversible Hodenschädigung, Schädigungen an Nieren. Wirkt nach Verabreichung sehr hoher Substanzmengen im Futter cancerogen.
Die lebertoxischen Wirkungen werden als Nager-spezifisch angesehen, die Effekte sind auf den Menschen nicht übertragbar.
LD 50 (oral, Ratte): >30000 mg/kg;
LD 50 (dermal, Kaninchen): >2000 mg/kg;
Potentiell biologisch abbaubar.

zu Genomoll 100 [Sdb Hoechst]:
R62-63; S36/37;
Kann möglicherweise die Fortpflanzungsfähigkeit beeinträchtigen. Kann das Kind im Mutterleib möglicherweise schädigen.
LD 50 (oral, Ratte): >10000 mg/kg;
LD 50 (dermal, Kaninchen): 15000 mg/kg;
LC 50 (Fisch, Goldorfe): >500 mg/l/96 h;
EC 0 (Daphnien): >100 mg/l;
Biologische Abbaubarkeit gut >65 %;

zu Jayflex [Sdb Exxon Chemical]:
R62-63;
Bei hohen Temperaturen können Dämpfe und/oder Aerosole entstehen, die Augen und Atemwege reizen.
Nach Hautkontakt: geringe Giftwirkung; verursacht Augenbeschwerden, jedoch keine Schädigung des Augengewebes möglich. Nach Verschlucken: sehr geringe Giftwirkung.

zu Vestinol AH [Sdb Hüls]:
R62-63; S36/37;
Kann möglicherweise die Fortpflanzungsfähigkeit beeinträchtigen. Kann das Kind im Mutterleib möglicherweise schädigen.
Leber-/Nierenschäden möglich. Studien an Ratten und Mäusen gaben Hinweise auf Beeinträchtigungen der Fortpflanzungsfähigkeit und embryonalen Entwicklung nach oraler Applikation (Repr. Cat. 3).
LD 50 (oral, Ratte): 30600 mg/kg;
LD 50 (dermal, Kaninchen): 25000 mg/kg;
LC 50 (leuciscus idus melanotus): >1000 mg/l/48 h;
EC 10 (Pseudomonas putida): >1000 mg/l/6 h;

Gefahren-Symbol:

Xn

- **physikalisch/chemisch:**
  Schmelzpunkt: -50 °C; -55 °C
  Siedepunkt: 384 °C; 386 °C; 230-235 °C (5 hPa); 204-211 °C

Flammpunkt: 207 °C
Dampfdruck: <0,0013 hPa (20 °C) [484]; 0,09 hPa (150 °C) [428];
Log pOW: 3,98 [205]
Brechungsindex: 1,4853 (20 °C)
Dichte: 981 kg/m3 (20 °C); 983 kg/m3 (20 °C)
Molmasse: 390,56 g/mol
Verdunstungszahl: 0 (BuAc = 1) [338]

Löslichkeit:
Wasser: 0,01 g/100 ml (25 °C) [484]; löslich in organischen Lösemitteln [585]; 0,34 mg/l (25 °C); unlöslich in Mineralöl, Hexan;

Verbleib nach Gebrauch:
Verbrennung nach Mischung mit brennbarem Lösemittel;
[608]:
DEHP-Konzentrationen 1991/92:

Meßstelle		Mittelwerte (µg/l)
Rhein Bad Honnef		1,5
Düsseldorf		0,55
GWH		0,61
Kleve-Bimmen		0,64
Sieg	km 2,6*	0,40
Wupper	km 0,6*	0,96
Erft	km 0,1*	0,36
Ruhr	km 1,0*	0,60
	km 111,5*	0,33
Emscher	km 0,2*	2,4
Lippe	km 2,5*	0,67

(*: Die km-Angaben beziehen sich auf die Entfernung von der Mündung in den Rhein)

Für die Weser und ihre Nebenflüsse liegen Meßwerte für 1992 von 0,1 bis 4,0 µg/l für Gesamtwasserproben vor (Mittelwert: 0,94 µg/l). Die Schwebstoffkonzentraionen betragen 9,8 bis 92 mg/kg TS;

Die Gesamtemission von DEHP bei der Verarbeitung wurde für 1988 auf ca. 670 t/a geschätzt.
Der überwiegende Anteil des DEHP-Eintrags in die Umwelt wird durch Verwitterung und Auswaschung aus den fertigen Produkten freigesetzt. Aus PVC-Produkten wird bei Verwendung, Verbrennung und Entsorgung über die gesamte Lebensdauer im Mittel ca. 1 % pro Jahr, bezogen auf die verarbeitete Weichmachermenge, in die Atmosphäre abgegeben bzw. in die Hydrosphäre ausgewaschen. Dabei gelangt im Laufe der Zeit der überwiegende Teil der verarbeiteten DEHP-Mengen in die Umwelt.
Unter der begründeten Annahme, daß die für 1988 vorliegenden Produktions- und Verarbeitungsmengen noch Gültigkeit besitzen, wird der jährliche Eintrag von DEHP in die Umwelt für die Bundesrepublik Deutschland auf ca. 1500 t geschätzt.
Für die Bundesrepublik Deutschland liegen keine Meßergebnisse zu DEHP-Gehalten in der Luft vor. In Schweden wurden 1984/85 Luftkonzentration von 0,28-77,0 mg/m3 gemessen;

Bemerkung:
Klare farblose ölige Flüssigkeit; geruchlos; brennbar;
unverträglich mit Oxidationsmitteln;
bei Erhitzung bis zur Zersetzung bilden sich säurehaltige Nebel und Dämpfe;
bildet im dampf-/gasförmigen Zustand mit Luft explosionsfähige Gemische;
Explosionsgrenzen: 0,3-2,4 Vol.-%; Zündtemp.: 350 °C;
der Stoff reagiert bei Kontakt oder Mischung mit Oxidationsmitteln [484];

Verwendung: in Vakuumpumpen; als Weichmacher (z.B. für -> Polyvinylchlorid, in der Druckfarbenindustrie für Durchdruckfarben);
Einige PVC-Artikel enthalten bis zu 40 % DEHP [310];

[608]:
Der Verbrauch von DEHP in der Bundesrepublik Deutschland wurde 1982 bis 1988 mit ca. 100.000 t/a angegeben.

1985 wurden 87 % der Verwendungsmenge als Weichmacher für PVC eingesetzt.
1988 gab es in der Bundesrepublik die folgenden Hauptanwendungsgebiete von DEHP in Weich-PVC:

-Kabel- und Drahtummantelungen	ca. 10-12.000 t
-Folien und Platten	ca. 18-22.000 t
-Boden- und Wandbeläge	ca. 9-11.000 t
-Schläuche und Profile	ca. 10-12.000 t
-sonstige Pasten-PVC	ca. 11-13.000 t

Außerdem findet DEHP auch in den Bereichen Farben und Lacke, Dispersionen, Herstellung von Cellulose, Polystyrol, Kautschuk, Schmiermittel und Pharmazeutika Anwendung.

zu Phthalsäuredioctylester (DOP) [Sdb Neste Chemicals]:
Siedepunkt: 230-233 °C; Flammpunkt: 210 °C; Stockpunkt: -46 °C; Zündtemperatur: 390 °C; Dichte: 984 kg/m3 (20 °C);
Dampfdruck: 0,00086 Pa (20 °C); Löslichkeit in Wasser: ca. 0,007-0,04 mg/l (20 °C); löslich in vielen organischen Lösemitteln; log pOW: >5; n(D): 1,486 (20 °C); Molekulargewicht: 390 g/mol;

zu Genomoll 100 [Sdb Hoechst]:
Siedepunkt: ca. 230 °C (7 hPa); Flammpunkt: 195 °C;
Explosionsgrenzen: 0,15-0,18 Vol.-%; Zündtemp.: ca. 350 °C;
Dichte: 980 kg/m3 (20 °C); Löslichkeit in Wasser <0,1 g/l (20 °C);
log pOW: 5,03;

zu Jayflex [Sdb Exxon Chemical]:
Siedepunkt: 386 °C; Flammpunkt: 218 °C; Dampfdruck: 1,7 hPa (200 °C):
Dichte: 980 kg/m3 (20 °C); Zersetzungstemperatur: 200 °C;
Molekulargewicht: 390,6 g/mol;

zu Vestinol AH [Sdb Hüls]:
Schmelzpunkt: ca. -50 °C; Siedepunkt: 220-225 °C (5 hPa); Flammpunkt: ca. 200 °C; Zündtemperatur: ca. 400 °C; Dampfdruck: >0,01 hPa (20 °C):
Dichte: 983-985 kg/m3 (20 °C); Löslichkeit in Wasser: <0,1 g/l (20 °C);
log pOW: 9,64;

Benzen-1,2-dicarbonsäuredi-iso-decylester

- **CAS-Nummer:**
  26761-40-0
- **gebräuchliche Namen:**
  DIDP; Phthalsäuredi-iso-decylester; Di-iso-dekylphthalat; Di-iso-decylphthalat;
- **Handelsnamen:**
  Jayflex DIDP; PX-120; Genomoll 180; Vestinol DZ; Palationol Z; Sicol 184;
- **Summenformel:**
  $C_{28}H_{46}O_4$

Funktion:
Weichmacher, synthetisch;

Eigenschaften:
- **toxikologisch/ökotoxikologisch:**
  RTECS # TI 1270000
  WGK: 1
  Sonstiges:
  Im Tierversuch (Ratten) krebserzeugend [112];
  LD 50 (oral, Ratte): 64 mg/kg [428]

  [EG-Sdb Hoechst AG]:
  LD 50 (oral, Ratte): >10000 mg/kg
  an der Haut und dem Auge des Kaninchens leicht reizend;
  LC 0 (Fisch): >100 mg/l/96 h
  EC 50 (Belebtheitsschlamm kom.): 10-100 mg/l (Gärröhrchentest)

biologische Abbaubarkeit: >65 %;

[EG-Sdb Hüls AG]:
LD 50 (oral, Ratte): >15000 mg/kg
LD 50 (dermal, Kaninchen): >3000 mg/kg;

- **physikalisch/chemisch:**
  Schmelzpunkt: -48 °C; -40 °C; ca. -42 °C; -50 °C
  Siedepunkt: 255 °C (7 hPa); ca. 250-267 °C (5 hPa)
  Flammpunkt: >200 °C; 232 °C; 218 °C
  Dampfdruck: <0,01 hPa (20 °C) [Sdb Hüls]
  Dichte: 966 kg/m3 (25 °C)
  Molmasse: 446,69 g/mol

  Löslichkeit:
  Wasser 1,2 mg/l (25 °C); Wasser: 0,1 g/l (20 °C), löslich in den meisten organischen Lösemitteln [Sdb Hoechst]; <0,001 g/l (20 °C) [Sdb Hüls];

  Bemerkung zu physikalisch/chemischen Daten:
  Zündtemperatur: ca. 390 °C [Sdb Hoechst]; ca. 400 °C [Sdb Hüls];

Bemerkung:
Das krebserzeugende Potential von DIDP ist etwa mit dem von ⇒ DEHP vergleichbar [412];

[EG-Sdb Hoechst AG]:
Farblose, fast geruchlose Flüssigkeit;
Bei Brand sind gefahrbestimmte Rauchgase: Kohlenmonoxid;
Zündtemperatur: ca. 390 °C;

[Sdb Hüls]:
Zündtemperatur: ca. 400 °C;

Benzen-1,2-dicarbonsäurediisoheptylester

- **CAS-Nummer:**
  41451-28-9
- **gebräuchliche Namen:**
  DIHP; Di-iso-heptylphthalat; Phthalsäurediisoheptylester;
- **Summenformel:**
  $C_{22}H_{34}O_4$
- **Strukturformel:**

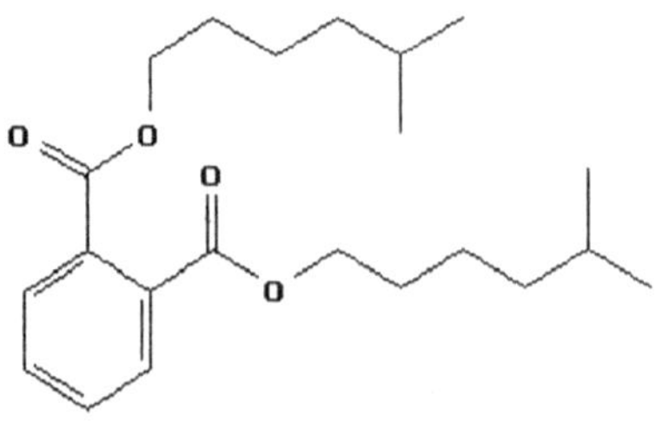

Funktion:
Weichmacher, synthetisch;

Eigenschaften:

- **physikalisch/chemisch:**
  Schmelzpunkt: -40 °C
  Dampfdruck: 3 hPa (200 °C)
  Brechungsindex: 1,4480 (20 °C)
  Dichte: 991 kg/m3 (20 °C)
  Molmasse: 362,15 g/mol

Benzen-1,2-dicarbonsäuredi-iso-nonylester (Isomerengemisch)

- **CAS-Nummer:**
  28553-12-0
- **gebräuchliche Namen:**
  DINP; Phthalsäuredi-iso-nonylester; Di-iso-nonylphthalat; 1,2-Benzendicarboxylsäure-diisononylester;
- **Handelsnamen:**
  Jayflex DINP; Vestinol 9; Witamol 150; Santicizer DINP;
- **Summenformel:**
  $C_{26}H_{42}O_4$

Funktion:
Weichmacher, synthetisch;
Kautschukart:
Chlorethylen-Kautschuk;

branchenspezifische Bemerkung zur Substanz:
Einsatzmenge: 17 t/a (TSE-Industrie, 1996)

Eigenschaften:
- **toxikologisch/ökotoxikologisch:**
  RTECS # CZ 3850000
  WGK: 1
  Sonstiges:
  Einatmen des Dampfes kann Reizungen der Schleimhäute und Atemwege verursachen [338];
  Im Tierversuch (Ratten) krebserzeugend [412];
  LD 50 (oral, Ratte): > 2000 mg/kg [338];

  [EG-Sdb Hüls AG]:
  LD 50 (oral, Ratte): >10000 mg/kg;

- **physikalisch/chemisch:**
  Schmelzpunkt: -48 °C; ca. -54 °C
  Siedepunkt: 252 °C; 270-280 °C (5 hPa)
  Flammpunkt: 221 °C; ca. 200 °C
  Dampfdruck: <0,01 hPa (20 °C)
  Log pOW: 9,98 [Sdb]
  Dichte: 972 kg/m3 (25 °C); 972-977 kg/m3 (20 °C)
  Molmasse: 418,60 g/mol
  Verdunstungszahl: 0 (BuAc ≐ 1) [338];

  Löslichkeit:
  Wasser 0,2 mg/l (25 °C); <0,1 g/l (20 °C) [Sdb];

  Bemerkung zu physikalisch/chemischen Daten:
  Zündtemperatur: ca. 400 °C; keine Zersetzung bis 280 °C [Sdb];

Bemerkung:
geruchlose Flüssigkeit [EG-Sdb Hüls AG];

Benzen-1,2-dicarbonsäuredi-iso-octylester

- **CAS-Nummer:**
  27554-26-3
- **gebräuchliche Namen:**
  Phthalsäuredi-iso-octylester; DIOP; Di-iso-octylphthalat;
- **Handelsnamen:**
  Corflex 880; Flexol Plasticizer DIOP; Hexaplas M/O; Jayflex DIOP; PX-108;
- **Summenformel:**
  $C_{24}H_{38}O_4$

- **Strukturformel:**

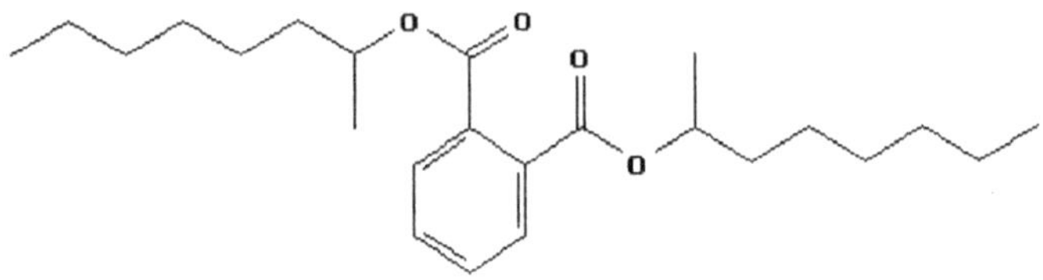

Funktion:
Weichmacher, synthetisch;

Eigenschaften:
- **toxikologisch/ökotoxikologisch:**
  RTECS # TI 1300000
  WGK: 1
  R-Satz: 45-20/21/22-40
  S-Satz: 53-45-36/37/39-3/7
  Sonstiges:
  Dämpfe reizen Augen, Nase und Atemwege; Kontakt mit Flüssigkeit verursacht leichte Reizungen der Augen und der Haut [338];
  LD 50 (oral, Ratte): 22000 mg/kg [428];
  LD 50 (oral, Maus): 2769 mg/kg [428];
  LD 50 (dermal, Kaninchen): 12600 μl/kg [428];

- **physikalisch/chemisch:**
  Schmelzpunkt: -50 °C
  Siedepunkt: 235 °C
  Flammpunkt: 215 °C
  Dampfdruck: 0,03 hPa (130 °C) [305]; 1,3 hPa (200 °C) [338];
  Brechungsindex: 1,4860 (20 °C)
  Dichte: 983 kg/m3 (25 °C)
  Molmasse: 390,56 g/mol
  Verdunstungszahl: ca. 0 (BuAc = 1) [338]

  Löslichkeit:
  Wasser 0,09 mg/l (25 °C);

Verbleib nach Gebrauch:
Verbrennung nach Mischung mit brennbarem Lösemittel;

Bemerkung:
Farblose, ölige Flüssigkeit;
Verwendung: als Weichmacher;

Benzen-1,2-dicarbonsäuredimethylester

- **CAS-Nummer:**
  131-11-3
- **gebräuchliche Namen:**
  Dimethylphthalat; Phthalsäuredimethylester; DMP;
- **Handelsnamen:**
  Palatinol M; Kodaflex DMP;
- **Summenformel:**
  $C_{10}H_{10}O_4$

- **Strukturformel:**

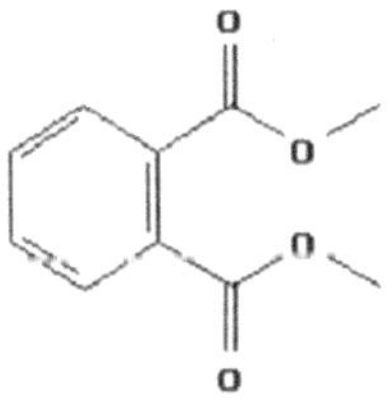

Funktion:
Weichmacher, synthetisch;

Eigenschaften:
- **toxikologisch/ökotoxikologisch:**
  RTECS # TI 1575000
  Schweizer Giftliste: 4
  WGK: 1
  R-Satz: 20/21/22-36/37/38
  S-Satz: 23-38-26-37/39
  Sonstiges:
  Wirkt schädigend beim Einatmen, Verschlucken oder Aufnahme über Haut;
  Dämpfe reizen Augen, Schleimhäute und Atemwege; verursacht Augen- und Hautreizungen [187];
  Teratogen; im Tierversuch (Ratten) schädigende Wirkung auf embryonale Entwicklung [248];
  LD 50 (oral, Ratte): 6800 mg/kg [187], [428]; 6900 mg/kg [338];
  TD Lo (intraperitoneal, Ratte (trächtig)): 338 mg/kg/5-15 D, 1125 mg/kg/5-15 D, 1500 mg/kg/3-9 D [428];
  LD 50 (intraperitoneal, Ratte): 3,37 ml/kg [248]; 3375 µl/kg [428];
  LD 50 (Haut, Ratte): >4800 mg/kg [428];
  TC Lo (inhalativ, Ratte): 1840 µg/kg/4 h/17 W (intermittierend) [428];
  LD 50 (oral, Maus): 6800 mg/kg [428];
  LD 50 (intraperitoneal, Maus): 1380 mg/kg [428];
  LD Lo (subcutan, Maus): 6500 mg/kg [428];
  LD (oral, Hund): >1400 mg/kg [428];
  LC Lo (inhalativ, Katze): 9300 mg/m3/6,5 h [428];
  LD 50 (oral, Kaninchen): 4400 mg/kg [428];
  LD 50 (Haut, Kaninchen): >20 ml/kg [428];
  LD 50 (oral, Meerschweinchen): 2400 mg/kg [428];
  LD 50 (Haut, Meerschweinchen): >10000 mg/kg [428];
  LD 50 (oral, Huhn): 8500 mg/kg [428];

  Biologisch abbaubar [203], [204];

  Gefahren-Symbol:

Xn

- **physikalisch/chemisch:**
  Schmelzpunkt: 5,5 °C; 2 °C
  Siedepunkt: 283,7 °C; 282 °C
  Flammpunkt: 149 °C; 146 °C
  Dampfdruck: 0,0022 hPa (25 °C) [205]
  Log pOW: 2,22 [150]; 1,47 [205]
  Brechungsindex: 1,515 (21 °C)
  Dichte: 1190,5 kg/m3 (21 °C)
  Molmasse: 194,187 g/mol
  Verdunstungszahl: 0 (BuAc = 1) [338]

Löslichkeit:
Wasser 4 mg/l (25 °C); löslich in Ethanol, Diethylether, Benzen;

Verbleib nach Gebrauch:
Verbrennung nach Mischung mit brennbarem Lösemittel;
Weiter Angaben zu Umwelt-Exposition siehe [202];

Bemerkung:
Farblose, ölige Flüssigkeit;
Verwendung: als Lösemittel für Harze, Weichmacher; als insektenvertreibendes Mittel; bei der Verarbeitung von ⇒ Polyvinylchlorid (PVC), ⇒ Chlorkautschuk, Kautschuk;
Lebensmittelverpackungen aus Kunststoff mit DMP als Weichmacher: DMP kann in Lebensmittel übergehen [202];

Benzen-1,2-dicarbonsäure-di-(2-methylpropen)ester

- **CAS-Nummer:**
  84-69-5
- **gebräuchliche Namen:**
  Di-iso-butylphthalat; DIBP; Diisobutylphthalat; Phthalsäurediisobutylester;
- **Handelsnamen:**
  Hactol DIBP; Kodaflex DIBP;
- **Summenformel:**
  $C_{16}H_{22}O_4$

- **Strukturformel:**

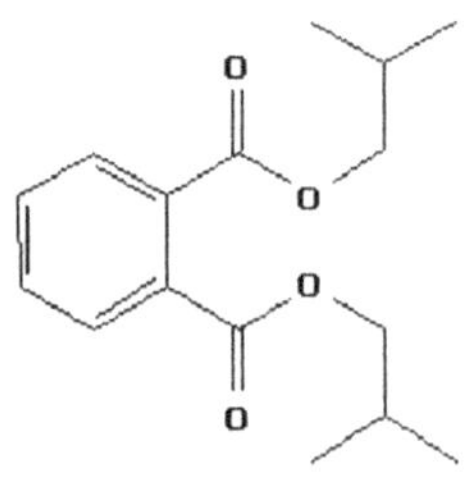

Funktion:
(1) Weichmacher, synthetisch;

branchenspezifische Bemerkung zur Substanz:
(2) Reaktionsprodukt von Benzen-1,2-dicarbonsäuredi-2-ethylhexylester (CAS-Nr. 117-81-7);
Einsatzmenge: 13 t/a (TSE-Industrie, 1996)

Eigenschaften:
- **toxikologisch/ökotoxikologisch:**
  RTECS # TI 1225000
  WGK: 2

Sonstiges:
LD 50 (oral, Ratte): 15 g/kg [428];
LD 50 (intraperitoneal,Ratte): 3750 ml/kg [428];
LD 50 (oral, Maus): 10 g/kg [428];
LD 50 (intraperitoneal, Maus): 3990 mg/kg [428];
LD 50 (Haut; Meerschweinchen): 10 g/kg [428];

- **physikalisch/chemisch:**
Molmasse: 278,35 g/mol

Benzen-1,2-dicarbonsäuredi-n-butylester

- **CAS-Nummer:**
84-74-2
- **gebräuchliche Namen:**
DBP; Dibutylphthalat; Benzol-1,2-dicarbonsäuredibutylester; Phthalsäuredibutylester; Phthalsäuredi-n-butylester; 1,2-Benzendicarbonsäure-di-n-butylester; Dibutyl-1,2-benzendicarboxylat; n-Butylphthalat;
- **Handelsnamen:**
Hactol DBP; Hexaplas M/B; Kodaflex DBP; Palatinol C; Polycizer DBP; PX 104; Staflex DBP; Reomol DBP; Celluflex DPB; Elaol; Hatcol DBP; Elaol; Hexaplas M/B; Witcizer 300;
- **Summenformel:**
$C_{16}H_{22}O_4$

- **Strukturformel:**

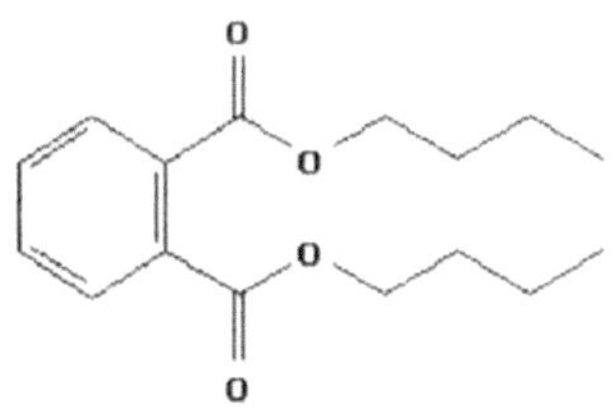

Funktion:
(1) Weichmacher, synthetisch;

branchenspezifische Bemerkung zur Substanz:
(2) Reaktionsprodukt von DEHP (Weichmacher) (CAS-Nr. 117-81-7);
Einsatzmenge: 56 t/a (Reifenindustrie: 1 t/a, TSE-Industrie: 55 t/a) (1996)

Eigenschaften:
- **toxikologisch/ökotoxikologisch:**
RTECS # TI 0875000
Schweizer Giftliste: 4
WGK: 2
R-Satz: 20/21/22-36/37/38-40
S-Satz: 23-26-37/39
Sonstiges:
Zu diesem Stoff liegt ein BUA-Stoffbericht Nr. 22 vor.
Krebserzeugend; Mutagen;
TD Lo (oral, Mensch): 140 mg/kg [428];
LD 50 (oral, Ratte): 8000 mg/kg [428];
LC 50 (inhalativ, Ratte): 4250 mg/m3 [428];
LD Lo (Haut, Ratte): 6000 mg/kg [428];
LD 50 (intraperitoneal, Ratte): 3,05 ml/kg [428];
LD 50 (oral, Maus): 5289 mg/kg [428];
LC 50 (inhalativ, Maus): 25000 mg/m3/2h [428];
LD 50 (intraperitoneal, Maus): 3570 mg/kg [428];
LD 50 (intravenös, Maus): 720 mg/kg [428];

LD 50 (Haut; Kaninchen): > 20 ml/kg [428];
LD 50 (oral, Meerschwein): 10000 mg/kg [428];
LD 50 (oral, Säugetier): 5000 mg/kg [428];

- **physikalisch/chemisch:**
  Schmelzpunkt: -35 °C
  Siedepunkt: 340 °C; 160 °C (0,667 hPa);
  Flammpunkt: 171 °C
  Dampfdruck: 1 mm Hg (147 °C)
  Brechungsindex: 1,4925 (20 °C) [187]; 1,4900 (20 °C)
  Dichte: 1046 kg/m3 (20 °C)
  Molmasse: 278,38 g/mol

  Löslichkeit:
  sehr gut löslich in Ether, Ethanol, Benzen, Propanon;

  Bemerkung zu physikalisch/chemischen Daten:
  Zündtemperatur: 370 °C;

Verbleib nach Gebrauch:
Verbrennung nach Mischung mit brennbarem Lösemittel;

Bemerkung:
farblose Flüssigkeit; Pestizid;

Benzen-1,2-dicarbonsäure-di-n-octylester

- **CAS-Nummer:**
  117-84-0
- **gebräuchliche Namen:**
  DOP; Phthalsäuredioctylester; Dioctylphthalat; 1,2-Dibenzencarbonsäure-di-n-octylester;
- **Handelsnamen:**
  Vestinol AH spezial; Celluflex DOP; Dinopol NOP; Polycizer 162; PX 138; Vinicizer 85;
- **Summenformel:**
  $C_{24}H_{38}O_4$

- **Strukturformel:**

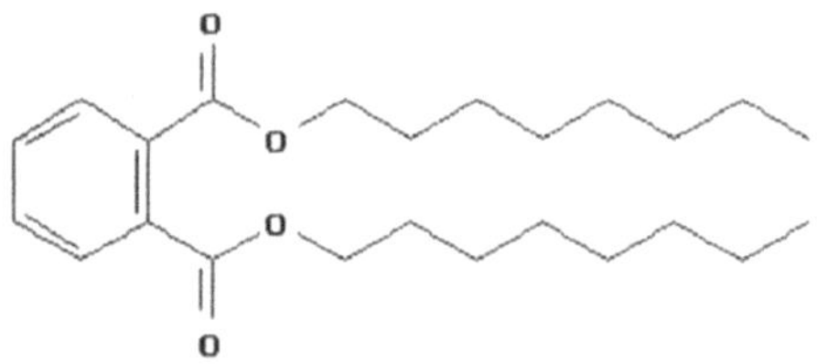

Funktion:
(1) Weichmacher, synthetisch
Kautschukart:
(1) Chlorethylen-Kautschuk;

branchenspezifische Bemerkung zur Substanz:
(2) Reaktionsprodukt von Benzen-1,2-dicarbonsäuredi-2-ethylhexylester (117-81-7) [Weichmacher];

Eigenschaften:
- **toxikologisch/ökotoxikologisch:**
  RTECS # TI 1925000
  Sonstiges:
  LD 50 (oral, Ratte): 47000 mg/kg [428];

LD 50 (intraperitoneal, Ratte): > 50 ml/kg;
LD 50 (oral, Maus): 6513 mg/kg [428];
LD 50 (intraperitoneal, Maus): 65000 mg/kg;

- **physikalisch/chemisch:**
  Schmelzpunkt: -25 °C
  Siedepunkt: 386 °C
  Dichte: 980,0 kg/m3
  Molmasse: 390,62 g/mol

  Löslichkeit:
  in Wasser: 3 mg/l (25 °C);

Bemerkung:
farbloser Feststoff;

1,2-Benzendicarbonsäuredinonylester

- **CAS-Nummer:**
  84-76-4
- **gebräuchliche Namen:**
  DNP; Dinonylphthalat; Dinonyl-1,2-benzendicarboxylat; Phthalsäuredinonylester;
- **Handelsnamen:**
  Bioflex 51;
- **Summenformel:**
  $C_{26}H_{42}O_4$

- **Strukturformel:**

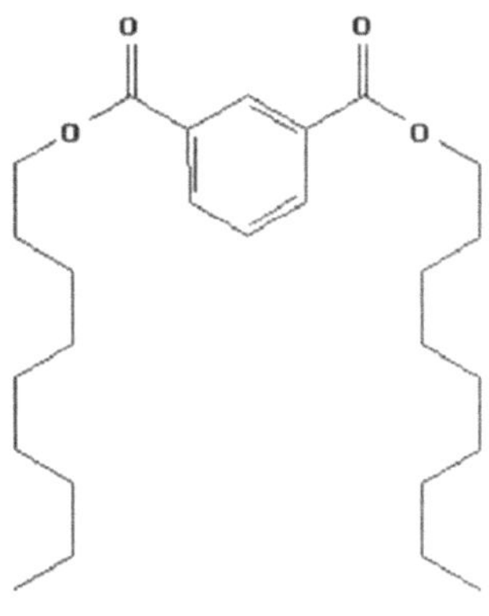

Funktion:
Weichmacher, synthetisch;

Eigenschaften:
- **toxikologisch/ökotoxikologisch:**
  RTECS # TI 1800000
  Schweizer Giftliste: 4
  Sonstiges:
  Reizwirkung in Augen und Magen-Darm-Trakt [39];
  LD 50 (oral, Maus): 21500 mg/kg [428];
  LD 50 (oral, Meerschweinchen): 21500 mg/kg [428];
  LD 50 (oral, Ratte): 2000 mg/kg [39];

- **physikalisch/chemisch:**
  Schmelzpunkt: 279-287 °C
  Siedepunkt: 185 °C (0,4 hPa); 234-236 °C (4 hPa); 245 °C (6,66 hPa)
  Dampfdruck: 0,005 hPa (123 °C); 0,00005 hPa (72 °C)
  Molmasse: 418,68 g/mol

Bemerkung:
farblose Flüssigkeit;

Benzen-1,3-dicarbonsäure-di-2-propenylester

- **CAS-Nummer:**
  1087-21-4
- **gebräuchliche Namen:**
  Diallylisophthalat; Isophthalsäurediallylester; DAIP; Di-2-propenyl-1,3-benzoldicarbonsäureester;
- **Summenformel:**
  $C_{14}H_{14}O_4$
- **Strukturformel:**

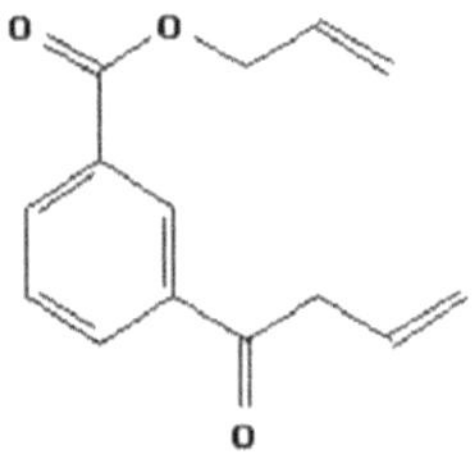

Funktion:
Coagentien für schwefelfreie Vernetzungsmittel;
Kautschukart:
Ethylen-Propylen-Copolymer;

Eigenschaften:
- **toxikologisch/ökotoxikologisch:**
  RTECS # CZ 4230000
  Sonstiges:
  LD50 (oral, Säugetier): 1700 mg/kg [428];
  LD Lo (intraperitoneal, Maus): 62,5 mg/kg [428];

- **physikalisch/chemisch:**
  Schmelzpunkt: 148°C (2,67 hPa)
  Siedepunkt: 176/177 °C (6,66 hPa); 148 °C (2,66 hPa); 110°C (0,0267 hPa)
  Dichte: 1121,3 kg/m3
  Molmasse: 246,25 g/mol

1,2-Benzendicarbonsäure-di-2-propenyl-ester

- **CAS-Nummer:**
  131-17-9
- **gebräuchliche Namen:**
  DAP; Diallylphthalat; Phthalsäurediallylester; Diallylphthalat monomer; 1,2-Benzendicarboxylsäuredi-2-propenylester;
- **Handelsnamen:**
  Dapon 35; Dapon R; D45; Durez 22761; Durez 24776; Durez SI-75; NCI-C50659;

- **Summenformel:**
  $C_{14}H_{14}O_4$

- **Strukturformel:**

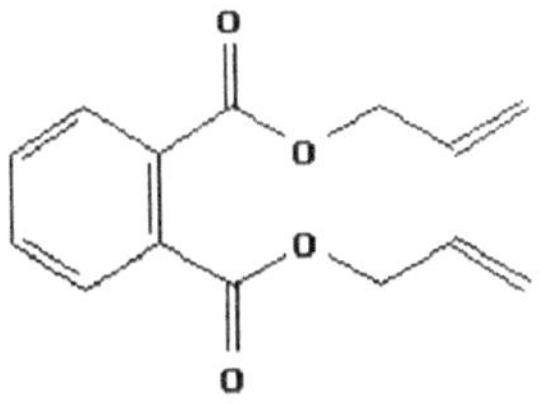

Funktion:
Coagens für schwefelfreie Vernetzungsmittel;
Weichmacher, synthetisch;

branchenspezifische Bemerkung zur Substanz:
Einsatzmenge: 0,8 t/a (TSE-Industrie, 1996)

Eigenschaften:
- **toxikologisch/ökotoxikologisch:**
  RTECS # CZ 4200000
  Schweizer Giftliste: 4
  WGK: 2
  MAK Wert: 1 mg/m3 als Aerosol oder Dampf (UdSSR/1985)
  R-Satz: 22
  S-Satz: (2)-24/25
  Sonstiges:
  Einstufung und Kennzeichnung von Zubereitungen, in denen diese Substanz enthalten ist:
  25%< =C ⇒ Xn; R22

  Wirkt schädigend beim Einatmen, Verschlucken oder Aufnahme über Haut;
  Dämpfe reizen Augen, Schleimhäute und Atemwege [187];
  Karzinogen [428];
  LD 50 (oral, Ratte): 656 mg/kg [428];
  LD 50 (intraperitoneal, Maus): 700 mg/kg [428];
  LD 50 (oral, Kaninchen): 1700 mg/kg [428];
  LD 50 Haus, Kaninchen): 3400 mg/kg [428];

  [Sdb Fa. Feddersen]:
  Diallylphtalat wirkt etwas toxischer als die übrigen Phtalsäureester. Die schleimhautreizende Wirkung der Dämpfe ist bei Raumtemperatur in Folge des niedrigen Dampfdruckes gering und führt allenfalls zur Bronchitis. Die Flüssigkeit wirkt reizend auf Haut und Schleimhäute. Beim Verschlucken ist mit Störungen der Leber- und Nierenfunktionen zu rechnen. Als Symptome werden Übelkeit, Erbrechen und Durchfälle beobachtet.
  LD 50 (oral, Ratte): 770 mg/kg;

  Gefahren-Symbol:

- **physikalisch/chemisch:**
  Schmelzpunkt: 154-155 °C (4 hPa)
  Siedepunkt: 165-167 °C (6,66 hPa); 290 °C (1013 hPa); 150 °C (1,5 hPa)
  Flammpunkt: 110 °C; 166 °C
  Dampfdruck: 3,20 hPa (150 °C) [428];
  Brechungsindex: 1,5187 (20 °C)
  Dichte: 1121 kg/m3 (20 °C)

Molmasse: 246,27 g/mol

Löslichkeit:
Wasser: 0,01 g/100 ml [Sdb];
unlöslich in Wasser; gut löslich in Glycerin, Mineralöl, verschiedenen Aminen; löslich in den meisten organischen Lösemitteln;

Verbleib nach Gebrauch:
Verbrennung nach Mischung mit brennbarem Lösemittel;

Bemerkung:
Farblose sirupartige Flüssigkeit; milder Geruch;
Unverträglich mit starken Oxidationsmitteln und starken Basen;
Verwendung: Vernetzung ungesättigter Polyesterharze;

[Sdb Fa. Feddersen]:
Farblose bis blaßgelbe Flüssigkeit mit angenehmen Geruch;
Diallylphthalat polymerisiert nach Zusatz von Peroxiden in der Wärme zu harten, unlöslichen und unschmelzbaren Massen. Kunststoffe sind vor Einsatz auf Beständigkeit zu prüfen. Bei Kontakt mit starken Oxidationsmitteln muß mit heftigen Reaktionen oder Entzündungen gerechnet werden. Unter Normaldruck tritt im Bereich der Siedetemperatur Zersetzung ein. Gefährliches Zersetzungsprodukt: Peroxide.

Benzen-1,2-dicarbonsäuredipropylester

- **CAS-Nummer:**
  131-16-8
- **gebräuchliche Namen:**
  Dipropylphthalat; Phthalsäuredipropylester; Diporpylester-1,2-benzen-dicarboxylsäure; Di-n-propylphthalat;
- **Summenformel:**
  $C_{14}H_{18}O_4$
- **Strukturformel:**

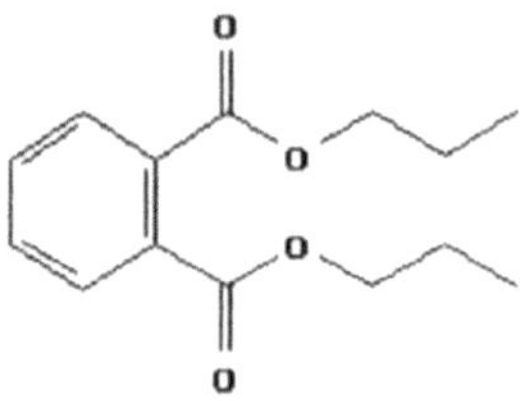

Funktion:
Weichmacher, synthetisch;

Eigenschaften:
- **toxikologisch/ökotoxikologisch:**
  RTECS # TI 1940000
  R-Satz: 20/21/22-36/37/38-40
  S-Satz: 23-38-26-37/39
  Sonstiges:
  Kann schädigend wirken bei Einatmung, Verschlucken oder Aufnahme über Haut; Dämpfe reizen Augen, Schleimhäute und Atemwege; verursacht Hautreizungen [187];
  LD Lo (intraperitoneal, Maus): 1251 mg/kg [428];
  TD Lo (oral, Maus (männlich)): 630000 mg/kg/15 W [428];
  TD Lo (oral, Maus (trächtig)): 1260000 mg/kg/15 W [428];

Gefahren-Symbol:

- **physikalisch/chemisch:**
  Siedepunkt: 304-305 °C; 317,5 °C
  Flammpunkt: >110 °C
  Brechungsindex: 1,4965 (20 °C)
  Dichte: 1078 kg/m3 (20 °C)
  Molmasse: 250,294 g/mol

Verbleib nach Gebrauch:
Verbrennung nach Mischung mit brennbarem Lösemittel;

Bemerkung:
Viskose, weiße Flüssigkeit;

Benzen-1,2-dicarbonsäure-di-tert.-butylester

- **CAS-Nummer:**
  30448-43-2
- **gebräuchliche Namen:**
  Di-tert.-butylphthalat; Phthalsäuredi-tert.-butylester;
- **Handelsnamen:**
  NCI-C54375; Palatinol BB; Santicizier 160; Sicol 160; Unimoll BB; Vestinol IB;
- **Summenformel:**
  $C_{16}H_{22}O_4$

- **Strukturformel:**

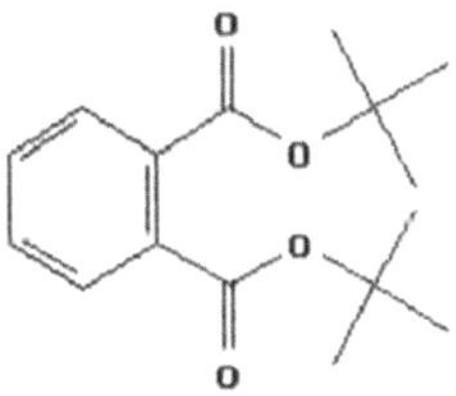

Funktion:
Weichmacher, synthetisch;

Eigenschaften:
- **toxikologisch/ökotoxikologisch:**
  WGK: 2
  R-Satz: 51/53
  Sonstiges:
  Einatmen der Dämpfe verursacht Reizung der Schleimhäute und der Atemwege [338];
  Teratogen; im Tierversuch (Ratten) schädigende Wirkung auf embryonale Entwicklung [248]; kein Allergen [338];
  LD 50 (oral, Ratte): 20000 mg/kg [338], 2330 mg/kg [428];
  TD Lo (oral, Ratte (männlich)): 21000 mg/kg/14 D [428];
  TD Lo (oral, Ratte (trächtig)): 16400 mg/kg/6-15 D, 4900 mg/kg/1-7 D [428];
  TD Lo (oral, Ratte): 56000 mg/kg/4 W, 68250 mg/kg/91 D, 38402 mg/kg/13 W, 21000 mg/kg/14 D (kontinuierlich) [428];
  TC Lo (inhalativ, Ratte): 2100 mg/m3/6 h/4 W, 789 mg/m3/6 H/13 W (intermittierend) [428];
  LD 50 (intraperitoneal, Ratte): 3,75 ml/kg [248];

LD 50 (Haut, Ratte): 6700 mg/kg [428];
TD Lo (oral, Maus (trächtig)): 9100 mg/kg/6-15 D, 23300 mg/kg/6-15 D [428];
LD 50 (oral, Maus): 4170 mg/kg [428];
LD 50 (Haut, Maus): 6700 mg/kg [428];
LD 50 (intraperitoneal, Maus): 3160 mg/kg [428];
LD 50 (Haut, Kaninchen): >10000 mg/kg [428];
LD 50 (oral, Meerschweinchen): 13750 mg/kg [428];

[EG-Sdb Hüls AG]:
LD 50 (oral, Ratte): 15000 mg/kg
LC 50 (Leuciscus melantus): 4,2 mg/l/48 h
EC 10 (Pseudomonas putida): 1,8 g/l/6 h
EC 50 (Daphnia magna): 7,4 mg/l/24 h
EC 50 (Scenedesmus subspicatus): 1 mg/l/72 h
leicht biologisch abbaubar (94 %);

Gefahren-Symbol:

- **physikalisch/chemisch:**
  Schmelzpunkt: -45 °C; ca. -50 °C
  Siedepunkt: 295-298 °C; 327 °C; 170-175 °C (5 hPa)
  Flammpunkt: 174 °C; ca. 170 °C
  Dampfdruck: 26,7 hPa (200 °C) [338]; <0,01 hPa (20 °C) [Sdb]
  Dichte: 1038 kg/m3 (25 °C); 1039 kg/m3 (20 °C);
  Molmasse: 278,35 g/mol
  Verdunstungszahl: 0 (BuAc = 1) [338]

  Löslichkeit:
  Wasser 0,5 g/l (25 °C); löslich in Ethanol, Diethylether;
  Wasser 0,4 g/l (20 °C) [Sdb];

  Bemerkung zu physikalisch/chemischen Daten:
  Zündtemperatur: ca. 400 °C [Sdb];

Bemerkung:
Farblose, ölige Flüssigkeit; brennbar;
Verwendung: als Lösemittel; als Weichmacher;

enthalten in Peroxan PK 295 GS (10 %);

1,4-Benzendicarbonsäure-(2-ethylhexyl)-diester

- **CAS-Nummer:**
  6422-86-2
- **UN Nummer:**
  9510
- **gebräuchliche Namen:**
  Di-2-ethylhexylterephthalat; Terephthalsäure-bis(2-ethylhexylester); DOTP;
- **Handelsnamen:**
  Kodaflex DOTP;
- **Summenformel:**
  $C_{24}H_{38}O_4$

- **Strukturformel:**

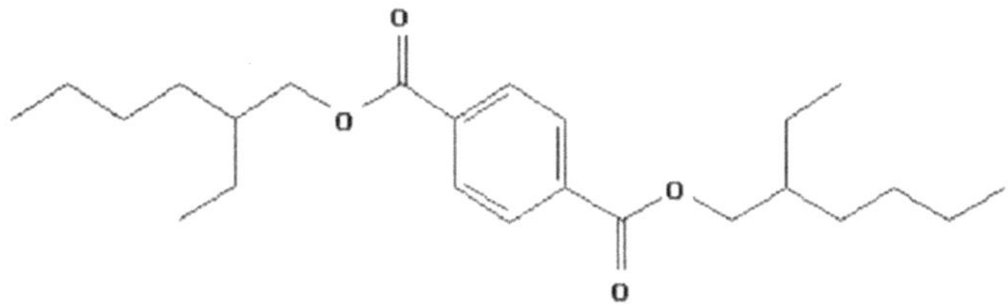

Funktion:
Weichmacher, synthetisch;

Eigenschaften:
- **toxikologisch/ökotoxikologisch:**
RTECS # WZ 0883500
Sonstiges:
LC Lo (oral, Maus): 20000 mg/kg [428];

- **physikalisch/chemisch:**
Schmelzpunkt: 30 - 34 °C
Siedepunkt: 400 °C; 383 °C
Flammpunkt: > 110 °C
Dichte: 980 kg/m3; 983,5 kg/m3
Molmasse: 390,62 g/mol

Löslichkeit:
in Wasser: 4 mg/l

Verbleib nach Gebrauch:
Verbrennung nach Mischung mit brennbarem Lösemittel;

Benzen-1,2-dicarbonsäureimid

- **CAS-Nummer:**
85-41 6
- **gebräuchliche Namen:**
Phthalimid; Phthalsäureimid; 1H-Isoindol-1,3-(2H)-dion; 1,2-Benzendicarboximid; Benzoimid; Phenylimid;
- **Summenformel:**
$C_8H_5NO_2$

- **Strukturformel:**

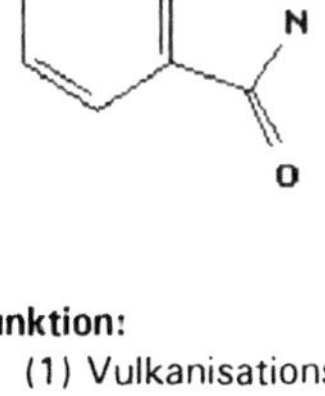

Funktion:
(1) Vulkanisationsbeschleuniger, organisch;

branchenspezifische Bemerkung zur Substanz:
(2) Bildet sich auch als Zersetzungsprodukt von Vulkanisationsverzögerer, z.B. CTP;

Eigenschaften:

- **toxikologisch/ökotoxikologisch:**
  RTECS # TI 3920000
  Schweizer Giftliste: 3
  WGK: 1
  R-Satz: 20/21/22-36/37/38-40
  S-Satz: 26-27-36/37/39
  Sonstiges:
  Wirkt schädigend bei Einatmung, Verschlucken oder Aufnahme über Haut; verursacht Augen- und Hautreizungen; reizt Schleimhäute und Atemwege [187];
  LD (intraperitoneal, Ratte): >500 mg/kg [428];
  LD 50 (oral, Maus): 5 g/kg [187], [428];
  LD 50 (intraperitoneal, Maus): 1175 mg/kg [428];
  TD Lo (intraperitoneal, Maus): 6200 µg/kg, 100 mg/kg [428];

  Biologisch abbaubar [262];

- **physikalisch/chemisch:**
  Schmelzpunkt: 233,5 °C; 238 °C [428]
  Log pOW: 1,15 [4]
  Brechungsindex: 1,5204 (242 °C)
  Molmasse: 147,133 g/mol

  Löslichkeit:
  Wasser 0,6 g/l (20 °C), 4 g/l (siedend); Ethanol 50 g/l (siedend); sehr wenig löslich in Benzen, Diethylether, Trichlormethan;

Verbleib nach Gebrauch:
Verbrennung nach Mischung mit brennbarem Lösemittel;

Bemerkung:
Weißes Pulver; Nadeln (nach Umkristallisation aus Wasser);

Benzen-1,2-dicarbonsäure-n-octyl-n-decylester

- **CAS-Nummer:**
  119-07-3
- **gebräuchliche Namen:**
  DNODP;
- **Handelsnamen:**
  Dinopol 235; Polycizer 532; Polycizer 562; Staflex 500;
- **Summenformel:**
  $C_{26}H_{42}O_4$
- **Strukturformel:**

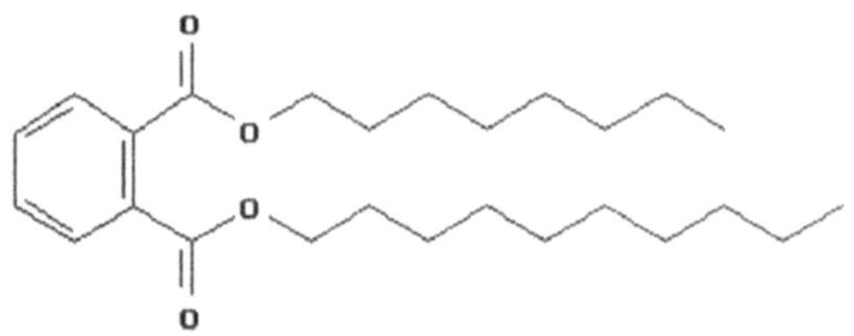

Funktion:
Weichmacher, synthetisch;

Eigenschaften:
- **toxikologisch/ökotoxikologisch:**
  RTECS # TI 0550000
  Sonstiges:
  LD 50 (oral, Ratte): 45,2 ml/kg [428];
  LD 50 (Haut, Kaninchen): >20 ml/kg [428];

- **physikalisch/chemisch:**
  Molmasse: 418,26 g/mol

1,2-Benzendicarboxylato(2-)-oxodiblei

- **CAS-Nummer:**
  57142-78-6
- **gebräuchliche Namen:**
  Dibasisches Bleiphthalat;
- **Handelsnamen:**
  Dythal; Naphthovin T80;
- **Summenformel:**
  $C_8H_4O_5Pb_2$

Funktion:
Vulkanisationsaktivator / Beschleunigeraktivator für Vernetzungsmittel, schwefelfrei;

branchenspezifische Bemerkung zur Substanz:
Einsatzmenge: 120 t/a (TSE-Industrie, 1996)

Eigenschaften:
- **physikalisch/chemisch:**
  Molmasse: 594,52 g/mol

1,4-Benzendicarboxylsäure-di-2-propenylester

- **CAS-Nummer:**
  1026-92-2
- **gebräuchliche Namen:**
  DATP; Terephthalsäurediallylester; Diallylterephthalat;
- **Summenformel:**
  $C_{14}H_{14}O_4$

- **Strukturformel:**

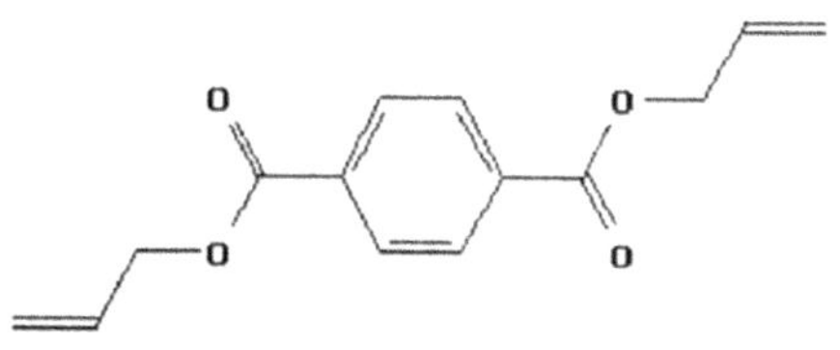

Funktion:
Coagentien für schwefelfreie Vernetzungsmittel;
Kautschukart:
Ethylen-Propylen-Copolymer; Ethylen-Propylen-Terpolymer;

Eigenschaften:
- **physikalisch/chemisch:**
  Molmasse: 246,26 g/mol

1,4-Benzendicarboxylsäure, Polymer mit 1,4-Butendiol

- **CAS-Nummer:**
  26062-94-2
- **gebräuchliche Namen:**
  Butandiol-Terephthalsäure-Copolymer; Poly-(1,4-butylenglykol-terephthalat); Poly-(terephthalsäure-1,4-butylenglykolester);
- **Summenformel:**
  $(C_{12}H_{12}O_4)_n$

- **Strukturformel:**

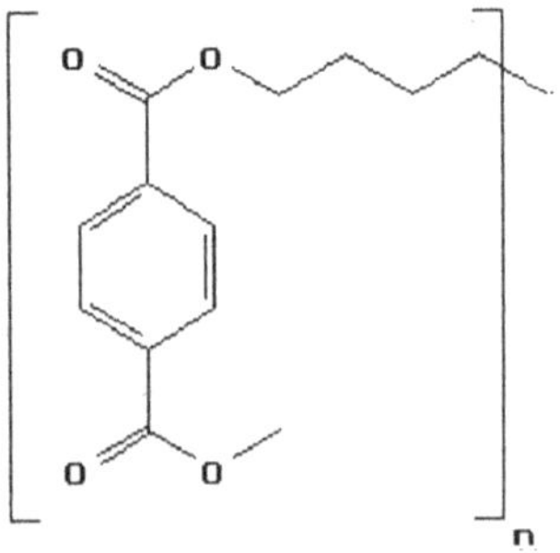

Funktion:
  Polymer;

Eigenschaften:
- **toxikologisch/ökotoxikologisch:**
  Sonstiges:
  Augen- und Hautirritation;

- **physikalisch/chemisch:**
  Dichte: 1310 kg/m3

Verbleib nach Gebrauch:
  Verbrennung nach Mischung mit brennbarem Lösemittel;

Bemerkung:
  Weiße Perlen; stark oxidierende Substanz;

1,3-Benzendicarboxylsäure zusammengesetzt mit N-Methyl-methanamin (1:1)

- **CAS-Nummer:**
  71172-17-3
- **gebräuchliche Namen:**
  Isophthalsäure zusammengesetzt mit Dimethylamin (1:1); Dimethylammonium-hydrogen-isophthalat;
- **Handelsnamen:**
  Vanox CPA;
- **Summenformel:**
  $C_{10}H_{13}NO_4$

Funktion:
sonstige Chemikalien;

Eigenschaften:

- physikalisch/chemisch:
Schmelzpunkt: 190 °C
Dichte: 1350 ± 30 kg/m3
Molmasse: 211,24 g/mol

Löslichkeit:
unlöslich in Hexan und Methylbenzen; löslich in Bimethylformamid und Bimethylsulfoxid, Propanon, Trichlormethan, Ethanol, Wasser;

Benzen-1,3-disulfonsäuredihydrazid

- CAS-Nummer:
4547-70-0
- UN Nummer:
2971*
- gebräuchliche Namen:
Benzen-m-bis(sulfonohydrazid); Benzen-1,3-disulfohydrazid, als Paste, mit einer Konzentration von höchstens 52 %; Benzen-1,3-disulfohydrazid, nicht mehr als 52 % als Paste; Benzol-m-bis(sulfonohydrazid); Benzol-1,3-disulfohydrazid, als Paste, mit einer Konzentration von höchstens 52 %;
- Handelsnamen:
Porofor B 13; Porofor CP 50;
- Summenformel:
$C_6H_{10}N_4O_4S_2$

- Strukturformel:

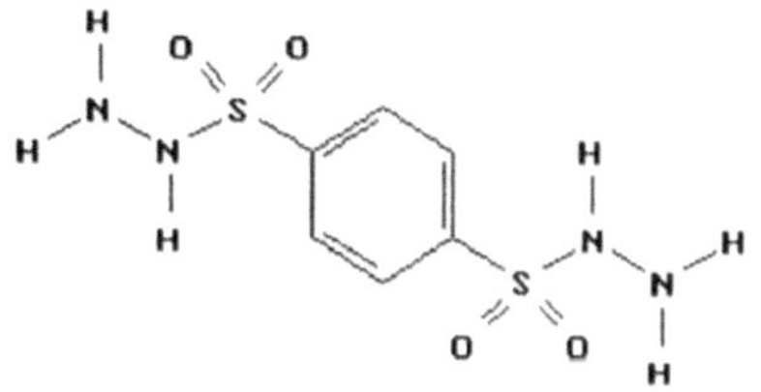

Funktion:
Treibmittel, organisch;

Eigenschaften:
- toxikologisch/ökotoxikologisch:
Sonstiges:
Die Paste hat reizende bis ätzende Wirkung auf die Haut, die Augen und den Nasen- und Rachenraum. Nach Aufnahme in den Körper kann es zu Lungenschäden und Störungen des Nervensystems (mit Verzögerung!) kommen mit epileptischen Anfällen, Zerstörung des Blutfarbstoffes (Methämoglobinbildung) und Auflösung der roten Blutkörperchen (Hämolyse), Leber- und Nierenschäden möglich. Substanz neigt beim Erwärmen zur Selbstzersetzung, bei Brand oder an heißen Oberflächen können nitrose Gase, Schwefeldioxid und Schwefeltrioxid gebildet werden. Diese Nebel haben stark ätzende Wirkung (Kehlkopf- und Lungenödem, auch mit Verzögerung, möglich).
Symptome: Schwindelgefühl, Kopfschmerzen, Krämpfe, Leberfunktionsstörungen mit schwerer Gelbsucht, Muskelschwäche, Sehstörungen, Schlaflosigkeit, Schweißausbrüche, Ohnmachtsanfälle, Unverträglichkeitsreaktion gegenüber Alkohol und bestimmten Käsearten: z.B. Camenbert, Emmentaler; bestimmten Fischen, z.B. Salzheringen, bestimmten Obst- und Gemüsearten, z.B. Bananen, grüne Bohnen. Nach Einatmen oder Hautkontakt in jedem Fall - auch bei Ausbleiben der Symptome - den Arzt aufsuchen [484];

- **physikalisch/chemisch:**
  Molmasse: 266,29 g/mol

  Löslichkeit:
  sehr geringfügig mischbar mit Wasser [484];

  Bemerkung zu physikalisch/chemischen Daten:
  Bei Erwärmung erfolgt Zersetzung unter Bildung von Stickstoff(gas) [484];

Bemerkung:
Weiße, gelbliche oder graue Paste; selbstzersetzungsfähiger, brennbarer fester Stoff;
Bei Kontakt mit Säuren oder alkalischen Stoffen kann eine gefährliche Zersetzung ausgelöst werden [484];
*: In der UN-Liste, 8. Ausgabe, 1993; klassifiziert unter selbstentzündliche feste Stoffe; Typ D, temperaturkontrolliert [484];

Benzenoctanamin

- **CAS-Nummer:**
  17734-23-5
- **gebräuchliche Namen:**
  8-Phenyloctylamin;
- **Summenformel:**
  $C_{14}H_{23}N$

- **Strukturformel:**

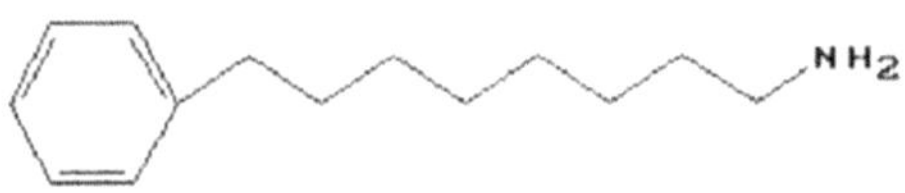

Funktion:
Ozonschutzmittel;

Eigenschaften:

- **physikalisch/chemisch:**
  Molmasse: 205,34 g/mol

Benzensulfonsäuredecylester, Natriumsalz

- **CAS-Nummer:**
  1322-98-1
- **gebräuchliche Namen:**
  Natriumdecylbenzensulfonat;
- **Handelsnamen:**
  Ultrawet DS; Santomerse D;
- **Summenformel:**
  $C_{16}H_{25}NaO_3S$

- **Strukturformel:**

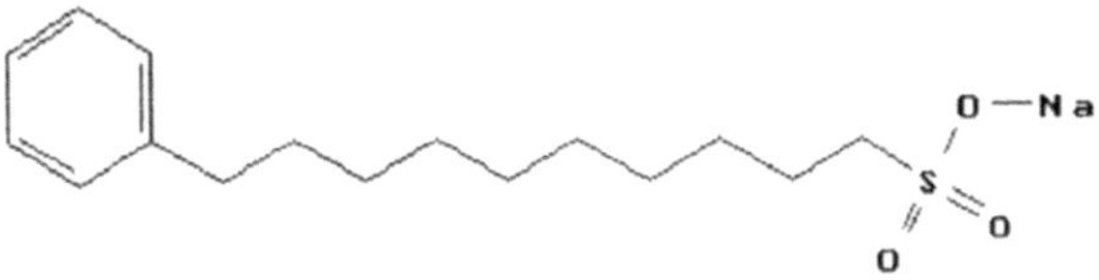

Funktion:
Emulgator;

Eigenschaften:
- **toxikologisch/ökotoxikologisch:**
RTECS # DB 5775000
Sonstiges:
LD 50 (oral, Maus): 2000 mg/kg [428];
LD 50 (intravenös, Maus): 115 mg/kg [428];

- **physikalisch/chemisch:**
Molmasse: 320,46 g/mol

Benzensulfonsäurehydrazid

- **CAS-Nummer:**
80-17-1
- **UN Nummer:**
2970; 1325 n.o.s.*
- **gebräuchliche Namen:**
BSH; Benzensulfonohydrazid; Benzensulfonsäurehydrazid; Benzensulfonylhydrazid; Benzensulfonylhydrazin; Benzensulfohydrazid; Benzolsulfohydrazid; Benzolsulfonsäurehydrazid; Benzolsulfonyl-hydrazid; Benzolsulfonylhydrazin; Benzosulfohydrazid; Phenylsulfohydrazid; Phenylsulfonylhydrazin;
- **Handelsnamen:**
Alveofer BSJ; Cellmia S; Celogen BSH; Genitron BSH; Hydrazide BSG; Nitroporo OBSH; Porofor BSH; Porofor-bsh-pulver; Porofor Chkhz 9; Treibmittel BSH;
- **Summenformel:**
$C_6H_8N_2O_2S$

- **Strukturformel:**

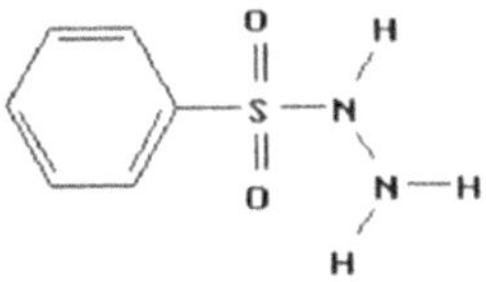

Funktion:
(1) Treibmittel, organisch;
(2) Mastikationsmittel;
Anwendung:
(1) Moos-, Schwammgummi; Weich Zellgummi; Reifen, Schläuche; chirurgische und medizinische Artikel; Sportartikel; Spielsachen; technische Gummiartikel; Produkte für Industrie, inkl. Druckplattentücher; Klebstoffe; Dichtungen; Latex Tauchartikel; Latex Schaumartikel;

branchenspezifische Bemerkung zur Substanz:
Einsatzmenge: 17 t/a (TSE-Industrie, 1996)

Eigenschaften:

- **toxikologisch/ökotoxikologisch:**

RTECS # DB 6888000

Sonstiges:

Lokale z.T. starke Reizwirkung durch Staub und Pulver an Haut und Schleimhäuten, kann bei empfindlichen Personen Allergien hervorrufen. Bei Brand oder Erhitzen bis zur Zersetzung Entstehung von Schwefeldioxid, Ammoniak und nitrosen Gasen.

Symptome: Nach Aufnahme (mehrstündige Latenzzeit möglich) zentralnervöse Störungen wie Kopfschmerzen, Übelkeit, Ruhelosigkeit, Muskelzittern, Krämpfe.

Nach Einatmen oder Hautkontakt in jedem Fall - auch bei Ausbleiben der Symptome - den Arzt aufsuchen [484];

LD Lo (oral, Ratte): 50 mg/kg [428];

- **physikalisch/chemisch:**

Schmelzpunkt: 101-103 °C

Log pOW: -0,14

Molmasse: 172,21 g/mol

Löslichkeit:

sehr geringfügig mischbar mit Wasser [484];

Verbleib nach Gebrauch:

Verbrennung nach Mischung mit brennbarem Lösemittel;

Bemerkung:

Weißes Pulver [187];

Feines weißes oder gelbliches Pulver oder Paste; geruchlos; brennbar;

Bei Brand oder Erhitzung bis zur Zersetzung bilden sich giftige und ätzende nitrose Gase und giftiges Schwefeldioxid(gas) sowie ätzendes, schwer brennbares Ammoniak(gas). Der Stoff reagiert bei Kontakt oder Mischung mit starken Oxidationsmitteln und starken Basen [484];

*: In der UN-Liste klassifiziert unter organische, entzündbare feste Stoffe, n.a.g. (n.o.s.) [484];

1,2,4-Benzentricarbonsäuredecyloctylester

- **CAS-Nummer:**

67989-23-5

- **gebräuchliche Namen:**

1,2,4-Benzoltricarbonsäuredecyloctylester;

- **Handelsnamen:**

Witamol 218, stabilisiert; L810 Trimellitate;

Funktion:

Weichmacher, synthetisch;

branchenspezifische Bemerkung zur Substanz:

Einsatzmenge: 21 t/a (Reifenindustrie und TSE-Industrie) (1996)

Eigenschaften:

- **toxikologisch/ökotoxikologisch:**

WGK: 1

Sonstiges:

[Sdb Hüls]

LD 50 (oral, Ratte): >3000 mg/kg;

LC 50 (Brachydanio rerio): >4,1 mg/l/96 h;

EC 10 (Pseudomonas putida): >1,7 g/l/5 h;

EC 50 (Daphnia magna): >4,4 mg/l/48 h;

EC 50 (Scenedesmus subspicatus): >3,5 mg/l/72 h;

- **physikalisch/chemisch:**

Schmelzpunkt: ca. -45 °C

Siedepunkt: >250 °C (1013 hPa)
Flammpunkt: >240 °C
Dampfdruck: <0,01 hPa (20 °C)
Dichte: 980 kg/m3 (20 °C)
Molmasse: 592 g/mol

Löslichkeit:
Wasser: <0,1 g/l (20 °C) [Sdb Hüls];

Bemerkung zu physikalisch/chemischen Daten:
Zündtemperatur: ca. 400 °C [Sdb Hüls];

Bemerkung:
Gelbliche Flüssigkeit, schwacher Eigengeruch [Sdb Hüls];

1,2,4-Benzentricarbonsäure-tris-(2-ethylhexylester)

- **CAS-Nummer:**
  3319-31-1
- **gebräuchliche Namen:**
  TOTM; 1,2,4-Benzoltricarbonsäure-tris-(2-ethylhexylester); Trimellitsäuretri-"octyl"-ester; Trimellitsäure-(2-ethylhexyl)-ester; Tri-(2-ethylhexyl)-trimelliat; Benzolhexacarbonsäure-(2-ethylhexy)-ester; Tri-(2-ethylhexyl)-trimelliat; Trioctyltrimelliat;
- **Handelsnamen:**
  Morflex 510; Hatcol 200; Kodaflex TOTM; Monosizer W 710L; Morflex 510; Staflex TOTM; Trimex T08;
- **Summenformel:**
  $C_{33}H_{54}O_6$
- **Strukturformel:**

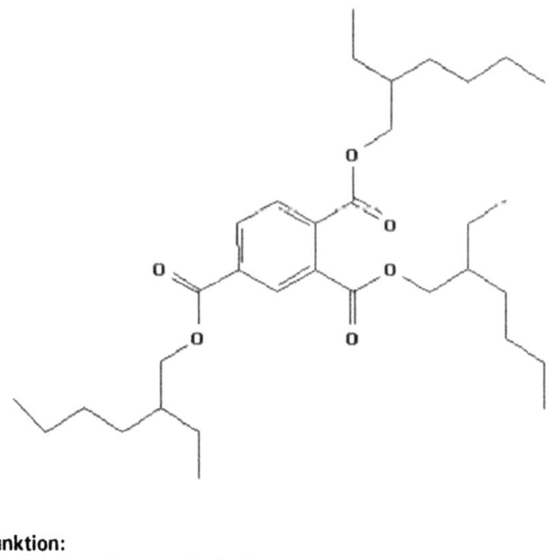

Funktion:
Weichmacher, synthetisch;

branchenspezifische Bemerkung zur Substanz:
Einsatzmenge: 14 t/a (TSE-Industrie, 1996)

Eigenschaften:
- **toxikologisch/ökotoxikologisch:**
  RTECS # DC 2080000
  Sonstiges:
  LD 50 (oral, Maus): >60000 mg/kg [428];

- **physikalisch/chemisch:**
  Schmelzpunkt: - 43 °C
  Siedepunkt: 275 °C
  Flammpunkt: 260 °C; >110 °C
  Brechungsindex: 1,4850 (20 °C); 1,4864 (20 °C)
  Dichte: 988 kg/m3 (25°C); 984 kg/m3
  Molmasse: 546,79 g/mol

Verbleib nach Gebrauch:
Verbrennung nach Mischung mit brennbarem Lösemittel;

Bemerkung:
zu 80 % enthalten in Plasthall TOTM;

1,2,4-Benzentricarboxylsäure-tri-2-propenylester

- **CAS-Nummer:**
  2694-54-4
- **gebräuchliche Namen:**
  TAM; Triallyltrimelliat;
- **Handelsnamen:**
  Reomol LTM; Santicizer 79; TM; Triam 705;
- **Summenformel:**
  $C_{18}H_{18}O_6$

- **Strukturformel:**

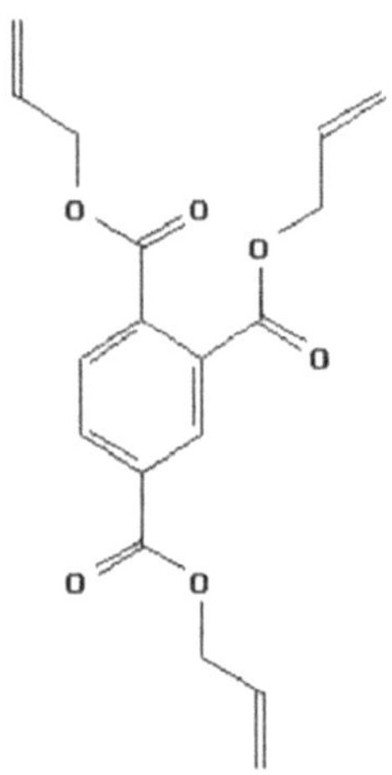

Funktion:
Coagentien für schwefelfreie Vernetzungsmittel;
Kautschukart:
Chlorsulfonylethylen-Kautschuk;
Anwendung:
Kabelummantelung;

Eigenschaften:
- **toxikologisch/ökotoxikologisch:**
  RTECS # DC 2075000
  Sonstiges:
  LD 50 (oral, Ratte): 2400 mg/kg [428];

- **physikalisch/chemisch:**
  Schmelzpunkt: <-30 °C
  Dichte: 1163,20 kg/m3
  Molmasse: 330,36 g/mol

2-Benzimidazolthiol

- **CAS-Nummer:**
  583-39-1
- **gebräuchliche Namen:**
  MBI; 2-Mercaptobenzimidazol; 1,3-Dihydro-benzoimidazol-2-thion; 1,3-Dihydro-2H-benzimidazol-2-thion; o Phenylthioharnstoff; 2-Thiobenzimidazol;
- **Handelsnamen:**
  Alterungsschutzmittel MB; Antiinvecchiate MB; Permanax 21; Antigene MB; Antioxidant MB; ASM-MB; Rhegran MBI-80; Vulkanox MB; Vulkanox MB/MG; AOMB; ASM MB; NCI-C60980; USAT Ek-6540;
- **Summenformel:**
  $C_7H_6N_2S$

- **Strukturformel:**

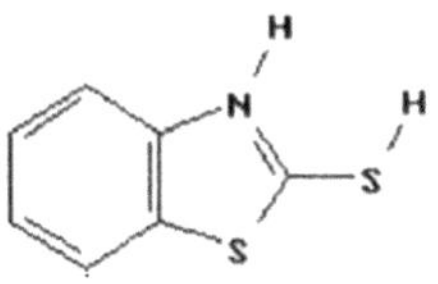

Funktion:
(1) Alterungsschutzmittel; Oxidationsschutzmittel;
(2) Vulkanisationsbeschleuniger, organisch;
(3) Schutzmittel gegen Metallvergiftung;
(4) Koaguliermittel für Latex;
Kautschukart:
(2) Chloropren-Kautschuk;
Anwendung:
(1) Reifen, Schläuche; chirurgische und medizinische Artikel; Sportartikel; Spielsachen; technische Gummiartikel; Latex Tauchartikel; Latex Schaumartikel;

branchenspezifische Bemerkung zur Substanz:
Einsatzmenge: 19 t/a (TSE-Industrie, 1996)

Eigenschaften:
- **toxikologisch/ökotoxikologisch:**
  RTECS # DE 1050000
  R-Satz: 20/21/22-36/37/38
  S-Satz: 26-36
  Sonstiges:
  Wirkt schädigend bei Einatmung, Verschlucken oder Aufnahme über Haut; verursacht Augen- und Hautreizungen; reizt Schleimhäute und Atemwege [187];
  LD 50 (oral Ratte): 476 mg/kg [187];
  LD 50 (oral, Maus): 750 mg/kg [428];
  LD 50 (intraperitoneal, Maus): 200 mg/kg [428];
  LD 50 (intravenös, Maus): 180 mg/kg [428];

Gefahren-Symbol:

Xn

- **physikalisch/chemisch:**
  Schmelzpunkt: 303-304 °C
  Dichte: 1480 kg/m3
  Molmasse: 150,20 g/mol

  Löslichkeit:
  wenig löslich in Wasser; leicht löslich in Ethanol;

Verbleib nach Gebrauch:
Verbrennung nach Mischung mit brennbarem Lösemittel;

Bemerkung:
Glänzende Kristalle (nach Umkristallisation aus Ethansäure);

Benzin 140 - 300

- **CAS-Nummer:**
  8002-05-9
- **UN Nummer:**
  1223; 1267;
- **gebräuchliche Namen:**
  Kaiseröl; Kerogen; Kerosin; Leuchtöl; Petroleum; Petroleumrohöl; Petroleum Roherdöl; Brennpetroleum DIN 51636/I.59; Erdöl; Leuchtpetroleum DIN 51636/I.59; Lösungspetroleum DIN 51636/I.59; Mineralöl; Petroleum DIN 51636/I.59; Roherdöl; Rohöl;
- **Handelsnamen:**
  Exxsol DSP 100/140; Exxsol DSP 145/160;

Funktion:
Klebrigmacher;

Eigenschaften:
- **toxikologisch/ökotoxikologisch:**
  Schweizer Giftliste: 5
  WGK: 2
  MAK Wert: 500 ml/m3
  R-Satz: 45
  S-Satz: 53-45
  Sonstiges:
  vgl. Abschn. VI b;
  Mutagen [428]; Tumorbildend [428];
  Geruchsschwelle unter 1 ml/m3 [484];
  Tödliche Dosis 250 ml [39];
  Das Einatmen der Dämpfe in niedrigen Konzentrationen führt zu Zuständen wie bei Trunkenheit, in hohen Konzentrationen zu Bewußtlosigkeit. Sowohl die Dämpfe als auch Kontakt mit der Flüssigkeit reizen die Augen. In geschlossenen Räumen muß mit Sauerstoffmangel gerechnet werden, da die Luft von ausgasenden Bestandteilen verdrängt wird. Bei Erhitzung der Flüssigkeit und bei sauren Roherdölen auch bereits bei Raumtemperaturen werden hochgiftige Schwefelverbindungen wie Schwefelwasserstoff und Mercaptane frei. Bei Brand bildet sich giftiges und ätzendes Schwefeldioxid. [484]
  Blut- und Nervengift: Kopfschmerz, Bewußtlosigkeit, Krämpfe, Magen- und Darmblutungen, Blaufärbung des Gesichtes;
  Eingeatmet 120 mg/l Luft in 5 - 10 Min. tödlich; 5 - 10 mg/l Luft in mehreren Std. giftig; innerlich 10 -12 g tödlich bei Kind; 10 - 50 g giftig bis tödlich [30];
  Höhere Dampfkonzentrationen haben ungefähr folgende Wirkung: 1000 ml/m3 Reizung der Augen innerhalb einer Stunde. 2000 ml/m3 Reizung der Augen, der Nase und des Rachens, Schwindelgefühl und

Taumeln innerhalb einer halben Stunde. 7000 ml/m3 Trunkenheitssymptome innerhalb 15 Minuten. 10000 ml/m3 schnelles Einsetzen von Trunkenheit, die zu Bewußtlosigkeit und zum Tode führen kann, wenn der Mensch dieser Konzentration länger ausgesetzt ist. 20000 ml/m3 Lähmung und Atemstillstand treten sehr schnell ein [484];
LD 50 (oral, Ratte): >4300 mg/kg [428];
TD Lo (oral, Ratte): 1250 µl/kg/4D (intermittierend) [428];
TC Lo (inhalativ, Ratte): 30 g/m3/3W (intermittierend) [428];
LD 50 (oral, Maus): >4300 mg/kg [428];
TD Lo (Haut, Maus): 3744 mg/kg/2Y (intermittierend), 40 g/kg/10W (intermittierend), 21216, 210, 12480,3744 mg/kg/2Y (intermittierend) [428];
TD Lo (oral, Ente): 455 g/kg/26W (kontinuierlich), 140 g/kg/8W (kontinuierlich), 125 g/kg/14D (kontinuierlich) [428];
TD Lo (oral, Säugetiere): 25 g/kg/5D (intermittierend) [428];
TD Lo (oral, Vogel): 40 ml/kg/4D (intermittiertend) [428];

LC 50 (Fisch, Goldorfe): 159 mg/l [32];
Giftig für Wasserorganismen, kann in Gewässern längerfristig schädliche Wirkung haben [EXXON-Sdb];

Gefahren-Symbol:

T

- **physikalisch/chemisch:**

Schmelzpunkt: < -20 °C
Siedepunkt: 98-140 °C; 143-160 °C;
Flammpunkt: 40 °C; 2 °C (ungefähr); 30 °C
Dampfdruck: 2,4-2,6 hPa (20 °C) [132]; 25,8 hPa (20 °C) [SDB]; 63,5 hPa (38 °C) [Sdb];
Dichte: 790-820 kg/m3 (20 °C); 738 kg/m3 (15 °C); 759 kg/m3 (15 °C) [Sdb];
Verdunstungszahl: ca. 1600 (Diethylether = 1) [132]

Löslichkeit:
unlöslich in Wasser;

Bemerkung:

Klare, farblose Flüssigkeit, aliphatischer Geruch, nach Kohlenwasserstoff; reagiert bei Kontakt mit starken Oxidationsmitteln [EXXON-Sdb];
Roherdöle sind hellbraune bis tiefdunkelbraune Flüssigkeiten. Sie zeigen im auffallenden Licht grüne bis blaue Fluoreszenz. Bei normaler Temperatur (20 °C) sind sie dünn- bis dickflüssig und besitzen einen charakteristischen Geruch, der jedoch durch Schwefel- oder Stickstoffverbindungen unangenehm sein kann [484];
Der MAK-Wert für Erdöldämpfe schwankt, da der Anteil der Bestandteile im Erdöl sehr unterschiedlich sein kann und einige Bestandteile größere toxische Wirkungen haben als andere. Allgemein wurde eine Zahl von 500 ml/m3 festgelegt, die als ungefährer Anhaltspunkt dient. Diese Zahl gilt jedoch nicht, wenn Schwefelwasserstoff im Erdöldampf vorhanden ist [484]; Bildet im dampf-/gasförmigen Zustand explosionsfähige Gemische mit Luft;
Explosionsgrenzen: 64 - 200 g/m3;
Weiteres siehe ⇒ Benzin;
Verbreitung: Luft- und Wasserpfad;
Verwendung als technisches Lösungsmittel und als Kraftstoff für Motoren;
Tankstellenbenzin enthält häufig als optisches Unterscheidungsmerkmal Farbzusatz. Giftigkeit des Tankstellenbenzins wird durch Zusatz von Bleitetraethyl und Bleitetramethyl (Antiklopfmittel) erhöht;
Dämpfe bilden mit Luft explosionsfähige Gemische, die schwerer als Luft sind;
Explosionsgrenzen: 1,2-7,5 Vol.-%; Zündtemp.: ca. 260 °C [32]
Explosionsgrenzen: 0,6-7,0 Vol.-%; Zündtemp.: > 200 °C [EXXON-Sdb];
Gefahr der elektrostatischen Aufladung;
Enthalten in Jäger Antihydro Trockner, HK Trockner, OB Trockner, 3.3 Trockner, Weißtrockner;

1,2-Benzisothiazol-3(2H)-on

- **CAS-Nummer:**
  2634-33-5
- **gebräuchliche Namen:**
  BIT; 1,2-Benzisothiazolin-3-on; 1,2-Benzisothiazolon; 3-Oxo-1,2-benzisothiazolin;
- **Handelsnamen:**
  Proxel DM Teig 7;
- **Summenformel:**
  C_7H_5NOS

Funktion:
Antimikrobielle Mittel für Latex;

Eigenschaften:
- **toxikologisch/ökotoxikologisch:**
  R-Satz: 22-38-43
  S-Satz: (2)-24-37
  Sonstiges:
  vgl. Abschn. IIb; S;
  BIT ist nach oraler Aufnahme sowohl akut als auch chronisch wenig toxisch; zur Bewertung einer fruchtschädigenden Wirkung fehlt die Untersuchung an einer zweiten Tierart; eine abschließende Bewertung zur mutagenen und kanzerogenen Wirkung kann mangels geeigneter Untersuchungen nicht gemacht werden; da BIT bereits ab 0,05% in der Gebrauchslösung sensibilisierende und hautreizende Wirkung besitzt, sollte diese Konzentration der Gebrauchslösung am Arbeitsplatz deutlich unterschritten werden; der Stoff ist mit "S" zu kennzeichnen [480]

  LD 50 (oral, Maus): 1150 mg/kg [480], [428];
  LD 50 (oral, Ratte): 1020 mg/kg [428];
  LD 50 (oral, männliche Ratte): 670 mg/kg [480];
  LD 50 (oral, weibliche Ratte): 784 mg/kg [480];

  Gefahren-Symbol:

- **physikalisch/chemisch:**
  Schmelzpunkt: 158 °C
  Molmasse: 151,19 g/mol

  Löslichkeit:
  leicht löslich in den meisten organischen Lösemitteln; löslich in heißem Wasser;

Bemerkung:
Verwendung: als "Proxel Press Paste" (ca. 75% BIT); als Proxel BD, GXL, CRL, XL2 zur Konservierung von Latexemulsionen, Dispersionsfarben, Kühlschmierstoffen etc.; Zwischenprodukt von Saccharin; Enthalten in Parmetol D 22 (8-12%);

Benzo[a]pyren

- **CAS-Nummer:**
  50-32-8
- **gebräuchliche Namen:**
  BaP; BAP; Benzo[d,e,f]chrysen; 3,4-Benzopyren; 6,7-Benzopyren;
- **Summenformel:**
  $C_{20}H_{12}$

- **Strukturformel:**

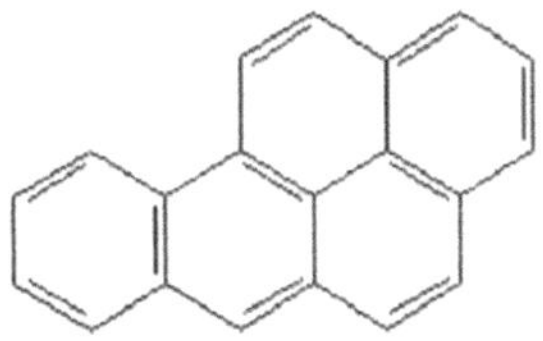

branchenspezifische Bemerkung zur Substanz:

Ist u.a. enthalten in aromatischen Weichmacherölen; bildet sich bei der Vulkanisation als Zersetzungsprodukt aus Kohlenwasserstoffe;

Eigenschaften:

- **toxikologisch/ökotoxikologisch:**

RTECS # DJ 3675000
Schweizer Giftliste: 1k
R-Satz: 45-46-60-61
S-Satz: 53-45
Sonstiges:
Carc. Cat. 2, Muta. Cat. 2, Repr. Cat. 2; TRK: 0,002 mg/m3;
Karzinogen [187]; Ergebnis des Ames-Test: positiv [391], [392];
Mutagen, Tumorigen, beeinflußt Fortpflanzung [428];
Weitere Angaben siehe [47];
Höchstes Krebsrisiko von allen bekannten polyaromatischen Kohlenwasserstoffen!
Weizenkeimpflanzen: Bei anfänglicher Anwesenheit von 2,5 mg/l nach wenigen Tagen Verkümmerung der Pflanzen [66];
Bioakkumulation!
LD 50 (subcutan, Ratte): 50 mg/kg [428];
TD Lo (oral, Ratte): 15 mg/kg [428];
TD Lo (oral, Ratte). 9 mg/kg/90 D (intermittierend) [428];
TD Lo (oral, Ratte (trächtig)): 40 mg/kg/14 D, 2000 mg/kg/1-22 D [428];
TD Lo (oral, Ratte): 1344 mg/kg/15 D (verabreicht vor der Befruchtung) [428];
TD Lo (oral, Ratte): 1344 mg/kg/5 D (verabreicht nach Geburt) [428];
TD Lo (intraperitoneal, Ratte): 60 mg/kg/16-18 D [428];
TD Lo (intraperitoneal, Ratte): 16 mg/kg [428];
TD Lo (subcutan, Ratte (trächtig)): 150 mg/kg/6-8 D [428];
TD Lo (subcutan, Ratte): 455 µg/kg/60 D, 400 mg/kg/2 W (intermittierend) [428];
TD Lo (intramuskulär, Ratte (trächtig)): 2100 µg/kg/15-19 D [428];
TD Lo (intramuskulär, Ratte): 2400 µg/kg [428];
TD Lo (intravenös, Ratte): 39 mg/kg/6 D (intermittierend) [428];
TD Lo (intracerebral, Ratte): 22 mg/kg [428];
TD Lo (intratracheal, Ratte): 1200 µg/kg [428];
TD Lo (implantiert, Ratte): 150 µg/kg [428];
TD Lo (oral, Maus): 100 mg/kg/16 D (verabreicht vor Befruchtung) [428];
TD Lo (oral, Maus): 100 mg/kg/5 D (verabreicht nach Geburt) [428];
TD Lo (oral, Maus (trächtig)): 100 mg/kg/7-16 D, 75 mg/kg/12-14 D [428];
TD Lo (oral, Maus): 700 mg/kg/75 W (intermittierend) [428];
LD Lo (intraperitoneal, Maus): 500 mg/kg [428];
TD Lo (intraperitoneal, Maus (trächtig)): 50 mg/kg/1 D, 150 mg/kg/8 D, 200 mg/kg/7 D, 250 mg/kg/13-17 D, 300 mg/kg/16-18 D [428];
TD Lo (intraperitoneal, Maus (männlich)): 1500 mg/kg/5 D [428];
TD Lo (intraperitoneal, Maus): 10 mg/kg [428];
TD Lo (subcutan, Maus (trächtig)): 160 mg/kg/12 D, 480 mg/11-15 D, 300 mg/kg/18-19 D [428];
TD Lo (subcutan, Maus): 9 mg/kg [428];
TD Lo (Haut, Maus): 28500 µg/kg/19 W (intermittierend) [428];
TD Lo (intravenös, Maus): 10 mg/kg [428];
TD Lo (intratracheal, Maus): 200 mg/kg/10 W (intermittierend) [428];
TD Lo (implantiert, Maus): 200 mg/kg [428];
TD Lo (rectal, Maus): 200 mg/kg [428];
TD Lo (intraperitoneal, Hamster (männlich)): 10 mg/kg/5 D [428];

TD Lo (oral, Hamster): 420 mg/kg/21 W (intermittierend) [428];
TC Lo (inhalativ, Hamster): 9500 µg/m3/4 h/96 W (intermittierend) [428];
TD Lo (subcutan, Hamster): 4000 µg/kg [428];
TD Lo (intratracheal, Hamster): 64 mg/kg, 120 mg/kg/17 W (intermittierend) [428];
TD Lo (implantiert, Hamster): 5 mg/kg/22 W (kontinuierlich) [428];
LD Lo (intrarenal, Frosch): 9 mg/kg [428];
TD Lo (implantiert, Frosch): 45 mg/kg [428];
TD Lo (parenteral, Hund):819 mg/kg/26 W (intermittierend) [428];
TD Lo (implantiert, Hund): 651 mg/kg/21 W (kontinuierlich) [428];
TD Lo (subcutan, Affe): 40 mg/kg [428];
TD Lo (Haut, Kaninchen): 17 mg/kg/57 W (intermittierend) [428];
TD Lo (intravenös, Kaninchen (trächtig)): 30 mg/kg/25 D [428];
TD Lo (intratracheal, Kaninchen): 145 mg/kg/2 Y (intermittierend) [428];
LC 50 (Daphnia pulex): 0,005 mg/l/96 h [65];

Gefahren-Symbol:

T

- **physikalisch/chemisch:**

Schmelzpunkt: 175-177 °C
Siedepunkt: 495 °C
Dampfdruck: 0,0067 hPa (20 °C) [63] (*)
Log pOW: 6,26 [64] (*)
Dichte: 1282 kg/m3 (Plättchen); 1351 kg/m3 (Nadeln) [62]
Molmasse: 252,32 g/mol

Löslichkeit:
praktisch unlöslich in Wasser; wenig löslich in Ethanol, Propanol; löslich in Benzen, Methylbenzen, Xylol;

Bemerkung zu physikalisch/chemischen Daten:
(*): siehe auch [47]

Verbleib nach Gebrauch:
Verbrennung nach Mischung mit brennbarem Lösemittel;
Troposphärische Lebensdauer 10 h; zurückgelegte Entfernung von der Quelle (für Europa im Sommer): 140 km [410];
Rhein: 58 ng/l (1978), 41 ng/l (1979), 33 ng/l (1980) [68];

Bemerkung:
Gelbes Pulver;
Gehört zur Gruppe der z.T. toxischen polyaromatischen Kohlenwasserstoffe (PAH);

Benzo[b]fluoranthen

- **CAS-Nummer:**
205-99-2
- **gebräuchliche Namen:**
Benz[e]acephenanthrylen; 3,4-Benzofluoranthen;
- **Summenformel:**
$C_{20}H_{12}$

- **Strukturformel:**

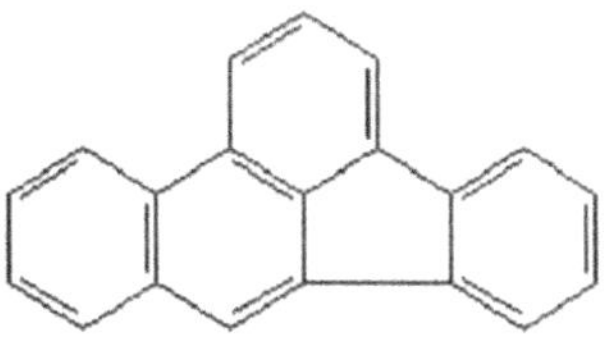

branchenspezifische Bemerkung zur Substanz:
ist u.a. enthalten in aromatischen Weichmacherölen; Bildet sich bei der Vulkanisation als Zersetzungsprodukt aus Kohlenwasserstoffen;

Eigenschaften:
- **toxikologisch/ökotoxikologisch:**
RTECS # CU 1400000
R-Satz: 45
S-Satz: 53-45
Sonstiges:
Carc.Cat.2; Karzinogen [187];
Gesundheitsgefährdend beim Einatmen, Verschlucken oder Aufnahme über die Haut; kann Reizungen verursachen [187];
TD Lo (intramuskulär, Ratte): 5 mg/kg [428];
TD Lo (Haut, Maus): 88 µg/kg/120W (intermittierend) [428];
TD Lo (subcutan, Maus): 72 mg/kg/9W (intermittierend) [428];

Gefahren-Symbol:

T

- **physikalisch/chemisch:**
Schmelzpunkt: 163-165 °C; 168 °C [428]
Log pOW: 6,124 [428]
Molmasse: 252,32 g/mol

Löslichkeit:
unlöslich in Wasser; sehr wenig löslich in Benzen;

Verbleib nach Gebrauch:
Troposphärische Lebensdauer: 80 h; zurückgelegte Entfernung von der Quelle (für Europa im Sommer): 1100 km [410];

Bemerkung:
Farblose Nadeln;
Gehört zu der Gruppe der z.T. toxischen polyaromatischen Kohlenwasserstoffen (PAH);

1,4-Benzochinondioxim

- **CAS-Nummer:**
105-11-3
- **gebräuchliche Namen:**
PQD; QDO; CDO; p-Benzochinondioxim; Paraquinondioxim; 2,5-Cyclohexadien-1,4-dion-dioxim; p-Chinondioxim;

- **Handelsnamen:**
  Actor a; Acetor D; Actor PQD; Actor Q; CMF; Dibenzo PQD; Dibenzo QDO; G-M-7; NCI-CO3850; Luvocure K-CDO; Vulnoc 6M;
- **Summenformel:**
  $C_6H_6N_2O_2$
- **Strukturformel:**

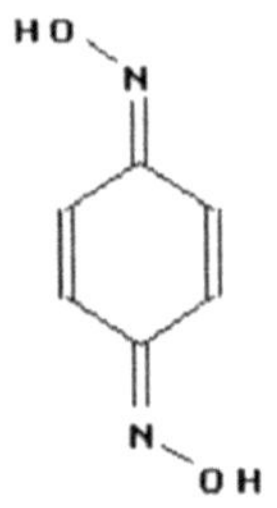

Funktion:
(1) Vernetzungsmittel, schwefelfrei;
(2) Vulkanisiermittel / Schwefelspender;
(3) Vernetzungsmittel, schwefelfrei für Haftmittel;
Kautschukart:
(1) + (2) Naturkautschuk; Isobuten-Isopren-Kautschuk; Styrol-Butadien-Kautschuk; Ethylen-Propylen-Terpolymer;
Anwendung:
(1) Heizschläuche für Reifenpressen; Reifen, Schläuche; chirurgische und medizinische Artikel; Sportartikel; Spielsachen; technische Gummiartikel; Produkte für Industrie, inkl. Druckplattentücher; Klebstoffe; Dichtungen; Latex Tauchartikel; Latex Schaumartikel;

Eigenschaften:
- **toxikologisch/ökotoxikologisch:**
  RTECS # DK 4900000
  R-Satz: 45-20/21/22-36-37-38
  S-Satz: 53-45-26-28-36/37/39
  Sonstiges:
  Karzinogenverdächtig;
  LD 50 (oral, Ratte): 464 mg/kg [428];
  LD 50 (oral, Maus): 1420 mg/kg [428];

  Gefahren-Symbol:

- **physikalisch/chemisch:**
  Schmelzpunkt: 243 °C (Zers.)
  Flammpunkt: > 100 °C
  Dichte: 1140 kg/m3 (20 °C) [SDB Lehmann & Voss]
  Molmasse: 138,13 g/mol

  Löslichkeit:
  Löslich in organischen Lösemitteln: ca. 30 %, unlöslich in Wasser [SDB Lehmann & Voss];

  Bemerkung zu physikalisch/chemischen Daten:
  Zündtemperatur: 235 °C [SDB Lehmann & Voss];

Verbleib nach Gebrauch:
Verbrennung nach Mischung mit brennbarem Lösemittel;

Bemerkung:
[SDB Lehmann & Voss]:
Bei Temperaturen oberhalb von ca. 120 °C kann sich das Produkt unter Freisetzung nitroser Gase zersetzen; das Produkt explodiert unter Entzündung der Dämpfe; Zu vermeidende Stoffe: starke Säuren und Oxidationsmittel;

enthalten in: Ekaland BQD DS (30 %); Luvocure K-CDO (65 % Wirkstoff in Mineralöl);

Benzo[def]phenanthren

- **CAS-Nummer:**
  129-00-0
- **gebräuchliche Namen:**
  Pyren;
- **Summenformel:**
  $C_{16}H_{10}$
- **Strukturformel:**

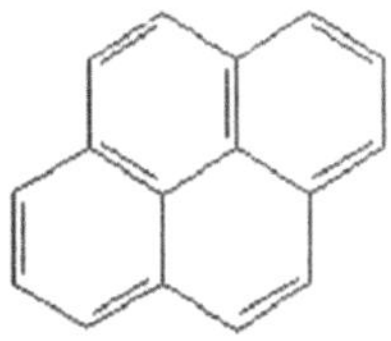

branchenspezifische Bemerkung zur Substanz:
Ist u.a. enthalten in aromatischen Weichmacherölen; Bildet sich bei der Vulkanisation als Zersetzungsprodukt aus Kohlenwasserstoffen;

Eigenschaften:
- **toxikologisch/ökotoxikologisch:**
  RTECS # UR 2450000
  R-Satz: 20/21/22-33
  S-Satz: 36/37
  Sonstiges:
  Kann schädigend wirken bei Einatmung, Verschlucken oder Aufnahme über Haut; kann Reizungen verursachen [187];
  Karzinogen-verdächtig [39];
  LD 50 (oral, Ratte): 2700 mg/kg [187];
  LC 50 (inhalativ, Ratte): 170 mg/m3 [187];
  LD 50 (oral, Maus): 800 mg/kg [428];
  LD 50 (intraperitoneal, Maus): 514 mg/kg [428];
  TD Lo (Haut, Maus): 10000 mg/kg/3W (intermittierend) [428];

  Gefahren-Symbol:

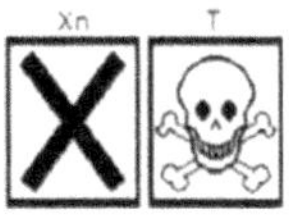

- **physikalisch/chemisch:**
  Schmelzpunkt: 149-151 °C; 156 °C
  Siedepunkt: 393 °C
  Log pOW: 4,88 [4]
  Dichte: 1271 kg/m3 23-24 °C)
  Molmasse: 202,26 g/mol

Löslichkeit:
löslich in Ethanol, Diethylether, Benzen, Ligroin;

Verbleib nach Gebrauch:
Verbrennung nach Mischung mit brennbarem Lösemittel;

Bemerkung:
Gelbe Kristalle und Pulver;
Gehört zu der Gruppe der z.T. toxischen polyaromatischen Kohlenwasserstoffe (PAH);

Benzo[e]pyren

- **CAS-Nummer:**
  192-97-2
- **gebräuchliche Namen:**
  4,5-Benzopyren; 4,5-Benzpyren;
- **Summenformel:**
  $C_{20}H_{12}$

- **Strukturformel:**

Funktion:
Verunreinigung in Weichmacherölen;

Eigenschaften:
- **toxikologisch/ökotoxikologisch:**
  RTECS # DJ 4200000;
  R-Satz: 20/21/22-23/24/25-47
  S-Satz: 22-36/37/39-44
  Sonstiges:
  Wirkt schädigend bei Einatmung, Verschlucken oder Aufnahme über Haut;
  kann Augen- und Hautreizungen verursachen [187];
  Karzinogen [187];
  Ergebnis des Ames-Test: positiv [392];

  Gefahren-Symbol:

- **physikalisch/chemisch:**
  Schmelzpunkt: 180-182 °C; 178 °C
  Siedepunkt: 492,9 °C
  Molmasse: 252,32 g/mol

Verbleib nach Gebrauch:
Verbrennung nach Mischung mit brennbarem Lösemittel;

Bemerkung:
Weißes bis hell-gelbes, kristallines Pulver;
Gehört zu der Gruppe der ⇒ polyaromatischen Kohlenwasserstoffe (PAH);

Benzoesäurechlormethylester

- **CAS-Nummer:**
  5335-05-7
- **gebräuchliche Namen:**
  Benzoyloxy-chlormethan; Chlormethylbenzoat;
- **Summenformel:**
  $C_8H_7ClO_2$

- **Strukturformel:**

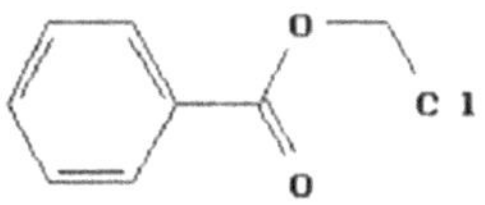

Eigenschaften:

- **physikalisch/chemisch:**
  Siedepunkt: 210 °C (986,3 hPa); 89 °C (1,33 hPa)
  Dichte: 1236 kg/m3 (20 °C); 1232,9 kg/m3 (25 °C)
  Molmasse: 170,6 g/mol

Benzo[g,h,i]perylen

- **CAS-Nummer:**
  191-24-2
- **gebräuchliche Namen:**
  1,12-Benzperylen; 1,12-Benzoperylen;
- **Summenformel:**
  $C_{22}H_{12}$

- **Strukturformel:**

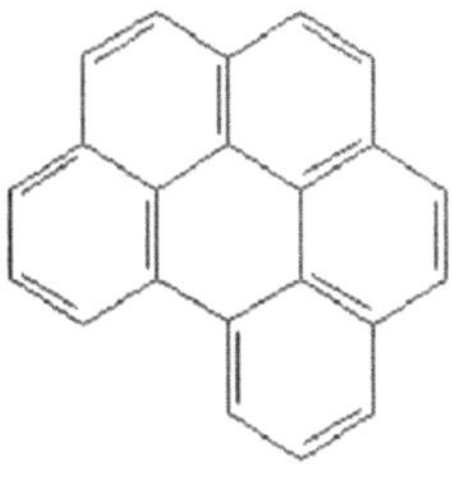

branchenspezifische Bemerkung zur Substanz:
Ist u.a. enthalten in aromatischen Weichmacherölen; Bildet sich bei der Vulkanisation als Zersetzungspodukt aus Kohlenwasserstoffen;

Eigenschaften:
- **toxikologisch/ökotoxikologisch:**
  RTECS # DI 6200500
  R-Satz: 23/24-39
  S-Satz: 28
  Sonstiges:
  Verdacht auf krebserregende Wirkung;

  Gefahren-Symbol:

- **physikalisch/chemisch:**
  Schmelzpunkt: 277-278,5 °C; 271-273 °C; 276,32 °C
  Siedepunkt: > 500 °C
  Molmasse: 276,34 g/mol

Verbleib nach Gebrauch:
Verbrennung nach Mischung mit brennbarem Lösemittel;

Bemerkung:
ung;

Benzo[k]fluoranthen

- **CAS-Nummer:**
  207-08-9
- **gebräuchliche Namen:**
  11,12-Benzofluoranthen;
- **Summenformel:**
  $C_{20}H_{12}$

- **Strukturformel:**

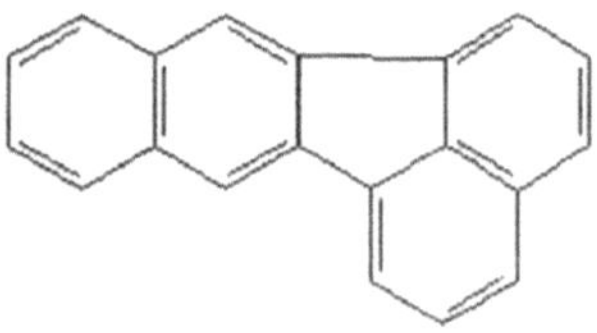

branchenspezifische Bemerkung zur Substanz:
Ist u.a. enthalten in aromatischen Weichmacherölen; Bildet sich bei der Vulkanisation als Zersetzungsprodukt aus Kohlenwasserstoffen;

Eigenschaften:
- **toxikologisch/ökotoxikologisch:**
  R-Satz: 45
  S-Satz: 53-45
  Sonstiges:
  Carc.Cat.2;
  TD Lo (implantiert, Ratte): 5 mg/kg [428];
  TD Lo (Haut, Maus): 2820 mg/kg/47W (intermittierend) [428];
  TD Lo (subcutan, Maus): 72 mg/kg/9W (intermittierend) [428];

Gefahren-Symbol:

- **physikalisch/chemisch:**
  Schmelzpunkt: 217 °C
  Siedepunkt: 480 °C
  Log pOW: 6,84 [428]
  Molmasse: 252,32 g/mol

  Löslichkeit:
  unlöslich in Wasser; löslich in Ethanol, Benzen, Essigsäure;

Verbleib nach Gebrauch:
Troposphärische Lebensdauer: 14 h; zurückgelegte Entfernung von der Quelle (für Europa im Sommer): 200 km [410];

Bemerkung:
Gehört zu der Gruppe der z.T. toxischen polyaromatischen Kohlenwasserstoffen (PAH);

Benzo-(1,2,5)-oxadiazol

- **CAS-Nummer:**
  273-09-6
- **gebräuchliche Namen:**
  Benzofurazan; BFZ; 2,1,3- Benzoxadiazol;
- **Summenformel:**
  $C_6H_4N_2O$

- **Strukturformel:**

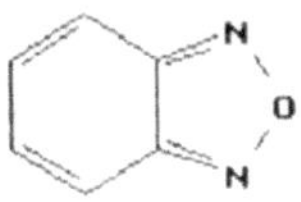

branchenspezifische Bemerkung zur Substanz:
Zersetzungsprodukt von Benzofuroxan (BFO);

Eigenschaften:
- **toxikologisch/ökotoxikologisch:**
  RTECS # DM 2580000
  Sonstiges:
  LD50 (intraperitoneal, Maus): 600 mg/kg [428];

- **physikalisch/chemisch:**
  Schmelzpunkt: 55 °C; 50-55 °C
  Dichte: 1142,3 kg/m3 (98 °C); 1177 kg/m3 (65 °C)
  Molmasse: 120,12 g/mol

9,10-Benzophenanthren

- **CAS-Nummer:**
  217-59-4
- **gebräuchliche Namen:**
  Triphenylen; Isochrysen;
- **Summenformel:**
  $C_{18}H_{12}$

- **Strukturformel:**

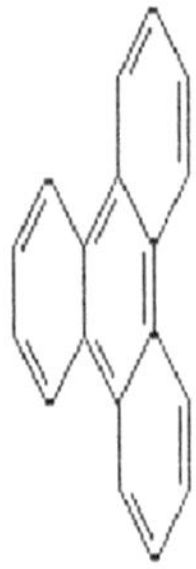

Funktion:
Verunreinigung in vielen Ölen z.B. Weichmacherölen.

branchenspezifische Bemerkung zur Substanz:
Triphenylen ist eine der zur Bestimmung der 16 EPA-PAH's zu analysierende Substanz. Sie ist als Verunreinigung in vielen Weichmacherölen enthalten.

Eigenschaften:
- **toxikologisch/ökotoxikologisch:**
  RTECS # YK 2925000
  R-Satz: 20/21/22-33
  S-Satz: 22-28

  Gefahren-Symbol:

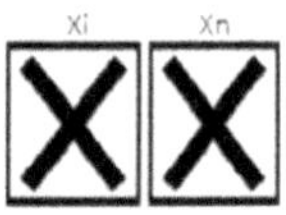

- **physikalisch/chemisch:**
  Schmelzpunkt: 195-198 °C
  Siedepunkt: 425 °C
  Molmasse: 228,30 g/mol

  Löslichkeit:
  unlöslich in Wasser; leicht löslich in Benzen (Benzol), Trichlormethan (Chloroform); löslich in Ethanol;

Verbleib nach Gebrauch:
Verbrennung nach Mischung mit brennbarem Lösemittel;

Bemerkung:
Gehört zu der Gruppe der ⇒ polyaromatischen Kohlenwasserstoffe (PAH);

1,2-Benzophenanthren

- **CAS-Nummer:**
  218-01-9
- **gebräuchliche Namen:**
  Chrysen; Benzo[a]phenanthren; 1,2-Benzphenanthren;
- **Summenformel:**
  $C_{18}H_{12}$

- **Strukturformel:**

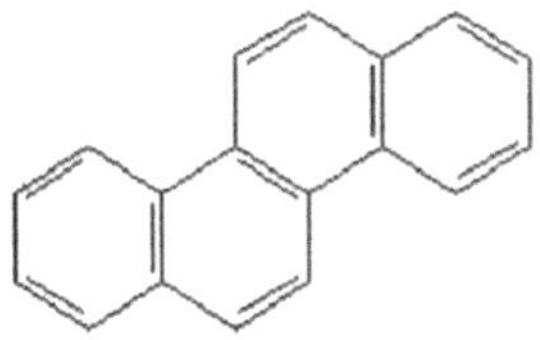

branchenspezifische Bemerkung zur Substanz:
Ist u.a. enthalten in aromatischen Weichmacherölen; Bildet sich bei der Vulkanisation als Zersetzungsprodukt aus Kohlenwasserstoffen;

Eigenschaften:
- **toxikologisch/ökotoxikologisch:**
  RTECS # GC 0700000
  R-Satz: 45-46-20/21/22
  S-Satz: 53-45-36/36/37/39-3/7
  Sonstiges:
  Karzinogen [187];
  Wirkt schädigend bei Einatmung, Verschlucken oder Aufnahme über Haut; kann Reizungen verursachen [187];
  Ergebnis des Ames-Test: positiv [392];
  LD 50 (intraperitoneal, Maus): >320 mg/kg [428];
  TD (Haut, Maus): 23 mg/kg [428];

  Gefahren-Symbol:

- **physikalisch/chemisch:**
  Schmelzpunkt: 255,8-256,3 °C; 252-254 °C
  Siedepunkt: 441 °C; 448 °C
  Log pOW: 5,61 - 5,91 [428]
  Dichte: 1274 kg/m3 (20 °C)
  Molmasse: 228,29 g/mol

  Löslichkeit:
  unlöslich in Wasser; mischbar mit Ethanol, Diethylether, Propanon, Benzen;

Verbleib nach Gebrauch:
Verbrennung nach Mischung mit brennbarem Lösemittel;

Bemerkung:
Farblose, rhomboedrische Kristalle mit blauer Fluoreszenz;
Vorkommen im Steinkohlenteer;
Gehört zu der Gruppe der z.T. toxischen polyaromatischen Kohlenwasserstoffe (PAH);
Verwendung: zur Herstellung von UV-Filtern, Sensibilisatoren und Farbstoffen;

Benzothiazol

- **CAS-Nummer:**
  95-16-9
- **UN Nummer:**
  2810
- **gebräuchliche Namen:**
  BT; 1-Thia-3-azainden;
- **Handelsnamen:**
  O-2857; Vangard BT;
- **Summenformel:**
  C_7H_5NS

- **Strukturformel:**

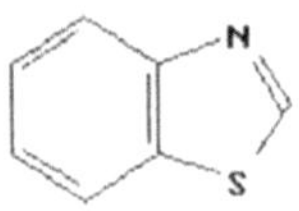

branchenspezifische Bemerkung zur Substanz:
Zersetzungsprodukt von Sulfenamiden;

Eigenschaften:
- **toxikologisch/ökotoxikologisch:**

RTECS # DL 0875000
WGK: 2
R-Satz: 23/24/25-36/37/38
S-Satz: 28-27-45-36/37/39
Sonstiges:
Ist seit längerem als Dermatitis auslösende Substanz bekannt [448];
Gesundheitsschädlich beim Einatmen oder bei Aufnahme über die Haut; bei Kontakt mit Flüssigkeit Augen- und Hautreizung möglich;
LD 50 (oral, Ratte): 180 mg/kg [187], 466 mg/kg [428];
LD Lo (intraperitoneal, Ratte):1 g/kg [428];
LD Lo (intravenös, Ratte): 200 mg/kg [428];
LC (inhalativ, Ratte): >1400 mg/m3/6h [428];
LD 50 (oral, Maus): 900 mg/kg [428];
LD 50 (intraperitoneal, Maus): 100 mg/kg [428];
LD 50 (intravenös, Maus): 95 mg/kg [428];
LD Lo (intravenös, Katze): 100 mg/kg [428];
LD 50 (Haut, Kaninchen): >631 mg/kg [428];
LD 50 (intravenös, Maus): 95 ± 3 mg/kg [191];

EC 50 (Leuchtbakterientest): 22 µmol/l [448];
EC 10 (Leuchtbakterientest): 2,0 µmol/l [448];
EC 50 (Einzeller): 116 mg/l/24 h [448];
LC 50 (Fische): 110 mg/l [448];
besitzt eine unspezifische, narkotische Wirkung auf die Bakterien [448];

- **physikalisch/chemisch:**

Schmelzpunkt: 2 °C
Siedepunkt: 231 °C (1013 hPa); 131 °C (45,32 hPa); 92 °C (9,33 hPa)*
Flammpunkt: > 112 °C
Dampfdruck: 44,7 hPa (131 °C) [187]
Log pOW: 2,01 [4]; 2,03 [4]; 1,99 [448]
Brechungsindex: 1,6379 (20 °C)
Dichte: 1246,0 kg/m3 (20 °C); 1238 kg/m3
Molmasse: 135,19 g/mol

Löslichkeit:
löslich in Wasser (100 mg/l) [448]; löslich in Propanon; leicht löslich in Ethanol, Diethylether;

Bemerkung zu physikalisch/chemischen Daten:
*: 112 °C (19,99 hPa); 112-113 °C (22,66 hPa); 183 °C (1005 hPa) werden auch als Siedepunkte angegeben.

Verbleib nach Gebrauch:
Verbrennung nach Mischung mit brennbarem Lösemittel;
Vorkommen in der Umwelt [448]:

	µg/l
Flußwasser	bis zu 55
Flußwasser nach Reifenbrand	2,5-720
Grundwasser	1-6
Abwasser	
-Reifenfabrik	20-60
-Papierfabrik	10-30
-unspezifiziert	0,3
Deponiesickerwasser	0,029
Boden	79
Atmosphäre bis zu	0,1
Abgaskondensat einer Kohleverbrennung	2-6

Bemerkung:
Gelbe Flüssigkeit; brennbar;
Verwendung: in der organischen Synthese;

4-(Benzothiazol-2-sulfonyl)-morpholin

- **CAS-Nummer:**
102-77-2
- **gebräuchliche Namen:**
MBS; OBTS; MTB; N-Oxydiethylen-2-benzothiazol-sulfenamid; 2-(4-Morpholinylthio)-benzothiazol; N-Morpholin-2-benzothiazol-sulfenamid; 2-Morpholin-4-ylsulfanyl-benzothiazol; 2-(Morpholinothio)-benzothiazol; 2-Benzothiazoyl-(N-morpholinosulfid); Benzothiazyl-2-sulfenmorpholid; 2-Morpholinylthiobenzothiazol; 2-(N-Morpholinyl)-mercaptobenzothiazol; N-Oxydiethylen-2-benzothiazolsulfonamid; 4-(2-Benzothiazolylthio)-morpholin; 4-(Benzothiazol-2-sulfonyl)-morpholin;
- **Handelsnamen:**
Akrochem OBTS; Amax; Delac MOR; Ekaland MBS; Nocceler MSA; NOPS Spezial; Rhenogran MBS-80; Rubenamid M; Sanceller NOB; Santocure MOR; Soxinol NBS-G; Sulfonamid M; Sulfenax MODR; Vulkacit MOZ; Vulkacit MOZ/LG; Vulkacit MOZ/SG; Vulcafor MBS; Vulcafor BSM; VSA 7 CY-7;
- **Summenformel:**
$C_{11}H_{12}N_2OS_2$

- **Strukturformel:**

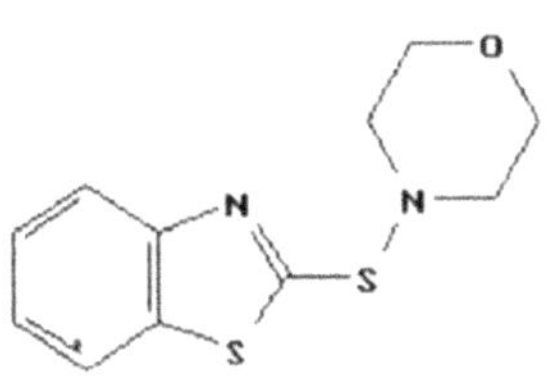

Funktion:
(1) Vulkanisiermittel / Schwefelspender;
(2) Vulkanisationsbeschleuniger, organisch;

Kautschukart:
(1) Naturkautschuk; Styrol-Butadien-Kautschuk; Butadien-Kautschuk; Acrylnitril-Butadien-Kautschuk;
(2) Naturkautschuk; Styrol-Butadien-Kautschuk; Isopren-Kautschuk, synthetisch;
Anwendung:
(2) Reifen, Transportbänder, Kabelherstellung; Schläuche; chirurgische und medizinische Artikel; Sportartikel; Spielsachen; technische Gummiartikel; Produkte für Industrie, inkl. Druckplattentücher; Klebstoffe; Dichtungen; Latex Tauchartikel; Latex Schaumartikel;

branchenspezifische Bemerkung zur Substanz:
kann als Verunreinigung 2-(4-Morpholinyl)-benzothiazol enthalten;
Einsatzmenge: 67 t/a (TSE-Industrie, 1996)

Eigenschaften:
- **toxikologisch/ökotoxikologisch:**
RTECS # DL 5950000
Sonstiges:
LD 50 (oral, Ratte): 1980 mg/kg [428];
LD 50 (oral, Maus): 1870 mg/kg [428];
LD 50 (intraperitoneal, Maus): 100 mg/kg [428];

zu Ekaland MBS [616]:
Gefahrensymbol: Xi; R-Sätze: 43; S-Sätze: 24-28; WGK 1; MAK-Wert: <2,5 mg/kg;
LD 50 (oral, Ratte): 7940 mg/kg;

- **physikalisch/chemisch:**
Schmelzpunkt: 80 °C; 85-86 °C; 80-87 °C
Dichte: 1340 kg/m3 (25 °C); 1370 ± 30 kg/m3
Molmasse: 252,35 g/mol

Löslichkeit:
unlöslich in Wasser, löslich in Alkoholen, Trichlormethan, Methylbenzen, Propanon [Sdb Göbel + Pfrengle];
löslich in Methanol, Benzen;

Bemerkung:
zu Ekaland MBS [616]:
beiges Granulat, kein Geruch;
bei Anwesenheit nitrosierender Stoffe entsteht N-Nitrosomorpholin; bei thermischer Zersetzung wird Morpholin frei. Kontakt mit Säuren und Oxidationsmitteln vermeiden. Nicht mit nitrosierenden Stoffen zusammen verarbeiten;

2-Benzothiazolthiol

- **CAS-Nummer:**
149-30-4
- **UN Nummer:**
9601
- **gebräuchliche Namen:**
MBT; Mercaptobenzthiazol; 2-Benzothiazolthiol; 2(3H)-Benzothiazolthion; 2-Mercaptobenzthiazol; 2-Benzothiazolethiol; 2-Mercaptobenzothiazol; 2-Benzothiazolethiol;
- **Handelsnamen:**
Accelerator M; Avorator MBT; Captax; Pennac; Demacid; Ekogam C; Mertax; Thiotax; Pennac MBT; Preumax MBT; Rotax; Vulkacit M; Caytur 4; Rubator MBT; Vulkazit Merkapto; Vulkacit Mercapto C; Vulkacit Mercapto MG; Vulkacit Mercapto MGC;
- **Summenformel:**
$C_7H_5NS_2$

- **Strukturformel:**

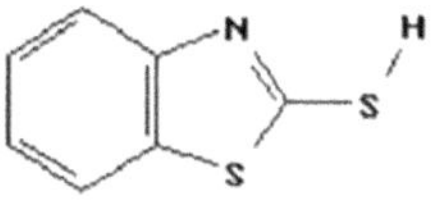

Funktion:
(1) Mastikationsmittel;
(2) Vulkanisationsbeschleuniger, organisch;
Kautschukart:
(2) Naturkautschuk; Isopren-Kautschuk, synthetisch; Butadien-Kautschuk; Styrol-Butadien-Kautschuk; Acrylnitril-Butadien-Kautschuk; Isobuten-Isopren-Kautschuk; Ethylen-Propylen-Copolymer;
Anwendung:
(2) technische Gummiartikel (Reifen, Transportbänder, Keilriemen, Dichtungen, Schuhwerk, Gummifäden); Griffe; Teile an Haushaltsgeräten; Gurte; Transportwalzen; Stopfen; Fahrradreifen; Kabelummantelungen; Gummierungen in Gummiteilen aller Art; Schläuche; chirurgische und medizinische Artikel; Sportartikel; Spielsachen; Produkte für Industrie, inkl. Druckplattentücher; Klebstoffe, Dichtungen; Latex Tauchartikel; Latex Schaumartikel;

branchenspezifische Bemerkung zur Substanz:
(3) Zersetzungsprodukt von Sulfenamiden (z.B. MBTS, CBS, TBBS);
Einsatzmenge: 242 t/a (Reifenindustrie: 22 t/a, TSE-Industrie: 220 t/a) (1996)

Eigenschaften:
- **toxikologisch/ökotoxikologisch:**
RTECS # DL 6475000
Schweizer Giftliste: 4
WGK: 3
R-Satz: 23/24/25-42/43-40
S-Satz: 36-22
Sonstiges:
Zu MBT liegt ein BUA-Stoffbericht Nr. 74 vor;
Die chronische und akute Toxizität wurde in klinischen Untersuchungen intensiv untersucht. MBT besitzt die Eigenschaft, das menschliche Immunsystem zu sensibilisieren. Es ist ein Kontaktallergen und gilt als eine jener Verbindungen, die Gummiallergien auslösen können. Wird in der BRD ein Patient mit Gummiallergie untersucht, wird meist dessen Hautreaktion auch auf MBT getestet [448]; Allergen, mäßig toxisch;
Stäube und Dämpfe reizen stark Augen, die oberen Atemwege, Lunge sowie die Haut; Lungenödem möglich, welches mit einer Verzögerung bis zu zwei Tagen auftreten kann; Kontakt mit dem Stoff führt zu Reizung der Augen und der Haut [484];
Karzinogen verdächtig [187];
stark sensibilisierend; Wirkcharakter: in den Augen und im Magen-Darm-Trakt mehr oder minder starke Reizwirkung, Brechreiz, Brechdurchfall, beim Einatmen Hustenreiz [39];
Bei subchronischen Versuchen an Nagern kommt es zur Gewichtsreduktion und Veränderungen an Leber und Nieren [539];
LD 50 (oral, Ratte): 1680 mg/kg [40], [187]; 100 mg/kg [39];
LD 50 (intraperitoneal, Ratte): 300 mg/kg [428];
LC 50 (inhalativ, Ratte): >1270 mg/m3 [428];
LD 50 (intraperitoneal, Maus): 100 mg/kg [428];
LD 50 (oral, Maus): 1158 mg/kg [428];
LD 50 (dermal, Kaninchen): >7940 mg/kg [39];
LD 50 (oral, Meerschweinchen): 1680 mg/kg [539];
LD 50 (intraperitoneal, Meerschweinchen): 300 mg/kg [539];

besitzt eine unspezifische, narkotische Wirkung auf die Bakterien [448];
EC 50 (Leuchtbakterientest): 2,8 µmol/l [448];
EC 10 (Leuchtbakterientest): 0,17 µmol/l [448];
EC 50 (Einzeller): 10 mg/l/24 h [448];
EC 50 (Daphnien): 3,3 mg/l [448];
LC 50 (Daphnien): 4,1 mg/l (48 h) [503];
LC 0 (Daphnien): 1,8 mg/l (48 h) [503];
NOEC = 0,24 mg/l (21 d) Mortalität (Daphnien) [503];

NOEC = 0,22 mg/l (21 d) Reproduktionsrate (Daphnien) [503];
LC 50 (Fische): 3,3 mg/l/96 h, 3,8 mg/l/96 h [448];

zu Mixland MBT 80 GE [Sdb Göbel], Angaben bezogen auf Wirksubstanz:
Gefahrensymbol: Xi; R-Sätze: 43; S-Sätze: 24-36/37;
LD 50 (oral, Ratte): >5000 mg/kg;

zu Perkacit ZMBT-Bantex, Perkacit MBT-Thiotax [Sdb Flexsys], Angaben bezogen auf Wirksubstanz:
Gefahrensymbol: N, Xi; R-Sätze: 43-50-53;
LD 50 (oral, Ratte): >5000 mg/kg;

lt. FLUKA-Chemikalienkatalog Einstufung mit Gefahrensymbol T; R-Sätze 25-43;

lt. ACROS-Chemikalienkatalog Einstufung mit Gefahrensymbol T; R-Sätze 25-43;

Staphylococcus aureus und Escherichi Coli: ab 50 mg/l verringertes Wachstum [503];

Gefahren-Symbol:

- **physikalisch/chemisch:**

Schmelzpunkt: 177-181 °C; 179-182 °C
Flammpunkt: 243 °C
Dampfdruck: < 0,0001 hPa (20 °C) [484]; 0,0000357 (70 °C) [539]
Log pOW: 0,44 [4]; 2,84; 1,61; 2,42 [539]; 1,61; 2,41; 2,42 [448]
Dichte: 1420 kg/m3 (20 °C); 1420-1520 kg/m3 (25 °C)
Molmasse: 167,24 g/mol

Löslichkeit:
Wasser: 0,117 g/l (20 °C, pH 7) [608];
Wasser: 120 mg/l (24 °C), 54 mg/l (5 °C), 110-20 mg/l (20 °C), 51 mg/l (25 °C, pH 5), 117 mg/l (20 °C, pH 7), 118 mg/l (25 °C, pH 7), 118 mg/l (25 °C, pH 7), 905 mg/l (25 °C, pH 9) [448];
löslich in siedendem Ethanol; sehr wenig löslich in siedendem Diethylether; löslich bei 25 °C in Ethanol 2,0 g/l, Ether 1,0 g/l, Propanon 10,0 g/l, Benzen 1,0 g/l, Tetrachlormethan <0,2 g/l, Naphta <0,5 g/l; schwach löslich in Benzin, Trichlorethen; löslich in Alkalicarbonatlösung, Schwefelkohlenstoff, verdünnten Alkalien, Methylbenzen, Trichlormethan, Dichlormethan, Ethylacetat;

Bemerkung zu physikalisch/chemischen Daten:
Zersetzung: ab 260 °C (1013 hPa) [539];
BCF-Wert <8 [503];
schwerflüchtig aus wässrigen Lösungen;

Verbleib nach Gebrauch:

Verbrennung nach Mischung mit brennbarem Lösemittel;
in Umwelproben nachgewiesene Konzentrationen [608]:

Land	Probennahmestelle	Jahr	Konzentration	
USA	Abwasser einer Papierfabrik	1972	25-35	[µg/l]
USA	Abwasser einer Papierfabrik	1976	30	[µg/l]
USA	Kläranlagenzulauf einer Reifenfabrik	1985	540-710	[µg/l]
USA	Kläranlagenzulauf eines MBTS-Herstellers	1985	500-10.000	[µg/l]
USA	Kläranlagenablauf eines MBTS-Herstellers	1985	11	[µg/l]
GB	Sickerwasser einer Deponie	1976	ca. 30	[µg/l]
GB	Kläranlagenablauf	1980	<0,001 [µg/l]	
NL	behandeltes Wasser (keine weiteren Angaben)		1	[µg/l]
USA	Sediment	1988-90	0,16-3,41mg/kgTG	

Vorkommen in der Umwelt [448]:

	µg/l
Flußwasser	0,5
Abwasser	
-Reifenfabrik	30
-Papierfabrik	25-35

Bemerkung:

Der MBT-Bedarf in der Bundesrepublik lag 1993 zwischen 400 und 600 t [503];
1983 wurden in Westeuropa 37.000 t MBT produziert, wovon 2.500 t zu dem Pflanzenschutzmittel Methabenzthiazuron und 34,500 t zu MBT-Salzen (Na und Zn-Salze), MBTS und Benzthiazol-Sulfenamide weiterverarbeitet wurden [503].
Schwach gelber, bitter schmeckender Feststoff, der monokline Kristalle bildet [539];

Hellgelbes Pulver; charakteristischer Geruch; brennbar;
Bildet im dampf-/gasförmigen Zustand mit Luft explosionsfähige Gemische;
Explosionsgrenzen: 15 - ? Vol.% ; Zündtemp.: 465 °C [484];
Stoff reagiert bei Kontakt oder Mischung mit starken Oxidationsmitteln; bei Brand bilden sich giftige und ätzende Dämpfe von Schwefeldioxid, nitrosen Gasen, Kohlenmonoxid, Kohlendioxid;
Bei Kontakt mit Säuren oder thermischer Zersetzung entsteht u.a. giftiger Schwefelwasserstoff;
Salze werden als Fungizid eingesetzt; Vulkanisationsbeschleuniger;

In Verbraucherprodukten wurden folgende MBT-Konzentrationen gemessen [608]:

Produkt	Konzentration	
Injektionslösungen*	07-11,7	mg/l
Injektionslösungen*	8,3-13,8	mg/l
Injektionslösungen*	2,9-53	mg/l
Röntgenkontrastmittel*	3,3	mg/l
Gummiartikel mit Lebensmittelkontakt	12,3-85,6	mg/l
Gummischuhe	317-1910	mg/kg
Babysauger	max. 300	mg/kg

*: Das MBT stammt aus den Gummiverschlüssen der Ampullen.

zu Mixland MBT 80 GE [Sdb Göbel], Angaben bezogen auf Wirksubstanz:
Schmelzpunkt: 175 °C;

enthalten in: Mixland MBT 80 GE (80 %) Rest: Polymerbinder, Perkacit ZMBT-Bantex (14-18 %), Perkacit MBT-Thiotax (>96 %),

2-Benzothiazolthiol, Natriumsalz

- **CAS-Nummer:**
  2492-26-4
- **gebräuchliche Namen:**
  NaMBT; 2-Benzothiazolylnatrium; 2-(3H)-Benzolthiazolthion, Natriumsalz; 3H-Benzothiazol-2-thion, Natriumsalz; 2-Mercapto-benzothiazol, Natriumsalz; Natrium-2-benzothiazolthiolat; Natrium, Benzothiazol-2-thiolat; Natrium-2-mercaptobenzothiazol;
- **Handelsnamen:**
  Duodex; Rhenogran MBT-80; Wacap; Vancide 51;
- **Summenformel:**
  $C_7H_4NNaS_2$
- **Strukturformel:**

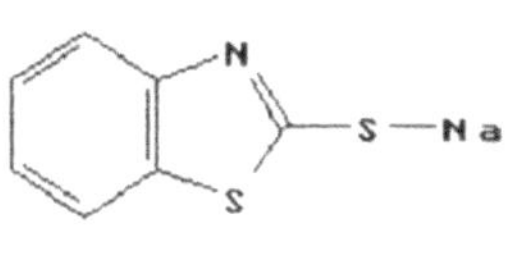

Funktion:
(1) Vulkanisationsbeschleuniger, organisch;
(2) Fungizid;
Anwendung:
(2) Latex;

Eigenschaften:
- **toxikologisch/ökotoxikologisch:**
RTECS # DL 6825000
Sonstiges:
Zu diesem Stoff liegt ein BUA-Stoffbericht Nr. 74 vor.
LD 50 (oral, Ratte): 3120 mg/kg [428];

- **physikalisch/chemisch:**
Schmelzpunkt: ca. -14 °C
Siedepunkt: ca. 108 °C
Log pOW: 0,34 ± 0,18 [539]
Dichte: 1250 kg/m3 (20 °C); 1255 (25 °C);
Molmasse: 189,24 g/mol

Löslichkeit:
mischbar mit Wasser [539];

Bemerkung zu physikalisch/chemischen Daten:
Zündtemperatur: ca. 480 °C [539];

Bemerkung:
Eigenschaften korrespondieren mit denen der freien Säuren [539];
50 % wäßrige Lösung; leicht bräunliche Flüssigkeit;
Verwendung: Pesticid, Insekticid;

3-(Benzothiazol-2-yldisulfanyl)-propionsäuremethylester

- **CAS-Nummer:**
80708-22-1
- **Summenformel:**
$C_{11}H_{11}NO_2S_3$

- **Strukturformel:**

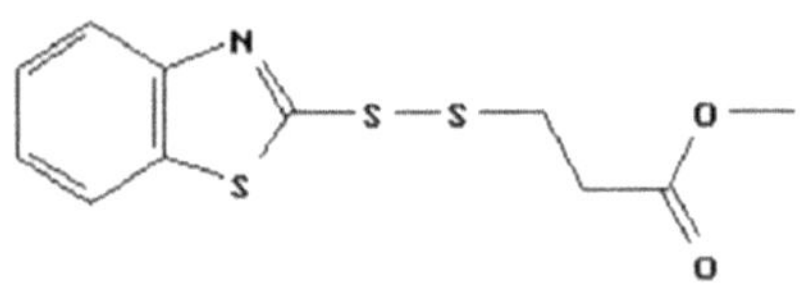

Funktion:
Vulkanisationsbeschleuniger, organisch;

Eigenschaften:

- **physikalisch/chemisch:**
Schmelzpunkt: 70-71 °C
Molmasse: 285,39 g/mol

5-Benzothiazol-2-yl-N-(1,1-dimethylpropyl)-thiohydroxylamin

- **CAS-Nummer:**
  110799-28-5
- **gebräuchliche Namen:**
  TABS; Isoamylbenzothiazolsulfenamid; N-tert.-Pentyl-2-benzothiazolsulfenamid;
- **Handelsnamen:**
  Vulkacit AMZ;
- **Summenformel:**
  $C_{12}H_{16}N_2S_2$

- **Strukturformel:**

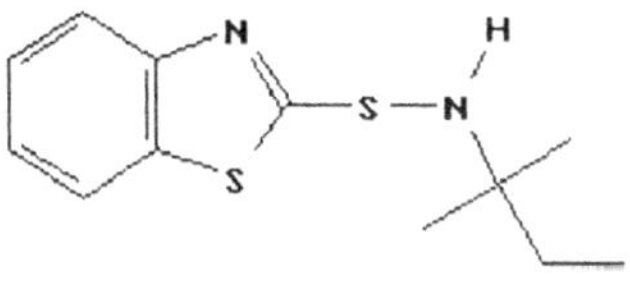

Funktion:
Vulkanisationsbeschleuniger, organisch;

Eigenschaften:
- **toxikologisch/ökotoxikologisch:**
  R-Satz: 43-52/53
  S-Satz: (2)-36/37-61

  Gefahren-Symbol:

- **physikalisch/chemisch:**
  Molmasse: 252,39 g/mol

S-Benzothiazol-2-yl-N-isopropyl-thiohydroxylamin

- **CAS-Nummer:**
  10220-34-5
- **gebräuchliche Namen:**
  NIBS; Isopropylbenzothiazolsulfenamid;
- **Handelsnamen:**
  Santocure NIBS;
- **Summenformel:**
  $C_{10}H_{12}N_2S_2$

- **Strukturformel:**

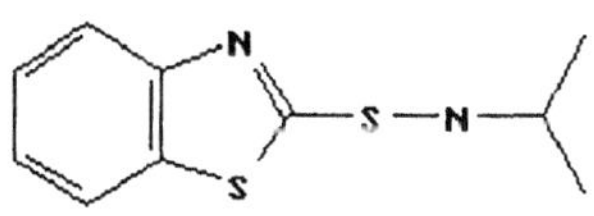

Funktion:
Vulkanisationsbeschleuniger, organisch;

Eigenschaften:

- **physikalisch/chemisch:**
  Molmasse: 224,34 g/mol

N-(2-Benzothiazolythio)-N-(1,1-dimethylethyl)-2-benzothiazolsulfenamid

- **CAS-Nummer:**
  3741-80-8
- **gebräuchliche Namen:**
  TBSI; Bis-benzothiazol-2-ylsulfanyl-tert.-butylamin; Bis-[benzothiazol-2sulfenyl]-tert.-butyl-amin; N-tert.-Butyl-benzenthiazolsulfenimid;
- **Handelsnamen:**
  Vanax TBSI; Santocure TBSI;
- **Summenformel:**
  $C_{18}H_{17}N_3S_4$

- **Strukturformel:**

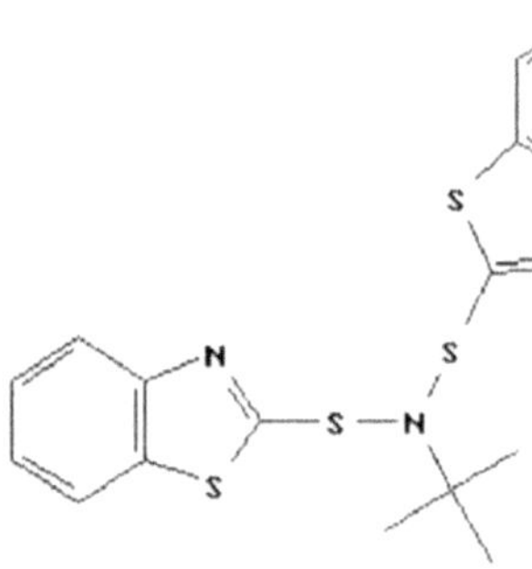

Funktion:
Vulkanisationsbeschleuniger, organisch;
Kautschukart:
Naturkautschuk; Isopren-Kautschuk, synthetisch; Butadien-Kautschuk; Styrol-Butadien-Kautschuk;
Anwendung:
Reifen; Transportband;

branchenspezifische Bemerkung zur Substanz:
Einsatzmenge: 27 t/a (Reifenindustrie, 1996)

Eigenschaften:

- **physikalisch/chemisch:**
  Schmelzpunkt: 130-140 °C
  Dichte: 1300 ± 30 kg/m3
  Molmasse: 403,59 g/mol

Bemerkung:
enthalten in: Santocure TBSI (93 %);

2-(2H-Benzotriazol-2-yl)-4,6-bis-(1,1-dimethylethyl)-hydroxybenzen

- **CAS-Nummer:**
  3846-71-7
- **gebräuchliche Namen:**
  2-Benzotriazol-2-yl-4,6-di-tert-butylphenol; 2-(2H-Benzotriazol-2-yl)-4,6-bis-(1,1-dimethylethyl)-phenol;
- **Handelsnamen:**
  Tinuvin 320;
- **Summenformel:**
  $C_{20}H_{25}N_3O$

- **Strukturformel:**

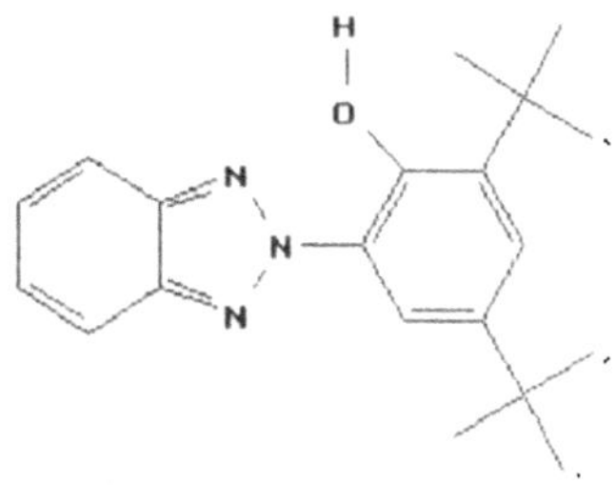

Funktion:
Lichtschutzmittel;

Eigenschaften:

- **physikalisch/chemisch:**
  Schmelzpunkt: 153 °C
  Molmasse: 323,437 g/mol

Bemerkung:
Verwendung: als Stabilisator für Kunststoffe; Absorbens für UV-Strahlen;

2-Benzotriazol-2-yl-4,6-bis-(2,2-dimethylpropyl)-hydroxybenzen

- **CAS-Nummer:**
  15769-44-5
- **Handelsnamen:**
  Tinuvin 328;
- **Summenformel:**
  $C_{22}H_{29}N_3O$

- **Strukturformel:**

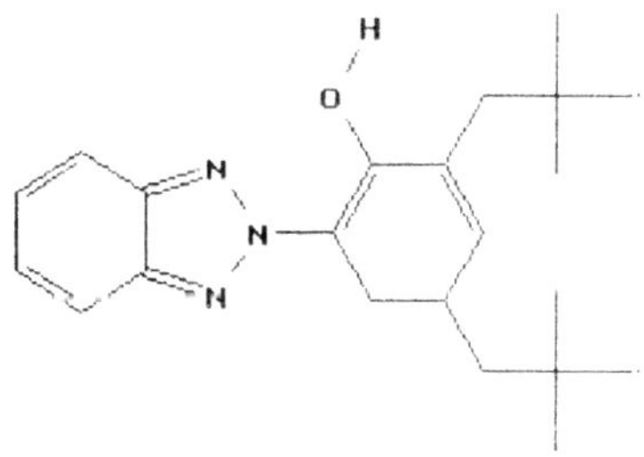

Funktion:
Lichtschutzmittel;

Eigenschaften:

- **physikalisch/chemisch:**
Siedepunkt: 80-81 °C (1013 hPa)
Molmasse: 351,49 g/mol

2-(2H-Benzotriazol-2-yl)-4-methylhydroxybenzen

- **CAS-Nummer:**
2440-22-4
- **gebräuchliche Namen:**
2-(2H-Benzotriazol-2-yl)-p-cresol; 2-(2'-Hydroxy-5'-methylphenyl)-benzotriazol;
- **Handelsnamen:**
Benazol P; Drometrizol; Tin P; UV-Absorber-1; Tinuvin P;
- **Summenformel:**
$C_{13}H_{11}N_3O$

- **Strukturformel:**

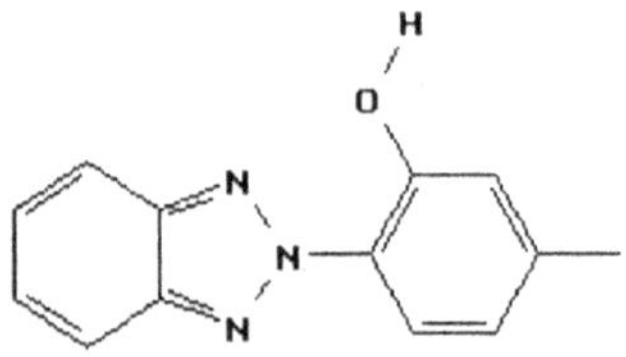

Funktion:
Lichtschutzmittel;

Eigenschaften:
- **toxikologisch/ökotoxikologisch:**
RTECS # GO 6860000
Sonstiges:
Reizt Augen [428]:
LD 50 (oral, Maus): 6500 mg/kg [428];

- **physikalisch/chemisch:**
Schmelzpunkt: 131-133 °C
Molmasse: 225,25 g/mol

Löslichkeit:
löslich in Ethylacetat, Propanon, Dioctylphthalat, Caprolactamlösungen;

Bemerkung:
Kristalle;
Verwendung: bei der Polymerisation als Zusatz von Kunststoffen; als UV-Absorber, um Kunststoffe und andere org. Materialien vor Farbveränderungen und Verfall zu schützen;

2-Benzotriazol-2-yl-6-tert.-butyl-4-methylhydroxybenzen

- **CAS-Nummer:**
  23939-33-5
- **Handelsnamen:**
  N
- **Summenformel:**
  $C_{17}H_{19}N_3O$

- **Strukturformel:**

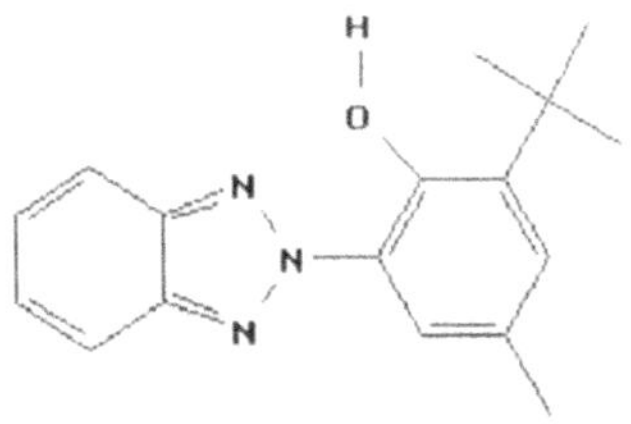

Funktion:
Lichtschutzmittel;

Eigenschaften:

- **physikalisch/chemisch:**
  Siedepunkt: 139-140 °C (1013 hPa)
  Molmasse: 281,36 g/mol

2-(2H-Benzotriazol-2-yl)-4-(1,1,3,3-tetramethylbutyl)-hydroxy-benzen

- **CAS-Nummer:**
  3147-75-9
- **gebräuchliche Namen:**
  2-(2H-Benzotriazol-2-yl)-4-(1,1,3,3-tetramethylbutyl)phenol; 2-[2-Hydroxy-5-(1,1,3,3-tetramethylbutyl) phenyl]2H-benzotriazol;
- **Handelsnamen:**
  Octrizol; Cyasorb UV 5411;
- **Summenformel:**
  $C_{20}H_{25}N_3O$

- **Strukturformel:**

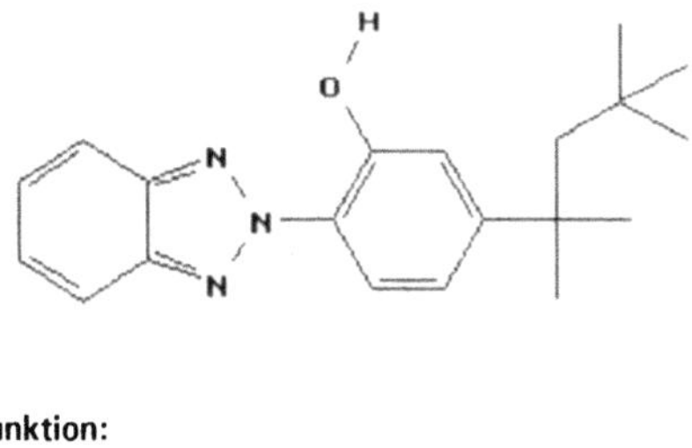

Funktion:
Lichtschutzmittel;

Eigenschaften:

- **physikalisch/chemisch:**
  Schmelzpunkt: 104-107 °C

Molmasse: 323,44 g/mol

Bemerkung:
Verwendung: Absorbens für UV-Strahlen;

2-Benzyl-4,5-dihydro-1H-imidazol

- **CAS-Nummer:**
  59-98-3
- **gebräuchliche Namen:**
  Tolazolin; 4,5-Dihydro-2-(phenylmethyl)-1H-Imidazol; Benzazolin; Benzolin; 2-Benzylimidazolin;
- **Handelsnamen:**
  Artonil; Ciba 3259; Divascol; Kasimid; Lambril; Olitensol; Peripherin; Prefaxil; Priscol; Priscolin; Vasimid; Vasodil;
- **Summenformel:**
  $C_{10}H_{12}N_2$
- **Strukturformel:**

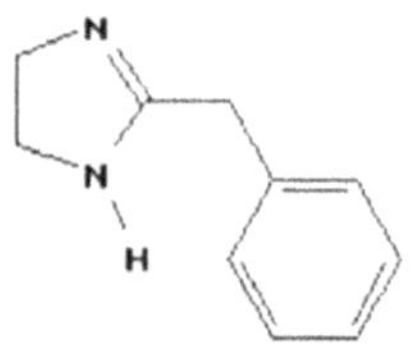

Funktion:
Vulkanisationsbeschleuniger, organisch;
Kautschukart:
Chloropren-Kautschuk;

Eigenschaften:
- **toxikologisch/ökotoxikologisch:**
  RTECS # NJ 1925000
  R-Satz: 20/21/22-36/37/38
  S-Satz: 45-26-28-36/37/39
  Sonstiges:
  LD 50 (oral, Maus): 350 mg/kg [428];
  LD 50 (intrperitoneal, Maus): 160 mg/kg [428];
  LD 50 (intravenös, Maus): 40 mg/kg [428];
  LD Lo (intravenös, Säugetier): 50 mg/kg [428];

- **physikalisch/chemisch:**
  Schmelzpunkt: 67 °C; 66-69 °C
  Siedepunkt: 126 °C (0,27 hPa)
  Molmasse: 160,22 g/mol

Verbleib nach Gebrauch:
Verbrennung nach Mischung mit brennbarem Lösemittel;

Benzyl-dimethyl-octyl-ammoniumchlorid

- **CAS-Nummer:**
  959-55-7
- **gebräuchliche Namen:**
  Benzalkoniumchlorid; N,N-Dimethyl-N-octylbenzenmethanaminiumchlorid;

- **Handelsnamen:**
  Zephirol
- **Summenformel:**
  $C_{17}H_{30}NCl$

- **Strukturformel:**

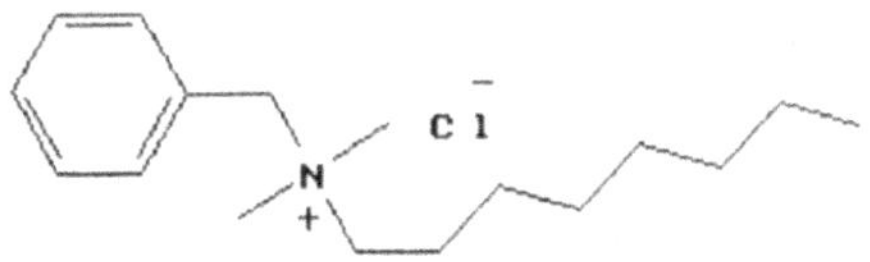

Funktion:
Emulgator für Latex;

Eigenschaften:

- **physikalisch/chemisch:**
  Molmasse: 283,93 g/mol

1,1'-Benzylidenbis-(6-tert.-butyl-2-naphthol)

- **CAS-Nummer:**
  96712-02-6
- **gebräuchliche Namen:**
  1,1-Bis-(2-hydroxy-6-tert.-butylnaphthyl-(1))-toluol;
- **Summenformel:**
  $C_{35}H_{26}O_2$

- **Strukturformel:**

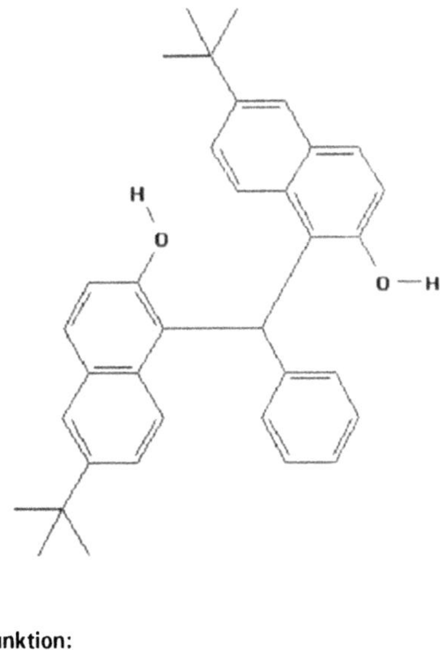

Funktion:
Oxidationsschutzmittel;

Eigenschaften:

- **physikalisch/chemisch:**
  Schmelzpunkt: 235-240 °C
  Verdampfungswärme: 488,67 g/mol

Benzylpentachlorphenyldisulfid

- **CAS-Nummer:**
  33663-78-4
- **Summenformel:**
  $C_{13}H_7Cl_5S_2$

- **Strukturformel:**

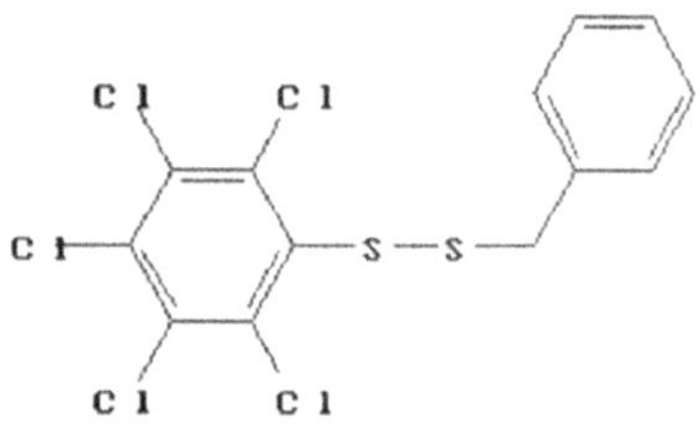

Funktion:
Mastikationsmittel;

Eigenschaften:

- **physikalisch/chemisch:**
  Molmasse: 404,58 g/mol

Bicyclo-[2.2.1]-hepta-2,5-dien, Homopolymer

- **CAS-Nummer:**
  27859-77-4
- **gebräuchliche Namen:**
  2,5-Norbornadien, Homopolymer; Polybicyclo-[2.2.1]-hepta-2,5-dien;
- **Summenformel:**
  $(C_7H_8)_n$

- **Strukturformel:**

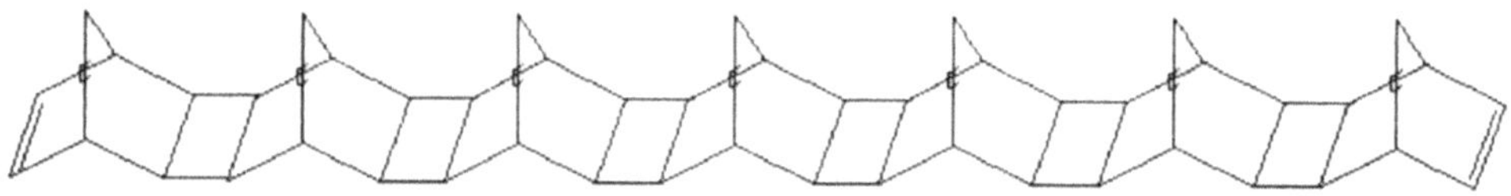

Funktion:
Polymer;

(1,1'-Biphenyl)-4,4'-diamin

- **CAS-Nummer:**
  92-87-5
- **gebräuchliche Namen:**
  Benzidin; p,p'-Bianilin; 4,4'-Bianilin; 4,4-Diaminodiphenyl; Paradiaminodiphenyl; 4,4'-Diaminobiphenyl; p,p'-Diaminobiphenyl; 4,4'-Biphenyldiamin;

- **Summenformel:**
  $C_{12}H_{12}N_2$

- **Strukturformel:**

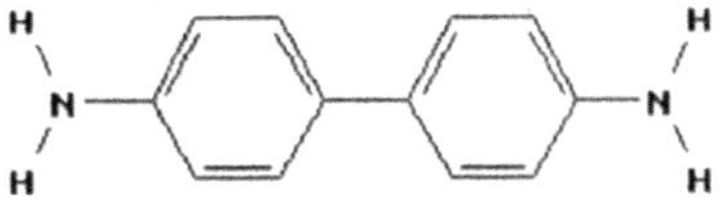

Funktion:
sonstige Chemikalien;

Eigenschaften:
- **toxikologisch/ökotoxikologisch:**
  RTECS # DC 9625000
  Schweizer Giftliste: 1
  WGK: 3
  R-Satz: 45-22
  S-Satz: 53-45
  Sonstiges:
  Gefahr der Hautresorption [481]; Krebserzeugend III A1 [481];
  Carc.Cat.1 [505];
  Staub und Dämpfe führen zu starker Reizung der Augen, Atemwege, Atmungsorgane sowie der Haut; Lungenödem möglich (kann mit einer Verzögerung bis zu zwei Tagen auftreten); verändert Blutfarbstoff (Methämoglobinbildung) und zerstört die roten Blutkörperchen; Kontakt mit dem festen Stoff führt zu sehr starker Reizung der Augen und Haut; kann auch über die Haut aufgenommen werden (Hautresorption!); Leber- und Nierenschäden sowie Hautentzündungen möglich; Alkohol verstärkt die Vergiftungsgefahr; bei Brand oder starker Erhitzung bilden sich hochgiftige ätzende nitrose Gase [163];
  Karzinogen [187];
  Ergebnis des Ames-Test: positiv [391], [392];
  TC Lo (inhalativ, Mann): 17600 µg/m3/14Y (kontinuierlich) [428];
  LD 50 (oral, Ratte): 307 mg/kg [187], 309 mg/kg [428];
  TD Lo (oral, Ratte): 108 mg/kg/27D (intermittierend) [428];
  TD Lo (subcutan, Ratte): 1200 mg/kg/26W (intermittierend) [428];
  TD Lo (intratracheal, Ratte): 315 mg/kg/34W [428];
  LD 50 (oral, Maus): 214 mg/kg [428];
  LD 50 (intraperitoneal, Maus): 110 mg/kg [428];
  TD Lo (subcutan, Maus): 8400 mg/kg/35W (intermittierend) [428];
  LD Lo (oral, Hund): 200 mg/kg [428];
  LD Lo (oral, Kaninchen): 200 mg/kg [428];

  Gefahren-Symbol:

- **physikalisch/chemisch:**
  Schmelzpunkt: 127,5-128 °C
  Siedepunkt: 401 °C (986,34 hPa)
  Log pOW: 1,34 [4]
  Dichte: 1251 kg/m3 (20 °C)
  Molmasse: 184,24 g/mol

  Löslichkeit:
  Wasser 0,4 g/l (12 °C), 9,4 g/l (100 °C); wenig löslich in Diethylether; löslich in Ethanol;

Bemerkung:
Weißes bis leicht rötliches kristallines Pulver; verfärbt sich grau bis braun bei Einwirkung von Luft; fast geruchslos;
Bei Kontakt oder Mischung mit Säuren entstehen wasserlösliche Salze;

Bei Kontakt oder Mischung mit sauerstoffreichem Material (starken Oxidationsmitteln) können sehr heftige Reaktionen eintreten;
Giftiger, ätzender und brennbarer fester Stoff; bei Aufwirbelung des Pulvers bilden sich giftige, ätzende und explosionsfähige Staub/Luftgemische; Entzündung durch heiße Oberflächen, Funken oder offene Flammen;
Verboten in kosmetischen Mitteln;
Verwendung: zur Herstellung von Benzidin-Farbstoffen; in der Analytik;

(1,1'-Biphenyl)-2-ol, Natriumsalz

- **CAS-Nummer:**
  132-27-4
- **gebräuchliche Namen:**
  2-Biphenylol, Natriumsalz; 2-Hydroxybiphenyl, Natriumsalz; o-Phenylphenol, Natriumsalz; Natrium-o-phenylphenolat; Natrium-o-biphenylol; Natrium-2-biphenylolat; Natrium-2-hydroxydiphenyl; o-Phenylphenol Natrium; 2-Phenylphenol Natrium; 2-Phenylphenol, Natriumsalz; Natrium-2-hydroxybiphenyl; Biphenyl-2-ol Natriumsalz; Natrium-2-phenylphenolat; o-Phenylphenol, Natriumsalz; Natrium-(1,1'-biphenyl)-2-olat; (2-Biphenylyloxy)-Natrium; Natriumbiphenyl-2-yloxid;
- **Handelsnamen:**
  Bactrol; Dorvicide A; Dowicide; Dowicide A; Dowicide A & A flakes; Dowizid A; Mil-Du-Rid; Mystox WFA; Natriphene; OPP-Sodium; Orphenol; Preventol-ON; Preventol-ON & ON extra; SOPP; Stopmold B; Topane;
- **Summenformel:**
  $C_{12}H_9NaO * 4 H_2O$

- **Strukturformel:**

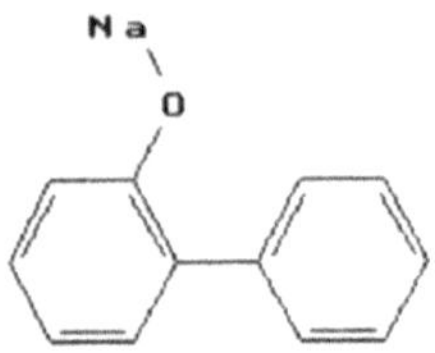

Funktion:
Konservierungsmittel für Latex;
Kautschukart:
p±å

Eigenschaften:
- **toxikologisch/ökotoxikologisch:**
  RTECS # DV 7700000
  WGK: 2*
  R-Satz: 22-38-41
  S-Satz: (2)-22-26
  Sonstiges:
  vgl. Abschn. IIb;
  Die Toxizität ähnelt der des Phenols [201];
  Für 2-Biphenylol: Die Stäube und Kontakt mit dem Stoff reizen sehr stark bis hin zur Zerstörung der Hornhaut die Augen; Die Stäube führen zu Reizung der Atemwege und der Haut; Kontakt mit dem Stoff ruft starke Reizung der Haut hervor; Bei Aufnahme des Stoffes durch Verschlucken Entzündung mit Blutaustritt im Verdauungskanal und Lähmung des Zentralnervensystems zu erwarten; Nach Ergebnissen von Tierversuchen auch Blutungen in der Leber, Lunge und im Herzmuskel möglich; Symptome: Schmerzen, Rötung, Brennen der Augen, der Nasen- und Rachenschleimhäute sowie der Haut, Husten, Schwindel, Kopfschmerzen Ohrensausen, Kollaps, Bewußtlosigkeit; Nach Verschlucken: Leibschmerzen, Erbrechen, Durchfall [163];
  LD 50 (oral, Ratte): 656 mg/kg [428];
  TD Lo (oral, Ratte): 109000 mg/kg/13 W [428];
  LD 50 (oral, Maus): 683 mg/kg [428];
  TD Lo (oral, Maus (trächtig)): 900 mg/kg/7-15 D [428];

TD Lo (oral, Maus (männlich)): 72000 mg/kg/60 D, 144000 mg/kg/60 D [428];
TD Lo (Haut, Maus): 18800 mg/kg/47 W intermittierend [428];
LD 50 (oral, Katze): 500 mg/kg [428];

Gefahren-Symbol:

- **physikalisch/chemisch:**

Dichte: 1300 kg/m3
Molmasse: 264,26 g/mol

Löslichkeit:
1220 g/l (25 °C) Wasser; 1560 g/l Propanon; 1380 g/l Methanol; 280 g/l Propandiol; praktisch unlöslich in Petroleum, Kienöl, Mineralölen;

Bemerkung zu physikalisch/chemischen Daten:
pH der gesättigten Lösung: 12,0-13,5 (25 °C);

Verbleib nach Gebrauch:
Verbrennung nach Mischung mit brennbarem Lösemittel;

Bemerkung:
* WGK 2 ist Selbsteinstufung des VCI (1991);
Weiße Flocken;
Verwendung: in der Gummiherstellung; als Fungizid (Agricultur); als Desinfektionsmittel; als Germicid ; zur Konservierung von Wasser/Öl-Emulsionen wie z.B. in Kühlschmierstoffen in der metallbearbeitenden Industrie auch als Konservierungsmittel für Zitrusfrüchte und Gemüse nach der Ernte; Desinfektionsmittel in Krankenhaus und Haushalt; Konservierungsmittel in der Leder-, Papier-, Leim-, Textil-, Kunststoff-, Kosmetikindustrie und als Beschleuniger beim Färben von Chemiefasern;
(Bewertung in [480] für CAS-Nr. 90-43-7 und 132-27-4);

Bewertung: Für die gesundheitliche Bewertung müssen zunächst die nach Langzeit-Applikation hoher toxischer Dosen von OPP-Na (und OPP) an der Ratte erzeugten Tumoren der Blase herangezogen werden, die insbesondere nach Gabe von OPP-Na beobachtet werden konnten.
Unter Einbeziehung aller vorliegenden Befunde zur Mutagenität, zum Metabolismus, zur Toxizität und zur kovalenten DNS-Bindung dieser Stoffe kann davon ausgegangen werden, daß die nur nach hohen Dosen von OPP-Na und OPP an der Ratte nachgewiesenen Blasentumoren primär durch die zytotoxische Wirkung der Stoffe bedingt sind, die nach Überladung der entgiftenden Metabolismuswege von OPP-Na und OPP auftreten. Demnach ist davon auszugehen, das OPP und OPP-Na für den Menschen unter den am Arbeitsplatz anzutreffenden Expositionskonzentrationen kein kanzerogenes Risiko darstellt, da eine Überladung OPP- und OPP-Na-metabolisierender Stoffwechselwege beim Menschen unter diesen Bedingungen nicht zu erwarten ist. Die in der Literatur beschriebene promovierende Wirkung von OPP-Na auf das Blasenepithel der Ratte ist mit großer Wahrscheinlichkeit auf die organspezifische Zytotoxizität der Substanz bei den im Tierversuch angewandten hohen Konzentration zurückzuführen. Deshalb kann eine tumorpromovierende Wirkung von OPP-Na am Menschen für die am Arbeitsplatz zu erwartenden Expositionskonzentrationen ebenfalls ausgeschlossen werden. Beim Hautkontakt von Probanden mit OPP enthaltenden Handwasch-Desinfektionsmitteln (2 %) wurde dieser Stoff resorbiert, wobei 1 % der aufgetragenen Menge bei 1 minütigem Hautkontakt aufgenommen wurde. Beim gewerblichen Umgang mit OPP und/oder OPP-Na enthaltenden Kühlschmiermitteln ist demnach mit einer Resorption von OPP nach Hautkontakt zu rechnen. OPP-Na dürfte aufgrund seiner Wasserlöslichkeit und seines Vorliegens in ionisierter Form bei neutralem pH weniger gut resorbiert werden. Während OPP in öliger Lösung bis zu Konzentrationen von 5 % sowie in wäßrigen Lösungen von 0,1 % keine Hautreizung hervorruft, führen wäßrige OPP-Na-Lösungen ab 0,5 % konzentrationsabhängig zur Hautreizung mit ansteigender Intensität. Wäßrige Lösungen von über 0,6 % OPP-Na werden als augenreizend beschrieben und können Corneanekrosen hervorrufen. Demgegenüber werden nach Instillation einer 0,1 %igen wäßrigen Lösung von OPP am Kaninchenauge keine Veränderungen beobachtet. Die für wäßrige OPP- und OPP-Na-Lösungen verschieden starken Reizwirkungen dürften auf den für beide Stoffe unterschiedlichen pH-Wert in wäßrigen Medien zurückzuführen sein. Dieser wird für eine 1 %ige Lösung von OPP-Na mit etwa pH 11,5 angegeben. Eine sensibilisierende Wirkung von OPP wird äußerst selten beobachtet. Die Frage, ob

die nach Überladung der entgiftenden Stoffwechselwege auftretenden zytotoxischen Metaboliten von OPP und OPP-Na auch tumorinitierende Eigenschaften besitzen, ist noch nicht geklärt. In diesem Zusammenhang wären weitere Untersuchungen zur Dosisabhängigkeit der kovalenten DNS-Bindung an metabolisch kompetenten Zellsystemen und am Versuchstier in vivo notwendig, um die im Langzeit-Tierversuch an der Ratte beobachtete Dosisschwelle für die kanzerogene Wirkung von OPP und OPP-Na durch experimentell-toxikologische Daten abzusichern. [480];

1,4-Bis-allyloxy-butan

- **CAS-Nummer:**
  1471-16-5
- **gebräuchliche Namen:**
  ABUGA; Bis(allyl)-1,4-butandiol;
- **Summenformel:**
  $C_{10}H_{18}O_2$

- **Strukturformel:**

Funktion:
Coagentien für schwefelfreie Vernetzungsmittel;
Kautschukart:
Ethylen-Propylen-Copolymer; Ethylen-Propylen-Terpolymer;

Eigenschaften:

- **physikalisch/chemisch:**
  Molmasse: 170,25 g/mol

1,2-Bis-allyloxyethan

- **CAS-Nummer:**
  7529-27-3
- **gebräuchliche Namen:**
  AEGA; 3-(2-Allyloxy-ethoxy)-propen;
- **Summenformel:**
  $C_8H_{14}O_2$

- **Strukturformel:**

Funktion:
Coagentien für schwefelfreie Vernetzungsmittel;
Kautschukart:
Ethylen-Propylen-Copolymer; Ethylen-Propylen-Terpolymer;

Eigenschaften:
- **toxikologisch/ökotoxikologisch:**
  RTECS # KW 4200000

- **physikalisch/chemisch:**
  Molmasse: 142,20 g/mol

4,4'-Bis-(alpha,alpha-dimethylbenzyl)-diphenylamin

- **CAS-Nummer:**
  10081-67-1
- **gebräuchliche Namen:**
  4-(1-Methyl-1-phenylethyl)-N-[4-(1-methyl-1-phenylethyl)phenyl]benzolamin; 4,4'-Bis-(alpha-methyl-alpha phenethyl)-diphenylamin; Bis-[4-(1-methyl-1-phenylethyl)-phenyl]-amin;
- **Handelsnamen:**
  Permanax 49 HV;
- **Summenformel:**
  $C_{30}H_{31}N$

- **Strukturformel:**

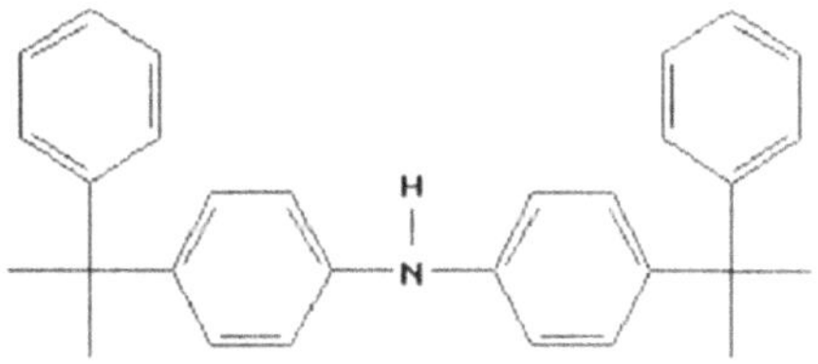

Funktion:
Alterungsschutzmittel;
Anwendung:
Reifen, Schläuche; chirurgische und medizinische Artikel; Sportartikel; Spielsachen; technische Gummiartikel; Produkte für Industrie, inkl. Druckplattentücher; Klebstoffe; Dichtungen; Latex Tauchartikel; Latex Schaumartikel;

branchenspezifische Bemerkung zur Substanz:
Einsatzmenge: 2,3 t/a (TSE-Industrie, 1996)

Eigenschaften:
- **toxikologisch/ökotoxikologisch:**
  WGK: 2

- **physikalisch/chemisch:**
  Molmasse: 405,58 g/mol

Bis-(4-aminocylohexyl)methylcarbamat

- **CAS-Nummer:**
  15484-34-1
- **gebräuchliche Namen:**
  Bis-(4-aminocylohexyl)methancarbamat; 4-Amino-alpha-(4-aminocyclohexyl)cyclohexanmethanolcarbamat(ester); 4,4'-Methylen-bis(cyclohexylamin)-carbonat;
- **Handelsnamen:**
  Diak No. 4;
- **Summenformel:**
  $C_{14}H_{27}N_3O_2$

- **Strukturformel:**

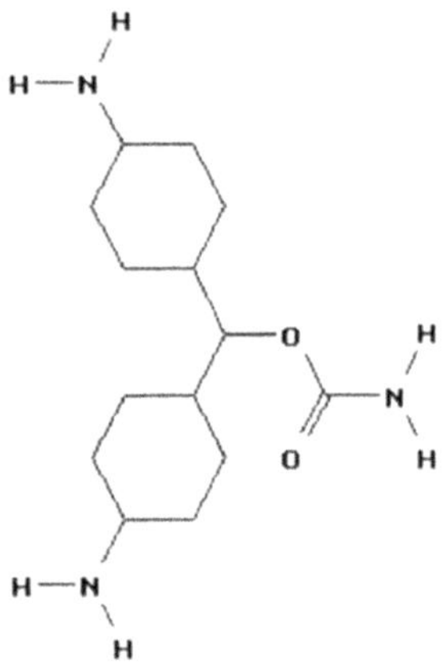

Funktion:
Vulkanisationsbeschleuniger, organisch;
Vulkanisiermittel / Schwefelspender;

Eigenschaften:

- **physikalisch/chemisch:**
Dichte: 1230 ± 30 kg/m3
Molmasse: 269,39 g/mol

Löslichkeit:
unlöslich in Wasser;

2,2'-Bis-(2-aminoethylamino)-diethylamin

- **CAS-Nummer:**
112-57-2
- **UN Nummer:**
2320
- **gebräuchliche Namen:**
Tetren; TEPA; Tetraethylenpentamin
- **Summenformel:**
$C_8H_{23}N_5$

- **Strukturformel:**

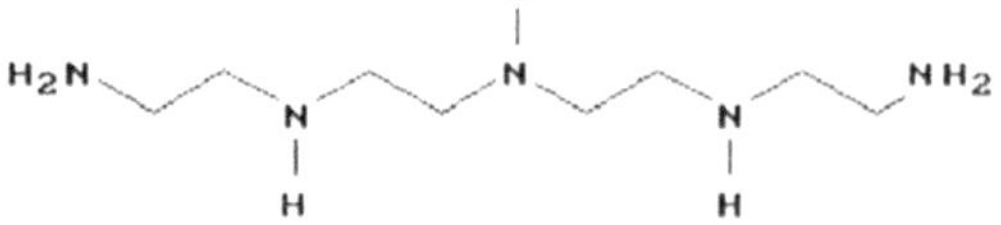

Funktion:
Coagens für schwefelfreie Vernetzungsmittel;
Vulkanisationsbeschleuniger, organisch;

Eigenschaften:
- **toxikologisch/ökotoxikologisch:**
RTECS # KH 8585000
Schweizer Giftliste: 4

R-Satz: 21/22-34-43-51/53
S-Satz: (1/2)-26-36/37/39-45-61
Sonstiges:
Einstufung und Kennzeichnung von Zubereitungen, in denen diese Substanz enthalten ist:
25%<=C ⇒ C; R21/22-34-43
10%<=C<25% ⇒ C; R34-43
5%<=C<10% ⇒ Xi; R36/38-43
1%<=C<5% ⇒ Xi; R43

Bei normalen Raumtemperaturen (20 °C) ist die Verdampfung sehr gering; die bei starker Erhitzung entstehenden Dämpfe reizen stark und schädigen Schleimhäute der Augen, der Atemwege, die Lunge sowie die Haut; Lungenödem möglich, welches mit einer Verzögerung bis zu zwei Tagen auftreten kann; Kontakt mit der Flüssigkeit bewirkt sehr starke Reizung und Verätzung der Augen und Haut; Substanz kann allergisierend wirken; bei Erhitzung bis zur Zersetzung und bei Brand bilden sich sehr giftige nitrose Gase [484];
LD 50 (Haut, Kaninchen): 650 mg/kg [9], 660 ml/kg [428];
LD 50 (oral, Ratte): 3990 mg/kg [428];
LD 50 (intraperitoneal, Ratte): 205 mg/kg [428];
LD 50 (intravenös, Maus): 320 mg/kg [428];

Gefahren-Symbol:

- **physikalisch/chemisch:**
  Schmelzpunkt: - 30 °C; -40 °C
  Siedepunkt: 333 °C; 340 °C
  Flammpunkt: 163 °C; 185 °C
  Dampfdruck: < 0,01 hPa (20 °C) [9]; <0,013 hPa (20 °C) [484]
  Brechungsindex: 1,5055 (20 °C)
  Dichte: 998 kg/m3 (20 °C)
  Molmasse: 189,31 g/mol
  Verdunstungszahl: < 0,001 (BuAc = 1) [9]

  Löslichkeit:
  mischbar mit Wasser, Ethanol, Diethylether;

Verbleib nach Gebrauch:
Verbrennung nach Mischung mit brennbarem Lösemittel;

Bemerkung:
Viskose, gelbe, hygroskopische Flüssigkeit; aminartiger (fischähnlicher) Geruch; brennbar; ätzend;
Bildet im dampf-/gasförmigen Zustand mit Luft explosionsfähige Gemische;
Explosionsgrenzen: 0,8 - 4,6 Vol% ; Zündtemp.: 344 °C [9], 321 °C [484];
Bei Kontakt oder Mischung mit sauerstoffreichem Material (Oxidationsmitteln) sowie Tetrachlorkohlenstofff und anderen chlorierten Kohlenwasserstoffen kann sehr heftige Reaktion, verbunden mit starker Erhitzung, eintreten; es entsteht Brand- und Explosionsgefahr;
Verwendung: technisches Lösemittel;

N,N'-Bis-(2-aminoethyl)-ethylendiamin

- **CAS-Nummer:**
  112-24-3
- **UN Nummer:**
  2259

- **gebräuchliche Namen:**
  TETA; Triethylentetramin; 3,6-Diaza-1,8-octandiamin; 1,4,7,10-Tetraazadecan; N,N'-Bis-(2-aminoethyl)-1,2-ethandiamin; 1,2-Di-(aminoethylamino)-ethan; 1,2-Bis-(2-aminoethylamino)-ethan; 1,8-Diamino-3,6-diaza-octan; 3,6-Diazaoctan-1,8-diamin;
- **Handelsnamen:**
  Araldite HY 951; DEH 24; Härter T; HY 951;
- **Summenformel:**
  $C_6H_{18}N_4$
- **Strukturformel:**

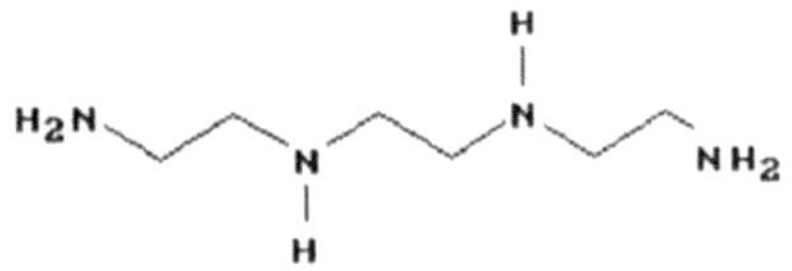

Funktion:
Vulkanisationsbeschleuniger, organisch;
Coagentien für schwefelfreie Vernetzungsmittel;

Eigenschaften:
- **toxikologisch/ökotoxikologisch:**

RTECS # YE 6650000
WGK: 2
R-Satz: 21-34-43-52/53
S-Satz: (1/2)-26-36/37/39-45-61
Sonstiges:
Einstufung und Kennzeichnung von Zubereitungen, in denen diese Substanz enthalten ist:
25%< =C ⇒ C; R21-34-43
10%< =C<25% ⇒ C; R34-43
5%< =C<10% ⇒ Xi; R36/38-43
1%< =C<5% ⇒ Xi; R43

Zu diesem Stoff liegt ein BUA-Stoffbericht Nr. 89 vor.
Wirkt schädigend beim Einatmen, Verschucken oder Aufnahme über Haut; wirkt extrem zerstörerisch auf das Gewebe der Schleimhäute und Atemwege, Augen und Haut; Einatmung kann tödliche Folgen haben [187];
Laborexperimente haben mutagene Wirkung gezeigt [187];
Dämpfe führen zu schwerer Reizung bis hin zur Verätzung der Augen (Gefahr der Hornhauttrübung) und der Atemwege, weniger stark der Haut, Lungenödem möglich; Kontakt mit der Flüssigkeit bewirkt schwere Verätzung der Augen und der Haut; die Substanz wird auch über die Haut aufgenommen; allergische Erscheinungen wie Jucken und Schwellungen des Gesicht; bei Brand erfolgt Zersetzung unter Bildung giftiger nitroser Gase;
Symptome: Brennen und Schmerzen der Augen, der Nasen- und Rachenschleimhäute sowie der Haut: Juckreiz, Blasenbildung; starker Husten, asthmaähnliche Zustände, Atemnot, Bewußtlosigkeit; bei Verschlucken: Starke Leibbeschwerden [484];
teratogene Wirkung bei Ratten [599];
LD 50 (oral, Ratte): 2500 mg/kg [187], 2778-4940 mg/kg [599];
LD 50 (intraperitoneal, Ratte): 200 mg/kg [599];
LD 50 (Haut, Kaninchen): 805 mg/kg [187], 550 bzw. 820 mg/kg [599];
LD 50 (oral, Maus): 1600 mg/kg [428], [599];
LD 50 (intraperitoneal, Maus): 468 mg/kg [428];
LD 50 (intravenös, Maus): 350 mg/kg [428];
LD 50 (Haut, Kaninchen): 805 mg/kg [428];
In stehenden Gewässern mittlere bis hohe, in fließenden Gewässern mittlere toxische Wirkung; nach Brand hohe bis sehr hohe (extrem hohe) toxische Wirkung unabhängig von der Turbulenz des Gewässers [484];
LC 0 (Fisch, Goldorfe): 200 mg/l/48 h [599];
LC 100 (Fisch, Goldorfe): 500 mg/l/27 h [599];
EC 0 (Daphnia magna): 22 mg/l/24 h [599];
EC 50 (Daphnia magna): 92,4 mg/l/24 h [599];
EC 100 (Daphnia magna): 354 mg/l/24 h [599];

LC 50 (Fisch, Poecilia reticulata): 570 mg/l/96 h [608];
LD 50 (oral, Vogel, Agelaius phoeniceus): >101 mg/kg/18 h [608];

Gefahren-Symbol:

C

- **physikalisch/chemisch:**

Schmelzpunkt: -35 °C
Siedepunkt: 266-267 °C; 277,4 °C
Flammpunkt: 143 °C; 129 °C
Dampfdruck: < 0,013 hPa (20 °C) [187]; <0,1 hPa (20 °C) [484]; 1 hPa (20 °C) [608]
Log pOW: -1,66 [599]; -1,4 [599]
Brechungsindex: 1,4971 (20 °C)
Dichte: 982 kg/m3 (20 °C)
Molmasse: 146,24 g/mol

Löslichkeit:
löslich in Wasser, Ethanol, Diethylether, Propanon, Benzen, Methanol, n-Heptan [599];

Bemerkung zu physikalisch/chemischen Daten:
Zündtemperatur: 335 °C;
T(krit.): 460 °C; P(krit.): 32416 hPa [428];

Verbleib nach Gebrauch:
Verbrennung nach Mischung mit brennbarem Lösemittel;

Bemerkung:
Farblose bis hellgelbe Flüssigkeit; schwacher aminartiger Geruch; hygroskopisch;
der Stoff reagiert bei Kontakt mit Säuren, Kupfer, Nickel und Kobalt; heftige Reaktionen sind zu erwarten bei Kontakt mit Chlorkohlenwasserstoffen und sauerstoffreichem Material (Oxidationsmitteln); die Substanz wirkt als Sensibilisator für die spontane Zersetzung von Nitroverbindungen [484];
Brennbar; bei starker Erhitzung bilden sich ätzende, brennbare Dämpfe, die viel schwerer als Luft sind. Heiße Oberflächen, Funken oder offenes Feuer können zur Selbstentzündung führen. Die Verbrennung verläuft unter Bildung nitroser Gase. Weitere Reaktionen mit Ketonen, Halogenkohlenwasserstoffen, organischen Säuren, Cyaniden, Nitrilen und Epoxiden. Mit Tetrachlorkohlenstoff erfolgt eine heftige Reaktion. Reagiert alkalisch und bildet auch bei Verdünnung noch ätzende Gemische mit Wasser [599];

Verwendung: Härter für Epoxidharze; Zwischenprodukt zur Herstellung von Netzmitteln, Emulgatoren, Textilhilfsmitteln, Additiven für Schmierstoff; in der Medizin als Chelatbildner (Behandlung der Wilson´schen Krankheit) [599];

[608]:
Der Gesamtverbrauch von TETA in der Bundesrepublik Deutschland wird mit ca. 2200 t/a angegeben.
Hauptanwendungsgebiete:
Zwischenprodukt für Härter für Epoxidharze (ca. 1600 t/a);
Härter für Epoxidharze (ca. 160 t/a);
Zwischenprodukt für verschiedene Hilfsstoffe der Papier-, Textilindustrie und in Klebern (ca. 330 t/a);
Zwischenprodukt für Asphalt-Emulgatoren (ca. 110 t/a);

Bis-(4,4'-aminophenyl)-methan

- CAS-Nummer:
  101-77-9
- **UN Nummer:**
  2651
- **gebräuchliche Namen:**
  DADPM; DAPM; MDA; 4,4'-Methylendianilin; 4,4'-Methylenbis-(benzolamin); Dianilinomethan; 4,4'-Diaminodiphenylamin; 4,4'-Diphenylmethandiamin; 4,4'-Diaminodiphenylmethan; 4-(4-Aminobenzyl)anilin; MDA-Monomer; Methylenbisanilin; p,p'-Methylendianilin; 4,4'-Methandiyl-bis-anilin;
- **Handelsnamen:**
  Epicure DDM; Epikure DDM; Curithane; Ancamine TL; Araldite hardeur 972; Jeffamine AA-20; MDA; Sumicare M; Tonox;
- **Summenformel:**
  $C_{13}H_{14}N_2$

- **Strukturformel:**

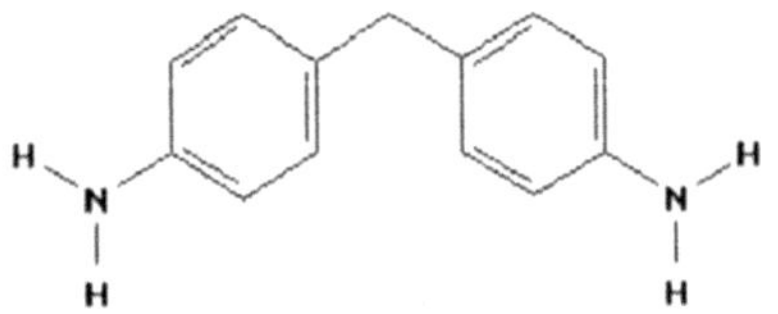

Funktion:

Oxidationsschutzmittel; Ermüdungsschutzmittel;

Kautschukart:

schwefelvulkanisierter Isobuten-Isopren-Kautschuk;

Anwendung:

Reifen, Schläuche; chirurgische und medizinische Artikel; Sportartikel; Spielsachen; technische Gummiartikel; Produkte für Industrie, inkl. Druckplattentücher; Klebstoffe; Dichtungen; Heizbeläge; Latex Tauchartikel; Latex Schaumartikel;

Eigenschaften:

- **toxikologisch/ökotoxikologisch:**
  RTECS # BY 5425000
  Schweizer Giftliste: 1
  WGK: 3
  R-Satz: 45-20/21/22-43-48/20/21-51/53
  S-Satz: 53-45-61
  Sonstiges:
  Für diese Substanz liegt ein BUA-Stoffbericht Nr. 132 vor.
  MAK-Wert: III A 2 (krebserzeugend), H S, vergl. Abschn. X; Carc. Cat. 2;
  Substanz steht im Verdacht, Krebserregend zu sein; Verursacht toxische Hepatitis;
  Dämpfe führen zu leichter Reizung der Augen, der Atemwege, der Atmungsorgane und der Haut. Hautresorption möglich. Sie verändert den Blutfarbstoff (Methämoglobinbildung) und zerstört die roten Blutkörperchen (Hämolyse). Leber- und Nierenschäden möglich. Krebserregende Wirkung wird vermutet. Bei Brand und Erhitzung erfolgt Zersetzung unter Bildung hochgiftiger Anilindämpfe und nitroser Gase. Symptome: Brennen der Augen der Nasen- und Rachenschleimhäute, sowie der Haut; Reizhusten, Übelkeit, Brechreiz, Blauverfärbung, beginnend an Lippen und Fingernägeln [484].
  Leber- und Nierenschäden, Proteinurie, Körpertemperatur sinkt, Erbrechen, Diarrhoe, Sehstörungen, Hyperglykamie, Urämie bei Tieren [591];
  TD Lo (oral, Mann): 8420 µg/kg [428];
  LD 50 (oral, Ratte): 662 mg/kg [428]; 347 mg/kg [187], 335-662 mg/kg [591];
  LD 50 (intraperitoneal, Ratte): 193 mg/kg [428], 250-400 mg/kg [591];
  LD 50 (subcutan, Ratte): 200 mg/kg [428];
  LD 50 (dermal, Ratte): 750->5000 mg/kg [591];
  LD 50 (Haut, Ratte): 230 mg/kg [591];
  LD 50 (oral, Maus): 745 mg/kg [428], ca. 1000 mg/kg [591];
  LD 50 (intraperitoneal, Maus): 74 mg/kg [428], ca. 100 mg/kg in Wasser, 130 mg/kg in Lutrol [591];

LD 50 (Haut, Maus): >100 mg/kg [591];
LD 50 (Auge, Kaninchen): 100 mg/24h [187];
LD 50 (oral, Kaninchen): 620 mg/kg [591];
LD Lo (oral, Hund): 300 mg/kg [428];
LD Lo (subcutan, Hund): 400 mg/kg [484];
LD 50 (oral, Hase): 620 mg/kg [484];
LD 50 (oral, Meerschweinchen): 260 mg/kg [484];

Toxisch für Wasserorganismen: Toxische Grenzkonzentration für Daphnia 0,25 mg/l; Pseudomonas 15mg/l; Scenedesmus 30 mg/l; Colpoda 125 mg/l [484];
LD 50 (oral, Rotschulterstärling): >148 mg/kg [591];
EC 0 (Pseudomonas putida): >500 mg/l [591];
EC 50 (Atmungshemmtest mit Belebtschlamm): 4810 mg/l [591];
EC 50 (Daphnia magna): 2,3 mg/l/24 h [591];
LC 0 (Zebrabärbling): 40 mg/l/96 h [608];
LC 50 (Zebrabärbling): 65 mg/l/96 h [608];
LC 100 (Zebrabärbling): 70 mg/l/96 h [608];
LC 50 (Reiskärpfling): 32 mg/l/48 h [608];

Gefahren-Symbol:

- **physikalisch/chemisch:**

Schmelzpunkt: 89-91 °C; 91,5-92 °C; 89-94 °C
Siedepunkt: 398-399 °C (1013 hPa); 200 °C (2 hPa); 220-230 °C (4 hPa)
Flammpunkt: ca. 221 °C; 220-221,1 °C
Dampfdruck: 0,06 hPa
Log pOW: 1,59 (gem.); 1,64 (gem.); 1,61; 1,9; 1,76-2,52 (ber.) [591]
Dichte: 1056 kg/m3; 1000 kg/m3 (100 °C)
Molmasse: 198,27 g/mol

Löslichkeit:
löslich in Ethanol, Ester, Ether, Benzen; Propanon: 273 g/100 ml; Wasser (25 °C): 0,1 g/100 ml, 1,25 g/l (20 °C), 9,8 g/l (100 °C); gut löslich Methanol, Diethylether;

Bemerkung zu physikalisch/chemischen Daten:
Werte für das technische Produkt als heiße Schmelze (Bayer): Zündtemperatur >500 °C; Schmelzpunkt 88-90 °C; Dampfdruck 1-2 hPa;

Verbleib nach Gebrauch:
Verbrennung nach Mischung mit brennbarem Lösemittel;

Bemerkung:
Farblose bis leicht gelbliche Schmelze; schwacher Geruch. Der Transport erfolgt meistens bei Temperaturen von ca. 96-100 °C.
Beim Kontakt mit starken Oxidationsmitteln kann heftige Reaktion erfolgen.
Bei hohem Reinheitsgrad farbloses bis gelbliches, kristallines, geruchloses bis schwach anilinartig riechendes Pulver;
Verwendung: Zur Herstellung des Methylendiphenyldiisocyanat < ca. 99 %. Früher als Härtungsmittel für Epoxidharze; Härter in Zweikomponenten-Klebstoffen, Vernetzungsmittel für Polyurethan-Lacke und -Überzug, Ausgangsstoff für Azo-Farbstoffe. [591];

Bis(2-benzaminophenyl)-disulfan

- **CAS-Nummer:**
  135-57-9
- **gebräuchliche Namen:**
  2,2'-Dithiobis(benzanilid); Bis(2-benzoylamino-phenyl)-disulfan; N,N'-(Dithiodi-2,1-phenylen)-bis-benzamid; o,o'-Dibenzamidophenyldisulfid;
- **Handelsnamen:**
  Pentazin BAFD; Pentisant 10; Pepton 22;
- **Summenformel:**
  $C_{26}H_{20}N_2O_2S_2$

- **Strukturformel:**

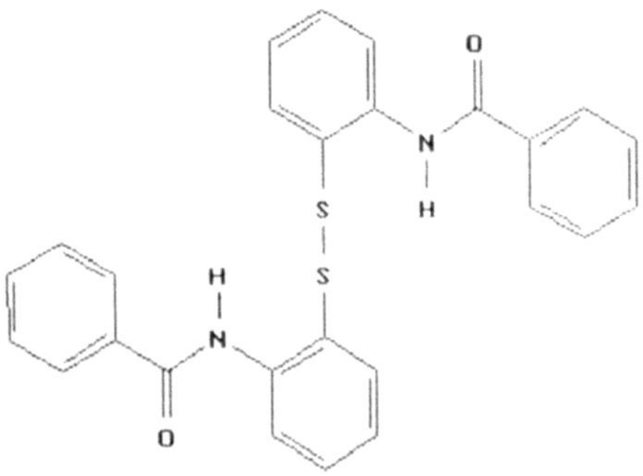

Funktion:
Mastikationsmittel;

Anwendung:
Reifen, Schläuche; chirurgische und medizinische Artikel; Sportartikel; Spielsachen; technische Gummiartikel;

branchenspezifische Bemerkung zur Substanz:
Einsatzmenge: 120 t/a (Reifenindustrie: 110 t/a, TSE-Industrie: 6,9 t/a) (1996)

Eigenschaften:
- **toxikologisch/ökotoxikologisch:**
  RTECS # CV 8700000
  WGK: 1

- **physikalisch/chemisch:**
  Molmasse: 456,58 g/mol

1,3-Bis-[(2-benzothiazolylthio)-methyl]-harnstoff

- **CAS-Nummer:**
  95-35-2
- **gebräuchliche Namen:**
  1,3-Bis-(2-benzothiazolylmercaptomethyl)-harnstoff; N,N'-Bis-[(2-benzothiazolylthio)-methyl]-harnstoff;
- **Handelsnamen:**
  EL 60;
- **Summenformel:**
  $C_{17}H_{14}N_4OS_4$

- **Strukturformel:**

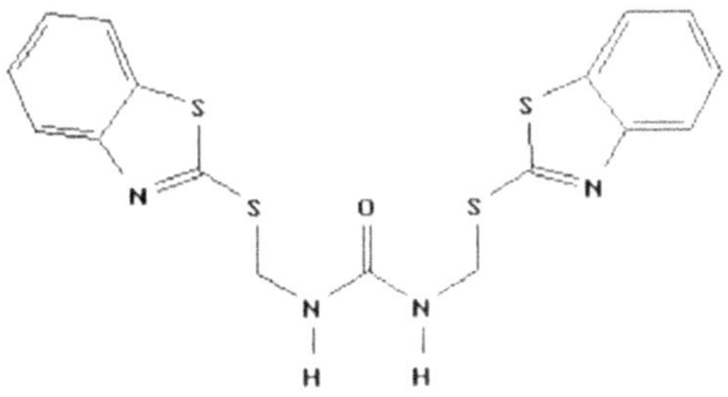

Funktion:
Vulkanisationsbeschleuniger, organisch;

Eigenschaften:
- **toxikologisch/ökotoxikologisch:**
RTECS # YS 2000000
Sonstiges:
LD 50 (intraperitoneal, Säugetier): 6000 mg/kg [428];

- **physikalisch/chemisch:**
Molmasse: 418,59 g/mol

1,4-Bis-(benzoyloxyimino)-cyclohex-2,5-dien

- **CAS-Nummer:**
120-52-5
- **gebräuchliche Namen:**
Dibenzo-CDO; Dibenzoyl-4-chinondioxim; Dibenzoyl-p-benzochinondioxim; 2,5-Cyclohexadien-1,4-dion-bis (o-benzyloxim); Chinondioximdibenzoat; p-Chinon-bis(benzyloxim); p-Benzochinon-bis(o-benzoyloxim);
- **Handelsnamen:**
Dibenzo GMF; Dibenzo PQD; Vulnoc DGM;
- **Summenformel:**
$C_{20}H_{14}N_2O_4$

- **Strukturformel:**

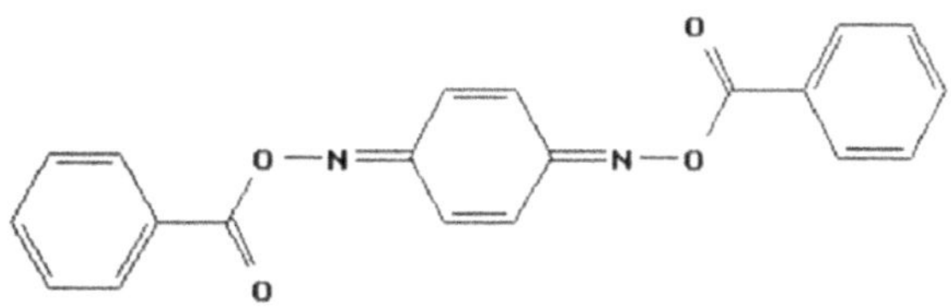

Funktion:
Vulkanisiermittel / Schwefelspender;
Anwendung:
Reifen, Schläuche; chirurgische und medizinische Artikel; Sportartikel; Spielsachen; technische Gummiartikel; Produkte für Industrie, inkl. Druckplattentücher; Klebstoffe; Dichtungen; Latex Tauchartikel; Latex Schaumartikel;

Eigenschaften:

- **physikalisch/chemisch:**
Molmasse: 346,34 g/mol

Bis-butoxythiocarbonyl-disulfid

- **CAS-Nummer:**
  105-77-1
- **gebräuchliche Namen:**
  Dibutylxanthogenat; o,o-Dibutyl-dithiobis-(thio-format); Di-n-butylxantho-disulfid; Dibutylxanthogen; Dibutyl-dixanthogen; Dibutyl-thioperoxydicarbonat;
- **Handelsnamen:**
  CPB;
- **Summenformel:**
  $C_{10}H_{18}O_2S_4$

- **Strukturformel:**

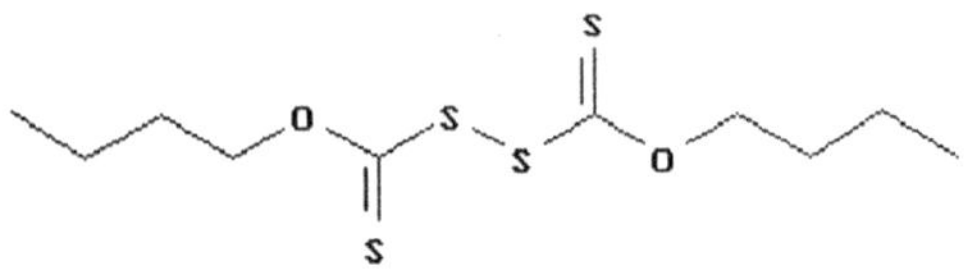

Funktion:
Vulkanisationsbeschleuniger, organisch;

Anwendung:
Reifen, Schläuche; chirurgische und medizinische Artikel; Sportartikel; Spielsachen; technische Gummiartikel; Produkte für Industrie, inkl. Druckplattentücher; Klebstoffe; Dichtungen; Latex Tauchartikel; Latex Schaumartikel;

Eigenschaften:
- **toxikologisch/ökotoxikologisch:**
  RTECS # XM 6860000
  Sonstiges:
  LD 50 (oral, Maus): 2700 mg/kg (428);

- **physikalisch/chemisch:**
  Molmasse: 298,52 g/mol

1,4-Bis-cyclohexylsulfanyl-piperazin

- **CAS-Nummer:**
  32080-44-7
- **gebräuchliche Namen:**
  DCDPz; Dicyclohexyldithiopiperazin;
- **Summenformel:**
  $C_{16}H_{30}N_2S_2$

- **Strukturformel:**

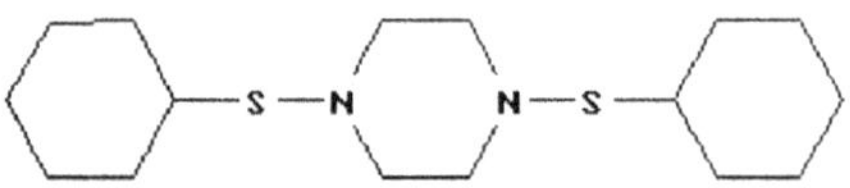

Funktion:
Vulkanisationsbeschleuniger, organisch;

Eigenschaften:

- **physikalisch/chemisch:**
  Molmasse: 314,55 g/mol

Bis-(2,4-dichlorbenzoyl)-peroxid

- **CAS-Nummer:**
  133-14-2
- **Handelsnamen:**
  Cadox TS; Cadox TS40; Cadox TS50; Luperco CST; Siloprenvernetzea CL40; Perkadox PD-505;
- **Summenformel:**
  $C_{14}H_6Cl_4O_4$

- **Strukturformel:**

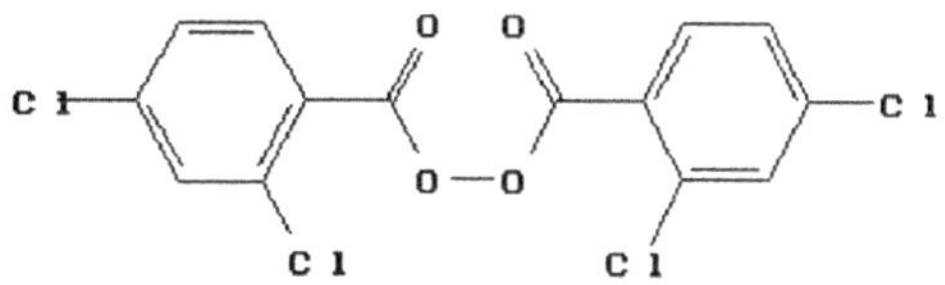

Funktion:
Vernetzungsmittel, schwefelfrei;
Kautschukart:
Silikon-Kautschuk;
Anwendung:
chirurgische und medizinische Artikel; Sportartikel; Spielsachen; technische Gummiartikel; Produkte für Industrie, inkl. Druckplattentücher; Klebstoffe; Dichtungen;

branchenspezifische Bemerkung zur Substanz:
Einsatzmenge: 1 t/a (TSE-Industrie, 1996)

Eigenschaften:
- **toxikologisch/ökotoxikologisch:**
  RTECS # SD 7880000
  WGK: 2
  Sonstiges:
  Reizungen von Augen und Haut;
  LD50 (oral, Ratte): >2000 mg/kg [607];
  LD50 (intraperitoneal, Maus): 225 mg/kg [428];

  Gefahren-Symbol:

- **physikalisch/chemisch:**
  Schmelzpunkt: 106 °C
  Molmasse: 406,33 g/mol

Bemerkung:
zu 50 % enthalten in DCLBP-50-PSI;

Bis(di-cyclohexyl)thiophosphoryldisulfid

- **CAS-Nummer:**
  7539-17-5
- **gebräuchliche Namen:**
  DCHDIS; Thioperoxydiphosphorsäuretetracyclohexylester; m-Disulfido-1,2-dithio-diphosphorsäure-tetra-O-cyclohexylester;
- **Summenformel:**
  $C_{24}H_{44}O_4P_2S_4$

- **Strukturformel:**

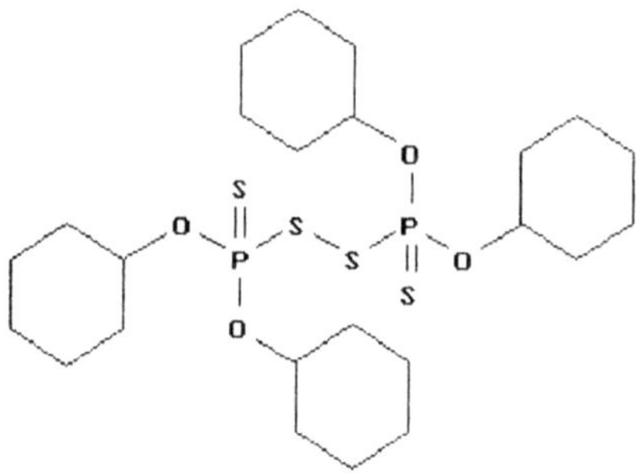

Funktion:
  Vulkanisiermittel / Schwefelspender;
Kautschukart:
  Carboxylgruppenhaltiger Acrylnitril-Butadien-Kautschuk;

Eigenschaften:

- **physikalisch/chemisch:**
  Molmasse: 586,80 g/mol

4,4'-Bis-(2,6-di-(1,1- dimethylethyl)hydroxybenzen)

- **CAS-Nummer:**
  128-38-1
- **gebräuchliche Namen:**
  3,3',5,5'-Tetra-tert.-butyl-biphenyl-4,4'-diol;
- **Summenformel:**
  $C_{28}H_{42}O_2$

- **Strukturformel:**

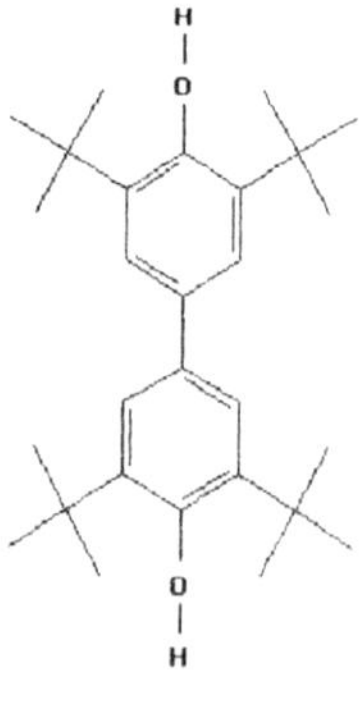

Funktion:
Alterungsschutzmittel; Oxidationsschutzmittel;

branchenspezifische Bemerkung zur Substanz:
Einsatzmenge: 21 t/a (TSE-Industrie, 1996)

Eigenschaften:

- **physikalisch/chemisch:**
Molmasse: 410,64 g/mol

Bis-(3,5-di-(1,1-dimethylethyl)-4-hydroxyphenyl)-methan

- **CAS-Nummer:**
118-82-1
- **gebräuchliche Namen:**
4,4'-Methylen-bis[2,6-bis(1,1-di-methylethyl)phenol]; 2,6,2',6'-Tetra-tert,-butyl-4,4'-methandiyl-di-phenol; 4,4'-Methylen-bis(2,6-di-tert.-butylphenol);
- **Handelsnamen:**
Antioxidant E 702; Bimox M; Ethyl 702; Ionox 220; Ethyl Antinox 702; Ionox 220 Antioxidans; SHELL Antioxidans 220; Ralox 02;
- **Summenformel:**
$C_{29}H_{44}O_2$

- **Strukturformel:**

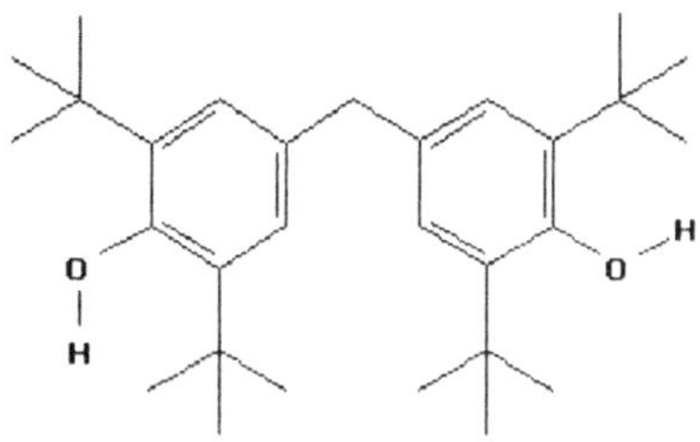

Funktion:
Oxidationsschutzmittel;
Kautschukart:
Styrol-Butadien-Kautschuk; Isopren-Kautschuk, synthetisch;

Eigenschaften:
- **toxikologisch/ökotoxikologisch:**
R-Satz: 36/37/38
S-Satz: 26-37/39
Sonstiges:
zu Ralox 02: [Sdb Raschig]

reizt die Augen und Atmungsorgane;
Gefahrensymbol: Xi;
R-Sätze: 36/37;
S-Sätze: 22-24/25-37/39;
WGK: 3;
LD 50 (,Ratte): >10 g/kg;

- **physikalisch/chemisch:**
Schmelzpunkt: 156-158 °C
Siedepunkt: 289 °C (520 hPa)

Molmasse: 424,67 g/mol

Löslichkeit:
zu Ralox 02: [Sdb Raschig]
in Wasser praktisch unlöslich, zu 20 g/l löslich in Ethanol;

Verbleib nach Gebrauch:
Verbrennung nach Mischung mit brennbarem Lösemittel;

Bemerkung:
Verwendung als Antioxidant;
enthalten in Ethyl Antioxidans 728;

zu Ralox 02: [Sdb Raschig]
beige, kristallin, geruchslos;
Gefährliche Reaktionen: Bei Erhitzen >100 °C in Gegenwart von Mineralsäuren Freisetzung von Isobutylien. Reaktion mit starken Oxidationsmitteln;
Gefährliche Zersetzungsprodukte: Kohlenmonoxid, Kohlenwasserstoffe;

4,6-Bis-diethylamino-1H-[1,3,5]triazin-2-thion

- **CAS-Nummer:**
  4022-55-3
- **gebräuchliche Namen:**
  4,6-Bis-diethylamino-1H-[1,3,5]triazin-thiol; 2,4-Bis-(diethylamino)-6-mercapto-triazin;
- **Summenformel:**
  $C_{11}H_{21}N_5S$

- **Strukturformel:**

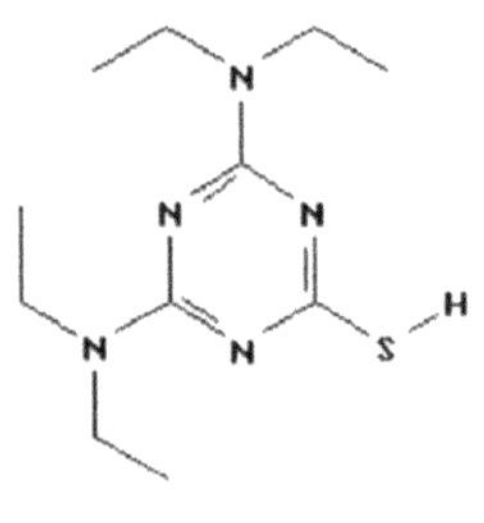

Funktion:
Vulkanisationsbeschleuniger, organisch;

Eigenschaften:

- **physikalisch/chemisch:**
  Schmelzpunkt: 155-156 °C
  Molmasse: 255,38 g/mol

Bis(diethyl)thiophosphoryldisulfid

- **CAS-Nummer:**
  2901-90-8
- **gebräuchliche Namen:**
  DEDIS; ETBP; Bis-diethoxythiophosphonyl-disulfan;
- **Summenformel:**
  $C_8H_{20}O_4P_2S_4$

- **Strukturformel:**

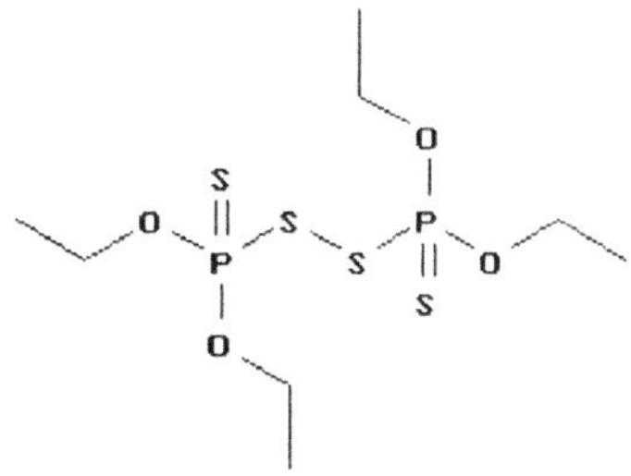

Funktion:
(1) Vulkanisiermittel / Schwefelspender;
(2) Vulkanisationsbeschleuniger, organisch;
Kautschukart:
(1) Carboxylgruppenhaltiger Acrylnitril-Butadien-Kautschuk;

Eigenschaften:

- **physikalisch/chemisch:**
Molmasse: 370,43 g/mol

Bis-(di-isopropyl)thiophosphoryldisulfid

- **CAS-Nummer:**
3031-21-8
- **gebräuchliche Namen:**
BDITP; DIPDIS; Bis-diisopropoxythiophosphoryl-disulfen;
- **Summenformel:**
$C_{12}H_{28}O_4P_2S_4$

- **Strukturformel:**

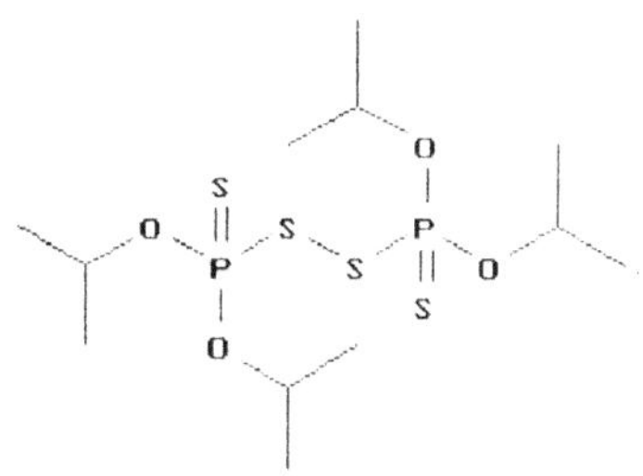

Funktion:
(1) Vulkanisationsbeschleuniger, organisch;
(2) Vulkanisiermittel / Schwefelspender;
Kautschukart:
(1) Carboxylgruppenhaltiger Acrylnitril-Butadien-Kautschuk;

Eigenschaften:

- **physikalisch/chemisch:**
Molmasse: 426,54 g/mol

2,6-Bis-(1,1-dimethylethyl)-2,5-cyclohexadien-1,4-dion

- **CAS-Nummer:**
  719-22-2
- **gebräuchliche Namen:**
  DBQ; 2,6-Di-tert.-butyl-p-quinon;
- **Summenformel:**
  $C_{14}H_{20}O_2$

- **Strukturformel:**

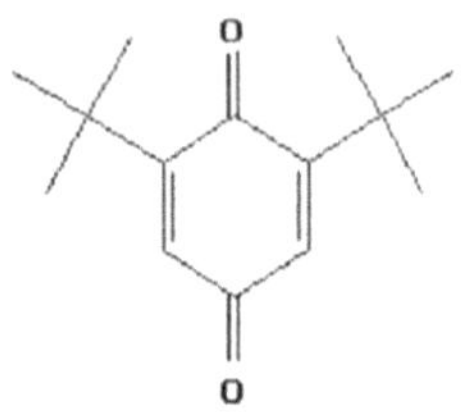

branchenspezifische Bemerkung zur Substanz:
Reaktionsprodukt von 2,6-Di-(1,1-dimethylethyl)-1,4-dihydroxybenzen [Antioxidant];

Eigenschaften:
- **toxikologisch/ökotoxikologisch:**
  RTECS # DK 3970000
  R-Satz: 36/37/38
  S-Satz: 26-37/39
  Sonstiges:
  LD 50 (intraperitoneal, Maus): 2270 mg/kg [428];

- **physikalisch/chemisch:**
  Schmelzpunkt: 65-67 °C; 68-69 °C
  Siedepunkt: 174-176 °C (80 hPa); 89-95 °C (0,3 hPa)
  Molmasse: 220,31 g/mol

Verbleib nach Gebrauch:
Verbrennung nach Mischung mit brennbarem Lösemittel;

Bemerkung:
gelborange Kristalle;

4,4-Bis-[(1,1-dimethylethyl)dioxyl]-pentansäurebutylester

- **CAS-Nummer:**
  995-33-5
- **gebräuchliche Namen:**
  4,4-Di-tert.-butylperoxy-n-butylvalerat; NBV; n-Butyl-4,4-di-(tert.-butylperoxy)valerat;
- **Handelsnamen:**
  Trigonox 17/40; Varox 230; Varox 230-XL;
- **Summenformel:**
  $C_{16}H_{34}O_6$

- **Strukturformel:**

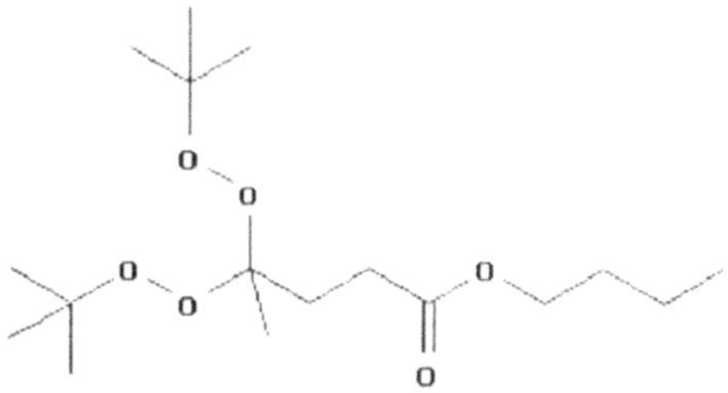

Funktion:
Vernetzungsmittel, schwefelfrei;
Kautschukart:
Chlorethylen-Kautschuk;

branchenspezifische Bemerkung zur Substanz:
Einsatzmenge: 2,9 t/a (Reifenindustrie: 2,6 t/a, TSE-Industrie: 0,3 t/a) (1996)

Eigenschaften:

- **physikalisch/chemisch:**
Dichte: 950 ± 30 kg/m3
Molmasse: 334,45 g/mol

Bemerkung:
enthalten in NBV-40-IC;

2,6-Bis(1,1-dimethylethyl)4-ethyl-hydroxybenzen

- **CAS-Nummer:**
4130-42-1
- **gebräuchliche Namen:**
4-Ethyl-2,6-di-tert.-butylphenol; 2,6-Di-tert.-butyl-4-ethyl-phenyl;
- **Summenformel:**
$C_{16}H_{26}O$

- **Strukturformel:**

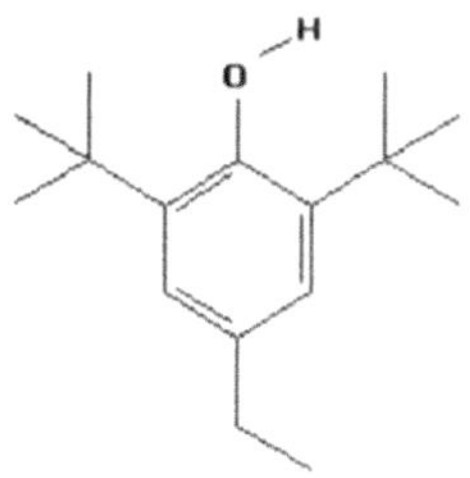

branchenspezifische Bemerkung zur Substanz:
Reaktionsprodukt von Alkylphenol [Antioxidant];

Eigenschaften:

- **physikalisch/chemisch:**
Schmelzpunkt: 44 °C; 43,3-44 °C
Siedepunkt: 272 °C (1013 hPa); 101-103 °C (1,33 hPa)

Molmasse: 234,3 g/mol

3,5-Bis-(1,1-dimethylethyl)-4-hydroxybenzenmethanol

- **CAS-Nummer:**
  88-26-6
- **gebräuchliche Namen:**
  3,5-Di-tert.-butyl-4-hydroxy-benzylalkohol;
- **Handelsnamen:**
  Ionox 100 Antioxidans; Ethyl Antioxidans 754; Shell Antioxidans 100;
- **Summenformel:**
  $C_{15}H_{24}O_2$
- **Strukturformel:**

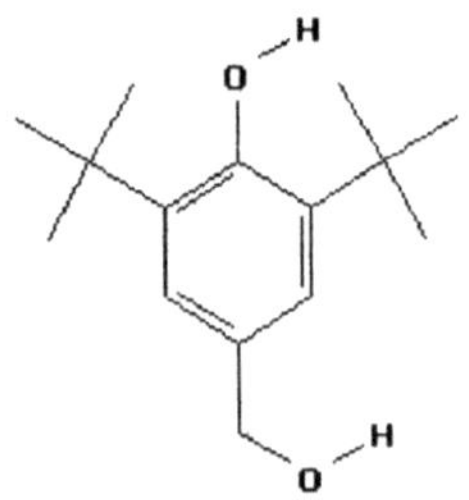

Funktion:
Oxidationsschutzmittel;

Eigenschaften:
- **toxikologisch/ökotoxikologisch:**
  RTECS # DO 0750000
  WGK: 2
  Sonstiges:
  LD Lo (oral, Ratte): 7 g/kg [428];
  LD Lo (oral, Maus): 7 g/kg [428];

- **physikalisch/chemisch:**
  Molmasse: 236,35 g/mol

3,5-Bis-(1,1-dimethylethyl)-4-hydroxy-benzenpropansäure-1,6-hexandiylester

- **CAS-Nummer:**
  35074-77-2
- **gebräuchliche Namen:**
  3-(3,5-Di-tert.-butyl-4-hydroxy-phenyl)-propionsäure-6-[3-(3,5-di-tert.-butyl-4-hydroxyphenyl)-propionyloxy]hexylester;
  Hexamethylen-bis[3-(3,5-di-tert-butyl-4-hydroxyphenyl)propionat]; 1,6-Hexandiol-bis[3-(3,5-di-tert.-butyl-4-hydroxyphenyl)-propionat]; 1,6-Hexandiyl-bis-[3,5-bis(1,1-dimethylethyl)-4-hydroxybenzolpropanoat]; Hexamethylen-bis-(3,5-di-tert.-butyl-4-hydroxyhydrocinnamat);
- **Handelsnamen:**
  Irganox 259;
- **Summenformel:**
  $C_{40}H_{62}O_6$

- **Strukturformel:**

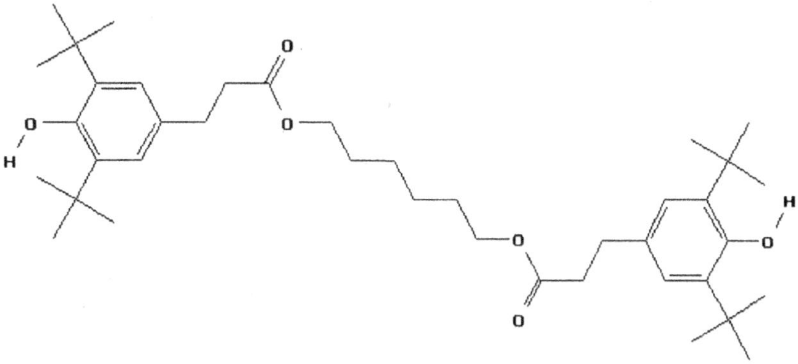

Funktion:
sonstige Chemikalien;

Eigenschaften:

- **physikalisch/chemisch:**
Schmelzpunkt: 103-106 °C
Molmasse: 638,93 g/mol

3,5-Bis-(1,1-dimethylethyl)-4-hydroxy-2,2-bis((3-(3,5-bis(1,1-dimethylethyl)-4-hydroxyphenyl)-1-oxopropoxy)methyl)-1,3-propandiyl-benzenpropansäureester

- **CAS-Nummer:**
6683-19-8
- **gebräuchliche Namen:**
3,5-Di-tert.-butyl-4-hydroxy-neopentantetraylhydrozimtsäureester; 3,5-Di-tert.-butyl-4-hydroxy, Tetraester mit Pentaerythritol; Pentaerythritoltetrakis-(3-(3,5-di-tert.-butyl-4-hydroxyphenyl)propionat); Pentaerythrit-tetra(3,5-di-tert.-butyl-4-hydroxyhydrocinnamat);
- **Handelsnamen:**
ANOX 20; AO3; Fenozan 22; Fenozan 23; Irganox 1010; Irganox 1040; Mark AO 60; Naugard 10; Phenosane 23; RA 1010; Ralox 630; Tetraalkofen BPE;
- **Summenformel:**
$C_{73}H_{108}O_{12}$

- **Strukturformel:**

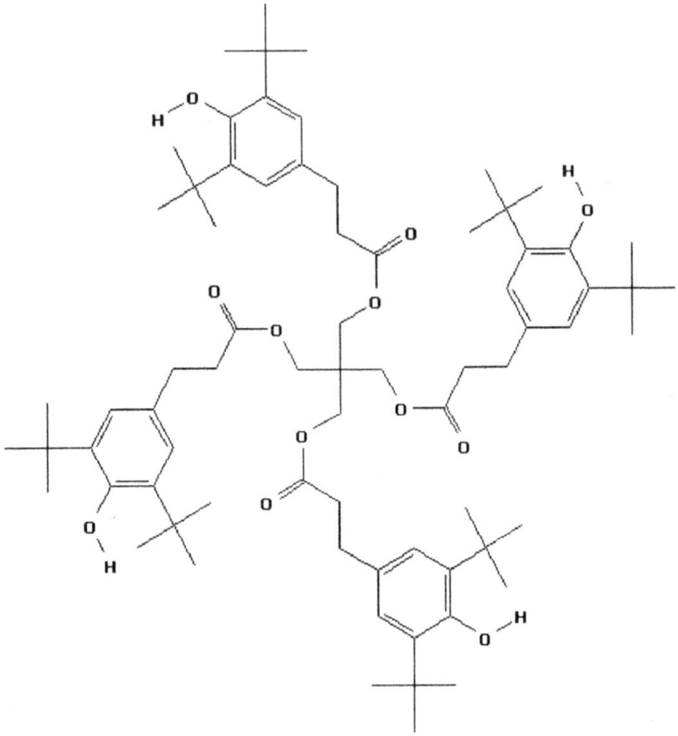

Funktion:
Oxidationsschutzmittel;

Eigenschaften:
- **toxikologisch/ökotoxikologisch:**
RTECS # DA 8340900
Sonstiges:
zu Ralox 630 [Sdb Raschig]:
LD 50 (oral, Ratte): >5000 mg/kg;
LC 50 (Zebrafisch): >100 mg/l/96 h;
EC 50 (Daphnia magna): >86 mg/l/24h;
EC 50 (Abwasserbakterien): >100 mg/l/3h;
WGK: 1;

- **physikalisch/chemisch:**
Dichte: 900 kg/m3 (20 °C)
Molmasse: 1177,65 g/mol

Bemerkung:
Verwendung: Antioxidans und Stabilisator in der Gummiherstellung;

zu Ralox 630 [Sdb Raschig]:
weißes, geruchloses Pulver;
Schmelzpunkt: 110-125 °C; Dichte: 1450 kg/m3; unlöslich in Wasser; zu 890 g/l löslich in Propanon; Gefährliche Zersetzungsprodukte: Kohlenmonoxid, Kohlenwasserstoffe; Die Anreicherung von Feinstaub in Luft kann zu Staubexplosion führen;

1,1-Bis-(5-(1,1-dimethylethyl)-4-hydroxy-2-methyl-phenyl)-butan

- **CAS-Nummer:**
  85-60-9
- **gebräuchliche Namen:**
  2,2'-Di-tert.-butyl-5,5-'dimethyl-4,4'-butyliden-di-phenol; 4,4'-Butylidenbis-(2-tert.-butyl-5-methylphenol); 4,4'-Butylidenbis-(2-(1,1-dimethylethyl)-5-methylphenol); 4,4'-Butylidenbis-(6-tert.-butyl-3-methylphenol); 4,4'-Butylidenbis-(6-tert.-butyl-m-cresol); 4,4'-Butylidenbis-(6-tert.-butyl-m-kresol); 4,4'-Butylidenbis-(3-methyl-6-tert.-butylphenol);
- **Handelsnamen:**
  Arullex PBA 15; Santoweiß Puder; SWP; Sumilit BBM; Sumilizer BBM; Irganox 414; Santowhite BBMC; Santowhite Powder; Santowhite Powder refined; Vanox SWP;
- **Summenformel:**
  $C_{26}H_{38}O_2$

- **Strukturformel:**

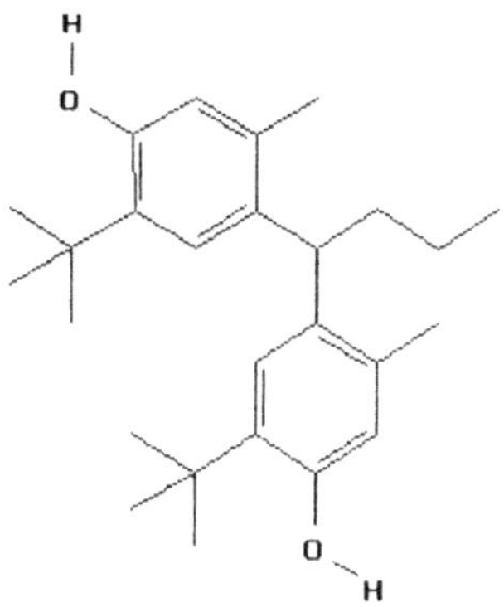

Funktion:
Oxidationsschutzmittel; Hitzeschutzmittel;
Kautschukart:
Naturkautschuk; synthetischer Kautschuk;

Eigenschaften:
- **toxikologisch/ökotoxikologisch:**
  RTECS # GO 7050000
  Sonstiges:
  LD Lo 50 (oral, Ratte): 17000 mg/kg [428];

  zu Santowhite BBMC[562]:
  Patch- Versuche: keine Hautsensibilisierung; In vitro Mutagenizitätstest: nicht mutagen;
  LD 50 (oral, Ratte): >7940 mg/kg; LD 50 (dermal, Kaninchen): >7940 mg/kg;
  R-Sätze: 53; S-Sätze: 61; WGK: 1;
  LC 50 (blauer Sonnenbarsch): >1000 mg/l/ 96h; LC 50 (Regenbogenforelle): >1000 mg/l/96 h; LC 50 (Elritze): >1000 mg/l/96 h; EC 50 (Daphnia magna): 16 mg/l/48 h;

- **physikalisch/chemisch:**
  Schmelzpunkt: 207-213,4 °C
  Siedepunkt: 209°C
  Dichte: 1030 ± 30 kg/m3
  Molmasse: 382,59 g/mol

  Löslichkeit:
  leicht löslich in Ethanol, mäßig löslich in Methylbenzen, unlöslich in Wasser;

Bemerkung:
zu Santowhite BBMC[562]:
Flammpunkt: 121,1 °C; unlöslich in Wasser; Zu vermeidende Bedingungen: Gefahr von Staubexplosionen, kann sich bei Temperaturen T: 100 °C < T < 300 °C selbst entzünden;

Bis-(5-(1,1-dimethylethyl)-4-hydroxy-2-methylphenyl)-sulfid

- **CAS-Nummer:**
  96-69-5
- **gebräuchliche Namen:**
  2,2'-Di-tert.-butyl-5,5'-dimethyl-4,4'-sulfandiyl-di-phenol; 4,4'-Thio-bis-(2-tert.-butyl-5-methyl-phenol); 4,4'-Thio-bis-(6-tert.-butyl-m-cresol); 4,4'-Thio-bis-(2-methyl-6-tert.-butyl-phenol); 4,4'-Thio-bis-(6-tert.-butyl-2-methylphenol);
- **Handelsnamen:**
  Antioxydans Hoechst TM OS 1; Antioxydans TBM6; Antioxydans P; Antioxydans T; Disperol MB-61; Irganox 415; Rütenol; Santonox; Santonox R; Santowhite Crystals; Santonox R; Santonox TBMC; Santowhite MK (Rohprodukt); Ethyl Antioxydans 73 b; Thialkofen; Thialkophen; Yoshinox S; Yoshinox SR;
- **Summenformel:**
  $C_{22}H_{30}O_2S$

- **Strukturformel:**

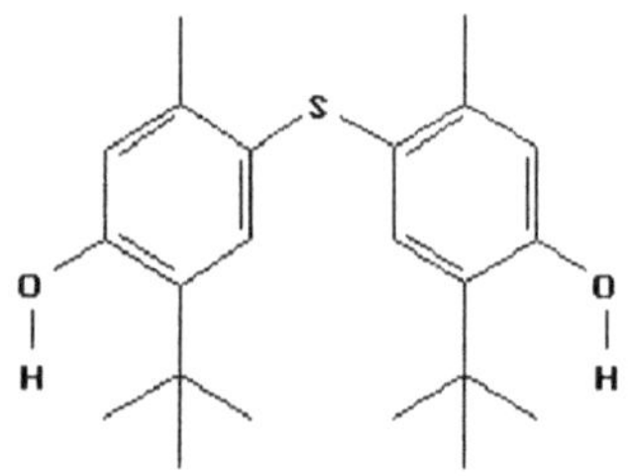

Funktion:
Oxidationsschutzmittel;
Anwendung:
chirurgische und medizinische Artikel; Sportartikel; Spielsachen; technische Gummiartikel; Produkte für Industrie, inkl. Druckplattentücher; Klebstoffe; Dichtungen; Latex Tauchartikel; Latex Schaumartikel;

Eigenschaften:
- **toxikologisch/ökotoxikologisch:**
  RTECS # GP 3150000
  WGK: 1
  R-Satz: 36/37/38
  S-Satz: 26-37/39
  Sonstiges:
  LD 50 (oral, Ratte): 2345 mg/kg [428];
  LD 50 (intraperitoneal, Maus): 50 mg/kg [428];
  LD 50 (oral, Hase): 3200 mg/kg [428];

  zu Santonox TBMC [564]:
  Betriebserfahrung deutet darauf hin, daß Staub eine Reizung der Augen verursachen kann. LD 50 (oral, Ratte): 6900 mg/kg; LD 50 (dermal, Kaninchen): 5010 mg/kg;
  Gefahrensymbol: Xi; R-Sätze: 36; S-Sätze: 25;
  LC 50 (blauer Sonnenbarsch): mg/l/ h; LC 50 (Regenbogenforelle): mg/l/ h; LC 50 (Elritze): mg/l/ h; LC 50 (Daphnia magna): mg/l/ h;

- **physikalisch/chemisch:**
  Schmelzpunkt: 150 °C; 163-165 °C

Molmasse: 358,58 g/mol

Löslichkeit:
mischbar mit: Methanal (75 %); Propanon (20 %); Benzen (5 %); Wasser (0,08 %);

Verbleib nach Gebrauch:
Verbrennung nach Mischung mit brennbarem Lösemittel;

Bemerkung:
zu Santonox TBMC [564]:
feine weiße Kristalle; Schmelzpunkt: 161 °C; Flammpunkt: 215,5 °C; zu 0,36 g/m3 löslich in Wasser; log POW: 4,49; Zu vermeidende Bedingungen: Staubansammlung vermeiden, kann sich beim Erhitzen selbstentzünden und giftigen Rauch abgeben; Gefährliche Zersetzungsprodukte: Kohlenmonoxid, Schwefeloxide; Nicht in die Umwelt abgeben;

((3,5-Bis(1,1-dimethylethyl)-4-hydroxyphenyl)methyl)-phosphorsäure-monoethylester, Nickelsalz (2:1)

- **CAS-Nummer:**
  30947-30-9
- **gebräuchliche Namen:**
  Nickel-bis[ethyl(-3,5-di-tert.-butyl-4-hydroxybenzyl)-phosphonat]; 3,5-Di-tert.-butyl-4-hydroxybenzylphosphorsäure-monoethylester, Nickelsalz;
- **Handelsnamen:**
  Irgastab 2002;
- **Summenformel:**
  $C_{34}H_{56}NiO_8P_2$

- **Strukturformel:**

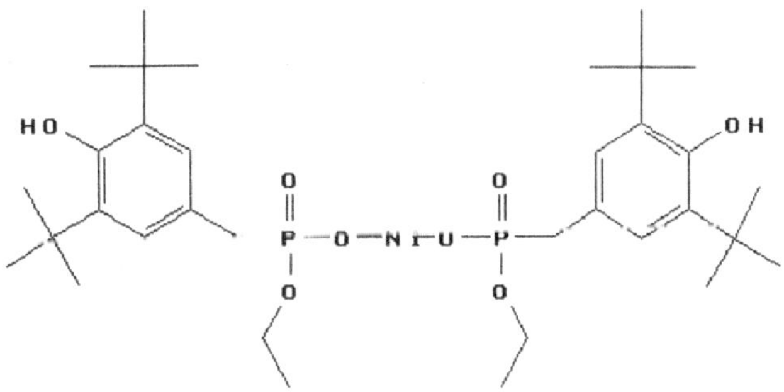

Funktion:
sonstige Chemikalien;

Eigenschaften:

- **physikalisch/chemisch:**
  Molmasse: 713,45 g/mol

Bis-(1,1-dimethylethyl)peroxid

- **CAS-Nummer:**
  110-05-4
- **UN Nummer:**
  2102; 3107*

- **gebräuchliche Namen:**
  tert.-Butylperoxid; Di-tert.-butylperoxid; Ditertiäres Butylperoxid, Konzentration <100 %; Di-(tert.-butyl)-peroxid;
- **Handelsnamen:**
  CADOX; DTBP; Luperox DI; Luperox DI-WO-50; Luperox DIOP-31; Peroxan DB; Peroximon DB; Trigonox B; Cadox; Trigonox B; Cadox TBP;
- **Summenformel:**
  $C_8H_{18}O_2$

- **Strukturformel:**

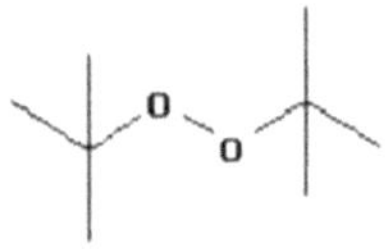

Funktion:
Vernetzungsmittel, schwefelfrei;

branchenspezifische Bemerkung zur Substanz:
Zersetzungsprdukt von

Eigenschaften:
- **toxikologisch/ökotoxikologisch:**
  RTECS # ER 2450000
  WGK: 1
  R-Satz: 7-11
  S-Satz: (2)-3/7-14-16-36/37/39
  Sonstiges:
  vgl. Abschn. VI a;
  Die Dämpfe reizen die Augen und die Atemwege. Kontakt mit der Flüssigkeit bewirkt Reizung der Augen. Die Haut wird nur schwach gereizt [484].
  LD 50 (intraperitoneal, Ratte): 3210 mg/kg [428];
  LC 50 (oral, Ratte): >25000 mg/kg [428];
  LC 50 (inhalativ, Ratte): >4100 ml/m3/4 h [428];
  LD 50 (oral, Maus): 4572 mg/kg [428];

  zu DTBP [620]:
  LC 50 (inhalativ, Ratte): >4103 ml/m3/4 h ; Gefahrensymbole: O; F; S-Sätze: 3/7-14-16-33-36/37/39;

  zu Peroxan DB [622]:
  LD 50 (oral, Maus): 4572 mg/kg;
  LD 50 (dermal, Maus): 19000 mg/kg;
  LD 50 (inhalativ, Ratte): >4103 ml/m3/4h;
  Fischtoxizität: LC 50 >1000 mg /l; WGK 1; S-Sätze: 7/47-14-16-27-36/37/39;

  Gefahren-Symbol:

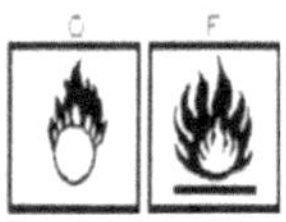

- **physikalisch/chemisch:**
  Schmelzpunkt: -40 °C
  Siedepunkt: 80 °C (378,54 hPa); 111 °C**; 109-110 °C
  Flammpunkt: 1 °C
  Dampfdruck: 26 hPa (20 °C);
  Brechungsindex: 1,3890 (20 °C)
  Dichte: 794,0 kg/m3 (20 °C); 796,0 kg/m3 (20 °C)
  Molmasse: 146,22 g/mol

Löslichkeit:
mischbar mit Propanon; löslich in Tetrachlormethan; löslich in Wasser 0,01 Gew.-%; löslich in den meisten organischen Lösungsmitteln, Ligroin, Styrol, Keton;

Bemerkung zu physikalisch/chemischen Daten:
**: Zersetzt sich ab 80 °C mit steigender Temperatur schneller werdend unter Abspaltung von aktivem Sauerstoff [484];
Zersetzung ab 91 °C [428];
zu DTBP [620]: Zersetzung bei Temperaturen >80 °C;

Verbleib nach Gebrauch:
Verbrennung, hochentzündliche Stoffe;

Bemerkung:
*: In der UN-Liste klassifiziert unter organische Peroxide, Typ E, flüssig [484];
Farblose Flüssigkeit; etherähnlicher Geruch [484]; klare, wasser-weiße Flüssigkeit [428];
Der Stoff reagiert heftig mit Säuren. Hierbei entsteht Expolsionsgefahr. Die empfohlene Lagertemperatur unter 30 °C sollte eingehalten werden [484];

zu Peroxan DB [622]:
Flammpunkt: 20 °C; Zündtemperatur: 200 °C; Dampfdruck 19,5 hPa; Dichte 790 kg/m3;
Brechungsindex: 1,388;
mischbar mit Estern, Ketonen, Kohlenwasserstoffen, löslich in Wasser: 1g/l (20°C);
Gefärliche Zersetzungsprodukte: Kohlenwasserstoffe, Kohlenmonoxid und verkrackte Kohlenwasserstoffe;

2,2-Bis-(1,1-dimethylethyl-peroxy)butan

- **CAS-Nummer:**
  2167-23-9
- **gebräuchliche Namen:**
  2,2-Bis(tert.-butylperoxy)butan;
- **Summenformel:**
  $C_{12}H_{26}O_4$

- **Strukturformel:**

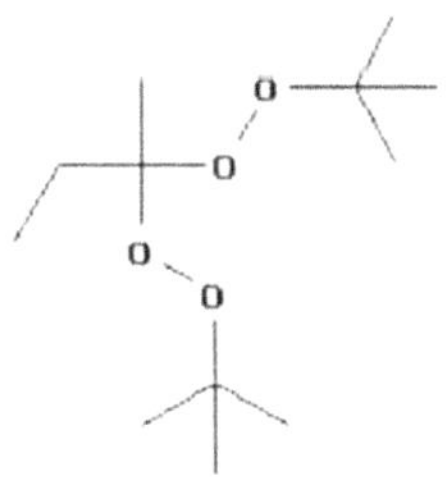

Funktion:
Vernetzungsmittel, schwefelfrei;

Eigenschaften:

- **physikalisch/chemisch:**
  Schmelzpunkt: -0,8 °C
  Siedepunkt: 50 °C (2,66 hPa)
  Brechungsindex: 1,4145
  Dichte: 888,6 kg/m3
  Molmasse: 234,34 g/mol

1,1-Bis-(1,1-dimethylethyl-peroxy)cyclohexan

- **CAS-Nummer:**
  3006-86-8
- **gebräuchliche Namen:**
  1,1-Bis(tert.-butylperoxy)cyclohexan;
- **Handelsnamen:**
  Trigonox 22-E75;
- **Summenformel:**
  $C_{14}H_{28}O_4$

- **Strukturformel:**

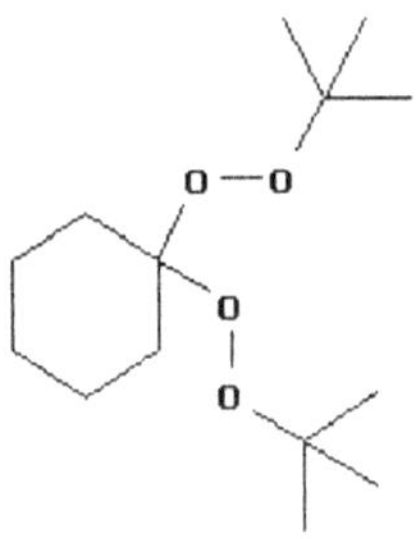

Funktion:
Vernetzungsmittel, schwefelfrei;

Eigenschaften:
- **toxikologisch/ökotoxikologisch:**
  R-Satz: 20/21/22-36/37/38-8-40
  S-Satz: 15-26-36/37/39
  Sonstiges:
  Reizungen von Augen und Haut;
  LD 50 (oral, Ratte): >2000 mg/kg [607];

  Gefahren-Symbol:

- **physikalisch/chemisch:**
  Siedepunkt: 52-54 °C (0,2 hPa)
  Flammpunkt: 90 °C
  Brechungsindex: 1,4395 (20 °C); 1,4570
  Dichte: 1102 kg/m3 (Kristall); 941 kg/m3 (Flüssigkeit)
  Molmasse: 260,37 g/mol

Bemerkung:
monokline Kristalle;

1,4-Bis-((1,1-dimethylethyl)peroxyisopropyl)benzen

- **CAS-Nummer:**
  2781-00-2
- **gebräuchliche Namen:**
  1,4-Bis(tert.-butylperoxy-isopropyl)-benzol; 1,4-Bis-(1-tert.-butylperoxy-1-methyl-ethyl)benzol; 1,4-Di-tert.-butylperoxi-isopropyl-benzol; alpha,alpha'-Bis-(tert.-butylperoxy)-diisopropylbenzol; Di-(2-tert.-butylperoxyisopropyl)-benzol;
- **Handelsnamen:**
  Interox DIPP-2; Perkadox 14/40; Perkadox-U-14/40; Peroximon-7-40; Peroximon-7-100; Poly-Dispersion E(VC)D-40; Poly-Dispersion T(VC)D-40P; Poly-Dispersion VC-60P;
- **Summenformel:**
  $C_{20}H_{34}O_4$

- **Strukturformel:**

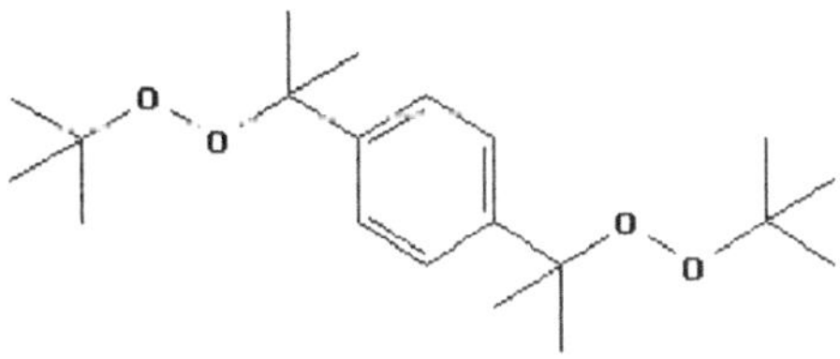

Funktion:
Vernetzungsmittel, schwefelfrei;
Kautschukart:
Chlorethylen-Kautschuk; Chlorsulfonylethylen-Kautschuk;
Anwendung:
Kabelummantelung;

branchenspezifische Bemerkung zur Substanz:
Einsatzmenge: 93 t/a (TSE-Industrie, 1996)

Eigenschaften:

- **physikalisch/chemisch:**
  Schmelzpunkt: 75 °C
  Molmasse: 338,49 g/mol

Bis(2-(1,1-dimethylethyl)-peroxypropyl-(2))-benzen

- **CAS-Nummer:**
  25155-25-3
- **gebräuchliche Namen:**
  Di-(2-tert.-butylperoxyisopropyl)-benzen; Phenylendiisopropyliden-bis-(tert.-butylperoxid); alpha, alpha'-Bis-(tert.-butylperoxyisopropyl)-benzen; Bis(1,1-dimethylethyl)-(phenylen(1-methylethyliden)-peroxid; Bis(2-tert.-buthylperoxypropyl-(2))-benzen; 1,3-Di-(2-tert.-butylperoxy-isopropyl)benzol;
- **Handelsnamen:**
  Vulc-Cup 40 KE; Vul-cup R; Peroximon F 40; Peroximon F40 KE; Peroximon F 40 KEP; Peroximon F 40 MF; Peroximon F 40 MG; Peroximon F 40 P; Peroximon F 40 S; Peroximon F 40 SRG; Peroximon F 40 FT; Peroxan BIB; Peroxan BIB 40GS; Peroxan BIB 40 MB; Peroxan BIB 40 P; Peroxan BIB PK; Peroxan BIB 80 P; Varox 802; Varox 802-40KE; DIPP-2; DBPIB;
- **Summenformel:**
  $C_{20}H_{30}O_4$

- **Strukturformel:**

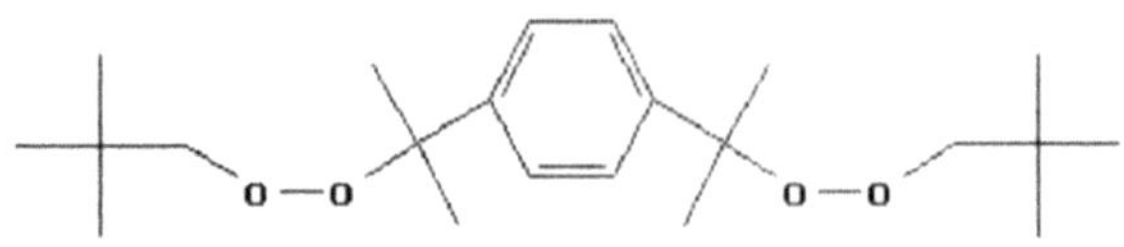

Funktion:
Vernetzungsmittel, schwefelfrei;

branchenspezifische Bemerkung zur Substanz:
Einsatzmenge: 32 t/a (TSE-Industrie, 1996)

Eigenschaften:
- **toxikologisch/ökotoxikologisch:**
RTECS # SD 8431900
WGK: 1

- **physikalisch/chemisch:**
Dichte: 930 ± 30 kg/m3; 1500 ± 30 kg/m3
Molmasse: 338,49 g/mol

Bis-(2,6-di-(1-methylethyl)phenyl)carbodiimid

- **CAS-Nummer:**
2162-74-5
- **gebräuchliche Namen:**
Bis-(2,6-diisopropylphenyl)carbodiimid;
- **Handelsnamen:**
Stabilisator 7000;
- **Summenformel:**
$C_{25}H_{34}N_2$

- **Strukturformel:**

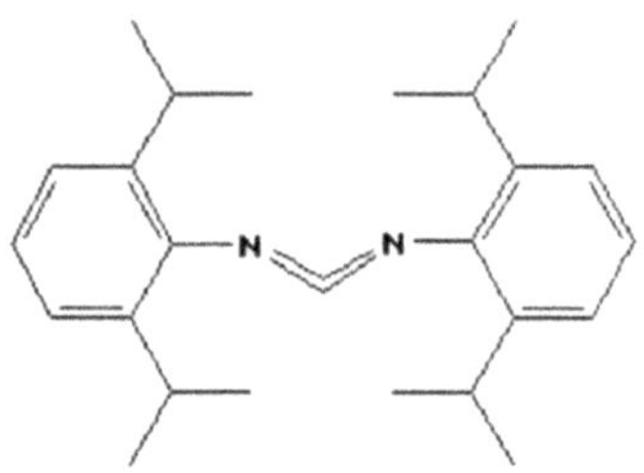

Funktion:
Hydrolyseschutzmittel;

Eigenschaften:
- **toxikologisch/ökotoxikologisch:**
WGK: 2

- **physikalisch/chemisch:**
Molmasse: 362,56 g/mol

N,N'-Bis-(1,4-dimethylpentyl)-benzen-1,4-diamin

- **CAS-Nummer:**
  3081-14-9
- **UN Nummer:**
  3082
- **gebräuchliche Namen:**
  77PD; 77PPD; DMPPD; 4-Aminoanilin; N,N'-Bis-(1,4-dimethylpentyl)-1,4-benzoldiamin; N,N'-Di-(1,4-dimethylpentyl)-p-phenylendiamin; N,N'-Diheptyl-p-phenylendiamin; N,N'-Bis-(1,4-dimethylpentyl)-p-phenylendiamin;
- **Handelsnamen:**
  Alterungsschutzmittel 4030; Antioxidant 4030; Cyzone H; Elastozone 33; Flexzone 4-L; NCI-C56337; Santoflex 77; Santoflex 77PD; Tenamene; Tenemene 4; UOP 788; Vulkanox 4030;
- **Summenformel:**
  $C_{20}H_{36}N_2$

- **Strukturformel:**

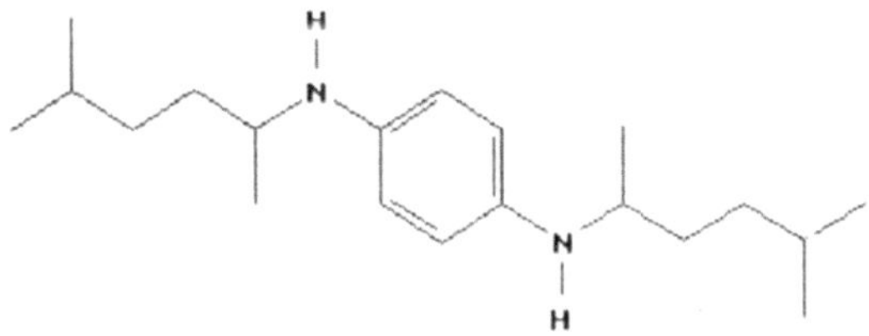

Funktion:
Alterungsschutzmittel; Ozonschutzmittel; Ermüdungsschutzmittel;

Anwendung:
Reifen, Schläuche; chirurgische und medizinische Artikel; Sportartikel; Spielsachen; technische Gummiartikel; Produkte für Industrie, inkl. Druckplattentücher; Klebstoffe; Dichtungen; Latex Tauchartikel; Latex Schaumartikel;

branchenspezifische Bemerkung zur Substanz:
Einsatzmenge: 210 t/a (Reifenindustrie: 200 t/a, TSE-Industrie: 9,3 t/a) (1996)

Eigenschaften:
- **toxikologisch/ökotoxikologisch:**
  RTECS # SS 8400000
  WGK: 2
  Sonstiges:
  LD 50 (oral, Ratte): 750 mg/kg [428];
  LD Lo (intraperitoneal, Ratte): 800 mg/kg [428];
  LD 50 (oral, Maus): 800 mg/kg [428];
  LD 50 (intraperitoneal, Maus): 400 mg/kg [428];

  zu Santoflex 77PD [Sdb Flexsys]:
  wiederholte und längere Hautberührung kann Sensibilisierung verursachen; LD 50 (oral, Ratte): 730 mg/kg; LD 50 (dermal, Kaninchen): >3160 mg/kg;
  Gefahrensymbol: Xn, N; R-Sätze: 22-43-50-53; S-Sätze: 24-37-57-60; WGK: 2;
  LC 50 (blauer Sonnenbarsch): 182 mg/l/96 h; LC 50 (Regenbogenforelle): 32 mg/l/96 h; LC 50 (Elritze): 0,28 mg/l/96 h; EC 50 (Daphnia magna): 0,37 mg/l/48 h; EC 50 (Algen): 52 mg/l/96 h; LC 50 (Mücke): 1,7 mg/l/96 h;

- **physikalisch/chemisch:**
  Dichte: 900 kg/m3
  Molmasse: 304,52 g/mol

Löslichkeit:
zu Santoflex 77PD [Sdb Flexsys]:
löslich zu 0,021 kg/m3 (pH 5) bzw. 0,0008 kg/m3 (pH 9) in Wasser, löslich in den meisten organischen Lösungsmitteln;

Bemerkung zu physikalisch/chemischen Daten:
zu Santoflex 77PD [Sdb Flexsys]:
Siedepunkt:183 °C (1,333 hPa); Flammpunkt: 182 °C (offener Tiegel); log pOW-Wert: 5,34 (25 °C);

Bemerkung:
zu Santoflex 77PD [Sdb Flexsys]:
rote/ braune Flüssigkeit;
Zu vermeidende Bedingungen: kann sich bei starkem Erhitzen 100 °C < T < 300 °C selbst entzünden;
Zu vermeidende Materialien: starke Oxidationsmittel; Gefährliche Zersetzungsprodukte: Kohlenmonoxid, Stickoxide;

Enthalten in: Flexzone 9-L (50 %); UOP 57;

Bis-(dimethylphenyl)-disulfid

- **CAS-Nummer:**
  27080-90-6
- **gebräuchliche Namen:**
  Dixylyl-disulfid; Tetramethyldiphenyl-disulfid;
- **Summenformel:**
  $C_{16}H_{18}S_2$

- **Strukturformel:**

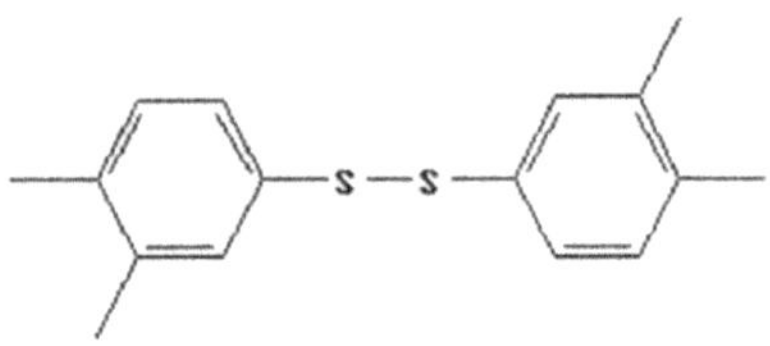

Funktion:
Peptisierungsmittel;

Eigenschaften:

- **physikalisch/chemisch:**
  Molmasse: 274,44 g/mol

Bis-(dimethylthiocarbamoyl)-disulfid

- **CAS-Nummer:**
  137-26-8
- **UN Nummer:**
  3077
- **gebräuchliche Namen:**
  TMTD; TMETD; Thiocarbamoyl; Thiocarbamat; Tetramethylthiuramdisulfid; Dimethylthiuramdisulfid; Tetramethylthioperoxydicarbondiamid; Bis(dimethylamino)carbonothioyldisulfid; Bis(dimethylthiocarbamyl)disulfid; alpha,alpha'-Dithiobis(dimethylthio)formamid; N,N'-(Dithiodicarbonothioyl)bis(N-methylmethanamin); Tetramethylenthiuramdisulfid; Tetramethylthiocarbamoyldisulfid; Tetramethylthioperoxydicarbondiamid; Tetramethylthiurambisulfid; N,N-Tetramethylthiuramdisulfid; N,N,N',N'-Tetramethylthiuramdisulfid; Tetrathiuramdisulfid;

- **Handelsnamen:**
  Aatack; Accelerator Thiuram; Accelerator 52-0; Aceto TETD; Aarasan; Arasan; Arasan 70; Arasan 75; Arasan-M; Arasan 42-S; Arasan-SF; Arasan SF-X; Avorator TMTD; Aules; Chipco thiram 75; Cyuram DS; Ekagom TB; ENT 987; Eveite 4 MT; Falitiram; Femasan; Fermide; Fernacol; Fernasan; Fernide; Flo Pro T Seed Protectant; FMC 2070; Hermal TMT; Heryl tuads; Methyl-Thirami; Methyl-Tuads; Metiarac; Micropearls; Nobecutan; Nomersan; Normersan; Pennac TM; Panoram 75; Polyram ultra; Pomarsol; Pomarsol forte; Pomasol; Puralin; Radothiram; RCRA waste number U244; Rezifilm; Rhenogran TMTD-80; Rhenosol TMTD-45; Robac TMT; Royal TMTD; Rubator DTMT; Sadoplon; Spotrete; Spotrete-F; Superac 501; SQ 1489; Tersen; Tetrapom; Tetrasipton; Thiallate; Thimer; Thioknock; Thiosan; Thiotex; Thiotox; Thiram; Thiram B; Thiram 75; Thiram 80; Thiramad; Thirasan; Thiulix; Thiurad; Thiuram; Thiuram D; Thiuramin; Thiuram M; Thiuramyl; Thyalate; Tigam; Tirampe; Tiuram (Polish); Tiuramyl; Tmtds; Trametan; Tripdipam; Tripomol; Tuads; Tuex; Tulisan; USAF B-30; USAF EK-2089; USAF P-5; Vancida TM-95; Vancide TM; Vuagt-I-4; Vulcafor TMT; Vulcafor TMTD; Vulkacit; Vulkacit MTIC; Vulkacit Thiuram; Vulkacit thiuram/C; ZUPA S 80;
- **Summenformel:**
  $C_6H_{12}N_2S_4$

- **Strukturformel:**

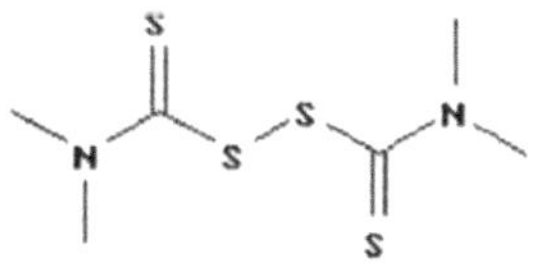

Funktion:
Vulkanisationsbeschleuniger, organisch;
Kautschukart:
Naturkautschuk; Styrol-Butadien-Kautschuk; Acrylnitril-Butadien-Kautschuk; Isobuten-Isopren-Kautschuk; Ethylen-Propylen-Terpolymer; Latex
Anwendung:
Reifen, Schläuche; Rohre; Profile; Hartgummi; Keilriemen; chirurgische und medizinische Artikel; Sportartikel; Tauchartikel; Spielsachen; Schuhe; Sohlen; Absätze; hitzebeständige Produkte; Kabelummantelung; Isolierung, Gewebebeschichtungen; technische Gummiartikel; Produkte für Industrie, inkl. Druckplattentücher; Klebstoffe; Dichtungen; tranzluzente und farbige Haushaltsartikel; Latex Tauchartikel; Latex Schaumartikel;

Eigenschaften:
- **toxikologisch/ökotoxikologisch:**
  RTECS # JO 1400000
  WGK: 2
  MAK Wert: 5 mg/m3 E
  R-Satz: 20/22-36/37-40-43
  S-Satz: (2)-36/37
  Sonstiges:
  Mutagen.Cat. 3 [505]; Spitzenbegrenzung: II,2 [481]; Schwangerschaftsgruppe D [481];
  Wirkt schädigend bei Einatmung, Verschlucken oder Aufnahme über Haut; verursacht schwere Augenreizungen; verursacht Hautreizungen; reizt Schleimhäute und Atemwege; längeres oder wiederholtes Ausgesetzsein kann allergische Reaktionen bei empfindlichen Individuen auslösen [187];
  Reaktion mit nitrosierenden Agentien kann zur Bildung des karzinogenen N-Nitrosodimethylamins führen [481];
  TC Lo (inhalativ, Mensch): 30 µg/m3/5 a (intermittierend) [428];
  LD 50 (oral, Ratte): 560 mg/kg [40], [428];
  LC 50 (inhalativ, Ratte): 500 mg/m3/4 h [428];
  LD 50 (dermal, Ratte): >2000 mg/kg [428];
  LD 50 (intraperitoneal, Ratte): 138 mg/kg [428];
  LD 50 (subcutan, Ratte): 646 mg/kg [428];
  LD 50 (oral, Maus): 1250 mg/kg [428];
  LD 50 (intraperitoneal, Maus): 70 mg/kg [428];
  LD 50 (subcutan, Maus): 1109 mg/kg [428];
  LD 50 (dermal, Hase): 1 g/kg [428];
  LD Lo (oral, Katze): 230 mg/kg [428];
  LD Lo (Haut, Kaninchen): 1000 mg/kg [428];

LD 50 (oral, Wildvogel): 300 mg/kg [428];

zu Mixland TMTD 80 GE [Sdb Göbel], Angaben bezogen auf Wirksubstanz:
LD 50 (oral, Ratte): 780-1300 mg/kg; LC 50 (P.Reticula): 0,27 mg/l/96 h;

zu Perkacit TMTD-Thiurad [Sdb Flexsys], Angaben bezogen auf Wirkstoff:
Sensibilisierend; Mutagen EG-Kategorie 3: Stoff, der infolge der möglichen mutagenen Wirkungen auf Menschen als bedenklich zu bezeichnen ist; LD 50 (oral, Ratte): 1000-2000 mg/kg; LD 50 (dermal, Ratte): >2000 mg/kg; LD 50 (inhalativ, Ratte): 4,42 mg/l;
Gefahrensymbol: Xn; R-Sätze: 20/22-36/37-40-43; S-Sätze: 36/37; MAK-Wert: 5 mg/kg A, Spitzenbegrenzung, Kat II,2 , Schwangerschaft Gruppe D;
EC 50 (Daphnia magna): <1 mg/l/48 h;

Gefahren-Symbol:

- **physikalisch/chemisch:**

Schmelzpunkt: 146-148 °C; 155,6 °C; 144 °C
Siedepunkt: 129 °C (26,66 hPa)
Dampfdruck: <0,0000099 hPa (25 °C)
Dichte: 1290 kg/m3 (20 °C); 1400 ± 30 kg/m3; 1420 kg/m3
Molmasse: 240,42 g/mol

Löslichkeit:
löslich in Trichlormethan, Schwefelkohlenstoff, Benzen, Tetrachlormethan, Dichlormethan, Ethylacetat, Propanon, Ether, Butylalkohol; wenig löslich in Ethanol; >0,2 Gew.-% in Ether; 2,5 Gew.-% in Benzen; schwach löslich in: Benzin; unverdünnten Alkalien; unlöslich in Wasser;

unlöslich in Wasser [Sdb Avokal];

Bemerkung zu physikalisch/chemischen Daten:
zu Mixland TMTD 80 GE [Sdb Göbel], Angaben bezogen auf Wirksubstanz:
Schmelzpunkt: 154 °C;

Verbleib nach Gebrauch:
Verbrennung nach Behandlung mit Soda und gelöschtem Kalk und Mischung mit Alkali;

Bemerkung:
Weißes bis leichtgelbliches Pulver; monokline Kristalle [428];
monokline Kristalle aus Trichlormethan und Ethanol im trockenen Zustand nicht korrosiv [428];
Verwendung: als Fungizid; als Antiseptikum;

enthalten in: Deovulc EG 3 (20 %), Deovulc EG 28 (20 %), Mixland TMTD 80 GE (80 %) Rest: Polymerbinder, Perkacit TMTD-Thiurad (>98 %);

Bis-(dimethyl)-thiophosphoryldisulfid

- **CAS-Nummer:**

5930-71-2

- **gebräuchliche Namen:**

DMDIS; Thioperoxydiphosphorsäuretetramethylester; Bis-(O,O-dimethylthiophosphoryl)disulfid; Bis-dimethoxythiophosphoryldisulfid;

- **Summenformel:**

$C_4H_{12}O_4P_2S_4$

- **Strukturformel:**

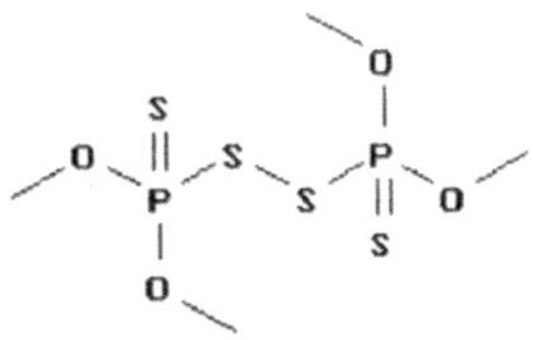

Funktion:
Vulkanisiermittel / Schwefelspender;
Kautschukart:
Carboxylgruppenhaltiger Acrylnitril-Butadien-Kautschuk;

Eigenschaften:
- **toxikologisch/ökotoxikologisch:**
RTECS # XM 6960000
Sonstiges:
LD 50 (oral, Ratte): 10000 mg/kg [428];

- **physikalisch/chemisch:**
Molmasse: 314,34 g/mol

Bis(di-n-butyl)thiophosphoryl-disulfid

- **CAS-Nummer:**
26073-71-2
- **gebräuchliche Namen:**
DNBDIS; Thioperoxydiphosphorsäuretetrabutyl-ester;
- **Summenformel:**
$C_{14}H_{36}O_4P_2S_4$

- **Strukturformel:**

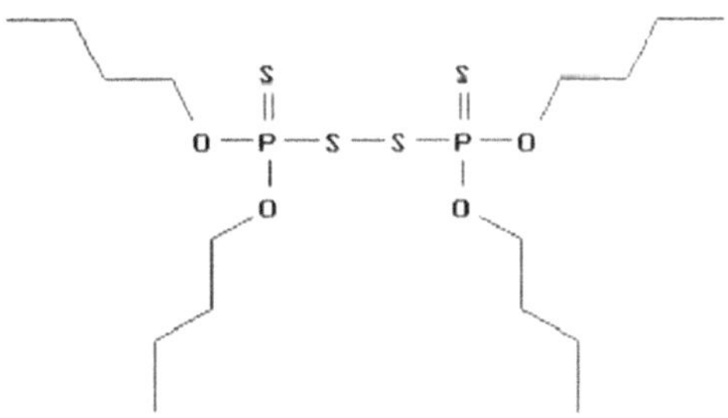

Funktion:
Vulkanisiermittel / Schwefelspender;
Kautschukart:
Carboxylgruppenhaltiger Acrylnitril-Butadien-Kautschuk;

Eigenschaften:

- **physikalisch/chemisch:**
Molmasse: 482,65 g/mol

Bis(di-2-propenyl)thiophosphoryl-disulfid

- **CAS-Nummer:**
  26819-91-0
- **gebräuchliche Namen:**
  DADIS; Bis(-alpha,alpha-diallylthiophospon)-disulfid; Bis(di-allyl)thiophosphoryl-disulfid; Thioperoxydiphosphoräuretetra(2-propenyl)ester;
- **Summenformel:**
  $C_{12}H_{20}O_4P_2S_4$

- **Strukturformel:**

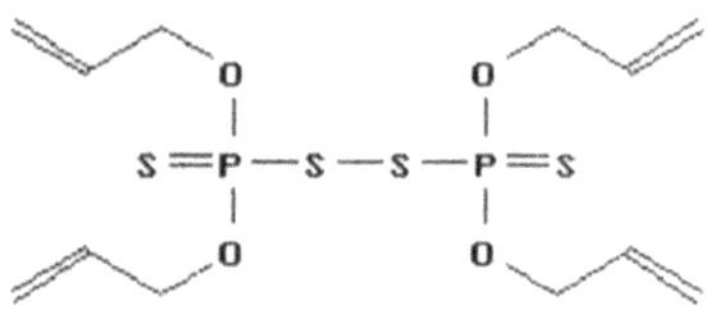

Funktion:
Vulkanisiermittel / Schwefelspender;
Kautschukart:
Carboxylgruppenhaltiger Acrylnitril-Butadien-Kautschuk;

Eigenschaften:

- **physikalisch/chemisch:**
  Molmasse: 418,48 g/mol

1,1-Bis(dithiosäure-dibutylamid)-sulfid

- **CAS-Nummer:**
  93-73-2
- **gebräuchliche Namen:**
  Tetrabutylthiurammonosulfid; 1,2-Trithio-dicarbonsäure-bis-dibutylamid;
- **Handelsnamen:**
  Pentex;
- **Summenformel:**
  $C_{18}H_{36}N_2S_3$

- **Strukturformel:**

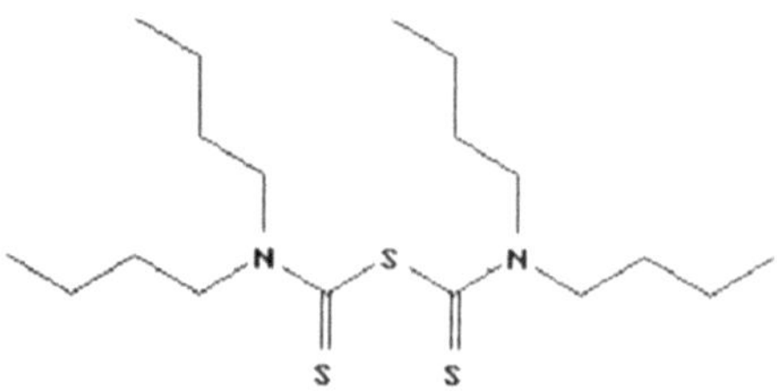

Funktion:
Vulkanisationsbeschleuniger, organisch;

branchenspezifische Bemerkung zur Substanz:
Einsatzmenge: 0,3 t/a (TSE-Industrie, 1996)

Eigenschaften:

- **physikalisch/chemisch:**
  Molmasse: 376,68 g/mol

1,4-Bis(ethenyloxy)butan

- **CAS-Nummer:**
  3891-33-6
- **gebräuchliche Namen:**
  1,4-Bis-vinyloxy-butan;
- **Summenformel:**
  $C_8H_{14}O_2$

- **Strukturformel:**

Funktion:
Ozonschutzmittel;

Eigenschaften:

- **physikalisch/chemisch:**
  Siedepunkt: 167-168 °C (1000 hPa); 190,5 °C
  Brechungsindex: 1,4397
  Dichte: 969,5 kg/m3 (20 °C)
  Molmasse: 142,20 g/mol

4,6-Bis-ethylamino-1H-[1,3,5]-triazin-2-thiol

- **CAS-Nummer:**
  1011-91-2
- **gebräuchliche Namen:**
  2,4-Bis-(ethylamino)-6-mercaptotriazin;
- **Summenformel:**
  $C_7H_{13}N_5S$

- **Strukturformel:**

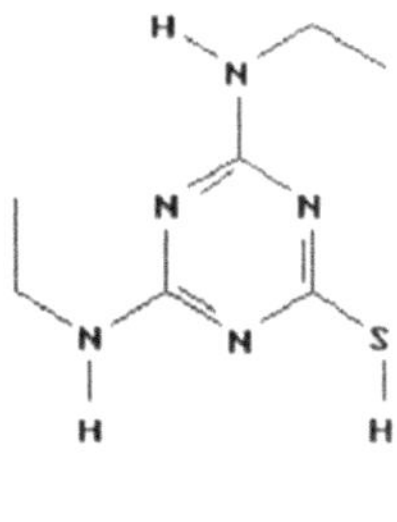

Funktion:
Vulkanisationsbeschleuniger, organisch;

Eigenschaften:
- **physikalisch/chemisch:**
  Schmelzpunkt: 247-275 °C
  Molmasse: 199,27 g/mol

N,N'-Bis-(1-ethyl-3-methylpentyl)-1,4-benzendiamin

- **CAS-Nummer:**
  139-60-6
- **gebräuchliche Namen:**
  DEMPD; DOPD; N,N'-Bis-(1-ethyl-3-methylpentyl)-4-phenylendiamin; N,N'-Bis-(1-ethyl-3-methylpentyl)-p-phenylendiamin;
- **Handelsnamen:**
  Antozite 2; Eastozone 31; Flexzone 8-L; Ozo 8835; Santoflex 17; Tenamene 31; UOP 88;
- **Summenformel:**
  $C_{22}H_{40}N_2$

- **Strukturformel:**

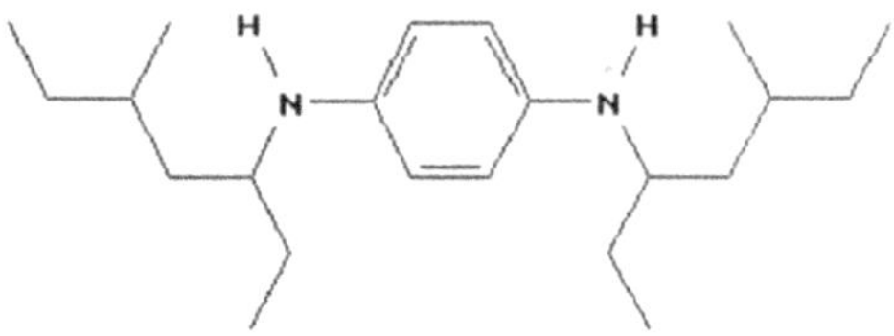

Funktion:
Ermüdungsschutzmittel; Ozonschutzmittel;
Kautschukart:
Naturkautschuk; Butadien-Kautschuk; Acrylnitril-Butadien-Kautschuk; Styrol-Butadien-Kautschuk;
Anwendung:
Reifen, Schläuche; chirurgische und medizinische Artikel; Sportartikel; Spielsachen; technische Gummiartikel;

branchenspezifische Bemerkung zur Substanz:
Einsatzmenge: 3,4 t/a (TSE-Industrie, 1996)

Eigenschaften:
- **toxikologisch/ökotoxikologisch:**
  RTECS # SS 8450000
  Sonstiges:
  LD 50 (oral, Ratte): 2400 mg/kg [428];
  LC 50 (inhalativ, Ratte): 30 ml/m3 [428];
  LD 50 (dermal, Hase): 1800 mg/kg [428];

- **physikalisch/chemisch:**
  Dichte: 905 ± 20 kg/m3
  Molmasse: 332,57 g/mol

  Löslichkeit:
  löslich in Schwefelkohlenstoff, Trichlormethan, Methylbenzen, Petroleumether, Ethanol; unlöslich in Wasser;

1,2-Bis(2-hydroxybenzaldehydimin)-ethan

- **CAS-Nummer:**
  94-93-9
- **gebräuchliche Namen:**
  N,N'-Disalicyliden-ethylen-diamin; Ethylen-bis-(salicylimin); 1,2-Bis-(salicylidenamino)-ethan; 2,2'-[1,2-Ethandiylbis(nitrilomethylidyn)]bisphenol; 2,2'-(2,5-Diaza-hexa-1,5-dien-1,6-diyl)-bis-hydroxybenzen;

- **Summenformel:**
  $C_{16}H_{16}N_2O_2$

- **Strukturformel:**

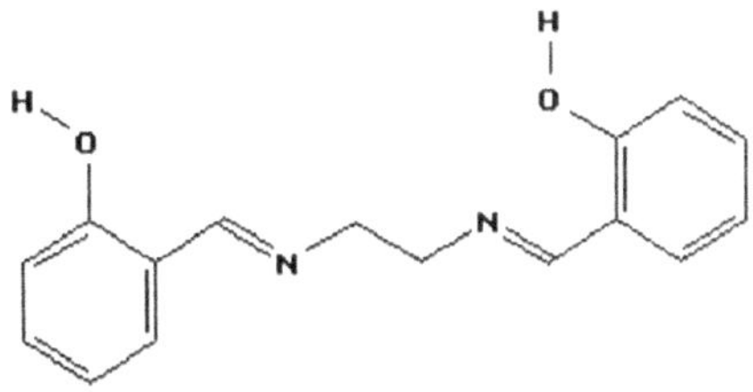

Funktion:
Schutzmittel gegen Metallvergiftung;

Eigenschaften:
- **toxikologisch/ökotoxikologisch:**
  RTECS # SL 3780000
  R-Satz: 36/37/38
  S-Satz: 26-36
  Sonstiges:
  LD Lo (oral, Ratte): 500 mg/kg [428];
  LD 50 (intraperitoneal, Maus): 100 mg/kg [428];

- **physikalisch/chemisch:**
  Schmelzpunkt: 127-128 °C
  Molmasse: 268,32 g/mol

Verbleib nach Gebrauch:
Verbrennung nach Mischung mit brennbarem Lösemittel;

1,1-Bis(2-hydroxy-3,5-di-(1,1-dimethylethyl)-phenyl)-ethan

- **CAS-Nummer:**
  35958-30-6
- **gebräuchliche Namen:**
  1,1-Bis(3,5-di-tert.-butyl-2-hydroxyphenyl)ethan; 2,2'-Ethyliden-bis(4,6-di-tert.-butyl-hydroxybenzen)
- **Handelsnamen:**
  Vanox 1290;
- **Summenformel:**
  $C_{30}H_{46}O_2$

- **Strukturformel:**

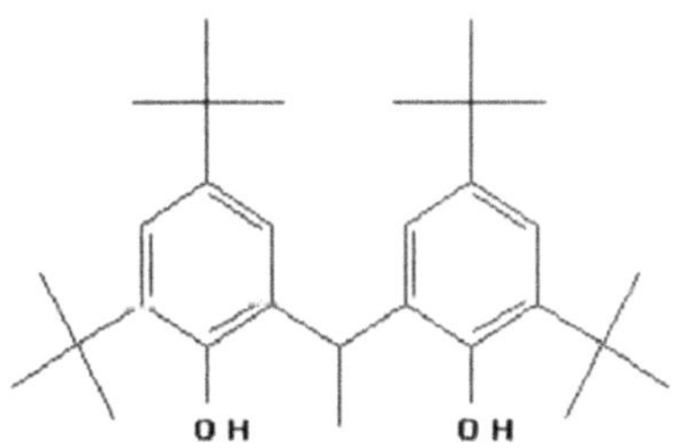

Funktion:
Oxidationsschutzmittel;

Kautschukart:
Naturkautschuk; synthetischer Kautschuk;

Eigenschaften:
- **toxikologisch/ökotoxikologisch:**
  R-Satz: 36/37/38
  S-Satz: 26-37/39

- **physikalisch/chemisch:**
  Schmelzpunkt: 161-164 °C
  Dichte: 1010 ± 30 kg/m3
  Molmasse: 438,76 g/mol

  Löslichkeit:
  löslich in 2-Propanon, Trichlormethan, Methylbenzol, Ethanol, Hexan; unlöslich in Wasser;

Verbleib nach Gebrauch:
Verbrennung nach Mischung mit brennbarem Lösemittel;

1,1-Bis-(4-hydroxyphenyl)cyclohexan

- **CAS-Nummer:**
  843-55-0
- **gebräuchliche Namen:**
  4,4'-Cyclohexyliden-diphenol;
- **Summenformel:**
  $C_{18}H_{20}O_2$

- **Strukturformel:**

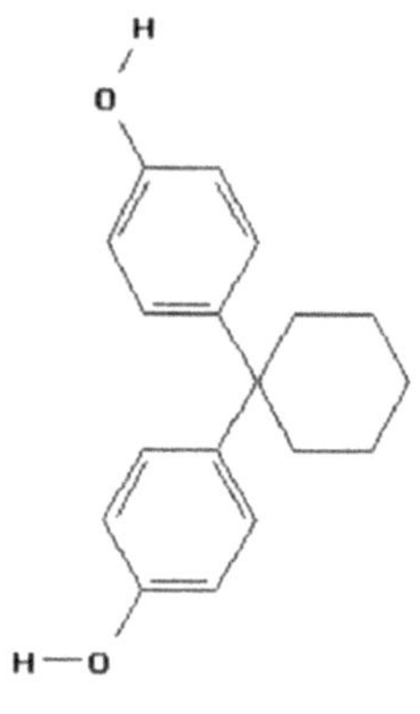

Funktion:
Oxidationsschutzmittel;

Eigenschaften:

- **physikalisch/chemisch:**
  Molmasse: 268,35 g/mol

2,2-Bis-(4-hydroxyphenyl)-propan

- **CAS-Nummer:**
  80-05-7
- **gebräuchliche Namen:**
  BPA; DPP; Bisphenol A; 4,4'-Isopropylidendiphenol; Dian; 4,4'-iso-Propylidendiphenol; Dioxydiphenylpropan; p,p'-Bisphenol A; 4,4'-Bisphenol A; 2,2-Bis-(p-hydroxyphenyl)-propan; 2,2-Bis-4'-hydroxyphenylpropan; Diphenylpropan; 2,2'-(4,4'-Dihydroxydiphenyl)propan; 4,4'-(1-Methylethyliden)-bisphenol; 4,4-Isopropylidenbisphenol;
- **Handelsnamen:**
  DIAN;
- **Summenformel:**
  $C_{15}H_{16}O_2$
- **Strukturformel:**

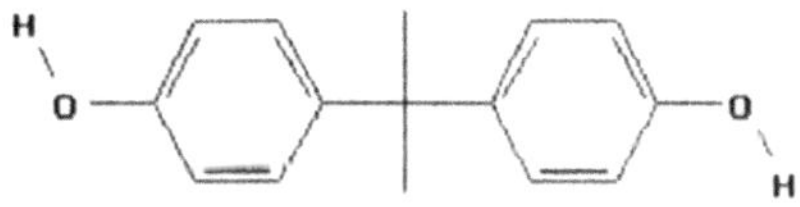

Funktion:
Oxidationsschutzmittel;

branchenspezifische Bemerkung zur Substanz:
Einsatzmenge: 270 t/a (Reifenindustrie: 270 t/a, TSE-Industrie: 3,4 t/a) (1996)

Eigenschaften:
- **toxikologisch/ökotoxikologisch:**
  RTECS # SL 6300000
  Schweizer Giftliste: 4
  WGK: 2
  R-Satz: 36/37/38-43
  S-Satz: (2)-24-26-37
  Sonstiges:
  Stäube und die bei Erhitzung sich bildenden Dämpfe reizen die Augen, die oberen Atemwege und Haut, bei hohen Konzentrationen oder längerer Einwirkung bis hin zu schwerer Gewebsschädigung; Kontakt mit dem Stoff kann zu schweren Schäden an den Augen und der Haut führen; der Stoff wird auch über die Haut aufgenommen; Aufnahme des Stoffes kann Schäden am ZNS (Erregungszustände, Lähmung) und mit Verzögerung an den Nieren hervorrufen [163],
  Symptome: Brennen und Schmerzen der Augen, Nasen- und Rachenschleimhäute sowie der Haut. Möglicherweise einsetzende Gefühlslosigkeit täuscht über die Schwere der Reizung hinweg! Husten. Kopfschmerzen, Schwindel, Benommenheit Erregungszustände, Bewustlosigkeit, Atemstillstand [484];
  Bisphenole weit weniger toxisch als ⇒ Hydroxybenzen (Phenol) selbst;
  Zur Metabolisierung siehe ⇒ [212], [213];
  Kein Hinweis auf karzinogenes Potential bei Mäusen und Ratten [214];
  LD 50 (oral, Ratte): 3250 mg/kg [187], 4040 mg/kg [193];
  LD 50 (Haut, Kaninchen): 3000 mg/kg [187];
  LC 50 (oral, Haut): 2400 mg/kg [428];
  LD 50 (intraperitoneal, Maus): 150 mg/kg [428];
  LD Lo (subcutan, Maus): 2500 mg/kg [428];
  LD 50 (oral, Kaninchen): 2230 mg/kg [428];
  LD 50 (oral, Meerschweinchen): 4000 mg/kg [428];
  Toxisch für Wasserorganismen, Atmungshemmung
  EC 10: 90 mg/l (25°C), 35 mg/l (48°C)

  Gefahren-Symbol:

- **physikalisch/chemisch:**
  Schmelzpunkt: 152-153 °C; 154-157 °C;
  Siedepunkt: 250-252 °C (17,33 hPa); 220 °C (5 hPa)
  Flammpunkt: 79 °C
  Dampfdruck: 5 hPa (220 °C) [163]
  Dichte: 1195 kg/m3 (25 °C) (fest)
  Molmasse: 228,29 g/mol

  Löslichkeit:
  unlöslich in Wasser; wenig löslich in Tetrachlormethan; löslich in Ethansäure; leicht löslich in Ethanol, Diethylether, Benzen;

Verbleib nach Gebrauch:
Verbrennung nach Mischung mit brennbarem Lösemittel;

Bemerkung:
Farblose kristalline Schuppen, Pulver oder Flocken; schwacher phenolartiger Geruch;
Stoff reagiert bei Kontakt oder Mischung mit starken Oxidationsmitteln, starken Basen, Säurechloriden und Säureanhydriden;
Verwendung: als Antioxidans für Weichmacher; als Fungizid; Zwischenprodukt bei der Herstellung von ⇒ Epoxid-, Polycarbonat-, ⇒ Phenolharzen, Gerbstoffen, Farbstoffen ;

1,10-Bis-methacryloxyloxydecan

- **CAS-Nummer:**
  6701-13-9
- **gebräuchliche Namen:**
  10-Methylen-alpha-w-dimethacrylat; 2-Methyl-acrylsäure-10-(2-methyl-acryl-oxyloxy)-decylester; MB;
- **Summenformel:**
  $C_{18}H_{30}O_4$

- **Strukturformel:**

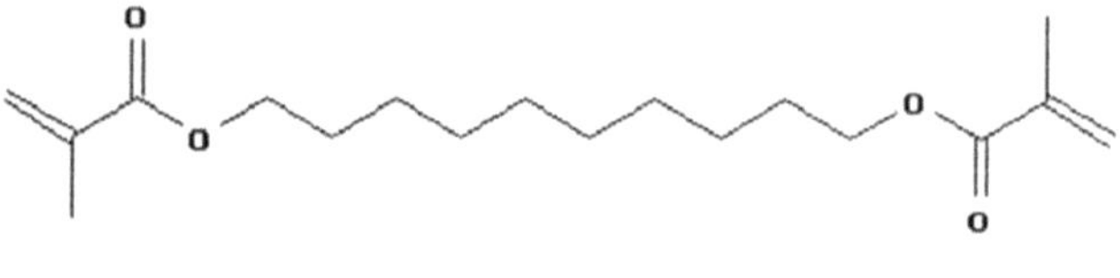

Funktion:
Weichmacher, synthetisch;

Eigenschaften:

- **physikalisch/chemisch:**
  Molmasse: 310,43 g/mol

1,2-Bis-[2-methacryloyl-oxy-ethoxy]-ethan

- **CAS-Nummer:**
  109-16-0
- **gebräuchliche Namen:**
  TriEDMA; TEDMA; O,O'-Dimethylacryloyltriethylenethandiol; O,O'-Dimethylacryloyltriethylenglycol; O,O'-Dimethylacryloyl-triethylenglykol; 1,2-Bis-((2-methacryloxy)ethoxy)ethan; Ethylenbis(oxyethylen)methacrylate; 1,2-Ethandiylbis(oxy-2,1-ethandiyl)ester; 2,2'-(Ethandiylbis(oxy))-bis-

ethanol; 3-Oxyethylen-alpha-w-dimethacrylat; Triethylenglykoldimethacrylat; Triester mit Triethylene-Glykol; Triethylene-dimethacrylat;

- **Handelsnamen:**
  TGM 3; TGM 3 PL; Polyester TGM-3;
- **Summenformel:**
  $C_{14}H_{22}O_6$
- **Strukturformel:**

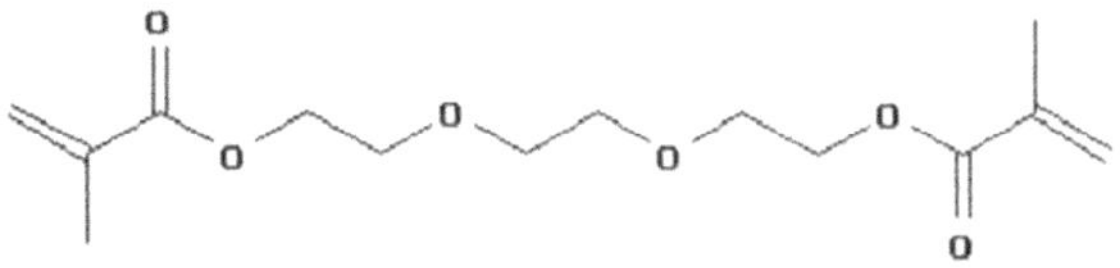

Funktion:
Coagentien für schwefelfreie Vernetzungsmittel;
Vulkanisationsaktivator / Beschleunigeraktivator;

Eigenschaften:
- **toxikologisch/ökotoxikologisch:**
  RTECS # OZ 4100000
  WGK: 1
  Sonstiges:
  Wirkt schädigend beim Einatmen, Verschlucken oder Aufnahme über Haut; Dämpfe reizen Augen, Schleimhäute und Atemwege; kann allergische Atem- und Hautreaktionen verursachen [187];
  Karzinogen [187];
  LD 50 (oral, Ratte): 10837 mg/kg [40];
  LD 50 (oral, Maus): 10750 mg/kg [428];

- **physikalisch/chemisch:**
  Siedepunkt: 170-172 °C (6,66 hPa)
  Flammpunkt: > 112 °C
  Brechungsindex: 1,4605 (20 °C)
  Dichte: 1092 kg/m3 (20 °C); 1072 kg/m3 (15 °C)
  Molmasse: 286,275 g/mol

  Löslichkeit:
  >10 Gew.-% in Propanon, Ethanol, Ether und Petrolether [428];

Verbleib nach Gebrauch:
Verbrennung nach Mischung mit brennbarem Lösemittel;

Bemerkung:
Farblose Flüssigkeit;
unverträglich mit starken Oxidationsmitteln, starken Basen; kann in Gegenwart von Licht polymerisieren;

Bis-[2-(2-methacryloyloxy-ethoxy)-ethyl]-ether

- **CAS-Nummer:**
  109-17-1
- **gebräuchliche Namen:**
  Tetra EDMA; Tetraethylenglycol-dimethacrylat; 2-Propensäure-2-methyl-oxybis-(2,1-ethandiyl)ester; 4-Oxyethylen-alpha-w-dimethacrylat;
- **Handelsnamen:**
  TGM-4;
- **Summenformel:**
  $C_{16}H_{26}O_7$

- **Strukturformel:**

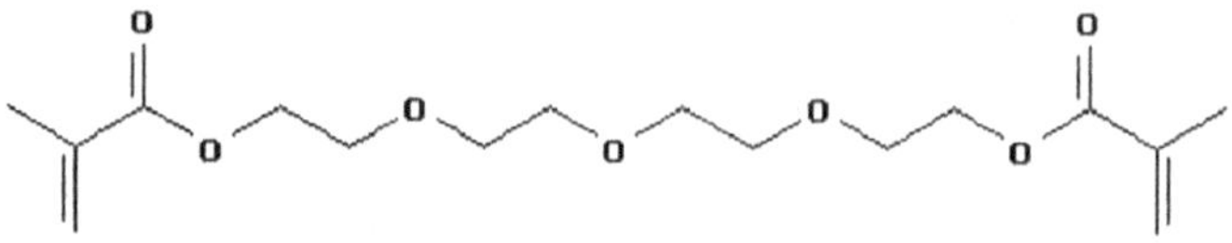

Funktion:
Coagentien für schwefelfreie Vernetzungsmittel;

Eigenschaften:
- **toxikologisch/ökotoxikologisch:**
RTECS # OZ 4000000
R-Satz: 36

- **physikalisch/chemisch:**
Siedepunkt: 220 °C
Flammpunkt: >110 °C
Brechungsindex: 1,4630 (20 °C)
Dichte: 1080 kg/m3
Molmasse: 330,38 g/mol

Bemerkung:
Lichtempfindlich;

Bis-(1,4-methylbenzoyl)-peroxid

- **CAS-Nummer:**
895-85-2
- **gebräuchliche Namen:**
Di-1,4-toluoylperoxid; Di-p-toluoylperoxid; Bis-(p-methylbenzoyl)-peroxid;
- **Summenformel:**
$C_{16}H_{14}O_4$

- **Strukturformel:**

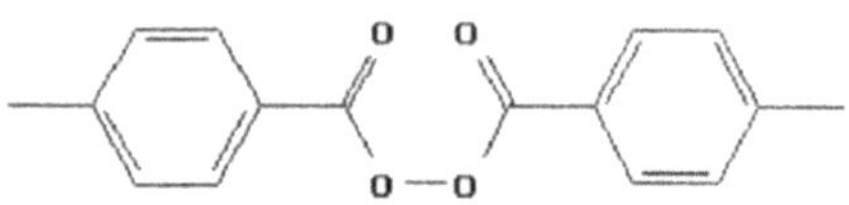

Funktion:
Vernetzungsmittel, schwefelfrei;
Kautschukart:
Silikon-Kautschuk;

Eigenschaften:

- **physikalisch/chemisch:**
Schmelzpunkt: 135-136 °C
Molmasse: 270,28 g/mol

1,2-Bis(1-methylethyl)-benzen

- **CAS-Nummer:**
  577-55-9
- **gebräuchliche Namen:**
  o-Diisopropylbenzen; 1,2-Diisopropylbenzen;
- **Summenformel:**
  $C_{12}H_{18}$

- **Strukturformel:**

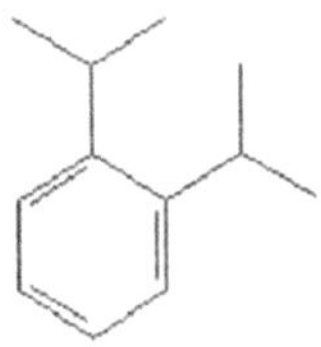

branchenspezifische Bemerkung zur Substanz:
Reaktionsprodukt von aromatischen Ölen [Weichmachern];

Eigenschaften:
- **toxikologisch/ökotoxikologisch:**
  RTECS # CZ 6350000
  Sonstiges:
  LDLo (oral, Ratte): 5000 mg/kg [428];

- **physikalisch/chemisch:**
  Schmelzpunkt: -57 °C
  Siedepunkt: 204 °C
  Dichte: 870,1 kg/m3 (20 °C); 774,8 kg/m3 (20 °C)
  Molmasse: 126,27 g/mol

  Löslichkeit:
  löslich in Alkohol, Ether, Propanon und Benzen;

Bemerkung:
saubere, farblose Flüssigkeit;

1,4-Bis-(1-methylethyl)-benzen

- **CAS-Nummer:**
  100-18-5
- **gebräuchliche Namen:**
  1,4-Diisopropylbenzen; p-Diisopropylbenzol; 1,4-Bis-(1-methylethyl)-benzen; p-Diisopropylbenzen;
- **Summenformel:**
  $C_{12}H_{18}$

- **Strukturformel:**

branchenspezifische Bemerkung zur Substanz:
Reaktionsprodukt von aromatischen Ölen (Weichmacher);

Eigenschaften:
- **toxikologisch/ökotoxikologisch:**
RTECS # CZ 6360000
R-Satz: 36/37/38
S-Satz: 26-36/37/39
Sonstiges:
LD 50 (oral, Maus): 3400 mg/kg [428];
LD 50 (intraperitoneal, Maus): 1650 mg/kg [428];

- **physikalisch/chemisch:**
Schmelzpunkt: -17 °C
Siedepunkt: 210 °C; 203 °C
Flammpunkt: 76 °C
Brechungsindex: 1,4890 (20 °C)
Dichte: 857 kg/m3
Molmasse: 162,28 g/mol

Löslichkeit:
unlöslich in Wasser;
löslich in Alkohol, Ether, Aceton, Benzen;

Verbleib nach Gebrauch:
Verbrennung;

Bemerkung:
farblose Flüssigkeit;

1,3-Bis(1-methylethyl)benzen

- **CAS-Nummer:**
99-62-7
- **gebräuchliche Namen:**
1,3-Diisopropylbenzen; m-Diisopropylbenzen; 1,3-Diisopropylbenzol;
- **Summenformel:**
$C_{12}H_{18}$

- **Strukturformel:**

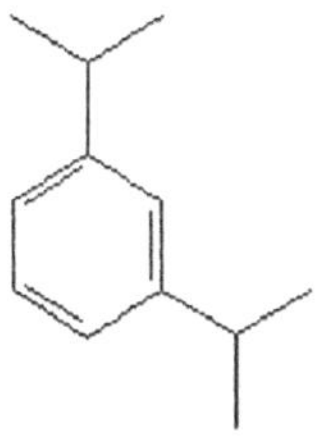

branchenspezifische Bemerkung zur Substanz:
Reaktionsprodukt von aromatischen Ölen (Weichmacher);

Eigenschaften:
- **toxikologisch/ökotoxikologisch:**
RTECS # CZ 6334000
Sonstiges:
LD 50 (oral, Ratte): 7400 mg/kg [428];
LD 50 (oral, Maus): 3100 mg/kg [428];
LD 50 (intraperitoneal, Maus): 1650 mg/kg [428];
TC To (inhalativ, Ratte): 200 µg/m3/5h [428];
TD Lo (oral, Ratte): 45 mg/kg/26w-f [428];

- **physikalisch/chemisch:**
Schmelzpunkt: -63 °C; -61 °C
Siedepunkt: 203 °C;
Flammpunkt: 76 °C;
Brechungsindex: 1,4205 (20 °C) [187]; 1,4890;
Dichte: 856 kg/m3;
Molmasse: 162,27 g/mol;

Löslichkeit:
unlöslich in Wasser, Ethanol, Ether, Propanon, Benzen;

Verbleib nach Gebrauch:
Verbrennung;

Bemerkung:
farblose Flüssigkeit;

N,N'-Bis-(1-methylethyl)-1,4-benzoldiamin

- **CAS-Nummer:**
4251-01-8
- **gebräuchliche Namen:**
N,N'-Diisopropyl-p-phenylendiamin; N,N'-Bis-(isopropyl)-1,4-benzoldiamin
- **Summenformel:**
$C_{12}H_{20}N_2$

- **Strukturformel:**

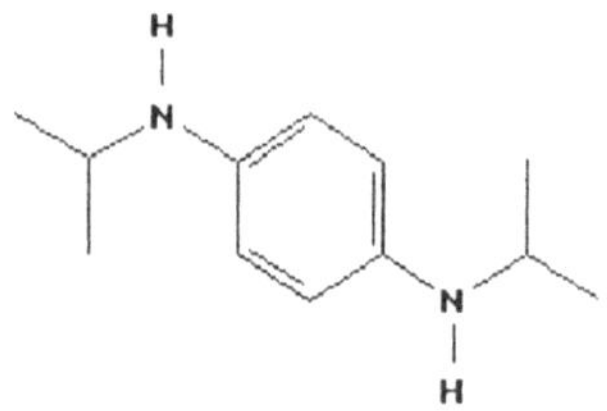

Funktion:
Alterungsschutzmittel;

Eigenschaften:

- **physikalisch/chemisch:**
Molmasse: 192,30 g/mol

N,N-Bis-(1-methylethyl)-2-benzothiazolsulfonamid

- **CAS-Nummer:**
95-29-4
- **gebräuchliche Namen:**
DIBS; N,N-Diisopropyl-2-benzothiazolsulfonamid; 5-Benzothiazol-2-yl-N,N-diisopropyl-thiohydroxylamin; Benzothiazol-2-sulfensäurediisopropylamid;
- **Handelsnamen:**
Dipac; Dipak;
- **Summenformel:**
$C_{13}H_{18}N_2S_2$

- **Strukturformel:**

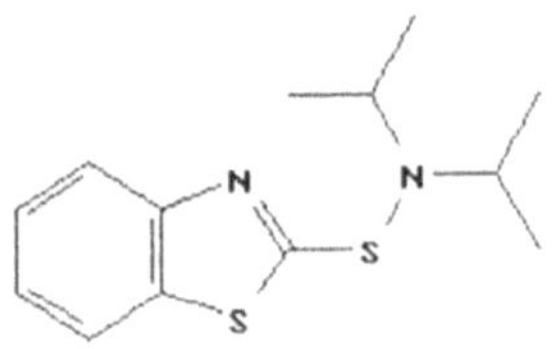

Funktion:
Vulkanisationsbeschleuniger, organisch;
Anwendung:
Reifen, Schläuche; chirurgische und medizinische Artikel; Sportartikel; Spielsachen; technische Gummiartikel; Produkte für Industrie, inkl. Druckplattentücher; Klebstoffe; Dichtungen; Latex Tauchartikel; Latex Schaumartikel;

Eigenschaften:
- **toxikologisch/ökotoxikologisch:**
RTECS # DL 6330000
Sonstiges:
LD 50 (oral, Maus): 3892 mg/kg [428];

- **physikalisch/chemisch:**
Molmasse: 266,45 g/mol

N,N'-Bis-(1-methylethyl)-N,N'-dioctadecylthioperoxidicarbonsäure-diamid

- **CAS-Nummer:**
  35318-10-6
- **gebräuchliche Namen:**
  Bis-(Isopropyloctadecylthiocarbamoyl)-disulfid; N,N'-Dioctadecyl-N,N'-diisopropylthiuram-disulfid;
- **Summenformel:**
  $C_{42}H_{88}N_2S_4$

- **Strukturformel:**

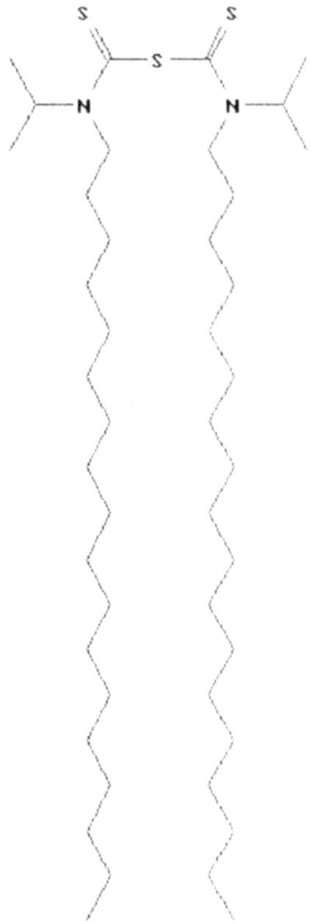

Funktion:
Vulkanisationsbeschleuniger, organisch;

Eigenschaften:

- **physikalisch/chemisch:**
  Molmasse: 749,41 g/mol

N,N'-Bis-(1-methylheptyl)-1,4-phenylendiamin

- **CAS-Nummer:**
  103-96-8
- **gebräuchliche Namen:**
  DOPPD; N,N'-Bis-(1-methylheptyl)-p-phenylendiamin; N,N'-Bis-(1-methylheptyl)-1,4-benzoldiamin; N,N'-Di (2-octyl)-p-phenylendiamin; N,N'-Di-sek.-octyl-p-phenylendiamin;

- **Handelsnamen:**
  Antozite 1; Elastozone; Elastozone 30; Santoflex 217; Teneme 30; Ozo 88; UOP 288;
- **Summenformel:**
  $C_{22}H_{40}N_2$

- **Strukturformel:**

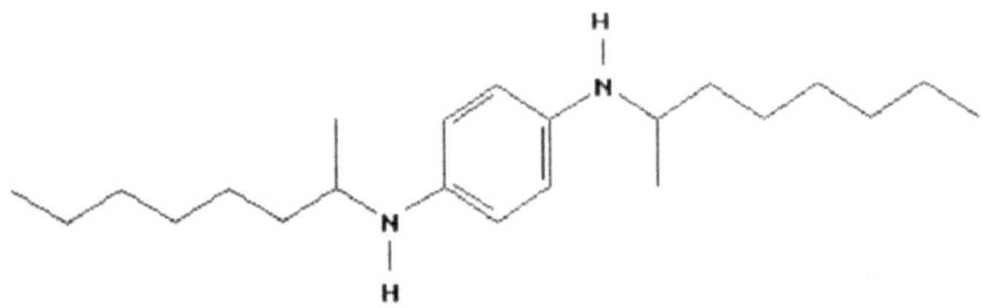

Funktion:
Ozonschutzmittel; Oxidationsschutzmittel; Ermüdungsschutzmittel;
Kautschukart:
Naturkautschuk; synthetischer Kautschuk;
Anwendung:
Reifen, Schläuche; chirurgische und medizinische Artikel; Sportartikel; Spielsachen; technische Gummiartikel; Produkte für Industrie, inkl. Druckplattentücher; Klebstoffe; Dichtungen; Latex Tauchartikel; Latex Schaumartikel;

Eigenschaften:

- **physikalisch/chemisch:**
  Dichte: 900 ± 20 kg/m3
  Molmasse: 332,57 g/mol

  Löslichkeit:
  unlöslich in Wasser; löslich in Schwefelkohlenstoff, Trichlormethan, Methylbenzen, Petroleumether, Ethanol;

Bemerkung:
Enthalten in: UOP 62; UOP 256;

Bis-(3-methyl-4-hydroxy-5-(1,1-dimethylethyl)-phenyl)-methan

- **CAS-Nummer:**
  96-65-1
- **gebräuchliche Namen:**
  2,2'-Di-tert.-butyl-6,6'-dimethyl-4,4'-methandiyl-di-phenol; 4,4'-Methylen-bis-(2-tert.-butyl-6-methylphenol)
- **Handelsnamen:**
  Ethyl Antioxidans 720;
- **Summenformel:**
  $C_{23}H_{32}O_2$

- **Strukturformel:**

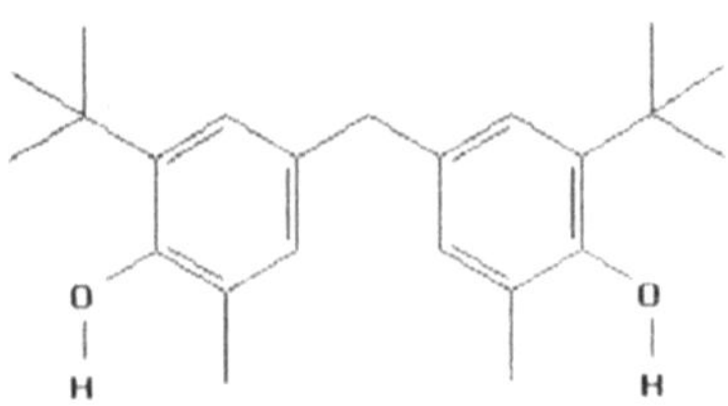

Funktion:
Oxidationsschutzmittel;

Eigenschaften:

- **physikalisch/chemisch:**
  Molmasse: 340,50 g/mol

Bis-(1-methyl-1-phenyl-ethyl)-peroxid

- **CAS-Nummer:**
  80-43-3
- **UN Nummer:**
  3110
- **gebräuchliche Namen:**
  DCP; Bis(alpha,alpha-dimethylbenzyl)-peroxid; Dicumylperoxid; alpha,alpha-Dimethylbenzylperoxid; 8,8'-Dicumenylperoxid;
- **Handelsnamen:**
  Perkadox BC 40; Di-Cup; Kayacumyl D; Luperco 500-40C; 500-KOKE; Luperox 500; Percumyl D; Percumy D40; DCUP; Peroxan DC; Peroxan DC40 GS; Peroxan DC 40 MB; Peroxan DC 40 P; Peroxan DC 40 PE; Peroxan DC 40 PK; Peroxan DC 80 P; Peroximon DC; Peroximon DC 40; Peroximon DC 40 KE; Peroximon DC 40 KEP; Peroximon DC 40 MF; Peroximon DC 40 MG; Peroximon DC 40'P; Peroximon DC 40 PE; Peroximon DC 40 SRG; Peroximon DC 60; Peroximon DC SC; Poly-Dispersion DCP-60P; Poly-Dispersion E(DIC)D-40; Poly-Dispersion T(DIC)D-40P; Varox DCP; Varox DCP-T; Varox DCP-40C; Varox DCP-40KE;
- **Summenformel:**
  $C_{18}H_{22}O_2$

- **Strukturformel:**

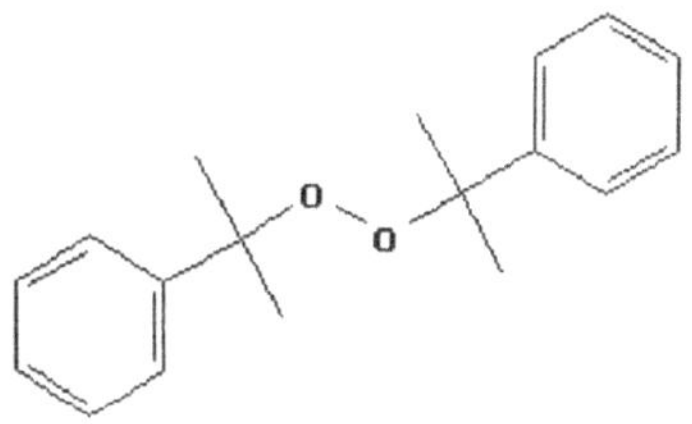

Funktion:
Vernetzungsmittel, schwefelfrei;
Kautschukart:
Naturkautschuk; Chlorethylen-Kautschuk; Isopren-Kautschuk, synthetisch; Styrol-Butadien-Kautschuk; Butadien-Kautschuk; Acrylnitril-Butadien-Kautschuk; Ethylen-Propylen-Terpolymer;

branchenspezifische Bemerkung zur Substanz:
Einsatzmenge: 28 t/a (Reifenindustrie: 17 t/a, TSE-Industrie: 11 t/a) (1996);

Eigenschaften:
- **toxikologisch/ökotoxikologisch:**
  RTECS # SD 8150000
  WGK: 2
  R-Satz: 7 36/38
  S-Satz: (2)-3/7-14-36/37/39
  Sonstiges:
  LD 50 (oral, Ratte): 4100 mg/kg [39];

  zu DCUP (SdB Peroxid-Chemie):

schwach hautreizend; gewisse Reizwirkungen auf das Auge;

zu Peroxan DC (Sdb Pergan):
schwach hautreizend; gewisse Reizwirkungen auf das Auge; R-Sätze: 7-36/37/38; WGK: 1;

Gefahren-Symbol:

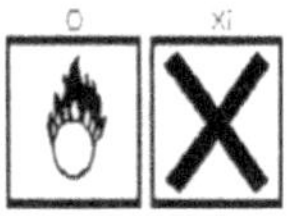

- **physikalisch/chemisch:**
  Schmelzpunkt: 38 °C; 39-41 °C
  Siedepunkt: >80 °C (Zers.)
  Flammpunkt: >110 °C; >133 °C
  Dichte: 1020 kg/m3; 1000 ± 30 kg/m3
  Molmasse: 270,4 g/mol

Löslichkeit:
zu Peroxan DC (Pergan):
in Wasser unlöslich; löslich in Estern und Ketonen;

zu DCUP (SdB Peroxid-Chemie):
unlöslich in Wasser;

Bemerkung zu physikalisch/chemischen Daten:
zu Peroxan DC (Sdb Pergan):
Zündtemperatur: >210 °C; Schmelzpunkt: 35-40 °C; Flammpunkt >133 °C;

zu DCUP (SdB Peroxid-Chemie):
Dichte: 520 kg/m3 (25 °C);

Verbleib nach Gebrauch:
Verbrennung nach Mischung mit brennbarem Lösemittel;

Bemerkung:
Gelblich weißes Granulat; Geruch: aromatisch;
Gefährliche Zersetzungsprodukte: Kohlenmonoxid [SdB Pergan GmbH];
Verwendung: Vernetzungsmittel für Polyolefine und Elastomere, Härter von ungesättigten Polyesterharzen;

zu DCUP (SdB Peroxid-Chemie):
Unverträglich mit Beschleunigern, starken Säuren oder Laugen, Schwermetallsalzen und reduzierenden Stoffen; Bei Kontakt erfolgt spontane Zersetzung; Durch Zersetzung entstehen entflammbare Dämpfe; Zersetzung ab 80 °C;

zu Peroxan DC (Pergan):
Zersetzungstemperatur bei ca.90 °C; Unverträglich mit Beschleunigern, starken Säuren oder Laugen, Schwermetallsalzen und reduzierenden Stoffen; Bei Kontakt erfolgt spontane Zersetzung; Durch Zersetzung entstehen entflammbare Dämpfe;
Peroxidgehalt: >98%; Aktivsauerstoffgehalt: >5,8%;

zu Peroxan DC 40GS (Pergan), Peroxan DC 40MB (Pergan):
Peroxidgehalt: 38,0-42,0%; Aktivsauerstoffgehalt: 2,2-2,5%; Phlegmatisierungsmittel: Calciumcarbonat bzw. EPDM;

zu Peroxan DC 40P, Peroxan DC 40PK, Peroxan DC 40PE (Pergan):
Peroxidgehalt: 39,0-41,0%; Aktivsauerstoffgehalt: 2,3-2,4%; Phlegmatisierungsmittel: Calciumcarbonat/ Polyethylen/ Kaolin;

zu Peroxan DC 80P (Pergan):
Peroxidgehalt: 79,0-81,0%; Aktivsauerstoffgehalt: 4,6-4,8%; Phlegmatisierungsmittel: Calciumcarbonat;

zu Poly-Dispersion DCP-60P (Rhein Chemie):
Peroxidgehalt: 60%;

zu Poly-Dispersion E(DIC)D-40, Poly-Dispersion T(DIC)D-40P (Rhein Chemie):
Peroxidgehalt: 40%;

N,N'-Bis-(2-methylphenyl)guanidin

- **CAS-Nummer:**
  97-39-2
- **gebräuchliche Namen:**
  DOTG; Di-o-tolylguanidin; 1,3-Di-o-tolylguanidin; Diorthotolylguanidin; N,N'-Di-o-toluylguanidin;
- **Handelsnamen:**
  Ekaland DOTG-c; Eveite DOTG; Rhenogran DOTG-80; Soxinol DT; USAFA-6598; Vanax DOTG; Vulcator DOTG; Vulkacit DOTG/C;
- **Summenformel:**
  $C_{15}H_{17}N_3$
- **Strukturformel:**

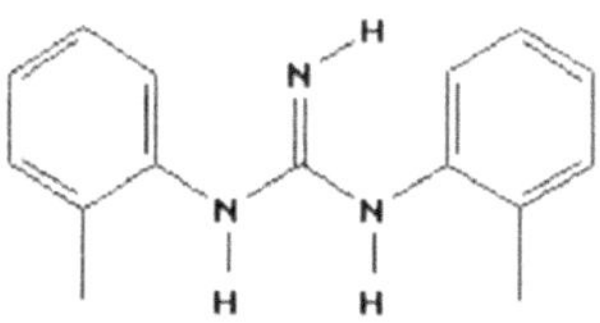

Funktion:
Vulkanisationsbeschleuniger, organisch;
Kautschukart:
Naturkautschuk; synthetischer Kautschuk;
Anwendung:
Reifen, Schläuche; chirurgische und medizinische Artikel; Sportartikel; Spielsachen; technische Gummiartikel; Produkte für Industrie, inkl. Druckplattentücher; Klebstoffe; Dichtungen; Latex Tauchartikel; Latex Schaumartikel;

branchenspezifische Bemerkung zur Substanz:
Einsatzmenge: 44 t/a (Reifenindustrie: 14 t/a, TSE-Industrie: 30 t/a) (1996)

Eigenschaften:
- **toxikologisch/ökotoxikologisch:**
  RTECS # MF 1400000
  WGK: 2
  R-Satz: 23/24/25
  S-Satz: 28-27-45-36/37/39
  Sonstiges:
  LD Lo (oral, Mann): 120 mg/kg [428];
  LD 50 (oral, Ratte): 500 mg/kg [187];
  LD 50 (intraperitoneal, Maus): 25 mg/kg [428];
  LD Lo (oral, Kaninchen): 80 mg/kg [428];

  zu Ekaland DOTG-c [615]:
  LD 50 (oral, Ratte): 134 mg/kg; MAK-Wert: < 2,5 mg/m3 E;
  Gefahrensymbol: T; R-Sätze: 25-36; S-Sätze: 37/39-44;

Gefahren-Symbol:

- **physikalisch/chemisch:**
  Schmelzpunkt: 176-178 °C
  Dichte: 1100 kg/m3; 1102 kg/m3; 1200 ± 30 kg/m3
  Molmasse: 239,32 g/mol

  Löslichkeit:
  leicht löslich in Trichlormethan; löslich in Propanon, Methylbenzen, Wasser; unlöslich in Hexan;

Verbleib nach Gebrauch:
Verbrennung nach Mischung mit brennbarem Lösemittel;

Bemerkung:
Weißes Pulver [187];

zu Ekaland DOTG-c [615]:
enthält zu 2 % Paraffinöl;
Schmelzpunkt: 179 °C; unlöslich in kaltem Wasser, löslich in Alkoholen, Trichlormethan.
Bei Überhitzung kann Orthotoluidin frei werden. Kontakt mit Säuren und Oxidationsmitteln vermeiden.

N,N-Bis-(2-methylphenyl)guanidiniumbiscatecholborat

- **CAS-Nummer:**
  16971-82-7
- **gebräuchliche Namen:**
  Diacetcholborat-di-o-toluolguanidinsalz; Hydrogen-bis-[1,2-benzoldiolato(2-)-0,0']borat (1-) zusammengetzt mit N,N'-bis-(2-methylphenyl)guanidin (1:1);
- **Handelsnamen:**
  Nocceler PR; Permalux; Permalax; Vanax PML;
- **Summenformel:**
  $C_{27}H_{26}BN_3O_4$

Funktion:
Vulkanisationsbeschleuniger, organisch;
Kautschukart:
Naturkautschuk; Styrol-Butadien-Kautschuk; Chloropren-Kautschuk; Neopren;
Anwendung:
Reifen, Schläuche; chirurgische und medizinische Artikel; Sportartikel; Spielsachen; technische Gummiartikel; Produkte für Industrie, inkl. Druckplattentücher; Klebstoffe; Dichtungen; Latex Tauchartikel; Latex Schaumartikel;

Eigenschaften:

- **physikalisch/chemisch:**
  Dichte: 1250 ± 30 kg/m3
  Molmasse: 467,37 g/mol

  Löslichkeit:
  unlöslich in Wasser; löslich in Propanon, Trichlormethan, Ethanol, Methylbenzen, Hexan;

Bis-(4-methyl-piperazin-1-carbothioyl)-disulfan

- **CAS-Nummer:**
  20231-01-0
- **gebräuchliche Namen:**
  MPTD; Bis(N-methyl-piperazino)-thiuramdisulfid; 4,4'-Dimethyl-1,1'-(2,3-dithia-butandithioyl)-bis-piperazin; 1,1'-Dithiodicarbaonthioylbis(4-methylpiperazin);
- **Summenformel:**
  $C_{12}H_{22}N_4S_4$

- **Strukturformel:**

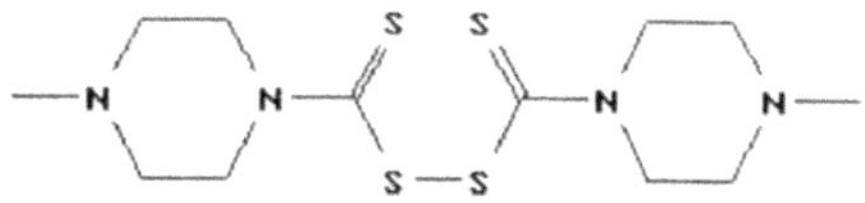

Funktion:
Vulkanisationsbeschleuniger, organisch;

branchenspezifische Bemerkung zur Substanz:
Einsatzmenge: 1 t/a (TSE-Industrie, 1996)

Eigenschaften:
- **toxikologisch/ökotoxikologisch:**
  RTECS # JO 1527500
  Sonstiges:
  LD 50 (intraperitoneal, Maus): 100 mg/kg [428];

- **physikalisch/chemisch:**
  Molmasse: 350,57 g/mol

Bis-(2-methyl-2-propensäure)-1,4-butandiylester

- **CAS-Nummer:**
  2082-81-7
- **gebräuchliche Namen:**
  BDMA; 1,4-Bis-methacryloxyloxy-butan; Bis-[2-methyl-2-propensäure]-1,4-butandiylester; 1,4-Butandioldimethacrylat; Butylenglycoldimethacrylat; 1,4-Butylenglykol-dimethacrylat; 2-Methyl-acrylsäure-4-(2-methyl-acryloxy)-butylester; 2-Methyl-1,4-butandiylester; 4-Methylen-alpha-w-dimethacrylat; Tetramethylenglykoldimethacrylat;
- **Handelsnamen:**
  BDMA/GR 70; BDMA DL 75; Degussa BDMA; X-970; MB; Rhenofit BDMA/S;
- **Summenformel:**
  $C_{12}H_{18}O_4$

- **Strukturformel:**

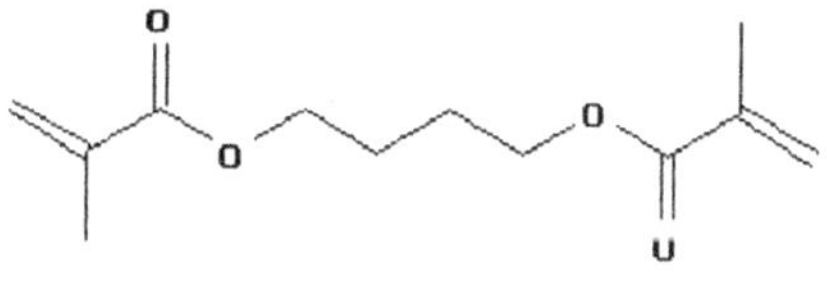

Funktion:
(1) Weichmacher, synthetisch;
(2) Coagentien für schwefelfreie Vernetzungsmittel;
(3) Vulkanisationsaktivator / Beschleunigeraktivator;

Kautschukart:
(2) Naturkautschuk; Acrylnitril-Butadien-Kautschuk; Chlorethylen-Kautschuk;
Anwendung:
(2) Dichtungen; Manschetten; Kabel; Profile;

branchenspezifische Bemerkung zur Substanz:
Einsatzmenge: 13 t/a (TSE-Industrie, 1996)

Eigenschaften:
- toxikologisch/ökotoxikologisch:
WGK: 2
R-Satz: 20/21/22-36/37/38
S-Satz: 26-36
Sonstiges:
Wirkt schädigend bei Einatmung, Verschlucken oder Aufnahme über Haut; Dämpfe reizen Augen, Schleimhäute und Atemwege [187];

zu BDMA/GR 70 [Sdb Kettlitz Chemie], Angaben bezogen auf Wirksubstanz:
R-Sätze: 36/37-38-43;

Gefahren-Symbol:

- physikalisch/chemisch:
Siedepunkt: 132-134 °C (5,33 hPa); 110 °C (4 hPa)
Flammpunkt: > 110 °C
Brechungsindex: 1,4565 (20 °C); 14872 (20 °C); 14502 (25 °C)
Dichte: 1023 kg/m3 (20 °C); 1011 kg/m3 (25 °C)
Molmasse: 226,28 g/mol

Löslichkeit:
unlöslich in Wasser [Sdb Kettlitz Chemie];
mischbar mit Wasser 4 g/l (20 °C) [Sdb Lehmann & Voss];

Bemerkung zu physikalisch/chemischen Daten:
thermische Zersetzung: >250 °C [Sdb Kettlitz Chemie];

Verbleib nach Gebrauch:
Verbrennung nach Mischung mit brennbarem Lösemittel;

Bemerkung:
Farblose Flüssigkeit;
unverträglich mit starken Oxidationsmitteln, starken Basen; licht- und hitzeempfindlich;
BDMA/GR 70: Wirkstoffgehalt 70 %; zu vermeidende Stoffe: Säuren, Basen, Radikalbildner [Sdb Kettlitz Chemie];
BDMA DL 75: 75 % Wirkstoff auf Calciumsilikat; zu vermeidende Stoffe: Radikalbildner z.B. Peroxide, Azoverbindungen und Polymerisationsbeschleuniger (z.B. Amine) [Sdb Lehmann & Voss];

N,N'-Bis-(1-methylpropyl)-1,2-benzendiamin

- CAS-Nummer:
13485-10-5
- gebräuchliche Namen:
N,N'-Bis(1-methylpropyl)-o-phenylendiamin; N,N'-Di-sek.-butyl-o-phenylendiamin;
- Summenformel:
$C_{14}H_{24}N_2$

Funktion:
sonstige Chemikalien;

N,N'-Bis-(1-methylpropyl)benzol-1,2-diamin

- **CAS-Nummer:**
  13482-10-5
- **gebräuchliche Namen:**
  N,N'-Bis-(1-methylpropyl)-o-phenylendiamin; N,N'-Di-sek.-butyl-o-phenylendiamin;
- **Summenformel:**
  $C_{14}H_{24}N_2$
- **Strukturformel:**

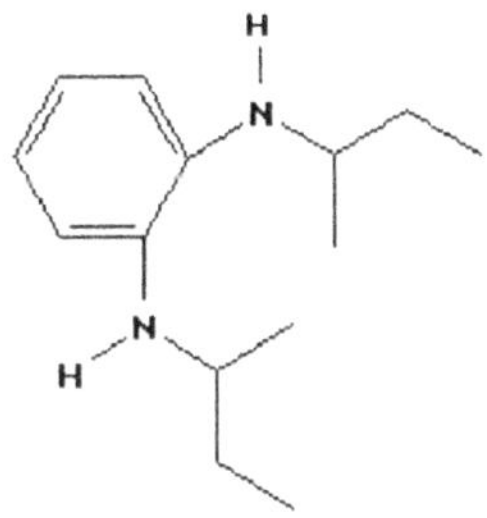

Funktion:
Oxidationsschutzmittel;

Eigenschaften:

- **physikalisch/chemisch:**
  Molmasse: 220,36 g/mol

Bis-(2-methylpropyl)-ester-hexandisäure

- **CAS-Nummer:**
  141-04-8
- **gebräuchliche Namen:**
  DIBA; Adipinsäurediisobutylester; Diisobutyladipat; Hexandisäurediisobutylester; Isobutyladipat;
- **Handelsnamen:**
  Plasthall DIBA; Flaflex DIBA;
- **Summenformel:**
  $C_{14}H_{26}O_4$
- **Strukturformel:**

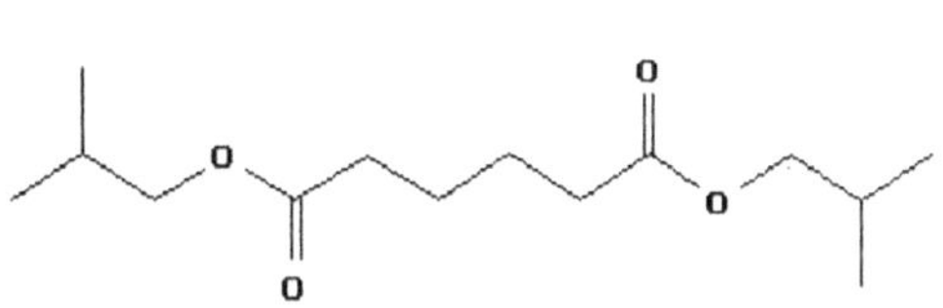

Funktion:
Weichmacher, synthetisch;

Eigenschaften:
- **toxikologisch/ökotoxikologisch:**
  RTECS # VJ 3150000
  WGK: 1
  Sonstiges:
  LD 50 (intraperitoneal, Ratte): 5,95 ml/kg [428];
  LD 50 (oral, Meerschweinchen): 12,3 ml/kg [428];

  zu Plasthall Diba [Sdb Krahn]:
  WGK: 0;
  Augenkontakt kann zu leichten Reizungen führen. Wiederholter und langandauernder Hautkontakt kann Reizungen verursachen.

- **physikalisch/chemisch:**
  Schmelzpunkt: 0 °C; -20 °C
  Siedepunkt: 140 °C; 171-173 °C (29,32 hPa); 186 °C; 293 °C; 278-280 °C
  Flammpunkt: 160 °C
  Dichte: 950 kg/m3 (25 °C); 953,8 kg/m3 (20 °C)
  Molmasse: 258,355 g/mol
  Verdunstungszahl: ca. 0 [338]

  Löslichkeit:
  unlöslich in Wasser; löslich in den meisten organischen Lösungsmitteln [428];

Bemerkung:
Farblose Flüssigkeit; brennbar;
Verwendung: als Weichmacher;

zu Plasthall Diba [Sdb Krahn]:
milder Geruch; Flammpunkt: 204 °C; Dichte: 951 kg/m3 (25 °C);
Produkt reagiert mit Oxidationsmitteln;

N,N'-Bis-(1-methylpropyl)-1,4-phenylendiamin

- **CAS-Nummer:**
  101-96-2
- **gebräuchliche Namen:**
  N,N'-Bis-(1-methylpropyl)-p-phenylendiamin; N,N'-Di-sec.-butyl-p-phenylen-diamin; N,N'-Bis-(1-methylpropyl)-1,4-benzoldiamin; N,N'-Di-sec.-butyl-benzen-1,4-diamin;
- **Handelsnamen:**
  Du Pont Gasoline Antioxidant 22; Antioxidant 22; Kerobit BPD; Tenamene 2; Topanol M;
- **Summenformel:**
  $C_{14}H_{24}N_2$

- **Strukturformel:**

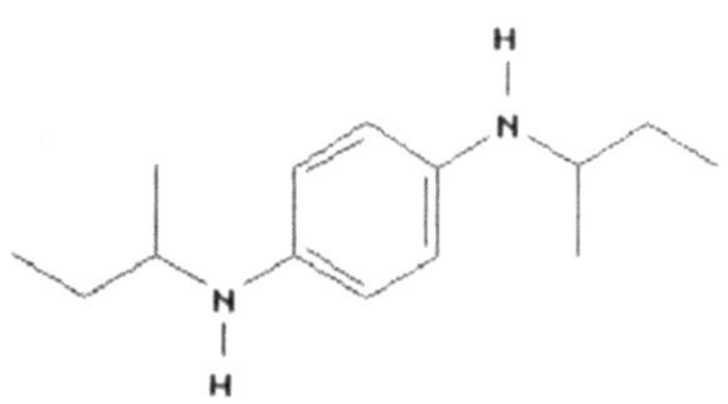

Funktion:
Oxidationsschutzmittel; Ozonschutzmittel;

Eigenschaften:

- **toxikologisch/ökotoxikologisch:**

  RTECS # SS 9040000

  Sonstiges:

  LD Lo (oral, Ratte): 200 mg/kg (428);
  LC Lo (inhalativ, Ratte): 600 mg/cm3 (428);
  LD 50 (dermal, Meerschweinchen): 5 g/kg (428);
  LD Lo (intraperitoneal, Säugetier): 1000 mg/kg (428);

- **physikalisch/chemisch:**

  Molmasse: 220,36 g/kg

Bis(morpholin-4-carbonyl)-disulfan

- **CAS-Nummer:**
  51480-09-2
- **gebräuchliche Namen:**
  4,4'-(Dithiocarbanothioyl)-bis(morpholin); Bis(morpholin-4-carbonyl)-disulfan;
- **Summenformel:**
  $C_{10}H_{16}N_2O_2S_4$

- **Strukturformel:**

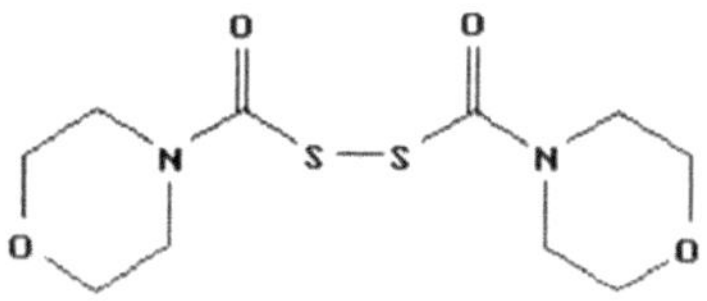

Funktion:

Vulkanisationsbeschleuniger, organisch;

Eigenschaften:

- **physikalisch/chemisch:**

  Molmasse: 202,37 g/mol

Bis-(morpholin-4-thiocarbonyl)disulfid

- **CAS-Nummer:**
  729-46-4
- **gebräuchliche Namen:**
  DMTD; OTD; Bis-(oxydiethylen)thiuramdisulfid; Bis-(morpholin-4-carbothioyl)disulfid; Bis (morpholinthiocarbonyl)disulfid; Bis-(morpholin-4-carbothioyl)disulfan; Bis-(morpholin-4-thiocarbonyl)disulfan;
- **Summenformel:**
  $C_{10}H_{16}N_2O_2S_4$

- **Strukturformel:**

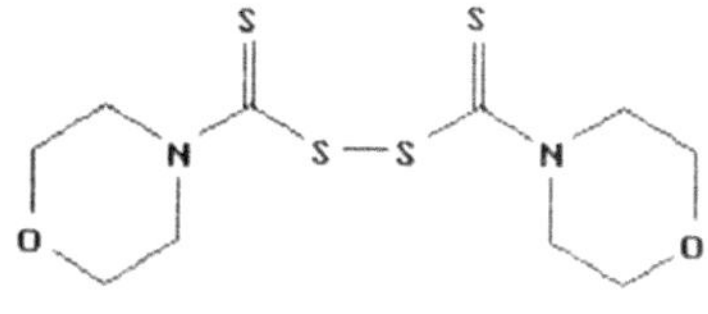

Funktion:
Vulkanisationsbeschleuniger, organisch;

Eigenschaften:
- **toxikologisch/ökotoxikologisch:**
RTECS # JO 1530000
Sonstiges:
LD 50 (oral, Ratte): 3250 mg/kg [428];

- **physikalisch/chemisch:**
Molmasse: 324,49 g/mol

(T-4)-Bis(N-(2-mercaptophenyl)-benzamidato-N,S)-zink

- **CAS-Nummer:**
30429-79-9
- **Handelsnamen:**
Pepton 65; Noctizer SZ;
- **Summenformel:**
$C_{26}H_{20}N_2O_2S_2Zn$

- **Strukturformel:**

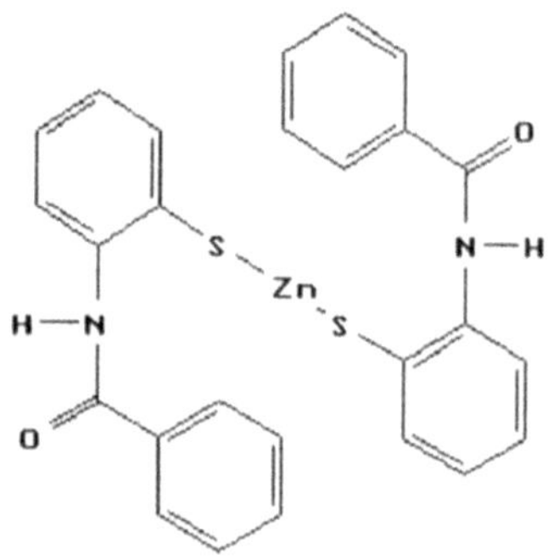

Funktion:
Mastikationsmittel;

Eigenschaften:

- **physikalisch/chemisch:**
Molmasse: 521,96 g/mol

Bis-(N-oxydiethylen)disulfid

- **CAS-Nummer:**
103-34-4
- **gebräuchliche Namen:**
DTDM; DMDS; ODDS; DTBM; Dithiomorpholin; Dithiobismorpholin; N,N'-Bis-morpholindisulfid; Dimorpholindisulfid; 4,4'-Disulfandiyl-bis-morpholin; 4,4'-Dithiobismorpholin; 4,4'-Dithiodimorpholin; Di-(morpholin-4-yl)-disulfid; Morpholindisulfid; Dimorpholyldisulfid; N,N'-Dithiobismorpholin; N,N'-Dithiomorpholin; 4,4'-Dithiomorpholin;

- **Handelsnamen:**
  Accel-R; Deovulc M; Naugex SD-1; Rhenosol DTDM-45; Sanfel R; Sulfasan; Sulfasan R; USAF B-17; USAF Ek-T-6645; Vanax A; Vulnoc SR; Ekaland DTDM PD;
- **Summenformel:**
  $C_8H_{16}N_2O_2S_2$

- **Strukturformel:**

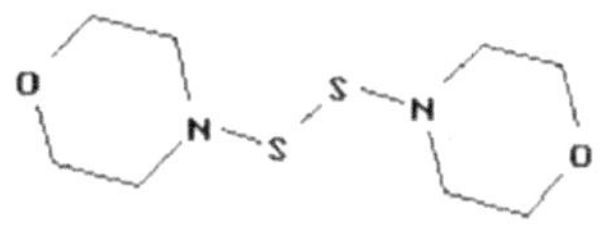

Funktion:
(1) Vulkanisiermittel / Schwefelspender;
(2) Vulkanisationsbeschleuniger, organisch;
(3) Vernetzungsmittel, schwefelfrei;

Kautschukart:
(1) Naturkautschuk; synthetischer Kautschuk;

Anwendung:
(2) Reifen, Schläuche; chirurgische und medizinische Artikel; Sportartikel; Spielsachen; technische Gummiartikel; Produkte für Industrie, inkl. Druckplattentücher; Klebstoffe; Dichtungen; Latex Tauchartikel; Latex Schaumartikel;

branchenspezifische Bemerkung zur Substanz:
Einsatzmenge: 120 t/a (TSE-Industrie, 1996)

Eigenschaften:
- **toxikologisch/ökotoxikologisch:**
  RTECS # QE 3325000
  Sonstiges:
  Mutagen;
  LD 50 (oral, Ratte): 4300 mg/kg [428];
  LD 50 (oral, Maus): 1660 mg/kg [428];
  LD 50 (inhalativ, Maus): 1624 mg/m3 [428];
  LD 50 (intraperitoneal, Maus): 50 mg/kg [428];
  LD 50 (intravenös, Maus): 100 mg/kg [428];

  zu Deovulc M Pulver [Sdb D.O.G.]:
  Augen und Hautreizend; Sensibilisierung duch Hautkontakt möglich;
  Gefahrensymbol: Xi; R-Sätze: 36/38-43; S-Sätze: 51-26-37/39; WGK: 2;
  LD 50 (oral, Ratte): 5600 mg/kg;
  LD 50 (dermal, Kaninchen): 5010 mg/kg;
  LC 50(Daphnia magna): 4,5 mg/l/48h;
  LC 50 (Regenbogenforelle): 1,8 mg/l/96h;
  LC 50 (Elritze): 3,5 mg/l/96h;
  LC 50 (Algen): 29 mg/l/96h;

  zu Ekaland DTDM PD [617]:
  Gefahrensymbol: Xi; R-Sätze: 36/38-43; S-Sätze: 24/25; WGK: 1; MAK-Wert: 2,5 mg/m3;
  LD 50 (oral, Ratte): 5600 mg/kg;

- **physikalisch/chemisch:**
  Schmelzpunkt: 124,5 °C
  Dichte: 1360 ± 30 kg/m3
  Molmasse: 236,35 g/mol

  Löslichkeit:
  mäßig löslich in Diethylether, Ethanol; löslich in Methylbenzen, Dimethylbenzen, Tetrachlormethan; unlöslich in Wasser;

  zu Deovulc M Pulver [Sdb D.O.G.]:

unlöslich in Wasser;

zu Ekaland DTDM PD: [617]
Lösungsmittel: Propanon und aromatische Kohlenwasserstoffe;

Bemerkung zu physikalisch/chemischen Daten:
zu Deovulc M Pulver [Sdb D.O.G.]:
Flammpunkt: 154 °C; Schmelzpunkt: 120 °C;

zu Ekaland DTDM PD [617]:
Schmelzpunkt: 123 °C;

Bemerkung:
zu Deovulc M Pulver [Sdb D.O.G.]:
schwach gelbliches Pulver, schwacher charakteristischer Geruch; Gefährliche Zersetzungsprodukte: Kohlenmonoxid, Stickoxide, Schwefeloxide: Bei Erhitzen über 130 °C wird Morpholin freigesetzt, das gesundheitsschädlich und reizend ist. Nicht mit nitrosierenden Stoffen zusammen verarbeiten

zu Ekaland DTDM PD [617]:
weißes Pulver, Geruch charakteristisch;
Bei Anwesenheit nitrosierender Stoffe bildet sich N-Nitrosomorpholin; Bei thermischer Zersetzung wird Morpholin frei (gesundheitsschädlich); Kontakt mit Säuren und Oxidationsmitteln vermeiden, nicht mit nitrosierenden Stoffen zusammen verarbeiten.

Bis(N-oxydiethylen)monosulfid

- **CAS-Nummer:**
  5038-11-9
- **gebräuchliche Namen:**
  ODMS; 4,4'-Sulfandiyl-bis-morpholin;
- **Summenformel:**
  $C_8H_{16}N_2O_2S$

- **Strukturformel:**

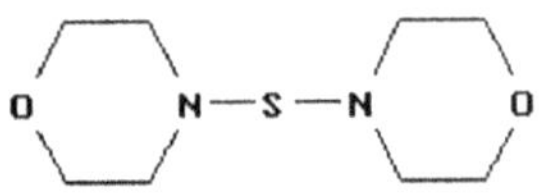

Funktion:
Vulkanisationsbeschleuniger, organisch;

Eigenschaften:

- **physikalisch/chemisch:**
  Schmelzpunkt: 125-128 °C
  Molmasse: 204,29 °C

Bis(O-butylcarbonodithiato-S,S')zink

- **CAS-Nummer:**
  22374-99-8
- **gebräuchliche Namen:**
  ZBX; Zinkbutylxanthogenat;
- **Summenformel:**
  $C_{10}H_{18}O_2S_4Zn$

- **Strukturformel:**

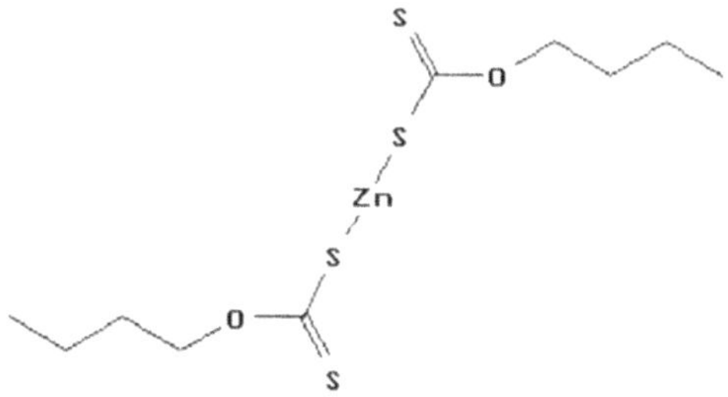

Funktion:
Vulkanisationsbeschleuniger, organisch;
Anwendung:
selbstvulkanisierdende Klebelösung

Eigenschaften:

- **physikalisch/chemisch:**
Molmasse: 363,87 g/mol

3,9-Bis-octadecycloxy-2,4,8,10-tetraoxa-3,9-diphospha-spiro-[5,5]-undecan

- **CAS-Nummer:**
3806-34-6
- **gebräuchliche Namen:**
O,O'-Dioctadecylpentaerythritol-bis-(phosphit);
- **Summenformel:**
$C_{41}H_{82}O_6P_2$

- **Strukturformel:**

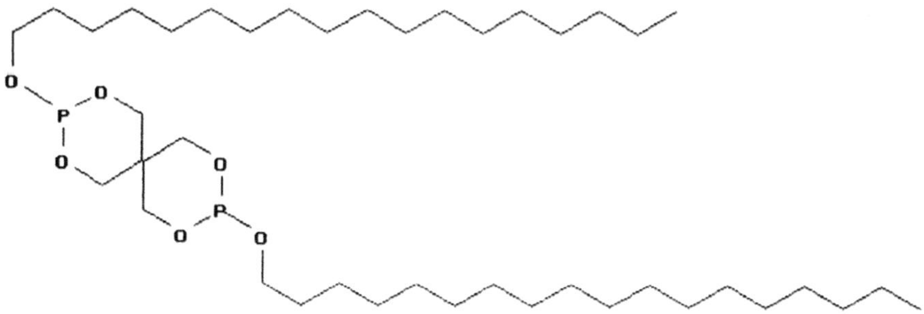

Funktion:
Schutzmittel gegen Metallvergiftung;

Eigenschaften:

- **physikalisch/chemisch:**
Molmasse: 733,04 g/mol

Bis-[O,O-bis-(1-methylethyl)phosphorodithioato-S,S']zink

- **CAS-Nummer:**
  2929-95-5
- **gebräuchliche Namen:**
  Zink-diisopropyldithiophosphat; ZDP;
- **Summenformel:**
  $C_{12}H_{28}O_4P_2S_4Zn$

- **Strukturformel:**

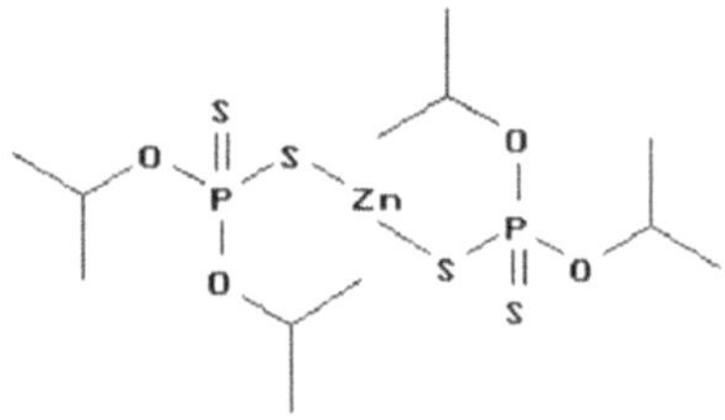

Funktion:
Vulkanisationsbeschleuniger, organisch;

Bis-pentabromphenylether

- **CAS-Nummer:**
  1163-19-5
- **gebräuchliche Namen:**
  Decabromdiphenyloxid; 1,1'-Oxybis-(2,3,4,5,6-pentabrom)-benzen; Decabromdiphenylether; DBDPO;
- **Handelsnamen:**
  Berhflam B; BR 55 N; Bromhal 83-10 DE; Bromhal 82-ode; Decabrom; De 83 R; FR 300; FR 300 BA; FRP 53; NCI-C 55287; Saytex 102; Saytex 102 E; Tardex 100;
- **Summenformel:**
  $C_{12}Br_{10}O$

- **Strukturformel:**

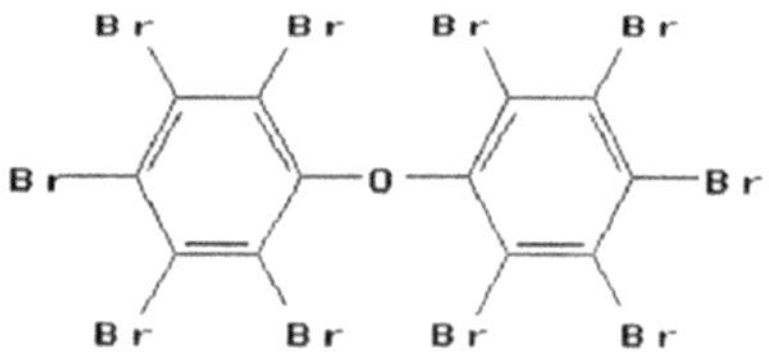

Funktion:
Flammschutzmittel;
Anwendung:
Einsatzmenge: t/a (TSE-Industrie, 1996);

Eigenschaften:
- **toxikologisch/ökotoxikologisch:**
  RTECS # KN 3525000
  Schweizer Giftliste: 4
  R-Satz: 36/37/38
  S-Satz: 24/25
  Sonstiges:
  in den Augen und im Magen-Darm-Trakt mehr oder minder starke Reizwirkung, Brechreiz, Brechdurchfall, beim Einatmen Hustenreiz;

- LD 50 (oral, Ratte): >2000 mg/kg [428];
  LD 50 (dermal, Ratte): >3000 mg/kg [428];
  TD Lo (oral, Ratte): 100 mg/kg [428];

Gefahren-Symbol:

- **physikalisch/chemisch:**
  Schmelzpunkt: >300 °C
  Molmasse: 959,17 g/mol

Bemerkung:
weißes Pulver;

N,N'-Bis(pentachlor-phenylthio)-1,3-diamino-cyclohexan

- **CAS-Nummer:**
  79296-64-3
- **gebräuchliche Namen:**
  N,N'-1,3-Cyclohexandiylbis-(2,3,4,5,6-pentachlor)-benzensulfenamid;
- **Handelsnamen:**
  KAC 8367;
- **Summenformel:**
  $C_{18}H_{12}Cl_{10}N_2S_2$

- **Strukturformel:**

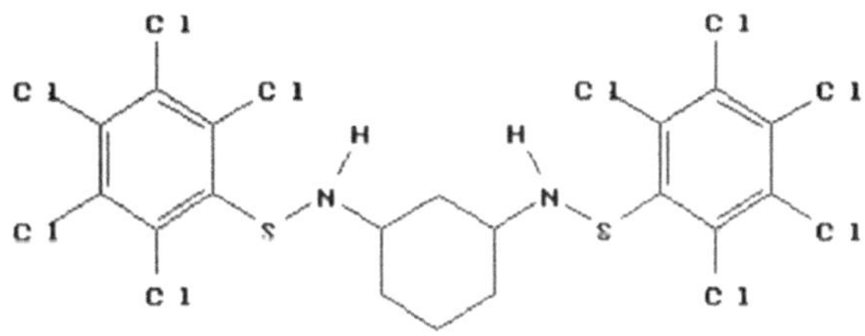

Funktion:
Reversionsschutzmittel;

Eigenschaften:

- **physikalisch/chemisch:**
  Molmasse: 674,96 g/mol

Bis-pentachlorthiophenol, Zinksalz

- **CAS-Nummer:**
  117-97-5
- **gebräuchliche Namen:**
  Zink-bis-pentachlorthiophenolat; Zinkpentachlorthiophenat; Pentachlorthiophenol, Zinksalz;
- **Handelsnamen:**
  Endo; Renacit IV; Renacit VIII; Reptazin Zn; Saginol;

- **Summenformel:**
  $C_{12}Cl_{10}S_2Zn$

- **Strukturformel:**

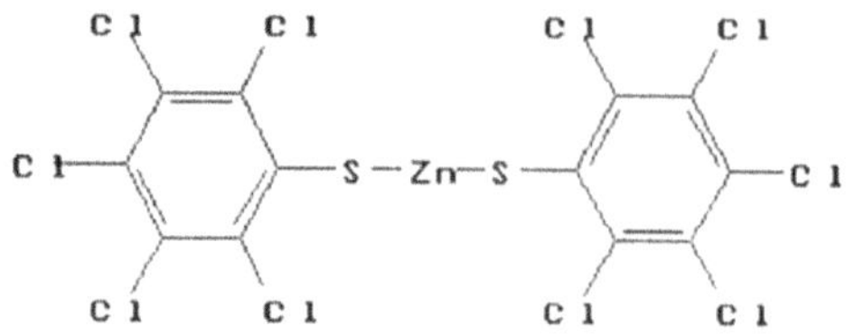

Funktion:
Mastikationsmittel;
Anwendung:
Reifen, Schläuche; chirurgische und medizinische Artikel; Sportartikel; Spielsachen; technische Gummiartikel; Produkte für Industrie, inkl. Druckplattentücher; Klebstoffe; Dichtungen ;Latex Tauchartikel Latex Schaumartikel;

branchenspezifische Bemerkung zur Substanz:
Einsatzmenge: 0,1 t/a (TSE-Industrie, 1996)

Eigenschaften:
- **toxikologisch/ökotoxikologisch:**
  RTECS # ZH 0915000
  Sonstiges:
  LD 50 (oral, Ratte): 13200 mg/kg [428];

- **physikalisch/chemisch:**
  Molmasse: 628,11 g/mol

Bemerkung:
enthalten in Endor;

Bisphenol A, polybutyliert

- **CAS-Nummer:**
  68784-69-0
- **Handelsnamen:**
  Agerite Superlite;

Funktion:
Oxidationsschutzmittel;

Eigenschaften:

- **physikalisch/chemisch:**
  Dichte: 955 ± 20 kg/m3

  Löslichkeit:
  löslich in Toluol, Trichlormethan; unlöslich in Wasser [609];

2,4-Bis-(1-phenylethyl)-phenol

- **CAS-Nummer:**
  2769-94-0
- **gebräuchliche Namen:**
  2,4-Bis(alpha-methylbenzyl)-phenol; 2,4-Di(alpha-methylbenzyl)-phenol; 2,4-Bis-(phenylethyliden)-phenol;
- **Summenformel:**
  $C_{21}H_{22}O$

- **Strukturformel:**

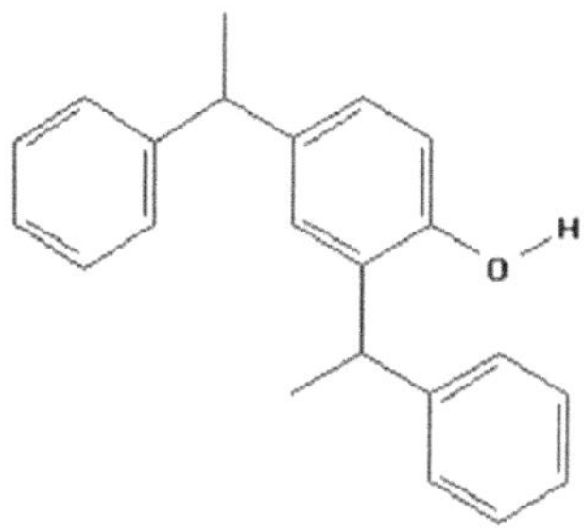

Eigenschaften:

- **physikalisch/chemisch:**
  Molmasse: 302,42 g/mol

N,N'-Bis(phenylmethylen)-benzen-1,4-diamin

- **CAS-Nummer:**
  797-20-6
- **gebräuchliche Namen:**
  Dibenzyliden-4-phenylendiamin; Dibenzyliden-p-phenylendiamin; Bis(phenylmethylen)-p-phenylendiamin
- **Summenformel:**
  $C_{20}H_{16}N_2$

- **Strukturformel:**

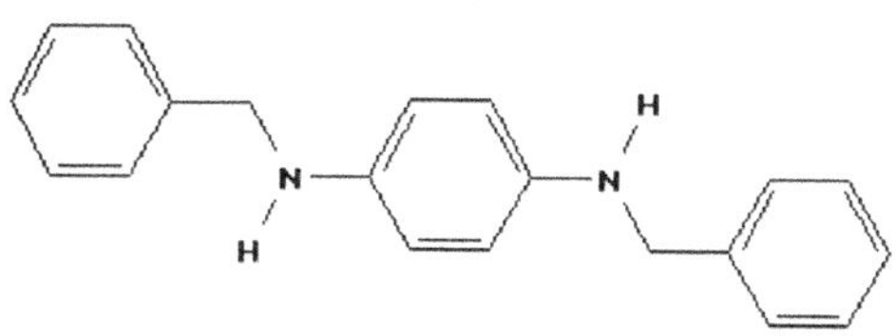

Funktion:
Oxidationsschutzmittel;

Eigenschaften:

- **physikalisch/chemisch:**
  Schmelzpunkt: 140 °C
  Molmasse: 284,36 g/mol

Bis-(piperidin-1-carbothiosäure)-thioanhydrid

- **CAS-Nummer:**
  725-32-6
- **gebräuchliche Namen:**
  Dipentamethylenthiurammonosulfid; 1-Piperidincarbothiosäureanhydrosulfid; Dipentamethylenthiuramsulfid;
- **Handelsnamen:**
  Robac PTM;
- **Summenformel:**
  $C_{12}H_{20}N_2S_3$

- **Strukturformel:**

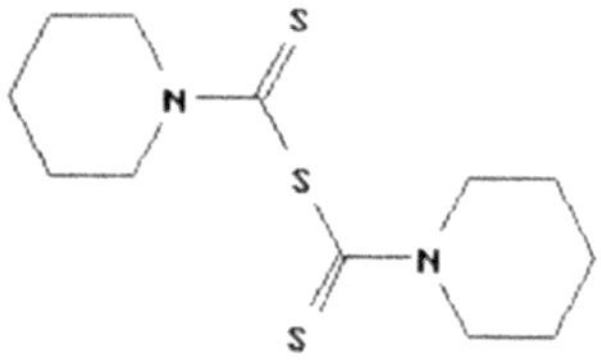

Funktion:
Vulkanisationsbeschleuniger, organisch;
Kautschukart:
Naturkautschuk; Styrol-Butadien-Kautschuk;
Anwendung:
Latex Tauchartikel; Latex Schaumartikel;

Eigenschaften:

- **physikalisch/chemisch:**
  Molmasse: 288,48 g/mol

Bis-(piperidin-1-thiocarbonyl)-disulfid

- **CAS-Nummer:**
  94-37-1
- **gebräuchliche Namen:**
  Dicyclopentamethylenthiuram-disulfid; Dipentamethylen-thiuram-disulfid; Bis-(N-cyclopentamethylenthiuram)-disulfid; 1,1'-(Dithiodicarbonothioyl)-bis(piperidin); CPTD; Bis-(piperidinothiocarbonyl)-disulfid; Dicyclopentamethylenthiuram-disulfid; Bis-(piperidin-1-thiocarbonyl)-disulfan;
- **Handelsnamen:**
  Robac PTD;
- **Summenformel:**
  $C_{12}H_{20}N_2S_4$

- **Strukturformel:**

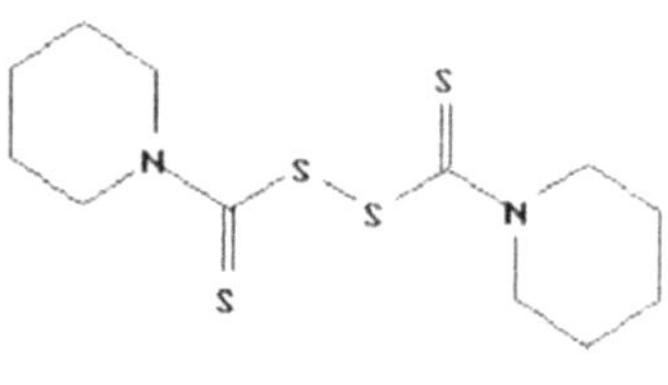

Funktion:
Vulkanisationsbeschleuniger, organisch;

Eigenschaften:
- **toxikologisch/ökotoxikologisch:**
RTECS # JO 1585000
Sonstiges:
LD 50 (oral, Maus): 2870 mg/kg [428];

- **physikalisch/chemisch:**
Siedepunkt: 137,5 °C
Molmasse: 320,54 g/mol

Verbleib nach Gebrauch:
Verbrennung nach Mischung mit brennbarem Lösemittel;

Bis-(piperidin-1-thiocarbonyl)hexasulfan

- **CAS-Nummer:**
971-15-3
- **gebräuchliche Namen:**
DPTT; Dipentamethylen-1-thiuram-hexasulfid; Di-N,N'-pentamethylenthiuramhexasulfid; 1,1'-Hexathiocarbonothioyl-bis-piperidin; Dipentamethylenthiuramhexasulfid;
- **Handelsnamen:**
Akrochem DPTT; Sulfads; Tetron A;
- **Summenformel:**
$C_{12}H_{20}N_2S_8$

- **Strukturformel:**

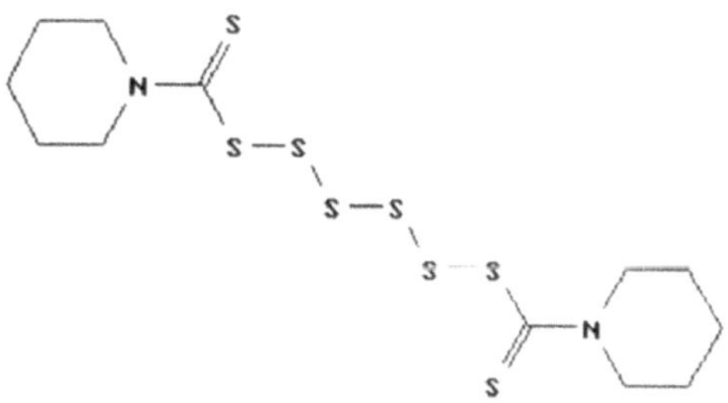

Funktion:
Vulkanisationsbeschleuniger, organisch;
Kautschukart:
Naturkautschuk; synthetischer Kautschuk;
Anwendung:
Reifen, Schläuche; chirurgische und medizinische Artikel; Sportartikel; Spielsachen; technische Gummiartikel; Produkte für Industrie, inkl. Druckplattentücher; Klebstoffe; Dichtungen; Latex Tauchartikel; Latex Schaumartikel;

Eigenschaften:

- **physikalisch/chemisch:**
Dichte: 1500 ± 30 kg/m3
Molmasse: 448,78 g/mol

Löslichkeit:
unlöslich in Wasser; leicht löslich in Tetrachlormethan; löslich in Trichlormethan, Methylbenzol, Propanon;

Bis-(piperidin-1-thiocarbonyl)-tetrasulfan

- **CAS-Nummer:**
  120-54-7
- **gebräuchliche Namen:**
  DPTT; DPTS; Di-N,N'-pentamethylenthiuramtetrasulfid; 1,1'-(Tetrathiocarbonothionyl)-bis-piperidin; Dipentamethylenthiuramtetrasulfid; Bis-(piperidinthiocarbonyl)-tetrasulfid; Pentamethylendithiocarbaminsäuretetrasulfid; Dipiperidinthiuramtetrasulfid;
- **Handelsnamen:**
  DPTT-40; Nocceler TRA; Noksera TRA; Rhenogran DPTT-70; Robac P25; Sanceller TRA; Soxinol TRA; Tetrone A; Thiuram MT; USAF B-31; Worceler TRA;
- **Summenformel:**
  $C_{12}H_{20}N_2S_6$

- **Strukturformel:**

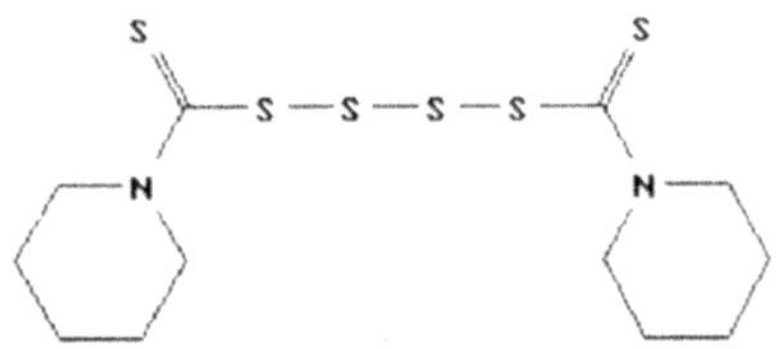

Funktion:
(1) Vulkanisationsbeschleuniger, organisch;
(2) Vulkanisiermittel / Schwefelspender;

Kautschukart:
(1) Acrylnitril-Butadien-Kautschuk; Isobuten-Isopren-Kautschuk;
(2) Naturkautschuk; Styrol-Butadien-Kautschuk; Butadien-Kautschuk; Acrylnitril-Butadien-Kautschuk;

Anwendung:
(1) Reifen, Schläuche; chirurgische und medizinische Artikel; Sportartikel; Spielsachen; technische Gummiartikel; Produkte für Industrie, inkl. Druckplattentücher; Klebstoffe; Dichtungen; Latex Tauchartikel; Latex Schaumartikel;

branchenspezifische Bemerkung zur Substanz:
Einsatzmenge: 79 t/a (Reifenindustrie und TSE-Industrie, 1996)

Eigenschaften:
- **toxikologisch/ökotoxikologisch:**
  RTECS # TN 4221000
  Sonstiges:
  LD 50 (intraperitoneal, Maus): 200 mg/kg [428];

  zu Robac P 25 [Sdb Krahn]:
  LD 50 (oral, Ratte): 5000 mg/kg;
  MAK-Wert: 6mg/m3 (allg. Staubgrenzwert);
  WGK 0;

  zu Mixland DPTT 70 GE [Sdb Göbel] (Angaben bezogen auf Wirksubstanz):
  LD 50 (oral, Ratte): >5000 mg/kg;

- **physikalisch/chemisch:**
  Molmasse: 384,66 g/mol

  Löslichkeit:
  zu Robac P 25 [Sdb Krahn]:
  unlöslich in Wasser;

  Bemerkung zu physikalisch/chemischen Daten:
  zu Robac P 25 [Sdb Krahn]:
  Schmelzpunkt: 114 °C; Flammpunkt: >114 °C; Dichte : 1500 kg/m3 (20 °C);

zu Mixland DPTT 70 GE Sdb Göbel], Angaben bezogen auf Wirksubstanz:
Schmelzpunkt: 114 °C;

Bemerkung:
zu Robac P 25: [Sdb Krahn]
weißes Pulver;
Gefärliche Zersetzungsprodukte: Kohlenmonoxid; Schwefeloxide; Stickoxide; Produkt kann unter Einwirkung nitrosierender Agentien ein nach TRGS gelistetes Nitrosamin bilden. Es ist zugelassen für Artikel die mit Lebensmitteln in Berührung kommen.
enthalten in: Mixland DPTT 70 GE F (70 %);

Biş-(2-propenyl)-1,10-decandiol

- **CAS-Nummer:**
22711-60-0
- **gebräuchliche Namen:**
ADGA; 1,10-Diallyloxydecan; Bis(allyl)-1,10-decandiol; 3-(10-Allyloxy-decyloxy)-propen;
- **Summenformel:**
$C_{16}H_{30}O_2$

- **Strukturformel:**

Funktion:
Coagentien für schwefelfreie Vernetzungsmittel;
Kautschukart:
Ethylen-Propylen-Copolymer; Ethylen-Propylen-Terpolymer;

Eigenschaften:

- **physikalisch/chemisch:**
Molmasse: 254,41 g/mol

Bis[2-propoxy(thiocarbonyl)]tetrasulfan

- **CAS-Nummer:**
69303-50-0
- **gebräuchliche Namen:**
Isopropylxanthogen-tetrasulfid;
- **Summenformel:**
$C_8H_{14}O_2S_6$

- **Strukturformel:**

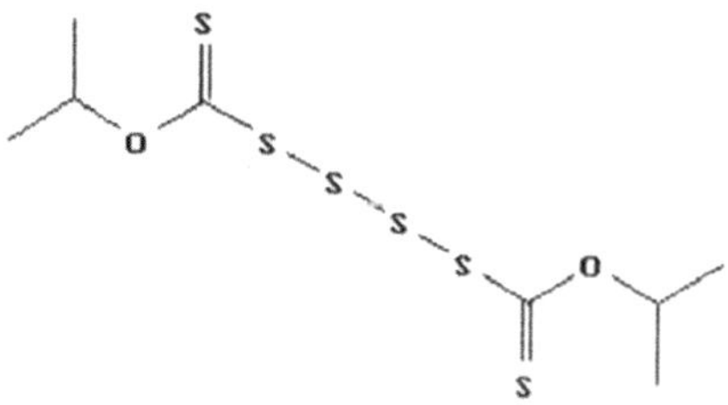

Funktion:
Vulkanisiermittel / Schwefelspender;

Eigenschaften:

- **physikalisch/chemisch:**
Molmasse: 334,56 g/mol

Bis-(1,2,3,6-tetrahydrobenzaldehyd)-pentaerythrit-acetal

- **CAS-Nummer:**
6600-31-3
- **gebräuchliche Namen:**
3,9-Dicyclohex-3-enyl-2,4,8,10-tetraoxa-spiro-[5,5]-undecan; AFS;
- **Handelsnamen:**
Vulkazon AFS; Vulkazon AFS/LG;
- **Summenformel:**
$C_{19}H_{28}O_4$

- **Strukturformel:**

Funktion:
Ozonschutzmittel;

Eigenschaften:
- **toxikologisch/ökotoxikologisch:**
RTECS # XF 0800000
Sonstiges:
LD 50 (intravenös, Maus): 320 mg/kg [428];

- **physikalisch/chemisch:**
Schmelzpunkt: 96-97 °C; 85 °C
Dichte: 1060 kg/m3
Molmasse: 320,43 g/mol

2,5-Bis-(1,1,3,3-tetramethylbutyl)-benzen-1,4-diol

- **CAS-Nummer:**
903-19-5
- **gebräuchliche Namen:**
2,5-Bis-(1,1,3,3-tetramethylbutyl)-hydrochinon;
- **Summenformel:**
$C_{21}H_{42}O_2$

- **Strukturformel:**

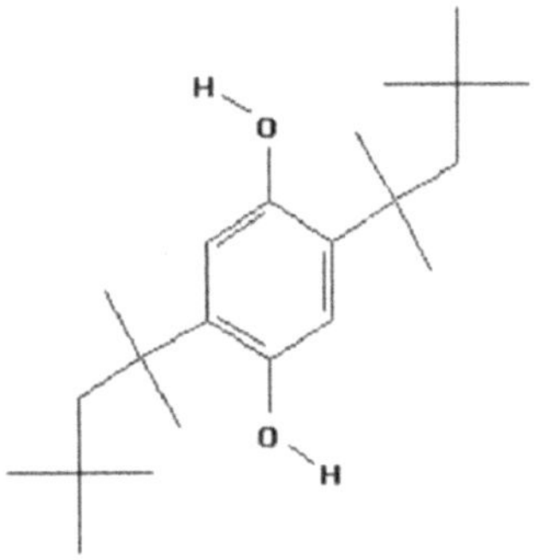

Eigenschaften:

- **physikalisch/chemisch:**
  Schmelzpunkt: 118-119 °C; 128,5-129,5 °C
  Molmasse: 334,54 g/mol

Bis(thiomethansäurediethylamid)-disulfid

- **CAS-Nummer:**
  97-77-8
- **gebräuchliche Namen:**
  TETD; N,N,N',N'-Tetraethylthiuramdisulfid; 1,1'-Dithiobis(N,N-diethylthioformamid); Ethyldithiuram; Bis(diethylamino)thioxomethyl)disulfid; Bis(N,N-diethylthiocarbomyl)disulfid; Tetraethylthiuramdisulfid; Bis(diethylthiocarbamoyl)-disulfid; Ethyldithiuram; Tetraethylthioperoxydicarbondiamid; Tetraethylthioperoxydicarbonsäurediamid;
  Disulfuram; Disulfiram; Disulphiram; m-Disulfido-1,2-dithio-dicarbonsäurebis-diethylamin; m-Disulfido-1,2 dithio-dicarbonsäure-bis-diethylamid;
- **Handelsnamen:**
  Abstaril; Abstensil; Abstinil; Abstinyl; Accelerator Thiuram Cyuram DS; Aethyltuads; Aethyltuex; Alcophobin; Antabus; Antabuse; Antaenyl; Antaethyl; Antalcol; Antetan; Antetil; Anti-ethyl; Antietil; Antikol; Antivitium; Aversan; Averzan, Contralin; Cronetal; Dicupral; Disetil; Disulfan; Dupon 4472; Dupont fungicide 4472; Ekagom TEDS; ENT 27,340; Ephorran; Espenal; Esperal; Etabus; Ethiurac; Ethyl Tuex; Ethyl Tuads; Ethylthiurad; Exhoran; HOCA; Krotenal; Nocceler TET; NCI-C02959; Nocbin; Noxal; NSC190940; Pennac TM; Refusal; Rhenogran TETD-75; Robac TET; Robac TETD; Ro-Sulfiram; Sanceler TET; Soxinol TET; Stopetyl; TATD; Temitex; Tenurid; Tenutex; Tetidis; Tetidis; Tetradine; Tetraetil; Teturam; Teturamin; Thiuram E; Thiuranide; TTD; TTS; USAF B-33; Vulcator TET;
- **Summenformel:**
  $C_{10}H_{20}N_2S_4$

- **Strukturformel:**

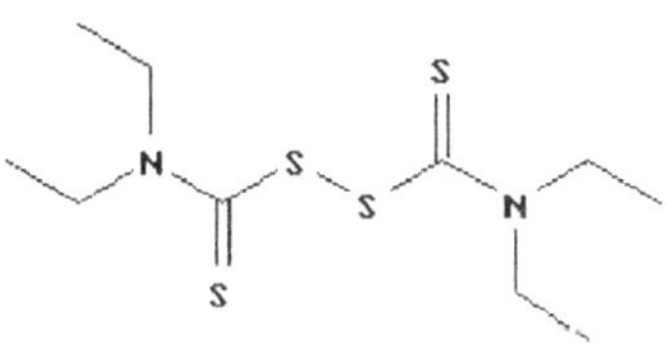

Funktion:
  Vulkanisationsbeschleuniger, organisch;
Kautschukart:
  Naturkautschuk;

Anwendung:

Reifen, Schläuche; chirurgische und medizinische Artikel; Sportartikel; Spielsachen; technische Gummiartikel; Produkte für Industrie, inkl. Druckplattentücher; Klebstoffe; Dichtungen; Latex Tauchartikel; Latex Schaumartikel;

Eigenschaften:

- toxikologisch/ökotoxikologisch:

RTECS # JO 1225000
Schweizer Giftliste: 3
MAK Wert: 2 mg/m3 E
R-Satz: 23/24/25-36/37/38-40
S-Satz: 45-26-36/37/39-22
Sonstiges:
Spitzenbegrenzung III;
TD Lo (oral, Frau): 140 mg/kg [428];
TD Lo (oral, Mann): 150 mg/kg [428];
LD Lo (oral, Mensch): 160 mg/kg [187];
LD 50 (oral, Ratte): 500 mg/kg [428];
LD 50 (intraperitoneal, Ratte): 248 mg/kg [428];
LD 50 (subcutan, Ratte): 2050 mg/kg [428];
LD 50 (oral, Maus): 1980 mg/kg [428];
LD 50 (intraperitoneal, Maus): 75 mg/kg [428];
LD 50 (oral, Kaninchen): 2050 mg/kg [428];

zu Robac TETD [566]:
LD 50 (oral, Ratte): 1300 mg/kg; R-Sätze: 22-38-43; S-Sätze: 44; WGK: 1;

- physikalisch/chemisch:

Schmelzpunkt: 71-72 °C
Siedepunkt: 117,17 °C
Dichte: 1300 kg/m3; 1310 ± 30 kg/m3
Molmasse: 296,54 g/mol

Löslichkeit:
löslich in : Wasser (0,02 g/100ml); Ether (7,14 g/100ml); Ethanol (3,82 g/100ml); Propanon; Benzen; Schwefelkohlenstoff; Trichlormethan, Methylbenzen;

Verbleib nach Gebrauch:

Verbrennung nach Mischung mit brennbarem Lösemittel;

Bemerkung:

Weißes Pulver [187];
Reaktion mit nitrosierenden Agentien kann zur Bildung des kanzerogenen N-Nitrosediethylamins führen [481];

zu Robac TETD [566]:
Gelbliches Pulver;
Schmelzpunkt: >65 °C; Flammpunkt >66 °C; unlöslich in Wasser, löslich in Benzin; Produkt reagiert mit Oxidationsmitteln, Säuren, Reduktionsmitteln; Gefährliche Zersetzungsprodukte: Kohlenmonoxid; Stickoxide; Schwefelkohlenstoff, Schwefeloxide, Nitrosamine;

Bis(thiomethansäuredimethylamid)-tetrasulfid

- CAS-Nummer:

97-91-6

- gebräuchliche Namen:

TMTT; Tetramethylthiuramtetrasulfid; Tetrasulfid-1,2-dithiodicarbonsäure-bis-dimethylamid; Bis(dimethylthiocarbamoyl)-tetrasulfid; Bis((dimethylamino)-thioxomethyl)-tetrasulfid;

- Summenformel:

$C_6H_{12}N_2S_6$

- **Strukturformel:**

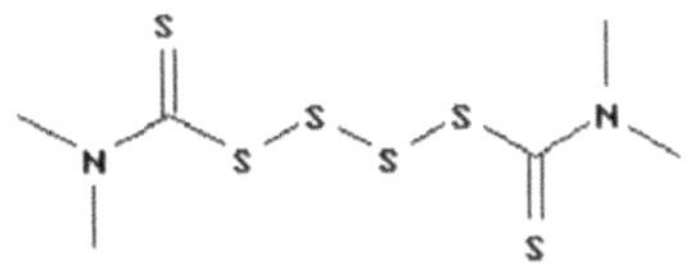

Funktion:
Vulkanisationsbeschleuniger, organisch;

Eigenschaften:

- **physikalisch/chemisch:**
Molmasse: 304,53 g/mol

Bis(trichlorphenyl)-disulfid

- **CAS-Nummer:**
27359-13-3
- **Handelsnamen:**
Bristri;
- **Summenformel:**
$C_{12}H_4Cl_6S_2$

- **Strukturformel:**

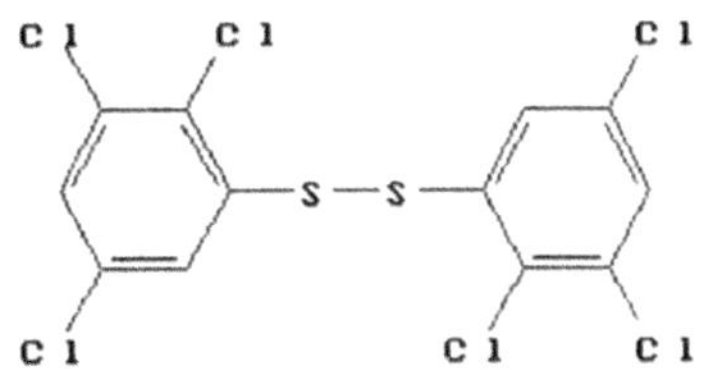

Funktion:
Mastikationsmittel;

Eigenschaften:

- **physikalisch/chemisch:**
Molmasse: 425,0 g/mol

Bis-(triethoxysilylmethyl)-sulfid

- **CAS-Nummer:**
60764-85-4
- **Summenformel:**
$C_{14}H_{34}O_6SSi_2$

- **Strukturformel:**

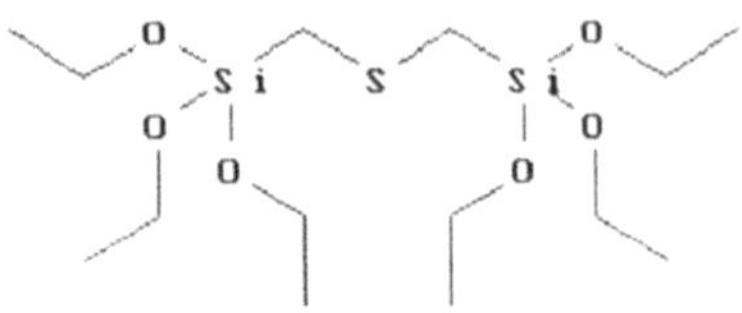

Funktion:
Haftvermittler für Füllstoffe;

Eigenschaften:
- **toxikologisch/ökotoxikologisch:**
RTECS # WQ 2810000
Sonstiges:
LD 50 (intraperitoneal, Maus): 3000 mg/kg [428];

- **physikalisch/chemisch:**
Siedepunkt: 162-163 °C (8,66 hPa)
Brechungsindex: 1,436
Dichte: 1035,2 kg/m3 (20 °C)
Molmasse: 386,65 g/mol

Bis-3-triethoxysilylpropylsulfid

- **CAS-Nummer:**
60764-86-5
- **Summenformel:**
$C_{18}H_{42}O_6SSi_2$

- **Strukturformel:**

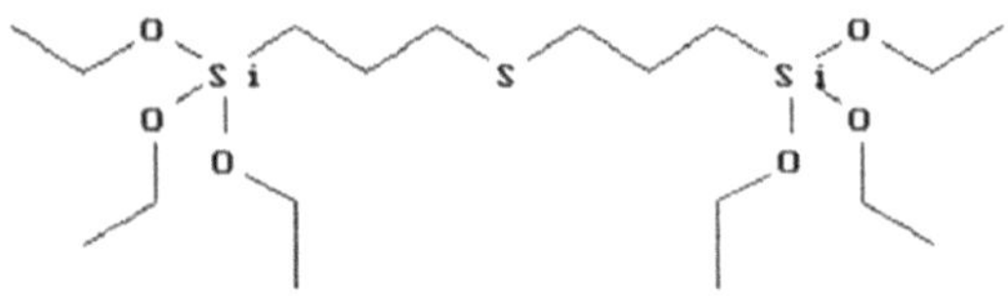

Funktion:
Haftvermittler für Füllstoffe;

Eigenschaften:
- **toxikologisch/ökotoxikologisch:**
RTECS # WQ 2820000
Sonstiges:
LD 50 (intraperitoneal, Maus): 4329 mg/kg [428];

- **physikalisch/chemisch:**
Siedepunkt: 193-194 °C (10,66 hPa)
Brechungsindex: 1,443
Dichte: 1008,4 kg/m3 (20 °C)
Molmasse: 442,84 g/mol

Bis-(2,2,2-trifluorethyl)-amin

- **CAS-Nummer:**
  407-01-2
- **Summenformel:**
  $C_4H_5F_6N$

- **Strukturformel:**

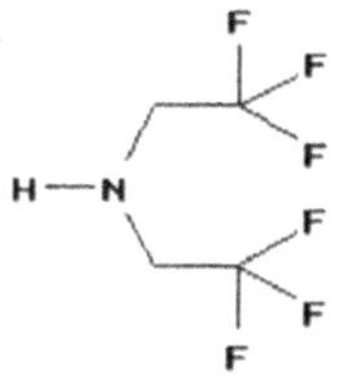

Funktion:
Vulkanisationsbeschleuniger, organisch;

Eigenschaften:

- **physikalisch/chemisch:**
  Siedepunkt: 82 °C (1013 hPa)
  Brechungsindex: 1,3013
  Molmasse: 181,08 g/mol

Bis-(trimethoxysilyl-methyl)sulfid

- **CAS-Nummer:**
  60764-84-3
- **gebräuchliche Namen:**
  Thiodimethylenbis(trimethoxy)silan;
- **Summenformel:**
  $C_8H_{22}O_6SSi_2$

- **Strukturformel:**

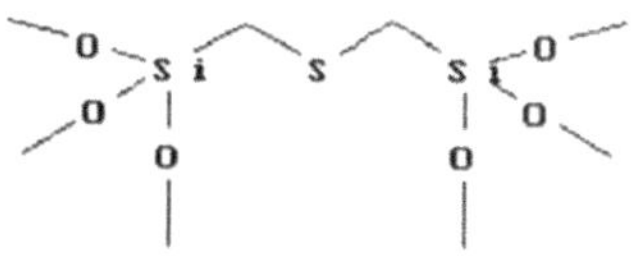

Funktion:
Haftvermittler für Füllstoffe;

Eigenschaften:
- **toxikologisch/ökotoxikologisch:**
  Sonstiges:
  LD 50 (intraperitoneal, Maus): 2,2 mg/kg [428];

- **physikalisch/chemisch:**
  Siedepunkt: 124-125 °C (2 hPa); 160-161 °C (13 hPa)
  Dichte: 1146,2 kg/m3 (20 °C)
  Molmasse: 302,49 g/mol

Bitumen

- **CAS-Nummer:**
  8052-42-4
- **UN Nummer:**
  1999
- **gebräuchliche Namen:**
  Asphalt; Destillationsbitumen; Verschnittbitumen; Mineralpech;
- **Handelsnamen:**
  Bergpech; Erdharz; Erdpech; geblasene Bitumen; Oxidationsbitumen; Straßenasphalt (flüssig);

Funktion:
Weichmacher aus Naturprodukten;

Eigenschaften:
- **toxikologisch/ökotoxikologisch:**
  WGK: 0
  Sonstiges:
  Krebserzeugend IIIB [481];
  Dämpfe von heißem Bitumen können Brechreiz und Schwindelgefühle verursachen, wenn heiße Flüssigkeit auf die Haut gelangt, entstehen schwere Verbrennungen;
  Im langjährigen Einsatz als Baustoff im Wasserbau (Fluß-, Kanalbau, Talsperren, Speicherbecken) keine nachteiligen Wirkungen durch Bitumen bekanntgeworden [484];

- **physikalisch/chemisch:**
  Siedepunkt: > 370 °C
  Flammpunkt: unter 21 °C c.c. bis 100 °C c.c.

  Löslichkeit:
  Löslichkeit in Wasser variiert;

Bemerkung:
Bitumen sind dunkelfarbige, halbfeste bis springharte schmelzbare Produkte der Erdölaufbereitung. Asphalte sind Mischungen aus Bitumen und Mineralstoffen wie z.B. Sand und Kies [484];

Bleidimethyldithiocarbamat

- **CAS-Nummer:**
  19010-66-3
- **gebräuchliche Namen:**
  Bis(dimethyldithiocarbamato)-blei; Dimethyldithiocarbaminsäure, Bleisalz; Bis-(dimethylcarbamodithioato-S,S')-blei;
- **Handelsnamen:**
  Methyl Ledate Dustless; NCI-C 02891; Robac LMD; Ledate; Methyl Ledate;
- **Summenformel:**
  $C_6H_{12}N_2PbS_4$

- **Strukturformel:**

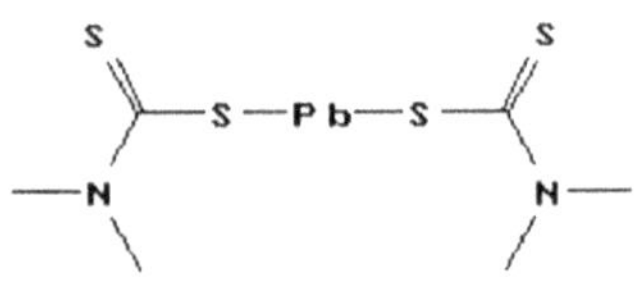

Funktion:
Vulkanisationsbeschleuniger, organisch;

Kautschukart:
Naturkautschuk; Butadien-Kautschuk; Isopren-Kautschuk, synthetisch; Styrol-Butadien-Kautschuk; Isobuten-Isopren-Kautschuk;
Anwendung:
Reifen, Schläuche; chirurgische und medizinische Artikel; Sportartikel; Spielsachen; technische Gummiartikel; Produkte für Industrie, inkl. Druckplattentücher; Klebstoffe; Dichtungen; Latex Tauchartikel; Latex Schaumartikel;

Eigenschaften:
- toxikologisch/ökotoxikologisch:
RTECS # OF 8850000

- physikalisch/chemisch:
Schmelzpunkt: > 310 °C
Dichte: 2430 kg/m3
Molmasse: 447,63 g/mol

Löslichkeit:
unlöslich in allen gebräuchlichen organischen Lösemitteln, löslich in Cyclohexanon;

Bemerkung:
weißes Puder;

Blei(II)-carbonat basisch

- CAS-Nummer:
598-63-0
- UN Nummer:
3143
- gebräuchliche Namen:
Bleicarbonat; Weißbleierz; Zerussit; Hydrocerussit; Bleifarben fest o. flüssig; Blei(II)-hydroxidcarbonat; Bleisubcarbonat; Cerussa; Hydrocerussit; Kremserweiß; Plumbum subcarbonicum;
- Summenformel:
$Pb(CO_3)_2*Pb(OH)_2$

Funktion:
Vulkanisationsbeschleuniger, anorganisch;

Eigenschaften:
- toxikologisch/ökotoxikologisch:
RTECS # OF 9275000
MAK Wert: 0,1 mg/m3 (als Blei berechnet)
R-Satz: 20/22-33
S-Satz: 13-20/21
Sonstiges:
Kann schädigend wirken beim Einatmen, Verschlucken oder Aufnahme über Haut; kann Reizungen verursachen [187];
Der Staub reizt die Augen und die Atemwege; die Substanz wird durch Einatmen des Staubes und nach Verschlucken in den Körper aufgenommen; mit Verzögerung treten Symptome von seiten des Zentralnervensystems und des Magen- und Darmkanals auf; Symptome: Brennen der Augen sowie der Nasen- und Rachenschleimhäute; Husten; Metallgeschmack, Übelkeit, kolikartige Leibschmerzen, Kopfschmerzen, Muskelschwäche und Krämpfe, Schlaflosigkeit, Kollaps, Verstopfung, seltener Durchfälle mit blutigem Stuhl [484];
TD Lo (oral, Mann): 214 mg/kg/4 Wochen [428];
LD Lo (oral, Meerschweinchen): 1000 mg/kg [428];
Hohe bis sehr hohe toxische Wirkung unabhängig von der Turbulenz des Gewässers [484];

Gefahren-Symbol:

- **physikalisch/chemisch:**
  Schmelzpunkt: 315 °C Zers.
  Siedepunkt: 400 °C Zers.
  Dichte: 6140 kg/m3 (20 °C)
  Molmasse: 775,60 g/mol

  Löslichkeit:
  Wasser 1,1 mg/l (20 °C); löslich in Säuren, Laugen; unlöslich in Ammoniak, Ethanol;

Verbleib nach Gebrauch:
Sondermüll-Deponie, abfiltrierte Sulfide aus der Ausfällung des in Lösung gebrachten Stoffes (Oxidation oder wäßrige Säure) und eventueller Neutralisation;

Bemerkung:
Farblose, perlmuttartig glänzende Blättchen; rhombische Kristalle;
siehe auch ⇒ Blei(II)-hydroxidcarbonat, CAS-Nr.: 1344-36-1;
Bei Kontakt mit Säuren oder Basen wird Bleiweiß langsam zersetzt; bei Kontakt mit Salpetersäure erfolgt starkes Aufschäumen unter Bildung von Kohlendioxid [484];

Blei(II)-chromat

- **CAS-Nummer:**
  7758-97-6
- **gebräuchliche Namen:**
  Bleichromat; Bleichromat(VI); Crocoit; Phoenicochroit; Rotbleierz; Pigment Yellow 34 (C.I. 77600); Pigment Gelb 34; C.I. 77600; Pigment Green 15; Pigment Grün 15; Chromsäureblei(2+)salz (1:1); Pigment Grau 15;
- **Handelsnamen:**
  Canary chrome gelb 40-2250; Canary chrome yellow 40-2250; Chromgelb GF; Chromgelb 5G; Chromgelb LF; +Chromgrau; Chromgrau UC 61; Chromgrau UC 74; Chromgrau UC 76; Chrome Green; Chrome Green UC61; Chrome Green UC74; Chrome Green UC76; Chrome lemon; Chrome yellow; Chrome yellow G; Chrome yellow 5G; Chrome yellow LF; Chrome yellow light 1066; Chrome yellow light 1075; Chrome yellow medium 1074; Chrome yellow medium 1085; Chrome yellow medium 1295; Chrome yellow medium 1298; Chrome yellow primrose 1010; Chrome yellow primrose 1015; Chromium yellow; Cologne Yellow; C.P. Chrome Yellow light; C.P. Chrome Yellow medium; C.P. Chrome Yellow primose; Chrome Zitrone; Crocoite; Dainichi chrome yellow G; King's Yellow; Lead chromate; Lead Chromate (VI); Lead chromate (ACGIH); Lead chromium oxid; Leipzig yellow; Lemon yellow; Paris yellow; Phoenicochroite; Plumbous chromate; Primrose chrome yellow; Pure lemon chrome L3GS;
- **Summenformel:**
  $PbCrO_4$

Funktion:
Pigment, anorganisch;

Eigenschaften:
- **toxikologisch/ökotoxikologisch:**
  RTECS # GB 2975000
  Schweizer Giftliste: 3
  R-Satz: 61-62-33-40
  S-Satz: 53-45
  Sonstiges:
  Krebserzeugend IIIB [481]; Repr.Cat.1 [505]; Carc.Cat.3 [505]
  LD 75 (intraperitoneal, Meerschweinchen): 156 mg/kg [327];

Gefahren-Symbol:

T

- **physikalisch/chemisch:**
  Schmelzpunkt: 844 °C
  Siedepunkt: Zers.
  Dichte: 6120 kg/m3 (15 °C)
  Molmasse: 323,18 g/mol

  Löslichkeit:
  Wasser 0,058 mg/l (25 °C); löslich in Säuren, Laugen; unlöslich in Ethansäure, Ammoniak;

Verbleib nach Gebrauch:
Sondermüll-Deponie, ausgefällte Sulfide von Mangan, Chrom oder Molybdän aus der Behandlung der Lösung mit Schwefelsäure und Natriumbisulfit und Neutralisation, lösliches Sulfid wird mit Hypochlorit zersetzt, neutralisiert ins Abwasser gegeben;

Bemerkung:
Gelbes oder orangegelbes Pulver;
In den aus Mischkristallen bestehenden Pigmenten ⇒ Chromgelb, ⇒ Molybdän Orange enthalten;
Verwendung: als Pigment in Öl- und Wasser- und Druckfarben; zum Dekorieren von Porzellan; in Straßenmarkierungsfarben; in der chemischen Analyse organischer Verbindungen;

Blei(II,IV)-oxid

- **CAS-Nummer:**
  1314-41-6
- **gebräuchliche Namen:**
  Bleimennige; Blei(II)-orthoplumbat; Mennige; Bleitetraoxid; rotes Bleioxid; rotes Blei;
- **Handelsnamen:**
  Bleiorthoplumbat, Bleitetraoxid; C.I. 77578; C.I. Pigmentrot 105; Goldsatinobre; Mineralorange; Mineralrot; Minimum; Oranges Blei; Parisrot; Pigment Rot 105; Rhenogran Pb3O4-80; Rhenogran Pb3O4 80/ECO; rotes Bleioxid; Tribleitetroxid;
- **Summenformel:**
  Pb_3O_4

Funktion:
(1) Zusatz für schwefelfreie Vernetzungsmittel;
(2) Vulkanisationsaktivator / Beschleunigeraktivator;
(3) Füllstoff, anorganisch;
(4) Pigment, anorganisch;
Kautschukart:
(1) Isobuten-Isopren-Kautschuk;
Anwendung:
(2) Reifen, Schläuche; chirurgische und medizinische Artikel; Sportartikel; Spielsachen; technische Gummiartikel; Produkte für Industrie, inkl. Druckplattentücher; Klebstoffe; Dichtungen; Latex Tauchartikel; Latex Schaumartikel;

branchenspezifische Bemerkung zur Substanz:
Einsatzmenge: 210 t/a (Reifenindustrie: 16 t/a, TSE-Industrie: 190 t/a) (1996)

Eigenschaften:
- **toxikologisch/ökotoxikologisch:**
  RTECS # OG 5425000
  Schweizer Giftliste: 3

R-Satz: 20/22-33
S-Satz: 13-20/21
Sonstiges:
Kann schädigend wirken bei Einatmung, Verschlucken oder Aufnahme über Haut; verursacht Augen- und Hautreizungen; reizt Schleimhäute und Atemwege [187];
LD Lo (oral, Meerschweinchen): 1000 mg/kg [428];
LD 50 (intraperitoneal, Ratte): 630 mg/kg [428];
LD 50 (intraperitoneal, Meerschweinchen): 220 mg/kg [428];

Gefahren-Symbol:

- **physikalisch/chemisch:**
  Schmelzpunkt: 370 °C (Zers.)
  Dichte: 9100 kg/m3 (20 °C)
  Molmasse: 685,57 g/mol

  Löslichkeit:
  unlöslich in Propanon; schwer löslich in Wasser, Ethanol; wenig löslich in Fluorwasserstoff; löslich in Salzsäure;

Verbleib nach Gebrauch:
Sondermüll-Deponie für chemischen Abfall, besonders gefährliche Stoffe;

Bemerkung:
Gelb bis scharlachrotes kristallin-körniges oder auch amorphes Pulver;
Bei etwa 550 °C: Zersetzung in Blei(II)oxid und Sauerstoff; zersetzt sich mit verdünnter Salpetersäure in Blei(IV)oxid und Blei(II)-nitrat; Unverträglich mit starken Reduktionsmitteln;
Verwendung: vorzügliches Rostschutzmittel mit hervorragendem Deckvermögen; mit Leinöl vermischt als Schutzanstrich für Eisenkonstruktionen; Herstellung von Akkumulatorplatten, Kristallglas, Glasuren, Pigmenten, Pflastern, Salben;

Blei(II)-oxid

- **CAS-Nummer:**
  1317-36-8
- **gebräuchliche Namen:**
  Bleiglätte; Bleimonoxid; Bleioxid; Bleioxid Gelb; Bleiprotoxid; Litharge; Pigment Yellow 46;
- **Handelsnamen:**
  Litharge Pur; Rhenogran Pb-80; Rhenogran PbO-90; Yellow Lead Ocher;
- **Summenformel:**
  PbO

Funktion:
1) Vulkanisationsbeschleuniger, anorganisch;
2) Vulkanisationsaktivator / Beschleunigeraktivator;
Anwendung:
zu 1) und 2) chirurgische und medizinische Artikel; Sportartikel; Spielsachen; technische Gummiartikel; Kabelummantelung;

branchenspezifische Bemerkung zur Substanz:
Einsatzmenge: 140 t/a (TSE-Industrie, 1996)

Eigenschaften:
- **toxikologisch/ökotoxikologisch:**
  RTECS # OG 1750000

R-Satz: 20/22-33-61
S-Satz: 53-45
Sonstiges:
Wirkt schädigend beim Einatmen, Verschlucken oder Aufnahme über Haut; verursacht Augen- und Hautreizungen; reizt Schleimhäute und Atemwege [187];
LD 50 (intraperitoneal, Ratte): 430 mg/kg [335];
LD Lo (oral, Hund): 1400 mg/kg [428];
LD 50 (intraperitoneal, Maus): 17700 mg/kg [428];

Gefahren-Symbol:

- **physikalisch/chemisch:**
  Schmelzpunkt: 890 °C; 888 °C; 886 °C
  Siedepunkt: 1470 °C
  Dampfdruck: 1,3 hPa (944 °C)
  Dichte: 9530 kg/m3 (20 °C)
  Molmasse: 223,19 g/mol

  Löslichkeit:
  Wasser 0,017 g/l (20 °C); wenig löslich in Salzsäure, Schwefelsäure; löslich in Essigsäure, Salpetersäure, heißen Alkalilaugen; unlöslich in Fluorwasserstoff;

  Bemerkung zu physikalisch/chemischen Daten:
  Alle Angaben für die tetragonale Modifikation;

Verbleib nach Gebrauch:
Sondermüll-Deponie für chemischen Abfall, besonders gefährliche Stoffe;

Bemerkung:
Rotes, kristallines Pulver; bereits unterhalb seines Schmelzpunktes flüchtig;
Existiert in zwei Modifikationen: rote bis rötlich gelbe tetragonale Kristalle (Litharge) und gelbe orthorhombische Kristalle (Massicot); bei 488 °C wandelt sich die rote alpha- in die gelbe ß-Form um;
Verwendung: Herstellung von Akkumulatorplatten, Bleiweiß, niedrig schmelzende und stark lichtbrechende Gläser (Kristall-und Fintglas, Straß); keramische Industrie: Glasuren und Porzellanfarben; als Pigment für Gummi; in Salben; zum Färben schwefelhaltiger Verbindungen wie z.B. Haare, Nägel, Wolle; zum Analysieren von Gold- und Silbererzen; Herstellung von Sikkativen;
Wichtiges Bleierz zur Bleigewinnung;
s. auch CAS-Nr. 1335-25-7 (Bleioxid, Salicinrot)

Blei(II)-sulfat

- **CAS-Nummer:**
  7446-14-2
- **UN Nummer:**
  1794
- **gebräuchliche Namen:**
  Anglesit; Bleisulfat; Lankarite;
- **Handelsnamen:**
  Pigment White 3; Fast White; Freemans White; Mulhouse Withe; Milk White; Lead Bottoms; Naphthovin T3;
- **Summenformel:**
  $PbSO_4$

Funktion:
Vulkanisationsaktivator/Beschleunigeraktivator für Vernetzungsmittel

Eigenschaften:
- **toxikologisch/ökotoxikologisch:**
  RTECS # OG 4375000
  Schweizer Giftliste: 2
  R-Satz: 61-62-20/22-33
  S-Satz: 53-45
  Sonstiges:
  Einstufung und Kennzeichnung von Zubereitungen, in denen diese Substanz enthalten ist:
  0,5% < = C < 1%; --- >T; R 61-33

  Ätzendes Gemisch, dessen Staub zu starker Reizung der Augen, der Atemwege, der Lunge sowie der Haut führt; das gleiche gilt für die bei starker Erhitzung entstehenden Dämpfe; Glottis- und Lungenödem möglich; Achtung, letzteres kann mit einer Verzögerung bis zu zwei Tagen auftreten; nach Einatmen des Staubes oder der Dämpfe ist daher eine ärztliche Untersuchung in jedem Fall erforderlich; Kontakt mit dem festen Stoff oder der breiigen Masse bewirkt sehr starke Reizung und Verätzung der Augen und der Haut [484];
  LD Lo (oral, Hund): 2000 mg/kg [428];
  LD Lo (oral, Meerschweinchen): 30000 mg/kg [428];
  LD 75 (oral, Meerschweinchen): 290 mg/kg [428];
  Toxisch für Wasserorganismen;
  für Goldfische 25 mg/l letal in 96 Std. [484];
  für Elritze 25 mg/l letal in 2-3 Std. [484];

  Gefahren-Symbol:

  T

- **physikalisch/chemisch:**
  Schmelzpunkt: 1170 °C
  Dichte: 6200 kg/m3 (20 °C)
  Molmasse: 303,25 g/mol

  Löslichkeit:
  Wasser 0,0425 g/l (25 °C), 0,056 g/l (40 °C); löslich in Ammoniumsalzen; wenig löslich in konz. Schwefelsäure; unlöslich in Säuren;

Verbleib nach Gebrauch:
Sondermüll-Deponie für chemischen Abfall, besonders gefährliche Stoffe;

Bemerkung:
Weißes kristallines Pulver, fester Stoff oder breiige Masse;
In den aus Mischkristallen bestehenden Pigmenten ⇒ Molybdän Orange, ⇒ Chromgelb enthalten;
Verwendung: als Substrat für lithografische Farblacke und Teerfarbstoffe

Blei(IV)-oxid

- **CAS-Nummer:**
  1309-60-0
- **UN Nummer:**
  1872
- **gebräuchliche Namen:**
  Bleidioxid; Bleiperoxid; C.I. 77580;
- **Summenformel:**
  PbO_2

Funktion:
Zusatz für schwefelfreie Vernetzungsmittel;
Kautschukart:
Isobuten-Isopren-Kautschuk; Fluor-Kautschuk;
Anwendung:
Kautschuklaminat aus Fluorkautschukschicht und NBR-Schicht;

Eigenschaften:
- **toxikologisch/ökotoxikologisch:**
RTECS # OG 0700000
Schweizer Giftliste: 2
R-Satz: 20/22-33
S-Satz: 13-20/21
Sonstiges:
Kann schädigend wirken beim Einatmen, Verschlucken oder Aufnahme über Haut; verursacht Augen- und Hautreizungen; reizt Schleimhäute und Atemwege [187];
LD 50 (intraperitoneal, Meerschweinchen): 220 mg/kg [428];

Gefahren-Symbol:

- **physikalisch/chemisch:**
Dichte: 9370 kg/m3 (20 °C)
Molmasse: 239,19 g/mol

Löslichkeit:
Wasser 0,14 g/l (25 °C); wenig löslich in Salpetersäure; löslich in heißem konz. Kaliumhydroxid;

Bemerkung zu physikalisch/chemischen Daten:
Zersetzung ab 290 °C;

Verbleib nach Gebrauch:
Sondermüll-Deponie für chemischen Abfall, besonders gefährliche Stoffe;

Bemerkung:
Schwarzes Pulver; hexagonale Kristalle;
Mit Salzsäure ⇒ Chlor-Entwicklung;
Verwendung: Oxidationsmittel, in der Zündholzindustrie und der Pyrotechnik; Herstellung von Elektroden;

Bleioxid

- **CAS-Nummer:**
1335-25-7
- **gebräuchliche Namen:**
Salicinrot; Massicot;
- **Handelsnamen:**
Chem I Sorb-BLT-06-90; CSD-8095; CSP-8080;
- **Summenformel:**
PbO

Funktion:
Zusätze für schwefelfreie Vernetzungsmittel;
Kautschukart:
Chlorsulfonylethylen-Kautschuk;

Anwendung:
chirurgische und medizinische Artikel; Sportartikel; Spielsachen; technische Gummiartikel; Kabelummantelung;

Eigenschaften:

- **physikalisch/chemisch:**
  Schmelzpunkt: 886 °C
  Dichte: 9530 kg/m3
  Molmasse: 223,20 g/mol

  Löslichkeit:
  löslich in Wasser (0,00017 g/l), Salpetersäure, Alkalien, Bleiacetat, Ammoniumchlorid, Calciumchlorid, Strontiumchlorid;

Bemerkung:
(siehe CAS-Nr.1317-36-8, Blei(II)-oxid);

Bleisilikat, basisch

- **CAS-Nummer:**
  10099-76-0
- **UN Nummer:**
  2291
- **gebräuchliche Namen:**
  Pigment White 16; Pigment Weiß 16;
- **Handelsnamen:**
  Heucoflow-Bleisilikat 75 %ig in Wasser; BSWL 202;
- **Summenformel:**
  $PbSiO_3$

Funktion:
(1) Vulkanisationsaktivator / Beschleunigeraktivator für Coagentien für schwefelfreie Vernetzungsmittel;
(2) Pigment, anorganisch;

branchenspezifische Bemerkung zur Substanz:
Einsatzmenge: 5,8 t/a (TSE-Industrie, 1996)

Eigenschaften:
- **toxikologisch/ökotoxikologisch:**
  WGK: 1
  MAK Wert: 0,1 mg Pb/m3
  R-Satz: 20/22-33-61
  S-Satz: 45-53
  Sonstiges:
  Schwangerschaftsgruppe B [Sdb Fa. Heubach];
  LD/LC 50 (oral, Ratte): >10000 mg/kg [Sdb Fa. Heubach];

  Gefahren-Symbol:

- **physikalisch/chemisch:**
  Dichte: 2500 kg/m3 (20 °C)
  Molmasse: 283,28 g/mol

Löslichkeit:
Wasser: (Pulver) 0,8 g/l (100 °C) [Sdb Fa. Heubach];

Bemerkung:
Weiße, geruchlose Paste;
schwer wasserlösliches, organisches Produkt. Kann in Kläranlagen weitgehend mechanisch abgeschieden werden. Im sauren oder alkalischen Milieu kann Blei gelöst werden. Eliminierung aus dem Wasser durch chemische Flockung erforderlich [Sdb Fa. Heubach];

Bleisulfochromat

- **CAS-Nummer:**
  1344-37-2
- **UN Nummer:**
  3143
- **gebräuchliche Namen:**
  Pigment Gelb 34 (C.I. 77603/C.I. 77600); Pigment Yellow 34; C.I. 77603; C.I. 77600; Chrom-Gelb; Primel-Chrom; Helles-Chrom; Zitronen-Chrom; echtes Zitronenchrom; Supra Zitronenchrom; Medium-Chrom; Chromorange; Chromzitronengelb; mittleres Chromgelb; Chromgelbe Primel;
- **Handelsnamen:**
  Königs Gelb; Königsgelb; Leipzig Gelb; Gelb, Leipzig; Paris Gelb; Gelb, Paris; Chromastral Grün; Encelac Gelb 1523; Heucotron 5; Heucotron 1055; Heucotron 11; Heucotron 117; Heucotron 120; Heucotron 123; Heucotron126; Heucotron 1060; Heucotron 1070; Heucotron 13; Heucotron 1064; Heucotron 1080; G 7360; G7362; G 7364; G 7365; G 7370; G 7370; G 7371; G 7380; G 7417; G 7429; Sicomin Gelb L 1522; Sicomin Gelb L 1622; Sicomin Gelb L 1625; Sicomin Gelb L 1630 S; Sicomin Gelb L 1635 S; Sicomin Gelb L 1835 S; Sicomin Gelb L 1922; Sicomin Gelb L 1925; Sicomin Gelb L 1930 S; Sicomin Gelb L 2122; Sicomin Gelb L 2135 S; Sicomin Orange L 2422; Sicomin Orange L 2822; Sicomin Gelb L 1425; Sicoflush P Gelb 1635; Sicoflush P Gelb 1835; Sicoflush P Gelb 2135; Vynamon Gelb;
- **Summenformel:**
  $PbCrO_4 * PbSO_4$

Funktion:
Pigment, anorganisch;
Anwendung:
chirurgische und medizinische Artikel; Sportartikel; Spielsachen; technische Gummiartikel; Produkte für Industrie, inkl. Druckplattentücher; Klebstoffe; Dichtungen;

Eigenschaften:
- **toxikologisch/ökotoxikologisch:**
  WGK: 1
  R-Satz: 61-62-33-40
  S-Satz: 53-45
  Sonstiges:
  Krebserzeugend Gruppe III B; Schwangerschaftsgruppe B;
  LD 75 (intraperitoneal, Meerschweinchen): 156 mg/kg für Blei(II)-chromat [327];

  zu Sicomin Gelb L 1630 S [Sdb BASF]:
  LD 50 (oral, Ratte): >5000 mg/kg;
  Reproduktionstoxizität: Bleiverbindungen: fruchtschädigende Wirkung;
  LC 50 (Leuciscus idus): >10000 mg/l/96 h;

  Gefahren-Symbol:

- **physikalisch/chemisch:**
  Schmelzpunkt: >800 °C

Dichte: 3800-5800 kg/m3 (20 °C)

Löslichkeit:
unlöslich in Wasser; löslich in Säuren, Laugen;

Bemerkung:
Gelbes geruchloses Pulver [Sdb BASF zu Sicomin Gelb L 1630 S];
Gelbe Kristalle;
Pigment Gelb 34 (CAS-Nr.: 1344-37-2) besteht zum Großteil (65 - 94 %) aus Blei(II)-chromat (C.I. 77600); C.I. 77603 enthält noch zusätzlich Blei(II)-sulfat (6 - 38 %);
Drei Modifikationen (hellgelbe rhombische, dunkelgelbe monokline und rote tetragonale Modifikation);
Verwendung: als Pigment für Öl- und Druckfarben, für Lacke; zum Färben von Linoleum, Gummi und Papier; zur Herstellung von Chromgrün;

Brom

- **CAS-Nummer:**
  7726-95-6
- **Summenformel:**
  Br_2

Funktion:
Oberflächenbehandlungsmittel;

Eigenschaften:
- **toxikologisch/ökotoxikologisch:**
  RTECS # EF 9100000
  MAK Wert: 0,1 ml/m3 bzw. 0,7 mg/m3
  R-Satz: 26-35
  S-Satz: (1/2)-7/9-26-45
  Sonstiges:
  Spitzenbegrenzung: I [481]; Schwangerschaftsgruppe IIc;
  Dämpfe führen zu sehr starker Reizung der Augen und Atmungsorgane bis zu Kehlkopf- und Lungenödem oder noch nach Tagen zur Lungenentzündung; an der Haut entstehen tiefgehende schmerzhafte Verätzungen; auch der Kontakt mit der Flüssigkeit bewirkt tiefgreifende Verätzungen der Augen und Haut [163];
  LD Lo (oral, Mensch): 14 mg/kg [428];
  LC 50 (inhalativ, Maus): 750 ppm;

Gefahren-Symbol:

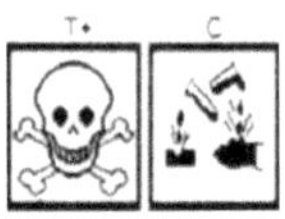

- **physikalisch/chemisch:**
  Schmelzpunkt: -7,3 °C
  Siedepunkt: 58,7 °C
  Flammpunkt: -
  Dampfdruck: 233 hPa (20 °C) [163]
  Dichte: 3102,3 kg/m3 (25 °C)
  Molmasse: 159,82 g/mol

  Löslichkeit:
  Wasser 42 g/l (0 °C), 35,2 g/l (50 °C); löslich in Ethanol, Diethylether, Trichlormethan (Chloroform), Schwefelkohlenstoff, Tetrachlorkohlenstoff;

Verbleib nach Gebrauch:
Sondermüll-Deponie, ausgefällte Sulfide von Mangan, Chrom oder Molybdän aus der Behandlung der Lösung mit Schwefelsäure und Natriumbisulfit und Neutralisation, lösliches Sulfid wird mit Hypochlorit zersetzt, neutralisiert ins Abwasser gegeben;

Bemerkung:
Rotbraune, rauchende Flüssigkeit oder Dämpfe; nicht brennbar; stark ätzend;
Verwendung: zur Desinfektion von Wasser; Entfärben von Fasern und Seide; Herstellung med. Bromverbindungen; Farbstoff;

Bromethan

- **CAS-Nummer:**
  74-96-4
- **UN Nummer:**
  1891
- **gebräuchliche Namen:**
  Bromethyl; Ethylbromid; mono-Bromethan; Monobromethan;
- **Handelsnamen:**
  Halon 2001;
- **Summenformel:**
  C_2H_5Br
- **Strukturformel:**

Funktion:
Flammschutzmittel;

Eigenschaften:
- **toxikologisch/ökotoxikologisch:**
  RTECS # KH 6475000
  WGK: 2*
  R-Satz: 20/21/22
  S-Satz: (2)-28
  Sonstiges:
  Krebserzeugend IIIA2 [481];
  Dämpfe reizen stark (bis zur Verätzung) Augen, Atemwege und Haut; Lungenödem (mit Verzögerung bis zu zwei Tagen) möglich; Kontakt mit der Flüssigkeit führt zu Verätzung der Augen und der Haut; Hautresorption! in schweren Vergiftungsfällen Leber- und Nierenschäden möglich; Herzrythmusstörungen möglich; bei Brand entstehen stark ätzende ⇒ Bromwasserstoff-Nebel [163];
  LD 50 (oral, Ratte): 1350 mg/kg [187];
  LD 50 (intraperitoneal, Ratte): 1750 mg/kg [394];
  LC 50 (inhalativ, männliche Ratte): 27000 ml/m3/1 h [368];
  LD 50 (intraperitoneal, Maus): 2600 mg/kg [387];
  LC 50 (inhalativ, Maus): 16200 ml/m3/1 h [368];

  Gefahren-Symbol:

- **physikalisch/chemisch:**
  Schmelzpunkt: -118,6 °C
  Siedepunkt: 38,40 °C
  Flammpunkt: -23 °C; -20 °C

Dampfdruck: 514,5 hPa (20 °C) [132]; 400 hPa (21 °C) [163]; 625,1 hPa (25 °C) [187]
Verdampfungswärme: 253,72 kJ/kg
Log pOW: 1,61 [4]
Brechungsindex: 1,4239 (20 °C); 1,4238 (25 °C)
Dichte: 1460,4 kg/m3 (20 °C)
Molmasse: 108,966 g/mol

Löslichkeit:
Wasser 10,67 g/l (0 °C), 9,65 g/l (10 °C), 9,14 g/l (20 °C), 8,96 g/l (30 °C); mischbar mit Ethanol, Diethylether, Trichlormethan;

Verbleib nach Gebrauch:
Verbrennung nach Mischung mit brennbarem Lösemittel;

Bemerkung:
* WGK 2 ist Selbsteinstufung des VCI (1991);
Farblose, leicht flüchtige, etherähnlich riechende Flüssigkeit; brennbar; wird gelb an Luft und unter Lichteinfluß;
Bildet im dampf-/gasförmigen Zustand mit Luft explosionsfähige Gemische;
Explosionsgrenzen: 6,75 - 11,25 Vol% ; Zündtemp.: 511 °C [201];
Verwendung: als Ethylierungsmittel in der org. Synthese (z. B. zur Herstellung des Antiklopfmittels ⇒ Bleitetraethyl); als Kühlmittel;

(2-Bromethyl)-trimethoxysilan

- **CAS-Nummer:**
50882-44-5
- **Summenformel:**
$C_5H_{13}BrO_3Si$

- **Strukturformel:**

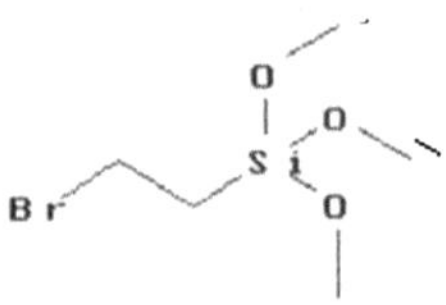

Funktion:
Haftvermittler für Füllstoffe;

Eigenschaften:

- **physikalisch/chemisch:**
Siedepunkt: 125-126 °C (133,29 hPa)
Molmasse: 229,75 g/mol

(Brommethyl)-triethoxysilan

- **CAS-Nummer:**
53696-81-4
- **Summenformel:**
$C_7H_{17}BrO_3Si$

- **Strukturformel:**

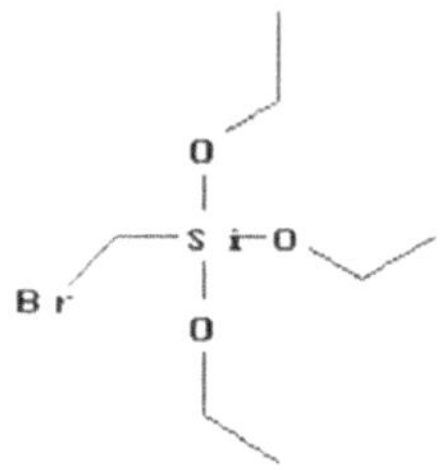

Funktion:
Haftvermittler für Füllstoffe;

Eigenschaften:

- **physikalisch/chemisch:**
Siedepunkt: 100 °C (40 hPa)
Molmasse: 257,20 g/mol

(2-Brom-2-nitro-ethenyl)benzen

- **CAS-Nummer:**
7166-19-0
- **gebräuchliche Namen:**
ß-Brom-ß-nitrostyrol;
- **Handelsnamen:**
Giv-gard; Stime-trol;
- **Summenformel:**
$C_8H_6BrNO_2$

- **Strukturformel:**

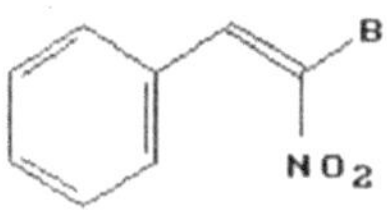

Funktion:
Antimikrobielle Mittel für Latex;

Eigenschaften:
- **toxikologisch/ökotoxikologisch:**
Sonstiges:
tumorigen; mutagen [428];
TD Lo (oral, Ratte): 3 g/kg/4w (intermittierend) [428];
TD Lo (oral, Maus): 6 g/kg/4w (intermittierend) [428];

- **physikalisch/chemisch:**
Molmasse: 228,04 g/mol

Verbleib nach Gebrauch:
nd) [428];

2-Brom-2-nitropropan-1,3-diol

- **CAS-Nummer:**
  52-51-7
- **UN Nummer:**
  3241
- **gebräuchliche Namen:**
  BNPD; 2-Brom-ß-nitrotrimethylenglykol; Brom-ß-nitrotrimethylenglycol; 2-Brom-2-nitropropandiol;
- **Handelsnamen:**
  Bronopol; Bronosol; Bronocot; Onyxide 500; Myacide AS; Myacide BT;
- **Summenformel:**
  $C_3H_6BrNO_4$

- **Strukturformel:**

Funktion:
Antimikrobielle Mittel für Latex;

Eigenschaften:
- **toxikologisch/ökotoxikologisch:**

RTECS # TY 3385000
WGK: 2
R-Satz: 21/22-37/38-41-50/53
S-Satz: (2)-26-37/39-60-61
Sonstiges:
Wirkt schädigend beim Einatmen, Verschlucken oder Aufnahme über Haut; kann Reizungen verursachen [187]; vgl. Abschn. IIb; H;
Da 2-Brom-2-nitropropandiol (BNPD) eine erhebliche Reizwirkung bereits auf intakte Haut besitzt, sollte die zum Einsatz kommende Konzentration für Personen mit gesunder Haut in wäßrigen Kühlschmierstoffen unter 0,1 % liegen, andernfalls sind entsprechende Schutzmaßnahmen erforderlich; die perkutane Resorption von BNPD durch intakte Haut ist erheblich; die Resorptionsrate durch die Schleimhäute des Magen-Darm-Traktes nach oraler Verabreichung liegt noch höher; die Resorption aus wäßrigen Kühlschmierstoffen kann durch Lösungsvermittler wie Aceton oder Glykole erhöht werden; BNPD spaltet unter alkalischen Bedingungen (deutlich schon bei pH 8), die bei Kühlschmiermitteln meistens vorliegen, Formaldehyd und Nitrit ab; Gefahr der Hautresorption [480];
LD 50 (oral, Ratte): 180 mg/kg [428];
LC 50 (inhalativ, Ratte): > 5000 mg/m3/6 h [428];
LD 50 (Haut, Ratte): 3500 mg/kg [187]; 1600 mg/kg [428];
LD 50 (intraperitoneal, Ratte): 26 mg/kg [428];
LD 50 (subcutan, Ratte): 170 mg/kg [428];
LD 50 (intravenös, Ratte): 37,4 mg/kg [428];

LD 50 (oral, Maus): 270 mg/kg [428];
LD 50 (Haut, Maus): 4750 mg/kg [428];
LD 50 (intraperitoneal, Maus): 15,5 mg/kg [428];
LD 50 (subcutan, Maus): 116 mg/kg [428];
LD 50 (intravenös, Maus): 48 mg/kg [428];

LD 50 (oral,Hund): 250 mg/kg [428];

[Sdb Interorgana Chemiehandel GmbH]:
Giftig beim Verschlucken; reizt die Haut und die Schleimhäute; starke Reizwirkung am Auge mit Gefahr ernster Augenschäden;
LD/LC 50 (oral, Ratte): 254 mg/kg;
LD/LC 50 (dermal, Ratte): >1600 mg/kg;
ist in verdünnten Lösungen biologisch abbaubar;
EC 50 (Daphnia magna): 1,4 ml/m3/48 h;
LC 50 (Salmo gairdneri): 41,2 ml/m3/96 h;

LC 50 (Lepomis machrochirus): 35,7 ml/m3/96 h;

Gefahren-Symbol:

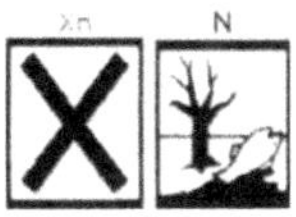

- **physikalisch/chemisch:**

Schmelzpunkt: 130-133 °C; 129-130 °C
Dichte: 1100 kg/m3
Molmasse: 199,99 g/mol

Löslichkeit:
löslich in Wasser (280 mg/l), Ethanol (560 mg/l), Ethylacetat, Methanol (890 mg/l), Propylenglykol (520 mg/l), Isopropanol (410 mg/l); wenig löslich in Trichlormethan, Propanon, Diethylether, Paraffinöl (< 5 mg/l); unlöslich in Ligroin;

Bemerkung zu physikalisch/chemischen Daten:
Zersetzungstemperatur: 90 °C [Sdb];

Verbleib nach Gebrauch:
Verbrennung nach Mischung mit brennbarem Lösemittel;

Bemerkung:
Weiße Kristalle; geruchlos;
Unverträglich mit starken Oxidationsmitteln, starken Basen, starken Reduktionsmitteln, Säurechloriden und Säureanhydriden;
Verwendung: als Antiseptikum; als Konservierungsmittel in Haushalts- und technischen Produkten, wie z.B. in Kühlschmierstoffen (empfohlene Konzentration 0,01 - 0,2 %) sowie in kosmetischen und pharmazeutischen Präparaten (empfohlene Konzentration 0,01 - 0,1 %);
Bewertung: Die Formaldehydemission wäßriger Lösungen von BNPD ist gering. Das entstehende Nitrit kann mit Aminen oder Amiden, soweit sie in Kühlschmierstoffen vorkommen können, Nitrosamine oder -amide bilden.
Für die Aufstellung eines MAK-Wertes sind weder die Beobachtungen am Menschen noch die tierexperimentellen Untersuchungen ausreichend. Wegen der Gefahr der Hautresorption bei beruflichem Umgang erhält der Stoff die Zusatzbezeichnung "H". [480]
Verwendungsverbot als Kühlschmierstoffbestandteil nach TRGS 611;

[Sdb Interorgana Chemiehandel GmbH]:
Keine Zersetzung bei bestimmungsgemäßer Verwendung. Zersetzungstemperatur wird bei Anwesenheit von anorganischen oder organischen Basen herabgesetzt. Stabil bis ungefähr 140 °C;
Gefährliche Zersetzungsprodukte: Nitrose Gase, Halogenwasserstoffe;
ab 140 °C stark exotherme Zersetzung;

(3-Brompropyl)-triethoxysilan

- **CAS-Nummer:**
52090-18-3
- **Summenformel:**
$C_9H_{21}BrO_3Si$

- **Strukturformel:**

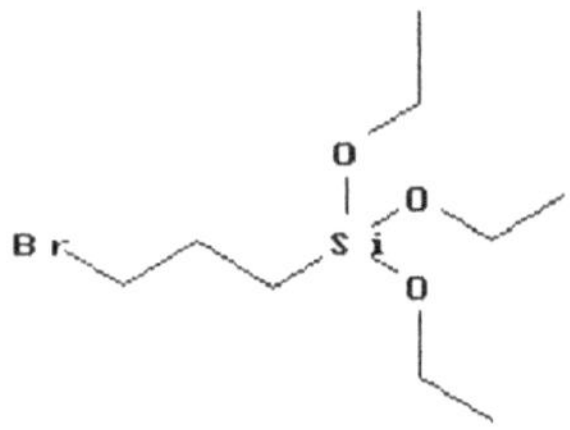

Funktion:
Haftvermittler für Füllstoffe;

Eigenschaften:

- **physikalisch/chemisch:**
  Siedepunkt: 114-115 °C (2 hPa)
  Brechungsindex: 1,4367 (20 °C)
  Molmasse: 285,25 g/mol

(3-Brompropyl)-trimethoxysilan

- **CAS-Nummer:**
  51826-90-5
- **Summenformel:**
  $C_6H_{15}BrO_3Si$

- **Strukturformel:**

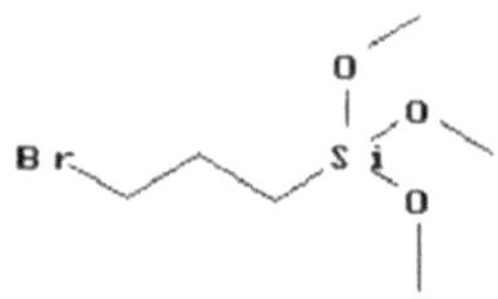

Funktion:
Haftvermittler für Füllstoffe;

Eigenschaften:

- **physikalisch/chemisch:**
  Molmasse: 243,17 g/mol

1,3-Butadien

- **CAS-Nummer:**
  106-99-0
- **UN Nummer:**
  1010
- **gebräuchliche Namen:**
  Buta-1,3-dien; Bivinyl; Divinyl; Divinylbutadien; Erythrene; Pyrrolylene; Vinylethylen; Biethylen; Butadien
- **Handelsnamen:**
  Buna VI 1945, 1949, 1969, 1970, 1979;
- **Summenformel:**
  C_4H_6

- **Strukturformel:**

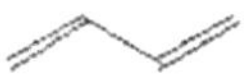

Funktion:
Monomer für die Herstellung von synthetischem Kautschuk;
Kautschukart:
Vinyl-Butadien-Rubber;

Eigenschaften:
- **toxikologisch/ökotoxikologisch:**
RTECS # EI 9275000
Schweizer Giftliste: 1
WGK: 2
R-Satz: 45-12
S-Satz: 53-45
Sonstiges:
Krebserzeugend IIIA2 [481]; IMK: II; vgl. Abschn. III B; Karzinogen [187];
Das Einatmen des Gases verursacht Reizung der Augen und Atmungswege; Wirkt schädigend beim Einatmen, Verschlucken oder Aufnahme über Haut; Dämpfe reizen Augen, Schleimhäute und Atemwege; verursacht Hautreizungen [187];
In hohen Konzentrationen narkotische Wirkung? Bei rascher Verdampfung kann die Luft (insbesondere in Räumen) verdrängt werden (Erstickungsgefahr!); Leberschäden? Kontakt mit der Flüssigkeit führt zu Erfrierungen; beachte die Gefährdung der Augen! [484];
Geruchsschwelle: <1000 ppm [484], [163];
TC Lo (inhalativ, Mensch): 2000 ppm/7h, 8000 ppm [428];
LD 50 (oral, Ratte): 5480 mg/kg [428];
LC 50 (inhalativ, Ratte): 285 mg/m3/4h [187]; 285 g/m3/4h, 270 g/m3/2h [428];
TC Lo (inhalativ, Ratte (trächtig)): 8000 ppm/6h/6-15d [428];
TC Lo (inhalativ, Ratte): 625 ppm/6h/61w [428];
TC (inhalativ, Ratte): 1000 ppm 6h/2y (intermittierend), 8000 ppm/6h/2y (intermittierend), 8000 ppm/6h/15w (intermittierend), 2200 mg/m3/4h/17w (intermittierend) [428];
TC (inhalativ, Maus): 200 ppm/40w (intermittierend), 625 ppm/6h/64w (intermittierend), 63 ppm/6h/2y (intermittierend) [428];
TC Lo (inhalativ, Maus): 625 ppm/6h/13w (intermittierend), 1250 ppm/6h/14w (intermittierend), 1250 ppm/6h/6w (intermittierend), 1250 ppm/6h/24w (intermittierend) [428];
TC Lo (inhalativ, Maus (trächtig)): 1000 ppm/6h/6-15d [428];
LC Lo (inhalativ, Kanninchen): 25 pph/23m, 100 mg/m3/4h/17w (intermittierend) [428];

LD 50 (Wasserorganismen): 100-10 mg/l/96h [484];
mittlere Tödlichkeitsgrenze für Fische 71,5 mg/l [484];
MLD für Fische: 71,5 mg/l [159];

Gefahren-Symbol:

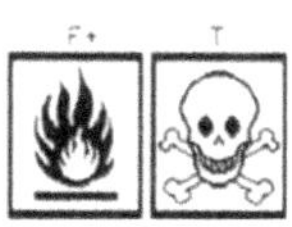

- **physikalisch/chemisch:**
Schmelzpunkt: -108,91 °C
Siedepunkt: -4,41 °C
Flammpunkt: -85 °C; <-18 °C*
Dampfdruck: 2500 hPa (20 °C) [163]; 2398 hPa (20 °C) [484]*
Verdampfungswärme: 388,64 kJ/kg
Log pOW: 1,99 [4]
Brechungsindex: 1,4292 (-25 °C)
Dichte: 650 kg/m3 (-6 °C)
Molmasse: 54,091 g/mol

Löslichkeit:
Wasser 0,5 g/l (20 °C); löslich in Ethanol, Diethylether, Benzen; leicht löslich in Propanon;

Bemerkung zu physikalisch/chemischen Daten:
T(krit.): 152 °C [484];

Verbleib nach Gebrauch:
Verbrennen entzündlicher Gase, Neutralisation korrosiver Gase, Verbrennung und/oder chemische Reaktion giftiger, hochreaktiver Gase und Reizgase, Reinigung der Druckbehälter;

Bemerkung:
Farbloses, mild aromatisch riechendes Gas;
Bildet im dampf-/gasförmigen Zustand mit Luft explosionsfähige Gemische;
Explosionsgrenzen: 1,1-12,5 Vol.-% [163]; 2,0-12 °C [484]*;
Zündtemp.: 415 °C [163]; 435 °C [484]*;

Polymerisiert bei Erwärmung und Einwirkung von Luftsauerstoff unter explosionsartigen Erscheinungen; Peroxide, Sauerstoff, Alkalierden und verschiedene Metallverbindungen wie Aluminium-, Eisen- und Antimonchlorid wirken als Katalysatoren und bewirken Einleitung der Polymerisation bildet instabile Peroxide bei Kontakt mit sauerstoffreichem Material;
Verwendung: Polymerisation (alleine oder im Gemisch mit anderen polymerisationsfähigen Verbindungen zu synthetischen ⇒ Kautschuk), in der Druckindustrie als Bindemittel;

* Die Daten für die Gemische varrieren. Die eingetragenen Daten gelten für das technische Produkt Butadien-1,3 in stabilisiertem Zustand [484];

1,3-Butadien, Trimer

- **CAS-Nummer:**
16422-75-6
- **gebräuchliche Namen:**
linear Butadien Trimer;
- **Summenformel:**
$C_{12}H_{18}$

- **Strukturformel:**

branchenspezifische Bemerkung zur Substanz:
Zersetzungsprodukt von Polymeren;

Eigenschaften:

- **physikalisch/chemisch:**
Molmasse: 162,27 g/mol

Butanal, Polymer mit Benzenamin

- **CAS-Nummer:**
9003-37-6
- **gebräuchliche Namen:**
BAA; BA; n-Butyraldehyd-Anilin-Kondensat; Butyraldehydanilin; Butyraldehyd-Anilin-Kondensationsprodukt; Anilin-Butyraldehyd-Kondensationsprodukt; Reaktionsprodukt von n-Butanal mit Anilin; Reaktionsprodukt von n-Butyraldehyd mit Anilin; Kondensationsprodukt aus Anilin und Butyraldehyd;

- **Handelsnamen:**
  808 Accelerator; Antox Special; Bentene; Eveite 101; Rapidbeschleuniger 300 A; Vulcafor BA;
- **Summenformel:**
  $(C_{10}H_{13}N)_n$

- **Strukturformel:**

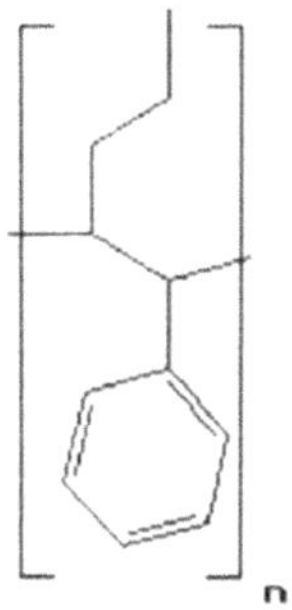

Funktion:
(1) Vulkanisationsbeschleuniger, organisch;
(2) Oxidationsschutzmittel;

Anwendung:
(1) Reifen, Schläuche; chirurgische und medizinische Artikel; Sportartikel; Spielsachen; technische Gummiartikel; Produkte für Industrie, inkl. Druckplattentücher; Klebstoffe; Dichtungen; Latex Tauchartikel; Latex Schaumartikel;

branchenspezifische Bemerkung zur Substanz:
Einsatzmenge: 2,3 t/a (TSE-Industrie, 1996)

Eigenschaften:

- **physikalisch/chemisch:**
  Molmasse: 147,13*x g/mol

Butandisäure

- **CAS-Nummer:**
  110-15-6
- **gebräuchliche Namen:**
  Bernsteinsäure; Ethan-1,2-dicarbonsäure; Succinsäure;
- **Summenformel:**
  $C_4H_6O_4$

- **Strukturformel:**

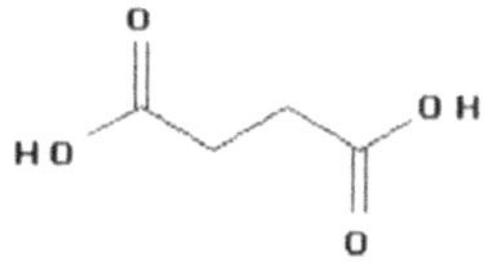

Funktion:
Füllstoff, organisch;

Eigenschaften:
- **toxikologisch/ökotoxikologisch:**
  RTECS # WM 4900000
  Schweizer Giftliste: 5

WGK: 0
R-Satz: 23/24/25 +
S-Satz: 44
Sonstiges:
Wirkt schädigend beim Einatmen oder Verschlucken; verursacht Augen- und Hautreizungen; reizt Schleimhäute und Atemwege [187];
LD 50 (oral, Ratte): 2260 mg/kg [187];
LD 50 (intraperitoneal, Maus): 2702 mg/kg [428];
LD 50 (intravenös, Maus): 1400 mg/kg [428];
Für Pseudomonas putida nicht toxisch bis 125 mg/l, für Scenedesmus quadricauda nicht toxisch bis 1 mg/l [418];
BSB(5): 0,21 - 0,64 [418]; CSB: 1,85 [418];

- **physikalisch/chemisch:**
Schmelzpunkt: 185 °C; 188 °C
Siedepunkt: 235 °C
Flammpunkt: 206 °C
Log pOW: - 0,59 [4]
Dichte: 1564 kg/m3 (15 °C)
Molmasse: 118,089 g/mol

Löslichkeit:
Wasser 68,4 g/l (20 °C), 603,7 g/l (75 °C); Ethanol 75,4 g/l (15 °C); Diethylether 4,8 g/l (15 °C); unlöslich in Benzen;

Verbleib nach Gebrauch:
Verbrennung nach Mischung mit brennbarem Lösemittel;

Bemerkung:
Monokline Prismen, geruchlos [428];
Weiße Kristalle; bildet im dampf-/gasförmigen Zustand mit Luft explosionsfähige Gemische;
Zündtemp.: ca. 630 °C [418];

Butan-1-ol

- **CAS-Nummer:**
71-36-3
- **UN Nummer:**
1120
- **gebräuchliche Namen:**
1-Butanol; Butanol; n-Butanol; Butylalkohol; n-Butylalkohol; Butyloxidhydrat; Propylcarbinol; Propylmethanol; Butanol, normal; NBA;
- **Handelsnamen:**
CCS 203; Hemostyp;
- **Summenformel:**
$C_4H_{10}O$

- **Strukturformel:**

Funktion:
Vulkanisationsverzögerer;
Anwendung:
chirurgische und medizinische Artikel; Sportartikel; Spielsachen; technische Gummiartikel; Produkte für Industrie, inkl. Druckplattentücher; Klebstoffe; Dichtungen;

Eigenschaften:

- **toxikologisch/ökotoxikologisch:**

RTECS # EO 1400000
Schweizer Giftliste: 4
WGK: 1
MAK Wert: 300 mg/m3 bzw. 100 ml/m3
R-Satz: 10-20
S-Satz: 16
Sonstiges:
Spitzenbegrenzung: II,1; Schwangerschaftsgruppe D [481];
Geruchsschwelle 25 ml/m3 [484];
Kontakt mit Augen, Haut und Schleimhäuten führt zu Reizungen; zentralnervöse Störungen mit Benommenheit, Rausch, Blutdruckabfall; Störung der Herztätigkeit; Leber- und Nierenschäden; narkotische Wirkung;
Kurzeinwirkung: 200 ml/m3 über mehrere Stunden riefen eine schwere Reizung der Augen hervor. 150 ml/m3 erwiesen sich für kurze Zeit erträglich [484];
TC Lo (inhalativ, Mensch): 25 ml/m3 [428];
LD 50 (oral, Ratte): 790 mg/kg [32], [428]; 2510 mg/kg [9], 4,36 g/kg [193];
LC 50 (inhalativ, Ratte): 8000 ml/m3/4 h [428];
LD 50 (intraperitoneal, Ratte): 1122 mg/kg [428];
LD 50 (intravenös, Ratte): 310 mg/kg [428];
LD 50 (oral, Maus): 2680 mg/kg [428];
LD 50 (intraperitoneal, Maus): 603 mg/kg [428];
LD 50 (subcutan, Maus (1 Tag alt)): 1120 ± 132 mg/kg [332];
LD 50 (subcutan, Maus (30 Tage alt)): 3200 ± 213 mg/kg [332];
LD 50 (subcutan, Maus): 3200 mg/kg [428];
LD 50 (intravenös, Maus): 377 mg/kg [428];
LD Lo (oral, Hund): 1760 mg/kg [428];
LD Lo (subcutan, Hund); 2000 mg/kg [428];
LD Lo (intravenös, Katze): 243 mg/kg [428];
LD 50 (oral, Kaninchen): 3484 mg/kg [428];
LD 50 (Haut, Kaninchen): 3400 mg/kg [428];
LC 50 (inhalativ, Säugetier): 28400 mg/m3 [428];
LD 50 (oral, Wildvogel): 2500 mg/kg [428];

Toxische Grenzkonzentration für Pseudomonas putida 280 mg/l, Scenedesmus quadricauda 350 mg/l [36], 95 mg/l [404];
LC 50 (Daphnia magna): 1855 mg/l [32], 1220 mg/l [6];
LC 50 (Fisch; Goldorfe): 1750/1520 mg/l [33];
Biologisch abbaubar [262];

zu Butanol, normal [Sdb Shell Chemicals]:
Symptome: Kopfschmerzen, Schwindelgefühl, Übelkeit, Narkose, trockene Haut, Reizwirkung auf Haut, Augen und Atmungsorgane. Augenkontakt kann Hornhautentzündung verursachen. Längerer oder wiederholter Hautkontakt kann entfettend wirken und zu Dermatitis führen.
LD/LC 50 (oral, Ratte): 790 mg/kg
LD/LC 50 (dermal, Kaninchen): 4200 mg/kg
Wiederholte Exposition verursacht Leber- und Nierenschäden, schädigt die Atmungsorgane.
Biologisch leicht abbaubar.
LC 50 (Fisch): >100 mg/l
EC 50 (Wasserfloh): >100 mg/l
IC 50 (Algen): >100 mg/l
IC 50 (Bakterien): >100 mg/l

zu n-Butanol [Sdb Neste Chemicals]:
Die Einnahme der Flüssigkeit oder die Einatmung der Dämpfe kann zu Kopfschmerzen, Schläfrigkeit und Narkose führen. In flüssiger Form oder im gasförmigen Zustand kann es zu gemäßigter Hautreizung und erheblicher Augenreizung in Form von Verbrennungen, unscharfes Sehvermögen, Lachrymation und Photophobie führen.
LD 50 (oral, Ratte): 2500-4400 mg/kg
LD 50 (dermal, Ratte): 8000 mg/kg
LD 50 (Haut, Kaninchen): 4200 mg/kg
Inhalationsstudien bei Ratten (gd 1-19) bei Dosen von bis zu 8000 ppm zeigten maternale Toxokologie bei 6000 und 8000 ppm. Bei 8000 ppm wurden geringe Zunahmen von Mißbildungen des Skeletts gefunden.

LC 50 (Fisch; Alburnus alburnus): 2300 mg/l/96 h
LC 50 (Fisch; Pimephales promelas): 1740 mg/l/96 h
EC 50 (Daphnia magna): 1855 mg/l/24 h; 1983 mg/l/48 h
8 Tage NOAEL, Scenedesmus quadricauda: 875 mg/l
8 Tage NOAEL, Microcystis aeruginosa: 100 mg/l

Gefahren-Symbol:

- **physikalisch/chemisch:**

Schmelzpunkt: -89,5 °C
Siedepunkt: 117,5 °C
Flammpunkt: 30 °C; 34 °C
Dampfdruck: 5,8 hPa (20 °C) [132]; 6,7 hPa (20 °C) [32]; 7,4 hPa (20 °C) [367];
Verdampfungswärme: 594,23 kJ/kg
Log pOW: 0,65 [4]; 0,83 [4]; <3 [Sdb Shell];
Brechungsindex: 1,39931 (20 °C)
Dichte: 809,0 kg/m3 (20 °C); 785 kg/m3 (20 °C);
Molmasse: 74,122 g/mol
Verdunstungszahl: 0,5 (BuAc = 1) [9]; 33 (Diethylether = 1) [18], [132];

Löslichkeit:
Wasser 68 g/l (18 °C); 90 g/l (20 °C); 79 g/l (20 °C); mischbar mit Ethanol und Diethylether;

Verbleib nach Gebrauch:
Verbrennung, hochentzündliche Stoffe;

Bemerkung:
Klare Flüssigkeit, süßlich, ranzig riechend [Sdb Shell];
Farblose, ethanolartig riechende Flüssigkeit;
brennbar; Bildet im dampf-/gasförmigen Zustand mit Luft explosionsfähige Gemische; Explosionsgrenzen: 1,4-11,3 Vol% ; Zündtemp.: 340 °C [32], 360 °C [Sdb Neste];

zu Butanol, normal [Sdb Shell Chemicals]:
Reaktionen mit Oxidationsmitteln;
Schmelzpunkt: -89 °C; Siedepunkt 117,7 °C; Flammpunkt: 34 °C;
Explosionsgrenzen: 1,4-11,3 Vol.-%; Zündtemp.: 360 °C;
Dampfdruck: 6,2 hPa (20 °C), 44,2 hPa (50 °C); Dichte: 785 kg/m3 (20 °C);
Löslichkeit in Wasser: 7,5 Gew.-% (20 °C); logPow: <3; Verdunstungszahl (nBuAc = 1): 0,5;
Molekulargewicht: 74,12 g/mol [Sdb Neste];

zu n-Butanol [Sdb Neste Chemicals]:
Siedepunkt: 117,7 °C; Schmelzpunkt: -89,8 °C; Flammpunkt: 35 °C;
Explosionsgrenzen: 1,4-11,3 Vol.-%; Zündtemperatur: 340 °C;
Dampfdruck: 0,59 hPa (20 °C); Dichte: 809-810 kg/m3 (20 °C); Verdunstungszahl (Ethyl-Ether = 1): 27;
Löslichkeit in Wasser: 7,8 g/100 g; Molekulargewicht: 74,12 g/mol [Sdb Shell];

Verwendung: Lösemittel für Fette und Wachse;

Enthalten in Cerafak 106 (6%), 106 Stab (6,5%), 140 (65%), Disparlon KS 860 (23,9%, Efka-780 (20%), 781 (20%), Fisantrol Catalyst PTS 3 (50%), Jäger Antihydro Trockner (1,4%), HK Trockner (1,4%), OB Trockner (1,4%), Lanco-Rex (5%), -Glidd ML (15%), 84 Urad DD27 (5%)), DD22 (33,2%);

Butan-2-on

- **CAS-Nummer:**
  78-93-3
- **UN Nummer:**
  1193
- **gebräuchliche Namen:**
  Ethylmethylketon; Methylethylketon; 2-Butanon; MEK; MEC; Acetonersatz; ß-Ketobutan; Methylpropanon; Butanon-2;
- **Handelsnamen:**
  Meetco;
- **Summenformel:**
  C_4H_8O

- **Strukturformel:**

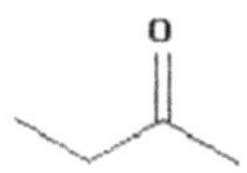

Funktion:
(1) Lösemittel;
(2) Lösemittel für Haftmittel;
Anwendung:
(1) Reifen, Schläuche; chirurgische und medizinische Artikel; Sportartikel; Spielsachen; technische Gummiartikel; Produkte für Industrie, inkl. Druckplattentücher; Klebstoffe; Dichtungen;

branchenspezifische Bemerkung zur Substanz:
Einsatzmenge: 590 t/a (Reifenindustrie: 2,7 t/a, TSE-Industrie: 590 t/a) (1996)

Eigenschaften:
- **toxikologisch/ökotoxikologisch:**
RTECS # EL 6475000
Schweizer Giftliste: 4
WGK: 1
MAK Wert: 590 mg/m3 bzw. 200 ml/m3
R-Satz: 11-36/37
S-Satz: (2)-9-16-25-33
Sonstiges:
Spitzenbegrenzung: II,1 [481]; Schwangerschaftsgruppe D [481];
Kontakt mit Augen, Haut und Schleimhäuten führt zu Reizungen; Entfettung der Haut; bei Aufnahme großer Mengen Benommenheit, Blutdruckabfall, Störung der Atem- und Herztätigkeit, Narkose;
Eingeatmet 300 ml/m3: Kopfschmerzen und Rachenreizung [9];
Das Einatmen der Dämpfe wirkt betäubend. Die Dämpfe reizen die Augen sowie die Nasen- und Rachenschleimhäute. Kontakt mit der Flüssigkeit führt zu starker Reizung der Augen und geringerer Reizung der Haut.
Symptome: Brennen und Schmerzen der Augen, der Nasen- und Rachenschleimhäute. Kopfschmerzen, Schwindel, Übelkeit, Erbrechen, Gleichgewichtsstörungen, Bewußtlosigkeit, Tod.
Kurzeinwirkung: 30000 ppm waren wegen starker Reizung der Augen, der Nasen- und Rachenschleimhäute unerträglich. 3000 ppm erwiesen sich nach kurzer Zeit als unerträglich. [484];
Geruchsschwelle: < 25 ml/m3 [32]; 10 ml/m3 [484];
TC Lo (inhalativ, Mensch): 100 ml/m3/5 min. [428];
LD 50 (oral, Ratte): 3100 mg/kg [9], 3400 mg/kg [32], 2737 mg/kg [187];
LD 50 (intraperitoneal, Ratte): 607 mg/kg [428];
LC 50 (inhalativ, Ratte): 4000 ml/m3/2 h [9], 8000 ml/m3/8 h [187];
LD 50 (oral, Maus): 4050 mg/kg [428];
LC 50 (inhalativ, Maus): 40000 mg/m3/2 h [428],
LD 50 (Haut, Kaninchen): 12600 mg/kg [9], 6480 mg/kg [187];

Toxische Grenzkonzentration für Pseudomonas putida 1150 mg/l, Scenedesmus quadricauda 4300 mg/l [32], 53 mg/l [404];
LC 50 (Fisch, Goldorfe) 4880/4600 mg/l [33];

LC 50 (Daphnia magna): 8890 mg/l [29];
EC 50 (Daphnia magna): 7060 mg/l [180];
MLD Fische: 5600 mg/l [32];

Methylketon [Sdb Shell Chemicals]:
Hohe Konzentrationen können Müdigkeit und Schwindelgefühl verursachen. Verursacht Schmerzen bei Augenkontakt. Längerer/wiederholter Hautkontakt kann zu Dermatitis führen. Über 200 ml/m3 Reizung der Augen und oberen Atemwege (Warneffekt).
LD 50 (oral, Ratte): 3300 mg/kg
LD 50 (dermal, Kaninchen): 5000 mg/kg
LC 50 (inhalativ, Ratte): 12000 ml/m3/4 h
An der Haut schwach reizend, am Auge stark reizend, reizt die Atmungsorgane. Wiederholte Exposition verursacht Leber- und Nierenschäden.
LC 50 (Fisch): >100 mg/l/96 h
EC 50 (Wasserfloh): >100 mg/l/48 h
IC 50 (Algen): >100 mg/l/8 d
IC 50 (Bakterien): >100 mg/l/16 h
Biologisch leicht abbaubar.

MEK [Sdb Exxon Chemical]:
Verursacht Reizung der Augen und Atemwege. Kopfschmerzen, Schwindel und Störungen des ZNS. Entfettet die Haut, was zu Dermatitis führen kann. Geringste Mengen, die beim Verschlucken oder nachfolgendem Erbrechen in die Lunge gelangen, können zu einem Lungenödem oder zur Lungenentzündung führen.

Gefahren-Symbol:

- physikalisch/chemisch:

Schmelzpunkt: -86,4 °C
Siedepunkt: 79,6 °C; 78,1-81,1 °C
Flammpunkt: -1 °C; -6 °C; -7 °C
Dampfdruck: 105 hPa (20 °C) [32]
Verdampfungswärme: 443,80 kJ/kg
Log pOW: 0,26 [4]; 0,29 [4]
Brechungsindex: 1,3814 (15 °C)
Dichte: 805,0 kg/m3 (20 °C)
Molmasse: 72,107 g/mol
Verdunstungszahl: 5,7 (BuAc = 1) [9]; 7,5 (BuAc = 1) [105]; 2,6 (Diethylether = 1) [19]

Löslichkeit:
Wasser 292 g/l (20 °C), 180 g/l (90 °C); mischbar mit Ethanol und Diethylether; löslich in den meisten organischen Lösemitteln;

Verbleib nach Gebrauch:
Verbrennung, hochentzündliche Stoffe;
Deponie-Sickerwasser:
0,11 - 27 mg/l (Minnesota, USA) [79];
4,8 - 8,2 mg/l (Southington, Connecticut, USA, 1982/83) [58];

Bemerkung:
Farblose, acetonähnlich riechende Flüssigkeit; brennbar.
Bildet im dampf-/gasförmigen Zustand mit Luft explosionsfähige Gemische;
Explosionsgrenzen:
1,8-11 Vol.-%; Zündtemp.: 505 °C [32];
1,4-11,4 Vol.-%; Zündtemp.: 515 °C [484];
T(krit.): 262,5 °C [428];
Die Substanz reagiert bei Kontakt oder Mischung mit Laugen, Aminen, Alkanolaminen, Aldehyden, Ammoniak, sauerstoffreichem Material (starken Oxidationsmitteln) und Chlorverbindungen [484];

Verwendung: technisches Lösemittel;
Methylethylketon [Sdb Shell Chemicals]:
Schmelzpunkt: -86 °C; Siedepunkt: 79-80,5 °C; Flammpunkt: -4 °C;
Explosionsgrenzen: 1,8-11,5 Vol.-%; Zündtemp.: 515 °C; Dampfdruck: 89 hPa (20 °C), 356 hPa (50 °C);
Dichte: 804-806 kg/m3 (20 °C); Löslichkeit in Wasser: 25 Gew.-% (20 °C); Verdunstungszahl (nBuAc = 1): 3,7; logPow: 1,8-2,0; Molekulargewicht: 72,11;
MEK [Sdb Exxon Chemical]:
hygroskopisch; Schmelzpunkt: -85,9 °C; Siedepunkt: 78,5-81 °C; Flammpunkt: -4 °C;
Explosionsgrenzen: 1,8-11,5 Vol.-%; Zündtemp.: >450 °C; Dampfdruck: 99,87 hPa (20 °C), 223,46 hPa (38 °C), 436,4 hPa (55 °C); Löslichkeit in Wasser: 26,3 Gew.-% (20 °C);
Enthalten in Ceramat 240 (31,2%), Intercoat VPP 154 (5,475%), VPE 154 (5,25%);

Butansäure-(4'-hydroxy)anilid

- **CAS-Nummer:**
  101-91-7
- **gebräuchliche Namen:**
  4-Hydroxybutyranilid; N-Butyroyl-p-aminophenol; N-(4-Hydroxyphenyl)-butanamid; p-Butyramidophenol; N-Butyryl-p-aminophenol; p-(Butyroylamino)-phenol; 4-Butyramidophenol;
- **Handelsnamen:**
  Suconox-4
- **Summenformel:**
  $C_{10}H_{13}NO_2$

- **Strukturformel:**

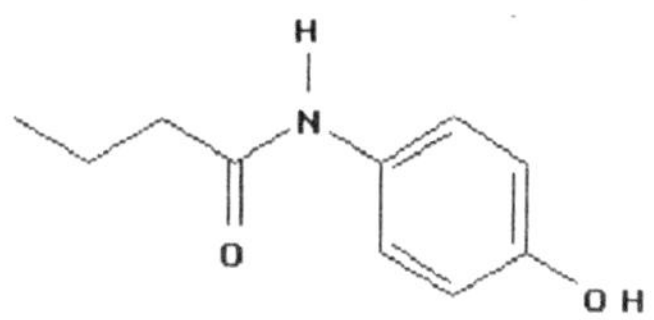

Funktion:
Alterungsschutzmittel;

Eigenschaften:

- **physikalisch/chemisch:**
  Schmelzpunkt: 139-140 °C
  Molmasse: 179,22 g/mol

  Löslichkeit:
  wenig löslich in kaltem Wasser; löslich in Ethanol;

(Z)-2-Butendicarbonsäure-di-(2-ethylhexyl)-ester

- **CAS-Nummer:**
  142-16-5
- **gebräuchliche Namen:**
  DOM; Bis-(2-ethylhexyl)maleinsäureester; Dioctylmaleat; Di-(2-ethylhexyl)maleat; Bis-(2-ethylhexyl)maleat; Maleinsäure-(2-ethylhexyl)diester; Maleinsäure-di-(2-ethylhexyl)-ester;
- **Handelsnamen:**
  RC Comonomer;
- **Summenformel:**
  $C_{20}H_{36}O_4$

- **Strukturformel:**

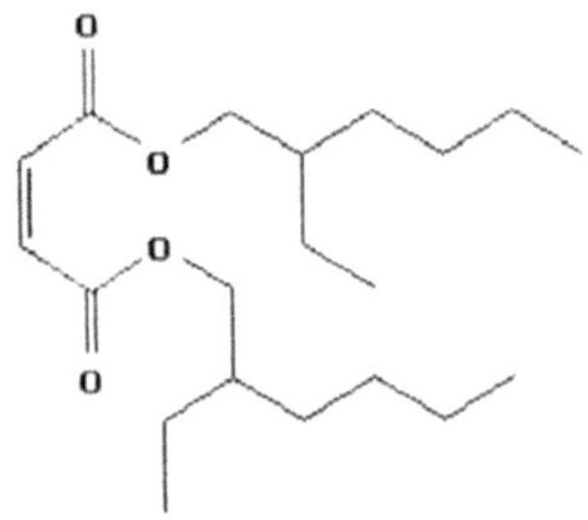

Funktion:
Weichmacher, synthetisch;

Eigenschaften:
- **toxikologisch/ökotoxikologisch:**
RTECS # ON 0160000
WGK: 1
Sonstiges:
LD 50 (oral, Ratte): 14000 mg/kg [428];
LD 50 (intraperitoneal, Ratte): >5000 mg/kg [428];
LD 50 (oral, Maus): >20000 mg/kg [428];
LD 50 (Haut, Kaninchen): 15 ml/kg [428];

- **physikalisch/chemisch:**
Siedepunkt: 156 °C (0,933 hPa); 173 °C (4 hPa); 174-176 °C (4,66 hPa)
Dichte: 943,7 kg/m3 (20 °C)
Molmasse: 340,50 g/mol

cis-Butendisäure

- **CAS-Nummer:**
110-16-7
- **UN Nummer:**
1759
- **gebräuchliche Namen:**
Maleinsäure; Toxilsäure;
- **Summenformel:**
$C_4H_4O_4$

- **Strukturformel:**

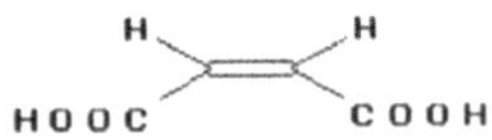

Funktion:
Füllstoff, organisch;

Eigenschaften:
- **toxikologisch/ökotoxikologisch:**
RTECS # OM 9625000
Schweizer Giftliste: 3
WGK: 1
R-Satz: 22-36/37/38
S-Satz: (2)-26-28-37

Sonstiges:
Stäube reizen sehr stark Augen, Haut, Atemwege und Lunge; Lungenödem möglich, was mit einer Verzögerung bis zu zwei Tagen auftreten kann; Kontakt mit dem Stoff führt zu starker Reizung bis hin zu Verätzung der Augen sowie zu Entzündung der Haut; Verschlucken des Stoffes ruft starke Reizwirkung im Verdauungskanal bis hin zu Verätzung hervor [484];
Wirkt schädigend beim Einatmen, Verschlucken oder Aufnahme über Haut; Biologisch abbaubar [262];
LD 50 (oral, Ratte): 708 mg/kg [187];
LD 50 (Haut, Kaninchen): 1560 mg/kg [187];
LC 50 (inhalativ, Ratte): >720 mg/m3/h [428];
LD 50 (oral, Maus): 2400 mg/kg [428];

Gefahren-Symbol:

Xn

- **physikalisch/chemisch:**
  Schmelzpunkt: 140-142 °C; 138-139 °C
  Flammpunkt: 100 °C
  Dampfdruck: < 0,1 hPa (20 °C) [484]
  Dichte: 1590 kg/m3 (20 °C)
  Molmasse: 116,073 g/mol

Löslichkeit:
Wasser 788 g/l (25 °C), 3926 g/l (97,5 °C); Ethanol (97%) 699 g/l (30 °C); Diethylether 82 g/l (25°C); löslich in Eisessig, Propanon; unlöslich in Benzen. Chloroform;

Verbleib nach Gebrauch:
Verbrennung nach Mischung mit brennbarem Lösemittel;

Bemerkung:
Farblose, prismenförmige, monokline Kristalle oder weißes Pulver; ätzend; brennbar;
trans-Isomer: ⇒ trans-Butendisäure (Fumarsäure);
Umwandlung ins trans-Isomer durch Belichten oder längeres Erhitzen > 100 °C;
Stoff reagiert heftig bei Kontakt oder Mischung mit Basen, Oxidationsmitteln und Reduktionsstoffen;
Verwendung: Synthese von Mischpolyestern und Mischpolymerisaten, von Lackrohstoffen und von Netz- und Trennmitteln für die Erdölindustrie;
Zersetzung ab 135 °C [428];

trans-Butendisäure

- **CAS-Nummer:**
  110-17-8
- **gebräuchliche Namen:**
  Fumarsäure; trans-Butendisäure; 2-Butendisäure (E);
- **Handelsnamen:**
  NSL-2752; U-1149; USA 7 Ek-P-583;
- **Summenformel:**
  $C_4H_4O_4$

- **Strukturformel:**

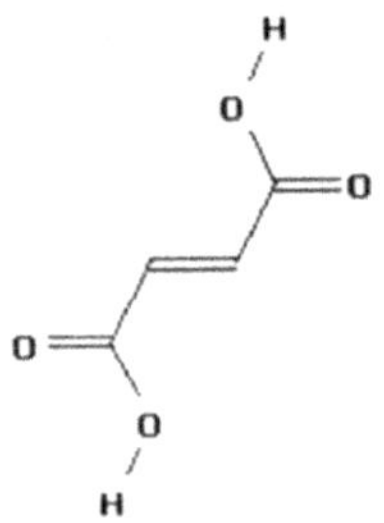

Funktion:
Füllstoff, organisch;

Eigenschaften:
- **toxikologisch/ökotoxikologisch:**
RTECS # LS 9625000
Schweizer Giftliste: 5
WGK: 1
R-Satz: 36
S-Satz: (2)-26
Sonstiges:
Wirkt schädigend beim Einatmen oder Verschlucken; verursacht Augenreizungen; kann Hautreizungen verursachen [187];
LD 50 (oral, Ratte): 10700 mg/kg [187]; 9300 mg/kg [428];;
LD Lo (intraperitoneal, Ratte): 587 mg/kg [428];
LD 50 (intraperitoneal, Maus): 100 mg/kg [428];
LD Lo (oral, Kaninchen): 5000 mg/kg [428];
LD 50 (Haut, Kaninchen): 20 mg/kg [187];

Gefahren-Symbol:

- **physikalisch/chemisch:**
Schmelzpunkt: 300-302 °C (Subl.); 299-300 °C (Subl.)
Siedepunkt: 165 °C (2,26 hPa)
Flammpunkt: 230 °C
Dampfdruck: 2,2 hPa (165 °C) [484]
Dichte: 1625 kg/m3 (20 °C)
Molmasse: 116,073 g/mol

Löslichkeit:
Wasser 6,9 g/l (17 °C), 7 g/l (25 °C), 10,7 g/l (40 °C), 98 g/l (100 °C); Ethanol (95 %) 45 g/l (29,7 °C); Diethylether 5,2 g/l (25 °C); Propanon 12,8 g/l (20 °C); löslich in Trichlormethan, Benzen;

Bemerkung zu physikalisch/chemischen Daten:
Zündtemperatur: 375 °C; oberhalb 350 °C beginnt Zersetzung unter Bildung i
ätzender Dämpfe von Maleinsäureanhydrid [484];

Verbleib nach Gebrauch:
Verbrennung nach Mischung mit brennbarem Lösemittel;

Bemerkung:
Farbloses bis weißes Pulver; geruchlos; reizend; brennbar; monokline Kristalle aus Wasser;
Stoff reagiert bei Kontakt oder Mischung mit Basen, Oxidationsmitteln, Reduktionsstoffen und Aminen;
Bei Brand oder Erhitzung bis zur Zersetzung bilden sich ätzende Dämpfe und Nebel;

Zündtemperatur: 375 °C; oberhalb von Temperaturen über 350 °C beginnt Zersetzung unter Bildung von ätzenden Maleinsäureanhydrid-Dämpfen; sublimiert bei 165 °C (2,27 hPa);
Verwendung: in veresterter Form zur Erzeugung von Plasten und Chemiefaserstoffen auf Polyesterbasis;
cis-Isomer: ⇒ cis-Butendisäure (Maleinsäure);

cis-Butendisäureanhydrid

- **CAS-Nummer:**
  108-31-6
- **UN Nummer:**
  2215
- **gebräuchliche Namen:**
  2,5-Dioxo-dihydrofuran; 2,5-Furandion; MSA; cis-Butendisäureanhydrid; Maleinanhydrid; Maleinsäureanhydrid;
- **Summenformel:**
  $C_4H_2O_3$
- **Strukturformel:**

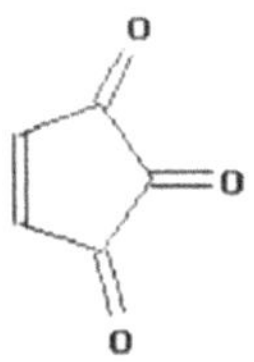

Funktion:
Vulkanisationsverzögerer;

Eigenschaften:
- **toxikologisch/ökotoxikologisch:**
  RTECS # ON 3675000
  Schweizer Giftliste: 3
  WGK: 1
  MAK Wert: 0,1 ml/m3 bzw. 0,4 mg/m3; S
  R-Satz: 22-36/37/38-42
  S-Satz: (2)-22-28-39
  Sonstiges:
  Einstufung und Kennzeichnung von Zubereitungen, in denen diese Substanz enthalten ist:
  25%< =C ⇒ Xn; R22-36/37/38-42
  10%< =C<25% ⇒ Xn; R36/37/38-42
  1%< =C<10% ⇒ Xn; R42

  Spitzenbegrenzung: I [481]; Gefahr der Sensibilisierung [481]; Schwangerschaftsgruppe C [481];
  Staub bzw. fester Stoff und Dämpfe reizen Augen, Atmungsorgane und Haut; bei anhaltender Einwirkung kommt es zu Verätzungen, Feuchtigkeit verstärkt die Wirkung; bei schweren Vergiftungen Lungenödem möglich [163]; Gefahr der Sensibilisierung! [148];
  Geruchsschwelle: < 0,5 mg/m3 [163];
  LD 50 (oral, Ratte): 400 mg/kg [428];
  LD 50 (oral, Maus): 465 mg/kg [428];
  LD 50 (intraperitoneal, Ratte): 97 mg/kg [428];
  TC Lo (inhalativ, Ratte): 9,8 mg/m3/6 h /26 W (intermittierend) [428];
  LD 50 (oral, Kaninchen): 875 mg/kg [428];
  LD 50 (Haut, Kaninchen): 2650 mg/kg [428];
  LD 50 (oral, Meerschweinchen): 350 mg/kg [428];
  Giftwirkung auf Fische, mittlere Tödlichkeitsgrenze 230 mg/l teilweise bereits 138-145 mg/l tödlich in 48 Std. [484];

Gefahren-Symbol:

- **physikalisch/chemisch:**
  Schmelzpunkt: 54-56 °C
  Siedepunkt: 200 °C
  Flammpunkt: 103 °C
  Dampfdruck: 0,13 hPa (20 °C) [163]
  Dichte: 1480 kg/m3 (20 °C)
  Molmasse: 98,06 g/mol

  Löslichkeit:
  Wasser 550 g/l; Ligroin 25 g/l (25 °C), Ethylacetat 1120 g/l (25 °C), Propanon 2270 g/l (25 °C), Benzen 500 g/l (25 °C), Trichlormethan 525 g/l (25 °C), o-Xylen 194 g/l (25 °C), Methylbenzen 234 g/l (25 °C), Tetrachlormethan 60 g/l (25 °C); löslich in Dioxan, Ethanol;

Verbleib nach Gebrauch:
Verbrennung nach Mischung mit brennbarem Lösemittel;

Bemerkung:
Weiße feste Substanz, Puder, Pulver, Nadeln, Flocken, Briketts, Stücke oder farblose Schmelze; Substanz beginnt bei normalen Temperaturen zu verdampfen; brennbar;
Bildet im dampf-/gasförmigen Zustand mit Luft explosionsfähige Gemische;
Explosionsgrenzen: 1,4-7,1 Vol.-% ; Zündtemp.: 475 °C [163];
Stoff reagiert bei Kontakt mit Alkalien, Alkoholen und Aminen; oberhalb 150 °C erfolgt Zersetzung schon durch geringe Mengen von Alkaliverbindungen und Aminen;
Kann sich an feuchter Luft und in Wasser zersetzten;
Verwendung: für Diels-Alder-Synthesen; zur Copolymerisation; für Harze; für Tinten; Agrochemikalie (Maleinhydrazid, Malathion);

cis-2-Butendisäure-di-2-propylenylester

- **CAS-Nummer:**
  999-21-3
- **UN Nummer:**
  2810
- **gebräuchliche Namen:**
  Maleinsäurediallylester; Diallylmaleat; Diallylmaleinat; Allylmaleat;
- **Handelsnamen:**
  Sipomen DAM;
- **Summenformel:**
  $C_{10}H_{12}O_4$

- **Strukturformel:**

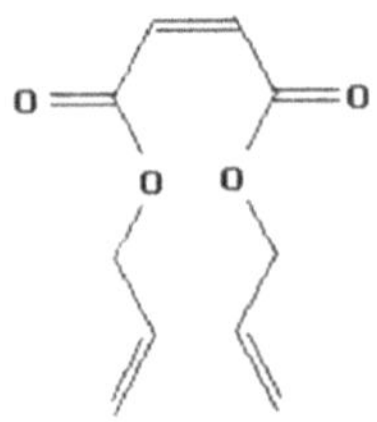

Funktion:
Coagentien für schwefelfreie Vernetzungsmittel;

Eigenschaften:

- **toxikologisch/ökotoxikologisch:**
  RTECS # ON 0700000
  WGK: 1
  Sonstiges:
  Wirkt schädigend bei Einatmung, Verschlucken oder Aufnahme über Haut;
  Dämpfe reizen Augen, Schleimhäute und Atemwege; verursacht Hautreizungen [187];
  LD 50 (oral, Ratte): 300 mg/kg [428];
  LD 50 (oral, Maus): 493 mg/kg [428];
  LD 50 (intraperitoneal, Maus): 160 [428];
  LD 50 (Haut, Kaninchen): 1150 mg/kg [428];
  In stehenden Gewässern sehr hohe, in fließenden Gewässern je nach Vermischung mittlere bis hohe toxische Wirkung [484];

- **physikalisch/chemisch:**
  Schmelzpunkt: -47 °C; -60 °C;
  Siedepunkt: 106-116 °C (5,33 hPa); 138-144 °C *; 103-105 °C (8 hPa)
  Flammpunkt: > 110 °C
  Dampfdruck: 1 hPa (20 °C) [484];
  Brechungsindex: 1,4702 (20 °C)
  Dichte: 1073 kg/m3 (20 °C)
  Molmasse: 196,20 g/mol

  Löslichkeit:
  nicht mischbar mit Wasser (hydrolysiert);

  Bemerkung zu physikalisch/chemischen Daten:
  *ab 150 °C Beginn der Zersetzung [484];
  Zündtemperatur: 315 °C [484];

Verbleib nach Gebrauch:
Verbrennung nach Mischung mit brennbarem Lösemittel;

Bemerkung:
Farblose Flüssigkeit, stechender Geruch;
Unverträglich mit Oxidationsmitteln, starken Basen;

trans-Butensäure-(2-ethylhexyl)-diester

- **CAS-Nummer:**
  141-02-6
- **gebräuchliche Namen:**
  DOF; Di-2-ethylhexylfumarat; Maleinsäure-bis[2-ethyl-hexyl-ester]; Bis-(2-ethylhexyl)fumarat;
- **Handelsnamen:**
  RL Comonomer DOF;
- **Summenformel:**
  $C_{20}H_{36}O_4$

- **Strukturformel:**

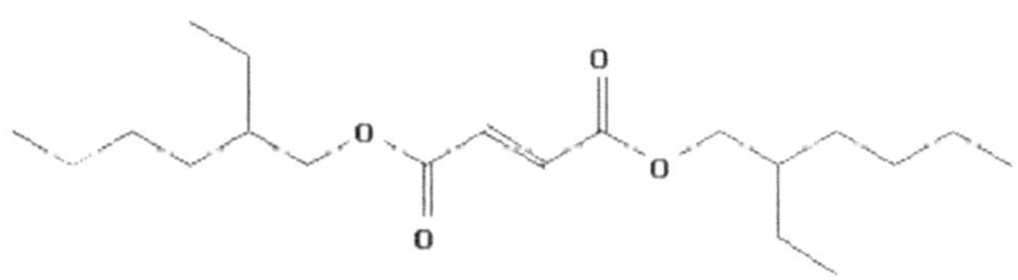

Funktion:
Weichmacher, synthetisch;

Eigenschaften:
- toxikologisch/ökotoxikologisch:
RTECS # LT 0525000
WGK: 1
Sonstiges:
LD 50 (oral, Ratte): 29200 mg/kg [428];
LD 50 (intraperitoneal, Maus): 250 mg/kg [428];
LD 50 (dermal, Kaninchen): >20 mg/kg [428];

- physikalisch/chemisch:
Molmasse: 340,50 g/mol

2-Butoxyethanol

- CAS-Nummer:
111-76-2
- UN Nummer:
2369
- gebräuchliche Namen:
Ethylenglycol-mono-butylether; Ethylenglykolbutylether; Ethylenglykol-n-butylether; Ethylenglycol-n-butylether;
- Handelsnamen:
Butylglycol-Cellosolve; Butyl Oxitol; Dowanol EB; Poly-solv EB; Butyl Cellosolve; BUCS; Gafcol EB;
- Summenformel:
$C_6H_{14}O_2$

- Strukturformel:

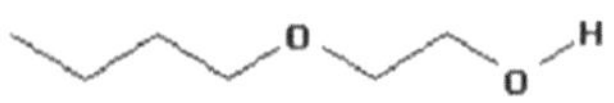

branchenspezifische Bemerkung zur Substanz:
Einsatzmenge: 2 t/a (Reifenindustrie, 1996)

Eigenschaften:
toxikologisch/ökotoxikologisch:
RTECS # KJ 8575000
Schweizer Giftliste: 4
WGK: 1
MAK Wert: 20 ml/m3 bzw. 100 mg/m3
R-Satz: 20/21/22-37
S-Satz: (2)-24/25
Sonstiges:
Einstufung und Kennzeichnung von Zubereitungen, in denen diese Substanz enthalten ist:
20%<=C ⇒ Xn; R20/21/22-37
12.5%<=C<20% ⇒ Xn; R20/21/22

Spitzenbegrenzung: II,1 [481]; Gefahr der Hautresorption [481]; Schwangerschaftsgruppe C [481]; Dämpfe verursachen Reizung der Augen und der Atemwege; Kontakt mit der Flüssigkeit verursacht Reizung der Augen und Haut; Längerer oder wiederholter Hautkontakt kann entfettend wirken und zu Dermatitis führen.Vor allem Harnsperre sowie Nierenschäden und zentralnervöse Lähmungen (mit Verzögerung) möglich [163]; [484];
Kurzeinwirkung: 200 ml/m3 für ungefähr 1 Stunde erwiesen sich als erträglich [484];
LD 50 (oral, Ratte): 1480 mg/kg [9], 470 mg/kg [187];
LC 50 (inhalativ, Ratte): 700 ml/m3/7 h [9];

EC 50 (Daphnia magna): 1815 mg/l [180];
LC 50 (Fisch, Goldorfe): 1395/1575 mg/l [33];
LC 100 (Fisch, Goldorfe): 1490/1620 mg/l [33];
LC 50 (Goldfische): 1700 mg/l / 24 h [484];
Toxische Grenzkonzentration für Pseudomonas putida 700 mg/l, Scenedesmus quadricauda 900 mg/l [36];
Biologische Abbaubarkeit gut (>70 %) [484]; Biologisch abbaubar [103];
Wasser nicht für Trinkwassergewinnung verwendbar, führt wahrscheinlich zu Keimdrüsen- und Fruchtschäden [484];

Sdb Shell:
Besondere Kennzeichnung (einschließlich bestimmter Zubereitungen):
Zubereitungen, die diesen Stoff enthalten, sind bei einem Gehalt zwischen 12,5 und 20 % mit Xn und R 20/21/22, und bei einem Gehalt von 20 % oder mehr mit Xn und R 20/21/22-37 zu kennzeichnen;
Wiederholte Exposition verursacht Leber- und Nierenschäden;
Symptome: Kopfschmerzen, Übelkeit, Magen-Darm-Beschwerden, trockene Haut;
LD/LC 50 (dermal, Kaninchen): 400 mg/kg [Sdb Shell];
LD/LC 50 (inhalativ, Ratte): 450 mg/l/4 h [Sdb Shell];

Gefahren-Symbol:

- **physikalisch/chemisch:**
  Schmelzpunkt: -87 °C; -70 °C
  Siedepunkt: 170,6 °C (990,34 hPa); 167-173 °C; 168-172 °C
  Flammpunkt: 59 °C; 60 °C; 67 °C
  Dampfdruck: 0,80 hPa (20 °C) [187], [132]; 1,3 hPa (20 °C) [163], [484]; 1,6 hPa (20 °C) [36
  Log pOW: 0,83 [4]
  Brechungsindex: 1,4177 (26 °C)
  Dichte: 901,1 kg/m3 (15 °C); 898-902 kg/m3 (20 °C) [Sdb]
  Molmasse: 118,18 g/mol
  Verdunstungszahl: 0,07 (BuAc = 1) [9]; 160 (Diethylether = 1) [19]; 171 (Diethylether = 1) [132]

  Löslichkeit:
  mischbar mit Wasser;

Verbleib nach Gebrauch:
Verbrennung;

Bemerkung:
Farblose, ölige Flüssigkeit;
Farblose Flüssigkeit, ranziger Geruch; hygroskopisch [Sdb Shell];
Bildet im dampf-/gasförmigen Zustand mit Luft explosionsfähige Gemische;
Explosionsgrenzen: 1,1-10,6 Vol.-%;
Zündtemp.: 244 °C [9]; 240 °C [484], [Sdb]; 250 °C [Hoechst AG];
Reagiert bei Kontakt mit Oxidationsmitteln. Peroxidbildung möglich [Sdb Shell]
Verwendung: Lösungsmittel für Alkyd-, Phenol-, Cellulose- und Malein- modifizierte Harze; Verzögerer für Nitrocelluloselacke;
Einsatzgebiet: als Vermittler zur Stabilisierung unvermischbarer Stoffe in industriellen Metallreinigungsmitteln; Klärung von Öl/Wasser-Dispersionen; Lösungsvermittler bei der Zugabe von Wasser zu synthetischen Seifen; erhöht Leuchtkraft von Farben in Kleiderstoffen;

Enthalten in Additol XL 180, XL 203, XL 329, VXW 4909, VXW 4934, Anti-Terra-U 80, Byk-051, -052, -053, Aquacer 510 (2%), Byk-301 (48%), -341 (48%),Ceracol 181 (22%), Disperbyk-101 (5%), Drewplus TS-4380 (9%), Heucoflow (25%), -M10 (15%), Lactimon-WS (25%), Lanco-Flow W (35%), Ralulac VVG 210 (<10%), Surfinol 104BC Surfactant, Urad DD26 (20,2%);

3-Butylamin

- **CAS-Nummer:**
  75-64-9
- **UN Nummer:**
  2733 n.o.s.
- **gebräuchliche Namen:**
  3-Aminobutan; tert.-Butylamin; 2-Amino-2-methylpropan; 2-Methyl-2-propanamin; 1,1-Dimethylethylamin; Trimethylaminomethan;
- **Summenformel:**
  $C_4H_{11}N$
- **Strukturformel:**

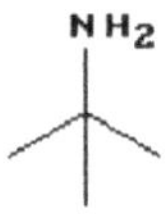

Funktion:
Vulkanisationsbeschleuniger, organisch;

branchenspezifische Bemerkung zur Substanz:
Zersetzungsprodukt von TBBS;

Eigenschaften:
- **toxikologisch/ökotoxikologisch:**

RTECS # EO 3330000
WGK: 2
MAK Wert: 5 ml/m3 bzw. 15 mg/m3
R-Satz: 12-23/24/25
S-Satz: 16-23-24/25-26-29
Sonstiges:
Spitzenbegrenzung II,2 [481]; Gefahr der Hautresorption [481];
Durch den hohen Dampfdruck kommt es besonders leicht zu sehr starker Reizung bis hin zu Verätzung der Augen (Hornhauttrübung!), der Atemwege und der Haut; Gefahr des Lungenödems; der Stoff kann auch über die Haut aufgenommen werden; narkotische Wirkung und Nierenschäden möglich; Kontakt mit der Flüssigkeit verursacht schwere Verätzung der Augen und Haut; Stoff kann allergische Erscheinungen auslösen, wie z.B. Gesichtschwellungen und Hautentzündung [163];
TC Lo (inhalativ, Mann): 40 mg/m3/8h (intermittierend)
LD 50 (oral, männliche Ratte): 82,3 mg/kg/14 d [292];
LD 50 (oral, weibliche Ratte): 78,1 mg/kg/14 d [292];
LD 50 (oral, Ratte): 78 mg/kg [187], [428];

Gefahren-Symbol:

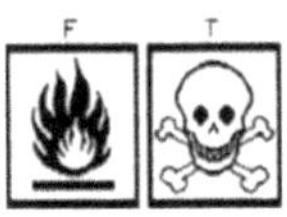

- **physikalisch/chemisch:**

Schmelzpunkt: -67 °C; -72 °C; -54 °C
Siedepunkt: 45 °C; 43,3 °C
Flammpunkt: -9 °C; -38 °C
Dampfdruck: 300 hPa (20 °C) [163]; 453,18 hPa (25 °C) [187]
Log pOW: 0,40 [4]
Brechungsindex: 1,3790 (20 °C); 1,3723
Dichte: 696 kg/m3 (20 °C); 686,6 kg/m3
Molmasse: 73,138 g/mol

Löslichkeit:
mischbar mit Wasser, Ethanol;

Verbleib nach Gebrauch:
Verbrennung, hochentzündliche Stoffe;

Bemerkung:
Farblose Flüssigkeit; ammoniakähnlicher Geruch; ätzend; brennbar;
Stoff reagiert heftig bei Kontakt mit Säuren, säurehaltigen Substanzen, Anhydriden sowie einer Reihe von anderen Chemikaliengruppen wie z.B. Oxiden, Alkoholen, Glykolethern, Nitrilen, Phenolen und Monomeren;
Bildet im dampf-/gasförmigen Zustand mit Luft explosionsfähige Gemische;
Explosionsgrenzen: 1,5 - 9,2 Vol.% ; Zündtemperatur: 375 °C [163];

1-Butylamin

CAS-Nummer:
109-73-9
- **UN Nummer:**
1125
- **gebräuchliche Namen:**
1-Aminobutan; Butylamin; n-Butylamin; Mono-n-butylamin;
- **Summenformel:**
$C_4H_{11}N$

- **Strukturformel:**

Funktion:
(1) Vulkanisationsaktivator / Beschleunigeraktivator;
(2) Vulkanisationsbeschleuniger, organisch;

Eigenschaften:
- **toxikologisch/ökotoxikologisch:**
RTECS # EO 2975000
Schweizer Giftliste: 3
WGK: 1
MAK Wert: 5 ml/m3 bzw. 15 mg/m3
R-Satz: 11-36/37/38
S-Satz: (2)-16-26-29
Sonstiges:
Spitzenbegrenzung II,2 [481]; Gefahr der Hautresorption [481];
Dämpfe verursachen durch ihre alkalische Reaktion starke Reizung bis hin zu Verätzung der Augen und Atmungsorgane; Lungenödem möglich, welches mit einer Verzögerung bis zu zwei Tagen auftreten kann; Flüssigkeit wird über die Haut aufgenommen und bewirkt außerdem Verätzungen; der Stoff löst allergische Erscheinungen aus; bei Brand entstehen hochgiftige nitrose Gase [484];
LD 50 (oral, männliche Ratte, 14 Tage): 365,4 mg/kg [292];
LD 50 (oral, weibliche Ratte, 14 Tage): 382,7 mg/kg [292];
LD 50 (oral, Ratte): 366 mg/kg [187];
LC Lo (inhalativ, Ratte): 400 ml/m3/4 h [428];
LD Lo (parental, Ratte): 600 mg/kg [428];
LC 50 (inhalativ, Maus): 800 mg/m3/2 h [187], [428];
LD 50 (oral, Maus): 430 mg/kg [428];
LD 50 (Haut, Kaninchen): 850 mg/kg [187];
Toxische Grenzkonzentration (neutralisiert/nicht neutralisiert) für Pseudomonas putida 800/65 mg/l, Scenedesmus quadricauda 0,53/0,54 mg/l [36];
LC 50 (Fisch; Goldorfe): 236/171 mg/l [33];
LC 100 (Fisch; Goldorfe): 259/371 mg/l [33];

Gefahren-Symbol:

- **physikalisch/chemisch:**
  Schmelzpunkt: -50,5 °C
  Siedepunkt: 77,8 °C
  Flammpunkt: -12 °C
  Dampfdruck: 90,63 hPa (20 °C) [187]; 109,3 hPa (20 °C) [428]
  Log pOW: 0,68 [4]; 0,80 [4]; 0,81 [4]
  Brechungsindex: 1,4010 (20 °C)
  Dichte: 742 kg/m3 (15 °C)
  Molmasse: 73,138 g/mol

  Löslichkeit:
  mischbar mit Wasser (0,75 g/cm3), Ethanol, Ether;

Verbleib nach Gebrauch:
Verbrennung, hochentzündliche Stoffe;

Bemerkung:
Klare, farblose, leicht flüchtige Flüssigkeit; aminartiger Geruch; leicht entzündbar;
Bildet im dampf-/gasförmigen Zustand mit Luft explosionsfähige Gemische;
Explosionsgrenzen: 1,7 - 10 Vol.% ; Zündtemp.: 310 °C [484];
kann mit Wasser einige Metalle korrodieren [428];

4-Butylamino-1-hydroxybenzen

- **CAS-Nummer:**
  103-62-8
- **gebräuchliche Namen:**
  N-Butyl-p-aminophenol;
- **Handelsnamen:**
  Tenamen 1
- **Summenformel:**
  $C_{10}H_{15}NO$

- **Strukturformel:**

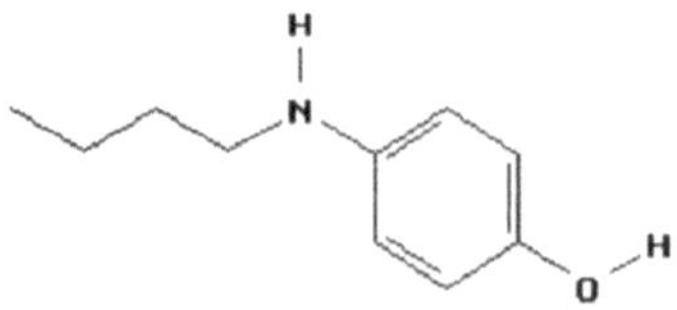

Funktion:
Alterungsschutzmittel;

Eigenschaften:
- **toxikologisch/ökotoxikologisch:**
  RTECS # SJ 9000000
  Sonstiges:
  LD 50 (dermal, Meerschweinchen): >5000 mg/kg [428];

- **physikalisch/chemisch:**
  Molmasse: 165,23 g/mol

N-Butylbenzensulfonamid

- **CAS-Nummer:**
  3622-84-2
- **gebräuchliche Namen:**
  N-Butylbenzolsulfonamid; N-Benzolsulfonyl-1-butylamin; Benzensulfonsäurebutylamid;
- **Handelsnamen:**
  Cetamoll BMB; Plastomoll BMB;
- **Summenformel:**
  $C_{10}H_{15}NO_2S$

Funktion:
Weichmacher, synthetisch;

Eigenschaften:
- **toxikologisch/ökotoxikologisch:**
  RTECS # DB 1283000
  Sonstiges:
  LD 50 (oral, Ratte): 2,65 g/kg [192], 2050 mg/kg [428];
  LD 50 (oral Maus): 2500 mg/kg [428];
  LD 50 (oral, Hamster): 2900 mg/kg [428];

- **physikalisch/chemisch:**
  Schmelzpunkt: - 35 °C
  Siedepunkt: 192-195 °C
  Log pOW: 2,45
  Brechungsindex: 1,5245 (20 °C)
  Dichte: 1147-1150 kg/m3 (20 °C)
  Molmasse: 213,29 g/mol

Bemerkung:
Schwach gelbe Flüssigkeit;
Verwendung: als Weichmacher für Polyamide, Cellulosederivate, ⇒ PVC;

N-Butyl-1-butanamin

- **CAS-Nummer:**
  111-92-2
- **UN Nummer:**
  2248
- **gebräuchliche Namen:**
  DBA; Dibutylamin; Di-n-butylamin;
- **Handelsnamen:**
  Activin;
- **Summenformel:**
  $C_8H_{19}N$

- **Strukturformel:**

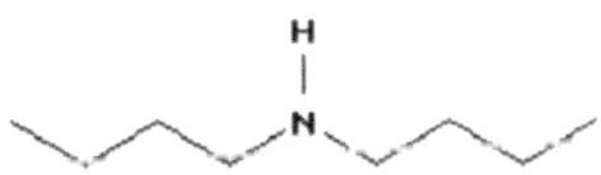

Funktion:
(1) Vulkanisationsaktivator / Beschleunigeraktivator;
(2) Vulkanisationsbeschleuniger, organisch;

Kautschukart:
(1) Naturkautschuk;
Anwendung:
(2) chirurgische und medizinische Artikel; Sportartikel; Spielsachen; technische Gummiartikel; Produkte für Industrie, inkl. Druckplattentücher; Klebstoffe; Dichtungen;

branchenspezifische Bemerkung zur Substanz:
Zersetzungsprodukt von 1,1'-Dithiobis-(N,N'-dibutylmethanthioamid) (TBTD) (CAS-Nr. 1634-02-2);

Eigenschaften:
- toxikologisch/ökotoxikologisch:
RTECS # HR 7780000
Schweizer Giftliste: 3
WGK: 1
MAK Wert: 10 ml/m3 (US-Wert)
R-Satz: 10-20/21/22
S-Satz: (2)
Sonstiges:
Spitzenbegrenzung: n.b. [481]; Gefahr der Hautresorption [481]; Schwangerschaftsgruppe D [481]; Nervengift; Flüssigkeit oder feste Zubereitungen werden leicht über Haut und Schleimhäute aufgenommen; Einatmung, Verschlucken oder Einwirkung dieser stark giftigen Substanz auf die Haut sind gleichermaßen gefährlich; Hirn- und Nervenstörungen durch Hemmung der Cholinesterase (auch mit Verzögerung möglich) [163]; Hautresorption! [148];
Einatmen der Dämpfe vermeiden, für Frischluft sorgen [SDB Kettlitz Chemie];
LD 50 (oral, Mensch): 0,1 - 0,2 g [39];
LD 50 (oral, Ratte): 2 mg/kg, 6 - 15 mg/kg [39], 189 mg/kg [428], 550 mg/kg [SDB Kettlitz Chemie];
LC Lo (inhalativ, Ratte): 500 ml/m3/4 h [428];
LD 50 (intraperitoneal, Ratte): 110 mg/kg [428];
LD 50 (Haut, Ratte): 7 mg/kg [39], 494 mg/kg [428];
0,04 - 2 mg/l tödlich für Fische; 0,325 mg/l tödlich für Wasserschnecken (Limnaea) [163];
Toleranzgrenze für Daphnia magna: 0,8 mg/l [163]; Toxische Grenzkonzentration für Pseudomonas putida > 1mg/l, Scenedesmus quadricauda 0,39 mg/l [36]; Starkes Bienengift;

Gefahren-Symbol:

- physikalisch/chemisch:
Schmelzpunkt: -62 °C; -60 - -59 °C; -60 °C
Siedepunkt: 159 °C; 160 °C
Flammpunkt: 44 °C
Dampfdruck: 2,0 hPa (20 °C); 2,53 hPa (20 °C) [428]
Brechungsindex: 1,4168 (20 °C)
Dichte: 767 kg/m3; 760 kg/m3
Molmasse: 129,25 g/mol

Löslichkeit:
löslich in Wasser 3100 mg/l, Ethanol, Ether, Propanon, Benzin; Benzen;

Verbleib nach Gebrauch:
Verbrennung;

Bemerkung:
Farblose Flüssigkeit; ammoniakartiger Geruch;
der Stoff reagiert heftig mit Säuren, säurehaltigen Substanzen, Anhydriden und Oxidationsmitteln; Kupfer und seine Legierungen werden angegriffen; bei Kontakt mit Leichtmetallen erfolgt Reaktion unter Wasserstoffentwicklung;
T(krit.): 322,6 °C [428];

enthalten in: Activin (Kombination hochsiedender Alkohole und Amine, enthält < 25% Di-n-butylamin);

Butyl-butylidenamin

- **CAS-Nummer:**
  4853-56-9
- **gebräuchliche Namen:**
  Kondensationsprodukt aus Butylaldehyd und Butylamin;
- **Summenformel:**
  $C_8H_{17}N$

- **Strukturformel:**

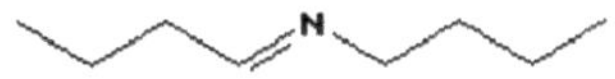

Funktion:
Vulkanisationsbeschleuniger, organisch;

branchenspezifische Bemerkung zur Substanz:
0

Eigenschaften:

- **physikalisch/chemisch:**
  Molmasse: 127,23 g/mol

1-Butyl-4,4-diethylthiosemicarbazid

- **CAS-Nummer:**
  41745-24-8
- **gebräuchliche Namen:**
  DEBTS; 1,1-Diethyl-4-butylthiosemicarbazid;
- **Summenformel:**
  $C_9H_{21}N_3S$

- **Strukturformel:**

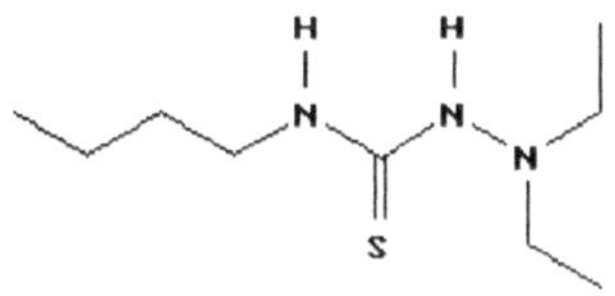

Funktion:
Ozonschutzmittel;

Eigenschaften:

- **physikalisch/chemisch:**
  Molmasse: 203,35 g/mol

2-tert.-Butyl-1-naphthol

- **CAS-Nummer:**

27286-81-3

- **gebräuchliche Namen:**
  2-t-Butylnaphthohydrochinon;
- **Summenformel:**
  $C_{14}H_{16}O$

- **Strukturformel:**

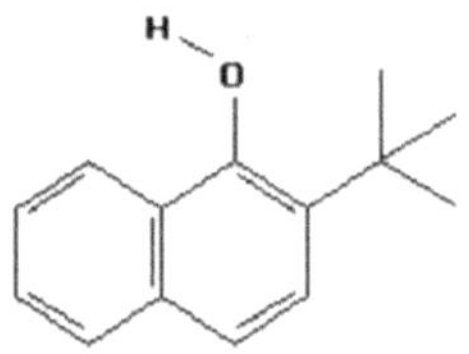

Funktion:
Vernetzungsmittel, schwefelfrei;

Eigenschaften:

- **physikalisch/chemisch:**
  Schmelzpunkt: 45-47 °C
  Siedepunkt: 148-150 °C (1,33 hPa)
  Molmasse: 200,28 g/mol

Butylphenolharz

- **CAS-Nummer:**
  25085-50-1

Funktion:
Klebrigmacher;
Kautschukart:
Reifen;

branchenspezifische Bemerkung zur Substanz:
Einsatzmenge: 5 t/a (Reifenindustrie, 1996)

Butylpolyether

- **CAS-Nummer:**
  9038-95-3
- **gebräuchliche Namen:**
  Butoxypolyethylen/-propylenglycol; Methyloxirane; Polymer mit Oxiranen; Monobutylether; EO/PO-Copolymermonobutylether; EO/PO-butylether;
- **Handelsnamen:**
  Tergitol#XD; Glycols;

branchenspezifische Bemerkung zur Substanz:
Einsatzmenge in der TSE-Industrie: 135 t/a (1996);

Eigenschaften:
- **toxikologisch/ökotoxikologisch:**
  RTECS # MD 0911000
  WGK: 1

  Sonstiges:
  LD 50 (oral, Ratte): 12000 mg/kg [187];
  LD 50 (inhalativ, Ratte): 4670 mg/m3/4h [428];
  LD 50 (intraperitoneal, Ratte): 2600 mg/kg [428];

LD 50 (dermal, Kaninchen): > 20 ml/kg [428];

- **physikalisch/chemisch:**
  Schmelzpunkt: 33 °C
  Siedepunkt: >250 °C
  Dichte: 1041 kg/m3

Bemerkung:
Flüssigkeit;

n-Butyl-Tallat

- **CAS-Nummer:**
  67762-63-4
- **Handelsnamen:**
  Plasthall 503;

Funktion:
Weichmacher, synthetisch;

2-tert.-Butyl-5-(1,1,3,3-tetramethylbutyl)-benzen-1,4-diol

- **CAS-Nummer:**
  844-80-4
- **gebräuchliche Namen:**
  2-tert.-Butyl-5-tert.-octyl-hydrochinon;
- **Summenformel:**
  $C_{18}H_{36}O_2$

- **Strukturformel:**

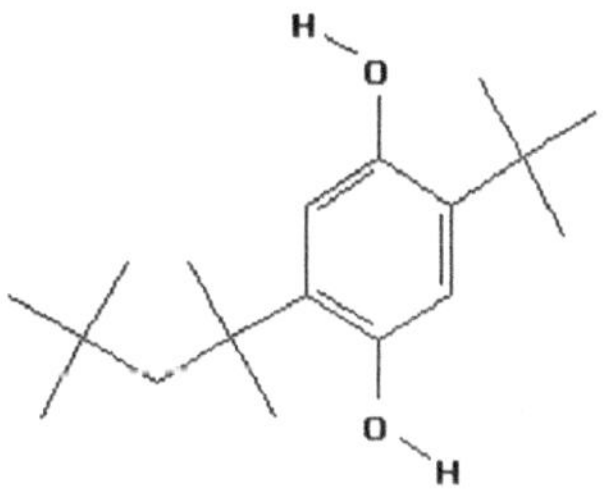

Eigenschaften:
- **physikalisch/chemisch:**
  Schmelzpunkt: 88-90,5 °C
  Molmasse: 278,43 g/mol

Cadmiumsulfid

- **CAS-Nummer:**
  1306-23-6
- **gebräuchliche Namen:**
  Cadmiumblende; Cadmiumgelb; Greenockit; Kadmiumsulfid; Pigment Gelb 37 (C.I. 77199); Pigment Yellow 37; C.I. 77199; Jeaune Brilliant;

- **Handelsnamen:**
  Reines Cadmium-Gelb; Cadmiumsulfid-Gelb; Capsebon; NCI-C02711; Cadmium Golden 366; Cadmium Zitronengelb 527; Cadmium Primrose 819; Cadmiumgelb 000; Cadmiumgelb 892; Cadmiumgelb 106; Cadmiumgelb tief; Cadmiumgelb Golden; Cadmiumgelb Zitrone; Cadmiumgelb Primrose; Cadmiumgelb OZ dunkel; Cadmiumgelb Primrose 47-4100; Cadmopur Golden Gelb N; Cadmopur gelb; Capsebon; C.P. Golden gelb 55; Eisen-Zitronengelb; Eisen-Orangegelb;
- **Summenformel:**
  CdS

Funktion:
Pigment, anorganisch;
Anwendung:
Reifen, Schläuche; chirurgische und medizinische Artikel; Sportartikel; Spielsachen; technische Gummiartikel; Produkte für Industrie, inkl. Druckplattentücher; Klebstoffe; Dichtungen; Latex Tauchartikel; Latex Schaumartikel;

Eigenschaften:
- **toxikologisch/ökotoxikologisch:**
  RTECS # EV 3150000
  R-Satz: 22-40-48/23/25
  S-Satz: (1/2)-22-36/37-45
  Sonstiges:
  Einstufung und Kennzeichnung von Zubereitungen, in denen diese Substanz enthalten ist:
  10%<=C ⇒ T; R22-40-48/23/25
  1%<=C<10% ⇒ Xn; R40-48/20/22
  0.1%<=C<1% ⇒ Xn; R48/20/22

  Krebserzeugend IIIA2 [481]; Karzinogen [187]; Cart. Cat. 3 [505];
  Wirkt schädigend beim Einatmen oder Verschlucken; verursacht Reizungen [187];
  LD 50 (oral, Ratte): 7080 mg/kg [187];
  LD 50 (oral, Maus): 1166 mg/kg [428];
  LC Lo (inhalativ, Maus): 1350 mg/m3 [428];

  Gefahren-Symbol:

- **physikalisch/chemisch:**
  Schmelzpunkt: > 999 °C; 1750 °C (101300 hPa)
  Dichte: 4820 kg/m3 (20 °C)
  Molmasse: 144,46 g/mol

  Löslichkeit:
  Wasser 0,0013 g/l (18 °C); löslich in Säuren;

Verbleib nach Gebrauch:
Sondermüll-Deponie für chemischen Abfall, besonders gefährliche Stoffe;

Bemerkung:
Oranges Pulver; kubische oder hexagonale Kristalle;
Verwendung: als Pigment, z.B. in Künstlerfarben; in der Druckindustrie als Sensibilisator und anorganischer Fotohalbleiter; als Begleiter des ZnS;

Calciumcarbonat

- **CAS-Nummer:**
  471-34-1
- **gebräuchliche Namen:**

Kalziumkarbonat; kohlensaurer Kalk; Calcit; E 170; Aragonit; C.I. 77220; Pigment Weiß 18 (C.I. 77220); Pigment White 18; Carbonsäurecalciumsalz; Atlasspat; Bergmehl; Kreide; Kalkweiß; Marmor; Parisgelb; Calciumcarbonat (1:1); Calciummonocarbonat;

- **Handelsnamen:**

Aeromatt; Akadama; Albacar; Albacar 5970; Albafil; Albaglos; Albaglos; Albaglos SF; Allied whiting; Alpha Calcit; Atomite; AX 363; BF 200; Brilliant 15; Brilliant 1500; Britomya M; Britomya S; Calcene CO; Calcene NC; Calcene TM; Calcicoll; Calcichew; Calcidia; Calcidar 40; Calcilit 8; Calcilit 100; Calciumcarbonat, gefällt-PCC; Calciumcarbonat V/100; Calciumcarbonat V/60; Calciumcarbonat V/40; Calciumcarbonat V/40-S; Calciumcarbonat M/30; Calciumcarbonat M/5; Calciumcarbonat M/3; Calciumcarbonat M/2;Calciumcarbonat M/ALPHA; Calciumcarbonat M/1; Calciumcarbonat Master; Calciumcarbonat M/1-R; Calciumcarbonat M/1-ST; Calibrit; Cal-light SA; Calmos; Calmote; Calofil A 4; Calofil B 1; Calofil E 2; Calofort S; Calofort U; Calofor U 50; Calopake F; Calopake FS; Calopakte H; Calopake high opacity; Calopake PC; Calseeds; Caltec; Camel-carb; Camel-tex; Camel-wite; Carbital 90; Carbium; Carbium MM; Carborex 2; Carusis P; CCC G-white; CCC No. AA oolitic; CCR; CCW; Chemcarb; Clefnon; Citrical; Crystic prefil S; Dacote; Domar; Duramite; Durcal 10; Durcal 40; Durcal C 640305; Durcal 2 NH; EGRI M 5; Eskalon 100; Eskalon 200; Eskalon 400; Eskalon 800; Eskalon 1500; Filtex White Base; Finncarb 6002; Garolite SA; Gilder's whiting; Hakuenka CC; Hakuenka CCR; Hakuenka DD; Hakuenka O; Hakuenka PX; Hakuenka PZ; Hakuenka R 06; Hakuenka T-DD; Homocal D; Hydrocarb 60; Hydrocarb 65; Juralweis S; K 250; Kotamite; Kredafil 150 extra; Kredafil RM 5; KS 500; KS 1300; KS 1500; KS 1800; KS 2100; KULU 40; Levigated chalk; Marblewhite 325; Marfil; Microcarb 60 T; MC-T; Micromic CR 16; Micromya; Mikrosöhl 40; Microwhite 25; Monocalcium carbonate; Msk-C; Msk-K; Msk-P; Msk PO; Msk-V; Multiflex MM; Multiflex SC; N 34; N 43; Ncc-P; Neoantricid; Neolite F; Neolite SP; Neolite TPS; Non-fer-AL; Nordkrone 40; Nordweiss; NS; NS (carbonate); NS 100 (carbonate); NS 200; NS 200 (filler); NS 400; NS 2500; NS 2500; NZ; OA-A 1102; OMYA; Omya BLH; Omya BLP 2; Omya BLP 3; Omya BLRZ; Omya bBSH; Omyacarb F; Omya D 40; Omya EXH 1; Omyalene G 200; Omyalite 90; Omyalite BL; OS-Cal; P-Lite 500; P-Lite 700; Polcarb; Prepared chalk; PS 100; PS 100 (carbonate); Purecal; Purecalo; Purecal SC; Purecal T; Purecal U; PZ; PZ (carbonate); Queensgate whiting; Red ball; R Jutan; Royal White Ligth; RX 2557; RX 2558; RX 2559; Shipron A; Silver W; SL 700; Smithko kalkarb whiting; Snowcal; Snowcal 70; Snowcal 6ML; Snowcal 7ML; Snowflake White; Snow top; Socal; Socal D; Socal E 2; Socal N 2; Socal N 2S1; Socal P 2; Socal U 1; Socal U 3; Socal U 1S2; Softon 1000; Softon 1200; Softon 1500; Softon 1800, Softon 2200; Softon H; SS 30; SS 30 (carbonate); SS 50; SS 50 (carbonate); SSB 100; Stanwhite 500; Sturcal D; Sturcal H; Sturcal L; Sturcal LS; Sturcal M; Sturcal X; Sunlight 700; Sunlight 800; Super 1500; Super 1700; Super 2000; Supercoat; Supermite; Super multifex; Super-pflex; Super 3S; Super 5S; Super SSS; Surfex MM; Surfil S; Suspenso; Sylacauga 88B; T 130-2500; Tama pearl TP 121; Tama pearl TP 262; Tancal 100; Tancal 200; Tancal PC; TM 1, TM 1 (filler); Tonaso; Toyofine TF-X; TP 121; TP 121 (filler); TP 222; TP 121 H; TP 1; TM 1 (filler); Tonaso; Toyofine TF-X; TP 121; TP 121 (filler); TP 222; TP 121 H; TP 222 HS; Ultra-pflex; Unibur 70; Vevetone; Vicron; Vicron 31-6; Vicron 41-8; Vicron 15-15; Vicron 25-11; Vienna White; Vigot 15; Whica BA; Whitcarb W; White-powder; Whiting; Whiton 450; Whiton 1500; Whiton B; Whiton H; Whiton P 10; Whiton P 30; Whiton P 50; Whiton S; Whiton SB; Whiton SO; Whiton SS; Whiton SSB; Winnofil S; Witcarb; Witcarb P; Witcarb R; Witcarb RC; Witcarb regular; York White; ZG 301;

- **Summenformel:**

$CaCO_3$

Funktion:

(1) Füllstoff, anorganisch;

(2) Trennmittel für unvulkanisierten Kautschuk;

Anwendung:

(1) Reifen, Schläuche; chirurgische und medizinische Artikel; Sportartikel; Spielsachen; technische Gummiartikel; Produkte für Industrie, inkl. Druckplattentücher; Klebstoffe; Dichtungen; Latex Tauchartikel; Latex Schaumartikel;

branchenspezifische Bemerkung zur Substanz:

Einsatzmenge: 8.060 t/a (Reifenindustrie: 820 t/a, TSE-Industrie: 7.240 t/a) (1996)

Eigenschaften:

- **toxikologisch/ökotoxikologisch:**

RTECS # FF 9335000

WGK: 0

MAK Wert: 6 mg/kg A

R-Satz: 36/37/38

S-Satz: 26-36

Sonstiges:

LD 50 (oral, Ratte): 6450 mg/kg [428];

zu Calciumcarbonat, gefällt-PCC [Sdb Schaefer Kalk]:
WGK: 0; als Zusatzstoff in Nahrungsmitteln zugelassen;

zu Calciumcarbonat V/100; Calciumcarbonat V/60; Calciumcarbonat V/40; Calciumcarbonat V/40-S; Calciumcarbonat M/30; Calciumcarbonat M/5; Calciumcarbonat M/3; Calciumcarbonat M/2;Calciumcarbonat M/ALPHA; Calciumcarbonat M/1; Calciumcarbonat Master; Calciumcarbonat M/1-R; Calciumcarbonat M/1-ST [Sdb Scherun]:
bei Anwesenheit von Wasser schwach reizend durch seine Alkalität. LD 50 (oral, Frosch): 2000 mg/kg; WGK: 0;

- **physikalisch/chemisch:**
  Schmelzpunkt: 520 °C*
  Siedepunkt: 825 °C (Zers.)
  Dichte: 2930 kg/m3 (20 °C)
  Molmasse: 100,09 g/mol

  Löslichkeit:
  Wasser 0,0153 g/l (25 °C), 0,019 g/l (75 °C); löslich in Säuren, Ammoniumchlorid;

  Bemerkung zu physikalisch/chemischen Daten:
  Alle Angaben für die rhombische Modifikation (Aragonit);
  *: Übergang zu Calcit;

Bemerkung:
Weißes geschmack- und geruchloses Pulver; hygroskopisch;
Vorkommen u.a. als Kalkstein, Kreide, Marmor;
Verwendung: als Weißpigment; als Lebensmittelfarbstoff (nur zur Oberflächenfärbung von Dragees und zur Verzierung von Lebensmitteln); in der Druckindustrie als Füllstoff;

zu Microcarb 60 T [628]:
Schmelzpunkt: 1340 °C (102000 hPa); Dichte: 2600-2800 kg/m3;

zu Calciumcarbonat, gefällt-PCC [Sdb Schaefer Kalk]:
Zersetzung: bei 900 °C in CaO+CO2; löslich zu 0,016 g/l (20 °C) in Wasser;

zu Calciumcarbonat V/100; Calciumcarbonat V/60; Calciumcarbonat V/40; Calciumcarbonat V/40-S; Calciumcarbonat M/30; Calciumcarbonat M/5; Calciumcarbonat M/3; Calciumcarbonat M/2;Calciumcarbonat M/ALPHA; Calciumcarbonat M/1; Calciumcarbonat Master; Calciumcarbonat M/1-R; Calciumcarbonat M/1-ST [Sdb Scherun]:
Dichte: 2710 kg/m3; Löslichkeit in Wasser: 0,008 g/l (20 °C); in Säuren unter CO2-Abgabe löslich; Zersetzungstemperatur: 990 °C;

enthalten in: Calciplast RS 3 G;
Mikrosöhl 40: 93,25 % CaCO3, 5,24 % SiO2, 1,1 % MgCO3;
Juraweiß Gelb-Siegel: 99 % CaCO3, 0,5 % MgCO3;
enthalten in Peroxan PK 295 GS (30 %);

Calciumchlorid

- **CAS-Nummer:**
  10043-52-4
- **gebräuchliche Namen:**
  Calciumdichlorid; Chlorcalcium; Calciumchlorid;
- **Handelsnamen:**
  Calcosan; Liquidow; Uramine MC;
- **Summenformel:**
  $CaCl_2$

Funktion:
Koaguliermittel für Latex;
Anwendung:
Latex Tauchartikel; Latex Schaumartikel;

Eigenschaften:
- toxikologisch/ökotoxikologisch:
RTECS # EV 9800000
WGK: 0
R-Satz: 36
S-Satz: (2)-22-24
Sonstiges:
Kann schädigend wirken bei Einatmung, Verschlucken oder Aufnahme über Haut; verursacht Augen- und Hautreizungen [187];
TD Lo (intravenös, Frau): 20 mg/kg/1 h (kontinuierlich) [428];
LD 50 (oral, Ratte): 1000 mg/kg [428];
LD 50 (intraperitoneal, Ratte): 264 mg/kg [428];
LD 50 (subcutan Ratte): 2630 mg/kg [428];
LD Lo (intravenös, Ratte): 161 mg/kg [428];
LD 50 (intramuskulär, Ratte): 25 mg/kg [428];
LD 50 (oral, Maus): 1940 mg/kg [428];
LD 50 (intraperitoneal, Maus): 210 mg/kg [428];
LD 50 (subcutan, Maus): 823 mg/kg [428];
LD 50 (intravenös, Maus): 42 mg/kg [428];
LD Lo (subcutan, Hund): 274 mg/kg [428];
LD Lo (intravenös, Hund): 274 mg/kg [428];
LD Lo (subcutan, Katze): 249 mg/kg [428];
LD Lo (intravenös, Katze): 249 mg/kg [428];
LD Lo (oral, Kaninchen): 1384 mg/kg [428];
LD Lo (subcutan, Kaninchen): 472 mg/kg [428];
LD Lo (intravenös, Kaninchen): 274 mg/kg [428];
LD Lo (intravenös, Meerschweinchen): 150 mg/kg [428];
LD Lo (intraarteriell, Meerschweinchen): 300 mg/kg [428];
LD Lo (subcutan, Frosch): 666 mg/kg [428];

Schädlichkeitsgrenze für Karpfen: 6 - 7 g/l (7 - 10 °C) [298];
Toxische Grenzkonzentration für Daphnia magna 1332 mg/l [389];

Gefahren-Symbol:

Xi

- physikalisch/chemisch:
Schmelzpunkt: 772 °C
Siedepunkt: 1670 °C
Dichte: 2150 kg/m3 (20 °C)
Molmasse: 110,99 g/mol

Löslichkeit:
Wasser 600 g/l (0 °C), 745 g/l (20 °C), 1150 g/l (40 °C), 1370 g/l (60 °C), 1470 g/l (80 °C), 1590 g/l (100 °C); löslich in Ethanol, Ethansäure, Propanon;

Verbleib nach Gebrauch:
Sondermüll-Deponie für chemischen Abfall, besonders gefährliche Stoffe;

Bemerkung:
Weiße, außerordentlich hygroskopische Kristalle (wasserfrei); kubische Kristalle; geruchlos;
Zugelassen als Lebensmittelzusatzstoff nach LMBG (die Zuteilung einer E-Nummer (E 509) wird von der EG erwogen);

Verwendung: als Trockenmittel; wäßrige Lösungen als Heizbadflüssigkeit und Kühllösungen; zum Imprägnieren von Hölzern; in der Lebensmittelindustrie als Sperr- und Festigungsmittel (z. B. für eingelegten Rotkohl); zum Auftauen von Glatteis; als Abbindebeschleuniger bei Beton; in der Medizin als Blutstillungsmittel;
Enthalten in EFAPUR 1650;

Calciumhydroxid

- **CAS-Nummer:**
  1305-62-0
- **UN Nummer:**
  1759
- **gebräuchliche Namen:**
  Kalziumhydroxid; gelöschter Kalk; Kalkhydrat; Marmorkalkhydrat; Calciumhydrat; Weißkalkhydrat;
- **Summenformel:**
  $Ca(OH)_2$

Funktion:
(1) Vulkanisationsaktivator / Beschleunigeraktivator;
(2) Füllstoff, anorganisch;
(3) Nitrosamin-Inhibitor;
(4) Vulkanisationsbeschleuniger, anorganisch;

branchenspezifische Bemerkung zur Substanz:
Einsatzmenge: 44 t/a (Reifenindustrie: 19 t/a, TSE-Industrie: 25 t/a) (1996)

Eigenschaften:
- **toxikologisch/ökotoxikologisch:**
  RTECS # EW 2800000
  Schweizer Giftliste: 4
  WGK: 1
  R-Satz: 34-38-41
  S-Satz: 22-26-36/37
  Sonstiges:
  IMK: II;
  Wirkt schädigend beim Einatmen, Verschlucken oder Aufnahme über Haut; wirkt extrem zerstörerisch auf das Gewebe der Schleimhäute und Atemwege, Augen und Haut; Inhalation kann tödliche Folgen haben [187];
  LD 50 (oral, Ratte): 7340 mg/kg [187];
  Bei einer Konzentration von 300 mg/l starben mittelgroße Forellen z.T. schon nach 7 Minuten [298];

  Gefahren-Symbol:

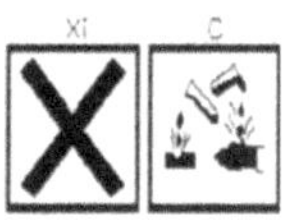

- **physikalisch/chemisch:**
  Schmelzpunkt: 580 °C (- Wasser)
  Dichte: 2240 kg/m3 (20 °C)
  Molmasse: 74,09 g/mol
  Löslichkeit:
  Wasser 1,85 g/l (0 °C), 0,77 g/l (100 °C); löslich in Ammoniumsalzen, Säuren; unlöslich in Ethanol;

Verbleib nach Gebrauch:
Sondermüll-Deponie für chemischen Abfall, besonders gefährliche Stoffe;

Bemerkung:
Weißes geruchloses Pulver;
Ergibt zusammen mit Wasser und Sand einen dicken Brei, den Mörtel;

Zugelassen als Lebensmittelzusatzstoff nach LMBG;
Verwendung: als Baumaterial (Mörtel); in Wasserfarben; in feuerfesten Verkleidungen; bei der Herstellung von Papierbrei;

Calciummetasilikat

- **CAS-Nummer:**
  13983-17-0
- **gebräuchliche Namen:**
  Pseudowollastonit; Wollastonit;
- **Handelsnamen:**
  Adelfornite; Cab-O-lite; Cab-O-lite 71; Dab-O-lite P4; Caciflux; FW50; FW325; Gillebachite; Kemolit A60; Kemolit-N; NCI-C55470; NYAD; NYAD 10; Nycor; Nycor 200; Okenite; Rivaite; Schalstein; Tremin; Vansil W 10; Wollastokup;
- **Summenformel:**
  $Ca_3[Si_3O_9]$

Funktion:
(1) Füllstoff, anorganisch;
(2) Ozonschutzmittel;
Kautschukart:
(2) Naturkautschuk; synthetischer Kautschuk;

branchenspezifische Bemerkung zur Substanz:
Einsatzmenge: 6,4 t/a (TSE-Industrie, 1996)

Eigenschaften:
- **toxikologisch/ökotoxikologisch:**
  Sonstiges:
  vgl. Abschn. III;

- **physikalisch/chemisch:**
  Dichte: 2900 ± 30 kg/m3
  Molmasse: 118,18 g/mol

Calciumnitrat

- **CAS-Nummer:**
  10124-37-5
- **UN Nummer:**
  1454
- **gebräuchliche Namen:**
  Calziumnitrat; Salpetersäure-calciumsalz; Norwegischer Salpeter; Calcium Salpeter; Calciumnitrat; Kalksalpeter; Calciumdinitrat;
- **Handelsnamen:**
  Synfat 1006; UN 1454;
- **Summenformel:**
  $Ca(NO_3)_2$

Funktion:
Koaguliermittel für Latex;
Anwendung:
Latex Tauchartikel; Latex Schaumartikel;

Eigenschaften:
- **toxikologisch/ökotoxikologisch:**
  RTECS # EW 2985000
  Schweizer Giftliste: 4
  WGK: 1

R-Satz: 8-36
Sonstiges:
Staub führt zu Reizung der Augen, der Atemwege, der Atmungsorgane sowie der Haut. Die Substanz kann den Blutfarbstoff verändern (Methämoglobinbildung). Kontakt mit dem festen Stoff führt zu Reizung der Augen und der Haut. Bei Kontakt mit Säuren oder starker Erhitzung (zum Beispiel durch Umgebungsbrände oder heiße Oberflächen) erfolgt Zersetzung unter Bildung giftiger und ätzender nitroser Gase [484];
LD 50 (oral, Ratte): 302 mg/kg [428];

Gefahren-Symbol:

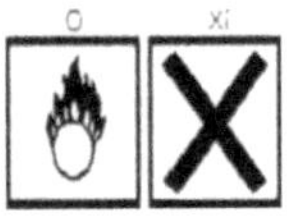

- **physikalisch/chemisch:**
  Schmelzpunkt: 561 °C (Zers.)*; 105 °C (techn.); >560 °C
  Dichte: 2070 kg/m3 (18 °C); 2360 kg/m3; 1820 kg/m3 (techn.)
  Molmasse: 164,1 g/mol
  Löslichkeit:
  löslich in Wasser 16 g/0,1 l (20 °C), 42.5 g/0,1 l (80 °C) [484]; löslich in Methanol, Ethanol, Propanon; unlöslich in konz. Salpetersäure; 16 g

  Bemerkung zu physikalisch/chemischen Daten:
  *: Spaltet Sauerstoff ab oberhalb 130 °C, oberhalb 225 °C beginnende Zersetzung unter Bildung giftiger und ätzender nitroser Gase [484];

Verbleib nach Gebrauch:
Sondermüll-Deponie, abfiltrierte Sulfide aus der Ausfällung des in Lösung gebrachten Stoffes (Oxidation oder wäßrige Säure) und eventueller Neutralisation;

Bemerkung:
weiße hygroskopische Kristalle; kristallisiert mit 4 Wasser (mp.:45°C);
Verwendung: Dünger; Stabilisator in Elastomeren; in Sprengstoff, Streichhölzern, Pyrotechnik; bei der Herstellung von Radioröhren; Korrosions-Inhibitor in Dieseltreibstoffen; weißer Feststoff [201];
weiße Kristalle oder Pulver, geruchlos, nicht brennbar, fördert jedoch die Verbrennung aller anderen brennbaren Stoffe. Bei Kontakt oder Mischung mit Säuren erfolgt heftige Reaktion unter Zersetzung und Bildung von großen Mengen giftiger nitroser Gase. Der Stoff reagiert bei Kontakt mit brennbaren Stoffen, Reduktionsmitteln, Laugen, Chloraten, Chloriten und Perchloraten. Bei Kontakt oder Mischung mit Ammoniumsalzen können sich explosionsfähige Gemische bilden [484];

Calciumoxid

- **CAS-Nummer:**
  1305-78-8
- **UN Nummer:**
  1910
- **gebräuchliche Namen:**
  Ätzkalk; ungelöschter Kalk; gebrannter Kalk; Calk; Kalkerde; Calciummonoxid;
- **Handelsnamen:**
  Caloxol CP2; CML 21; Desical P; Caloxol W 3; Calxyl; Desical; Kezadol GR; Kezadol GR/DAB; Kezadol PC; Rhenosorb; Rhenosorb C; Rhenosorb F; Rhenogran CaO-80;
- **Summenformel:**
  CaO

Funktion:
(1) Vulkanisationsbeschleuniger, anorganisch;
(2) Nitrosamin-Inhibitor;
(3) Füllstoff, anorganisch;
(4) Zusätze für schwefelfreie Vernetzungsmittel;

(5) Verarbeitungshilfsmittel;

Kautschukart:

(4) Fluor-Kautschuk;

Anwendung:

(1) chirurgische und medizinische Artikel; Sportartikel; Spielsachen; technische Gummiartikel;
(4) Kautschuklaminat aus Fluorkautschuk- und NBR-Schicht;

branchenspezifische Bemerkung zur Substanz:

Einsatzmenge: 1.270 t/a (Reifenindustrie: 13 t/a, TSE-Industrie: 1.260 t/a) (1996)

Eigenschaften:

- toxikologisch/ökotoxikologisch:

RTECS # EW 3100000
Schweizer Giftliste: 4
WGK: 1
MAK Wert: 5 mg/m3 E
R-Satz: 34
S-Satz: 26-28-27-36/37/39
Sonstiges:
Spitzenbegrenzung: I [481]; IMK: III;
Staub verursacht Verätzungen und reizt stark Haut, Augen und Atemwege; Kontakt mit Haut in Verbindung mit Feuchtigkeit kann Verbrennungen hervorrufen; Inkrustierung und Imprägnation der Hornhaut des Auges kann zur Hornhauttrübung und zur Erblindung führen [163];
Toxisch für Fische: Schädlichkeitsgrenze 20 mg/l; tödlich nach 26 Min. 70 mg/l; tödlich auch durch pH-Verschiebung [298];

zu Kezadol GB [Sdb Kettliz Chemie]:
Gefahrensymbol: Xi; R-Sätze: 41/38; S-Sätze: 26-39;

Gefahren-Symbol:

- physikalisch/chemisch:

Schmelzpunkt: ca. 2570 °C
Siedepunkt: 2850 °C
Dichte: 3400 kg/m3 (20 °C)
Molmasse: 56,08 g/mol
Löslichkeit:
Wasser 1,31 g/l (10 °C, Zers.); unlöslich in Ethanol; löslich in Propantriol;
Wasserlöslich: 1,65 g/l (20 °C), 0,77 g/l (100 °C) [Sdb Kettlitz Chemie];

Verbleib nach Gebrauch:

Sondermüll-Deponie für chemischen Abfall, besonders gefährliche Stoffe;

Bemerkung:

Farblose, kubische Kristalle, geruchlos [428];
weiße oder grauweiße harte Klumpen; nicht brennbar; hygroskopisch;
reagiert mit Wasser (4 Teilen) unter starker Wärmeentwicklung zu Calciumhydroxid;
zugelassen als Lebensmittelzusatzstoff nach LMBG;
die Zuteilung einer E-Nummer (E 529) wird von der EG erwogen;
enthalten in Deosec R (75 %), EFAPUR 1650, Kezadol GR (80 %), Rhenogran CaO-80 (80 %);

zu Kezadol GR [Sdb Kettlitz Chemie]:
Unverträgliche Stoffe: Säuren, Wasser;

Calciumsilikat

- **CAS-Nummer:**
  1344-95-2
- **gebräuchliche Namen:**
  Silikonsäure Calciumsalz; Kalziumsilikat; Kieselsäure, Calciumsalz; Kieselsäure Kalziumsalz; Calciummetasilikat; Calciummonosilikat;
- **Handelsnamen:**
  Afwillit; Akermanit; Caflo E; Calciumpectolith; Calsil; Cetrallasit; Crestmoreit; Eaklite; Extrusil; Florite R; Foshagite; Foshallasit; Grammit; Gyrolit; Hillebrandit; Larnit; Marimet 45; Microcal ET; Microcal 160; Mikro-Cell Silene; Microcel A; Microcel B; Microcel C; Microcel C; Microcel E; Microcel T; Okenit; Parawollastonit; Promaxon; Promaxon P60; Pseudo-wollastonit; Riversideit; Silene EF; Silmos T; Solex; Starlex L; Stabinex NW 7 PS; SW 400; Tablespat; Tobermorit; Toyofine A; Xonaltit; Xonotlit; Vanfre IL-2;
- **Summenformel:**
  Ca_3SiO_5

Funktion:
Füllstoff, anorganisch; Weichmacher aus Naturprodukten;

branchenspezifische Bemerkung zur Substanz:
Einsatzmenge: 55 t/a (TSE-Industrie, 1996)

Eigenschaften:
- **toxikologisch/ökotoxikologisch:**
  RTECS # VV 9150000
  MAK Wert: 6 mg/m3 A
  R-Satz: 36/37
  S-Satz: 26-22-37/39
  Sonstiges:
  Reizt Haut und Schleimhäute;

  zu Extrusil [Sdb Degussa]:
  LD 50 (oral, Ratte): >10000 mg/kg;

- **physikalisch/chemisch:**
  Dichte: 2900 kg/m3
  Molmasse: 228,32 g/mol

  Löslichkeit:
  praktisch unlöslich in Wasser;

Verbleib nach Gebrauch:
Sondermüll-Deponie für chemischen Abfall, besonders gefährliche Stoffe;

Bemerkung:
Weißes oder schwach cremefarbenes Pulver;
Es gibt viele verschiedene Formen von Calciumsilikaten, zu den gebräuchlichsten zählen CaSiO3, Ca2SiO4, Ca3SiO5;
Kommt gewöhnlich als wasserhaltige Form vor mit variierendem Wasseranteil;
Verwendung: in Milchglas, Portlandzement; Füllstoff in elastomeren Kunststoffen; Absorbens für Flüssigkeiten, Gase und Dämpfe; Suspensionsmittel; Pigment und Füllstoff; beim Straßenbau [201]; Füllstoff für Farben und Papier; Pudermittel für Düngemittel und Wirkstoffe;

zu Extrusil [Sdb Degussa]:
Schmelzpunkt. ca. 1700 °C; Dichte: 2000 kg/m3 (20 °C); gefährliche Zersetzung ab 1700 °C;

Calciumsilikat

- **CAS-Nummer:**
  59787-14-3
- **gebräuchliche Namen:**
  Calciummonosilikat; Calciumhydrosilikat;
- **Handelsnamen:**
  Caflo E; Calsie; Florite R; Marinet 45; Microcal 160; Microcal ET; Mirco-cel;

Funktion:
Füllstoff, anorganisch;

Eigenschaften:
- **toxikologisch/ökotoxikologisch:**
  RTECS # W9150000

Calciumsilikat

- **CAS-Nummer:**
  10034-77-2
- **gebräuchliche Namen:**
  Kieselsäurecalciumsalz (1:2); Bicalciumsilikat; Dicalciumsilikat;
- **Handelsnamen:**
  C2S;
- **Summenformel:**
  Ca_2SiO_4

Funktion:
Füllstoff, anorganisch;

Eigenschaften:

- **physikalisch/chemisch:**
  Schmelzpunkt: 2130 °C
  Dichte: 3280 kg/m3 (monoklin); 3280 kg/m3 (rhombisch); 2970 kg/m3 (monoklin)

Calciumsilikathydrat

- **CAS-Nummer:**
  12141-77-4
- **gebräuchliche Namen:**
  Xonotlit;
- **Summenformel:**
  $Ca_6((OH)_2Si_6O_{17})$

Funktion:
Füllstoff, anorganisch;

Eigenschaften:

- **physikalisch/chemisch:**
  Molmasse: 715 g/mol

Calciumsulfat

- **CAS-Nummer:**
  7778-18-9
- **gebräuchliche Namen:**
  Alabaster; Gips; Kalziumsulfat; schwefelsaurer Kalk; Pigment Weiß 25 (C.I. 77231); Pigment White 25; C.I. 77231;
- **Handelsnamen:**
  Crysalba; Drierite; Gießformengips Standard 78-70; Thiolite;
- **Summenformel:**
  $CaSO_4$

Funktion:
sonstige Chemikalien;

Eigenschaften:
- **toxikologisch/ökotoxikologisch:**
  RTECS # WS 6920000
  WGK: 0
  MAK Wert: 6 mg/m3 A - faserfrei
  R-Satz: 36/37
  S-Satz: 26-22-37/39
  Sonstiges:
  Vgl. Abschnitt III - Gips [481];
  Kann schädigend wirken bei Einatmung, Verschlucken oder Aufnahme über Haut; verursacht Augen- und Hautreizungen; reizt Schleimhäute und Atemwege [187];

- **physikalisch/chemisch:**
  Schmelzpunkt: 1450 °C
  Dichte: 2960 kg/m3 (20 °C)
  Molmasse: 136,14 g/mol
  Löslichkeit:
  Wasser 2,09 g/l (30 °C), 1,62 g/l (100 °C); löslich in Säuren, Ammoniumsalzen, Propantriol;

Verbleib nach Gebrauch:
Sondermüll-Deponie für chemischen Abfall, besonders gefährliche Stoffe;

Bemerkung:
Naturweißes, geruchloses Pulver;
oberhalb 700 °C kann SO3 als Zersetzungsprodukt entstehen [Sdb Heidelberger Zement];
hygroskopisch; stark oxidierende Substanz;
zugelassen als Lebensmittelzusatzstoff nach Lebensmittel- und Bedarfsgegenständegesetz;
Verwendung: fein gemahlen als Füllstoff in der Papierherstellung; als Mineralfarbe; als Bindemittel für Baustoffe;

1-Carbamyl-2-phenylhydrazin

- **CAS-Nummer:**
  103-03-7
- gebräuchliche Namen:
  2-Phenylhydrazincarboxamid; 1-Phenylsemicarbazid; Phenicarbazid; 1-Carbamoyl-2-phenylhydrazin; Phenygenine
- **Handelsnamen:**
  Febrimin; Kryogenin;
- **Summenformel:**
  $C_7H_9N_3O$

- **Strukturformel:**

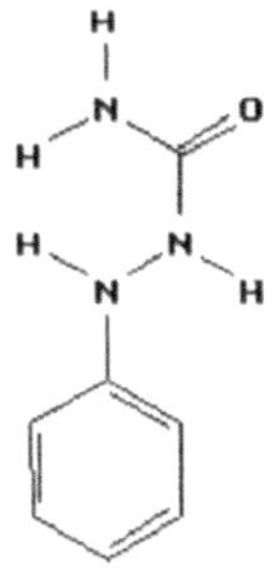

Eigenschaften:
- **toxikologisch/ökotoxikologisch:**
  RTECS # FD 0575000
  WGK: 2
  R-Satz: 20/21/22-36/37/38-40
  S-Satz: 45-26-36/37/39
  Sonstiges:
  krebserzeugend; Mutagen;
  Wirkcharakter: Zunächst Erregung, Schwindel, Krämpfe, Gleichgewichtsstörungen, evtl. Halluzination, dann Atemdepression, Atemstillstand, Koma;
  LD 50 (intraperitoneal, Maus): 198 g/kg [428];

  Gefahren-Symbol:

- **physikalisch/chemisch:**
  Schmelzpunkt: 178-179 °C; 172 °C
  Molmasse: 151,17 g/mol

  Löslichkeit:
  in Wasser und in Benzen leicht löslich; in Alkohol, Propanon, Methanol löslich;

Verbleib nach Gebrauch:
  Verbrennung nach Mischung mit brennbarem Lösemittel;

Carbonsäure, Zinksalz

- **CAS-Nummer:**
  10476-83-2
- **Summenformel:**
  H_2CO_3. x Zn

Funktion:
  Vulkanisationsaktivator / Beschleunigeraktivator;

Eigenschaften:

- **physikalisch/chemisch:**
  Molmasse: 125,39 g/mol

Carbonschwarz

- **CAS-Nummer:**
  1338-86-4
- **Handelsnamen:**
  Thermax; Thermax Stainless; Thermax Ultra Pure;

Funktion:
Füllstoff, anorganisch;
Anwendung:
schwarze elastische Ware;

Eigenschaften:

- **physikalisch/chemisch:**
  Dichte: 1800 ± 30 kg/m3

Carboxymethylcellulose

- **CAS-Nummer:**
  9000-11-7
- **gebräuchliche Namen:**
  Carboxymethylzellulose; Carboxymethylethercellulose; Carboxymethyletherzellulose; CMC;
- **Handelsnamen:**
  Zellin; KMZ; Carmethose; Cel-O-Brandt; Cellolax; Cethylose; Glykocellon; Carbose D; Thylose; Xylo-Mucine; Polycell
- **Summenformel:**
  $(C_6H_{10m}O_5)_n(CHCOOH)_m$

Anwendung:
Reifen;

branchenspezifische Bemerkung zur Substanz:
Einsatzmenge: 3 t/a (Reifenindustrie, 1996)

Eigenschaften:
- **toxikologisch/ökotoxikologisch:**
  RTECS # FJ 7500000
  WGK: 2
  Sonstiges:
  Kann schädigend wirken beim Einatmen; kann Reizungen verursachen [187];
  LD (oral, Ratte): >5 g/kg [428];
  LD 50 (intravenös, Maus): 47 mg/kg [428];
  LD (oral, Kaninchen): >5 g/kg [428];
  LD (oral, Meerschweinchen): >5 g/kg [428];

- **physikalisch/chemisch:**

Bemerkung:
Weißes Pulver;
Cellulose und deren Derivate können heftig mit Calciumoxid, Chlorkalk, Perchlorat, Perchlorsäure, Natriumchlorat, Fluor, Salpetersäure, Natriumnitrit und Natriumnitrat reagieren;

Carnauba-Wachs

- **CAS-Nummer:**
  8015-86-9
- **gebräuchliche Namen:**
  Carnaubawachs; Brasilwachs; Basil-Wachs; Pflanzenwachs;
- **Summenformel:**

branchenspezifische Bemerkung zur Substanz:
Einsatzmenge: 1 t/a (Reifenindustrie und TSE-Industrie) (1996)

Eigenschaften:

- **physikalisch/chemisch:**
  Schmelzpunkt: 83-86 °C

  Löslichkeit:
  mäßig löslich in Fettlösemitteln; kaum löslich in Wasser, Ethanol;

Bemerkung:
Gelbliche bis grünliche oder dunkelgraue feste Masse; im geschmolzemen Zustand strenger, charakteristischer aber nicht unangenehmer Geruch;
Verwendung: Zur Herstellung von Selbstglanzemulsionen, Kohlepapier, Schuhpflegemitteln, Fußboden- und Möbelwachsen, Kerzen und Schallplatten; gebleichtes Carnaubawachs für Kosmetika, zum Dragieren in der pharmazeutischen Industrie;
Enthalten in Ultralube WL-713 (15-20%), W-7091 (20-30%);

Casein

- **CAS-Nummer:**
  9000-71-9
- **gebräuchliche Namen:**
  Kasein;
- **Handelsnamen:**
  Protaflex; Protoflex;

Funktion:
Verdickungsmittel für Latex;
Antimikrobielle Mittel für Latex;
Latexstabilisierungsmittel;

Eigenschaften:
- **toxikologisch/ökotoxikologisch:**
  RTECS # FI 3519500
  Sonstiges:
  Kann schädigend wirken bei Einatmung, Verschlucken oder Aufnahme über Haut; kann Reizungen verursachen [187];

- **physikalisch/chemisch:**
  Schmelzpunkt: 280 °C (Zers.)

Verbleib nach Gebrauch:
Verbrennung nach Mischung mit brennbarem Lösemittel;

Bemerkung:
Hell-gelbes Pulver; hygroskopisch;
Zu 3 - 3,5 % als lösliches Calciumsalz in der Kuhmilch;

mit 3 % Hauptbestandteil des Milcheiweißes.
Verwendung: als Bindemittel für wässrige Anstrichfarben (Caseinfarben); als Holzleim (bes. für Sperrholz- und Papierbeschichtung); als Appreturmittel; in der Lebensmittelindustrie;

Chlorbenzen

- **CAS-Nummer:**
  108-90-7
- **UN Nummer:**
  1134
- **gebräuchliche Namen:**
  Benzolchlorid; Benzenmonochlorid; Chlorbenzol; MCB; Monochlorbenzen; Monochlorbenzol; mono-Chlorbenzen; Phenylchlorid;
- **Handelsnamen:**
  NCI-C 54886; Vanchem HM-50;
- **Summenformel:**
  C_6H_5Cl
- **Strukturformel:**

Funktion:
Lösemittel;
Anwendung:
Reifen, Schläuche; chirurgische und medizinische Artikel; Sportartikel; Spielsachen; technische Gummiartikel; Produkte für Industrie, inkl. Druckplattentücher; Klebstoffe; Dichtungen;

Eigenschaften:
- **toxikologisch/ökotoxikologisch:**
  RTECS # CZ 0175000
  WGK: 2
  MAK Wert: 230 mg/m3 bzw. 50 ml/m3
  R-Satz: 10-20
  S-Satz: (2)-24/25
  Sonstiges:
  Einstufung und Kennzeichnung von Zubereitungen, in denen diese Substanz enthalten ist:
  5%< =C ⇒ Xn; R20

  Zu diesem Stoff liegt ein BUA-Stoffbericht Nr. 54 vor.
  Spitzenbegrenzung: II,1 [481]; Schwangerschaftsgruppe C [481]; D [484];
  Nerven- und Organgift; Dämpfe haben stark narkotische Wirkung und verursachen leichte Reizung der Augen und Atemwege [163];
  Geruchsschwelle: ca. 60 ml/m3 [163];
  Wirkt bei akuter oralen und inhalativer Aufnahme minder giftig. Symptome: Gewichtsverlust, blutiger Tränenfluß, Hypertonie, Apathie, Narkose, Zittern, Muskelzuckungen, Ataxie, Lähmungen hinterer Extremitäten und Atemnot.
  Phatologische und histopathologische Veränderung an Nieren und Leber [593];
  LD 50 (oral, Ratte): 2910 mg/kg [140], 2290 mg/kg [187], 1110 mg/kg [428];
  LC 100 (inhalativ, Ratte): 15000 mg/m3 [140];
  LC Lo (inhalativ, Ratte): 9000 ml/m3 [428];
  LD 50 (intraperitoneal, Ratte): 1655 mg/kg [428];
  LD 50 (oral, Maus): 2300 mg/kg [428];
  LC Lo (inhalativ, Maus): 15000 mg/m3 [428];
  LD 50 (oral, Kaninchen): 2250 mg/kg [428];
  LD (Haut, Kaninchen): >2200 mg/kg [428];
  LD 50 (oral, Meerschweinchen): 2250 mg/kg [428];
  LD (Haut, Meerschweinchen): >11000 mg/kg [428];

LD Lo (intraperitoneal, Meerschweinchen): 4100 mg/kg [428];
LD 50 (oral, Säugetier): 2300 mg/kg [428];
LC 50 (inhalativ, Säugetier): 10000 mg/kg [428];

Toxische Grenzkonzentration für Pseudomonås putida 17 mg/l, Scenedesmus quadricauda > 390 mg/l [36];
LC 50 (Daphnia magna): 310 mg/l [6];
EC 50 (Daphnia magna): 195 mg/l [180], [593];
LC 50 (Fisch, Goldorfe): 24/0,02 mg/l [33];
LC 50 (Fisch, Regenbogenforelle): 6,69 mg/l/96 h [151];
Biologisch nicht leicht abbaubar, geringe Bioakkumulationstendenz [140];
Biol. Abbaubarkeit gut (Respirometertest) (>90 %) [484];
Biologisch nicht abbaubar; keine Hydrolyse unter Umweltbedingungen [593];

Gefahren-Symbol:

- **physikalisch/chemisch:**

Schmelzpunkt: - 45,5 °C
Siedepunkt: 131,7 °C; 132,2 °C
Flammpunkt: 27 °C; 28 °C
Dampfdruck: 12 hPa (20 °C) [29]; 11,7 hPa (20 °C) [132], [163]; 13,3 hPa (22,2 °C) [593]
Verdampfungswärme: 323,22 kJ/kg
Log pOW: 2,84 [4]
Brechungsindex: 1,52479 (20 °C); 1,5241 (20 °C); 1,5248 (20 °C)
Dichte: 1106,4 kg/m3 (20 °C); 1106 kg/m3 (20 °C)
Molmasse: 112,559 g/mol
Verdunstungszahl: 12,5 (Diethylether = 1) [132]

Löslichkeit:
Wasser: 488 mg/l (20 °C), 500 mg/l (30 °C)*; löslich in Trichlormethan, Benzen, Alkohol, Ether, Diethylether; leicht löslich in Ethanol;

Bemerkung zu physikalisch/chemischen Daten:
*: Bildet mit Wasser n-Propanol, n-Butanol, Ameisensäure und Essigsäure Azeotrope [593];

Verbleib nach Gebrauch:
Verbrennung;
Trinkwassergrenzwert: 20 µg/l [140];
Abwassergrenzwert: 1,0 mg/l [140];

Bemerkung:
Farblose, charakteristisch riechende Flüssigkeit; brennbar;
Bildet im dampf-/gasförmigen Zustand mit Luft explosionsfähige Gemische;
Explosionsgrenzen: 1,3 - 11 Vol% ; Zündtemp.: 590 °C [29], [593];
Reagiert heftig bei Kontakt mit Oxidationsmitteln und Alkalien. Gummi wird angegriffen [484];
Verwendung: Als Zwischenprodukt bei der Herstellung pharmazeutischer Produkte und Kosmetika; als Lösungsmittel; zur Synthese von ⇒ Phenol, ⇒ Anilin, ⇒ DDT;
Weltweite produktions- und anwendungsbedingte Emissionen: 300000 t/a [140];
Klare, farblose Flüssigkeit mit charakteristischem aromatischen Geruch;
neutrale thermisch stabile Verbindung, reagiert heftig mit starken Oxidationsmitteln;
Verwendung: Für die Herstellung von Nitrochlorbenzenen (Vorprodukte für Pflanzenschutzmittel, Farbstoffe und Kautschukchemikalien), als Lösemittel für Öle, Fette, Wachse, Harzen, Kautschuk [593];

2-Chlor-buta-1,3-dien

- **CAS-Nummer:**
  126-99-8
- **gebräuchliche Namen:**
  2-Chlor-1,3-butadien; Beta-Chloropren; Chloropren; Neopren; Chlorbutadien; 2-Chloropren;
- **Summenformel:**
  C_4H_5Cl

- **Strukturformel:**

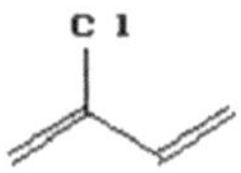

Funktion:
(1) Polymer;

branchenspezifische Bemerkung zur Substanz:
(2) Zersetzungsprodukt von CR;

Eigenschaften:
- **toxikologisch/ökotoxikologisch:**
  RTECS # EF 9625000
  Schweizer Giftliste: 4
  MAK Wert: 5 ml/m3 , 18 mg/m3
  R-Satz: 11-20/22-36
  S-Satz: (2)-16
  Sonstiges:
  Zu diesem Stoff liegt ein BUA-Stoffbericht Nr. 87 vor.
  Krebserzeugend; Mutagen; Verdacht auf fruchtschädigende Wirkung, Gruppe D;
  fruchtschädigender Stoff;
  MAK: Spitzenbegrenzung II,1; H;
  Schwangerschaftsgruppe D;
  LD 50 (oral, Ratte): 450 mg/kg [428];
  LC 50 (inhalativ, Ratte): 11800 mg/m3/4h [428];
  LD Lo (subcutan, Ratte): 500 mg/kg [428];
  LD 50 (oral, Maus): 146 mg/kg [428];
  LC 50 (inhalativ, Maus): 2300 mg/m3 [428];
  LD Lo (subcutan, Maus): 1g/kg [428];
  LC Lo (inhalativ, Katze): 1290 mg/m3/8h [428];
  LD Lo (subcutan, Katze): 100 mg/kg [428];
  LC Lo (inhalativ, Kaninchen): 3870 mg/m3/8h [428];
  LD Lo (intravenös, Kaninchen): 96 mg/kg [428];
  LD Lo (subcutan, Meerschweinchen): 13 g/kg [428];

  Gefahren-Symbol:

- **physikalisch/chemisch:**
  Schmelzpunkt: -130 °C
  Siedepunkt: 59,4 °C
  Dampfdruck: 267 hPa (20 °C)
  Log pOW: 2,06
  Dichte: 958,3 kg/m3
  Molmasse: 88,54 g/mol

Löslichkeit:
löslich in Ethanol, Benzen, Ether, Propanon;

Bemerkung:
farblose Flüssigkeit;
leicht etherischer Geruch;

Chlorethen

- **CAS-Nummer:**
75-01-4
- **UN Nummer:**
1086
- **gebräuchliche Namen:**
Chlorethylen; Monochlorethen; Vinylchlorid; Monochlorethylen;
- **Summenformel:**
C_2H_3Cl

- **Strukturformel:**

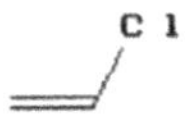

Funktion:
Monomer für die Herstellung von synthetischen Kautschuk;

Eigenschaften:
- **toxikologisch/ökotoxikologisch:**
RTECS # KU 9625000
Schweizer Giftliste: 1k
WGK: 2
MAK Wert: 260 mg/m3
R-Satz: 45-12
S-Satz: 53-45
Sonstiges:
Zu diesem Stoff liegt ein BUA-Stoffbericht Nr. 35 vor.
Krebserzeugend III A1 [481]; Carc.Cat.1 [505]; IMK: III;
Nervengift; Umweltgift; erbgutverändernd!; Karzinogen [39];
Verdacht auf erbgutverändernde und fruchtschädigende Wirkung;
Gas wirkt narkotisch; reizt Augen und Atemwege; Kontakt mit der Flüssigkeit verursacht Erfrierungen [163];
Wirkcharakter: Aufnahme in kleinsten Mengen über die Atemwege, die Haut oder die Nahrungskette; Speicherung im Organismus; langfristig Organschäden, manchmal Krebs;
6600 ml/m3 für 30 min verursachten Schwindelanfälle [29];
Geruchsschwelle: 4000 ml/m3 [29];
Ergebnis des Ames-Test: positiv [392];
LD 50 (oral, Ratte): 500 mg/kg [39];
LC 50 (inhalativ, Ratte): 188 ppm/15min [39];

Gefahren-Symbol:

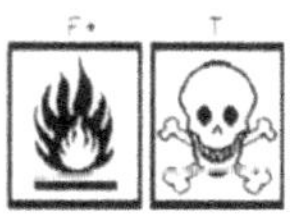

- **physikalisch/chemisch:**
Schmelzpunkt: -159,7 °C
Siedepunkt: -13,9 °C
Flammpunkt: -77 °C

Dampfdruck: 2,4 hPa (10 °C) [29]; 3,4 hPa (20 °C) [163]
Dichte: 969,2 kg/m3 (-13 °C); 910,6 kg/m3 (20 °C)
Molmasse: 62,499 g/mol

Löslichkeit:
Wasser 0,11 g/l (25 °C); löslich in Ethanol; leicht löslich in Diethylether;

Bemerkung zu physikalisch/chemischen Daten:
kritische Temperatur: 158,4 °C;
Zündtemperatur: 415 °C;
Geruchsschwelle: 25000 ppm;

Bemerkung:
farbloses Gas mit süßlichem Geruch;
bildet über der Wasseroberfläche explosionsfähiges Gemisch mit Luft;
neigt zu Polymerisation bei Einwirkung von Luft, Sonnenlicht, Hitze und bei Anwesenheit von Peroxiden und Schwefelkohlenstoff;
Reagiert heftig mit sauerstoffreichen Material (Oxidationsmittel, Acetylen, Chlor, Fluor, Sauerstoff);
keine Geruchswahrnehmung;
in Stahl, Teflon Blei als Behältermaterial beständig;
in Kupfer, seinen Verbindungen und Leichtmetallen unbeständig;

(2-Chlor-ethyl)triisobutoxysilan

- **CAS-Nummer:**
  17948-07-1
- **Summenformel:**
  $C_{14}H_{31}ClO_3Si$

- **Strukturformel:**

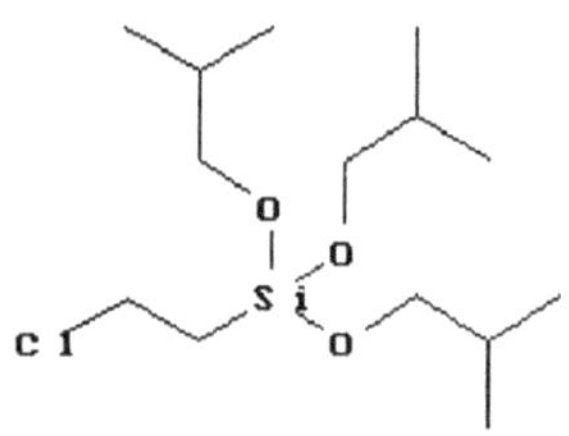

Funktion:
Haftvermittler für Füllstoffe;

Eigenschaften:

- **physikalisch/chemisch:**
  Siedepunkt: 122-123 °C (5,33 hPa)
  Brechungsindex: 1,4235
  Dichte: 943,2 kg/m3 (25 °C)
  Molmasse: 310,94 g/mol

(2-Chlor-ethyl)-trimethoxysilan

- **CAS-Nummer:**
  18157-21-6
- **Summenformel:**
  $C_5H_{13}ClO_3Si$

- **Strukturformel:**

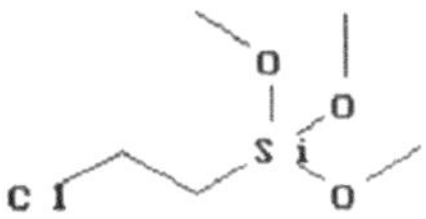

Funktion:
Haftvermittler für Füllstoffe;

Eigenschaften:

- **physikalisch/chemisch:**
Siedepunkt: 113,3-114,3 °C (133,29 hPa)
Brechungsindex: 1,4157
Dichte: 1107,8 kg/m3 (25 °C)
Molmasse: 184,69 g/mol

(1-Chlor-ethyl)-trimethoxysilan

- **CAS-Nummer:**
18157-23-8
- **Summenformel:**
$C_5H_{13}ClO_3Si$

- **Strukturformel:**

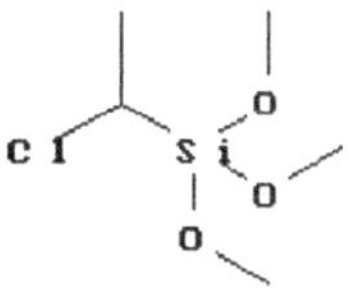

Funktion:
Haftvermittler für Füllstoffe;

Eigenschaften:

- **physikalisch/chemisch:**
Siedepunkt: 163-164 °C
Dichte: 1090,8 kg/m3 (25 °C)
Molmasse: 184,69 g/mol

3-Chlorhydroxybenzen

- **CAS-Nummer:**
108-43-0
- **UN Nummer:**
2020
- **gebräuchliche Namen:**
3-Chlorphenol; m-Chlorphenol;
- **Summenformel:**
C_6H_5ClO

- **Strukturformel:**

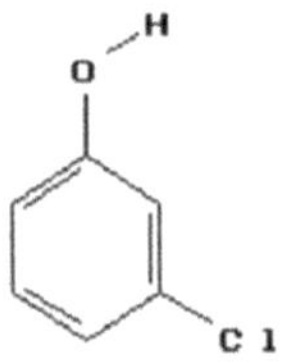

Eigenschaften:
- **toxikologisch/ökotoxikologisch:**
  RTECS # SK 2450000
  Schweizer Giftliste: 3
  WGK: 2
  R-Satz: 45-12
  S-Satz: 53-45
  Sonstiges:
  Weißer, kristalliner, fester Stoff; reagiert bei Kontakt oder Mischung mit starken Oxidationsmitteln und starken Basen; bei Brand oder Erhitzung bis zur Zersetzung bilden sich giftige und ätzende nitrose Gase;

  Gefahren-Symbol:

- **physikalisch/chemisch:**
  Schmelzpunkt: 32,8 °C
  Siedepunkt: 214 °C
  Flammpunkt: ca. 120 °C
  Dampfdruck: 1 hPa (44 °C) [29]
  Log pOW: 2,47 [4]; 2,50 [4]
  Brechungsindex: 1,5632 (20 °C)
  Dichte: 1218 kg/m3 (20 °C); 1268 kg/m3 (25 °C)
  Molmasse: 128,558 g/mol

  Löslichkeit:
  Wasser 26 g/l (20 °C); löslich in Ethanol, Diethylether, Propanon, Toluol, Glykolen, Alkoholen; leicht löslich in Benzen;

Verbleib nach Gebrauch:
Verbrennung nach Mischung mit brennbarem Lösemittel;

Bemerkung:
Spitzenbegrenzung: II,1 [481]; Gefahr der Hautresorption H [481]; Schwangerschaftsgruppe B [481]; Repr.Cat. 2 [505];
Dämpfe reizen Augen und Atemwege; hohe Dampfkonzentrationen, z.B. bei Hitzeentwicklung, führen bei Einatmen zu Narkose; unter diesen Bedingungen mit Verzögerung auch Lungenödem und Nierenschäden möglich; Kontakt mit der Flüssigket ruft Reizung der Augen hervor [163];
LD 50 (oral, Ratte): 3390 mg/kg [187], 3930 mg/kg [9];
LC Lo (inhalativ, Ratte): 7000 ml/m3/4 h [9];
LD Lo (intraperitoneal, Ratte): 1200 mg/kg [428];
LD 50 (Haut, Kaninchen): 5250 mg/kg [187], 5300 mg/kg [9];
LD 50 (oral, Meerschweinchen): 1250 mg/kg [428];
LD Lo (subcutan, Meerschweinchen): 5000 mg/kg [428];
LD Lo (subcutan, Katze): 3000 mg/kg [428];

LC 50 (Fisch, Goldfisch): 190 mg/l [163];

Verwendung: zur Herstellung synthetischer Fasern vom Polyamid-Typ; als Lösemittel für hochmolekulare Polymere;
Bildet im dampf-/gasförmigen Zustand mit Luft explosionsfähige Gemische:
Explosionsgrenze: 1,8-8,0 Vol.-%; Zündtemperatur: 375 °C [484];
Lösemittel für hochmolekulare Polymere, hygroskopisch;

4,4'-[(5-Chlor-2-hydroxy-1,3-phenylen)bis-(methylen)]-bis(1,3-benzendiol)

- **CAS-Nummer:**
  31265-39-1
- **gebräuchliche Namen:**
  4-Chlor-2,6-bis(2,4-dihydroxybenzyl)phenol; 4,4'-[(5-Chlor-2-hydroxy-m-phenylen)dimethylen)-diresorcinol;
- **Summenformel:**
  $C_{20}H_{17}ClO_5$

- **Strukturformel:**

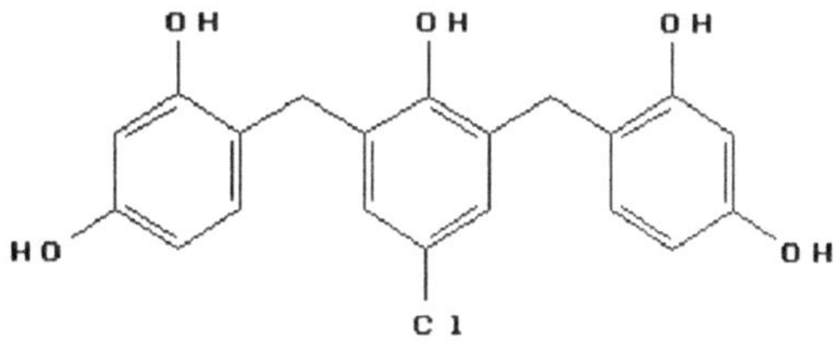

Funktion:
sonstige Chemikalien;

Eigenschaften:

- **physikalisch/chemisch:**
  Molmasse: 372,80 g/mol

chlorierte aliphatische Kohlenwasserstoffe

- **CAS-Nummer:**
  63449-39-6

branchenspezifische Bemerkung zur Substanz:
Einsatzmenge in der TSE- und Reifenindustrie: 2.870 t/a (1996);

Chlor(IV)-oxid

- **CAS-Nummer:**
  10049-04-4
- **gebräuchliche Namen:**
  Chlordioxid;
- **Summenformel:**
  ClO_2

Funktion:
Antimikrobielle Mittel für Latex;

Eigenschaften:
- **toxikologisch/ökotoxikologisch:**
  RTECS # FÜ 3000000
  Schweizer Giftliste: 1
  MAK Wert: 0,1 ml/m3 bzw. 0,3 mg/m3
  Sonstiges:
  Spitzenbegrenzung: I [481];
  LD 50 (oral, Ratte): 292 mg/kg [428];
  LC Lo (inhalativ, Ratte): 260 ppm/2h [428];
  TD Lo (oral, Ratte): 365 mg/kg/1y (kontinuierlich) [428];
  TD Lo (oral, Ratte (trächtig)): 960 mg/kg/76d, 570 mg/kg/14d [428];
  TD Lo (oral, Ratte (männlich)): 1130 mg7kg/8w [428];
  TC Lo (inhalativ, Ratte): 10 ppm/4h/14d (intermittierend) [428];
  TD Lo (oral, Maus (trächtig)): 840 mg/kg/1-21d [428];

- **physikalisch/chemisch:**
  Schmelzpunkt: -59,5 °C
  Siedepunkt: 9,9 °C (974,35 hPa) (expl.)
  Dichte: 3,09 kg/m3 (11 °C)
  Molmasse: 67,45 g/mol

  Löslichkeit:
  Wasser 2000 cm3 (4 °C); löslich in Alkalien, Schwefelsäure;

Bemerkung:
Gelblich-rotes Gas;

Chlorkautschuk

- **CAS-Nummer:**
  9006-03-5
- **gebräuchliche Namen:**
  RUC; Gummi, chloriert;
- **Handelsnamen:**
  Alloprene; Parlons; Pergut; Chlortex; Adeka;

Funktion:
Flammschutzmittel;
Haftmittel;

branchenspezifische Bemerkung zur Substanz:
Einsatzmenge: 2.770 t/a (TSE-Industrie, 1996)

Eigenschaften:
- **toxikologisch/ökotoxikologisch:**
  WGK: 0
  Sonstiges:
  verursacht Augen- und Hautirritation [187];

- **physikalisch/chemisch:**
  Molmasse: 50.000-200.000 g/mol

  Löslichkeit:
  löslich in aromatischen und chlorierten aliphatischen Kohlenwasserstoffen und Estern; teilweise löslich bzw. quellbar in Ether und Propanon; unlöslich in Benzin, Ethanol und Wasser [573];

Bemerkung:
Weißes Puder [187];
[573]:

Geruch- und geschmacklose, farblose bis schwach gelbliche Pulver; ist Chlorierungs-Produkt von (ursprünglich) Naturkautschuk oder Synthesekautschuken, z.B. von Polybutadien, Polyethylen, Polyisopren; Chlorgehalt ca. 64-68 %.
Chlorkautschuk ist verträglich mit Ölen, natürlichen und synthetischen Harzen, beständig gegen kaltes Wasser, Alkalien, Säuren und Salze, unbeständig gegen heißes Wasser und Wasserdampf und nur mäßig temperaturbeständig.
Verwendung: Als Bindemittel für Lacke für Unterwasseranstriche auf Beton oder Stahl, z.B. für den Anstrich von Wasservorratsbehälter, Schwimmbäder oder Schiffe, und für chemikalienbeständige Anstriche von Behältern u. Bauteilen. Kann zusätzlich in Rotationstiefdruckfarben und als Haftverbesserer beim Aufvulkanisieren von Kautschukmischungen auf Metall eingesetzt werden.

1-Chlor-4-methylbenzen

- **CAS-Nummer:**
  106-43-4
- **UN Nummer:**
  2238
- **gebräuchliche Namen:**
  p-Chlortoluol; Chlortoluol-para; 4-Chlor-1-methylbenzen; 4-Chlortoluen; 4-Chlortoluol; 1-Chlor-4-methylbenzen; p-Chlortoluen; Chlortoluen, para;
- **Summenformel:**
  C_7H_7Cl
- **Strukturformel:**

Funktion:
Lösemittel;

Eigenschaften:
- **toxikologisch/ökotoxikologisch:**
  RTECS # XS 9010000
  Schweizer Giftliste: 3
  WGK: 2
  R-Satz: 20
  S-Satz: 24/25
  Sonstiges:
  Zu diesem Stoff liegt ein BUA-Stoffbericht Nr. 38 vor.
  Dämpfe wirken betäubend, besitzen jedoch nur geringe allgemeine Giftwirkung. Sie führen zu Reizung der Atemwege und der Atmungsorgane. Kontakt mit der Flüssigkeit verursacht Reizung der Augen und der Haut.
  Symptome: Brennen der Augen und Haut; Husten, Kopfschmerzen, Schwindel, Übelkeit, Brechreiz, Rauschzustand, bei hohen Konzentrationen Bewußtlosigkeit, Atemlähmung und Krämpfe [484].
  Stoff wird über den Magen-Darm-Trakt, durch die Lunge und über die Haut aufgenommen;
  bei akuter Toxizität: zentraldepressorische Wirkung und hepatotische Wirkung, jedoch nicht gentoxisch; leicht haut- und schleimhautreizend; in hohen materialtoxischen Dosen embryotoxisch [588];
  LD 50 (oral, Ratte): 2100 mg/kg [39], 3600 mg/kg [187], [588];
  LD 50/LC 50 (oral, Ratte ((weiblich)): 2389 mg/kg [588];
  LD 50/LC 50 (oral, Ratte (männlich)): 2273 mg/kg [588];
  TD Lo (oral, Ratte): 25200 mg/kg/2 W, 72000 mg/kg/90 D [428];
  LD 50 /LC 50 (dermal, Ratte (weiblich)): >5000 mg/kg [588];
  LD 50/LC 50 (inhalativ, Ratte): 26900 mg/m3/1 h [588];
  LC 50 (inhalativ, Maus): 35000 mg/m3/2h [39], 34000 mg/m3/24h [187];

LD 50 /LC 50 (inhalativ, Maus): 34000 mg/m3/2 h [588];
LD 50 (oral, Maus): 3400 mg/m3/24h [187], 1900 mg/kg [428];
LD 50 /LC 50 (oral, Maus): 1900 mg/kg [588];

LD 50 Wasserorganismen 10-1 mg/l/96 h [484];
LC 0 (Fisch, Goldorfe): 11 mg/l [33];
LC 50 (Fisch, Goldorfe): 78 mg/l [33];
LC 100 (Fisch, Goldorfe): 324 mg/l [33];
EC 0 (Fisch, Daphnia magna): 19 mg/l [484];
LC 0 (Zebrabärbling): 15 mg/l/96 h [588];
LC 50 (Zebrabärbling): 24 mg/l/96 h [588];
LC 100 (Zebrabärbling): 100 mg/l/96 h [588];
LC 50 (amerikanische Elritze): 5,92 mg/l/8 T [588];
LC 50 (Guppy): 5,92 mg/l/14 T [588];
Toxische Grenzkonzentration für Pseudomonas putia 15 mg/l, Scenedesmus quadricauda >100 mg/l, Microcystis aeruginosa 31 mg /l, Enthosiphon sulcatum >80 mg/l;
Biol. Abbaubarkeit <10 % (Respirationstest) [484];
nicht biologisch abbaubar unter aeroben Bedingungen [588];

Gefahren-Symbol:

- **physikalisch/chemisch:**

Schmelzpunkt: 6-8 °C; 7,4 °C
Siedepunkt: 162 °C; 161,5
Flammpunkt: 49 °C; 43 °C; 49,5
Dampfdruck: 13,33 hPa (45 °C); 16 hPa (50 °C); 3,1 hPa (20 °C) [588]
Log pOW: 3,33 [588]
Brechungsindex: 1,524 (20°C); 1,5223 (19 °C)
Dichte: 1070 kg/m3; 1067,7 kg/m3
Molmasse: 126,59 g/mol

Löslichkeit:
mischbar mit organischen Lösungsmitteln; in Wasser geringfügig löslich: 0,040 g/l [588];
löslich in Ethanol, Benzen, Essigsäure; löslich > 10 % in Ether, Trichlormethan, Propanon; Wasser: 100 mg/l;

Verbleib nach Gebrauch:
Verbrennung;

Bemerkung:
farblose Flüssigkeit; schwach benzolähnlicher Geruch [484];
bildet im dampf-/gasförmigen Zustand mit Luft explosionsfähige Gemische;
Explosionsgrenzen: 1,3-8,3 Vol.-%; Zündtemperatur: 595 °C [484];
farblose, brennbare Flüssigkeit; thermisch stabile Verbindung; Oxidation mit Chromsäure, Permanganat u.a. [588];
Verwendung: Als Vorprodukt für die Herstellung von Pflanzenschutzmittel, Farbstoffe und optische Aufheller [588];
in der UN-Liste klassifiziert unter Chlortoluole [484];

1-Chlor-3-methylbenzen

- **CAS-Nummer:**
108-41-8
- **UN Nummer:**
2238

- **gebräuchliche Namen:**
  m-Chlortoluol; 1-Chlor-3-methylbenzol; 3-Chlortoluen;
  m-Chlortoluen; 3-Chlor-1-methylbenzen; 1-Chlor-3-chlortoluen;
- **Summenformel:**
  C_7H_7Cl

- **Strukturformel:**

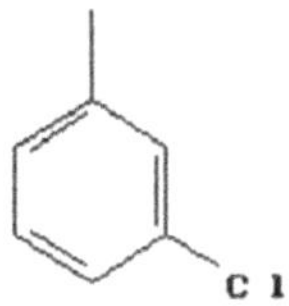

Funktion:
Lösemittel;

Figenschafton:
- **toxikologisch/ökotoxikologisch:**
  RTECS # XS 8990000
  WGK: 2
  R-Satz: 20
  S-Satz: 24/25
  Sonstiges:
  Zu diesem Stoff liegt ein BUA-Stoffbericht Nr. 38 vor.
  Dämpfe wirken betäubend, besitzen jedoch nur geringe allgemeine Giftwirkung. Sie führen zu Reizung der Atemwege und der Atmungsorgane. Kontakt mit der Flüssigkeit verursacht Reizung der Augen und der Haut.
  Symptome: Brennen der Augen und Haut; Husten, Kopfschmerzen, Schwindel, Übelkeit, Brechreiz, Rauschzustand, bei hohen Konzentrationen Bewußtlosigkeit, Atemlähmung und Krämpfe [484].
  wird über den Magen-Darm-Trakt, durch die Lunge und über die Haut aufgenommen; bei akutzer Toxizität zentraldepressorische Wirkung [588];

  LD 50 Wasserorganismen 10-1 mg/l/96 h [484];
  LC 50 (amerikanische Elritze): 18,3 mg/l/8 T [588];
  LC 0 (Zebrabärbling): 60 mg/l/96 h [588];
  LC 50 (Guppy): 18 mg/l/14 T [588];

  Toxische Grenzkonzentration für Pseudomonas putia 15 mg/l, Scenedesmus quadricauda >100 mg/l, Microcystis aeruginosa 31 mg /l, Enthosiphon sulcatum >80 mg/l;
  Biol. Abbaubarkeit <10 % (Respirationstest) [484];

  Gefahren-Symbol:

- **physikalisch/chemisch:**
  Schmelzpunkt: -48,7 °C
  Siedepunkt: 160-162 °C; 161,2 °C
  Flammpunkt: 50 °C; 48 °C
  Dampfdruck: 3,605 hPa (20 °C) [588]; 13 hPa (43,2 °C) [484];
  Log pOW: 3,504 [588]; 3,28
  Brechungsindex: 1,5218 (20 °C); 1,5225 (18,7 °C)
  Dichte: 1072 kg/m3; 1076 kg/m3 (19 °C)
  Molmasse: 126,59 g/mol

Löslichkeit:
gut löslich in Ethanol; mischbar mit organischen Lösungsmitteln, geringfügig löslich in Wasser: 0,057 g/l [588];

Verbleib nach Gebrauch:
Verbrennung;

Bemerkung:
farblose Flüssigkeit, schwach benzolähnlicher Geruch [484];
thermisch stabile Verbindung; Oxidation mit Chromsäuren, Permanganat u.a.;
bildet im dampf-/gasförmigen Zustand mit Luft explosionsfähige Gemische:
Explosionsgrenzen: 1,3-8,3 Vol.-%; Zündtemperatur: ca. 597 °C [484];
Verwendung als Lösemittel und Vorprodukt für Herstellung von Farbstoffen und Färbereihilfsmittel [588];
In der UN-Liste klassifiziert unter Chlortoluole [484];

1-Chlor-2-methylbenzen

- **CAS-Nummer:**
  95-49-8
- **UN Nummer:**
  2238
- **gebräuchliche Namen:**
  Chlortoluol; 2-Chlortoluol; o-Chlortoluol; 1-Chlor-2-methylbenzol; 2-Chlortoluen; 2-Chlor-1-methylbenzen; o-Chlortoluen;
- **Summenformel:**
  C_7H_7Cl
- **Strukturformel:**

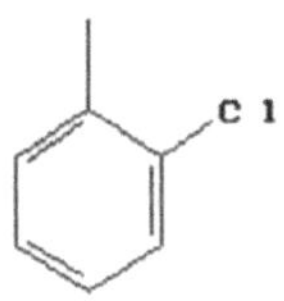

Funktion:
Lösemittel;

Eigenschaften:
- **toxikologisch/ökotoxikologisch:**
  RTECS # XS 9000000
  Schweizer Giftliste: 3
  WGK: 2
  R-Satz: 20
  S-Satz: 24/25
  Sonstiges:
  Zu diesem Stoff liegt ein BUA-Stoffbericht Nr. 38 vor.
  Die Dämpfe wirken betäubend, besitzen jedoch nur geringe allgemeine Giftwirkung. Sie reizen die Augen und Atmungsorgane. Kontakt mit der Flüssigkeit verursacht Reizung der Augen und Haut. Symptome: Brennen der Augen und Haut. Husten, Kopfschmerzen, Schwindel, Übelkeit, Erbrechen, Rauschzustand, bei hohen Konzentrationen Bewußtlosigkeit, Atemlähmung und Krämpfe [484];
  Im Stoffwechsel wird o-Chlortoluol an der Methylgruppe unter Bildung von o-Chlorbenzoesäure und Merkaptursäure oxidiert. Bei sehr hohen Inhalationsdosen kommt es zu erhöhtem Leber- und Nierengewicht sowie zu erniedrigtem Milzgewicht; bislang keine Hinweise auf mutagene Wirkungen; Versuchsergebnisse zur Kanzerogenität fehlen [588];
  LC Lo (inhalativ, Ratte): 900 mg/m3 [428];
  LC Lo (inhalativ, Meerschweinchen): 4765 mg/m3 [428];

  LD 50 (96 h, Wasserorganismen): 10-1 mg/l [484];
  LC 0 (Fisch, Goldorfe): 11 mg/l [33];

LC 50 (Fisch, Goldorfe): 78 mg/l [33];
LC 100 (Fisch, Goldorfe): 324 mg/l [33];
EC 0 (Daphnia magna): 19 mg/l [484];
EC 50 (Daphnia magna): 41 mg/l [484];
EC 100 (Daphnia magna): 100 mg/l [484];
Biol. Abbaubarkeit (Respirationstest) gering (<10 %) (Herstellerangaben) [484];

Gefahren-Symbol:

- **physikalisch/chemisch:**
  Schmelzpunkt: -35,4 °C
  Siedepunkt: 157-159 °C
  Flammpunkt: 47 °C; 48 °C; 43 °C
  Dampfdruck: 13,16 hPa (43 °C); 10 hPa (43 °C) [484];
  Log pOW: 3,42
  Brechungsindex: 1,5247 (20 °C)
  Dichte: 1083 kg/m3
  Molmasse: 126,59 g/mol

  Löslichkeit:
  sehr geringfügig mischbar mit Wasser: 113 mg/l [484];
  < 10 % löslich in Ethanol, Benzen,Trichlormethan, Ether; Wasser (25 °C): 89 mg/l; löslich in Tetrachlormethan, Propanon;

Verbleib nach Gebrauch:
Verbrennung;

Bemerkung:
Farblose Flüssigkeit; schwach benzolähnlicher Geruch;
bildet im Dampf-/gasförmigen Zustand mit Luft explosionsfähige Gemische;
Explosionsgrenzen: 1,3-8,3 Vol.-%; Zündtemperatur >600 °C [484];
es handelt sich um eine thermisch stabile Substanz, die an der Luft unter Ruß- und Chlorwasserstoffentwicklung brennt [588];

UN-Nr. klassifiziert Chlortoluole [484];

5-Chlor-2-methyl-4-isothiazolin-3-on

- **CAS-Nummer:**
  26172-55-4
- **gebräuchliche Namen:**
  5-Chloro-2-methyl-3(2H)-isothiazolon; 5-Chlor-2-methyl-3-isothiazolon; 5-Chlor-2-methyl-4-isothiazolin-3(2H)-on; 5-Chlor-2-methyl-4-isothiazolin-3-on; 5-Chlor-2-methyl-2,3-dihydro-isothiazol-3-on;
- **Summenformel:**
  C_4H_4ClNOS

Funktion:
Antimikrobielle Mittel für Latex;

Eigenschaften:
- **toxikologisch/ökotoxikologisch:**
  RTECS # NX 8156850
  WGK: 3
  MAK Wert: 0,05 mg/m3
  R-Satz: 34-20/21/22-43

Sonstiges:
vgl. Abschn. VId; S; Schwangerschaftsgruppe D [481]; Sensibilisierend;
5-Chlor-2-methyl-2,3-dihydroisothiazol-3-on und 2-Methyl-2,3-dihydroisothiazol-3-on fallen bei der Herstellung als Gemisch im Verhältniss 3:1 an und kommen so unter dem Namen Kathon oder Kathon Biocid in den Handel; da die überwiegende Zahl der Untersuchungen mit dem Gemisch durchgeführt wurde (siehe toxikologische/ökotoxikologische Eigenschaften unter CAS-Nr.: 55965-84-9 [480]);

Gefahren-Symbol:

- **physikalisch/chemisch:**
  Molmasse: 149,59 g/mol

Bemerkung:
Verwendung: als Breitbandbiozid für Kühlschmierstoffe, Kleber, Wachse, Leder- und Textilapplikationen; als Mikrobiozid in Kühlwasserkreisläufen; als Konservierungsmittel für Latexemulsion, Kosmetika und andere Produkte, die der Kosmetikverordnung unterliegen, sowie Produkte, deren Hersteller sich freiwillig der Kosmetikverordnung anpassen, wie z.B. Geschirrspülmittel u.a.;
Enthalten in Parmetol DF 12 (<0,3%), A 23 (<0,5%), A 26 (<0,5%), DF 35 (<0,6%), K 40 (1,2-1,4%), K 50 (<0,3%), Warosit 260, 262, 265, 340;

(3-Chlor-2-methyl-propyl)-trimethoxysilan

- **CAS-Nummer:**
  17256-27-8
- **Summenformel:**
  $C_7H_{17}ClO_3Si$

- **Strukturformel:**

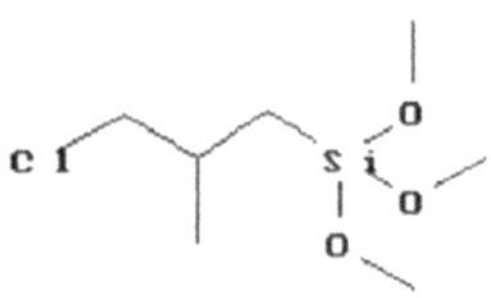

Funktion:
Haftvermittler für Füllstoffe;

Eigenschaften:

- **physikalisch/chemisch:**
  Siedepunkt: 202,5 °C (999,67 hPa)
  Dichte: 1059 kg/m3 (25 °C)
  Molmasse: 212,75 g/mol

5-Chlor-n-pentyl-tri-ethoxysilan

- **CAS-Nummer:**
  15303-42-1
- **Summenformel:**
  $C_{11}H_{25}ClO_3Si$

- **Strukturformel:**

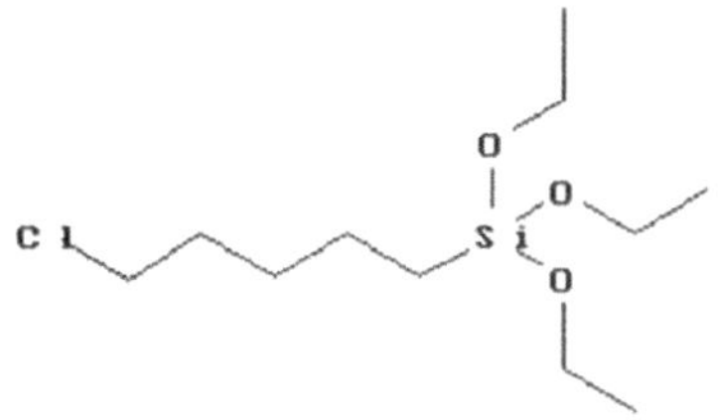

Funktion:
Haftvermittler für Füllstoffe;

Eigenschaften:

- **physikalisch/chemisch:**
Siedepunkt: 62-69 °C (0,867 hPa)

Chloromethyloxiran, Polymer mit Oxiran

- **CAS-Nummer:**
24969-10-6
- **gebräuchliche Namen:**
Epichlorhydrin-Ethylenoxid-Copolymer;
- **Summenformel:**
$(C_3H_5ClO * C_2H_4O)_n$

- **Strukturformel:**

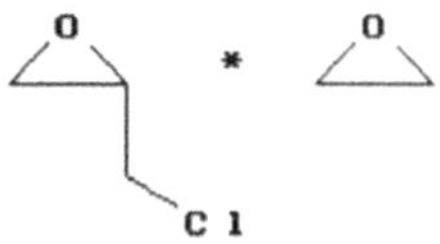

Funktion:
Polymer;

Chlorparaffin

- **CAS-Nummer:**
63449-39-8
- **gebräuchliche Namen:**
Paraffinwachs chloriert; Kohlenwasserstoffwachs chloriert; chlorierte aliphatische Kohlenwasserstoffe;
- **Handelsnamen:**
Cerechlor 54; Cereclor; Chlorcosane; Chlorez 700; Chlorez 700 HMP; Chlorowax; Clorafin; Chlorwax; Crechlor S 45; Flexchlor; Hordaresin NK 70; NCI-C53587; Paroilchlorez; Unichlor; Unichlor 50;

Funktion:
Flammschutzmittel;

Eigenschaften:
- **toxikologisch/ökotoxikologisch:**
RTECS # RV 0480000
WGK: 1

Sonstiges:
Zu diesem Stoff liegt ein BUA-Stoffbericht Nr. 93 vor.
Krebserzeugend IIIB [481];
LD 50 (oral, Ratte): >13600 mg/kg, >11700 mg/kg [428];
TD Lo (oral, Ratte): 27 mg/kg/90 D (kontinuierlich), 14000 mg/kg/14 D (intermittierend) [428];
LD 50 (oral, Maus): >27200 mg/kg, >23400 mg/kg [428];
TD Lo (oral, Maus): 3500 mg/kg/14 D (intermittierend) [428];
TD Lo (oral, Hund): 9000 mg/kg/90 D (kontinuierlich) [428];

zu Hordaresind NK 70 [Sdb Hoechst]:
WGK: 1
Biologische Eliminierbarkeit >90 %;

- **physikalisch/chemisch:**
Flammpunkt: >150 °C
Dampfdruck: 0,01 hPa (20 °C) [Sdb Hoechst]
Dichte: 1600 kg/m3 (20 °C)

Löslichkeit:
unlöslich in Wasser [Sdb Hoechst];

Bemerkung zu physikalisch/chemischen Daten:
Thermische Zersetzung: ca. 200 °C [Sdb Hoechst];

Bemerkung:
[Sdb Hoechst]:
Fest, gelblich, geruchlos;

zu Hordaresin NK 70:
Chlorierter aliphatischer Kohlenwasserstoff mit ca. 72 % Chlor;
bei Brand kann Chlorwasserstoff freigesetzt werden.

enthalten in: Mediaplast CL/GR (74 %) Chlorparaffin auf Kieselsäure;

Chlorparaffin

- **CAS-Nummer:**
61788-76-9
- **gebräuchliche Namen:**
Chlorkohlenwasserstoff, aliphatisch;
- **Handelsnamen:**
Hardaflex; Witachler; Cerechler; Chlorparaffin Hoechst 40 flüssig; Chlorparaffin Hoechst 50 flüssig;

Funktion:
Flammschutzmittel;

Eigenschaften:
- **toxikologisch/ökotoxikologisch:**
WGK: 3
Sonstiges:
Krebsverdächtig [39]; Leicht reizende Wirkung an der Haut;
LD 50 (oral, Ratte): 5 mg/kg [39], 250 mg/kg [246];
LD 50 (oral, Star): 31,6 mg/kg [356];

[Sdb Hoechst]:
LD 50 (oral, Maus): >2000 mg/kg;
LC 0 (Fisch, Goldorfe): 500 mg/l/48 h;
EC 0 (Bakterien): 600 mg/l Gärröhrchentest;

- **physikalisch/chemisch:**
  Flammpunkt: >150 °C
  Dampfdruck: <0,01 hPa (20 °C)
  Dichte: 1170 kg/m3

  Löslichkeit:
  in Wasser praktisch unlöslich [Sdb Hoechst];

  Bemerkung zu physikalisch/chemischen Daten:
  Thermische Zersetzung: >200 °C [Sdb Hoechst];

Bemerkung:
Gehört zu der Gruppe der polyaromatischen Kohlenwasserstoffe (PAH);

(3-Chlor-propyl)-trimethoxysilan

- **CAS-Nummer:**
  2530-87-2
- **Summenformel:**
  $C_6H_{15}ClO_3Si$

- **Strukturformel:**

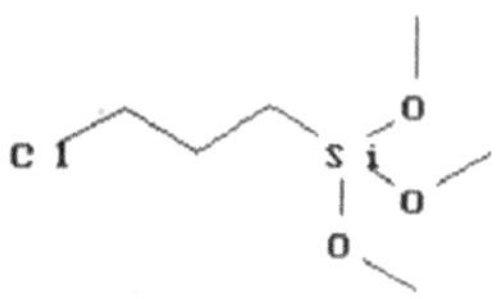

Funktion:
Haftvermittler für Füllstoffe;

Eigenschaften:
- **toxikologisch/ökotoxikologisch:**
  R-Satz: 36/37/38
  S-Satz: 26-36/37/39

- **physikalisch/chemisch:**
  Siedepunkt: 195-196 °C; 195 °C; 82 °C (109,29 hPa)
  Flammpunkt: 78 °C; 85 °C
  Brechungsindex: 1,4196 (20 °C); 1,4193 (20 °C)
  Dichte: 1077 kg/m3 (25 °C)
  Molmasse: 198,72 g/mol

Verbleib nach Gebrauch:
Verbrennung;

Bemerkung:
farblose Flüssigkeit; feuchtigkeitsempfindlich;

1-Chlor-2,5-pyrrolidindion

- **CAS-Nummer:**
  128-09-6
- **gebräuchliche Namen:**
  NCS; 1-Chlor-2,5-pyrrolidinon; N-Chlorsuccinimid; Succinchlorimid; Succinimid;

- **Summenformel:**
  $C_4H_4ClNO_2$

- **Strukturformel:**

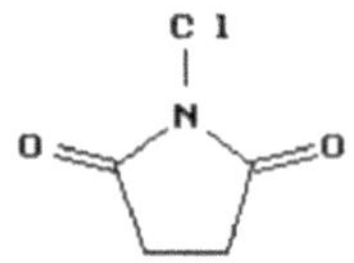

Funktion:
Vulkanisationsverzögerer;

Eigenschaften:
- **toxikologisch/ökotoxikologisch:**
  RTECS # UY 1013500
  R-Satz: 8-34-20/21/22
  S-Satz: 17-26-36/37/39-22
  Sonstiges:
  Tumorgen [428];
  LD Lo (oral, Ratte): 1000 mg/kg [428];
  LD Lo (intravenös, Ratte): 200 mg/kg [428];
  TD Lo (subcutan, Maus): 840 mg/kg/70 W (intermittierend) [428];
  TD Lo (oral, Ratte): 15000 mg/kg/40 D (kontinuierlich) [428];
  TD Lo (oral, Kaninchen): 5800 mg/kg/5 W (intermittierend) [428];

- **physikalisch/chemisch:**
  Schmelzpunkt: 150-152 °C
  Dichte: 1650 kg/m3
  Molmasse: 133,53 g/mol

  Löslichkeit:
  in Wasser: 14 g/l; in Benzen: 20 g/l; schwerlöslich in Ether, Tetrachlormethan, Trichlormethan; löslich in Propanon; Essigsäure

Verbleib nach Gebrauch:
Verbrennung nach Mischung mit brennbarem Lösemittel;

Bemerkung:
weißes Pulver;

Chlortrifluorethylen

- **CAS-Nummer:**
  79-38-9
- **UN Nummer:**
  1082
- **gebräuchliche Namen:**
  Polytrifluorchlorethylen; CTFE; Trifluorvinylchlorid; Trifluorchlorethylen, stabilisiert; Chlortrifluorethen, stabilisiert; Chlortrifluorethen; Chlortrifluorethylen, stabilisiert; Monochlortrifluorethylen, stabilisiert;
- **Handelsnamen:**
  Freon 1113; Gas-1113; R-1113;
- **Summenformel:**
  C_2ClF_3

- **Strukturformel:**

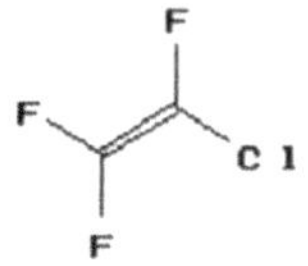

Funktion:

Monomer für die Herstellung von synthetischem Kautschuk;

Eigenschaften:

- **toxikologisch/ökotoxikologisch:**

RTECS # KV 0525000
R-Satz: 11-23
S-Satz: 44-16-38
Sonstiges:
Wenig giftig, wenn nicht durch Erhitzung zersetzt. Das Gas wirkt in hohen Konzentrationen betäubend. Beim schnellen Übergang in den Gaszustand kann die Luft (insbesondere in Räumen) verdrängt werden (Erstickungsgefahr!). Kontakt mit der Flüssigkeit verursacht Erfrierungen. Vorsicht bei Kontakt mit heißen Flächen oder offenen Flammen bilden sich hochgiftige chlor- und fluorhaltige Gase. Es kommt zur Reizung der Atemwege und zu Lungenödem.
Symptome: Schläfrigkeit, Übelkeit, Bewußtlosigkeit. Bei Brand Husten, Atemnot [484];
LC 50 (inhalativ, Ratte): 1000 ml/m3/4 h [428];
LD 50 (oral, Maus): 268 mg/kg [428];
LD 50 (intraperitoneal, Maus): 175 mg/kg [428];
LC 50 (inhalativ, Maus): 3000 ml/m3/7 h [428];
LC 50 (inhalativ, Meerschweinchen): 4300 mg/m3/4 h [428];

Nur nach Hitzezersetzung Giftwirkung auf Wasserorganismen. Tödlich für Fische: Fluorwasserstoff ab 60 mg/l, Chlorwasserstoff 25 mg/l, Chlor ab 0,05 mg/l [484];

- **physikalisch/chemisch:**

Schmelzpunkt: -158 °C; -157,5 °C
Siedepunkt: -28,4 °C; -27 °C; -27,9 °C
Dampfdruck: 4360 hPa (20 °C) [484]
Dichte: 1510 kg/m3 (40 °C); 1440 kg/m3 (20 °C)
Molmasse: 116,47 g/mol

Löslichkeit:
unlöslich in Wasser [484];

Bemerkung zu physikalisch/chemischen Daten:
Kritische Temperatur: 105,8 °C [484];

Verbleib nach Gebrauch:

Verbrennen entzündlicher Gase, Neutralisation korrosiver Gase, Verbrennung und/oder chemische Reaktion giftiger, hochreaktiver Gase und Reizgase, Reinigung der Druckbehälter;

Bemerkung:

Farbloses Gas; süßlicher, etherähnlicher Geruch;
Zündfähiges Gemisch, 24-40,3 Vol.-% [484];

Chrom(III)-oxid

- **CAS-Nummer:**
  1308-38-9
- **gebräuchliche Namen:**
  Chromoxid; Chromgrün; Chromoxidgrün; Ultramaringrün; Pigment Grün 17 (C.I. 77288); C.I. 77288; Pigment Green 17; Dichromtrioxid; Chromia;

- **Handelsnamen:**
  Chromoxidgrün GN; Chromoxidgrün GX; Chromoxidgrün GN-M; Chromoxidgrün FO 430; Chromoxidgrün FO 431; Chromoxidgrün FO 434; Chromoxid Grün 9996; Levanox Green GA; Casalisgrün; Chromgrün; Grünchromoxid; Grün Cinnabar; Levanox Grün GA; Anadonis grün;
- **Summenformel:**
  Cr_2O_3

Funktion:
Pigment, anorganisch;

Anwendung:
Reifen, Schläuche; chirurgische und medizinische Artikel; Sportartikel; Spielsachen; technische Gummiartikel; Produkte für Industrie, inkl. Druckplattentücher; Klebstoffe; Dichtungen; Latex Tauchartikel; Latex Schaumartikel;

branchenspezifische Bemerkung zur Substanz:
Einsatzmenge: 10 t/a (TSE-Industrie, 1996)

Eigenschaften:
- **toxikologisch/ökotoxikologisch:**
  RTECS # GB 6475000
  WGK: 0
  MAK Wert: 6 mg/m3 A
  R-Satz: 20/21/22-36/37/38-43
  S-Satz: 26-36
  Sonstiges:
  Die Stäube reizen stark die Augen, die Atemwege und die Haut; Kontakt mit dem Stoff verursacht Schädigungen bis hin zu Verätzungen; schwere Reizerscheinungen und Verätzungen im Magen- und Darmkanal nach Verschlucken; bei Aufnahme in den Körper (auch über Einatmen der Stäube möglich) Nierenschäden bis zum Nierenversagen; Leberschäden möglich [484];
  Symptome: Brennen der Augen, der Nasen- und Rachenschleimhäute sowie der Haut. Husten, Brechreiz, Kopfschmerzen. Nach Verschlucken wäßriger Gemische: Erbrechen, Durchfälle, Schmerzen, Schock; [484]

  [Sdb Bayer und BASF]:
  LD 50 (oral, Ratte): >10000 mg/kg
  LC Lo (Zebrabärbling): >10000 mg/l/96 h

- **physikalisch/chemisch:**
  Schmelzpunkt: 2266 ± 25 °C; 2435 °C
  Siedepunkt: 4000 °C; 3000 °C
  Dampfdruck: 0,0 hPa (20 °C) [484]
  Dichte: 5210 kg/m3 (20 °C)
  Molmasse: 151,99 g/mol

  Löslichkeit:
  unlöslich in Wasser, Alkalien, Säuren, Ethanol, Propanon; wenig löslich in Ammoniaklösung;

Verbleib nach Gebrauch:
Sondermüll-Deponie, abfiltrierte Sulfide aus der Ausfällung des in Lösung gebrachten Stoffes (Oxidation oder wäßrige Säure) und eventueller Neutralisation;

Bemerkung:
Hell bis dunkelgrüne, feine, hexagonale Kristalle; Grüne glänzende Kristalle oder Pulver; nicht brennbarer fester Stoff [484];
Unverträglich mit Feuchtigkeit; Der Stoff reagiert heftig bei Kontakt oder Mischung mit Glycerin, Sauerstoffdifluorid und Lithium [484];
Verwendung: in Schleifmitteln, feuerfesten Stoffen, elektrischen Halbleitern; als Pigment, besonders zum Färben von Glas; in Legierungen; bedruckte Stoffe und Banknoten; als Katalysator in organischen und anorganischen Reaktionen;

[Sdb Bayer]:
Grünes, geruchloses Pulver;

Die Reinheitsanforderungen der Empfehlung IX (Farbmittel zum Einfärben von Kunststoffen und anderen Polymeren für Bedarfsgegenstände) der Kunststoff-Kommission des Bundesgesundheitsamts sind für Chromoxidgrün GN, GX, GN-M erfüllt.
Chromoxidgrün GN, GX, GN-M wird somit als unbedenklich für die Herstellung von Bedarfsgegenständen, d.h. von Artikeln, die mit Lebensmittel in Berührung kommen, beurteilt.

Chromoxidhydrat

- **CAS-Nummer:**
  73070-25-4
- **Summenformel:**
  $Cr_2O_3 * H_2O$

- **Strukturformel:**

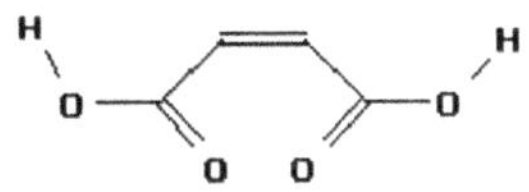

Funktion:
Pigment, anorganisch;

Cobaltdichlorid

- **CAS-Nummer:**
  7646-79-9
- **UN Nummer:**
  2811
- **gebräuchliche Namen:**
  Kobaltchlorid II (wasserfrei); Kobalt-II-chlorid;
- **Summenformel:**
  $CoCl_2$

Funktion:
Zusätze für schwefelfreie Vernetzungsmittel;

Eigenschaften:
- **toxikologisch/ökotoxikologisch:**
  RTECS # GF 9800000
  WGK: 2
  R-Satz: 23/24/25-42/43
  S-Satz: 45-36/37/39-22

- **physikalisch/chemisch:**
  Schmelzpunkt: 735 °C; 724 °C (in HCl-Gas)
  Siedepunkt: 1049 °C
  Dichte: 3356,0 (20 °C); 3367 (25 °C)
  Molmasse: 129,84 g/mol

  Löslichkeit:
  löslich in Wasser, Alkohol, Propanon, Methanol;

Cobalt-(III)-acetat

- **CAS-Nummer:**
  5931-89-5
- **Summenformel:**
  $C_6H_9CoO_6$

- **Strukturformel:**

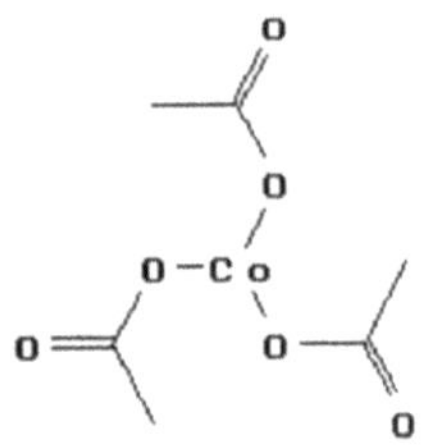

Funktion:
Haftmittel;

Eigenschaften:

- **physikalisch/chemisch:**
  Schmelzpunkt: 100 °C
  Dichte: 1705 kg/m3
  Molmasse: 236,07 g/mol

  Löslichkeit:
  löslich in Säure und Eisessig;

Bemerkung:
rote Kristalle, Geruch nach Essigsäure, Neigung zum Zerfließen;

Cobaltphthalocyanin

- **CAS-Nummer:**
  60482-88-4
- **Summenformel:**
  $C_{32}H_{16}CoN_8$

- **Strukturformel:**

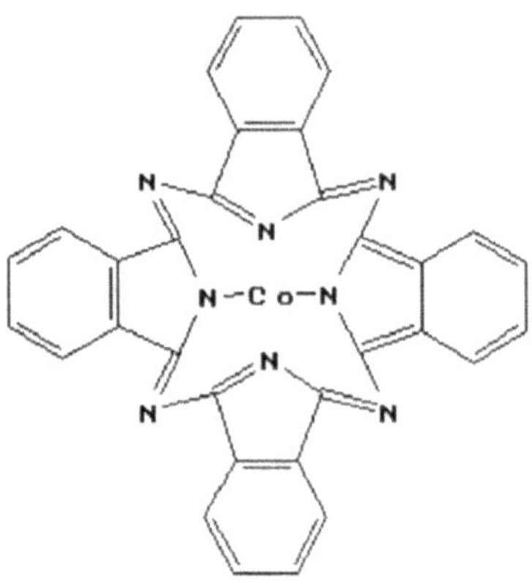

Funktion:
Mastikationsmittel;

Eigenschaften:

- **physikalisch/chemisch:**
Molmasse: 571,47 g/mol

Cristobalit

- **CAS-Nummer:**
14464-46-1
- **gebräuchliche Namen:**
Quarz;
- **Summenformel:**
SiO_2

Funktion:
Füllstoff, anorganisch;

Eigenschaften:
- **toxikologisch/ökotoxikologisch:**
RTECS # VV 7325000
WGK: 0
MAK Wert: 0,15 mg/m3
Sonstiges:
LDLo (intrapleural, Ratte): 200 mg/kg [428];
TDLo (intrapleural, Ratte): 90 mg/kg [428];
TD100 (intrapleural, Ratte): 100 mg/kg [428];

- **physikalisch/chemisch:**
Molmasse: 60,09 g/mol

Bemerkung:
ist beim Menschen als Silikose erzeugend bekannt;

Cumaron-Inden-Harz

- **CAS-Nummer:**
63393-89-5
- **Handelsnamen:**
Cumar; Cumrone; Natro-Rez 50-D; Nevillac; Nevindene; Piccoumaron; Piccovar; Nowares C;

Funktion:
Klebrigmacher;
Weichmacher, synthetisch;
Anwendung:
Reifen, Schläuche; chirurgische und medizinische Artikel; Sportartikel; Spielsachen; technische Gummiartikel; Produkte für Industrie, inkl. Druckplattentücher; Klebstoffe; Dichtungen; Latex Tauchartikel; Latex Schaumartikel;

branchenspezifische Bemerkung zur Substanz:
Einsatzmenge: 1.100 t/a (Reifenindustrie: 770 t/a, TSE-Industrie: 330 t/a) (1996)

Eigenschaften:
- **toxikologisch/ökotoxikologisch:**
  WGK: 1

2-Cyano-3,3-diphenylacrylat-ethyl-2-cyano-3,3-diphenylacrylat

- **CAS-Nummer:**
  5232-99-5
- **gebräuchliche Namen:**
  2-Cyano-3,3-diphenylacrysäureethylester;
- **Handelsnamen:**
  Uvinal N-35;
- **Summenformel:**
  $C_{18}H_{15}NO_2$

- **Strukturformel:**

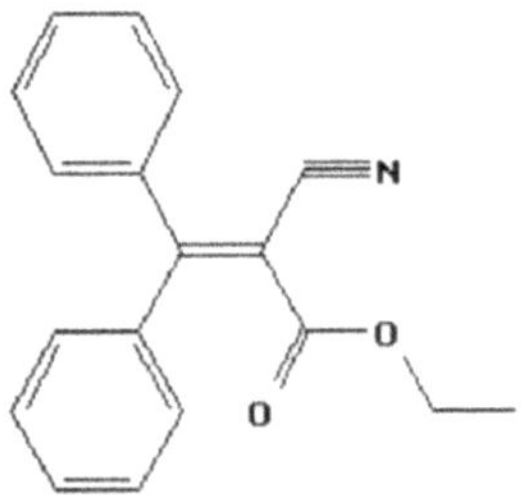

Funktion:
Lichtschutzmittel;

Eigenschaften:
- **toxikologisch/ökotoxikologisch:**
  RTECS # AT 6200000
  Sonstiges:
  LD 50 (intraperitoneal, Maus): 100 mg/kg [428];

- **physikalisch/chemisch:**
  Schmelzpunkt: 110,5 °C
  Molmasse: 277,30 g/mol

Cyclododeca-1,5,9-trien

- **CAS-Nummer:**
  4904-61-4
- **gebräuchliche Namen:**
  1,5,9-Cyclododecatrien;
- **Summenformel:**
  $C_{12}H_{18}$

- **Strukturformel:**

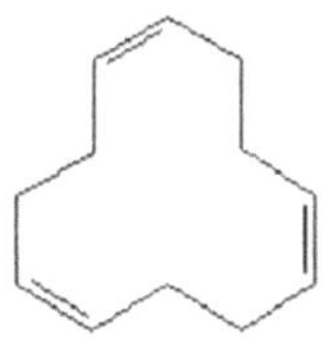

branchenspezifische Bemerkung zur Substanz:
Zersetzungsprodukt von Butadien-Kautschuk;

Eigenschaften:
- **toxikologisch/ökotoxikologisch:**
WGK: 2

- **physikalisch/chemisch:**
Molmasse: 162,27 g/mol

Cyclohexan

- **CAS-Nummer:**
110-82-7
- **UN Nummer:**
1145
- **gebräuchliche Namen:**
Hexahydrobenzol; Hexamethylen; Zyklohexan;
- **Summenformel:**
C_6H_{12}

- **Strukturformel:**

Funktion:
Lösemittel;
Anwendung:
Reifen, Schläuche; chirurgische und medizinische Artikel; Sportartikel; Spielsachen; technische Gummiartikel; Produkte für Industrie, inkl. Druckplattentücher; Klebstoffe; Dichtungen;

Eigenschaften:
- **toxikologisch/ökotoxikologisch:**
RTECS # GU 6300000
Schweizer Giftliste: 4
WGK: 1
MAK Wert: 1050 mg/m3 bzw. 300 ml/m3
R-Satz: 11
S-Satz: (2)-9-16-33
Sonstiges:
Spitzenbegrenzung: II,1 [481]; Schwangerschaftsgruppe IIc; Geruchsschwelle 0,4 ml/m3 [484]; Dämpfe reizen Augen und Atemwege; Einatmen hoher Dampfkonzentrationen führt zur Narkose; nachfolgend Leber- und Nierenschäden möglich; anhaltender Kontakt mit der Flüssigkeit ruft Reizung der Haut hervor [163]; [484];

Kurzeinwirkung: 600-700 ml/m3 erwiesen sich über kurze Zeit als erträglich und riefen keine chronischen Schädigungen hervor [163]; [484];
LD 50 (oral, Ratte): 12705 mg/kg [428];
LD 50 (oral, Maus): 1297 mg/kg [428];
LC Lo (inhalativ, Maus) 70000 mg/m3/2h [428];
LC Lo (inhalativ, Kaninchen) 89600 mg/m3/1h [428];

LC 50 (Daphnia magna): 340 mg/l [163];
LC 50 (Fisch, Goldorfe): 763/55 mg/l [33];
LC 100 (Fisch, Goldorfe): 3900/78 mg/l [33];
Toxische Grenzkonzentration für Pseudonomas putida >400 mg/l, Scenedesmus quadricauda >400 mg/l [484];

Gefahren-Symbol:

- **physikalisch/chemisch:**
  Schmelzpunkt: 6,6 °C
  Siedepunkt: 80,8 °C
  Flammpunkt: -20 °C; -18 °C;
  Dampfdruck: 104 hPa (20 °C) [163]; [484]; 133,29 hPa (60,8 °C) [428];
  Verdampfungswärme: 365,09 kJ/kg
  Log pOW: 3,44 [4]
  Brechungsindex: 1,42680 (20 °C); 1,42662; 1,4260
  Dichte: 779,1 kg/m3 (20 °C)
  Molmasse: 84,161 g/mol
  Verdunstungszahl: 6,1 (BuAc = 1) [9]

  Löslichkeit:
  Wasser 0,05 g/l (20 °C); Ethanol; Diethylether; Benzen;

Verbleib nach Gebrauch:
Verbrennung, hochentzündliche Stoffe;

Bemerkung:
Nicht corrosive Flüssigkeit, petroleumähnlicher Geruch [428];
farblose, mild süßlich riechende Flüssigkeit;
Reizwirkung auf Haut stärker als bei Benzol oder Toluol;
Dämpfe bilden mit Luft explosive Gemische, die schwerer als Luft sind; Explosionsgrenzen: 1,2-8,3 Vol.-%; Zündtemp.: 260 °C [32]; [484]; 245 °C (techn. Produkt) [27];
Bei Einwirkung von Hitze oder offenen Flammen kann der Stoff mit sauerstoffreichem Material (starken Oxidationsmitteln) reagieren. [484]
Dämpfe sehr leicht entzündbar; Flüssigkeit verdunstet sehr schnell;
Verwendung: als Lösemittel in Lacken und Harzen; Lösemittel für Fette und Wachse; in Lack- und Farbentfernern; zur Extraktion von essentiellen Ölen; in der Parfümindustrie; in der Druckindustrie auch als Reinigungsmittel;
Enthalten in Ceracol 39 (3%);
T(krit.): 280,4 °C; P(krit.): 40520 hPa [428];

Cyclohexanon

- **CAS-Nummer:**
  108-94-1
- **UN Nummer:**
  1915
- **gebräuchliche Namen:**
  Ketohexamethylen; Zyklohexanon; Pimelic Keton; Anonsextone; Sextone;

- **Handelsnamen:**
  Hytrol O; Nadone; Anon; TEGO AIREX 930; Hexanon; Hytrol D; Nadone; Pimelic Keton; Pimelin Keton; Sextone; NCI-C 55005;
- **Summenformel:**
  $C_6H_{10}O$

- **Strukturformel:**

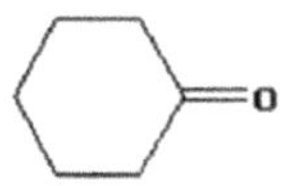

Funktion:
(1) Lösemittel;

Anwendung:
(1) chirurgische und medizinische Artikel; Sportartikel; Spielsachen; technische Gummiartikel; Produkte für Industrie, inkl. Druckplattentücher; Klebstoffe; Dichtungen,

branchenspezifische Bemerkung zur Substanz:
(2) Reaktionsprodukt von Cumaron-Inden-Harz [Weichmacher];
(3) Zersetzungsprodukt aus N-Cyclohexyl-2-benzothiazolsulfenamid (CBS) (CAS-Nr. 95-33-0);
Einsatzmenge: 18 t/a (TSE-Industrie, 1996);

Eigenschaften:
- **toxikologisch/ökotoxikologisch:**
  RTECS # GW 1050000
  Schweizer Giftliste: 4
  WGK: 1
  MAK Wert: 50 ml/m3
  R-Satz: 10-20
  S-Satz: (2)-25
  Sonstiges:
  Einstufung und Kennzeichnung von Zubereitungen, in denen diese Substanz enthalten ist:
  25%< =C ⇒ Xn; R20

  Für diese Substanz liegt ein BUA-Stoffbericht Nr. 138 vor.
  IMK: II; H; III B;
  Spitzenbegrenzung: II,1 [481]; Schwangerschaftsgruppe C [481]; Geruchsschwelle: 0,06 ml/m3 [163]; [484];
  Dämpfe, die bei Erhitzung oder Brand entstehen, reizen Augen und Atemwege; geringgradige betäubende Wirkung; Kontakt der Flüssigkeit mit den Augen kann Trübung der Hornhaut und Reizung der Augen hervorrufen [163]; [484];
  Kurzeinwirkung: 75 ml/m3 für 3-5 Min. führten zur Reizung der Augen sowie der Nasen- und Rachenschleimhäute [163];
  Kann beim Menschen peroral, dermal und per inhalationem aufgenommen werden [602];
  TC Lo (inhalativ, Mensch): 75 ml/m3 [428];
  LD 50 (oral, Ratte): 1620 mg/kg [9], 1535 mg/kg [187], ca. 1900 mg/kg [Sdb Tego];
  LC 50 (inhalativ, Ratte): 8000 ml/m3/4h [9], [428];
  LD 50 (intraperitoneal, Ratte): 1130 mg/kg [428];
  LD 50 (subcutan, Ratte): 2170 mg/kg [428];
  LD Lo (intravenös, Ratte): 568 mg/kg [428];
  LD 50 (oral, Maus): 1400 mg/kg [428];
  LC Lo (inhalativ, Maus): 19200 mg/m3/90min. [428];
  LD 50 (intraperitoneal, Maus): 1230 mg/kg [428];
  LD Lo (subcutan, Maus): 1300 mg/kg [428];
  LD Lo (intravenös, Affe): 284 mg/kg [428];
  LD Lo (oral, Kaninchen): 1600 mg/kg [428];
  LD 50 (Haut, Kaninchen): 1 ml/kg [428];
  LD 50 (Haut, Kaninchen): 10000 mg/kg [9], 948 mg/kg [187];
  LD 50 (intraperitoneal, Kaninchen): 1540 mg/kg [428];
  LC Lo (inhalativ, Meerschweinchen): 400 ml/m3/4h;
  LD Lo (intraperitoneal, Meerschweinchen): 760 mg/kg [428];
  LD Lo (subcutan, Frosch): 1900 mg/kg [428];

LD 50 (oral, Säugetier): 3000 mg/kg [428];
LC 50 (inhalativ, Säugetier): 25000 mg/m3 [428];

Toxische Grenzkonzentration für Pseudomonas putida 180 mg/l, Scenedesmus quadricauda 370 mg/l [36];
LC 50 (Fisch, Goldorfe): 752/536 mg/l/96h [33], [602];
LC 100 (Fisch, Goldorfe): 940/564 mg/l/96h [33], [602];
EC 50/LC 50 (Daphnia magna): 526/540 mg/l/24h [602];
EC 50/LC 50 (Daphnia magna): 820/800 mg/l/24h [602];
EC 100/LC 100 (Daphnia magna): 1240/1540 mg/l/24h [602];
Biologische Abbaubarkeit (Test in geschl. Flasche) gut (>85 %) [484];
Über 70 % biologisch abbaubar im Belebtschlamm [602];

Gefahren-Symbol:

- **physikalisch/chemisch:**

Schmelzpunkt: -26 °C; -31 °C; -47 °C
Siedepunkt: 155,8 °C; 156 °C; 153-156 °C
Flammpunkt: 43 °C; 45 °C; 46 °C
Dampfdruck: 4,5 hPa (20 °C) [9]; 5 hPa (20 °C) [484] [Sdb]
Verdampfungswärme: 456,36 kJ/kg
Log pOW: 0,81 [4]
Brechungsindex: 1,4507 (19 °C)
Dichte: 946,6 kg/m3 (20 °C)
Molmasse: 98,144 g/mol
Verdunstungszahl: 0,23 (BuAc = 1) [9]; 40 (Diethylether = 1) [19]

Löslichkeit:
Wasser 23 g/l (20 °C); 24 g/l (20 °C); löslich in Ethanol, Diethylether;

Verbleib nach Gebrauch:
Verbrennung;

Bemerkung:
Gelbliche Flüssigkeit, aromatischer Geruch [Sdb Tego];
Farblose, acetonähnlich riechende Flüssigkeit;
Bei starker Erwärmung bilden sich explosive Gemische, die schwerer als Luft sind; Entzündung durch heiße Oberflächen, Funken, offene Flammen;
Explosionsgrenzen:
1,1-8,6 Vol.-%; Zündtemp.: 419 °C [9];
1,3-9.4 Vol.-%; Zündtemp.: 420 °C [484]; 430 °C [27];
Stoff greift viele Farben an;
Verwendung: technisches Lösemittel; in der Druckindustrie als Entschichtungsmittel und zum Reinigen von Gewebe;
Cyclohexanon dient überwiegend (>90 %) als Zwischenprodukt zur Synthese von epsilon-Caprolactam. Weiterhin kommt es als Edukt für die Synthese zahlreicher Stoffe, z.B. Pflanzenschutzmittel und Pharmaka, sowie als Formulierungshilfsmittel und als industrielles Lösemittel zum Einsatz [602];
Enthalten in Bevaloid 6420 (35%), Byk-065 (99%), Efka-25 (99%);

Cyclohexanonoxim

- **CAS-Nummer:**

100-64-1

- **Handelsnamen:**

Lanco-Antiskin P;

- **Summenformel:**
  $C_6H_{11}NO$

- **Strukturformel:**

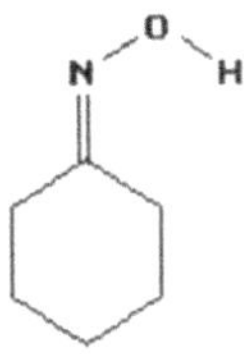

branchenspezifische Bemerkung zur Substanz:
Zersetzungsprodukt von CBS;

Eigenschaften:
- **toxikologisch/ökotoxikologisch:**
  RTECS # GW 1925000
  Schweizer Giftliste: 4
  R-Satz: 11-22
  S-Satz: 16-20-37/39
  Sonstiges:
  gesundheitsschädlich beim Verschlucken [Sdb Lubrizol];
  LD (oral, Ratte): >500 mg/kg [428];
  LD 50 (intraperitoneal, Maus): 250 mg/kg [428];

  Gefahren-Symbol:

- **physikalisch/chemisch:**
  Schmelzpunkt: 89-91 °C; 72 °C;
  Siedepunkt: 206-210 °C; 204 °C;
  Dichte: 980 kg/m (20 °C) [Sdb];
  Molmasse: 113,16 g/mol

  Löslichkeit:
  löslich in Wasser, Ethanol, Diethylether, Methanol;

Verbleib nach Gebrauch:
Verbrennung nach Mischung mit brennbarem Lösemittel;

Bemerkung:
Leichtentzündlich [SdB Lubrizol];

Cyclohexanthiol

- **CAS-Nummer:**
  1569-69-3
- **gebräuchliche Namen:**
  Cyclohexylmercaptan;
- **Summenformel:**
  $C_6H_{12}S$

- **Strukturformel:**

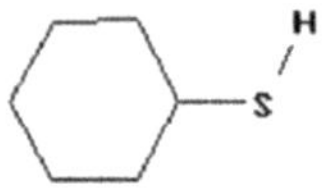

branchenspezifische Bemerkung zur Substanz:
Zersetzungsprodukt von CTP;

Eigenschaften:
- **toxikologisch/ökotoxikologisch:**
RTECS # GV 7525000
WGK: 3
R-Satz: 10-22-36/37/38
S-Satz: 16-23-28
Sonstiges:
Reizend;
LD 50 (oral, Ratte): 558 mg/kg [187];

Gefahren-Symbol:

- **physikalisch/chemisch:**
Schmelzpunkt: -30 °C
Siedepunkt: 158-160 °C
Flammpunkt: 49 °C; 39 °C
Dampfdruck: 800 hPa (150 °C)
Brechungsindex: 1,4921
Dichte: 950 kg/m3
Molmasse: 116,22 g/mol

Löslichkeit:
nicht mischbar mit Wasser; löslich in Ethanol, Ether, Propanon, Benzen, Trichlormethan;

Bemerkung zu physikalisch/chemischen Daten:
Zündtemp.: 510 °C;

Verbleib nach Gebrauch:
Verbrennung;

Bemerkung:
Farblose Flüssigkeit; Geruchsbelästigend;

Cyclohexen

- **CAS-Nummer:**
110-83-8
- **UN Nummer:**
2256
- **gebräuchliche Namen:**
1,2,3,4-Tetrahydrobenzol;
- **Summenformel:**
C_6H_{10}

- **Strukturformel:**

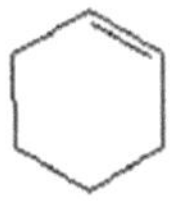

branchenspezifische Bemerkung zur Substanz:
Reaktionsprodukt von Poly-2-methyl--1,3-butadien (CAS-Nr. 9003-31-0), Phenylethen-Butadien-Copolymer (CAS-Nr. 9003-55-8), cis-Polybutadien (CAS-Nr. 9003-17-2) [Polymer];

Eigenschaften:
- **toxikologisch/ökotoxikologisch:**
RTECS # GW 2500000
Schweizer Giftliste: 4
WGK: 1
MAK Wert: 1015 mg/m3 bzw. 300 ml/m3
R-Satz: 11-12-36/37/38
S-Satz: 9-16-23-29-33
Sonstiges:
Spitzenbegrenzung: II,1 [481]; Schwangerschaftsgruppe IIc;
Dämpfe reizen leicht Augen und Atmungsorgane; in hohen Konzentrationen wirken sie betäubend und führen zu Blutdruckabfall; Kontakt mit der Flüssigkeit führt zu leichter Reizung der Augen und Haut [163];
LD 50 (oral, Ratte): 2000 mg/kg [428];
Toxische Grenzkonzentration für Pseudomonas putida 17 mg/l, Scenedesmus quadricauda > 400 mg/l [36];

Gefahren-Symbol:

- **physikalisch/chemisch:**
Schmelzpunkt: -103,7 °C
Siedepunkt: 82,98 °C
Flammpunkt: < -18 °C
Dampfdruck: 94 hPa (20 °C) [163]; 213,26 hPa (20 °C) [187]
Verdampfungswärme: 370,53 kJ/kg
Log pOW: 2,86 [4]
Brechungsindex: 1,4469 (20 °C)
Dichte: 810,2 kg/m3 (20 °C)
Molmasse: 82,145 g/mol

Löslichkeit:
Wasser 0,05 g/l (20 °C); 213 g/l (20 °C); löslich in Ethanol, Diethylether, Trichlormethan, Petrolether;

Verbleib nach Gebrauch:
Verbrennung, hochentzündliche Stoffe;

Bemerkung:
Farblose, benzinartig riechende Flüssigkeit; brennbar Dämpfe sind sehr leicht entzündbar; Flüssigkeit verdunstet sehr schnell; Dämpfe bilden mit Luft explosionsfähige Gemische, die schwerer als Luft sind;
Zündtemp.: 310 °C [163];
Verwendung: als technisches Lösemittel;

Cyclohex-2-encarbonitril

- **CAS-Nummer:**
  13048-17-4
- **gebräuchliche Namen:**
  Cyanocyclohexen;
- **Summenformel:**
  C_7H_9N

- **Strukturformel:**

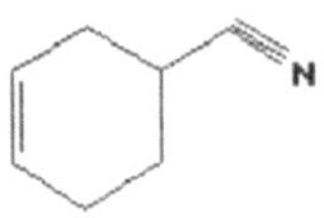

branchenspezifische Bemerkung zur Substanz:
Zersetzungsprodukt von Acrylnitril-Butadien-Kautschuk;

Eigenschaften:

- **physikalisch/chemisch:**
  Molmasse: 107,15 g/mol

Cyclohexen-1-chlor-4-(1-chlorvinyl)

- **CAS-Nummer:**
  13547-06-3
- **gebräuchliche Namen:**
  1-Chlor-4-(1-chlorvinyl)-cyclohexen;
- **Summenformel:**
  $C_8H_{10}Cl_2$

- **Strukturformel:**

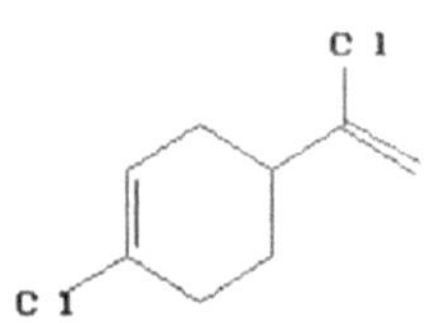

branchenspezifische Bemerkung zur Substanz:
Reaktionsprodukt von Poly-1-chlorbutadien (CAS-NR.: 9010-98-4) [Polymer];

Eigenschaften:

- **physikalisch/chemisch:**
  Siedepunkt: 105 °C (26,66 hPa); 66-67 °C (5,33 hPa)
  Dichte: 1169 kg/m3 (25 °C)
  Molmasse: 177,07 g/mol

Cyclohexen-1-chlor-5-(1-chlorvinyl)

- **CAS-Nummer:**
  13547-07-4
- **gebräuchliche Namen:**
  1-Chlor-5-(1-vinyl)cyclohexan;
- **Summenformel:**
  $C_8H_{10}Cl_2$

- **Strukturformel:**

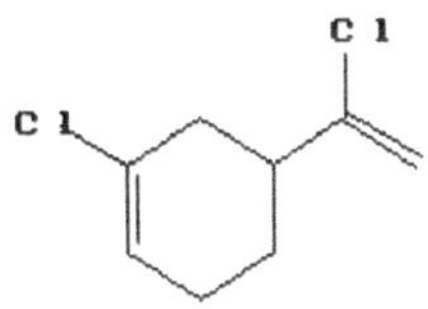

branchenspezifische Bemerkung zur Substanz:
Reaktionsprodukt von CAS.Nr.:9010-98-4 [Polymer];

Eigenschaften:

- **physikalisch/chemisch:**
  Siedepunkt: 72 °C (1013 hPa)
  Molmasse: 177,07 g/mol

Cyclohexen-1-methyl-3-(1-methylvinyl)

- **CAS-Nummer:**
  499-03-6
- **gebräuchliche Namen:**
  3-Isopropenyl-1-methylcyclohexen;
- **Summenformel:**
  $C_{10}H_{16}$

- **Strukturformel:**

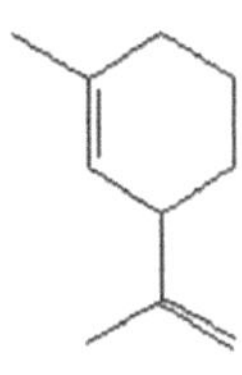

branchenspezifische Bemerkung zur Substanz:
Reaktionsprodukt von Poly-2-methyl-1,3-butadien [Polymer];

Eigenschaften:

- **physikalisch/chemisch:**
  Siedepunkt: 175 °C (1001 hPa); 173-174 °C (1011,67 hPa); 64,5°C (21,33 hPa)
  Dichte: 844 kg/m3 (20 °C); 848,5 kg/m3 (18 °C)
  Molmasse: 136,24 g/mol

Cyclohexen-5-methyl-3-(1-methylvinyl)

- **CAS-Nummer:**
  65816-08-1

branchenspezifische Bemerkung zur Substanz:
Reaktionsprodukt von Poly-2-methyl-1,3-butadien (CAS-Nr.: 9003-31-0) [Polymer];

2-(3-Cyclohexenyl)-acetaldehyd

- **CAS-Nummer:**
  24480-99-7
- **gebräuchliche Namen:**
  Cyclohex-3-enyl-acetaldehyd
- **Summenformel:**
  $C_8H_{12}O$

- **Strukturformel:**

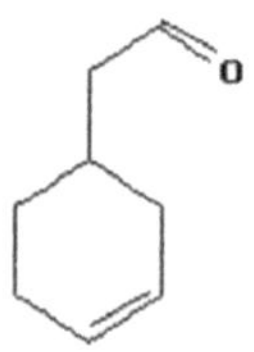

branchenspezifische Bemerkung zur Substanz:
Reaktionsprodukt von Phenylethen-Butadien-Copolymer (CAS-NR.: 9003-55-8) [Polymer];

Eigenschaften:

- **physikalisch/chemisch:**
  Siedepunkt: 48-49 °C (5,33 hPa); 82-83 °C (20 hPa)
  Molmasse: 124,18 g/mol

Cyclohexen-3-yl-benzylketon

- **CAS-Nummer:**
  24481-06-9
- **Summenformel:**
  $C_{14}H_{16}O$

- **Strukturformel:**

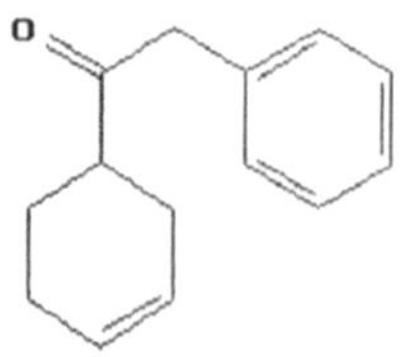

Funktion:
Ozonschutzmittel;

Eigenschaften:

- **physikalisch/chemisch:**
  Siedepunkt: 98-101 °C (2,67 hPa)
  Brechungsindex: 1,5428
  Molmasse: 200,28 g/mol

[(Cyclohexen-1-ylidenmethoxy)methyl]benzen

- **CAS-Nummer:**
  22428-48-4
- **gebräuchliche Namen:**
  [(Cyclohexen-1-ylidenmethoxy)methyl]benzol; Bis-(1,2,3,6-tetrahydrobenzaldehyd)-pentaerytrit-acetal;
- **Handelsnamen:**
  Vulkazon AFD;
- **Summenformel:**
  $C_{14}H_{16}O$

- **Strukturformel:**

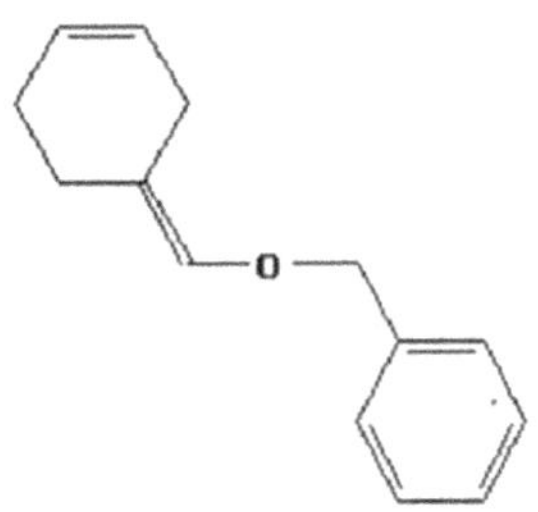

Funktion:
Ozonschutzmittel;
Kautschukart:
Naturkautschuk; Butadien-Kautschuk; Styrol-Butadien-Kautschuk; Chloropren-Kautschuk;

Eigenschaften:

- **physikalisch/chemisch:**
  Brechungsindex: 1,552 (20 °C)
  Dichte: 1020 kg/m3
  Molmasse: 200,28 g/mol

1-Cyclohex-3-enylpropan-1-on

- **CAS-Nummer:**
  14886-88-5
- **Summenformel:**
  $C_9H_{14}O$

- **Strukturformel:**

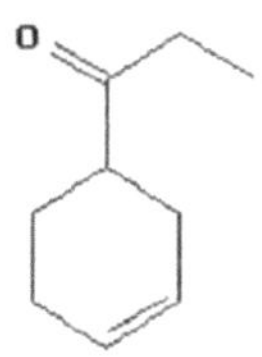

Funktion:
Ozonschutzmittel;

Eigenschaften:

- **physikalisch/chemisch:**
Siedepunkt: 74-76 °C (13,33 hPa)
Brechungsindex: 0,9404
Molmasse: 138,21 g/mol

N-Cyclohexylacetamid

- **CAS-Nummer:**
1124-53-4
- **gebräuchliche Namen:**
Cyclohexylaminatacetat; Acetamidocyclohexan; N-Acetylcyclohexylamin;
- **Summenformel:**
$C_8H_{15}NO$

- **Strukturformel:**

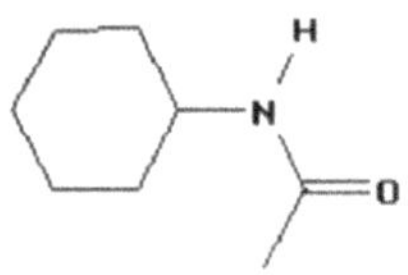

Funktion:
1) Koaguliermittel für Latex;

branchenspezifische Bemerkung zur Substanz:
2) Zersetzungsprodukt vn CBS;

Eigenschaften:
- **toxikologisch/ökotoxikologisch:**
Sonstiges:
LD 50 (intraperitoneal, Maus): 560 mg/kg [428];

- **physikalisch/chemisch:**
Molmasse: 141,21 g/mol

Bemerkung:
Droge [428];

1-Cyclohexyl-3-alpha-naphthyl-harnstoff

- **CAS-Nummer:**
109246-29-9
- **gebräuchliche Namen:**
N-Cyclohexyl-N'-(1-naphthyl)-harnstoff; 1-Cyclohexyl-3-naphthalen-1-yl-harnstoff;
- **Summenformel:**
$C_{17}H_{20}N_2O$

- **Strukturformel:**

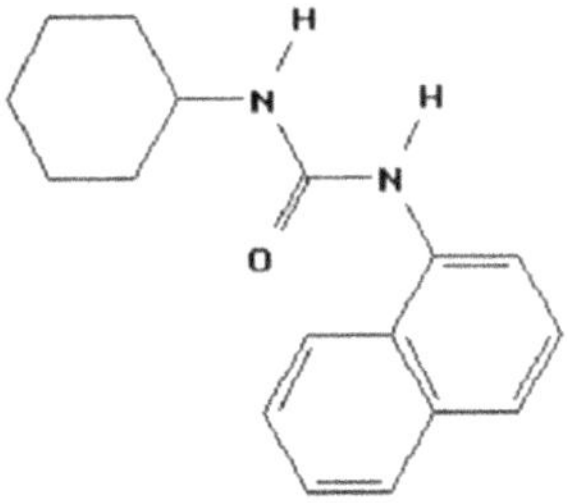

Funktion:
Ozonschutzmittel;

Eigenschaften:

- **physikalisch/chemisch:**
Schmelzpunkt: 237-239 °C
Molmasse: 268,36 g/mol

Cyclohexylamin

- **CAS-Nummer:**
108-91-8
- **UN Nummer:**
2357
- **gebräuchliche Namen:**
Cyclohexanamin; Hexahydroanilin; Aminocyclohexan; Hexahydrobenzamin; Aminocyclohexan; Aminohexahydrobenzen; Hexahydroanilin; Aminohexahydrobenzol;
- **Handelsnamen:**
CHA;
- **Summenformel:**
$C_6H_{13}N$

- **Strukturformel:**

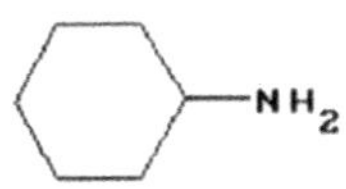

Funktion:
1) Vulkanisationsbeschleuniger, organisch;

branchenspezifische Bemerkung zur Substanz:
2) Zersetzungsprodukt aus N-Cyclohexyl-2-benzothiazolsulfenamid (CBS) (CAS-Nr. 95- 33-0);

Eigenschaften:
- **toxikologisch/ökotoxikologisch:**
RTECS # GX 0700000
Schweizer Giftliste: 3
WGK: 1
MAK Wert: 10 ml/m3
R-Satz: 10-21/22-34
S-Satz: (1/2)-36/37/39-45
Sonstiges:
Einstufung und Kennzeichnung von Zubereitungen, in denen diese Substanz enthalten ist:
25%<=C ⇒ C; R21/22-34
10%<=C<25% ⇒ C; R34

2%<=C<10% ⇒ Xi; R36/38

Spitzenbegrenzung Kat V; Schwangerschaftsgruppe D;
Die Dämpfe üben eine stark reizende und ätzende Wirkung auf die Augen, die Atmungsorgane und die Haut aus. Lungenödem möglich. Vorsicht, dieses kann mit einer Verzögerung bis zu zwei Tagen auftreten. Nach Einatmen der Dämpfe ist eine ärztliche Untersuchung daher in jedem Fall erforderlich. Kontakt mit der Flüssigkeit bewirkt starke Verätzung der Augen und der Haut. Die Flüssigkeit kann auch über die Haut aufgenommen werden. Bei Brand entstehen hochgiftige nitrose Gase [484].
Starke Base, erbgutschädigend;
LD 50 (oral, Ratte): 0,71 mg/kg [187]; 156 mg/kg [428], [9];
LD 50 (inhalativ, Ratte): 7500 mg/m3 [9], [428];
LD 50 (intraperitoneal, Ratte): 300 mg/kg [428];
LD 50 (Haut, Kaninchen): 277 mg/kg [9];
LD 50 (oral, Ratte): 156 mg/kg [9];
LD 50 (subcutan, Maus): 1150 mg/kg [9];
LD 50 (oral, Maus): 224 mg/kg [428];
LC 50 (inhalativ, Maus): 1070 mg/m3 [428];
LD 50 (intraperitoneal, Maus): 129 mg/kg [428];

LC 50 (Fisch, Goldorfe): 58/195 mg/l [33];
LC 100 (Fisch, Goldorfe): 82/217 mg/l [33];
Toxische Grenzkonzentration für Entosiphon sulcatum 0,69 mg/l [36].

Gefahren-Symbol:

- **physikalisch/chemisch:**
  Schmelzpunkt: -17,7 °C
  Siedepunkt: 134,5 °C; 118,9 °C (666,45 hPa)
  Flammpunkt: 27 °C
  Dampfdruck: 12 hPa (20 °C) [484]
  Log pOW: 1,49
  Brechungsindex: 1,4565 (25 °C); 1,4580
  Dichte: 864,7 kg/m3 (25 °C)
  Molmasse: 99,17 g/mol

  Löslichkeit:
  vollständig mischbar mit Wasser; mischbar mit org. Lösungsmitteln, Ether, Propanon, Benzen; leicht löslich in Alkohol; löslich in Wasser, Tetrachlormethan;

Verbleib nach Gebrauch:
Verbrennung, hochentzündliche Stoffe;

Bemerkung:
Klare, farblose Flüssigkeit, starker fisch- oder aminartiger Geruch [484].

N-Cyclohexyl-6-(2-amino-4-ethylaminotriazin)sulfenamid

- **CAS-Nummer:**
  30769-61-0
- **gebräuchliche Namen:**
  S-(4-Amino-6-ethylamino-(1,3,5)-triazin-2-yl)-N-cyclohexyl-thiohydroxylamin;
- **Summenformel:**
  $C_{11}H_{20}N_6S$

- **Strukturformel:**

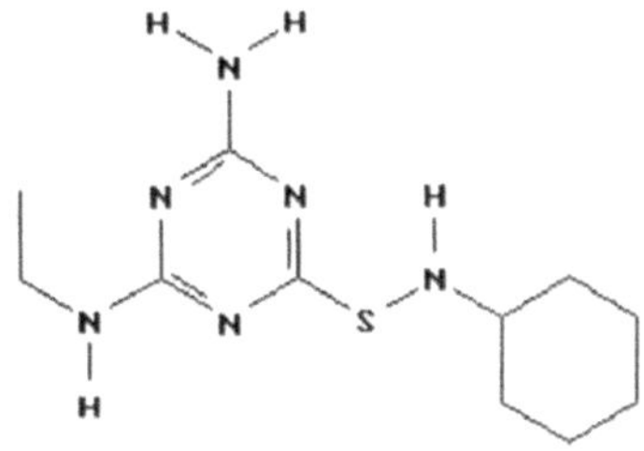

Funktion:
Vulkanisationsbeschleuniger, organisch;

Eigenschaften:

- **physikalisch/chemisch:**
Schmelzpunkt: 126-128 °C
Molmasse: 268,38 g/mol

N-Cyclohexyl-2-benzothiazolsulfenamid

- **CAS-Nummer:**
95-33-0
- **gebräuchliche Namen:**
CBS; CBTS; Benzothiazyl-2-cyclohexylsulfenamid; N-Cyclohexyl-2-benzothiazolsulfenamid; N-Cyclohexyl-1,3-benzothiazyl-2-sulfenamid; N-Cyclohexylaminothio-2-benzthiazol; N-Cyclohexyl-2-benzothiazolsulfonamid; N-Cyclohexyl-2-benzothiazolylsulfonamid;
- **Handelsnamen:**
Accelerator CZ; Akrochem CBTS; Avorator CBS; Conac A,S; Curax; Cydac; Delac S; Durax; Ekagam; Ekaland CBS-c (98 %); Nocceler CZ; Pennac CBS; Rhenogran CBS-80; Rhenosol CBS-50; Rhodifax 16; Royal CBTS; Rubenamid C; Sanceller CM; Santocure; Soxinol CZ-G; Sulfenax CB; Sulfenax CB MG; Sulvenax CB 30; Sulvenax TSB; Vulcafor CBS; Vulkacit C; Vulkacit CZ; Vulkacit CZ/C; Vulkacit CZ/EG; Vulkacit CZ/EGC;
- **Summenformel:**
$C_{13}H_{16}N_2S_2$

- **Strukturformel:**

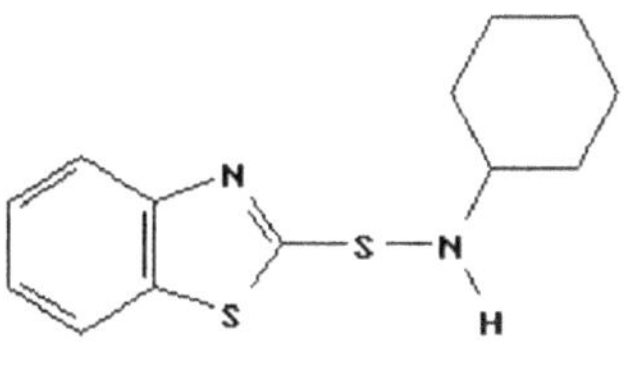

Funktion:
Vulkanisationsbeschleuniger, organisch;
Kautschukart:
Naturkautschuk; synthetischer Kautschuk;
Anwendung:
Reifen, Schläuche; chirurgische und medizinische Artikel; Sportartikel; Spielsachen; technische Gummiartikel; Produkte für Industrie, inkl. Druckplattentücher; Klebstoffe; Dichtungen; Latex Tauchartikel; Latex Schaumartikel; Transportbänder; Kabelherstellung;

branchenspezifische Bemerkung zur Substanz:
Einsatzmenge: 2.030 t/a (Reifenindustrie: 1.580 t/a, TSE-Industrie: 450 t/a) (1996)

Eigenschaften:

- **toxikologisch/ökotoxikologisch:**

  RTECS # DL 6250000

  WGK: 1

  Sonstiges:

  TD Lo (oral, Maus): 76000 mg/kg/78 W (intermittierend) [428];
  LD 50 (intravenös, Maus): 32 mg/kg [484];
  LD 50 (oral, Maus): >8000 mg/kg [428];
  LD 50 (oral, Ratte): 5300 mg/kg [428];
  LD 50 (Haut, Kaninchen): >7940 mg/kg [428];

  zu Sulfenax CB MG [Sdb Krahn]:
  Langandauernder und wiederholter Hautkontakt kann Sensibilisierung verursachen;
  LD 50 (oral, Ratte): 5000 mg/kg; Gefahrensymbol: Xi; R-Sätze: 43; S-Sätze: 24-36/37;

  zu Ekaland CBS-c (98 %) [614]:
  Hautsensibilisierung möglich;
  LD 50 (oral, Ratte): 5300 mg/kg; Gefahrensymbol: Xi; R-Sätze: 43; S-Sätze: 24-36/37; MAK-Wert: 2,5 mg/kg E; WGK: 1;

- **physikalisch/chemisch:**

  Schmelzpunkt: 96-98 °C; 100-105 °C; 92 °C
  Dichte: 1270 kg/m3; 1300 ± 30 kg/m3
  Molmasse: 264,41 g/mol

  Löslichkeit:
  löslich in Benzin; unlöslich in Wasser [428]; löslich in Diethylether, Benzen, Ethylacetat, Propanon, Dichlormethan, Trichlormethan, Tetrachlormethan, Butylalkohol, Schwefelkohlenstoff; sehr gut löslich in Methylbenzen; schwer löslich in Ethanol; unlöslich in Benzin;

  Bemerkung zu physikalisch/chemischen Daten:
  zu Sulfenax CB MG [Sdb Krahn]:
  Zündtemperatur: 390 °C;

Bemerkung:

cremefarbenes Puder; geruchlos;

zu Sulfenax CB MG [Sdb Krahn]:
gelbliches Mini-Granulat; Schmelzpunkt 92 °C; Dichte 1300 kg /m3; unlöslich in Wasser;
Gefährliche Reaktionen mit Säuren; Gefähliche Zersetzungsprodukte: Kohlenmonoxid, Stickoxide, Schwefeloxide;

zu Ekaland CBS-c (98 %) [614]:
weiß-cremefarbenes Pulver; Schmelzpunkt 100 °C; unlöslich in Wasser; löslich in Propanon, Alkoholen, Trichlormethan;
Gefährliche Reaktionen mit Säuren; Gefähliche Zersetzungsprodukte: Kohlenmonoxid, Stickoxide, Schwefeloxide, Cyclohexylamin;

enthalten in Robac CBS PM 75/80;

N-Cyclohexyl-6-(2,4-bis-diethylaminotriazin)sulfenamid

- **CAS-Nummer:**

  30769-64-3

- **gebräuchliche Namen:**

  4,6-Bis-diethylamino-(1,3,5)-triazin-2-sulfensäurecyclohexylamid;

- **Summenformel:**

  $C_{17}H_{32}N_6S$

- **Strukturformel:**

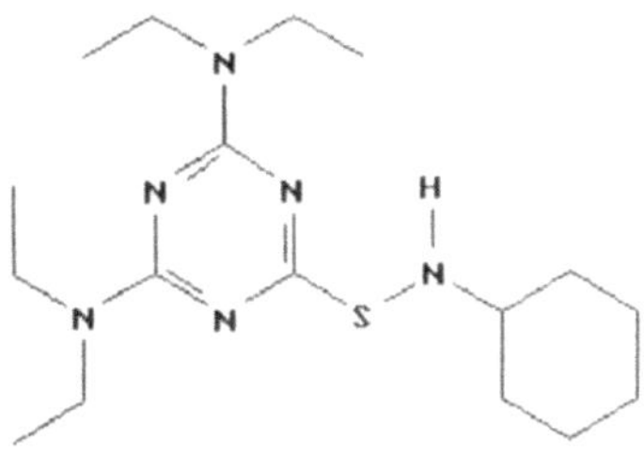

Funktion:
Vulkanisationsbeschleuniger, organisch;

Eigenschaften:

- **physikalisch/chemisch:**
Schmelzpunkt: 44-46 °C
Molmasse: 352,54 g/mol

N- Cyclohexyl-6-(2,4-bis-ethylamino-triazin)sulfenamid

- **CAS-Nummer:**
30769-62-1
- **gebräuchliche Namen:**
4,6-Bis-ethylamino-(1,3,5)-triazin-2-sulfensäure-cyclohexylamid;
- **Summenformel:**
$C_{13}H_{24}N_6S$

- **Strukturformel:**

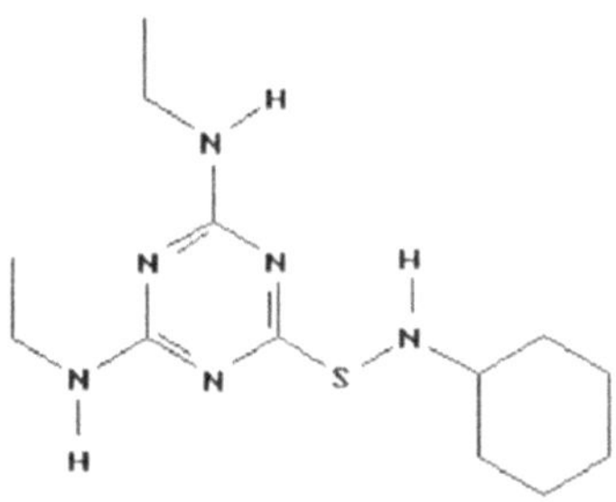

Funktion:
Vulkanisationsbeschleuniger, organisch;

Eigenschaften:

- **physikalisch/chemisch:**
Schmelzpunkt: 95-98 °C
Siedepunkt: 90-98 °C (1013 hPa)
Molmasse: 296,43 g/mol

1-Cyclohexyl-4,4-diethyl-thiosemicarbazid

- **CAS-Nummer:**
  41745-25-9
- **gebräuchliche Namen:**
  1,1-Diethyl-4-cyclohexylthiosemicarbazid; DEHTS;
- **Summenformel:**
  $C_{11}H_{23}N_3S$

- **Strukturformel:**

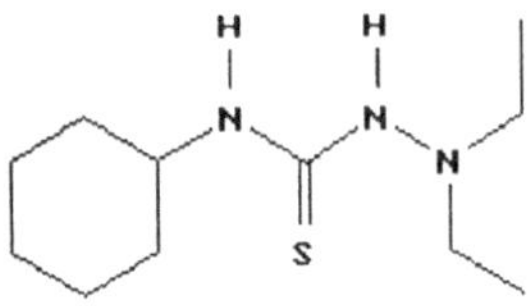

Funktion:
Ozonschutzmittel;

Eigenschaften:

- **physikalisch/chemisch:**
  Molmasse: 229,38 g/mol

Cyclohexyldithiobenzothiazol

- **CAS-Nummer:**
  28084-58-4
- **gebräuchliche Namen:**
  2-Cyclohexyldisulfanyl-benzothiazol; CDB;
- **Summenformel:**
  $C_{13}H_{15}NS_3$

- **Strukturformel:**

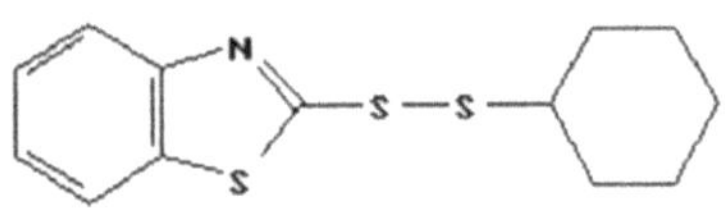

Funktion:
Vulkanisationsbeschleuniger, organisch;

Eigenschaften:

- **physikalisch/chemisch:**
  Molmasse: 281,45 g/mol

Cyclohexyldithiopiperidin

- **CAS-Nummer:**
  35506-79-7
- **gebräuchliche Namen:**
  CP; 1-Cyclohexylsulfanyl-piperidin;

- **Summenformel:**
  $C_{11}H_{21}NS$

- **Strukturformel:**

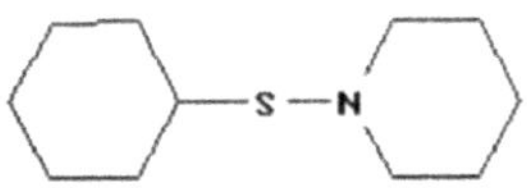

Funktion:
Vulkanisationsbeschleuniger, organisch;

Eigenschaften:

- **physikalisch/chemisch:**
  Molmasse: 199,35 g/mol

Cyclohexylethylamin

- **CAS-Nummer:**
  5459-93-8
- **gebräuchliche Namen:**
  CEA; N-Ethyl-(cyclohexyl)-amin; N-Cyclohexyl-ethylamin; N-Ethylcyclohexanamin;
- **Handelsnamen:**
  Vulkacit HX; Accelevator HX;
- **Summenformel:**
  $C_8H_{17}N$

- **Strukturformel:**

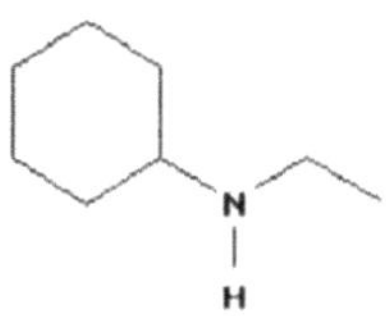

Funktion:
(1) Vulkanisationsaktivator / Beschleunigeraktivator;
(2) Vulkanisationsbeschleuniger, organisch;

Anwendung:
(2) Reifen, Schläuche; chirurgische und medizinische Artikel; Sportartikel; Spielsachen; technische Gummiartikel; Produkte für Industrie, inkl. Druckplattentücher; Klebstoffe; Dichtungen; Latex Tauchartikel; Latex Schaumartikel;

branchenspezifische Bemerkung zur Substanz:
Einsatzmenge: 3,4 t/a (TSE-Industrie, 1996)

Eigenschaften:
- **toxikologisch/ökotoxikologisch:**
  RTECS # GX 1225000
  R-Satz: 10-34-20/21/22
  S-Satz: 16-26-27-36/37/39
  Sonstiges:
  LD 50 (oral, Ratte): 590 mg/kg [187];
  LD 50 (dermal, Kaninchen): 750 mg/kg [187];
  LD Lo (inhalativ, Ratte): 500 ml/m3/4 h [428];

- **physikalisch/chemisch:**
  Siedepunkt: 165 °C
  Flammpunkt: 43 °C
  Brechungsindex: 1,4525 (20 °C)
  Dichte: 844 kg/m3

  Löslichkeit:
  löslich in Alkohol; schwer löslich in Wasser [428];

Verbleib nach Gebrauch:
Verbrennung;

Bemerkung:
Farblose Flüssigkeit [187];

N-Cyclohexyl-6-(2-ethylamino-4-diethylaminotriazin)sulfenamid

- **CAS-Nummer:**
  24831-49-0
- **gebräuchliche Namen:**
  N-Cyclohexyl-S-(4-diethylamino-6-ethylamino-[1,3,5]-triazin-2-yl)-thiohydroxylamin;
- **Summenformel:**
  $C_{15}H_{28}N_6S$
- **Strukturformel:**

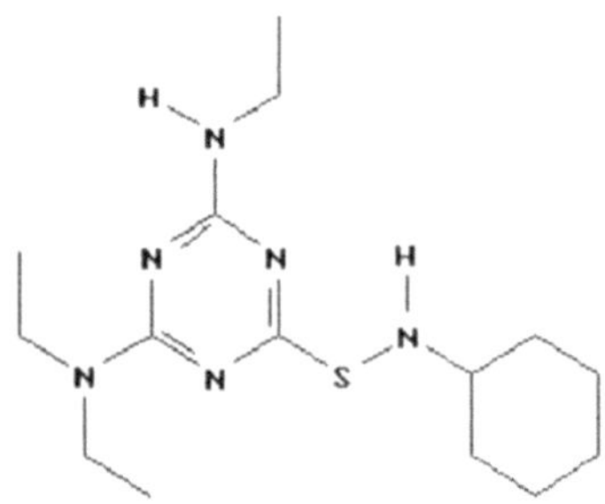

Funktion:
Vulkanisationsbeschleuniger, organisch;

Eigenschaften:

- **physikalisch/chemisch:**
  Schmelzpunkt: 100-101 °C
  Siedepunkt: 99-101 °C (1013 hPa)
  Molmasse: 324,49 g/mol

N-Cyclohexylformamid

- **CAS-Nummer:**
  766-93-8
- **gebräuchliche Namen:**
  N-Cyclohexylformamid; N-Formylcyclohexylamin;
- **Summenformel:**
  $C_7H_{13}NO$

- **Strukturformel:**

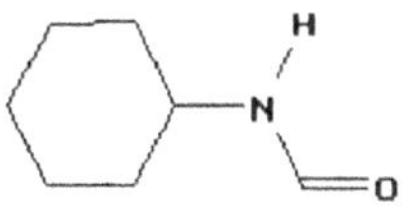

branchenspezifische Bemerkung zur Substanz:
Zersetzungsprodukt von CBS;

Eigenschaften:
- **toxikologisch/ökotoxikologisch:**
RTECS # LQ 1825000
Sonstiges:
LD 50 (intravenös, Maus): 320 mg/kg [428];

- **physikalisch/chemisch:**
Schmelzpunkt: 36-41 °C
Siedepunkt: 113 °C (933 hPa)
Flammpunkt: >110 °C
Molmasse: 127,19 g/mol

Cyclohexylhydrazin

- **CAS-Nummer:**
6498-34-6
- **Summenformel:**
$C_6H_{14}N_2$

- **Strukturformel:**

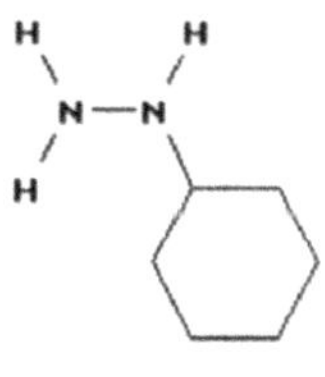

branchenspezifische Bemerkung zur Substanz:
Zersetzungsprodukt von N-Cyclohexyl-2-benzothiazolsulfenamid (CBS);

Eigenschaften:

- **physikalisch/chemisch:**
Molmasse: 114,19 g/mol

N-Cyclohexylmercaptobenzimidazol

- **CAS-Nummer:**
68406-57-5
- **gebräuchliche Namen:**
S-(1H-Benzoimidazol-2-yl)-N-cyclohexylthiohydroxylamin;
- **Summenformel:**
$C_{13}H_{17}N_3S$

- **Strukturformel:**

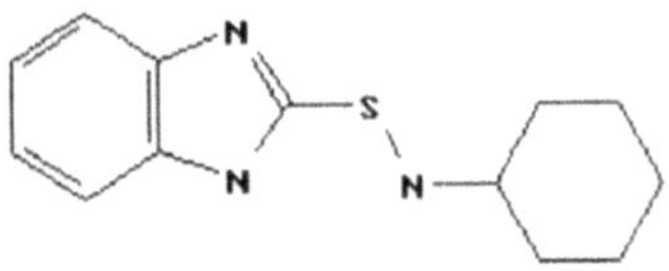

branchenspezifische Bemerkung zur Substanz:
Reaktionsprodukt von 2-Benzimidazolthiol (CAS-Nr.: 583-39-1), 2-Benzothiazolthiol (CAS-Nr.: 149-30-4), N-Cyclohexyl-2-benzothiazolsulfenamid (CAS-Nr.: 95-33-0) [Vulkanisationsbeschleuniger];

Eigenschaften:

- **physikalisch/chemisch:**
Molmasse: 247,36 g/mol

N-Cyclohexyl-N'-phenyl-1,4-benzendiamin

- **CAS-Nummer:**
101-87-1
- **gebräuchliche Namen:**
N-Cyclohexyl-N'-phenyl-1,4-benzoldiamin; N-Cyclohexylaminodiphenylamin; CPPD; CHPD; N-Cyclohexyl-N'-phenyl-p-phenylendiamin
- **Handelsnamen:**
Alterungsschutzmittel 4010; Antioxidant 4010; Flexone 6-H; Flexone UOP 36; Flexone UOP 36; Santoflex GP; Santoflex 66; Vanox 6 H; Vulkacit 4010;
- **Summenformel:**
$C_{18}H_{22}N_2$

- **Strukturformel:**

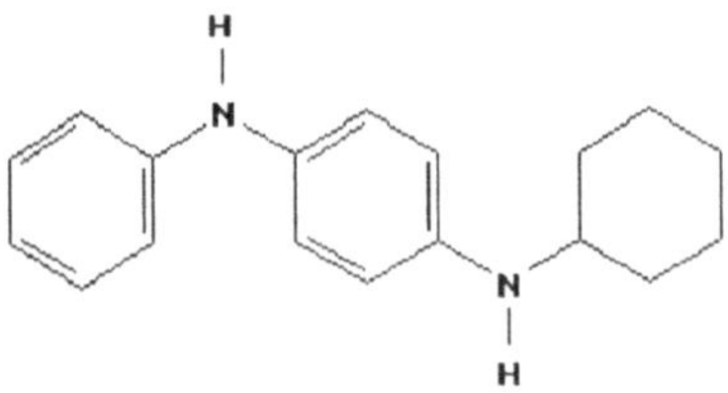

Funktion:
Ozonschutzmittel; Oxidationsschutzmittel; Hitzeschutzmittel; Ermüdungsschutzmittel;
Kautschukart:
Naturkautschuk; synthetischer Kautschuk;
Anwendung:
Reifen, Schläuche; chirurgische und medizinische Artikel; Sportartikel; Spielsachen; technische Gummiartikel; Produkte für Industrie, inkl. Druckplattentücher; Klebstoffe; Dichtungen; Latex Tauchartikel; Latex Schaumartikel;

Eigenschaften:
- **toxikologisch/ökotoxikologisch:**
RTECS # ST 3500000
Sonstiges:
LD 50 (oral, Ratte): >2000 mg/kg [428];

- **physikalisch/chemisch:**
  Dichte: 1180 ± 30 kg/m3
  Molmasse: 266,39 g/mol

  Löslichkeit:
  löslich in Propanon, Metylbenzen; unlöslich in Ethanol, Wasser, Hexan, Benzin;

Cyclohexylthiodi-(1-methylethyl)amin

- **CAS-Nummer:**
  119738-68-0
- **gebräuchliche Namen:**
  CDIPA; Cyclohexylthiodiisopropylamin;
- **Summenformel:**
  $C_{12}H_{25}NS$

- **Strukturformel:**

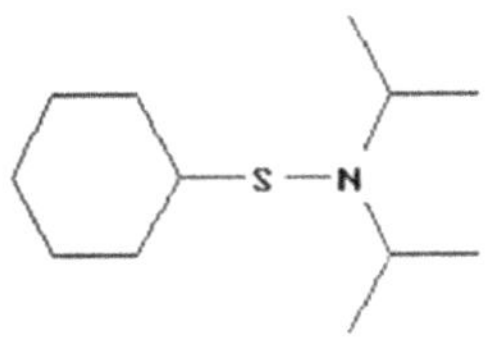

Funktion:
Vulkanisationsbeschleuniger, organisch;

Eigenschaften:

- **physikalisch/chemisch:**
  Molmasse: 215,40 g/mol

Cyclohexylthiodiphenylamin

- **CAS-Nummer:**
  115374-78-2
- **gebräuchliche Namen:**
  CDPA;
- **Summenformel:**
  $C_{18}H_{21}NS$

- **Strukturformel:**

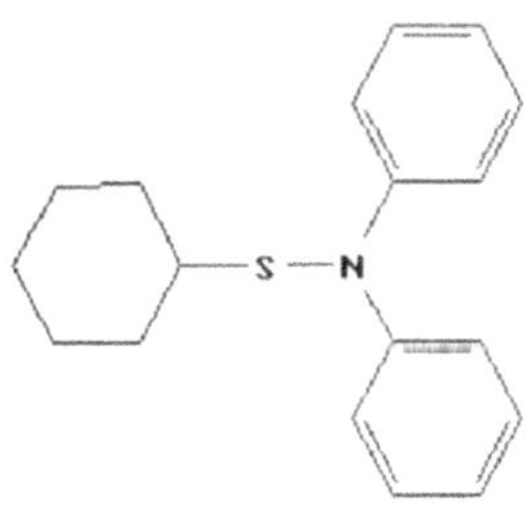

Funktion:
Vulkanisationsbeschleuniger, organisch;

Eigenschaften:

- **physikalisch/chemisch:**
  Molmasse: 283,43 g/mol

Cyclohexylthiomorpholin

- **CAS-Nummer:**
  42267-53-8
- **gebräuchliche Namen:**
  4-Cyclohexylsulfanyl-morpholin; CM;
- **Summenformel:**
  $C_{10}H_{19}NOS$

- **Strukturformel:**

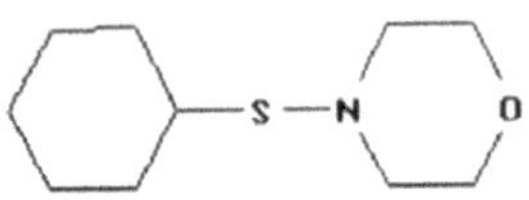

Funktion:
Vulkanisationsbeschleuniger, organisch;

Eigenschaften:

- **physikalisch/chemisch:**
  Molmasse: 201,33 g/mol

N-(Cyclohexylthio)-phthalimid

- **CAS-Nummer:**
  17796-82-6
- **gebräuchliche Namen:**
  CTP; 2-(Cyclohexylthio)-1H-isoindol-1,3(2H)-dion; N-Cyclohexylsulfanyl-phthalimid; 2-Cyclohexylsulfanyl-isoindol-1,3-dion;
- **Handelsnamen:**
  Duslin P; Pilgard PVI; Rhenogran CTP-80; Santogard PVI; Vantard PVI; Vulkalent G;
- **Summenformel:**
  $C_{14}H_{15}NO_2S$

- **Strukturformel:**

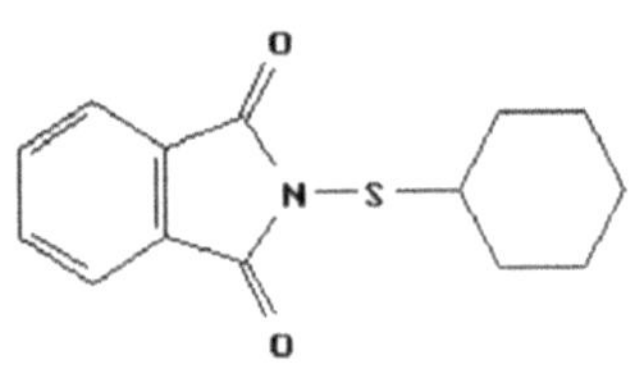

Funktion:
Vulkanisationsverzögerer;
Kautschukart:
Naturkautschuk; synthetischer Kautschuk;

Anwendung:
Reifen, Schläuche; chirurgische und medizinische Artikel; Sportartikel; Spielsachen; technische Gummiartikel;

branchenspezifische Bemerkung zur Substanz:
Einsatzmenge: 300 t/a (Reifenindustrie: 230 t/a, TSE-Industrie: 71 t/a) (1996)

Eigenschaften:
- **toxikologisch/ökotoxikologisch:**
RTECS # TI 4290000
Sonstiges:
LD 50 (oral, Ratte): 2600 mg/kg [428];
LD 50 (oral, Maus): 5100 mg/kg [428];
LD 50 (oral, Kaninchen): 4000 mg/kg [428];

zu Duslin P [Sdb Krahn]:
Gefahrensymbol: Xi; R-Sätze: 38-43; S-Sätze: 24-28-37/39; MAK-Wert: 6 mg/m3 (allg. Staubgrenzwert); WGK: 1;

- **physikalisch/chemisch:**
Schmelzpunkt: 89 °C
Dichte: 1300 kg/m3 (25 °C)
Molmasse: 261,34 g/mol

Löslichkeit:
löslich in Propanon, Ethanol, Methylbenzen;

Bemerkung:
zu Duslin P [Sdb Krahn]:
gelbbraunes Pulver, harakteristischer Geruch; Schmelzpunkt: 90 °C; Flammpunkt: 204 °C; Zündtemperatur: 298 °C; Dichte: 1340 kg/m3 (20 °C); unlöslich in Wasser; Gefährliche Zersetzungsprodukte: Schwefeldioxid, Stickoxide;

zu 80 % enthalten in Duslin G 80;

Cyclohexylthiopyrrolidin

- **CAS-Nummer:**
32080-40-3
- **gebräuchliche Namen:**
CPy;
- **Summenformel:**
$C_{10}H_{19}NS$

- **Strukturformel:**

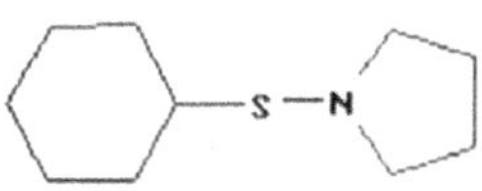

Funktion:
Vulkanisationsbeschleuniger, organisch;

Eigenschaften:

- **physikalisch/chemisch:**
Molmasse: 293,43 g/mol

Cycloocta-1,5-dien

- **CAS-Nummer:**
  111-78-4
- **gebräuchliche Namen:**
  1,5-Cyclooctadien; cis,cis-1,5-Cyclooctadien;
- **Summenformel:**
  C_8H_{12}

- **Strukturformel:**

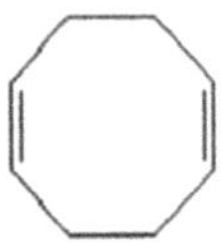

branchenspezifische Bemerkung zur Substanz:
Zersetzungsprodukt von Butadien-Kautschuk;

Eigenschaften:
- **toxikologisch/ökotoxikologisch:**
  RTECS # GX 9620000
  WGK: 1
  R-Satz: 10-36/38
  S-Satz: 16-23-24/25

  Gefahren-Symbol:

- **physikalisch/chemisch:**
  Schmelzpunkt: -69 °C
  Siedepunkt: 149-150 °C
  Flammpunkt: 45 °C
  Dampfdruck: 9,06 hPa (25 °C)
  Brechungsindex: 1,4935 (20 °C)
  Dichte: 882 kg/m3 (20 °C)
  Molmasse: 108,12 g/mol

  Löslichkeit:
  unlöslich in Wasser; löslich in Benzen, Tetrachlormethan;

Bemerkung:
farblose Flüssigkeit;

Cycloocten, Polymer

- **CAS-Nummer:**
  25267-51-0

Funktion:
Polymer;

branchenspezifische Bemerkung zur Substanz:
Einsatzmenge in der Kautschukindustrie: 77 t/a (1996);

N-Cyclopentamethylen-2-benzothiazol-sulfenamid

- **CAS-Nummer:**
  26773-65-9
- **gebräuchliche Namen:**
  CPBS; 2-Piperidin-1-ylsulfanyl-benzothiazol; 1-[Benzothiazol-2-sulfenyl]-piperidin; 2-(Piperidin-1-ylsulfanyl) benzothiazol;
- **Summenformel:**
  $C_{12}H_{14}N_2S_2$

- **Strukturformel:**

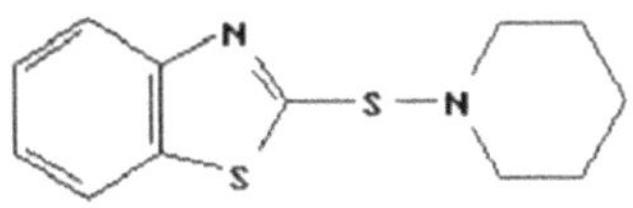

Funktion:
Vulkanisationsbeschleuniger, organisch;

Eigenschaften:
- **toxikologisch/ökotoxikologisch:**
  RTECS # DL 6000000
  Sonstiges:
  LD 50 (intravenös, Maus): 56 mg/kg [428]

- **physikalisch/chemisch:**
  Molmasse: 250,38 g/mol

N-Cyclopentamethylenthiocarbamyl-N'-cyclopentamethylensulfenamid

- **CAS-Nummer:**
  6250-27-7
- **gebräuchliche Namen:**
  CTCS; 1-[Piperidin-1-thiocarbonylsulfanyl]-piperidin; Piperidin-1-carbodithiosäurepiperidin-1-yl-ester;
- **Handelsnamen:**
  Vanax 552;
- **Summenformel:**
  $C_{11}H_{20}N_2S_2$

- **Strukturformel:**

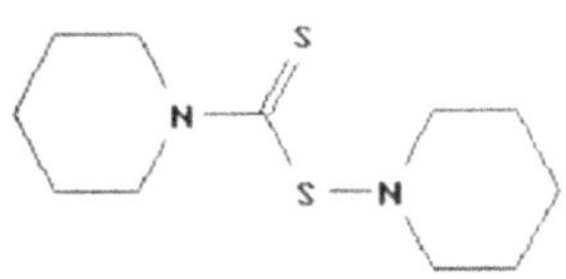

Funktion:
Vulkanisationsbeschleuniger, organisch;

Eigenschaften:

- **physikalisch/chemisch:**
  Dichte: 1200 ± 30 kg/m3
  Molmasse: 244,41 g/mol

Löslichkeit:
leicht löslich in Trichlormethan; loslich in Propanon, Toluol, Alkohol; unlöslich in Hexan;

Cycolhexylthiodiethylamin

- **CAS-Nummer:**
  115374-80-6
- **gebräuchliche Namen:**
  CDEA; N,N-Diethylcyclohexansulfenamid;
- **Summenformel:**
  $C_{10}H_{21}NS$

- **Strukturformel:**

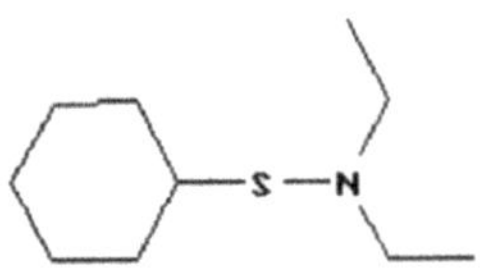

Funktion:
Vulkanisationsbeschleuniger, organisch;

Eigenschaften:

- **physikalisch/chemisch:**
  Molmasse: 187,34 g/mol

n-Decan

- **CAS-Nummer:**
  124-18-5
- **UN Nummer:**
  2247
- **gebräuchliche Namen:**
  Decan; Decylhydrid; Dekan;
- **Summenformel:**
  $C_{10}H_{22}$

- **Strukturformel:**

branchenspezifische Bemerkung zur Substanz:
Reaktionsprodukt von aliphatischen Ölen [Weichmacher];

Eigenschaften:
- **toxikologisch/ökotoxikologisch:**
  RTECS # HD 6550000
  R-Satz: 10-36/37/38
  S-Satz: 16-26
  Sonstiges:
  Die Dämpfe reizen die Augen und die Atemwege bis hin zu Glottis- und Lungenödem; das Einatmen der Dämpfe über kurze Zeit ist wenig giftig, solange genügend Luftsauerstoff zum Atmen vorhanden ist; in hohen Konzentrationen oder bei längerer Einwirkung führen die Dämpfe zu Narkose, der ein

Erregungszustand vorausgehen kann; Herzrhythmusstörungen möglich; die Dämpfe können unter besonderen Bedingungen (z.B. in unmittelbarer Bodennähe oder in geschlossenen Räumen) durch Verdrängung der Luft erstickend wirken.Symptome: Brennen der Augen und der Atemwege; Husten, Kopfschmerzen, Übelkeit, Rausch- bis Erregungszustände, Krämpfe, Bewußtlosigkeit, Herzrythmusstörungen, Atemnot; [484];
LC 50 (inhalativ, Maus): 72300 mg/m3 [428];
LD 50 (intravenös, Maus): 912 mg/kg [428];
TD Lo (Haut, Maus): 25000 mg/kg [428];

- **physikalisch/chemisch:**
  Schmelzpunkt: -30 °C; -29,7 °C
  Siedepunkt: 174 °C
  Flammpunkt: 46 °C
  Dampfdruck: 1,6 hPa (20 °C)
  Log pOW: 5,98 [428]
  Brechungsindex: 1,4110 (20 °C)
  Dichte: 730 kg/m3
  Molmasse: 142,32 g/mol

Verbleib nach Gebrauch:
Verbrennung;

Bemerkung:
Farblose Flüssigkeit; benzinartiger Geruch;
Bildet im dampf-/gasförmigen Zustand mit Luft explosionsfähige Gemische;
Explosionsgrenzen: 0,7-5,4 Vol.-%; Zündtemperatur: 205 °C;
Achtung, beim Einsatz von Ölbindemitteln; wenn das Bindemittel vollgesaugt ist, erhöht sich die Brandgefahr (Dochtwirkung); Produkt kann dann schon durch eine Zigarette oder ein Streichholz in Brand geraten; der Stoff reagiert bei Kontakt mit sauerstoffreichem Material (Oxidationsmitteln); [484]

Decandicarbonsäure-di-(1,2,2,6,6-pentamethyl-4-piperidinyl)-ester

- **CAS-Nummer:**
  41556-26-7
- **gebräuchliche Namen:**
  Di(1,2,2,6,6-pentamethyl-4-piperidyl)sebacat;
- **Handelsnamen:**
  Tinuvin 292; Tinuvin 765;
- **Summenformel:**
  $C_{30}H_{56}N_2O_4$

- **Strukturformel:**

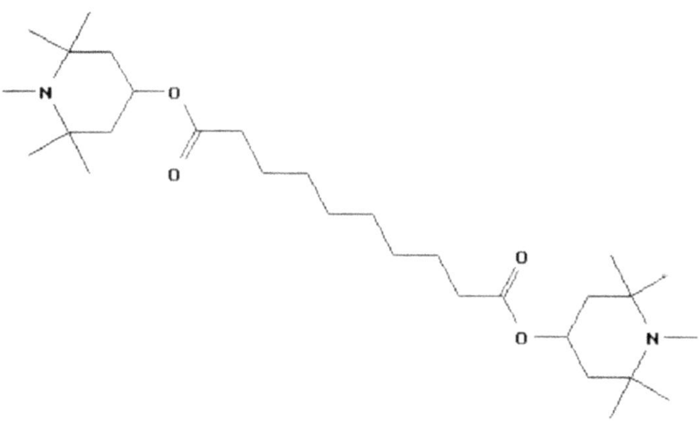

Funktion:
Lichtschutzmittel;

Eigenschaften:

- **physikalisch/chemisch:**
Siedepunkt: 220-222 °C (0,267 hPa)
Molmasse: 508,78 g/mol

Decandicarbonsäure-di-(2,2,6,6-tetramethyl-4-piperidinyl)-ester

- **CAS-Nummer:**
52829-07-9
- **gebräuchliche Namen:**
Di-(2,2,6,6-tetramethyl-4-piperidyl)-sebacat; Decandisäure-di-(2,2,6,6-tetramethyl-4-piperidinyl)-ester;
- **Summenformel:**
$C_{28}H_{52}N_2O_4$

- **Strukturformel:**

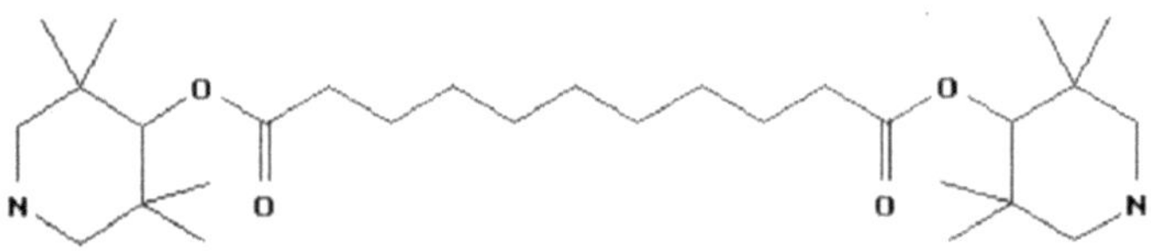

Funktion:
Lichtschutzmittel;

Eigenschaften:

- **physikalisch/chemisch:**
Schmelzpunkt: 83-84 °C
Molmasse: 480,73 g/mol

Decandisäuredibutylester

- **CAS-Nummer:**
109-43-3
- **gebräuchliche Namen:**
Dekandisäuredibutylester; Dibutylsebacat; Sebacinsäuredibutylester;
- **Handelsnamen:**
Kodaflex DBS; Monoplex DBS; Polycizer DBS; PX-404; Staflex DBS; Plasthall DBS;
- **Summenformel:**
$C_{18}H_{34}O_4$

- **Strukturformel:**

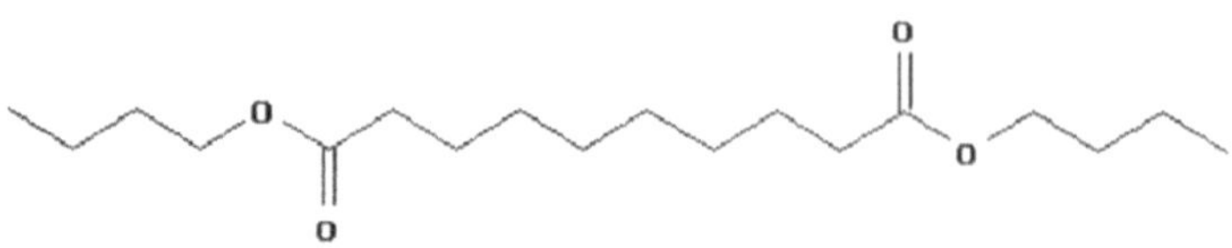

Funktion:
Weichmacher, synthetisch;

Eigenschaften:
- **toxikologisch/ökotoxikologisch:**
  RTECS # VS 1150000
  WGK: 0
  Sonstiges:
  Kontakt mit Flüssigkeit verursacht leichte Reizungen der Augen [338];
  LD 50 (oral, Ratte): 16000 mg/kg [338], [428];
  LD 50 (oral, Maus): 19500 mg/kg [428];

  zu Plasthall DBS: [619]
  WGK: 1;

- **physikalisch/chemisch:**
  Schmelzpunkt: -10 °C; -11 °C
  Siedepunkt: 344,5 °C
  Flammpunkt: 178 °C
  Dampfdruck: 13,3 hPa (200 °C) [338]
  Dichte: 934 kg/m3 (25 °C)
  Molmasse: 314,462 g/mol

  Löslichkeit:
  unlöslich in Wasser;

Bemerkung:
  Schwach gelbe Flüssigkeit; brennbar;
  Verwendung: als Weichmacher;
  zu Plasthall DBS: [619]
  klare Flüssigkeit, schwacher Geruch; Produkt reagiert mit Oxidationsmitteln;
  Siedepunkt: 177-190 °C;
  Flammpunkt 185 °C;
  Dichte 935 kg/m3;
  Thermische Zersetzung: >344 °C;

Decandisäurediisooctylester

- **CAS-Nummer:**
  27214-90-0
- **gebräuchliche Namen:**
  Diisooctylsebacat;
- **Handelsnamen:**
  Melonil DOS;
- **Summenformel:**
  $C_{26}H_{50}O_4$

- **Strukturformel:**

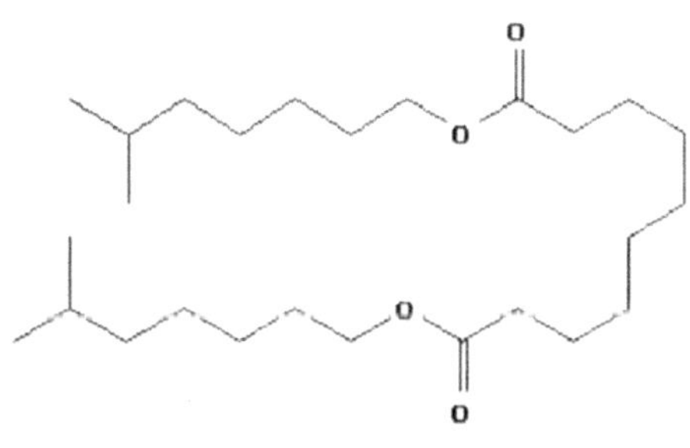

Funktion:
  Weichmacher, synthetisch;

Eigenschaften:

- **physikalisch/chemisch:**
  Molmasse: 426,68 g/mol

Decandisäuredi-n-octylester

- **CAS-Nummer:**
  2432-87-3
- **gebräuchliche Namen:**
  DOS; Sebacinsäuredi-n-octylester; Dioctylsebacat;
- **Handelsnamen:**
  Witamol 500;
- **Summenformel:**
  $C_{26}H_{50}O_4$

- **Strukturformel:**

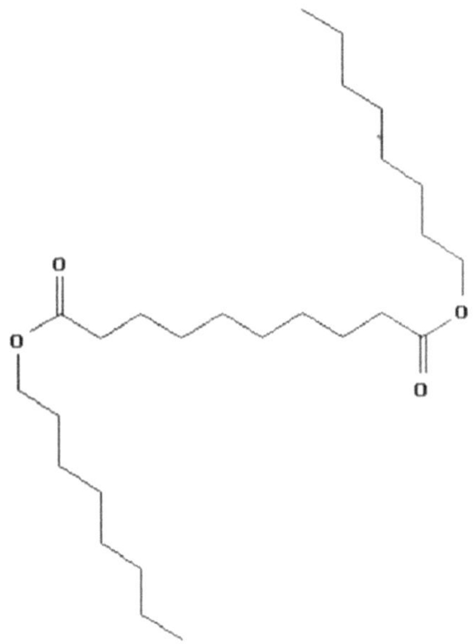

Funktion:
Weichmacher, synthetisch;
Kautschukart:
Chloropren-Kautschuk; Chlorethylen-Kautschuk;

branchenspezifische Bemerkung zur Substanz:
Einsatzmenge: 620 t/a (TSE-Industrie, 1996)

Eigenschaften:

- **physikalisch/chemisch:**
  Schmelzpunkt: 18 °C
  Molmasse: 426,68 g/mol

Decansäure-1,1-dimethylethylester

- **CAS-Nummer:**
  16474-41-2
- **gebräuchliche Namen:**
  tert.-Butylperneodecanoat; Decansäure-1,1-dimethylethylester; Decansäure-tert.buthylester;
- **Handelsnamen:**
  Interrox; TBPND;
- **Summenformel:**
  $C_{14}H_{28}O_2$

- **Strukturformel:**

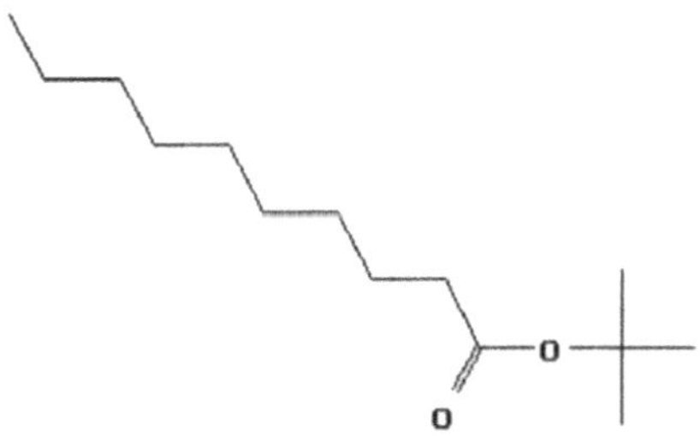

Funktion:
Vernetzungsmittel, schwefelfrei;

Eigenschaften:

- **physikalisch/chemisch:**
  Molmasse: 228,37 g/mol

3-Decyl-2,5-bis-(1-methylpropyl)-1,4-dihydroxybenzen

- **CAS-Nummer:**
  61791-96-6
- **gebräuchliche Namen:**
  2,5-Di-sek.-butyl-3-decylhydrochinon; 2,5-Di-sek.-butyl-3-decyl-1,4-hydroxybenzen;
- **Summenformel:**
  $C_{24}H_{42}O_2$

- **Strukturformel:**

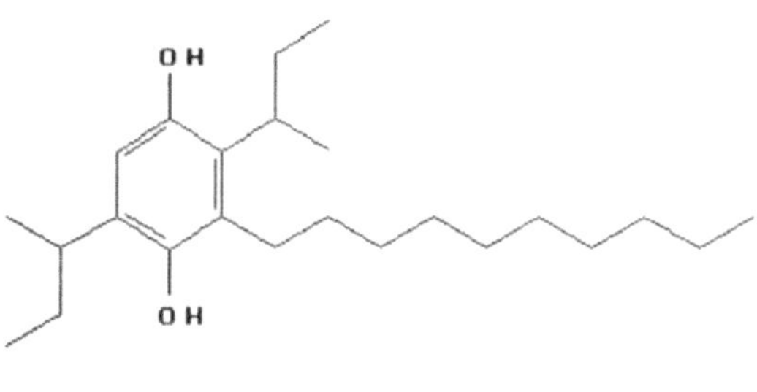

Funktion:
sonstige Chemikalien;

Eigenschaften:
- **physikalisch/chemisch:**
  Molmasse: 362,60 g/mol

Diaminbis(cyanato-N)-zink

- **CAS-Nummer:**
  122012-52-6
- **gebräuchliche Namen:**
  Diamin-diisocyanat-zinkkomplex;
- **Handelsnamen:**
  Rhenogran Geniplex 80;
- **Summenformel:**
  $C_2H_6N_4O_2Zn$

- **Strukturformel:**

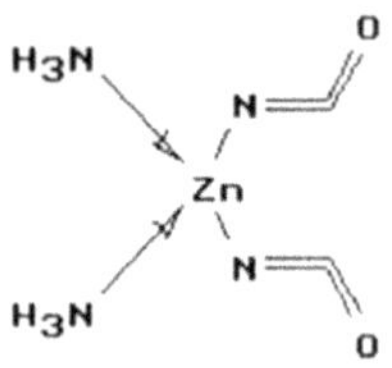

Funktion:
(1) Vulkanisationsbeschleuniger, organisch;
2) Vulkanisationsaktivator / Beschleunigeraktivator;

Kautschukart:
(2) Ethylen-Propylen-Terpolymer; Naturkautschuk; Styrol-Butadien-Kautschuk; Acrylnitril-Butadien-Kautschuk;

Eigenschaften:

- **physikalisch/chemisch:**
  Dichte: 1500 kg/m3
  Molmasse: 183,48 g/mol

Bemerkung:
Rhenogran Geniplex 80: 80 % Zinkcyanatodiamin, 20 Elastomerbinder;

4,4'-Diaminodiphenylamin

- **CAS-Nummer:**
  537-65-5
- **gebräuchliche Namen:**
  Indamin; N-4-Aminophenyl-1,4-benzoldiamin; p-p'-Diaminodiphenylamin;
- **Summenformel:**
  $C_{12}H_{13}N_3$

- **Strukturformel:**

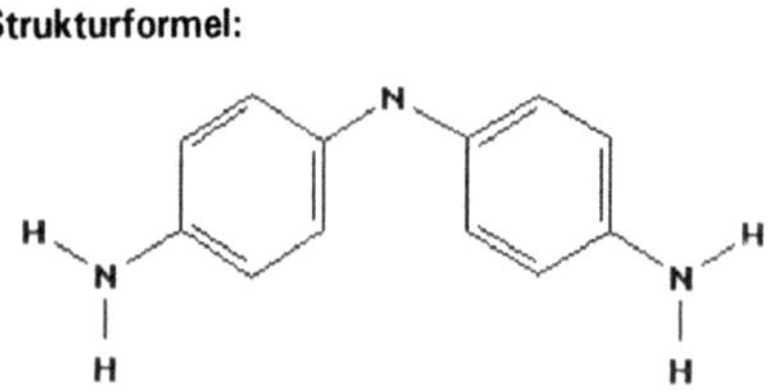

Funktion:
Alterungsschutzmittel;

Eigenschaften:

- **physikalisch/chemisch:**
  Schmelzpunkt: 158 °C
  Molmasse: 199,25 g/mol

Verbleib nach Gebrauch:
Entwicklerbad, Abwasser;

1,2-Diaminoethan

- **CAS-Nummer:**
  107-15-3
- **UN Nummer:**
  1604
- **gebräuchliche Namen:**
  Dimethylendiamin; 1,2-Ethandiamin; Ethylendiamin; Ethaldiamin; EDA;
- **Summenformel:**
  $C_2H_8N_2$
- **Strukturformel:**

Funktion:
Coagentien für schwefelfreie Vernetzungsmittel;

Eigenschaften:
- **toxikologisch/ökotoxikologisch:**
  RTECS # KH 8575000
  Schweizer Giftliste: 3
  WGK: 2
  MAK Wert: 10 ml/m3 bzw. 25 mg/m3
  R-Satz: 10-21/22-34-43
  S-Satz: (1/2)-9-26-36/37/39-45
  Sonstiges:
  Einstufung und Kennzeichnung von Zubereitungen, in denen diese Substanz enthalten ist:
  25%< =C ⇒ C; R21/22-34-43
  10%< =C<25% ⇒ C; R34-43
  2%< =C<10% ⇒ Xi; R36/38-43
  1%< =C<2% ⇒ Xi; R43

  Spitzenbegrenzung: II,1 [481]; Schwangerschaftsgruppe D [481]; CSB: 1,33 g/g [3]; BSB(5): 0,01 g/g [3]; IMK: II;
  Biologische Abbaubarkeit: nicht adaptiertes System: kein Effekt bei 108,5 mg/l, Hemmung bei 1085 mg/l; adaptiertes System: 225 mg/l biologisch abbaubar [3];
  Dämpfe reizen Augen und Atmungsorgane; Kontakt mit der Flüssigkeit führt zu Verätzung der Augen und Haut unter Blasenbildung [163];
  LC Lo (inhalativ, Mensch): 200 ml/m3 [10];
  400 ml/m3 riefen sofort schwere Reizungen der Nasen- und Rachenschleimhaut hervor [163];
  LD 50 (oral, Ratte): 500 mg/kg [187], 1160 mg/kg [200];
  LD 50 (Haut, Kaninchen): 730 mg/kg [187];

  Toxische Grenzkonzentration (neutral) für Pseudomonas putida 0,85 mg/l,
  Scenedesmus quadricauda 0,85 mg/l [36];
  LC 50 (Fisch; Pimephales promelas): > 1000 mg/l [3];

LC 50 (Fisch; Goldorfe): 405 mg/l [29];
LC 50 (Daphnia magna): 0,88 mg/l [3], 16 mg/l [6];

Gefahren-Symbol:

- **physikalisch/chemisch:**
  Schmelzpunkt: 8,5 °C
  Siedepunkt: 116,5 °C; 118 °C
  Flammpunkt: 33 °; 34 °C
  Dampfdruck: 12 hPa (20 °C) [5]
  Brechungsindex: 1,4565 (20 °C)
  Dichte: 899 kg/m3 (20 °C)
  Molmasse: 60,099 g/mol

  Löslichkeit:
  leicht löslich in Wasser; löslich in Ethanol; löslich in Benzen;

Verbleib nach Gebrauch:
Verbrennung nach Behandlung mit Soda und gelöschtem Kalk und Mischung mit Alkali;

Bemerkung:
Farblose Flüssigkeit mit mildem, ammoniakähnlichen Geruch; brennbar; hygroskopisch;
Bildet im dampf-/gasförmigen Zustand mit Luft explosionsfähige Gemische
Explosionsgrenzen: 2,7-16,6 Vol% ; Zündtemperatur: 385 °C [163];
Kupfer und Kupfer-Verbindungen, Eisen, Polyethylen werden angegriffen;
Aluminium ist beständig;
Stoff reagiert mit Säuren, Säurechloriden, sauerstoffreichem Material (Oxidationsmitteln), Phosphorhaliden, Perchloraten, Chlorhydrinen und Monomeren; absorbiert Kohlensäure aus der Luft; bei Brand erfolgt Zersetzung unter Bildung von giftigem ⇒ Cyanwasserstoff und nitrosen Gasen;
Verwendung: in der Fotoindustrie als aktivierender Zusatz für Farbentwickler; Lösungsmittel für Casein, Albumin, Schellack und Schwefel; Emulgator; als Hemmstoff in Frostschutz; pharma. Hilfsmittel (stabilisiert Aminophenylinjektionen);
- starke Base, Reaktion ähnlich wie bei primäre Amine;

Di-(2-aminoethyl)-amin

- **CAS-Nummer:**
  111-40-0
- **UN Nummer:**
  2079
- **gebräuchliche Namen:**
  N-(2-Aminoethyl)-1,2-ethandiamin; 3-Azapentan-1,5-diamin; Bis-ß-aminoethylamin; DETA; Diethylentriamin
- **Handelsnamen:**
  CHS-P1; ChS-Pl;
- **Summenformel:**
  $C_4H_{13}N_3$

- **Strukturformel:**

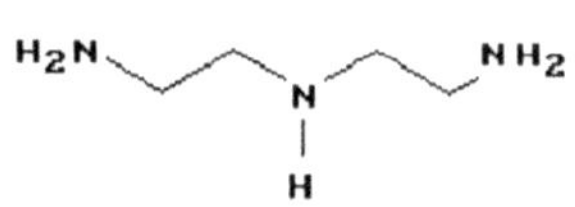

Funktion:
Coagentien für schwefelfreie Vernetzungsmittel;

Eigenschaften:
- **toxikologisch/ökotoxikologisch:**
RTECS # IE 1225000
Schweizer Giftliste: 4
WGK: 2
MAK Wert: 1 ml/m3 (US-Wert)
R-Satz: 21/22-34-43
S-Satz: (1/2)-26-36/37/39-45
Sonstiges:
Einstufung und Kennzeichnung von Zubereitungen, in denen diese Substanz enthalten ist:
25%<=C ⇒ C; R21/22-34-43
10%<=C<25% ⇒ C; R34-43
5%<=C<10% ⇒ Xi; R36/38-43
1%<=C<5% ⇒ Xi; R43

Angesichts des hohen Siedepunktes ist erst bei Erhitzen der Substanz mit der Entwicklung gesundheitsschädlicher Dämpfe zu rechnen; die Dämpfe reizen stark die Augen, Haut, Atemwege und Lunge bis zum Lungenödem, welches mit einer Verzögerung bis zu zwei Tagen auftreten kann; Kontakt mit der Flüssigkeit ruft schwere Verätzungen der Augen und Haut hervor [484];
LD 50 (oral, Ratte): 1080 mg/kg [428];
LD 50 (intraperitoneal, Ratte): 74 mg/kg [428];
LD 50 (intraperitoneal, Maus): 71 mg/kg [428];
LD 50 (Haut, Kaninchen): 1090 mg/kg [187];
LD 50 (Haut, Meerschweinchen): 170 ml/kg [428];

LC 50 (Wasserorganismen) 1000-100 mg/l / 96 h. [484];
Biologische Abbaubarkeit: Unter den strengen Bedingungen des Tests in geschlossenen Flaschen ist ein Abbau des BSB nicht feststellbar. Dieses Ergebnis schließt eine Abbaubarkeit des Produkt in der Umwelt nicht aus [484];
Geruchsschwelle: 10 ml/3 [484];

Gefahren-Symbol:

- **physikalisch/chemisch:**
Schmelzpunkt: - 39 °C
Siedepunkt: 207 °C
Flammpunkt: 97 °C
Dampfdruck: 0,37 hPa (20 °C) [163]
Brechungsindex: 1,4810 (25 °C)
Dichte: 955 kg/m3 (20 °C)
Molmasse: 103,20 g/mol

Löslichkeit:
löslich in Wasser, Ethanol; nicht löslich in Ether; löslich in Petrolether;

Verbleib nach Gebrauch:
Verbrennung nach Mischung mit brennbarem Lösemittel;

Bemerkung:
Farblose bis gelbliche Flüssigkeit; ammoniakähnlicher Geruch; raucht an feuchter Luft; ätzend; entzündbar;
Stoff reagiert bei Kontakt mit Mineralsäuren und Oxidationsmitteln unter starker Wärmeentwicklung;
Bildet im dampf-/gasförmigen Zustand mit Luft explosionsfähige Gemische;
Explosionsgrenzen: 2 - 6,7 Vol.% ; Zündtemperatur: 325 °C [484];
Unverträglich mit starken Oxidationsmitteln, starken Säuren, Kupfer, Kupferlegierungen;

2,4-Diaminomethylbenzen

- **CAS-Nummer:**
  95-80-7
- **UN Nummer:**
  1709
- **gebräuchliche Namen:**
  asym.-m-Toluylendiamin; 2,4-Diaminotoluol; Diaminotoluol; 2,4-Toluoldiamin; 4-Methyl-m-phenylendiamin; 4-Methyl-1,3-benzendiamin; 3-Amino-p-tolouidin; 5-Amino-o-toluidin; 2,4-Diamino-1-toluol; MTD; 1,3-Diamino-4-methylbenzen; 2,4-Diamino-1-methylbenzen; meta-Toluylendiamin; 2,4-Tolamin; 2,4-Toluylendiamin;
- **Handelsnamen:**
  Azogen developer H; Benzofur MT; C.I. 76035; Oxidation Base; C.I. Oxidation Base 20; C.I. Oxidation Base 35; C.I. Oxidation Base 200; Developer B; Developer DB; Developer DBJ; Developer H; Developer MC; Developer MT; Developer MT-CF; Developer MTD; Developber T; Eucanine GB; Fouramine; Fouramine J; Fourrine 94; Fourrine M; Nako TMT; NCI-C02302; Pelagol Grey J; Pelagol J; Pontamine developer TN; RCRA waste number U221; Renal MD; TDA; Tertral G; Zoba GKE; Zogen developer HRE;
- **Summenformel:**
  $C_7H_{10}N_2$

- **Strukturformel:**

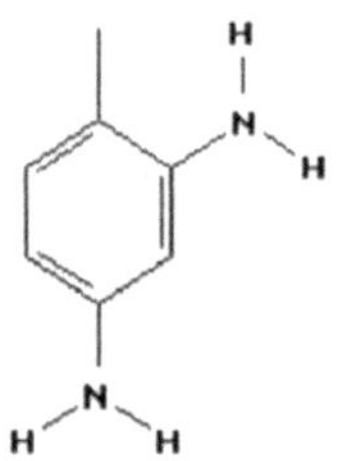

Funktion:
Oxidationsschutzmittel;

Eigenschaften:
- **toxikologisch/ökotoxikologisch:**
  RTECS # XS 9625000
  Schweizer Giftliste: 1
  WGK: 3
  R-Satz: 45-21-25-36-43
  S-Satz: 53-45
  Sonstiges:
  Krebserzeugend IIIA2 [481]; Carc.Cat.2 [505];
  Karzinogen [187]; Ergebnis des Ames-Test: positiv [392];
  Wirkt schädigend bei Einatmung, Verschlucken oder Aufnahme über Haut; verursacht Augen- und Hautreizungen; reizt Schleimhäute und Atemwege; Aufnahme in den Körper führt zur Bildung von Methämoglobin, was in ausreichenden Konzentrationen zu Cyanose (Blausucht) führt [187];
  LD 50 (oral, Ratte): 260 mg/kg [187];
  TD Lo (oral, Ratte (männlich)): 1260 mg/kg/10 W, 210 mg/kg/1 W [428];
  TD Lo (oral, Ratte): 2100 mg/kg/90 W [428];
  LD Lo (subcutan, Ratte): 350 mg/kg [428];
  TD Lo (oral, Maus (trächtig)): 1200 mg/kg/6-13 D [428];
  TD Lo (oral, Maus): 8050 mg/kg/101 W [428];
  LD 50 (intraperitoneal, Maus): 480 mg/kg [428];
  LD Lo (subcutan, Hund): 200 mg/kg [428];
  LD Lo (subcutan, Kaninchen): 400 mg/kg [428];
  Biologisch abbaubar [262];

Gefahren-Symbol:

- **physikalisch/chemisch:**
  Schmelzpunkt: 99 °C
  Siedepunkt: 292 °C
  Molmasse: 122,17 g/mol

  Löslichkeit:
  leicht löslich in heißem Wasser (7,74 g/l), Ethanol, Diethylether, heißem Benzen, Ether [428];

Verbleib nach Gebrauch:
Verbrennung nach Mischung mit brennbarem Lösemittel;

Bemerkung:
Braunes, kristallines Pulver;

4,6-Diamino-[1,3,5]-triazin-2(1H)-thion

- **CAS-Nummer:**
  767-17-9
- **gebräuchliche Namen:**
  Thioanmelin; 2,4-Bis-amino-6-mercaptotriazin; 4,6-Diamino-[1,3,5]-triazin-2-thiol;
- **Summenformel:**
  $C_3H_5N_5S$

- **Strukturformel:**

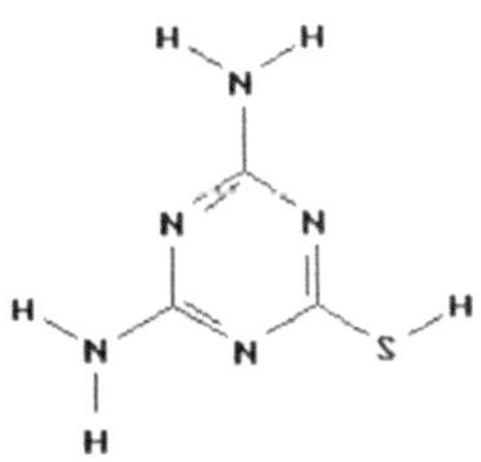

Funktion:
Vulkanisationsbeschleuniger, organisch;

Eigenschaften:
- **toxikologisch/ökotoxikologisch:**
  RTECS # XZ 1050000
  Sonstiges:
  LD 50 (intraperitoneal, Maus): 200 mg/kg [428];

- **physikalisch/chemisch:**
  Molmasse: 143,17 g/mol

Diazendicarboxamid

- **CAS-Nummer:**
  123-77-3
- **UN Nummer:**
  1325
- **gebräuchliche Namen:**
  ADC; ADCK; Azodicarbonsäurediamid; Azodicarbonamid; Azodicarboxamid; 1,1'-Azobisformamid; Azobiscarbenamid; Azobiscarbamid; 1,1'-Azobiscarbamid; Azodicarbonamid; Azodicarboxamid; 1,1'-Azobis(formamid); delta(1,1')-Biurea; Dicarbamoyldiimid; Diazendicarbonsäureamid; Diazendicarboxylsäureamid;
- **Handelsnamen:**
  Aceto AD; Cellmic AZ; Celogen C; Celogen-AZ; Celosen; ChKhz 21; ChKhz 21R; Diazenedicarboxamid; Genitron AC; Genitron AC 2; Genitron AC 4; Kempore; Kempore 125; Kempore 125 R 125; Lucel ADA; NCI-C 55981; Nitropore; Pinhole AK 2; Porofor ADC; Porofor 505; Porofor adc/R; Porofor Chkhz 21; Porofor Chkhz 21R; Rhenogran ADC/R 50; Unifoam AZ; Uniform AZ; Vinyfor AC; Yunihomu AZ;
- **Summenformel:**
  $C_2H_4N_4O_2$

- **Strukturformel:**

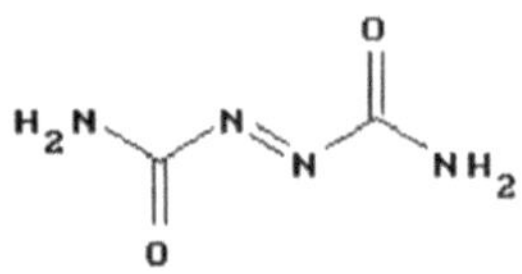

Funktion:
Treibmittel, organisch;
Anwendung:
Reifen, Schläuche; chirurgische und medizinische Artikel; Sportartikel; Spielsachen; technische Gummiartikel; Produkte für Industrie, inkl. Druckplattentücher; Klebstoffe; Dichtungen; Latex Tauchartikel; Latex Schaumartikel;

branchenspezifische Bemerkung zur Substanz:
Einsatzmenge: 71 t/a (TSE-Industrie, 1996)

Eigenschaften:
- **toxikologisch/ökotoxikologisch:**
  RTECS # LQ 1040000
  WGK: 1
  R-Satz: 11-42/43
  S-Satz: 16-26-27-36/37/39
  Sonstiges:
  Staub reizt die Atmungsorgane und die Augen. Sensibilisierung durch Einatmen möglich, Lösungen können infolge Zersetzung zu Lungenverätzungen führen. Zersetzungsprodukte: Ammoniak, Harnstoff und Stickstoff. Bei Brand oder Erhitzung bis zur Zersetzung bilden sich nitrose Gase. Symptome: Brennen der Augen und der Atemwege, Reizhusten, Ätzwunden.
  Nach Einatmen oder Hautkontakt in jedem Fall - auch bei Ausbleiben der Symptome - den Arzt aufsuchen [484];
  LD 50 (oral, Ratte): >6400 mg/kg [428];
  TD Lo (oral, Ratte): 42 mg/kg/10 Tage (kontinuierlich) [428];
  TD Lo (oral, Ratte): 233 mg/kg/4 Wochen (kontinuierlich) [428];
  TC Lo (inhalativ, Ratte): 207 mg/m3/6 Stunden/2 Wochen, 204 mg/m3/6 Stunden/13 Wochen (intermittierend) [428];
  TD Lo (intraperitoneal, Ratte): 252 mg/kg/1 Woche (intermittierend) [428];
  TC Lo (inhalativ, Maus): 217 mg/m3/6 Stunden/2 Wochen (intermittierend), 204 mg/m3/6 Stunden/13 Wochen (intermittierend) [428];

- **physikalisch/chemisch:**
  Schmelzpunkt: 225 °C (Zers.)*

Dichte: 1650 kg/m3 (20 °C)
Molmasse: 116,10 g/mol

Löslichkeit:
löslich in heißem Wasser; unlöslich in kaltem Wasser, Ethanol; löslich in Dimethylsulfoxid; unlöslich in organischen Lösungsmitteln;

Bemerkung zu physikalisch/chemischen Daten:
*: Thermische Zersetzung am 200 °C; Ab ca. 90 °C schwache, ab ca. 165 °C nennswerte Zersetzung unter Bildung von Ammoniak, Kohlenmonoxid und nitrosen Gasen [484];

Verbleib nach Gebrauch:
Verbrennung nach Mischung mit brennbarem Lösemittel;

Bemerkung:
Entzündliche gelb-orange Kristalle; hellgelbes Pulver; geruchlos; bei Brand oder Erhitzung bis zur Zersetzung bilden sich ätzendes, schwer brennbares Ammoniak(gas), giftiges Kohlenmonoxid(gas) und giftige und ätzende nitrose Gase. Die Substanz reagiert heftig bei Kontakt oder Mischung mit starken Alkalien, Säuren, Metallsalzen und Oxidationsmitteln [484];

Dibenzo[a,h]anthracen

- **CAS-Nummer:**
  53-70-3
- **gebräuchliche Namen:**
  DBA; 1,2,5,6-Benzanthracen; 1,2,5,6-Dibenzanthracen; 1,2,5,6-DBA;
- **Summenformel:**
  $C_{22}H_{14}$
- **Strukturformel:**

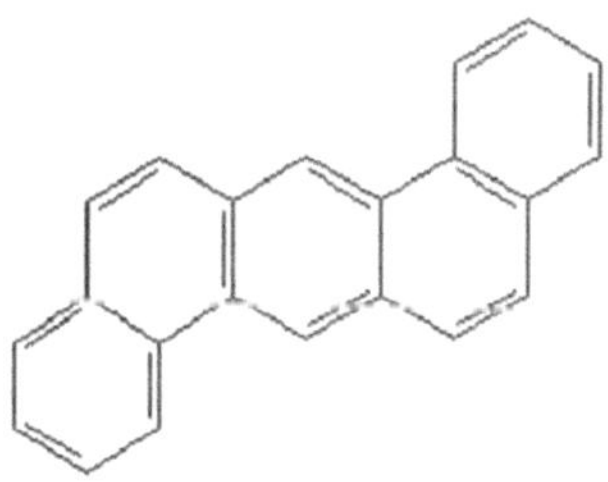

Eigenschaften:
- **toxikologisch/ökotoxikologisch:**
  RTECS # HN 2625000
  R-Satz: 45
  S-Satz: 53-45
  Sonstiges:
  Carc. Cat.2; Nervengift;

  Gefahren-Symbol:

- **physikalisch/chemisch:**
  Schmelzpunkt: 265 °C; 266-267 °C; 269,5 °C

Siedepunkt: 524 °C
Molmasse: 278,35 g/mol

Verbleib nach Gebrauch:
Verbrennung nach Mischung mit brennbarem Lösemittel;

Bemerkung:
leicht gelbes ristallines Pulver; Nervengift;

Dibenzothiazyldisulfid

- **CAS-Nummer:**
120-78-5
- **gebräuchliche Namen:**
MBTS; MBIS; Bis-(2,2'-benzothiazolyl)-disulfid; 2,2'-Disulfandiyl-bis-benzothiazol; 2,2'-Dithiobisbenzothiazol; 2,2'-Dithio-bis-(benzothiazol); Dithioazyldisulfid; Mercaptobenzothiazoldisulfid; Dibenzthiazyldisulfid; Dithioazyldisulfid; Dibenzothiazyldisulfid; Di-2-benzothiazolyldisulfid; 2-Mercaptobenzothiazoldisulfid; 2,2'-Dibenzothiazyldisulfid; Benzothiyzolyldisulfid; Dibenzothiazoldisulfid; Benzothiazyldisulfid; Bis(benzothiyzolyl)disulfid;
- **Handelsnamen:**
Accel TM; Altax; Alfax; Akrochem MBTS; Avorator MBTS; Ekalant MBTS-c; Nocceler DM; Naugex MBT; Pennac MBTS; Rhenogran MBTS-80; MBTS; Rhenosol MBTS-50; Royal MBTS; Rubator MBTS; Sanceler DM; Soxinol DM-G; Thiofide; Thiofid; USAF B-33; USAF CY-5; USAF EK-5432; Vulcafor MBTS; Vulkacit DM; Vulkacit DM/mgc; Vulkacit DM/C; Vulkacit DM/MG; Vulkacit DM/MGC;
- **Summenformel:**
$C_{14}H_8N_2S_4$

- **Strukturformel:**

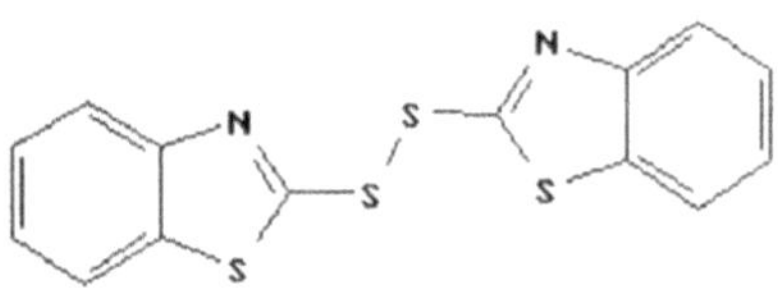

Funktion:
(1) Zusätze für schwefelfreie Vernetzungsmittel;
(2) Vulkanisationsbeschleuniger, organisch;
(3) Mastikationsmittel;
(4) Scorchinhibitor;
Kautschukart:
(1) Isobuten-Isopren-Kautschuk;
(2) Naturkautschuk; Styrol-Butadien-Kautschuk; Isopren-Kautschuk, synthetisch; Butadien-Kautschuk; Acrylnitril-Butadien-Kautschuk; Chloropren-Kautschuk; Chlorsulfonylethylen-Kautschuk; Ethylen-Propylen-Terpolymer; Isobuten-Isopren-Kautschuk;

Anwendung:
(2) Kabelummantelung; Transportbänder; Keilriemen; Schuhwerk; Gummifäden; Reifen, Schläuche; chirurgische und medizinische Artikel; Sportartikel; Spielsachen; technische Gummiartikel; Produkte für Industrie, inkl. Druckplattentücher; Klebstoffe; Dichtungen; Latex Tauchartikel; Latex Schaumartikel;

branchenspezifische Bemerkung zur Substanz:
Einsatzmenge: 784 t/a (Reifenindustrie: 440 t/a, TSE-Industrie: 244 t/a) (1996);

Eigenschaften:
- **toxikologisch/ökotoxikologisch:**
RTECS # DL 4550000
WGK: 2
R-Satz: 20/21/22-36/37/38

S-Satz: 26-27-36/37/39

Sonstiges:

Für diese Substanz liegt ein BUA-Stoffbericht Nr. 126 vor.

Keine bzw. geringe Wirkung an der Haut bzw. dem Auge; beim Meerschweinchen wirkt MBTS dermal sensibilisierend; kanzerogenes Potential ist nicht auszuschließen; kein Hinweis auf mutagenes Potential [572];

LD 50 (oral, Ratte): > 12 mg/kg [428]; 433 mg/kg [572];
LD 50 (intraperitoneal, Ratte): 2600 mg/kg [428];
TD Lo (parental, Ratte, trächtiges Tier): 400 mg/kg/4-11 Tage [428];
TD Lo (parental, Ratte): 800 mg/kg/2 Tage [428];
LD 50 (oral, Maus): 7 mg/kg [428]; 4631 mg/kg [572];
LD 50 (intraperitoneal, Maus): 100 mg/kg [428];
LD 50 (intravenös, Maus): 180 mg/kg [428];
TD Lo (oral, Maus): 172 mg/kg [428];
LD 50 (oral, Kaninchen): 5200 mg/kg [572];
LD 50 (dermal, Kaninchen): >7940 mg/kg [428];

Bei den angegebenen Wirkkonzentrationen handelt es sich ausschließlich um Nominalwerte. Wegen der Instabilität von MBTS in wäßriger Lösung ist zu vermuten, daß die beobachteten Wirkungen in der Hauptsache auf das MBT zurückzuführen sind [608].
EC 50 (Belebtschlamm): >10000 mg/l/3 h (Effekt: Hemmung der Sauerstoffaufnahme) [608], [572];
EC 50 (Algen, Selenastrum capricornutum): 0,6 mg/l/96 h [608];
NOEC (Algen, Selenastrum capricornutum): < 0,3 mg/l (96 h) [503];
EC 50 (Daphnia magna): 82 mg/l/48 h [608];
LC 50 (Fische, Salmo gairdneri): 66 mg/l/96 h [608];
LC 50 (Fische, Lepomis macrochirus): 82 mg/l/96 h [608];
LC 50 (Fische, Oryzias latipes): 19 mg/l/48 h [608];
In verschiedenen Tests auf potentielle biologische Abbaubarkeit konnte kein Abbau festgestellt werden [608];

zu Ekalant MBTS-c [Sdb Göbel+Pfrengle]:
R-Sätze: 43; S-Sätze: 24-36/37; WGK: 1; MAK-Wert: <2,5 mg/m3;
Sensibilisierung durch Hautkontakt möglich;
LD 50 (oral, Ratte): 7000 mg/kg;

zu Robac MBTS 75/80 [Sdb Krahn], Angaben bezogen auf Wirkstoff:
LD 50 (oral, Ratte): 7940 mg/kg; LD 50 (dermal, Kaninchen): >7940 mg/kg;

Gefahren-Symbol:

Xi

- **physikalisch/chemisch:**

Schmelzpunkt: 180°C; 168 °C; >169 °C; 180-182 °C; 164-179 °C
Flammpunkt: 257°C; 271 °C
Dampfdruck: 5,97 hPa (20°C) [572]
Log pOW: 4,5 (ber.) [448]; > 0,0000992 [572]
Dichte: 1500 ± 30 kg/m3 (20 °C); ca. 1510 kg/m3 (20 °C)
Molmasse: 332,46 g/mol

Löslichkeit:

Wasser: <0,0002 g/l*, 0,014 g/l**; schwer löslich in Dimethylsulfoxid < 1 g/2 (21 °C), Ethanol < 1g/l (21 °C), Propanon < 1 g/l (21 °C), Diethylether < 2 g/l (25 °C), Benzen < 5 g/l (25 °C), Methylbenzen 1-10 g/l (25 °C), Trichlormethan, Schwefelkohlenstoff; unlöslich in Benzin, Ethylacetat < 1 g/l (25 °C) [572];***
löslich in: Benzen, Tetrachlormethan, Dichlormethan, Ethylacetat, Propanon, Butylalkohol, Schwefelkohlenstoff; schwer löslich in Ethanol; unlöslich in Wasser [Sdb Avokal];

Bemerkung zu physikalisch/chemischen Daten:

Zündtemperatur: >365 °C [572];

*: Aufgrund der Nachweisgrenze ist eine genauere Bestimmung der Wasserlöslichkeit nicht möglich [572];
**: berechnet [572];
***: Der Stoff wird allerdings unter Verwendung organischer Lösemittel (z.B. Propanon, Methanol, Ethanol, Benzen, Hexan oder Trichlormethan) aus Gummi- bzw. Kautschukproben in analytisch relevanten Mengen extrahiert [572];
BCF: 1,4 bis 51 am Karpfen (Cyprimus carpio), "mäßig akkumulierbar" [503];
Halbwertszeit in Flußwasser ca. 9 Tage [503];

Verbleib nach Gebrauch:
Verbrennung nach Mischung mit brennbarem Lösemittel;

Bemerkung:
1993 wurden in der Bundesrepublik 500 bis 1000 t MBTS eingesetzt [503];
MBTS kristallisiert aus Benzen in Form schwach gelber bis farbloser Nadeln; geruchlos;
bei der in wäßriger Lösung träge verlaufenden Hydrolyse von MBTS werden 2-Mercaptobenzothiazol und 2-Benzothiazolsulfensäure gebildet, wobei letztere sofort in MBTS, 2-Benzothiazolsulfinsäure und 2-Benzothiazolsulfonsäure disproportioniert [572];

zu Ekalant MBTS-c [Sdb Göbel + Pfrengle]:
beiges Pulver, charakteristischer Eigengeruch; enthält zu 2% Paraffinöl;

enthalten in: Robac MBTS 75/80 (75-80%) Rest: Polymerbinder, Santocure TBSI (<6 %);

Dibenzoyldisulfan

- **CAS-Nummer:**
644-32-6
- **gebräuchliche Namen:**
Dibenzoyldisulfid;
- **Summenformel:**
$C_{14}H_{10}O_2S_2$

- **Strukturformel:**

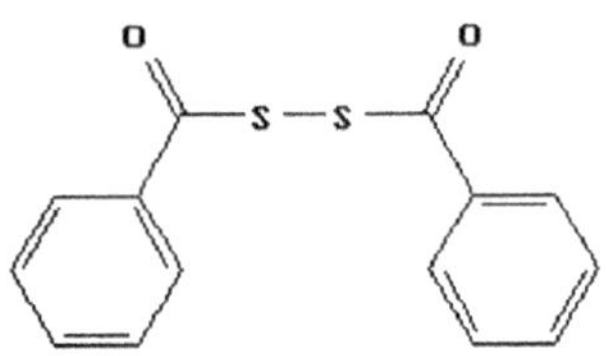

Funktion:
Mastikationsmittel;

Eigenschaften:
- **physikalisch/chemisch:**
Schmelzpunkt: 136 °C
Molmasse: 274,35 g/mol

Dibenzoylmonosulfid

- **CAS-Nummer:**
1850-15-3
- **gebräuchliche Namen:**
Benzoesäure-thioanhydrid; Benzoesäureanhydrosulfid;
- **Summenformel:**
$C_{14}H_{10}O_2S$

- **Strukturformel:**

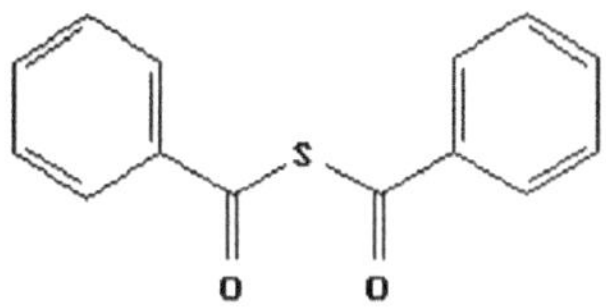

Funktion:
Mastikationsmittel;

Eigenschaften:
- **toxikologisch/ökotoxikologisch:**
RTECS # DH 6843000
Sonstiges:
LD 50 (oral, Ratte): 5000 mg/kg [428];

- **physikalisch/chemisch:**
Schmelzpunkt: 48 °C
Molmasse: 242,29 g/mol

Dibenzoylperoxid

- **CAS-Nummer:**
94-36-0
- **UN Nummer:**
3108; 3102; 3104
- **gebräuchliche Namen:**
DBPO; Benzoylperoxid; Benzoylsuperoxid;
- **Handelsnamen:**
Benoxyl; Cadox BS; Lucidol; Lucidol B 50; Lucidol G 20; Lucidol 50 P; Luperco; Luperco AST; Nayper DO; Nourinox; Oxylite; Panoxyl; Persadox; Varox Asn;
- **Summenformel:**
$C_{14}H_{10}O_4$

- **Strukturformel:**

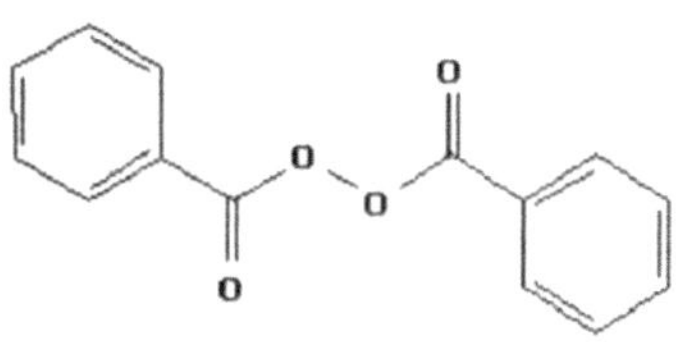

Funktion:
Vernetzungsmittel, schwefelfrei; Antimikrobielle Mittel für Latex;
Kautschukart:
Silikon-Kautschuk;
Anwendung:
chirurgische und medizinische Artikel; Sportartikel; Spielsachen; technische Gummiartikel;

Eigenschaften:
- **toxikologisch/ökotoxikologisch:**
RTECS # DM 8575000
Schweizer Giftliste: 4
WGK: 1

MAK Wert: 5 mg/m3 E
R-Satz: 2-7-36-43
S-Satz: (2)-3/7-14-36/37/39
Sonstiges:
Spitzenbegrenzung: I [481]; vgl. Abschn. VIa;
Kontakt mit dem Stoff verursacht Reizung der Augen; Einatmen des Staubes ruft Reizung der Nasen- und Rachenschleimhäute hervor; Magenbeschwerden bei Verschlucken auch kleinerer Mengen [163];
Symptome: Tränen der Augen, Hustenreiz, nachfolgend Entzündungserscheinungen an den Luftwegen [484];
LD 50 (oral, Ratte): 7710 mg/kg [187];
LD 50 (oral, Maus): 5700 mg/kg [428];
LD 50 (intraperitoneal, Maus): 250 mg/kg [428];

Gefahren-Symbol:

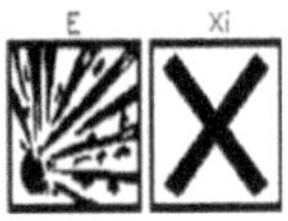

- **physikalisch/chemisch:**
Schmelzpunkt: 103-105 °C (Zers.)*
Flammpunkt: 80 °C
Brechungsindex: 1,5700 (81-84 °C)
Dichte: 1334 kg/m3 (25 °C); 1220 ± 30 kg/m3
Molmasse: 242,230 g/mol

Löslichkeit:
sehr wenig löslich in Wasser; wenig löslich in kaltem Ethanol, Methanol, Benzin; löslich in Propanon, konz. Ethansäure, Benzen;

Bemerkung zu physikalisch/chemischen Daten:
*Zersetzt sich explosionsartig bei Erreichen des Schmelzpunktes [484];

Verbleib nach Gebrauch:
Entsorgung nach Beratung durch den technischen Kundendienst der Chemikalienfirma;

Bemerkung:
Weiße Granulate, Kristalle oder Pulver; geschmack- und geruchlos;
In trockenem Zustand bei Schlag oder Reibung explosiv; Stoff reagiert heftig bei Kontakt mit zahlreichen org. und anorg. Säuren, Alkoholen, Aminen und Polymerisationsbeschleunigern; Im trockenem Zustand gefährlicher Explosionsstoff; man stabilisiert (phlegmatisiert) durch Zusatzstoffe, z.B. 10% Wasser; je nach dem Grad dieser Phlegmatisierung gehört das Gut zur Klasse 1 a, Explosive Stoffe, oder zur Klasse 5.2, Organische Peroxide [484];
Verwendung: als Radikalstarter; in der Druckindustrie als Fotoinitiator bei der Fotopolymerisatio; in der Medizin: zur Behandlung von Akne;
UN-Nr. 3106 (Dibenzoylperoxid, Konzentration 36 - 52% mit inertem Feststoff) in der UN-Liste klassifiziert unter organische Peroxide, Typ D, fest [484];
UN-Nr. 3102 (Dibenzoylperoxid, Konzentration 52 - 100% mit inertem Feststoff) in der UN-Liste klassifiziert unter organische Peroxide, Typ B, fest [484];
UN-Nr. 3104 (Dibenzoylperoxid, Konzentration < 77% mit inertem Feststoff und Wasser) in der UN-Liste klassifiziert unter organische Peroxide, Typ C, fest [484];
UN-Nr. 3108 (Dibenzoylperoxid, Konzentration < 52% als Paste mit Verdünnungsmittel Typ A mit oder ohne Wasser) in der UN-Liste klassifiziert unter organische Peroxide, Type E, fest [484];

enthalten in Lucidol S-50S-PS (50 %);

Dibenzylamin

- **CAS-Nummer:**
  103-49-1
- **gebräuchliche Namen:**
  N-(Phenylmethyl)-benzolmethanamin; N-Benzylbenzylamin; N-(Phenylmethyl)-benzenmethanamin
- **Summenformel:**
  $C_{14}H_{15}N$

- **Strukturformel:**

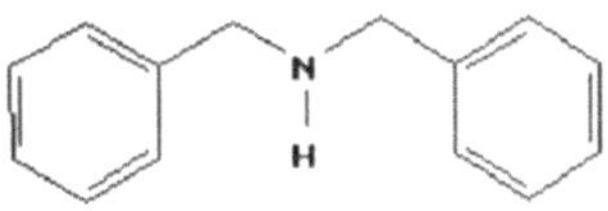

Funktion:
(1) Vulkanisationsbeschleuniger, organisch;
(2) Vulkanisationsaktivator / Beschleunigeraktivator;

Anwendung:
(1) chirurgische und medizinische Artikel; Sportartikel; Spielsachen; technische Gummiartikel; Produkte für Industrie, inkl. Druckplattentücher; Klebstoffe; Dichtungen;

Eigenschaften:
- **toxikologisch/ökotoxikologisch:**
  Schweizer Giftliste: 3
  R-Satz: 36/37/38
  S-Satz: 26-27/39
  Sonstiges:
  Kann schädigend wirken bei Einatmung, Verschlucken oder Aufnahme über Haut; verursacht Reizungen; Dämpfe reizt Augen, Schleimhäute und Atemwege [187];

  Gefahren-Symbol:

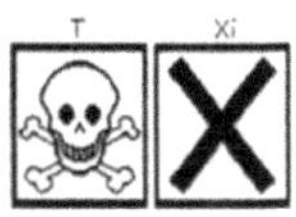

- **physikalisch/chemisch:**
  Schmelzpunkt: - 26 °C
  Siedepunkt: 300 °C
  Flammpunkt: 143 °C
  Brechungsindex: 1,5731 (20 °C)
  Dichte: 1026 kg/m3 (20 °C)
  Molmasse: 197,28 g/mol

  Löslichkeit:
  unlöslich in Wasser; leicht löslich in Ethanol, Diethylether;

Verbleib nach Gebrauch:
Verbrennung nach Mischung mit brennbarem Lösemittel;

Bemerkung:
Gelbe, ammoniakähnlich riechende Flüssigkeit;
Unverträglich mit Säuren, Säurechoriden, Säureanhydriden, Oxidationsmitteln;
Verwendung: zur Bestimmung von Kobalt, Eisen und Cyanaten;

Dibenzyldithiocarbaminsäure, Natriumsalz

- **CAS-Nummer:**
  55310-46-8
- **gebräuchliche Namen:**
  Natriumdibenzyldithiocarbamat; Bis-(phenylmethyl)carbamodithioicsäure-natriumsalz; N,N-Dibenzyldithiocarbamidsäure-Natriumsalz;
- **Summenformel:**
  $C_{16}H_{14}NNaS_2$
- **Strukturformel:**

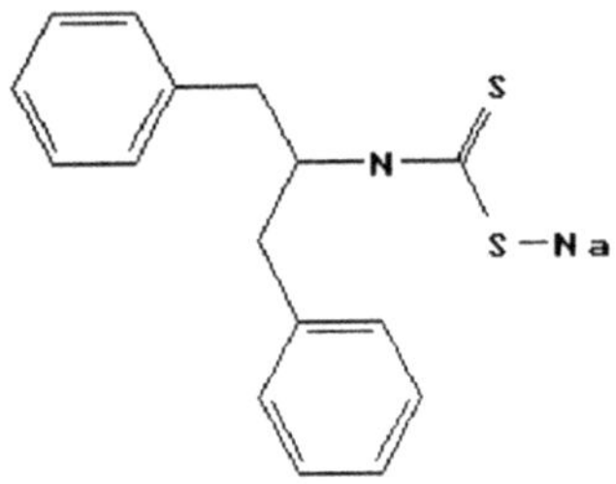

Funktion:
Vulkanisationsbeschleuniger, organisch;

Eigenschaften:
- **toxikologisch/ökotoxikologisch:**
  R-Satz: 22
  S-Satz: 22-24/25
  Sonstiges:
  Nervengift;

  zu Perkacit SBEC LIQ-W [Sdb Flexsys], Angaben bezogen auf Wirksubstanz:
  LD 50 (oral, Ratte): >2000 mg/kg;
  Gefahrensymbol: Xi; R-Sätze: 36;

  Gefahren-Symbol:

- **physikalisch/chemisch:**
  Schmelzpunkt: 235 °C (Zers.)
  Molmasse: 307,40 g/mol

Verbleib nach Gebrauch:
Verbrennung nach Mischung mit brennbarem Lösemittel;

Bemerkung:
enthalten in Perkacit SBEC LIQ-W (17 %, Rest Wasser);

Dibenzylether

- **CAS-Nummer:**
  103-50-4
- **gebräuchliche Namen:**
  Benzyloxid; 1,1'-(Oxybismethyl)bis(benzol);
- **Handelsnamen:**
  Benzylether;
- **Summenformel:**
  $C_{14}H_{14}O$

- **Strukturformel:**

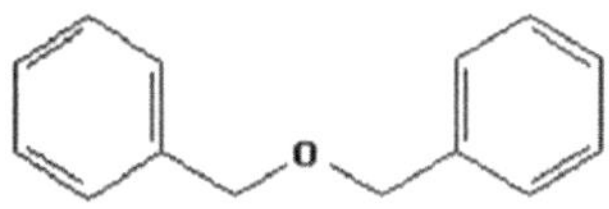

Funktion:
Weichmacher, synthetisch;

branchenspezifische Bemerkung zur Substanz:
Einsatzmenge: 3,4 t/a (TSE-Industrie, 1996)

Eigenschaften:
- **toxikologisch/ökotoxikologisch:**
  RTECS # DQ 6125000
  WGK: 2
  R-Satz: 36/37/38
  S-Satz: 26-37/39
  Sonstiges:
  LD 50 (oral, Ratte): 2500 mg/kg [187];

- **physikalisch/chemisch:**
  Schmelzpunkt: 1,5-3,5 °C
  Siedepunkt: 298 °C
  Flammpunkt: 135 °C
  Brechungsindex: 1,5601 (25 °C); 1,5405 (20 °C); 1,5610 (20 °C);1,566 (20 °C)
  Dichte: 1043 kg/m3
  Molmasse: 198,26 g/mol

  Löslichkeit:
  unlöslich in Wasser; mischbar mit Ether, Ethanol, Trichlormethan;

Verbleib nach Gebrauch:
Verbrennung nach Mischung mit brennbarem Lösemittel;

Bemerkung:
farblose Flüssigkeit;

1,2-Dibrom-2,4-dicyanobutan

- **CAS-Nummer:**
  35691-65-7
- **gebräuchliche Namen:**
  2-Brom-2-(brommethyl)-pentandinitril; 2-Brom-2-(brommethyl)-glutaronitril;
- **Handelsnamen:**
  Tektamer 38;

- **Summenformel:**
  $C_6H_6Br_2N_2$

- **Strukturformel:**

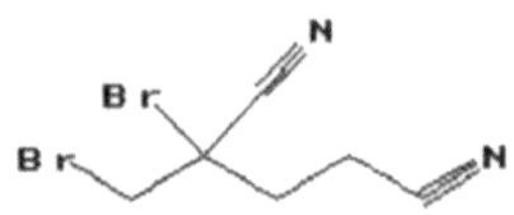

Funktion:
Antimikrobielle Mittel für Latex;

Eigenschaften:
- **toxikologisch/ökotoxikologisch:**
  RTECS # MA 5599000
  Sonstiges:
  Allergen;
  TD Lo (oral, Ratte): 1750 mg/kg [428];

- **physikalisch/chemisch:**
  Schmelzpunkt: 51,2-52,5 °C
  Molmasse: 265,94 g/mol

  Löslichkeit:
  löslich in Dimethylformamid, Trichlormethan; Ethylacetat; Benzen; Methanol; Ethanol; Diethylether; unlöslich in Wasser;

Bemerkung:
Konservierungsmittel für Latexfarben, Klebstoff;

N,N-Dibutylacetamid

- **CAS-Nummer:**
  1563-90-2
- **gebräuchliche Namen:**
  Dibutylacetamid;
- **Summenformel:**
  $C_{10}H_{21}NO$

- **Strukturformel:**

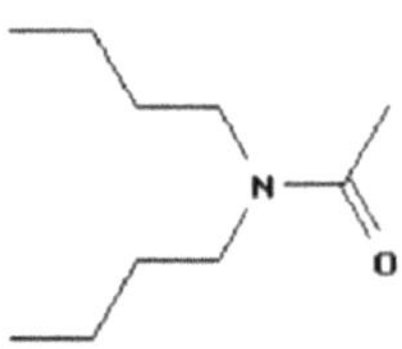

branchenspezifische Bemerkung zur Substanz:
Zersetzungsprodukt von TBTD;

Eigenschaften:

- **physikalisch/chemisch:**
  Molmasse: 171,28 g/mol

N,N'-Dibutyl-diamino-thiomethanon

- **CAS-Nummer:**
  109-46-6
- **gebräuchliche Namen:**
  DBTU; N,N'-Dibutylthioharnstoff; 1,3-Dibutylthioharnstoff; 1,3-Dibutyl-2-thioharnstoff; 1,3-Di-n-butyl-2-thioharnstoff; Dibutylthioharnstoff;
- **Handelsnamen:**
  Penzone B; Robac DBTU; Thiate U; USAF Ek-2138;
- **Summenformel:**
  $C_9H_{20}N_2S$

- **Strukturformel:**

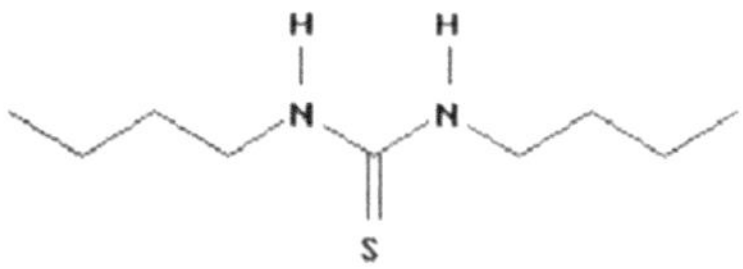

Funktion:
1) Vulkanisationsbeschleuniger, organisch;
2) Ozonschutzmittel;

Kautschukart:
Neopren; Chlorbutyl; Ethylen-Propylen-Terpolymer;

Anwendung:
1) Reifen, Schläuche; chirurgische und medizinische Artikel; Sportartikel; Spielsachen; technische Gummiartikel; Produkte für Industrie, inkl. Druckplattentücher; Klebstoffe; Dichtungen; Latex Tauchartikel; Latex Schaumartikel;

Eigenschaften:
- **toxikologisch/ökotoxikologisch:**
  RTECS # YS 8400000
  Schweizer Giftliste: 3
  R-Satz: 23/24/25
  S-Satz: 28-27-45-36/37/39
  Sonstiges:
  LD 50 (oral, Ratte): 350 mg/kg [428];
  TD Lo (oral, Ratte (trächtig)): 225 mg/kg/6-20 D, 375 mg/kg/6 20 D [428];
  LD 50 (intraperitoneal, Maus): 800 mg/kg [428];

  zu Robac DBTU PM 75 [Sdb Krahn], Angaben bezogen auf Wirksubstanz:
  R-Sätze: 22;

  Gefahren-Symbol:

- **physikalisch/chemisch:**
  Schmelzpunkt: 63-65 °C
  Dichte: 1030 ± 30 kg/m3
  Molmasse: 188,33 g/mol

  Löslichkeit:
  unlöslich in Wasser, Petroleumether; löslich in Methanol, Trichlormethan, Propanon, Methylbenzen;

Verbleib nach Gebrauch:
Verbrennung nach Mischung mit brennbarem Lösemittel;

Bemerkung:
Verwendung: Härter, Aktivator und Vulkanisierungsmittel für die gummiverarbeitende Industrie;

enthalten in: Robac DBTU PM 75 (75 %);

Dibutyldithiocarbaminsäure, Cadmiumsalz

- **CAS-Nummer:**
  14566-86-0
- **gebräuchliche Namen:**
  Bis-(dibutylcarbamodithioato-S,S')-cadmium; Cadmiumdibutyldithiocarbamat; Bis(dibutyldithiocarbamato)-cadmium;
- **Summenformel:**
  $C_{18}H_{36}CdN_2S_4$
- **Strukturformel:**

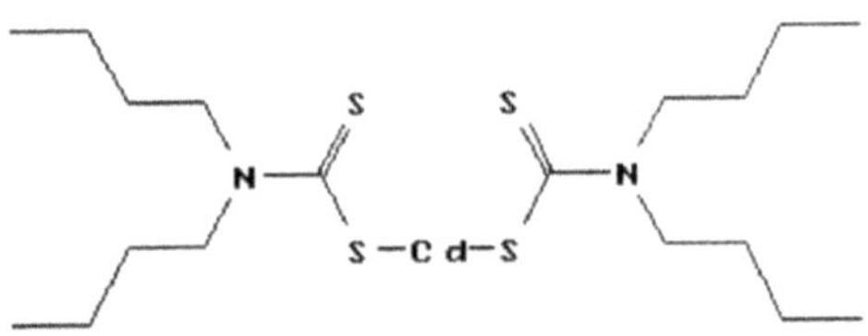

Funktion:
Vulkanisationsbeschleuniger, organisch;

Eigenschaften:
- **physikalisch/chemisch:**
  Molmasse: 521,15 g/mol

Dibutyldithiocarbaminsäure, Kaliumsalz

- **CAS-Nummer:**
  136-29-8
- **gebräuchliche Namen:**
  Kaliumdibutyldithiocarbamat; Dibutylcarbamodithiosäure, Kaliumsalz; Kaliumdi-n-butyldithiocarbamat; Bis(dibutyldithiocarbamat), Kaliumsalz; Bis-(dibutylcarbamodithioato-S,S')-kalium; Kalium-N,N'-dibutyldithiocarbamat; N,N'-Dibutyldithiocarbaminsäure, Kaliumsalz;
- **Summenformel:**
  $C_9H_{18}KNS_2$
- **Strukturformel:**

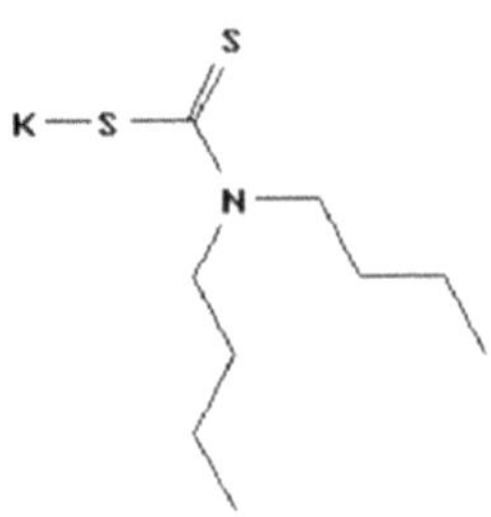

Funktion:
Vulkanisationsbeschleuniger, organisch;

Eigenschaften:
- **physikalisch/chemisch:**
Molmasse: 204,37 g/mol

Dibutyldithiocarbaminsäure, Kupfersalz

- **CAS-Nummer:**
13927-71-4
- **gebräuchliche Namen:**
CDBC; Kupfer-dibutyl-dithiocarbamat;
- **Handelsnamen:**
Ekaland CDBC;
- **Summenformel:**
$C_{18}H_{36}CuN_2S_4$

- **Strukturformel:**

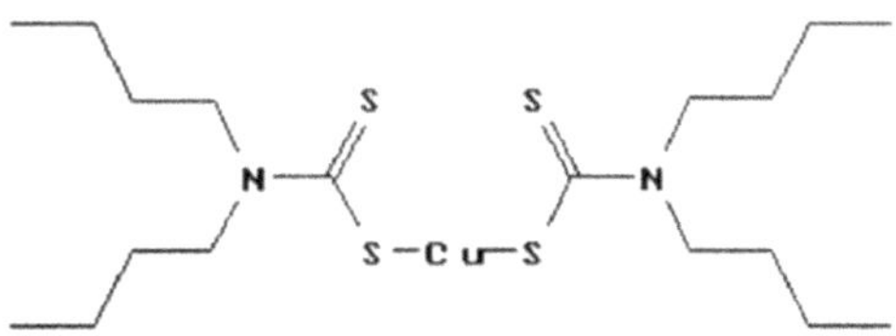

Funktion:
Vulkanisationsbeschleuniger, organisch;

Eigenschaften:
- **toxikologisch/ökotoxikologisch:**
Sonstiges:
LD 50 (oral, Ratte): >1000 mg/kg [428];
LD Lo (intraperitoneal, Ratte): 850 mg/kg [428];

- **physikalisch/chemisch:**
Molmasse: 472 g/mol

Bemerkung:
Pestizid;

Dibutyldithiocarbaminsäuremethylester

- **CAS-Nummer:**
38351-44-9
- **gebräuchliche Namen:**
5-Methyl-N,N-di-n-butyldithiocarbonat;
- **Summenformel:**
$C_{10}H_{21}NS_2$

- **Strukturformel:**

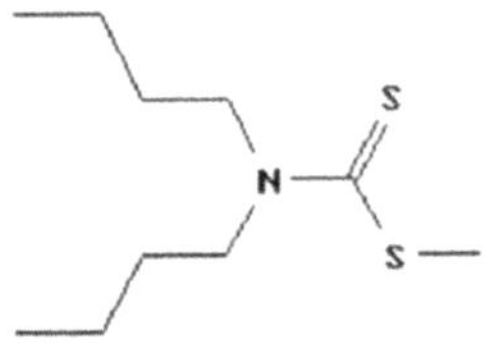

branchenspezifische Bemerkung zur Substanz:
Zersetzungsprodukt von 1,1'-Dithiobis-(N,N-dibutylmethanthioamid) (TBTD);

Eigenschaften:
- **physikalisch/chemisch:**
Molmasse: 219,4 g/mol

Dibutyldithiocarbaminsäure, Mischung mit N,N-Dimethylcyclohexylamin (1:1)

- **CAS-Nummer:**
149-82-6
- **gebräuchliche Namen:**
Dibutyldithiocarbaminsäure-N,N-dimethylcyclohexylaminsalz; N,N-Dimethylcyclohexylammoniumdibutyldithiocarbamat;
- **Handelsnamen:**
RZ 50 B; RZ 100;
- **Summenformel:**
$C_{17}H_{36}N_2S_2$

- **Strukturformel:**

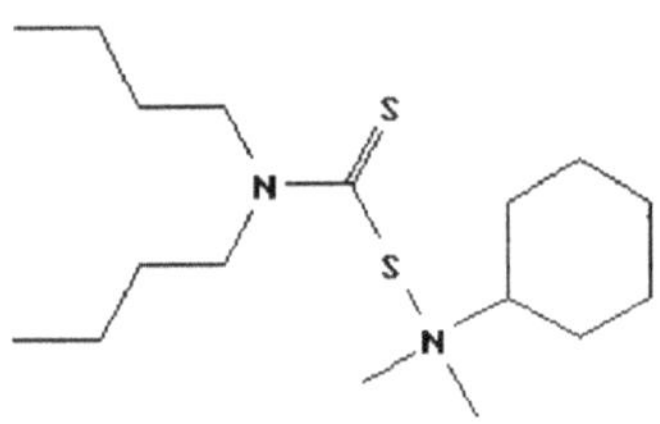

Funktion:
Vulkanisationsbeschleuniger, organisch;
Kautschukart:
Naturkautschuk; Styrol-Butadien-Kautschuk;
Anwendung:
Reifen, Schläuche; chirurgische und medizinische Artikel; Sportartikel; Spielsachen; technische Gummiartikel; Produkte für Industrie, inkl. Druckplattentücher; Klebstoffe; Dichtungen; Latex Tauchartikel; Latex Schaumartikel;

Eigenschaften:
- **physikalisch/chemisch:**
Molmasse: 332,61 g/mol

Dibutyldithiocarbaminsäure, Natriumsalz

- **CAS-Nummer:**
  136-30-1
- **gebräuchliche Namen:**
  NaDBC; Natriumdibutylthiocarbamat; Natriumdi-n-butyldithiocarbamat; Bis(dibutyldithiocarbamat), Natriumsalz; Bis-(dibutylcarbamodithioato-S,S')-natrium; Natrium-N,N'-dibutyldithiocarbamat; N,N'-Dibutyldithiocarbaminsäure, Natriumsalz;
- **Handelsnamen:**
  Accel TP; Butidone; Butyl Namate; Pennac SDB; Sodium DBDT; Tepidone; Vulcacure NB-25; USAF B-35; Vulcacur NB;
- **Summenformel:**
  $C_9H_{18}NNaS_2$
- **Strukturformel:**

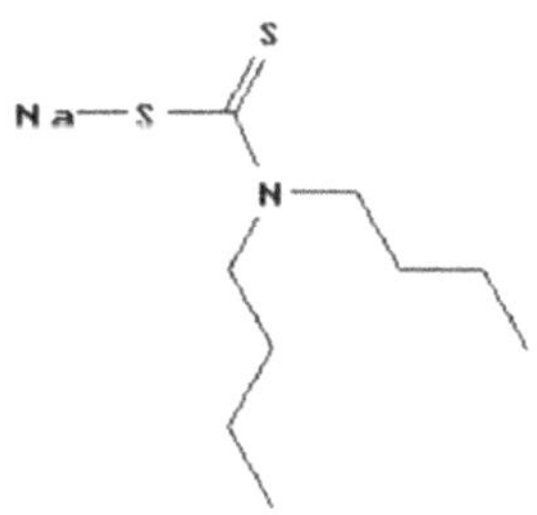

Funktion:
Vulkanisationsbeschleuniger, organisch;
Anwendung:
Latex Tauchartikel; Latex Schaumartikel;

Eigenschaften:
- **toxikologisch/ökotoxikologisch:**
  RTECS # EZ 3880000
  Sonstiges:
  LD50 (intraperitoneal, Maus): 300 mg/kg [428];

  zu Perkacit SDBC LIQ-W [Sdb Flexsys], Angaben bezogen auf Wirkstoff:
  LD 50 (oral, Ratte): 650-1400 mg/kg;
  Gefahrensymbol: Xn; R-Sätze: 22-36/38;

- **physikalisch/chemisch:**
  Molmasse: 227,36 g/mol

Bemerkung:
enthalten in Tepidone (45-%ige wäßrige Lösung), Perkacit SDBC LIQ-W (45,5-47,5 %) Rest Wasser;

N,N-Dibutyldithiocarbaminsäure, Nickelsalz

- **CAS-Nummer:**
  13927-77-0
- **gebräuchliche Namen:**
  NiDBC; Nickel-di-n-butyldithiocarbamat; Nickelbis(dibutyldithiocarbamat); (SP-4-1)-Nickel-bis(dibutylcarbamothioato-S,S'); Bis-(dibutyldithiocarbamato)-nickel; Nickel-(N,N'-dibutyl-dithio-carbamat); Bis-(dibutylcarbamodithioato-S,S')-nickel; Nickel-dibutyldithiocarbamat; Di-(dibutyldithiocarbamato-S,S')-Nickel;

- **Handelsnamen:**
  Ekaland NDBC-c; Rhenogran NDBC-70/ECO; Robac NiBUD; Rylex; NBC; Vanox NBC;
- **Summenformel:**
  $C_{18}H_{36}N_2NiS_4$

- **Strukturformel:**

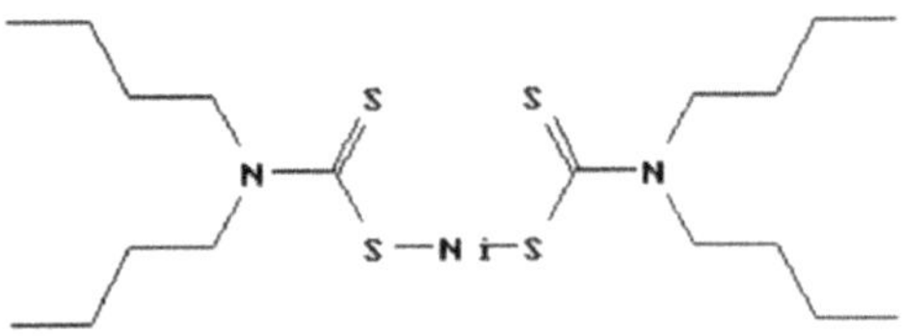

Funktion:
(1) Ozonschutzmittel;
(2) Vulkanisationsbeschleuniger, organisch;
(3) Quencher;
(4) Oxidationsschutzmittel;
Kautschukart:
(1) Styrol-Butadien-Kautschuk;
(4) Styrol-Butadien-Kautschuk; Acrylnitril-Butadien-Kautschuk; Chlorsulfonylethylen-Kautschuk; Ethylenoxid-Chlormethyloxiran-Copolymer;
Anwendung:
(2) chirurgische und medizinische Artikel; Sportartikel; Spielsachen; technische Gummiartikel;

branchenspezifische Bemerkung zur Substanz:
Einsatzmenge: 72 t/a (Reifenindustrie: 5,3 t/a, TSE-Industrie: 67 t/a) (1996)

Eigenschaften:
- **toxikologisch/ökotoxikologisch:**
  RTECS # QR 6140000
  Sonstiges:
  LD 50 (oral, Ratte): 17000 mg/kg [428];

  zu Ekaland NDBC-c [Sdb Göbel]:
  Einatmen von Staub löst Alkoholunverträglichkeit aus;
  Gefahrensymbol: Xi; R-Sätze: 36; S-Sätze: 39; WGK: 2;
  LD 50 (oral, Ratte): 5000 mg/kg;

  zu Robac NiBUD [Sdb Krahn]:
  Gefahrensymbol: Xi; R-Sätze: 36-43; S-Sätze: 39; WGK: 1;
  LD 50 (oral, Ratte): >2000 mg/kg;

- **physikalisch/chemisch:**
  Schmelzpunkt: 86-90 °C
  Dichte: 1260 kg/m3
  Molmasse: 467,43 g/mol

  Löslichkeit:
  unlöslich in Wasser; löslich in Trichlormethan, Methylbenzen, Propanon, Hexan, Ethanol, Benzin;

Bemerkung:
Dunkelgrüner Feststoff;
Verwendung: Antioxidans und Stabilisator in der Gummiherstellung;

zu Ekaland NDBC-c [Sdb Göbel]:
Schmelzpunkt: 88 °C; unlöslich in Wasser, löslich in Propanon;
zu vermeidende Stoffe: Säuren, Oxidationsmittel, nicht in Gegenwart nitrosierender Stoffe verarbeiten;
Freisetzung von Dibutylamin bei thermischer Zersetzung; Bei Anwesenheit nitrosierender Stoffe können sich N-Nitrosamine bilden; Bei Verbrennung können giftige Gase (SO2, NOx) entstehen;

zu Robac NiBUD [Sdb Krahn]:
Schmelzpunkt: >85 °C; Flammpunkt: >66 °C; Dichte 1300 kg/m3; unlöslich in Wasser; Bei Verbrennung können giftige Gase (SOx, NOx, CO, Nickeloxiddämpfe) entstehen.

Dibutyldithiocarbaminsäure, Zinksalz

- **CAS-Nummer:**
  136-23-2
- **gebräuchliche Namen:**
  ZDBC; ZDBDTC; ZnDBDTC; Zinkdibutyldithiocarbamat; Zinkdi-n-butyldithiocarbamat; Bis(dibutyldithiocarbamat), Zinksalz; Bis-(dibutylcarbamodithioato-S,S')-zink; Zink-N,N'-dibutyldithiocarbamat; N,N'-Dibutyldithiocarbaminsäure, Zinksalz;
- **Handelsnamen:**
  Accel BZ; Aceto ZDBD; Butyl Ziram; Butazin; Butyl Zimate; Butazate; Butazate 50-D; Ivegran VP 50.203; Ekaland ZDBC-c; Nocceler BZ; Rhenogran ZDBC-80; Robac ZBUD; Robac ZDBC OTD; Rubator DBZ; Sanceller BZ; Soxinol BZ; Vulcafor ZDBC; Vulcafor ZNBC, Vulkacit LDB; Vulcacure ZB;
- **Summenformel:**
  $C_{18}H_{36}N_2S_4Zn$

- **Strukturformel:**

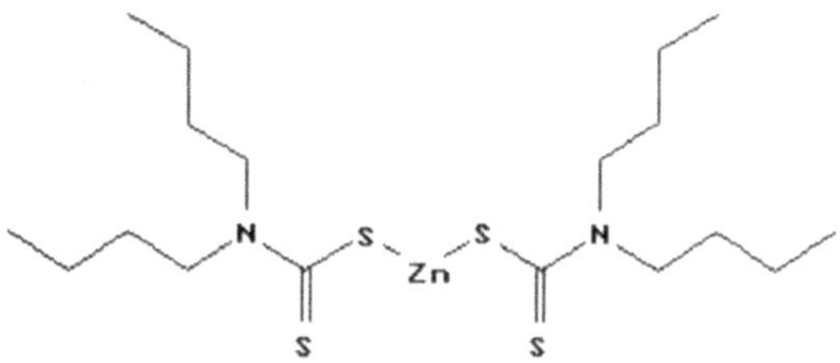

Funktion:
Vulkanisationsbeschleuniger, organisch
Kautschukart:
Naturkautschuk; synthetischer Kautschuk; natürlicher und synthetischer Latex;
Anwendung:
Reifen, Schläuche; chirurgische und medizinische Artikel; Sportartikel; Spielsachen; technische Gummiartikel; Produkte für Industrie, inkl. Druckplattentücher; Klebstoffe; Dichtungen; gummierte Stoffe; Gummiwaren für Lebensmittel; Latex Tauchartikel; Latex Schaumartikel;

branchenspezifische Bemerkung zur Substanz:
Einsatzmenge: 160 t/a (TSE-Industrie, 1996)

Eigenschaften:
- **toxikologisch/ökotoxikologisch:**
  RTECS # ZH 0175000
  Sonstiges:
  LD 50 (intraperitoneal, Maus): 100 mg/kg [428];
  TD Lo (oral, Maus): 290mg/kg/78 W (intermittierend) [428];
  TD Lo (subcutan, Maus): 1000 mg/kg [428];

  zu Ekaland ZDBC-c [Sdb Göbel + Pfrengle]:
  LD 50 (oral, Ratte): 2000 mg/kg;
  MAK-Wert: 8 mg/m3 Gesamtstaub;
  WGK: 1;

  zu Robac ZDBC OTD [626]:
  LD 50 (oral, Ratte): 2000 mg/kg; LD 50 (intraperitoneal, Maus): 100 mg/kg;
  MAK-Wert: 6 mg/m3 (allg. Staubgrenzwert);
  WGK: 0;
  Zugelassen für Artikel, die mit Lebensmitteln in Berührung kommen;

- **physikalisch/chemisch:**
  Schmelzpunkt: 104-112 °C
  Siedepunkt: 104-106 °C
  Dichte: 1240 kg/m3; 1210 ± 30 kg/m3
  Molmasse: 474,17 g/mol

  Löslichkeit:
  löslich in Schwefelkohlenstoff, Benzen, Methylbenzol, Trichlormethan; unlöslich in Wasser; schwach löslich in Benzin, Alkohol; unlöslich in unverdünnten Alkalien [SDB Omya];

Bemerkung:
zu Ekaland ZDBC-c: [Sdb Göbel + Pfrengle]
weißes Pulver, geruchlos; Schmelzpunkt: 105 °C; löslich in Propanon;
Bei thermischer Zersetzung kann Dibutylamin frei werden;

zu Robac ZDBC OTD: [626]
Schmelzpunkt: >108 °C; Flammpunkt: >66 °C;
Gefährliche Zersetzungsprodukte: Kohlenmonoxid, Schwefeloxide, Stickoxide;

N,N-Dibutylformamid

- **CAS-Nummer:**
  761-65-9
- **gebräuchliche Namen:**
  Dibutylformamid; N,N-Di-N-butylformamid;
- **Summenformel:**
  $C_9H_{19}NO$

- **Strukturformel:**

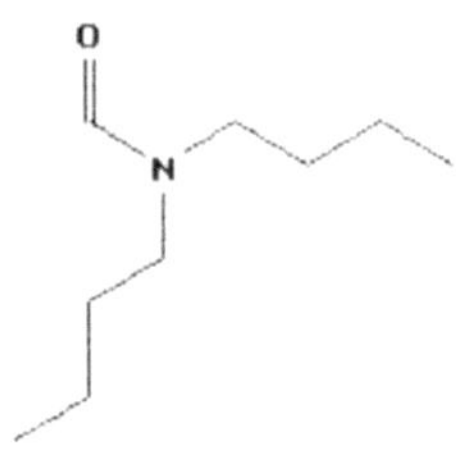

branchenspezifische Bemerkung zur Substanz:
Zersetzungsprodukt von TBTD;

Eigenschaften:
- **toxikologisch/ökotoxikologisch:**
  RTECS # LQ 1833000
  WGK: 2
  R-Satz: 36/37/38
  S-Satz: 26-37/39
  Sonstiges:
  LD 50 (intraperitoneal, Ratte): 390 mg/kg [428];
  LD 50 (intraperitoneal, Maus): 300 mg/kg [428];

- **physikalisch/chemisch:**
  Siedepunkt: 120 °C (20 hPa)
  Flammpunkt: 100 °C
  Dampfdruck: <1,33 hPa (20 °C)

Brechungsindex: 1,4429 (20 °C); 1,4443
Dichte: 864 kg/m3
Molmasse: 157,26 g/mol

Bemerkung:
farblose Flüssigkeit;

Dibutylnitrosoamin

- **CAS-Nummer:**
  924-16-3
- **gebräuchliche Namen:**
  N-Nitroso-di-N-butylamin; N-Butyl-N-nitroso-1-butanamin; NDBA; DBN; DBNA; N-Nitrosodibutylamin; Di-n-butylnitrosoamin; N,N-Di-n-butylnitrosoamin; Nitrosodibutylamin;
- **Summenformel:**
  $C_8H_{18}N_2O$

- **Strukturformel:**

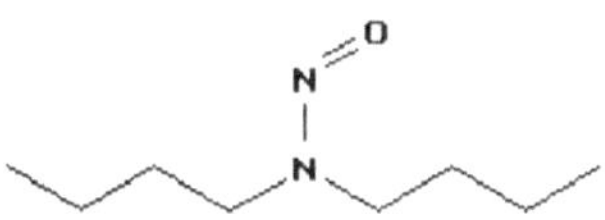

branchenspezifische Bemerkung zur Substanz:
Reaktionsprodukt von Vulkanisationsbeschleunigern, z. B. ZDBC, TBTD, DBA;

Eigenschaften:
- **toxikologisch/ökotoxikologisch:**
  Schweizer Giftliste: 1k
  Sonstiges:
  Krebserzeugend Gruppe III A2;
  LD 50 (oral, Ratte): 1200 mg/kg, 900 mg/kg [39]; 1200 mg/kg [428];
  LD 50 (subcutan, Ratte): 1200 mg/kg [428];
  LD 50 (oral, Hamster): 2150 mg/kg [428];
  LD 50 (intraperitoneal, Hamster): 1200 mg/kg [428];
  LD 50 (subcutan, Hamster): 561 mg/kg [428];

- **physikalisch/chemisch:**
  Siedepunkt: 234-237 °C
  Log pOW: 1,92
  Molmasse: 158,24 g/mol

1,1-Dibutyl-4-phenylthiosemicarbazid

- **CAS-Nummer:**
  5446-54-8
- **gebräuchliche Namen:**
  DBPTS;
- **Summenformel:**
  $C_{15}H_{25}N_3S$

- **Strukturformel:**

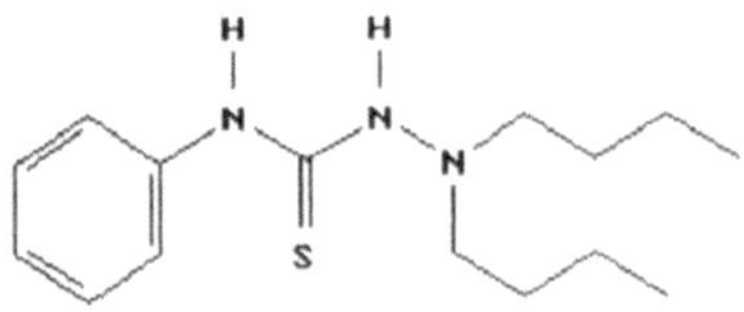

Funktion:
Ozonschutzmittel;

Eigenschaften:

- **physikalisch/chemisch:**
Schmelzpunkt: 70,5-72 °C
Molmasse: 279,44 g/mol

1,2-Dichlorbenzen

- **CAS-Nummer:**
95-50-1
- **UN Nummer:**
1591
- **gebräuchliche Namen:**
1,2-DCB; o-Dichlorbenzol; ortho-Dichlorbenzol; 1,2-Dichlorbenzol;
- **Handelsnamen:**
Chloroben; Dilatin DB; Dowtherm E;
- **Summenformel:**
$C_6H_4Cl_2$

- **Strukturformel:**

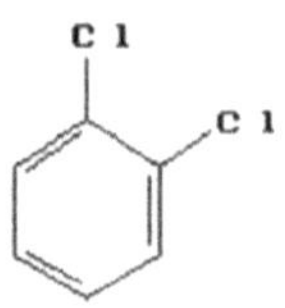

Funktion:
Lösemittel;
Anwendung:
Reifen, Schläuche; chirurgische und medizinische Artikel; Sportartikel; Spielsachen; technische Gummiartikel; Produkte für Industrie, inkl. Druckplattentücher; Klebstoffe; Dichtungen;

Eigenschaften:
- **toxikologisch/ökotoxikologisch:**
RTECS # CZ 4500000
Schweizer Giftliste: 4
WGK: 2
MAK Wert: 50 ml/m3 bzw. 300 mg/m3
R-Satz: 22-36/37/38-50/53
S-Satz: (2)-23-60-61
Sonstiges:
Einstufung und Kennzeichnung von Zubereitungen, in denen diese Substanz enthalten ist:
20%< =C ⇒ Xn; R22-36/37/38
5%< =C<20% ⇒ Xn; R22

Zu diesem Stoff liegt ein BUA-Stoffbericht Nr. 53 vor.

Spitzenbegrenzung: II,1 [481]; Gefahr der Hautresorption [481]; Schwangerschaftsgruppe C [481]; IMK: II; Geruchsschwelle: 50 ml/m3 [163];
Dämpfe wirken betäubend und reizen stark die Augen, Atemwege und Haut; Kontakt mit der Flüssigkeit bewirkt Reizung der Augen sowie Entfettung, Rissigwerden und Reizung der Haut; bei Verschlucken Leber- und Nierenschäden möglich [163]; Karzinogen-verdächtig [187];
Wir bei oraler, dermaler und inhalativer Verabreichung gut resorbiert; oxidiert im Organismus zu Dichlorphenolen und konjugiert nachfolgend [592];
LD 50 (oral, Ratte): 1500 mg/kg [87], 500 mg/kg [140];
LC Lo (inhalativ, Ratte): 821 ml/m3/7 h [428];
LD 50 (intraperitoneal, Ratte): 840 mg/kg [428];
LD 50 (Haut, Ratte): 5000 mg/kg [428];
LD 50 (oral, Maus): 4386 mg/kg [484];
LD Lo (intravenös, Maus): 400 mg/kg [484];
LD 50 (oral, Kaninchen): 500 mg/kg [484];

LC 50 (Fisch; Goldorfe, 48 h): 20 - 30 mg/l [88];
LC 50 (Fisch; Pimephales promelas, 96 h): 57,0 mg/l [306];
LC 50 (Daphnia magna, 48 h): 2,4 mg/l [82];
Toxische Grenzkonzentration für Scenedesmus quadricauda > 100 mg/l [404];
Biologisch nicht leicht abbaubar [140];
Bioakkumulation bei Fischen [140];
In der MITI-Liste (1987) nicht biologisch abbaubar; kein Abbau durch Hydrolyse [592];

Gefahren-Symbol:

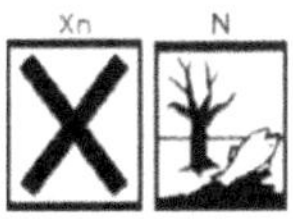

- **physikalisch/chemisch:**

Schmelzpunkt: -17,5 °C; -16,7 °C; -17 °C; -17,1 °C
Siedepunkt: 179,2 °C; 180,3 °C; 180,48 °C
Flammpunkt: 65 °C; 66 °C (geschl. Tiegel); 74 °C (offener Tiegel)
Dampfdruck: 1,3 hPa (20 °C) [163]; 2,1 hPa (35 °C) [187]; 1,56 hPa (25 °C) [592];
Log pOW: 3,38 [4]
Brechungsindex: 1,5485 (20,4 °C)
Dichte: 1304,8 kg/m3 (20 °C); 1305,6 kg/m3 (20 °C); 1299,8 kg/m3 (25 °C)
Molmasse: 147,004 g/mol

Löslichkeit:
Mit den meisten organischen Lösungsmitteln mischbar; löslich in Wasser: 133 mg/l (3,5 °C), 134 mg/l (20 °C), 97 mg/l (22 °C), 92,3 ± 1,2 mg/l, 97,75 mg/l, 145 mg/l (25 °C) [592];
Wasser 0,13 g/l (20 °C); löslich in Ethanol und Diethylether, Benzen, Trichlormethan, Schwefelkohlenstoff;

Verbleib nach Gebrauch:
Verbrennung;
Trinkwassergrenzwert: 4,4 mg/l (USA), 2,0 µg/l (UdSSR) [140]

Bemerkung:
Farblose, ölige Flüssigkeit mit stechendem, atemreizendem Geruch;
Bei starker Erhitzung bilden sich explosionsfähige Gemische mit Luft;
Explosionsgrenzen: 2,2 - 12 Vol% ; Zündtemp.: 640 °C [29], 648 °C [592];
Farblose, niedrig viskose Flüssigkeit [592];
Der Gehalt an o-Dichlorbenzol im technisch reinen Produkt liegt bei >99,8 %. Als Verunreinigungen kommen in Frage: Chlorbenzol mit <0,05 %, p-Dichlorbenzol mit >0,1 % und 1,2,4-Trichlorbenzol mit <0,1 % (Beck, 1986) [592];
Verwendung: Für die Herstellung von Pflanzenschutzmittel, pharmazeutischen Produkten und Farbstoffen, geringfügig als Lösungsmittel [592];
Verwendung: als Lösemittel;
Isomerengemisch: CAS-Nr.: 25321-22-6;

4,4'-Dichlorbenzoylperoxid

- **CAS-Nummer:**
  94-17-7
- **UN Nummer:**
  2113
- **gebräuchliche Namen:**
  Bis(4-chlorbenzoyl)peroxid; Bis-(p-chlorbenzoyl)peroxid;
- **Handelsnamen:**
  Interox CLBP-50-PS1; Perkadox PC-50S;
- **Summenformel:**
  $C_{14}H_8Cl_2O_4$

- **Strukturformel:**

Funktion:
Vernetzungsmittel, schwefelfrei;
Kautschukart:
Silikon-Kautschuk;

Eigenschaften:
- **toxikologisch/ökotoxikologisch:**
  RTECS # SD 7875000
  Schweizer Giftliste: 3
  R-Satz: 3-36/37/38
  S-Satz: 3/7/9-14-27-37/39
  Sonstiges:
  LD 50 (oral, Ratte): 2000 mg/kg [607];
  Reizung von Augen und Haut;

  Gefahren-Symbol:

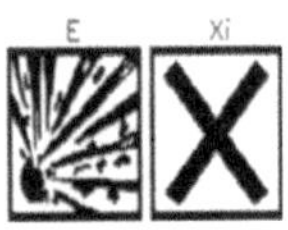

- **physikalisch/chemisch:**
  Schmelzpunkt: 139-141 °C
  Molmasse: 311,12 g/mol

Bemerkung:
weiße Paste;

4,4'-[(3,3'-Dichlor[1,1'-biphenyl]-4,4'-diyl)bis(azo)]-bis[2,4-dihydro-5-methyl-2-(4-methylphenyl)]-3H-pyrazol-3-on

- **CAS-Nummer:**
  15793-73-4
- **gebräuchliche Namen:**
  C.I. 21115; Diarylid-Orange; Echt-Orange F2G; Pyrazolonorange; Pigment Orange 34;

- **Handelsnamen:**
  Sico Echtorange K 2850; Permanent Orange RL; Vynamon Orange RE FW; Irgalite Orange F 22 G; Irgaphor Orange R 2 G chips;
- **Summenformel:**
  $C_{34}H_{28}Cl_2N_8O_2$

- **Strukturformel:**

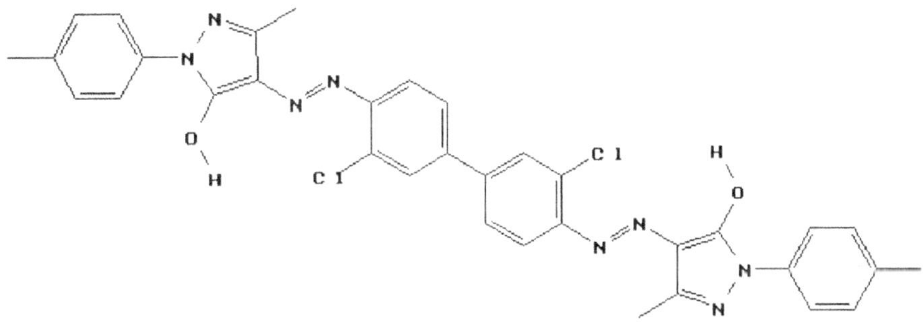

Funktion:
Pigment, organisch;

Eigenschaften:
- **toxikologisch/ökotoxikologisch:**
  Sonstiges:
  LD 50 (oral, Ratte): >2000 mg/kg [607];

- **physikalisch/chemisch:**
  Schmelzpunkt: 320-350 °C
  Molmasse: 652 g/mol

Bemerkung:
orangenes Pulver oder Granulat; Farbstark;
Gehört zu der Pigmentklasse von Disazopyrazolon;
Beständig gegen viele organische Lösemittel;
Drucke sind silberlackbeständig, paraffin- und sterilisierecht;

1,6-Dichlor-1,5-cyclooctadien

- **CAS-Nummer:**
  29480-42-0
- **gebräuchliche Namen:**
  1,4-Dicchlorcycloocta-4,8-dien; 1,6-Dichlor-cycloocta-1,5-dien;
- **Summenformel:**
  $C_8H_{10}Cl_2$

- **Strukturformel:**

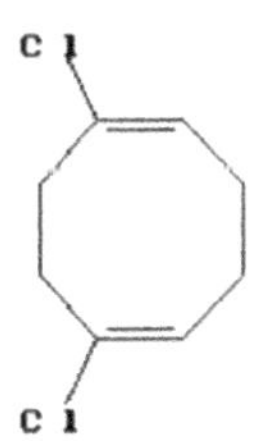

branchenspezifische Bemerkung zur Substanz:
Reaktionsprodukt von Poly-1-chlorbutadien (CAS-NR.: 9010-98-4) [Polymer];

Eigenschaften:
- physikalisch/chemisch:
Molmasse: 177,07 g/mol

4,4'-Dichlordiphenylsulfon

- CAS-Nummer:
80-07-9
- gebräuchliche Namen:
Bis(4-chlor-phenyl)sulfon; 4-Chlorphenylsulfan; p-Chlorphenylsulfon; p,p'-Dichlorphenylsulfon;
- Handelsnamen:
Viton VPA Nr 1;
- Summenformel:
$C_{12}H_8Cl_2O_2S$

- Strukturformel:

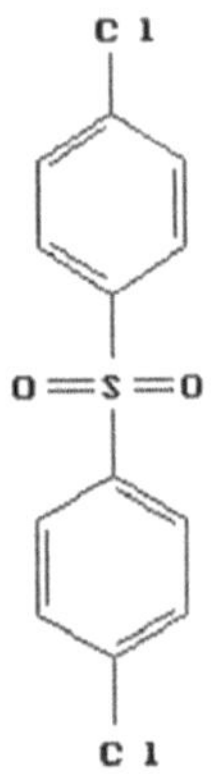

Funktion:
Verarbeitungshilfsmittel;

Eigenschaften:
- toxikologisch/ökotoxikologisch:
RTECS # WR 3450000
R-Satz: 23/24/25
S-Satz: 28-27-45-36/37/39
Sonstiges:
Tumorigen;
LD Lo (oral, Ratte): 7500 mg/kg [428];
LD 50 (oral, Maus): 24000 mg/kg [428];

- physikalisch/chemisch:
Schmelzpunkt: 146 °C; 148-150 °C
Siedepunkt: 397 °C; 195-200 °C (6,66 hPa)
Flammpunkt: 233 °C
Molmasse: 287,16 g/mol

1,2-Dichlorethan

- **CAS-Nummer:**
  107-06-2
- **UN Nummer:**
  1184
- **gebräuchliche Namen:**
  Ethylendichlorid; 1,2-DCE; 1,2-EDC; Elaylchlorid; sym-Dichlorethan; Etherinchlorid; 1,2-Ethandichlorid; Ethylenchlorid;
- **Handelsnamen:**
  Dutch liquid; Holländisches Öl; Brocide; Destruxol borer-sol; Dichlor-Mulsion; Holländische Flüssigkeit; Borersoluble; Freon 150; Granosan;
- **Summenformel:**
  $C_2H_4Cl_2$
- **Strukturformel:**

Funktion:
Lösemittel;

Anwendung:
Reifen, Schläuche; chirurgische und medizinische Artikel; Sportartikel; Spielsachen; technische Gummiartikel; Produkte für Industrie, inkl. Druckplattentücher; Klebstoffe; Dichtungen;

Eigenschaften:
- **toxikologisch/ökotoxikologisch:**

RTECS # KI 0525000
Schweizer Giftliste: 1
WGK: 3
R-Satz: 45-11-22-36/37/38
S-Satz: 53-45
Sonstiges:
Einstufung und Kennzeichnung von Zubereitungen, in denen diese Substanz enthalten ist:
25%<=C ⇒ T; R45-22-36/37/38
20%<=C<25% ⇒ T; R45-36/37/38
0.1%<=C<20% ⇒ T; R45

Krebserzeugend III A2 [481]; Lösungsmittelklasse: IIa (Gefahrstoffverordnung);
Karzinogen [187]; Geruchsschwelle: 50 ml/m3 [163];
Dämpfe und Flüssigkeit verursachen starke Reizung der Augen und Haut; hohe Dampfkonzentrationen wirken betäubend; niedrige Konzentrationen lösen Hustenreiz und Erstickungsanfälle aus; bei Erhitzung bis zur Zersetzung bildet sich hochgiftiges ⇒ Phosgen(gas) und ⇒ Chlorwasserstoffgas [163];
Trinken von 2 oz: Tod in 22 h [9] (1 oz = 1 ounce = 28,350 g);
Eingeatmet 4000 ml/m3 Effekte auf das Zentralnervensystem [9];
zeigt unabhängig vom Verabreichungsweg geringe akute Toxizität; in vitro Untersuchungen zur Mutagenität verliefen bei Prokaryonten und Eukaryonten positiv [576];
LD Lo (oral, Mensch): 286 mg/kg [187], [428];
TD Lo (oral, Mensch): 428 mg/kg [428];
LD Lo (oral, Mann): 714 mg/kg [187], [428];
TD Lo (oral, Mann): 892 mg/kg [428];
TC Lo (inhalativ, Mann): 4000 ml/m3/1 h [428];
LD 50 (oral, Ratte): 770 mg/kg [187]; 680 mg/kg [9], 670 mg/kg [428];
LC 50 (inhalativ, Ratte): 300 ml/m3/7 h [9], 1000 ml/m3/7 h [428];
LD 50 (intraperitoneal, Ratte): 807 mg/kg [428];
LD 50 (subcutan, Ratte): 1000 mg/kg [428];
LD 50 (Haut, Kaninchen): 2000 mg/kg [9], 2800 mg/kg [187], [428], 4680 mg/kg [576];
LD Lo (subcutan, Kaninchen): 1200 mg/kg [428];
LD 50 (subcutan, Kaninchen): >1600 mg/kg [576];
LC Lo (inhalativ, Kaninchen): 3000 ml/m3/7 h [428];
LD 50 (oral, Kaninchen): 910 mg/kg [576];
LC Lo (inhalativ, Schwein): 3000 ml/m3/7 h [428];

LC Lo (inhalativ, Meerschweinchen): 1500 ml/m3/7 h [428];
LC 50 (inhalativ, Meerschweinchen): 4936 mg/m3, 6400 mg/m3 [576];
LD Lo (intraperitoneal, Meerschweinchen): 600 mg/kg [428];
LD 50 (oral, Maus): 413 mg/kg [428], >600 mg/kg [576];
LC Lo (inhalativ, Maus): 5000 mg/m3/2 h [428];
LD 50 (intraperitoneal, Maus): 470 mg/kg [428];
LD Lo (subcutan, Maus): 380 mg/kg [428];
LD 50 (oral, Hund): 5700 mg/kg [428], 2500 mg/kg [576];
LD Lo (intravenös, Hund): 175 mg/kg [428];
LC 50 (inhalativ, Affe): 3000 ml/m3/7 h [428];
Toxische Grenzkonzentration für Pseudomonas putida 135 mg/l, Scenedesmus quadricauda 710 mg/l [36];
LC 50 (Daphnia magna): 1350 mg/l [6];

Gefahren-Symbol:

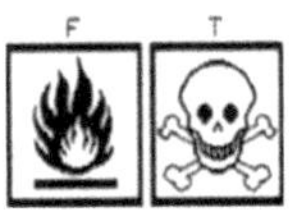

- **physikalisch/chemisch:**

Schmelzpunkt: - 35,5 °C
Siedepunkt: 84,1 °C; 83,5 °C;
Flammpunkt: 13 °C; 17 °C
Dampfdruck: 87 hPa (20 °C) [163]; 115,96 hPa (25 °C) [187]; 33,3 hPa (0 °C) [576];
Verdampfungswärme: 323,64 kJ/kg; 32,07 kJ/mol (82,9 °C)
Log pOW: 1,48 [4]
Brechungsindex: 1,44759 (15 °C); 1,4443 (20°C);
Dichte: 1252,9 kg/m3 (20 °C); 1,235 (20 °C);
Molmasse: 98,96 g/mol
Verdunstungszahl: 6,5 (BuAc = 1) [9]; 4 (Diethylether = 1) [132];

Löslichkeit:
Wasser 8,65 g/l (25 °C); löslich in Ethanol, Diethylether; > 10 Gew.-% in Benzen; >10 % in Propanon;

Verbleib nach Gebrauch:
Verbrennung, hochentzündliche Stoffe;
Trinkwassergrenzwert: 2,0 mg/l (UdSSR) [241];
Wird in der Troposphäre nur langsam oxidiert; Halbwertszeit von 1.000 bis 10.000.000 Tagen (3 - 2700 Jahre) [405];

Bemerkung:
Farblose, ölige Flüssigkeit mit chloroformartigem Geruch; brennbar;
Bildet im dampf-/gasförmigen Zustand explosionsfähige Gemische mit Luft;
Explosionsgrenzen: 6,2-16 Vol.-%; Zündtemp.: 440 °C [163], 412,6-449 °C [576];
T(krit.): 290 °C; P(krit.): 53587,7 hPa [428];
mit Wasser hydrolisiert 1,2-Dichlorethan bei 0,000015 hPa (166-170 °C) zu Ethylenglykol [576];
In trockenem Zustand hat Substanz bei normalen Umgebungstemperaturen keine ätzenden Eigenschaften; bei Kontakt mit Wasser wird bei höheren Temperaturen Eisen angegriffen; Stoff reagiert mit Alkali- und Erdalkalimetallen in Verbindung mit Luft und Licht sowie mit sauerstoffreichem Material (Oxidationsmitteln);
Verbreitung: Luft- und Wasserpfad;
Verwendung: als Lösemittel für Fette, Öle, Harze, ⇒ PVC; zur Entölung von Paraffin; zur Herstellung von ⇒ Vinylchlorid; als Extraktionsmittel; als Reinigungsmittel für Textilien;

1,1-Dichlorethen

- **CAS-Nummer:**
  75-35-4
- **UN Nummer:**
  1303
- **gebräuchliche Namen:**
  1,1-DCE; 1,1-Dichlorethylen; Vinylidenchlorid; asym.-Dichlorethen; asym.-Dichlorethylen; Ethylidenchlorid;
- **Summenformel:**
  $C_2H_2Cl_2$

- **Strukturformel:**

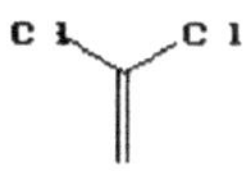

Funktion:
Monomer für die Herstellung von synthetischem Kautschuk;

Eigenschaften:
- **toxikologisch/ökotoxikologisch:**

RTECS # KV 9275000
Schweizer Giftliste: 1
WGK: 3
MAK Wert: 8 mg/m3 bzw. 2 ml/m3
R-Satz: 12-20-40
S-Satz: (2)-7-16-29
Sonstiges:
Zu diesem Stoff liegt ein BUA-Stoffbericht Nr. 33 vor.
Einstufung und Kennzeichnung von Zubereitungen, in denen diese Substanz enthalten ist:
12.5%<=C ⇒ Xn; R20-40
1%<=C<12.5% ⇒ Xn; R40

Spitzenbegrenzung: II,1[481]; Schwangerschaftsgruppe C [481];
Krebserzeugend IIIB [148]; Karzinogen-verdächtig [187]; IMK: III;
Dämpfe wirken in hohen Konzentrationen betäubend und reizen Augen und Atemwege; Kontakt mit der Flüssigkeit verursacht Reizung der Augen und Haut; Hautresorption!; besonders bei schweren Vergiftungen Leber- und Nierenschäden möglich; bei Brand entsteht hochgiftiger ⇒ Chlorwasserstoff und in geringeren Mengen ⇒ Phosgen [163];
Störungsschwelle für Pflanzen: 6 mg/l [157];
TC Lo (inhalativ, Mensch): 25 ml/m3 [428];
LD 50 (oral, Ratte): 200 mg/kg [428];
TD Lo (oral, Ratte (trächtig)): 200 mg/kg/6-15 D [428];
TD Lo (oral, Ratte): 1300 mg/kg/4 W (intermittierend) [428];
LC 50 (inhalativ, Ratte): 6350 ml/m3/4 h [428];
TC Lo (inhalativ, Ratte): 80 ml/m3/7 h, 55 ml/m3/6 h, 55 ml/m3/52 W (intermittierend), 189 mg/m3/90 D (kontinuierlich) [428];
TC Lo (inhalativ, Ratte (trächtig)): 80 ml/m3/55 D, 55 ml/m3/55 D [428];
TC Lo (inhalativ, Kaninchen): 160 ml/m3/7 h [428];
TC Lo (inhalativ, Kaninchen (trächtig)): 160 ml/m3/6-15 D [428];
LD 50 (oral, Maus): 194 mg/kg [428];
TC Lo (inhalativ, Maus): 25 ml/m3/4 h, 25 ml/m3/52 W (intermittierend) [428];
TD Lo (Haut, Maus): 4840 mg/kg [428];
LD Lo (oral, Hund): 5750 mg/kg [428];
LD Lo (inhalativ, Hund): 225 mg/kg [428];
TC Lo (inhalativ, Hund): 189 mg/m3/90 D (kontinuierlich) [428];
LD Lo (subcutan, Kaninchen): 3700 mg/kg [428];
TC Lo (inhalativ, Kaninchen): 101 mg/m3/90 D (kontinuierlich) [428];
TC Lo (inhalativ, Affe): 189 mg/m3/90 D (kontinuierlich) [428];
TC Lo (inhalativ, Meerschweinchen): 189 mg/m3/90 D (kontinuierlich) [428];

EC 50 (Daphnia magna, 24 h): 132 mg/l [45];

Gefahren-Symbol:

- **physikalisch/chemisch:**
  Schmelzpunkt: -122,1 °C
  Siedepunkt: 31,6 °C
  Flammpunkt: -15 °C
  Dampfdruck: 663 hPa (20 °C) [163]
  Verdampfungswärme: 307,73 kJ/kg
  Log pOW: 1,87 [45]
  Brechungsindex: 1,4254 (20 °C)
  Dichte: 1218 kg/m3 (20 °C)
  Molmasse: 96,944 g/mol

Löslichkeit:
unlöslich in Wasser; leicht löslich in Diethylether; löslich in Benzen, Ethanol, Propanon, Trichlormethan;

Verbleib nach Gebrauch:
Verbrennung, hochentzündliche Stoffe;
< 1 μg/l im Rhein (1984) [51];

Bemerkung:
Leicht polymerisierende farblose Flüssigkeit; brennbar;
Bildet im dampf-/gasförmigen Zustand mit Luft explosionsfähige Gemische;
Explosionsgrenzen: 5,6-16 (13) Vol% ; Zündtemp.: 440 °C [163];
Verbreitung: Luft- und Wasserpfad;
Verwendung: als technisches Lösemittel; zur Polymerisation zu ⇒ Polyvinylidenchlorid (hauptsächlich in Mischpolymerisaten mit bis zu 20 % ⇒ Chlorethen);

(2,2-Dichlorethyl)-triethoxysilan

- **CAS-Nummer:**
  65749-68-0
- **Summenformel:**
  $C_8H_{18}Cl_2O_3Si$

- **Strukturformel:**

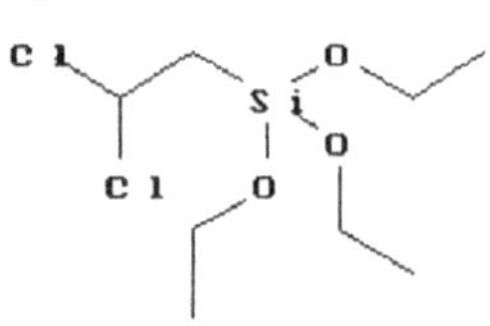

Funktion:
Haftvermittler für Füllstoffe;

Eigenschaften:
- **physikalisch/chemisch:**
  Siedepunkt: 110 °C (1,6 hPa)
  Brechungsindex: 1,443 (20 °C)
  Molmasse: 261,22 g/mol

Dichlormethan

- **CAS-Nummer:**
  75-09-2
- **UN Nummer:**
  1593
- **gebräuchliche Namen:**
  Chlormethylchlorid; Methylenbichlorid; Chlormethylen; Methylenchlorid; Methylendichlorid;
- **Handelsnamen:**
  Solaesthin; Aerothene MM; Narkotel; R 30; Solmethine;
- **Summenformel:**
  CH_2Cl_2
- **Strukturformel:**

Funktion:
Lösemittel;

Anwendung:
Reifen, Schläuche; chirurgische und medizinische Artikel; Sportartikel; Spielsachen; technische Gummiartikel; Produkte für Industrie, inkl. Druckplattentücher; Klebstoffe; Dichtungen;

branchenspezifische Bemerkung zur Substanz:
Einsatzmenge: 180 t/a (TSE-Industrie, 1996)

Eigenschaften:
- **toxikologisch/ökotoxikologisch:**

RTECS # PA 8050000
Schweizer Giftliste: 4
WGK: 2
MAK Wert: 360 mg/m3 bzw. 100 ml/m3
R-Satz: 40
S-Satz: (2)-23-24/25-36/37
Sonstiges:
Zu Dichlormethan liegt ein BUA-Stoffbericht Nr. 6 vor.
Spitzenbegrenzung: II,2 [481]; Krebserzeugend III B [481];
Schwangerschaftsgruppe D [481]; Carc.Cat.3 [505]; IMK: III;
Karzinogen-verdächtig [187]; Ergebnis des Ames-Test. positiv [88];
Das Umweltbundesamt schlägt folgende Einstufung vor: R59; Gefahrensymbol N ("Umweltgefährlich");
Dämpfe reizen Augen; fortgesetztes Einatmen der Dämpfe führt zu Rausch und Bewußtlosigkeit;
Bei starker Erhitzung des Stoffes kann Zersetzung unter Bildung giftiger Chlorwasserstoff- und Phosgengase eintreten [163]; Nervengift; narkotische Wirkung, Sehstörungen, Dauergiftwirkung gering [30]; Tödliche Dosis ca. 18 ml [39];
Dichlormethan erwies sich bei Bakterien als mutagen sowie als gentoxisch in Hefen; in Säugerzellenkulturen kam es nach Exposition zwar zu Chromosomenaberrationen, ab zu keinen Punktmutationen. Eine Alkylierung der DNA konnte nicht nachgewiesen werden [587];
Inhalative Exposition von Säugetieren ergab Hinweise auf karzinogene und neurotixische Wirkungen [608];
LD Lo (oral, Mensch): 357 mg/kg [187], [428];
TC Lo (inhalativ, Mensch): 500 ml/m3/1 a intermittierend, 500 ml/m3/8 h [428];
LD 50 (oral, Ratte): 2136 mg/kg [188], 2524 mg/kg [32], 1600 mg/kg [428];
LC 50 (inhalativ, Ratte): 88000 mg/m3/30 min. [187];
LD 50 (intraperitoneal, Ratte): 916 mg/kg [428];
LC 50 (inhalativ, Maus): 14400 ml/m3/7 h [428];
LD 50 (intraperitoneal, Maus): 437 mg/kg [428];
LD 50 (subcutan, Maus): 6460 mg/kg [428];
LD 50 (oral, Hund): 3000 mg/kg [188], [428];
LC Lo (inhalativ, Hund): 14108 ml/m3/7 h [428];
LD Lo (intraperitoneal, Hund): 950 mg/kg [428];
LD Lo (intravenös, Hund): 200 mg/kg [428];

LC Lo (inhalativ, Katze): 43400 mg/m3/4.5 h [428];
LD Lo (oral, Kaninchen): 1900 mg/kg [428], [188];
LC Lo (inhalativ, Kaninchen): 10000 ml/m3/7 h [428];
LD Lo (subcutan, Kaninchen): 2700 mg/kg [428];
LC Lo (inhalativ, Meerschweinchen): 5000 mg/m3/2 h [428];

LC 50 (Daphnia magna): 2270 mg/l [6], 13 mg/l/24 h, 27 mg/l/48 h*, 135 mg/l/48 h***, 220 mg/l/48 h* [608];
LC 50 (Palaemonetes pugia, Crustacea****): 108 mg/l/48 h* [608];
LC 50 (Pimephales promelas, adult): 193 mg/l/96 h [608]**;
LC 50 (Cyprinondon Varicgatus, marin): 330 mg/l/96 h [608]*;
LC 50 (Fundulus heteroclitus, juvenil): 97 mg/l/48 h [608]*;
LC 50 (Leuciscus idus): 237 mg/l/48 h [608]*;
LC 50 (Lepomis macrochirus): 220 mg/l/96 h [608]*;
Toxische Grenzkonzentration für Pseudomonas putida 500 mg/l, Scenedesmus quadricauda 1450 mg/l [36];
*: statisches System; **: Durchlußsystem mit Analytik [608]; ***geschlossenes System; **** marine Spezies [608];

[EG-Sdb Deutsche ICI GmbH]:
Das Einatmen wiederholter oder hoher Konzentrationen hat betäubende Wirkung. Dies kann Bewußlosigkeit, Schädigung des zentralen Nervensystems und auch Tod zur Folge haben. Symptome: Benommenheit, Übelkeit, Erbrechen und Kopfschmerzen. Einwirkung einer Konzentration von 1000 ppm über 20 min. führt zu Benommenheit. Sehr hohe Konzentrationen können Herzrythmustörungen mit plötzlicher Todesfolge verursachen. Methylenchlorid wird im Körper zu Kohlenmonoxid umgewandelt. Das führt zu einer Reduzierung der Sauerstofftransportfähigkeit des Blutes. Das Produkt kann Reizung der Haut und Augen verursachen. Wirkt entfettend auf die Haut, was zu Trockenheit, Rißbildung und Dermatitis führt. Wiederholte Einwirkung hoher Dosen kann Nieren und Leber schädigen. Bei Test rief es an einigen Versuchstieren Krebs hervor. Wird langsam biologisch abgebaut.

Gefahren-Symbol:

- **physikalisch/chemisch:**

Schmelzpunkt: -96,7 °C; -94,92 °C
Siedepunkt: 40,67 °C; 39,75 °C; 40 °C; 20 °C (475 hPa);
Dampfdruck: 453 hPa (20 °C) [32]; 473 hPa (20 °C) [163]; [Sdb]; 506,5 hPa (20 °C) [367];
Verdampfungswärme: 329,5 kJ/kg
Log pOW: 1,25 [4]
Brechungsindex: 1,4237 (20 °C); 1,4244 (20 °C);
Dichte: 1336 kg/m3 (20 °C); 1325,6 kg/m3;
Molmasse: 84,933 g/mol
Verdunstungszahl: 27,5 (BuAc = 1) [9]

Löslichkeit:
Wasser 20 g/l (20 °C); mischbar mit Ethanol, Diethylether; mischbar mit den meisten organischen Lösemitteln [Sdb]; mischbar mit Dimethylformamid [428];
Wasser 13-14 g/lg (20 °C) [608];

Bemerkung zu physikalisch/chemischen Daten:
Thermische Zersetzung: > 120 °C [32];
T(krit.): 245 °C; P(krit.): 61691,7 hPa [428];

Verbleib nach Gebrauch:
Verbrennung nach Behandlung mit Soda und gelöschtem Kalk und Mischung mit Alkali;

Abwasserkonzentration (1978-1985) für einige Industriezweige liegt zwischen 0,03 mg/l und 12500 mg/l;
Regenwasserprobe (Koblenz 1982/83) bis zu 4 µg/l
in aufbereitetem Trinkwasser (1978 in 38 Städten) 0,8 µg/l

maximale Konzentrationen:

	1988	1989	1990
Weser (Nordenham)	6 µg/l		
Elbe (Schnackenburg)	11 µg/l		
Emscher (Mündung)	8,5 µg/l	2,5 µg/l	3,9 µg/l
Lippe (Wesel)	5,5 µg/l	<1 µg/l	2,4 µg/l*
Rhein (Kleve-Bimmen)	3,3 µg/l	1,0 µg/l	1,1 µg/l*
Rhein /Götterswickerhamm)		1,0 µg/l	3,9 µg/l*
Wupper (Leverkusen)	2,3 µg/l	21 µg/l**	3,0 µg/l

*: 90-Perzentilwert; **: Maximalwert; der 90-Perzentilwert lag bei 1,36 µg/l [608];

Bemerkung:

Farblose Flüssigkeit, chloroformähnlicher Geruch; im Gemisch mit Sauerstoff brennbar; Bildet im dampf-/gasförmigen Zustand mit Luft explosionsfähige Gemische;
Explosionsgrenzen: 13-22 Vol.-% ; Zündtemp.: 605 °C [32];
Explosionsgrenzen: 15,5-66 Vol.-% ; Zündtemp.: 665 °C [163];
Unter praktischen Anwendungsbedingungen hat sich Dichlormethan als unbrennbar erwiesen [587];
Trockenes, reines Dichlormethan ist eine relativ stabile Verbindung; es ist gegenüber Stahl und seinen Legierungen, Kupfer, Nickel, Blei, Zinn und Phenol-Formaldehydharzen beständig; mit Wasser und Alkali wird Dichlormethan sehr langsam unter Freisetzung von Chlorwasserstoff hydrolisiert, von Sauerstoff in Dampfphase bei hoher Temperatur zu Chlorwasserstoff, Phosgen, Kohlenmonoxid und Kohlendioxid oxidiert [587];
Greift Aluminium und Magnesium an;
Verwendung: technisches Lösemittel;

[EG-Sdb Deutsche ICI GmbH]:
Flüssig, flüchtig, klar, scharf durchdringender Geruch; Verbreitung: Luft- und Wasserpfad;

Verwendungsmuster von Dichlormethan; 1986 wurden insgesamt 65000 t in den folgenden Bereichen eingesetzt:

37 %	in der Lackverarbeitung
23 %	für industrielle Reinigungsprozesse
15 %	als Lösemittel in Aerosolen
9 %	in der Kunststoffverarbeitung
6 %	in der Pharmazeutischen Industrie
5 %	als Hilfsstoff in der chemischen Industrie
5 %	sonstige

Verbrauchsmuster von Dichlormethan (VCI):

	BRD 1992 (Frischware)	EU 1990 (Gesamtverbrauch)
Metallentfettung, Kaltreinigung und Elektroindustrie	12 %	7 %
Entlackung und Abbeizen	14 %	39 %
Prozeßlösemittel und Extraktionsmittel für Pharmaindustrie	28 %	17 %
Klebstoffe und Kunststoffindustrie	23 %	3 %
Aerosole	3 %	17 %
Sonstige	20 %	17 %

Verbrauchsmengen für 1994 in BRD (VCI):

offene Anwendung	2.888 t/a
davon Anwendung als Farbentferner	1.839 t/a

Gesamtverbrauchsmenge 1994: 17.000 t/a in der Bundesrepublik [503];

Verwendungsmuster für 1994 (VCI und VCH):
46 % in geschlossenen Anlagen, davon:

69 %	als Lösemittel für chemische Prozesse
9 %	für die Klebstoff-, Kunststoffverarbeitung
9 %	als Extraktionsmittel
3 %	für die Metallentfettung
10 %	sonstige Anwendungen

54 % für die offene Anwendung, davon:

57 %	als Abbeizer bzw. Entlacker
26 %	in Klebstoffen
3 %	in Aerosolen
3 %	in Antidrohnmassen und Formtrennmittel
2 %	in Kaltreiniger
1 %	in Lacken
8 %	sonstige Anwendungen

In Wasch- und Reinigungsmitteln für das Druckereigewerbe (Siebdruck, Offsetdruck) und in Haarsprays wird Dichlormethan ebenfalls angewendet.
Ca. 50 % der gesamten Verbrauchsmenge von Dichlormethan gelangen als Verbrauchsprodukte zu gewerblichen und privaten Endverbrauchern.
[608];

(Dichlormethyl)triethoxysilan

- **CAS-Nummer:**
  19369-03-0
- **Summenformel:**
  $C_7H_{16}Cl_2O_3Si$

- **Strukturformel:**

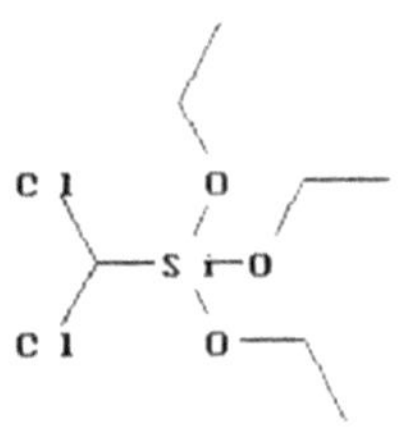

Funktion:
Haftvermittler für Füllstoffe;

Eigenschaften:

- **physikalisch/chemisch:**
  Siedepunkt: 102 °C (2,93 hPa)
  Brechungsindex: 1,4252 (20 °C)
  Molmasse: 247,19 g/mol

3-(3,4-Dichlorphenyl)-1,1-dimethylharnstoff

- **CAS-Nummer:**
  330-54-1
- **gebräuchliche Namen:**
  N'-(3,4-Dichlorphenyl)-1,1-di-methylharnstoff; N'-(3,4-Dichlorphenyl)-N,N-dimethylharnstoff; 1,1-Dimethl-3-(3,4-dichlorphenyl)-urea;
- **Handelsnamen:**
  Celkiuron; Crisuron; Cucenit; Dailon; DCMU; Diater; Dichlorfemidin; Di-on; Direx; Diuron; Diureax; Duran; Herbatox; HW 920; Karmex; Rhenocure Diuron; Telvar; Urox D; AF 101; USA 7 P-7; Vonduron;
- **Summenformel:**
  $C_9H_{10}Cl_2N_2O$

- **Strukturformel:**

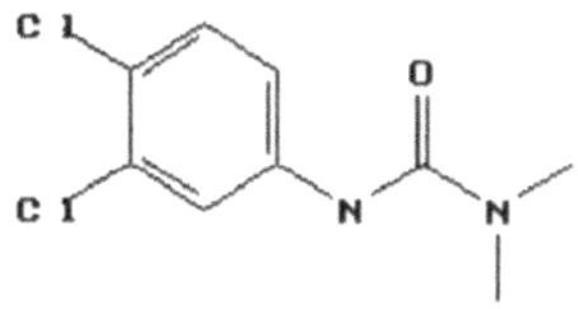

Funktion:
Vernetzungsmittel, schwefelfrei;
Kautschukart:
Acrylat-Butadien-Kautschuk; Acrylat-Kautschuk;

branchenspezifische Bemerkung zur Substanz:
Einsatzmenge: 1,7 t/a (TSE-Industrie, 1996)

Eigenschaften:
- **toxikologisch/ökotoxikologisch:**
RTECS # YS 8925000
Schweizer Giftliste: 4
WGK: 2
R-Satz: 48/22
S-Satz: (2)-22-37
Sonstiges:
LD 50 (oral, Ratte): 1017 mg/kg [428], 3400 mg/kg [201];
LD 50 (dermal, Ratte): >5000 mg/kg [428];
LD 50 (dermal, Maus): 500 mg/kg [201];
LD 50 (intraperitoneal, Maus): 500 mg/kg [428];

[Sdb Thor]:
Gefahr ernster Gesundheitsschäden bei längerer Exposition durch Verschlucken;
LD/LC 50 (oral, Ratte): 4150 mg/kg;
LD/LC 50 (dermal, Ratte): >5000 mg/kg;
LC 50 (Cyprinus carpio): 3,2 mg/l/48 h;

Gefahren-Symbol:

- **physikalisch/chemisch:**
Schmelzpunkt: 158-159 °C; 153-155 °C
Siedepunkt: 180-190 °C (Zers.)
Dampfdruck: 0,00000413 hPa (50 °C)
Log pOW: 2,77
Dichte: 450 kg/m3
Molmasse: 233,16 g/mol

Löslichkeit:
gering löslich in Kohlenwasserstoffen; Wasser 42 ml/m3 (25 °C); sehr wenig löslich in Propanon 53 g/kg (27 °C), Benzene 1200 ml/m3 (27 °C), Butylstearat 1400 ml/m3 (27 °C) [428];
Wasser: 0,049 g/l (20 °C) [Sdb Thor];

Bemerkung:
Fest, weiß mit charakteristischem Geruch [Sdb Thor];
Bestandteil von ACTICIDE EP-Paste (10-25 %), ACTICIDE EP-Pulver, Algon P-Paste, Algon, Algon P Pulver;

1,2-Dichlorpropan

- **CAS-Nummer:**
  78-87-5
- **UN Nummer:**
  1279
- **gebräuchliche Namen:**
  alpha,beta-Dichlorpropan; 1,2-Propylendichlorid; Propylendichlorid; Propylenchlorid; alpha-Propylendichlorid; beta-Propylendichlorid;
- **Handelsnamen:**
  Propylene Dichloride;
- **Summenformel:**
  $C_3H_6Cl_2$

- **Strukturformel:**

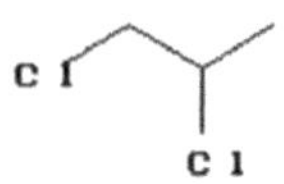

Funktion:
Lösemittel;
Anwendung:
Reifen, Schläuche; chirurgische und medizinische Artikel; Sportartikel; Spielsachen; technische Gummiartikel; Produkte für Industrie, inkl. Druckplattentücher; Klebstoffe; Dichtungen; Latex Tauchartikel; Latex Schaumartikel;

Eigenschaften:
- **toxikologisch/ökotoxikologisch:**
  RTECS # TX 9625000
  WGK: 3
  MAK Wert: 75 ml/m3
  R-Satz: 11-20/22
  S-Satz: (2)-16-24
  Sonstiges:
  Krebserzeugend Kat. 3 [505];
  In den Augen und im Magen-Darm-Trakt mehr oder minder starke Reizwirkung und Entzündung, Brechreiz, Brechdurchfall; Beim Einatmen Hustenreiz [39]; Beim Brand oder Erhitzung kann giftiges Chlorwasserstoffgas entstehen; Symptome: Kopfschmerzen, Brechreiz, Schwindel, Bewußtlosigkeit; bei Brand starker Reizhusten, später Atemnot durch Lungenödem [484];
  In hohen Konzentrationen narkotisierend [201];
  bei oraler Langzeitverabreichung traten bei Mäusen Lebertumore auf; mutagen; chromosomenschädigend; orale Aufnahme größerer Mengen (ca. 50 ml/70 kg Körpergewicht) kann tödlich verlaufen [580];
  LD 50 (inhalativ, Ratte): 14 mg/m3/8h [39];
  LD 50 (oral, Ratte): 1947 mg/kg [39], 2196 mg/kg [187], 1,19 ml/kg [201];
  LD 50 (intraperitoneal, Ratte): 1100 mg/kg [580];
  LD 50 (dermal, Kaninchen): 8750 mg/kg [39];
  LD 50 (oral, Meerschweinchen): 2000 mg/kg [580];
  LD 50 (oral, Maus): 860 mg/kg [580];

  LD 50 (Wasserorganismen): 100-10 mg/l/96 h [484];
  LD 100 (Scholle): 75 mg/l/96 h [484];

  Gefahren-Symbol:

- **physikalisch/chemisch:**
  Schmelzpunkt: <-80 °C,-100 °C

Siedepunkt: 95-96 °C
Flammpunkt: 4 °C; 15 °C, 21 °C
Dampfdruck: 53,32 hPa (19,4 °C); 133,3 hPa (39,4 °C)
Log pOW: 1,99-2,16 (berechn.) [580]
Brechungsindex: 1,4388; 1,4068 (20 °C); 1,4370 (25 °C)
Dichte: 1156 kg/m3
Molmasse: 112,99 g/mol

Löslichkeit:
löslich in Ethanol, Trichlormethan, Benzol; zu 0,3 Gew.-% mischbar mit Wasser;

Bemerkung zu physikalisch/chemischen Daten:
Zündtemperatur: 555-600 °C [580];

Verbleib nach Gebrauch:
Verbrennung;

Bemerkung:
Farblose Flüssigkeit; Entflammbar; süßlicher chloroformartiger Geruch;
Verhalten bei Freiwerden und Vermischen mit Wasser: Das mit Propylendichlorid gesättigte Wasser gast aus und kann über der Wasseroberfläche explosionsfähige Gemische mit Luft bilden.
Verhalten bei Freiwerden und Vermischen mit Luft: Leicht entzündbare, gesundheitsschädliche Flüssigkeit. Dämpfe leicht entzündbar. Flüssigkeit verdunstet schnell. Dämpfe bilden mit Luft explosionsfähige Gemische, die schwerer als Luft sind, am Boden entlangkriechen, und bei Zündung zurückschlagen. Entzündung durch heiße Oberflächen, Funken oder offene Flammen.

Reinheitsgrad des technischen Produktes beträgt 99-99,5 %. Hauptverunreinigungen sind Wasser und oxidierte organische Substanzen. 1,2-Dichlorpropan ist im trockenen Zustand beständig, so daß es nicht stabilisiert werden braucht [580];

N,N'-Dicinnamyliden-1,6-hexandiamin

- **CAS-Nummer:**
  140-73-8
- **gebräuchliche Namen:**
  Bis-(cinnamyliden)hexamethyldiamin; N,N'-Bis(3-phenyl-2-propenyliden)-1,6-hexandiamin; N,N-Hexamethylenbis(cinnamylidenamin);
- **Handelsnamen:**
  DIAK 3;
- **Summenformel:**
  $C_{24}H_{28}N_2$
- **Strukturformel:**

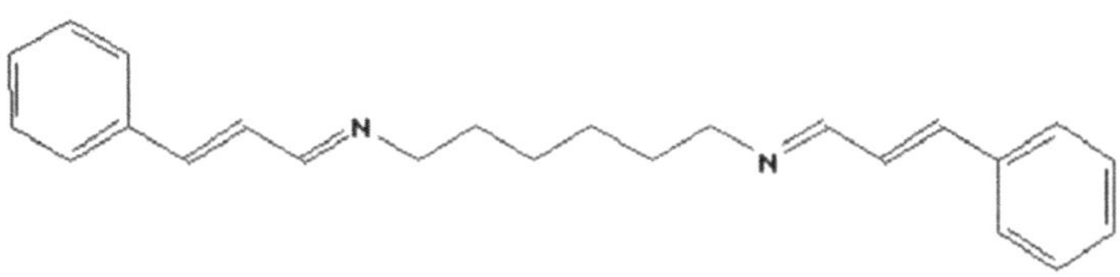

Funktion:
(1) Vernetzungsmittel, schwefelfrei;
(2) Vulkanisationsbeschleuniger, organisch;
Kautschukart:
(1) Fluor-Kautschuk; Acrylat-Kautschuk;
Anwendung:
(2) Produkte für Industrie, inkl. Druckplattentücher; Klebstoffe; Dichtungen;

branchenspezifische Bemerkung zur Substanz:
Einsatzmenge: 1,5 t/a (TSE-Industrie, 1996)

Eigenschaften:
- **toxikologisch/ökotoxikologisch:**
Sonstiges:
zu Rubber Chem DIAK No. 3 Vernetzungsmittel [Sdb DuPont]:
MAK-Wert: 6 mg/m3 A; Gefahrensymbol: Xi; R-Sätze: 36/37/38; S-Sätze: 22-24/25-26-27; WGK 0;

- **physikalisch/chemisch:**
Molmasse: 340,50 g/mol

Bemerkung zu physikalisch/chemischen Daten:
zu Rubber Chem DIAK No 3 Vernetzungsmittel [Sdb DuPont]:
Schmelzpunkt: 80 °C; Flammpunkt: 232 °C; Dichte 1090 kg/m3; unlöslich in Wasser;

Bemerkung:
zu Rubber Chem DIAK No 3 Vernetzungsmittel [Sdb DuPont]:
gelbbraumes Pulver, riecht nach Zimt; Gefährliche Zersetzungsprodukte: Stickoxide, Ammoniak;

N,N'-Dicyclohexyl-benzen-1,4-diamin

- **CAS-Nummer:**
4175-38-6
- **gebräuchliche Namen:**
DCHPD; N,N'-Dicyclohexyl-1,4-benzoldiamin; N,N'-Bis-(cyclohexyl)-p-phenylendiamin; N,N'-Dicyclohexyl-p-phenyldiamin;
- **Handelsnamen:**
UOP 26; 66 PD;
- **Summenformel:**
$C_{18}H_{28}N_2$

- **Strukturformel:**

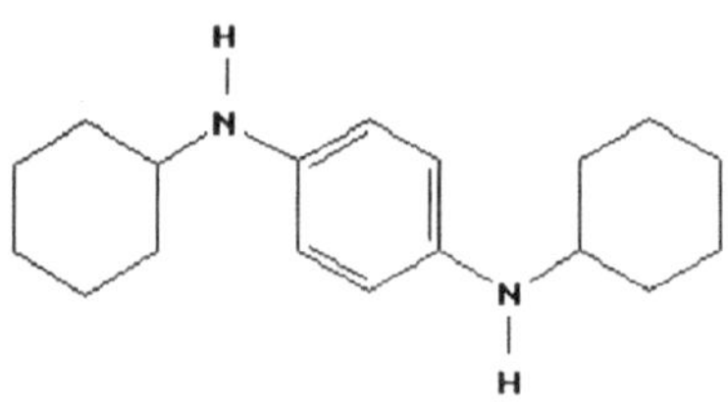

Funktion:
Ozonschutzmittel;
Kautschukart:
Naturkautschuk; Styrol-Butadien-Kautschuk;
Anwendung:
Reifen, Schläuche; chirurgische und medizinische Artikel; Sportartikel; Spielsachen; technische Gummiartikel; Produkte für Industrie, inkl. Druckplattentücher; Klebstoffe; Dichtungen; Latex Tauchartikel; Latex Schaumartikel;

branchenspezifische Bemerkung zur Substanz:
Einsatzmenge in der TSE-Industrie: 294 t/a (1996);

Eigenschaften:
- **toxikologisch/ökotoxikologisch:**
RTECS # SS 9200000

- **physikalisch/chemisch:**
  Molmasse: 272,43 g/mol

N,N'-Dicyclohexyl-2-benzolthiazolsulfenamid

- **CAS-Nummer:**
  4979-32-2
- **gebräuchliche Namen:**
  DCBS; Dicyclohexyl-2-benzthiazylsulfenamid; N,N'-Dicyclo-2-benzothiazolsulfenamid; Benzothiazyl-2-dicyclohexylsulfenamid; N,N'-Dicyclohexyl-2-benzothiazolylsulfonamid; S-Benzothiazol-2yl-N,N'-dicyclohexyl-thiohydroxylamin; N-Dicyclohexylbenzothiazol-2-sulfenamid; N,N'-Dicyclohexyl-2-benzothiazolsulfonamid; Benzothiazol-2-sulfenicsäure-dicyclohexylamid; Benzothiazyl-dicyclohexylsulfenamid;
- **Handelsnamen:**
  Nocceler DZ; Santocure DCBS; Vulcafor DCBS; Bulkacit DZ/C; Vulkacit DZ; Vulkacit D 2; Vulkacit DZ/EGC;
- **Summenformel:**
  $C_{19}H_{26}N_2S_2$

- **Strukturformel:**

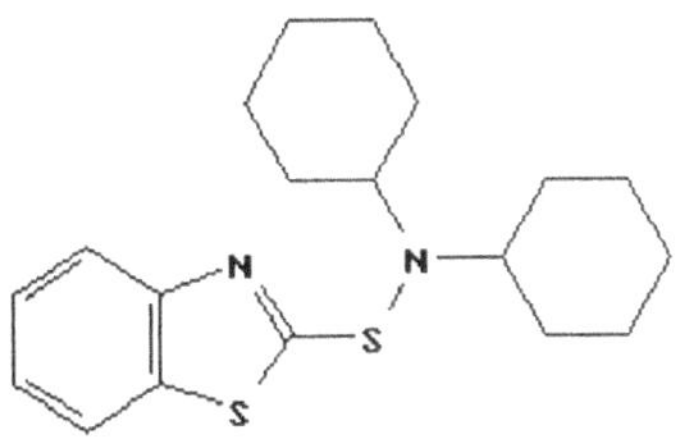

Funktion:
Vulkanisationsbeschleuniger, organisch;
Kautschukart:
Naturkautschuk; synthetischer Kautschuk;
Anwendung:
Herstellung von Reifen, Transportbänder, Kabelherstellung; Schläuche; chirurgische und medizinische Artikel; Sportartikel; Spielsachen; technische Gummiartikel; Produkte für Industrie, inkl. Druckplattentücher; Klebstoffe; Dichtungen; Latex Tauchartikel; Latex Schaumartikel;

branchenspezifische Bemerkung zur Substanz:
Einsatzmenge: 550 t/a (Reifenindustrie: 550 t/a, TSE-Industrie: 0,8 t/a) (1996)

Eigenschaften:
- **toxikologisch/ökotoxikologisch:**
  RTECS # DL 6300000
  WGK: 2
  Sonstiges:
  LD 50 (oral, Ratte): 6420 mg/kg [428];

  zu Santocure DCBS [Sdb Flexsys]:
  LD 50 (oral, Ratte): >5000 mg/kg; LD 50 (dermal, Kaninchen): >5000 mg/kg;
  R-Sätze: 53;

- **physikalisch/chemisch:**
  Schmelzpunkt: 96 °C
  Dichte: 1200 kg/m3
  Molmasse: 346,55 g/mol

Bemerkung:
zu Santocure DCBS [Sdb Flexsys]:
Schmelzpunkt: 95 °C; löslich in den meisten organ. Lösungsmitteln; unlöslich in Wasser; Zu vermeidende Bedingungen: Vor Hitze schützen;

Dicyclohexylnitrosamin

- **CAS-Nummer:**
947-92-2
- **gebräuchliche Namen:**
N-Nitrosodicyclohexylamin;
- **Summenformel:**
$C_{12}H_{22}N_2O$

- **Strukturformel:**

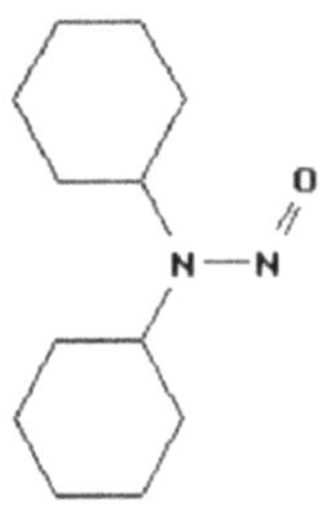

Funktion:
1) Vulkanisationsbeschleuniger, organisch;

branchenspezifische Bemerkung zur Substanz:
2) Reaktionsprodukt aus Vulkanisationsbeschleunigern, z. B. DCBS;

Eigenschaften:
- **toxikologisch/ökotoxikologisch:**
Sonstiges:
LD 50 (oral, Ratte): 5000 mg/kg [428];

- **physikalisch/chemisch:**
Siedepunkt: 100-108 °C; 105 °C
Molmasse: 210,32 g/mol

1,1-Dicyclohexyl-3-phenyl-harnstoff

- **CAS-Nummer:**
5765-54-8
- **gebräuchliche Namen:**
N,N-Dicyclohexyl-N-phenyl-harnstoff;
- **Summenformel:**
$C_{19}H_{28}N_2O$

- **Strukturformel:**

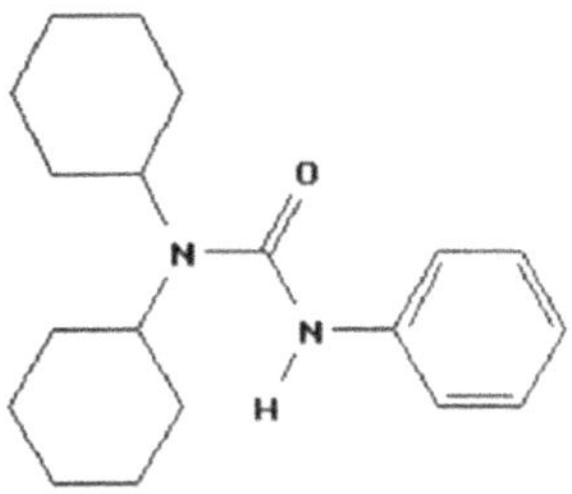

Funktion:
Ozonschutzmittel;

Eigenschaften:
- **physikalisch/chemisch:**
Schmelzpunkt: 160 °C, 180,3-181,3 °C
Molmasse: 300,44 g/mol

Didecyl-phenylphosphit

- **CAS-Nummer:**
1254-78-0
- **gebräuchliche Namen:**
Di-Alkyl-Arylphosphit;
- **Handelsnamen:**
Irgaplast-CH-30;
- **Summenformel:**
$C_{26}H_{47}O_3P$

- **Strukturformel:**

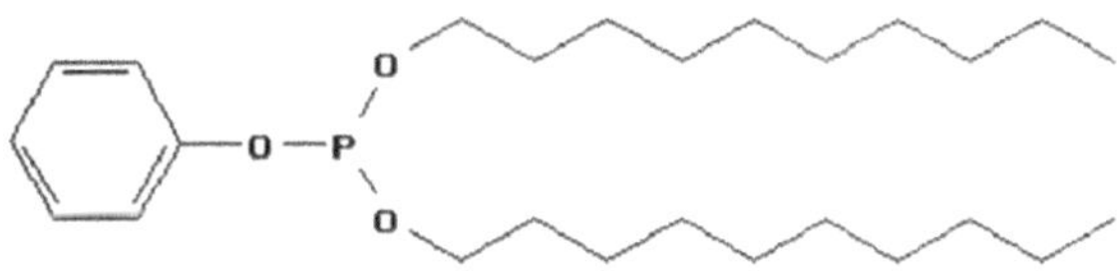

branchenspezifische Bemerkung zur Substanz:
Einsatzmenge: 1,6 t/a in der TSE-Industrie (1996);

Eigenschaften:
- **physikalisch/chemisch:**
Dichte: 940 kg/m3 (25 °C)
Molmasse: 438,63 g/mol

Di-(2,4-dihydroxyphenyl)-methanon

- **CAS-Nummer:**
131-55-5
- **gebräuchliche Namen:**
2,2',4,4'-Tetrahydroxybenzophenon; Bis-(2,4-dihydroxyphenyl)-methanon; THBP;

- **Handelsnamen:**
  Uvinol D-50;
- **Summenformel:**
  $C_{13}H_{10}O_5$

- **Strukturformel:**

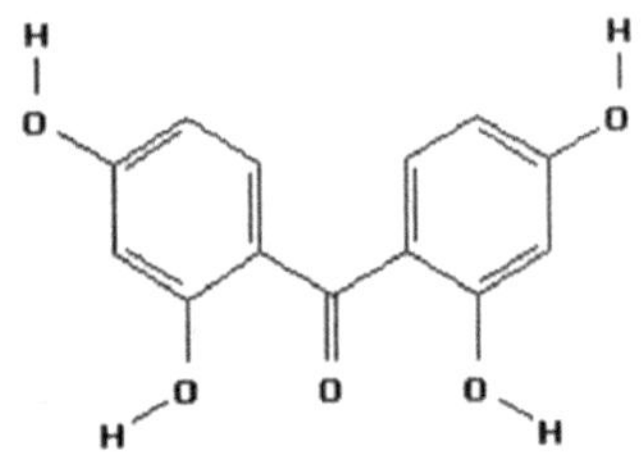

Funktion:
Lichtschutzmittel;

Eigenschaften:
- **toxikologisch/ökotoxikologisch:**
  RTECS # DJ 1892000
  R-Satz: 36/37/38
  S-Satz: 26-37/39
  Sonstiges:
  LD 50 (oral, Ratte): 1220 mg/kg [428];

- **physikalisch/chemisch:**
  Schmelzpunkt: 200-201 °C; 200-203 °C; 197 °C
  Molmasse: 246,22 g/mol

Verbleib nach Gebrauch:
Verbrennung nach Mischung mit brennbarem Lösemittel;

Bemerkung:
Verwendung: als Lichtschutzmittel;

Di-[2-(dimethylamino)ethyl]-methylbenzen-2,4-dicarbamat

- **CAS-Nummer:**
  57718-03-3
- **gebräuchliche Namen:**
  Dimethylethanolamin-Toluol-2,4-diisocyanat-Addukt; Bis[2-(dimethylamino)ethyl](4-methyl-1,3-phenylen)-bis[carbamat]; Bis[2-(dimethylamino)ethyl]-toluol-2,4-dicarbamat; N,N'-[4-methyl-m-phenylen]-bis-carbonsäure-bis[2-dimethylamino-ethylester]; [3-(2-Dimethylamio-ethoxycarbonylamino)-4-methyl-phenyl]-carbonsäure-2-dimethylamino-ethylester;
- **Summenformel:**
  $C_{17}H_{28}N_4O_4$

- **Strukturformel:**

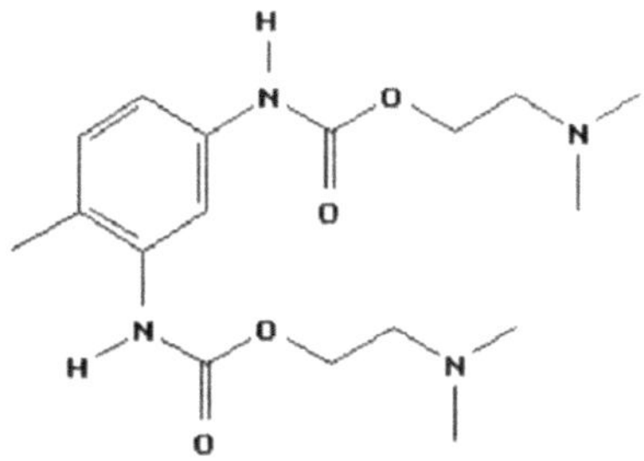

Funktion:
Vulkanisationsbeschleuniger, organisch;

Eigenschaften:

- **physikalisch/chemisch:**
Molmasse: 352,43 g/mol

N,N'-Di-(1,1-dimethylethyl)-benzen-1,4-diamin

- **CAS-Nummer:**
42574-83-4
- **gebräuchliche Namen:**
DMEPD; N,N'-Di-tert.-butyl-p-phenylendiamin; N,N'-Di-tert.-butyl-benzen-1,4-diamin;
- **Summenformel:**
$C_{14}H_{24}N_2$

- **Strukturformel:**

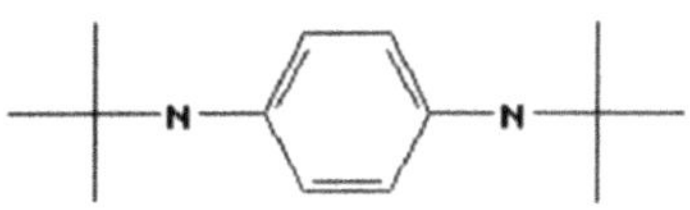

Funktion:
Ozonschutzmittel;

Eigenschaften:

- **physikalisch/chemisch:**
Siedepunkt: 289-291 °C (1013 hPa)
Molmasse: 220,36 g/mol

2,5-Di-(1,1-dimethylethyl)-1,4-dihydroxybenzen

- **CAS-Nummer:**
88-58-4
- **gebräuchliche Namen:**
DAHQ; 2,5-Di-tert.-butylhydrochinon; 2,5-Di-tert.-butyl-benzen-1,4-diol; 2,5-Bis-(1,1-dimethyl-propyl)-hydrochinon; 2,5-Di-tert.-butyl-1,4-dihydroxybenzen
- **Handelsnamen:**
Santovar A;
- **Summenformel:**
$C_{14}H_{22}O_2$

- **Strukturformel:**

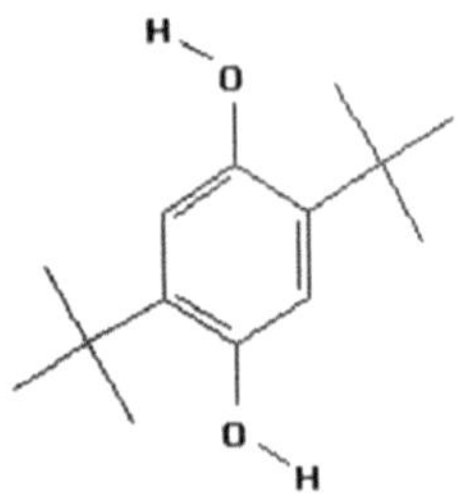

Funktion:
Oxidationsschutzmittel;

Eigenschaften:
- **toxikologisch/ökotoxikologisch:**
RTECS # MX 5160000
Sonstiges:
Gesundheitsgefährdend beim Einatmen oder Aufnahme über Haut; bei Kontakt Augen- und Hautreizung [187];
LD Lo (oral, Ratte): 800 mg/kg [428];

- **physikalisch/chemisch:**
Schmelzpunkt: 210-211 °C; 213-214 °C; 217-219 °C
Dichte: 1081 kg/m3
Molmasse: 222,33 g/mol

Verbleib nach Gebrauch:
Verbrennung nach Mischung mit brennbarem Lösemittel;

Bemerkung:
trigonale Kristalle;

2,6-Di-(1,1-dimethylethyl)-1,4-dihydroxybenzen

- **CAS-Nummer:**
2444-28-2
- **gebräuchliche Namen:**
2,6-Di-tert.-butyl-hydrochinon;
- **Summenformel:**
$C_{14}H_{22}O_2$

- **Strukturformel:**

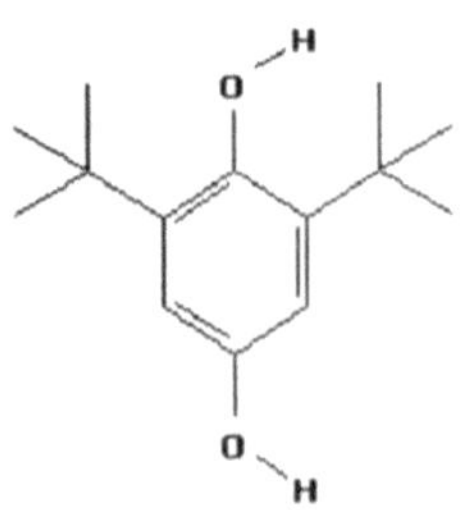

Funktion:
Oxidationsschutzmittel;

Eigenschaften:
- **physikalisch/chemisch:**
  Molmasse: 222,33 g/mol

6,6'-Di-(1,1-dimethylethyl)-4,4'-dimethyl-2,2'-sulfandiyl-di-hydroxybenzen

- **CAS-Nummer:**
  90-66-4
- **gebräuchliche Namen:**
  2,2'-Thio-bis-(4-methyl-6-tert.-butylphenol); 6,6'-Di-tert.-butyl-4,4'-dimethyl-2,2'-sulfandiyl-di-phenol;
- **Handelsnamen:**
  CAO-4; CAO-6;
- **Summenformel:**
  $C_{22}H_{30}O_2S$

- **Strukturformel:**

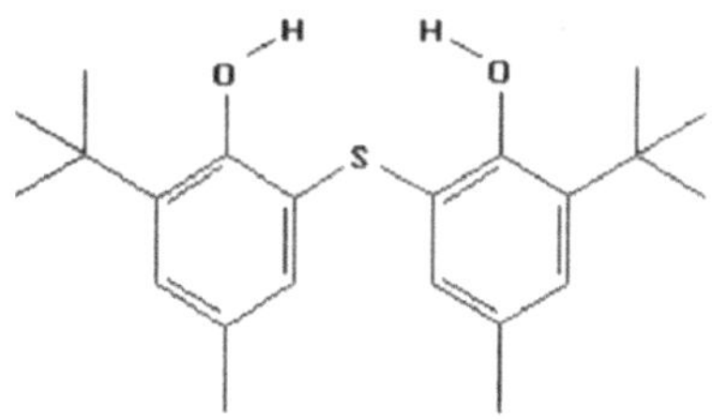

Funktion:
Oxidationsschutzmittel; Hitzeschutzmittel;

Eigenschaften:
- **physikalisch/chemisch:**
  Molmasse: 358,54 g/mol

2,6-Di-(1,1-dimethylethyl)-4-methoxymethyl-hydroxybenzen

- **CAS-Nummer:**
  87-97-8
- **gebräuchliche Namen:**
  2,6-Di-tert.-butyl-4-methoxymethyl-phenol; 2,6-Di-tert.-butyl-alpha-methoxy-p-kresol; 2,6-Di-tert.-butyl alpha-methoxy-4-methylphenol; 4-Methoxymethyl-2,6-di-tert.-butylphenol;
- **Handelsnamen:**
  Agidol 42; p-Cresol; Ethyl Antioxydant 762; Ionol 4;
- **Summenformel:**
  $C_{16}H_{26}O_2$.

- **Strukturformel:**

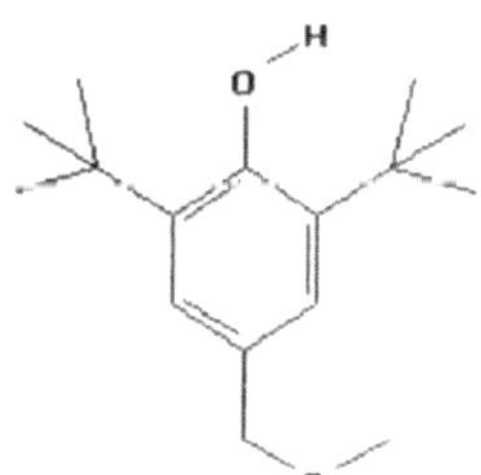

Funktion:
Oxidationsschutzmittel;
Hitzeschutzmittel;

Eigenschaften:
- **toxikologisch/ökotoxikologisch:**
RTECS # SK 8350000
Sonstiges:
LD 50 (oral, Ratte): 10650 mg/kg [428];

- **physikalisch/chemisch:**
Molmasse: 250,38 g/mol

2,6-Di-(1,1-dimethylethyl)-4-methylhydroxybenzen

- **CAS-Nummer:**
128-37-0
- **gebräuchliche Namen:**
BHT; DBPC; DBMP; DTBP; DBPH; DBHP; 2,6-Di-tert.-butyl-4-methylphenol; 2,6-Di-tert.-butyl-p-kresol; butyliertes Hydroxytoluol; 3,5-Di-tert.-butyl-4-hydroxytoluol; 2,6-Di-tert.-butyl-p-cresol; 2,6-Bis-(1,1-dimethylethyl)-4-methylphenol; Butylhydroxytoluol; 2,6-Bis-(1,1-dimethylethyl)-4-methylphenol; 2,6-Di-tert.-butyl-4-methylhydroxybenzen; 2,6-Di-tert.-butyl-1-hydroxy-4-methylbenzen; 2,6-Di-tert.-butyl-p-methylphenol; 4-Hydroxy-3,5-di-tert.-butyltoluol; Methyldi-tert.-butylphenol; 4-Methyl-2,6-di-tert.-butylphenol;
- **Handelsnamen:**
Advastab 401; Agidol; Agidol 1; Alkofen BP; Alterungsschutzmittel KB; Anthracine 8; Antiossidante 234; Antioxidant No. 29; Antioxidant DBPC/BHT; Antioxidant DBPC/BHT/AT1; Antioxidant DBPC/BHT/AB2; Antioxidant DBPC/BHT/AC3; Antioxidant DBPC/BHT/AP4; Antioxidant 4; Antioxidant 30; Antioxidant 4 K; Antioxidant KB; Antrancine 8; AO 4 K; AO 29; BHT; BHT-Bayer; BHT-Raschig; BHT-Swanox; BHT-P Swanox; BUKS; CAD 1,3; CAO-1; CAO-3; Catalin cao-3; Chemanox 11; Dalpac; Deenax; Dibunol; E 321; Embanox BHT BP; Imbutol; Imbutol E; Impruvol; Ionol; Ionol 1; Ionol (antioxidant); Ionol CP; Ionole; Jonol; Jonol CP; Kerabit; Naugard BHT; NCI-C03598; Nocrac 200; Nonox TBC; P 21; Parabar 441; Paranox 441; Ralox BHT food grade; Sustan BHT; Sustane 1-F; Stavox; Sumilizer BHT; Sustane; Sustane BHT; Swanox BHT; Tenamene 3; Tenox BHT; Topanol; Topanol AN; Topanol O; Topanol OC; Topanol O; UOP No. 7; UOP-19; Vanlube; Vanlube PC; Vanlube PCX; Vianol; Vanulic PC; Vanulic PCX; Vianol; Vulkanox KB; Vulkanox BHT; Wytox BHT;
- **Summenformel:**
$C_{15}H_{24}O$

- **Strukturformel:**

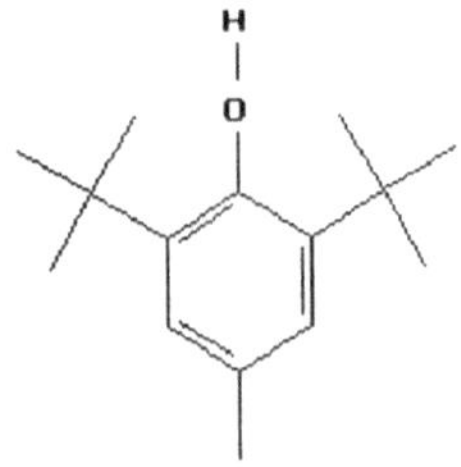

Funktion:
(1) Oxidationsschutzmittel; Alterungsschutzmittel;
(2) Verzögerer für schwefelfreie Vernetzungsmittel;
(3) Lichtschutzmittel;

Kautschukart:

(1) Styrol-Butadien-Kautschuk; Acrylnitril-Butadien-Kautschuk; Butadien-Kautschuk; Isopren-Kautschuk, synthetisch;

Anwendung:

(1) Reifen, Schläuche; chirurgische und medizinische Artikel; Sportartikel; Spielsachen; technische Gummiartikel; Produkte für Industrie, inkl. Druckplattentücher; Klebstoffe; Dichtungen; Latex Tauchartikel; Latex Schaumartikel;

branchenspezifische Bemerkung zur Substanz:

Einsatzmenge: 8,8 t/a (TSE-Industrie, 1996)

Eigenschaften:

- toxikologisch/ökotoxikologisch:

RTECS # GO 7875000
WGK: 1
R-Satz: 22
S-Satz: 24/25
Sonstiges:
Zu diesem Stoff liegt ein BUA-Stoffbericht Nr. 58 vor.
Kann schädigend wirken beim Einatmen, Verschlucken oder Aufnahme über Haut; verursacht Augen- und Hautreizungen; reizt Schleimhäute und Atemwege; abhängig von der Intensität und Dauer des Ausgesetztseins variieren die Folgen zwischen leichten Reizungen und schweren Gewebezerstörungen [187];
Stoff verursacht Funktionsstörungen und histologische Veränderungen an Lunge, Leber, Nieren und Schilddrüse und Störungen der Blutgerinnung. Ursachen der letalen Wirkung sind Hämorrhagien und Lungenschädigungen, möglicherweise bedingt durch reaktive Metaboliten [595];
TD Lo (oral, Frau): 80 mg/kg [428];
LD 50 (oral, Ratte): 890 mg/kg [187], [428];
LD 50 (oral, Maus): 650 mg/l [428];
LD 50 (intraperitoneal, Maus): 138 mg/kg [428];
LD 50 (intravenös, Maus): 180 mg/kg [428];
LD Lo (oral, Katze): 940 mg/kg [428];
LD Lo (oral, Kaninchen): 2100 mg/kg [428];
LD 50 (oral, Meerschweinchen): 10700 mg/kg [428];
Abbau mit Belebtschlamm: unter 10 % / Halbwertzeit: 100 mg/l/7 Tage [595];

zu Ralox BHT food grade: [625]
LD 50 (oral, Ratte): 2000 mg/kg;
Fischtoxizität: LC0 (Fisch, Brachydanio rerio): >0,5 mg/l/96 h;

Gefahren-Symbol:

- physikalisch/chemisch:

Schmelzpunkt: 69-70 °C
Siedepunkt: 265 °C
Flammpunkt: 119-127 °C
Dampfdruck: 0,013 hPa (20 °C) [187]; 0,02 hPa (20 °C) [484]; 0,003 hPa (25 °C [595]
Log pOW: 6,2; 5,1; 4,17 [595]
Dichte: 1048 kg/m3 (20 °C); 1030 kg/m3
Molmasse: 220,35 g/mol
Löslichkeit:
Wasser 0,001 g/l (20 °C) [484]; in org. Lösemitteln, Propanon, Ethylacetat, Ethanol, Benzin, Dichlormethan [595];
bei 20 °C löslich in: Methylbenzen (60%), Propanon (70%), Methanol (20%), Benzin (45%); unlöslich in Wasser [Sdb Avokal];

Bemerkung zu physikalisch/chemischen Daten:

Zündtemperatur: 345 °C;

Verbleib nach Gebrauch:
Verbrennung nach Mischung mit brennbarem Lösemittel;

Bemerkung:
Farblose Kristalle; brennbar; geschmacklos;
Stoff reagiert bei Kontakt oder Mischung mit Säurechloriden, Säureanhydriden, Oxidationsmitteln und Basen;
leicht oxidierbar; wirkt als Radikalfänger [595];
Verwendung: als Antioxidans und Alterungsschutzmittel für Kautschukmischungen, Kunststoff- und Gummiartikel, Verpackungen; Oxidationsschutzmittel in Klebstoffen, für Mineralölprodukte, in kosmetischen Zubereitungen, für Tierfutter- und Lebensmittel-Fette bzw. Öle, Kaugummi; Stabilisator bei Herstellung von Kunststoffen, von Synthesekautschuk [595];

zu Ralox BHT food grade: [625]
weiss, kristallin, fast geruchslos; zu 330 g/l löslich in Ethanol, zu < 0,01 g/l in Wasser;
Bei Erhitzen in Gegenwart von Mineralsäuren Freisetzung von Isobutylien;
Gefährliche Zersetzungsprodukte: entzündliche Gase/ Dämpfe; Kontakt mit starken Säuren, Laugen und Oxidationsmitteln vermeiden;
enthalten in: Anthrac. 20, Anthrac. 22, Anthrac. 50, Antox 8, Emban.2 (20 %), Oxynex 2004, Ralox BT 45 (45 %), Sustane 6 (22 %), Sustane P (25 %), Sustane W (10 %), Tenox 4 (10 %), Tenox 5 (25 %), Tenox 6 (10 %), UOP No. 7-S (1/3);

2,6-Di-(1,1-dimethylethyl)-4-(1-methylpropyl)-hydroxybenzen

- **CAS-Nummer:**
  17540-75-9
- **gebräuchliche Namen:**
  4-sek.-Butyl-2,6-di-tert.-butyl-phenol;
- **Handelsnamen:**
  Vanox 1320;
- **Summenformel:**
  $C_{18}H_{30}O$

- **Strukturformel:**

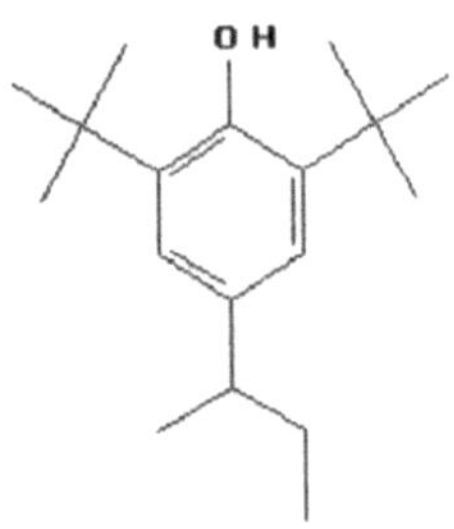

Funktion:
Oxidationsschutzmittel;
Kautschukart:
Naturkautschuk; synthetischer Kautschuk;

Eigenschaften:
- **toxikologisch/ökotoxikologisch:**
  R-Satz: 36/37/38
  S-Satz: 26-37/39

- **physikalisch/chemisch:**
  Schmelzpunkt: 25 °C

Siedepunkt: 141-142 °C (10 mm)
Flammpunkt: >110 °C
Dichte: 900 ± 20 kg/m3
Molmasse: 262,48 g/mol

Löslichkeit:
löslich in 2-Propanon, Ethanol, Heptan, Methylbenzen; unlöslich in Wasser;

Verbleib nach Gebrauch:
Verbrennung nach Mischung mit brennbarem Lösemittel;

2,5-Di-(1,1-dimethylethylperoxy)-2,5-dimethylhexan

- **CAS-Nummer:**
  78-63-7
- **UN Nummer:**
  2156; 3105; 3106
- **gebräuchliche Namen:**
  DBPH; 2,5-Di-tert.-butylperoxy-2,5-dimethylhexan; 2,5-Bis(tert.-butylperoxy)-2,5-dimethylhexan; 2,5-Dimethyl-(2,5-di-tert.-butyl-peroxy)hexan; (1,1,4,4-Tetramethyltetramethylen)-bis-(tert.-butyl)peroxid; 1,1,4,4-Tetramethyl-1,4-butandiyl-bis-1,1-dimethylperoxid;
- **Handelsnamen:**
  Interox DHBP-30-IC, 30%ig; Koyahexa AD; Luperco 101; Lupersol 101; Luperox 101; Luperox 101-EVA-25; Luperox 101-G-45; Luperox 101-MF-45; Luperox 101-MG-45; Luperox 101-PP-7,5; Luperox 101-SRG-45; Luperox 101-XL-45; Perhexa 2.58; Perhexa 3M; Perhexa 40; Peroxan HX; Peroxan HX 45 P; Peroxan HX 50 PS; Triganox XQ8; Varox 50; Varox Liquid; Varox DBPH; Varox DBPH-50;
- **Summenformel:**
  $C_{16}H_{34}O_4$
- **Strukturformel:**

Funktion:
Vernetzungsmittel, schwefelfrei;
Anwendung:
Reifen, Schläuche; chirurgische und medizinische Artikel; Sportartikel; Spielsachen; technische Gummiartikel; Produkte für Industrie, inkl. Druckplattentücher; Klebstoffe; Dichtungen; Latex Tauchartikel; Latex Schaumartikel;

branchenspezifische Bemerkung zur Substanz:
Einsatzmenge: 100 t/a (Reifenindustrie: 1,5 t/a, TSE-Industrie: 98 t/a) (1996)

Eigenschaften:
- **toxikologisch/ökotoxikologisch:**
  RTECS # MO 1835000
  WGK: 2
  R-Satz: 8-36/37/38
  S-Satz: 17-26 36
  Sonstiges:
  LD 50 (intraperitoneal, Maus): 1700 mg/kg [428];

  zu Peroxan HX [623]:
  Gefahrensymbole: E; Xi; R-Sätze: 2-36/37/38; S-Sätze: 27-36/37/39; WGK 1;
  hautreizend, augenreizend; LD 50 (oral, Ratte): 3200 mg/kg; LD 50 (dermal, Ratte): 4100 mg/kg;

zu DHBP [621]:
Gefahrensymbol: E, Xi; R-Sätze: 2-7-36/38; S-Sätze: 3/7-14-36/37/39; WGK 1;
stark hautreizend, augenreizend; LD 50 (oral, Ratte): 5000 mg/kg;
LD 50 (dermal, Ratte): 2000 mg/kg;

- **physikalisch/chemisch:**
  Schmelzpunkt: flüssig bis < 8 °C
  Siedepunkt: 55-57 °C (9,33 hPa); >90 °C (Zers.)
  Flammpunkt: 41 °C
  Brechungsindex: 1,423 (20 °C)
  Dichte: 877 kg/m3; 880 kg/m3; 870 ± 20 kg/m3
  Molmasse: 290,45 g/mol

  Löslichkeit:
  in Wasser unlöslich;

  zu Peroxan HX [623]:
  löslich in Kohlenwasserstoffen und Ester, Löslichkeit in Wasser (20 °C) < 1%;

  Bemerkung zu physikalisch/chemischen Daten:
  zu Peroxan HX [623]:
  Flammpunkt 65 °C;

  zu DHBP [621]:
  Flammpunkt ca. 50 °C; Dichte: 880 kg/m3; Brechungsindex: 1,422 (20 °C);

Bemerkung:
zu Peroxan HX [623]:
Zersetzungstemperatur: 75 °C. Spontane Zersetzung bei Kontakt mit reduzierend wirkenden Chemikalien (z.B. Aminen), Schwermetallsalzen, konz. Säuren und konz. Laugen;
gefährliche Zersetungsprodukte: Kohlenmonoxid;

zu DHBP [621]:
farblose Flüssigkeit; ätherartiger Geruch;
Zersetzungstemperatur: 90 °C; Durch Zersetzung entstehen entflammbare Dämpfe;

zu Peroxan HX 245: Phlegmatisiert mit Kieselsäure, Calciumcarbonat;

zu Peroxan HX 50 PS: Phlegmatisiert mit Kieselsäure;

enthalten in Varox DBPH-50 (50 %);

2,5-Di-(1,1-dimethylpropyl)-1,4-benzendiol

- **CAS-Nummer:**
  79-74-3
- **gebräuchliche Namen:**
  2,5-Di-tert.-pentylhydrochinon; 2,5-Di-t.-pentylhydrochinon; 2,5-Bis-(1,1-dimethylpropyl)-1,4-benzendiol;
  2,5-Di-tert.-amylhydrochinon;
- **Handelsnamen:**
  Santovar; Santovar A; Santovar TAHQ;
- **Summenformel:**
  $C_{16}H_{26}O_2$

- **Strukturformel:**

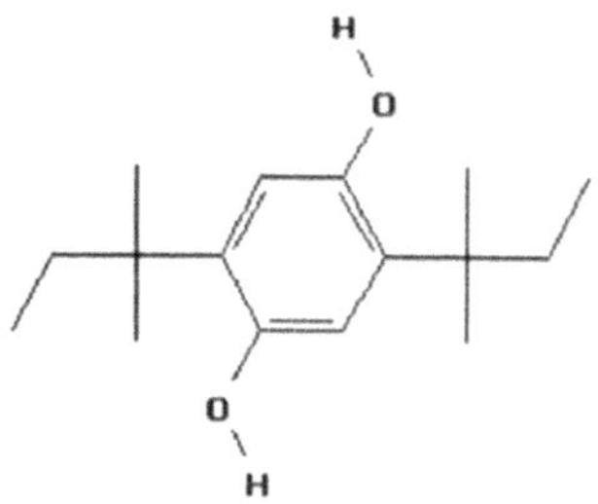

Funktion:
Oxidationsschutzmittel;

Anwendung:
Reifen, Schläuche; chirurgische und medizinische Artikel; Sportartikel; Spielsachen; technische Gummiartikel; Produkte für Industrie, inkl. Druckplattentücher; Klebstoffe; Dichtungen; Latex Tauchartikel; Latex Schaumartikel;

Eigenschaften:
- **toxikologisch/ökotoxikologisch:**
RTECS # MX 6300000
Sonstiges:
LD 50 (oral, Ratte): 2000 mg/kg [428];
LD 50 (intraperitoneal, Maus): 200 mg/kg [428];
LD 50 (oral, Hase): 2000 mg/kg [428];

zu Santovar TAHQ [561]:
Kann Haursensibilisierung bei empfindlichen Personen hervorrufen; leicht Augenreizend, nicht kennzeichnungspflichtig; In vitro und in vivo Mutagenitätstest: nicht mutagen; Reprotoxizität Studie: keine nachteiligen behandlungsbezogenen Effekte;
LD 50 (oral, Ratte): 1900 mg/kg;
LD 50 (dermal, Kaninchen): >3160 mg/kg;
Gefahrensymbol: Xn, N; R-Sätze: 22-43-50; S-Sätze: 22-24-37-61;
LC 50 (Regenbogenforelle): 0,067 mg/l/96 h;
LC 50 (Elritze): 0,12 mg/l/96 h;
LC 50 (Daphnia magna): 0,91 mg/l/48 h;
LC 50 (Chlorophyll A): 1,7 mg/l/96 h;
LC 50 (Algenzellzählung): 2,9 mg/l/96 h;
LC 50 (Mücke): 3,8 mg/l/48 h;

- **physikalisch/chemisch:**
Schmelzpunkt: 179,4-180,4 °C
Molmasse: 250,38 g/mol
Bemerkung zu physikalisch/chemischen Daten:
zu Santovar TAHQ [561]:
Zündtemperatur: ca 471 °C;

Bemerkung:
zu Santovar TAHQ [561]:
weißliches Pulver; Schmelzpunkt: 179 °C; Flammpunkt: >200 °C; löslich in den meisten organ. Lösungsmitteln; unlöslich in Wasser; Zu vermeidende Bedingungen: Gefahr von Staubexplosionen; Zu vermeidende Materialien: Starke Säuren;

2,5-Di-(2,2-dimethylpropyl)-1,4-benzendiol

- **CAS-Nummer:**
39868-21-8
- **gebräuchliche Namen:**
2,5-Di-(tert.-amyl)hydrochinon; 2,5-Bis-(2,2-dimethyl-propyl)-benzen-1,4-diol;

- **Strukturformel:**

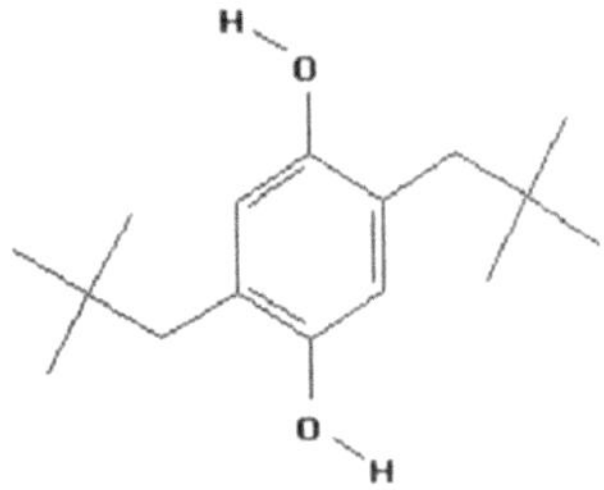

Funktion:
Scorchinhibitor;
Oxidationsschutzmittel;

Eigenschaften:

- **physikalisch/chemisch:**
Schmelzpunkt: 170,5-171 °C
Molmasse: 250,38 g/mol

Diethanolamin

- **CAS-Nummer:**
111-42-2
- **UN Nummer:**
1719; 1760
- **gebräuchliche Namen:**
DEA; 2,2-Dihydroxydiethylamin; 2,2-Diethanolamin; Iminodiethanolamin; 2,2'-Iminobis-ethanol; Di-(2-hydroxyethyl)-amin; 2,2'-Iminoethanol; Bis-[2-hydroxy-ethyl]-amin; 2,2'-Iminodiethanol; N,N-Diethanolamin;
- **Summenformel:**
$C_4H_{11}NO_2$

- **Strukturformel:**

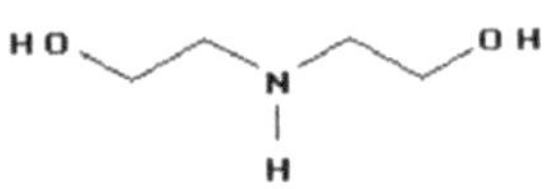

Funktion:
Vulkanisationsaktivator / Beschleunigeraktivator;

branchenspezifische Bemerkung zur Substanz:
Einsatzmenge: 1,9 t/a (Reifenindustrie, 1996)

Eigenschaften:
- **toxikologisch/ökotoxikologisch:**
RTECS # KL 2975000
WGK: 1
R-Satz: 36/38
S-Satz: (2)-26
Sonstiges:
Einstufung und Kennzeichnung von Zubereitungen, in denen diese Substanz enthalten ist:
10%< =C ⇒ Xi; R36/38

Verwendungsverbot als Kühlschmierstoffbestandteil nach TRGS 611; vgl. Abschn. II B; IMK:II;

Das Umweltbundesamt schlägt folgende Einstufung vor: R51, R53; Gefahrensymbol N ("umweltgefährlich") [608];
Kontakt der Substanz mit den Augen führt zu schweren Verätzungen; die mit der Substanz benetzte Haut wird gereizt; bei wiederholter oder längerer Einwirkung kommt es zu Verätzungen [163]; [484];
wirkt nicht mutagen [577];
Die Problematik liegt bei Diethanolamin in seiner Nitrosierbarkeit und damit der Bildung von N-Nitrosodiethanolamin, das sich bei Ratten als eindeutig kanzerogen erwiesen hat [588];
LD 50 (oral, Ratte): 710 mg/kg [10], 1140 mg/kg [9], 3375 mg/kg [577];
LD 50 (intraperitoneal, Ratte): 120 mg/kg [428], 160 mg/kg [577];
LD 50 (intravenös, Ratte): 778 mg/kg [428];
LD 50 (oral, Maus): 3300 mg/kg [428];
LD 50 (intraperitoneal, Maus): 2300 mg/kg [428];
LD 50 (Haut, Kaninchen): 12200 mg/kg [9];
LD 50 (dermal, Kaninchen): 12200 mg/kg [577];
LD 50 (intraperitoneal, Maus): 400 mg/kg, 200 mg/kg [577];

LC 50 (Daphnia magna): 1,4 mg/l [3];
LC 50 (Fisch, Goldorfe): 1430/1850 mg/l [33];
LC 100 (Fisch, Goldorfe): 1650/2180 mg/l [33];
LC 50 (Carassius auratus): 800/>5000 mg/l/24 h (2 Tests) [608];
LC 50 (Leuciscus idus): 1430/1850 mg/l/48 h (2 Tests) [608];
LC 50 (Cyprinodon variegatus): >589 mg/l/96 h [608];
LC 50 (Pimephales promelas): 1460 – >1800 mg/l/96 h (3 Tests) [608];
Toxische Grenzkonzentration neutralisiert: Pseudomonas putida 10000 mg/l, Scenedesmus quadricauda 4,4 mg/l, nicht neutralisiert [484]
Biologisch abbaubar (123 mg/l, 1000 mg/l, 1230 mg/l) [3];
CSB: 1,52 g/g [3]; BSB(5): 0,03 g/g [3];

Gefahren-Symbol:

- physikalisch/chemisch:

Schmelzpunkt: 28 °C; 27 °C;
Siedepunkt: 269-271 °C; 140-144 °C (9,33 hPa); >270 °C Zers.
Flammpunkt: 137 °C; 178 °C; 176 °C
Dampfdruck: < 0,01 hPa (20 °C) [163]; [484]; 0,00037 hPa (25 °C) [577]
Log pOW: -1,43 [4]; -1,77, -1,43 [608]
Brechungsindex: 1,4776 (20 °C); 1,4753 (30 °C)
Dichte: 1096,6 kg/m3 (20 °C); 1091 kg/m3 (30 °C)
Molmasse: 105,139 g/mol
Verdunstungszahl: < 0,001 (BuAc = 1) [9]

Löslichkeit:
Wasser 954 g/l (20 °C); mischbar mit Ethanol; sehr wenig löslich in Diethylether, Benzen;

Bemerkung zu physikalisch/chemischen Daten:
Zündtemperatur: 280 °C [484]; 370 °C [Sdb Hüls AG];

Verbleib nach Gebrauch:
Verbrennung nach Mischung mit brennbarem Lösemittel;

Bemerkung:
Dicke farblose ammoniakähnlich riechende Flüssigkeit; hygroskopisch; brennbar; ätzend;
Bei starker Erhitzung Bildung explosiver Gemische; Entzündung durch heiße Oberflächen, Funken, offene Flammen;
Explosionsgrenzen: 1,6-9,8 Vol.-% ; Zündtemperatur: 662 °C [9];
Zündtemperatur: 280 °C [484]; 370 °C [Hüls AG];
Diethanolamin kann Kupfer und Kupferverbindungen angreifen;
Verwendung: Lösemittel;

Umweltbelastung durch fotografische Prozesse (BRD, 1986): 220 t/a [156];

Der deutsche Verbrauch von Diethanolamin lag 1990 bei ca. 19.700 t/a.
Anwendungsgebiete und -mengen für das Jahr 1990 sind (nach BASF-Angaben) [608]:

Waschrohstoffe	ca. 9900 t/a
Bohr- und Schneidöle	ca. 3000 t/a
Gaswäsche	ca. 3000 t/a
Kosmetik/Pharma	<2000 t/a
Zementhilfsmittel	ca. 200 t/a
Agrochemikalien	ca. 200 t/a
sonstiges (z.B. N-Methyl-DEA)	ca. 2000 t/a

enthalten in: Muzinin 212 (12%),Muzinin 212 A (12%);

1,4-Diethoxybenzen

- **CAS-Nummer:**
  122-95-2
- **gebräuchliche Namen:**
  1,4-Diethoxybenzol;
- **Summenformel:**
  $C_{10}H_{14}O_2$

- **Strukturformel:**

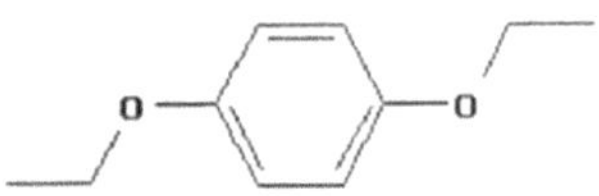

Funktion:
Oxidationsschutzmittel;
Eigenschaften:
- **physikalisch/chemisch:**
  Schmelzpunkt: 72 °C
  Siedepunkt: 246 °C
  Molmasse: 166,22 g/mol

4-Diethylamino-6-ethylamino-14-(1,3,5)triazin-2-thiol

- **CAS-Nummer:**
  23613-02-3
- **gebräuchliche Namen:**
  2-Ethylamino-4-diethylamino-6-mercapto-5-triazin;
- **Summenformel:**
  $C_9H_{17}N_5S$

- **Strukturformel:**

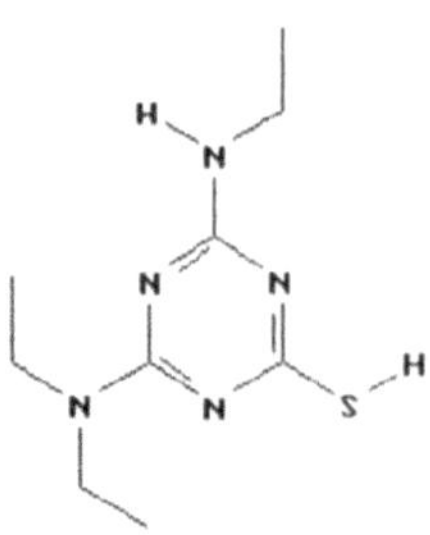

Funktion:
Vulkanisationsbeschleuniger, organisch;

Eigenschaften:
- **physikalisch/chemisch:**
Molmasse: 227,33 g/mol

1,4-Diethylbenzen

- **CAS-Nummer:**
105-05-5
- **UN Nummer:**
2049
- **gebräuchliche Namen:**
1,4-Diethylbenzol; p-Diethylbenzol; p-Diethylbenzen;
- **Summenformel:**
$C_{10}H_{14}$

- **Strukturformel:**

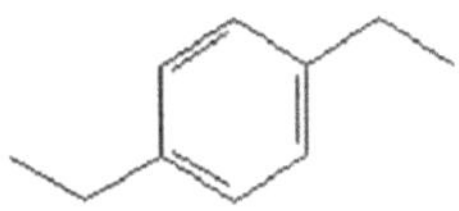

branchenspezifische Bemerkung zur Substanz:
Reaktionsprodukt von aromatischen Ölen [Weichmacher];

Eigenschaften:
- **toxikologisch/ökotoxikologisch:**
Schweizer Giftliste: 4
WGK: 2
R-Satz: 10
S-Satz: 23-24/25
Sonstiges:
Dämpfe haben narkotische Wirkung; keine Beeinflussung des Blutes wie bei Benzol [163]; [484];
Symptome: Kopfschmerzen, Schwindel, Übelkeit, Erbrechen, Bewußtlosigkeit. [484];

Gefahren-Symbol:

- **physikalisch/chemisch:**
Schmelzpunkt: -42,85 °C
Siedepunkt: 183,8 °C
Flammpunkt: 56 °C
Dampfdruck: 1 hPa (20 °C) [163] [484]
Brechungsindex: 1,4967 (20 °C)
Dichte: 862,0 kg/m3 (20 °C)
Molmasse: 134,22 g/mol

Löslichkeit:
unlöslich in Wasser; mischbar mit Ethanol, Diethylether, Propanon, Benzen, Ligroin, Tetrachlormethan;

Verbleib nach Gebrauch:
Verbrennung;

Bemerkung:
Farblose, benzolähnlich riechende Flüssigkeit; brennbar;
Bildet im dampf-/gasförmigen Zustand mit Luft explosionsfähige Gemische;
Zündtemp.: 430 °C [163]; [484]; Explosionsgrenze: 0,8-5 Vol.-% [484];
Geruchsschwelle: < 10 ml/m3 [163];
Gummi wird bei längerer Einwirkung angegriffen und aufgeweicht; Stoff kann bei Kontakt mit sauerstoffreichem Material (starken Oxidationsmitteln) reagieren [484];

1,4-Diethylbenzen

- CAS-Nummer:
  105-05-5
- **UN Nummer:**
  2049
- **gebräuchliche Namen:**
  1,4-Diethylbenzol; p-Diethylbenzol; p-Diethylbenzen;
- **Summenformel:**
  $C_{10}H_{14}$
- **Strukturformel:**

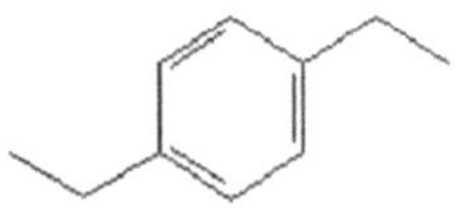

branchenspezifische Bemerkung zur Substanz:
Reaktionsprodukt von aromatischen Ölen [Weichmacher];

Eigenschaften:
- **toxikologisch/ökotoxikologisch:**
  Schweizer Giftliste: 4
  WGK: 2
  R-Satz: 10
  S-Satz: 23-24/25
  Sonstiges:
  Dämpfe haben narkotische Wirkung; keine Beeinflussung des Blutes wie bei Benzol [163]; [484];
  Symptome: Kopfschmerzen, Schwindel, Übelkeit, Erbrechen, Bewußtlosigkeit. [484];

  Gefahren-Symbol:

- **physikalisch/chemisch:**
  Schmelzpunkt: -42,85 °C
  Siedepunkt: 183,8 °C
  Flammpunkt: 56 °C
  Dampfdruck: 1 hPa (20 °C) [163] [484]
  Brechungsindex: 1,4967 (20 °C)
  Dichte: 862,0 kg/m3 (20 °C)
  Molmasse: 134,22 g/mol
  Löslichkeit:
  unlöslich in Wasser; mischbar mit Ethanol, Diethylether, Propanon, Benzen, Ligroin, Tetrachlormethan;

Verbleib nach Gebrauch:
Verbrennung;

Bemerkung:
Farblose, benzolähnlich riechende Flüssigkeit; brennbar;
Bildet im dampf-/gasförmigen Zustand mit Luft explosionsfähige Gemische;
Zündtemp.: 430 °C [163]; [484]; Explosionsgrenze: 0,8-5 Vol.-% [484];
Geruchsschwelle: < 10 ml/m3 [163];
Gummi wird bei längerer Einwirkung angegriffen und aufgeweicht; Stoff kann bei Kontakt mit sauerstoffreichem Material (starken Oxidationsmitteln) reagieren [484];

Diethyldithiocarbamatsäure, Natriumsalz

- **CAS-Nummer:**
  148-18-5
- **UN Nummer:**
  9510
- **gebräuchliche Namen:**
  Diethylcarbamodithiosäure, Natriumsalz; Natriumdiethyldithiocarbamat; DTC; DDC, DEDC; DDTC; DeDTC; Thiocarb;
- **Handelsnamen:**
  Dithincarb; Imuthiol; Thiocarb; Eveite L; Vulcafor SDC;
- **Summenformel:**
  $C_5H_{10}NNaS_2$
- **Strukturformel:**

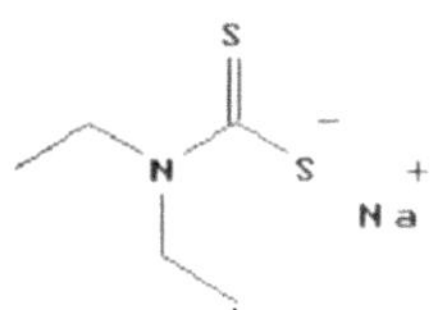

Funktion:
Vulkanisationsbeschleuniger, organisch;
Anwendung:
Latex Tauchartikel; Latex Schaumartikel;

Eigenschaften:
- **toxikologisch/ökotoxikologisch:**
  RTECS # EZ 6475000
  Schweizer Giftliste: 4
  WGK: 1
  Sonstiges:
  LD 50 (intraperitoneal; Maus): 1302 mg/kg [428];
  LD 50 (intraperitoneal; Ratte): 1250 mg/kg [428];
  LD 50 (oral; Maus): 1500 mg/kg [428];
  LD 50 (oral; Ratte): 1500 mg/kg [428];
  LD 50 (subcutan: Kaninchen): 500 mg/kg [428];
  LD 50 (oral, Kaninchen): 500 mg/kg [428];

  zu Perkacit SDEC LIQ-W [Sdb Flexsys], Angaben bezogen auf Wirkstoff:
  schwach augen- und hautreizend; LD 50 (oral, Ratte): >5000 mg/kg;
  Gefahrensymbol: N; R-Sätze: 50-53;

- **physikalisch/chemisch:**
  Schmelzpunkt: 94-96 °C
  Dichte: 1100 kg/m3 (20 °C)

Molmasse: 171,27 g/mol

Löslichkeit:
löslich in Wasser und Ethanol;

Bemerkung:
Komplexbildner mit starker Affinität zu Hg, Cu, Ni und Zn;
Verwendung: Für calorimetrische Bestimmungen kleiner Mengen Kupfer und dessen Trennung von anderen Metallen;

enthalten in Perkacit SDEC LIQ-W (25-26,5 %) Rest Wasser,

N,N-Diethyldithiocarbaminsäure, Ammoniumsalz

- **CAS-Nummer:**
  21124-33-4
- **gebräuchliche Namen:**
  ADC; ADEC; Ammonium-diethyldithiocarbamat; Diethycarbamodithiosäure-ammoniumsalz;
- **Summenformel:**
  $C_5H_{14}N_2S_2$
- **Strukturformel:**

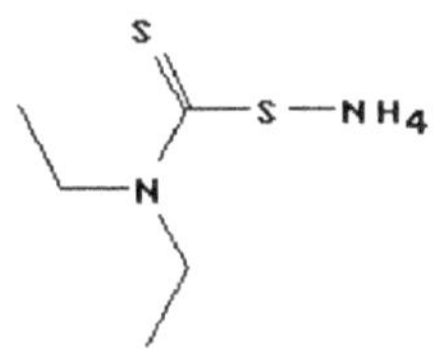

Funktion:
Vulkanisationsbeschleuniger, organisch;

Eigenschaften:
- **toxikologisch/ökotoxikologisch:**
  R-Satz: 36/37/38
  S-Satz: 26-37-39
- **physikalisch/chemisch:**
  Schmelzpunkt: 80 °C
  Molmasse: 166,3 g/mol

Verbleib nach Gebrauch:
Verbrennung nach Mischung mit brennbarem Lösemittel;

Bemerkung:
hygroskopisch;

Diethyl-dithiocarbaminsäurebenzothiazol-2-ylester

- **CAS-Nummer:**
  95-30-7
- **gebräuchliche Namen:**
  2-Benzothiazolyl-diethyldithiocarbamat; 2-Benzothiazyl-N,N-diethylthio-carbamoylsulfid; Diethylcarbamodithionsäure-2-benzothiazolylester; 2-Benzothiazolyl-N,N-diethylthio-carbamylsulfid;
- **Handelsnamen:**
  Ethylac; Nocceler 64;

- **Summenformel:**
  $C_{12}H_{14}N_2S_3$

- **Strukturformel:**

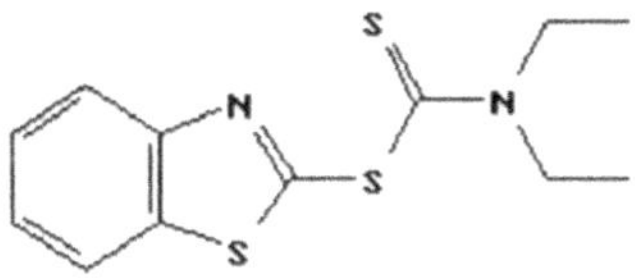

Funktion:
Vulkanisationsbeschleuniger, organisch;

Kautschukart:
Naturkautschuk; synthetischer Kautschuk;
Anwendung:
chirurgische und medizinische Artikel; Sportartikel; Spielsachen; technische Gummiartikel;

Eigenschaften:
- **toxikologisch/ökotoxikologisch:**
  RTECS # EZ 4950000
  Sonstiges:
  LD 50 (oral, Ratte): 6000 mg/kg [428];
  LD 50 (oral, Hase): 2700 mg/kg [428];

- **physikalisch/chemisch:**
  Molmasse: 282,46 g/mol

N,N-Diethyldithiocarbaminsäure, Bismutsalz

- **CAS-Nummer:**
  20673-31-8
- **gebräuchliche Namen:**
  Tris(diethylcarbamodithioato-S,S')-bismut; Bismutdiethyldithiocarbamat;
- **Handelsnamen:**
  Bismate;
- **Summenformel:**
  $C_{15}H_{30}BiN_3S_6$

- **Strukturformel:**

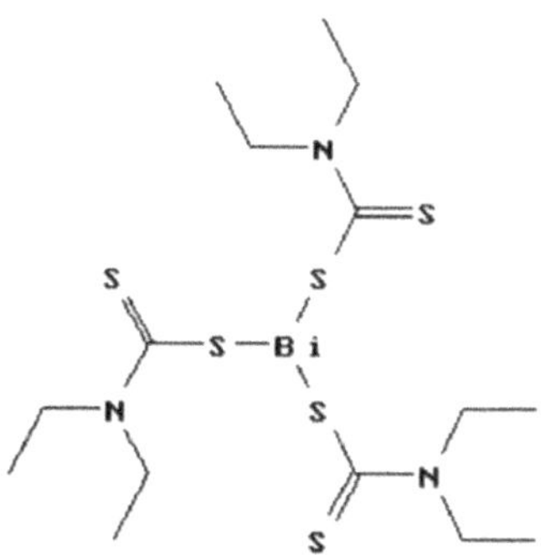

Funktion:
Vulkanisationsbeschleuniger, organisch;

Eigenschaften:
- **physikalisch/chemisch:**
  Molmasse: 653,76 g/mol

N,N-Diethyldithiocarbaminsäure, Bleisalz

- **CAS-Nummer:**
  17549-30-3
- **gebräuchliche Namen:**
  Bleidiethyldithiocarbamat;
- **Handelsnamen:**
  Ledate;
- **Summenformel:**
  $C_8H_{16}N_2PbS_4$

- **Strukturformel:**

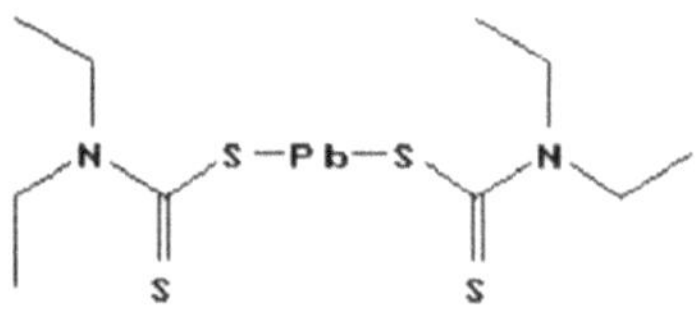

Funktion:
Vulkanisationsbeschleuniger, organisch;

Eigenschaften:
- **toxikologisch/ökotoxikologisch:**
  RTECS # EZ 5600000
  Sonstiges:
  LD Lo (intraperitoneal, Ratte): 500 mg/kg [428];

- **physikalisch/chemisch:**
  Molmasse: 503,75 g/mol

Diethyldithiocarbaminsäure, Cadmiumsalz

- **CAS-Nummer:**
  14239-68-0
- **gebräuchliche Namen:**
  Cadmium-bis-(diethyldithiocarbamat); Cadmiumdiethyldithiocarbamat; Bis-(diethylcarbamodithioato-S,S')cadmium;
- **Handelsnamen:**
  Ethyl Cadmate; Cadamate; NSC-154470; AI3-26109; Ethyl Cadmate Dustless;
- **Summenformel:**
  $C_{10}H_{20}CdN_2S_4$

- **Strukturformel:**

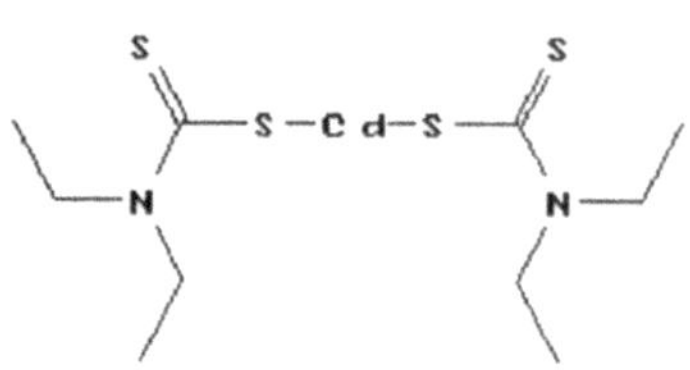

Funktion:
Vulkanisationsbeschleuniger, organisch;
Kautschukart:
Naturkautschuk; Ethylen-Propylen-Terpolymer; Styrol-Butadien-Kautschuk; Isobuten-Isopren-Kautschuk; Ethylen-Propylen-Terpolymer; Acrylnitril-Butadien-Kautschuk;
Anwendung:
Reifen, Schläuche; chirurgische und medizinische Artikel; Sportartikel; Spielsachen; technische Gummiartikel; Produkte für Industrie, inkl. Druckplattentücher; Klebstoffe; Dichtungen; Latex Tauchartikel; Latex Schaumartikel;

Eigenschaften:
- **toxikologisch/ökotoxikologisch:**
RTECS # EU 9850000
Sonstiges:
LD 50 (intraperitoneal, Maus): 650 mg/kg [428];

- **physikalisch/chemisch:**
Schmelzpunkt: 68 - 76 °C
Dichte: 1390 kg/m3; 1480 ± 30 kg/m3
Molmasse: 408,96 g/mol

Löslichkeit:
löslich in Benzen, Schwefelkohlenstoff, Trichlormethan; unlöslich in Wasser;

N,N'-Diethyldithiocarbaminsäure, Kupfer(II)salz

- **CAS-Nummer:**
13681-87-3
- **gebräuchliche Namen:**
N,N-Diethyldithiocarbaminsäure-Kupfersalz; Kupferdiethyldithiocarbamat;
- **Handelsnamen:**
Cumate
- **Summenformel:**
$C_{10}H_{20}CuN_2S_4$

- **Strukturformel:**

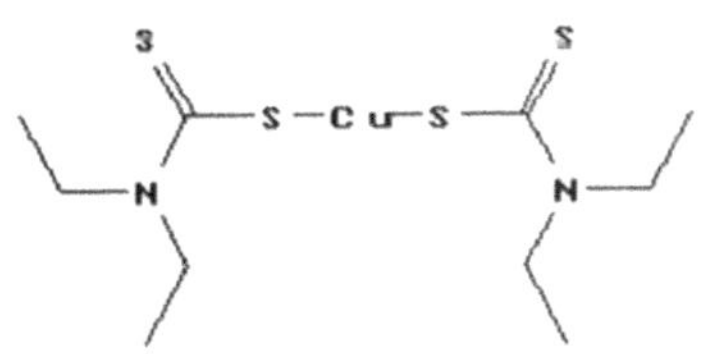

Funktion:
Vulkanisationsbeschleuniger, organisch;

Eigenschaften:
- **toxikologisch/ökotoxikologisch:**
RTECS # EZ 5250000
Sonstiges:
LD (oral, Ratte): > 1000 mg/kg [428];
LD Lo (intraperitoneal, Ratte): 250 mg/kg [428];

- **physikalisch/chemisch:**
Molmasse: 360,07 g/mol

N,N-Diethyldithiocarbaminsäure (Mischung mit Diethylamin)

- **CAS-Nummer:**
  1518-58-7
- **gebräuchliche Namen:**
  Diaethylammoniumdiaethyldithiocarbamat;
- **Handelsnamen:**
  Vulcafor DDCN; USAF Ek-2635; Contramine;
- **Summenformel:**
  $C_5H_{11}NS_2.C_4H_{11}N$

- **Strukturformel:**

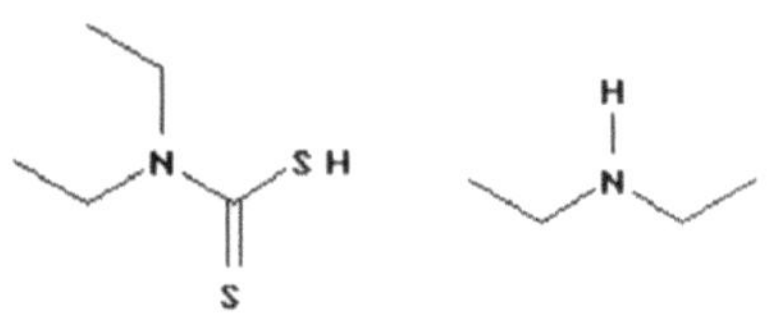

Funktion:
Vulkanisationsbeschleuniger, organisch;

Eigenschaften:
- **toxikologisch/ökotoxikologisch:**
  RTECS # EZ 5425000
  Sonstiges:
  LD 50 (intraperitoneal, Maus): 500 mg/kg [428];

- **physikalisch/chemisch:**
  Molmasse: 222,41 g/mol

Diethyldithiocarbaminsäure, Nickelsalz

- **CAS-Nummer:**
  14267-17-5
- **gebräuchliche Namen:**
  Bis(-diethyldithiocarbamato)-nickel; Bis-(diethylcarbamodithioato-S,S')-nickel; Nickel-diethyldithiocarbamat;
- **Summenformel:**
  $C_{10}H_{20}N_2NiS_4$

- **Strukturformel:**

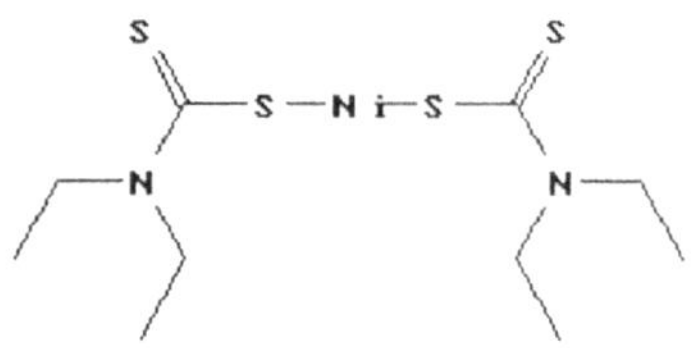

Funktion:
Vulkanisationsbeschleuniger, organisch;

Eigenschaften:

- **physikalisch/chemisch:**
  Molmasse: 355,21 g/mol

Diethyldithiocarbaminsäure, Selensalz

- **CAS-Nummer:**
  21559-14-8
- **gebräuchliche Namen:**
  Tetrakis-(diethyldithiocarbamato)-selen; Tetrakis-(diethylcarbamodithioato-S,S')-selen; Selen-diethyldithiocarbamat;
- **Handelsnamen:**
  Ethyl Selenac;
- **Summenformel:**
  $C_{20}H_{40}N_4S_8Se$

- **Strukturformel:**

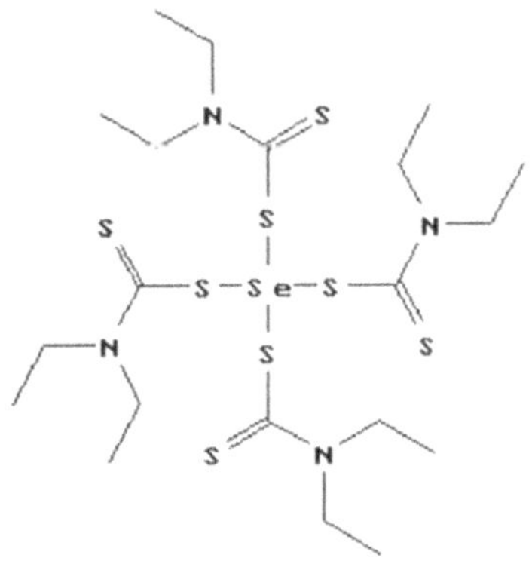

Funktion:
Vulkanisationsbeschleuniger, organisch;
Anwendung:
Reifen, Schläuche; Acrylat-Butadien-Kautschuk; Produkte für Industrie, inkl. Druckplattentücher; Klebstoffe; Dichtungen; Latex Tauchartikel; Latex Schaumartikel;

Eigenschaften:
- **physikalisch/chemisch:**
  Molmasse: 672,0 g/mol

N,N-Diethyldithiocarbaminsäure, Selensalz

- **CAS-Nummer:**
  105618-13-1
- **gebräuchliche Namen:**
  SDEC; N,N-Diethyldithiocarbaminsäure-selensalz; Tetrakis-[diethylamino-thioxo-methansulfenyl]-selan; Selendiethyldithiocarbamat;
- **Handelsnamen:**
  Selenac;
- **Summenformel:**
  $C_{20}H_{40}N_4S_8Se$

- **Strukturformel:**

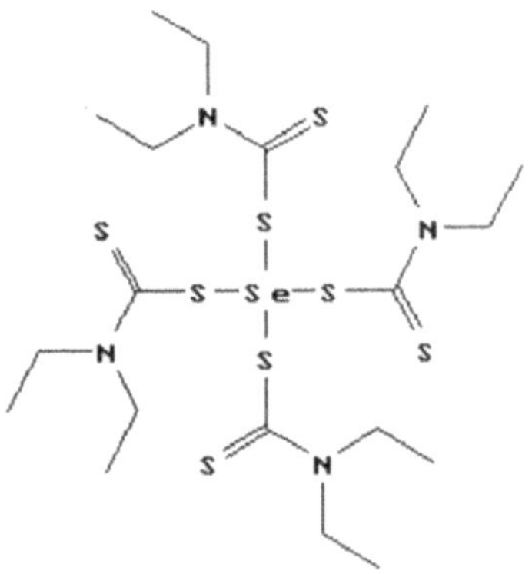

Funktion:
Vulkanisationsbeschleuniger, organisch;

Eigenschaften:

- **physikalisch/chemisch:**
Molmasse: 672,00 g/mol

Diethyldithiocarbaminsäure, Tellursalz

- **CAS-Nummer:**
20941-65-5
- **gebräuchliche Namen:**
TeDEC; TDEC; N,N-Diethyldithiocarbaminsäure-tellursalz; Tetrakis(diethylcarbamodithioato-S,S')tellur; Tellur-diethyldithiocarbamat; Tellur-tetrakisdiethylcarbamat; Tetrakis(diethylcarbamato)-Tellur;
- **Handelsnamen:**
Ethyl-Tellurac; Diethyl Tellurac; Nocceler TTTE; Soxinol Te-G; NCI-C02857; Rhenogran TDEC-75; Rhenosol TDEC-40; Tellurac;
- **Summenformel:**
$C_{20}H_{40}N_4S_8Te$

- **Strukturformel:**

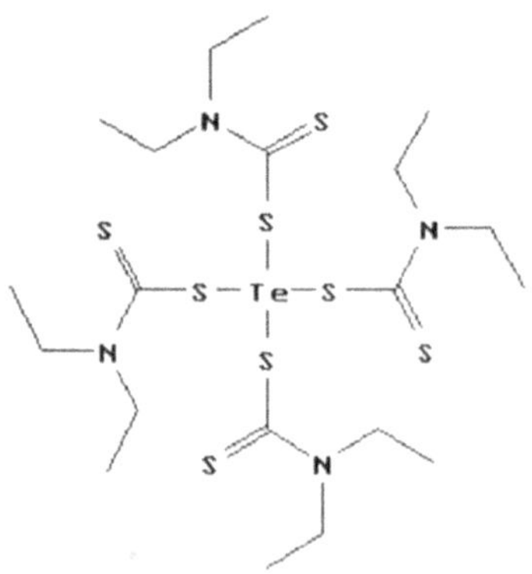

Funktion:
Vulkanisationsbeschleuniger, organisch;

Kautschukart:
Naturkautschuk; Styrol-Butadien-Kautschuk; Isobuten-Isopren-Kautschuk; Ethylen-Propylen-Terpolymer; Isobuten-Isopren-Kautschuk; Acrylnitril-Butadien-Kautschuk;

Anwendung:
Reifen, Schläuche; chirurgische und medizinische Artikel; Sportartikel; Spielsachen; technische Gummiartikel;

branchenspezifische Bemerkung zur Substanz:
Einsatzmenge: 24 t/a (TSE-Industrie, 1996)

Eigenschaften:

- toxikologisch/ökotoxikologisch:
RTECS # WY 2950000
Sonstiges:
TD Lo (oral, Maus): 113 mg/kg [428];

zu Mixland TDEC 75 GE [Sdb Göbel], Angaben bezogen auf Wirksubstanz:
LD 50 (oral, Ratte): >5000 mg/kg;

- physikalisch/chemisch:
Schmelzpunkt: 108-119 °C
Dichte: 1440 kg/m3 ± 30 kg/m3; 1550 ± 30 kg/m3
Molmasse: 720,6 g/mol
Löslichkeit:
unlöslich in Wasser, löslich in: Benzen, Trichlormethan, Schwefelkohlenstoff, Ethanol, Methylbenzen;

Bemerkung:
orange-gelbes Pulver;

enthalten in: Perkacit TDEC (1,5-3 %), Mixland TDEC 75 GE (75 %) Rest Polymerbinder;

N,N-Diethyldithiocarbaminsäure, Zinksalz

- CAS-Nummer:
14324-55-1

- gebräuchliche Namen:
ZDEC; Zinkdiethyldithiocarbamat; Bis-(diethyldithiocarbamato)-zink; Diethyldithiocarbaminsäure Zinksalz; Bis-(diethylcarbamodithioato-S,S')-zink; Zink-diethyldithiocarbamat;

- Handelsnamen:
Aethylzimate; Ekaland ZDEC-c; Eveite Z; Ethex; Etazin; Ethasan; Ethazate; Ethazate 50-D; Ethyl Cymate; Ethyl Zimate; Ethyl Ziram; Hermat ZDK; Ivegran VP 50.202; Nocceler EZ; Rhenosol ZDBC-45; Rhenosol ZDEC-50; Robac ZDC; Robac ZDEC; Rubator ETZ; Sancelex EZ; Soxinol EZ; Volcafor ZDEC; Vulcacure ZE; Vulkacit ZDK; Vulkacit LDA;

- Summenformel:
$C_{10}H_{20}N_2S_4Zn$

- Strukturformel:

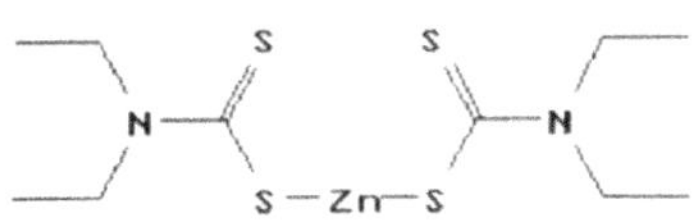

Funktion:
Vulkanisationsbeschleuniger, organisch;

Kautschukart:
Naturkautschuk; Styrol-Butadien-Kautschuk; Acrylnitril-Butadien-Kautschuk; Isobuten-Isopren-Kautschuk;

Anwendung:
gummierte Stoffe; Gummiwaren für Nahrungsmittel; Reifen, Schläuche; chirurgische und medizinische Artikel; Sportartikel; Spielsachen; technische Gummiartikel; Produkte für Industrie, inkl. Druckplattentücher; Klebstoffe; Dichtungen; Latex Tauchartikel; Latex Schaumartikel;

branchenspezifische Bemerkung zur Substanz:
Einsatzmenge: 21 t/a (Reifenindustrie: 2,7 t/a, TSE-Industrie: 18 t/a) (1996)

Eigenschaften:
- **toxikologisch/ökotoxikologisch:**
RTECS # ZH 0350000
R-Satz: 20/21/22-41
S-Satz: 26-27-36/37/39-44
Sonstiges:
LD 50 (oral, Ratte): 3340 mg/kg [428]
LD 50 (oral, Kaninchen): 570 mg/kg [428];
LD 50 (intraperitoneal, Maus): 142 mg/kg [428];

zu Ekaland ZDEC-c [SdbKrahn]:
Gefahrensymbol: Xi; R-Sätze: 36; MAK-Wert: 2,5 mg/m3;
LD 50 (oral, Ratte): 3500 mg/kg; LC 50 (P.Reticulata): 0,49 mg/l/96 h; LC 50 (P.Phosphoreum): 1,7 mg/l/15 min.; WGK: 1;

zu Robac ZDEC [Sdb Krahn]:
Gefahrensymbol: Xi; R-Sätze: 36/38; MAK-Wert: 6 mg/m3 (allg. Staubgrenzwert);
LD 50 (oral, Ratte): 2910 mg/kg; LD 50 (oral, Maus): 700 mg/kg; WGK: 1;

- **physikalisch/chemisch:**
Schmelzpunkt: 172-176 °C
Dichte: 1490 kg/m3; 1470 kg/m3
Molmasse: 361,91 g/mol

Löslichkeit:
löslich in Schwefelkohlenstoff, Benzen, Trichlormethan, Dichlormethan, Alkalien; unlöslich in Wasser, Benzin, Alkohol [428];

Verbleib nach Gebrauch:
Verbrennung nach Mischung mit brennbarem Lösemittel;

Bemerkung:
Weißes Puder;

zu Ekaland ZDEC-c [SdbKrahn]:
weißes cremefarbenes Pulver;
Bei Verbrennung können giftige Gase entstehen (SO2, NOx);

zu Robac ZDEC [Sdb Krahn]:
weißes Pulver; Schmelzpunkt: 175 °C; Flammpunkt: >66 °C; Dichte: 1500 °C;
Bei Verbrennung können giftige Gase entstehen (SO2, NOx);

enthalten in: Deovulc EG 3 (20 %), Deovulc EG 28 (20 %);

Diethyldithiocarbaminsäure, Zinksalz

- **CAS-Nummer:**
14323-55-1
- **gebräuchliche Namen:**
Ethylzimat;
- **Summenformel:**
$C_{10}H_{20}N_2S_3Zn$

- **Strukturformel:**

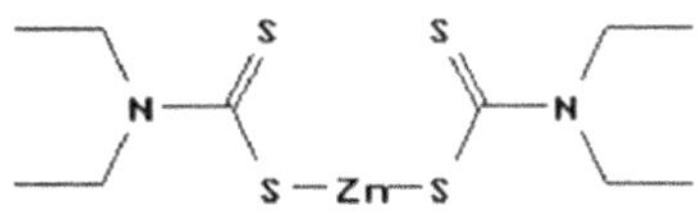

Funktion:
Vulkanisationsbeschleuniger, organisch;
Kautschukart:
Naturkautschuk; Styrol-Butadien-Kautschuk;

Eigenschaften:

- **physikalisch/chemisch:**
Schmelzpunkt: 171 - 182,5 °C
Dichte: 1480 ± 30 kg/m3
Molmasse: 361,92 g/mol

Löslichkeit:
unlöslich in Wasser; löslich in Methylbenzen, Schwefelkohlenstoff, Trichlormethan;

Diethylenethandiolmonobutylether

- **CAS-Nummer:**
112-34-5
- **gebräuchliche Namen:**
Butyldiglycol; Butyldiglykol; Diethylenglycolmonobutylether; Butoxydiethylenglycol; Diethylenglykol-n-butylether; 2-(2-Butoxyethoxy)-ethanol; Diethylenglycol-n-butylether; Butylcarbitol; 2-(2-Butoxy-ethoxy)-ethanol; 2-Hydroxy-2'-butoxy-diethylether; Diethylglykolmono-n-butylether; Butyl Dioxytol; Diethylglykol mono-n-butylether; Butoxydiethylenglykol; BDG; Diethylenglykol-mono-n-butylether;
- **Handelsnamen:**
Dowanol DB; Butylcarbitol; Butyl Carbitol; Ektasolve DB;
- **Summenformel:**
$C_8H_{18}O_3$

- **Strukturformel:**

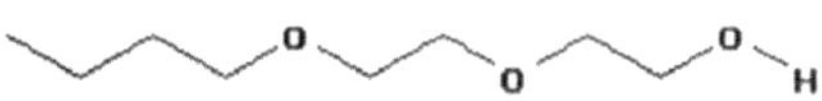

branchenspezifische Bemerkung zur Substanz:
Einsatzmenge: 36 t/a (Reifenindustrie und TSE-Industrie) (1996)

Eigenschaften:
- **toxikologisch/ökotoxikologisch:**
RTECS # KJ 9100000
Schweizer Giftliste: 5
WGK: 1
MAK Wert: 100 mg/m3
R-Satz: 36
S-Satz: (2)-26
Sonstiges:
Spitzenbegrenzung: I [481]; Schwangerschaftsgruppe C [481];
Dämpfe reizen leicht Augen und Atemwege; Kontakt mit der Flüssigkeit führt zu leichter Reizung der Augen und Haut; Aufnahme der Substanz über Haut möglich (Hautresorption!) [163]; [484];
Einwirkung auf das Auge sehr schmerzhaft. Vorübergehende Störung der Bindehaut und Netzhaut sind möglich. Längerer/wiederholter Hautkontakt kann zu Dermatitis führen. Symptome: Schwindelgefühl, Rauschzustand, Magenschmerzen, Magen-Darm-Beschwerden [Sdb Shell];

LD 50 (oral, Ratte): 6560 mg/kg [9], 5660 mg/kg [104];
LD 50 (oral, Kaninchen): 2,2 g/kg [104];
LD 50 (Haut, Kaninchen): 4120 mg/kg [9];
LD/LC 50 (dermal, Kaninchen): 4000 mg/kg [Sdb Shell];
Wiederholte Exposition verursacht Leber-, Nieren- und Nervenschäden [Sdb Shell]; Toxische Grenzkonzentration für Pseudomonas putida 255 mg/l, Scenedesmus quadricauda 1000 mg/l [36];
LC 50 (Daphnia magna): 2850 mg/l [6];
LC 50 (Fisch, Goldorfe): 2304/1805 mg/l [33];
LC 100 (Fisch, Goldorfe): 2400/2185 mg/l [33];
Biologische Abbaubarkeit (Standversuch) >70 % [484];

Gefahren-Symbol:

- **physikalisch/chemisch:**

Schmelzpunkt: -68 °C
Siedepunkt: 231 °C; 228-233 °C; 224-234 °C;
Flammpunkt: 107 °C; 105 °C; 98 °C;
Dampfdruck: <0,2 hPa (20 °C) [163]; [484]; 0,055 hPa (20 °C) [Sdb]; 0,3 hPa (50 °C) [Sdb];
Brechungsindex: 1,4306 (20 °C)
Dichte: 967 kg/m3 (20 °C); 898-902 kg/m3 (20 °C) [Sdb];
Molmasse: 162,23 g/mol
Verdunstungszahl: 0,002 (BuAc = 1) [9]; 0,01 (BuAc = 1) [104]; ca. 1000 (Diethylether = 1) [18];
Löslichkeit:
bei 20 °C vollständig mischbar mit Wasser [Sdb Shell];

Bemerkung zu physikalisch/chemischen Daten:
*Technisches Produkt nach Angaben Hüls AG [484];

Verbleib nach Gebrauch:
Verbrennung nach Mischung mit brennbarem Lösemittel;

Bemerkung:
Farblose, schwach riechende Flüssigkeit; brennbar; hygroskopisch;
Bildet im dampf-/gasförmigen Zustand mit Luft explosionsfähige Gemische;
Explosionsgrenzen:
0,9-5,9 Vol.-%; Zündtemp.: 228 °C [9]; 225 °C [Sdb Shell];
0,7-5,3 Vol.-%; Zündtemp.: 223 °C [484];
Stoff kann bei Kontakt mit sauerstoffreichem Material (starken Oxidationsmitteln) reagieren [484];
Verwendung: technisches Lösungsmittel für Nitrocellulose und Harze; in der Druckindustrie auch als Bindemittel;
Anwendungsbereich: in Lacken, Farben, Farbstoffen, Druckfarben, Stempelkissenfarben; in flüssigen Reinigungsmitteln, Textilölen; Filmbildehilfsmittel für Latexfarben; Dispersant für Vinylchloridharze; Verdünnungsmittel für hydraulische Bremsflüssigkeiten; Zwischenprodukt bei der Herstellung von Weichmachern;
Enthalten in Algon P-Paste (10-25%), Ralulac VVG 210 (<20%), Rheolate 255 (15,4%), 278 (15,4%),;

N,N'-Diethylenthioharnstoff

- **CAS-Nummer:**
105-55-5
- **gebräuchliche Namen:**
DETU; Diethylthioharnstoff; 1,3-Diethylenthioharnstoff;
- **Handelsnamen:**
NCI-C03816; Pennzone E; Robac DETU; Sanceller EUR; Thiate H;
- **Summenformel:**
$C_5H_{12}N_2S$

- **Strukturformel:**

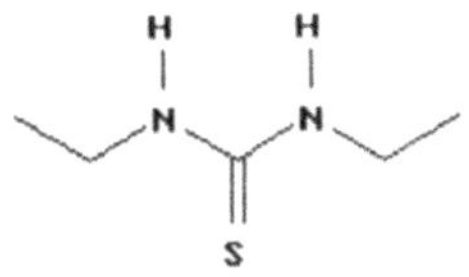

Funktion:

(1) Vulkanisationsbeschleuniger, organisch;

(2) Vulkanisationsbeschleuniger, organisch; Oxidationsschutzmittel;

Kautschukart:

(1) Chloropren-Kautschuk; Ethylen-Propylen-Terpolymer; Chlorbutyl;

Anwendung:

(1) Reifen, Schläuche; chirurgische und medizinische Artikel; Sportartikel; Spielsachen; technische Gummiartikel; Produkte für Industrie, inkl. Druckplattentücher; Klebstoffe; Dichtungen; Latex Tauchartikel; Latex Schaumartikel;

branchenspezifische Bemerkung zur Substanz:

Einsatzmenge: 31 t/a (TSE-Industrie, 1996)

Eigenschaften:

- **toxikologisch/ökotoxikologisch:**

RTECS # YS 9800000

WGK: 3

R-Satz: 45-20/21/22

S-Satz: 53-45-26-28-27-36/37/39

Sonstiges:

DETU wurde als karzinogener Stoff im Rattentest nachgewiesen (U.S.National Technical Information Service, 1979) und ist durch OSHA als krebsverdächtig eingestuft (Occupational Safety and Health Administration) [618];

LD 50 (oral, Ratte): 316 mg/kg [428];
LD Lo (oral, Maus): 62 mg/kg [428];
LD 50 (intraperitoneal, Maus): 500 mg/kg [428];

zu Robac DETU: [618]

Die bei der Verarbeitungstemperatur >190 °C entstehenden Zersetzungsprodukte können Reizungen von Augen, Haut und Atemwegen verursachen. Verschlucken kann zu Kopfschmerzen, Angstzuständen, Herzklopfen und Übelkeit führen. LD Lo (oral, Maus): 681 mg/kg;
Gefahrensymbol: Xn;
R-Sätze: 22-37-40-43;
S-Sätze: 22;
WGK: 2;

- **physikalisch/chemisch:**

Schmelzpunkt: 68-71 °C; 76-78 °C

Molmasse: 132,23 g/mol

Löslichkeit:

löslich in Methanol, Ether, Propanon, Benzen, Ethylacetat;

Bemerkung zu physikalisch/chemischen Daten:

zu Robac DETU: [618]
Schmelzpunkt: >75 °C;
Flammpunkt: > 66 °C;
Dichte: 1100 kg/m3 (20 °C);

Verbleib nach Gebrauch:

Verbrennung nach Mischung mit brennbarem Lösemittel;

Bemerkung:
zu Robac DETU: [618]
Cremefarbene Flocken; Schmelzpunkt: >75 °C; Flammpunkt >66 °C; Dichte: 1100 kg/m3; löslich in Wasser; Gefährliche Zersetzungsprodukte: Kohlenmonoxid, Stickoxide, Ethylisothiocyanat und Ethylamin ab 190 °C;

Di-2-ethylhexylperoxiddicarbonat

- **CAS-Nummer:**
  16111-62-9
- **gebräuchliche Namen:**
  Peroxydicarbonsäurebis(2-ethylhexyl)-ester; Bis(2-ethylhexyl)peroxydicarbonat;
- **Summenformel:**
  $C_{18}H_{34}O_6$
- **Strukturformel:**

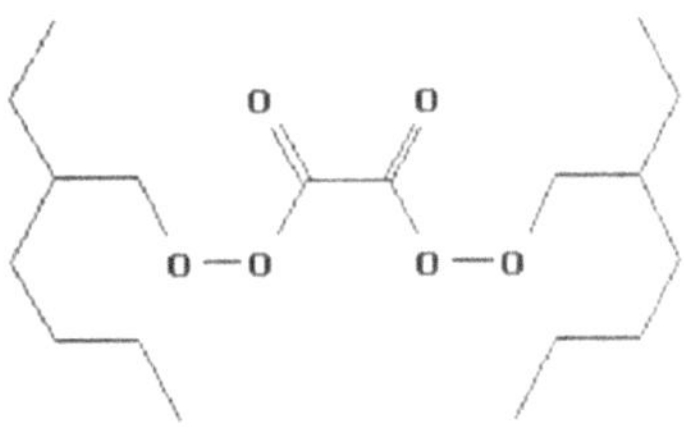

Funktion:
Vernetzungsmittel, schwefelfrei;

Eigenschaften:
- **toxikologisch/ökotoxikologisch:**
  RTECS # SD 9700000
  R-Satz: 22
  Sonstiges:
  LD 50 (oral, Ratte): 1020 mg/kg [428];

  Gefahren-Symbol:

- **physikalisch/chemisch:**
  Molmasse: 346,46 g/mol

Bemerkung:
Enthalten in Interox, EHPC-40-EAO (40 %ig);

N,N'-Diethyl-N,N'-di-(methylpropyl)-p-phenylendiamin

- **CAS-Nummer:**
  87-98-9
- **gebräuchliche Namen:**
  N,N'-Di-sec-butyl-N,N'-dimethylbenzen-1,4-diamin;
- **Handelsnamen:**
  Eastozone 32;

- **Summenformel:**
  $C_{16}H_{28}N_2$

- **Strukturformel:**

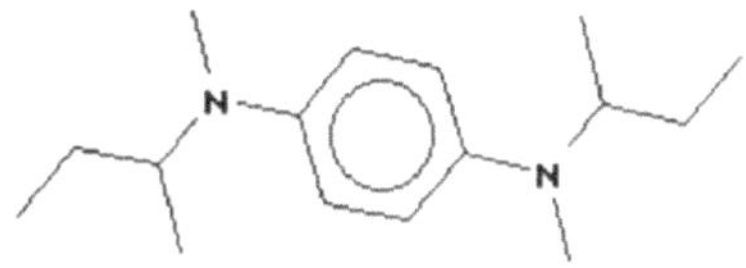

Funktion:
Ozonschutzmittel; Oxidationsschutzmittel;

Eigenschaften:
- **physikalisch/chemisch:**
  Molmasse: 248,41 g/mol

3,5-Diethyl-1-phenyl-2-propyl-1,2-dihydro-pyridin

- **CAS-Nummer:**
  34562-31-7
- **gebräuchliche Namen:**
  Kondensationsprodukt aus Butyraldehyd und Anilin; Butyraldehyd-Anilin-Kondensationsprodukt;
- **Handelsnamen:**
  Vanax 808; Vulkacit 576;
- **Summenformel:**
  $C_{18}H_{25}N$

- **Strukturformel:**

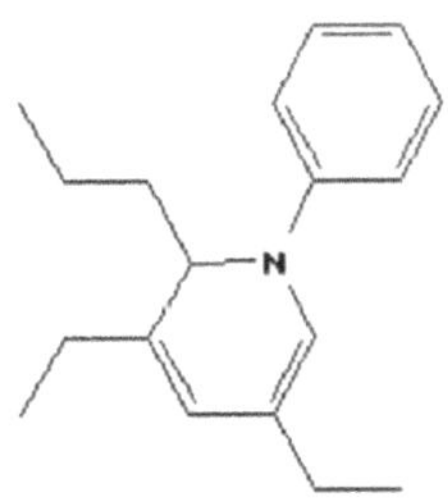

Funktion:
Vulkanisationsbeschleuniger, organisch;
Kautschukart:
Naturkautschuk; Styrol-Butadien-Kautschuk; Butadien-Kautschuk; Chloropren-Kautschuk;

Eigenschaften:
- **physikalisch/chemisch:**
  Dichte: 980 ± 20 mg/m3
  Molmasse: 255,40 g/mol

1,3-Diethyl-2-thioharnstoff

- **CAS-Nummer:**
  26914-14-7
- **gebräuchliche Namen:**
  1,3-Diethylthioharnstoff; Diethylthiourea;
- **Handelsnamen:**
  NCI-C03816; Rhenogran DETU-80; ASAF EK-1803; UREA;
- **Summenformel:**
  $C_5H_{12}N_2S$

Funktion:
Vulkanisationsbeschleuniger, organisch;

Eigenschaften:
- **toxikologisch/ökotoxikologisch:**
  RTECS # YS 9800000
  Sonstiges:
  erzeugt Allergien;

- **physikalisch/chemisch:**
  Schmelzpunkt: 68 - 71 °C
  Molmasse: 132,22 g/mol

  Löslichkeit:
  löslich in Wasser, Ethanol, Methanol, Propanon, Diethylether, Benzen, Essigester, Ethylacetat; unlöslich in Gasoline;

1,2-Dihydroacenaphthylen

- **CAS-Nummer:**
  83-32-9
- **gebräuchliche Namen:**
  Periethylennaphthalen; 1,8-Ethylennaphthalen; Acenaphthen;
- **Summenformel:**
  $C_{12}H_{10}$

- **Strukturformel:**

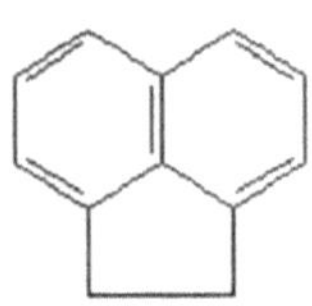

branchenspezifische Bemerkung zur Substanz:
Ist u.a. enthalten in aromatischen Weichmacherölen; bildet sich bei der Vulkanisation als Zersetzungsprodukt aus Kohlenwasserstoffen;

Eigenschaften:
- **toxikologisch/ökotoxikologisch:**
  RTECS # AB 1000000
  R-Satz: 26/27-36/37/38/39
  S-Satz: 22-28-36

Sonstiges:
Stäube reizen Augen, die oberen Atemwege und Haut; Kontakt des Stoffes mit den Augen und Haut führt zu Reizung; Leber- und Nierenschäden möglich; unzureichende Angaben in der Literatur [163]; LD 50 (intraperitoneal, Ratte): 600 mg/kg [428];

Gefahren-Symbol:

- **physikalisch/chemisch:**
  Schmelzpunkt: 95 °C; 93-95 °C
  Siedepunkt: 277,9 °C; 279 °C
  Flammpunkt: 125 °C
  Brechungsindex: 1,6048 (100 °C)
  Dichte: 1189 kg/m3 (20 °C); 1225 kg/m3 (0 °C)
  Molmasse: 154,211 g/mol

  Löslichkeit:
  Ethanol 40 g/l (20 °C); 405 g/l (70 °C); Trichlormethan 330 g/l (20 °C); Benzen 231 g/l (18 °C); Eisessig 31 g/l (18°C); unlöslich in Wasser;

Verbleib nach Gebrauch:
Verbrennung nach Mischung mit brennbarem Lösemittel;

Bemerkung:
Weiße Nadeln; brennbar;
Mit Tetranitromethan blutrote Färbung;
Stoff reagiert bei Kontakt oder Mischung mit starken Oxidationsmitteln;
Gehört zu der Gruppe der z.T. toxischen polyaromatischen Kohlenwasserstoffe (PAH);

6,15-Dihydro-5,9,14,18-antrazintetron

- **CAS-Nummer:**
  81-77-6
- **gebräuchliche Namen:**
  Anthraquinone Blue; Anthraquinone Deep Blue; C.I. 1106; C.I. 69800; Pigment Blue 60; Anthrachinon-Blau; Indanthron-Blau; Pigment Blau 60 (C.I. 69800); Indanthren; N,N'-Dihydro-1,2,1',2'-anthraquinonazin; N,N-Dihydro-1,1,1',2'-anthraquinone-azine; E 130; Indanthron-Pigment; Pigment Blue Anthraquinone; Pigment Blue Anthraquinone V; Pigment Deep Blue Anthraquinone;
- **Handelsnamen:**
  Cromophtal Blue A3R; Lufilen Blau 64-7005; Luprofil Blau 64-7005 C3; Monolite Blue 3RN; Paliogen Blau L 6385; Paliogen Blau L 6480; Oppasin Blau 6470; Sicolen Blau 64-7005; Vynamon Bleu 3R FW; Atic Vat Blue XRN; Benzadone Blue RS; Blue O; Calcoloid Blue RS; Caledon Blue RN; Caledon Blue XRN; Caledon Brilliant Blue RN; Caledon Paper Blue RN; Caledon Printing Blue RN; Caledon Printing Blue XRN; Carbanthrene Blue 2R; Carbanthrene Blue RS; Carbanthrene Blue RSP; Celliton Blue RN; Cibanone Blue FRS; Cibanone Blue FRSN; Cibanone Blue RS; Cibanone Brilliant Blue FR; C.I. Pigment Blue 60; C.I. Vat Blue 4; Cromophtal Blue A 3R; Fenan Blue RSN; Fenanthren Blue RS; Food Blue 4; Graphtol Blue RL; Helianthrene Blue RS; Heliogen Blue 6470; Indanthren Blue; Indanthren Blue GP; Indanthren Blue GPT; Indanthren Blue RPT; Indanthren Blue RS; Indanthren Blue RSN; Indanthren Blue RSP; Indanthren Brilliant Blue R; Indanthrene; Indanthrene Blue; Indanthrene Blue GP; Indanthrene Blue RP; Indanthrene Blue RS; Indanthrene Blue RSA; Indanthrene Blue RSN; Indanthren Printing Blue FRS; Indanthren Printing Blue KRS; Indanthrone; Lake Fast Blue BS; Lake Fast Blue GGS; Latexol Fast Blue SD; L-Blau 1; Lionogen Blue R; Lutetia Fast Blue RS; Medium Blue; Mikethrene Blue RSN; Mikethrene Brilliant Blue R; Monolite Fast Blue 3R; Monolite Fast Blue 3RD; Monolite Fast Blue RV; Monolite Fast Blue SRS; Navinon Blue RSN; Navinon Blue RSN Reddish Special; Nihonthrene Blue RSN; Nihonthrene Brilliant Blue RP; Ostanthren Blue RS; Ostanthren Blue RSN; Ostanthren Blue RSZ; Ostanthrene Blue RS; Palanthrene Blue GPT; Palanthrene Blue GPZ; Palanthrene Blue RPT; Palanthrene Blue RPZ; Palanthrene Blue RSN; Palanthrene Brilliant Blue R; Palanthrene Printing Blue KRS; Paradone Blue RS; Paradone Brilliant Blue R; Paradone Printing Blue FRS;

Pernithrene Blue RS; Pigment Anthraquinone Deep Blue; Pigment Blue 60; Polymon Blue 3R; Ponsol Blue GZ; Ponsol Blue RCL; Ponsol Blue RPC; Ponsol Brilliant Blue R; Ponsol RP; Romanthrene Blue FRS; Romantrene Blue FRS; Romantrene Blue GGSL; Romantrene Blue RSZ; Romantrene Brilliant Blue FR; Romantrene Brilliant Blue R; Sandothrene Blue NRSC; Sandothrene Blue NRSN; Sanyo Threne Blue IRN; Schultz No. 1228; Solanthrene Blue RS; Solanthrene Blue RSN; Solanthrene R for sugar; Symuler Fast Blue 6011; Tinon Blue RS; Tinon Blue RSN; Tyrian Blue I-RSN; Tyrian Brilliant Blue I-R; Vat Blue 4; Vat Blue O; Vat Blue OD; Vat Fast Blue R; Versal Blue GGSL; Vulcafix Fast Blue SD; Vulcafor Fast Blue 3R; Vulcanosine Fast Blue GG; Vulcol Fast Blue S; Vynamon Blue 3R;

- **Summenformel:**
  $C_{28}H_{14}N_2O_4$

- **Strukturformel:**

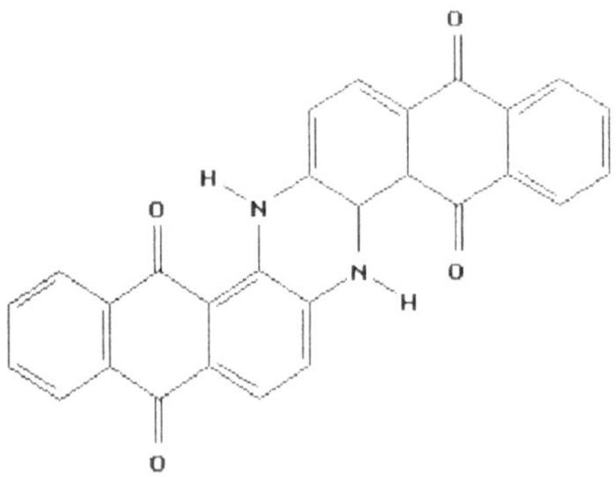

Funktion:
Pigment, organisch;

Eigenschaften:
- **toxikologisch/ökotoxikologisch:**
  RTECS # CB 8761100
  WGK: 1
  Sonstiges:
  Mutagenitätsprüfung bei Ratte: negativ;
  LD 50 (oral, Ratte): 2000 mg/kg [428];
  LD 50 (intratrachial, Ratte): 250 mg/kg [428];

  [Sdb BASF]:
  LD 50 (oral, Ratte): >5000 mg/kg
  EC/LC 10 (Bakterien): 250 mg/l/ 1/2 h
  EC/LC 50 (Fisch, Goldorfe): >500 mg/l/96 h

- **physikalisch/chemisch:**
  Schmelzpunkt: ca. 470 °C (Zers.)
  Molmasse: 442,44 g/mol

  Löslichkeit:
  unlöslich in Wasser, Ethanol; schwer löslich in Alkohol, Ether; Praktisch unlöslich in organischen Lösungsmitteln; löslich in Schwefelsäure;

Bemerkung:
Blaue, kupferglänzende Nadeln (aus Nitrobenzol oder Chinolin);
Gehört zu der Gruppe der polycyclischen Pigmente (heterocyclisches Anthrachinon-Pigment);
Gehört zu der Pigmentklasse von Indanthron;
Gebrauch: Wird für Banknoten verwendet; zum Färben von Stoffen;
Indanthrene Blue R ist extrem stabil gegenüber Licht und Hitze, aber empfindlich gegenüber Chlor;
Indanthrene Brilliant Blue FF ist weniger empfindlich gegenüber Chlor;

[Sdb BASF]:
Blaues, geruchloses Pulver; staubexplosionsfähig;

1,2-Dihydro-6-dodecyl-2,2,4-trimethylchinolin

- **CAS-Nummer:**
  89-28-1
- **gebräuchliche Namen:**
  6-Dodecyl-1,2-dihydro-2,2,4-trimethylchinolin; 6-Dodecyl-1,2-dihydro-2,2,4-trimethylquinolin;
- **Handelsnamen:**
  Santoflex DD;
- **Summenformel:**
  $C_{24}H_{39}N$
- **Strukturformel:**

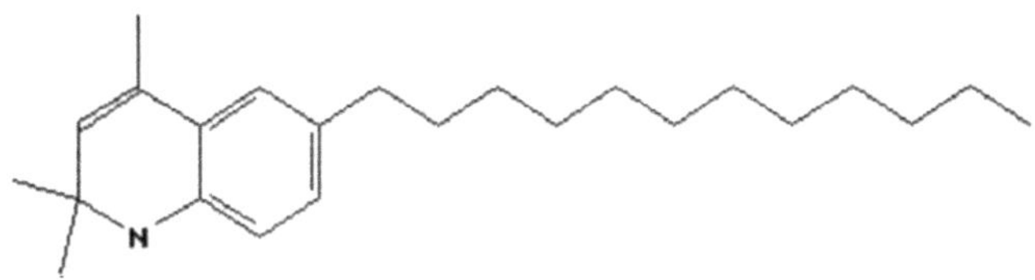

Funktion:
Oxidationsschutzmittel; Ermüdungsschutzmittel;
Anwendung:
Reifen, Schläuche; chirurgische und medizinische Artikel; Sportartikel; Spielsachen; technische Gummiartikel; Produkte für Industrie, inkl. Druckplattentücher; Klebstoffe; Dichtungen; Latex Tauchartikel; Latex Schaumartikel;

Eigenschaften:
- **toxikologisch/ökotoxikologisch:**
  RTECS # VB 797 0000
  Sonstiges:
  LD Lo (oral, Ratte): 40000 mg/kg [428];
  LD Lo (oral, Hase): 10000 mg/kg [428];
  LD Lo (dermal, Hase): >10000 mg/kg [428];

- **physikalisch/chemisch:**
  Molmasse: 341,64 g/mol

Bemerkung:
zu 25 % enthalten in Santoflex 75;

1,3-Dihydro-2H-benzimidazol-2-thion, Zinksalz

- **CAS-Nummer:**
  3030-80-6
- **gebräuchliche Namen:**
  Zink-bis-(2-benzimidazolthiolat); 2-Benzimidazolthiol-zinksalz; 2-Mercaptobenzimidazol-zinksalz; Zink-mercaptobenzimidazolat;
- **Handelsnamen:**
  Antioxidant ZMB;
- **Summenformel:**
  $C_{14}H_{10}N_4S_2Zn$

[Sdb BASF]:
Blaues, geruchloses Pulver; staubexplosionsfähig;

1,2-Dihydro-6-dodecyl-2,2,4-trimethylchinolin

- **CAS-Nummer:**
  89-28-1
- **gebräuchliche Namen:**
  6-Dodecyl-1,2-dihydro-2,2,4-trimethylchinolin; 6-Dodecyl-1,2-dihydro-2,2,4-trimethylquinolin;
- **Handelsnamen:**
  Santoflex DD;
- **Summenformel:**
  $C_{24}H_{39}N$

- **Strukturformel:**

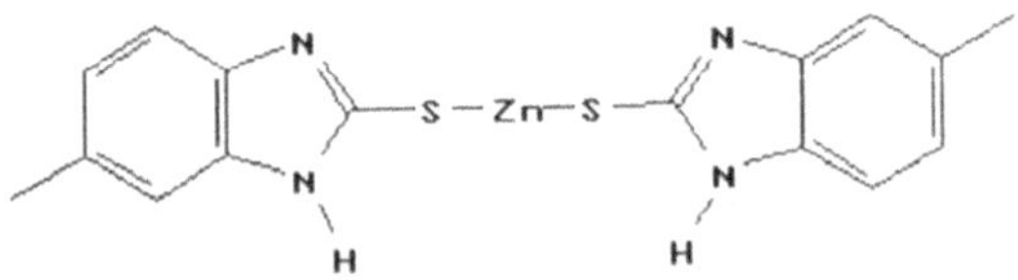

Funktion:
Oxidationsschutzmittel; Ermüdungsschutzmittel;
Anwendung:
Reifen, Schläuche; chirurgische und medizinische Artikel; Sportartikel; Spielsachen; technische Gummiartikel; Produkte für Industrie, inkl. Druckplattentücher; Klebstoffe; Dichtungen; Latex Tauchartikel; Latex Schaumartikel;

Eigenschaften:
- **toxikologisch/ökotoxikologisch:**
  RTECS # VB 797 0000
  Sonstiges:
  LD Lo (oral, Ratte): 40000 mg/kg [428];
  LD Lo (oral, Hase): 10000 mg/kg [428];
  LD Lo (dermal, Hase): >10000 mg/kg [428];

- **physikalisch/chemisch:**
  Molmasse: 341,64 g/mol

Bemerkung:
zu 25 % enthalten in Santoflex 75;

1,3-Dihydro-2H-benzimidazol-2-thion, Zinksalz

- **CAS-Nummer:**
  3030-80-6
- **gebräuchliche Namen:**
  Zink-bis-(2-benzimidazolthiolat); 2-Benzimidazolthiol-zinksalz; 2-Mercaptobenzimidazol-zinksalz; Zink-mercaptobenzimidazolat;
- **Handelsnamen:**
  Antioxidant ZMB;
- **Summenformel:**
  $C_{14}H_{10}N_4S_2Zn$

Eigenschaften:
- **toxikologisch/ökotoxikologisch:**
  RTECS # DE 1180000
  Sonstiges:
  LD 50 (oral, Ratte): 800 mg/kg [428];

- **physikalisch/chemisch:**
  Dichte: 1800 kg/m3; 1690 ± 30 kg/m3
  Molmasse: 391,85 g/mol

  Löslichkeit:
  löslich in Methanol, Ethanol; unlöslich in aliphatischen und aromatischen Lösemitteln, Wasser;

(2R-(2R*(4R*,8R*)))-3,4-Dihydro-2,5,7,8-tetramethyl-2-(4,8,12-trimethyltridecyl)-2H-1-benzopyran-6-ol

- **CAS-Nummer:**
  59-02-9
- **gebräuchliche Namen:**
  ATP; Vitamin E; Vitamin E alpha; 5,7,8-Trimethyl-tocol; (R,R,R)-alpha-Tocopherol; (2R,4'R,8'R)-alpha-Tocopherol; DL-alpha-Tocopherol; alpha-Tocopherol; 5,7,8-Trimethyltocol;
- **Handelsnamen:**
  Almefrol; Antisterility vitamin; Covi-Ox; Covitol F 1000; Denamone; Emipherol; Endo E; Eprolin; Epsilan; Esorb; Etamican; Etavit; Evion; Evitaminum; Ilitia; Phytogermine; Profecundin; Spavit E; Syntopherol; Rhenogran Ronotec-50; Tokopharm; Vascuals; Verrol; Vitaplex E; Vitayonon; Viteolin;
- **Summenformel:**
  $C_{29}H_{50}O_2$

- **Strukturformel:**

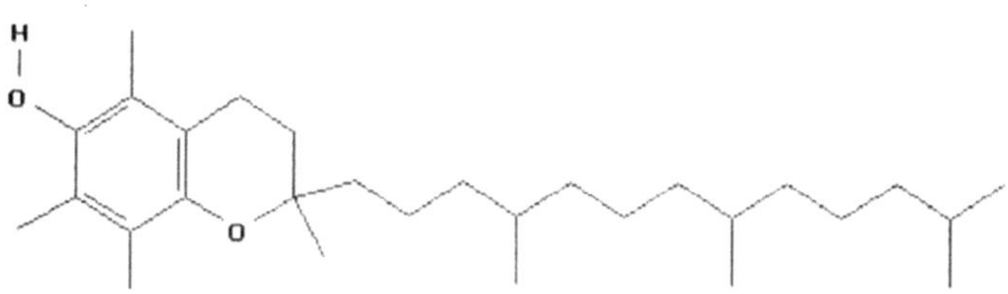

Funktion:
Nitrosamin-Inhibitor;
Verarbeitungshilfsmittel;

branchenspezifische Bemerkung zur Substanz:
Einsatzmenge: 6,9 t/a (TSE-Industrie, 1996)

Eigenschaften:
- **toxikologisch/ökotoxikologisch:**
  RTECS # DJ 2900000
  WGK: 1
  Sonstiges:
  TD Lo (oral, Ratte (trächtig)): 7500 mg/kg (1-20 D) [428];

- **physikalisch/chemisch:**
  Schmelzpunkt: 2-3 °C
  Siedepunkt: 350 °C (13,32 hPa) (Zers.)
  Brechungsindex: 1,5045 (25 °C)
  Dichte: 950 kg/m3
  Molmasse: 430,71 g/mol

Löslichkeit:
löslich in Propanon, Ethanol, Diethylether; unlöslich in Wasser;

Bemerkung:
Gelbes, viskoses Öl;

4,5-Dihydrothiazol-2-thiol

- **CAS-Nummer:**
  96-53-7
- **gebräuchliche Namen:**
  2-Thiazolidinthion; 2-Thiazolin-2-thiol; 2-Mercaptothiazolin;
- **Handelsnamen:**
  Metabasal; Thyroidan;
- **Summenformel:**
  $C_3H_5NS_2$
- **Strukturformel:**

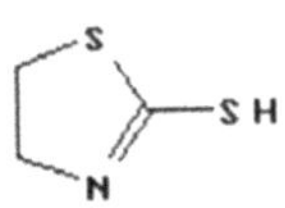

Funktion:
sonstige Chemikalien;

Eigenschaften:
- **toxikologisch/ökotoxikologisch:**
  RTECS # XJ 6122000
  R-Satz: 23/24/25
  S-Satz: 28-27-45-36/37/39
  Sonstiges:
  LD Lo (intraperitoneal, Ratte): 500 mg/kg [428];
  LD Lo (oral, Maus): 710 mg/kg [428];
  LD 50 (oral, Ratte): 300 mg/kg [187];
  LD 50 (intraperitoneal, Maus): 200 mg/kg [428];

- **physikalisch/chemisch:**
  Schmelzpunkt: 105-107 °C
  Molmasse: 119,21 g/mol

Verbleib nach Gebrauch:
Verbrennung nach Mischung mit brennbarem Lösemittel;

Bemerkung:
Weißes kristallines Pulver

1,2-Dihydro-2,2,4-trimethyl-chinolin

- **CAS-Nummer:**
  147-47-7
- **gebräuchliche Namen:**
  Aceton anil; 2,2,4-Trimethyl-1,2-dihydro-chinolin; 1,2-Dihydro-2,2,4-trimethylquinolin; monomeres TMQ; 2,2,4-Trimethyl-1,2-dihydro-quinolin;
- **Summenformel:**
  $C_{12}H_{15}N$

- **Strukturformel:**

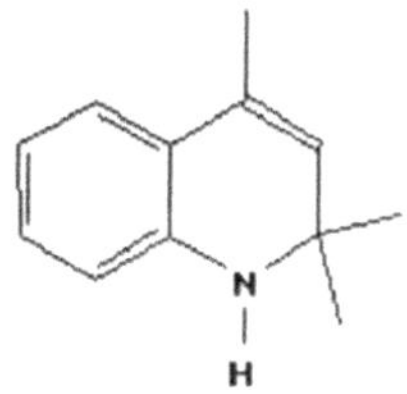

Funktion:

(1) Oxidationsschutzmittel; Ozonschutzmittel; Hitzeschutzmittel;

Anwendung:

(1) Reifen, Schläuche; chirurgische und medizinische Artikel; Sportartikel; Spielsachen; technische Gummiartikel; Produkte für Industrie, inkl. Druckplattentücher; Klebstoffe; Dichtungen; Latex Tauchartikel; Latex Schaumartikel;

branchenspezifische Bemerkung zur Substanz:

(2) Zersetzungsprodukt von 1,2-Dihydro-2,2,4-trimethylchinolin-Harz (CAS-Nr. 26780-96-1);

Eigenschaften:

- **toxikologisch/ökotoxikologisch:**

RTECS # VB 4900000
Sonstiges:
tumorauslösend [428];
LD 50 (oral, Maus): 1450 mg/kg [428];
LD 50 (oral, Ratte): 2000 mg/kg [428];
LD 50 (oral, Kaninchen): 2000 mg/kg [428];

- **physikalisch/chemisch:**

Schmelzpunkt: 355 °C
Siedepunkt: 132 °C (17,33 hPa)
Dichte: 1080 kg/mg (25 °C)
Molmasse: 173,25 g/mol

1,2-Dihydro-2,2,4-trimethylchinolin-Harz

- **CAS-Nummer:**

26780-96-1

- **gebräuchliche Namen:**

TMQ; Trimethyldihydrochinolin-Polymer; Poly(2,2,4-trimethyl-1,2-dihydrochinolin); Trimethyldihydrochinolin Polymer; 2,2,4-Trimethyl-1,2-dihydrochinolin Polymer; Polymerisiertes 1,2-Dihydro-2,2,4-trimethylquinolin;

- **Handelsnamen:**

Acetonanil; Agerite MA; Agerite Resin D; Agerite MA; Antigen RDF; Antioxidant HS; Antioxidant HSL; Agerite Resin D; Agerite Resin MA; Akrochem Antioxidant DQ; Flectol H, Polymer; Flakes; Naugard Q; Pennox HR; Alterungsschutzmittel HS; Flectol B; Flectol H; Matoflex- TMQ; Naugard Q; Nocrac 224; Nonflex RD; Pennox HR in Perflectol; Permanax TQ; Permanax 45; Polnoks R; Resin D; Ralox TMQ-G; Ralox TMQ-H; Ralox TMQ-T; Santoflex R; Vulkanox HS; Quinoline, Vulkanox HS/LG; 1,2-Dihydr-2,2,4-trimethyl, Homopolymer;

- **Summenformel:**

$(C_{12}H_{15}N)_n$

- **Strukturformel:**

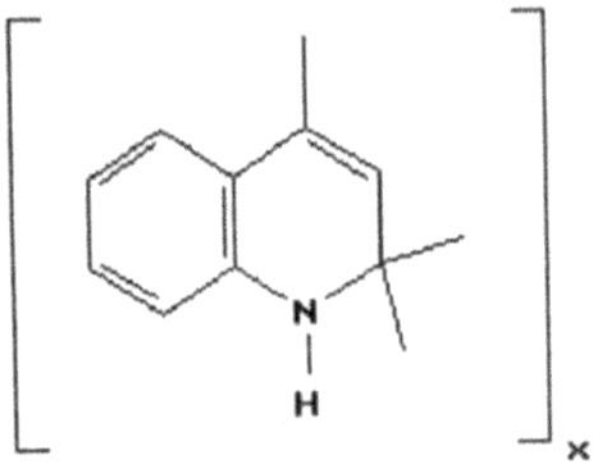

Funktion:
Ozonschutzmittel; Oxidationsschutzmittel; Alterungsschutzmittel; Hitzeschutzmittel;
Kautschukart:
Naturkautschuk; Isopren-Kautschuk, synthetisch; Styrol-Butadien-Kautschuk; Acrylat-Butadien-Kautschuk; Acrylnitril-Butadien-Kautschuk; synthetischer Kautschuk;
Anwendung:
Reifen, Schläuche; chirurgische und medizinische Artikel; Sportartikel; Spielsachen; technische Gummiartikel; Karkassen; Sohlen; Kabelummantelung; Keilriemen; Förderbände; Kupplungen; Faltenbälge; Profildichtungen; Schwingelemente; Produkte für Industrie, inkl. Druckplattentücher; Klebstoffe; Dichtungen; Latex Tauchartikel; Latex Schaumartikel;

branchenspezifische Bemerkung zur Substanz:
Einsatzmenge: 1.380 t/a (Reifenindustrie: 970 t/a, TSE-Industrie: 410 t/a) (1996)

Eigenschaften:
- **toxikologisch/ökotoxikologisch:**
RTECS # TQ 2625000
WGK: 2
Sonstiges:
TDLo (oral, Ratte): 548 mg/kg/2 Jahre

zu Matoflex- TMQ [Sdb Krahn]:
LD 50 (oral, Ratte): > 2000 mg/kg; WGK: 1;

zu Naugard Q [Sdb Lehmann & Voss]:
WGK: 2;
LD/LC 50 (oral, Ratte): 3190 mg/kg;

zu Ralox TMQ-R, TMQ-G, TMQ-T, TMQ-H [Sdb Raschig]:
LD 50 (oral, Ratte): 3200-7900 mg/kg;

- **physikalisch/chemisch:**
Dichte: 1080 kg/m3 (20 °C); 1060 ± 30 kg/m3

Löslichkeit:
unlöslich in Wasser; löslich in Methylbenzen, Trichlormethan, Schwefelkohlenstoff, Benzin; sehr gut löslich in Propanon, Benzen, Trichlormethan, Schwefelkohlenstoff; schwach löslich in Kohlenwasserstoffen [Sdb Lehmann & Voss];

Bemerkung zu physikalisch/chemischen Daten:
zu Naugard Q [Sdb Lehmann & Voss]:
Smp: 75-90 °C; Flp: 221 °C; Dichte: 1060 kg/m3 (20 °C);

Verbleib nach Gebrauch:
Verbrennung nach Mischung mit brennbarem Lösemittel; .

Bemerkung:
Bestandteil in Perflectol;

zu Matoflex-TMQ [Sdb Krahn]:

gelbes Pulver oder Pastillen; charakteristischer Geruch; Schmelzpunkt: >80 °C; Flammpunkt: 265 °C; Zündtemperatur: 305 °C; Dampfdruck: 5 hPa (220 °C); Dichte: 1060 kg /m3 (25 °C); unlöslich in Wasser; Produkt reagiert mit starken Oxidationsmitteln; Gefärliche Zersetzungsprodukte: Kohlenmonoxid, Stickoxide;

zu Ralox TMQ-R, TMQ-G, TMQ-T, TMQ-H [Sdb Raschig]:
bernsteinfarbener Feststoff; wahrnehmbarer Geruch; Schmelzpunkt: 71-81 °C; Dichte: 1080 kg /m3 (20 °C); unlöslich in Wasser, zu 3000 g/l löslich in Propanon; Produkt reagiert mit starken Oxidationsmitteln; Gefärliche Zersetzungsprodukte: Kohlenmonoxid, Stickoxide; Bei Brand können toxische Pyrolyseprodukte entstehen;

zu Naugard Q [Sdb Lehmann & Voss]:
Das Produkt ist nicht entzündlich, jedoch kann es entzündliche Staub-und Luftgemische bilden.;

2,2'-Dihydroxyazobenzen

- **CAS-Nummer:**
  2050-14-8
- **gebräuchliche Namen:**
  2,2'-Dihydroxyazobenzol; 2,2'-Azodiphenol; 2,2'-Azobisphenol;
- **Summenformel:**
  $C_{12}H_{10}N_2O_2$
- **Strukturformel:**

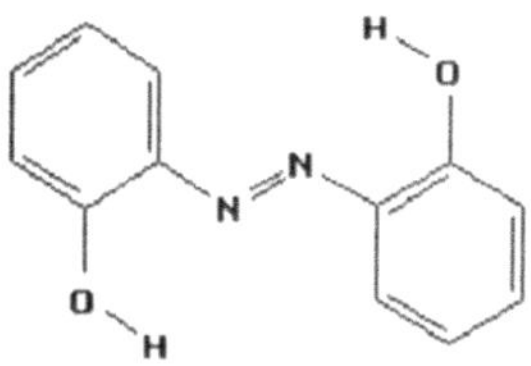

Funktion:
Schutzmittel gegen Metallvergiftung;

Eigenschaften:
- **toxikologisch/ökotoxikologisch:**
  R-Satz: 20/21/22-36/37/38
  S-Satz: 26-37/39

- **physikalisch/chemisch:**
  Schmelzpunkt: 173-175 °C
  Molmasse: 214,22 g/mol

Verbleib nach Gebrauch:
Verbrennung nach Mischung mit brennbarem Lösemittel;

1,3-Dihydroxybenzen

- **CAS-Nummer:**
  108-46-3
- **UN Nummer:**
  2876
- **gebräuchliche Namen:**
  1,3-Dihydroxybenzol; meta-Dioxybenzol; 3-Hydroxyphenol; 1,3-Benzoldiol; meta-Dihydroxybenzol; m-Dihydroxybenzol; Resorcin; Resorcinol; Resorcinum; m-Hydroxyphenol; m-Hydroquinon;
- **Handelsnamen:**

C.I. 76505; C.I. Oxidations Base 4 Fourrine; Developer C; Developer R; Developer RS; Fouramine RS; NCI-C05970; Nako TGG; Pelogal Grau R; Pelagol RS; Remazol; Reso; Sulfosacure; Vieramin RS; Vierrin 79; Vierrin EW;

- **Summenformel:**

$C_6H_6O_2$

- **Strukturformel:**

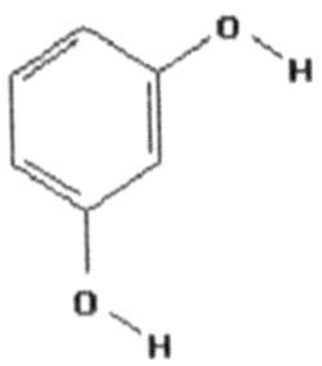

Funktion:

(1) Treibmittel, organisch;
(2) Haftmittel;
(3) Oxidationsschutzmittel;
(4) Härter;

Kautschukart:

(1) Chloropren-Kautschuk;

Anwendung:

(1) Reifen, Schläuche; chirurgische und medizinische Artikel; Sportartikel; Spielsachen; technische Gummiartikel; Produkte für Industrie, inkl. Druckplattentücher; Klebstoffe; Dichtungen; Latex Tauchartikel; Latex Schaumartikel;

branchenspezifische Bemerkung zur Substanz:

Einsatzmenge: 850 t/a (Reifenindustrie: 570 t/a, TSE-Industrie: 280 t/a) (1996)

Eigenschaften:

- **toxikologisch/ökotoxikologisch:**

RTECS # VG 9625000
Schweizer Giftliste: 3
R-Satz: 22-36/38-50
S-Satz: (2)-26-61
Sonstiges:
Einstufung und Kennzeichnung von Zubereitungen, in denen diese Substanz enthalten ist:
20%<=C ⇒ Xn; R22-36/38
10%<=C<20% ⇒ Xn; R22

Zu diesem Stoff liegt ein BUA-Stoffbericht Nr. 99 vor.
Staub und Dämpfe führen zu schwacher Reizung der Augen, Atemwege und Haut; Kontakt mit dem festen Stoff oder wäßigen Lösungen bewirkt Reizung der Augen und Haut; Substanz kann auch über die Haut aufgenommen werden (Hautresorption!); verändert den Blutfarbstoff (Methämoglobinbildung), führt zur Zerstörung der roten Blutkörperchen (Hämolyse); ruft Leber-, Nieren - und Herzschädigungen hervor [163];
Die toxische Symptomatik ähnelt strukturbedingt einer Phenolvergiftung; bislang wurde keine kanzerogene Wirkung beobachtet; Resorcin wirkt sensibilisierend; keine Mutagenität in bakteriellen Testsystemen; in Säugerzellkulturen induziert es in vitro Gen- und Chromosomenmutationen [583];
LD Lo (oral, Mensch): 29 mg/kg [187];
LD 50 (oral, Ratte): 301 mg/kg [187];
LD 50 (subcutan, Ratte): 450 mg/kg [583];
LC Lo (inhalativ, Ratte): 160 mg/kg [428];
LD 50 (oral, Maus): 200 mg/kg [428];
LD 50 (intraperitoneal, Maus): 215 mg/kg [428];
LD 50 (subcutan, Maus): 213 mg/kg [583];
LD Lo (intravenös, Hund): 700 mg/kg [428];
LD Lo (parental Frosch): 270 mg/kg [428];
LD 50 (Haut, Kaninchen): 3360 mg/kg [187];

LC 50 (Fisch, Pimephales promelas): 53,4 mg/l/96 h [306];

Gefahren-Symbol:

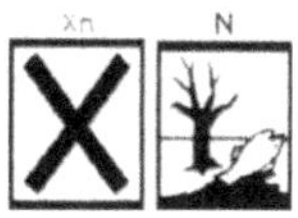

- **physikalisch/chemisch:**
  Schmelzpunkt: 109-111 °C
  Siedepunkt: 280 °C
  Flammpunkt: 171 °C
  Dampfdruck: 1,3 hPa (21,1 °C) [187]
  Log pOW: 0,77, 0,78, 0,80 [4]
  Dichte: 1272 kg/m3 (20 °C)
  Molmasse: 110,112 g/mol
  Löslichkeit:
  Wasser 1470 g/l (12 °C), 2290 g/l (30 °C), 5000 g/l (80 °C); leicht löslich in Diethylether, Benzen; wenig löslich in Trichlormethan, Tetrachlormethan;

Verbleib nach Gebrauch:
Verbrennung nach Mischung mit brennbarem Lösemittel;

Bemerkung:
Weiße Kristalle, die sich bei Luft- und Lichteinwirkung rosa verfärben, sofern es sich nicht um ein chemisch reines Produkt handelt; unangenehmer, süßlicher Geschmack;
Bildet im dampf-/gasförmigen Zustand mit Luft explosionsfähige Gemisch;
Explosionsgrenzen: 1,4-? Vol.-%; Zündtemperatur: 585 °C [484], 605-608 °C [583];
Mit Einschränkung erlaubt in kosmetischen Mitteln;
Zwischenprodukt bei der Herstellung von Stabilisatoren für Kunststoffe [583];
Bei Kontakt oder Mischung der Substanz mit oxidierenden Stoffen (Nitroverbindungen), Aminoverbindungen und Ammoniak können heftige Reaktionen eintreten;
Verwendung: bei der Herstellung von Harzen, ⇒ p-Aminosalicylsäure,
Sprengstoffen, Farben; in Kosmetika; beim Färben und Bedrucken von Textilien;
zu 20 Gew.-% enthalten in Schenectady SRF 1500;

1,4-Dihydroxybenzen

- **CAS Nummer:**
  123-31-9
- **UN Nummer:**
  2662
- **gebräuchliche Namen:**
  1,4-Dihydroxybenzol; p-Dihydroxybenzol; Hydrochinon; p-Dioxybenzen; HQ; 1,4-Benzoldiol; Chinol; Paradiphenol; 1,4-Benzoldiol; 1,4-Dioxybenzol; Paradiphenol; Benzohydrochinon; Benzol-1,4-diol;
- **Handelsnamen:**
  H 142; Quinol; Hydroquinol; Eldoquin; Eldopaque; Tecquinol; Arcturin; Diak 5; HES; Phiaquin; Tenox HQ;
- **Summenformel:**
  $C_6H_6O_2$

- **Strukturformel:**

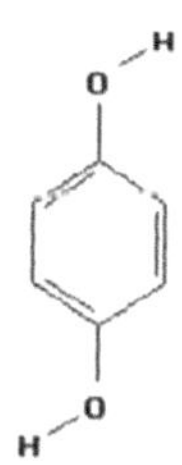

Funktion:
Oxidationsschutzmittel;
Nitrosamin-Inhibitor;

Eigenschaften:
- toxikologisch/ökotoxikologisch:
RTECS # MX 3500000
Schweizer Giftliste: 3
WGK: 2
MAK Wert: 2 mg/m3
R-Satz: 20/22
S-Satz: (2)-24/25-39
Sonstiges:
Spitzenbegrenzung: I [481]; Schwangerschaftsgruppe D [481]; Krebserzeugend Gruppe III A 2 [481]; Erbgutverändernd Gruppe 3 [481];
Staub und Dämpfe verursachen starke Reizung und Verätzung der Augen, Atemwege, Lunge und Haut; Lungenödem (auch mit Verzögerung) möglich; Kontakt mit dem festen Stoff führt zu sehr starker Reizung und Verätzung der Augen (Hornhautschäden!) und der Haut; Substanz verändert den Blutfarbstoff (Methämoglobinbildung) [163];
Tödliche Dosis für Menschen: etwa 50-500 mg/kg [31];
Krebserzeugend im Tierversuch (Mäuse) [355];
LD Lo (oral, Mensch): 29 mg/kg [187], [428];
TD Lo (oral, Mensch): 170 mg/kg [428];
LD 50 (oral, Ratte): 320 mg/kg [428], (2 % ige wässr. Lsg.) [197];
LD 50 (intraperitoneal, Ratte): 170 mg/kg [428];
LD 50 (intravenös, Ratte): 115 mg/kg [428], (2 % ige wässr. Lsg.) [197];
LD Lo (subcutan, Ratte): 300 mg/kg [428];
LD 50 (oral, Meerschweinchen): 550 mg/kg (2 % ige wässr. Lsg.) [197];
LD 50 (oral, Maus): 245 mg/kg [428];
LD 50 (intraperitoneal, Maus): 100 mg/kg [428];
LD 50 (subcutan, Maus): 182 mg/kg [428];
LD 50 (oral, Hund): 200 mg/kg [428];
LD Lo (subcutan, Hund): 100 mg/kg [428];
LD Lo (intravenös, Hund): 80 mg/kg [428];
LD 50 (oral, Katze): 70 mg/kg [428];
LD Lo (subcutan, Katze): 50 mg/kg [428];
LD 50 (oral, Kaninchen): 200 mg/kg [428];
LD 50 (intraperitoneal, Kaninchen): 125 mg/kg [428];
LD Lo (intravenös, Kaninchen): 100 mg/kg [428];
LD 50 (oral, Meerschweinchen): 550 mg/kg [428];
LD Lo (intraperitoneal, Meerschweinchen): 200 mg/kg [428];
LD Lo (subcutan, Meerschweinchen): 300 mg/kg [428];
LD 50 (oral, Taube): 300 mg/kg [428];
LD Lo (subcutan, Frosch): 190 mg/kg [428];
LD Lo (parenteral, Frosch): 190 mg/kg [428];
LD 50 (oral, Säugetier): 480 mg/kg [428];
LD 50 (Haut, Säugetier): 5970 mg/kg [428];

LC 50 (Daphnia magna, 96 h): 0,09 mg/l [6], 0,05 mg/l [3];
LC 50 (Fisch; Zebrabärbling): 0,17 mg/l [181];
LC 50 (Fisch; Goldorfe): 0,15 - 0,16 mg/l [33];
LC 50 (Fisch; Pimephales promelas): 0,1 - 0,18 mg/l [3];
Toxische Grenzkonzentration für Pseudomonas putida 58 mg/l , Scenedesmus quadricauda 0,93 mg/l [36];
Biologischer Einfluß:
nicht adapt. System: kein Effekt bei 10 mg/l, hemmend bei 100 ml/l, adapt. System: 100 mg/l: 100 mg/l biologisch abbaubar [3];
BSB(5): 0,62 g/g [3]; CSB: 1866 mg/g [13];

Gefahren-Symbol:

Xn

- **physikalisch/chemisch:**
  Schmelzpunkt: 170,3 °C; 172-175 °C
  Siedepunkt: 285 °C (973,01 hPa)
  Flammpunkt: 165 °C
  Dampfdruck: 1,3 hPa (130 °C) [163]
  Verdampfungswärme: 900,16 kJ/kg
  Log pOW: 0,50; 0,59 [4]
  Brechungsindex: 1,5204 (197-198 °C)
  Dichte: 1358 kg/m3 (20 °C)
  Molmasse: 110,112 g/mol

  Löslichkeit:
  Wasser 72 g/l (20 °C), 61,6 g/l (15 °C); Benzen (Benzol) 0,2 g/l (20 °C); leicht löslich in Ethanol, Diethylether; Aceton;

  Bemerkung zu physikalisch/chemischen Daten:
  Zündtemperatur: 515 °C [484];

Verbleib nach Gebrauch:
Verbrennung nach Mischung mit brennbarem Lösemittel;
Umweltbelastung durch fotografische Prozesse (BRD, 1986): 384 t/a [156];

Bemerkung:
Hexagonale Kristalle, süßlicher Geschmack [428];
farblose bis weiße Prismen oder nadelförmige Kristalle; fast geruchlos;
Mit Einschränkungen erlaubt in kosmetischen Mitteln;
Bei Kontakt oder Mischung mit sauerstoffreichem Material (starken Oxidationsmitteln) kann heftige Reaktion eintreten; bei Kontakt mit Natriumhydroxid erfolgt sehr heftige Reaktion;
Verwendung: in der Fotoindustrie als Entwicklersubstanz, meist in Kombination mit anderen Verbindungen (4-Methylaminophenolsulfat, Phenidon); in der Druckindustrie als Antioxidationsmittel, Stabilisator, Entwickler;

2,4-Dihydroxybenzophenon

- **CAS-Nummer:**
  131-56-6
- **gebräuchliche Namen:**
  4-Benzoylresorcin; (2,4-Dihydroxyphenyl)-phenylmethanon; Resbenzophenon; 4-Benzoylresorcinol; DHBP;
- **Handelsnamen:**
  Syntase 100; Uvinul 400; USAF ND-54; USAF DO-28; UF1; Syntase 100; Quinsorb 010; UV-Absorber DHB;
- **Summenformel:**
  $C_{13}H_{10}O_3$

- **Strukturformel:**

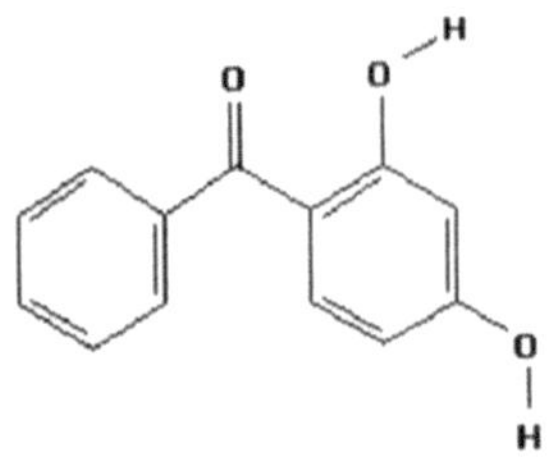

Funktion:

Lichtschutzmittel; Oxidationsschutzmittel;

Eigenschaften:

- **toxikologisch/ökotoxikologisch:**

RTECS # DJ 0700000
WGK: 2
R-Satz: 36/37/38
S-Satz: 26-36
Sonstiges:
Kann schädigend wirken beim Einatmen, Verschlucken oder Aufnahme über Haut; verursacht Augen- und Hautreizungen; reizt Schleimhäute und Atemwege [187];
LD 50 (oral, Ratte): 7220 mg/kg [187]; 8600 mg/kg [428];
LD 50 (intraperitoneal, Maus): 100 mg/kg [428];
LD 50 (intravenös, Maus): 85 mg/kg [428];

Gefahren-Symbol:

- **physikalisch/chemisch:**

Schmelzpunkt: 144,5-147 °C
Siedepunkt: 194 °C (1,33 hPa)
Dichte: 820 kg/m3
Molmasse: 214,22 g/mol
Löslichkeit:
unlöslich in Wasser; leicht löslich in Diethylether, Essigsäure; löslich in Ethanol; wenig löslich in kaltem Benzen;

Verbleib nach Gebrauch:

Verbrennung nach Mischung mit brennbarem Lösemittel;

Bemerkung:

Hell-gelbes Pulver; Nadeln (nach Umkristallisation aus Wasser);
Verwendung: in der Druckindustrie als UV-Absorber;
Enthalten in Sanduvor 3041 Dispersion Hue;

2,2-Dihydroxy-4,4'-dimethoxybenzophenon

- **CAS-Nummer:**

131-54-4

- **gebräuchliche Namen:**

Benzophenon-6; Bis-(2-hydroxy-4-methoxyphenyl)methanon;

- **Handelsnamen:**

Uvinul D 49; Cyasorb UV 12;

- **Summenformel:**
  $C_{15}H_{14}O_5$

- **Strukturformel:**

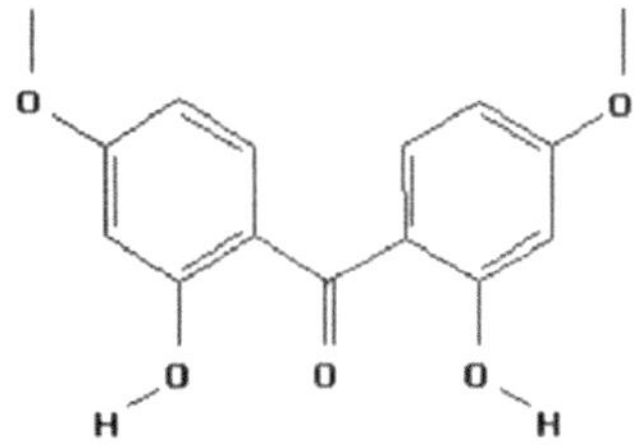

Funktion:
Lichtschutzmittel;

Eigenschaften:
- **toxikologisch/ökotoxikologisch:**
  RTECS # DJ 0900000
  R-Satz: 36/37/38
  S-Satz: 26-37/39

- **physikalisch/chemisch:**
  Schmelzpunkt: 139,5 °C;139-140 °C; 136-137 °C
  Molmasse: 274,26 g/mol

Verbleib nach Gebrauch:
Verbrennung nach Mischung mit brennbarem Lösemittel;

Bemerkung:
gelbes,kristallines Pulver;

2,2-Di-hydroxymethyl-propan-1,3-diol

- **CAS-Nummer:**
  115-77-5
- **gebräuchliche Namen:**
  2,2-Bis-(hydroxymethyl)-1,3-propandiol; Pentaerythrit; Pentaerythritol; Tetrakis-(hydroxymethyl)-methan; Tetramethylolmethan;
- **Handelsnamen:**
  Hercules P 6; Marinutril;
- **Summenformel:**
  $C_5H_{12}O_4$

- **Strukturformel:**

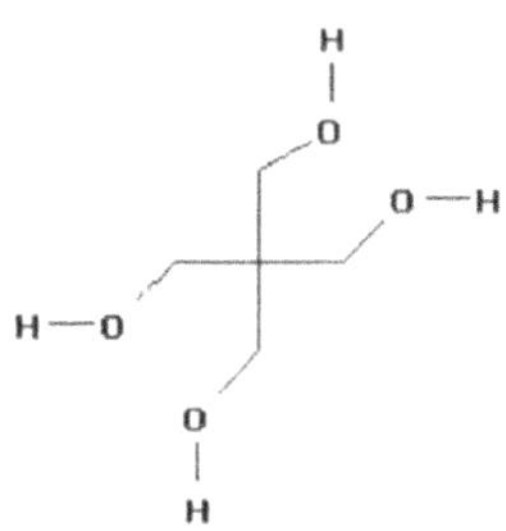

Funktion:
Zusatz für schwefelfreie Vernetzungsmittel;
Kautschukart:
Chlorsulfonylethylen-Kautschuk;
Anwendung:
Kabelummantelung;

branchenspezifische Bemerkung zur Substanz:
Einsatzmenge: 6,4 t/a (Reifenindustrie: 3,6 t/a, TSE-Industrie: 2,8 t/a) (1996)

Eigenschaften:
- toxikologisch/ökotoxikologisch:
RTECS # RZ 2490000
Schweizer Giftliste: 5
WGK: 1
Sonstiges:
Wenig giftiger Stoff [484];
Kann schädigend wirken bei Einatmung, Verschlucken oder Aufnahme über Haut; kann Augen- und Hautreizungen verursachen [187];
LD 50 (oral, Maus): 25500 mg/kg [187];
LD 50 (oral, Ratte): 19500 mg/kg [428];
LD 50 (oral, Kaninchen): 18500 mg/kg [428];
LD 50 (oral, Meerschweinchen): 11300 mg/kg [428];

EC 0 (Daphnia magna): 24840 mg/l [484];
EC 50 (Daphnia magna): 38900 mg/l [484];
EC 100 (Daphnia magna): > 44000 mg/l [484];

- physikalisch/chemisch:
Schmelzpunkt: 260,5 °C
Flammpunkt: 240 °C
Dampfdruck: < 1,3 hPa (20 °C) [187]; 0,00013 hPa (100,1 °C) [484];
Dichte: 1399 kg/m3 (25 °C)
Molmasse: 136,147 g/mol

Löslichkeit:
Wasser 55,5 g/l (15 °C), 70 g/l (20 °C); unlöslich in Diethylether, Benzen, Ether;

Bemerkung zu physikalisch/chemischen Daten:
Zündtemperatur: 390 °C;

Verbleib nach Gebrauch:
Verbrennung nach Mischung mit brennbarem Lösemittel;

Bemerkung:
Weißes kristallines Pulver; brennbar; geruchlos;
Stoff reagiert bei Kontakt oder Mischung mit starken Oxidatiosmitteln, starken Säuren, Säurechloriden und Säureanhydriden;
Verwendung: als Weichmacher; zur Herstellung von Sprengstoffen;

Diisobutyl-dithiocarbaminsäure, Nickelsalz

- CAS-Nummer:
15317-78-9
- gebräuchliche Namen:
Bis-(diisobutyldithiocarbamato)-nickel; Bis-[bis(2-methylpropyl)-carbamodithioato-S,S']-nickel;
- Handelsnamen:
Isobutyl Niclate;
- Summenformel:
$C_{18}H_{36}N_2NiS_4$

- **Strukturformel:**

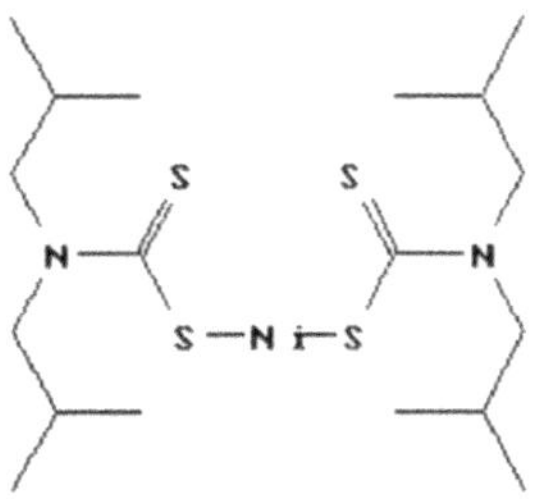

Funktion:
Vulkanisationsbeschleuniger, organisch;
Oxidationsschutzmittel;

Eigenschaften:

- **physikalisch/chemisch:**
Schmelzpunkt: 173-181 °C
Dichte: 1270 ± 30 kg/m3
Molmasse: 467,43 g/mol

Löslichkeit:
unlöslich in Wasser, Methanol, Benzin; löslich in Propanon, Trichlormethan, Methylbenzen;

2,4-Diisocyanat-1-methylbenzen

- **CAS-Nummer:**
584-84-9
- **UN Nummer:**
2078*
- **gebräuchliche Namen:**
TDI; 2,4-Toluylendiisocyanat; 2,4-Diisocyanat-1-methylbenzol; 2,4-Diisocyanato-1-methylbenzen; 2,4-Diisocyanattoluen; 2,4-Toluoldiisocyanat; Toluylen-2,4-diisocyanat; 2,4-Diisocyanattoluol; Toluol-2,4-diisocyanat; 2,4-Toluendiisocyanat; 4-Methyl-3-phenylendiisocyanat; m-Tolylendiisocyanat; Toluylendiisocyanat;
- **Handelsnamen:**
Desmodur T 65; Desmodur T 80; Hylene TCPA; Hylene TM; Hylene TM-65; HyleneTRF; Lupranat T 80; Mondur TD; Mondur TD-80; Mondur TDS; Nacconate IOO; NCI-C50533; Niax TDI; Niax TDI-P; Rubinate TDI 80/20; 2,4-TDI; TDI-80; Voranate T-80 Type I; Voranate T-80 Typ II;
- **Summenformel:**
$C_9H_6N_2O_2$

- **Strukturformel:**

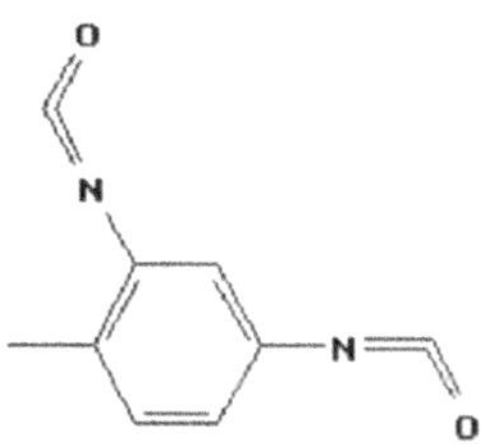

Funktion:
Vernetzungsmittel, schwefelfrei;
Kautschukart:
Polyester;

Eigenschaften:
- **toxikologisch/ökotoxikologisch:**
  RTECS # CZ 6300000
  WGK: 2
  MAK Wert: 0,01 ml/m3 bzw. 0,07 mg/m3
  R-Satz: 23-36/37/38-42
  S-Satz: (1/2)-23-26-28-38-45
  Sonstiges:
  Einstufung und Kennzeichnung von Zubereitungen, in denen diese Substanz enthalten ist:
  20%< =C ⇒ T; R23-36/37/38-42
  2%< =C<20% ⇒ T; R23-42
  0.5%< =C<2% ⇒ Xn; R20-42

Spitzenbegrenzung: I [481]; Gefahr der Sensibilisierung [481];
Dämpfe reizen Augen und Atemwege außerordentlich stark; nach anhaltender Einatmung hochkonzentrierter Dämpfe im Zusammmenhang mit Erhitzung der Flüssigkeit oder wenn bei Brand giftige Rauchgase entstehen, Lungenödem möglich, das mit Verzögerung auftreten kann; Einwirkung der Flüssigkeit auf die Augen verursacht starke Reizungen; Reizzustände der Haut bei wiederholter und langanhaltender Einwirkung [163];
Symptome: Tränenfluß, Nasenbrennen, Wundgefühl im Rachen, trockener Husten, asthmaähnliche Atemnotzustände.
Kurzeinwirkung: 0,05 bis 1 ml/m3 bei 10-30 minütiger Einwirkung führen zu Reizzuständen an den Augen und den Atemwegen. [484];
Geruchsschwelle: 0,05 ml/m3 [29];
LD 50 (oral, Ratte): 5800 mg/kg [187];
LC 50 (inhalativ, Ratte): 14 ml/m3/4 h [187];
TC Lo (inhalativ, Mensch): 20 µl/m3/2 Jahre [187];
TC Lo (inhalativ, Mensch): 300 ppt/8 h/5 Tage [428];
TC Lo (inhalativ, Mensch): 500 ppb/2 Jahre [428];
TC Lo (inhalativ, Mensch): 80 ppb [428];
LC 50 (inhalativ, Meerschweinchen): 13 ml/m3/4 h [187];
LC 50 (inhalativ, Maus): 10 ppm/4 h [428];
LD 50 (intravenös, Maus): 56 mg/kg [428];
LC 50 (inhalativ, Maus): 10 ml/m3/4 h [187];
LD 50 (intravenös, Maus): 56 mg/kg [428];
LD 50 (intravenös, Maus): 56 mg/kg [187];
LD 50 (oral, Vogel): 100 mg/kg [187];
Toxisch für Wasserorganismen, LD 50/96 h 1-10 mg/l [484];
LC 50 (Fisch; Pimephales promelas, 48 h): 172,1 mg/l [306];
LC 50 (Fisch; Pimephales promelas, 96 h): 164,5 mg/l [306];

Gefahren-Symbol:

- **physikalisch/chemisch:**
  Schmelzpunkt: 19,5-21,5 °C
  Siedepunkt: 251 °C; 120 °C (13,33 hPa)
  Flammpunkt: 135 °C
  Dampfdruck: 0,02 hPa (20 °C); 0,03 hPa (25 °C); 0,033 hPa (25 °C)
  Brechungsindex: 1,5689 (20 °C)
  Dichte: 1225 kg/m3 (20 °C); 1214 kg/m3
  Molmasse: 174,16 g/mol

Löslichkeit:
unlöslich in Wasser, reagiert jedoch mit Wasser;

Bemerkung zu physikalisch/chemischen Daten:
*: In der UN-Liste klassifiziert unter Toluoldiisocyanat [484];

Verbleib nach Gebrauch:
Verbrennung nach Mischung mit brennbarem Lösemittel;

Bemerkung:
Klare, farblose bis leicht gelbliche Flüssigkeit oder fester Stoff; starker stechender Geruch;
Bildet im dampf-/gasförmigen Zustand mit Luft explosionsfähige Gemische;
Explosionsgrenzen: 0,9 - 9,5 Vol.-l% ; Zündtemp.: 620 °C [163];
Reagiert heftig bei Kontakt mit Aminen, Alkoholen, Säuren; TDI wird i.d.R. als tech. Isomerengemisch eingesetzt; Hauptkomponenten sind 2,4- und 2,6-Toluylendiisocyanat; die Handelsformen unterscheiden sich durch den Schmelzpunkt;
Verwendung: zur Herstellung von Polyurethanschaumstoffen und Lacken;

Diisotridecylphthalat

- **CAS-Nummer:**
  68515-47-9
- **Handelsnamen:**
  Jayflex DTDP-Z; Vestinol TD;
- **Summenformel:**
  $C_{34}H_{58}O_4$

Eigenschaften:
- **toxikologisch/ökotoxikologisch:**
  WGK: 1
  R-Satz: 51/53
  Sonstiges:
  Nach Einatmen: Geringes Gesundheitsrisiko bei üblichen Umgebungstemperaturen (-18 bis 38 °C), geringe Giftwirkung; nach Hautkontakt: Geringe Giftwirkung;
  verursacht leichte Augenbeschwerden, jedoch keine Schädigung des Augengewebes. Nach Verschlucken: Sehr geringe Giftwirkung [Sdb];
  EC 50 (scendesmus subspicatus): 8600000 mg/m3/72h

  Gefahren-Symbol:

- **physikalisch/chemisch:**
  Schmelzpunkt: -30 °C
  Siedepunkt: >250 °C
  Flammpunkt: 246 °C
  Dampfdruck: <0,1 hPa (20 °C)
  Log pOW: 5.4 [Sdb]
  Dichte: 952 kg/m3 (20 °C)
  Molmasse: 526 g/mol

  Löslichkeit:
  Wasser: <0,10 Gehalt (20 °C) [Sdb];

  Bemerkung zu physikalisch/chemischen Daten:
  Zündtemperatur: 380 °C [Sdb];

Bemerkung:
Klare, farblose Flüßigkeit mit mildem Geruch;
unverträglich mit starken Oxidationsmitteln [Sdb];

2,5-Dimercapto-1,3,4-thiadiazol

- **CAS-Nummer:**
  1072-71-5
- **gebräuchliche Namen:**
  DMTD; 2,5-Dimercaptothiadiazol; 1,3,4-Thiadiazol-2,5-dithiol; 2,5-Dithion-1,3,4-thiadiazolidin;
- **Handelsnamen:**
  Bismuthiol I; Wismutthiol; PY 61 H; USAF A-8354;
- **Summenformel:**
  $C_2H_2N_2S_3$

- **Strukturformel:**

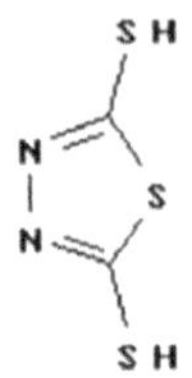

Funktion:
Vulkanisationsbeschleuniger, organisch;
Kautschukart:
Chlorethylen-Kautschuk; Ethylenoxid-Chlormethyloxiran-Copolymer;

branchenspezifische Bemerkung zur Substanz:
Einsatzmenge: 2,5 t/a (TSE-Industrie, 1996)

Eigenschaften:
- **toxikologisch/ökotoxikologisch:**
  RTECS # XI 3850000
  R-Satz: 36/37/38
  S-Satz: 26-37/39
  Sonstiges:
  LD 50 (intraperitoneal, Maus): 200 mg/kg [428];
  LD 50 (oral, Wachtel): >316 mg/kg [428];

  Gefahren-Symbol:

- **physikalisch/chemisch:**
  Schmelzpunkt: 162 °C (Zers.)
  Molmasse: 150,23 g/mol

Verbleib nach Gebrauch:
Verbrennung nach Mischung mit brennbarem Lösemittel;

Bemerkung:
Gelbes Pulver; geruchsbelästigend;

2-[2-(1,1-Dimethoxy-pentyloxy)-ethoxy]-ethanol

- **CAS-Nummer:**
  143-29-3
- **gebräuchliche Namen:**
  Butylcarbitolformal; Bis-(2-(2-butoxyethoxy)ethoxy)methan; 1-(2-(2-(2-Butoxy-ethoxy)-ethoxymethoxy)ethoxy)ethoxy-butan;
- **Handelsnamen:**
  Cryoflex; Dibutylcarbitolformal; TB90B;
- **Summenformel:**
  $C_{17}H_{36}O_6$

- **Strukturformel:**

Funktion:
Weichmacher, synthetisch;

branchenspezifische Bemerkung zur Substanz:
Einsatzmenge: 21 t/a (TSE-Industrie, 1996)

Eigenschaften:
- **toxikologisch/ökotoxikologisch:**
  RTECS # PA 3400000
  Sonstiges:
  LD 50 (oral, Ratte): 1746 mg/kg [428];
  LD 50 (oral, Maus): 2700 mg/kg [428];

- **physikalisch/chemisch:**
  Molmasse: 336,53 g/mol

6,7-Dimethoxy-3-(5,6,7,8-tetrahydro-4-methoxy-6-methyl-1,3-dioxolo[4,5-g]isochinolin-5yl)-1(3H)-isobenzofuranon

- **CAS-Nummer:**
  128-62-1
- **gebräuchliche Namen:**
  (S,R)-Noscapin; Narkotin; Guoscopin; Methoxyhydrastin;
- **Handelsnamen:**
  Capval; Coscopin; Coscotabs; Key-tusscapine; Longutin; Lyobex; Narcomprene; Narcosine; 1-alpha-Narcotine; Nectadon; Nicolane; Nipaxon; Noscapal; Noscaplin; NSC 5366; Opian; Terbenol; Vadebex;
- **Summenformel:**
  $C_{22}H_{23}NO_7$

- **Strukturformel:**

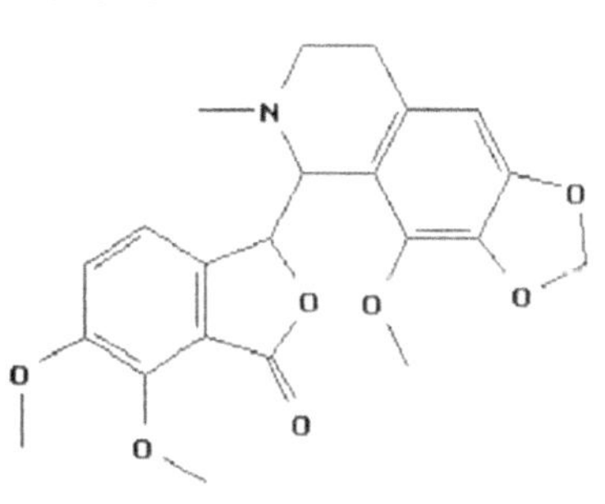

Funktion:
Vulkanisationsbeschleuniger, organisch;

Eigenschaften:
- **toxikologisch/ökotoxikologisch:**
RTECS # RD 2625000
WGK: 2
R-Satz: 20/21/22-40
S-Satz: 23-45-36/37/39-7
Sonstiges:
LD 50 (oral, Ratte): 1520 mg/kg [428];
LD 50 (oral, Maus): 853 mg/kg [428];
LD 50 (intraperitoneal, Maus): 960 mg/kg [428];
LD 50 (intravenös, Maus): 83 mg/kg [428];
LD 50 (subcutan, Maus): 725 mg/kg [428];

Gefahren-Symbol:

- **physikalisch/chemisch:**
Schmelzpunkt: 174-174 °C
Siedepunkt: 150-160 °C (14,66 hPa)
Dichte: 1395 kg/m3
Molmasse: 413,43 g/mol

Löslichkeit:
löslich in Benzen, Propanon, Ether; unlöslich in Wasser;

Verbleib nach Gebrauch:
Verbrennung nach Mischung mit brennbarem Lösemittel;

Bemerkung:
Pflanzengift;

4-[(Dimethylamino)methyl]-2,6-bis-(1,1-dimethylethyl)hydroxybenzen

- **CAS-Nummer:**
88-27-7
- **gebräuchliche Namen:**
4-[(Dimethylamino)methyl]-2,6-bis-(1,1-dimethylethyl)phenol; 2,6-Di-tert.-butyl-4-dimethylaminomethylphenol; 2,6-Di-tert.-butyl-alpha-dimethylamino-4-methylphenol; 2,6-Di-tert.-butyl-alpha-dimethylamino-p-kresol;
- **Handelsnamen:**
Ethyl Antioxydans 703;
- **Summenformel:**
$C_{17}H_{29}NO$

- **Strukturformel:**

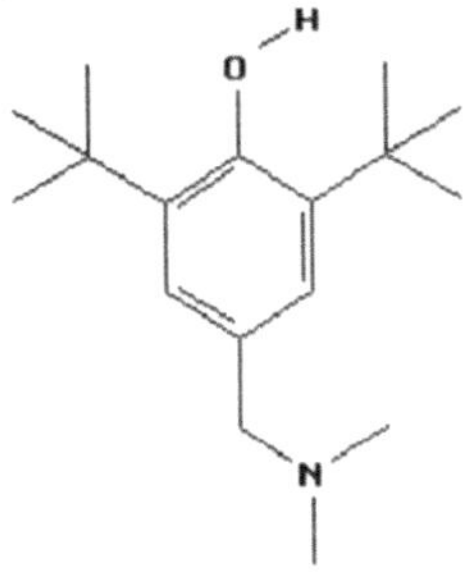

Funktion:
Oxidationsschutzmittel;

Eigenschaften:
- **toxikologisch/ökotoxikologisch:**
R-Satz: 22-36
S-Satz: 26-36
Sonstiges:
LD 50 (oral; Ratte): 1030mg/kg [428];

- **physikalisch/chemisch:**
Schmelzpunkt: 93-94 °C
Siedepunkt: 172 °C (40 hPa)
Molmasse: 263,42 g/mol

4-[((Dimethylamino)-thioxomethyl)thio]-morpholin

- **CAS-Nummer:**
24171-17-3
- **gebräuchliche Namen:**
MDMTS; 4-(Dimethyl-thiocarbamoylsulfanyl)-morpholin; Dimethyl-dithiocarbaminsäure-morpholin-4-yl-ester;
- **Summenformel:**
$C_7H_{14}N_2OS_2$

- **Strukturformel:**

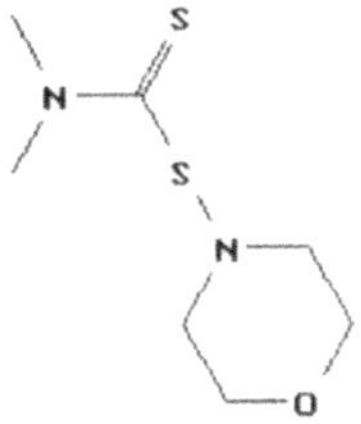

Funktion:
Vulkanisationsbeschleuniger, organisch;

Eigenschaften:

- **physikalisch/chemisch:**
Molmasse: 206,32 g/mol

N-[[(Dimethylamin)-thioxomethyl]thio]-2-methyl-2-propanamin

- **CAS-Nummer:**
  91724-84-4
- **gebräuchliche Namen:**
  BDMTS;
- **Summenformel:**
  $C_7H_{16}N_2S_2$

- **Strukturformel:**

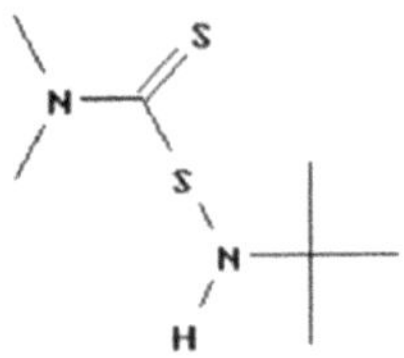

Funktion:
Vulkanisationsbeschleuniger, organisch;

Eigenschaften:

- **physikalisch/chemisch:**
  Molmasse: 192,34 g/mol

1,4-Dimethylbenzen

- **CAS-Nummer:**
  106-42-3
- **UN Nummer:**
  1307
- **gebräuchliche Namen:**
  p-Xylol; 1,4-Dimethylbenzol;
- **Handelsnamen:**
  Chromar; Scintillar;
- **Summenformel:**
  C_8H_{10}

- **Strukturformel:**

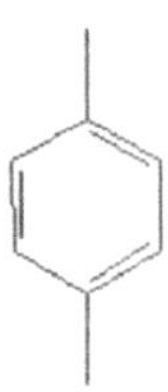

Funktion:
(1) Lösemittel;
Anwendung:
(1) Reifen, Schläuche; chirurgische und medizinische Artikel; Sportartikel; Spielsachen; technische Gummiartikel; Produkte für Industrie, inkl. Druckplattentücher; Klebstoffe; Dichtungen;

branchenspezifische Bemerkung zur Substanz:
(2) Reaktionsprodukt von aromatischen Ölen [Weichmacher];

Eigenschaften:
- toxikologisch/ökotoxikologisch:
RTECS # ZE 2625000
WGK: 2
MAK Wert: 440 mg/m3 bzw. 100 ml/m3
R-Satz: 10-20/21-38
S-Satz: 25
Sonstiges:
Schwangerschaftsgruppe D;
Dämpfe wirken betäubend in hohen Konzentrationen und reizen Augen und Atemwege; Flüssigkeit reizt Augen, bei anhaltender Einwirkung auch die Haut [163];
Vergiftungssymptome können erst nach vielen Stunden auftreten, deshalb ärztliche Überwachung mindestens 48 Stunden nach einem Unfall. Aspirationsgefahr. Längere oder wiederholte Exposition kann Hautentzündung (Dermatitis), Leber- und Nierenschäden verursachen. Starke Überexposition kann Sehstörungen, Zittern (Tremor), schnelle flache Atmung, Wahnvorstellungen (Delirium) und Bewußtlosigkeit und Schädigungen des zentralen Nervensystems verursachen.
Symptome: Reizwirkung auf Haut, Augen und Atmungsorgane. Kopfschmerzen, Übelkeit, Schwindelgefühl, Narkose [Sdb Shell];
Geruchsschwelle: 0,5 ml/m3 [484];
LD 50 (oral, Ratte): 4550 mg/kg [39], 5000 mg/kg [187]
LC 50 (inhalativ, Ratte): 4550 ml/m3/4 h [187]; 6700 mg/l [Sdb Shell];
LD/LC 50 (dermal, Ratte) >2000 mg/kg [Sdb Shell];
LD 50 (intraperitoneal, Maus): 2450 mg/kg [428];
Wiederholte Exposition verursacht Nieren- und Leberschäden. Phoetotoxisch für Nagetiere (rodents) bei maternal letaler Dosis [Sdb Shell];

LC 50 (Fisch, Goldorfe): 308/86 mg/l, 352/103 mg/l [33];
LC 50 (Goldfisch): 15 mg/l/24 h [484];
EC 50 (Daphnia magna): 8,4 mg/l/48 h [484];
Biologisch mäßig abbaubar;

Gefahren-Symbol:

- physikalisch/chemisch:
Schmelzpunkt: 13,3 °C
Siedepunkt: 138,4 °C
Flammpunkt: 27 °C; 25 °C
Dampfdruck: 21,33 hPa (37,7 °C) [187]; 8,8 hPa (20 °C) [484]; 43 hPa (50 °C) [Sdb]
Log pOW: 3,15 [4]
Brechungsindex: 1,4968 (20 °C)
Dichte: 861,1 kg/m3 (20 °C)
Molmasse: 106,167 g/mol

Löslichkeit:
Wasser 0,2 g/l (20 °C); leicht löslich in Ethanol, Diethylether;

Verbleib nach Gebrauch:
Verbrennung, hochentzündliche Stoffe;

Bemerkung:
Farblose, benzolähnlich riechende Flüssigkeit;
Bildet im dampf-/gasförmigen Zustand mit Luft explosionsfähige Gemische;
Explosionsgrenzen: 1,1-7 Vol.-%; Zündtemperatur: 525 °C [484];

Reagiert bei Kontakt oder Mischung mit sauerstoffreichem Material (Oxidationsmitteln), konzentrierten Salpeter- und Schwefelsäuren sowie geschmolzenem Schwefel; Gummi wird angegriffen und aufgelöst [484];
Enthalten in Disparlon KS 273 N (9,2%), OX 66 (2,5-10%);

N,N'-Di-(2-methylbenzen)-benzen-1,4-diamin

- **CAS-Nummer:**
  15017-02-4
- **gebräuchliche Namen:**
  N,N'-Di-o-tolyl-benzen-1,4-diamin; N,N'-Di-o-tolyl-p-phenylendiamin;
- **Handelsnamen:**
  USAFGY-1;
- **Summenformel:**
  $C_{20}H_{20}N_2$

- **Strukturformel:**

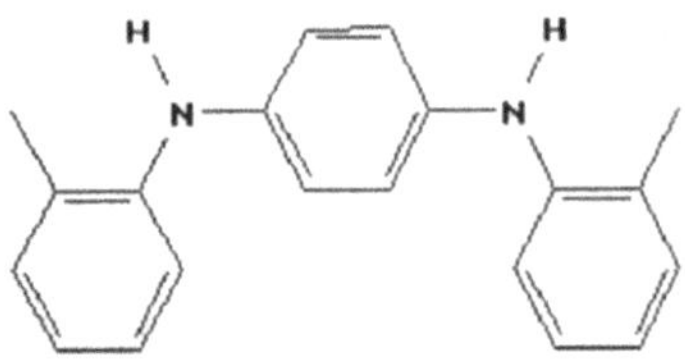

Funktion:
Oxidationsschutzmittel;

Eigenschaften:
- **toxikologisch/ökotoxikologisch:**
  RTECS # ST 2450000
  Sonstiges:
  LD 50 (interperitoneal, Maus): 300 mg/kg [428];

- **physikalisch/chemisch:**
  Molmasse: 288,39 g/mol

Dimethylbenzen (Isomerengemisch)

- **CAS-Nummer:**
  1330-20-7
- **UN Nummer:**
  1307
- **gebräuchliche Namen:**
  Xylol; Dimethylbenzol; Xylen; Xylol, Gemisch aus den Isomeren o-, m- und p-Xylol; Reinxylol; Methyltoluol; Reinxylen; Methyltoluen; Xylen, Gemisch aus den Isomeren o-, m- und p-Xylen;
- **Handelsnamen:**
  Solvent Xylene; Dilan; Violet 3;
- **Summenformel:**
  C_8H_{10}

- **Strukturformel:**

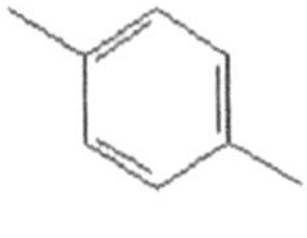

Funktion:
Lösemittel;
Anwendung:
Reifen, Schläuche; chirurgische und medizinische Artikel; Sportartikel; Spielsachen; technische Gummiartikel; Produkte für Industrie, inkl. Druckplattentücher; Klebstoffe; Dichtungen;

branchenspezifische Bemerkung zur Substanz:
Einsatzmenge: 550 t/a (Reifenindustrie: 19 t/a, TSE-Industrie: 530 t/a) (1996)

Eigenschaften:
- **toxikologisch/ökotoxikologisch:**
RTECS # ZE 2100000
Schweizer Giftliste: 4
WGK: 2
MAK Wert: 440 mg/m3 bzw. 100 ml/m3
R-Satz: 10-20/21-38
S-Satz: (2)-25
Sonstiges:
Einstufung und Kennzeichnung von Zubereitungen, in denen diese Substanz enthalten ist:
20% < = C ⇒ Xn; R20/21-38
12.5% < = C < 20% ⇒ Xn; R20/21

Spitzenbegrenzung: II,1 [481]; Schwangerschaft Gruppe D [481]; vgl. Abschn. VIII;
Geruchsschwelle 0,5 ml/m3 [484], [163];
Gesundheitsschädlich beim Einatmen und bei Berührung mit der Haut. Reizt die Haut [EXXON-Sdb];
Nervengift; niedrige Dampfkonzentration: Kopfschmerz, Schwindel, Brechreiz, Reizwirkung auf Atemwege und Magen-Darm-Kanal;
Höhere Dampfkonzentration: Rausch- und Erregungszustände, bald tiefe Bewußtlosigkeit, dann Atemlähmung und Krämpfe möglich; Dämpfe schädigen das Zentralnervensystem;
alkoholunverträglichkeit;
LD Lo (oral, Mensch): 50 mg/kg [428];
TC Lo (inhalativ, Mensch): 200 ml/m3 [428];
LC Lo (inhalativ, Mann): 10000 ml/m3/6 h [428];
LD 50 (oral, Ratte): 5000 mg/kg [32], 4300 mg/kg [428];
LC 50 (inhalativ, Ratte): 6700 ml/m3/4 h [187], 5000 ml/m3/4 h [428];
LD 50 (intraperitoneal, Ratte): 2459 mg/kg [428];
LD 50 (subcutan, Ratte): 1700 mg/kg [428];
LD Lo (oral, Maus): 6000 mg/kg [428];
LD 50 (intraperitoneal, Maus): 1548 mg/kg [428];
LD 50 (Haut, Kaninchen): > 1700 mg/kg [428];
LD Lo (intravenös, Kaninchen): 129 mg/kg [428];
LC Lo (inhalativ, Meerschweinchen): 450 ml/m3 [428];
LD Lo (intraperitoneal, Meerschweinchen): 2000 mg/kg [428];
LD 50 (oral, Säugetier): 4300 mg/kg [428];
LC 50 (inhalativ, Säugetier): 30000 mg/m3 [428];

Toxische Grenzkonzentration für Pseudomonas putida, Scenedesmus quadricaude, Uronema parduczi, Entosiphon sulcatum > 160 mg/l [36];
LC 50 (Fisch, Goldorfe): 308/86 mg/l [33]
LC 100 (Fisch, Goldorfe): 352/103 mg/l [33];
Trinkwassergefährdung bei Eindringen größerer Mengen in Erdreich und Gewässer [32];

Gefahren-Symbol:

- **physikalisch/chemisch:**
Schmelzpunkt: -48 °C; > -34 °C; -54 °C;

Siedepunkt: 137-144 °C; 137-140 °C (variiert je nach Gemisch)
Flammpunkt: 27 °C; 25-30 °C *
Dampfdruck: 8 hPa (20 °C) [32]; 8,6 hPa (20 °C) [367]; 7-9 hPa (20 °C) [484];
Brechungsindex: 1,4960-1,4990 (20 °C)
Dichte: 865 kg/m3 (20 °C)
Molmasse: 106,167 g/mol
Verdunstungszahl: 0,6 (BuAc = 1) [9]; 0,7 (BuAc = 1) [105]; 13,5 (Diethylether = 1) [19];
Löslichkeit:
Wasser 0,2 g/l (20 °C); leicht löslich in Ethanol, Diethylether;

Bemerkung zu physikalisch/chemischen Daten:
* Verunreinigungen verringern den Flammpunkt für das techn. Produkt bis ì
unterhalb 17 °C [484];

Verbleib nach Gebrauch:
Verbrennung, hochentzündliche Stoffe;

Bemerkung:
Klare, farblose Flüssigkeit mit benzolähnlichem Geruch; brennbar; aromatischer Geruch [EXXON-Sdb];
Bildet im dampf-/gasförmigen Zustand mit Luft explosionsfähige Gemische;
Explosionsgrenzen:
1,1-8 Vol.-%; Zündtemp.: ca. 465 °C [32];
1-7,0 Vol.-%; Zündtemp.: 465 °C [484]; >450 °C [EXXON-Sdb];
Explosionsgrenzen und Zündtemperatur variieren mit der Zusammensetzung;
Dimethylbenzen greift Gummi an und löst es auf;
Der Stoff reagiert bei Kontakt oder Mischung mit sauerstoffreichem Material (starken Oxidationsmitteln), konzentrierten Salpeter- und Schwefelsäuren sowie geschmolzenem Schwefel; Gummi wird angegriffen und aufgelöst [484];
Verwendung: technisches Lösemittel;

Enthalten in Ama (90%), Amra (90%), Antibubble LT (1,2%), Antifloat F-113 (1,94%), Anti-Terra-P, U, U 80, Byk-051, -053, -070, -306, -310 (75%), -335, -344, -371 (60%), -P 104, Bykanol-N, Bykumen, Cerafak 59 (48,7%), 100 (45%), 106 (40%), 106 Stab (37,8%), 151 (75%), Ceramat 240 (7,8%), 241 (39%), Crodapol O-25X (30%), Dicalite WB 5 (75%), WF-AB (75%), Disparlon 1970 (55%), 4200-10 (50-100%), 6900-20X (32%), A630-20X (25-50%), KS 860 (35,5%), KS 873 N (25%), NS 30 (42,5%), OX-60 (10-25%), OX-720 (10-25%), Disperbyk-101 (6%), -160 (60%), -162 (12%), -163 (31%), Efka-N (29%), -21 (95%), -22 (67%), -777 (30%), Necires EPX-L2 (3-4%), Fisantrol 3000 (28%), 3440 (31%), U/1 (46%), Hardlen 163-LR, Heucoflow (30%), -M10 (23%), -M10/02 (23%), -11001 W (30%), Irgacor 153 (30%), Intercoat VPP 154 (85,75%), VPE 154 (5,63%), (Jäger Antihydro Trockner (1,7%), HK Trockner (1,7%), OB Trockner (1,7%), 3.3 Trockner (2,4%), Weißtrockner (2,4%),Lactimon (43%), Lanco-Antimar 56 (21%), -Disperse 10 UN (22,5%), -Disperse 11 (1,2%), -Flow L (5%), -Flow S (37%), -Glidd AH (54,37%), -Glidd CX (54%), -Glidd KXB (57,6%), -Glidd KX (60%), -Glidd ML (20,25%), -Glidd PPL (26,94%), -Glidd WM (46,13%), -Optiblend UL 4 (1,35%), Luba-print A 620 (30%), 749 (41,25%), B 15/XB (41,25%), T-152 (7,2%), 246/A (33,75%), Metolat LA 524 (25-50%), M-P-A 1078X (50-100%), 2000X (50-100%), X (50-100%), Multiflow (50%), Parlock PM 05 (<10 %);Sanduvor 3212, Tinuvin 384 (5%), Ultralube VP-411/12 (70-80%), Urad DD72 (1,1%);

Kautschukchemikalien: enthalten in Parflock P11 (40-50 %); Parlock PC12 (60-64 %);

Dimethylbenzenthiol

- **CAS-Nummer:**
25550-52-1
- **gebräuchliche Namen:**
Xylolthiol; Xylyl-mercaptan;
- **Handelsnamen:**
RPA 3;
- **Summenformel:**
$C_8H_{10}S$

- **Strukturformel:**

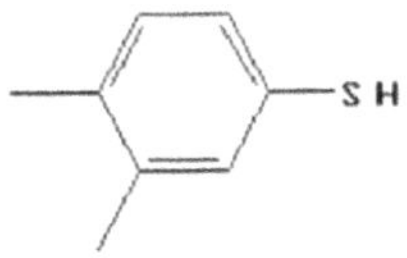

Funktion:
Mastikationsmittel;
Peptisierungsmittel;

Eigenschaften:

- **physikalisch/chemisch:**
Molmasse: 138,23 g/mol

Dimethylbenzenthiol, Zinksalz

- **CAS-Nummer:**
60972-39-6
- **Handelsnamen:**
RPA 5;
- **Summenformel:**
$C_{16}H_{18}S_2Zn$

- **Strukturformel:**

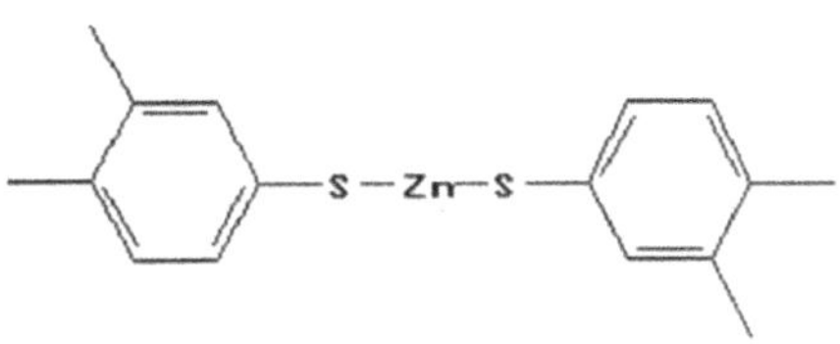

Funktion:
Mastikationsmittel;

Eigenschaften:

- **physikalisch/chemisch:**
Molmasse: 339,82 g/mol

N,N-Dimethyl-2-benzothiazolcarbothioamid

- **CAS-Nummer:**
3432-25-5
- **gebräuchliche Namen:**
Benzthiazoyl-N,N-dimethyl-dithiocarbaminsäureester; Dimethyl-dithiocarbonsäure-benzothiazol-2-yl-ester;
- **Handelsnamen:**
Ethylac; USAF T-7M;
- **Summenformel:**
$C_{10}H_{10}N_2S_3$

- **Strukturformel:**

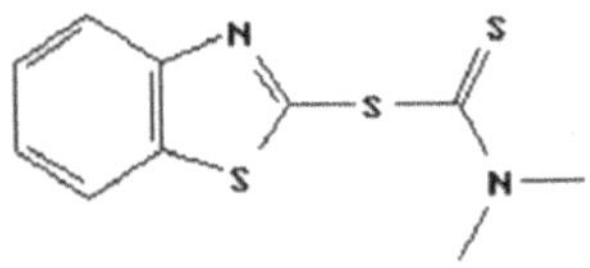

Funktion:
Vulkanisationsbeschleuniger, organisch;

Eigenschaften:
- **toxikologisch/ökotoxikologisch:**
RTECS # EZ 9660000
Sonstiges:
LD 50 (intraperitoneal, Maus): 100 mg/kg [428];

- **physikalisch/chemisch:**
Schmelzpunkt: 120,5-123 °C; 121-122 °C; 117-118 °C; 119,5-120,5 °C
Molmasse: 254,38 kg/mol

Di-(methylbenzyl)phenol, butyliert

- **CAS-Nummer:**
68457-74-9
- **gebräuchliche Namen:**
Phenol, octyliert und butyliert; Mischung aus alkylierten Phenolen;
- **Handelsnamen:**
Wingstay C; Wingstay T;
- **Summenformel:**
$C_{28}H_{35}O$

- **Strukturformel:**

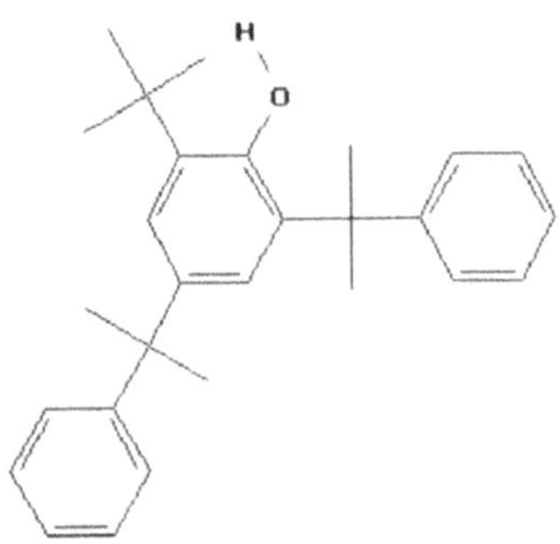

Funktion:
Oxidationsschutzmittel;
Kautschukart:
Styrol-Butadien-Kautschuk; Acrylnitril-Butadien-Kautschuk;

Eigenschaften:
- **physikalisch/chemisch:**
Dichte: 900 ± 20 kg/m3
Molmasse: 386,58 g/mol
Löslichkeit:
löslich in Petroleumkohlenwasserstoffen, Alkohol, Ester; unlöslich in Wasser [609];

4,4'-Dimethyl-6,6'-bis-(1-methylcyclohexyl)-2,2'-methandiyl-bis-hydroxybenzen

- **CAS-Nummer:**
  77-62-3
- **gebräuchliche Namen:**
  WSP; 2,2'-Methylenbis-[6-(1-methylcyclohexyl)-p-kresol]; 2,2'-Methylenbis-[4-methyl-6-(1-methylcyclohexyl)-phenol;
  4,4'-Dimethyl-6,6'-bis-(1-methylcyclohexyl)-2,2'-methandiyl-diphenol;
- **Handelsnamen:**
  Nonox WSP; Bisalkofen MTSP; Ionox WSP; Permanax WSP;
- **Summenformel:**
  $C_{29}H_{40}O_2$

- **Strukturformel:**

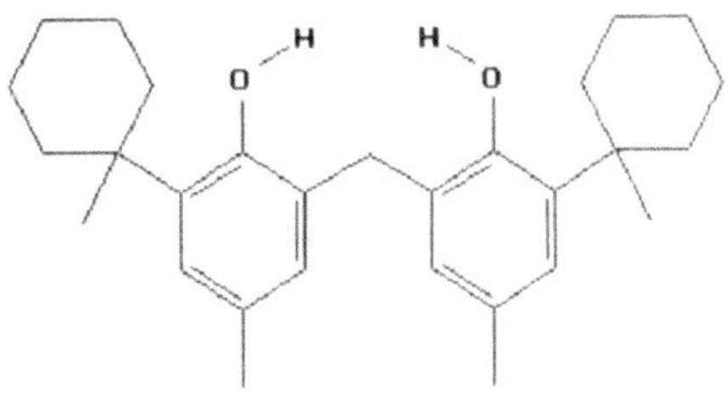

Funktion:
Alterungsschutzmittel; Oxidationsschutzmittel;

Eigenschaften:
- **physikalisch/chemisch:**
  Schmelzpunkt: 137-139 °C
  Siedepunkt: 220-224 °C (0,267 hPa)
  Molmasse: 420,69 g/mol

N-(1,3-Dimethylbutyl)-N'-phenyl-1,4-benzendiamin

- **CAS-Nummer:**
  793-24-8
- **UN Nummer:**
  3077
- **gebräuchliche Namen:**
  6PPD; MBPPD; HPPD; N-(1,3-Dimethylbutyl)-N'-phenyl-p-phenylendiamin; N-(1,3-Dimethylbutyl)-N'-phenyl-1,4-phenylendiamin; 4-(Dimethylbutylamino)diphenylamin;
- **Handelsnamen:**
  Alterungsschutzmittel 4020; Flexzone 7-L; Flexzone 7P; 4020; Antozite 67; Antozite 675; Antozite MPD; Diafen 13; Dusantox 6PPD; NCI-C56315; Piflex 13; Santoflex 13; Santoflex 6PPD; UOP 588; Vulkanox 4020; Vulkanox 4020/LG ; Wingstay 300;
- **Summenformel:**
  $C_{18}H_{24}N_2$

- **Strukturformel:**

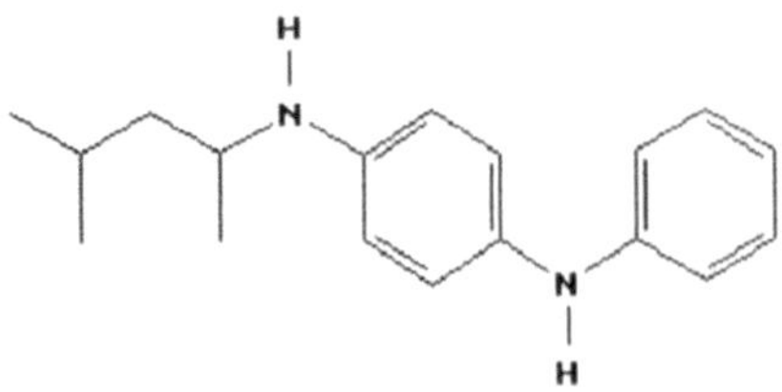

Funktion:
(1) Ermüdungsschutzmittel; Ozonschutzmittel; Oxidationsschutzmittel; Alterungsschutzmittel;
(2) Schutzmittel gegen Metallvergiftung;
(3) Lichtschutzmittel;
Kautschukart:
(1) Naturkautschuk; Styrol-Butadien-Kautschuk; Ethylen-Propylen-Terpolymer; Acrylnitril-Butadien-Kautschuk;
Anwendung:
(1) Reifen, Schläuche; Riemen; chirurgische und medizinische Artikel; Sportartikel; Spielsachen; technische Gummiartikel; Produkte für Industrie, inkl. Druckplattentücher; Klebstoffe; Dichtungen; Latex Tauchartikel; Latex Schaumartikel;

branchenspezifische Bemerkung zur Substanz:
Einsatzmenge: t/a (Reifenindustrie: 3.530 t/a, TSE-Industrie: 14 t/a) (1996)

Eigenschaften:
- **toxikologisch/ökotoxikologisch:**
Sonstiges:
LD 50 (oral, Ratte): 3580 mg/kg [428];
LD 50 (Haut, Kaninchen): >7940 mg/kg [428];

zu Dusantox 6PPD [Sdb Krahn]:
WGK 2; das Produkt kann insbesondere als Bestandteil von Gummiartikeln allergische Sensibilisierung der Haut hervorrufen;
LD 50 (Haut, Ratte): >7940 mg/kg;

zu Santoflex 6PPD [Sdb Flexsys]:
Kann bei Hautberührung Sensibilisierung hervorrufen; Heiße geschmolzene Flüssigkeit verursacht Verätzungen; LD 50 (oral, Ratte): 3580 mg/kg; LD 50 (dermal, Kaninchen): >7940 mg/kg;
Gefahrensymbol: Xi, N; R-Sätze: 43-50-53; S-Sätze: 24-37-57-60;
LC 50 (blauer Sonnenbarsch): 0,4 mg/l/96 h; LC 50 (Regenbogenforelle): 0,14 mg/l/96 h; LC 50 (Elritze): 0,45 mg/l/96 h; LC 50 (Daphnia magna): 0,82 mg/l/48 h; EC 50 (Algen): 0,6 mg/l/96 h;
Nicht gut biologisch abbaubar;

zu Flexzone 7P [Sdb Lehmann & Voss]:
Gefahrensymbol: Xi; R-Sätze: 38-43; S-Sätze: 36-37-24;
LD/LC 50 (oral, Ratte): >2500 mg/kg;
LD/LC 50 (dermal/ Kaninchen): > 7200 mg/kg;

- **physikalisch/chemisch:**
Schmelzpunkt: 45-48 °C; 50 °C
Siedepunkt: 230 °C (13,3 hPa)
Flammpunkt: 200 °C
Dampfdruck: 0,685 hPa (25 °C); 8,7 hPa (200 °C); 93,0 hPa (300 °C) [570]
Log pOW: 5,4 [27]
Dichte: 1020 kg/m3 (20 °C); 1000 kg/m3 (60 °C); 980 kg/m3
Molmasse: 268,5 g/mol
Löslichkeit:
Wasser: 1,1 mg/l (20 °C) [570];
löslich in: Acetan, Ethanol; unlöslich in Wasser [Sdb Omya];
unlöslich in Wasser; löslich in: Benzin, Dichlormethan, Propanon, Ethanol [Sdb Lehmann & Voss];

Bemerkung zu physikalisch/chemischen Daten:
zu Dusantox 6PPD [Sdb Krahn]:
Zündtemperatur: 500 °C;

zu Piflex 13 [Sdb Omya]:
Smp: 45 °C; Dichte: 1000 kg/m3 (25 °C);

zu Flexzone 7P [Lehmann & Voss]:
Smp: 50 °C; Sdp: 260 °C; Flp: 188 °C; Dichte: 1070 kg/m3; Zündtemperatur: 227 °C;

Bemerkung:
Dunkler, violetter Feststoff [428];

zu Dusantox 6PPD [Sdb Krahn]:
Siedepunkt: >300 °C (1013 hPa); Dichte 1000 kg/m3 20 °C; unlöslich in Wasser; Gefährliche Zersetzungprodukte: Kohlenmonoxid, Stickoxide;

zu Santoflex 6PPD [Sdb Flexsys]:
Flammpunkt: 204,4 °C; löslich in den meisten organischen Lösungsmitteln, zu 1,1 mg/l löslich in Wasser (25 °C); log POW-Wert: 4,77; Zu vermeidende Bedingungen: kannsich bei Temperaturen 100 °C < T < 300 °C selbst entzünden; Gefährliche Zersetzungsprodukte: Kohlenmonoxid, Stickoxide;

50 % enthalten in Flexzone 7-S, Flexzone 9-L; in UOP 57 und UOP 256 enthalten;

zu Flexzone 7P [Sdb Lehmann & Voss]:
Gefährliche Zersetzungsprodukte: giftige Gase, Dämpfe;
Explosionsgefahr: Das Produkt ist nicht explosionsgefährlich, jedoch ist die Bildung explosionsgefährlicher Staub- und Luftgemische möglich;

N-(1,3-Dimethylbutyl)-N'-phenyl-benzen-1,4-diamin

- **CAS-Nummer:**
  61931-82-6
- **gebräuchliche Namen:**
  HPPD;
- **Handelsnamen:**
  Antozite 67 P;
- **Summenformel:**
  $C_{18}H_{25}N_2$
- **Strukturformel:**

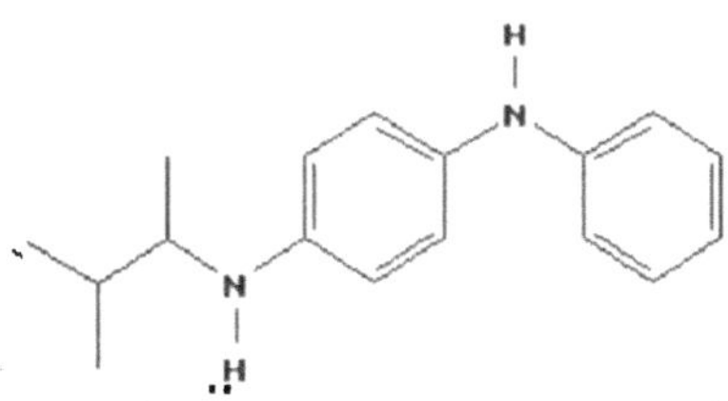

Funktion:
Ozonschutzmittel;
Kautschukart:
Naturkautschuk; Isopren-Kautschuk, synthetisch; Butadien-Kautschuk; Styrol-Butadien-Kautschuk; Chloropren-Kautschuk;

Eigenschaften:
- **physikalisch/chemisch:**
  Schmelzpunkt: 44-49 °C

Dichte: 0,99 +- 0,03 mg/kg
Löslichkeit:
löslich in Toluol, Propanon, Ethylacetat, Ethylendichlorid; unlöslich in Hexan und Wasser;

Dimethylcarbamodithionsäure-2,4-dinitrophenylester

- **CAS-Nummer:**
  89-37-2
- **gebräuchliche Namen:**
  2,4-Dinitrophenyl-dimethyl-dithiocarbamat;
- **Summenformel:**
  $C_9H_9N_3O_4S_2$
- **Strukturformel:**

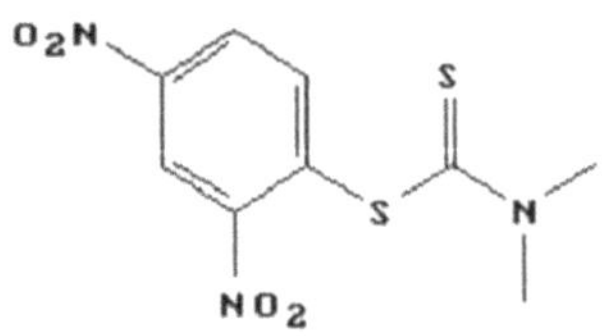

Funktion:
Vulkanisationsbeschleuniger, organisch;

Eigenschaften:
- **toxikologisch/ökotoxikologisch:**
  RTECS # FA 0350000
  Sonstiges:
  LD 50 (intraperitoneal, Maus): 200 mg/kg [428];
- **physikalisch/chemisch:**
  Schmelzpunkt: 152,5 °C
  Dichte: 1542 kg/m3
  Molmasse: 287,33 g/mol

2,5-Dimethyl-2,5-di(benzoylperoxy)hexan

- **CAS-Nummer:**
  2618-77-1
- **gebräuchliche Namen:**
  2,5-Bis-benzoylperoxy-2,5-dimethylhexan;
- **Handelsnamen:**
  Varox 118;
- **Summenformel:**
  $C_{22}H_{26}O_6$
- **Strukturformel:**

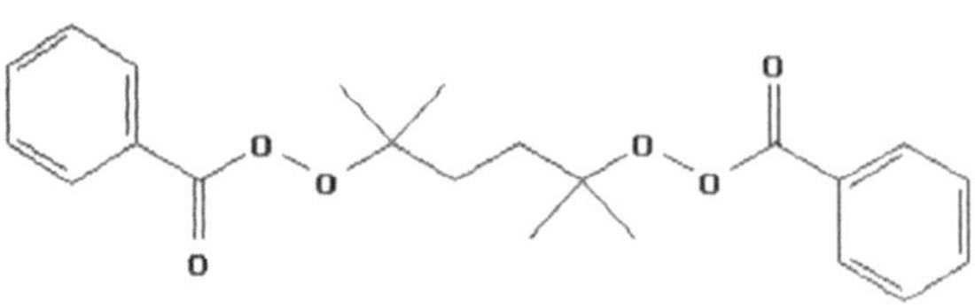

Funktion:
Vernetzungsmittel, schwefelfrei;
Kautschukart:
Naturkautschuk; synthetischer Kautschuk;

Eigenschaften:

- **physikalisch/chemisch:**
Dichte: 1230 ± 30 kg/m3
Molmasse: 386,45 g/mol

9,9-Dimethyl-9,10-dihydroaridin

- **CAS-Nummer:**
6267-02-3
- **gebräuchliche Namen:**
ADPA; 5,5-Dimethyl-arican; Kondensationsprodukt aus Diphenylamin und Aceton; Diphenylamin-Aceton-Kondensationsprodukt;
- **Handelsnamen:**
Agerite Superflex; Aminox; BLE; BLE 25; BLE 50 (50 %); Cyanaflex 50; Cyanaflex 100; Nonox B; Nonox BL; Santoflex DPA;
- **Summenformel:**
$C_{15}H_{15}N$

- **Strukturformel:**

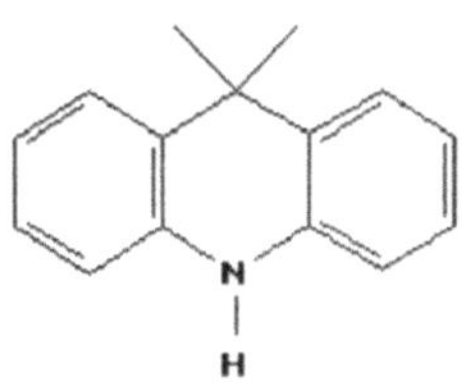

Funktion:
Alterungsschutzmittel; Oxidationsschutzmittel; Hitzeschutzmittel; Ermüdungsschutzmittel;
Kautschukart:
Styrol-Butadien-Kautschuk; Acrylnitril-Butadien-Kautschuk; Isopren-Kautschuk, synthetisch; Butadien-Kautschuk;

branchenspezifische Bemerkung zur Substanz:
Einsatzmenge: 55 t/a (TSE-Industrie, 1996)

Eigenschaften:

- **physikalisch/chemisch:**
Molmasse: 209,29 g/mol

Dimethyldi(methylbenzyl)thiuramdisulfid

- **CAS-Nummer:**
53880-86-7
- **gebräuchliche Namen:**
Dimethyldiphenylthiuramdisulfid;
- **Handelsnamen:**
Vulkacit I;
- **Summenformel:**
$C_{16}H_{16}N_2S_4$

Funktion:
Vulkanisationsbeschleuniger, organisch;

Eigenschaften:

- **physikalisch/chemisch:**
  Schmelzpunkt: 180,0 °C
  Dichte: 1330 kg/m3
  Molmasse: 364,56 g/mol

2,4-Dimethyl-6-(1,1-dimethylethyl)phenol

- **CAS-Nummer:**
  1879-09-0
- **gebräuchliche Namen:**
  2-tert.-Butyl-4,6-dimethyl-phenol; 2,4-Dimethyl-6-tert.-butylphenol; 2-(1,1-Dimethylethyl)-4,6-dimethylphenol;
- **Summenformel:**
  $C_{12}H_{18}O$

- **Strukturformel:**

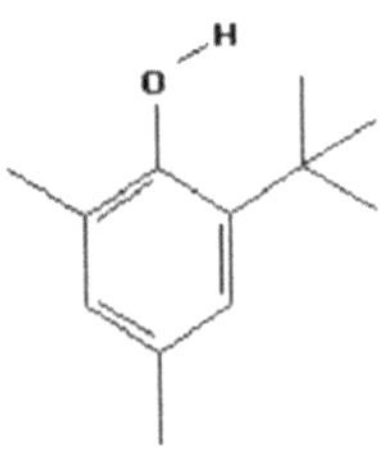

Funktion:
Oxidationsschutzmittel; Hitzeschutzmittel;

Eigenschaften:
- **toxikologisch/ökotoxikologisch:**
  RTECS # ZE 6825000
  Sonstiges:
  LD 50 (oral, Maus): 530 mg/kg [187];
  LD Lo (oral, Ratte): 1400 mg/kg [428];
  LD Lo (oral, Hase): 55 mg/kg [428];
  LD Lo (Haut, Hase): 55 mg/kg [428];
  LD Lo (oral, Meerschweinchen): 420 mg/kg [428];

- **physikalisch/chemisch:**
  Schmelzpunkt: 22-23 °C
  Siedepunkt: 249 °C
  Flammpunkt: 111 °C
  Brechungsindex: 1,5178 (20 °C)
  Dichte: 917 kg/m3
  Molmasse: 178,27 g/mol

N,N'-Dimethyldiphenylthiuramdisulfid

- **CAS-Nummer:**
  10591-84-1
- **gebräuchliche Namen:**
  MPTD; Dimethyldiphenylthiuramdisulfid; Disulfido-1,2-dithiodicarbonsäure-bis-(N-methyl-anilid); N,N'-Dimethyl-N,N'diphenylthioperoxydicarbonsäurediamid;
- **Handelsnamen:**
  Vulkacit J; Rhenogran MPTD-80;
- **Summenformel:**
  $C_{16}H_{16}N_2S_4$

- **Strukturformel:**

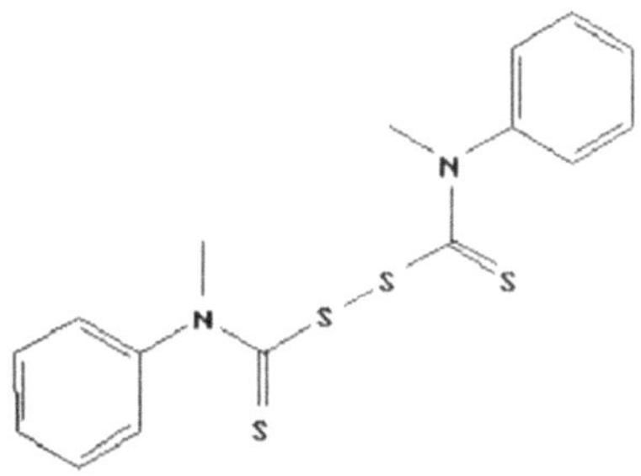

Funktion:
Vulkanisationsbeschleuniger, organisch;
Anwendung:
hitzebeständige Artikel (z. B. Dichtungen); chirurgische und medizinische Artikel; Sportartikel; Spielsachen; technische Gummiartikel;

branchenspezifische Bemerkung zur Substanz:
Einsatzmenge: 92 t/a in der Kautschukindustrie; 89 t/a (TSE-Industrie, 1996); 2,7 t/a (Reifenindustrie, 1996);

Eigenschaften:
- **physikalisch/chemisch:**
  Schmelzpunkt: 197-199 °C
  Molmasse: 364,56 g/mol

4,4'-Dimethyl-1,1'-disulfandiyl-bis-piperazin

- **CAS-Nummer:**
  36938-10-0
- **gebräuchliche Namen:**
  DTMP; 1,1'-Dithiobis(4-methylpiperazin); Dithiobis-(N-methylpiperazin); N,N'-Di-(4-methyl)-piperazino-disulfid; 1,1'-Dithiodi(4-methyl)-piperazin;
- **Summenformel:**
  $C_{10}H_{22}N_4S_2$

- **Strukturformel:**

Funktion:
Vulkanisationsbeschleuniger, organisch;

Eigenschaften:
- **toxikologisch/ökotoxikologisch:**
RTECS # TL 6782000
Sonstiges:
LD 50 (oral, Maus): 980 mg/kg [428];

- **physikalisch/chemisch:**
Schmelzpunkt: 110-113 °C
Molmasse: 262,43 g/mol

Dimethyldithiocarbaminsäure, Bismutsalz

- **CAS-Nummer:**
21260-46-8
- **gebräuchliche Namen:**
BiDMC; Bismuthdimethyldithiocarbamat; Tris-(dimethylcarbamodithioato-S,S')-bismut;
- **Handelsnamen:**
Accelerator Bismet; Bismate; Robac BiDD;
- **Summenformel:**
$C_9H_{18}BiN_3S_6$

- **Strukturformel:**

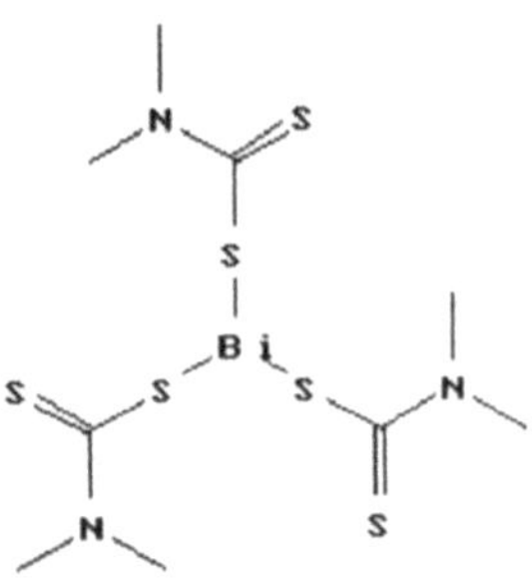

Funktion:
Vulkanisationsbeschleuniger, organisch;
Kautschukart:
Naturkautschuk; Isopren-Kautschuk, synthetisch; Butadien-Kautschuk; Styrol-Butadien-Kautschuk;
Anwendung:
Reifen, Schläuche; chirurgische und medizinische Artikel; Sportartikel; Spielsachen; technische Gummiartikel; Produkte für Industrie, inkl. Druckplattentücher; Klebstoffe; Dichtungen; Latex Tauchartikel; Latex Schaumartikel;

Eigenschaften:
- **toxikologisch/ökotoxikologisch:**
RTECS # EB 3400000
Sonstiges:
LD 50 (oral, Ratte): >3000 mg/kg [428];
LD 50 (oral, Maus): 20000 mg/kg [428];

- **physikalisch/chemisch:**
Dichte: 2040 ± 30 mg/m3
Molmasse: 569,64 g/mol
Löslichkeit:
löslich in Methylbenzen, Schwefelkohlenstoff, Trichlormethan; unlöslich in Wasser;

Dimethyldithiocarbaminsäure, Cadmiumsalz

- **CAS-Nummer:**
  14949-60-1
- **gebräuchliche Namen:**
  CdDMC; Bis(-dimethylcarbamodithiato-S,S')-cadmium; Cadmiumdimethyldithiocarbamat; Cadmium-bis-(dimethylcarbamodithioat); Cadmium-dimethyldithiocarbamat; Cadmium-bis-(dimethyldithio)carbamat;
- **Summenformel:**
  $C_6H_{12}CdN_2S_4$

- **Strukturformel:**

Funktion:
Vulkanisationsbeschleuniger, organisch;

Eigenschaften:

- **physikalisch/chemisch:**
  Molmasse: 352,82 g/mol

Dimethyldithiocarbaminsäure, Kaliumsalz

- **CAS-Nummer:**
  128-03-0
- **gebräuchliche Namen:**
  Dimethylcarbamodithiosäure, Kaliumsalz; Kaliumdimethyldithiocarbamid; Kaliumdimethyldithiocarbamat;
- **Handelsnamen:**
  Busan 85; Vulnopol KM;
- **Summenformel:**
  $C_3H_6KNS_2$

- **Strukturformel:**

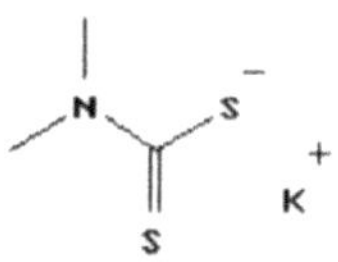

Funktion:
Polymerisationsregler;
Anwendung:
Reifen, Schläuche; chirurgische und medizinische Artikel; Sportartikel; Spielsachen; technische Gummiartikel; Produkte für Industrie, inkl. Druckplattentücher; Klebstoffe; Dichtungen; Latex Tauchartikel; Latex Schaumartikel;

Eigenschaften:
- **toxikologisch/ökotoxikologisch:**
  RTECS # FA 0850000
  Sonstiges:
  LD 50 (intraperitoneal, Maus): 350 mg/kg [428];

- **physikalisch/chemisch:**
  Molmasse: 117,34 g/mol

Dimethyldithiocarbaminsäure, Kupfersalz

- **CAS-Nummer:**
  137-29-1
- **gebräuchliche Namen:**
  CuDMC; Bis(dimethyldithiocarbamato)-kupfer; Bis(dimethylcarbamodithioato-S,S´)-kupfer; Kupferdimethyldithiocarbamat; Bis(dimethyldithiocarbamat), Kupfersalz; Kupfer-N,N'-dimethyldithiocarbamat; N,N'-Dimethyldithiocarbaminsäure, Kupfersalz;
- **Handelsnamen:**
  Methyl Cumate; Robac CuDD; Hermat Cu; Wolfen
- **Summenformel:**
  $C_6H_{12}CuN_2S_4$

- **Strukturformel:**

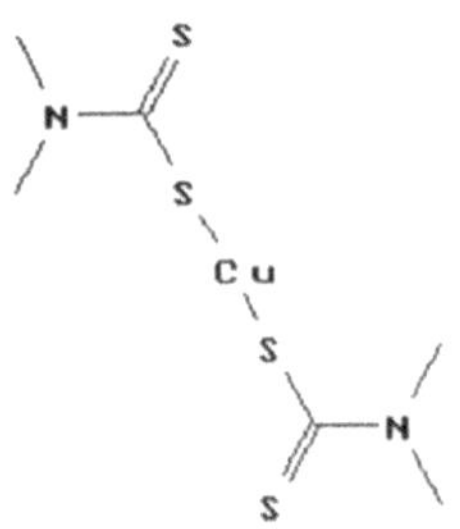

Funktion:
Vulkanisationsbeschleuniger, organisch;
Kautschukart:
Isopren-Kautschuk, synthetisch; Styrol-Butadien-Kautschuk;
Anwendung:
Reifen, Schläuche; chirurgische und medizinische Artikel; Sportartikel; Spielsachen; technische Gummiartikel; Latex Tauchartikel; Latex Schaumartikel;

branchenspezifische Bemerkung zur Substanz:
Einsatzmenge: 2,7 t/a (TSE-Industrie, 1996)

Eigenschaften:
- **toxikologisch/ökotoxikologisch:**
  RTECS # FA 0175000
  Sonstiges:
  LD 50 (inhalativ, Ratte): 210 mg/m3/4h [428];
  LD Lo (intraperitoneal, Ratte): 25 mg/kg [428];
  LD Lo (intraperitoneal, Maus): 7,8 mg/kg [428];

- **physikalisch/chemisch:**
  Schmelzpunkt: > 308 °C
  Dichte: 1750 ± 30 kg/m3
  Molmasse: 303,98 g/mol

  Löslichkeit:
  unlöslich in Wasser, Ethanol; mäßig löslich in Propanon, Methylbenzen, Trichlormethan;

Dimethyldithiocarbaminsäure (Mischung mit Dimethylamin (1:1))

- **CAS-Nummer:**
  2614-98-4
- **gebräuchliche Namen:**
  Dimethyldithiocarbamin-säure-dimethyl, Ammoniumsalz; Dimethylcarbamodithiosäure (Mischung mit N-Methylmethanamin (1:1)); Dimethylamin-dimethyldithiocarbamat;
- **Summenformel:**
  $C_5H_{13}N_2S_2$

- **Strukturformel:**

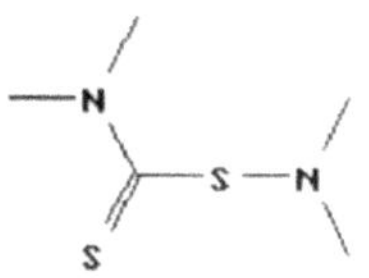

Funktion:
Vulkanisationsbeschleuniger, organisch;

Eigenschaften:

- **physikalisch/chemisch:**
  Molmasse: 150,23 g/mol

Dimethyldithiocarbaminsäure, Natriumsalz

- **CAS-Nummer:**
  128-04-1
- **gebräuchliche Namen:**
  NaDMC; Natriumdimethyldithiocarbamat; Dimethylcarbamodithionsäure, Natriumsalz; Dimethyldithiocarbaminäure, Natriumsalz; Natriumdimethylcarbamodithioat;
- **Handelsnamen:**
  Aceto SDD 40; Alcobam NM; Brogdex 555; Carbam S; Carbon S; DDC; Dibam; Dibam A; DMBK; Diram; Methylnamate; MSL; NSL; Nocceler S; Sterical #40; Sanceler S; NSL; SDDC; Sharstop 204; Sodam; Stafresh 615; Thiostop N; Vancide 51; Vinstop; Volupol NM; Vulnopol NM; Vinitat; Wing Stop B;
- **Summenformel:**
  $C_3H_6NNaS_2$

- **Strukturformel:**

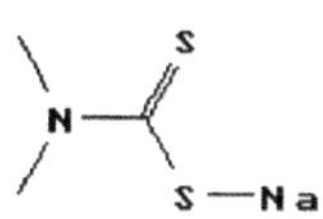

Funktion:
(1) Vulkanisationsbeschleuniger, organisch;
(2) Polymerisationsregler;
(3) Fungizid;

Anwendung:
(2) Reifen, Schläuche; chirurgische und medizinische Artikel; Sportartikel; Spielsachen; technische Gummiartikel; Produkte für Industrie, inkl. Druckplattentücher; Klebstoffe; Dichtungen; Latex Tauchartikel; Latex Schaumartikel;
(3) Latexartikel;

Eigenschaften:
- **toxikologisch/ökotoxikologisch:**
  RTECS # FD 3500000
  R-Satz: 22
  S-Satz: 22-24/25
  Sonstiges:
  LD 50 (oral, Ratte): 1000 mg/kg [428];
  LD 50 (intraperitoneal, Ratte): 1000 mg/kg [428];
  LD 50 (oral, Maus): 1500 mg/kg [428];
  LD 50 (intraperitonel, Maus): 573 mg/kg [428];

  zu Perkacit SDMC LIQ-W [Sdb Flexsys], Angaben bezogen auf Wirkstoff:
  LD 50 (oral, Ratte): 5150 mg/kg;
  Gefahrensymbol: N; R-Sätze: 50-53;

  Gefahren-Symbol:

- **physikalisch/chemisch:**
  Molmasse: 143,21 g/mol

Bemerkung:
enthalten in: Perkacit SDMC LIQ-W (40-42 %) Rest Wasser;

Dimethyldithiocarbaminsäure, Nickelsalz

- **CAS-Nummer:**
  15521-65-0
- **gebräuchliche Namen:**
  Bis(dimethyldithiocarbamato)nickel; Nickel-bis(dimethyldithiocarbamat);
- **Handelsnamen:**
  Methyl Niclate; Sankel;
- **Summenformel:**
  $C_6H_{12}N_2NiS_4$

- **Strukturformel:**

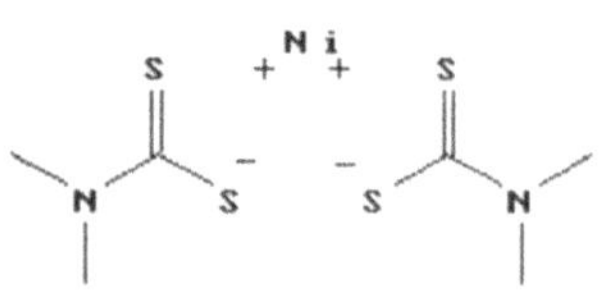

Funktion:
Oxidationsschutzmittel; Alterungsschutzmittel;

branchenspezifische Bemerkung zur Substanz:
Einsatzmenge: 18 t/a (TSE-Industrie, 1996)

Eigenschaften:
- **toxikologisch/ökotoxikologisch:**
  RTECS # QR 6150000
  Sonstiges:
  LD 50 (oral, Ratte): 17000 mg/kg [428];
  LD 50 (Haut, Ratte): >5000 mg/kg [428];
  LD 50 (oral, Maus): 5200 mg/kg [428];

- **physikalisch/chemisch:**
  Schmelzpunkt: > 290 °C
  Dichte: 1770 ± 30 kg/m3
  Molmasse: 299,12 g/mol

  Löslichkeit:
  unlöslich in Wasser, Ethanol, Petroleumether; gut löslich in Propanon, Methylbenzen, Trichlormethan;

Dimethyldithiocarbaminsäure, Selensalz

- **CAS-Nummer:**
  144-34-3
- **gebräuchliche Namen:**
  SeDMC; Tetrakis-(dimethyldithiocarbamato)-selen; Tetrakis-(dimethylcarbamodithioato-S,S')-selen; Selendimethyldithiocarbamat;
- **Handelsnamen:**
  Methyl Selenac;
- **Summenformel:**
  $C_{12}H_{24}N_4S_8Se$

- **Strukturformel:**

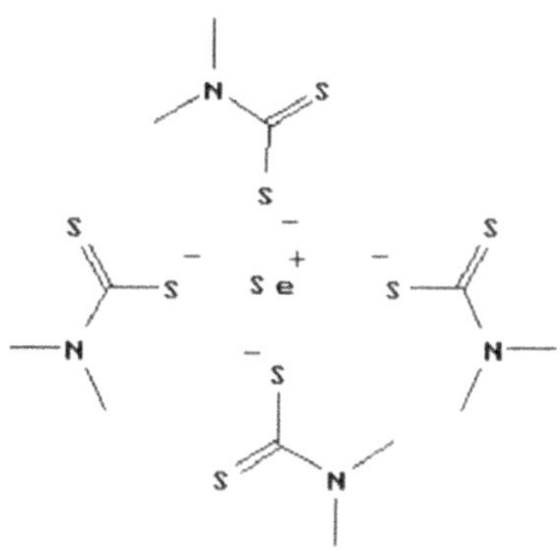

Funktion:
Vulkanisationsbeschleuniger, organisch;
Kautschukart:
Naturkautschuk; Butadien-Kautschuk; Isopren-Kautschuk, synthetisch; Styrol-Butadien-Kautschuk; Isobuten-Isopren-Kautschuk;
Anwendung:
Reifen, Schläuche; chirurgische und medizinische Artikel; Sportartikel; Spielsachen; technische Gummiartikel; Produkte für Industrie, inkl. Druckplattentücher; Klebstoffe; Dichtungen; Latex Tauchartikel; Latex Schaumartikel;

Eigenschaften:
- **toxikologisch/ökotoxikologisch:**
  RTECS # VT 0780000

- **physikalisch/chemisch:**
  Schmelzpunkt: 140-172 °C
  Dichte: 1580 ± 30 kg/m3
  Molmasse: 559,84 g/mol

  Löslichkeit:
  unlöslich in Wasser; leicht löslich in Schwefelkohlenstoff, Benzen, Trichlormethan, Methylbenzol;

Dimethyldithiocarbaminsäure, Tellursalz

- **CAS-Nummer:**
  51775-06-5
- **gebräuchliche Namen:**
  TeDMC; Tetrakis(dimethylcarbamodithioato-S)-tellur; Tellur-dimethyldithiocarbamat;
- **Summenformel:**
  $C_{12}H_{24}N_4S_8Te$
- **Strukturformel:**

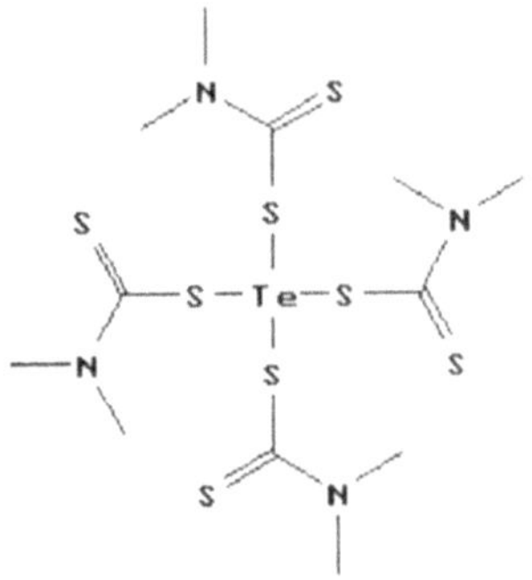

Funktion:
Vulkanisationsbeschleuniger, organisch;

Eigenschaften:

- **physikalisch/chemisch:**
  Molmasse: 608,43 g/mol

N,N-Dimethyldithiocarbaminsäure, Zinksalz

- **CAS-Nummer:**
  137-30-4
- **gebräuchliche Namen:**
  ZDMC; ZDMDC; ZnDMDTC; Zink-bis(N,N-dimethyl-dithiocarbamat); Bis(dimethylcarbamodithioato-S,S')zink; Bis(dimethyldithiocarbamato)zink; Dimethyldithiocarbaminsäure Zinksalz (2:1); Methylcymat; Methylzimat; Zink-bis(dimethylthiocarbamoyl)disulfid; Zinkdimethyldithiocarbamat; N,N-Dimethyldithiocarbaminsäure Zinksalz; Dimethyldithiocarbamat Zinksalz; Zink-bis(dimethyldithiocarbamat); Zink-N,N-dimethyl-dithiocarbamat;
- **Handelsnamen:**
  Aaprotect; Aavolex; Aazira; Accelerator L; Aceto ZDED; Antene; Alcobam ZM; Carbazinc; Ciram; Cirame; Corona corozate; Corozate; Cuman; Cuman L; Cymate; Drupina 90; Eptac 1; ENT 988; Fuclasin; Fuclasin ultra; Fuklasin; Fungostop; Hermat ZDM; Hexazir; Karbam White; Methasan; Methazate; Metazin; Methyl zimate; Methyl zineb; Methyl ziram; Mezene; Milbam; Molurame; Mycronil; NCI-C50442; Nocceler PZ; Orchard brand ziram; Pomarsol Z forte; Prodaram; Rhenogran ZDMC-80; Rhenosol ZDMC-50; Rhodiacid; Robac ZMD; Robac ZDMC OT; Rubator MTZ (ZDMC); Sanceler PZ; Soxinal PZ; Soxinol PZ; Tricarbamix Z; Triscabol; Tsimat; USAF P-2; Vancide MZ-96; LVancide 51 Z Dispersion; Vulcacure ZM; Vulcafor ZDMC; Vulkacit L; Z 75; Zarlate; Z-C spray; Zerlate; Zimate; Ziradin; Zirberk; Ziram; Ziram technical; Ziramvis; Zirasan; Zirasan 90; Zirberk; Zirex 90; Ziride; Zirthane; Zitox;
- **Summenformel:**
  $C_6H_{12}N_2S_4Zn$

- **Strukturformel:**

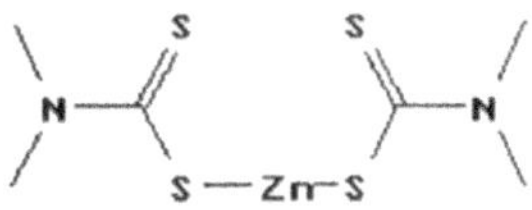

Funktion:
(1) Vulkanisationsbeschleuniger, organisch;
(2) Schutzmittel gegen Metallvergiftung;
(3) Fungizide;
Kautschukart:
(1) Naturkautschuk; Isopren-Kautschuk, synthetisch; Styrol-Butadien-Kautschuk; Isobuten-Isopren-Kautschuk; Ethylen-Propylen-Terpolymer; Latex;
Anwendung:
(1) Tauchartikel; gummierte Stoffe; Latexartikel; Gummiwaren für Nahrungsmittel; Reifen, Schläuche; chirurgische und medizinische Artikel; Sportartikel; Spielsachen; technische Gummiartikel; Produkte für Industrie, inkl. Druckplattentücher; Klebstoffe; Dichtungen; transparente und helle Latex-Produkte; Latex Schaumartikel;
(3) in Neopren Latexkomposition, Neoprenkomposition;

branchenspezifische Bemerkung zur Substanz:
Einsatzmenge: 71 t/a (Reifenindustrie: 0,9 t/a, TSE-Industrie: 70 t/a) (1996)

Eigenschaften:
- **toxikologisch/ökotoxikologisch:**
RTECS # ZH 0525000
Schweizer Giftliste: 3
MAK Wert: 0,16 mg/m3
R-Satz: 22-36/37/38-40
S-Satz: (2)-36/37
Sonstiges:
Cholinesterasehemmer, Vergiftungserscheinung, Miosis, Schweißausbruch, blasse, kalte Haut; Erregung, Krämpfe (tonisch-klonisch), Durchfall, Erbrechen, bronchiale Sekretflut, Atemlähmung, Schock, Mydriasis, 50 % quant-Blutkonzentration [39];
LD 50 (oral, Ratte): 1400 mg/kg [39]; 267 mg/kg [428];
LD 50 (intraperitoneal, Ratte): 23 mg/kg [428];
LC 50 (inhalativ, Ratte): 81 mg/m3/4 h [428];
LD 50 (dermal, Ratte): >6000 mg/kg [428];
LD 50 (subcutan, Ratte): 1340 mg/kg [428];
LD 50 (intraperitoneal, Maus): 73 mg/kg [428];
LD 50 (intravenös, Maus): 18 mg/kg [428];
LD 50 (oral, Maus): 480 mg/kg [428];
LC 50 (inhalativ, Maus): >1056 mg/m3/2 h [428];
LD 50 (subcutan, Maus): 800 mg/kg [428];
LD 50 (oral, Kaninchen): 400 mg/kg [428];
LD 50 (dermal, Kaninchen): >2000 mg/kg [428];
LD Lo (intraperitoneal, Kaninchen): 50 mg/kg [428];
LD 50 (subcutan, Kaninchen): 400 mg/kg [428];
LD Lo (oral, Meerschweinchen): 200 mg/kg [428];
LD Lo (intraperitoneal, Meerschweinchen): 30 mg/kg [428];
LD 50 (oral, Wildvogel): 100 mg/kg [428];

zu Robac ZDMC OT [627]:
Kontakt mit Haut und Augen führt zu Reizungen und kann Dermatitis verursachen;

zu Mixland ZDMC 80 GE [Sdb Göbel], Angaben bezogen auf Wirksubstanz:
LD 50 (oral, Ratte): 650 mg/kg; LC 50 (P.Reticula): 0,75 mg/l/96 h; LC50 (Daphnia magna): 0,14 g/l/48h;

Gefahren-Symbol:

- **physikalisch/chemisch:**
  Schmelzpunkt: 250-252 °C; 242-257 °C; 244 °C
  Dichte: 1660 kg/m3 (25 °C); 1710 ± kg/m3; 1750 kg/m3
  Molmasse: 305,82 g/mol
  Löslichkeit:
  unlöslich in Wasser, Alkohol, Tetrachlormethan; löslich in Ethanol <0,2 g/100 ml, Propanon <0,5 g/100 ml, Benzen <0,5 g/100 ml, Diethylether <0,2 g/100 ml, Methylbenzen, Schwefelkohlenstoff, Trichlormethan;
  schwach löslich in: Trichlormethan, Propanon, verdünnten Alkalien;

Verbleib nach Gebrauch:
Verbrennung nach Mischung mit brennbarem Lösemittel;

Bemerkung:
Kristalle aus heißem Trichlormethan und Ethanol; wenn rein weiß und geruchlos; korrodiert Eisen und Kupfer;
Bestandteil von Vancide 51 Z;

zu Robac ZDMC OT [627]:
weißes Pulver; Dichte 1500 kg/m3;
Gefährliche Zersetzungsprodukte: Kohlenmonoxid, Stickoxide, Schwefeloxide; Produkt kann unter Einwirkung nitrosierender Agentien Nirtosamine bilden;
Schmelzpunkt: 240 °C; Flammpunkt: >66 °C; Dichte 1500 kg/m3;

enthalten in: Mixland ZDMC 80 GE (80 %) Rest: Polymerbinder;

2-(1,1-Dimethylethyl)-1,4-benzendiol

- **CAS-Nummer:**
  1948-33-0
- **gebräuchliche Namen:**
  tert.-Butylhydrochinon; 2-tert.-Butyl-1,4-dihydroxybenzen; 2-tert.-Butyl-1,4-dihydyroxybenzol; 2-tert.-Butyl-benzen-1,4-diol; TBHQ; MTBHQ; 2-tert.-Butyl-1,4-diphenol;
- **Handelsnamen:**
  Sustane; Tenox TBHQ;
- **Summenformel:**
  $C_{10}H_{14}O_2$
- **Strukturformel:**

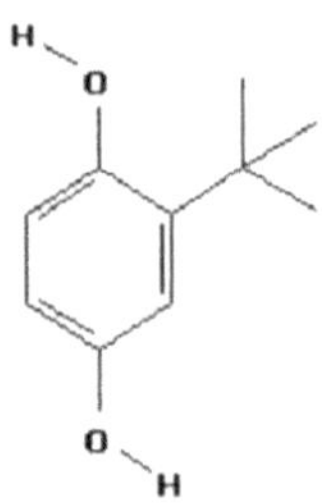

Funktion:
Vernetzungsmittel, schwefelfrei;

Eigenschaften:
- **toxikologisch/ökotoxikologisch:**
  RTECS # MX 4375000
  R-Satz: 22-36/37/38
  S-Satz: 26-28-37/39
  Sonstiges:
  LD 50 (oral, Ratte): 700 mg/kg [428];
  LD 50 (oral, Maus): 1000 mg/kg [428];
  LC Lo (inhalativ, Ratte): 2900 mg/m3/4h [428];
  LD 50 (intraperitoneal, Ratte): 300 mg/kg [428];
  LD 50 (intraperitoneal, Maus): 144 mg/kg [428];
  LD 50 (oral, Meerschweinchen): 790 mg/kg [428];

  Gefahren-Symbol:

- **physikalisch/chemisch:**
  Schmelzpunkt: 127-129 °C; 126-128 °C; 128 °C
  Siedepunkt: 273 °C
  Molmasse: 166,22 g/mol

Verbleib nach Gebrauch:
Verbrennung nach Mischung mit brennbarem Lösemittel;

4-(1,1-Dimethylethyl)-benzenthiol, Zinksalz

- **CAS-Nummer:**
  4545-30-6
- **Handelsnamen:**
  Pitt Consol 651;
- **Summenformel:**
  $C_{20}H_{20}S_2Zn$

- **Strukturformel:**

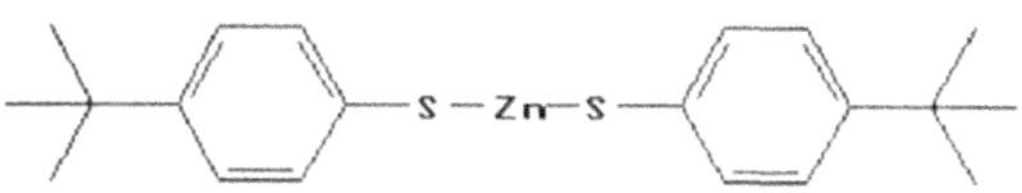

Funktion:
Mastikationsmittel;

N,N-Di-(1-methylethyl)-2-benzothiazolsulfenamid

- **CAS-Nummer:**
  92-29-4
- **gebräuchliche Namen:**
  DIBS; N,N-Diisopropyl-2-benzothiazol-sufenamid;
- **Handelsnamen:**
  Dipac;
- **Summenformel:**
  $C_{13}H_{18}N_2S_2$

- **Strukturformel:**

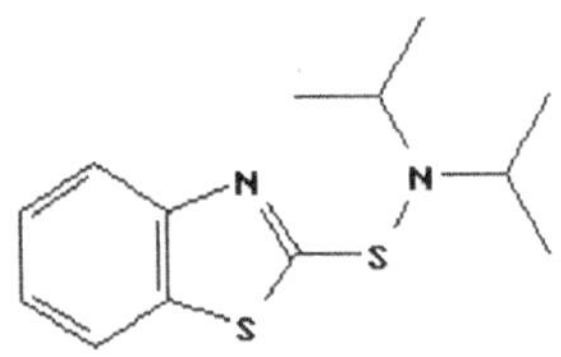

Funktion:
Vulkanisationsbeschleuniger, organisch;
Kautschukart:
Naturkautschuk; Styrol-Butadien-Kautschuk;

Eigenschaften:

- **physikalisch/chemisch:**
Molmasse: 220 g/mol

N-(1,1'-Dimethylethyl)-2-benzothiazolsulfonamid

- **CAS-Nummer:**
95-31-8
- **gebräuchliche Namen:**
TBBS; BBTS; Benzothiazyl-2-tert.-butylsufenamid; N-tert.-Butyl-2-benzothiazolsulfonamid; N-t-Butyl-2-benzothiazolsulfonamid; S-Benzothiazol-2-yl-N-tert.-butyl-thiohydroxylamin; Benzothiazol-2-sulfonsäure-tert.-butylamid; S-Benzothiazol-2-y-N-tert.-butyl-thiohydroxylamin; N-tert.-Butyl-benzothiazol-2-sulfenamid; N-tert.-Butyl-2-benzothiazolsulfenamid;
N-tert.-Butyl-2-benzothiazylsulfenamid;
- **Handelsnamen:**
Ahrochem BBTS; Delac NS; Norceler NS; Pennac; Pennac TBBC; Rhenogran TBBS-80; Rhenosol TBBS-50; Rubenamid T; Santocure NS; Santocure TBBS; Perkacit TBBS; Vanax NS; Vulkacit NZ; Vulkacit NZ/EG;
- **Summenformel:**
$C_{11}H_{14}N_2S_2$

- **Strukturformel:**

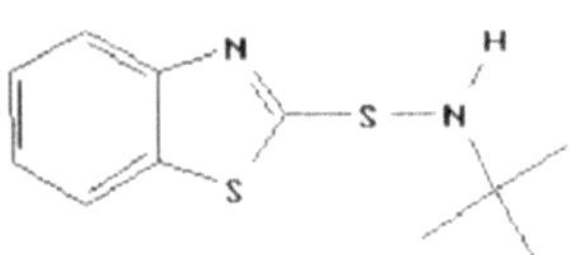

Funktion:
Vulkanisationsbeschleuniger, organisch;
Kautschukart:
Naturkautschuk; synthetischer Kautschuk;
Anwendung:
Reifen, Schläuche; mechanische Ware; stranggepreßte Ware; extrudierte Artikel; Schuhe; Sohlen; chirurgische und medizinische Artikel; Sportartikel; Spielsachen; technische Gummiartikel; Produkte für Industrie, inkl. Druckplattentücher; Klebstoffe; Dichtungen; Transportbänder; Kabelherstellung; Latex Tauchartikel; Latex Schaumartikel;

branchenspezifische Bemerkung zur Substanz:
Einsatzmenge: 970 t/a (Reifenindustrie: 700 t/a, TSE-Industrie: 270 t/a) (1996)

Eigenschaften:
- **toxikologisch/ökotoxikologisch:**
RTECS # DL 6200000

Sonstiges:
LD 50 (intravenös, Maus): 180 mg/kg [428];
LD 50 (intraperitoneal, Maus): 5000 mg/kg [428];
LD 50 (Haut, Kaninchen): >7940 mg/kg [428];
LD Lo (oral, Ratte): 7940 mg/kg [428];

zu Santocure TBBS [563]:
Leicht hautreizend, leicht augenreizend; LD 50 (oral, Ratte): >6310 mg/kg; LD 50 (dermal, Kaninchen): >7940 mg/kg;
Gefahrensymbol: Xi; R-Sätze: 43; S-Sätze: 24-37-53;
Nicht gut biologisch abbaubar; LC 50 (blauer Sonnenbarsch): 1,2 mg/l/ 96h; LC 50 (Regenbogenforelle): 1,6 mg/l/96 h; LC 50 (Elritze): 21 mg/l/96 h; EC 50 (Daphnia magna): >100 mg/l/48 h;

- **physikalisch/chemisch:**
Schmelzpunkt: 104 °C; 106 °C; 104-111 °C
Dichte: 1290 kg/m3 (25 °C); 1280 ± 30 kg/m3
Molmasse: 238,37 g/mol

Löslichkeit:
löslich in den meisten organischen Lösemitteln [428];
unlöslich in Wasser; sehr leicht löslich in Petrolether; mäßig löslich in Ethanol, Methylbenzen, Trichlormethan;

Bemerkung:
enthalten in Santocure TBSI (<1 %);

zu Santocure TBBS [563]:
Cremefarbiges, staubarmes Pulver oder Granulat; Schmelzpunkt: 109 °C; löslich in den meisten organ. Lösungsmitteln, zu 0,00032 kg/m3 (25 °C) löslich in Wasser;log POW: 4,38 ; Zu vermeidende Bedingungen: kann sich bei Temperaturen: 100 °C < T < 300 °C entzünden ; Gefährliche Zersetzungsprodukte: CO, NOx, SOx;

4-(1,1-Dimethylethyl)-cyclohexen

- **CAS-Nummer:**
2228-98-0
- **gebräuchliche Namen:**
4-tert.-Butylcyclohexen;
- **Summenformel:**
$C_{10}H_{18}$

- **Strukturformel:**

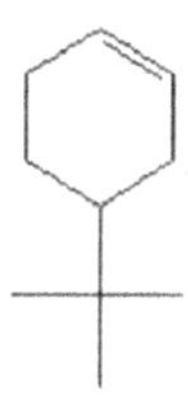

branchenspezifische Bemerkung zur Substanz:
Reaktionsprodukt von Poly-2-methyl-1,3-butadien (CAS-NR.: 9003-31-0);

Eigenschaften:

- **physikalisch/chemisch:**
Siedepunkt: 162-163 °C (1013 hPa); 50 °C (13,33 hPa)

Dichte: 815 kg/m3 (20 °C)
Molmasse: 138,25 g/mol

1-(1,1-Dimethylethyl)-4-ethenyl-benzen

- **CAS-Nummer:**
  1746-23-2
- **gebräuchliche Namen:**
  4-tert.-Butylstyren; 1-tert.-Butyl-4-vinylbenzen; p-tert.-Butylstyren;
- **Summenformel:**
  $C_{12}H_{16}$

- **Strukturformel:**

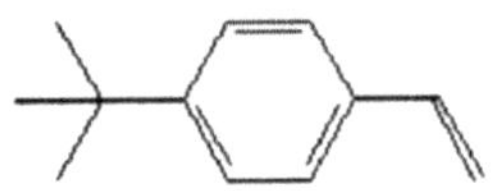

branchenspezifische Bemerkung zur Substanz:
Reaktionsprodukt von Phenylethen- Butadien-Copolymer (CAS-Nr.: 9003-55-8);

Eigenschaften:

- **physikalisch/chemisch:**
  Schmelzpunkt: -36,9 °C
  Siedepunkt: 100- 103 °C (18,66 hPa); 52 °C (1,33 hPa)
  Molmasse: 160,26 g/mol

4-(1,1-Dimethylethyl)-hydroxybenzen

- **CAS-Nummer:**
  98-54-4
- **UN Nummer:**
  2229
- **gebräuchliche Namen:**
  PTBP; 4-tert.-Butylphenol; para-tert. Butylphenol; Butylphenol; p-t-Butylphenol; p-tert.-Butylphenol; 1-Hydroxy-4-tert.-butylbenzen; 1-Hydroxy-4-tert.-butylbenzol; 4-(1,1-Dimethylethyl)phenol;
- **Handelsnamen:**
  Ucar butylphenol 4-T flake; Ucar butylphenol 4-T;
- **Summenformel:**
  $C_{10}H_{14}O$

- **Strukturformel:**

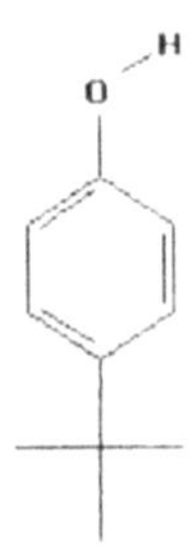

Funktion:
Härter;

Eigenschaften:
- **toxikologisch/ökotoxikologisch:**
RTECS # SJ 8925000
WGK: 2
MAK Wert: 0,08 ml/m3 bzw. 0,5 mg/m3
R-Satz: 20/21-34
S-Satz: 26-27-28-36/37/39
Sonstiges:
Spitzenbegrenzung: II,2 [481]; Gefahr der Hautresorption [481]; vgl. Abschn. VIII;
Tumorbildend [428];
Dämpfe reizen Augen, Atemwege, Lunge und Haut; Kontakt mit der heißen Schmelze verursacht schwere Verbrennungen; der Stoff wird auch über die Haut aufgenommen; bei sehr starkem Erhitzen oder bei Brand bilden sich unter Zersetzung giftiges Kohlenmonoxid und Kohlendioxid [163];
LD 50 (oral, Ratte): 1500 mg/kg, 3250 µl/kg [428];
LC Lo (inhalativ, Ratte): 5600 mg/m3/4h [428];
LD 50 (Haut, Maus): 2520 µl/kg [428];
LD 50 (Haut, Kaninchen): 2288 mg/kg, 2520 µl/kg [428];
LD 50 (intraperitoneal, Maus): 78 mg/kg [428];
LD 50 (oral, Säugetiere): 1500 mg/kg [428];
LD 50 (Haut, Säugetiere): 1580 mg/kg [428];
TD Lo (oral, Hamster): 252 g/kg/20W (kontinuierlich) [428];

Gefahren-Symbol:

- **physikalisch/chemisch:**
Schmelzpunkt: 98-100 °C
Siedepunkt: 237-239 °C
Flammpunkt: 113 °C
Dampfdruck: 14 hPa (115 °C) [163]
Brechungsindex: 1,4787 (14 °C)
Dichte: 908 kg/m3 (80 °C)
Molmasse: 150,22 g/mol
Löslichkeit:
löslich in Ethanol, Diethylether; praktisch unlöslich in kaltem Wasser;

Verbleib nach Gebrauch:
Verbrennung nach Mischung mit brennbarem Lösemittel;

Bemerkung:
Farblose Flüssigkeit als heiße Schmelze; phenolartiger Geruch; brennbar;
Stoff reagiert bei Kontakt oder Mischung mit Basen, Säurechloriden, Säureanhydriden und sauerstoffreichem Material;
Bildet im dampf-/gasförmigen Zustand mit Luft explosionsfähige Gemische;
Explosionsgrenzen: 0,8 - 5,3 Vol.% [163]; Zündtemp.: 475 °C [163];
Verwendung: Weichmacher; Bakterizid; Motoröladditiv; Zwischenprodukt bei der Herstellung von Lackharzen und Firnis;

(1,1-Dimethylethyl)isothiocyanat

- **CAS-Nummer:**
590-42-1
- **gebräuchliche Namen:**
2-Isothiocyanato-2-methyl-propan; tert.- Butylsenföl; Tert.-butyl-isothiocyanat;

- **Summenformel:**
  C_5H_9NS

- **Strukturformel:**

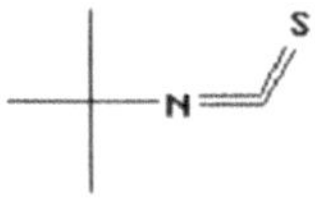

branchenspezifische Bemerkung zur Substanz:
Zersetzungsprodukt von tert.-Butyl-2-benzothiazol-sulfenamid;

Eigenschaften:
- **toxikologisch/ökotoxikologisch:**
  R-Satz: 10-23/24/25-36/37/38
  S-Satz: 45-26-27-36/37/39

- **physikalisch/chemisch:**
  Schmelzpunkt: 10,5-11,5 °C
  Siedepunkt: 30-32 °C (13 hPa)
  Flammpunkt: 38 °C
  Brechungsindex: 1,4800 (20 °C)
  Dichte: 908 kg/m3
  Molmasse: 115,2 g/mol

Verbleib nach Gebrauch:
Verbrennung;

Bemerkung:
farblose Flüssigkeit;

N-(1,1-Dimethylethyl)-methyl-amin

- **CAS-Nummer:**
  14610-37-8
- **gebräuchliche Namen:**
  N-Methyl-tert.-butylamin; N-tert.-Butylamin; tert.-Butyl-methyl-amin;
- **Summenformel:**
  $C_5H_{13}N$

- **Strukturformel:**

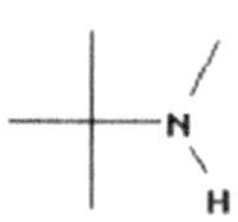

Funktion:
Vulkanisationsbeschleuniger, organisch;

Eigenschaften:
- **toxikologisch/ökotoxikologisch:**
  R-Satz: 11-34-20/21/22
  S-Satz: 16-26-27-33-36/37/39

- **physikalisch/chemisch:**
  Siedepunkt: 67-69 °C
  Flammpunkt: -24 °C
  Brechungsindex: 1,3950 (20 °C)
  Dichte: 732,3 kg/m3; 727 kg/m3
  Molmasse: 87,16 g/mol

Verbleib nach Gebrauch:
Verbrennung, hochentzündliche Stoffe;

4-(1,1-Dimethylethyl)-2-methylthio(hydroxybenzen)

- **CAS-Nummer:**
  15570-10-2
- **gebräuchliche Namen:**
  4-tert.-Butyl-2-methylthiophenol;
- **Handelsnamen:**
  Pitt Consol 646;
- **Summenformel:**
  $C_{11}H_{16}S$

- **Strukturformel:**

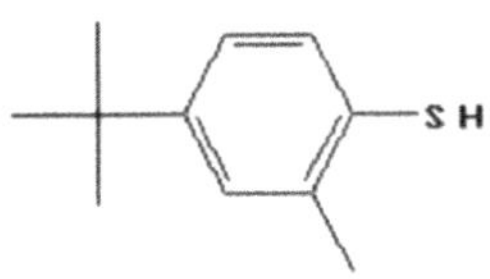

Funktion:
Mastikationsmittel;

Eigenschaften:
- **physikalisch/chemisch:**
  Molmasse: 180,31 g/mol

2-(1,1-Dimethylethyl)-1-naphthol

- **CAS-Nummer:**
  1570-10-2
- **gebräuchliche Namen:**
  4-tert.-Butyl-2-methylthiophenol;
- **Handelsnamen:**
  Pitt Cousol 646;
- **Summenformel:**
  $C_{11}H_{16}S$

Funktion:
Mastikationsmittel;

Eigenschaften:
- **physikalisch/chemisch:**
  Molmasse: 180,31 g/mol

1,6-Dimethyl-4-isopropyl-1,2,3,4-tetrahydronaphthalen

- **CAS-Nummer:**
  483-77-2
- **gebräuchliche Namen:**
  (1R)-4c-Isopropyl-1r,6-dimethyl-1,2,3,4-tetrahydro-naphthalen; 4-Isopropyl-1,6-dimethyl-1,2,3,4 tetrahydronaphthalen;

- **Summenformel:**
  $C_{15}H_{22}$

- **Strukturformel:**

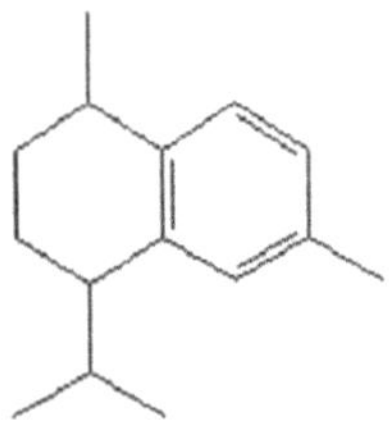

branchenspezifische Bemerkung zur Substanz:
Reaktionsprodukt von naphthenischen Ölen [Weichmachern];

Eigenschaften:

- **physikalisch/chemisch:**
  Siedepunkt: 150-155 °C (4 hPa)
  Molmasse: 202,34 g/mol

N,N-Dimethylmethanamid

- **CAS-Nummer:**
  68-12-2
- **UN Nummer:**
  2265
- **gebräuchliche Namen:**
  Ameisensäuredimethylamid; Dimethylformamid; N,N-Dimethylformamid; DMF; Formyldimethylamid; N,N-Dimethylameisensäureamid; N-Formyldimethylamin;
- **Handelsnamen:**
  NSL 5356; U-4224; NCI-C 60913;
- **Summenformel:**
  C_3H_7NO

- **Strukturformel:**

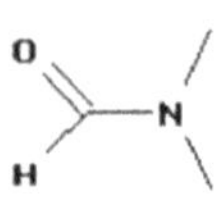

Funktion:
Lösemittel;
Anwendung:
Reifen, Schläuche; chirurgische und medizinische Artikel; Sportartikel; Spielsachen; technische Gummiartikel; Produkte für Industrie, inkl. Druckplattentücher; Klebstoffe; Dichtungen; Latex Tauchartikel; Latex Schaumartikel;

branchenspezifische Bemerkung zur Substanz:
Einsatzmenge: 2 t/a (TSE-Industrie, 1996)

Eigenschaften:
- **toxikologisch/ökotoxikologisch:**
  RTECS # LQ 2100000
  Schweizer Giftliste: 3
  WGK: 1

MAK Wert: 30 mg/m3 bzw. 10 ml/m3 bzw. 20 ml/m3
R-Satz: 61-20/21-36
S-Satz: 53-45
Sonstiges:
Zu diesem Stoff liegt ein BUA-Stoffbericht Nr. 84 vor.
Spitzenbegrenzung: II,1 [481]; Gefahr der Hautresorption [481]; Schwangerschaftsgruppe B [481]; Repr.Cat.2 [505];
Dämpfe reizen stark Augen und Atemwege; Kontakt mit der Flüssigkeit führt zu Reizung der Augen und Haut; Flüssigkeit wird leicht über die Haut aufgenommen (Hautresorption!); Leber- und Nierenschäden möglich [163];
LD 50 (oral, Ratte): 2800 mg/kg [187], [428];
LD 50 (intraperitoneal, Ratte): 1400 mg/kg [428];
LD 50 (subcutan, Ratte): 3800 mg/kg [428];
LD 50 (intravenös, Ratte): 2000 mg/kg [428];
LD 50 (oral, Maus): 3700 mg/kg [428];
LĆ 50 (inhalativ, Maus): 9400 mg/kg [428], [187];
LD 50 (intraperitoneal, Maus): 650 mg/kg [428];
LD 50 (subcutan, Maus): 4500 mg/kg [428];
LD 50 (intravenös, Maus): 2500 mg/kg [428];
LD 50 (intramuskulär, Maus): 3900 mg/kg[428];
LD 50 (Haut, Kaninchen): 4720 mg/kg [187], [428];
LD 50 (intraperitoneal, Kaninchen): 1000 mg/kg [428];
LD 50 (intravenös, Kaninchen): 1800 mg/kg [428];
LD Lo (intraperitoneal, Meerschweinchen): 4000 mg/kg [428];
LD 50 (intravenös, Meerschweinchen): 1050 mg/kg [428];
LD 50 (intravenös, Hund): 470 mg/kg [428];
LD 50 (intraperitoneal, Katze): 500 mg/kg [428];

Gefahren-Symbol:

- **physikalisch/chemisch:**
Schmelzpunkt: -55 °C; -61 °C
Siedepunkt: 153 °C
Flammpunkt: 58 °C
Dampfdruck: 4 hPa (25 °C) [163]
Log pOW: -1,01 [4]
Brechungsindex: 1,42938 (22,4 °C)
Dichte: 950 kg/m3 (20 °C)
Molmasse: 73,094 g/mol

Löslichkeit:
mischbar mit Wasser und den meistgebräuchlichen organischen Lösungsmitteln; löslich in Ether, Propanon, Benzen, Trichlormethan [428];

Bemerkung zu physikalisch/chemischen Daten:
T(krit.): 374 °C [428];

Verbleib nach Gebrauch:
Verbrennung;

Bemerkung:
Farblose, leicht bewegliche, wasseranziehende Flüssigkeit; schwacher aminartiger Geruch; brennbar; fischartiger Geruch [428];
Bei starker Erwärmung bilden sich giftige und explosionsfähige Gemische;
Explosionsgrenzen: 2,2-16 Vol.-%; Zündtemp.: 440 °C [163], [484];
Kann bei Kontakt mit halogenierten Kohlenwasserstoffen und mit sauerstoffreichem Material (starken Oxidationsmitteln) sehr heftig reagieren;

Verwendung: als Lösemittel für Polymere, Gase (z.B. Ethen, Ethin, Schwefelwasserstoff, Schwefeldioxid), Farbstoffe;
Enthalten in Efka-781 (5%);

2,4-Dimethyl-6-(1-methylcyclohexyl)-phenol

- **CAS-Nummer:**
  77-61-2
- **gebräuchliche Namen:**
  2,4-Dimethyl-6-(alpha-methylcyclohexyl)-phenol;
- **Handelsnamen:**
  Nonox WSL;
- **Summenformel:**
  $C_{15}H_{22}O$

- **Strukturformel:**

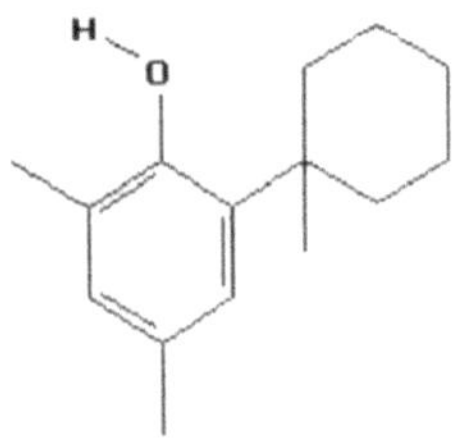

Funktion:
Oxidationsschutzmittel; Hitzeschutzmittel;

Eigenschaften:

- **physikalisch/chemisch:**
  Molmasse: 218,34 g/mol

2-(1,1-Dimethyl)-4-methylhydroxybenzen

- **CAS-Nummer:**
  2409-55-4
- **gebräuchliche Namen:**
  2-tert.-Butyl-4-methylphenol; 2- tert.-Butyl-p-kresol; Butyl-tert.-2-methyl-4-phenol; 2-(1,1-Dimethyl)-4-methylphenol;
- **Summenformel:**
  $C_{11}H_{16}O$

- **Strukturformel:**

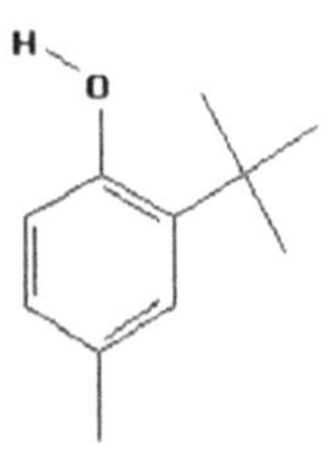

branchenspezifische Bemerkung zur Substanz:
Zersetzungsprodukt von Bis-(3-tert.-butyl-2-hydroxy-5-methylphenyl)-methan (CAS-Nr. 119-47-1);

Eigenschaften:
- **toxikologisch/ökotoxikologisch:**
RTECS # GO 7000000
Schweizer Giftliste: 4
WGK: 2
R-Satz: 36/37/38
S-Satz: 24/25
Sonstiges:
Krebserregend; Mutagen; Reizend [428];
LD 50 (oral, Ratte): 2500 mg/kg [39], [428];
LD 50 (oral, Maus): 700 mg/kg [39], [428];
LD 50 (intraperitoneal, Maus): 144 mg/kg [428];
LD 50 (intravenös, Maus): 10 mg/kg [428];
LD 50 (Haut, Kaninchen): 2200 mg/kg [39], [428];
LD 50 (oral, Meerschweinchen): 1180 mg/kg [428];

Gefahren-Symbol:

- **physikalisch/chemisch:**
Schmelzpunkt: 51-52 °C
Siedepunkt: 244 °C; 237 °C
Flammpunkt: 100 °C
Molmasse: 164,25 g/mol

Löslichkeit:
unlöslich in Wasser;

Verbleib nach Gebrauch:
Verbrennung nach Mischung mit brennbarem Lösemittel;

Bemerkung:
Hygroskopisch;

2-(2,6-Dimethyl-4-morpholinothio)-benzothiazol

- **CAS-Nummer:**
102-78-3
- **gebräuchliche Namen:**
N-(2,6-Dimethyl-4-morpholinyl)-2-benzothiazolsulfonamid; N-(2,6-Dimethyl-4-morpholino)-2-benzothiazolsulfonamid;
- **Handelsnamen:**
Santocure 26;
- **Summenformel:**
$C_{13}H_{16}N_2OS_2$

- **Strukturformel:**

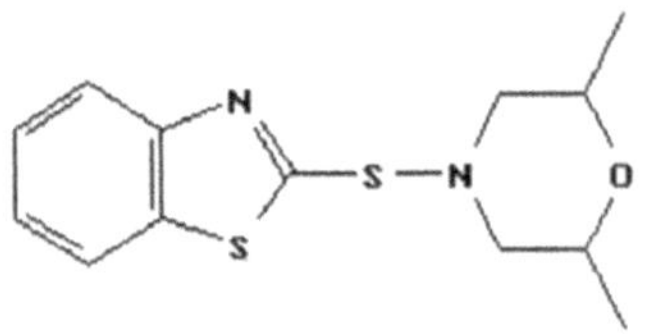

Funktion:
Vulkanisationsbeschleuniger, organisch;

Eigenschaften:

- **physikalisch/chemisch:**
Molmasse: 280,40 g/mol

Dimethylnaphthalen (Isomerengemisch)

- **CAS-Nummer:**
28804-88-8
- **Summenformel:**
$C_{12}H_{12}$

- **Strukturformel:**

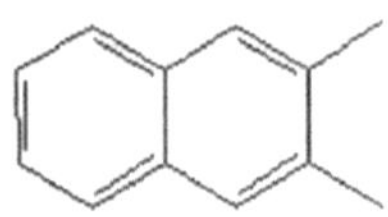

branchenspezifische Bemerkung zur Substanz:
Zersetzungsprodukt aus aromatischen Weichmachernölen;

Eigenschaften:
- **physikalisch/chemisch:**
Flammpunkt: 101 °C
Log pOW: 4,31-4,44 (je nach Isomer)
Brechungsindex: 1,6088 (20 °C)
Dichte: 1010 kg/m3 (20 °C)
Molmasse: 156,23 g/mol

Verbleib nach Gebrauch:
Verbrennung nach Mischung mit brennbarem Lösemittel;

N,N-Dimethyl-4-nitrosoanilin

- **CAS-Nummer:**
138-89-6
- **gebräuchliche Namen:**
NDMA; N,N-Dimethyl-p-nitrosoanilin; N,N-Dimethyl-4-nitrosobenzolanilin; p-(Dimethylamino)nitrosobenzol; Dimethyl-(p-nitrosophenyl)amin; 4-Nitroso-N,N-dimethylanilin;
- **Handelsnamen:**
Acellerine; Ultra-Brillant Blue P; UN 1369; NCI-C01821;
- **Summenformel:**
$C_8H_{10}N_2O$

- **Strukturformel:**

Funktion:
Vulkanisationsbeschleuniger, organisch;

Eigenschaften:
- **toxikologisch/ökotoxikologisch:**
RTECS # BX 7175000
WGK: 2
R-Satz: 11-23/24/25
S-Satz: 16-33-45-36/37/39
Sonstiges:
LD 50 (oral, Ratte): 65 mg/kg [187];
LD Lo (oral, Meerschweinchen): 650 mg/kg [39];

Gefahren-Symbol:

- **physikalisch/chemisch:**
Schmelzpunkt: 85-87 °C; 92,5-93,5 °C [201]
Dichte: 1145 kg/m3 (20 °C); 1452 kg/m3
Molmasse: 150,18 g/mol
Löslichkeit:
unlöslich in Wasser; löslich in Diethylether, Formamid;

Verbleib nach Gebrauch:
Verbrennung nach Mischung mit brennbarem Lösemittel;

Bemerkung:
grünes kristallines Pulver;

N,N'-Dimethyl-N,N'-di-(1-methylheptyl)-benzen-1,4-diamin

- **CAS-Nummer:**
96465-94-0
- **gebräuchliche Namen:**
N,N'-Dimethyl-N,N'-di-(1-methylheptyl)-p-phenylendiamin; N,N'-Dimethyl-N,N'-bis-(1-methylheptyl)-p-phenylendiamin;
- **Summenformel:**
$C_{24}H_{44}N_2$

- **Strukturformel:**

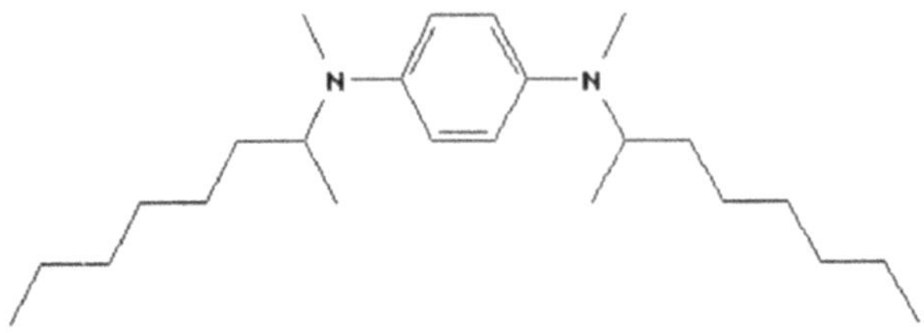

Funktion:
Ozonschutzmittel;

Eigenschaften:
- **physikalisch/chemisch:**
Siedepunkt: 212-220 °C (4 hPa)
Molmasse: 360,63 g/mol

N,N'-Dimethyl-N,N'-dinitroso-1,4-benzendicarbonsäurediamid

- **CAS-Nummer:**
133-55-1
- **UN Nummer:**
1325
- **gebräuchliche Namen:**
N,N'-Dimethyl-N,N'-dinitroso-terephthalamid; N,N'-Dimethyl-N,N'-dinitroso-1,4-benzodicarbonsäureamid; N,N'-Dimethyl-N,N'-dinitroso-1,4-benzodicarboxamid; N,N'-Dinitroso-N,N'-dimethylterephthalamid, nicht mehr als 72 % als Paste; N,N'-Dinitroso-N,N'-dimethylterephthalsäureamid; N,N'-Dimethyl-N,N'-dinitrosoterephthalamid;
- **Handelsnamen:**
BL 353; Nitrosan;
- **Summenformel:**
$C_{10}H_{10}N_4O_4$

- **Strukturformel:**

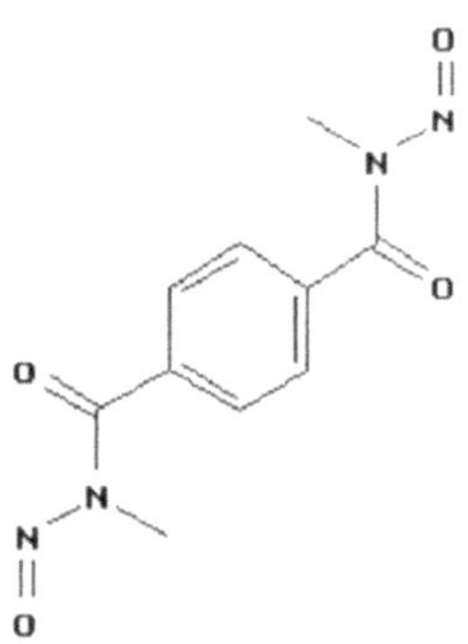

Funktion:
Treibmittel, organisch;
Kautschukart:
Silikon-Kautschuk;
Anwendung:
poröse Artikel

branchenspezifische Bemerkung zur Substanz:
wird seit 1975 nicht mehr eingesetzt [1]

Eigenschaften:
- **toxikologisch/ökotoxikologisch:**
  RTECS # WZ 0760000
  Sonstiges:
  mutagen [428];
  Spezifische Gesundheitsgefahren sind nicht bekannt; nach Aufnahme in den Körper ist bei Nitrosoverbindungen sowohl mit Leberschäden als auch mit einer krebserzeugenden Wirkung zu rechnen.
  Bei Brand oder Erhitzen bis zur Zersetzung Entstehung von nitrosen Gasen.
  Symptome: Lediglich heiße Dämpfe können zur Reizung von Haut, Augen und Atemwege führen.
  Nach Einatmen oder Hautkontakt in jedem Fall - auch bei Ausbleiben der Symptome - den Arzt aufsuchen [484];

- **physikalisch/chemisch:**
  Siedepunkt: 100 °C (Zers.)
  Molmasse: 250,21 g/mol
  Löslichkeit:
  geringfügig mischbar mit Wasser [484];

Bemerkung:
Brennbarer, sehr reaktionsfähiger fester Stoff; bei Brand bilden sich giftige und ätzende nitrose Gase [484];

1,4-Dimethylpentylamin

- **CAS-Nummer:**
  28292-43-5
- **gebräuchliche Namen:**
  5-Methyl-2-hexylamin;
- **Summenformel:**
  $C_7H_{17}N$

- **Strukturformel:**

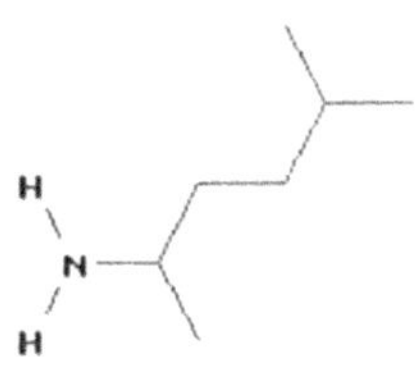

branchenspezifische Bemerkung zur Substanz:
Zersetzungsprodukt von N,N'-Bis-(1,4-dimethylpentyl)-benzen-1,4-diamin (77PD);

Eigenschaften:
- **toxikologisch/ökotoxikologisch:**
  Sonstiges:
  LD 50 (intraperitoneal, Maus): 90 mg/kg [428];

- **physikalisch/chemisch:**
  Molmasse: 115,22 g/mol

N-(1,4-Dimethylpentyl)-N'-phenyl-benzen-1,4-diamin

- **CAS-Nummer:**
  3081-01-4
- **gebräuchliche Namen:**
  N-(1,4-Dimethylamyl)-N'-phenyl-p-phenylendiamin; N-(1,4-Dimethylpentyl)-N'-phenyl-1,4-benzoldiamin; N-(1,4-Dimethylpentyl)-N'-phenyl-p-phenylendiamin;
- **Handelsnamen:**
  Santoflex 14; Santoflex 14 antiozonant;
- **Summenformel:**
  $C_{19}H_{26}N_2$

- **Strukturformel:**

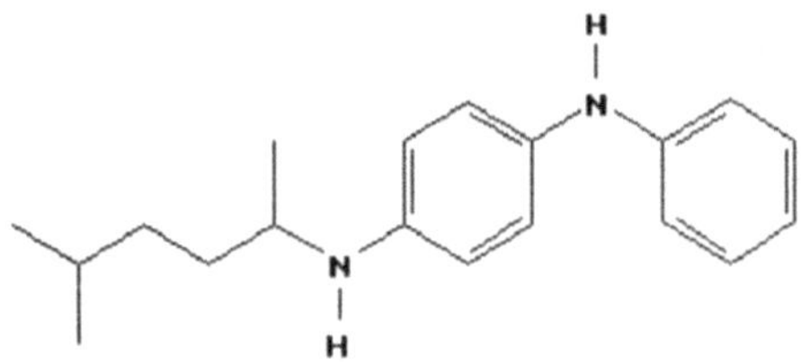

Funktion:
(1) Ozonschutzmittel;
(2) Alterungsschutzmittel;
Anwendung:
(2) Reifen, Schläuche;

Eigenschaften:
- **toxikologisch/ökotoxikologisch:**
  RTECS # CZ 1587300
  Sonstiges:
  LD 50 (oral, Ratte): 2100 mg/kg [428];
  LD Lo (Haut, Kaninchen): 7940 mg/kg [428];

- **physikalisch/chemisch:**
  Molmasse: 282,47 g/mol

Dimethylphenolphosphat (3:1)

- **CAS-Nummer:**
  25155-23-1
- **gebräuchliche Namen:**
  TXP; Phosphatxylenol (3:1); Trixylenylphosphat; Trixylylphosphat; Xylylphosphat; Xylenolphosphat;
- **Handelsnamen:**
  Coalite NPT; Reofos 9S; Phosflex 179; Rheofos 95; Reomol TXP;
- **Summenformel:**
  $C_{24}H_{27}O_4P$

- **Strukturformel:**

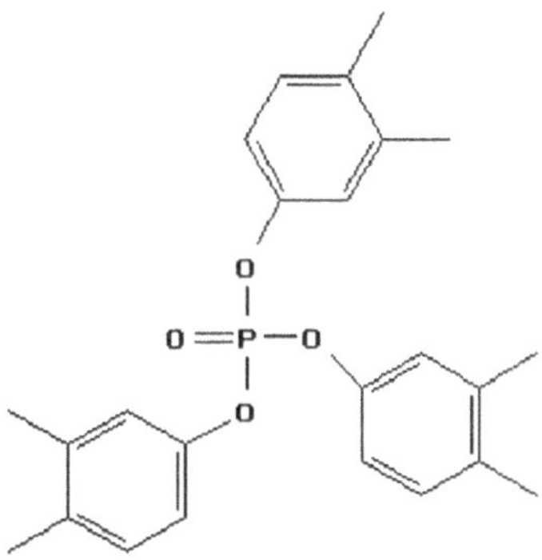

Funktion:
Weichmacher, synthetisch;

Eigenschaften:
- **toxikologisch/ökotoxikologisch:**
RTECS # ZE 8320000
Schweizer Giftliste: 4
Sonstiges:
LD 50 (oral, Maus): 11800 mg/kg [428];

- **physikalisch/chemisch:**
Siedepunkt: 260-270 °C
Molmasse: 410,48 g/mol

Bemerkung:
Verwendung: als Zusatz in Hydraulikflüssigkeiten; Hitzebeständiger Zusatzstoff;

1,2-Di-[(2-methylphenyl)-amino]-ethan

- **CAS-Nummer:**
94-92-8
- **gebräuchliche Namen:**
N,N'-Di-o-toluolethylendiamin; N,N'-Bis(2-methylphenyl)-1,2-ethandiamin;
- **Handelsnamen:**
Stabilite Alba;
- **Summenformel:**
$C_{16}H_{20}N_2$

- **Strukturformel:**

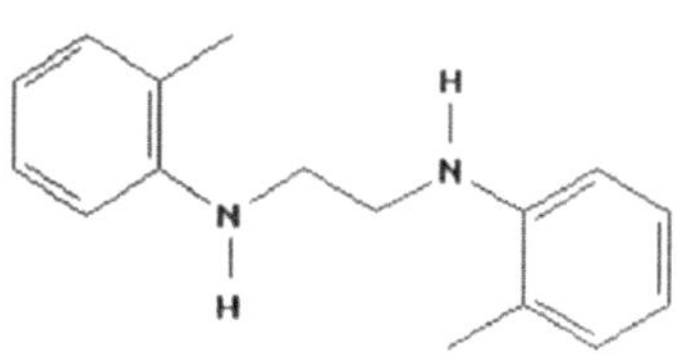

Funktion:
Oxidationsschutzmittel; Ermüdungsschutzmittel;

Eigenschaften:
- **physikalisch/chemisch:**
Schmelzpunkt: 75-76 °C

Siedepunkt: 207-212 °C (6,66 hPa); 210-215 °C (9,33 hPa)
Molmasse: 240,35 g/mol

Di-(4-methyl-1-piperazindithiocarbansäure), Zinksalz

- **CAS-Nummer:**
  55518-81-5
- **gebräuchliche Namen:**
  ZPDC; Bis(4-methyl-1-piperazincarbodithioato-S,S')-zink; Zink-(N-methylpiperazin)di-thiocarbamat
- **Summenformel:**
  $C_{12}H_{22}N_4S_4Zn$

- **Strukturformel:**

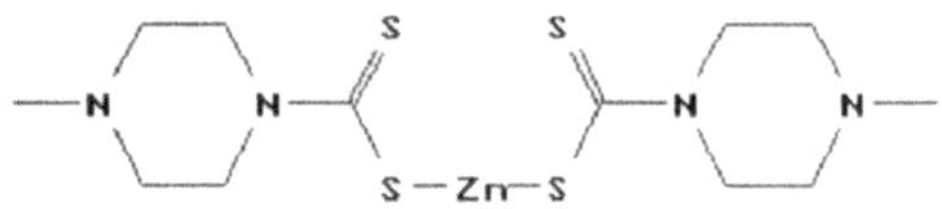

Funktion:
Vulkanisationsbeschleuniger, organisch;

Eigenschaften:
- **physikalisch/chemisch:**
  Molmasse: 415,95 g/mol

2,6-Dimethylpiperidin

- **CAS-Nummer:**
  504-03-0
- **Handelsnamen:**
  Lupetidine; Nanofin; Nanophyn;
- **Summenformel:**
  $C_7H_{15}N$

- **Strukturformel:**

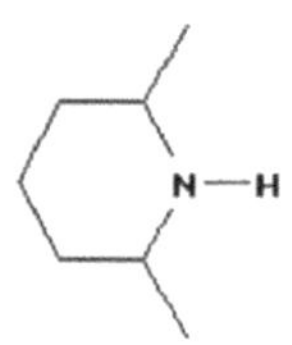

Funktion:
Vulkanisationsbeschleuniger, organisch;

Eigenschaften:
- **toxikologisch/ökotoxikologisch:**
  RTECS # OK 5775000
  WGK: 2
  Sonstiges:
  LD Lo (subcutan, Kaninchen): 400 mg/kg [428];

- **physikalisch/chemisch:**
  Siedepunkt: 126-127 °C (1013 hPa);
  Brechungsindex: 1,4377 (20 °C); 1,4395 (20 °C)

Dichte: 820,1 kg/m3; 815,8 kg/m3 (25°C)
Molmasse: 113,20 g/mol
Löslichkeit:
mischbar mit Wasser, Alkohol; leicht löslich in Tetrachlormethan und Säure;

Dimethylpolysiloxan

- **CAS-Nummer:**
  9016-00-6
- **gebräuchliche Namen:**
  PDMS; MQ; Silicon-Gummi; Silikonkautschuk; Silikon-Kautschuk; Polydimethylsiloxan; Silikonöl; Silicenöl; Dimeticon; Dimethylpolysiloxan; Dimethylsiloxan; alpha-(Trimethylsily)-omega-methyl-poly-[oxy(dimethylsilylen)];
- **Handelsnamen:**
  Abil 10-100000; Aeropax; AF-10 FG; AF 60; AF 9020; Akrochem SWS-201; Antifoam A; Barus; Bicolon; Ceolat; Delesan; Dimethicon; Endo-Paractol; Lefox; Masil EM; Meteorex; Mylicon; Mylocon; Ovol Phasil; Polysilon; Sab Simplex; Silain; Siligaz; SF; Silikon Fluid; Foamkill 810F; Foamkill 830F; Silicone Release Agent #5038; Simethicon; SM; Union Carbide; Viscasil;
- **Summenformel:**
  $C_6H_{18}OSi_2(C_2H_6OSi)_n$
- **Strukturformel:**

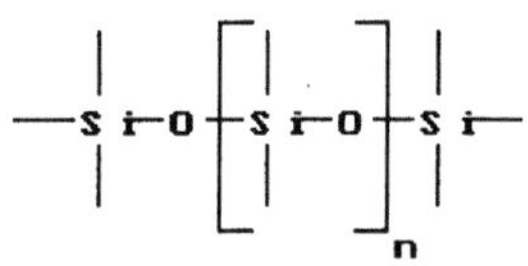

Funktion:
Polymer;
Antischaummittel für Latex;

branchenspezifische Bemerkung zur Substanz:
Einsatzmengen aller!! Silikonkautschuke in Deutschland: 3.000 t (1996);

Eigenschaften:
- **toxikologisch/ökotoxikologisch:**
  RTECS # TQ 2690000
  Sonstiges:
  Kann schädigend wirken beim Einatmen, Verschlucken oder Aufnahme über Haut; kann Augen- und Hautreizungen verursachen [187];
  LD (intraperitoneal, Ratte): >2000 mg/kg [428];
  TD Lo (implantiert, Ratte): 1500 mg/kg [428];
  LD (subcutan, Ratte): >2000 mg/kg [428];
  LD (intrapleural, Ratte): >2000 mg/kg [428];
  LD (intraperitoneal, Maus): >5500 mg/kg [428];
  LD (subcutan, Maus): >5500 mg/kg [428];
  LD (intrapleural, Maus): > 5500 mg/kg [428];
  LD (intrapleural, Hund): >410 mg/kg [428];
  LD (subcutan, Hund): >410 mg/kg [428];
  LD (implantiert, Hund): >410 mg/kg [428];

- **physikalisch/chemisch:**
  Siedepunkt: >149 °C; 203 °C
  Flammpunkt: 203 °C
  Brechungsindex: 1,4030 (20 °C); 1,3770 (20 °C)
  Dichte: 980 kg/m3 (20 °C)
  Löslichkeit:
  nicht mischbar mit Wasser, Ethanol; mischbar mit Trichlormethan, Diethylether;

Verbleib nach Gebrauch:
Verbrennung nach Mischung mit brennbarem Lösemittel;

Bemerkung:
Weiße, viskose, ölartige Flüssigkeit;
Bestandteil von Pharmazeutika und Kosmetik [573];

Dimethylpolysiloxan

- **CAS-Nummer:**
63148-62-9
- **gebräuchliche Namen:**
Dimethicon;
- **Handelsnamen:**
Siliconöl; DOW Corning 200; Syltherm 800;

Funktion:
Polymer;

Eigenschaften:
- **toxikologisch/ökotoxikologisch:**
RTECS # JT 6484500
WGK: 1
Sonstiges:
TD Lo (subcutan, Maus): 120000 mg/kg [428];

physikalisch/chemisch:
Siedepunkt: >140 °C (0,002 hPa)
Flammpunkt: 315 °C
Brechungsindex: 1,404 (20 °C)
Dichte: 963 kg/m3

Verbleib nach Gebrauch:
Verbrennung nach Mischung mit brennbarem Lösemittel;

Bemerkung:
Siliconöl für Schmelz- und Siedepunktbestimmungsapparate;

1,1-Dimethylpropylamin

- **CAS-Nummer:**
594-39-8
- **gebräuchliche Namen:**
tert.-Amylamin; 2-Methyl-2-butylamin; tert.-Pentylamin; 2-Amino-2-methylbutan;
- **Summenformel:**
$C_5H_{13}N$

- **Strukturformel:**

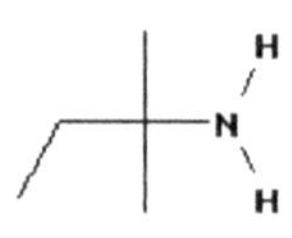

Funktion:
Vulkanisationsbeschleuniger, organisch;

Eigenschaften:
- **toxikologisch/ökotoxikologisch:**
  RTECS # SC 0300000
  R-Satz: 11-36/37/38
  S-Satz: 16-24/25

  Gefahren-Symbol:

- **physikalisch/chemisch:**
  Schmelzpunkt: -105 °C
  Siedepunkt: 76 °C; 77 °C
  Flammpunkt: -1 °C
  Brechungsindex: 1,3993; 1,3996 (20 °C)
  Dichte: 746 kg/m3; 731 kg/m3 (25 °C)
  Molmasse: 87,16 g/mol
  Löslichkeit:
  sehr löslich in Wasser, Säure, Ethanol, Ethylether;

Verbleib nach Gebrauch:
Verbrennung, hochentzündliche Stoffe;

2-(1,1-Dimethylpropyl)benzen-1,4-diol

- **CAS-Nummer:**
  2349-72-6
- **gebräuchliche Namen:**
  2-tert.-Pentylhydrochinon;
- **Summenformel:**
  $C_{11}H_{16}O_2$

- **Strukturformel:**

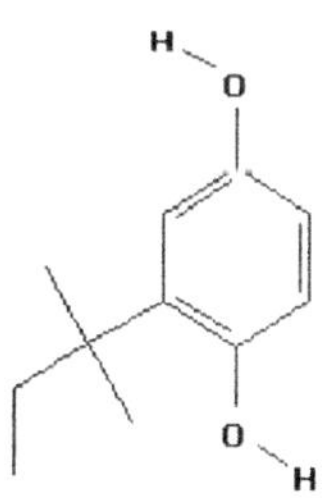

Eigenschaften:
- **physikalisch/chemisch:**
  Molmasse: 180 g/mol

Di-(2-methylpropyl)-dithiocarbaminsäure, Zinksalz

- **CAS-Nummer:**
  36190-62-2
- **gebräuchliche Namen:**
  Zink-di-iso-butyl-dithiocarbamat;

- **Handelsnamen:**
  Isobuthyl Zimate;
- **Summenformel:**
  $C_{16}H_{36}N_2S_4Zn$

- **Strukturformel:**

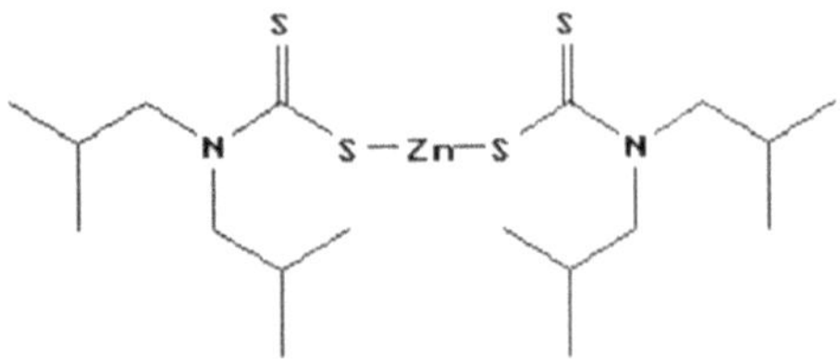

Funktion:
Vulkanisationsbeschleuniger, organisch;
Kautschukart:
Naturkautschuk;

Eigenschaften:
- **physikalisch/chemisch:**
  Dichte: 1240 ± 30 kg/m3
  Molmasse: 474,13 g/mol
  Löslichkeit:
  löslich in Methylbenzen, Schwefelkohlenstoff, Trichlormethan; unlöslich in Wasser;

N-(1,2-Dimethylpropyl-N'-phenyl-benzen-1,4-diamin

- **CAS-Nummer:**
  25986-31-6
- **gebräuchliche Namen:**
  N-(1,2-Dimethylpropyl)-N'-phenyl-phenylendiamin;
- **Summenformel:**
  $C_{17}H_{22}N_2$

- **Strukturformel:**

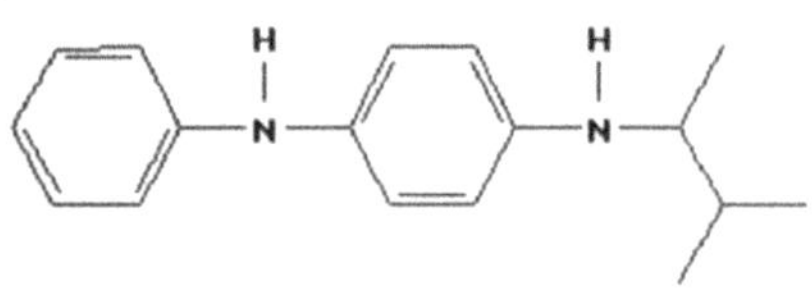

Funktion:
Ozonschutzmittel;

Eigenschaften:
- **physikalisch/chemisch:**
  Molmasse: 254,37 g/mol

N,N-Dimethyl-S-(morpholin-4-carbothioyl)-thiohydroxylamin

- **CAS-Nummer:**
  17392-25-5
- **gebräuchliche Namen:**
  DMMTS;

- **Summenformel:**
  $C_7H_{14}N_2OS_2$

- **Strukturformel:**

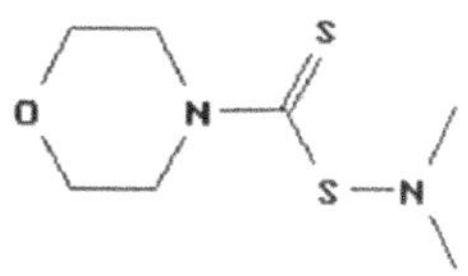

Funktion:
Vulkanisationsbeschleuniger, organisch;

Eigenschaften:
- **physikalisch/chemisch:**
  Molmasse: 206,32 g/mol

1,1-Dimethyl-5-tert.-butylindan

- **CAS-Nummer:**
  38393-97-4
- **gebräuchliche Namen:**
  5-tert.-Butyl-1,1-dimethyl-indan;
- **Summenformel:**
  $C_{15}H_{22}$

- **Strukturformel:**

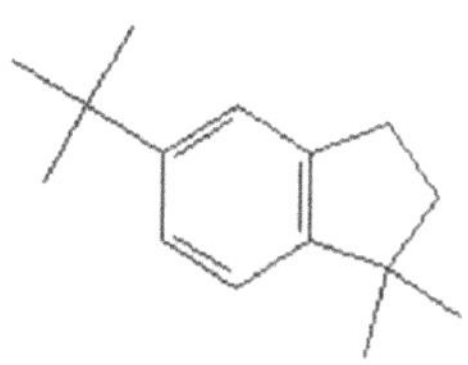

branchenspezifische Bemerkung zur Substanz:
Reaktionsprodukt von aromatischen Ölen [Weichmachern];

Eigenschaften:
- **physikalisch/chemisch:**
  Schmelzpunkt: 12,8°C
  Siedepunkt: 80-81 °C (1,33 hPa); 94 °C (4,67 hPa)
  Molmasse: 202,34 g/mol

3,5-Dimethyl-tetrahydro-2(H)-1,3,5-thiadiazin-2-thion

- **CAS-Nummer:**
  533-74-4
- **UN Nummer:**
  1325
- **gebräuchliche Namen:**
  DMTT; Dimethylformylcarbothialdin; 3,5-Dimethylperhydro-1,3,5-thiadiazin-2-thion; Tetrahydro-3,5-dimethyl-2H-1,3,5-thiadiazin-2-thion; Dimethylformocarbothialdin; 3,5-Dimethylperhydro-1,3,5-thiadiazin-2-thion; 3,5-Dimethyltetrahydro-1,3,5-thiadiazin-2-thion; 3,5-Dimethyl-1,2,3,5-tetrahydro-1,3,5-thiadiazinethion-2; 3,5-Dimethyltetrahydro-1,3,5-2H-thiadiazin-2-thion; 3,5-Dimethyl-1,3,5-2H-

tetrahydrothiadiazin-2-thion; 3,5-Dimethyltetrahydro-2H-1,3,5-thiadiazin-2-thion; 3,5-Dimethyl-2-thionotetrahydro-1,3,5-thiadiazin; Tetrahydro-2H-3,5-dimethyl-1,3,5-thiadiazin-2-thion; Tetrahydro-3,5-dimethyl-2H-1,3,5-thiadiazin-2-thion; 2-Thio-3,5-dimethyltetrahydro-1,3,5-thiadiazin;

- **Handelsnamen:**

  Basamid; Basamid G; Basamid-granular; Basamid P; Basamid - Puder; Carbothialdin; Carbothialdine; Cosan S; Crag 974; Crag fungicide 974; Crag 85W; Dazomet; Dazomet-powder Basf; Fennosan B 100; Mylone; Mylone 85; N 521; Nalcon 243; Nefusan; Prezervit; Stauffer N 521; Thiazon; Thiazone; Troysan 142; UCC 974;

- **Summenformel:**

  $C_5H_{10}N_2S_2$

- **Strukturformel:**

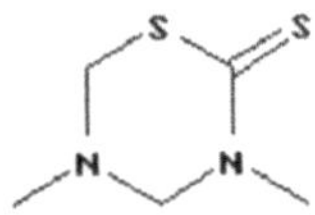

Funktion:

Antimikrobielle Mittel für Latex;

Eigenschaften:

- **toxikologisch/ökotoxikologisch:**

  WGK: 3
  R-Satz: 22-36
  S-Satz: (2)-15-22-24
  Sonstiges:
  Gesundheitsschädlich beim Verschlucken, reizt die Augen, bewirkt Hautsensibilisierung. Nach Verschlucken Krämpfe und Koma. Bei Brand oder Wärmezersetzung Entstehung von nitrosen Gasen und Schwefeldioxid.
  Symptome: Nach Inhalation von Stäuben: Brennen und Schmerzen der Augen sowie der Nasen- und Rachenschleimhaut. Nach Aufnahme in den Körper: Übelkeit, Erbrechen, Schwindelgefühl, Durchfälle, Krämpfe, Koma [484];
  LD 50 (oral, Ratte): 320 mg/kg [428];
  LD 50 (Haut, Ratte): 2260 mg/kg [428];
  LD 50 (intraperitoneal, Ratte): 87 mg/kg [428];
  LD 50 (subcutan, Ratte): 470 mg/kg [428];
  LC 50 (inhalativ, Ratte): 8400 mg/m3/4h [428];
  TD Lo (oral, Ratte): 3120 mg/kg/30D (kontinuierlich), 22119 mg/kg/2Y (kontinuierlich) [428];
  LD 50 (oral, Maus): 180 mg/kg [428];
  LD 50 (Haut, Maus): 2400 mg/kg [428];
  LD 50 (intraperitoneal, Maus): 98 mg/kg [428];
  LD 50 (subcutan, Maus): 248 mg/kg [428];
  LD 50 (intraperitoneal, Hund): 47 mg/kg [428];
  LD Lo (intramuskulär, Hund): 250 mg/kg [428];
  LD 50 (oral, Kaninchen):120 mg/kg [428];
  LD 50 (Haut, Kaninchen): 7 g/kg [428];
  LD 50 (intraperitoneal, Kaninchen): 127 mg/kg [428];
  LD 50 (oral, Meerschweinchen): 160 mg/kg [428];

  Gefahren-Symbol:

- **physikalisch/chemisch:**

  Schmelzpunkt: 104-105 °C (Zers.)
  Flammpunkt: 156 °C
  Dampfdruck: 0,000003 hPa (20 °C) [484]
  Dichte: 1300 kg/m3

Molmasse: 162,27 g/mol
Löslichkeit:
geringfügig mischbar mit Wasser [484];

Bemerkung:
Kristalle;
bei Brand oder Erhitzung bis zur Zersetzung bilden sich giftige und ätzende nitrose Gase und giftiges Schwefeldioxid(gas) [484];

2,2'-Dimethylthiocarbanilid

- **CAS-Nummer:**
137-97-3
- **gebräuchliche Namen:**
N,N'-Di-o-tolylthioharnstoff; Di-o-toluolthioharnstoff; N,N'-Bis-(2-methylphenyl)-thioharnstoff; 1,3-Di-1-toluol-2-thioharnstoff; 1,3-Bis-(o-tolyl)-2-thioharnstoff;
- **Handelsnamen:**
USAF EK-1651;
- **Summenformel:**
$C_{15}H_{16}N_2S$

- **Strukturformel:**

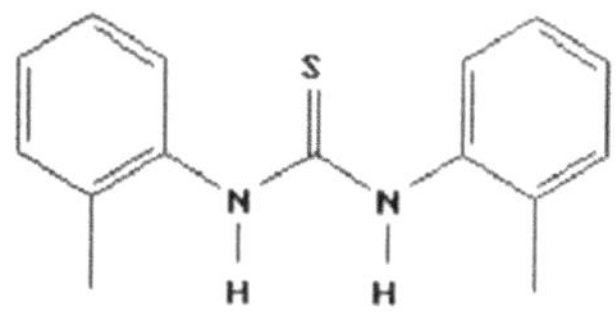

Funktion:
Vulkanisationsbeschleuniger, organisch;

Eigenschaften:
- **toxikologisch/ökotoxikologisch:**
RTECS # FE 0700000
Sonstiges:
LD 50 (intraperitoneal, Maus): 100 mg/kg [428];
LD Lo (oral, Hase): 3000 mg/kg [428];

- **physikalisch/chemisch:**
Schmelzpunkt: 157-159 °C
Siedepunkt: 216,8 °C (Subl.)
Molmasse: 256,39 g/mol

S-Dimethylthiocarbomyl-N,N-dimethyl-thiohydroxylamin

- **CAS-Nummer:**
2801-22-1
- **gebräuchliche Namen:**
TMTS; Dimethylammoniumdithiocarbamat
- **Summenformel:**
$C_5H_{12}N_2S_2$

- **Strukturformel:**

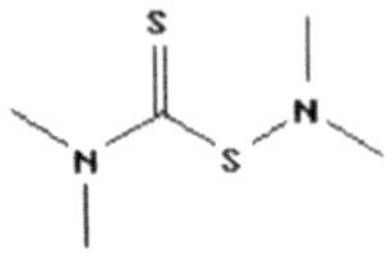

Funktion:
Vulkanisationsbeschleuniger, organisch;

Eigenschaften:
- **physikalisch/chemisch:**
Schmelzpunkt: 49 °C; 50-51 °C
Molmasse: 164,28 g/mol

N,N'-Dinaphthalen-1-yl-benzen-1,4-diamin

- **CAS-Nummer:**
10368-27-1
- **gebräuchliche Namen:**
N,N'-Dinaphthyl-p-phenylendiamin; DNPD;
- **Summenformel:**
$C_{26}H_{20}N_2$

- **Strukturformel:**

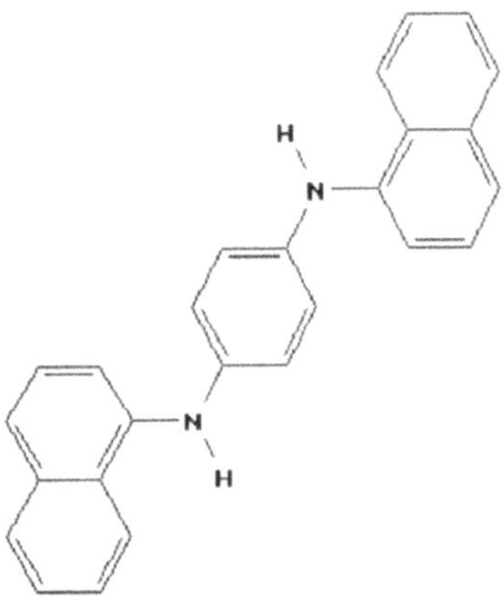

Funktion:
Ozonschutzmittel;

Eigenschaften:
- **physikalisch/chemisch:**
Siedepunkt: 355 °C (6,67 hPa)
Molmasse: 360,46 g/mol

N,N'-Di-2-naphthyl-benzen-1,4-diamin

- **CAS-Nummer:**
  93-46-9
- **gebräuchliche Namen:**
  DNPD; DNP; N,N'-Di-2-naphthyl-p-phenylendiamin; N,N'-Di-2-naphthalenyl-1,4-bezoldiamin; N,N'-Bis-2-naphthyl-p-phenylendiamin; Di-beta-naphthyl-p-phenylendiamin; N,N'-Di-beta-naphthyl-1,4-phenylendiamin;
- **Handelsnamen:**
  Aceto DIPP; Agerite White; Antigene F; Antioxidant DNP; Antioxidant 123; ASM-DNT; Diafen NN; Nonax CI; Santowhite CI; Tisperse MB-2X; Antiinvecchiate DNP; Alterungsschutzmittel DNP;
- **Summenformel:**
  $C_{26}H_{20}N_2$

- **Strukturformel:**

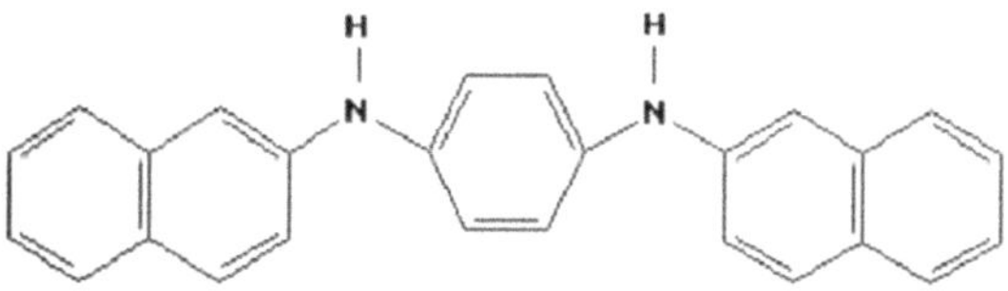

Funktion:
(1) Oxidationsschutzmittel; Alterungsschutzmittel; Ermüdungsschutzmittel;Ozonschutzmittel;
(2) Vulkanisationsbeschleuniger, organisch;
(3) Schutzmittel gegen Metallvergiftung;
Kautschukart:
(1) Naturkautschuk; synthetischer Kautschuk; Latex; Latex Schaumartikel;
Anwendung:
(1) Reifen, Schläuche; chirurgische und medizinische Artikel; Sportartikel; Spielsachen; technische Gummiartikel; Produkte für Industrie, inkl. Druckplattentücher; Klebstoffe; Dichtungen; Latex Tauchartikel; Latex Schaumartikel;

branchenspezifische Bemerkung zur Substanz:
Einsatzmenge: 3,8 t/a (TSE-Industrie, 1996)

Eigenschaften:
- **toxikologisch/ökotoxikologisch:**
  RTECS # ST 2100000
  Sonstiges:
  LD 50 (oral, Rattc): 4500 mg/kg [428];
  LD 50 (oral, Maus): 5000 mg/kg [428];

- **physikalisch/chemisch:**
  Siedepunkt: 235 °C
  Molmasse: 360,48 g/mol

Bemerkung:
Die Substanz wird in Druckereiprozessen aus toxikologischen Gründen nichtmehr eingesetzt [1].

Dinatrium-1,3,4-thiadiazol-2,5-di-thiolat

- **CAS-Nummer:**
  55906-42-8
- **gebräuchliche Namen:**
  Dinatrium-2,5-dimercapto-1,3,4-thiadiazol; Dinatrium-1,3,4-thiadiazolidin-2,5-dithion;
- **Summenformel:**
  $C_2N_2Na_2S_3$

- **Strukturformel:**

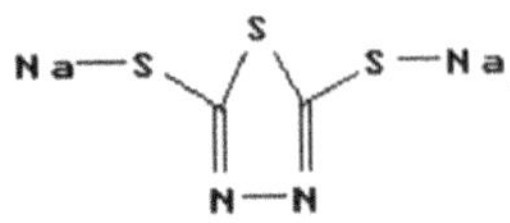

Funktion:
Vulkanisationsbeschleuniger, organisch;

Eigenschaften:
- **physikalisch/chemisch:**
Molmasse: 194,19 g/mol

Di-n-butylammoniumolat-[Z]-9-octadecensäure, Mischung mit N-Butyl-1-butenamin (1:1)

- **CAS-Nummer:**
7620-75-9
- **gebräuchliche Namen:**
Ölsäure, Mischung mit Dibutylamin (1:1);
- **Summenformel:**
$C_{26}H_{51}NO_2$

- **Strukturformel:**

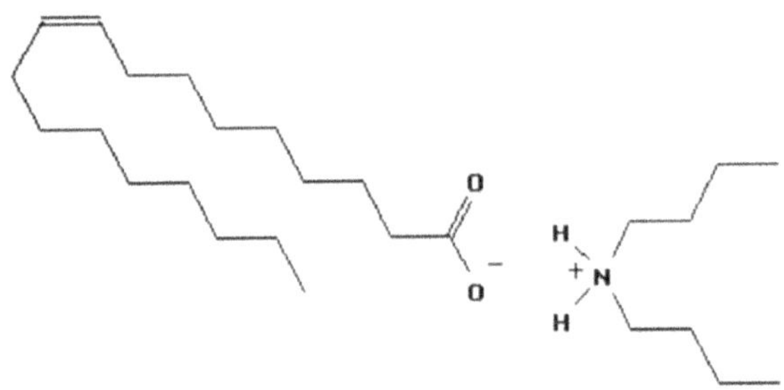

Funktion:
sonstige Chemikalien;

Di-n-butyldithiocarbaminsäure, Molybdänsalz

- **CAS-Nummer:**
68412-26-0
- **gebräuchliche Namen:**
Bis-(dibutyldithiocarbamato)-di-μ-oxodioxodimolybdän, sulfuriert; Bis(dibutylcarbamodithioato)di-μ-oxodioxodimolybdän-sulfuriert;
- **Handelsnamen:**
Molyvan A;
- **Summenformel:**
$(C_{19}H_{36}Mo_2N_2S_4)(O_xS_y)$

Funktion:
Vulkanisationsbeschleuniger, organisch;

1,3-Dinitrobenzen

- **CAS-Nummer:**
  99-65-0
- **UN Nummer:**
  1597
- **gebräuchliche Namen:**
  m-Dinitrobenzol; 1,3-Dinitrobenzol; DNB;
- **Summenformel:**
  $C_6H_4N_2O_4$

- **Strukturformel:**

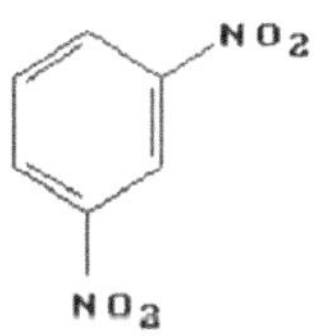

Funktion:
Vernetzungsmittel, schwefelfrei;

Eigenschaften:
- **toxikologisch/ökotoxikologisch:**

RTECS # CZ 7350000
Schweizer Giftliste: 2
WGK: 3
R-Satz: 26/27/28-33
S-Satz: 28-36/37-45
Sonstiges:
Für diese Substanz liegt ein BUA-Stoffbericht Nr. 102 vor.
IMK: I; Krebserzeugend IIIB [481];
Aufnahme durch Einatmen und durch die Haut führt zur Veränderung des Blutfarbstoffes (Methämoglobin-Bildung); Schädigung der Leber, seltener der Niere; Latenzzeit: Stunden bis Tage [163];
Wird nach oraler Aufnahme oder bei inhalativer oder insbesondere dermaler Exposition gut resorbiert und ist sehr giftig; verursacht Zyanose, Anämie, Ikterus und Zunahme der Zahl an Retikulozyten und Erythrozyten mit Heinz-Körpern. Nach längerer Einwirkung stellen sich beim Menschen darüber hinaus Sehstörungen ein. Im Tierversuch wurden zusätzliche Symptome, die auf eine Schädigung des Zentralnervensystems schließen lassen, Hämosiderose in der Milz und Atrophie und Verfettung der Leber beobachtet; ist nicht hautreizend, aber augenreizend und sensibilisierend; wirkt mutagen und klastogen [603];
LD Lo (oral, Mensch): 28 mg/kg [187];
TD Lo (Haut, Mann): 4000 mg/kg/48 h [428];
LD 50 (oral, Ratte): 83 mg/kg [187]; 59500 µg/kg [428];
LD 50 (oral, Maus): 74700 mg/kg [428];
LD Lo (intraperitoneal, Maus): 200 mg/kg [428];
LD Lo (oral, Hund): 600 mg/kg [428];
LD 50 (intravenös, Hund): 10000 mg/kg [428];
LD Lo (oral, Katze): 27 mg/kg [428];
LD 50 (oral, Star): >100 mg/kg [603];
LD 50 (oral, Rotschulter-Störling): 42 mg/kg [603];

Toxische Grenzkonzentration für Pseudomonas putida 14 mg/l, für Scenedesmus quadricauda 0,70 mg/l [36];
LC 0 (Fisch, Goldorfe): 3 mg/l/48 h [603];
LC 50 (Fisch, Goldorfe): 10 mg/l/48 h [603];
LC 100 (Fisch, Goldorfe): 20 mg/l/48 h [603];
LC 50 (Regenbogenforelle): 1,70 mg/l/96 h [603];
nicht leicht biologisch abbaubar [603];

Gefahren-Symbol:

- **physikalisch/chemisch:**

Schmelzpunkt: 89,8 °C; 90 °C; 91 °C
Siedepunkt: 297 °C; 301,88 °C
Flammpunkt: 130 °C
Dampfdruck: 1 hPa (20 °C) [163]; <0.0038 hPa (20 °C), <0,0058 hPa (25 °C) [603]
Log pOW: 1,49 [4]
Brechungsindex: 1,5502 (94-95 °C)
Dichte: 1575 kg/m3 (18 °C); 1567 kg/m3 (22 °C); 1364,4 kg/m3 (90°C) (Schmelze)
Molmasse: 168,109 g/mol

Löslichkeit:
Wasser: 530 mg/l (20 °C), 532,8 mg/l (25 °C), 654 mg/l (30 °C); Löslichkeit in organischen Lösemitteln: Methanol 67,5 g/kg (20,5 °C); Ethanol 35 g/kg (29,5 °C); Propanol 24 g/kg (20 °C); Kohlendisulfid 1,35 g/kg (17,6 °C); Tetrachlormethan 11,8 g/kg (16,5 °C); Essigsäureethylester 362,6 g/kg (18,2 °C); Toluol 306,6 g/kg (16,5 °C); Benzen 394,5 g/kg (18,2 °C); gut löslich in Diethylether, Propanon, Pyridin [603]; Wasser: 0,07 g/l (0 °C), 0,65 g/l (30 °C), 1,9 g/l (100 °C) Ethanol 23,9 g/l (20 °C); Benzen 394 g/l (18 °C); Trichlormethan 486 g/l (17,6 °C);

Bemerkung zu physikalisch/chemischen Daten:
Zündtemperatur: 490 °C [603];
Thermische Zersetzung: >360 °C [603];

Verbleib nach Gebrauch:
Verbrennung nach Behandlung mit Soda und gelöschtem Kalk und Mischung mit Alkali; Photochemischer Abbau in der Luft und im Wasser [603];

Bemerkung:
Bei Raumtemperatur feste Substanz, aus Ethanol als farblose, schwach gelbe Kristalle auskristallisiert
Verwendung: als Zusatz für Explosivstoffe; in Vulkanisiermittel, Schmiermittelzusatz, Polymerisationsinhibitor, Korrosionsinhibitor, Herbizid und Fungizid [603];

Farblose bis gelbliche Kristalle, Nadeln oder Platten; brennbarer Feststoff; wasserdampfflüchtig; Empfindlich gegen harten Stoß, starke Reibung oder Hitze; bei starker Erwärmung explosionsartige Zersetzung unter Bildung von giftigen Stickoxiden;
Ist das giftigste und in der Industrie am häufigsten verwendete Isomer;
Flüssiges Dinitrobenzol greift Plastik, Gummi und Überzüge an (gilt für alle Isomeren); Kontakt mit starken Oxidationsmitteln kann Feuer und Explosionen verursachen;

2-(2,4-Dinitrophenylthio)-benzothiazol

- **CAS-Nummer:**
  4230-91-5
- **Summenformel:**
  $C_{13}H_7N_3O_4S_2$

- **Strukturformel:**

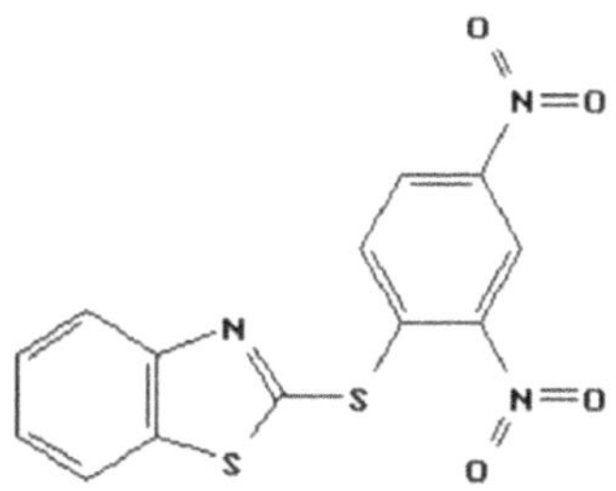

Funktion:
Vulkanisationsbeschleuniger, organisch;

Eigenschaften:
- **physikalisch/chemisch:**
Schmelzpunkt: 162 °C
Dichte: 1242,00 kg/m3
Molmasse: 333,34 g/mol

1,4-Dinitroso-benzen

- **CAS-Nummer:**
105-12-4
- **UN Nummer:**
406
- **gebräuchliche Namen:**
PPDN; p-Dinitrobenzen;
- **Summenformel:**
$C_6H_4N_2O_2$

Funktion:
Vulkanisationsmittel;

branchenspezifische Bemerkung zur Substanz:
zu 30 % enthalten in Ekaland PPDM;

Eigenschaften:
- **toxikologisch/ökotoxikologisch:**
RTECS # CZ7875500
MAK Wert: 190 mg/m3
R-Satz: 11-20-22
S-Satz: 16-25-29-33
Sonstiges:
Kontakt mit Augen, Haut und Atemwegen vermeiden;
Nicht in Kanalisation und Oberflächenwasser gelangen lassen;
Schwangerschaftsgruppe C;

LD 50 (oral, Ratte): 1020 mg/kg [428];
LC Lo (inhalativ, Ratte): 200 mg/kg [428];
LD 50 (oral, Maus): 1230 mg/kg [428];
LC Lo (inhalativ, Maus): 200 mg/kg [428];

Gefahren-Symbol:

- **physikalisch/chemisch:**
  Siedepunkt: 50 °C
  Molmasse: 136 g/mol

  Löslichkeit:
  unlöslich in Wasser, kein Lösungsmittel bekannt;

Bemerkung:
bei Raumtemperatur flüssig;
dunkelbraune Mischung aus Feststoff und Flüssigkeit;
charakteristischer Toluol-Geruch;
Kontakt mit Säuren und Oxidationsmitteln vermeiden;
Bei thermischer Zersetzung NOx-Verbindungen freigesetzt;

3,7-Dinitroso-1,3,5,7-tetraazabicyclo[3,3,1]nonan

- **CAS-Nummer:**
  101-25-7
- **UN Nummer:**
  1325
- **gebräuchliche Namen:**
  DNPT; Dinitrosopentamethylentetramin; 3,7-Di-N-nitrosopentamethylentetramin; N,N'-Nitrosopentamethylentetramin;
- **Handelsnamen:**
  Aceto DNPT 40; Aceto DNPT 80; Aceto DNPT 100; Porophor B; PorophorDNO; Unicel ND; Unicel NDX; Unicel 100; Vulcacel B-40; Vulcacel BN; Vulcacel BN-94; Opex 93; Opex 141;
- **Summenformel:**
  $C_5H_{10}N_6O_2$

- **Strukturformel:**

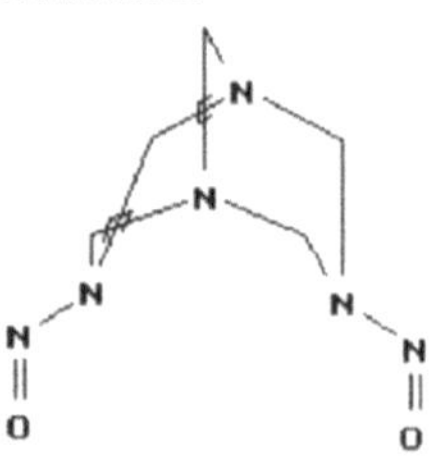

Funktion:
(1) Treibmittel, organisch;
(2) Vulkanisationsaktivator / Beschleunigeraktivator;

Anwendung:
(1) Reifen, Schläuche; chirurgische und medizinische Artikel; Sportartikel; Spielsachen; technische Gummiartikel; Produkte für Industrie, inkl. Druckplattentücher; Klebstoffe; Dichtungen; Latex Tauchartikel; Latex Schaumartikel;

branchenspezifische Bemerkung zur Substanz:
(1) wird wegen Nitrosaminbildung nicht mehr eingesetzt (10);

Eigenschaften:
- **toxikologisch/ökotoxikologisch:**
  RTECS # XA 5250000
  Sonstiges:
  Stäube, Pulver, heiße Dämpfe können lokale Reizung bzw. Verätzung betroffener Hautpartien, der Augen und der Schleimhäute bewirken, tiefgehende Nekrosen und permanente Augenschäden möglich, ferner Sensibilisierung des Atemtraktes und Hautausschläge. Es können Leberschäden hervorgerufen werden, und die Verbindungen können krebserzeugende Wirkung haben. Bei Brand oder Erhitzen bis zur Zersetzung Entstehung von nitrosen Gasen.
  Symptome: Brennen der Augen und der Haut, nach Aufnahme in den Körper: Kopfschmerzen, Übelkeit, Blässe, Sehstörungen [484].
  LD 50 (oral, Ratte): 940 mg/kg [428];
  LD 50 (intraperitoneal, Ratte): 220 mg/kg [428];
  LD 50 (subcutan, Ratte): 220 mg/kg [428];
  LD 50 (subcutan, Maus): 140 mg/kg [428];
  LD 50 (intravenös, Maus): 120 mg/kg [428];
  LD 50 (intraperitoneal, Maus): 130 mg/kg [428];

  Gewässerverunreinigung: nach Brand/ Hitzezersetzung hohe bis extrem hohe toxische Wirkung unabhängig von der Turbulenz des Gewässers [484].

- **physikalisch/chemisch:**
  Molmasse: 186,21 g/mol

  Löslichkeit:
  löslich in Dimethylformamid; zu ca. 1% löslich in Wasser, Ethanol, Benzen, Ether, Propanon;

Bemerkung:
Weiße, gelbliche oder graue Paste oder weißes, gelbliches oder graues Pulver.
Bildet im dampf-/gasförmigen Zustand mit Luft explosionsfähige Gemische; Bei Temperaturen über 200 °C kann explosionsartige Verbrennung und Zersetzung eintreten.

in der UN-Liste klassifiziert unter entzündbare organische feste Stoffe (n.o.s.).

N, N'- Dioctyl-1,4-benzendiamin

- **CAS-Nummer:**
  1241-28-7
- **gebräuchliche Namen:**
  N,N'-Di-n-octyl-p-phenylendiamin; OPPD;
- **Summenformel:**
  $C_{22}H_{40}N_2$

- **Strukturformel:**

Funktion:
Ozonschutzmittel;

Eigenschaften:
- **physikalisch/chemisch:**
  Schmelzpunkt: 78-86 °C
  Siedepunkt: 165-180 °C (0,001-0,013 hPa)
  Molmasse: 332,57 g/mol

4,4'-Dioctyldiphenylamin

- **CAS-Nummer:**
  68411-46-1
- **gebräuchliche Namen:**
  p,p'-Dioctyldiphenylamin;
- **Handelsnamen:**
  Vanox 12;
- **Summenformel:**
  $C_{30}H_{43}N$

- **Strukturformel:**

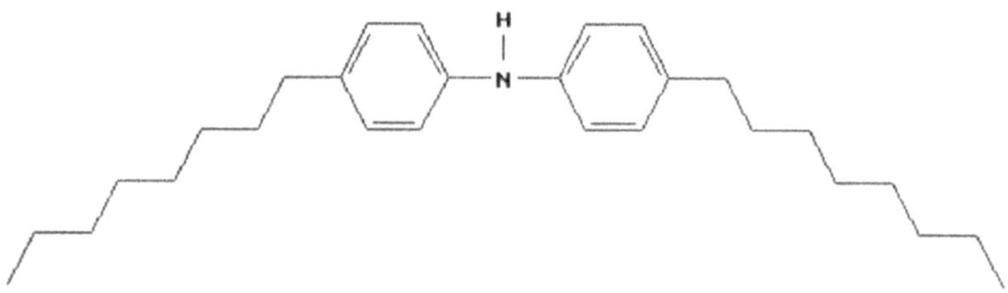

Funktion:
Oxidationsschutzmittel;

Eigenschaften:

- **physikalisch/chemisch:**
  Schmelzpunkt: 95-100 °C
  Dichte: 1010 ± 30 kg/m3
  Molmasse: 393,66 g/mol

  Löslichkeit:
  unlöslich in Wasser; löslich in Alkohol, Toluol, Schwefelkohlenstoff [609];

3,7-Dioctylphenothiazin

- **CAS-Nummer:**
  6044-61-7
- **gebräuchliche Namen:**
  3,7-Diocyl-10H-phenothiazin;
- **Summenformel:**
  $C_{28}H_{41}NS$

- Strukturformel:

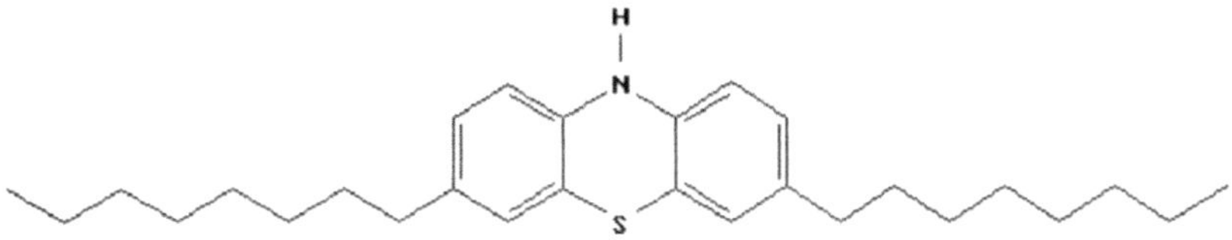

Funktion:
sonstige Chemikalien;

Eigenschaften:
- **physikalisch/chemisch:**
Molmasse: 423,70 g/mol

DI-(O-(1methylethyl)-dithiocarbaminsäure, Nickelsalz

- **CAS-Nummer:**
52057-73-5
- **gebräuchliche Namen:**
Nickelisopropylxanthogenat; Bis-[O-(1-methylethyl)-carbonodithiato-S,S']-nickel;
- **Summenformel:**
$C_8H_{14}NiO_2S_4$

- **Strukturformel:**

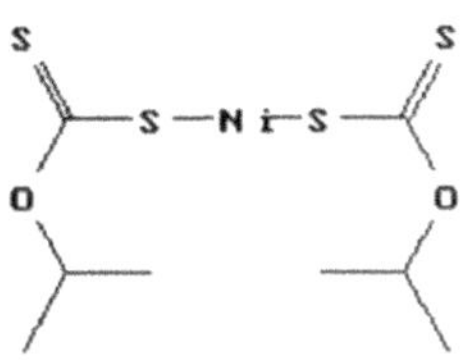

Funktion:
Ozonschutzmittel;

Eigonsohafton:
- **physikalisch/chemisch:**
Molmasse: 329,13 g/mol

Di(O-(1-methylethyl)-dithiocarbaminsäure, Zinksalz

- **CAS-Nummer:**
42590-53-4
- **gebräuchliche Namen:**
ZIX; Zinkisopropylxanthogenat; Zink-diisopropyl-xanthat; Zink-bis-[O-(1-methylethyl)carbonodithioat];
- **Summenformel:**
$C_6H_{14}O_2S_4Zn$

- **Strukturformel:**

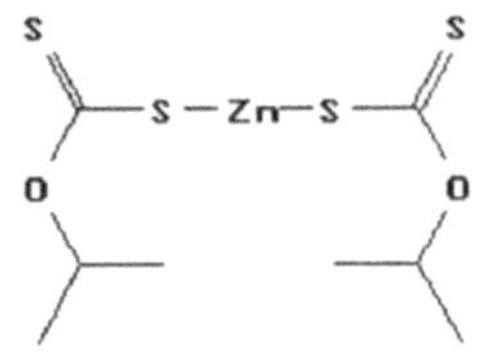

Funktion:
Vulkanisationsbeschleuniger, organisch;

Eigenschaften:

- **physikalisch/chemisch:**
Molmasse: 311,80 g/mol

1,4-Dioxan

- **CAS-Nummer:**
123-91-1
- **UN Nummer:**
1165
- **gebräuchliche Namen:**
Dioxan; p-Dioxan; 1,4-Diethylendioxid; 1,4-Dioxacyclohexan; 1,4-Diethylenether; Glykolethylether; Dioxyethylenether; Tetrahydro-p-dioxin; Diether des Glykols; Diethylenether; Diethylendioxid; Tetrahydro-1,4-dioxin; [1,4]-Dioxan;
- **Summenformel:**
$C_4H_8O_2$

- **Strukturformel:**

Funktion:
Lösemittel;

Eigenschaften:
- **toxikologisch/ökotoxikologisch:**
RTECS # JG 8225000
Schweizer Giftliste: 4
WGK: 2
MAK Wert: 180 mg/m3 bzw. 50 ml/m3
R-Satz: 11-19-36/37-40
S-Satz: (2)-16-36/37
Sonstiges:
Einstufung und Kennzeichnung von Zubereitungen, in denen diese Substanz enthalten ist:
20%<=C ⇒ Xn; R40-36/37
1%<=C<20% ⇒ Xn; R40

Zu diesem Stoff liegt ein BUA-Stoffbericht Nr. 80 vor.
Carc.Cat. 3 [505]; IMK: II;
Karzinogen [187]; Spitzenbegrenzung: II,1 [481]; Gefahr der Hautresorption [481]; Krebserzeugend III B [481]; Schwangerschaftsgruppe D [481];
300 ml/m3 für 15 min. verursachten leichte Reizung der Augen sowie der Nasen- und Rachenschleimhäute [163];
Nierengift (schwere Nierenschäden z.T. mit tödlichem Ausgang) [30];

Dämpfe wirken in hohen Konzentrationen narkotisch und führen zu schweren Leber- und Nierenschäden; reizen Augen, Atemwege und Lunge; Hautresorption! [163], [484];
Geruchsschwelle: 3ml/ m3 [163], [484];
470 ml/m3 eingeatmet führen zum Tod [9];
LC Lo (inhalativ, Mensch): 470 ml/m3 [187];
LD 50 (oral, Ratte): 4200 mg/kg [187], 5170 mg/kg [9], 7120 mg/kg [428];
LC 50 (inhalativ, Ratte): 46 g/m3/2 h [187];
LD 50 (intraperitoneal, Ratte): 799 mg/kg [428];
LD 50 (oral, Maus): 5700 mg/kg [428];
LC 50 (inhalativ, Maus): 37000 mg/m3/2 h [428];
LD 50 (intraperitoneal, Maus): 790 mg/kg [428];
LD 50 (oral, Katze): 2000 mg/kg [428];
LD 50 (Haut, Kaninchen): 7600 mg/kg [187], 7900 mg/kg [9];

Toxische Grenzkonzentration für Pseudomonas putida 2700 mg/l, Scenedesmus quadricauda 5600 mg/l [36];
LC 50 (Daphnia magna): 4700 mg/l [6];
LC 50 (Fisch, Goldorfe): 9630/8450 mg/l [33];
LC 100 (Fisch, Goldorfe): 15450/9790 mg/l [33];
nicht biologisch abbaubar [596];

Gefahren-Symbol:

- **physikalisch/chemisch:**
  Schmelzpunkt: 11,3 °C; 10 °C; 11,8 °C
  Siedepunkt: 101,4 °C
  Flammpunkt: 12 °C; 11 °C
  Dampfdruck: 41 hPa (20 °C) [32], [484]; 4,13 hPa (20 °C), 80,62 hPa (35 °C) [596]
  Verdampfungswärme: 406,33 kJ/kg
  Log pOW: -0,27; -0,492; -0,42 (20 °C) [596]
  Brechungsindex: 1,4323 (20 °C)
  Dichte: 1032,9 kg/m3 (20 °C); 1033,6 kg/m3 (20 °C)
  Molmasse: 88,106 g/mol
  Verdunstungszahl: 2,7 (BuAc = 1) [9]

  Löslichkeit:
  mischbar mit Benzen, Chlorkohlenwasserstoff, n-Heptan [596];
  mischbar mit Wasser, Ethanol, Diethylether;

Verbleib nach Gebrauch:
Verbrennung, hochentzündliche Stoffe;

Bemerkung:
Farblose, niedrichviskose, hygroskopische, leicht entzündbare, schwach etherisch riechende Flüssigkeit; zyklischer Ether, gutes Lösungsmittel, stabil [596];
Farblose Flüssigkeit; etherähnlicher Geruch; bei Temperaturen unter 10 °C fester Stoff [484];
Bildet im dampf-/gasförmigen Zustand mit Luft explosionsfähige Gemische;
Explosionsgrenzen: 1,9-22,5 Vol.-%; Zündtemperatur: 375 °C [484], [32];
Gefährdungsgruppe I lt. ASAO 728; Gefahrklasse B I (DDR);
Achtung, Dioxan kann - insbesondere in wasserfreier Form - bei Einwirkung von Luft - explosive Peroxide bilden [484];
Bildet mit Wasser u. Ethanol azeotrope Gemische, mit Brom, Jod, Säuren, Halogeniden u. versch. org. Stoffen Additionsverbindungen; Chlorierungsprodukte des 1,4-Dioxans werden als Schädlingsbekämpfungsmittel eingesetzt;
Wegen Neigung zur Peroxidbildung Aufbewahrung in dunklen Gefäßen oder Stabilisierung mit Eisen(II)sulfat;
Verboten in kosmetischen Mitteln;

Verwendung: Lösemittel für Celluloseacetat und -nitrat, Celluloseethylether, Fette, Wachse, Harze, Chlorkautschuk und Lacke; ferner als Extraktionsmittel, bes. für pharmazeutische Präparate; als Inhibitor für ⇒ 1,1,1-Trichlorethan;
Verwendung: als Lösemittel in Pharmaindustrie, zur Lösung von Acetylcellulose, Chlorkautschuk, Farben, Klebstoffen, Textilhilfsmitteln und Detergentien, zur Extraktion, Messungen optischer Aktivität, Herstellung von Membranfiltern, Stabilisator von chlorierter Kohlenwasserstoffe [596];
Atmosphärische Halbwertszeit etwa 3 - 4 h in Gegenwart von Stickoxiden und Sonnenlicht [407];

Dipentyldithiocarbaminsäure, Bleisalz

- **CAS-Nummer:**
  36501-84-5
- **gebräuchliche Namen:**
  Bis-(diphenyldithiocarbamato)-blei; Bleidiamyldithiocarbamat; Bisamyldithiocarbamin-säure-bleisalz; Blei-diphenyldithiocarbamat; Bis-(dipentylcarbamodithioato-SS')-blei;
- **Handelsnamen:**
  Amyl Ledate;
- **Summenformel:**
  $C_{22}H_{44}N_2Pb\,S_4$

- **Strukturformel:**

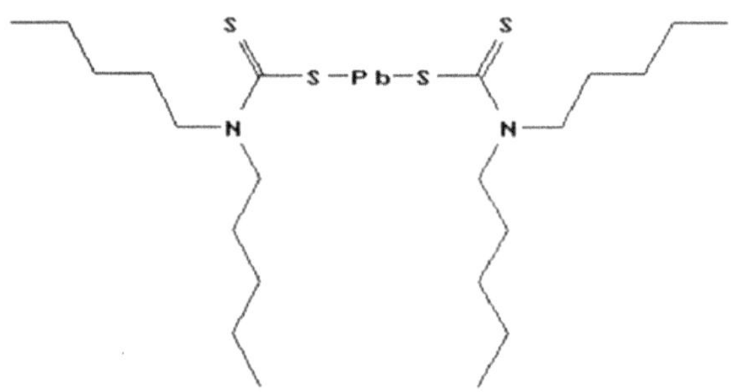

Funktion:
Vulkanisationsbeschleuniger, organisch;
Kautschukart:
Naturkautschuk; Isopren-Kautschuk, synthetisch;

Eigenschaften:

- **physikalisch/chemisch:**
  Dichte: 1100 ± 20 kg/m3
  Molmasse: 672,04 g/mol

Dipentyldithiocarbaminsäure, Cadmiumsalz

- **CAS-Nummer:**
  19010-65-2
- **gebräuchliche Namen:**
  Cadmiumdiamyldithiocarbamat;
- **Handelsnamen:**
  Amyl Cadmate;
- **Summenformel:**
  $C_{22}H_{44}CdN_2S_4$

- Strukturformel:

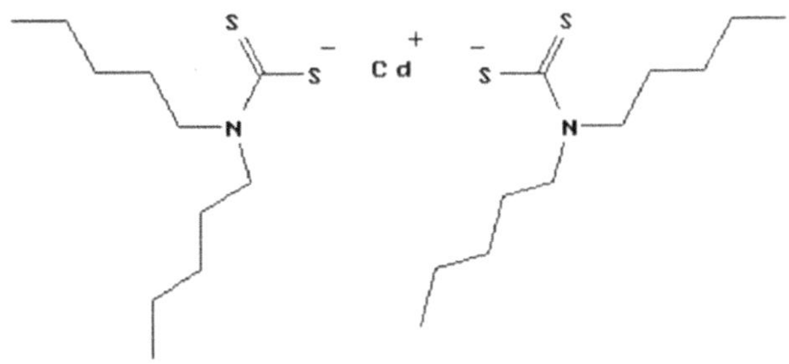

Funktion:
Vulkanisationsbeschleuniger, organisch;

Kautschukart:
Naturkautschuk; Isopren-Kautschuk, synthetisch;

Eigenschaften:

- physikalisch/chemisch:
Molmasse: 577,25 g/mol

Dipentyldithiocarbaminsäure, Zinksalz

- CAS-Nummer:
15337-18-5

- gebräuchliche Namen:
Zinkdiamyldithiocarbamat; Zinkdipentyldithiocarbamat; Bis(dipentyldithiocarbamato)-zink; Diamyldithiocarbaminsäurezinksalz; Bis-(dipentylcarbamodithioato-S,S')zink;

- Handelsnamen:
Amyl Zimate;

- Summenformel:
$C_{22}H_{44}N_2S_4Zn$

- Strukturformel:

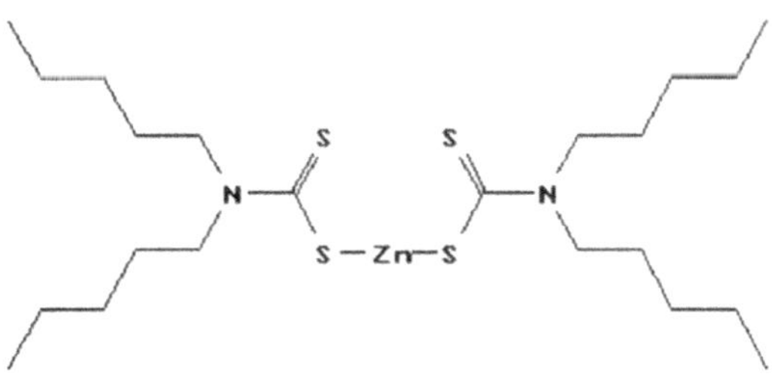

Funktion:
Vulkanisationsbeschleuniger, organisch;

Kautschukart:
Naturkautschuk; synthetischer Kautschuk;

Anwendung:
Reifen, Schläuche; chirurgische und medizinische Artikel; Sportartikel; Spielsachen; technische Gummiartikel; Produkte für Industrie, inkl. Druckplattentücher; Klebstoffe; Dichtungen; Latex Tauchartikel; Latex Schaumartikel;

Eigenschaften:
- **physikalisch/chemisch:**
  Dichte: 990 ± 20 kg/m3
  Molmasse: 530,22 g/mol
  Löslichkeit:
  unlöslich in Wasser, löslich in Propanon, Methylbenzen, Trichlormethan, Benzin;

Diphenylamin

- **CAS-Nummer:**
  122-39-4
- **UN Nummer:**
  2811
- **gebräuchliche Namen:**
  DFA; DPA; N-Phenylbenzenamin; N-Phenylanilin; Anilinobenzen; Phenylaminobenzen; N,N-Diphenylamin; N-Phenyl-benzolamin; Diphenylamin;
- **Handelsnamen:**
  Big Dipper; C.I. 10355; Deccoscald 282; Scaldip; No Scald; No scald DPA 283; Shield DPA;
- **Summenformel:**
  $C_{12}H_{11}N$
- **Strukturformel:**

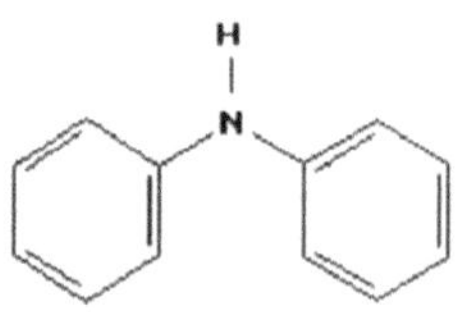

Funktion:
Alterungsschutzmittel;

branchenspezifische Bemerkung zur Substanz:
Zersetzungsprodukt von IPPD, 6PPD;

Eigenschaften:
- **toxikologisch/ökotoxikologisch:**
  RTECS # JJ 7800000
  WGK: 3
  R-Satz: 23/24/25-33
  S-Satz: (1/2)-28-36/37-45
  Sonstiges:
  Zu Diphenylamin liegt ein BUA-Stoffbericht Nr. 15 vor.
  Mutagen [428];
  Das Vergiftungsbild ist dem des Anilins ähnlich, allerdings ist die Gefahr der Vergiftung mit Diphenylamin deutlich weniger stark ausgeprägt; die Substanz wird durch Einatmen der Dämpfe, Verschlucken und über Kontakt mit der Haut aufgenommen; Veränderung des Blutfarbstoffes (Methämoglobinbildung) und Zerstörung der roten Blutkörperchen (Hämolyse), u.U. mit nachfolgenden Nieren- und Leberschäden denkbar, beim Menschen offensichtlich bislang nicht beobachtet; denkbar ist auch anfängliches Wohlbefinden, das zur Verharmlosung der Situation führen könnte; bei Erhitzen oder Brand entstehen als Zersetzungsprodukte u.a. die hochgiftigen nitrosen Gase [484];
  LD 50 (oral, Ratte): 2 g/kg [428];
  TD Lo (oral, Ratte (trächtig)): 7500 mg/kg [428];
  TD Lo (oral, Ratte): 9660 mg/kg/92W (kontinuierlich), 28 g/kg/28D (intermittierend) [428];
  LD 50 (oral, Maus): 1750 mg/kg [428];
  LD 50 (oral, Meerschweinchen): 300 mg/kg [428];
  LD 50 (oral, Säugetiere): 3200 mg/kg [428];

  EC 50 (Daphnia magna): 2,3 mg/l [484];
  EC 100 (Daphnia magna): 7,0 mg/l [484];

LC Lo (Fisch, Goldorfe): 20 mg/l/48h [33];
Biologisch nicht abbaubar [484];

Gefahren-Symbol:

- **physikalisch/chemisch:**
  Schmelzpunkt: 52-54 °C; 51-53 °C; 52,7 °C
  Siedepunkt: 302 °C; 132 °C (4 hPa)
  Flammpunkt: 152 °C; 153 °C
  Dampfdruck: 1 hPa (20 °C) [484]
  Brechungsindex: 1,9597 (99,9 °C)
  Dichte: 1160 kg/m3 (20 °C); 1165 kg/m3 (vom Kristall)
  Molmasse: 169,23 g/mol

  Löslichkeit:
  Wasser 0,05 g/l (25 °C) [484]; löslich in Ethanol, Diethylether, Propanon, Benzen;

  Bemerkung zu physikalisch/chemischen Daten:
  Zündtemperatur: 630 °C [484];

Verbleib nach Gebrauch:
Verbrennung nach Mischung mit brennbarem Lösemittel;

Bemerkung:
Farblose Kristalle, schwacher blumenartiger Geruch; brennbar; Verfärbt sich unter Lichteinwirkung;
Bildet mit starken Säuren Salze;
Stoff reagiert bei Kontakt oder Mischug mit starken Oxidationsmitteln und starken Säuren. Bei Brand oder Erhitzung bis zur Zersetzung bilden sich giftige und ätzende nitrose Gase [484];
Verwendung: für die Herstellung von Farben; zur Stabilisierung von Nitrocellulose und Celluloid; in der analytischen Chemie zur Bestimmung von Nitrat, Chlorat und anderen oxidierenden Substanzen;
monokline Kristalle;

Diphenylamin, octyliert

- **CAS-Nummer:**
  68921-45-9
- **Handelsnamen:**
  Agerite Stalite; Vulkanox OCD;
- **Summenformel:**
  $C_{20}H_{27}N$

- **Strukturformel:**

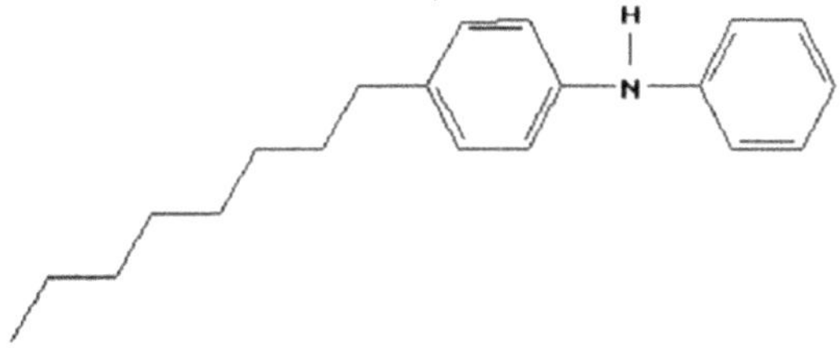

Funktion:
Oxidationsschutzmittel;

Eigenschaften:

- **physikalisch/chemisch:**
  Dichte: 995 ± 20 kg/m3
  Molmasse: 281,45 g/mol

  Löslichkeit:
  unlöslich in Wasser; löslich in Alkohol, Toluol, Schwefelkohlenstoff [609];

Diphenylamin, styrolisiertes

- **CAS-Nummer:**
  68442-68-2
- **gebräuchliche Namen:**
  styrolisiertes Diphenylamin; SDPA;
- **Handelsnamen:**
  Ivegran VP 50.402; Ivegran VP 50.501; Vulkanox DDA; Wingstay 29;
- **Strukturformel:**

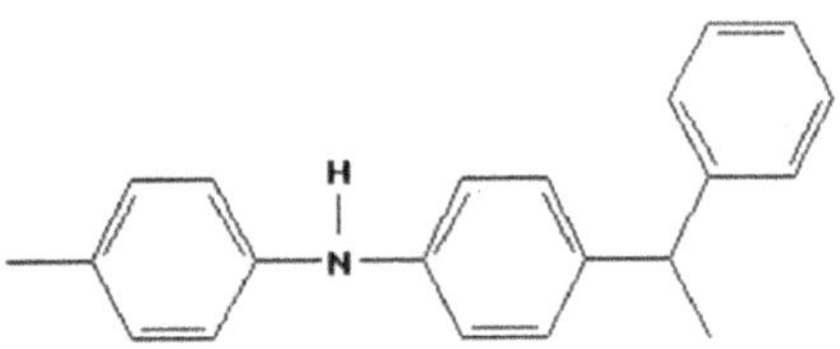

Funktion:
Oxidationsschutzmittel; Alterungsschutzmittel;

branchenspezifische Bemerkung zur Substanz:
Einsatzmenge: 130 t/a (Reifenindustrie: 17 t/a, TSE-Industrie: 110 t/a) (1996)

Eigenschaften:

- **physikalisch/chemisch:**
  Dichte: 1080 ± 20 mg/m3
  Molmasse: 320,00 g/mol

1,4-Diphenylbenzen

- **CAS-Nummer:**
  26140-60-3
- **gebräuchliche Namen:**
  Terphenyl; 1,4-Diphenylbenzol; Bisphenylbenzol; Triphenyl; Terbenzen;
- **Handelsnamen:**
  Delowax OM; Delowax S; Gilotherm OM2; Santowax OM; Santowax R;
- **Summenformel:**
  $C_{18}H_{14}$

- **Strukturformel:**

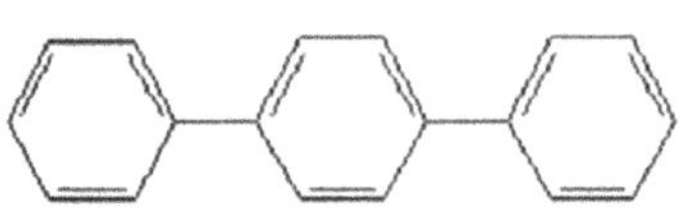

branchenspezifische Bemerkung zur Substanz:
Reaktionsprodukt von aromatischen Ölen [Weichmachern];

Eigenschaften:
- **toxikologisch/ökotoxikologisch:**
RTECS # WZ 6450000
MAK Wert: 0,5 ml/m3 (Schweiz/1987)
Sonstiges:
LD (oral, Ratte): >500 mg/kg [428];
LD 50 (oral, Maus): 13200 mg/kg [428];

- **physikalisch/chemisch:**
Molmasse: 230,31 g/mol

Verbleib nach Gebrauch:
Abwasserkonzentration im Rhein (NL, 1979): 0,1 µg/l [456];

N,N'-Diphenyl-benzen-1,4-diamin

- **CAS-Nummer:**
74-31-7
- **gebräuchliche Namen:**
DPPD; N,N'-Diphenyl-1,4-phenylendiamin; N,N'-Diphenyl-p-phenylendiamin; N,N'-Diphenyl-benzol-1,4-diamin; N,N'-Diphenyl-1,4-benzoldiamin;
- **Handelsnamen:**
Alterungsschutzmittel DPPD; Agerite DPPD; Age Rite DPPD; Alkofane DIP; Diafen FF; Ekaland DPPD; Flexamine G; Inhibitore OB; J-Z-E; Nonox DPPD; Novazone AS; Permanax 18; Nonflex H; Stabilizer DPPD; USAF GY-2; Vulkanox DPPD;
- **Summenformel:**
$C_{18}H_{16}N_2$
- **Strukturformel:**

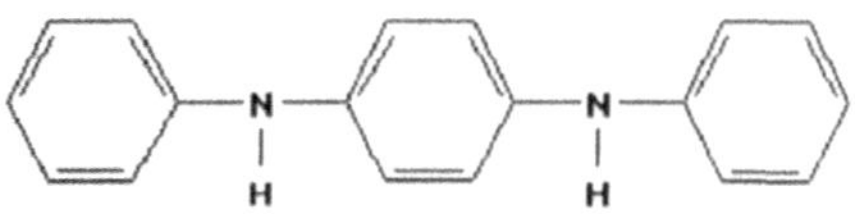

Funktion:
(1) Ozonschutzmittel; Oxidationsschutzmittel; Alterungsschutzmittel;
(2) Vulkanisationsbeschleuniger, organisch;
Kautschukart:
(1) Naturkautschuk; Acrylnitril-Butadien-Kautschuk; Styrol-Butadien-Kautschuk; Chloropren-Kautschuk;
Anwendung:
(1) Reifen, Schläuche; chirurgische und medizinische Artikel; Sportartikel; Spielsachen; technische Gummiartikel; Produkte für Industrie, inkl. Druckplattentücher; Klebstoffe; Dichtungen; Latex Tauchartikel; Latex Schaumartikel;

branchenspezifische Bemerkung zur Substanz:
Einsatzmenge: 22 t/a (TSE-Industrie, 1996)

Eigenschaften:
- **toxikologisch/ökotoxikologisch:**
RTECS # ST 2275000
WGK: 2
R-Satz: 36/37/38
S-Satz: 26-37/39

Sonstiges:
Kann schädigend wirken beim Einatmen, Verschlucken oder Aufnahme über die Haut; verursacht Augen- und Hautreizungen; reizt Schleimhäute und Atemwege [187];
LD 50 (oral, Ratte): 2370 mg/kg [428];
LD 50 (oral, Maus): 18000 mg/kg [428];
LD 50 (intraperitoneal, Maus): 300 mg/kg [428];

zu Ekaland DPPD (SdB Göbel):
R-Sätze: 43; S-Sätze: 24-28-37; MAK-Wert: 6 mg/m3 E; LD 50 (oral, Ratte): 10000 mg/kg;

Gefahren-Symbol:

- **physikalisch/chemisch:**
  Schmelzpunkt: 146-148 °C; 150-151 °C; 135 °C
  Siedepunkt: 220-225 °C (0,67 hPa)
  Flammpunkt: 232 °C
  Dichte: 1200 kg/m3; 1280 ± 0,03 kg/m3
  Molmasse: 260,34 g/mol

Löslichkeit:
löslich in Chlorbenzen, Benzen, Ether, Trichlormethan, Propanon, Ethylacetat, Dimethylformamid [428];
mäßig löslich in Methylbenzen, Schwefelkohlenstoff; schwer löslich in Ethanol, aliphatischen Kohlenwasserstoffen; unlöslich in Wasser;

Verbleib nach Gebrauch:
Verbrennung nach Mischung mit brennbarem Lösemittel;

Bemerkung:
Graues Puder [428];
schwach charakteristischer Geruch;

Enthalten in: Agerite Hipar 25 %; Agerite HP 35 %; Akroflex CD 35 %; Flexamine G 35 %; Nonox HFN 25 %; Santoflex 75 %; Santoflex HP 35 %; Stabilite FLX 20 %; Thermoflex A 25 %; Perflectol; Santoflex BX;

zu Ekaland DPPD (SdB Göbel):
Dunkelgraues Pulver; Schmelzpunkt 138 °C; löslich in Ethanol, Propanon, unlöslich in Wasser; Produkt nicht über Schmelzpunkt erhitzen, Kontakt mit Säuren und Oxidationsmitteln vermeiden. Bei thermischer Zersetzung wird Anilin frei;

1,5-Diphenyl-2,4-dithiobiuret

- **CAS-Nummer:**
  33951-45-0
- **gebräuchliche Namen:**
  1,5-Diphenyl-dithiobiuret;
- **Summenformel:**
  $C_{14}H_{13}N_3S_2$

- **Strukturformel:**

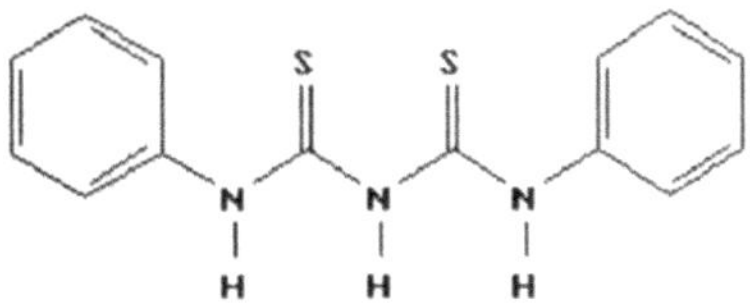

Funktion:
Vulkanisationsbeschleuniger, organisch;
Kautschukart:
Styrol-Butadien-Kautschuk;

Eigenschaften:
- **physikalisch/chemisch:**
Schmelzpunkt: 148-149 °C
Molmasse: 287,40 g/mol

Diphenylenimin

- **CAS-Nummer:**
86-74-8
- **gebräuchliche Namen:**
9-Azafluoren; Carbazol; DBP; Dibenzopyrrol; 9H-Dibenzo(b,d)pyrrol; Diphenylenimid;
- **Handelsnamen:**
USAF Ek-600;
- **Summenformel:**
$C_{12}H_9N$

- **Strukturformel:**

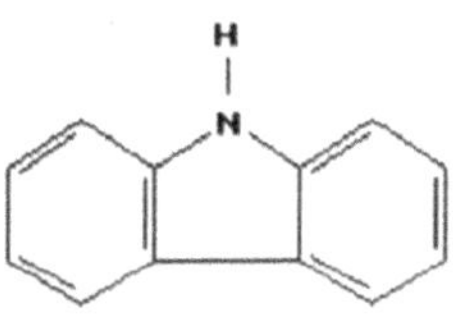

Funktion:
Vulkanisationsbeschleuniger, organisch;

Eigenschaften:
- **toxikologisch/ökotoxikologisch:**
RTECS # FE 3150000
R-Satz: 20/21/22-36/37/38-40
S-Satz: 45-26-36/37/38
Sonstiges:
Wirkt schädigend beim Einatmen, Verschlucken oder Aufnahme über Haut;
kann Reizungen verursachen [187];
Karzinogen-verdächtig [187];
LD 50 (oral, Ratte): > 500 mg/kg (2 Versuchstiere) [140];
LD 50 (intraperitoneal, Maus): 200 mg/kg [428];
Persistenz in natürlichen Böden: 500 µg/g Halbwertszeit 105 Monate,
5 µg/g Halbwertszeit 3 Monate [140];
Biologisch nicht leicht abbaubar [140];

- **physikalisch/chemisch:**
Schmelzpunkt: 245-246 °C
Siedepunkt: 355 °C; 354,7 °C; 351 °C

Flammpunkt: 220 °C
Dampfdruck: 533,1 hPa (323 °C) [140]; 0,0000017 hPa (25 °C) [428]
Log pOW: 3,29; 3,72; 3,76
Molmasse: 167,21 g/mol

Löslichkeit:
unlöslich in Wasser; wenig löslich in Ethanol, Diethylether, Benzen, Pyridin; löslich in Propanon , heißem Trichlormethan, heißer Ethansäure;

Verbleib nach Gebrauch:
Verbrennung nach Mischung mit brennbarem Lösemittel;; C

Bemerkung:
Kristalle aus Ethanol, Benzen, Toluol;
gelb-braunes Pulver;
Nitroderivate von Carbazol sind in kosmetischen Mitteln verboten;

N,N'-Diphenyl-1,2-ethandiamin

- **CAS-Nummer:**
150-61-8
- **gebräuchliche Namen:**
N,N'-Diphenylethylendiamin; 1,2-Dianilinethan; N,N'-Ethylendianilin; Wanzlick's-Reagenz; N,N'-Diphenylethan-1,2-diamin;
- **Handelsnamen:**
NODX; Stabilite; Nonox DED;
- **Summenformel:**
$C_{14}H_{16}N_2$

- **Strukturformel:**

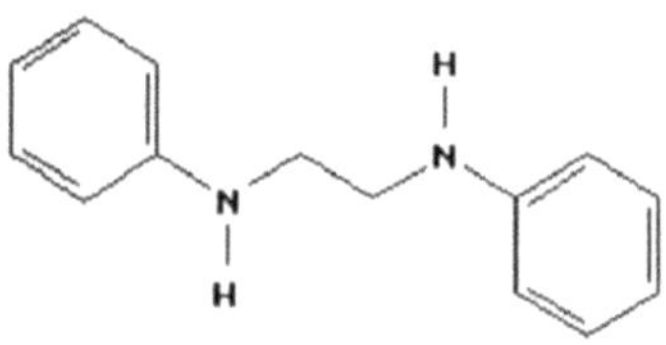

Funktion:
Oxidationsschutzmittel; Ermüdungsschutzmittel;

Eigenschaften:
- **toxikologisch/ökotoxikologisch:**
RTECS # KV 4800000
R-Satz: 36/37/38
S-Satz: 26-36
Sonstiges:
LD Lo (oral, Ratte): 500 mg/kg [428];

- **physikalisch/chemisch:**
Schmelzpunkt: 59-69 °C; 64-65 °C; 65-67 °C
Siedepunkt: 228 °C (16 hPa); 180-182 °C (2 hPa); 178-182 °C (2,66 hPa)
Molmasse: 212,29 g/mol

Löslichkeit:
sehr gut löslich in Ethanol und Diethylether;

Verbleib nach Gebrauch:
Verbrennung nach Mischung mit brennbarem Lösemittel;

Bemerkung:
enthalten in Stabilite FLX (80 %);

N,N'-Diphenylguanidin

- **CAS-Nummer:**
  102-06-7
- **UN Nummer:**
  2811
- **gebräuchliche Namen:**
  DPG; Diphenylguanidin; Melanilin; 1,3-Diphenylguanidin; 1,3-Diphenylguanidin, sym.;
- **Handelsnamen:**
  Ekaland DPG; Vulkazit; Nocceler D; Sanceler D; Soxinol D; Vanax DPG; Vulcafor DPG; Vulcacit D/C; Melaniline; USA F N-19;
- **Summenformel:**
  $C_{13}H_{13}N_3$
- **Strukturformel:**

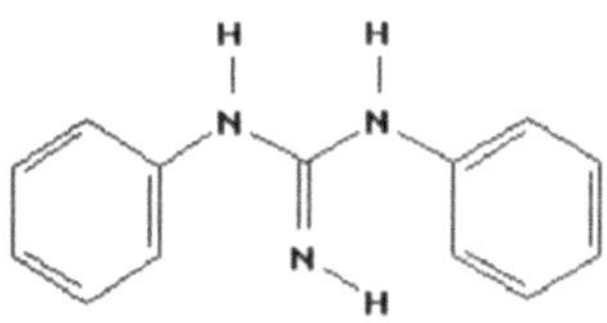

Funktion:
Vulkanisationsbeschleuniger, organisch;

Kautschukart:
Naturkautschuk; Styrol-Butadien-Kautschuk;

Anwendung:
Reifen, Schläuche; chirurgische und medizinische Artikel; Sportartikel; Spielsachen; technische Gummiartikel; Produkte für Industrie, inkl. Druckplattentücher; Klebstoffe; Dichtungen; Latex Tauchartikel; Latex Schaumartikel;

branchenspezifische Bemerkung zur Substanz:
Einsatzmenge: t/a (Reifenindustrie: 420 t/a, TSE-Industrie: 52 t/a) (1996)

Eigenschaften:
- **toxikologisch/ökotoxikologisch:**
  RTECS # MF 0875000
  WGK: 2
  R-Satz: 20/21/22-36
  S-Satz: 26-28-36/37/39-45
  Sonstiges:
  Zu diesem Stoff liegt ein BUA-Stoffbericht Nr. 96 vor.
  Die Stäube reizen die Augen, die oberen Atemwege und die Haut. Kontakt mit dem Stoff führt zu Reizung der Augen und der Haut. Die Aufnahme des Stoffes (auch über die Haut?) ruft Vergiftungen hervor, Angaben in der Literatur jedoch unzureichend. Bei Erhitzung über 170°C werden u.a. hochgiftige nitrose Gase frei. Symptome :Brennen der Augen, der Nasen- und Rachenschleimhäute sowie der Haut. Husten. Bei starker Erhitzung des Stoffes :Husten, Atembeschwerden, Atemnot [484];
  Bei über 3-15-jährigem Kontakt zeigten sich bei 30% der untersuchten Personen Magen-, Gallenbeschwerden und neurologische Störungen; auch gestörter Leberstoffwechsel; erhöhte Bilirubinwerte [569]
  LD 50 (oral, Ratte): 507 mg/kg [428], 320-375 mg/kg, 500 mg/kg, 850 mg/kg [569];
  LD 50 (intraperitoneal, Ratte): 75 mg/kg [428];
  LD Lo (subcutan, Ratte): 50 mg/kg [569];
  LD 50 (oral, Maus): 150 mg/kg [428], 250 mg/kg, 520 mg/kg, 290 mg/kg, 507 mg/kg [569];
  LD 50 (intraperitoneal, Maus): 25 mg/kg [428], 25-50 mg/kg [569];
  LD 50 (oral, Kaninchen): 250 mg/kg, 246 mg/kg [569];
  LD 50 (dermal, Kaninchen): >794 mg/kg, >2000 mg/kg [569];

LD Lo (intravenös, Hund): 25 mg/kg [428];
LD 50 (oral, Meerschweinchen): 250 mg/kg [569];

EC 0 (Daphnia magna): 22 mg/l/24h [569];
EC 50 (Daphnia magna): 62,4 mg/l/24h [569];
EC 100 (Daphnia magna): 177 mg/l/24h [569];
LC 0 (Fisch, Goldorfe): 1 mg /l/72h [569];
biologisch schwer abbaubar [569];

zu Ekaland DPG [567]:
MAK-Wert: <2,5 mg/m3 E

Gefahren-Symbol:

Xn

- **physikalisch/chemisch:**
  Schmelzpunkt: 142°C; 145-147 °C; 148-150°C; 144-149 °C
  Siedepunkt: 170°C (Zers.)
  Flammpunkt: 170°C
  Dampfdruck: 0,0000000174 hPa (20°C); 0,0000000409 hPa (25°C) (extrapoliert) [569]
  Log pOW: 1,69 [569]
  Dichte: 1130 kg/m3 (20°C); 1190 kg/m3 (20°C); 1190 ± 30 kg/m3
  Molmasse: 211,27 g/mol

  Löslichkeit:
  Wasser 1,5 g/l (20°C), <1 g/l (21°C), 1 g/l (25°C), leicht löslich in Dichlormethan, Ethylacetat, Ethanol, Propanon und Dimethylsulfoxid, löslich in Trichlormethan, heißem Benzen, heißem Toluol, Tetrachlormethan nd. Diethylether, unlöslich in Benzin [569] und Hexan;
  geringfügig löslich in Wasser (<1 g/l (21°C); löslich in Ethanol, Tetrachlormethan, Trichlormethan, heißem Benzin und Toluol [484]; gut löslich in verdünnten Mineralsäuren;
  wenig löslich in Toluol;

Verbleib nach Gebrauch:
Verbrennung nach Mischung mit brennbarem Lösemittel;

Bemerkung:
zu Ekaland DPG [567]:
weiß-rosa Pulver; schwach löslich in heißem Wasser; Bildung von Cyanwasserstoff bei thermischer Zersetzung über 300 °C;

1,3-Diphenylharnstoff

- **CAS-Nummer:**
  102-07-8
- **gebräuchliche Namen:**
  Carbanilid; N,N-Diphenylharnstoff; Arcardite; 1,3-Diphenylcarbamid; s-Diphenylurea; Zeonet U;
- **Summenformel:**
  $C_{13}H_{12}N_2O$

- **Strukturformel:**

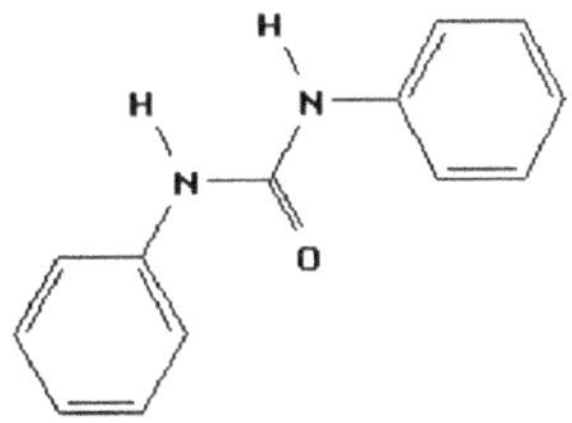

Funktion:
1) Verzögerer für schwefelfreie Vernetzungsmittel;

branchenspezifische Bemerkung zur Substanz:
2) Zersetzungprodukt von DPG (CAS-NR. 102-06-7);

Eigenschaften:
- **toxikologisch/ökotoxikologisch:**
RTECS # FD 9800000
Sonstiges:
LD Lo (oral, Ratte): 500 mg/kg [428];
LD 50 (intraperitoneal, Maus): 200 mg/kg [428];

- **physikalisch/chemisch:**
Schmelzpunkt: 239-241 °C
Siedepunkt: 262 °C
Log pOW: 2,86
Dichte: 1239 kg/m3
Molmasse: 212,25 g/mol

Löslichkeit:
in Wasser: 0,15 g/l; in Pyridin: 69,0 g/l; löslich in Essigsäure,Ether; unlöslich in Benzen;

N,N'-Diphenylmethandiamin

- **CAS-Nummer:**
622-14-0
- **gebräuchliche Namen:**
Methyldianilin;
- **Summenformel:**
$C_{13}H_{14}N_2$

- **Strukturformel:**

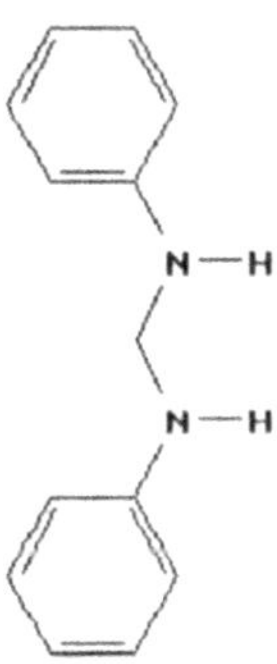

Funktion:
Vernetzungsmittel, schwefelfrei;

Eigenschaften:

- **physikalisch/chemisch:**
Molmasse: 198,27 g/mol

Diphenylmethan-4,4'-diisocyanat

- **CAS-Nummer:**
101-68-8
- **UN Nummer:**
2489
- **gebräuchliche Namen:**
Diisocyanatodiphenylmethan; Methylenbisphenylisocyanat; Phenylmethandiisocyanat; Bis(p-isocyanophenyl)-methan; 1,1'-Methylbis-(4-isocyano)-benzol; Diphenylmethandiisocyanat; Diphenylmethyldiisocyanat; MDI; 4,4'-Diphenylmethandiisocyanat; Methylendiphenyldiisocyanat; Bis-(4-isocyanato-phenyl)-methan; 4,4'-Methandiyl-bis-phenylisocyanat; 4,4'-Methylen-bis-(phenylisocyanat); Diphenylmethan-4,4'-diisocyanat;
- **Handelsnamen:**
Hylene M 50; Isonate; Isonate 125 M; Nacconte 300; NCI-C50668; Rubinate 44;
- **Summenformel:**
$C_{15}H_{10}N_2O_2$

- **Strukturformel:**

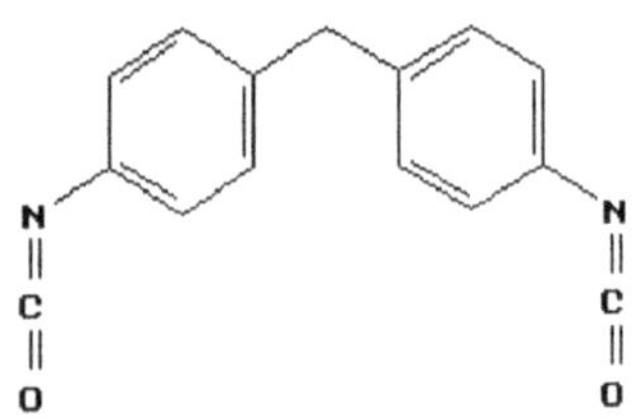

Funktion:
Monomer für die Herstellung von synthetischem Kautschuk;
Haftmittel;

Eigenschaften:
- **toxikologisch/ökotoxikologisch:**
RTECS # NQ 9350000
Schweizer Giftliste: 3
WGK: 1
MAK Wert: 0,05 mg/m3 bzw. 0,005 ml/m3
R-Satz: 20-36/37/38-42
S-Satz: (2)-26-28-38-45
Sonstiges:
Einstufung und Kennzeichnung von Zubereitungen, in denen diese Substanz enthalten ist:
25%< =C ⇒ Xn; R20-36/37/38-42
5%< =C<25% ⇒ Xn; R36/37/38-42
1%< =C<5% ⇒ Xn; R42

Spitzenbegrenzung Kat. I; Krebserzeugend Gruppe III B; Schwangerschaftsgruppe II C [481];
gelegentlich sensibilisierend; Sensibilisierung durch Einatmen möglich; Reizstoff;
Die bei Aufwirbelung des monomeren MDI gebildeten Staub/Luftgemische und die bei der Erhitzung von monomeren sowie polymeren MDI entstehenden Dampf/Luftgemische reizen und schädigen die Augen, die Atemwege, die Lunge sowie die Haut. Erst Stunden nach der Einatmung kommt es zu asthmaähnlichen Zuständen. Nach Einatmung der Dämpfe oder des Staubes ist deshalb eine ärztliche Untersuchung unbedingt erforderlich. Angesichts der sehr niedrigen Dampfdrucke dieser Verbindungen ist bei üblichen

Umgebungstemperaturen nicht mit der Entwicklung gesundheitsschädlicher Dampfkonzentrationen zu rechnen. Zustände, ähnlich wie beim sog. Giesserfieber wurden beobachtet. Kontakt mit dem festen Stoff oder der Flüssigkeit führt zu starker Reizung der Augen und der Haut. Die Substanz wirkt häufig allergisierend. Bei Brand und sehr starker Erhitzung zersetzt sie sich unter Bildung hochgiftiger Gase wie Kohlenmonoxid, nitroser Gase und Isocyanat - haltiger Dämpfe.
Symptome: Tränenfluß, Brennen der Nasen- und Rachenschleimhäute sowie der Haut; Reizhusten, Atemnot wie bei Asthma, Engegefühl in der Brust, Übelkeit, Fieber. [484];
TC Lo (inhalativ, Mensch): 130 ml/m3/30 min. [428];
LC 50 (inhalativ, Ratte): 178 mg/kg [428];
LD Lo (oral, Ratte): 31690 mg/kg [428];
LD 50 (oral, Maus): 2200 mg/kg [39];
LD 16 (oral, Maus): 10700 mg/kg [428];

Gefahren-Symbol:

- **physikalisch/chemisch:**
  - **Schmelzpunkt:** 38 °C; 42-44 °C
  - **Siedepunkt:** 230 °C (Zers.); 200 °C (6,66 hPa)
  - **Flammpunkt:** 199 °C; >110 °C
  - **Dampfdruck:** 0,00019 hPa (25 °C)
  - **Brechungsindex:** 1,5906 (50 °C)
  - **Dichte:** 1240 kg/m3 (20 °C)
  - **Molmasse:** 250,27 g/mol

Löslichkeit:
löslich in Propanon, Benzen [428];

Verbleib nach Gebrauch:
Verbrennung nach Mischung mit brennbarem Lösemittel;

Bemerkung:
Schwach gelbe Flüssigkeit [428];
Polymer: Dunkelbraune (trübe), olige Flüssigkeit. Monomer: Weiße bis gelbliche Stücke, Flocken oder Pulver. Monomeres (reines) MDI entspricht handelüblichen 4,4'- Diphenylmethyldiisocyanat. Dieses Material kann unterschiedliche Mengen des 2,4'-Isomers und des 4,4'-Isomers enthalten.
Reagiert mit Wasser unterhalb von 50 °C langsam, oberhalb schneller bis heftig unter Bildung von Kohlendioxid und wasserunlöslichen Polyharnstoffen, polymerisiert um 260 °C [484].

Diphenylmethanon

- **CAS-Nummer:**
  119-61-9
- **gebräuchliche Namen:**
  Diphenylketon; Benzophenon; Benzoylbenzen; alpha-Oxodiphenylmethan, alpha-Oxoditane;
- **Summenformel:**
  $C_{13}H_{10}O$

- **Strukturformel:**

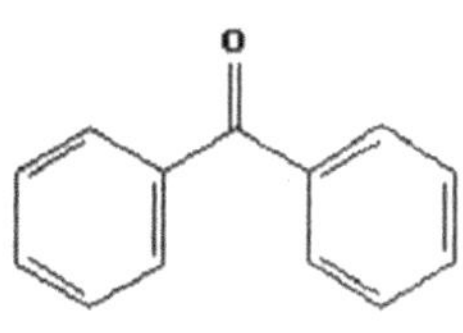

branchenspezifische Bemerkung zur Substanz:
Reaktionsprodukt von Dicumylperoxid (CAS-Nr. 80-43-3) [Vulkanisiermittel];

Eigenschaften:
- **toxikologisch/ökotoxikologisch:**
RTECS # DI 9950000
Schweizer Giftliste: 4
Sonstiges:
Kann schädigend wirken beim Einatmen, Verschlucken oder Aufnahme über Haut; Dämpfe reizen Augen, Schleimhäute und Atemwege; verursacht Hautreizungen [187];
LD 50 (oral, Maus): 2895 mg/kg [187, 428];
LD 50 (oral, Ratte): > 10000 mg/kg [428];
LD 50 (intraperitoneal, Maus): 727 mg/kg [428];

- **physikalisch/chemisch:**
Schmelzpunkt: 48,1 °C (a); 26,5 °C (allotrope Verb.) (b)
Siedepunkt: 305,4 °C
Log pOW: 3,18; 3,58 [4]
Brechungsindex: 1,5975 (53,5 °C) (a); 1,60596 (23,4 °C) (b)
Dichte: 1110,8 kg/m3 (18 °C)
Molmasse: 182,221 g/mol

Löslichkeit:
unlöslich in Wasser; Ethanol (97 %) 169,5 g/l (18 °C), Diethylether 247 g/l (13 °C); Eisessig 192 g/l (15 °C); löslich in Trichlormethan, Propanon und Benzen;

Bemerkung zu physikalisch/chemischen Daten:
(a): rhombische Prismen (nach Umkristallisation aus Ethanol oder Diethlether);
(b): monokline Kristalle (Schmelze);

Verbleib nach Gebrauch:
Verbrennung nach Mischung mit brennbarem Lösemittel;

Bemerkung:
Weiße Stückchen;
Verwendung: in der Druckindustrie als Fotosensibilisator;

Di(phenylmethyl)dithiocarbaminsäure, Zinksalz

- **CAS-Nummer:**
14726-36-4
- **gebräuchliche Namen:**
ZBEC; Bis-(dibenzyldithiocarbamato)-zink; Bis-[bis(phenylmethyl)-carbamodithioato-S,S']zink; Zinkdibenzyldithiocarbamat; Benzylzimat;
- **Handelsnamen:**
Arazate; Ivegran VP 50.602; Robac ZBED; Rhenogran ZBEC-70; Rhenosol ZBEC-45; Vulkacit ZBEC; Vulkacit ZBCE/C;
- **Summenformel:**
$C_{30}H_{28}N_2S_4Zn$

- **Strukturformel:**

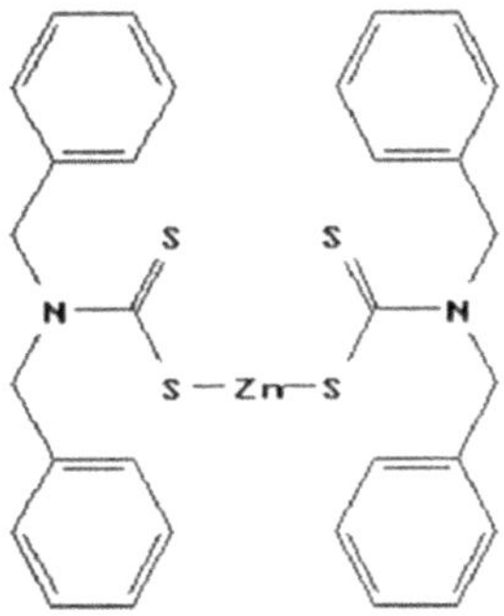

Funktion:
Vulkanisationsbeschleuniger, organisch;
Kautschukart:
Naturkautschuk; synthetischer Kautschuk;
Anwendung:
Reifen, Schläuche; chirurgische und medizinische Artikel; Sportartikel; Spielsachen; technische Gummiartikel; Produkte für Industrie, inkl. Druckplattentücher; Klebstoffe; Dichtungen; Latex Tauchartikel; Latex Schaumartikel; technische Gummiartikel, helle und lechtend gefärbte Gummiartikel;

branchenspezifische Bemerkung zur Substanz:
Einsatzmenge: 39 t/a (Reifenindustrie: 13 t/a, TSE-Industrie: 26 t/a) (1996)

Eigenschaften:
- **toxikologisch/ökotoxikologisch:**
Sonstiges:
zu Robac ZBED [Sdb Krahn]:
MAK- Wert: 6 mg /kg (allg. Staubgrenzwert); LD 50 (oral, Ratte): >16000 mg/kg; WGK: 0;

zu Perkacit ZBEC [Sdb Flexsys], Angaben bezogen auf Wirkstoff:
LD 50 (oral, Ratte): >5000 mg/kg;
R-Sätze: 53;
kann in Gewässern längerfristig schädliche Wirkung haben;

- **physikalisch/chemisch:**
Schmelzpunkt: 180 °C
Dichte: 1210 ± 30 kg/m3; 1220 kg/m3; 1400 kg/m3
Molmasse: 610,19 g/mol
Löslichkeit:
unlöslich in Wasser; löslich in Methylbenzen, Schwefelkohlenstoff, Trichlormethan;

Bemerkung:
Rhenogran ZBEC-70: 70 % Zinkdibenzyldithiocarbamat, 30 % Elastomerbinder und Dispergatoren;

zu Robac ZBED [Sdb Krahn]:
cremefarbenes Pulver; Schmelzpunkt: >180 °C; Flammpunkt: >66 °C; Dichte 1340 kg /m3 (20 °C); unlöslich in Wasser; Gefährliche Zersetzungsprodukte: Kohlenmonoxid, Stickoxide; Schwefeloxide;

Diphenyloxid-4,4'-disulfonsäuredihydrazid

- **CAS-Nummer:**
80-51-3
- **gebräuchliche Namen:**
OBSH; 4,4'-Oxybisbenzensulfonsäuredihydrazid; p,p'-Oxybisbenzensulfonylhydrazid; Bis-(4-hydrazinosulfonylphenyl)ether; 4,4'-Oxydibenzolsulfonsäuredihydrazid; para,para-Oxybis(benzolsulfonsäurehydrazid); Diphenyloxid-4,4'-disulfohydrazid;

- **Handelsnamen:**
  Celogen OT; Celnike S; Genitron OB; Neocellborn; Nitropore OBSH; Poly-Dispersion OBSH-75; Serogen;
- **Summenformel:**
  $C_{12}H_{14}N_4O_5S_2$

- **Strukturformel:**

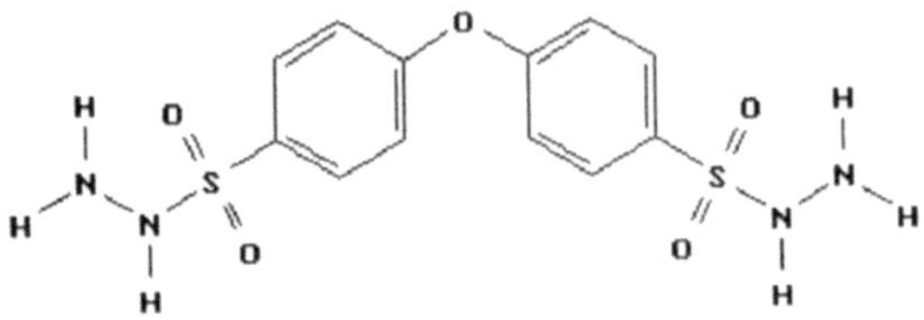

Funktion:
Treibmittel, organisch;
Anwendung:
Reifen, Schläuche; chirurgische und medizinische Artikel; Sportartikel; Spielsachen; technische Gummiartikel; Produkte für Industrie, inkl. Druckplattentücher; Klebstoffe; Dichtungen; Latex Tauchartikel; Latex Schaumartikel;

branchenspezifische Bemerkung zur Substanz:
Einsatzmenge: 9,1 t/a (TSE-Industrie, 1996)

Eigenschaften:
- **toxikologisch/ökotoxikologisch:**
  RTECS # DB 7321000
  WGK: 2
  R-Satz: 36/37/38
  S-Satz: 26-37/39
  Sonstiges:
  Die Stäube und der feste Stoff reizt die Augen und die Haut (Hautaufnahme möglich!).Der Stoff verändert den roten Blutfarbstoff (Methämoglobinbildung) und zerstört die roten Blutkörperchen (Hämolyse), als Folge können Nieren- und Leberschäden auftreten. Hautkontakt kann zu schwer heilenden Exemen führen, Allergisierung möglich, zentralnervöse Störungen sind möglich. Symptome: Brennen der Augen und betroffener Hautpartien, Kopfschmerzen, Übelkeit, Ruhelosigkeit, Muskelzittern, Krämpfe. [484];

- **physikalisch/chemisch:**
  Schmelzpunkt: 160-161 °C (Zers.)
  Dichte: 1520 kg/m3
  Molmasse: 358,4 g/mol

  Löslichkeit:
  löst sich nur geringfügig mit Wasser;

Verbleib nach Gebrauch:
Verbrennung nach Mischung mit brennbarem Lösemittel;

Bemerkung:
weißes Pulver;
Verhalten bei Freiwerden und Vermischen mit Wasser: Es bilden sich giftige Gemische mit Wasser, die auch bei großer Verdünnung noch wirksam sind.
Verhalten bei Freiwerden und Vermischen mit Luft: Gesundheitsschädlicher und brennbarer fester Stoff. Bei Aufwirbelung des Staubes bilden sich gesundheitsschädliche und explosionsfähige Staub-Luft-Gemische. Entzündung durch heiße Oberflächen, Funken oder offene Flammen. Bei Hitzeeinwirkung erfolgt bei Temperaturen ab 50 °C eine selbstbeschleunigende Zersetzung, die zu einem explosionsartigen Zerfall führen kann. Durch die Zersetzung wird gasförmiger Stickstoff freigesetzt, der bei schneller Drucksteigerung bei Versandstücken den Deckel von der Verpackung drücken und das Pulver in der Luft verteilen kann. In Behältern kann duch die Drucksteigerung die Gefahr eines explosionsartigen Zerknalls entstehen. [484];

Selbstzersetzungsfähiger Stoff. Kontakt mit Alkalien oder Säuren kann zu gefährlicher Zersetzung führen. Der Stoff kann sich unter Feuereinwirkung heftig zersetzen. Es bilden sich dabei giftige und ätzende nitrose Gase (Schwefeldioxid, Schwefeltrioxid). Die Substanz reagiert heftig bei Kontakt oder Mischung mit starken Oxidationsmitteln;

N,N'-Diphenyl-1,3-propandiamin

- **CAS-Nummer:**
  104-69-8
- **gebräuchliche Namen:**
  N,N'-Diphenyl-1,3-propylendiamin; N,N'-Diphenylpropylendiamin;
- **Handelsnamen:**
  Warcoat GFC;
- **Summenformel:**
  $C_{15}H_{18}N_2$

- **Strukturformel:**

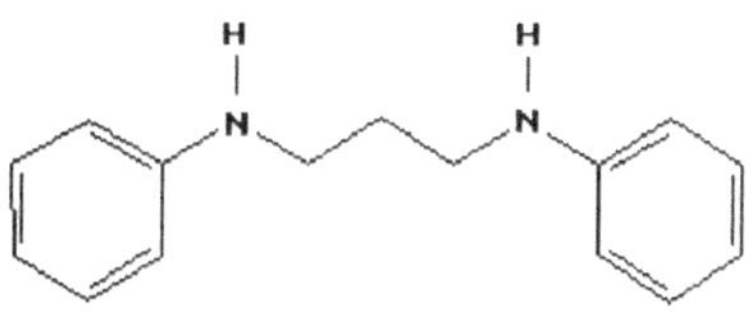

Funktion:
Oxidationsschutzmittel;

Eigenschaften:

- **physikalisch/chemisch:**
  Schmelzpunkt: 40-41 °C
  Log pOW: 1,16
  Molmasse: 226,32 g/mol

N,N'-Diphenylthiokohlensäurediamid

- **CAS-Nummer:**
  102-08-9
- **gebräuchliche Namen:**
  DPTU; 1,3-Diphenyl-2-thioharnstoff; N,N'-Diphenylthioharnstoff; N,N'-Diphenyl-2-thioharnstoff; Thiocarbanilid; Diphenylthioharnstoff; N,N'-Diphenylthiocarbamid; Diphenylthiourea; N,N'-Diphenylthiourea; 1,3-Diphenyl-2-thiourea; Sulfocarbanilid;
- **Handelsnamen:**
  Stabilizer C; 1-1-Thiocarbanilide; Rhenocure CA; Rhenogran DPTU-80; Stabilisator C; Vulkacit CA; USAF EK 245; A1; Nocceler C; Urea;
- **Summenformel:**
  $C_{13}H_{12}N_2S$

- **Strukturformel:**

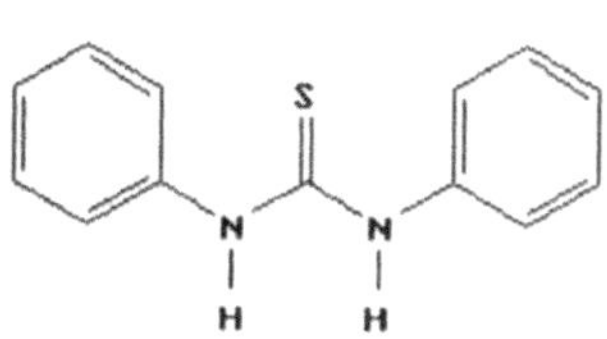

Funktion:
1) Vulkanisationsbeschleuniger, organisch;
Kautschukart:
1) Chloropren-Kautschuk;
Anwendung:
1) chirurgische und medizinische Artikel; Sportartikel; Spielsachen; technische Gummiartikel;

branchenspezifische Bemerkung zur Substanz:
2)Zersetzungsprodukt von DPG (CAS-NR. 102-06-7);

Eigenschaften:
- toxikologisch/ökotoxikologisch:
RTECS # FE 1225000
Schweizer Giftliste: 4
R-Satz: 20/21/22-22
S-Satz: 13-24/25-28
Sonstiges:
LD 50 (oral, Ratte): 50 mg/kg [428], [201];
LD 50 (intraperitoneal, Ratte): 1000 mg/kg [428];
LD Lo (oral, Kaninchen): 1500 mg/kg [428], [201];
LD 50 (intraperitoneal, Maus): 500 mg/kg [428];
LD Lo (oral, Katze): 720 mg/kg [428];

Gefahren-Symbol:

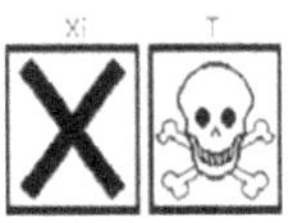

- physikalisch/chemisch:
Schmelzpunkt: 152-155 °C
Dichte: 1320,5 kg/m3 (20 °C)
Molmasse: 228,32 g/mol

Löslichkeit:
leicht löslich in Ethanol, Diethylether; löslich in Alkalien, Trichlormethan; sehr wenig löslich in Wasser;

Bemerkung:
Weiße kristalle; derb fest; ausgeprägt bitterer Geschmack;
Verwendung: Vulkanisationsbeschleuniger; als Schwefelfarbstoff;
Droge;

1,3-Diphenyltriazen

- CAS-Nummer:
136-35-6
- gebräuchliche Namen:
Diazoaminobenzol; N-(Phenylazo)-anilin; Anilinazobenzol; Benzolazoanilin;
- Handelsnamen:
Cellofor; DAAB;
- Summenformel:
$C_{12}H_{11}N_3$

- **Strukturformel:**

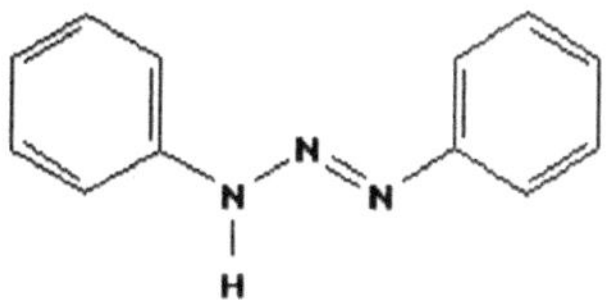

Funktion:
Treibmittel, organisch;

Eigenschaften:
- **toxikologisch/ökotoxikologisch:**
RTECS # XY 2625000
R-Satz: 5-20/21/22-36/37/38
S-Satz: 15-26-27-36/37/39

- **physikalisch/chemisch:**
Schmelzpunkt: 98 °C
Siedepunkt: 146 °C
Molmasse: 197,24 g/mol
Löslichkeit:
unlöslich in Wasser, löslich in Benzen, Diethylether, heißem Ethanol;

Verbleib nach Gebrauch:
Verbrennung nach Mischung mit brennbarem Lösemittel;

Bemerkung:
explodiert bei Temperaturen über 150 °C;

Dipiperidinmethan

- **CAS-Nummer:**
880-09-1
- **gebräuchliche Namen:**
1,1-Methylenbispiperidin; Bis-(piperidino)-methan; N,N'-Methylen-bis-piperidin; N,N'-Methylendipiperidin;
- **Handelsnamen:**
R-2 Crystals;
- **Summenformel:**
$C_{11}H_{22}N_2$

- **Strukturformel:**

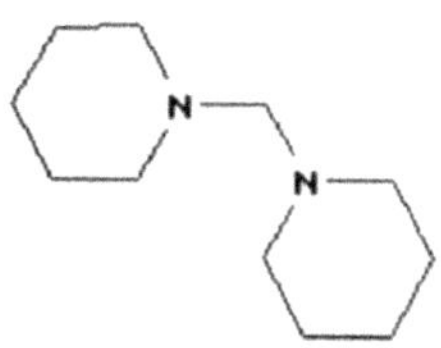

Funktion:
Vulkanisationsbeschleuniger, organisch;

Eigenschaften:
- **toxikologisch/ökotoxikologisch:**
R-Satz: 36/37/38
S-Satz: 26-27-28-36/37/39

- **physikalisch/chemisch:**
  Siedepunkt: 122-123 °C (20 hPa)
  Flammpunkt: 91 °C
  Brechungsindex: 1,4820
  Dichte: 915 kg/m3
  Molmasse: 182,31 g/mol

Verbleib nach Gebrauch:
Verbrennung

1,6-Di(2-propenyl)oxy-hexan

- **CAS-Nummer:**
  81866-56-0
- **gebräuchliche Namen:**
  AHDA; 3-(6-Allyloxy-hexyloxy)-propen; Bis(allyl)-1,6-hexandiol; 1,6-Diallyloxy-hexan;
- **Summenformel:**
  $C_{12}H_{22}O_2$

- **Strukturformel:**

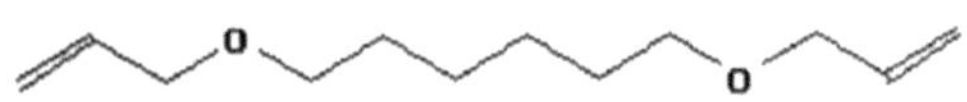

Funktion:
Coagentien für schwefelfreie Vernetzungsmittel;
Kautschukart:
Ethylen-Propylen-Copolymer; Ethylen-Propylen-Terpolymer;

Eigenschaften:
- **physikalisch/chemisch:**
  Molmasse: 198,30 g/mol

Dischwefeldichlorid

- **CAS-Nummer:**
  10025-67-9
- **UN Nummer:**
  1828*
- **gebräuchliche Namen:**
  Chlorschwefel; Schwefelchlorid; Sulfurchlorid; Schwefelmonochlorid;
- **Summenformel:**
  S_2Cl

Funktion:
Vulkanisiermittel / Schwefelspender;
Kautschukart:
Naturkautschuk;

Eigenschaften:
- **toxikologisch/ökotoxikologisch:**
  RTECS # WS 4300000
  Schweizer Giftliste: 2
  MAK Wert: 1 ml/m3 bzw. 6 mg/m3
  R-Satz: 14-34-37
  S-Satz: (1/2)-26-45

Sonstiges:
Spitzenbegrenzung: I [481];
Dämpfe reizen stark Augen und Atemwege; Kontakt mit der Flüssigkeit bewirkt Verätzung der Augen (Hornhauttrübungen) und Haut; bei Erhitzung bis zur Zersetzung oder bei Brand bilden sich ätzende und hochgiftige Dämpfe von ⇒ Chlorwasserstoff und ⇒ Schwefeldioxid [163];
LC 50 (inhalativ, Maus): 150 ml/m3 [428];

LD 5 (Wasserorganismen): 1000-100 mg/l/96 h [484];
Nach Zersetzung giftig für Organismen: Kolloidaler Schwefel für Goldfische 1600 mg/l tödlich in 3,5-5,25 h, 10-80 mg/l Grenzschwellenwert. Schwefeldioxid bzw. schweflige Säure 1 mg/l tödlich für Fische, ab 260 mg/l Störungsschwelle für Fischnährtiere, Salzsäure 25-50 mg/l tödlich für Fische, 6 mg/l schädlich für Pflanzen [484];

Gefahren-Symbol:

C

- **physikalisch/chemisch:**
  Schmelzpunkt: -80 °C; -78 °C
  Siedepunkt: 135,6 °C; 59 °C (Zers.)
  Flammpunkt: 118 °C
  Dampfdruck: 9,06 hPa (20 °C) [187]; 13 hPa (27,5 °C) [163]; 58,65 hPa (55 °C) [187];
  Brechungsindex: 1,666 (14 °C)
  Dichte: 1678 kg/m3 (20 °C)
  Molmasse: 135,03 g/mol

  Löslichkeit:
  zersetzlich in Wasser; löslich in Diethylether, Benzen, Carbondisulfid, Tetrachlormethan [428];
  löslich in Alkohol, Benzol, Ether, Fetten sowie etherischen Ölen, Schwefelkohlenstoff und Tetrachchlormethan [484];

  Bemerkung zu physikalisch/chemischen Daten:
  Zündtemperatur: 230 °C [484];

Bemerkung:
Gelbrot, an feuchter Luft rauchende, stark zu Tränen reizende, ölige Flüssigkeit mit stechendem Geruch; bei Kontakt mit Wasserdampf, Feuchtigkeit oder Wasser zersetzt sich der Stoff in ⇒ Schwefel, ⇒ Chlorwasserstoff und ⇒ Chlor; die Reaktion mit Wasser kann zuerst verzögert sein, dann aber plötzlich sehr heftig werden [484];
Verwendung: in der Fotoindustrie zur Erhöhung der Lichtempfindlichkeit von ⇒ Asphalt; zum Vulkanisieren von Kautschuk;

*: In der UN-Liste klassifiziert unter Schwefelchlorid [484];

3-(3,5-Di-tert.-butyl-4-hydroxyphenyl)-propionsäure-2,2',2"-(2,4,6-trioxo-[1,3,5]triazin-1,3,5-triyl)-triethylester

- **CAS-Nummer:**
  34137-09-2
- **gebräuchliche Namen:**
  3,5-Di-tert.-butyl-4-hydroxyhydrozimtsäuretriester des 1,3,5-Tris(2-hydroxyethyl)-triazin-2,4,6-(1H,3H,5H)-trion;
- **Handelsnamen:**
  Vanox SKT;
- **Summenformel:**
  $C_{60}H_{87}N_3O_{12}$

- **Strukturformel:**

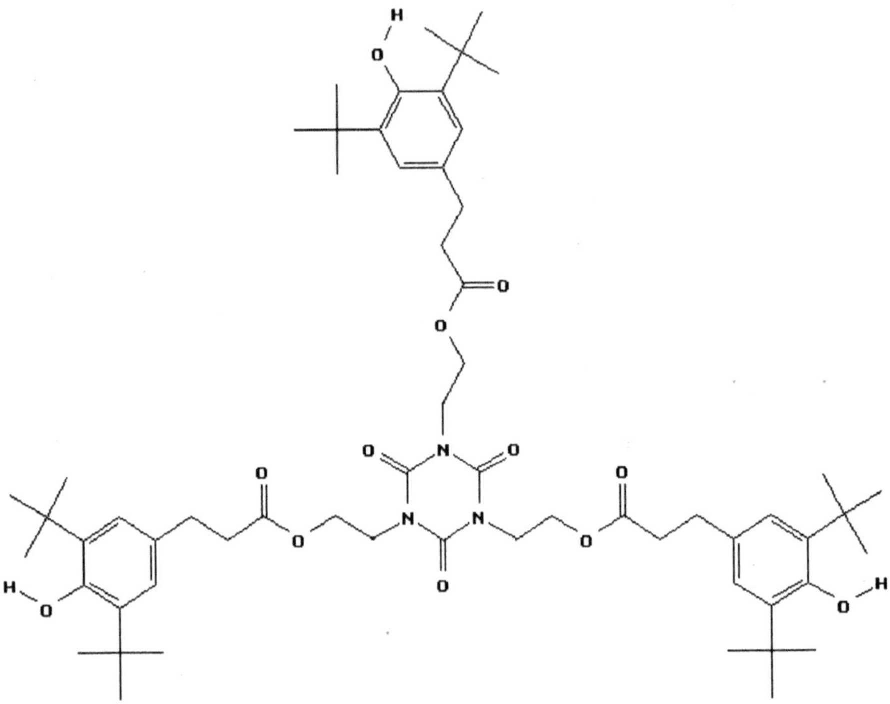

Funktion:
Oxidationsschutzmittel;
Kautschukart:
Naturkautschuk; synthetischer Kautschuk;
Anwendung:
technische Gummiartikel (Walzen, Puffer, Fördergurte, Dichtungen, Schläuche); Reifen (Seitenwände, Karkassen);

Eigenschaften:

- **physikalisch/chemisch:**
Dichte: 920 ± 30 kg/m3
Molmasse: 1042,00 g/mol

Löslichkeit:
löslich in 2-Propanon, Trichlormethan, Methylbenzen, Ethanol; unlöslich in Wasser;

2,2'-Dithio-bis-benzimidazol

- **CAS-Nummer:**
1155-37-9
- **gebräuchliche Namen:**
MBDS; Bis-(1H-benzoimidazol-2-yl)-disulfan;
- **Summenformel:**
$C_{14}H_{10}N_4S_2$

- **Strukturformel:**

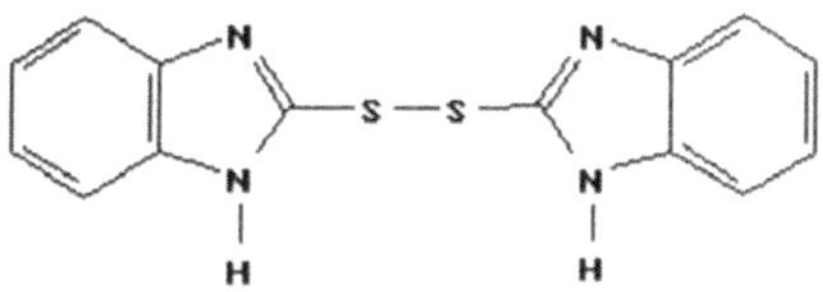

Funktion:
Vulkanisationsbeschleuniger, organisch;

Eigenschaften:
- **physikalisch/chemisch:**
Schmelzpunkt: 230 °C
Molmasse: 298,38 g/mol

Dithio-bis-(dibenzylamin)

- **CAS-Nummer:**
16131-50-3
- **gebräuchliche Namen:**
DTDB; Bis-dibenzylamino-disulfan;
- **Summenformel:**
$C_{28}H_{28}N_2S_2$

- **Strukturformel:**

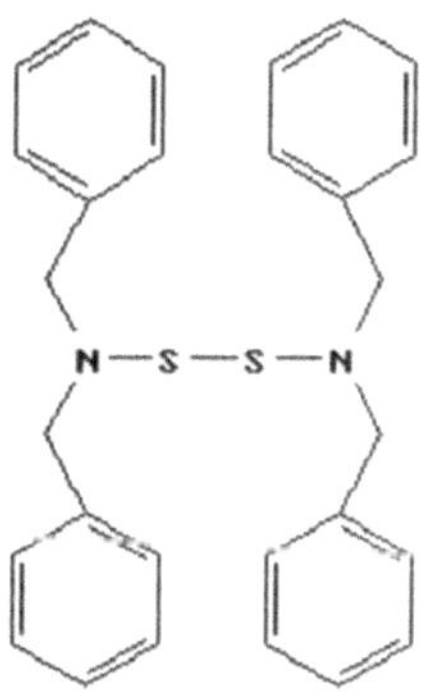

Funktion:
Vulkanisationsbeschleuniger, organisch;

Eigenschaften:
- **physikalisch/chemisch:**
Schmelzpunkt: 79-80 °C
Molmasse: 456,66 g/mol

N,N'-Dithio-bis-hexahydro-2H-azepion-2

- **CAS-Nummer:**
23847-08-7
- **gebräuchliche Namen:**
CLD; DTDC; Dithiodicaprolactam; N,N'-Caprolactamdisulfid; Caprolactamindisulfid;
- **Handelsnamen:**
Rhenocure S; Rhenocure S/G; Rhenosol CLD-40;

- **Summenformel:**
  $C_{12}H_{20}N_2O_2S_2$

- **Strukturformel:**

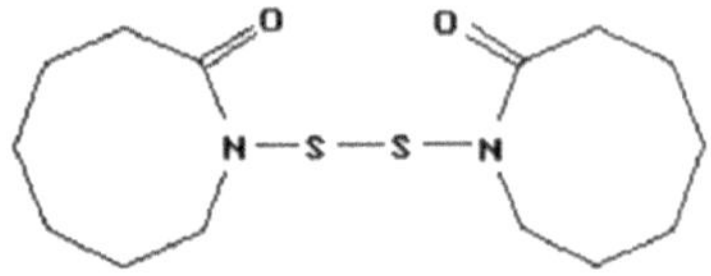

Funktion:
1) Vulkanisiermittel / Schwefelspender;
2) Vulkanisationsbeschleuniger, organisch;

Kautschukart:
1) Naturkautschuk; synthetischer Kautschuk;

Anwendung:
1) Reifen;

branchenspezifische Bemerkung zur Substanz:
Einsatzmenge: 100 t/a (Reifenindustrie: 0,7 t/a, TSE-Industrie: 99 t/a) (1996)

Dithiobis(N-beta-hydroxyethyl-piperazin)

- **CAS-Nummer:**
  37016-47-0
- **gebräuchliche Namen:**
  DTEP; 2,2'-(4,4'-Disulfandiyl-di-piperazin-1-yl)-bis-ethanol;
- **Summenformel:**
  $C_{12}H_{26}N_4O_2S_2$

- **Strukturformel:**

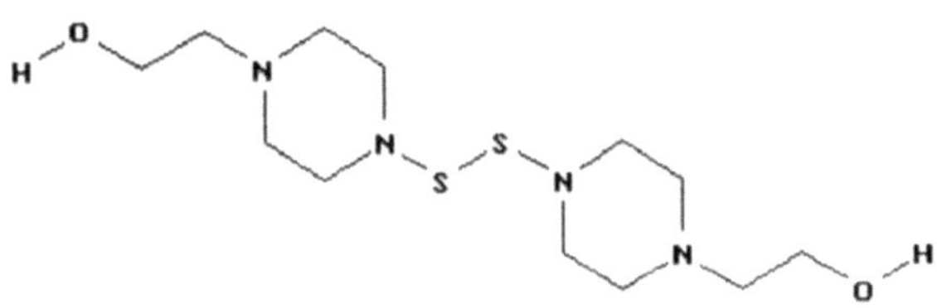

Funktion:
Vulkanisationsbeschleuniger, organisch;

Eigenschaften:
- **physikalisch/chemisch:**
  Schmelzpunkt: 143-144 °C
  Molmasse: 322,48 °C

1,1'-Dithiobis-(N,N-dibutylmethanthioamid)

- **CAS-Nummer:**
  1634-02-2
- **gebräuchliche Namen:**
  TBTD; Tetrabutylthiuramdisulfid; N,N,N',N'-Tetrabutylthiuramdisulfid; m-Disulfido-1,2-dithio-dicarbondsäurebis-dibutylamid; Thioperoxydicarbondiamid; Bis-(dibutylthiocarbamoyl)-disulfid; Tetrabutylthiuram-disulfid; Tetrabutylthioperoxydicarbonsäure-diamid;
- **Handelsnamen:**
  Butyl Tuads; Nocceler TBT; Robac TBUT; Soxinol TBT;

- **Summenformel:**
  $C_{18}H_{36}N_2S_4$

- **Strukturformel:**

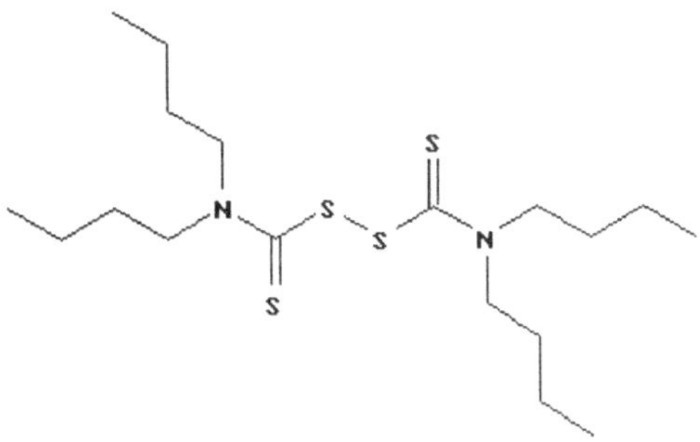

Funktion:
Vulkanisationsbeschleuniger, organisch;

Eigenschaften:
- **toxikologisch/ökotoxikologisch:**
  RTECS # JO 0800000
  Sonstiges:
  LD 50 (intraperitoneal, Maus): 2350 mg/kg [428];

  zu Robac TBUT: [Sdb Krahn]
  LD 50 (oral, Ratte): >16000 mg/kg;
  WGK: 1;

- **physikalisch/chemisch:**
  Dichte: 1032 kg/m3; 1060 ± 20 kg/m3
  Molmasse: 408,74 g/mol

  Löslichkeit:
  unlöslich in Wasser; löslich in Methanol, Methylbenzen, Trichlormethan, Schwefelkohlenstoff;

Bemerkung:
zu Robac TBUT [Sdb Krahn]:
braune Flüssigkeit; Schmelzpunkt: >20 °C; Flammpunkt: >66 °C; Dichte: 1050-1100 kg/m3; nlöslich in Wasser;
Produkt reagiert mit Säuren und Reduktionsmitteln;
Gefärliche Zersetzungsprodukte: Kohlenmonoxid, Stickoxide, Schwefeloxide. >150 °C Bildung entzündlicher Dämpfe. Das Produkt kann unter Einwirkung nitrosierender Agentien ein nach TRGS 552 gelistetes Nitrosamin bilden;

6,6'-Dithiobis(N,N,N'-triethyl)-1,3,5-triazin-2,4-diamin

- **CAS-Nummer:**
  24831-41-2
- **gebräuchliche Namen:**
  Bis(ethylaminodiethylaminotriazin)disulfid;
- **Handelsnamen:**
  Triacit 20;
- **Summenformel:**
  $C_{18}H_{32}N_{10}S_2$

- **Strukturformel:**

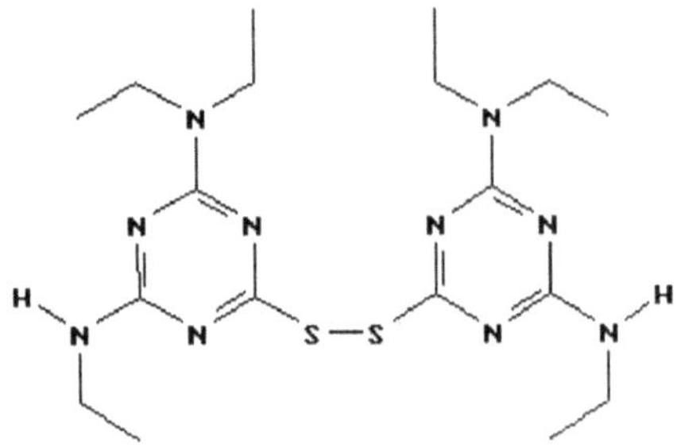

Funktion:
Vulkanisationsbeschleuniger, organisch;

Eigenschaften:
- **physikalisch/chemisch:**
Molmasse: 452,64 g/mol

Dithiokohlensäure-O-ethylester, Kaliumsalz

- **CAS-Nummer:**
140-89-6
- **gebräuchliche Namen:**
Xanthogensäure, Kaliumsalz; Kaliumethylxanthat; Ethylxanthogensäure, Kaliumsalz; Dithiocarbonsäure-O-ethylester, Kaliumsalz;
- **Summenformel:**
$C_3H_5KOS_2$

- **Strukturformel:**

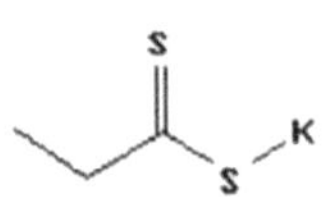

Funktion:
Vulkanisationsbeschleuniger, organisch;

Eigenschaften:
- **toxikologisch/ökotoxikologisch:**
RTECS # FG 1575000
Schweizer Giftliste: 3
WGK: 2
R-Satz: 36/37/38
S-Satz: 26-37/39
Sonstiges:
LD 50 (oral, Ratte): 1700 mg/kg [428];
LD 50 (oral, Maus): 308 mg/kg [428];
LD 50 (intraperitoneal, Maus): >500 mg/kg [428];
LD Lo (subcutan, Maus): 400 mg/kg [428];
LD 50 (intravenös, Maus): 199 mg/kg [428];

Gefahren-Symbol:

- **physikalisch/chemisch:**
  Schmelzpunkt: 210 °C (Zers.)
  Molmasse: 160,30 g/mol

  Löslichkeit:
  gut löslich in Wasser, löslich in Ethanol;

Verbleib nach Gebrauch:
Verbrennung nach Mischung mit brennbarem Lösemittel;

Bemerkung:
weiße Kristalle;

Dithiophosphorsäure-O,O'-diethylester

- **CAS-Nummer:**
  298-06-6
- **gebräuchliche Namen:**
  Diethylhydrogen-phosphordithioat; Diethyldithiophosphorsäure; Phosphordithiosäure-O,O'-diethylester; O,O'-Diethyldithiophosphat; O,O'-Diethylhydrogendithiophosphat; Diethylthiophosphat; O,O'-Diethylphosphorodithioat;
- **Summenformel:**
  $C_4H_{11}O_2PS_2$

- **Strukturformel:**

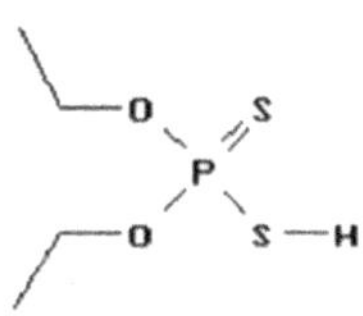

Funktion:
Vulkanisationsbeschleuniger, organisch;

Eigenschaften:
- **toxikologisch/ökotoxikologisch:**
  RTECS # TD 7350000
  R-Satz: 23/24/25-34
  S-Satz: 45-26-27-36/37/39
  Sonstiges:
  LD50 (oral, Ratte): 4510 mg/kg [187];

- **physikalisch/chemisch:**
  Schmelzpunkt: 82 °C
  Siedepunkt: 60 °C (1,3 hPa)
  Flammpunkt: 60 °C
  Brechungsindex: 1,5120 (20 °C)
  Dichte: 1111 kg/m3
  Molmasse: 186,23 g/mol

Verbleib nach Gebrauch:
Verbrennung;

Bemerkung:
blaugrüne Flüssigkeit;

N,N'-Di-4-tolyl-benzen-1,4-diamin

- **CAS-Nummer:**
620-91-7 •
- **gebräuchliche Namen:**
DTPD; N,N'- Ditolyl-4-phenylendiamin; N,N'-Diaryl-p-phenylendiamin; N,N'-Di-p-tolyl-p-phenylendiamin;
- **Summenformel:**
$C_{20}H_{20}N_2$

- **Strukturformel:**

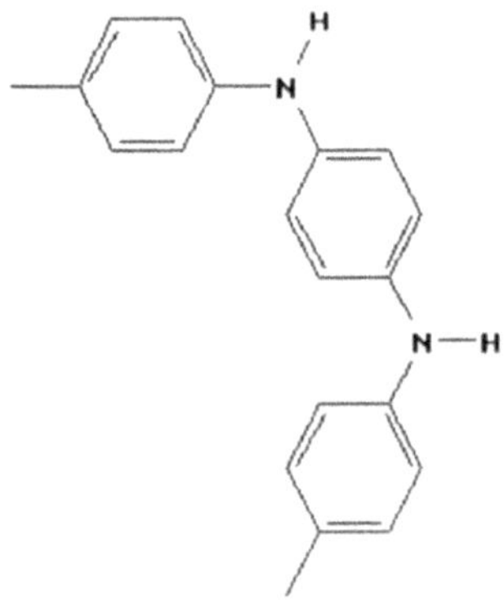

Funktion:
Ermüdungsschutzmittel; Oxidationsschutzmittel;

branchenspezifische Bemerkung zur Substanz:
Einsatzmenge: 150 t/a (Reifenindustrie: 140 t/a, TSE-Industrie: 5,5 t/a) (1996)

Eigenschaften:
- **physikalisch/chemisch:**
Schmelzpunkt: 182-183 °C
Molmasse: 288,39 g/mol

Divinylbenzen

- **CAS-Nummer:**
1321-74-0
- **UN Nummer:**
1993
- **gebräuchliche Namen:**
DVB; Divinylbenzen, stabilisiert; Vinylstyrol; Vinystyrol stabilisiert; Vinylstyren, stabilisiert; 1,3-Divinylbenzol, stabilisiert; 1,3-Divinylbenzen, stabilisiert; 1,3-Vinylstyrol, stabilisiert; 1,3 Vinylstyren, stabilisiert; m-(meta)Divinylbenzol, stabilisiert; m-(meta)-Divinylbenzen, stabilisiert;
- **Handelsnamen:**
DVB 55; DVB 80; DVB 27; DVB 100; DVB 22;
- **Summenformel:**
$C_{10}H_{10}$

- **Strukturformel:**

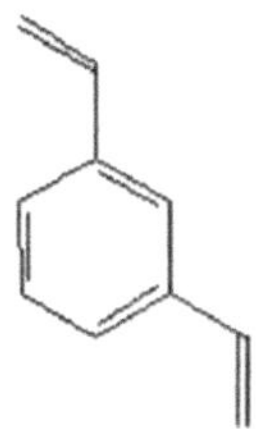

Funktion:

Vernetzungsmittel, schwefelfrei;
Coagentien für schwefelfreie Vernetzungsmittel;

Eigenschaften:

- **toxikologisch/ökotoxikologisch:**

RTECS # CZ 9370000
R-Satz: 46-36/37/38-43
S-Satz: 53-45-36/37/39-3/7-23
Sonstiges:
Kann schädigend wirken beim Einatmen, Verschlucken oder Aufnahme über Haut; Dämpfe reizen Augen, Schleimhäute und Atemwege; verursacht Hautreizungen [187];
Schädigung des Zentralnervensystems, der Leber, der Nieren und des Herzens möglich. Nach Kontakt mit der Flüssigkeit kommt es zur Reizung der Augen und weniger ausgeprägt auch der Haut [484];
LD Lo (oral, Ratte): 10 ml/kg [428];

- **physikalisch/chemisch:**

Schmelzpunkt: -67 °C
Siedepunkt: 195 °C; 200 °C
Flammpunkt: 61 °C; 64 °C
Dampfdruck: 1,20 hPa (30 °C) [187]; 1 hPa (32,7 °C) [484]
Brechungsindex: 1,5620 (20 °C); 1,5767 (20 °C)
Dichte: 912 kg/m3 (20 °C)
Molmasse: 130,19 g/mol

Löslichkeit:
nicht mischbar mit Wasser [484];
Wasser 50 ml/m3; löslich in Propanon, Benzen [428];

Bemerkung zu physikalisch/chemischen Daten:
ab 180 °C thermische Zersetzung;

Bemerkung:

Farblose, wasserklare Flüssigkeit;
Reagiert bei Kontakt oder Mischung mit sauerstoffreichem Material (starken Oxidationsmitteln). Das technische Produkt ist ein Gemisch aus o-, m- und p-Isomeren mit kleineren Mengen von Ethylvinylbenzol und Diethylbenzol. Achtung, falls die Polymerisation bei erhöhten Temperaturen nach Aufhebung der Wirkung des Stabilisators in einem Behälter eintritt, besteht die Gefahr eines heftigen Zerknalls des Behälters. Die Stabilisierung erfolgt z.B. mit 0,2 % 4-tert-Butylbenzcatechin [484];
Verwendung: Zur monomeren Polymerisation für spezielle synthetische Kautschuke, für Trockenöl, für Ionenaustauscher Harze, für Polyester;

Docosan

- **CAS-Nummer:**

629-97-0

- **Summenformel:**

$C_{22}H_{46}$

- **Strukturformel:**

branchenspezifische Bemerkung zur Substanz:
Reaktionsprodukt von aliphatischen Ölen [Weichmacher];

Eigenschaften:
- **toxikologisch/ökotoxikologisch:**
R-Satz: 36/37/38
S-Satz: 26-36

- **physikalisch/chemisch:**
Schmelzpunkt: 43-45 °C; 44,4 °C; 44 °C
Siedepunkt: 369 °C; 368,6 °C; 327 °C (102,4 hPa); 224,5 °C (20 hPa); 150°C (0,0667 hPa)
Flammpunkt: >110°C; 98,9-136,9°C
Dampfdruck: 0,0048-0,29 hPa
Dichte: 794,4 kg/m3 (20 °C); 778,9 kg/m3 (20°C)
Molmasse: 310,61 g/mol

Verbleib nach Gebrauch:
Verbrennung nach Mischung mit brennbarem Lösemittel;

n-Dodecan

- **CAS-Nummer:**
112-40-3
- **gebräuchliche Namen:**
Bihexyl; Dihexyl; Dodecan; Dodekan;
- **Handelsnamen:**
Adakan;
- **Summenformel:**
$C_{12}H_{26}$

- **Strukturformel:**

branchenspezifische Bemerkung zur Substanz:
Reaktionsprodukt von aliphatischen Ölen [Weichmacher];

Eigenschaften:
- **toxikologisch/ökotoxikologisch:**
RTECS # JR 2125000
Sonstiges:
Dämpfe in hohen Konzentrationen reizen Augen, Atemwege sowie die Haut und wirken narkotisch, Reizung der augen und der Haut bei Kontakt mit der Flüssigkeit; Symptome: Brennen der Augen, der Nasen- und Rachenschleimhäute sowie der Haut; Husten, Kopfschmerzen, Schwindel, Bewußtlosigkeit, Atemstillstand [484];
LD Lo (intravenös, Maus): 2672 mg/kg [428];
TD Lo (Haut, Maus) 11000 mg/kg [428];

- **physikalisch/chemisch:**
Schmelzpunkt: -12 °C [484];
Siedepunkt: 216 °C [484]
Flammpunkt: 74 °C [484]
Dampfdruck: 1 hPa (47,8 °C)

Brechungsindex: 1,4212 (20 °C)
Dichte: 749 kg/m3
Molmasse: 170,38 g/mol [484]

Löslichkeit:
sehr löslich in Alkohol, Dietylether, Propanon, Trichlormethan, Tetrachlormethan;

Verbleib nach Gebrauch:
Verbrennung;

Bemerkung:
Farblose Flüssigkeit; benzinähnlicher Geruch; [484]
Bildet im dampf-/gasförmigen Zustand mit Luft explosionsfähige Gemische;
Explosionsgrenzen: 0,6-? Vol.-%; Zündtemperatur: 200 °C; [484]
Achtung, bei Kontakt des Produktes mit sauerstoffreichem Material (Oxidationsmitteln), kann heftige Reaktion eintreten; Kunststoffe können angegriffen werden; Stahl, rostfreier Stahl und Glas sind als Behälter beständig; [484]

Dodecansäure

- **CAS-Nummer:**
143-07-7
- **gebräuchliche Namen:**
Laurinsäure; Carbonsäure C(12); 1-Undecancarbonsäure; Dodecylsäure;
- **Handelsnamen:**
Hydrofol acid 1255; Ninol AA 62 extra; Wecoline 1295; Meo-Fat 12; ABL; Aliphat No. 4; Meo-Fat 12-43; Univol U-314;
- **Summenformel:**
$C_{12}H_{24}O_2$

- **Strukturformel:**

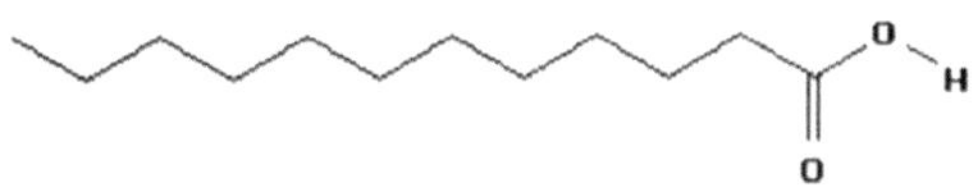

Funktion:
(1) Weichmacher, synthetisch;
(2) Vulkanisationsaktivator / Beschleunigeraktivator;
Anwendung:
(1) Reifen, Schläuche; chirurgische und medizinische Artikel; Sportartikel; Spielsachen; technische Gummiartikel; Produkte für Industrie, inkl. Druckplattentücher; Klebstoffe; Dichtungen; Latex Tauchartikel; Latex Schaumartikel;

branchenspezifische Bemerkung zur Substanz:
Einsatzmenge: 1,3 t/a (Reifenindustrie, 1996)

Eigenschaften:
- **toxikologisch/ökotoxikologisch:**
RTECS # OE 9800000
Schweizer Giftliste: 3
WGK: 1
R-Satz: 36/37/38
S-Satz: 26-36
Sonstiges:
Ungiftige Substanz; Dämpfe (nach Schmelzen durch Erhitzung über 44 °C) reizen Augen und Atemwege [163], [484];
LD 50 (oral, Ratte): 12 g/kg [428];
LD 50 (intravenös, Maus): 131 mg/kg [428];

Gefahren-Symbol:

- **physikalisch/chemisch:**
  Schmelzpunkt: 43-45 °C
  Siedepunkt: 225 °C (133,33 hPa)
  Flammpunkt: >110 °C
  Dampfdruck: 1,3 hPa (121 °C) [163]; 66,61 hPa (210 °C) [187]
  Log pOW: 4,20 [4]
  Brechungsindex: 1,4304 (50 °C)
  Dichte: 883 kg/m3 (20 °C); 867,9 kg/m3 (50 °C)
  Molmasse: 200,32 g/mol

  Löslichkeit:
  unlöslich in Wasser; löslich in Ethanol, Dietylether, Propanon, Benzen;

Verbleib nach Gebrauch:
Verbrennung nach Mischung mit brennbarem Lösemittel;

Bemerkung:
Farblose Kristalle; Geruch nach Pimentöl (Kuchengewürz); brennbar;
Stoff reagiert bei Kontakt oder Mischung mit Basen, Oxidatinsmitteln und Reduktionsstoffen [484];

Dodecansäure-(4-hydroxy)-anilid

- **CAS-Nummer:**
  103-98-0
- **gebräuchliche Namen:**
  4'-Hydroxydodecananilid; N-Lauroyl-p-aminophenol; N-(4-Hydroxyphenyl)-dodecanamid; N-Lauroyl-4-aminophenol;
- **Handelsnamen:**
  Suconox 112; Suconox-12;
- **Summenformel:**
  $C_{18}H_{29}NO_2$

- **Strukturformel:**

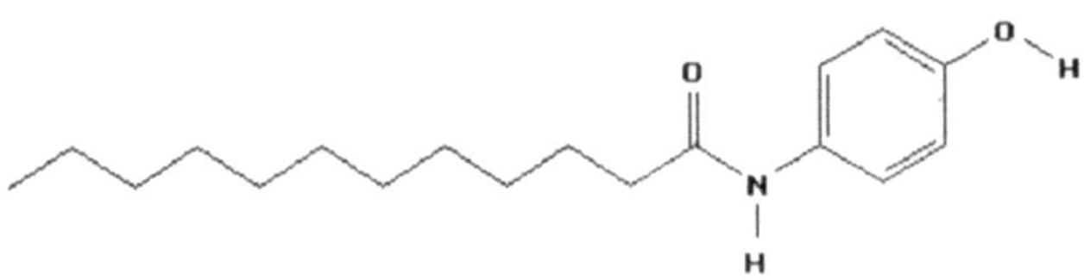

Funktion:
sonstige Chemikalien;

Eigenschaften:

- **physikalisch/chemisch:**
  Molmasse: 291,43 g/mol

Dodecansäurezinksalz

- **CAS-Nummer:**
  2452-01-9
- **gebräuchliche Namen:**
  Zinkdodecanosäuresalz; Zinklaurat; Zinkdilaurat;
- **Summenformel:**
  $C_{24}H_{46}O_4Zn$

- **Strukturformel:**

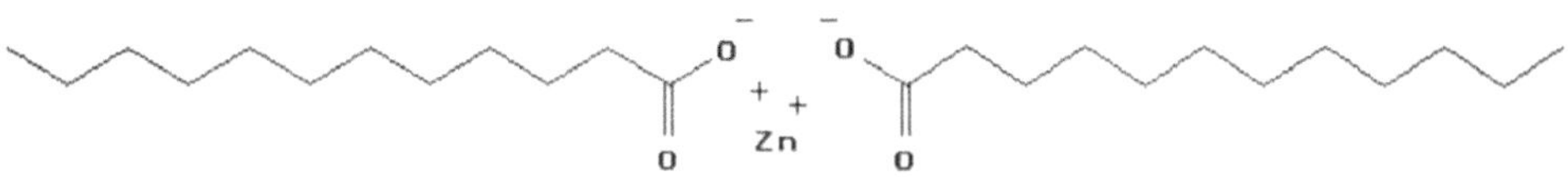

Funktion:
(1) Vulkanisationsaktivator / Beschleunigeraktivator;
(2) Vulkanisationschemikalie,

Eigenschaften:

- **physikalisch/chemisch:**

Bemerkung:
Verwendung: als Beschleuniger in der Gummiherstellung;

tert.-Dodecanthiol

- **CAS-Nummer:**
  25103-58-6
- **gebräuchliche Namen:**
  tert.-Laurylmercaptan; tert.-Dodecylmercaptan; tert.-Dodecylthiol; tert.-Dodecylmercaptan, Isomerengemisch;
- **Handelsnamen:**
  4-P Mercaptan; Sultole 120;
- **Summenformel:**
  $C_{12}H_{26}S$

Funktion:
Polymerisationsregler;
Anwendung:
Reifen, Schläuche; chirurgische und medizinische Artikel; Sportartikel; Spielsachen; technische Gummiartikel; Latex Tauchartikel; Latex Schaumartikel;

Eigenschaften:
- **toxikologisch/ökotoxikologisch:**
  RTECS # JR 3150000
  WGK: 2
  Sonstiges:
  Es ist anzunehmen, daß die Dämpfe in hohen Konzentrationen auch dieses Mercaptans die Augen, die Atemwege und die Lunge bis hin zu Lungenödem reizen. Vorsicht, dieses kann mit einer Verzögerung bis zu zwei Tagen auftreten. Nach Einatmen der Dämpfe ist daher eine ärztliche Untersuchung in jedem Fall erforderlich. Auch das Zentralnervensystem wird geschädigt. Kontakt mit der Flüssigkeit führt zu Reizung der Augen und der Haut sowie Entfettung und Rissigwerden der Haut. [484]
  LD 50 (oral, Ratte): 309 mg/kg [428]
  LD 50 (intraperitoneal, Ratte): 1833 mg/kg [428]

- **physikalisch/chemisch:**
  Schmelzpunkt: -7,5 °C
  Siedepunkt: 82-107 °C (7 hPa); 227-248 °C
  Flammpunkt: 90 °C; 82 °C
  Brechungsindex: 1,4642 (20 °C)
  Dichte: 859 kg/m3
  Molmasse: 202,40 g/mol

  Löslichkeit:
  nicht mischbar mit Wasser [484];

  Bemerkung zu physikalisch/chemischen Daten:
  Zündtemperatur: 230 °C [484];

Verbleib nach Gebrauch:
Verbrennung;

Bemerkung:
Klare farblose bis leicht gelbliche Flüssigkeit, deutlicher Geruch [484];

1-Dodecanthiol

- **CAS-Nummer:**
  112-55-0
- **gebräuchliche Namen:**
  1-Dodecylmercaptan; Laurylmercaptan; Pennfloat; Mercaptododecan; n-Dodecyl-mercaptan; 1-Mercaptododecan;
- **Handelsnamen:**
  DDM 100;
- **Summenformel:**
  $C_{12}H_{26}S$

- **Strukturformel:**

Funktion:
Polymerisationsregler;
Anwendung:
Reifen; chirurgische und medizinische Artikel; Sportartikel; Spielsachen; technische Gummiartikel; Latex Tauchartikel; Latex Schaumartikel;

Eigenschaften:
- **toxikologisch/ökotoxikologisch:**
  RTECS # JR 3155000
  Schweizer Giftliste: 4
  R-Satz: 20/21/22
  S-Satz: 28
  Sonstiges:
  Wirkt schädigend bei Einatmung, Verschlucken oder Aufnahme über Haut; reizt Schleimhäute und Atemwege; verursacht Augen und Hautreizungen; kann allergische Atem- und Hautreaktionen hervorufen [187];

  Gefahren-Symbol:

- **physikalisch/chemisch:**
  Siedepunkt: 266-283 °C
  Flammpunkt: 87 °C
  Brechungsindex: 1,4587 (20 °C)
  Dichte: 845 kg/m3 (20 °C)
  Molmasse: 202,4 g/mol

Bemerkung:
Farblose Flüssigkeit; unverträglich mit Basen, Alkalimetallen, Oxidations- und Reduktionsmitteln;

Dodecylbenzen

- **CAS-Nummer:**
  123-01-3
- **gebräuchliche Namen:**
  TPB; 1-Phenyldodecan; Dodecylbenzol; Benzoltetrapropylen; Tetrapropylenbenzol; Benzentetrapropylen; Tetrapropylenbenzen;
- **Handelsnamen:**
  Detergent alkylate;
- **Summenformel:**
  $C_{18}H_{30}$

branchenspezifische Bemerkung zur Substanz:
Reaktionsprodukt von aromatischen Weichmacherölen;

Eigenschaften:
- **toxikologisch/ökotoxikologisch:**
  RTECS # CZ 9540000
  Schweizer Giftliste: 4
  WGK: 1
  Sonstiges:
  Die Dämpfe wirken in hohen Konzentrationen schwach betäubend; Sie reizen die Augen und die oberen Atemwege; Kontakt mit der Flüssigkeit führt zu Reizungen der Augen und schwacher Reizung der Haut; Symptome: Brennen der Augen, der Nasen-und Rachenschleimhäute, Husten, Kopfschmerzen, Schwindel, Bewußtlosigkeit [163];

  Toxisch für Wasserorganismen [163];
  LD 50 (Wasserorganismen, 96h): 100-10 mg/l [163];

- **physikalisch/chemisch:**
  Schmelzpunkt: -34 °C
  Siedepunkt: 270-305 °C
  Flammpunkt: 130-135 °C
  Dampfdruck: ca. 0,1 hPa (50 °C)
  Brechungsindex: 1,4820 (20 °C)
  Dichte: 856 kg/m3
  Molmasse: 246,30 g/mol

  Löslichkeit:
  geringfügig mischbar mit Wasser;

Verbleib nach Gebrauch:
Verbrennung nach Mischung mit brennbarem Lösemittel;

Bemerkung:
Farblose Flüssigkeit;
Beim Einsatz von Ölbindemitteln erhöht sich die Brandgefahr; der Stoff reagiert bei Kontakt mit konz. Salpetersäure; Schwefelsäure, Halogenen und geschmolzenem Schwefel; Naturgummi wird angegriffen; Unverträglichkeit mit starken Oxidationsmitteln;

4-Dodecylphenol

- **CAS-Nummer:**
  104-43-8
- **Summenformel:**
  $C_{18}H_{30}O$

- **Strukturformel:**

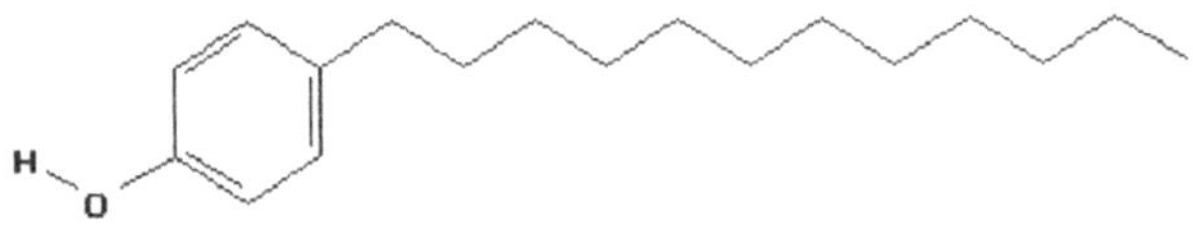

branchenspezifische Bemerkung zur Substanz:
Reaktionsprodukt von Alkylphenol (Antioxidant);

Eigenschaften:
- **toxikologisch/ökotoxikologisch:**
  R-Satz: 36/37/38
  S-Satz: 24/25

  Gefahren-Symbol:

- **physikalisch/chemisch:**
  Flammpunkt: 163 °C
  Dichte: 950 kg/m3
  Molmasse: 262,43 g/m ol

Bemerkung:
braucht inerte Atmosphäre;

Dolomit

- **CAS-Nummer:**
  7000-29-5
- **Summenformel:**
  $CaCO_3 * MgCO_3$

Funktion:
Füllstoff, anorganisch;

Eigenschaften:
- **physikalisch/chemisch:**
  Schmelzpunkt: 730-760 °C (Zers.)
  Dichte: 2872 kg/m3
  Molmasse: 184,4 g/mol

Bemerkung:
Amorphes Pulver;

Eicosan

- **CAS-Nummer:**
  112-95-8
- **gebräuchliche Namen:**
  Icosan;
- **Summenformel:**
  $C_{20}H_{42}$
- **Strukturformel:**

branchenspezifische Bemerkung zur Substanz:
Reaktionsprodukt von aliphatischen Ölen [Weichmacher];

Eigenschaften:
- **toxikologisch/ökotoxikologisch:**
  WGK: 0
  R-Satz: 36/37/38
  S-Satz: 26-36

- **physikalisch/chemisch:**
  Schmelzpunkt: 36-38 °C; 38 °C; 36,8 °C
  Siedepunkt: 209 °C (20 hPa); 343 °C
  Flammpunkt: > 110 °C
  Dichte: 788,6 kg/m3 (20 °C)
  Molmasse: 282,53 g/mol

  Löslichkeit:
  unlöslich in Wasser; löslich in Benzin, Alkohol, Ether;

Verbleib nach Gebrauch:
Verbrennung nach Mischung mit brennbarem Lösemittel;

Bemerkung:
weiße, kristalline Lösung;

Eisenacetylacetonat

- **CAS-Nummer:**
  14024-18-1
- **gebräuchliche Namen:**
  Tris(2,4)-pentandionato-eisen; Eisentriacetylacetonat; Tris(2,4-pentandionato-0,0)-(OC-6-II)-eisen;
- **Handelsnamen:**
  Aktiplast F;
- **Summenformel:**
  $C_{15}H_{21}FeO_6$

- **Strukturformel:**

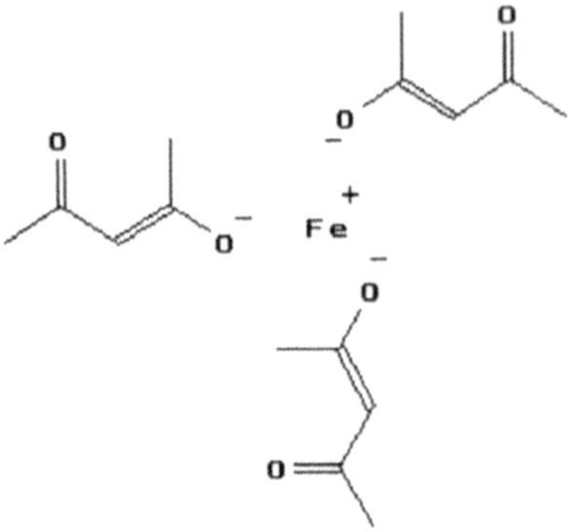

Funktion:
Aktivator; Mastikationshilfsmittel;

Eigenschaften:
- **toxikologisch/ökotoxikologisch:**
RTECS # NO 8960000
R-Satz: 20/21/22-41-40
S-Satz: 26-7-22-36/37/39
Sonstiges:
LD 50 (intravenös, Maus): 100 mg/kg [428];
LD 50 (intraperitoneal, Maus): 76 mg/kg [428];

Gefahren-Symbol:

- **physikalisch/chemisch:**
Schmelzpunkt: 182-185 °C
Dichte: 1330 kg/m3
Molmasse: 353,18 g/mol
Löslichkeit:
wenig löslich in Wasser, löslich in Ethanol, Propanon, Benzen, Trichlormethan;

Verbleib nach Gebrauch:
Verbrennung nach Mischung mit brennbarem Lösemittel;

Bemerkung:
Enthalten in Renacit VII;

Eisen(II,III)-oxid

- **CAS-Nummer:**
1317-61-9
- **gebräuchliche Namen:**
Magnetit; Magnetitoxid; schwarzes Eisenoxid; Magneteisenstein; Pigment Schwarz 11 (C. I. 77499); E 172; Pigment Black 11; C.I. 77499; Eisenoxid;
- **Handelsnamen:**
Bayferrox 306; Bayferrox 316; Bayferrox 318; Bayferrox 318 M; Bayferrox 320; Bayferrox Schwarz;
- **Summenformel:**
Fe_3O_4 bzw. $FeO * Fe_2O_3$

Eigenschaften:

- **toxikologisch/ökotoxikologisch:**
  WGK: 0
  MAK Wert: 6 mg/m3 (für Fe2O3) A
  Sonstiges:
  Gesundheitsgefahren bei Überschreitung des MAK-Wertes:
  Eisen und Eisenoxide können sich bei mehrjähriger starker Rauchbelastung in der Lunge ablagern und in einzelnen Fällen zu einer Siderose (Eisenstaublunge) führen; sie ist rückbildungsfähig; Eisenoxide können Reizwirkungen auf die Schleimhäute der Atemwege und des Magens ausüben [464];

  [Sdb Bayer]:
  Bayferrox Pigmente sind nach bisheriger Kenntnis physyiologisch unbedenklich; Augenkontakt kann jedoch durch mechanische Einwirkung (Staub) unter extremen Bedingungen kurzfristig eine leichte Schleimhautreizung hervorrufen;
  LD 50 (oral, Ratte): >5000 mg/kg
  LC o (Fisch, Goldorfe): >1000 mg/l
  Keine Schadwirkung gegen Pseudomonas fluorescens: >1000 mg/l;

- **physikalisch/chemisch:**
  Schmelzpunkt: 1594 ± 5 °C
  Dichte: 5180 kg/m3 (20 °C)
  Molmasse: 231,54 g/mol

  Löslichkeit:
  unlöslich in Wasser, Ethanol, Diethylether; löslich in konz. Säuren;

Verbleib nach Gebrauch:
Sondermüll-Deponie für chemischen Abfall, besonders gefährliche Stoffe;

Bemerkung:
Schwarze Würfel oder amorphes Pulver; Schwarzes geruchloses Pulver [Sdb Bayer];
Oxidiert bei Erwärmung zu Fe2O3;
Kommt in der Natur als das Mineral Magnetit (CAS-Nr.: 1309-38-2) vor;
C.I. Pigment Schwarz 11, CAS-Nr.: 12227-89-3;
Verwendung: als Pigment in Farben, Linoleum; in gefärbtem Glas; als Poliermasse; in der Textilindustrie; in Kathoden; als Katalysator; als Tonerbestandteil;

Eisen(III)-oxid

- **CAS-Nummer:**
  1309-37-1
- **gebräuchliche Namen:**
  Eisen(III)-oxid, rot; Hematit; C.I. 77491; Pigment Rot 102 (C.I. 77491); Pigment Braun 6 (C.I. 77491); Pigment Red 102; Pigment Brown 6; Ferrioxid; Roteisenerz; Eisenoxidrot; Hämatit; Rot-Eisen-Oxid; Pigment Red 101; Eisen(III)-oxid, transparent; Eisenoxidbraun; Eisenmanganbraun; Eisenglimmer; Dieisentrioxid; Roteisenoxid; Bauxitrückstand; Eisenoxid, colloidol; Pigment Rot 101; Pigment Red 101; Eisenoxid, wasserfrei;
- **Handelsnamen:**
  Anrached, standard; Armenian bole; Bauxite residue; Bayer SII; Bayferrox 110; Bayferrox 120 N; Bayferrox 120; Bayferrox 130; Bayferrox 130/1; Bayferrox 130 B; Bayferrox 140; Caput Mortuum; Cerven H; Colocother; Colliron; Crocus; Deanox; Eisenoxid Rot 2996; Encelac A Rot 2817; Encelac Rot 3396; Felac; Ferrugo; Heucorox FL; Heucorox M; Heucorox UF; Krokus; Luconyl Rot 2817; Luconyl Braun 2915; Luconyl Rot 3396; Luconyl Rot 3397; Luconyl G Rot 2817; Heucorox A; Heucorox F; Heucorox FG; Mapico rot R220-3; Metallic Braun; Mars Braun; Natur Braun; Pigdex 100; Prussian rot; Redoxaid; Rubigo; Rouge; Rhenogran Fe-rot-70; Sicotrans Rot L 2715 D; Sicotrans Rot L 2815; Sicotrans Rot L 2816; Sicotrans Rot L 2817; Sicoflush L Rot 2817 C 4; Sicoflush P Rot 2817; Sicoflush P Rot 3395; Sicotrans Rot L 2915 D; Türkisches Rot; Vitriol Red;
- **Summenformel:**
  Fe_2O_3

Funktion:
Pigment, anorganisch;
Anwendung:
Reifen, Schläuche; chirurgische und medizinische Artikel; Sportartikel; Spielsachen; technische Gummiartikel; Produkte für Industrie, inkl. Druckplattentücher; Klebstoffe; Dichtungen; Latex Tauchartikel; Latex Schaumartikel;

branchenspezifische Bemerkung zur Substanz:
Einsatzmenge: 46 t/a (TSE-Industrie, 1996)

Eigenschaften:
- toxikologisch/ökotoxikologisch:
RTECS # NO 7400000
WGK: 0
MAK Wert: 6 mg/m3 A bzw. 67 mg/m3
R-Satz: 36/37/38
S-Satz: 26-37/39
Sonstiges:
Spitzenbegrenzung: n.b. [481]; vgl. Abschn. V (f u. g);
Gesundheitsgefahren bei Überschreitung des MAK-Wertes: Eisen und Eisenoxide können sich bei mehrjähriger starker Rauchbelastung in der Lunge ablagern und in einzelnen Fällen zu einer Siderose (Eisenstaublunge) führen; sie ist rückbildungsfähig; Eisenoxide können Reizwirkungen auf die Schleimhäute der Atemwege und des Magens ausüben [464];
LD 50 (intraperitoneal, Ratte): 5500 mg/kg [428];
LD 50 (intraperitoneal, Maus): 5400 mg/kg [428];

[Sdb BASF und Bayer]:
LD 50 (oral, Ratte): >5000 mg/kg;
LC 0 (Fisch, Goldorfe): >1000 mg/l/48 h;
EC/LC 0 (Pseudomonas putida): >1000 mg/l;

- physikalisch/chemisch:
Schmelzpunkt: 1565 °C
Dichte: 5240 kg/m3 (20 °C)
Molmasse: 159,69 g/mol

Löslichkeit:
unlöslich in Wasser; löslich in Salzsäure, Schwefelsäure; wenig löslich in Salpetersäure;
Löslichkeit in Wasser: <0,1 Gew.-% [Sdb Fa. Heubach];

Bemerkung zu physikalisch/chemischen Daten:
Dichte: 4800 kg/m3 (20 °C);

Verbleib nach Gebrauch:
Sondermüll-Deponie für chemischen Abfall, besonders gefährliche Stoffe;

Bemerkung:
Graues Pulver, ohne Geruch; Rotes Pulver, ohne Geruch [Sdb BASF];
Trigonale Kristalle [428];
Wichtiges Eisenerz;
Die Bezeichnung "Ferrioxid" ist falsch und sollte vermieden werden;

Zusammensetzung: Pigment Rot 102: 45 - 95 % Eisen(III)-oxid, 3 - 40 % Siliciumdioxid;
Pigment Braun 6: 70 - 99 % Eisen(III)-oxid;

Verwendung: als rotes Pigment, z.B. in Druckfarben, für Lebensmittel (in der Zuckerwarenindustrie zur Erzielung besonderer Effekte);

Bestandteil von Terra di Siena 07 V;

Eisenoxidhydroxid

- **CAS-Nummer:**
  20344-49-4
- **gebräuchliche Namen:**
  Goethit; Eisen(III)oxid, hydriert; Pigment Yellow 42; Eisen-(III)-oxidhydrat; C.I. Pigment Yellow 42;
- **Summenformel:**
  FeOOH

Funktion:
Pigment, anorganisch;

branchenspezifische Bemerkung zur Substanz:
Einsatzmenge in der TSE-Industrie: 17 t/a (1996);

Eigenschaften:
- **toxikologisch/ökotoxikologisch:**
  WGK: 0
  Sonstiges:
  LD 50 (oral, Ratte): >2000 mg/kg [607];

- **physikalisch/chemisch:**
  Schmelzpunkt: 1000 °C
  Dichte: 3400-3900 kg/m3
  Molmasse: 88,86 g/mol
  Löslichkeit:
  unlöslich in Wasser, Ethanol; löslich in verd. Mineralsäure;

Verbleib nach Gebrauch:
Sondermüll-Deponie für chemischen Abfall, besonders gefährliche Stoffe;

Bemerkung:
Wird genutzt als Katalysator, Pigment, zur Reinigung von Wasser;

Eisenphthalocyanin

- **CAS-Nummer:**
  95865-89-7
- **Summenformel:**
  $C_{32}Fe_1H_{16}N_8$

- **Strukturformel:**

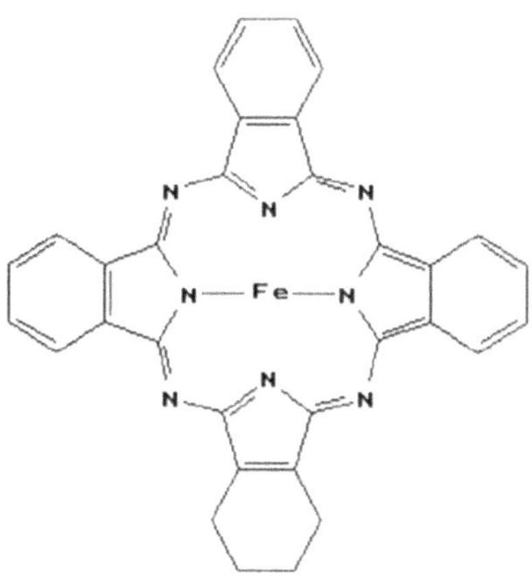

Funktion:
Mastikationsmittel; Aktivator;

Eigenschaften:
- **physikalisch/chemisch:**
Molmasse: 568,38 g/mol

Epoxychlorpropan

- **CAS-Nummer:**
106-89-8
- **UN Nummer:**
2023
- **gebräuchliche Namen:**
Epichlorhydrin; (Chlormethyl)ethylenoxid; Chlormethyloxiran; EPJ;1,2-Epoxy-3-chlorpropan; 1-Chlor-2,3-epoxypropan; 2-Chlorpropylenoxid; 3-Chlor-1,2-propylenoxid; Glycerolepichlorhydrin; (Chlormethyl)oxiran;
- **Summenformel:**
C_3H_5ClO

- **Strukturformel:**

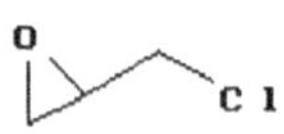

Funktion:
Monomer zur Herstellung von SR;

Eigenschaften:
- **toxikologisch/ökotoxikologisch:**
RTECS # TX 490000
Schweizer Giftliste: 1
WGK: 3
R-Satz: 45-10-23/24/25-34-43
S-Satz: 53-45
Sonstiges:
Einstufung und Kennzeichnung von Zubereitungen, in denen diese Substanz enthalten ist:
10%<=C ⇒ T; R45-23/24/25-34-43
5%<=C<10% ⇒ T; R45-23/24/25-36/38-43
1%<=C<5% ⇒ T; R45-23/24/25-43
0.1%<=C<1% ⇒ Xn; R20/21/22

Zu diesem Stoff liegt ein BUA-Stoffbericht Nr. 90 vor.
IMK: I; Gefahr der Hautresorption [481]; Krebserzeugend III A2 [484]; Karzinogen [187];
Dämpfe reizen stark die Augen und die Atmungsorgane; Achtung, ein Lungenödem kann mit einer Verzögerung bis zu zwei Tagen auftreten! Nach Einatmen der Dämpfe ist daher eine ärztliche Untersuchung in jedem Fall erforderlich; die Flüssigkeit wird über die Haut aufgenommen und ruft schwere Verätzung der Augen und der Haut hervor; sie durchdringt sehr schnell Leder und kann mit verzögerter Wirkung schwere Verätzungen herbeiführen; besonders gefährdet sind die Füße, Leberschäden? Bei Brand entstehen hochgiftige Chlor- und Chlorwasserstoffgase; Vorsicht: Bei Beginn der Geruchswahrnehmung ist Gesundheitsschädigung oft schon eingetreten [484];
Geruchsschwelle: 10 - 25 ml/m3 [163];
100 ml/m3 verursachten sofort schwere Reizung der Nasenschleimhäute und der Augen; 40 ml/m3 führen nach kurzer Zeit zur Reizung der Augen und Haut [163];
Bei Brand entstehen hochgiftige Chlor- und Chlorwasserstoffgase;
Biologisch abbaubar [271];
Geruchsschwelle: 10-25 ml/l (US-Wert) [484];
LD 50 (oral, Ratte): 90 mg/kg [9], [187];
LD 50 (Haut, Kaninchen): 515 mg/kg [187], 1530 mg/kg [9];

LC 50 (inhalativ, Ratte): 250 ml/m3/8 h [187];

LC 50 (Fisch, Goldorfe): 24 mg/l [33];
LC 50 (Daphnia magna): 30 mg/l [6];
Toxische Grenzkonzentration für Pseudomonas putida 55 mg/l, Scenedesmus quadricauda 5,4 mg/l [36];

Gefahren-Symbol:

- **physikalisch/chemisch:**
  Schmelzpunkt: -48 °C
  Siedepunkt: 117 °C
  Flammpunkt: 26 °C; 28 °C:
  Dampfdruck: 16,5 hPa (20 °C) [163]; 18,39 hPa (21,1 °C) [187];
  Brechungsindex: 1,4419 (11,6 °C)
  Dichte: 1180,1 kg/m3 (20 °C)
  Molmasse: 92,525 g/mol
  Verdunstungszahl: 1,45 (BuAc = 1) [9]

  Löslichkeit:
  Wasser 65 g/l (20 °C); mischbar mit Ethanol, Diethylether;

Verbleib nach Gebrauch:
Verbrennung nach Behandlung mit Soda und gelöschtem Kalk und Mischung mit Alkali;

Bemerkung:
Farblose, chloroformähnlich riechende Flüssigkeit;
Bildet im dampf-/gasförmigen Zustand mit Luft explosionsfähige Gemische;
Explosionsgrenzen: 2,3-34,4 Vol.-%; Zündtemp.: 385 °C [163], [484];
Explosionsgrenzen: 3,3-14,5 Vol.-%; Zündtemp.: 430 °C [9];
Flüssigkeit durchdringt leicht Leder;
Polymerisiert bei höheren Temperaturen oder bei Kontakt mit manchen Stoffen, die als Katalysator wirken (Säuren, Laugen, metallische Halogensalze) selbstbeschleunigend; reagiert bei Kontakt mit alkoholhaltigen Stoffen;
Verwendung: zur Herstellung von Epoxidharzen, Insektiziden; Lösungsmittel für Harze;

Epoxyethan

- **CAS-Nummer:**
  75-21-8
- **UN Nummer:**
  1040
- **gebräuchliche Namen:**
  Ethenoxid; Dimethylenoxid; Ethanepoxid;1,2-Epoxyethan; Ethylenoxid; Oxiran; T-Gas; EO;
- **Handelsnamen:**
  ETO; Oxane;
- **Summenformel:**
  C_2H_4O

- **Strukturformel:**

Funktion:
Monomer für die Herstellung von synthetischem Kautschuk;

Eigenschaften:

- toxikologisch/ökotoxikologisch:

Schweizer Giftliste: 2
WGK: 2
R-Satz: 45-46-12-23-36/37/38
S-Satz: 53-45
Sonstiges:
Für diese Substanz liegt ein BUA-Stoffbericht Nr. 141 vor.
IMK: I; Carc.Cat.2 [505]; Muta.Cat.2 [505];
Gefahr der Hautresorption [481]; Krebserzeugend IIIA2 [481];
Dämpfe wirken stark ätzend; reizen Augen, Atemwege sowie Haut und führen zu Bewußtlosigkeit und Atemstillstand; durch den schnellen Übergang in den Gaszustand kann (insbesondere in Räumen) die Luft verdrängt werden (Erstickungsgefahr!); Kontakt mit der Flüssigkeit führt zu Erfrierung und Verätzung der betroffenen Körperpartien; es kann mit Verzögerung zu einem Lungenödem (selten) sowie zu Leber- und Nierenschäden kommen [163]; Hautresorption! [148];
Gesundheitsschädigung kann eingetreten sein, bevor das Gas durch Geruch wahrgenommen wird; Geruchwahrnehmung zeigt nicht den Umfang der Gefahr an [163];
Geruchsschwelle: 700 ml/m3 [163];
LC 50 (Goldfisch): 90 mg/l/24 h [484];
Hydrolyseprodukte biologisch gut abbaubar;

Gefahren-Symbol:

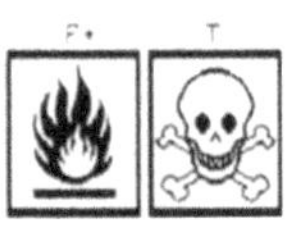

- physikalisch/chemisch:

Schmelzpunkt: -111,3 °C
Siedepunkt: 10,7 °C
Flammpunkt: -50 °C; Flammpunkt des reinen Stoffes: -570 °C
Dampfdruck: 1440 hPa (20 °C) [163]
Log pOW: -0,30 [4]
Brechungsindex: 1,3597 (20 °C)
Dichte: 887 kg/m3
Molmasse: 44, 053 g/mol
Verdunstungszahl: krit.

Löslichkeit:
mischbar mit Wasser (*), Ethanol, Diethylether;

Bemerkung zu physikalisch/chemischen Daten:
(*): Bei Temperaturen unterhalb 12 °C bilden sich feste Hydrate

Verbleib nach Gebrauch:
Sondermüll-Deponie, abfiltrierter Reststoff aus dem Eintrag in Butanol-Lösemittel-Gemisch und Neutralisation mit wäßriger Säure, Verbrennung des Filtrats;
Entsorgung mit Hilfe eines Katalysatorsystems (99,9 % Entsorgungsgrad) siehe [149];

Bemerkung:
Unterhalb 11 °C klare farblose Flüssigkeit; oberhalb 11 °C farbloses Gas; etherähnlicher Geruch;
Bildet im dampf-/gasförmigen Zustand mit Luft explosionsfähige Gemische;
Explosionsgrenzen: 2,6 - 100 Vol% ; Zündtemp.: 429 °C [163];
Polymerisiert bei Erhitzung; benötigt keinen Sauerstoff zum spontanen Selbstzerfall; bei Erhitzen von gasförmigem Ethylenoxid auf > 571 °C kann Explosion erfolgen; bei Kontakt mit Säuren, Basen, Metalloxiden, Metallhydroxiden, Metallsalzen, metallorganischen Verbindungen und Aminen kann sehr heftige Polymerisation auftreten; verboten in kosmetischen Mitteln;
Verwendung: zur Sterilisation von Nahrungsmitteln, pharmazeutischen Geräten (in Gegenwart von Wasser 5 - 15 %); Schädlingsbekämpfungsmittel;

[3-(2,3-Epoxypropoxy)propyl]-trimethoxysilan

- **CAS-Nummer:**
  2530-83-8
- **gebräuchliche Namen:**
  (3-Glycidyloxypropyl)-trimethoxysilan; Trimethoxy-[3-(oxiranylmethoxy)propyl]silan; gamma Glycidoxypropyltrimethoxysilan; 3-Glycidoxypropyltrimethoxysilan;
- **Handelsnamen:**
  Union Carbide A-187; Silane-Y-4087;
- **Summenformel:**
  $C_9H_{20}O_5Si$

- **Strukturformel:**

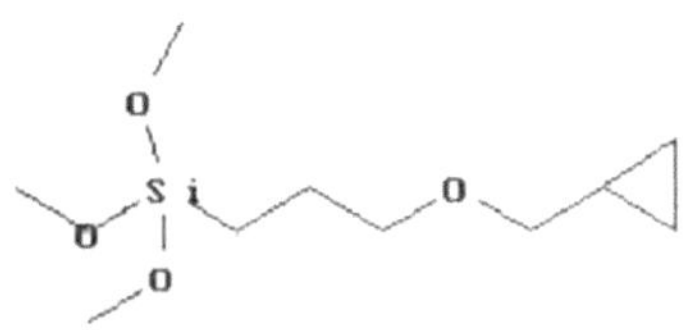

Funktion:
Haftvermittler;

Eigenschaften:
- **toxikologisch/ökotoxikologisch:**
  RTECS # VV 4025000
  WGK: 2
  R-Satz: 20/21/22-40-36/37/38
  S-Satz: 26-45-27-36/37/39
  Sonstiges:
  LD 50 (oral, Ratte): 23 mg/kg [428];
  LC Lo (inhalativ, Ratte): 5300 mg/m3/4 h [428];
  LD 50 (Haut, Kaninchen): 3970 mg/kg [428];

  Gefahren-Symbol:

- **physikalisch/chemisch:**
  Siedepunkt: 120 °C (2,66 hPa)
  Flammpunkt: >235 °C
  Brechungsindex: 1,4290 (20 °C)
  Dichte: 1070 kg/m3
  Molmasse: 236,34 g/mol

Verbleib nach Gebrauch:
Verbrennung nach Mischung mit brennbarem Lösemittel;

Bemerkung:
Feuchtigkeitsempfindlich [187];
Bestandteil von DOW LORNING ADDITIVE;

Erdöldestillat, paraffinisch

- **CAS-Nummer:**
  64742-30-9
- **gebräuchliche Namen:**
  Mineralöl;
- **Handelsnamen:**
  Somentor; Somentor 43;

Funktion:
Weichmacher aus Mineralölen;

branchenspezifische Bemerkung zur Substanz:
Einsatzmenge: 2.930 t/a (Reifenindustrie, 1996)

Eigenschaften:
- **toxikologisch/ökotoxikologisch:**
  WGK: 2
  MAK Wert: 5 mg/m3
  R-Satz: 45
  S-Satz: 53-45

  Gefahren-Symbol:

- **physikalisch/chemisch:**

Bemerkung:
Bestandteil von Drewplus TG-4250;

Erdöldestillat, paraffinisch, aliphatisch

- **CAS-Nummer:**
  64741-88-4
- **Handelsnamen:**
  Drewplus T-4201; Drewplus T-4500;

Funktion:
Weichmacher aus Mineralölen;

branchenspezifische Bemerkung zur Substanz:
Einsatzmenge: 1.320 t/a (Reifenindustrie und TSE-Industrie) (1996)

Eigenschaften:
- **toxikologisch/ökotoxikologisch:**
  RTECS # PY 8040500
  MAK Wert: 5 mg/m3
  R-Satz: 45
  S-Satz: 53-45

Gefahren-Symbol:

- **physikalisch/chemisch:**
  Siedepunkt: > 250 °C
  Dichte: 910 kg/m3

Bemerkung:
Zu 10-25 % Bestandteil von Drewplus TG-4250;

Ethanal

- **CAS-Nummer:**
  75-07-0
- **UN Nummer:**
  1089
- **gebräuchliche Namen:**
  Acetaldehyd; Äthanal; Aldehyd C-2; Azetaldehyd; Elaldehyd; Essigsäurealdehyd; Ethylaldehyd; Ethylidenoxid; Acetylaldehyd; Ethanal;
- **Summenformel:**
  C_2H_4O

- **Strukturformel:**

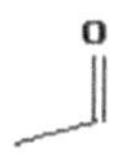

Funktion:
Härter;

Eigenschaften:
- **toxikologisch/ökotoxikologisch:**
  RTECS # B 1925000
  Schweizer Giftliste: 4
  WGK: 1
  MAK Wert: 50 ml/m3 bzw. 90 mg/m3
  R-Satz: 12-36/37-40
  S-Satz: (2)-16-33-36/37
  Sonstiges:
  Spitzenbegrenzung: Kat. I [481]; Krebserzeugend IIIB [481]; Schwagerschaftsgruppe D [481]; Carc.Cat.3 [505]; IMK:II; Karzinogen [187]; Geruchsschwelle: 0,04-0,30 ml/m3 [163]; 0,04-0,38 ml/m3 [484]; Dämpfe haben (bei langer Einwirkung) betäubende Wirkung und reizen stark Augen, Atemwege, Lungen und Haut; Lungenödem möglich (kann mit einer Verzögerung bis zu zwei Tagen auftreten); anhaltende Einwirkung hoher Dampfkonzentrationen ruft Verätzung der Augen hervor; Kontakt mit der Flüssigkeit führt ebenfalls zu Verätzung der Augen und Reizung der Haut [163];
  1100 ml/m3 für 2 Std. führten zu schwerer Reizung der Schleimhäute; 11100 ml/m3 für 1 -2 Std. wirken tödlich [163];
  Eingeatmet 20 mg/l Luft in 1 bis 2 Stunden tödlich [30];
  LC 50 (inhalativ, Säugetier): 20100 mg/m3 [428];
  LD 50 (subcutan, Ratte): 640 mg/kg [428];
  LD 50 (oral, Ratte): 1930 mg/kg [185, 187, 193], 661 mg/kg [428];
  TD Lo (oral, Ratte (tächtig)): 4800 mg/kg/1-20 D, 5040 mg/kg/1-21 D [428];
  TD Lo (oral, Ratte): 18900 mg/kg/4 W (kontinuierlich) [428];
  TD Lo (intraperitoneal, Ratte (trächtig)): 300 mg/kg/8-13 D, 50 mg/kg/12 D, 100 mg/kg/12 D, 400 mg/kg/8-15 D, 600 mg/kg/8-15 D [428];

LD Lo (intraperitonael, Ratte): 500 mg/kg [428];
TC Lo (inhalativ, Ratte): 735 ml/m3/6 h/2 a, 2217 ml/m3/6 h/4 W (intermittierend) [428];
LC 50 (inhalativ, Ratte): 37000 mg/m3/30 Min. [187], 13300 ml/m3/4 h [428];
LD 50 (oral, Maus): 900 mg/kg [428];
LC 50 (inhalativ, Maus): 23000 mg/m3/4 h [428];
LD 50 (intraperitoneal, Maus): 500 mg/kg [428];
TD Lo (intraperitoneal, Maus (trächtig)): 640 µg/kg/10 D [428];
LD 50 (subcutan, Maus): 560 mg/kg [428];
TD Lo (intravenös, Maus (trächtig)): 120 mg/kg/7-9 D [428];
TD Lo (intravenös, Maus (trächtig)): 4000 mg/kg/6 D [428];
LC 50 (inhalativ, Hamster): 17000 ml/m3/4 h [428];
TC Lo (inhalativ, Hamster): 4560 ml/m3/6 h/90 D (intermittierend) [428];
LD 50 (intratracheal, Hamster): 96 mg/kg [428];
TC Lo (inhalativ, Hamster): 134 ml/m3/30 Min, 2040 ml/m3/7 h/52 W (intermittierend) [428];
LD 50 (Haut, Kaninchen): 3540 mg/kg [428];
LD Lo (subcutan, Kaninchen): 1200 mg/kg [428];
LD Lo (intravenös, Kaninchen): 300 mg/kg [428];
LD Lo (intravenös, Frosch): 800 mg/kg [428];

LC 50 (Fisch, Goldorfe): 140/124 mg/l [33];
LC 100 (Fisch, Goldorfe): 156/156 mg/l [33];
Toxische Grenzkonzentration für Protozoen (Entosiphon sulcatum) 52 mg/l [36];
Biol. Abbaubarkeit gut (>75 %) [484];

Gefahren-Symbol:

- **physikalisch/chemisch:**

Schmelzpunkt: -121 °C
Siedepunkt: 20,8 °C
Flammpunkt: -27 °C
Dampfdruck: 1013 hPa (20 °C) [29]; 927,7 hPa (20 °C) [132]; 1006 hPa (20 °C) [484];
Verdampfungswärme: 571,50 kJ/kg
Brechungsindex: 1,3316 (20 °C)
Dichte: 783,4 kg/m3 (20 °C)
Molmasse: 44,053 g/mol
Verdunstungszahl: < 1 (Diethylether = 1) [132];

Löslichkeit:
mischbar mit Wasser, Ethanol, Diethylether, Benzen;

Verbleib nach Gebrauch:
Verbrennung, hochentzündliche Stoffe;

Bemerkung:
Klare, farblose, Flüssigkeit; stechender, fruchtiger Geruch; brennbar;
Bildet im dampf-/gasförmigen Zustand mit Luft explosionsfähige Gemische;
Explosionsgrenzen: 4-57 % Vol%; Zündtemp.: 140 °C [163];
Sehr reaktionsfreudige Substanz, insbesondere bei Kontakt mit starken Basen oder Säuren; bei Mischung mit Jodin erfolgt explosionsartige Reaktion; kann heftig reagieren mit sauerstoffreichem Material; Zwischenprodukt im tierischen und pflanzlichen Stoffwechsel; Verwendung: zur Herstellung von Aldehydharzen (Lackgrundstoff); Ausgangsprodukt für synth. Kautschuk (über Butadien); wichtiges Zwischenprodukt bei Herstellung von ⇒ Ethansäure, ⇒ Ethansäureanhydrid, ⇒ Pentaerythrit (Explosivstoffe, Weichmacher);

Ethandiol

- **CAS-Nummer:**
  107-21-1
- **gebräuchliche Namen:**
  EG; Glykol; Glycol; Ethylenglykol; Ethylenglycol; Ethylenalkohol; 1,2-Ethandiol; Ethylenoxidhydrat; Monoethylenglykol; 1,2-Dihydroxyethan; Ethandiol-1,2; Ethylendihydrat;
- **Handelsnamen:**
  Glysantin; MEG; Tescol; Ethylene Glycol Fiber Grade - E; Ethylene Glycol (Regular); Dowtherm SR 1; Ucar 17; Makrogol 400 BPC;
- **Summenformel:**
  $C_2H_6O_2$
- **Strukturformel:**

Funktion:
Haftvermittler für Füllstoffe;

branchenspezifische Bemerkung zur Substanz:
Einsatzmenge in der TSE-Industrie: 218 t/a (1996);

Eigenschaften:
- **toxikologisch/ökotoxikologisch:**
  RTECS # KW 2975000
  Schweizer Giftliste: 4
  WGK: 0
  MAK Wert: 10 ml/m3 bzw. 26 mg/m3
  R-Satz: 22
  S-Satz: (2)
  Sonstiges:
  Einstufung und Kennzeichnung von Zubereitungen, in denen diese Substanz enthalten ist:
  25%<=C ⇒ Xn; R22

  Zu diesem Stoff liegt ein BUA-Stoffbericht Nr. 92 vor.
  Spitzenbegrenzung: I [481]; Gefahr der Hautresorption [481]; IMK: III; Schwangerschaftsgruppe C [481]; Vergiftungssymptome können auftreten nach Einatmen der Dämpfe des (erhitzten) Stoffes, bei (anhaltendem) Kontakt mit der Flüssigkeit und nach Aufnahme über den Mund; neben Reizung der Augen und Atemwege besteht die Gefahr der narkotischen Wirkung, anschließend Zeichen der Herz- und Lungenschädigung, später können Nierenschäden auftreten [484]; [163];
  Trinken von 1200 mg/kg (100 ml) für Menschen tödlich [9];
  Verschlucken von geringen Mengen kann bereits zu schwerwiegenden Gesundheitsschädigungen und auch zum Tod führen. Bei wiederholter Einnahme kommt es zu Nierenschäden durch Bildung von Oxalsäurekristallen [Sdb Dow];
  LD Lo (oral, Mensch): 398 mg/kg, 786 mg/kg [428];
  TC Lo (inhalativ, Mensch): 10000 mg/m3 [428];
  TD Lo (oral, Mann): 15.000 mg/kg, 1195 mg/kg [428];
  TD Lo (oral, Kind): 5500 mg/kg [428];
  LD 50 (oral, Hund): 5500 mg/kg [428];
  LD 50 (oral, Ratte): 4700 mg/kg [428], 8540 mg/kg [32];
  LD 50 (oral, Ratte): 6000-13000 mg/kg [Sdb EG]; 4000 mg/kg [Sdb Dow];
  LD 50 (Haut, Ratte): 2800 mg/kg [9];
  LD 50 (intraperitoneal, Ratte): 5010 mg/kg [428];
  LD 50 (subcutan, Ratte): 2800 mg/kg [428];
  LD 50 (intravenös, Ratte): 3260 mg/kg [428];
  LD Lo (intramuskulär, Ratte): 3300 mg/kg [428];
  LC 50 (inhalativ, Ratte): 10876 mg/kg [428];
  TD Lo (oral, Ratte): 12 ml/kg/6D (intermittierend), 26150 mg/kg/10D (kontinuierlich) [428];
  TD Lo (oral, Ratte (trächtig)): 59 g/kg/6-15D, 8580 mg/kg/6-15D, 12500 mg/kg/6-15D, 25 g/kg/6-15D, 50 g/kg/6-15D [428];

TC Lo (inhalativ, Ratte): 438 g/kg/2Y (kontinuierlich), 12 mg/m3/8h/90D (intermittierend),1 mg/m3/32W (intermittierend) [428];
LD 50 (oral, Maus): 5500 mg/kg [428];
LD 50 (intraperitoneal, Maus): 5614 mg/kg [428];
LD 50 (intravenös, Maus): 3 g/kg [428];
LD Lo (subcutan, Maus): 2700 mg/kg [428];
LC (inhalativ, Maus): >200 mg/m3/2h [428];
TD Lo (oral, Maus): 546 g/kg/13W (kontinuierlich), 1081 g/kg/22W (kontinuierlich) [428];
TD Lo (oral, Maus (trächtig)): 7500 mg/kg/6-15D, 84 g/kg/1-21D, 88720 mg/kg/7-14D, 15 g/kg/6-15D [428];
TC Lo (inhalativ, Maus (trächtig)): 1000 mg/m3/6h/6-15D, 2100 mg/m3/6h/6-15D [428];
LD 50 (oral, Hund): 5500 mg/kg [428];
LD 50 (oral, Katze): 1650 mg/kg [428];
LD Lo (subcutan, Katze): 2g/kg [428];
LD 50 (Haut, Kaninchen): 9530 µl/kg [428];
LD Lo (intraperitoneal, Kaninchen): 1 g/kg [428];
LD Lo (intravenös, Kaninchen): 5 g/kg [428];
LD Lo (intramuskulär, Kaninchen): 5500 mg/kg [428];
TD Lo (oral, Kaninchen (trächtig)): 28 g/kg/6-19D [428];
TC Lo (inhalativ, Kaninchen): 12 mg/m3/8h/90D (intermittierend) [428];
LD 50 (oral, Meerschweinchen): 6610 mg/kg [428];
LD Lo (subcutan, Meerschweinchen): 5 g/kg [428];
TD Lo (oral, Affe): 5751 g/kg/22W (intermittierend) [428];
LD 50 (Haut, Kaninchen): 9530 mg/kg [187], 19530 mg/kg [9], 9530 µl/kg [428];
Nach Langzeitversuchen bei denen Tieren Ethylenglykol verabreicht wurde, zeigten sich u.a. Leber- und Nierenschäden mit Ablagerungen von Calciumsalzen in verschiedenen Geweben [Sdb Dow];

Toxische Grenzkonzentration für Pseudomonas putida u. Scenedesmus quadricauda: > 10000 mg/l [32];
LC 50 (Daphnia magna): > 10000 mg/l [29];
LD 50 (Wasserorganismen) 1000-100 mg/l / 96 h [484];
LC 50 (Regenbogenforelle): 18000-46000 mg/l [Sdb Dow];
LC 50 (Regenbogenforelle): >18500 mg/l/96 h [Sdb Dow];
LC 50 (Fisch, Goldorfe): >10000 mg/l/48 h [Sdb Dow];
LC 50 (Goldfisch): >5000 mg/l/24 h [Sdb Dow];
Biologisch gut abbaubar (> 90 %) [484];
CSB: 1253,5 mg/g [13];

Gefahren-Symbol:

- **physikalisch/chemisch:**

Schmelzpunkt: -11,2 °C; -13 °C;
Siedepunkt: 197,4 °C; 194-205 °C;
Flammpunkt: 111 °C; 119 °C;
Dampfdruck: 0,06 hPa (20 °C) [32], 0,107 hPa (20 °C) [187]; 0,1 hPa (20 °C) [484];
Verdampfungswärme: 799,68 kJ/kg
Log pOW: -1,93 [4]; -1.36 [Sdb EG];
Brechungsindex: 1,4302 (20 °C)
Dichte: 1113,1 kg/m3 (20 °C)
Molmasse: 62,068 g/mol
Verdunstungszahl: 0,004 (BuAc = 1) [9], ca. 600 (Diethylether = 1) [18];

Löslichkeit:
Diethylether 110 g/l (20 °C); mischbar mit Wasser 1.000 g/l (20 °C), Ethanol;

Verbleib nach Gebrauch:
Sondermüll-Deponie, abfiltrierte Sulfide aus der Ausfällung des in Lösung gebrachten Stoffes (Oxidation oder wäßrige Säure) und eventueller Neutralisation;

Bemerkung:
Farblose, fast geruchlose sirupartige Flüssigkeit; brennbar; schmeckt süß;
Giftig, da Stoff zu Ethandisäure (Oxalsäure) oxidiert wird; Bildet im dampf-/gasförmigen Zustand mit Luft explosionsfähige Gemische;
Explosionsgrenzen: 1,8-12,8 Vol.-% ; Zündtemp.: 410 °C [32],
3,2-53 Vol.-% ; Zündtemp.: 410 °C [163]; [484];
3,2-? Vol.-%; Zündtemp.: 413 °C [Sdb Dow];
Bei ca. 100 °C in Gegenwart von Luft Säurebildung;
Verwendung: als Frostschutzmittel (für Kraftfahrzeuge u.a. unter dem Handelsnamen Glysantin bekannt); als technisches Lösemittel [484];
Enthalten in Surfinol 104E Surfactant (50%), CT-136 Grind AID (8%), TG-E;

1,2-Ethandioldiacetat

- **CAS-Nummer:**
  111-55-7
- **gebräuchliche Namen:**
  Ethylenglycoldiacetat; Ethylenglykoldiacetat; 1,2-Diacetoxyethan; Glycoldiacetat; Glykoldiacetat; Ethylendiacetat;
- **Summenformel:**
  $C_6H_{10}O_4$

- **Strukturformel:**

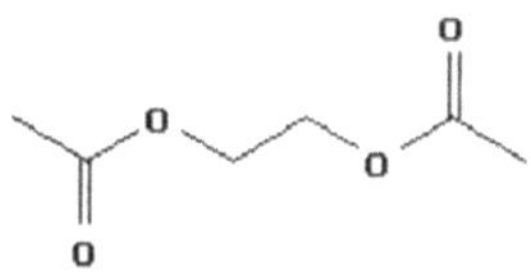

branchenspezifische Bemerkung zur Substanz:
Reaktionsprodukt von Ethylenglykoldimethacrylat (CAS-Nr. 97-90-5) [Weichmacher];

Eigenschaften:
- **toxikologisch/ökotoxikologisch:**
  RTECS # KW 4025000
  Schweizer Giftliste: 5
  Sonstiges:
  Dämpfe reizen Augen und Atemwege, besonders wenn hohe Konzentrationen, z.B. durch Hitzeentwicklung, zustandekommen; unter diesen Umständen auch Lungenödem möglich; Kontakt mit der Flüssigkeit reizt Augen, weniger stark die Haut; bei Aufnahme durch den Mund Nieren- und Leberschäden, narkotische Wirkung sowie Zerfall der roten Blutkörperchen möglich [163];
  LD 50 (oral, Ratte): 6850 mg/kg [40, 187, 428];
  LD 50 (Haut, Kaninchen): 8480 mg/kg [40, 187, 428], 9200 mg/kg [9];
  LD 50 (intraperitoneal, Maus): 1190 mg/kg [428];
  LD 50 (oral, Meerschweinchen): 4940 mg/kg [428];

- **physikalisch/chemisch:**
  Schmelzpunkt: - 37 °C
  Siedepunkt: 190,5 °C
  Flammpunkt: 96 °C
  Dampfdruck: 0,33 hPa (20 °C) [9]
  Brechungsindex: 1,4155 (20 °C)
  Dichte: 1106,3 kg/m3 (20 °C)
  Molmasse: 146,14 g/mol
  Verdunstungszahl: 0,02 (BuAc = 1) [9]

  Löslichkeit:
  Wasser 142 g/l (22 °C); löslich in Ethanol, Diethylether, Propanon, Benzen; unlöslich in Propantriol;

Verbleib nach Gebrauch:
Verbrennung;

Bemerkung:
Klare, farblose Flüssigkeit mit sehr schachem Geruch;
Bildet im dampf-/gasförmigen Zustand explosionsfähige Gemische mit Luft;
Explosionsgrenzen: 2,9 - 13,8 Vol.% ; Zündtemp.: 537 °C [9], 1,6 - 8,4 Vol.%;
Zündtemp.: 482 °C [163];
Verwendung: technisches Lösemittel;

Ethandisäure

- **CAS-Nummer:**
  144-62-7
- **gebräuchliche Namen:**
  Oxalsäure; Kleesäure;
- **Handelsnamen:**
  Aktisol; Ayuisal;
- **Summenformel:**
  $C_2H_2O_4$
- **Strukturformel:**

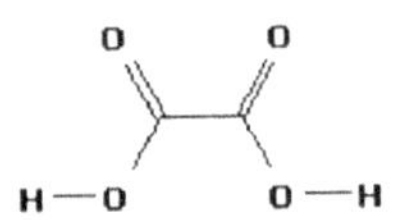

Funktion:
Antimikrobielle Mittel für Latex;
Treibmittel, organisch;

branchenspezifische Bemerkung zur Substanz:
Einsatzmenge: 9,3 t/a (Reifenindustrie, 1996)

Eigenschaften:
- **toxikologisch/ökotoxikologisch:**

RTECS # RO 2450000
WGK: 1
R-Satz: 21/22
S-Satz: (2)-24/25
Sonstiges:
Einstufung und Kennzeichnung von Zubereitungen, in denen diese Substanz enthalten ist:
5%< =C ⇒ Xn; R21/22

Wirkt schädigend beim Einatmen, Verschlucken oder Aufnahme über Haut; wirkt extrem zerstörerisch auf das Gewebe der Schleimhäute und Atemwege, Augen und Haut; Einatmung kann tödliche Folgen haben [187];
Tödliche Dosis: 2,5 - 7 g [132];
LD 50 (oral, Ratte): 375 mg/kg [187], 7500 mg/kg [428];
LD 50 (oral, Ratte): 9,5 ml/kg (5 %-ige Lsg.) [368];
LD 50 (Haut, Kaninchen): 20 g/kg [187];
LD 50 (intraperitoneal, Maus): 270 mg/kg [428];

Toxische Grenzkonzentration für Daphnia magna 95 mg/l [389];
Toxische Grenzkonzentration für Scenedesmus quadricauda 790 mg/l [404];

Gefahren-Symbol:

- **physikalisch/chemisch:**
  Schmelzpunkt: 189,5 °C
  Siedepunkt: 157 °C (Subl.)
  Dichte: 1901 kg (25 °C)
  Molmasse: 90,035 g/mol

  Löslichkeit:
  Wasser 95 g/l (20 °C), 1200 g/l (90 °C); Ethanol 237 g/l (15 °C); Diethylether 236 g/l (20 °C); unlöslich in Benzen, Trichlormethan;

Verbleib nach Gebrauch:
Verbrennung nach Mischung mit brennbarem Lösemittel;

Bemerkung:
Farblose, prismatische Kristalle; geruchlos;
Ethandisäure, ihre Ester und Alkaloide mit Einschränkungen erlaubt in kosmetischen Mitteln;
Verwendung: in der Fotoindustrie in Abschwächern, zur Herstellung von "Einpulverentwickler", als Beschleuniger im Eisenentwickler; in der Analytik; zum Bleichen von Stroh und Leder; zur Herstellung von Oxalaten; als Reduktionsmittel; in Keramiken und Pigmenten; in der Papierindustrie; in der Gummi verarbeitenden Industrie; bei der Herstellung von Glukose aus Stärke;

1,2-Ethandithioldiacetat

- **CAS-Nummer:**
  123-81-9
- **gebräuchliche Namen:**
  Ethylen-bis(mercaptoacatat); Ethylenglykol-bis-mercaptoacetat; Ethylenglykoldithioacetat; Mercaptoessigsäure-1,2-ethandiyester; Glykoldimercaptoacetat; Ethylenglycol-bis(thioglycolat); Glykol-bis(mercaptoacetat); Ethylenglycoldimercaptoacetat; Mercaptoessigsäure-2-mercaptoacetoxyethylester;
- **Summenformel:**
  $C_6H_{10}O_4S_2$

- **Strukturformel:**

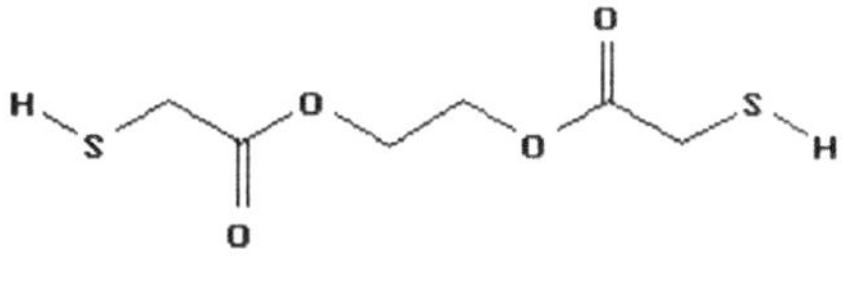

Funktion:
sonstige Chemikalien;

Eigenschaften:
- **toxikologisch/ökotoxikologisch:**
  RTECS # AI 6600000
  R-Satz: 20/21/22-36/37/38
  S-Satz: 26-36
  Sonstiges:
  LD50 (oral, Ratte): 330 mg/kg [187];

Gefahren-Symbol:

- **physikalisch/chemisch:**
  Siedepunkt: 137-139 °C (2,66 hPa)
  Flammpunkt: > 110 °C
  Brechungsindex: 1,5185 (20 °C); 1,5220;
  Dichte: 1317 kg/m3
  Molmasse: 210,26 g/mol

Verbleib nach Gebrauch:
Verbrennung nach Mischung mit brennbarem Lösemittel;

Bemerkung:
farblose Flüssigkeit; geruchsbelästigend;

1,2-Ethandiylbiscarbamodithionsäure, Dinatriumsalz

- **CAS-Nummer:**
  142-59-6
- **UN Nummer:**
  2771
- **gebräuchliche Namen:**
  Dinatrium-ethylenbis(dithiocarbamat); Ethylenbis-(dithiocarbaminsäure), Natriumsalz;
- **Handelsnamen:**
  Chem Bam; Dithiane A40; Dithiane D14; Nabam; Nafun IPO; Parzate;
- **Summenformel:**
  $C_4H_6N_2Na_2S_4$

- **Strukturformel:**

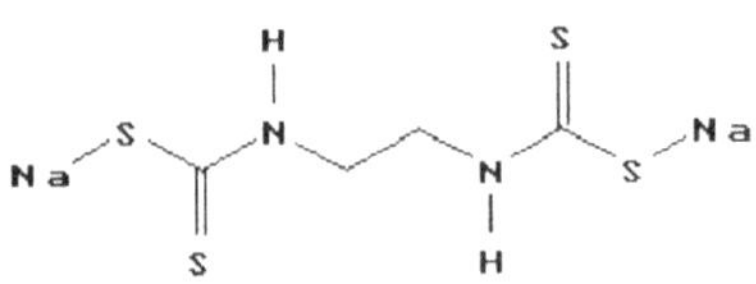

Funktion:
Vulkanisationsbeschleuniger, organisch;

Eigenschaften:
- **toxikologisch/ökotoxikologisch:**
  RTECS # FA 6825000
  Schweizer Giftliste: 3
  R-Satz: 22-37-43
  S-Satz: (2)-8-24/25-46
  Sonstiges:
  LD50 (oral, Ratte): 395 mg/kg [39];

Gefahren-Symbol:

- **physikalisch/chemisch:**
  Molmasse: 256,32 g/mol

  Löslichkeit:
  langsam löslich in Wasser;

Bemerkung:
Fungizid; bei höheren Konzentrationen narkotisierende Wirkung;

1,1'-(1,2-Ethandiyl)-bis-(4-methyl)-benzen

- **CAS-Nummer:**
  538-39-6
- **gebräuchliche Namen:**
  4,4'-Dimethylbibenzyl; 1,2,-Ditolyethan; alpha, beta-D-p-tolyethan;
- **Summenformel:**
  $C_{16}H_{18}$

- **Strukturformel:**

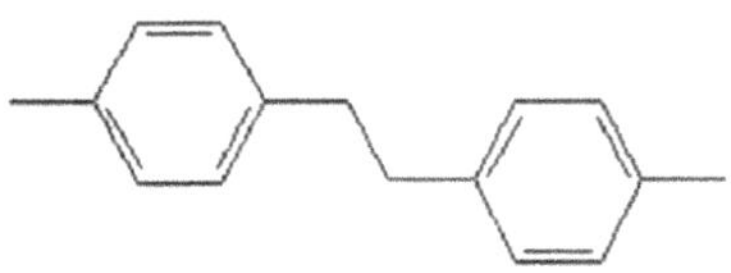

branchenspezifische Bemerkung zur Substanz:
Reaktionsprodukt von Phenylethen-Butadien-Copolymer (CAS-Nr: 9003-55-8) [Polymer];

Eigenschaften:
- **toxikologisch/ökotoxikologisch:**
  RTECS # DT 4380000
  Sonstiges:
  LD50 (oral, Maus): 725 mg/kg [428];

- **physikalisch/chemisch:**
  Schmelzpunkt: 82 °C; 85 °C
  Siedepunkt: 296-298 °C (973 hPa); 178 °C (24 hPa); 138-141 °C (4-8 hPa)
  Dichte: 1084 kg/m3
  Molmasse: 210,34 g/mol

  Löslichkeit:
  löslich in Benzen, Alkohol, Petrolether;

Ethanol

- **CAS-Nummer:**
  64-17-5
- **UN Nummer:**
  1170
- **gebräuchliche Namen:**
  reiner Alkohol; absoluter Alkohol; Brennspiritus; Carbidsprit; Sprit; Ethylalkohol; Ethylhydrat; Karbidsprit; Methylcarbinol; Spiritus; Brennsprit; Trinksprit; Weingeist; Kornfeindestillat; Anhydrolalkohol; Methylcarbinol; Ethyloxihydrat; technischer Sprit; Branntwein (vergällt); Branntwein (genußunbrauchbar gemacht); Branntwein (unvergällt); Branntweinersatzstoff; Branntweinfeindestillat; Rohbranntwein;

Rohspiritus; fein (filtrieter) Sprit; Monopolsprit; Naturalsprit; Poliersprit; Primasprit; Rohsprit; Sekundasprit; technischer Sprit; Arzneimittelsprit; Kornfeindestillat; Kartoffelsprit; Melassesprit;

- **Handelsnamen:**
  Algrain; Anhydrol; Jaysol S; Tecsol; SD Alkohol 23-Hydrogen;
- **Summenformel:**
  C_2H_6O
- **Strukturformel:**

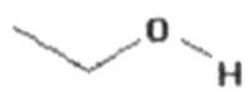

Funktion:
Lösemittel;

Anwendung:
Reifen, Schläuche; chirurgische und medizinische Artikel; Sportartikel; Spielsachen; technische Gummiartikel; Produkte für Industrie, inkl. Druckplattentücher; Klebstoffe; Dichtungen; Latex Tauchartikel; Latex Schaumartikel;

branchenspezifische Bemerkung zur Substanz:
Einsatzmenge: 71 t/a (Reifenindustrie: 32 t/a, TSE-Industrie: 39 t/a) (1996)

Eigenschaften:
- **toxikologisch/ökotoxikologisch:**
  RTECS # KQ 6300000
  Schweizer Giftliste: 5
  WGK: 0
  MAK Wert: 1900 mg/m3 bzw. 1000 ml/m3
  R-Satz: 11
  S-Satz: (2)-7-16
  Sonstiges:
  Spitzenbegrenzung: IV [481];
  Schwangerschaftsgruppe C [481], D [484]; IMK:III;
  Nervengift; mit narkotischer Wirkung; Hautreizstoff (äußerlich) [30]; Unter normalen Umständen wenig giftig; Dämpfe in hohen Konzentrationen haben betäubende Wirkung; Kontakt mit der Flüssigkeit führt zu Reizung der Augen, Atemwege und Verdauungswege [163];
  Aufnahme: innerlich 260 ml 100 %ig tödlich, 650 ml 40 %ig tödlich [30];
  Kinder: 100 - 200 ml 40 %ig tödlich [30];
  Geruchsschwelle: 93 ml/m3 [163];
  5000 - 10000 ml/m3 verursachten Reizung der Augen und Atemwege; Bewußtlosigkeit kann nach etwa 1 Std. dieser Konzentration eintreten; Kopfschmerzen und Reizung der Augen können 1000 ml/m3 verursachen [163];
  Entfettet die Haut. Bei Verdunstung tritt ein starker Kühleffekt auf [EG-Sdb Sonnenberg];
  LD Lo (oral, Kind): 2000 mg/kg [187], [428];
  TD Lo (oral, Kind): 14400 mg/kg/30 Min. [428];
  TD Lo (oral, Mann): 700 mg/kg, 50 mg/kg, 1430 µg/kg [428];
  TD Lo (oral, Frau): 256000 mg/kg/12 W [428];
  LD Lo (subcutan, Säugling): 19440 mg/kg [428];
  LD Lo (oral, Mensch): 1400 mg/kg [187], [428];
  LD 50 (oral, Ratte): 7060 mg/kg [32], [428], 13700 mg/kg [9], 13,0 ml/kg [369];
  LD 50 (oral, Kaninchen): 6300 mg/kg [EG-Sdb Fa. Sonnenberg];
  LC 50 (inhalativ, Ratte): 20000 ml/m3/10 h [187], [428];
  LD 50 (intravenös, Ratte): 4180 mg/kg [402], 2,3 ml/kg [369], 1440 mg/kg [428];
  LD 50 (intraperitoneal, Ratte): 3600 µg/kg [428];
  LD 50 (intraarteriell, Ratte): 11 mg/kg [428];
  LD 50 (intravenös, Meerschweinchen): 2370 mg/kg [402];
  LD 50 (oral, Meerschweinchen): 5560 mg/kg [EG-Sdb Fa. Sonnenberg], [428];
  LC Lo (inhalativ, Meerschweinchen): 21900 ml/m3 [428];
  LD 50 (intraperitoneal, Meerschweinchen): 3414 mg/kg [428];
  LD 50 (intraperitoneal, Hamster): 5068 mg/kg [428];
  LD Lo (subcutan, Taube): 5000 mg/kg [428];
  LD Lo (subcutan, Huhn): 5000 mg/kg [428];
  LD Lo (intravenös, Huhn): 8216 mg/kg [428];
  LD Lo (subcutan, Frosch): 7100 mg/kg [428];

LD Lo (parenteral, Frosch): 36000 mg/kg [428];
LD 50 (subcutan, Maus, 1 Tag alt): 6300 ± 410 mg/kg [332];
LD 50 (subcutan, Maus, 30 Tage alt): 10800 ± 850 mg/kg [332];
LD 50 (oral, Maus): 3450 mg/kg [EG-Sdb Fa. Sonnenberg], [428];
LC 50 (inhalativ, Maus): 39000 mg/m3/4 h [428];
LD 50 (intraperitoneal, Maus): 528 mg/kg [428];
LD 50 (subcutan, Maus): 8285 mg/kg [428];
LD 50 (intravenös, Maus): 1973 mg/kg [428];
LD Lo (oral, Hund): 5500 mg/kg [428];
LD Lo (intraperitoneal, Hund): 3000 mg/kg [428];
LD Lo (subcutan, Hund): 6000 mg/kg [428];
LD Lo (intravenös, Hund): 1600 mg/kg [428];
LD Lo (oral, Katze): 6000 mg/kg [428];
LD Lo (intravenös, Katze): 3945 mg/kg [428];
MLD (oral, Katze): 5,0 ml/kg [401];
LD 50 (oral, Kaninchen): 6300 mg/kg [428];
LD Lo (Haut, Kaninchen): 20000 mg/kg [428];
LD 50 (intraperitoneal, Kaninchen): 963 mg/kg [428];
LD Lo (subcutan, Kaninchen): 20000 mg/kg [428];
LD 50 (intravenös, Kaninchen): 2374 mg/kg [428];

starke Reizung Haut (Kaninchen): 500 mg/24 h [EG-Sdb Fa. Sonnenberg];

Schädlichkeitsgrenze für Daphnia magna ab 7800 mg/l [32], [137];
LC 50 (Fisch, Goldorfe): 10000/8140 mg/l [33]
LC 100 (Fisch, Goldorfe): 10000/8690 mg/l [33]
LC 50 (Ruderfußkrebs): 7750 mg/l/96 h
Toxische Grenzkonzentration für Pseudomonas putida 6500 mg/l, Scenedesmus quadricauda ab 5000 mg/l [32], [36], Daphnia magna 18,4 g/l [389];
Biologisch abbaubar [32];

Gefahren-Symbol:

- **physikalisch/chemisch:**

Schmelzpunkt: -130 °C
Siedepunkt: 78,5 °C
Flammpunkt: 9 °C; 12 °C (100 %); 17 °C (96 %); 20 °C (80 %); 21 °C (70%)
Dampfdruck: 59 hPa (20 °C) [32]; 58,5 hPa (20 °C) [132]; ca. 50 hPa (20 °C, 90 %) [132]
Verdampfungswärme: 856,20 kJ/kg
Log pOW: -0,32 [4]
Brechungsindex: 1,36232 (20 °C)
Dichte: 789,3 kg/m3 (20 °C)
Molmasse: 46,069 g/mol
Verdunstungszahl: 3,2 (BuAc = 1) (95 %) [9]; 3,9 (BuAc = 1) [105]; 8,3 (Diethylether = 1) [19]

Löslichkeit:
mischbar mit Wasser, Diethylether, Propanon; löslich in Benzen;

Bemerkung zu physikalisch/chemischen Daten:
Alle Angaben, wenn nicht anders angegeben, für absolutes Ethanol;

Verbleib nach Gebrauch:
Verbrennung, hochentzündliche Stoffe;

Bemerkung:
Farblose charakteristisch riechende Flüssigkeit;
brennbar; Bildet im dampf-/gasförmigen Zustand mit Luft explosionsfähige Gemische; Explosionsgrenzen: 3,5-15 Vol.-%; Zündtemp.: 425 °C [32], [163], [484];

Die begriffe Branntwein und Sprit werden häufig mit Rohstoffnamen zur Kennzeichnung des verwendeten Rohstoffes kombiniert, wie zum Beispiel Kartoffelsprit, Melassesprit.
Zahlreiche Trinkbranntweine (wie z.B. Rum), Körperpflegemittel, wie hochprozentige Duftwässer (Eau de Cologne), medizinische Zubereitungen, wie Spiritusse und Tinkturen sowie technische Zubereitungen wie Möbelpolituren weisen einen so hohen Gehalt an Ethylalkohol auf, daß sie wie Ethylalkohol eingestuft werden. Die Inhaltsstoffe dieser Erzeugnisse sind bei der Bewertung der gesundheitlichen Gefahren zu beachten.
Stoff reagiert mit sauerstoffreichem Material (Oxidationsmitteln), Peroxiden, Säuren, Säurechloriden, Anhydriden und Alkalimetallen; Ethylalkohol ist in verschiedenen Qualitäten im Handel; Rohspiritus (mid. 80 Gew.-%); Rohdestillat aus vergorenen kohlenhydrathaltigen Maischen. Primaprit (mind. 92,4 Gew.-%); Mittellauf der Rekifikation von Rohsprit ist für Trinkbranntweine geeignet. Sekundasprit, (mind. 94,4 Gew.-%); Destillat, das bei der Reinigung von Rohspiritus zu Primasprit anfällt und nur für industrielle Zwecke geeignet ist. Brennspiritus (mind. 92,4 %) durch Vergällen zum Genuß unbrauchbar gemacht. [484];
Zugelassen als Lebensmittelzusatzstoff nach LMBG;
Verwendung: in der Fotoindustrie als Lösemittel für Harze, Sensibilisierungsfarbstoffe, als Zusatz zu Härtungsbädern, zum schnellen Trocknen ausgewässerter Plattennegative; technisches Lösemittel;
UN-Nr. 1170 (reiner Ethanol und wäßrige Lösungen mit einer Konzentration (von 70%);
UN-Nr. 1987 (wäßrige Lösungen mit einer Konzentration von 24% jedoch nicht mehr als 70 % Ethanol);
UN.-Nr 3065 (alkoholische Getränke);
Enthalten in Additol XL 204, XL 250, Ceracol 39 (57%), Disparlon A630-20X (10-25%), Luba-print 654/D (60%);
Nach bisheriger Erfahrung keine Störung in Kläranlagen [32];

Ethansäure

- **CAS-Nummer:**
  64-19-7
- **UN Nummer:**
  2789
- **gebräuchliche Namen:**
  Essigsäure; Acetoxylsäure; Acetylsäure; Äthoxylsäure; Ethoxylsäure; Methylameisensäure; Methylcarbonsäure; Methancarbonsäure; Eisessig; Essigessenz; Holzsäure; Ethylsäure; Methancarboxylsäure;
- **Summenformel:**
  $C_2H_4O_2$
- **Strukturformel:**

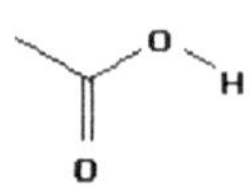

Funktion:
Koaguliermittel für Latex;
Anwendung:
Latex Tauchartikel; Latex Schaumartikel;

Eigenschaften:
- **toxikologisch/ökotoxikologisch:**
  RTECS # AF 1225000
  Schweizer Giftliste: 3
  WGK: 1
  MAK Wert: 25 mg/m3 bzw. 10 ml/m3
  R-Satz: 10-35
  S-Satz: (1/2)-23-26-45
  Sonstiges:
  Einstufung und Kennzeichnung von Zubereitungen, in denen diese Substanz enthalten ist:
  90%<=C ⇒ C; R35
  25%<=C<90% ⇒ C; R34

10% < = C < 25% ⇒ Xi; R36/38

Spitzenbegrenzung: I [481]; IMK: II; Geruchsschwelle: 1,0 ml/m3 [484];
Entwickelt starke Ätzwirkung an Haut und Schleimhaut; am Auge besteht nach Hornhautverätzung die Gefahr einer bleibenden Hornhauttrübung; Gefahr der Entstehung eines Glottisödems; nach Einatmen der Dämpfe treten Entzündungen im Atemtrakt auf (Lungenentzündung, Bronchitis, Lungenödem); bei Aufnahme durch Verschlucken Verätzungen im Verdauungstrakt; Perforationsgefahr der Speiseröhre (Rippenfellentzündung) und des Magens (Bauchfellentzündung) [418];
200 - 500 ml/m3 reizen stark, können jedoch von manchen Personen für kurze Zeit ertragen werden; 40 ml/m3 für 5 min sind erträglich [163];
Innerlich: 60 - 70 ml 80 %ige Säure tödlich, 50 ml 96 %ige Säure tödlich; auch 20 g sind tödlich [30];
LD 50 (oral, Ratte): 3310 mg/kg [10], 3,53 g/kg [187, 193];
LC 50 (inhalativ, Maus, 1 h): 5620 ml/m3 [187];
LD 50 (Haut, Kaninchen): 1060 mg/kg [187];
TD Lo (oral, Mensch): 1470 µg/kg [428];
TC Lo (inhalativ, Mensch): 816 ml/m3/3 min [428];
LD Lo (oral, Kaninchen): 600 mg/kg [428];

LC 50 (Fisch, Goldorfe): 410 mg/l [33];
LC 100 (Fisch, Goldorfe): 452 mg/l [33];
Biologische Abbaubarkeit gut (>75 %) [484];

Gefahren-Symbol:

- **physikalisch/chemisch:**
  Schmelzpunkt: 16,6 °C
  Siedepunkt: 118,1 °C
  Flammpunkt: 37 °C
  Dampfdruck: 15,4 hPa (20 °C) [32]
  Verdampfungswärme: 406,12 kJ/kg
  Log pOW: -0,31 [4]; -0,17 [4]; -0,24 [150]
  Brechungsindex: 1,37182 (20 °C)
  Dichte: 1049,2 kg/m3 (20 °C)
  Molmasse: 60,052 g/mol

  Löslichkeit:
  mischbar mit Wasser, Ethanol, Diethylether, Tetrachlormethan;

Verbleib nach Gebrauch:
Verbrennung;

Bemerkung:
Klare, farblose Flüssigkeit mit stechendem Essiggeruch; rhombische Kristalle; Eisessig: konz. Essigsäure;
Bildet im dampf-/gasförmigen Zustand explosionsfähige Gemische mit Luft;
Explosionsgrenzen: 4-17 Vol.-%; Zündtemp.: 485 °C [32], 500 °C [484];
Wasserfreie Ethansäure erstarrt bei 16,6 °C zu einer kristallinen Masse von eisartigem Aussehen;
Kann heftig reagieren unter starker Wärmeentwicklung bei Kontakt mit Natriumhydroxid, Kaliumhydroxid und anderen starken Basen; korrodiert Metalle;
Verwendung als Lösemittel; in der fotografischen Industrie als Ansäuerungsmittel für Unterbrecherbäder, Fixierbäder und Verstärker; Herstellung von Acetylcellulose (Grundstoff für den nichtentflammbaren Film);
UN-Nr. 2789 (Ethansäure);
UN-Nr. 2790 (Lösung mit mehr als 10% jedoch nicht mehr als 80% reiner Säure);

Ethansäurebutylester

- **CAS-Nummer:**
  123-86-4
- **UN Nummer:**
  1123*
- **gebräuchliche Namen:**
  1-Butanolacetat; n-Butylacetat; Butylacetat;Essigsäure-1-butylester; Essigsäure-n-butylester; n-Butylethanoat;Essigsäure-1-butoxyester; Butylium aceticum; Essigsäurebutylester; Essigsaures Butyl; Butanolacetat; Normales Butylacetat; Essigsäurebutylester; Ethansäure-n-butylester; 1-Butylacetat; 1-Acetoxy-butan;
- **Summenformel:**
  $C_6H_{12}O_2$
- **Strukturformel:**

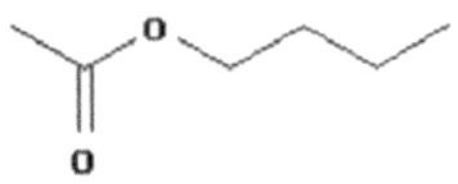

Eigenschaften:
- **toxikologisch/ökotoxikologisch:**
  RTECS # AF 7350000;
  Schweizer Giftliste: 4
  WGK: 1
  MAK Wert: 950 mg/m3 bzw. 200 ml/m3
  R-Satz: 10
  S-Satz: (2)
  Sonstiges:
  Spitzenbegrenzung: I [481];
  Dämpfe und Kontakt mit der Flüssigkeit reizen Atemwege und Augen; hohe Konzentrationen wirken narkotisch; Hautresorption möglich [163];
  Symptome: Brennen der Augen, der Nasen- und Rachenschleimhäute; Husten, Übelkeit, Erbrechen, Kopfschmerzen, Schwindel, Atemnot, Bewußtlosigkeit [484];
  200-300 ml/m3 riefen nach kurzer Einwirkungsdauer eine Reizung der Nasen- und Rachenschleimhäute und der Augen hervor [163], [484];
  Eingeatmet 200 ml/m3 Reizung der Atemwege [9];
  Aspirationsgefahr. Nach Inhalation Pneumonieprophylaxe. [Sdb Rhone-Poulenc];
  Geruchsschwelle: 10 ml/m3 [163], [484];
  LD 50 (oral, Ratte): 13100 mg/kg [187], 14130 mg/kg [9], 14000 mg/kg [Sdb Rhone-Poulenc];
  LC Lo (inhalativ, Ratte, 4 h): 32000 ml/m3 [113];
  LC 50 (inhalativ, Ratte, 4 h): 2000 ml/m3 [187];
  LD 50 (Haut, Kaninchen): >5000 mg/kg [428]
  LC Lo (inhalativ, Katze): 68000 mg/m3/72 M [428]
  LC Lo (inhalativ, Meerschweinchen): 67000 mg/m3/ [428]
  Das Produkt wirkt schwach reizend auf die Augen und die Atemwege. Anhaltender oder wiederholter Hautkontakt kann Dermatits verursachen [Sdb Rhone-Poulenc];
  Schädlichkeitsgrenze für Algen (Scenedesmus) 320 mg/l, Kleinkrebse (Daphnia) 44 mg/l [32];
  Toxische Grenzkonzentration für Pseudomonas putida 115 mg/l, Scenedesmus quadricauda 21 mg/l [36];
  LC 50 (Daphnia magna): 205 mg/l [6];
  LC 50 (Fisch; Goldorfe):71/141 mg/l [33];
  LC 100 (Fisch; Goldorfe): 72/176 mg/l [33];
  EC 50 (Daphnien): 24 mg/l/24 h [Sdb Rhone-Poulenc];
  EC 50 (Pseudomonas Putida): 115 mg/l/16 h [Sdb Rhone-Poulenc];
  biologische Abbaubarkeit (Standversuch) gut (>70 %) [484];

- **physikalisch/chemisch:**
  Schmelzpunkt: -76,8 °C
  Siedepunkt: 126,5 °C; 124-128 °C;

Flammpunkt: 22 °C; 25 °C; 27 °C; 23 °C (geschl.Tiegel); 38 °C (off.Tieg)
Dampfdruck: 12,5 hPa (20 °C) [113]; 13,3 hPa (20 °C) [367], [132]; 14 hPa (20 °C) [484];
Verdampfungswärme: 309,4 kJ/kg
Log pOW: 1,82 [Sdb Rhone-Poulenc]
Brechungsindex: 1,3914 (25 °C)
Dichte: 882,4 kg/m3 (18 °C)
Molmasse: 116,16 g/mol
Verdunstungszahl: 1,0 (BuAc = 1) [9], [105]; 12,1 (Diethylether = 1) [18];

Löslichkeit:
Wasser 6,8 g/l (20 °C); 10 g/l (20 °C); Fettlöslichkeit: in Ethanol, Ether und anderen organischen Lösungsmitteln löslich [Sdb Rhone-Poulenc];
Wasser 10 g/l (22 °C); mischbar mit Ethanol, Diethylether;

Verbleib nach Gebrauch:
Verbrennung, hochentzündliche Stoffe;

Bemerkung:
Form: bei 20 °C flüssig [Sdb];
Klare farblose angenehm fruchtig riechende Flüssigkeit; brennbar;
Bildet im dampf-/gasförmigen Zustand mit Luft explosionsfähige Gemische;
Explosionsgrenzen: 1,7-15 Vol.-%; Zündtemp.: 370 °C [113];
3,0-10,4 Vol.-%; Zündtemp.: 370 °C [163],
1,2-7,5 Vol.-%; Zündtemp.: 400 °C [Hoechst AG];
1,4-7,5 Vol.-%; Zündtemp.: 420 °C [484];
1,7-7,6 Vol.-%; Zündtemp.: 421 °C [Sdb];
Greift viele Kunststoffe an und löst sie auf; Gummi kann bei längerer Einwirkung angegriffen werden. Zur Beurteilung der Größe der Explosionsgefahr und der Gesundheitsgefährdung muß die Konzentration gemessen werden. Stoff kann sich bei Kontakt mit starken Basen plötzlich und schnell aufheizen [484];
Zu vermeidende Stoffe: starke Oxidantien, Luftfeuchtigkeit (Zersetzung), Kupfer und seine Legierungen werden in Gegenwart von Wasser durch das Produkt angegriffen. Gefährliche Zersetzungsprodukte: Bei der Verbrennung des Produktes werden Kohlenmonoxid und Kohlendioxid gebildet [Sdb];
Verwendung: Lösemittel;
Anwendungsbereich: in der Lackindustrie als Lösemittel für Cellulosenitrat und Celluloseether; in Abbeizmitteln; in der Druckfarbenindustrie (Druckfarben auf Basis von Cellulose-Mischestern u.a.); zur Wiedergewinnung von Phenol aus Abwässern;
* In der UN-Liste klassifiziert unter Butylacetate [484]
Enthalten in Byk-070 (8%), Cerafak 100 (45%), 106 (46,0%), 106 Stab (48,7%), Ceramat 240 (7,8%), 241 (39%), Disperbyk-160 (10%), -161 (10%), -162 (12%), -163 (11%), -164 (41%), -166 (56%), -182 (15%), Efka-83 (25%), -47 (36%), -46 (31%), -48 (35%), -86 (33%), -88 (55%), -Polymer 400 (50%), Lanco-Antimar 56 (42%), -Disperse 10 UN (2,5%), -Glidd KXB (4%), -Glidd ML (29,5%), -Glidd PPL (34,56%), Luba-print 246/A (33,81%), B 15/XB (29,4%);

Ethansäureethenylester

- **CAS-Nummer:**
  108-05-4
- **UN Nummer:**
  1301
- **gebräuchliche Namen:**
  Essigsäurevinylester; Ethenylacetat; Vinylacetat;
- **Handelsnamen:**
  VYAC; ZESET T;
- **Summenformel:**
  $C_4H_6O_2$

- **Strukturformel:**

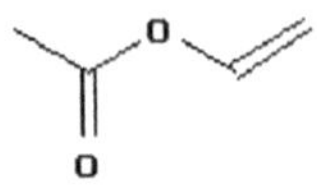

Funktion:
Monomer für die Herstellung von synthetischem Kautschuk;

Eigenschaften:
- **toxikologisch/ökotoxikologisch:**
RTECS # AK 0875000
Schweizer Giftliste: 4
WGK: 2
MAK Wert: 35 mg/m3 bzw. 10 ml/m3
R-Satz: 11
S-Satz: (2)-16-23-29-33
Sonstiges:
Für diese Substanz liegt ein BUA-Stoffbericht Nr. 116 vor.
IMK: II; Spitzenbegrenzung: I [481]; Krebserzeugend III B [481]; Schwangerschaftsgruppe D [481];
Dämpfe wirken betäubend und verursachen starke Reizung der Augen; Kontakt mit der Flüssigkeit führt zu Reizung der Augen und Haut; bei Brand entstehen Dämpfe mit starker Reizwirkung [163];
Letal bei 4 Std. Einwirkung von 4000 ml/m3 [163];
Geruchsschwelle: 0,12 ml/m3 [163];
Laborversuche haben mutagene Wirkung gezeigt [187];
LD 50 (Haut, Kaninchen): 2335 mg/kg [39, 187];
LD 50 (oral, Ratte): 2920 mg/kg [39, 187];
LC 50 (inhalativ, Ratte, 2 h): 4000 ml/m3 [187];
TD Lo (oral, Ratte): 500 mg/kg/D, 91 g/kg [428];
LD 50 (oral, Maus): 1616 mg/kg [428];
LC 50 (inhalativ, Maus): 1550 ppm/4h [428];
LC 50 (inhalativ, Kaninchen): 2500 ppm/4h [428];
LD 50 (Haut, Kaninchen): 2335 mg/kg [428];
LC 50 (inhalativ, Meerschweinchen): 6215 ppm/4h [428];
LD Lo (intraperitoneal, Meerschweinchen): 500 mg/kg [428];

LC 50 (Fisch, Goldorfe): 20 mg/l [33];
LC 100 (Fisch, Goldorfe): 93 mg/l [33];
LC 50 (Daphnia magna): 330 mg/l [6];
Toxische Grenzkonzentration für Pseudomonas putida 6 mg/l, Scenedesmus quadricauda 370 mg/l [36];
Biologische Abbaubarkeit gut (>70 %) [484];

Gefahren-Symbol:

- **physikalisch/chemisch:**
Schmelzpunkt: -92 °C - -100 °C
Siedepunkt: 72-73 °C
Flammpunkt: -8 °C
Dampfdruck: 120 hPa (20 °C) [163]
Brechungsindex: 1,3954 (20 °C)
Dichte: 934 kg/m3 (20 °C)
Molmasse: 86,09 g/mol
Löslichkeit:
wenig löslich in Wasser: 23 g/l [484]; mischbar mit Diethylether, Ethanol;

Verbleib nach Gebrauch:
Verbrennung, hochentzündliche Stoffe;

Bemerkung:
Farblose, süßlich riechende Flüssigkeit; brennbar;
Bildet im dampf-/gasförmigen Zustand mit Luft explosionsfähige Gemische
Explosionsgrenzen: 2,6-13,4 Vol.-%; Zündtemp.: 385 °C [163];
Polymerisiert an der Luft schnell, wenn es nicht mit Hemmstoffen gemischt ist; bei Kontakt von Ethansäureethenylester mit Peroxiden oder starken Säuren kann heftige Polymerisation entstehen; als Stabilisator werden meistens 3 - 5 ml/m3 oder 14 - 17 ml/m3 Hydrochinon zugesetzt;
das technische Produkt kann bis zu 200 ml/m3 Diphenylantin enthalten;
Verwendung: Polymerisation zu ⇒ Polyvinylacetat;

Ethansäureethylester

- **CAS-Nummer:**
  141-78-6
- **UN Nummer:**
  1173
- **gebräuchliche Namen:**
  Essigsäureethylester; Ethylacetat; Essigether; Essigsäureether; Essigester; Essignaphtha; essigsaures Ethyl; essigsaures Ethyloxid;
- **Handelsnamen:**
  Acetidin; Acetoxyethan;
- **Summenformel:**
  $C_4H_8O_2$
- **Strukturformel:**

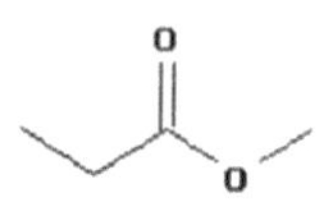

Funktion:
(1) Lösemittel;
(2) Lösemittel für Haftmittel;
Anwendung:
(1) Reifen, Schläuche; chirurgische und medizinische Artikel; Sportartikel; Spielsachen; technische Gummiartikel; Produkte für Industrie, inkl. Druckplattentücher; Klebstoffe; Dichtungen;

branchenspezifische Bemerkung zur Substanz:
Einsatzmenge: 900 t/a (Reifenindustrie: 3,5 t/a, TSE-Industrie: 900 t/a) (1996)

Eigenschaften:
- **toxikologisch/ökotoxikologisch:**
  RTECS # AH 5425000
  Schweizer Giftliste: 4
  WGK: 1
  MAK Wert: 1400 mg/m3 bzw. 400 ml/m3
  R-Satz: 11
  S-Satz: (2)-16-23-29-33
  Sonstiges:
  Spitzenbegrenzung: I [481]; Geruchsschwelle: 0,6 mg/m3 [163]; IMK: III;
  Dämpfe und Flüssigkeit reizen Atemwege und Augen; in höherer Konzentration narkotische Wirkung mit evtl. tödlichen Folgen [163];
  Symptome: Kopfschmerzen, Schwindel, Erbrechen, Bewußtlosigkeit [484];
  Vorsicht, bei Erbrechen besteht Aspirationsgefahr. Nach Inhalation Pneumonieprophylase, Infektionsprophylaxe [Rhone-Poulenc-Sdb];
  LD 50 (oral, Ratte): 5600 mg/kg [9], 6100 mg/kg [182], 11300 mg/kg [32], 5620 mg/kg [428], [Rhone-Poulenc-Sdb];
  LD 50 (Haut, Kaninchen): >18000 mg/kg [9]; >20000 mg/kg [Rhone-Poulenc-Sdb];
  LC 50 (inhalativ, Ratte): 1600 ml/m3/8 h [182, 187]; 16000 mg/m3 [Rhone-Poulenc-Sdb];

LC 50 (inhalativ, Ratte): 200000 mg/m3 [428];
LD Lo (subcutan, Ratte): 5000 mg/kg [428];
LD 50 (oral, Meerschweinchen): 5500 mg/kg [428];
LD 50 (oral, Maus): 4100 mg/kg [428];
LD 50 (intraperitoneal, Maus): 709 mg/kg [428];
LD 50 (oral, Kaninchen): 4935 mg/kg [428];
LC Lo (inhalativ, Katze): 61000 mg/m3 [428];
Das Produkt wirkt schwach reizend auf die Augen und die Atemwege. Anhaltender oder wiederholter Hautkontakt kann Dermatitis verursachen [Rhone-Poulenc-Sdb];

Toxische Grenzkonzentration für Pseudomonas putida 650 mg/l, Scenedesmus quadricauda 15 mg/l [36];
LC 50 (Daphnia magna): 2500 mg/l [6];
LC 0 (Fisch, Goldorfe): 100 - 1000 mg/l [182];
LD 50 (Fisch, Goldorfe): 270/333 mg/l [33];
LD 100 (Fisch, Goldorfe): 360/360 mg/l [33];
Biologisch leicht abbaubar [32];
Biologische Abbaubarkeit > 70 % [182];

Gefahren-Symbol:

- **physikalisch/chemisch:**

Schmelzpunkt: -83 °C; -84 °C
Siedepunkt: 77,1 °C
Flammpunkt: -4 °C; -4,4 °C (geschl. Tiegel); -7,2 °C (offener Tiegel)
Dampfdruck: 103 hPa (20 °C) [32]; 97 hPa (20 °C) [132]; 114,6 hPa (20 °C) [367]
Verdampfungswärme: 366,35 kJ/kg
Log pOW: 0,66; 0,73 [4]; 0,68 [Rhone-Poulenc-Sdb]
Brechungsindex: 1,37257 (20 °C)
Dichte: 899,7 kg/m3 (25 °C); 902 kg/m3 (20 °C)
Molmasse: 88,106 g/mol
Verdunstungszahl: 6,2 (BuAc = 1) [9]; 8,8 (BuAc = 1) [105]; 2,9 (Diethylether = 1) [60], [132]
Löslichkeit:
Wasser 79 g/l (20 °C); mischbar mit Ethanol, Diethylether, Propanon, Trichlormethan, Propanon, Trichlormethan, Diethylether;
[Sdb Rhone-Poulenc]:
Wasser 87 g/l (20 °C); Fettlöslichkeit: in Ethanol, Propanon und Diethylether löslich;

Bemerkung zu physikalisch/chemischen Daten:
T(krit.): 250 °C [Rhone-Poulenc-Sdb];

Verbleib nach Gebrauch:
Verbrennung, hochentzündliche Stoffe;

Bemerkung:
Form: bei 20 ° flüssig [Rhone-Poulenc-Sdb];
Klare farblose Flüssigkeit mit charakteristisch angenehmem, fruchtigem Geruch; brennbar;
Bildet im dampf-/gasförmigen Zustand mit Luft explosionsfähige Gemische;
Explosionsgrenzen: 2,1-11,5 Vol.-%; Zündtemp.: 460 °C [32], [182];
2-11,5 Vol.-%; Zündtemp.: 427 °C [Rhone-Poulenc-Sdb];
Greift viele Kunststoffe an und löst sie auf; Kupfer kann in Anwesenheit von Ethin (Acetylen) angegriffen werden;
Spaltung des Materials wird durch Basen erheblich verstärkt; dabei tritt starke Erwärmung ein; Stoff kann heftig reagieren, wenn er mit sauerstoffreichem Material (Oxidationsmitteln) in Berührung kommt; bei Kontakt mit Lithium-Aluminiumhydrid erfolgt explosionsartige Reaktion;
Verwendung: technisches Lösemittel;
Anwendungsbereich: in der Lack- und Klebstoffindustrie; als Härter für Alkalisilikate; zur Papier- und Folienbeschichtung;
Enthalten in Ceracol 146 (80%), Efka-22 (8%), Parflock P11 (<10 %);

Ethansäuremethylester

- **CAS-Nummer:**
  79-20-9
- **UN Nummer:**
  1231
- **gebräuchliche Namen:**
  Essigsäuremethylester; Methylacetat; Methylessigsäureester; Methylenacetat;
- **Summenformel:**
  $C_3H_6O_2$

- **Strukturformel:**

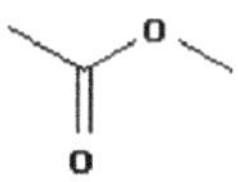

Funktion:
Lösemittel für Haftmittel;

Eigenschaften:
- **toxikologisch/ökotoxikologisch:**

RTECS # AI 9100000
Schweizer Giftliste: 3
WGK: 1
MAK Wert: 610 mg/m3 bzw. 200 ml/m3
R-Satz: 11
S-Satz: (2)-16-23-29-33
Sonstiges:
Spitzenbegrenzung: I [481]; Schwangerschaftsgruppe D [481]; IMK: II; Geruchsschwelle: 0,002 ml/m3 [163];
Flüssigkeit und Dämpfe reizen Augen, Atemwege und Haut; das Einatmen der Dämpfe in hohen Konzentrationen oder über einen längeren Zeitraum wirkt narkotisch; nachfolgend Sehnervenschaden möglich [163];
Eingeatmet 10000 ml/m3: Reizung der Augen und der Atemwege [9];
TC Lo (inhalativ, Mensch): 15000 mg/m3 [428];
LD 50 (oral, Ratte): 5450 mg/kg [163], 6970 mg/kg [9];
LD Lo (subcutan, Ratte): 8000 mg/kg [428];
LC Lo (inhalativ, Maus): 34000 mg/m3/4 h [428];
LC Lo (inhalativ, Katze): 67000 mg/m3/1 h [428];
LD Lo (subcutan, Katze): 3000 mg/kg [428];
LD 50 (Haut, Kaninchen): >5000 mg/kg [428];

Toxisch für Wasserorganismen:
LD 50 / 96 Std. 1000-100 mg/l [484];
Biol. Abbaubarkeit (Standversuch)> 70 % [484];

Gefahren-Symbol:

- **physikalisch/chemisch:**

Schmelzpunkt: -98,1 °C
Siedepunkt: 56-58 °C
Flammpunkt: -10 °C
Dampfdruck: 217 hPa (20 °C) [163]; 220 hPa (20 °C) [484]

Log pOW: 0,18 [4]
Brechungsindex: 1,35935 (20 °C)
Dichte: 934,2 kg/m3 (20 °C); 927,9 kg/m3 (25 °C)
Molmasse: 74,079 g/mol
Verdunstungszahl: 11,8 (BuAc = 1) [9]; 2,2 (Diethylether = 1) [18]

Löslichkeit:
Wasser 243,5 g/l (20 °C), 319 g/l (20 °C); mischbar mit Ethanol, Diethylether; löslich in Benzen, Propanon, Trichlormethan;

Verbleib nach Gebrauch:
Verbrennung, hochentzündliche Stoffe;

Bemerkung:
Farblose Flüssigkeit mit angenehmen etherischen Geruch;
Bildet im dampf-/gasförmigen Zustand mit Luft explosionsfähige Gemische;
Explosionsgrenzen: 3,1 - 16 Vol.% ; Zündtemp.: 502 °C [9],
3,1 - 16 Vol.%; Zündtemp.: 455 °C [163];
Verwendung: technisches Lösemittel;

Ethen

- **CAS-Nummer:**
  74-85-1
- **UN Nummer:**
  1962; 1038
- **gebräuchliche Namen:**
  R 1150; Aceten; Aldehydwasserstoff; Äthylen; Ethylen; Elayl; Elaylgas; Vinylwasserstoff;
- **Handelsnamen:**
  Ätherin; Etherin; Ölbildendes Gas; ölbildendes Gas; schweres Kohlenwasserstoffgas; Gas, ölbildend;
- **Summenformel:**
  C_2H_4
- **Strukturformel:**

Funktion:
Monomer für die Herstellung von synthetischem Kautschuk;

Eigenschaften:
- **toxikologisch/ökotoxikologisch:**
  RTECS # KU 5340000
  WGK: 0
  R-Satz: 12
  S-Satz: (2)-9-16-33
  Sonstiges:
  Krebserzeugend: III B [481]; vgl. Abschnitt IX; TRK-Wert: 50 mg/m3 in Luft; TRK 90 µg/l in Blut;
  Dämpfe reizen Augen und Atemwege; Gas ist wenig giftig, wirkt aber betäubend; hohe Konzentrationen wirken zusätzlich durch Verdrängung der Luft erstickend; Kontakt mit der Flüssigkeit verursacht Erfrierungen [163];
  Stickgas; für kurzzeitige Narkosen im Gemisch mit Sauerstoff [30];
  Eingeatmet 1100 mg/l Luft tödlich in 5 - 10 Minuten, 575 mg/l Luft erträglich 0,5 - 1 Stunde [30];
  LC 50 (inhalativ, Maus): 95 pph [187];
  LC Lo (inhalativ, Säugetier): 950000 ppm [428];
  Toxisch für Wasserorganismen: LD 50/96 Std. 1000-100 mg/l [484];

Gefahren-Symbol:

- **physikalisch/chemisch:**
  Schmelzpunkt: -169,5 °C
  Siedepunkt: -103,9 °C; -102,4 °C (933 hPa)
  Dampfdruck: 41000 hPa (0 °C) [163]
  Verdampfungswärme: 483 kJ/kg (1 bar)
  Log pOW: 1,13 [4]
  Brechungsindex: 1,363 (- 100 °C)
  Dichte: 1,2604 kg/m3 (20 °C)
  Molmasse: 28,054 g/mol

  Löslichkeit:
  Wasser 22,6 cm3 (0 °C); Ethanol 360 cm3 (20 °C); löslich in Diethylether, Benzen; wenig löslich in Propanon;

Bemerkung:
Farbloses Gas; sehr schwacher, süßlicher Geruch;
Bildet mit Luft explosionsfähige Gemische;
Explosionsgrenzen: 2,7-28,6 Vol.% ; Zündtemp.: 435 °C [163];
Bei Kontakt mit anorganischen Säuren, organischen Säuren, geschmolzenem Schwefel, Halone, Chlorverbindungen, Stickstoffdioxid, Tetrachlorkohlenstoff, Ozon, Nitromethan, Aluminiumchlorid und sauerstoffreichem Material (Oxidationsmitteln) kann Polymerisation verursacht werden;
Verwendung: als Kältemittel in Tieftemperaturanlagen in Kaskadenschaltung mit Turboverdichter (Temperaturbereich : -110 °C bis -80 °C);
UN-Nr. 1962 (Ethen, verdichtet);
UN-Nr. 1038 (Ethen, tiefkalt, verflüssigt);

4'-Ethenyl-[1,1'-biphenyl]-4-ol

- **CAS-Nummer:**
  93249-93-5
- **gebräuchliche Namen:**
  SP; Kondensationsprodukt aus Phenol und Styrol;
- **Summenformel:**
  $C_{14}H_{12}O$

- **Strukturformel:**

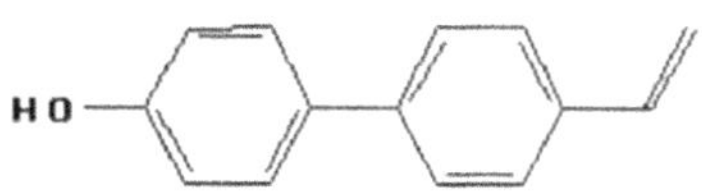

Funktion:
Alterungsschutzmittel;

Eigenschaften:
- **physikalisch/chemisch:**
  Molmasse: 196,25 g/mol

4-Ethenylcyclohexen

- **CAS-Nummer:**
  100-40-3
- **UN Nummer:**
  1993
- **gebräuchliche Namen:**
  4-Vinylcyclohexen; 1-Vinylcyclohex-3-en; 1,2,5,6-Tetrahydrostyrol; 1-Vinyl-3-cyclohexen; Cyclohexenylethenyl; 1,2,3,4-Tetrahydrostyren;
- **Handelsnamen:**
  NCI-C54999;
- **Summenformel:**
  C_8H_{12}

- **Strukturformel:**

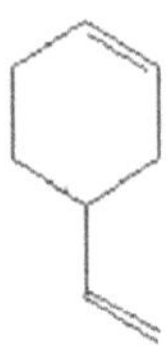

branchenspezifische Bemerkung zur Substanz:
Zersetzungsprodukt von Naturkautschuk, Styrol-Butadien-Kautschuk, Butadien-Kautschuk;

Eigenschaften:
- **toxikologisch/ökotoxikologisch:**
  RTECS # GW 6650000
  Schweizer Giftliste: 4
  WGK: 1
  R-Satz: 45-11-20/21/22-36/37/38
  S-Satz: 53-16-45-27-26-36
  Sonstiges:
  Verdacht auf krebserregende Wirkung [481];
  carcinogen;
  Tumorigen;
  LD 50 (oral, Ratte): 2563 mg/kg [187]; 3080 mg/kg [428];
  LC 50 (inhalativ, Ratte): 8000 ppm/4h [428];
  TD Lo (oral, Ratte): 17500 mg/kg/14d (intermittierend), 52 g/kg/13w (intermittierend) [428];
  LC 50 (inhalativ, Maus): 27 g/kg [428];
  TD Lo (intraperitoneal, Maus): 24 g/kg, 19500 mg/kg [428];
  TD Lo (oral, Maus): 103 g/kg, 206 g/kg, 17500 mg/kg/14d (intermittierend), 78 g/kg/13w [428];
  TD Lo (dermal, Maus): 16000 mg/kg [428];
  TD Lo (Haut, Maus): 16 g/kg [428];
  TC Lo (inhalativ, Maus): 1000ppm/6h/14w (intermittierend) [428];
  LD 50 (Haut, Kaninchen): 16640 mg/kg [39]; 20 ml/kg [428];

  Gefahren-Symbol:

- **physikalisch/chemisch:**
  Schmelzpunkt: -108,89 °C [504]; -101 °C; -108 °C [481]
  Siedepunkt: 126-127 °C; 129 °C [481]
  Flammpunkt: 20 °C; 14 °C; 16 °C [481]

Brechungsindex: 1,4640 (20 °C)
Dichte: 832 kg/m3 (20 °C)
Molmasse: 108,20 g/mol

Löslichkeit:
unlöslich in Wasser; mischbar mit Methanol, Ether;

Verbleib nach Gebrauch:
Verbrennung, hochentzündliche Stoffe;

6-Ethenyl-6-(2-methoxy-ethoxy)-2,5,7,10-tetraoxa-6-silaundecan

- **CAS-Nummer:**
1067-53-4
- **gebräuchliche Namen:**
Tris(2-methoxyethoxy)vinylsilan; Vinyltris-(2-methoxyethoxy)silan;
- **Handelsnamen:**
A 172; Prosil 248; GF 58; SH 6030; Silicone A-172; Z 6030; Vinylsilan DL 70; Silanogran V;
- **Summenformel:**
$C_{11}H_{24}O_6Si$

- **Strukturformel:**

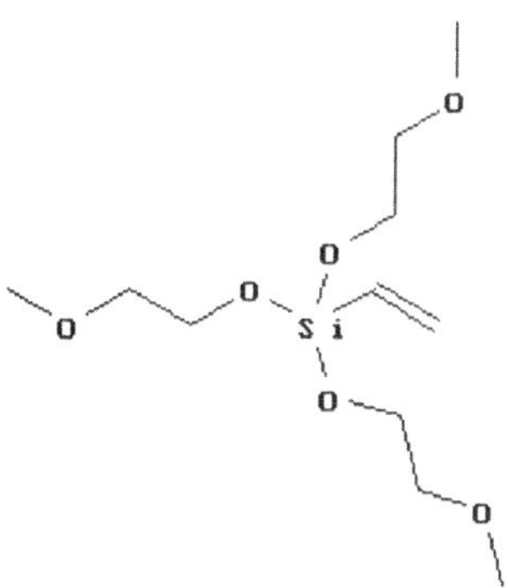

Funktion:
Haftvermittler für Füllstoffe;

Kautschukart:
Ethylen-Propylen-Terpolymer;

Eigenschaften:
- **toxikologisch/ökotoxikologisch:**
RTECS # VV 6826000
R-Satz: 20/21/22/46
S-Satz: 7-23-24/25-29-38
Sonstiges:
LD 50 (oral, Ratte): 2960 mg/kg [428];
LD 50 (Haut, Kaninchen): 1500 µl/kg [428];

zu Silanogran V [Sdb Kettlitz], Angaben bezogen auf Wirksubstanz:
R-Sätze: 20/21/22-46;
S-Sätze: 20-22-24/25-53;
MAK-Wert:15 mg/m3 ,bezogen auf das Abspaltungsprodukt Methoxyethanol (CAS-Nr. 109-86-4);
Wegen Abspaltung von Methoxyethanol gesundheitsschädlich;
Reizt die Augen und die Haut;
LD 50 (oral, Ratte): 2415 mg/kg am reinen Wirkstoff;
LD 50 (dermal, Kaninchen): 1500 mg/kg am reinen Wirkstoff;

Wassergefährdungsklasse: 1; Kategorie für Spitzenbegrenzung: II, 1; Gruppe für Schwangerschaft: B; Hautresorption: möglich;

Gefahren-Symbol:

- **physikalisch/chemisch:**
  Schmelzpunkt: -30 °C
  Siedepunkt: 136,2 °C (7,33 hPa); 285 °C
  Flammpunkt: >110 °C; 92 °C
  Brechungsindex: 1,4302 (20 °C)
  Dichte: 1034 kg/m3 (20 °C); 1370 kg/m3
  Molmasse: 280,39 g/mol

  Löslichkeit:
  wasserunlöslich;

Verbleib nach Gebrauch:
Verbrennung nach Mischung mit brennbarem Lösemittel;

Bemerkung:
Zersetzung durch Hydrolyse ⇒ Methoxyethanol;
Zu vermeidene Stoffe: Säuren, Basen, Wasser;
Verwendung: Schmierstoff in der gummiverarbeitenden Industrie;

zu Vinylsilan DL 70 [Sdb Lehmann & Voss]:
ca. 70 % Wirkstoffauf Calciumsilikat-Träger; hydrolysiert langsam; zu vermeidende Stoffe: starke Säuren, Oxidantien; gefährliche Zersetzungsprodukte: Methylglykol;

enthalten in: Silanogran V (50 %);

Ethenylmethylbenzen

- **CAS-Nummer:**
  25013-15-4
- **gebräuchliche Namen:**
  Methylstyrol; 1-Phenyl-1-propen; Vinyltoluol; Ethenylmethylbenzen; Vinyltoluen;
- **Handelsnamen:**
  Tolyet;
- **Summenformel:**
  C_9H_{10}
- **Strukturformel:**

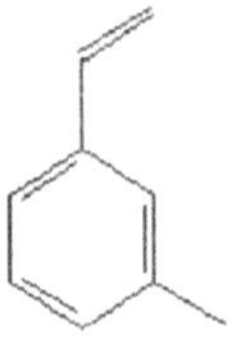

branchenspezifische Bemerkung zur Substanz:
Zersetzungsprodukt von Bis-(1-methyl-1-phenyl-ethyl)-peroxid (DCP);

Eigenschaften:
- **toxikologisch/ökotoxikologisch:**
  RTECS # WL 5075000
  Schweizer Giftliste: 3
  WGK: 2
  MAK Wert: 480 mg/m3 bzw. 100 ml/m3
  R-Satz: 20
  S-Satz: 2-24
  Sonstiges:
  Spitzenbegrenzung Kat. V;
  LC 50 (inhalativ, Maus): 3020 mg/m3/4h [428]
  LD 50 (oral, Maus): 3160 mg/kg [428]
  LD Lo (Haut, Maus): 4500 mg/kg [428];
  LD 50 (oral, Ratte): 4000 mg/kg [428]; 2255 mg/kg [39];
  LD 50 (intraperitoneal, Ratte): 2324 mg/kg [428];
  LD Lo (Haut, Ratte): 4500 mg/kg [428];
  TD Lo (intraperitoneal, Ratte): 2750 mg/kg/1-15d [428];
  TC Lo (inhalativ, Ratte): 1300 ppm/6h/15d, 332 ppm/6h/21w, 100ppm/6h/15w, 200 ppm/6h/15d [428];
  TC Lo (Inhalation, Mensch): 440 ppm [428];
  LD 50 (Haut, Kaninchen): >5g/kg [39];

  Gefahren-Symbol:

- **physikalisch/chemisch:**
  Schmelzpunkt: -23 °C
  Siedepunkt: 171,51 °C
  Brechungsindex: 1,5450 (20 °C)
  Dichte: 910,6 kg/m3 (20 °C); 890 kg/m3
  Molmasse: 118,18 g/mol

  Löslichkeit:
  löslich in Benzen, Trichlormethan, Ethanol und Propanon; unlöslich in Wasser;

Bemerkung:
Wirkcharakter: Zunächst Erregung, Schwindel, Krämpfe, Gleichgewichtsstörungen, evtl. Halluzination, Atemdepression, Atemstillstand, Koma;

1-Ethenyl-2-methylbenzen

- **CAS-Nummer:**
  611-15-4
- **UN Nummer:**
  2618
- **gebräuchliche Namen:**
  1-Ethyl-2-methylbenzol; 1-Ethenyl-2-methyl-benzen; 2-Methylphenylethen; o-(2)-Methylstyren; alpha-Methylstyrol; o-Methylstyrol; 2-Methylstyrol; 1-Methyl-2-vinylbenzol; o-Vinyltoluol; 2-Vinyltoluol; Vinyltoluol; o-(2)-Vinyltoluen;
- **Summenformel:**
  C_9H_{10}

- **Strukturformel:**

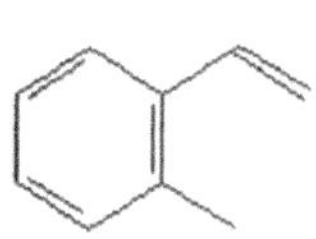

branchenspezifische Bemerkung zur Substanz:
Reaktionsprodukt von Phenylethen-Butadien-Copolymer (CAS-Nr. 9003-55-8) [Polymer];

Eigenschaften:
- **toxikologisch/ökotoxikologisch:**
RTECS # WL 5075900
Schweizer Giftliste: 4
MAK Wert: 100 ml/m3
R-Satz: 20
S-Satz: (2)-24
Sonstiges:
Einstufung und Kennzeichnung von Zubereitungen, in denen diese Substanz enthalten ist:
25%<=C ⇒ Xn; R20

Kann schädigend wirken beim Einatmen, Verschlucken oder Aufnahme über Haut; Dämpfe reizen Augen, Schleimhäute und Atemwege; verursacht Hautreizungen [187];
Verursacht Kopfschmerzen, Schwindel, Übelkeit, Erbrechen, Reizhusten, Rausch, Erregung, Atemlähmung, Krämpfe; wirkt in hoher Konzentration narkotisch; bei schweren Vergiftungen Herzrhythmusstörungen, wohl auch Leber- und Nierenschäden;
in stehenden Gewässern sehr hohe, in fließenden Gewässern je nach Vermischung mittlere bis hohe toxische Wirkung [484];

Gefahren-Symbol:

Xn

- **physikalisch/chemisch:**
Schmelzpunkt: -69 °C, -76,67 °C
Siedepunkt: 169-170 °C; 170-171 °C
Flammpunkt: 51 °C, 382 °C
Dampfdruck: 2,66 hPa (20 °C) [484]
Log pOW: 3,35 [428]
Brechungsindex: 1,5450 (20 °C)
Dichte: 910,6 kg/m3 (20 °C)
Molmasse: 118,18 g/mol

Löslichkeit:
löslich in Benzen, Trichlormethan, Tetrachlormethan, n-Heptan, Ethanol, 0,0089 % in Wasser (25 °C); mischbar mit Methanol, Diethylether [484];

Verbleib nach Gebrauch:
Verbrennung;

Bemerkung:
Farblose Flüssigkeit; strenger Geruch [484];
Bildet im dampf-/gasförmigen Zustand mit Luft explosionsfähige Gemische;
Explosionsgrenzen: 0,9-11 Vol.% [484];

Ethenylsilan

- **CAS-Nummer:**
7291-09-0
- **gebräuchliche Namen:**
Vinylsilan;

- **Summenformel:**
  C_2H_6Si

- **Strukturformel:**

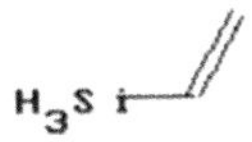

Funktion:
Zusätze für schwefelfreie Vernetzungsmittel;
Kautschukart:
Chlorsulfonylethylen-Kautschuk;
Anwendung:
Kabelummantelung;

Eigenschaften:

- **physikalisch/chemisch:**
  Molmasse: 58,15 g/mol

2-Ethoxyethanol

- **CAS-Nummer:**
  110-80-5
- **UN Nummer:**
  1171
- **gebräuchliche Namen:**
  Ethoxyethanol; Ethylglykol; Cellosolve; Ethylenglykolmonoethylether; Glykolmonoethylether; Ethylcellosolve; Ethylenglycolmonoethylether; Glycolmonoethylether; Ethylglycol; Cellosolvesolvent; 2 Ethoxyethylalkohol; 1-Ethoxy-2-hydroxy-ethan; 2-Hydroxy-di-ethylether; Ethyl-Cellosolve;
- **Handelsnamen:**
  Lösemittel G. A.; Oxitol; Poly-Solo EE; Dowanol EE; Solvent G.A. Jeffersol EE; Lösungsmittel G.A.;
- **Summenformel:**
  $C_4H_{10}O_2$

- **Strukturformel:**

branchenspezifische Bemerkung zur Substanz:
Einsatzmenge: 1 t/a (Reifenindustrie, 1996)

Eigenschaften:
- **toxikologisch/ökotoxikologisch:**
  RTECS # KK 8050000
  Schweizer Giftliste: 4
  WGK: 1
  MAK Wert: 19 mg/m3 bzw. 5 ml/m3 (Summe 2-Ethoxyethanol und 2-Ethoxyethylacetat)
  R-Satz: 60-61-10-20/21/22
  S-Satz: 53-45
  Sonstiges:
  Spitzenbegrenzung: II,1 [481]; Gefahr der Hautresorption [481]; IMK: III;
  Schwangerschaftsgruppe B [481]; Repr.Cat.2 [505];
  TLV-TWA (Haut): 5 ml/m3 [40];
  Dämpfe in hohen Konzentrationen sind gefährlich; Flüssigkeit wird über die Haut aufgenommen und verursacht Reizung der Haut, Augen sowie Schädigung der Nieren [163];
  Geruchsschwelle 25 ml/me [484];
  LD 50 (oral, Ratte): 3000 mg/kg [40];

LD 50 (Haut, Kaninchen): 3300 mg/kg [187], 3500 mg/kg [40];
LD 50 (inhalativ, Ratte): 2000 ml/m3/7h [187];
LD 50 (inhalativ, Maus): 1820 ml/m3/7h [102];
LD 50 (oral, Ratte): 2125 mg/kg [428];
LC 50 (inhalativ, Ratte): 2000 ppm [428];
LD 50 (Haut, Ratte): 3900 mg/kg [428];
LD 50 (intraperitoneal, Ratte): 2800 mg/kg [428];
LD 50 (subcutan, Ratte): 3400 mg/kg [428];
LD 50 (intravenös, Ratte): 2400 mg/kg [428];
LD 50 (oral, Maus): 2451 mg/kg [428];
LC 50 (inhalativ, Maus): 1820 ppm/7h [428];
LD 50 (intraperitoneal, Maus): 1707 mg/kg [428];
LD Lo (subcutan, Maus): 5000 mg/kg [428];
LD 50 (intravenös, Maus): 3900 mg/kg [428];
LD 50 (oral, Kaninchen): 1275 mg/kg [428];
LD 50 (Haut, Kaninchen): 3300 mg/kg [428];
LD 50 (subcutan, Kaninchen): 2000 mg/kg [428];
LD 50 (intravenös, Kaninchen): 900 mg/kg [428];
LD 50 (oral, Meerschweinchen): 1400 mg/kg [428];
LC Lo (inhalativ, Meerschweinchen): 3000 ppm/24h [428];

TD Lo (oral, Ratte (männlich)): 500 mg/kg/5d [428];
TD Lo (oral, Ratte (1-21d trächtig)): 7820 mg/kg [428];
TD Lo (oral, Ratte (10-12d trächtig)): 600 mg/kg [428];
TD Lo (oral, Ratte (7-15d trächtig)): 1800 mg/kg [428];
TD Lo (oral, Ratte (männlich)): 4500 mg/kg/6w [428];
TC Lo (inhalativ, Ratte (6-15d trächtig)): 10 ppm/6h [428];
TC Lo (inhalativ, Ratte (1-19d trächtig)): 200 ppm/7h [428];
TC Lo (inhalativ, Ratte (7-13d trächtig)): 600 ppm/7h [428];
TC Lo (inhalativ, Ratte (14-20d trächtig)): 100 ppm/7h [428];
TD Lo (Haut, Ratte (7-16d trächtig)): 50 g/kg [428];
TD Lo (Haut, Ratte (7-16d trächtig)): 50 g/kg [428];
TD Lo (Haut, Ratte (7-16d trächtig)): 50 g/kg [428];
TD Lo (subcutan, Ratte (1-21d trächtig)): 1955 mg/kg [428];
TD Lo (oral, Maus (männlich)): 25 g/kg/25d [428];
TD Lo (oral, Maus (18w vor Befruchtung)): 252 g/kg [428];
TD Lo (oral, Maus (8-14d trächtig)): 5600 mg/kg [428];
TD Lo (oral, Maus (8-14d trächtig)): 12600 mg/kg [428];
TC Lo (inhalativ, Kaninchen (65d männlich)): 400 ppm/6h [428];
TC Lo (inhalativ, Kaninchen (1-18d trächtig)): 160 ppm/7h [428];

Wasser nicht für Trinkwassergewinnung geeignet. Schädigung der Keimdrüsen, Fruchtschäden [484];
LD 50 (Wasserorganismen) 1000-100 mg/l/96 Std. [484]
LC 50 (Goldfisch): >5000 mg/l/24 Std. [484];
CSB: 1687 mg/g; Biologisch abbaubar [102];

Gefahren-Symbol:

- **physikalisch/chemisch:**

Schmelzpunkt: -100 °C
Siedepunkt: 135,1 °C
Flammpunkt: 40 °C; 44 °C
Dampfdruck: 5 hPa (20 °C) [163]; 10,1 hPa (20 °C) [367]
Log pOW: -0,54, -0,10 [4]
Brechungsindex: 1,40797 (20 °C)
Dichte: 929,7 kg/m3 (20 °C)
Molmasse: 90,12 g/mol
Verdunstungszahl: 0,32 (BuAc = 1) [94], 43 (Diethylether = 1) [19], [132];

Löslichkeit:
mischbar mit Wasser, Ethanol, Diethylether; leicht löslich in Propanon;

Verbleib nach Gebrauch:
Verbrennung;

Bemerkung:
Farblose, ölige Flüssigkeit; schwacher, etherähnlicher Geruch; brennbar;
Bei starker Erwärmung Bildung von explosiven Gemischen, die schwerer als Luft sind;
Explosionsgrenzen: 1,8-15,7 Vol.-% ; Zündtemp.: 235 °C [9]; [484];
Greift Gummi und viele Kunststoffe an; reagiert bei Kontakt mit alkalischen Stoffen und sauerstoffreichem Material (Oxidationsmitteln);
Verwendung: technisches Lösemittel u.a. für Cellulosenitrat, Alkydharze;
Anwendungsbereich: in Vinyllacken, Epoxidbeschichtungen, Heißlackverfahren, zur Verminderung der Viskosität von Alkyd-Einbrennlacken, Herstellung von Lackentfernern, Metall- und Glasreinigungsmitteln;
Enthalten in Urad DD25 (24-26%);

6-Ethoxyl-1,2-dihydro-2,2,4-trimethy-chinolin

- **CAS-Nummer:**
  91-53-2
- **gebräuchliche Namen:**
  ETMQ; EC; EMQ; Ethoxyquin; 6-Ethoxy-2,2,4-trimethyl-1,2-dihydro-chinolin; 2,2,4-Trimethyl-1,2-dihydro 6-ethoxychinolin; 1,2-Dihydro-6-ethoxy-2,2,4-trimethyl-chinolin;
- **Handelsnamen:**
  EQ; Santoflex AW; Santoflex A; Santoquin; Ethoxychin; Alterungsschutzmittel EC; Abiflex; Abiquin; Neoquin; Niflex; Polyflex; Protox 166; Raluquin; Raluquin flüssig; Rexoquin; Permanax 103; Nocrac AW; Niflex; Quinol ED; Amea 100; Dave's Nitrigard;
- **Summenformel:**
  $C_{14}H_{19}NO$
- **Strukturformel:**

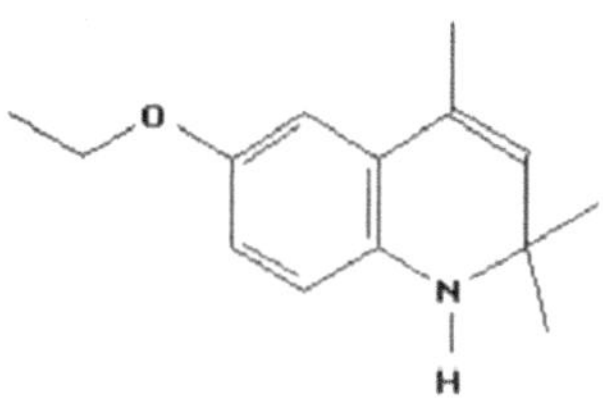

Funktion:
Ermüdungsschutzmittel; Ozonschutzmittel; Oxidationsschutzmittel;
Anwendung:
Reifen, Schläuche; chirurgische und medizinische Artikel; Sportartikel; Spielsachen; technische Gummiartikel; Produkte für Industrie, inkl. Druckplattentücher; Klebstoffe; Dichtungen; Latex Tauchartikel; Latex Schaumartikel;

Eigenschaften:
- **toxikologisch/ökotoxikologisch:**
  RTECS # VB 8225000
  WGK: 2
  R-Satz: 22
  S-Satz: (2)-24
  Sonstiges:
  LD 50 (oral, Ratte): 1920 mg/kg [201]; 800 mg/kg [428];
  LD 50 (oral, Maus): 1730 mg/kg [201];
  LD 50 (intraperitoneal, Maus): 200 mg/kg [428];
  LD 50 (intravenös, Maus): 178 mg/kg [428];

zu Raluquin flüssig [SdB Raschig]:

häufiger und andauernder Hautkontakt kann zu Hautreizungen führen. Gesundheitsschädlich beim Verschlucken. Biologisch schwer abbaubar;

Gefahren-Symbol:

- **physikalisch/chemisch:**
  Schmelzpunkt: ca. 0 °C; 4-5 °C
  Siedepunkt: 123-125 °C (2,67 hPa);
  Dampfdruck: <0,001 hPa (20 °C)
  Brechungsindex: 1,569-1,672 (25 °C)
  Dichte: 1029-1031 kg/m3
  Molmasse: 217,31 g/mol

  Löslichkeit:
  < 1g/l löslich in Wasser, löslich in Ethanol [SdB Raschig];

Bemerkung:
zu Raluquin flüssig [SdB Raschig]:
Gelbbraune Flüssigkeit, fast geruchslos;
Gefährliche Reaktionen: Reaktionen mit starken Oxidationsmitteln; Kontakt mit starken Oxidationsmitteln, Säuren oder Laugen vermeiden; Gefährliche Zersetzungsprodukte: Kohlenmonoxid, Stickoxide; Gefahr der Bildung toxischer Pyrolyseprodukte;
zu 66,6 % enthalten in Abiquin 25; enthalten in Neoquin 66, Raluquin 66; Abiquin 70;

2-Ethylamino-4-diethylamino-6-mercaptotriazin

- **CAS-Nummer:**
  23613-02-7
- **gebräuchliche Namen:**
  4-Diethylamino-6-ethylamino-1H-(1,3,5)-triazin-2-thion; 4-Diethylamino-6-ethylamino-[1,3,5]triazin-2-thiol;
- **Summenformel:**
  $C_9H_{17}N_5S$

- **Strukturformel:**

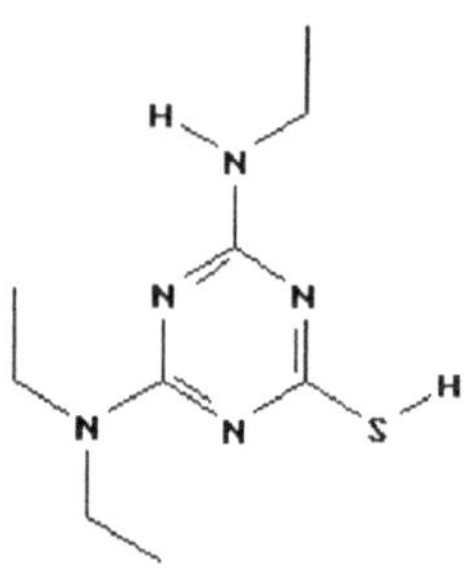

Funktion:
Vulkanisationsbeschleuniger, organisch;

Eigenschaften:
- **physikalisch/chemisch:**
  Siedepunkt: 137-138 °C (1013 hPa)
  Molmasse: 227,33 g/mol

Ethylbenzen

- **CAS-Nummer:**
  100-41-4
- **UN Nummer:**
  1175
- **gebräuchliche Namen:**
  Ethylbenzol; Phenylethan;
- **Handelsnamen:**
  EB; NCI-C56393;
- **Summenformel:**
  C_8H_{10}

- **Strukturformel:**

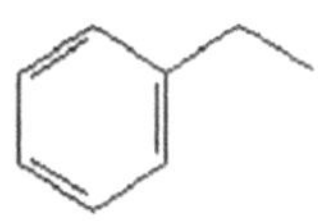

branchenspezifische Bemerkung zur Substanz:
Reaktionsprodukt von cis-Polybutadien (CAS-Nr. 3003-17-2) [Polymer];
Zersetzungsprodukt von aromatischen Weichmacherölen;

Eigenschaften:
- **toxikologisch/ökotoxikologisch:**
  RTECS # DA 0700000
  Schweizer Giftliste: 4
  WGK: 1
  MAK Wert: 440 mg/m3 bzw. 100 ml/m3
  R-Satz: 11-20
  S-Satz: (2)-16-24/25-29
  Sonstiges:
  Einstufung und Kennzeichnung von Zubereitungen, in denen diese Substanz enthalten ist:
  25%< =C ⇒ Xn; R20

Spitzenbegrenzung: I [481]; Gefahr der Hautresorption [481]; Schwangerschaftsgruppe: D [481];
Geruchsschwelle 25 ml/m3 [484];
IMK: II;
In niedrigen Konzentrationen reizen die Dämpfe Augen, Atemwege und Haut; in hohen Konzentrationen wirken sie betäubend; Kontakt mit der Flüssigkeit verursacht Reizung der Augen und Haut [163];
Dampfkonzentrationen von 1000 ml/m3 verursachten Reizung der Haut und Schleimhäute; 2000 ml/m3 führten zu extrem starker Reizung [163];
Geruchsschwelle: 25 ml/m3 [163]; Hautresorption! [148];
TC Lo (inhalativ, Mensch): 100 ml/m3/8 h [428];
LD 50 (oral, Ratte): 3500 mg/kg [9], [428];
LD Lo (inhalativ, Ratte): 4000 ml/m3/4 h [428];
TC Lo (inhalativ, Ratte): 97 ml/m3/7 h, (15 Tage trächtig) [428];
TC Lo (inhalativ, Ratte): 985 ml/m3/7 h (1-19 Tage trächtig), 96 ml/m3/7 h (1-19 Tage trächtig) [428];
TC Lo (inhalativ, Ratte): 600 mg/m3/24 h (7-15 Tage trächtig), 2400 mg/m3/24 h (7-15 Tage trächtig) [428];
TC Lo (inhalativ, Ratte): 740 ml/m3/6 h/92 Tage mit Unterbrechungen [428];
TC Lo (inhalativ, Ratte): 782 ml/m3/6 h/4 Wochen mit Unterbrechungen [428];
TC Lo (inhalativ, Maus): 975 ml/m3/6 h/97 Tage mit Unterbrechungen [428];
LC Lo (inhalativ, Maus): 50000 mg/m3/2 h [428];

LD 50 (intraperitoneal, Maus): 2624 mg/l [428];
TC Lo (inhalativ, Kaninchen): 100 mg/m3/4 h/30 Wochen mit Unterbrechungen [428];
TC Lo (inhalativ, Kaninchen): 99 ml/m3/7 h (1-18 Tage trächtig) [428];
TC Lo (inhalativ, Kaninchen): 500 mg/m3/24 h (7-20 Tage trächtig), 1000 mg/m3/24 h (7-20 Tage trächtig [428];
LD 50 (Haut, Kaninchen): 17800 mg/l [187], [428];

LD Lo (Fisch, Goldorfe): 26 mg/l [33];
LD 50 (Fisch, Goldorfe): 44 mg/l [33];
LC 50 (Daphnia magna): 190 mg/l [6];
Toxische Grenzkonzentration für Pseudomonas putida 12 mg/l, für Scenedesmus quadricauda 160 mg/l [36];
Toxische Grenzkonzentration für Kaltblüter 32-97 mg/l [484];

Gefahren-Symbol:

- **physikalisch/chemisch:**

Schmelzpunkt: -93,9 °C; -95 °C;
Siedepunkt: 136,2 °C
Flammpunkt: 15 °C; 22 °C;
Dampfdruck: 9,3 hPa (20 °C) [163]; 13,33 hPa (20 °C) [187]; 9 hPa (20 °C) [484];
Verdampfungswärme: 400,68 kJ/kg
Log pOW: 3,15 [428]
Brechungsindex: 1,49857 (15 °C)
Dichte: 866,9 kg/m3 (20 °C)
Molmasse: 106,167 g/mol
Verdunstungszahl: 0,87 (BuAc = 1) [9]

Löslichkeit:
Wasser 0,14 g/l (20 °C); mischbar mit Ethanol, Diethylether;

Verbleib nach Gebrauch:
Verbrennung, hochentzündliche Stoffe;

Bemerkung:
Farblose, benzinähnlich riechende Flüssigkeit; brennbar;
Bildet im dampf-/gasförmigen Zustand mit Luft explosionsfähige Gemische;
Explosionsgrenzen: 1,0-8,1 Vol.%; Zündtemp.: 435 °C [163];
Gummi wird bei längerer Einwirkung erst angegriffen, dann aufgeweicht;
Reagiert bei Kontakt mit sauerstoffreichem Material (Oxidationsmitteln);
Verwendung: technisches Lösemittel;
Enthalten in Disparlon KS 273 N (19%), KS 873 N (25%),NS 30 (42,5%), OX 720 (10-25%), OX 66 (10-25%), 6900-20X (32%), A630-20X (10-25%), Fisantrol 3000 (7%), 3440 (8%), Intercoat VPE 154 1,875%), Lanco-Antimar 56 (7%), -Disperse 10 UN (7,5%), -Flow S (12,3%), -Glidd AH (18,125%), -Glidd CX (18%), -Glidd KXB (19,2%), -Glidd KX (20%), -Glidd ML (6,75%), -Glidd PPL (8,98%), -Glidd WM (15,375%), Luba-print A 620 (10%), 246/A (11,25%), 749 (13,5%), B 15/XB (13,75%) T-152 (1,2%);

N-Ethylbenzylamin

- **CAS-Nummer:**

14321-27-8

- **gebräuchliche Namen:**

Benzylethylamin; N-Ethylbenzolmethanamin;

- **Summenformel:**

$C_9H_{13}N$

- **Strukturformel:**

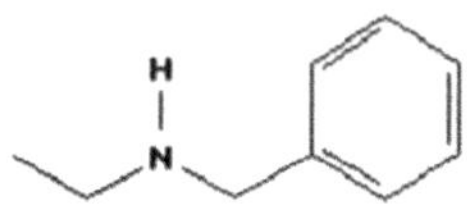

Funktion:
Verschiedenes;

Eigenschaften:
- **toxikologisch/ökotoxikologisch:**
Sonstiges:
Möglicherweise schädlich beim Einatmen, Verschlucken oder Kontakt mit der Haut; Dämpfe reizen die Augen, die Schleimhäute und den oberen Atmungstrakt [187];

- **physikalisch/chemisch:**
Siedepunkt: 191-194 °C; 82 °C (19,99 hPa)
Flammpunkt: 66 °C
Brechungsindex: 1,5117 (20 °C)
Dichte: 909 kg/m3
Molmasse: 135,21 g/mol

Löslichkeit:
löslich in Ethanol, Ether, Benzen;

Bemerkung:
Farblose Flüssigkeit;
Unverträglich mit Säuren, Säurechloriden, Säureanhydriden, starken Oxidationsmitteln und Kohlendioxid;

Ethylcellulose

- **CAS-Nummer:**
9004-57-3
- **gebräuchliche Namen:**
Cellulosetriethylether; Aethylcellulose; Cellulose, Ethylether;
- **Handelsnamen:**
AT-Cellulose; Ethocel; Trolit;
- **Summenformel:**
$(C_{12}H_{22}O_5)_n$

Funktion:
sonstige Chemikalien;

Eigenschaften:
- **toxikologisch/ökotoxikologisch:**
RTECS # FJ 5950500
WGK: 0
Sonstiges:
LD 50 (oral, Ratte): > 5000 mg/kg [428];
LD 50 (Haut, Kaninchen): > 5000 mg/kg [428];

- **physikalisch/chemisch:**
Schmelzpunkt: 240-255 °C
Dichte: 1070 - 1180 kg/m3
Molmasse: (246,31 g/mol) * n

Löslichkeit:
löslich in Diethylether;

Verbleib nach Gebrauch:
Verbrennung nach Mischung mit brennbarem Lösemittel;

Bemerkung:
Hygroskopisch;

Ethylcyclohexan

- **CAS-Nummer:**
1678-91-7
- **Summenformel:**
C_8H_{16}

- **Strukturformel:**

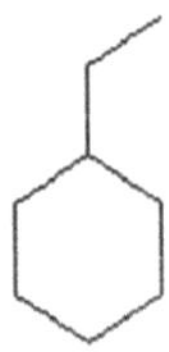

branchenspezifische Bemerkung zur Substanz:
Reaktionsprodukt von naphthenischen Ölen [Weichmacher];

Eigenschaften:
- **toxikologisch/ökotoxikologisch:**
R-Satz: 11
S-Satz: 16-3/7-29-33

- **physikalisch/chemisch:**
Schmelzpunkt: -111°C
Siedepunkt: 130-132 °C, 132,3-133,4 °C (1022 hPa)
Flammpunkt: 18°C
Dampfdruck: 13,33-1999,34 hPa (20,6-159,5°C)
Brechungsindex: 1,4321 (20 °C)
Dichte: 788 kg/m3 (20 °C)
Molmasse: 122,22 g/mol

Verbleib nach Gebrauch:
Verbrennung, hochentzündliche Stoffe;

Bemerkung:
farblose Flüssigkeit;

Ethylcyclopentan

- **CAS-Nummer:**
1640-89-7
- **Summenformel:**
C_7H_{14}

GPSR Compliance

The European Union's (EU) General Product Safety Regulation (GPSR) is a set of rules that requires consumer products to be safe and our obligations to ensure this.

If you have any concerns about our products, you can contact us on ProductSafety@springernature.com

In case Publisher is established outside the EU, the EU authorized representative is:

Springer Nature Customer Service Center GmbH
Europaplatz 3
69115 Heidelberg, Germany

Batch number: 10620881

Printed by Printforce, the Netherlands

Kautschuk und Gummi 3

Springer-Verlag Berlin Heidelberg GmbH

W. Baumann, M. Ismeier

Kautschuk und Gummi

Daten und Fakten zum Umweltschutz

Band 3

Springer

Dr.-Ing. Werner Baumann

Institut für Umweltforschung·(INFU)
Universität Dortmund
D - 44221 Dortmund

Dipl. Chem. Monika Ismeier

Institut für Umweltforschung (INFU)
Universität Dortmund
D - 44221 Dortmund

ISBN 978-3-642-63788-9 ISBN 978-3-642-58916-4 (eBook)
DOI 10.1007/978-3-642-58916-4

Die Deutsche Bibliothek - CIP-Einheitsaufnahme
Baumann, Werner: Kautschuk und Gummi: Daten und Fakten zum Umweltschutz /
Werner Baumann / Monika Ismeier -
Berlin; Heidelberg; New York; Barcelona; Budapest; Hong Kong; London; Mailand; Paris;
Santa Clara; Singapur; Tokio: Springer, Bd. 1; 1998
ISBN 978-3-642-63788-9

Ursprünglich erschienen bei Springer-Verlag Berlin Heidelberg New York 1998
Softcover reprint of the hardcover 1st edition 1998

Einbandgestaltung: K. Brüning Konzept, Berlin
Satz: Reproduktionsfertige Vorlagen der Autoren
SPIN: 10645739 52/3020 - 5 4 3 2 1 0 - Gedruckt auf säurefreiem Papier

Dieses Buch basiert auf einer Untersuchung, die das **Institut für Umweltforschung (INFU)** der Universität Dortmund im Auftrag des **Umweltbundesamtes (UBA)** durchgeführt hat. Das Vorhaben wurde im Rahmen des Umweltforschungsplanes des **Bundesministerium für Umwelt, Naturschutz und Reaktorsicherheit (BMU)** mit dem Förderkennzeichen 10602081 finanziell unterstützt. Die Autoren möchten sich hierfür bedanken.

Inhaltsverzeichnis

Band 1

Abkürzungsverzeichnis

°C	Grad Celsius
6PPD	N-1,3-Dimethylbutyl-N'-phenyl-p-phenylendiamin
77PD	N,N'-Bis(1,4-dimethylpentyl)-p-phenylendiamin
Σ	Summe
μA	Mikroampere
μg	Mikrogramm
μl	Mikroliter
μm	Mikrometer
a	Jahr
AAS	Atomabsorptionsspektroskopie
AbfAG	Abfallabgabengesetz
AbfBestV	Abfallbestimmungsverordnung
AbfG	Abfallgesetz
AbfRestÜberwV	Abfall- und Reststoffüberwachungsverordnung
ABR	Acrylat-Butadien-Kautschuk
Abs.	Absatz
AbwAG	Abwasserabgabengesetz
AbwHerkV	Abwasserherkunftsverordnung
ACM	Acrylatkautschuk
ACN	Acetonitril
ADC	Azodicarbonamid
ADPA	Diphenylamin-Aceton-Kondensationsprodukt
AFMU	Nitrosokautschuk
A-Kohle	Aktivkohle
ANM	Acrylester-Acrylnitril-Copolymer (Acrylat-Kautschuk)
AOX	adsorbierbares organisch gebundenes Halogen
ArbStättV	Arbeitsstättenverordnung
ASTM	American Society for Testing and Materials
ATP	α-Tocopherol
ATR-FT-IR	abgeschwächte Totalreflexion - Fourier Transformation - Infrarot Spektroskopie
ATV	Abwassertechnische Vereinigung
AU	Urethan-Kautschuk
AU-I	Urethan-Kautschuk, isocyanat vernetzt
AU-P	Urethan-Kautschuk, peroxidisch vernetzt
B-	bromierter Kautschuk
BAA	Butyraldehyd-Anilin-Kondensationsprodukt
BBP	Butylbenzylphthalat
BD	Benzofuran-Derivat
BDMA	1,4-Butandioldimethacrylat
BES	Benzoesäure
BHT	Butylhydroxytoluol (2,6-Di-tert.-butyl-4-methylphenol)
BiDMC	Wismutdimethyldithiocarbamat
BIIR	Brom-Isobuten-Isopren-Kautschuk (Brombutyl-Kautschuk)
BImSchG	Bundesimmissionsschutzgesetz
BImSchV	Bundesimmissionsschutzverordnung
BMA	Bundesminister für Arbeit und Sozialordnung
BPH	2,2'-Methylen-bis(4-methyl-6-tert.-butylphenol)
BR	Butadien-Kautschuk
BSB 5	Biologischer Sauerstoffbedarf nach 5 Tagen
BSH	Benzolsulfonsäurehydrazid

BSWL 202	basisches Bleisilikat
bzw.	beziehungsweise
C-	chlorierter Kautschuk
ca.	circa
CAS	Chemical Abstract System
CBS	Cyclohexyl-2-benzothiazolsulfenamid
CdDMC	Cadmiumdimethyldithiocarbamat
CDO	p-Benzochinondioxim
CEA	Cyclohexylethylamin
CFM	Polychlortrifluorethylen-Vinylidenfluorid-Copolymer (Fluorkautschuk)
ChemG	Chemikaliengesetz
CIIR	Chlor-Isobuten-Isopren-Kautschuk (Chlorbutylkautschuk)
CKW	Chlorkohlenwasserstoff
CLD	Caprolactamdisulfid
CM	chloriertes Polyethylen
CO	Epichlorhydrin-Kautschuk
CP	Chlorparaffin
CPB	chemisch/physikalische und biologische Behandlung
CR	Chloropren-Kautschuk
CSB	Chemischer Sauerstoffbedarf
CSM	chlorsulfoniertes Polyethylen
CSP	chlorsulfoniertes Polyethylen
CTP	N-Cyclohexylthiophthalimid
CuDMC	Kupferdimethyldithiocarbamat
CuIDP	Kupferdiisopropyldithiophosphat
CV	kontinuierliche Vulkanisation
DAP	Diallylphthalat
DAPD	Diaryl-p-phenyldiamin
DAPM	4,4'-Diaminodiphenylmethan
dB(A)	Dezibel
DBA	Dibutylamin
DBD	2,2'-Dibenzamidodiphenyldisulfid
DBEEA	Dibutoxyethoxyethyladipat
DBP	Dibutylphthalat
DBPH	2,5-Di-tert.-butylperoxy-2,5-dimethylhexan
DCBS	Dicyclohexyl-2-benzothiazylsulfenamid
DCHDIS	Bis(dicyclohexyl)thiophosphoryldisulfid
DCP	Dicumylperoxid
DEG	Diethylenglykol
DEHA	Di-2-ethylhexyladipat
DEHP	Di-2-ethylhexylphthalat
DEHS	Di-2-ethylhexylsebacat
DEP	Diethylphthalat
DETU	Diethylthioharnstoff
d.h.	das heißt
DIBDIS	Bis(diisobutyl)thiophosphoryldisulfid
Dibenzo-CDO	Dibenzoyl-p-benzochinondioxim
DIBP	Diisobutylphthalat
DIBS	Diisopropyl-2-benzothiazolsulfenamid
DIN	Deutsche Industrienorm
DINP	Diisononylphthalat
div.	diverse
DM	Deutsche Mark
DMSO	Dimethylsulfatoxid
DMTD	Dimorpholinthiuramdisulfid (2,5-Dimercaptothiadiazol)
DNPD	N,N'-Di-β-naphthyl-p-phenylendiamin
DNPT	N,N'-Dinitrosopentamethylentetramin

DOA	Dioctyladipat
DOP	Dioctylphthalat
DOPD	Dioctyl-p-phenylendiamin (N,N'-Bis(1-ethyl-3-methylpentyl)-p-phenylendiamin)
DOS	Dioctylsebacat
DOTG	Di-o-tolylguanidin
DOZ	Dioctylazelat
DPCF	Diphenylkresylphosphat
DPG	Diphenylguanidin
DPPD	N,N'-Diphenyl-p-phenylendiamin
DPTT	Dipentamethylenthiuramtetrasulfid
DPTU	Diphenylthioharnstoff
DS	substituiertes Phenol
DSC	Differentialleistungskalorimetrie
DTDM	Dithiodimorpholin (Bis-(N-oxydiethylen)disulfid)
DTOS	N-Dimethyldithiocarbamyl-N'-oxydiethylensulfenamid
DTPD	Gemisch aus Phenyl-/Tolyl-p-phenylendiamin
E-	Emulsions-Polymerisat
EAM	Ethylen-Acrylat-Co- und -terpolymere
ECO	Epichlorhydrinkautschuk
EDMA	Ethylenglycolmethacrylat
EE	Enolether
EG	Europäische Gemeinschaft
EM-	Emulsions-Polymerisat
EOT	sauerstoffhaltiger Kautschuk der T-Gruppe
EPDM	Ethylen-Propylen-Dien-Kautschuk
EPM	Ethylen-Propylen-Copolymer
ESO	epoxidiertes Sojaöl
etc.	et cetera
ETER	Epichlorhydrin-Ethylenoxid-Terpolymer
ETMQ	6-Ethoxy-2,2,4-trimethyl-1,2-dihydrochinon
ETU	Ethylthioharnstoff
EU	Polyetherurethan-Kautschuk
eV	Elektronenvolt
EV	Efficient Vulkanisation
EVM	Ethylen-Vinylacetat-Copolymer
EWG	Einwohnergleichwerte
Fa.	Firma
FKM	Kautschuk mit Fluor und Fluoralkyl- oder Fluoralkoxy-Gruppen an der Polymerkette
FMQ	Silikonkautschuk mit Methyl- und Fluor-Gruppen an der Polymerkette
FPM	Kautschuk mit Fluor und Fluoralkyl- oder Fluoralkoxy-Gruppen an der Polymerkette
FT-IR	Fourier Transformation - Infrarot Spektroskopie
FVMQ	Silikonkautschuk mit Methyl-, Vinyl- und Fluor-Gruppen an der Polymerkette
FZ	Polyphophazen-Kautschuk
g	Gramm
GC	Gaschromatographie
GC-MS	Gaschromatographie - Massenspektrometrie
GefStoffV	Gefahrstoffverordnung
ges.	gesamt
Gew.-%	Gewichtsprozent
GGVS	Gefahrgutverordnung Straße
GPO	Polypropylenoxid-Kautschuk
h	Stunde
HALS	Hindered Amine Light Stabilizer

HEXA	Hexamethylentetramin
HFP	Hexafluopropylen-Kautschuk
HMDAC	Hexamethylendiamincarbamat
HRGC/HRMS	hochauflösende Gaschromatographie / hochauflösende Massenspektrometrie
i.d.R.	in der Regel
IIR	Isobuten-Isopren-Kautschuk (Butyl-Kautschuk)
IM	Polyisobuten
INFU	Institut für Umweltforschung, Universität Dortmund
IP 346	Analytische Meßmethode, mit der die Stoffe eines Öles bestimmt werden , die in DMSO (siehe dort) löslich sind
IPPD	N-Isopropyl-N'-phenyl-p-phenylendiamin
IR	Isopren-Kautschuk
ISO	International Standard Organisation
ITC	Isothiocyanate
KFZ	Kraftfahrzeug
kg	Kilogramm
km	Kilometer
kPa	Kilopascal
KrW-/AbfG	Kreislaufwirtschafts-/Abfallgesetz
l	Liter
L-	Lösungs-Polymerisat
LC	Letale Konzentration
LCM	Liquid Curing Method
LD	Letale Dosis
LKW	Lastkraftwagen
LM	Lösemittel
m	Meter
M	Kautschuke mit einer gesättigten Kette vom Polymethylen-Typ
MAK	Maximale Arbeitsplatzkonzentration
mg	Milligramm
m^3	Kubikmeter
MBI	Mercaptobenzimidazol
MBS	2-Morpholinyl-benzothiazolsulfenamid
MBSS	2-Morpholinyl-benzothiazoldisulfid
MBT	2-Mercaptobenzothiazol
MBTS	2-Mercaptobenzothiazoldisulfid
MIBK	Methylisobutylketon (4-Methyl-2-pentanon)
Min	Minute
mm	Millimeter
MMBI	4- bzw. 5-Methylmercaptobenzimidazol
MPQ	Silikonkautschuk mit Methyl- und Phenyl-Gruppen an der Polymerkette
MPTD	Dimethyldiphenylthiuramdisulfid
MQ	Silikonkautschuk mit ausschließlich Methylgruppen an der Polymerkette
Muster-VAwS	Muster-Verordnung über Anlagen zum Umgang mit wassergefährdenden Stoffen
MVFQ	Silikonkautschuk mit Methyl-, Vinyl- und Fluor-Gruppen an der Polymerkette
MVQ	Silikonkautschuk mit Methyl- und Vinyl-Gruppen an der Polymerkette
N	Kautschuk mit Stickstoff in der Polymerkette
NaDMC	Natriumdimethyldithiocarbamat
NaIX	Natriumisopropylxanthogenat
NBR	Acrylnitril-Butadien-Kautschuk (Nitril-Kautschuk)
NCR	Acrylnitril-Chloropren-Kautschuk
NDBA	N-Nitrosodi-n-butylamin

NDEA	N-Nitrosodiethylamin
NDELA	N-Nitrosodiethanolamin
NDIPA	N-Nitrosodi-iso-propylamin
NDMA	N-Nitrosodimethylamin
NDPA	N-Nitrosodiphenylamin
NEPA	N-Nitrosoethylphenylamin
NiDBC	Nickeldibutyldithiocarbamat
NIR	Acrylnitril-Isopren-Kautschuk
nm	Nanometer
NMOR	N-Nitrosomorpholin
NMPA	N-Nitrosomethylphenylamin
NPIP	N-Nitrosopiperidin
NPYR	N-Nitrosopyrrolidin
NR	Naturkautschuk
O	Kautschuk mit Sauerstoff in der Polymerkette
OBSH	p,p'-Oxybis(benzolsulfonsäurehydrazid)
ODPA	octyliertes Diphenylamin-Derivat (4,4'-Dioctyldiphenylamin)
OE-	ölverstreckter Kautschuk
o.g.	oben genannt
OT	sauerstoffhaltiger Kautschuk der T-Gruppe
OTBG	o-Tolylbiguanid
OTOS	N-Oxydiethylendithiocarbamyl-N'-oxydiethylensulfenamid
OTTBS	N-Oxydiethylenthiocarbamyl-N'-tert.-butylsulfenamid
PA	Polyamid
PAC	Poly Aromatic Content
PAH	Polyaromatic Hydrocarbons (siehe auch PAK)
PAK	Polyaromatische Kohlenwasserstoffe (identisch mit PAH)
PAN	N-Phenyl-1-naphthylamin
PbDMC	Bleidimethyldithiocarbamat
PBN	N-Phenyl-2-naphthylamin
PBR	Vinylpyridin-Butadien-Kautschuk
PCD	Polycarbodiimid
PCTP	Pentachlorthiophenol
PEP	Polyethylenpolyamin
PET	Polyester
phr	parts per hundred rubber (Gewichtsteile auf 100 Gewichtsteile Kautschuk)
PKW	Personenkraftwagen
PMQ	Silikonkautschuk mit Methyl- und Phenyl-Gruppen an der Polymerkette
PPC	Piperidyl-ammonium-piperidyl-dithiocarbamat
PPD	p-Phenylendiamin
PSBR	Vinylpyridin-Styrol-Butadien-Kautschuk
PTA	Phthalsäureanhydrid
PTFE	Polytetrafluorethylen
PTS	polymeres Thiocarbamoylsulfenamid
PVC	Polyvinylchlorid
PVMQ	Silikonkautschuk mit Methyl-, Vinyl- und Phenyl-Gruppen an der Polymerkette
PZ	Kautschuk mit -P=N- Kette und Aryloxy-Gruppen an den Phosphoratomen der Kette
Q	Silikon-Kautschuk
R	Kautschuk mit einer ungesättigten Kohlenstoffkette
R_1*	Kettenradikal
Rahmen-AbwasserVwV	Rahmen-Abwasser-Verwaltungsvorschrift
RestBestV	Reststoffbestimmungsverordnung
RFK	Resorcin-Formaldehyd-Kieselsäure

RFL	Resorcin-Formaldehyd-Harz
s	Spur
s.	siehe
S-	Lösungs-Polymerisat
SAPH	styrolisiertes, alkyliertes Phenol
SBR	Styrol-Butadien-Kautschuk
SCR	Styrol-Chloropren-Kautschuk
SDB	Sicherheitsdatenblatt
SDPA	styrolisiertes Diphenylamin
SeDMC	Selendimethyldithiocarbamat
Semi-EV	Semi-Efficient Vulkanisation
SIR	Styrol-Isopren-Kautschuk
sog.	sogenannt
SPH	styrolisiertes Phenol
SR	Synthetischer Kautschuk
s.u.	siehe unten
t	Tonne
T	Kautschuk mit Schwefel in der Polymerkette
TA-Abfall	Technische Anleitung Abfall
TA-Luft	Technische Anleitung Luft
TA-Lärm	Technische Anleitung Lärm
TAC	Triallylcyanurat
TAP	Triallylphosphat
TBBS	N-tert.-Butyl-2-benzothiazolsulfonamid
TBSI	N-tert.-Butyl-2-benzothiazolsulfenimid
TBTD	Tetrabutylthiuramdisulfid
TBzTD	Tetrabenzylthiuramdisulfid
TCP	Trikresylphosphat
TCT	Tricrotonylidentetramin
TDI	Toluoldiisocyanat (2,4-Diisocyanat-toluol)
TeDEC	Tellurdiethyldithiocarbamat
TeDMC	Tellurdimethyldithiocarbamat
TESPT	Bis-(3-triethoxysilylpropyl)tetrasulfid
TETA	Triethylentetramin
TETD	Tetraethylthiuramdisulfid
Tg	Glasübergangstemperatur
TGA	Thermogravimetrische Analyse
TM	Thioplaste
TMCH	Trimethylcyclohexyliden-bis-(tert.-butylperoxid)
TMQ	polymeres 2,2,4-Trimethyl-1,2-dihydrochinon
TMTD	Tetramethylthiuramdisulfid
TMTM	Tetramethylthiurammonosulfid
TMTU	Tetramethylthioharnstoff
TOF	Trioctylphosphat
TOTM	Tri-2-ethylhexyltrimellitat
TPTA	Trimethylolpropantrimethacrylat
TRbF	Technische Regeln für brennbare Flüssigkeiten
TRGS	Technische Regeln für Gefahrstoffe
TriEDMA	Triethylenglykoldimethacrylat
TSE	Technische und sonstige Elastomerprodukte
TSH	p-Toluolsulfonsäurehydrazid
TÜV	Technischer Überwachungsverein
U	Kautschuk mit Kohlenstoff, Sauerstoff und Stickstoff in der Polymerkette
u.a.	unter anderem
u.ä.	und ähnliche
UBA	Umweltbundesamt

UHF	Ultrahochfrequenz
UmweltHG	Umwelthaftungsgesetz
UV	Ultraviolettes Licht
UVV	Unfallverhütungsvorschrift
VbF	Verordnung über brennbare Flüssigkeiten
VMQ	Silikonkautschuk mit Methyl- und Vinyl-Gruppen an der Polymerkette
VOC	volatile organic compounds (flüchtige organische Verbindungen)
VP	Vinylpyridin
WDK	Wirtschaftsverband der Deutschen Kautschukindustrie e.V.
WGK	Wassergefährdungsklasse
WHG	Wasserhaushaltsgesetz
WHO	World Health Organization
WTR	Vereinigung der wichtigsten Kautschukchemikalienerzeuger
X-	carboxylierter Kautschuk
XBR	carboxylgruppenhaltiger Butadien-Kautschuk
XCR	carboxylgruppenhaltiger Chloropren-Kautschuk
XNBR	carboxylgruppenhaltiger Acrylnitril-Butadien-Kautschuk
XSBR	carboxylgruppenhaltiger Styrol-Butadien-Kautschuk
Y-	thermoplastischer Kautschuk
Z	Kautschuk mit Phosphor und Stickstoff in der Polymerkette
Z5MC	Zinkpentamethylendithiocarbamat
z.B.	zum Beispiel
ZBEC	Zinkdibenzyldithiocarbamat
ZBX	Zinkbutylxanthogenat
ZDBC	Zinkdibutyldithiocarbamat
ZDBP	Zinkdibutyldithiophosphat
ZDEC	Zinkdiethyldithiocarbamat
ZDMC	Zinkdimethyldithiocarbamat
ZEH	Zinkethylhexanoat
ZEPC	Zinkethylphenyldithiocarbamat
ZIX	Zinkisopropylxanthogenat
ZMBI	Zinkmercaptobenzimidazol
ZMBT	2-Mercaptobenzothiazol-Zinksalz
ZnBODTP	Zinkisobutyl-isooctyldithiophosphat
ZNS	Zentrales Nervensystem
z.T.	zum Teil

- **Strukturformel:**

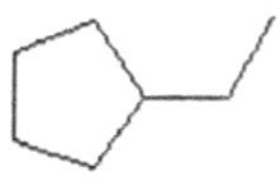

Funktion:
Reaktionsprodukt von naphthenischen Ölen [Weichmachern];

Eigenschaften:
- **toxikologisch/ökotoxikologisch:**
RTECS # GY 4450000
R-Satz: 11
S-Satz: 16-3/7-29-33
Sonstiges:
LCLo (inhalativ, Maus): 110000 mg/m3;

- **physikalisch/chemisch:**
Schmelzpunkt: -137 °C; -138,4 °C
Siedepunkt: 103 °C; 103,4 °C; 103-103,2 °C (1013 hPa)
Flammpunkt: 15 °C
Dampfdruck: 13,33-200 hPa (-0,1-129,3°C);
Brechungsindex: 1,4195 (20 °C); 1,4190 (20 °C)
Dichte: 763 kg/m3; 776, 5 kg/m3 (20 °C)
Molmasse: 98,19 g/mol

Verbleib nach Gebrauch:
Verbrennung, hochentzündliche Stoffe;

Bemerkung:
farblose Flüssigkeit;

3-Ethyl-1,1-dimethyl-2-thioharnstoff

- **CAS-Nummer:**
15361-86-1
- **gebräuchliche Namen:**
1-Ethyl-3,3-dimethylthioharnstoff; N'-Ethyl-N,N-dimethylthioharnstoff;
- **Summenformel:**
$C_5H_{12}N_2S$

- **Strukturformel:**

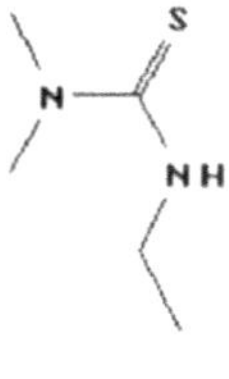

Funktion:
Vulkanisationsbeschleuniger, organisch;

Eigenschaften:
- **physikalisch/chemisch:**
Molmasse: 132,22 g/mol

Ethylendiamintetraessigsäure

- **CAS-Nummer:**
  60-00-4
- **gebräuchliche Namen:**
  EDTA; Ethylendinitrilotetraessigsäure; Edetinsäure; N,N'-1,2-Ethandiyl-bis(N-(carboxymethyl)-glycin; Diaminoethantetraethansäure;
- **Handelsnamen:**
  Titriplex II; Idranal II; Komplexon II; Trilon B; Trilon BS; Metaquest A; Sepuestrene AA 200; M 29; Chelaplex II; Vinkeil 100; Questex 4 H; Nervanaid B Acid; TCP-05; Versene Acid; Hamp-ene Acid;
- **Summenformel:**
  $C_{10}H_{16}N_2O_8$

- **Strukturformel:**

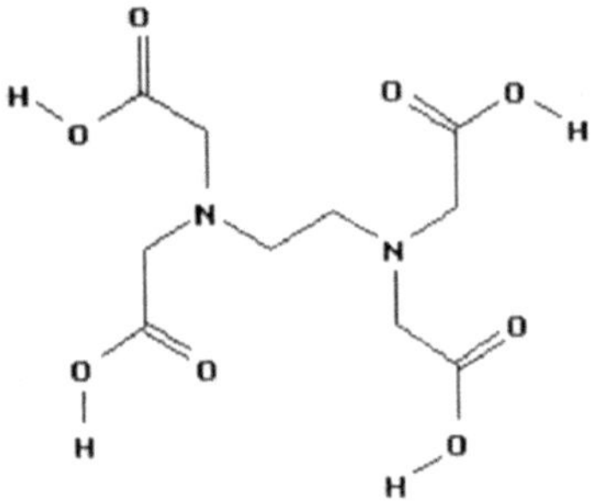

Funktion:
Schutzmittel gegen Metallvergiftung;

Eigenschaften:
- **toxikologisch/ökotoxikologisch:**

RTECS # AH 4025000
Schweizer Giftliste: 4
WGK: 2
R-Satz: 36/37/38
S-Satz: 26-36
Sonstiges:
Stäube reizen Augen, die oberen Atemwege und Haut; Kontakt mit dem Stoff führt zu Reizung der Augen und Haut; nach Verschlucken wenig giftig, da nur ca. 5 % in den Körper aufgenommen werden; Aufnahme größerer Mengen ruft Nierenschäden hervor [163]; bei Brand werden u.a. hochgiftige nitrose Gase frei!
Symptome: Brennen der Augen, der Nasen- und Rachenschleimhäute sowie der Haut, Husten. Nach Verschlucken: Leibschmerzen. Bei Brand: Husten, Atembeschwerden, Atemnot [484];
LD 50 (oral, Ratte): >2000 mg/kg [21], 4500 mg/kg, 2580 mg/kg [574];
LD 50 (intraperitoneal, Ratte): 397 mg/kg [428];
LD 50 (intraperitoneal, Ratte): ca. 400 mg/kg [574];
LD 50 (oral, Maus): 30 mg/kg [428];
LD 50 (intraperitoneal, Maus): 250 mg/kg [428], [574];
LD 50 (intravenös, Maus): 28500 µg/kg [428];

Nicht leicht biologisch abbaubar/nicht potentiell abbaubar/eliminierbar;
bei gewählten Versuchsbedingungen, Adaption und längeren Inkubationszeiten biologisfh abbaubar. Das toxikolgische Wirkprofil basiert auf chelatisierende Wirkung [574];
LC 50 (Fisch, Goldorfe): 2040 mg/l (nicht neutralisiert) [484];
LC 50 (junke Katzenwels): 167 mg/l/24 h [484];
LC 50 (Fisch, Pimephales promelas): 59,8 mg/l/96 h [25];
LC 50 (Daphnia magna): 625 mg/l/24 h [6];
Toxische Grenzkonzentration für Pseudomonas putida: 105 mg/l [26];
Scenedesmus quadricauda 11 mg/l [484];

Gefahren-Symbol:

- **physikalisch/chemisch:**
  Schmelzpunkt: 220 °C; 245 °C (Zers.); 240 °C (Zers.);
  Dichte: ca. 650 kg/m3
  Molmasse: 292,25 g/mol

  Löslichkeit:
  Wasser: 0,1 g/l (20 °C), 0,5 g/l (20 °C u. 25 °C), 2,2 g/l (80 °C) 0,5 g/l (90 °C), unlöslich in den meisten organischen Lösungsmitteln [547];
  Wasser: 0,2 g/l (20 °C); leicht löslich in Natriumhydroxid;

Verbleib nach Gebrauch:
Verbrennung nach Mischung mit brennbarem Lösemittel;
Umweltbelastung durch fotografische Prozesse (BRD, 1986): 81 t/a [156];

Bemerkung:
Farblose Kristalle; Stoff reagiert bei Kontakt oder Mischung mit starken Oxidationsmitteln und starken Basen. Die Substanz greift Kupfer, Kupferverbindungen und Nickel an. Bei Erhitzung bis zur Zersetzung bilden sich giftige und ätzende Gase [484];
Kristallwasser: H4EDTA ist praktisch wasserfrei. Die freie Säure ist weniger stabil als ihre Salze - beim Erhitzen (150 °C) Decarboxylierung.
EDTA ist hydrolysestabil / wird weder von Säuren noch von starken Alkalien angegriffen.
Verwendung: in der Druckindustrie als Komplexbildner; in Wasch- und Reinigungsmittel (Haushalt / Industrie und Gewerbe); Fotochemikalien, Textilindustrie, Papierindustrie, Galvenoindustrie, Landwirtschaft, Kosmetik, Wasserbehandlung (in Westeurope);
Chelatkomplex [547];

Ethylenglykoldimethacrylat

- **CAS-Nummer:**
  97-90-5
- **gebräuchliche Namen:**
  EDMA; 1,2-Ethandioldimethacrylat; Ethyldiolmethacrylat; Ethylenglykolbismethacrylat; 2-Methyl-1,2-ethandiylester; 2-Methylacrylsäure-2-(2-methyl-acryloyloxy)-ethylester; Ethylendimethacrylat; 1,2-Bis-methacryloxy-ethan; 1-Oxyethylen-alpha,w-dimethacrylat; 2-Methylen-alpha,w-dimethacrylat; 2-Methyl-2-propensäure-1,2-ethandiylester;
- **Handelsnamen:**
  Ageflex EGDM; Chemling 20; Chemicals; Drimix SR 206; EDMA DL 75; MB; Rhenofit EDMA/S; Sartomer 206; Sartomer SR 206; SR206; TGM 1;
- **Summenformel:**
  $C_{10}H_{14}O_4$

- **Strukturformel:**

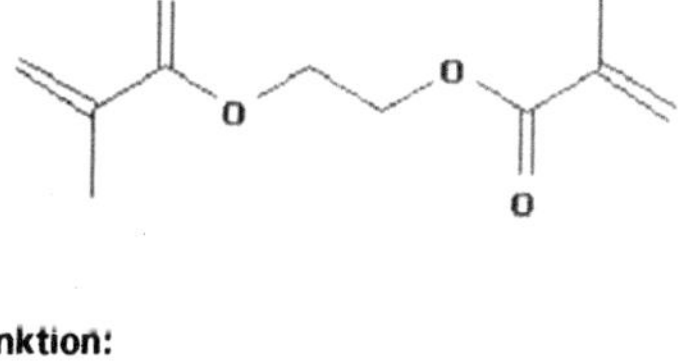

Funktion:
(1) Coagens für schwefelfreie Vernetzungsmittel;
(2) Weichmacher, synthetisch;

Kautschukart:
(1) Ethylen-Propylen-Copolymer; Ethylen-Propylen-Terpolymer; Acrylnitril-Butadien-Kautschuk; Chlorethylen-Kautschuk; Chlorsulfonylethylen-Kautschuk;
Anwendung:
(1) Dichtungen; Manschetten; Kabel; Profile;

branchenspezifische Bemerkung zur Substanz:
(3) Reaktionsprodukt von Ethylenglykoldimethacrylat (CAS-Nr. 97-90-5) (Weichmacher); Einsatzmenge: 0,2 t/a (TSE-Industrie, 1996)

Eigenschaften:
- toxikologisch/ökotoxikologisch:
RTECS # OZ 4400000
WGK: 2
R-Satz: 36/37
S-Satz: (2)
Sonstiges:
Einstufung und Kennzeichnung von Zubereitungen, in denen diese Substanz enthalten ist:
10%< =C ⇒ Xi; R36/37

mutagen [428];
LD 50 (intraperitoneal, Ratte): 2800 mg/kg [428];
LD 50 (oral, Ratte): 3300 mg/kg [428];
LD 50 (oral, Maus): 2000 mg/kg [428];

Gefahren-Symbol:

- physikalisch/chemisch:
Schmelzpunkt: -40 °C
Siedepunkt: 98-100 °C (6,66 hPa)
Flammpunkt: >110 °C
Brechungsindex: 1,4540 (20 °C); 1,4532 (25 °C)
Dichte: 1055 kg/m3 (20 °C)
Molmasse: 198,22 g/mol

Löslichkeit:
löslich >10 % in Benzen, Ethanol, Ligroin [428];
mischbar mit Wasser: <0,01 g/l [Sdb Lehmann & Voss];

Verbleib nach Gebrauch:
Verbrennung;

Bemerkung:
Rhenofit EDMA/S: Wirkstoffgehalt 70 %;
EDEMA DL 75: 75 % Wirkstoff auf Calciumsilikat [Sdb Lehmann & Voss];

Ethylen-Propylen-Copolymer

- CAS-Nummer:
9010-79-1
- gebräuchliche Namen:
1-Propen, Polymer mit Ethen; EPR; EPM; EPDM;
- Handelsnamen:
Epcar EPM; Functional V-157 Q; Keltan 740; KEP 010P; KEP 020P; KEP 070P; KEP 110; Polysar EPM 306; Polysar EPM 405; RA-061; Trilene CP80; Vistalon 404; Vistalon 503; Vistalon 707; Vistalon 719;

- **Summenformel:**
  $(C_2H_4)_n * (C_3H_6)_m$

- **Strukturformel:**

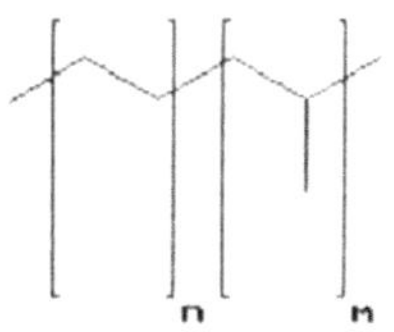

Funktion:
Polymer;

branchenspezifische Bemerkung zur Substanz:
Einsatzmenge in der Kautschukindustrie: 46.000 t (1996);

Eigenschaften:
- **toxikologisch/ökotoxikologisch:**
  Sonstiges:
  Möglicherweise schädlich beim Einatmen, Verschlucken oder Kontakt mit der Haut; Kann Augen- und Hautreizungen verursachen [187];

- **physikalisch/chemisch:**
  Dichte: 860 kg/m3

Verbleib nach Gebrauch:
Verbrennung nach Mischung mit brennbarem Lösemittel;

Bemerkung:
Gummiartige Platten;
Unverträglichkeit mit starken Oxidationsmitteln;

Ethylen-Propylen-Dicyclopentadien-Terpolymer

- **CAS-Nummer:**
  25034-71-3
- **gebräuchliche Namen:**
  EPDM;
- **Handelsnamen:**
  Trilene 55, Trilene 65;

Funktion:
Polymer;

Ethylen-Propylen-Ethyliden-Norbornen

- **CAS-Nummer:**
  25038-36-2
- **gebräuchliche Namen:**
  Poly-ethylen-co-propylen-co-methylen-2-norbornen; Ethylen-Propylen-Kautschuk; Ethylen-Propylen-Rubber; Ethylenpropylen-Kautschuk; Ethylen-Propylen-Dien-Terpolymer; EPDM; ENB EPDM;
- **Handelsnamen:**
  Polysar EPDM 227; Polysar EPDM 345; Polysar EPDM 346; Polysar EPDM 5465; Polysar EPDM 5672X; Polysar EPDM 585; Polysar EPDM 5875; Polysar EPDM 6463; Polysar EPDM 847X; Polysar EPDM 865; Polysar EPDM 965; Polysar EPM 306; VPKA 87 (Buna APPA 908); Buna AP 147; Buna AP 241; Buna AP 248; Buna AP 251; Buna AP 258; Buna AP 259-P; Buna AP 341; Buna AP 341-F; Buna AP 344; Buna AP 348; Buna AP 358; Buna AP 437; Buna AP 437-K; Buna AP 437-M; Buna AP 447; Buna AP 447-K; Buna

AP 447-M; Buna AP 447MC; Buna AP 451; Buna AP 451-H; Buna AP 451HF; Buna AP 454; Buna AP 541; Buna AP 547; Buna AP 641; Buna AP 644; Buna AP 905; Buna AP 906; Trilene 66; Trilene 67; Trilene 68;

Funktion:
Polymer;

branchenspezifische Bemerkung zur Substanz:
Einsatzmenge: 2570 t/a (Reifenindustrie und TSE-Industrie) (1996);

Eigenschaften:

- physikalisch/chemisch:
Dichte: 860 kg/m3

Verbleib nach Gebrauch:
Verbrennung nach Mischung mit brennbarem Lösemittel;

Bemerkung:
50 Gewichtsprozente Ethylen; 8 Gewichtsprozente 5-Methylen-2-norborn;

Ethylen-Propylen Terpolymer (maleic modifiziert)

- CAS-Nummer:
31533-58-1
- gebräuchliche Namen:
EPDM;
- Handelsnamen:
Royaltuf 465 A; Trilene M-201;

Funktion:
Polymer;

Ethylen-Vinylacetat-Copolymer

- CAS-Nummer:
24937-78-8
- gebräuchliche Namen:
EVA; EVM; Essigsäureethenylester, Polymer mit Ethen;
- Handelsnamen:
A-C Copolymer 400A; A-C Polyethylene 400; Blue EVA; Elvax; Levapren; Levapren 450; Levapren 450 HV; Levapren 452; Levapren 456; Levapren 700HV; Micothene EVA; Micothene FE 532-00; Modic; Novatec; Spectratech; Ultrathene;
- Strukturformel:

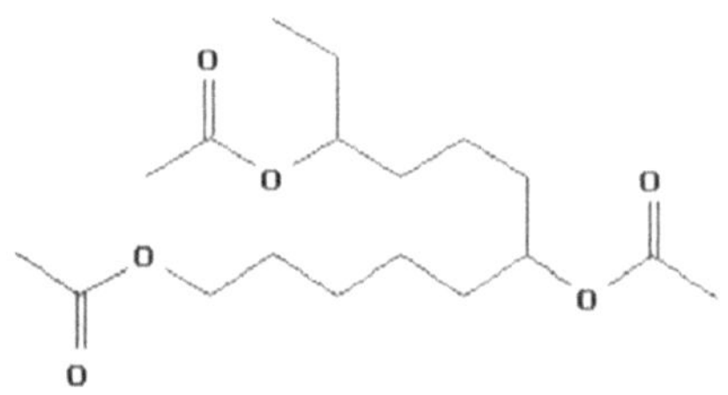

Funktion:
Polymer;

Eigenschaften:
- **toxikologisch/ökotoxikologisch:**
  Sonstiges:
  Möglicherweise schädlich beim Einatmen, Verschlucken oder Kontakt mit der Haut; Kann Augen- und Hautreizungen verursachen [187];

- **physikalisch/chemisch:**
  Schmelzpunkt: 260 °C
  Brechungsindex: 1,4760 (20°C)
  Dichte: 965 kg/m3; 990 kg/m3; 1080 kg/m3

Verbleib nach Gebrauch:
Verbrennung nach Mischung mit brennbarem Lösemittel;

Bemerkung:
Ethylen-Vinylacetat-Copolymer mit 45-70 % Vinylacetat;

Farblose Pellets;
Unverträglichkeit mit starken Oxidationsmitteln und starken Basen;

2-Ethylhexylester von Tallölfettsäuren, epoxidiert

- **CAS-Nummer:**
  61789-01-3
- **gebräuchliche Namen:**
  sec-Oktylepoxytallat; 2-Ethylhexyl-epoxytallat; 2-Ethylhexylepoxytallat;
- **Handelsnamen:**
  Flexol EP-8; Monoplex S-73;
- **Summenformel:**
  $C_{26}H_{48}O_4$

Funktion:
Weichmacher, synthetisch;

Eigenschaften:
- **toxikologisch/ökotoxikologisch:**
  Sonstiges:
  LD 50 (oral, Ratte): 20800 mg/kg [428];
  LD 50 (dermal, Kaninchen): >18500 mg/kg [428];

- **physikalisch/chemisch:**
  Siedepunkt: > 215 °C
  Flammpunkt: 235 °C
  Dichte: 923 kg/m3 (25°C)
  Molmasse: 424,74 g/mol

  Löslichkeit:
  sehr wenig löslich in Wasser;

Bemerkung:
Tallate ist eine Trivialbezeichnung für die Metallseifen aus Tallöl-Fettsäuren. Tallöl ist das wichtigste Nebenprodukt bei der Erzeugung von Sulfat-Zellstoff durch Aufschluß von harzreichen Holzarten nach dem Sulfat-Prozeß. Tallöl ist eine Mischung aus Fettsäuren, Harzsäuren, sog. Oxysäuren, u.a. oxidierten Harz- und Fettsäuren, sowie unverseifbaren Komponenten. Seine Zusammensetzung schwankt abhängig von der Art des verarbeiteten Holzes und dessen geographischen Herkunft mit einem Gehalt von 15-55% Fettsäuren, ca. 20-65% Harzsäuren, 1-8% Oxysäuren und 6-30% Unverseifbarem bei einer Säurezahl von ca. 90-160 stark. Die Tallöl-Fettsäuren bestehen zu mindestens 97% (1. Qualität) bzw. 67% (bei einem Harzsäure-Anteil von 25-30%) aus Fettsäuren, und zwar Linol- und konjungierte C18-Fettsäuren (45-65),

Ölsäure (25-45), 5,9,12-Octadecatriensäure (5-12) und gesättigte Fettsäuren (1-3). (Zahlen in Klammern = Gewichtsprozente, bezogen auf Gesamtmenge der Fettsäuren) [573];

2-Ethylhexylmercaptoacetat

- **CAS-Nummer:**
  7659-86-1
- **UN Nummer:**
  2810
- **gebräuchliche Namen:**
  Mercaptoessigsäure-2-ethylhexylester; 2-Ethylhexyl-thioglykolat; Thioglykolsäure-2-ethylhexylester;
- **Summenformel:**
  $C_{10}H_{20}O_2S$

- **Strukturformel:**

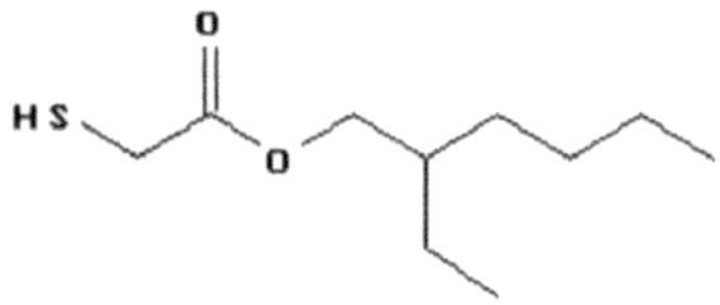

Funktion:
sonstige Chemikalien;

Eigenschaften:
- **toxikologisch/ökotoxikologisch:**
  RTECS # AI 7225000
  Sonstiges:
  LD 50 (oral, Ratte): 303 mg/kg [428];
  LD 50 (intraperitoneal, Ratte): 265 mg/kg [428];
  LD 50 (oral, Maus): 1430 mg/kg [428];
  LD 50 (oral, Kaninchen): 534 mg/kg [428];
  LD 50 (oral, Meerschweinchen): 955 mg/kg [428];

- **physikalisch/chemisch:**
  Siedepunkt: 133,5 °C
  Dichte: 972 kg/m3
  Molmasse: 204,36 g/mol

2-Ethyl-2-hydroxymethyl-1,3-propandiol

- **CAS-Nummer:**
  3290-92-4
- **gebräuchliche Namen:**
  TRIM; TMPT; TMPTMA; TPTA; 2-Ethyl-2-(hydroxymethyl)-1,3-propandioltrimethacrylat; 2-Methyl-acrylsäure-2,2-bis(2-methyl-acryloyloxymethyl)-butylester; 2-Methyl-2-ethyl-[[(2-methyl-1-oxo-2-propenyl)oxy]methyl]-1,3-prpandiylester-2-propensäure; Trimethylolpropan-tri(meth)acrylat; 1,1,1-Trimethylolpropan-trimethacrylat; 1,1,1-Tris-(hydroxymethyl)-propan-trimethacrylat;
- **Handelsnamen:**
  Actigran 70; Chemling 30; Chemicals; Degussa TRIM; Ivegran VP 60.101; Rhenofit TRIM/S; Sartomer 350; TMPT DL 75;
- **Summenformel:**
  $C_{18}H_{26}O_6$

- **Strukturformel:**

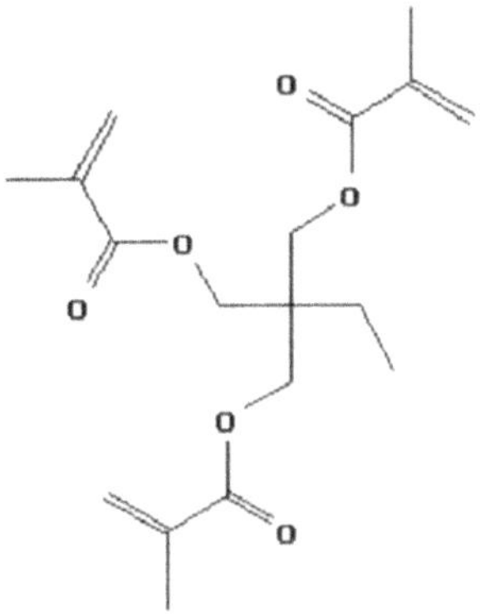

Funktion:
(1) Coagentien für schwefelfreie Vernetzungsmittel;
(2) Vulkanisationsaktivator / Beschleunigeraktivator;
Kautschukart:
(1) Ethylen-Propylen-Copolymer; Ethylen-Propylen-Terpolymer; Chlorsulfonylethylen-Kautschuk; Acrylnitril-Butadien-Kautschuk; Naturkautschuk;
Anwendung:
(1) Dichtungen; Manschetten; Kabel; Profile;

branchenspezifische Bemerkung zur Substanz:
Einsatzmenge: 40 t/a (Reifenindustrie: 5,3 t/a, TSE-Industrie: 35 t/a) (1996)

Eigenschaften:
- **toxikologisch/ökotoxikologisch:**
RTECS # TY 6675000
WGK: 1
R-Satz: 36/37/38
S-Satz: 26-27-36/37/39
Sonstiges:
LD 50 (intraperitoneal, Maus): 2889 mg/kg [428];

Gefahren-Symbol:

Xi

- **physikalisch/chemisch:**
Siedepunkt: >200 °C
Flammpunkt: >110 °C
Brechungsindex: 1,4724 (20 °C)
Dichte: 1060 kg/m3
Molmasse: 338,44 g/mol
Löslichkeit:
unlöslich in Wasser [Sdb Kettlitz Chemie];
löslich in Wasser: 3 g/l (20 °C) [Sdb Lehmann & Voss];

Bemerkung zu physikalisch/chemischen Daten:
Zersetzungstemperatur: >250 °C [Sdb Lehmann & Voss];
Dichte: 1220 kg/m3 (20 °C) (Actigran); 1200 kg/m3 (20 °C) (Actrigran 70) [Sdb Kettlitz Chemie]; 1360 kg/m3 (20 °C) (TMPT DL 75) [Sdb Lehmann & Voss];

Verbleib nach Gebrauch:
Verbrennung nach Mischung mit brennbarem Lösemittel;

Bemerkung:
Viskose, gelbe Flüssigkeit; hygroskopisch [187];

zu Actigran [Sdb Kettlitz Chemie]:
50 % Wirkstoff, präpariert mit synthetischen Kohlenwasserstoffen, gebunden an inerte Trägerstoffe;

zu Actigran 70 [Sdb Kettlitz Chemie]: 70 % Wirkstoff;

zu TMPT DL 75 [Sdb Lehmann & Voss]:
75 % Wirkstoff auf Calciumsilikat;
zu vermeidende Stoffe: Radikalbildner, z.B. Peroxide, Azoverbindungen und Polymerisationsbeschleuniger z.B. Amine; gefährliche Zersetzungsprodukte: Methylmethacrylat;

zu Rhenofit TRIM/S: Wirkstoffgehalt 70 %;
zu Ivegran VP 60.101: Wirkstoffgehalt 50 %;

Ethylisothiocyanat

- **CAS-Nummer:**
  542-85-8
- **gebräuchliche Namen:**
  Isothiocyanatethan;
- **Summenformel:**
  C_3H_5NS

- **Strukturformel:**

Funktion:
Vulkanisationsbeschleuniger, organisch;

branchenspezifische Bemerkung zur Substanz:
Zersetzungsprodukt von Diethylthioharnstoff;

Eigenschaften:
- **toxikologisch/ökotoxikologisch:**
  RTECS # NX 8590000
  WGK: 2
  R-Satz: 10-23/24/25
  S-Satz: 16-25-28
  Sonstiges:
  Mutagen;

  Gefahren-Symbol:

- **physikalisch/chemisch:**
  Schmelzpunkt: -6 °C; -5°C
  Siedepunkt: 130-132 °C
  Flammpunkt: 32 °C
  Dampfdruck: 13 hPa (23 °C)
  Brechungsindex: 1,5060
  Dichte: 995 kg/m3

Molmasse: 87,14 g/mol

Löslichkeit:
nicht mischbar mit Wasser;

Bemerkung:
farblose Flüssigkeit;

1-Ethyl-4-methylcyclohexan

- **CAS-Nummer:**
3728-56-1
- **Summenformel:**
C_9H_{18}

- **Strukturformel:**

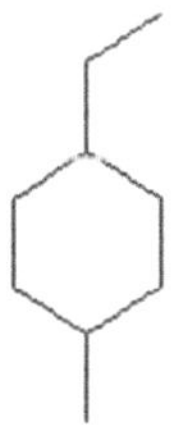

branchenspezifische Bemerkung zur Substanz:
Reaktionsprodukt von naphthenischen Ölen [Weichmachern];

Eigenschaften:
- **physikalisch/chemisch:**
Molmasse: 126,24 g/mol

Ethylnaphthalen

- **CAS-Nummer:**
27138-19-8
- **gebräuchliche Namen:**
1-(oder 2-)Ethylnaphthalen; 1-(oder 2-)Ethylnaphthalin;
- **Summenformel:**
$C_{12}H_{12}$

- **Strukturformel:**

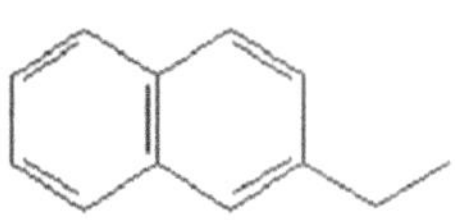

branchenspezifische Bemerkung zur Substanz:
Zersetzungsprodukt von aromatischen Mineralölweichmachern;

Eigenschaften:
- **physikalisch/chemisch:**
Molmasse: 156,23 g/mol

N-Ethyl-N-hydroxyethanamin

- **CAS-Nummer:**
  3710-84-7
- **gebräuchliche Namen:**
  Diethylhydroxylamin; N,N-Diethylhydroxylamin;
- **Summenformel:**
  $C_4H_{11}NO$

- **Strukturformel:**

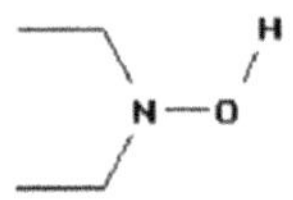

Funktion:
sonstige Chemikalien;

Eigenschaften:
- **toxikologisch/ökotoxikologisch:**
  RTECS # NC 3500000
  R-Satz: 10
  S-Satz: 16
  Sonstiges:
  Kann schädigend wirken bei Einatmung, Verschlucken oder Aufnahme über Haut; Dämpfe reizen Augen, Schleimhäute und Atemwege; verursacht Hautreizungen [187];
  LD 50 (oral, Ratte): 2190 mg/kg [37];
  LD 80 (oral, Maus): 2150 mg/kg [10];

  LC 50 (Fisch, Pimephales promelas): 1000 mg/l/96 h [28];
  LC 50 (Daphnia magna, 96 h): 180 mg/l [28];
  CSB: 1,98 g/g [3]; BSB (5): 0,49 g/g [3];
  Nicht adaptiertes System: 700 mg/l biologisch abbaubar [3];

- **physikalisch/chemisch:**
  Schmelzpunkt: -25 °C
  Siedepunkt: 125-130 °C
  Flammpunkt: 45 °C
  Dampfdruck: 5,33 hPa (20 °C) [187]; 133,29 hPa (81,5 °C) [187];
  Brechungsindex: 1,4195 (20 °C)
  Dichte: 867 kg/m3 (20 °C)
  Molmasse: 89,14 g/mol

Verbleib nach Gebrauch:
Verbrennung;

Bemerkung:
Farblose Flüssigkeit; hygroskopisch;

N-Ethyl-N-nitrosoanilin

- **CAS-Nummer:**
  612-64-6
- **gebräuchliche Namen:**
  NEA; NEPA; N-Nitrosoethylphenylamin; Ethylnitrosoanilin; Nitrosoethylanilin; Ethyl-phenyl-nitroso-amin; N-nitroso-N-anilin; N-Ethyl-N-nitroso-benzenamin;

- **Summenformel:**
  $C_8H_{10}N_2O$

- **Strukturformel:**

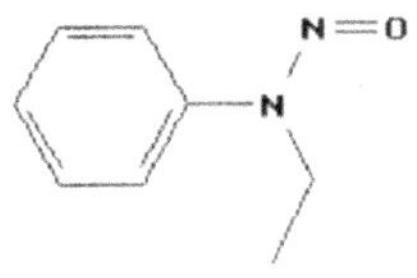

Funktion:
1) Vulkanisationsbeschleuniger, organisch;

branchenspezifische Bemerkung zur Substanz:
2) Zersetzungsprodukt von N,N-Ethyl-phenyldithiocarbaminsäure, Zinksalz (ZEPC, CAS-Nr. 14634-93-6);

Eigenschaften:
- **toxikologisch/ökotoxikologisch:**
  RTECS # BY 0480000
  Sonstiges:
  Krebserzeugend, Gruppe III A2;
  beeinflußt Fortpflanzung;
  LD Lo (oral, Ratte): 180 mg/kg [428];
  LD Lo (intraperitoneal, Ratte): 180 mg/kg [428];
  TD Lo (oral, Ratte): 180 mg/kg [428];

- **physikalisch/chemisch:**
  Siedepunkt: 131 °C (27 hPa); 119 °C (20 hPa); 96-97 °C (2,5 hPa)
  Dichte: 1087,4 kg/m3 (20 °C); 1085,8 kg/m3 (20 °C);
  Molmasse: 150,18 g/mol

N-Ethyl-N-nitrosoethylamin

- **CAS-Nummer:**
  55-18-5
- **gebräuchliche Namen:**
  DANA; DENA; DEN; NDEA; N-Nitrosodiethylamin; Diethylnitrosamin; Nitroso-N,N-diethylamin; N,N-Diethylnitrosoamin; N-Ethyl-N-nitroso-ethanamin;
- **Summenformel:**
  $C_4H_{10}N_2O$

- **Strukturformel:**

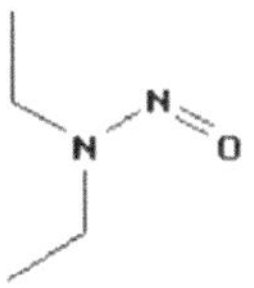

branchenspezifische Bemerkung zur Substanz:
Zersetzungsprodukt und Reaktionsprodukt von Vulkanisationsbeschleunigern; z.B. ZDEC, TETD, PEP;

Eigenschaften:
- **toxikologisch/ökotoxikologisch:**
  RTECS # IA 3500000
  Schweizer Giftliste: 1k

WGK: 3
R-Satz: 22-45
S-Satz: 45-53
Sonstiges:
krebserregend Gruppe III A2 [39];
Verdacht auf ergutverändernde Wirkung [39];
Tumorigen; Mutagen [428];
LD 50 (oral, Ratte): 280 mg/kg [39], 220 mg/kg [428];
LD 50 (intravenös, Ratte): 157 mg/kg [39], 280 mg/kg [428];
LD 50 (intraperitoneal, Ratte): 216 mg/kg [39], [428];
LD 50 (subcutan, Ratte): 195 mg/kg [428];
LD 50 (intraperitoneal, Maus): 132 mg/kg [428];
LD 50 (intravenös, Maus): 293 mg/kg [428];
LD 50 (intramuskulär, Maus): 356 mg/kg [428];
LD 50 (oral, Meerschweinchen): 250 mg/kg [428];
LD 50 (intraperitoneal, Meerschweinchen): 175 mg/kg [428];
LD 50 (subcutan, Hamster): 232 mg/kg [428];

Gefahren-Symbol:

- **physikalisch/chemisch:**
  Schmelzpunkt: 60 °C
  Siedepunkt: 175-177 °C; 174,5 °C (1026 hPa)
  Log pOW: 0,48
  Brechungsindex: 1,4388; 1,4347 (20 °C)
  Dichte: 906,1 kg/m3 (60 °C)
  Molmasse: 102,14 g/mol

  Löslichkeit:
  mischbar mit Wasser;

N-Ethyl-N-(phenylmethyl)-benzolmethanamin

- **CAS-Nummer:**
  10479-25-1
- **gebräuchliche Namen:**
  N-Ethyldibenzylamin;
- **Summenformel:**
  $C_{16}H_{19}N$

- **Strukturformel:**

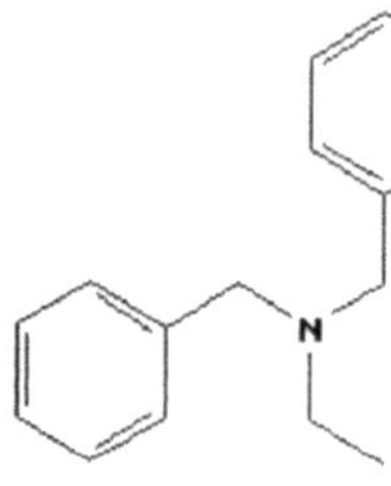

Funktion:
sonstige Chemikalien;

Eigenschaften:

- **physikalisch/chemisch:**
  Siedepunkt: 306 °C
  Molmasse: 225,32

  Löslichkeit:
  sehr löslich in: Diethylether, Ethanol

N,N-Ethyl-phenyldithiocarbaminsäure, Zinksalz

- **CAS-Nummer:**
  14634-93-6
- **gebräuchliche Namen:**
  ZEPC; Acetylphenyldithiocarbamat-zinksalz; Ethylphenyldithiocarbaminsäure-zinksalz, Bis-(ethylphenylcarbamodithioato-S,S')-zink; Zinkethylphenyldithiocarbamat; N,N-Ethyl-phenyldithiocarbaminsäure-zinksalz;
- **Handelsnamen:**
  Accelerator EFK; Ekaland ZEPC; EFK; Eveite P; Hermat FEDK; Rhenogran ZEPC-80; Vulkacit P extra N;
- **Summenformel:**
  $C_{18}H_{20}N_2S_4Zn$

- **Strukturformel:**

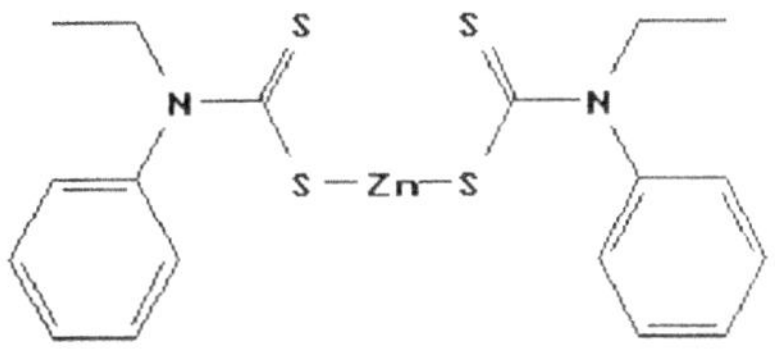

Funktion:
Vulkanisationsbeschleuniger, organisch;

Anwendung:
Reifen, Schläuche; chirurgische und medizinische Artikel; Sportartikel; Spielsachen; technische Gummiartikel; Produkte für Industrie, inkl. Druckplattentücher; Klebstoffe; Dichtungen; Latex Tauchartikel; Latex Schaumartikel;

branchenspezifische Bemerkung zur Substanz:
Einsatzmenge: 36 t/a (TSE-Industrie, 1996)

Eigenschaften:
- **toxikologisch/ökotoxikologisch:**
  RTECS # ZH 0890000
  Sonstiges:
  LD 50 (oral, Ratte): 7200 mg/kg [428];
  LD 50 (oral, Maus): 17500 mg/kg [428];
  LD 50 (intraperitoneal, Maus): 533 mg/kg [428];

  zu Ekaland ZEPC [Sdb Göbel]:
  Gefahrensymbol: Xi; R-Sätze: 36; S-Sätze: 26-39; LD 50 (oral, Ratte): >5000 mg/kg; WGK: 2;

- **physikalisch/chemisch:**
  Schmelzpunkt: 200 °C
  Dichte: 1500 kg/m3
  Molmasse: 458,01 g/mol

Bemerkung:
zu Ekaland ZEPC [Sdb Göbel]:
weißes Pulver; Schmelzpunkt: 204 °C; unlöslich in Wasser; löslich in Trichlormethan, Methylenchlorid;
Bei Verbrennung können giftige Gase (NOX; SO2) entstehen;

Farnsol

- **CAS-Nummer:**
4608-84-0

branchenspezifische Bemerkung zur Substanz:
Reaktionsprodukt von Poly-2-methyl-1,3-butadien (CAS-Nr.: 9003-31-0);

Fluoranthen

- **CAS-Nummer:**
206-44-0
- **gebräuchliche Namen:**
1,8-(o-Phenylen)-naphthalin; 1,2-Benzacenaphthen;
- **Summenformel:**
$C_{16}H_{10}$

- **Strukturformel:**

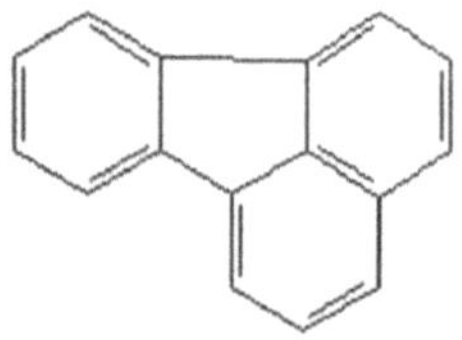

branchenspezifische Bemerkung zur Substanz:
Ist u.a. enthalten in aromatischen Weichmacherölen; Bildet sich bei der Vulkanisation als Zersetzungsprodukt von Kohlenwasserstoffen;

Eigenschaften:
- **toxikologisch/ökotoxikologisch:**
RTECS # LL 4025000
Schweizer Giftliste: 1
R-Satz: 23/24-39
S-Satz: 22-24-28
Sonstiges:
LD 50 (oral, Ratte): 2000 mg/kg [428];
LD 50 (intravenös, Maus): 100 mg/kg [428];
TD Lo (Haut, Maus): 280 mg/kg/58W (intermittierend) [428];
LD 50 (Haut, Kaninchen): 3180 mg/kg [428];
Biologisch abbaubar [167];

Gefahren-Symbol:

- **physikalisch/chemisch:**
  Schmelzpunkt: 107-110 °C
  Siedepunkt: 384 °C
  Log pOW: 4,69 [45]; 4,90 [428]
  Dichte: 1252 kg/m3 (4 °C)
  Molmasse: 202,25 g/mol

  Löslichkeit:
  sehr wenig löslich in Wasser; löslich in Ethanol, Diethylether, Benzen, Essigsäure;

Verbleib nach Gebrauch:
Verbrennung nach Mischung mit brennbarem Lösemittel;
Troposphärische Lebensdauer: 110 h; zurückgelegte Entfernung von der Quelle (für Europa im Sommer): 1600 km [410];
0,006 - 0,081 µg/l im Regen (Deutschland) [44];

Bemerkung:
Gehört zu der Gruppe der z.T. toxischen polyaromatischen Kohlenwasserstoffen (PAH);

Fluoren

- **CAS-Nummer:**
  86-73-7
- **gebräuchliche Namen:**
  Diphenylenmethan; o-Biphenylenmethan; 2,2'-Methylenbiphenyl;
- **Summenformel:**
  $C_{13}H_{10}$

- **Strukturformel:**

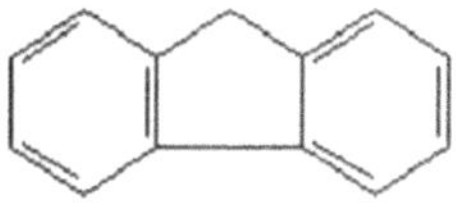

branchenspezifische Bemerkung zur Substanz:
Ist u.a. entahlten in aromatischen Weichmacherölen; bildet sich bei der Vulkanisation als Zersetzungsprodukt aus Kohlenwasserstoffen;

Eigenschaften:
- **toxikologisch/ökotoxikologisch:**
  RTECS # LL 5670000
  Schweizer Giftliste: 3
  Sonstiges:
  Wirkt schädigend bei Einatmung oder Verschlucken; kann Augen- und Hautreizungen verursachen [187];
  Biologisch abbaubar [167];
  LD 50 (intraperitoneal, Maus): >2000 mg/kg [428];

- **physikalisch/chemisch:**
  Schmelzpunkt: 115 °C; 116 - 117 °C [428]
  Siedepunkt: 293-295 °C
  Log pOW: 4,12 [7]
  Brechungsindex: 1,5898 (133 °C)
  Dichte: 1203 kg/m3 (0 °C)
  Molmasse: 166,222 g/mol

  Löslichkeit:
  unlöslich in Wasser; wenig löslich in kaltem Ethanol; leicht löslich in Diethylether, löslich in Benzen;

Verbleib nach Gebrauch:
Verbrennung nach Mischung mit brennbarem Lösemittel;

Bemerkung:
Weißes kristallines Pulver;
Unverträglich mit starken Oxidationsmitteln;
Gehört zu der Gruppe der z.T. toxischen polyaromatischen Kohlenwasserstoffe (PAH);

Formaldehyd, Polymer mit 1,3-Benzendiol und 4-Chlorphenol

- **CAS-Nummer:**
  39702-51-7
- **Handelsnamen:**
  Vulcabond E;

Funktion:
sonstige Chemikalien;

Eigenschaften:
- **toxikologisch/ökotoxikologisch:**
  Sonstiges:
  LD 50 (oral, Ratte): >2000 mg/kg [607];

  Gefahren-Symbol:

- **physikalisch/chemisch:**
  Siedepunkt: 90 °C

Bemerkung:
zu Vulcabond E:
20%ige Lösung in 3 m wässrigem Ammoniak;
bräunliche-purpurrote Flüssigkeit mit starkem Geruch nach Ammoniak;
Reizungen an der Haut; Schädigend für Augen;

2-Furancarboxamid

- **CAS-Nummer:**
  609-38-1
- **gebräuchliche Namen:**
  Furfuramid;
- **Summenformel:**
  $C_2H_5NO_2$

- **Strukturformel:**

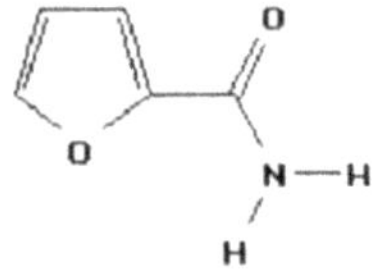

Funktion:
Vulkanisationsbeschleuniger, organisch;

Eigenschaften:
- **physikalisch/chemisch:**
Log pOW: 0,11
Molmasse: 111,10 g/mol

Gelatine

- **CAS-Nummer:**
9000-70-8
- **gebräuchliche Namen:**
Knochenleim; Glutin;
- **Handelsnamen:**
Puragel; Pharmagel A; Pharmagel B; Pharmagel AdB; Gelfoam; GT; Spongiofort; Vee gee Gelatin;
- **Summenformel:**
N

Funktion:
Verdickungsmittel für Latex;

Eigenschaften:
- **toxikologisch/ökotoxikologisch:**
RTECS # LX 8580000
WGK: 0
Sonstiges:
TD Lo (intraperitoneal, Maus): 700 mg/kg [428];

- **physikalisch/chemisch:**
Molmasse: 400.000-1.000.000 g/mol

Löslichkeit:
unlöslich in Ethanol, Ethern und Ketonen; löslich in Ethylenglykol, Glycerin, Formamid und Essigsäure [573];

Verbleib nach Gebrauch:
Verbrennung nach Mischung mit brennbarem Lösemittel;

Bemerkung:
Besteht im wesentlischen aus den Aminosäuren Glycin (27 %), Prolin (16 %), Hydroxyprolin (14 %), Glutaminsäure (11 %), Alanin (11 %);
Verwendung: zur Stabilisierung von Kolloiden, als Trägermaterial für lichtempfindliche Filme, zur Herstellung von Nährböden in der Bakterologie, als Emulgier- und Verdickungsmittel zum Gelieren von Lebensmitteln;

[573]:
Gelatine ist ein Polypeptid das vornehmlich durch Hydrolyse des in Haut und Knochen von Tieren enthaltenen Kollagens unter sauren (Typ A-G.) oder alkalischen (Typ B-G.) Bedingungen gewonnen wird. Die Weltproduktion an Gelatine beläuft sich auf ca. 125.000 t/a. Gelatine enthält bis auf Tryptophan alle essentiellen Aminosäuren und ist als reines, verdauliches Eiweiß sehr gut als Nahrungsmittelkomponente geeignet. Die Aminosäuren-Zusammensetzung entspricht weitgehend der des Kollagens, aus dem die Gelatine gewonnen wurde und variiert in Abhängigkeit von dessen Provenienz.
Verwendung: In der Nahrungsmittel- bzw. Getränkeindustrie (hier darf nur besonders reine Gelatine eimgesetzt werden); zur Herstellung von u.a. Sülzen, Geleespeisen, Puddings, Speiseeis und Joghurts bzw. zur Klärung von Weinen und Fruchtsäften; in der Pharmazie und Medizin zur Herstellung von weichen und harten Kapseln, von Suppositorien, als Bindemittel für Tabletten, Stabilisator für Emulsionen und Blutplasma-Extender, in vernetzter Form zur Herstellung von sterilen, hämastotatischen Schwämmen für chirurgische Zwecke; in der Kosmetik als Bestandteil von Salben, Pasten und Cremes; in der Photoindustrie als sog. Photo-Gelatine bzw. Photohilfs-Gelatine zur Herstellung von Halogensilber-

Emulsionen bzw. als Schutzschicht-Gelatine; zur Mikroverkapselung von Farbstofflösungen für moderne Durchschreibpapiere.

Graphit

- **CAS-Nummer:**
  7782-42-5
- **gebräuchliche Namen:**
  Grafit; schwarzes Blei; C.I. Pigment Schwarz 10; C.I. 77265; C.I. Pigment Black 10; Mineralcarbon; Pigment Black 10, Pigment Schwarz 10;
- **Handelsnamen:**
  Aerodag G; AG 1500; AT 20; Aquadag; Asbury 505; AS 1; AT 20; ATJ-S; ATJ-S Graphit; Black lead; Canlub; CB 50; Ceylon Black Lead; CPB 5000; DC 2; EG 0; Elektrographit; EXP-F; Fortafil 5Y; GK 2; GK 3; GP 60; GP 63; GP 60S; Grafoil; Grafoil GTA; Graphite, natural (ACGIH:OSHA); Graphnol N 3M; GS 2; GY 70; H 451; Hitco HMG 50; IG 11; Korobon; KS-10; MG 1; Mineral carbon; MPG 6; Ofenschwarz; Papyex; PG 50; Plumbago; Plumbago (graphite); Pyro-Carb 406; Rocol X 7119; S 1; S 1 (Graphite); Schungite; Seast 50; Shungite; Silver graphite; SKLN 1; Stove black; Swedish Black Lead; Thornel 40; Ucar 38; VVP 66-95
- **Summenformel:**
  C_n

Funktion:
Füllstoff, organisch;

Anwendung:
Reifen, Schläuche; chirurgische und medizinische Artikel; Sportartikel; Spielsachen; technische Gummiartikel; Produkte für Industrie, inkl. Druckplattentücher; Klebstoffe; Dichtungen; Latex Tauchartikel; Latex Schaumartikel;

branchenspezifische Bemerkung zur Substanz:
Einsatzmenge: 31 t/a (Reifenindustrie: 7,2 t/a, TSE-Industrie: 24 t/a) (1996)

Eigenschaften:
- **toxikologisch/ökotoxikologisch:**
  RTECS # MD 9659600
  WGK: 0
  MAK Wert: 6 mg/m3 A
  R-Satz: 36/37/38
  S-Satz: 26-37/39-22
  Sonstiges:
  Schwangerschaftsgruppe C (481); vgl. Abschn. V f) und g);
  Kann schädigend wirken beim Einatmen, Verschlucken oder Aufnahme über Haut; verursacht Augen- und Hautreizungen; reizt Schleimhäute und Atemwege [187];

- **physikalisch/chemisch:**
  Schmelzpunkt: 3652-3697 °C (Subl.)
  Siedepunkt: 4827 °C
  Dichte: 2250 kg/m3 (20 °C)
  Molmasse: 12,011 g/mol

  Löslichkeit:
  unlöslich in Wasser, Säuren, Laugen;

Verbleib nach Gebrauch:
Sondermüll-Deponie für chemischen Abfall, besonders gefährliche Stoffe;

Bemerkung:
Schwarzes Pulver; brennbarer Feststoff;
Gebrauch in Reduktion von Acrylnitroverbindung mit Hydrazin;

Guargummi

- **CAS-Nummer:**
  9000-30-0
- **gebräuchliche Namen:**
  Guar; Guaran; Natürliches Gummi; Pflanzengummi; Polysaccharid; Polygalactomannan;
- **Handelsnamen:**
  Burtonite V-7-E; Cyamopisgum; Dealca-TP1; Dealca-TP2; Decorpa; Galactasol; Gendriv-162; Guarina; Gum Guar; Guar flour; Indalca-AG; Indalca AG-BV; Indalca AG-HV; J-2FP; Jaguar; Jaguar-6000; Jaguar-A-20-B; Jaguar-A-20D; Jaguar-A-40F; Jaguar Gum A-20-D; Jaguar -NO-124; Jaguar-Plus; Lycoid-Dr.; NCI-C50395; Regonal;
  Rein-Guarin; Supercol-GF; Supercol-U-Poweder; Syngum-D-46D; Uni-Guar;
- **Summenformel:**
  N

Funktion:
Verdickungsmittel für Latex;

Eigenschaften:
- **toxikologisch/ökotoxikologisch:**
  RTECS # MG 0185000
  WGK: 0
  Sonstiges:
  LD 50 (oral, Ratte): 6770 mg/kg [428];
  TD Lo (oral, Ratte): 22800 mg/kg/13 W, 451000 mg/kg/19 D, 1092000 mg/kg/13 W (kontinuierlich) [428];
  LD 50 (oral, Maus): 8100 mg/kg [428];
  LD 50 (oral, Kaninchen): 7000 mg/kg [428];
  LD 50 (oral, Hamster): 6000 mg/kg [428];

- **physikalisch/chemisch:**
  Molmasse: 220 g/mol

  Löslichkeit:
  löslich im kaltem und heißem Wasser; praktisch unlöslich in Ölen, Schmieren, Kohlenwasserstoffen, Ketonen, Estern;

Verbleib nach Gebrauch:
Verbrennung nach Mischung mit brennbarem Lösemittel;

Bemerkung:
Rieselfähiges Pulver;
Verwendung: in der Papierleimung; als schützendes Kolloid, Stabilisator, Verdickungsmittel und Filmbildner in Käse, Salatdressing, Eiscremes und Suppen; als Binde- und Aufschlußmittel in der Tablettenherstellung, pharmazeutische Gelherstellung, Suspensionen, Emulsionen, Lotionen, Cremes, Zahnpasten, im Bergbau als Flockungsmittel, als Filterzusatz im Bergbau, bei der Wasseraufbereitung;

Heneicosane

- **CAS-Nummer:**
  629-94-7
- **Summenformel:**
  $C_{21}H_{44}$
- **Strukturformel:**

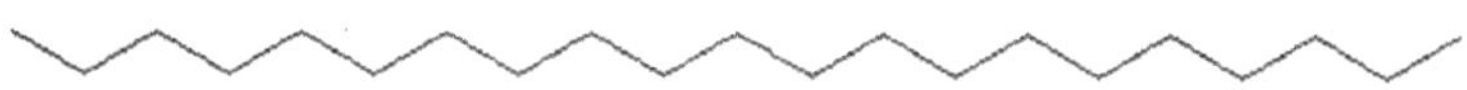

branchenspezifische Bemerkung zur Substanz:
Reaktionsprodukt von 2-Bezimidazolthiol, 2-Benzothiazolthiol, N-Cyclohexyl-2-benzothiazolsulfenamid [Vulkanisationsbeschleuniger];

Eigenschaften:

- **physikalisch/chemisch:**
Schmelzpunkt: 40-42 °C; 40,5°C
Siedepunkt: 356,2 °C; 215 °C (20 hPa); 172-172,5 °C (3,3 hPa)
Flammpunkt: >110°C
Dichte: 791,9 kg/m3 (20 °C); 788,3 kg/m3 (25 °C)
Molmasse: 296,59 g/mol

Verbleib nach Gebrauch:
Verbrennung nach Mischung mit brennbarem Lösemittel;

Heptadecan

- **CAS-Nummer:**
629-78-7
- **gebräuchliche Namen:**
n-Heptadecan;
- **Summenformel:**
$C_{17}H_{36}$

- **Strukturformel:**

branchenspezifische Bemerkung zur Substanz:
Reaktionsprodukt von aliphatischen Ölen [Weichmacher];

Eigenschaften:
- **toxikologisch/ökotoxikologisch:**
RTECS # MI 3550000
Sonstiges:
LD Lo (intravenös, Maus): 9821 mg/kg [428];

- **physikalisch/chemisch:**
Schmelzpunkt: 22-24 °C; 29-30 °C;
Siedepunkt: 302 °C
Flammpunkt: 148 °C
Brechungsindex: 1,4365 (20 °C); 1,4360 (20 °C)
Dichte: 777 kg/m3; 778 kg/m3 (20 °C)
Molmasse: 240,48 g/mol

Verbleib nach Gebrauch:
Verbrennung nach Mischung mit brennbarem Lösemittel;

Bemerkung:
farblose Flüssigkeit bis weiße Lösung;

Heptan

- **CAS-Nummer:**
  142-82-5
- **UN Nummer:**
  1206
- **gebräuchliche Namen:**
  n-Heptan; n-Dipropylmethan; n-Heptylhydrid;
- **Handelsnamen:**
  Skellysolve C;
- **Summenformel:**
  C_7H_{16}

- **Strukturformel:**

Funktion:
(1) Lösemittel;
Anwendung:
(1) Reifen, Schläuch; chirurgische und medizinische Artikel; Sportartikel; Spielsachen; technische Gummiartikel; Produkte für Industrie, inkl. Druckplattentücher; Klebstoffe; Dichtungen;

branchenspezifische Bemerkung zur Substanz:
(2) Reaktionsprodukt von aliphatischen Ölen [Weichmacher];

Eigenschaften:
- **toxikologisch/ökotoxikologisch:**
  RTECS # MI 7700000
  Schweizer Giftliste: 4
  WGK: 1
  MAK Wert: 2000 mg/m3 bzw. 500 ml/m3
  R-Satz: 11
  S-Satz: (2)-9-16-23-29-33
  Sonstiges:
  Spitzenbegrenzung: II,1 [481]; IMK III; Geruchsschwelle: 50 ml/m3 [484];
  Dämpfe reizen Augen und Atemwege; sie wirken in hohen Konzentrationen betäubend; Kontakt mit der Flüssigkeit bewirkt Reizung der Augen und Haut bis zur Blasenbildung [163];
  1000 ml/m3 für 6 min lösten Schwindel aus; 500 ml/m3 für 15 min führten zu einem Verhalten wie nach übermäßigem Alkoholgenuß [163];
  Orale Aufnahme: 1,5 - 2% in wenigen Minuten tödlich [32];
  LC Lo (inhalativ, Maus): 59000 mg/m3/41 min [428];
  LD 50 (intravenös, Maus): 222 mg/kg [428];

  Toxische Grenzkonzentration für Scenedesmus quadricauda:200 mg/l [32];
  LC 50 (Fisch; Goldorfe): 2940 (220-270) mg/l [33];
  LC 100 (Fisch; Goldorfe): 3420 (270-350) mg/l [33];
  LC 50 (Daphnia magna): 50 mg/l [484];

  Gefahren-Symbol:

F

- **physikalisch/chemisch:**
  Schmelzpunkt: -90 °C
  Siedepunkt: 98,4 °C
  Flammpunkt: -1 °C; -4 °C
  Dampfdruck: 48 hPa (20 °C) [32]; 110,62 hPa (37,7 °C) [187]

Verdampfungswärme: 325,73 kJ/kg
Brechungsindex: 1,3877 (20 °C)
Dichte: 683,8 kg/m3 (20 °C)
Molmasse: 100,203 g/mol
Verdunstungszahl: 4,3 (BuAc = 1) [9]; 2,5 (Diethylether = 1) [18]

Löslichkeit:
Wasser 0,05 g/l (20 °C), 0,003 g/l (20°C); leicht löslich in Ethanol; mischbar mit Diethylether, Trichlormethan;

Verbleib nach Gebrauch:
Verbrennung, hochentzündliche Stoffe;

Bemerkung:
Farblose, fast geruchlose Flüssigkeit; brennbar;
bildet in dampf/gasförmigen Zustand explosionsfähige Gemische mit Luft;
Explosionsgrenzen:
1-6 Vol.-%; Zündtemp.: 215 °C [32];
1,1-6,7 Vol.-%; Zündtemp.: 220 °C [484];
Naturgummi kann aufgeweicht und zerstört werden;
Verwendung: technisches Lösemittel;

Heptandisäurebis(phenylmethyl)-ester

- **CAS-Nummer:**
  84743-98-6
- **gebräuchliche Namen:**
  Dibenzyladipate;
- **Summenformel:**
  $C_{21}H_{24}O_4$

- **Strukturformel:**

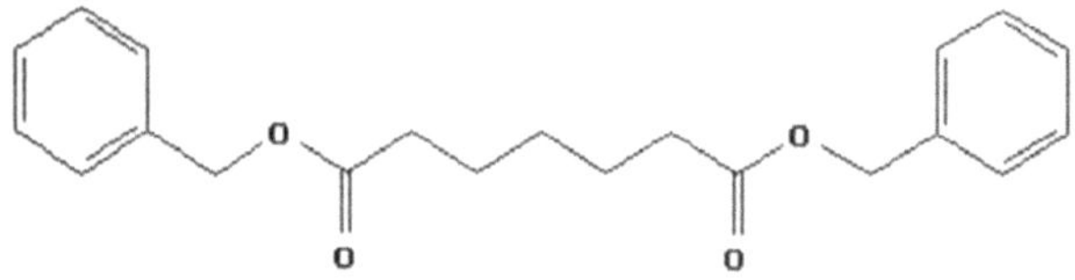

Funktion:
Weichmacher, synthetisch;

Eigenschaften:

- **physikalisch/chemisch:**
  Molmasse: 340,42 kg/mol

2-Heptanon

- **CAS-Nummer:**
  110-43-0
- **UN Nummer:**
  1110
- **gebräuchliche Namen:**
  Methyl-amyl-keton; n-Amylmethylketon; Amyl-methyl-keton; Amylmethylketon; Heptan-2-on; Methylamylketon; Methylpentylketon;

- **Handelsnamen:**
  Heptanon-2;
- **Summenformel:**
  $C_7H_{14}O$

- **Strukturformel:**

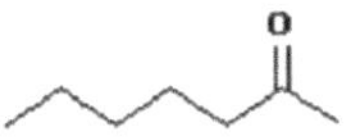

branchenspezifische Bemerkung zur Substanz:
Zersetzungsprodukt von 77PD (CAS. Nr.: 3081-14-9);

Eigenschaften:
- **toxikologisch/ökotoxikologisch:**
  RTECS # MJ 5075000
  Schweizer Giftliste: 4
  WGK: 1
  MAK Wert: 100 ml/m3
  R-Satz: 10-22
  S-Satz: (2)-23
  Sonstiges:
  Einstufung und Kennzeichnung von Zubereitungen, in denen diese Substanz enthalten ist:
  25%<=C ⇒ Xn; R22

  Dämpfe reizen die Augen sowie die Atemwege und wirken in hohen Konzentrationen narkotisch. Kontakt mit der Flüssigkeit bewirkt Reizung der Augen und der Haut. Nieren- und Leberschäden möglich [484]; Symptome: Brennen der Augen, der Nasen- und Rachenschleimhäute sowie der Haut. Husten, Übelkeit, Erbrechen, Schwindel, Kopfschmerzen, Atemnot, Bewußtlosigkeit, Atemstillstand [484].
  LD 50 (oral, Ratte): 1670 mg/kg [428];
  LC Lo (inhalativ, Ratte): 4000 ppm/4h [428];
  LD 50 (Haut, Kaninchen): 12600 ml/kg [428];
  LD 50 (oral, Maus): 730 mg/kg [428];
  LD 50 (intraperitoneal, Maus): 400 mg/kg [428];

  Gefahren-Symbol:

- **physikalisch/chemisch:**
  Schmelzpunkt: -35 °C
  Siedepunkt: 151,5 °C; 111 °C (28 hPa)
  Flammpunkt: 43 °C; 49 °C
  Dampfdruck: 2,6 hPa (20 °C) [484]
  Brechungsindex: 1,41156 (15 °C); 1,40729 (25 °C)
  Dichte: 832,40 kg/m3 (0 °C); 819,7 kg/m3 (15 °C); 806,80 kg/m3 (30 °C)
  Molmasse: 114,18 g/mol

  Löslichkeit:
  löslich in Alkohol, Ether; leicht löslich in Wasser; sehr geringfügig mischbar mit Wasser (4,6 g/l bei 20 °C);

Verbleib nach Gebrauch:
Verbrennung;

Bemerkung:
Klare, farblose Flüssigkeit; unangenehmer, muffiger Geruch;
Methylamylketon reagiert bei Kontakt mit anorganischen Säuren, Basen, Aminen und Isocyanaten [484];

Bildet im dampf-/gasförmigen Zustand mit Luft explosionsfähige Gemische; Explosionsgrenzen: 1,1-7,9 Vol.-%; Zündtemperatur: 533 °C [484]

Heptyliden-phenyl-amin

- **CAS-Nummer:**
  4275-05-2
- **gebräuchliche Namen:**
  Heptyliden-anilin; Kondensationsprodukt aus Heptaldehyd und Anilin;
- **Summenformel:**
  $C_{13}H_{19}N$

- **Strukturformel:**

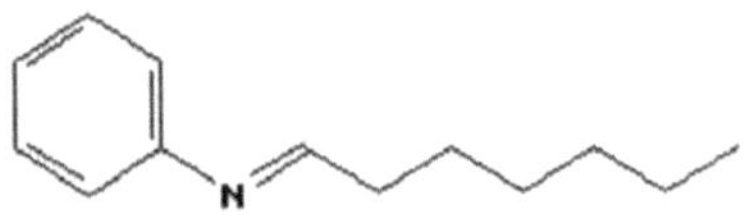

Funktion:
Vulkanisationsbeschleuniger, organisch;

Eigenschaften:

- **physikalisch/chemisch:**
  Molmasse: 189,30 g/mol

4-Heptylphenol

- **CAS-Nummer:**
  1987-50-4
- **Summenformel:**
  $C_{13}H_{20}O$

- **Strukturformel:**

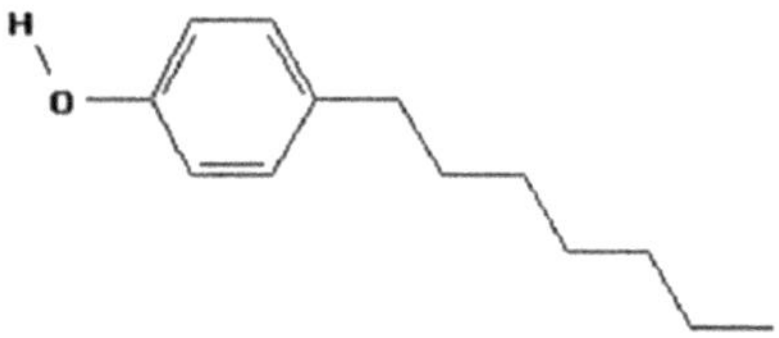

branchenspezifische Bemerkung zur Substanz:
Reaktionsprodukt von Alkylphenol (Antioxidant);

Eigenschaften:
- **toxikologisch/ökotoxikologisch:**
  R-Satz: 36/37/38
  S-Satz: 24/25

Gefahren-Symbol:

- **physikalisch/chemisch:**
  Siedepunkt: 156 °C (12 hPa)
  Flammpunkt: >110 °C
  Molmasse: 192,3 g/mol

n-Hexadecan

- **CAS-Nummer:**
  544-76-3
- **gebräuchliche Namen:**
  Alkan C-16; Cetan; Hexadekan;
- **Summenformel:**
  $C_{16}H_{34}$
- **Strukturformel:**

branchenspezifische Bemerkung zur Substanz:
Reaktionsprodukt von aliphatischen Ölen [Weichmachern];

Eigenschaften:
- **toxikologisch/ökotoxikologisch:**
  RTECS # MC 9200000
  WGK: 1
  R-Satz: 36/37/38
  S-Satz: 26-27-36/37/39
  Sonstiges:
  Kann schädigend wirken bei Einatmung, Verschlucken oder Aufnahme über Haut; kann Augenreizungen verursachen [187];
  LDLo (intravenös, Maus): 9821 mg/kg [428];

- **physikalisch/chemisch:**
  Schmelzpunkt: 18,17 °C; 18 °C
  Siedepunkt: 287 °C; 286 °C; 286,8 °C
  Flammpunkt: 135 °C
  Log pOW: 8,25
  Brechungsindex: 1,4345 (20 °C)
  Dichte: 773,3 kg/m3 (20 °C)
  Molmasse: 226,445 g/mol

  Löslichkeit:
  Wasser < 0,01 mg/l (25 °C); mischbar mit Ethanol, Diethylether; leicht löslich in Benzen;

Verbleib nach Gebrauch:
Verbrennung nach Mischung mit brennbarem Lösemittel;

Bemerkung:
Farblose Flüssigkeit; hygroskopisch,

Hexadecansäure

- **CAS-Nummer:**
  57-10-3
- **gebräuchliche Namen:**
  Carbonsäure C-16; Hexadekansäure; Palmitinsäure; Cetylsäure; Zetylsäure;
- **Handelsnamen:**
  Emersol 140; Emersol 143; Hystrene 8016; Industrene 451 L;
- **Summenformel:**
  $C_{16}H_{32}O_2$
- **Strukturformel:**

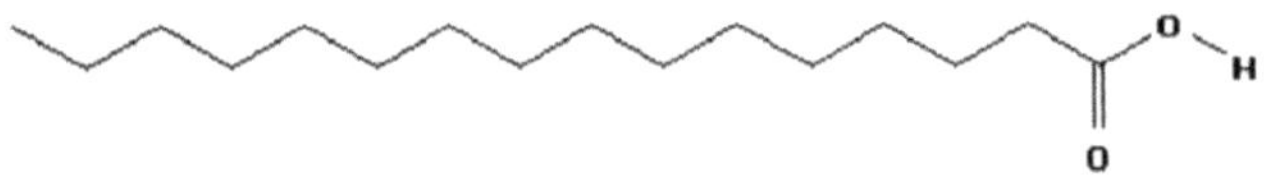

Funktion:
Vulkanisationsaktivator / Beschleunigeraktivator;
Weichmacher aus Naturprodukten;

Eigenschaften:
- **toxikologisch/ökotoxikologisch:**
  RTECS # RT 4550000
  WGK: 0
  R-Satz: 36/37/38
  S-Satz: 26-36
  Sonstiges:
  Die festen Späne sind praktisch ungiftig; allenfalls bei starkem Erhitzen könnte der geschmolzene Stoff Dämpfe abgeben, die zur Reizung der Augen, Atemwege und - in geringem Ausmaß - der Haut führen [163];
  Symptome: Bei starker Erhitzung des geschmolzenen Stoffes: Brennen der Augen, der Nasen- und Rachenschleimhäute sowie der Haut [484];
  LD 50 (subcutan, Hase): 286 mg/kg [428];
  LD 50 (intravenös, Maus): 57 ± 3,4 mg/kg [428];
  LD 50 (oral, Ratte): > 10000 mg/kg [428];

- **physikalisch/chemisch:**
  Schmelzpunkt: 63 °C; 61-64 °C; 60-62 °C;
  Siedepunkt: 390 °C; 215 °C (19,99 hPa);
  Brechungsindex: 1,4335 (60 °C);1,4273 (80 °C);
  Dichte: 852,7 kg/m3 (62 °C);
  Molmasse: 256,427 g/mol;

  Löslichkeit:
  Ethanol 93 g/l (19 °C); unlöslich in Wasser; löslich in Propanon, Benzen; heißem Alkohol; Ether, IPA, Trichlormethan; mischbar mit Diethylether;

Verbleib nach Gebrauch:
Verbrennung nach Mischung mit brennbarem Lösemittel;

Bemerkung:
Farblose kristalline Plättchen; brennbarer fester Stoff;
Stoff reagiert bei Kontakt oder Mischung mit Basen, Oxidationsmitteln und Reduktionsstoffen [484];
Am weitesten verbreitete Fettsäure;

1-Hexadecanthiol

- **CAS-Nummer:**
  2917-26-2
- **gebräuchliche Namen:**
  Cetyl-stearyl-mercaptan; Hexadecylmercaptan; Cetylmercaptan;
- **Summenformel:**
  $C_{16}H_{34}S$

- **Strukturformel:**

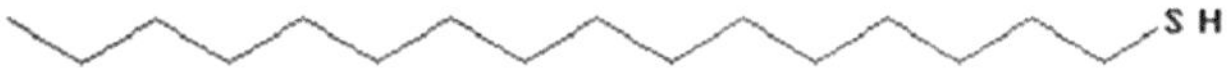

Funktion:
sonstige Chemikalien;

Eigenschaften:
- **toxikologisch/ökotoxikologisch:**
  RTECS # ML 9480000
  WGK: 3
  R-Satz: 23/24-33
  S-Satz: 24/25

  Gefahren-Symbol:

- **physikalisch/chemisch:**
  Schmelzpunkt: 18-20 °C
  Siedepunkt: 184-191 °C (9,33 hPa)
  Brechungsindex: 1,4620 (20 °C)
  Dichte: 840 kg/m3
  Molmasse: 258,51 g/mol

Verbleib nach Gebrauch:
Verbrennung nach Mischung mit brennbarem Lösemittel;

Bemerkung:
Farblose Flüssigkeit [187]; geruchsbelästigend;

tert.-Hexadecanthiol

- **CAS-Nummer:**
  25360-09-2
- **gebräuchliche Namen:**
  tert.-Hexadecyl-mercaptan;
- **Summenformel:**
  $C_{16}H_{34}S$

Funktion:
Polymerisationsregler;

Eigenschaften:

- **physikalisch/chemisch:**
  Molmasse: 258,51 g/mol

Hexadecylsäure-sorbitylester

- **CAS-Nummer:**
  26266-57-9
- **gebräuchliche Namen:**
  Sorbitanpalmitat; Sorbitanhexadecylsäureester; Sorbitanmonopalmitat;
- **Handelsnamen:**
  Arlacel 40; Crill 2; Emsorb 2510; Glycomul P; Liposorb P; Mondane; Nikkol SP10; Nissannonion PP40; Nonion PP40; Protachem SMP; Rheodol SP-P10; Span 40;
- **Summenformel:**
  $C_{22}H_{42}O_6$

- **Strukturformel:**

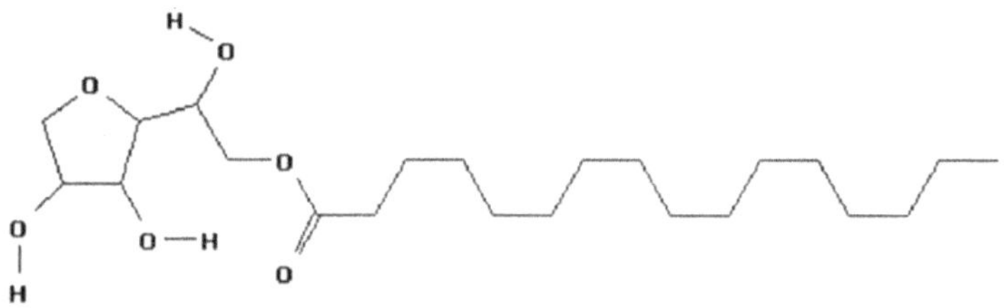

Funktion:
Weichmacher, synthetisch;

Eigenschaften:
- **toxikologisch/ökotoxikologisch:**
  RTECS # WG 2933500
  MAK Wert: Max. tägl. Aufnahme: < 25 mg/kg Körpergewicht (WHO/1982)

- **physikalisch/chemisch:**
  Schmelzpunkt: 48 °C; 56-58 °C
  Flammpunkt: >110 °C
  Molmasse: 402,57 g/mol

Verbleib nach Gebrauch:
Verbrennung nach Mischung mit brennbaren Lösemittel;

Bemerkung:
Verwendung: Tensid; Schmiermittel; leicht gelbes Puder;

Hexadecyltrimethoxysilan

- **CAS-Nummer:**
  16415-12-6

Funktion:
Haftvermittler für Füllstoffe;

1,4-Hexadien

- **CAS-Nummer:**
  592-45-0
- **Summenformel:**
  C_6H_{10}

- **Strukturformel:**

Funktion:
Monomer für die Herstellung von SR;

Eigenschaften:
- **toxikologisch/ökotoxikologisch:**
  R-Satz: 11-36/37
  S-Satz: 16

  Gefahren-Symbol:

- **physikalisch/chemisch:**
  Siedepunkt: 64-66 °C
  Flammpunkt: -25 °C
  Brechungsindex: 1,4109
  Dichte: 710 kg/m3
  Molmasse: 82,15 g/mol

  Löslichkeit:
  unlöslich in Wasser; löslich in Ether;

Bemerkung:
farblose Flüssigkeit;

4,4'-(Hexafluorisopropyliden)-diphenol

- **CAS-Nummer:**
  1478-61-1
- **gebräuchliche Namen:**
  Hexafluorbisphenol; 2,2'-Bis(4-hydroxyphenyl)perfluorpropan;
- **Summenformel:**
  $C_{15}H_{10}F_6O_2$

- **Strukturformel:**

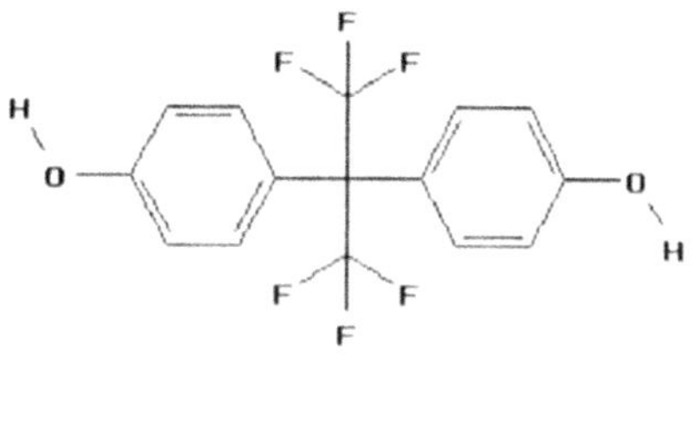

Funktion:
Vulkanisationsbeschleuniger, organisch;

Eigenschaften:
- **toxikologisch/ökotoxikologisch:**
  R-Satz: 36/37/38
  S-Satz: 26-37/39

- **physikalisch/chemisch:**
  Schmelzpunkt: 161-163 °C
  Molmasse: 336,24 g/mol

Verbleib nach Gebrauch:
Verbrennung nach Mischung mit brennbarem Lösemittel;

Hexafluoropropen-Vinylidenfluorid-Copolymer

- **CAS-Nummer:**
  9011-17-0
- **Handelsnamen:**
  Fluoral FC 2181;

Funktion:
Polymer;

Hexafluorpropen

- **CAS-Nummer:**
  116-15-4
- **gebräuchliche Namen:**
  Perfluorpropen;
- **Summenformel:**
  C_3F_6

- **Strukturformel:**

Funktion:
Monomer für Herstellung von SR;

Eigenschaften:
- **toxikologisch/ökotoxikologisch:**
  RTECS # UD 0350000
  Schweizer Giftliste: 5
  R-Satz: 20-37
  S-Satz: (2)-41
  Sonstiges:
  LC 50 (inhalativ,Ratte): 11200 mg/m3/4h [187];
  LC 50 (inhalativ, Maus): 750 ppm/4h [428];

Gefahren-Symbol:

- **physikalisch/chemisch:**
  Schmelzpunkt: -153 °C
  Siedepunkt: -28 °C; 29,6 °C
  Dampfdruck: 34 hPa (0°C); 64 hPa (20 °C); 141 hPa (50 °C)
  Dichte: 1583 kg/m3 (-40 °C)
  Molmasse: 150,02 g/mol

  Bemerkung zu physikalisch/chemischen Daten:
  kritische Temperatur: 86,2 °C;
  kritischer Druck: 300 hPa;
  Flüssigkeitsdichte: 1,34 kg/l (20 °C);

Bemerkung:
farbloses Gas;

Hexahydro-N-nitrosopyridin

- **CAS-Nummer:**
  100-75-4
- **gebräuchliche Namen:**
  N-Nitrosopiperidin; NPIP; 1-Nitrosopiperidin;
- **Handelsnamen:**
  TL 266; N-N-Pip; No-Pip;
- **Summenformel:**
  $C_5H_{10}N_2O$

- **Strukturformel:**

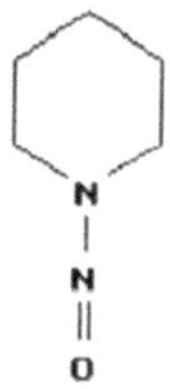

Funktion:
(1) Vulkanisationsbeschleuniger, organisch;

branchenspezifische Bemerkung zur Substanz:
(2) Reaktionsprodukt und Zersetzungsprodukt von Vulkanisationsbeschleunigern, z. B. DPTT; Z5MC; PPC (CAS 98-77-1), N-Pentamethylen-dithiocarbamat-piperidinsalz;

Eigenschaften:
- **toxikologisch/ökotoxikologisch:**
  RTECS # TN 2100000
  Schweizer Giftliste: 1k
  Sonstiges:
  Krebserzeugend; Gruppe III A2;
  Tumorigen; Mutagen;
  LD 50 (oral, Ratte): 200 mg/kg [187], [428];
  LD 50 (subcutan, Ratte): 900 mg/kg [428];

LD 50 (intravenös, Ratte): 60 mg/kg [428];
LD 50 (oral, Hamster): 617 mg/kg [428];
LD 50 (subcutan, Hamster): 324 mg/kg [428];

- **physikalisch/chemisch:**
  Siedepunkt: 217 °C; 102°C (17,33 hPa)
  Brechungsindex: 1,4894 (20 °C)
  Dichte: 1063 kg/m3; 1065,9 kg/m3
  Molmasse: 114,15 g/mol

  Löslichkeit:
  in Wasser zu 7,7% löslich;
  löslich in den meisten organischen Lösungsmitteln und in Salzsäure;

Bemerkung:
klare, gelbe Flüssigkeit;

Hexamethoxymethylmelamin

- **CAS-Nummer:**
  3089-11-01
- **gebräuchliche Namen:**
  HMMM; N,N,N',N',N",N"-Hexabis-(methoxymethyl)-1,3,5-triazin-2,4,6-triamin; Hexabis-(methoxymethyl)-s-triazin-2,4,6-triamin; Hexamethylol-melamin-hexamethylether; Hexamethyl-methylolmelaman;
- **Handelsnamen:**
  TLF-3617; Metazin; LK36;
- **Summenformel:**
  $C_{15}H_{30}N_6O_6$

- **Strukturformel:**

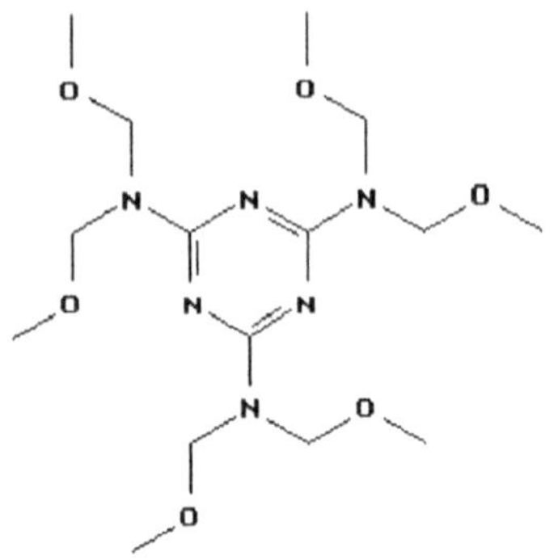

Funktion:
Haftmittel;

Eigenschaften:
- **toxikologisch/ökotoxikologisch:**
  RTECS # OM8225000
  Sonstiges:
  Kann Hautsensibilisierung verursachen;
  LD 50 (oral, Ratte): >17000 mg/kg [428];
  LD 50 (intraperitoneal, Ratte): 550 mg/kg [428];
  LD 50 (intraperitoneal, Maus): 1050 mg/kg [428];
  LD 50 (Haut, Kaninchen): 7940 mg/kg;
  LD 50 (oral, Ratte): 3080 mg/kg;

- **physikalisch/chemisch:**
  Flammpunkt: >110 °C
  Molmasse: 390,44 g/mol

  Löslichkeit:
  teilweise wasserlöslich;

Bemerkung:
klare, farblose Flüssigkeit mit scharfem Formaldehyd-Geruch;
Dampf entzündlich;

1,1,1,3,3,3-Hexamethyldisilazan

- **CAS-Nummer:**
  999-97-3
- **gebräuchliche Namen:**
  HMDSN; Bis-(trimethylsilyl)amin; Hexamethyldisilazan; 1,1,1-Trimethyl-N-(trimethylsilyl)-silanamin;
- **Summenformel:**
  $C_6H_{19}NSi_2$

- **Strukturformel:**

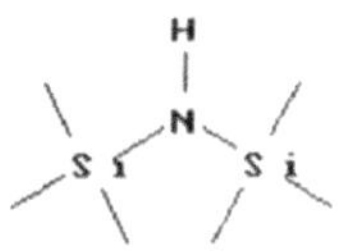

Funktion:
Oberflächenbehandlungsmittel;
Anwendung:
pyrogene Kieselsäure;

Eigenschaften:
- **toxikologisch/ökotoxikologisch:**
  RTECS # JM 9230000
  R-Satz: 11-18-36/37/38
  S-Satz: 7/8-36/39
  Sonstiges:
  Schädlich beim Verschlucken, Einatmen oder Kontakt mit der Haut; Reizt extrem die Schleimhäute, den oberen Atmungstrakt, die Augen und die Haut; Inhalation hat Spasmen, Entzündungen und Ödeme des Kehlkoptes; Symptome: Verbrennungserscheinungen, Husten, Keuchen, Laryngitis, Kurzer Atem, Kopfschmerz, Übelkeit und Erbrechen [187];
  LD 50 (intraperitoneal, Maus): 650 mg/kg [428];
  LD 50 (oral, Ratte): 850 mg/kg [428];
  LC 50 (inhalativ, Ratte): 8700 mg/m3/4 h [428];
  LD 50 (oral, Kaninchen): 1100 mg/kg [428];

  Gefahren-Symbol:

- **physikalisch/chemisch:**
  Siedepunkt: 125 °C
  Flammpunkt: 8 °C
  Brechungsindex: 1,4079 (20 °C)

Dichte: 765 kg/m3 (20 °C)
Molmasse: 161,4 g/mol

Verbleib nach Gebrauch:
Verbrennung, hochentzündliche Stoffe;

Bemerkung:
Farblose Flüssigkeit; feuchtigkeitsempfindlich;
Unverträglich mit starken Oxidationsmitteln, starken Säuren;
Verwendung: Zusatzstoff von Slikonflüssigkeiten; in Kosmetika;

Hexamethylendiamincarbamat

- **CAS-Nummer:**
  13487-89-5
- **gebräuchliche Namen:**
  Carbamidsäure (Mischung mit 1,6-Hexandiamin);
- **Summenformel:**
  $C_8H_{16}N_2O_4$

- **Strukturformel:**

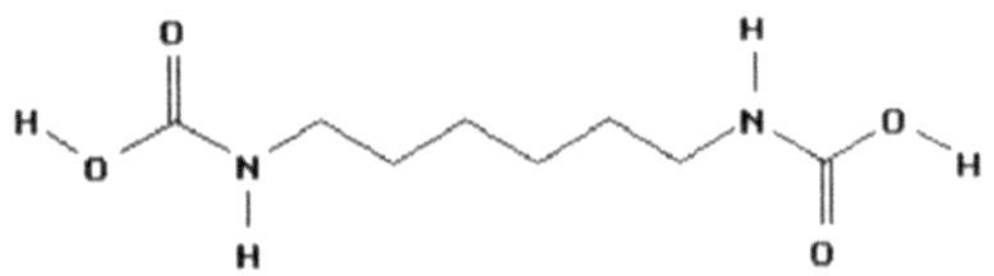

Funktion:
Vulkanisationsbeschleuniger, organisch;

Eigenschaften:

- **physikalisch/chemisch:**
  Molmasse: 128,22 g/mol

1,6-Hexamethylendiisocyanat

- **CAS-Nummer:**
  822-06-0
- **UN Nummer:**
  2281
- **gebräuchliche Namen:**
  HDI; HMDI; Hexamethylen-1,6-diisocyanat; 1,6-Diisocyanatohexan; 1,6-Hexandioldiisocyanat; Isocyansäure, Diester mit 1,6-Hexandiol; Isocyansäure, Hexamethylenester; Hexylendiisocyanat;
- **Handelsnamen:**
  Desmodur H; Desmodur N; TL 78;
- **Summenformel:**
  $C_8H_{12}N_2O_2$

- **Strukturformel:**

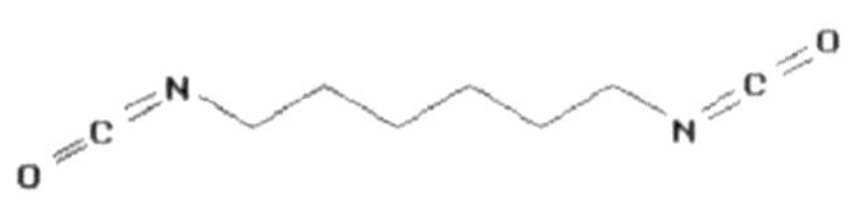

Funktion:
Vernetzungsmittel, schwefelfrei;

Eigenschaften:
- **toxikologisch/ökotoxikologisch:**
RTECS # MO 1740000
Schweizer Giftliste: 2
WGK: 3
MAK Wert: 0,07 mg/m3 bzw. 0,01 ml/m3
R-Satz: 23-36/37/38-42/43
S-Satz: (1/2)-26-28-38-45
Sonstiges:
Einstufung und Kennzeichnung von Zubereitungen, in denen diese Substanz enthalten ist:
20% < =C ⇒ T; R23-36/37/38-42/43
2% < =C<20% ⇒ T; R23-42/43
0.5% < =C<2% ⇒ Xn; R20-42/43

Für diese Substanz liegt ein BUA-Stoffbericht Nr. 112 vor.
Spitzenbegrenzung I; Hautresorption S; Schwangerschaftsgruppe II c;
Sensibilisierung durch Einatmen und Hautkontakt; Geruchsschwelle: 0,035 mg/m3 (geringste Wahrnehmung), 0,07 mg/m3 (100-%ige Wahrnehmung) [604];
LD 50 (intravenös, Maus): 5600 mg/kg [428];
LD 50 (oral, Maus): 350 mg/kg [428], [604], 1979 mg/kg [604];
LC 50 (inhalativ, Maus): 30 mg/m3/2 h [428], [604];
LD 50 (intravenös, Maus): 5600 µg/kg [428];
LD 50 (oral, Ratte): 710 ml/kg [428], 746 mg/kg, 959 mg/kg [604];
LC Lo (inhalativ, Ratte): 60 mg/m3/4 h [39], [428];
LC 50 (inhalativ, Ratte): 290 mg/m3/1 h, 150 mg/m3/4 h, 385 mg/m3/6 h [604];
LC 50 (inhalativ, Ratte, männlich): 310 mg/m3/4 h [604];
LC 50 (inhalativ, Ratte, weiblich): 350 mg/m3/4 h [604];
LD 50 (Haut, Kaninchen): 570 mg/kg [428], [604], 599 mg/kg/24 h [604];

Gefahren-Symbol:

T

- **physikalisch/chemisch:**
Siedepunkt: 112 °C (7 hPa); 187 °C (133 hPa); 255 °C (1013 hPa)
Flammpunkt: 130 °C; 135 °C; 140 °C
Dampfdruck: 0,0074 hPa (20 °C) [509]; 0,014 hPa, 0,066 hPa (25 °C) [604]*;
Brechungsindex: 1,4585 (20 °C)
Dichte: 1040 kg/m3, 1047 kg/m3 (20 °C); 1050 kg/m3 (25 °C)
Molmasse: 168,2 g/mol

Löslichkeit:
löslich in organischen Lösemitteln: Toluol; Isooctan; Acetonitril; Monochlorbenzen; o-Dichlorbenzen;

Bemerkung zu physikalisch/chemischen Daten:
Zündtemperatur: 454 °C, 460 °C [604];
Zersetzungstemperatur: >200 °C (Polymerisation), >255 °C (Freisetzung von Zersetzungsprodukten) [604];
*: 0,022 hPa (30 °C), 0,14 hPa (50 °C), 1,2 hPa (80 °C) [604];

Verbleib nach Gebrauch:
Verbrennung nach Mischung mit brennbarem Lösemittel;
Hydrolytischer Abbau, photochemischer Abbau in der Luft, in Verbrennungsanlagen für besonders überwachungsbedürftige Abfälle [604];

Bemerkung:
Flüssigkeit; Bei Raumtemperatur klare, farblose oder leicht gelbliche Flüssigkeit; HDI ist leicht flüchtig, wenig viskos und hat stechenden Geruch [604];
Anwendung: organische Synthese;
Verwendung: Zur Herstellung von Zahnmaterial, Kontaktlinsen, medizinische Adsorber, in der Produktion für Polyurethan [428];

Hexan

- **CAS-Nummer:**
  110-54-3
- **UN Nummer:**
  1208
- **gebräuchliche Namen:**
  n-Caproylhydrid; Hexylhydrid; n-Hexan; Methyl-n-butylmethan;
- **Handelsnamen:**
  Skellysolve B;
- **Summenformel:**
  C_6H_{14}
- **Strukturformel:**

Funktion:
Lösemittel;
Anwendung:
Reifen, Schläuche; chirurgische und medizinische Artikel; Sportartikel; Spielsachen; technische Gummiartikel; Produkte für Industrie, inkl. Druckplattentücher; Klebstoffe; Dichtungen;

Eigenschaften:
- **toxikologisch/ökotoxikologisch:**
  RTECS # MN 9275000
  Schweizer Giftliste: 4
  WGK: 1
  MAK Wert: 180 mg/m3 bzw. 50 ml/m3
  R-Satz: 11-48/20
  S-Satz: (2)-9-16-24/25-29-51
  Sonstiges:
  Einstufung und Kennzeichnung von Zubereitungen, in denen diese Substanz enthalten ist:
  5%< =C ⇒ Xn; R48/20

  IMK: III; Spitzenbegrenzung: II,1 [481]; Schwangerschaftsgruppe: C [481];
  Dämpfe reizen geringfügig Augen, Atemwege und Haut; Einatmen der Dämpfe in hohen Konzentrationen wirkt narkotisch; Kontakt mit der Flüssigkeit reizt Augen, weniger stark die Haut [163];
  5000 ml/m3 für 10 min verursachten Kopfschmerzen und Schwindel [163];
  TC Lo (inhalativ, Mensch): 190 ml/m3/8 W [428];
  LD 50 (oral, Ratte): 28710 mg/kg [32], [187];
  LD Lo (intraperitoneal, Ratte): 9100 mg/kg [428];
  LC 50 (Fisch; Goldorfe): 4480/(150-210) mg/l [33];

  Gefahren-Symbol:

- **physikalisch/chemisch:**
  Schmelzpunkt: -94,3 °C

Siedepunkt: 68,6 °C
Flammpunkt: -22 °C
Dampfdruck: 160 hPa (20 °C) [32]
Verdampfungswärme: 339,97 kJ/kg
Brechungsindex: 1,3754 (20 °C)
Dichte: 659,5 kg/m3 (20 °C)
Molmasse: 86,177 g/mol
Verdunstungszahl: 9,0 (BuAc = 1) [9], 8,1 (BuAc = 1) [105], 1,4 (Diethylether = 1) [18];
Löslichkeit:
Wasser 0,023 g/l (20 °C); löslich in Ethanol, Diethylether, Trichlormethan;

Verbleib nach Gebrauch:
Verbrennung, hochentzündliche Stoffe;

Bemerkung:
Farblose, schwach eigentümlich riechende Flüssigkeit;
brennbar; Bildet im dampf-/gasförmigen Zustand mit Luft explosionsfähige Gemische;
Explosionsgrenzen:
1,1-7,4 Vol.-%; Zündtemp.: 240 °C [32],
1,1-7,5 Vol.-%; Zündtemp.: 260 °C [163];
Bei Überhitzung explosionsartige Zersetzung;
Stoff kann bei Kontakt mit sauerstoffreichem Material (Oxidationsmitteln) heftig reagieren;
Verwendung: technisches Lösemittel;
Enthalten in Nappar 6 (3,8%);

Hexandicarbonsäure-bis-[2-(2-butoxy-ethoxy)-ethyl]ester

- **CAS-Nummer:**
141-17-3
- **gebräuchliche Namen:**
DBEEA; Adipinsäure-bis-[2-(2-butoxy)-ethylester]; Adipinsäuredibutoxyethoxyethylester; Bis-(2-(2-butoxyethoxy)ethyl)adipat; Bis-(2-(2-butoxyethoxy)ethylester); Hexandisäuredibutoxyethoxyethylester; Dibutoxyethoxyethyladipat;
- **Handelsnamen:**
TP-95; Plasthall 226; Wareflex;
- **Summenformel:**
$C_{22}H_{42}O_8$
- **Strukturformel:**

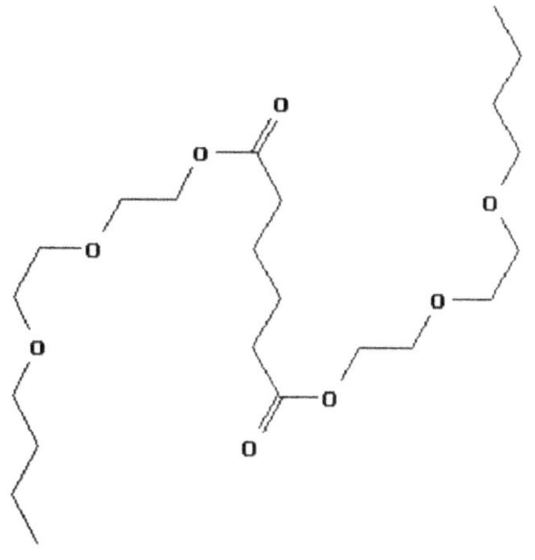

Funktion:
Weichmacher, synthetisch;

branchenspezifische Bemerkung zur Substanz:
Einsatzmenge: 3,4 t/a (TSE-Industrie, 1996);

Eigenschaften:
- **toxikologisch/ökotoxikologisch:**
Sonstiges:
Kontakt mit Flüssigkeit verursacht schwache Hautreizung [338];
LD 50 (oral, Ratte): 6000 mg/kg [428];

zu Plasthall 226 [Sdb Krahn]:
WGK: 1;
Augenkontakt kann zu leichten Reizungen führen. Wiederholter und langandauernder Hautkontakt kann Reizungen verursachen;

- **physikalisch/chemisch:**
Schmelzpunkt: -11,1 °C
Siedepunkt: 240 °C
Flammpunkt: 177 °C
Dichte: 1025 kg/m3 (25 °C)
Molmasse: 434,565 g/mol
Verdunstungszahl: ca. 0 [338]
Löslichkeit:
unlöslich in Wasser;

Bemerkung zu physikalisch/chemischen Daten:
zu Plasthall 226 [Sdb Krahn]:
Flammpunkt: 148,9 °C; Dichte: 1012,3 kg/m3;

Bemerkung:
Bernsteinfarbene Flüssigkeit; brennbar;
Verwendung: als Weichmacher;

zu Plasthall 226 [Sdb Krahn]:
klare Flüssigkeit, alkoholartiger Geruch; Produkt reagiert mit Oxidationsmitteln;

Hexandicarbonsäurebis(2-butoxy-ethyl)ester

- **CAS-Nummer:**
141-18-4
- **gebräuchliche Namen:**
Bis(2-butoxyethyladipat); Adipinsäuredibutoxyethylester;
- **Handelsnamen:**
Plasthall 203; Adipol BCA; Staflex DBEA;
- **Summenformel:**
$C_{18}H_{34}O_6$

- **Strukturformel:**

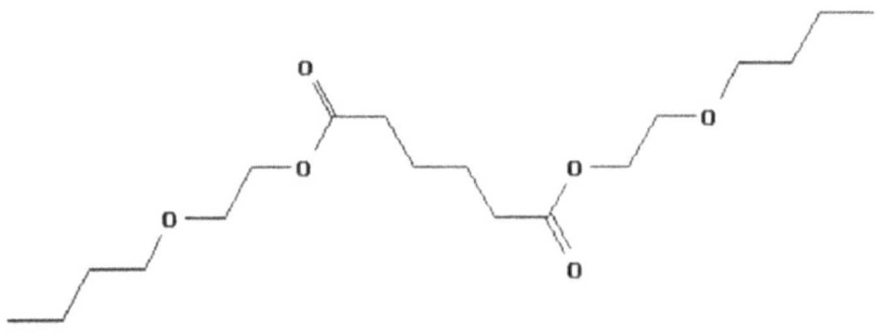

Funktion:
Weichmacher, synthetisch;

Eigenschaften:
- **toxikologisch/ökotoxikologisch:**
  Sonstiges:
  LD 50 (intraperitoneal, Ratte): 600 mg/kg [428];

- **physikalisch/chemisch:**
  Siedepunkt: 215-217 °C (15 hPa)
  Dichte: 986 kg/m3 (25 °C); 997 kg/m3 (20 °C)
  Molmasse: 346,46 g/mol

Hexandicarbonsäure-bis-2-ethylhexylester

- **CAS-Nummer:**
  103-23-1
- **gebräuchliche Namen:**
  BEHA; DEHA; DOA; Adipinsäure bis-2-ethylhexylester; Adipinsäure-di-2-ethylhexylester; Di-(2-ethylhexyl)-adipat; Adipinsäure-di-octyl-ester; Bis-(2-ethylhexyl)-adipat; Dioctyladipat; Dioctyladipinat; Bis-(2-ethyhexyl)-adipinat; Di-2-ethylhexyl-adipinat; Bis-(2-ethylhexyl)-hexandioat; Bis-(2-ethylhexyl)-hexandisäureester; Octyladipat; Hexandisäuredioctylester;
- **Handelsnamen:**
  Adipol 2 EH; Bisoflex DOA; Effemoll DOA; Ergoplast ADDO; Flexol A 26; Kemester 5652; Kodaflex DOA; Mediaplast NB-4; Mediaplast NB-4/P; Melonil DOA; Monoflex DOA; Morflex 310; NCI-C54386; Plastomoll DOA; PX-238; Reomol DOA; Rucoflex Plasticizer DOA; Sicol 250; Stablex DOA; Truflex DOA; Uniflex DOA; Vestinol OA; Wickenol 158; Witamol 320;
- **Summenformel:**
  $C_{22}H_{42}O_4$

- **Strukturformel:**

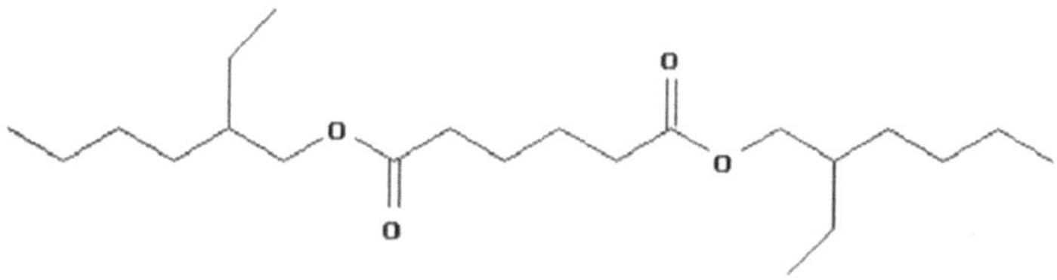

Funktion:
Weichmacher, synthetisch;
Kautschukart:
Naturkautschuk; synthetischer Kautschuk; Styrol-Butadien-Kautschuk; Acrylnitril-Butadien-Kautschuk; Chloropren-Kautschuk; Isobuten-Isopren-Kautschuk;
Anwendung:
chirurgische und medizinische Artikel; Sportartikel; Spielsachen; technische Gummiartikel;

branchenspezifische Bemerkung zur Substanz:
Einsatzmenge: 76 t/a (TSE-Industrie, 1996)

Eigenschaften:
- **toxikologisch/ökotoxikologisch:**
  RTECS # AU 9700000
  Schweizer Giftliste: 4
  WGK: 1
  R-Satz: 45-46-20/21/22
  S-Satz: 53 45-23-36/37/39

Sonstiges:
Kann schädigend wirken beim Einatmen, Verschlucken oder Aufnahme über Haut: kann Reizungen verursachen [187];
Karzinogen-verdächtig [187]; mutagen [Aldrich 90/91];
LD 50 (oral, Ratte): 9110 mg/kg [187], 9100 mg/kg [428];
LD 50 (intraperitoneal, Ratte): >50 ml/kg [428];
LD 50 (intravenös, Ratte): 900 mg/kg [428];
TD Lo (intraperitoneal, Ratte (trächtig)): 15000 mg/kg/5-15 D, 30000 mg/kg/5-15 D [428];
TD Lo (oral, Ratte): 25200 mg/kg/3 W (kontinuierlich) [428];
LD 50 (oral, Maus): 15000 mg/kg [428];
LD 50 (intraperitoneal, Maus): >100000 mg/kg [428];
TD Lo (oral, Maus): 168000 mg/kg/14 D (kontinuierlich) [428];
LD 50 (Haut, Kaninchen): 8410 mg/kg [187];
LD 50 (intravenös, Kaninchen): 540 mg/kg [428];
LD 50 (oral, Säugetier): 15000 mg/kg [428];

[EG-Sdb Hüls AG]:
LD 50 (oral, Ratte): 15000 mg/kg
LD 50 (dermal, Kaninchen): >3000 mg/kg
Biologische Abbaubarkeit 82 %;

Gefahren-Symbol:

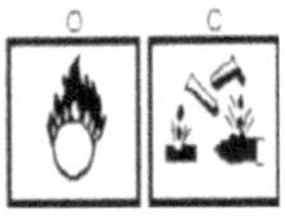

- **physikalisch/chemisch:**
  Schmelzpunkt: -67,8 °C
  Siedepunkt: 214 °C (6,66 hPa); 167 °C (1,33 hPa)
  Flammpunkt: >110 °C; ca. 182 °C; 206 °C
  Dampfdruck: <0,01 hPa (20 °C); 0,000001173 hPa (20 °C) [428]
  Brechungsindex: 1,4474 (20 °C)
  Dichte: 922 kg/m3 (25 °C); 925-926 kg/m3 (20 °C); 990 kg/m3
  Molmasse: 370,58 g/mol

  Löslichkeit:
  unlöslich in Wasser; löslich in Ethanol, Diethylether, Ethansäure, Propanon;
  Wasser: < 200 mg/l (20 °C) [Sdb];

  Bemerkung zu physikalisch/chemischen Daten:
  Zündtemperatur: 380 °C [Sdb];

Verbleib nach Gebrauch:
Verbrennung nach Mischung mit brennbarem Lösemittel;

Bemerkung:
Klare farblose Flüssigkeit;
enthalten in: Paraplex G-57 (<2%);

Hexandicarbonsäure-bis-nonylester

- **CAS-Nummer:**
  151-32-6
- **gebräuchliche Namen:**
  DNA; Dinonyladipat;
- **Handelsnamen:**
  Adimoll-DN; Adipic-Säure; Plastmoll-NA;
- **Summenformel:**
  $C_{24}H_{46}O_4$

- **Strukturformel:**

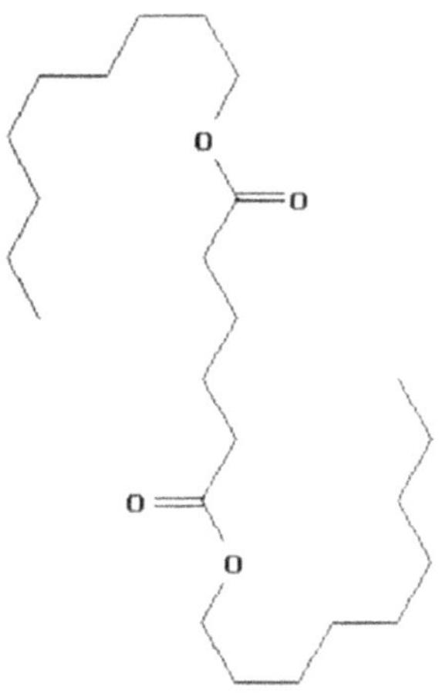

Funktion:
Weichmacher, synthetisch;

Eigenschaften:

- **physikalisch/chemisch:**
Molmasse: 398,63 g/mol

Bemerkung:
Farblose Flüssigkeit;

Hexandicarbonsäure-diisononylester

- **CAS-Nummer:**
90411-51-1
- **gebräuchliche Namen:**
DINA; Di-iso-nonyladipat; Adipinsäure-diisononylester; 1,4-Butendicarbonsäure-diisononylester;
- **Handelsnamen:**
Jayflex DINA;
- **Summenformel:**
$C_{24}H_{46}O_4$

Funktion:
Weichmacher, synthetisch;

Eigenschaften:
- **toxikologisch/ökotoxikologisch:**
WGK: 1
Sonstiges:
[Sdb Deutsche Exxon Chemical GmbH]:
Nach Einatmen: Geringes Gesundheitsrisiko bei üblichen Umgebungstemperaturen (-18 bis 38 °C); geringe Giftwirkung.
Nach Hautkontakt: Geringe Giftwirkung.
Nach Augenkontakt: Verursacht leichte Augenbeschwerden, jedoch keine Schädigung des Augengewebes. Nach Verschlucken: Geringe Giftwirkung;

- **physikalisch/chemisch:**
Schmelzpunkt: -59 °C
Siedepunkt: >300 °C

Flammpunkt: 199 °C
Dampfdruck: 1,2 hPa (200 °C) [Sdb]
Dichte: 930 kg/m3
Molmasse: 398 g/mol
Löslichkeit:
unlöslich in Wasser;

Bemerkung zu physikalisch/chemischen Daten:
Zündtemperatur: ca. 260 °C [Sdb];

Bemerkung:
Farblose Flüssigkeit mit schwachem Geruch;
Unverträglichkeiten: oxidierende Substanzen, starke Mineralsäuren [Sdb Deutsche Exxon Chemical GmbH];

Hexandicarbonsäure-di-isooctylester

- **CAS-Nummer:**
  1330-86-5
- **gebräuchliche Namen:**
  DIOA; Adipinsäure-di-(isooctyl)-ester; Di-iso-octyladipat; Di-iso-oktyladipat; n-Octyl-(2-ethylhexyl)-adipat; Diisooctylester, Hexandisäure;
- **Handelsnamen:**
  PX-208;
- **Summenformel:**
  $C_{22}H_{42}O_4$

Funktion:
Weichmacher, synthetisch;

Eigenschaften:
- **toxikologisch/ökotoxikologisch:**
  WGK: 1

- **physikalisch/chemisch:**
  Schmelzpunkt: -41 °C; -70 °C
  Siedepunkt: 218 °C; 205-220 °C
  Flammpunkt: 202 °C
  Dichte: 925 kg/m3 (25°C)
  Molmasse: 370 g/mol

  Löslichkeit:
  Wasser: 0,2 g/100 g

Bemerkung:
Farblos, leicht aromatischer Geschmack;

Hexandicarbonsäure-di-n-octylester

- **CAS-Nummer:**
  123-79-5
- **UN Nummer:**
  1003
- **gebräuchliche Namen:**
  DOA; Adipinsäure-di-oktyl-ester; Dioktyladipat; Dioctyladipat; Dioktyladipat; Hexandiolsäuredioctylester;
- **Handelsnamen:**
  PX-238; Adimol DO;
- **Summenformel:**
  $C_{22}H_{42}O_4$

- **Strukturformel:**

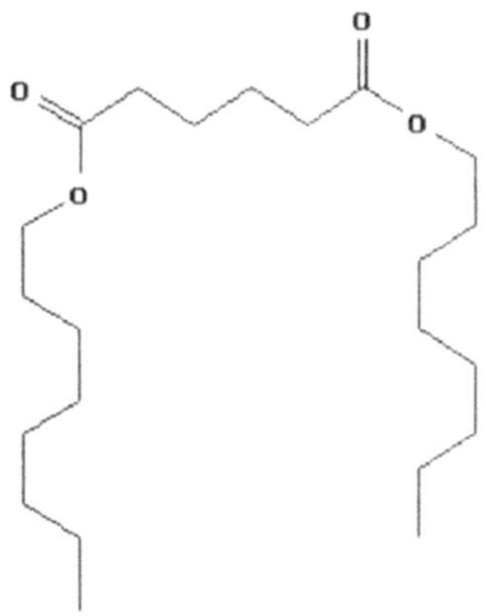

Funktion:
Weichmacher, synthetisch;
Kautschukart:
Chlorethylen-Kautschuk;

Eigenschaften:

- **physikalisch/chemisch:**
Schmelzpunkt: -42 °C; -70 °C
Siedepunkt: 214 °C
Flammpunkt: 199 °C
Dichte: 924 kg/m3 (25 °C)
Molmasse: 371 g/mol
Löslichkeit:
0,01 g/100 g Wasser; löslich in den meisten organischen Lösemitteln [428];

Bemerkung:
Farblose Flüssigkeit; leicht aromatischer Geruch [428];

Hexandisäurediisononylester

- **CAS-Nummer:**
33703 08 1
- **gebräuchliche Namen:**
Diisononyladipat; DINA;
- **Summenformel:**
$C_{24}H_{48}O_4$

- **Strukturformel:**

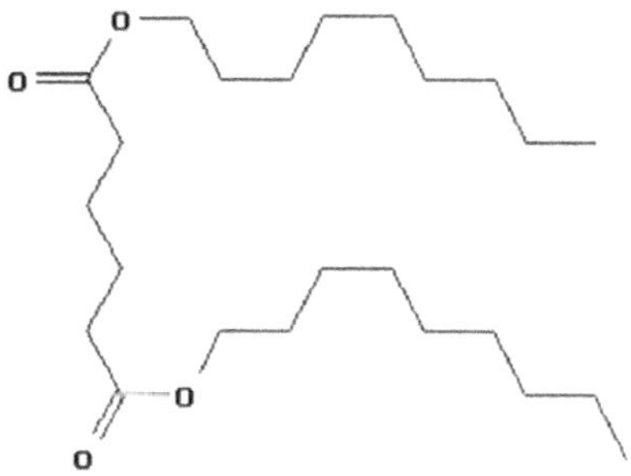

Funktion:
Weichmacher, synthetisch;

Hexansäure-w-lactam

- **CAS-Nummer:**
  105-60-2
- **gebräuchliche Namen:**
  Caprolactam; 3-Caprolactam; 6-Caprolactam; epsilon-Caprolactam; Aza-2-cycloheptanon; 2-Oxohexamethylenimin; Hexahydro-2H-azepin-2-on; 2-Ketohexamethylenimin; 6-Aminocapronsäurelactam; w-Caprolactam; Hexanolactam; Hexansäure-o-lactam; Hexanonisooxim; Acepan-2-on; 1-Aza-2-cycloheptanon; Cyclohexanon-iso-oxim; Hexahydro-2-azepinon; Hexanon-isoxim; 1,6-Hexolactam;
- **Handelsnamen:**
  Kapron; PA 6; NCI-C50646; Akulon; Alkamid; Bonamid; Capron; Danamid; Durethan; Ertalon; Grilon; Itamide; Kaprolit; Kaprolon;
- **Summenformel:**
  $C_6H_{11}NO$
- **Strukturformel:**

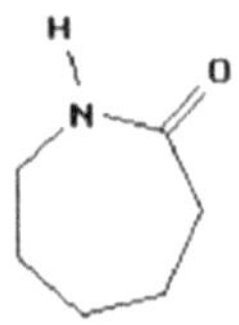

branchenspezifische Bemerkung zur Substanz:
Zersetzungsprodukt von N-(Cyclohexylthio)-phthalimid (CTP);

Eigenschaften:
- **toxikologisch/ökotoxikologisch:**
  RTECS # CH 3675000
  Schweizer Giftliste: 4
  WGK: 1
  MAK Wert: 5 g/m3 E
  R-Satz: 20/22-36/37/38
  S-Satz: (2)
  Sonstiges:
  Spitzenbegrenzung: n.b. [481]; Schwangerschaftsgruppe C [481];
  Mutagen [428]; Tumorbildend [428];
  Kann schädigend wirken bei Einatmung, Verschlucken oder Aufnahme über Haut; verursacht Augen- und Hautreizungen; reizt Schleimhäute und Atemwege [187];
  Bei Aufnahme erregende Wirkung auf das Zentralnervensystem. Bei Brand werden u.a. die hochgiftigen nitrosen Gase frei.
  Symptome: Brennen der Augen, der Nasen- und Rachenschleimhäute sowie der Haut. Husten, Atembeschwerden, Atemnot, Erregung, Krämpfe.
  Nach Verschlucken: Übelkeit, Erbrechen. Bei erhitzem Stoff: Brandwunden. Bei Brand: Husten, Atembeschwerden, Atemnot. [484];
  keine fruchtschädigende Wirkung bei Einhaltung des MAK-Wertes;
  TC Lo (inhalativ, Mensch): 100 ppm [428];
  LD 50 (oral, Ratte): 1210 mg/kg [187], 2140 mg/kg [41], 1370 mg/kg [428];
  LC 50 (inhalativ, Ratte): 0,3 mg/l/2h [251], 300 mg/m3/3h [187], [428];
  TD Lo (oral, Ratte (trächtig)): 10 g/kg/6-15D [428];
  TD Lo (oral, Ratte): 42 g/kg/8W (kontinuierlich) [428];
  TD Lo (inhalativ, Ratte (trächtig)): 473 mg/m3/4h/1-5D [428];
  TD Lo (intraperitoneal, Ratte): 9100 mg/kg/26W (intermittierend) [428];
  TC Lo (inhalativ, Ratte (trächtig)): 473 mg/m3/4h/60D [428];

TC Lo (inhalativ, Ratte (männlich)): 125 mg/m3/24h/76D, 5960 mg/kg/82D (kontinuierlich) [428];
LD 50 (oral, Maus): 930 mg/kg [428];
LD 50 (intraperitoneal, Maus): 650 mg/kg [428];
LD 50 (Haut, Maus): 750 mg/kg [428];
LD 50 (intravenös, Maus): 480 mg/kg [428];
LC 50 (inhalativ, Maus): 450 mg/m3 [428];
LD 50 (Haut, Kaninchen): 1410 µl/kg [428];
LD (intravenös, Kaninchen): >300 mg/kg [428];
TD Lo (oral, Kaninchen (trächtig)): 3450 mg/kg/6-28D [428],
LD Lo (subcutan, Meerschweinchen): 950 mg/kg [428];
LD Lo (subcutan, Frosch): 2800 mg/kg [428];

Gefahren-Symbol:

- **physikalisch/chemisch:**

Schmelzpunkt: 68-70 °C; 69-71 °C
Siedepunkt: 180 °C (66,64 hPa); 268,5 °C [484];
Flammpunkt: 125 °C; 139 °C
Dampfdruck: 0,0026 hPa (20 °C) [484];
Log pOW: -0,19 [4]
Dichte: 1020 kg/m3 (75 °C)
Molmasse: 113,16 g/mol

Löslichkeit:
leicht löslich in Wasser (820 g/l), Ethanol, Diethylether, Methanol, N,N-Dimethylmethanamid, Cyclohexen;

Verbleib nach Gebrauch:
Verbrennung nach Mischung mit brennbarem Lösemittel;

Bemerkung:
Weißer, kristalliner, fester Stoff; reagiert bei Kontakt oder Mischung mit starken Oxidationsmitteln und starken Basen; bei Brand oder Erhitzung bis zur Zersetzung bilden sich giftige und ätzende nitrose Gase;
Verwendung: zur Herstellung synthetischer Fasern vom Polyamid-Typ; als Lösemittel für hochmolekulare Polymere;
Bildet im dampf-/gasförmigen Zustand mit Luft explosionsfähige Gemische:
Explosionsgrenze: 1,8-8,0 Vol.-%; Zündtemperatur: 375 °C [484];
Lösemittel für hochmolekulare Polymere, hygroskopisch;

1-Hexanthiol

- **CAS-Nummer:**
  111-31-9
- **UN Nummer:**
  1228
- **gebräuchliche Namen:**
  n-Hexylmercaptan;
- **Handelsnamen:**
  USAF EK-4628;
- **Summenformel:**
  $C_6H_{14}S$

- **Strukturformel:**

Funktion:
Polymerisationsregler;

Eigenschaften:
- **toxikologisch/ökotoxikologisch:**
  RTECS # MO 4550000
  R-Satz: 11-20/21/22-36/37/38
  S-Satz: 16-33-26-36/37/39
  Sonstiges:
  LD 50 (oral, Ratte): 1254 mg/kg [428];
  LD 50 (intraperitoneal, Ratte): 396 mg/kg [428];
  LC 50 (inhalativ, Ratte): 1080 ml/m3/4h [428];
  LC 50 (inhalativ, Maus): 528 ml/m3/4h [428];

  Gefahren-Symbol:

- **physikalisch/chemisch:**
  Schmelzpunkt: -81 °C
  Siedepunkt: 150-154 °C
  Flammpunkt: 20 °C
  Brechungsindex: 1,4482 (20 °C)
  Dichte: 838,0 kg/m3
  Molmasse: 118,28 g/mol

Verbleib nach Gebrauch:
Verbrennung, hochentzündliche Stoffe;

Bemerkung:
farblose Flüssigkeit;

5-Hexyloxymethylen-bicyclo-[2,2,1]-hept-2-en

- **CAS-Nummer:**
  22428-51-9
- **gebräuchliche Namen:**
  (2,5-Endomethylen-cyclohexen-(3)-ylidenmethyl)-4-hexylether
- **Summenformel:**
  $C_{14}H_{22}O$

- **Strukturformel:**

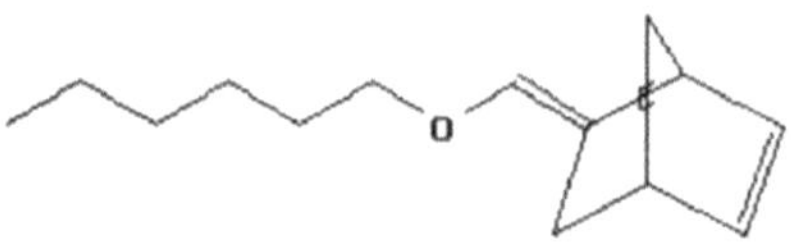

Funktion:
Ozonschutzmittel;
Kautschukart:
Chloropren-Kautschuk;

Eigenschaften:

- **physikalisch/chemisch:**
  Siedepunkt: 130-133 °C (17,33 hPa)
  Molmasse: 206,33 g/mol

Hydrazin, wasserfrei, 98 %

- **CAS-Nummer:**
  302-01-2
- **UN Nummer:**
  2029
- **gebräuchliche Namen:**
  Diazan; Hydrazinium; Hydrazin;
- **Handelsnamen:**
  Diamid; Bayer Hydrazin 51; Bayer Hydrazin 64; Levoxin 51; Levoxin 64; Oxitreat 35; Diamin; Oxytreat 35;
- **Summenformel:**
  H_4N_2

- **Strukturformel:**

Funktion:
Treibmittel, organisch;

branchenspezifische Bemerkung zur Substanz:
Einsatzmenge: 4,1 t/a (TSE-Industrie, 1996)

Eigenschaften:
- **toxikologisch/ökotoxikologisch:**
  RTECS # MU 7175000
  Schweizer Giftliste: 1
  WGK: 3
  R-Satz: 45-10-23/24/25-34-43
  S-Satz: 53-45
  Sonstiges:
  Einstufung und Kennzeichnung von Zubereitungen, in denen diese Substanz enthalten ist:
  25%< =C $\Rightarrow$ T; R45-23/24/25-34-43
  10%< =C<25% $\Rightarrow$ T; R45-20/21/22-34-43
  3%< =C<10% $\Rightarrow$ T; R45-20/21/22-36/38-43
  1%< =C<3% $\Rightarrow$ T; R45-43
  0.1%< =C<1% $\Rightarrow$ T; R45

  Carc. Cat. 2;
  Gefahr der Hautresorption [481]; H S [484]; Gefahr der Sensibilisierung [481];
  Krebserzeugend III A2 [481]; Karzinogen [187]; Geruchsschwelle: 3-4 ml/m3 [170];
  Dämpfe reizen stark Augen und Atmungsorgane; in schweren Fällen Lungenödem möglich (kann mit einer Verzögerung bis zu 2 Tagen auftreten); Kontakt mit der Fl. bewirkt Verätzung der Augen (Hornhauttrübung) und Haut; Hautresorption! Aufnahme in den Körper bewirkt Schädigungen vor allem der Leber, des ZNS, aber auch des Herzens, Blutes (Methämoglobin- Bildung, Hämolyse), vielleicht auch der Niere [163];
  Bei Brand oder Erhitzung bilden sich hochgiftige Stickoxide [484];
  LD 50 (Haut, Kaninchen): 91 mg/kg [187];
  LC 50 (inhalativ, Ratte): 570 ml/m3/4 h [187];
  LD 50 (intraperitoneal, Ratte): 59 mg/kg [428];
  LD 50 (oral, Ratte): 60 mg/kg [187];
  LD 50 (intravenös, Ratte): 55 mg/kg [428];
  LD 50 (intramuskulär, Ratte): 53,5 mg/kg [428];
  LD 50 (oral, Maus): 59 mg/kg [428];

LC 50 (intraperitoneal, Maus): 62 mg/kg [428];
LD 50 (intravenös, Maus): 57 mg/kg [428];

Wirkt auf Bakterien und Algen wachstumshemmend [170];
Toxische Grenzkonzentration für Pseudomonas putida 0,019 mg/l, Scenedesmus quadricauda 0,005 mg/l [36];
LC 50 (Daphnia magna): 0,81 mg/l [6];
LC 50 (Fisch, Goldorfe): 0,75 mg/l [33];
Kann starke Schäden im Oberflächenwasser und in biologischen Kläranlagen bewirken [171];

Gefahren-Symbol:

- **physikalisch/chemisch:**
  Schmelzpunkt: 2,0 °C; 1,4 °C
  Siedepunkt: 113,5 °C
  Flammpunkt: 37,8 °C; 52 °C
  Dampfdruck: 11 hPa (20 °C) [163]; 13,33 hPa (30,7 °C) [187]; 21 hPa (20 °C) [484]
  Brechungsindex: 1,470 (22 °C)
  Dichte: 1004 kg/m3 (25 °C)
  Molmasse: 32,05 g/mol

  Löslichkeit:
  leicht löslich in Wasser; löslich in: Ethanol; Aminen, flüssigem Amoniak; schwer bzw. unlöslich in Kohlenwasserstoffen; halogenierten Kohlenwasserstoffen [484];

  Bemerkung zu physikalisch/chemischen Daten:
  T(krit.): 380 °C; P(krit.): 14182 hPa [428];

Verbleib nach Gebrauch:
Verbrennung nach Mischung mit brennbarem Lösemittel;

Bemerkung:
Klare, farblose, stark lichtbrechende, wasseranziehende Flüssigkeit, mit schwachem ammoniakähnlichem Geruch;
raucht an der Luft; brennbar; Bildet im dampf-/gasförmigen Zustand mit Luft explosionsfähige Gemische;
Explosionsgrenzen: 4,7-100 Vol.-%; Zündtemp.: 270 °C, 25 °C bei Kontakt mit rostigem Stahl [163];
Hydrazin, seine Derivate und Salze sind in kosmetischen Mitteln verboten;
Bei Brand oder Erhitzung bilden sich hochgiftige Stickoxide (⇒ nitrose Gase);
Verwendung: als Bestandteil von Raketentreibstoffen; in der Fotoindustrie als Farbstoffkuppler bei der Farbfotografie; zur Herstellung von Medikamenten, Klebstoffen, Schädlingsbekämpfungsmitteln; als Korrosiionsinhibitor;

hydriertes Aluminiumsilikat Pyrophyllit

- **CAS-Nummer:**
  12269-78-2
- **Handelsnamen:**
  Pyrax A; Pyrax B; Pyrax WA;
- **Summenformel:**
  $AlHO_6Si_2$

Funktion:
Füllstoff, anorganisch;
Kautschukart:
Naturkautschuk; synthetischer Kautschuk;

Eigenschaften:

- **physikalisch/chemisch:**
  Dichte: 2800 ± 50 kg/m3

Hydrinden

- **CAS-Nummer:**
  496-11-7
- **gebräuchliche Namen:**
  Indan; 2,3-Dihydroinden; Hydrindonaphthen; 1,2-Hydrinden;
- **Summenformel:**
  C_9H_{10}

- **Strukturformel:**

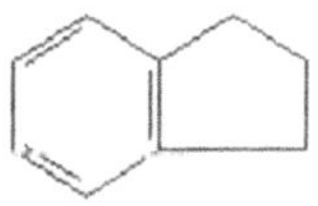

branchenspezifische Bemerkung zur Substanz:
Reaktionsprodukt von naphthenischen Ölen [Weichmacher];

Eigenschaften:
- **toxikologisch/ökotoxikologisch:**
  RTECS # NK 3750000
  R-Satz: 10
  S-Satz: 16-3/7
  Sonstiges:
  Kann schädigend wirken beim Einatmen, Verschlucken oder bei Aufnahme über Haut; kann Augen- und Hautreizungen verursachen [187];
  LDLo (oral; Ratte): 5000 mg/kg [428];

- **physikalisch/chemisch:**
  Schmelzpunkt: -51,4°C; 51°C
  Siedepunkt: 178°C;176°C; 61-64°C (13,33 hPa)
  Flammpunkt: 47°C; 50°C
  Log pOW: 3,33 [4]
  Brechungsindex: 1,5978 (20°C); 1,5368 (20°C)
  Dichte: 963,9 kg/m3 (20°C); 937,8 kg/m3 (50°C)
  Molmasse: 118,18 g/mol

  Löslichkeit:
  unlöslich in Wasser; mischbar mit Ethanol, Diethylether; löslich in organischen Substanzen;

Verbleib nach Gebrauch:
Verbrennung;

Bemerkung:
Farblose Flüssigkeit;
Vorkommen im Steinkohlenteer;

Hydrochinon-bis(2-hydroxyethyl)-ether

- **CAS-Nummer:**
  104-38-1
- **gebräuchliche Namen:**
  1,4-Bis(ß-hydroxyethoxy)benzol; 2,2'-(1,4-Phenylendioxy)diethanol;
- **Handelsnamen:**
  Vernetzer 30/10;
- **Summenformel:**
  $C_{10}H_{14}O_4$

- **Strukturformel:**

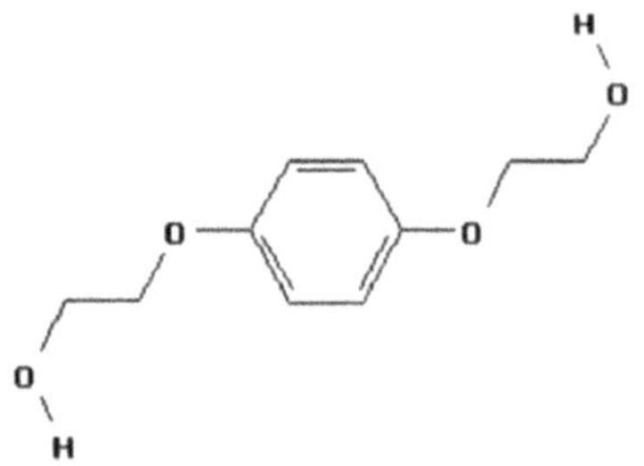

Funktion:
Vernetzungsmittel, schwefelfrei;
Kautschukart:
Polyesterurethan-Kautschuk;

Eigenschaften:
- **toxikologisch/ökotoxikologisch:**
  WGK: 0

- **physikalisch/chemisch:**
  Schmelzpunkt: 100-102 °C; 100-106 °C
  Siedepunkt: 185-200 °C (0,4 hPa)
  Molmasse: 198,22 g/mol

Verbleib nach Gebrauch:
Verbrennung nach Mischung mit brennbarem Lösemittel;

Bemerkung:
hygroskopisch;

ß-Hydroperoxybenzenethanol

- **CAS-Nummer:**
  61040-96-8
- **gebräuchliche Namen:**
  4-Hydroxy-ß-hydroperoxybenzenethanol; 2-Hydroxyperoxy-2-phenylethanol; Hydrochinondioxyethylether;
- **Handelsnamen:**
  Vernetzer 30/20;
- **Summenformel:**
  $C_8H_{10}O_3$

- **Strukturformel:**

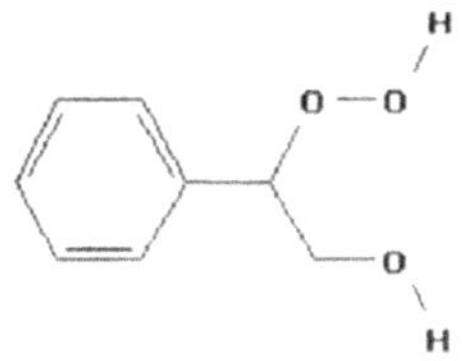

Funktion:
Vernetzungsmittel, schwefelfrei;

Eigenschaften:

- **physikalisch/chemisch:**
Schmelzpunkt: 71-73 °C
Molmasse: 154,17 g/mol

alpha-Hydro-w-hydroxypoly-(oxy-1,2-ethandiyl)

- **CAS-Nummer:**
25322-68-3
- **gebräuchliche Namen:**
Polyethylenglykol; alpha-Poly(oxy-1,2-ethandiyl); Polyethylenoxid; alpha-Hydroxy-w-hydroxypoly(oxy-1,2-ethandiyl); 1,2-Ethandiol-Homopolymer; Ethenglycol-Homopolymer; Oxiran-polymer; PEG;
- **Handelsnamen:**
Jeffox; Nycoline; Pluracol E; Polyglycol E; Phuriol E 400; PEG; Poly-6; Carbowax 4600; Macrogol 300; Macrogol 400; Alcox E 30; Alcox E 160; Aquaffin; Bradsyn PEG; Carbowax; Chemiox E 20; Chemiox E 1000; Emkapol 150; Emkapol 200; Emkapol 4200; ENT 1000; Gafanol E 200; Gafanol E 300; Laprol 402; Lineartop P; Lutrol 9; Macrogol 6000; Merpol 02; Modepy 4000; Nosilin; Nyoline; Oxid Wax A; Oxid Wax An; PEO 10; PEO 16; PEO 18; PEO 100; Plastigen PR 8086; Pluriol; Polikol; Polyglycol; Polyox; Polywax 600; Postanol; Solbase; Superox; Swasconol D-60; Swasconol D-80; Terisan Z 75; Ucar 4 C; Viterra 2 Hydrogen; WSR 35; WSR 205; WSR 301; WSR N-10; WSR N-750; WSR N-3000; WSR N-Coag;
- **Summenformel:**
$(C_2H_4O)_n * H_2O$

- **Strukturformel:**

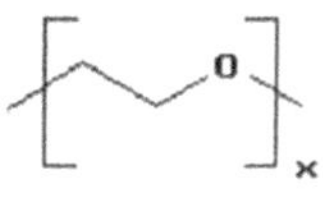

Funktion:
1) sonstige Chemikalien;
2) Füllstoffaktivatoren;
Anwendung:
1) Reifen, Schläuche; chirurigsche und medizinische Artikel; Sportartikel; Spielsachen; technische Gummiartikel;

branchenspezifische Bemerkung zur Substanz:
Einsatzmenge: 260 t/a (Reifenindustrie: 34 t/a, TSE-Industrie: 230 t/a) (1996)

Eigenschaften:
- **toxikologisch/ökotoxikologisch:**
RTECS # TQ 3500000
WGK: 1

Sonstiges:
Kann schädigend wirken beim Einatmen, Verschlucken oder Kontakt mit der Haut; kann Augen- und Hautreizungen verursachen [187];
LD 50 (oral, Ratte): 33750 mg/kg (8,2<n<9,1) [187];
LD 50 (oral, Ratte): 59000 mg/kg (68<n<84) [201];

- **physikalisch/chemisch:**
Schmelzpunkt: 4-8 °C (8,2<n<9,1)
Flammpunkt: >110 °C
Brechungsindex: 1,4539 (20 °C)
Dichte: 1130 kg/m3 (20 °C); 1127 kg/m3 (25 °C)
Molmasse: 190-210 g/mol (n=4); 380-420 g/mol (8,2<n<9,1)

Löslichkeit:
löslich in Benzen, Trichlormethan, Wasser;

Verbleib nach Gebrauch:
Verbrennung nach Mischung mit brennbarem Lösemittel;

Bemerkung:
Feines, weißes Pulver;
Unverträglich mit starken Oxidationsmitteln;
Nähere Angaben zu den verschiedenen Polymeren, die unter Polyethylenoxid zusammengefaßt sind z.B. unter [201];
Enthalten in Tinuvin 1130;

2-Hydroxybenzaldehyd

- **CAS-Nummer:**
90-02-8
- **gebräuchliche Namen:**
Salicylaldehyd; o-Hydroxybenzaldehyd; SAH; o-Formylphenol; 2-Formylphenol; Salicylal; YDE;
- **Summenformel:**
$C_7H_6O_2$

- **Strukturformel:**

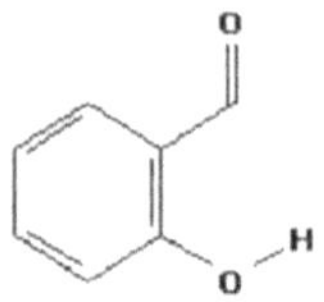

Funktion:
Konservierungsmittel (antimikrobiell und antimykotisch wirkende Substanzen);
Kautschukart:
Latex;

Eigenschaften:
- **toxikologisch/ökotoxikologisch:**
RTECS # VN 5250000
Schweizer Giftliste: 3
WGK: 2
R-Satz: 20/21/22-36/37/38
S-Satz: 24/25-26-36
Sonstiges:
Wirkt schädigend bei Einatmung, Verschlucken oder Aufnahme über Haut; Dämpfe reizen Augen, Schleimhäute und Atemwege; verursacht Hautreizungen [187];
TD Lo (subcutan, Ratte (trächtig)): 400 mg/kg/11 D [428];

LD 50 (oral, Ratte): 520 mg/kg [428];
LD 50 (subcutan, Ratte): 900 mg/kg [428];
LD 50 (Haut, Ratte): 600 mg/kg [428];
LD 50 (intraperitoneal, Maus): 231 mg/kg [428];
LD 50 (Haut, Kaninchen): 3000 mg/kg [187];

Gefahren-Symbol:

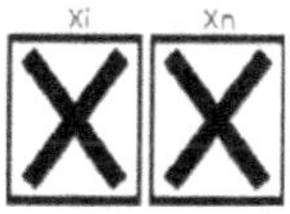

- **physikalisch/chemisch:**
  Schmelzpunkt: 1 - 2 °C; - 7 °C
  Siedepunkt: 197 °C
  Flammpunkt: 76 °C
  Dampfdruck: 1,33 hPa (33 °C) [187]
  Log pOW: 1,70 [4]
  Brechungsindex: 1,5719 (20 °C)
  Dichte: 1146 kg/m3 (20 °C)
  Molmasse: 122,12 g/mol

  Löslichkeit:
  löslich in Ethanol, Diethylether; wenig löslich in Wasser;

Verbleib nach Gebrauch:
Verbrennung;

Bemerkung:
Hellgelbe, ölige Flüssigkeit; bitterer, mandelartiger Geruch;
Unverträglich mit starken Oxidationsmitteln, starken Basen und starken Reduktionsmitteln;

2-Hydroxybenzaldehydoxim

- **CAS-Nummer:**
  94-67-7
- **gebräuchliche Namen:**
  Salicylaldoxim; Salicylaldehydsyn-oxim;
- **Handelsnamen:**
  Saldox;
- **Summenformel:**
  $C_7H_7NO_2$

- **Strukturformel:**

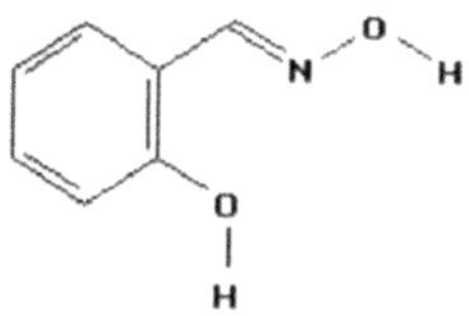

Funktion:
Schutzmittel gegen Metallvergiftung;

Eigenschaften:
- **toxikologisch/ökotoxikologisch:**
  RTECS # VN 5775000
  Schweizer Giftliste: 3

R-Satz: 20/21/22-36/37/38-41
S-Satz: 26-36
Sonstiges:
LD Lo (oral,Ratte): 400 mg/kg [39];

- **physikalisch/chemisch:**
  Schmelzpunkt: 57-59 °C; 59-61 °C
  Molmasse: 137,14 g/mol

  Löslichkeit:
  wenig löslich in Wasser; besser löslich in heißem Wasser; löslich in Ethanol, Ether, Benzen; unlöslich in Petrolether;

Verbleib nach Gebrauch:
Verbrennung nach Mischung mit brennbarem Lösemittel;

Bemerkung:
weißes Pulver

2-Hydroxybenzencarbonsäure

- **CAS-Nummer:**
  69-72-7
- **UN Nummer:**
  2811 n.o.s.
- **gebräuchliche Namen:**
  o-Hydroxybenzoesäure; Salicylsäure; Salizylsäure; 2-Hydroxybenzoesäure; 2-Hydroxybenzolcarbonsäure; Ortho-oxybenzoesäure; Spiroylsäure; Spirasäure;
- **Handelsnamen:**
  Keralyt; Verrugon; Psoriacid-S-Stift; Retarder W; Rutranex; Salonil;
- **Summenformel:**
  $C_7H_6O_3$

- **Strukturformel:**

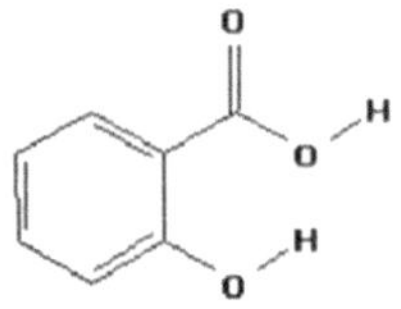

Funktion:
Vulkanisationsverzögerer;
Anwendung:
chirurgische und medizinische Artikel; Sportartikel; Spielsachen; technische Gummiartikel;

Eigenschaften:
- **toxikologisch/ökotoxikologisch:**
  RTECS # VO 0525000
  Schweizer Giftliste: 3
  WGK: 1
  R-Satz: 22-36
  S-Satz: 2-26-44
  Sonstiges:
  Nervengift [39];
  Tägliche Dosis von 0,1 g scheint normale Körperfunktionen beim Menschen nicht zu beeinflussen; in großen Dosen schleimhautreizende, lokal Eiweiß koagulierende und protoplasmatötende Wirkung; 5 - 8 g führen zu Wärmegefühl in der Haut, Ohrensausen und Herabsetzung des Sehvermögens; 10 - 20 g zu Herzschwäche, Delirien, Temperaturkollaps, Krämpfen, Atemlähmung [158];

Innerlich 0,7 - 3,6 g je Tag giftig bis tödlich; 5 g tödlich [30];
Stäube reizen die Augen, die oberen Atemwege und die Haut. Kontakt mit dem Stoff reizt die Augen und die Haut. Der Stoff kann auch über die Haut aufgenommen werden. Die Vergiftung ist - insbesondere nach Aufnahme des Stoffes durch Verschlucken - geprägt durch Beeinflussung des Zentralnervensystems. Ein Erregungsstadium geht in ein Lähmungsstatium über. Symptome: Brennen, Schmerzen und Rötung der Augen, der Nasen- und Rachenschleimhäute sowie der Haut. Husten, Schwindel, Kopfschmerzen, Ohrensausen, beschleunigte Herzschlagfolge. nach Aufnahme größerer Mengen: Schwerhörigkeit, starkes Schwitzen, Leibschmerzen, Übelkeit, Erbrechen, Rauschzustände, Atemnot, tiefe Atmung (vom acidotischen Typ), Unruhe, Schläfrigkeit, Verwirrung, Krämpfe, Koma [484];
Krebserzeugend im Tierversuch (Mäuse) [355];
LD 50 (oral, Maus): 30 mg/20 g [291], 480 mg/kg [428];
LD 50 (oral, Kaninchen): 1300 mg/kg [39];
LD 50 (intravenös, Maus): 500 mg/kg [344];
LD 50 (intraperitoneal, Maus): 300 mg/kg [428];
LC 50 (inhalativ, Ratte): >900 mg/m3/h [428];
LD 50 (oral, Ratte): 891 mg/kg [39], [187];
LD 50 (intraperitoneal, Ratte): 157 mg/kg [428];
LD 50 (oral, Katze): 400 mg/kg [428];

Gefahren-Symbol:

- **physikalisch/chemisch:**

Schmelzpunkt: 159 °C; 157-160 °C
Siedepunkt: 211 °C (26,66 hPa, Subl.)
Flammpunkt: 157 °C
Dampfdruck: 1,33 hPa (114 °C) [187]
Dichte: 1443 kg/m3 (20 °C)
Molmasse: 138,123 g/mol

Löslichkeit:
Wasser 13,2 g/l (70 °C), 66 g/l (100 °C), Diethylether 505 g/l (15 °C); Ethanol 496 g/l (15 °C); leicht löslich in Trichlormethan, Tetrachlorkohlenstoff, Propanon; wenig löslich in Benzen;

Bemerkung zu physikalisch/chemischen Daten:
Zündtemperatur: 570 °C [484];

Verbleib nach Gebrauch:
Verbrennung nach Mischung mit brennbarem Lösemittel;

Bemerkung:
Farblose, süßlich schmeckende Nadeln; synthetische Säure ist farblos;
Wäßrige Lösung färbt ⇒ Eisen(III)-chlorid violett;
Vorkommen: in der Natur im freien Zustand z.B. in den Blättern und Stengeln von Tulpen und Hyazinthen, in Kamillenblüten;
Verwendung: als Konservierungsstoff für kosmetische Mittel; Ausgangsstoff für die pharmazeutisch bedeutsame ⇒ Acetylsalicylsäure; zur Herstellung von Riechstoffen; in der Farbenindustrie als Komponente verschiedener Azofarbstoffe;

Weißes, kristallines Pulver;
Der Stoff reagiert bei Kontakt oder Mischung mit starken Oxidationsmitteln, Eisensalzen, Bleiacetat, Jod und starken Basen. Bei Brand oder Erhitzung bis zur Zersetzung bilden sich giftige phenolhaltige Dämpfe und Kohlendioxid(gas);

2-Hydroxybenzencarbonsäurephenylester

- **CAS-Nummer:**
  118-55-8
- **gebräuchliche Namen:**
  Salicylsäurephenylester; Salizylsäurephenylester; Phenylsalicylat; 2-Hydroxy-benzoesäurephenylester;
- **Handelsnamen:**
  Salol;
- **Summenformel:**
  $C_{13}H_{10}O_3$

- **Strukturformel:**

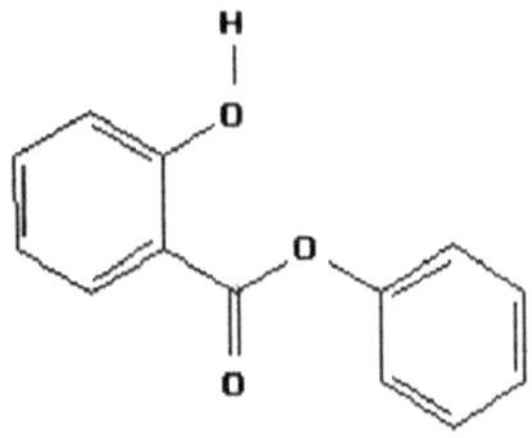

Funktion:
Lichtschutzmittel;

Eigenschaften:
- **toxikologisch/ökotoxikologisch:**
  RTECS # VO 6125000
  Schweizer Giftliste: 4
  R-Satz: 20/21/22-36/37/38-40
  S-Satz: 26-36/37/39
  Sonstiges:
  Reizstoff, Nervengift [39];
  LD 50 (oral, Ratte): 3000 mg/kg [428];
  LD (intraperitoneal, Maus): > 500 mg/kg [428];

- **physikalisch/chemisch:**
  Schmelzpunkt: 44-46 °C
  Siedepunkt: 173 °C (15,99 hPa)
  Flammpunkt: >110 °C
  Brechungsindex: 1,5611 (80-81 °C)
  Dichte: 1155,3 kg/m3 (50 °C)
  Molmasse: 214,22 g/mol

  Löslichkeit:
  Wasser 0,15 g/l (25 °C); Ethanol 538 g/l (25 °C); Propanon 909,9 g/l (30-31 °C); Benzen 805,7 g/l (30 31 °C); leicht löslich in Diethylether, Trichlormethan;

Verbleib nach Gebrauch:
Verbrennung nach Mischung mit brennbarem Lösemittel;

Bemerkung:
Tafeln (nach Umkristallisation aus Methanol);

Hydroxybenzen, styrolisiertes

- **CAS-Nummer:**
  61788-44-1
- **gebräuchliche Namen:**
  Styrolisiertes Phenol; Styrenisiertes Phenol;
- **Handelsnamen:**
  Stabilite 49-456; Stabilite 464-SP; Wingstay S; Wingstay V; Montaclere; Montaclere SPH liq;
- **Summenformel:**
  $C_6H_6O(C_8H_9)_n$

- **Strukturformel:**

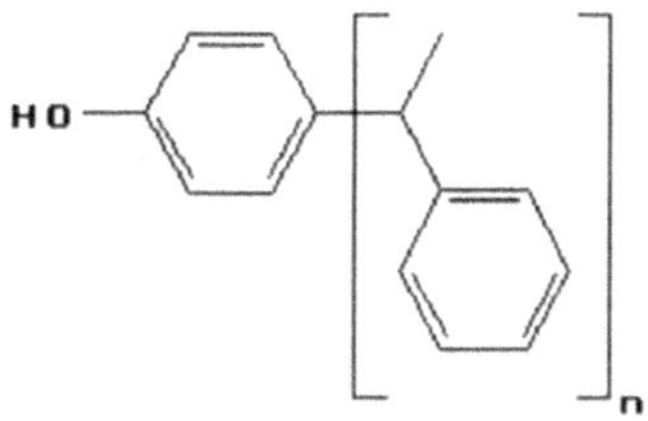

Funktion:
Oxidationsschutzmittel;
Anwendung:
Reifen, Schläuche; chirurgische und medizinische Artikel; Sportartikel; Spielsachen; technische Gummiartikel; Produkte für Industrie, inkl. Druckplattentücher; Klebstoffe; Dichtungen; Latex Tauchartikel; Latex Schaumartikel;

branchenspezifische Bemerkung zur Substanz:
Einsatzmenge: 220 t/a (Reifenindustrie, 1996)

Eigenschaften:
- **toxikologisch/ökotoxikologisch:**
  Sonstiges:
  zu Montaclere; Montaclere SPH liq [Sdb Flexsys]:
  leich haut- und augenreizend, aber nicht kennzeichnungspflichtig;
  LD 50 (oral, Ratte): 3550 mg/kg; LD 50 (dermal, Kaninchen): 7940 mg/kg;

- **physikalisch/chemisch:**
  Dichte: 1080 ± 20 kg/m3
  Löslichkeit:
  unlöslich in Wasser; löslich in Petroleumhydrocarbonalkohol, Diethylester;

Bemerkung:
zu Montaclere; Montaclere SPH liq [Sdb Flexsys]:
klare, bernsteinfarbene Flüssigkeit, aromatischer Geruch; Flammpunkt: 120 °C; löslich in Toluen, Naphtha; Petroläther; unlöslich in Wasser; Zu vermeidende Bedingungen: kann sich bei Temperaturen 100 °C < T < 300 °C selbst entzünden; Zu vermeidende Materialien: Oxidationsmittel; Gefährliche Zersetzungsprodukte: Kohlenmonoxid, Phenol, Styrol;

enthalten in: Montaclere SPH pdr (ca. 65%);

Hydroxybenzoesäure

- **CAS-Nummer:**
  29656-58-4
- **Summenformel:**
  $C_7H_6O_3$

- **Strukturformel:**

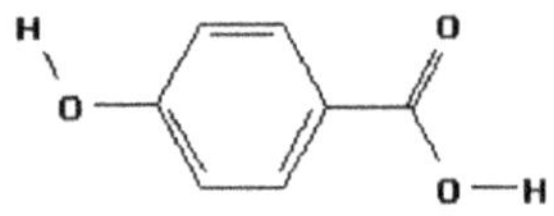

Funktion:
Füllstoff, organisch;

Eigenschaften:

- **physikalisch/chemisch:**
Molmasse: 138,12 g/mol

2-Hydroxybenzothiazol

- **CAS-Nummer:**
934-34-9
- **gebräuchliche Namen:**
BTon; 2-(3H)-Benzothiazolon; Benzothiazol-2-ol;
- **Summenformel:**
C_7H_5NOS

- **Strukturformel:**

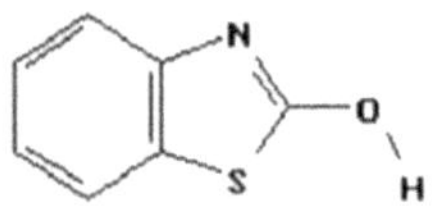

branchenspezifische Bemerkung zur Substanz:
Zersetzungsprodukt von Sulfenamiden;

Eigenschaften:
- **toxikologisch/ökotoxikologisch:**
R-Satz: 20/21/22
S-Satz: 36
Sonstiges:
Besitzt eine unspezifische, narkotische Wirkung auf Bakterien [448];
EC 50 (Leuchtbakterientest): 30 µmol/l [448];
EC 10 (Leuchtbakterientest): 3 µmol/l [448];

- **physikalisch/chemisch:**
Schmelzpunkt: 137-140 °C; 140-141 °C
Siedepunkt: 360 °C
Log pOW: 1,76 [448]
Molmasse: 151,18 g/mol

Löslichkeit:
löslich in Wasser;

Verbleib nach Gebrauch:

Vorkommen in der Umwelt [448]:

		µg/l	
Abwässer			
-Papierfabrik		10-30	
Sedimente		0,3	(Trockenm.)
Klärschlamm	bis zu	310	
Abgaskondensat einer Kohleverbrennung		28	

3-Hydroxy-butan-1-on-[1]-naphthylimin

- **CAS-Nummer:**
  3568-26-1
- **gebräuchliche Namen:**
  1-Aminonaphthalin-Aldol-Kondensat; Reaktionsprodukt von 3-Hydroxybutyraldehyd mit 1-und 2 Naphthylamin; Aldol-(Gemisch aus alpha- und beta-)Naphthylamin- Kondensat;
- **Handelsnamen:**
  Agerite Resin; Alterungsschutzmittel AP; Nonox S;
- **Summenformel:**
  $C_{14}H_{15}NO$

- **Strukturformel:**

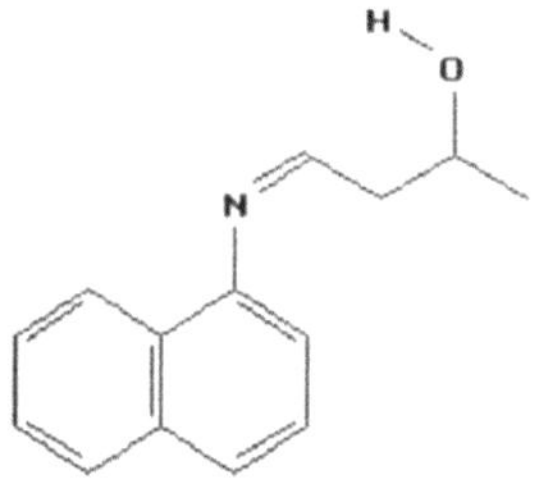

Funktion:

Alterungsschutzmittel;

Eigenschaften:

- **physikalisch/chemisch:**
  Molmasse: 213,28 g/mol

12-Hydroxy-cis-9-octadecensäure

- **CAS-Nummer:**
  141-22-0
- **gebräuchliche Namen:**
  Rizinusölsäure; [R-(z)]-12-Hydroxy-9-octadecensäure; Ricinolsäure;
- **Summenformel:**
  $C_{18}H_{34}O_3$

- **Strukturformel:**

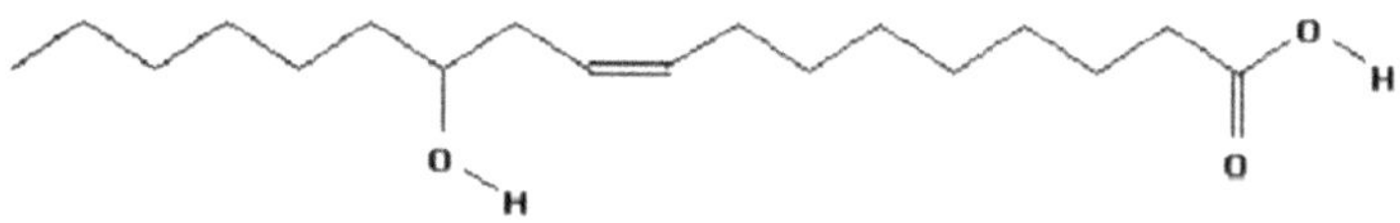

Funktion:
Weichmacher, synthetisch,

Eigenschaften:

- **physikalisch/chemisch:**
Schmelzpunkt: 5,5 °C
Siedepunkt: 245 °C
Brechungsindex: 1,4716 (20 °C)
Dichte: 940 kg/m3 (27,4 °C)
Molmasse: 298,52 g/mol

Löslichkeit:
löslich in Ethanol, Propanon, Ether, Trichlormethan;

Bemerkung:
Flüssigkeit;
Verwendung: in der Textilverarbeitung; in der Trockenreinigung; als Kontrazeptivum;

2-(2-Hydroxyethyl)-ethanol

- **CAS-Nummer:**
111-46-6
- **gebräuchliche Namen:**
DEG; Diethylenethandiol; Diethylenglykol; Diethylenglycol; Diglycol; 2,2'-Oxydiethanol; 2,2-Dihydroxydiethylether; 3-Oxapentan-1,5-diol; Bis-(2-hydroxyethyl)-ether; 2-Hydroxyethylether; Ethylendiglykol; Glykolethylether; 2,2-Dihydroxyethylether; Diglykol;
- **Handelsnamen:**
Bissolvant APV; Brecolane NDG; Deactivator E; Deactivator H; DEG Normal Grade; Dicol; Digol; TL4N; Dissolvand APU; Diglykol; Glykolether; Diethylene Glycol-E;
- **Summenformel:**
$C_4H_{10}O_3$

- **Strukturformel:**

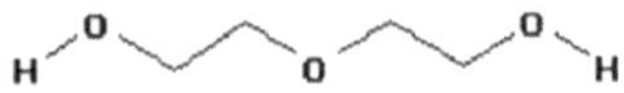

Funktion:
Coagentien für schwefelfreie Vernetzungsmittel;
Haftvermittler für Füllstoffe;

branchenspezifische Bemerkung zur Substanz:
Einsatzmenge: 78 t/a (TSE-Industrie, 1996)

Eigenschaften:
- **toxikologisch/ökotoxikologisch:**
RTECS # ID 5950000
Schweizer Giftliste: 4
WGK: 1
R-Satz: 22
S-Satz: 24
Sonstiges:
Geruchsschwelle: 3ml/ m3 [163];
300 ml/m3 für 15 min. verursachten leichte Reizung der Augen sowie der Nasen- und Rachenschleimhäute [163];
Die Substanz ist bei Aufnahme durch den Mund sehr giftig (Tödliche Dosen 40-50 g); sofern das Stadium der Lähmung des Zentralnervensystems überlebt wird, erkrankt der Vergiftete an schweren

Nierenschäden bis hin zu Nierenversagen; Leberschäden möglich; die Dämpfe und die Flüssigkeit reizen die Augen bei anhaltender Einwirkung auch die Haut;
Symptome: Nach Verschlucken: Übelkeit, Erbrechen, Durchfälle und vor allem Kopfschmerzen; Schläfrigkeit; Schwindel; Trunkenheit; Bewußtlosigkeit;
Nach Einatmen der Dämpfe oder Kontakt mit der Flüssigkeit: Brennen der Augen, der Nasen- und Rachenschleimhäute sowie der Haut [484]; Dämpfe wirken in hohen Konzentrationen narkotisch und führen zu schweren Leber- und Nierenschäden; reizen Augen, Atemwege und Lunge; Hautresorption [163];
470 ml/m3 eingeatmet führen zum Tod [9];
- Hautkontakt: Hautresorption in gesundheitsschädlichen Mengen ist bei einer einmaligen, längeren Exposition unwahrscheinlich. Wiederholter Hautkontakt kann zur Resorption gesundheitsschädlicher Mengen führen. Massiver Kontakt mit der geschädigten Haut oder mit heißem, zu Verbrennung führendem Produkt kann zur Resorption potentiell tödlich wirkender Mengen führen.
- Einatmen: Aufgrund physikalischer Eigenschaften treten Dämpfe bei Raumtemperatur nur geringfügig auf.
Bei Verarbeitung unter hohen Temperaturen können Dampfkonzentrationen entstehen, die Reizungen und andere Wirkungen verursachen können [EG-Sdb];
- Reizwirkung Haut: Nennenswerte Hautreizung ist nach längerem oder wiederholtem Hautkontakt unwahrscheinlich.
- Reizwirkung Augen und Atemwege: In der Regel nicht reizend für das Auge. Übermäßige Exposition kann Reizung der oberen Atemwege verursachen. Bei Erhitzen oder Versprühen des Produkts können Konzentrationen erreicht werden, die Reizungen und andere Wirkungen verursachen.
LC Lo (inhalativ, Mensch): 470 ml/m3 [187];
LD Lo (oral, Mensch): 1000 mg/kg [428];
LD 50 (oral, Ratte): 4200 mg/kg [187], 5170 mg/kg [9], 20760 mg/kg [EG-Sdb], 12565 mg/kg [428];
LC 50 (inhalativ, Ratte): 46 g/m3/2h [187];
LD 50 (intraperitoneal, Ratte): 7700 mg/kg [428];
LD 50 (subcutan, Ratte): 6565 mg/kg [428];
LD 50 (intravenös, Ratte): 6565 mg/kg [428];
LD 50 (Haut, Kaninchen): 7600 mg/kg [187], 7900 mg/kg [9], 13300 mg/kg [EG-Sdb], 11890 mg/kg [428];
LD 50 (oral, Kaninchen): 4400 mg/kg [428];
LD Lo (intravenös, Kaninchen): 2236 mg/kg [428];
LD Lo (intramuskulär, Kaninchen): 4472 mg/kg [428];
LD 50 (oral, Maus): 23700 mg/kg [428];
LD 50 (intraperitoneal, Maus): 9719 mg/kg [428];
LD Lo (subcutan, Maus): 5000 mg/kg [428];
LD 50 (oral, Hund): 9000 mg/kg [428];
LD 50 (oral, Katze): 3300 mg/kg [428];
LD 50 (oral, Meerschweinchen): 7800 mg/kg [428];

Toxische Grenzkonzentration für Pseudomonas putida 8000 mg/l, Scenedesmus quadricauda 2700 mg/l [36];
LC 50 (Daphnia magna): 4700 mg/l [6]; >100 mg/l [EG-Sdb];
LC 50 (Fisch, Goldorfe): 9630/8450 mg/l [33];
LC 50 (Goldfisch): >5000 mg/l [484];
Das Material ist nicht schädlich für Wasserorganismen (LC 50/EC 50/IC 50 >100 mg/l) [EG-Sdb];
Biologische Abbaubarkeit gut (>90 %) [484];

Gefahren-Symbol:

- **physikalisch/chemisch:**

Schmelzpunkt: -10 °C; -8°C; -10,1 °C
Siedepunkt: 245 °C; 240-250 °C; 242-247 °C; 240-255 °C
Flammpunkt: 143 °C; 124 °C; 140 °C*; 150 °C**; 146 °C; 138 °C
Dampfdruck: 0,05 hPa (20 °C) [163]; [484]; <0,01 hPa (20 °C) [Sdb]
Log pOW: -1,98 [4]; -1,305 [Sdb Dow, Shell]
Brechungsindex: 1,4460 (20 °C)

Dichte: 1118 kg/m3 (20 °C)
Molmasse: 106,12 g/mol
Verdunstungszahl: < 0,001 (BuAc = 1) [9]

Löslichkeit:
mischbar mit Wasser; leicht löslich in Ethanol, Methanol, Propanon, konz. Ethansäure; unlöslich in Diethylether, Benzen;

Verbleib nach Gebrauch:
Verbrennung nach Mischung mit brennbarem Lösemittel;
Umweltbelastung durch fotografische Prozesse (BRD, 1986): 190 t/a [156];

Bemerkung:
Farblose, sirupartige Flüssigkeit, fast geruchlos [484]; hygroskopisch [Sdb Shell];
Farblose Flüssigkeit; etherähnlicher Geruch; bei Temperaturen unter 10 °C fester Stoff;
Gefährdungsgruppe I lt. ASAO 728; Gefahrklasse B I (DDR);
Bildet im dampf-/gasförmigen Zustand mit Luft explosionsfähige Gemische:
Explosionsgrenzen:
1,9-22,5 Vol.-%; Zündtemp.: 375 °C [32];
1,8-12,2 Vol.-%; Zündtemp.: 229 °C [Sdb EG];
Zündtemperatur: 226 °C [EG-Sdb];
Reagiert bei Kontakt mit Oxidationsmitteln [EG-Sdb];
Bildet mit Wasser und Ethanol azeotrope Gemische, mit Brom, Jod, Säuren, Halogeniden und verschiedenen organischen Stoffen Additionsverbindungen.
Wegen Neigung zur Peroxidbildung Aufbewahrung in dunklen Gefäßen oder Stabilisierung mit Eisen(II)sulfat;
Verboten in kosmetischen Mitteln;
Verwendung: Lösemittel für Celluloseacetat und -nitrat, Celluloseethylether, Fette, Wachse, Harze, Chlorkautschuk und Lacke; ferner als Extraktionsmittel, bes. für pharmazeutische Präparate; als Inhibitor für 1,1,1-Trichlorethan;

Hydroxylaminhydrochlorid

- **CAS-Nummer:**
  5470-11-1
- **gebräuchliche Namen:**
  Hydroxylammoniumchlorid; Oxammoniumhydrochlorid; Hydroxylaminchlorid;
- **Summenformel:**
  $NH_2OH * HCl$

Anwendung:
Reifen;

branchenspezifische Bemerkung zur Substanz:
Einsatzmenge: 13 t/a (Reifenindustrie, 1996)

Eigenschaften:
- **toxikologisch/ökotoxikologisch:**
  RTECS # NC 3675000
  R-Satz: 22-36/38
  S-Satz: 24/25
  Sonstiges:
  Krebserzeugend; Sensibilisierung durch Hautkontakt möglich;
  LD 50 (oral, Maus): 408 mg/kg [428];
  LD 50 (intraperitoneal, Maus): 10 mg/kg [428];
  LD 50 (subcutan, Maus): 125 mg/kg [428];
  LD Lo (subcutan, Hund): 70 mg/kg [428];

Gefahren-Symbol:

- **physikalisch/chemisch:**
  Schmelzpunkt: 155-157 °C
  Molmasse: 69,49 g/mol

4-Hydroxy-3-methoxybenzaldehyd

- **CAS-Nummer:**
  121-33-5
- **gebräuchliche Namen:**
  Vanillin; 3-Methoxy-4-hydroxybenzaldehyd; p-Vanilin;
  p-Hydroxy-m-methoxybenzaldehyd; Vanilin; 4-Hydroxy-m-anisaldehyd;
- **Handelsnamen:**
  Zimco;
- **Summenformel:**
  $C_8H_8O_3$
- **Strukturformel:**

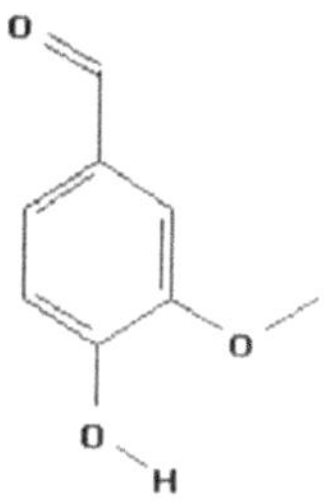

Eigenschaften:
- **toxikologisch/ökotoxikologisch:**
  RTECS # YW 5775000
  Schweizer Giftliste: 4
  WGK: 1
  R-Satz: 22-36
  S-Satz: 26-36
  Sonstiges:
  LD 50 (oral, Ratte): 1580 mg/kg [428];
  LD 50 (dermal, Ratte): 1500 mg/kg [428];
  LD 50 (intraperitoneal, Ratte): 1160 mg/kg [428];
  LD 50 (intraperitoneal, Maus): 475 mg/kg [428];
  LD Lo (Hund, intravenös): 1320 mg/kg [428];
  LD 50 (oral, Meerschweinchen): 1400 mg/kg [428];
  LD 50 (intraperitoneal, Meerschweinchen): 1190 mg/kg [428];
  LD Lo (dermal, Kaninchen): 3000 mg/kg [428];

  Gefahren-Symbol:

- **physikalisch/chemisch:**
  Schmelzpunkt: 81-83 °C; 81,5 °C
  Siedepunkt: 170 °C (19,99 hPa); 285 °C
  Log pOW: 1,37; 1,33
  Molmasse: 152,15 g/mol

  Löslichkeit:
  löslich in Wasser 10 g/l (20 °C);

1-Hydroxy-4-nitrosobenzen

- **CAS-Nummer:**
  104-91-6
- **UN Nummer:**
  2926
- **gebräuchliche Namen:**
  p-Nitrosophenol; 4-Nitrosophenol; [1,4]Benzochinonmonooxim; p-Chinonmonoxim
- **Handelsnamen:**
  Quinone monoxim;
- **Summenformel:**
  $C_6H_5NO_2$

- **Strukturformel:**

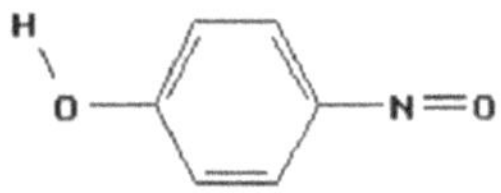

Funktion:
Vulkanisationsbeschleuniger, organisch;

Eigenschaften:
- **toxikologisch/ökotoxikologisch:**
  RTECS # SM 4725000
  Schweizer Giftliste: 1
  WGK: 2
  R-Satz: 11-1-20/21/22-36/37/38
  S-Satz: 16-48-26-36/37/39
  Sonstiges:
  mutagen;
  LD Lo (intraperitoneal, Maus): 250 mg/kg [428];
  LD Lo (parenteral, Maus): 200 mg/kg [428];

  Gefahren-Symbol:

- **physikalisch/chemisch:**
  Schmelzpunkt: 130-132 °C (Zers.)
  Molmasse: 123,11 g/mol

  Löslichkeit:
  wenig löslich in Wasser; löslich in Ethanol, Ether, Propanon, heißem Benzen;

Verbleib nach Gebrauch:
Verbrennung nach Mischung mit brennbarem Lösemittel;

Bemerkung:
schwarzes Pulver; Explodiert bei Kontakt mit konzentrieten Säuren, Alkalilaugen oder Feuer;

4-Hydroxyphenylbenzylether

- **CAS-Nummer:**
  103-16-2
- **gebräuchliche Namen:**
  Hydrochinon-benzylether; 4-(Phenylmethoxy)-phenol; p-(Benzyloxy)-phenol; Monobenzyletherhydrochinon; Hydrochinon-mono-benzylether; Benzylhydroquinon;
- **Handelsnamen:**
  Age Rite Alba; Benzoquin; Carmifal; Depigman; Dermochinona; Leucodinin; Monobenzon; Pigmex; Superlit;
- **Summenformel:**
  $C_{13}H_{12}O_2$
- **Strukturformel:**

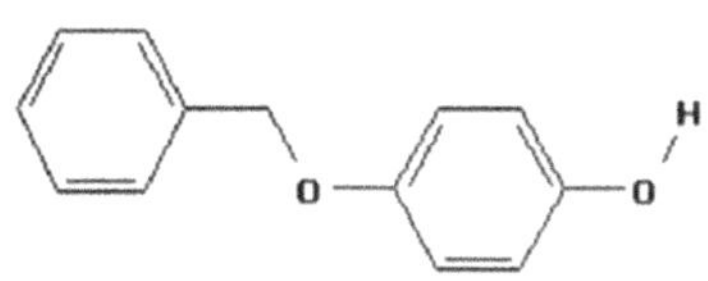

Funktion:
Oxidationsschutzmittel;

Eigenschaften:
- **toxikologisch/ökotoxikologisch:**
  RTECS # SJ 7700000
  R-Satz: 36/37/38
  S-Satz: 26-37/39
  Sonstiges:
  LD 50 (intraperitoneal, Ratte): 4500 mg/kg [428];

- **physikalisch/chemisch:**
  Schmelzpunkt: 121-123 °C; 120°C;122 °C
  Molmasse: 200,24 g/mol

  Löslichkeit:
  löslich in Methanol, Ethanol, Ether, Trichlormethan, Benzen, Propanon; praktisch unlöslich in kaltem Wasser; löslich in siedendem Wasser: 10g/l;

Verbleib nach Gebrauch:
Verbrennung nach Mischung mit brennbarem Lösemittel;

Bemerkung:
braunes Pulver [187];
farbloses kristallines Pulver; hemmt die Melamin-Bildung in der Haut indem es inhibierend auf die Phenyloxidase wirkt;
Anwendung: gegen Hypopigmentierungen der Haut; Stabilisator; Antioxidans; Polymerisationsinhibitor;

(±)2-Hydroxypropansäure

- **CAS-Nummer:**
  598-82-3
- **gebräuchliche Namen:**
  (±)-Milchsäure; 2-Hydroxypropionsäure; E 270;
- **Summenformel:**
  $C_3H_6O_3$

- **Strukturformel:**

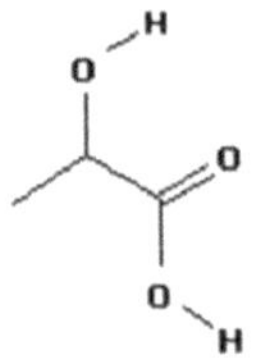

Funktion:
Koaguliermittel für Latex;
Antimikrobielle Mittel für Latex;

Eigenschaften:
- **toxikologisch/ökotoxikologisch:**
  RTECS # OD 2800000
  R-Satz: 34-2021/22
  S-Satz: 26-27-36/37/39
  Sonstiges:
  Milchsäure wirkt auf der Haut in konzentrierter Form ätzend, in starker Verdünnung als Moskito-Lockstoff.
  Der Butylester von Milchsäure ist hochgiftig [62];
  LD 50 (oral, Ratte): 3720 mg/kg [187];

- **physikalisch/chemisch:**
  Schmelzpunkt: 18 °C
  Siedepunkt: 82-85 °C
  Flammpunkt: >110 °C
  Log pOW: -0,62
  Brechungsindex: 1,46262 (20 °C)
  Dichte: 1209 kg/m3; 1206 kg/m3
  Molmasse: 90,08 g/mol

  Löslichkeit:
  löslich in Wasser, Ethanol, Propanon; wenig löslich in Ether; unlöslich in Trichlormethan;

Verbleib nach Gebrauch:
Verbrennung nach Mischung mit brennbarem Lösemittel;

Bemerkung:
Es gibt verschiedenen Arten von Milchsäure: D-(-)-Milchsäure, L-(+)-Milchsäure (CAS-Nr, 79-33-4), (±)-Milchsäure;

Enantiomere: Farblose Kristalle, Schmelzpunkt 53 °C;
Racemat: Farbloses, viskoses, sauer schmeckends Öl; Schmelzpunkt 17 °; Siedepunkt 122 °C (18,66-19,99 hPa); löslich in Wasser, Ethanol, Propanon; wenig löslich in Ether; unlöslich in Trichlormethan;
Verwendung: Als sogenannte Genußsäure in der Nahrungs- und Genußmittelindustrie, Brauerei, Bäckerei, zum Entkalken und Schwellen der Häute in der Gerberei, zur Fabrikation von Sirupen und Brauselimonaden, in der Textilindustrie zum Avivieren von Seide und als Hilfsmittel in der Druck- und Färbertechnik, in der Lebensmittel- und Grünfutterindustrie zum Ansäuern, zur Konservierung, zur Inversion des Zuckers, in Keratolytika usw. sowie als chemisches Zwischenprodukt zur Herstellung von

Lactaten. Medizinisch wird Milchsäure als Säuerungsmittel, Schleimhautantiseptikum und verdauungsförderndes Mittel bei Kleinkindern eingesetzt [62];

L-(+)-2-Hydroxypropansäure

- **CAS-Nummer:**
  79-33-4
- **gebräuchliche Namen:**
  2-Milchsäure; L-(+)-Milchsäure; L-(+)-2-Hydroxypropionsäure;
- **Handelsnamen:**
  Espiritin; Sarcolactic acid; Tisulac;
- **Summenformel:**
  $C_3H_6O_3$
- **Strukturformel:**

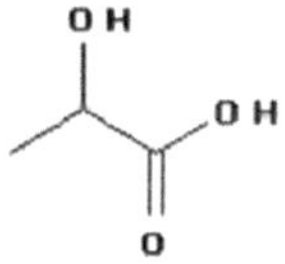

Funktion:
Koaguliermittel für Latex;

Eigenschaften:
- **toxikologisch/ökotoxikologisch:**
  RTECS # OD 3100000
  WGK: 0
  R-Satz: 34
  S-Satz: 26-36/37/39-27-23
  Sonstiges:
  Reizt die Haut und die Schleimhäute; Milchsäuregehalt steigt im Muskelgewebe nach Muskelaktivität an; sie wirkt auf der Haut konz. ätzend, in starker Verdünnung als Moskito-Lockstoff [62];
  sehr gut biologisch abbaubar [Sdb Fa. Sichler];
  LD 50 (intraperitoneal, Maus): 3194 mg/kg [428];

  Gefahren-Symbol:

- **physikalisch/chemisch:**
  Schmelzpunkt: 17 °C; 25,5 °C
  Siedepunkt: 122 °C (18,66-19,99 hPa); 119 °C
  Flammpunkt: 74 °C; >110 °C
  Dampfdruck: 23 hPa (20 °C)
  Log pOW: -0,62
  Brechungsindex: 1,4270 (20 °C)
  Dichte: 1200 kg/m3 (20 °C); 1206 kg/m3
  Molmasse: 90,08 g/mol

  Löslichkeit:
  vollständig mischbar mit Wasser [Sdb Fa. Sichler]; löslich in Alkohol, Ether; unlöslich in Trichlormethan;

Verbleib nach Gebrauch:
Verbrennung nach Mischung mit brennbarem Lösemittel;

Bemerkung:
Hellbraune, geruchlose Flüssigkeit [Sdb Fa. Sichler];
Viskose, farblose Flüssigkeit, rechtsdrehende Milchsäure, wegen Vorkommen im Blut, im Muskelserum, in der Galle, den Nieren usw. auch Fleisch-Milchsäure genannt [62];
Enthalten in Milchsäure 80% für Genußzwecke;

D-(-)-2-Hydroxypropansäure

- **CAS-Nummer:**
  10326-41-7
- **gebräuchliche Namen:**
  Milchsäure (linksdrehende); 2-Hydroxy (R)-propansäure;
- **Handelsnamen:**
  E 270;
- **Summenformel:**
  $C_3H_6O_3$
- **Strukturformel:**

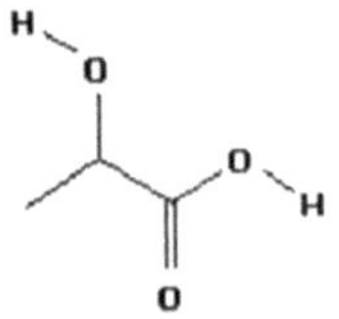

Funktion:
Koaguliermittel für Latex;

Eigenschaften:
- **toxikologisch/ökotoxikologisch:**
  Sonstiges:
  Wirkt auf der Haut in konzentrierter Form ätzend, in starker Verdünnung als Moskito-Lockstoff. Der Butylester von Milchsäure ist hochgiftig [573];

- **physikalisch/chemisch:**
  Schmelzpunkt: 53 °C
  Siedepunkt: 103,2 °C
  Log pOW: -0,62
  Molmasse: 90,08 g/mol

  Löslichkeit:
  löslich in Wasser, Ethanol;

Bemerkung:
Entsteht z.B. bei der Fermentation von Glucose durch Lactobacillus leichmannii, sie bildet mit vielen Metall-Ionen vorwiegend linksdrehende Salze;
Herstellung: Technisch erfolgt die Herstellung der Milchsäure durch Gärung. Besonders reine Milchsäure, wie sie für industrielle Zwecke u. als Nahrungsmittelzusatz benötigt wird, erhält man durch Vergärung von Milch oder Molke mit lactobacillus casei u. Lactobacillus bulgaricus. Zur Vergärung von Glucose u. Maltose aus Melassen u. Malz werden Lactobacillus delbrückii, Lachtobacillus leichmannii oder Sprolactobacillus inulinus eingesetzt. Durch derartige Fermentations-Verfahren werden heute weltweit ca. 15.000 t Milchsäure hergestellt. Synthetisch wird ca. die gleiche Menge aus Hydroxypropionitril gewonnen, das z.B. bei Acrylnitirl-Synthese anfällt.
Verwendung: Als soge. Genußsäure in der Nahrungs- und Genußmittel-Industrie, Brauerei, Bäckerei, zum Entkalken und Schwellen der Häute in der Gerberei, zur Fabrikation von Sirupen u. Brauselimonaden, in der Textil-Industrie zum Avivieren von Seide u. als Hilfsmittel in der Druck- u. Färbereitechnik, in der Lebensmittel- u. Grünfutter-Industrie zum Ansäuern, zur Konservierung, zur Inversion des Zuckers, in Keratolytika usw. sowie als chem. Zwischenprodukt zur Herstellung von Lactaten. Medizinisch wird

Milchsäure als Säuerungsmittel, Schleimhautantiseptikum u. verdauungsförderndes Mittel bei Kleinkindern eingesetzt [573].

2-Hydroxy-1,2,3-propantricarbonsäure

- **CAS-Nummer:**
  77-92-9
- **gebräuchliche Namen:**
  2-Hydroxy-1,2,3-propantricarboxylsäure; E 330; Citronensäure; Zitronensäure;
- **Summenformel:**
  $C_6H_8O_7$

- **Strukturformel:**

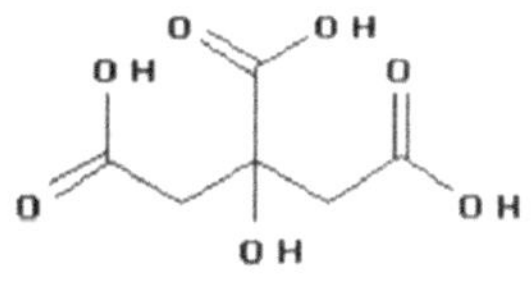

Funktion:
Antimikrobielle Mittel für Latex;

Eigenschaften:
- **toxikologisch/ökotoxikologisch:**
  RTECS # GE 7350000
  Schweizer Giftliste: 4
  WGK: 0
  R-Satz: 41-37/38
  S-Satz: 26-36
  Sonstiges:
  Kontakt mit Augen verursacht Reizungen; wenig toxisch im Tierversuch [418]; kann schädigend wirken beim Einatmen, Verschlucken oder Aufnahme über Haut; verursacht Augen- und Hautreizungen; reizt Schleimhäute und Atemwege [187];
  LD 50 (oral, Ratte): 6730 mg/kg [187], 11500 mg/kg [418], 3000 mg/kg [428];
  LD 50 (intraperitoneal, Ratte): 290 mg/kg [428];
  LD 50 (subcutan, Ratte): 5500 mg/kg [428];
  LD 50 (oral, Maus): 5040 mg/kg [428];
  LD 50 (subcutan, Maus): 2700 mg/kg [428],
  LD 50 (intravenös, Maus): 42 mg/kg [428];
  LD Lo (oral, Kaninchen): 7000 mg/kg [428];
  LD 50 (intravenös, Kaninchen): 330 mg/kg [428];

  Toxische Grenzkonzentration für Scenedesmus quadricauda 640 mg/l [418], für Daphnia magna 153 mg/l [389];
  BSB(5): 0,4 - 0,42 [418]; CSB: 745 mg/g [13];

- **physikalisch/chemisch:**
  Schmelzpunkt: 153 °C, 100 °C *
  Log pOW: -1,72 [4]
  Brechungsindex: 1,4584 (170-173 °C)
  Dichte: 1665 kg/m3 (20 °C); 1542 kg/m3 (20 °C)*
  Molmasse: 192,12 g/mol
  Löslichkeit:
  Wasser 733 g/l (20 °C), 1630 g/l (20 °C) für Monohydrat; Ethanol 759,1 g/l (15 °C); Diethylether 22,6 g/l (15 °C); unlöslich in Benzen, Trichlormethan;

  Bemerkung zu physikalisch/chemischen Daten:
  *: Angaben für Monohydrat;
  Bei Erwärmung über 175 °C erfolgt Zersetzung unter Bildung von Zitronensäureanhydrid[573];

Verbleib nach Gebrauch:
Verbrennung nach Mischung mit brennbarem Lösemittel;

Bemerkung:
Farblose Kristalle oder Granulate;
Zugelassen als Lebensmittelzusatzstoff nach LMBG;
Der Saft der Zitronen enthält 5 - 8 % Citronensäure;
Verwendung: in der Fotoindustrie für Verstärker (Orwo 600), als Entwicklerzusatz (Orwo 75); zur Händereinigung; in der Lebensmittelindustrie als Säuerungsmittel;

2-Imidazolidinthion

- **CAS-Nummer:**
96-45-7
- **gebräuchliche Namen:**
ETU; N,N'-Ethylthiokohlensäurediamid; N,N'-Ethylenthioharnstoff; Imidazolidin-2-thion; 2-Thioimidazolin; 4,5-Dihydro-2-mercaptoimidazol; Ethylenthiocarbamat; 2-Imidazolidinethion; 1,3-Ethylen-2-thioharnstoff; Imidazolin-2(3)-thion; 4,5-Dihydroimidazol-2(3H)-thion; Ethylenthioharnstoff; 1,3-Ethylenthioharnstoff; 1,3-Ethylen-2-thionharnstoff; Imidazolin-2-thiol; 2-Imidazolin-2-thiol;
- **Handelsnamen:**
Akrochem ETU; Akrochem ETU-22; Akrochem ETU-2; Akrochem NA-22; Akrochem 220; Akrochem 227; Mercazin 1 NA 22; NA 22; NA 22 D; Natrium-22 neopren accelerator; NCI-C03372; Pennac CRA; RCRA waste number U 116; Rhenogran ETU; Rhenogran ETU-70/ECO; Rhenogran ETU-80; Rhenosol ETU-50; Rhodanin S 62; Robac 22; Sanceller 22; Sodium-22 neoprene accelerator; Soxinol 22; USAF EL-62; Vulcacit npv/C; Vulcacit npv/C2; Warecure C;
- **Summenformel:**
$C_3H_6N_2S$

- **Strukturformel:**

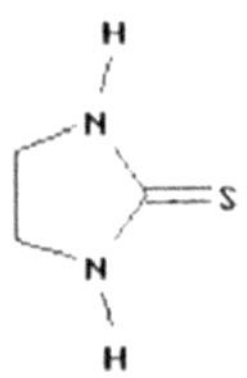

Funktion:
Vulkanisationsbeschleuniger, organisch;
Kautschukart:
Chloropren-Kautschuk; Epichlorhydrin-Kautschuk;
Anwendung:
chirurgische und medizinische Artikel, Sportartikel; Spielsachen; technische Gummiartikel; Produkte für Industrie, inkl. Druckplattentücher; Klebstoffe; Dichtungen;

branchenspezifische Bemerkung zur Substanz:
Einsatzmenge: 140 t/a (Reifenindustrie: 8 t/a, TSE-Industrie: 130 t/a) (1996)

Eigenschaften:
- **toxikologisch/ökotoxikologisch:**
RTECS # NI 9625000
R-Satz: 61-22
S-Satz: 53-45
Sonstiges:
Repr.Cat.2 [505]; karzinogen [187]; Wirkt schädigend bei Einatmung, Verschlucken oder Aufnahme über Haut; kann Reizungen verursachen [187];
LD 50 (oral, Ratte): 265 mg/kg [187], 1832 mg/kg [428];
TD Lo (oral, Ratte): 297 mg/kg/28 D, 764 mg/kg/90 D, 220 mg/kg/7 W, 3600 mg/kg/17 W, 10920 mg/kg/2 Y, 5360 mg/kg/77 W [428];

TD Lo (oral, Ratte (trächtig)): 60 mg/kg/13 D, 100 mg/kg/13 D, 60 mg/kg/13 D, 10 mg/kg/17 D, 50 mg/kg/12 D, 30 mg/kg/15 D [428];
TC Lo (inhalativ, Ratte): 120 mg/kg/m3/3 h, 27200 µg/m3/3 h [428];
TC Lo (inhalativ, Ratte (trächtig)): 120 mg/m3/7-14 D, 27200 µg/m3/7-14 D [428];
TD Lo (Haut, Ratte (trächtig)): 100 mg/kg/12-13 D, 2800 mg/kg/1-21 D [428];
TD Lo (intraperitoneal, Ratte (trächtig)): 30 mg/kg/12-19 D [428];
TD Lo (subcutan, Ratte (trächtig)): 80 mg/kg/13 D [428];
LD 50 (oral, Maus): 4000 mg/kg [464], 3000 mg/kg;
TD Lo (oral, Maus (trächtig)): 1600 mg/kg/12 D, 2000 mg/kg/7-16 D, 2400 mg/kg/12 D [428];
TD Lo (oral, Maus0): 87360 mg/kg/2 Y, 77000 mg/kg/82 W [428];
LD 50 (intraperitoneal, Maus): 200 mg/kg [428];
TD Lo (oral, Katze (trächtig)): 600 mg/kg/16-35 D [428];
TD Lo (oral, Kaninchen (trächtig)): 1120 mg/kg/7-20 D, 140 mg/kg/7-20 D [428];
TD Lo (oral, Hamster (trächtig)): 600 mg/kg/11 D, 6480 mg/kg/6-18 D, 2400 mg/kg/11 D, 2160 mg/kg/6-13 D, 1200 mg/kg/11 D [428];

zu Mixland ETU 80 GE [Sdb Göbel], Angaben bezogen auf Wirkstoff:
LD 50 (oral, Ratte): 545 mg/kg;

Gefahren-Symbol:

T

- **physikalisch/chemisch:**
  Schmelzpunkt: 196-199 °C
  Log pOW: -0,66 [4]
  Dichte: 1400 kg/m3 (20 °C)
  Molmasse: 102,16 g/mol
  Löslichkeit:
  Wasser 20 g/l (30 °C); schwach löslich in Methanol, Ethanol, Ethylglykol, Pyridin; unlöslich in Propanon, Diethylether, Trichlormethan, Benzen;

Verbleib nach Gebrauch:
Verbrennung nach Mischung mit brennbarem Lösemittel;

Bemerkung:
Weißes kristallines Pulver;
Verwendung: als Vulkanisationsbeschleuniger und Antioxidans in der Gummiindustrie;

alte CAS-Nr. 96-46-8 [428];
zu Mixland ETU 80 GE [Sdb Göbel], Angaben bezogen auf Wirkstoff:
Schmelzpunkt: 195-203 °C; löslich in Propanon Alkohol;

enthalten in: Mixland ETU 80 GE (80 %); Deovulc EG 3 (25 %); Robac 22 PM 75/80 (75-80 %);

Indeno[1,2,3-cd]pyren

- **CAS-Nummer:**
  193-39-5
- **Summenformel:**
  $C_{22}H_{12}$

- **Strukturformel:**

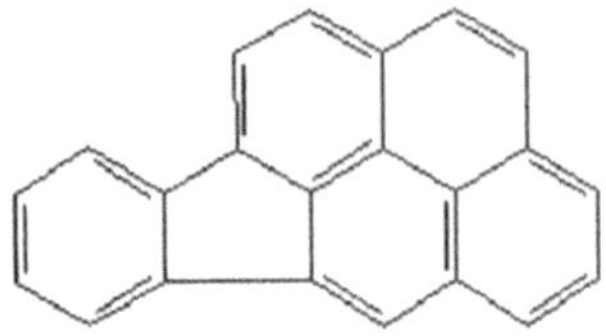

Funktion:
Begleitsubstanz vieler Weichmacheröle

branchenspezifische Bemerkung zur Substanz:
Diese Substanz ist eine der von EPA vorgeschriebenen Stoffe (insgesamt 16), die zur Bestimmung des PAH-Gehaltes z.B. in Weichmacherölen zu analysieren sind.
Ist u.a. enthalten in aromatischen Weichmacherölen; Bildet sich bei der Vulkanisation als Zersetzungsprodukt aus Kohlenwasserstoffen;

Eigenschaften:
- **toxikologisch/ökotoxikologisch:**
RTECS # NK 9300000
Sonstiges:
TDLo (intraperitoneal, Ratte): 4150 mg/kg [428];
TDLo (Haut, Maus): 40 mg/kg [428];

- **physikalisch/chemisch:**
Schmelzpunkt: 161-163 °C; 163-164 °C; 158-159 °C
Siedepunkt: 260 °C (0,23 hPa)
Molmasse: 276,34 g/mol

2,2'-Isobutyliden-bis(4,6-dimethylphenol)

- **CAS-Nummer:**
33145-10-7
- **gebräuchliche Namen:**
IMBK; 4,6,4',6'-Tetramethyl-2,2'-isobutylidendiphenol;
- **Handelsnamen:**
Vulkanox NKF;
- **Summenformel:**
$C_{20}H_{26}O_2$

- **Strukturformel:**

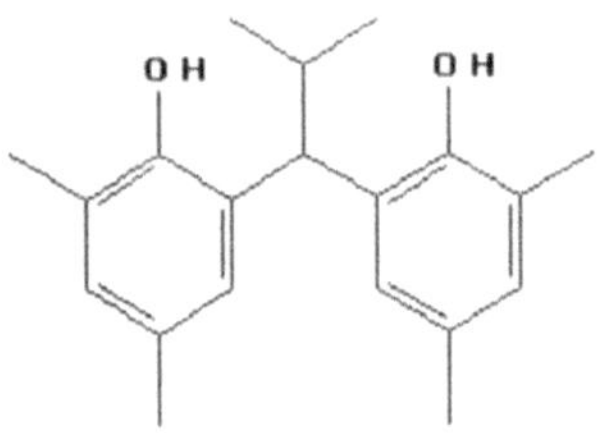

Funktion:
Schutzmittel gegen Metallvergiftung; Oxidationsschutzmittel;

Eigenschaften:
- **toxikologisch/ökotoxikologisch:**
WGK: 1

- **physikalisch/chemisch:**
Molmasse: 298,42 g/mol

3-Isocyanatmethyl-3,5,5-trimethylcyclohexylisocyanat

- **CAS-Nummer:**
  4098-71-9
- **UN Nummer:**
  2290
- **gebräuchliche Namen:**
  IPDI; Isophorondiisocyanat; Cyclohexylisocyanat; 3-Isocyanatmethyl-3,5,5-trimethyl-cyclohexyl-isocyanat; 5-Isocyanato-1-(iso-cyanatomethyl)-1,3,3-trimethylcyclohexan; Isophorondiamin-diisocyanat;
- **Summenformel:**
  $C_{12}H_{17}N_2O_2$
- **Strukturformel:**

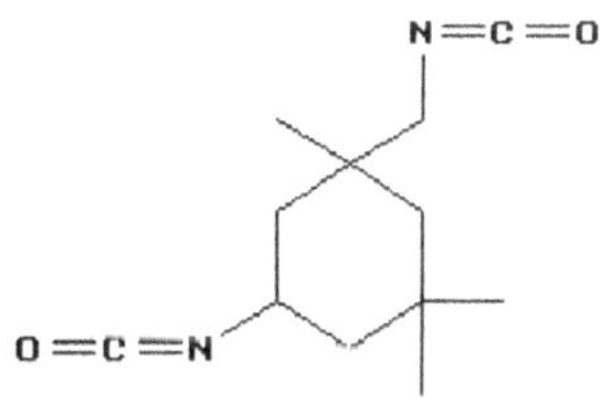

Funktion:
1) Vernetzungsmittel, schwefelfrei;

branchenspezifische Bemerkung zur Substanz:
2) Zersetzungsprodukt von N-Cyclohexyl-2-benzothiazolsulfenamid (CBS) (CAS-Nr. 95-33-0);

Eigenschaften:
- **toxikologisch/ökotoxikologisch:**
  RTECS # NQ 9370000
  Schweizer Giftliste: 2
  WGK: 2
  MAK Wert: 0,09 mg/m3 bzw. 0,01 ml/m3
  R-Satz: 23-36/37/38-42/43
  S-Satz: (1/2)-26-28-38-45
  Sonstiges:
  Einstufung und Kennzeichnung von Zubereitungen, in denen diese Substanz enthalten ist:
  20%<=C ⇒ T; R23-36/37/38-42/43
  2%<=C<20% ⇒ T; R23-42/43
  0.5%<=C<2% ⇒ Xn; R20-42/43

  Hautresorption II; Spitzenbegrenzung I;
  Angesichts des sehr niedrigen Dampfdrucks der Flüssigkeit ist bei üblichen Umgebungstemperaturen nicht mit dem Freiwerden gesundheitsschädlicher Dampfkonzentrationen zu rechnen. Die bei Erhitzung entstehenden Dämpfe jedoch reizen und schädigen stark die Schleimhäute der Atemwege, die Lunge, die Augen sowie die Haut. Asthmaähnliche Zustände. Lungenödem möglich. Achtung, ein Lungenödem kann mit einer Verzögerung bis zu zwei Tagen auftreten. Nach Einatmen der Dämpfe ist daher eine ärztliche Untersuchung in jedem Fall erforderlich. Kontakt mit der Flüssigkeit ruft sehr starke Reizung der Augen und der Haut hervor. Der Stoff hat auch eine allergisierende Wirkung. Bei Brand bilden sich hochgiftige Gase oder Dämpfe wie Kohlenmonoxid, isocyanathaltige Dämpfe und nitrose Gase.
  Symptome: Tränenfluß, Brennen der Nasen- und Rachenschleimhäute sowie der Haut; Reizhusten, Atemnot wie bei Asthma, Engegefühl auf der Brust, rasselnde Atmung [484];
  Nervengift; Gefahr der Sensibilisierung; allergische Frühreaktion;
  LD 50 (Haut, Ratte): 1060 mg/kg [428];
  Ld 50 (oral, Ratte): 3990 mg/kg [428];
  LD 50 (intraperitoneal, Ratte): 205 mg/kg [428];
  LC 50 (inhalativ, Ratte): 123 mg/m3/4h) [39];
  LD 50 (intravenös, Maus): 320 mg/kg [428];
  LD 50 (dermal, Kaninchen): 660 µl/kg [428];

Gefahren-Symbol:

- **physikalisch/chemisch:**
  Schmelzpunkt: -60 °C
  Siedepunkt: 360 °C
  Flammpunkt: >110 °C; 155 °C
  Dampfdruck: 0,000013 hPa (25 °C) [509]; 0,0004 hPa (20 °C) [484]
  Log pOW: 1,95
  Brechungsindex: 1,4840 (20 °C)
  Dichte: 1058-1064 kg/m3
  Molmasse: 222,32 g/mol
  Löslichkeit:
  sehr geringfügig mischbar mit Wasser [484];

  Bemerkung zu physikalisch/chemischen Daten:
  Zündtemperatur: 430 °C [484];

Verbleib nach Gebrauch:
Verbrennung nach Mischung mit brennbarem Lösemittel;

Bemerkung:
Farblose bis leicht gelbliche Flüssigkeit; scharfer, stechender Geruch;
der Stoff reagiert sehr heftig bei Kontakt oder Mischung mit Alkoholen, Mercaptanen, Aminen, Amiden und Methanen unter sehr starker Wärmeentwicklung und Bildung von Kohlendioxid und giftigen Isocyanatdämpfen [484];
reagiert mit Wasser zu Carbondioxid und Diamin;

Isocyanatobenzen

- **CAS-Nummer:**
  103-71-9
- **UN Nummer:**
  2487
- **gebräuchliche Namen:**
  Isocyanatobenzol; Phenylisocyanat; Carbanil; Isocyansäure-phenylester; Phenylcarbamid; Phenylcarbimid; Phenylcarbonimid;
- **Handelsnamen:**
  Mondur P;
- **Summenformel:**
  C_7H_5NO

- **Strukturformel:**

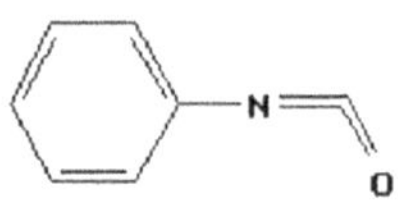

branchenspezifische Bemerkung zur Substanz:
Reaktionsprodukt von Diphenylthioharnstoff (DPTU);

Eigenschaften:
- **toxikologisch/ökotoxikologisch:**
  RTECS # DA 3675000

WGK: 2
R-Satz: 22-23/24/25-26-34-36/37/38-42
S-Satz: 26-27-28A-36/37/39-38-44-45
Sonstiges:
Dämpfe reizen sehr stark Augen, Haut und Atemwege bis hin zu Lungenödem (kann mit Verzögerung bis zu zwei Tagen auftreten); Kontakt mit der Flüssigkeit bewirkt sehr starke Reizung und Verätzung der Augen und Haut, Allergisierung möglich; Stoff reagiert mit Wasser unter Wärmeentwicklung und Bildung giftiger Gase; bei Erhitzen bis zur Zersetzung oder bei Brand bilden sich giftige nitrose Gase und Cyanwasserstoff [163];
LD 50 (oral, Ratte): 940 mg/kg [428];
LD 50 (Haut, Kaninchen): 7130 mg/kg [428];
LD 50 (oral, Maus): 196 mg/kg [428];

Gefahren-Symbol:

T+

- **physikalisch/chemisch:**
Schmelzpunkt: - 31 °C
Siedepunkt: 166 °C
Flammpunkt: 51 °C
Dampfdruck: 1,86 hPa (20 °C) [187]; 2,5 hPa (20 °C) [163]; 3,73 hPa (55 °C) [187];
Brechungsindex: 1,5350 (20 °C)
Dichte: 1096 kg/m3 (20 °C); 1088,7 kg/m3 (4 °C)
Molmasse: 119,12 g/mol

Löslichkeit:
löslich in Diethylether, Propanon;

Bemerkung zu physikalisch/chemischen Daten:
Zündtemperatur: 645 °C

Verbleib nach Gebrauch:
Verbrennung;

Bemerkung:
Farblose Flüssigkeit; stechender Geruch; tränenreizend; giftig; brennbar; feuchtigkeitsempfindlich; Stoff kann spontan und sehr heftig mit Wasser, Alkoholen, Säuren, Laugen, Aminen und sauerstoffreichem Material (Oxidationsmitteln) unter Gasentwicklung reagieren;

4-Isocyanatophenolphosphorothioatester

- **CAS-Nummer:**
4151-51-3
- **gebräuchliche Namen:**
Thiophosphorsäure-tris-(p-iso-cyanatophenyl)-ester; Tris-(p-isocyanatophenyl)thiophosphat; Thiophosphorsäure-O,O',O"-tris-(4-isocyanato-phenyl)ester; Thionophosphorsäure-tris-[p-isocyanatophenyl]-ester; 4-Isocyanato-phenyl-phosphoro-thioatester (3:1);
- **Handelsnamen:**
Desmodur RF; Desmodur RFE;
- **Summenformel:**
$C_{21}H_{12}N_3O_6PS$

- **Strukturformel:**

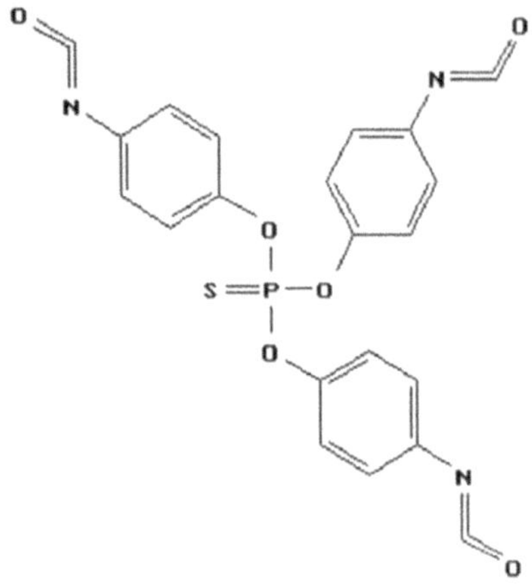

Funktion:
(1) Vernetzungsmittel, schwefelfrei;
(2) Haftmittel;
Kautschukart:
(1) Dienkautschuk;

branchenspezifische Bemerkung zur Substanz:
Einsatzmenge: 4,9 t/a (TSE-Industrie, 1996)

Eigenschaften:
- **physikalisch/chemisch:**
Molmasse: 465,38 g/mol

Isooctyl-Tallat

- **CAS-Nummer:**
68333-78-8
- **Handelsnamen:**
Plasthall 100

Funktion:
Weichmacher, synthetisch;

4-Isopropoxy-2-butanol

- **CAS-Nummer:**
40091-57-4
- **gebräuchliche Namen:**
4-Isopropyloxy-butan-2-ol; 2-Butanol-4-isopropoxy;
- **Summenformel:**
$C_7H_{16}O_2$

- **Strukturformel:**

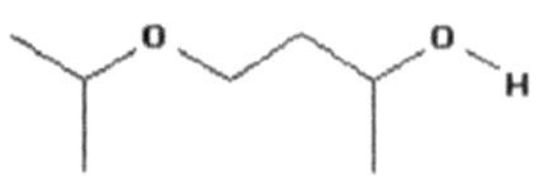

branchenspezifische Bemerkung zur Substanz:
Reaktionsprodukt von Bis-[1-methyl-1-phenyl-ethyl]-peroxid (CAS-Nr,: 80-43-3) [Vullkanisiermittel];

Eigenschaften:

- **physikalisch/chemisch:**
  Siedepunkt: 88 °C (46,65 hPa); 94 °C (60 hPa)
  Molmasse: 132,20 g/mol

4,4'-Isopropylidenbis-(o-1,1-dimethylethylhydroxybenzen)

- **CAS-Nummer:**
  79-96-9
- **gebräuchliche Namen:**
  4,4'-Isopropylidenbis-(o-tert-butylphenol); tert.-butylierte 2,2'-Bis-(4-hydroxy-phenyl)-propan, Mischung;
- **Handelsnamen:**
  Agerite Superlite;
- **Summenformel:**
  $C_{23}H_{32}O_2$

- **Strukturformel:**

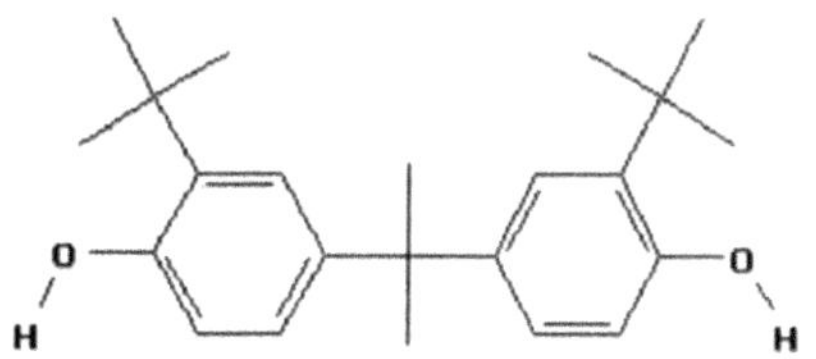

Funktion:
Oxidationsschutzmittel;
Kautschukart:
Styrol-Butadien-Kautschuk;

Eigenschaften:
- **toxikologisch/ökotoxikologisch:**
  RTECS # SK 8300000
  Sonstiges:
  LD 50 (intraperitoneal, Maus): 40 mg/kg [428];

- **physikalisch/chemisch:**
  Molmasse: 340,5 g/mol

Isothiocyanatbenzen

- **CAS-Nummer:**
  103-72-0
- **gebräuchliche Namen:**
  Phenylsenföl; PTC; PITC; Thiocarbanil; Phenylisothiocyanat;
- **Summenformel:**
  C_7H_5NS

- **Strukturformel:**

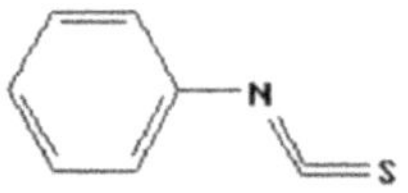

branchenspezifische Bemerkung zur Substanz:
Zersetzungsprodukt von Diephenylguanidin (DPG) (Cas-Nr. 102-06-7);
Reaktionsprodukt von Dimethylthioharnstoff (DPTU);

Eigenschaften:
- **toxikologisch/ökotoxikologisch:**
RTECS # NX 9275000
Schweizer Giftliste: 2
WGK: 2
R-Satz: 23/24/25-36/37/38
S-Satz: 28-36-45
Sonstiges:
Tränenzeizend; Mutagen;
LD 50 (oral, Maus): 87 mg/kg [39], [428];
LD Lo (intraperitoneal, Ratte): 150 mg/kg[428];
LD 50 (intraperitoneal, Maus): 100 mg/kg [428];
LD 50 (subcutan, Maus): 250 mg/kg [428];
TD Lo (subcutan, Maus): 225 mg/kg [428];

Gefahren-Symbol:

- **physikalisch/chemisch:**
Schmelzpunkt: -21 °C; -22,5 °C
Siedepunkt: 221 °C; 121 °C (4,9 hPa)
Flammpunkt: 87 °C
Dampfdruck: 3 hPa (60 °C)
Log pOW: 3,28; 3,22; 3,40
Brechungsindex: 1,6497 (20 °C); 1,6515 (20 °C)
Dichte: 1130 kg/m3; 1128,8 kg/m3 (25 °C); 939,8 kg/m3 (4 °C)
Molmasse: 135,18 g/mol
Löslichkeit:
nicht mischbar mit Wasser; löslich in Alkohol und Ether;

Verbleib nach Gebrauch:
Verbrennung;

Bemerkung:
farblose Flüssigkeit; feuchtigkeitsempfindlich; Droge;
Wird zur Derivatisierung N-terminaler Aminosäuren benutzt; geeignet für Protein-Sequenzanalyse;

Isothiocyanato-cyclohexan

- **CAS-Nummer:**
1122-82-3
- **gebräuchliche Namen:**
Cyclohexylisothiocyanat; CITC; Isothiocyansäure-cyclohexylester; Isothiocyanatocyclohexan;
- **Summenformel:**
$C_7H_{11}NS$

- **Strukturformel:**

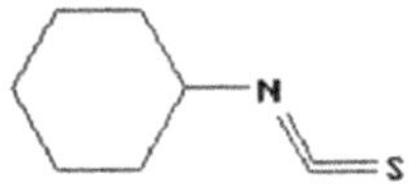

branchenspezifische Bemerkung zur Substanz:
Reaktiosprodukt aus Cyclohexylbenzothiazolsulfenamid (CBS) [Vulkanisationsverzögerer];

Eigenschaften:
- **toxikologisch/ökotoxikologisch:**
RTECS # NX 8480000
R-Satz: 20/21/22-32
S-Satz: 23-44
Sonstiges:
LDLo (intraperitoneal, Ratte): 300 mg/kg [428];

- **physikalisch/chemisch:**
Schmelzpunkt: 70-72 °C
Siedepunkt: 222 °C (998,3 hPa); 152-154 °C (50,65 hPa); 81-83°C (4 hPa)
Flammpunkt: 95 °C
Brechungsindex: 1,538 (20 °C)
Dichte: 996 kg/m3 (20 °C)
Molmasse: 141,23 g/mol

Verbleib nach Gebrauch:
Verbrennung nach Mischung mit brennbarem Lösemittel;

Bemerkung:
farblose bis gelbe Flüssigkeit;

Kaliumperoxodisulfat

- **CAS-Nummer:**
7727-21-1
- **UN Nummer:**
1492
- **gebräuchliche Namen:**
Kaliumpersulfat; perschwefelsaures Kalium; überschwefelsaures Kalium; Kaliumperoxodisulfat;
- **Handelsnamen:**
Anthion; Palidol;
- **Summenformel:**
$K_2S_2O_8$

Funktion:
Antimikrobielle Mittel für Latex;

Eigenschaften:
- **toxikologisch/ökotoxikologisch:**
RTECS # SE 0400000
Schweizer Giftliste: 4
WGK: 1
R-Satz: 8-22-42/43
S-Satz: 16-17-26-43
Sonstiges:

Der Staub oder der Kontakt mit dem festen Stoff führt zur Reizung bis hin zur Verätzung der Augen, der Atemwege und der Haut; Lungenödem möglich; bei Erhitzung bis zur Zersetzung wird Sauerstoff und hochgiftiges Schwefeltrioxid freigesetzt [163];
Durch Zersetzung toxisch: 869 mg/l Kaliumsulfat tödlich für Fische;
Schwefelsäure: 15 mg/l Pflanzenschädigung; bei pH 4,6 Absterben von Fischen; Schwefelige Säure 1 mg/l tödlich für Fische; Wasserstoffperoxid 40 mg/l toxisch für Forellen; Störungsschwelle für Fischnährtiere 2500 mg/l [484];
LD 50 (oral, Ratte): 802 mg/kg [428];

Gefahren-Symbol:

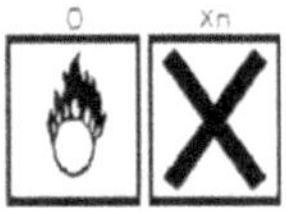

- **physikalisch/chemisch:**
  Schmelzpunkt: < 100 °C (Zers.)
  Dichte: 2477 kg/m3 (20 °C)
  Molmasse: 270,31 g/mol
  Löslichkeit:
  Wasser 17,5 g/l (0 °C), 53,0 g/l (20 °C); unlöslich in Ethanol;

Verbleib nach Gebrauch:
Sondermüll-Deponie, ausgefällte Sulfide von Mangan, Chrom oder Molybdän aus der Behandlung der Lösung mit Schwefelsäure und Natriumbisulfit und Neutralisation, lösliches Sulfid wird mit Hypochlorit zersetzt, neutralisiert ins Abwasser gegeben;

Bemerkung:
Weiße, geruchlose Kristalle oder Pulver;
Sehr heftige Reaktion mit starken Alkalien wie Natrium- und Kaliumhydroxid;
Verwendung: in der Fotoindustrie als Natriumthiosulfatzerstörer, zur Brauntönung, als Abschwächer;

Kaolin

- **CAS-Nummer:**
  1332-58-7
- **gebräuchliche Namen:**
  China Clay; Porzellanerde; Weisser Ton; Aluminumsilikat, hydratisiert; Kaolin, calciniert;
- **Handelsnamen:**
  Altowhites; Argilla; Bentone; Bilt-Plates 156; Bolus; China clay; Continental; Dixie; Dixie Clay; Emathlite; Fitrol; Fitrol desiccite 25; Glomax; Hydrite; Kaopaons; Kaophills-2; Langford; Langford Clay; McNamee Clay; Par Clay; Peerless; Silteg AS 7;
- **Summenformel:**
  $Al_4((OH)_8Si_4O_{10})$

Funktion:
(1) Füllstoff, anorganisch;
(2) Zusätze für schwefelfreie Vernetzungsmittel;
Kautschukart:
(2) Chlorsulfonylethylen-Kautschuk;
Anwendung:
(2) Kabelummantelung;

branchenspezifische Bemerkung zur Substanz:
Einsatzmenge: ca. 200.000 t/a (TSE-Industrie, 1996)

Eigenschaften:
- **toxikologisch/ökotoxikologisch:**
  RTECS # GF 1670500

WGK: 0
R-Satz: 20/21/22
S-Satz: 36
Sonstiges:
Kann schädigend wirken bei Einatmung, Verschlucken oder Aufnahme über Haut; kann Reizungen verursachen [187];

- **physikalisch/chemisch:**
Dichte: 2620 ± 30 kg/m3

Verbleib nach Gebrauch:
Sondermüll-Deponie für chemischen Abfall, besonders gefährliche Stoffe;

Bemerkung:
Weißes Puder; stark oxidierende Substanz [187];
Weißes, feinerdiges Gestein;
Besteht hauptsächlich aus den Mineralien Kaolinit, Dickit und Nakrit, mit Beimengungen von Quarz, Rutil, Zirkon;
Verwendung: Füllstoff bei der Papierherstellung; zur Porzellanherstellung;

enthalten in Kaolin (Quarzanteil < 2 %);

Kautschuk

- **CAS-Nummer:**
9006-04-6
- **gebräuchliche Namen:**
NR; Naturkautschuk; natürliches Gummi; natürlicher Kautschuk;

Funktion:
Polymer;

branchenspezifische Bemerkung zur Substanz:
Einsatzmenge Kautschukindustrie: 193.000 t (1996)

Eigenschaften:
- **toxikologisch/ökotoxikologisch:**
RTECS # VL 8020000

Kiefer(holz)teer

- **CAS-Nummer:**
8011-48-1
- **Handelsnamen:**
Aktar; Tarene; Tartac;

Funktion:
Weichmacher aus Naturprodukten;
Anwendung:
Reifen, Schläuche; chirurgische und medizinische Artikel; Sportartikel; Spielsachen; technische Gummiartikel; Produkte für Industrie, inkl. Druckplattentücher; Klebstoffe; Dichtungen; Latex Tauchartikel; Latex Schaumartikel;

Eigenschaften:
- **toxikologisch/ökotoxikologisch:**
RTECS # WW 7530000

Kieselgur, geglüht

- **CAS-Nummer:**
  91053-39-3
- **gebräuchliche Namen:**
  calciniertes Kieselgur;

branchenspezifische Bemerkung zur Substanz:
Einsatzmenge in der TSE-Industrie: 1,5 t/a (1996);

Kieselsäure

- **CAS-Nummer:**
  7699-41-4
- **gebräuchliche Namen:**
  Kieselgut; Kieselgur, gebrannt; Kieselrauch; Metasiliziumsäure; Metakieselsäure;
- **Handelsnamen:**
  Bio-Sil;
- **Summenformel:**
  $(H_2SiO_3)_n$

Funktion:
Füllstoff, anorganisch;

Eigenschaften:
- **toxikologisch/ökotoxikologisch:**
  RTECS # VV 8850000
  WGK: 0
  MAK Wert: 0,3 mg/m3 A
  R-Satz: 20-36/37/38
  S-Satz: 26-36
  Sonstiges:
  Schwangeschaftsgruppe C;
  Wirkcharakter: In Augen und Magen-Darm-Trakt mehr oder minder starke Reizwirkung;
  LD Lo (intravenös, Maus): 234 mg/kg [428];

- **physikalisch/chemisch:**
  Molmasse: 78,10 g/mol
  Löslichkeit:
  löslich in flüssigem Ammoniak, Flußsäure, heiße Alkalien [504];

Verbleib nach Gebrauch:
Sondermüll-Deponie für chemischen Abfall, besonders gefährliche Stoffe;

Kieselsäure, Bleisalz

- **CAS-Nummer:**
  11120-22-2

Funktion:
Stabilisator;

branchenspezifische Bemerkung zur Substanz:
Einsatzmenge: 2,2 t/a in der TSE-Industrie (1996);

Kieselsäure, pyrogen

- **CAS-Nummer:**
  112945-52-5
- **gebräuchliche Namen:**
  f ä
- **Handelsnamen:**
  Acticel; Aerosil; Aquafil; Cab-o-grip II; Cab-o-sil; Cab-o-sperse; Cataloid; Colloidal silica; Davison SG-67; Dicalite; ENT 25; ENT 550; Fossil flour; Fumed silica; Ludox; Nalcoag; Nyacol; Nyacol 830; Nyacol 1430; Santocel; SG-67; Silikill; Vukasil;
- **Summenformel:**
  SiO_2

Funktion:
Füllstoff, anorganisch;
Trennmittel für unvulkanisierten Kautschuk;

Eigenschaften:
- **toxikologisch/ökotoxikologisch:**
  RTECS # VV 7310000
  R-Satz: 20-36/37
  S-Satz: 26 36 22
  Sonstiges:
  LD 50 (oral, Ratte): 3160 mg/kg [428];
  LD Lo (intraperitoneal, Ratte): 50 mg/kg [428];
  LD 50 (intravenös, Ratte): 15 mg/kg [428];
  LD Lo (intratracheal, Ratte): 10 mg/kg [428];
  TC Lo (inhalativ, Ratte): 50 mg/m3/6 h/2 Y, 154 mg/m3/6 h/4 W (intermittierend) [428];

- **physikalisch/chemisch:**
  Molmasse: 60,09 g/mol

Verbleib nach Gebrauch:
Sondermüll-Deponie für chemischen Abfall, besonders gefährliche Stoffe;

Bemerkung:
Hygroskopisch;
Bestandteil von Cab-O-Sil L 90, LM 150, M 5, MS-55, H-5, EH-5; zu 15 % Bestandteil von Cab-O-SPERSE A 105; zu 12 % Bestandteil von Cab-O-SPERSE A 205; zu 17 % Bestandteil von Cab-O-SPERSE A 1695; zu 20 % Bestandteil von Cab-O-SPERSE S 109, Cab-O-SPERSE II; Bestandteil von Ultralube W-815 E;

Kieselsäure (pyrogen, hydrophob)

- **CAS-Nummer:**
  60842-32-2
- **Handelsnamen:**
  Aerosil R 972;

Funktion:
Füllstoff, anorganisch;

Eigenschaften:
- **toxikologisch/ökotoxikologisch:**
  WGK: 0

Kobalt

- **CAS-Nummer:**
  7440-48-4
- **gebräuchliche Namen:**
  Cobalt;
- **Summenformel:**
  Co

branchenspezifische Bemerkung zur Substanz:
Zersetzungsprodukt von Cobaltsalzen;

Eigenschaften:
- **toxikologisch/ökotoxikologisch:**
  RTECS # GF 8750000
  Schweizer Giftliste: 3
  WGK: 0
  R-Satz: 42/43
  S-Satz: (2)-22-24-37
  Sonstiges:
  Gefahr der Sensibilisierung [481]; Krebserzeugend III A2 [481]; TRK-Wert: 0,1 mg/m3 [464]; IMK: II;
  Wirkt schädigend bei Einatmung oder Verschlucken; verursacht Augen- und Hautreizungen; reizt Schleimhäute und Atemwege [187];
  Karzinogen [39];
  Gesundheitsgefahren bei Überschreitung des TRK-Wertes: Schädigungen der Atemorgane sind nicht auszuschließen; Kobaltrauche gelten als karzinogen [464];
  LD 50 (oral, Ratte): 6170 mg/kg [187];

  Gefahren-Symbol:

- **physikalisch/chemisch:**
  Schmelzpunkt: 1495 °C
  Siedepunkt: 2870 °C
  Dichte: 8900 kg/m3 (20 °C)
  Molmasse: 58,933 g/mol
  Löslichkeit:
  unlöslich in Wasser; löslich in Säuren;

Verbleib nach Gebrauch:
Wiedergewinnung zum Recycling oder zur Wiederverwertung, teure Metalle, Katalysatoren;

Bemerkung:
Silberne Metallblättchen;

Kohlensäurediamid

- **CAS-Nummer:**
  57-13-6
- **UN Nummer:**
  2811
- **gebräuchliche Namen:**
  BIK; Harnstoff; Karbamid; Carbamid; Urea; Carbonyldiamid; Ureum;

- **Handelsnamen:**
  Purcapolymel; RIA; CS; NC; Ureaphil; Urevert; Varioform II; Aquacare; Aquadrate; Basodexan; Hyanit; Keratinamin; Nutroplus; Onychomal; Pastaron; Ureophil; Urepearl; NCI-C 02119; Benural 70; Pseudourea, Isourea;
- **Summenformel:**
  CH_4N_2O
- **Strukturformel:**

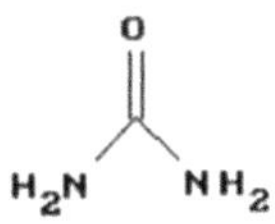

Funktion:
Treibmittel, organisch;
Anwendung:
Reifen, Schläuche; chirurgische und medizinische Artikel; Sportartikel; Spielsachen; technische Gummiartikel; Produkte für Industrie, inkl. Druckplattentücher; Klebstoffe; Dichtungen; Latex Tauchartikel; Latex Schaumartikel;

branchenspezifische Bemerkung zur Substanz:
Zersetzungsprodukt von Diazendicarboxamid (ADC, CAS.-Nr. 123-77-3);

Eigenschaften:
- **toxikologisch/ökotoxikologisch:**
  RTECS # YR 6250000
  Schweizer Giftliste: 5
  WGK: 1
  R-Satz: 20/21/22-36/37/38-40
  S-Satz: 26-36-22
  Sonstiges:
  Zu diesem Stoff liegt ein BUA-Stoffbericht Nr. 76 vor.
  WGK 0 (feste Form); WGK 1 (Lösung); Luftklasse III [600];
  Ungiftige Substanz. Allenfalls bei Staubentwicklung ist eine Reizung der Augen und der Atemwege sowie geringfügig der Haut denkbar; Bei Erhitzung oder Brand entstehen u.a. hochgiftige nitrose Gase.
  Symptome: Bei Staubentwicklung: Brennen der Augen, der Nasen- und Rachenschleimhäute sowie der Haut. Bei Erhitzung oder Brand: Husten, Atemnot [484];
  Harnstoff ist von geringer Toxizität: gesteigerte Diurese und osmatische Diarrhoe bei hoher Dosierung; über 3000 mg/kg reversible Symptome (Temperatursenkung, Bewegungsstörungen); bei therapeutischer Anwendung (60 g/Tag oral): Kopfschmerzen, Übelkeit, Erbrechen, Fieber und Gerinnungsstörungen; bei Einwirkung am Arbeitsplatz; Irritationsdermatose mit Hornhautablösungen an der Haut und Bindehautentzündungen am Auge [600];
  LD 50 (oral, Ratte): 14300 mg/kg [187], (männliche Tiere) [600];
  LD 50 (oral, Ratte): 15000 mg/kg (weibliche Tiere) [600];
  LD 50 (intratracheal, Ratte): 567 mg/kg [428];
  LD 50 (subcutan, Ratte): 8200 mg/kg (weibliche Tiere), 9400 mg/kg (männliche Tiere) [600];
  LD 50 (intravenös, Ratte): 5400 mg/kg (männliche Tiere), 5300 mg/kg (weibliche Tiere) [600];
  LD Lo (subcutan, Frosch): 600 mg/kg [428];
  LD Lo (oral, subkutan, intravenös, Hund, Kaninchen): 3000 mg/kg [133];
  LD Lo (intravenös, Kaninchen): 4800 mg/kg [428];
  LD Lo (subcutan, Kaninchen): 3000 mg/kg [428];
  LD Lo (intravenös, Hund): 3000 mg/kg [428];
  LD Lo (subcutan, Hund): 3000 mg/kg [428];
  LD 50 (intravenös, Hund): >10000 mg/kg [600];
  LD 50 (subuctan, Maus): 9200 mg/kg (männliche Tiere), 10700 mg/kg (weibliche Tiere) [600];
  LD 50 (oral, Maus): 11500 mg/kg (männliche Tiere), 13000 mg/kg (weibliche Tiere) [600];
  LD 50 (intravenös, Maus): 4600 mg/kg (männliche Tiere), 5200 mg/kg (weibliche Tiere) [600];
  LD 50 (intraperitoneal, Maus): ca. 7500 mg/kg
  LD 50 (oral, Schwein): >16000 mg/kg [600];
  LD 50 (oral, Rind): 510 mg/kg, 600-1080 mg/kg (mittlere letale Dosis) [600];
  Ratte: 12 g/kg nicht letal [60];

ECo (Pseudomonas putida): >10 g/l [60];
ECo (Scenedesmus quadricauda): >10000 mg/l [134];
LC 50 (Daphnia magna und Goldorfe): >10000 mg/l [484];
LC 50 (Fisch, Goldorfe): >6,81 g/l/96 h [600];
LC 50 (Barillius barna): 9,10 g/l/96 h [600];
LC 50 (Channa punctatus): >10,00 g/l/48 h [600];
LC 0 (Tilapia mossambica): 20,00 g/l/96 h [600];
LC 50 (Tilapia mossambica): 22,50 g/l/96 h [600];
Toxische Grenzkonzentration für Scenedesmus quadricauda >10 g/l [404];
(ECo: Hemmung der Zellvermehrung);
Biologischer Abbau abhängig von der bakteriellen Zusammensetzung des Wassers, Belüftung und Wassertemperatur; Mineralisierung von Harnstoff im Boden; im Zahn-Wellens-Test potentiell biologisch abbaubar; Laboruntersuchungen mit Flußwasser vollständig abbaubar;
Stoff mit nach derzeitigem Kenntnisstand geringem Gefährdungspotential für die Allgemeinbevölkerung und die Umwelt zugeordnet. [600];

- **physikalisch/chemisch:**
  Schmelzpunkt: 132,1 °C; 133 °C
  Dampfdruck: 0,000016 hPa (20 °C) [135]
  Log pOW: -1,09 [4], [150]
  Brechungsindex: 1,4683 (156 °C)
  Dichte: 1335 kg/m3 (20 °C)
  Molmasse: 60,055 g/mol

  Löslichkeit:
  Wasser 670 g/l (0 °C), 779 g/l (5 °C), 800 (20 °C), 1094 g/l (21 °C), 3146 g/l (70 °C); Ethanol 40 g/l (19,5 °C), 57 g/l (40 °C); löslich in Methanol; wenig löslich in Diethylether, Oxalat; unlöslich in Trichlormethan;

Verbleib nach Gebrauch:
Verbrennung nach Mischung mit brennbarem Lösemittel;

Bemerkung:
Farb- und geruchlose Prismen; reizend; nicht brennbar [484]; tetragonale Prismen [428];
Farblose Kristalle; nicht brennbar; fördert jedoch die Verbrennung vieler anderer brennbarer Stoffe [484];
Bei Erhitzung bis zur Zersetzung bilden sich giftige und ätzende nitrose Gase. Bei Erhitzung wird ätzendes und brennbares Ammoniak(gas) freigesetzt. Die Substanz reagiert mit Hypochlorit, Phosphorpentachlorid und anderen chlorhaltigen Stoffen und bildet das explosive Stickstofftrichlorid. Bei Kontakt mit Oxidationsmitteln erfolgt heftige Reaktion, die zur Entzündung und intensiven Verbrennung führen kann [484];
Verwendung: In der Fotoindustrie als Entwicklerzusatz zur Erhöhung der Entwicklungsgeschwindigkeit; reagiert hefitg mit Nitriten, mit oxidierenden Substanzen sind Zersetzungsreaktionen möglich
Verwendung: in der Landwirtschaft in Düngemitteln und als Futtermittelzusatz, in der Verarbeitung zu Endprodukten der chemischen Industrie, vor allem Formaldehyd - Kondensaten und Melamin, Rohstoff für Polykondensationsharze [600];

Kohlenstoff (amorph)

- **CAS-Nummer:**
  7440-44-0
- **UN Nummer:**
  1362
- **gebräuchliche Namen:**
  Ruß; Carbon black; Aktivkohle; Holzkohle; Graphit; Grafit; Holzkohle, aktiviert; Kohle, aktiviert;
- **Handelsnamen:**
  Acetogen-Ruß, BLE 50 (50 %); Aktivkohle Darco; Carbopol; Carbobol M; Cecarbon; C 78; Clarocarbon; Columbia LCK; Conductex; Darco; Filtrasorp; Flexone 7-S (50 %); Grosufe; Irgalite 1104; Jado; K 257; M 100; Norit A Supra; SU 2000; Suchar 681; Witcarb 940; XE 340; X 74175 L;
- **Summenformel:**
  C_n

Funktion:
Füllstoff, anorganisch;
Hitzeschutzmittel;

branchenspezifische Bemerkung zur Substanz:
Einsatzmenge: 155.030 t/a (Reifenindustrie: 106.760 t/a, TSE-Industrie: 48.270 t/a) (1996);
Einsatzmenge insgesamt (Ruß, Carbonschwarz, Grafit): 231.000 t (1996) vgl. auch CAS Nr.: 1333-86-4;

Eigenschaften:
- toxikologisch/ökotoxikologisch:
RTECS # FF 5250100
WGK: 0
MAK Wert: 6 mg/m3 A
R-Satz: 36/37/38
S-Satz: 26-36
Sonstiges:
vgl. Abschn. V f) und g); Schwangerschaftsgruppe C [481];
Die Stäube reizen die Augen und oberen Atemwege [484];
LD 50 (intravenös, Maus): 440 mg/lg [428];

- physikalisch/chemisch:
Schmelzpunkt: 3652-3697 °C (Subl.)
Siedepunkt: 4827 °C
Dampfdruck: 1,33 hPa (3586 °C) [484]
Dichte: 1800-2100 kg/m3 (20 °C)
Molmasse: 12,011 g/mol

Löslichkeit:
unlöslich in Wasser, Laugen, Säuren;

Verbleib nach Gebrauch:
Sondermüll-Deponie für chemischen Abfall, besonders gefährliche Stoffe;

Bemerkung:
Schwarzes Pulver, brennbar;
der Stoff reagiert bei Kontakt oder Mischung mit Oxidationsmitteln [484];

Kohlenwasserstoff, C9 ungesättigt, polymerisiert

- CAS-Nummer:
71302-83-5
- Handelsnamen:
Novares TR 100-120; Novares TR 90-150; Novares TR 10-30;

Funktion:
Weichmacher, synthetisch;
Klebrigmacher;

Kohlenwasserstoff, naphthenisch

- CAS-Nummer:
92062-15-2
- Handelsnamen:
Nappar 6;

branchenspezifische Bemerkung zur Substanz:
Einsatzmenge: 59 t/a in der TSE-Industrie (1996);

Eigenschaften:
- **toxikologisch/ökotoxikologisch:**
  R-Satz: 45-22
  S-Satz: 53-45
  Sonstiges:
  Einstufung und Kennzeichnung von Zubereitungen, in denen diese Substanz enthalten ist:
  10%<=C ⇒ T; R45-22
  0.1%<=C<10% ⇒ T; R45

  Gefahren-Symbol:

- **physikalisch/chemisch:**
  Schmelzpunkt: <-29 °C
  Siedepunkt: 75-84 °C
  Flammpunkt: ca. -20 °C
  Dampfdruck: 115,24 hPa (20 °C)
  Dichte: 757 kg/m3
  Molmasse: 86 g/mol
  Löslichkeit:
  in Wasser <0,10 Gew.-%;

Kohle Teer Öl

- **CAS-Nummer:**
  65996-82-9
- **gebräuchliche Namen:**
  Chemisches Öl (Kohle); Teersäureöl (Kohle); Steinkohlenteeröl;

Funktion:
Weichmacher aus Naturprodukten;

Eigenschaften:
- **toxikologisch/ökotoxikologisch:**
  RTECS # WW 7510000
  R-Satz: 45
  S-Satz: 53-45

  Gefahren-Symbol:

Kolophonium

- **CAS-Nummer:**
  8050-09-7
- **gebräuchliche Namen:**
  Rosin; Gum; Colophonium; Holzharz; Highrorin; KE 709;
- **Handelsnamen:**
  FF Holzharz; N Holzharz; Penbro; Harz; WG Holzharz; WW Holzharz;

Funktion:
Weichmacher aus Naturprodukten;
Anwendung:
Reifen, Schläuche; chirurgische und medizinische Artikel; Sportartikel; Spielsachen; technische Gummiartikel; Produkte für Industrie, inkl. Druckplattentücher; Klebstoffe; Dichtungen; Latex Tauchartikel; Latex Schaumartikel;

branchenspezifische Bemerkung zur Substanz:
Einsatzmenge: 2.330 t/a (Reifenindustrie: 2.220 t/a, TSE-Industrie: 110 t/a) (1996)

Eigenschaften:
- **toxikologisch/ökotoxikologisch:**
WGK: 1
R-Satz: 43
S-Satz: (2)-24-37

Gefahren-Symbol:

- **physikalisch/chemisch:**
Dichte: 1070-1090 kg/m3
Löslichkeit:
unlöslich in Wasser; löslich in Ethanol, Benzen, Diethylether, Eisessig, Öle, Schwefelkohlenstoff;

Verbleib nach Gebrauch:
Verbrennung nach Mischung mit brennbarem Lösemittel;

Bemerkung:
gelbes Harz, leichter terpentinähnlicher Geruch;
Kolophonium besteht aus 90 % Harzsäuren und 10 % neutralen Bestandteilen;
die Harzsäuren sind zu 90 % Isomere der Abietinsäure (C20 H32 O2) und Dehydroabietinsäure (C20 H28 O2);

Verwendung: in Druckereifarben, Seifen, Wachsen, Holzpolituren, Farben und Lacken, Papier, Harzölen, Tapeten, Mitteln zur Fußbodenversiegelung, wasserabweisender Pappe;

Kondensationsprodukt aus Butylphenol und Ethin

- **CAS-Nummer:**
28514-92-3
- **gebräuchliche Namen:**
4-(1,1-Dimethylethyl)-phenol, Polymer mit Ethin und Acetylen; Kondensationsprodukt aus Butylphenol und Acetylen; Butylphenol-Acetylen-Kondensationsprodukt; Koresin;
- **Handelsnamen:**
Koresin;
- **Summenformel:**
$(C_{10}H_{14}O * C_2H_2)_x$

Funktion:
Klebrigmacher;

branchenspezifische Bemerkung zur Substanz:
Einsatzmenge: 53 t/a (Reifenindustrie, 1996)

Eigenschaften:
- **physikalisch/chemisch:**
  Dichte: 1030 kg/m3 (20 °C)

Kupferdi(1-methylethyl)dithiophosphat

- **CAS-Nummer:**
  41593-12-8
- **gebräuchliche Namen:**
  CuIDP; Kupfer-O,O-di-isopropylphosphorodithioat; Kupferdiisopropyldithiophosphat;
- **Handelsnamen:**
  Rhenocure CUT;
- **Summenformel:**
  $C_{12}H_{28}CuO_4P_2S_4$

- **Strukturformel:**

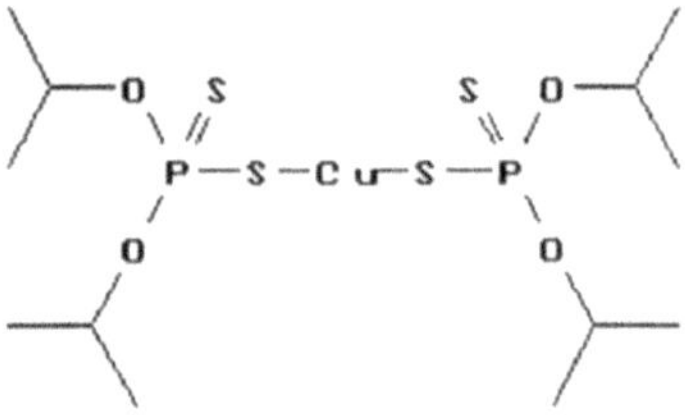

Funktion:
  Vulkanisationsbeschleuniger, organisch;
Kautschukart:
  Ethylen-Propylen-Terpolymer;

Eigenschaften:
- **physikalisch/chemisch:**
  Molmasse: 490,09 g/mol

Kupfer(I)-chlorid

- **CAS-Nummer:**
  7758-89-6
- **UN Nummer:**
  2802
- **gebräuchliche Namen:**
  Kupferchlorid; Kupferchloruer;
- **Summenformel:**
  CuCl

Funktion:
  Zusätze für schwefelfreie Vernetzungsmittel;

Eigenschaften:
- **toxikologisch/ökotoxikologisch:**
  RTECS # GL 6990000
  Schweizer Giftliste: 3
  WGK: 2
  R-Satz: 22
  S-Satz: (2)-22

Sonstiges:
Wirkt schädigend bei Einatmung oder Verschlucken; verursacht Augen- und Hautreizungen; reizt Schleimhäute und Atemwege; abhängig von der Dauer und Intensität des Ausgesetztseins können die Wirkungen zwischen leichten Reizungen und schweren Gewebezerstörungen variieren [187];
LD 50 (oral, Ratte): 140 mg/kg [187, 428];
LD 50 (oral, Maus): 347 mg/kg [428];
LC 50 (inhalativ, Maus): 1008 mg/m3 [428];
LD 50 (subcutan, Meerschweinchen): 100 mg/kg [428];

Gefahren-Symbol:

Xn

- **physikalisch/chemisch:**
Schmelzpunkt: 430 °C
Siedepunkt: 1490 °C
Dampfdruck: 1,733 hPa (546 °C) [187]
Dichte: 4140 kg/m3 (25 °C)
Molmasse: 98,99 g/mol
Löslichkeit:
wenig löslich in Wasser; löslich in Salzsäure, Diethylether; unlöslich in Ethanol, Propanon;

Verbleib nach Gebrauch:
Sondermüll-Deponie für chemischen Abfall, besonders gefährliche Stoffe;

Bemerkung:
Graues Pulver; feuchtigkeitsempfindlich;
Verwendung: Als Katalysator in org. Reaktionen als Entfärber und Entschwefelungsagens in der Petrolindustrie;

Kupfer(II)-chlorid

- **CAS-Nummer:**
7447-39-4
- **gebräuchliche Namen:**
Cuprichlorid;
- **Summenformel:**
$CuCl_2$

Funktion:
Zusätze für schwefelfreie Vernetzungsmittel;

Eigenschaften:
- **toxikologisch/ökotoxikologisch:**
RTECS # GL 7000000
Schweizer Giftliste: 3
WGK: 2
R-Satz: 23/24/25-36
S-Satz: 23-24/25-44
Sonstiges:
Wirkt schädigend bei Einatmung und Verschlucken; verursacht Haut- und Augenreizungen; reizt Schleimhäute und Atemwege; abhängig von der Intensität und Dauer des Ausgesetztseins variieren die Folgen zwischen leichten Reizungen und schweren Schädigungen [187];
LD 50 (oral, Ratte): 140 mg/kg [187];
Toxische Grenzkonzentration für Daphnia magna 0,08 mg/l [389];

Gefahren-Symbol:

- **physikalisch/chemisch:**
  Schmelzpunkt: 620 °C
  Siedepunkt: 993 °C (*)
  Dichte: 3386 kg/m3 (25 °C)
  Molmasse: 134,45 g/mol
  Löslichkeit:
  Wasser 706 g/l (0 °C), 1079 g/l (100 °C); Ethanol 530 g/l (15 °C), Methanol 680 g/l (15 °C); löslich in heißer Schwefelsäure;

  Bemerkung zu physikalisch/chemischen Daten:
  (*): zersetzt sich zu Kupfer(I)-chlorid

Verbleib nach Gebrauch:
Sondermüll-Deponie, abfiltrierte Sulfide aus der Ausfällung des in Lösung gebrachten Stoffes (Oxidation oder wäßrige Säure) und eventueller Neutralisation;

Bemerkung:
Grüne, nadelförmige Kristalle;
Verwendung: als Katalysator für organische und anorganische Reaktionen; in der Ölindustrie zur Entschwefelung und Reinigung; als Oxidationsmittel für Anilinfarbstoffe; in der Fotoindustrie als Fixierer im Ätzbleichbad, als Desensibilisator; als Beize für Farbstoffe;

Kupferphthalocyanin

- **CAS-Nummer:**
  147-14-8
- **gebräuchliche Namen:**
  Phthalocyanin Kupfer(II)-Komplex; Phthaloblau; Heliogenblau B; Pigment Blue 15; Pigment Blau 15; C.I. 74160; Phthalocyanine blue;
- **Handelsnamen:**
  Heucosin 5000; Heucosin 5007; Heuco Blau 501510;
- **Summenformel:**
  $C_{32}H_{16}CuN_8$

- **Strukturformel:**

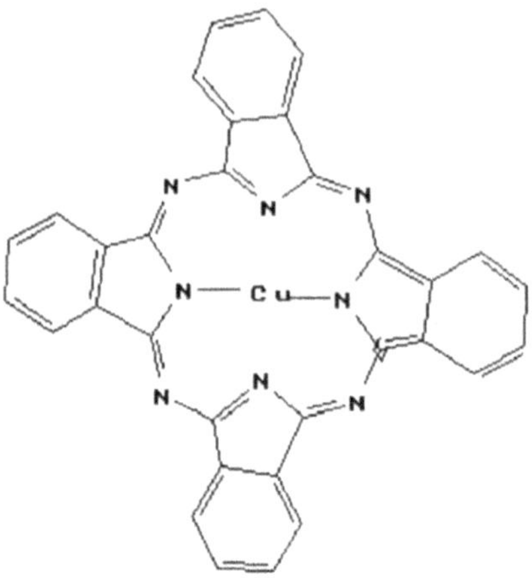

Funktion:
Aktivator;
Pigment, organisch;
Mastikationsmittel;

branchenspezifische Bemerkung zur Substanz:
Einsatzmenge: 6,9 t/a (TSE-Industrie, 1996)

Eigenschaften:
- **toxikologisch/ökotoxikologisch:**
WGK: 0
MAK Wert: 6 mg/m3 A
Sonstiges:
Kann schädigend wirken bei Einatmung, Verschlucken oder Aufnahme über Haut; verursacht Augen- und Hautreizungen; reizt Schleimhäute und Atemwege [187];
LD 50 (oral, Ratte): >15000 mg/kg [Sdb Fa. Heubach];
LD 50 (intraperitoneal, Ratte): >3000 mg/kg [428];

- **physikalisch/chemisch:**
Dichte: 1500-1790 kg/m3 (20 °C)
Molmasse: 576,08 g/mol
Löslichkeit:
unlöslich in Wasser, Ethanol, Diethylether; löslich in konzentrierter Schwefelsäure;

Verbleib nach Gebrauch:
Sondermüll-Deponie für chemischen Abfall, besonders gefährliche Stoffe;

Bemerkung:
Blaues, geruchloses Pulver; Blaue, metallglänzende Kristallnadeln;
Staubexplosionsgefahr [Sdb Fa. Heubach];
Verwendung: blaue Pigmentfarbstoffe (Anstrich-, Druck- und Tapetenfarben); Besonders geeignet zum Anfärben von Kunststoffen;

Kupferphthalocyanin, chloriert

- **CAS-Nummer:**
1328-53-6
- **gebräuchliche Namen:**
C.I. 74260; Pigment Green 7; Phthalo-Grün; Phthalocyanin Grün; Cu-Phthalocyan. Alpha Stab.; Cu-Phthalocyan, chloriert; Kupfer-Phthalocyanin chloriert; Pigment Grün 7 (C.I. 74260); C.I. 74260; C.I. Pigment Green 42; Copper Phthalocyanine Green; Cromophtal Green GF; Cyan Green 15-3100; Cyanine Green GP; Cyanine Green NB; Cyanine Green T; Opaline Green G 1; Phthalocyanine Green WDG 47; Pigment Fast Green G; Pigment Fast Green GN; Pigment Green 7; Pigment Green Phthalocyanine; Pigment Green Phthalocyanine V; Polychloro copper phthalocyanine; Polymo Green FBH; Polymo Green FGH; Polymon Green G; Polymon Green 6G; Polymon Green GN;
- **Handelsnamen:**
Basoflex Grün 8730; Dispers Grün 87-3007; Encelac Grün 8680; Luconyl Grün 8730; Sicoflush A Grün 8730; Luconyl G Grün 8730; Sicochip Grün 8730; Sicoflush P Grün 8730; Heliogen Grün L 8730; Heuco Grün 600700; Heuco Grün 600701; Heucosin 61; Heucosin 64; Heucosin 68; Heuco Grün 600700; Heuco Grün 600701; Accosperse Cyan Green G; Brilliant Green Phthalocyanine; Calcotone Green G; Ceres Green 3B; Chromatex Green G; Colanyl Green GG; Cyanine Green Toner; Dainichi Cyanine Green FG; Dainichi Cyanine Green FGH; Daltolite Fast Green GN; Duratint Green 1001; Fastogen Green 5005; Fastogen Green B; Fastolux Green; Fenalac Green G; Fenalac Green G disp; Granada Green Lake GL; Graphtol Green 2GLS; Heliogen Green 8680; Heliogen Green 8730; Heliogen Green A; Heliogen Green G; Heliogen Green GA; Heliogen Green GN; Heliogen Green GNA; Heliogen Green GTA; Heliogen Green GV; Heliogen Green GWS; Heliogen Green 8681K; Heliogen Green 8682T; Hostaperm Green GG; Irgalite Fast Brilliant Green GL; Irgalite Fast Brilliant Green 3GL; Irgalite Green GLN; Irgalite Green GLNP; Klondike yellow X-2261; Lutetia fast emerald J; Microlith Green G-FP; Monarch Green WD; Monastral Fast Green BGNA; Monastral Fast Green G; Monastral Fast Green GD; Monastral Fast Green GF; Monastral Fast Green GFNP; Monastral Fast Green GN; Monastral Fast Green GNA; Monastral Fast Green GTP;

Monastral Fast Green GV; Monastral Fast Green GWD; Monastral Fast Green 2GWD; Monastral Fast Green GX; Monastral Fast Green GXB; Monastral Fast Green GYH; Monastral Fast Green LGNA; Monastral Green B; Monastral Green B Pigment; Monastral Green G; Monastral Green GFN; Monastral Green GH; Monastral Green GN; Monolite Fast Green GVSA; NCI-C54637; Non-flocculating Green G 25; Permanent Green Toner GT-376; Phthalocyanine Brilliant Green; Phthalocyanine Green; Phthalocyanine Green LX; Phthalocyanine Green V; Phthalocyanine Green VFT 1080; Pv-Fast Green G; Ramapo; Sanyo Cyanine Green; Sanyo Phthalocyanine Green FB Pure; Sanyo Phthalocyanine Green F6G; Segnale Light Green G; Sherwood Green A 4436; Siegle Fast Green G; SolFast Green; SolFast Green 63102; Synthaline Green; Termosolido Green FG Supra; Thalo Green No.1; Versal Green G; Vulcal Fast Green F2G; Vulcanosine Fast Green G; Vulcol Fast Green F2G; Vynamon Green BE; Vynamon Green BES; Vynamon Green GNA; Vynamon Green 2G FW;

- **Summenformel:**
  $C_{32}Cl_{16}Cu_1N_8$

- **Strukturformel:**

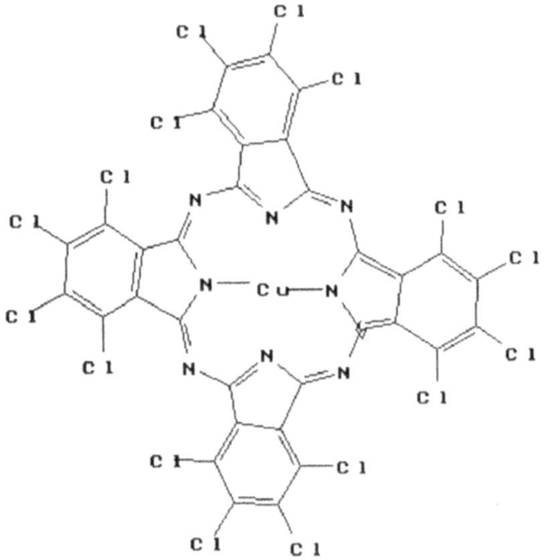

Funktion:
Pigment, organisch;

Eigenschaften:
- **toxikologisch/ökotoxikologisch:**
  RTECS # GE 4300000
  MAK Wert: 6 mg/m3 A
  Sonstiges:
  [Sdb BASF]:
  LD 50 (oral, Ratte): >5000 mg/kg
  EC 10 (Bakterien): >10000 mg/l
  LC 50 (Oncorhynchus mykiss): 360 mg/l/96 h
  LC 50 (Lepomis macrochirus): 750 mg/l/96 h
  WGK 1;

  [Sdb Fa. Heubach]:
  LD 50 (oral, Ratte): >15000 mg/kg
  WGK: 0;

- **physikalisch/chemisch:**
  Schmelzpunkt: 480 °C
  Dichte: 1400-1700 kg/m3 (20 °C)
  Molmasse: 1092-1127 g/mol

Löslichkeit:
unlöslich in Wasser [Sdb Fa. Heubach];

Bemerkung:
Grünes Pulver mit produktspezifischen Geruch [Sdb BASF];
Gehört zu der Gruppe der polycyclischen Pigmente (Phthalocyanin-Pigment)
Gehört zu der Pigmentklasse von Cu-Phthalogrün;
Lichtecht, thermostabil und lösemittelbeständig;

Lanolin

- **CAS-Nummer:**
8006-54-0
- **gebräuchliche Namen:**
Wollfett; Wollwachs;
- **Handelsnamen:**
Agnolin; Lanain; Laniol; Lanichol;

Funktion:
Weichmacher aus Naturprodukten;

Eigenschaften:
- **toxikologisch/ökotoxikologisch:**
RTECS # OE 3201000

- **physikalisch/chemisch:**
Schmelzpunkt: 36-41 °C
Flammpunkt: > 110 °C
Dichte: 924-969 kg/m3 (20 °C)

Löslichkeit:
schwach löslich in Ethanol ; leicht löslich in Diethylether , Trichlormethan; löslich in Benzen; praktisch unlöslich in Wasser; Schwefelkohlenstoff, Propanon, Petrolether (gilt für das Anhydrid);

Verbleib nach Gebrauch:
Verbrennung nach Mischung mit brennbarem Lösemittel;

Bemerkung:
Fettartiges Sekret aus den Talgdrüsen von Schafen, was sich in deren Wolle absetzt und verschiedenen Reinigungsprozeduren unterzogen wird;
Schmieriges, übelriechendes gelbbraunes Estergemisch, was aus über 30 verschiedenen Fettsäuren und aliphathischen Triterpenöl- und Steroidalkoholen besteht;
Verwendung: als Basissalbe (Pharmazie);

Lehm

- **CAS-Nummer:**
1302-87-0

Funktion:
Füllstoff, anorganisch;
Anwendung:
Reifen, Schläuche; chirurgische und medizinische Artikel; Sportartikel; Spielsachen; technische. Gummiartikel; Produkte für Industrie, inkl. Druckplattentücher; Klebstoffe; Dichtungen; Latex Tauchartikel; Latex Schaumartikel;

Leinöl, epoxidiert

- **CAS-Nummer:**
  8016-11-3
- **gebräuchliche Namen:**
  ELO;

Funktion:
Weichmacher, synthetisch;

branchenspezifische Bemerkung zur Substanz:
Einsatzmenge: 21 t/a (TSE-Industrie, 1996)

Eigenschaften:
- **toxikologisch/ökotoxikologisch:**
  WGK: 0

Leinölfirnis

- **CAS-Nummer:**
  68649-95-6

branchenspezifische Bemerkung zur Substanz:
Einsatzmenge: 1 t/a (Reifenindustrie und TSE-Industrie) (1996);

Ligninsulfonsäure, Calciumsalz

- **CAS-Nummer:**
  8061-52-7
- **gebräuchliche Namen:**
  Calcium-Lignosulphonat; Ligninsulfonat, Calciumsalz; Calciumligninsulfonat;

Funktion:
Oberflächenbehandlungsmittel;

branchenspezifische Bemerkung zur Substanz:
Einsatzmenge in der TSE-Industrie: 37 t/a (1996);

Eigenschaften:
- **toxikologisch/ökotoxikologisch:**
  WGK: 1

- **physikalisch/chemisch:**

Bemerkung:
[573]:
Ligninsulfonsäure ist das beim Sulfit-Aufschluß von Holz zur Gewinnung von Cellulose anfallende Reaktionsprodukt aus Lignin und schwefeliger Säure. Das Lignin wird bei diesem Aufschlußverfahren sulfoniert. In Abhängigkeit von den verwendeten Basen entstehen wasserlösliche Natrium-, Ammonioum-, Calcium- oder Magnesiumsalze der Ligninsulfonsäure. Die Molmassen der Ligninsulfonate variieren zwischen 10.000 und 200.000 g/mol.
Verwendung: Ligninsulfonate werden als Dispergatoren in Zement- und Gipsmörteln und Bohrspülflüssigkeiten, als Flotationshilfsmittel z.B. bei der Flußspatgewinnung, als Zusatz bei der Futtermittelpelettierung, der Formsandbindung in Gießereien und als Agglomerierungsmittel bei der Erzverhüttung, als Gundstoff für Kondensationsreaktionen zur Herstellung von Klebstoffen, Kautschuk- und Faserhilfsmittel eingesetzt.

Magnesiumaluminiumsilkat

- **CAS-Nummer:**
  12199-37-0
- **Handelsnamen:**
  Van Gel B;

Funktion:
Ozonschutzmittel;

branchenspezifische Bemerkung zur Substanz:
Einsatzmenge: 55 t/a (TSE-Industrie, 1996)

Eigenschaften:

- **physikalisch/chemisch:**
  Dichte: 2600 ± 30 kg/m3

Magnesiumcarbonat

- **CAS-Nummer:**
  546-93-0
- **gebräuchliche Namen:**
  Magnesit; Bitterspat; C.I. 77713;
- **Handelsnamen:**
  DCI Licht Magnesiumcarbonat; Hydromaguesit; Magcarb L; Magmaster; Stan-Mag Magnesiumcarbonat;
- **Summenformel:**
  $MgCO_3$

Funktion:
(1) Füllstoff, anorganisch;
(2) Vulkanisationsbeschleuniger, anorganisch;
(3) Flammschutzmittel;

Anwendung:
(1) Reifen, Schläuche; chirurgische und medizinische Artikel; Sportartikel; Spielsachen; technische Gummiartikel; Produkte für Industrie, inkl. Druckplattentücher; Klebstoffe; Dichtungen;

branchenspezifische Bemerkung zur Substanz:
Einsatzmenge: 65 t/a (TSE-Industrie, 1996)

Eigenschaften:
- **toxikologisch/ökotoxikologisch:**
  RTECS # OM 2470000

- **physikalisch/chemisch:**
  Schmelzpunkt: 350 °C (Zers.)
  Siedepunkt: 900 °C (Zers.)
  Dichte: 2958 kg/m3 (20 °C); 3009 kg/m3
  Molmasse: 84,3142 g/mol

  Löslichkeit:
  löslich in Säuren unter Kohlendioxid-Entwicklung, Propanon, Wasser 0,0101 g/100 ml;
  löslich in kaltem Wasser 0,00106 g/l; unlöslich in Ammoniaklösung, Propanon [504];

Bemerkung:
Weißes Pulver; trigonale Kristalle; geruchlos, absorbiert Gerüche;
zugelassen als Lebensmittelzusatzstoff;

Magnesiumhydroxid

- **CAS-Nummer:**
  1309-42-8
- **gebräuchliche Namen:**
  Brucit;
- **Handelsnamen:**
  Baschem 12; Combustrol 500; Hydro-mag MA; Ki 22-5B; Kisuma 5; Kisuma 78; Kisuma 5-B-N; Kisum S 4; Kyowamag F; Lycal 96 HSE; Magox; Magnifin; Martinal VPF 8812; Milmag; Marinco H; Reachim; Star 200; Versumag;
- **Summenformel:**
  $Mg(OH)_2$

Funktion:
1) Füllstoff, anorganisch;
2) Flammschutzmittel;

Eigenschaften:
- **toxikologisch/ökotoxikologisch:**
  RTECS # OM 3570000
  Schweizer Giftliste: 4
  R-Satz: 36/37/38
  S-Satz: 26-36
  Sonstiges:
  IMK: III;
  Kann schädigend wirken beim Einatmen, Verschlucken oder Aufnahme über Haut; kann Reizungen verursachen [187];
  LD 50 (oral, Ratte): 8500 mg/kg [428];
  LD 50 (intraperitoneal, Ratte): 2780 mg/kg [428];
  LD 50 (oral, Maus): 8500 mg/kg [428];

  zu Magnifin: [Sdb Martinswerk]
  MAK-Wert: 6mg/m3;
  WGK: 1;

  Gefahren-Symbol:

- **physikalisch/chemisch:**
  Schmelzpunkt: 350 °C (Zers.)
  Dichte: 2360 kg/m3 (20 °C)
  Molmasse: 58,32 g/mol

  Löslichkeit:
  praktisch unlöslich in Wasser; löslich in verdünnten Säuren, Ammoniumsalzlösungen; leicht löslich in Säuren;

Verbleib nach Gebrauch:
Sondermüll-Deponie, wasserunlösliche Feststoffe und Flüssigkeiten nach Neutralisation (nur für Kleinmengen);

Bemerkung:
Hexagonale Kristalle, geruchlos [428];
weißes Pulver mit einem gelben Schimmer; hygroskopisch; Reagiert heftig mit Phosphor- und Maleinanhydriden;
Absorbiert im Beisein von Wasser Kohlendioxid aus der Luft; Zersetzung bei Erhitzen;
Zugelassen als Lebensmittelzusatzstoff nach LMBG;
Zersetzung bei Erhitzen über 320 °C in MgO und Wasser;

Magnesiumoxid

- **CAS-Nummer:**
  1309-48-4
- **gebräuchliche Namen:**
  Magnesia; Calciniertes Magnesia; C.I. 77711;
- **Handelsnamen:**
  Akro-mag; Animag; Anscar P; Elastomag; Granmak; KM 40; Kyowamag 100; Kenmix; Luvomag; Maglit; Magcal; Magchem 100; Magox; Magox 85; Magox 90; Magox 95; Magox 98; Magox OP; Marmag; Oxymag; Pericluse; Periklas; Rhenofit 2060; Rhenofit DIA; Rhenofit 2120; Rhenofit 2120 C-90; Rhenogran MGO-2060-G75; Rhenomag; Scorchguard; Seesorb; Stanmagbars; SLO 368; SLO 469; Structol; Struktol WB 16; Struktol MR 161;
- **Summenformel:**
  MgO

Funktion:
(1) Vulkanisationsaktivator / Beschleunigeraktivator;
(2) Vulkanisationsbeschleuniger, anorganisch;
(3) Zusatz für schwefelfreie Vernetzungsmittel;
(4) Füllstoff, anorganisch;
(5) Verarbeitungshilfsmittel;
(6) Trennmittel für unvulkanisierten Kautschuk;

Kautschukart:
(1) Chloropren-Kautschuk; Chlorbutyl- Kautschuk;
(3) Chlorsulfonylethylen-Kautschuk;

Anwendung:
(2) Reifen, Schläuche; chirurgische und medizinische Artikel; Sportartikel; Spielsachen; technische Gummiartikel; techn. Form- und Spritzartikel; Antriebselemente; Reifenseitenwände; Dachfolie; Radiergummi; Badehauben; gummierte Betteinlagen; Produkte für Industrie, inkl. Druckplattentücher; Klebstoffe; Dichtungen; Latex Tauchartikel; Latex Schaumartikel;
(3) Kabelummantelung;
(6) Technische und Sonstige Elastomerprodukte;

branchenspezifische Bemerkung zur Substanz:
Einsatzmenge: 1.260 t/a (Reifenindustrie: 210 t/a, TSE-Industrie: 1.050 t/a) (1996)

Eigenschaften:
- **toxikologisch/ökotoxikologisch:**
  RTECS # OM 3850000
  Schweizer Giftliste: 4
  WGK: 1
  MAK Wert: 6 mg/m3 A
  S-Satz: 22
  Sonstiges:
  TC Lo (inhalativ, Mensch): 400 mg/m3 [428];

- **physikalisch/chemisch:**
  Schmelzpunkt: 2800-2852 °C
  Siedepunkt: 3600 °C
  Brechungsindex: 1,7366
  Dichte: 3580 kg/m3
  Molmasse: 40,30 g/mol

  Löslichkeit:
  löslich in verdünnten Säuren, Ammoniumsalzen; wenig löslich in Wasser; unlöslich in Ethanol;

Verbleib nach Gebrauch:
Sondermüll-Deponie, wasserunlösliche Feststoffe und Flüssigkeiten nach Neutralisation (nur für Kleinmengen);

Bemerkung:
weißes, sehr feines Pulver, geruchlos [428];
Feuchtigkeitsempfindlich;
Enthalten in EFAPUR 1650; Struktol WB 900;

Magnesiumsilikat

- **CAS-Nummer:**
  1343-88-0
- **gebräuchliche Namen:**
  Magnesiumsilicat; Magnesium-meta-silicat;
- **Handelsnamen:**
  Florisil TLC;
- **Summenformel:**
  $MgO * SiO_2$

Funktion:
Füllstoff, anorganisch;

Eigenschaften:
- **toxikologisch/ökotoxikologisch:**
  WGK: 0
  Sonstiges:
  Kann schädigend wirken bei Einatmung, Verschlucken oder Aufnahme über Haut; verursacht Augen- und Hautreizungen; reizt Schleimhäute und Atemwege [187];

- **physikalisch/chemisch:**
  Schmelzpunkt: 1557 °C (Zers.)
  Dichte: 3192 kg/m3 (25 °C)
  Molmasse: 100,40 g/mol

  Löslichkeit:
  unlöslich in Wasser; sehr wenig löslich in Fluorwasserstoff;

Bemerkung:
Weiße Kristalle;

Magnesiumsilikat

- **CAS-Nummer:**
  10034-94-3
- **gebräuchliche Namen:**
  Kieselsäure, Magnesiumsalz (1:2);
- **Summenformel:**
  Mg_2SiO_4

Funktion:
Füllstoff, anorganisch;

branchenspezifische Bemerkung zur Substanz:
Einsatzmenge: 52 t/a (TSE-Industrie, 1996)

Magnesiumsilikat

- **CAS-Nummer:**
  14987-04-3
- **gebräuchliche Namen:**
  Kieselsäuremagnesiumsalz (1:2); Magnesiumtrisilikat;
- **Handelsnamen:**
  Dicarbocalm; Embal Talc; Glacier 325; Loomite; Magnosil; Histron Frosti; Vapor; Trisilicalm
- **Summenformel:**
  $Mg_2Si_3O_8$

Funktion:
Füllstoff, anorganisch;
Anwendung:
Reifen, Schläuche; chirurgische und medizinische Artikel; Sportartikel; Spielsachen; technische Gummiartikel; Produkte für Industrie, inkl. Druckplattentücher; Klebstoffe; Dichtungen; Latex Tauchartikel; Latex Schaumartikel;

Eigenschaften:
- **toxikologisch/ökotoxikologisch:**
  WGK: 0

- **physikalisch/chemisch:**
  Molmasse: 260,86 g/mol

Bemerkung:
weißes Puder, geschmacklos;

Magnesiumsilikathydrat

- **CAS-Nummer:**
  14807-96-6
- **gebräuchliche Namen:**
  Talk; Agalmatholith; Bildstein; Federweiß; Lavezstein; Speckstein; Steatit; Topfstein; Talkum;
- **Handelsnamen:**
  Agalite; Alpha Talc CT 40 P; Alpha Talc M Micro 6; Asbestine; B 9; B 13; Beaver White 200; B 13 (mineral); CP 10-40; CP 38-33; Crystalite CRS 6002; Desertalc 57; Emtal; Emtal 500; Emtal 549; Emtal 596; Emtal 599; EX-IT; Fibrene C 400; Finntalc C10; Finntalc M05; Finntalc M15; Finntalc P40; Finntalc PF; FW-XO; Glacier 325; I.T.; IT extra; ITX; LMR 100; Loomite; Micro Ace K1; Micro Ace L1; Micron White 5000A; Micron White 5000P; Micron White 5000S; Microtalco IT extra; Mistron 139; Mistron frost P; Mistron RCS; Mistron 2SC; Mistron Star; Mistron super frost; Mistron vapor; MP 12-50; MP 25-38; MP 40-27; MP 45-26; MST; Mussolinite; Nytal; Nytal 200; Nytal 400; P 3; PK-C; PK-N; P 3 (Mineral); Polytal 4641; Polytal 4725; Steawhite; Supreme; Supreme dense; Talc (ACGIH); Talcan PK-P; Talcron CP 44-31; Talcum; TY 80; Talk; Vantalx 6H;
- **Summenformel:**
  $Mg_3(OH)_2[Si_4O_{10}]$

Funktion:
(1) Füllstoff, anorganisch;
(2) Trennmittel für unvulkanisierten Kautschuk;
(3) Ozonschutzmittel;
Kautschukart:
(3) Naturkautschuk; synthetischer Kautschuk;
Anwendung:
(1) Reifen, Schläuche; chirurgische und medizinische Artikel; Sportartikel; Spielsachen; technische Gummiartikel; Produkte für Industrie, inkl. Druckplattentücher; Klebstoffe; Dichtungen; Latex Tauchartikel; Latex Schaumartikel;
(3) Latexfüllstoff

branchenspezifische Bemerkung zur Substanz:
Einsatzmenge: 4.560 t/a (Reifenindustrie: 2.670 t/a, TSE-Industrie: 1.890 t/a) (1996)

Eigenschaften:
- **toxikologisch/ökotoxikologisch:**
RTECS # WW 2710000
WGK: 0
MAK Wert: Asbestfaserfrei: 2 mg/m3 A
R-Satz: 20
S-Satz: 36
Sonstiges:
Schwangerschaftsgruppe C [481];
Kann schädigend wirken bei Einatmung, Verschlucken oder Aufnahme über Haut; kann Augen- und Hautreizungen verursachen [187]

zu Alpha Talc M Micro 6, Alpha Talc CT 40 P [Sdb Alpha Calcit]:
WGK: 0;

- **physikalisch/chemisch:**
Schmelzpunkt: > 900 °C
Dichte: 2580-2830 kg/m3 (20 °C)
Molmasse: 379,29 g/mol

Löslichkeit:
unlöslich in Wasser;

Verbleib nach Gebrauch:
Sondermüll-Deponie für chemischen Abfall, besonders gefährliche Stoffe;

Bemerkung:
Dichte für Nytal, I.T.: 2850 ± 30 kg/m3;
Dichte für Vantalc 6H: 2700 ± 30 kg/m3;

Weißes Pulver;
Die Zuteilung einer E-Nummer (E 553 b) wird von der EG erwogen;
Verwendung: in der Lebensmittelindustrie als Freisetzungs-, Überzugs- und Trennmittel; Agalmatholit bzw. Topfstein zur Herstellung von Töpfen; zum Bau von elektrischen Heizapparaten; Speckstein als Material für technische Brenner, elektrotechnische Bauelemente; in der Druckindustrie zur Herstellung von Siebdruckformen;
siehe auch ⇒ Pigment Weiß 26 (C. I. 77718), CAS-Nr. 8005-37-6;
Bestandteil von Heucophos ZBZ, Luzenac 20M2, Mistrobond (>95 %), Mistron Vapor RP6D (>95 %), Mistron Vapor RP6 (>95 %), C Mistron Vapor 1R (>90 %), Steanat, Talk Naintsch H-100 (47 %);

zu Alpha Talc M Micro 6, Alpha Talc CT 40 P [Sdb Alpha Calcit]:
ab 650 °C thermische Zersetzung;

Magnesiumsilikat, wasserhaltig

- **CAS-Nummer:**
63800-37-3
- **Handelsnamen:**
Pangel HV; Pangel S-15; Pangel S-9; Pangels SCP; Pangel SC; Pangel FF; Pansil;
- **Summenformel:**
$Mg_2H_2(SiO_3)_3 * H_2O$

Funktion:
Füllstoff, anorganisch;

Eigenschaften:
- **toxikologisch/ökotoxikologisch:**
  Sonstiges:
  Kann eine mechanische Reizung verursachen, wenn die Augen großen Staubkonzentrationen ausgesetzt werden. Kann Reizung der Atmungswege verursachen [Sdb Tolsa,S.A.];

- **physikalisch/chemisch:**
  Schmelzpunkt: 1500 °C
  Dichte: 2100 kg/m3

  Löslichkeit:
  unlöslich in Wasser, Fettlöslichkeit: unlöslich [Sdb Tolsa,S.A.]; unlöslich in verdünnter siedender Salzsäure und stärkeren Mineralsäuren;

Bemerkung:
Körniges oder pulverförmiges Produkt, hellcremefarben;
Das Produkt kann unangenehm störenden Staub hervorrufen [Sdb Tolsa,S.A.];

Maleinsäurediisooctylester

- **CAS-Nummer:**
  1330-76-3
- **gebräuchliche Namen:**
  DIOM; Diisooctylester, Maleinsäure; Diisooctylmaleat;
- **Summenformel:**
  $C_{20}H_{36}O_4$

Funktion:
Weichmacher, synthetisch;

Eigenschaften:
- **physikalisch/chemisch:**
  Molmasse: 340,51 g/mol

Melamin-Formaldehyd-Copolymer

- **CAS-Nummer:**
  9003-08-1
- **gebräuchliche Namen:**
  Formaldehyd-Melamin-Copolymer; 1,3,5 Triazin-2,4,6-triamin, Polymer mit Formaldehyd; Hexamethoxymethylamin; Melamin-Formaldehyd-Hharz;
- **Handelsnamen:**
  Maprenal MF 920; Cymel 1133; Cymel 370; Cymel 373; Cymel 380; Cymel 1141; Arkofix NM; BT 300; Fixer M; Galazamine M; Cohedur A; Melolam 285; Luwipal; Uformite 27-801; Uformite 27-803; Uformite 27-804;
- **Summenformel:**
  $C_4H_8N_6O$

- **Strukturformel:**

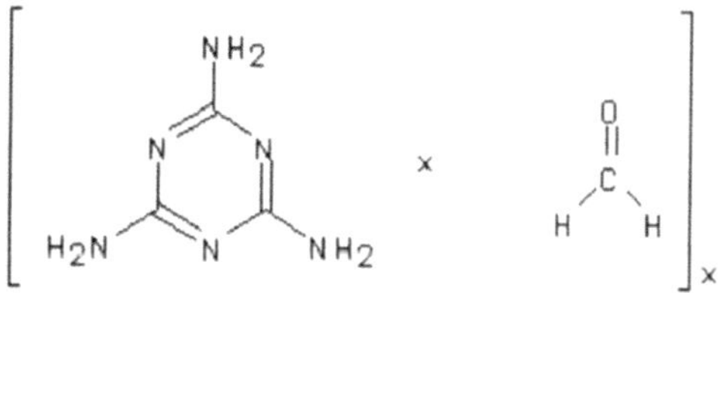

Funktion:
sonstige Chemikalien;
Latexstabilisierungsmittel;
Polymer;

Eigenschaften:
- **toxikologisch/ökotoxikologisch:**
RTECS # OS 1140000
WGK: 1
Sonstiges:
Reizungen von Augen und Haut;
LD 50 (oral, Ratte): >2000 mg/kg [607];

Gefahren-Symbol:

- **physikalisch/chemisch:**
Siedepunkt: 125 °C

Bemerkung:
farblose, vikose Flüssigkeit, granulates Puder;

2-Mercaptobenzimidazol, Zinksalz

- **CAS-Nummer:**
12564-65-7
- **gebräuchliche Namen:**
ZMBI; Zink-2-mercaptobenzimidazol; Bis(2-benzimidazolethilato)-zink;
- **Handelsnamen:**
Alterungsschutzmittel TMB; Permanox Z 21;
- **Summenformel:**
$C_{14}H_8N_4S_2Zn$

- **Strukturformel:**

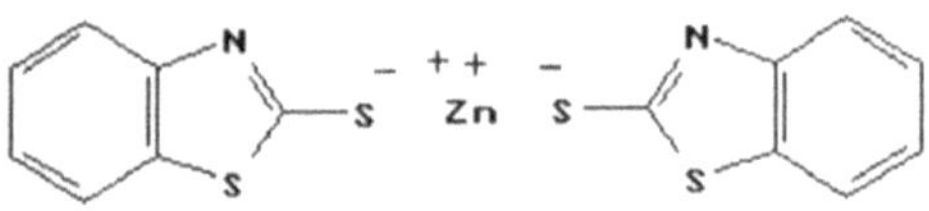

Funktion:
(1) Alterungsschutzmittel; Oxidationsschutzmittel;
(2) Schutzmittel gegen Metallvergiftung;
(3) Koaguliermittel für Latex;

2-Mercaptobenzothiazol, Kupfersalz

- **CAS-Nummer:**
  4162-43-0
- **gebräuchliche Namen:**
  CuMBT; CMBT; Mercaptobenzothiazol, Kupfersalz; Kupfer(2+)-bis-2-benzothiazol-thiolat; Kupfer-2-mercaptobenzothiazol; 2(3H)-Benzothiazolthion-Kupfer(2+)salz; Kupfermercaptobenzothiazol; Kupfer mercaptobenzothiazolat; Kupfer-2-mercaptobenzothiazol;
- **Summenformel:**
  $C_{14}H_8CuN_2S_4$

- **Strukturformel:**

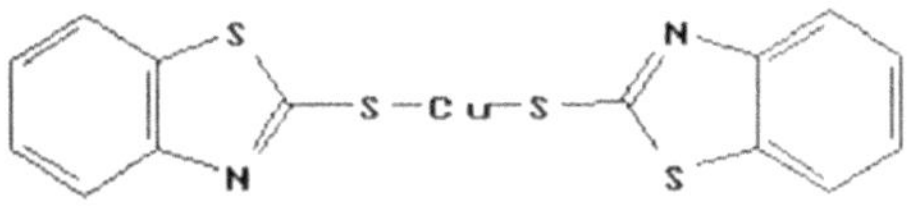

Funktion:
Vulkanisationsbeschleuniger, organisch;
Kautschukart:
Ethylen Propylen-Copolymer;

Eigenschaften:

- **physikalisch/chemisch:**
  Molmasse: 229,79 g/mol

2-Mercaptobenzoxazol

- **CAS-Nummer:**
  2382-96-9
- **gebräuchliche Namen:**
  MBO; 3H-Benzooxazol-2-thion; 2-Benzoxazolthiol; 2(3H)-Benzoxazolethion
- **Summenformel:**
  C_7H_5NOS

- **Strukturformel:**

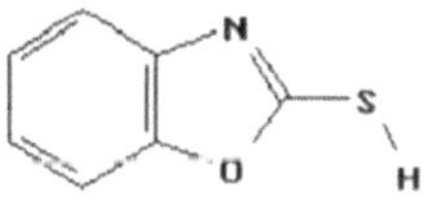

Funktion:
Vulkanisationsbeschleuniger, organisch;

Eigenschaften:
- **toxikologisch/ökotoxikologisch:**
  RTECS # DM 4882500
  WGK: 3
  R-Satz: 22
  S-Satz: 22-24/25
  Sonstiges:
  LD (oral, Ratte): >500 mg/kg [428];
  LD 50 (intravenös, Maus): 180 mg/kg [428];

Gefahren-Symbol:

- **physikalisch/chemisch:**
  Schmelzpunkt: 195-198 °C; 195-196 °C; 196 °C
  Molmasse: 151,18 °C

Verbleib nach Gebrauch:
Verbrennung nach Mischung mit brennbarem Lösemittel;

Bemerkung:
Puder;

2-Mercaptoimidazolin

- **CAS-Nummer:**
  872-35-5
- **gebräuchliche Namen:**
  MBI; Imidazol-2-thiol; 1,3-Dihydroimidazol-2-thion;
- **Handelsnamen:**
  USAF EL-57;
- **Strukturformel:**

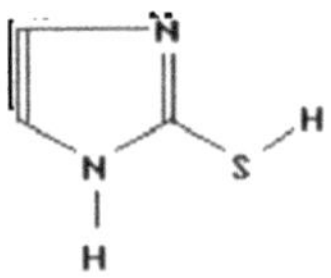

Funktion:
Vulkanisationsbeschleuniger, organisch;
Kautschukart:
Chloropren-Kautschuk;

Eigenschaften:
- **toxikologisch/ökotoxikologisch:**
  RTECS # NI 8515000
  R-Satz: 36/37/38
  S-Satz: 26-36
  Sonstiges:
  LD 50 (intraperitoneal, Maus): 200 mg/kg [428];

- **physikalisch/chemisch:**
  Schmelzpunkt: 228-231 °C
  Molmasse: 100,14 g/mol

Verbleib nach Gebrauch:
Verbrennung nach Mischung mit brennbarem Lösemittel;

2-Mercaptooxazol

- **CAS-Nummer:**
  32091-51-3
- **gebräuchliche Namen:**
  Mercaptooxazol; 2-(3H)-Oxazolthion;
- **Summenformel:**
  C_3H_3NOS

- **Strukturformel:**

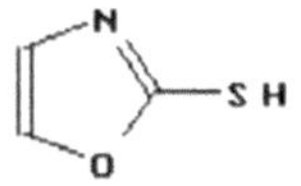

Funktion:
Desaktivator;

N-(2-Mercaptophenyl)benzamid

- **CAS-Nummer:**
  1020-40-2
- **Summenformel:**
  $C_{13}H_{11}NOS$

- **Strukturformel:**

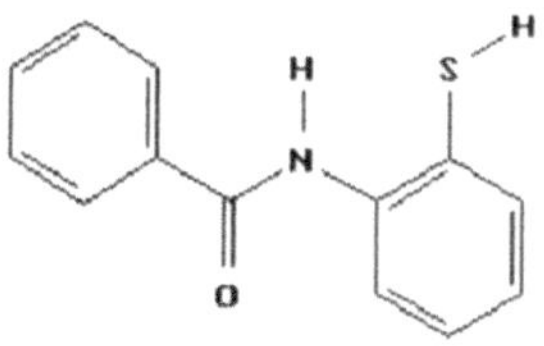

Funktion:
Mastikationsmittel;

Eigenschaften:

- **physikalisch/chemisch:**
  Molmasse: 229,30 g/mol

3-Mercaptopropyl-tri-n-butoxy-silan

- **CAS-Nummer:**
  42169-84-6
- **Summenformel:**
  $C_{15}H_{34}O_3SSi$

- **Strukturformel:**

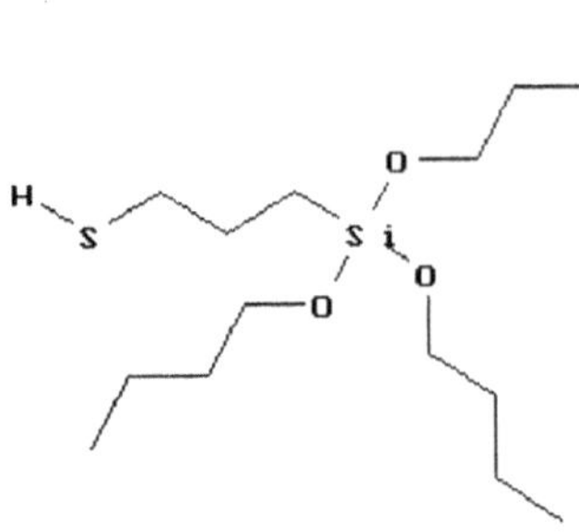

Funktion:
Haftvermittler für Füllstoffe;

Eigenschaften:

- **physikalisch/chemisch:**
Molmasse: 322,58 g/mol

2-Mercaptotoluimidazol

- **CAS-Nummer:**
53988-10-6
- **gebräuchliche Namen:**
MMBI; 4- oder 5-Methyl-2-benzinimidazolthiol; 1,3-Dihydro-4(oder 5)-methyl-2H-benzimidazol-2-thion; Methyl-2-benzimidazolthiol;
- **Handelsnamen:**
Vanox MTI; Vulkanox MB 2/MG; Vulkanox MB 2/MGC;
- **Summenformel:**
$C_8H_8N_2S$

- **Strukturformel:**

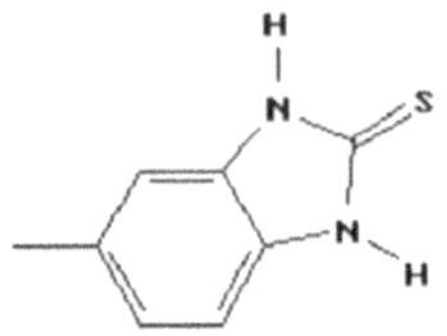

Funktion:
Oxidationsschutzmittel; Alterungsschutzmittel;
Kautschukart:
Naturkautschuk; synthetischer Kautschuk;
Anwendung:
Reifen, Schläuche; chirurgische und medizinische Artikel; Sportartikel; Spielsachen; technische Gummiartikel; Produkte für Industrie, inkl. Druckplattentücher; Klebstoffe; Dichtungen; Latex Tauchartikel; Latex Schaumartikel;

branchenspezifische Bemerkung zur Substanz:
Einsatzmenge: 130 t/a (Reifenindustrie: 7,6 t/a, TSE-Industrie: 120 t/a) (1996)

Eigenschaften:

- **physikalisch/chemisch:**
Dichte: 1300 kg/m3

Molmasse: 164,22 g/mol

Löslichkeit:
unlöslich in Wasser; löslich in Propanon, Ethanol, Methylbenzen, Petroleumether, Benzin;

Methacrylsäuremethylester

- **CAS-Nummer:**
  80-62-6
- **UN Nummer:**
  1247
- **gebräuchliche Namen:**
  MMA; Methylmethacrylat; 2-Methyl-2-propensäuremethylester; Acrylsäure-2-methyl-methylester; 2-(Methoxycarbonyl)-1-propan; Methyl-methacrylat; Methylmethylacrylat; Methyl-alpha-methylacrylat; Methyl-2-methyl-2-propenoat; 2-Methyl-2-propensäuremethylester;
- **Handelsnamen:**
  Indunal T 112/521; NCI-C50680; Pegalan;
- **Summenformel:**
  $C_5H_8O_2$

- **Strukturformel:**

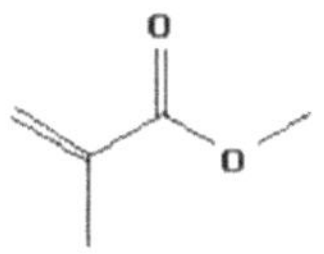

Funktion:
Monomer für die Herstellung von synthetischem Kautschuk;

Eigenschaften:
- **toxikologisch/ökotoxikologisch:**
  RTECS # OZ 5075000
  WGK: 1
  MAK Wert: 50 ml/m3 bzw. 210 mg/m3
  R-Satz: 11-36/37/38-43
  S-Satz: (2)-9-16-29-33
  Sonstiges:
  Einstufung und Kennzeichnung von Zubereitungen, in denen diese Substanz enthalten ist:
  20%< =C ⇒ Xi; R36/37/38-43
  1%< =C<20% ⇒ Xi; R43

  Spitzenbegrenzung: I [481]; Gefahr der Sensibilisierung [481]; Schwangerschaftsgruppe: C [481]; IMK: II; mutagen [428]; tumorauslösend [428];
  Dämpfe reizen Augen und Atemwege; Lungenödem möglich; bei hohen Dampfkonzentrationen bzw. Einatmung über einige Zeit lähmenden Wirkung auf das ZNS zu erwarten; Kontakt mit der Flüssigkeit führt zu Reizung der Augen und Haut [163];
  TC Lo (inhalativ, Mensch): 60 mg/kg [428];
  LD 50 (oral, Ratte): 7872 mg/kg [428];
  LD 50 (subcutan, Ratte): 7088 mg/kg [428];
  LD 50 (intraperitoneal, Ratte): 1328 mg/kg [428];
  LC 50 (inhalativ, Ratte): 78000 mg/kg [428], 3750 mg/m3 [187];
  LC Lo (inhalativ, Ratte): 17500 mg/m3/4,5 h [428];
  TD Lo (intraperitonal, Ratte (trächtig)): 405 mg/kg/5-15D, 801 mg/kg/5-15D [428];
  TD Lo (implantiert, Ratte): 1620 mg/kg [428];
  TC Lo (inhalativ, Ratte (trächtig)): 109 g/m3/17M/6-15D, 54 mg/m3/24h/8W [428];
  TC Lo (inhalativ, Ratte): 34500 mg/m3/16W (intermittierend), 1 mg/m3/24h/60D (kontinuierlich), 115 mg/m3/3h/17W (intermittierend) [428];
  LD 50 (oral, Maus): 3625 mg/kg [428];
  LD 50 (intraperitoneal, Maus): 945 mg/mkg [428];

LD 50 (subcutan, Maus): 5954 mg/kg [428];
LC 50 (inhalativ, Maus): 18500 mg/m3/2h [428];
TC Lo (inhalativ, Maus): 41 g/m3/90M/15D (intermittierend) [428];
LD 50 (oral, Hund): 4725 mg/kg [428];
LD-50 (subcutan, Hund): 4252 mg/kg [428];
LC Lo (inhalativ, Hund): 41200 mg/m3/3h [428];
TC Lo (inhalativ, Hund): 47 g/m3/90M/15D (intermittierend) [428];
LD 50 (oral, Kaninchen): 8700 mg/kg [428];
LC Lo (inhalativ, Kaninchen): 17500 mg/m3/4,5h [428];
LD 50 (oral, Meerschweinchen): 5954 mg/kg [428];
LD 50 (intraperitoneal, Meerschweinchen): 1890 mg/kg [428];
LD 50 (subcutan, Meerschweinchen): 5954 mg/kg [428];
LC Lo (inhalativ, Meerschweinchen): 19000 mg/m3/5h [428];
TC Lo (inhalativ, Meerschweinchen): 65 g/m3/3h/3D (intermittierend) [428];
LC 50 (inhalativ, Säugetiere): 20 g/m3 [428];

Toxische Grenzkonzentration für Pseudomonas putida 100 mg/l, für Scenedesmus quadricauda 37 mg/l [36];
LC Lo (Fisch, Goldorfe): 320 mg/l [33];
LC 50 (Fisch, Goldorfe): 350 mg/l [33];
LC Lo (Daphnia magna): 875 mg/l [6];
LC 50 (Daphnia magna): 1760 mg/l [6];

Gefahren-Symbol:

- **physikalisch/chemisch:**
  Schmelzpunkt: -48 °C
  Siedepunkt: 100 °C
  Flammpunkt: 10 °C
  Dampfdruck: 37 hPa (20°C) [163]
  Brechungsindex: 1,4140 (20 °C)
  Dichte: 936 kg/m3 (20 °C)
  Molmasse: 100,12 g/mol

Verbleib nach Gebrauch:
Verbrennung, hochentzündliche Stoffe;

Bemerkung:
Klare, farblose scharf riechende Flüssigkeit; brennbar;
Bildet im dampf-/gasförmigen Zustand mit Luft explosionsfähige Gemische;
Explosionsgrenzen: 1,7 - 12,5 Vol% ; Zündtemp.: 430 °C (*) [163];
(*): stabilisiert mit 0,1% Hydrochinon;
Stoff neigt zur Polymerisation; Handelsprodukte werden daher meist in stabilisiertem Zustand mit 0,1% Hydrochinon transportiert; bei Erhitzung wie z.B. Umgebungsbrände kann die Wirkung des Hemmstoffes aufgehoben werden; wenn die Polymerisation in einem Behälter erfolgt, besteht die Möglichkeit eines heftigen Zerplatzens des Behälters;
Einwirkung von Licht kann die Polymerisation beschleunigen; bei Kontakt mit bestimmten Katalysatoren entsteht eine heftige Reaktion des Stoffs in sich selbst; hierzu gehören folgende Stoffe: organische Peroxide (z.B. Benzoyl-, Acetyl-, Lauroyl- und Tertbutylhydroperoxid) und Verbindungen wie Azorbis-iso-Butyronitril, anionische Natrium-Flüssigkeit, Ammoniak und Persulfate;
Verwendung: Herstellung von Plastik;

Methanal

- **CAS-Nummer:**
  50-00-0
- **UN Nummer:**
  1198; 2209;
- **gebräuchliche Namen:**
  Ameisenaldehyd; Formaldehyd; Formalin; Formylhydrat; Methylaldehyd; Oxomethan; Oxymethylen; Ameisensäurealdehyd;
- **Handelsnamen:**
  BFV; Fannoform; Fyde; Formol; Ivalon; Lysoform; Morbicid; Superlysofam; Veracur; Paraform;
- **Summenformel:**
  CH_2O

- **Strukturformel:**

Funktion:
(1) Treibmittel, organisch;
(2) Härter;
(3) Antimikrobielle Mittel für Latex;

Anwendung:
(1) Reifen, Schläuche; chirurgische und medizinische Artikel; Sportartikel; Spielsachen; technische Gummiartikel; Produkte für Industrie, inkl. Druckplattentücher; Klebstoffe; Dichtungen;
(3) Latex Tauchartikel; Latex Schaumartikel;

branchenspezifische Bemerkung zur Substanz:
Einsatzmenge: 2,1 t/a (Reifenindustrie, 1996)

Eigenschaften:
- **toxikologisch/ökotoxikologisch:**
  RTECS # LP 8925000
  Schweizer Giftliste: 3
  WGK: 2
  MAK Wert: 0,5 ml/m3 bzw. 0,6 mg/m3
  R-Satz: 23/24/25-34-40-43
  S-Satz: (1/2)-26-36/37-45-51
  Sonstiges:
  Einstufung und Kennzeichnung von Zubereitungen, in denen diese Substanz enthalten ist:
  25% < = C ⇒ T; R23/24/25-34-40-43
  5% < = C < 25% ⇒ Xn; R20/21/22-36/37/38-40-43
  1% < = C < 5% ⇒ Xn; R40-43

  Carc. Cat. 3; IMK I; Schwangerschaftsgruppe C [481];
  (> 30 %ige Lösung); Karzinogen [187]; Spitzenbegrenzung: I [481]; Gefahr der Sensibilisierung [481]; Krebserzeugend III B [481];
  Dämpfe reizen stark die Augen und Atemwege (Bronchopneumonien, Glottisödem); Kontakt mit der Flüssigkeit führt zu Verhärtung und Verätzung der Haut sowie Verätzung der Augen; bei Aufnahme durch den Mund schwere innere Verätzungen [163]; Gefahr der Sensibilisierung! [148];
  Bei 10-20 ml/m3 wird die Atmung stark erschwert; die Einwirkung von 650 ml/m3 für wenige Minuten wirkte tödlich [163];
  Innerlich: 10-50 ml 40 %ige Lösung tödlich [30];
  Tödliche Dosis ab 10 ml (Konzentration liegt zwischen 5 % und 30 %) [39];
  LD Lo (oral, Frau): 108 mg/kg [428];
  LD 50 (oral, Mann): 42 mg/kg [428];
  LC Lo (inhalativ; Mensch): 820 mg/m3/8 h [10];
  LD 50 (oral, Ratte): 800 mg/kg [10], [187];
  LC 50 (inhalativ, Ratte): 590 mg/m3 [187];
  LD 50 (Haut, Kaninchen): 270 mg/kg [187];

Toxische Grenzkonzentration für Pseudomonas putida 14 mg/l [36], für Scenedesmus quadricauda 2,5 mg/l [404];
EC 50 (Daphnia magna): 52 mg/l [180];
EC 50 (Leuchtbakterientest): 8,6 mg/l [399];
LC 50 (Fisch, Goldorfe): 50/108 mg/l [33];
LC 100 (Fisch, Goldorfe): 76/130 mg/l [33];
EC 50 (Urease-Test): 10 mg/l [398];

Gefahren-Symbol:

- **physikalisch/chemisch:**
  Schmelzpunkt: -92 °C (wasserfreies Methanal)
  Siedepunkt: -21 °C (wasserfreies Methanal)
  Flammpunkt: 23-61 °C (variiert je nach Konz. der Lsg.)
  Dampfdruck: 1,7 hPa (20 °C) [29] (variiert je nach Konz. der Lsg.)
  Brechungsindex: 1,3765 (20 °C)
  Dichte: 815 kg/m3 (-20 °C) (wasserfreies Methanal)
  Molmasse: 30,026 g/mol (wasserfreies Methanal)
  Löslichkeit:
  leicht löslich in Wasser; löslich in Ethanol, Diethylether; mischbar mit Propanon;

Verbleib nach Gebrauch:
Verbrennung nach Mischung mit brennbarem Lösemittel;
Umweltbelastung durch fotografische Prozesse (BRD, 1986): 74 t/a [156];

Bemerkung:
Methanal (wasserfrei): farbloses, stechend riechendes Gas mit starker Reizwirkung: brennbar; Methanal: farblose, stechend riechende Flüssigkeit mit starker Reizwirkung; brennbar; Geruchsschwelle: <1ml/m3 [163]; 25 mg/m3 Erträglichkeitsgrenze) [484]; Bildet im dampf-/gasförmigen Zustand mit Luft explosionsfähige Gemische; Explosionsgrenzen: 7-73 Vol.-%; Zündtemp.: 430 °C [29], 420 °C [484];
Verwendung: technisches Lösungsmittel; in der Fotoindustrie als Härtemittel;
Formalin (35-40 %ige wässr. Lösung);
Enthalten in Acticide AZ (3 %), Melflam 131 (1-5 %), Resamin HF 450;

Methanol

- **CAS-Nummer:**
  67-56-1
- **UN Nummer:**
  1230
- **gebräuchliche Namen:**
  Carbinol; Karbinol; Holzalkohol; Holzgeist; Holzspiritus; Methol; Methylalkohol; Methylhydroxid; Methyloxidhydrat; Methynol; Pyroholzether;
- **Summenformel:**
  CH_4O
- **Strukturformel:**

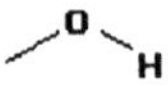

Funktion:
Lösemittel;

Anwendung:
chirurgische und medizinische Artikel; Sportartikel; Spielsachen; technische Gummiartikel; Produkte für Industrie, inkl. Druckplattentücher; Klebstoffe; Dichtungen;

branchenspezifische Bemerkung zur Substanz:
Einsatzmenge: 36 t/a (TSE-Industrie, 1996)

Eigenschaften:
- toxikologisch/ökotoxikologisch:
RTECS # PC 1400000
Schweizer Giftliste: 3
WGK: 1
MAK Wert: 260 mg/m3 bzw. 200 ml/m3
R-Satz: 11-23/25
S-Satz: (1/2)-7-16-24-45
Sonstiges:
Einstufung und Kennzeichnung von Zubereitungen, in denen diese Substanz enthalten ist:
20%<=C ⇒ T; R23/25
3%<=C<20% ⇒ Xn; R20/22

Spitzenbegrenzung: II,1 [481]; Gefahr der Hautresorption [481]; Schwangerschaftsgruppe D [481]; IMK: III; Geruchsschwelle: 5 ml/m3 [163];
Giftig beim Einatmen und Verschlucken. Wirkt entfettend auf die Haut. Kann sensibilisierende Wirkund haben [Sdb];
Flüssigkeit und Dämpfe verursachen Schädigung des ZNS, insbesondere der Sehnerven, nachfolgend Erblindung; Hautresorption möglich ! Nieren, Leber, Herz und andere Organe werden geschädigt; Folgen treten mit Verzögerung auf; die Gefährdung durch Einatmen der Dämpfe ist geringer als bei Aufnahme durch den Mund [163];
Eingeatmet können Dämpfe zu plötzlicher Bewußtlosigkeit führen; innerlich 10 - 100 g tödlich, 8 - 20 g dauernde Erblindung [30];
Kurzeinwirkung: 1000 ppm riefen nach einer Stunde Kopfschmerzen, Reizung der Augen und Ermüdungserscheinungen hervor [484];
Beim Eindringen in die Augen schwere Ödembildung an der Bindehaut (Cornea) möglich [Sdb Shell Chemicals];
LD Lo (oral, Mann): 6422 mg/kg [187], [428];
TD Lo (oral, Mann): 3429 mg/kg [428];
LD Lo (oral, Mensch): 428 mg/kg, 143 mg/kg [187], [428];
TD Lo (oral, Frau): 4000 mg/kg [428];
TC Lo (inhalativ, Mensch): 86000 mg/m3 [428];
TC Lo (inhalativ, Mensch): 300 ml/m3 [428];
LD 50 (oral, Ratte): 5628 mg/kg [32], [187], [428], 12900 mg/kg [9];
LC 50 (inhalativ, Ratte, 4 h): 64000 ml/m3 [9], [187], [428];
LD 50 (intravenös, Ratte): 9500 mg/kg [402], 2131 mg/kg [428];
LD 50 (intraperitoneal, Ratte): 7529 mg/kg [428];
LD 50 (subcutan, Maus (1 Tag alt)): 4100 ± 1600 mg/kg [332];
LD 50 (subcutan, Maus (30 Tage alt): 9800 ± 537 mg/kg [332];
LD 50 (subcutan, Maus): 9800 mg/kg [428];
LD 50 (intravenös, Maus): 4710 mg/kg [428];
LD 50 (oral, Maus): 7300 mg/kg [428];
LC Lo (inhalativ, Maus): 50000 mg/m3/2 h [428];
LD 50 (intraperitoneal, Maus): 10765 mg/kg [428];
LD 50 (Haut, Kaninchen): 15800 mg/kg [9], [187];
LD 50 (intravenös, Meerschweinchen): 5140 mg/kg [402];
LD Lo (oral, Hund): 7500 mg/kg [428];
LD 50 (oral, Affe): 7000 mg/kg [428];
LC Lo (inhalativ, Affe): 1000 ml/m3 [428];
LD Lo (Haut, Affe): 393 mg/kg [428];
LC Lo (inhalativ, Katze): 44000 mg/m3/6 h [428];
LD Lo (intravenös, Katze): 4641 mg/kg [428];
LD 50 (oral, Kaninchen): 14200 mg/kg [428];
LD 50 (Haut, Kaninchen): 15800 mg/kg [428];
LD 50 (intraperitoneal, Kaninchen): 1826 mg/kg [428];
LD 50 (intravenös, Kaninchen): 8907 mg/kg [428];
LD 50 (intraperitoneal, Meerschweinchen): 3556 mg/kg [428],

LD 50 (intraperitoneal, Hamster): 8555 mg/kg [428];
LD Lo (parenteral, Frosch): 59000 mg/kg [428];

Toxische Grenzkonzentration für Pseudomonas putida 6600 mg/l, Scenedesmus quadricauda 8000 mg/l [32], Daphnia magna 32 g/l [389];
LC 0 (Fisch, Goldorfe): 7900 mg/l [33];
LC 50 + LC 100 (Fisch, Goldorfe): über 10000 mg/l [33];
EC 50 (Wasserfloh): >100 mg/l [Sdb];
Biologisch abbaubar [32, 262];

Gefahren-Symbol:

- **physikalisch/chemisch:**

Schmelzpunkt: -97,68 °C
Siedepunkt: 64,7 °C
Flammpunkt: 11 °C
Dampfdruck: 128 hPa (20 °C) [32]; [484]; 131 hPa (20 °C), 558 hPa (50 °C) [Sdb]
Verdampfungswärme: 1103,22 kJ/kg
Log pOW: -0,64, -0,66, -0,68, -0,82 [4], -0,71 [150]; <3 [Sdb]
Brechungsindex: 1,33057 (15 °C)
Dichte: 792,3 kg/m3 (20 °C)
Molmasse: 32,043 g/mol
Verdunstungszahl: 5,9 (BuAc = 1) [9], 7,9 (BuAc = 1) [105], 6,3 (Diethylether = 1) [19]

Löslichkeit:
mischbar mit Wasser, Ethanol, Diethylether, Benzen; löslich in Propanon, Ether;

Bemerkung zu physikalisch/chemischen Daten:
T(krit.): 240 °C, P(krit.): 79520,5 hPa [428];

Verbleib nach Gebrauch:
Verbrennung, hochentzündliche Stoffe;

Bemerkung:
Farblose charakteristisch (ethanolartig) riechende Flüssigkeit; brennbar;
Bildet im dampf-/gasförmigen Zustand mit Luft explosionsfähige Gemische; Explosionsgrenzen:
1,4-8 Vol.-%; Zündtemp.: 285 °C [32];
6,0-36,5 Vol.-%; Zündtemp.: 455 °C [163];
7,3-36 Vol.-%; Zündtemp.: 385 °C [9];
5,5-44 Vol.-%; Zündtemp.: 455 °C [484];
Vorläufig zugelassen in kosmetischen Mitteln;

Kann heftig reagieren bei Kontakt mit Säuren, Säurehalogeniden, Säureanhydriden, Oxidations- und Reduktionsmitteln, Alkali- und Erdalkalimetallen [484];
Verwendung: technisches Lösemittel; in der fotografischen Industrie als Polier- und Mattierungsmittel sowie zum schnellen Trocknen von Plattennegativen;
Enthalten in Disparlon 6900-20X (4,9%), A630-20X (2,5-10%), Mowilith Ct 5 A;

Methansäure

- **CAS-Nummer:**
  64-18-6
- **UN Nummer:**
  1779
- **gebräuchliche Namen:**
  Ameisensäure; Formylsäure; Hydrocarbonsäure;

- **Handelsnamen:**
  Amasil; Add-F; Collo-Bueglatt; Collo-Didax; Formira; Formisoton; Myrmicyl; Bilorin;
- **Summenformel:**
  CH_2O_2

- **Strukturformel:**

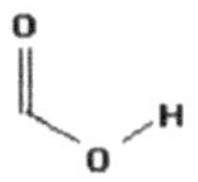

Funktion:
Koaguliermittel;
Kautschukart:
Latex;

Eigenschaften:
- **toxikologisch/ökotoxikologisch:**
  RTECS # LQ 4900000
  Schweizer Giftliste: 3
  WGK: 1
  MAK Wert: 9 mg/m3 bzw. 5 ml/m3
  R-Satz: 35
  S-Satz: (1/2)-23-26-45
  Sonstiges:
  Einstufung und Kennzeichnung von Zubereitungen, in denen diese Substanz enthalten ist:
  90%<=C ⇒ C; R35
  10%<=C<90% ⇒ C; R34
  2%<=C<10% ⇒ Xi; R36/38

  Zu diesem Stoff liegt ein BUA-Stoffbericht Nr. 81 vor.
  Spitzenbegrenzung I [481];
  Dämpfe reizen Schleimhäute und Atemwege (Lungenödem möglich) und Augen; nach Hautkontakt Verätzungen evtl. mit Blasenbildung, Entzündung möglich; orale Aufnahme führt zu schweren, lebensgefährlichen Verätzungen (Azidose, Hämolyse, evtl. Nierenschädigung) [418];
  Übelkeit, Erbrechen, Hämorrhagie, Schluckbeschwerden, Bewußtlosigkeit, Azidose, Hämolyse, Gerinnungsstörungen, Blutdruckabfall, akutes Nierenversagen und Lungenentzündung [601];
  Innerlich 2 %ige Säure schädlich; 0,1 - 0,2 %ige unbedenklich [30];
  TD Lo (oral, Frau): 2200 mg/kg [428];
  LD Lo (oral, Frau): 2440 µg/kg [428];
  TC Lo (inhalativ, Mann): 7300 µg/m3/8 h [428];
  LD 50 (oral, Ratte): 1100 mg/kg [187], [428], 1830 mg/kg, 1210 mg/kg [601];
  LC 50 (inhalativ, Ratte): 15 mg/m3/15 min [187], [428], 7,4 mg/l/4 h, 15 mg/l/15 min;
  LD 50 (oral, Vogel): >111 mg/kg [601];
  LD 50 (oral, Maus): 1100 mg/kg, 11200 mg/kg (die Substanz wurde als Na-Salz eingesetzt), 1920 mg/kg (die Substanz wurde als Ca-Salz eingesetzt), 700 mg/kg [601], [428];
  LC 50 (inhalativ, Maus): 6200 mg/m3/15 min [428];
  LD 50 (intravenös, Maus): 145 mg/kg [601], [428];
  LD 50 (intraperitoneal, Maus): 940 mg/kg [601], [428];
  LD 50 (oral, Hund): 4000 mg/kg [428];
  LD Lo (intravenös, Hund): 3000 mg/kg [428];
  LD Lo (intravenös, Kaninchen): 239 mg/kg [428];

  Toxische Grenzkonzentration für Scenedesmus quadricauda 100 mg/l; Daphnia magna 120 mg/l [418];
  Störungsschwelle für Fische: 1000 mg/l [32];
  akute Toxizität bei Wasserorganismen: 25-175 mg/l [601];
  LD 50 (Fisch; Sonnenfisch, 24 h): 175 mg/l [139];
  LC 50 (Fisch; Goldorfe): 120 mg/l [33];
  Kein Effekt auf E. coli bei 1 g/l [418];
  Biologisch abbaubar [262]; BSB(5): 0,15-0,27 [418]; biologisch leicht abbaubare Säure [601];

Gefahren-Symbol:

- **physikalisch/chemisch:**
  Schmelzpunkt: 8,4 °C
  Siedepunkt: 100,5 °C; 101 °C
  Flammpunkt: 69 °C; 48 °C (geschl.)
  Dampfdruck: 44 hPa (20 °C) [163]; 42 hPa (20 °C), 170 hPa (50 °C) [601]
  Verdampfungswärme: 502,41 kJ/kg
  Log pOW: -0,54 [4]; -1,55 [418]
  Brechungsindex: 1,37137 (20 °C)
  Dichte: 1225,9 kg/m3 (18 °C); 1220 kg/m3 (20 °C)
  Molmasse: 46,026 g/mol

  Löslichkeit:
  mischbar mit Wasser, Ethanol, Diethylether, löslich in Benzen, Ethansäure, Benzin, Tetrachlormethan, Methylbenzen, Dimethylbenzen, Schwefelkohlenwasserstoff;

Verbleib nach Gebrauch:
Verbrennung;

Bemerkung:
Farbl. Flüssigkeit, scharfer stechender Geruch; nebelt in feuchter Luft;
bei starker Erwärmung bilden sich ätzende und explosionsfähige Gemische mit Luft;
Explosionsgrenzen:
14-33 Vol.-%; Zündtemp.: 520 °C [418] ;
12-38 Vol.-%; Zündtemp.: 480 °C [601];
Gefährliche Reaktionen: Bei Neutralisation mit Laugen Hitzeentwicklung. Mit starken Säuren oder Oxidationsmitteln heftige Zersetzung.
Verwendung: Als Zwischenprodukt bei Synthese u.a. für Pharmazeutika; künstlichem Süßstoff; Pflanzenschutzmittel und Farbstoffe, Ansäuerungsmittel bzw. Kalklösungsmittel in Textil- und Lederindustrie, in der Gummiindustrie als Koagulierungsmittel für Kautschuklatex, als Silagemittel für Grünfutter, als Reinigungsmittel aufgrund biologischer Abbaubarkeit, insbesondere zum Entkalken (Boilereinsätze), Desinfizieren von Bier- und Weinfässern, Konservieren von Lebensmitteln, bei der Rauchgasentschwefelung [601];
Reagiert heftig bei Kontakt mit Alkalien; verändert die Wasserhärte; bei Anwesenheit von Schwefelsäure erfolgt Zersetzung unter Bildung von giftigem Kohlenmonoxid (Gas);
Verwendung: unter Namen Amasil zur Silage von Viehfutter; als techn. Lösungsmittel; in der Fotoindustrie an Stelle von ⇒ Ethansäure als Zusatz zum Eisenentwickler; in der Druckindustrie zum Entsäuern von Zinkplatten, zum Entfernen der Blaulack- und Rückenschicht auf Klischees;

Methansäureamid

- **CAS-Nummer:**
  75-12-7
- **gebräuchliche Namen:**
  Ameisensäureamid; Formamid; Amid C(1); Carbamaldehyd; Aldehydammoniak; Methanamid;
- **Summenformel:**
  CH_3NO

- **Strukturformel:**

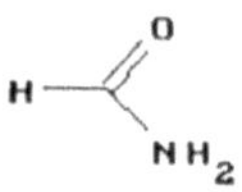

Funktion:
Vulkanisationsbeschleuniger, anorganisch;

Eigenschaften:
- **toxikologisch/ökotoxikologisch:**
RTECS # LQ 0525000
Schweizer Giftliste: 1
WGK: 2
R-Satz: 61-20/21/22-36/37/38
S-Satz: 53-45-26-36/37/39-23
Sonstiges:
Karzinogen [39];
Dämpfe reizen Augen, Atemwege und Haut; Kontakt mit der Flüssigkeit führt zu Reizung der Augen und Haut; die Flüssigkeit wird auch über die Haut aufgenommen; Aufnahme der Substanz kann Schäden an Leber und Nieren auslösen; bei Erhitzung über 180 °C kann u.U. Blausäure-Gas fei werden; bei Erhitzung oder Brand ist mit der Entwicklung der hochgiftigen ⇒ nitrosen Gase zu rechnen [163];
LD 50 (oral, Ratte): 5570 mg/kg [187], 5800 mg/kg [32], 7500 mg/kg [9];
LD 50 (intraperitoneal, Ratte): 5700 mg/kg [428];
LD 50 (intraperitoneal, Maus): 2450 mg/kg [428];
LD Lo (intravenös, Hund): 1500 mg/kg [428];
LC 50 (Fisch; Goldorfe, 48 h): > 500 mg/l [32];
Biologisch abbaubar [32];
Entwickelt nach Erhitzen über 80 °C ⇒ Cyanwasserstoff (Blausäure);

Gefahren-Symbol:

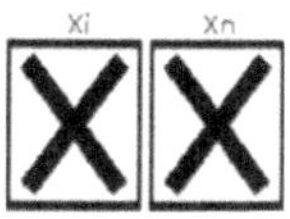

- **physikalisch/chemisch:**
Schmelzpunkt: 2,2 °C
Siedepunkt: 210 °C
Flammpunkt: 175 °C; 154 °C
Dampfdruck: 0,08 hPa (20 °C) [32], 0,11 hPa (20 °C) [187], 0,13 hPa (20 °C) [163];
Brechungsindex: 1,44719 (20 °C)
Dichte: 1133,9 kg/m3 (20,1 °C)
Molmasse: 45,041 g/mol
Verdunstungszahl: 0,003 (BuAc = 1) [9]

Löslichkeit:
Diethylether 14 g/l (20 °C); mischbar mit Wasser, Ethanol, Methanol, Aceton, Essigsäure, Dioxan, Ethylenglycol, Phenol; löslich in kaltem Propantriol; wenig löslich in Benzen, Hexan, Trichlormethan;

Verbleib nach Gebrauch:
Verbronnung nach Mischung mit brennbarem Lösemittel;

Bemerkung:
Farblose, geruchlose Flüssigkeit; brennbar;
Bildet im dampf-/gasförmigen Zustand mit Luft explosionsfähige Gemische;
Explosionsgrenzen: Zündtemp.: 500 °C [32];
Stoff reagiert bei Kontakt oder Mischung mit starken Oxidationsmitteln, Säuren und Basen;
Zersetzung durch Sonnenlicht ⇒ Ammoniak, Kohlenmonoxid, Cyanwasserstoff;
Entwickelt nach Erhitzen über 80 °C ⇒ Cyanwasserstoff (Blausäure);
Verwendung: als Lösemittel;

Methansäureanilid

- **CAS-Nummer:**
  103-70-8
- **UN Nummer:**
  2810
- **gebräuchliche Namen:**
  Formaldehyd-anilin; N-Phenylformamid; Formanilid; N-Formylanilin; Carbanilaldehyd; Formamidobenzol;
- **Summenformel:**
  C_7H_7NO
- **Strukturformel:**

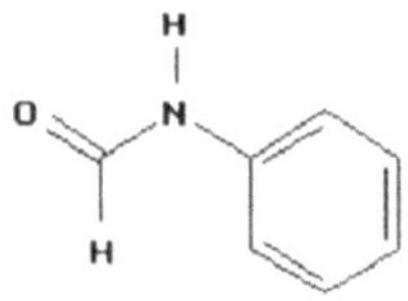

Funktion:
Vulkanisationsbeschleuniger, organisch;

branchenspezifische Bemerkung zur Substanz:
Zersetzungsprodukt von DPG;

Eigenschaften:
- **toxikologisch/ökotoxikologisch:**
  RTECS # BY1780000
  WGK: 2
  Sonstiges:
  Die Substanz und ihre Stäube reagieren mit der Feuchtigkeit der Haut und der Augen sowie mit den Schleimhäuten des Nasen-Rachen-Raumes und führen zu Reizungen. Dämpfe führen zu leichter Reizung der Augen, der Atemwege, der Atmungsorgane und der Haut. Hautresorption möglich. Sie verändert den Blutfarbstoff (Methämoglobinbildung) und zerstört die roten Blutkörperchen (Hämolyse). Nachfolgend Leber- und Nierenschäden möglich. Bei Brand und Erhitzung erfolgt Zersetzung unter Bildung ätzender Gase und Dämpfe, die nitrose Gase enthalten. Brennen der Augen der Nasen- und Rachenschleimhäute, sowie der Haut;
  Symptome: Schwindel, Kopfschmerzen, Verwirrtheit, Blutdruckabfall, Blauverfärbung, beginnend an Lippen und Fingernägeln, Krämpfe, Koma, tödlicher Verlauf möglich..

  LD Lo (oral, Hund): 400 mg/kg [428];
  LD Lo (intravenös, Hund): 400 mg/kg [428];
  LD Lo (oral, Frosch): 800 µg/kg [428];

- **physikalisch/chemisch:**
  Schmelzpunkt: 46-48°C; 47-49 °C
  Siedepunkt: 271°C; 166°C (18,66 hPa); 240 °C; 271 °C
  Flammpunkt: >112 °C
  Log pOW: 1,15
  Dichte: 1144 kg/m3
  Molmasse: 121,15 g/mol

  Löslichkeit:
  in Wasser: 25,4 g/l (20 °C); > 10 % löslich in Benzen, Ether, Ethanol;

Verbleib nach Gebrauch:
Verbrennung nach Mischung mit brennbarem Lösemittel;

Bemerkung:
Farblose Kristalle oder braune Schmelze; schwacher Geruch;

In der UN-Liste klassifiziert unter giftige Flüssigkeit, organisch n.a.g. (n.o.s.).

Bildet im dampf-/gasförmigen Zustand mit Luft explosionsfähige Gemische;
Zündtemperatur ca. 600 °C [484];

4,4'-Methoxydiphenylamin

- **CAS-Nummer:**
  101-70-2
- **gebräuchliche Namen:**
  Di-(4-methoxy-phenyl)-amin; 4-Methoxy-N-(4-methoxyphenyl)-benzenamin; Bis-(4-methoxy-phenyl)-amin;
  p,p'-Dimethoxydiphenylamin;
  4,4'-Dimethoxydiphenylamin;
- **Summenformel:**
  $C_{14}H_{15}NO_2$
- **Strukturformel:**

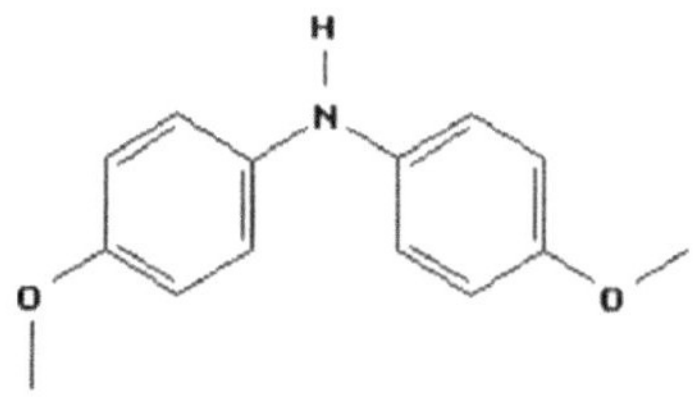

Funktion:
Alterungsschutzmittel; Ermüdungsschutzmittel; Oxidationsschutzmittel;

Eigenschaften:
- **toxikologisch/ökotoxikologisch:**
  RTECS # DU 9085000
  Sonstiges:
  LD 50 (oral, Ratte): 2470 mg/kg [428];
  LD 50 (oral, Maus): 2500 mg/kg [428];

- **physikalisch/chemisch:**
  Schmelzpunkt: 101-104 °C
  Molmasse: 229,28 g/mol

Bemerkung:
enthalten in: Nonox HFN (25 %); Thermoflex A (25 %);

N-(4-Methoxyphenyl)-N'-isopropyl-benzen-1,4-diamin

- **CAS-Nummer:**
  1590-84-7
- **gebräuchliche Namen:**
  N-Isopropyl-N'-(4-methoxyphenyl)benzen-1,4-diamin; N-(p-methoxyphenyl)-N'-isopropyl-p-phenylendiamin;
- **Summenformel:**
  $C_{16}H_{20}N_2O$

- **Strukturformel:**

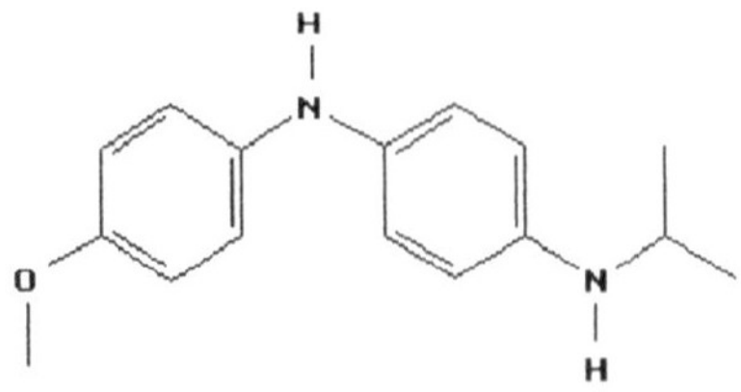

Funktion:
Ozonschutzmittel;

Eigenschaften:

- **physikalisch/chemisch:**
Molmasse: 256,35 g/mol

(4-Methoxyphenyl)phenylamin

- **CAS-Nummer:**
1208-86-2
- **gebräuchliche Namen:**
4-Methoxy-N-phenylbenzenamin;
- **Summenformel:**
$C_{13}H_{13}NO$

- **Strukturformel:**

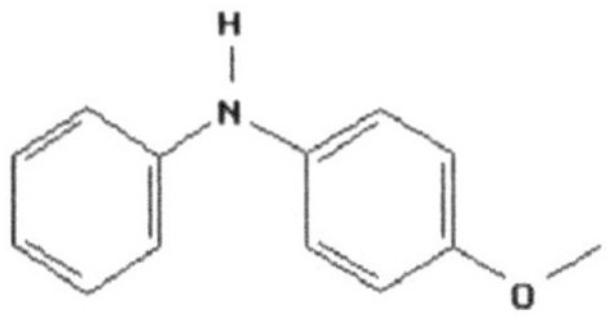

Funktion:
Ozonschutzmittel;

Eigenschaften:

- **physikalisch/chemisch:**
Schmelzpunkt: 105 °C
Siedepunkt: 195,12 °C
Molmasse: 199,25 g/mol

(4-Methoxyphenyl)phenylmethanon

- **CAS-Nummer:**
611-94-9
- **gebräuchliche Namen:**
4-Methoxybenzophenon; Phenyl-p-anisyl-keton;
- **Summenformel:**
$C_{14}H_{12}O_2$

- **Strukturformel:**

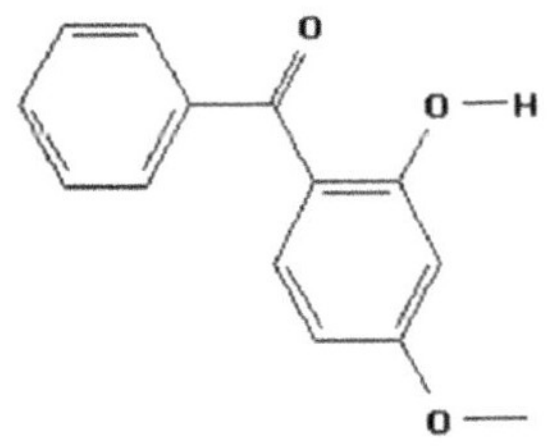

Funktion:
Lichtschutzmittel;

Eigenschaften:
- **toxikologisch/ökotoxikologisch:**
RTECS # PC 4962500
Sonstiges:
LD50 (oral, Ratte): 5000 kg/mg [428];
LD50 (intraperitoneal, Ratte): 3673 mg/kg [428];
LD50 (oral, Maus): 3039 kg/mg [428];

- **physikalisch/chemisch:**
Schmelzpunkt: 60-63 °C; 58-60 °C; 61,5 °C
Siedepunkt: 354-356 °C
Molmasse: 212,25 g/mol

Verbleib nach Gebrauch:
Verbrennung nach Mischung mit brennbarem Lösemittel;

1-(4-Methoxyphenyl)-3-phenyl-thioharnstoff

- **CAS-Nummer:**
1219-96-1
- **gebräuchliche Namen:**
1-p-Methoxyphenyl-3-phenyl-thioharnstoff; N-[4-Methoxy-phenyl]-N'-phenyl-thioharnstoff;
- **Summenformel:**
$C_{14}H_{14}N_2OS$

- **Strukturformel:**

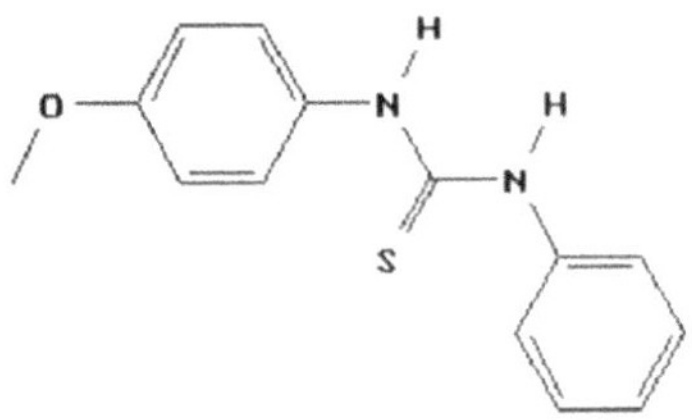

Funktion:
Ozonschutzmittel;

Eigenschaften:

- **physikalisch/chemisch:**
Schmelzpunkt: 153-154 °C
Molmasse: 258,34 g/mol

2-Methyl-acrylsäure-1-methyl-3-(2-methyl-acryloxy)-propylester

- **CAS-Nummer:**
  1189-08-8
- **gebräuchliche Namen:**
  1,3-Butylenglycoldi(meth)acrylat; 1-Methyltrimethylendimethacrylat; 1,3-Butandioldimethacrylat;
- **Summenformel:**
  $C_{12}H_{18}O_4$

- **Strukturformel:**

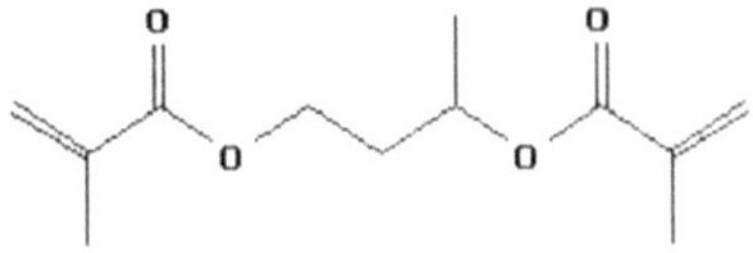

Funktion:
Coagentien für schwefelfreie Vernetzungsmittel;

Eigenschaften:
- **toxikologisch/ökotoxikologisch:**
  R-Satz: 36/37/38
  S-Satz: 26-28

- **physikalisch/chemisch:**
  Siedepunkt: 290 °C
  Flammpunkt: >110 °C
  Brechungsindex: 1,4520 (20 °C); 1,4495 (25 °C)
  Dichte: 1010 kg/m3
  Molmasse: 226,28 g/mol

2-Methylaminobenzen

- **CAS-Nummer:**
  95-53-4
- **UN Nummer:**
  1708
- **gebräuchliche Namen:**
  2-Methylanilin; o-Toluidin; 2-Methylaminobenzol; 2-Aminotoluol; 1-Amino-2-methylbenzol; 2-Amino-1-methylbenzol; o-Tolylamin;
- **Handelsnamen:**
  C.I. 37077;
- **Summenformel:**
  C_7H_9N

- **Strukturformel:**

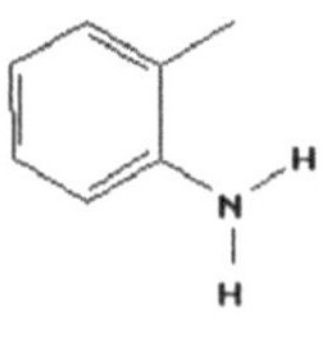

branchenspezifische Bemerkung zur Substanz:
Zersetzungsprodukt von ortho-Tolylguanidin (OTBG) (CAS-Nr. 93-69-6) und Di-ortho-tolylguanidin (DOTG) (CAS-Nr. 97-39-2);

Eigenschaften:
- toxikologisch/ökotoxikologisch:
RTECS # XU 2975000
WGK: 3
R-Satz: 45-23/25-36
S-Satz: 53-45
Sonstiges:
Carc.Cat.2 [505]; Karzinogen [187];
Gefahr der Hautresorption [481]; Krebserzeugend III A2 [481];
Starkes Blutgift; Blutfarbstoff wird verändert (Methämoglobinbildung), so daß er für den Sauerstofftransport ausfällt und die roten Blutkörperchen zerstört werden (Hämolyse); Dämpfe und Flüssigkeit werden auch über die Haut aufgenommen; sie bewirken Nieren- und Leberschäden; Kontakt mit der Flüssigkeit reizt Augen; die bei Erhitzung von Toluidin entstehenden Dämpfe verursachen Reizung der Nasen- und Rachenschleimhaut [163]; Hautresorption! [148];
Geruchsschwelle: 0,5 ml/m3 [163];
LD 50 (oral, Mensch): 1700 mg/kg [428];
TC Lo (inhalativ, Mensch): 25 mg/m3 [428];
LD 50 (oral, Ratte): 670 mg/kg [187], 900 mg/kg [289];
TD (oral, Ratte): 7250 mg/kg/23 Wochen kontinuierlich [428];
TD Lo (oral, Ratte): 109 mg/kg/2 a kontinuierlich [428];
LD 50 (oral, Ratte): 670 mg/kg [428];
LD 50 (oral, Maus): 520 mg/kg [428];
TD Lo (subcutan, Maus): 320 mg/kg/15-21 Tage, trächtig [428];
LD 50 (intraperitoneal, Maus): 150 mg/kg [428];
LD Lo (oral, Katze): 150 mg/kg [428];
LD Lo (oral, Kaninchen): 840 mg/kg [428];
LD 50 (Haut, Kaninchen): 3250 mg/kg [187], [428];
TD Lo (subcutan, Kaninchen): 840 mg/kg/14 Wochen mit Unterbrechungen [428];
LD Lo (oral, Frosch): 151 mg/kg [428];
LC Lo (Fisch, Goldorfe): 30 mg/l [33];
LC 50 (Fisch, Goldorfe): 117 mg/l [33];
Toxische Grenzkonzentration für Pseudomonas putida 16 mg/l, Scenedesmus quadricauda 6,3 mg/l [36];
LC Lo (Daphnia magna): 2,5 mg/l [6];
LC 50 (Daphnia magna): 26 mg/l [6];
Biologisch abbaubar [262];

Gefahren-Symbol:

- physikalisch/chemisch:
Schmelzpunkt: - 27,7 °C; - 15 °C
Siedepunkt: 199,84 °C
Flammpunkt: 85 °C
Dampfdruck: 0,53 hPa (20 °C) [163]; 1,3 hPa (20 °C) [32]; 0,88 hPa (38 °C) [187];
Verdampfungswärme: 382,67 kJ/kg
Log pOW: 1,29 [4]; 1,32 [4]; 1,40 [4]
Brechungsindex: 1,57276 (20 °C)
Dichte: 998,6 kg/m3 (20 °C)
Molmasse: 107,155 g/mol

Löslichkeit:
Wasser 15 g/l (20 °C); mischbar mit Ethanol, Diethylether, Tetrachlormethan;

Verbleib nach Gebrauch:
Verbrennung;

Bemerkung:
Farblose Flüssigkeit, die sich an Luft und Licht langsam rotbraun färbt; brennbar;
Bildet mit Luft im dampf-/gasförmigen Zustand explosionsfähige Gemische;
Zündtemp.: 480 °C [32];
Bei Brand erfolgt Zersetzung unter Bildung giftiger und ätzender Nitrose Gase;
Verwendung: als Lösemittel; zur Farbstoffsynthese; zur Herstellung von Vulkanisationsbeschleunigern;

Methylbenzen

- **CAS-Nummer:**
  108-88-3
- **UN Nummer:**
  1294
- **gebräuchliche Namen:**
  Anisen; Benzoen; Benzylwasserstoff; "Dracyl"; Methylbenzol; Phenylmethan; Reintoluen; Reintoluol; Retinnaphtha; Toluol; Tolylwasserstoff; Tolin; Toluen; Toluin;
- **Handelsnamen:**
  Solvent Toluene; Antisal 1 a; Vanchem HM-4346;
- **Summenformel:**
  C_7H_8
- **Strukturformel:**

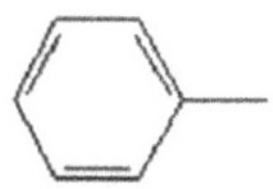

Funktion:
(1) Lösemittel;
(2) Lösemittel für Haftmittel;
Anwendung:
(1) Reifen, Schläuche; chirurgische und medizinische Artikel; Sportartikel; Spielsachen; technische Gummiartikel; Produkte für Industrie, inkl. Druckplattenbücher; Klebstoffe; Dichtugen;

branchenspezifische Bemerkung zur Substanz:
(3) Raktionsprodukt von aromatischen Ölen [Weichmacher];
(4) Zersetzungsprodukt von Polybutadien (BR);
Einsatzmenge: 2.840 t/a (Reifenindustrie: 130 t/a, TSE-Industrie: 2.710 t/a) (1996);

Eigenschaften:
- **toxikologisch/ökotoxikologisch:**
  RTECS # XS 5250000
  Schweizer Giftliste: 4
  WGK: 2
  MAK Wert: 50 ml/m3 bzw. 190 mg/m3 bzw.100 ml/m3
  R-Satz: 11-20
  S-Satz: (2)-16-25-29-33
  Sonstiges:
  Einstufung und Kennzeichnung von Zubereitungen, in denen diese Substanz enthalten ist:
  12.5%< =C ⇒ Xn; R20

  Spitzenbegrenzung: II,2 [481]; Schwangerschaftsgruppe C [481]; B [484]; IMK: II;
  Dämpfe wirken in hohen Konzentrationen narkotisch und reizen Augen sowie Atemwege; Kontakt mit der Flüssigkeit verursacht Reizung der Augen und nach anhaltender Einwirkung auch der Haut;
  Hautresorption! [163];
  Nerven- und Blutgift [30];

Beim Verschlucken mit anschließendem Erbrechen kann Aspiration in die Lunge erfolgen, was zur chemischen Pneumonie oder zur Erstickung führen kann. Führt bei hohen Dampfkonzentrationen zur Narkose. Gesundheitsschädlich beim Einatmen. Kann zu Dermatitis führen. Verursacht Retadierung des Zentralnervensystems (Depression der CNS). Starke Überdosierung kann Sehstörungen, Zittern (Tremor), schnelle flache Atmung, Wahnvorstellungen (Delirium) und Bewußtlosigkeit verursachen. Symptome: Kopfschmerzen, Übelkeit, Schwindelgefühl, Narkose.
Bei 0,05 ml/l Luft narkotische Wirkung [30];
600 ml/m3 für 30 Minuten verursachten Müdigkeit, Bewußtseinsstörungen, Brechreiz, Schwindel und Kopfschmerzen [163];
Geruchsschwelle 0,2 ml/m3 [484];
LD Lo (oral, Mensch): 50 mg/kg [39], [187];
LD 50 (oral, Ratte): 3000 mg/kg [9], 5000 mg/kg [39], [187];
LD/LC 50 (oral, Ratte): 7000 mg/kg [Sdb Shell];
LC 50 (inhalativ, Ratte): 8000 ml/m3/4h [9];
LD/LC 50 (inhalativ, Ratte): 19 mg/l/4h [Sdb Shell];
LC 50 (inhalativ, Maus): 5320 ml/m3/8h [187];
LD/LC 50 (dermal, Kaninchen): 12300 mg/kg [Sdb Shell];
LD 50 (Haut, Kaninchen): 4000 mg/kg [9], 12124 mg/kg [187];
Wiederholte Exposition schädigt die Atmungsorgane und verursacht Nervenschäden bei Ratten; verursacht Leberschäden. Phoetotoxisch bei maternal letaler Dosis [Sdb Shell];

LC 50 (Fisch, Goldorfe): 422/70 mg/l [33];
LC 100 (Fisch, Goldorfe): 470/88 mg/l [33];
LC 50 (Goldfisch): 58 mg/l/24 h [484];
LC 50 (Daphnia magna): 470 mg/l [6];
LC 50 (Fisch): 1-10 mg/l/96 h [Sdb Shell];
EC 50 (Daphnia): 10-100 mg/l/96 h [Sdb Shell];
EC 50 (Algen): >100 mg/l/24 h [Sdb Shell];
EC 50 (Bakterien): >100 mg/l/6 h [Sdb Shell];
Toxische Grenzkonzentration für Pseudomonas putida 29 mg/l, Scenedesmus quadricauda > 400 mg/l [36];
Schädlichkeitsgrenze für Scenedesmus quadricauda 120 mg/l [32];
Biologisch abbaubar [262]; biologisch leicht abbaubar [Sdb Shell];

Gefahren-Symbol:

- physikalisch/chemisch:

Schmelzpunkt: -95,3 °C; -93 °C; -95 °C
Siedepunkt: 110,6 °C; 110,8 °C; 110 °C; 111 °C
Flammpunkt: 5 °C; 4 °C
Dampfdruck: 29 hPa (20 °C) [32]; 70 hPa (38 °C)
Verdampfungswärme: 345,83 kJ/kg
Log pOW: 2,69 [4]; 2,73 [4]; 2,11 [4]; 2,80 [4]
Brechungsindex: 1,49985 (15 °C); 1,4960 (20 °C)
Dichte: 871,6 kg/m3 (15 °C); 865 kg/m3
Molmasse: 92,140 g/mol
Verdunstungszahl: 2,1 (BuAc = 1) [9]; 2,6 (BuAc = 1) [105]; 6,1 (Diethylether = 1) [19]

Löslichkeit:
Wasser 0,47 g/l (16 °C), 0,57 g/l (30 °C); mischbar mit Ethanol, Diethylether, Benzen, Trichlormethan; löslich in Ethansäure, Petroleumether;

Bemerkung zu physikalisch/chemischen Daten:
T(krit.): 318,6 °C; P(krit.): 41077,15 hPa [428];

Verbleib nach Gebrauch:
Verbrennung, hochentzündliche Stoffe;

Bemerkung:

Klare, farblose, benzolähnlich riechende Flüssigkeit; brennbar; leichtentzündlich;
Bildet im dampf-/gasförmigen Zustand mit Luft explosionsfähige Gemische; nicht korrosiv;
Explosionsgrenzen:
1,2-7 Vol.-%; Zündtemp.: 535 °C [32], [484];
1,2-7,1 Vol.-%; Zündtemp.: 480 °C [9]; 450 °C [Sdb Shell];
Gummi und Toluol lösen sich ineinander und verlieren ihre spezifischen Eigenschaften; Polyethylen wird angegriffen; Stoff reagiert heftig bei Kontakt mit sauerstoffreichem Material (starken Oxidationsmitteln), konzentrierter Salpetersäure, Halogenen und geschmolzenen Schwefel;
Verwendung: technisches Lösemittel;
Enthalten in Additol XL 121, Disparlon LC 908 (2,5-10%), LC 915 (2,5-10%), LC 955 (10-25%), OX 70 (2,5-10%), OX 77 (15%), OX 66 (10-25%), OX 60 (2,5-10%), OX 720 (10-25%), Fluorad FC-430 (0,1-1,5%), Hardlen 14 LLB, 163-LR, Intercoat VPP 154 (85,775%), VPE 154 (82,25%), Neo Cryl AP-2650 (75%), Parlock PC12 (max. 10 %), Ralox BT 45 (55 %);

2-Methyl-1,3-benzendiamin

- **CAS-Nummer:**
  823-40-5
- **gebräuchliche Namen:**
  2-Methyl-1,3-benzoldiamin; 2,6-Diamintoluol; 2,6-Tulylendiamin; Toluol-2,6,diamin;
- **Handelsnamen:**
  Eucanin CB; Vieramin J; Fourrin M; Fourrin 94; Nako TMT; Pelagol J; Grau J; Pontamin Developer TN; Renal MD; Zoba GKE;
- **Summenformel:**
  $C_7H_{10}N_2$
- **Strukturformel:**

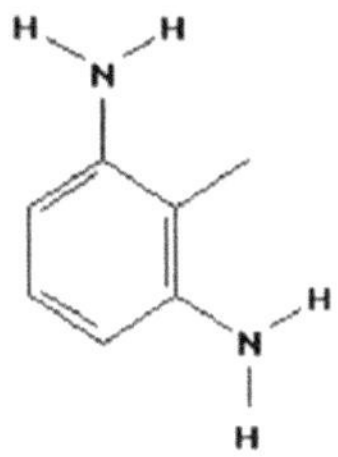

Funktion:

sonstige Chemikalien;

Eigenschaften:

- **toxikologisch/ökotoxikologisch:**
  RTECS # XS 9750000
  WGK: 3
  R-Satz: 21/22-40-43
  S-Satz: (2)-24-36/37
  Sonstiges:
  Erbgutverändernd; Sensibilisierend;

  Gefahren-Symbol:

- **physikalisch/chemisch:**
  Schmelzpunkt: 104-106 °C

Dampfdruck: 2,13 hPa (150 °C)
Molmasse: 122,17 °C
Löslichkeit:
löslich in Wasser, Ethanol, Ether;

Verbleib nach Gebrauch:
Verbrennung nach Mischung mit brennbarem Lösemittel;

1,4-Methylbenzensulfonsäurehydrazid

- **CAS-Nummer:**
  1576-35-8
- **gebräuchliche Namen:**
  TSH; p-Toluolsulfonsäurehydrazid; 4-Toluolsulfonylhydrazin; p-Toluolsulfhydrazid; 4-Methylbenzolsulfonsäurehydrazid;
- **Handelsnamen:**
  Cellulon H; Celogen TSH; Tosylhydrazin; Unifor H;
- **Summenformel:**
  $C_7H_{10}N_2O_2S$
- **Strukturformel:**

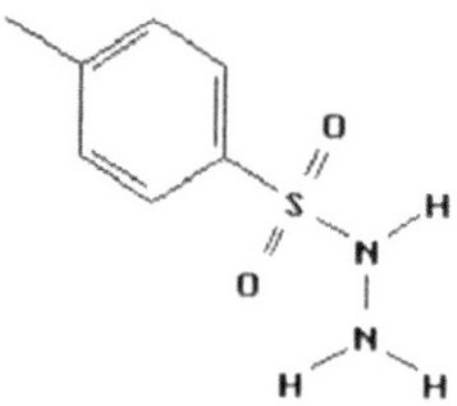

Funktion:
Treibmittel, organisch;
Anwendung:
Reifen, Schläuche; chirurgische und medizinische Artikel; Sportartikel; Spielsachen; technische Gummiartikel; Produkte für Industrie, inkl. Druckplattentücher; Klebstoffe; Dichtungen; Latex Tauchartikel; Latex Schaumartikel;

branchenspezifische Bemerkung zur Substanz:
Einsatzmenge: 0,7 t/a (TSE-Industrie, 1996)

Eigenschaften:
- **toxikologisch/ökotoxikologisch:**
  RTECS # MW 0210000
  WGK: 2
  R-Satz: 11-20/21/22
  S-Satz: 16-45-27/36/37/39
  Sonstiges:
  LD 50 (intraperitoneal, Maus): 1200 mg/kg [428];

- **physikalisch/chemisch:**
  Schmelzpunkt: 108-110 °C; 103-108 °C
  Log pOW: 0,08
  Molmasse: 186,23

Verbleib nach Gebrauch:
Verbrennung nach Mischung mit brennbarem Lösemittel;

Bemerkung:
Weißes Pulver;

4-Methylbenzensulfonsäure, Zinksalz

- **CAS-Nummer:**
  13438-45-4
- **gebräuchliche Namen:**
  Zink-di(toluen-4-sulfonat); 4-Methylbenzolsulfonsäure-zinksalz; Zink-di(p-toluolsulfonat); p-Toluolsulfonsäure-zinksalz;
- **Summenformel:**
  $C_{14}H_{14}O_6S_2Zn$

- **Strukturformel:**

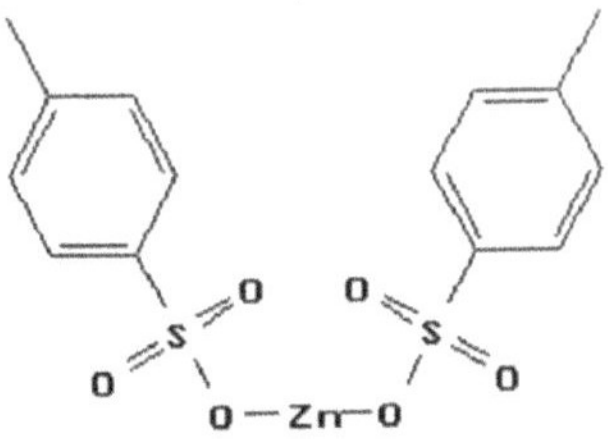

Funktion:
Vulkanisiermittel / Schwefelspender;

Eigenschaften:
- **physikalisch/chemisch:**
  Molmasse: 407,76 g/mol

Bemerkung:
Verwendung: Härter und Vulkanisiermittel bei der Kautschukherstellung;

4-Methylbenzenthiol

- **CAS-Nummer:**
  106-45-6
- **gebräuchliche Namen:**
  p-Methylthiophenol; p-Thiocresol; p-Thiokresol; 4-Toluolthiol; Toluol-4-thiol; 4-Mercaptotoluol; 4-Tolylmercaptan; p-Toluolthiol; 1-Mercapto-4-methylbenzol; p-Tolyl-mercaptan; 4-Thiokresol; 4-Methylthiophenol; Methylbenzenethiol;
- **Summenformel:**
  C_7H_8S

- **Strukturformel:**

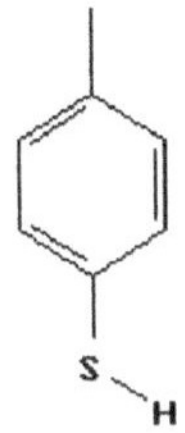

Funktion:
Polymerisationsregler;

Eigenschaften:
- **toxikologisch/ökotoxikologisch:**
  RTECS # XT 8925000
  Schweizer Giftliste: 3
  WGK: 3
  R-Satz: 20/21-23/24/25-34-36
  S-Satz: 9-23-36-38-44
  Sonstiges:
  IMK I;
  Kann schädigend wirken bei Einatmung, Verschlucken oder Aufnahme über Haut; verursacht Augen- und Hautreizungen; reizt Schleimhäute und Atemwege [187];

  Biologisch nicht abbaubar [262];

  Gefahren-Symbol:

- **physikalisch/chemisch:**
  Schmelzpunkt: 42-44 °C
  Siedepunkt: 195 °C
  Flammpunkt: 70 °C; 68 °C
  Log pOW: 2,74 [4]
  Molmasse: 124,22 g/mol

  Löslichkeit:
  unlöslich in Wasser; löslich in Ethanol; leicht löslich in Diethylether;

Verbleib nach Gebrauch:
Verbrennung;

Bemerkung:
Weißer Feststoff;

4-Methyl-2-benzimidazolthiol

- **CAS-Nummer:**
  27231-33-0
- **gebräuchliche Namen:**
  4-Methyl-1,3-dihydro-benzoimidazol-2-thion; 1,3-Dihydro-4-2H-benzimidazol-2-thion; 4-Methyl-2-mercaptobenzimidazol;
- **Summenformel:**
  $C_8H_8N_2S$
- **Strukturformel:**

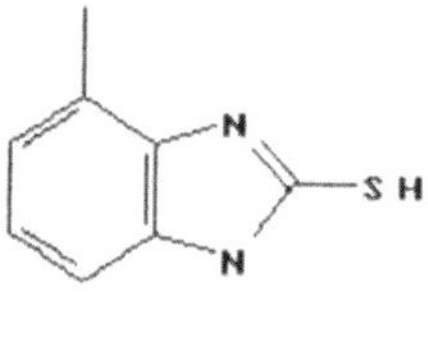

Funktion:
Alterungsschutzmittel; Schutzmittel gegen Metallvergiftung;

Eigenschaften:

- **physikalisch/chemisch:**
  Schmelzpunkt: 285 °C
  Molmasse: 164,22 g/mol

  Löslichkeit:
  löslich in Dimethylsulfoxid

2-Methyl-benzoepersäure-ethylester

- **CAS-Nummer:**
  22313-62-8
- **gebräuchliche Namen:**
  t-Butyl-peroxy-o-methyl-benzoat;
- **Summenformel:**
  $C_{12}H_{16}O_3$

- **Strukturformel:**

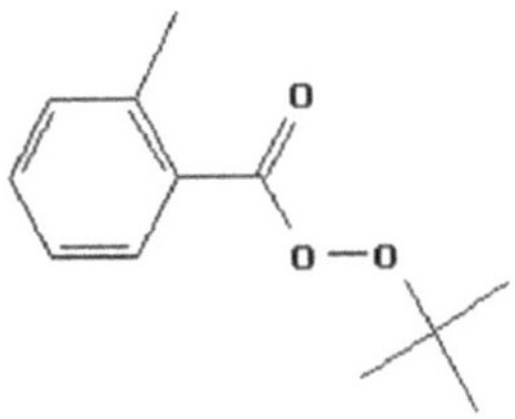

Funktion:
Vernetzungsmittel, schwefelfrei;

Eigenschaften:

- **physikalisch/chemisch:**
  Siedepunkt: 55 °C (0,0133 hPa)
  Molmasse: 208,26 °C

4-Methylbenzolsulfonsäure-carbamidsäure-hydrazid

- **CAS-Nummer:**
  10396-10-8
- **gebräuchliche Namen:**
  4-Methylbenzolsulfonsäure-2-(aminocarbonyl)-hydrazid; 1-(p-Toluolsulfonyl)-semicarbazid;
- **Handelsnamen:**
  Celogen RA;
- **Summenformel:**
  $C_8H_{11}N_3O_3S$

- **Strukturformel:**

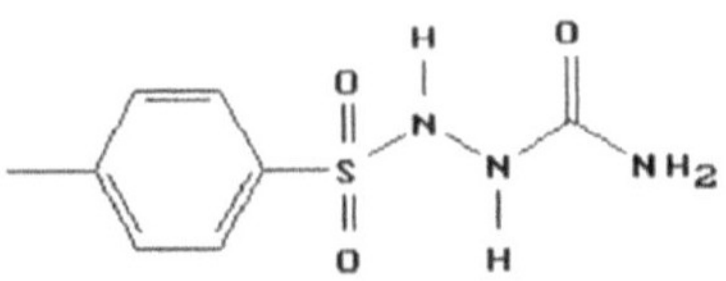

Funktion:
Treibmittel, organisch;
Anwendung:
Reifen, Schläuche; chirurgische und medizinische Artikel; Sportartikel; Spielsachen; technische Gummiartikel; Produkte für Industrie, inkl. Druckplattentücher; Klebstoffe; Dichtungen;

Eigenschaften:
- physikalisch/chemisch:
Molmasse: 229,25 g/mol

2-Methylbenzothiazol

- CAS-Nummer:
120-75-2
- gebräuchliche Namen:
MeBT; 2-Methylbenzthiazol; Methylbenzthiazol;
- Summenformel:
C_8H_7NS

- Strukturformel:

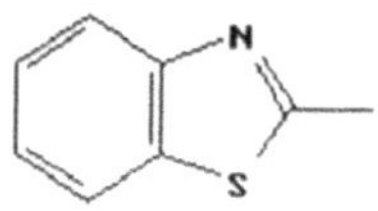

branchenspezifische Bemerkung zur Substanz:
Zersetzungsprodukt von Sulfenamiden;

Eigenschaften:
- toxikologisch/ökotoxikologisch:
RTECS # DL 5700000
R-Satz: 20/21-33
S-Satz: 23/24/25
Sonstiges:
EC 50 (Leuchtbakterientest): 67 µmol/l [448];
EC 10 (Leuchtbakterientest): 8 µmol/l [448];

- physikalisch/chemisch:
Schmelzpunkt: 12-14 °C; 15,4 °C; 14,3 °C; 15 °C
Siedepunkt: 92-96 °C (5,33 hPa); 100 °C (9,33 hPa); 115 °C (19,99 hPa)*
Flammpunkt: 102 °C
Brechungsindex: 1,6170 (20 °C)
Dichte: 1173 kg/m3
Molmasse: 149,21 g/mol
Löslichkeit:
löslich in Wasser [428];

Bemerkung zu physikalisch/chemischen Daten:
*: 120-123 °C (26,66 hPa); 122 °C (22,66 hPa); 165 °C (133 hPa); 223 °C (973,01 hPa); 238 °C (1013 hPa); 238-240 °C (1013 hPa);

Verbleib nach Gebrauch:
Verbrennung nach Mischung mit brennbarem Lösemittel;
Vorkommen in der Umwelt [448]:

	µg/l
Abwasser	
-Teppichfabrik	bis zu 167
Sedimente	1 (Trockenm.)

Methylbis(phenylmethyl)benzen

- **CAS-Nummer:**
  26898-17-9
- **gebräuchliche Namen:**
  Dibenzyltoluol;
- **Handelsnamen:**
  Mediaplast TR; Marlotherms;
- **Summenformel:**
  $C_{21}H_{20}$

- **Strukturformel:**

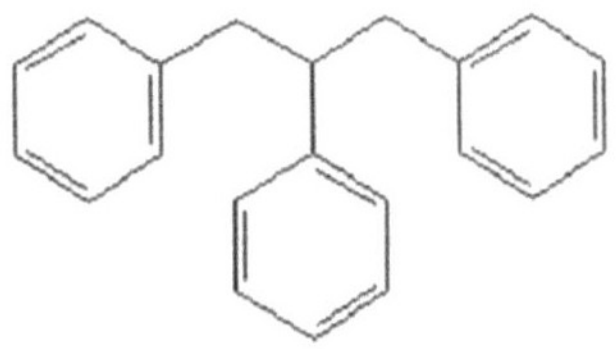

Funktion:
Weichmacher, synthetisch;
Kautschukart:
in polaren Elastomeren, Polysulfid-Polymeren;
Anwendung:
Fugendichtungsmasse;

Eigenschaften:
- **toxikologisch/ökotoxikologisch:**
  WGK: 2
  Sonstiges:
  Beeinflußt Fortpflanzung;

- **physikalisch/chemisch:**
  Molmasse: 272,41 g/mol

  Bemerkung zu physikalisch/chemischen Daten:
  SdB Kettlitz:
  Dichte: 1035 ± 5 kg/m3 (15 °C);
  Brechungsindex: 1,590 ± 0,01 (20 °C);
  Flammpunkt: 185 ± 5 °C;

2-Methyl-1,3-butadien

- **CAS-Nummer:**
  78-79-5
- **UN Nummer:**
  1218
- **gebräuchliche Namen:**
  Isopren; Hemiterpen; ß-Methylbivinyl;
- **Summenformel:**
  C_5H_8

- **Strukturformel:**

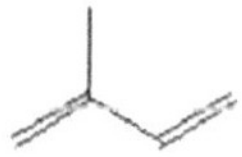

Funktion:
Monomer für die Herstellung von synthetischem Kautschuk;

Eigenschaften:
- **toxikologisch/ökotoxikologisch:**
RTECS # NT 4037000
Schweizer Giftliste: 5
WGK: 1
R-Satz: 12
S-Satz: (2)-9-16-29-33
Sonstiges:
Dämpfe verursachen Reizung der Augen und Atemwege; in schweren Fällen Lähmung des ZNS möglich; nach Kontakt mit der Flüssigkeit kommt es zu Reizung der Augen [163];
Mutagen [187];
LC 50 (inhalativ, Ratte): 180 g/m3/4h [187]
TD Lo (oral, Ratte): 157 mg/kg/9W (kontinuierlich) [428];
TC Lo (inhalativ, Ratte): 3400 mg/m3/22W (intermittierend) [428];
LC 50 (inhalativ, Maus): 139 g/m3/2h [428];
TC Lo (inhalativ, Maus): 3400 mg/m3/17W (intermittierend) [428];
TC Lo (inhalativ, Meerschweinchen): 3400 mg/m3/17W (intermittierend) [428];

Gefahren-Symbol:

- **physikalisch/chemisch:**
Schmelzpunkt: -146 °C
Siedepunkt: 34,08 °C
Flammpunkt: -48 °C
Dampfdruck: 405 hPa (10 °C) [187]; 532 hPa (20 °C) [163]; 618 hPa (21 °C) [163];
Brechungsindex: 1,4194 (20 °C)
Dichte: 680,6 kg/m3 (20 °C)
Molmasse: 68,118 g/mol

Löslichkeit:
mischbar mit Ethanol, Diethylether; unlöslich in Wasser;

Verbleib nach Gebrauch:
Verbrennung, hochentzündliche Stoffe;

Bemerkung:
Farblose, leicht flüchtige Flüssigkeit; brennbar;
Bildet im dampf-/gasförmigen Zustand mit Luft explosionsfähige Gemische;
Explosionsgrenzen: 1 - 10 Vol% ; Zündtemp.: 440 °C [163];
Steht in naher Beziehung zu den Terpenen; Baustein des Naturkautschuks;
Bei Einwirkung von Luft können sich explosive Peroxide bilden; Substanz kann reagieren bei Kontakt oder Mischung mit sauerstoffreichem Material (starken Oxidationsmitteln), Phenolen, acetylbildenden Metallen, Basen, Aminen, Alkanolaminen, Alkoholen, Glykolestern, Alkenoxiden, Ammoniak, Halogenen, Ether und Säureanhydriden;
Verwendung: Polymerisation (unter Zusatz von Katalysatoren) zu Kautsckuk; als Copolymer für Butylkautschuk;

2-Methyl-1,3-butadien, Polymer mit 1,3-Butadien

- **CAS-Nummer:**
  25102-52-7
- **gebräuchliche Namen:**
  1,3-Butadien-Isopren-Copolymer;
- **Summenformel:**
  $(C_5H_8 * C_4H_6)_n$

- **Strukturformel:**

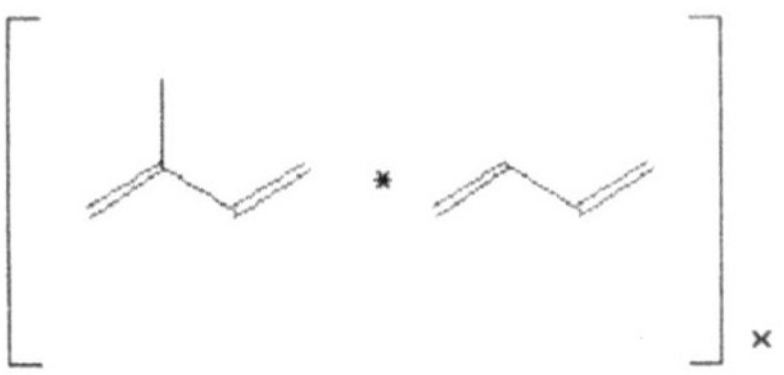

Funktion:
  Polymer;

2-Methyl-1,3-butadien, Polymer mit Ethen

- **CAS-Nummer:**
  26587-33-7
- **gebräuchliche Namen:**
  Ethylen-Isopren-Copoylmer;
- **Summenformel:**
  $(C_5H_8 * C_2H_4)_n$

- **Strukturformel:**

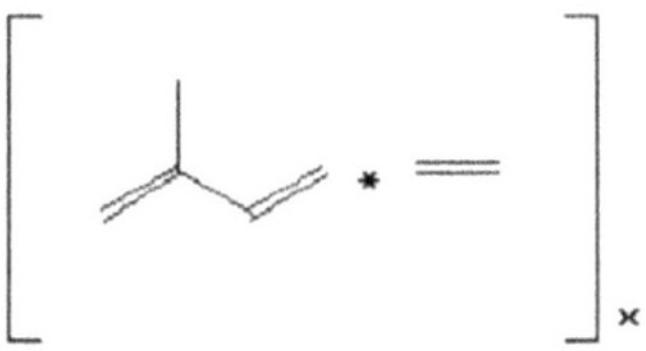

Funktion:
  Polymer;

2-Methyl-1,3-butadien, Polymer mit 2-Methyl-1-propen, bromiert

- **CAS-Nummer:**
  68441-14-5
- **gebräuchliche Namen:**
  Brombutylkautschuk;

Funktion:
  Polymer;

Eigenschaften:

- **physikalisch/chemisch:**
  Dichte: 930 kg/m3

2-Methyl-1,3-butadien, Polymer mit 2-Methyl-1-propen, chloriert

- **CAS-Nummer:**
  68081 82 3
- **gebräuchliche Namen:**
  Chlorobutylkautschuk;

Funktion:
Polymer;

Eigenschaften:

- **physikalisch/chemisch:**
  Dichte: 920 kg/m3

2-Methyl-1,3-butandien, Polymer mit Ethen

- **CAS-Nummer:**
  9010-85-9
- **gebräuchliche Namen:**
  Isobutylen-Isopren-Copolymer; Butylgummi; Butylkautschuk; Butyl-Kautschuk; IIR; Isopren-Isobutylen-Kautschuk;
- **Handelsnamen:**
  Exxon;
- **Summenformel:**
  $(C_5H_8 * C_2H_4)_x$

Funktion:
Polymer;

branchenspezifische Bemerkung zur Substanz:
Einsatzmenge in der Kautschukindustrie: 17.000 t (1996);

Eigenschaften:
- **toxikologisch/ökotoxikologisch:**
  WGK: 0

- **physikalisch/chemisch:**
  Dichte: 920 kg/m3

Methylcellulose

- **CAS-Nummer:**
  9004-67-5
- **gebräuchliche Namen:**
  Cellulosemethylether; MC; E 461;
- **Handelsnamen:**
  Glutofix; Benecel M; Methocel A; Methocel A4C; Methocel A4M; Methocel A15-LV;
- **Summenformel:**

Funktion:
sonstige Chemikalien;

Eigenschaften:
- **toxikologisch/ökotoxikologisch:**
  RTECS # FJ 5959000
  Sonstiges:
  Kann schädigend wirken beim Einatmen, Verschlucken oder Aufnahme über Haut; kann Augen- und Hautreizungen verursachen [187];
  LD 50 (intraperitonal, Maus): 275000 mg/kg [428];
  LD Lo (intravenös, Maus): 1000 mg/kg [428];
  Biologisch nicht abbaubar [262];

- **physikalisch/chemisch:**

  Löslichkeit:
  löslich in kaltem Wasser; unlöslich in Ethanol, Trichlormethan, Ether;

Verbleib nach Gebrauch:
Verbrennung nach Mischung mit brennbarem Lösemittel;

Bemerkung:
Weißes Pulver;
Zugelassen als Lebensmittelzusatzstoff nach LMBG;
Verwendung: Bindemittel für wäßrige Anstrichfarben; im Zeugdruck; Klebstoff; Emulgiermittel; in der Lebensmittelindustrie als Emulgator, Stabilisator, Verdickungs- und Bindemittel;

Methylcyclohexan

- **CAS-Nummer:**
  108-87-2
- **UN Nummer:**
  2296
- **gebräuchliche Namen:**
  Hexahydrotoluen; Cyclohexylmethan; Heptanaphthen;
- **Handelsnamen:**
  Sextone B;
- **Summenformel:**
  C_7H_{14}

- **Strukturformel:**

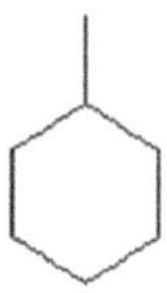

branchenspezifische Bemerkung zur Substanz:
Reaktionsprodukt von Naphthenischen Ölen [Weichmachern];

Eigenschaften:
- **toxikologisch/ökotoxikologisch:**
  RTECS # GV 6125000
  Schweizer Giftliste: 4
  WGK: 2
  MAK Wert: 500 ml/m3; 200 mg/m3
  R-Satz: 11
  S-Satz: 9-16-33

Sonstiges:
Spitzenbegrenzung II 1; Hautresorption;
LD 50 (oral, Maus): 2250 mg/kg [428];
LC 50 (inhalativ, Maus): 41500 mg/kg [428];
LD 50 (oral, Kaninchen): 4000 mg/kg [428];
LC 50 (inhalativ, Kaninchen): 15277 ppm/1h [428];
LD (Haut, Kaninchen): >86700 mg/kg [428];

Gefahren-Symbol:

- **physikalisch/chemisch:**
  Schmelzpunkt: 126,6 °C
  Siedepunkt: 100,9 °C; 101 °C
  Flammpunkt: -3°C; -4°C
  Brechungsindex: 1,4215 (20 °C); 1,4220 (20 °C)
  Dichte: 770 kg/m3; 769,4 kg/m3 (20 °C)
  Molmasse: 98,21 g/mol

  Löslichkeit:
  löslich in Alkohol, Ether, Propanon und Benzin;

Verbleib nach Gebrauch:
Verbrennung, hochentzündliche Stoffe;

Bemerkung:
farblose Flüssigkeit;
für die Spektroskopie;

N-[1-Methyldecyl]-N'-phenyl-benzen-1,4-diamin

- **CAS-Nummer:**
  114371-46-9
- **gebräuchliche Namen:**
  11PPD; N-(1-Methyldecyl)-N'-phenyl-p-phenylendiamin;
- **Summenformel:**
  $C_{23}H_{34}N_2$

- **Strukturformel:**

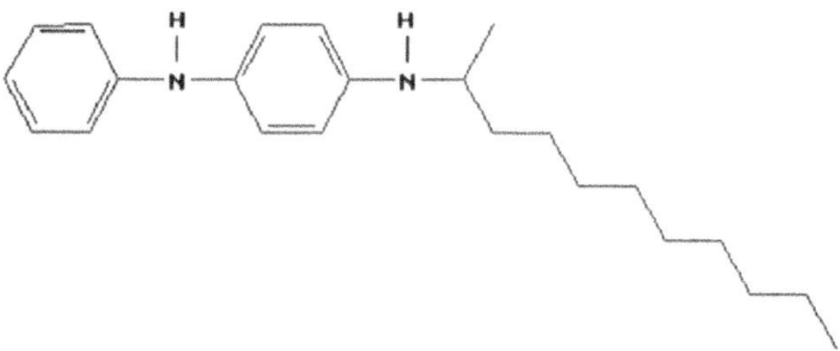

Funktion:
Vulkanisationsbeschleuniger, organisch;

Eigenschaften:

- **physikalisch/chemisch:**
  Molmasse: 338,54 g/mol

2-Methyl-4,6-dinonylphenol

- **CAS-Nummer:**
  3011-61-8
- **gebräuchliche Namen:**
  4,6-Dinonyl-o-Kresol
- **Summenformel:**
  $C_{25}H_{44}O$

- **Strukturformel:**

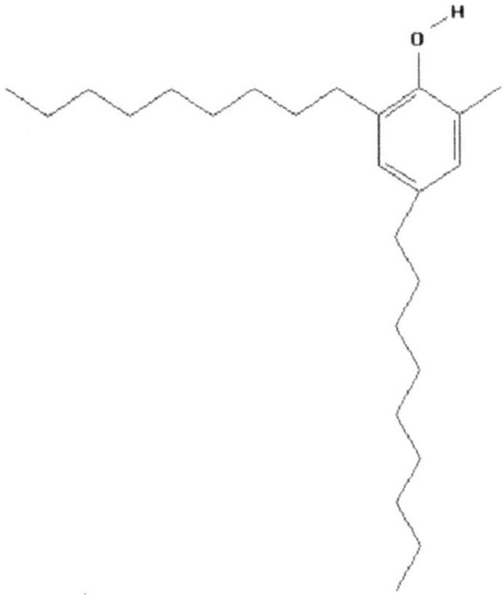

Funktion:
Alterungsschutzmittel;

Eigenschaften:

- **physikalisch/chemisch:**
  Molmasse: 360,62 g/mol

4,4'-Methylenbis(2-chloranilin)

- **CAS-Nummer:**
  101-14-4
- **gebräuchliche Namen:**
  4,4'-Methylenbis-(2-chlorbenzolamin); Bis(4-amin-3-chlorphenyl)methan; Bis(3-chlor-4-aminphenyl)methan; Di-(4-amin-3-chlorphenyl)methan; 4,4'-Diamin-3,3'-chlordiphenylmethan; 3,3'-Dichlor-4,4'-diamin-diphenylmethan; 4,4'-Bis(o-chloranilin)methylen; p,p'-Methylenbis(alpha-chloranilin); 4,4'-Methylenbis-2-chlorbenzenamin; 2,2'-Dichlor-4,4'-methylendianilin;
- **Handelsnamen:**
  MOCA; Quodorole; Bisamin; Bisamin A; Bisamim S; CL-Mda; Cuamine M; Cuamine MT; Curalin M; Curene 442; Cyanaset; Dacpm; Diamet KH; LD 813; Mboca; Millionate M;

Summenformel:
$C_{13}H_{12}Cl_2N_2$

- **Strukturformel:**

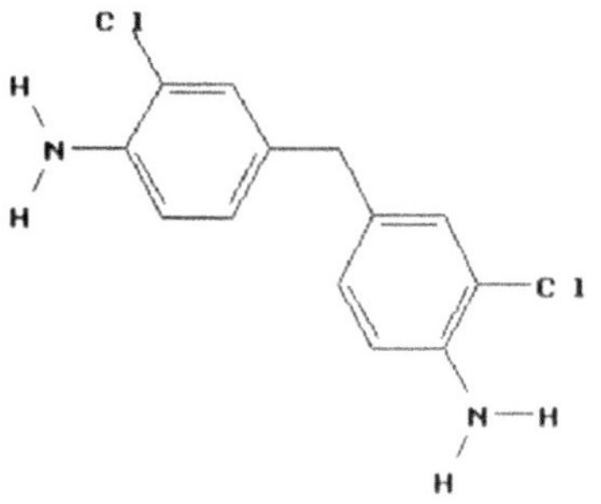

Funktion:
sonstige Chemikalien;

Eigenschaften:
- **toxikologisch/ökotoxikologisch:**
RTECS # CY 1050000
Schweizer Giftliste: 1k
WGK: 2
R-Satz: 45-22-50/53
S-Satz: 53-45-60-61
Sonstiges:
Verdacht auf erbgutverändernde Wirkung; Carc. Cat. 2; krebserzeugend; Gruppe III A2; Mutagen; Tumorigen;
LD 50 (oral, Ratte): 1140 mg/kg [428];
LD 50 (subcutan, Ratte): >5 g/kg [428];
LD 50 (oral, Maus): 640 mg/kg [428];
LD 50 (intraperitoneal, Maus): 64 mg/kg [428];
LD 50 (Haut, Kaninchen): >5 g/kg [428];
LD 50 (oral, Meerschweinchen): 400 mg/kg [428];

Gefahren-Symbol:

- **physikalisch/chemisch:**
Schmelzpunkt: 110 °C

2,2'-Methylenbis(4-chlorophenol)

- **CAS-Nummer:**
97-23-4
- **gebräuchliche Namen:**
DDDM; DDM; Anthiphen; Dichlorophen; Bis(5-Chlor-2-hydroxyphenyl)-methan; Bis(2-Hydroxy-5-chlorophenyl)methan; 2,2'-Dihydroxy-5,5'-dichlorodiphenylmethan; 5,5'-Dichloro-2,2'-dihydroxydiphenylmethan;
- **Handelsnamen:**
Dichlorophen B; Didroxan; Dicestal; Diphenane 70; Fungicide FX; Preventol GDC; G4; GH, Hyosan; Korium; Panacide; Panaclean; Parabis; Plath-Lyse; Prevental; Preventol GD; Wespuril; Teniatol; Teniathane;

- **Summenformel:**
  $C_{13}H_{10}Cl_2O_2$

- **Strukturformel:**

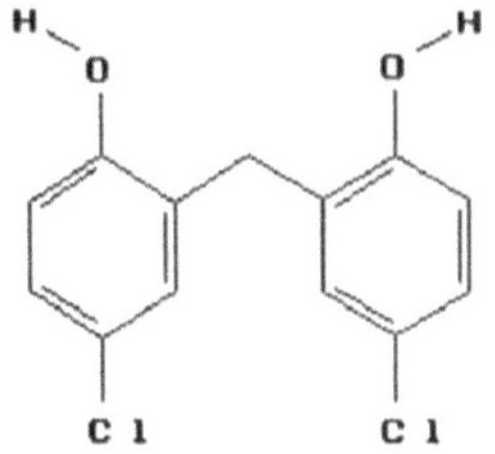

Funktion:
Antimikrobielle Mittel für Latex;

Eigenschaften:
- **toxikologisch/ökotoxikologisch:**
  RTECS # SM 0175000
  R-Satz: 22-36
  S-Satz: (2)-26
  Sonstiges:
  Kann beim Inhalieren, Verschlucken oder Hautkontakt schädlich sein; Verursacht Augen und Hautreizungen, sowie Reizungen der Schleimhäute und des oberen Atmungstraktes; der Grad der Reizung hängt von der Dauer der Einwirkung ab [187];
  LD 50 (oral, Ratte): 1506 mg/kg [187];
  LD 50 (intravenös, Ratte): 17 mg/kg [428];
  LD 50 (oral, Hund): 2000 mg/kg [428];
  LD 50 (oral, Maus): 1000 mg/kg [428];
  LD 50 (oral, Meerschweinchen): 1250 mg/kg [428];

  Gefahren-Symbol:

- **physikalisch/chemisch:**
  Schmelzpunkt: 168-172 °C
  Dichte: 1500 kg/m3
  Molmasse: 269,13 g/mol

  Löslichkeit:
  Löslich in Propanon; Ethanol (1g in 1g 95%iges Ethanol); löslich in Ether; praktisch unlöslich in Wasser;

Verbleib nach Gebrauch:
Verbrennung nach Mischung mit brennbarem Lösemittel;

Bemerkung:
Verwendung: als Agrochemikalie (Fungizid); Antimicrobial; Germicid in Seifen und Shampoos; mit Einschränkung in kosmetischen Mitteln erlaubt;
Nicht zusammen mit starken Oxidationsmitteln und starken Basen aufbewahren;

2,2'-Methylen-bis[6-(1,1-dimethylethyl)-4-methylphenol]

- **CAS-Nummer:**
  119-47-1
- **gebräuchliche Namen:**
  BPH; MMBK; Bis-(3-tert.-butyl-2-hydroxy-5-methylphenyl)-methan; Bis-(3-tert.-butyl-5-methyl-2-oxyphenyl)-methan; 2,2'-Bis-(6-tert.-butyl-p-kresyl)-methan; 2,2'-Bis-6-tert.-butyl-p-cresylmethan; 2,2'-Methylenbis-(6-tert.-butyl-p-cresol); 2,2'-Methylenbis-(6-tert.-butyl-p-kresol); 2,2'-Methylenbis-(6-tert.-butyl-4-methylphenol); 2,2'-Methylen-bis-(4-methyl-6-tert.-butylphenol); 2,2'-Methylen-bis-(6-tert.-butyl-4-methyl-phenol); 2,2'-Methylenbis-[6-(1,1-dimethylethyl)-4-methylphenol]; 6,6'-Di-tert.-butyl-2,2'-methylen-di-p-kresol; 6,6'-Di-tert.-butyl-4,4'-dimethyl-2,2'-methandiyl-di-phenol; 6,6'-Di-tert.-butyl-4,4'-dimethyl-methandiyl-di-phenol; 2,2'-Dihydroxy-3,3'-di-tert.-butyl-5,5'-di-methyl-diphenylmethan;
- **Handelsnamen:**
  Advastab 405; Alterungsschutzmittel BKF; Antagen W400; Antioxidant Hoechst TM 0 4; Antioxidant LT; Antioxidant LT pellets; Antioxidant 1; Antioxidant PM; Antioxidant P; Antioxidant 2246; Antioxidant MBP5; AO-1; Bisalhofen BP; BKF Calco 2246; Catolin 14; Chemanox 21; CAO-5; CAO-14; Lederle 2246; NG 2246; Nocrac N 56; Ralox 46; Rheogran BPH-80/L; Plastanox 2246; Synox 5LT; Vulkanox BKF; Vanox MBPC;
- **Summenformel:**
  $C_{23}H_{32}O_2$
- **Strukturformel:**

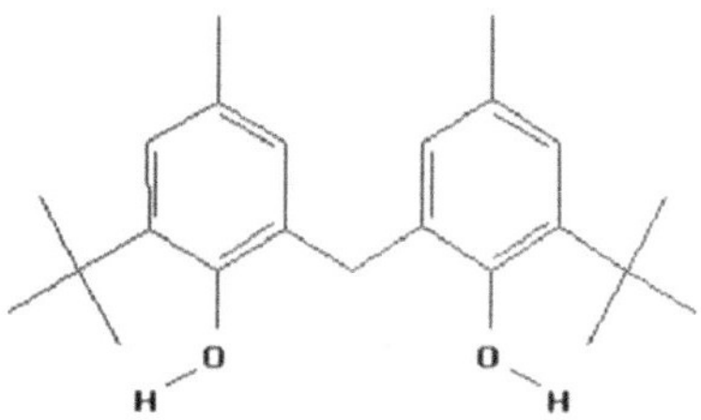

Funktion:
(1) Schutzmittel gegen Metallvergiftung;
(2) Alterungsschutzmittel für Vernetzungsmittel, schwefelfrei;
(3) Lichtschutzmittel;
(4) Oxidationsschutzmittel;

Kautschukart:
(2) Chlorsulfonylethylen-Kautschuk;
(4) Naturkautschuk; synthetischer Kautschuk;

Anwendung:
(2) Kabelummantelung,
(4) Reifen, Schläuche; chirurgische und medizinische Artikel; Sportartikel; Spielsachen; technische Gummiartikel; Produkte für Industrie, inkl. Druckplattentücher; Klebstoffe; Dichtungen; Latex Tauchartikel; Latex Schaumartikel;

branchenspezifische Bemerkung zur Substanz:
Einsatzmenge Kautschukindustrie:24 t/a (1996); 23 t/a (TSE-Industrie, 1996), 0,6 t/a (Reifenindustrie, 1996);

Eigenschaften:
- **toxikologisch/ökotoxikologisch:**
  RTECS # PA 3500000
  WGK: 2
  MAK Wert: 5-10 mg/g in Plastik (Tschechoslowakei 1978)
  R-Satz: 36
  S-Satz: 26-36

Sonstiges:
Unzureichende Angaben in der Literatur; aus Untersuchungen am Tier geht eine verhältnismäßig geringe Gefährdung hervor, wenn der Stoff verschluckt wird, allerdings ist eine starke Reizung des Verdauungskanals zu erwarten; es muß auch mit einer starken Reizwirkung des Stoffes bei Kontakt mit den Augen gerechnet werden [484];
LD 50 (oral, Ratte): 4880 mg/kg [428];
LD Lo (oral, Ratte): 10000 mg/kg [428];
LD 50 (oral, Maus): 11000 mg/kg [428];

zu Ralox 46 [624]:
schwach Augenreizend;

- **physikalisch/chemisch:**
Schmelzpunkt: 123-127 °C; 128-130 °C
Dichte: 1080 ± 30 kg/m3;1040 kg/m3
Molmasse: 340,50 g/mol

Löslichkeit:
geringfügig mischbar mit Wasser [484]; löslich in Propanon, Trichlorbenzen, Ethanol, Hexan, Methylbenzen; mäßig löslich in Alkohol, nicht löslich in Wasser;

zu Ralox 46 [Sdb Raschig]: zu 800 g/l löslich in Ethanol;
zu Ralox 46 [Sdb Avokal]: wasserunlöslich; löslich in Methanol (30g/100g), Ethanol (45g/100g), Propanon (45g/100g), Ethylacetat (50g/100g), Trichlormethan (45g/100g), Heptan (5g/100g), Benzen (35g/100g), Benzin (5g/100g);

Bemerkung zu physikalisch/chemischen Daten:
zu Ralox 46 [624]:
Schmelzpunkt: 125-132 °C; Dichte: 1070 kg/m3 (20 °C);

Bemerkung:
Rhombische Kristalle [428];
Schwachgelbe bis weiße Kristalle oder kristallines Pulver; geruchlos; reizend; brennbar; bei Erhitzung bis zur Zersetzung bildet sich säurehaltiger Rauch oder Dämpfe;
Verwendung: Antioxidans und Stabilisator in der gummiproduzierenden Industrie; Verpackung, Transport von Speisen, Getränken und Konsumgütern;

zu Ralox 46 [624]:
cremefarbenes Pulver; geruchlos;
Bei Erhitzen >100 °C in Gegenwart von Mineralsäuren Freisetzung von Isobutylien. Reaktion mit starken Oxidationsmitteln;
Gefärliche Zersetzungsprodukte: Kohlenmonoxid, Kohlenwasserstoffe;

4,4'-Methylenbis-(2,6-dimethylphenol)

- **CAS-Nummer:**
5384-21-4
- **gebräuchliche Namen:**
4,4'-Methylendi-2,6-xylenol; 4,4'-Mehtylenbis-(2,6-dimethylphenol); Bis-(4-hydroxy-3,5-dimethylphenyl)-methan; 2,6,2',6'-Tetramethyl-4-,4'-methandiyl-di-phenol;
- **Summenformel:**
$C_{17}H_{20}O_2$

- **Strukturformel:**

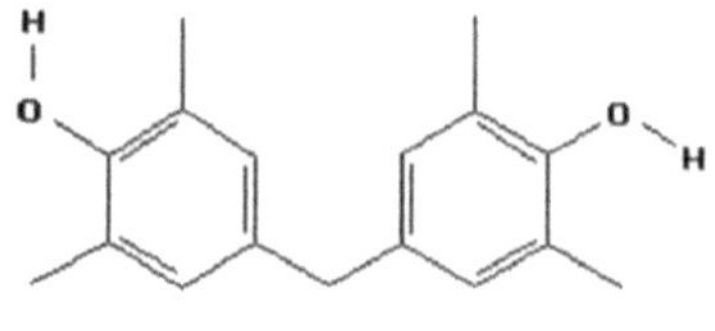

Funktion:
Alterungsschutzmittel;

Eigenschaften:

- **physikalisch/chemisch:**
Molmasse: 256,34 g/mol

2,2'-Methylen-bis-(4,6-dimethylphenol)

- **CAS-Nummer:**
6538-35-8
- **gebräuchliche Namen:**
4,4',6,6'-Tetramethyl-2,2'-methandiyl-di-phenol;
- **Handelsnamen:**
Permanax 28 HV;
- **Summenformel:**
$C_{17}H_{20}O_2$

- **Strukturformel:**

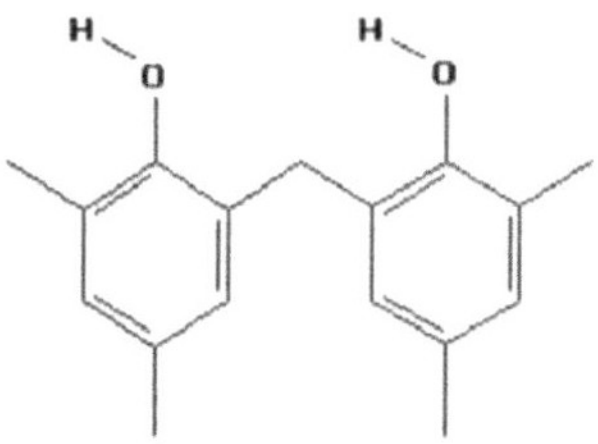

Funktion:
Alterungsschutzmittel;

Eigenschaften:

- **physikalisch/chemisch:**
Molmasse: 256,34 g/mol

2,2'-Methylen-bis-[4-methyl-(6-alpha-methyl-benzyl)-hydroxybenzen]

- **CAS-Nummer:**
31851-03-3
- **gebräuchliche Namen:**
2,6-Bis[(3-(1,1-dimethylethyl)-2-hydroxy-5-methylphenyl]octahydro-4,7-methano-1-H-indenyl]-4-methylphenol; 2,2'-Methylen-bis-[4-methyl-(6-alpha-methyl-benzyl)-phenol]
- **Handelsnamen:**
Wingstay L;
- **Summenformel:**
$C_{29}H_{28}O_2$

- **Strukturformel:**

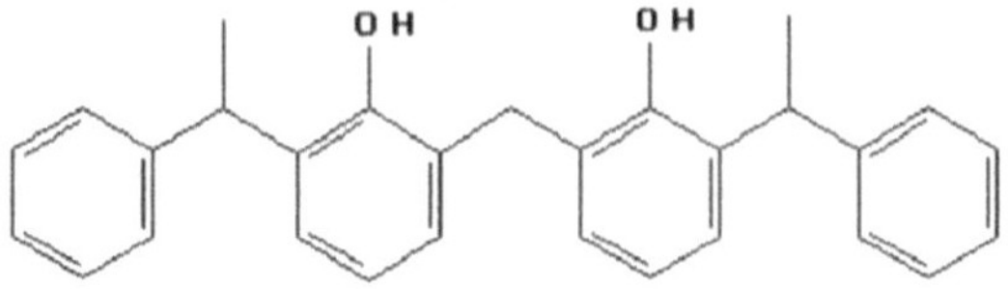

Funktion:
Oxidationsschutzmittel;

Eigenschaften:

- **physikalisch/chemisch:**
Molmasse: 408,54 g/mol

2,2'-Methylen-bis-(6-methylcyclohexyl-4-methylphenol)

- **CAS-Nummer:**
16412-69-4
- **Summenformel:**
$C_{29}H_{40}O_2$

- **Strukturformel:**

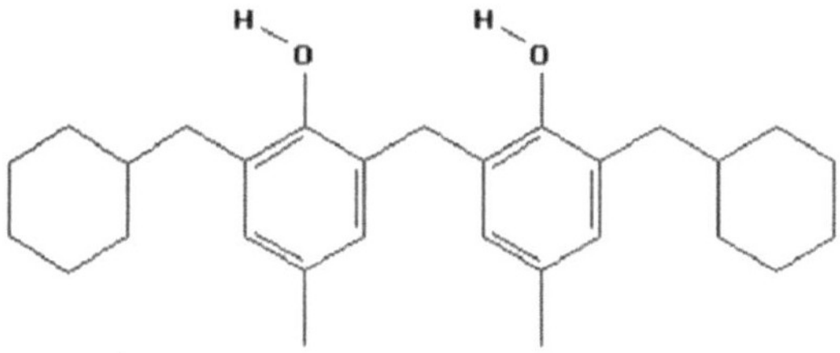

Funktion:
Oxidationsschutzmittel;

Eigenschaften:
- **physikalisch/chemisch:**
Molmasse: 420,63 g/mol

2,2'-Methylen-bis-(4-methyl-6-cyclohexylphenol)

- **CAS-Nummer:**
4066-02-8
- **gebräuchliche Namen:**
6,6'-Dicyclohexyl-4,4'-dimethyl-2,2'-methandiyl-di-phenol;
- **Handelsnamen:**
Alterungsschutzmittel ZKF; Vulkanox ZKF;
- **Summenformel:**
$C_{27}H_{36}O_2$

- **Strukturformel:**

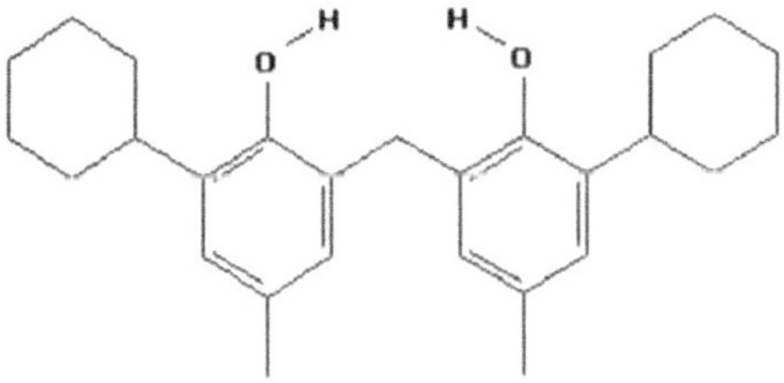

Funktion:
Oxidationsschutzmittel; Alterungsschutzmittel;

Eigenschaften:

- **physikalisch/chemisch:**
Molmasse: 392,58 g/mol

4,4'-Methylenbis(N-(1-methylpropyl)benzolamin)

- **CAS-Nummer:**
5285-60-9
- **gebräuchliche Namen:**
4,4'-Methylenbis(N-sek.-butylanilin); 4,4'-Bis(sek.-butylamino)diphenylmethan; Bis-[4-(methylpropylamino)-phenyl]-methan;
- **Summenformel:**
$C_{21}H_{30}N_2$

- **Strukturformel:**

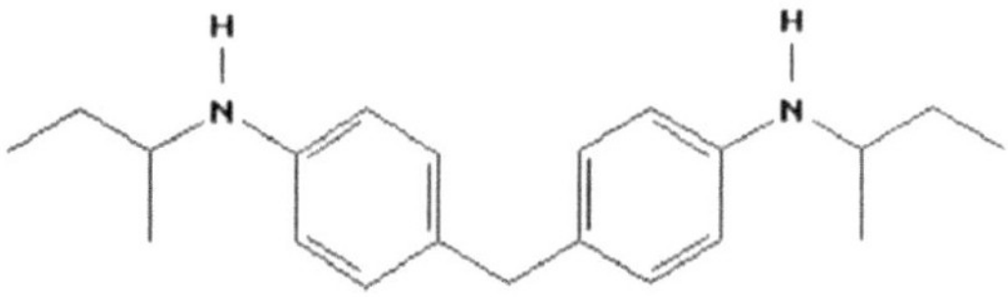

Funktion:
Alterungsschutzmittel;

Eigenschaften:
- **physikalisch/chemisch:**
Molmasse: 310,48 g/mol

2,2'-Methylenbis-(6-nonyl-4-methylphenol)

- **CAS-Nummer:**
7786-17-6
- **gebräuchliche Namen:**
2,2'-Methylenbis-(4-methyl-6-nonyl-phenol); 2,2'-Methylenbis-(6-nonyl-p-cresol);
- **Handelsnamen:**
Naugaweiß; Naugawhite; Naugawhite Powder;
- **Summenformel:**
$C_{33}H_{52}O_2$

- **Strukturformel:**

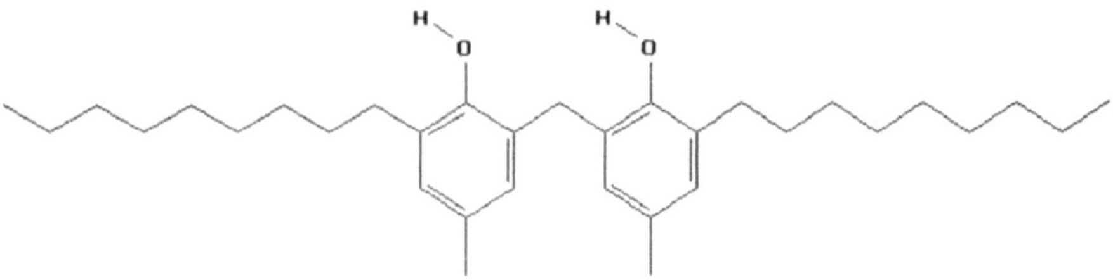

Funktion:
Oxidationsschutzmittel;
Kautschukart:
Naturkautschuk; Styrol-Butadien-Kautschuk; Isobuten-Isopren-Kautschuk; Acrylnitril-Butadien-Kautschuk;
Anwendung:
Reifen, Schläuche; chirurgische und medizinische Artikel; Sportartikel; Spielsachen; technische Gummiartikel; Produkte für Industrie, inkl. Druckplattentücher; Klebstoffe; Dichtungen; Latex Tauchartikel; Latex Schaumartikel;

Eigenschaften:
- **toxikologisch/ökotoxikologisch:**
RTECS # GP 2150000
Sonstiges:
LD 50 (oral, Ratte): 33000 mg/kg [428];

- **physikalisch/chemisch:**
Molmasse: 480,85 g/mol

2,2'-[Methylenbis(thio)]bis-essigsäuredibutylester

- **CAS-Nummer:**
14338-82-0
- **gebräuchliche Namen:**
Methylen-bis-thioglykolsäurebutylester; 3,5-Dithio-heptandisäure-dibutylester; Butoxycarbonylmethylsulfanylmethylsulfanyl-essigsäurebutylester; 2,2'-[Methylenbis(thio)]bisessigsäuredibuthylester;
- **Handelsnamen:**
Plastikator 88; Vukanol 88;
- **Summenformel:**
$C_{13}H_{24}O_4S_2$

- **Strukturformel:**

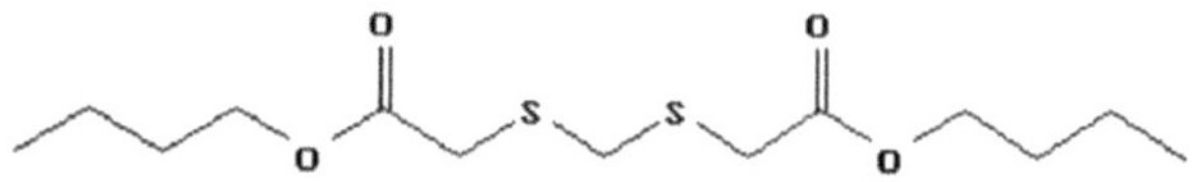

Funktion:
Weichmacher, synthetisch;
Kautschukart:
Acrylnitril-Butadien-Kautschuk; Chloropren-Kautschuk;

branchenspezifische Bemerkung zur Substanz:
Einsatzmenge: 170 t/a (Reifenindustrie: 31 t/a, TSE-Industrie: 140 t/a) (1996)

Eigenschaften:

- **physikalisch/chemisch:**
  Brechungsindex: 1,490 ± 0,005 (20 °C)
  Dichte: 1100 ± 20 kg/m3
  Molmasse: 308,45 g/mol

4,4'-Methylendicarbanilinsäurediphenylester

- **CAS-Nummer:**
  101-65-5
- **gebräuchliche Namen:**
  Diphenyl-4,4'-methylendicarbanilat; Diphenyl(methylen-di-4-phenylen)bis[carbamat]; Diphenyl-diphenylmethan-p,p'-di-carbamat; Diphenyl-N,N'-(methylen-bis-4-phenylen)di[carbamat]; Diphenyl(methylen-di-p-phenylen)dicarbamat;
- **Handelsnamen:**
  Mylene MP;
- **Summenformel:**
  $C_{27}H_{22}N_2O_4$

- **Strukturformel:**

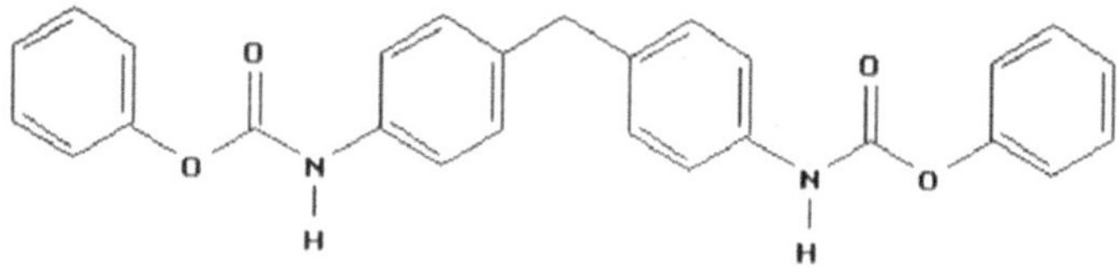

Funktion:
Klebemittel;
Anwendung:
Reifen, Schläuche; chirurgische und medizinische Artikel; Sportartikel; Spielsachen; technische Gummiartikel; Produkte für Industrie, inkl. Druckplattentücher; Klebstoffe; Dichtungen;

Eigenschaften:

- **physikalisch/chemisch:**
  Molmasse: 438,48 g/mol

2,2'-Methylen-di-(6-(1,1-dimethylethyl)-4-ethyl-phenol

- **CAS-Nummer:**
  88-24-4
- **gebräuchliche Namen:**
  6,6'-Di-tert.-butyl-4,4'-diethyl-2,2'-methylen; Diphenol-di-(3-tert.-butyl-5-ethyl-2-hydroxyphenyl)methan; 2,2'-Methylenbis[6-tert.-butyl-4-ethylphenol]; 2,2'-Methylenbis[6-(1,1-dimethylethyl)-4-ethylphenol]; 2,2'-Methylen-bis-(4-ethyl-6-tert.-butylphenol); 4,4'-Diethyl-6,6-'di-tert.-butyl-2,2'-methandiyl-di-phenol; Bis-(3-tert.-butyl-5-ethyl-2-hydroxyphenyl)-methan; 2,2'-Methylen-bis-(6-tert.-butyl-4-ethylphenol);
- **Handelsnamen:**
  Antioxidans 425; Antioxidant 425; Anti-Oxidant MBP-5P; Chemanox 22; Plastanox 425; Plastanox Antioxid 425; Yoshinox 425;
- **Summenformel:**
  $C_{25}H_{36}O_2$

- **Strukturformel:**

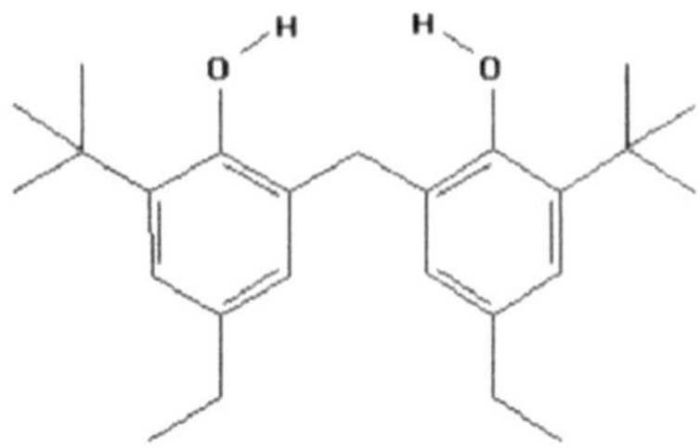

Funktion:
Oxidationsschutzmittel;
Anwendung:
Reifen, Schläuche; chirurgische und medizinische Artikel; Sportartikel; Spielsachen; technische Gummiartikel; Produkte für Industrie, inkl. Druckplattentücher; Klebstoffe; Dichtungen; Latex Tauchartikel; Latex Schaumartikel;

branchenspezifische Bemerkung zur Substanz:
Einsatzmenge: 0,1 t/a (TSE-Industrie, 1996)

Eigenschaften:
- **toxikologisch/ökotoxikologisch:**
RTECS # SL 9800000
R-Satz: 36/37/38
S-Satz: 26-36

- **physikalisch/chemisch:**
Schmelzpunkt: 126-127 °C; 123-125 °C; 124,5-125 °C
Flammpunkt: 119-122 °C
Dichte: 1100 kg/m3
Molmasse: 368,56 g/mol

Bemerkung:
monokline Kristalle;

4,7-Methylen-4,7,8,9-tetrahydroinden

- **CAS-Nummer:**
77-73-6
- **UN Nummer:**
2048
- **gebräuchliche Namen:**
DCPD; TCD; Dicyclopentadien; Cyclopentadiendimer; 4,7-Methano-3a,4,7,7a-tetrahydroinden; 3a,4,7,7a-Tetrahydro-4,7-methanoinden; Tricyclo-[5.2.1.0(2,6)]deca-3,8-dien;
- **Summenformel:**
$C_{10}H_{12}$

- **Strukturformel:**

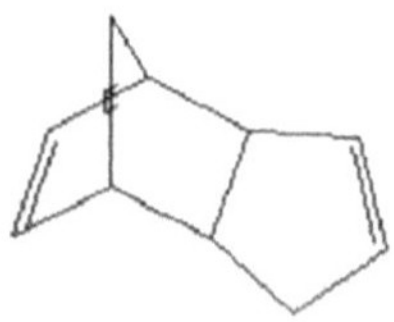

Funktion:
Monomer für die Herstellung von synthetischem Kautschuk;

Eigenschaften:
- toxikologisch/ökotoxikologisch:
RTECS # PC 1050000
Schweizer Giftliste: 3
WGK: 2
MAK Wert: 0,5 ml/m3 bzw. 3 mg/m3
R-Satz: 11-20/22-36/37/38
S-Satz: (2)-36/37
Sonstiges:
Spitzenbegrenzung: I [481]; Geruchsschwelle bei 5 ml/m3; Reizschwelle bei 5 ml/m3 [484];
Hautreizend;
Staub und bei Erhitzung oder bei Brand auch die Dämpfe, reizen die Augen, Atemwege und Haut; Kontakt mit der Flüssigkeit oder dem Pulver bewirkt starke Reizung der Augen und Haut; bei starker Erhitzung und bei Brand können in der Atemluft Konzentrationen entstehen, die auf das ZNS dämpfend und narkotisch wirken [163];
LD 50 (oral, Ratte): 353 mg/kg [187];
LD 50 (intraperitoneal, Ratte): 200 mg/kg [428];
LC 50 (inhalativ, Ratte): 359 ml/m3/4 h [187];
TD Lo (oral, Ratte): 182 mg/kg/26W (intermittierend), 1120 mg/kg/28 D (intermittierend) [428];
TC Lo (inhalativ, Ratte): 20 mg/m3/4h/26W (intermittierend) [428];
LD 50 (oral, Maus): 190 mg/kg [428];
LC 50 (inhalativ, Maus): 145 ppm/4h [428];
TC Lo (inhalativ, Maus): 72 ppm/7h/2W (intermittierend) [428];
LC Lo (inhalativ, Hund): 773 ppm/1h [428];
LD 50 (Haut, Kaninchen): 5080 mg/kg [428];
LC 50 (inhalativ, Kaninchen): 771 ppm/4h [428];
LC 50 (inhalativ, Meerschweinchen): 770 ppm/4h [428];
LD 50 (oral, Tier): 1200 mg/kg [428];
LD 50 (intraperitoneal, Säugetier): 960 mg/kg [428];
LD 50 (oral, Vogel): 1010 mg/kg [428];

Gefahren-Symbol:

- physikalisch/chemisch:
Schmelzpunkt: 32 °C; 19 °C*
Siedepunkt: 170 °C; 64-65 C (54 hPa) [573]
Flammpunkt: 26 °C
Dampfdruck: 12,99 hPa (37,7 °C) [187]
Brechungsindex: 1,5050 (35 °C)
Dichte: 976,6 kg/m3 (20 °C)
Molmasse: 132,21 g/mol

Löslichkeit:
leicht löslich in Ethanol, Diethylether, Ligroin;

Verbleib nach Gebrauch:
Verbrennung, hochentzündliche Stoffe;

Bemerkung:
Farblose bis gelbliche Kristalle in Pulver- oder Puderform; ab 32 °C farblose Flüssigkeit; kampferähnlicher Geruch; brennbar;
Das Dicyclopentadien tritt in zwei Stereoisomeren auf: endo- und exo-Dicyclopentadien. Bei der spontanen Dimerisierung von Cyclopentadien durch Dien-Synthese bildet sich bei 20 °C das endo-Dicyclopentadien; erfolgt die Dimerisierung bei ca. 100 °C, bildet sich auch das exo-Dicyclopentadien.

Stoff kann heftig reagieren bei Kontakt oder Mischung mit starken Säuren, starken Basen und sauerstoffreichem Material (starken Oxidationsmitteln); bei längerem Kontakt mit Luft können sich unbeständige Peroxide bilden, die in konzentriertem und erwärmtem Zustand explosionsartig zerfallen; bei erhöhten Temperaturen erfolgt Bildung von instabilem und sehr reaktionsfähigem Cyclopentadien;
Verwendung: Ausgangsmaterial zur Herstellung von Alkydharzen, Kunstgummi, Terpenen, Alkaloiden, Insektiziden, Hydraulikflüssigkeiten, Weichmacher und Farben;
*: Angaben für exo-Dicyclopentadien;

N-(1-Methylethenyl)-benzenamin

- **CAS-Nummer:**
  20132-13-2
- **gebräuchliche Namen:**
  Isopropenyl-phenyl-amin; THQ; Reaktionsprodukt aus Aceton und Anilin;
- **Summenformel:**
  $C_9H_{11}N$

- **Strukturformel:**

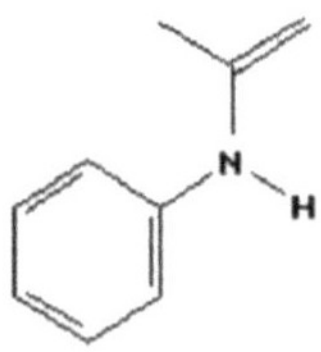

Funktion:
Alterungsschutzmittel;

Eigenschaften:
- **physikalisch/chemisch:**
  Molmasse: 133,19 g/mol

4-(1-Methyl)ethoxy-diphenylamin

- **CAS-Nummer:**
  101-73-5
- **gebräuchliche Namen:**
  p-Isopropoxydiphenylamin; 4-(Isopropoxy-phenyl)-phenyl-amin; p-Hydroxydiphenylaminisopropylether; 4-(1-Methylethoxy)-N-phenylbenzolamin;
- **Handelsnamen:**
  Agerite150; Agerite ISO; AO-3161;
- **Summenformel:**
  $C_{15}H_{17}NO$

- **Strukturformel:**

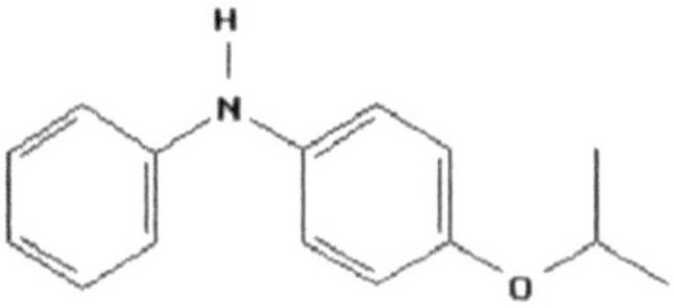

Funktion:
Ozonschutzmittel; Oxidationsschutzmittel; Ermüdungsschutzmittel;

Anwendung:
chirurgische und medizinische Artikel; Sportartikel; Spielsachen; technische Gummiartikel;

Eigenschaften:
- **toxikologisch/ökotoxikologisch:**
RTECS # JJ 9500000
Sonstiges:
LD Lo (oral, Ratte): 10 g/kg [428];
LD Lo (oral, Hase): 70 g/kg [428];

- **physikalisch/chemisch:**
Dichte: 1100 kg/m3
Molmasse: 227,31 g/mol

Löslichkeit:
löslich in Benzen, Propanon, Ethanol; unlöslich in Wasser;

Bemerkung:
zu 25% enthalten in Agerite Hipar;

(1-Methylethyl)benzen

- **CAS-Nummer:**
98-82-8
- **UN Nummer:**
1918
- **gebräuchliche Namen:**
Cumol; Cumen; Isopropylbenzol; Cumenylwasserstoff; Cumidwasserstoff; Cumin; 2-Phenylpropan; iso Propylbenzol; (2-Propyl)-Benzol; Retinyl;
- **Handelsnamen:**
Kumol;
- **Summenformel:**
C_9H_{12}

- **Strukturformel:**

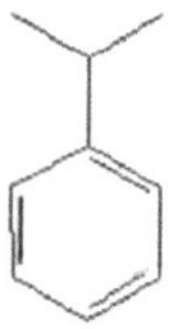

branchenspezifische Bemerkung zur Substanz:
Reaktionsprodukt von aromatischen Weichmacherölen;

Eigenschaften:
- **toxikologisch/ökotoxikologisch:**
RTECS # GR 8575000
Schweizer Giftliste: 4
WGK: 1
MAK Wert: 50 ml/m3 bzw. 245 mg/m3
R-Satz: 10-37
S-Satz: (2)
Sonstiges:
Einstufung und Kennzeichnung von Zubereitungen, in denen diese Substanz enthalten ist:
25%< =C ⇒ Xi; R37

Geruchsschwelle 0,06 ml/m3;
Das Einatmen der Dämpfe in hohen Konzentrationen führt zu Reizung der Atemwege und hat betäubende Wirkung. Mit hohen Dampfkonzentrationen ist insbesondere bei Erhitzen zu rechnen. Kontakt mit der Flüssigkeit bewirkt Reizung der Augen und der Haut. Die Flüssigkeit wird auch über die Haut aufgenommen, Symptome: Brennen der Augen, der Nasen- und Rachenschleimhäute sowie der Haut; Schwindel, Schläfrigkeit, Erbrechen, Leibschmerzen, Erstickungsanfälle, Krämpfe möglich, Atemstillstand;
Kurzeinwirkung: 400 ml/m3 waren für kurze Zeit erträglich [484];
Wirkt in hohen Dosen narkotisierend; Wirkcharakter: Fettlöslichkeit, Erregtheit, Benommenheit, Krämpfe, Koma, Kammerflimmern. Nach Latenzzeit: Nieren- und Leberschäden, Leberversagen mit Verblutung in schweren Fällen, Ölpneumonie bei Aspiration; chronisch: Blutbildschäden, Immunschäden, Himathropie [39];
LC Lo (inhalativ, Mensch): 200 ml/m3 [481];
TC Lo (inhalativ, Mensch): 200 ppm [428];
LD 50 (oral, Ratte): 1400 mg/kg [39], 1400 mg/kg [428];
LC Lo (inhalativ, Ratte): 8000 ml/m3/4 h [481, 428];
LD 50 (oral, Maus): 12750 mg/kg [428];
LC 50 (inhalativ, Maus): 24700 mg/m3/2 h [481], 10000 mg/m3/7 h [428];
LD 50 (Haut, Kaninchen): 12300 mg/kg [39], 12300 μl/kg;
LD 50 (dermal, Kaninchen): 12300 mg/kg [39];

LC 50 (Fisch, Goldorfe): 207/47 mg/l [33];
LC 100 (Fisch, Goldorfe): 345/52 mg/l [33];

Gefahren-Symbol:

Xi

- **physikalisch/chemisch:**
  Schmelzpunkt: -96 °C
  Siedepunkt: 152-154 °C
  Flammpunkt: 46 °C; 34 °C; 31 °C; 39 °C
  Dampfdruck: 5 hPa (20 °C) [481]; 5,3 hPa (20 °C) [484]
  Log pOW: 3,66 [481]
  Brechungsindex: 1,4910; 1,4915 (20 °C)
  Dichte: 861,8 kg/m3 (20 °C)
  Molmasse: 120,19 g/mol

  Löslichkeit:
  in Wasser sehr geringfügig: 0,05 g/l [484]; löslich in Ethanol, Diethylether und vielen organischen Lösungsmitteln;

Verbleib nach Gebrauch:
Verbrennung;

Bemerkung:
Farblose Flüssigkeit; scharfer, stechender und unangenehmer Geruch;
Kann bei Berührung mit sauerstoffreichem Material heftig reagieren. Cumol greift Gummi an;
Bildet im dampf-/gasförmigen Zustand mit Luft explosionsfähige Gemische;
Explosionsgrenzen: 0,8-6,0 Vol.%; Zündtemperatur: 420 °C [484];
Anwendung: organische Synthese (wird eingesetzt zur Aceton-, Phenol-, Acetophenonherstellung);

Bestandteil von Byk-055 (zu 4 %); Byk-077 (zu 2 %), Byk-325 (zu 1 %), Anti-Terra-203 (zu 2 %), Byk-354 (zu 2 %), Byk-051 (zu 2 %), Byk-052 (zu 2 %), Byk-053 (zu 2 %), Byk-141 (zu 4 %), Byk 320 (zu 1 %), Byk 335 (zu 3 %), Bykumen (zu 1 %), Disperbyk (zu 1 %); Bestandteil von Byk 358;

1-Methylethylcyclohexan

- **CAS-Nummer:**
  696 29 7
- **gebräuchliche Namen:**
  Hydrocumol (cis); Normenthan; Hexahydrocumen; Isopropylcyclohexan;
- **Summenformel:**
  C_9H_{18}

- **Strukturformel:**

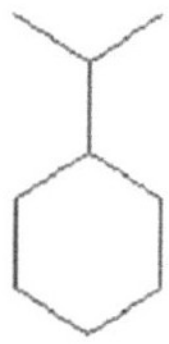

branchenspezifische Bemerkung zur Substanz:
Reaktionsprodukt von naphtenischen Ölen [Weichmacher];

Eigenschaften:
- **toxikologisch/ökotoxikologisch:**
  WGK: 1
  R-Satz: 10
  S-Satz: 16-3/7-29-33

- **physikalisch/chemisch:**
  Schmelzpunkt: -89,4°C
  Siedepunkt: 155 °C; 154,8 °C; 154,3 °C (1013 hPa)
  Flammpunkt: 35 °C
  Brechungsindex: 1;4399 (20 °C); 1,4300 (20 °C)
  Dichte: 802,3 kg/m3 (20 °C); 802 kg/m3 (20 °C)
  Molmasse: 126,24 g/mol

Verbleib nach Gebrauch:
Verbrennung, hochentzündliche Stoffe;

Bemerkung:
farblose Flüssigkeit;

1-(Methylethyl)-2,2-dimethyltrimethylen-(2-methylpropyl)säureester

- **CAS-Nummer:**
  6846-50-0
- **gebräuchliche Namen:**
  2,2,4-Trimethyl-1,3-pentadiol-di-iso-butyrat; 2,2,4-Trimethylpentandiol-1,3-diisobutyrat; 1-Isopropyl-2,2 dimethyltrimethylenisobutylsäureester; 2,2,4-Trimethyl-1,3-pentadiol-di-iso-butyrat;
- **Handelsnamen:**
  Kodaflex TXIB; Eastman TXIB; TXIB;
- **Summenformel:**
  $C_{16}H_{30}O_4$

- **Strukturformel:**

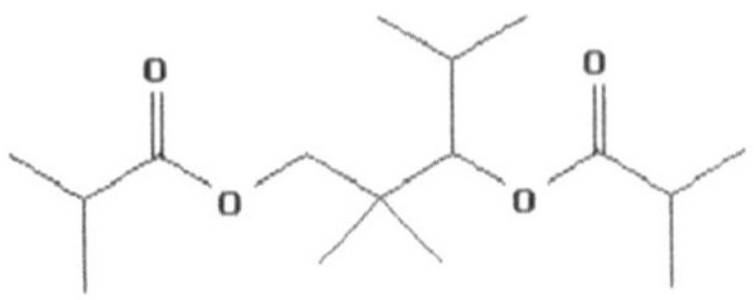

Funktion:
Haftvermittler für Füllstoffe;

Eigenschaften:
- **toxikologisch/ökotoxikologisch:**
RTECS # SA 1420000
WGK: 1
Sonstiges:
Reizend;

[Sdb Krahn Chemie GmbH]:
LD 50 (oral, Ratte): >3200 mg/kg;
LD 50 (inhalativ, Ratte): >5,3 ml/l/6 h;
LD 50 (oral, Maus): >6400 mg/kg;
LD 50 (dermal, Meerschweinchen): >21 ml/kg;
an der Haut des Meerschweinchens leicht reizend; an Auge des Kaninchens sehr leicht reizend;
LC 50 (Elritze): >1,55 mg/l/96 h;
EC 50 (Daphnia magna): >1,46 mg/l/48 h

- **physikalisch/chemisch:**
Schmelzpunkt: -70 °C
Siedepunkt: 280 °C
Flammpunkt: 143 °C; 129 °C; >110 °C
Dampfdruck: <0,01 hPa (25 °C)
Brechungsindex: 1,4340 (20 °C)
Dichte: 940 kg/m3 (25°C); 941 kg/m3
Molmasse: 286,42 g/mol

Löslichkeit:
in Wasser gering löslich [Sdb];

Verbleib nach Gebrauch:
Verbrennung nach Mischung mit brennbarem Lösemittel;

Bemerkung:
[Sdb Fa. Krahn Chemie GmbH]:
Farblose Flüssigkeit mit fruchtartigem Geruch;
bei Brand können Kohlenmonoxid und Kohlendioxid freigesetzt werden;
Explosionsgrenzen: 0,48-3,10 Vol.-%; Zündtemp.: 424 °C;
reagiert mit Oxidationsmitteln;

1-Methylethyl-3-methylcyclohexan

- **CAS-Nummer:**
16580-24-8
- **gebräuchliche Namen:**
1-Isopropyl-3-methylcyclohexan;
- **Summenformel:**
$C_{10}H_{20}$

- **Strukturformel:**

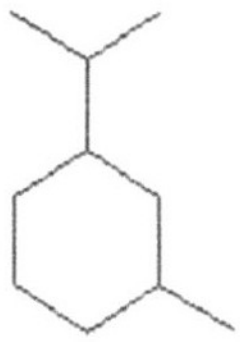

Eigenschaften:

- **physikalisch/chemisch:**
  Molmasse: 140,27 g/mol

(1-Methylethyl)nitrosamin

- **CAS-Nummer:**
  601-77-4
- **gebräuchliche Namen:**
  NDIPA; N-Nitrosodi-iso-propylamin; Diisopropylnitrosamin;
- **Summenformel:**
  $C_6H_{14}N_2O$

- **Strukturformel:**

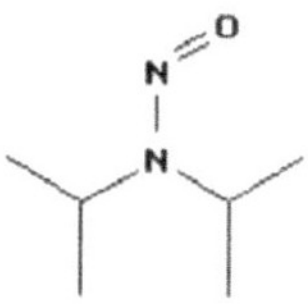

branchenspezifische Bemerkung zur Substanz:
Zersetzungsprodukt von N,N-Di(1-methylethyl)-2-benzothiazol-sulfenamid (DIPS) (CAS-Nr.: 92-29-4);

Eigenschaften:
- **toxikologisch/ökotoxikologisch:**
  RTECS # TM 4360000
  Sonstiges:
  Krebserzeugend; Gruppe III A2; Mutagen;
  LD 50 (oral, Ratte): 850 g/kg [428];

- **physikalisch/chemisch:**
  Molmasse: 130,19 g/mol

N-(1-Methylethyl)-N'-methyl-N'-phenyl-benzen-1,4-diamin

- **CAS-Nummer:**
  13630-42-7
- **gebräuchliche Namen:**
  N'-Methyl-N-(1-methylethyl)-N'-phenyl-1,4-benzendiamin; N-Isopropyl-N'-methyl-N'-phenyl-p-phenylendiamin; N-Isopropyl-N'-methyl-N'-phenyl-benzen-1,4-diamin
- **Summenformel:**
  $C_{16}H_{20}N_2$

- **Strukturformel:**

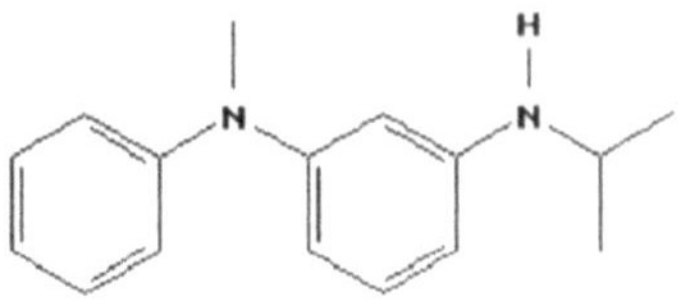

Funktion:
Ozonschutzmittel;

Eigenschaften:

- **physikalisch/chemisch:**
Molmasse: 240,35 g/mol

N-(1-Methylethyl)-N-methyl-N'-phenyl-benzen-1,4-diamin

- **CAS-Nummer:**
13630-41-6
- **gebräuchliche Namen:**
N-methyl-N-isopropyl-N'-phenyl-p-phenylendiamin; N-Isopropyl-N-methyl-N'-phenyl-benzen-1,4-diamin;
- **Summenformel:**
$C_{16}H_{20}N_2$

- **Strukturformel:**

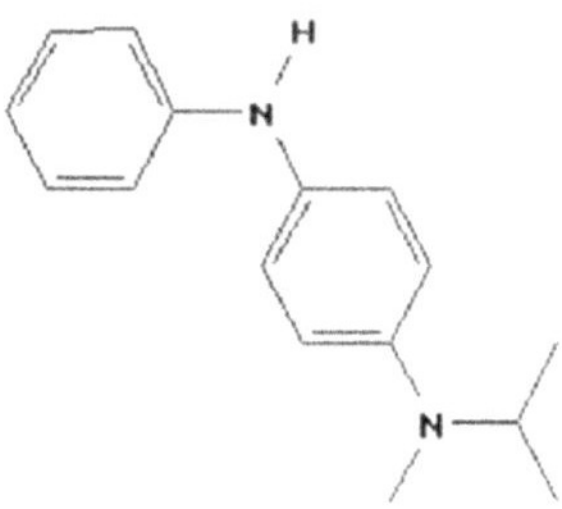

Funktion:
Ozonschutzmittel;

Eigenschaften:

- **physikalisch/chemisch:**
Molmasse: 240,35 g/mol

N-(1-Methylethyl)-N'-(4-methylphenyl)-benzen-1,4-diamin

- **CAS-Nummer:**
3081-16-1
- **gebräuchliche Namen:**
N-Isopropyl-N'-p-tolyl-benzen-1,4-diamin; N-Isoproyl-N'-p-tolyl-p-phenylendiamin; 4-Isopropylamino-4'-methyldiphenylamin;
- **Summenformel:**
$C_{16}H_{20}N_2$

- **Strukturformel:**

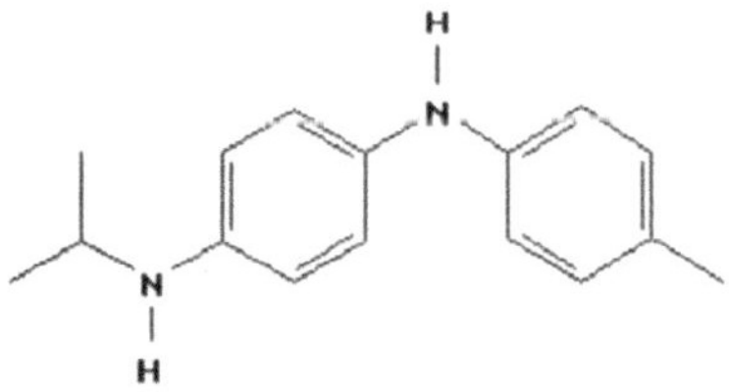

Funktion:
Ozonschutzmittel;

Eigenschaften:

- **physikalisch/chemisch:**
Molmasse: 240,35 g/mol

N-(1-Methylethyl)-N'-phenyl-benzen-1,4-diamin

- **CAS-Nummer:**
101-72-4
- **UN Nummer:**
3077
- **gebräuchliche Namen:**
IPPD; PIPPD; N'-Phenyl-N'-isopropyl-1,4-phenylendiamin; N-(1-Methylethyl)-N'-phenyl-1,4-benzendiamin; p-(Isopropylamino)diphenylamin; 4-(Isopropylamino)diphenylamin; N-Isopropyl-N'-phenyl-p-phenylendiamin; N-(1-Methylethyl)-N'-phenyl-1,4-benzoldiamin; N-Isopropyl-N'-phenyl-benzol-1,4-diamin;
- **Handelsnamen:**
Alterungsschutzmittel 4010 NA; Antigen 36; Antioxidant 4010; Cyzone IP; Diafen FP; Dusantox IPPD; Eastozone 34; Flexzone 3-C; Flexzone 3P; Ipogrox; Ivegran VP 51.203; Nocrac 810 30 i; Nonox CNu, ZA; Ozonschutzmittel; Permanax 115; Permanax IPPD; Rhegran IPPD-80; Santoflex 36; Santoflex IP; Santoflex IPPD; Vanox 3C; Vulkanox 4010 NA/LG;
- **Summenformel:**
$C_{15}H_{18}N_2$

- **Strukturformel:**

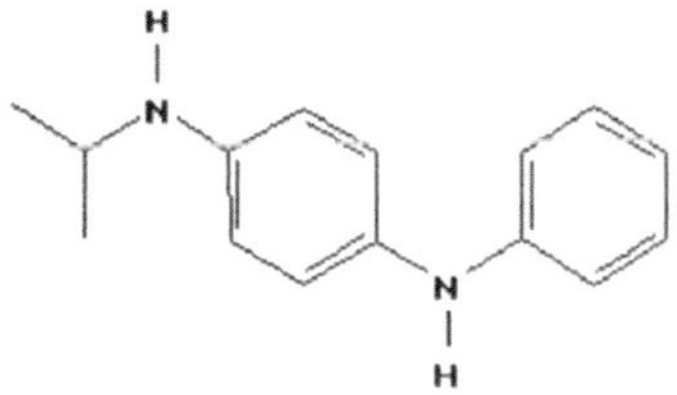

Funktion:
(1) Alterungsschutzmittel; Ermüdungsschutzmittel; Ozonschutzmittel; Oxidationsschutzmittel;
(2) Vulkanisationsbeschleuniger, organisch;
(3) Schutzmittel gegen Metallvergiftung;
Kautschukart:
(1) Naturkautschuk; synthetischer Kautschuk;
Anwendung:
(1) Reifen, Schläuche; chirurgische und medizinische Artikel; Sportartikel; Spielsachen; technische Gummiartikel; Produkte für Industrie, inkl. Druckplattentücher; Klebstoffe; Dichtungen; Latex Tauchartikel; Latex Schaumartikel;

branchenspezifische Bemerkung zur Substanz:
Einsatzmenge: 1.040 t/a (Reifenindustrie: 460 t/a, TSE-Industrie: 580 t/a) (1996)

Eigenschaften:
- toxikologisch/ökotoxikologisch:
RTECS # ST 2650000
Schweizer Giftliste: 4
WGK: 3
Sonstiges:
sensibilisierender Stoff; (in der ehemaligen DDR das wichtigste Gummi-Allergen gewesen);
Wirkcharakter: juckende Rötung, Ödem, Engegefühl im Brustkorb, Übelkeit, Erbrechen, Bauchschmerzen, Schwindel, dann Atemnot, Schluckstörungen, Heiserkeit, Asthma, verwaschene Sprache, Schwächegefühl, Benommenheit, Todesangst, in schweren Fällen Schock, Inkontinenz, Koma,, Herzrhytmusstörungen.
Reizstoff: In den Augen und im Magen-Darm-Trakt mehr oder minder starke Reizwirkung. Brechreiz, Brechdurchfall. Beim Einatmen Hustenreiz [39];
LD 50 (oral, Maus): 1122 mg/kg [428]
LD 50 (oral, Ratte): 555 mg/kg [428]

zu Dusantox IPPD [Sdb Krahn]:
LD 50 (inhalativ, Ratte): 300-400 mg/kg; WGK: 3, stark wassergefährdendes Produkt; Gefahrensymbol: Xn; R-Sätze: 22-36-43; S-Sätze: 26-28;

zu Santoflex IPPD[Sdb Flexsys]:
LD 50 (oral, Ratte): 900 mg/kg; LD 50 (dermal, Kaninchen): >7940 mg/kg;
Gefahrensymbol: Xn; R-Sätze: 22-43-24-50-53; S-Sätze: 37-57-60;
LC 50 (blauer Sonnenbarsch): 0,43 mg/l/96 h; LC 50 (Regenbogenforelle): 0,34 mg/l/96 h; LC 50 (Elritze): 0,4 mg/l/96 h; EC 50 (Daphnia magna):1,1 mg/l/48 h; EC 50 (Algen): 0,5 mg/l/96 h; LC 50 (Mücke): 23 mg/l/96 h;

- physikalisch/chemisch:
Schmelzpunkt: 72-73 °C; 78 °C; 79 °C; 75 °C; 72-76 °C; 78-81 °C
Siedepunkt: 148-152 °C (2,66 hPa); 166 °C (1,333 hPa)
Flammpunkt: 172 °C
Dampfdruck: 0,000089 hPa (25 °C); 0,0009 hPa (50 °C); 0,0046 hPa (90 °C)*
Log pOW: 3,88 ± 0,09
Dichte: 1040 kg/m3; 1070 kg/m3; 1100 ± 30 kg/m3
Molmasse: 226,35 g/mol

Löslichkeit:
löslich in Benzen und Benzin; wenig löslich in Wasser (60 mg/l bei 20 °C, 15 mg/l bei 25 °C) [571];
löslich in Propanon, Dichlormethan, Ethanol, Methylbenzen;

Bemerkung zu physikalisch/chemischen Daten:
*: Dampfdruck: 0,0467 hPa (100 °C); 0,1573 hPa (120 °C), 0,7879 hPa (150 °C), l2,13 hPa (180 °C), 13,33 hPa (213 °C) [571];

zu Dusantox IPPD [Sdb Krahn]:
untere Explosionsgrenze 10 g/m3;

Bemerkung:
IPPD hat einen Reinheitsgrad von >98 %. Verunreinigungen sind N,N-bis(1-Methylethyl)-N'-phenyl-1,4-phenylendiamin und N-Phenyl-1,4-phenylendiamin;
enthält als Verunreinigung 1-Phenylamino-4-isopropylamino-3,6-bis(4-phenylamino-phenylimino)-1,4-cyclohexadien in Konzentrationen von bis zu 1 % [581];

zu Dusantox IPPD [Sdb Krahn]:
Flammpunkt: >173 °C; Dichte: 1190 kg /m3 (20 °C); Gefärliche Zersetzungsprodukte: Kohlenmonoxid, Stickoxide;

zu Santoflex IPPD[Sdb Flexsys]:
Schmelzpunkt: 75 °C; Zu vermeidende Bedingungen: kann sich bei Temperaturen 100 °C < T < 300 °C selbst entzünden; Gefährliche Zersetzungsprodukte: Kohlenmonoxid, Stickoxide;

2-[(1-Methylethyl)sulfinyl]-benzenthiazol

- **CAS-Nummer:**
  79252-74-7
- **gebräuchliche Namen:**
  2-(Isopropylsulfinyl)-benzenthiazol; ISB;
- **Summenformel:**
  $C_{10}H_{11}NOS_2$

- **Strukturformel:**

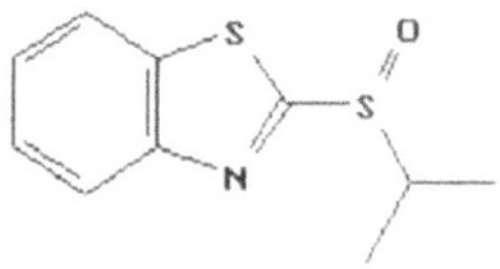

Funktion:
Vulkanisationsbeschleuniger, organisch;

Eigenschaften:

- **physikalisch/chemisch:**
  Molmasse: 225,32 g/mol

2-[(1-Methylheptyl)amino]-ethanol

- **CAS-Nummer:**
  26535-68-2
- **gebräuchliche Namen:**
  N-(1-Methylheptyl)ethanolamin;
- **Summenformel:**
  $C_{10}H_{23}NO$

- **Strukturformel:**

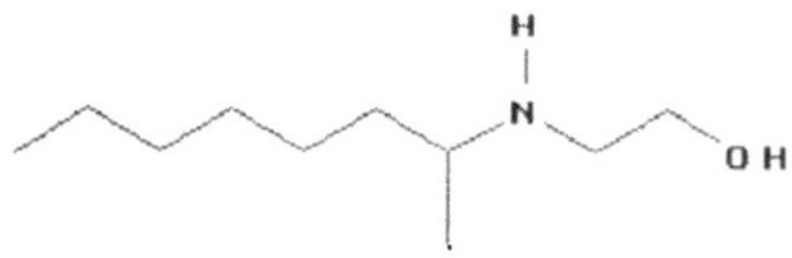

Funktion:
sonstige Chemikalien;

Eigenschaften:

- **physikalisch/chemisch:**
  Molmasse: 173,3 g/mol

N-(1-Methylheptyl)-N'-phenyl-benzen-1,4-diamin

- **CAS-Nummer:**
  15233-47-3
- **gebräuchliche Namen:**
  8PPD; N-(1-Methylheptyl)-N'-phenylbenzen-1,4-diamin; N-Methylheptyl-N'-phenyl-p-phenylendiamin;
- **Handelsnamen:**
  UOP 688;
- **Summenformel:**
  $C_{20}H_{28}N_2$

- **Strukturformel:**

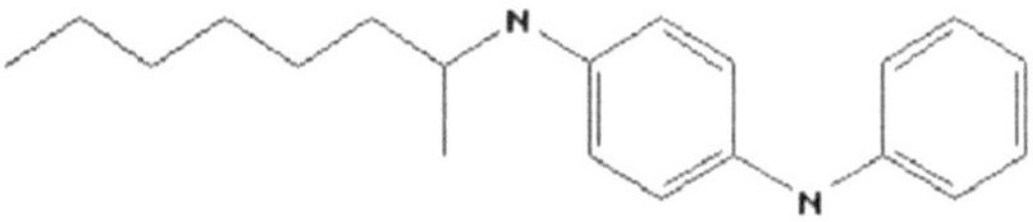

Funktion:
(1) Vulkanisationsbeschleuniger, organisch;
(2) Ozonschutzmittel; Ermüdungsschutzmittel;
Kautschukart:
(2) Naturkautschuk; synthetischer Kautschuk;
Anwendung:
(2) Reifen, Schläuche; chirurgische und medizinische Artikel; Sportartikel; Spielsachen; technische Gummiartikel; Produkte für Industrie, inkl. Druckplattentücher; Klebstoffe; Dichtungen; Latex Tauchartikel; Latex Schaumartikel;

branchenspezifische Bemerkung zur Substanz:
Einsatzmenge: 3,4 t/a (TSE-Industrie, 1996)

Eigenschaften:

- **physikalisch/chemisch:**
  Molmasse: 296,45 g/mol

Bemerkung:
enthalten in: UOP 62, UOP 256;

5-Methylhexan-2-on

- **CAS-Nummer:**
  110-12-3
- **UN Nummer:**
  2302
- **gebräuchliche Namen:**
  MIAK; 5-Methyl-2-hexanon; Isoamylmethylketon; Isopentylmethylketon; iso-Pentylmethylketon; iso-Butylaceton; Isobutylaceton; Methyl-(3-methylbutyl)-keton; Methylisoamylketon;
- **Summenformel:**
  $C_7H_{14}O$

- **Strukturformel:**

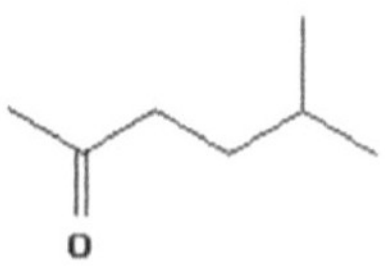

branchenspezifische Bemerkung zur Substanz:
Zersetzungsprodukt von N,N'-Bis-(1,4-dimethylpentyl)-p-phenylendiamin (77PD) (CAS-Nr.: 3081-14-9);

Eigenschaften:
- **toxikologisch/ökotoxikologisch:**
RTECS # MP 3850000
WGK: 1
R-Satz: 10
S-Satz: (2)-23
Sonstiges:
Dämpfe reizen Augen und sehr stark Atemwege; vorübergehende Herz-, Leber und Nierenschäden können auftreten; Kontakt mit Flüssigkeit bewirkt Reizung der Augen und geringere Reizung der Haut [163];
LD 50 (oral, Ratte): 3200 mg/kg [187], 4760 mg/kg [9];
LD 50 (intraperitoneal, Ratte): 400 mg/kg [428];
LC Lo (inhalativ, Ratte): 4000 ppm/4h [9], [428];
TC Lo (inhalativ, Ratte): 1000ppm/6h/16D (intermittierend) [428];
LD 50 (oral, Maus): 2542 mg/kg [428];
LD 50 (intraperitoneal, Maus): 800 mg/kg [428];
LD 50 (Haut, Kaninchen): 8000 mg/kg [9], 10 g/kg [187], 10 ml/kg [428];

Toxische Grenzkonzentration für Pseudomonas putida 115 mg/l, für Scenedesmus quadricauda 125 mg/l [36];

- **physikalisch/chemisch:**
Schmelzpunkt: -74 °C
Siedepunkt: 145 °C; 144 °C (1013 hPa)
Flammpunkt: 43 °C
Dampfdruck: 5 hPa (20 °C) [9]
Brechungsindex: 1,4062 (20 °C); 1,4078
Dichte: 888 kg/m3 (20 °C); 813 kg/m3 (20 °C)
Molmasse: 114,19 g/mol
Verdunstungszahl: 0,5 (BuAc = 1) [9]

Löslichkeit:
Wasser 5,4 g/l (20 °C); leicht löslich in Propanon, Benzen; mischbar mit Ethanol, Diethylether;

Verbleib nach Gebrauch:
Verbrennung;

Bemerkung:
Farblose, angenehm riechende Flüssigkeit; brennbar;
Bildet im dampf-/gasförmigen Zustand mit Luft explosionsfähige Gemische;
Explosionsgrenzen: 2,7 - 13,0 Vol% ; Zündtemp.: 365 °C [9];
Explosionsgrenzen: 1,05 - 8,2 Vol% ; Zündtemp.: 425 °C [163];
Stoff reagiert bei Kontakt mit anorganischen Säuren, Aminen, Isocyanaten sowie mit sauerstoffreichem Material (starken Oxidationsmitteln), starken Reduktionsstoffen und starken Basen;
Verwendung: technisches Lösemittel;

1-Methyl-4-isopropylbenzen

- **CAS-Nummer:**
99-87-6
- **UN Nummer:**
2046
- **gebräuchliche Namen:**
p-Cymol; p-Zymol; 1-Methyl-4-isopropylbenzol; 1-Isopropyl-4-methylbenzol; Isopropyltoluol; 4-Methylcumol; Thymylwasserstoff; p-Cymen; p-Zymen; 4-Isopropyltoluol; Paracymol; Dolcymen;
- **Summenformel:**
$C_{10}H_{14}$

- **Strukturformel:**

branchenspezifische Bemerkung zur Substanz:
Reaktionsprodukt von aromatischen Ölen [Weichmacher];

Eigenschaften:
- **toxikologisch/ökotoxikologisch:**
RTECS # GZ 5950000
R-Satz: 10-20/21/22-36/37/38
S-Satz: 16-38-26-36/37/39
Sonstiges:
Hohe Dampfkonzentrationen verursachen Reizung der Atemwege; narkotische Wirkung; Kontakt mit Flüssigkeit reizt Haut; Hautresorption! [163];
LD 50 (oral, Ratte): 4750 mg/kg [187], [428];

- **physikalisch/chemisch:**
Schmelzpunkt: -67,9 °C; -68,9 °C
Siedepunkt: 177,1 °C; 176-178 °C; 177,1 °C
Flammpunkt: 47 °C
Dampfdruck: 2 hPa (20 °C) [163]
Brechungsindex: 1,4909 (20 °C)
Dichte: 857,3 kg/m3 (20 °C)
Molmasse: 134,22 g/mol

Löslichkeit:
unlöslich in Wasser; löslich in Ethanol, Diethylether, Propanon, Benzen;

Verbleib nach Gebrauch:
Verbrennung;

Bemerkung:
Farblose, benzolähnlich riechende Flüssigkeit; brennbar;
Bei starker Erwärmung Bildung explosionsfähiger Gemische mit Luft, die schwerer als Luft sind;
Explosionsgrenzen: 0,7 - 5,6 Vol%; Zündtemp.: 435 °C [163];
Verwendung als Verdünnungsmittel von Farben, Firnissen, Lacken; Zusatz für technische Produkte und antiseptische Mittel als Geruchsstoff (Deckparfüm);

Methylmercaptobenzimidazol

- **CAS-Nummer:**
105377-24-0
- **gebräuchliche Namen:**
MMBI;
- **Handelsnamen:**
Rhenogran MMBI-70;
- **Summenformel:**
$C_8H_8N_2S$

- **Strukturformel:**

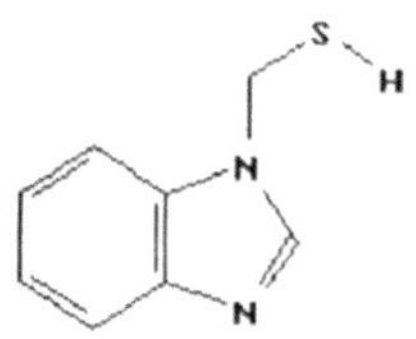

Funktion:
Vulkanisationsbeschleuniger, organisch;
Alterungsschutzmittel;
Desaktivator;

branchenspezifische Bemerkung zur Substanz:
Einsatzmenge: 17 t/a (TSE-Industrie, 1996)

Eigenschaften:

- **physikalisch/chemisch:**
Molmasse: 164,22 g/mol

5-Methyl-2-mercaptobenzimidazol

- **CAS-Nummer:**
27231-36-3
- **gebräuchliche Namen:**
MMBI; 1,3-Dihydro-5-methyl-2H-benimidazol-2-thion; 5-Methyl-2-benzimidazolthiol; 2-Mercapto-5 methylbenzimidazol;
- **Summenformel:**
$C_8H_8N_2S$

- **Strukturformel:**

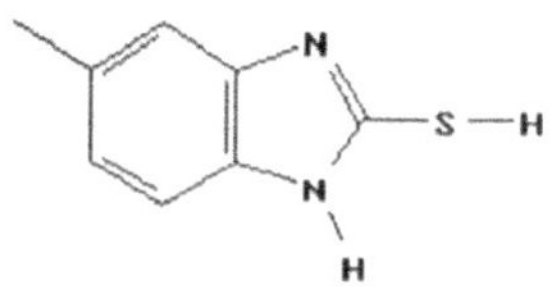

Funktion:
Alterungsschutzmittel;
Vulkanisationsbeschleuniger, organisch;

branchenspezifische Bemerkung zur Substanz:
Einsatzmenge: 120 t/a (Reifenindustrie: 13 t/a, TSE-Industrie: 110 t/a) (1996)

Eigenschaften:

- **physikalisch/chemisch:**
Schmelzpunkt: 285-292 °C; 290-293 °C
Molmasse: 164,23 g/mol

Verbleib nach Gebrauch:
Verbrennung nach Mischung mit brennbarem Lösemittel;

1-Methyl-4-(1-methylethenyl)-cyclohexen

- **CAS-Nummer:**
  138-86-3
- **UN Nummer:**
  2052
- **gebräuchliche Namen:**
  Limonen; 4-Isopropenyl-1-methyl-1-cyclohexen; p-Mentha-1,8-dien; 1-Methyl-1-cyclohexen; Carven; dl-Limonen; dl-p-Menthal-8-dien; DL-4-Isopropenyl-1-methyl-1-cyclohexen; Carven; 1,8(9)-p-Menthadien; p-Mentha-1,8-dienlimonen; 1-Methyl-4-(1-methylethenyl)cyclohexen;
- **Handelsnamen:**
  Citrusterpene; Cinene; Cajeputene; Kautschin; Eulimen; Kautschin; Nesol; Eulimen; Acintene DP; Dipanol;
- **Summenformel:**
  $C_{10}H_{16}$

- **Strukturformel:**

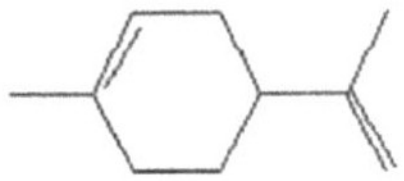

Funktion:
(1) Lösemittel;

branchenspezifische Bemerkung zur Substanz:
(2) Reaktionsprodukt von Poly-2-methyl-1,3-butadien (9003-31-0) [Polymer]; Zersetzungsprodukt von NR; Einsatzmenge: 1 t/a (Reifenindustrie, 1996);

Eigenschaften:
- **toxikologisch/ökotoxikologisch:**
  RTECS # OS 8100000
  Schweizer Giftliste: 4
  WGK: 1
  R-Satz: 10-38
  S-Satz: (2)-28
  Sonstiges:
  Einstufung und Kennzeichnung von Zubereitungen, in denen diese Substanz enthalten ist:
  25%<=C ⇒ Xi; R38

  Dämpfe reizen Augen, Atemwege und Haut; Kontakt mit der Flüssigkeit führt zu starker Reizung der Augen und zu leichterer Reizung der Haut; Flüssigkeit wird auch über die Haut aufgenommen und wirkt hautentfettend; Hautentzündung nach längerer Einwirkung; Substanz hat allergisierende Eigenschaften [484];
  Im Tierversuch akut sehr wenig toxisch. Nach Hautkontakt leichte Reizung. Nach Augenkontakt leichte Reizung, Gefahr der Hautresorption. Nach Einatmen Schleimhautreizung, Husten und Atemnot.
  Nach Resorption toxischer Mengen: ZNS-Störungen, Herz- und Kreislaufstörungen, Sensibilisierung mit allergischen Manifestationen bei empfindlichen Personen [Sdb Joia Citrus];
  LD 50 (Ratte): 4400 mg/kg [39];
  LD 50 (oral, Maus): 5550 µl/kg [428];
  LD 50 (intravenös, Maus): 1010 µl/kg [428];

  Gefahren-Symbol:

- **physikalisch/chemisch:**
  Schmelzpunkt: -89 °C; -97 °C; -95,5 °C
  Siedepunkt: 170-180 °C; 175,5-176,5 °C

Flammpunkt: 50 °C; 43 °C; 48 °C
Dampfdruck: 2,1 hPa (20 °C) [484]; 1,33 hPa (20 °C) [Sdb]
Brechungsindex: 1,4670 (20 °C); 1,4750 (20 °C); 1,4727 (20 °C)
Dichte: 857-862 kg/m3 (20 °C); 850 kg/m3 (20 °C); 856 kg/m3 (20 °C)
Molmasse: 136,24 g/mol

Löslichkeit:
Wasser: weniger als 0,2 Gew.-% [Sdb Joia Citrus]; mischbar mit Alkohol;

Verbleib nach Gebrauch:
Verbrennung;

Bemerkung:
Klare, farblose bis leicht gelbliche Flüssigkeit; Geruch charakteristisch nach Orangen- und Citrusfrucht; zersetzt sich beim Erhitzen [Sdb Joia Citrus];
Farblose Flüssigkeit; zitronenähnlicher Geruch; brennbar;
Bildet im dampf-/gasförmigen Zustand mit Luft explosionsfähige Gemische;
Explosionsgrenzen: 0,7-6,1 Vol.-% ; Zündtemp.: 255 °C [484];
Dipenten ist eine Verbindung, die unterschiedlichen chemischen Umsetzungen zugänglich ist;
Oxidation wird durch Schwermetallstearate und Peroxide beschleunigt; bei Einwirkung von Sauerstoff (auch Luftsauerstoff) - besonders in Gegenwart von Luft - kann Polymerisatin eintreten;
Stoff reagiert bei Kontakt mit sauerstoffreichem Material (Oxidationsmitteln);
Enthalten in Deviscol VS (5-10%);
Bestandteil von Terpentinöl (2-5 Gew.-%) [Sdb Weissmeer Baltische];

1-Methyl-2-(1-methylethyl)-benzen

- **CAS-Nummer:**
  527-84-4
- **UN Nummer:**
  2046
- **gebräuchliche Namen:**
  o-Cymen; o-Cymol; o-Isopropyltoluol; 1-Isopropyl-2-methylbenzen;
- **Summenformel:**
  $C_{10}H_{14}$
- **Strukturformel:**

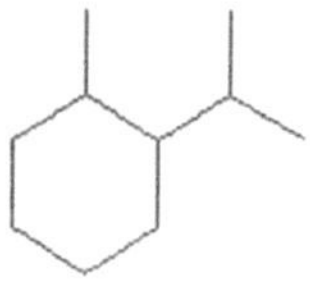

branchenspezifische Bemerkung zur Substanz:
Reaktionsprodukt von aromatischen Ölen [Weichmachern];

Eigenschaften:
- **toxikologisch/ökotoxikologisch:**
  RTECS # DA 6127300
  WGK: 1
  R-Satz: 10-36/37/38
  S-Satz: 16-26-36/37/39
  Sonstiges:
  LD50 (oral, Ratte): 2130 mg/kg [428];
  LD50 (oral, Maus): 2024 mg/kg [428];
  LC50 (inhalativ, Maus): 10300 mg/m3 [428];
  LD50 (intraperitoneal, Maus): 1315 mg/kg [428];

- **physikalisch/chemisch:**
  Schmelzpunkt: -71°C; -71,5°C
  Siedepunkt: 178 °C; 178,1°C;
  Flammpunkt: 50 °C
  Brechungsindex: 1,4995 (20 °C)
  Dichte: 877 kg/m3; 876,6 kg/m3 (20 °C)
  Molmasse: 134,22 g/mol

  Löslichkeit:
  nicht in Wasser löslich; mischbar mit organischen Lösungen;

Verbleib nach Gebrauch:
Verbrennung;

Bemerkung:
farblose Flüssigkeit;

1-Methyl-4-(1-methylethyl)-cis-cyclohexan

- **CAS-Nummer:**
  6069-98-3
- **gebräuchliche Namen:**
  1-Isopropyl-4-methylcyclohexan (cis);
- **Summenformel:**
  $C_{10}H_{20}$
- **Strukturformel:**

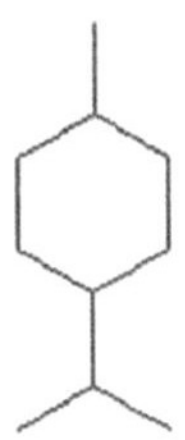

branchenspezifische Bemerkung zur Substanz:
Reaktionsprodukt von naphthenischen Ölen [Weichmacher];

Eigenschaften:

- **physikalisch/chemisch:**
  Schmelzpunkt: -89,9 °C
  Siedepunkt: 170,9°C; 168-169 (1013 hPa)
  Dampfdruck: 20-1013 hPa (55-171 °C); 1,6 hPa (12 °C)
  Dichte: 803,9 kg/m3 (20 °C)
  Molmasse: 140,26 g/mol

1-Methyl-4-(1-methylethyl)-1,4-cyclohexadien

- **CAS-Nummer:**
  99-85-4
- **gebräuchliche Namen:**
  p-Mentha-1,4-dien; 1-Isopropyl-4-methyl-1,4-cyclohexadien; gamma-Terpinen; 1-Isopropyl-4-methyl-1,4-cyclohexadien; 1,4-Cyclohexadien-1-isopropyl-4-methyl;

- **Summenformel:**
  $C_{10}H_{16}$
- **Strukturformel:**

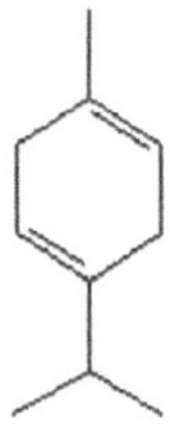

branchenspezifische Bemerkung zur Substanz:
Reaktionsprodukt von Poly-2-methyl-1,3-butadien (CAS-Nr. 9003-31-0);

Eigenschaften:
- **toxikologisch/ökotoxikologisch:**
  RTECS # OS 8070000
  R-Satz: 10-36/37/38
  S-Satz: 16-22-45
  Sonstiges:
  Reizwirkung in Augen und Magen-Darmtrakt;
  LD 50 (oral, Ratte): 3650 mg/kg [428];

  Gefahren-Symbol:

- **physikalisch/chemisch:**
  Schmelzpunkt: 46 °C;
  Siedepunkt: 182 °C; 72,5 °C (20 hPa)
  Flammpunkt: 51 °C;
  Brechungsindex: 1,4740 (20 °C); 1,4775 °C (20°);
  Dichte: 849 kg/m3; 837 kg/m3;
  Molmasse: 136,23 g/mol;

Verbleib nach Gebrauch:
Verbrennung;

2-Methyl-5-(1-methylethyl)hydroxybenzen

- **CAS-Nummer:**
  89-83-8
- **gebräuchliche Namen:**
  Thymol; 2-Isopropyl-5-methylphenol; p-Cymen-3-ol; Thymiankampfer; 5-Methyl-2-(1-methylethyl)phenol; 5-Methyl-2-isopropyl-1-phenol; 1-Methyl-3-hydroxy-4-isopropylbenzen; 3-p-Cymenol; 3-Hydroxy-p-cymen; m-Thymol;
- **Summenformel:**
  $C_{10}H_{14}O$

- **Strukturformel:**

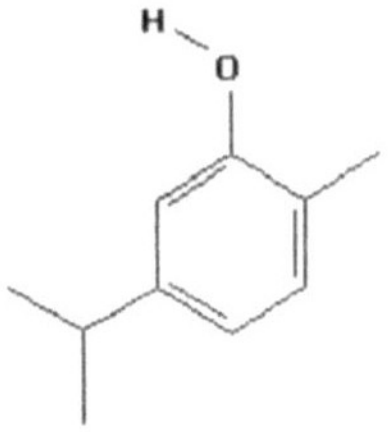

Funktion:
(1) Nitrosamin-Inhibitor;

branchenspezifische Bemerkung zur Substanz:
(2) Reaktionsprodukt von Alkylphenolen;

Eigenschaften:
- **toxikologisch/ökotoxikologisch:**
RTECS # XP 2275000
WGK: 2
R-Satz: 22-34
S-Satz: (1/2)-26-28-36/37/39
Sonstiges:
Kann schädigend wirken bei Einatmung, Verschlucken oder Aufnahme über Haut; verursacht Augen- und Hautreizungen; reizt Schleimhäute und Atemwege; kann Störungen des Nervensystems hervorrufen; abhängig von der Intensität und Dauer des Ausgesetztseins variieren die Folgen zwischen leichten Reizungen und schweren Gewebezerstörungen [187];
LD 50 (oral, Ratte): 980 mg/kg [187];
LC 50 (Fische): 10 mg/l [484];

Gefahren-Symbol:

- **physikalisch/chemisch:**
Schmelzpunkt: 51,5 °C; 49-51 °C
Siedepunkt: 233,5 °C
Flammpunkt: 102 °C
Dampfdruck: 1,3 hPa (64 °C) [484]
Log pOW: 3,3 [4]
Brechungsindex: 1,609 (20 °C)
Dichte: 969 kg/m3 (24 °C)
Molmasse: 150,220 g/mol

Löslichkeit:
Wasser 0,9 g/l (19 °C), 1,4 g/l (40 °C); Diethylether 3850 g/l (20 °C); Ethanol (91 %) 3570 g/l;

Verbleib nach Gebrauch:
Verbrennung nach Mischung mit brennbarem Lösemittel;

Bemerkung:
Weiße kristalline Masse; thymianähnlicher, aromatischer Geruch;
Der Stoff reagiert bei Kontakt oder Mischung mit starken Oxidationsmitteln und starken Basen; bei Brand oder Erhitzung bis zur Zersetzung bilden sich säurehaltige Dämpfe und Nebel [484];

1-Methyl-4-(1-methylethyl)-trans-cyclohexan

- **CAS-Nummer:**
  1678-82 6
- **gebräuchliche Namen:**
  1-Isopropyl-4-methylcyclohexan (trans);
- **Summenformel:**
  $C_{10}H_{20}$

- **Strukturformel:**

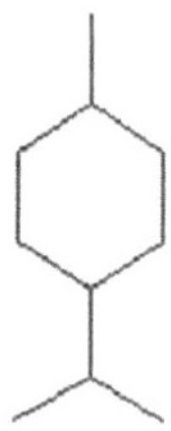

branchenspezifische Bemerkung zur Substanz:
Reaktionsprodukt von naphtenischen Ölen [Weichmacher];

Eigenschaften:

- **physikalisch/chemisch:**
  Siedepunkt: 170,6 °C; 168-169 °C (1013 hPa)
  Dampfdruck: 1,6 hPa (12 °C); 0,4 hPa (-5 °C); 0,67 hPa (2 °C)
  Dichte: 792,8 kg/m3 (20 °C)
  Molmasse: 140,26 g/mol

Methylnaphthalen

- **CAS-Nummer:**
  1321-94-4
- **gebräuchliche Namen:**
  Methylnaphthalin;
- **Summenformel:**
  $C_{11}H_{10}$

- **Strukturformel:**

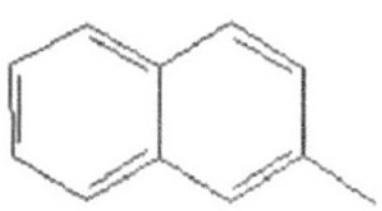

branchenspezifische Bemerkung zur Substanz:
Zersetzungsprodukt aus aromatischen Mineralöl und Weichmachern;

Eigenschaften:
- **toxikologisch/ökotoxikologisch:**
  Sonstiges:
  Reizend;

- **physikalisch/chemisch:**
  Dampfdruck: 0,071 hPa (25 °C für 1-Methylnaphtalen); 0,09 hPa (25 °C für 2-Methylnaphthalen)

Log pOW: 3,865
Molmasse: 142,21 g/mol
Löslichkeit:
in Wasser: 25,8 mg/l;

N-Methyl-N,4-dinitrosobenzenamin

- **CAS-Nummer:**
  99-80-9
- **gebräuchliche Namen:**
  N-Methyl-N,4-dinitrosoanilin; N-Methyl-N,p-dinitrosoanilin;
- **Handelsnamen:**
  Elastopar; Elastopax; Heat Pre; Nitrosan K;
- **Summenformel:**
  $C_7H_7N_3O_2$

- **Strukturformel:**

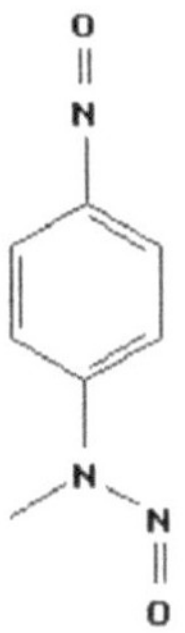

Funktion:
sonstige Chemikalien;

Eigenschaften:
- **toxikologisch/ökotoxikologisch:**
  Sonstiges:
  Tumorigen; Mutagen;

- **physikalisch/chemisch:**
  Molmasse: 165,17 g/mol

N-(2-Methyl-2-nitropropyl)-4-nitroso-benzenamin

- **CAS-Nummer:**
  24458-48-8
- **gebräuchliche Namen:**
  MNNA; N-(2-Methyl-2-nitropropyl)-4-nitrosoanilin; (2-Methyl-2-nitro-propyl)-(4-nitroso-phenyl)-amin;
- **Handelsnamen:**
  Nitrol;
- **Summenformel:**
  $C_{10}H_{13}N_3O_3$

- **Strukturformel:**

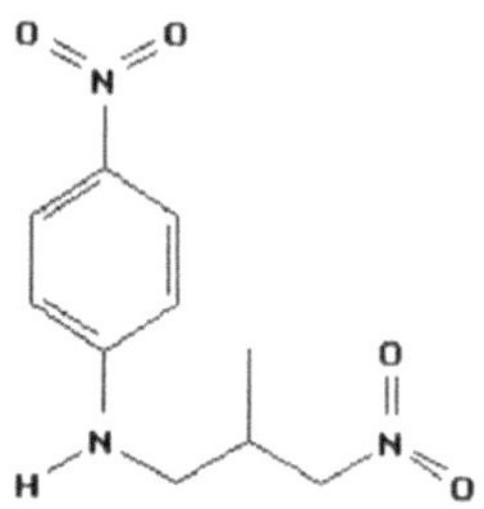

Funktion:
Vulkanisationsaktivator / Beschleunigeraktivator;

Eigenschaften:
- **toxikologisch/ökotoxikologisch:**
RTECS # NY 5760000
Sonstiges:
LD 50 (oral, Ratte): 2730 mg/kg [428];

- **physikalisch/chemisch:**
Molmasse: 223,23 g/mol

N-Methyl-N-nitrosoanilin

- **CAS-Nummer:**
614-00-6
- **gebräuchliche Namen:**
MNA; NMA; NMPA; N-Nitrosomethylphenylamin; N-Methyl-N-nitrosobenzenamin; Phenylmethylnitrosoamin; Nitrosomethylanilin;
- **Summenformel:**
$C_7H_8N_2O$

- **Strukturformel:**

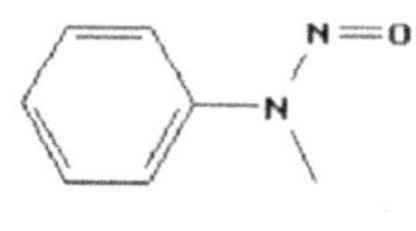

Funktion:
1) Vulkanisationsbeschleuniger, organisch;

branchenspezifische Bemerkung zur Substanz:
2) Reaktionsprodukt aus Vulkanisationsbeschleuniger, z. B. N,N'-Dimethyldiphenylthiuramdisulfid (MPTD) (CAS-Nr. 10591-84-1), Dimethyldiphenylthiuramdisulfid (CAS-Nr.: 10591-84-1);

Eigenschaften:
- **toxikologisch/ökotoxikologisch:**
RTECS # BY 5775000
Schweizer Giftliste: 1k
Sonstiges:
Krebserzeugend Gruppe III A2; Mutagen; beeinflußt Fortpflanzung;
LD 50 (oral, Ratte): 225 mg/kg [187], [428];
LD 50 (intraperitoneal, Ratte): 180 mg/kg [428];
TD Lo (oral, Ratte): 61 mg/kg/29w (kontinuierlich) [428];
TD Lo (subcutan, Ratte): 78 mg/kg/39w (intermittierend) [428];
TD Lo (oral, Maus): 2744 mg/kg/28w (kontinuierlich) [428];

LD 50 (oral, Hamster): 150 mg/kg [428];
TD Lo (oral, Hamster): 1960 mg/kg/50w (kontinuierlich) [428];

- **physikalisch/chemisch:**
  Schmelzpunkt: 12-14 °C; 14,7 °C
  Siedepunkt: 114 °C (12 hPa); 121 °C
  Brechungsindex: 1,5683 (22,7 °C); 1,240 (20 °C)
  Dichte: 1077,9 kg/m3 (75 °C); 1124,0 kg/m3 (20 °C)
  Molmasse: 136,15 g/mol

  Löslichkeit:
  löslich in Ethanol; Ether;

Bemerkung:
dunkle, grün-gelbe Flüssigkeit;

4-Methyl-N-[4-phenylamino-phenyl]-benzensulfonamid

- **CAS-Nummer:**
  100-93-6
- **gebräuchliche Namen:**
  4'-Anilino-p-toluolsulfonanilid; 4-(p-Toluolsulfonamido)diphenylamin; Toluol-4-sulfonsäure-(4-anilinoanilid);
- **Handelsnamen:**
  Aranox;
- **Summenformel:**
  $C_{19}H_{18}N_2O_2S$

- **Strukturformel:**

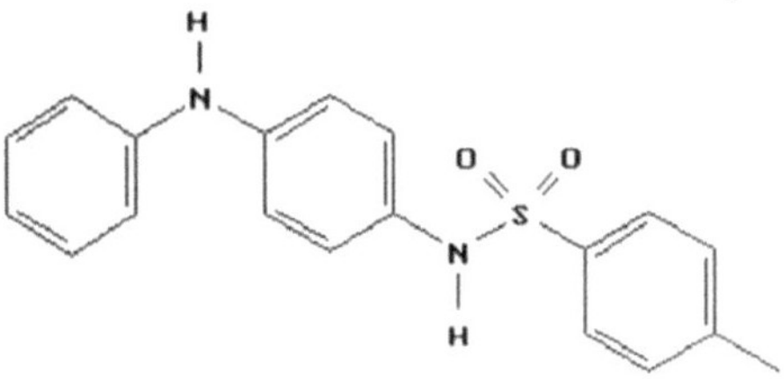

Funktion:
Ozonschutzmittel; Oxidationsschutzmittel;
Kautschukart:
Naturkautschuk; Styrol-Butadien-Kautschuk;
Anwendung:
Reifen, Schläuche; chirurgische und medizinische Artikel; Sportartikel; Spielsachen; technische Gummiartikel; Produkte für Industrie, inkl. Druckplattentücher; Klebstoffe; Dichtungen; Gummikleidung; Drahtisolation; Latex Tauchartikel; Latex Schaumartikel;

Eigenschaften:
- **physikalisch/chemisch:**
  Molmasse: 338,42 g/mol

4-Methyl-pentan-2-on

- **CAS-Nummer:**
  108-10-1
- **UN Nummer:**
  1245

- **gebräuchliche Namen:**
  MIBK; 4-Methyl-2-pentanon; iso-Propylaceton; Isopropylaceton; Methyl-iso-butylketon; Methylisobutylketon; Hexon; Isobutylmethylketon; iso-Butylmethylketon; 4-Methylpentanon-2; 2-Methylpentan-4-on; 4-Methyl-2-pentanon; 4-Methylpentan-2-on; Hexanon;
- **Handelsnamen:**
  Shell MIBK;
- **Summenformel:**
  $C_6H_{12}O$

- **Strukturformel:**

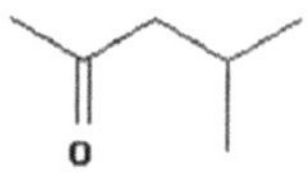

Funktion:
1) Lösemittel;

Anwendung:
1) Produkte für Industrie, inkl. Druckplattentücher; Klebstoffe; Dichtungen;

branchenspezifische Bemerkung zur Substanz:
Einsatzmenge: 48 t/a (TSE-Industrie, 1996);
2) Zersetzungsprodukt von N-(1Methylethyl)-N'-phenylbenzen-1,4-diamin (IPPD) (CAS-Nr. 101-72-4) und N-(1,3-Dimethylbutyl)N'-phenyl-1,4-benzendiamin (6PPD) (CAS-Nr. 793-24-8);

Eigenschaften:
- **toxikologisch/ökotoxikologisch:**
  RTECS # SA 9275000
  Schweizer Giftliste: 4
  WGK: 1
  MAK Wert: 400 mg/m3 bzw. 100 ml/m3
  R-Satz: 11
  S-Satz: (2)-9-16-23-33
  Sonstiges:
  Spitzenbegrenzung: II,2 [481]; IMK III;
  Dämpfe reizen Augen und Atemwege; Kontakt mit der Flüssigkeit verursacht leichte Reizung der Haut und Augen; betäubende Wirkung möglich; nach Verschlucken Entzündung des Magendarmkanals [163];
  200-400 ml/m3 für 5 min verursachten Reizung der Augen; 400 ml/m3 für 5 min Reizung der Atemwege [163];
  Hohe Konzentrationen können Müdigkeit und Schwindelgefühl verursachen. Längerer/wiederholter Hautkontakt kann zu Dermatitis führen. Reizwirkung ab 100-200 ml/m3 (Warneffekt).
  Verursacht Retadierung des Zentralnervensystems (Depression der CNS).
  Symptome: Kopfschmerzen, Schwindelgefühl, Übelkeit, Narkose, trockene Haut. [Sdb Shell];
  Geruchsschwelle: 0,5 ml/m3 [163];
  LD 50 (oral, Ratte): 2080 mg/kg [9], [187];
  LD/LC 50 (oral, Ratte): 2100 mg/kg [Sdb Shell];
  LC 50 (inhalativ, Ratte): 4000 ml/m3/4 h [9], 8000 ml/m3 [187];
  LD/LC 50 (inhalativ Ratte): 8,3-16,6 mg/l/4 h [Sdb Shell];
  LD 50 (intraperitoneal, Ratte): 400 mg/kg [428];
  LD 50 (Haut, Kaninchen): > 16000 mg/kg [9];
  LD 50 (oral, Maus): 2671 mg/kg [428];
  LD 50 (intraperitoneal, Maus): 268 mg/kg [428];

  Toxische Grenzkonzentration für Pseudomonas putida 275 mg/l, Scenedesmus quadricauda 725 mg/l [36];
  LC 50 (Daphnia magna): 4280 mg/l [6];
  LC 100 (Daphnia magna): 5000 mg/l [484];
  LC 50 (Goldfisch): 460 mg/l/24 Std. [484];
  LC 50 (Fisch, Goldorfe): 672/744 mg/l [484];
  LC 100 (Fisch, Goldorfe): 800/786 mg/l [484];

  [Sdb Shell]:
  LC 50 (Fisch): >100 mg/l/96 h

EC 50 (Wasserfloh): >100 mg/l/48 h;
IC 50 (Algen): >100 mg/l/8 d;
Biologisch leicht abbaubar;

Gefahren-Symbol:

- **physikalisch/chemisch:**
  Schmelzpunkt: -83,5 °C; -85 °C; -80 °C; -84,7 °C
  Siedepunkt: 118 °C; 114-117 °C; 117-118 °C; 116,8 °C (1013 haPa)
  Flammpunkt: 14 °C; 23 °C; 13 °C
  Dampfdruck: 21,5 hPa (20 °C) [163], 24 hPa (20 °C) [367]; 8 hPa (20 °C) [481]
  Brechungsindex: 1,39694 (17,5 °C); 1,3960 (20 °C)
  Dichte: 801 kg/m3 (20 °C); 797,8 kg/m3 (20 °C)
  Molmasse: 100,16 g/mol
  Verdunstungszahl: 1,6 (BuAc = 1) [9]; 1,8 (BuAc = 1) [105]; 7,5 (Diethylether = 1) [19]
  Löslichkeit:
  Wasser 20 g/l (20 °C); mischbar mit Ethanol, Diethylether, Benzen;

  Bemerkung zu physikalisch/chemischen Daten:
  T(krit.): 298 °C; P(krit.): 32719,9 hPa [428];

Verbleib nach Gebrauch:
Verbrennung, hochentzündliche Stoffe;

Bemerkung:
Farblose, angenehm riechende Flüssigkeit; leichtentzündlich;
Bildet im dampf-/gasförmigen Zustand mit Luft explosionsfähige Gemische;
Explosionsgrenzen:
1,4-7,5 Vol.-%; Zündtemp.: 454 °C [9];
1,7-9,0 Vol.-%; Zündtemp.: 460 °C [163];
1,3-8,0 Vol.-%; Zündtemp.: 460 °C [Sdb];
Greift viele Kunststoffe an und löst sie auf [484];
Reagiert bei Kontakt mit starken Oxidationsmitteln. Peroxidbildung möglich [Sdb];
Verwendung: technisches Lösemittel;

enthalten in: Parlock PM 05 (64 %);

N-(1-Methylpentyl)-N'-phenyl-1,4-benzendiamin

- **CAS-Nummer:**
  61792-45-8
- **gebräuchliche Namen:**
  N-(1-Methylpentyl)-N'-phenyl-p-phenylendiamin; N-(1-Methylpentyl)-N'-phenyl-1,4-benzoldiamin;
- **Summenformel:**
  $C_{18}H_{24}N_2$

- **Strukturformel:**

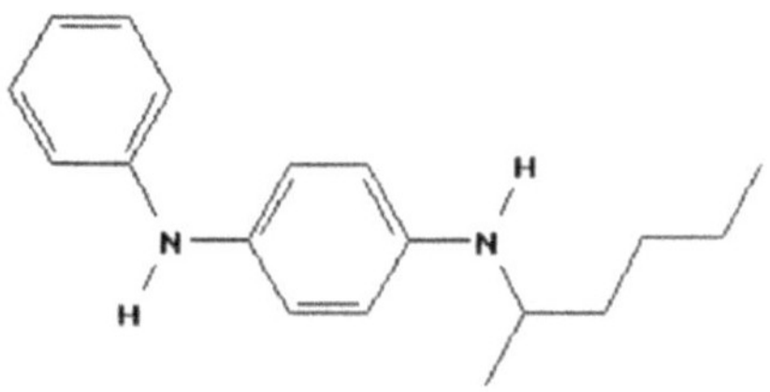

Funktion:
Oxidationsschutzmittel;

Eigenschaften:

- **physikalisch/chemisch:**
Molmasse: 268,40 g/mol

1-Methyl-1-phenylethylhydroperoxid

- **CAS-Nummer:**
80-15-9
- **UN Nummer:**
3109*
- **gebräuchliche Namen:**
alpha,alpha-Dimethylbenzylhydroperoxid; Cumolhydroperoxid; Isopropylbenzolhydroperoxid; Cumylhydroperoxid, Konzentration < 90%, mit Verdünnungsmittel Typ A;
- **Handelsnamen:**
Cumen Hydroperoxid (DOT);
- **Summenformel:**
$C_9H_{12}O_2$

- **Strukturformel:**

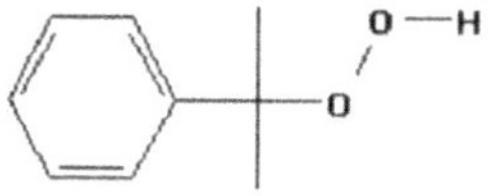

Funktion:
(1) Mastikationsmittel;

branchenspezifische Bemerkung zur Substanz:
(2) Reaktionsprodukt von Bis-[1-methyl-1-phenyl-ethyl]-peroxid (CAS-Nr. 80-43-3) [Vulkanisiermittel];

Eigenschaften:
- **toxikologisch/ökotoxikologisch:**
RTECS # MX 2450000
WGK: 2
R-Satz: 7-20/22-34
S-Satz: (1/2)-3/7-14-36/37/39-45-50
Sonstiges:
Einstufung und Kennzeichnung von Zubereitungen, in denen diese Substanz enthalten ist:
25%<=C ⇒ C; R20/22-34
10%<=C<25% ⇒ C; R34
5%<=C<10% ⇒ Xi; R36/37/38

vgl. Abschn. VI a;
Die Dämpfe reizen die Atemwege und u. U. die Lunge. Lungenödem denkbar. Vorsicht, dieses kann mit einer Verzögerung bis zu zwei Tagen auftreten. Nach Einatmen der Dämpfe ist eine ärztliche Untersuchung daher in jedem Fall erforderlich. Kontakt mit der Flüssigkeit reizt die Augen und die Haut. Die Flüssigkeit wird auch über die Haut aufgenommen. Der Stoff kann allergische Erscheinungen auslösen. Wirkungen durch Aufnahme des Stoffes in den Körper sind kaum zu befürchten. Falls sie auftreten, wären sie der Toluolwirkung ähnlich.
Symptome: Tränen der Augen, Brennen der Haut, Husten, Atemnot. Eventuell Schwäche, Zittern. [484];
Sehr starke Hautwirkung, Ätzmittel;
LD Lo (oral, Maus): 5000 mg/kg [187];
LD 50 (subcutan, Maus): 490 mg/kg [187];
LD 50 (Haut, Ratte): 500 mg/kg [187];

LC 50 (inhalativ, Ratte): 220 ppm/4h [39];
LD 50 (oral, Ratte): 382 mg/kg [187];
LD 50 (intraperitoneal, Ratte): 95 mg/kg [428];
Toxisch für Wasserorganismen:
LC 50 (Fisch, Goldorfe): 14 mg/l [484];
LC 100 (Fisch, Goldorfe): 25 mg/l [484];
LC 50 (Daphnia magna): 16 mg/l [484];
LC 100 (Daphnia magna): 30 mg/l [484];
toxische Grenzkonzentration für Pseudomonas putida >50 mg/l, Scenedesmus quadricauda 7,4 mg/l.
Nach Säurehydrolyse in Phenol und Propanon Giftwirkung auf Fische: Phenol tödlich bei 10 mg/l, Propanon Störungsschwelle für Forellen 2000 mg/l [484];

Gefahren-Symbol:

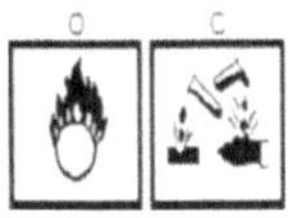

- **physikalisch/chemisch:**
  Schmelzpunkt: unter 30 °C
  Siedepunkt: 100-101 °C (10,66 hPa); 79,5 °C
  Flammpunkt: 56 °C; 74 °C**
  Dampfdruck: 4 hPa (20 °C) [484]
  Brechungsindex: 1,5210 (20 °C)
  Dichte: 1030 kg/m3
  Molmasse: 152,21 g/mol

  Löslichkeit:
  Wasser 0,1 g/l (20 °C) [484]; löslich in Ethanol, Propanon [428];

  Bemerkung zu physikalisch/chemischen Daten:
  **: explodiert bei Erhitzung; Wert für das technische Produkt 82-85 % in Cumol [484];

Verbleib nach Gebrauch:
Verbrennung;

Bemerkung:
Der Stoff reagiert heftig mit Mineralsäuren, Oxidationskatalysatoren, Reduktionsmitteln, Friedel-Crafts-Katalysatoren. Hierbei kann Explosionsgefahr entstehen.
*: In der UN-Liste klassifiziert unter organische Peroxide, Typ F, flüssig [484];

N-(4-Methylphenyl)formamid

- **CAS-Nummer:**
  3085-54-9
- **gebräuchliche Namen:**
  Methanal-p-toluidin; Formaldehyd-p-toluidin;
- **Summenformel:**
  C_8H_9NO

- **Strukturformel:**

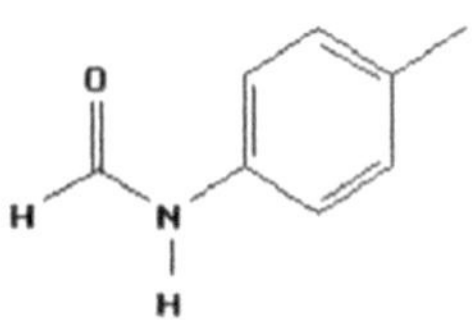

Funktion:
Vulkanisationsbeschleuniger, organisch;
Ermüdungsschutzmittel;

Eigenschaften:
- **physikalisch/chemisch:**
Schmelzpunkt: 53 °C
Molmasse: 135,17 g/mol

N-(2-Methylphenyl)-1,2-hydrazindicarboximidamid

- **CAS-Nummer:**
27550-75-0
- **gebräuchliche Namen:**
1-o-Toluolbiguanidin; o-Toluolbiguanidin;
- **Summenformel:**
$C_8H_{12}N_6$

- **Strukturformel:**

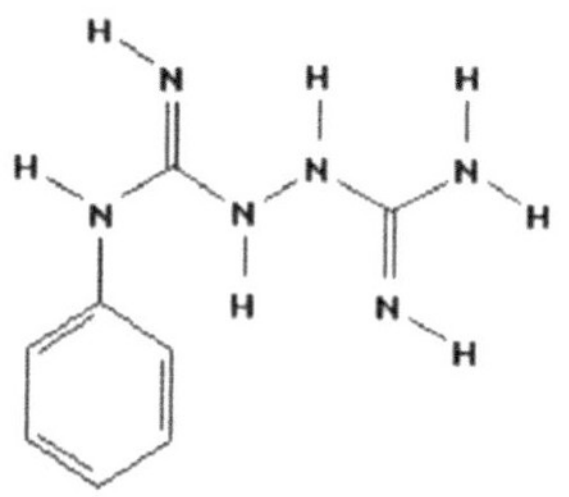

Funktion:
Vulkanisationsbeschleuniger, organisch;

branchenspezifische Bemerkung zur Substanz:
Einsatzmenge: 1,4 t/a (TSE-Industrie, 1996)

Eigenschaften:
- **physikalisch/chemisch:**
Molmasse: 192,22 g/mol

2-(4-Methylphenyl)-hydrazinsulfonsäure

- **CAS-Nummer:**
96475-34-2
- **gebräuchliche Namen:**
p-Toluolsulfohydrazid; p-Toluolsulfonsäurehydrazid;
- **Summenformel:**
$C_7H_{10}N_2O_3S$

- **Strukturformel:**

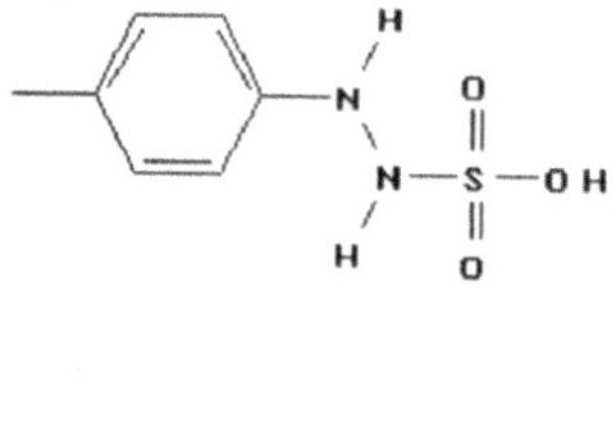

Funktion:
Treibmittel, organisch;

Eigenschaften:

- **physikalisch/chemisch:**
Molmasse: 202,23 g/mol

N-(2-Methylphenyl)-imidodicarbonimiddiamid

- **CAS-Nummer:**
93-69-6
- **gebräuchliche Namen:**
OTBG; o-Tolylbiguanid; o-Tolylbiguanidin;
- **Handelsnamen:**
Vulkacit 1000; Beschleuniger 80; Sopanox; Vulkazit 1000; Aliant; Eponoc B; Nocceler BG; Rhenogran OTBG-50;
- **Summenformel:**
$C_9H_{13}N_5$

- **Strukturformel:**

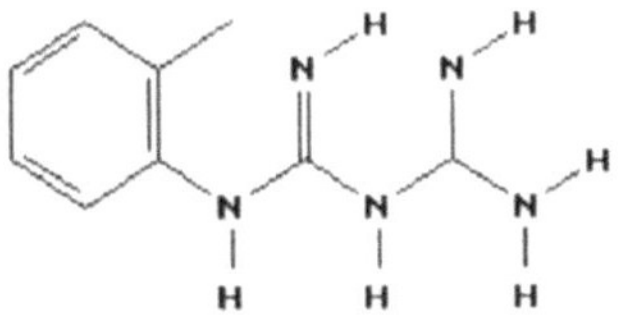

Funktion:
Vulkanisationsbeschleuniger, organisch;

branchenspezifische Bemerkung zur Substanz:
Einsatzmenge: 15 t/a (TSE-Industrie, 1996)

Eigenschaften:
- **toxikologisch/ökotoxikologisch:**
RTECS # DU 2800000
Sonstiges:
LD 50 (oral, Ratte): 800 mg/kg [428];

- **physikalisch/chemisch:**
Siedepunkt: 144 °C
Molmasse: 191,27 g/mol

N-(4-Methylphenyl)-N'-phenyl-1,4-benzendiamin

- **CAS-Nummer:**
24124-30-9
- **gebräuchliche Namen:**
PTPD; N-Phenyl-N'-tolyl-p-phenylendiamin; N-Phenyl-N'-p-tolyl-benzen-1,4-diamin;
- **Handelsnamen:**
3100;
- **Summenformel:**
$C_{19}H_{18}N_2$

- **Strukturformel:**

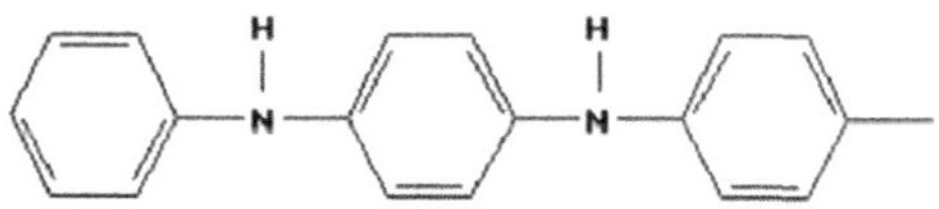

Funktion:
Ozonschutzmittel; Ermüdungsschutzmittel;

Eigenschaften:

- **physikalisch/chemisch:**
Molmasse: 274,36 g/mol

1-Methylpiperazin

- **CAS-Nummer:**
109-01-3
- **gebräuchliche Namen:**
N-Methylpiperazin;
- **Summenformel:**
$C_5H_{12}N_2$

- **Strukturformel:**

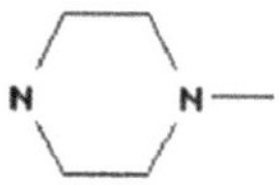

Funktion:
Vulkanisationsbeschleuniger, organisch;

Eigenschaften:
- **toxikologisch/ökotoxikologisch:**
RTECS # TM 1225000
Schweizer Giftliste: 4
WGK: 2
R-Satz: 10-23/24/25-34
S-Satz: 16-45-26-36/37/39
Sonstiges:
reizend;
Wirkcharakter: Systematische Wirkung mit Schock, Azidose, evtl. Nierenversagen, Leberschädigung;
LD 50 (oral, Ratte):2830 mg/kg [428], [39];
LD 50 (oral, Maus): 1450 mg/kg [428];
LC 50 (inhalativ, Maus): 2740 mg/m3/2h [428], [39];
LD 50 (intraperitoneal, Maus): 150 mg/kg [428], [39];
LD 50 (dermal; Kaninchen): 1490 mg/kg [428];

Gefahren-Symbol:

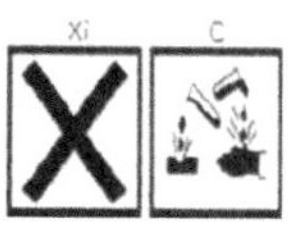

- **physikalisch/chemisch:**
Schmelzpunkt: -6 °C
Siedepunkt: 136-138 °C

Flammpunkt: 42 °C; 34 °C
Brechungsindex: 1,4655 (20 °C); 1,4378 (20 °C)
Dichte: 903 kg/m3
Molmasse: 100,16 g/mol

Löslichkeit:
sehr löslich in Wasser, Ethylether, Ethanol;

Verbleib nach Gebrauch:
Verbrennung;

Bemerkung:
Hygroskopisch;

2-Methylpropan

- **CAS-Nummer:**
  75-28-5
- **UN Nummer:**
  1969
- **gebräuchliche Namen:**
  iso-Butan; i-Butan; Isobutan; Trimethylmethan; Methylpropan;
- **Summenformel:**
  C_4H_{10}

- **Strukturformel:**

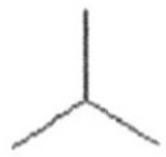

branchenspezifische Bemerkung zur Substanz:
Zersetzungsprodukt von 6PPD;

Eigenschaften:
- **toxikologisch/ökotoxikologisch:**
  RTECS # TZ 4300000
  Schweizer Giftliste: 5
  WGK: 0
  MAK Wert: 1000 ml/m3 bzw. 2350 mg/m3
  R-Satz: 13
  S-Satz: 9-16-33
  Sonstiges:
  Spitzenbegrenzung: IV [481]; Nicht mutagen [267];
  Wenig giftig; in hohen Konzentrationen betäubend; bei schneller Verdampfung verdrängt Gas insbesondere in Räumen Luft und wirkt erstickend; Kontakt mit Flüssigkeit führt zu Erfrierungen; Gefährdung der Augen [163]; Symptome: Schläfrigkeit, Muskelschwäche, Bewußtlosigkeit.
  Weißverfärbung erfrorener Körperstellen [484];
  50000 ml/m3 für 2 h erwiesen sich als verträglich [163];
  Geruchsschwelle: 5000 ml/m3 [163];
  Tödliche Konzentration im Tierversuch (Mäuse): 41 - 52 % in 2 -3 Minuten [268];
  LC 50 (inhalativ, Maus): 52 Vol.-%/2 h [269];
  LC Lo (inhalativ, Maus): 1041000 mg/m3/2 h [428];
  LC 50 (inhalativ, Ratte): 57000 mg/kg/15 Min. [428];

Gefahren-Symbol:

- **physikalisch/chemisch:**
  Schmelzpunkt: -159,42 °C; -138,3 °C
  Siedepunkt: -11,7 °C; -0,5 °C
  Flammpunkt: < -20 °C
  Dampfdruck: 21600 hPa (18,8 °C) [163]; 2047,32 hPa (21 °C) [187];
  Log pOW: 2,76 [4]
  Dichte: 557,2 kg/m3 (20 °C)
  Molmasse: 58,12 g/mol

  Löslichkeit:
  Wasser: 131 ml/l (17 °C); Ethanol 13,46 l/l (17 °C); Diethylether 28,38 l/l (18 °C); löslich in Trichlormethan;

Verbleib nach Gebrauch:
Verbrennen entzündlicher Gase, Neutralisation korrosiver Gase, Verbrennung und/oder chemische Reaktion giftiger, hochreaktiver Gase und Reizgase, Reinigung der Druckbehälter;

Bemerkung:
Farbloses, fast geruchloses Gas;
Bildet mit Luft im dampf-/gasförmigen Zustand explosionsfähige Gemische;
Explosionsgrenzen: 1,8 - 8,5 Vol-% ; Zündtemp.: 460 °C [163];
Gesundheitlich unbedenklich bei Einsatz in Kosmetika [78];
Verwendung: als Treibmittelersatz für FCKW-Treibgase in Kosmetika (z.B. in Haarsprays und Rasierschäumen);

2-Methyl-1-propen

- **CAS-Nummer:**
  115-11-7
- **UN Nummer:**
  1055
- **gebräuchliche Namen:**
  2-Methylpropen; Isobuten; Isobutylen; alpha-Butylen; asym.-Dimethylethylen; i-Butylen; gamma-Butylen;
- **Summenformel:**
  C_4H_8
- **Strukturformel:**

Funktion:
Monomer für die Herstellung von synthetischem Kautschuk;

Eigenschaften:
- **toxikologisch/ökotoxikologisch:**
  RTECS # UD 0890000
  Schweizer Giftliste: 4
  WGK: 0
  R-Satz: 13
  S-Satz: 9-16-33

Sonstiges:
Das Gas wirkt schwach betäubend; bei schnellem Freiwerden kann das Gas die Luft verdrängen (Erstickungsgefahr!); Kontakt mit der Flüssigkeit ruft Erfrierungen hervor [163];
LC 50 (inhalativ, Ratte): 620 g/m3/4h [187];
LC 50 (inhalativ, Maus): 415 g/m3/2h [428];

- **physikalisch/chemisch:**
  Schmelzpunkt: -140,4 °C
  Siedepunkt: -6,9 °C
  Flammpunkt: -80 °C
  Dampfdruck: 2560 hPa (20 °C) [163]
  Brechungsindex: 1,3926 (-25 °C)
  Dichte: 594,2 k/m3 (20 °C); 581,5 kg/m3 (30 °C)
  Molmasse: 56,12 g/mol

Löslichkeit:
löslich in Ethanol, Diethylether, Benzen, Schwefelsäure; praktisch unlöslich in Wasser (unter 0,05 g/l);

Bemerkung zu physikalisch/chemischen Daten:
kritische Temperatur: 144,7 °C

Verbleib nach Gebrauch:
Verbrennen entzündlicher Gase, Neutralisation korrosiver Gase, Verbrennung und/oder chemische Reaktion giftiger, hochreaktiver Gase und Reizgase, Reinigung der Druckbehälter;

Bemerkung:
Farbloses Gas oder bei Temperaturen unterhalb -6,9 °C farblose, leicht flüchtige Flüssigkeit, charakteristischer Geruch; brennbar;
Bildet im dampf-/gasförmigen Zustand mit Luft explosionsfähige Gemische;
Explosionsgrenzen: 1,8-9,6 Vol.-%; Zündtemperatur: 465 °C;
Bei Einwirkung von Luft können sich Peroxide bilden;
Substanz kann bei Kontakt mit anorganischen Säuren, organischen Säuren, sauerstoffreichem Material (starken Oxidationsmitteln), geschmolzenem Schwefel, Halogenverbindungen, Monomeren, polymerisationsfähigen Estern und Cyanohydrinen reagieren; Gefahr einer Polymerisation besteht jedoch nicht;
Verwendung: zur Herstellung von Diisobutylen und Polymeren; zur Herstellung von Antioxidationsmitteln für Nahrungsmittel, Verpackungen und Kunststoffe;

2-Methylpropen-1-säure-3-butylester

- **CAS-Nummer:**
  97-88-1
- **UN Nummer:**
  2227
- **gebräuchliche Namen:**
  2-Methylpropensäurebutylester; 2-Methacrylsäurebutylester; Methakrylsäurebutylester; Butylmethakrylat; Butylmethacrylat; 1-Butylmethacrylat; n-Butylmethacrylat; Butyl-2-methyl-acrylat; 2-Methyl-butylacrylat; Butylmethacrylat; Butyl-2-methyl-2-propenoat; 2-Methyl-2-propensäurebutylester; normal-Butylmethacrylat, stabilisiert; Methacrylsäurebutylester;
- **Handelsnamen:**
  Acryloit F-10; Acryloit F-10T; Elvacite 2044; Elvacite 2045; Elvacite 2046; NeoCryl;
- **Summenformel:**
  $C_8H_{14}O_2$

- **Strukturformel:**

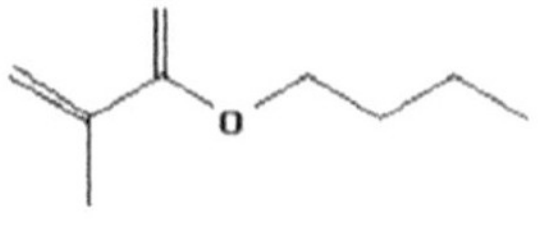

Funktion:
Coagentien für schwefelfreie Vernetzungsmittel;

Eigenschaften:
- **toxikologisch/ökotoxikologisch:**
RTECS # OZ 3675000
WGK: 1
R-Satz: 10-36/37/38-43
S-Satz: (2)
Sonstiges:
Tränenreizend; hautreizend;
Dämpfe reizen Augen, Atemwege sowie Haut und werden leicht durch die Augen-, Nasen- und Rachenschleimhäute, Haut sowie Lungen aufgenommen;
Lungenödem (kann mit einer Verzögerung bis zu 2 Tagen auftreten), auch Glottisödem möglich; kann allergische Hauterscheinungen auslösen [163];
In stehenden Gewässern sehr hohe, in fließenden Gewässern je nach Vermischung mittlere bis hohe toxische Wirkung; [484]
LD 50 (oral, Ratte): 22600 mg/kg [187], 16 g/kg [428];
LD 50 (intraperitoneal, Ratte): 2304 mg/kg [428];
LC 50 (inhalativ, Ratte): 4910 ppm/4h [428], [187];
TD Lo (intrperitoneal, Ratte (trächtig)): 2304 mg/kg/5-15D, 690 mg/kg/5-15D [428];
LD 50 (oral, Maus): 12900 mg/kg [428];
LD 50 (intraperitoneal, Maus): 1490 mg/kg [428];
LD 50 (oral, Kaninchen): 25 g/kg [428];
LD 50 (Haut, Kaninchen): 11300 µl/kg [428];

Gefahren-Symbol:

- **physikalisch/chemisch:**
Schmelzpunkt: -75 °C
Siedepunkt: 160 °C; 163 °C; 198 °C;
Flammpunkt: 54 °C; 41 °C
Dampfdruck: 2,7 hPa (20 °C) [163], [484];
Brechungsindex: 1,4240 (20 °C)
Dichte: 893,6 kg/m3 (20 °C)
Molmasse: 142,19 g/mol

Löslichkeit:
sehr geringfügig mischbar mit Wasser (3 g/l bei 20 °C) [484]; leicht löslich in Ethanol, Diethylether;

Verbleib nach Gebrauch:
Verbrennung;

Bemerkung:
Klare, farblose esterartig riechende Flüssigkeit;
Bildet im dampf-/gasförmigen Zustand mit Luft explosionsfähige Gemische;
Explosionsgrenzen: 2,0-8,0 Vol.-%; Zündtemp.: 290 °C [163]; [484];
Polymerisation kann ausgelöst werden durch Verunreinigung mit Peroxiden, Azoverbindungen, Schwermetall-Ionen, tert.-Aminen, Schwefel-Verbindungen; Wärmeeinwirkung oder Lichteinstrahlung löst ebenfalls Polymerisation aus; Luftsauerstoffsättigung im Monomeren ist für Stabilität notwendig;
Lagertemperatur nicht über 30 °C; n-Butylmethacrylat wird normalerweise stabilisiert geliefert; es kann jedoch nach wesentlicher Überschreitung der zulässigen Lagerzeit und/oder Lagertemperatur unter Wärmeentwicklung polymerisieren [484];

2-Methyl-2-propensäure-oxydi-2,1-ethandiylester

- **CAS-Nummer:**
  2358-84-1
- **gebräuchliche Namen:**
  DEDMA; 2-Oxyethylen-alpha-w-dimethacrylat; Bis-[2-methacryloyloxy-ethyl]-ether; 2-Methyl-acrylsäure-2-[2-(2-methyl-acryloyloxy)-ethoxy]-ethylester; Diethylenglykol-dimethacrylat; Bis(methacrylat)poly-(ethylenglycol);
- **Handelsnamen:**
  TGM-2;
- **Summenformel:**
  $C_{12}H_{18}O_5$

- **Strukturformel:**

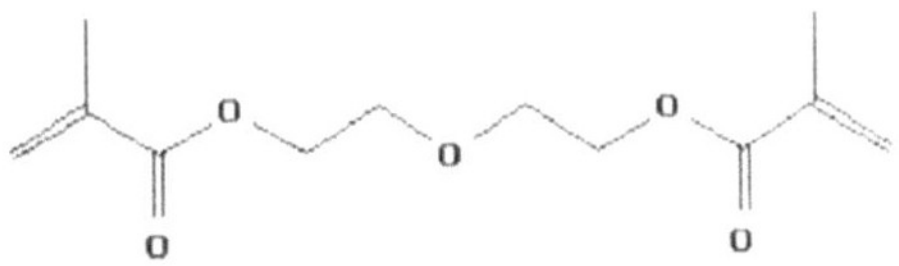

Funktion:
Coagentien für schwefelfreie Vernetzungsmittel;
Kautschukart:
Ethylen-Propylen-Copolymer; Ethylen-Propylen-Terpolymer;

Eigenschaften:
- **toxikologisch/ökotoxikologisch:**
  R-Satz: 36/37/38
  S-Satz: 26-28

- **physikalisch/chemisch:**
  Siedepunkt: 120-125 °C (2,7 hPa); 134 °C (2,66 hPa)
  Flammpunkt: >110 °C
  Brechungsindex: 1,4550 (25 °C); 1,4580 (20 °C)
  Dichte: 1082 kg/m3
  Molmasse: 242,27 g/mol

2-Methyl-2-propensäure-(3-trimethoxysilylpropyl)-ester

- **CAS-Nummer:**
  2530-85-0
- **gebräuchliche Namen:**
  3-(Trimethoxysilyl)-propylmethacrylat; Methacrylsäure-(3-trimethoxysilylpropyl)-ester; [3-(Methacryloyloxy)-propyl]-trimethoxysilan; gamma-Methacryloxipropyl-trimethoxysilan;
- **Handelsnamen:**
  Silicon A-174; UCARA-174; Dynasylan MEMD; KBM 503; KH 570; Mops M; Nuca 174; Union Carbide A-174;
- **Summenformel:**
  $C_{10}H_{20}O_5Si$

- **Strukturformel:**

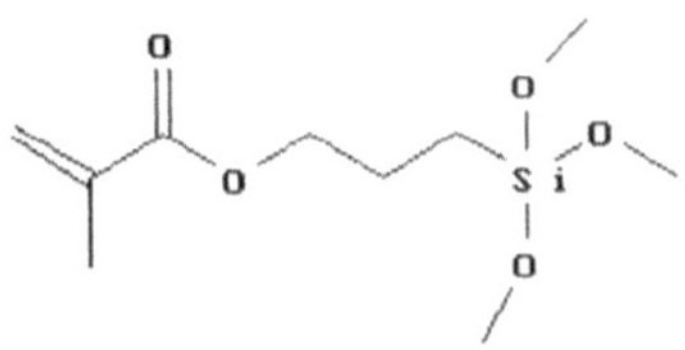

Funktion:
Haftvermittler;

Eigenschaften:
- **toxikologisch/ökotoxikologisch:**
RTECS # UC 0230000
WGK: 1
R-Satz: 36/37/38
S-Satz: 26-28
Sonstiges:
Kann schädigend wirken bei Einatmung, Verschlucken oder Aufnahme über Haut; Dämpfe reizen Augen, Schleimhäute und Atemwege; verursacht Hautreizungen [187];
LD 50 (oral, Ratte): 22,7 ml/kg [428];
LD Lo (intravenös, Ratte): 226 mg/kg [428];

Gefahren-Symbol:

- **physikalisch/chemisch:**
Siedepunkt: 190 °C
Flammpunkt: 92 °C
Brechungsindex: 1,4313 (20 °C)
Dichte: 1045 kg/m3 (20 °C)
Molmasse: 248,35 g/mol

Verbleib nach Gebrauch:
Verbrennung;

Bemerkung:
Farblose Flüssigkeit;
Unverträglich mit starken Oxidationsmitteln, starken Säuren, starken Basen; feuchtigkeitsempfindlich;

2-Methyl-2-propensäure, Zinksalz

- **CAS-Nummer:**
13189-00-9
- **gebräuchliche Namen:**
Zink-methacrylat; Methacrylsäure, Zinksalz;
- **Summenformel:**
$C_8H_{10}O_4Zn$

- **Strukturformel:**

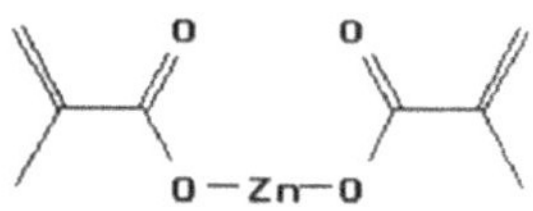

Funktion:
Coagentien für schwefelfreie Vernetzungsmittel;

branchenspezifische Bemerkung zur Substanz:
Einsatzmenge: 3,1 t/a (TSE-Industrie, 1996)

N-(1-Methylpropyl)-benzenamin

- **CAS-Nummer:**
  6068-69-5
- **gebräuchliche Namen:**
  N-sec.-Butylanilin;
- **Summenformel:**
  $C_{10}H_{15}N$

- **Strukturformel:**

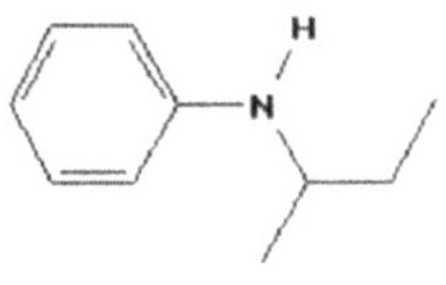

branchenspezifische Bemerkung zur Substanz:
Zersetzungsprodukt von Di-sek.-butyl-PPD;

1-Methylpropylethanoat

- **CAS-Nummer:**
  105-46-4
- **UN Nummer:**
  1123
- **gebräuchliche Namen:**
  sek.-Butylacetat; sec.-Butylacetat; DL-Ethansäure-sec.-butylester; Essigsäure-sec.-butylester; 2-Butylacetat; 2-Butanolacetat; DL-Ethansäure-sek.-butylester;
- **Summenformel:**
  $C_6H_{12}O_2$

- **Strukturformel:**

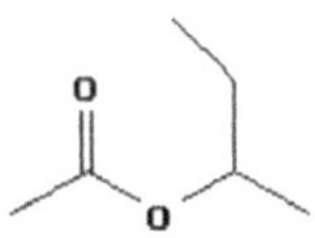

Funktion:
Lösemittel

Eigenschaften:
- **toxikologisch/ökotoxikologisch:**
  RTECS # AF 7380000
  Schweizer Giftliste: 4
  WGK: 1
  MAK Wert: 200 ml/m3 bzw. 950 mg/m3
  R-Satz: 11
  S-Satz: (2)-16-23-29-33
  Sonstiges:
  Spitzenbegrenzung: I [481]; IMK: III;
  Einatmen der Dämpfe verursacht Reizung der Atemwege; Kontakt mit der Flüssigkeit führt zu Reizungen der Augen und Haut [163];
  200 - 300 ml/m3 riefen nach kurzer Einwirkungsdauer eine Reizung der Nasen- und Rachenschleimhäute und der Augen hervor [163];
  Geruchsschwelle: 10 ml/m3 [163];
  Toxische Grenzkonzentration für Pseudomonas putida 115 mg/l, Scenedesmus quadricauda 21 mg/l (als n-Butylacetat) [36];

LC 50 (Fisch; Goldorfe): 141/71 mg/l [33];

Gefahren-Symbol:

- **physikalisch/chemisch:**
  Schmelzpunkt: - 99 °C
  Siedepunkt: 112 °C
  Flammpunkt: 19 °C
  Dampfdruck: 25 hPa (20 °C) [163]
  Brechungsindex: 1,389 (20 °C)
  Dichte: 872 kg/m3 (20 °C)
  Molmasse: 116,16 g/mol
  Verdunstungszahl: 1,86 (BuAc = 1) [9]

  Löslichkeit:
  Wasser 7,4 g/l (20 °C);

Verbleib nach Gebrauch:
Verbrennung, hochentzündliche Stoffe;

Bemerkung:
Farblose, angenehm riechende Flüssigkeit; brennbar;
Bildet im dampf-/gasförmigen Zustand mit Luft explosionsfähige Gemische;
Explosionsgrenzen: 1,7 - 7,6 Vol.% ; Zündtemp.: 421 °C [9];
Greift viele Kunststoffe an und löst sie auf; Gummi kann bei längerer Einwirkung angegriffen werden;
Stoff kann sich bei Kontakt mit starken Basen plötzlich und schnell aufheizen;
Verwendung: technisches Lösemittel;

2-Methylpropyl-[1-methyl-1-phenyl-ethyl]-peroxid

- **CAS-Nummer:**
  3457-61-2
- **UN Nummer:**
  2091
- **gebräuchliche Namen:**
  tert.-Butyl-cumenyl-peroxid; tert.-Butyl-cumyl-peroxid; tert.-Butyl-[1-methyl-1-phenyl-ethyl]-peroxid; 1,1 Dimehtylethyl-1-methyl-1-phenylethylperoxid; 1,1-Dimethylethylcumenylperoxid;
- **Handelsnamen:**
  BCUP; Luperox 801;
- **Summenformel:**
  $C_{13}H_{20}O_2$

- **Strukturformel:**

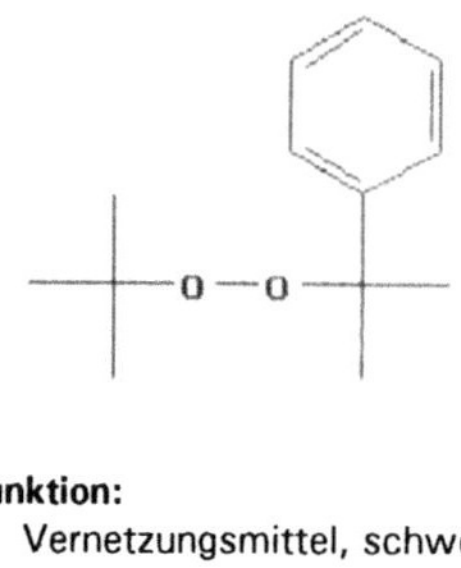

Funktion:
Vernetzungsmittel, schwefelfrei;

Eigenschaften:
- **toxikologisch/ökotoxikologisch:**
  RTECS # SO 8247000
  R-Satz: 7-38
  S-Satz: (2)-3/7-14-36/37/39
  Sonstiges:
  zu BCUP [Sdb Peroxid]:
  stark hautreizend; WGK: 2; LD 50 (oral, Ratte): 4900 mg/kg; LC 50 (inhalativ, Ratte): 152 mg/l;

  Gefahren-Symbol:

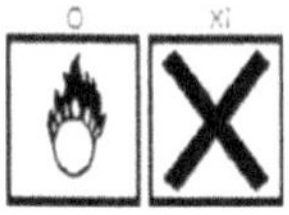

- **physikalisch/chemisch:**
  Molmasse: 208,30 g/mol

  Bemerkung zu physikalisch/chemischen Daten:
  zu BCUP [Sdb Peroxid]:
  Schmelzpunkt: >15 °C; Flammpunkt: 55 °C; Dampfdruck: 5000 hPa (50 °C), 27000 hPa (110 °C); Dichte 960 kg/m3; Brechungsindex: 1,4719 (20 °C); unlöslich in Wasser;

Bemerkung:
zu BCUP [Sdb Peroxid]:
gelbliche Flüssigkeit, leicht aromatischer Geruch;
Zersetzung ab 90 °C; Durch Zersetzung entstehen entflammbare Dämpfe;

N-(1-Methylpropyl)-N'-phenylbenzen-1,4-diamin

- **CAS-Nummer:**
  788-17-0
- **gebräuchliche Namen:**
  N-(1-Methylpropyl)-N'-phenyl-p-phenylendiamin;
  N-sek.-Butyl-N'-phenylbenzen-1,4-diamin; N-(1-Methylpropyl)-N'-phenyl-1,4-benzoldiamin;
  N-sec.-Butyl-N'-phenyl-p-phenylendiamin;
- **Handelsnamen:**
  Flexzone 5 L;
- **Summenformel:**
  $C_{16}H_{20}N_2$

- **Strukturformel:**

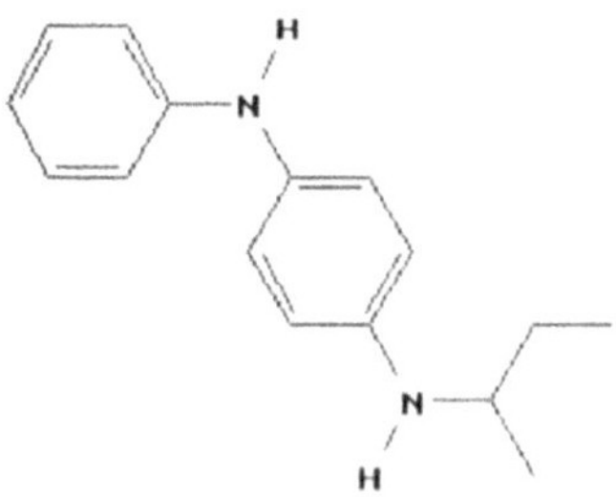

Funktion:
Ozonschutzmittel; Ermüdungsschutzmittel; Oxidationsschutzmittel;

Eigenschaften:
- **physikalisch/chemisch:**
  Schmelzpunkt: 49-50 °C
  Siedepunkt: 190-193 °C (2,66 hPa)
  Molmasse: 240,35 g/mol

Methylstyrol-Acrylat-Copolymer

- **CAS-Nummer:**
  118922-88-6
- **Handelsnamen:**
  Plioway EC 1;

Funktion:
  Silikon-Kautschuk;

Methylstyrol-Acrylat-Copolymer (unvernetzt)

- **CAS-Nummer:**
  118922-87-5
- **Handelsnamen:**
  Plioway EC-T;

Funktion:
  Polymer;

alpha-Methylstyrolharz

- **CAS-Nummer:**
  9011-11-4

Funktion:
  Klebrigmacher;
Anwendung:
  Reifen;

2-Methylsulfinylbenzothiazol

- **CAS-Nummer:**
  3507-54-8
- **gebräuchliche Namen:**
  MeSOBT;
- **Summenformel:**
  $C_8H_7NOS_2$
- **Strukturformel:**

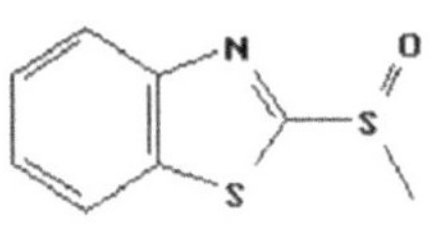

branchenspezifische Bemerkung zur Substanz:
  Zersetzungsprodukt von Sulfenamiden;

Eigenschaften:
- **toxikologisch/ökotoxikologisch:**
  Sonstiges:
  Besitzt eine unspezifische, narkotische Wirkung auf die Bakterien [448];
  EC 50 (Leuchtbakterientest): 34 µmol/l [448];
  EC 10 (Leuchtbakterientest): 2 µmol/l [448];

- **physikalisch/chemisch:**
  Schmelzpunkt: 64-65 °C; 66-68 °C
  Molmasse: 197,27 g/mol

Verbleib nach Gebrauch:
Vorkommen in der Umwelt: Flußwasser: bis zu 41 µg/l [448]:

2-Methylsulfonylbenzothiazol

- **CAS-Nummer:**
  7144-49-2
- **Summenformel:**
  $C_8H_7NO_2S_2$

- **Strukturformel:**

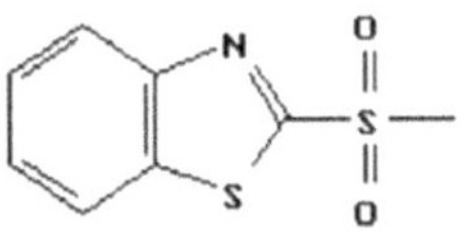

branchenspezifische Bemerkung zur Substanz:
Zersetzungsprodukt von Sulfenamiden;

Eigenschaften:

- **physikalisch/chemisch:**
  Schmelzpunkt: 90 °C; 92-93 °C
  Molmasse: 213,27 g/mol

2-Methyl-1,4,5,6-tetrahydropyrimidin

- **CAS-Nummer:**
  4271-95-8
- **Summenformel:**
  $C_5H_{10}N_2$

Funktion:
Vulkanisationsbeschleuniger, organisch;
Kautschukart:
Chloropren-Kautschuk;

Eigenschaften:
- **physikalisch/chemisch:**
  Schmelzpunkt: 72-74 °C
  Siedepunkt: 120-126 °C (16 hPa)

Brechungsindex: 1,502
Molmasse: 98,15 g/mol

1-Methyltetrahydro-1,3,5-triazinthion-4

- **CAS-Nummer:**
  6746-27-6
- **gebräuchliche Namen:**
  5-Methyl-tetrahydro-1,3,5-triazin-2-thion; 5-Methyl-[1,3,5]-triazin-2-thion;
- **Summenformel:**
  $C_4H_9N_3S$

- **Strukturformel:**

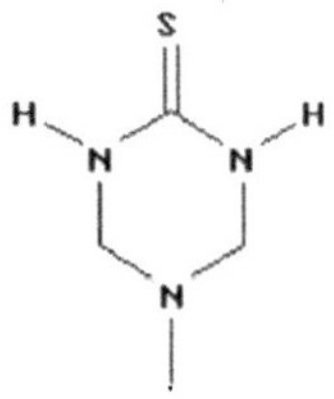

Funktion:
Vulkanisationsbeschleuniger, organisch;

Eigenschaften:
- **toxikologisch/ökotoxikologisch:**
  RTECS # KZ 1054750

- **physikalisch/chemisch:**
  Molmasse: 131,22 g/mol

3-Methyl-thiazolidin-2-on

- **CAS-Nummer:**
  3012-82-6
- **Summenformel:**
  C_4H_7NOS

- **Strukturformel:**

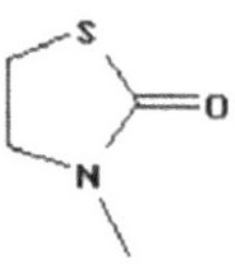

branchenspezifische Bemerkung zur Substanz:
Zersetzungsprodukt von CR;

Eigenschaften:

- **physikalisch/chemisch:**
  Molmasse: 117,17 g/mol

3-Methylthiazolidin-thion-2

- **CAS-Nummer:**
  1908-87-8
- **gebräuchliche Namen:**
  CRV; 3-Methyl-2-thiazolidinthion; 3-Methyl-thiazolidin-thion-2;
- **Handelsnamen:**
  Rhenogran MTT-80; Vulkazit CRV;
- **Summenformel:**
  $C_4H_7NS_2$

- **Strukturformel:**

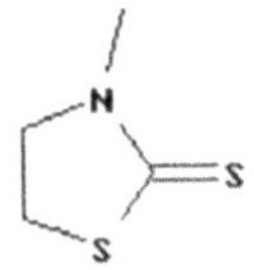

Funktion:
Vulkanisationsbeschleuniger, organisch;
Kautschukart:
Neopren; Polychloropren;

branchenspezifische Bemerkung zur Substanz:
Einsatzmenge: 0,3 t/a (TSE-Industrie, 1996)

Eigenschaften:
- **physikalisch/chemisch:**
  Molmasse: 133,23 g/mol

2-Methylthiobenzothiazol

- **CAS-Nummer:**
  615-22-5
- **gebräuchliche Namen:**
  MeSBT; 2-Mercaptobenzothiazol-S-methylether; 2-Methylsulfanyl-benzothiazol;
- **Summenformel:**
  $C_8H_7NS_2$

- **Strukturformel:**

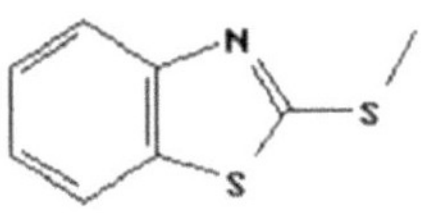

branchenspezifische Bemerkung zur Substanz:
Zersetzungsprodukt von Sulfenamiden;

Eigenschaften:
- **toxikologisch/ökotoxikologisch:**
  R-Satz: 36/37/38
  S-Satz: 26-37/39
  Sonstiges:
  Besitzt eine unspezifische, narkotische Wirkung auf die Bakterien [448];

EC 50 (Leuchtbakterientest): 0,9 μmol/l [448];
EC 10 (Leuchtbakterientest): 0,01 μmol/l (=1,8 μg/l) [448];
Das Vorkommen von MeSBT in Wasser kann also durchaus schon toxische Wirkungen auf aquatische Organismen haben [448];

- **physikalisch/chemisch:**
  Schmelzpunkt: 43-46 °C; 47-49 °C; 52 °C
  Siedepunkt: 116 °C (0,67 hPa); 140-144 °C (8 hPa)*
  Flammpunkt: >110 °C
  Log pOW: 3,10 [448]
  Molmasse: 181,28 g/mol

  Löslichkeit:
  Wasser: 125 mg/l [448];

  Bemerkung zu physikalisch/chemischen Daten:
  *: 165-166 °C (19,99 hP); 177 °C (29,32 hPa);

Verbleib nach Gebrauch:
Vorkommen in der Umwelt [448]:

		μg/l	
Flußwasser	bis zu	45	
Grundwasser	bis zu	0,49	
Abwasser			
-chemische Fabrik		10-50	
-Papierfabrik			10-40
-unspezifiziert	bis zu	0,38	

Methyltrimethoxysilan

- **CAS-Nummer:**
  1185-55-3
- **UN Nummer:**
  1993
- **gebräuchliche Namen:**
  Trimethoxymethylsilan;
- **Handelsnamen:**
  Silane A-163; Union-Carbide A-163;
- **Summenformel:**
  $C_4H_{12}O_3Si$

- **Strukturformel:**

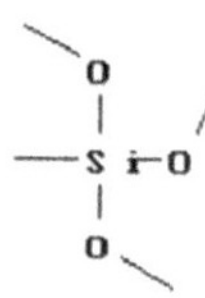

Funktion:
Haftvermittler;

Eigenschaften:
- **toxikologisch/ökotoxikologisch:**
  RTECS # VV 4650000
  WGK: 1
  R-Satz: 11
  S-Satz: 3/7-16-29-33

Sonstiges:
LD 50 (oral, Ratte): 12500 mg/kg [187];
LD (Haut, Hase): >10 mg/kg [428];

Gefahren-Symbol:

- physikalisch/chemisch:
Siedepunkt: 102 °C
Flammpunkt: 11 °C
Brechungsindex: 1,3703 (20 °C)
Dichte: 955 kg/m3
Molmasse: 136,22

Verbleib nach Gebrauch:
Verbrennung, hochentzündliche Stoffe;

Bemerkung:
Farblose Flüssigkeit; feuchtigkeitsempfindlich;

Mikrowachs

- CAS-Nummer:
63231-60-7
- gebräuchliche Namen:
mikrokristallines Paraffin und Hydrocarbonwachs;
- Handelsnamen:
Vanfre M;

Funktion:
Weichmacher, synthetisch;
Kautschukart:
Naturkautschuk; synthetischer Kautschuk;

branchenspezifische Bemerkung zur Substanz:
Einsatzmenge: 3,4 t/a (TSE-Industrie, 1996)

Eigenschaften:
- toxikologisch/ökotoxikologisch:
WGK: 0

- physikalisch/chemisch:
Dichte: 870 ± 30 kg/m3

Mineralöl, hochraffiniert

- CAS-Nummer:
64742-52-5
- gebräuchliche Namen:
Harthydrierte, naphthenische Mineralöle;
- Handelsnamen:
Nytex 340; Nytex 341; Nytex 345; Nytex 810; Nytex 820; Nytex 831;

Funktion:
Weichmacher aus Naturprodukten;

branchenspezifische Bemerkung zur Substanz:
Einsatzmenge: 1.240 t/a (Reifenindustrie und TSE-Industrie) (1996)

Eigenschaften:
- **toxikologisch/ökotoxikologisch:**
R-Satz: 45
S-Satz: 53-45
Sonstiges:
Mutagen; Tumorigen;
LD (oral, Ratte): >5 g/kg [428];
LD (Haut, Kaninchen): >5 g/kg [428];

Gefahren-Symbol:

T

Mineralöl, Petroleumextrakte, leichte naphthenische Destillatlösung

- **CAS-Nummer:**
64742-03-6
- **gebräuchliche Namen:**
Aromatenextrakt aus Erdöldestillation;

Funktion:
Weichmacher aus Naturprodukten;

Eigenschaften:
- **toxikologisch/ökotoxikologisch:**
RTECS # PY 8043000
R-Satz: 45
S-Satz: 53-45
Sonstiges:
Carc. Cat [505] II;
krebserzeugend; Wirkcharakter: Erregtheit, Benommenheit, Krämpfe, Koma, Kammerflimmern; nach Latenzzeit Nerven- und Leberschäden [39];

Gefahren-Symbol:

T

Mineralöl, Petroleumextrakte, schwere paraffinische Destillatlösung

- **CAS-Nummer:**
64742-04-7
- **gebräuchliche Namen:**
Aromatenextrakt aus Erdöldestillation; Mineralölweichmacher, aromatisch; aromatischer Mineralölweichmacher;

Funktion:
Weichmacher aus Naturprodukten;

branchenspezifische Bemerkung zur Substanz:
Einsatzmenge: 25.730 t/a (Reifenindustrie: 20.090 t/a, TSE-Industrie: 5.640 t/a) (1996)
(vergleiche hierzu CAS Nr. 64742-11-6, eine Trennung der Mengen konnte nicht vorgenommen werden!)

Eigenschaften:
- toxikologisch/ökotoxikologisch:
RTECS # PY 8042500
R-Satz: 45
S-Satz: 53-45
Sonstiges:
Carc. Cat. 2 [505];
Gefahren-Symbol:

T

Mineralöl, Petroleumextrakt, leichte paraffinische Destillatlösung

- CAS-Nummer:
64742-05-8
- gebräuchliche Namen:
Aromatenextrakt aus Erdöldestillation;

Funktion:
Weichmacher aus Naturprodukten;

Eigenschaften:
- toxikologisch/ökotoxikologisch:
RTECS # PY 8043500
R-Satz: 45
S-Satz: 53-45
Sonstiges:
Carc. Cat. 2 [505];
LD (oral, Ratte): >5000 mg/kg [428];
LD (Haut, Kaninchen): >3000 mg/kg [428];

Gefahren-Symbol:

T

Mineralöl, Petroleumextrakt, schwere naphthenische Destillatlösung

- CAS-Nummer:
64742-11-6
- gebräuchliche Namen:
Aromatenextrakt aus Erdöldestillation; Mineralölweichmacher, aromatisch; aromatischer Mineralölweichmacher;
- Handelsnamen:
BP Enerdex 65; Dutrex 729; Enerflex 84; Strudex; Sundex 795;

Funktion:
Weichmacher aus Naturprodukten;

branchenspezifische Bemerkung zur Substanz:
Einsatzmenge: 25.730 t/a (Reifenindustrie: 20.090 t/a, TSE-Industrie: 5.640 t/a) (1996)
(vergleiche hierzu CAS Nr. 64742-04-7, eine Trennung der Mengen konnte nicht vorgenommen werden!)

Eigenschaften:
- toxikologisch/ökotoxikologisch:
RTECS # PY 8042000
R-Satz: 45
S-Satz: 53-45
Sonstiges:
Carc. Cat. 2 [505];
TC Lo (inhalativ, Ratte): 660 mg/m3/6 h [428];
TC Lo (inhalativ, Ratte (trächtig)): 660 mg/m3/12-16 D [428];
Gefahren-Symbol:

T

Molekularsieb 4A

- CAS-Nummer:
70955-01-1
- Summenformel:
$Na_{12}[(AlO_2)_{12}*(SiO_2)_{12}]*27\ H_2O$

Funktion:
Trägermaterial für Flammschutzmittel und Haftmittel;

Eigenschaften:
- toxikologisch/ökotoxikologisch:
R-Satz: 36/37/38
S-Satz: 26-37/39-22

- physikalisch/chemisch:
Molmasse: 1704,65 g/mol

Verbleib nach Gebrauch:
Sondermüll-Deponie für chemischen Abfall, besonders gefährliche Stoffe;

Bemerkung:
hygroskopisch;

Molekularsieb 13X

- CAS-Nummer:
63231-69-6
- Summenformel:
$Na_{86}[(AlO_2)_{86}*(SiO_2)_{106}]*276\ H_2O$

Funktion:
Trägermaterial für Flammschutzmittel und Haftmittel;

Eigenschaften:
- toxikologisch/ökotoxikologisch:
R-Satz: 36/37/38
S-Satz: 26-37/38-22

- **physikalisch/chemisch:**
  Molmasse: 13418,37 g/mol

Verbleib nach Gebrauch:
Sondermüll-Deponie für chemischen Abfall, besonders gefährliche Stoffe;

Bemerkung:
hygroskopisch;

Monothiobenzoesäure

- **CAS-Nummer:**
  98-91-9
- **gebräuchliche Namen:**
  Thiobenzoesäure; Benzencarbothiosäure;
- **Handelsnamen:**
  Benzoylthiol;
- **Summenformel:**
  C_7H_6OS

- **Strukturformel:**

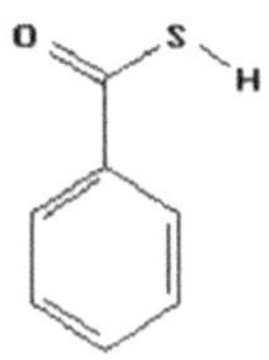

Funktion:
Mastikationsmittel;

Eigenschaften:
- **toxikologisch/ökotoxikologisch:**
  RTECS # DH 6839000
  R-Satz: 36/37/38
  S-Satz: 24/25
  Sonstiges:
  LD 50 (intraperitoneal, Ratte): 350 mg/kg [428];

  Gefahren-Symbol:

- **physikalisch/chemisch:**
  Schmelzpunkt: 15-18 °C
  Siedepunkt: 122 °C (40 hPa)
  Flammpunkt: >112 °C
  Brechungsindex: 1,6050; 1,6020
  Dichte: 1174,0 g/m3
  Molmasse: 138,18 g/mol

Verbleib nach Gebrauch:
Verbrennung nach Mischung mit brennbarem Lösemittel;

Bemerkung:
gelb-grüne Flüssigkeit, geruchsbelästigend

Morpholin-4-carbodithiosäure-benzothiazol-2-ylester

- **CAS-Nummer:**
  10225-09-9
- **gebräuchliche Namen:**
  N-Oxydiethylen-dithiocarbamyl-2-benzothiazylsulfid;
- **Summenformel:**
  $C_{12}H_{12}N_2OS_3$

- **Strukturformel:**

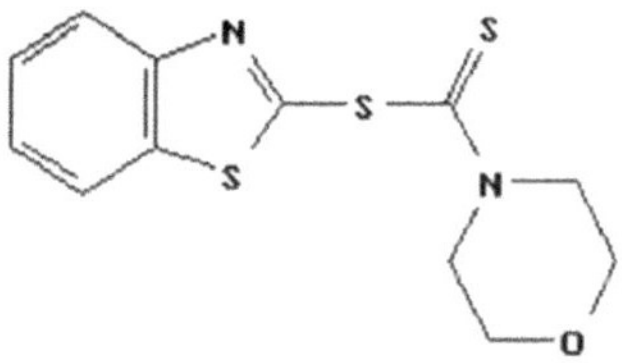

branchenspezifische Bemerkung zur Substanz:
Zersetzungsprodukt aus OTOS, MBT und Schwefel;

Eigenschaften:
- **physikalisch/chemisch:**
  Molmasse: 296,42 g/mol

2-(4-Morpholinyl)benzothiazol

- **CAS-Nummer:**
  4225-26-7
- **gebräuchliche Namen:**
  MoBT; 2-Morpholin-4-yl-benzothiazol; Morpholinothiobenzothiazol;
- **Summenformel:**
  $C_{11}H_{12}N_2OS$

- **Strukturformel:**

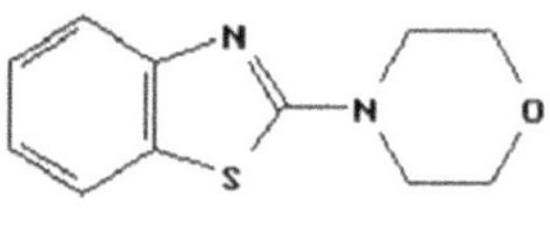

branchenspezifische Bemerkung zur Substanz:
Zersetzungsprodukt von Sulfenamiden; Verunreinigung von MBS;

Eigenschaften:

- **physikalisch/chemisch:**
  Schmelzpunkt: 119-120 °C; 123-125 °C
  Molmasse: 220,28 g/mol

Verbleib nach Gebrauch:
Vorkommen in der Umwelt: Boden: 273 μg/kg Trockenmasse [448];

2-(4-Morpholinyl-dithio)benzothiazol

- **CAS-Nummer:**
95-32-9
- **gebräuchliche Namen:**
BDTM; MBDS; MBSS; Benzothiazyl-dithiomorpholid; 2-(Morpholinodithio)-benzothiazol; 4-Morpholinyl-2-benzothiazyl-disulfid; 2-Morpholin-4-yldisulfanyl-benzothiazol; 2-Benzothiazolylmorpholino-disulfid; 2-(Morpholinodisulfanyl-benzothiazol; 2-Benzothiazolyl-N-morpholyl-disulfid;
- **Handelsnamen:**
Morfax; Accel DS; Nocceler MDB; Vulcuren 2;
- **Summenformel:**
$C_{11}H_{12}N_2OS_3$

- **Strukturformel:**

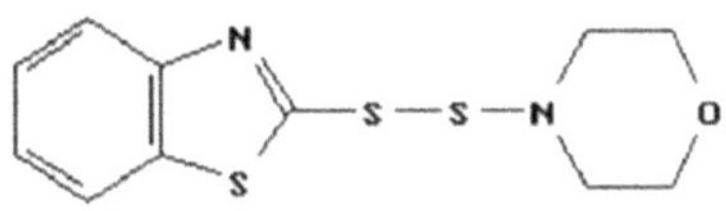

Funktion:
1) Vulkanisationsbeschleuniger, organisch;
2) Vulkanisiermittel / Schwefelspender;
Kautschukart:
1) Naturkautschuk; Styrol-Butadien-Kautschuk; Ethylen-Propylen-Terpolymer;
2) Naturkautschuk; Styrol-Butadien-Kautschuk; synthetischer Kautschuk; Butadien-Kautschuk; Acrylnitril-Butadien-Kautschuk;
Anwendung:
zu 1) und 2) Reifen, Schläuche; chirurgische und medizinische Artikel; Sportartikel; Spielsachen; technische Gummiartikel; Produkte für Industrie, inkl. Druckplattentücher; Klebstoffe; Dichtungen; Latex Tauchartikel; Latex Schaumartikel;

branchenspezifische Bemerkung zur Substanz:
Einsatzmenge: 2,7 t/a (TSE-Industrie,,1996)

Eigenschaften:
- **toxikologisch/ökotoxikologisch:**
RTECS # DL 5800000; DL 5953000
Sonstiges:
LD 50 (oral, Maus): 3000 mg/kg [428];

- **physikalisch/chemisch:**
Schmelzpunkt: 123-132 °C
Dichte: 1510 ± 30 kg/m3
Molmasse: 284,41 g/mol
Löslichkeit:
unlöslich in Wasser, Petrolether; löslich in Methylbenzen; leicht löslich in Trichlormethan;

Naphtha

- **CAS-Nummer:**
8030-30-6
- **UN Nummer:**
1268

- **gebräuchliche Namen:**
  Benzin; Petroleum Benzin; Petroleumether; Petroleumnaphtha;
- **Handelsnamen:**
  Amsco H-J; Amsco H-SB; Benzin B70; HI-Flash naphtha; Naptha coal tar; Ligroin; H Kerosin; Lackbenzin; Hi-Sol 1915; Shell Sol B; Shell Sol B-8; Shell Sol BT 67 EC; Super VMP;

Funktion:
Lösemittel;

Anwendung:
Reifen, Schläuche; chirurgische und medizinische Artikel; Sportartikel; Spielsachen; technische Gummiartikel; Produkte für Industrie, inkl. Druckplattentücher; Klebstoffe; Dichtungen; Latex Tauchartikel; Latex Schaumartikel;

Eigenschaften:
- **toxikologisch/ökotoxikologisch:**
  RTECS # DE 3030000
  WGK: 2
  R-Satz: 45-22
  S-Satz: 53-45
  Sonstiges:
  Einstufung und Kennzeichnung von Zubereitungen, in denen diese Substanz enthalten ist:
  10%< =C ⇒ T; R45-22
  0.1%< =C<10% ⇒ T; R45

  Gefahren-Symbol:

- **physikalisch/chemisch:**
  Schmelzpunkt: 35-80 °C
  Flammpunkt: ca. -40 °C
  Dichte: 625-660 kg/m3
  Löslichkeit:
  unlöslich in Wasser; mischbar mit abs. Ethanol, Benzen, Trichlormethan, Ether, Schwefelkohlenstoff; Tetrachlormethan [201];

Bemerkung:
Klare farblose, leicht entzündliche Flüssigkeit [201];
Naphtha ist die Bezeichnung für Cycloalkan-reiches Erdöl oder für bestimmte Fraktionen bei Erdöl-Dest. oder Kracken. Demzufolge werden unter Naphtha oder Rohbenzin (Ecrude gasoline) sowohl Fraktionen mit Siedepunkt 30-180 °, 100-200 ° oder gar noch höhersiedende Gemische verstanden. Naphtha ist die wichtigste Rohstoffquelle der Petrochemie [573];

Naphthalen

- **CAS-Nummer:**
  91-20-3
- **UN Nummer:**
  1334; 2304
- **gebräuchliche Namen:**
  Naphthalin; Steinkohlenkampfer; Naphthylwasserstoff; Steinkohlenteerkampfer;
- **Summenformel:**
  $C_{10}H_8$

- **Strukturformel:**

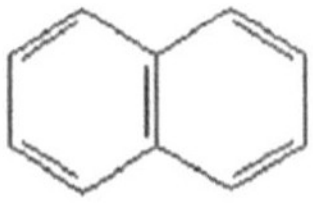

branchenspezifische Bemerkung zur Substanz:
Ist u.a. enthalten in aromatischen Weichmacherölen; bildet sich bei der Vulkanisation als Zersetzungsprodukt aus Kohlenwasserstoffen;

Eigenschaften:
- **toxikologisch/ökotoxikologisch:**
RTECS # QJ 0525000
Schweizer Giftliste: 3
WGK: 2
MAK Wert: 50 mg/m3 bzw. 10 ml/m3
R-Satz: 45-11-20/21/22/22-36/37/38-43
S-Satz: 53-16-45-26-36/37/39
Sonstiges:
Zu diesem Stoff liegt ein BUA-Stoffbericht Nr. 39 vor.
Spitzenbegrenzung: n.b. [481];
Dämpfe (besonders nach gesteigerter Verdampfung durch Erhitzen) reizen Augen; anhaltende Einwirkung kann Trübung der Hornhaut hervorrufen; Schädigung der Atemwege nach Einatmen der Dämpfe in hohen Konzentrationen; Hautresorption möglich; Hämolyse (bei besonderer Veranlagung), nachfolgend Leber- und Nierenschädigung [163];
Innerlich 1,3 - 2 g tödlich beim Kind, 5 g beim Erwachsenen [30];
Geruchsschwelle: 0,03 ml/m3 [163];
LD Lo (oral, Kind): 100 mg/kg [187];
LD 50 (oral, Ratte): 490 mg/kg [187];
LD 50 (Haut, Ratte): >2500 mg/kg [428];
LC 50 (inhalativ, Ratte): >340 mg/m3/1h [428];
TD Lo (oral, Ratte (trächtig)): 4500 mg/kg/6-15D [428];
TD Lo (intraperitoneal, Ratte (trächtig)): 5925 mg/kg/1-15D [428];
TD Lo (subcutan, Ratte): 3500 mg/kg/12W (intermittierend) [428];
LD 50 (oral, Maus): 533 mg/kg [428];
LD 50 (intraperitoneal, Maus): 150 mg/kg [428];
LD 50 (subcutan, Maus): 969 mg/kg [428];
LD 50 (intravenös, Maus): 100 mg/kg [428];
TD Lo (oral, Maus (trächtig)): 2400 mg/kg/7-14D [428];
TD Lo (oral, Maus): 3738 mg/kg/14D (kontinuierlich), 11970 mg/kg/90D (kontinuierlich) [428];
TC Lo (inhalativ, Maus): 30 ppm/6h/2Y (intermittierend) [428];
LD Lo (oral, Hund): 400 mg/kg [428];
LD Lo (oral, Katze): 1g/kg [428];
LD Lo (oral, Kaninchen): 3 g/kg [428];
LD 50 (Haut, Kaninchen): >20 g/kg [428];
LD 50 (oral, Meerschweinchen): 1200 mg /kg [428];

Gefahren-Symbol:

- **physikalisch/chemisch:**
Schmelzpunkt: 80,4 °C; 80-82 °C
Siedepunkt: 217,9 °C
Flammpunkt: 78 °C
Dampfdruck: 0,039 hPa (25 °C) [187]; 1,3 hPa (52,6 °C) [163];
Verdampfungswärme: 314,01 kJ/kg
Log pOW: 3,20 [4]; 3,59 [4]; 3,37 [4]; 3,01; 3,45; 3,30; 3,36 [4];

Brechungsindex: 1,5900 (85 °C)
Dichte: 1168 kg/m3 (22 °C)
Molmasse: 128,173 g/mol

Löslichkeit:
Wasser 0,03 g/l (25 °C); Ethanol 95 g/l (19,5 °C), 800 g/l (60 °C); Benzen 1130 g/l (41 °C); leicht löslich in Diethyether; löslich in Trichlormethan, Eisessig; wenig löslich in Methanol;

Verbleib nach Gebrauch:
Verbrennung nach Mischung mit brennbarem Lösemittel;

Bemerkung:
Weiße kristallisierte Formstücke oder in geschmolzenem Zustand bei über 80 °C farblose Flüssigkeit; Geruch wie Mottenkugeln; brennbar;
Entzündbarer Feststoff; über geschmolzenen Naphthalen können sich explosive Gemische bilden;
Entzündung durch heiße Oberflächen, Funken oder offene Flammen;
Feuer: Wasser und Schaum müssen vorsichtig eingesetzt werden, um Krustenbildung zu vermeiden;
Löschmittel: Trockenlöschpulver, Kohlensäure, Schaum, Sprühwasser;
Explosionsgrenzen: 0,9 - 5,9 Vol%; Zündtemp.: 540 °C [163];
Naphthalinschmelzen nicht mit Druckluft fördern: Explosionsgefahr!
Verbreitung: Luft- und Wasserpfad;
Gehört zu der Gruppe der z.T. toxischen polyaromatischen Kohlenwasserstoffe (PAH);
Verwendung: zur Herstellung von Phthalsäureanhydrid;

Naphthalen-2-thiol

- **CAS-Nummer:**
  91-60-1
- **gebräuchliche Namen:**
  2-Naphthalinthiol; 2-Naphthylmercaptan; beta-Thionaphthol; 2-Mercaptonaphthalen;
- **Handelsnamen:**
  Vulcamel TBN; Renacit 1;
- **Summenformel:**
  $C_{10}H_8S$
- **Strukturformel:**

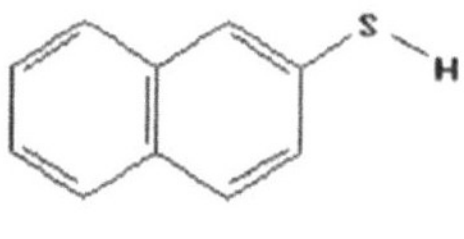

Funktion:
Mastikationsmittel;

Eigenschaften:
- **toxikologisch/ökotoxikologisch:**
  RTECS # QK 3930000
  WGK: 3
  R-Satz: 20/21/22-36/37/38
  S-Satz: 45-26-28-36/37/39
  Sonstiges:
  LD 50 (oral, Maus): 385 mg/kg [187];
  LD 50 (intraperitoneal, Maus): 200 mg/kg [428];

- **physikalisch/chemisch:**
  Schmelzpunkt: 79-81 °C
  Siedepunkt: 286 °C
  Dichte: 1550,25 kg/m3
  Molmasse: 160,24 g/mol

Löslichkeit:
gut löslich in Ethanol, Ether, Petrolether; schwer löslich in Wasser;

Verbleib nach Gebrauch:
Verbrennung nach Mischung mit brennbarem Lösemittel;

Bemerkung:
Geruchsbelästigend

N-(2-Naphthyl)anilin

- **CAS-Nummer:**
135-88-6
- **gebräuchliche Namen:**
PBN; ß-Naphtylphenylamin; 2-Phenylnaphthylamin; N-Phenyl-2-naphthylamin; Phenyl-ß-naphtylamin; 2-Anilinonaphthalin; N-Phenyl-ß-naphtylamin; 2-Anilinonaphthalen; 2-Naphthylphenylamin; 2-Phenylaminonaphthalen; Naphthalen-2-yl-phenylamin; 2-Naphthyl-phenyl-amin;
- **Handelsnamen:**
Acto PBN; AgeRite; Age-Rite Powder; Antioxidant PBN; Antioxidant 116; Neozone D; Nilox PENA; Nonox D; Nonox DN; Vulkanox PBN; Alterungsschutzmittel PBN; Inhibitore OD; Naftam 2;
- **Summenformel:**
$C_{16}H_{13}N$

- **Strukturformel:**

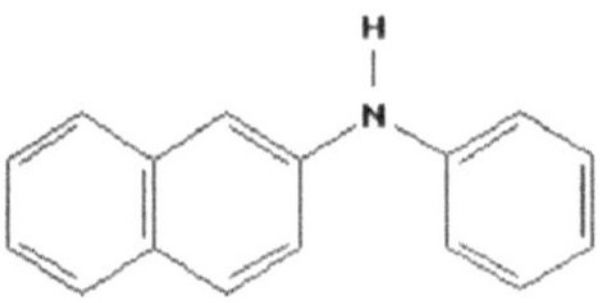

Funktion:
Oxidationsschutzmittel; Ermüdungsschutzmittel;

Anwendung:
Reifen, Schläuche; chirurgische und medizinische Artikel; Sportartikel; Spielsachen; technische Gummiartikel; Produkte für Industrie, inkl. Druckplattentücher; Klebstoffe; Dichtungen;

Eigenschaften:
- **toxikologisch/ökotoxikologisch:**
RTECS # QM 4550000
R-Satz: 20/21/22-42/43-33-40
S-Satz: 26-36-22
Sonstiges:
Krebserzeugend III B [187], [481];
Schädlich beim Einatmen, Verschlucken oder Kontakt mit der Haut; Reizt die Augen, die Haut, die Schleimhäute und den oberen Atmungstrakt [187];
LD 50 (oral, Ratte): 8730 mg/kg [428];
LD 50 (oral, Maus): 1450 mg/kg [428];

- **physikalisch/chemisch:**
Schmelzpunkt: 107-109°C
Siedepunkt: 395-395,5°C
Dichte: 1240 kg/m3
Molmasse: 219,29 g/mol

Löslichkeit:
löslich in Ethanol, Ether, Benzen, Eisessig;

Verbleib nach Gebrauch:
Verbrennung nach Mischung mit brennbarem Lösemittel;

Bemerkung:
weiße bis hellgelbe Kristalle;
Unverträglich mit starken Basen und Säuren;
enthalten in: 50 % in Agerite Hipar; ca. 65 % in Agerite HP; 65 % in Akroflex CD; 65 % in Santoflex HP; 50 % in Thermoflex A;

N-(1-Naphthyl)-anilin

- **CAS-Nummer:**
90-30-2
- **UN Nummer:**
2811 n.o.s.
- **gebräuchliche Namen:**
PAN; PNA; PA; PANA; N-Phenyl-alpha-naphthylamin; 1-Anilinonaphthalin; Phenyl-1-naphthylamin; N-Phenyl-1-naphthylamin; 1-Phenylamino-naphthalin; N-(1-Naphthyl)-anilin; Phenyl-[naphtyl-(1)]amin;
- **Handelsnamen:**
Aceto PAN; Additin 30; Neozone; Vulkanox PAN; Alterungsschutzmittel PAN; Agerite; Inhibitore OA; Neozone A; Nonox A; Nonox AN; Nonox HFN (50 %); Antioxidant PAN; Nongard PAN;
- **Summenformel:**
$C_{16}H_{13}N$
- **Strukturformel:**

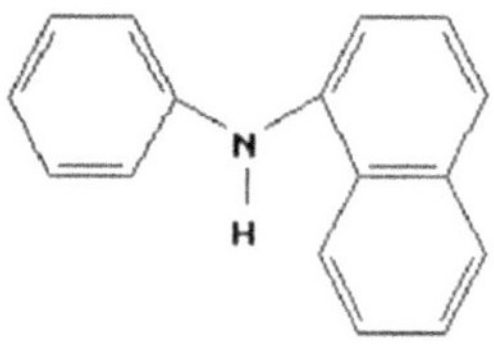

Funktion:
Ermüdungsschutzmittel; Oxidationsschutzmittel; Schutzmittel gegen Metallvergiftung;
Anwendung:
technische Gummiartikel (Walzen, Puffer, Fördergurte, Dichtungen, Schläuche), Reifen (Seitenwände, Karkassen); chirurgische und medizinische Artikel; Sportartikel; Spielsachen; Produkte für Industrie, inkl. Druckplattentücher; Klebstoffe; Dichtungen; Latex Tauchartikel; Latex Schaumartikel;

Eigenschaften:
- **toxikologisch/ökotoxikologisch:**
RTECS # QM 4500000
Schweizer Giftliste: 3
R-Satz: 20/21/22-36/37/38-40
S-Satz: 22-26-36
Sonstiges:
Für diese Substanz liegt ein BUA-Stoffbericht Nr. 113 vor.
Stäube reizen stark Augen, Atemwege und Haut; Kontakt mit dem Stoff führt zu starker Reizung der Augen und Haut; Aufnahme des Stoffes (auch über die Haut?) ruft Veränderungen des Blutfarbstoffes (Methämoglobinämie) hervor; nachfolgend Zerstörung der roten Blutkörperchen (Hämolyse), Leber- und Nierenschäden möglich; auch Schädigung des ZNS; bei Brand werden u.a. hochgiftige nitrose Gase frei [163];
Nervengift: Wirkcharakter: Zunächst Erregung, Schwindel, Krämpfe, Gleichgewichtsstörungen, evtl. Halluzinationen, dann Atemdepression, Atemstillstand, Koma;
Methämoglobinbildner: Wirkcharakter: Zyanose, Kopfschmerz, Schwindel, Erregung (Methämoglobin 50 %); dann Zyanose, Kopfschmerz, Schwindel, Erregung (Methämoglobin 70 %); dann Zyanose, Koma, Schock (Methämoglobin 90 %) [39];
LD 50 (oral, Ratte): 1625 mg/kg [428];

LD 50 (oral, Maus): 1231 mg/kg [428];

EC 50 (Belebtschlamm): >10000 mg/l [568];

Gefahren-Symbol:

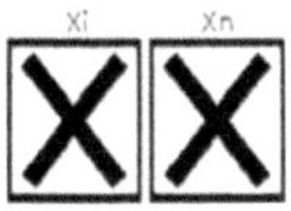

- **physikalisch/chemisch:**
  Schmelzpunkt: 60-62 °C; 52-56 °C; 52,5 °C; 62-63 °C
  Siedepunkt: 226 °C (19,99 hPa)
  Flammpunkt: 335 °C (703,77 hPa); >200 °C
  Dampfdruck: 20 hPa (235 °C) [163]; 0,882 hPa (160 °C) [568]; 0,07 hPa (123 °C) [568]
  Log pOW: 4,2 [568]; 4,228 [568]; 4,8 [568]
  Dichte: 1100 kg/m3 (20 °C); 1160 kg/m3
  Molmasse: 219,29 g/mol

  Löslichkeit:
  Wasser < 1 g/l (21 °C); löslich in Ethanol, Diethylether, Benzen, Trichlormethan, Essigsäure, Propanon, Dichlormethan;

Verbleib nach Gebrauch:
Verbrennung nach Mischung mit brennbarem Lösemittel;

Bemerkung:
Hellbraunes Granulat; gelbe Nadeln [568];
Weiße bis hellbraune Prismen; reizend; brennbar;
Empfindlich bei längerer Einwirkung von Luft;
Substanz reagiert bei Kontakt und Mischung mit starken Oxidationsmitteln und starken Säuren;
Bei Brand oder Erhitzung bis zur Zersetzung bilden sich giftige und ätzende nitrose Gase (Kohlenmonoxid, Kohlendioxid, Stickstoffoxid);
Verwendung: zur Analyse von Organomagnesium- und Organolithium-Reagenzien;

1-(2-Naphthyl)-3-phenyl-harnstoff

- **CAS-Nummer:**
  6299-42-9
- **gebräuchliche Namen:**
  N-(2)-Naphthyl-N'-phenyl-harnstoff; 1-Naphthalen-2-yl-3-phenyl-harnstoff;
- **Summenformel:**
  $C_{17}H_{14}N_2O$

- **Strukturformel:**

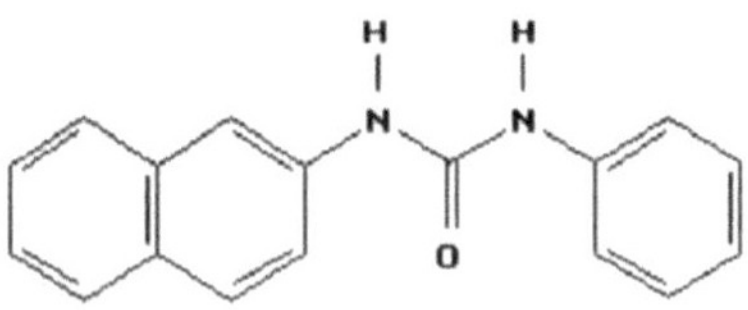

Funktion:
Ozonschutzmittel;

Eigenschaften:
- **physikalisch/chemisch:**
  Schmelzpunkt: 220-221 °C; 237-238 °C
  Molmasse: 262,31 g/mol

Natrium-Aluminium-Silikat

- **CAS-Nummer:**
  1344-00-9
- **gebräuchliche Namen:**
  Natronwasserglas; Natriumsilicat; Kieselsäure Aluminiumnatriumsalz; Aluminiumnatriumsilikat; Natriumaluminiumsilikat, hochdispers, amorph; Natriumalumiumsilikat, hydratisiert, amorph, synthetisch;
- **Handelsnamen:**
  Aluminiumsilikat P 820 A; Alusil ET; Vulkasil A1; Zeolex;
- **Summenformel:**
  AlO_8NaSi_3

Funktion:
Füllstoff, anorganisch;

Anwendung:
Titandioxidverdünnungsmittel;

branchenspezifische Bemerkung zur Substanz:
Einsatzmenge Reifenindustrie: 93 t/a [1996];

Eigenschaften:
- **toxikologisch/ökotoxikologisch:**
  WGK: 1
  MAK Wert: 6 mg/m3 A
  Sonstiges:
  LD 50 (oral, Ratte): >10000 mg/kg [Sdb Degussa];

  Gefahren-Symbol:

C

- **physikalisch/chemisch:**
  Schmelzpunkt: ca. 1700 °C
  Dichte: 1390 kg/m3 (20 °C); 2100 kg/m3 (20 °C)

  Löslichkeit:
  löslich in Wasser, Alkalien, Kalium- und Natriumsalzen; unlöslich in Ethanol;

  Bemerkung zu physikalisch/chemischen Daten:
  Zersetzung: >1700 °C [Sdb Degussa];

Verbleib nach Gebrauch:
Sondermüll-Deponie, wasserunlösliche Feststoffe und Flüssigkeiten nach Neutralisation (nur für Kleinmengen);

Bemerkung:
Weißes, geruchloses Pulver [Sdb Degussa];
Zugelassen als Lebensmittelzusatzstoff nach LMBG;
Verwendung: zum Haltbarmachen von Eiern (Soleiern); feuerbeständige Textilien; in Seifen; in Kaltwasserfarben; säurebindendes Mittel;
Herstellung durch speziellen Fällungsprozeß aus Wasserglas und Aluminium;

Natriumalumiumsilikat

- **CAS-Nummer:**
  1318-02-1
- **gebräuchliche Namen:**
  Zeolite;
- **Handelsnamen:**
  SYLOSIV A10; SYLOSIV A3; Wessalith P (80 %);

Eigenschaften:
- **toxikologisch/ökotoxikologisch:**
  WGK: 0
  MAK Wert: 6 mg/m3
  R-Satz: 20-36/37/38
  S-Satz: 26-36-22
  Sonstiges:
  Das Produkt hat adsorbierende Wirkung und kann bei längerem Hautkontakt zur Austrocknung führen. Im Kontakt mit Wasser ist Hitzeentwicklung und dadurch bedingt Hautverbrennung möglich. Bei Überschreiten des MAK-Wertes ist eine mechanische Überbelastung der Atemwege möglich.
  Das Produkt ist chemisch und biologisch inert [Sdb Grace];
  Nach Aufnahme größerer Substanzmengen leichte Schleimhautreizung (Nase, Rachen, Augen), Husten möglich [Sdb Degussa];
  LD 50 (oral, Ratte): >5110 mg/kg [Sdb Degussa];
  leicht reizend am Auge (Kaninchen) [Sdb Degussa];

- **physikalisch/chemisch:**
  Schmelzpunkt: >1200 °C
  Dichte: ca. 2000 kg/m3 (20 °C)

  Löslichkeit:
  unlöslich in Wasser [Grace-Sdb];

Bemerkung:
Weißes Pulver, ohne Geruch;
Aufgrund der praktischen Unlöslichkeit in Wasser erfolgt eine Abtrennung bei jedem Filtrations- und Sedimentationsvorgang [Sdb Grace];
Weitere CAS-Nr. 68989-22-0 [Sdb Degussa];

Natriumcarbonat

- **CAS-Nummer:**
  497-19-8
- **gebräuchliche Namen:**
  Soda; kohlensaures Natrium; Dinatriumcarbonat; Natriumasche;
- **Handelsnamen:**
  Na-X;
- **Summenformel:**
  Na_2CO_3

Funktion:
Vulkanisationsaktivator / Beschleunigeraktivator;

Eigenschaften:
- **toxikologisch/ökotoxikologisch:**
  RTECS # VZ 4050000
  Schweizer Giftliste: 5
  WGK: 1
  R-Satz: 36

S-Satz: (2)-22-26
Sonstiges:
Kann schädigend wirken bei Einatmung, Verschlucken oder Aufnahme über Haut; verursacht Augen- und Hautreizungen; reizt Schleimhäute und Atemwege [187];
Mensch (per orale Aufnahme): ab 15 g tödlich [129];
LD 50 (oral, Ratte): 4090 mg/kg [3], [187];
LC 50 (inhalativ, Ratte, 2 h): 2300 mg/m3 [187];
LD 50 (oral, Maus): 6600 mg/kg [428];
LC 50 (inhalativ, Maus): 1200 mg/m3/2 h [428];
LD 50 (intraperitoneal, Maus): 117 mg/kg [428[;
LC 50 (Wurm; Branchiura sowerbyi, 96 h): 480 mg/m3 [386];
LC 50 (Plankton; Cyclops viridis, 96 h): 153 mg/m3 [386];
LC 50 (Weichtier; Lymnaea luteola, 96 h): 270 mg/m3 [386];
Toxische Grenzkonzentration für Daphnia magna < 424 mg/l [390];
Fäulung oder landwirtschaftliche Verwertung werden erfahrungsgemäß nicht behindert [20];

Gefahren-Symbol:

Xi

- **physikalisch/chemisch:**
  Schmelzpunkt: 852 °C; 851 °C
  Siedepunkt: 1600 °C (Zers.)
  Dichte: 2530 kg/m3 (20 °C)
  Molmasse: 105,989 g/mol

Löslichkeit:
Wasser 71 g/l (0 °C), 212 g/l (20 °C), 455 g/l (100 °C); wenig löslich in abs. Ethanol; unlöslich in Propanon;

Verbleib nach Gebrauch:
Sondermüll-Deponie, wasserunlösliche Feststoffe und Flüssigkeiten nach Neutralisation (nur für Kleinmengen);

Bemerkung:
Farblose, geruchlose, hygroskopische Kristalle;
Verwendung: in der Fotoindustrie als Entwicklerzusatz (Beschleuniger);

Natriumchlorat

- **CAS-Nummer:**
  7775-09-9
- **UN Nummer:**
  1496; 2428
- **gebräuchliche Namen:**
  Chlorsäure Natriumsalz;
- **Handelsnamen:**
  Asex; Atlacide; Klorex; Arvest-Aid; Travex; Oxycil; Atratol; Tum bleat;
- **Summenformel:**
  $NaClO_3$

Funktion:
Antimikrobielle Mittel für Latex;

Eigenschaften:
- **toxikologisch/ökotoxikologisch:**
  RTECS # FO 052500

WGK: 2
R-Satz: 9-22
S-Satz: (2)-13-17-46
Sonstiges:
Wirkt schädigend bei Einatmung, Verschlucken oder Aufnahme über Haut; wirkt extrem zerstörerisch auf das Gewebe der Schleimhäute und Atemwege, Augen und Haut; Einatmung kann tödliche Folgen haben [187];
TD Lo (oral, Frau): 800 mg/kg [428];
TD Lo (oral, Mann): 286 mg/ kg [428];
LD 50 (oral, Ratte): 1200 mg/kg [187], [428];
LC 50 (inhalativ, Ratte): >28g/m3/1h [428];
TD Lo (oral, Ratte): 495 mg/kg/1y (kontinuierlich), 58819 mg/kg/13w (kontinuierlich) [428];
LD 50 (oral, Maus): 8350 mg/kg [428];
LD 50 (intraperitoneal, Maus): 596 mg/kg [428];
LD Lo (oral, Kaninchen): 7200 mg/kg [428];
LD 50 (Haut, Kaninchen): >10 g/kg [428];
LD Lo (oral, Hund): 700 mg/kg [428];
LD Lo (oral, Katze): 1350 mg/kg [428];

Gefahren-Symbol:

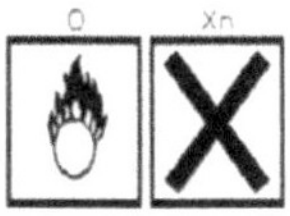

- **physikalisch/chemisch:**
Schmelzpunkt: 248-261 °C
Dichte: 2490 kg/m3 (20 °C)
Molmasse: 106,44 g/mol

Verbleib nach Gebrauch:
Sondermüll-Deponie, ausgefällte Sulfide von Mangan, Chrom oder Molybdän aus der Behandlung der Lösung mit Schwefelsäure und Natriumbisulfit und Neutralisation, lösliches Sulfid wird mit Hypochlorit zersetzt, neutralisiert ins Abwasser gegeben;

Bemerkung:
Weiße Kristalle; ätzend;
Unverträglich mit starken Reduktionsmitteln, organischen Substanzen und Alkoholen; Bildet mit organischen Stoffen explosive Mischungen;
Verwendung: als Oxidationsmittel;

Natriumchlorid

- **CAS-Nummer:**
7647-14-5
- **gebräuchliche Namen:**
Chlornatrium; Kochsalz; Salz; Tafelsalz; Steinsalz;
- **Summenformel:**
NaCl

Funktion:
Antimikrobielle Mittel für Latex;

Eigenschaften:
- **toxikologisch/ökotoxikologisch:**
RTECS # VZ 4725000
WGK: 0
R-Satz: 36/37/38
S-Satz: 26-36

Sonstiges:

Kann schädigend wirken beim Einatmen, Verschlucken oder Aufnahme über Haut; verursacht Augen- und Hautreizungen; reizt Schleimhäute und Atemwege [187];
Tödliche Dosis beim Menschen unter 1 g/kg Körpergewicht, bei Säuglingen noch weniger [39];
TD Lo (intraplacental,Frau (schwanger)): 27 mg/kg [428];
TD Lo (oral, Mensch): 12357 mg/kg/23D [428];
LD 50 (oral, Ratte): 3000 mg/kg [187], 3750 mg/kg [122];
LD 50 (0,1L) (oral, Ratte): 72 g/kg [236] (*);
LD Lo (subcutan, Ratte): 3500 mg/kg [428];
Lc 50 (inhalativ, Ratte): >42 g/m3/1h [428];
LD 50 (oral, Maus): 4 g/kg [428];
LD 50 (intraperitoneal, Maus): 2602 mg/kg [428];
LD 50 (subcutan, Maus): 3g/kg [428];
LD 50 (intravenös, Maus): 645 mg/kg [428];

Schädlichkeitsgrenze für Fische: 10 g/l [298];
Toxische Grenzkonzentration für Daphnia magna 6143 mg/l [389], < 4200 mg/l [390];

(*): LD 50 (0,1L): tägliche Dosis, bei der 50 % der Tiere nach Verabreichung über 100 Tage sterben bzw. nach 1/10 der normalen Lebensdauer der Tiere;

- physikalisch/chemisch:

Schmelzpunkt: 801 °C
Siedepunkt: 1413 °C
Dampfdruck: 1,3 hPa (865 °C) [85]
Dichte: 2165 kg/m3 (25 °C)
Molmasse: 58,443 g/mol

Löslichkeit:

Wasser 357 g/l (0 °C), 391,2 g/l (100 °C); wenig löslich in Ethanol, flüssigem Ammoniak; löslich in Propantriol; unlöslich in Salzsäure;

Verbleib nach Gebrauch:

Sondermüll-Deponie, wasserunlösliche Feststoffe und Flüssigkeiten nach Neutralisation (nur für Kleinmengen);

Bemerkung:

Weißes kristallines Pulver;

Natriumchlorit

- CAS-Nummer:

7758-19-2

- Summenformel:

$NaClO_2$

Funktion:

(1) Antimikrobielle Mittel für Latex;
(2) Netzmittel für Latex;

Eigenschaften:

- toxikologisch/ökotoxikologisch:

RTECS # VZ 4800000
WGK: 2
R-Satz: 8-23/24/25-36/37/38
S-Satz: 17-26-27-36/37/39
Sonstiges:

Wirkt schädigend bei Einatmung, Verschlucken oder Aufnahme über Haut; verursacht Augen- und Hautreizungen; reizt Schleimhäute und Atemwege; kann Cyanose (Blausucht) verursachen [187];
LD 50 (oral, Ratte): 165 mg/kg [428];

TD Lo (oral, Ratte): 365 mg/kg/1y (kontinuierlich), 182 g/kg/26w (intermittierend) [428];
TD Lo (oral, Ratte (trächtig)): 800 mg/kg/8-15d, 16 g/kg/8-15d [428];
TD Lo (oral, Ratte (männlich)): 660 mg/kg/66d, 1130 mg/kg/8w [428];
TD Lo (intraperitoneal, Ratte (trächtig)): 160 mg/kg/8-15d, 80 mg/kg/8-15d [428];
LD 50 (oral, Maus): 350 mg/kg [428];
TD Lo (oral, Maus (trächtig)): 22 g/kg/1-21d [428];
TD Lo (oral, Maus): 29750 mg/kg/85w (kontinuierlich) [428];
LD 50 (oral, Meerschweinchen): 300 mg/kg [428];

- **physikalisch/chemisch:**
Schmelzpunkt: 180-200 °C [428]
Dichte: 2468 kg/m3 (kristalline Form)
Molmasse: 90,44 g/mol
Löslichkeit:
Wasser 340 g/l (5 °C), 390 g/l (17 °C), 460 g/l (30 °C) 530 g/l (45 °C), 550 (55 °C);

Verbleib nach Gebrauch:
Sondermüll-Deponie, ausgefällte Sulfide von Mangan, Chrom oder Molybdän aus der Behandlung der Lösung mit Schwefelsäure und Natriumbisulfit und Neutralisation, lösliches Sulfid wird mit Hypochlorit zersetzt, neutralisiert ins Abwasser gegeben;

Bemerkung:
Weiße Flocken; wenig hygroskopisch;
Unverträglich mit starken Reduktionsmitteln, feinpulvrigen Metallen, Zink, Ammonium, Phosphor, Schwefel und organischen Materialien; Kontakt mit Säuren vermeiden;
Verwendung: Oxidationsmittel; Bleichmittel für Textilien, Papier;

Natriumethyldithiocarbamat

- **CAS-Nummer:**
13036-87-8
- **gebräuchliche Namen:**
Monoethyl-dithiocarbaminsäure, Natriumsalz; Ethylcarbamodithio-säure-mononatriumsalz; Natrium-ethyldithiocarbamat;
- **Summenformel:**
$C_3H_6NNaS_2$

- **Strukturformel:**

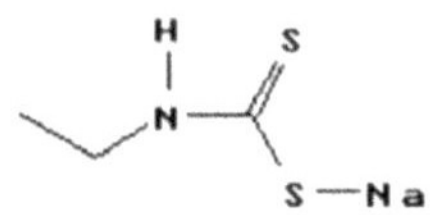

Funktion:
Vulkanisationsbeschleuniger, organisch;

Eigenschaften:
- **physikalisch/chemisch:**
Molmasse: 143,20 g/mol

Natriumhexafluorosilikat

- **CAS-Nummer:**
16893-85-9
- **UN Nummer:**
2674

- **gebräuchliche Namen:**
  Natriumsilicofluorid; Natriumfluorsilicat; Dinatriumhexafluorsilikat; Dinatriumhexafluorsilikat (2-); Natriumsilikonfluorid;
- **Handelsnamen:**
  Destruxol; Destruxol applex; CNT 1; Prodan; Safcan; Salufor;
- **Summenformel:**
  Na_2SiF_6

Funktion:
1) Koaguliermittel für Latex;
2) Sensibilisierungsmittel für Latex;

Anwendung:
1) + 2) Latex Tauchartikel; Latex Schaumartikel;

Eigenschaften:
- **toxikologisch/ökotoxikologisch:**
  RTECS # VV 8410000
  WGK: 2
  R-Satz: 23/24/25
  S-Satz: 26-45
  Sonstiges:
  Toxisch beim Einatmen; Reizt stark Augen und Haut [428];
  LD 50 (oral, Ratte): 125 mg/kg [428], [607];
  LD Lo (subcutan, Ratte): 70 mg/kg [428];
  LD 50 (oral, Maus): 70 mg/kg [428];
  LD 50 (oral, Kaninchen): 125 mg/kg [428];

  Gefahren-Symbol:

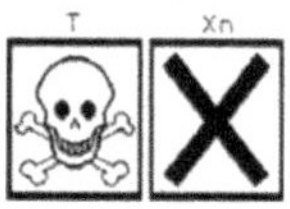

- **physikalisch/chemisch:**
  Dichte: 2680 kg/m3 (20 °C)
  Molmasse: 188,06 g/mol

  Löslichkeit:
  unlöslich in Ethanol;

  Bemerkung zu physikalisch/chemischen Daten:
  zerfällt beim Schmelzen [607];

Verbleib nach Gebrauch:
Sondermüll-Deponie für chemischen Abfall, besonders gefährliche Stoffe;

Bemerkung:
Weißes Puder;
Verwendung: bei der Herstellung von Porzellan und Opalgläsern; in Insektenvernichtungsmitteln; zu 50-100 % in Acticide CPC enthalten;

Natriumhydrogencarbonat

- **CAS-Nummer:**
  144-55-8
- **gebräuchliche Namen:**
  Natriumbicarbonat; Bullrich Salz; Natron; doppelt kohlensaures Natron; primäres Natriumcarbonat; Backsoda; saures Natriumcarbonat; Natriumhydrocarbonat; Mononatriumcarbonat;

- **Handelsnamen:**
  Celtone; Meglon; Soludal;
- **Summenformel:**
  $NaHCO_3$

Funktion:
Treibmittel, anorganisch;
Anwendung:
Reifen, Schläuche; chirurgische und medizinische Artikel; Sportartikel; Spielsachen; technische Gummiartikel; Produkte für Industrie, inkl. Druckplattentücher; Klebstoffe, Dichtungen; Latex Tauchartikel; Latex Schaumartikel; Schwamm- und Moosgummi;

Eigenschaften:
- **toxikologisch/ökotoxikologisch:**
  RTECS # VZ 0950000
  WGK: 0
  Sonstiges:
  Kann schädigend wirken bei Einatmung, Verschlucken oder Aufnahme über Haut; kann Reizungen verursachen [187];
  LD 50 (oral, Ratte): 4220 mg/kg [187];
  LD 50 (oral, Maus): 3360 mg/kg [428];

  Toxische Grenzkonzentration für Daphnia magna 4,2 g/l [389], 2350 mg/l [390];

- **physikalisch/chemisch:**
  Dichte: 2159 kg/m3 (20 °C)
  Molmasse: 84,0071 g/mol

  Löslichkeit:
  Wasser 69 g/l (0 °C), 96 g/l (20 °C), 164 g/l (60 °C); unlöslich in Ethanol; leicht löslich in Propanon;

  Bemerkung zu physikalisch/chemischen Daten:
  ab 50 °C Zersetzung unter CO2-Abspaltung;

Verbleib nach Gebrauch:
Sondermüll-Deponie, wasserunlösliche Feststoffe und Flüssigkeiten nach Neutralisation (nur für Kleinmengen);

Bemerkung:
Weißes geruchloses Pulver;
monokline Kristalle; salzartiger Geschmack; weiße Kristalle; feuchtigkeitsempfindlich;
Die Zuteilung einer E-Nummer (E 500) wird von der EG erwogen;
reagiert mit Säuren unter Freisetzung von Kohlendioxid [Sdb Fa. Sichler];
Verwendung: zur Herstellung von Back- und Brausepulver; als Mittel gegen Hyperacidität des Magens; zur Schaumerzeugung in Handfeuerlöschern;

Natriumhydroxid

- **CAS-Nummer:**
  1310-73-2
- **UN Nummer:**
  1823
- **gebräuchliche Namen:**
  Ätznatron; kaustisches Soda; Seifenstein; Ätzsoda; Natriumhydrat; Natron; Natronhydrat;
- **Summenformel:**
  NaOH

Funktion:
Vulkanisationsbeschleuniger, anorganisch;

branchenspezifische Bemerkung zur Substanz:
Einsatzmenge TSE- und Reifenindustrie: 14 t/a [1996];

Eigenschaften:
- toxikologisch/ökotoxikologisch:
RTECS # WB 4900000
Schweizer Giftliste: 2
WGK: 1
MAK Wert: 2 mg/m3 E
R-Satz: 35
S-Satz: (1/2)-26-37/39-45
Sonstiges:
Einstufung und Kennzeichnung von Zubereitungen, in denen diese Substanz enthalten ist:
5%< =C ⇒ C; R35
2%< =C<5% ⇒ C; R34
0.5%< =C<2% ⇒ Xi; R36/38

Spitzenbegrenzung: I [481];
Sowohl Kontakt mit festem Natriumhydroxid als auch mit Natronlauge verursacht sehr schwere tiefgreifende Verätzungen der Augen und Haut; Einatmen von Staub, Dämpfen oder Nebeln bewirkt schwere Verätzungen der Atemwege; Aufnahme durch den Mund führt zu ausgedehnten Zerstörungen der Wände des Verdauungskanals; bei Überleben, Ausbildung von narbigen Verengungen [163];
LD 50 (intraperitonal, Maus): 40 mg/kg [428];
LD Lo (oral, Kaninchen): 500 mg/kg [428];
LC 50 (Wurm; Branchiura sowerbyi, 96 h): 250 mg/m3 [386];
LC 50 (Plankton; Cyclops viridis, 96 h): 160 mg/m3 [386];
LC 50 (Weichtier; Lymnaea luteola, 96 h): 257 mg/m3 [386];

Toxische Grenzkonzentration für Daphnia magna: 240 mg/l [389], 156 mg/l [390];
LC 50 (Fisch, Goldorfe): 189 mg/l [33];
LC 100 (Fisch, Goldorfe): 213 mg/l [33];
LC 50 (Fisch, 1 N NaOH): 189 mg/l [8];

Gefahren-Symbol:

physikalisch/chemisch:
Schmelzpunkt: 318,4 °C
Siedepunkt: 1390 °C
Dampfdruck: < 24 hPa (20° C) [187]
Dichte: 2130 kg/m3 (20 °C)
Molmasse: 39,9972 g/mol

Löslichkeit:
Wasser 420 g/l (0 °C), 1260 g/l (20 °C), 3470 g/l (100 °C) leicht löslich in Ethanol, Propantriol (Glycerin); unlöslich in Propanon (Aceton), Diethylether, fl. Ammoniak;

Verbleib nach Gebrauch:
Sondermüll-Deponie, wasserunlösliche Feststoffe und Flüssigkeiten nach Neutralisation (nur für Kleinmengen);

Bemerkung:
weiße harte Körner, Schuppen, Plätzchen, Brocken oder Stangen[484]; hygroskopisch; geruchlos; nicht entflammbar [428];
zugelassen als Lebensmittelzusatzstoff nach LMBG;
Mit Einschränkungen erlaubt in kosmetischen Mitteln;
nicht brennbarer fester Stoff; tierische Produkte wie Leder und Wolle werden zersetzt; Aluminium, Zink, Messing, Zinn, Magnesium, und Legierungen werden bei Kontakt mit Natriumhydroxid mit Feuchtigkeit

oder Wasser heftig angegriffen; dabei entsteht sehr leicht brennbares Wasserstoffgas; bei Kontakt mit Ammoniumsalzen bildet sich Ammoniakgas; Stoff reagiert heftig mit Säuren (mit Wärmefreisetzung) [484];

Enthalten in CAB-O-SPERSE S 109 (<1%), S 3295 (<1%), II (<1%);

Natriumnitrit

- **CAS-Nummer:**
  7632-00-0
- **UN Nummer:**
  1500
- **gebräuchliche Namen**
  salpetrigsaures Natrium; salpetrigsaures Natrium;
- **Handelsnamen:**
  Anti-rust; Filmerine;
- **Summenformel:**
  $NaNO_2$

Funktion:
Treibmittel, anorganisch;
Anwendung:
Gummihohlkörper;

Eigenschaften:
- **toxikologisch/ökotoxikologisch:**
  RTECS # RA 1225000
  Schweizer Giftliste: 2
  WGK: 2
  R-Satz: 8-25
  S-Satz: (1/2)-45
  Sonstiges:
  Einstufung und Kennzeichnung von Zubereitungen, in denen diese Substanz enthalten ist:
  5%<=C ⇒ T; R25
  1%<=C<5% ⇒ Xn; R22

Natriumnitrithaltige Lösungen rufen nach Verschlucken Veränderungen an den roten Blutkörperchen und Kreislaufstörungen hervor; bei Brand bilden sich hochgiftige ⇒ Nitrose Gase [163];
Wirkt schädigend beim Einatmen, Verschlucken oder Aufnahme über Haut; verursacht Augen- und Hautreizungen; reizt Schleimhäute und Atemwege [187];
Ergebnis des Ames-Test: positiv [392];
LD Lo (oral, Mensch): 71 mg/kg [187];
LD Lo (oral, Kind): 22 mg/kg [187];
LD 50 (oral, Ratte): 85 mg/kg [415], [187], 180 mg/kg [428];
LC 50 (inhalativ, Ratte): 5500 µg/kg [187];
LD 50 (subcutan, Ratte): 96,60 mg/kg [428];
LD 50 (intravenös, Ratte): 65 mg/kg [428];
LD 50 (oral, Maus): 175 mg/kg [428];
LD 50 (intraperitoneal, Maus): 158 mg/kg [428];
LD Lo (subcutan, Maus): 150 mg/kg [428];
LD Lo (oral, Hund): 330 mg/kg [428];
LD Lo (subcutan, Hund): 60 mg/kg [428];
LD Lo (oval, Katze): 1500 mg/kg [428];
LD Lo (subcutan, Katze): 35 mg/kg [428];
LD 50 (oral, Kaninchen): 186 mg/kg [428];
LD Lo (subcutan, Kaninchen): 60 mg/kg [428];
LD Lo (subcutan, Frosch): 1000 mg/kg [428];

Bei Eindringen in Grundwasser Gefahr für Trinkwasser;

Toxische Grenzkonzentration für Pseudomonas putida 123 mg/l, Scenedesmus quadricauda 1233 mg/l [36], Daphnia magna < 20 mg/l [390];
LC 50 (Daphnia magna): 215 mg/l [6];
LC 50 (Fisch; Regenbogenforelle): 0,2 - 0,4 mg Nitrit/l [161];

Gefahren-Symbol:

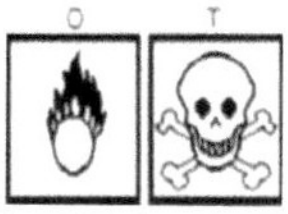

- **physikalisch/chemisch:**
  Schmelzpunkt: 271 °C
  Siedepunkt: 320 °C (Zers.)
  Flammpunkt: ca. 50 °C
  Dichte: 2168 kg/m3 (20 °C)
  Molmasse: 68,995 g/mol
  Löslichkeit:
  Wasser 815 g/l (15 °C), 1630 g/l (100 °C); Diethylether 3 g/l (20 °C); Methanol 44 g/l (20 °C); leicht löslich in Ammoniak;

Verbleib nach Gebrauch:
Sondermüll-Deponie, wasserunlösliche Feststoffe und Flüssigkeiten nach Neutralisation (nur für Kleinmengen);

Bemerkung:
Leicht gelbliche oder weiße Kristalle, Körner oder Puder;
Bei Kontakt mit organischen Stoffen kann sehr heftige Reaktion erfolgen; bei Mischung mit Ammoniumsalzen, Natriumsulfhydrat, Harnstoff oder Cyaniden kann Explosion eintreten;
Verwendungsverbot als Kühlschmierstoffbestandteil nach TRGS 611;
Unverträglich mit starken Reduktionsmitteln, feinpulverigen Metallen und starken Säuren;
Verwendung; als Oxidationsmittel; zur Herstellung von Diazoniumsalzen;
Enthalten in Korrosionsinhibitor L1 (<3%), L2 (0,5%);

Natriumpentachlorphenolat

- **CAS-Nummer:**
  131-52-2
- **UN Nummer:**
  2567
- **gebräuchliche Namen:**
  Natriumpentachlorophenat; Natriumpentachlorphenoxid; Pentachlorphenatnatrium; Natriumpentachlorophenol;
- **Handelsnamen:**
  Xylophen; Santobrite; Dow Dormant; Dowicide GST; Fungicide; Napclor-G; Sodium PCP; Weedbeads; Mystox D; PCP-Natrium; PkhFN; GR 48-11 PS; Mystox D;
- **Summenformel:**
  C_6Cl_5NaO

- **Strukturformel:**

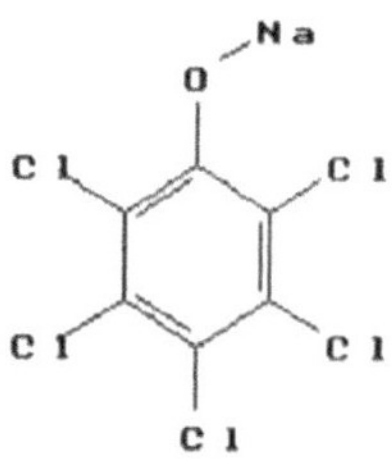

Funktion:
Latexchemikalie;
Anwendung:
Latex Tauchartikel; Latex Schaumartikel;

Eigenschaften:
- **toxikologisch/ökotoxikologisch:**
RTECS # SM 6490000
Schweizer Giftliste: 3
WGK: 3
R-Satz: 23/24/25
S-Satz: 28-36/39-44
Sonstiges:
Giftige Substanz, deren Dämpfe zu starker Reizung der Augen, Lunge und Haut führen; Kontakt mit dem festen Stoff reizt stark und verätzt Augen und Haut; Hautresorption möglich und auch auf diesem Wege tödliche Vergiftung hervorrufend; Schädigung des ZNS und Herzkreislaufsystems, nachfolgend Leber- und Nierenschäden [163];
LD 50 (oral, Ratte): 240 mg/kg; 126 mg/kg [428];
LD 50 (inhalativ, Ratte): 11700 µg/kg [428];
LD 50 (Haut, Ratte): 66 mg/kg [428];
LD Lo (intratracheal, Ratte): 146 mg/kg [428];
LD 50 (oral, Maus): 197 mg/kg [428];
LC 50 (inhalativ, Maus): 240 mg/m3/2 h [428];
LD 50 (intraperitoneal, Maus): 63700 µg/kg [428];
LD Lo (intratracheal, Maus): 164 mg/kg [428];

Biologisch nicht abbaubar;
Bei sehr starker Erhitzung und bei Brand bildet sich unter Zersetzung ätzender ⇒ Chlorwasserstoff(-gas) bzw. ⇒ Salzsäuredämpfe [163];

Gefahren-Symbol:

T

- **physikalisch/chemisch:**
Schmelzpunkt: 373 °C
Flammpunkt: > 100 °C
Molmasse: 288,32 g/mol
Löslichkeit:
Wasser 250 g/l (20 °C), 300 g/l (40 °C); löslich in Ethanol, Propanon; unlöslich in Benzen [428];

Verbleib nach Gebrauch:
Sondermüll-Deponie für chemischen Abfall, besonders gefährliche Stoffe;

Bemerkung:
Weißes bis hellbraunes Pulver, Perlen oder Kügelchen; unangenehmer Geruch; giftig, ätzend, brennbar;

Natriumperoxid

- **CAS-Nummer:**
1313-60-6
- **UN Nummer:**
1504; 2547;
- **gebräuchliche Namen:**
Natriumdioxid; Natriumsuperoxid; Natriumhyperoxid; Dinatriumdioxid; Dinatriumperoxid;
- **Handelsnamen:**
Flocool 180; Solozone; UN1504;

- **Summenformel:**
  Na_2O_2

Funktion:
Vulkanisationsaktivator / Beschleunigeraktivator;

Eigenschaften:
- **toxikologisch/ökotoxikologisch:**
  RTECS # WD 3450000
  Schweizer Giftliste: 2
  WGK: 1
  R-Satz: 8-35
  S-Satz: (1/2)-8-27-39-45
  Sonstiges:
  Staub und Kontakt mit festem Stoff führt zu Verätzungen der Augen, Atemwege und Haut; bei Kontakt mit Feuchtigkeit, Dampf oder Wasser entstehen Natriumhydroxid und Wasserstoffperoxid, so daß sich stark ätzende wäßrige Lösungen von Natriumhydroxid und Wasserstoffperoxid bilden; sehr starke, tiefgreifende Ätzwirkung (besondere Gefährdung der Augen); verursacht ausgedehnte, schlecht heilende Wunden [163];

  Gefahren-Symbol:

- **physikalisch/chemisch:**
  Schmelzpunkt: 460 °C
  Siedepunkt: 657 °C
  Dichte: 2805 kg/m3 (20 °C)
  Molmasse: 77,98 g/mol

  Löslichkeit:
  löslich in kaltem Wasser, verdünnten Säuren; zersetzlich in warmen Wasser, Ethanol; unlöslich in Laugen;

Verbleib nach Gebrauch:
Sondermüll-Deponie, wasserunlösliche Feststoffe und Flüssigkeiten nach Neutralisation (nur für Kleinmengen);

Bemerkung:
Hell-gelbes granuliertes Pulver;
Die Bezeichnung "Natriumsuperoxid" ist falsch und sollte vermieden werden;
Die mit Wasser, Feuchtigkeit oder Dampf entstehende Natronlauge zersetzt tierische Produkte wie Leder und Wolle; Aluminium, Zink, Magnesium und deren Legierungen wie Elektron werden heftig angegriffen, dabei entsteht sehr leicht brennbares Wasserstoffgas; bei Kontakt mit Ammoniumsalzen bildet sich Ammoniakgas;
Verwendung: als Bleichmittel für tierische und pflanzliche Fasern; zum Trocknen und Bedrucken von Textilien; zur Reinigung von Luft;

Natriumpersulfat

- **CAS-Nummer:**
  7775-27-1
- **gebräuchliche Namen:**
  Natriumperoxodisulfat;
- **Summenformel:**
  $Na_2S_2O_8$

Funktion:
Antimikrobielle Mittel für Latex;

Eigenschaften:
- **toxikologisch/ökotoxikologisch:**
RTECS # SE 0525000
Schweizer Giftliste: 4
WGK: 1
R-Satz: 8-22-36/38-42/43
S-Satz: 8-17-26-43
Sonstiges:
Staub führt zu starker Reizung der Augen, Atemwege, Atmungsorgane und Haut; Lungenödem möglich (kann mit einer Verzögerung von bis zu zwei Tagen auftreten); Kontakt mit dem festen Stoff bewirkt sehr starke Reizung der Augen und Haut; bei sehr starker Erhitzung erfolgt Zersetzung unter Abspaltung von Sauerstoff und Bildung von hochgiftigem Schwefeldioxid [163];
LD 50 (intraperitoneal, Maus): 226 mg/kg [428];
LD Lo (intravenös, Kaninchen): 178 mg/kg [428];

Gefahren-Symbol:

- **physikalisch/chemisch:**
Schmelzpunkt: 100 °C (Zers.)
Dichte: 2400 kg/m3 (20 °C)
Molmasse: 238,10 g/mol

Löslichkeit:
Wasser 549 g/l (20 °C);

Verbleib nach Gebrauch:
Sondermüll-Deponie, ausgefällte Sulfide von Mangan, Chrom oder Molybdän aus der Behandlung der Lösung mit Schwefelsäure und Natriumbisulfit und Neutralisation, lösliches Sulfid wird mit Hypochlorit zersetzt, neutralisiert ins Abwasser gegeben;

Bemerkung:
Weiße Kristalle oder kristallines Pulver; nicht brennbar;
Unverträglich mit starken Reduktionsmitteln, starken Basen, Alkoholen; Vor Feuchtigkeit schützen; Sofern Staub oder Pulver Kontakt mit brennbaren Substanzen erhält oder sich vermischt entsteht Brand- und Explosionsgefahr;
Verwendung: chemischer Beschleuniger bei der Emulsionspolymerisation; Bleichmittel; Oxidationsmittel;

Natriumpolyphosphat, glasige Struktur

- **CAS-Nummer:**
68915-31-1
- **Handelsnamen:**
Calgon 322 Neu; Calgon S; Calgon PT; Calgon PL; Calgon R;

Funktion:
Latexchemikalie;

Eigenschaften:
- **toxikologisch/ökotoxikologisch:**
RTECS # TR 4950250
WGK: 1
Sonstiges:
LD 50 (oral, Ratte): >2000 mg/kg [607];

LD 50 (oral, Ratte): 3053 mg/kg [428];
LD 50 (oral, Maus): 7572 mg/kg [428];
LD 50 (intraperitoneal, Maus); 680 mg/kg [428];

[Sdb BK]
LD 50 (oral, Ratte): >2000 mg/kg
Biologische Abbaubarkeit: Elimination aus dem Wasser durch Ausfällung der Ausflockung möglich;
LC 0 (Fisch, Goldorfe): >1600 mg/l/48 h
EC 50 (Bakterien): >1000 mg/l

- **physikalisch/chemisch:**
Schmelzpunkt: ca. 600 °C

Löslichkeit:
sehr gut löslich in Wasser (20 °C) [Sdb BK];

Bemerkung zu physikalisch/chemischen Daten:
Thermische Zersetzung: oberhalb 600 °C [Sdb BK];

Bemerkung:
Weißes, hygroskopisches Agglomerat; feines weißes Granulat, geruchlos;
Durch das spezielle Herstellungsverfahren ist das Produkt nahezu staubfrei. Bei eventuell auftretender Staubentwicklung ist der allgemeine Staubgrenzwert für Feinstaubkonzentrationen von 6 mg/m3 zu beachten; das Produkt ist nicht brennbar [Sdb BK];

Natriumpolysulfid

- **CAS-Nummer:**
1344-08-7
- **Summenformel:**
Na_2S_x

Funktion:
Vulkanisationsbeschleuniger, anorganisch;

Eigenschaften:
- **toxikologisch/ökotoxikologisch:**
Schweizer Giftliste: 2
WGK: 2
R-Satz: 31-34
S-Satz: (1/2)-26-45

Gefahren-Symbol:

- **physikalisch/chemisch:**

Bemerkung:
Polysulfide finden meistens in der Form von Lösungen Einsatz bei der Herstellung von Schwefel-Farbstoffen, Flotationsmitteln, Metallfärbungsmitteln, in der Gerberei und in der Kautschukindustrie;

Natriumxanthogenat

- **CAS-Nummer:**
  17619-90-8
- **gebräuchliche Namen:**
  Carbonodithionatriumsalz
- **Summenformel:**
  $CHNaOS_2$

- **Strukturformel:**

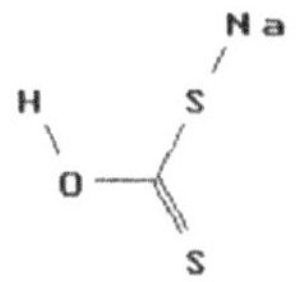

Funktion:
  Vulkanisationsbeschleuniger, organisch;
Anwendung:
  selbstvulkanisierende Klebelösung;

Eigenschaften:
- **physikalisch/chemisch:**
  Molmasse: 116,13 g/mol

Nickelthiobenzoat

- **CAS-Nummer:**
  19621-40-0
- **gebräuchliche Namen:**
  Bis(2-mercaptobenzaldehydato-0,S)-nickel;
- **Summenformel:**
  $C_{14}H_{10}NiO_2S_2$

- **Strukturformel:**

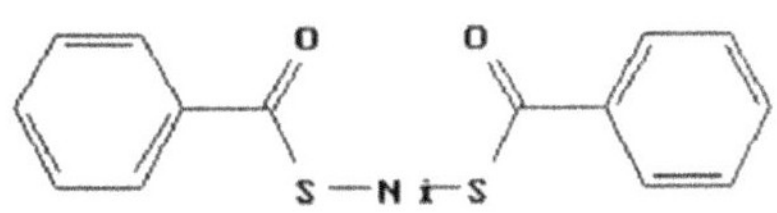

Funktion:
  Mastikationsmittel;

Eigenschaften:
- **physikalisch/chemisch:**
  Molmasse: 205,34 g/mol

Niederdruck Polyethylen, chloriert

- **CAS-Nummer:**
  64754-90-1

branchenspezifische Bemerkung zur Substanz:
  Einsatzmenge in der Kautschukindustrie: 62 t/a [1996];

2-Nitropropan

- **CAS-Nummer:**
  79-46-9
- **UN Nummer:**
  2608
- **gebräuchliche Namen:**
  2-NP; Dimethylnitromethan; Isonitropropan; Nitroisopropan; beta-Nitropropan;
- **Handelsnamen:**
  Nipar S20; Nipar S30;
- **Summenformel:**
  $C_3H_7NO_2$
- **Strukturformel:**

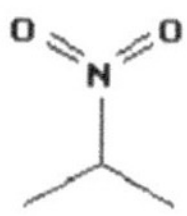

Funktion:
Lösemittel;

Eigenschaften:
- **toxikologisch/ökotoxikologisch:**

RTECS # TZ 5250000
Schweizer Giftliste: 1
R-Satz: 45-10-20/22
S-Satz: 53-45
Sonstiges:
Einstufung und Kennzeichnung von Zubereitungen, in denen diese Substanz enthalten ist:
25%<=C ⇒ T; R45-20/22
0.1%<=C<25% ⇒ T; R45

Krebserzeugend IIIA2 [481]; Carc.Cat.2 [505];
Dämpfe verursachen leichte Reizung der Augen und Atmungsorgane; in schweren Vergiftungsfällen Veränderung des Blutfarbstoffes (MetHb-Bildung) sowie Leber-, Nieren- und Gehirnschäden möglich;
LD 50 (oral, Ratte): 720 mg/kg [9];
LC 50 (inhalativ, Ratte): 3600 ml/m3/8 h [9];
LC 50 (inhalativ, Ratte): 400 ppm/6h [428];
TD Lo (intraperitoneal, Ratte (trächtig)): 2250 mg/kg/1-15d [428];
TD Lo (oral, Ratte): 4277 mg/kg/16w (intermittierend) [428];
TC Lo (inhalativ, Ratte): 207 ppm/26w (intermittierend) [428];
LC 50 (inhalativ, Maus): 10 g/m3/2h [428];
LD 50 (intraperitoneal, Maus): 75 mg/kg [428];
LC Lo (inhalativ, Katze): 714 ppm/5h [428];
LD Lo (oral, Kaninchen): 500 mg/kg [428];
LC Lo (inhalativ, Kaninchen): 2381 ppm/5h [428];
LC Lo (inhalativ, Meerschweinchen): 4622 ppm/5h [428];

Gefahren-Symbol:

- **physikalisch/chemisch:**

Schmelzpunkt: -93 °C; -91,3 °C

Siedepunkt: 120,3 °C; 115-118 °C; 117-120 °C
Flammpunkt: 37 °C
Dampfdruck: 17 hPa (20 °C) [9]
Brechungsindex: 1,3941 (20 °C); 1,3943 (20 °C); 1,3999 (20 °C)
Dichte: 1024 kg/m3 (0 °C); 988,39 kg/m3 (20 °C)
Molmasse: 89,09 g/mol
Verdunstungszahl: 1,1 (BuAc = 1) [9]; 13 (Diethylether = 1) [18]

Löslichkeit:
Wasser 6 ml/l (20 °C); leicht löslich in Ethanol, Diethylether;

Bemerkung zu physikalisch/chemischen Daten:
Zündtemperatur: 428 °C;

Verbleib nach Gebrauch:
Verbrennung;

Bemerkung:
Klare, farblose Flüssigkeit; unangenehmer Geruch; brennbar;
Bildet im dampf-/gasförmigen Zustand mit Luft explosionsfähige Gemische;
Explosionsgrenzen: 2,6 - ? Vol%;
Verwendung: Lösemittel;

N-Nitrosodimethylamin

- **CAS-Nummer:**
62-75-9
- **gebräuchliche Namen:**
NDMA; DMN; DMNA; N-Nitroso-N,N-dimethylamin; N-Methyl-N-nitrosomethanamin; Dimethylnitrosamin;
- **Summenformel:**
$C_2H_6N_2O$

- **Strukturformel:**

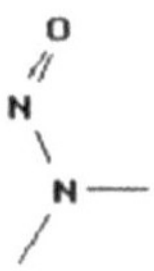

branchenspezifische Bemerkung zur Substanz:
Reaktionsprodukt von Vulkanisationsbeschleunigern, z. B. TMTM, TMTD, ZDMC u.ä., HEXA;

Eigenschaften:
- **toxikologisch/ökotoxikologisch:**
RTECS # IQ 0525000
Schweizer Giftliste: 1k
R-Satz: 45-25-26-48/25
S-Satz: 53-45
Sonstiges:
krebserzeugend; Gruppe III A2;
Mutagen, Tumorigen;
LD Lo (oral, Frau): 20 mg/kg/2,5 y [428];
LD 50 (oral, Ratte): 26 mg/kg [39], 37 mg/kg [428];
LC 50 (inhalativ, Ratte): 78 ppm/4h [39], [428];
LD 50 (intraperitoneal, Ratte): 26500 μg/kg [428];
LD Lo (subcutan, Ratte): 40 mg/kg [428];
LD Lo (intravenös, Ratte): 40 mg/kg [428];
TD Lo (oral, Ratte): 30 mg/kg [39];
LC 50 (inhalativ, Maus): 57 ppm/4h [428];

LD 50 (intraperitoneal, Maus): 19 mg/kg [428];
LD Lo (oral, Hund): 20 mg/kg [428];
LC Lo (inhalativ, Hund): 16 ppm/4h [428];
LD 50 (intraperitoneal, Meerschweinchen): 13700 µg/kg [428];
LD 50 (oral, Hamster): 28 mg/kg [428];
LD Lo (intraperitoneal, Hamster): 30 mg/kg [428];
LD 50 (subcutan, Hamster): 17700 µg/kg [428];
LD 50 (subcutan, Säugetier): 10 mg/kg [428];

Gefahren-Symbol:

- **physikalisch/chemisch:**
  Schmelzpunkt: -28 °C
  Siedepunkt: 151 °C; 153 °C (1031 hPa); 148,5 °C (965 hPa)
  Flammpunkt: 61 °C
  Log pOW: -0,57
  Brechungsindex: 1,4368 (20 °C); 1,4321 (20 °C)
  Dichte: 1006 kg/m3 (20 °C); 949,1 (75 °C)
  Molmasse: 74,08 g/mol

Bemerkung:
rhombische Kristalle;

N-Nitrosodi-n-propylamin

- **CAS-Nummer:**
  621-64-7
- **gebräuchliche Namen:**
  NDPA; Di-n-propylnitrosamin; Dipropylnitrosamin; N-Nitroso-n-propyl-1-propanamin;
- **Summenformel:**
  $C_6H_{14}N_2O$

- **Strukturformel:**

branchenspezifische Bemerkung zur Substanz:
Reaktionsprodukt von Vulkanisationsbeschleunigern;

Eigenschaften:
- **toxikologisch/ökotoxikologisch:**
  RTECS # JL9700000
  Schweizer Giftliste: 1K
  R-Satz: 45-22
  S-Satz: 45-53
  Sonstiges:
  krebserzeugend;
  krebserz. Kat. 2;

LD 50 (oral, Ratte): 480 mg/kg [428];
LD 50 (subcutan, Ratte): 487 mg/kg [428];
LD 50 (subcutan, Maus): 689 mg/kg [428];
LD 50 (oral, Hamster): >400 mg/kg [428];
LD 50 (subcutan, Hamster): 600 mg/kg [428];
TD Lo (oral, Ratte): 660 mg/kg/60w (intermittierend) [428];
TD Lo (subcutan, Ratte): 926 mg/kg/38w (intermittierend) [428];
TD Lo (oral, Maus): 120 mg/kg/50w (intermittierend) [428];
TD Lo (subcutan, Maus): 1516 mg/kg/44w (intermittierend) [428];
TD Lo (subcutan, Hamster): 1760 mg/kg/27w (intermittierend) [428];
TD Lo (subcutan, Hamster (trächtig)): 100 mg/kg/14d [428];
TD Lo (intratracheal, Hamster): 12 mg/kg/8w (intermittierend) [428];

Gefahren-Symbol:

- **physikalisch/chemisch:**
  Schmelzpunkt: 65 °C
  Siedepunkt: 205 °C
  Flammpunkt: 98 °C
  Dichte: 913 kg/m3
  Molmasse: 130,13 g/mol

Bemerkung:
saubere gelbe Flüssigkeit;

N-Nitrosodiphenylmethylamin

- **CAS-Nummer:**
  5336-53-8
- **gebräuchliche Namen:**
  Dibenzylnitrosamin; N-Nitrosodibenzylamin; N,N-Dibenzylnitrosamin;
- **Summenformel:**
  $C_{14}H_{14}N_2O$
- **Strukturformel:**

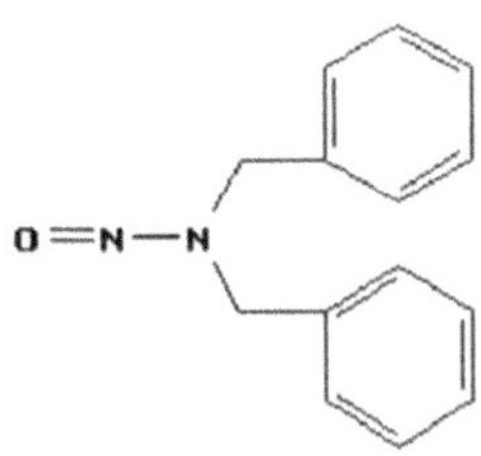

Funktion:
1) Vulkanisationsbeschleuniger, organisch;

branchenspezifische Bemerkung zur Substanz:
2) Reaktionsprodukt aus Vulkanisationsbeschleunigern, z. B. ZBEC (CAS-Nr. 14726-36-4);

Eigenschaften:
- **toxikologisch/ökotoxikologisch:**
  RTECS # HQ 7100000

Sonstiges:
Krebserzeugend;
LD 50 (oral, Ratte): 900 mg/kg [428];

- **physikalisch/chemisch:**
  Schmelzpunkt: 52 °C; 61 °C
  Molmasse: 226,26 g/mol

2,2'-(Nitrosoimino)-bisethanol

- **CAS-Nummer:**
  1116-54-7
- **gebräuchliche Namen:**
  NDELA; N-Nitrosodiethanolamin; 2,2'-Nitrosiminodiethanol; Di-(2-Hydroxyethyl)-nirosamin; N-Nitroso-bis-(2-hydroxyethyl)amin; Bis-ß-hydroxyethylnitrosamin; Diethanolnitrosamin;
- **Summenformel:**
  $C_4H_{10}N_2O_3$

branchenspezifische Bemerkung zur Substanz:
Reaktionsprodukt von Vulkanisationsbeschleunigern;

Eigenschaften:
- **toxikologisch/ökotoxikologisch:**
  RTECS # KL 9550000
  R-Satz: 45
  S-Satz: 53-45
  Sonstiges:
  Krebserzeugend III A2 [481];
  Schädlich beim Einatmen, Verschlucken oder Kontakt mit der Haut; Karzinogen! [187];
  LD 50 (oral, Ratte): 7500 mg/kg [428]
  LD Lo (subcutan, Hamster): 11 mg/kg [428]

  Gefahren-Symbol:

  T

- **physikalisch/chemisch:**
  Siedepunkt: 125 °C (0,013 hPa)
  Flammpunkt: 11 °C
  Brechungsindex: 1,4849 (20 °C)
  Dichte: 1484 kg/m3 (20 °C)
  Molmasse: 134,13 g/mol

Bemerkung:
Hellgelbes Öl;
Verwendung: Bei der Herstellung von organischen Komponenten; Vulkanisationsbeschleuniger; in Druckereien;

N-Nitrosomethylethylamin

- **CAS-Nummer:**
  10595-95-6
- **gebräuchliche Namen:**
  Ethylmethylnitrosamin; Methylethylnitrosamin; N,N-Methylethylnitrosamin; N-Methyl-N-nitrosoethylamin; NEMA;

- **Summenformel:**
  $C_3H_8N_2O$

- **Strukturformel:**

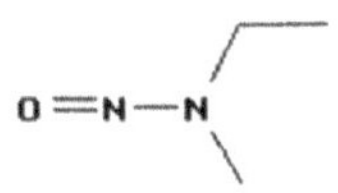

Funktion:
Reaktionsprodukt vo Vulkanisationsbeschleunigern; Herstellung von Polyacrylnitril;

Eigenschaften:
- **toxikologisch/ökotoxikologisch:**
  RTECS # KR9200000
  Sonstiges:
  krebserzeugend;
  LD 50 (oral, Ratte): 90 mg/kg [428];
  TD Lo (oral, Ratte): 600 mg/kg/15w (intermittierend) [428];
  TD Lo (oral, Hamster): 108 mg/kg/20w (intermittierend) [428];

- **physikalisch/chemisch:**
  Schmelzpunkt: 26,7 °C
  Siedepunkt: 156-157 °C; 163 °C (996 hPa)
  Flammpunkt: 76 °C
  Dichte: 944,8 kg/m3 (18 °C); 973 kg/m3
  Molmasse: 88,13 g/mol

  Löslichkeit:
  löslic in Wasser und in organischen Solventien

Bemerkung:
gelbe Flüssigkeit;

4-Nitrosomorpholin

- **CAS-Nummer:**
  59-89-2
- **gebräuchliche Namen:**
  NMOR; N-Nitrosomorpholin; 4-Nitrosomorpholin;
- **Summenformel:**
  $C_4H_8N_2O_2$

- **Strukturformel:**

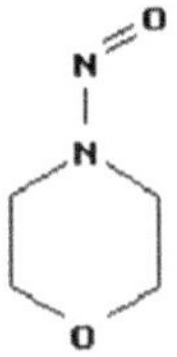

branchenspezifische Bemerkung zur Substanz:
Zersetzungsprodukt morpholinhaltiger Vulkanisationsbeschleuniger, z. B. MBS, DTDM, DTDS, OTTBS;

Eigenschaften:
- **toxikologisch/ökotoxikologisch:**
  RTECS # QE 7525000
  Schweizer Giftliste: 1k
  Sonstiges:
  MAK III A2: Stoffe, die bislang nur im Tierversuch sich nach Meinung der Kommission eindeutig als krebserregend erwiesen haben, und zwar unter Bedingungen, die der möglichen Exposition des Menschen am Arbeitsplatz vergleichbar sind, bzw. aus denen Vergleichbarkeit abgeleitet werden kann.
  Mutagen; Tumorigen;
  LD 50 (oral, Ratte): 282 mg/kg [39], [428];
  LD 50 (intraperitoneal, Ratte): 282 mg/kg [428];
  LD 50 (subcutan, Ratte): 170 mg/kg [428];
  LD 50 (intravenös, Ratte): 98 mg/kg [428];
  LC Lo (inhalativ, Maus): 1000 mg/m3/10m [428];
  LD 50 (intraperitoneal, Maus): 64 mg/kg [428];
  LD 50 (oral, Hamster): 956 mg/kg [428];
  LD 50 (subcutan, Hamster): 491 mg/kg [428];

- **physikalisch/chemisch:**
  Schmelzpunkt: 29 °C
  Siedepunkt: 224 229 °C; 139 140 °C (33,32 hPa)
  Log pOW: -0,44
  Dichte: 1104 kg/m3 (20 °C)
  Molmasse: 116,12 g/mol

1-Nitroso-2-naphthol

- **CAS-Nummer:**
  131-91-9
- **gebräuchliche Namen:**
  1-Nitroso-naphthalen-2-ol; [1,2]-Naphthoquinon-1-oxim; 2-Hydroxy-1-nitrosonaphthalin;
- **Summenformel:**
  $C_{10}H_7NO_2$

- **Strukturformel:**

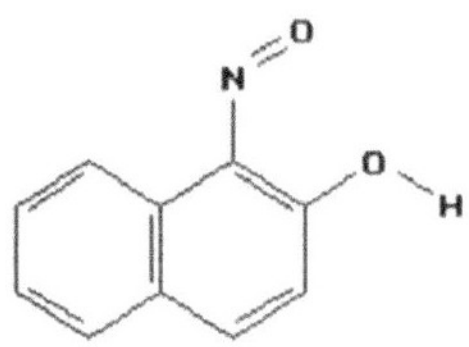

Funktion:
Mastikationsmittel;

Eigenschaften:
- **toxikologisch/ökotoxikologisch:**
  RTECS # QL 4725000
  WGK: 2
  R-Satz: 20/21/22-36/37/38-40
  S-Satz: 26-36-22
  Sonstiges:
  LD50 (oral, Ratte): 500 mg/kg [39]

Gefahren-Symbol:

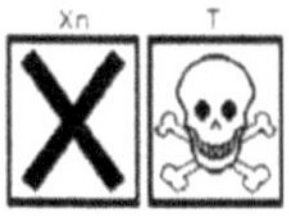

- **physikalisch/chemisch:**
  Schmelzpunkt: 109-110 °C; 106-108 °C
  Flammpunkt: 106 °C
  Log pOW: 1,28
  Molmasse: 173,17 g/mol

Verbleib nach Gebrauch:
Verbrennung nach Mischung mit brennbarem Lösemittel;

Bemerkung:
braunes Pulver;

1-Nitroso-2-naphthol, Eisenkomplex

- **CAS-Nummer:**
  16143-80-9
- **gebräuchliche Namen:**
  C.I Pigment Grün 8; Pigment Grün B;
- **Handelsnamen:**
  Horna Green 33694; Irgaphor Green DBN chips;

Funktion:
Pigment, organisch;

Eigenschaften:
- **toxikologisch/ökotoxikologisch:**
  Sonstiges:
  LD 50 (oral, Ratte): >2000 mg/kg [607];

- **physikalisch/chemisch:**
  Schmelzpunkt: 140-180 °C

Bemerkung:
grünes Pulver oder Granulat;

4-Nitroso-N-phenylbenzenamin

- **CAS-Nummer:**
  156-10-5
- **gebräuchliche Namen:**
  p-Nitrosodiphenylamin; 4-Nitrosodiphenylamin; (4-Nitrosophenyl)-phenylamin; 4-Nitroso-N-phenylbenzenamin;
- **Handelsnamen:**
  NCI-C02244; TKB; Naugard TKB;
- **Summenformel:**
  $C_{12}H_{10}N_2O$

- **Strukturformel:**

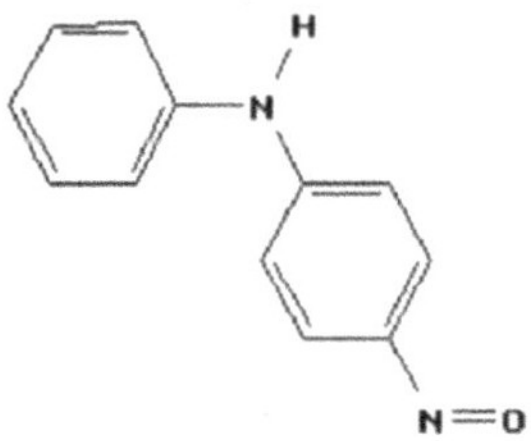

Funktion:
Vulkanisationsverzögerer;

Eigenschaften:
- **toxikologisch/ökotoxikologisch:**
RTECS # JK 0175000
R-Satz: 45-46-23/24/25-36/37/38
S-Satz: 53-45-26-22-36/37/38
Sonstiges:
carcinogen vedächtig;
LD 50 (oral, Ratte): 2140 mg/kg [187];
LD 50 (intravenös, Maus): 178 mg/kg [187];
LD (Auge, Kaninchen): 100 mg/24 h [187];

Gefahren-Symbol:

- **physikalisch/chemisch:**
Schmelzpunkt: 144-145 °C (Zers.)
Molmasse: 198,22 g/mol

Löslichkeit:
leicht löslich in Diethylether, Trichlormethan, Benzen; gering löslich in Wasser;

Verbleib nach Gebrauch:
Verbrennung nach Mischung mit brennbarem Lösemittel;

Bemerkung:
schwarzes Pulver;

N-Nitroso-N-phenylbenzenamin

- **CAS-Nummer:**
86-30-6
- **gebräuchliche Namen:**
NDPA; Diphenylnitrosamin; N-Nitrosodiphenylamin; N,N-Diphenylnitrosamin;
- **Handelsnamen:**
Vulkalent A; Curetard A; Delac J; Naugard TJB; Redax; Retarder J; Vultrol; Vulcatard A;
- **Summenformel:**
$C_{12}H_{10}N_2O$

- **Strukturformel:**

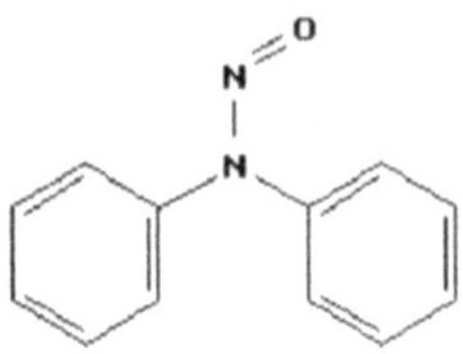

Funktion:
1) Hitzeschutzmittel;
2) Replastiziermittel;
3) Vulkanisationsverzögerer;
4) Verzögerer für schwefelfreie Vernetzungsmittel;

Anwendung:
3) Reifen, Schläuche; chirurgische und medizinische Artikel; Sportartikel; Spielsachen; technische Gummiartikel; Produkte für Industrie, inkl. Druckplattentücher; Klebstoffe; Dichtungen; Latex Tauchartikel; Latex Schaumartikel;

branchenspezifische Bemerkung zur Substanz:
wegen Nitrosaminbildung nicht mehr im Einsatz [10];
5) Reaktionsprodukt aus Vulkanisationsbeschleunigenr, zB. ZBEC, ZEPC (CAS-Nr. 14634-93-6);

Eigenschaften:
- **toxikologisch/ökotoxikologisch:**
RTECS # JJ 9800000
R-Satz: 20/21/22-40
S-Satz: 22-24
Sonstiges:
krebseregend;
LD 50 (oral, Ratte): 650 mg/kg [187];
LD 50 (Auge, Kaninchen): 500 mg/24h [187];
LD 50 (intraperitoneal, Ratte): 1750 mg/kg [39];
LD 50 (dermal, Hase): >7940 mg/kg [428];

Gefahren-Symbol:

- **physikalisch/chemisch:**
Schmelzpunkt: 66,5 °C; 68 °C
Dichte: 1230 kg/m3
Molmasse: 198,22 g/mol

Bemerkung:
gelbgrünes Pulver; monokline Kristalle;

1-Nitrosopyrrolidin

- **CAS-Nummer:**
930-55-2
- **gebräuchliche Namen:**
N-Nitrosopyrrolidin; N-Nitroso-1-pyrrolidinamin;
- **Summenformel:**
$C_4H_8N_2O$

- **Strukturformel:**

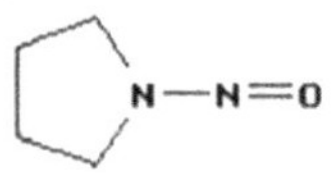

branchenspezifische Bemerkung zur Substanz:
Reaktionsprodukt von Vulkanisationsbeschleunigern;

Eigenschaften:
- **toxikologisch/ökotoxikologisch:**
  RTECS # UY 1575000
  R-Satz: 45-46-23/24/25
  S-Satz: 53-45-36/37/39-23
  Sonstiges:
  Krebserzeugend;
  LD 50 (oral, Ratte): 900 mg/kg [39], [428];
  LD 50 (subcutan, Maus): 125 mg/kg [428];
  LD 50 (oral, Maus): 125 mg/kg [428];
  LD 50 (oral, Hamster): 1023 mg/kg [428],
  LD 50 (subcutan, Hamster): 561 mg/kg [428];

- **physikalisch/chemisch:**
  Schmelzpunkt: 83 °C
  Siedepunkt: 214 °C
  Flammpunkt: 83 °C
  Brechungsindex: 1,4900 (20 °C)
  Dichte: 1085 kg/m3
  Molmasse: 100,12 g/mol

Verbleib nach Gebrauch:
Verbrennung;

Nonadecan

- **CAS-Nummer:**
  629-92-5
- **Summenformel:**
  $C_{19}H_{40}$
- **Strukturformel:**

branchenspezifische Bemerkung zur Substanz:
Reaktionsprodukt von aliphatischen Ölen [Weichmacher];

Eigenschaften:

- **physikalisch/chemisch:**
  Schmelzpunkt: 32-34 °C; 32,1 °C
  Siedepunkt: 330 °C; 329,9 °C
  Flammpunkt: 168 °C
  Dichte: 785,5 kg/m3 (20 °C)
  Molmasse: 268,53 g/mol

Verbleib nach Gebrauch:
Verbrennung nach Mischung mit brennbarem Lösemittel;

Bemerkung:
weiße kristalline Lösung;

Nonan

- **CAS-Nummer:**
  111-84-2
- **UN Nummer:**
  1920
- **gebräuchliche Namen:**
  n-Nonan;
- **Handelsnamen:**
  Shellsol 140;
- **Summenformel:**
  C_9H_{20}
- **Strukturformel:**

branchenspezifische Bemerkung zur Substanz:
Reaktionsprodukt von aliphatischen Ölen [Weichmacher];

Eigenschaften:
- **toxikologisch/ökotoxikologisch:**
  RTECS # RA 6115000
  Schweizer Giftliste: 5
  WGK: 1
  R-Satz: 10-36/37/38
  S-Satz: 16-26-36/37/39
  Sonstiges:
  Dämpfe wirken in hohen Konzentrationen (z.B. bei Erhitzen) narkotisch und führen zu Herzryhthmusstörungen. Sie können unter besonderen Bedingungen (z.B. unmittelbare Bodennähe oder in geschlossenen Räumen) durch Verdrängung der Luft erstickend wirken. Kontakt mit der Flüssigkeit führt zu Reizung der Augen und der Haut. Symptome: Kopfschmerzen, Schwindel, Schwäche, Übelkeit, Erbrechen, Erregungszustände, Glücksgefühl, Schläfrigkeit, Bewußtlosigkeit, Atemstillstand [484].
  LC 50 (inhalativ, Ratte): 3200 ppm/4h [428];
  LD 50 (intravenös, Maus): 218 mg/kg [428];

- **physikalisch/chemisch:**
  Schmelzpunkt: -51 °C; -53 °C
  Siedepunkt: 151 °C
  Flammpunkt: 31 °C
  Dampfdruck: 5 hPa (20 °C) [484]
  Log pOW: 5,46 [428]
  Brechungsindex: 1,4045 (20 °C)
  Dichte: 718,0 kg/m3 (25 °C)
  Molmasse: 128,29 g/mol
  Löslichkeit:
  unlöslich in Wasser; löslich in Ethanol, Diethylether; mischbar mit Propanonon, Benzen, Trichlormethan, Heptan;

Verbleib nach Gebrauch:
Verbrennung, hochentzündliche Stoffe;

Bemerkung:
Farblose Flüssigkeit, schwacher Geruch;
Achtung, Stoff neigt zur elektrostatischen Aufladung [484];

Nonandisäure-bis-[2-ethylhexylester]

- **CAS-Nummer:**
  103-24-2
- **gebräuchliche Namen:**
  DEHZ; DOZ; Azelainsäure-di-(2-ethylhexyl)-ester; Di-(2-ethylhexyl)-azelat; Dioctylazelat; Bis-(2-ethylhexl)ester-nonandisäure;
- **Handelsnamen:**
  Kodaflex 410; Plastolein 9058 DOZ; Staflex DOX; Truflex DOX;
- **Summenformel:**
  $C_{25}H_{48}O_4$

- **Strukturformel:**

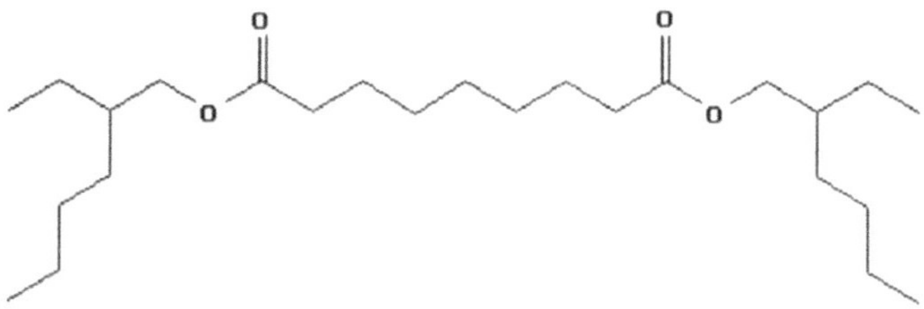

Funktion:
Weichmacher, synthetisch;

branchenspezifische Bemerkung zur Substanz:
Einsatzmenge: 1 t/a (TSE-Industrie, 1996)

Eigenschaften:
- **toxikologisch/ökotoxikologisch:**
  RTECS # CM 2000000
  Sonstiges:
  LD 50 (oral, Ratte): 8720 mg/kg [428];
  LD 50 (intravenös, Ratte): 1060 mg/kg [428];
  LD 50 (Haut, Kaninchen): 20000 mg/kg [428];
  LD 50 (intravenös, Kaninchen): 640 mg/kg [428];

- **physikalisch/chemisch:**
  Schmelzpunkt: -68 °C; -77,5 °C
  Siedepunkt: 237 °C
  Flammpunkt: 213 °C
  Dichte: 917 kg/m3 (25 °C)
  Molmasse: 412,73 g/mol
  Löslichkeit:
  löslich in Wasser, Ethanol, Propanon, Benzen [428];

4-Nonyl-N-(4-nonylphenyl)-benzolamin

- **CAS-Nummer:**
  24925-59-5
- **gebräuchliche Namen:**
  4,4'-Dinonyldiphenylamin;
- **Summenformel:**
  $C_{30}H_{47}N$

- **Strukturformel:**

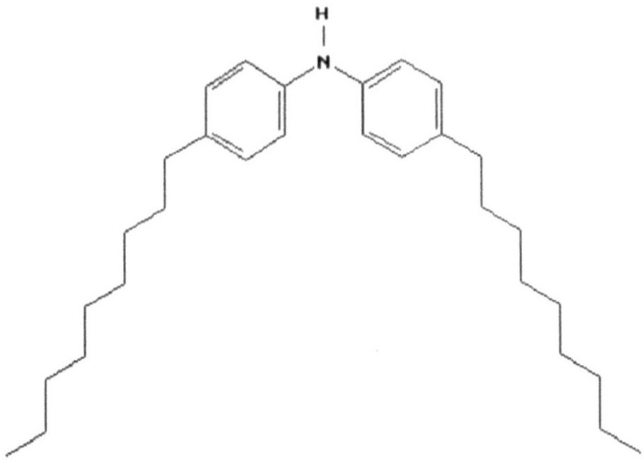

Funktion:
sonstige Chemikalien;
Anwendung:
chirurgische und medizinische Artikel; Sportartikel; Spielsachen; technische Gummiartikel;

Eigenschaften:

- **physikalisch/chemisch:**
Molmasse: 421,71 g/mol

4-Nonylphenol

- **CAS-Nummer:**
25154-52-3
- **UN Nummer:**
3082
- **gebräuchliche Namen:**
para-Nonylphenol; p-Nonylphenol;
- **Summenformel:**
$C_{15}H_{24}O$

- **Strukturformel:**

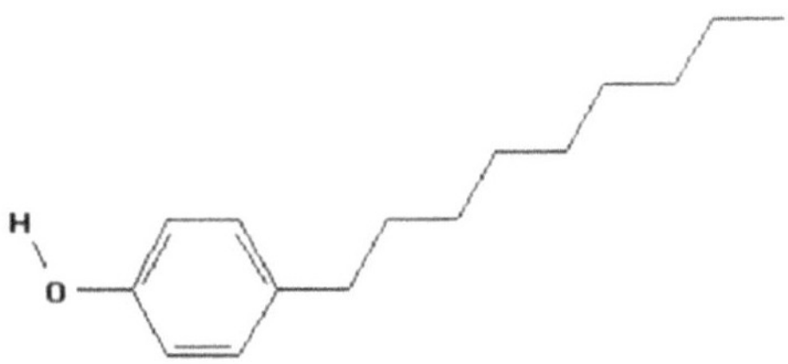

Funktion:
Härter;

Eigenschaften:
- **toxikologisch/ökotoxikologisch:**
RTECS # SM 5600000
WGK: 3

Sonstiges:
Zu Nonylphenol liegt ein BUA-Stoffbericht Nr. 13 vor.
Kontakt mit der Schmelze führt außer zu Verbrennungen zu sehr schweren Verätzungen; [484]
LD 50 (oral, Ratte): 1620 mg/kg [484], [428];
LD 50 (oral, Maus): 1231 mg/kg [428];
LD 50 (Haut, Kaninchen): 2140 µl/kg [484], [428];

Toxisch für Wasserorganismen: LC 50/96h. 100-10 mg/l,
für Daphnia magna EC 0: 0,09 mg/l, EC 50: 0,18 mg/l, EC 100: 0,34 mg/l; [484];
LC 0 (Fisch, Goldorfe): 1,4 mg/l [33];

- **physikalisch/chemisch:**
Schmelzpunkt: ca. -8 °C [484]; -10 °C
Siedepunkt: 293-297 °C
Flammpunkt: ca. 155 °C [484]; >110 °C [448]
Brechungsindex: 1,513 (20 °C)
Dichte: 950 kg/m3 (20 °C)
Molmasse: 220,36 g/mol

Löslichkeit:
unlöslich in Wasser, verdünnter Natronlauge; löslich in Benzen, Anilin, Heptan, aliphatische Alkohole, Ethylenglykol, chlorierte Lösemittel;

Bemerkung:
Klare bis strohfarbene, sirupartige Schmelze; schwacher phenolartiger Geruch, ähnlich wie Desinfektionsmittel [484];
Bildet im dampf-/gasförmigen Zustand mit Luft explosionsfähige Gemische;
Explosionsgrenzen: 1-? Vol.-%; Zündtemperatur: ca. 370 °C [484];
Wird meist als Schmelze mit Temperaturen von über 140 °C transportiert; nicht mit Druckluft fördern, da über der Schmelze explosionsfähige Athmosphäre entstünde, auch bei vorheriger Schutzgasabdeckung, rostfreier Stahl als Behälter beständig [484];

Octadecan

- **CAS-Nummer:**
593-45-3
- **Summenformel:**
$C_{18}H_{38}$

- **Strukturformel:**

branchenspezifische Bemerkung zur Substanz:
Reaktionsprodukt von aliphatischen Ölen [Weichmacher];

Eigenschaften:
- **toxikologisch/ökotoxikologisch:**
R-Satz: 36/37/38
S-Satz: 26-36

- **physikalisch/chemisch:**
Schmelzpunkt: 29-30 °C; 28-30 °C; 28,2 °C
Siedepunkt: 317 °C; 316,3 °C; 128 °C (1,33 hPa); 177 °C (20 hPa)
Flammpunkt: 165 °C
Dichte: 777 kg/m3 (20 °C); 776,8 kg/m3 (28 °C)
Molmasse: 254,5 g/mol

Verbleib nach Gebrauch:
Verbrennung nach Mischung mit brennbarem Lösemittel;

Bemerkung:
weiße kristalline Lösung;

Octadecansäure

- **CAS-Nummer:**
57-11-4
- **gebräuchliche Namen:**
Oktadekansäure; n-Octadecansäure; Stearinsäure; Carbonsäure C-18; Heptadecan-alpha-carbonsäure; 1-Heptadecancarboxylsäure; Rübfettsäure;
- **Handelsnamen:**
Emersol 120; Emersol 132; Irgawax 330; Loxiol G 20; Naftozin N; Promulsin; Provisol Wax; Century 1220; E 570; Emery 400; Hydrofolsäure 150; Hysterene S-97; Hysterene T-70; Hysterene T-80; Hysterene T-5016; Hysterene 4516; Kam 1000; Kam 2000; Kam 3000; Neo-Fat 18; Stearex Beads; Vanicol; Formula 300; Glycon DP; Glycon S-70; Glycon S-80; Glycon TP; Glycon S-90; Groco 54; Edenox; Industrene 9018; Emersol 120; Emersol 132; Formula 300; Pristerene 4931; Pristerene 4963; Radiacid 424;
- **Summenformel:**
$C_{18}H_{36}O_2$
- **Strukturformel:**

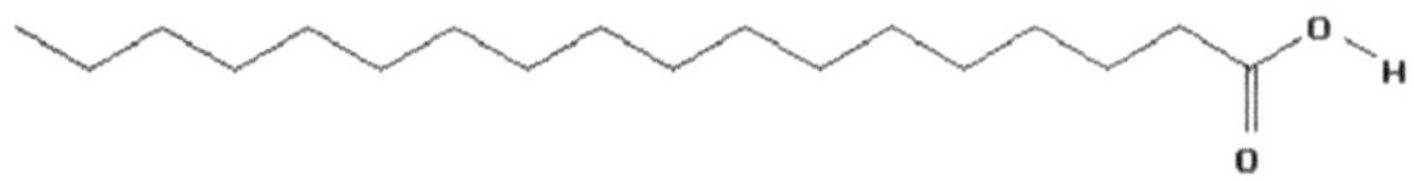

Funktion:
(1) Zusatz für schwefelfreie Vernetzungsmittel;
(2) Vulkanisationsaktivator / Beschleunigeraktivator;
(3) Mastikationsmittel;
(4) Oberflächenbehandlungsmittel;
(5) Vulkanisationsverzögerer;
Kautschukart:
(1) Isobuten-Isopren-Kautschuk;
Anwendung:
(4) Reifen, Schläuche; chirurgische und medizinische Artikel; Sportartikel; Spielsachen; technische Gummiartikel; Produkte für Industrie, inkl. Druckplattentücher; Klebstoffe; Dichtungen; Latex Tauchartikel; Latex Schaumartikel;

branchenspezifische Bemerkung zur Substanz:
Einsatzmenge: 5.950 t/a (Reifenindustrie: 4.550 t/a, TSE-Industrie: 1.400 t/a) (1996)

Eigenschaften:
- **toxikologisch/ökotoxikologisch:**
RTECS # WI 2800000
Schweizer Giftliste: 1
WGK: 0
R-Satz: 36/37/38
S-Satz: 26-36
Sonstiges:
Wirkt schädigend beim Einatmen oder Verschlucken; verursacht Augen- und Hautreizungen; reizt Schleimhäute und Atemwege [187]; Nicht krebserzeugend im Tierversuch (Mäuse) [346], [365];
LD Lo (oral, Ratte): 4640 mg/kg [428];
LD 50 (intravenös, Ratte): 21,5 ± 1,8 mg/kg [209];
LD 50 (intravenös, Maus): 23 ± 0,7 mg/kg [209];
LD 50 (Haut, Kaninchen): >5000 mg/kg [428];

- **physikalisch/chemisch:**
  Schmelzpunkt: 69,4 °C; 67-69 °C; 69-70 °C
  Siedepunkt: 359-383 °C; 183-184 °C (1,33 hPa)
  Verdampfungswärme: 322,62 kJ/kg
  Brechungsindex: 1,4332 (70 °C)
  Dichte: 838,6 kg/m3 (80 °C)
  Molmasse: 284,481 g/mol

  Löslichkeit:
  löslich in Propanon, Trichlormethan, Tetrachlormethan [428];
  Wasser 0,3 g/l (25 °C); Ethanol (abs.) 72 g/l (25 °C); Ethanol (95 %) 10,4 g/l (18 °C); Diethylether 55 g/l (15 °C); Benzen 220 g/l (23 °C);

  Bemerkung zu physikalisch/chemischen Daten:
  zu Radiacid 424 [SdB Avokal]:
  Schmelzpunkt: 54-56 °C;

  zu Pristerene 4931 [SdB Avokal]:
  Dichte: 840 kg/m3 (75 °C);
  Schmelzpunkt: 52-59 °C;

  zu Pristerene 4963 [SdB Avokal]:
  Schmelzpunkt: 52-56 °C;

Verbleib nach Gebrauch:
Verbrennung nach Mischung mit brennbarem Lösemittel;

Bemerkung:
Farb- und geruchlose Blättchen von wachsartiger Beschaffenheit;
Wasserdampfflüchtig;
Zuteilung einer E-Nummer wird von der EG erwogen [411];
Zugelassen als Lebensmittelzusatzstoff nach LMBG (E 570);
Verwendung: Herstellung von Kerzen, Seifen, Netz- und Schaummitteln, kosmetischen und pharmazeutischen Präparaten; bei der Kautschukverarbeitung; als Gleitmittel bei der Kunststoffverarbeitung; in der Lebensmittelindustrie als Trennmittel;

zu Radiacid 424 [SdB Avokal]:
feines, weißes Pulver;
ungefähre Fettsäure-Zusammensetzung:
<C16 = 3%, C16 = 51%, >C18 = 45%, C18 = 1%;

zu Pristerene 4931 [SdB Avokal]:
ungefähre Fettsäure-Zusammensetzung:
C12+C14 = 2%, C16 = 30%, C18 verzweigte Fettsäure = 11%, C18 = 52%;

Octadecansäure, Calciumsalz

- **CAS-Nummer:**
  1592-23-0
- **gebräuchliche Namen:**
  Calciumstearat; Stearinsäure, Calciumsalz; Stearinsäure Calziumsalz; Carbonsäure C-18 Calciumsalz; E 470;
- **Handelsnamen:**
  Aquacal; Calciumstearat S; Calstar; Flexichem CS; Flexichem G 339 S; Nopcote C 104; Stavinor 30; Witco G 339 S;
- **Summenformel:**
  $C_{36}H_{70}CaO_4$

- **Strukturformel:**

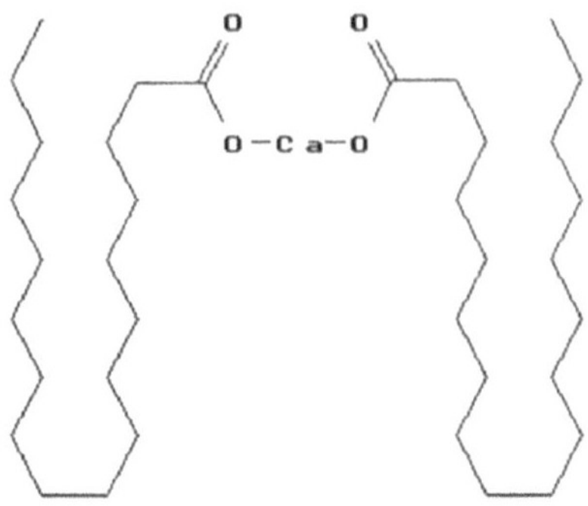

Funktion:

(1) Füllstoff, organisch;
(2) Trennmittel für unvulkanisierten Kautschuk;
(3) Verarbeitungshilfsmittel;

Anwendung:

(1) Reifen, Schläuche; chirurgische und medizinische Artikel; Sportartikel; Spielsachen; technische Gummiartikel; Produkte für Industrie, inkl. Druckplattentücher; Klebstoffe; Dichtungen; Latex Tauchartikel; Latex Schaumartikel;

branchenspezifische Bemerkung zur Substanz:

Einsatzmenge: 29.950 t/a (Reifenindustrie: 1.330 t/a, TSE-Industrie: 28.620 t/a) (1996)

Eigenschaften:

- **toxikologisch/ökotoxikologisch:**

RTECS # WI 3000000
Schweizer Giftliste: 1
Sonstiges:
LD 50 (oral, Ratte): >10000 mg/kg [428];
LD 50 (oral, Maus): >10000 mg/kg [428];
LD 50 (intraperitoneal, Maus): >10000 mg/kg [428];

- **physikalisch/chemisch:**

Schmelzpunkt: 179-180 °C; 147-149 °C; 150-160 °C
Dichte: 1050 kg/m3
Molmasse: 283,48 g/mol
Löslichkeit:
praktisch unlöslich in Wasser, Diethylether, Trichlormethan, Propanon, kaltem Ethanol; wenig löslich in heißem Ethanol, heißen pflanzlichen Ölen, heißen Mineralölen; löslich in Pyridin;

Bemerkung:

Granulatartiges, fettiges Pulver;
Tägliche Aufnahme über Lebensmittel sollte für Menschen nicht über 4 mg liegen [346];
Zugelassen als Lebensmittelzusatzstoff nach LMBG (E 470);
Verwendung: in der Kosmetikindustrie (in Schampoos und als Wasser-in-Öl- Emulgator in Haarpflegemitteln); als Lebensmittelzusatz (z.B. als Trennmittel in Vanillinpulver); in wasserfestem Zement, Mörtel und Explosionsstoffen; als Stabilisator für PVC-Harze; als Glättungsmittel in Farben; in Bleistiften und Wachsmalstiften;

Octadecansäure-(4-hydroxy)-anilid

- **CAS-Nummer:**

103-99-1

- **gebräuchliche Namen:**

4'-Hydroxyoctadecananilid; N-Stearoyl-p-aminophenol; N-(4-Hydroxyphenyl)-octadecanamid; Stearinsäure-(4-hydroxy-anilid); Octadecansäure-(4-hydroxy-phenyl)-amid;

- **Handelsnamen:**
  Suconox 18
- **Summenformel:**
  $C_{24}H_{41}NO_2$

- **Strukturformel:**

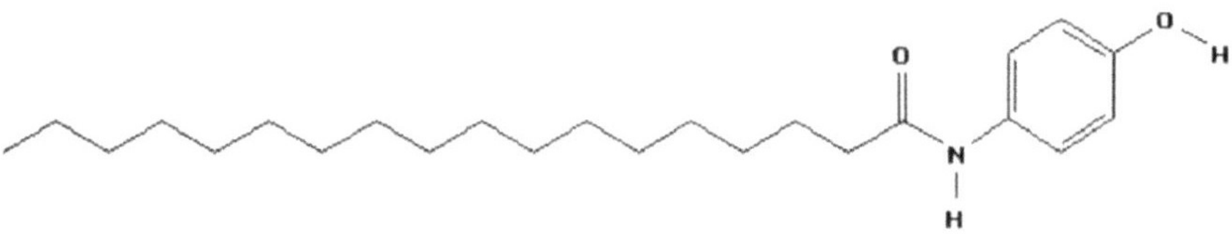

Funktion:
sonstige Chemikalien;

Eigenschaften:
- **toxikologisch/ökotoxikologisch:**
  R-Satz: 36/37/38
  S-Satz: 26-36

- **physikalisch/chemisch:**
  Schmelzpunkt: 131-133 °C
  Siedepunkt: 239,51 °C
  Molmasse: 375,59 g/mol

Octadecansäure, Magnesiumsalz

- **CAS-Nummer:**
  557-04-0
- **gebräuchliche Namen:**
  Magnesiumstearat; Stearinsäure Magnesiumsalz; E 572; Carbonsäure C-18 Magnesiumsalz; Magnesiumsalz, Octadecansäure;
- **Handelsnamen:**
  Magnesiumstearat Pharma; Magnesiumstearat S;
- **Summenformel:**
  $C_{36}H_{70}MgO_4$

- **Strukturformel:**

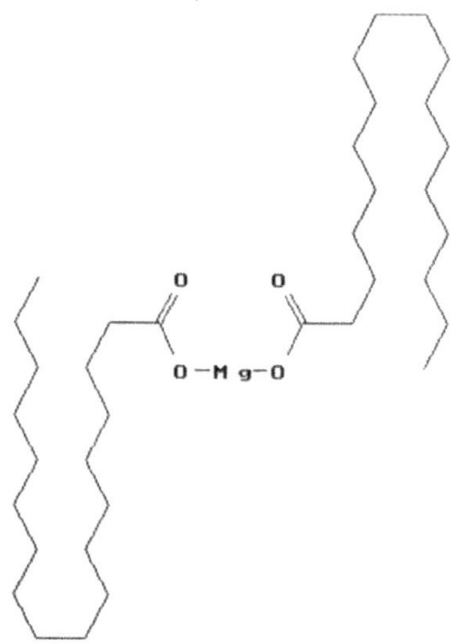

Funktion:
Trennmittel für unvulkanisierten Kautschuk;
Verarbeitungshilfsmittel;

branchenspezifische Bemerkung zur Substanz:
Einsatzmenge: 57 t/a (TSE-Industrie, 1996)

Eigenschaften:
- **toxikologisch/ökotoxikologisch:**
RTECS # WI 4390000
Sonstiges:
Schwach Krebserzeugend im Tierversuch (Mäuse) [355];
Nicht hautreizend im Tierversuch (Kaninchen) [352], [359];
Nicht schleimhautreizend im Tierversuch (Kaninchenauge) [352], [361];
Nicht teratogen im Tierversuch (Kaninchen) [363];
Nicht mutagen im mikrobiologischen Test mit Salmonella tyhimurium und Saccharomyces cerevisiae [347], [364];
LD 50 (oral, Ratte): > 10 g/kg/14 Tage (25 %ige Lsg. in Öl) [352], [353], [354];
LC 50 (inhalativ, Ratte): > 2 mg/l/1h [352];

- **physikalisch/chemisch:**
Schmelzpunkt: 86-88 °C; 115 °C; 132 °C; 130-145 °C
Dichte: 1028 kg/m3 (20 °C); 1060 kg/m3
Molmasse: 591,27 g/mol

Löslichkeit:
Wasser 0,03 g/l (15 °C), 0,04 g/l (25 °C); Ethanol 0,2 g/l (25 °C), Diethylether 0,03 g/l (25 °C);
Zersetzung in verdünnten Säuren;

Bemerkung:
Weißes Pulver; geruchlos, geschmacklos;
Vergabe der E-Nummer (E 572) wird von der EG erwogen [411];
Zugelassen als Lebensmittelzusatzstoff nach LMBG; Menschen können etwa 2,4 mg Magnesiumstearat über Lebensmittel an einem Stück ungefährdet aufnehmen [347];
Verwendung: in der Kosmetikindustrie u.a. in Gesichtspudern, Zahnpasten, Schampoos; als Stabilisator und Gleitmittel in Kunststoffen; als Glättungsmittel in Farben und Firnissen; in Pharmaka; als Lebensmittelzusatz (u.a. als Trennmittel, Bindemittel, Emulgator, Stabilisator);

Octadecansäure, Natriumsalz

- **CAS-Nummer:**
822-16-2
- **gebräuchliche Namen:**
Natriumstearat; Stearinsäure Natriumsalz; Carbonsäure C-18 Natriumsalz;
- **Handelsnamen:**
Rhenofit; Na-Stearat 80; Banderlube-235; Flexichem-B; Hytemp WS-70; Prodhygine;
- **Summenformel:**
$C_{18}H_{35}NaO_2$

- **Strukturformel:**

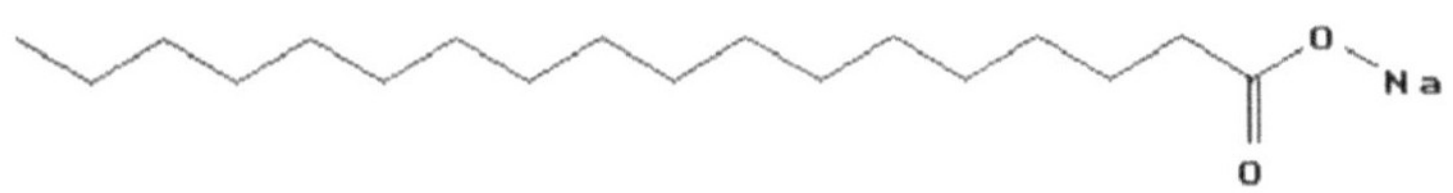

Funktion:
(1) Vulkanisationsaktivator / Beschleunigeraktivator;
(2) Coagentien für schwefelfreie Vernetzungsmittel;
Kautschukart:
(2) Ethylenoxid-Chlormethyloxiran-Copolymer; Acrylat-Kautschuk;

branchenspezifische Bemerkung zur Substanz:
Einsatzmenge: 4,9 t/a (TSE-Industrie, 1996)

Eigenschaften:
- **toxikologisch/ökotoxikologisch:**
RTECS # WI 4725000
WGK: 2
Sonstiges:
Hautresorption!
Nicht hautreizend im Tierversuch (Kaninchen) [360];
Schwach schleimhautreizend im Tierversuch (Kaninchenauge) [362];
LD 50 (oral, Ratte): > 5,0 g/kg (25 %ige Lsg. in Propylenglykol) [348];
LD Lo (intravenös, Hund): 10 mg/kg [428]·

Gefahren-Symbol:

- **physikalisch/chemisch:**
Schmelzpunkt: 288 °C; 236 °C
Dichte: 1103 kg/m3
Molmasse: 307,53 g/mol

Löslichkeit:
langsam löslich in kaltem Wasser, kaltem Ethanol; leicht löslich in heißen Lösemitteln; unlöslich in vielen organischen Lösemitteln;

Bemerkung:
Weißes, seifenartiges Pulver;
Eine 0,5 %ige wäßrige Na-Stearatlösung durchdringt die menschliche Haut mit 0,1 mg/100 ml/min. [366];
Verwendung: in Handcremes als anionischer Emulgator; in Schampoos als lösliche Seife; als Emulgator in Pharmaka; in Zahnpasta; als Lebensmittelzusatz (Bindemittel, Trennmittel, Emulgator); als Stabilisator in Kunststoffen; in Haushalts- und Industrie-Reinigungsmitteln;

Octadecansäure, Zinksalz

- **CAS-Nummer:**
557-05-1
- **gebräuchliche Namen:**
Zinkstearat; Stearinsäure Zinksalz; Carbonsäure C-18 Zinksalz;
- **Handelsnamen:**
Dermarone; Hydense; Hyteck; Metallac; Metasap 576; Petrac ZN-41; Starinor ZN-E; Talcalin Z; Zinkstearat TM;
- **Summenformel:**
$C_{36}H_{70}O_4Zn$

- **Strukturformel:**

Funktion:
(1) Vulkanisationsaktivator / Beschleunigeraktivator;
(2) Weichmacher aus Naturprodukten;
(3) Oberflächenbehandlungsmittel;
(4) Trennmittel für unvulkanisierten Kautschuk;
(5) Verarbeitungshilfsmittel;

Anwendung:
(3) Talkum;

branchenspezifische Bemerkung zur Substanz:
Einsatzmenge: 400 t/a (Reifenindustrie: 160 t/a, TSE-Industrie: 240 t/a) (1996)

Eigenschaften:
- **toxikologisch/ökotoxikologisch:**
RTECS # ZH 5200000
Schweizer Giftliste: 4
WGK: 1
R-Satz: 20
S-Satz: 22-38-36/37/39
Sonstiges:
Nicht hautreizend im Tierversuch (Kaninchen) [358], [359];
Schwach schleimhautreizend im Tierversuch (Kaninchenauge) [349], [359];
Nicht schleimhautreizend im Tierversuch (Kaninchenauge) [358], [361];
LD 50 (oral, Ratte): > 50000 mg/kg [349], >10000 mg/kg [428];
LC 50 (inhalativ, Ratte): > 200 mg/l/1 h [358];
LD 50 (intratracheal, Ratte): 250 mg/kg [428];
LD 50 (oral, Maus): >10000 mg/kg [428];
LD 50 (intraperitoneal, Maus): 354 mg/kg [428];

- **physikalisch/chemisch:**
Schmelzpunkt: 132 °C; 120 °C; 126 °C; 128-130 °C
Siedepunkt: 118-122 °C

Dichte: 1095 kg/m3 (20 °C); 1050 kg/m3
Molmasse: 632,33 g/mol

Löslichkeit:
unlöslich in Wasser, Ethanol, Diethylether; löslich in Benzen; Zersetzung in verdünnten Säuren;

Verbleib nach Gebrauch:
Verbrennung nach Mischung mit brennbarem Lösemittel;

Bemerkung:
Feines weißes Pulver;
Verwendung: in Kosmetika (z.B. Reinigungscremes, Schampoos, Haarfärbeprodukten, in Deodorant-Cremes als Adsorbens, in Deodorant-Pudern als mildes Antiseptikum, als Wasser-in-Öl-Emulgator, in Gesichtspudern); als trockenes Gleitmittel für Gummi; zum Glätten von Lacken; als wasserfester Zusatz für Wolle, Papier und Textilien; als Hitze- und Lichtstabilisator; als Füllstoff; in Pharmaka;
Gleit- und Dispergiermittel für Kunststoffe, Elastomeren, pulverförmige Metalle/Antiblock- und Pudermittel für Kautschuckmischungen/Antihaftmittel für faserverstärkte Kunststoffe, Lacke und Sande;

1-Octadecanthiol

- **CAS-Nummer:**
  2885-00-9
- **gebräuchliche Namen:**
  Cetyl-stearyl-mercaptan; Octadecylmercaptan; Stearylmercaptan;
- **Summenformel:**
  $C_{18}H_{38}S$
- **Strukturformel:**

Funktion:
sonstige Chemikalien;

Eigenschaften:
- **toxikologisch/ökotoxikologisch:**
  RTECS # RG 0500000
  R-Satz: 36/37/38
  S-Satz: 26-37/39

  Gefahren-Symbol:

- **physikalisch/chemisch:**
  Schmelzpunkt: 29-31 °C; 31-35 °C
  Siedepunkt: 204-210 °C (14,66 hPa)
  Flammpunkt: 185 °C
  Dichte: 847 kg/m3
  Molmasse: 286,56 g/mol

Verbleib nach Gebrauch:
Verbrennung nach Mischung mit brennbarem Lösemittel;

Bemerkung:
Weißes Pulver [187]; geruchbelästigend;

(Z)-9-Octadecenamid

- **CAS-Nummer:**
  301-02-0
- **gebräuchliche Namen:**
  Oleamid; Ölsäureamid;
- **Summenformel:**
  $C_{18}H_{35}NO$

- **Strukturformel:**

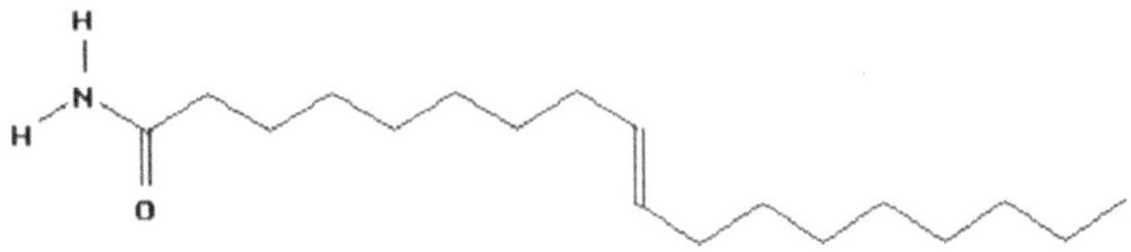

Funktion:
Verarbeitungshilfsmittel;

branchenspezifische Bemerkung zur Substanz:
Einsatzmenge: 4 t/a (Reifenindustrie und TSE-Industrie) (1996)

Eigenschaften:
- **toxikologisch/ökotoxikologisch:**

Gefahren-Symbol:

- **physikalisch/chemisch:**
  Molmasse: 281,48 g/mol

  Bemerkung zu physikalisch/chemischen Daten:
  Zersetzung bei Erhitzen;

Bemerkung:
Verwendung: Zwischenprodukt für Schmierstoffe und Kunststoffadditive;

cis-Octadec-9-ensäure

- **CAS-Nummer:**
  112-80-1
- **gebräuchliche Namen:**
  cis-9-Octadecensäure; n-Oktadezensäure; Ölsäure; cis-Ölsäure; Elainsäure; Olein; Oleinsäure;
- **Handelsnamen:**
  Emersol 210; Emersol 213; Glycon RO; Groco 2; Groco 4; HY-Phi 1055; HY-Phi 2066; Industrene 206; Metanpon; Neofat 90-04; Vopcolene 27; Wecoline 00;
- **Summenformel:**
  $C_{18}H_{34}O_2$

- **Strukturformel:**

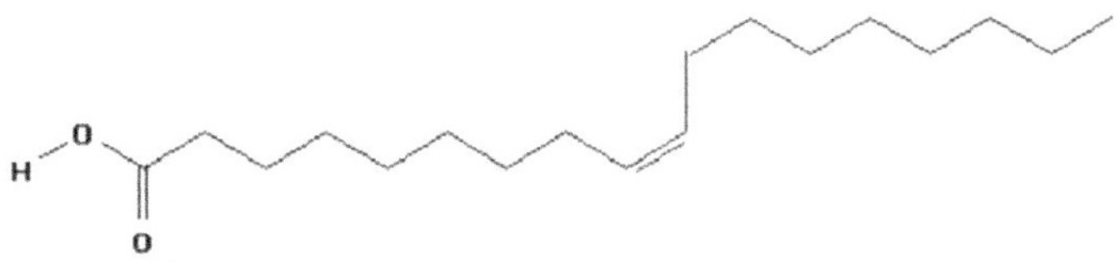

Funktion:
Vulkanisationsaktivator / Beschleunigeraktivator;

Eigenschaften:
- **toxikologisch/ökotoxikologisch:**
RTECS # RG 2275000
WGK: 1
R-Satz: 36/37/38
S-Satz: 26-36
Sonstiges:
Reizt leicht Haut und Schleimhäute [201];
LD 50 (oral, Ratte): 230 ± 18 mg/kg [209];
LD 50 (intraperitoneal, Maus): 282 mg/kg [428];
LD 50 (intravenös, Maus): 230 mg/kg [428];

- **physikalisch/chemisch:**
Schmelzpunkt: 13,2 °C ; 13,4 °C ; 4 °C
Siedepunkt: 260 °C (53,32 hPa); 194-195 (1,6 hPa)
Flammpunkt: >110 °C
Verdampfungswärme: 222,92 kJ/kg
Brechungsindex: 1,4418 (20 °C); 1,4595 (20 °C)
Dichte: 889,6 kg/m3 (25 °C); 891 kg/m3
Molmasse: 282,465 g/mol

Löslichkeit:
unlöslich in Wasser; mischbar mit abs. Ethanol, Diethylether; löslich in Benzen, Trichlormethan, Propanon, Olivenöl;

Bemerkung zu physikalisch/chemischen Daten:
(*): Schmelzp.: 4 °C wird auch angegeben;

Verbleib nach Gebrauch:
Verbrennung nach Mischung mit brennbarem Lösemittel;

Bemerkung:
Reine Oleinsäure ist eine farb- und geruchlose, leicht oxidierbare Flüssigkeit; Gut verschlossen aufbewahren und vor Licht schützen;
Oxidiert an der Luft, besonders bei Verunreinigung; verfärbt sich gelbbraun und nimmt einem ranzigen Geruch an;
Verwendung: in der Seifen- und Fettfabrikation; in Poliermitteln; wasserfeste Textilien; Eindickung von Schmieröl; pharmazeutisches Hilfsmittel (Lösemittel);

(Z)9-Octadecensäurepropylenglykolester, epoxidiert

- **CAS-Nummer:**
68609-92-7
- **gebräuchliche Namen:**
epoxidiertes Propylglykoldioleat;
- **Handelsnamen:**
Monoplex S-75; Vihoflex 4964;

Funktion:
Weichmacher, synthetisch;

Eigenschaften:
- **toxikologisch/ökotoxikologisch:**
Sonstiges:
LD 50 (intraperitoneal, Maus): 21700 mg/kg [428];

n-Octadecylamin

- **CAS-Nummer:**
124-30-1
- **gebräuchliche Namen:**
1-Aminooctadecan; Stearamin; Stearylamin;
- **Handelsnamen:**
Adogenen 142; Alamin 7; Alamin 7D; Amin AB; Armeen 18D; Armofilm; Crodamin 1.18D; Farmin 80; Kemamin P990; Nissan Amin AB;
- **Summenformel:**
$C_{18}H_{39}N$

- **Strukturformel:**

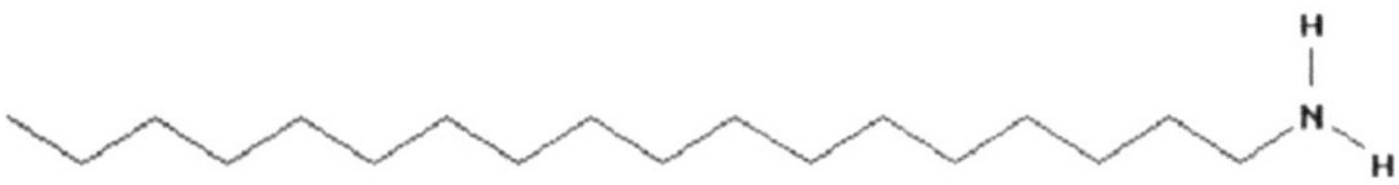

Funktion:
Verarbeitungshilfsmittel;

branchenspezifische Bemerkung zur Substanz:
Einsatzmenge: 7 t/a (TSE-Industrie: 1,3 t/a; Reifenindustrie: 5,5 t/a) [1996];

Eigenschaften:
- **toxikologisch/ökotoxikologisch:**
RTECS # RG 4150000
Schweizer Giftliste: 4
WGK: 2
R-Satz: 38-41
S-Satz: 26-28-37/39
Sonstiges:
Reizend;
LD 50 (oral, Ratte): 2395 mg/kg [428];
LD 50 (oral, Maus): 3000 mg/kg [428];
LD 50 (intraperitoneal, Maus): 250 mg/kg [428];

Gefahren-Symbol:

- **physikalisch/chemisch:**
Schmelzpunkt: 51,8 °C; 50-52 °C; 47-50 °C
Siedepunkt: 178-179 °C (5 hPa); 232 °C (43 hPa)
Flammpunkt: 148 °C
Brechungsindex: 1,4313 (20 °C)
Molmasse: 269,51 g/mol

Löslichkeit:
in Wasser unlöslich; löslich in Ethanol, Ether, Benzen; gut löslich in Trichlormethan; mischbar in Propanon;

Octan

- **CAS-Nummer:**
  111-65-9
- **UN Nummer:**
  1262
- **gebräuchliche Namen:**
  Oktan; n-Oktan; n-Octan;
- **Summenformel:**
  C_8H_{18}

- **Strukturformel:**

Funktion:
(1) Lösemittel;
Anwendung:
(1) Reifen, Schläuche;

branchenspezifische Bemerkung zur Substanz:
(2) Reaktionsprodukt von aliphatischen Ölen [Weichmacher];

Eigenschaften:
- **toxikologisch/ökotoxikologisch:**
  RTECS # RG 8400000
  Schweizer Giftliste: 5
  WGK: 1
  MAK Wert: 500 ml/m3 bzw. 2350 mg/m3
  R-Satz: 11
  S-Satz: (2)-9-16-29-33
  Sonstiges:
  Spitzenbegrenzung: II,1 [481];
  Dämpfe wirken in hohen Konzentrationen (z.B. bei Erhitzen) narkotisch und führen zu Herzrhythmusstörungen; sie können unter besonderen Bedingungen (z.B. unmittelbare Bodennähe oder in geschlossenen Räumen) durch Verdrängung der Luft erstickend wirken; Kontakt mit der Flüssigkeit führt zu Reizung der Augen und Haut [484];
  Verdacht auf Bioakkumulation! [45];
  LC 50 (inhalativ, Ratte): 118000 mg/m3/4 h [428];

  Gefahren-Symbol:

- **physikalisch/chemisch:**
  Schmelzpunkt: - 56,79 °C
  Siedepunkt: 125,66 °C; 125-127 °C
  Flammpunkt: 15 °C; 12 °C
  Dampfdruck: 14 hPa (20 °C) [484]
  Verdampfungswärme: 363,41 kJ/kg
  Log pOW: ca. 3,5 [45]
  Brechungsindex: 1,3974 (20 °C)
  Dichte: 702,4 kg/m3 (20 °C)

Molmasse: 114,230 g/mol

Löslichkeit:
Wasser 0,01 g/l (16 °C); löslich in Diethylether; mischbar mit Ethanol, Benzen, Propanon;

Bemerkung zu physikalisch/chemischen Daten:
T(krit.): 296 °C; P(krit.): 25122,4 hPa [428];

Verbleib nach Gebrauch:
Verbrennung, hochentzündliche Stoffe;
Abwasserbelastung:
< 10 µg/l (Industrie, USA) [44];
50 µg/l (Industrie, Niederlande) [44];

Bemerkung:
Klare, farblose Flüssigkeit; fast geruchlos; brennbar;
Bildet im dampf-/gasförmigen Zustand mit Luft explosionsfähige Gemische;
Explosionsgrenzen: 0,8 - 6,5 Vol.% ; Zündtemperatur: 210 °C [484];
Stoff neigt zur elektrostatischen Aufladung;
greift einige Arten von Gummi und Plastik an [428];

1,8-Octandicarbonsäure-bis-(2-ethylhexylester)

- **CAS-Nummer:**
  122-62-3
- **gebräuchliche Namen:**
  DEHS; Sebacinsäure-bis-(2-ethylhexylester); Di-2-ethylhexylsebacat; Bis(2-ethylhexyl)sebacat; Decandisäure-bis-[2-ethyl-hexyl-ester];
- **Handelsnamen:**
  Monoplex DOS; PX-438;
- **Summenformel:**
  $C_{26}H_{50}O_4$
- **Strukturformel:**

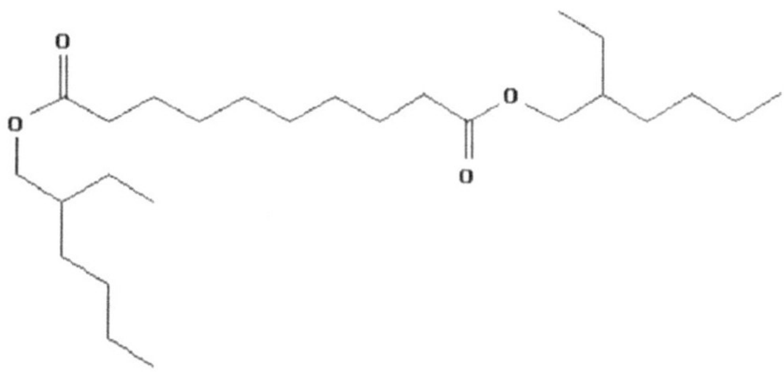

Funktion:
Weichmacher, synthetisch;

branchenspezifische Bemerkung zur Substanz:
Einsatzmenge: 95 t/a (Reifenindustrie und TSE-Industrie) (1996)

Eigenschaften:
- **toxikologisch/ökotoxikologisch:**
  RTECS # VS 1000000
  WGK: 1
  R-Satz: 22
  Sonstiges:
  LD 50 (intravenös, Ratte): 900 mg/kg [428];

LD 50 (intravenös, Kaninchen): 540 mg/kg [428];
LD 50 (oral, Maus): 9500 mg/kg [428];

[Sdb Hüls AG]:
LD 50 (oral, Ratte): > 12800 mg/kg;
leicht reizend an der Haut;

Gefahren-Symbol:

- **physikalisch/chemisch:**
  Schmelzpunkt: -45 °C; -48 °C; -55 °C
  Siedepunkt: 256 °C; >250 °C (1013 hPa); 300 °C; 170-172 °C (0,013 hPa)
  Flammpunkt: >200 °C; 221 °C; 210 °C
  Dampfdruck: <0,01 hPa (20 °C)
  Brechungsindex: 1,450 (20 °C)
  Dichte: 912 kg/m3 (25°C)
  Molmasse: 426,68 g/mol
  Löslichkeit:
  Wasser: <0,1 g/l (20 °C) [Sdb];

  Bemerkung zu physikalisch/chemischen Daten:
  Zündtemperatur: ca. 400 °C [Sdb];

Verbleib nach Gebrauch:
Verbrennung;

Bemerkung:
Farblose Flüssigkeit mit schwachem Eigengeruch [EG-Sdb Hüls AG];

Octansäure, Natriumsalz

- **CAS-Nummer:**
  1964-06-1
- **gebräuchliche Namen:**
  Caprylsäure, Natriumsalz; Natriumoctanat; Natriumoctanoat; Natriumoctoat; Natriumcaprylat;
- **Handelsnamen:**
  Hytemp SO-40;
- **Summenformel:**
  $C_8H_{15}NaO_2$

- **Strukturformel:**

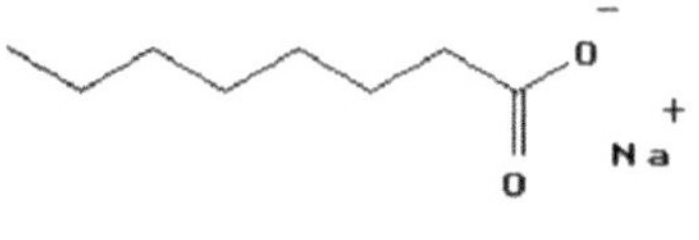

Funktion:
Vernetzungsmittel, schwefelfrei;
Kautschukart:
ECO; ACM;

Eigenschaften:
- **physikalisch/chemisch:**
  Molmasse: 166,2 g/mol

1-Octanthiol

- **CAS-Nummer:**
  111-88-6
- **UN Nummer:**
  2810
- **gebräuchliche Namen:**
  1-Mercaptooctan; Octylthiol; n-Octalmercaptan;
- **Summenformel:**
  $C_8H_{18}S$

- **Strukturformel:**

Funktion:
Polymerisationsregler;

Eigenschaften:
- **toxikologisch/ökotoxikologisch:**
  RTECS # RG 9740000
  Schweizer Giftliste: 4
  WGK: 3
  R-Satz: 36/37/38
  S-Satz: 26-36/37/39

- **physikalisch/chemisch:**
  Schmelzpunkt: -49 °C
  Siedepunkt: 197-200 °C
  Flammpunkt: 68 °C
  Dampfdruck: 1,55 hPa (37,7 °C)
  Brechungsindex: 1,4525 (20 °C)
  Dichte: 893,0 kg/m3
  Molmasse: 146,29 g/mol

  Löslichkeit:
  löslich in Ethanol;

Verbleib nach Gebrauch:
Verbrennung nach Mischung mit brennbarem Lösemittel;

Bemerkung:
farblose Flüssigkeit; geruchsbelästigend;

Octylbenzen

- **CAS-Nummer:**
  2189-60-8
- **gebräuchliche Namen:**
  1-Phenyloctan; n-Octylbenzen;
- **Summenformel:**
  $C_{14}H_{22}$

- **Strukturformel:**

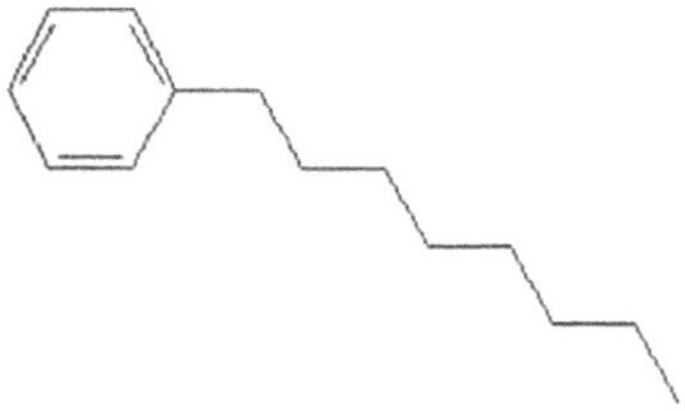

branchenspezifische Bemerkung zur Substanz:
Reaktionsprodukt von aromatischen Ölen (Weichmachern);

Eigenschaften:
- **toxikologisch/ökotoxikologisch:**
Sonstiges:
Möglicherweise schädlich beim Einatmen, Verschlucken oder Kontakt mit der Haut; Kann Augen- und Hautreizungen verurschen [187];

- **physikalisch/chemisch:**
Schmelzpunkt: - 36 °C
Siedepunkt: 261-263 °C; 131-134 °C (15,99 hPa)
Flammpunkt: 107,7 °C
Dampfdruck: 16 hPa (131 °C)
Brechungsindex: 1,4840 (20 °C)
Dichte: 858 kg/m3
Molmasse: 190,33 g/mol

Löslichkeit:
löslich in Benzen, Ether;

Verbleib nach Gebrauch:
Verbrennung nach Mischung mit brennbarem Lösemittel;

Bemerkung:
Farblose Flüssigkeit;
Unverträglich mit starken Oxidationsmitteln;

Octyldiphenylamin

- **CAS-Nummer:**
70528-82-4
- **gebräuchliche Namen:**
Octyliertes Diphenylamin;
- **Handelsnamen:**
Age Rite Stalite S; Akrochem Antioxidant S; Antioxidant OCD; Cyanox 8; Pennox A; ODP; Permanax CD; Wylox ADPF;

Funktion:
Quencher;
Anwendung:
Reifen, Schläuche; chirurgische und medizinische Artikel; Sportartikel; Spielsachen; technische Gummiartikel; Produkte für Industrie, inkl. Druckplattentücher; Klebstoffe; Dichtungen; Latex Tauchartikel; Latex Schaumartikel;

octylenständiges Poly(1,3-butandiol-1,2-propandiol-adipat)

- **CAS-Nummer:**
  63149-79-1

branchenspezifische Bemerkung zur Substanz:
Einsatzmenge: 52 t/a (Reifenindustrie und TSE-Industrie) (1996)

4-Octyl-N-(4-octylphenyl)benzenamin

- **CAS-Nummer:**
  101-67-7
- **gebräuchliche Namen:**
  ODPA; p,p'-Dioctyldiphenylamin; 4,4'-Dioctyldiphenylamin; 4-Octyl-N-(4-octylphenyl)benzolamin; Bis(p-octylphenyl)amin; octyliertes Diphenylamin; Bis(4-octylphenyl)amin;
- **Handelsnamen:**
  Agerite Stalite; Agerite Stalite S; Pennox A; Octamine; Vanlube 81; Vulkanox OCD/SG;
- **Summenformel:**
  $C_{28}H_{43}N$

- **Strukturformel:**

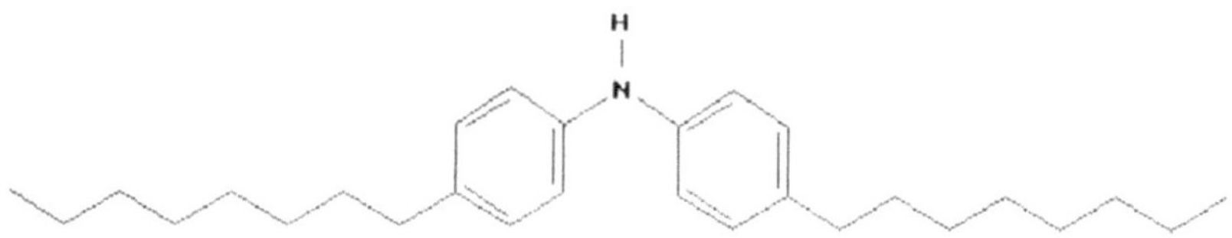

Funktion:
Ermüdungsschutzmittel; Oxidationsschutzmittel; Alterungsschutzmittel;
Kautschukart:
Styrol-Butadien-Kautschuk; Butadien-Kautschuk; Acrylnitril-Butadien-Kautschuk; Chloropren-Kautschuk;
Anwendung:
Reifen; Schaumgummi; Drahtisolation;

branchenspezifische Bemerkung zur Substanz:
Einsatzmenge: 190 t/a (Reifenindustrie: 35 t/a, TSE-Industrie: 150 t/a) (1996)

Eigenschaften:
- **toxikologisch/ökotoxikologisch:**
  RTECS # JJ 8850000
  Sonstiges:
  [Sdb Lehmann & Voss]:
  WGK: 2;

- **physikalisch/chemisch:**
  Schmelzpunkt: 80-90 °C; 88 °C
  Dichte: 1000 kg/m3
  Molmasse: 393,65 g/mol
  Löslichkeit:
  [Sdb Lehmann & Voss]:
  löslich in Benzen, Propanon, Ethylendichlorid, Propanon; unlöslich in Wasser;

  Bemerkung zu physikalisch/chemischen Daten:
  [Sdb Lehmann & Voss]:
  Schmelzpunkt: >85 °C; Flammpunkt: 257 °C; Dichte: 990 kg/m3 (20 °C);

Bemerkung:
[Sdb Lehmann & Voss]:
Das Produkt ist nicht entzündlich, jedoch kann es entzündliche Staub/Luftgemische bilden.

zu 75 % enthalten in Agerite Gel;

(4-Octyloxy-phenyl)-phenylmethanon

- **CAS-Nummer:**
  35820-92-9
- **Summenformel:**
  $C_{21}H_{26}O_3$

- **Strukturformel:**

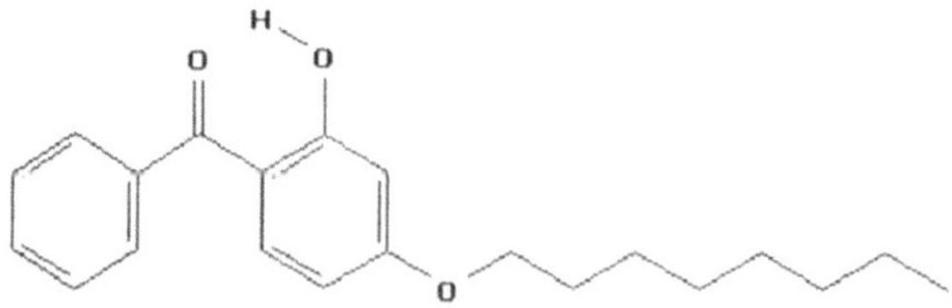

Funktion:
Lichtschutzmittel;

Eigenschaften:

- **physikalisch/chemisch:**
  Molmasse: 310,44 g/mol

4-Octylphenol

- **CAS-Nummer:**
  1806-26-4
- **gebräuchliche Namen:**
  p-Octylphenol;
- **Summenformel:**
  $C_{14}H_{22}O$

- **Strukturformel:**

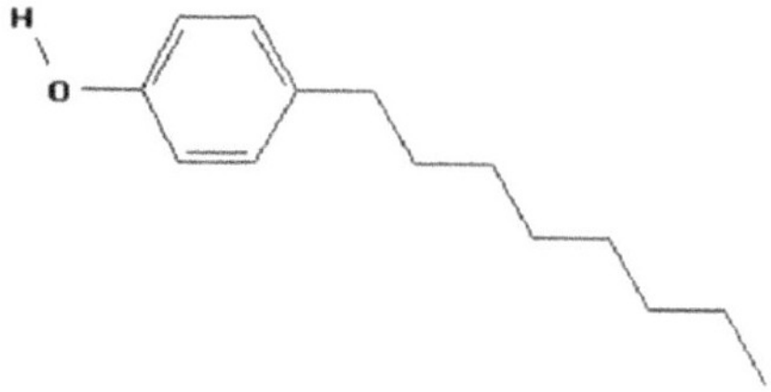

Funktion:
1) Härter;

branchenspezifische Bemerkung zur Substanz:
2) Reaktionsprodukt von Alkylphenolen;

Eigenschaften:
- **toxikologisch/ökotoxikologisch:**
  R-Satz: 36/37/38
  S-Satz: 26-36

- **physikalisch/chemisch:**
  Schmelzpunkt: 41-42 °C
  Siedepunkt: 169 °C (13,33 hPa)
  Flammpunkt: >110 °C
  Dichte: 961 kg/m3
  Molmasse: 206,33 g/mol

Octylphenolharz

- **CAS-Nummer:**
  26678-93-3
- **Handelsnamen:**
  Dyphene 8318;

Funktion:
Klebrigmacher;
Anwendung:
Reifen;

branchenspezifische Bemerkung zur Substanz:
Einsatzmenge: 60 t/a (Reifenindustrie, 1996)

Organische Bariumverbindung

- **CAS-Nummer:**
  10196-68-6

branchenspezifische Bemerkung zur Substanz:
Einsatzmenge in der TSE-Industrie: 1,6 t/a (1996);

Oxalsäuredihydrazid

- **CAS-Nummer:**
  996-98-5
- **gebräuchliche Namen:**
  Oxalyldihydrazid; Oxalylhydratin; Dihydrazidethandisäure;
- **Summenformel:**
  $C_2H_6N_4O_2$

- **Strukturformel:**

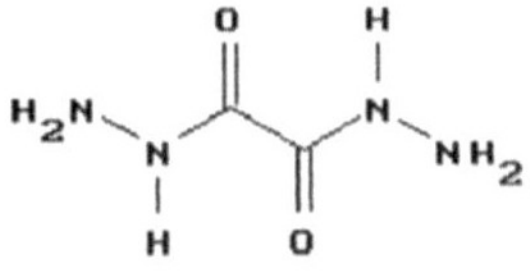

Funktion:
Schutzmittel gegen Metallvergiftung;

Eigenschaften:
- **toxikologisch/ökotoxikologisch:**
  RTECS # RO 2840000
  Sonstiges:
  LD 50 (intraperitoneal, Maus): 200 mg/kg [428];

- **physikalisch/chemisch:**
  Schmelzpunkt: 240 °C
  Dichte: 1458,22 kg/m3
  Molmasse: 118,10 g/mol

Verbleib nach Gebrauch:
Verbrennung nach Mischung mit brennbarem Lösemittel;

Oxidierter Asphalt

- **CAS-Nummer:**
  64742-93-4
- **gebräuchliche Namen:**
  geblasener Asphalt; kondensiertes Asphalt; hart Hydrocarbon; Mineralkautschuk; Bitumen;
- **Handelsnamen:**
  M. R. No. 38 Mineralkautschuk; Nytex 451; Nytex 461;

Funktion:
Weichmacher aus Naturprodukten;
Füllstoff, organisch;

branchenspezifische Bemerkung zur Substanz:
Einsatzmenge: 33 t/a (Reifenindustrie: 1,9 t/a, TSE-Industrie: 31 t/a) (1996)

N-(Oxiranylmethyl)-N-phenyl, Polymer mit 2,2'-(1-methylethyliden)bis(oxiran)

- **CAS-Nummer:**
  124741-07-7
- **Summenformel:**
  $(C_{12}H_{15}NO_2 * C_{21}H_{24}O_4)_n$

3-Oxobutansäureethylester

- **CAS-Nummer:**
  141-97-9
- **gebräuchliche Namen:**
  Acetethansäureethylester; Acetessigsäureethylester; Ethylacetoacetat; 3-Oxobutanoat; Acetessigester; Acetylessigsäureetyhlester; Ethylacetylactat; ß-Hydroxy-crotonsäureethylester; ß-Ketobuttersäureethylester; 3-Ketobuttersäureethylester; Aethyliumaceticoaceticum; 3-Oxobutanoat;
- **Summenformel:**
  $C_6H_{10}O_3$

- **Strukturformel:**

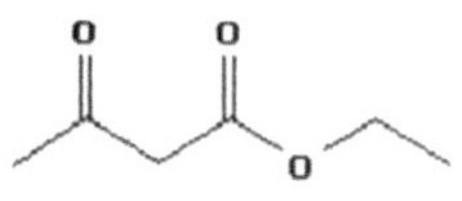

Eigenschaften:

- toxikologisch/ökotoxikologisch:

RTECS # AK 5250000
Schweizer Giftliste: 4
WGK: 1
Sonstiges:
Kann schädigend wirken bei Einatmung, Verschlucken oder Aufnahme über Haut; Dämpfe reizen Augen, Schleimhäute und Atemwege; verursacht Hautreizungen [187];
LD 50 (oral, Ratte): 3980 mg/kg [428];
LC 50 (inhalativ, Ratte): >1129 ml/m3/6 h [575];
LD 50 (oral, Maus): 5105 mg/kg [428], 3200-6400 mg/kg [575];
LD 50 (dermal, Kaninchen): >5000 mg/kg, >10300 mg/kg [575];
LD 50 (dermal, Meerschweinchen): >20 ml/kg [575];

LC 50 (Fisch; Goldorfe): 515/275 mg/l [33];
LC 100 (Fisch; Goldorfe): 596/306 mg/l [33];
EC 0 (Daphnia magna): 640/583 mg/l/24 h [575];
EC 50 (Daphnia magna): 790/800 mg/l/24 h [575];
EC 100 (Daphnia magna): 1136 mg/l/24 h [575];
Toxische Grenzkonzentration für Entosiphon sulcatum 391 mg/l; Uronema parduczi 596 mg/l; Chilomonas paramaecium 435 mg/l [36];
Biologische Abbaubarkeit (Respirationstest) >90 % [484];
Nich leicht biologisch abbaubar; vorauss. potentiell biologisch abbaubar [575];

Gefahren-Symbol:

Xi

- physikalisch/chemisch:

Schmelzpunkt: - 43 °C; -44 °C bis -39 °C
Siedepunkt: 181 °C; 178-187 °C;
Flammpunkt: 84 °C; 65 °C c.c.
Dampfdruck: 1 hPa (20 °C) [484];
Log pOW: -0,2 [575]
Brechungsindex: 1,4190 kg/m3 (20 °C)
Dichte: 1021 kg/m3 (25 °C)
Molmasse: 130,14 g/mol

Löslichkeit:
gut löslich in Acetessigsäureethylester (125 g/l) [575];
löslich in Wasser 125 g/l (16 °C); Ethanol; Diethylether; Benzen; Trichlormethan;

Bemerkung zu physikalisch/chemischen Daten:
Zündtemperatur: 280 °C [575];

Verbleib nach Gebrauch:
Verbrennung;

Bemerkung:
Farblose Flüssigkeit; angenehmer, obstartiger Geruch;
Unverträglich mit Säuren, Basen, Oxidations- und Reduktionsmitteln;
Bildet im dampf-/gasförmigen Zustand mit Luft explosionsfähige Gemische;
Explosionsgrenzen: 1,0-54 Vol.-%; Zündtemperatur: 280 °C [484];
Kann zu Ketonen und Alkoholen bzw. deren Polyprodukte gespalten werden [575];

3-(3-Oxo-pentadecylsulfanyl)-propionsäuredidodecylester

- **CAS-Nummer:**
  17243-14-0
- **gebräuchliche Namen:**
  3-(2-Dodecyloxycarbonyl-ethansulfinyl)-propionsäuredodecylester; Didoceyl-3,3'-sulfinylbispropionat; DLPDS; DLSP; 3,3'-Sulfinylbisdidoceylesterpropansäure;
- **Summenformel:**
  $C_{30}H_{58}O_5S_1$

- **Strukturformel:**

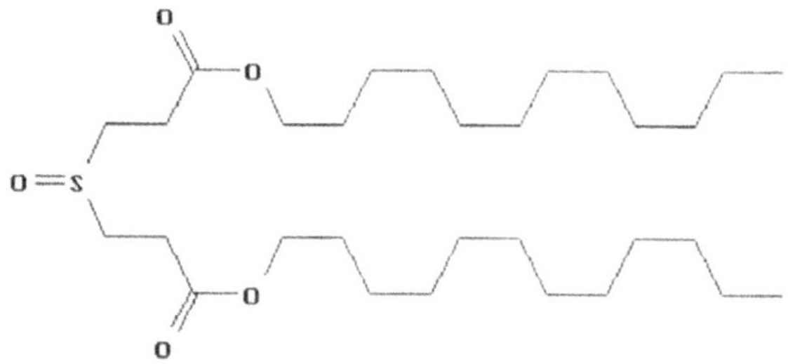

Funktion:
Oxidationsschutzmittel;
Kautschukart:
Polyolefine;

Eigenschaften:

- **physikalisch/chemisch:**
  Molmasse: 546,91 g/mol

N-Oxydiethylen-2-benzimidiazol-sulfenamid

- **CAS-Nummer:**
  1020-62-8
- **gebräuchliche Namen:**
  MBIS; 2-Morpholin-4-ylsulfunyl-1H-benzoimidazol;
- **Summenformel:**
  $C_{11}H_{13}N_3OS$

- **Strukturformel:**

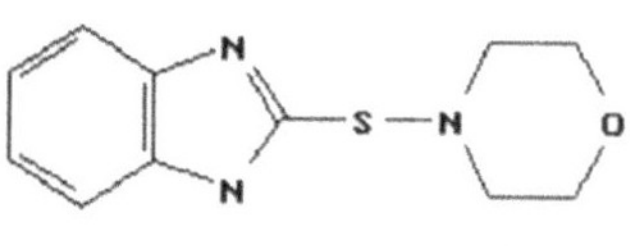

Funktion:
Vulkanisationsbeschleuniger, organisch;

Eigenschaften:

- **physikalisch/chemisch:**
  Schmelzpunkt: 206-209 °C
  Molmasse: 235,35 g/mol

N-Oxydiethylendithiocarbamyl-N'-oxydiethylensulfenamid

- **CAS-Nummer:**
  13752-51-7
- **gebräuchliche Namen:**
  OTOS; 4-(Morpholinothiocarbonyl)thio-morpholin; 4-(Morpholin-4-carbothioylsufonyl)-morpholin; Morpholin-4-carbodithiosäuremorpholin-4-yl-ester; 4,4'-[Thio(thiocarbonyl)]dimorpholin; N-Oxydiethylenthiocarbamoyl-N'-oxydiethylensulfanamid; 4-[(4-Morpholinylthio)-thioxomethyl]-morpholin; N,N'-Bis(oxydiethylen)-thiocarbamoylsulfonamid;
- **Handelsnamen:**
  Cure-rite 18; Cure Rite 18;
- **Summenformel:**
  $C_9H_{16}N_2O_2S_2$

- **Strukturformel:**

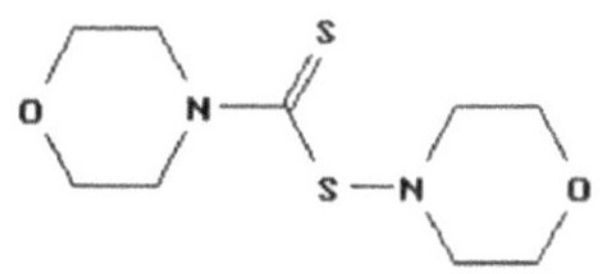

Funktion:
Vulkanisationsbeschleuniger, organisch;
Kautschukart:
Naturkautschuk; synthetischer Kautschuk;

branchenspezifische Bemerkung zur Substanz:
Einsatzmenge: 27 t/a (TSE-Industrie, 1996)

Eigenschaften:
- **toxikologisch/ökotoxikologisch:**
  RTECS # QE 7189000
  Sonstiges:
  TD Lo (oral, Ratte (mannlich)): 302 mg/kg/12W [428];

- **physikalisch/chemisch:**
  Schmelzpunkt: 136-142 °C
  Dichte: 1340 ± 30 kg/m3
  Molmasse: 248,36 g/mol

  Löslichkeit:
  in Gew-%: Wasser: < 0,4; Hexan: 8,3; Cycohexen: 41,1; Methylbenzen: 65,3; Trichlormethan: 65,7; Tetrahydrofuran: 72,3; Methanol: 21,2;

N-Oxydiethylenthiocarbamyl-1-benzothiyzyldisulfid

- **CAS-Nummer:**
  13752-48-2
- **gebräuchliche Namen:**
  OTBD; 4-Morpholincarba(dithioperoxo)thiosäure-2-benzothiazolylester; Trithio-peroxy-4-morpholincarboxylsäure-2-benzothiazolylester
- **Summenformel:**
  $C_{12}H_{12}N_2OS_4$

- **Strukturformel:**

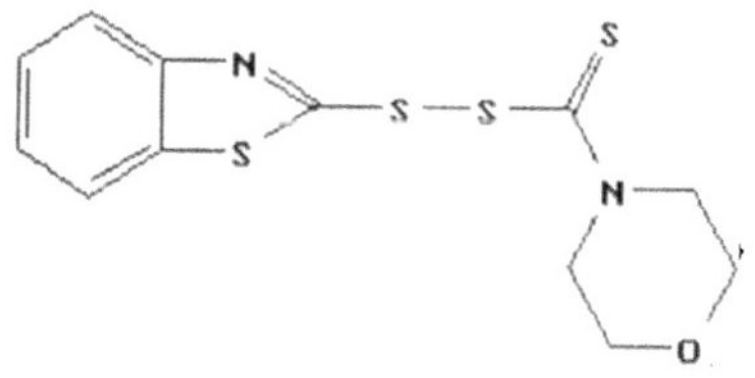

Funktion:
Vulkanisationsbeschleuniger, organisch;

Eigenschaften:

- **physikalisch/chemisch:**
Molmasse: 328,48 g/mol

N-Oxydiethylenthiocarbamylcyclohexyldisulfid

- **CAS-Nummer:**
42450-48-6
- **gebräuchliche Namen:**
OTCD; Cyclohexyl-(morpholin-4-carbothioyl-)disulfid; Morpholin-4-carbo(disulfido)-thiosäure-cyclohexylester;
- **Summenformel:**
$C_{11}H_{19}NOS_3$

- **Strukturformel:**

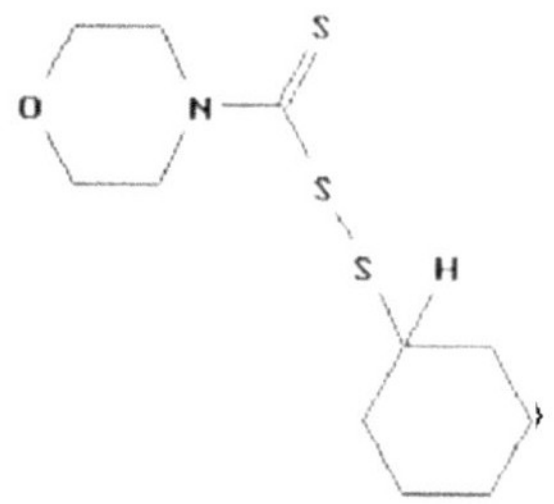

Funktion:
Vulkanisationsbeschleuniger, organisch;

Eigenschaften:

- **physikalisch/chemisch:**
Molmasse: 277,46 g/mol

Ozon

- **CAS-Nummer:**
10028-15-6
- **Summenformel:**
O_3

Funktion:
Ozonschutzmittel;

Eigenschaften:
- **toxikologisch/ökotoxikologisch:**
RTECS # RS 8225000
Schweizer Giftliste: 1
MAK Wert: 0,1 ml/m3 bzw. 0,2 ml/m3
R-Satz: 26
Sonstiges:
Spitzenbegrenzung Kat. I;
LC 50 (inhal.; Katze): 34500 µl/m3/3H [428];
LC 50 (inhal.; Meerschweinchen): 24800 µl/m3/3H [428];
LC 50 (inhal.; Hamster): 10500 µl/m3/4H [428];
LC Lo (inhal.; Mensch): 50 ml/m3/30M [428];
LC 50 (inhal.; Ratte): 48 ml/m3/4H (US) [428;]
TC Lo (inhal.; Mensch): 100 ml/m3/1M [428];
TC Lo (inhal.; Mensch): 1 ml/m3 [428];
TC Lo (inhal.; Mensch): 200 µl/m3/3H [428];
TC Lo (inhal.; Mensch): 600 µl/m3/2H [428];
LC 50 (inhal.; Maus): 12600 µl/m3/3H [428;]
LC 50 (inhal.; Ratte): 4800 µl/m3/4H [428];
LC 50 (inhal.; Kaninchen): 36 ml/m3/3H [428];

Gefahren-Symbol:

- **physikalisch/chemisch:**
Schmelzpunkt: -93 °C
Siedepunkt: -1,9 °C
Molmasse: 48,00 g/mol

Bemerkung zu physikalisch/chemischen Daten:
P(krit.) 53,8 hPa; T(krit.) -2,1 °C;

Bemerkung:
Farbloses, explosives Gas bzw. blaue Flüssigkeit; starkes Oxidationsmittel;
Verwendung: Desinfektionsmittel in Luft und Wasser (aufgrund seiner Oxidationskraft); zum Bleichen von Wachsen, Textilien und Ölen; in der organischen Synthese;

Palmöl

- **CAS-Nummer:**
8002-75-3
- **gebräuchliche Namen:**
Palm-Butter; Palm-Fett;

Funktion:
Weichmacher aus Naturprodukten;

Eigenschaften:
- **toxikologisch/ökotoxikologisch:**
RTECS # RI 3696300
Sonstiges:
TD Lo (oral, Ratte): 55000 mg/kg [428];
TD Lo (oral, Ratte): 165000 mg/kg [428];

- **physikalisch/chemisch:**
  Schmelzpunkt: 27-42,5 °C

  Löslichkeit:
  unlöslich in Wasser;

Bemerkung:
Aus dem Fruchtfleisch der Ölpalme gepreßtes fettes Öl, das durch seinen hohen Carotin-Gehalt (bis 3,5 %) gelb bis rot gefärbt ist, schmeckt roh unangenehm süßlich und riecht veilchenartig;
bei Raffination wird es mit Ozon oder Kaliumdichromat gebleicht, für Nahrungsfette jedoch nur mit Bleicherden. Durch Härtung steigt der Schmelzpunkt auf 58 °C.
Verwendung: zu Margarine, Seifen und Kerzen, in der Pharmazie und Kosmetik, zu Schmierfetten, als Baumwollfinish-Material, als wichtiger Rohstoff für die Oleochemie [573];

Paraffin

- **CAS-Nummer:**
  8002-74-2
- **gebräuchliche Namen:**
  Apiezonwachs; Paraffinwachs; Petroleumwachs; Paraffin (chloriert);
- **Handelsnamen:**
  Controzon; Controzon W; Controzon Plus; Controzon Plus Neu;
- **Summenformel:**
  N

Funktion:
(1)Ozonschutzmittel;
(2) Weichmacher, synthetisch;
(3) Flammschutzmittel;
(4) Zusätze für schwefelfreie Vernetzungsmittel;
Kautschukart:
(4) Chlorsulfonylethylen-Kautschuk;
Anwendung:
(4) Kabelummantelung;

branchenspezifische Bemerkung zur Substanz:
Einsatzmenge: 4.590 t/a (Reifenindustrie: 570 t/a, TSE-Industrie: 4.020 t/a) (1996)

Eigenschaften:
- **toxikologisch/ökotoxikologisch:**
  RTECS # RV 0350000
  WGK: 0
  Sonstiges:
  tumorigen [428]; verursacht Reizungen [428];
  TD Lo (implantiert, Ratte): 120 mg/kg [428];
  TD (implantiert, Maus): 640 mg/kg, 660 mg/kg, 560 mg/kg [428];

- **physikalisch/chemisch:**
  Schmelzpunkt: 53-56 °C; 58-60 °C
  Flammpunkt: >110 °C
  Dichte: 900 ± 30 kg/m3

  Löslichkeit:
  löslich in Methylbenzen, Trichlormethan, Hexan, Benzin, Propanon; unlöslich in Alkohol, Wasser;

Verbleib nach Gebrauch:
Verbrennung nach Mischung mit brennbarem Lösemittel;

Bemerkung:
Weiße Klumpen;
zugelassen als Lebensmittelzusatzstoff nach Lebensmittelgesetz und Bedarfsgegenständegesetzt [39];

zu Controzon; Controzon W; Controzon Plus; Controzon Plus Neu; [Sdb D.O.G.]:
weiß bis bräunlicher Feststoff; schwach paraffinartiger Geruch;
Schmelzpunkt: 54-58 °C; Dampfdruck: <0,1 hPa (20 °C); Flammpunkt: 200-250 °C; Dichte: 900 kg/m3 (20 °C);
Gefährliche Reaktionen: Reaktion mit starken Oxidationsmitteln möglich; Gefährliche Zersetzungsprodukte: Kohlenmonoxid, Stickoxide, Schwefeldioxid, Ruß und andere organische Produkte;
Enthalten in Ultralube VP-411/12 (5-10%);

Paraffin, C10-C13

- **CAS-Nummer:**
  8012-95-1
- **gebräuchliche Namen:**
  Mineralöl; Paraffinöl; paraffinscher Mineralölweichmacher; aliphatischer Mineralölweichmacher;
- **Handelsnamen:**
  Adepsine Oil; Alboline; Bayol I; Bayol 55; Blandlube; BP Enerpar 1903; Chrystosol; Enerpar 20; Fina 2069; Flexan 845; Glymol; Crystol 325; Irgamax 361; Kondremul; Neo-cultol; Nujol; Paroline; Primol; Primol D; Primol 355; Petrolatum; Saxol; Shellfelx-371 N; Sunapur; USP mineraloil; Shelllflex 371 N; Sunpar 110; Sunpar 150; Sunpar 2280; Sunpar 2280; Ultral 7; Uvasol;

Funktion:
Weichmacher aus Naturprodukten;
Anwendung:
Reifen, Schläuche; chirurgische und medizinische Artikel; Sportartikel; Spielsachen; technische Gummiartikel; Produkte für Industrie, inkl. Druckplattentücher; Klebstoffe; Dichtungen; Latex Tauchartikel; Latex Schaumartikel;

branchenspezifische Bemerkung zur Substanz:
Einsatzmenge: 12.740 t/a (TSE-Industrie, 1996)

Eigenschaften:
- **toxikologisch/ökotoxikologisch:**
  RTECS # PY 8030000
  WGK: 0
  R-Satz: 41
  S-Satz: 26-36
  Sonstiges:
  TD Lo (intraperitoneal, Maus): 14000 mg/kg [428];
  TD Lo (Haut, Maus): 332000 mg/kg/20 W (intermittierend), 20800 µl/kg/13 W (intermittierend) [428];
  LD 50 (oral, Maus): 22000 mg/kg [428];
  LD 50 (oral, Ratte): >24000 mg/kg [428];
  TD Lo (Haut, Ratte): 5200 µl/kg/13 W (intermittierend) [428];
  MLD (Haut, Kaninchen): 100 mg/24 h [428];
  MLD (Haut, Meerschweinchen): 100 mg/24 h [428];
  LC Lo (inhalativ, Mann): 5 mg/m3/5 a (intermittierend) [428];

- **physikalisch/chemisch:**
  Siedepunkt: 360 °C
  Flammpunkt: 130 °C
  Brechungsindex: 1,4670 (20 °C)
  Dichte: 838 kg/m3; 875-905 kg/m3

  Löslichkeit:
  löslich in Benzen, Trichlormethan, Ether, Schwefelkohlenstoff, Petrolether; unlöslich in Wasser;

Verbleib nach Gebrauch:
Verbrennung nach Mischung mit brennbarem Lösemittel;

Bemerkung:
Farblose, ölige Flüssigkeit; geruchlos [428];

Paraffin-Kohlenwasserstoffe

- **CAS-Nummer:**
  64742-43-4

branchenspezifische Bemerkung zur Substanz:
Einsatzmenge: 930 t/a (Reifenindustrie und TSE-Industrie) (1996)

Eigenschaften:
- **toxikologisch/ökotoxikologisch:**
  WGK: 0

Paraffinöl

- **CAS-Nummer:**
  64741-89-5

Anwendung:
Reifen;

branchenspezifische Bemerkung zur Substanz:
Einsatzmenge: 586 t/a (Reifenindustrie, 1996)

Eigenschaften:
- **toxikologisch/ökotoxikologisch:**
  R-Satz: 45
  S-Satz: 53-45
  Sonstiges:
  Tumorigen;
  LD 50 (oral, Ratte): >15 g/kg [428];
  LD 50 (Haut, Kaninchen): >5 g/kg [428];

  Gefahren-Symbol:

T

Pech

- **CAS-Nummer:**
  61789-60-4
- **gebräuchliche Namen:**
  Pech aus Teer;
- **Handelsnamen:**
  Emery 786; Tolpit 35;

Funktion:
Weichmacher aus Naturprodukten;

Anwendung:

Reifen, Schläuche; chirurgische und medizinische Artikel; Sportartikel; Spielsachen; technische Gummiartikel; Produkte für Industrie, inkl. Druckplattentücher; Klebstoffe; Dichtungen; Latex Tauchartikel; Latex Schaumartikel;

Eigenschaften:
- **toxikologisch/ökotoxikologisch:**

R-Satz: 45
S-Satz: 53-45

Gefahren-Symbol:

Pektin

- **CAS-Nummer:**
9000-69-5
- **gebräuchliche Namen:**
Colyerpectin; Genu Pectin L200; Methoxypectin; Methylpectin; Pectin; Pektin A; E 440 a;
- **Handelsnamen:**
Marpee NL (OM); Mexpectin;

Funktion:

Verdickungsmittel für Latex;

Eigenschaften:
- **toxikologisch/ökotoxikologisch:**

RTECS # RX 4280000
Sonstiges:
LD 50 (subcutan, Maus): 6400 mg/kg [428];

- **physikalisch/chemisch:**

Molmasse: ca. 2000-40000 g/mol
Löslichkeit:
unlöslich in Ethanol und anderen org. Lösemitteln;

Bemerkung:

Grob- oder feinkörniges, gelb-weißes Pulver; praktisch geruchlos mit schleimigen Geschmack; Polysaccharid, welches in den Zellwänden aller Pflanzen vorkommt; Orangen- bzw. Zitronenschalen sind mit ca. 30 % Pektinanteil reichste Quelle;
zugelassen als Lebensmittelzusatzstoff [39];

[573]:
Vorkommen: Gelöst im Zellsaft; als unlösl. Calciumpektat in der Mittellamelle der Zellwände; als unlösl., wahrscheinlich mit Calcium-, Magnesium- und Phosphat-Ionen vernetztes Protopektin in der primären Zellmembran. Die Hauptfunktion scheint die von Gerüst- und Kittsubstanzen zu sein, welche den Zusammenhalt der Zellen im Gewebsverband gewährleisten, denn werden die Pektine durch Einwirkung Pektin-spaltender Enzyme lysiert, so resultiert ein Gewebszerfall. Der Pektin-Gehalt der Pflanzen ist großen Schwankungen unterworfen; am meisten Pektin enthalten die jugendlichen, unverholzten Pflanzenteile.
Herstellung: Durch Extraktion mit verdünnten Säuren vorwiegend aus den inneren Anteilen von Citrusfruchtschalen, Obsttrestern oder auch Zuckerrübenschnitzeln.
Verwendung: Die technisch wichtigste Eigenschaft der Pektine ist ihre Fähigkeit zur Bildung von Gelen (sog. Hydrokolloide). Die hochveresterten Pektine liefern in saurer (pH 3-3,5) wässriger Lösung nach Zusatz von ca. 60-65 % Zucker (u. ggf. Säuren) klare, feste Gelees.
Der ernährungsphysiologische Nutzen besteht in der Ballaststoff-Funktion.

Pentachlorphenyl-N,N'-dimethylsulfenamid

- **CAS-Nummer:**
  76344-42-8
- **gebräuchliche Namen:**
  Pentachlor-N,N-dimethylbenzolsulfenamid; N,N-Dimethyl-S-(2,3,4,5,6-pentachlor-phenyl)-thiohydroxylamin;
- **Summenformel:**
  $C_8H_6Cl_5NS$

- **Strukturformel:**

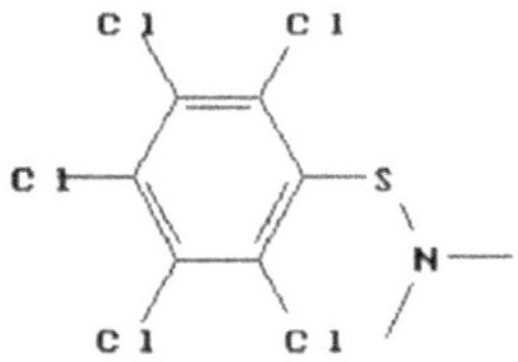

Funktion:
Reversionsschutzmittel;

Eigenschaften:

- **physikalisch/chemisch:**
  Molmasse: 325,47 g/mol

Pentachlorthiophenol

- **CAS-Nummer:**
  133-49-3
- **gebräuchliche Namen:**
  PCTP; Pentachlorbenzenthiol; Pentachlorothiophenol; Pentachlorobenzenthiol;
- **Handelsnamen:**
  RPA 6; USAF B-51;
- **Summenformel:**
  C_6HCl_5S

- **Strukturformel:**

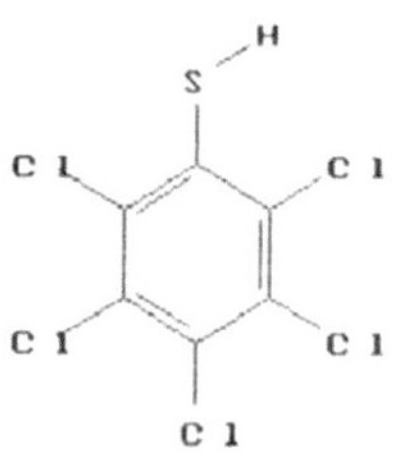

Funktion:
Mastikationsmittel;
Anwendung:
Reifen, Schläuche; chirurgische und medizinische Artikel; Sportartikel; Spielsachen; technische Gummiartikel;

branchenspezifische Bemerkung zur Substanz:
Einsatzmenge: 0,7 t/a (TSE-Industrie, 1996)

Eigenschaften:
- **toxikologisch/ökotoxikologisch:**
  RTECS # DC 1925000
  WGK: 3
  Sonstiges:
  LD 50 (intraperitoneal, Maus): 100 mg/kg [428];

- **physikalisch/chemisch:**
  Schmelzpunkt: 231,5 °C
  Molmasse: 282,38 g/mol

Bemerkung:
enthalten in Renacit V, Renacit VII;

Pentadecan

- **CAS-Nummer:**
  629-62-9
- **gebräuchliche Namen:**
  n-Pentadecan;
- **Summenformel:**
  $C_{15}H_{32}$
- **Strukturformel:**

branchenspezifische Bemerkung zur Substanz:
Reaktionsprodukt von aliphatischen Ölen [Weichmacher];

Eigenschaften:
- **toxikologisch/ökotoxikologisch:**
  RTECS # RZ 1800000
  Sonstiges:
  LD 50 (intravenös, Maus): 3494 mg/kg [428];

- **physikalisch/chemisch:**
  Schmelzpunkt: 9,9 °C; 10 °C
  Siedepunkt: 270 °C; 270,63 °C
  Flammpunkt: 132 °C
  Brechungsindex: 1,4317 (20 °C); 1,43320 (20 °C)
  Dichte: 769,8 kg/m3; 768,5 kg/m3 (20 °C)
  Molmasse: 212,47 g/mol

  Löslichkeit:
  unlöslich in Wasser, löslich in Ether und Propanon;

Verbleib nach Gebrauch:
Verbrennung nach Mischung mit brennbarem Lösemittel;

Bemerkung:
farblose Flüssigkeit;

Pentamethylendithiocarbaminsäure, Bleisalz

- **CAS-Nummer:**
  41556-46-1
- **gebräuchliche Namen:**
  Bis-(1-piperidincarbodithioato)-blei; Bis-(1-piperidincarbodithioato-S,S')blei; Blei-pentamethylendithiocarbamat; Piperidincarbodithioic-säure-bleisalz;
- **Summenformel:**
  $C_{12}H_{20}N_2PbS_4$

- **Strukturformel:**

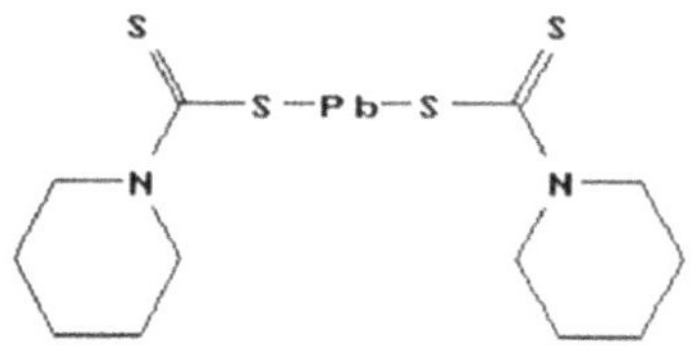

Funktion:
Vulkanisationsbeschleuniger, organisch;

Eigenschaften:
- **physikalisch/chemisch:**
  Molmasse: 527,74 g/mol

Pentamethylendithiocarbaminsäure, Kupfersalz

- **CAS-Nummer:**
  15225-85-1
- **gebräuchliche Namen:**
  Bis-(1-piperidincarbodithioato)-kupfer; Bis-(1-piperidincarbodithioato-S,S')-kupfer; Kupfer-pentametyhlendithiocarbamat; Piperidincarbothioic-säure-kupfersalz;
- **Summenformel:**
  $C_{12}H_{20}CuN_2S_4$

- **Strukturformel:**

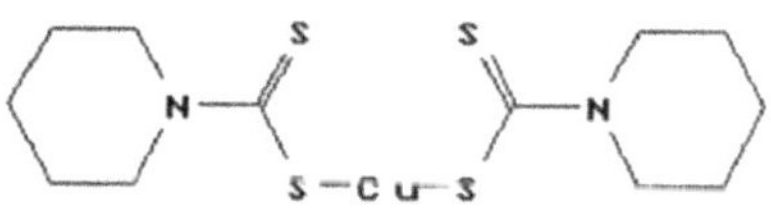

Funktion:
Vulkanisationsbeschleuniger, organisch;

Eigenschaften:
- **physikalisch/chemisch:**
  Molmasse: 384,09 g/mol

Pentamethylendithiocarbaminsäure, Zinksalz

- **CAS-Nummer:**
  13878-54-1
- **gebräuchliche Namen:**
  Z5MC; (T-4)-Bis(1-piperidincarbodithioato-S,S')-zink; Bis(1-piperidincarbodithioato)-zink; Zink-N-pentametyhlendithiocarbamat; Bis(1-piperidincarbodithioato-S,S')-zink; Zink-pentamethylendithiocarbamat;

- **Handelsnamen:**
  Vulkacit ZP;
- **Summenformel:**
  $C_{12}H_{20}N_2S_4Zn$

- **Strukturformel:**

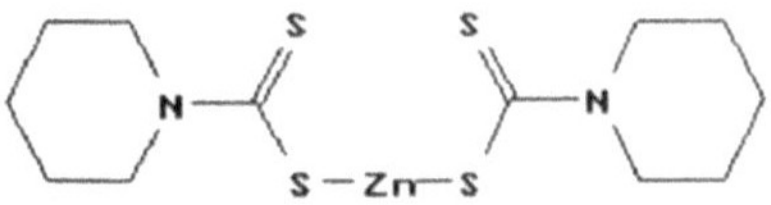

Funktion:
Vulkanisationsbeschleuniger, organisch;
Anwendung:
gummierte Stoffe; Gummiwaren für Nahrungsmittel; Latex Tauchartikel; Latex Schaumartikel;

Eigenschaften:
- **toxikologisch/ökotoxikologisch:**
  RTECS # ZH 0925000
  Sonstiges:
  LD 50 (intraperitoneal, Maus): 260 mg/kg [428];

- **physikalisch/chemisch:**
  Molmasse: 385,95 g/mol

2,2,4,6,6-Pentamethylheptan

- **CAS-Nummer:**
  13475-82-6
- **Summenformel:**
  $C_{12}H_{26}$

- **Strukturformel:**

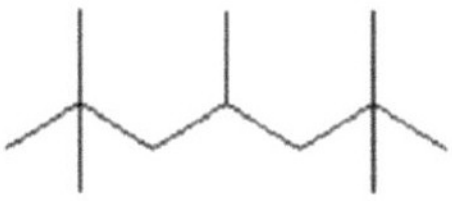

branchenspezifische Bemerkung zur Substanz:
Reaktionsprodukt von aliphatischen Ölen [Weichmachern];

Eigenschaften:
- **physikalisch/chemisch:**
  Schmelzpunkt: -67 °C
  Siedepunkt: 176 °C (1013 hPa); 177,8 °C
  Dichte: 746,3 kg/m3 (20 °C); 741,84 kg/m3 (25 °C); 731,5 kg/m3 (40 °C)
  Molmasse: 170,33 g/mol

Pentan

- **CAS-Nummer:**
  109-66-0
- **UN Nummer:**
  1265

- **gebräuchliche Namen:**
  n-Pentan; Pentane, flüssig;
- **Handelsnamen:**
  Skellysolve A;
- **Summenformel:**
  C_5H_{12}

- **Strukturformel:**

Funktion:
  Lösemittel;
Anwendung:
  Reifen, Schläuche;

Eigenschaften:
- **toxikologisch/ökotoxikologisch:**
  RTECS # RZ 9450000
  Schweizer Giftliste: 4
  WGK: 1
  MAK Wert: 2950 mg/m3 bzw. 1000 ml/m3
  R-Satz: 11
  S-Satz: (2)-9-16-29-33
  Sonstiges:
  Spitzenbegrenzung IV [481];
  Einatmen der Dämpfe wirkt in hohen Konzentrationen betäubend und kann Herzrhythmusstörungen auslösen; Kontakt mit der Flüssigkeit führt zu Reizung der Augen und Haut [484];
  Kann infolge des niedrigen Siedepunktes Erfrierungen auf der Haut verursachen. Beim Verschlucken mit anschließendem Erbrechen kann Aspiration in die Lunge erfolgen, was zur chemischen Pneumonie oder zur Erstickung führen kann.
  Symptome: Erfrierungen, Schwindelgefühl, Benommenheit, Bewußtlosigkeit. [Sdb Shell]
  Genannte Daten sind Schätzungen;
  In hohen Konzentrationen lokale Reizwirkung auf Schleimhäute. Einatmen konzentrierter Dämpfe sowie orale Aufnahme führen zu narkoseähnlichen Zuständen und zu Kopfschmerzen, Schwindel, etc. [Sdb Shell];
  LD/LC 50 (oral, Ratte): >16000 mg/kg;
  LD/LC 50 (inhal.ativ Ratte): >100 mg/l/4 h;
  LD/LC 50 (dermal, Kaninchen): >2500 mg/kg;
  LC 50 (Regenbogenforelle): >100 mg/l/96 h [Sdb Shell];
  60 mg/l tödlich für Fische [32];
  Biologisch schwer abbaubar [Sdb Shell];

  Gefahren-Symbol:

- **physikalisch/chemisch:**
  Schmelzpunkt: -129,7 °C; -130 °C;
  Siedepunkt: 36,2 °C; 35-36 °C;
  Flammpunkt: -40 °C; -49 °C;
  Dampfdruck: 573 hPa (20 °C) [32]
  Verdampfungswärme: 357,55 kJ/kg
  Log pOW: 3,23, 3,39 [4];
  Brechungsindex: 1,3577 (20 °C); 1,3580 (20 °C);
  Dichte: 626,3 kg/m3 (20 °C)
  Molmasse: 72,150 g/mol
  Verdunstungszahl: 6,7 (Diethylether = 1) [18]

Löslichkeit:
unlöslich in Wasser; mischbar mit Ethanol, Diethylether;

Verbleib nach Gebrauch:
Verbrennung, hochentzündliche Stoffe;

Bemerkung:
Farblose, fast geruchlose Flüssigkeit; brennbar;
In dampf-/gasförmigen Zustand mit Luft explosionsfähig;
Explosionsgrenzen: 1,4 - 8 Vol.% ; Zündtemp.: 285 °C [32];
Explosionsgrenzen: 1,4 - 8 Vol.% ; Zündtemp.: 309 °C [484];
Stoff reagiert bei Kontakt oder Mischung mit Halogen, sauerstoffreichem Material (starken Oxidationsmitteln), konzentrierter Salpetersäure und geschmolzenem Schwefel [484];
Verwendung als technisches Lösemittel;

Pentylmercaptoacetat

- **CAS-Nummer:**
  6380-70-7
- **gebräuchliche Namen:**
  Amyl-mercaptoacetat;
- **Summenformel:**
  $C_7H_{10}O_2S$

- **Strukturformel:**

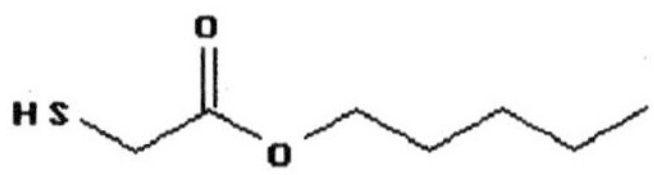

Funktion:
sonstige Chemikalien;

Eigenschaften:

- **physikalisch/chemisch:**
  Molmasse: 162,25 g/mol

Perbenzoesäure-1,1-dimethylethylester

- **CAS-Nummer:**
  614-45-9
- **UN Nummer:**
  2097; 3103*; 3105**
- **gebräuchliche Namen:**
  tert.-Butylperbenzoat; 1,1-Dimethylethyl-benzenperoxoat; 1,1-Dimethylethylbenzencarboperoxosäure; Perbenzoesäure-tert.-butylester; tert.-Butylperoxybenzoat; Peroxybenzoesäure-tert.-butylester; 1,1-Dimethylethylbenzolcarboperoxoat;
- **Handelsnamen:**
  Chaloxyd TBPB; Esperox 10; Kayabutyl B; Luperox P; Nowox; Perbutyl Z; Trigonox C; Trigonox C-U 50; Varox TBPB;
- **Summenformel:**
  $C_{11}H_{14}O_3$

- **Strukturformel:**

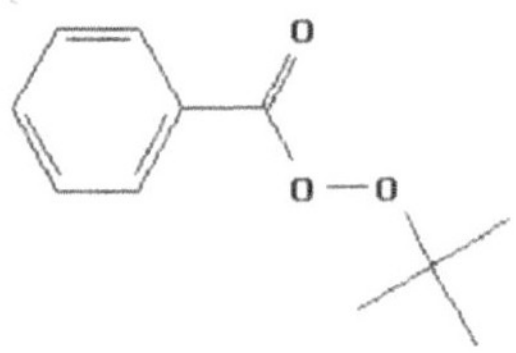

Funktion:
Vernetzungsmittel, schwefelfrei;
Kautschukart:
Acrylat-Butadien-Kautschuk; Silikon-Kautschuk;

Eigenschaften:
- **toxikologisch/ökotoxikologisch:**
RTECS # SD 9450000
Schweizer Giftliste: 4
WGK: 2
R-Satz: 8-20/21/22-11-40
S-Satz: 17-26-27-36/37/39
Sonstiges:
Die Dämfe reizen die Augen und die Atemwege: Kontakt mit der Flüssigkeit bewirkt Reizung der Augen und der Haut. Narkotische Wirkung?;
Symptome: Brennen der Augen, der Nasen- und Rachenschleimhäute sowie der Haut. Husten. Wenn große Mengen eingeatmet werden: Rausch, Schläfrigkeit, Bewustlosigkeit. [484];
LD 50 (oral, Ratte): 1012 mg/kg [187];
LC (inhalativ, Ratte): > 57 mg/m3/4h [428];
LD 50 (oral, Maus): 914 mg/kg [428];
LC (inhalativ, Maus): > 57 mg/m3/4h [428];

zu Trigonox C [Sdb Akzo Nobel], Angaben bezogen auf Wirkstoff:
Hautreizend, schwach augenreizend;
LD 50 (oral, Ratte): >2000 mg/kg; LD 50 (dermal, Ratte): >2000 mg/kg;
Gefahrensymbol: Xi, E; R-Sätze: 2-38-7; S-Sätze: 3/7-14-26-35-36/37/39;

Gefahren-Symbol:

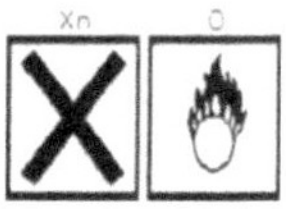

- **physikalisch/chemisch:**
Schmelzpunkt: 8 °C
Siedepunkt: 112 °C (Zers.); 75-76 °C (0,27 hPa)
Flammpunkt: 93 °C
Dampfdruck: 0,43 hPa (50 °C) [484]
Brechungsindex: 1,4990 (20 °C)
Dichte: 1021 kg/m3; 1040 ± 20 kg/m3
Molmasse: 194,25 g/mol

Löslichkeit:
löslich in organischen Lösemitteln [484];
unlöslich in Wasser; löslich in Alkoholen, Estern, Ethern, Ketonen;

Verbleib nach Gebrauch:
Verbrennung nach Mischung mit brennbarem Lösemittel;

Bemerkung:
Farblose bis leicht gelbliche Flüssigkeit. Milder aromatischer Geruch;

zerfällt als aktive Substanz; weißes Puder, leicht schwache Färbung; vor Sonnenlicht und vor anderen Zündquellen schützen; Kontakt mit reduzierenden Mitteln, Rost, organischen Substanzen vermeiden; wird auch als Lösung in den Handel gebracht. Zum Beispiel als 50%ige Lösung in Dimethylphthalat von der Fa. EWM als TBPB 50 oder von der Fa. OXYDO als Trigonox CM 50 [484];
zu Trigonox C [Sdb Akzo Nobel]:
Wirkstoff zu min. 98 % enthalten;

*: In der UN-Liste klassifiziert unter organische Peroxide, Typ C, flüssig [484];
**: In der UN-Liste klassifiziert unter organische Peroxide, Typ D, flüssig [484];

Petrolatum

- **CAS-Nummer:**
  8009-03-8
- **gebräuchliche Namen:**
  Vaseline;
- **Handelsnamen:**
  Chream-Weiß; Cosmoline; Extra Amber; Mineral-Fat; Mineral-Jelly; Mineral-Wax; Pennsoline Soft Gelb; Penreco weiß; Paraffin-Jelly; Pennsoline-Soft-Yellow; Perfecta; Petroleum Selly; Protopet; Schneeweiß; Saxoline; Ultimaweiß; Vasoliment; Vaseline; Vasoliment; White Petrolatum-Jelly; Weiß Protopet; White Petrolatum; White Petrolatum-USP; Yellow-Petrolatum;

Funktion:
1) Weichmacher aus Naturprodukten;
2) Konditionierungsmittel;
3) Weichmacher synthetisch;

Anwendung:
zu 1) und 2) Reifen, Schläuche; chirurgische und medizinische Artikel; Sportartikel; Spielsachen; technische Gummiartikel; Produkte für Industrie, inkl. Druckplattentücher; Klebstoffe; Dichtungen; Latex Tauchartikel; Latex Schaumartikel;

branchenspezifische Bemerkung zur Substanz:
Einsatzmenge: 6,7 t/a (Reifenindustrie, 1996);

Eigenschaften:
- **toxikologisch/ökotoxikologisch:**
  RTECS # SE 6780000
  R-Satz: 45
  S-Satz: 53-45
  Sonstiges:
  LD 50 (intraperitoneal, Maus): >50000 mg/kg [428];
  TD Lo (Haut, Kaninchen): 100 ml/kg/30 Tage [428];

  Gefahren-Symbol:

- **physikalisch/chemisch:**
  Schmelzpunkt: 38-54 °C
  Dichte: 820-865 kg/m3 (25 °C)

  Löslichkeit:
  löslich in Benzen, Trichlormethan, Diethylether, Petrolether, Schwefelkohlenstoff; unlöslich in Wasser, Ethanol [428];

Bemerkung:
geruchlos, geschmacklos [428];

Petrolatum ist eine komplexe Kombination von Kohlenwasserstoffen, die als Semifeststoff beim Entwachsen von paraffinhaltigem Rückstandöl erhalten wird. Es besteht vorherrschend aus gesättigten kristallinen und flüssigen Kohlenwasserstoffen.

Phenanthren

- **CAS-Nummer:**
  85-01-8
- **Summenformel:**
  $C_{14}H_{10}$

- **Strukturformel:**

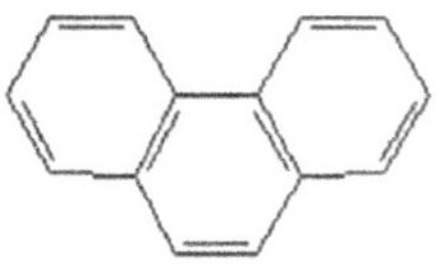

branchenspezifische Bemerkung zur Substanz:
Ist u.a. entahlten in aromatischen Weichmacherölen; bildet sich bei der Vulkanisation als Zersetzungsprodukt aus Kohlenwasserstoffen;

Eigenschaften:
- **toxikologisch/ökotoxikologisch:**

RTECS # SF7175000
Schweizer Giftliste: 4
R-Satz: 22-38
Sonstiges:
Kann schädigend wirken bei Einatmung, Verschlucken oder Aufnahme über Haut; verursacht Augen- und Hautreizungen; reizt Schleimhäute und Atemwege; verursacht allergische Reaktionen; kann zu Lichtempfindlichkeit der Haut führen [187];
LD 50 (oral, Maus): 700 mg/kg [187], [428];
LD 50 (intravenös, Maus): 56 mg/kg [428];
LD 50 (intraperitoneal, Maus): 700 mg/kg [428];
TD Lo (Haut, Maus): 71 mg/kg [428];
TD Lo (oral, Maus): 6370 mg/kg/13W (intermittierend) [428];
Biologisch abbaubar [167];

Gefahren-Symbol:

physikalisch/chemisch:
Schmelzpunkt: 101 °C
Siedepunkt: 340 °C
Log pOW: 4,46 [4]; 4,57 (gemessen) [428]
Brechungsindex: 1,657 (129,6 °C)
Dichte: 980 kg/m3 (4 °C)
Molmasse: 178,24 g/mol

Löslichkeit:
abs. Ethanol 20,7 g/l (16 °C); unlöslich in Wasser; löslich in Diethylether; Benzen, Propanon, Trichlormethan, Essigsäure;

Verbleib nach Gebrauch:
Verbrennung nach Mischung mit brennbarem Lösemittel;
Troposphärische Lebensdauer 1100 h; zurückgelegte Entfernung von der Quelle (für Europa im Sommer): 15000 km [410];

Bemerkung:
Farblose, glänzende blaufluoreszierende Kristallblättchen;
Kommt in der Anthracenölfraktion des Steinkohlenteers vor;
Gehört zu der Gruppe der z.T. toxischen polyaromatischen Kohlenwasserstoffe (PAH);
Verwendung: als Ausgangsstoff für die Synthese von Arzeneimitteln, Farbstoffen und Kunststoffen auf Formaldehydbasis;

Phenol, octyliert

- **CAS-Nummer:**
75975-86-9

branchenspezifische Bemerkung zur Substanz:
Einsatzmenge in der TSE-Industrie: 25 t/a [1996];

Phenol, Polymer mit Formaldehyd

- **CAS-Nummer:**
9003-35-4
- **gebräuchliche Namen:**
Formaldehyd-phenol Harz;
- **Handelsnamen:**
Akrochem P-37; Akrochem 49; Akrochem PA-52; Akrochem SP-0601-6001; Akrochem SP-0601-6700; Akrochem SP-0601-6710
- **Summenformel:**
$(C_6H_6O.CH_2O)_x$

- **Strukturformel:**

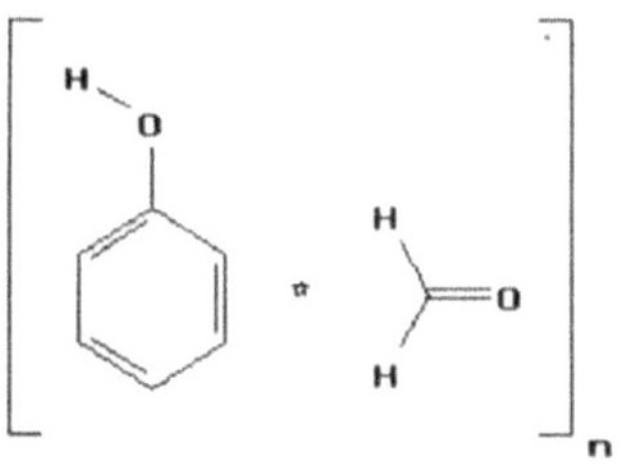

Funktion:
Weichmacher, synthetisch;
Anwendung:
Reifen, Schläuche; chirurgische und medizinische Artikel; Sportartikel; Spielsachen; technische Gummiartikel; Produkte für Industrie, inkl. Druckplattentücher; Klebstoffe; Dichtungen; Latex Tauchartikel; Latex Schaumartikel;

branchenspezifische Bemerkung zur Substanz:
Einsatzmenge: 740 t/a (Reifenindustrie: 590 t/a, TSE-Industrie: 150 t/a) (1996)

Phenylbenzen

- **CAS-Nummer:**
  92-52-4
- **UN Nummer:**
  3077 n.o.s.
- **gebräuchliche Namen:**
  Biphenylen; Phenylbenzol; Bibenzen; Biphenyl; Xenol;
- **Summenformel:**
  $C_{12}H_{10}$

- **Strukturformel:**

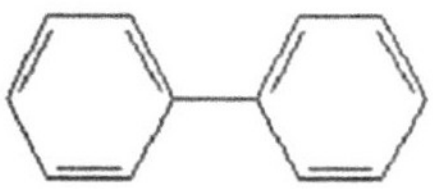

branchenspezifische Bemerkung zur Substanz:
Zersetzungsprodukt;

Eigenschaften:
- **toxikologisch/ökotoxikologisch:**
  RTECS # DU 8050000
  WGK: 2
  MAK Wert: 0,2 ml/m3 bzw. 1 mg/m3
  R-Satz: 36/37/38-50/53
  S-Satz: (2)-23-60-61
  Sonstiges:
  Zu diesem Stoff liegt ein BUA-Stoffbericht Nr. 50 vor.
  Spitzenbegrenzung: n.b. [481]; Schwangerschaftsgruppe D [481];
  Mutagen [428]; Tumorauslösend [428];
  Besonders die bei Erhitzung entstehenden Dämpfe reizen Augen und Atemwege; Kontakt mit dem festen Stoff bewirkt Reizung der Augen, bei anhaltender Einwirkung auch der Haut [163];
  Dampfkonzentrationen von über 0,005 mg/l über längere Zeit gesundheitsschädlich [163];
  TC Lo (inhalativ, Mensch): 4400 µg/m3 [428];
  LD 50 (oral, Ratte): 2400 mg/kg [187], 3280 mg/kg [428];
  LC (inhalativ, Ratte): >200 mg/m3 [428];
  TD Lo (oral, Ratte): 3300 mg/m3/15D (intermittierend), 41250 mg/kg/24W (kontinuierlich) [428];
  TD Lo (intraperitoneal, Ratte): 150 mg/kg/3D (intermittierend) [428];
  TC Lo (inhalativ, Ratte): 300 mg/m3/7h/ 94D (intermittierend) [428];
  LD 50 (oral, Maus): 1900 mg/kg [428];
  LD 50 (intravenös, Maus): 56 mg/kg [428];
  TD Lo (oral, Maus): 56 g/kg [428];
  TD Lo (subcutan, Maus): 46 mg/kg [428];
  TC Lo (inhalativ, Maus): 5 mg/m3/7h/92D (intermittierend) [428];
  LD 50 (oral, Katze): >2600 mg/kg [428];
  LD 50 (oral, Kaninchen): 2400 mg/kg [428];
  LD 50 (Haut, Kaninchen): >5010 mg/kg [428];

  Gefahren-Symbol:

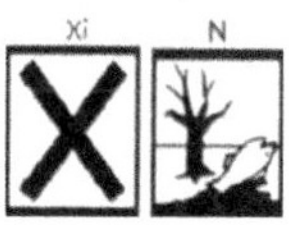

- **physikalisch/chemisch:**
  Schmelzpunkt: 68,5 °C; 69-71 °C
  Siedepunkt: 254 °C
  Flammpunkt: 110 °C

Dampfdruck: 0,008 hPa (20 °C) [163], 5,5 hPa (100 °C) [163];
Log pOW: 3,16, 3,95, 4,04, 4,09, 4,17 [4]
Brechungsindex: 1,475 (20 °C)
Dichte: 866 kg/m3 (20 °C)
Molmasse: 154,22 g/mol

Löslichkeit:
löslich in Diethylether, Benzen, Trichlormethan, Ethanol; unlöslich in Wasser;

Verbleib nach Gebrauch:
Verbrennung nach Mischung mit brennbarem Lösemittel;

Bemerkung:
unrichtig auch als "Diphenyl" bezeichnet;
Farblose Blättchen, Schuppen, Pillen oder farblose Schmelze von eigenartigem angenehmen Geruch nach Geranien;
brennbar; Bildet im dampf-/gasförmigen Zustand mit Luft explosionsfähige Gemische;
Explosionsgrenzen: 0,7 - 3,4 Vol.% ; Zündtemp.: 570 °C [163]; Stoff kann sich leicht statisch aufladen;
kann bei Kontakt mit brandförderndem Material (starken Oxidationsmitteln) reagieren;
Verwendung: Fungistatikum für Orangen; Wärmeübertragungsmittel; in der organischen Synthese;

N-Phenyl-1,4-benzendiamin

- **CAS-Nummer:**
101-54-2
- **UN Nummer:**
2811 n.o.s.
- **gebräuchliche Namen:**
4-Aminodiphenylamin; N-Phenyl-p-phenylendiamin; N-Phenyl-1,4-benzolamin; p-Aminodiphenylamin; N-Phenyl-1,4-benzoldiamin; N-Phenyl-p-aminoanilin; N-Phenyl-benzen-1,4-diamin;
- **Handelsnamen:**
Acna Black DF Base; Azosa HR; C.I. Developa-15; Diphenylschwarz; Luxan Black R; Peltol BRII; Diphenyl Schwarz; C.I. 37240; C.I. 76085; Luxan Schwarz R; Peltol BR; Semidin; p-Semidin; Variamin Blau R 5;
- **Summenformel:**
$C_{12}H_{12}N_2$

- **Strukturformel:**

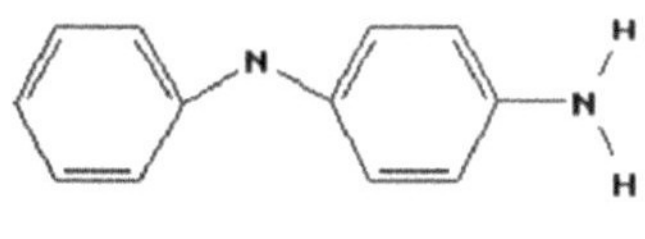

Funktion:
Alterungsschutzmittel;

branchenspezifische Bemerkung zur Substanz:
Verunreinigung (ca.0,1 Gew-%) in 6PPD und IPPD;

Eigenschaften:
- **toxikologisch/ökotoxikologisch:**
RTECS # ST 3150000
Schweizer Giftliste: 3
WGK: 2
R-Satz: 20/21/22-26/27/28-36/37/38
S-Satz: 26-28-36-44
Sonstiges:
Für diese Substanz liegt ein BUA-Stoffbericht Nr. 131 vor.
Das Umweltbundesamt schlägt folgende Einstufung vor: R50, R53; Gefahrensymbol N ("Umweltgefährlich");

Stäube reizen stark Augen, obere Atemwege und Haut; Kontakt mit dem Stoff führt zu Reizung der Augen und Haut; Aufnahme des Stoffes (auch über die Haut ?) ruft Vergiftungen hervor; Angaben in der Literatur jedoch unzureichend; in schweren Fällen vermutlich ähnliche Erscheinungen wie bei Vergiftung mit ⇒ Anilin: Veränderugen des Blutfarbstoffes (Methämoglobinämie); nachfolgend Zerstörung der roten Blutkörperchen (Hämolyse), Nieren- und Leberschäden möglich; bei Brand werden u.a. hochtoxische nitrose Gase frei [163];
LD 50 (oral, Ratte): 464 mg/kg [428];
LD 50 (oral, Maus): 244 mg/kg [428];
LD 50 (dermal Kaninchen): >5000 mg/kg [578];
LD 50 (oral, Kaninchen): >5000 mg/kg [428];
LD Lo (oral, Katze): 100 mg/kg [428];

LC 0 (Fisch, Brachydanio rerio): 1,1 mg/l/96 h [608];
LC 50 (Fisch, Brachydanio rerio): 1,9 mg/l [608];
LC 100 (Fisch, Brachydanio rerio): 4,4 mg/l/96 h [608];

Gefahren-Symbol:

- **physikalisch/chemisch:**
  Schmelzpunkt: 73-75 °C*; 66-67 °C; 68-72 °C
  Siedepunkt: 354 °C; 155 °C (0,035 hPa); 270 °C (39,99 hPa)**
  Flammpunkt: >250 °C
  Dampfdruck: 0,000076 hPa (20 °C) [578]
  Log pOW: 2,4 (ber.) [578]
  Molmasse: 184,26 g/mol

  Löslichkeit:
  sehr geringfügig mischbar mit Wasser [484];
  löslich in Ethanol, Diethylether, Ligroin, Propanon

  Bemerkung zu physikalisch/chemischen Daten:
  Zündtemperatur: >500 °C [578];
  *: bei 98 % Reinheit [578];
  ** 170 °C (1,33 hPa);

Verbleib nach Gebrauch:
Verbrennung nach Mischung mit brennbarem Lösemittel;

Bemerkung:
Kristalliner, brauner bis violetter Feststoff [578];
Purpurfarbenes Pulver; nicht brennbar;
Stoff reagiert bei Kontakt oder Mischung mit starken Oxidationsmitteln und starken Säuren; bei Erhitzung bis zur Zersetzung bilden sich giftige und ätzende nitrose Gase;

Phenylcarbamid

- **CAS-Nummer:**
  64-10-8
- **gebräuchliche Namen:**
  Phenylharnstoff; Phenylurea;
- **Summenformel:**
  $C_7H_8N_2O$

- **Strukturformel:**

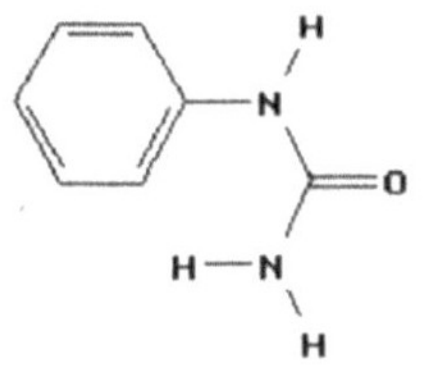

branchenspezifische Bemerkung zur Substanz:
Zersetzungsprodukt von DPG (CAS-Nr. 102-06-7);

Eigenschaften:
- **toxikologisch/ökotoxikologisch:**
RTECS # YU 0650000
WGK: 2
R-Satz: 20/21/22
S-Satz: 36
Sonstiges:
LD 50 (oral, Ratte): 2000 mg/kg [39];
LD 50 (oral, Maus): 1580 mg/kg [428];
LD 50 (intraperitoneal, Maus): 1060 mg/kg [428];

Gefahren-Symbol:

- **physikalisch/chemisch:**
Schmelzpunkt: 145-147 °C
Molmasse: 136,15 g/mol

Löslichkeit:
begrenzt wasserlöslich;

Verbleib nach Gebrauch:
Verbrennung nach Mischung mit brennbarem Lösemittel;

Phenylcyclohexan

- **CAS-Nummer:**
827-52-1
- **gebräuchliche Namen:**
Cyclohexylbenzen; 4-Cyclohexylbenzen; Cyclohexylbenzol;
- **Summenformel:**
$C_{12}H_{16}$

- **Strukturformel:**

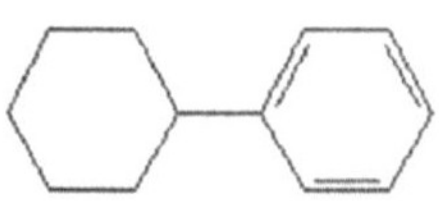

branchenspezifische Bemerkung zur Substanz:
Zersetzungsprodukt;

Eigenschaften:
- **toxikologisch/ökotoxikologisch:**
  RTECS # CZ 1330000
  Sonstiges:
  LD Lo (oral, Ratte): 5 g/kg [428];
  LD 50 (intraperitoneal, Maus): 248 mg/kg [428];
  LD 50 (intravenös, Maus): 67 mg/kg [428];

- **physikalisch/chemisch:**
  Schmelzpunkt: 5-6 °C
  Siedepunkt: 239-240 °C
  Flammpunkt: 58 °C
  Brechungsindex: 1,5258
  Dichte: 950 kg/m3
  Molmasse: 160,26 g/mol

4-Phenylcyclohexen

- **CAS-Nummer:**
  4994-16-5
- **gebräuchliche Namen:**
  t-Phenylcyclohexen; 3-Cyclohexen-1-ylbenzen
- **Summenformel:**
  $C_{12}H_{14}$

- **Strukturformel:**

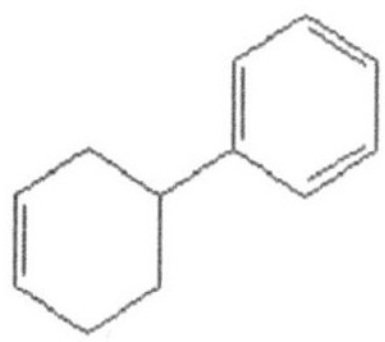

branchenspezifische Bemerkung zur Substanz:
Zersetzungsprodukt von Styrol-Butadien-Kautschuk (CAS-Nr. 9003-55-8);

Eigenschaften:
- **toxikologisch/ökotoxikologisch:**
  Sonstiges:
  LD 50 (oral, Ratte): >2000 mg/kg [428];
  LC (inhalativ, Ratte): >60 mg/m3/6h [428];

- **physikalisch/chemisch:**
  Molmasse: 158,24 g/mol

1-Phenyldecan

- **CAS-Nummer:**
  104-72-3
- **gebräuchliche Namen:**
  Decylbenzen;
- **Summenformel:**
  $C_{16}H_{26}$

- **Strukturformel:**

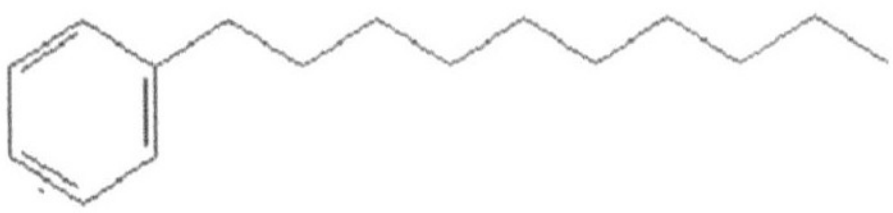

branchenspezifische Bemerkung zur Substanz:
Reaktionsprodukt von aromatischen Ölen (Weichmacher);

Eigenschaften:
- **toxikologisch/ökotoxikologisch:**
R-Satz: 36/37/38
S-Satz: 26-37/39

- **physikalisch/chemisch:**
Schmelzpunkt: - 14,4 °C
Siedepunkt: 293 °C; 298 °C; 155 °C (14,7 hPa)
Flammpunkt: >110 °C
Brechungsindex: 1,4820 (20 °C)
Dichte: 856 kg/m3; 855,5 kg/m3 (20 °C)
Molmasse: 218,38 g/mol

Löslichkeit:
unlöslich in Wasser; sehr löslich in Säure, Ethanol, Ethylether, Benzen;

Verbleib nach Gebrauch:
Verbrennung nach Mischung mit brennbarem Lösemittel;

Bemerkung:
farblose Flüssigkeit;

1,1'-(1,3-Phenylen)-bis-[1H-pyrrol-2,5-dion]

- **CAS-Nummer:**
3006-93-7
- **gebräuchliche Namen:**
N,N'-m-Phenylendimaleimid; m-Phenylenbismaleimid; 1,3-Bismaleimidobenzen; 1,3-Dimaleimidobenzen; m Phenylendimaleimid; 1H-Pyrrole-2,5-dion; 1,1'-(m-Phenylen-bis-1H-pyrrol-2,5-dion); N,N'-m-Phenylen-dimaleinsäureimid; N,N'-m-Phenylendimaleindiimid;
- **Handelsnamen:**
HVA 2; M-Phdm; Hva-2 curing agent; Vanax MBM; Poly-Dispersion T (HVA2) D-70; Poly-Dispersion T (HVA2) D-70P;
- **Summenformel:**
$C_{14}H_8N_2O_4$

- **Strukturformel:**

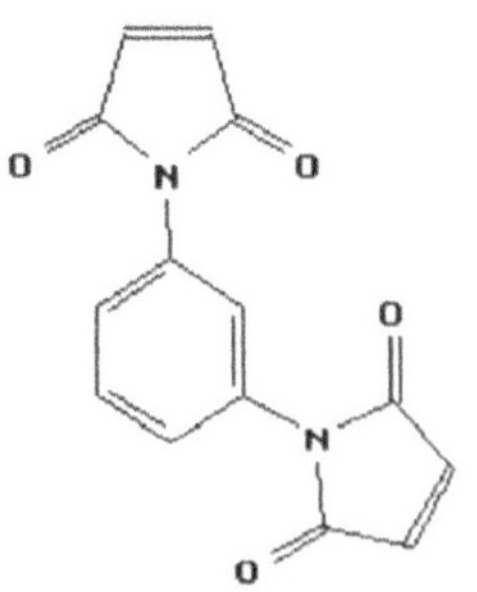

Funktion:
(1) Coagentien für schwefelfreie Vernetzungsmittel;
(2) Vulkanisationsaktivator / Beschleunigeraktivator;
Anwendung:
(1) chirurgische und medizinische Artikel; Sportartikel; Spielsachen; technische Gummiartikel;

branchenspezifische Bemerkung zur Substanz:
Einsatzmenge: 43 t/a (TSE-Industrie, 1996)

Eigenschaften:
- **toxikologisch/ökotoxikologisch:**
RTECS # ON 6125000
WGK: 1
R-Satz: 23/24/25
S-Satz: 28-27-45-36/37/39
Sonstiges:
LD 50 (oral, Ratte): 1370 mg/kg [428];
LC 50 (inhalativ, Ratte): 55 mg/m3/4 h [428];
LD Lo (intraperitoneal, Ratte): 50 mg/kg [428];
LD 50 (oral, Maus): 250 mg/kg [428];

zu Rubber Chem HVA-2 [Sdb DuPont]:
MAK-Wert: 6 mg/m3 A; Gefahrensymbol: Xn; R-Sätze: 20/21/22-36/37/38-39-43; S-Sätze: 20-22-26-27;
WGK: 0;

- **physikalisch/chemisch:**
Schmelzpunkt: 198-201 °C
Dichte: 1440 ± 30 kg/m3
Molmasse: 268,23 g/mol

Löslichkeit:
löslich in Propanon, Trichlormethan; wenig löslich in Methylbenzen; praktisch unlöslich in Wasser;

Bemerkung zu physikalisch/chemischen Daten:
zu Rubber Chem HVA-2 [Sdb DuPont]:
Schmelzpunkt: 195 °C; Flammpunkt: 208 °C; Dichte: 1440 kg/m3;

Verbleib nach Gebrauch:
Verbrennung nach Mischung mit brennbarem Lösemittel;

Bemerkung:
zu Rubber Chem HVA-2 [Sdb DuPont]:
gelbes Pulver;

N,N'-Phenylendimaleimid

- **CAS-Nummer:**
13118-04-2
- **gebräuchliche Namen:**
1,2-Bis-(maleimido)-benzen;
- **Handelsnamen:**
HVA 2;
- **Summenformel:**
$C_{14}H_8N_2O_4$

- **Strukturformel:**

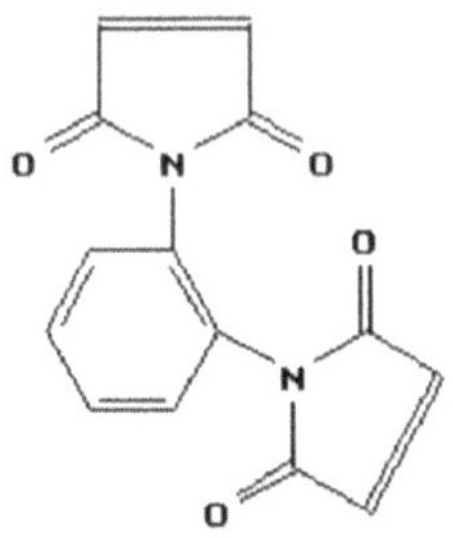

Funktion:
Alterungsschutzmittel;

Eigenschaften:
- **toxikologisch/ökotoxikologisch:**
RTECS # ON 6125000
R-Satz: 37
S-Satz: 22-24
Sonstiges:
LD 50 (oral, Ratte): 1370 mg/kg [187];

Gefahren-Symbol:

- **physikalisch/chemisch:**
Schmelzpunkt: 245-247 °C (unter Zers.); 250-252 °C
Molmasse: 268,23 g/mol

Verbleib nach Gebrauch:
Verbrennung nach Mischung mit brennbarem Lösemittel;

Bemerkung:
Gelbes Pulver;

1-Phenylethanon

- **CAS-Nummer:**
98-86-2
- **gebräuchliche Namen:**
Acetophenon; Hypnon; Methylphenylketon; 1-Phenylethanol; Phenylmethylketon; Acetylbenzol; Benzoyl Methide;
- **Handelsnamen:**
DYMEX;
- **Summenformel:**
C_8H_8O

- **Strukturformel:**

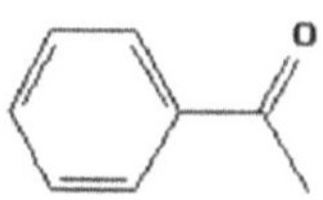

branchenspezifische Bemerkung zur Substanz:
Reaktionsprodukt von Dicumylperoxid (CAS-Nr. 80-43-3) [Vulkanisiermittel];

Eigenschaften:
- **toxikologisch/ökotoxikologisch:**
RTECS # AM 5250000
Schweizer Giftliste: 4
WGK: 1
R-Satz: 22-36
S-Satz: (2)-26
Sonstiges:
Die Dämpfe und Nebel reizen die Augen, die oberen Atemwege und die Haut. Kontakt mit dem Stoff führt zu Reizung der Augen und der Haut. Hohe Dampfkonzentrationen haben betäubende Wirkung, Symptome: Brennen der Augen, der Nasen- und Rachenschleimhäute sowie der Haut, Husten, Schläfrigkeit, Torkeln, Bewustlosigkeit [484];
LD 50 (oral, Ratte): 815 mg/kg [39], [428];
LD 50 (oral, Ratte): 900 mg/kg [195];
LC (inhalativ, Ratte): >210 ml/m3/8 h [428];
LD 50 (oral, Maus): 740 mg/kg [428];
LD 50 (intraperitoneal, Maus): 200 mg/kg [428];
LD Lo (subcutan, Maus): 330 mg/kg [428];
LD 50 (Haut, Meerschweinchen): > 20 ml/kg [428];
LD 50 (oral, Säugetier): 2700 mg/kg [428];
LC 50 (inhalativ, Säugetier): 1200 mg/m3 [428];
Gewässerverunreinigung: 5 mg/l für Kaltblüter ohne Befund

Gefahren-Symbol:

- **physikalisch/chemisch:**
Schmelzpunkt: 19 °C
Siedepunkt: 202 °C
Flammpunkt: 82 °C
Dampfdruck: 0,4 hPa (20 °C)
Log pOW: 1,663
Brechungsindex: 1,5339 (20 °C)
Dichte: 1033 kg/m3
Molmasse: 120,16 g/mol

Löslichkeit:
Wasser: 5,5 g/l (20 °C); leicht löslich in Ethanol, Trichlormethan, Ether;

Bemerkung:
Der Stoff reagiert bei Kontakt oder Mischung mit starken Basen, starken Oxidationsmittel und starken Reduktionsstoffen [484].

Phenylethen

- **CAS-Nummer:**
100-42-5
- **UN Nummer:**
2055
- **gebräuchliche Namen:**
Phenylethylen; Styrol; Styron; Vinylbenzol; Vinylbenzen; Cinnamol; Cinnamen; Monostyrol; Ethenylbenzol; Styrene monomer, stabilisiert; Ethenylbenzen;

- **Handelsnamen:**
  Diarex HF 77; Styropol SO;
- **Summenformel:**
  C_8H_8

- **Strukturformel:**

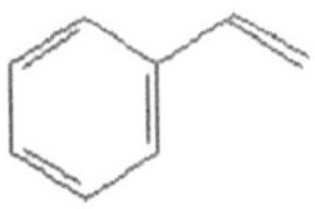

branchenspezifische Bemerkung zur Substanz:
Reaktionsprodukt von Phenylethen-Butadien-Copolymer (CAS-Nr. 9003-55-8) [Polymer];
Zersetzungsprodukt von aromatischen Weichmacherölen;

Eigenschaften:
- **toxikologisch/ökotoxikologisch:**
  RTECS # WL 3675000
  Schweizer Giftliste: 4
  WGK: 2
  MAK Wert: 20 ml/m3 bzw. 85 mg/m3
  R-Satz: 10-20-36/38
  S-Satz: (2)-23
  Sonstiges:
  Einstufung und Kennzeichnung von Zubereitungen, in denen diese Substanz enthalten ist:
  12.5%< =C ⇒ Xn; R20-36/38

IMK: II; Spitzenbegrenzung: II,1 [481]; Schwangerschaftsgruppe C [481];
Geruchsschwelle 0,15 ml/m3 [484];
Im Tierversuch karzinogen [40];
Dämpfe verursachen Reizung der Augen und Atemwege; Kontakt mit der Flüssigkeit bewirkt Reizung der Augen und Haut; bei längerer Einwirkung Blasenbildung möglich [163];
Laborexperimente haben mutagene Wirkung gezeigt [187];
Konzentrationen über 800 ml/m3 reizen sofort die Schleimhäute;
10000 ml/m3 wirken wahrscheinlich in 30 - 60 min tödlich [163];
LD Lo (inhalativ, Mensch): 10000 ml/m3/30 min [187], [428];
TC Lo (inhalativ, Mensch): 600 ml/m3, 20 µg/m3 [428];

TD Lo (oral, Ratte): 8600 mg/kg (1-22 Tage/21 Tage nach der Geburt) [428];
TD Lo (oral, Ratte): 5575 mg/kg [428];
TD Lo (oral, Ratte): 17200 mg/kg/14 Wochen mit Unterbrechungen [428];
TD Lo (oral, Ratte): 3200 mg/kg/4 Wochen mit Unterbrechungen [428];
TD Lo (oral, Ratte): 23190 mg/kg/15 Tage mit Unterbrechungen [428];
TD Lo (oral, Ratte): 40000 mg/kg/2 a kontinuierlich [428];
TD Lo (oral, Ratte): 3150 mg/kg/7 Tage mit Unterbrechungen [428];
TD Lo (oral, Ratte): 4000 mg/kg (6-15 Tage trächtig), 11470 mg/kg (6-15 Tage trächtig) [428];
TD Lo (inhalativ, Ratte): 293 ml/m3/6 h (7-21 Tage trächtig), 1500 ml/m3/6 h (7-21 Tage trächtig) [428];
TD Lo (inhalativ, Ratte): 1500 µg/m3/24 h (1-7 Tage trächtig) [428];
TD Lo (inhalativ, Ratte): 100 ml/m3/4 h/5 Tage/1 a mit Unterbrechungen [428];
TC Lo (inhalativ, Ratte): 50 mg/m3/24 h/70 Tage kontinuierlich [428];
TC Lo (inhalativ, Ratte): 2000 ml/m3/8 h/32Wochen mit Unterbrechungen [428];
TC Lo (inhalativ, Ratte): 6000 mg/m3/8 h/26Wochen mit Unterbrechungen [428];
TC Lo (Haut, Ratte): 3500 mg/kg/7 Tage mit Unterbrechungen [428];
TC Lo (intraperitoneal, Ratte): 8400 mg/kg/7 Wochen mit Unterbrechungen [428];
TC Lo (intraperitoneal, Ratte): 10000 mg/kg/10 Tage mit Unterbrechungen [428];
LD 50 (oral, Ratte): 5000 mg/kg [40], [187], 2650 mg/kg [428];
LD 50 (intraperitoneal, Ratte): 898 mg/kg [428];
LC 50 (inhalativ, Ratte): 24000 mg/m3/2 h [40];
LC 50 (inhalativ, Ratte): 24000 mg/m3/4 h [183], [187], 12000 mg/m3/4 h; 11,8 mg/l [Sdb];

LC 50 (inhalativ, Maus): 9500 mg/m3/4 h [428];

LD 50 (oral, Maus): 316 mg/kg [428];
LD 50 (intraperitoneal, Maus): 660 mg/kg [428];
LD 50 (intravenös, Maus): 90 mg/kg [428];
LD 50 (intravenös, Maus): 90 ± 5,2 mg/kg [155];
TD Lo (inhalativ, Maus): 500 ml/m3/6 h (6-16 Tage trächtig) [428];
TC Lo (oral, Maus): 500 mg/kg/4 Wochen mit Unterbrechungen [428];
TC Lo (inhalativ, Maus): 500 mg/m3/90 Tage mit Unterbrechungen [428];
TC Lo (inhalativ, Maus): 250 mg/m3/6 h/14 Tage mit Unterbrechungen [428];
TC Lo (inhalativ, Maus): 250 mg/m3/6 h/5 Tage mit Unterbrechungen [428];

TD Lo (inhalativ, Meerschweinchen): 3200 mg/kg/4 Wochen mit Unterbrechungen [428];
TC Lo (inhalativ, Meerschweinchen): 6000 mg/m3/8 h/26 Wochen mit Unterbrechungen [428];
LC Lo (inhalativ, Meerschweinchen): 12000 mg/m3/14 h [428];

LD 50 (oral, Säugetier): >1500 mg/kg [428];
TD Lo (inhalativ, Hamster): 1000 ml/m3/6 h (6-18 Tage trächtig) [428];

Toxische Grenzkonzentration für Pseudomonas putida 72 mg/l, Scenedesmus quadricauda 200 mg/l [36];
LC Lo (Daphnia magna): 130 mg/l [6];
LC 50 (Daphnia magna): 255 mg/l [6];
LC 50 (Fisch, Goldorfe): 66/17 mg/l [33]; 10-100 mg/l/96 h [Sdb Shell];
LC 100 (Fisch, Goldorfe): 90/18 mg/l [33];

Gefahren-Symbol:

- **physikalisch/chemisch:**

Schmelzpunkt: -31 °C
Siedepunkt: 145,8 °C
Flammpunkt: 32 °C; 31 °C
Dampfdruck: 5,73 hPa (15 °C) [187]; 6 hPa (20 °C) [163]; 32,9 hPa (50 °C) [Sdb]
Log pOW: 2,95 [4], [428]
Brechungsindex: 1,5434 (17 °C)
Dichte: 907,4 kg/m3 (20 °C); 906 kg/m3
Molmasse: 104,151 g/mol

Löslichkeit:
sehr wenig löslich in Wasser: 0,24 g/l (20 °C); mischbar mit Ethanol, Diethylether, Benzen, Petroleumether, Schwefelkohlenstoff;

Verbleib nach Gebrauch:
Verbrennung, hochentzündliche Stoffe;

Bemerkung:
Farblose, charakteristisch riechende Flüssigkeit; brennbar;
Bildet im dampf-/gasförmigen Zustand mit Luft explosionsfähige Gemische;
Explosionsgrenzen: 1,2-8,9 Vol.-%; Zündtemp.: 480 °C [163]; 490 °C [Sdb Shell];
Stoff neigt zur Polymerisation, wenn er nicht mit Hemmstoffen versehen ist; er bildet schnell Peroxide, die als Katalysator für die Einleitung der Polymerisation dienen; Hitze, Druck, Licht, Peroxide, einige Salze, Metallhalide wie Aluminiumtrichlorid und Metalle wie Natrium und starke Säuren wirken bei der Polymerisation ebenfalls als Katalysator; Styrol kann bei Kontakt mit verschiedenen Materialarten polymerisieren; auch wenn der Stoff mit Hemmstoffen gemischt ist, kann er bei Temperaturen über 52 °C polymerisieren und dabei viel Hitze freisetzen, evtl. sogar sich selbst entzünden;
Geschmacksschwelle bei wäßrigen Lebensmitteln mit geringem Fettgehalt 0,2 - 0,5 mg/kg, steigt mit zunehmenden Fettgehalt [154];
(Polyphenylethen (z.B. für Lebensmittelverpackungen) enthält geringe Mengen nicht abtrennbares Phenylethen);
Verwendung: Polymerisation zu Polyphenylethen

Phenylethen-Butadien-Copolymer

- **CAS-Nummer:**
  9003-55-8
- **gebräuchliche Namen:**
  1,3-Butadien-Styrol Copolymer; Butadien-Styrol Polymer; 1,3-Butadien-Styrol Polymer; Butadien-Styrol Resin; Ethenylbenzen, Polymer mit 1,3-Butadien (9Cl); Poly-(styrol-b-butadien) (mit 28-30 Gew.-% Styrol); Poly-(styrol-co-butadien) (mit 45 Gew.-% Styrol); Polybutadien-polystyrol Copolymer; SBR; Styrol-Butadien-Kopolymer; Styrol-Butadien-Kautschuk; Styrol-1,3-butadien Copolymer; Styrol-Butadien-Polymer; Styrol Polymer mit 1,3-Butadien;
- **Handelsnamen:**
  8000A; Afcolac B 101; Andrez; Arlatex 43 DA; BASE 661; Butakon 85-71; Diarex 600; Dienol S; Dow 209; Dow 234; Dow 460; Dow 620; Dow 680; Dow 816; Dow latex 612; Dowtex TL 612; DST 50; DST 75; Duradene; Duranit; Duranit 40; Edistir RB 268; Goodrite 1800X73; Histyrene S 6F; Hycar LX 407; K 55E; KR01; KR02; KR03; KR04; KR05; KR10 K-Resin Polymer; Kraton D 116; Kraton D 1185; Kraton D 4158; Kraton D 4230; Kraton D 4240; Litex CA; Lytron 5202; Marbon 9200; Marbon 8000A; Nipol 407; Nipol HS 785; Nipol HS 860; Nipol HS 870; Pharos 100.1; Plioflex; Pliolite; Pliolite 151; Pliolite 160; Pliolite 491; Pliolite 55B; Pliolite S5; Pliolite S 50; Pliolite S 5A; Pliolite S-5B; Pliolite S-5C; Pliolite S 5D; Pliolite S-5E; Pliolite S-6B; Pliolite S-6F; Polyco 2410; Polyco 2415; PS-SU2; R-104; Ricon 100; Ricon 109; Ricon 181; Ricon 182; Ricon 183; Ricon 500; Ricon A-84; SBS; SBS (block polymer); SBS copolymer; SD 354; SD 345 (Polymer); S6F histyrene resin; SKS 85; Soil stabilizer 661; Solprene 300; Solprene 303; SR-7475; Stereon 881; Stereon 900; Styrolux; Synpol 1500; Thermoplastic 125; TR 201; Tylac 68-322; Tylac 68-522; UP 1E; Vestyron HI;
- **Summenformel:**
  $((C_8H_8)_n * (C_4H_6)_m)_x$
- **Strukturformel:**

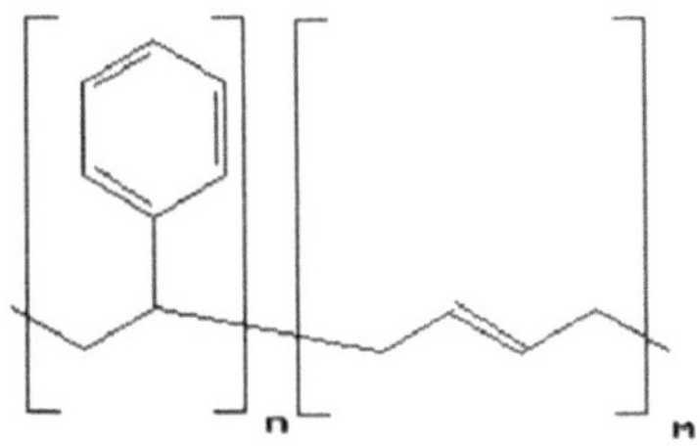

Funktion:
Polymer;

branchenspezifische Bemerkung zur Substanz:
Einsatzmenge in der Kautschukindustrie: 105.000 t (1996);

Eigenschaften:
- **toxikologisch/ökotoxikologisch:**
  RTECS # WL 6478000
  WGK: 1

- **physikalisch/chemisch:**
  Dichte: 965 kg/m3 (20 °C); 940 kg/m3; 1040 kg/m3

Verbleib nach Gebrauch:
Verbrennung nach Mischung mit brennbarem Lösemittel;

4-(1-Phenylethyl)-N-[4-(1-phenylethyl)phenyl]-benzenamin

- **CAS-Nummer:**
  60160 25 0
- **gebräuchliche Namen:**
  Diphenylamin-Derivat;
- **Handelsnamen:**
  Vulkanox DDA;
- **Summenformel:**
  $C_{28}H_{27}N$

Funktion:
Alterungsschutzmittel;

Eigenschaften:

- **physikalisch/chemisch:**
  Brechungsindex: 1,64225 (20 °C)
  Dichte: 1090 kg/m3
  Molmasse: 377,53 g/mol

Phenylguanidin

- **CAS-Nummer:**
  2002-16-6
- **Summenformel:**
  $C_7H_9N_3$

- **Strukturformel:**

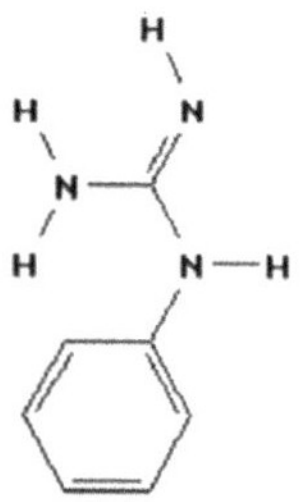

branchenspezifische Bemerkung zur Substanz:
Zersetzungsprodukt von N,N'-Diphenylguanidin;

Eigenschaften:

- **physikalisch/chemisch:**
  Schmelzpunkt: 66,5 °C
  Molmasse: 135,17 g/mol

  Löslichkeit:
  leicht löslich in Wasser, Tetrachlormethan; löslich in Benzen, Alkohol;

Phenylhydrazin

- **CAS-Nummer:**
  100-63-0
- **UN Nummer:**
  2572
- **gebräuchliche Namen:**
  Hydrazinbenzol; Phenylhydrazinbenzol; Monophenylhydrazin;
- **Summenformel:**
  $C_6H_8N_2$
- **Strukturformel:**

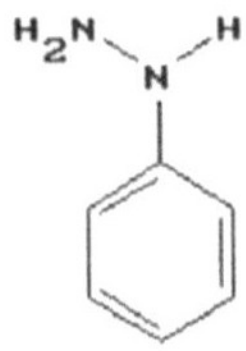

Funktion:
Treibmittel, organisch;

Eigenschaften:
- **toxikologisch/ökotoxikologisch:**

RTECS # MV 8925000
Schweizer Giftliste: 2
WGK: 2
MAK Wert: 5 ml/m3; 22 mg/m3
R-Satz: 23/24/25-36-50
S-Satz: (1/2)-28-45-61
Sonstiges:
Für diese Substanz liegt ein BUA-Stoffbericht Nr. 120 vor.
H; S; Krebserzeugend Gr. III B;
Dämpfe reizen stark die Augen, Atemwege und die Haut. Lungenödem möglich. Latenzzeit bis zu zwei Tage. Nach Einatmen der Dämpfe ist eine ärztliche Untersuchung in jedem Fall erforderlich. Bei Kontakt mit der Flüssigkeit oder dem Feststoff starke Reizung der Augen (Hornhaut gefährdet) und der Haut. Hautresorption möglich. Veränderung des roten Blutfarbstoffes (Methämoglobinbildung) und Zerstörung der roten Blutkörperchen (Hämolyse). Letzteres führt zu Beeinträchtigung der Nierenfunktion und zu Leberschäden. Allergisierung möglich. Bei Erhitzen bis zur Zersetzung und bei Brand bilden sich giftige nitrose Gase, Benzol, Anilin und Ammoniak [484];
Der Stoff ist akut toxisch und starker Methämoglobinbildner; über alle Aufnahmewege gelangt er rasch in Blut; reagiert mit Komponenten der Milz, Knochenmark, Leber und Niere; auf der Haut lokale Reizungen, Ekzeme, Bläschen und Ödeme; Blutstauungen, Lungenödeme [605];
LD 50 (oral, Ratte): 188 mg/kg [187], [428];
TD Lo (subcutan, Ratte): 5200 mg/kg/52 W (intermittierend) [605];
LC 50 (inhalativ, Ratte): 2610 mg/m3 [428];
LD 50 (intraperitoneal, Ratte): 161 mg/kg [605];
LD 50 (oral, Maus): 175 mg/kg [428], 2100 mg/kg [605];
LC 50 (inhalativ, Maus): 2120 mg/m3 [428];
LD 50 (intravenös, Maus): 900 mg/kg [605];
LD 50 (intraperitoneal, Maus): 170 mg/kg [605];
LD 10 (subcutan, Maus): 180 mg/kg [605];
LD 50 (subcutan, Maus): 89 mg/kg [605];
LD Lo (subcutan, Maus): 170 mg/kg [428];
LD Lo (oral, Hund): 200 mg/kg [428];
LD Lo (intravenös, Hund): 120 mg/kg [428];
LD 50 (oral, Hase): 80 mg/kg [428];
LD 50 (oral, Meerschweinchen): 80 mg/kg [428];

Gesamtbewertung nach Unfall: in stehenden Gewässern sehr hohe, in fließenden Gewässern mittlere bis sehr hohe toxische Wirkung; nach Brand hohe bis extrem hohe toxische Wirkung unabhängig von der Turbulenz des Gewässers [484];
leicht biologisch abbaubar [605];

Gefahren-Symbol:

- **physikalisch/chemisch:**
  Schmelzpunkt: 19 °C; 20 °C;
  Siedepunkt: 238-241 °C; 243 °C (Zers.); 243,09 °C; 243,5 °C; 244 °C
  Flammpunkt: 86 °C; 88 °C (geschl.); 89 °C
  Dampfdruck: <0,13 hPa (20 °C); 133,3 hPa (172,11 °C) [605]; 16 hPa (121,8 °C) [605]
  Log pOW: 1,25-1,90 (exp.) [605]
  Brechungsindex: 1,6070 (20 °C); 1603,87 (20 °C); 1606,04 (25 °C)
  Dichte: 1099 kg/m3; 1098,59 kg/m3 (20 °C); 1094,45 kg/m3 (25 °C); 1080,56 kg/m3 (30 °C)
  Molmasse: 108,16 g/mol

  Löslichkeit:
  in kaltem Wasser wenig, in heißem Wasser leichter löslich (145 g/l bei 25 °C, vollständig bei 70 °C); schwer löslich in Petrolether; mischbar mit Ethanol, Ether, Trichlormethan; löslich in Benzen [484]; löslich in Propanon, n-Heptan [605];

  Bemerkung zu physikalisch/chemischen Daten:
  Zersetzungstemperatur: >243 °C, >250 °C [605];

Verbleib nach Gebrauch:
Verbrennung;

Bemerkung:
Farblose bis gelbliche Kristalle, oberhalb von 20 °C Flüssigkeit; unangenehmer Geruch; wird bei Einwirken von Licht und Sauerstoff schnell rotbraun bis dunkelrot [484];
Bildet im Dampf-/gasförmigen Zustand mit Luft explosionsfähige Gemische;
Explosionsgrenzen: 1,1-? Vol.-%; Zündtemperatur 195 °C; 174 °C, 182 °C, 192 °C [605];
Der Stoff kann mit sauerstoffreichem Material (Oxidationsmitteln) heftig reagieren. Explosionsgefahr! Verunreinigtes Material (wie z.B. Kleider, Säcke, Putzwolle usw.) kann sich bei Kontakt mit dem Stoff leicht von selbst entzünden. Der Stoff ist selbstentzündlich bei Kontakt mit Material, das eine große Oberfläche besitzt, z.B. Sand. Der Stoff ist empfindlich gegen Einwirkung von Licht und Luft. [484];
Verwendung: Für Analgetika, Farbstoffe, Pigmente, Pestizide, photographische Entwickler, Synthesen, Laborchemikalien [605];

2-Phenyl-2-imidazolin

- **CAS-Nummer:**
  936-49-2
- **gebräuchliche Namen:**
  Phenylimidazolin; 4,5-Dihydro-2-phenyl-1H-imidazol; 2-Phenyl-4H-imidazolin;
- **Summenformel:**
  $C_9H_{10}N_2$

- **Strukturformel:**

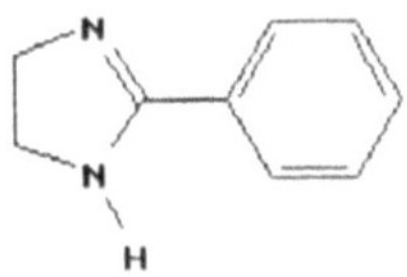

Funktion:
Vulkanisationsbeschleuniger, organisch;
Kautschukart:
Chloropren-Kautschuk;

Eigenschaften:
- **toxikologisch/ökotoxikologisch:**
RTECS # NJ 4395500
WGK: 2
R-Satz: 22-36/37/38
S-Satz: 22-24/25
Sonstiges:
LD Lo (intravenös, Säugetier): 67 mg/kg [428];

Gefahren-Symbol:

- **physikalisch/chemisch:**
Schmelzpunkt: 94-99 °C; 102-104 °C; 100-102 °C
Siedepunkt: 162 °C (6,75 hPa)
Flammpunkt: 201 °C
Dichte: 500 kg/m3
Molmasse: 146,19 g/mol

Verbleib nach Gebrauch:
Verbrennung nach Mischung mit brennbarem Lösemittel;

3-Phenyl-5-mercapto-1,3,4-thiadiazol-2-thion

- **CAS-Nummer:**
17654-88-5
- **gebräuchliche Namen:**
PMTT; 5-Mercapto-3-phenyl-2H-1,3,4-thiadiazol-2-thion; 3-Phenyl-[1,3,4]-thiadiazolidin-2,5-dithion;
- **Summenformel:**
$C_8H_6N_2S_3$

- **Strukturformel:**

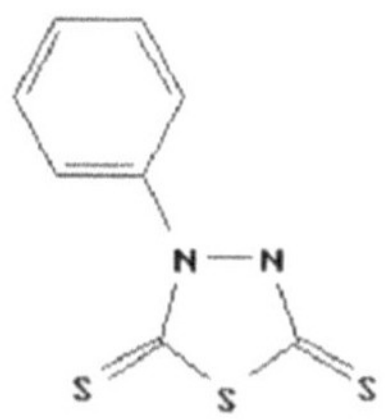

Funktion:
Vulkanisationsbeschleuniger, organisch;

Eigenschaften:
- **toxikologisch/ökotoxikologisch.**
RTECS # XI 4815000
Sonstiges:
LD 50 (oral, Ratte): 763 mg/kg [428];

- **physikalisch/chemisch:**
Schmelzpunkt: 90 °C
Siedepunkt: 230 °C
Molmasse: 226,34 g/mol

1-Phenylnaphthalin

- **CAS-Nummer:**
605-02-7
- **gebräuchliche Namen:**
Phenylnaphthalen;
- **Summenformel:**
$C_{16}H_{12}$

- **Strukturformel:**

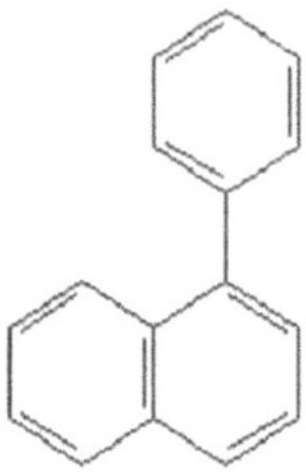

branchenspezifische Bemerkung zur Substanz:
Reaktionsprodukt von aromatischen Ölen [Weichmacher];

Eigenschaften:
- **physikalisch/chemisch:**
Schmelzpunkt: 45 °C
Siedepunkt: 324-325 °C; 334 °C (102,6 hPa); 186-188 °C (13,3 hPa)
Flammpunkt: >110 °C; >112 °C
Brechungsindex: 1,6644 (20 °C)
Dichte: 1085 kg/m3 (20 °C); 1096 kg/m3 (20 °C)
Molmasse: 204,27 g/mol

Verbleib nach Gebrauch:
Verbrennung nach Mischung mit brennbarem Lösemittel;

1-Phenyl-nonan

- **CAS-Nummer:**
1081-77-2
- **gebräuchliche Namen:**
Nonylbenzen;

- **Summenformel:**
  $C_{15}H_{24}$

- **Strukturformel:**

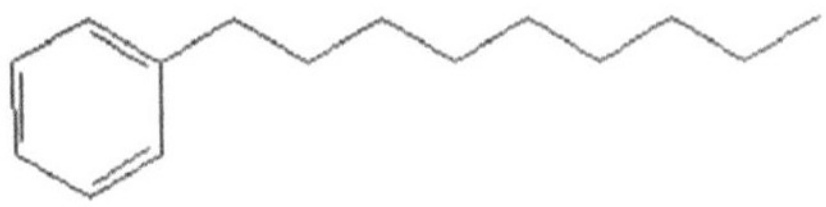

branchenspezifische Bemerkung zur Substanz:
Reaktionsprodukt von aromatischen Ölen (Weichmchern);

Eigenschaften:

- **physikalisch/chemisch:**
  Schmelzpunkt: -24 °C
  Siedepunkt: 280 °C; 282 °C
  Flammpunkt: >110 °C; >112 °C
  Brechungsindex: 1,4816; 1,4835 (20 °C)
  Dichte: 858 kg/m3; 858,4 kg/m3 (20 °C)
  Molmasse: 204,35 °C

Verbleib nach Gebrauch:
Verbrennung nach Mischung mit brennbarem Lösemittel;

Bemerkung:
farblose Flüssigkeit;

N-Phenyl-N'-1,2-tolyl-guanidin

- **CAS-Nummer:**
  6268-14-0
- **gebräuchliche Namen:**
  N-Phenyl-N'-o-tolyl-guanidin; Phenyl-ortho-tolyl-guanidin; N-(2-Methylphenyl)-N'-phenylguanidin;
- **Summenformel:**
  $C_{14}H_{15}N_3$

- **Strukturformel:**

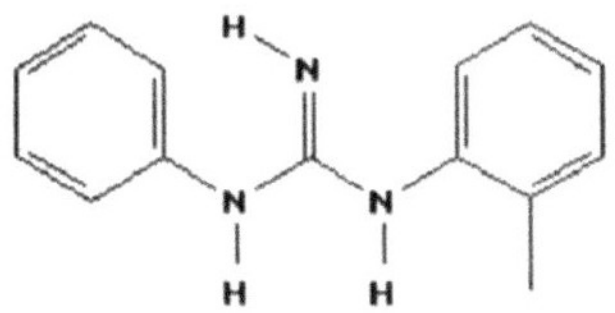

Funktion:
Vulkanisationsbeschleuniger, organisch;

Eigenschaften:

- **physikalisch/chemisch:**
  Schmelzpunkt: 124 °C
  Molmasse: 225,29 g/mol

N-Phenyl-N-[(trichlormethyl)thiol]-benzensulfonamid

- **CAS-Nummer:**
  2280-49-1
- **gebräuchliche Namen:**
  Trichlormethylthiosulfanilid; N-Benzolsufonyl-N-trichlormethan-sulfenyl-anilin; N-Phenyl-N trichloromethylsulfanyl-benzolsulfonamid;
- **Handelsnamen:**
  Vulkalent E; Vulkalent E/C;
- **Summenformel:**
  $C_{13}H_{10}Cl_3NO_2S_2$

- **Strukturformel:**

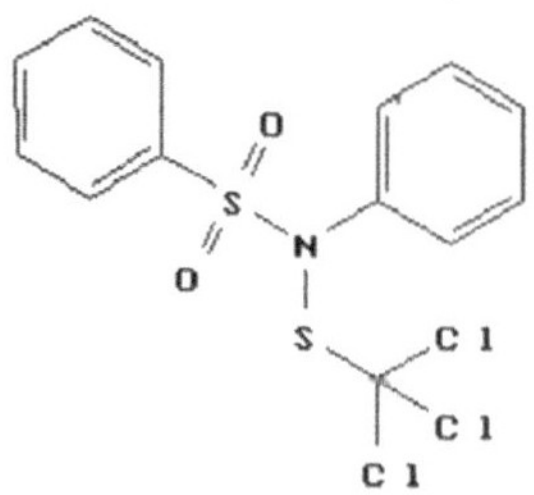

Funktion:
Vulkanisationsverzögerer;

branchenspezifische Bemerkung zur Substanz:
Einsatzmenge: 15 t/a (TSE-Industrie, 1996)

Eigenschaften:
- **physikalisch/chemisch:**
  Schmelzpunkt: 112-113 °C; 111-112 °C
  Dichte: 1680 kg/m3
  Molmasse: 382,71 g/mol

Phenylpentachlorphenyldisulfid

- **CAS-Nummer:**
  80304-05-8
- **Summenformel:**
  $C_{12}H_5Cl_5S_2$

- **Strukturformel:**

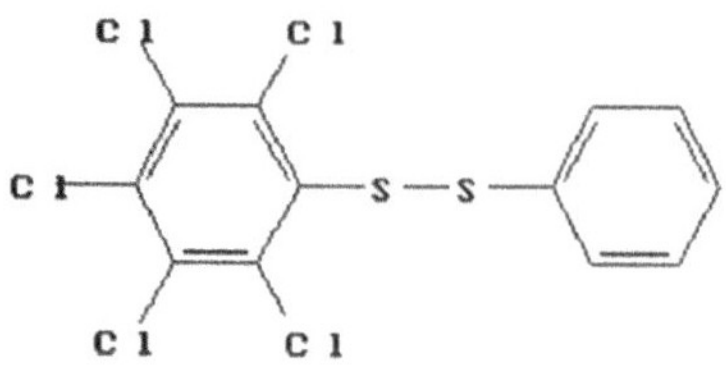

Funktion:
Mastikationsmittel;

Eigenschaften:
- **physikalisch/chemisch:**
  Schmelzpunkt: 93-94 °C
  Molmasse: 390,5 g/mol

1-Phenylpropan

- **CAS-Nummer:**
  103-65-1
- **UN Nummer:**
  2364
- **gebräuchliche Namen:**
  n-Propylbenzen; n-Propylbenzol; Isocumol; Propylbenzol; (1-Propyl)-benzol;
- **Summenformel:**
  C_9H_{12}

- **Strukturformel:**

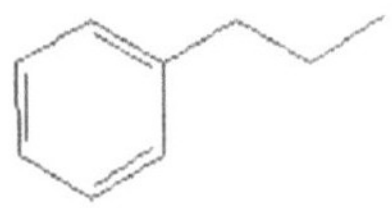

branchenspezifische Bemerkung zur Substanz:
Reaktionsprodukt von aromatischen Ölen [Weichmacher];

Eigenschaften:
- **toxikologisch/ökotoxikologisch:**
  RTECS # DA 8750000
  WGK: 2
  R-Satz: 10-37
  S-Satz: (2)
  Sonstiges:
  Einstufung und Kennzeichnung von Zubereitungen, in denen diese Substanz enthalten ist:
  25%<=C ⇒ Xi; R37

Die Dämpfe reizen die Augen, die Atemwege und die Lunge. Kontakt mit der Flüssigkeit bewirkt starke Reizung der Augen und der Haut. Die Flüssigkeit wird auch über die Haut aufgenommen. Die bei Erhitzung entstehenden Dampfkonzentrationen wirken narkotisch, dabei Gefahr der Atemlähmung. Symptome: Brennen der Augen, der Nasen- und Rachenschleimhäute sowie der Haut. Husten, Kopfschmerzen, Schwäche, Schläfrigkeit, Atemstillstand, Krämpfe [484];
LC Lo (inhalativ, Maus): 20000 mg/m3 [428];
LD 50 (oral, Ratte): 6040 mg/kg [428];
LC 50 (inhalativ, Ratte): 65000 ppm/2 h [428];

Gefahren-Symbol:

- **physikalisch/chemisch:**
  Schmelzpunkt: -99 °C
  Siedepunkt: 159 °C
  Flammpunkt: 47 °C; 39 °C; 30 °C; 45 °C
  Dampfdruck: 13,3 hPa (43,4 °C) [484]
  Log pOW: 3,68; 3,57
  Brechungsindex: 1,4910 (20 °C)
  Dichte: 862,0 kg/m3
  Molmasse: 120,20 g/mol

  Löslichkeit:
  sehr geringfügig mischbar mit Wasser [484];

Verbleib nach Gebrauch:
Verbrennung;

Bemerkung:
Farblose Flüssigkeit; aromatischer Geruch;
Bildet im dampf-/gasförmigen Zustand mit Luft explosionsfähige Gemische;
Explosionsgrenzen: 0,8-6,0 Vol.-%; Zündtemperatur: 450 °C;
reagiert heftig bei Kontakt oder Mischung mit sauerstoffreichem Material (Oxidationsmitteln) [484];

2-Phenyl-propan-2-ol

- **CAS-Nummer:**
  617-94-7
- **gebräuchliche Namen:**
  alpha-alpha-Dimethylbenzylalkohol; alpha-Cumylalkohol; Dimethylphenylcarbinol; Dimethylphenylmethanol; 1-Hydroxycumen;
- **Summenformel:**
  $C_9H_{12}O$

- **Strukturformel:**

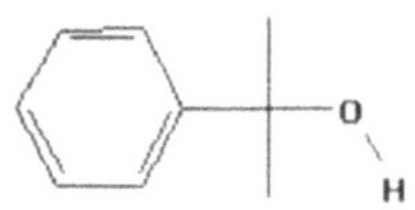

branchenspezifische Bemerkung zur Substanz:
Zersetzungsprodukt von Bis-(1-methyl-1-phenylethyl)-peroxid (DCP) (CAS-Nr. 80-43-3);

Eigenschaften:
- **toxikologisch/ökotoxikologisch:**
  RTECS # DO 4562000
  R-Satz: 22
  S-Satz: 24/25
  Sonstiges:
  LD 50 (oral, Ratte): 1300 mg/kg [39];
  LD 50 (oral, Maus): 1400 mg/kg [428];
  LD 50 (Haut, Kaninchen): 4300 mg/kg [39];

  Gefahren-Symbol:

- **physikalisch/chemisch:**
  Schmelzpunkt: 32-34 °C
  Siedepunkt: 202 °C
  Flammpunkt: 87 °C
  Brechungsindex: 1,5196 (20 °C)
  Dichte: 973 kg/m3 (20 °C)
  Molmasse: 136,19 g/mol

  Löslichkeit:
  unlöslich in Wasser; löslich in Ethanol, Essigsäure, Benzen;

1-Phenyl-1-tert.-butylperoxy-phthalid

- **CAS-Nummer:**
  25251-51-8
- **gebräuchliche Namen:**
  3-tert.-Butylperoxy-3-phenyl-3H-isobenzofuran-1-on;
- **Summenformel:**
  $C_{18}H_{18}O_4$

- **Strukturformel:**

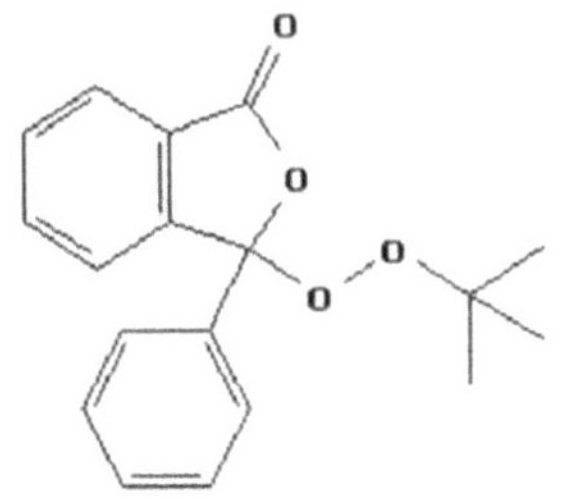

Funktion:
Vernetzungsmittel, schwefelfrei;

Eigenschaften:

- **physikalisch/chemisch:**
  Molmasse: 298,34 g/mol

1-Phenyl-2,4-thiobiuret

- **CAS-Nummer:**
  6635-73-0
- **gebräuchliche Namen:**
  1-Phenyl-2,4-dithiobiuret; 1-Phenyldithiobiuret;
- **Handelsnamen:**
  RD 1501;
- **Summenformel:**
  $C_8H_9N_3S_2$

- **Strukturformel:**

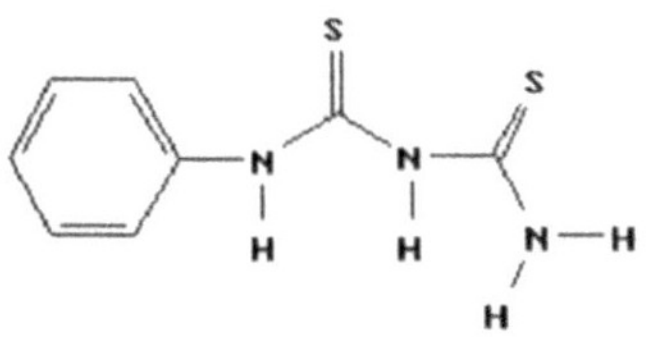

Funktion:
Vulkanisationsbeschleuniger, organisch;
Kautschukart:
Styrol-Butadien-Kautschuk;

Eigenschaften:
- **toxikologisch/ökotoxikologisch:**
  RTECS # EC 1985000

Sonstiges:
LD 50 (oral, Ratte): 250 mg/kg [428];
LD 50 (Haut, Maus): 4500 mg/kg [428];

- **physikalisch/chemisch:**
  Schmelzpunkt: 183-184 °C
  Molmasse: 211,32 g/mol

1-Phenyl-1,3,3-trimethylindan

- **CAS-Nummer:**
  3910-35-8
- **gebräuchliche Namen:**
  2,5- Dihydro-1,1,3-trimethyl-3-phenyl-1H-inden; 1,1,3-Trimethyl-3-phenyl-indan;
- **Summenformel:**
  $C_{18}H_{20}$
- **Strukturformel:**

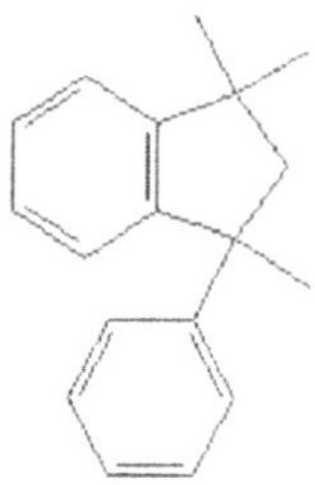

branchenspezifische Bemerkung zur Substanz:
Reaktionsprodukt von aromatischen Ölen [Weichmacher];

Eigenschaften:

- **physikalisch/chemisch:**
  Schmelzpunkt: 52,5 °C
  Siedepunkt: 308,5 °C; 307-310 °C (1013 hPa); 115-118 °C (1,3 hPa); 165-166 °C (32 hPa)
  Dichte: 1009 kg/m3 (20 °C)
  Molmasse: 236,36 g/mol

Phosphonsäure, Bleisalz

- **CAS-Nummer:**
  24824-71-3
- **gebräuchliche Namen:**
  Phosphonsäurebleisalz; Dibasisches Bleiphoshit;
- **Handelsnamen:**
  Dyphos;

Funktion:
Vulkanisationsaktivator / Beschleunigeraktivator für Vernetzungsmittel, schwefelfrei;

branchenspezifische Bemerkung zur Substanz:
Einsatzmenge: 110 t/a (TSE-Industrie, 1996)

Phosphonsäure-tetrakis(2,6-bis(1,1-dimethylethyl)-phenylester)

- **CAS-Nummer:**
  83937-07-9
- **Summenformel:**
  $C_{68}H_{92}O_4P_2$

- **Strukturformel:**

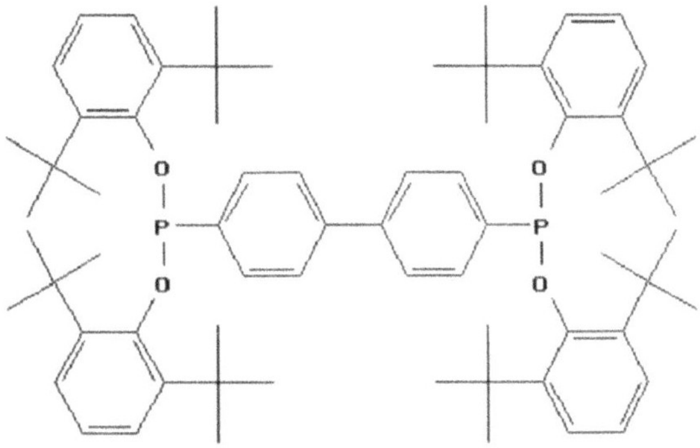

Funktion:
Schutzmittel gegen Metallvergiftung;

Eigenschaften:

- **physikalisch/chemisch:**
  Molmasse: 1035,42 g/mol

Phosphor

- **CAS-Nummer:**
  7723-14-0
- **UN Nummer:**
  1381
- **gebräuchliche Namen:**
  Tetraphosphor; weißer Phosphor; gelber Phosphor; roter Phosphor (*);
- **Handelsnamen:**
  Bonideblue Death Rat Killer;
- **Summenformel:**
  P_4

Funktion:
Flammschutzmittel (roter Phosphor);

Eigenschaften:
- **toxikologisch/ökotoxikologisch:**
  RTECS # TH 3495000; TH 3500000
  MAK Wert: 0,1 E;
  R-Satz: 11-16
  S-Satz: (2)-7-43
  Sonstiges:
  Schwangerschaftsgruppe D;
  Weißer Phosphor:
  Die Dämpfe von brennendem Phosphor reizen stark die Atemwege und die Lunge bis hin zu Lungenödem möglich; Vorsicht kann mit einer Verzögerung bis zu zwei Tagen auftreten; nach Einatmen der Dämpfe ist

daher eine ärztliche Untersuchung in jedem Fall erforderlich; bei höheren Konzentrationen auch die Augen und die Haut hauptsächlich durch die Bildung von Ozon; der Stoff kann auch über die Haut aufgenommen werden; Kontakt mit dem Phosphor verursacht schwerste Wunden (Verbrennungen); bei Verschlucken bald Auftreten von Magen- und Darmbeschwerden; Später schwere Leber- und Nierenschäden; Kreislaufversagen und Tod möglich; Symptome: Hustenreiz, Schwächeanfall, ungewöhnliche Empfindlichkeit der Augen auf Licht; starke Schmerzen an den benetzten Hautpartien [484];

roter Phosphor:
Möglicherweise schädlich beim Einatmen, verschlucken oder Kontakt mit der Haut; Hohe Konzentrationen wirken extrem zerstörend auf die Schleimhäute und den oberen Atmungstrakt, die Augen und die Haut; Abhängig von der Dauer der Einwirkung variieren die Effekte von leichten Reizungen bishin zu starker Zerstörung der Schleimhäute [187];
Weißer Phosphor:
LD 50 (oral, Ratte): 3030 ug/kg [428]
LD Lo (oral, Frau): 22 mg/kg [428]
LD Lo (subcutan, Hund): 2 mg/kg [428]
LD Lo (oral, Hund): 50 mg/kg [428]
TD Lo (oral, Frau): 11 ug/kg [428]
Gewässerverunreinigung (weißer Phosphor):
LD 50 /96h unter 1 mg/l;
mittlere Tödlichkeitsgrenze für Fische liegt bei 0,105 mg/l in 48h; bei 0,025 mg/l in 163h Einwirkungszeit; bei Säurebildung durch pH Verschiebung schädlich [169];

Gefahren-Symbol:

- **physikalisch/chemisch:**
  Schmelzpunkt: 44 °C
  Siedepunkt: 282 °C
  Flammpunkt: 30 °C
  Dampfdruck: 1 hPa (76 °C)
  Dichte: 1820 kg/m3 (20 °C)
  Molmasse: 123,88 g/mol

  Löslichkeit:
  sehr geringfügig Mischbar mit Wasser;

  Bemerkung zu physikalisch/chemischen Daten:
  (*) roter Phosphor (P): Smp: 416 °C (subl.), Dichte: 2340 kg/m3, M: 30,97 g/mol;

Bemerkung:
weißer Phosphor: Farblose bis gelbliche, wachsähnliche Masse; stechender knoblauchartiger Geruch; wird meist als wachsweiche Masse mit Wasser bedeckt transportiert; reagiert heftig bei Kontakt mit sauerstoffreichem Material; Achtung Phosphor muß beim Transport mit Wasser bedeckt sein, da er sich bei Kontakt mit Luft selbst entzündet;
roter Phosphor: rotes Puder; Unverträglich mit Schwefel, Halogenen, Oxidationsmitteln, Kupfer; bildet explosice Gemische mit Reduktionsmitteln Nicht bei Hitze und direktem Sonnenlicht aufbewahren;

Phosphorige Säure-decylesterdiphenylester

- **CAS-Nummer:**
  3287-06-7
- **gebräuchliche Namen:**
  Decyl-diphenyl-phosphit; Diphenyl-decyl-phosphit;
- **Summenformel:**
  $C_{22}H_{31}O_3P$

- **Strukturformel:**

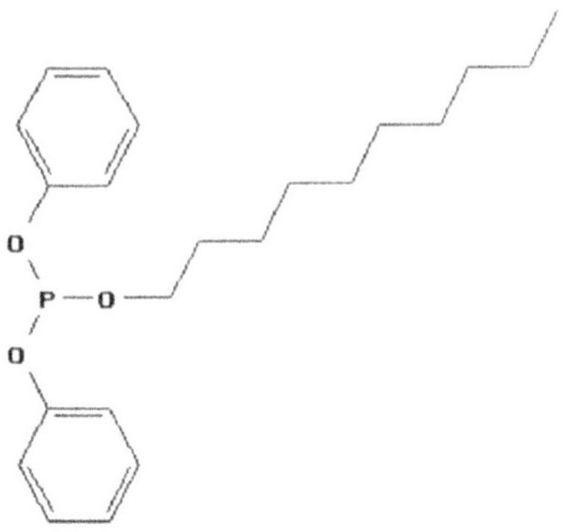

Funktion:
(1) Oxidationsschutzmittel;
(2) Stabilisator;
Kautschukart:
(1) + (2) Styrol-Butadien-Kautschuk;

Eigenschaften:
- **physikalisch/chemisch:**
Molmasse: 374,46 g/mol

Phosphorigesäure-dinonylphenyl-di(nonylphenyl)triester

- **CAS-Nummer:**
54771-30-1
- **gebräuchliche Namen:**
Dinonylphenyl-di(nonylphenyl)phosphit; Trisphenylphosphit, mono-nonyliert;
- **Handelsnamen:**
Polygard;
- **Summenformel:**
$C_{54}H_{87}O_3P$

Funktion:
Alterungsschutzmittel;

Eigenschaften:
- **toxikologisch/ökotoxikologisch:**
WGK: 2
R-Satz: 36

- **physikalisch/chemisch:**
Siedepunkt: 270 °C
Flammpunkt: 140 °C
Dichte: 980 kg/m3 (25 °C)
Molmasse: 815,25 g/mol

Bemerkung zu physikalisch/chemischen Daten:
Zündtemperatur: 268 °C;

Bemerkung:
Verwendung: feuerhemmender Weichmacher;

zu Polygard und Polygard HR [SdB Lehmann & Voss]:
Gemisch aus mono- und di-nonyliertes Trisphenylphosphit (CAS-Nr. 54771-30-1 und 26523-78-4); enthält max. 1% Triisopropylamin;
gelbe bis bernsteinfarbene Flüssigkeit;
Phosphorgehalt 38-43%;
löslich in aromat./aliphat. Kohlenwasserstoffen, Chlorkohlenwasserstoffe, Ketonen und Alkoholen;
unlöslich in Wasser;

Phosphorigesäure-tri(nonylphenyl)ester

- **CAS-Nummer:**
  26523-78-4
- **gebräuchliche Namen:**
  Tri(nonylphenyl)phosphit; Trisphenylphosphit, di-nonyliert;
- **Handelsnamen:**
  Igrafos TNPP; Phoschere 315; Polygard; Wytox 312; Naugard TNPP; Polygard HR;
- **Summenformel:**
  $C_{45}H_{69}O_3P$

- **Strukturformel:**

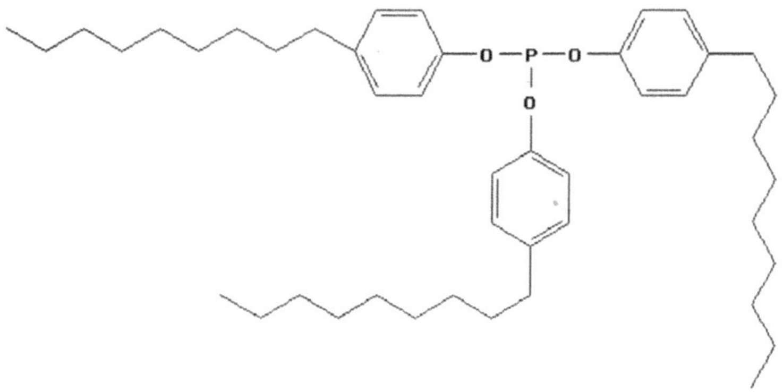

Funktion:
(1) Oxidationsschutzmittel;
(2) Hitzeschutzmittel;
(3) Lichtschutzmittel;

Kautschukart:
(1) Styrol-Butadien-Kautschuk; Isobuten-Isopren-Kautschuk; Acrylnitril-Butadien-Kautschuk; Ethylen-Propylen-Terpolymer;
(2) + (3) synthetischer Kautschuk;

Anwendung:
(1) Reifen, Schläuche; chirurgische und medizinische Artikel; Sportartikel; Spielsachen; technische Gummiartikel; Produkte für Industrie, inkl. Druckplattentücher; Klebstoffe; Dichtungen; Latex Tauchartikel; Latex Schaumartikel;

Eigenschaften:
- **toxikologisch/ökotoxikologisch:**
  Sonstiges:
  zu Naugard TNPP [Sdb Lehmann & Voss]:
  LC 50 (oral, Ratte): 19500 mg/kg;

  zu Polygard und Polygard HR [SdB Lehmann & Voss]:
  WGK: 2;

- **physikalisch/chemisch:**
  Molmasse: 689,01 g/mol

Löslichkeit:
löslich in aromatischen und aliphatischen Kohlenwasserstoffen, Chlorkohlenwassersstoffen, Ketonen und Alkoholen; unlöslich in Wasser; mischbar mit Wasser (20 °C): <0,001 g/l [Sdb Lehmann & Voss];

Bemerkung zu physikalisch/chemischen Daten:
zu Naugard TNPP [Sdb Lehmann & Voss]:
Flp: 221 °C; Dichte: 980 kg/m3 (20 °C); Zündtemp.: 235 °C;

zu Polygard und Polygard HR [SdB Lehmann & Voss]:
Sdp: 270 °C; Flp: 140 °C; Dichte: 980 kg/m3 (25 °C); Zündtemp.: 268 °C;

Bemerkung:
Verwendung: Antioxidans und Stabilisator in Gummi;

zu Naugard TNPP [Sdb Lehmann & Voss]:
nicht explosionsgefährlich;

zu Polygard und Polygard HR [SdB Lehmann & Voss]:
Gemisch aus mono- und di-nonyliertes Trisphenylphosphit (CAS-Nr. 54771-30-1 und 26523-78-4); enthält max. 1% Triisopropylamin;
gelbe bis bernsteinfarbene Flüssigkeit;
Phosphorgehalt 38-43%;
löslich in aromat./aliphat. Kohlenwasserstoffen, Chlorkohlenwasserstoffe, Ketonen und Alkoholen;
unlöslich in Wasser;

Phosphorsäure-diphenyl-4-methyl-phenyl-ester

- **CAS-Nummer:**
  26444-49-5
- **gebräuchliche Namen:**
  DPCP; Phosphorsäurekresyldiphenylester; Diphenylkresylphosphat; Kresyldiphenylphosphat;
- **Handelsnamen:**
  Phosflex 112; Kronitex; CDP; Santicizer 140; Disflamoll DPK;
- **Summenformel:**
  $C_{19}H_{17}O_4P$
- **Strukturformel:**

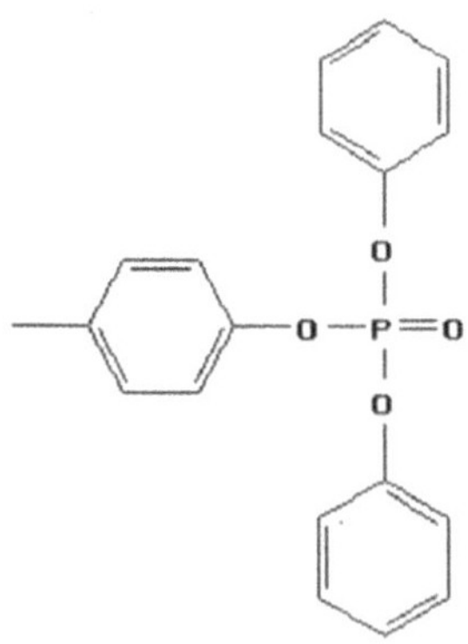

Funktion:
Weichmacher, synthetisch;
Kautschukart:
Chlorethylen-Kautschuk;

branchenspezifische Bemerkung zur Substanz:
Einsatzmenge: 3,4 t/a (TSE-Industrie, 1996)

Eigenschaften:
- **toxikologisch/ökotoxikologisch:**
WGK: 2
Sonstiges:
LD 50 (oral, Ratte): 6400 mg/kg [428];
LD Lo (Haut, Kaninchen): 3160 mg/kg [428];

- **physikalisch/chemisch:**
Schmelzpunkt: -34 °C
Siedepunkt: 390 °C
Flammpunkt: 232 °C
Dichte: 1210 kg/m3 (25°C)
Molmasse: 340 g/mol

Löslichkeit:
0,01 g/100 g Wasser; löslich in den meisten organischen Lösungsmitteln;

Bemerkung:
Klare, durchsichtige Flüssigkeit [428];

Phosphorsäure-(2-ethylhexyl)-diphenylester

- **CAS-Nummer:**
1241-94-7
- **UN Nummer:**
3082
- **gebräuchliche Namen:**
Di-phenyl-(2-ethylenhexyl)-phosphat; Phosphorsäure-(2-ethylhexyl)-di-phenylester; 2-Ethylhexyl diphenylphosphat; Diphenyl-ethyl-2-hexyl-phosphat; 2-Ethylhexyl-di-phenyl-phosphat;
- **Handelsnamen:**
Santicizer 141;
- **Summenformel:**
$C_{20}H_{27}O_4P$

- **Strukturformel:**

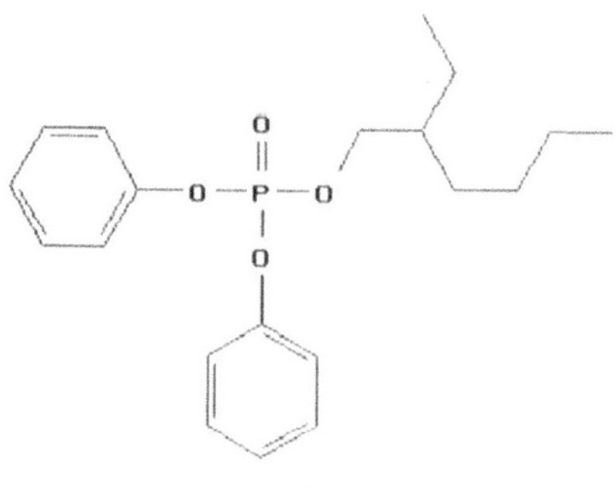

Funktion:
Weichmacher, synthetisch;

Eigenschaften:
- **toxikologisch/ökotoxikologisch:**
RTECS # TC 6125000
WGK: 2

Sonstiges:
[Sdb Fa. Monsanto]:
Inhalation und Hautkontakt sind primäre Expositionsrouten;
LD 50 (oral, Ratte): >15800 mg/kg;
LD 50 (dermal, Ratte und Kaninchen): 5000 mg/kg;
LC 50 (Regenbogenforelle): 32 mg/l/96 h;
LC 50 (Oncorhynchus mykiss): 15 mg/l/96 h;
LC 50 (Pimephales promelas): 14 mg/l/96 h;
LC 50 (Daphnia magna): 0,15 mg/l/48 h;
LC 50 (Paratanytarsus parthogenogenetica): 0,5 mg/l/48 h;

- **physikalisch/chemisch:**
  Schmelzpunkt: -30 °C
  Siedepunkt: 375 °C; 232 °C (6,66 hPa)
  Flammpunkt: 215 °C; 224 °C
  Dampfdruck: 2,5 hPa (239 °C) [Sdb]; 13 hPa (375 °C) [Sdb]
  Log pOW: 5,73 [Sdb]
  Brechungsindex: 1,509; 1,510 (25 °C)
  Dichte: 1091 kg/m3 (25°C)
  Molmasse: 362,4 g/mol

  Löslichkeit:
  Wasser: 1,9 mg/l (25 °C [Sdb];
  0,003 g/100 g Wasser

Bemerkung:
[Sdb Fa. Monsanto]:
Klare, ölige, geruchlose Flüssigkeit;
Bei starker Erhitzung (>300 °C) Zersetzung und Freisetzung giftiger Dämpfe;
empfohlen in Deutschland für die Verwendung in PVC-Filmen; "Kunststoff Kommission des Bundesgesundheitsamtes Textausgabe", Carl Heymans Verlag (März 1990).

Phosphorsäurehexylesterdiphenylester

- **CAS-Nummer:**
  20026-19-1
- **Summenformel:**
  $C_{18}H_{12}O_4P$

- **Strukturformel:**

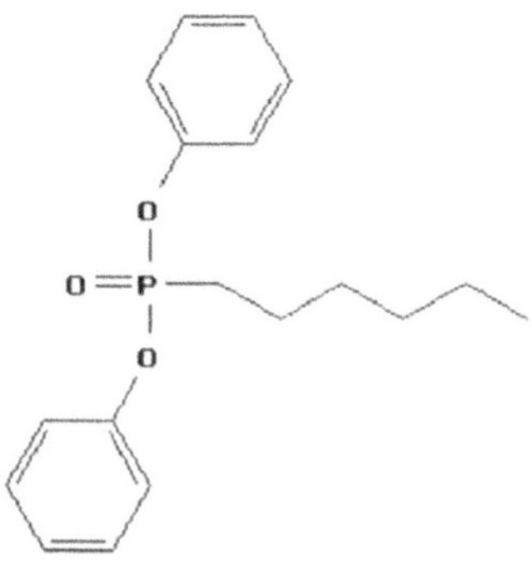

Funktion:
Flammschutzmittel;

Eigenschaften:
- **physikalisch/chemisch:**
  Siedepunkt: 171-174 °C (0,033 hPa)
  Brechungsindex: 1,5131
  Dichte: 1117 kg/m3
  Molmasse: 334,35 g/mol

Phosphorsäure-n-octyl-diphenyltriester

- **CAS-Nummer:**
  115-88-8
- **gebräuchliche Namen:**
  Diphenyloctylphosphat;
- **Summenformel:**
  $C_{20}H_{27}O_4P$

- **Strukturformel:**

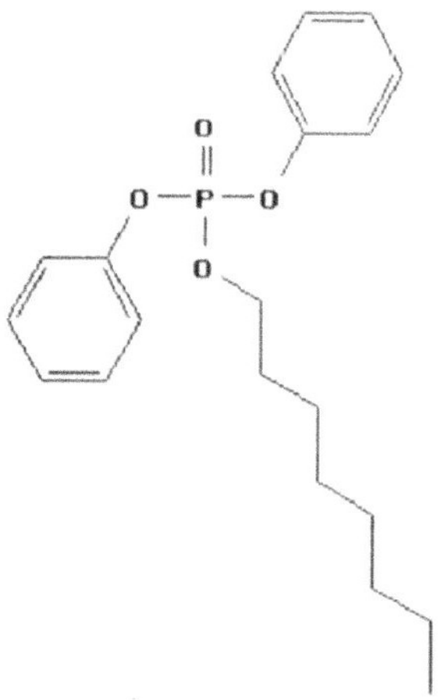

Funktion:
  Flammschutzmittel;
  Weichmacher, synthetisch;

Eigenschaften:

- **physikalisch/chemisch:**
  Dichte: 1079 kg/m3
  Molmasse: 362,40 g/mol

Phosphorsäure-2,2,2-trichlorethylester

- **CAS-Nummer:**
  306-52-5
- **gebräuchliche Namen:**
  TCEF; Trichlorethylphosphat; 2,2,2-Trichlorethylphosphat; 2,2,2-Trichlorethanoldihydrogenphosphat;
- **Handelsnamen:**
  Triclofos;
- **Summenformel:**
  $C_2H_4Cl_3O_4P$

- **Strukturformel:**

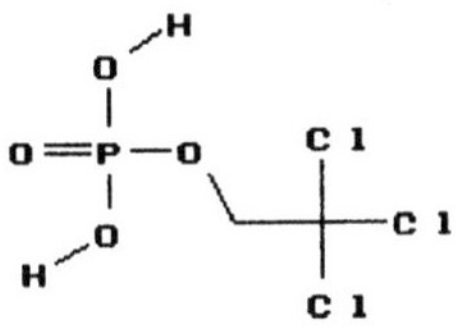

Funktion:
Weichmacher, synthetisch;

Eigenschaften:
- **toxikologisch/ökotoxikologisch:**
Sonstiges:
LD 50 (oral, Maus): 1400 mg/kg (Mononatriumsalz) [201], 850 mg/kg [428];
TD Lo (oral, Maus): 20230 mg/kg/17 W (intermittierend) [428];
LD 50 (oral, Ratte): 850 mg/kg [428];
TD Lo (oral, Ratte): 20230 mg/kg/17 W (intermittierend), 2835 mg/kg/45 D (intermittierend) [428];
LD 50 (oral, Meerschweinchen): 1013 mg/kg [428];

- **physikalisch/chemisch:**
Schmelzpunkt: 116-118 °C; 119-121 °C
Molmasse: 229,39 g/mol
Löslichkeit:
löslich in Wasser;

Phosphorsäure-tri-(2-ethylhexyl)-ester

- **CAS-Nummer:**
78-42-2
- **gebräuchliche Namen:**
TEHP; TOF; Trioktylphosphat; Trioctylphosphat; 2-Ethylhexanol, Phosphattriester; Tri-(2-ethylhexyl)-phosphat; Tris-(2-ethylhexyl)-phosphat; Phosphorsäuretris(2-ethylhexylester); "Trioxyl"-phosphat;
- **Handelsnamen:**
Flexol TOF; Kronitex TOF; Disflamoll TOF; NCI-C54751;
- **Summenformel:**
$C_{24}H_{51}O_4P$

- **Strukturformel:**

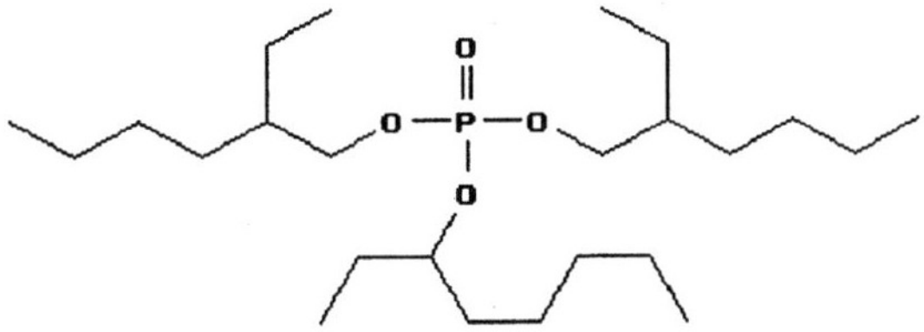

Funktion:
Weichmacher, synthetisch;

Eigenschaften:
- **toxikologisch/ökotoxikologisch:**
RTECS # MP 0770000
WGK: 2
R-Satz: 26/27/28-36/37/38-45
S-Satz: 23-26-36/37/39-44

Sonstiges:
Die Dämpfe reizen Augen, die oberen Atemwege und Haut; Kontakt mit der Flüssigkeit führt zu starker Reizung der Augen, weniger der Haut; bei Zersetzung durch Erhitzen oder bei Brand entsteht unter anderem giftiger Phosphorwasserstoff.
Symptome: Brennen der Augen, der Nasen- und Rachenschleimhäute sowie der Haut. Bei Erhitzen oder Brand: Übelkeit, Erbrechen, Kopf- und Magen4schmerzen, Engegefühl und Schmerzen in der Brust. Pulsbeschleunigung. Bewußtlosigkeit, Krämpfe, Frühsymptome sind zum Rücken ziehende Schmerzen in der Zwerchfellgegend [484];
Karzinogen verdächtig [187];
LD 50 (oral, Ratte): 37000 mg/kg [187], 37080 mg/kg, 39800 mg/kg [612];
LD 0 (oral, Ratte): >9200 mg/kg (>10 ml/kg) [612];
TD Lo (oral, Ratte): 18900 mg/kg/9 W [428];
LD 50 (oral, Maus): >128000 mg/kg [612];
LD 50 (intraperitoneal, Maus): 7200 mg/kg [612];
TD Lo (oral, Maus): 520 mg/kg/2 Y (intermittierend), 32500 mg/kg/13 W [428];
LD 50 (oral, Kaninchen): ca. 46000 mg/kg [612], [428];
LD 50 (dermal, Kaninchen): 18400 mg/kg (20 ml/kg) [612];
LD 50 (oral, Säugetier): 7600 mg/kg [428];
LC 50 (inhalativ, Meerschweinchen): 450 mg/m3/30 min. [612], [428];

leicht biologisch abbaubar [612];

Gefahren-Symbol:

- **physikalisch/chemisch:**

Schmelzpunkt: -74 °C; <-70 °C; -90 °C
Siedepunkt: 215 °C (5,33 hPa); 210 °C (5 hPa) (*); 220 °C (6,6 hPa)
Flammpunkt: > 110 °C; 207 °C; 195 °C; >170 °C; 207 °C
Dampfdruck: < 0,01 hPa (20 °C) [163]; 2,79 hPa (20 °C) [187]**
Log pOW: 4,1; 4,2; 5,04 [612]
Brechungsindex: 1,4440 (20 °C); 14414 (20 °C); 1,44464 (20 °C)
Dichte: 930 kg/m3 (25 °C); 920-926 kg/m3 (20 °C)
Molmasse: 434,65 g/mol
Löslichkeit:
Wasser: < 100 g/l (20 °C) [484];

Bemerkung zu physikalisch/chemischen Daten:
Zündtemperatur: 370 °C [484];
*: Zersetzung unter Bildung von leicht brennbarem Octen;
**: Dampfdruck: 0,00000011 hPa (25 °C), 0,53 hPa (160 °C), 1,33 hPa (180 °C), 2,53 hPa (200 °C), 3,3 hPa (200 °C) [612];

Verbleib nach Gebrauch:
Verbrennung nach Mischung mit brennbarem Lösemittel;

Bemerkung:
Farblose bis hellgelbe Flüssigkeit; schwacher, stechender Geruch;
Stoff reagiert bei Kontakt oder Mischung mit starken Oxidationsmitteln;
Bei Brand oder Erhitzung bis zur Zersetzung bilden sich giftige Dämpfe von Phosphoroxiden und/oder Phosphin;
Zersetzung in Octenen, kann hydrolisiert werden; schwere Entflammbarkeit, geringe Flüchtigkeit, gute Verseifungsresistenz und Hydrolysebeständigkeit, geringe Reaktivität und neutrale Reaktion => gute Verträglichkeit mit PVC, viskositätserniedrigende Eigenschaften, gute weichmachende Wirkung, gute Gelierfähigkeit.
Anwendung: Weichmacher/Flammschutzmittel in Polymeren, Trägermaterial in Farbpasten zum Einfärben von Polymeren, viskoseerniedrigender und weichmachender Bestandteil von Zubereitungen für Dichtungs- und Beschichtungssysteme, Bestandteil von Schneidölen, Bestandteil von

Trennmittelzubereitungen/Metallindustrie, Lösemittel in Wasserstoffperoxid-Synthese, Flammschutzmittel in anderen Industriezweigen [612];

Phosphorsäuretrikresylester

- **CAS-Nummer:**
  1330-78-5
- **UN Nummer:**
  2574
- **gebräuchliche Namen:**
  TCP; TKP; Phosphorsäuretritolylester; Phosphorsäure-tris-(methylphenyl)-ester; Trikresylphosphat; Tricresylphosphat; Phosphorsäure-(1,4-kresyl)ester; Tri-p-kresylphosphat; Phosphorsäure-tris(methylphenyl)ester;
- **Handelsnamen:**
  Disflamoll TKP; Celluflex 179 C; Disflamoll TKP; Durad; Flexol Plastilizer TCP; Fyrquel 150; IMOL S 140; Kronitex, Lindol; Phosflex 197 A;
- **Summenformel:**
  $C_{21}H_{21}O_4P$
- **Strukturformel:**

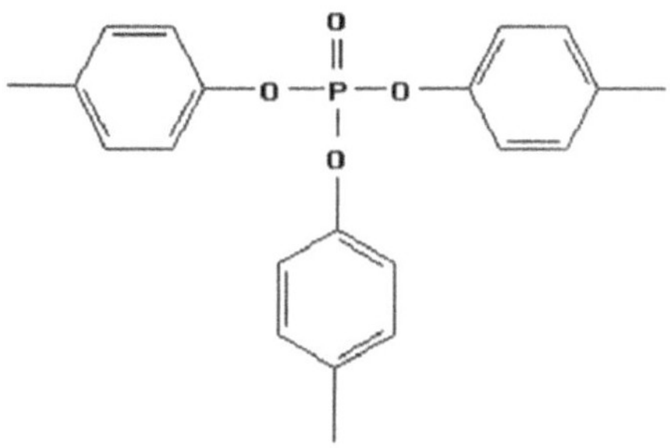

Funktion:
Weichmacher, synthetisch;

branchenspezifische Bemerkung zur Substanz:
Einsatzmenge: 0,9 t/a (TSE-Industrie, 1996)

Eigenschaften:
- **toxikologisch/ökotoxikologisch:**
  RTECS # TD 0175000
  WGK: 2
  R-Satz: 23/24/25-39
  S-Satz: 20/21-28-45
  Sonstiges:
  Ätzmittel; Nervengift; Toxisch bei Inhalation; Hautresorption möglich! Dämpfe der giftigen Substanz und Hautkontakt wirken wenig reizend; Vergiftungserscheinungen treten nach 1-3 Wochen in Form von Muskellähmungen auf;
  Symptome: Nach 1-3 Wochen Muskelschmerzen, Kribbelgefühl in den Beinen, Armen und Händen, anschließend Muskellähmungen [484];
  Verboten in kosmetischen Mitteln (KosmetikV. Anl. 1, Nr. 277);
  TD Lo (oral, Frau): 70 mg/kg/14 Tage [428];
  LD Lo (oral, Ratte): 4680 mg/kg [187], 3000 mg/kg [428];
  LD Lo (oral, Hund): 500 mg/kg [428];
  LD 50 (oral, Maus): 3900 mg/kg [428];
  LD Lo (oral, Kaninchen): 100 mg/kg [428];
  LD Lo (Haut, Kaninchen): 2000 mg/kg [428];
  LD 50 (Haut, Katze): 1500 mg/kg [428];
  Letale Dosis für Wasserorganismen: 10-11 mg/l [10];

Gefahren-Symbol:

- **physikalisch/chemisch:**
  Schmelzpunkt: -28 °C
  Siedepunkt: 435 °C; 265 °C (13,33 hPa); 410 °C (1013 hPa)
  Flammpunkt: 230 °C; >110 °C
  Log pOW: 5,11
  Brechungsindex: 1,5550 (20 °C)
  Dichte: 1143 kg/m3 (20 °C); 1165 kg/m3 (20 °C);
  Molmasse: 368,37 g/mol
  Löslichkeit:
  mischbar mit den meisten organischen Lösemitteln; löslich in Ethanol, Ether, Trichlorethan, Lipoiden, Leinöl, Ricinusöl, Benzen und Eisessig [484];

Verbleib nach Gebrauch:
Verbrennung nach Mischung mit brennbarem Lösemittel;

Bemerkung:
Farblose, ölige, geruch- und geschmacklose Flüssigkeit;
Achtung, vom äußeren Aussehen her ähnelt es sehr dem Speiseöl. Als Glycerinersatz oder Bestandteil von Hydraulikölen wurde es schon oft verwechselt. Mehrere tausend Vergiftungsfälle sind bekannt geworden. Im Zweifelsfall ist eine Unterscheidung dadurch einfach, weil der Stoff im Gegensatz zu den Ölen in Wasser untergeht [484];
Handelsprodukt enthält überwiegend para-Isomer und in kleinen Anteilen (bis 20 %) das ortho-Isomer;

Phosphorsäuretrioctylester

- **CAS-Nummer:**
  1806-54-8
- **gebräuchliche Namen:**
  TOF; Trioctylphosphat;
- **Handelsnamen:**
  Disflamoll TOF;
- **Summenformel:**
  $C_{24}H_{51}O_4P$

- **Strukturformel:**

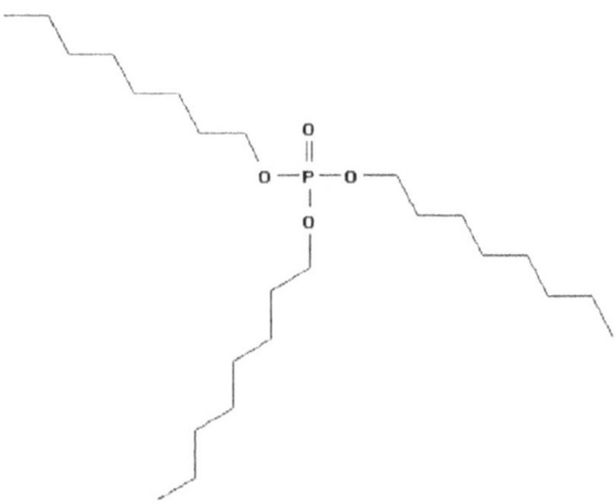

Funktion:
Weichmacher, synthetisch;

branchenspezifische Bemerkung zur Substanz:
Einsatzmenge: 18 t/a (Reifenindustrie: 4 t/a, TSE-Industrie: 14 t/a) (1996)

Eigenschaften:

- **physikalisch/chemisch:**
Molmasse: 434,64 g/mol

Phosphorsäuretriphenylester

- **CAS-Nummer:**
115-86-6
- **gebräuchliche Namen:**
Triphenylphosphat; TPP;
- **Handelsnamen:**
Disflammol TP; Celluflex TPP; Disflamoll TP; Phosflex TPP; TPP;
- **Summenformel:**
$C_{18}H_{15}O_4P$

- **Strukturformel:**

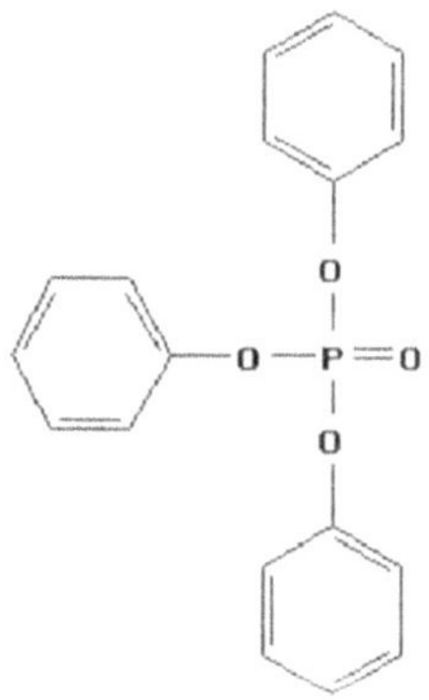

Funktion:
Weichmacher, synthetisch;
Flammschutzmittel;

Eigenschaften:
- **toxikologisch/ökotoxikologisch:**
RTECS # TC 8400000
Schweizer Giftliste: 4
WGK: 2
R-Satz: 20/21/22
S-Satz: 36
Sonstiges:
vgl. Abschn. IIb;
Die Neurotoxizität von TPP wird kontrovers diskutiert; während sich in neueren Arbeiten eine Induzierung neurotoxischer Effekte in vivo nicht nachweisen läßt, fanden sich in einem speziellen in vitro-Testsystem Hemmungen in der Neuritenausbildung durch TPP, wie sie für nachgewiesenen neurotoxischen Phosphorsäureester charakteristisch sind [480];
Stäube und die bei Erhitzung entstehenden Dämpfe reizen Augen, die oberen Atemwege und Haut; Kontakt mit dem Stoff führt zu Reizung der Augen und Haut; fragliche Wirkung wie andere

Phosphorsäureester (d.h. ähnlich E 605) sowie auf das Nervensystem; bei Erhitzung oder Brand entstehen u.a. Phosphorpentoxid [484];
LD 50 (oral, Ratte): 3800 mg/kg [40], 3500 mg/kg [428];
LD (subcutan, Ratte): >3000 mg/kg [428];
TD Lo (oral, Ratte): 66000 mg/kg/65 D, 59353 mg/kg/35 D (kontinuierlich) [428];
LD 50 (oral, Maus): 1320 mg/kg [428];
LD 50 (intraperitoneal, Maus): 1273 mg/kg [428];
LD (subcutan, Maus): >3000 mg/kg [428];
LD Lo (subcutan, Affe): 500 mg/kg [428];
LD Lo (oral, Katze): 2000 mg/kg [428];
LD (intraperitoneal, Katze): >400 mg/kg [428];
LD Lo (subcutan, Katze): 300 mg/kg [428];
TD Lo (oral, Katze): 600 mg/kg/10 D (intermittierend) [428];
LD Lo (oral, Kaninchen): 3000 mg/kg [428];
LD 50 (Haut, Kaninchen): >7900 mg/kg [428];
LD Lo (subcutan, Kaninchen): 1000 mg/kg [428];
LD (intramuskulär, Kaninchen): >1000 mg/kg [428];
LD (oral, Meerschweinchen): >4000 mg/kg [428];
LD (subcutan, Meerschweinchen): >3000 mg/kg [428];
LD (oral, Huhn): >2000 mg/kg [428];
LC 50 (inhalativ, Säugetier): 4200 mg/m3 [428];

TLV-TWA: 3 mg/m3 STEL: 6 mg/m3 [40];

Gefahren-Symbol:

- physikalisch/chemisch:

Schmelzpunkt: 50-52 °C; 45 °C
Siedepunkt: 370 °C; 245 °C (14,66 hPa); 220 °C (5 hPa)
Flammpunkt: 223 °C
Dampfdruck: < 0,1 hPa (20 °C) [484]; 1,3 hPa (193,5 °C); 1,4 hPa (200 °C) [480]
Log pOW: 4,63
Dichte: 1205,5 kg/m3 (58 °C); 1180,3 kg/m3 (89 °C)
Molmasse: 326,29 g/mol

Löslichkeit:
fast unlöslich in Wasser (0,0019 g/l); leicht löslich in Diethylether, Trichlormethan, Benzen; wenig löslich in Ethanol;

Bemerkung zu physikalisch/chemischen Daten:
Zündtemperatur: 500 °C;

Verbleib nach Gebrauch:
Verbrennung nach Mischung mit brennbarem Lösemittel;

Bemerkung:
Farbloser kristallliner fester Stoff; geruchlos; brennbar;
Kristalle (nach Umkristallisation aus abs. Ethanol + Ligroin); Nadeln (nach Umkristallisation aus Diethylether und Ligroin);
Stoff reagiert bei Kontakt oder Mischung mit Oxidationsmitteln; bei Erhitzung bis zur Zersetzung bilden sich giftige Dämpfe, die aus Phosphoroxiden, im wesentlichen Phosphorpentoxid bestehen [484];

Verwendung: als Weichmacher und Flammenschutzadditiv in Kunststoffen, als Additiv in Hochleistungs- und Kühlschmierstoffen; in Hydraulikölen;

Bewertung: TPP hat im Tierversuch nach oraler, subkutaner, inhalativer und dermaler Applikation bei unterschiedlichen Spezies nur eine geringe akute Toxizität. Die Reizwirkung auf Haut, Auge und

Schleimhaut der Atemwege ist gering. Eine stärkere Hautresorption ist nicht zu erwarten. Untersuchungen zur chronischen Wirkung fehlen.

Die in der Literatur beschriebenen Einzelfälle von Sensibilisierung durch TPP-haltige Produkte sind nicht überzeugend.
Inwieweit die geringe Immuntoxizität an der Ratte auch auf den Menschen übertragbar ist, läßt sich nicht abschätzen. Andere Untersuchungen weisen auf ein zytotoxisches Potential von TPP hin.
Für die Begründung eines MAK-Wertes sind weder die Beobachtungen am Menschen noch die tierexperimentellen Untersuchungen ausreichend. Die einzige vorliegende Humanstudie ist wegen der schwachen Datenlage nicht aussagekräftig. Weitere Untersuchungen, insbesondere zur Neurotoxizität in vivo, sind notwendig. [480]

Phosphorsäuretri-2-propenylester

- **CAS-Nummer:**
  1623-19-4
- **gebräuchliche Namen:**
  TAP; Phosphorsäuretriallylester; Triallylphosphat
- **Handelsnamen:**
  Aktivator OP;
- **Summenformel:**
  $C_9H_{15}O_4P$

- **Strukturformel:**

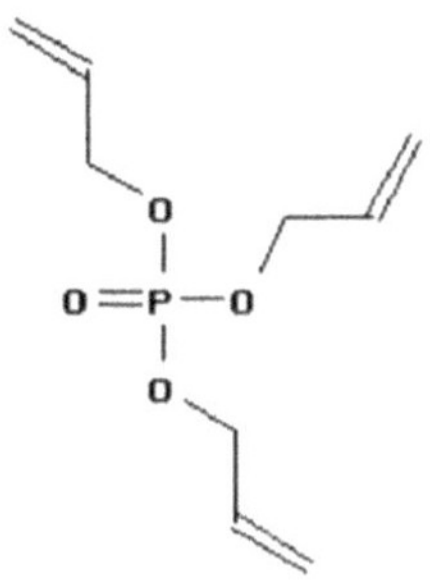

Funktion:
Coagentien für schwefelfreie Vernetzungsmittel;

Eigenschaften:
- **toxikologisch/ökotoxikologisch:**
  RTECS # TC 8575000
  Sonstiges:
  LD Lo (intraperitoneal, Maus): 500 mg/kg [428];
  LD 50 (intravenös, Maus): 70,8 mg/kg [428];

- **physikalisch/chemisch:**
  Schmelzpunkt: < -50 °C
  Siedepunkt: 90 °C (0,67 hPa)
  Brechungsindex: 1,448 (25 °C)
  Dichte: 1064 kg/m3
  Molmasse: 218,19 g/mol

Bemerkung:
Farblose Flüssigkeit [428];

Phthalsäure-bis-[2-methacryloyloxy-ethylester]

- **CAS-Nummer:**
  10552-43-9
- **gebräuchliche Namen:**
  alpha,omega-Methacryl-bis-1-(oxyethylen)-phthalat; Phthalsäure-bis-[2-(2-methyl-acryloyloxy)-ethyl]-ester;
- **Summenformel:**
  $C_{20}H_{22}O_8$

- **Strukturformel:**

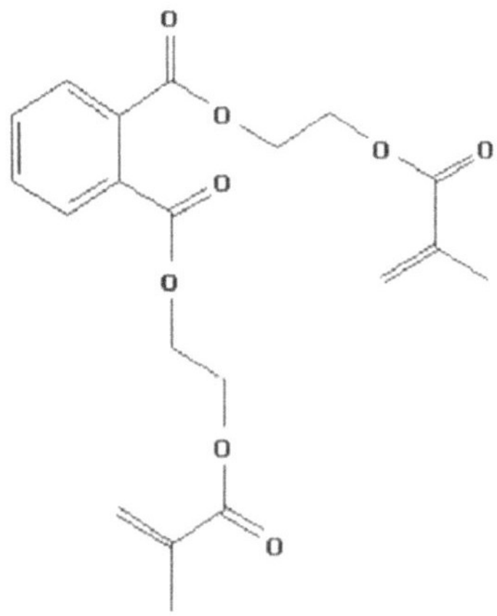

Funktion:
Weichmacher, synthetisch;

Eigenschaften:

- **physikalisch/chemisch:**
  Molmasse: 390,39 g/mol

Phthalsäure-bis-(2-[2-(2-methyl-acryloyloxy)ethoxy]ethyl)ester

- **CAS-Nummer:**
  3052-65-1
- **gebräuchliche Namen:**
  alpha,co-Methacryl-bis-2-(oxyethylen)-phthalat;
- **Summenformel:**
  $C_{24}H_{30}O_{10}$

- **Strukturformel:**

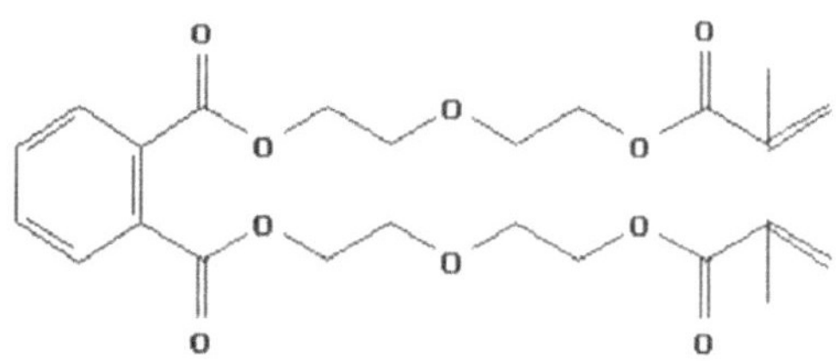

Funktion:
Weichmacher, synthetisch;

Eigenschaften:

- **physikalisch/chemisch:**
  Molmasse: 478,50 g/mol

Phthalsäurebutyldecylester

- **CAS-Nummer:**
  89-19-0
- **gebräuchliche Namen:**
  Butyldecylphthalat; BDP;
- **Handelsnamen:**
  PX 114;
- **Summenformel:**
  $C_{22}H_{34}O_4$

- **Strukturformel:**

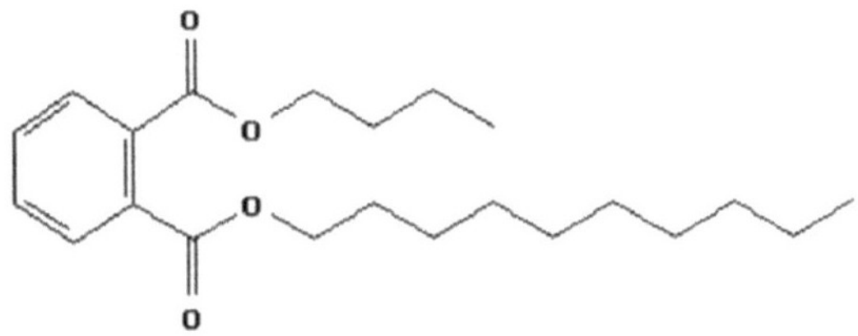

Funktion:
Weichmacher, synthetisch;

Eigenschaften:
- **toxikologisch/ökotoxikologisch:**
  Sonstiges:
  LD 50 (oral, Ratte): 20,8 ml/kg [428];
  LD 50 (dermal, Kaninchen): 15,9 mg/kg [428];

- **physikalisch/chemisch:**
  Molmasse: 362,56 g/mol

Phthalsäuredi-iso-tridecylester

- **CAS-Nummer:**
  27253-26-5
- **gebräuchliche Namen:**
  DITP; Di-iso-tridecylphthalat;
- **Summenformel:**
  $C_{34}H_{58}O_4$

Funktion:
Weichmacher, synthetisch;

Eigenschaften:
- **toxikologisch/ökotoxikologisch:**
  RTECS # TI 1380000
  Sonstiges:
  LD 50 (oral, Ratte): 31350 mg/kg [428];

- **physikalisch/chemisch:**
  Dichte: 952 kg/m3 (20 °C)
  Molmasse: 531 g/mol

Phthalsäuredi-(1methylheptyl)ester

- **CAS-Nummer:**
  131-15-7
- **gebräuchliche Namen:**
  Dicaprylphthalat; Bis(2-octyl)phthyalat; Dicapryl-1,2-benzendicarboxylat; DCP; Phthalsäurebis(2-octyl)ester; Phthalsäuredicaprylester; Phthalsäuredi-2-octylester;
- **Summenformel:**
  $C_{24}H_{38}O_4$

- **Strukturformel:**

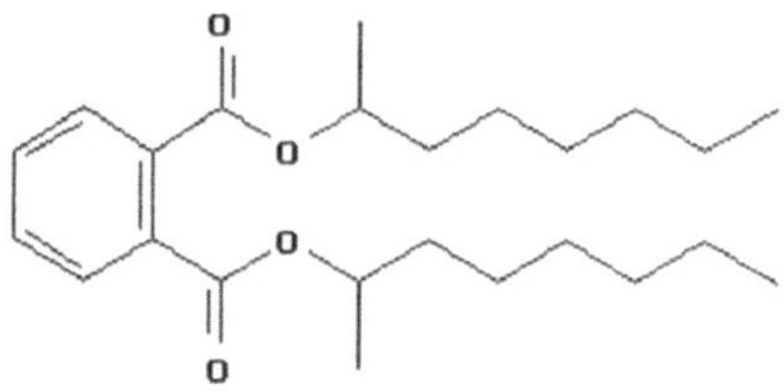

Funktion:
Weichmacher, synthetisch;

Eigenschaften:
- **toxikologisch/ökotoxikologisch:**
  RTECS # TI 0360000
  Sonstiges:
  LD 50 (intraperitoneal, Maus): 14000 mg/kg [428]

- **physikalisch/chemisch:**
  Molmasse: 390,56 g/mol

Pigment Blau 29 (C.I. 77007)

- **CAS-Nummer:**
  57455-37-5
- **gebräuchliche Namen:**
  Ultramarinblau; Waschblau; Azurblau; Lasurblau; Lasurit; C.I. 77007; C.I. Pigment Blue 29; Ultramarin;
- **Handelsnamen:**
  Ultramarin Blau L 6398;
- **Summenformel:**
  $Na_{6-8}Al_6Si_6O_{24}S_{2-4}$

Funktion:
Pigment, organisch;

branchenspezifische Bemerkung zur Substanz:
Einsatzmenge: 6,9 t/a (TSE-Industrie, 1996)

Eigenschaften:
- **toxikologisch/ökotoxikologisch:**
  WGK: 0
  MAK Wert: 6 mg/m3
  Sonstiges:
  LD 50 (oral Ratte): >5000 mg/kg [Sdb BASF];
  LC 50 (Forelle): >3200 mg/l/96 h [Sdb BASF];

- **physikalisch/chemisch:**
  Dichte: 2300-2400 kg/m3 (20 °C)
  Molmasse: 916-1026 g/mol

  Löslichkeit:
  unlöslich in Wasser, Ethanol, pflanzlichen Ölen; löslich in Säuren;

  Bemerkung zu physikalisch/chemischen Daten:
  Thermische Zersetzung: bis 400 °C stabil [Sdb BASF];

Bemerkung:
Blaues geruchloses Pulver [Sdb BASF];
Licht-, luft- und seifenechter Pigmentfarbstoff;
Verwendung: als Öl- und Wasserfarbe; für Buntpapier- und Tapetendruck;
zum Bläuen von Wäsche, Federn, Stärke; als Sonnenschutzfarbe auf Glasfenstern und in Kosmetikartikeln; optischer Aufheller; als Lebensmittelfarbstoff (zur Färbung von Eierschalen und zur oberflächlichen Färbung von Marzipan);

enthalten in: Ultramarinblau 21;

Pigment Gelb 14 (C.I. 21095)

- **CAS-Nummer:**
  5468-75-7
- **gebräuchliche Namen:**
  C.I. 21095; Pigment Yellow 14; Diarylid Gelb AAOT; 2,2'-(3,3'-Dichlor-(1,1'biphenyl)-4,4'-diyl)bis(azo)bis(N-(2-methylphenyl)-3-oxobutanamid;
- **Handelsnamen:**
  Lutetia Yellow 3JR PV NE; Vynamon Yellow 2GE FW; Permanent Yellow G; Vulcan Fast Yellow G; Irgalite Yellow BRM; Irgaphor Yellow BR chips;
- **Summenformel:**
  $C_{23}H_{30}Cl_2N_6O_4$

Funktion:
Pigment, organisch;

Eigenschaften:
- **toxikologisch/ökotoxikologisch:**
  RTECS # EJ 3512500
  Sonstiges:
  LD 50 (oral, Ratte): >500 mg/kg [428];

- **physikalisch/chemisch:**
  Schmelzpunkt: 320-336 °C
  Molmasse: 658 g/mol

Pigment Gelb 13 (C.I. 21100)

- **CAS-Nummer:**
  5102-83-0
- **gebräuchliche Namen:**
  C.I. 21100; Pigment Yellow 13; Diarylid Gelb AAMX; Benzidine Yellow 20544; Benzidine Yellow GE; Benzidine Yellow GR; Benzidine Yellow Lemon 12221; C.I. 21100; C.I. Pigment Yellow 13 (7Cl,8Cl); Pigment Yellow 13; Pigment Yellow MH;
- **Handelsnamen:**
  Enceprint Gelb 1351; Oppasin Gelb 1351; Sico Echtgelb D 1351; Sico Echtgelb D 1355 DD; Dainichi Benzidine Yellow 2GR; Diarylide Yellow; Elkon Fast Yellow GR; Graphtol Yellow RGS; Helio Fast Yellow GRF; Helio Fast Yellow GRN; Hostaperm Yellow GR; Irgalite Yellow BAW; Irgalite Yellow BAWP; Irgalite Yellow BAWX; Irgaplast Yellow IRS; Isol Benzidine Fast Yellow GRX; Isol Benzidine Yellow GRX 2548; Isol Diaryl Yellow GRF; Kromon Yellow GXR; Latexol Fast Yellow JR; Light Yellow JBR; Lionol Yellow FG 1310; Lutetia Yellow JR NE; Monolite Fast Yellow GLV; Monolite Yellow GL; Monolite Yellow GLA; Permanent Yellow GR; Permanent Yellow GR01; Polymo Yellow GR; Recolite Fast Yellow BLF; Recolite Fast Yellow BLT; Rubber Fast Yellow GRA; Saranac Yellow X 2838; Segnale Light Yellow GRX; Sico Fast Yellow D 1355; Symuler Fast Yellow GRF; Symuler Fast Yellow GRTF; Tertropigment Fast Yellow VGR; Tertropigment PGR; Vulcan Fast Yellow GR; Vulcan Fast Yellow GRA; Vulcan Fast Yellow GRN; Vynamon Yellow GRE; Vynamon Yellow Gres; Vynamon Yellow GE FW; Yellow AAMX; Yellow Toner YB5;
- **Summenformel:**
  $C_{36}H_{34}Cl_2N_6O_4$

Funktion:
Pigment, organisch;

Eigenschaften:
- **toxikologisch/ökotoxikologisch:**
  RTECS # EJ 3512000
  Sonstiges:
  LD 50 (oral, Ratte): >5000 mg/kg [428];

- **physikalisch/chemisch:**
  Schmelzpunkt: 338-344 °C; 320 °C (Zer.)
  Dichte: 1460 kg/m3
  Molmasse: 686 g/mol

Pigment Gelb 35 (C.I. 77205)

- **CAS-Nummer:**
  12442-27-2
- **gebräuchliche Namen:**
  C.I. 77205; Pigment Yellow 35; Zitronengelb; Cadmium-Zink-Sulfid; Cadmium-Zinkgelb; Primelgelb; Goldenes Gelb; Reines Cadmium-Zink Gelb;
- **Handelsnamen:**
  Rakusol Gelb 10-0107; Sicolen Gelb 10-0105; Sicotherm Gelb K 100 1; Sicoversal Gelb 10-0105;
- **Summenformel:**
  CdSZn

Funktion:
Pigment, anorganisch;

Eigenschaften:
- **toxikologisch/ökotoxikologisch:**
  Sonstiges:
  LD 50 (oral, Ratte): >2000 mg/kg [607];

Pigment Grün 36 (C.I. 74265)

- **CAS-Nummer:**
  14302-13-7
- **gebräuchliche Namen:**
  C.I. 74265; Pigment Green 36; Phthalo-Grün (Cl, Br); Cu-Phthalocyanin, halogeniert;
- **Handelsnamen:**
  Heliogen Grün L 9140; Heliogen Grün D 9360; Luconyl Grün 9360; Heliogen Grün L 9361; Vynamon Green 6Y FW; Hostaperm Green 8G; Irgalite Green 6G;
- **Summenformel:**
  $C_{32}Br_6Cl_{10}CuN_8$

Funktion:
Pigment, organisch;

Eigenschaften:
- **toxikologisch/ökotoxikologisch:**
  RTECS # GL 7500000
  WGK: 0
  Sonstiges:
  Ergebnis des Ames-Tests: negativ;
  LD 50 (oral, Ratte): >5000 mg/kg [Sdb BASF];

- **physikalisch/chemisch:**
  Schmelzpunkt: 480 °C
  Dichte: 2500 mg/kg (20 °C)
  Molmasse: 1393,98 g/mol

  Löslichkeit:
  unlöslich in Wasser [Sdb BASF];

Bemerkung:
Grünes, geruchloses Pulver [Sdb BASF];
Gehört zu der Gruppe der polycyclischen Pigmente;
Gehört zu der Pigmentklasse von Cu-Phthalogrün;
hitzestabil, licht- und lösemittelecht;

Pigment Orange 13 (C.I. 21110)

- **CAS-Nummer:**
  3520-72-7
- **gebräuchliche Namen:**
  C.I. 21110; Pyrazolon-Orange; Permanent-Orange G; Pyrazolinderivat;
- **Handelsnamen:**
  Oppasin Orange 3050; Sico Echtorange L 3050; Vynamon Orange G FW; Irgalite Orange P; Vulcan Fast Orange G;
- **Summenformel:**
  $C_{32}H_{24}Cl_2N_8O_2$

Funktion:
Pigment organisch;

Eigenschaften:
- **toxikologisch/ökotoxikologisch:**
  WGK: 0

Sonstiges:
LD 50 (oral, Ratte): >6400 mg/kg [Sdb BASF];
LD 50 (oral, Ratte): >2000 mg/kg [607];

- **physikalisch/chemisch:**
  Schmelzpunkt: 322-332 °C
  Dichte: 1400 kg/m3 (20 °C)
  Molmasse: 623 g/mol

  Löslichkeit:
  unlöslich in Wasser [Sdb BASF];

Verbleib nach Gebrauch:
Öä

Bemerkung:
Rotes, geruchloses Pulver; staubexplosionsfähig [Sdb BASF]; orangenes Puder [607];
In Anwendung;
Gehört zu der Gruppe der Azopigmente;
Gehört zu der Pigmentklasse von Disazopyrazolon;
Einsatz in Verpackungsdruckfarben; überwiegender Einsatz im Buchdruck, Litho- und Flexodruck;
Gute Hitzebeständigkeit (bis 200 °C), Beständigkeit gegen viele Lösungsmittel, befriedigende Lichtechtheit;
Drucke sind paraffin-, butter- und seifenecht;
Sterilisierecht und silberlacklbeständig;
Ergebnis des Ames-Tests: negativ;

C.I. Pigment Red 38

- **CAS-Nummer:**
  6358-87-8
- **Handelsnamen:**
  Vulcan fast Red B; Irgalite Red PYE;
- **Summenformel:**
  $C_{36}H_{52}Cl_2N_8O_6$
- **Strukturformel:**

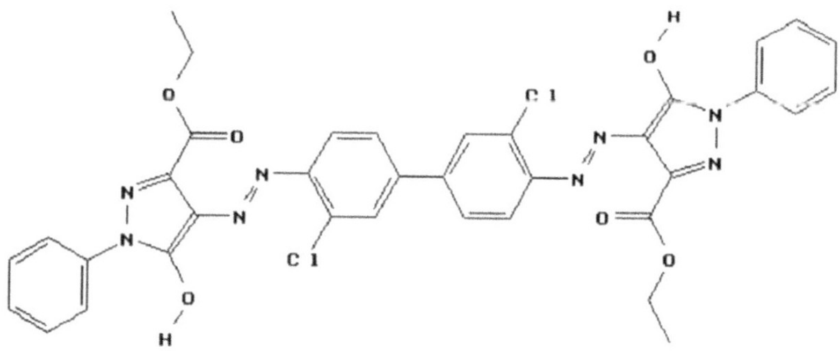

Funktion:
Pigment, organisch;

Eigenschaften:
- **toxikologisch/ökotoxikologisch:**
  Sonstiges:
  LD 50 (oral, Ratte): >2000 mg/kg [607];

- **physikalisch/chemisch:**
  Molmasse: 763,76 g/mol

  Bemerkung zu physikalisch/chemischen Daten:
  zerfällt bei 280 °C;

Bemerkung:
rotes Pulver;

C.I. Pigment Red 37

- **CAS-Nummer:**
  6883-91-6
- **Handelsnamen:**
  Vulcan Fast Red G01;
- **Summenformel:**
  $C_{37}H_{58}N_7O_4$

- **Strukturformel:**

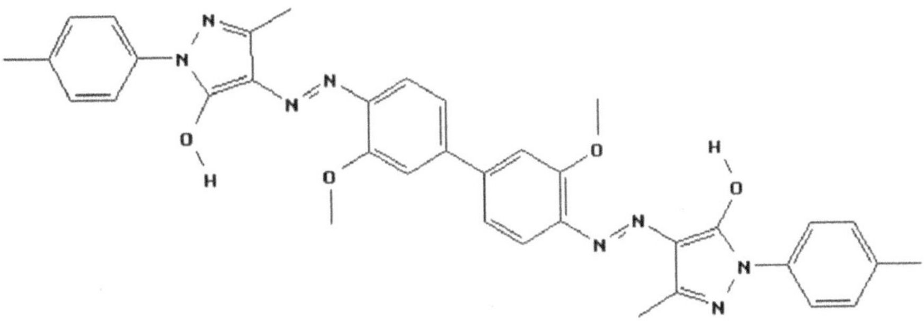

Funktion:
Pigment, organisch;

Eigenschaften:
- **toxikologisch/ökotoxikologisch:**
  Sonstiges:
  LD 50 (oral, Ratte): >2000 mg/kg [607];

- **physikalisch/chemisch:**
  Molmasse: 664,91 g/mol
  Bemerkung zu physikalisch/chemischen Daten:
  zerfällt über 300 °C;

Bemerkung:
rotes Pulver;

C.I. Pigment Red 111

- **CAS-Nummer:**
  12224-99-6
- **Handelsnamen:**
  Vynamon Red GE;

Funktion:
Pigment, organisch;

Eigenschaften:
- **toxikologisch/ökotoxikologisch:**
  Sonstiges:
  LD50 (oral, Ratte): >2000 mg/kg [607];

- **physikalisch/chemisch:**
  Schmelzpunkt: 200 °C

Bemerkung:
  rotes Pulver;

Pigment Rot 48:2 (C.I. 15865:2)

- **CAS-Nummer:**
  7023-61-2
- **gebräuchliche Namen:**
  C.I. 15865:2; Pigment Red 48:2; Rubin 2B; Permanent-Rot 2B (Calcium); BON Rot;
- **Handelsnamen:**
  Eupolen Scharlach 44-6101; Lithol Scharlach D 3700; Euthylen Scharlach 44-4105 C4; Oppasin Scharlach 3700; Heuco Rot 304820; Lutetia Red RLD PV NE; Irgalite Red RC; Irgaphor Red RC Chips;
- **Summenformel:**
  $C_{18}H_{13}ClN_2O_6S$ * Ca

Funktion:
  Pigment, organisch;

Eigenschaften:
- **toxikologisch/ökotoxikologisch:**
  Sonstiges:
  Ergebnis des Ames-Tests: negativ;
  LD 50 (oral, Ratte): >2000 mg/kg

- **physikalisch/chemisch:**
  Molmasse: 459 g/mol

Pigment Rot 108 (C.I. 77202)

- **CAS-Nummer:**
  58339-34-7
- **gebräuchliche Namen:**
  C.I. 77202; Pigment Red 108; reines Cadmiumrot; Cadmium-Sulfoselenid-Rot; Cadmiumrot, rein; Cadmium sulfid/selenid;
- **Handelsnamen:**
  Sicotherm Rot K 3001; Sicotherm Rot K 3601; Sicotherm Rot K 3206; Cadmopur Orange 5 RS;
- **Summenformel:**
  CdS * CdSe

Funktion:
  Pigment, anorganisch;

Eigenschaften:
- **toxikologisch/ökotoxikologisch:**
  Sonstiges:
  LD 50 (oral, Ratte): >2000 mg/kg [607];

- **physikalisch/chemisch:**
  Schmelzpunkt: über 500 °C

Dichte: 4200-5500 kg/m3

Bemerkung:
gelbes, oranges oder rotes Pulver;

Pigment Rot 53:1 (C.I. 15585:1)

- **CAS-Nummer:**
5160-02-1
- **gebräuchliche Namen:**
C.I. 15585:1; Pigment Red 53:1; Rotes Farbpigment C (Barium); Red lake C; 5-Chloro-2-((2-hydroxy-1-naphthalenyl)azo)-4-methylbenzensulfonsäure, Bariumsalz (2:1); 5-Chloro-2-((2-hydroxy-1-naphthalenyl)azo)-4-methylbenzensulfonsäure, Bariumsalz; 5-Chloro-2-((2-hydroxy-1-naphthyl)azo)-p-toluenesulfonsäure, Bariumsalz; 1-(4-Chloro-o-sulfo-5-tolylazo)-2-naphthol, Bariumsalz; 1-(4-Chloro-o-sulpho-5-tolylazo)-2-naphthol, Bariumsalz; C.I. 15585:1; C.I. Pigment Red 53:1; C.I. Pigment Red 53, Bariumsalz; Pigment Lake Red BFÇ; Pigment Lake Red CD; Pigment Lake Red LC; Pigment Red 53:1; Pigment Red CD;
- **Handelsnamen:**
Imprimus Lithol Rot 35-QV-2382; Lithol Rot NB D 3560; Quicksperse Litho Rot 34-PP-0122; Astro Orange; Atomic Red; Brilliant Red; Brilliant Scarlet CA; Brilliant Scarlet CBA; Brilliant Scarlet CTA; Brilliant Toner Z; Bronze Red RO; Bronze Red 16913 Yellowish; Bronze Scarlet; Bronze Scarlet C; Bronze Scarlet CA; Bronze Scarlet CBA; Bronze Scarlet CT; Bronze Scarlet CTA; Bronze Scarlet Toner; Carnation Red; Cosmetic Coral Red KO Bluish; Cosmetic DVR; Cosmetic Pigment Yellow Red DVR; Dainichi Lake Red C; D&C Red No. 9; Desert Red; Duplex Red Lake C20-5925; Eljon Lake Red C; Hamilton Red; Helio Red Toner LCLL; Irgalite Red CBN; Irgalite Red CBR; Irgalite Red CBT; Irgalite Red MBC; Isol Lake Red LCS 12527; Isol Red LCR 2517; Lake Red 2R-RU; Lutetia Red CLN; Vulcan Red LC; Irgalite Red CBN; Lake Red 1520; Lake Red C; Lake Red C 18287; Lake Red C 21245; Lake Red C 27200; Lake Red C 27217; Lake Red C 27218; Lake Red C Barium Toner; Lake Red CC; Lake Red CCT; Lake Red CR; Lake Red CRLC-232 (Barium); Lake Red C Toner 8195; Lake Red C Toner 8366; Lake Red GB Bariumsalz; Lake Red RRG; Lake Red Toner C; Lake Red Toner LCLL; Latexol Scarlet R; Latexol Scarlet R Solupowder; Ld Rubber Red 16913; Lutetia Red CLN; Lutetia Red CLN-ST; Microtex Lake Red CR; Mohican Red A-8008; NCI-C53792; No.3 Conc. Bronze Scarlet; No.3 Conc. Scarlet; Paridine Red LCL; Potomac Red; Recolite Red Lake C; Recolite Red Lake CR; 1860 Red; Red 1860; Red 11938; Red For Lake C; Red For Lake C Toner RA-5190; Red For Lake Toner RA-5190; Red 16913H; Red Lake C; Red Lake CM 20-5650; Red Lake CR-1; Red Lake C Toner; Red Lake C Toner 20-5650; Red Lake C Toner RA-5190; Red Lake R-91; Red Scarlet; Red Toner Z; Rubber Red 16913R; Sanyo Lake Red C; Scarlet Toner Y; Segnale Red LC; Segnale Red LCG; Segnale Red LCL; Sico Lake Red 2L; Superol Red C RT-265; Symuler Lake Red C; Termosolido Red LCG; Texan Red Toner D; Toner Lake Red C; Transparent Bronze Scarlet; Vulcafix Scarlet R; Vulcafix Scarlet R-D masse; Vulcafor Red 2R; Vulcan Red LC; Vulcol Fast Red L; Wayne Red X-2486
- **Summenformel:**
$C_{17}H_{13}ClN_2O_4S$ * ½ Ba

Funktion:
Pigment, organisch;

Eigenschaften:
- **toxikologisch/ökotoxikologisch:**
RTECS # DB 5500000
Sonstiges:
Für diese Substanz liegt ein BUA-Stoffbericht Nr. 124 vor.
Ergebnis des Ames-Tests: negativ;
Mutagenitätsprüfung bei Maus und Ratte: negativ;
TD Lo (oral, Ratte): 130000 mg/kg/2 a kontinuierlich [428];
TD Lo (oral, Ratte): 27300 mg/kg/91 Tage kontinuierlich [428];
TD Lo (oral, Maus): 2100 mg/kg/14 Tage kontinuierlich [428];

- **physikalisch/chemisch:**
Schmelzpunkt: 380-390 °C
Dichte: 1760 kg/m3
Molmasse: 889 g/mol

Bemerkung:
Gehört zu der Gruppe der Azopigmente (verlackte ß-Naphthol-Pigmente);
Zählt zu den am meist verwendeten Rotpigmenten für Druckfarben; rotes Pulver;

Pigment Rot 57:1 (C.I. 15850:1)

- **CAS-Nummer:**
5281-04-9
- **gebräuchliche Namen:**
C.I. 15850:1; Pigment Red 57:1; Lithol-Rubin (Calcium); Rubin 4G (Calcium); 4B-Toner;
- **Handelsnamen:**
Enceprint Rubin 4565; Eupolen Rot 45-6001; Imprimus Lithol Rubin 45-QV-2342; Lithol Rubin K 4566; Lutetia Red 6R NE; Permanent Rubine L6B; Irgalite Rubine 4BP;
- **Summenformel:**
$C_{18}H_{14}N_2O_6S$ * Ca

Funktion:
Pigment, organisch;

Eigenschaften:
- **toxikologisch/ökotoxikologisch:**
Sonstiges:
Ergebnis des Ames-Tests: negativ;
Mutagenitätsprüfung bei Maus und Ratte: negativ;
LD 50 (oral, Ratte): >2000 mg/kg;

- **physikalisch/chemisch:**
Schmelzpunkt: 360 °C
Dichte: 1550 kg/m3
Molmasse: 426 g/mol

Bemerkung:
Gehört zu der Gruppe der Azopigmente (BONS-Pigmente);

Pigment Rot 48:1 (C.I. 15865:1)

- **CAS-Nummer:**
7585-41-3
- **gebräuchliche Namen:**
C.I. 15865:1; Pigment Red 48:1; Rubin 2B; Permanent-Rot 2B (Barium); BON-Rot; 2B Rot; C.I. Pigment Red 48:1; C.I. Pigment Red 48, Bariumsalz (1:1) (8CI); C.I. Pigment Red 48:1; C.I. Pigment Red 48, barium salt (1:1) (8CI);
- **Handelsnamen:**
Bon Red Yellow Shade; Bright Red G Toner; Bright Red Toner; Eljon rubine BS; Enceprint Scharlach 3700; Eupolen Scharlach 37-0001; Euthylen Scharlach 37-0005; Irgalite Red NBSP; Irgaphor Res NBS Chips; Isol Bona Red NR barium salt; Isol Bona Red N 5R barium salt; Lithol Scarlet K 3700; Permanent Red BB; Permanent Red BBa; Pigment Red 48:1; Resino Red K; Rubine Toner B; Rubine Toner BA; Rubine Toner BT; Sanyo Fast Red 2B; Sanyo Fast Red 2BE; Segnale Red GS; SeikaFast Red 8040; Symuler Red 3023; Symuler Red NRY; Watchung Red Y; Irgalite Red NBSP; Irgaphor Red NBS Chips; Oppasin Scharlach 3700;
- **Summenformel:**
$C_{18}H_{13}ClN_2O_6S$ * Ba

Funktion:
Pigment, organisch;

Eigenschaften:
- **toxikologisch/ökotoxikologisch:**
  RTECS # QJ 1952500
  Sonstiges:
  Ergebnis des Ames-Tests: negativ;
  LC Lo (inhalativ, Ratte): 5420 mg/m3/4 h [428];

- **physikalisch/chemisch:**
  Schmelzpunkt: 140 °C, stabil bis 180 °C
  Dichte: 1800 kg/m3
  Molmasse: 557,17 g/mol

Pigment Weiß 19 (C.I. 77004)

- **CAS-Nummer:**
  8047-76-5
- **gebräuchliche Namen:**
  C.I. 77004; Pigment White19; China-Ton; Kaolin-Ton; Bentonit; China clay;
- **Summenformel:**
  $Al_2O_3 * SiO_2 * 2 H_2O$

Funktion:
  Verdickungsmittel für Latex;
Kautschukart:
  Latex;

Eigenschaften:
- **physikalisch/chemisch:**
  Schmelzpunkt: 1740-1785 °C
  Molmasse: 258 g/mol

Bemerkung:
  Gehört zu der Pigmentklasse von Bentonit;

Pigment Weiß 20 (C.I. 77019)

- **CAS-Nummer:**
  12001-26-2
- **gebräuchliche Namen:**
  C.I. 77019; Pigment White 20; Mika;
- **Handelsnamen:**
  Abhrak; Davenite; C 1000; HX 610; Micatex; Micromia; P 80 P; Suzorite; Glimmer;
- **Summenformel:**
  $3 Al_2O_3 * K_2O * 6 SiO_2 * 2 H_2O$

Funktion:
  Füllstoff, anorganisch;
Anwendung:
  Reifen, Schläuche; chirurgische und medizinische Artikel; Sportartikel; Spielsachen; technische Gummiartikel; Produkte für Industrie, inkl. Druckplattentücher; Klebstoffe; Dichtungen; Latex Tauchartikel; Latex Schaumartikel;

Eigenschaften:
- **toxikologisch/ökotoxikologisch:**
  RTECS # VV 8760000
  Sonstiges:
  zu Glimmer [Sdb Schering]:
  Bei wiederholter, langandauernder Exposition in übermäßiger Staubbelastung kann eine liechte Pneumokoniose entstehen. MAK-Wert: 6mg/m3 (allgemeiner Staubgrenzwert); WGK: 0;

- **physikalisch/chemisch:**
  Schmelzpunkt: 1315 °C
  Dichte: 2600-3200 kg/m3
  Molmasse: 796 g/mol

  Löslichkeit:
  unlöslich in Wasser [428];

Bemerkung:
Leicht graues, geruchloses Puder [428];

1,1'-(1,4-Piperazindiyldimethylen)-di(2-imidazolinthion)

- **CAS-Nummer:**
  14764-02-4
- **Handelsnamen:**
  Vulcator 322;
- **Summenformel:**
  $C_{12}H_{22}N_6S_2$

- **Strukturformel:**

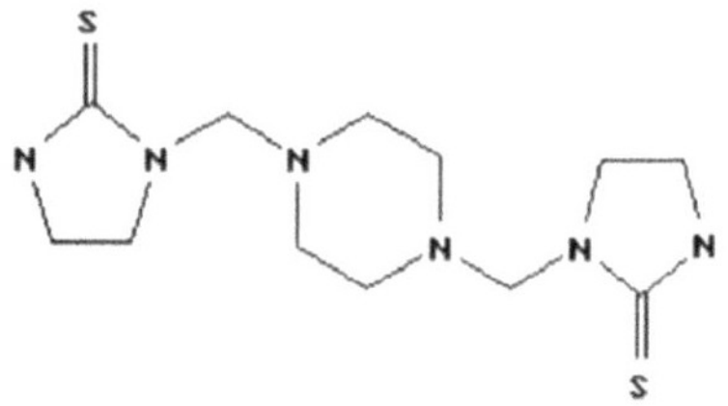

Funktion:
Vulkanisationsbeschleuniger, organisch;
Kautschukart:
halogenierte Polymere;

Eigenschaften:

- **physikalisch/chemisch:**
  Molmasse: 314,47 g/mol

Piperidincarbothiosäure, Verbindung mit Piperidin (1:1)

- **CAS-Nummer:**
  98-77-1
- **gebräuchliche Namen:**
  1-Piperidincarbodithionsäure, zusammengesetzt (1:1) mit Piperidin und Kalium-1-piperidin-carbodithioat; Piperidin-pentamethylen-dithio-carbamat; Pentamethylen-piperidin-dithio-carbamat; N-Pentamethylendithiocarbamat-piperidinsalz; Pentamethylendithiocarbaminsäure, Piperidinsalz;
- **Handelsnamen:**
  Nocceler PPD; Robac PPD; Vanax 552; Vulkacit P; Beschleuniger 552; Pip-Pip; PMP (accelerator);
- **Summenformel:**
  $C_6H_{11}NS_2 * C_5H_{11}N$

- **Strukturformel:**

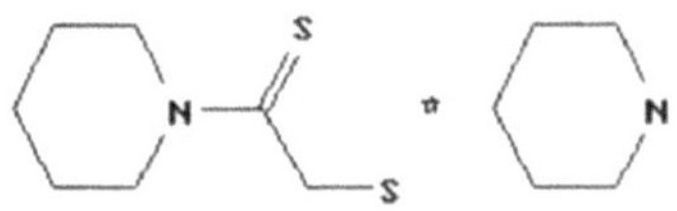

Funktion:
Vulkanisationsbeschleuniger, organisch;

Eigenschaften:
- **toxikologisch/ökotoxikologisch:**
RTECS # TM 5850000
R-Satz: 22
Sonstiges:
LD 50 (intraperitoneal, Säugetier): 250 mg/kg [428];

Gefahren-Symbol:

- **physikalisch/chemisch:**
Molmasse: 161,28; 85,15 g/mol

Piperidin-1-disulfidcarbothionsäure-S-S-benzenthiazol-2-yl-ester

- **CAS-Nummer:**
105960-48-3
- **gebräuchliche Namen:**
CTBD; N-Cyclopentamethylen-thio-carbamyl-2-benzothiazyldisulfid;
- **Summenformel:**
$C_{13}H_{14}N_2S_4$

- **Strukturformel:**

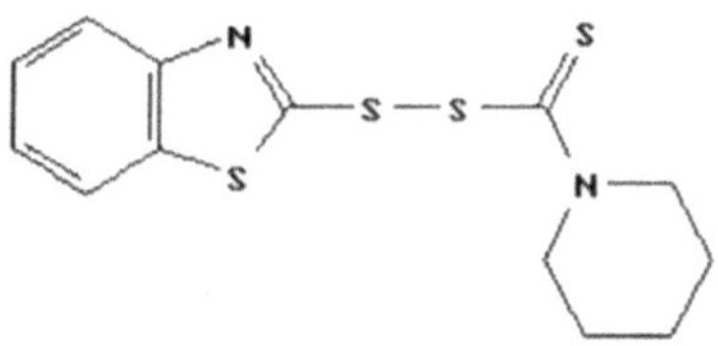

Funktion:
Vulkanisationsbeschleuniger, organisch;

Eigenschaften:

- **physikalisch/chemisch:**
Molmasse: 326,51 g/mol

Piperidindithiocarbaminsäure, Bleisalz

- **CAS-Nummer:**
  81195-36-0
- **gebräuchliche Namen:**
  Blei-pentamethylendithiocarbamat;
- **Handelsnamen:**
  Robac LPD;
- **Summenformel:**
  $C_{12}H_{20}NPbS_2$

- **Strukturformel:**

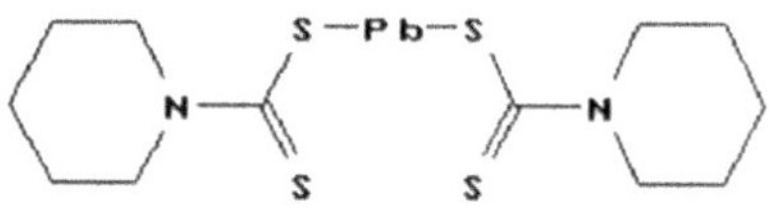

Funktion:
Vulkanisationsbeschleuniger, organisch;

Eigenschaften:

- **physikalisch/chemisch:**
  Molmasse: 476,27 g/mol

Piperidinodithiocarbaminsäure, Cadmiumsalz

- **CAS-Nummer:**
  14949-59-8
- **gebräuchliche Namen:**
  Bis(1-piperidincarbodithioato)-cadmium;
- **Handelsnamen:**
  Robac CPD
- **Summenformel:**
  $C_{12}H_{20}CdN_2S_4$

- **Strukturformel:**

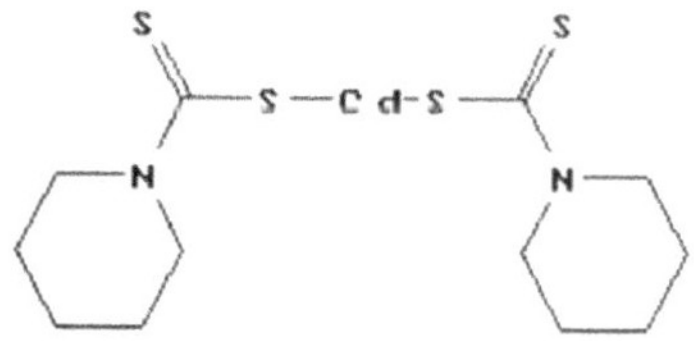

Funktion:
Vulkanisationsbeschleuniger, organisch;

Eigenschaften:

- **physikalisch/chemisch:**
  Molmasse: 432,95 g/mol

2-(Piperidinthio)-benzimidazol

- **CAS-Nummer:**
  25369-84-0
- **gebräuchliche Namen:**
  MBS; 2-Piperidin-1-ylsulfanyl-1H-benzoimidazol; 2-(N-Cyclopentamethylenthio)-benzimidazolsulfenamid;
- **Summenformel:**
  $C_{12}H_{15}N_3S$

- **Strukturformel:**

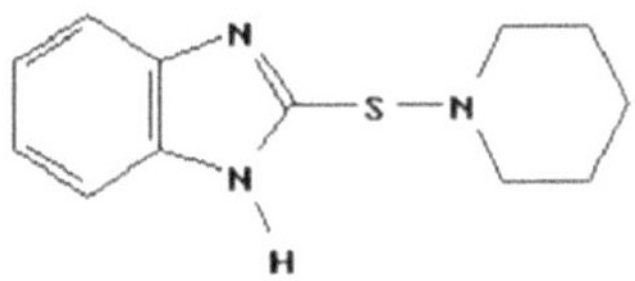

Funktion:
Vulkanisationsbeschleuniger, organisch;
Oxidationsschutzmittel;

[5-(1-Piperidinyl)pentyl]-dithiocarbaminsäure

- **CAS-Nummer:**
  109376-48-9
- **Handelsnamen:**
  Accelerator 552; Vulkazit P; Robac PPD;
- **Summenformel:**
  $C_{11}H_{22}N_2S_2$

- **Strukturformel:**

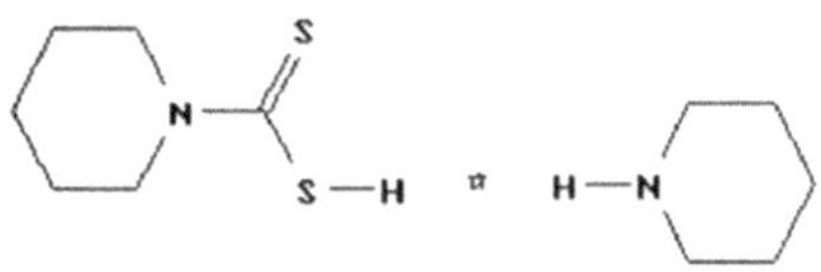

Funktion:
Vulkanisationsbeschleuniger, organisch;

Eigenschaften:

- **physikalisch/chemisch:**
  Molmasse: 246,43 g/mol

Polybicyclo-[2.2.1]-hept-2-en

- **CAS-Nummer:**
  25038-76-0
- **gebräuchliche Namen:**
  PN; PNR; Polynorbornen;
- **Summenformel:**
  $[C_7H_{10}]_x$

- **Strukturformel:**

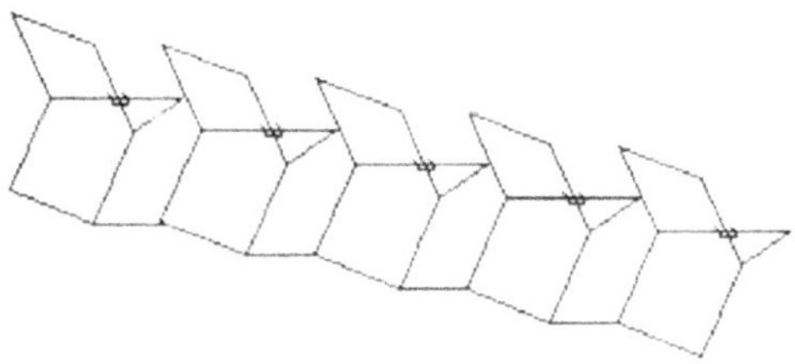

Funktion:
Polymer;

Eigenschaften:

- **physikalisch/chemisch:**
Molmasse: ca. 2.000.000 g/mol

Bemerkung zu physikalisch/chemischen Daten:
Glasübergangstemperatur: ca. 35 °C [573];

Bemerkung:
Der Stoff ist in der Lage, sehr hohe Ölmengen (bis zu 400 % ihres Eigengewichts) zu absorbieren und wird daher bei der Ölpest-Bekämpfung eingesetzt. Als Kautschuk wird er verwendet zur Herstellung von Gummi-Artikeln mit guten Dämpfungseignungen, z.B. für den Einsatz im Automobil- und Bausektor. Der Verbrauch weltweit wurde für 1988 auf ca. 1000 t geschätzt bei einer prognostizierten jährlichen Verbrauchssteigerung von 30-40 % [573];

Polybutadien

- **CAS-Nummer:**
9003-17-2
- **gebräuchliche Namen:**
BR; Butadien-Kautschuk; cis-Polybutadien; 1,3-Polybutadien, Homopolymer; PBD;
- **Handelsnamen:**
Ameripol Synpol E-BR 8405; Ameripol Synpol E-BR 8407; Ameripol Synpol E-BR 8411; Ameripol Synpol E-BR 8418; Ameripol Synpol E-BR 8419; Bundene; Budene 1207; Budene 1208; Budene 1209; Budene 1254; Budene 1290; Budium-Rk-622; Buna CB; Buna CB HX; Cariflex BR 1202 B; Cariflex BR 1202 D; Cariflex BR 1202 E; Cariflex BR 1202 G; Cariflex BR 1202 M; Cariflex BR 1220; Cisdene 1203; CB-10; Diene 35AC; Diene 35NF; Diene 55AC; Diene 55NF; Dienite 556; FCR 126; HYSTL-B-1000, Lithene AH; Lithene AL; Nisso PB-B 4000; Quintol-B-1000; Solprene 200; Solprene 233; Solprene 233P; Solprene 225P; Taipol BR 015H; Taipol BR 0150; Taipol BR 0153; Taktene;
- **Summenformel:**
$(C_4H_6)_n$

- **Strukturformel:**

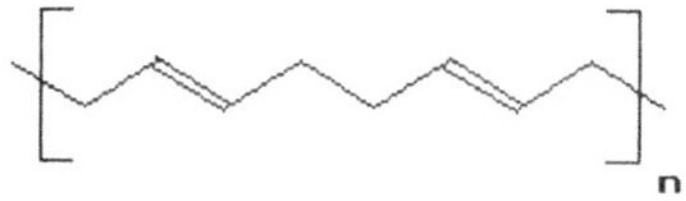

Funktion:
Polymer;

branchenspezifische Bemerkung zur Substanz:
Einsatzmenge in der Kautschukindustrie: 50.000 t (1996);

Eigenschaften:
- **toxikologisch/ökotoxikologisch:**
  Sonstiges:
  Keine toxischen Eigenschaften bekannt [187];
  siehe ⇒ Buta-1,3-dien;

- **physikalisch/chemisch:**
  Brechungsindex: 1,5178 (20 °C)
  Dichte: 900 ± 30 kg/m3 (20 °C)

Verbleib nach Gebrauch:
Verbrennung nach Mischung mit brennbarem Lösemittel;

Poly-1-chlorbutadien

- **CAS-Nummer:**
  9010-98-4
- **gebräuchliche Namen:**
  Polychlorbutadien; Polychloropren; Poly(1-chlor-1-butenylen); CR; CR-Kautschuk;
- **Handelsnamen:**
  Chloroprenkautschuk; Synthesekautschuk; Duprene; GR-M; Nairit; Neoprene; Perbunan C;
- **Summenformel:**
  $(C_4H_5Cl)_n$

- **Strukturformel:**

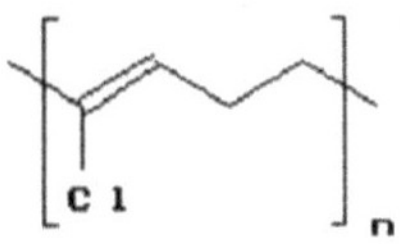

Funktion:
Polymer;
Anwendung:
Kabelmäntel, Schläuche, Walzen, Schuhsohlen, Dichtungen, Förderbänder, Keilriemen, Beschichtungen von Papier und Textilien;

branchenspezifische Bemerkung zur Substanz:
Einsatzmenge in der Kautschukindustrie: 11.000 t (1996)

Eigenschaften:
- **toxikologisch/ökotoxikologisch:**
  RTECS # EI 9640000

- **physikalisch/chemisch:**
  Dichte: 1230-1250 kg/m3

Verbleib nach Gebrauch:
Verbrennung nach Mischung mit brennbarem Lösemittel;

Bemerkung:
Verwendung: Dichtungsprofile, Gleitfugen; Emulgator für Emulsionpolymerisation, Klebstoffe; Rohstoff für Klebstoffe; Ersatz für Natur- und Styrol-Butadien-Kautschuk aufgrund der Wetter-, Alterungs- und hohen Ozonbeständigkeit sowie der Resistenz gegen Chemikalien und Öl;

Polychlorethen

- **CAS-Nummer:**
  9002-86-2
- **gebräuchliche Namen:**
  Polyvinylchlorid; PVC; Chlorethen Homopolymer (9Cl); Chloroethylen Polymer; Cinylchlorid Homopolymer; Vinylchlorid Polymer;
- **Handelsnamen:**
  AL 30; AL 31; Armodour; ARON compound HW; Astralon; Atactic poly(vinyl chloride); Bakelite; Bakelite QSAH 7; Bakelite QYAC 10; Bakelite QYJV 1; Bakelite qyoh-1; Bakelite QYSL 7; Bakelite QYTO 7; Bakelite UCA 3310; Blacar 1716; Bolatron 6200; Boltaron; Bonloid; Breon; Breon 107; Breon 113; Breon 121; Breon 151; Breon 125/10; Breon 111EP; Breon 112EP; Breon P 130/1; Breon S 110/10; Breon S 125/12; C 65; Carina; Carina S 70-71; Chlorostop; Cobex (polymer); Contizell; Corvic; Corvic 55/9; Corvic 65/50; Corvic 20560600; Corvic 20650600; Corvic C 65/02; Corvic D 57/17; Corvic D 60/11; Corvic D 65/02; Corvic D 6518; Corvic D 75/10; Corvic H 55/34; Corvic P 65/50; Corvic P 65/54; Corvic P 65/55; Corvic R 65/81; Dacovin; Dacovin 2082; Danuvil 70; Darvic 110; Darvis clear 025; Decelith; Decelith H; Denka vinyl SS 80; Denka vinyl SS-Y; Diamond shamrock 40; Diamond shamrock 71; Diamond shamrock 7602; DN 4; DN 5; Dorlyl; Durofol P; Dynadur; E 62; E 66; Ekadur; Ekalit; Ekavyl SD 2; Ekavyl SDF 58; Ekavyl SK64; Ekavyl SK66; E 66P; 103EP8; E-Pvc; Escambia 2160; Escambia 2200; Europhan; Exon; Exon 605; Exon 654; Exon 965; Exon 9269; Exon 9290; FC 4648; Flocor; Gafcote; Genotherm; Genotherm N; GEON; GEON 51; GEON 59; GEON 72; GEON 101; GEON 103; GEON 121; GEON 124; GEON 126; GEON 128; GEON 131; GEON 151; GEON 85542; GEON 101EP; GEON 102EP; GEON 103EP; GEON 103EP8; GEON 103EPF7; GEON 135J; GEON 121L; GEON latex 151; GEON 110X233; GEON 120X241; Guttagena; Halvic 223; Halvic 229; HC 825; Hishirex 502; Hishirex 502Z; Hispavic 229; Hostalit; Hostalit E; Hostalit P 7078; Hostalit PVP 3475; Hostalit PVP 5470; Hostalit S; Hostalit S 4070; HX-M; Igelite F; Igelite P; Improved wilt pruf; Juvinil; Kanevinyl PSH 10; Kanevinyl PSL 81; Kanevinyl S 1001; Kanevinyl S 1007; Kaylite; KHS 010; KHSE 3; Klegecell; Kohiner R 687; Koroseal; KR 800; Kureha S 901; L 5; LAK KH SL; Lonza 380 ES; Lonza G; Lucoflex; Lucovyl BB 800; Lucovyl BB 8010; Lucovyl GB 1150; Lucovyl GB 9550; Lucovyl GS 1200; Lucovyl GS 8001; Lucovyl PB 1302; Lucovyl PE; Lucovyl PE 1100; Lucovyl PE 1290; Lucovyl PE 1311; Lucovyl PE 1355; Lucovyl RB 8010; Lutofan; Marvinal; Marvinol; Marvinol 14; Marvinol 53; Marvinol 57; Marvinol 7000; Marvinol VR 50; Marvinol VR 53; Mirrex MCFD 1025; Movinyl 100; Mowilith F; Myraform; NCI-C60797; Nika-Temp; Nikavinyl SG 700; Nipeon A 21; Nipol 576; Nipolit CM 081; Nipolite SL 081; Nipolit SK; Nipolit SK 081; Nipolit SM 092; Nipolit SV 13081; Norvinyl; Norvinyl P 2; Norvinyl P10; Norvinyl S 1-70; Norvinyl S 1-80; Norvinyl S 3-68; Novon 712; Ongrofol; Ongrovil S 165; Ongrovil S 470; Opalon; Opalon 410; Opalon 440; Opalon 610; Opalon 630; Opalon 650; Opalon 660; Opalon R 7611; Ortodur; Pantasote R 873; Parcloid; Pattina V 82; Pevikon D 61; Pevikon KL 2; Pevikon PE 709; Pevikon PE 712; Pevikon PS 690; Pevikon R 23; Pevikon R 25; Pevikon R 45; Pevikon R 341; Pevikon S 602; Pliovic; Pliovic D 100X; Pliovic DB 80V; Pliovic K 906; Pliovic K 90E; Pliovic S 50; POK 60; Polivinit; Polwinit; Poly(chloroethylene); Polyco 2622; Polytherm; Porodur; Prototype III soft; PVC; Pvkhl 4; Pvkhs 60; Pvkh-S 63ZH; QSAH 7; QSAN 7; Quirvil; Quirvil 278; QYSA; Ravinil R 100/65D; Ravinyl; Rucon B 20; Ryurene S 800B; S 61; S 65 (Polymer); S 70; S 901; SCON 5300; Sicron; Sicron 530; Sicron 540; Sicron 548; Sicron 548FM; SKHV 71; S-Lon; SM 200; Solvic; Solvic 223; Solvic 229; Solvic 239; Solvic 334; Solvic 340; Solvic 406; SP 60; SP 60 (Chlorocarbon); SR11; Sumikon; Sumilit EXA 13; Sumilit PX-A; Sumilit PXA 13; Sumilit PX-N; Sumilit PXNH; Sumilit PX-NL; Sumilit S chi-D; Sumilit SX 11; Sumilit SX 13; Sumilit SX 7G; Sumilit VS 9200; Sumitomo PX 11; SV 55; SX 11; SX 7G; SX 8T; Takilon; Technopor; Tenneco 1742; TK 1000; Tocryl C 440; Trovidur; Trovidur N; Trovithern HTL; TS 1100; U 1; U 1 (Polymer); Ultron; Unichem; VA 15; VC 100; VC 410; Veron P 130/1; Vestolit; Vestolit B 7021; Vestolit GH; Vestolit S 60; Vestolit S 6554; Vestolit S 6857; Vestolit S 7054; Vestolit S 7554; Vestolit S 8054; Vinika KR 600; Vinika KR 800; Vinika 37M; Vinika 35R; Vinikulon; Viniplast; Viniplen P 73; Viniplen P 74; Viniplen P 73E; Viniplen P 73EM; Vinnol E 75; Vinnol H 100/65; Vinnol H 100/70; Vinnol H 60D; Vinnol H 70D; Vinnol H 100/70D; Vinnol H 75F; Vinnol P 70; Vinnol P 70E; Vinnol P 100/70E; Vinnol Y; Vinoflex; Vinoflex P 313; Vinylchlon 4000LL; Vinylite QYJV; Viplast RA/F; Volgovinyl E 62; Volgovinyl E 62P; Volgovinyl E 66P; VSKH-S; Vygen 85; Vygen 110; Vygen 120; Vygen 313; Vyram; Welvic G 2/5; Welvic Prio 953; Welvic Pro 686; Welvic R 7/622; Welvic RI 7/316; Welvic Rio 715; Wilt Pruf; Winidur; X-AB; Yugovinyl
- **Summenformel:**
  $(C_2H_3Cl)_n$

- **Strukturformel:**

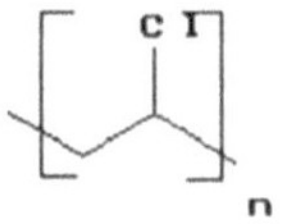

Funktion:
Füllstoff, organisch;

branchenspezifische Bemerkung zur Substanz:
Einsatzmenge in der Kautschukindustrie: 3.400 t (1996);

Eigenschaften:
- **toxikologisch/ökotoxikologisch:**
RTECS # KV 0350000
MAK Wert: 5 mg/m3 A
R-Satz: 36/37/38
S-Satz: 26-36
Sonstiges:
Karzinogen verdächtig [39], [187];
Wirkt schädigend beim Einatmen, Verschlucken oder Aufnahme über Haut; verursacht Augen- und Hautreizungen; reizt Schleimhäute und Atemwege [187];
(siehe auch ⇒ Chlorethen (Vinylchlorid))

Gefahren-Symbol:

- **physikalisch/chemisch:**
Schmelzpunkt: 40-60 °C
Brechungsindex: 1,54 (20 °C)
Dichte: ca. 1300 kg/m3 (20 °C); 1406 kg/m3 (20 °C)
Löslichkeit:
löslich in Tetrahydrofuran, Dioxan, Cyclohexanon, o-Dichlorbenzen (für M = bis 30000 g/mol); beständig gegen Alkohole, Glykolether, Ester, Benzin, aromatische Kohlenwasserstoffe;

Verbleib nach Gebrauch:
Sondermüll-Deponie für chemischen Abfall, besonders gefährliche Stoffe;

Bemerkung:
Weißer bis schwach gelblicher synthetischer Thermoplast; geschmack- und geruchlos;
schwer entflammbar; Zusatz von Stabilisatoren notwendig, um eine Entfärbung hervorgerufen durch Licht oder Hitze zu vermeiden;
Verwendung: Rohrmaterial, Verpackungsmaterial in der Lebensmittelindustrie; Herstellung von Schläuchen, Möbelbelägen, Folien, Fußbodenbelägen; Gummiersatz; nicht-entflammbare Polstermöbel; in Regenmänteln; Dichtungsringe; Schuhsohlen; Kabelumspinnung;

Poly(1,3-cyclopentandiyl-1,2-ethendiyl)

- **CAS-Nummer:**
42813-64-9
- **Summenformel:**
$(C_7H_{10})_n$

Funktion:
Polymer;

Poly(4-cyclopenten-1,3-diyl-1,2-ethendiyl)

- **CAS-Nummer:**
80660-37-3
- **Summenformel:**
$(C_7H_8)_n$

Funktion:
Polymer;

Polydimethylsiloxan-Kautschuk

- **CAS-Nummer:**
63394-02-5
- **gebräuchliche Namen:**
Silicon elastomer;
- **Handelsnamen:**
B-2; B-124; B-143; B-150; B-182; B-210;Blensil:44, 88; C-501; C-525; C-780U; C-1010u; C-1016; C-1018u; Norsil: 800, 7000, 8127, RTV 815, RTV 828; Perma-Flex: Blu-Sil, Green-Sil; PSE-780; PSE-785; Silastic: 21145, GP-30, GP-437, GP-935, HE-26, HGS-70, HS-30, HS-50, HS-70, HS-935, LCS-740, LCS-755, LT-40, LT-50, NPC-40, NPC-80, NPC-770, NPC-940, SPG-30, TR-55; COHRlastic: 300, 400, 500,1867, 9030, 9235, 9655U, F12, R10460, TC100; FC-100; Rhodorsil RS: 40, 333, 1203, 1375, 1516, 1622, 1725, 1915, 7715, 7717; RTF: 762, 615, 6166, 6424; RTF: 762, 615, 6166, 6424; SE: 436, -725, -3724, -4404, -5211, -7501, -9011;

Funktion:
Polymer;

Eigenschaften:
- **toxikologisch/ökotoxikologisch:**
RTECS # TQ 2700000
Sonstiges:
TD Lo (intraperitoneal, Ratte): 1500 mg/kg [428];

Poly-1,4-dinitrobenzen

- **CAS-Nummer:**
9003-34-3
- **UN Nummer:**
9504
- **gebräuchliche Namen:**
Poly-(1,4-dinitrosobenzen); Poly-p-dinitrosobenzen; 1,4-Dinitrosobenzolhomopolymer;
- **Handelsnamen:**
Vanax P4; Polyac;
- **Summenformel:**
$(C_6H_4N_2O_2)_n$

- **Strukturformel:**

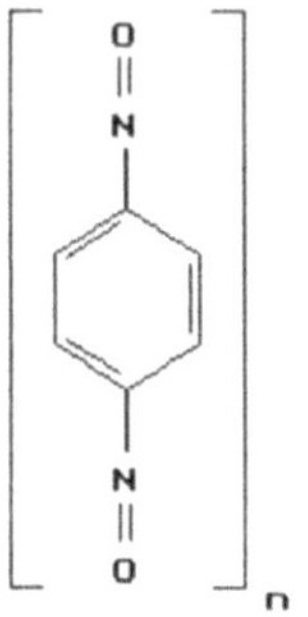

Funktion:
Vernetzungsmittel, schwefelfrei;
Anwendung:
chirurgische und medizinische Artikel; Sportartikel; Spielsachen; technische Gummiartikel;

Eigenschaften:
- **toxikologisch/ökotoxikologisch:**
RTECS # TQ 2750000
WGK: 2
Sonstiges:
LD Lo (oral, Ratte): 1500 mg/kg [428];

- **physikalisch/chemisch:**
Dichte: 960 ± 30 kg/m3

Löslichkeit:
Löslich in Methylbenzen, Trichlormethan, Propanon, Hexan; unlöslich in Wasser;

Polyethenylmethylether

- **CAS-Nummer:**
9003-09-2
- **gebräuchliche Namen:**
PVM; Polyvinylmethylether; Polymethylvinylether; Polyvinylalkylether;
- **Summenformel:**
$(C_3H_6O)_n$

- **Strukturformel:**

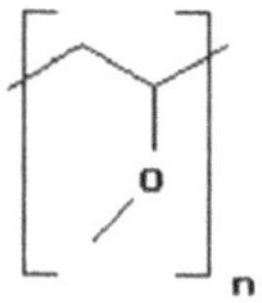

Funktion:
Koaguliermittel für Latex;
Wärmesensibilisierungsmittel für Latex;

Eigenschaften:
- **toxikologisch/ökotoxikologisch:**

Gefahren-Symbol:

F

- **physikalisch/chemisch:**
Flammpunkt: 4 °C*
Brechungsindex: 1,4670 (20 °C)
Dichte: 1030 kg/m3
Molmasse: (58,08 g/mol) * n

Löslichkeit:
löslich in vielen organischen Lösungsmitteln, unterhalb 30 ° auch in Wasser [573];

Bemerkung zu physikalisch/chemischen Daten:
*: Lösung in Toluol;

Verbleib nach Gebrauch:
Verbrennung nach Mischung mit brennbarem Lösemittel;

Bemerkung:
Farblose, viskose Flüssigkeit [187];
[573]:
Hat in Abhängigkeit vom Alkyl-Rest und der Molmasse flüssige bis feste, wachsartige Konsistenz; mit mittleren Molmassen gute Haftung an unterschiedlichen Substraten.
Verwendung: u.a. als wiederbefeuchtbare Papierklebstoffe; als Komponente (Tackifier) für andere Klebstoffe; niedrigmol Polyethenylmethylether können auch als Weichmacher für Beschichtungsmaterialien, Cellulosenitrate oder Lacke auf Basis natürlicher Harze eingesetzt werden.

Polyethylen

- **CAS-Nummer:**
9002-88-4
- **gebräuchliche Namen:**
PE; PE hart; HDPE; Polyethylenwachs; Polyethylenwachs, modifiziert; Kohlenwasserstoffwachs; Ethenpolymer
- **Handelsnamen:**
2100 GP; 23F203; 6020P; A 60-20R; A 60-70R; AC 1220; AC 394; AC 680; AC 8; AC 8 (Polymer); AC GA; ACP 6; Acroart; Agerite Gel (25 %); Agilene; Alathon; Alathon 14; Alathon 15; Alathon 1560; Alathon 5B; Alathon 6600; Alathon 7026; Alathon 7040; Alathon 7050; Alathon 7140; Alathon 71XHN; Alathon 7511; Alathone; Alcowax 6; Aldyl A; Alithon 7050; Alkathene; Alkathene 17/04/00; Alkathene 200; Alkathene 22 300; Alkathene ARN 60; Alkathene WJG 11; Alkathene WNG 14; Alkathene XDG 33; Alkathene XJK 25; Allied PE 617; Alphex FIT 221; Ambythene; Ameripol; Amoco 610A4; Antilux; Antilux 540; Antilux 600; Antilux 654; Antilux AO; Antilux AOL; Antilux L; Bakelite DFD 330; Bakelite DHDA 4080; Bakelite DYNH; Bareco polywax 2000; Bareco wax C 7500; Bexthene; Bicolene C; BPE-I; Bralen KB 2-11; Bralen RB 03-23; Bulen A; Bulen A 30; Carlona 18020 FA; Carlona 58-030; Carlona 900; Carlona PXB; Ceridust 3615; Ceridust 3620; Ceridust 3715; Ceridust 9610 F; Ceridust 9612 A; Ceridust 9615 A; Ceridust 9630 F; Chemcor; Chemplex 3006; CIPE; COATHYLENE; Coathylene HA 1671; Courlene-X3; CPE; CPE 16; CPE 25; Cry-o-vac L; Cryopolythene; Daisolac; Daplen; Daplen 1810 H; DFD 0173; DFD 0188; DFD 2005; DFD 6005; DFD 6032; DFD 6040; DFDJ 5505; DGNB 3825; Diothene; Dixopak; DMDJ 4309; DMDJ 5140; DMDJ 7008; Dowlex film; DQDA 1868; DQWA 0355; DXM 100; Dyall; Dylan; Dylan super; Dylan WPD 205; DYNH; DYNK 2; Ecepolen; Eltex; Eltex 6037; Eltex A 1050; Epolene C; Epolene C 10; Epolene C 11; Epolene E; Epolene E 10; Epolene E 12; Epolene N; Etherin; Etherol E; Fabritone PE; FB 217; Fertene; Flamolin MF 15711; Flothene; FM 510; Fortiflex 6015; Fortiflex A 60/500; FP 4; G-Resins; Grex; Grex PP 60-002; Grisolen; HA 1591; HA 1681; HA 1681-Z; HA 1684; HA 1931; HA 2454; HA 2477; HA 2578; HA 3545; HD 1591; HD 1681; Heliozone; HFDB 4201; HI-Fax;

HI-Fax 1900; HI-Fax 4401; HI-Fax 4601; Hizex; Hizex 1091J; Hizex 1291J; Hizex 1300J; Hizex 2100J; Hizex 2100LP; Hizex 2200J; Hizex 3000B; Hizex 3000S; Hizex 3300F; Hizex 3300S; Hizex 5000; Hizex 5000S; Hizex 5100; Hizex 5100LP; Hizex 6100P; Hizex 7000F; Hizex 7300F; Hoechst PA 190; Hoechst Wax PA 520; Hoechst-Wachs PE 130 Pulver; Hoechst-Wachs PE 520 Feinkorn; Hoechst-Wachs PE 520 Pulver; Hostalen; Hostalen GD 620; Hostalen GD 6250; Hostalen GF 4760; Hostalen GF 5750; Hostalen GM 5010; Hostalen GUR; Hostalen HDPE; HX 1681; HX 2578; Interflo; Irax; Irrathene R; Lacqten 1020; LD 400; LD 600; LDPE 4; Lupolen ; Lupolen 1010H; Lupolen 1800H; Lupolen 1800S; Lupolen 1810H; Lupolen 4261A; Lupolen 6011H; Lupolen 6011L; Lupolen 6042D; Lupolen KR 1032; Lupolen KR 1051; Lupolen KR 1257; Lupolen L 6041D; Lupolen N; Manolène; Manolene 6050; Marlex 50; Marlex 60; Marlex 6003; Marlex 6009; Marlex 6015; Marlex 6050; Marlex 6060; Marlex 9; Marlex 960; Marlex EHM 6001; Marlex M 309; Marlex TR 704; Marlex TR 880; Marlex TR 885; Marlex TR 906; Mecrothene F; Microthene; Microthene 510; Microthene 704; Microthene 710; Microthene FN 500; Microthene FN 510; Microthene MN 754-18; Mikrolour; Mirason 16; Mirason 9; Mirason M 15; Mirason M 50; Mirason M 68; Mirason Neo 23H; Mirathen; Mirathen; Mirathen 1313; Mirathen 1350; Moplen RO-QG 6015; Neopolen; Neopolen 30N; Neozex 4010B; Neozex 45150; Nopol (polymer); Novatec JUO 80; Novatec JVO 80; NVC 9025; Okiten G 23; Orizon; Orizon 805; Ozonschutzwachs 110; Ozonschutzwachs 111; P 2010B; P 2020T; P 2050T; P 2070P; P 4007EU; P 4007T; P 4070L; PA 130; PA 190; PA 520; PA 560; PAD 522; PE 512; PE 617; PEN 100; PEP 211; PES 100; PES 200; Petrothene; Petrothene LB 861; Petrothene LC 731; Petrothene LC 941; Petrothene NA 219; Petrothene NA 227; Petrothene XL 6301; Planium; Plaskon PP 60-002; Plastazote X 1016; Plastin; Plastronga; Plastylene MA 2003; Plastylene MA 7007; Politen; Politen I 020; Poly-Em 12; Poly-Em 40; Poly-Em 41; Polyethylene AS; Polyethylene resins; Polymist A12; Polymul CS 81; Polysion N 22; Polythene; Polywax 1000; Porolen; PPE 2; Procene UF 1.5; Profax A 60-008; PTS 2; PVP 8T; PY 100; RCH 1000; Repoc; Rigidex; Rigidex 35; Rigidex 50; Rigidex Type 2; Ropol; Ropothene OB.03-110; Sanwax 161P; Sclair 11K; Sclair 19A; Sclair 19X6; Sclair 2911; Sclair 59; Sclair 59C; Sclair 79D; Sclair 96A; SDP 640; Sholex 4250HM; Sholex 5003; Sholex 5100; Sholex 6000; Sholex 6002; Sholex F 171; Sholex F 6050C; Sholex F 6080C; Sholex L 131; Sholex S 6008; Sholex super; Sholex XMO 314; Socarex; SRM 1475; SRM 1476; Staflen E 650; Stamylan 1000; Stamylan 1700; Stamylan 8200; Stamylan 8400; Stamylan 900; Sumikathene; Sumikathene F 101-1; Sumikathene F 210-3; Sumikathene F 702; Sumikathene G 201; Sumikathene G 202; Sumikathene G 701; Sumikathene G 801; Sumikathene G 806; Sumikathene hard 2052; Sunwax 151; Super dylan; Supraflex; Suprathen; Suprathen C 100; Takathene; Takathene P 12; Takathene P 3; Telcotene; Telecothene; Tenaplas; Tenite 1811; Tenite 2910; Tenite 2918; Tenite 3300; Tenite 3340; Tenite 800; Trolen; Trovidur PE; Tyrin; Tyvek; Unifos DYOB S; Unifos EFD 0118; Valeron; Valspex 155-53; Velustral KPA; Vestolen; Vestolen A 616; Wax LE; WAX LE; WJG 11; WNF 15; WVG 23; XL 1246; XL 335-1; XNM 68; XO 440; Yukalon EH 30; Yukalon HE 60; Yukalon K 3212; Yukalon LK 30; Yukalon MS 30; Yukalon PS 30; Yukalon YK 30; ZF 36; Zinpol;

- **Summenformel:**

  $(C_2H_4)_n$

- **Strukturformel:**

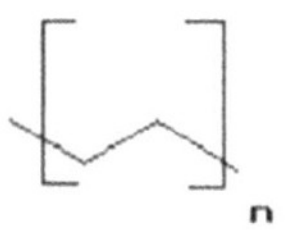

Funktion:

Ozonschutzmittel; Alterungsschutzmittel;

Kautschukart:

Chloropren-Kautschuk;

branchenspezifische Bemerkung zur Substanz:

Einsatzmenge: 410 t/a (Reifenindustrie: 310 t/a, TSE-Industrie: 98 t/a) (1996)

Eigenschaften:

- **toxikologisch/ökotoxikologisch:**

RTECS # KX 3270000

Sonstiges:

Wirkt schädigend beim Einatmen oder Verschlucken; kann Augen- und Hautreizungen verursachen [187];
Karzinogen verdächtig [187];
Coathylene-Pulver sind physiologisch unbedenklich [546,547];
LC 50 (inhalativ, Maus): 12000 mg/m3/30 min [428];

zu Ceridust und Hoechst-Wachs [546,547]:
LD 50 (oral, Ratte): >15000 mg/kg
WGK: 0;

- **physikalisch/chemisch:**
Schmelzpunkt: 130-145 °C
Dichte: 915 kg/m3

Löslichkeit:
beständig gegen Alkohole, Glycolether, Benzen, Benzin, chlorierte Kohlenwasserstoffe;

Bemerkung zu physikalisch/chemischen Daten:
Schmelzbereich: 100-140 °C; Flammpunkt: 350 °C;
Dichte: 900-1000 kg/m3 (20 °C); Thermische Zersetzung am 250 °C [547];

zu Hoechst-Wachs PE 520 Feinkorn; Hoechst-Wachs PE 520 Pulver:
Flammpunkt: ca. 260 °C;
Dichte: ca. 920-940 kg/m3 (20 °C);

zu Hoechst-Wachs PE 130 Pulver; Ceridust 3620:
Flammpunkt: ca. 260 °C;
Dichte: ca. 950-970 kg/m3 (20 °C);

zu Ceridust 9615 A; Ceridust 9612 A:
Flammpunkt: ca. 260 °C;
Dichte: ca. 970-1000 kg/m3 (20 °C);

zu Ceridust 3615:
Flammpunkt: ca. 260 °C;
Dichte: ca. 960-980 kg/m3 (20 °C);

zu Ceridust 3715:
Flammpunkt: ca. 220 °C;
Dichte: ca. 960-980 kg/m3 (20 °C);

zu Ceridust 9630 F:
Flammpunkt: ca. 280 °C;
Dichte: ca. 1150 kg/m3 (20 °C);

Verbleib nach Gebrauch:
Verbrennung nach Mischung mit brennbarem Lösemittel;

Bemerkung:
Farbloses Pulver, geruchlos; (alte CAS-Nr.: 86089-97-6 [428]);
Entstehung zündfähiger Staub-Luft-Gemische bei der Verarbeitung durch Staubentwicklung ist möglich [546,547]; Sauerstoffkonzentration 9 Vol.-%; Zündtemperatur: 410 °C;
Je nach Art des Polymerisationsverfahrens als festes Produkt, hochwertiges Schmieröl oder wachsartiger Stoff; Reagiert bei Kontakt mit starken Oxidationsmitteln. Bei unvollständiger Verbrennung entsteht Kohlenmonoxid.

Enthalten in Ultralube W-814 (30-40%), W-814 SF (30-40%), W-815 E (5-15%);

Polyethylen, chlorsulfoniert

- **CAS-Nummer:**
68037-39-8

Funktion:
Polymer;

branchenspezifische Bemerkung zur Substanz:
Einsatz in der Kautschukindustrie: 270 t/a [1996];

Eigenschaften:

- **physikalisch/chemisch:**
Dichte: 1280 kg/m3

Verbleib nach Gebrauch:
Verbrennung nach Mischung mit brennbarem Lösemittel;

Poly(imino(1-oxo-1,6-hexandiyl))

- **CAS-Nummer:**
25038-54-4
- **gebräuchliche Namen:**
Poly(iminocarbonylpentamethylen); Poly-(caprolactam); Nylon 6; 6-Aminohexansäure, Homopolymer; Caproamid- Polymer; Caprolactam-Oligomer; Caprolactam-Polymer; epsilon-Caprolactam-Polymer; Hexahydro-2H-azepin-2-one, Homopolymer; Policapran; Polyamid-6; Poly(epsilon-aminocaprosäure); Polycaproamid; Poly(epsilon-caproamide); Polycaprolactam; Poly(epsilon-caprolactam); Poly(imino(1-oxo-1,6-hexanediyl)) (9Cl);
- **Handelsnamen:**
Amil an; A 1030; A 1030NO; Akulon; Akulon M 2W; Alkamid; Amilan CM 1001; Amilan CM 1011; Amilan CM 1031; Amilan CM 1001C; Amilan CM 1001G; ATM 2 (nylon); Aviamide-6; B-35; B-203; B-216; B-300; B-350; Bonamid; Capran 80; Capran 77C; epsilon-Caprolactam polymer; Caprolan; Caprolon B; Caprolon V; Capron; Capron 8250; Capron 8252; Capron 8253; Capron 8256; Capron B; Capron GR 8256; Capron GR 8257; Capron GR 8258; Capron PK 4; Chemlon; CM 1001; CM 1011; CM 1031; CM 1041; Danamid; DULL 704; Durethan BK; Durethan BK 30S; Durethan BKV 30H; Durethan BKV 55H; Enkalon; Ertalon 6SA; Extron 6N; Grilon; Itamid; Itamid 250; Itamide 25; Itamide 35; Itamide 250; Itamide 350; Itamide 250G; Itamide S; Kaprolit; Kaprolit B; Kaprolon; Kaprolon B; Kapromin; Kapron; Kapron A; Kapron B; KS 30P; Maranyl F 114; Maranyl F 124; Maranyl F 500; Metamid; Miramid H 2; Miramid WM 55; Mirlon; Nylon-6; Nylon A1035SF; Nylon CM 1031; Nylon X 1051; Orgamide; Orgamid rmnocd; PA 6; PA 6 (Polymer); PK 4; PKA; Plaskin 8200; Plaskon 201; Plaskon 8201; Plaskon 8205; Plaskon 8207; Plaskon 8252; Plaskon 8202C; Plaskon 8201HS; Plaskon XP 607; Perlon; Polyamide PK 4; P 6 (Polyamide); Phrilon; Relon P; Renyl MV; Sipas 60; Spencer 401; Spencer 601; Stee:PM; Stilon; Stylon; Tarlon X-A; Tarlon XB; Tarnamid T; Tarnamid T 2; Tarpamid T 27; TNK 2G5; Torayca N 6; UBE 1022B; Ultramid B 3; Ultramid B 4; Ultramid B 5; Ultramid BMK; Vidlon; Widlon; Zytel 211;
- **Summenformel:**
$(C_6H_{11}NO)_n$

Funktion:
Füllstoff, organisch;

Eigenschaften:
- **toxikologisch/ökotoxikologisch:**
RTECS # TQ 9800000
Sonstiges:
Kann schädigend wirken beim Einatmen, Verschlucken oder Kontakt mit der Haut; kann Augen- und Hautreizungen verursachen [187];
LD 50 (oral, Ratte): 3200 mg/kg [187];
LC 50 (inhalativ, Maus, 30 min): 11 g/m3 [187];
LD 50 (oral, Maus): 1900 mg/kg [428];

- **physikalisch/chemisch:**
Schmelzpunkt: 223 °C
Brechungsindex: 1,14 (20 °C)
Dichte: 1084 kg/m3 (20 °C)
Löslichkeit:
löslich in m-Kresol, p-Kresol;

Verbleib nach Gebrauch:
Verbrennung nach Mischung mit brennbarem Lösemittel;

Bemerkung:
Weiße bis schwach-gelbe Granulate;
Unverträglich mit starken Oxidationsmitteln und starken Basen; Resistent gegenüber den meisten org. Lebensmitteln, wird jedoch aufgelöst von Phenol, Kresol und starken Säuren;
Verwendung: Angelschnüren; Schleppseile; Schläuche;

Polyisobutylen

- **CAS-Nummer:**
  9003-27-4
- **gebräuchliche Namen:**
  2-Methylpropen, Polymer; 2-Methylpropen, Polymer;
- **Handelsnamen:**
  Amoco-600; Hyvis-200; Hyvis-2000; Hyvis-30; Indopol-H-1900; Isobutyl-Resin; KP-5; Maxvis-2000; Napvis-30; Oktol; Oppanol; Oppanol-B; Oppanaol B-100; Oppanol B-15; Oppanol B-150; Oppanol B-200; Oppanol B-3; Oppanol P-118; Oppanol P-20; Oppanol P-200; Oppanol P-85; Paratac; Paxon-B204; PB-150; PIB-100; Polyvis-15 OSH; Polyvis-sH30; PSB; USB; Vistanex;
- **Summenformel:**
  $(C_4H_8)_n$
- **Strukturformel:**

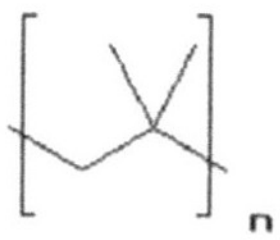

Funktion:
Polymer;

Eigenschaften:
- **toxikologisch/ökotoxikologisch:**
  RTECS # UD 1010000
  Sonstiges:
  Kann schädigend wirken beim Einatmen, Verschlucken oder Aufnahme über Haut; kann Augen- und Hautreizungen verursachen [187]

- **physikalisch/chemisch:**
  Brechungsindex: 1,5045 (20 °C)
  Dichte: 919 kg/m3 (20 °C)
  Molmasse: 400000 g/mol (im Mittel)

Verbleib nach Gebrauch:
Verbrennung nach Mischung mit brennbarem Lösemittel;

Bemerkung:
Schwach-gelbe Tafeln;
Unverträglich mit starken Oxidationsmitteln;

cis-1,4-Polyisopren

- **CAS-Nummer:**
  9003-13-0
- **gebräuchliche Namen:**
  2-Methyl-butadien-1,3-isopren; Naturkautschuk
- **Handelsnamen:**
  Isogrip, Vestogrip;

- **Summenformel:**
  $[C_5H_8]_n$

Funktion:
Polymer;
Kautschukart:
Naturkautschuk;
Anwendung:
Reifen;

Eigenschaften:

- **physikalisch/chemisch:**
  Brechungsindex: 1,5191 (20 °C)
  Dichte: 910 kg/m3 (20 °C)
  Molmasse: 2000000 g/mol

Verbleib nach Gebrauch:
Verbrennung nach Mischung mit brennbarem Lösemittel;

Bemerkung:
In Anwendung

Polymethacrylsäuremethylester

- **CAS-Nummer:**
  9011-14-7
- **gebräuchliche Namen:**
  Methacrylsäuremethylester-Polymer; Methylmethacrylat- Homopolymer; Methylmethacrylat-Polymer; Methylmethacrylat-Resin; 2-Methyl-2-propensäuremethylester-Homopolymer (9CI); Poly(methylmethacrylat);
- **Handelsnamen:**
  Acronal S 320 D; Acrylite; Acryloid A-15; Acrypet; Acrypet M 001; Acrypet V; Acrypet VH; Acrysol ase; Akuripetto VH; Altulor M 70; A 21LV; AO 10; Cmw bone cement; Crinothene; Degalan LP 59/03; Degalan S 85; Delpet 50M; Delpet 60N; Delpet 80N; Diakon; Diakon LO 951; Diakon MG; Diakon MG 101; Disapol M; DV 400; Elvacite; Elvacite 2008; Elvacite 2009; Elvacite 2010; Elvacite 2021; Elvacite 2041; Elvacite 6011; Elvacite 6012; Kallocryl K; Kallodent 222; Kallodent clear; Kaneace PA 20; K 120 N; Korad; LPT; LPT 1; LSO-M; LSO-M 4B; Lucite; Lucite 30; Lucite 47; Lucite 120; Lucite 129; Lucite 130; Lucite 140; Lucite 147; Lucite 180; Metaplex NO; Metaplex 4002T; MH 101-2; 50N; 50N (Polymer); Organic glass E 2; Osteobond; Osteobond surgical bone cement; Palacos; Paraglas; Parapet 60N; Paraplex P 543; Paraplex P 681; Perspex; PLEX 8572-F; Plexiglas; Plexigum M 920; PMMA; PMMA-A; Pontalite; Repairsin; Resarit 4000; Rhoplex B 85; Riston; Romacryl; Shinkolite; SO 95; SO 120; SO 140; Sol; Sol 90; Sol 95; ST 1; Stellon Pink; ST 1 (Polymer); Sumipex B-LG; Sumipex B-MH; Sumipex-B MHD; Sumipex LG; Sumipex LO; Sumipex MHO; Superacryl AE; Superacryl O; Surgical simplex; Surgical simplex P; Tensol 7; Torex G; Vedril; Vedril 5; Vedril 8;
- **Summenformel:**
  $(C_5H_8O_2)n$

Funktion:
Füllstoff, organisch;

Eigenschaften:
- **toxikologisch/ökotoxikologisch:**
  RTECS # TR 0400000

- **physikalisch/chemisch:**
  Schmelzpunkt: >150 °C
  Siedepunkt: >300 °C
  Flammpunkt: >300 °C
  Brechungsindex: 1,4900 (20 °C)

Dichte: 1188,0 kg/m3

Verbleib nach Gebrauch:
Verbrennung nach Mischung mit brennbarem Lösemittel;

Poly-2-methyl-1,3-butadien

- **CAS-Nummer:**
  9003-31-0
- **gebräuchliche Namen:**
  IR; Polyisopren; cis-1,4-Polyisopren; 1,3-Butadien, Homopolymer; Betaprene-H-2-methylpolyisopren; Isopren-oligomer-isopren-D; Poly-1-methylbutenylen; Trans-1,4-polyisopren; Synthetisches Polyisopren; Isopren-Kautschuk;
- **Handelsnamen:**
  Betaprene H; SKI-3 Rubber; SKI-3S Rubber; Natsyn;
- **Summenformel:**
  $(C_5H_8)_n$

- **Strukturformel:**

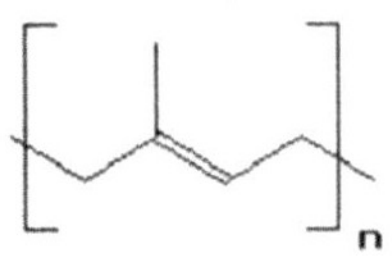

Funktion:
Polymer;
Kautschukart:
Naturkautschuk;
Anwendung:
Reifen, Förderanlagen, Schuhe, technische Artikel;

branchenspezifische Bemerkung zur Substanz:
Einsatzmenge in der Kautschukindustrie: 6.500 t (1996);

Eigenschaften:

- **physikalisch/chemisch:**
  Schmelzpunkt: 115 °C
  Brechungsindex: 1,5191 (cis)
  Dichte: 904 kg/m3 (trans); 910 kg/m3 (cis)
  Molmasse: 68,12*x g/mol

(Z)-Poly(1-octen-1,8-diyl)

- **CAS-Nummer:**
  52236-40-5
- **Summenformel:**
  $(C_8H_{14})_n$

Funktion:
Polymer;

Polyorthokieselsäure

- **CAS-Nummer:**
  1343-98-2
- **gebräuchliche Namen:**
  Diatomeenerde; Siliciagel;
- **Handelsnamen:**
  Cubosic; G 952; H-Ilerit; K 60; K 320 DS; Mikronisil; Neoxyl ET; Siliton TF 06; Sipernat 17; Sipernat 50; Sipernat D 10; Sipernat S; Sipernat 50 S; Sitol 030; Vulcasil S/GR; Zeosil 45;

Funktion:
Füllstoffe, anorganisch;

branchenspezifische Bemerkung zur Substanz:
Einsatzmenge: 3.140 t/a (Reifenindustrie: 2.870 t/a, TSE-Industrie: 270 t/a) (1996)

Eigenschaften:
- **toxikologisch/ökotoxikologisch:**
  RTECS # VV 8853000
  WGK: 0
  Sonstiges:
  TC Lo (inhalativ, Ratte): 680 mg/m3/6h/2w, 35 mg/6h/13w [428];

- **physikalisch/chemisch:**
  Schmelzpunkt: 1610 °C
  Siedepunkt: 2776,3 °C
  Molmasse: 60,09 g/mol

  Löslichkeit:
  unlöslich in Wasser; löslich in heißer Natronlauge;

Poly(oxy-1,4-butandiyloxycarbonyl-1,4-phenylencarbonyl)

- **CAS-Nummer:**
  24968-12-5
- **gebräuchliche Namen:**
  1,4-Butandiol-Terephthalsäure-Copolymer;
- **Summenformel:**
  $(C_4H_{10}O_2 \cdot C_8H_6O_4)_x$

- **Strukturformel:**

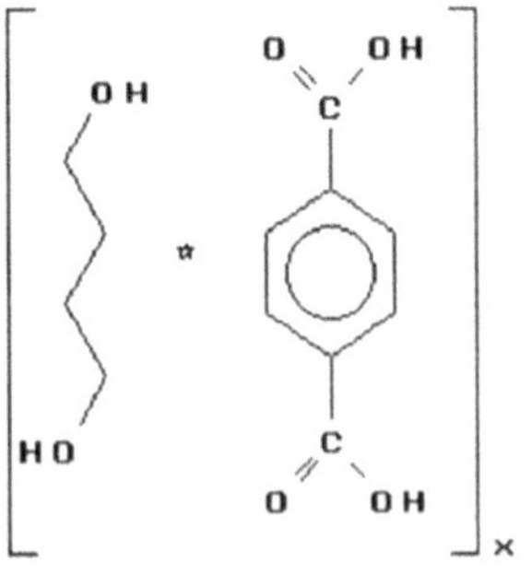

Funktion:
Polymer;

Poly(oxy-1,2-ethyandiyloxycarbonyl-1,4-phenylencarbonyl)

- **CAS-Nummer:**
  25038 59 9
- **gebräuchliche Namen:**
  Polyester; Ethylen Terephthalat Polymer; Polyethylen Terephatalat; Polyethylen Terephthalat Film; Poly(oxy-1,2-ethyandiyloxycarbonyl-1,4-phenylencarbonyl); Terephtahlsäureethylenglycolpolyester; Poly-(ethylen-terephthalat);
- **Handelsnamen:**
  Alathon; Amilar; Arnite A; Arnite A 200; Arnite A-049000; Arnite FP; Arnite G; Arnite G 600; Cassappret SR; Celanar; Cleartuf; Cleartuf; Clerrtuf; Crastin S 330; Crastin S 350; Crastin S 440; Daiya foil; Dowlex; Estar; Estrofol; Estrofol B; Estrofol Ow; Fiber V; Hostadur; Hostadur A; Hostadur K; Hostadur K-VP 4022; Hostaphan; Hostaphan BNH; Hostaphan RN; lambolen; KLT 40; Lavsan; Lawsonite; Lumilar 100; Lumirror; Lumirror 38S; Meliform; Melinex; Melinex O Mylar; Mylar A; Mylar C; Mylar C-25; Mylar Hs; Mylar T; Nitron lavsan; Nitron (polyester); Pegoterate; Scot par; Superfloc; Terfan; Tergal; Terom; Terphan; VFR 3801; Vituf;
- **Summenformel:**
  $(C_{10}H_8O_4)_n$

- **Strukturformel:**

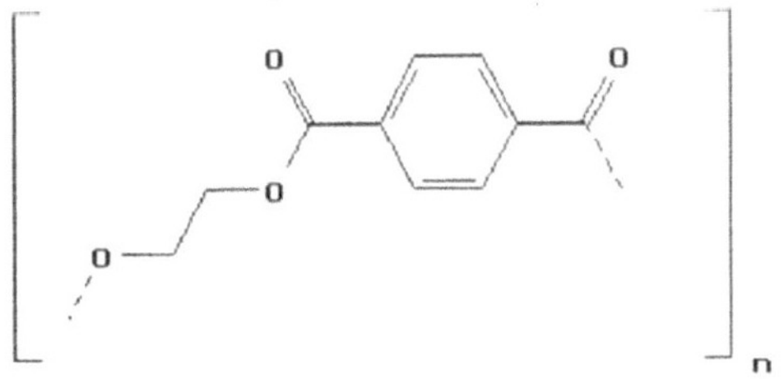

Funktion:
Weichmacher, synthetisch;

branchenspezifische Bemerkung zur Substanz:
Einsatzmenge: 336 t/a (TSE-Industrie, 1996)

Eigenschaften:
- **toxikologisch/ökotoxikologisch:**
  RTECS # TR 2525000
  Sonstiges:
  TD Lo (implantiert, Ratte): 116 mg/kg [428];

- **physikalisch/chemisch:**
  Dichte: 1375 kg/m3

Verbleib nach Gebrauch:
Verbrennung nach Mischung mit brennbarem Lösemittel;

Bemerkung:
Kondensationsprodukt aus Sebacinsäure, Adipinsäure und 1,2-Propylglycol;

Polypropylen, isotaktisch

- **CAS-Nummer:**
  9003-07-0
- **gebräuchliche Namen:**
  PP; 1-Propen-Homopolymer (9CI);

- **Handelsnamen:**
Admer PB 02; A-Fax; AMCO; Amerfil; Amoco 1010; Ampol C 60; AT 36; Avisun; Avisun 101; Avisun 12-270A; Avisun 12-407A; Azdel; Beamette; Bicolene P; Carlona K 571; Carlona KM 61; Carlona P; Carlona PM 61 naturel; Carlona PPLZ 074; CD 419; Celgard 2400W; Celgard KKX 2; Celgard 2500; Celgard 3501; Chisso 507B; Chisso polypro 1014; Clysar; Coathylene PF 0548; Courlene PY; CPP 25S; D 151; Daplen AD; Daplen APP; Daplen AS 50; Daplen AT 10; Daplen ATK 92; Daplen DM 55U; Dexon E 117; DLP; DS 8620; Eastobond L 8080-270A; Eastobond M 3; Eastobond M 5; Eastobond M 5H; Elpon; EL Rexene PP 115; EM 490; Enjay CD 392; Enjay CD 460; Enjay CD 490; Enjay E 11S; Enjay E 117; Epolene M 5H; Epolene M 5K; Epolene M 5W; Escon 622; Escon CD 44A; Escon EX 375; F 080PP; Gerfil; GPCD 398; Hercoflat 135; Hercotuf 110A; Hercotuf PB 681; Hercules 6523; Herculon; HF 20; HO 50; Hostalen N 1060; Hostalen PP; Hostalen PPH 1050; Hostalen PPN; Hostalen PPN 1060; Hostalen PPN 1075 F; Hostalen PPN 1076 F; Hostalen PPR 1042; Hostalen PPT VP 7090A; Hostalen PP-U; HULS P 6500; ICI 543; Isotactic polypropylene; J 400; J 700; JGD 1800; JMD 4500; K 300; Lambeth; Lanco Wax PP 1362D; Lupareen; LYM 42; Marlex 9400; Marlex HGH 050-01; Maurylene; Meraklon; MFR 4; MH 4; Mikrolour; Mitsui polypro B 220; MM2A; Moplen; Moplen AD 50N; Moplen AS 50; Moplen Q 51C; Moplen T 30G; Mosten; Noblen; Noblen BC 8; Noblen D 101; Noblen D 501; Noblen EBG; Noblen FA 3; Noblen FL; Noblen FL 4; Noplen FL 6314; Noblen FP; Noblen FS 101; Noblen FS 2011; Noblen H; Noblen H 101; Noblen H 501; Noblen HS; Noblen JHHG; Noblen JK-M; Noblen MA 4; Noblen MH 6; Noblen MM 2A; Nablen S 50; Noblen S 101; Noblen SHG; Noblen 2VH501; Noblen W 101; Noblen W 501; Noblen W 502; Noblen WF 464; Novamont 2030; Novolen; Novolen KR 1300P; Novolen 1300ZX; Oletac 100; P 6500; Paisley 750; Paisley polymer; Pellon 2505; Pellon 2506; Pellon FT 2140; Pistac CC; Pistac L; Polypro 1014; Polypro B 220; Polypro G 400P; Polypro J 600; Polypro J 400P; Polypropene; Polypropylene; Polytac; Poprolin; PP 1; PP 2; PP 4; PP 1151; PP 1 (Polymer); PPSD 30; PR 144; Profax; Profax 6301; Profax 6401; Profax 6423; Profax 6501; Profax 6523; Profax 6601; Profax 6723; Profax 6823; Profax 6523F; Profax PCO 72; Propathene; Propathene 22/44; Propathene 101/24; Propathene 112/00/grey 9897; Propathene GSE 108; Propathene GSE 180; Propathene GWE 21; Propathene GW 522 M; Propathene GW 601M; Propathene GY 702M; Propathene HF 20; Propathene HW 70GR; Propathene HWM 25; Propathene LWF 31; Propafilm; Propathene LY 542M; Propathene O; Propathene PXC 3830; Propathene PXC 4515; Propathene PXC 8639; Propathene PXC 9617; Propolin; Propophane; PS 2011; PXC 3391; PXC 8639; Rexall 413S; Rexene; 413S; SD 5220; Shell 5520; Shoallomer; Shoallomer FA 120; Shoallomer FA 530; Shoallomer MA 210; Syndiotactic polypropylene; TA 3; Tatren 141; Tatren EB 111; Tenite 423; Tenite 4231; Tenite 423DF; Tenite P 7673-079F; Trespaphan; Trespaphan CEA; Trespaphan N 12; Tuff-lite; Ulstron; USI 11-4-0047; Vestolen 5200; Vestolen P 5500; Viscol 350P; Viscol 550P; Viscol 660 P; W 101; WEX 1242 ;
- **Summenformel:**
$(C_3H_6)_n$

- **Strukturformel:**

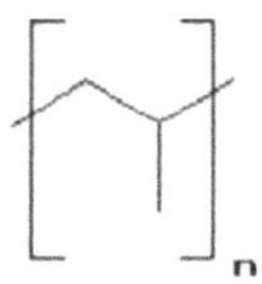

Funktion:
Polymer;

Eigenschaften:
- **toxikologisch/ökotoxikologisch:**
RTECS # UD 1842000
WGK: 0
Sonstiges:
Karzinogen-verdächtig;
Wirkt schädigend beim Einatmen, Verschlucken oder Aufnahme über die Haut; kann Augen- und Hautreizungen verursachen [187];
LD 50 (intraperitoneal, Ratte): >110000 mg/kg [428];
LD 50 (intravenös, Ratte): >99000 mg/kg [428];

- **physikalisch/chemisch:**
Schmelzpunkt: ca. 165 °C
Brechungsindex: 1,4900 (20 °C)

Dichte: 850 kg/m3 (20 °C)
Molmasse: n * 42,08 g/mol

Löslichkeit:
praktisch unlöslich in kalten org. Lösemitteln; löslich in heißem Dekalin, heißem Tetralin, kochendem Tetrachlorethan;

Verbleib nach Gebrauch:
Verbrennung nach Mischung mit brennbarem Lösemittel;

Bemerkung:
[573]:
Basis für die Polypropylen-Herstellung war die Entwicklung des Verfahrens nur stereospezifischer Polymerisation von Propylen in der Gasphase oder in Suspension durch Natta, die mit Ziegler-Natta-Katalysatoren initiiert wird und entweder zu hochkrist. isotaktischen oder zu weniger krist. syndiotaktischen bzw. zu amorphen ataktischen Polypropylen führt.
Technisch wichtig ist insbesondere das isotaktische Polypropylen.
Polypropylen zeichnet sich durch hohe Härte, Rückstellfähigkeit, Steifheit und Wärmebeständigkeit aus.
Kurzfristiges Erwärmen von Gegenständen aus Polypropylen ist sogar bis 140 °C möglich, bei Temperatur unter 0 °C tritt eine gewisse Versprödung ein.
Ist in noch stärkerem Maße als PE oxidations- u. lichtempfindlich, weshalb der Zusatz von Stabilisatoren (Antioxidantien, Lichtschutzmittel, UV-Absorber) erforderlich ist. Andererseits können Polypropylene durch Zusatz von Metalldialkyldithiocarbamaten photochemisch abbaubar gemacht werden.
Verwendung: Für hoch-beanspruchte technische Teile, elektrische Haushaltsgeräte, Färbespulen, Damenschuhabsätze, Koffer, Wasch- und Geschirrspülmaschinen, im Apparatebau, zur Herstellung von Folien, zur Beschichtung von Papier, Gewebe, für Rohrleitungen für Gase und Flüssigkeiten, als Schmelzspinnfasern, Filamente, Folienbändchen und Spinnvliese für Teppiche, Nadelfilze, Papiere, Bezugs- und Dekorstoffe, techn. Gewebe, Seile, Taue, Filter, Netze, Bindegarne, Kunstrasen, Hygienevliese, Naßvliese; auf dem Bausektor als Asbestersatz usw. Der Polypropylenverbrauch erreichte 1990 in Westeuropa, Japan und den USA ein Volumen von ca. 8,6 Mio t (Westeuropa 3.685.000 t).
Die Kapazitäten zur Herstellung von Polypropylen beliefen sich 1989 auf ca. 13,1 Mio. t (Westeuropa 4.200.000 t).

Verbrauchsaufgliederung 1989 in Westeuropa (ca. 3,3 Mio t):

Anwendung/Verarbeitung	Verbrauchsanteil (1989 in %)
Extrusion	52
Folien	16
Raffia	12
Fasen/Monofile	17
Rohre/Platten/Thermoformen	5
sonstige Extrudate	2
Spritzgießen	47
Verpackung	14
technische Teile	16
Haushaltswaren	13
sonstige Spritzgußteile	4
Blasformen	1
insgesamt	100

Für die Aufgliederung des Polypropylen-Marktes in Westeuropa nach Branchen ergibt sich für 1989 folgendes Bild:

Verpackungsindustrie	34 %
Textil u. Bekleidung	23 %
Verbraucherprodukte	15 %
Fahrzeugbau	11 %
Elektroindustrie	7 %
Bauwirtschaft	3 %
Sonstige	7 %

Polypropylen ist ein sehr bedeutender Faser-Rohstoff; für dieses Einsatzgebiet wurden 1989 in Westeuropa (427.000 t), insgesamt 926.000 t verbraucht.

Polysulfid-Natrium-Aluminium-Silikat

- **CAS-Nummer:**
  12769-96-9
- **gebräuchliche Namen:**
  C.I. 77007; Pigment Violet 15; Ultramarin-Rosa; Ultramarin-Violett; Pigment Violett 15 (C.I. 77007);
- **Handelsnamen:**
  Ultramarin Violett 5791;
- **Summenformel:**
  $H_2Na_{(4-6)}Al_6Si_6O_{24}S_2$

Funktion:
Pigment, anorganisch;

Eigenschaften:
- **toxikologisch/ökotoxikologisch:**
  WGK: 0
  Sonstiges:
  LD 50 (oral, Ratte): > 2000 mg/kg [607];

  [Sdb BASF]:
  LD 50 (oral, Ratte): >5000 mg/kg
  LC 50 (Forelle): >3200 mg/l/96 h

- **physikalisch/chemisch:**
  Dichte: 2400 g/m3 (20 °C)
  Molmasse: 874-918 g/mol

  Löslichkeit:
  unlöslich in Wasser [Sdb BASF];

  Bemerkung zu physikalisch/chemischen Daten:
  Thermische Zersetzung: bis 400 °C stabil [Sdb BASF];

Bemerkung:
Fest, geruchlos, violett [Sdb BASF];

Polytetrafluorethen

- **CAS-Nummer:**
  9002-84-0
- **gebräuchliche Namen:**
  PTFE; Teflon; Polytetrafluorethylen; Tetrafluorethen, Homopolymer;
- **Handelsnamen:**
  Gore-Tex;
- **Summenformel:**
  $(C_2F_4)_n$

- **Strukturformel:**

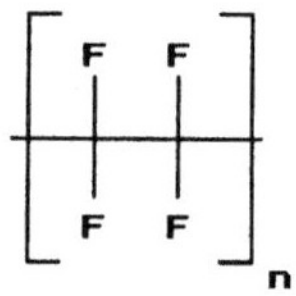

Funktion:
Füllstoff, organisch;

branchenspezifische Bemerkung zur Substanz:
Einsatzmenge: 0,1 t/a (TSE-Industrie, 1996)

Eigenschaften:
- **toxikologisch/ökotoxikologisch:**
RTECS # KX 4025000
Sonstiges:
Karzinogen verdächtig [187];
Wirkt schädigend beim Einatmen, Verschlucken oder Aufnahme über Haut; kann Augen- und Hautreizungen verursachen [187];

- **physikalisch/chemisch:**
Schmelzpunkt: 327 °C
Siedepunkt: > 400 °C
Brechungsindex: 1,35 (20 °C)
Dichte: 2000 kg/m3 (20 °C)

Verbleib nach Gebrauch:
Verbrennung nach Mischung mit brennbarem Lösemittel;

Bemerkung:
Weißes Puder;
Unverträglich mit starken Oxidationsmitteln;

Polyvinylalkohol

- **CAS-Nummer:**
9002-89-5
- **gebräuchliche Namen:**
PVA; Vinylalkohol Polymer; Polyvinol;
- **Handelsnamen:**
Alcotex 88/05; Alcotex 88/10; Alkotex; Alvyl; Aracet APV; Cipoviol W 72; Covol; Covol 971; Elvanol; Elvanol 50-42; Elvanol 52-22; Elvanol 70-05; Elvanol 71-30; Elvanol 90-50; Elvanol 522-22; Elvanol 73125G; EP 160; Ethenol, Homopolymer (9CI); Galvatol 1-60; Gelvatol; Gelvatol 1-30; Gelvatol 1-90; Gelvatol 3-91; Gelvatol 20-30; Gelvatol 2090; GH 20; GL 02; GL 03; GLO 5; GM 14; Gohsenol; Gohsenol AH 22; Gohsenol GH; Gohsenol GH 17; Gohsenol GH 20; Gohsenol GH 23; Gohsenol GL 03; Gohsenol GL 05; Gohsenol GL 08; Gohsenol GM 14; Gohsenol GM 94; Gohsenol GM 14L; Gohsenol KH 17; Gohsenol NH 05; Gohsenol NH 17; Gohsenol NH 18; Gohsenol NH 20; Gohsenol NH 26; Gohsenol NK 114; Gohsenol NL 05; Gohsenol NM 14; Ivalon; Kuralon VP; Kurare poval 1700; Kurare PVA 205; Kurate poval 120; Lemol; Lemol 5-88; Lemol 5-98; Lemol 12-88; Lemol 16-98; Lemol 24-98; Lemol 30-98; Lemol 51-98; Lemol 60-98; Lemol 75-98; Lemol GF-60; M 13/20; Mowiol; Mowiol N 30-88; Mowiol N 50-98; Mowiol N 70-98; NH 18; NM 11; NM 14; Polydesis; Polysizer 173; Polyviol; Polyviol M 13/140; Polyviol MO 5/140; Polyviol W 25/140; Polyviol W 40/140; Poval 117; Poval 120; Poval 203; Poval 205; Poval 217; Poval 1700; Poval C 17; PVA; PVA 008; PVS 4; Resistoflex; Rhodoviol; Rhodoviol 4/125; Rhodoviol 16/200; Rhodoviol 4-125P; Rhodoviol R 16/20; Solvar; Sumitex H 10; Vibatex S; Vinacol MH; Vinalak; Vinarol; Vinarol DT; Vinarole; Vinarol ST; Vinavilol 2-98; Vinnarol; Vinol; Vinol 125; Vinol 205; Vinol 351; Vinol 523; Vinol unisize; Vinylon film 2000;

- **Summenformel:**
  $(C_2H_4O)_n$

- **Strukturformel:**

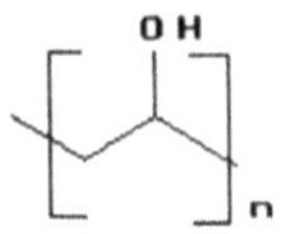

Funktion:
Trennmittel für unvulkanisierten Kautschuk;
Verdickungsmittel für Latex;

Eigenschaften:
- **toxikologisch/ökotoxikologisch:**
  RTECS # TR 8100000
  Sonstiges:
  Kann schädigend wirken beim Einatmen, Verschlucken oder Aufnahme über Haut; kann Augen- und Hautreizungen verursachen [187];
  CSB: 157 mg/g [13];
  In Tierversuchen nicht toxisch;
  Biologisch nicht abbaubar [262]; biologisch abbaubar durch einen Pseudomonas-Stamm [266];
  LD 50 (oral, Ratte): >20000 mg/kg [428];
  LD 50 (oral, Maus): 14700 mg/kg [428];

- **physikalisch/chemisch:**
  Dichte: 1250-1350 kg/m3 (20 °C)

  Löslichkeit:
  löslich in Wasser; unlöslich in Ethanol, Diethylether, Propanon, Benzen;

Verbleib nach Gebrauch:
Verbrennung nach Mischung mit brennbarem Lösemittel;

Bemerkung:
Weißes Pulver; geruchlos; Thermoplast;
Verwendung: wäßrige Lösungen als Stabilisatoren, Klebeflüssigkeiten, Verdickungsmittel; Herstellung von pharmazeutischen Artikeln; zum Imprägnieren von Papieren, Pappen und Geweben; Herstellung von Folien, Dichtungen, Schläuchen

Propan-1,2-epoxid

- **CAS-Nummer:**
  75-56-9
- **UN Nummer:**
  1280
- **gebräuchliche Namen:**
  1,2-Epoxypropan; Methyloxiran; Propylenoxid;
  Propenoxid; Propylenether; Methylethylenoxid; Allylenoxid; Propylenoxid, stabilisiert; 1,2-Epoxypropan, stabilisiert; Methyl Oxiran, stabilisiert; Propylenether, stabilisiert; 1,2-Propylenoxid, stabilisiert;
- **Summenformel:**
  C_3H_6O

- **Strukturformel:**

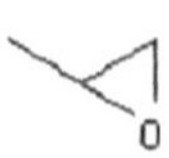

Funktion:

Monomer für die Herstellung von synthetischem Kautschuk;

Eigenschaften:

- **toxikologisch/ökotoxikologisch:**

RTECS # TZ 2975000
Schweizer Giftliste: 1
WGK: 3
MAK Wert: vgl. III A2
R-Satz: 45-12-20/21/22-36/37/38
S-Satz: 53-45
Sonstiges:
Zu diesem Stoff liegt ein BUA-Stoffbericht Nr. 94 vor.
Krebserzeugend III A2 [481]; Carc.Cat.2 [505]; Dämpfe reizen Augen sowie Atmungsorgane und haben narkotische Wirkung; Kontakt mit der Flüssigkeit bewirkt schwere Reizung der Haut und Augen (Hornhautschäden) [163]; Karzinogen verdächtig; Gesundheitsschädigung schon vor Geruchswahrnehmung möglich;
Geruchsschwelle: 200 ml/m3 [163];
TC Lo (inhalativ, Mann): 1400 g/m3/10m [428];
LD 50 (oral, Ratte): 380 mg/kg [9], [428], 520 mg/kg [428];
LD 50 (intraperitoneal, Ratte): 150 mg/kg [428];
TD Lo (oral, Ratte): 10798 mg/kg/2 a (intermittierend) [428];
TD (oral, Ratte): 2714 mg/kg/2y (intermittierend) [428];
LC 50 (inhalativ, Ratte): 3600 ml/m3/7 h [9], 4000 ppm/4h [428];
TC Lo (inhalativ, Ratte): 500 ml/m3/7h [428];
TC (inhalativ, Ratte): 400ppm/6h/2y (intermittierend), 300 ppm/6h/2.3y (intermittierend) [428];
TC Lo (inhalativ, Ratte (trächtig)): 500 ml/m3/1-16 D [428];
LD 50 (intraperitoneal, Ratte): 364 mg/kg [428];
TD Lo (subcutan, Ratte): 1500 mg/kg/46w (intermittierend) [428];
LD 50 (oral, Meerschweinchen): 660 mg/kg [428];
LC Lo (inhalativ, Meerschweinchen): 4000 ppm/4h [428];
LD 50 (oral, Maus): 630 mg/kg, 440 mg/kg [428];
LD 50 (intaperitoneal, Maus): 175 mg/kg [428];
LC 50 (inhalativ, Maus): 1740 ppm/4h [9], 1740 ppm/4h [428];
TD Lo (subcutan, Maus): 272 mg/kg/95w (intermittierend) [428];
TD (subcutan, Maus): 3640 mg/kg/91w (intermittierend), 868 mg/kg/95w (intermittierend), 2912 mg/kg/95w (intermittierend), 6616 mg/kg/95w (intermittierend) [428];
TC Lo (inhalativ, Maus): 400 ppm/6h/2y (intermittierend) [428];
LD 50 (Haut, Kaninchen): 1245 mg/kg [9], 1500 µl/kg [428];
LC Lo (inhalativ, Hund): 1500 µl/kg [428] ;
TC Lo (inhalativ, Affe): 100 ml/m3/7 h [428];
TC Lo (inhalativ, Affe (männlich)): 100 ml/m3/2 a [428];
LD 50 (oral, Säugetiere): 440 mg/kg [428];

Gefahren-Symbol:

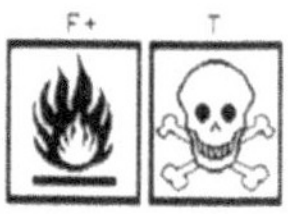

- **physikalisch/chemisch:**

Schmelzpunkt: -112 °C
Siedepunkt: 34,3 °C
Flammpunkt: -37 °C; -44 °C
Dampfdruck: 588 hPa (20 °C) [163], [484]
Brechungsindex: 1,367 (20 °C)
Dichte: 829 kg/m3 (20 °C); 859 kg/m3 (0 °C)
Molmasse: 58,08 g/mol
Verdunstungszahl: 33,7 (BuAc = 1) [9]

Löslichkeit:
teilweise mischbar mit Wasser: (40 Gew.-% bei 20 °C) [484];
löslich in Wasser; mischbar mit Ethanol, Diethylether;

Verbleib nach Gebrauch:
Verbrennung, hochentzündliche Stoffe;

Bemerkung:
Farblose, leicht flüchtige, etherähnlich riechende Flüssigkeit;
Brennbar; Bildet im dampf-/gasförmigen Zustand mit Luft explosionsfähige Gemische;
Explosionsgrenzen:
1,9 - 24 Vol% ; Zündtemp.: 430 °C [163];
2,1 - 21,5 Vol% ; Zündtemp.: 748 °C [9];
Polymerisiert heftig bei Kontakt mit Katalysatoren wie Säuren, Alkalien, Aminen und verschiedenen Metallsalzen, z.B. Eisen-, Zinn- und Aluminiumchlorid sowie mit Alkalimetallen; reagiert heftig bei Kontakt mit Chlor und Ammoniak [484];
Verwendung: technisches Lösemittel;

Propan-2-ol

- **CAS-Nummer:**
  67-63-0
- **UN Nummer:**
  1219
- **gebräuchliche Namen:**
  2-Propanol; Isopropanol; i-Propanol; IPA; iso-Propanol; 2-Hydroxypropan; Isopropylalkohol; iso-Propylalkohol; Dimethylcarbinol; sec.-Propylalkohol; sek.-Propylalkohol; Propanol-2;
- **Handelsnamen:**
  Avantine; Isohol; Lutosol; Persprit; Petrohol; Petrosol; IPA; Alcojel; Alcosolve 2; Combi-Schutz; Hartosol; Imsol A; PRO; Propol; Takinocol;
- **Summenformel:**
  C_3H_8O
- **Strukturformel:**

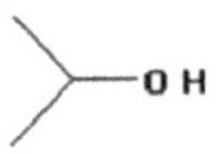

Funktion:
Lösemittel;
Anwendung:
Reifen, Schläuche; chirurgische und medizinische Artikel; Sportartikel; Spielsachen; technische Gummiartikel; Produkte für Industrie, inkl. Druckplattentücher; Klebstoffe; Dichtungen;

branchenspezifische Bemerkung zur Substanz:
Einsatzmenge: 140 t/a (Reifenindustrie: 120 t/a, TSE-Industrie: 21 t/a) (1996)

Eigenschaften:
- **toxikologisch/ökotoxikologisch:**
  RTECS # NT 8050000
  Schweizer Giftliste: 0
  WGK: 1
  MAK Wert: 980 mg/m3 bzw. 400 ml/m3
  R-Satz: 11
  S-Satz: (2)-7-16
  Sonstiges:
  Spitzenbegrenzung II,1 [481]; Schwangerschaftsgruppe D [481]; vgl. Abschn. VIII; Kontakt mit Augen, Haut und Schleimhäuten führt zu Reizungen; Dämpfe wirken narkotisch; in hohen Konz. Koma und Atemlähmung möglich;
  Geruchsschwelle: 250 mg/m3 [124]; 100 ml/m3 [484];

Beim Menschen 8600 mg/kg (oral) tödlich [32]; 100 ml (oral) tödlich nach [9];
LD Lo (oral, Mensch): 3570 mg/kg [39];
TD Lo (oral, Mann): 14432 mg/kg [428];
TD Lo (oral, Mensch): 223 mg/kg [428];
LD Lo (oral, Mann): 5272 mg/kg [428];
Weitere Angaben zur Humantoxikologie siehe ⇒ [125], [126], [127];
LD 50 (oral, Ratte): 5850 mg/kg [32], 5045 mg/kg [428];
LC 50 (inhalativ, Ratte): 16000 ml/m3/8 h [428];
LD 50 (intraperitoneal, Ratte): 2735 mg/kg [428];
LD 50 (intravenös, Ratte): 1088 mg/kg [428];
LD 50 (oral, Maus): 3600 mg/kg [428];
LC Lo (inhalativ, Maus): 12800 ml/m3/3 h [428];
LD 50 (intraperitoneal, Maus): 4477 mg/kg [428];
LD Lo (subcutan, Maus): 6000 mg/kg [428];
LD 50 (intravenös, Maus): 1509 mg/kg [428];
LD Lo (oral, Hund): 1537 mg/kg [428];
LD Lo (oral, Katze): 6 ml/kg [428];
LD LO (intravenös, Katze): 1963 mg/kg [428];
LD 50 (oral, Kaninchen): 6410 mg/kg [428];
LD 50 (Haut, Kaninchen): 12800 mg/kg [428];
LD 50 (intraperitoneal, Kaninchen): 667 mg/kg [428];
LD 50 (intravenös, Kaninchen): 1184 mg/kg [428];
LD 50 (intraperitoneal, Meerschweinchen): 2560 mg/kg [428];
LD 50 (intraperitoneal, Hamster): 3444 mg/kg [428];
LD Lo (parenteral, Frosch): 20000 mg/kg [428];
LD 50 (Haut, Kaninchen): > 12000 mg/kg [115], 12800 mg/kg [9];

Toxische Grenzkonzentration für Pseudomonas putida 1050 mg/l, Scenedesmus quadricauda 1800 mg/l [36];
LC 50 (Fisch, Goldorfe): 9280/8970 mg/l [33];
LC 100 (Fisch, Golorfe): 9750/10920 mg/l [33]
EC 50 (Daphnia magna): 9714 mg/l [180];
Biologisch abbaubar [32];

Isopropylalkohol [Sdb Shell Chemicals]:
Bei Hautkontakt Entfettung der Haut (Dermatitis) möglich. Beim Verschlucken mit anschließendem Erbrechen kann Aspiration in die Lunge erfolgen, was zur chemischen Pneumonie oder zur Erstickung führen kann. Verursacht Retadierung des Zentralnervensystems. Verschlucken kann Rauschzustand und Bewußtlosigkeit verursachen. Kontaktexem. Folgende Symptome können auftreten: Kopfschmerzen, Schwindelgefühl, Übelkeit, Narkose, trockene Haut.
LD/LC 50 (oral, Ratte): >2000 mg/kg
LD/LC 50 (dermal, Kaninchen): >2000 mg/kg
LD/LC 50 (inhalativ, Ratte): >50 mg/l/4 h
Wiederholte Exposition verursacht Nervenschäden bei Ratten
Biologisch leicht abbaubar;
LC 50 (Fisch) >100 mg/l
EC 50 (Daphnien): >100 mg/l
IC 50 (Algen): >100 mg/l
IC 50 (Bakterien): >100 mg/l
Gefahrenbezeichnung: F; R11; S7-16-26;

IPA:
Dämpfe verursachen Reizung der Augen und Atemwege, Kopfschmerzen, Schwindel und Störungen des Zentralnervensystems. Haut: geringe Giftwirkung; häufiger oder länger andauernder Hautkontakt kann die Haut entfetten und austrocken, was zu Hautbeschwerden und Hautentzündungen (Dermatitis) führen kann. Reizung und Schädigung des Augengewebes, wenn Substanz nicht sofort entfernt wird. Geringste Mengen, die bei Verschlucken oder nachfolgendem Erbrechen in die Lunge gelangen, können zu einem Lungenödem oder zu einer Lungenentzündung führen. [Sdb EXXON]

Gefahren-Symbol:

F

- **physikalisch/chemisch:**
  Schmelzpunkt: -88 °C
  Siedepunkt: 82,4 °C
  Flammpunkt: 12 °C
  Dampfdruck: 42,5 hPa (20 °C) [32], 50,6 hPa (20 °C) [367]; 43 hPa (20 °C) [484]
  Verdampfungswärme: 665,70 kJ/kg
  Log pOW: 0,05 [4]
  Brechungsindex: 1,37757 (20 °C)
  Dichte: 785,4 kg/m3 (20 °C); 786 kg/m3 (15 °C)
  Molmasse: 60,095 g/mol
  Verdunstungszahl: 2,3 (BuAc = 1) [9]; 2,6 (BuAc = 1) [105]; 10,5 (Diethylether = 1) [19]

  Löslichkeit:
  löslich in Wasser, Ethanol, Diethylether;

  Bemerkung zu physikalisch/chemischen Daten:
  T(krit.): 235 °C, P(krit.): 47611 hPa [428];

Verbleib nach Gebrauch:
Verbrennung, hochentzündliche Stoffe;
Bei sachgemäßer Anwendung keine Störungen in der Abwasserreinigung zu erwarten [32];

Bemerkung:
Farblose, scharf riechende Flüssigkeit;
Brennbar; Bildet im dampf-/gasförmigen Zustand mit Luft explosionsfähige Gemische;
Explosionsgrenzen: 2-12 Vol% ; Zündtemp.: 425 °C [32]; 460 °C [484];
Die Substanz reagiert mit Laugen, Aminen, Alkanolaminen, Aldehyden, sauerstoffreichem Material (starken Oxidationsmitteln) und Chlorverbindungen [484];
Zugelassen als Lebensmittelzusatzstoff nach LMBG;
Verwendung: als Lösemittel;
Anwendungsbereich: in der kosmetischen Industrie zur Herstellung von Haar-, Fuß- und Intimsprays, für Raum- und Deosprays; in der pharmazeutischen Industrie als Desinfektionsmittel; zur Herstellung vonReinigungsmitteln (u.a. für Glas, Keramik, Fleckenentferner, Bestandteil von Autopflegemitteln); in Kraftstoffen als Schutz vor Vergaservereisung; in der Druckfarbenindustrie;

Weitere Angaben zu physikalisch/chemische Eigenschaften:

IPA:
Produkt ist eine komplexe Mischung. Klare farblose Flüssigkeit; Geruch alkoholisch; hygroskopisch;
Schmelzpunkt: -85 °C; Siedepunkt: 82-83 °C; Flammpunkt: 4 °C;
Explosionsgrenzen: 1,8-12,0 Vol.-%; Zündtemp.: >350 °C;
Dampfdruck: 44,14 hPa (20 °C), 127,59 hPa (38 °C), 306 hPa (55 °C);
Dichte: 786 kg/m3 (15 °C); Löslichkeit in Wasser: 100 Gew.-% (20 °C);
Molekulargewicht: 60 [Sdb]

Isopropylalkohol:
Leichtentzündlich; klare Flüssigkeit, alkoholartiger Geruch;
Schmelzpunkt: -89,5 °C; Siedepunkt: 82 °C; Flammpunkt: 12 °C;
Explosionsgrenzen: 2-12 Vol.-%; Zündtemperatur: 425 °C;
Dampfdruck: 43 hPa (20 °C), 236 hPa (50 °C); Dichte: 785 kg/m3 (20 °C);
vollständig mischbar mit Wasser; logpOW: 0,05;
Verdunstungszahl (nBuAc = 1): 1,5; Molekulargewicht: 60,10 g/mol [Sdb]
Enthalten in Ceracol 40 (60%), Heucoflow (40%), Parmetol K 50 (3-8%), Surfinol 104PA Surfactant, Wacker Aktivator 42 (<25%);

2-Propanon

- **CAS-Nummer:**
  67-64-1
- **UN Nummer:**
  1090
- **gebräuchliche Namen:**
  Aceton; Azeton; Dimethylketon; Essiggeist; Ketopropan; Methylacetyl; 2-Propanon; Pyroessigsäure; Methylierter Aldehyd; Propan-2-on; beta-Ketopropan; Pyroessigsäureether;
- **Handelsnamen:**
  Brenzessiggeist; Brenzlicher Essiggeist; Brenzlicher Essigether;
- **Summenformel:**
  C_3H_6O

- **Strukturformel:**

Funktion:
(1) Lösemittel für Haftmittel;
(2) Lösemittel;

Anwendung:
(2) Reifen, Schläuche; chirurgische und medizinische Artikel; Sportartikel; Spielsachen; technische Gummiartikel; Produkte für Industrie, inkl. Druckplattentücher; Klebstoffe; Dichtungen; Latex Tauchartikel; Latex Schaumartikel;

branchenspezifische Bemerkung zur Substanz:
Zersetzungsprodukt von N-(1-Methyethyl)-N'-phenyl-benzen-1,4-diamin (IPPD) (CAS-Nr. 101-72-4); Einsatzmenge: 2,4 t/a (TSE-Industrie, 1996);

Eigenschaften:
- **toxikologisch/ökotoxikologisch:**
  RTECS # AL 3150000
  Schweizer Giftliste: 4
  WGK: 0
  MAK Wert: 1200 mg/m3 bzw. 500 ml/m3
  R-Satz: 11
  S-Satz: (2)-9-16-23-33
  Sonstiges:
  Geruchsschwelle: 200-450 ml/m3 [163], [484];
  Spitzenbegrenzung: Kat. II,2 [481]; IMK: III; Schwangerschaftsgruppe II c [481];
  Nervengift; narkotische Wirkung etwa der des Ethanols entsprechend, Kopfschmerz, Unwohlsein; eingeatmet 10 - 20 g täglich erträglich [30]; Flüssigkeit und Dämpfe reizen Augen und Haut; Einatmen der Dämpfe in hohen Konzentrationen oder über einen längeren Zeitraum führt zur Narkose [163];
  10000 ml/m3 erwiesen sich als verträglich; nach 30-60 Min. zeigten sich keine Symptome [163];
  Am Auge Gefahr schwerer Hornhautschäden. Längere oder wiederholte Exposition kann Dermatits verursachen. Verursacht Retardierung des Zentralnervensystems (Depression of CNS) [Sdb Shell Chemicals];
  LC Lo (inhalativ, Mensch): 12000 ml/m3/4 h [106];
  LD 50 (oral, Ratte): 5800 mg/kg [187], 9750 mg/kg [10], 8450 mg/kg [575];
  LC 50 (inhalativ, Ratte): 50100 mg/m3/8 h [428], 38000 mg/m3/4 h [Sdb Rhone-Poulenc], 50,1 mg/l/18 h [575];
  LD Lo (intraperitoneal, Ratte): 500 mg/kg [428], [575];
  LD 50 (intravenös, Ratte): 5500 mg/kg [428], [575];
  LD 50 (oral, Maus): 3000 mg/kg [Sdb Rhone-Poulenc], 5250 mg/kg [575];
  LC Lo (inhalativ, Maus): 110 mg/l/1 h [575];
  LD 50 (intraperitoneal, Maus): 1297/3100 mg/kg [575];
  LD 50 (Haut, Kaninchen): 20000 mg/kg [187];
  LD 50 (dermal, Kaninchen): 2000 mg/kg/>15800 mg/kg [575];
  LD Lo (intravenös, Kaninchen): 1576 mg/kg [428];
  LD 50 (oral, Kaninchen): 5340 mg/kg [575];
  LD Lo (oral, Hund): 8000 mg/kg [575];

LD Lo (intraperitoneal, Hund): 8000 mg/kg [575];
LD Lo (subcutan, Hund): 5000 mg/kg [575];

LD 50 (Daphnia magna): 10 mg/l [139];
LC 50 (Fisch, Goldorfe): 5000 mg/l/24 h [57]; 11300/7505 mg/l [33];
LC 50 (Fisch, Blauer Sonnenbarsch): 8300 mg/l/96 h [57];
Toxische Grenzkonzentration für Daphnia magna 9,28 g/l [389], für Pseudomonas putida 1700 mg/l, Scenedesmus quadricauda 7500 mg/l [36];
Biologisch leicht abbaubar [Sdb Rhone-Poulenc];

Gefahren-Symbol:

F

- **physikalisch/chemisch:**
  Schmelzpunkt: -95 °C
  Siedepunkt: 56,1 °C; 57 °C; 55,8-56,6 °C; 56,2 °C (1013 hPa)
  Flammpunkt: <-20 °C; -18 °C
  Dampfdruck: 239,5 hPa (20 °C) [163], 246,6 hPa (20 °C) [132], 533,2 hPa (39,5 °C)
  Verdampfungswärme: 504,51 kJ/kg
  Log pOW: -0,24 [4]; 0,58 [57]
  Brechungsindex: 1,35886 (19,4 °C)
  Dichte: 795 kg/m3 (20 °C); 790-792 kg/m3 (20 °C)
  Molmasse: 58,079 g/mol
  Verdunstungszahl: 11,5 (BuAc = 1) [9]; 19,4 (BuAc = 1) [105]; 2,1 (Diethylether = 1) [19]
  Löslichkeit:
  mischbar mit Wasser, Ethanol und Diethylether; mischbar mit Dimethylformamid; Trichlormethan; Ether;

  Bemerkung zu physikalisch/chemischen Daten:
  T(krit.): 235 °C; P(krit.): 47000 hPa [Sdb Rhone-Poulenc], [428];

Verbleib nach Gebrauch:
Verbrennung, hochentzündliche Stoffe;
Sickerwasser Deponie: 2,9 - 4,8 mg/l (Southington, Connecticut, USA, (1982/83)) [58];

Bemerkung:
Klare, farblose Flüssigkeit mit süßem aromatischen Geruch;
Bildet im dampf-/gasförmigen Zustand mit Luft explosionsfähige Gemische;
Explosionsgrenzen: 2,5-13 Vol.-% [32]; 2,2-13 Vol.-% [484];
Zündtemp.: 540 °C [32], [484];
Greift viele Kunststoffe und Gummi an; bei Kontakt mit Bariumhydroxid, Natriumhydroxid und vielen anderen alkalischen Stoffen kann Kondensation eintreten [484];
Verwendung: Lösemittel, Fettlösemittel;
Anwendungsbereich: Bestandteil von Filmklebemitteln; (Farb-)entwicklerzusatz; Lösemitel für Ethin in Druckgasflaschen (Dissous-Gas); Lösemittel für Nitroglycerin zu Transportzwecken;
Weitere Angaben zur Toxikologie siehe [47];
Herstellung in Deutschland nach dem Cumolverfahren;
Aceton kommt als Stoffwechselprodukt von Mikroorganismen, Pflanzen u. Tieren und als Bestandteil von Emissionen aus Vulkanen ubiquitär in der Umwelt vor [575];

Propantriol

- **CAS-Nummer:**
  56-81-5
- **gebräuchliche Namen:**
  Glycerin; Glyzerin; Glycerol; Trioxypropan; Trihydroxypropan; 1,2,3-Propantriol; Protol; Glycylalkohol;
- **Handelsnamen:**
  IFP; Ophthalgan; Ölsüß; Glyrol; Glysanin; Osmoglyn;

- **Summenformel:**
  $C_3H_8O_3$

- **Strukturformel:**

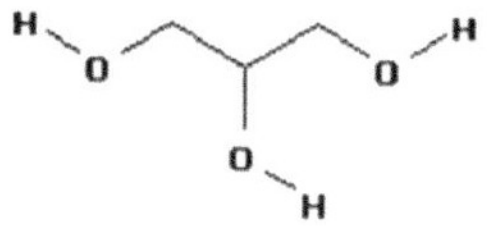

Funktion:
(1) Füllstoffaktivator;
(2) Weichmacher aus Naturprodukten;
Anwendung:
(2) Reifen, Schläuche; chirurgische und medizinische Artikel; Sportartikel; Spielsachen; technische Gummiartikel; Produkte für Industrie, inkl. Druckplattentücher; Klebstoffe; Dichtungen; Latex Tauchartikel; Latex Schaumartikel;

branchenspezifische Bemerkung zur Substanz:
Einsatzmenge: 32 t/a (Reifenindustrie: 2,7 t/a, TSE-Industrie: 29 t/a) (1996)

Eigenschaften:
- **toxikologisch/ökotoxikologisch:**
  RTECS # MA 8050000
  WGK: 0
  MAK Wert: 10 mg/m3 (US-Wert)
  Sonstiges:
  Kontakt mit unverdünnter Flüssigkeit kann zu leichter Reizung der Haut führen; bei Verschlucken größerer Mengen Rauschzustand mit Kopfschmerzen, Cyanose (Blausucht), Nierenschmerzen und blutigen Durchfällen möglich; bei Brand entsteht Acrolein mit starker Reizwirkung auf Augen und Atmungsorgane (Lungenödem möglich) [163];
  LD 50 (oral, Ratte): 12600 mg/kg [187], 27500 mg/kg [9];
  LD 50 (intravenös, Ratte): 4,4 ml/kg [369];
  LD 50 (intraperitoneal, Ratte): 6,9 ml/kg [369]; 4420 mg/kg [428];
  LD 50 (oral, Maus): 30 ml/kg [369];
  LD 50 (intravenös, Maus): 4,9 ml/kg [369];
  LD 50 (intraperitoneal, Maus): 7,1 ml/kg [369];
  Toxische Grenzkonzentration für Pseudomonas putida und Scenedesmus quadricauda >10 g/l [36];
  Biologisch abbaubar [262];

- **physikalisch/chemisch:**
  Schmelzpunkt: 17,9 °C ; 18 °C*
  Siedepunkt: 290 °C; 263 °C (533,16 hPa); 240 °C (266,58 hPa)
  Flammpunkt: 160 °C; ca. 180 °C;
  Dampfdruck: < 0,0001 hPa (20 °C) [9]; 3,99 hPa (20 °C) [187]
  Verdampfungswärme: 826,89 kJ/kg
  Brechungsindex: 1,4746 (20 °C); 1,4758 (15 °C); 1,4730 (25 °C)
  Dichte: 1261,3 kg/m3 (20 °C)
  Molmasse: 92,094 g/mol
  Verdunstungszahl: < 0,0001 (BuAc = 1) [9];

  Löslichkeit:
  mischbar mit Wasser, Ethanol; unlöslich in Diethylether, Trichlormethan;

  Bemerkung zu physikalisch/chemischen Daten:
  * 18 °C, schon eine kleine Menge Wasser oder anderer vergleichbarer Stoffe i
  setzt den Schmelzpunkt erheblich herab [484];

Verbleib nach Gebrauch:
Verbrennung nach Mischung mit brennbarem Lösemittel;

Bemerkung:
Farblose, angenehm riechende Flüssigkeit;

brennbar; zähflüssiger als Wasser; polymerisiert bei Erhitzung über 149 °C; Bei starker Erhitzung Bildung explosionsfähiger Gemische mit Luft;
Explosionsgrenzen:
2,1-13 Vol.-%; Zündtemp.: 540 °C [29];
0,9-? Vol.-%; Zündtemp.: 429 °C [484];
Zugelassen als Lebensmittelzusatzstoff nach LMBG;
Verwendung: Als Weichmacher und technisches Lösemittel; zur Herstellung von Sprengstoffen, Kosmetika, flüssigen Seifen, Druck- und Kopiertinten, Schmiermitteln; als Frostschutzmittel in Automobilen; in der Biotechnologie, bei der Herstellung von Antibiotika; als Zusatz beim Pigmentpapier, um es geschmeidig zu halten; Schmeckt ca. 0,6 mal so süß wie Zucker [428];

Propen

- **CAS-Nummer:**
  115-07-1
- **UN Nummer:**
  1077; 1965;
- **gebräuchliche Namen:**
  R 1270; Propylen; Tritylen; Methylethen; Methylethylen;
- **Summenformel:**
  C_3H_6
- **Strukturformel:**

Funktion:
Monomer für die Herstellung von synthetischem Kautschuk;

Eigenschaften:
- **toxikologisch/ökotoxikologisch:**
  RTECS # UC 6740000
  Schweizer Giftliste: 4
  WGK: 0
  R-Satz: 12
  S-Satz: (2)-9-16-33
  Sonstiges:
  Gas wirkt betäubend; spezifische Giftwirkung nicht bekannt; beim schnellen Übergang in den Gaszustand kann die Luft (insbesondere in Räumen) verdrängt werden (Erstickungsgefahr!); bei Kontakt mit der Flüssigkeit Erfrierungen und Augenschäden durch rasche Verdampfung [484];
  Eingeatmet 35 - 40 % Erbrechen, Narkose [30];
  Inhalationsnarkotikum; tiefe Narkose erst bei Konzentrationen >60 %;
  Wirkung auf Wasserorganismen gering, LD 50 / 96h über 1000 mg/l [484];
  Geruchsschwelle: fast geruchlos [484];
  LC (inhalativ, Ratte): >86 g/m3/4h [428];
  TC Lo (inhalativ, Ratte): 5000 ppm/6h/2Y (intermittierend) [428];
  TC Lo (inhalativ, Maus): 1250 ppm/6h/14W (intermittierend) [428];

  Gefahren-Symbol:

- **physikalisch/chemisch:**
  Schmelzpunkt: -185,2 °C
  Siedepunkt: -48 °C
  Flammpunkt: < -48 °C

Dampfdruck: 10200 hPa (20 °C) [484]
Verdampfungswärme: 438 kJ/kg (1 bar)
Log pOW: 1,77 [4]
Dichte: 674 kg/m3 (- 79 °C)
Molmasse: 42,08 g/mol

Löslichkeit:
Wasser 28 cm3 (10 °C), 446 ml/l (20 °C); leicht löslich in kaltem Ethanol, kalter konz. Ethansäure;

Bemerkung zu physikalisch/chemischen Daten:
Kritische Temperatur: 91,9 °C;

Verbleib nach Gebrauch:
Verbrennen entzündlicher Gase, Neutralisation korrosiver Gase, Verbrennung und/oder chemische Reaktion giftiger, hochreaktiver Gase und Reizgase, Reinigung der Druckbehälter;

Bemerkung:
Farbloses, fast geruchloses Gas; brennbar;
Bildet im dampf-/gasförmigen Zustand mit Luft explosionsfähige Gemische
Explosionsgrenzen: 2 - 11,7 Vol% ; Zündtemp.: 455 °C [484];
Substanz reagiert mit konzentrierten Mineralsäuren, Stickstoffdioxid, sauerstoffreichem Material (Oxidationsmitteln), geschmolzenem Schwefel und chlorierten Verbindungen;
Verwendung: zur Herstellung von Polypropylen, Acrylnitril, Allylalkohol, Allylestern, Glycerin; als Kältemittel (in Kälteanlagen großer Leistung vorwiegend mit Turboverdichtern, Temperaturbereich (-60 °C bis -20 °C);

2-Propennitril, Polymer mit 1,3 Butadien

- **CAS-Nummer:**
  9003-18-3
- **gebräuchliche Namen:**
  Acrylonitril/Butadien Copolymer; Poly-(arylsäurenitril-co-butadien)
- **Summenformel:**
  $(C_4H_6.C_3H_3N)_n$

- **Strukturformel:**

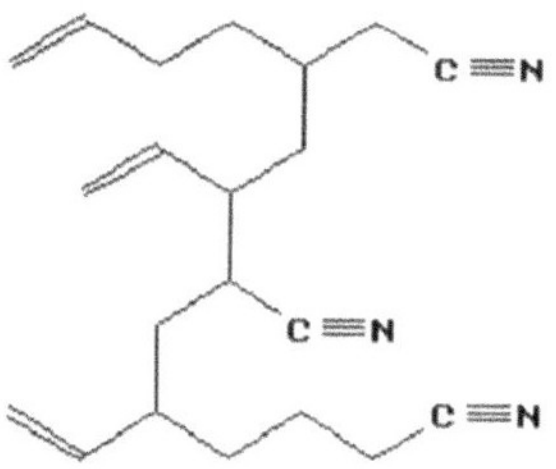

Funktion:
Polymer;

Eigenschaften:
- **toxikologisch/ökotoxikologisch:**
  R-Satz: 45-20/21/22
  S-Satz: 53-45-36/37/39-3/7

- **physikalisch/chemisch:**
  Dichte: 980 kg/m3

Verbleib nach Gebrauch:
Verbrennung nach Mischung mit brennbarem Lösemittel;

3-[2-(2-(2-Propen-1-oxy)-ethoxy)-ethoxy]-propen

- **CAS-Nummer:**
  57947-82-7
- **gebräuchliche Namen:**
  ADEGA; Bis-[2-Alloxy-ethyl]-ether; 3-[2-(2-allyloxy-ethoxy)-ethoxy]-propen;
- **Summenformel:**
  $C_{10}H_{18}O_3$

- **Strukturformel:**

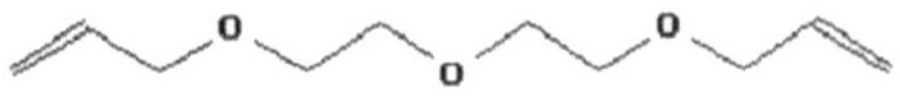

Funktion:
Coagentien für schwefelfreie Vernetzungsmittel;
Kautschukart:
Ethylen-Propylen-Copolymer; Ethylen-Propylen-Terpolymer;

Eigenschaften:

- **physikalisch/chemisch:**
  Molmasse: 186,25 g/mol

2-Propensäureethylester

- **CAS-Nummer:**
  140-88-5
- **UN Nummer:**
  1917
- **gebräuchliche Namen:**
  Acrylsäureethylester; Akrylsäureethylester; Acrylethylester; Ethylacrylat; Propensäureethylester; Ethyl-2-propenoat;
- **Summenformel:**
  $C_5H_8O_2$

- **Strukturformel:**

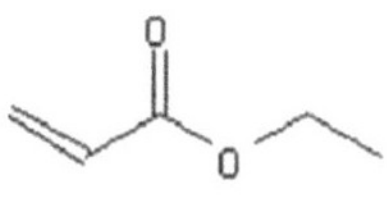

Funktion:
Monomer für die Herstellung von synthetischem Kautschuk;

Eigenschaften:
- **toxikologisch/ökotoxikologisch:**
  RTECS # AT 0700000
  Schweizer Giftliste: 3
  WGK: 2
  MAK Wert: 5 ml/m3 bzw. 20 mg/m3
  R-Satz: 11-20/21/22-36/37/38-43
  S-Satz: (2)-9-16-33-36/37
  Sonstiges:
  Einstufung und Kennzeichnung von Zubereitungen, in denen diese Substanz enthalten ist:
  25%<=C ⇒ Xn; R20/21/22-36/37/38-43

5%< =C<25% ⇒ Xi; R36/37/38-43
1%< =C<5% ⇒ Xi; R43

Für diese Substanz liegt ein BUA-Stoffbericht Nr. 128 vor.
IMK: I; Spitzenbegrenzung: I [481]; Schwangerschaftsgruppe D [481]; Gefahr der Sensibilisierung! [148]; Dämpfe reizen stark Augen, Atemwege sowie Lunge (bis hin zu Lungenödem) und Haut; Kontakt mit der Flüssigkeit reizt ebenfalls stark Augen (Hornhautschäden) und Haut unter Blasenbildung; Flüssigkeit kann auch über die Haut aufgenommen werden (Hautresorption) und verursacht auf diesem Wege Schädigung des ZNS und möglicherweise (mit Verzögerung) der Leber und Niere [163];
Geruchsschwelle: 8 ml/m3 (US-Wert) [163];
TC Lo (inhalativ, Mensch): 50 ppm [428];
LD 50 (oral, Ratte): 800 mg/kg [428];
LD 50 (intraperitoneal, Ratte): 450 mg/kg [428];
LD Lo (Haut, Ratte): 1800 mg/kg [428];
LC Lo (inhalativ, Ratte): 2000 ml/m3/4h [140], 2180 ppm/4h [428];
TD Lo (oral, Ratte): 51500 mg/kg/2y (intermittierend), 109 g/kg/2y (kontinuierlich), 11200 mg/kg/14d (intermittierend), 800 mg/kg/4d (intermittierend) [428];
TC Lo (inhalativ, Ratte): 75 ppm/6h/2y (intermittierend), 300 ppm/7h/30d (intermittierend) [428];
LD 50 (oral, Maus): 1799 mg/kg [428];
LD 50 (intraperitoneal, Maus): 599 mg/kg [428];
LC 50 (inhalativ, Maus): 16200 mg/m3 [428];
TD Lo (oral, Maus): 103 g/kg/2y (intermittierend), 2800 mg/kg/14d (intermittierend) [428];
TC Lo (inhalativ, Maus): 75 ppm/6h/26w (intermittierend), 75 ppm/6h/2y (intermittierend) [428];
LC Lo (inhalativ, Meerschweinchen): 1204 ppm/7h [428];
LD Lo (oral, Kaninchen): 420 mg/kg [140];
LD 50 (Haut, Kaninchen): 1834 mg/kg [428];
LC Lo (inhalativ, Kaninchen): 1204 ml/m3/4h [140], 1204 ppm/7h [428];

Biologisch leicht abbaubar [140];

Gefahren-Symbol:

- **physikalisch/chemisch:**
  Schmelzpunkt: < -75 °C
  Siedepunkt: 99-100 °C
  Flammpunkt: 8 °C; 15 °C
  Dampfdruck: 52 hPa (20 °C) [163]; 39 hPa (20 °C) [484]
  Brechungsindex: 1,4072 (18 °C)
  Dichte: 923,8 kg/m3 (18 °C)
  Molmasse: 100,12 g/mol
  Löslichkeit:
  wenig löslich in Wasser;

Verbleib nach Gebrauch:
Verbrennung, hochentzündliche Stoffe;

Bemerkung:
Farblose, stechend riechende Flüssigkeit;
Bildet im dampf-/gasförmigen Zustand mit Luft explosionsfähige Gemische;
Explosionsgrenzen: 1,4 - 14 Vol% ; Zündtemp.: 355 °C [163];
Polymerisiert plötzlich, wenn Stoff nicht mit Hemmstoffen vermischt ist;
trotz Mischung mit Hemmstoffen kann die Polymerisation eintreten, wenn 2-Propensäureethylester erhitzt wird; Stoff kann heftig polymerisieren bei Kontakt mit folgenden Katalysatoren: organische Peroxide (wie Benzoyl-, Acetyl-, Lauroyl- und tert.-Butylhydroperoxid) und Persulfate; bei
Kontakt mit Säuren, Basen und sauerstoffreichem Material (Oxidationsmitteln) kann heftige Reaktion eintreten;
Verwendung: Herstellung von Polymeren;
Ausgangsstoff für Modaflow Resin Modifier [Sdb];

Propensäurenitril

- **CAS-Nummer:**
  107-13-1
- **UN Nummer:**
  1093
- **gebräuchliche Namen:**
  Acrylnitril; Acrylsäurenitril; 2-Propennitril; Vinylcyanid; Acrylonitril;
- **Handelsnamen:**
  Acrylon; Carbacryl; Fumigrain; VCN; Ventox;
- **Summenformel:**
  C_3H_3N
- **Strukturformel:**

Funktion:
Monomer für die Herstellung von synthetischem Kautschuk;

Eigenschaften:
- **toxikologisch/ökotoxikologisch:**

RTECS # AT 5250000
Schweizer Giftliste: 1
WGK: 3
R-Satz: 45-11-23/24/25-38
S-Satz: 53-45
Sonstiges:
Einstufung und Kennzeichnung von Zubereitungen, in denen diese Substanz enthalten ist:
20%<=C ⇒ T; R45-23/24/25-38
1%<=C<20% ⇒ T; R45-23/24/25
0.2%<=C<1% ⇒ T; R45-20/21/22
0.1%<=C<0.2% ⇒ T; R45

Für diese Substanz liegt ein BUA-Stoffbericht Nr. 142 vor.
IMK: I; Krebserzeugend IIIA2 [481], [148]; Gefahr der Hautresorption [481]; TRK: 3 ml/m3 bzw. 7 mg/m3 [481]; vgl. Abschn. IX;
Dämpfe und Flüssigkeit sind giftig; Hautresorption!; reizt stark Haut, Schleimhäute und besonders die Augen; es kommt zu Schädigung des Nerven-, Atmungs- und Verdauungssystems [163];
Karzinogen [187];
Kann das genetische Material verändern [187];
biologische Eliminierbarkeit gut (>75 %) [484];
LC Lo (inhalativ, Mann): 1000 mg/m3/1h [187];
LC Lo (inhalativ, Mensch): 16 ml/m3/20 min. [428];
LD Lo (Haut, Kind): 2015 mg/kg [187];
LD 50 (oral, Ratte): 78 mg/kg [187];
LD 50 (inhalativ, Ratte): 635 ml/m3/4h [39];
LC Lo (inhalativ, Ratte): 315 ml/m3/4h [428];
LD 50 (intraperitoneal, Ratte): 65 mg/l [428];
LD 50 (oral, Maus): 27 mg/kg [428];
LD 50 (intraperitoneal, Maus): 46 mg/kg [428];
LC Lo (inhalativ, Maus): 315 ml/m3/4h [428];
LD 50 (oral, Kaninchen): 93 mg/kg [428];
LD 50 (intravenös, Kaninchen): 69 mg/kg [428];
LD 50 (Haut, Kaninchen): 250 mg/kg [187];
LC Lo (inhalativ, Kaninchen): 260 ml/m3/4h [428];
LC Lo (inhalativ, Katze): 600 ml/m3/4h [428];
LC Lo (inhalativ, Hund): 110 ml/m3/4h [428];

LD 50 (oral, Meerschweinchen): 50 mg/kg [428];
LC Lo (inhalativ, Meerschweinchen): 575 ml/m3/4h [428];

Akute Toxizität für Wasserorganismen: LD 50 / 96h: 100-10 mg/l; 30 mg/l tödlich in 24 Std. für Fische [484];
LD 50 (Fisch, Goldorfe): 13/28 mg/l [33];
LD 100 (Fisch, Goldorfe): 20/48 mg/l [33];

Gefahren-Symbol:

- **physikalisch/chemisch:**
  Schmelzpunkt: -82 °C; -83 °C
  Siedepunkt: 78 °C
  Flammpunkt: -5 °C; 1 °C
  Dampfdruck: 120 hPa (20 °C) [163]; 116 hPa (20 °C) [484];
  Log pOW: -0,92 [4]
  Brechungsindex: 1,3907 (22 °C)
  Dichte: 811 kg/m3 (20 °C)
  Molmasse: 53,063 g/mol

  Löslichkeit:
  Wasser 50 g/l (20 °C); löslich in den meisten organischen Lösemitteln;

Verbleib nach Gebrauch:
Verbrennung, hochentzündliche Stoffe;

Bemerkung:
Farblose bis leicht gelbliche Flüssigkeit; leicht stechender Geruch;
Riechbar erst in gefährlichen Konzentrationen; betäubt Geruchsnerven;
Geruch zeigt nicht den Umfang der Gefahr bzgl. der Konzentration der Dämpfe an; bei Feststellung des Geruchs ist Gesundheitsschädigung meist schon eingetreten; aufgenommene Flüssigkeit in der Kleidung und insb. in Lederschuhen kann schwere Folgen mit verzögerter Wirkung verursachen; sehr reaktionsfähig; polymerisiert explosionsartig beim Zusammentreffen mit starken Basen; heftige Reaktion bei Kontakt mit Säuren und sauerstoffreichem Material [484];
Bildet im dampf-/gasförmigen Zustand mit Luft explosionsfähige Gemische;
Explosionsgrenzen: 2,8-28 Vol.-%; Zündtemp.: 480 °C [163];
Explosionsgrenzen: 2,0-28 Vol.-%; Zündtemp.: 480 °C [484];
Polymerisiert explosionsartig beim Zusammentreffen mit starken Basen;
heftige Reaktion bei Kontakt mit Säuren und sauerstoffreichem Material (Oxidationsmitteln); bei Brand erfolgt Zersetzung unter Bildung von hochgiftigen ⇒ Blausäuredämpfen und ⇒ Nitrosen Gasen;

2-Propensäure, Polymer mit 1,3-Butadien und 2-Propennitril

- **CAS-Nummer:**
  25265-19-4
- **gebräuchliche Namen:**
  Acrylsäure-Acrylnitril-Butadien-Copolymer;
- **Summenformel:**
  $(C_3H_4O_2*C_4H_6*C_3H_3N)_n$

- **Strukturformel:**

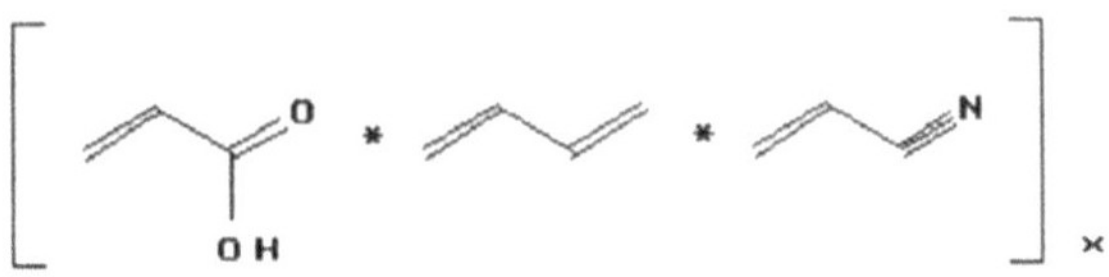

Funktion:
Polymer;

Eigenschaften:
- **toxikologisch/ökotoxikologisch:**
RTECS # RW 9085000
Sonstiges:
LD 50 (intraperitoneal, Maus): 316 mg/kg [428];

3-(2-(2-[2-(2-(2-Propenyl)oxy)-ethoxy)-ethoxy]-ethoxy)-ethoxy)-propen

- **CAS-Nummer:**
58185-54-9
- **gebräuchliche Namen:**
ATetraEGA; Bis-[2-(2-alloxy-ethoxy)-ethyl]-ether; 3-(2-(2-[2-(2-allyloxy-ethoxy)-ethoxy]-ethoxy)-ethoxy)-propen;
- **Summenformel:**
$C_{14}H_{26}O_5$

- **Strukturformel:**

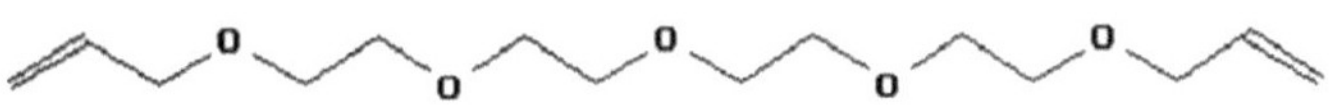

Funktion:
Coagentien für schwefelfreie Vernetzungsmittel;
Kautschukart:
Ethylen-Propylen-Copolymer; Ethylen-Propylen-Terpolymer;

Eigenschaften:

- **physikalisch/chemisch:**
Molmasse: 274,36 g/mol

Pumic

- **CAS-Nummer:**
1332-09-8
- **Summenformel:**
Al_2O_5Si

Funktion:
Füllstoff, anorganisch;
Anwendung:
Reifen, Schläuche; chirurgische und medizinische Artikel; Sportartikel; Spielsachen; technische Gummiartikel; Produkte für Industrie, inkl. Druckplattentücher; Klebstoffe; Dichtungen; Latex Tauchartikel; Latex Schaumartikel;

Eigenschaften:

- **physikalisch/chemisch:**
  Schmelzpunkt: 1545 °C
  Dichte: 3247 kg/m3
  Molmasse: 162,05 g/mol

  Löslichkeit:
  löslich in Flußsäure;

Pyridin

- **CAS-Nummer:**
  110-86-1
- **UN Nummer:**
  1282
- **gebräuchliche Namen:**
  Pyridinum; Azabenzol; Azin;
  Handelsnamen:
  Denaturierungsmittel P.; Pyridinbasen; Pyridina; Azine;
- **Summenformel:**
  C_5H_5N

- **Strukturformel:**

Funktion:
Lösemittel;

Eigenschaften:
- **toxikologisch/ökotoxikologisch:**
  RTECS # UR 8400000
  Schweizer Giftliste: 4
  WGK: 2
  MAK Wert: 15 mg/m3 bzw. 5 ml/m3
  R-Satz: 11-20/21/22
  S-Satz: (2)-26-28
  Sonstiges:
  Einstufung und Kennzeichnung von Zubereitungen, in denen diese Substanz enthalten ist:
  5%<=C ⇒ Xn; R20/21/22

  Spitzenbegrenzung: II,1 [481]; IMK: I;
  Dämpfe reizen Augen, Atemwege und Haut; Kontakt mit der Flüssigkeit führt zu starker Reizung der Augen und zu Reizung der Haut; die Flüssigkeit kann möglicherweise auch über die Haut aufgenommen werden; bei schweren Vergiftungen kann es zu Blutdruckabfall, mit Verzögerung zu Leber-, Nieren- und Herzschäden kommen [484]; Geruchsschwelle: 0,02 ml/m3 (steigt bei längerer Einatmung) [484];
  Innerlich 15 g tödlich [30];
  LD 50 (oral, Ratte): 891 mg/kg [32];
  LC 50 (inhalativ, Ratte): 4000 ml/m3/4 h [32];
  LD 50 (intraperitoneal, Ratte): 866 mg/kg [428];
  LD 50 (intravenös, Ratte): 360 mg/kg [428];
  LD 50 (oral, Maus): 1500 mg/kg [428];
  LD 50 (intraperitoneal, Maus): 950 mg/kg [428];
  LD 50 (intravenös, Maus): 420 mg/kg [428];

  Toxische Grenzkonzentration für Pseudomonas putida 340 mg/l, Scenedesmus quadricauda 120 mg/l [32];

LC 50 Daphnia magna 240 mg/l [32];
Fischtoxizität: LC 50: 240 mg/l [32];
15 mg/l toxisch für Fische durch Nervenschädigung;

Gefahren-Symbol:

- **physikalisch/chemisch:**
  Schmelzpunkt: - 42 °C
  Siedepunkt: 115,5 °C
  Flammpunkt: 17 °C; 20 °C
  Dampfdruck: 20 hPa (20 °C) [32]
  Verdampfungswärme: 450,08 kJ/kg
  Log pOW: 0,62 [4]; 0,64 [4]; 0,65 [4]; 0,66 [4]; 0,78 [4]
  Brechungsindex: 1,5092 (20 °C)
  Dichte: 987,8 kg/m3 (15 °C); 977,2 kg/m3 (25 °C)
  Molmasse: 79,101 g/mol

  Löslichkeit:
  mischbar mit Wasser, Ethanol, Diethylether; löslich in Benzen;

  Bemerkung zu physikalisch/chemischen Daten:
  Viskosität: 1,33 m Pa s (0 °C), 0,95 m Pa s (20 °C);

Verbleib nach Gebrauch:
Verbrennung, hochentzündliche Stoffe;

Bemerkung:
Farblose Flüssigkeit mit scharfem, stechendem und sehr unangenehmen Geruch; brennbar; Einatmen der Dämpfe vermeiden; Gift VO p36; greift einige Arten von Plastik und Gummi an;
Dämpfe bilden mit Luft giftige und explosive Gemische, die schwerer als Luft sind;
Explosionsgrenzen: 1,7 - 10,6 Vol% ; Zündtemp.: 450 °C [29];
Der heftige und widerliche Geruch von Pyridin warnt ohne Verzögerung so stark, daß Vergiftungen sehr selten sind;
Verwendung: als Lösemittel, Vergällungsmittel im Brennspiritus;
Enthalten in Byk-Catalyst 450 (2%);

2-Pyrimidinthiol

- **CAS-Nummer:**
  1450-85-7
- **gebräuchliche Namen:**
  4-Mercaptopyrimidin, 2-Mercaptopyrimidin;
- **Summenformel:**
  $C_4H_4N_2S$

- **Strukturformel:**

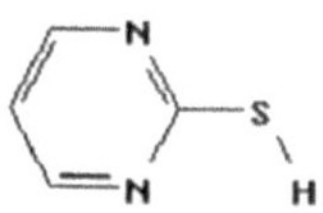

Funktion:
Alterungsschutzmittel; Desaktivator;

Eigenschaften:

- **physikalisch/chemisch:**
  Schmelzpunkt: 230 °C (Zers.)
  Molmasse: 112,15 g/mol

Verbleib nach Gebrauch:
Verbrennung nach Mischung mit brennbarem Lösemittel;

Rapsöl

- **CAS-Nummer:**
  8002-13-9

Funktion:
Weichmacher aus Naturprodukten;

branchenspezifische Bemerkung zur Substanz:
Einsatzmenge: 11 t/a (TSE-Industrie, 1996)

Eigenschaften:
- **toxikologisch/ökotoxikologisch:**
  WGK: 0

Reaktionsprodukt aus Butanal und Anilin

- **CAS-Nummer:**
  68411-20-1
- **gebräuchliche Namen:**
  Reaktionsprodukt aus Anilin und Butyraldehyd; Butyralaldehyd-Anilin-Reaktionsprodukt;
- **Handelsnamen:**
  Accelerate 832; 808 Accelerator; Antox Spezial; Rubber Antiocidant; Buten; Vanax 808; Vanox AT;
- **Summenformel:**
  $(C_9H_{13}N)_n$

Funktion:
Oxidationsschutzmittel;
Anwendung:
Reifen, Schläuche; chirurgische und medizinische Artikel; Sportartikel; Spielsachen; technische Gummiartikel; Produkte für Industrie, inkl. Druckplattentücher; Klebstoffe; Dichtungen; Latex Tauchartikel; Latex Schaumartikel;

branchenspezifische Bemerkung zur Substanz:
Einsatzmenge: 2,3 t/a (TSE-Industrie, 1996)

Reaktionsprodukt aus Butanal und Butylamin

- **CAS-Nummer:**
  68411-19-8
- **gebräuchliche Namen:**
  Butyraldehyd-Monobutylamin-Reaktionsprodukt; Reaktionsprodukt aus N-Butyraldehyd und Butylamin;
- **Summenformel:**
  $(C_8H_{17}N)_n$

- **Strukturformel:**

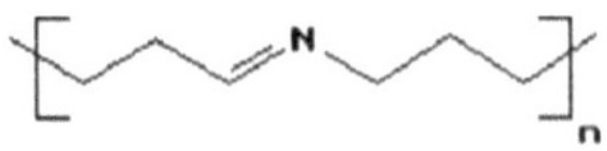

Funktion:
Vulkanisationsbeschleuniger, organisch;
Kautschukart:
Naturkautschuk; Styrol-Butadien-Kautschuk; Chloropren-Kautschuk;

Eigenschaften:

- **physikalisch/chemisch:**
Dichte: 860 ± 20 kg/m3

Reaktionsprodukt aus Diphenylamin mit Propanon

- **CAS-Nummer:**
9003-79-6
- **gebräuchliche Namen:**
Diphenylamin-Aceton-Kondensationsprodukt; Kondensationsprodukt aus Diphenylamin und Aceton;
- **Handelsnamen:**
BLE 25; BLE 75; Vanox AM;
- **Summenformel:**
$(C_{12}H_{11}N * C_3H_6O)_n$

Funktion:
Oxidationsschutzmittel; Alterungsschutzmittel;
Kautschukart:
Naturkautschuk; synthetischer Kautschuk;

branchenspezifische Bemerkung zur Substanz:
Einsatzmenge: 34 t/a (TSE-Industrie, 1996)

Eigenschaften:
- **toxikologisch/ökotoxikologisch:**
WGK: 2

- **physikalisch/chemisch:**
Flammpunkt: 110 °C
Dichte: 1150 ± 30 kg/m3; 1080-1100 kg/m3; 1330 kg/m3
Löslichkeit:
gut löslich in Propanon, Methylbenzen; mäßig löslich in Ethanol; schwach löslich Hexan; unlöslich in Wasser;

Bemerkung:
aminartiger Geruch;
nicht explosionsgefährlich; zu vermeidende Stoffe: starke Säuren und Oxidantien;

Reaktionsprodukt aus Diphenylamin und 2-Propanon

- **CAS-Nummer:**
68412-48-6
- **gebräuchliche Namen:**
Reaktionsprodukt aus Diphenylamin und Aceton;

- **Handelsnamen:**
  Agerite Superflex;

Funktion:
  Oxidationsschutzmittel;
Kautschukart:
  Naturkautschuk; synthetischer Kautschuk;

Eigenschaften:

- **physikalisch/chemisch:**
  Dichte: 1100 ± 20 kg/m3

  Löslichkeit:
  löslich in Propanon, Toluol, Trichlormethan, Schwefelkohlenstoff; unlöslich in Wasser [609];

Reaktionsprodukt von 1,4-Kresol, Dicyclopentadien, 2-Methylpropen, butyliert

- **CAS-Nummer:**
  68610-51-5
- **gebräuchliche Namen:**
  Butyliertes Reaktionsprodukt aus p-Kresol und Dicyclopentadien;
- **Handelsnamen:**
  Santowlite ML; Wingstay L; Wingstay HLS; Ralox LC Pulver;
- **Summenformel:**
  $C_{32}H_{44}O_2(C_{17}H_{20}O)_n$

- **Strukturformel:**

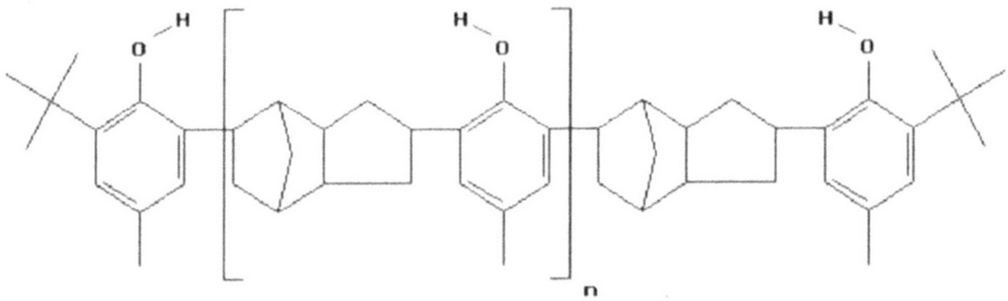

Funktion:
  Oxidationsschutzmittel;
Kautschukart:
  Naturkautschuk; Isopren-Kautschuk, synthetisch; Styrol-Butadien-Kautschuk; Chloropren-Kautschuk;
Anwendung:
  Latex- und Kautschukartikel;

Eigenschaften:
- **toxikologisch/ökotoxikologisch:**
  WGK: 1

- **physikalisch/chemisch:**
  Dichte: 1100 ± 30 kg/m3

  Bemerkung zu physikalisch/chemischen Daten:
  Schmelzpunkt: 105 °C [Sdb Raschig];

Bemerkung:
  zu Ralox LC [SdB]:
  helles bis cremefarbenes Pulver;

Rizinusöl

- **CAS-Nummer:**
  8001-79-4
- **gebräuchliche Namen:**
  Castor-oil; Kastor-öl; Kastoröl; Ricinusöl;
- **Handelsnamen:**
  Phorbyol;
- **Summenformel:**
  N

Funktion:
Weichmacher aus Naturprodukten;

branchenspezifische Bemerkung zur Substanz:
Einsatzmenge: 120 t/a (Reifenindustrie: 100 t/a, TSE-Industrie: 21 t/a) (1996)

Eigenschaften:
- **toxikologisch/ökotoxikologisch:**
  RTECS # FI 4100000
  R-Satz: 36/37/38
  S-Satz: 26-36
  Sonstiges:
  Enthält giftiges Albumin ⇒ Rizin;

- **physikalisch/chemisch:**
  Schmelzpunkt: -10 bis -12 °C
  Siedepunkt: 313 °C
  Flammpunkt: >112 °C
  Brechungsindex: 1,4784 (20 °C)
  Dichte: 953-964 kg/m3 (20 °C)

  Löslichkeit:
  leicht löslich in Ethanol, Diethylether, konz. Ethansäure; begrenzt mischbar mit Benzin;

Verbleib nach Gebrauch:
Verbrennung nach Mischung mit brennbarem Lösemittel;

Bemerkung:
Klares, farbloses und viskoses pflanzliches, fettes Öl; enthält 3 - 9 % ⇒ Ölsäure, 2 - 3 % ⇒ Linolsäure, ca. 2 % ⇒ Stearinsäure;
Verwendung: als Abführmittel; als Einreibemittel bei Krätze; als Schmieröl; zur Herstellung von festen Appreturseifen, transparenten Seifen, Öllacken, Türkischrotöl; in der Lederindustrie; als Weichmacher für ⇒ Cellulosenitrat;

Rüböl, vernetzt mit Schwefel und Wasser

- **CAS-Nummer:**
  70025-21-7
- **Handelsnamen:**
  Faktis Corma R;

Funktion:
Verarbeitungshilfsmittel;

Rutil

- **CAS-Nummer:**
  1317 80 2
- **gebräuchliche Namen:**
  Titandioxid Typ R2 (DIN 55912); Titan(IV)-oxid; Titansäureanhydrid;
- **Handelsnamen:**
  Austiox R-CR; Bayertitan R-KB-2; Bayertitan-2S; Bayertitan-3; Bayertitan-4; Bayertitan-5; Bayertitan-6; Bayertitan R-KB-I; Bayertitan R-FD-I; Bayertitan R-PL-1; Bayertitan-2; Bayertitan R-SE-49; Bayertitan-50; Bayertitan-56; Bayertitan-60; JR 600 A; R 830 (mineral); Sagenit; TR-700; Unitan OR;
- **Summenformel:**
  TiO_2

Funktion:
Füllstoff, anorganisch;

branchenspezifische Bemerkung zur Substanz:
Einsatzmenge: 670 t/a (Reifenindustrie: 16 t/a, TSE-Industrie: 650 t/a) (1996)

Eigenschaften:
toxikologisch/ökotoxikologisch:
RTECS # VM 2940000
WGK: 0
MAK Wert: 6 mg/m3 A
R-Satz: 20
S-Satz: 22-38-36/37/39
Sonstiges:
[Sdb Bayer]:
Bayertitanpigmente sind nach bisheriger Kenntnis physiologisch unbedenklich; Augenkontakt kann jedoch durch mechanische Einwirkung (Staub) unter extremen Bedingungen kurzfristig eine leichte Schleimhautreizung hervorrufen;
LD 50 (oral, Ratte): >10000 mg/kg
LC o (Fisch, Goldorfe): 1000 mg/l
Keine Schadwirkung gegen Pseudomonas fluorescens: >5000 mg/l
Keine Schadwirkung gegen Escherichia coli: >5000 mg/l

- **physikalisch/chemisch:**
  Schmelzpunkt: >1000 °C; 1830-1880 °C
  Siedepunkt: 2500-3000 °C
  Dichte: 4100 kg/m3 (20 °C); 4260 kg/m3
  Molmasse: 79,88 g/mol

  Löslichkeit:
  unlöslich in Wasser [Sdb];
  löslich in Schwefelsäure, Alkalien; unlöslich in Säuren;

Bemerkung:
Fest, weiß, geruchlos [Sdb Bayer];
Metalligartig glänzende blutrote, braunrote, seltener gelbliche oder eisenschwarze (Nigrin), prismatische langgestreckte oder dicksäulige bis nadelfeine Kristalle, derbe Massen oder Körner, die meist mit Eisenoxiden und etwas SiO2, Cr2O3, V2O5 und Al2O3 verunreinigt sind. Der TiO2-Gehalt wird dadurch auf 94-98 % erniedrigt.
Rutil ist unter den 3 Titandioxid-Mineralien (Rutil, Anatas und Brookit) die stabilste Modifikation und am weitesten verbreitet.
Verwendung: Natürliches Rutil wird zur Gewinnung von Titan und zur Herstellung von Schweißelektroden verwendet. Rutil wird ferner in größtem Umfang im Rahmen der Titandioxid-Pigment-Industrie künstlich hergestellt und als hochwertiges Weißpigment eingesetzt [573];

Salicylsäure-4-tert.-butylphenylester

- **CAS-Nummer:**
  87-18-3
- **gebräuchliche Namen:**
  4-tert.-Butylphenyl-salicylat; 4-(1,1-Diemethylethyl)phenylester;
- **Handelsnamen:**
  Anti UVK;
- **Summenformel:**
  $C_{17}H_{18}O_3$

- **Strukturformel:**

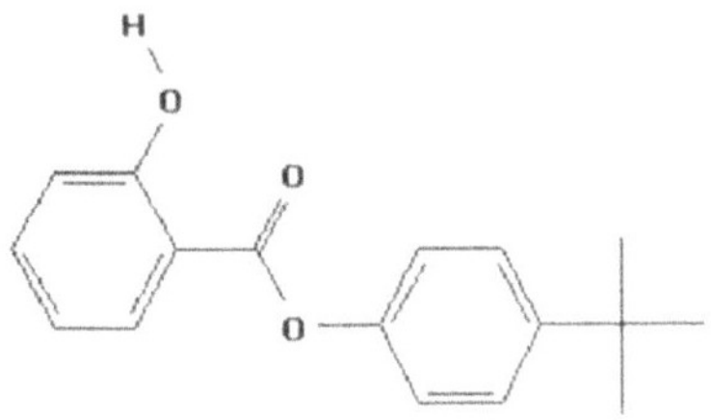

Funktion:.
Lichtschutzmittel;

Eigenschaften:
- **toxikologisch/ökotoxikologisch:**
  RTECS # VQ 2020000
  Sonstiges:
  LD 50 (oral, Maus): 2900 mg/kg [428];

- **physikalisch/chemisch:**
  Schmelzpunkt: 66-68 °C; 62-64 °C
  Molmasse: 270,33 g/mol;

Schwefel

- **CAS-Nummer:**
  7704-34-9
- **UN Nummer:**
  1350; 2448
- **gebräuchliche Namen:**
  Sulfur; Fester Schwefel; Kolloidschwefel; Netzschwefel; Schwefelblume; Stangenschwefel; Kumulus;
- **Handelsnamen:**
  Asulfasupra; Avokal; Bensulfoid; Brimstone; Collokit; Colloidal-S; Colloidal sulfur; Colsul; Corosul D; Corosul S; Cosan; Cosan 80; Crystex; Doesulf L 95; Elosal; Flour sulphur; Flowers of sulfphur; Ground vocle sulphur; Hexasul; Ivegran VP 60.103; Kocide; Kolo 100; Kolofog; Kolospray; Kumulus; Kumulus S; Mahlschwefel; Magnetic 70; Magnetic 90; Magnetic 95; Microflotox; Microthiol; Micowetsulf; NA1350 (DOT); NA2448 (DOT); Polsulkol Extra; Precipitated sulfur; Rhenocure IS-60/G; Rhenocure IS-90/G; Rubersul 10; Rhenogran S-80; Rubersul 100; Rubersul 400; Rhenosol S-45; Rubersul 700; Rubersul 800; Schwefelblüte; Shreesul; Sofril; Sperlox-s; Spersul; Spersul thiovit; Struktol SU 50; Struktol SU 95; Struktol SU 105; Struktol 109; Struktol SU 120; Struktol SU 135; Sublimed sulfur; Sulfex; Sulfidal; Sulforon; Sulfran; Sulfur (UN 1340, NA 1350) (DOT); Sulfur molten (UN 2448, NA 2448) (DOT); Sulkol; Sulphur; Sultaf; Super cosan; Sulsol; Svovl; Technetium Tc 99M sulfur colloid; Tesuloid; Thiolux; Thiovit; Wettasul;
- **Summenformel:**
  S

Funktion:
(1) Vulkanisiermittel / Schwefelspender;
(2) Alterungsschutzmittel;

Kautschukart:
(1) Naturkautschuk; synthetischer Kautschuk;
Anwendung:
(1) Reifen, Schläuche; chirurgische und medizinische Artikel; Sportartikel; Spielsachen; technische Gummiartikel; Produkte für Industrie, inkl. Druckplattentücher; Klebstoffe; Dichtungen; Latex Tauchartikel; Latex Schaumartikel;

branchenspezifische Bemerkung zur Substanz:
Einsatzmenge: 5.790 t/a (Reifenindustrie: 4.290 t/a, TSE-Industrie: 1.500 t/a) (1996)

Eigenschaften:
- toxikologisch/ökotoxikologisch:
RTECS # WS 4250000
Schweizer Giftliste: 5
WGK: 0
R-Satz: 36/37/38
S-Satz: 26-37/39
Sonstiges:
Schwefelstaub kann Augen reizen; bei Brand entwicklen sich giftige, starke Reizwirkung verursachende, erstickende Gase, die ⇒ Schwefeldioxid enthalten; Schwefeldioxid verursacht schwere Reizung der Augen und Atemwege (Lungenödem möglich); Geschmolzenes Schwefel kann ⇒ Schwefelwasserstoff enthalten, der bereits in niedrigen Konzentrationen sehr giftig ist [163];
Schwefelmilch (gefällter Schwefel): tödliche Dosis ab 12 g [39];
Kolloidaler Schwefel (Goldfisch, 3,5 - 5,25 h): 1600 mg/l tödlich [163];
LD (oral, Ratte): >8437 mg/kg [428];
LD Lo (intravenös, Ratte): 8 mg/kg [428];
LD Lo (intravenös, Hund): 10 mg/kg [428];
LD Lo (oral, Kaninchen): 175 mg/kg [428];
LD Lo (intranvenös, Kaninchen): 5 mg/kg [428];
LD Lo (intraperitoneal, Meerschweinchen): 55 mg/kg [428];
LC 50 (inhalativ, Säugetier): 1660 mg/m3 [428];

Chemikalienkatalog FLUKA Gefahrensymbol: F; R-Satz: 11;

Gefahren-Symbol:

- physikalisch/chemisch:
Schmelzpunkt: 112,8 °C; 119 °C
Siedepunkt: 444,67 °C
Flammpunkt: 168 °C
Dichte: 2070 kg/m3 (20 °C)
Molmasse: 32,064 g/mol
Löslichkeit:
Schwefelkohlenstoff 230 g/l (0 °C); unlöslich in Wasser; wenig löslich in Ethanol, Diethylether, Benzen, flüssigem Ammoniak; löslich in Tetrachlormethan (alle Angaben für alpha-Schwefel);

Bemerkung zu physikalisch/chemischen Daten:
Zündtemperatur: 235 °C (fest); 260 °C (flüssig) [484];

Verbleib nach Gebrauch:
Verbrennung nach Mischung mit brennbarem Lösemittel;

Bemerkung:
Gelbe bis braune, feste Masse oder Kristalle, Brocken, grobes körniges Pulver, feinkorniges Pulver oder amberfarbene heiße Schmelze; im flüßgen Zustand werden bei Luftzutritt SO(2)-Dämpfe zum Teil auch H(2)S-Gas abgegeben; Zugelasssen als Lebensmittelzusatzstoff nach LMBG;
Verschiedene Modifikationen, z.B.:
alpha-Schwefel (rhombischer Schwefel): zitronengelb;

ß-Schwefel (monokliner Schwefel): hellgelb;
gamma-Schwefel (perlmuttartiger Schwefel): hellgelb, fast farblos;
alpha-Schwefel ist bei Raumtemperatur die stabilste Modifikation;
Reagiert bei Kontakt mit sauerstoffreichem Material; Kupfer und Kupferverbindungen werden angegriffen;
in Verbindung mit Feuchtigkeit wird Stahl allmählich angegriffen; Geruch nach Schwefeldioxid;
Die Transporttemperatur des flüssigen (geschmolzenen) Schwefels beträgt ca. 140 °C [484];
Verwendung: Vulkanisierung von Kautschuk; Herstellung von Schwefelverbindungen;

Präparationen von unlöslichem Schwefel: Struktol SU 95: 95 % Schwefel; Struktol SU 105: 83 % Schwefel; Struktol SU 120: 50 % Schwefel;

zu Doesulf L 95 [Sdb D.O.G]:
99,5 % elementarer Schwefel, 0,5 % organische Dispergatoren;

zu Rhenocure IS-60/G: mindestens 60 % unlöslicher Schwefel;

Schwefelkohlenstoff

- **CAS-Nummer:**
  75-15-0
- **UN Nummer:**
  1131
- **gebräuchliche Namen:**
  Kohlendisulfid; Sulfurit; Kohlensulfid; Kohlenstoffdisulfid; Schwefelalkohol; 1,1'-Methylenbispiperidin; Reaktionsprodukt mit Carbondisulfid; Reaktionsprodukt von Carbondisulfid mit 1,1'-Methylendipiperidin; Carbon-bisulfid; Kohlenstoffsupersulfid;
- **Handelsnamen:**
  R-2 Crystals;
- **Summenformel:**
  CS_2

Funktion:
(1) Lösemittel; Vulkanisationsbeschleuniger, organisch;

Anwendung:
(1) Reifen, Schläuche; chirurgische und medizinische Artikel; Sportartikel; Spielsachen; technische Gummiartikel; Produkte für Industrie, inkl. Druckplattentücher; Klebstoffe; Dichtungen;

branchenspezifische Bemerkung zur Substanz:
(2) Reaktionsprodukt aus Thiuramen (Vulkanisationsbeschleuniger) und Zersetzungsprodukt von Sulfenamiden;

Eigenschaften:
- **toxikologisch/ökotoxikologisch:**

RTECS # FF 6650000
WGK: 2
MAK Wert: 30 mg/m3 bzw. 10 ml/m3
R-Satz: 11-36/38-48/23-62-63
S-Satz: 16-33-36/37-45
Sonstiges:
Einstufung und Kennzeichnung von Zubereitungen, in denen diese Substanz enthalten ist:
20%<=C ⇒ T; R36/38-48/23-62-63
1%<=C<20% ⇒ T; R48/23-62-63
0.2%<=C<1% ⇒ Xn; R48/20

Zu diesem Stoff liegt ein BUA-Stoffbericht Nr. 83 vor.
Spitzenbegrenzung: II,1 [481]; Schwangerschaftsgruppe B [481];
Hautresorption!; Repr.Cat.3 [505]; H; Geruchsschwelle 200 µg/m3, 350 µg/m3, 0,21 ml/m3 [= 660 µg/m3) [597]; 0,21 ml/m3 [163];
Wirkstoffklasse I7a (NT) nach EWG-RL. vom 26.6.78 (Schädlingsbekämpfungsmittel);

Dämpfe wirken narkotisch; nach Überleben der akuten Vergiftung können Schäden am ZNS (z.B. Sehstörungen) für einige Zeit zurückbleiben; Kontakt mit der Flüssigkeit verursacht am Auge Verätzungen, nach anhaltender Einwirkung auch an der Haut, die wie Verbrennungen 2. Grades aussehen; Aufnahme auch über die Haut möglich; bei Erhitzung bis zur Zersetzung z.B. durch Umgebungsbrände werden giftige Dämpfe frei, deren Wirkung mit Verzögerung auftreten kann [163];
Symptome: Euphorie, Rausch, Delirien, Bewußtlosigkeit, Krämpfe, Atemlähmung.
Kurzeinwirkung: 1100 ml/m3 30 Minuten verursachten Bewußtlosigkeit. 4000 ml/m3 60 Minuten führten zum Tod [484];
Bei relativ hoher Dosis bzw. Expositionskonzentration funktionelle und morphologische Veränderung des Herzens und der Leber, manisch-depressive Phsychosen, diffuse Enzephalophathien mit kortikaler pyramidaler und extrpyramidaler Symptomatik (artheriosklerotische Veränderung der Blutgefäße), Polyneuropathie, Myopathien, neurasthenische Syndrome, optische Neuritis, chronische Gastritis und ulcerative Duodenitis, kardiotoxischer Effekt mit erhöhter Herz- und Kreislaufsterblichkeit;
bei geringen Konzentrationen metabolische Veränderungen im Gehirn, Kopfschmerzen, Benommenheit, vasomotorische Störungen, Schwindel, Sensibilitätsstörungen, Atemnot oder Brustschmerz, Impotenz, Brechreiz, Enzephalopathie, zerebrale Atrophie und Geistesschwäche, Schwangerschafts- und Menstruationsstörungen;
bei höheren Konzentrationen morphologische Veränderungen und Verhaltensstörungen;
Expositionskonzentration von >10000 mg/m3 beim Menschen: Koma und Tod;
Expositionskonzentration von 3000-5000 mg/m3 beim Menschen: akute neurologische Effekte, extreme Reizbarkeit und Aggressivität, Stimmungsschwankungen, Delirium, Halluzination, pranoische Tendenzen und Selbstmordbereitschaft [597];
LC Lo (inhalativ, Mensch): 4000 ml/m3, 2000 ml/m3/5 min [428];
LD (oral, Ratte): >505 mg/kg [428];
LD 50 (oral, Ratte): 3188 mg/kg [597];
LC 50 (inhalativ, Ratte): 25000 mg/m3/2 h [428];
LD (intraperitoneal, Ratte): 583-1545 mg/kg [597];
LD 50 (oral, Maus): 2780 mg/kg [428], 3020 mg/kg [597];
LC 50 (inhalativ, Maus): 10000 mg/m3/2 h [428];
LD 50 (intraperitoneal, Maus): 1890 mg/kg [597];
LD 50 (oral, Kaninchen): 2550 mg/kg [428];
LD 50 (oral, Meerschweinchen): 2125 mg/kg [428];
LD Lo (intraperitoneal, Meerschweinchen): 400 mg/kg [428];

Fischtoxizität: LC 50: 95 mg/l [32];
Giftschwellenwert 35 mg/l tödlich für Fische [32];
LC 50 (Fisch, Goldorfe): 265/95 mg/l [33];
LC 100 (Fisch, Goldorfe): 290/126 mg/l [33];

Gefahren-Symbol:

- **physikalisch/chemisch:**

Schmelzpunkt: -112 °C; 111,6 °C
Siedepunkt: 46,2 °C
Flammpunkt: -30 °C; -33 °C
Dampfdruck: 400 hPa (20 °C) [32]; 264,1 hPa (10 °C); 397,6 hPa (20 °C) [597]*
Log pOW: 1,84 [597]; 2,16 [597]; 194 [597]
Brechungsindex: 1,6270 (20 °C); 1,62546 (20 °C)
Dichte: 1261 kg/m3 (20 °C); 1260 kg/m3 (25 °C)
Molmasse: 76,139 g/mol

Löslichkeit:
Wasser: 2,1 g/l (20 °C); löslich in Alkohol, Benzen und Diethylether [597];
wenig löslich in Wasser; mischbar mit wasserfreiem Methanol, Ethanol, Diethylether, Benzen, Trichlormethan;

Bemerkung zu physikalisch/chemischen Daten:
*: Dampfdruck: 580,3 hPa (30 °C) [597];

Verbleib nach Gebrauch:

Verbrennung, hochentzündliche Stoffe;
Entsorgungsweg von TA-Abfall: Verbrennung besonders überwachungsbedürftiger Abfälle [597];

Bemerkung:

Farblose Flüssigkeit; scharfer, unangenehmer Geruch; brennbar;
Bildet im dampf-/gasförmigen Zustand mit Luft hoch explosionsfähige Gemische; Dämpfe schwerer als Luft; Explosionsgrenzen: 1-60 Vol.-% ; Zündtemp.: 102 °C;
Lösungsmittel u. a. für Schwefel, Phosphor, Brom, Harze, Kautschuk; verboten in kosmetischen Mitteln; greift Gummi und Plastik an; Luftversand verboten [32];
Der Stoff ist sehr reaktionsfreudig; ausgezeichnetes Lösungsmittel für Fette, Harze, Kautschuk, weißem Phosphor, Schwefel und Brom;
Verwendung als Pflanzenschutzmittel in Deutschland nur im Weinbau gegen Reblaus und nur mit Zustimmung der zuständigen Behörde;
wird druch schwefel- und Methanbakterien eliminiert;
aerober Abbau in der biologischen Stufe von Kläranlagen (oft durch Ausgasen in die Luft);
in der Atmosphäre photochemisch abbaubar [597];

Schwefelsäuredodecylester, Natriumsalz

- **CAS-Nummer:**
  151-21-3
- **UN Nummer:**
  2811
- **gebräuchliche Namen:**
  Dodecylsulfat, Natriumsalz; Natriumlaurylsulfat; SDS; Sodiumdodecylsulfat; Natriumdodecylsulfat; Dodecylschwefelsäure, Natriumsalz; Laurylschwefelsäure Natriumsalz; Dodecylnatriumsulfat; Natriumdodecylsulfonat; Dodecylhydrogensulfat, Natriumsalz; Natriumdodecylsulfat; Schwefelsäure, Monododecylester, Natriumsalz; Dodecylnatriumsulfat; n-Dodecylsulfatnatriumsalz; Natriummonolaurylsulfat;
- **Handelsnamen:**
  AI3-00356; Akyposal SDS; Aquarex ME; Aquarex methyl; Avirol 101; Avirol 118 conc; Berol 452; Carsonol SLS; Carsonol SLS Paste B; Carsonol SLS Special; Conco sulfate WA; Conco sulfate WA-1200; Conco sulfate WA-1245; Conco Sulfate WAG; Conco Sulfate WAN; Conco Sulfate WAS; Conco sulfate WN; Cycloryl 21; Cycloryl 31; Cycloryl 580; Cycloryl 585N; Dehydag sulfate GL emulsion; Dehydag sulphate GL emulsion; Detergent 66; Dreft; Duponal; Duponal WAQE; Duponol; Duponol C; Duponol ME; Duponol methyl; Duponol QX; Duponol WA; Duponol WA Dry; Duponol WAQ; Duponol WAQA; Duponol WAQE; Duponol WAQM; EMAL O; EMAL 10; Emersal 6400; Empicol LPZ; Empicol LS 30; Empicol LX 28; Emulsifier No. 104; Finasol osr(sub 2); Gardinol; Hexamol SLS; Incronol SLS; Irium; Jordanol SL-300; Lanette wax-S; Lauryl sodium sulfate; Maprofix 563; Maprofix LK; Maprofix NEU; Maprofix WAC; Maprofix wac-LA; Melanol CL; Melanol CL 30; Monogen Y 100; Montopol LA paste; NCI-C50191; Neutrazyme; Nikkol SLS; Odoripon AL 95; Orvus WA paste; P and G emulsifier 104; Perlandrol L; Product No. 75; Product No. 161; Quolac EX-UB; Rewopol NLS 30; Richonol A; Richonol AF; Richonol C; SDS; Sinnopon LS 95; Sinnopon LS 100; Sintapon L; Sipex OP; Sipex SB; Sipex SD; Sipex SP; Sipex UB; Sipon LS; Sipon LS 100; Sipon LSB; Sipon PD; Sipon WD; SLS; Solsol needles; Standapol 112 conc; Standapol WA-AC; Standapol WAQ; Standapol WAQ Special; Standapol WAS 100; Steinapol NLS 90; Stepanol ME; Stepanol ME Dry; Stepanol ME Dry AW; Stepanol methyl; Stepanol methyl dry AW; Stepanol T 28; Stepanol WA; Stepanol WA-100; Stepanol WAC; Stepanol WA paste; Stepanol WAQ; Sterling WA paste; Sterling waq-CH; Sterling waq-cosmetic; Sulfetal L 95; Sulfopon WA 1; Sulfopon WA 2; Sulfopon WA 3; Sulfopon WA 1 special; Sulfotex WA; Sulfotex WALA; Swascol 3L; Swascol 4L; Swascol 1P; Syntapon; Syntapon L; Tarapon K 12; Texapon; Texapon DL conc.; Texapon K12; Texapon K-1296; Texapon L 100; Texapon V HC; Texapon V HC powder; Texapon ZHC; Texapon Z high conc. needles; Trepenol WA; TVM 474; Ultra sulfate SL-1; WAQE; Witcolate A; Witcolate A powder; Witcolate C;
- **Summenformel:**
  $C_{12}H_{25}NaO_4S$

- **Strukturformel:**

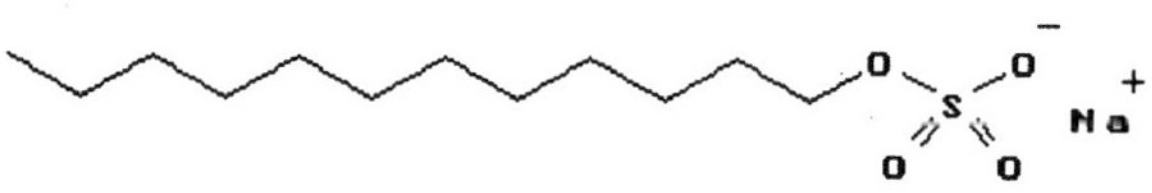

Funktion:
Emulgator;

branchenspezifische Bemerkung zur Substanz:
Einsatzmenge: 0,3 t/a (TSE-Industrie, 1996)

Eigenschaften:
- **toxikologisch/ökotoxikologisch:**
RTECS # WT 1050000
Schweizer Giftliste: 4
WGK: 2
R-Satz: 20/22-42-36/37/38-44
S-Satz: 23-26-33
Sonstiges:
Wirkt schädigend bei Einatmung; kann schädigend wirken bei Verschlucken und Aufnahme über Haut; verursacht Augen- und Hautreizungen; reizt Schleimhäute und Atemwege [187];
Bei Erhitzung oder Brand entstehen u.a. hochgiftige Schwefeloxide;
Symptome: Brennen der Augen, der Nasen- und Rachenschleimhäute sowie der Haut; Husten, Atemnot, Kopfschmerzen; nach Verschlucken: Übelkeit, Erbrechen; bei Erhitzung: Husten, Atemnot [484];
LD 50 (intraperitoneal, Maus): 250 mg/kg [428];
LD 50 (intravenös, Maus): 118 mg/kg [428];
LD 50 (intravenös, Ratte): 118 mg/kg [428];
LD 50 (oral, Ratte): 1228 mg/kg [428]; 1288 mg/kg [187];
LD 50 (intraperitoneal, Ratte): 210 mg/kg [428];
LC 50 (inhalativ, Ratte): >3900 mg/kg [428];

LC 50 (Fisch, Goldorfe): 22 mg/l [33];
LC 100 (Fisch, Goldorfe): 30 mg/l [33];

Gefahren-Symbol:

- **physikalisch/chemisch:**
Schmelzpunkt: 204-207 °C
Log pOW: 1,60 [4], [150]
Dichte: >1100 kg/m3 (20 °C)
Molmasse: 288,38 g/mol
Löslichkeit:
löslich in Wasser: 100 g/l;

Verbleib nach Gebrauch:
Verbrennung nach Mischung mit brennbarem Lösemittel;

Bemerkung:
Weiße, cremefarbene oder hellgelbe Kristalle, Flocken oder Pulver; nicht brennbar, fördert die Brennbarkeit aller anderen brennbaren Substanzen [484];
ionisches Detergens;
Stoff reagiert bei Kontakt oder Mischung mit starken Oxidationsmitteln;
Bei Brand oder Erhitzung bis zur Zersetzung bilden sich giftige Schwefeloxide [484];
Verwendung: zur Trennung von Proteinen und Lipiden bei der Elektrophorese; Zellaufschluß;
Waschmittelzusatz;
Enthalten in Darvan WAQ (20-40%);

Schwefel, ungelöst

- **CAS-Nummer:**
  9035-99-8
- **Handelsnamen:**
  Crystex N
- **Summenformel:**
  S_x

Funktion:
Vulkanisiermittel / Schwefelspender;

Eigenschaften:

- **physikalisch/chemisch:**
  Molmasse: 32000 g/mol

Schwefelwasserstoff

- **CAS-Nummer:**
  7783-06-4
- **UN Nummer:**
  1053
- **gebräuchliche Namen:**
  Dihydrogenmonosulfid; Hydroschwefelsäure; Hydrothionsäure; Monosulfan; Schwefelwasserstoffsäure; Schwefeldihydrid; Wasserstoffsulfid;
- **Summenformel:**
  H_2S

branchenspezifische Bemerkung zur Substanz:
Zersetzungsprodukt, u.a. von Vulkanisationsbeschleunigern (z.B. von Sulfenamiden);

Eigenschaften:
- **toxikologisch/ökotoxikologisch:**
  RTECS # MX 1225000
  Schweizer Giftliste: 2
  WGK: 2
  MAK Wert: 10 ml/m3 bzw. 15 mg/m3
  R-Satz: 12-26
  S-Satz: (1/2)-7/9-16-45
  Sonstiges:
  Schwangerschaftsgruppe IIc; Reizstoff; Nervengift; Zellgift; Gas übt Reizwirkung auf Schleimhäute aus und führt zu einer, durch Lähmung der Zellatmung bedingten, Nervenschädigung; in höheren Konzentrationen Krämpfe und Bewußtlosigkeit, bis schließlich Tod durch Atemlähmung eintritt;
  Eingeatmet 1,2 - 2,8 mg/l Luft (= 0,1 %) sofort tödlich, 0,6 mg/l Luft (= 0,05 %) in 0,5 - 1 h tödlich, 0,1 - 0,15 mg/l Luft (= 0,02 %) bei mehrstündiger Einatmung giftig [30];
  Geruchsschwelle: 0,01 ml/m3 [29];
  Immissionswerte: IW 1 0,0050 mg/m3; IW 2 0,010 mg/m3
  Bei Eindringen ins Grundwasser (Uferfiltrat) dieses als Trinkwasser unbrauchbar [29];
  LC Lo (inhalativ, Mensch): 600 ppm/30m, 800 ppm/5m [428];
  LC Lo (inhalativ, Mann): 5700 µg/kg [428];
  LC 50 (inhalalativ, Ratte): 713 ml/m3/1h [131], 444 ppm [428];
  TC Lo (inhalativ, Ratte): 1200 mg/m3/2h/5d (intermittierend), 100 ppm/8h/5w (intermittierend), 80 ppm/6h/90d (intermittierend) [428];
  TC Lo (inhalativ, Ratte (trächtig)): 20 ppm/6-22d [428];
  LC 50 (inhalativ, Maus): 673 ml/m3/1h [131], 634 ppm/1h [428];

TC Lo (inhalativ, Maus): 80 ppm/6h/90d (intermittierend) [428];
LC Lo (inhalativ, Säugetier): 800 ppm/5m [428];

Gefahren-Symbol:

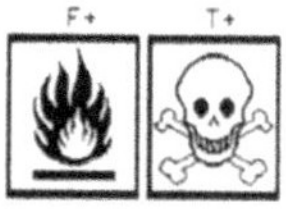

- **physikalisch/chemisch:**
  Schmelzpunkt: -85,5 °C
  Siedepunkt: -60,7 °C
  Dampfdruck: 17700 hPa (20 °C) [29]
  Dichte: 1,539 kg/m3 (0 °C); 1,5292 kg/m3 (20 °C)
  Molmasse: 34,080 g/mol

  Löslichkeit:
  Wasser 5,3 g/l (10 °C), 3,98 g/l (20 °C); löslich in Ethanol;

Verbleib nach Gebrauch:
Verbrennen entzündlicher Gase, Neutralisation korrosiver Gase, Verbrennung und/oder chemische Reaktion giftiger, hochreaktiver Gase und Reizgase, Reinigung der Druckbehälter;

Bemerkung:
Farbloses, selbst in geringen Konzentrationen noch unangenehm nach faulen Eiern riechendes Gas; in hoher Konzentration geruchlich nicht wahrnehmbar! brennbar;
Bildet mit Luft explosionsfähige Gemische;
Explosionsgrenzen: 4,3 - 45,5 Vol%; Zündtemp.: 270 °C [29];
Verwendung: zur Gewinnung von Schwefel und Schwefeldioxid;

Schwerspat

- **CAS-Nummer:**
  13462-86-7
- **gebräuchliche Namen:**
  Barit; Heavyspar; Bariumsulfat;
- **Summenformel:**
  $BaSO_4$

Funktion:
Füllstoff, anorganisch;

branchenspezifische Bemerkung zur Substanz:
Einsatzmenge: 2.690 t/a (Reifenindustrie: 5,3 t/a, TSE-Industrie: 2.680 t/a) (1996)

Eigenschaften:

- **physikalisch/chemisch:**
  Schmelzpunkt: 1580 °C
  Dichte: 4300-4700 kg/m3
  Molmasse: 233,39 g/mol

  Löslichkeit:
  löslich in Schwefelsäure, 3-%iger Salzsäure;

Bemerkung:
Verbreitetestes u. wichtigstes Barium-Mineral, Tieftemperatur-Form von Bariumsulfat. Durchsichtige bis druchscheinende, farblose, weiße oder verschieden gefärbte, blas- bis perlmuttglänzende, tafelige, prismatische oder stengelige, z.T. große rhombische Kirstalle.
Als Verunreinigungen treten Si, Fe, Mn, Mg, Alkalien, Hg (Einschlüsse von Zinnober) und Bitumen auf.

Vorkommen: In hydrothermalen Gang- und Verdrängungs-Lagerstätten sowohl als überwiegendes Mineral (z.B. Oberwolfach/Schwarzwald, Dreislar/Sauerland, Bad Lauterberg/Harz) als auch als Gangart. In marin-hydrothermal-sedimentären Erzlagerstätten (Kieslager) z.B. Meggen/Westfalen; rezent z.B. in Erzschlämmen am Boden des Roten Meeres. Sedimentär (Sedimente) als Knollen, Konkretionen (z. B. die Baryt-Rosen von Rockenberg/Hessen), Kluftfüllungen und als Porenzement in Sandsteinen [573];

Selen

- **CAS-Nummer:**
  7782-49-2
- **gebräuchliche Namen:**
  Selenium;
- **Handelsnamen:**
  Vandex;
- **Summenformel:**
  Se

Funktion:
(1) Vulkanisiermittel / Schwefelspender;
(2) Flammschutzmittel;
Kautschukart:
(1) Naturkautschuk; Isopren-Kautschuk, synthetisch; Styrol-Butadien-Kautschuk;

Eigenschaften:
- **toxikologisch/ökotoxikologisch:**
RTECS # VS 7700000
Schweizer Giftliste: 1
MAK Wert: 0,1 mg/m3 E
R-Satz: 23/25-33
S-Satz: (1/2)-20/21-28-45
Sonstiges:
Spitzenbegrenzung: III [481]; IMK: I;
Grenzkonzentration im Trinkwasser: 0,01 mg/l (WHO); Gesamtaufnahme von bis zu 4 g/Person ohne sichtbare, toxische Wirkung [140]; Tägliche Selenaufnahme des Menschen wird auf etwa 70 μg geschätzt [140];
LC Lo (inhalativ, Ratte): 33 mg/kg/8h [140];
LD 50 (oral, Ratte): 6700 mg/kg [428];
LD Lo (intravenös, Ratte): 6 mg/kg [428];
LD Lo (intravenös, Kaninchen): 2500 μg/kg [428];
5, 7 und 10 mg/kg Selenid führen bei Ratten nach 3 Monaten zu Leberzirrhose und zum Tod von 43 der 108 Versuchstiere [140];

Gefahren-Symbol:

- **physikalisch/chemisch:**
Schmelzpunkt: 220 °C; 217; 170-217 °C
Siedepunkt: 688 °C
Dichte: 4260 kg/m3 (20 °C, amorph); 4810 kg/m3
Molmasse: 78,96 g/l

Löslichkeit:
unlöslich in Wasser, Ethanol; löslich in Schwefelsäure;

Verbleib nach Gebrauch:
Wiedergewinnung zum Recycling oder zur Wiederverwertung;

Bemerkung:

Vorkommen in mehreren Modifikationen; die nichtmetallischen Formen sind in Kohlenstoffdisulfid löslich; Verboten in kosmetischen Mitteln;
Verwendung:
- rote Modifikation (nichtmetallisch): in der Fotoindustrie für Tonbäder
- graue Modifikation (metallisch): in Fotoelementen der lichtelektrischen Belichtungsmesser und zur Xerographie (fotoelektrisches Trockendruckverfahren);

Selenoxid

- **CAS-Nummer:**
  7446-08-4
- **UN Nummer:**
  2811
- **gebräuchliche Namen:**
  Selen(IV)-oxid; Seleniumoxid;
- **Summenformel:**
  SeO_2

Funktion:

Vulkanisiermittel / Schwefelspender;

Eigenschaften:
- **toxikologisch/ökotoxikologisch:**

RTECS # VS 8575000
WGK: 2
R-Satz: 23/25-33
S-Satz: 20/21-28-45
Sonstiges:
Schwere Reizung von Augen und Haut bei Kontakt [201];
LD 50 (Haut, Kaninchen): 4 mg/kg [428];
LC Lo (inhalativ, Kaninchen): 5890 mg/m3/20 min. [39];
LD 50 (oral, Ratte): 68,1 mg/kg [428];
LD 50 (intraperitoneal, Ratte): 3,6 mg/kg [428];
LD 50 (intravenös, Ratte): 2,71 mg/kg [428];
LD 50 (oral, maus): 23,3 mg/kg [428];
LD 50 (intraperitoneal, Maus): 4,3 mg/kg [428];
LD 50 (intravenös, Maus): 92, mg/kg [428];
LC Lo (inhalativ, Hase): 5890 mg/kg/20 min [428];

Gefahren-Symbol:

T

- **physikalisch/chemisch:**

Schmelzpunkt: 315 °C (Subl.); 340 °C
Dampfdruck: 16,66 hPa (70 °C); 1013 hPa (315 °C) [201];1130,29 hPa (320 °C) [201]*
Brechungsindex: <1,76 (20 °C)
Dichte: 3950 kg/m3
Molmasse: 110,96 g/mol

Löslichkeit:
Löslich in konz. Schwefelsäure, Ethanol 6,67 g/100 g (14 °C), Methanol 10,16 g/100 g (11,8 °C), Propanon 4,35 g/100 cm3 [201];

Bemerkung zu physikalisch/chemischen Daten:
*: weitere Daten zum Dampfdruck: 26,92 hPa (94 °C), 51,98 hPa (181 °C) [201];

Verbleib nach Gebrauch:
Sondermüll-Deponie, abfiltrierte Sulfide aus der Ausfällung des in Lösung gebrachten Stoffes (Oxidation oder wäßrige Säure) und eventueller Neutralisation;

Bemerkung:
Weißer Feststoff, hygroskopisch;
unverträglich mit organischem Material, starken Säuren und Ammoniak [187];

Selensulfid

- **CAS-Nummer:**
17587-38-1
- **Summenformel:**
SeS_7

Funktion:
Vulkanisiermittel / Schwefelspender;

Eigenschaften:
- **physikalisch/chemisch:**
Molmasse: 303,38 g/mol

Siedegrenzenbenzin

- **CAS-Nummer:**
64742-49-0

Funktion:
Lösemittel;

branchenspezifische Bemerkung zur Substanz:
Einsatzmenge: 2.677 t/a (Reifenindustrie und TSE-Industrie) (1996)

Eigenschaften:
- **toxikologisch/ökotoxikologisch:**
R-Satz: 45-22
S-Satz: 53-45
Sonstiges:
Einstufung und Kennzeichnung von Zubereitungen, in denen diese Substanz enthalten ist:
$10\% <= C \Rightarrow$ T; R45-22
$0.1\% <= C < 10\% \Rightarrow$ T; R45

Gefahren-Symbol:

Silicium(IV)-oxid

- **CAS-Nummer:**
14808-60-7
- **gebräuchliche Namen:**
Siliciumdioxid; Quarzsand; Seesand; Cristobalit; Lechatelierit; Tridymit; Achat; Quarzmehl; Fiberglas; Quarz, Pulver; Sand; Amethyst; Quarz, corpuscular;

- **Handelsnamen:**
  Attagel; Pharmasorb Colloidal; Attapulgus 150; Kristall-Quarzsand, feuergetrocknet;
- **Summenformel:**
  SiO_2

branchenspezifische Bemerkung zur Substanz:
Einsatzmenge: 764 t/a (Reifenindustrie und TSE-Industrie) (1996)

Eigenschaften:
- **toxikologisch/ökotoxikologisch:**
  RTECS # VV 7330000
  WGK: 0
  MAK Wert: 0,15 mg/m3 (gemessen als Quarzfeinstaub);
  R-Satz: 20-40-48
  S-Satz: 22
  Sonstiges:
  IMK: II; Schwangerschaftsgruppe C [481];
  vgl. Abschn. V e) und g)
  Bei akuter Einwirkung der Stäube nicht gesundheitsschädlich; Symptome: Husten [484];
  LD Lo (intravenös, Hund): 20 mg/kg [428];
  LD Lo (intravenös, Maus): 40 mg/kg [428];
  LD Lo (intravenös, Ratte): 90 mg/kg [428];
  TC Lo (inhalativ, Ratte): 50 mg/m3/6h/71w [428];

  Gefahren-Symbol:

- **physikalisch/chemisch:**
  Schmelzpunkt: 1723 ± 5 °C; 1610 °C (Quarz); 1710 °C;
  Siedepunkt: 2230 °C; 2590 °C
  Dichte: 2190-2320 kg/m3 (20 °C); 2635-2660 kg/m3 (Quarz)
  Molmasse: 60,08 g/mol

  Löslichkeit:
  unlöslich in Wasser; löslich in Flußsäure; sehr wenig löslich in Laugen;

  Bemerkung zu physikalisch/chemischen Daten:
  Alle Angaben ohne Bemerkung für Cristobalit;

Verbleib nach Gebrauch:
Sondermüll-Deponie für chemischen Abfall, besonders gefährliche Stoffe;

Bemerkung:
Farblose Kristalle oder weißes Pulver, geruchlos;
Der Stoff reagiert bei Kontakt oder Mischung mit Fluorwasserstoff und starken Basen [484];
Schmuckstein; siehe auch ⇒ Kieselsäure
Enthalten in Dicalite WB 5 (75%), WF-AB (75%), EFAPUR 1650, Kaolin (<2 %), Luzenac 20M2 (<3%), Mistrobond, Mistron Vapor RP6D , Mistron Vapor RP6, C Mistron Vapor 1R, Steanat (<3%), Talk Naintsch H-100 (47 %);

Silicium(IV)-oxid

- **CAS-Nummer:**
  7631-86-9
- **gebräuchliche Namen:**
  Silikonoxid; Diatomit; Kieselsäureanhydrid; Kieselerde; Siliciumdioxid;

- **Handelsnamen:**
  Aerosil; Armospheres; Carbosils; Cataloid; Temsil; Ludox; Minusil; Neosyl; Positive Sol; Quso; Santocel; Schneetex; Ultrasil; Vulkasil; Vulkasil C; Vulkasil N; Vulkasil N/KG; Vulkasil S; Vulkasil S/KG; Zeofree; Zeosyl; Zeotex; Zorbax; Durosil;
- **Summenformel:**
  SiO_2

Funktion:
Füllstoff, anorganisch;

Anwendung:
Reifen, Schläuche; chirurgische und medizinische Artikel; Sportartikel; Spielsachen; technische Gummiartikel; Produkte für Industrie, inkl. Druckplattentücher; Klebstoffe; Dichtungen; Latex Tauchartikel; Latex Schaumartikel;

branchenspezifische Bemerkung zur Substanz:
Einsatzmenge: 12.740 t/a (Reifenindustrie: 10.050 t/a, TSE-Industrie: 2.740 t/a) (1996)

Eigenschaften:
- **toxikologisch/ökotoxikologisch:**
  RTECS # VV 7310000
  WGK: 0
  MAK Wert: 4 mg/m3
  R-Satz: 20
  S-Satz: 38-22-36/37/39
  Sonstiges:
  Schädlich beim Inhalieren und Verschlucken, kann Reizungen verursachen [187];
  Bei akuter Einwirkung der Stäube nicht gesundheitsschädlich, allenfalls bei Einatmung extrem hoher Staubkonzentrationen akute Lungenschädigung (akute Pneumokoniose). Symptome: Husten [484];
  LD 50 (oral, Ratte): >1000 mg/kg [39]; 3160 mg/kg [187]; >10000 mg/kg [SDB];
  LC 50 (inhalativ, Ratte): >0,139 mg/l/4h;
  LD 50 (dermal, Kaninchen): >5000 mg/kg [SDB];

- **physikalisch/chemisch:**
  Schmelzpunkt: 1723 °C; 1710 °C
  Siedepunkt: 2230 °C
  Dampfdruck: 13,33 hPa (1732 °C) [187]
  Dichte: 2000 kg/m3
  Molmasse: 60,08 g/mol
  Löslichkeit:
  unlöslich in Wasser, Ethanol; löslich in Fluorwasserstoff;

Verbleib nach Gebrauch:
Sondermüll-Deponie für chemischen Abfall, besonders gefährliche Stoffe;

Bemerkung:
Hygroskopisch;
farblose Kirstalle; nicht brennbarer, fester Stoff;
der Stoff reagiert bei Kontakt oder Mischung mit Fluorwasserstoff und starken Basen [484];

Neue CAS-Nr. 112926-00-8 [Sdb Degussa];
zu 96 % enthalten in Leichtfüllstoff JS-P 100, enthalten in: Crystex OT 33 AS (8%),Parlock PM 05 (64 %), Vocol S-75 (25 %);

Silicium(IV)-oxid, amorph

- **CAS-Nummer:**
  112926-00-8
- **gebräuchliche Namen:**
  Silicagel; Kieselsäure wasserfrei; Tridymit; Cristobalit; Quarz; amorphe Kieselsäure; Siliciumdioxid, amorph; Silicagel; Crystal-free; Silicium(IV)-oxid; Silica Gel; Bio-Sil; Kieselsäureanhydrid; Kieselsäure, gefällt;

- **Handelsnamen:**
  HP-Sil; HI-Sil; Mattierungsmittel OK 412; Microsil ED; Nyacol; CP-Sil; Flatosil 421 T; Rubbersil RS-120; Rubbersil RS-150; Rubbersil RS-200; Shieldex AC3; Syloid 161; Shieldex AC5; Syloid 72; Syloid 74; Syloid 74 C; Syloid 162C; Syloid 244; Syloid 621; Syloid 622; Syloid ED 2; Syloid ED 5; Syloid ED 3; Syloid A1-1; Syloid ED 20; Syloid ED 40; Syloid ED 30; Syloid ED 50; Syloid ED 44; Syloid ED 80; Syloid ED 52; Ultrasil VN2; Ultrasil VN2 GR; Ultrasil VN3; Ultrasil VN3 GR; Weosyl TS;
- **Summenformel:**
  SiO_2

Funktion:
Füllstoff, anorganisch;

branchenspezifische Bemerkung zur Substanz:
Einsatzmenge: 2.180 t/a (Reifenindustrie: 2000 t/a, TSE-Industrie: 180 t/a) (1996)

Eigenschaften:
- **toxikologisch/ökotoxikologisch:**
  RTECS # VV 7315000
  WGK: 0
  MAK Wert: 4 mg/m3 E
  R-Satz: 20 36/37
  S-Satz: 22-38-36/37/39-26
  Sonstiges:
  Wirkt schädigend beim Einatmen oder Verschlucken; verursacht Reizungen [187];
  Bei akuter Einwirkung der Stäube nicht gesundheitsschädlich, allenfalls beim Einatmen extrem hoher Staubkonzentrationen akute Lungenschädigung (akute Pneumokoniose) [484];
  Das Produkt hat adsorbierende Wirkung und kann bei längerem Hautkontakt zur Austrocknung führen [Sdb Grace, Rhone-Poulenc];
  LD 50 (oral, Ratte): 3160 mg/kg [248], >10000 mg/kg [Sdb Degussa];
  LD 50 (intravenös, Ratte): 15 mg/kg [248];
  LD Lo (intraperitoneal, Ratte): 50 mg/kg [248];

  EC 50 (Daphnia magna): >10000 mg/l/24 h [Sdb Degussa];
  LC 50 (Brachydanio rerio): >10000 mg/l/96 h;

- **physikalisch/chemisch:**
  Schmelzpunkt: 1600 - 1670 °C (Quarz); 1713 °C (Cristobalit)
  Dichte: 2200 kg/m3 (20 °C) (amorph); 2650 kg/m3 (20 °C) (Quarz)
  Molmasse: 60,08 g/mol

  Löslichkeit:
  unlöslich in Wasser [Sdb Grace, Rhone-Poulenc];
  löslich in konzentrierter Fluorwasserstoffsäure, starken Alkalien (feingepulvert); mit Wasser nicht mischbar;

Verbleib nach Gebrauch:
Sondermüll-Deponie für chemischen Abfall, besonders gefährliche Stoffe;

Bemerkung:
Farblose Kristalle; Stoff reagiert bei Kontakt oder Mischung mit Fluorwasserstoff und starken Basen [484];
Farblose, geschmacklose Kristalle; Unverträglich mit Fluorwasserstoff; hygroskopisch;
Verwendung: Glas, Linsen, Schleifmittel, Keramiken; Veredelung von Ölen; Antischaummittel;

Siliciumdioxid tritt in verschiedenen Modifikationen als Quarz, Cristobalit, Tridymit und als amorphes Siliciumdioxid auf [573];

CAS-Nr. 7631-86-9 = alt [Sdb Degussa];
Weißes geruchloses Pulver [Sdb Grace, Rhone-Poulenc];

zu Syloid 161, Syloid 162C, Syloid ED 20, Syloid ED 40: Syloid ED 30, Syloid ED 50, Syloid ED 44, Syloid ED 80, Syloid ED 52 [Sdb Grace, Rhone-Poulenc]:

Synthetische, amorphe Kieselsäure mit spezieller organischer Nachbehandlung. Flammpunkt: >300 °C; Staubexplosionsgefahr;

zu Flatosil 421 T [Sdb Grace, Rhone-Poulenc]:
Schmelzpunkt ca. 1710 °C; Dichte ca. 2000 kg/m3 (20 °C); Fettlöslichkeit: in den gebräuchlichen organischen Lösungsmitteln unlöslich;

zu Mattierungsmittel OK 412 [Sdb Degussa]:
Flammpunkt >210 °C; Zündtemperatur > 370 °C; Dichte ca. 1900 kg/m3 (20 °C); unlöslich in Wasser; Bei Brand können als gefahrenbestimmte Rauchgase entstehen: Kohlenmonoxid , Kohlendioxid, organische Zersetzungsprodukte;

Enthalten in Byk-080 (2%), Byk-360 P (43%); Drewplus TG-4250 (1-10%), TS-4380; CAB-O-SIL L-90, LM-150, M-5, MS-55, H-5, EH-5; CAB-O-SPERSE A 105, A 1695, S 109, S 3295, II, Coupsil 8113 (76-95 %), Coupsil 6109 (76-95 %), Coupsil VP 6409 L (76-95 %), Coupsil VP 6508 (76-95 %), Montaclere SPH pdr (35 %), Peroxan PK 295 GS (20 %);

Siliconöl

- **CAS-Nummer:**
  63148-58-3
- **gebräuchliche Namen:**
  Siloxan; Silicon; Siliconflüssigkeit;

Funktion:
Oberflächenbehandlungsmittel;
Anwendung:
Kieselsäure, Kaolin;

Eigenschaften:
- **physikalisch/chemisch:**
  Flammpunkt: 315 °C
  Brechungsindex: 1,4950 (20 °C)
  Dichte: 1050 kg/m3

Verbleib nach Gebrauch:
Verbrennung nach Mischung mit brennbarem Lösemittel;;

Sojabohnenöl, epoxidiert

- **CAS-Nummer:**
  8013-07-8
- **gebräuchliche Namen:**
  Sojaölepoxid; ESO;
- **Handelsnamen:**
  Plasthall ESO; Paraplex G-62; PX-800;

Funktion:
Weichmacher, synthetisch;

branchenspezifische Bemerkung zur Substanz:
Einsatzmenge: 0,5 t/a (Reifenindustrie, 1996)

Eigenschaften:
- **toxikologisch/ökotoxikologisch:**
  RTECS # LH 8010000
  WGK: 0

Sonstiges:
Augenkontakt kann zu leichten Reizungen führen. Wiederholter und langandauernder Hautkontakt kann Reizungen verursachen [Sdb Krahn Chemie];
WGK: 0*; WGK: 1**;

LD 50 (oral, Ratte): 40000 mg/kg;

- **physikalisch/chemisch:**
  Siedepunkt: 398 °C*; 399 °C**
  Flammpunkt: 310 °C
  Dichte: 990 kg/m3 (25 °C)*

  Löslichkeit:
  unlöslich in Wasser** [Sdb Krahn Chemie];

  Bemerkung zu physikalisch/chemischen Daten:
  *: Angaben beziehen sich auf Plasthall ESO;
  **: Angaben beziehen sich auf Paraplex G-62;

Bemerkung:
zähflüssig, hellgelb, milder Geruch*, öliger Geruch**;
Stoff reagiert mit Aminen, Laugen und Säuren;
gefährliche Zersetzungsprodukte: Kohlenmonoxid, Kohlendioxid*,**, organische Crack-Produkte** [Sdb Krahn Chemie];

Sojaöl

- **CAS-Nummer:**
  8001-22-7
- **gebräuchliche Namen:**
  Soybean Oil;

Funktion:
Weichmacher aus Naturprodukten;

Eigenschaften:
- **toxikologisch/ökotoxikologisch:**
  RTECS # WG 4862000
  WGK: 0
  Sonstiges:
  LD 50 (intravenös; Maus): 22100 mg/kg [428]
  LD 50 (intravenös; Ratte): 16500 mg/kg [428]

Stearinsäure, Cobaltsalz

- **CAS-Nummer:**
  1002-88-6
- **gebräuchliche Namen:**
  Cobaltstearat;

- **Strukturformel:**

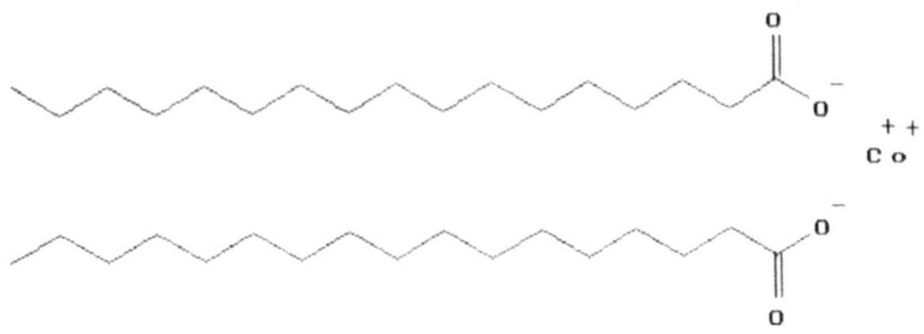

branchenspezifische Bemerkung zur Substanz:
Einsatzmenge: 198 t/a (Reifenindustrie, 1996)

Steinkohlenteerpech

- **CAS-Nummer:**
65996-93-2
- **gebräuchliche Namen:**
PAH; PPAH; Pech aus Steinkohlenteer; Kohlenteer;
- **Handelsnamen:**
Coal-Tar; Pitch;

Funktion:
Weichmacher aus Naturprodukten;

Eigenschaften:
- **toxikologisch/ökotoxikologisch:**
RTECS # GF 8655000
Schweizer Giftliste: 3
R-Satz: 45
S-Satz: 53-45
Sonstiges:
vgl. Abschn. II A 1 u. A 2;
enthält krebserzeugende Bestandteile [39];
TD Lo (intratracheal, Ratte): 1000 mg/kg/10W (intermittierend) [428];
TD Lo (dermal, Maus): 36 g/kg/18W (intermittierend) [428];

Gefahren-Symbol:

Strontiumoxid

- **CAS-Nummer:**
1314-11-0
- **Summenformel:**
SrO

Funktion:
Füllstoff, anorganisch;

Eigenschaften:

- **toxikologisch/ökotoxikologisch:**
  R-Satz: 14
  S-Satz: 30

- **physikalisch/chemisch:**
  Schmelzpunkt: 2430 °C
  Siedepunkt: ca. 3000 °C
  Dichte: 4700 kg/m3
  Molmasse: 103,62 g/mol
  Löslichkeit:
  löslich in: Wasser 6,9 g/l (kalt), 228,5 g/l (warm);

Bemerkung:
Grau-weißes Pulver, feuchtigkeitsempfindlich [187];

Styren-Isopren-Copolymer

- **CAS-Nummer:**
  25038-32-8
- **gebräuchliche Namen:**
  Isopren-Styren-Copolymer

Funktion:
Polymer;

Eigenschaften:
- **toxikologisch/ökotoxikologisch:**
  Sonstiges:
  Möglicherweise schädlich beim Einatmen, Verschlucken oder Kontakt mit der Haut; Kann Reizungen verursachen [187];

- **physikalisch/chemisch:**

Bemerkung:
Weiße, gummiartige Klumpen;
Unverträglichkeit mit starken Oxidationsmitteln;

4-Sulfo-heptandisäuredidodecylester

- **CAS-Nummer:**
  123-28-4
- **gebräuchliche Namen:**
  DLT; LTD; DLTDP; DLTP; 3,3'-Thiodi(dodecylpropionat); Didodecyl-3,3'-thiodipropionat; Dilaurylthiodipropionat; AO-2; 4-Thia-heptandisäure-didodecyl-ester; 3-(2-Dodecyloxycarbonyl-ethylsulfanyl)-propionsäuredodecylester; 3,3'-Thiobispropansäuredidodecylester;
- **Handelsnamen:**
  Advastab 800; Antioxidant AS; Cyanox LTDP; Ipognox 89; Irganox P S 800; Milban; Neganox; Plastanox; Tyox B; Lusurit;
- **Summenformel:**
  $C_{30}H_{58}O_4S$

- **Strukturformel:**

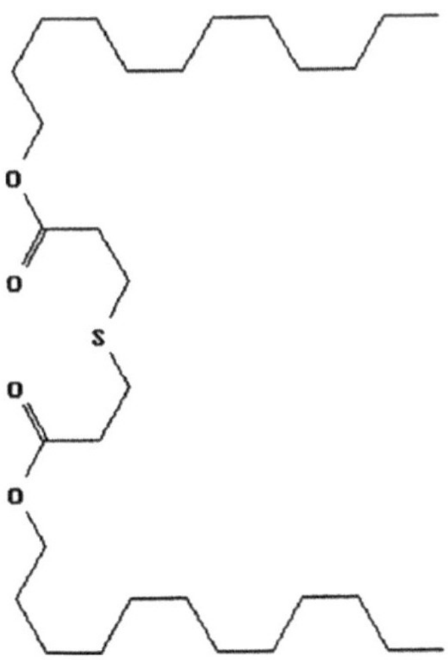

Funktion:
(1) Alterungsschutzmittel für Vernetzungsmittel, schwefelfrei;
(2) Schutzmittel gegen Metallvergiftung;
(3) Oxidationsschutzmittel; Hitzeschutzmittel;
Kautschukart:
(1) Chlorsulfonylethylen-Kautschuk;
(3) Polyolefine;
Anwendung:
(1) Kabelummantelung;

Eigenschaften:
- **toxikologisch/ökotoxikologisch:**
RTECS # UF 8000000
Sonstiges:
Maximale Tagesdosis 0 - 3 mg/kg (FAO/WHO) [451];
LD 50 (oral, Ratte): >2500 mg/kg [428];
LD 50 (oral, Maus): >2000 mg/kg [428];

- **physikalisch/chemisch:**
Schmelzpunkt: 39-40 °C; 43-44 °C
Siedepunkt: 240 °C (1,33 hPa)
Flammpunkt: 148 °C
Dichte: 916 kg/m3 (20 °C); 975 kg/m3 (25 °C)
Molmasse: 514,85 g/mol
Löslichkeit:
löslich in den meisten organischen Lösemitteln [428];

Bemerkung:
Weißter Feststoff; süßlicher Geruch; extrem hitze- und hydrolysebeständig [428];
Verwendung: Antioxidans und Stabilisator in Elastomeren und Zelluloseacetaten; Konservierungsmittel für Speisezusätze;

Tallöl

- **CAS-Nummer:**
8002-26-4
- **Handelsnamen:**
Acintol C; Acintol D 29 LR; Liquid rosin; Unitol CX; Unitol DT 40; Yatall MA;

Funktion:
Weichmacher aus Naturprodukten;

Eigenschaften:
- toxikologisch/ökotoxikologisch:
RTECS # WW 2860000
WGK: 2
Sonstiges:
Reizung der Augen und des Magen-Darm-Trakts, Brechreiz, Brechdurchfall;

- physikalisch/chemisch:

Bemerkung:
[573]:
Tallöl ist ein wichtiges Nebenprodukt bei der Erzeugung von Sulfat-Zellstoff durch Aufschluß von harzreichen Holzarten (Fichte, Kiefer) nach dem Sulfat-Prozeß. Aus der dabei beim Eindampfen der sogenannten Schwarzlauge anfallenden Tallölseife wird durch Ansäuern das Roh-Tallöl als dunkelbraune, übelriechende zähflüssige Masse gewonnen.
Tallöl ist eine Mischung aus Fettsäuren, Harzsäuren, sogenannten Oxysäuren, u.a. oxidierten Harz- und Fettsäuren, sowie unverseifbaren Komponenten. Seine Zusammensetzung schwankt abhängig von der Art des verarbeiteten Holzes und dessen geographische Herkunft mit einem Gehalt von 15-55 % Fettsäuren, 20-65 % Harzsäuren, 1-8 % Oxysäuren und 6-30 % Unverseifbarem.

Tellur

- CAS-Nummer:
13494-80-9
- gebräuchliche Namen:
Tellurium;
- Handelsnamen:
Telloy;
- Summenformel:
Te

Funktion:
(1) Vulkanisationsbeschleuniger, anorganisch;
(2) Vulkanisiermittel / Schwefelspender;
Kautschukart:
(2) Naturkautschuk; Styrol-Butadien-Kautschuk; Isopren-Kautschuk, synthetisch;

Eigenschaften:
- toxikologisch/ökotoxikologisch:
RTECS # WY 2625000
Schweizer Giftliste: 2
MAK Wert: 0,1 mg/m3 E
R-Satz: 26/27/28
S-Satz: 45-36/37/39-22
Sonstiges:
Spitzenbegrenzung: II,2 [481]; IMK II;
Gefahr der Hautresorption! Verboten in kosmetischen Mitteln;
Tellurverbindungen sind Zell- und Nervengifte, aber nur schwache Reizstoffe;

Gefahren-Symbol:

T

- physikalisch/chemisch:
Schmelzpunkt: 449,5 °C ± 0,3 °C (*)

Siedepunkt: 989,8 °C ± 3,8 °C (*)
Dichte: 6000 kg/m3 (20 °C) (*); 6260 ± 30 kg/m3
Molmasse: 127,60 g/mol

Löslichkeit:
unlöslich in Wasser, Salzsäure; löslich in Schwefelsäure, Salpetersäure, Königswasser, Kaliumcyanid, Kaliumhydroxid; unlöslich in organischen Lösungsmittel;

Bemerkung zu physikalisch/chemischen Daten:
(*): für amorphe Modifikation;
Löslichkeitsangaben für amorphe und rhombische Modifikation gleich;

Verbleib nach Gebrauch:
Wiedergewinnung zum Recycling oder zur Wiederverwertung;

Bemerkung:
Entzündbarer Feststoff;
Verwendung: als Tonerbestandteil;

Terpentin

- **CAS-Nummer:**
  8006-64-2
- **UN Nummer:**
  1299
- **gebräuchliche Namen:**
  Balsamöl; Holzöl; Holzterpentin; Kienöl; Terpentinöl; Terpentinspiritus; oleum terebinthinae; Pinen;
- **Handelsnamen:**
  Balsamterpentinöl "P";
- **Summenformel:**
  $C_{10}H_{16}$

Funktion:
Lösemittel;

Eigenschaften:
- **toxikologisch/ökotoxikologisch:**
  Schweizer Giftliste: 4
  WGK: 1
  MAK Wert: 100 ml/m3 bzw. 560 mg/m3;
  R-Satz: 10-20/21/22
  S-Satz: (2)
  Sonstiges:
  Einstufung und Kennzeichnung von Zubereitungen, in denen diese Substanz enthalten ist:
  25%< =C ⇒ Xn; R20/21/22

  Spitzenbegrenzung: I [481]; Gefahr der Sensibilisierung [481];
  Giftwirkung variiert je nach Konzentration und Verunreinigungg des Produktes; Dämpfe verursachen Reizung der Augen und Atemwege (Lungenentzündung); bei hohen Konzentrationen Rausch bis Narkose;
  Kontakt mit der Flüssigkeit führt zu Entzündungen und Abszessen der Haut (Malerkrätze);
  nach Aufnahme über den Mund Entzündung des Magendarm-Kanals, der Niere und Harnverhaltung [163];
  Hautresorption! [148];
  Symptome: Stechender Schmerz in den Augen, Brennen der Nasen- und Rachenschleimhäute; Husten; Schwindel, Kopfschmerz, Übelkeit, Benommenheit, Bewußtlosigkeit [484];
  Tödliche Dosis ab 60 ml (nur Richtwert, s.o.) [39];
  TC-LO (inhalativ, Mensch) 175 ml/m3 (Reizerscheinung) [Sdb Weissmeer Baltische];
  LD (oral, Mann): 150 ml [Sdb Weissmeer Baltisch];
  Toxisch für Wasserorganismen: LD 50 / 96 Std. 100-10 mg/l [484];

Gefahren-Symbol:

- **physikalisch/chemisch:**
  Schmelzpunkt: -55 °C
  Siedepunkt: 156-170 °C; 149 °C; 151-173 °C (1013 hPa)
  Flammpunkt: 33 °C; 35 °C;
  Dampfdruck: 5 hPa (20 °C) [163]
  Brechungsindex: 1.468-1.470 (20°C)
  Dichte: 860 kg/m3 (20 °C)
  Molmasse: 136,24 g/mol
  Verdunstungszahl: 0,4 (BuAc = 1) [9]

  Löslichkeit:
  Wasser < 0,1 g/l (20 °C);

Bemerkung:
Farbloses bis gelbliches, dünnflüssiges etherisches Öl; eigentümlich scharf riechend; brennbar;
Bildet im dampf-/gasförmigen Zustand mit Luft explosionsfähige Gemische;
Explosionsgrenzen: 0,8-6,0 Vol.-%; Zündtemp.: 255 °C [163];
Besteht hauptsächlich aus Ó- und ß-Pinen;
Verwendung: Campher-Gewinnung; Lösemittel für Harze, Öle, Kautschuk; zur Bereitung von Lacken, Firnissen und Ölfarben; für Schuhcreme und Bohnerwachs; in Retuschiermitteln;
Zersetzt sich beim Erhitzen; gefährliche Zersetzungsprodukte (im Brandfall): Organische Crackprodukte und Kohlenoxide;
reagiert heftig mit Calciumhypochlorit, Chromtrioxid, Chromoxychlorid, Zinntetrachlorid, Tri- und Hexachlormelamin sowie mit starken Oxidationsmitteln. Bildung entzündlicher Dampf-Luftgemische möglich [EG-Sdb Weissmeer Baltische Gebr. Beckmann];

1,3,5,7-Tetraazatricyclo-(3.3.1.1(3,7))-decan

- **CAS-Nummer:**
  100-97-0
- **UN Nummer:**
  1328
- **gebräuchliche Namen:**
  HMT; HMTA; HEXA; Hexamin; Methenamin; Urotropin; 1,3,5,7-Tetraazaadamantan; Hexamethylentetramin; Hexamethylenamin;
- **Handelsnamen:**
  Aceto HMT; Antihydral; Cohedur H30; Cystamin; Cystogen; Duivexol; Ehagam H; Formin; Hexaform; Herax UTS; Hexa; Poly Slab; Poly Gel; Rhenogran Hexa-80; Rubator H-7; Uramin; Uratun; Uriton; Urodein; Urotropin; Urotropin Aminoform; Urotovet; Xametrin; Xexamin;
- **Summenformel:**
  $C_6H_{12}N_4$

- **Strukturformel:**

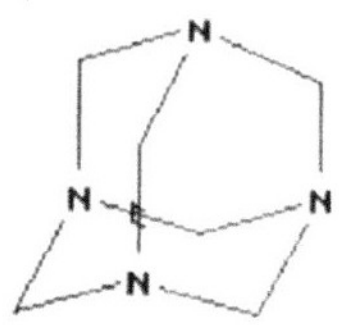

Funktion:
(1) Vulkanisationsbeschleuniger, organisch;

(2) Haftmittel;
(3) Härter;

Kautschukart:
(1) Naturkautschuk; Butadien-Kautschuk; Acrylnitril-Butadien-Kautschuk; Styrol-Butadien-Kautschuk;

Anwendung:
(1) technische Gummiartikel (Walzen, Puffer, Fördergurte, Dichtungen, Schläuche); Reifen (Seitenwände, Karkassen); chirurgische und medizinische Artikel; Sportartikel; Spielsachen;

branchenspezifische Bemerkung zur Substanz:
(4) Zersetzungsprodukt von 3,7 Dinitroso-1,3,5,7-tetraazabicyclo[3,1,1]nonan (DNPT) (CAS-Nr. 101-25-7)

Einsatzmenge: 440 t/a (Reifenindustrie: 300 t/a, TSE-Industrie: 140 t/a) (1996);

Eigenschaften:
toxikologisch/ökotoxikologisch:
RTECS # MN 4725000
Schweizer Giftliste: 5
WGK: 1
R-Satz: 11-42/43
S-Satz: (2)-16-22-24-37
Sonstiges:
vgl. Abschn. IIb;
Staub und Dämpfe reizen stark und schädigen Augen, Atemwege, Atmungsorgane und Haut; Kontakt mit festem Stoff führt zu sehr starker Reizung der Augen und Haut; bei Brand oder sehr starker Erhitzung erfolgt Zersetzung unter Bildung giftiger und ätzender Gase und Dämpfe; sie bestehen im wesentlichen aus Formaldehyd, Ammoniak, Blausäure und nitrosen Gasen; die wäßrigen Gemische sind starke, ätzende Laugen [163];
Symptome: Brennen und Schmerzen der Augen, der Nasen- und Rachenschleimhäute sowie der Haut; Reizhusten, Übelkeit, Brechreiz, Nieren- und Harnblasenreizung, Blut im Urin, Atemnot, Hautschausschläge [484];
HEXA als Festsubstanz, als Lösung sowie in Form seiner Dämpfe wirkt nach Kontakt mit der Haut und Schleimhaut beim Menschen reizend; aus tierexperimentellen Untersuchungen und einer Beobachtung am Menschen ergibt sich ein Verdacht auf sensibilisierende Wirkung von HEXA [480];
LD Lo (parenteral, Ratte): 200 mg/kg [428];
LD 50 (intravenös, Ratte): 9200 mg/kg [428];
LD Lo (subcutan, Ratte): 200 mg/kg [428];
LD Lo (oral, Maus): 512 mg/kg [428], 569 mg/kg [428];
LD 50 (subcutan, Maus): 215 mg/kg [428];
LD Lo (intraperitoneal, Maus): 512 mg/kg [428];
LD 50 (intravenös, Maus): 17700 µg/kg [428];
LD Lo (parenteral, Maus): 450 mg/kg [428];
LD Lo (subcutan, Katze): 200 mg/kg [428];
LD Lo (parenteral, Katze): 200 mg/kg [428];
LD Lo (subcutan, Meerschweinchen): 300 mg/kg [428];
LD Lo (parenteral, Säugetier): 300 mg/kg [428];

Durch pH-Verschiebung (alkalisch) schädigend auf Wasserorganismen; Schädlichkeitsgrenze für Bakterien (Pseudomonas) 5000 mg/l, Algen (Scenedesmus) 10000 mg/l [484];

zu Mixland HMT 80 GE [Sdb Göbel], Angaben bezogen auf Wirksubstanz:
Gefahrensymbol: Xn, F;

Gefahren-Symbol:

- **physikalisch/chemisch:**
Schmelzpunkt: 280 °C (Subl.) (*); 290-292 °C
Flammpunkt: 250 °C

Dichte: 1331 kg/m3 (-5 °C); 1099 kg/m3 (20 °C)
Molmasse: 140,19 g/mol

Löslichkeit:
Wasser 1500 mg/ml (20 °C); löslich in Ethanol, Propanon, Trichlormethan; in g/100 ml: Wasser 66,7 (25 °C), Wasser 81,3(12 °C), Trichlormethan 13,4 (20 °C), Methanol 7,25 (20 °C), Ethanol 2,89 (20 °C), Propanon 0,65 (20 °C), Ether 0,06 (20 °C), Petrolether ca. 0 (20 °C) [480];
schwach löslich in Benzen, Tetrachlormethan; unlöslich in Benzin;

Bemerkung zu physikalisch/chemischen Daten:
(*): der Stoff geht im Vakuum bei Temperaturen von 230-270 °C unmittelbar in den Gaszustand über (sublimiert) ohne sich zu ersetzen; ab 270 °C erfolgt Sublimation unter Zersetzung;

Verbleib nach Gebrauch:
Verbrennung nach Mischung mit brennbarem Lösemittel;

Bemerkung:
Rhombische Kristalle aus Ethanol [428];
weiße Kristalle oder kristallines Pulver; fast geruchlos; sehr schwacher Geruch nach Ammoniak; ätzend; brennbar;
Bei Kontakt oder Mischung mit sauerstoffreichem Material (starken Oxidationsmitteln) kann heftige Reaktion eintreten; bei Kontakt oder Mischung mit Natriumperoxid erfolgt sehr heftige bis explosionsartige Reaktion; ätzende Gemische mit Wasser sind eine starke Lauge; sie reagieren sehr heftig bei Kontakt mit Säuren;
Verwendung: als Härtemittel bei der Herstellung von Phenolharzen; bei der Herstellung von Nitrotriessigsäure; als Ausgangsmaterial bei der Herstellung von Sprengstoffen (Hexogen, Oktogen); als Vulkanisationsbeschleuniger in der Gummiindustrie; als Biozid für Kühlschmierstoffe u.a. mehr; früher als Konservierungsmittel in der Lebensmittelindustrie (Fischkonservierung)-seit 1.1.1964 in der BRD nicht mehr verwendet; Methenamin oder Urotropin zur Desinfektion der Harnwege [480];

Bewertung: Aus den bisherigen Veröffentlichungen ergeben sich keine Hinweise auf eine systemische Wirkung von HMT beim Menschen. Aufgrund der tierexperimentellen Untersuchungsergebnisse kann angenommen werden, daß u. a. auch wegen der raschen Elimination von HMT unter üblichen Arbeitsplatzbedingungen keine Organschädigungen beim Menschen zu erwarten sind.
Auch lassen sich aus den tierexperimentellen Befunden keine Hinweise auf teratogene, mutagene oder kanzerogene Effekte für den Menschen finden. Weder die Beobachtungen am Menschen noch die Daten tierexperimenteller Untersuchungen sind für die Aufstellung eines MAK-Wertes ausreichend. Hexamethylentetramin kann daher nur in Abschnitt II b der MAK-Werte-Liste aufgenommen werden [480];

enthalten in: Mixland HMT 80 GE (80%) Rest: Polymerbinder, Bakelite Harz 0791 K (>1%);
Cohedur H30 (mit 3% Zusatz von amorpher Kieselsäure);

Tetrabenzylthiuramdisulfid

- **CAS-Nummer:**
  10591-85-2
- **gebräuchliche Namen:**
  TBzTD; N,N,N',N'-Tetrabenzylthiuramdisulfid;
- **Handelsnamen:**
  Rhenogran TBzTD-70;
- **Summenformel:**
  $C_{30}H_{28}N_2S_4$

- **Strukturformel:**

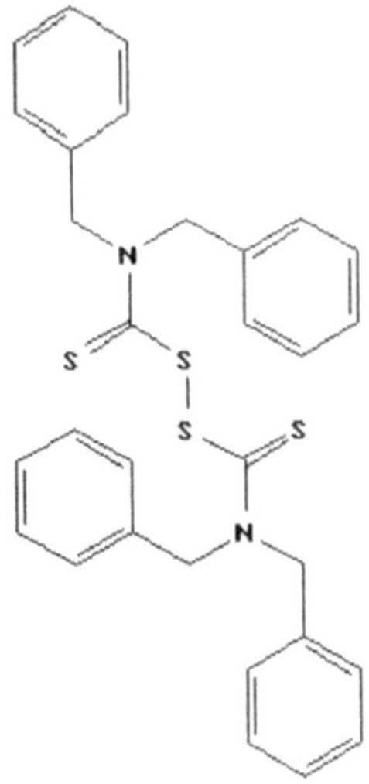

Funktion:
Vulkanisationsbeschleuniger, organisch;
Kautschukart:
Naturkautschuk;

branchenspezifische Bemerkung zur Substanz:
Einsatzmenge: 23 t/a (Reifenindustrie: 4,4 t/a, TSE-Industrie: 19 t/a) (1996)

Eigenschaften:
- **toxikologisch/ökotoxikologisch:**
Sonstiges:
zu Perkacit TBZTD [Sdb Flexsys], Angaben bezogen auf Wirksubstanz:
LD 50 (oral, Ratte): >5000 mg/kg; LD 50 (inhalativ, Ratte): 5 mg/l/4 h;

- **physikalisch/chemisch:**
Schmelzpunkt: 127-135 °C
Dichte: 1310 ± 30 kg/m3
Molmasse: 544,8 g/mol

Bemerkung:
zu 99,5 % enthalten in Perkacit TBZTD;

2,2',4,4'-Tetrachlorbiphenyl

- **CAS-Nummer:**
2437-79-8
- **Handelsnamen:**
PCB 47;
- **Summenformel:**
$C_{12}H_6Cl_4$

- **Strukturformel:**

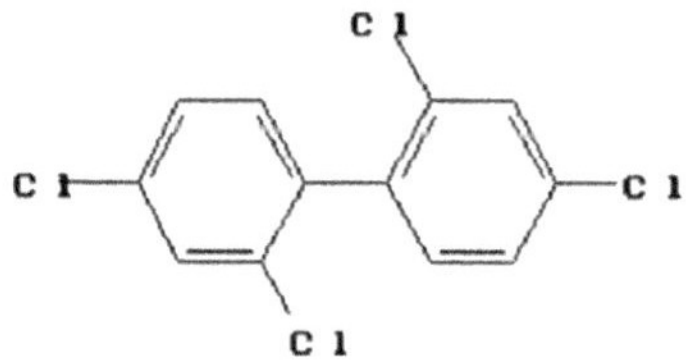

branchenspezifische Bemerkung zur Substanz:
Zersetzungsprodukt von 2,4-Dichlorbenzylperoxid;

Eigenschaften:

- **physikalisch/chemisch:**
Molmasse: 291,99 g/mol

Tetrachlorethen

- **CAS-Nummer:**
127-18-4
- **UN Nummer:**
1897
- **gebräuchliche Namen:**
PER; Perchlorethylen; Tetrachlorethylen; Ethylentetrachlorid; Kohlenstoffdichlorid; Etiline; Tetrachlorethen perc; Perchlor; 1,1,2,2-Tetrachlorethylen;
- **Handelsnamen:**
Ankilostin; Antisal; Dee-solv; Didakene; Dow-per; Drosel; ENT 1860; Nema; Per; Perawin; Perc; Perclene; Persec; Pertanol; Sirius 2; Soltene; Tedal-un; Tetlen; Tetracap; Tetraguer; Tetraleno; Tetralina; Tetralino; Tetralex; Tetravec; Tetropil; Urania 2; Wacker Per;
- **Summenformel:**
C_2Cl_4

- **Strukturformel:**

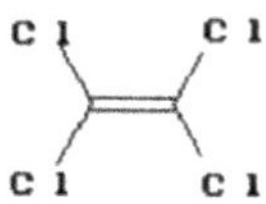

Funktion:
Lösemittel;
Anwendung:
Reifen, Schläuche; chirurgische und medizinische Artikel; Sportartikel; Spielsachen; technische Gummiartikel; Produkte für Industrie, inkl. Druckplattentücher; Klebstoffe; Dichtungen;

branchenspezifische Bemerkung zur Substanz:
Einsatzmenge: 170 t/a (Reifenindustrie: 26 t/a, TSE-Industrie: 140 t/a) (1996)

Eigenschaften:
- **toxikologisch/ökotoxikologisch:**
RTECS # KX 3850000
Schweizer Giftliste: 4
WGK: 3
MAK Wert: 345 mg/m3 bzw. 50 ml/m3
R-Satz: 40
S-Satz: (2)-23-36/37

Sonstiges:
Einstufung und Kennzeichnung von Zubereitungen, in denen diese Substanz enthalten ist:
1%< =C ⇒ Xn; R40

Für diese Substanz liegt ein BUA-Stoffbericht Nr. 139 vor.
Das Umweltbundesamt schlägt folgende Einstufung vor: R51, R53; Gefahrensymbol N ("Umweltgefährlich)";
Spitzenbegrenzung: II,1 [481]; Krebserzeugend III B [481]; Schwangerschaftsgruppe C [481]; Carc.Cat 3 [505]; Geruchsschwelle: 5 ml/m3 [163];
Dämpfe wirken betäubend und reizen bei Konzentrationen über 100 ml/m3 Augen und Atemwege; Kontakt mit der Flüssigkeit führt zu Reizung der Augen und Haut; Hautresorption!; abgesehen von örtlichen Symptomen, auch von seiten des Magen- und Darmkanals, wenn größere Mengen verschluckt werden, sind Störungen der Leber und neurologische Spätsymptome zu erwarten; bei Kontakt mit heißen Flächen oder offenen Flammen bildet sich neben ⇒ Chlor auch hochgiftiges ⇒ Phosgengas [163];
Karzinogenes Potential im Tierversuch bei männlichen Ratten ist nicht direkt auf den Menschen zu übertragen [285];
Bei oraler Aufnahme durch Warmblüter (auch Mensch) Bildung von ⇒ Trichlorethansäure [163];
600-1000 ml/m3 für 45 min verursachten Betäubung [163];
Akkumulation in fettreichem Gewebe; Ausscheidung des Stoffwechselproduktes über Harn [579];
TC Lo (inhalativ, Mann): 600 ml/m3/10 min [428];
LD 50 (oral, Ratte): 8850 mg/kg [9], 3005 mg/kg [141];
LC Lo (inhalativ, Ratte): 4000 ml/m3/4 h [9];
LD 50 (intraperitoneal, Ratte): 4678 mg/kg [428];
LD 50 (Haut, Kaninchen): > 10000 mg/kg [9];
LD 50 (oral, Kaninchen): 8120 mg/kg [579];
LD 50 (oral, Maus): 8100 mg/kg [428];
LC 50 (inhalativ, Maus): 5100 ml/m3/4 h [428];
LD 50 (Haut, Maus): 65000 mg/kg [428];
LD 50 (intraperitoneal, Maus): 4400 mg/kg [579];
LD 50 (subcutan, Maus): 64682 mg/kg [579];
LD 50 (oral, Katze): 6492 mg/kg [579];
LD 50 (intraperitoneal, Hund): 3482 mg/kg [579];

LC 50 (Fisch, Goldorfe): 130 mg/l/48 h [191];
LC 50 (Daphnia magna): 9,09/18 mg/l/48 h [608];
LC 50 (Fisch, Pimephales promelas): 17,9/23,5 mg/l/24 h, 2,1 mg/l/32 d [608];
LC 50 (Fisch, Pimephales promelas): 13,4-23,8 mg/l/96 h [608];
LC 50 (Fisch, Salmo gairdneri): 4,80/4,99 mg/l/96 h [608];
LC 50 (Poecili reticulata): 17,8 mg/l/7 d [608];

In einer Reihe von Tests zum aeroben biologischen Abbau (mit Inokula aus Belebtschlamm, Abwasser oder Gewässerproben) konnte kein Abbau nachgewiesen werden [608];

Gefahren-Symbol:

Xn

physikalisch/chemisch:
Schmelzpunkt: - 22,4 °C; -19 °C
Siedepunkt: 120 °C; 121,1 °C
Dampfdruck: 18 hPa (20 °C) [9]; 1013 hPa (121,2 °C); 5,9 hPa (0 °C) [579]
Verdampfungswärme: 209,34 kJ/kg
Log pOW: 2,60 [4]; 2,53-2,88 [579]; 2,53-2,67 [608]
Brechungsindex: 1,50547 (20 °C)
Dichte: 1620,7 kg/m3 (20 °C)
Molmasse: 165,834 g/mol
Verdunstungszahl: 2,8 (BuAc = 1) [9]
Löslichkeit:
mischbar mit allen gebräuchlichen organischen Lösemitteln, Wasser 0,165 g/l (30 °C) [579];
Wasser 0,16 g/l (20 °C); mischbar mit Ethanol, Diethylether;

Verbleib nach Gebrauch:

Verbrennung nach Mischung mit brennbarem Lösemittel;
Troposphärische Halbwertszeit 100 - 200 Tage; Abbauprodukte u.a. ⇒ HCl und ⇒ Phosgen [405]; [608]:
Hydrosphäre: Im Rahmen des Gewässerschutzes wird eine regelmäßige Überwachung in Flüssen durchgeführt. So wurden im Rhein bei Köln folgende Konzentrationen [µg/l] gemessen:

Mittelwert	**Maximum**	**Jahr**
0,36	2,24	1983
0,22	-	1984
0,22	1,0	1986
0,13	0,37	1987
0,14	0,21	1988
0,14	1,10	1989
0,10	0,70	1990
0,09	0,63	1991

In anderen Flüssen wurden 1990 und 1991 folgende Maximalkonzentrationen gefunden (in µg/l):

Fluß	**1990**	**1991**
Sieg	0,2	0,12
Wupper	1,5	0,4
Erft	0,1	0,08
Ruhr	0,2	0,38
Emscher	5,3	4,2
Lippe	0,87	1,2
Elbe	0,815	0,40

Boden: Im Einflußbereich von Industriestandorten wurden Konzentrationen von 0,7-4 µg/kg Trockensubstanz gefunden. In Klärschlämmen, insbesondere aus industriellen Abwässern, wurden PER-Gehalte bis zu 370 µg/kg ermittelt, die den Referenzwert von 10 µg/kg der Altlastenkommission zum Teil erheblich überschreiten.
Grund- und Trinkwasser: In Grundwässern bei Haus- und Sondermülldeponien wurden 1990 in 195 von 227 Proben mittlere Konzentrationen von 56,1 µg/l (max. 6.504 µg/l) gefunden. Eine umfangreiche Untersuchung der Qualität des Trinkwassers ergab 1990 bei 72 von 345 Messungen Konzentrationen über 0,1 µg/l, bei einem Maximalwert von 39 µg/l (Durchschnittswert 0,46 µg/l).
Biota: Folgende PER-Konzentrationen wurden in Organismen gefunden (Auswahl):

Picea abies excelsa (Fichtennadeln)	bis 3500 µg/m3
Pecten maximus (Testes der Jakobsmuscheln	176 µg/kg
Conger conger (Leber des Congeraals)	43 µg/kg
Gadus morhua (Leber des Dorschs)	8 µg/kg
Nieren von Süßwasserfischen	bis 8687 kg

Atmosphäre: Die Atmosphäre ist das Haupteintragskompartiment von PER. Wie die Ergebnisse der Meßstationen des Umweltbundesamtes zeigen, waren die Konzentrationen in den 80'er Jahren rückläufig, sind jedoch seit 1990 praktisch konstant geblieben. Die mittleren Konzentrationen liegen in städtischen oder stadtnahen Gebieten um 1 µg/m3, es ist jedoch mit wesentlich höheren Immissionsspitzen (um 25 µg/m3) zu rechnen.

Bei der Anwendung als Lösemittel bei Chemiereinigungen, Textilausrüstungs-, Oberflächenbehandlungs- und Extraktionsanlagen wird der größte Teil des eingesetzten PERs emittiert. Es berechnen sich für die Anwendung als Lösemittel folgende Einträge:
1990 16.976 t Anwendungsmenge, 70 % Eintragsquote, 11.883 t Eintragsmenge (Angabe der Hersteller, nach VCI: 27.000 t).

Bemerkung:

Farblose Flüssigkeit mit chloroformartigem Geruch; ätzend; nicht brennbar;
Verwendung: als Fettlöser u.a. in Textilreinigungsbetrieben; als technisches Lösemittel; korrodiert Aluminium, Zink [428];
Geruch: süßlich etherisch; ist ohne Stabilisator im abgeschirmten Tageslicht bei Feuchtigkeit sowie in Gegenwart von verdünnten Säuren und Laugen lange Zeit unverändert stabil. Bei Temperaturen von >150

°C Zersetzung hauptsächlich zu Phosgen und Chlorwasserstoff. Wird durch Sauerstoff und Wasser oxidiert. Antioxidation kann mit Aminen, Phenol oder Morpholin unterdrückt werden [579];

[608]:
1986 wurden in der Bundesrepublik 45.000-50.000 t PER als Lösemittel angewendet, der Einsatz verteilte sich wie folgt:
- Metallentfettung und -befettung 60-64 %
- Textilreinigung (gewerblich) 32-36 %
- übrige (z.B. Lackierung, Extraktion, Elektronik) ca. 4 %

1992 wurden insgesamt 19.800 t PER verkauft, davon 13.500 t (68 %) für Metallentfettung, Kaltreinigung und Elektronik und 3.100 t (16 %) für die Textilreinigung. Für die restlichen 3.200 t (16 %) konnte die Anwendung nicht zugeordnet werden.

Tetrachlormethan

- **CAS-Nummer:**
  56-23-5
- **UN Nummer:**
  1846
- **gebräuchliche Namen:**
  Kohlenstofftetrachlorid; Perchloromethan; Chlorkohlenstoff; Tetrachlorkohlenstoff; Tetra; CTC; Kohlenstoffsuperchlorid; Carbontetrachlorid; Carbonchlorid; Carbon-tet; Perchloromethan;
- **Handelsnamen:**
  Tetracol; Phönixin; Chlorkohlenstoff Katharine; Necatorina; Necatorine; Tetrafinol; Tetraform; Tetrasol; Benzinoform; Fasciolin; Fluhoids; R 10; Univerm; Vermoestricid;
- **Summenformel:**
  CCl_4
- **Strukturformel:**

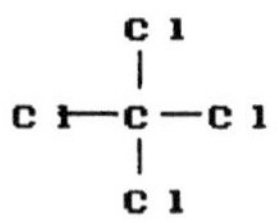

Funktion:
Lösemittel;
Anwendung:
Reifen, Schläuche; chirurgische und medizinische Artikel; Sportartikel; Spielsachen; technische Gummiartikel; Produkte für Industrie, inkl. Druckplattentücher; Klabstoffe; Dichtungen;

Eigenschaften:
- **toxikologisch/ökotoxikologisch:**
  RTECS # FG 4900000
  Schweizer Giftliste: 1
  WGK: 3
  MAK Wert: 65 mg/m3 bzw. 10 ml/m3
  R-Satz: 23/24/25-40-48/23-59
  S-Satz: (1/2)-23-36/37-45-59-61
  Sonstiges:
  Zu diesem Stoff liegt ein BUA-Stoffbericht Nr. 45 vor.
  Einstufung und Kennzeichnung von Zubereitungen, in denen diese Substanz enthalten ist:
  1%<=C ⇒ T; R23/24/25-40-48/23
  0.2%<=C<1% ⇒ Xn; R20/21/22-48/20

  Carc. Cat. 3; H; IIIB; Geruchsschwelle: 70 ml/m3 [163];
  Spitzenbegrenzung: II,1 [481]; Gefahr der Hautresorption [481]; Schwangerschaftsgruppe D [481];
  Krebsgefahr: B (Bundesarbeitsblatt 11/1986, 73 f.);
  Lösungsmittelklasse: Ia (Gefahrstoffverordnung);

Die Flüssigkeit ist giftig und wird auch über die Haut aufgenommen; Dämpfe wirken narkotisch und führen zu Herzrhythmusstörungen sowie mit Verzögerung zu Leber- und Nierenschäden; Personen unter Alkoholeinwirkung (auch in kleinen Mengen) sind besonders anfällig; es kann Hautentzündung auftreten; bei Erhitzung entstehen große Mengen hochgiftiges Phosgen und Chlorwasserstoff [163]; Bei Beginn der Geruchswahrnehmung kann Gesundheitsschädigung schon eingetreten sein; der Geruch zeigt nicht den Umfang der Gefahr an; 1000 - 2000 ml/m3 für 30 - 60 min waren tödlich; 300 ml/m3 für 1 h, 90 ml/m3 für 4 h und 2000 ml/m3 für 6 min bewirkten keine oder nur geringe Gesundheitsschäden [163];
Nervengift, Organgift: 10 mg/l bei mehrstündiger Einwirkung giftig, Innerlich 2 ml giftig; 10 - 20 g tödlich [30];
Toxizität auf Leber, Nieren und Lungen hängt von der Bildung reaktiver Metabolite ab; im Tierversuch ist Stoff ein Heptokarzinogen; wirkt mit verschiedenen krebserzeugenden Stoffen im Tierversuch auch kokanzerogen [589];
LC Lo (inhalativ, Mensch): 1000 ml/m3 [428];
LD 50 (oral, Ratte): 1770 mg/kg [189], 2800 mg/kg [32], 2920 mg/kg [9];
LC 50 (inhalativ, Ratte): 8000 ml/m3/4 h [9];
LD 50 (Haut, Ratte): 5070 mg/kg [428];
LD 50 (intraperitoneal, Ratte): 1500 µl/kg [428];
LD 50 (oral, Kaninchen): 6380 mg/kg [189];
LD 50 (intravenös, Kaninchen): 636 mg/kg [589];
LD Lo (oral, Maus): 429 mg/kg [428];
TD Lo (oral, Maus): 1700 mg/kg [428];
LD 50 (oral, Maus): 8263 mg/kg [428];
LC 50 (inhalativ, Maus): 9526 ml/m3/8 h [428];
LD 50 (intraperitoneal, Maus): 900 mg/kg [589];
LD 50 (intraperitoneal, Hund): 2390 mg/kg [589];

Toxische Grenzkonzentration für Pseudomonas putida 30 mg/l, Scenedesmus quadricauda > 600 mg/l [36];
LC 50 (Daphnia magna): > 770 mg/l [6];
LC 50 (Fisch, Pimpephales promelas): 43,1 mg/l [190];

Gefahren-Symbol:

- **physikalisch/chemisch:**

Schmelzpunkt: -22,9 °C
Siedepunkt: 76,7 °C
Dampfdruck: 121 hPa (20 °C) [32]; 411 hPa (50 °C) [589]
Verdampfungswärme: 194,69 kJ/kg
Log pOW: 2,83; 2,62 [4]
Brechungsindex: 1,46305 (15 °C); 1,4607 (20 °C)
Dichte: 1596 kg/m3 (20 °C)
Molmasse: 153,823 g/mol
Verdunstungszahl: 7,0 (BuAc = 1) [9]; 4 (Diethylether = 1) [18];
Löslichkeit:
Wasser 0,77 g/l (20 °C); mischbar mit Ethanol, Diethylether, Ether, Schwefelkohlenstoff, Petrolether, Öl; löslich in Benzen, Trichlormethan;

Verbleib nach Gebrauch:

Verbrennung nach Mischung mit brennbarem Lösemittel;
Tetrachlormethan ist stabil in der Troposphäre und hat keine Abbauprodukte [406];
Atmosphärischer Tetrachlormethangehalt entstammt aus anthropogenen Quellen [406];

Bemerkung:

Farblose, süßlich riechende Flüssigkeit; nicht brennbar; giftig;
Dämpfe bilden mit Luft giftige Gemische, die schwerer als Luft sind; Dämpfe und Flüssigkeit zersetzen sich an heißen Flächen bzw. bei Erhitzung zu hochgiftigen Phosgengas;
Verwendung: Lösemittel;

Tetradecan

- **CAS-Nummer:**
  629-59-4
- **gebräuchliche Namen:**
  Tetradekan;
- **Summenformel:**
  $C_{14}H_{30}$

- **Strukturformel:**

branchenspezifische Bemerkung zur Substanz:
Reaktionsprodukt von aliphatischen Ölen [Weichmacher];

Eigenschaften:
- **toxikologisch/ökotoxikologisch:**
  RTECS # XB 8000000
  Schweizer Giftliste: 5
  R-Satz: 36/37
  S-Satz: 26-36
  Sonstiges:
  LD Lo (intravenös, Maus): 9600 mg/kg [428];

- **physikalisch/chemisch:**
  Schmelzpunkt: -6--5 °C
  Siedepunkt: 252-254 °C
  Flammpunkt: 99 °C
  Log pOW: 7,20 [428]
  Brechungsindex: 1,4290 (20°C)
  Dichte: 763,0 kg/m3
  Molmasse: 198,39 g/mol
  Löslichkeit:
  löslich in Ethanol, Diethylether, Propanon;

Verbleib nach Gebrauch:
Verbrennung;

1-Tetradecanthiol

- **CAS-Nummer:**
  2079-95-0
- **gebräuchliche Namen:**
  n-Tetradecyl-mercaptan;
- **Summenformel:**
  $C_{14}H_{30}S$

- **Strukturformel:**

Funktion:
Polymerisationsregler;

Eigenschaften:
- **physikalisch/chemisch:**
  Siedepunkt: 176,80 °C
  Dichte: 846,92 kg/m3
  Molmasse: 230,45 g/mol

4,4,13,13-Tetraethoxy-3,14-dioxa-8,9-dithia-4,13-disilahexadecan

- **CAS-Nummer:**
  56706-10-6
- **Summenformel:**
  $C_{18}H_{42}O_6S_2Si_2$

- **Strukturformel:**

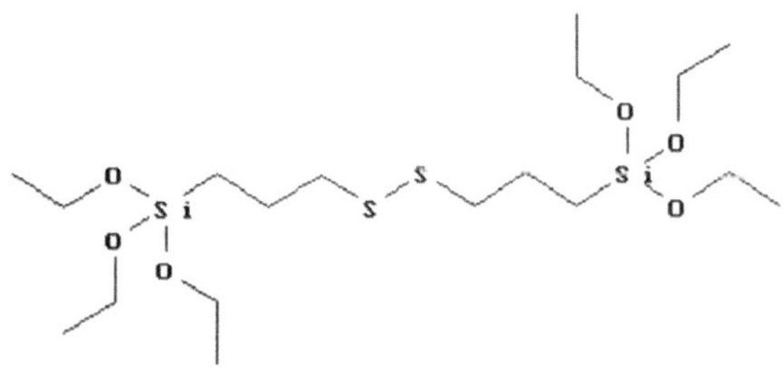

Funktion:
Haftvermittler für Füllstoffe;

Eigenschaften:

- **physikalisch/chemisch:**
  Siedepunkt: 154-157 °C (0,05 hPa)
  Brechungsindex: 1,457 (20 °C)
  Molmasse: 474,82 g/mol

4,4,15,15-Tetraethoxy-3,16-dioxa-8,9,10,11-tetrathia-4,15-disilaoctadecan

- **CAS-Nummer:**
  40372-72-3
- **gebräuchliche Namen:**
  TESPT; Bis-(3-[triethoxysilyl]propyl)-tetrasulfid; 3,3-Bis-(tri-ethoxysilylpropyl)-tetrasulfid;
- **Handelsnamen:**
  Si 69; Silogran Si-69/GR; Verstärkungsadditiv Si 69;
- **Summenformel:**
  $C_{18}H_{42}O_6S_4Si_2$

- **Strukturformel:**

Funktion:
Haftvermittler für Füllstoffe;
Reversionsschutzmittel;

branchenspezifische Bemerkung zur Substanz:
Einsatzmenge: 650 t/a (Reifenindustrie: 590 t/a, TSE-Industrie: 61 t/a) (1996);
zusätzliche Einsatzmenge als Mischung von Bis(3-triethoxysilylpropyl)tetrasulfan und Ruß mit gleicher CAS-Nummer: 253 t/a (Reifenindustrie) (1996);

Eigenschaften:
- **physikalisch/chemisch:**
Brechungsindex: 1,4937 (21 °C)
Dichte: 1170 kg/m3
Molmasse: 538,94 g/mol
Löslichkeit:
nicht löslich in Wasser;

Bemerkung zu physikalisch/chemischen Daten:
thermische Zersetzung ab ca. 250 °C;

Bemerkung:
Unverträglich mit Säuren, Basen, Wasser;
enthalten in: Coupsil 8113 (5-24 %), Coupsil 6109 (5-24 %);

Tetrahydrofuran

- **CAS-Nummer:**
109-99-9
- **UN Nummer:**
2056
- **gebräuchliche Namen:**
THF; THFA; Diethylenmonoxid; Diethylenoxid; Tetramethylenoxid; Cyclotetramethylenoxid; Zyklotetramethylenoxid; 1,4-Oxidobutan; Furantetrahydrid;
- **Handelsnamen:**
Furanidine; Hydrofuran; Oxolane; Oxyl;
- **Summenformel:**
C_4H_8O

- **Strukturformel:**

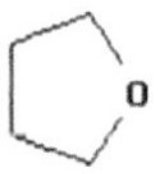

Funktion:
Lösemittel;
Anwendung:
Produkte für Industrie, inkl. Druckplattentücher; Klebstoffe; Dichtungen;

Eigenschaften:
- **toxikologisch/ökotoxikologisch:**
RTECS # LU 5950000
Schweizer Giftliste: 3
WGK: 1
MAK Wert: 590 mg/m3 bzw. 200 ml/m3
R-Satz: 11-19-36/37
S-Satz: (2)-16-29-33
Sonstiges:
Einstufung und Kennzeichnung von Zubereitungen, in denen diese Substanz enthalten ist:
25%< =C ⇒ Xi; R36/37

Spitzenbegrenzung: II,2 [481]; Schwangerschaftsgruppe C [481];
Dämpfe reizen Augen und Atemwege; Kontakt mit der Flüssigkeit führt zu Reizung der Augen und Haut [163];
Kurzeinwirkungen von 25000 ml/m3 verursachen meist Betäubung [32];
Kurzeinwirkung; 500 ml/m3 für 30 Minuten erwiesen sich als ungefährlich [484];
Symptome: Brennen der Augen, der Nasen- und Rachenschleimhäute, Kopfschmerzen, Schläfrigkeit [484];
Geruchsschwelle: 5 ml/m3 [163];
LD 50 (oral, Ratte) 3000 mg/kg [9];

LC 50 (Fisch, Goldorfe): 2930/2820 mg/l [33];
LC 100 (Fisch, Goldorfe): 4000/3700 mg/l [33];
Toxische Grenzkonzentration für Pseudomonas putida 580 mg/l, Scenedesmus quadricauda 3700 mg/l [36];

[Sdb Global Technologies GmbH]:
LD 50 (oral, Ratte): 2816 mg/kg
LC 50 (inhalativ, Ratte): 54 mg/l/4 h
LC 0 (Leuciscus idus): >1000 mg/l/48 h
EC 10 (Pseudomonas putida): 329 mg/l/16 h
EC 50 (Daphnia magna): 382 mg/l/24 h
abbaubar zu 99 %;

Gefahren-Symbol:

- **physikalisch/chemisch:**
Schmelzpunkt: -108,5 °C
Siedepunkt: 65,6-65,8 °C; 66 °C (1013 hPa)
Flammpunkt: -21 °C (geschl.)
Dampfdruck: 200 hPa (20 °C) [32]; 173 hPa (20 °C) [Sdb]
Log pOW: 0,46 [4]
Brechungsindex: 1,4050 (20 °C)
Dichte: 889,2 kg/m3 (20 °C)
Molmasse: 72,107 g/mol
Verdunstungszahl: 8,0 (BuAc = 1) [9]; 2,3 (Diethylether = 1) [19]

Löslichkeit:
mischbar mit Wasser; löslich in Ethanol, Diethylether;

Bemerkung zu physikalisch/chemischen Daten:
T(krit.): 267 °C; P(krit.): 51865,6 hPa [428];

Verbleib nach Gebrauch:
Verbrennung, hochentzündliche Stoffe;

Bemerkung:
Farblose, etherähnlich riechende Flüssigkeit;
Brennbar; Bildet im dampf-/gasförmigen Zustand mit Luft explosionsfähige Gemische;
Explosionsgrenzen:
2,0 - 12,4 Vol% ; Zündtemp.: 230 °C [32];
1,5-12 Vol.-%; Zündtemp.: 215 °C [484];
Tetrahydrofuran kann explosive Peroxide bilden, wenn es Licht und der Luft ausgesetzt ist; bei hohen Peroxidkonzentrationen kann explosionsartiger Zerfall erfolgen (Stabilisierung durch Inhibitor); Stoff zerstört Gummi und greift viele Kunststoffe an;
Verwendung: als Lösemittel;

Farblos, bei 20 °C flüssig, Geruch nach Aceton; leichtentzündlich;
bei der Verbrennung werden Stickoxide, Kohlenmonoxid und Kohlendioxid gebildet [Sdb ISB Global Technologies GmbH];

1,2,3,4-Tetrahydronaphthalin

- **CAS-Nummer:**
  119-64-2
- **UN Nummer:**
  1300
- **gebräuchliche Namen:**
  Tetrahydronaphthalin; Tetralin; Terpentinersatz; Tetralinterpentinölersatz;
- **Handelsnamen:**
  Tetranap;
- **Summenformel:**
  $C_{10}H_{12}$

- **Strukturformel:**

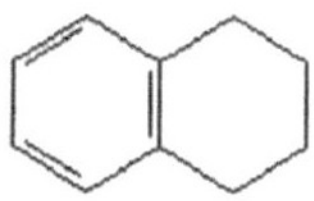

branchenspezifische Bemerkung zur Substanz:
Reaktionsprodukt von naphthenischen Ölen [Weichmacher];

Eigenschaften:
- **toxikologisch/ökotoxikologisch:**
  RTECS # QK 3850000
  Schweizer Giftliste: 4
  WGK: 2
  R-Satz: 19-36/38
  S-Satz: (2)-26-28
  Sonstiges:
  Für diese Substanz liegt ein BUA-Stoffbericht Nr. 101 vor.
  Nervengift; Dämpfe wirken gering narkotisch; IMK: II;
  Innerlich 5 - 7 g giftig;
  Bei üblichen Umgebungstemperaturen nur geringe Entwicklung von Dämpfen, so daß erst bei Erhitzung der Substanz mit Dampfkonzentrationen zu rechnen ist, die zur Reizung der Augen, Atemwege, Lunge und

Haut führen; bei sehr hohen Konzentrationen betäubende Wirkung; Kontakt mit Flüssigkeit reizt Augen und Haut [163], [484];
Wirkt betäubend. Kann zu Kopfschmerzen, Schwindel und Störungen des zentralen Nervensystems führen. Geringe Giftwirkung. Hautkontakt kann Dermatitis verursachen. Geringste Mengen, die bei Verschlucken oder nachfolgendem Erbrechen in die Lunge gelangen, können zu einem Lungenödem oder zu einer Lungenentzündung führen. [Sdb EXXON]
LD 50 (oral, Ratte): 2860 mg/kg [39], 1620 mg/kg [428];
LD 50 (Haut, Kaninchen): 1736000 mg/kg [428];
LC 50 (inhalativ, Meerschweinchen): 275 ml/m3 [428];

Gefahren-Symbol:

Xi

- **physikalisch/chemisch:**
  Schmelzpunkt: -35 °C; -35,8 °C; -30 °C
  Siedepunkt: 207,2 °C; 207,6 °C; 204-206 °C
  Flammpunkt: 78 °C; 77 °C; 72 °C
  Dampfdruck: 0,4 hPa (20 °C) [163]; [484]; 1,5 hPa (38 °C); 5 hPa (55 °C), 900 hPa (196 °C)
  Verdampfungswärme: 322,85 kJ/kg
  Brechungsindex: 1,5461 (20,2 °C)
  Dichte: 937,2 kg/m3 (18 °C); 970 kg/m3 (15 °C)
  Molmasse: 132,22 g/mol
  Verdunstungszahl: 190 (Diethylether = 1) [18]
  Löslichkeit:
  unlöslich in Wasser; mischbar mit Ethanol, Diethylether, Petrolether, Trichlormethan, Terpentinöl, Ether, Amylakohol, chlorierten Kohlenwasserstoffen, Benzin und Benzen;

Verbleib nach Gebrauch:
Verbrennung;

Bemerkung:
Farblose bis blassgelbe Flüssigkeit; terpentinartiger Geruch; brennbar;
Als Terpentinersatz wird auch ⇒ Decahydronaphthalen (Isomerengemisch) bezeichnet;
Bildet im dampf-/gasförmigen Zustand mit Luft explosionsfähige Gemische;
Explosionsgrenzen: 0,8-5 Vol.-%; Zündtemp.: 385 °C [163]; [484];
Substanz löst Fette, Öle, Harze, Wachse und Kautschuk;
Bei längerer Einwirkung von Luft kann der Stoff Peroxide bilden, die bei Erhitzung explosionsartig reagieren;
Verwendung: technisches Lösemittel z.B. für Kautschuk, Chlorkautschuk, Cumaronharze, Lacke, Jod und Schwefel; Zusatz zu Motorkraftstoffen;

Tetrahydro-1,4-oxazin

- **CAS-Nummer:**
  110-91-8
- **UN Nummer:**
  2054
- **gebräuchliche Namen:**
  Morpholin; Tetrahydro-p-isoxazin; Diethylenoximid; Diethylenimidoxid; 1,4-Oxazinan;
- **Summenformel:**
  C_4H_9NO

- **Strukturformel:**

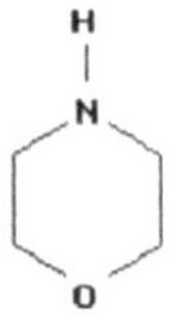

branchenspezifische Bemerkung zur Substanz:
Zersetzungsprodukt morpholinhaltiger Vulkanisationsbeschleuniger, z.B. MBS, DTBM, OTOS, CBS;

Eigenschaften:
- **toxikologisch/ökotoxikologisch:**

RTECS # QD 6475000
Schweizer Giftliste: 3
WGK: 2
MAK Wert: 70 mg/m3 bzw. 20 ml/m3
R-Satz: 10-20/21/22-34
S-Satz: (1/2)-23-36-45
Sonstiges:
Einstufung und Kennzeichnung von Zubereitungen, in denen diese Substanz enthalten ist:
25%<=C ⇒ C; R20/21/22-34
10%<=C<25% ⇒ C; R34
1%<=C<10% ⇒ Xi; R36/38

Zu diesem Stoff liegt ein BUA-Stoffbericht Nr. 56 vor.
IMK: II; Spitzenbegrenzung: I [481]; Gefahr der Hautresorption [481]; Schwangerschaftsgruppe IIc [481]; Dämpfe bewirken starke Reizung der Augen und Atemwege; Kontakt mit Flüssigkeit führt zu Verätzung der Augen und Haut; Hautresorption!; bei langanhaltender Einwirkung sind Lungenödem, später Leber- und Nierenschäden möglich [163];
Geruchsschwelle: 0,01 ml/m3 [484];
LD 50 (oral, Ratte): 1050 mg/kg [9], 1450 mg/kg [428];
LC 50 (inhalativ, Ratte): 8000 ml/m3/8h [9], 8000 ppm/8h [428];
TD Lo (oral, Ratte): 24 g/kg/30d (intermittierend) [428];
TD Lo (inhalativ, Ratte): 250 ppm/6h/13w (intermittierend) [428];
TC Lo (inhalativ, Ratte): 70 mg/m3/4h/17w (intermittierend) [428];
LD 50 (oral, Maus): 525 mg/kg [428];
LD 50 (intraperitoneal, Maus): 413 mg/kg [428];
LC 50 (inhalativ, Maus): 1320 mg/m3/2h [428];
TD Lo (oral, Maus): 2560 mg/kg/y (kontinuierlich) [428];
LD 50 (Haut, Kaninchen): 500 mg/kg [9], 500 μl/kg [428];
TD Lo (Haut, Kaninchen): 9 g/kg/10d (intermittierend) [428];
LD Lo (oral, Meerschweinchen): 100 mg/kg [428];
TD Lo (oral, Meerschweinchen): 13500 mg/kg/30d (intermittierend) [428];
TC Lo (inhalativ, Meerschweinchen): 70 mg/m3/4h/17w (intermittierend) [428];
TD Lo (Haut, Meerschweinchen): 27 g/kg/30d (intermittierend) [428];
LD 50 (oral, Säugetiere): 1220 mg/kg [428];
LC 50 (inhalativ, Säugetiere): 12000 mg/m3 [428];

Toxische Grenzkonzentration für Pseudomonas putida 310 mg/l, Scenedesmus quadricauda 4,1 mg/l [36];
LC Lo (Daphnia magna): 16 mg/l [6];
LC 50 (Daphnia magna): 100 mg/l [6];
LC 50 (Fisch, Goldorfe): 240/285 mg/l [33];
LC 100 (Fisch, Goldorfe): 301/340 mg/l [33];

Gefahren-Symbol:

C

- **physikalisch/chemisch:**
  Schmelzpunkt: -5 °C
  Siedepunkt: 128 °C
  Flammpunkt: 38 °C
  Dampfdruck: 11 hPa (20 °C) [163]
  Log pOW: -1,08 [4]
  Brechungsindex: 1,4540 (20 °C)
  Dichte: 1000,7 kg/m3 (20 °C)
  Molmasse: 87,121 g/mol
  Verdunstungszahl: 0,8 (BuAc = 1) [9]; 26 (Diethylether = 1) [18]
  Löslichkeit:
  mischbar mit Wasser, Ethanol, Diethylether; löslich in Propanon, Benzen;

Verbleib nach Gebrauch:
Verbrennung, hochentzündliche Stoffe;

Bemerkung:
Leicht bewegliches hygroskopisches Öl; brennbar; ätzend; wasserdampfflüchtig; starker Fischgeruch;
Bildet im dampf-/gasförmigen Zustand mit Luft explosionsfähige Gemische;
Explosionsgrenzen:
1,8-10,8 Vol%; Zündtemp.: 310 °C [9],
1,8-15,2 Vol%; Zündtemp.: 255 °C [163];
Verboten in kosmetischen Mitteln;
Mit Nitrilen bzw. salpetriger Säure können sich Nitrosamine bilden, die sich im Tierversuch als karzinogen erwiesen haben;
Verwendung: technisches Lösemittel;
Enthalten in Aquacer 533 (1,2%)

Tetrahydrothiophen-1,1-dioxid

- **CAS-Nummer:**
  126-33-0
- **gebräuchliche Namen:**
  Tetramethylensulfon;
- **Handelsnamen:**
  Sulfolan;
- **Summenformel:**
  $C_4H_8O_2S$

- **Strukturformel:**

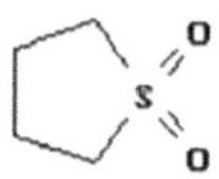

Eigenschaften:
- **toxikologisch/ökotoxikologisch:**
  RTECS # XN 0700000;
  Schweizer Giftliste: 4
  R-Satz: 22
  S-Satz: (2)-25
  Sonstiges:
  Einstufung und Kennzeichnung von Zubereitungen, in denen diese Substanz enthalten ist:
  25% < = C ⇒ Xn; R22

  Kann schädigend wirken bei Einatmung, Verschlucken oder Aufnahme über Haut; Dämpfe reizen Augen, Schleimhäute und Atemwege; verursacht Hautreizungen [187];
  LD 50 (oral, Ratte): 1941 mg/kg [428];

Gefahren-Symbol:

- **physikalisch/chemisch:**
  Schmelzpunkt: 27 °C
  Siedepunkt: 285 °C
  Flammpunkt: 165 °C
  Brechungsindex: 1,4840 (20 °C)
  Dichte: 1261 kg/m3 (20 °C)
  Molmasse: 120,17 g/mol

Verbleib nach Gebrauch:
Verbrennung nach Mischung mit brennbarem Lösemittel;

Bemerkung:
Weißer Feststoff;
Unverträglich mit starken Oxidationsmitteln;

zu 70/80 % enthalten in Viton VPA No 3;

Tetraisobutylen

- **CAS-Nummer:**
  15220-85-6
- **gebräuchliche Namen:**
  1,1-Dimethylethylen; 2-Methyl-1-propen-gamma-butylen; Isopropylidenmethylen;
- **Summenformel:**
  C_4H_8

branchenspezifische Bemerkung zur Substanz:
Reaktionsprodukt von Phenylethen-Butadien-Copolymer (CAS-NR.: 9003-55-8) und cis-Polybutadien [Polymer], naphthenischen Ölen [Weichmacher];

Eigenschaften:
- **toxikologisch/ökotoxikologisch:**
  RTECS # UD 0890000

- **physikalisch/chemisch:**
  Schmelzpunkt: -140,35 °C
  Siedepunkt: -6,9 °C
  Molmasse: 56,10 g/mol
  Löslichkeit:
  unlöslich in Wasser, löslich in Alkohol, Ether, Benzen;

Bemerkung:
Gas;

N,N,N',N'-Tetraisobutylthiuramdisulfid

- **CAS-Nummer:**
  3064-73-1
- **gebräuchliche Namen:**
  TIBTD; Tetraisobutylthiuramdisulfid;
- **Handelsnamen:**
  Isobutyl Tuads;
- **Summenformel:**
  $C_{18}H_{35}N_2S_4$

- **Strukturformel:**

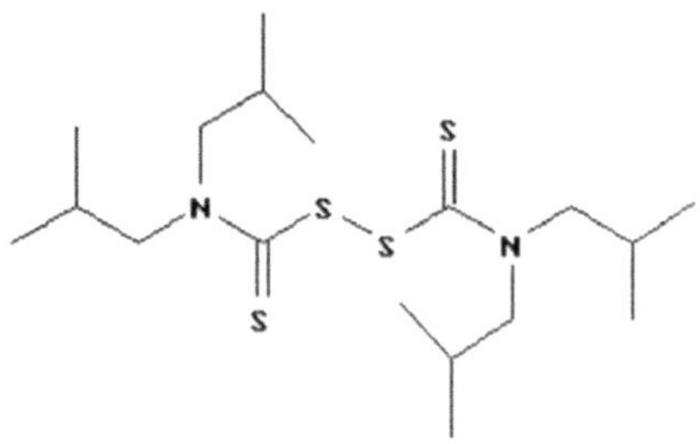

Funktion:
Vulkanisationsbeschleuniger, organisch;
Kautschukart:
Naturkautschuk;

Eigenschaften:
- **physikalisch/chemisch:**
  Schmelzpunkt: 65-70 °C
  Dichte: 1140 ± 30 kg/m3
  Molmasse: 408,74 g/mol

N,N,N',N',-Tetraisopropylthiuramdisulfid

- **CAS-Nummer:**
  4136-91-8
- **gebräuchliche Namen:**
  TIPTD; Tetraisopropylthiuramdisulfid; Bis-(diisopropylthiocarbamoyl)-disulfid;
- **Summenformel:**
  $C_{14}H_{28}N_2S_4$

- **Strukturformel:**

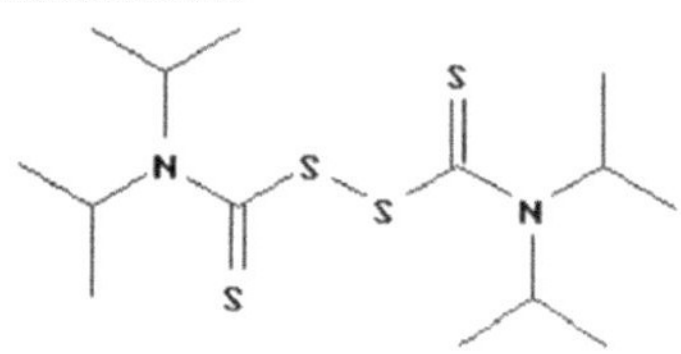

Funktion:
Vulkanisationsbeschleuniger, organisch;

Eigenschaften:
- **toxikologisch/ökotoxikologisch:**
  R-Satz: 20/21/22-36/37/38
  S-Satz: 26-36

- **physikalisch/chemisch:**
  Schmelzpunkt: 115-117 °C
  Molmasse: 352,63 g/mol

Verbleib nach Gebrauch:
Verbrennung nach Mischung mit brennbarem Lösemittel;

Bemerkung:
Gelbes Pulver [187];

3,3,12,12-Tetramethoxy-2,13-dioxa-7,8-dithia-3,12-disilatetradecan

- **CAS-Nummer:**
  35112-74-4
- **Summenformel:**
  $C_{12}H_{30}O_6S_2Si_2$

- **Strukturformel:**

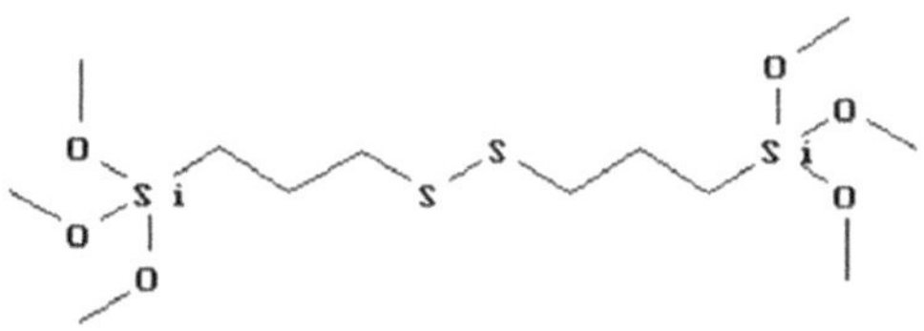

Funktion:
Haftvermittler für Füllstoffe;

Eigenschaften:
- **physikalisch/chemisch:**
  Siedepunkt: 180 °C (8 hPa)
  Dichte: 1113,9 kg/m3 (20 °C)
  Molmasse: 390,66 g/mol

3,3,14,14-Tetramethoxy-2,15-dioxa-7,8,9,10-tetrathia-3,14-disilahexadecan

- **CAS-Nummer:**
  41453-78-5
- **gebräuchliche Namen:**
  Bis(3-trimethoxysilylpropyl)tetrasulfan; TMSPT;
- **Summenformel:**
  $C_{12}H_{30}O_6S_4Si_2$

- **Strukturformel:**

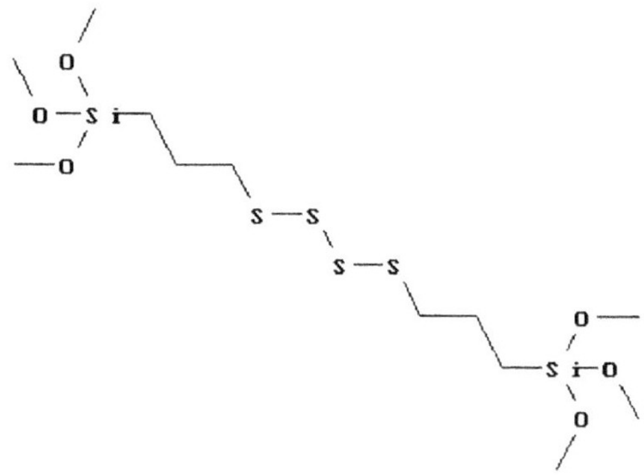

Funktion:
Haftvermittler für Füllstoffe;

Eigenschaften:
- **physikalisch/chemisch:**
Dichte: 1193 kg/m3
Molmasse: 454,78 g/mol

3,3,11,11-Tetramethoxy-2,12-dioxa-7-thia-3,11-disilatridecan

- **CAS-Nummer:**
29055-11-6
- **gebräuchliche Namen:**
Bis(3-trimethoxysilylpropyl)sulfid;
- **Summenformel:**
$C_{12}H_{30}O_6SSi_2$

- **Strukturformel:**

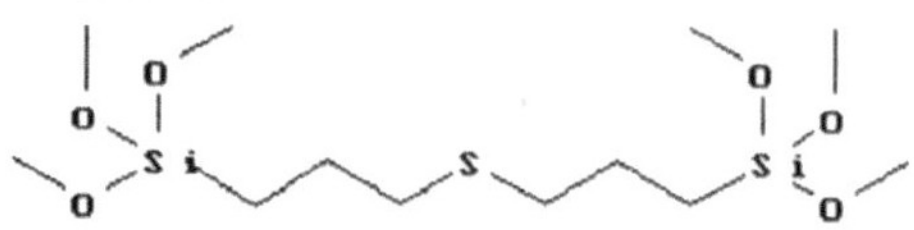

Funktion:
Haftvermittler für Füllstoffe;

Eigenschaften:
- **toxikologisch/ökotoxikologisch:**
RTECS # WQ 2830000
Sonstiges:
LD 50 (intraperitoneal, Maus): 935 mg/g [428];

- **physikalisch/chemisch:**
Siedepunkt: 179 °C (9,33 hPa); 180-181 °C (9,33 hPa)
Molmasse: 358,60 g/mol

3,3,13,13-Tetramethoxy-2,14-dioxa-7,8,9-trithia-3,13-disilapentadecan

- **CAS-Nummer:**
  40550-17-2
- **Summenformel:**
  $C_{12}H_{30}O_6S_3Si_2$

- **Strukturformel:**

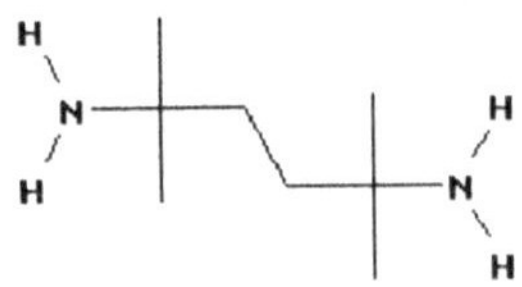

Funktion:
Haftvermittler für Füllstoffe;

Eigenschaften:
- **physikalisch/chemisch:**
  Brechungsindex: 1,4929 (20 °C)
  Dichte: 1162 kg/m3
  Molmasse: 422, 72 g/mol

1,1,4,4-Tetramethylbutandiyldiamin

- **CAS-Nummer:**
  23578-35-0
- **gebräuchliche Namen:**
  2,5-Dimethyl-2,5-hexandiamin;
- **Summenformel:**
  $C_8H_{20}N_2$

- **Strukturformel:**

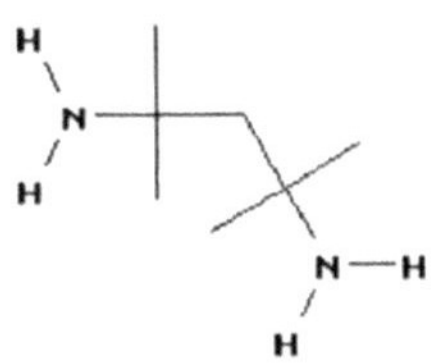

Funktion:
Vulkanisationsbeschleuniger, organisch;

Eigenschaften:
- **physikalisch/chemisch:**
  Schmelzpunkt: 84-89 °C
  Siedepunkt: 184-186 °C
  Brechungsindex: 1,4442
  Dichte: 848,5 kg /m3; 832 kg/m3 (25 °C)
  Molmasse: 144,26 g/mol

(1,1,4,4-Tetramethyl-2-butin-1,4-diyl)bis[1,1-dimethylethylethyperoxid]

- **CAS-Nummer:**
  1068-27-5
- **gebräuchliche Namen:**
  2,5-Bis-tert.-butylperoxy-2,5-di-methyl-hex-3-in; 2,5-Dimethyl-2,5-bis-tert.-butylperoxy-hexin-(3); 2,5-Dimethyl-2,5-di-(tert.-butylperoxy)-3-hexin; 2,5-Dimethylhexin-3-2,5-di-tert.-butylperoxid;
- **Handelsnamen:**
  Interox DYBP; Perkados 145; Varox 130; Varox 130-XL;
- **Summenformel:**
  $C_{16}H_{30}O_4$

- **Strukturformel:**

Funktion:
Vernetzungsmittel, schwefelfrei;
Kautschukart:
Ethylen-Propylen-Terpolymer; Ethylen-Propylen-Copolymer;

Eigenschaften:
- **toxikologisch/ökotoxikologisch:**
  RTECS # MQ 9750000
  R-Satz: 8-36/37/38
  S-Satz: 17-26-36/37/38
  Sonstiges:
  LD 50 (intraperitoneal, Maus): 1850 mg/kg;

- **physikalisch/chemisch:**
  Siedepunkt: 67 °C (2,7 hPa)
  Flammpunkt: 85 °C
  Brechungsindex: 1,4320 (20 °C)
  Dichte: 881 kg/m3
  Molmasse: 286,46 g/mol

Verbleib nach Gebrauch:
Verbrennung nach Mischung mit brennbarem Lösemittel;

4-(1,1,3,3-Tetramethylbutyl)-phenol

- **CAS-Nummer:**
  140-66-9
- **gebräuchliche Namen:**
  p-tert.-Octylphenol;
- **Summenformel:**
  $C_{14}H_{22}O$

- **Strukturformel:**

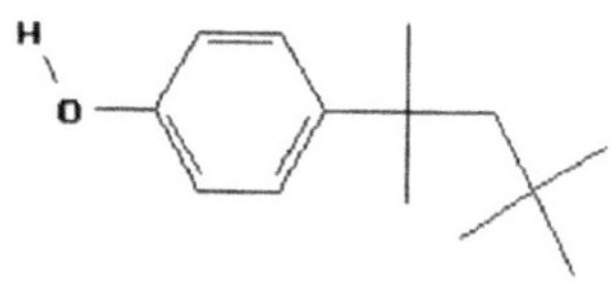

Funktion:
Klebrigmacher;

Eigenschaften:
- **toxikologisch/ökotoxikologisch:**
RTECS # SM 9625000
Schweizer Giftliste: 3
R-Satz: 34
S-Satz: 26-28-27-36/37/39
Sonstiges:
LD50 (oral, Maus): 3210 mg/kg [428];
TDLO (Haut, Maus): 5280 mg/kg [428];

- **physikalisch/chemisch:**
Schmelzpunkt: 79-82 °C; 84 °C; 81-84 °C; 83,5 °C
Siedepunkt: 150-153 °C
Molmasse: 206,33 g/mol

Verbleib nach Gebrauch:
Verbrennung nach Mischung mit brennbarem Lösemittel;

Bemerkung:
weißes Puder;

Tetramethylsuccinonitril

- **CAS-Nummer:**
3333-52-6
- **gebräuchliche Namen:**
Tetramethylsuccinonitril;
- **Summenformel:**
$C_8H_{12}N_2$

- **Strukturformel:**

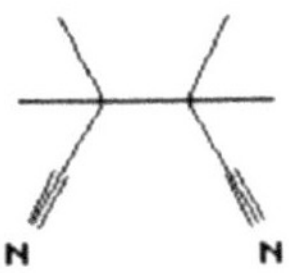

branchenspezifische Bemerkung zur Substanz:
Zersetzungsprodukt von 2,2'-Azobis-(2-methylpropannitril) (AZDN);

Eigenschaften:
- **toxikologisch/ökotoxikologisch:**
RTECS # WN 4025000
Schweizer Giftliste: 2
WGK: 3
MAK Wert: 0,5 ml/m3 bzw. 3 mg/m3
Sonstiges:
Spitzenbegrenzung: II,1 [481]; Gefahr der Hautresorption [481];
Nervengift; Hautresorption! evtl. innere Erstickung;
LD 50 (oral, Ratte): 38900 µg/kg [428];
LC Lo (inhalativ, Ratte): 60 ppm/2h [428];
LD 50 (intraperitoneal, Ratte): 17500 µg/kg [428];
LD 50 (subcutan, Ratte): 30 mg/kg [428];
TD Lo (oral, Ratte): 270 mg/kg/90d (kontinuierlich) [428];

LC Lo (inhalativ, Maus): 123 mg/m3/2h [428];
LD 50 (intraperitoneal, Maus): 17710 μg/kg [428];
LD Lo (subcutan, Maus): 30 mg/kg [428];
LD 50 (intravenös, Maus): 18 mg/kg [428];
LD Lo (subcutan, Hund): 20 mg/kg [428];
LC (inhalativ, Katze): >281 mg/m3/2h [428];
LD Lo (oral, Kaninchen): 25 mg/kg [428];
LD Lo (subcutan, Kaninchen): 30 mg/kg [428];
LD 50 (intravenös, Kaninchen): 20 mg/kg [428];
LD 50 (oral, Meerschweinchen): 17500 μg/kg [428];
LD 50 (subcutan, Meerschweinchen): 23 mg/kg [428];
TD Lo (intraperitoneal, Hamster(trächtig)): 9944 μg/kg/8d [428];

- **physikalisch/chemisch:**
  Schmelzpunkt: 169 °C
  Siedepunkt: 180 °C (267 hPa)
  Dichte: 1070 kg/m3
  Molmasse: 136,2 g/mol

N,N,N',N'-Tetramethylthioharnstoff

- **CAS-Nummer:**
  2782-91-4
- **gebräuchliche Namen:**
  TMTU; Tetramethylthioharnstoff; 1,1,3,3-Tetramethylthioharnstoff; 1,1,3,3-Tretramethyl-2-thioharnstoff;
- **Handelsnamen:**
  NA-101; Basthioryl;
- **Summenformel:**
  $C_5H_{12}N_2S$

- **Strukturformel:**

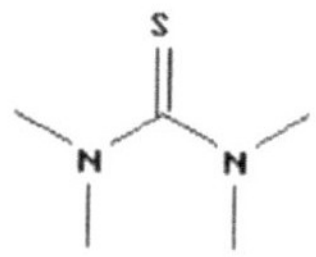

Funktion:
(1) Vulkanisationsbeschleuniger, organisch;
Kautschukart:
(1) Chloropren-Kautschuk;

branchenspezifische Bemerkung zur Substanz:
(2) Reaktionsprodukt aus Tetramethylthiuramdisulfid (TMTD) (CAS-Nr. 137-26-8);

Eigenschaften:
- **toxikologisch/ökotoxikologisch:**
  RTECS # YU 2750000
  R-Satz: 20/21/22
  S-Satz: 36
  Sonstiges:
  LD 50 (oral, Ratte). 920 mg/kg [428];
  LD Lo (oral, Maus): 500 mg/kg [428];

Gefahren-Symbol:

- **physikalisch/chemisch:**
  Schmelzpunkt: 75-77 °C
  Siedepunkt: 245 °C
  Flammpunkt: 190 °C
  Molmasse: 132,23 g/mol

Verbleib nach Gebrauch:
Verbrennung nach Mischung mit brennbarem Lösemittel;

Tetraphenylphosphoniumchlorid

- **CAS-Nummer:**
  2001-45-8
- **Summenformel:**
  $C_{24}H_{20}ClP$

- **Strukturformel:**

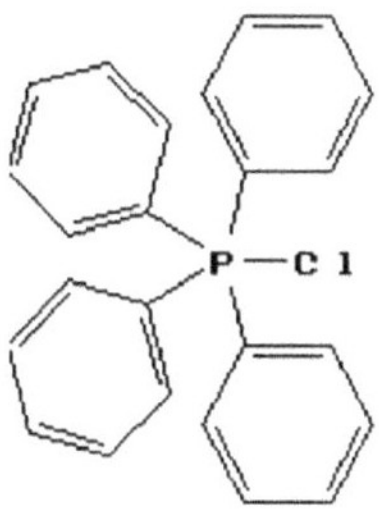

Funktion:
Coagentien für schwefelfreie Vernetzungsmittel;
Kautschukart:
Fluor-Kautschuk;
Anwendung:
Kautschuklaminat aus Fluorkautschukschicht und Acrylnitril-Butadien-Kautschuk-Schicht;

Eigenschaften:
- **toxikologisch/ökotoxikologisch:**
  R-Satz: 36/37/38
  S-Satz: 26-37/39

Gefahren-Symbol:

- **physikalisch/chemisch:**
  Schmelzpunkt: 273-275 °C
  Molmasse: 374,86 g/mol
  Löslichkeit: löslich in Wasser;

Verbleib nach Gebrauch:
Verbrennung nach Mischung mit brennbarem Lösemittel;

Bemerkung:
hygroskopisch;

N,N,N',N"-Tetraphenyl-(1,3,5)-triazin-2,4,6-triamin

- **CAS-Nummer:**
  51131-79-4
- **gebräuchliche Namen:**
  Tetraphenylmelamin;
- **Summenformel:**
  $C_{27}H_{22}N_6$

- **Strukturformel:**

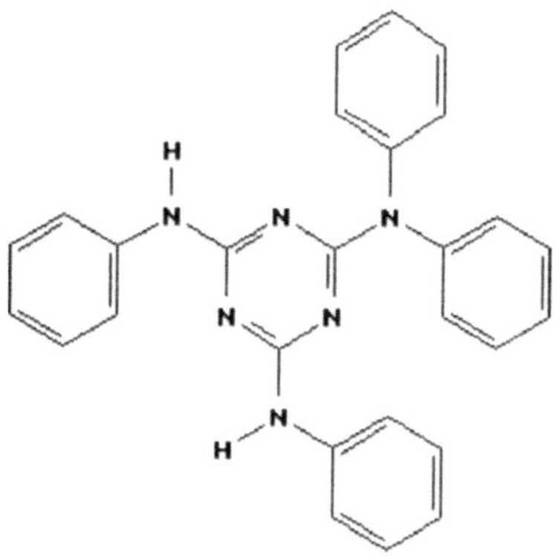

branchenspezifische Bemerkung zur Substanz:
Zersetzungsprodukt von N,N'-Diphenylguanidin;

Eigenschaften:
- **physikalisch/chemisch:**
  Molmasse: 430,51 g/mol

6,6'-Tetrathiobis(N,N,N'-triethyl)-1,3,5-triazin-2,4-diamin

- **CAS-Nummer:**
  104056-62-4
- **gebräuchliche Namen:**
  Terasulfidtriazin;
- **Summenformel:**
  $C_{18}H_{32}N_{10}S_4$

- Strukturformel:

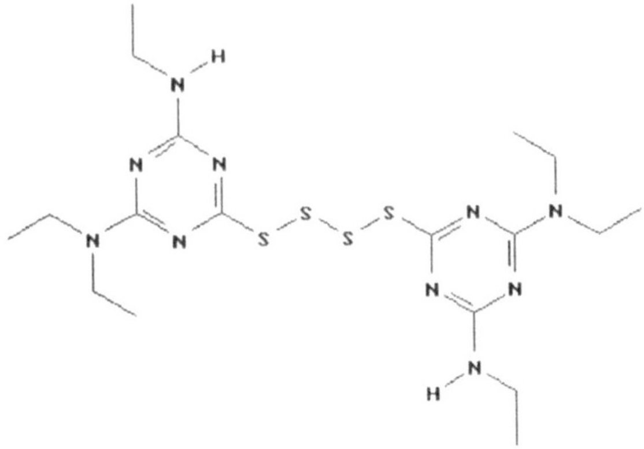

Funktion:
Vulkanisationsbeschleuniger, organisch;

Eigenschaften:
- **physikalisch/chemisch:**
Molmasse: 516,76 g/mol

Thiazol

- **CAS-Nummer:**
288-47-1
- **Summenformel:**
C_3H_3NS

- **Strukturformel:**

Eigenschaften:
- **toxikologisch/ökotoxikologisch:**
RTECS # XJ 1290000
R-Satz: 10-20/21/22
S-Satz: 16-23-36
Sonstiges:
Nervengift [39];

Gefahren-Symbol:

- **physikalisch/chemisch:**
Siedepunkt: 116,8 °C
Flammpunkt: 22 °C
Log pOW: 0,44 [4]

Brechungsindex: 1,5969 (20 °C)
Dichte: 1198 kg/m3 (20 °C)
Molmasse: 85,12 g/mol
Löslichkeit:
mischbar mit Wasser; löslich in Ethanol, Diethylether;

Verbleib nach Gebrauch:
Verbrennung, hochentzündliche Stoffe;

Bemerkung:
Farblose, stark hygroskopische Flüssigkeit von pyridinähnlichem Geruch; wasserdampfflüchtig; Ist in seinen physikalischen und chemischen Eigenschaften dem Pyridin sehr ähnlich; es ist jedoch schwächer basisch und beständig gegenüber Oxidations- und Reduktionsmitteln;

4,4'-Thio-bis-(6-1,1-dimethylethyl-2-methylhydroxybenzen)

- **CAS-Nummer:**
  96-66-2
- **gebräuchliche Namen:**
  Bis-(3-tert.-butyl-4-hydroxy-5-methylphenyl)sulfid; 3-tert.-Butyl-4-hydroxy-5-methylphenylsulfid; 4,4'-Thio-bis-(6-tert.-butyl-2-methylphenol); 4,4'-Thio-bis-(6-tert.-butyl-o-kresol); 4,4'-Thiobis-(2-tert.-butyl-6-methylphenol);
- **Handelsnamen:**
  Antioxidant E 736; E 736; Ethanox 736; Ethyl 736; Ethylantioxidant 736; TB 2; Thioalkofen BM;
- **Summenformel:**
  $C_{22}H_{30}O_2S$

- **Strukturformel:**

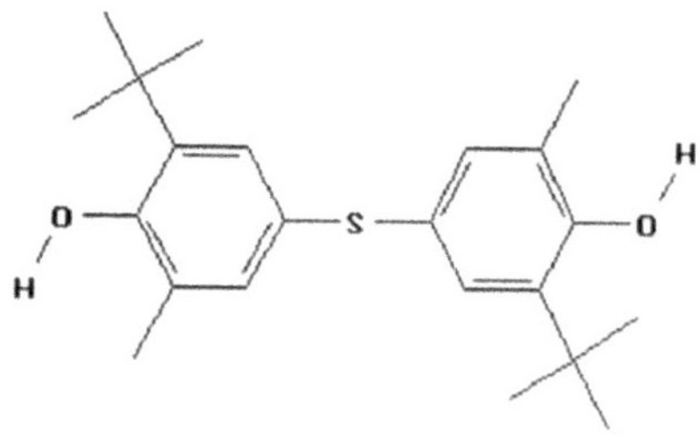

Funktion:
Oxidationsschutzmittel;

Eigenschaften:
- **toxikologisch/ökotoxikologisch:**
  RTECS # GP 3200000
  R-Satz: 36/37/38
  S-Satz: 26-37/39
  Sonstiges:
  LD 50 (oral, Ratte): 6340 mg/kg [428];
  LD 50 (oral, Maus): 3000 mg/kg [428];
  LD 50 (oral, Säugetier): 6340 mg/kg [428];

- **physikalisch/chemisch:**
  Schmelzpunkt: 124-127 °C; 123-124 °C
  Siedepunkt: 316 °C
  Flammpunkt: 240 °C
  Molmasse: 358,58 g/mol

Verbleib nach Gebrauch:
Verbrennung nach Mischung mit brennbarem Lösemittel;

1,1'-Thiobis-(6-(1,1-dimethylethyl)-2-naphthol)

- **CAS-Nummer:**
96271-83-9
- **gebräuchliche Namen:**
1,1'-Thiobis-(6-tert.-butyl-2-naphthol); Bis-(2-hydroxy-6-tert.-butyl-naphthyl)-(1)sulfid;
- **Summenformel:**
$C_{28}H_{30}O_2S$

- **Strukturformel:**

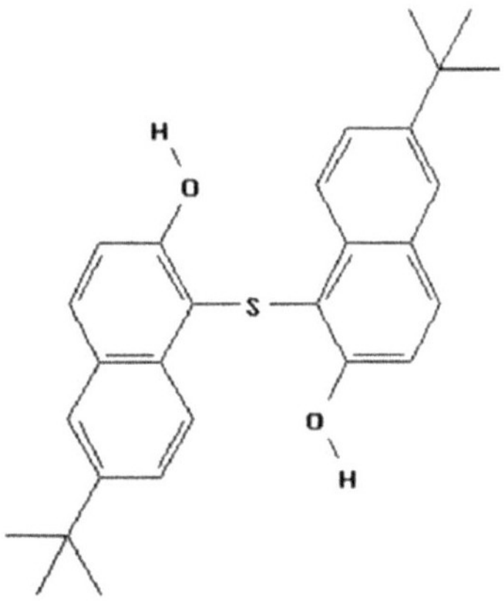

Funktion:
Oxidationsschutzmittel;

Eigenschaften:
- **physikalisch/chemisch:**
Schmelzpunkt: 172 °C
Molmasse: 430,60 g/mol

2,2'-Thiobis[4-(1,1-dimethylpropyl)-1-hydroxybenzen

- **CAS-Nummer:**
98-26-0
- **gebräuchliche Namen:**
2,2'-Thiobis(4-tert.-pentylphenol); p-t-Amylphenol-sulfid; 2,2'-Thiobis[4-(1,1-dimethylpropyl)-1-phenol; 4,4'-Di-tert.-pentyl-2,2'-sulfandiyl-di-phenol;
- **Summenformel:**
$C_{22}H_{30}O_2S$

- **Strukturformel:**

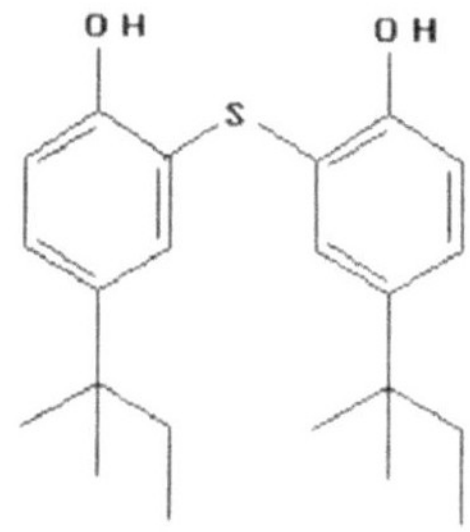

Funktion:
Klebrigmacher;

Eigenschaften:
- **physikalisch/chemisch:**
Molmasse: 358,54 g/mol

2,2'-Thio-bis-(6-methyl-hydroxybenzen)

- **CAS-Nummer:**
20109-30-2
- **gebräuchliche Namen:**
6,6'-Dimethyl-2,2'-sulfandiyl-di-phenol; Di-o-kresol-monosulfid; 2,2'-Thio-bis-(6-methyl-phenol);
- **Handelsnamen:**
Santowhite CM;
- **Summenformel:**
$C_{14}H_{14}O_2S$

- **Strukturformel:**

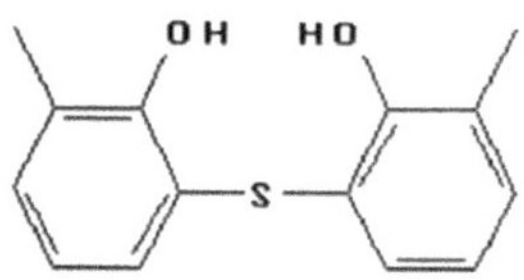

Funktion:
Oxidationsschutzmittel; Hitzeschutzmittel;

Eigenschaften:
- **physikalisch/chemisch:**
Molmasse: 246,32 g/mol

1,1'-Thiobis(N,N-dimethylthio)formamid

- **CAS-Nummer:**
97-74-5
- **gebräuchliche Namen:**
TMTM; Tetramethylthiuramsulfid; Tetramethylthiurammonosulfid; Bis(dimethylthiocarbamoyl)sulfid; Monothiuram; Tetramethylthiokohlensäurediamid; Tetramethylthiuram-sulfid;
- **Handelsnamen:**
Akrochem TMTM; Cyuram MS; Eveite MST; Methyl Tuads; Monex; Mono-Thiurad; Pennac MS; Rhenogran TMTM-80; Rhenosol TMTM-45; Robac TMS; Thiuram MM; Thiuram Ms/C; Urads; Unads; Vulkacit Thiuram MS; Vulkacit; Thionex; Vulcafor MS;

- **Summenformel:**
  $C_6H_{12}N_2S_3$

- **Strukturformel:**

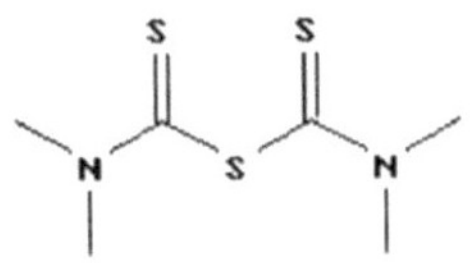

Funktion:
Vulkanisationsbeschleuniger, organisch;

Kautschukart:
Naturkautschuk; Styrol-Butadien-Kautschuk; Acrylnitril-Butadien-Kautschuk; Acrylat-Butadien-Kautschuk; ChloroOpren-Kautschuk; Ethylen-Propylen-Terpolymer;

Anwendung:
Reifen, Schläuche; Hitzebeständige Artikel (z.B. Dichtungen); chirurgische und medizinische Artikel; Sportartikel; Spielsachen; technische Gummiartikel; Produkte für Industrie, inkl. Druckplattentücher; Klebstoffe; Latex Tauchartikel; Latex Schaumartikel;

branchenspezifische Bemerkung zur Substanz:
Einsatzmenge: 73 t/a (TSE-Industrie, 1996)

Eigenschaften:

- **toxikologisch/ökotoxikologisch:**

RTECS # WQ 1750000

Sonstiges:

LD 50 (oral, Ratte): 450 mg/kg [428];
LD Lo (oral, Ratte): 450 mg/kg [428];
LD 50 (intraperitoneal, Ratte): 383 mg/kg [428];
LD Lo (intraperitoneal, Ratte): 25 mg/kg [428];
LD Lo (oral, Katze): 100 mg/kg [428];
LD Lo (oral, Hund): 100 mg/kg [428];
LD 50 (oral, Meerschweinchen): 850 mg/kg [428];
LD Lo (oral, Meerschweinchen): 10 mg/kg [428];
LD Lo (intraperitoneal, Meerschweinchen): 20 mg/kg [428];
LD Lo (oral, Kaninchen): 100 mg/kg [428];
LD 50 (oral, Maus): 818 mg/kg [428];
LD 50 (intraperitoneal, Maus): 300 mg/kg [428;]

zu Mixland TMTM 80 GE [Sdb Göbel], Angaben bezogen auf Wirsubstanz:
LD 50 (oral, Ratte): <690 mg/kg; Gefahrensymbol: Xn, N; R-Sätze: 22-43-51/53; S-Sätze: 24-37-60; WGK: 2;
LC 50 (Poecilia reticulata): 5,3 mg/l/96h; LC 50 (Daphnia magna): 2,9 mg/l/48;

- **physikalisch/chemisch:**

Schmelzpunkt: 103-114 °C
Dichte: 1370 kg/m3 (25 °C); 1370 ± 30 kg/m3
Molmasse: 208,38 g/mol
Löslichkeit:
unlöslich in Wasser; wenig löslich in Diethylether; löslich in Propanon, Benzen, Trichlormethan, Ethanol, Methylbenzen;

Bemerkung:
zu Mixland TMTM 80 GE [Sdb Göbel], Angaben bezogen auf Wirsubstanz:
Schmelzpunkt: 107 °C;

enthalten in: Perkacit TMTM-Monothiurad (>95 %), Mixland TMTM 80 GE (80 %), Robac TMTM PM 75 (75 %);

4,4'-Thiocarbonyldimorpholin

- **CAS-Nummer:**
  1013-93-0
- **gebräuchliche Namen:**
  N,N'-Bis(oxydiethylen)thioharnstoff;
- **Summenformel:**
  $C_9H_{16}N_2O_2S$

- **Strukturformel:**

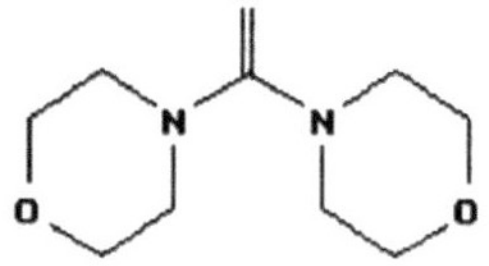

branchenspezifische Bemerkung zur Substanz:
Zersetzungsprodukt aus OTOS, MBT und Schwefel;

Eigenschaften:
- **physikalisch/chemisch:**
  Molmasse: 216,30 g/mol

Thiodiglycolsäure-di-2-ethyl-hexylester

- **CAS-Nummer:**
  24293-43-4
- **gebräuchliche Namen:**
  2,2'-Thiobis-essigsäure-bis(2-ethylhexyl)-ester; 3-Thia-glutarinsäure-bis-(2-ethyl-hexyl-ester); (2-Ethyl-hexyloxycarbonylmethylsulfanyl]-essigsäure-2-ethylhexyl-ester;
- **Handelsnamen:**
  Vulkanol 90;
- **Summenformel:**
  $C_{20}H_{38}O_4S$

- **Strukturformel:**

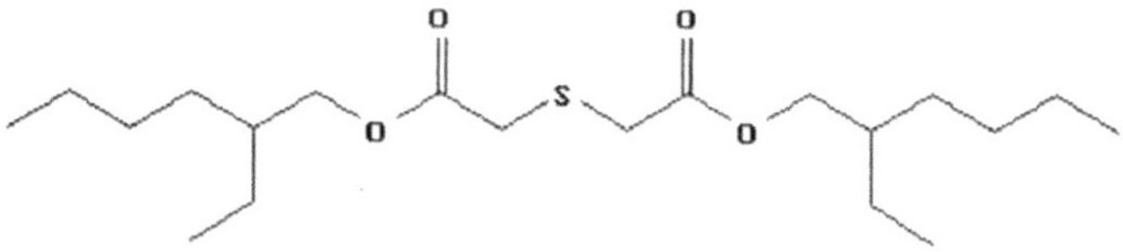

Funktion:
Weichmacher, synthetisch;

branchenspezifische Bemerkung zur Substanz:
Einsatzmenge: 3,4 t/a (TSE-Industrie, 1996)

Eigenschaften:
- **toxikologisch/ökotoxikologisch:**
  RTECS # AJ 6600000
  Sonstiges:
  LD (oral, Ratte): >500 mg/kg [428];

- **physikalisch/chemisch:**
  Molmasse: 374,58 g/mol

4,4'-Thiodiphenol

- **CAS-Nummer:**
  2664-63-3
- **gebräuchliche Namen:**
  4,4'-Sulfandiyl-bis-phenol; Thiobisphenol; 4,4'-Thiobis-[phenol]; p,p'-Dihydroxydiphenyl-sulfid; Bis-(4-hydroxyphenyl)-sulfid;
- **Handelsnamen:**
  D 75;
- **Summenformel:**
  $C_{12}H_{10}O_2S$

- **Strukturformel:**

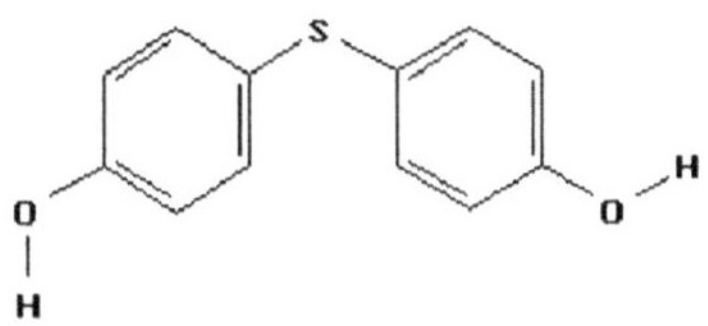

Funktion:
sonstige Chemikalien;

Eigenschaften:
- **toxikologisch/ökotoxikologisch:**
  RTECS # SN 0800000
  R-Satz: 34
  S-Satz: 26-27-36/37/39
  Sonstiges:
  LD 50 (oral, Ratte): 3362 mg/kg [187];
  LD 50 (oral, Maus): 5500 mg/kg [428];

- **physikalisch/chemisch:**
  Schmelzpunkt: 154-156 °C
  Molmasse: 218,27 g/mol

Verbleib nach Gebrauch:
Verbrennung nach Mischung mit brennbarem Lösemittel;

Bemerkung:
Weiße Kristalle [187];

Thiokohlensäurediamid

- **CAS-Nummer:**
  62-56-6
- **gebräuchliche Namen:**
  Thioharnstoff; Thiocarbamid; Thiourea; Sulfoharnstoff; TU;
- **Handelsnamen:**
  Sulourea; Urea; THU; Tsizp 34; USAF Ek-497;
- **Summenformel:**
  CH_4N_2S

- **Strukturformel:**

Funktion:
Vulkanisationsbeschleuniger, organisch;

branchenspezifische Bemerkung zur Substanz:
Zersetzungsprodukt von N,N'-Diphenylguanidin (DPG) (CAS-Nr. 102-06-7);

Eigenschaften:
- **toxikologisch/ökotoxikologisch:**
RTECS # YU 2800000
Schweizer Giftliste: 3
WGK: 2
R-Satz: 22-40-51/53
S-Satz: (2)-22-24-36/37-61
Sonstiges:
Krebserzeugend III B [481]; Karzinogen [187]; Carc.Cat.3 [505];
Wirkt schädigend beim Einatmen, Verschlucken oder Aufnahme über Haut; kann Augenreizungen verursachen; kann allergische Hautreaktionen auslösen [187];
LD 50 (oral, Ratte): 125 mg/kg [40];
LD 50 (intraperitoneal, Ratte): 436 mg/kg [428];
LD 50 (intraperitoneal, Maus): 100 mg/kg [428];
LD Lo (oral, Kaninchen): 6985 mg/kg [428];
LD Lo (subcutan, Meerschweinchen): 4000 mg/kg [428];
LD Lo (subcutan, Frosch): 10000 mg/kg [428];
LD Lo (oral, Säugetier): 1000 mg/kg [428];
LD 50 (intraperitoneal, Säugetier): 3500 mg/kg [428];

LC 50 (Fisch, Pimephales promelas): > 100 mg/l [3];
LC 50 (Daphnia magna): 1,8 mg/l [3];
CSB: 0,84 g/g [3]; BSB(5): 0,013 g/g [3];
Biologischer Einfluß:
nicht adaptiertes System: 100 mg/l bewirken keinen Effekt, 1000mg/l wirken hemmend, adaptiertes System: 276 mg/l biologisch abbaubar [3];

Gefahren-Symbol:

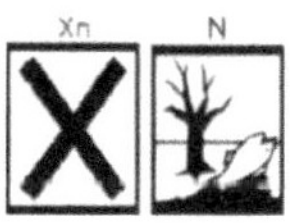

- **physikalisch/chemisch:**
Schmelzpunkt: 174-177 °C; 180 °C
Log pOW: -0,98 [4]; -1,14 [4]; -1,16 [45]
Brechungsindex: 1,6483 (137-138 °C)
Dichte: 1405 kg/m3 (20 °C)
Molmasse: 76,12 g/mol
Löslichkeit:
Wasser 101 g/l (13 °C), 180 g/l (20 °C); wenig löslich in Ethanol, Diethylether; sehr wenig löslich in kaltem Ethanol;

Verbleib nach Gebrauch:
Verbrennung nach Mischung mit brennbarem Lösemittel;

Bemerkung:
Weißes kristallines Pulver;
Erhitzen auf 135 - 180 °C: Bildung von Ammoniumthiocyanat;

Verboten in kosmetischen Mitteln;
Verwendung: in Photo-Papiere, Vulkanisationsbeschleuniger, bei der Produktion von Harzen [428];

Thioperoxidiphosphorsäure-tetrakis(1,1-dimethylethyl)ester

- **CAS-Nummer:**
  40178-72-1
- **gebräuchliche Namen:**
  Bis(di-tert.-butyl)thiophosphoryl-disulfid; DTBDIS;
- **Summenformel:**
  $C_{16}H_{36}O_4P_2S_4$
- **Strukturformel:**

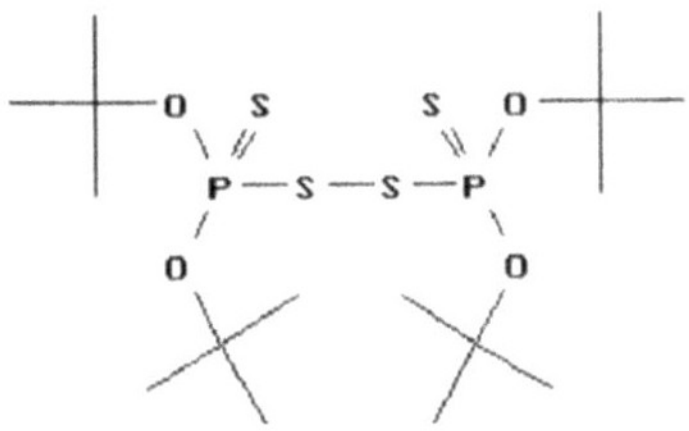

Funktion:
Vulkanisiermittel / Schwefelspender;
Kautschukart:
Carboxylgruppenhaltiger Acrylnitril-Butadien-Kautschuk;

Eigenschaften:
- **physikalisch/chemisch:**
  Molmasse: 482,65 g/mol

Thioperoxidiphosphorsäuretetra-(2-methylpropyl)ester

- **CAS-Nummer:**
  25452-58-8
- **gebräuchliche Namen:**
  DIBDIS; Bis(di-isobutyl)thiophosphoryl-disulfid;
- **Summenformel:**
  $C_{16}H_{36}O_2P_2S_4$
- **Strukturformel:**

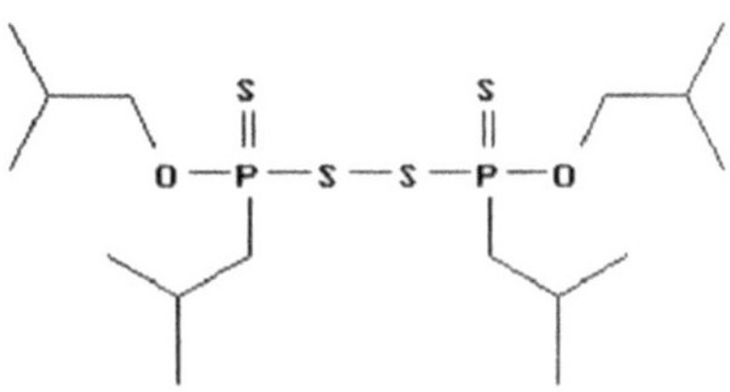

Funktion:
Vulkanisiermittel / Schwefelspender;
Kautschukart:
Carboxylgruppenhaltiger Acrylnitril-Butadien-Kautschuk;

Eigenschaften:
- **physikalisch/chemisch:**
  Molmasse: 482,65 g/mol

Thioperoxydicarbonsäurebis(1-methylethyl)ester

- **CAS-Nummer:**
  105-65-7
- **gebräuchliche Namen:**
  o,o-Diisopropyl-dithiobis-(thioformat); Diisopropyxantho-disulfid; Bis-(1-methylethyl)-thioperoxydicarbonat; Xantogen-disulfid; Bisisopropoxythiocarbonyl-disulfan;
- **Handelsnamen:**
  Diproxid;
- **Summenformel:**
  $C_8H_{14}O_2S_4$
- **Strukturformel:**

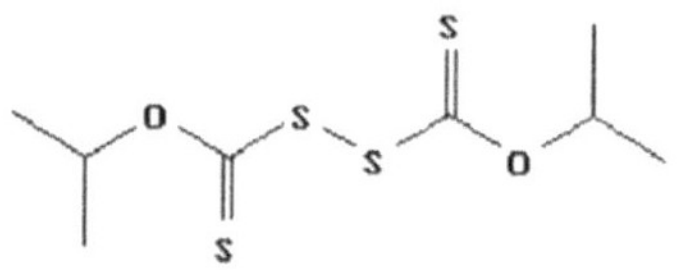

Funktion:
Vulkanisationsbeschleuniger, organisch;

Eigenschaften:
- **physikalisch/chemisch:**
  Schmelzpunkt: 52 °C
  Molmasse: 270,44 g/mol

Thioperoxydiphosphorsäuretetrapropylester

- **CAS-Nummer:**
  25452-56-6
- **gebräuchliche Namen:**
  Bis(di-n-propyl)thiophosphoryl-disulfid; DNPDIS;
- **Summenformel:**
  $C_{12}H_{28}O_4P_2S_4$
- **Strukturformel:**

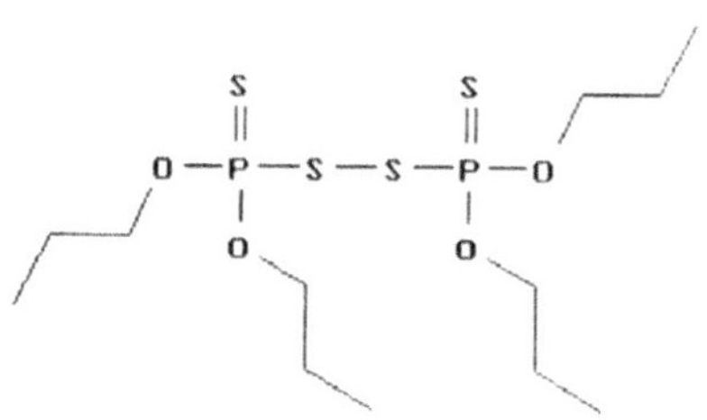

Funktion:
Vulkanisiermittel / Schwefelspender;
Kautschukart:
Carboxylgruppenhaltiger Acrylnitril-Butadien-Kautschuk;

Eigenschaften:
- **physikalisch/chemisch:**
  Molmasse: 426,54 g/mol

Thiopropionsäure-S-butylester

- **CAS-Nummer:**
  2432-44-2
- **Summenformel:**
  $C_7H_{14}OS$

- **Strukturformel:**

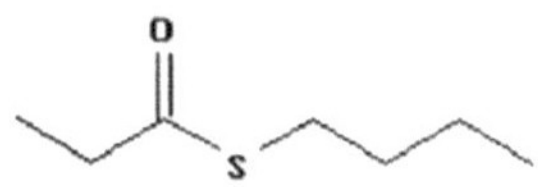

Funktion:
Weichmacher, synthetisch;
Kautschukart:
Chloropren-Kautschuk; Acrylnitril-Butadien-Kautschuk;

Eigenschaften:
- **physikalisch/chemisch:**
  Siedepunkt: 64,5 °C (1,99 hPa)
  Molmasse: 136 g/mol

Thio-(prop-1-yl-3-säure-tetradecylester)-propan-3-säure-tetradecylester

- **CAS-Nummer:**
  16545-54-3
- **gebräuchliche Namen:**
  DMTDP; Ditetradecyl-3,3'-thiobispropionate; 3,3'-Thiobis-propansäure-ditetradecylester; 3,3'-Thiodipropionsäureditetradecylester, techn.; 3,3'-Thio-bis-(propionsäure-tetradecylester); Dimyristylthiodipropionat;
- **Handelsnamen:**
  Carstab DMTDP; Halby DM-TDP; Irganox PS801;
- **Summenformel:**
  $C_{34}H_{66}O_4S$

- **Strukturformel:**

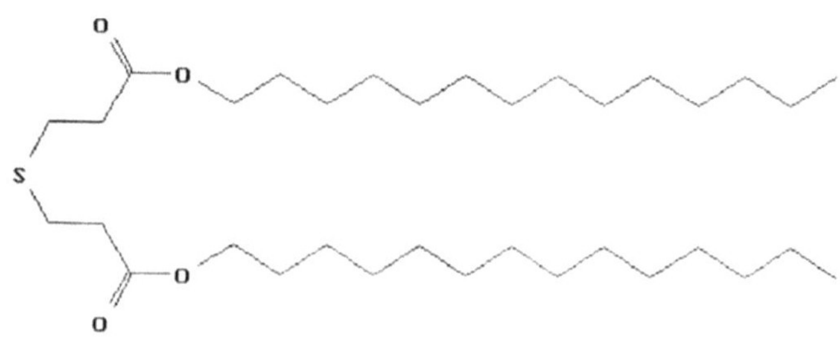

Funktion:
Stabilisator;

Eigenschaften:
- **toxikologisch/ökotoxikologisch:**
  Sonstiges:
  Von der WHO als "sehr gefährlich" eingestuft;

- **physikalisch/chemisch:**
  Schmelzpunkt: 48-53 °C
  Molmasse: 570,95 g/mol

Bemerkung:
Verwendung: Antioxidans und Stabilisator in Elastomeren; Pestizid;

2,3,5-Tichlorbenzenthiol

- **CAS-Nummer:**
  57730-97-9
- **gebräuchliche Namen:**
  2,3,5-Trichlorthiophenol;
- **Summenformel:**
  $C_6H_3Cl_3S$

- **Strukturformel:**

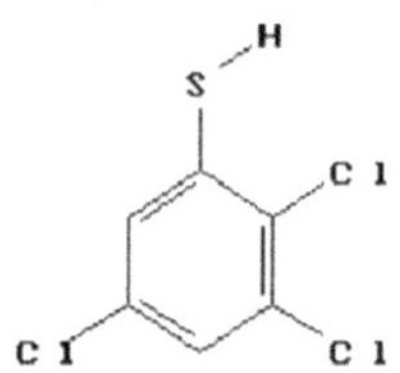

Funktion:
Mastikationsmittel;

Eigenschaften:
- **physikalisch/chemisch:**
  Molmasse: 213,51 g/mol

Titandioxid

- **CAS-Nummer:**
  1317-70-0
- **gebräuchliche Namen:**
  Titansäureanhydrid; Anatas;
- **Summenformel:**
  TiO_2

Funktion:
Pigment, anorganisch;

Eigenschaften:
- **toxikologisch/ökotoxikologisch:**
  RTECS # XR 2275000
  WGK: 0
  Sonstiges:
  Krebserzeugend;

- **physikalisch/chemisch:**
  Dichte: 3840 kg/m3
  Molmasse: 79,88 g/mol
  Löslichkeit:
  in Wasser unlöslich;
  löslich in Schwefelsäure, Alkalien;

Titandioxid

- **CAS-Nummer:**
  13463-67-7
- **gebräuchliche Namen:**
  Titan(IV)-oxid; Titansäureanhydrid; Titanweiß; Rutil; Brookit; C.I. 77891; C.I. Pigment Weiß 6; Pigment Weiß 6 (C.I. 77891); Pigment White 6; E 171; Titania;
- **Handelsnamen:**
  A-Fil; Austiox; Bayertitan; Aab-O-Ti; Calcotone White T; Flamenco; Cosmetio White C47-5175; Flamenco; Hombitan; Horse Head R-710; Hombitan; Kromo; Kronos; Kronos Titandioxid; Luconyl Weiss 0022; Luconyl G Weiss 0022; Rayox; Runa RH20; Rutiox; Tiofine; Tipaque; Ti-Purei; Titan; Titanox; Tione T.D.; Trioxid; Tronex; Sicoflush P Weiß 0022; Unitana; Zopaque;
- **Summenformel:**
  TiO_2

Funktion:
Pigment, anorganisch;
Anwendung:
Reifen, Schläuche; chirurgische und medizinische Artikel; Sportartikel; Spielsachen; technische Gummiartikel; Produkte für Industrie, inkl. Druckplattentücher; Klebstoffe; Dichtungen; Latex Tauchartikel; Latex Schaumartikel;

Eigenschaften:
- **toxikologisch/ökotoxikologisch:**
  RTECS # XR 2275000
  WGK: 0
  MAK Wert: 6 mg/m3 A
  R-Satz: 20
  S-Satz: 22
  Sonstiges:
  Schwangerschaftsgruppe C [481]; vgl. Abschn. V f) und g)
  Kann schädigend wirken bei Einatmung, Verschlucken oder Aufnahme über Haut; kann Reizungen verursachen [187];
  Gesundheitsgefahren bei Überschreitung des MAK-Wertes: Verursacht nach bisherigen Erfahrungen keine Reizerscheinungen oder toxischen Störungen [464];
  LD 50 (oral, Ratte): > 12,0 g/kg [168], 10 g/kg [484];
  Literaturübersicht zur Toxizität siehe [169];

  zu Kronos Titandioxid [Sdb Kronos]:
  LD 50 (oral, Ratte): 20 g/kg;
  LD 50 (dermal, Ratte): 10 g/kg;
  LD 50 (oral, Ratte): 6,82 mg/l/4h
  Aquatische Toxizität:
  LC 0 (Leuciscus idus): >1 g/l/48 h;
  EC 0 (Daphnia magna): >3 mg/l/30 Tage;
  EC 0 (Pseudomonas flourescens): >10 g/l/24 h;

- **physikalisch/chemisch:**
  Schmelzpunkt: 1830-1850 °C *; 1825 °C***
  Siedepunkt: 2500-3000 °C *
  Dichte: 4260 kg/m3 (20 °C) *; 3900 kg/m3 (20 °C) **; 4130 (20 °C) ***;
  Molmasse: 79,9 g/mol

Löslichkeit:
unlöslich in Wasser, verd. Alkalilauge; löslich in heißer konz. Schwefelsäure, Fluorwasserstoff, geschmolzenen Alkalihydroxiden und -carbonaten;

Bemerkung zu physikalisch/chemischen Daten:
* Rutil; ** Anatas; *** Brookit;

Verbleib nach Gebrauch:
Sondermüll-Deponie für chemischen Abfall, besonders gefährliche Stoffe;

Bemerkung:
Halbleiter, weiße Kristalle;
Rutil stellt die am häufigsten vorkommende Modifikation der drei Titandioxid-Modifikationen dar;
Zugelassen als Lebensmittelzusatzstoff nach LMBG;
Farbstoffkonzentration in Lebensmitteln: ca.10 g/100 kg [169];
Verwendung: als Weißpigment, u.a. in Lebensmitteln und Druckfarben; als Anstrichfarbe; Herstellung von Glasuren in der Porzellanmalerei; Ersetzt in Druckfarben zunehmend das ⇒ Bleiweiß; Rohstoff zur Gewinnung von Titan;
Bestandteil von Paliocrom Blausilber L 6000;

2,4,6-Triallyloxy-1,3,5-triazin

- **CAS-Nummer:**
101-37-1
- **gebräuchliche Namen:**
TAC; Cyanursäuretriallylester; Triallylcyanurat; 2,4,6-Triallyloxy-s-triazin; Tripropargylcyanurat; 2,4,6-Triprop-2-ynyloxy-s-triazin; 2,4,6-Tris(allyloxy)triazin; 2,4,6-Tris(allyloxy)-1,3,5-triazin;
- **Handelsnamen:**
Aktivator OC; Aktivator TAC; Aktivator S; Degussa TAC; Perkalink 300; Primix TAC; Rhenofit TAC/S; Rhenogran TAC-50; TAC/GR; TAC/GR 70; TAC DL 70; TAIC DL 70; Degussa TAC;
- **Summenformel:**
$C_{12}H_{15}N_3O_3$
- **Strukturformel:**

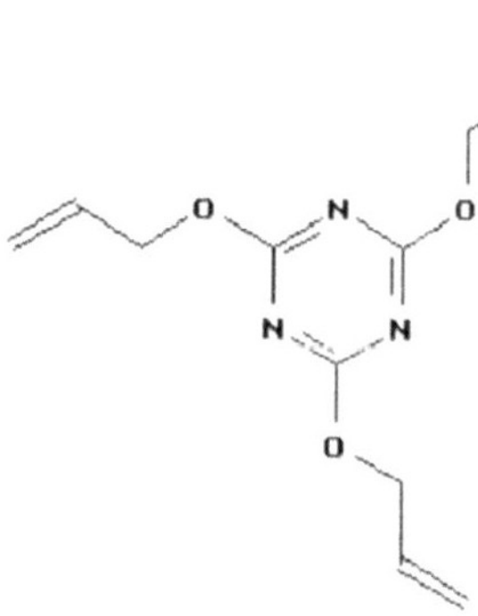

Funktion:
(1) Coagentien für schwefelfreie Vernetzungsmittel;
(2) Vulkanisationsaktivator / Beschleunigeraktivator;
Kautschukart:
(1) Chlorethylen-Kautschuk; Ethylen-Propylen-Terpolymer; Acrylnitril-Butadien-Kautschuk; Ethylen-Propylen-Copolymer;
Anwendung:
(1) Dichtungen,Manschetten; Kabel, Profile;

branchenspezifische Bemerkung zur Substanz:
Einsatzmenge: 10 t/a (Reifenindustrie: 0,4 t/a, TSE-Industrie: 10 t/a) (1996)

Eigenschaften:
- toxikologisch/ökotoxikologisch:
RTECS # XZ 2080000
R-Satz: 22
S-Satz: 37/39
Sonstiges:
LD 50 (oral, Ratte): 590 mg/kg [428];
LD 50 (intravenös, Maus): 180 mg/kg [428];
LD 50 (Haut, Kaninchen): 8600 mg/kg [428];

zu TAC/GR [Sdb Kettlitz], Angaben bezogen auf Wirkstoff:
gefährliche Inhaltsstoffe: Triallylcyanurat;
Gefahrensymbol: Xn; R-Sätze: 22; S-Sätze: 37/39; WGK: 1;
LD 50 (dermal, Maus): 575 mg/kg;

zu Perkalink 300 [565]:
LD 50 (dermal, Kaninchen): >2000 mg/kg;

zu TAIC DL 70 [SdB Lehmann & Voss & Co.]:
gefährliche Inhaltsstoffe: 2,4,6-Triallyloxy-1,3,5-triazin;
Gefahrensymbol: Xn; R-Sätze: 22; S-Sätze: 15-36-61; WKG: 2;
MAK: 4 mg/m3, bezogen auf morphe Kieselsäure Gesamtstaub;
LD 50 (oral, Ratte): 844 mg/kg;
LC 50 (dermal, Kaninchen): >2000 mg/kg;
LC 50 (Fisch): 4-8 mg/l/48h;

zu TAC DL 70 [SdB Lehmann & Voss & Co.]:
gefährliche Inhaltsstoffe: Cyanursäuretriallylester;
Gefahrensymbol: Xn; R-Sätze: 22; S-Sätze: 22-36; WKG: 2;
MAK: 4 mg/m3, bezogen auf morphe Kieselsäure Gesamtstaub;
LC 50 (Fisch): 4-8 mg/l/48h;

Gefahren-Symbol:

- physikalisch/chemisch:
Schmelzpunkt: 27 °C
Siedepunkt: 162 °C (4 hPa)
Flammpunkt: >110 °C
Dichte: 1120 kg/m3; 1170 kg/m3
Molmasse: 249,27 g/mol
Löslichkeit:
schwer löslich in Wasser; mischbar mit Propanon, Benzen, Trichlormethan, Dioxan, Ethanol, Ethylacetat, Xylol;

Bemerkung zu physikalisch/chemischen Daten:
zu TAIC DL 70 [SdB Lehmann & Voss & Co.]:
Dichte: 1340 kg/m3;
Zersetzungstemperatur: >105 °C;
Löslichkeit in Wasser: ca. 0,3 g/l (20 °C);

zu TAC/GR [Sdb Kettlitz]:
Dichte: 1170 kg/m3 (20 °C);
Zersetzungstemperatur: >150 °C;
neigt oberhalb von 50 °C zur Polymerisation;

zu TAC/GR 70 [Sdb Kettlitz]:
Dichte: ca. 1210 kg/m3 (20 °C);

zu Degussa TAC [SdB Degussa]:
Dichte: 1120 kg/m3;

Verbleib nach Gebrauch:
Verbrennung nach Mischung mit brennbarem Lösemittel;

Bemerkung:
Feuchtigkeitsempflindlich [187];
kann mit Hydrochinon stabilisiert sein;

zu 50 % enthalten in TAC/GR, in Perkalink 300 zu 99 % enthalten;

zu TAIC DL 70, TAC DL 70 [SdB Lehmann & Voss & Co.]:
chemische Zusammensetzung:
Triallylisocyanurat, 70% auf Träger Kieselsäure;

zu TAC/GR 70 [Sdb Kettlitz]:
chemische Zusammensetzung:
70% iges Triallylcyanurat, dessen Eigenschaften und technische Daten TAC/GR entsprechen;

zu Degussa TAC [SdB Degussa]:
chemische Zusammensetzung: 100% Triallylcyanurat;

zu Rhenofit TAC/S [SdB Rhein Chemie]:
chemische Zusammensetzung:
Triallylcyanurat, 70% Einsatzstoffgehalt;

zu Rhenogran TAC-50 [SdB Rhein Chemie]:
chemische Zusammensetzung:
Triallylcyanurat, 50% Einsatzstoffgehalt;

1,3,5-Triallyl-1,3,5-triazin-2,4,6-trion

- **CAS-Nummer:**
  1025-15-6
- **gebräuchliche Namen:**
  Triallylisocyanurat; 1,3,5-Tri-2-propenyl-1,3,5-triazin-2,4,6 (1H,3H,5H)-trion; Triallyl-s-triazin-2,4,6(1H,3H,5H)-trion; Triallylisocyansäure;
- **Handelsnamen:**
  DIAK 7; Perkalink 301;
- **Summenformel:**
  $C_{12}H_{15}N_3O_3$
- **Strukturformel:**

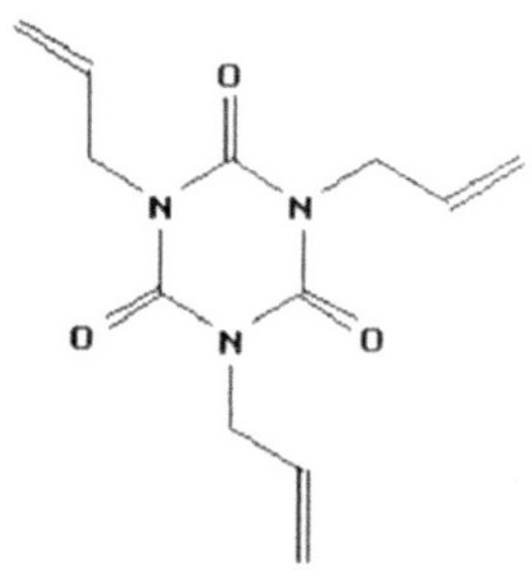

Funktion:
Coagentien für schwefelfreie Vernetzungsmittel;

Eigenschaften:
- toxikologisch/ökotoxikologisch:
RTECS # XZ 1915000
WGK: 1
R-Satz: 20/21/22
S-Satz: 21-24-36-46
Sonstiges:
mutagen;
Kann Atemwege und Augen reizen;
Gesundheitsschädlich beim Verschlucken;
TD Lo (oral, Ratte): 1400 mg/kg [428];
LD 50 (oral, Ratte): 700 mg/kg;
LD 50 (oral, Maus): 430 mg/kg;
LD 50 (dermal, Ratte): 2750 mg/kg;
LC 50 (orange-roter Killifisch): 238 mg/l/96h;

Gefahren-Symbol:

Xn

- physikalisch/chemisch:
Schmelzpunkt: 20,5 °C
Siedepunkt: 149-152 °C (5,33 hPa); 144 °C (5,33 hPa); 103 °C (0,4 hPa)
Flammpunkt: >110 °C; >112 °C
Dampfdruck: 0,0667 hPa (20 °C); 0,0189 hPa (108 °C)
Brechungsindex: 1,5129 (20 °C)
Dichte: 1159 kg/m3
Molmasse: 249,27 g/mol
Löslichkeit:
Wasserlöslichkeit 3,5 g/l;
löslich in den meisten organischen Lösemitteln;

Verbleib nach Gebrauch:
Verbrennung nach Mischung mit brennbarem Lösemittel;

Bemerkung:
viskose, farblose Flüssigkeit oder weißer Feststoff;

Triarylphosphat, isopropyliert

- CAS-Nummer:
68937-41-7
- Handelsnamen:
Duran MP 280; Durad MP 280;

branchenspezifische Bemerkung zur Substanz:
Einsatzmenge: 36 t/a (Reifenindustrie: 2 t/a, TSE-Industrie: 34 t/a) (1996)

Eigenschaften:
- toxikologisch/ökotoxikologisch:
Sonstiges:
LD (oral, Ratte): >500 mg/kg [428];
LC (inhalativ, Ratte): >6350 mg/m3/4h [428];
LD (intraperitoneal, Ratte): >5000 mg/kg [428];
LD (dermal, Kaninchen): >2000 mg/kg [428];

N,N,N'-Tributyl-S-methyl-thioharnstoff

- **CAS-Nummer:**
  82499-27-2
- **gebräuchliche Namen:**
  1,1,3-Tributyl-S-methyl-isothioharnstoff;
- **Summenformel:**
  $C_{14}H_{30}N_2S$

- **Strukturformel:**

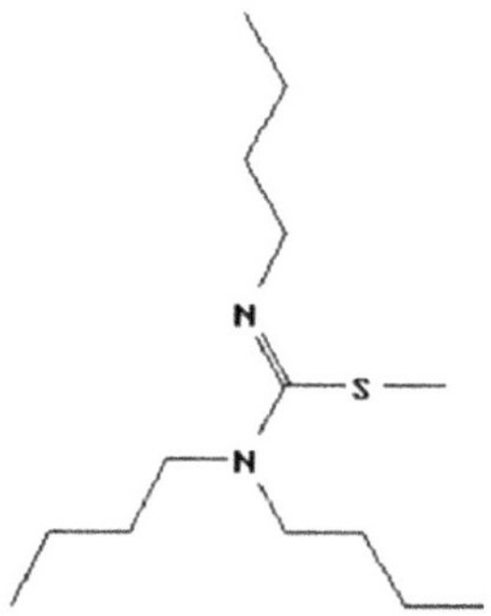

Funktion:
Ozonschutzmittel;

Eigenschaften:
- **physikalisch/chemisch:**
  Siedepunkt: 142-145 °C (13,33 hPa)
  Molmasse: 258,46 g/mol

1,1,3-Tributyl-2-thioharnstoff

- **CAS-Nummer:**
  2422-88-0
- **gebräuchliche Namen:**
  N,N,N'-Tributylthioharnstoff; Tributylthioharnstoff; 1,1,3-Tributylthioharnstoff; 2-Thio-1,3,3-tributylharnstoff; TBTU;
- **Handelsnamen:**
  Robac TRIBTU;
- **Summenformel:**
  $C_{13}H_{28}N_2S$

- **Strukturformel:**

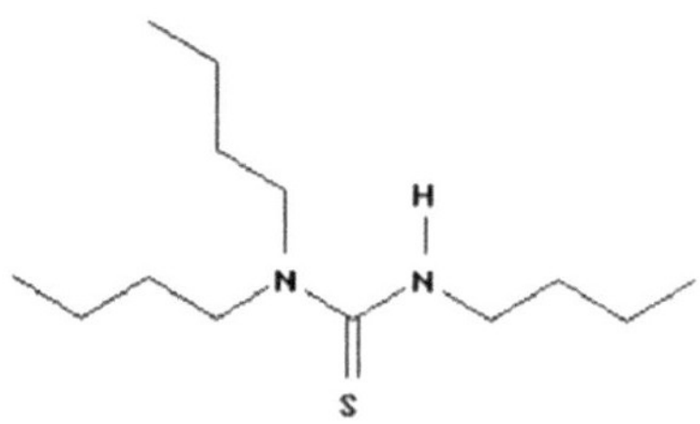

Funktion:
Ozonschutzmittel;
Vulkanisationsbeschleuniger, organisch;

Eigenschaften:
- **toxikologisch/ökotoxikologisch:**
  RTECS # YU 3550000
  WGK: 2
  Sonstiges:
  LD 50 (oral, Ratte): 3000 mg/kg [428];
  LD 50 (oral, Maus): 4300 mg/kg [428];

- **physikalisch/chemisch:**
  Molmasse: 244,44 g/mol

  Bemerkung zu physikalisch/chemischen Daten:
  zu Robac TRIBTU [Sdb Krahn]:
  Schmelzpunkt: >-20 °C; Siedepunkt: 96 °C (1,333 hPa); Flammpunkt: >66 °C; Dichte: 940 kg/m3; unlöslich in Wasser;

Bemerkung:
zu Robac TRIBTU [Sdb Krahn]:
gelbbraun, zähflüssig;
Gefährliche Zersetzunsprodukte: Kohlenmonoxid, Stickoxide, Schwefeloxide, Dibutylamin, Butylisothiocyanat, reizende Dämpfe.

1,1,4-Tributylthiosemicarbazid

- **CAS-Nummer:**
  38615-55-3
- **gebräuchliche Namen:**
  TBTS;
- **Summenformel:**
  $C_{13}H_{23}N_3S$

- **Strukturformel:**

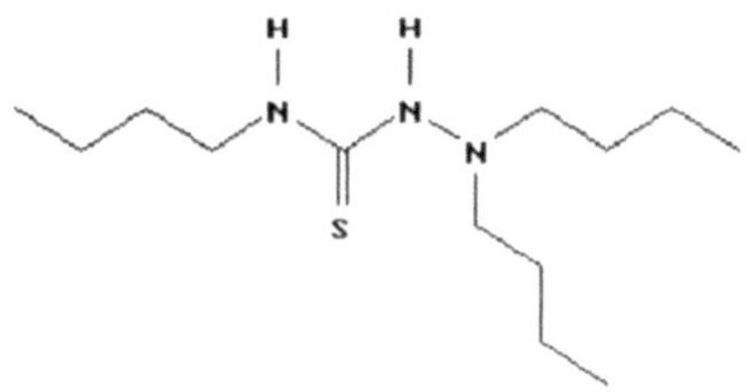

Funktion:
Ozonschutzmittel;

Eigenschaften:
- **physikalisch/chemisch:**
  Molmasse: 259,45 g/mol

1,1,1-Trichlorethan

- **CAS-Nummer:**
  71-55-6
- **UN Nummer:**
  2831

- **gebräuchliche Namen:**
  alpha-Trichlorethan; Methylchloroform;
- **Handelsnamen:**
  Escothen; F.O. 178; Mecloran; Teer ex; Telclair X 31; Wacker 3X1 Chlorothene VG; Chlorothene NU; Aerothene TT; Genklene; Chlorothene NCI; Chlorten; Inhibisol; K 31;
- **Summenformel:**
  $C_2H_3Cl_3$

- **Strukturformel:**

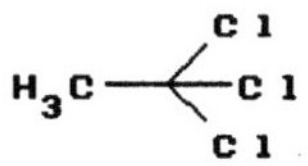

Funktion:
Lösemittel;
Anwendung:
chirurgische und medizinische Artikel; Sportartikel; Spielsachen; technische Gummiartikel; Produkte für Industrie, inkl. Druckplattentücher; Klebstoffe; Dichtungen;

Eigenschaften:
- **toxikologisch/ökotoxikologisch:**
  RTECS # KJ 2975000
  Schweizer Giftliste: 5
  WGK: 3
  MAK Wert: 1080 mg/m3 bzw. 200 ml/m3
  R-Satz: 20-59
  S-Satz: (2)-24/25-59-61
  Sonstiges:
  Spitzenbegrenzung: II,2 [481]; Schwangerschaftsgruppe C [481]; **IMK: III**;
  Nervengift; Dämpfe reizen Augen und Atemwege; hohe Dampfkonzentrationen wirken betäubend; Atemstillstand möglich; Herzrhythmusstörungen; bei Erhitzung oder Brand Entwicklung von ⇒ Phosgen sowie besonders ⇒ Chlorwasserstoff und ⇒ Chlor; Chlorwasserstoff zwingt zur Flucht [163];
  Geruchsschwelle: 100 ml/m3 [163];
  TD Lo (oral, Mensch): 670 mg/kg [428];
  LD 50 (oral, Ratte): 10300 mg/kg [9], 9600 mg/kg [428];
  LD 50 (intraperitoneal, Ratte): 3593 mg/kg [428];
  LC 50 (inhalativ, Ratte): 8000 ml/m3/7 h [9];
  LD 50 (oral, Maus): 6000 mg/kg [428];
  LD 50 (intraperitoneal, Maus): 2568 mg/kg [428];
  LD 50 (Haut, Kaninchen): > 15800 mg/kg [9];

  Toxische Grenzkonzentration für Pseudomonas putida 93 mg/l, Scenedesmus quadricauda 30 mg/l [36];
  LC 50 (Fisch, Goldorfe): 123 mg/kg [33];
  LC 50 (Daphnia magna): > 1300 mg/l [C];
  EC 50 (Daphnia magna): 2348 mg/l [180];
  Biologisch schwer abbaubar (statischer Test) [343];
  Weiteres zur Toxizität siehe ⇒ [88];

  Gefahren-Symbol:

- **physikalisch/chemisch:**
  Schmelzpunkt: -30,41 °C; -38 °C
  Siedepunkt: 74,1 °C; 71-81 °C
  Dampfdruck: 140 hPa (20 °C) [163]; 133,3 hPa (20 °C) [132]
  Log pOW: 2,49 [4]
  Brechungsindex: 1,4379 (20 °C)

Dichte: 1339,0 kg/m3 (20 °C)
Molmasse: 133,41 g/mol
Verdunstungszahl: 7,5 (BuAc = 1) [9]; 2,5 (Diethylether = 1) [132]
Löslichkeit:
Wasser 0,7 g/l (20 °C); mischbar mit Ethanol, Diethylether; löslich in Trichlormethan, Propanon, Benzen, Tetrachlormethan;

Bemerkung zu physikalisch/chemischen Daten:
schwer brennbar;

Verbleib nach Gebrauch:
Verbrennung nach Mischung mit brennbarem Lösemittel;

Bemerkung:
Farblose, chloroformähnlich riechende Flüssigkeit;
Bildet im dampf-/gasförmigen Zustand mit Luft explosionsfähige Gemische;
Explosionsgrenzen:
8,0 - 10,5 Vol% ; Zündtemp.: 500 °C [9],
8,0 - 15,5 Vol% ; Zündtemp.: 537 °C [163], [484];
Flüssigkeit ohne Inhibitoren greift Aluminium an;
Bei Kontakt mit heißen Oberflächen oder offenen Flammen zersetzt sich der Stoff und bildet Chlorwasserstoff, Chlor und giftiges Phosgengas;
Verwendung: technisches Lösemittel;
Enthalten in Genklene LV;

1,1,2-Trichlorethen

- **CAS-Nummer:**
  79-01-6
- **UN Nummer:**
  1710
- **gebräuchliche Namen:**
  Trichlorethylen; Ethinyltrichlorid; TCE; Acetylentrichlorid; Azetylentrichlorid; Chlorylen; RK-Trichlorethylen; 1-Chloro-2,2-dichloroethylen; 1,1-Dichloro-2-chloroethylen; Trichloroethen; Trichloorethyleen; Trichloroethylen; 1,1,2-Trichloroethylen; 1,2,2-Trichloroethylen;
- **Handelsnamen:**
  Alk-tri; Disparit B; Chlorylen; Trieline; Triol; Triklone; Algylen; Anamenth; Benzinol; Blacosolv; Blancosolv; Cecolene; Chlorilen; Chlorylen; Crawhaspol; Densinfluat; Dow-tri; Sirius 1; Solana DWU; Wacker Tri; Vestrosol; Nettolin; Algylen; Anamenth; Chlorilen; Densinfluat; Fluate; Germalgene; Narcogen; Narkosoid; Threthylene; Trethylene; Trichloran; Trichloren; Triclene; Trilene; Trimar; Westrosol; Benzinol; Blascosoly; Cecolin Nr. 1; Circosolv; Comedol; Dekapier 1; Drawinol; Dynatri; Ex-tri; Hedolin; Hi-tri; Nettolin; Neu-tri; Dukeron; Fleck-flip; Flock FLIP; Fluate; Germalgene; Lanadin; Lethurin; Narcogen; Narkosoid; NCI-C04546; Nialk; Perm-A-chlor; Petzinol; Philex; Threthylen; Trethylen; Tri; Triad; Trial; Triasol; Tri-clene; Trielene; Tri-plus; Tri-plus M; Vestrol; Vitran; Westrosol;
- **Summenformel:**
  C_2HCl_3
- **Strukturformel:**

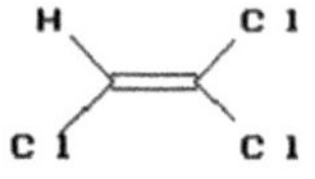

Funktion:
Lösemittel;
Anwendung:
Reifen, Schläuche; chirurgische und medizinische Artikel; Sportartikel; Spielsachen; technische Gummiartikel; Produkte für Industrie, inkl. Druckplattentücher; Klebstoffe; Dichtungen;

branchenspezifische Bemerkung zur Substanz:
Einsatzmenge: 280 t/a (TSE-Industrie, 1996)

Eigenschaften:
- toxikologisch/ökotoxikologisch:
RTECS # KX 4550000
Schweizer Giftliste: 4
WGK: 3
MAK Wert: 270 mg/m3 bzw. 50 ml/m3
R-Satz: 40
S-Satz: (2)-23-36/37
Sonstiges:
Einstufung und Kennzeichnung von Zubereitungen, in denen diese Substanz enthalten ist:
1%< =C ⇒ Xn; R40

Zu diesem Stoff liegt ein BUA-Stoffbericht Nr. 95 vor.
Spitzenbegrenzung: II,2 [481]; Krebserzeugend IIIB [481]; Schwangerschaftsgruppe C [481]; Carc. Cat. 3 [505]; Lösungsmittelklasse: IIb (Gefahrstoffverordnung); Geruchsschwelle:50 ml/m3 [163];
Organgift, Nervengift; Dämpfe haben narkotische Wirkung und können Schädigung der Leber und Nieren verursachen; Kontakt mit der Flüssigkeit verursacht Reizung der Augen und bei anhaltender Einwirkung auch der Haut; bleibende Störungen des ZNS als Folge der akuten Vergiftung; bei Brand entstehen giftiges Phosgengas, ätzendes Chlorgas und Chlorkohlenwasserstoffgas [163];
Wie auch andere Halogenwasserstoffe kann TCE am Myokard die Wirkung von Katecholaminen verstärken, was zur Ausbildung von Arrhytmien führt; bei Kontakt mit Alkali kann Dichloracetylen entstehen, welches neurotoxische und kanzerogene Wirkungen aufweist; je nach Testsystem schwache mutagene Wirkung. Inhalationsstudien zur Reproduktionstoxikologie zeigen Foetotoxizität, aber keine teratogenen Effekte; Kanzerogenität ist teilweise auch auf die verwendeten Stabilisatoren zurückführbar [598];
TD Lo (oral, Mann): 2143 mg/kg [428];
LC Lo (inhaltiv, Mann): 2900 ml/m3 [428];
TC Lo (inhalativ, Mensch): 6900 mg/m3/10 min, 160 ml/m3/83 min, 812 mg/kg, 110 ml/m3/8 h [428];
LD 50 (oral, Ratte): 4920 mg/kg [9], 5650 mg/kg [428];
LC Lo (inhalativ, Ratte): 4800 ml/m3/4 h [428], 12500 ml/m3/4 h [598];
LD 50 (intraperitoneal, Ratte): 1282 mg/kg [428];
LD 50 (oral, Maus): 2402 mg/kg [428];
LC 50 (inhalativ, Maus): 8450 ml/m3/4 h [428];
LD 50 (subcutan, Maus): 16000 mg/kg [428];
LD 50 (intravenös, Maus): 33900 µg/kg [428];
LD 50 (intraperitoneal, Hund): 1900 mg/kg [428];
LD Lo (subcutan, Hund): 150 mg/kg [428];
LD 50 (oral, Hund): 5680 mg/kg [598];
LD Lo (intravenös, Hund): 150 mg/kg [428];
LD Lo (oral, Katze): 5864 mg/kg [428];
LC Lo (inhalativ, Katze): 32500 mg/kg [428];
LD Lo (oral, Kaninchen): 7330 mg/kg [428];
LC Lo (inhalativ, Kaninchen): 11000 ml/m3 [428];
LD 50 (Haut, Kaninchen): >20000 mg/kg [428];
LD Lo (subcutan, Kaninchen): 1800 mg/kg [428];
LC Lo (inhalativ, Meerschweinchen): 37200 ml/m3/40 min [428];

LC 50 (Fisch, Goldorfe): 136-200 mg/l/48 h [29]; 203/136 mg/l [33];
LC 50 (Fisch, Kliesche): 16 mg/l/96 h [29];
EC 50 (Daphnia magna): 17,6 mg/l/24 h [45];
Störungsschwelle für Fische 55 mg/l, 660 mg/l tödlich in 15 Min. [32];
Toxische Grenzkonzentration für Pseudomonas putida 6 mg/l, Scenedesmus quadricauda >1000 mg/l [29];
Verdacht auf Bioakkumulation! [45];
Weiteres zur Toxizität siehe > [88];

Gefahren-Symbol:

- **physikalisch/chemisch:**
  Schmelzpunkt: -73 °C; -86 °C; -86,4 °C; -87,1 °C
  Siedepunkt: 87,2 °C; 85,9-87,0 °C
  Dampfdruck: 77 hPa (20 °C) [32]; 80 hPa (20 °C) [484]
  Verdampfungswärme: 239,90 kJ/kg
  Log pOW: 2,29 [4]; 2,98 [45]
  Brechungsindex: 1,4777 (20 °C)
  Dichte: 1466,0 kg/m3 (18 °C)
  Molmasse: 131,389 g/mol
  Verdunstungszahl: 6,2 (BuAc = 1) [9]; 3,8 (Diethylether = 1) [18]
  Löslichkeit:
  sehr geringfügig mischbar mit Wasser (1,0 g/l) [484]; löslich in organischen Lösemitteln wie Ethanol, Diethylether, Benzen, Trichlormethan, Schwefelkohlenstoff [598];

  Bemerkung zu physikalisch/chemischen Daten:
  Thermische Zersetzung > 110 °C; 120 °C [598];
  *: schwer brennbar; Trichlorethylen zündet die Dampf/Luftgemische in dem vorgeschriebenen Testgerät nicht. Bei höherer Zündenergie (10 mm statt 2 mm Gasflamme) werden bereits ab 32 °C die über der Flüssigkeit entstehenden Dampf/Luftgemische explosionsfähig und können gezündet werden [484];

Verbleib nach Gebrauch:
Verbrennung nach Mischung mit brennbarem Lösemittel;

Bemerkung:
Farblose chloroformähnlich riechende Flüssigkeit; wasserdampfflüchtig; unter Normalbedingungen nicht brennbar; in geschlossenen Räumen jedoch gefährliche Entzündung oder Explosion durch Zuführung hoher Energie (Flamme, Funken) möglich;
Explosionsgrenzen: 12,3-55,3 Vol.-%; Zündtemp.: 410 °C [29];
Nichtstabilisierte Flüssigkeit greift Aluminium an; bei Kontakt mit Basen, Reaktion unter Bildung von hochexplosiven Gasen;
Verwendung: als Lösemittel für Fette, fette Öle, Wachse, Harze, Kautschuk, Asphalt; Narkosemittel bei Entbindungen und Zahnbehandlungen; Emulgiermittel in der Textilindustrie;
Bis 13 μg/l im Regen [48];
Weitere Angaben siehe [46];
Thermische Zersetzung: >110 °C;
Bei thermischer Zersetzung Bildung von Chlorwasserstoff, Phosgen (!), Chlor;

N,N',N"-Trichlormelamin

- **CAS-Nummer:**
  12379-38-2
- **gebräuchliche Namen:**
  TCM;
- **Handelsnamen:**
  TCM 25;
- **Summenformel:**
  $C_3H_3Cl_3N_6$

- **Strukturformel:**

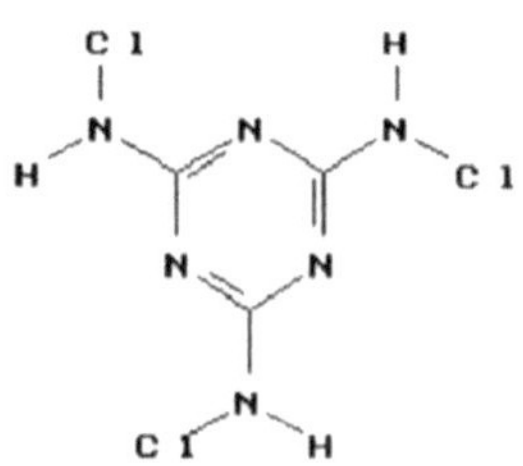

Funktion:
Vulkanisationsverzögerer;

Trichlormethan

- **CAS-Nummer:**
  67-66-3
- **UN Nummer:**
  1888
- **gebräuchliche Namen:**
  Chloroform; Formylchlorid; Methinchlorid; Trichlormethan; Chloretherid;
- **Handelsnamen:**
  Chloroform DAB 8; R 20;
- **Summenformel:**
  $CHCl_3$
- **Strukturformel:**

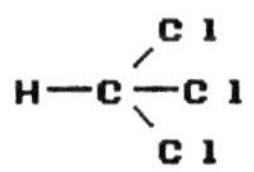

Funktion:
Lösemittel;

Eigenschaften:
- **toxikologisch/ökotoxikologisch:**

RTECS # FS 9100000
Schweizer Giftliste: 2
WGK: 3
MAK Wert: 10 ml/m3 bzw. 50 mg/m3
R-Satz: 22-38-40-48/20/22
S-Satz: (2)-36/37
Sonstiges:
Zu Trichlormethan liegt ein BUA Stoffbericht Nr. 1 vor.
Einstufung und Kennzeichnung von Zubereitungen, in denen diese Substanz enthalten ist:
20%<=C ⇒ Xn; R22-38-40-48/20/22
5%<=C<20% ⇒ Xn; R22-40-48/20/22
1%<=C<5% ⇒ Xn; R40

Spitzenbegrenzung: II,1 [481]; Krebserzeugend III B [481]; Schwangerschaftsgruppe B [481]; Carc.Cat.3 [505];
Lösungsmittelklasse: IIa (Gefahrstoffverordnung);
Achtung, bei Beginn der Geruchswahrnehmung kann Gesundheitsschädigung schon eingetreten sein. Der Geruch zeigt nicht den Umfang der Gefahr an [484];
Dämpfe wirken narkotisch und können bei schneller Verdampfung die Luft verdrängen (Erstickungsgefahr!); Kontakt mit der Flüssigkeit verursacht Verätzungen; die Herz- und Kreislauffunktion wird beeinträchtigt und es kommt verzögert zur Schädigung der Leber und der Nieren; sofern bei Kontakt mit heißen Flächen oder offenen Flammen ⇒ Chlor-, ⇒ Chlorwasserstoff- und ⇒ Phosgengase frei werden und diese inhaliert werden [163];
Nervengift: Atem- und Pulsverlangsamung, Verdauungsstörungen, Erbrechen, Halluzinationen, Herzschock, Atemstillstand;
400-600 ml/m3 über 30 min oder kürzer eingeatmet können bereits tödlich sein [163];
Eingeatmet 125-200 mg/l Luft in wenigen Minuten tödlich; 20-30 mg/l;
Luft mehrere Stunden erträglich; innerlich 30 g tödlich [30];
entfettet die Haut; wirkt antiseptisch [584];
Geruchsschwelle: 200 ml/m3 [163];
Im Tierversuch hat sich Trichlormethan als embryo- und fötotoxisch sowie bei Ratten und Mäusen als kanzerogen erwiesen [584];
LD Lo (oral, Mann): 2514 mg/kg [428];
TC Lo (inhalativ, Mensch): 10 mg/m3/1 a, 5000 mg/m3/7 M [428];

LC Lo (inhalativ, Mensch): 25000 ml/m3/5 min [428];
LD 50 (oral, Ratte): 800 mg/kg [189], 1194 mg/kg [32], 908 mg/kg [428];
LC 50 (inhalativ, Ratte): 47702 mg/m3/4 h [428];
LD 50 (intraperitoneal, Ratte): 894 mg/kg [428];
LD 50 (oral, Maus): 36 mg/kg [428];
LD Lo (oral, Maus): 2400 mg/kg [189];
LC Lo (inhalativ, Maus): 23000 mg/m3/56 M [428];
LD 50 (intraperitoneal, Maus): 623 mg/kg [428];
LD 50 (subcutan, Maus): 704 mg/kg [428];
LD Lo (oral, Hund): 1000 mg/kg [189], [428];
LC Lo (inhalativ, Hund): 100000 mg/m3 [428];
LD 50 (intraperitoneal, Hund): 1000 mg/kg [428];
LD Lo (intravenös, Hund): 75 mg/kg [428];
LC Lo (inhalativ, Katze): 35000 mg/m3/4 h [428];
LD Lo (oral, Kaninchen): 500 mg/kg [428];
LC Lo (inhalativ, Kaninchen): 59000 mg/m3 [428];
LD 50 (Haut, Kaninchen): >20000 mg/kg [428];
LD Lo (subcutan, Kaninchen): 800 mg/kg [428], 3000 mg/kg [584];
LD 50 (oral, Meerschweinchen): 820 mg/kg [428];
LC LO (inhalativ, Meerschweinchen): 2000 ml/m3/2 h [428];
LC Lo (inhalativ, Frosch): 6000 mg/m3 [428];
LC Lo (inhalativ, Säugetier): 25000 ml/m3/5 min [428];

LC 50 (Fisch, Goldorfe): 191/162 mg/l [33];
LC 100 (Fisch, Goldorfe): 220/176 mg/l [33];
Schädlichkeitsschwelle für Fische: 10 mg/l;
Fischtoxizität: LC 50: 162 mg/l [32];
Toxische Grenzkonzentration für Pseudomonas putida 125 mg/l, Scenedesmus quadricauda 1100 mg/l, Microcystis aeruginosa 185 mg/l [32];

Gefahren-Symbol:

- **physikalisch/chemisch:**

Schmelzpunkt: -63,5 °C
Siedepunkt: 61,21 °C
Dampfdruck: 213 hPa (20 °C) [32]; 210 hPa (20 °C) [484]; 81,3 hPa (0 °C) [584]
Verdampfungswärme: 249,11 kJ/kg
Log pOW: 1,97 [4]; 1,89 [584]
Brechungsindex: 1,44309 (25 °C)
Dichte: 1498,45 kg/m3 (15 °C); 1481,7 kg/m3 (20 °C)
Molmasse: 119,378 g/mol
Löslichkeit:
Wasser 8,2 g/l (20 °C); leicht löslich in Diethylether, Ethanol; löslich in Schwefelkohlenstoff;

Bemerkung zu physikalisch/chemischen Daten:
T(krit.): 263,2 °C, P(krit.): 54702 hPa [428];

Verbleib nach Gebrauch:
Verbrennung nach Mischung mit brennbarem Lösemittel;

Bemerkung:
Farblose etherähnlich riechende Flüssigkeit; lichtempfindlich; brennender süßlicher Geschmack;
nicht brennbar; unter Luftzutritt bei Brand Zersetzung in Phosgen;
Bei Kontakt mit starken Laugen entsteht Explosionsgefahr, insbesondere bei Anwesenheit von Wasser [484];
stabilisiert mit 0,2 Vol.-% Ethanol; in wäßriger alkalischer Lösung erfolgt Hydrolyse zu Ameisensäureestern; Licht und Sauerstoff zusammen zersetzen es zu Kohlendioxid, Chlorwasserstoff und Phosgen [584];

greift einige Arten von Plastik und Kautschuk an [428];
Vorläufig zugelassen in kosmetischen Mitteln [39];
Verwendung: als Narkotikum, technisches Lösemittel;
Trichlormethan ist relativ stabil in der Atmosphäre mit einer troposphärischen Halbwertszeit von etwa 480 - 770 Tagen; wird langsam zu ⇒ Phosgen, ⇒ HCl und Chlormonoxid abgebaut [406];

N- Trichlormethansulfenylsuccinimid

- **CAS-Nummer:**
  5427-83-8
- **gebräuchliche Namen:**
  N-(Trimethylthio)succinimid;
- **Summenformel:**
  $C_5H_4Cl_3NO_2S$

- **Strukturformel:**

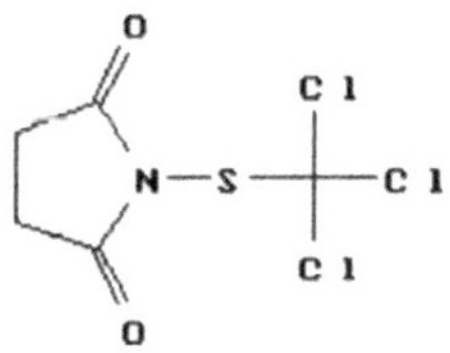

Funktion:
Vulkanisationsverzögerer;

Eigenschaften:
- **toxikologisch/ökotoxikologisch:**
  Sonstiges:
  LD 50 (intravenös, Maus): 18 mg/kg [428];

- **physikalisch/chemisch:**
  Schmelzpunkt: 140-141 °C
  Molmasse: 248,51 g/mol

N-(Trichlormethylsulfunyl)-phthalimid

- **CAS-Nummer:**
  133-07-3
- **gebräuchliche Namen:**
  N-(Trichlormethylthio)phthalimid; 2-((Trichlormethyl)thio)-1H-isoindol-1,3(2H)-dion;
- **Handelsnamen:**
  Tolpet; Phaltan; Folpan; Folpel; Folpet; Ftalan; Fungitrol; Orthophaltan; Thiophal; Vinicol;
- **Summenformel:**
  $C_9H_4Cl_3NO_2S$

- **Strukturformel:**

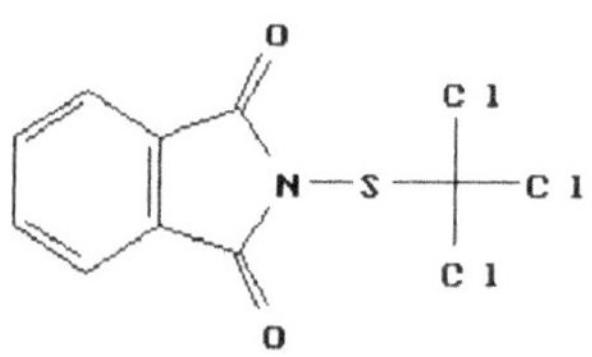

Funktion:
Vulkanisationsverzögerer;

Eigenschaften:
- **toxikologisch/ökotoxikologisch:**
RTECS # TI 5685000
Schweizer Giftliste: 4
WGK: 2
R-Satz: 36-40-43
S-Satz: (2)-36/37
Sonstiges:
krebserzeugend; Sensibilisierung durch Hautkontakt möglich;
Carc.; Kat.3;
LD 50 (oral, Ratte): 7540 mg/kg [428];
LC 50 (inhalativ, Ratte): >5g/m3/2h [428];
LD 50 (intraperitoneal, Ratte): 68400 µg/kg [428];
LD 50 (oral, Maus): 1546 mg/kg [428];
LC 50 (inhalativ, Maus): >6 g/m3/2h [428];
LD Lo (Haut, Maus): 5 g/kg [428];
LD 50 (intraperitoneal, Maus): 80 mg/kg [428];
LD 50 (oral, Kaninchen): 1115 mg/kg [428];
LD 50 (Haut, Kaninchen): >22600 mg/kg [428];

Gefahren-Symbol:

- **physikalisch/chemisch:**
Schmelzpunkt: 176 °C
Log pOW: 2,85
Molmasse: 296,56 g/mol

Bemerkung:
Wirkcharakter: in den Augen und im Magen-Darm -Trakt mehr oder minder starke Reizwirkung, Brechreiz, Brechdurchfall; beim Einatmen Hustenreiz;

N-(Trichlormethylthio)-4-cyclohexen-1,2-dicarboximid

- **CAS-Nummer:**
133-06-2
- **gebräuchliche Namen:**
TCMTTHP; 2-Trichlormethylsulfanyl-3a,4,7,7a-tetrahydroisoindol-1,3-dion; 3a,4,7,7a-Tetrahydro-2-((-trichloromethyl)thio)-1(H)-isoindol-1,3(2H)-dion; 3a.4.7.7aTetrahydro-N-(trichloromethansulphenyl)phthalimid; 1,2,3,6-Tetrahydro-N-(trichloromethylthio)phthalimid; N-(Trichlormethylthiol)-phthalimid; N-Trichloromethylmercapto-4-cyclohexen-1,2-dicarboximid; N-(Trichloromethylmercapto)-delta(sup4)-tetrahydrophthalimid; N-Trichloromethylthiocyclohex-4-en-1,2-dicarboximid; N-Trichlormethylthio)cyclohex-4-en-1,2-dicarboximid; N-Trichloromethylthio-cis-delta(sup4)-cyclohexen-1,2-dicarboximid; N-((Trichlormethyl)thio)-4-cyclohexen-1,2-dicarboximid; Trichlormethylthio-1,2,5,6-tetrahydrophthalamid; N-((Trichlormethyl)thio)tetrahydrophthalimid; N-Trichlormethylthio-3a,4,7,7a-tetrahydrophthalimid;
- **Handelsnamen:**
Aacaptan; Agrosol S; Agrox 2-way; Agrox 3-way; Amercide; Bangton; Bean Seed Protectant; Captab; Captaf; Captaf 85W; Captan; Captancapteneet 26,538; Captan-Streptomycin; 7.5-0.1 potato seed piece protectant; Captan 50W; Captex; ENT 26,538; Essofungicide 406; FLIT 605; Fungus ban type II; Glyodex 3722; Granox PFM; Gustavson captan 30-DD; Gustafson captan 30-DD; Hexacap; Kaptan; Malipur; Merpan; Micro-check 12; Neracid; NCI-C00077; Orthocide 7.5; Orthocid 50; Orthocide 406;

Osocide; SR406; Stauffer captan; Vancide 89; Vancide 89RE; Vancide P-75; Vangard K; Vanguard K; Vanicide; Vondcaptan;

- **Summenformel:**
  $C_9H_8Cl_3NO_2S$

- **Strukturformel:**

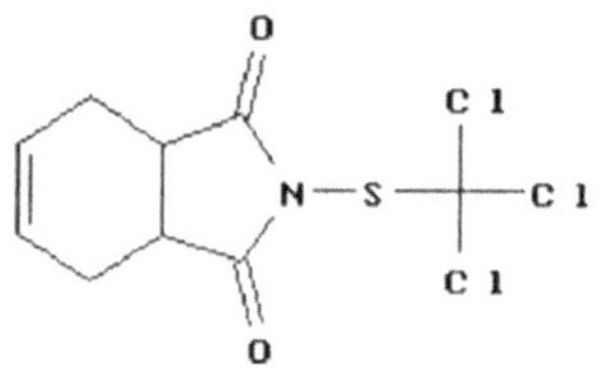

Funktion:
(1) Fungizid;
(2) Vulkanisationsverzögerer;
Kautschukart:
(1) Naturkautschuk; synthetischer Kautschuk;

Eigenschaften:
- **toxikologisch/ökotoxikologisch:**
  Schweizer Giftliste: 4
  MAK Wert: 5 mg/m3 (US-Wert)
  R-Satz: 36-40-43
  S-Satz: (2)-36/37
  Sonstiges:
  Carc.Cat. 3 [505];
  Nach Resorption wird Captan schnell über den Urin ausgeschieden (90 % nach 24 h);
  Bienenunschädliches Fungizid;
  LD Lo (oral, Mensch): 1071 mg/kg [428];
  LD 50 (oral, Ratte): 9-15000 mg/kg [39];
  LD 50 (oral, Ratte): 9000 mg/kg [428];
  LC 50 (inhalativ, Ratte): >5700 mg/m3/2 h [428];
  LD 50 (Haut, Ratte): >5000 mg/kg [428];
  LD Lo (intraperitoneal, Ratte): 25 mg/kg [428];
  TD Lo (oral, Ratte (männlich)): 500 mg/kg/5 D [428];
  TD Lo (oral, Ratte (trächtig)): 2500 mg/kg/6-10 D [428];
  TD Lo (intraperitoneal, Ratte (trächtig)): 25 mg/kg/6 D/14 D [428];
  LD 50 (oral, Maus): 9-12500 mg/kg [140], 7000 mg/kg [428];
  TD Lo (oral, Maus (trächtig)): 900 mg/kg/9-14 D [428];
  TD Lo (oral, Maus (männlich)): 250 mg/kg/5 D [428];
  TD Lo (oral, Maus): 1075000 mg/kg/80 W, 540000 mg/kg/80 W (kontinuierlich) [428];
  TD Lo (subcutan, Maus (trächtig)): 900 mg/kg/9-14 D [428];
  LC 50 (inhalativ, Maus): 300 mg/kg/2 h [140], 4500 mg/m3/2 h [428];
  LD 50 (intraperitoneal, Maus): 30 mg/kg [428];
  TD Lo (oral, Hund (trächtig)): 1890 mg/kg/1-63 D [428];
  TD Lo (oral, Kaninchen (trächtig)): 244 mg/kg/6-18 D [428];
  TD Lo (oral, Hamster (trächtig)): 300 mg/kg/8 D, 3750 mg/kg/1-15 D, 200 mg/kg/8 D, 750 mg/kg/7 D [428];

  Gefahren-Symbol:

- **physikalisch/chemisch:**
  Schmelzpunkt: 172-173 °C
  Dampfdruck: 0,00001 hPa (25 °C) [140]

Log pOW: 2,35 [4]; 4,2 [140]
Dichte: 1740 kg/m3 (20 °C)
Molmasse: 300,59 g/mol
Löslichkeit:
Wasser 3,3 mg/l (25 °C); Propanon 21 g/l (25 °C);

Bemerkung:
Farblose Kristalle
Verwendung: als Fungizid im Garten- und Obstbau; als Bakteriostatikum in Waschmitteln;
Zu 25-50% enthalten in Algon;
Trinkwassergrenzwert: 0,1 µg/l als Einzelstoff, 0,5 µg/l als Summe der Pflanzenschutzmittel [140]

n-Tridecan

- **CAS-Nummer:**
  629-50-5
- **gebräuchliche Namen:**
  Tridekan;
- **Summenformel:**
  $C_{13}H_{28}$
- **Strukturformel:**

branchenspezifische Bemerkung zur Substanz:
Reaktionsprodukt von aliphatischen Ölen [Weichmacher];

Eigenschaften:
- **toxikologisch/ökotoxikologisch:**
  RTECS # YD 3025000
  R-Satz: 36/37/38
  S-Satz: 26/36
  Sonstiges:
  LD 50 (intravenös, Maus): 1161 mg/kg [428];

  Gefahren-Symbol:

- **physikalisch/chemisch:**
  Schmelzpunkt: -4 bis -5 °C
  Siedepunkt: 234 °C
  Flammpunkt: 79 °C
  Brechungsindex: 1,4253 (20 °C)
  Dichte: 7560 kg/m3
  Molmasse: 184,36 g/mol

Bemerkung:
Farblose Flüssigkeit;

1-Tridecanthiol

- **CAS-Nummer:**
  19484-26-5
- **gebräuchliche Namen:**
  Tridecyl-mercaptan;
- **Handelsnamen:**
  PTM;
- **Summenformel:**
  $C_{13}H_{28}S$

- **Strukturformel:**

Funktion:
Polymerisationsregler;

Eigenschaften:
- **physikalisch/chemisch:**
  Molmasse: 216,42 g/mol

Trideca-oxyethylen-alpha,omega-dimethacrylat

- **CAS-Nummer:**
  25852-47-5
- **gebräuchliche Namen:**
  Polyethylenglykol-400-dimethacrylat; alpha-(2-Methyl-1-oxo-2-propenyl)-omega-[(2-methyl-1-oxo-2-propenyl)oxy]-poly(oxy-1,2-ethandiyl);
- **Handelsnamen:**
  TGM-13;
- **Summenformel:**
  $C_{34}H_{62}O_{16}$

- **Strukturformel:**

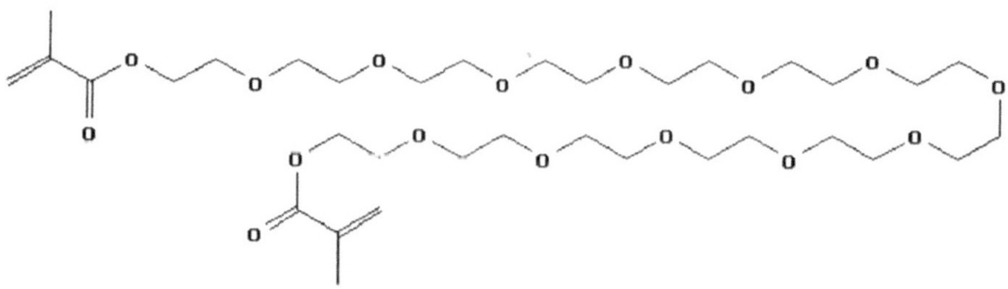

Funktion:
Weichmacher, synthetisch;

Eigenschaften:
- **toxikologisch/ökotoxikologisch:**
  WGK: 1
  R-Satz: 36/37/38
  S-Satz: 26-28

- **physikalisch/chemisch:**
  Flammpunkt: > 110 °C
  Brechungsindex: 1,4660 (20 °C)
  Dichte: 1099 g/m3
  Molmasse: 198,22 g/mol

Bemerkung:
lichtempfindlich;

Triethoxy-chlormethylsilan

- **CAS-Nummer:**
  15267-95-5
- **gebräuchliche Namen:**
  Chlormethyltriethoxysilan; Triethoxysilyl-methylchlorid;
- **Summenformel:**
  $C_7H_{17}ClO_3Si$

- **Strukturformel:**

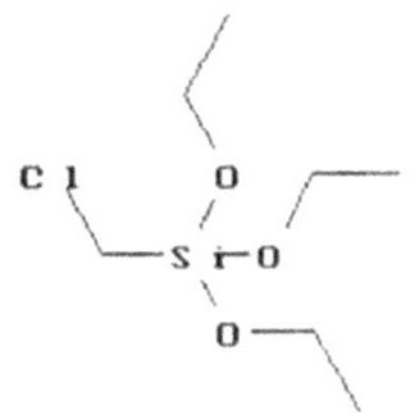

Funktion:
Haftvermittler für Füllstoffe;

Eigenschaften:
- **toxikologisch/ökotoxikologisch:**
  RTECS # VV 2275000
  R-Satz: 36/37/38
  S-Satz: 26-36
  Sonstiges:
  LD 50 (oral, Ratte): 2400 mg/kg [428];

- **physikalisch/chemisch:**
  Siedepunkt: 173-175 °C
  Flammpunkt: 57 °C
  Brechungsindex: 1,4100 (20 °C)
  Dichte: 1026 kg/m3; 1022 kg/m3
  Molmasse: 212,75 g/mol

Bemerkung:
Feuchtigkeitsempfindlich;

Triethoxy-(3-chlorpropyl)-silan

- **CAS-Nummer:**
  5089-70-3
- **gebräuchliche Namen:**
  Cl-PTES; 3-Chlorpropyltriethoxysilan;
- **Summenformel:**
  $C_9H_{21}ClO_3Si$

- **Strukturformel:**

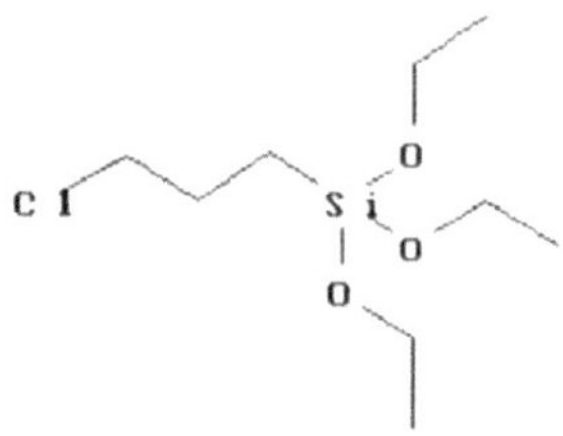

Funktion:
Haftvermittler für Füllstoffe;

branchenspezifische Bemerkung zur Substanz:
Einsatzmenge: 15 t/a (TSE-Industrie, 1996);

Eigenschaften:
- **physikalisch/chemisch:**
  Siedepunkt: 98-102 °C (1,33 hPa)
  Dichte: 1009 kg/m3 (25 °C)
  Molmasse: 240,80 g/mol

Triethoxyhexadecylsilan

- **CAS-Nummer:**
  16415-13-7
- **Handelsnamen:**
  Silan Si 216;

Funktion:
Haftvermittler für Füllstoffe;

Triethoxypentylsilan

- **CAS-Nummer:**
  2761-24-2
- **gebräuchliche Namen:**
  Amyltriethoxisilan;
- **Summenformel:**
  $C_{11}H_{26}O_3Si$

- **Strukturformel:**

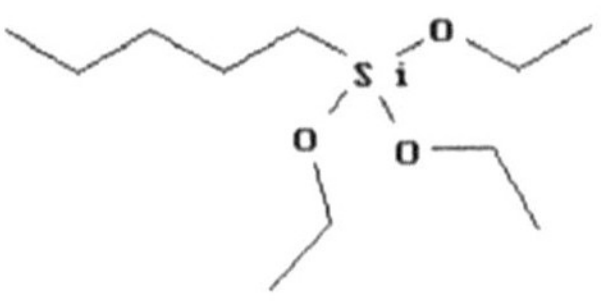

Funktion:
Haftvermittler;

Eigenschaften:
- **toxikologisch/ökotoxikologisch:**
RTECS # VV 4750000
Sonstiges:
LD 50 (oral, Ratte): 20000 mg/kg [428];
LD 50 (Haut, Kaninchen): 7,13 ml/kg [428];

- **physikalisch/chemisch:**
Siedepunkt: 95,13 °C
Dichte: 886,22 kg/m3
Molmasse: 243,41 g/mol

4-(Triethoxysilyl)-butanthiol

- **CAS-Nummer:**
17980-27-7
- **Summenformel:**
$C_{10}H_{24}O_3SSi$

- **Strukturformel:**

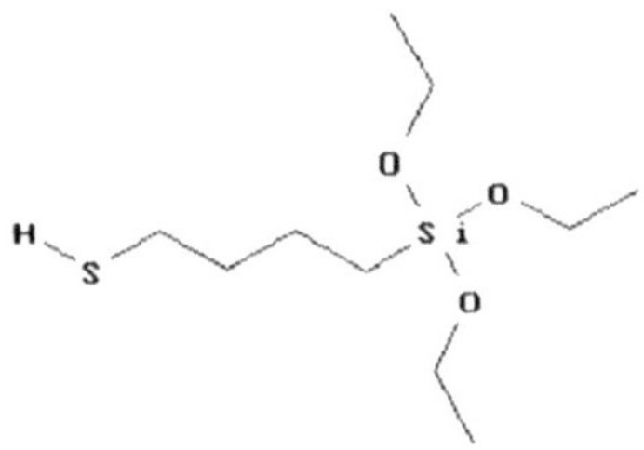

Funktion:
Haftvermittler für Füllstoffe;

Eigenschaften:
- **physikalisch/chemisch:**
Siedepunkt: 127-130 °C
Molmasse: 252,44 g/mol

2-(Triethoxysilyl)-ethanthiol

- **CAS-Nummer:**
  18236-15-2
- **gebräuchliche Namen:**
  (2-Mercaptoethyl)triethoxysilan;
- **Handelsnamen:**
  A 1893;
- **Summenformel:**
  $C_8H_{20}O_3SSi$

- **Strukturformel:**

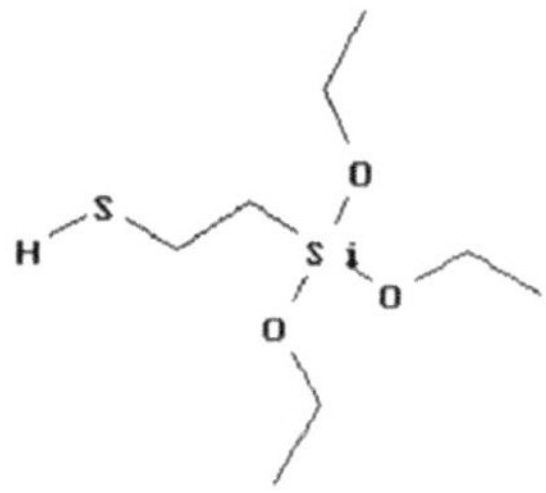

Funktion:
Haftvermittler für Füllstoffe;

Eigenschaften:
- **toxikologisch/ökotoxikologisch:**
  Sonstiges:
  LD 50 (oral, Ratte): 3,08 ml/kg [428];
  LD 50 (dermal, Kaninchen): 4,49 ml/kg [428];

- **physikalisch/chemisch:**
  Siedepunkt: 85-86 °C (4 hPa); 75-78 °C (12 hPa); 80 °C (9 hPa)
  Molmasse: 224,39 g/mol

Triethoxysilylmethanthiol

- **CAS-Nummer:**
  60764-83-2
- **Summenformel:**
  $C_7H_{18}O_3SSi$

- **Strukturformel:**

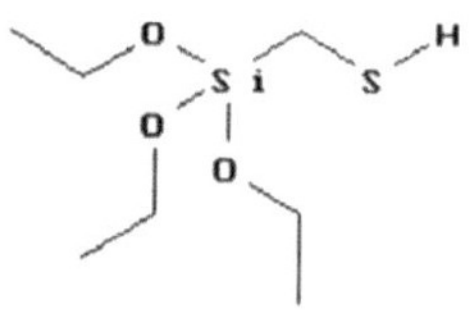

Funktion:
Haftvermittler für Füllstoffe;

Eigenschaften:
- **toxikologisch/ökotoxikologisch:**
  RTECS # PB 5260000
  Sonstiges:
  LD 50 (oral, Ratte): 2550 mg/kg [428];
  LD 50 (intraperitoneal, Maus): 270 mg/kg [428];

- **physikalisch/chemisch:**
  Siedepunkt: 80-81 °C (13,3-14,6 hPa)
  Dichte: 1009,2 kg/m3 (20 °C)
  Molmasse: 210,36 g/mol

3-(Triethoxysilyl)-propanthiol

- **CAS-Nummer:**
  14814-09-6
- **gebräuchliche Namen:**
  (3-Mercaptopropyl)triethoxysilan;
- **Summenformel:**
  $C_9H_{22}O_3SSi$

- **Strukturformel:**

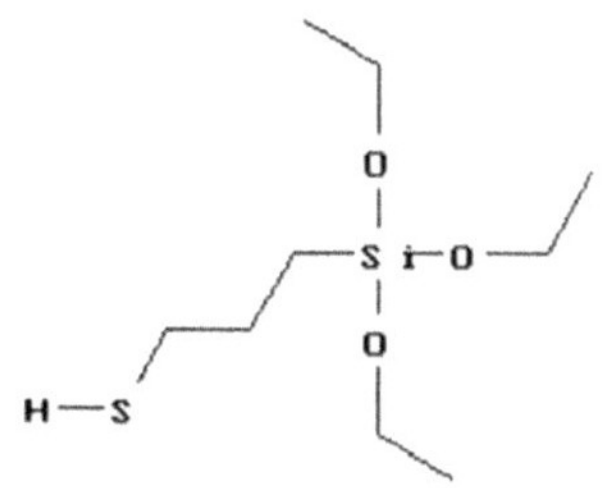

Funktion:
Haftvermittler für Füllstoffe;

Eigenschaften:
- **toxikologisch/ökotoxikologisch:**
  Sonstiges:
  LD 50 (intraperitoneal, Maus): 3000 mg/kg [428];

- **physikalisch/chemisch:**
  Siedepunkt: 103-104 °C (11 hPa); 108-109 °C (15 hPa);
  Brechungsindex: 1,4978
  Dichte: 980,5 kg/m3
  Molmasse: 238,42 g/mol

3-(Triethoxysilyl)propylthiocyanat

- **CAS-Nummer:**
  34708-08-2
- **gebräuchliche Namen:**
  (3-Thiocyanatpropyl)triethoxysilan; TCPTES;
- **Handelsnamen:**
  Silan Si 264;

- **Summenformel:**
  $C_{10}H_{21}NO_3SSi$
- **Strukturformel:**

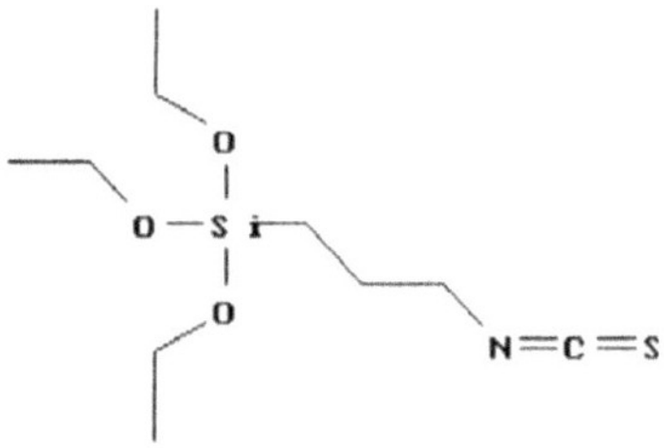

Funktion:
Haftvermittler für Füllstoffe;

Eigenschaften:
- **toxikologisch/ökotoxikologisch:**
  R Satz: 20/21/22
  S-Satz: 23-26-28-36

- **physikalisch/chemisch:**
  Schmelzpunkt: 265-270 °C
  Flammpunkt: > 110 °C
  Brechungsindex: 1,4460 (20 °C)
  Dichte: 1031 kg/m3
  Molmasse: 263,43 g/mol

Verbleib nach Gebrauch:
Verbrennung nach Mischung mit brennbarem Lösemittel;

Bemerkung:
feuchtigkeitsempfindlich;

Triethylenglykolester aus C5-C8 Säuren

- **CAS-Nummer:**
  84988-81-8

1,3,5-Triethylhexahydro-1,3,5-triazin

- **CAS-Nummer:**
  7779-27-3
- **UN Nummer:**
  1760
- **gebräuchliche Namen:**
  1,3,5-Tris(ethyl)-hexahydro-s-triazin; N,N',N''-Triethyl-cyclotrimethylentriamin; 1,3,5-Triethylhexahydro-s-triazin; Triethyltrimethylentriamin; Hexahydro-1,3,5-triethyl-s-triazin;
- **Handelsnamen:**
  Vancide TH (37); Vancide TP; Vancide TH;
- **Summenformel:**
  $C_9H_{21}N_3$

- **Strukturformel:**

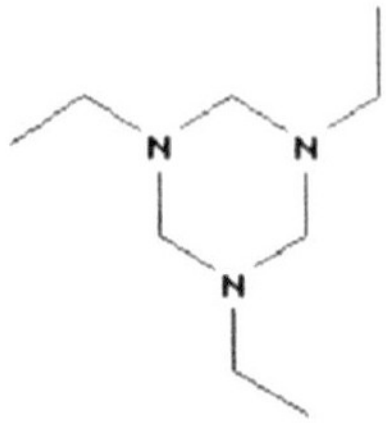

Funktion:
(1) Vulkanisationsbeschleuniger, organisch;
(2) Fungizid;
Kautschukart:
(2) Latex;
Anwendung:
(1) chirurgische und medizinische Artikel; Sportartikel; Spielsachen; technische Gummiartikel; Produkte für Industrie, inkl. Druckplattentücher; Klebstoffe; Dichtungen; Latex Tauchartikel; Latex Schaumartikel;

Eigenschaften:
- **toxikologisch/ökotoxikologisch:**
RTECS # XY 9275000
WGK: 2
R-Satz: 20/21/22-36/37/38
S-Satz: 16-45-26-36/37/39
Sonstiges:
Wirkt schädigend bei Einatmung, Verschlucken oder Aufnahme über Haut; Dämpfe reizen Augen, Schleimhäute und Atemwege; verursacht Hautreizungen [187];
LD 50 (oral, Ratte): 316 mg/kg [428];
LD 50 (oral, Maus): 370 mg/kg [428];
LD Lo (subcutan, Kaninchen): 2000 mg/kg [428];
[Sdb Fa. Erbslö]:
Aspirationsgefahr; Starke Reizwirkung mit Gefahr ernster Augenschäden;

Gefahren-Symbol:

- **physikalisch/chemisch:**
Schmelzpunkt: 207-208 °C
Siedepunkt: 78-79 °C (8,00 hPa)
Flammpunkt: 70 °C; 66 °C
Brechungsindex: 1,4595 (20 °C)
Dichte: 894 kg/m3 (20 °C)
Molmasse: 171,29 g/mol
Löslichkeit:
vollständig mischbar mit Wasser [Sdb];

Verbleib nach Gebrauch:
Verbrennung;

Bemerkung:
[Sdb Fa. Erbslöh]:
Hellgelbe Flüssigkeit mit charakteristischem Geruch;
zu vermeidende Stoffe: starke Oxidationsmittel und starke Mineralsäuren;
Bei pH <6,3 erfolgt allmählich Zersetzung zu Formaldehyd und Ethanolamin.
Gefährliche Zersetzungsprodukte: Formaldehyd und Stickoxide;

2,4,6-Trihydrazino-1,3,5-triazin

- **CAS-Nummer:**
  10105-42-7
- **gebräuchliche Namen:**
  Trihydrazino-1,3,5-triazin
- **Summenformel:**
  $C_3H_9N_9$

- **Strukturformel:**

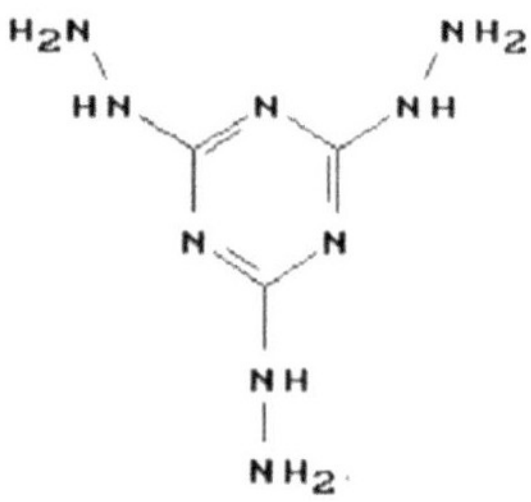

Funktion:
Treibmittel, organisch;

Eigenschaften:
- **physikalisch/chemisch:**
  Molmasse: 171,16 g/mol

3,4,5-Trihydroxybenzencarbonsäure, Monohydrat

- **CAS-Nummer:**
  149-91-7
- **gebräuchliche Namen:**
  3,4,5-Trihydroxybenzoesäure Monohydrat; Gallussäure Monohydrat;
- **Summenformel:**
  $C_7H_6O_5 * H_2O$

- **Strukturformel:**

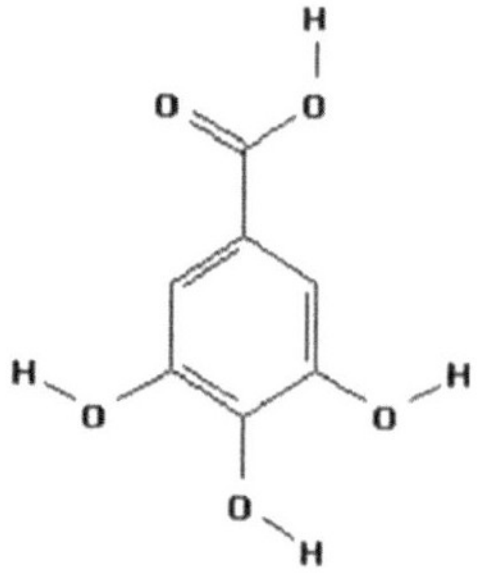

Funktion:
Nitrosamin-Inhibitor;

Eigenschaften:
- **toxikologisch/ökotoxikologisch:**
  RTECS # LW 7525000
  Schweizer Giftliste: 4

R-Satz: 36/37/38
S-Satz: 22-24/25
Sonstiges:
Kann schädigend wirken bei Einatmung, Verschlucken oder Aufnahme über die Haut; verursacht Augen- und Hautreizungen; reizt Schleimhäute und Atemwege [187];
LD 50 (oral, Kaninchen): 5000 mg/kg [187];

Gefahren-Symbol:

- **physikalisch/chemisch:**
  Schmelzpunkt: 253 °C (Zers.)*
  Dichte: 1694 kg/m3 (6 °C)
  Molmasse: 170,12 g/mol
  Löslichkeit:
  leicht löslich in heißem Wasser, Ethanol; löslich in Propanon; wenig löslich in Diethylether; unlöslich in Benzen, Trichlormethan;

  Bemerkung zu physikalisch/chemischen Daten:
  *: Existiert in 2 Formen, die stabile Form (Schmp.: 258-265 °C (Zers.)) und die instabile Form (Schmp.: 225-230 °C);

Verbleib nach Gebrauch:
Verbrennung nach Mischung mit brennbarem Lösemittel;

Bemerkung:
Weißes Pulver;
Stoff zersetzt sich bei 235-240 °C und sublimiert bei 210 °C.

1,3,5-Trihydroxybenzen-2-hydrat

- **CAS-Nummer:**
  6099-90-7
- **gebräuchliche Namen:**
  1,3,5-Trihydroxybenzol Dihydrat; Phloroglucin Dihydrat; Phloroglucinol Dihydrat; s-Trioxybenzol Dihydrat; 1,3,5-Trihydroxybenzol; Phloroglucin;
- **Summenformel:**
  $C_6H_6O_3 * H_2O$

- **Strukturformel:**

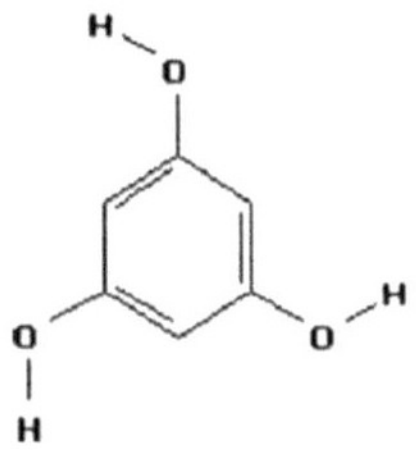

Funktion:
Oxidationsschutzmittel;

Eigenschaften:
- **toxikologisch/ökotoxikologisch:**
  RTECS # SY 1225000
  Schweizer Giftliste: 4
  R-Satz: 36/37/38-41
  S-Satz: 26-36

  Gefahren-Symbol:

- **physikalisch/chemisch:**
  Schmelzpunkt: 117 °C (Dihydrat); 218 - 219 °C (Anhydrat)
  Siedepunkt: Subl.
  Log pOW: 0,16 [4]
  Dichte: 1460 kg/m3 (20 °C)
  Molmasse: 162,14 g/mol
  Löslichkeit:
  Wasser 10,7 g/l (20 °C); löslich in Ethanol, Diethylether, Benzen;

Verbleib nach Gebrauch:
Verbrennung nach Mischung mit brennbarem Lösemittel;

Bemerkung:
Farblose, süßlich schmeckende Kristalltafeln (Dihydrat); lichtempflindlich;
Existiert in zwei tautomeren Formen (Trienolform, Triketoform);
Verwendung: zur Gewinnung von Farbstoffen, Kunststoffen und Arzeneimitteln; zur Herstellung von Lichtpauspapieren;

2,2',2"-Trihydroxytriethylamin

- **CAS-Nummer:**
  102-71-6
- **gebräuchliche Namen:**
  TEA; TEOA; Nitrilotriethanol; Triethanolamin; Tris-(2-hydroxyethyl)-amin; Triethylamin; Tricolamin; Trihydroxytriethylamin; Trioxytriethylamin; Triethyloamin; 2,2',2"-Azanetriyltris-ethanol; Tris-[2-hydroxyethyl]-amin; 2,2',2''-Nitrilotrisethanol;
- **Handelsnamen:**
  Alkanolamin 244; Daltogen; Sterolamide; Sting kill; Thiofaco T 35; Trolamine;
- **Summenformel:**
  $C_6H_{15}NO_3$

- **Strukturformel:**

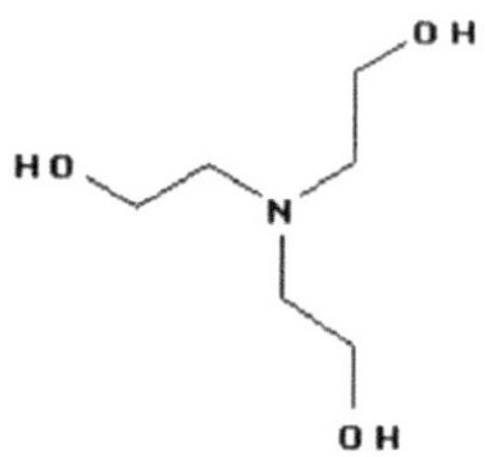

Funktion:
Füllstoffaktivator;

branchenspezifische Bemerkung zur Substanz:
Einsatzmenge: 6,7 t/a (TSE-Industrie, 1996)

Eigenschaften:
- **toxikologisch/ökotoxikologisch:**

RTECS # KL 9275000
Schweizer Giftliste: 5
WGK: 1
R-Satz: 36/37/38
S-Satz: 26-36
Sonstiges:
Geringe Giftigkeit; Dämpfe verursachen Reizung der Augen und Atemwege;
Kontakt mit der Flüssigkeit bewirkt Reizung der Augen [163];
Triethanolamin zersetzt sich bei Erhitzung und bildet dabei giftige Stickoxide; Symptome: Brennen der Augen, Reizhusten [484];
Ein kanzerogenes Potential von Triethanolamin ließ sich nicht nachweisen. Aus Triethanolamin und Natriumnitrit kann unter simulierten Bedingungen im Magen das kanzerogen wirkende N-Nitrosediethanolamin entstehen [577];
LD 50 (oral, Ratte): 8000 mg/kg [10], 8680 mg/kg [32];
LD 50 (Haut, Kaninchen): > 22600 mg/kg [9];
LD 50 (oral, Kaninchen): 2200 mg/kg [577];
LD 50 (oral, Maus): 5400 mg/kg [577];
LD 50 (intraperitoneal, Maus): 1500 mg/kg [577];
LD 50 (oral, Meerschweinchen): 2200 mg/kg [577];

LC 50 (Fisch, Goldorfe): >10000 mg/l/48 h, >1000 mg/l/96 h [33];
LC Lo (Daphnia magna): 875 mg/l [6];
LC 50 (Daphnia magna): 1390 mg/l [6];
LC 50 (Carassius auratus): >5000 mg/l/24 h [608];
LC 50 (Leuciscus idus): >10000 mg/l/48 h [608];
Toxische Grenzkonzentration für Daphnia magna 2,5 mg/l, Scenedesmus quadricauda 100 mg/l [32];
Toxische Grenzkonzentration für Scenedesmus quadricauda neutral 1,8 mg/l, nicht neutral 715 mg/l [36];
Biologisch abbaubar [32];

Gefahren-Symbol:

- **physikalisch/chemisch:**

Schmelzpunkt: 21,6 °C; 17,9 - 21 °C
Siedepunkt: 335,4 °C; 190-193 °C (6,66 hPa); 360 °C*; 335 °C
Flammpunkt: 180 °C; 185 °C; 190 °C
Dampfdruck: 0,01 hPa (20 °C) [163]
Log pOW: -1,75 [4]; -2,3 [608]
Brechungsindex: 1,4852 (20 °C)
Dichte: 1124,2 kg/m3 (20 °C)
Molmasse: 149,19 g/mol
Verdunstungszahl: <0,001 (BuAc = 1) [9]
Löslichkeit:
mischbar mit Wasser, Ethanol; löslich in Trichlormethan; wenig löslich in Benzen, Diethylether, Ligroin;

Bemerkung zu physikalisch/chemischen Daten:
* Beginn der Zersetzung bei Temperaturen über 232 °C [484];
Zündtemperatur: 325 °C [577];

Verbleib nach Gebrauch:
Verbrennung nach Mischung mit brennbarem Lösemittel;

Bemerkung:

Farblose, schwach ammoniakähnlich riechende Flüssigkeit (zähflüssiges Öl); hygroskopisch; brennbar; zieht Kohlendioxid an;
Bildet im dampf-/gasförmigen Zustand mit Luft explosionsfähige Gemische;
Explosionsgrenzen: 1,3 - 8,5 Vol% ; Zündtemp.: 316 °C [9] ca. 330 °C [484];
Kupfer und Kupferverbindungen werden angegriffen; reagiert bei Kontakt mit Säuren, säurehaltigem Material und Anhydriden; kann heftig reagieren bei Kontakt mit sauerstoffreichem Material; bei Kontakt oder Mischung mit Nitrilen bzw. salpetriger Säure können sich unter speziellen Bedingungen durch Dealkylierung Nitrosamine bilden; Nitrosamine haben sich im Tierversuch als krebserzeugend erwiesen.
Technische Verwendung: mit Fettsäuren ⇒ seifenartige Salze ⇒ Emulgatoren usw.[577];

Der deutsche Verbrauch von Triethanolamin lag 1990 bei ca. 13.100 t/a.
Anwendungsgebiete und -mengen für das Jahr 1990 sind (nach BASF-Angaben) [608]:

Waschrohstoffe	ca. 6600 t/a
Zementhilfsmittel	ca. 4000 t/a
Bohr- und Schneidöle	ca. 2000 t/a
Gaswäsche	ca. 130 t/a
Kosmetik/Pharma	ca. 130 t/a
sonstiges (z.B. Textilhilsmittel)	>660 t/a

Triisobuten

- **CAS-Nummer:**
  7756-94-7
- **UN Nummer:**
  2324
- **gebräuchliche Namen:**
  Isobuten, trimer; 1-Propen-2-methyl, trimer; 2-Methyl-1-propen, trimer;
- **Summenformel:**
  $C_{12}H_{24}$

branchenspezifische Bemerkung zur Substanz:

Reaktionsprodukt von cis-Polybutadien [Polymer] und naphtenischen Ölen [Weichmacher];

Eigenschaften:

- **physikalisch/chemisch:**
  Schmelzpunkt: -76 °C
  Siedepunkt: 180 °C
  Dichte: 759 kg/m3 (20 °C)
  Molmasse: 168,31 g/mol

Bemerkung:

Flüssigkeit;

Tri-mellitsäure-tri-(iso-oktyl)-ester

- **CAS-Nummer:**
  27251-75-8
- **gebräuchliche Namen:**
  TIOTM; Tri-iso-oktyl-tri-melliat; Tri-iso-oktyltrimelliat;
- **Handelsnamen:**
  Morflex 500;
- **Summenformel:**
  $C_{33}H_{54}O_6$

Funktion:
Weichmacher, synthetisch;

Eigenschaften:

- **physikalisch/chemisch:**
  Schmelzpunkt: -45 °C
  Siedepunkt: 285 °C
  Flammpunkt: 260 °C
  Dichte: 990 kg/m3 (25°C)
  Molmasse: 546 g/mol

2,4,6-Trimercapto-S-triazin

- **CAS-Nummer:**
  638-16-4
- **gebräuchliche Namen:**
  1,3,5-Triazin-2,4,6(1H,3H,3H)-trithion; Trithiocyanursäure;
- **Handelsnamen:**
  Zisnet F-PT; USAF TH-3;
- **Summenformel:**
  $C_3H_3N_3S_3$

- **Strukturformel:**

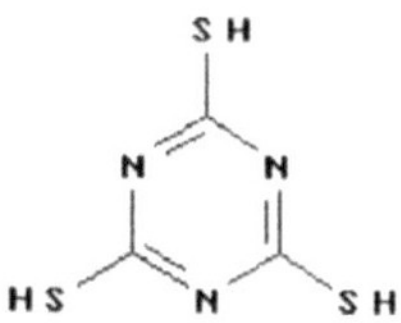

Funktion:
Vernetzungsmittel, schwefelfrei;
Kautschukart:
Ethylenoxid-Chlormethyloxiran-Copolymer; Acrylat-Kautschuk;

Eigenschaften:
- **toxikologisch/ökotoxikologisch:**
  RTECS # XZ 2830000
  WGK: 2
  Sonstiges:
  LD 50 (oral, Ratte): 9500 mg/kg [428];
  LD 50 (intraperitoneal, Maus): 200 mg/kg [428];
  LD 50 (intravenös, Maus): 180 mg/kg [428];
  LD 50 (Haut, Kaninchen): >10000 mg/kg [428];

- **physikalisch/chemisch:**
  Schmelzpunkt: > 300 °C
  Molmasse: 177,27 g/mol

Verbleib nach Gebrauch:
Verbrennung nach Mischung mit brennbarem Lösemittel;

Trimethoxychlormethylsilan

- **CAS-Nummer:**
  5926-26-1
- **Summenformel:**
  $C_4H_{11}ClO_3Si$

- **Strukturformel:**

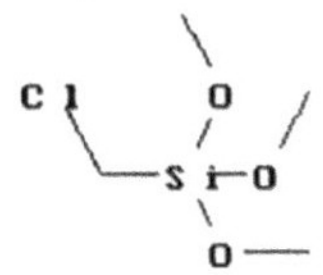

Funktion:
Haftvermittler für Füllstoffe;

Eigenschaften:
- **toxikologisch/ökotoxikologisch:**
  RTECS # VV 2625000
  Sonstiges:
  LD 50 (oral, Ratte): 500 mg/kg [428];
  LC 50 (inhalativ, Ratte): 3600 ppm/4h [428];

- **physikalisch/chemisch:**
  Siedepunkt: 150 °C (1013 hPa)
  Brechungsindex: 1,4074
  Dichte: 1348 kg/m3
  Molmasse: 170,07 g/mol

Trimethoxy[(oxiranylmethoxy)-proyl]-silan

- **CAS-Nummer:**
  25704-87-4
- **gebräuchliche Namen:**
  gamma-Glycidoxypropyltrimethoxysilan;
- **Summenformel:**
  $C_9H_{20}O_5Si$

- **Strukturformel:**

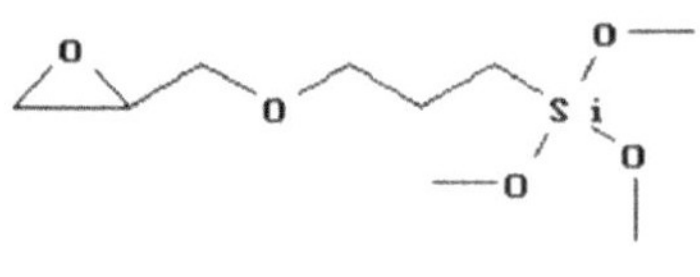

Funktion:
Haftvermittler;

Eigenschaften:
- **physikalisch/chemisch:**
  Molmasse: 236,34 g/mol

2-(Trimethoxysilyl)-ethanthiol

- **CAS-Nummer:**
  7538-45-6
- **gebräuchliche Namen:**
  2-Mercaptoethyltrimethoxysilan;
- **Summenformel:**
  $C_5H_{14}O_3SSi$

- **Strukturformel:**

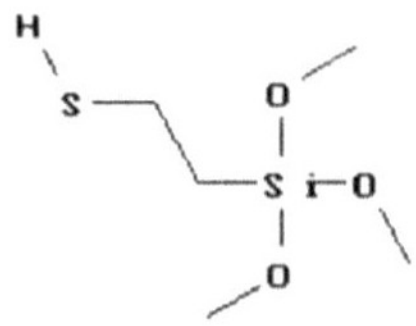

Funktion:
Haftvermittler für Füllstoffe;

Eigenschaften:
- **toxikologisch/ökotoxikologisch:**
  Sonstiges:
  LD 50 (oral, Ratte): 2460 µl/kg [428];
  LD 50 (intraperitoneal, Maus): 17 mg/kg [428];

- **physikalisch/chemisch:**
  Siedepunkt: 103 °C (67 hPa); 68,5 °C (11 hPa); 105-107 °C (63 hPa);
  Brechungsindex: 1,4382 (20 °C)
  Dichte: 1069 kg/m3 (25 °C)
  Molmasse: 182,31 g/mol

Trimethoxysilylmethanthiol

- **CAS-Nummer:**
  30817-94-8
- **Summenformel:**
  $C_4H_{12}O_3SSi$

- **Strukturformel:**

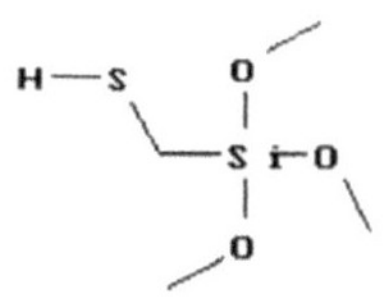

Funktion:
Haftvermittler für Füllstoffe;

Eigenschaften:
- **toxikologisch/ökotoxikologisch:**
  RTECS # PB 5320000
  Sonstiges:
  LD 50 (intraperitoneal, Maus): 17 mg/kg [428];

- **physikalisch/chemisch:**
  Siedepunkt: 52-53 °C (8,66 hPa); 58 °C (10 hPa)
  Brechungsindex: 1,4362
  Dichte: 1100,1 kg/m3 (20 °C)
  Molmasse: 168,28 g/mol

1-(Trimethoxysilyl)-octadecan

- **CAS-Nummer:**
  3069-42-9
- **gebräuchliche Namen:**
  ODTMS; Octadecyltrimethoxysilan;
- **Summenformel:**
  $C_{21}H_{46}O_3Si$

- **Strukturformel:**

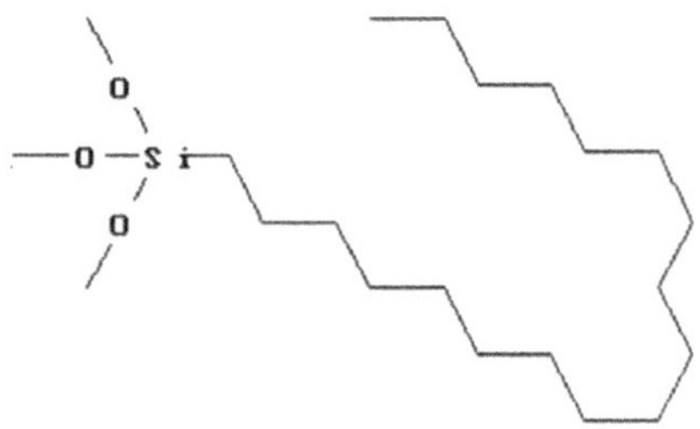

Funktion:
Haftvermittler für Füllstoffe;

Eigenschaften:
- **physikalisch/chemisch:**
  Schmelzpunkt: 16-17 °C
  Flammpunkt: 140 °C
  Brechungsindex: 1,4390
  Dichte: 883 kg/m3
  Molmasse: 374,68 g/mol

Verbleib nach Gebrauch:
Verbrennung nach Mischung mit brennbarem Lösemittel;

Bemerkung:
feuchtigkeitsempfindlich;

3-(Trimethoxysilyl)-1-propanthiol

- **CAS-Nummer:**
  4420-74-0
- **gebräuchliche Namen:**
  (3-Mercaptopropyl)-trimethoxysilan; 3-(Trimethoxysilyl)-propylmercaptan; Trimethoxysilylpropanthiol; gamma-Mercaptopropyltrimethoxysilan;
- **Handelsnamen:**
  Silicon A 189; UCARA-189; Union carbide A-189; Silanogran M;
- **Summenformel:**
  $C_6H_{16}O_3SSi$

- **Strukturformel:**

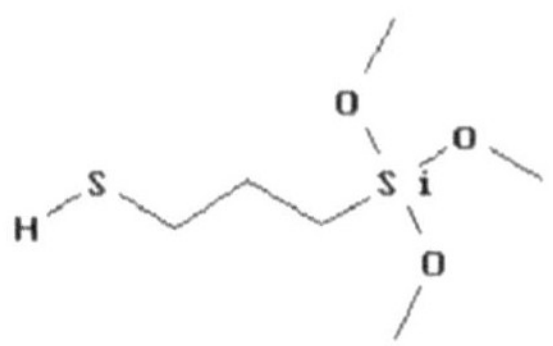

Funktion:
Haftvermittler für Füllstoffe;

branchenspezifische Bemerkung zur Substanz:
Einsatzmenge: 4,2 t/a (TSE-Industrie, 1996)

Eigenschaften:
- **toxikologisch/ökotoxikologisch:**
RTECS # TZ 7800000
Schweizer Giftliste: 4
WGK: 3
R-Satz: 10-36/37/38
S-Satz: 16-26-36
Sonstiges:
Kann schädigend wirken beim Einatmen, Verschlucken oder Aufnahme über Haut; Dämpfe reizen Augen, Schleimhäute und Atemwege; verursacht Hautreizungen [187];
LD 50 (oral, Ratte): 2830 ml/kg [428];
LD 50 (intraperitoneal, Maus): 633 mg/kg [428];
LD 50 (subcutan, Kaninchen): 5660 ml/kg [428];
In den Augen und im Magen-Darm-Trakt mehr oder minder starke Reizwirkung, Brechreiz, Brechdurchfall; beim Einatmen Hustenreiz;

zu Silanogran M [Sdb Kettlitz], Angaben bezogen auf Wirkstoff:
R-Sätze: 20/21/22;

Gefahren-Symbol:

- **physikalisch/chemisch:**
Siedepunkt: 198 °C; 213-215 °C; 78 79 °C (11,33 hPa); 91-93 °C (16 hPa)
Flammpunkt: 97 °C
Brechungsindex: 1,444 (20 °C); 1,4376 (20°C)
Dichte: 1039 kg/m3 (20 °C); 1045,8 (20 °C); 1050,3 (25 °C)
Molmasse: 196,34 g/mol
Löslichkeit:
wasserunlöslich;

Verbleib nach Gebrauch:
Verbrennung;

Bemerkung:
Farblose Flüssigkeit; feuchtigkeitsempfindlich; geruchsbelästigend;
Unverträglich mit starken Oxidationsmitteln, starken Säuren, Basen, Alkoholen;
kann sich an feuchter Luft oder in Wasser zersetzen;
Silikon-Harze als Bindemittel in der Thermoschicht wärmeempfindlicher;

enthalten in Silanogran M (50 %);

N-[3-(Trimethoxysilyl)propyl]-1,2-ethandiamin

- **CAS-Nummer:**
  1760-24-3
- **gebräuchliche Namen:**
  N-ß-Aminoethyl-aminopropyl-trimethoxysilan; 3-(2-Aminoethylamino)propyl-trimethoxysilan; N-[3-(Trimethoxysilyl)-propyl-ethylendiamin;
- **Handelsnamen:**
  A0700; Aas-M; AP 132; Dow corning Z-6020 silane; GF 91; KBM 603; NUCA 1120; Prosil 3128; SH 6020; Silicone A-1120; Z 6020;
- **Summenformel:**
  $C_8H_{22}N_2O_3Si$
- **Strukturformel:**

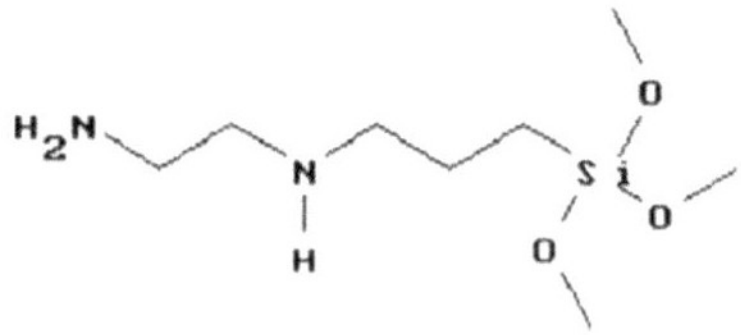

Funktion:
Haftvermittler;

Eigenschaften:
- **toxikologisch/ökotoxikologisch:**
  RTECS # KV 7400000
  WGK: 1
  R-Satz: 34-42/43
  S-Satz: 26-28-27-36/37/39
  Sonstiges:
  LD 50 (oral, Ratte): 7460 mg/kg [187];
  LD 50 (intravenös, Maus): 180 mg/kg [428];

  Gefahren-Symbol:

- **physikalisch/chemisch:**
  Siedepunkt: 146 °C (19,99 hPa)
  Flammpunkt: >112 °C
  Brechungsindex: 1,4450 (20 °C)
  Dichte: 1010 kg/m3
  Molmasse: 222,36 g/mol

Verbleib nach Gebrauch:
Verbrennung nach Mischung mit brennbarem Lösemittel;

Bemerkung:
Feuchtigkeitsempflindlich [187];

Trimethoxyvinylsilan

- **CAS-Nummer:**
  2768-02-7
- **gebräuchliche Namen:**
  Vinyltrimethoxysilan; Ethenyltrimethoxysilan; VTMO;
- **Handelsnamen:**
  KBM 1003; A171; SZ6300; V4917; VTS-M; Y4302;
- **Summenformel:**
  $C_5H_{12}O_3Si$

- **Strukturformel:**

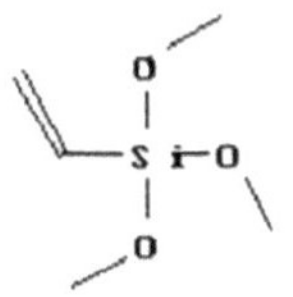

Funktion:
Haftvermittler für Füllstoffe;

Eigenschaften:
- **toxikologisch/ökotoxikologisch:**
  RTECS # VV 6770000
  R-Satz: 10-36/37/38
  S-Satz: 16-26-36/37/39
  Sonstiges:
  LD 50 (oral, Ratte): 11300 mg/kg [187];
  LC Lo (inhalativ, Ratte): 4000 mg/kg/4h [428];
  LD 50 (dermal, Kaninchen): 3,54 ml/kg [428]; 3540 mg/kg [187];

- **physikalisch/chemisch:**
  Siedepunkt: 123 °C
  Flammpunkt: 22 °C
  Brechungsindex: 1,3915 (20 °C); 1,3920 (20 °C)
  Dichte: 1130 kg/m3
  Molmasse: 148,23 g/mol

Verbleib nach Gebrauch:
Verbrennung, hochentzündliche Stoffe;

Bemerkung:
farblose Flüssigkeit; feuchtigkeitsempfindlich;

Trimethylallylisocyanurat

- **CAS-Nummer:**
  6291-95-8
- **Handelsnamen:**
  Diak Nr 8;

Funktion:
Bestandteil von Vernetzungsmitteln;

Eigenschaften:
- **toxikologisch/ökotoxikologisch:**
  MAK Wert: 6 ng/m3
  R-Satz: 22
  S-Satz: 2-13-20/21-24
  Sonstiges:
  Gesundheitsschädlich beim Verschlucken;

  LD 50 (oral, Ratte): 842 mg/kg;

  Gefahren-Symbol:

- **physikalisch/chemisch:**
  Schmelzpunkt: 83-83 °C
  Flammpunkt: 176 °C
  Dampfdruck: 0,00013 hPa (25 °C)
  Dichte: 850 kg/m3
  Löslichkeit:
  Wasserlöslichkeit (25 °C): 6,4 g/l

Bemerkung:
weißes Pulver;
zu vermeidende Stoffe: Peroxide, Oxidationsmittel, pulverförmige Metalle und Metallsalze;

[(2,4,6-Trimethyl-1,3,5-benzentriyl)tris(methylen)]-4,4',4"-tris[2,6-di(1,1-dimethylethyl]-hydroxybenzen

- **CAS-Nummer:**
  1709-70-2
- **gebräuchliche Namen:**
  3,3',3'',5,5',5''-Hexa-tert.-butyl-alpha,alpha',alpha''-(mesitylen-2,4,6-triyl)tri-p-cresol; 2,4,6-Tris-(1,3,5-di-tert.-butyl-4-hydroxybenzyl)-benzen ; 1,3,5-Trimethyl-2,4,6-tris-(3,5-di-tert.-butyl-4-hydroxybenzyl)-benzol; 4,4',4"-[(2,4,6-Trimethyl-1,3,5-benzoltriyl)tris-(methylen)]-tris[2,6-bis(1,1-dimethylethyl)-phenol]; alpha,alpha',alpha"-(2,4,6-Trimethyl-s-phenenyl)-tris-(2,6-di-tert.-butyl-p-cresol);
- **Handelsnamen:**
  Ahydol; Antioxidant 330; AO-40; Ethanox 330; Santaquin; Agidol 40; Antioxidant 40; Ethyl 330; Ethyl Antioxidant 330; Ionox 330; Irganox 330; SHELL Antioxidans 330;
- **Summenformel:**
  $C_{54}H_{78}O_3$

- **Strukturformel:**

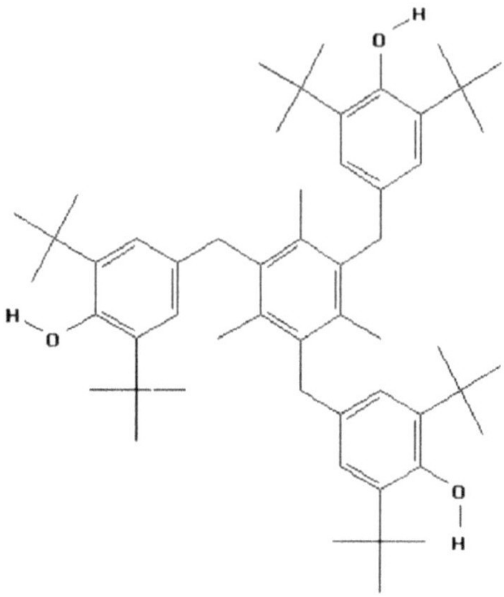

Funktion:
Oxidationsschutzmittel;

Eigenschaften:
- **toxikologisch/ökotoxikologisch:**
RTECS # DC 3750000
R-Satz: 36/37/38
S-Satz: 26-36
Sonstiges:
LD 50 (oral, Ratte): 1500 mg/kg [428];

- **physikalisch/chemisch:**
Schmelzpunkt: 248-250 °C
Molmasse: 775,21 g/mol

Bemerkung:
Purpurfarbiger kristalliner Feststoff;
Verwendung: Antioxidans für Gummi und Polymere; Stabilisator für Gummi; Schmiermittel;

2,6,6-Trimethylbicyclo-[3,1,1]-hept-2-en

- **CAS-Nummer:**
80-56-8
- **UN Nummer:**
2368
- **gebräuchliche Namen:**
(±)-alpha-Pinen; 2-Pinen; D,L-alpha-Pinen; 2,6,6-Trimethylbicyclo-[3,1,1]-2-hepten;
- **Summenformel:**
$C_{10}H_{16}$

branchenspezifische Bemerkung zur Substanz:
Reaktionprodukt von naphthenischen Ölen [Weichmacher];

Eigenschaften:

- **toxikologisch/ökotoxikologisch:**

  RTECS # DT 7000000

  Sonstiges:

  Dämpfe reizen stark und führen zu Entzündungen an den Augen, an den Atemwegen, in der Lunge sowie an der Haut, Lungenödem möglich. Achtung, dieses kann mit einer Verzögerung bis zu zwei Tagen auftreten. Nach Einatmen der Dämpfe ist daher eine ärztliche Untersuchung in jedem Fall erforderlich. Kontakt mit der Flüssigkeit verursacht Hautentzündungen und Augenschäden. Die Substanz wird auch über die Haut aufgenommen. Auch nach Einatmen hoher Dampfkonzentrationen kommt es zunächst zu Rausch und Erregung, dann zu Narkose und Atemlähmung. Nachfolgende Nierenschäden möglich. Symptome: Stechender Augenschmerz, Brennen und Schmerzen der Nasen- und Rachenschleimhäute, Rötungen und Schmerzen der Haut; Reizhusten, Kopfschmerzen, Schwindel, Benommenheit, Atembeschwerden, Magen- und Darmbeschwerden, Verwirrung, Erregung, Gangunsicherheit, Krämpfe, Kollaps, Bewußtlosigkeit, Atemlähmung [484];

  LD 50 (oral, Ratte): 3700 mg/kg [428];

  LC Lo (intraperitoneal, Maus): >500 mg/kg [428];

  LC Lo (inhalativ, Maus): 625 µg/m3 [428];

  LC Lo (inhalativ, Meerschweinchen): 572 mg/m3 [428];

- **physikalisch/chemisch:**

  Schmelzpunkt: -55 °C; -62,2 °C

  Siedepunkt: 156 °C

  Flammpunkt: 33 °C

  Log pOW: 4,12

  Brechungsindex: 1,4664 (20 °C)

  Dichte: 859 kg/m3

  Molmasse: 136,24 g/mol

  Löslichkeit:

  sehr geringfügig mischbar mit Wasser [484]; löslich in Ethanol, Trichlormethan, Diethylether;

  Bemerkung zu physikalisch/chemischen Daten:

  Zündtemperatur: 255 °C [484];

Bemerkung:

Farblose Flüssigkeit; charakteristischer Geruch (ähnlich wie Terpentin);
kann auf plötzlich einwirkende Hitze reagieren. Unter bestimmten Bedingungen (Auslaufen auf sehr große Oberfläche und Lufteinwirkung) kann sich die Substanz spontan erhitzen. Bei Kontakt mit hochkonzentrierter Salpetersäure und sauerstoffreichem Material (starken Oxidationsmitteln) kann heftige bis sehr heftige Reaktion eintreten [484];

(3,3,5-Trimethylcyclohexyliden)-bis-(tert.-butylperoxid)

- **CAS-Nummer:**

  6731-36-8

- **UN Nummer:**

  3106

- **gebräuchliche Namen:**

  TMCH; 1,1-Bis-(tert.-butylperoxy)-3,3,5-trimethylcyclohexan; 1,1-Di-tert.-butylperoxy-3,3,5-trimethylcyclohexan; [3,3,5-Trimethylcyclohexyliden)-bis-[1,1-dimethylethyl)-peroxid];

- **Handelsnamen:**

  Luperco 231 Cl; Luperox 231-G-40; Luperox 231-KEX-40; Luperox MF-40; Luperox 231-MG-40; Luperox 231-SRG-40; Luperox 231-XL-40; Luperco 231 XLP; Luperox; Lupersol 231; Perhexa; Peroxide; Peroxan PK 295 GS; Peroxan PK 295 MB; Peroxan PK 295 P; Poly-Dispersion TMC-50; TMCH-40-G; TMCH-40-IC; Trigonox 29140; Trigonox 29B50; Trigonox 29B75; Trigonox 29/40; Varox; Varox 231-XL;

- **Summenformel:**

  $C_{17}H_{34}O_4$

- **Strukturformel:**

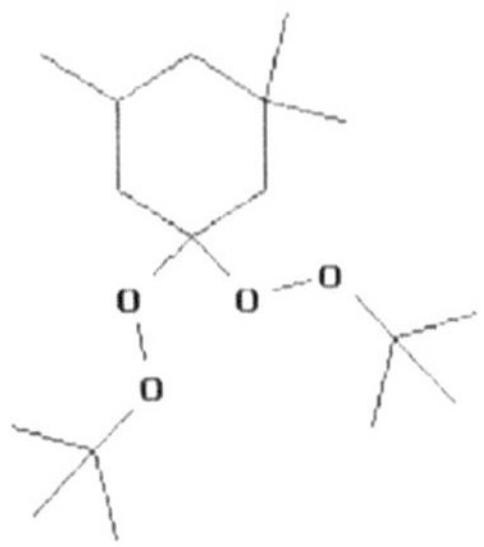

Funktion:
(1) Polymerisationsregler;
(2) Vernetzungsmittel, schwefelfrei;
Kautschukart:
(2) Chlorethylen-Kautschuk; Acrylat-Kautschuk; Styrol-Butadien-Kautschuk; Acrylnitril-Butadien-Kautschuk;
Anwendung:
(1) Reifen, Schläuche; chirurgische und medizinische Artikel; Sportartikel; Spielsachen; technische Gummiartikel; Produkte für Industrie, inkl. Druckplattentücher; Klebstoffe; Dichtungen; Latex Tauchartikel; Latex Schaumartikel;

branchenspezifische Bemerkung zur Substanz:
Einsatzmenge: 9,4 t/a (TSE-Industrie, 1996)

Eigenschaften:
- **toxikologisch/ökotoxikologisch:**
RTECS # SD 8600000
R-Satz: 8-41
S-Satz: 17-26-36
Sonstiges:
LD 50 (oral, Ratte): 12918 mg/kg [428];

zu TMCH-40-G, TMCH-40-G [Sdb Laporte]:
schwach hautreizend, minimal augenreizend;
LD 50 (oral, Ratte): 5000 mg/kg;
LD 50 (dermal, Ratte): 5000 mg/kg;
LC 50 (inhalativ, Ratte): 200 mg/l/4h;
Gefahrensymbol: O; R-Sätze: 7; S-Sätze: 3/7-14-36/37/39; WGK: 1;

- **physikalisch/chemisch:**
Brechungsindex: 1,4410 (20 °C)
Dichte: 906 kg/m3
Molmasse: 302,51 g/mol

Bemerkung zu physikalisch/chemischen Daten:
zu Varanox 231-XL:
Dichte 1410 ± 30 kg/m3

Bemerkung:
zu Peroxan PK 295 GS: Phlegmatiesiert mit Calciumcarbonat;
zu Peroxan PK 295 MB: Phlegmatiesiert mit Ethylen-Propylen-Terpolymer;
zu Peroxan PK 295 P: Phlegmatiesiert mit Calciumcarbonat;

zu TMCH-40-G [Sdb Laporte]:
enthält 60 % Kreide;
bräunlich, fest, geruchlos;
Dichte: 510 kg/m3; unlöslich in Wasser;
Zersetzung ab 60 °C; Durch Zersetzung entstehen entflammbare Dämpfe; Unverträglich mit Beschleunigern, starken Säuren oder Laugen, Schwermetallsalzen und reduzierenden Stoffen;

zu TMCH-40-G [Sdb Laporte]:
enthält 60 % inerten Träger;
weiß, fest, fast geruchlos;
Dichte: 400 kg/m3; unlöslich in Wasser;
Zersetzung ab 60 °C; Durch Zersetzung entstehen entflammbare Dämpfe; Unverträglich mit Beschleunigern, starken Säuren oder Laugen, Schwermetallsalzen und reduzierenden Stoffen;

N,N,N'-Trimethyl-diamino-thiomethanon

- **CAS-Nummer:**
  2489-77-2
- **gebräuchliche Namen:**
  Trimethylthioharnstoff; 1,1,3-Trimethyl-2-thioharnstoff;
- **Handelsnamen:**
  Thiat E; Thiate EF-2;
- **Summenformel:**
  $C_4H_{10}N_2S$

- **Strukturformel:**

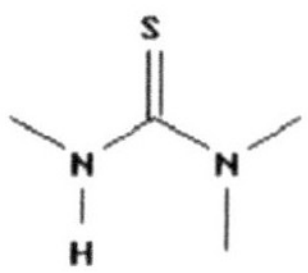

Funktion:
Vulkanisationsbeschleuniger, organisch;
Kautschukart:
Neopren;
Anwendung:
chirurgische und medizinische Artikel; Sportartikel; Spielsachen; technische Gummiartikel; Produkte für Industrie, inkl. Druckplattentücher; Klebstoffe; Dichtungen;

Eigenschaften:
- **toxikologisch/ökotoxikologisch:**
  RTECS # YU 4900000
  Sonstiges:
  LD 50 (oral, Ratte): 316 mg/kg [428];
  LD 50 (oral, Maus): 215 mg/kg [428];
  Im Tierversuch karzinogen [428];

- **physikalisch/chemisch:**
  Schmelzpunkt: 87-88 °C; 80-90 °C
  Dichte: 1230 ± 30 kg/m3
  Molmasse: 118,20 g/mol
  Löslichkeit:
  löslich in Wasser, Ethanol, Benzen, Trichlormethan, Hexan, Methylbenzol, Propanon, Trichlormethan;

Bemerkung:
Prismen (Benzen und Ligroin);

2,4,4-Trimethyl-2-(2,5-di-hydroxybenzen)-pentan

- **CAS-Nummer:**
  719-03-9
- **gebräuchliche Namen:**
  2-(1,1,3,3-Tetramethyl-butyl)-hydrochinon;
- **Summenformel:**
  $C_{14}H_{22}O_2$

- **Strukturformel:**

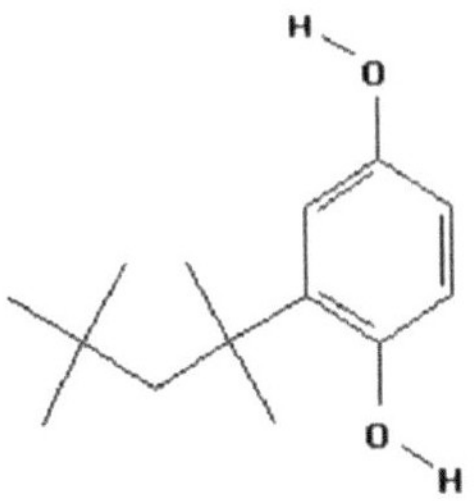

Eigenschaften:
- **physikalisch/chemisch:**
  Schmelzpunkt: 142 -144 °C
  Molmasse: 222,33 g/mol

3,5,5-Trimethylhexanperoxidsäure-1,1-dimethylethylester

- **CAS-Nummer:**
  13122-18-4
- **gebräuchliche Namen:**
  tert.-Butylperoxy-3,5,5-trimethyl-hexanoat;
- **Summenformel:**
  $C_{13}H_{26}O_3$

- **Strukturformel:**

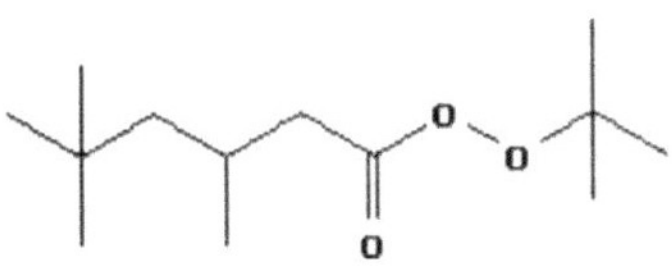

Funktion:
  Vernetzungsmittel, schwefelfrei;

2,2,4-Trimethylpentan

- **CAS-Nummer:**
  540-84-1
- **UN Nummer:**
  1262
- **gebräuchliche Namen:**
  Isooctan; iso-Octan; 2-Ethylhexanol-1;

- **Summenformel:**
  C_8H_{18}

- **Strukturformel:**

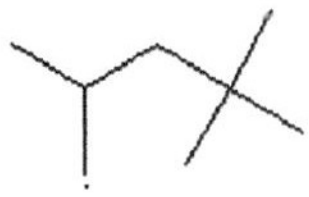

Funktion:
Lösemittel;

Eigenschaften:
- **toxikologisch/ökotoxikologisch:**
  RTECS # SA 3320000
  Schweizer Giftliste: 5
  WGK: 1
  MAK Wert: 2350 mg/m3 bzw. 500 ml/m3
  R-Satz: 11-20/22-36/37/38
  S-Satz: 16-26-36
  Sonstiges:
  Dämpfe haben bei Einatmen in hohen Konzentrationen narkotische Wirkung und führen zu Herzrhythmusstörungen; sie können unter besonderen Bedingungen (unmittelbare Bodennähe) durch Verdrängung der Luft erstickend wirken; Kontakt mit der Flüssigkeit führt zu Reizung der Augen und Haut [484];
  Trinkwassergefährdung bereits bei Auslaufen geringer Mengen in Untergrund [32]

  Gefahren-Symbol:

- **physikalisch/chemisch:**
  Schmelzpunkt: -107,4 °C; -103 °C
  Siedepunkt: 99-104 °C; 98-99 °C
  Flammpunkt: -12 °C; -14 °C
  Dampfdruck: 51 hPa (20 °C) [32]; 53 hPa (20 °C) [484]
  Verdampfungswärme: 270,81 kJ/kg
  Brechungsindex: 1,39163 (20 °C)
  Dichte: 691,8 kg/m3 (20 °C)
  Molmasse: 114,230 g/mol
  Löslichkeit:
  Wasser < 0,1 g/l (20 °C); mischbar mit Ethanol, Propanon (Aceton), Benzen (Benzol), Trichlormethan (Chloroform); löslich in Diethylether

Verbleib nach Gebrauch:
Verbrennung, hochentzündliche Stoffe;

Bemerkung:
Farblose, schwach benzinartig riechende Flüssigkeit; brennbar
Bildet im dampf-/gasförmigen Zustand mit Luft explosionsfähige Gemische;
Explosionsgrenzen: 1-6 Vol.-%; Zündtemp.: 410 °C [32]
Explosionsgrenzen: 0,7-5,5 Vol.-%; Zündtemp.: 420 °C [484];
Stoff neigt zur elektrostatischen Aufladung [484];
Verwendung: als technisches Lösemittel;

2,2,4-Trimethyl-2-pentanthiol

- **CAS-Nummer:**
  141-59-3
- **UN Nummer:**
  3023
- **gebräuchliche Namen:**
  TOM; tert.-Octylmercaptan; tert.-Octylthiol; 1,1,3,3-Tetramethyl-1-butanthiol; tert.-Octylmercaptan; 2-Methylheptanthiol-2; tert.-Octanthiol; 2,4,4-Trimethylpentan-2-thiol;
- **Handelsnamen:**
  UN 3023;
- **Summenformel:**
  $C_8H_{18}S$
- **Strukturformel:**

Funktion:
Polymerisationsregler;
Anwendung:
Reifen, Schläuche; chirurgische und medizinische Artikel; Sportartikel; Spielsachen; technische Gummiartikel; Latex Tauchartikel; Latex Schaumartikel;

Eigenschaften:
- **toxikologisch/ökotoxikologisch:**
  RTECS # SA 3260000
  WGK: 3
  Sonstiges:
  Die Substanz reizt die Augen, die Nasen- und Rachenschleimhäute und die Lungen; in hohen Konzentrationen Auflösung der roten Blutkörperchen, Blaufärbung der Lippen und Fingernägel, bleibender Hirnschaden. Bei Brand oder Erhitzung bis zur Zersetzung Entstehung von Schwefelwasserstoff und Schwefeldioxid.
  Symptome: Erhöhte Atmung, Schwäche, Übelkeit, Erbrechen, Kopfschmerzen. Nach Kontakt mit der Flüssigkeit oder massiver Dampfaufnahme kann es zu Krämpfen, Fieber und Koma kommen.
  (Der penetrante Geruch verhindert im allgemeinen durch Flucht die Vergiftung.) Nach Einatmen oder Hautkontakt in jedem Fall - auch bei Ausbleiben der Symptome - den Arzt aufsuchen [484];

- **physikalisch/chemisch:**
  Siedepunkt: 154-160 °C; 159-165 °C
  Flammpunkt: 31 °C; 46 °C
  Brechungsindex: 1,454 (20 °C)
  Dichte: 848 kg/m3 (20 °C)
  Molmasse: 146,32 g/mol
  Löslichkeit:
  vollständig mischbar mit Wasser [484];

Bemerkung:
Farblose Flüssigkeit, fauliger Geruch;
bei Brand oder Erhitzung bis zur Zersetzung bilden sich sehr giftiger und brennbarer Schwefelwasserstoff(gas) und giftiges Schwefeldioxid(gas) [484];

2,2,4-Trimethyl-6-phenyl-1,2-dihydrochinolin

- **CAS-Nummer:**
  3562-69-4
- **gebräuchliche Namen:**
  6-Phenyl-2,2,4-trimethyldihydrochinolin;

- **Handelsnamen:**
  Santoflex B; USAF B-29;
- **Summenformel:**
  $C_{18}H_{19}N$

- **Strukturformel:**

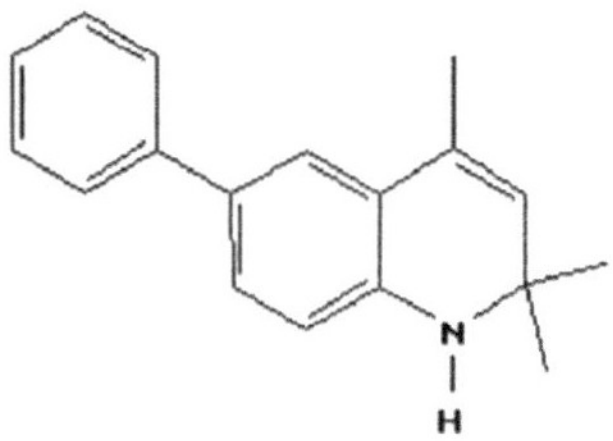

Funktion:
Oxidationsschutzmittel;

Eigenschaften:
- **toxikologisch/ökotoxikologisch:**
  RTECS # VB 5075000
  Sonstiges:
  LD 50 (intraperitoneal, Maus): 200 mg/kg [428];

- **physikalisch/chemisch:**
  Molmasse: 249,35 g/mol

Bemerkung:
enthalten in: Santoflex BX (85 %);

Trimethylsilan

- **CAS-Nummer:**
  993-07-7
- **Summenformel:**
  $C_3H_{10}Si$

- **Strukturformel:**

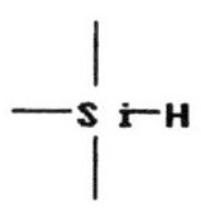

Funktion:
Haftvermittler;
Kautschukart:
Silikon-Kautschuk;

Eigenschaften:
- **physikalisch/chemisch:**
  Molmasse: 74,20 g/mol

1,3,5-Trinitrobenzen

- **CAS-Nummer:**
  99-35-4
- **UN Nummer:**
  1354
- **gebräuchliche Namen:**
  Trinitrobenzol angefeuchtet mit 30 oder mehr Gew.-% Wasser;
- **Handelsnamen:**
  TNB; Trinitrobenzol; UNO 214;
- **Summenformel:**
  $C_6H_3N_3O_6$

- **Strukturformel:**

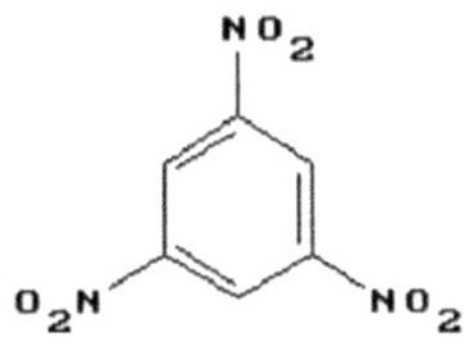

Funktion:
Vernetzungsmittel, schwefelfrei;

Eigenschaften:
- **toxikologisch/ökotoxikologisch:**
  RTECS # DC 3850000
  Sonstiges:
  Der Stoff wird durch einatmen des Staubes und über die Haut aufgenommen. Veränderung des Blutfarbstoffes (Methämoglobinbildung). Weiterhin kommt es zu Schäden der Leber seltener der Nieren. Latenzzeit Stunden bis Tage. Am giftigsten ist die Meta-Verbindung, die am häufigsten in der Chemischen Industrie verwendet wird. Bei Bränden können nitrose Gase entstehen.
  Symptome: Übelkeit und Erbrechen, Kopfschmerzen. Blaugraue Verfärbung der Haut und besonders der Schleimhäute, beginnend an den Lippen und Fingernägeln. Atemnot, Benommenheit, Kreislaufkollaps, Bewußtlosigkeit, Krämpfe. [484]
  LD 50 (oral, Ratte): 275 mg/kg [428];
  LD 50 (oral, Maus): 572 mg/kg [428];
  LD 50 (dermal, Kaninchen): >2000 mg/kg [428];
  LD 50 (intravenös, Maus): 32 mg/kg [428];
  LD 50 (oral, Meerschweinchen): 730 mg/kg [428];

  Schädlich für Fische, Störungsschwelle 0,1 mg/l. Ähnliche Stoffe toxisch, z.B. Tetranitrobenzol 5mg/l tödlich in 2 Std. für Fische;

- **physikalisch/chemisch:**
  Schmelzpunkt: 121 °C; 122,5 °C
  Siedepunkt: 315 °C (1013 hPa)
  Log pOW: 1,18
  Dichte: 1760 kg/m3
  Molmasse: 213,12 g/mol
  Löslichkeit:
  Wasser: 0,035 g/ 100ml; Benzen: 6,2 g/100ml; Methanol: 4,9 g/100ml; Ethanol: 1,9 g/100ml; Schwefelkohlenstoff: 0,25 g/100g; löslich in Trichlormethan;

  Bemerkung zu physikalisch/chemischen Daten:
  Verpufft beim raschen Erhitzen;

Bemerkung:
Blaßgelbe Kristalle;

Reagiert bei Berührung mit Reduktionsstoffen. Trinitrobenzol kann mit Schwermetallen und deren Salzen äußerst empfindliche Verbindungen bilden;

Verwendung als Sprengstoff;

1,11-(3,6,9-Trioxandecyl)bis-3-(dodecylthio)propionat

- **CAS-Nummer:**
  64253-30-1
- **gebräuchliche Namen:**
  Propensäure-3-(dodecylthio)-oxybis-(2,1-ethandiyloxy-2,1-ethandiyl)ester;
- **Handelsnamen:**
  Wingstay SN-1;
- **Summenformel:**
  $C_{38}H_{74}O_7S_2$

Funktion:
Weichmacher, synthetisch;

Eigenschaften:
- **physikalisch/chemisch:**
  Dichte: 1280 ± 30 kg/m3
  Molmasse: 684-706 g/mol

1,2,3-Triphenylguanidin

- **CAS-Nummer:**
  101-01-9
- **gebräuchliche Namen:**
  N,N',N''-Triphenylguanidin;
- **Summenformel:**
  $C_{19}H_{17}N_3$

- **Strukturformel:**

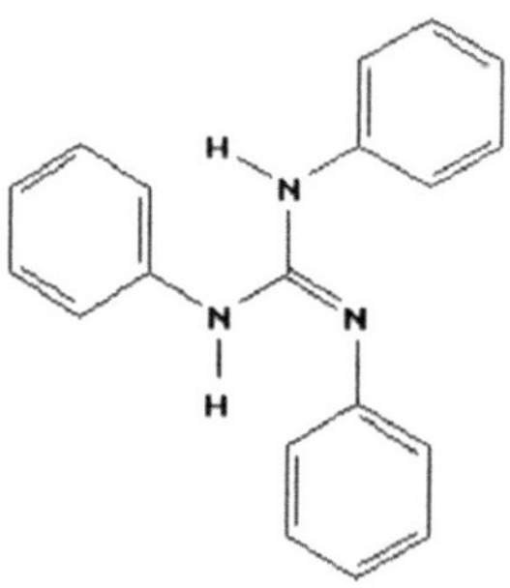

Funktion:
Vulkanisationsbeschleuniger, organisch;

Eigenschaften:
- **toxikologisch/ökotoxikologisch:**
  RTECS # MF 6825000

Sonstiges:
LD Lo (oral, Ratte): 250 mg/kg [428];
LD 50 (intravenös, Maus): 56 mg/kg [428];
LD Lo (oral, Säugetier): 350 mg/kg [428];

- **physikalisch/chemisch:**
  Schmelzpunkt: 146,5°C
  Dichte: 1163,2 kg/m3
  Molmasse: 287,39 g/mol

1,1,3-Triphenylguanidin

- **CAS-Nummer:**
  603-53-2
- **gebräuchliche Namen:**
  Triphenylguanidin; N,N,N'-Triphenylguanidin;
- **Summenformel:**
  $C_{19}H_{17}N_3$

- **Strukturformel:**

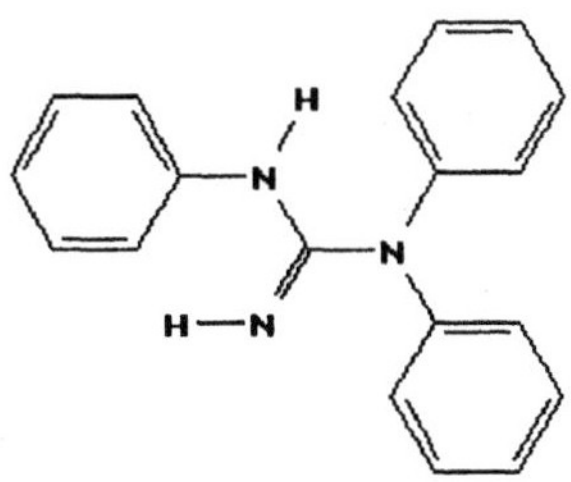

Funktion:
Vulkanisationsbeschleuniger, organisch;

Eigenschaften:
- **toxikologisch/ökotoxikologisch:**
  RTECS # MF 6800000
  Sonstiges:
  LD Lo (oral, Ratte): 750 mg/kg [428];

- **physikalisch/chemisch.**
  Schmelzpunkt: 134 °C
  Molmasse: 287,36 g/mol

Triphenylmethan-4,4',4"-triisocyanat

- **CAS-Nummer:**
  2422-91-5
- **gebräuchliche Namen:**
  Triphenylmethantriisocyanat; Tris-[4-isocyanato-phenyl]-methan; 1,1',1"-Methylidentris-(4-isocyanatobenzol);
- **Handelsnamen:**
  Desmodur R; Desmodur TT; Desmodur RE;
- **Summenformel:**
  $C_{22}H_{13}N_3O_3$

- **Strukturformel:**

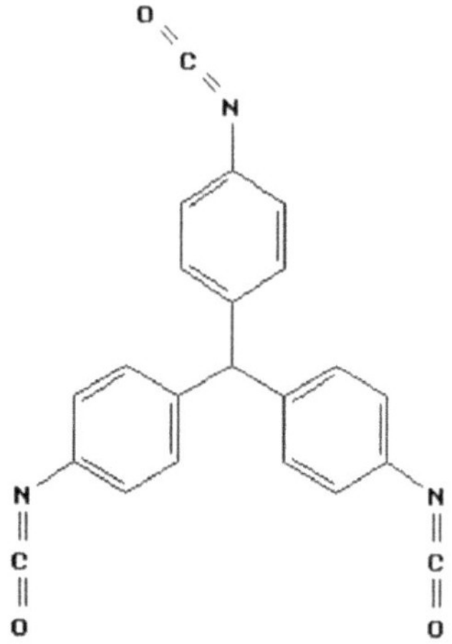

Funktion:
(1) Vernetzungsmittel, schwefelfrei;
(2) Haftmittel;
Kautschukart:
(1) Dienkautschuk;

branchenspezifische Bemerkung zur Substanz:
Einsatzmenge: 16 t/a (TSE-Industrie, 1996)

Eigenschaften:
- **physikalisch/chemisch:**
Molmasse: 367,36 g/mol

Verbleib nach Gebrauch:
Verbrennung;

N,N',N"-Triphenyl-(1,3,5)-triazin-2,4,6-triamin

- **CAS-Nummer:**
1973-05-3
- **gebräuchliche Namen:**
Triphenylmelamin;
- **Summenformel:**
$C_{21}H_{18}N_6$

- **Strukturformel:**

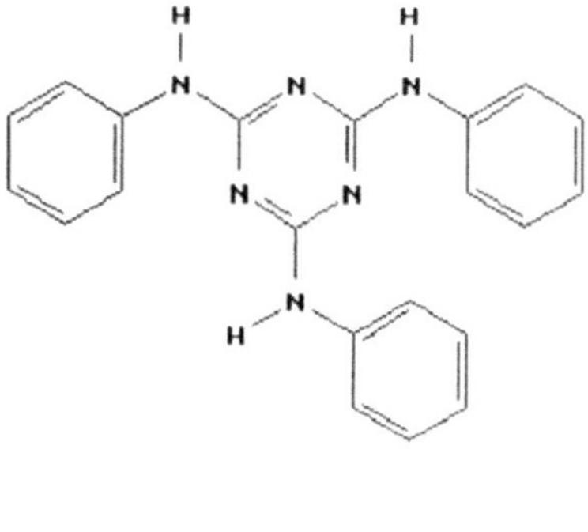

branchenspezifische Bemerkung zur Substanz:
Zersetzungsprodukt von N,N'-Diphenylguanidin;

Eigenschaften:
- **physikalisch/chemisch:**
Molmasse: 354,41 g/mol

1,3,5-Tris[(3,5-bis-(1,1-dimethylethyl)-4hydroxyphenyl)-methyl]-1,3,5-triazin-2,4,6-(1H,3H,5H)-trion

- **CAS-Nummer:**
27676-62-6
- **gebräuchliche Namen:**
1,3,5-Tris(3,5-di-tert.-butyl-4-hydroxybenzyl)-s-triazin-2,4,6-(1H,3H,5H)-trion; Tris(3,5-di-t-butyl-4-hydroxybenzyl)isocyanurat; 1,3,5-Tris-(3,5-di-tert.-butyl-4-hydroxy-benzyl)-[1,3,5]-triazin-2,4,6-trion;
- **Handelsnamen:**
Vanox GT;
- **Summenformel:**
$C_{48}H_{69}N_3O_6$

- **Strukturformel:**

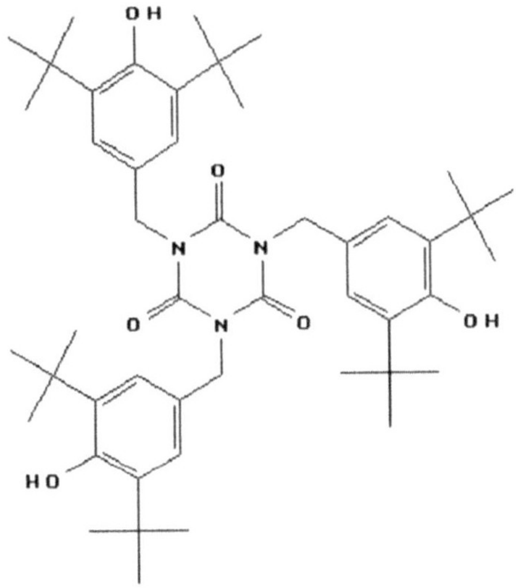

Funktion:
Oxidationsschutzmittel;
Kautschukart:
Naturkautschuk;

Eigenschaften:
- **physikalisch/chemisch:**
Schmelzpunkt: 218-220 °C
Dichte: 1030 ± 20 kg/m3
Molmasse: 784,09 g/mol
Löslichkeit:
löslich in.Methanol, Hexan, Petroleumether, Methylbenzen, Propanon, Trichlormethan, Dimethylformamid;

1,3,5-Trisdecylbenzol

- **CAS-Nummer:**
  87969-78-6
- **Summenformel:**
  $C_{36}H_{66}$

- **Strukturformel:**

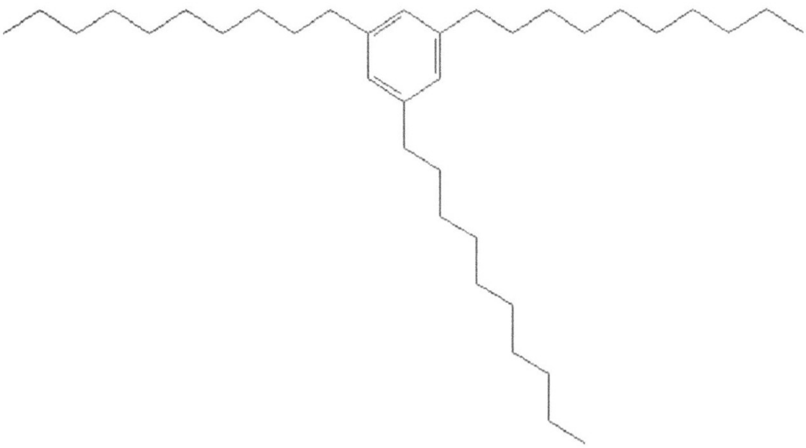

branchenspezifische Bemerkung zur Substanz:
Reaktionsprodukt von aromatischen Ölen [Weichmacher];

Eigenschaften:
- **physikalisch/chemisch:**
  Molmasse: 498,92 g/mol

Tris-(2,3-dibromopropyl)-phosphat

- **CAS-Nummer:**
  126-72-7
- **gebräuchliche Namen:**
  TDPP; TRIS; 2,3-Dibrom-1-propanolphosphat; Phosphorsäure-(tri-brompropyl)-ester; Phosphorsäure-tris-2,3-dibromopropylester; Tris-BP; 2,3-Dibromo-1-propanol-phosphat (3:1);
- **Handelsnamen:**
  Anfram 3 PB; Fyrol HB-32; Apex 462-5; Flammex AP; Flammex T 23P; Firemaster T 23P; T 23P; Flavacon R; Flammex LV-T 23P; Anfram 3PB; Bromkal P67; 6HP; ES 685; Firemaster LV-T 23 P; Florol HB 32; Phoscon PE60; 3PBR; T238; Zetoflex ZN;
- **Summenformel:**
  $C_9H_{15}Br_6O_4P$

- **Strukturformel:**

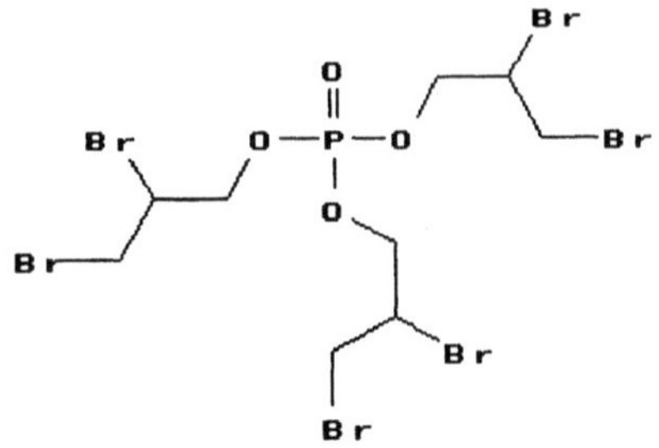

Funktion:
sonstige Chemikalien;
Anwendung:
Latex Tauchartikel; Latex Schaumartikel;

Eigenschaften:
- **toxikologisch/ökotoxikologisch:**
RTECS # UB 0350000
Sonstiges:
Carcinogen verdächtig; erbgutverändernder Stoff;
LD 50 (oral, Ratte): > 5000 kg/kg [210], 810 mg/kg [428];
TD Lo (oral, Ratte (trächtig)): 1800 mg/kg/7-15 D, 250 mg/k/6-15 D, 450 mg/kg/7-15 D [428];
TD Lo (oral, Ratte): 1330 mg/kg/76 W (kontinuierlich) [428];
TD Lo (intraperitoneal, Ratte (männlich)): 8510 mg/kg/72 D, 4260 mg/kg/72 D [428];
LD 50 (oral, Maus): 6800 mb/kg [428];
TD Lo (oral, Maus): 39000 mg/kg/92 W (kontinuierlich) [428];
LD 50 (intraperitoneal, Maus): 300 mg/kg [428];
TD Lo (Haut, Maus): 85000 mg/kg/71 W (intermittierend) [428];
LD 50 (Haut, Kaninchen): >8000 mg/kg [428];

- **physikalisch/chemisch:**
Log pOW: 3,71 [504]
Dichte: 2250 kg/m3 (25°C)
Molmasse: 697,93 g/mol
Löslichkeit:
löslich in Trichlormethan;

Bemerkung:
Viskose Flüssigkeit;
Verwendung: Flankenschutzmittel;

2,4,6-Tris(1,1-dimethylethyl)hydroxybenzen

- **CAS-Nummer:**
732-26-3
- **gebräuchliche Namen:**
2,4,6-Tri-tert.-butylphenol; 2,4,6-Tris-(1,1-dimethylethyl)-phenol;
- **Handelsnamen:**
Antioxidans Hoechst TM 02; Antioxidans Hoechst CAO-15; Alkofen B; P 23; TMO2;
- **Summenformel:**
$C_{18}H_{30}O$

- **Strukturformel:**

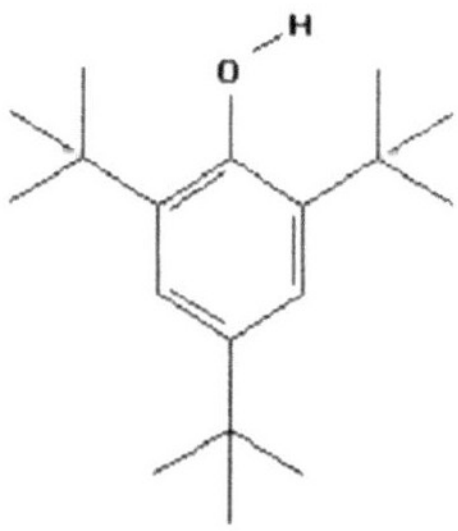

Funktion:
Oxidationsschutzmittel;
Kautschukart:
Naturkautschuk; Synthese-Kautschuk;

Eigenschaften:
- **toxikologisch/ökotoxikologisch:**
RTECS # SN 3570000
Schweizer Giftliste: 4
R-Satz: 20/21
S-Satz: 23
Sonstiges:
Kann schädigend wirken bei Einatmung, Verschlucken oder Aufnahme über Haut; verursacht Augen- und Hautreizungen; reizt Schleimhäute und Atemwege; abhängig von der Intensität und Dauer des Ausgesetztseins können die Folgen zwischen leichten Reizungen und schweren Gewebezerstörungen variieren; längerer Kontakt kann Schädigung der Augen und schwere Reizungen oder Verbrennungen zur Folge haben [187];
LD 50 (oral, Ratte): 1670 mg/kg [428];

Gefahren-Symbol:

- **physikalisch/chemisch:**
Schmelzpunkt: 129-132 °C
Siedepunkt: 277 °C
Dichte: 864 kg/m3 (27 °C)
Molmasse: 262,44 g/mol
Löslichkeit:
löslich in Propanon;

Verbleib nach Gebrauch:
Verbrennung nach Mischung mit brennbarem Lösemittel;

Bemerkung:
Gelbes Pulver;
Unverträglich mit Basen, Säurechloriden, Säureanhydriden, Oxidationsmitteln, korrodiertem Stahl, Messing, Kupfer und Kupferlegierungen;

1,1,1-Tris-(hydroxymethyl)-propan

- **CAS-Nummer:**
  77-99-6
- **gebräuchliche Namen:**
  2-Ethyl-2-(hydroxymethyl)-1,3-propandiol; Trimethylolpropan; TMP; Hexaglycerin; Ethyltrimethylol; Propylidintris(methanol); Trimethylolethylmethan;
- **Handelsnamen:**
  Carbitol; Etriol; Hexaglycerine;
- **Summenformel:**
  $C_6H_{14}O_3$

- **Strukturformel:**

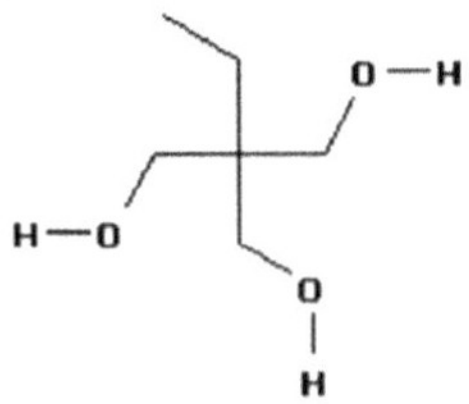

Funktion:
Coagentien für schwefelfreie Vernetzungsmittel;

Eigenschaften:
- **toxikologisch/ökotoxikologisch:**
  RTECS # TY 6470000
  WGK: 1
  Sonstiges:
  Unzureichende Angaben in der Literatur; aus Tierversuchen geht eine sehr geringe Giftigkeit bei Verschlucken hervor [163];
  LD 50 (oral, Ratte): 14,1 g/kg [428];
  LD 50 (oral, Maus): 13,7 g/kg [428];

- **physikalisch/chemisch:**
  Schmelzpunkt: 56-59 °C
  Siedepunkt: 159-161 °C (6,7 hPa)
  Flammpunkt: 180 °C
  Molmasse: 134,18 g/mol
  Löslichkeit:
  mischbar mit Propanon, Alkohol, Benzen, Trichlormethan, Diethylether, Pyridin; löslich in Wasser, Ethanol;

Verbleib nach Gebrauch:
Verbrennung nach Mischung mit brennbarem Lösemittel;

Bemerkung:
Farblose, wasseranziehende (hygroskopische) Masse [484];
Weißes Pulver oder Plättchen; hygroskopisch; brennbar;
Bildet mit Luft im dampf-/gasförmigen Zustand explosionsfähige Gemische;
Explosionsgrenzen: 2,0 - 11,8 Vol.%; Zündtemp.: 375 °C [163];

Tris(nonylphenyl)phosphit

- **CAS-Nummer:**
  3050-88-2
- **Summenformel:**
  $C_{45}H_{69}O_3P$

- **Strukturformel:**

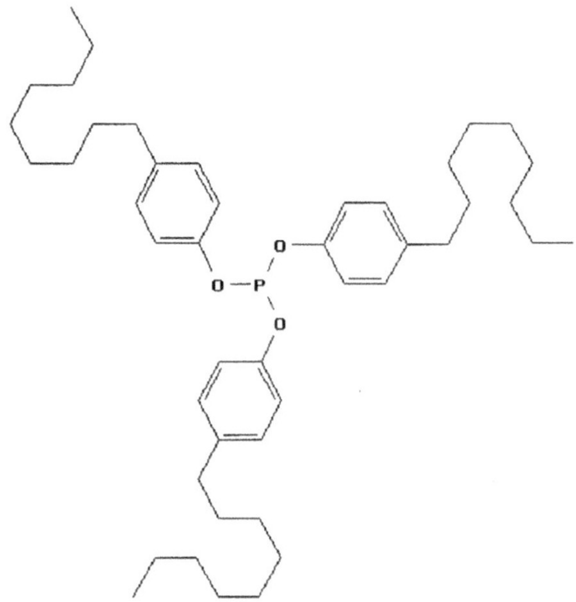

Funktion:
Schutzmittel gegen Metallvergiftung;

Eigenschaften:
- **physikalisch/chemisch:**
  Molmasse: 689,01 g/mol

Tris-(2,4-pentandionato)vanadium

- **CAS-Nummer:**
  13476-99-8
- **gebräuchliche Namen:**
  Vanadiumacetylacetonat;
- **Summenformel:**
  $C_{15}H_{21}O_6V$

- **Strukturformel:**

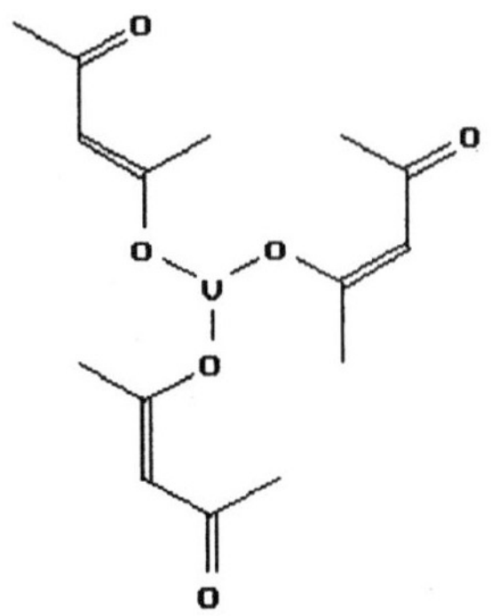

Funktion:
Mastikationsmittel;

Eigenschaften:
- **toxikologisch/ökotoxikologisch:**
R-Satz: 23/24/25-36/37/38-40
S-Satz: 46-26-28-36/37/39

- **physikalisch/chemisch:**
Molmasse: 348,27 g/mol

Verbleib nach Gebrauch:
Sondermüll-Deponie, abfiltrierte Sulfide aus der Ausfällung des in Lösung gebrachten Stoffes (Oxidation oder wäßrige Säure) und eventueller Neutralisation;

1,1,3-Tris(5-tert.-butyl-4-hydroxy-2-methylphenyl)-butan

- **CAS-Nummer:**
1843-03-4
- **gebräuchliche Namen:**
4,4',4''-(1-Methylpropanyl-3-yliden)tris-[6-tert.-butyl-m-cresol]; 4,4',4''-(1-Methyl-1-propanyl-3-yliden)tris(2-(1,1-dimethylethyl)-5-methylphenol; 4,4',4''-1-Methyl-1-propanyl-3-yliden)-tris-[6-tert.-butyl-m-kresol]; 1,1,3-Tris-(2-methyl-4-hydroxy-5-t-butylphenyl)-butan; 1,1,3-Tri-(2-methyl-4-hydroxy-5-tert.-butyl-phenylbutan);
Tris-1,1,3-(2'-methyl-4'-hydroxy-5'-tert.-butyl-phenyl)-butan;
- **Handelsnamen:**
MARK A 030;.Topanol CA; Topanol KA; TPNL; Trisalkofen BMB;
- **Summenformel:**
$C_{37}H_{52}O_3$

- **Strukturformel:**

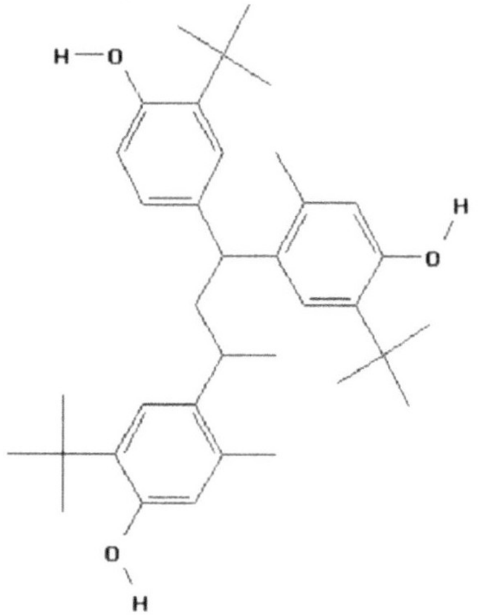

Funktion:
Oxidationsschutzmittel;

Eigenschaften:
- **toxikologisch/ökotoxikologisch:**
RTECS # SM 1157000

- **physikalisch/chemisch:**
Schmelzpunkt: 183-190 °C; 189,7 °C
Flammpunkt: 107 °C
Molmasse: 544,82 g/mol

Bemerkung:
Verwendung: als Antioxidans und Stabilisator in der Gummiproduktion;

2,4,6-Tri-tert.-butylphenyl-brenzcatechinphosphit

- **CAS-Nummer:**
983-64-2
- **Summenformel:**
$C_{24}H_{33}O_3P$

- **Strukturformel:**

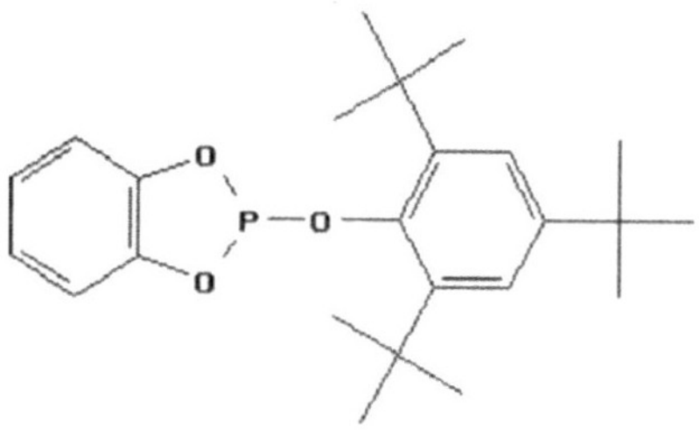

Funktion:
Schutzmittel gegen Metallvergiftung;

Eigenschaften:
- **physikalisch/chemisch:**
  Molmasse: 400,50 g/mol

Vismirnovit

- **CAS-Nummer:**
  80801-45-2
- **Summenformel:**
  $ZnSn(OH)_6$

Funktion:
Flammschutzmittel;

Eigenschaften:
- **physikalisch/chemisch:**
  Molmasse: 286,11 g/mol

Wasserstoffperoxid

- **CAS-Nummer:**
  7722-84-1
- **UN Nummer:**
  2015; 2014; 2984
- **gebräuchliche Namen:**
  Hydroperoxid; Perhydrol; Peroxidbleiche; Wasserstoffbioxid; Wasserstoffhyperoxid; Wasserstoffsuperoxid; Wasserstoffperoxid;
- **Handelsnamen:**
  Albone DS; Albone 35; Albone 50; Albone 70; Albone 35 LG; Inhibine; Interox; Kastone; Perdrogen; Perhydrol; Perone 30; Perone 35; Perone 50; Peroxaan; Superoxol; T-Stuff;
- **Summenformel:**
  H_2O_2

Funktion:
Latexchemikalie;
Anwendung:
Latex Tauchartikel; Latex Schaumartikel;

Eigenschaften:
- **toxikologisch/ökotoxikologisch:**
  RTECS # MX 0899000
  WGK: 0
  MAK Wert: 1 ml/m3 bzw. 1,4 mg/m3
  R-Satz: 8-34
  S-Satz: (1/2)-3-28-36/39-45
  Sonstiges:
  Einstufung und Kennzeichnung von Zubereitungen, in denen diese Substanz enthalten ist:
  20%<=C ⇒ C; R34
  5%<=C<20% ⇒ Xi; R36/38
  C>=60% ⇒ O; R8

  Spitzenbegrenzung: I [481];
  Dämpfe reizen Augen, Atemwege und Lunge; Kontakt mit der Flüssigkeit bewirkt Bleichung sowie Reizung der Haut und verursacht Augenverätzungen [163];
  LD Lo (oral, Frau): 2626 mg/kg [428];
  LD Lo (oral, Mann): 1429 mg/kg [428];

TD Lo (oral, Frau): 1200 mg/kg [428];
LD 50 (intravenös, Maus): >50 mg/kg [428];

Fischtoxizität: 40 mg/l giftig für Forellen [163];
EC 0 (Daphnia magna): 3,8 mg/l [484];
EC 50 (Daphnia magna): 7,7 mg/l [484];

Gefahren-Symbol:

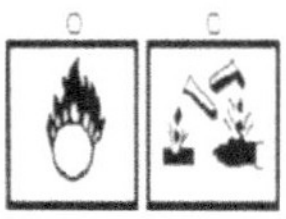

- **physikalisch/chemisch:**
  Schmelzpunkt: - 0,41 °C; -30 °C*
  Siedepunkt: 150,2 °C
  Dampfdruck: 30,05 hPa (30 °C) [187]
  Brechungsindex: 1,414 (22 °C)
  Dichte: 1442,2 kg/m3 (25 °C)
  Molmasse: 34,01 g/mol
  Löslichkeit:
  mischbar mit Wasser; löslich in Ethanol, Diethylether; unlöslich in Petrolether;

  Bemerkung zu physikalisch/chemischen Daten:
  *: variiert je nach Konzentration [484];

Verbleib nach Gebrauch:
Sondermüll-Deponie, ausgefällte Sulfide von Mangan, Chrom oder Molybdän aus der Behandlung der Lösung mit Schwefelsäure und Natriumbisulfit und Neutralisation, lösliches Sulfid wird mit Hypochlorit zersetzt, neutralisiert ins Abwasser gegeben;

Bemerkung:
Klare, farblose Flüssigkeit, geruchlos, bitterer Geschmack [428];
Farblose, sirupartige Flüssigkeit; nicht brennbar;
Achtung, bei Kontakt mit katalysierenden Metallen und Metallsalzen (z.B. Eisen, Kupfer, Chrom, Blei, Silber, Mangan u.a.) tritt bei Konzentrationen über 35 % in Wasser heftigeZersetzung unter Freigabe von viel Hitze ein. Die Gefährlichkeit des Produktes schwankt mit der Konzentration. Bei <3 % dient es zur Munddesinfektion, von 25-35 % wirkt es als Sauerstoffträger sowie entfärbend und schwach ätzend. Von 35-70 % ist Wasserstoffperoxid ein energischer Sauerstoffträger, der organische Substanzen entzünden kann, und wirkt stark ätzend. Alumium, Kunststoff und Glas sind als Behälter beständig [484];

L(+)-Weinsäure

- **CAS-Nummer:**
  87-69-4
- **gebräuchliche Namen:**
  L-2,3-Dihydroxy-butandisäure; 2,3-Dihydroxysuccinsäure;
- **Summenformel:**
  $C_4H_6O_6$

- **Strukturformel:**

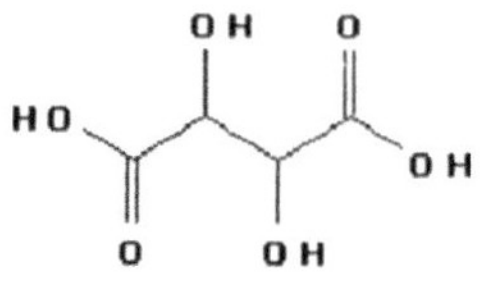

Funktion:
Antimikrobielle Mittel für Latex;

Eigenschaften:
- **toxikologisch/ökotoxikologisch:**
RTECS # WW 7875000
Schweizer Giftliste: 4
R-Satz: 36/37/38
S-Satz: 2-24/25
Sonstiges:
Wirkt schädigend beim Einatmen oder Verschlucken; verursacht Augen- und Hautreizungen; reizt Schleimhäute und Atemwege [187];
LD Lo (oral, Kaninchen): 5 g/kg [428];
LD 50 (intravenös, Maus): 485 mg/kg [428];
LD Lo (oral, Hund): 5000 mg/kg [428];
LD Lo (oral, Kaninchen): 5000 mg/kg [428];

Gefahren-Symbol:

- **physikalisch/chemisch:**
Schmelzpunkt: 168-170 °C (Zers.)
Brechungsindex: 1,4955 (20 °C)
Dichte: 1759,8 kg/m3 (20 °C)
Molmasse: 150,09 g/mol
Löslichkeit:
Wasser 1150 g/l (0 °C), 1375 g/l (25 °C), 1506 g/l (50 °C); Ethanol 2180 g/l (25 °C); Diethylether 2,83 g/l (15 °C); löslich in Propanon, Glycerol; unlöslich in Trichlormethan;

Verbleib nach Gebrauch:
Verbrennung nach Mischung mit brennbarem Lösemittel;

Bemerkung:
Monokline (wasserfrei), rhombische Prismen;
Unverträglich mit Basen, Oxidations- und Reduktionsmitteln;

Xylol-Formaldehyd-Harz

- **CAS-Nummer:**
9006-24-0

branchenspezifische Bemerkung zur Substanz:
Einsatzmenge: 69 t/a (Reifenindustrie und TSE-Industrie) (1996)

Zinkborat

- **CAS-Nummer:**
1332-07-6
- **gebräuchliche Namen:**
Zinksalz;
- **Handelsnamen:**
Borax-2335; ZB 113;
- **Summenformel:**
$3\ ZnO * 2\ B_2O_3$

Funktion:
Flammschutzmittel;

Eigenschaften:
- **physikalisch/chemisch:**
Schmelzpunkt: 980 °C
Dichte: 4220 kg/m3 (kristallin); 3640 kg/m3 (Pulver)
Molmasse: 383,37 g/mol

Löslichkeit:
kristallin: unlöslich in Salzsäure; amorph: löslich in Salzsäure [504];

Zinkcarbonat

- **CAS-Nummer:**
3486-35-9
- **gebräuchliche Namen:**
Kohlensäurezinksalz; C.I. 77950; Zinkspat; Carbonsäure, Zinksalz 1:1;
- **Summenformel:**
$ZnCO_3$

Funktion:
1) Vulkaniationschemikalien;
2) Füllstoff, anorganisch;
Anwendung:
chirurgische und medizinische Artikel; Sportartikel; Spielsachen; technische Gummiartikel;

branchenspezifische Bemerkung zur Substanz:
Einsatzmenge: 10 t/a (Reifenindustrie: 5,8 t/a, TSE-Industrie: 4,3 t/a) (1996)

Eigenschaften:
- **toxikologisch/ökotoxikologisch:**
RTECS # FG 3375000
Schweizer Giftliste: 4
WGK: 1
Sonstiges:
Im Tierversuch tumorogen [428];

- **physikalisch/chemisch:**
Schmelzpunkt: 300 °C (Zers.)
Brechungsindex: 1,6212
Dichte: 4398 kg/m3 (20 °C)
Molmasse: 125,38 g/mol
Löslichkeit:
Wasser 0,01 g/l (15 °C); löslich in Säuren, Alkalien, Lösungen von Ammonium-Salzen; unlöslich in Ammoniak, Propanon, Pyridin;

Verbleib nach Gebrauch:
Sondermüll-Deponie, wasserunlösliche Feststoffe und Flüssigkeiten nach Neutralisation (nur für Kleinmengen);

Bemerkung:
Kommt in der Natur als Mineral Smithsonit und Zinkspat vor;
Verwendung: als Pigment; in der Herstellung von Porzellan, Töpfereiwaren, Gummi; in der Medizin als Adstringens und Haupt-Antiseptikum;

Zinkchlorid

- **CAS-Nummer:**
  7646-85-7
- **UN Nummer:**
  1840
- **gebräuchliche Namen:**
  Chlorzink; Salzsaures Zink; Zinkbutter; Salzsaures Zinkoxid;
- **Handelsnamen:**
  Claytur 4;
- **Summenformel:**
  $ZnCl_2$

Funktion:
Vulkanisationsaktivator / Beschleunigeraktivator;
Anwendung:
chirurgische und medizinische Artikel; Sportartikel; Spielsachen; technische Gummiartikel; Produkte für Industrie, inkl. Druckplattentücher; Klebstoffe; Dichtungen;

Eigenschaften:
- **toxikologisch/ökotoxikologisch:**
  RTECS # ZH 14000000
  Schweizer Giftliste: 3
  WGK: 1
  R-Satz: 34
  S-Satz: (1/2)-7/8-28-45
  Sonstiges:
  Kontakt mit Zinkchlorid und besonders mit seinen wäßrigen Lösungen verursacht starke Verätzung der Haut, vor allem der Schleimhäute und Augen; von den verätzten Stellen aus erfolgt Resorption mit allgemeiner Giftwirkung auf Darm, Nieren und Herz (mit Verzögerung) [163];
  Symptome: Husten und Reizung der Atemwege, Übelkeit, Erbrechen, blutige Durchfälle, Schock [484];
  LD 50 (intravenös, Ratte): 60-90 mg/kg [39], 3690 µg/kg [428];
  LD 50 (oral, Ratte): 350 mg/kg [428];
  LC Lo (inhalativ, Ratte): 1960 mg/m3/10 min. [428];
  LD 50 (intraperitoneal, Ratte): 58 mg/kg [428];
  LD 50 (oral, Maus): 329 mg/kg [428];
  LD 50 (intraperitoneal, Maus). 24 mg/kg [428];
  LD 50 (subcutan, Maus): 330 mg/kg [428];

  LD 50 (Fisch; Goldorfe): 21 mg/l [33];
  LC 50 (Daphnia magna): 12 mg/l [6];
  Biologisch nicht abbaubar [8];

  Gefahren-Symbol:

- **physikalisch/chemisch:**
  Schmelzpunkt: 283 °C; 293 °C
  Siedepunkt: 732 °C
  Dampfdruck: « 1 hPa (20 °C) [163]
  Dichte: 2910 kg/m3 (20 °C)
  Molmasse: 136,28 g/mol
  Löslichkeit:
  Wasser 4320 g/l (25 °C), 6150 g/l (100 °C); Ethanol 1000 g/l (12,5 °C); leicht löslich in Diethylether; unlöslich in Ammoniak;

Verbleib nach Gebrauch:
Sondermüll-Deponie, abfiltrierte Sulfide aus der Ausfällung des in Lösung gebrachten Stoffes (Oxidation oder wäßrige Säure) und eventueller Neutralisation;

Bemerkung:
Farbloser Feststoff, geruchlos; nicht brennbar; ätzend; hexagonale Kristalle;
Zinkchloridlösungen greifen die meisten Metalle schwach an;

Zinkchromat

- **CAS-Nummer:**
  13530-65-9
- **gebräuchliche Namen:**
  Chromzinkoxid; C.I. 77955; Pigment Yellow 36; Pigment gelb 36; Zinkchromat, rein; Zinkchromoxid;
- **Handelsnamen:**
  Zinkchromat, basisch X-2259; Buttercup yellow; Citron yellow; C.P. Zinc Yellow X-883; C.P. Zinc Yellow X-2127; Primrose yellow; Pure Zinc Chrome A; Pure Zinc Yellow; Zinc chromate (ACGIH:OSHA); Zinc chromate AM; Zinc chromate C; Zinc chromate O; Zinc chromate T; Zinc chromate(VI) hydroxide; Zinc chromate Z; Zinc chrome; Zinc chrome (anti-corrosion); Zinc chrome yellow; Zinc hydroxychromate; Zinc tetraoxychromate; Zinc tetraoxychromate 76A; Zinc tetraoxychromate 780B; Zinc tetroxychromate; Zinc yellow; Zinc yellow 1; Zinc yellow 1425; Zinc yellow 40-9015; Zinc yellow AZ-16; Zinc yellow AZ-18; Zinc Yellow KSH; Zinc yellow 386N; Zinc yellows
- **Summenformel:**
  $ZnCrO_4$

Funktion:
Pigment, anorganisch;

Eigenschaften:
- **toxikologisch/ökotoxikologisch:**
  RTECS # GB 3290000
  WGK: 3
  R-Satz: 45-22-43
  S-Satz: 53-44
  Sonstiges:
  siehe Abschn. III A 1;
  LD Lo (intravenös, Maus): 30 mg/kg [428];

  Gefahren-Symbol:

  T

- **physikalisch/chemisch:**
  Dichte: 3400 kg/m3
  Molmasse: 181,37 g/mol
  Löslichkeit:
  löslich in Säuren; flüssigem Ammoniak; unlöslich in Propanon, kaltem Wasser;

Bemerkung:
Gelb; Prismen; geruchlos;
Verwendung: als Pigment in Farben, Lacken, Ölfarben, Linoleum, Plastik;

Zinkdibutyl-dithiophosphat

- **CAS-Nummer:**
  42583-00-6
- **gebräuchliche Namen:**
  ZDBP; ZBPD; Bis(dibutylphosphinodithiato-S,S')-zink;
- **Summenformel:**
  $C_{16}H_{36}P_2S_4Zn$

- **Strukturformel:**

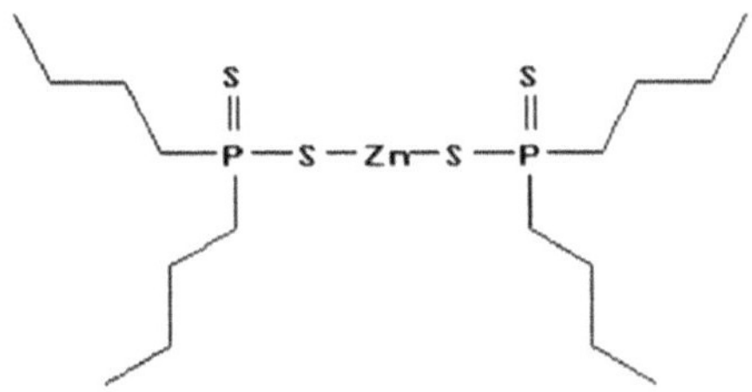

Funktion:
Vulkanisationsbeschleuniger, organisch;
Kautschukart:
Ethylen-Propylen-Copolymer;

branchenspezifische Bemerkung zur Substanz:
Einsatzmenge: 50 t/a (TSE-Industrie, 1996)

Eigenschaften:
- **physikalisch/chemisch:**
  Molmasse: 484,03 g/mol

Zink-di-2-ethylhexanoat

- **CAS-Nummer:**
  136-53-8
- **Handelsnamen:**
  Octoate Z;
- **Summenformel:**
  $C_{16}H_{32}O_4Zn$

- **Strukturformel:**

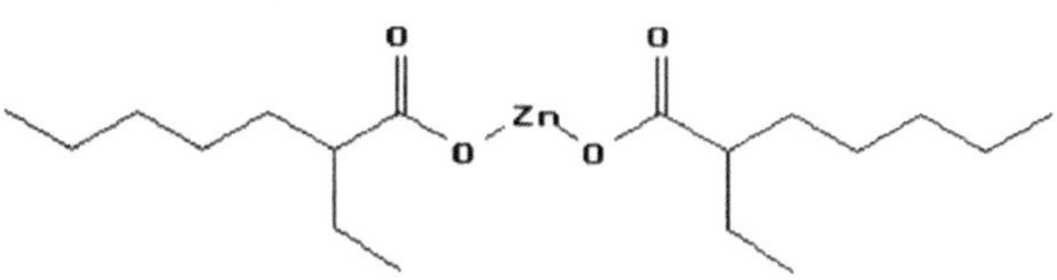

Funktion:
Vulkanisationsaktivator / Beschleunigeraktivator;
Kautschukart:
Naturkautschuk; synthetischer Kautschuk;

branchenspezifische Bemerkung zur Substanz:
Einsatzmenge: 6,6 t/a (TSE-Industrie, 1996)

Eigenschaften:
- **toxikologisch/ökotoxikologisch:**
  WGK: 1

- **physikalisch/chemisch:**
  Dichte: 1110 ± 20 kg/m3
  Molmasse: 351,77 g/mol

Zink-2-mercaptobenzothiazol

- **CAS-Nummer:**
  155-04-4
- **gebräuchliche Namen:**
  ZMBT; ZnMBT; 3H-Benzothiazol-2-thion, Zinksalz; 2-(3H)-Benzothiazolthion, Zinksalz; Mercaptobenzothiazol, Zinksalz; Zink-bis-(2-benzothiazol-thiolat); 2-Mercaptobenzothiazol-Zinksalz; Zink mercaptobenzothiazolat;
- **Handelsnamen:**
  Akrochem ZMBT; Bantex; Hermat Zn-mbt; Nocceler MZ; Pennac ZT; Rhenogran ZMBT-80; Rhenosol ZMBT-50; Rubator ZMBT; Soxinol MZ; Tisperse MB-58; USAF GY2; Vancide 51Z Dispersion; Vulcafor ZMBT; Valkacit ZM; Valkacit ZM-5; Zetax; OXAF; O-X-A-F; Vulkaat ZM; Zetax; ZnMB;
- **Summenformel:**
  $C_{14}H_8N_2S_4Zn$

- **Strukturformel:**

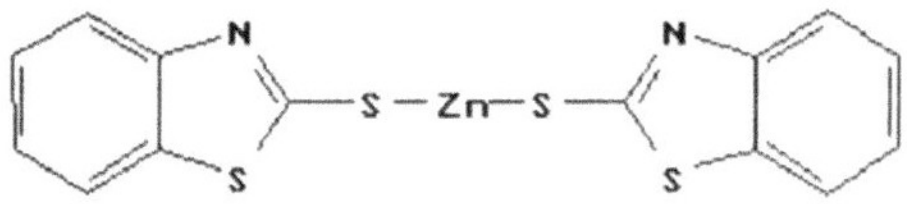

Funktion:
(1) Vulkanisationsbeschleuniger, organisch;
(2) Koaguliermittel für Latex;
(3) Fungizid;
Kautschukart:
(1) Naturkautschuk; synthetischer Kautschuk; Latexschaum;
Anwendung:
(1) technische Gummiartikel (Walzen, Puffer, Fördergurte, Dichtungen, Schläuche, Transportbänder; Keilriemen); Reifen (Seitenwände, Karkassen); Schuhwerk; Gummifäden; chirurgische und medizinische Artikel; Sportartikel; Spielsachen; Produkte für Industrie, inkl. Druckplattentücher; Klebstoffe; Latex Tauchartikel; Latex Schaumartikel;
(3) Neopren-Latexkompositionen;

branchenspezifische Bemerkung zur Substanz:
Einsatzmenge: 3,4 t/a (TSE-Industrie, 1996)

Eigenschaften:
- **toxikologisch/ökotoxikologisch:**
  RTECS # DL 7000000
  Sonstiges:
  Zu diesem Stoff liegt ein BUA-Stoffbericht Nr. 74 vor.
  LD 50 (oral, Ratte): 540 mg/kg [428];
  LD 50 (intraperitonel, Maus): 200 mg/kg [428];

  zu Perkacit ZMBT-Bantex [Sdb Flexsys], Angaben bezogen auf Wirksubstanz:
  schwach Augen- und Hautreizend; sensibilisierend;
  Gefahrensymbol: Xi; R-Sätze: 43;
  LD 50 (oral, Ratte): >5000 mg/kg ;

- **physikalisch/chemisch:**
  Schmelzpunkt: >300 °C; >310 °C
  Dichte: 1700 kg/m3 (25 °C)
  Molmasse: 397,85 g/mol
  Löslichkeit:
  löslich in Wasser <100 mg/l (20 °C), löslich in organischen Lösemitteln; schwer löslich in Propanon, Dichlormethan, Ethanol [539];

  Bemerkung zu physikalisch/chemischen Daten:
  Zersetzungstemperatur: 315 °C [539];

Bemerkung:
Gelblich weißer Feststoff, zeigt starke antioxidative Wirkung [539];

enthalten in: Perkacit ZMBT-Bantex (81 %);

Zink-(1-methylethyl)xanthat

- **CAS-Nummer:**
  1000-90-4
- **gebräuchliche Namen:**
  ZIX; Zinkisopropylxanthat; Zink-O,O-diisopropylbis(dithiocarbonat);
- **Handelsnamen:**
  Propyl Zithate; Robac ZIX OTD; Robac ZIX
- **Summenformel:**
  $C_8H_{14}O_2S_4Zn$

- **Strukturformel:**

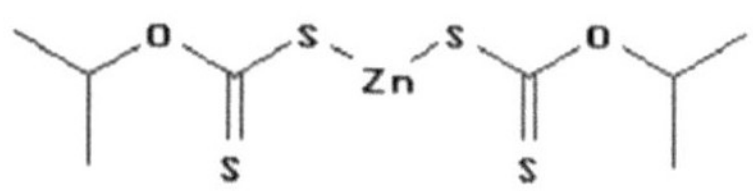

Funktion:
Vulkanisationsbeschleuniger, organisch;
Kautschukart:
Naturkautschuk; synthetischer Kautschuk;
Anwendung:
Bindemittel, Klebstoffkitt;

Eigenschaften:

- **physikalisch/chemisch:**
  Dichte: 1560 ± 30 kg/m3
  Molmasse: 335,83 g/mol
  Löslichkeit:
  sehr leicht löslich in Methylbenzen, Petroleumether, Ethanol, Schwefelkohlenstoff, Trichlormethan; unlöslich in Wasser;

Zinknitrat

- **CAS-Nummer:**
  7779-88-6
- **UN Nummer:**
  1514
- **gebräuchliche Namen:**
  Zinkdinitrat;

- **Handelsnamen:**
  Aerotex Accelerator No. 5; Celloxan; X 4;
- **Summenformel:**
  $Zn(NO_3)_2$

Funktion:
Latexchemikalie;
Anwendung:
Latex Tauchartikel; Latex Schaumartikel;

Eigenschaften:
- **toxikologisch/ökotoxikologisch:**
  RTECS # ZH 4772000
  Schweizer Giftliste: 3
  WGK: 1
  R-Satz: 8-34-20/21/22
  S-Satz: 17-26-27-36/37/39
  Sonstiges:
  Staub und Dämpfe führen zu starker Reizung der Augen, der Atemwege, der Atmungsorgane und der Haut. Lungenödem möglich. Achtung, ein Lungenödem kann mit Verzögerung bis zu zwei Tagen eintreten. Kontakt mit dem festen Stoff führt zu sehr starker Reizung und Verätzung der Augen und der Haut. Die Substanz greift am Blutfarbstoff an (Methaemoglobinbildner). Bei Erhitzung bis zur Zersetzung (zum Beispiel durch Umgebungsbrände oder heiße Oberflächen) erfolgt Bildung giftgier und ätzender nitroser Gase sowie Zinkoxidrauch. Das Einatmen dieser Rauche kann zum Gießfieber führen, dessen Symptome leicht mit denen der Grippe verwechselt werden können.
  Symptome: Brennen der Augen, der Nasen- und Rachenschleimhäute sowie der haut; Reizhusten, Übelkeit, Erbrechen, Schüttelfrost, Abgeschlagenheit, Muskelschmerzen, Fieber, Atemnot, Kurzatmigkeit, rasselnde Atmung, Bewußtlosigkeit. Nach Einatmen oder Hautkontakt in jedem Fall - auch bei Ausbleiben der Symptome - den Artz aufsuchen [484];

  Gefahren-Symbol:

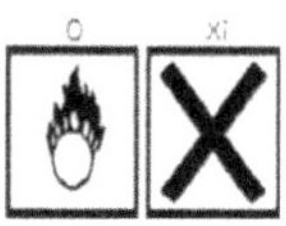

- **physikalisch/chemisch:**
  Schmelzpunkt: 36,4 °C
  Siedepunkt: Zers.; 150 °C*
  Dichte: 2070 kg/m3 (20 °C)
  Molmasse: 189,39 g/mol
  Löslichkeit:
  löslich in Wasser, Ethanol [428], vollständig mischbar mit Wasser (200 g/100 ml) [484];

  Bemerkung zu physikalisch/chemischen Daten:
  *: Verliert zwischen 105 °C und 131 °C sein Kristallwasser und geht bei Erhitzung über 140 °C in Zinkoxid über [484];

Verbleib nach Gebrauch:
Sondermüll-Deponie für chemischen Abfall, besonders gefährliche Stoffe;

Bemerkung:
Weißer, geruchloser Feststoff [428];
Farblose bis weiße Kristalle oder kristallines Pulver. Stark wasseranziehend, zerfließlich an feuchter Luft; nicht brennbar;
Bei Erhitzung bis zur Zersetzung Entstehung von giftigen und ätzenden nitrosen Gasen sowie Zinkoxid. Der Stoff reagiert sehr heftig bei Kontakt oder Mischung mit Kohlenstoff, Kupfer, organischen Metalsulfiden, Phosphor und Schwefel [484];

Zink-O,O-di-isopropylphoshordithioat-bicyclohexylamin-komplex

- **CAS-Nummer:**
  52585-16-7
- **Handelsnamen:**
  Rhenocur ZAT; Rhenocur ZAT-70/G;
- **Summenformel:**
  $C_{24}H_{54}P_2S_4Zn$

- **Strukturformel:**

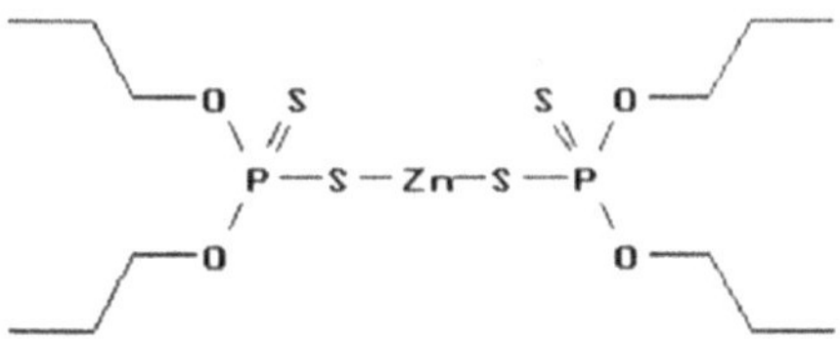

Funktion:
Vulkanisationsbeschleuniger, organisch;
Kautschukart:
Naturkautschuk; Ethylen-Propylen-Terpolymer; Isopren-Kautschuk, synthetisch; Styrol-Butadien-Kautschuk; Acrylnitril-Butadien-Kautschuk; Isobuten-Isopren-Kautschuk;

Eigenschaften:
- **physikalisch/chemisch:**
  Molmasse: 598,26 g/mol

Zink-O,O-di-n-butylphosphordithioat

- **CAS-Nummer:**
  6990-43-8
- **Handelsnamen:**
  Vocol; Rhenocure TP/G; Rhenocure TP/S; Royalac 136;
- **Summenformel:**
  $C_{16}H_{36}O_4P_2S_4Zn$

- **Strukturformel:**

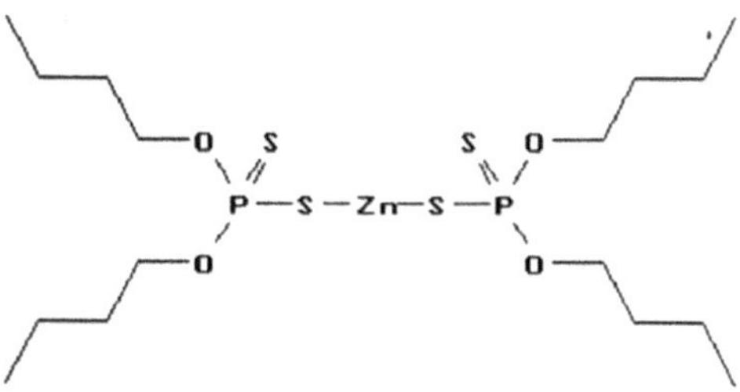

Funktion:
Vulkanisationsbeschleuniger, organisch;
Kautschukart:
Naturkautschuk; Styrol-Butadien-Kautschuk; Acrylnitril-Butadien-Kautschuk; Isobuten-Isopren-Kautschuk; Ethylen-Propylen-Terpolymer;

branchenspezifische Bemerkung zur Substanz:
Einsatzmenge: 50 t/a (Reifenindustrie: 1,3 t/a, TSE-Industrie: 49 t/a) (1996)

Eigenschaften:
- physikalisch/chemisch:

Bemerkung:
enthalten in: Vocol S-75 (75 %);

Zinkoxid

- CAS-Nummer:
1314-13-2
- gebräuchliche Namen:
Zinkweiß; chinesisches Weiß; Rotzinkerz; Zinkit; C.I. 77947; Pigment White 4; Pigment Weiß 4 C.I. 77947;
- Handelsnamen:
Actox; Actox 14; Actox 16; Actox 216; Adler-Pichler; AI3-00277; Akro-zinc bar 85; Akro-zinc bar 90; Amalox; Avoxid Aktiv; Avoxid Transaktiv; Ivegran VP 60.102; Azo 11; Azo-33; Azo-55; Azo-66; Azo-77; Azodox; Azodox-55; Azodox-55TT; Azo-55TT; Azo-66TT; Azo-77TT; Cadox; Cadox XX 78; Calamine; Calamine (spray); Chinese White; Cynku tlenek (Polish); Eledtrox 2500; Emarweiß; Emanay zinc oxide; EMAR; Felling zinc oxide; Flowers of zinc; GIAP 10; Green seal-8; Hubbuck's White; Kadox 15; Kadox-25; Kadox 72; K-Zinc; Outmine; Ozide; Ozlo; Pasco; Permanent White; Philosopher's wool; Powder base 900; Protox; Protox type 166; Protox type 167; Protox type 168; Protox type 169; Protox type 267; Protox type 268; Red Seal 9; Rhenogran ZnO-80; Rhenosol ZnO-50; Struktol ZP 1014; St. Joe; Snow White; Zinkoxid AA; Zinkoxid AM; Zinkoxid 2011; Zinkoxid Grünsiegel; Zinkoxid Rotsiegel; Zinkoxid transparent; Zinkoxid Weißsiegel; Zinkoxid aktiv; Zinkweiss Rotsiegel; Zinkweiss Harzsiegel Stand.; Zinkweiss CF; ZinkweissUF; Zinkweiss F; Zinkweiss GR; ZinkweissCF/GR; Zinca 20; Zincite; Zincoid; Zinc oxide (ACGIH:OSHA); Zinc oxide fume (OSHA); Zinc White; ZN-0401 E 3/16"; Zn 0701T; Zinkoxid Silox 3C; Zinkweiss Harzsiegel Standard; Zinkweiss Harzsiegel CF; Zinkweiss Harzsiegel UF; Zinkweiss Harzsiegel F; Zinkweiss Harzsiegel GR; Zinkweiss Harzsiegel CF/GR; Unichem ZO; Vandem VAC; Vandem VOC; Vandern; White seal-7; XX 78; XX 203; XX 601;
- Summenformel:
ZnO

Funktion:
(1) Vulkanisationsaktivator / Beschleunigeraktivator;
(2) Vernetzungsmittel, schwefelfrei;
(3) Füllstoff, anorganisch;
(4) Koaguliermittel für Latex;
Kautschukart:
(2) Chloropren-Kautschuk; Chlorsulfonylethylen-Kautschuk;
(3) Acrylnitril-Butadien-Kautschuk;
Anwendung:
(1) Reifen, Schläuche; chirurgische und medizinische Artikel; Sportartikel; Spielsachen; technische Gummiartikel; Produkte für Industrie, inkl. Druckplattentücher; Klebstoffe; Dichtungen; Latex Tauchartikel; Latex Schaumartikel;

branchenspezifische Bemerkung zur Substanz:
Einsatzmenge: 18.500 t/a (Reifenindustrie: 13.070 t/a, TSE-Industrie: 5.430 t/a) (1996)

Eigenschaften:
- toxikologisch/ökotoxikologisch:
RTECS # ZH 4810000
WGK: 0
MAK Wert: 5 mg/m3 bzw. 6 mg/m3 A
R-Satz: 20
S-Satz: 22-38-36/37/39
Sonstiges:
Kann schädigend wirken beim Einatmen, Verschlucken oder Aufnahme über Haut; verursacht Augen- und Hautreizungen; reizt Schleimhäute und Atemwege [187];

zu Zinkoxid Silox 3C [Sdb Silox S.A.]:
MAK-Wert: 5mg/m3 Luft; WGK: 1;

Reizt die Atemwege. Beim Verschlucken größerer Mengen können Darmverschluß, Übelkeit, Fieber und Magenkrämpfe auftreten. Andauernder Hautkontakt kann Juckreiz verursachen. Schwach augenreizend; LD 50 (oral, Ratte): >10000mg/kg;

zu Zinkoxid 2011, Zinkweiss Rotsiegel: [Sdb Grillo Zinkoxid GmbH]:
MAK-Wert: 6 mg/kg (Feinstaub); WGK: 0; nach 37. AbwasserVwV: 2 mg Zn/l;
LD 50 (oral, Ratte): >10000mg/kg;

zu Zinkweiss Harzsiegel Stand.; Zinkweiss CF; ZinkweissUF; Zinkweiss F; Zinkweiss GR; ZinkweissCF/GR: [633]:
MAK-Wert: 6 mg/kg (Feinstaub); WGK: 0; nach 37. AbwasserVwV: 2 mg Zn/l;
Zinkfieber (Gießfieber) wird nur durch den bei der ZnO-Herstellung möglicherweise auftretenden frischen "ZnO-Rauch" (Feinst-Aerosol) verursacht, nicht von dem handelsüblichen, abgepackten Zinkweiß;
LD 50 (oral, Ratte): >10000mg/kg;

- **physikalisch/chemisch:**
  Schmelzpunkt: 1975 °C
  Dichte: 5470 kg/m3 (20 °C); 5000 kg/m3
  Molmasse: 81,37 g/mol
  Löslichkeit:
  Wasser 0,0016 g/l (29 °C); löslich in Säuren, Basen, Ammoniumchlorid; unlöslich in Ethanol, Ammoniak;

  Bemerkung zu physikalisch/chemischen Daten:
  zu Zinkoxid 2011, Zinkweiss Rotsiegel: [Sdb Grillo Zinkoxid GmbH]:
  Dichte: 5600 kg/m3 (20 °C); Löslichkeit in Wasser: <0,03 %;

Verbleib nach Gebrauch:
Sondermüll-Deponie für chemischen Abfall, besonders gefährliche Stoffe;

Bemerkung:
zu Avoxid Aktiv:
Avoxid Aktiv ist ein Nebenprodukt aus der Dithionit- und Sulfoxylatproduktion. Aus der Umsetzung von Zinkdithionit oder Sulfoxylat mit Alkalilaugen wird das entsprechende Alkalidithionit oder Alkalisulfoxylat und Zinkoxid gewonnen.

zu Zinkoxid Silox 3C [Sdb Silox S.A.]:
festes, gelbliches Pulver, ohne Geruch; Kontakt mit Säuren und Laugen vermeiden da wasserlösliche Zinksalze entstehen können; Schmelzpunkt 1970 °C;

zu Zinkweiss Harzsiegel Stand.; Zinkweiss CF; ZinkweissUF; Zinkweiss F; Zinkweiss GR; ZinkweissCF/GR: [633]:
Dichte: 5600 kg/m3 (20 °C); in Wasser <0,03 % löslich;

Zu 91 % in Struktol WB 700;
Enthalten in Struktol ZEH-DL, Struktol Aktivator 73 A, Struktol EF 44, Struktol A 50 P, Struktol A 50 P, Struktol WA 48, Struktol A 60, Struktol ZP 1014;

Zinkperoxid

- **CAS-Nummer:**
  1314-22-3
- **UN Nummer:**
  1516
- **gebräuchliche Namen:**
  ZPO; Zinksuperoxid;
- **Summenformel:**
  ZnO_2

Funktion:
(1) Zusätze für schwefelfreie Vernetzungsmittel;
(2) Vernetzungsmittel, schwefelfrei;
(3) Vulkanisationsaktivator / Beschleunigeraktivator;
Kautschukart:
(1) Isobuten-Isopren-Kautschuk;
(2) Carboxylgruppenhaltiger Acrylnitril-Butadien-Kautschuk;

Eigenschaften:
- toxikologisch/ökotoxikologisch:
RTECS # ZH 4865000
WGK: 1

- physikalisch/chemisch:
Molmasse: 97,38 g/mol
Löslichkeit:
löslich in Säuren unter Wasserstoffperoxid-Entwicklung [201];

Zinkstannat

- CAS-Nummer:
39467-17-9
- Summenformel:
Zn_2SnO_4

Funktion:
Flammschutzmittel;

Eigenschaften:
- physikalisch/chemisch:
Molmasse: 248,07 g/mol

Zinksulfid

- CAS-Nummer:
1314-98-3
- gebräuchliche Namen:
Zinkblende; Blende; Wurtzit; Sphalerit; Pigment Weiß 7 (C.I. 77975); C.I. 77975; Pigment White 7;
- Handelsnamen:
Lithopone; Albulith; Cleartran; Irtran 2; Sachtolith;
- Summenformel:
ZnS

Funktion:
Füllstoff, anorganisch;
Anwendung:
Reifen, Schläuche; chirurgische und medizinische Artikel; Sportartikel; Spielsachen; technische Gummiartikel; Produkte für Industrie, inkl. Druckplattentücher; Klebstoffe; Dichtungen; Latex Tauchartikel; Latex Schaumartikel;

Eigenschaften:
- toxikologisch/ökotoxikologisch:
RTECS # ZH 5400000
WGK: 1
R-Satz: 36/37/38
S-Satz: 26-36

Sonstiges:
Kann schädigend wirken beim Einatmen, Verschlucken oder Aufnahme über Haut; verursacht Augen- und Hautreizungen; reizt Schleimhäute und Atemwege [187];
LD 50 (oral, Ratte): >2000 mg/kg [428];
LC 50 (inhalativ, Ratte): >5400 mg/m3/4 h [428];

Gefahren-Symbol:

- **physikalisch/chemisch:**
  Schmelzpunkt: 1700 °C ± 20 °C (50650 hPa)
  Siedepunkt: 1185 °C
  Dichte: 3980 kg/m3 (20 °C) (alpha-Form); 4100 kg/m3 (20 °C) (ß-Form);
  Molmasse: 97,43 g/mol

Verbleib nach Gebrauch:
Sondermüll-Deponie für chemischen Abfall, besonders gefährliche Stoffe;

Bemerkung:
Existiert in zwei kristallinen Formen: alpha-Wurzit (hexagonale Kristalle), ß-Wurzit (kubische Kristalle) [428];
weißes Pulver; unverträglich mit starken Oxidationsmitteln, starken Säuren; luft- und feuchtigkeitsempfindlich;

Zinn(II)-chlorid

- **CAS-Nummer:**
  7772-99-8
- **gebräuchliche Namen:**
  Stannochlorid; Zinndichlorid;
- **Handelsnamen:**
  RA-4; Stannochlor;
- **Summenformel:**
  $SnCl_2$

Funktion:
(1) Zusatz für schwefelfreie Vernetzungsmittel;
(2) Vulkanisationsaktivator / Beschleunigeraktivator;
Kautschukart:
(1) + (2) Isobuten-Isopren-Kautschuk;

Eigenschaften:
- **toxikologisch/ökotoxikologisch:**
  RTECS # XP 8700000
  Schweizer Giftliste: 2
  WGK: 1
  MAK Wert: 2 mg/m3 E
  R-Satz: 34-20/21/22
  S-Satz: 45-26-28-36/37/39
  Sonstiges:
  Spitzenbegrenzung: II,1 [481]; IMK: III;
  Wirkt schädigend bei Einatmung, Verschlucken oder Aufnahme über Haut; wirkt extrem zerstörerisch auf das Gewebe der Schleimhäute und Atemwege, Augen und Haut; Einatmung kann tödliche Folgen haben [187]; Gesundheitsgefahren bei Überschreitung des MAK-Wertes: Zinnverbindungen können Metallfieber verursachen [464];
  LD 50 (oral, Ratte): 700 mg/kg [187], [428];

LD 50 (intraperitoneal, Ratte): 316 mg/kg [428];
LD 50 (intravenös, Ratte): 43 mg/kg [428];
LD 50 (oral, Maus): 250 mg/kg [428];
LD 50 (intraperitoneal, Maus): 65598 µg/kg [428];
LD 50 (intravenös, Maus): 17800 µg/kg [428];
LD Lo (oral, Hund): 500 mg/kg [428];
LD Lo (subcutan, Hund): 159 mg/kg [428];
LD Lo (intravenös, Hund): 20 mg/kg [428];
LD 50 (oral, Kaninchen): 10000 mg/kg [428];
LD Lo (oral, Meerschweinchen): 60 mg/kg [428];
LD Lo (subcutan, Meerschweinchen): 400 mg/kg [428];

Gefahren-Symbol:

- **physikalisch/chemisch:**
  Schmelzpunkt: 246 °C
  Siedepunkt: 652 °C
  Dichte: 3393 kg/m3 (20 °C)
  Molmasse: 189,60 g/mol
  Löslichkeit:
  Wasser 839 g/l (0 °C); löslich in Ethanol, Diethylether, Propanon, Methanol, Pyridin, Methylacetat, Methylethylketon;

Verbleib nach Gebrauch:
Sondermüll-Deponie, abfiltrierte Sulfide aus der Ausfällung des in Lösung gebrachten Stoffes (Oxidation oder wäßrige Säure) und eventueller Neutralisation;

Bemerkung:
Rhombische Kristalle, geruchlos [428];
s + chwach weiße Flocken und Pulver; fettiges Aussehen;
Verwendung: starkes Reduktionsmittel, teilweise in der Herstellung von Farbstoffen; in der Verzinnung bei galvanischen Methoden; in der flüssigen Herstellung von Draht; als Lötmittel; als Beizmittel bei der Färbung mit Cochenillenfarbstoff; bei der Herstellung von zinnernen Chemikalien, Farbpigmenten, Pharmazeutika, lichtempflindlichem Papier, Schmierölzusätzen; als Gerbmittel; in Fleckentfernern für Tinte; als Reagens in der analytischen Chemie; als Katalysator bei organischen Reaktionen;

zweibasisches Bleiphosphit

- **CAS-Nummer:**
  12141-20-7
- **Handelsnamen:**
  Rhenogran Pb-phosphit-80/ECO; Rhenogran Pb-phthalat-80/ECO;
- **Summenformel:**
  $PbHPO_4$

Funktion:
Vernetzungsaktivator, Beschleunigeraktivator;

branchenspezifische Bemerkung zur Substanz:
Einsatzmenge: 11 t/a (Reifenindustrie, 1996)

Eigenschaften:
- **physikalisch/chemisch:**
  Molmasse: 303,18 g/mol
  Löslichkeit: Löslich in Salpetersäure, Alkalien und Amoniumchloridlösung;

Anhang VIII

Literaturverzeichnis zu den Datenblättern

[1] n.n.
Code of Federal Regulations Office of the Federal Register National Archives and Records Service, US Government Printing Office General Services Administration Washington DC 20402 USA 2123 (1981)

[2] Owens J.E.
Methods for Preventing Static Damage to Photographic Paper
Photographic Science and Engineering; 13(5), S. 280 (1969)

[3] National Association of Photographic Manufactors
Environmental Effect of the Photoprocessing Chemicals
NAPM, Volume 1 und 2 (1974)

[4] Leo A., Hansch C., Elkins D.
Partition Coefficient and Their Uses
Chemical Reviews; 71(6), S. 525 - 616 (1971)

[5] Robinson H.J., Stoerk H.C., Graessle O.E.
The Toxicologic and Pharmacologic Properties of Thiabendazole
Toxicol. Appl. Pharmacol.; 7(1), S. 53 - 63 (1965)

[6] Bringmann G., Kühn R.
Befunde der Schadwirkung wassergefährdender Stoffe gegen Daphniamagna
Z. f. Wasser- und Abwasser-Forschung; 10(5), S. 161 - 166 (1977)

[7] Chou J.T., Jurs P.C.
Computer-Assisted Computation of Partition Coefficients from Molecular Structures Using Fragment Constants
J. Chem. Inf. Comput. Sci.; 19(3), S. 172 - 178 (1979)

[8] Roth
Wassergefährdende Stoffe
4. Erg. Lieferung 1986 ecomed, Landsberg 1982

[9] National Printing Ink Research Institute
NPIRI Raw Materials Data Handbook
Volume 1: Organic Solvents
National Printing Ink Research Institute Lehigh University, Bethlehem, Pennsylvania 18015/USA 1974

[10] National Inst. of Occupational Safety and Health
Registry of Toxic Effects of Chemical Substances,
Quarterly Issue
Hrsg. Lewis R. J., Tatken, R. L.Edition DHHS (NIOSH) Publications, 1980
NIOSH, (1986)

[11] OECD-Guideline
OECD-Guideline for Testing Chemicals; Partition Coefficients
(n-Octanol-Water)
Umweltbundesamt, Berlin, 5. Januar 1987

[12] Mina R.
Silver Recovery from Photographic Effluents by Ion-Exchange Methods
J. Appl. Photogr. Eng.; 6(5), S. 120 - 125 (1980)

[13] Janicke W.
Chemische Oxidierbarkeit organischer Wasserinhaltsstoffe
WaBuLo Berichte; 1, S. 30 - 114 (1983)
Institut für Wasser-, Boden- und Lufthygiene des Bundesgesundheitsamtes
Dietrich Reimer Verlag, Berlin 1983

[14] Freier R.K.
Aqueous Solutions
Data for Inorganic and Organic Compounds
Wäßrige Lösungen/Daten für anorg. und org. Verbindungen
Vol. 1 u. 2
Walter de Gruyter & Co., Berlin 1976, 1978

[15] Paulus W.
Mikrobiozide für Kühlschmierstoffe
Erdöl, Kohle, Erdgas, Petrochemie; 37(7), S. 303 - 307 (1984)

[16] Gersich F.M., Mayes M.A.
Acute Toxicity Tests with Daphnia Magna Straus and Pimephales Promelas Rafinesque in Support of National Pollutant Discharge Elimination Permit Requirements
Water Research; 20(7), S. 939 - 941 (1986)

[17] Holcombe G.W., Phipps G.L., Knuth M.L., Felhaber T.
The Acute Toxicity of Selected Substituted Phenols, Benzenes and Benzoic Acid Esters to Fathead Minnows (Pimephales Promelas)
Environmental Pollution (Series A); 35(4), S. 367 - 381 (1984)

[18] Fukuda S., Iida H., Yamagiwa J.
Toxicological study of DTPA as a drug (II).
Chronic side effects of orally administered DTPA to rats
Hoken Butsuri; 19(2), S. 119 - 126 (1984)

[19] Delcourt A., Deysson G.
Activitéé antimitotique de quelques dérivés soufrés étude sur la cellule végétale
Ann. Pharm. Fr.; 34 (3-4), S. 81 - 87 (1976) (Annales Pharmaceutiques Francaises)

[20] Beurteilung der Gefährlichkeit von Fotochemikalien gem. WHG 7a (Entwurf)
pers. Mitteilung von Agfa-Gevaert, 1989

[21] Fa. BASF AG, Ludwigshafen (1989)

[22] Oil and Hazadous MaterialsTechnical Assistance Data System
US-EPA; File Nr. 7216886, sodium acetat

[23] Dawson G.W., Jennings A.L., Drozdowski D., Rider E.
The Acute Toxicity of 47 Industrial Chemicals to Fresh and Salt Water Fishes
J. Hazardous Materials; 1(4), S. 303 - 318 (1977)

[24] Fa. Agfa-Gevaert AG, Leverkusen (1989)

[25] Curtis M.W., Ward C.H.
Acquatic Toxicity of 40 Industrial Chemicals:
Testing in Support of Hazardous Substance Spill Prevention Regulation
J. Hydrol.; 51, S. 359 - 367 (1981)

[26] Verschueren K.
Handbook of Environmental Data on Organic Chemicals
van Nostrand, New York 1977

[27] Fa. Bayer AG, Leverkusen (1989)

[28] Fa. Kodak AG, Rochester, USA (1989)

[29] Hommel G.
Handbuch der gefährlichen Güter
4. Lieferung, Bd. 1 und 2
Springer Verlag, Berlin/Heidelberg/New York 1980
Springer Verlag, (1980)

[30] Kaltofen R., Opitz R., Schumann K., Ziemann J.
Tabellenbuch Chemie
VEB Deutscher Verlag für Grundstoffindustrie; Leipzig 9. Auflage 1982

[31] Gosselin R.E.
Clinical Toxicology of Commercial Products
4th Edition
Williams & Wilkins, Baltimore, USA 1976

[32] Merck E.
Sicherheit im Labor Lösungsmittel
Merck, Darmstadt 1 (1988)

[33] Juhnke I., Lüdemann D.
Ergebnisse der Untersuchung von 200 chemischen Verbindungen auf akute Fischtoxizität mit dem Goldorfentest
Z. f. Wasser- und Abwasser-Forschung; 11(5), S. 161 - 164 (1978)

[34] Fa. Kodak

[35] Fa. Fuji, Japan (1989)

[36] Bringmann G., Kühn R.
Grenzwerte der Schadwirkung wassergefährdender Stoffe gegen Bakterien (Pseudomonas putida) und Grünalgen (Scenedesmus quadricauda) im Zellvermehrungshemmtest
Z. Wasser- und Abwasser-Forschung; 10(3/4), S. 87 - 98 (1977)

[37] Fa. Pennwalt Corp. (1989)

[38] Fa. Deutsche Borax GmbH, Frankfurt (1989)

[39] Roth L., Daunderer M.
Giftliste
Bd. 4 u. 5, Loseblatt-Ausgabe
ecomed-Verlagsgesellschaft mbH, Landsberg/Lech

[40] Lenga R.E. (Ed.)
The Sigma-Aldrich Library of Chemical Safety Data
Sigma-Aldrich Corporation 1985

[41] Smyth H.F., Carpenter C.P., Weil C.S., Pozzani U.C., Striegel J.A., Nycum J.S.
Range-finding Toxicity Data
Am. Ind. Hyg. Assoc. J.; 30(5), S. 470 - 478 (1969)

[42] Dollahite J.W., Rowe L.D.
Nitrate and Nitrite Intoxication in Rabbits and Cattle
Southwest Vet.; 27(3), S. 246 - 248 (1974)

[43] Lauersen F.
Über gesundheitliche Bedenken bei der Verwendung von Phosphorsäureund primären Phosphat in Erfrischungsgetränken
Z. Lebensm. Unters. Forsch.; 96(6), S. 418 - 440 (1953)

[44] Cost
Analysis of Organic Micropollutants in Water
Commission of the European Communities
Fourth Edition 1984

[45] GSF-Bericht 1983
Forschungsberichte 10704006/01 und 02, 1981

[46] Rippen G.
Handbuch Umweltchemikalien
Stoffdaten-Prüfverfahren-Vorschriften
2. Auflage, Bd. 1, S. 51
ecomed Verlagsgesellschaft mbH, Landsberg/Lech 1987

[47] Rippen G.
Handbuch Umweltchemikalien
Stoffdaten-Prüfverfahren-Vorschriften
Band 2 , Ergänzungslieferungen
ecomed Verlagsgesellschaft mbH, Landsberg/Lech 1988

[48] Monographs on the Evaluation of Carcinogenic Risk of Chemicals to Humans
International Agency for Research on Cancer; Vol. 26, Lyon 1979

[49] Neumayr V.
Verteilungs- und Transportmechanismen von chlorierten Kohlenwasserstoffen in der Umwelt
Institut für Wasser-, Boden- u. Lufthygiene d. Bundesgesundheitamtes
WaBoLu-Berichte; 3, S. 24 - 40 (1981)

[50] Paasivirta J., Heinola K., Humppi T., Karjalainen A., Knuutinen J., Mäntykoski K., Paukku R., Piilola T., Surma-Aho K., Tarhanen J.
Polychlorinated Phenols
Guaiadols and Catechols in Environment
Chemosphere; 14(5), S. 469 - 491 (1985)

[51] Ervin H.E., McGinnis G.D.
Analysis of pentachlorophenol in waste water using High-Performance Liquid Chromatography
J. Chromatogr.; 190, S. 203 - 207 (1980)

[52] Gewässergüte Bericht '84
Landesamt für Wasser und Abfall NRW, Düsseldorf 1985

[53] GSF-Bericht 1985
Forschungsberichte 10604011/01 bis 08, 1984

[54] Malle K.-G.
Die Bedeutung der 129 Stoffe der EG-Liste für den Gewässerschutz
Z. Wasser-Abwasser-Forsch.; 17, S. 75 - 81 (1984)

[55] Luckey T.D, Venugopal B., Hutcheson D.
Heavy Metal Toxicity, Safety and Hormology
Georg Thieme Verlag, Stuttgart 1975

[56] Dalgaard-Mikkelsen S., Poulsen E.
Toxicology of Herbicides
Pharmacol. Rev.; 14, S. 225 - 250 (1962)

[57] Verschueren K.
Handbook of Environmental Data on Organic Chemicals
2. Auflage
van Nostrand, New York 1983

[58] Sawhney B.L. , Kozloski R.P.
Organic Pollutants in Leachates from Landfill Sites
J. Environ. Qual.; 13(3), S. 349 - 352 (1984)

[59] Calamari D., DaGasso R., Galassi S., Provini A., Vighi M.
Biodegradation and Toxicity of Selected Amines on Acquatic Organisms
Chemosphere; 9(12), S. 753 - 762 (1980)

[60] DABAWAS
Datenbank für wassergefährdende Stoffe
Dortmund, Stand August 1982

[61] Korte F. et al.
Überprüfung der Durchführbarkeit von Prüfungsvorschriften und der Aussagekraft der Grundprüfung des E. Chem. G. Berichtes der Gesellschaft für Strahlen- und Umweltforschung GmbH, Neuherberg
Inst. f. ökolog. Chemie u. Inst. f. Biochem. u. Toxikologie Abt. Toxikologie
Forschungsbericht Nr. 10704006/1

[62] Neumüller O.-A.
Römpps Chemie-Lexikon 8. Auflage, Bd. 1 - 6
Franckh'sche Verlagshandlung Stuttgart 1972 - 1988

[63] Sims R.C., Overcash M.R.
Fate of Polynuclear Aromatic Compounds (PNAs) in Soil-Plant Systems
Residue Rev.; 88, S. 1 (1983)

[64] Koopmanns R.E., Rekker R.F.
HPLC of Alkylbenzenes: Relationship with Lipophilicities as Determined from Octanol/Water Partition Coefficients or Calculated from Hydrophobic Fragmental Data and Connectivity Indices; Lipophilicity
J. Chromatogr.; 285, S. 267 (1984)

[65] Phipps G.L., Harden M.J., Leonard E.N., Roush T.H., Spehar D.L., Stephan G.E., Pickering Q.H., Buickema A.L. Jr.
Effects of Pollution on Freshwater Organisms
J. Water Pollut. Control Fed.; 56(6), S. 725 - 758 (1984)

[66] Harms H.
Metabolisierung von Benzo(a)pyren in pflanzlichen Zellsuspensionskulturen und Weizenkeimpflanzen
Landbauforschung Völkenrode; 25, S. 88 (1975)

[67] May E.W., Wasik S.P., Miller M.M., Tewari Y.B., Brown-Thomas J.M., Goldberg R.N.
Solution Thermodynamics of Some Slightly Soluble Hydrocarbons in Water
J. Chem. Eng. Data; 28(2), S. 197 - 200 (1983)

[68] Malle K.-G.
Water Protection in Europe
J. Am. Oil. Chem. Soc.; 61(2), S. 302 - 306 (1984)

[69] Rowe V.K., Hymas T.A.
Summary of Toxicological Information on 2,4-D- and 2,4;5-T-Type Herbicides and an Evaluation of the Hazards to Livestock Associatedwith their Use
Am. J. Vet. Res.; 15, S. 622 - 629 (1954)

[70] OECD (VCI)
Production Figures and Use Patterns for Some High Volume Chemicals
Paris, June 1977

[71] Osterroth Ch.
Development of a Method for the Extraction and Determination of Non-polar, Dissolved Organic Substances in Sea Water
J. Chromatogr.; 101, S. 289 - 298 (1974)

[72] Jan J., Komar M., Milohnoja, M.
The Content of Polychlorinated Hydrocarbons in Fish in Slovenia
Biol. Vestn. (Ljubljana); 24(2), S. 109 - 114 (1976)

[73] Leoni V., Puccetti G., Grella A.
Preliminary Results on the Use of Tenax for the Extraction of Pesticides and Polynuclear Aromatic Hydrocarbons from Surface and Drinking Waters for Analytical Purposes
J. Chromatogr.; 106, S. 119 - 124 (1975)

[74] Peterson J. E., Stahl K. M., Meeker D. L.
Simplified Extraction and Cleanup for Determining Organochlorine Pesticides in Small Biological Samples
Bull. Environ. Contam. Toxicol.; 15(2), S. 135 - 139 (1976)

[75] Windholz M., Budavari S., Blumetti R.F., Otterbein E.S. (eds.)
The Merck IndexAn Encyclopedia of Chemicals, Drugs, and Biologicals
Tenth Edition
Merck & Co., Inc.Rahway, New Jersey USA 1983

[76] Chiou C.T., Schmedding D.W.
Partioning of Organic Compounds in Octanol/Water Systems
Environ. Sci. Technol.; 16(1), S. 4 - 10 (1982)

[77] Kearny P.C., Kaufman D.D., Hrsg.
HerbicidesChemistry, Degradation and made of Action
Vol. 1 u. 2, 2nd Edition
M. Dekker, New York 1975, 1976

[78] Anonymus
Final Report of the Safety Assessment of Isobutane, Isopentane, n-Butane and Propane
J. Amer. Col. Toxicol.; 1(4), S. 127 - 142 (1982)

[79] Sabel G.V., Clark T.P.
Volatile Organic Compounds as Indicators of Muncipal Solid Waste
Leachate Contamination
Waste Mange. Res.; 2(2), S. 119 - 130 (1984)

[80] Callahan M.A., Slimak M.W. et al.
Water Related Environmental Fate of 129 Priority Pollutants
Vol. I and II
Report EPA-440/4-79-029b (1979)

[81] Janardan S.K., Olson C.S., Schaeffert D.J.
Quantitative Comparisons of Acute Toxicity of Organic Chemicals to Rat and Fish
Ecotox. Environ. Safety; 8, S. 531 (1984)

[82] LeBlanc G.A.
Acute Toxicity of Priority Pollutants to Water Flea (Daphnia magna)
Bull. Environ. Contam. Toxicol.; 24(5), S. 684 - 691 (1980)

[83] Kobayashi K.
Safety Examination of Existing Chemicals-Selection, Testing, Evaluation and Regulation in Japan
in: Proc. Workshop Control of Existing Chemicals under the Patronage of the OECD
S. 141 - 143
Umweltbundesamt Berlin (Hrsg.), 10. - 12. Juni 1981

[84] Dietz F., Traud J.
Zur Spurenanalyse von Phenolen, insbesondere Chlorphenolen, in Wässern mittels Gaschromatographie-Methoden und Ergebnisse
Vom Wasser; 51, S. 235 - 257 (1978)

[85] Weast R.C., Astle M.J.
CRC Handbook of Chemistry and Physics
59 th Edition 1978 - 1979
CRC Press, Inc.2255 Palm Beach Lakes Blvd., West Palm Beach, Florida 33409, USA

[86] Hermens J.L.M., Busser F., Leeuwanch P., Musch A.
Quantitative Correlation Studies Between the Acute Lethal Toxicityof 15 Organoic Halides to the Guppy (Poecilia reticulata) andChemical Reactivity Towards 4-Nitrobenzylpyridine
Toxicol. Environ. Chem.; 9(3), S. 219 - 236 (1985)

[87] Lai D.Y.
Halogenated Benzenes, Naphthalenes, Biphenyls and Terphenyls in the Environment: Their Carcinogenic, Mutaganic and Teratogenic Potentialand Toxic Effects
J. Environ. Sci. Hlth. C2, S. 135 (1984)

[88] Gottschalk C., Markard C., Hellmann H., Krebs F., Hansen P.D., Kühn R.
Beitrag zur Beurteilung von 19 gefährlichen Stoffen in oberirdischen Gewässern
Hrsg.: Umweltbundesamt Berlin, April 1986

[89] Frische R., Hachmann R., Rippen G.
Ermittlung und Bewertung der Umweltbelastung und -verteilung von Verbrauchschemikalien. Beispiel: p-Dichlorbenzol als Geruchsübertöner im Sanitärbereich
Bericht des Battelle-Instituts, Frankfurt am Main, an das Umweltbundesamt, Berlin
Forschungsvorhaben Nr. 105.05019, Dezember 1981

[90] Dive D., Leclerc H., Persoone G.
Pesticide Toxicity on the Cilate Protozoan Colpidium Campylum:Possible Consequences of the Effect of Pesticides in the Aquatic Environment
Ecotoxicol. Environ. Saf.; 4(2), S. 129 - 133 (1980)

[91] Eichelberger J.W., Lichtenberg J.J.
Persistence of Pesticides in River Water
Environ Sci. Technol.; 5(6), S. 541 - 544 (1971)

[92] Kenaga E.E., Goring C.A.J.
Relationship between Water Solubility, Soil Sorption, Octanol Water Partitioning and Bioconcentration of Chemicals in Biota
in: Aquate Toxicology ASTM Publ. STP 707
Eaton J.C, Parrish P.R., Hendricks A.C. (eds.), Philadelphia 1980, S. 78 - 115

[93] Kenaga E.E.
Guidelines for Environmental Study of Pesticides.
Determination of Bioconcentration Potential
Residue Rev.; 44, S. 73 - 113 (1972)

[94] BP Chemie
Ethoxypropanol EP
Technigram EOC1G
BP Chemicals Limited

[95] Ballschmiter K.
Polychlorbiphenyle: Chemie, Analytik und Umweltchemie
Analytiker Taschenbuch, Springer Verlag 1987, Bd. 7, S. 393 - 432

[96] Deutsche Forschungsgemeinschaft
Polycyclische aromatische Kohlenwasserstoffe und krebserzeugende (PAH)
MAK-WerteToxikologisch-arbeitsmedizinische Begründungen
Band III, VP, S. 1 - 10
Verlag Chemie 1987

[97] BP chemicals
Ethoxypropylacetat
Vorausinformationsblatt EOC2G
BP Chemicals Limited
Januar 1987

[98] BP chemicals
Methoxypropanol
Technigram EOC4 G
BP Chemicals Limited
Juni 1987

[99] BP chemicals
Methoxypropylacetat
Technigram EOC3 G
Deutsche BP Chemie GmbH, Düsseldorf

[100] BP chemicals
Phenoxypropanol (PhP)
Technigram EOC5G
Deutsche BP Chemie GmbH, Düsseldorf

[101] BP chemicals
Methylglykol, Methylglykolacetat
Technigram GE 3 G
Deutsche BP Chemie GmbH, Düsseldorf

[102] BP chemicals
Ethylglykol, Ethylglykolacetat
Technigram GE 4 G
Deutsche BP Chemie GmbH, Düsseldorf

[103] BP chemicals
Butylglykol, Butylglykolacetat
Technigram GE 5 G
Deutsche BP Chemie GmbH, Düsseldorf

[104] BP chemicals
Diglykolether und Diglykolacetat
Technigram GE 6 G
Deutsche BP Chemie GmbH, Düsseldorf

[105] BP chemicals
Mathematisches Modell zur Voraussage der Verdunstungsgeschwindigkeit
Deutsche BP Chemie GmbH, Düsseldorf

[106] BP Chemie
Aceton
Deutsche BP Chemie GmbH, Düsseldorf

[107] BP Chemie
Diacetonalkohol DAA
Deutsche BP Chemie GmbH, Düsseldorf

[108] BP Chemie
Hexylenglykol
Deutsche BP Chemie GmbH, Düsseldorf

[109] BP Chemie
Isophoron
Deutsche BP Chemie GmbH, Düsseldorf

[110] BP Chemie
BP Solvent ID
Deutsche BP Chemie GmbH, Düsseldorf

[111] BP Chemie
Ethylacetat
Deutsche BP Chemie GmbH, Düsseldorf

[112] Tabellenbuch der Chemie
Harri Deutsch Verlag, Leipzig, 10. Auflage 1986

[113] BP Chemie
N-Butylacetat
Deutsche BP Chemie GmbH, Düsseldorf

[114] BP Chemie
Isobutylacetat
Deutsche BP Chemie GmbH, Düsseldorf

[115] BP Chemie
Isopropanol
Deutsche BP Chemie GmbH, Düsseldorf

[116] Friberg I., Piscator M., Nordberg G.
Cadmium in the Environment
CRC Press, Cleveland, Ohio 1971

[117] Beliles R.P.
Metals
in: Toxikology, The Basis Science of Poisons
Casarett L.J., Doull J. (eds.)
Macmillan Publishing Co.,Inc., New York 1975, S. 495

[118] Norton T.R.
Metabolism of Toxic Substances
in: Toxicology, The Basis Science of Poisons
Casarett L.J., Doull J. (eds.)
Macmillan Publishing Co.,Inc. New York 1975

[119] Bremer K.E.
Discussion of Polychlorinated Biphenyls in Waste Streams from Paper Recycling
in: Environmental Aspects of Chemical Use in Printing Operations
S. 319

[120] Miyao N., Ishiguro S., Kano I., Yasuda N.
Toxicity of Carbamate Compounds.
I. Subchronic Toxicity of 3-Methyl-5-isopropylphenyl-N-methylcarbamate
Kagoshima Daigaku Nogakubu Gakujutsu Hokoku; 22, S. 131 - 144 (1972)
Zusammenfassung siehe Chemical Abstracts, Vol. 78, 119931 e (1973)

[121] Gaines T.B.
Acute Toxicity of Pesticides
Toxicol. Appl. Pharmacol.; 14(3), S. 515 - 534 (1969)

[122] Boyd E.M., Shanas M.N.
The Acute Oral Toxicity of Sodium Chloride (in Albino Rats)
Arch. Int. Pharmacolodyn. Ther., 144(1/2), S. 86 - 96 (1963)

[123] Kutob S.D., Plaa G.L.
A Procedure for Estimating the Hepatotoxic Potential of Certain Industrial Solvents
Toxicol. Appl. Pharmacol.; 4, S. 354 - 361 (1962)

[124] Ditten D., Klose B., Bienert M., Kiepsch H.-J.
Untersuchungen zur quantitativen Bestimmung der Exposition gegenüber i-Propanol im Offsetdruck mit Alkoholfeuchtung
Papier und Druck; 37, S. 488 (1988)

[125] Alexander C.B., McBay A.J., Hudson R.P.
Isopropanol and Isopropanol Deaths-Ten Years Experience
J. Forens. Sci.; 27, S. 541 (1982)

[126] Daniel D.R., McAnalley B.H., Gariott J.C.
Isopropylalcohol Metabolism After Acute Intoxication in Humans
J. Anal. Toxicol.; 5(3), S. 110 - 112 (1981)

[127] Weast R.C., Astle M.J., Beyer W.H.
CRC Handbook of Chemistry and Physics
66th Edition 1985 - 1986
CRC Press, Inc., Boca Raton, Florida/USA

[128] Schröter W., Lautenschläger K.-H., Bibrack H., Schnabel A.
Chemie
VEB Fachbuchverlag, Leipzig, 15. Auflage 1984

[129] Kunz W., Klencz P.
Natrium und Natrium-Legierungen
4. Auflage, Bd. 17, S. 143 - 177
Ullmanns Encyclopädie der Technischen Chemie
Verlag Chemie, Weinheim 1979

[130] Hoppe J.O., Goble F.C.
The Intravenous Toxicity of Sodium Bisulfite
J. Pharmacol. Exptl. Therap.; 101, S. 101 - 106 (1951)

[131] Back K.C. et al.
Reclassification of Materials Listed as Transportation Health Hazards
(TSA-20-72-3; PB 214 - 270)

[132] Born E.
Lexikon für die graphische Industrie 2. Auflage
Polygraph Verlag GmbH Frankfurt am Main, 1972

[133] Frische R., Klöpffer W., Schönborn W.
Bewertung von organisch-chemischen Stoffen und Produkten in Bezug auf ihr
Umweltverhalten - chemische, biologische und wirtschaftliche Aspekte
Studie des Battelle-Instituts e.V., Frankfurt am Main,
für das Umweltbundesamt Berlin; 1. und 2. Teil, Mai 1979

[134] Bringmann G., Kühn R.
Comparison of the Toxicity Thresholds of Water Pollutants to Bacteria, Algae and Protozoa
in the Cell Multiplication InhibitionTest
Water Res.; 14(3), S. 231 - 241 (1980)

[135] Vahrenkamp H.
Zink, ein langweiliges Element?
Chem. unserer Zeit; 22(3), S. 73 - 84 (1988)
(Korrektur in: Chem. unserer Zeit; 22(6), S. 220 (1988))

[136] Voigt J.L., Edwards L.D., Johnson C.H.
Acute Toxicity of Arsenate of Lead in Animals
J. Am. Pharm. Assoc., Sci. Ed.; 37, S. 122 - 123 (1948)

[137] Anderson B.G., Chandler D.C., Andrews T.F., Jahoda W.J.
The evaluation of aquatic invertebrates asassay organisms for the determination of the
toxicity of industrial wastes
Amer. Petroleum Inst. Project Final Report No. 51 (1948)

[138] Bringmann G., Kühn R.
Vergleichende wassertoxikologische Untersuchungen an Bakterien, Algen und Kleinkrebsen
Gesundh.-Ing.; 80, S. 115 (1959)

[139] Dowden B.F., Bennett H.J.
Toxicity of selected chemicals to certain animals
J. Water Pollution Control Federation; 37(9), S. 1308 - 1316 (1965)

[140] Koch R.
Umweltchemikalien
Physikalisch-chemische Daten, Toxizitäten, Grenz- und Richtwerte,Umweltverhalten
VCH Verlagsgesellschaft, Weinheim
VEB Verlag Volk und Gesundheit, Berlin 1989

[141] Du Pont Sicherheitsdatenblatt
Cyrel Flexosolvent
Du Pont de Nemours, Bad Homburg

[142] Thumann M.E.
Über die Wirkung arsenhaltiger Abwässer auf Fische und Krebse
Angew. Chemie; 54(47/48), S. 500 (1941)

[143] Umweltbelastung durch Asbest und andere faserige Feinstäube
Bericht 80/7, Hrsg. Umweltbundesamt Berlin 1980

[144] Kühn R., Birett K.
Merkblätter Gefährliche Arbeitsstoffe Loseblattsammlung, Bd. 1 - 7
ecomed verlagsgesellschaft mbh, Landsberg/Lech

[145] Quellmalz E.
Das neue Chemikaliengesetz
Handbuch der gefährlichen Arbeitsstoffe
Bd. 1 - 4, Loseblatt-Ausgabe, 1980 ff.
WEKA Fachverlage GmbH, Kissing

[146] Anderson K., Scott R.
Fundamentals of Industrial Toxicology
Ann Arbor Science Publishers Inc./The Butterworth Group
230 Collingwood, P.O. Box 1425, Ann Arbor, Michigan 48106, 1981, S. 37

[147] Karrer W.
Konstitution und Vorkommen der organischen Pflanzenstoffe (exklusiveAlkaloide)
Chemische Reihe Bd. 12 (1976), Bd. 17 (1977), Bd. 25 (1981), Bd. 28(1985)
Birkhäuser Verlag, Basel

[148] Anonymus
Die neue MAK-Werte-Liste
Entsorgungs-Technik; 3, S. 26 (1989)

[149] Anonymus
Entsorgung von Ethylenoxid
Entsorgungs-Technik; 3, S. 23 (1989)

[150] Fuchs F.
Gelchromatographische Trennung von organischen Wasserinhaltsstoffen
Teil III: Untersuchungen zu den Wechselwirkungen zwischen Gelmatrix, Probensubstanz und Elutionsmittel
Vom Wasser; 66, S. 127 - 136 (1986)

[151] Perkow W.
Wirksubstanzen der Pflanzenschutz- und Schädlingsbekämpfungsmittel
Paul Parey Verlag, Berlin-Hamburg 1983

[152] Drosselmeyer E.
Grenzwertsetzung für chemische Schadstoffe
Kernforschungszentrum Karlsruhe Karlsruhe GmbH, Mai 1979

[153] Chu I., Villeneuve D.C., Viau A., Barnes C.R., Benoit F.M., Qin Y.H.
Metabolism of 1,2,3,4-, 1,2,3,5- and 1,2,4,5-Tetrachlorobenzene in the Rat
J. Toxicol. Environm. Health.; 13(4-6), S. 777 - 786 (1984)

[154] Franck R.
Kunststoffe im Lebensmittelverkehr
Loseblattsammlung, Teile A - E
Heymanns Verlag, Köln-Berlin-Bonn-München

[155] Meyer H.J., Kretzschmar R.
Relation between Molecular Structure and Pharmacological Activity of C-6aryl-substituted 4-Methoxy-à-pyrones of the Kava Pyrone Type J
Arzneimittelforschung; 19(4), S. 617 - 623 (1969)

[156] Grossmann W.
Abwässer aus photoverarbeitenden Betrieben
pers. Mitteilung 1987

[157] Tiegs E.
Abwasserschäden
in: Sorauers Handbuch der Pflanzenkrankheiten
Berlin 1934

[158] Fachlexikon ABC-Chemie
Verlag Harri Deutsch, Thun-Frankfurt a. Main 1979, Band 1 und 2

[159] Garrett J.T.
Toxicity considerations in pollution control
Ind. Wastes; 2, S. 17 - 19 (1957)

[160] Denzer H.W.
Merkblatt über die Schädigung der Fischerei durch Abwasser
I. Schwellenwerte für Fische und Fischnährtiere
Landesanstalt für Fischerei Nordrhein Westfalen 1959

[161] McKim J.M., Benoit D.A., Biesinger K.E., Brungs W.A., Siefert R.E.
Effects of pollution on freshwater fish
J. Water Pollution Control Federation; 47(6), S. 1711 - 1768 (1975)

[162] Friege H., Claus F., D'Haese M.
Chemie im Kinderzimmer
1. Auflage
Rowohlt Verlag GmbH, Reinbek bei Hamburg, 1986, S. 23

[163] Hommel G.
Handbuch der gefährlichen Güter,
2. Auflage 1988, Bd. 1 - 3
Springer Verlag Berlin, Heidelberg, New York

[164] Stöfen D.
Toleranzwerte für Schadstoffe im Trinkwasser
Städtehygiene; 24, S. 109 - 114 (1973)

[165] Chian E.S.K., Dewalle F.B.
Nature and analysis of chemicals species
J. Water Poll. Control Federation; 48, S. 1042 - 1077 (1976)

[166] Braun W., Dönhardt A.
Vergiftungsregister Haushalts- und Laborchemikalien, Arzneimittel-Symptomatologie und Therapie
Georg Thieme Verlag, Stuttgart, 3. Auflage 1981

[167] Weissenfels W.D., Beyer M., Klein J.
Degradation of Phenanthrene, Fluorene and Fluoranthene by Pure Bacterial Cultures
Appl. Microbiol. Biotechnol.; 32(4), S. 479 - 484 (1990)

[168] Brown J.R., Mastromatteo E.
Acute Oral and Parenteral Toxicity of Four Titanate Compounds in the Rat
Industr. Med. Surg.; 31, S. 302 - 304 (1962)

[169] Deutsche Forschungsgemeinschaft
Farbstoffe für Lebensmittel
Harald Boldt Verlag, Boppard 1978

[170] Eichenhofer K.-W., Roos E.
Hydrazin
Ullmanns Encyklopädie der Technischen Chemie,
4. Auflage, Bd. 13, S. 95 - 107,
Verlag Chemie, Weinheim 1977

[171] Audrieth L.H., Ogg und B.A.
The chemistry of Hydrazine
Wiley, New York 1951

[172] Andon R.J.L., Biddiscombe D.P., Cox J.D., Handley R., Harrop D., Herington E.F.G., Martin J.F.
Thermodynamic Properties of Organic Oxygen Compounds. Part I.
J. Chem. Soc.; 1960(4), S. 5246 - 5254

[173] Forster A., Kromer H., Trawinski H.F.
Kaolin
Ullmanns Encyklopädie der Technischen Chemie,
4. Auflage, Bd. 13, S. 509 - 516,
Verlag Chemie, Weinheim 1977

[174] Lockey S.D.
Reactions to Hidden Agents in Foods, Beverages and Drugs
Ann. Allergy; 29, S. 461 - 466 (1971)

[175] Juhlin L., Michaëlsson, G., Zetterström und Ö.
J. Allergy Clin. Immunol.; 50(2), S. 92 (1972)

[176] Joint Food and Agriculture Organization of the United Nations (FAO)/WHO Expert Committee an Food Additives
FAO Nutrition Meetings Report Series No. 55, Rom 1975

[177] Katalyse Umweltgruppe (Hrsg.)
Was wir alles schlucken müssen
Zusatzstoffe in Lebensmitteln
Rowohlt Verlag 1986

[178] Food and Agriculture Organization of the United Nations (FAO)
FAO Nutrition Meeting Report Series No. 53 A, Rom 1974, S. 127

[179] Fiege H.
Kresole und Xylenole
Ullmanns Encyklopädie der Technischen Chemie
4. Auflage, Bd. 15, S. 61 - 77,
Verlag Chemie, Weinheim 1978

[180] Bringmann G., Kühn R.
Ergebnisse der Schadwirkung wassergefährdender Stoffe gegen Daphniamagna in einem weiterentwickelten standardisiertem Testverfahren
Z. f. Wasser- und Abwasser-Forschung; 15, S. 1 - 6 (1982)

[181] Wellens H.
Vergleich der Empfindlichkeit von Brachydanio rerio und Leucisusidus bei der Untersuchung der Fischtoxizität von chemischen Verbindungen und Abwässern
Z. Wasser- Abwasser-Forsch.; 15(2), S. 49 - 52 (1982)

[182] Hoechst
Ethylacetat DIN-Sicherheitsdatenblatt
Hoechst AG, Frankfurt, November 1987

[183] Trénel J., Kühn R.
Bewertung wassergefährdender Stoffe im Hinblick auf Lagerung, Umschlag undTransport und Untersuchung zur Abklärung substanz- u. bewertungsmethodenspezifischer Grenzfälle bei der Bewertung wassergefährdender Stoffe
Umweltforschungsplan des Bundesministers des Innern, Forschungsbericht;
Institut für Wasser-, Boden- und Lufthygiene des Bundesgesundheitsamtes,
Berlin 1982

[184] Clemens H.P., Sneed K.E.
Lethal doses of several commercial chemicals for fingerling channel catfish
Special Scientific Report Fisheries No. 316, U.S. Dept. Interior, 1959

[185] McKee J.E., Wolf H.W.
Water quality criteria
Sacramento; Resources Agency, California;State Water Quality Control Board, USA 1967

[186] Department of Transportation United States Coast Guard
CHRIS Hazardous Chemical Data
File 1 A-D, File 2 E-Z
Commandant Instruction M 16465, U.S. Coast Guard, Washington D.C. 20593,
12 October 1978

[187] Lenga R.E. (Ed.)
The Sigma-Aldrich Library of Chemical Safety Data
Sigma-Aldrich Corporation,
Vol. 1 u. 2
Edition II, 1988

[188] Ambient Water Quality Criteria for Halomethanes
US EPA, PB 81 - 117 (1980)

[189] Persoone G., van Haecke P.
Evaluation of the Impact of Benzene, Chloroform and Carbon Tetrachloride on the Aquatic Environment
Bericht an die Kommission der EG, 1982

[190] Ambient Water Quality Criteria: Carbon Tetrachloride
US EPA, PB-292-424 (1978)

[191] Domino E.F., Unna K.R., Kerwin J.
Pharmacological Properties of Benzazoles.I. Relationship between Structure and Paralyzing Action
J. Pharmacol. Exptl. Therap.; 105, S. 486 - 497 (1952)

[192] Buckingham J. (Ed.)
Dictionary of Organic Compounds, Fifth Edition, Second Supplement
Chapman and Hall, New York 1984, S. 75

[193] Smyth H.F., Carpenter C.P., Weil C.S.
Range-Finding Toxicity Data: List IV
Arch. Ind. Hyg. Occupational. Med. 4, S. 119 - 122 (1951)

[194] Jenner P.M., Hagan E.C., Taylor J.M., Cook E.L., Fitzhugh O.G.
Food Flavorings and Compounds of Related Structure
I. Acute Oral Toxicity
Food Cosmet. Toxicol.; 2(3), S. 327 - 343 (1964)

[195] Smyth H.F.Jr., Carpenter C.P.
Further Expierience with the Range Finding Test in the Industrial Toxicology Laboratory
J. Ind. Hyg. Toxicol.; 30(1), S. 63 - 68 (1948)

[196] Webb J.M., Hansen W.H.
Metabolism of Rhodamine B
Toxicol. Appl. Pharmacol.; 3, S. 86 - 95 (1961)

[197] Woodard, G., Hagan E. C., Radomski J. L.
Toxicity of Hydroquinone for Laboratory Animals
Fed. Proc.; 8, S. 348 (1949)

[198] Smyth H.F., Carpenter C.P., Weil C.S.
Range-Finding Toxicity Data
Arch. Ind. Hyg. Occupational. Med.; 10, S. 61 - 68 (1954)

[199] Syed I.B., Hosain F.
Determination of LD 50 of Barium chloride and Allied Agents
Toxicol. Appl. Pharmacol.; 22(1), S. 150 - 152 (1972)

[200] Smyth H.F., Seaton J., Fischer L.
The Single Dose Toxicity of some Glycols and Derivatives
J. Ind. Hyg. Toxicol.; 23(6), S. 259 - 268 (1941)

[201] Budavari S., Maryadele J., Smith A., Heckelman P.E. (Editors)
The Merck IndexAn Encyclopedia of Chemicals, Drugs, and Biologicals
Eleventh Edition
Merck & Co,. Inc.Rahway, New Jersey USA 1989

[202] Howard P.H.
Handbook of Environmental Fate and Exposure Data for Organic Chemicals
Vol. I: Large Production and Priority Pollutants
Lewis Publishers, Inc.Chelsea, Michigan USA 1989

[203] Taylor B.F., Curry R.W., Corcoran E.F.
Potential for Biodegradation of Phthalic Acid Esters in Marine Regions
Appl. Environ. Microbiol.; 42(4), S. 590 - 595 (1981)

[204] Williams G.R., Dale R.
The Biodeterioration of the Plasticizer Dioctyl Phthalate
Int. Biodterior. Bull.; 19(1), S. 37 - 38 (1983)

[205] Howard P.H., Banerjee S., Robillard K.H.
Measurement of Water Solubilities, Octanol/Water Partition
Coefficients and Vapor Pressures of Commercial Phthalate Esters
Environ. Toxicol. Chem.; 4(5), S. 653 - 661 (1985)

[206] Sugatt R.H., O'Grady D.P., Banerjee S., Howard P.H., Gledhill W.E.
Shake Flask Biodegradation of 14 Commercial Phthalate Esters
Appl. Environ. Microbiol.; 47(4), S. 601 - 606 (1984)

[207] Robinson H.J., Graessle O.E.
Toxicity of Tannic Acid
J. Pharmacol. Exp. Ther.; 77, S. 63 - 69 (1943)

[208] Brown J.R., Mastromatteo E.
Acute Toxicity of Three Episulfide Compounds in Experimental Animals
Am. Ind. Hyg. Assoc. J.; 25(6), S. 560 - 563 (1964)

[209] Orö L., Wretlind A.
Pharmacological Effects of Fatty Acids, Triolein, and Cotton-seed Oil
Acta Pharmacol. Toxicol.; 18, S. 141 - 152 (1961)

[210] Daniher F.A.
The Toxicology of tris-(2,3-Dibromopropyl)-phosphate
Proc. Symp. Text. Flammability; 4, S. 126 - 143 (1976)

[211] Brown J.R., Mastromatteo E., Harwood J.
Zirconium Lactate and Barium Circonate.
Acute Toxicity and Inhalation Effects in Experimental Animals
Am. Ind. Hyg. Assoc. J.; 4(2), S. 131 - 143 (1963)

[212] Cliemie I.J.G., Hutson D.H., Stoydin G.
Metabolism of the Epoxy Resin Component 2,2-Bis-4-(2,3-epoxypropoxy)-phenylpropan, the Diglycidyl Ether of Bisphenol A (DGEBPA) in the Mouse. Part I
Xenobiotica; 11(6), S. 391-399 (1981)

[213] Cliemie I.J.G., Hutson D.H., Stoydin G.
Metabolism of the Epoxy Resin Component 2,2-Bis-4-(2,3-epoxypropoxy)-phenylpropan, the Diglycidyl Ether of Bisphenol A (DGEBPA) in the Mouse. Part II
Xenobiotica; 11(6), S. 401-424 (1981)

[214] National Toxicology Program
Carcinogenesis Bioassay of Bisphenol A in F344 Rats and B6C3F1 Mice (Feed Study)
Research Triangle Parc, NC USA
Report NIH/PUB-82-1771, NTP-80-35 (1982)
Order No. PB 82-184060 (117 Seiten)

[215] Bentley P., Biery F., Kuster H., Muakkassah-Kelly S., Sagelsdorff P., Staeubli W., Waechter F.
Hydrolysis of Bisphenol A Diglycidyl Ether by Epoxide Hydrolases in Cytosolic and Microsomal Fractions of Liver and Skin:
Inhibition by Bis-(epoxycyclopentyl)-ether
Carcinogenesis; 10(2), S. 321 - 327 (1981)

[216] Peristianis G.C., Doak S.M.A., Cole P.N., Hend R.W.
Two Year Carcinogenicity Study on three Aromatic Epoxy Resins
Applied Cutaneously to CF1 Mice
Food Chem. Toxicol.; 26(7), S. 611 - 624 (1988)

[217] Roth L.
Umgang mit der neuen Gefahrstoffverordnung
Chem. unserer Zeit; 21(1), S. 27 - 33 (1987)

[218] Griepentrog F.
Pathologisch-anatomische Befunde zur karzinogenen Wirkung von Cumarin im Tierversuch
Toxicology; 1, S. 93 - 102 (1973)

[219] Die Toxikologie von Atrazin
1. Mitteilung
J.R. Geigy AG, Abt. Pharmakologie, Basel 1967

[220] Palnmer J.S., Radeleff und R.D.
Toxicologic effects of certain fungicides and herbicides on sheep and cattle
Ann. N.Y. Acad. Sci.; 111(2), S. 729 - 736 (1964)

[221] Radeleff R. D.
Veterinary Toxicology
Lea and Febiger Publication, Philadelphia 1964

[222] Bashmurin A.F.
Toxicity of Atrazine for Animals
Sb. Rab., Leningr. Vet. Inst.; 36, S. 5 - 7 (1974)
Zusammenfassung siehe: Chemical Abstracts Vol. 82, 119795 (1975)

[223] Bathe R., Ullmann R., Sachsse K., Hess R.
Relationship between Toxicity to Fish and to Mammals:
A Comparitive Study under Defined Laboratory Conditions
Proceed. European. Soc. Toxicol.; Vol. XVII, Montpellier, June 1975S. 351 - 355

[224] Bathe R., Sachsse K., Ullmann L., Hörmann W.D., Zak F., Hess R.
The Evaluation of Fish Toxicity in the Laboratory
Proceed. European Soc. Toxicol., Calrsbad; 26, S. 113 - 124 (1974)

[225] van Logten M.J., Wolthuis M., Rauws A.G., Kroes R.
Short-Term Toxicity Study on Sodium Bromide in Rats
Toxicology; 1, S. 321 - 327 (1973)

[226] van Logten M.J., Wolthuis M., Rauws A.G., Kroes R., Berkvens H., den Tonkelaar E.M., van Esch G.J.
Semichronic Toxicity Study of Sodium Bromide in Rats
Toxicology; 2, S. 257 - 267 (1974)

[227] Goßler K., Miess R.
Verhalten von linearen Alkylbenzolsulfonaten aus Haushaltswaschmitteln bei der Abwasserbehandlung - Literaturstudie
Landesgewerbeanstalt Bayern
Veröffentlichungen des Bereichs Materialprüfung - Materialprüfungsamt, Heft 5, Nürnberg 1987

[228] Verschuuren H.G., Kroes R., den Tonkelaar E.M.
Short-Term Oral and Dermal Toxicity of MCPA and MCPP
Toxicology; 3, S. 349 - 359 (1975)

[229] Palmer J.S., Radeleff R.D.
The Toxicity of some Organic Herbicides to Cattle, Sheep, and Chickens
Report No. 106, US Dept. of Agriculture, Washington D.C. 1969

[230] Cabral J.R.P., Raitano F., Mollner T., Bronzyk S., Shubik P.
Acute Toxicity of Pesticides in Hamsters
Toxicol. Appl. Pharmacol.; 48, S. A192 (1979)

[231] Huber L.
Stand der Kenntnisse über das ökologische Verhalten von Tensiden
Münchner Beitr. Abwass.-, Fischerei-, Flußbiol.; 39, S. 189 (1985)

[232] Schöberl P., Bock K.J.
Tensidabbau und dessen Metabolite
Tenside Detergents; 17(5), S. 262 - 266 (1980)

[233] Steber J.
Untersuchungen zum biologischen Abbau von (14)C-ring-markiertem linearen Alkylbenzolsulfonat in Oberflächenwasser- und Kläranlagenmodellen
Tenside Deterg.; 16(3), S. 140 - 145 (1979)

[234] Huddleston R.L., Nielsen A.M.
LAS Biodegradation: The Fate of the Aromatic Ring
Soap, Cosmetics, Chem. Spec.; 55(3), S. 34, 36 - 38, 44 (1979)
Household Pers. Prod. Ind.; 16(3), S. 72 - 74, 82 (1979)

[235] Boyd E.M., Abel M.M.
The Acute Toxicity of Barium Sulfate Administered Intragastrically
Can. Med. Assoc. J.; 94(16), S. 849 - 853 (1966)

[236] Boyd E.M., Abel M.M., Knight L.M.
The Chronic Oral Toxicity of Sodium Chloride at the Range of the LD 50 (0,1L)
Can. J. Physiol. Pharmacol.; 44(1), S. 157 - 172 (1966)

[237] Auglair M., Hameau N.
Toxicology and Pharmacology of the Organic Solvents Dimethylacetamide and Dimethylformamide
Compt. Rend. Soc. Biol.; 158, S. 245 - 248 (1964)

[238] Kulagina N.K., Kochetkova T.A.
Toxicity of Triethylamine
Toksikol. Novykh Prom. Khim. Veshchesto No. 7, S. 56 - 76 (1965)
Zusammenfassung siehe Chemical Abstracts, Vol. 63, 7548 d (1965)

[239] Boyd E.M., Godi I., Abel M.
Acute Oral Toxicity of Sucrose
Toxicol. Appl. Pharmacol.; 7(4), S. 609 - 618 (1965)

[240] Boyd E.M., Godi I., Krijnen C.J.
The Acute Oral Toxicity of a Vasicin Derivative
J. New Drugs; 6(5), S. 269 - 277 (1966)

[241] Stöfen D.
The Maximum Permissible Concentrations in the U.S.S.R. for Harmful Substances in Drinking Water
Toxicology; 1, S. 187 - 195 (1973)

[242] Boyd E.M., Shanas M.N.
The Acute oral Toxicity of Potassium Chloride
Arch. Intern. Pharmacodynamic; 313, S. 275 - 283 (1961)

[243] Hefner R.E., Leong B.K.J., Kociba R.J., Gehring P.J.
Repeated Inhalation of Diphenyl Oxide in Experimental Animals
Toxicol. Appl. Pharmacol.; 33(1), S. 78 - 86 (1975)

[244] Hoppe J.O., Marcelli G.M.A., Tainter M.L.
The Toxicity of Ferrous Gluconate
Am. J. Med. Sci.; 230, S. 491 - 497 (1955)

[245] Noel P.R.B., Barnett K.C., Davies R.E., Jolly D.W., Leahy J.S., Mawdesley L.E., Shillam K.W.G., Squires P.F., Street A.E.
The Toxicity of Dimethyl Sulphoxide (DMSO) for the Dog, Pig, Rat and Rabbit
Toxicology; 3, S. 143 - 169 (1975)

[246] Büchel K.H.
Pflanzenschutz und Schädlingsbekämpfung
Georg Thieme Verlag, Stuttgart 1977

[247] Knudsen I., Verschuuren H.G., den Tonkelaar E.M., Kroes R., Helleman P.F.W.
Short-term Toxicity of Pentachlorphenol in Rats
Toxicology; 2, S. 141 - 152 (1974)

[248] Singh A.R., Lawrence W.H., Autian J.
Teratogenicity of Phthalate Esters in Rats
J. Pharm. Sci.; 61(1), S. 51 - 55 (1972)

[249] Singh A.R., Lawrence W.H., Autian J.
Embryonic-fetal Toxicity and Teratogenic Effects of Adipic Esters in Rats
J. Pharm. Sci.; 62(10), S. 1596 - 1600 (1973)

[250] Verschuuren H.G., Kroes R., van Esch G.J.
Toxicity Studies on Tetrasull. Acute, Long-term and Reproduction Studies
Toxicology; 1, S. 63 - 78 (1973)

[251] Lomonova G.V., Preobrazhenskaya A.A.
Toxic Properties of Caprolactam
Tr. Gor'kovsk. Nauchn.-Issled. Inst. Gigieny Truda i Prof. Boleznei,
Sb.; 1961(9), S. 34 - 40 (Publ. 1962)
Zusammenfassung siehe Chemical Abstracts, Vol. 59, 15841 a (1963)

[252] Sommer S., Tauberger G.
Toxicologic Investigations of Dimethylsulfoxide
Arzneimittel-Forsch.; 14(9), S. 1050 - 1053 (1964)

[253] Brown V.K., Robinson J., Stevenson D.E.
A Note on the Toxicity and Solvent Properties of Dimethyl Sulfoxide
J. Pharm. Pharmacol.; 15(10), S. 688 - 692 (1963)

[254] Willson J.E., Brown D.E., Timmens E.K.
A Toxicologic Study of Dimethyl Sulfoxide
Toxicol. Appl. Pharmacol.; 7(1), S. 104 - 112 (1965)

[255] McGavack T.H., Boyd L.J., Piccione F.V., Terranova R.
Acute and Chronic Intoxications with Sodium Pentachlorophenate in Rabbits
J. Ind. Hyg. Toxicol.; 23, S. 239 - 251 (1941)

[256] Horn H.J., Holland E.G., Hazleton L.W.
Safety of Adipic Acid as Compared with Citric and Tartaric Acids
J. Agr. Food Chem.; 5, S. 759 - 762 (1957)

[257] Gurd M.R., Harmer G.L.M., Lessel B.
Food Cosmet. Toxicol.; 3, S. 883 (1965)

[258] Decad G.M., Snyder C.D., Mitoma C.
Fate of Water-insoluble and Water-soluble Dichlorobenzidine- based Pigments in Fischer 344 Rats
J. Toxicol. Environ. Health; 11(3), S. 455 - 465 (1983)

[259] Andersen J.J., Burrell A.D., Decad G.M., Dabney B.J.
Evaluation of Office Materials for Genotoxic Effects
Carcinog. Mutagens Environ.; 4, S. 177 - 186 (1985)

[260] Parkhie M.R., Webb M., Norcross M.A.
Dimethoxyethylphthalate: Embryopathy, Teratogenicity, Fetal Metabolism and the Role of Zinc in the Rat
EHP, Environ. Health Perspect.; 45, S. 89 - 97 (1982)

[261] Hesbert A., Bottin M.C., De Ceaurriz J., Protois J.C., Cavlier C.
Testing Natural Indigo for Genotoxicity
Toxicol. Lett.; 21(1), S. 119 - 125 (1984)

[262] Matsui S., Okawa Y., Ota R.
Experience of 16 Years' Operation and Maintenance of the Fukashiba Industrial Wastewater Treatment Plant of the Kashima Petrochemical Complex - II. Biodegradability of 37 Organic Substances ...
Wat. Sci. Tech.; 20(10), S. 201 - 210 (1988)

[263] Smyth H.F., Carpenter C.P., Shaffer C.B.
The Toxicity of High Molecular Weight Polyethylene Glycols; Chronic Oral and Parenteral Administration
Journal of the American Pharmaceutical Association, Scientific Edition; 36(6), S. 157 - 160 (1947)

[264] Ivey F.J., Shaver K.
Enzymic Hydrolysis of Polyphosphate in the Gastrointestinal Tract
J. Agric. Food Chem.; 25(1), S. 128 - 130 (1977)

[265] Kanuh S., Hori Y.
Studies on the Fetal Toxicity of Insecticides and Food Additives in Pregnant Rats. 3. Fetal Toxicity of Food Red No. 105
Oyo Yakuri 24(3), S. 391 - 397 (1982)
Zusammenfassung: CA., Vol. 97, 19699y (1982)

[266] Hashimoto S., Fujita M.
Isolation of a Bacterium requiring 3 Amino Acids for Polyvinyl Alcohol Degradation
J. Ferment. Tech.; 63(5), S. 471 - 474 (1985)

[267] Anonymus
In Vitro Microbiological Mutagenicity Studies of Phillips Petroleum Company Hydrocarbon Propellants and Aerosols
Stanford Research Institute, Menlo Parc, CA, May 13, 1977

[268] Stoughton R.W., Lamson P.D.
The relative Anesthestic Activity of the Butanes and Pentanes
J. Pharmacol. Exp. Ther.; 58, S. 74 - 77 (1936)

[269] Aviado D.M., Zakheri S., Watanabe T.
Non-Flourinated Propellants and Solvents for Aerosols
CRC Press, Cleveland, OH (1977)

[270] Shugaev B.B.
Concentrations of Hydrocarbons in Tissues as a Measure of Toxicity
Arch. Environ. Health; 18(6), S. 878 - 882 (1969)

[271] Matsui S., Murakami T., Sasaki T., Hirose Y., Iguma Y.
Activated Sludge Degradability of Organic Substances in the Waste-water of the Kashima Petroelum and Petrochemical Industrial Complex in Japan
Prog. Wat. Tech.; 7(3/4), S. 645 - 659 (1975)

[272] Roth L.
Krebs erzeugende Stoffe
1. Auflage 1983
Carl Roth GmbH, Karlsruhe
Wissenschaftliche Verlagsgesellschaft mbH, Stuttgart 1983

[273] Castegnaro M., Sansone E.B.
Chemical Carcinogens
Springer Verlag, Berlin 1986

[274] Gerarde H.W., Gerarde D.F.
Industrial Expierience with 3,3'-Dichlorobenzidine
Epidemiological Study of a Chemical Manufacturing Plant
J. Occup. Med.; 16(5), S. 322 - 334 (1974)

[275] Anderson J.A., Styles Br.
J. Cancer; 37, S. 924 - 930 (1978)

[276] Garner R.C., Walpole A.L., Rose F.L.
Testing of some Benzidine Analogues for Microsomal Activation to Bacterial Mutagens
Canc. Lett.; 1, S. 39 - 42 (1975)

[277] Lazear E.J., Louie S.C.
Mutagenicity of some Congeners of Benzidine in the Salmonella Typhimurium Assay System
Canc. Lett.; 4, S. 21 - 25 (1977)

[278] McIntyre I.
J. Occup. Med.; 17, S. 23 - 26 (1975)

[279] Herman
Kirk-Othmer Encyclopedia of Chemical Toxicology
2nd Ed., Vol. II
John Wiley and Sons, Interscience Publication, New York 1966

[280] National Cancer Institute
Bioassay of Hydrazobenzene for possible Carcinogenicity
National Cancer Institute (Carcinog. Test. Program, Bethesda, Md.)
Report 1978, DHEW/BUB/NIH-78-1342, NC-CG-TR-92, Order No. PB-285791
Bezug über Gov. Rep. Announce Index (U.S.) 1978, 78(26),82 (114 S.)

[281] Rochat J., Demenge P., Rerat J.C.
Toxicological Study of a Fluorescent Tracer: Rhodamine B
Toxicol. Eur. Res.; 1(1), S. 23 - 26 (1978)

[282] Gruch W., Steiner P.
Zur Toxikologie der Insektizide
Mitt. Biol. Bundesanstalt Land- Forstwirtschaft Berlin-Dahlem; 102, S. 3 - 55 (1960)

[283] Anonymus
Some bad News about Toxaphene
Science; 188, S. 343 (1975)

[284] Hooper N.K., Ames B.N.
Toxaphene, a Complex Mixture of Polychloroterpenes and a Major Insecticide, is Mutagenic
Science; 205, S. 591 - 593 (1979)

[285] Green T., Odum J., Nash J.A., Foster J.R.
Perchlorethylene-Induced Rat Kidney Tumors: An Investigation of the Mechanisms Involved and their Relevance to Humans
Toxicol. Appl. Pharmacol.; 103, S. 77 - 89 (1990)

[286] Asakawa Y., Ishida T., Toyota M., Takemoto T.
Terpenoid Biotransformation in Mammals IV. Biotransformation of(+)-Longifolene, (-)-Caryophyllene, (-)-Caryophyllene Oxide, (-)-Cyclocolorenone, (+)-Nootkatone, (-)-Elemol, (-)-Abietic Acid
Xenobiotica; 16(8), S. 753 - 767 (1986)

[287] Rubbo S.D.
The Influence of Chemical Constitution on Toxicityl.
A General Survey of the Acridine Series
Brit. J. Exptl. Pathol.; 28, S. 1 - 11 (1947)

[288] Browning E.
Toxicity of Industrial Metals
2nd Edition
Appleton-Century-Crofts, New York 1969, S. 3 - 22

[289] Jacobson K.H.
Acute Oral Toxicity of Mono- and Dialkyl Ring-Substituted Derivatives of Aniline
Toxicol. Appl. Pharmacol.; 22(1), S. 153 - 154 (1972)

[290] Haley T.J., Stolarsky F.
A Study of the Acute and Chronic Toxicity of Toluidine Blue and Related Phenazine and Thiazine Dyes
Stanford Med. Bull.; 9, S. 96 - 100 (1951)

[291] Koelzer P.P., Giesen J.
Untersuchungen zur Toxizität der p-Aminosalicylsäure und ihrer Derivate
Z. Naturforschg.; 6b, 183 - 190 (1951)

[292] Cheever K.L., Richards D.E., Plotnick H.B.
The Acute Oral Toxicity of Isomeric Monobutylamines in the AdultMale and Female Rat
Toxicol. Appl. Pharmacol.; 63(1), S. 150 - 152 (1982)

[293] Gosselin R.E. et al.
Clinical Toxicology of Commercial Products
5th Edition
Williams & Wilkins, Baltimore, USA 1984

[294] Philips F.S., Thiersch J.B., Bendich A.
Adenine Intoxication in Relation to In Vivo Formation and Deposition of 2,8-Dioxyadenine in Renal Tubules
J. Pharmacol. Exp. Ther.; 104, S. 20 - 30 (1952)

[295] Deichmann W.B. et al.
The Physiological Response of Experimental Animals Following Absorption of 2-Aminothiazole
J. Ind. Hyg. Toxicol.; 30, S. 71 - 78 (1948)

[296] Woker H.
Die Temperaturabhängigkeit der Giftwirkung von Ammoniak auf Fische
Intern. Assoc. Theoret. Appl. Limnol.; 10, 575 - 579 (1949)
(Intern. Ver. Theoret. Angew. Limnol.)

[297] Steinmann P., Surbeck G.
Die Wirkung organischer Verunreinigungen auf die Fauna schweizerischer fließender Gewässer
Preisschreiben der Schweiz. Zool. Ges. Bern 1918

[298] Helfer H.
Giftwirkungen auf Fische; ihre Ermittlung durch Versuche und die Bewertung der Ergebnisse
Kleine Mitteilungen (für die Mitglieder) des Vereins für Wasser-, Boden- und Lufthygiene; 12, S. 32 - 62 (1936)

[299] Gordon J.J., Leadbeater L.
The Prophylactic Use of 1-Methyl-2-hydroxyiminomethylpyridinium Methanesulfonate (P2S) in the Treatment of Organophosphate Poisoning
Toxicol. Appl. Pharmacol.; 40(1), S. 109 - 114 (1977)

[300] Holmstedt B.
Pharmacology of Organophosphorus Cholinesterase Inhibitors
Pharmacol. Rev.; 11, S. 567 - 688 (1959)

[301] Sidell F.R., Groff W.A.
Reactivatibility of Cholinesterase Inhibited by VX [S-(2-diisoprop-ylaminoethyl) O-ethylmethylphosphonothiolate] and Sarin in Man
Toxicol. Appl. Pharmacol.; 27(2), S. 241 - 252 (1974)

[302] Craig F.N., Cummings E.G., Sim V.M.
Environmental Temperature and the Percutaneous Absorption of aCholinesterase Inhibitor, VX
J. Invest. Dermatol.; 68(6), S. 357 - 361 (1977)

[303] Anonymus
Nerve Gases Unveiled
Chem. & Eng. News; 31(45), S. 4676 - 4678 (1953)

[304] Propker M., Pongracz M.J.B., Szabo J.L.J.
Pharmacological and Toxicological Studies with 1-Benzyl-3-(2,3-di-hydroxypropoxy)indazole
Arzneim.-Forsch.; 26(7), S. 1393 - 1397 (1976)

[305] Werner A.C.
Vapor Pressures of Phthalate Esters
Industrial and Engineering Chemistry; 44(11), S. 2736 - 2740 (1952)

[306] Curtis M.W., Copeland T.L., Ward C.H.
Acute Toxicity of 12 Industrial Chemicals to Freshwater and Saltwater Organisms
Water Research; 13, S. 137 - 141 (1979)

[307] Foucar F.H., Gordon B.
Death Following Ingestion of Ferrous Sulfate
Am. J. Clin. Path.; 18, S. 971 - 973 (1948)

[308] Hoppe J.O., Marcelli G.M.A., Tainter M.L.
A Review of the Toxicity of Iron Compounds
Am. J. Med. Sciences; 230, S. 558 - 571 (1955)

[309] BASF
Paliotol Gelb D 1819
DIN-Sicherheitsdatenblatt (8/90)
BASF Aktiengesellschaft
6700 Ludwigshafen

[310] Singh A.R., Lawrence W.H., Autian J.
Mutagenic and Antifertility Sensitivities of Mice to Di-2-ethyl-hexyl Phthalate (DEHP) and Dimethoxyethyl Phthalate (DMEP)
Toxicol. Appl. Pharmacol.; 29, S. 35 - 46 (1974)

[311] Marcel Y.L., Noel S.P.
Contamination of Blood stored in Plastic Packs
The Lancet; 1, S. 35 - 36 (1970)

[312] Kashyap S.K., Nigam S.K., Karnik A.B., Gupton R.C., Chatterjee S.K.
Carcinogenicity of DDT (Dichlorodiphenyltrichloroethane) in Pure In-bred Swiss Mice
Int. J. Cancer; 19(5), S. 725 - 729 (1977)

[313] Leyder F., Boulenger P.
Ultraviolet Adsorption, Aqueous Solubility, and Octanol-Water Partition for several Phthalates
Bull. Environ. Contam. Toxicol.; 30, S. 152 - 157 (1983)

[314] BASF
Neozapon Schwarz X 51
DIN-Sicherheitsdatenblatt (10/88)
BASF-Aktiengesellschaft
6700 Ludwigshafen

[315] BASF
Neozapon Gelb 081
DIN-Sicherheitsdatenblatt (2/89)
BASF-Aktiengesellschaft
6700 Ludwigshafen

[316] BASF
Neozapon Rot 346
DIN-Sicherheitsdatenblatt (5/89)
BASF-Aktiengesellschaft
6700 Ludwigshafen

[317] BASF
Neozapon Gelb 157
DIN-Sicherheitsdatenblatt (8/88)
BASF-Aktiengesellschaft
6700 Ludwigshafen

[318] BASF
Neozapon Gelb 141
DIN-Sicherheitsdatenblatt (5/89)
BASF-Aktiengesellschaft
6700 Ludwigshafen

[319] BASF
Neozapon Orange 245
DIN-Sicherheitsdatenblatt (3/89)
BASF-Aktiengesellschaft
6700 Ludwigshafen

[320] BASF
Neozapon Rot 335
DIN-Sicherheitsdatenblatt (3/89)
BASF-Aktiengesellschaft
6700 Ludwigshafen

[321] BASF
Neozapon Rot 355
DIN-Sicherheitsdatenblatt (5/89)
BASF-Aktiengesellschaft
6700 Ludwigshafen

[322] BASF
Neozapon Rot 365
DIN-Sicherheitsdatenblatt (5/89)
BASF-Aktiengesellschaft
6700 Ludwigshafen

[323] BASF
Neozapon Blau 807
DIN-Sicherheitsdatenblatt (9/88)
BASF-Aktiengesellschaft
6700 Ludwigshafen

[324] Ueberberg H., Bauer M., Eckenfels A., Lehmann H., Pappritz G., Serbedija R.
Tierexperimentelle Untersuchungen zu Verträglichkeit von NAB 365 (Clenbuterol)
Arzneim. Forsch.; 26(7a), S. 1420 - 1427 (1976)

[325] Zimmer A., Bücheler A.
Einmalapplikation, Mehrfachapplikation und Metabolitenmuster von Clenbuterol beim Menschen
Arzneim. Forsch.; 26(7a), S. 1446 - 1450

[326] Yankell S.L., Loux J.J.
Acute Toxicity Testing of Erythrosine and Sodium Fluoresceine in Mice and Rats
J. Periodontol.; 48(4), S. 228 - 231 (1977)

[327] Spector W.S. (Ed.)
Handbook of Toxicology Vol. 1
Saunders, Philadelphia 1956; S. 176 - 177, 182 - 183

[328] Engelhardt G.
Pharmakologisches Wirkungsprofil von NAB 365 (Clenbuterol), einem neuen Broncholytikum mit einer selektiven Wirkung auf die adrenergen ß(2)-Rezeptoren
Arzneim.-Forsch.; 26(7a), S. 1404 - 1420 (1976)

[329] Lehmann H.
Reproduktionstoxikologische Untersuchungen mit Clenbuterol (NAB 365)
Arzneim.-Forsch.; 26(7a), S. 1427 - 1430 (1976)

[330] Pfaender F.K., Alexander M.
Extensive Microbial Degradation of DDT in vitro and DDT Metabolismby Natural Communities
J. Agr. Food Chem.; 20(4), S. 842 - 846 (1972)

[331] Christensen H.E. (Ed.)
Toxic Substances List 1983
S. 381 ff.

[332] Bavin E.M., Rees R.J.W., Robson J.M., Seiler M., Seymour D.E., Suddaby D.
Tuberculostatic Activity of some Thiosemicarbazones
J. Pharm. and Pharmacol.; 2, S. 764 - 772 (1950)

[333] Cahen R.L., Tvede K.M.
Homatropine methylbromide; a Pharmacological Reevaluation
J. Pharmacol. Exptl. Therap.; 105, S. 166 - 177 (1952)

[334] Harrison J.W.E., Packmann E.W., Abbott D.D.
Acute Oral Toxicity and Chemical and Physical Properties of Arsenic Trioxides
Arch. Ind. Health; 17, S. 118 - 123 (1958)

[335] Bradley W.R., Fredrick W.G.
The Toxicity of Antimony - Animal Studies
Ind. Med. 10, Ind. Hyg. Sect. 2, S. 15 - 22 (1941)

[336] North W.C., Urbach K.F.
Effect of Alteration of Size of the Aromatic Dicarboxylic Acid Nucleus on Local Anethic Activity
J. Am. Pharm. Assoc. Sci. Ed.; 45, S. 382 - 385 (1956)

[337] Goldenthal E.I.
Compilation of LD 50 Values in Newborn and Adult Animals
Toxicol. Appl. Pharmacol.; 18(1), S. 185 - 207 (1971)

[338] National Printing Ink Research Institute
NPIRI Raw Materials Data Handbook
Volume 2: Plasticizers
National Printing Ink Research Institute
Lehigh University, Bethlehem, Pennsylvania 18015/USA 1974

[339] Goebel F., Giesen J., Koelzer P.
Therapeut. Umschau (Bern); 7(10), S. (1951)

[340] Jaeger R.J., Rubin R.J.
Migration of a Phthalate Ester Plasticizer from Polyvinyl Chloride Blood Bags into Stored Human Blood and its Localization in Human Tissues
N. Engl. J. Med.; 287(22), S. 1114 - 1118 (1972)

[341] Gormley I.P., Brown G.M., Cowie H., Wright A., Davis J.M.G.
The Effects of Fiber Length on the In Vitro Cytotoxicity of Asbestos Samples in Three Different Assay Systems
NATO ASI Series, Vol. G3
In Vitro Effects of Mineral Dusts (Ed. by E.G. Beck and J. Bignon)
Springer Verlag, Berlin 1984, S. 397 - 404

[342] Davis J.M.G., Bolton R.E., Cowie H., Donaldson K., Gormley I.P., Jones A.D., Wright A.
Comparisons of the Biological Effects of Mineral Fibre Samples Using In Vitro and In Vivo Assay Systems
NATO ASI Series, Vol. G3
In Vitro Effects of Mineral Dusts (Ed. by E.G. Beck and J. Bignon)
Springer Verlag, Berlin 1984, S. 404 - 411

[343] Tabak H.H., Quave S.A., Mashni C.I., Barth E.F.
Biodegradability Studies with Organic Priority Pollutant Compounds
J. Water Control Fed.; 53(10), S. 1503 - 1518 (1981)

[344] Gota K., Nota K., Maruyama H., Fujihira E., Nakazawa M.
Antiinflammatory Activities of Compounds Related to Anthranilic Acid
I. N-Phenylanthranilic acid Derivatives
Yakugaku Zasshi; 89(10), S. 1392 - 1400 (1969)
(J. Pharm. Soc. Japan)

[345] FDA
Updates Food Additives Status List to Feb. 15, 1979
FDA Inspection Operations Manual, March 26 (1979)

[346] Federation of American Societies for Experimental Biology (FASEB)
Select Committee on GRAS Substances
Evaluation on the Health Aspects of Tallow, Hydrogenated Tallow,Stearic Acid, and Calcium Stearate as Food Ingredients
FDA Contract 233-75-2004, Bethesda, MD, USA 1975

[347] Federation of American Societies for Experimental Biology (FASEB)Select Committee on GRAS Substances
Evaluation of the Health Aspects of Magnesium Salts as Food Ingredients
FDA Contract 223-75-2004, Bethesda, MD, USA 1976

[348] AVON Products
Submission of Data by Cosmetic, Toiletry and Fragrance Association (CTFA)
Unpublished Safety Data on the Lithium Stearate Group. Oral Toxicity
Avon Products, Jan. 16, 1973

[349] AVON Products
Submission of Data by Cosmetic, Toiletry and Fragrance Association (CTFA)
Unpublished Safety Data on the Lithium Stearate Group. Biological Evaluation Summary Report. Zinc Stearate
Avon Products, Dec. 22, 1976

[350] AVON Products
Submission of Data by Cosmetic, Toiletry and Fragrance Association (CTFA)
Unpublished Safety Data on the Lithium Stearate Group. Biological Evaluation Summary Report. Aluminium Stearate
AVON Products, June 16, 1978

[351] Penick S.B. et al.
Submission of Data by CTFA
Unpublished Safety Data on the Lithium Stearate Group. Bio-Toxicology Laboratories. Acute oral LD 50 Toxicity Study. Lithium Stearate
Aug. 3, 1976

[352] Penick S.B. et al.
Submission of Data by CTFA
Unpublished Data on the Lithium Stearate Group. Consumer ProductTesting Co., Inc. Final Report. Magnesium Stearate
Feb. 9, 1977

[353] Hagan E.C.
Acute Toxicity. Appraisal of the safety of Chemicals in Foods, Drugs, and Cosmetics
Association of Food and Drug Officials of the U.S., as compiled by the staff of the Div. of Pharmacology, Food and Drug Administration,
Dept. of Health, Education and Welfare, Austin, TX, 1959 S. 17 - 25

[354] Litchfield J.R., Wilcoxon F.
A Simplified Method of Evaluating Dose-effected Experiments
J. Pharmacol. Exptl. Therap.; 96, S. 99 - 113 (1949)

[355] Boyland E., Busby E.R., Dukes C.E., Grover P.L., Manson D.
Further Experiments on Implantation of Materials into the Urinary Bladder of Mice
Brit. J. Cancer; 18(3), S. 575 - 581 (1964)

[356] Schafer E.W., Bowles W.A., Hurlbut J.
The Acute Oral Toxicity, Repellency, and Hazard Potential of 998 Chemicals to One or More Species of Wild and Domestic Birds
Arch. Environm. Contam. Toxicol.; 12, S. 355 - 382 (1983)

[357] AVON Products
Submission of Data by Cosmetic, Toiletry and Fragrance Association (CTFA)
Unpublished Safety Data on the Lithium Stearate Group. Biological Evaluation Summary Report. Ammonium Stearate
AVON Products, March 27, 1975

[358] Penick S.B. et al.
Submission of Data by CTFA
Unpublished Safety Data on the Lithium Stearate Group Consumer Product Testing Co., Inc. Final Report. Zinc Stearate
Feb. 9, 1977

[359] Draize J.H., Woodard G., Calvery H.O.
Methods for the Study of Irritation and Toxicity of Substances, Applied Topically to the Skin and Mocous Membranes
J. Pharmacol.; 82, S. 377 - 390 (1944)

[360] AVON Products
Submission of Data by Cosmetic, Toiletry and Fragrance Association (CTFA)
Unpublished Safety Data on the Lithium Stearate Group. Skin Irritation
AVON Products, Jan. 4, 1973

[361] Draize J.H.
Dermal Toxicity. Appraisal of the Safety of Chemicals in Foods, Drugs, and Cosmetics Association of Food and Drug Officials in the U.S., compiled by the staff of the Div. of Pharmacology, Food and Drug Administration,
Dept. of Health, Education and Welfare, Austin, TX, 1959, S. 46 - 59

[362] AVON Products
Submission of Data by Cosmetic, Toiletry and Fragrance Association (CTFA)
Unpublished Safety Data on the Lithium Stearate Group: Draize EyeTest
AVON Products, Jan. 8, 1973

[363] Gottschewski G.H.M.
Can Carriers of Active Ingredients in Coated Tablets have Teratogenic Effects?
Arzneim. Forschung; 17, S. 1100 - 1103 (1967)

[364] Litton Bionetics
Mutagenic Evaluation of Compound FDA 75-33, Magnesium Stearate.
Report prepared under DHEW Contract No. FDA 223-74-2104, Kensington, MD, USA (1976)

[365] van Duuren B.L., Katz C., Shimkin M.B., Swern D., Wieder R.
Replication of Low-Level Carcinogenic Activity Bioassays
Cancer Res.; 32, S. 880 - 881 (1972)

[366] Szakall A., Schulz K.H.
Die Permeation von Fettalkohol-Sulfaten und Natriumseifen definierter Kettenlänge (C8 - C18) in die intakte menschliche Haut, ihr Zusammenhang mit den Reizwirkungen
Fette Seifen Anstrichm.; 62(3), S. 170 - 175 (1960)

[367] Luckins J.
Control of Solvent Emissions Printing Processes, Part 1
Professional Printer; 99(1), S. 14 - 19 (1975)

[368] Vernot E.H., MacEwen J.D., Haun C.C., Kinkead E.R.
Acute Toxicity and Skin Corrosion Data for some Organic and Inorganic Compounds and Aqueous Solutions
Toxicol. Appl. Pharmacol.; 42(2), S. 417 - 423 (1977)

[369] Bartsch W., Sponer G., Dietmann K., Fuchs G.
Acute Toxicity of various Solvents in the Mouse and Rat. LD 50 of Ethanol, Diethylacetamid, Dimethylformamid, Dimethylsulfoxid, Glycerine, N-Methylpyrrolidone, polyethylene, Glycol 400, 1,2-Propane-diol and Tween 20
Arzneim. Forsch.; 26(8), S. 1581 - 1583 (1976)

[370] Cullen W.R., Reimer K.J.
Arsenic Speciation in the Environment
Chem. Rev.; 89(4), S. 713 - 764 (1989)

[371] Archer J.R.
Explosion warning in print
Chem. Ind. News; 26, S. 205 (1948)

[372] Burgoyne F.H., Heston W.E., Hartwell J.L., Stewart H.L.
Cutaneous Melanin production in the Mouse by 5,9,10-Trimethyl,1,2-benzanthracene
Fed. Proc.; 8, S. 351 (1949)

[373] Smyth H.F., Carpenter C.P., Weil C.S., Pozzani U.C., Streigel J.A.
Range-finding Toxicity Data; List VI
Am. Ind. Hyg. Assoc. J.; 23(2), S. 95 - 108 (1962)

[374] Smyth H.F.
Toxicology of Industrial Chemicals
Arch. Environ. Health; 8(3), S. 384 - 392 (1964)

[375] Loomis T.A., Salafsky B.
Antidotal Action of Pyridinium Oximes in Anticholinesterase Poisoning; Comparative Effects of Soman, Sarin, and Neostigmine on Neuromuscular Function
Toxicol. Appl. Pharmacol.; 5(6), 685 - 701 (1963)

[376] Deichmann W.B., Withrup S.
Phenol Studies VI. Acute and Comparative Toxicity of Phenol and o-, m-, and p-Cresols for Experimental Animals
J. Pharmacol.; 80, S. 233 - 240 (1940)

[377] Anonymus
Hydrazobenzene
Dangerous Properties of Industrial Materials Report; 6(1),S. 61 - 68 (1986)

[378] Reichle A., Tengler H.
Methoden zur Bestimmung des Weichmacherübergangs aus Kunststoffenin Lebensmitteln
DLR; 64(5), S. 142 - 145 (1968)

[379] Pliss G.B.
On some Regular Relationships between Carcinogenicity of Aminodiphenyl Derivatives and the Structure of Substance
Acta Unio Internationalis Contra Cancrum; 19, S. 499 - 501 (1963)
(International Union against Cancer: Acta)

[380] Deichmann W.B.
The Toxicity of Chlorophenols for Rats
Fed. Proc.; 2, S. 76 - 77 (1943)

[381] Veith G.D., Macek K.J., Petrocelli S.R., Carroll J.
An Evaluation of Using Partition Coefficients and Water Solubility to Estimate Bioconcentration Factors for Organic Chemicals in Fish
in: Aquatic Toxicology
Eaton J.G. (Ed.)
U.S. Environmental Protection Agency
ASTM Special Technical Publication 707, US EPA 04-707000-16 (1980)

[382] Shiu W.Y., Mackay D.
A Critical Review of Aqueous Solubilities, Vapor Pressures, Henry's Law Constants, and Octanol-Water Partition Coefficients of the Polychlorinated Biphenyls
J. Phys. Chem. Ref. Data; 15(2), S. 911 - 929 (1986)

[383] Niemitz W., Trenel J. (Hrsg.)
Results of Ecotoxicological Testing of about 200 Selected Compounds
OECD Environment Committee/Chemicals Group
OECD Chemicals Testing Programme Ecotoxicology Group
Institut für Wasser-, Boden-, Lufthygiene des Bundesgesundheitsamtes
1000 Berlin 33

[384] Landesanstalt für Wasser und Abfall Nordrhein-Westfalen
Checkliste zu Beurteilung der Wassergefährlichkeit von Stoffen
KfW-Mitteilungen
Kuratorium für Wasserwirtschaft, Bonn-Bad Godesberg (Hrsg.), 3/1977

[385] Ellis M.M.
Detection and Measurement of Stream Pollution
U.S. Bur. Fisheries, Bull.; 22, S. 365 - 437 (1937)

[386] Ghosh T.K., Konar S.K.
Toxicity of Chemicals and Wastewaters of Paper and Pulp Mills to Worms, Plankton and Molluscs
Indian J. Environ. Hlth.; 22(4), S. 278 - 285 (1980)

[387] Fischer G.W., Riemer F., Grüttner S.
Reaktivität und Toxizität homologer Brom- und Dibromalkane
J. prakt. Chem.; 320(1), S. 133 - 139 (1978)

[388] Silvestrini B., Barcellona P.S., Garau A., Catanese B.
Toxicology of benzydamine
Toxicol. Appl. Pharmacol.; 10, S. 148 - 159 (1967)

[389] Anderson B.G.
The Toxicity Thresholds of Various Substances Found in Industrial Wastes as Determined by the Use of Daphnia Magna
Sewage Works J.; 16(6), S. 1156 - 1165 (1944)

[390] Anderson B.G.
Industrial Wastes
The Toxicity Thresholds of Various Sodium Salts Determined by the Use of Daphnia Magna
Sewage Works J.; 18(1), S. 82 - 87 (1946)

[391] Ames B.N., Durston W.E., Yamasaki E., Lee F.D.
Carcinogens are Mutagenes: A Simple Test System Combining Liver Homogenates for Activation and Bacteria Detection
Proc. Nat. Acad. Sci. USA; 70(8), S. 2281 - 2285 (1973)

[392] McCann J., Choi E., Yamasaki E., Ames B.N.
Detection of Carcinogens as Mutagens in the Salmonella/microsomeTest: Assay of 300 chemicals
Proc. Nat. Acad. Sci. USA; 72(12), S. 5135 - 5139 (1975)

[393] Levinskas G.J., Ribbelin W.E., Shaffer B.C.
Acute and Chronic Toxicity of Pimaricin
Toxicol. Appl. Pharmacol.; 8(1), S. 97 - 109 (1966)

[394] Kosenko H.M.
Parameters of Acute Toxicity of some Alkylbromides
Toksikol. Gig. Prod. Neftekhim. Neftekhim. Proizvod., Vses Konf., (Dokl.), 2nd 1971 (publ. 1972), S. 104 - 108
Zusammenfassung siehe Chemical Abstracts 80, 91722 (1974)

[395] Fischer G.W., Jentzsch R., Kasanzewa V.
Reaktivität und Toxizität cyclischer Schwefelsäureester
J. prakt. Chem.; 317(6), S. 943 - 952 (1975)

[396] Druckrey H., Kruse H., Preussmann R., Ivankovic S., Landschütz Ch.
Cancerogene alkylierende SubstanzenIII. Alkylhalogenide, -sulfate, -sulfonate und ringgespannte Heterocyclen
Z. Krebsforsch.; 74, S. 241 - 270 (1970)

[397] Benoit D.A.
Toxic Effects of Hexavalent Chromium on Brook Trout (Salvelinus fontinal and Rainbow Trout (Salmo gairdneri)
Duluth, MN: Environmental Research Laboratory, EPA 1976

[398] Obst U., Resch K., Feuerstein T.
Einfacher Toxizitätstest für Wasser und Abwasser auf biochemischer Basis
Vom Wasser; 65, S. 199 - 202 (1985)

[399] Krebs F.
Toxizitätstest mit gefriergetrockneten Leuchtbakterien
Gewässerschutz, Wasser, Abwasser; 63, S. 523 - 532 (1979)

[400] MacGregor D.C., Schönbaum E., Bigelow W.G.
Acute Toxicity Studies on Ethanol, Propanol, and Butanol
Can. J. Pysiol. Pharmacol.; 42(6), S. 689 - 696 (1964)

[401] Starling E.H.
The physiological action of alcohol
Practitioner; 113(4), S. 226 - 235 (1924)

[402] Vogel G., Lehmann H.
On the Acute Toxicity of Methanol
Med. Exptl.; 3, S. 268 - 271 (1960)

[403] Regierungspräsidium Stuttgart
Wasserbehörde, in Zusammenarbeit mit dem Umweltministerium
Interne Mitteilung 1988

[404] Bringmann G., Kühn R.
Grenzwerte der Schadwirkung wassergefährdender Stoffe gegen Blaualgen (Microcystis aeruginosa) und Grünalgen (Scenedesmus quadricauda) im Zellvermehrungshemmtest
Vom Wasser; 50, S. 45 - 60 (1978)

[405] Seinfeld J.H.
Atmospheric Chemistry and Physics of Air Pollution
John Wiley & Sons, New York 1985, S. 60 - 75

[406] Singh H.B., Salas L., Shigeishi H., Crawford A.
Urban-Nonurban Relationships of Halocarbons, SF(6), N(2)O and other Atmospheric Trace Constituents
Atmos. Environ.; 11, S. 819 - 828 (1977)

[407] Dilling W.L., Bredeweg C.J., Tefertiller N.B.
Organic Photochemistry: Simulated Atmospheric Photodecomposition Rates of Methylene Chloride, 1,1,1-Trichloroethane, Trichloro-ethylene, Tetrachloroethylene and Other Compounds
Environ. Sci. Technol.; 10, S. 351 - 356 (1976)

[408] Lunde G., Bjorseth A.
Polycyclic Aromatic Hydrocarbons in Long-Range Transported Aerosols
Nature; 268, S. 518 - 519 (1977)

[409] Gay B.W., Hanst P.L., Bufalini J.J., Noonan R.C.
Atmospheric Oxidation of Chlorinated Ethylenes
Environ. Sci. Technol.; 10, S. 58 - 67 (1976)

[410] Blau L., Guesten H.
Quantum yields of the Photodecomposition of Polynuclear Aromatic Hydrocarbons Adsorbed on Silica Gel
in: Polynuclear Aromatic Hydrocarbons: Physical and Biochemical Chemistry, S. 133 - 144
Cooke M., Dennis A.J., Fischer G.L. (eds.)
Batelle Press, Columbus (Ohio) and Springer Verlag New York 1982

[411] Hanssen M.
E = eßbar? Die E-Nummernliste der Lebensmittelzusatzstoffe
Hörnemann Verlag, Bonn 1985

[412] Hirzy J.W.
Carcinogenicity of General-Purpose Phthalates: Structure-Activity Relationships
Drug Metabolism Reviews; 21(1), S. 55 - 63 (1989)

[413] Toxicological Profile for Di(2-ethylhexyl)phthalate
Agency for Toxic Substances and Disease Registry, Atlanta, GA/U.S.
Environmental Protection Agency, Washington DC, December 1987

[414] Department of Transportation United States Coast Guard
CHRIS Hazardous Chemical Data, File 1 A-D, File 2 E-Z
Commandant Instruction M 16465
U.S. Coast Guard, Washington D.C. 20593, 12. October 1978

[415] Merck E.
Sicherheit im Labor Salze, Laugen, Ätzalkalien
Merck, Darmstadt 1, Deutschland (1990)

[416] Schafer E.W., Bowles W.A.
Acute Oral Toxicity and Repellency of 933 Chemicals to House and Deer Mice
Arch. Environm. Contam. Toxicol.; 14, S. 111 - 129 (1985)

[417] Karpe H.J., Schoppe U., Storp J.
Schwermetallbelastung von Fischen der unteren Ruhr
Bericht 1/84
Institut für Umweltforschung (INFU)
Universität Dortmund, 4600 Dortmund 50 (1984)

[418] Merck E.
Sicherheit im Labor Säuren
Merck, Darmstadt 1, Deutschland (1990)

[419] Thiericke R., Zeeck A.
Biosynthesis of manumycin: origin of the polyene chains - incorporation of (13C)acetate into manumycin, and determination of biosynthetic source of 13C side chain in Streptomyces parvullus
J. Antibiotics; 41(5), S. 694 - 696 (1988)

[420] Zähner H.
Einige Aspekte der Antibiotica-Forschung
Angew. Chemie; 89(10), S. 696 - 703 (1977)

[421] Buzzetti F., Gäumann E., Hütter R., Keller-Schierlein W., Neipp L., Prelog V., Zähner H.
Stoffwechselprodukte von Mikroorganismen: Manumycin
Pharm. Acta Helv.; 38, S. 871 - 874 (1963)

[422] Grindley J.
Toxicity to rainbow trout and minnows to some substances known to bepresent in waste water discharged to rivers
Ann. Appl. Biol.; 33, S. 103 - 112 (1946)

[423] Gleisberg D.
Phosphate und Umwelt
Chem. unserer Zeit; 22(6), S. 201 - 207 (1988)

[424] Malle K.-G.
Wie schmutzig ist die Nordsee?
Chem. unserer Zeit; 21(1), S. 9 - 16 (1988)

[425] Couillard D.
Évaluation de la Pollution et des Répercussions des Rejets des Industries des Pâtes et Papiers sur la Vie Aquatique
Sci. Total Environ.; 14(2), S. 167 - 184 (1980)

[426] Christensen H. E. (Ed)
Toxic Substances List (1974)
S. 765

[427] Hodge H. C., Maynard E. A., Blanchet H. J. Jr., Spencer H.C., Rowe V. K.
Toxicological Studies of o-Phenylphenol (Dowicide 1)
J. Pharmacol. Exp. Ther.; 104, S. 202 - 210 (1952)

[428] Doris V. Sweet
Registry of Toxic Effects of Chemical Substances
Microfiche edition (January 1987)
National Inst. of Occupational Safety and Health
Cincinnati, Ohio 45226 (1987)

[429] Cikryt P.
Die Gefährdung des Menschen durch Dioxin und verwandte Verbindungen
Nachr. Chem. Tech. Lab.; 39(6), S. 648 - 656 (1991)

[430] Bridié A.L., Wolff C.J.M., Winter M.
The acute Toxicity of some Petrochemicals to Goldfish
Water Research; Vol. 13, S. 623 - 626 (1979)

[431] Clayton G. D., Clayton F. E.
Patty's Industrial Hygiene and Toxicology
3rd. Ed., Vol. 2A
Wiley-Interscience, New York 1981; S. 2326

[432] Isomaa B., Bjondahl K.
Toxicity and Pharmacological Properties of surface-active Alkyltrimethylammonium Bromides in the Rat
Acta Pharmacol. Toxicol.; 47(1), S. 17 - 23 (1980)

[433] Cochran J. D., Mazur M., DuBois K. P.
Acute Toxicity of Zirconium, Columbium, Strontium, Lanthanium, Cesium, Tantalum and Yttrium
Arch. Ind. Hyg. Occup. Med. 1; S. 637 - 650 (1950)

[434] Smyth H. F. Jr., Carpenter C. P.
The Place of the Range-finding Test in the industrial Toxicology Laboratory
J. Ind. Hyg. Toxicol. 26; S. 269 - 273 (1944)

[435] Ambrose A. M.
Studies of the Physiological Effects of Sulfamic Acid and Ammonium Sulfamate
J. Ind. Hyg. Toxicol. 25; S. 26 - 28 (1943)

[436] Nishie K., Waiss A. C. Jr., Keyl A. C.
Toxicity of Methylimidazoles
Toxicol. Appl. Pharmacol. 14(2); S. 301 - 307 (1969)

[437] Druckrey H., Kruse H., Preussmann R., Ivankovic S., Landschütz Ch.
Cancerogene alkylierende SubstanzenIII. Alkyl-halogenide,- sulfate, -sulfonate und ringgespannte Heterocyclen
Z. Krebsforsch. 74(3); S. 241 - 270 (1970)

[438] n. n.
Verätzungen, Allergien und Krebs durch Polyesterharze in der Kunststoffindustrie
Arbeit & Ökologie-Briefe Nr. 11, S. 13 - 15 (1990);
Verlag der ökologischen Briefe;

[439] n. n.
ADEMA, D.M.M. Tests und desk studies carried out by MT-TNO during 1980-1981
Für ANNEX II of Marpol 1973 .DELFT, TNO 1982.
(REP.NO. CL82/14)

[440] n.n.
Maximale Arbeitsplatzkonzentrationen und Biologische Arbeitsstofftoleranzwerte 1991;
Mitteilung XXVII der Senatskommission zur Prüfung gesundheitsschädlicher Arbeitsstoffe;
DFG Deutsche Forschungsgemeinschaft
VCH Verlagsgesellschaft mbH, Weinheim, 1991

[441] n. n.
CAGAAK Canada Gazette Part II Ottawa Ontario Canada
1987 * 121 2304 1987

[442] Plunkett und E. R.
Handbook of industrial toxicology. Chemical Publishing CO., INC.,
New York 1976.

[443] n. n.
Code of Federal Regulations office of the Federal Register National Archives and Records Service , US Government Printing Office General Services
Administration Washington DC 20402 USA 21114, 1981.

[444] Ministerstvo Zdravooljrawenia
Orientirovochnye bezopanye urovni vozdeistvia (obuv) zagrazniai shchikh veshchestu v atmosfernom vozdukhe nasekennykh mest
(tentative safe exposur limits (Tsel) of contaminants in ambien air ofresidential areas)
Ministerstvo Zdravooljrawenia SSSR Moscow USSR 2947 -83 1983.

[445] Dreisbach RH.
Handbook of poisoning
Los Altos, Lange Medical Publications, 1983.

[446] NIOSH
Occupational diseases : A guide to their recognition U.S. Department of health, education and welfare.
NIOSH June, 1977.

[447] n. n.
Official Journal of the European Communities Commission of the European Comminities
Luxembourg L56 20 1987

[448] C. Schmegel
Struktur - Wirkungsuntersuchungen in der prospektiven Analyse von Umweltgefährdungen am Beispiel der Substanzklasse der Benzothiazole
Dissertation, Universität Bremen 1995

[449] Ministerstva Zdravotnictvi
Hygienicke Predpisy Ministerstva Zdravotnictvi CSR (Hygienic regulations ofministry of health of CSR)
Avicenum Malostranske Nam. 28 Praha 1 CS - 118 02 Czechoslovakia 42 1987.

[450] International labour office
Encyclopedia of occupational health and safety ILO
Geneva, 1983.

[451] World Health Organization Geneva Switzerland
Who food additives series
World Health Organization Geneva Switzerland 5 8, 1974.

[452] n. n.
PATTY'S industrial hygiene and toxicology: Theory andrationale of industrial hygiene practice.
Wiley - Interscience Publication, 1979.

[453] NIOSH/OSHA
Occupational health guidelines for chemical hazards U.S. Department of labor
DHHS (NIOSH) Publication N. 81 - 123, January 1981.

[454] Tayor. et al
Aquat. Toxicol., 7, 135-144, 1985.

[455] Ariyoshi T. et al
Bull. Envir. Contam. Toxicol., 44, 643-649, 1990.

[456] B. C. J. Zoetemann et al
Persistant organic pollutants in river water and groundwater of the Netherlands
Chemosphere, 9, 231, (1980).

[457] Reeves Al. Barium . In: Friberg L, Nordberg GF und Vouk V.
Handbook on the toxicology of metals
Amsterdam, Elsevier Science Publishers, 1986,
Vol II, PP 84-94.

[458] Ministerstvo Zdravookhraneniya SSSR
Predelno dopustimye kontsentratsii zagryaznyayushchikh ves chestv v atmosfernom vozdukhe naselennykh mest (Maximum allowable concentrations (MAC) of contaminants in the ambient air of residential areas)
Ministerstvo Zdravookhraneniya, SSSR Moscow USSR, 3086-84, 1984.

[459] MUNDA und I. M.
Commission intenationale pour l'exploration scientifique de la mer Mediterranée.
P. 727-731, Monaco C.I.E.S.M., 1985.

[460] International Agency for research on cancer
IARC Monographs on the evaluation of carcinogenic risks to humans: Overall evaluations of carcinogenicity
An updating of IARC Monographs Vol. 1 to 42 WHO-IARC. LYON, 1987.

[461] Martin und M. et al.
Mar. Pollut. Bull., 12, 305-308, 1981.

[462] n. n.
American Conference of Government Industrial Hygienists Cincinnati Pob 1937
Ohio 45201 USA 1987 - 88, 11.

[463] Institut Hygieny a Epidemiologie Srobarova
Acta hygienica, epidemologica et microbiologica
Institut Hygieny a Epidemiologie Srobarova 48 Praha 10 Czechoslovakia
Suppl. 6 1975.

[464] n.n.
Arbeitsschutz beim Plasmaspritzen
Deutscher Verband für Schweißtechnik e.V., Merkblatt DVS 2307 Teil 4 (Mai 1987);
Deutscher Verlag für Schweißtechnik (DVS), Düsseldorf

[465] Directoraat - Genaral van der Arbeid. Ministry of social affairs
Natinale MAC-Ljist (National MAC-List) Arbeidsinspectie, Directoraat-General van der Arbeid. 2270 MA Voorburgp. O . Box 69 The Netherlands 1986.

[466] Swedmark und M. et al.
Mar. Biol . 9, 183 - 201, 1971.

[467] Bariaud A. and Mestre J-C.
NVIRON Contam. toxicol. 32, 597-601, 1984.

[468] Palawski und D. et al.
Trans. AM. Fish. SOC., 114, 748-753, 1985.

[469] W. E. Coleman et al.
Identification of organic compounds in a mutagenic extract of a surface drinking water by a computerized gas chromatography/Mass spectrometry system
(GC/MS/COM). ENVIR. SCI. TECH., 14, 576, (1980).

[470] Denton und G. R. W. et al.
Chemy ecol., 1, 131, 1982.

[471] n. n.
Official Journal of the European Communities Commission of the European Communities Luxembourg, 149, 38, 1986.

[472] Eisler et al.
Water Res. 6, 1009-1027, 1972.

[473] Woelke C. E.
Tech. Rep. Wash. St. Dep. Fish. No. 9, 1972.

[474] Erickson und S. J. et al.
J. Wat. Pollut. Control Fed., 42, 329- 335, 1970.

[475] Wong P. T. S. et al.
Can. J. Fish. Aquat. Sci. 39, 483-488 1982: R34/37; S7/8/26.

[476] Saigbl Sangyo Igaku
Japanese Journal of Industrial Health. Japan Association of Industrial Health Bldg. 78, Shinjuku 1 - 29-8 Shinjuku-Ku Tokyo 160 Japan, 29 397-433, 1987.

[477] Commissariat general a la promotion du travail (Ministry of labour)
Threshold limit values (Valeurs limites tolerables)
Rue Belliard 53 Bruxelles B- 1040, Belgium 1984.

[478] Italian Assoc. Ind. Hygienists Italy
Valori limite ponderati
Data are extracted from Ilo occupational safety and health seriesnr. 37. Italy 1978.

[479] n. n.
Code of Federal Regulations Office of the Federal Register National Archives and Records Service, US Government Printing Office General Services Administration
Washington D.C. 20402, USA 2123 1981.

[480] D. (Ed.) Henschler
Gesundheitsschädliche Arbeitsstoffe Toxikoligisch-arbeitsmedizinische Begründung von MAK-Werten
Band 5 und Band 6
VCH Verlagsgesellschaft, Weinheim, 1992, 1 - 18. Lieferung

[481] MAK- und BAT-Werte-Liste;
Maximale Arbeitsplatzkonzentrationen und biologische Arbeitsstofftoleranzwerte
Deutsche Forschungsgemeinschaft - Senatskommission zur Prüfung gesundheitsschädlicher Arbeitsstoffe, Mitteilung 31
VCH, Weinheim, 1995

[482] n.n.
Material Safety Data Sheet 4-(N-ethyl-N-2-hydroxyethyl)-2-methylphenylenediamine sulfate
Eastman Kodak Company, Rochester, New York 14650, S. 1 - 8200000752/F/USA-F-0048.000I
Approval Date: 03/17/1993, Print Date: 03/20/1993

[483] n.n.
Material Safety Data Sheet 4-(N-ethyl-N-2-methanesulfonylaminoethyl)-2-methylphenylene-diaminesesquisulfate monohydrate
Eastman Kodak Company, Rochester, New York 14650, S. 1 - 8200000751/F/USA-F-0047.000G
Approval Date: 10/28/1992, Print Date: 10/31/1992

[484] Hommel G.
Handbuch der gefährlichen Güter
6. Auflage 1994
Springer-Verlag Berlin, Heidelberg, New York

[485] J.R.E. Jones
Fish and river pollution, Chapter 7 of "Aspects of river pollution"
Chapter 7 of "Aspects of river pollution" edited by L. Klein
London: Butterworth Scientific Publ. 1957

[486] n.n.
Katalog wassergefährdender Stoffe
Bekanntmachung des Bundesministers des Innern vom 1. März 1985 (GMBHI.S.175)

[487] A.M. et al. Bernhardt
Aquat. Toxicol., 7, 1-13, 1985

[488] J.H Canton und D.M.M Adema
Hydrobiologia, 59, 135-140 (1978)

[489] W. Sloof
Aquat. Toxicol. 4, 73-82 (1983)

[490] D.J. et al Call
J. Environ. Qual. 13, 493-498 (1984)

[491] J. et al Castritisi-Cathario
Revue Trav. Inst. Pech. Marit., 44, 355-364 (1980)

[492] D.M.M. Adema
Tests and desk studies carried out during 1982 by MT-TNO for ANN II of Mapol 1973
Delft, TNO, 1983; Rep.No. R 83/15

[493] K.R. Rao und P.J. Conklin
Biology of benthic marine organisms: Techniques and Methodes as applied to the indian ocean;
eds. Thompson, M.-F.; Sariojini, R.; Nagabhushanoam, R.;
p. 523-534; Rotterdam, A.A. Balkema (1986)

[494] B.-E. Bengtsson und M. Tarkpea
Mar. Pollut. Bull., 14, 213-214 (1983)

[495] Y. Hashimoto und Y Nishiuchi
Pesticide Chemistry: Human Welfare and the Environmental Proceedings of the 5th int. Congress of Pesticide Chemistry; Kyoto, Japan 1982
Volume 2; p.355-358; ed. Miyamoto, j. et al.;
Published in 1983 by IUPAC

[496] H.E. Christensen
Toxic Substance List (1972), S. 129

[497] Rosenfeld und Wallace
Arch. Ind. hyg. Occup. Med. 8 (1953), S. 466

[498] Morra C.F. et al
Organic Chemicals measured during 1978 in the River Rhine in the Netherlands
R.I.D. Mendeling 3 (2979)

[499] U.S. Department of Commerce
Niosh Manual of Analytical Methods Vol. 3, Page S 264-1 (Apr. 1977)

[500] T.M. Hellmann und F.H. Small
J. Air Pollut. Control Assoc. Vol. 24

[501] Walsh G.E. et al.
Chemosphere 14, 383-392 (1985)

[502] Niosh und Osha
Oxxupational Health Guidelines for Chemical Hazards
National Institute for Occupational Health and Safety
Center for Disease Control; USA (1978)

[503] Ahlers J., Beulshausen T., Diderich R., Maletzki D., Regelmann J., Riedhemmer C., Schwarz-Schulz B., Weber C.
Bewertung der Umweltgefährlichkeit ausgewählter Altstoffe durch das Umweltbundesamt, Teil II
Texte 38/96 Umweltbundesamt 1986

[504] International Labour Office
Encyclopedia of Occupational Health and Safety
ILO., Geneva (1989)

[505] Bundesanstalt für Arbeitsschutz (BAU)
Bekanntmachung der Liste der gefährlichen Stoffe und Zubereitungen nach §4A der Gefahrstoffverordnung
Wissenschaftsverlag NW, Verlag für neue Wissenschaft GmbH
Schriftenreihe der Bundesanstalt für Arbeitsschutz (1994)

[506] Shell Chemicals
Isopropylalkohol
EG-Sicherheitsdatenblatt 4/95,
Deutsche Shell Chemie GmbH, Eschborn

[507] World Health Organization
The WHO recommended classification of pesticides by hazard guidelines classification
Pesticide development and safe use unit division of vector biology and control, WHO, Geneva (1986-1987)

[508] L. Parmeggiana
ECDIN Toxicological Data Projekt
Study Contract N. 1490-85-03-ED-ISP-CH
Occupational Health Institute, University of Geneva (1985)

[509] n.n.
Organismen- und Stoffliste 3.1
Landesanstalt für Immissionsschutz NRW, Wallneyer Str. 6, 45133 Essen (LIS) (7/1993)

[510] LEMRO Chemieprodukte
DBE-4 Dicarbonsäureester
Sicherheitsdatenblatt 1/95
LEMRO Chemieprodukte Michael Mrozyk KG, Grevenbroich,

[511] Hoechst
Dimethylacrylsäure
Sicherheitsdatenblatt 5/93
Hoechst AG Frankfurt,

[512] THOR Chemie GmbH
Algon P-Pulver
EG-Sicherheitsdatenblatt 1/94
THOR Chemie GmbH, Speyer,

[513] Bergvik Kemi
Bevitack 210
Sicherheitsdatenblatt Bevitack 210 8/94,
Bergvick Kemi, Sandarne, Schweden

[514] Ciba Additive
Uvitex OB
Sicherheitsdatenblatt 4/94,
Ciba Additive GmbH, Frankfurt a. M.

[515] Angus
AMPD
Sicherheitsdatenblatt 4/93,
Angus Chemie GmbH, Ibbenfüren

[516] Angus
Comso 101-X
Sicherheitsdatenblatt 2/95,
Angus Chemie GmbH, Ibbenbüren

[517] Neste Chemicals
n-Butyraldehyd
Sicherheitsdatenblatt 12/94,
NESTE OXO AB, Stenungsund, Schweden

[518] Neste Chemicals
n-Butanol
Sicherheitsdatenblatt 8/94,
NESTE OXO AG, Stenungsund, Schweden

[519] Neste Chemicals
2-Ethylhexanol (2-EH)
Sicherheitsdatenblatt 8/94,
NESTE OXO AG, Stenungsund, Schweden

[520] Neste Chemicals
Isobutyraldehyd
Sicherheitsdatenblatt 12/94,
NESTE OXO AB, Stenungsund, Schweden

[521] Neste Chemicals
Isobutanol
Sicherheitsdatenblatt 8/94,
NESTE OXO AB, Stenungsund, Schweden

[522] Hoechst
Chloracetamid
EG-Sicherheitsdatenblatt 3/93,
Hoechst AG, Frankfurt a. M.

[523] Dow Deutschland Inc.
Ethylenglycol
EG-Sicherheitsdatenblatt 5/95,
Dow Deutschland Inc., Rheinmünster

[524] Air Products
Surfynol 61 Surfactant
Sicherheitsdatenblatt 8/94,
Air Products, Utrecht, Nederland

[525] Dow Deutschland
Propylen Glycol Industrial
EG-Sicherheitsdatenblatt 5/95,
Dow Deutschland Inc., Schwalbach

[526] Shell Chemicals
Shell Solvent 2831
EG-Sicherheitsdatenblatt 2/95,
Deutsche Shell Chemie GmbH, Eschborn

[527] Shell Chemicals
Diacetonalkohol
EG-Sicherheitsdatenblatt 1/95,
Deutsche Shell Chemie GmbH, Eschborn

[528] Shell Chemicals
Butyldiglycol
EG-Sicherheitsdatenblatt 4/94,
Deutsche Shell GmbH, Eschborn

[529] Shell Chemicals
Toluol
EG-Sicherheitsdatenblatt 4/95,
Deutsche Shell GmbH, Eschborn

[530] Shell Chemicals
Methylisobutylcarbinol
EG-Sicherheitsdatenblatt 1/95,
Deutsche Shell GmbH, Eschborn

[531] Shell Chemicals
Hexylenglykol
EG-Sicherheitsdatenblatt 1/95,
Deutsche Shell GmbH, Eschborn

[532] EXXON
Solvesso 200
Sicherheitsdatenblatt 5/95,
Deutsche Exxon Chemical GmbH, Köln

[533] SKW
Dyhard UR 300
Sicherheitsdatenblatt 1/94,
SKW Trostberg AG, Trostberg

[534] SKW
Dyhard MI
Sicherheitsdatenblatt 1/94,
SKW Trostberg AG, Trostberg

[535] Rhone-Poulenc
Ethylacetat
EG-Sicherheitsdatenblatt 8/94,
Rhone-Poulenc, GmbH, Frankfurt a. M.

[536] Rhone-Poulenc GmbH
Butylacetat
EG-Sicherheitsdatenblatt 5/94,
Rhone Poulenc GmbH, Frankfurt a. M.

[537] Monsanto
Santiciser 261
Sicherheitsdatenblatt,
Monsanto, Düsseldorf

[538] BASF
Ultramarinblau L 6308
DIN-Sicherheitsdatenblatt 6/88,
BASF AG, Ludwigshafen

[539] n.n.
2-Mercaptobenzothiazol und Salze
BUA-Stoffbericht 74, Beratergremium für umweltrelevante Altstoffe (BUA) der Gesellschaft Deutscher Chemiker, VCH, Weinheim (1991)

[540] Heubach
Heudocur-Gelb 251, 252, 254, 255, 256, 259, 262
Sicherheitsdatenblatt 10/94,
Heubach GmbH, Langelsheim

[541] Hüls
Witamol 207
DIN-Sicherheitsdatenblatt 2/95,
Hüls AG, Marl

[542] ISP
Surfadone LP-100
EG-Sicherheitsdatenblatt 3/94,
ISP Global Technologies GmbH, Frechen

[543] ISP
HEP
DIN-Sicherheitsdatenblatt 7/92,
ISP Global Technologies GmbH, Frechen

[544] Grillo Zinkoxid
Zinkoxid 2011
Sicherheitsdatenblatt 5/93,
Grillo Zinkoxid GmbH, Goslar

[545] Hoechst
Depanol I
EG-Sicherheitsdatenblatt 10/94,
Hoechst AG, Frankfurt a. M.

[546] Herberts Polymer Powders
Coatylene
EG-Sicherheitsdatenblatt 6/94,
Herberts Polymer Powders, Bulle, Schweiz

[547] n.n.
Anilin
BUA-Stoffbericht 171, Beratergremium für umweltrelevante Altstoffe (BUA) der Gesellschaft Deutscher Chemiker, Hirzel, Stuttgart (1995)

[548] Cabot
CAB-O-SIL TS-720
Sicherheitsdatenblatt 8/93,
Cabot GmbH, Hanau

[549] ciba
Tinuvin 144
Sicherheitsdatenblatt 1/95,
ciba Additive GmbH, Bensheim

[550] EXXON
Jayflex 911-Z
Sicherheitsdatenblatt 11/94,
Deutsche EXXON Chemicals GmbH, Köln

[551] Heubach und Lindgens
Lindstab HLC 1 B Bleicarbonat
Sicherheitsdatenblatt 3/94,
Heubach & Lindgens, Köln

[552]
HEUCO Blau 501510
Sicherheitsdatenblatt 3/95,
Dr. Hans Heubach GmbH & Co. KG, Langelsheim

[559] Hoechst
Ceridust
EG-Sicherheitsdatenblatt 94,
Hoechst AG, Frankfurt a.M.

[560] Sichler
Pottasche
EG-Sicherheitsdatenblatt 11/93,
Sichler Chemikalien, Braunschweig

[561] Flexsys
Santovar TAHQ
Sicherheitsdatenblatt 10/96;
Flexsys Additive für die Kautschuk Industrie, Düren

[562] Flexsys
Santowhite BBMC
Sicherheitsdatenblatt 10/96;
Flexsys Additive für die Kautschuk Industrie, Düren

[563] Flexsys
Santocure TBBS
Sicherheitsdatenblatt 10/96;
Flexsys GmbH & Co. KG, Düren

[564] Flexsys
Santonox TBMC
Sicherheitsdatenblatt 10/96;
Flexsys GmbH & Co KG, Düren

[565] Akzo Nobel
Perkalink 300 J
Sicherheitsdatenblatt 6/96;
Flexsys GmbH & Co KG, Düren

[566] Krahn Chemie
Robac TETD
Sicherheitsdatenblatt 6/95,
Krahn Chemie GmbH, Hamburg

[567] Göbel + Pfrengle
Ekaland DPG
Sicherheitsdatenblatt 7/94;
Göbel + Pfrengle GmbH, Bingen

[568] n.n.
N-Phenyl-1-naphtylamin
BUA-Stoffbericht 113, Beratergremium für umweltrelevante Altstoffe (BUA) der Gesellschaft Deutscher Chemiker, VCH, Weinheim (1993)

[569] n.n.
N,N'-Diphenylguanidin
BUA-Stoffbericht 96, Beratergremium für umweltrelevante Altstoffe (BUA) der Gesellschaft Deutscher Chemiker, VCH, Weinheim (1992)

[570] n.n.
Persönliche Mitteilung
Beratergremium für umweltrelevante Altstoffe (BUA) der Gesellschaft Deutscher Chemiker, VCH, Weinheim (1996)

[571] n.n.
Persönliche Mitteilung
Beratergremium für umweltrelevante Altstoffe (BUA) der Gesellschaft Deutscher Chemiker, VCH, Weinheim (1996)

[572] n.n.
2,2'-Dithiobisbenzothiazol (Mercaptobenzothiazoldisulfid)
BUA-Stoffbericht 126, Beratergremium für umweltrelevante Altstoffe (BUA) der Gesellschaft Deutscher Chemiker, VCH, Weinheim (1993)

[573] Falbe J., Regitz M.
Römpp Chemie Lexikon, 9. Ausgabe
Georg Thieme Verlag Stuttgart - New York (1995)
ISBN 3-13-102759-2

[574] n.n.
Ethylendiamintetraessigsäure/Tetranatriumethylendiamintetraacetat
BUA-Stoffbericht 168, Beratergremium für Umweltrelevante Altstoffe (BUA) der Gesellschaft Deutscher Chemiker, VCH, Weinheim (1995)

[575] n.n.
Acetessigsäureethylester; Aceton
BUA-Stoffbericht 169-170, Beratergremium für umweltrelevante Altstoffe (BUA) der Gesellschaft Deutscher Chemiker, VCH, Weinheim (1995)

[576] n.n.
1,2-Dichlormethan
BUA-Stoffbericht 163, Beratergremium für umweltrelevante Altstoffe (BUA) der Gesellschaft Deutscher Chemiker, VCH, Weinheim (1994)

[577] n.n.
Diethanolamin
BUA-Stoffbericht 158, Beratergremium für umweltrelevante Altstoffe (BUA) der Gesellschaft Deutscher Chemiker, VCH, Weinheim (1994)

[578] n.n.
4-Aminodiphenylamin
BUA-Stoffbericht 131, Beratergremium für umweltrelevante Altstoffe (BUA) der Gesellschaft Deutscher Chemiker, VCH, Weinheim (1993)

[579] n.n.
Tetrachlorethen (PER)
BUA-Stoffbericht 139, Beratergremium für umweltrelevante Altstoffe (BUA) der Gesellschaft Deutscher Chemiker, VCH, Weinheim (1993)

[580] n.n.
1,2-Dichlorpropan
BUA-Stoffbericht 155, Beratergremium für umweltrelevante Altstoffe (BUA) der Gesellschaft Deutscher Chemiker, VCH, Weinheim (1994)

[581] Taimr L., Pospisil J.
Antioxidants and Stabilizers, 103
Angew. Makromol Chem., 149 (1987), S. 119-127

[582] n.n
Diethylphthalat
BUA-Stoffbericht 104, Beratergremium für umweltrelevante Altstoffe (BUA) der Gesellschaft Deutscher Chemiker, VCH, Weinheim (1992)

[583] n.n.
Resorcin (1,3-Dihydroxybenzol)
BUA-Stoffbericht 99, Beratergremium für umweltrelevante Altstoffe (BUA) der Gesellschaft Deutscher Chemiker, VCH, Weinheim (1993)

[584] n.n.
Chloroform
BUA-Stoffbericht 1, Beratergremium für umweltrelevante Altstoffe (BUA) der Gesellschaft Deutscher Chemiker, VCH, Weinheim (1985)

[585] n.n.
Di(2-ethylhexyl)phthalat
BUA-Stoffbericht 4, Beratergremium für umweltrelevante Altstoffe (BUA) der Gesellschaft Deutscher Chemiker, VCH, Weinheim (1986)

[586] n.n.
Dibutylphthalat
BUA-Stoffbericht 22, Beratergremium für umweltrelevante Altstoffe (BUA) der Gesellschaft Deutscher Chemiker, VCH, Weinheim (1987)

[587] n.n.
Dichlormethan
BUA-Stoffbericht 6, Beratergremium für umweltrelevante Altstoffe (BUA) der Gesellschaft Deutscher Chemiker, VCH, Weinheim (1986)

[588] n.n.
Chlortoluole
BUA-Stoffbericht 38, Beratergremium für umweltrelevante Altstoffe (BUA) der Gesellschaft Deutscher Chemiker, VCH, Weinheim (1989)

[589] n.n.
Tetrachlormethan
BUA-Stoffbericht 45, Beratergremium für umweltrelevante Altstoffe (BUA) der Gesellschaft Deutscher Chemiker, VCH, Weinheim (1990)

[590] n.n.
Chlortoluidine (Chlormethylaniline)
BUA-Stoffbericht 55, Beratergremium für umweltrelevante Altstoffe (BUA) der Gesellschaft Deutscher Chemiker, VCH, Weinheim (1991)

[591] n.n.
4,4'-Methylendianilin (Bis(4-aminophenyl)methan)
BUA-Stoffbericht 132, Beratergremium für umweltrelevante Altstoffe (BUA) der Gesellschaft Deutscher Chemiker, VCH, Weinheim (1993)

[592] n.n.
o.-Dichlorbenzol (1,2-Dichlorbenzol)
BUA-Stoffbericht 53, Beratergremium für umweltrelevante Altstoffe (BUA) der Gesellschaft Deutscher Chemiker, VCH, Weinheim (1990)

[593] n.n.
Chlorbenzol
BUA-Stoffbericht 54, Beratergremium für umweltrelevante Altstoffe (BUA) der Gesellschaft Deutscher Chemiker, VCH, Weinheim (1990)

[594] n.n.
Benzol
BUA-Stoffbericht 24, Beratergremium für umweltrelevante Altstoffe (BUA) der Gesellschaft Deutscher Chemiker, VCH, Weinheim (1988)

[595] n.n.
Butylhydroxytoluol (2,6-Bis(1,1-dimethylethyl)-4-methylphenol)
BUA-Stoffbericht 58, Beratergremium für umweltrelevante Altstoffe (BUA) der Gesellschaft Deutscher Chemiker, VCH, Weinheim (1991)

[596] n.n.
1,4-Dioxan
BUA-Stoffbericht 80, Beratergremium für umweltrelevante Altstoffe (BUA) der Gesellschaft Deutscher Chemiker, VCH, Weinheim (1991)

[597] n.n.
Schwefelkohlenstoff (Kohlenstoffdisulfid)
BUA-Stoffbericht 83, Beratergremium für umweltrelevante Altstoffe (BUA) der Gesellschaft Deutscher Chemiker, VCH, Weinheim (1991)

[598] n.n.
Trichlorethen
BUA-Stoffbericht 95, Beratergremium für umweltrelevante Altstoffe (BUA) der Gesellschaft Deutscher Chemiker, VCH, Weinheim (1991)

[599] n.n.
Triethylentetramin
BUA-Stoffbericht 89, Beratergremium für umweltrelevante Altstoffe (BUA) der Gesellschaft Deutscher Chemiker, VCH, Weinheim (1992)

[600] n.n.
Harnstoff; Isobutylidendiharnstoff; Kaliumamylxanthal; Kaliumisobutylxanthat
BUA-Stoffbericht 76-79, Beratergremium für umweltrelevante Altstoffe (BUA) der Gesellschaft Deutscher Chemiker, VCH, Weinheim (1992)

[601] n.n.
Ameisensäure, Formiate; Diglykol-bis-chloroformiat
BUA-Stoffbericht 81-82, Beratergremium für umweltrelevante Altstoffe (BUA) der Gesellschaft Deutscher Chemiker, VCH, Weinheim (1992)

[602] n.n
Glutarsäure; Dicarbonsäuregemisch; Cyclohexanon
BUA-Stoffbericht 136-138, Beratergremium für umweltrelevante Altstoffe (BUA) der Gesellschaft Deutscher Chemiker, VCH, Weinheim (1994)

[603] n.n.
1,3-Dinitrobenzol
BUA-Stoffbericht 102, Beratergremium für umweltrelevante Altstoffe (BUA) der Gesellschaft Deutscher Chemiker, VCH, Weinheim (1992)

[604] n.n.
Hexamethylendiisocyanat
BUA-Stoffbericht 112, Beratergremium für umweltrelevante Altstoffe (BUA) der Gesellschaft Deutscher Chemiker, VCH, Weinheim (1993)

[605] n.n.
Phenylhydrazin
BUA-Stoffbericht 120, Beratergremium für umweltrelevante Altstoffe (BUA) der Gesellschaft Deutscher Chemiker, VCH, Weinheim (1993)

[606] n.n.
Tetramethylplumban; Tetraethylplumban
BUA-Stoffbericht 130, Beratergremium für umweltrelevante Altstoffe (BUA) der Gesellschaft Deutscher Chemiker, VCH, Weinheim (1994)

[607] n.n.
Toxicity and safe handling of rubber chemicals - B.R.M.A. code of 1985
British Rubber Manufacturer's Association, 2. Auflage, White and Farell Ltd., 1985

[608] Ahlers J., Beulshausen T., Diderich R., Maletzki D., Regelmann J., Riedhammer C., Schwarz-Schulz B., Weber C.
Bewertung der umweltgefährlichkeit ausgewählter Altstoffe durch das Umweltbundesamt Teil II
Umweltbundesamt, Berlin; Fachgebiet IV 1.2, Dr. Beatrice Schwarz-Schulz (5/1996)

[609] n.n.
Blue Book 1995
Rubber World Magazine, Lippincott & Peto Inc., Akron, Ohio

[610] n.n.
Rubber Doc
Sablowski Datacon GmbH, K arlsruhe (1996)

[612] n.n
Di(2-ethylhexyl)phosphat/Tri(2-ethylhexyl)phosphat
BUA-Stoffbericht 172, Beratergremium für umweltrelevante Altstoffe (BUA) der Gesellschaft Deutscher Chemiker, VCH, Weinheim (1996)

[613] n.n.
Morpholin
BUA-Stoffbericht 56, Beratergremium für umweltrelevante Altstoffe (BUA) der Gesellschaft Deutscher Chemiker, VCH, Weinheim (1990)

[614] Göbel + Pfrengle
Ekaland CBS-c
Sicherheitsdatenblatt 2/95;
Göbel + Pfrengle GmbH, Bingen

[615] Göbel + Pfrengle
Ekaland DOTG-c
Sicherheitsdatenblatt 1/95;
Göbel + Pfrengle GmbH, Bingen

[616] Göbel + Pfrengle
Ekaland MBS
Sicherheitsdatenblatt 1/95;
Göbel + Pfrengle GmbH, Bingen

[617] Göbel + Pfrengle
Ekaland DTDM PD
Sicherheitsdatenblatt 1/96;
Göbel + Pfrengle GmbH, Bingen

[618] Krahn Chemie
Robac DETU
Sicherheitsdatenblatt 91;
Krahn Chemie GmbH, Hamburg

[619] Krahn Chemie
Plasthall DBS
Sicherheitsdatenblatt 91;
Krahn Chemie GmbH, Hamburg

[620] Peroxid-Chemie
DTBP
Sicherheitsdatenblatt 11/95,
Peroxid-Chemie GmbH, Pullach

[621] Peroxid-Chemie
DHBP
Sicherheitsdatenblatt, 3/94,
Peroxid-Chemie, Pullach

[622] Pergan
Peroxan DB
Sicherheitsdatenblatt 5/95,
Pergan GmbH, Bocholt

[623] Pergan
Peroxan HX
Sicherheitsdatenblatt 7/94,
Pergan GmbH, Bocholt

[624] Raschig
Ralox 64
Sicherheitsdatenblatt 4/96,
Raschig AG, Ludwigshafen

[625] Raschig
Ralox BHT food grade
Sicherheitsdatenblatt 4/96,
Raschig AG, Ludwigshafen

[626] Krahn
Robac ZDBC OTD
Sicherheitsdatenblatt 6/95,
Krahn Chemie GmbH, Hamburg

[627] Krahn
Robac ZDMC OT
Sicherheitsdatenblatt 7/95,
Krahn Chemie GmbH, Hamburg

[628] Reverte
Microcarb 60 T
Sicherheitsdatenblatt,
Reverte Mineralprodukte GmbH, Köln

[633] Heubach
Zinkweiß Harzsiegel Stand. CF, UF, F, GR, CF/GR
Sicherheitsdatenblatt 12/94,
Heubach GmbH & Co. KG, Langelsheim

Anhang IX

Analysemethoden zur Untersuchung von Reifenproben

ATR-FT-IR-Spektroskopie zur qualitativen Polymerbestimmung

Zur qualitativen Polymercharakterisierung wird u.a. die IR-Spektroskopie mit einer speziellen Variante, der abgeschwächten Totalreflexion (ATR), angewandt.

Eine ebene Schnittfläche des Probenmaterials wird auf die seitlichen Flächen eines Germanium-Kristalls gepreßt. Der Infrarotstrahl eines FT-IR-Spektrometers wird durch die Stirnseite des Kristalls auf die Probenoberfläche geführt, wobei die Strahlung geringfügig in die Oberfläche des Probenmaterials eindringt und Atomgruppierungen zu Schwingungen anregt. Vom reflektierten (abgeschwächten) Strahl läßt sich folglich, entsprechend der von Molekülen und Atomgruppierungen aufgenommenen Energie, ein Absorptionsspektrum registrieren. Dieses ist durch Banden (Signale) gekennzeichnet, die in Lage und Intensität für bestimmte Atomgruppierungen charakteristisch sind.
Die Spektren werden jeweils an einer ebenen Schnittfläche im Inneren der Materialien aufgenommen, um den Einfluß von Verunreinigungen bzw. Behandlungen an den Probenoberflächen für die Spektrenaufnahme auszuschließen.

Die Auswertung der Spektren erfolgt durch Interpretation bzw. mit Hilfe von Vergleichsspektren.

Differentialleistungskalorimetrie (DSC)

Mit der DSC werden Wärmeumsätze in Abhängigkeit von der Temperatur aufgenommen und die auftretenden Zustandsänderungen, wie z.B. Glasübergänge (Tg), als Stufe im Thermogramm registriert.
Um den Einfluß von Weichmachern auf die Glasübergangstemperatur auszuschließen, wird für die DSC-Messung extrahiertes Material verwendet.

Die extrahierten Proben werden in einem Temperaturbereich von -100 °C bis +100 °C untersucht.

Thermogravimetrische Analyse (TGA)

Mit der thermogravimetrischen Analyse werden die Proben in erster Linie bezüglich ihrer quantitativen Zusammensetzung untersucht. Der Kurvenverlauf des Thermogramms sowie die Zersetzungstemperaturen ermöglichen begrenzte qualitative Aussagen.

Das Probenmaterial wird bei definierter Einwaage einem kontrollierten Temperaturprogramm unterworfen. In dem Thermogramm wird ein Gewichtsverlust der Probe in Abhängigkeit von der Temperatur registriert, wobei die Analyse bis ca. 500 C unter einem Stickstoffstrom und oberhalb von 500 °C in Gegenwart von synthetischer Luft durchgeführt

wird. Im unteren Temperaturbereich bis ca. 300 °C wird der Anteil flüchtiger und niedermolekularer Bestandteile, zwischen 300 °C und 550 °C der Anteil Polymer, zwischen 550 °C und 650 °C der Anteil Ruß, um 670 °C der Anteil Kreide (Kohlendioxidabspaltung) und oberhalb dieser Temperatur der Glührückstand registriert.

Der Glührückstand besteht im wesentlichen aus Metalloxiden und Mineralien und ist damit ein Maß für den Anteil heller Füllstoffe.

Extraktion

Die Extraktion wird zur Bestimmung der Summe extrahierbarer Inhaltsstoffe angewandt.

Die Bestimmung der Summe der extrahierbaren Bestandteile erfolgt durch Extraktion mit Dichlormethan über einen Zeitraum von 20 Stunden im Soxhlet.
Das zerkleinerte Material wird nach genauer Einwaage extrahiert und das extrahierte Material nach vollständigem Verdampfen des Extraktionsmittels zurückgewogen. Aus der Gewichtsdifferenz ergibt sich die Summe der extrahierbaren Stoffe.

Extraktanalyse mittels Flüssigchromatographie (LC)

Die zur Bestimmung der Summe extrahierbarer Bestandteile hergestellten Dichlormethan-Extrakte werden mittels Flüssigchromatographie auf Kieselgel mit zwei Eluenten steigender Polarität (n-Heptan, Methanol) in zwei Fraktionen getrennt.
Die Heptan-Fraktion enthält gesättigte Kohlenwasserstoffe, deren Anteil gravimetrisch ermittelt wird. In der Methanolfraktion liegen polare Verbindungen vor, die IR-spektroskopisch und mittels GC-MS analysiert werden.

FT-IR-Spektroskopie

Die quantitative Bestimmung der aromatischen Weichmacherbestandteile erfolgt aus dem Rückstand der Methanolfraktion des Extraktes mittels FT-IR-Spektroskopie, nachdem die aminischen Alterungsschutzmittel mit Salzsäure extrahiert wurden. Für die Quantifizierung wird die Methode des externen Standards eingesetzt, wobei das Mineralöl „Ingralen 450" (Hersteller: Fuchs) verwendet wird. Dieser Standard wird analog dem Extrakt behandelt.

Gaschromatographie-Massenspektrometrie (GC-MS)

Aus den Methanol-Fraktionen der Extrakte der flüssigchromatographischen Trennung erfolgt die qualitative Analyse bezüglich Alterungsschutzmittel, Verarbeitungshilfsmitteln und Reaktionsprodukten des Vernetzungssystems mittels Gaschromatographie und Massenspektrometrie (GC-MS). Die Analyse wird unter Anwendung der folgenden Parameter durchgeführt:

GC:	HP 5890 Serie II
Detektor:	HP-Massenselektiver Detektor
Säule:	60 m Kapillarsäule DB5
Injektortemperatur:	250 °C
Säulentemperatur:	40 °C, Heizrate 10 °C/Min, 280 °C isotherm

Trägergas: Helium, 1,5 bar Vordruck

Die Auswertung der Massenspektren erfolgt mittels Vergleichsspektren, Spektrenbibliothek und Standards.

Head-space-GC-MS-Kopplung zur Analyse der Beschleuniger

Mit Hilfe der Head-Space-Probenaufgabe lassen sich flüchtige Bestandteile einer schwerflüchtigen Matrix gaschromatographisch bestimmen, indem das Probenmaterial in einem verschlossenen Probengläschen erhitzt wird (bis max. 150 °C) und eine gasförmige Probe aus dem Dampfraum über der Matrix in das gaschromatographische System injiziert wird.

Zur Bestimmung von flüchtigen Reaktionsprodukten der eingesetzten Beschleuniger und Verarbeitungshilfsmittel werden die oben angegeben Parameter benutzt.

Konduktometrie zur Bestimmung des Schwefelgehaltes

Die Schwefelbestimmung wird jeweils an extrahiertem und nicht extrahiertem Material durchgeführt. Das Material wird unter Sauerstoffüberschuß bei ca. 1000 °C verbrannt und die entstehenden gasförmigen Oxide in einer Lösung absorbiert. Das in der Lösung gebildete Sulfat wird konduktometrisch quantifiziert und daraus der jeweilige Schwefelgehalt der Probe ermittelt.

Aus der Differenz des Schwefelgehalts des nicht extrahierten und des extrahierten Materials ergibt sich unter Berücksichtigung der Summe der extrahierbaren Bestandteile der Anteil des ungebundenen Schwefels.

Atomabsorptionsspektroskopie (AAS) zur Analyse mineralischer Bestandteile

Zur Bestimmung mineralischer Bestandteile wird die Probe verascht und bei 850 °C geglüht.

Die Bestimmung des Zinkgehaltes wird mittels Atomabsorptionsspektroskopie aus der Asche durchgeführt.

Identifizierung von niedermolekularen Bestandteilen

Niedermolekulare Bestandteile werden aus dem Methanol-Extrakt mittels GC-MS und aus dem Originalmaterial mittels Head-Space-GC-MS bestimmt.

GPSR Compliance

The European Union's (EU) General Product Safety Regulation (GPSR) is a set of rules that requires consumer products to be safe and our obligations to ensure this.

If you have any concerns about our products, you can contact us on ProductSafety@springernature.com

In case Publisher is established outside the EU, the EU authorized representative is:

Springer Nature Customer Service Center GmbH
Europaplatz 3
69115 Heidelberg, Germany

Batch number: 10620881

Printed by Printforce, the Netherlands